スパイ大事典

Norman Polmar
ノーマン・ポルマー

Thomas B. Allen
トーマス・B・アレン

熊木信太郎[訳]

論創社

スパイ大事典　目次

序文

　スパイ事典を作り上げる試みは、過去にも何度か行なわれた。そうした時、著者は3つの問題に直面する。第1に、偽情報、欺瞞、あるいは完全なるデマがはびこるこの分野において、得られた情報に信頼性の問題が内在していること。第2の問題は、その時点で機密扱いされているトピックを書くことにまつわる障害であり、極秘活動についてどの程度明らかにし得るかという疑問が常につきまとう点。そして最後に、他のどの研究対象にも増して、より適切な資料が公的機関によって絶えず公表され続けているこの分野において、最新のデータを読者に提供し得るか否かの問題がある。

　私はかつてこの専門分野において、当時公表されていた諸事実を要約し、誰にも扱える概説を書き上げようと素晴らしい努力を行なった2人の著者に協力したことがある。だが出来上がった作品はいずれも、本『スパイ大事典』の最新版が持つ包括性と正確性には遠く及ばないものだった。

　ノーマン・ポルマーとトーマス・B・アレンはこの分野のリーダーとして広く知られ、尊敬を受けている。ポルマーとアレンはいわゆる批評家のためだけに執筆しているのでなく、複雑な主題を専門家にも素人にも簡単に理解できるものにするという、羨望すべき才能を有している。ごく簡単に言えば、二人は事実を知っており、事実を引き起こした人々を知っており、そうした人々を知る人々を知っているのだ。情報収集という活動は、中途半端な真実、情報操作、複雑な動機というものが複雑に絡み合う地雷原であり、専門家の間であっても、最も基本的な事実についてさえ意見の相違がある。信頼に足る書物がほとんど存在しない中、本書は数少ない例外である。

ナイジェル・ウエスト
ロンドンにて

スパイ概論

　はるか昔から、スパイは世界で2番目に古い職業と言われているが、今日その勢いはかつてないほどの激しさを見せている。アメリカ合衆国という大いなる悪魔の打倒を誓うテロリストは、合衆国政府、軍、産業界を対象としてスパイ活動を行なっている。一方、アフガニスタンとイラクに足を踏み入れたアメリカ軍は、スパイ行為や情報収集に従事するアメリカ人、イギリス人、イラク人といった地上の人々だけでなく、多数のハイテク・スパイ機器に支援されている。外交官としてワシントンに潜入したロシアの「イリーガル」は、今なおアメリカでスパイ活動に携わっており、またイスラエルはエージェントやスパイ衛星を用いて周辺のアラブ諸国に目を光らせ続けている。

　ソビエト連邦が崩壊した1991年末の時点で、東西のスパイ活動にも幕が下ろされるというのが一般的な見方だった。だが程なく、西側諸国にとっての新たな敵が出現する。主にアメリカを目標とするジハード——西側諸国への聖戦——を宣言したイスラム教原理主義者である。ジハードに身を投じたテロリストにとって、ニューヨークの世界貿易センタービルは西側の富と権力の象徴に他ならない。1993年2月、彼らは爆発物を満載したバンを地下の駐車場に駐め、ビルの爆破を図った。ビルそのものは爆発に耐えたものの6名が死亡、1,000名以上が負傷する。1993年当時、新たな戦争が始まっていることに気づいたアメリカ人はほとんどいなかった。さらに、ジハードを旗印にしたテロリズムはサウジアラビア及びアフリカ諸国の合衆国大使館、そして駆逐艦「コール」を襲い、多数のアメリカ人を死に至らしめる。それでもなお、ほとんどのアメリカ人——そして西側の大多数の防諜機関——にとって、これは本物の戦争ではなかった。不規則なテロ行為は、暴力に満ちた世界で活動する代償に過ぎなかったのである。

　そして2001年9月11日。国防の本拠ペンタゴンの大部分と共に、世界貿易センタービルは崩壊した。数千のアメリカ人が命を失い、ついにアメリカは、これが戦争であることを知った。

　この戦争において、アメリカ合衆国は兵士やスパイのみならず、情報の収集や分析を行なう人間をも傘下に加えた。新たな戦争の前線には、アメリカの情報機関に加えてイギリスやフランスといった他国の情報機関も陣取っている。9/11に先立つ数年前、数ヵ月前、または数週間前、そこには過誤、敵の作戦に対する誤認、情報機関同士の連携の失敗があった。だが過去を知る人間にとって、それらは以前にも繰り返されたことである。当時の敵は日本であり、その目標は真珠湾に集結するアメリカ艦隊だった。しかし合衆国は緒戦に負けたものの貴重な教訓を摑み、ついには勝利を収めたのだ。

　しかし、テロとの戦いに簡単あるいは迅速な勝利は存在せず、決意と忍耐が求められる。それでもなお、得られるのは無実の人間や隠れた暗殺者の死だけかもしれない。目撃や記録の不可能な事態が数多く発生し、戦史の記述などは無理だろう。さらに両大戦での諜報作戦と同じく、テロとの新たな戦争でも諜報や防諜、そして秘密活動が何層にも積み重なり、例えて言うなら「鏡の荒野」とでも呼ぶべき現象が現われるに違いない。

　テロとの戦いは、スパイ活動の長く、時に秘められた歴史における最も新しい

断章である。では、どれほどの歴史があるのだろうか？　アメリカ合衆国中央情報局（CIA）に永年勤め、諜報関係の書籍や文書の収集家として知られる故ウォルター・L・プフォルツァイマーは、諜報活動の起源をエデンの園にまで遡っている。氏によれば、悪魔の蛇は爬虫類に偽装した敵のエージェントであり、神とエデンの園との関係を揺るがすため、イヴを自らのスパイに勧誘したのだという。また旧約聖書の他の箇所を繙くと、ファラオの宰相たる自分を同族と見抜けなかったとして、ヨセフはエジプトに来た自らの兄弟を間者だと決めつけている。さらに、エジプトを追われたユダヤ人がシナイ砂漠をさまよう中、モーゼは12の部族から王子を集め、スパイ活動を行なわせるべく約束の地へと送り込んだ。

　人類学者がシリアで発掘した紀元前18世紀の天日干しの粘土板には、スパイを持ち駒として用いたことが記されている。

　古代中国や日本の統治者は、諜報活動を国政の手段として用いた。東洋のある時代においてスパイ活動は特別な行為であり、少なくとも情報収集と同程度に謀略が重要な位置を占めるようになった。紀元前6世紀以降の中国学問における祖、孔子はこう述べている。

「他国の侵略に直面したならば、まずは謀略に頼るべきである。敵を追い払うにはそれで十分であろう」

　その後、中国の高名な武将である孫子は兵法書を書き上げる中で、情報を戦争における主要な武器と見なした。

「彼を知りて己を知れば百戦危うからず。己を知りて彼を知らざれば一勝一敗す。彼を知らずして己を知らざれば戦う毎に必ず危うし」

（日本においては、海軍が真珠湾奇襲を立案していた1941年の時点においても、孫子の兵法書が陸軍将校の必読書だった）

　ローマ帝国の歴史書を見ると、紀元358年、政府高官だったアントニウスが手兵を引き連れて逃亡した。その際、ペルシャ軍に投降したローマのある兵士はすぐさま自軍に戻り、ペルシャの二重スパイとして諜報活動に従事した。またビザンチン帝国皇帝ユスティヌス2世は、敵に包囲されたある都市の防衛に関する確かな情報を握りながら無視したため、今日でも諜報関係者の嘲笑を買っている。

　あるアラブの高官が11世紀に記した書物によると、諸王は外交のためだけに使節を送るのでなく、「道路や山道、河川、放牧路の状態……国王の軍隊の規模、武器や装備の水準」を秘密裡に知るべく、諜報活動に従事させていたという。さらに、国王が何を飲んでいるか、「宗教について厳格」か否か、「男女のいずれを好むか」といった情報も、それら使節は集めようとした。

　かつての日本では、占星術師や数秘学の実践者、あるいは風水師までもが情報収集を行なった。しかし武家政権が生まれた12世紀以降は、超自然現象や迷信ではなく諜報活動に頼るようになっている。ある西洋の歴史学者はこう記す。

「日本には諜報の網が張り巡らされている……権力を維持する根本原理は、他者に対する疑念なのだ」

　高位の侍から選ばれたスパイは忍者と呼ばれた。

「（忍者とは）奇策をもって姿を隠す術を会得し、主に諜報活動に携わる侍である」

　イングランドでは、国王秘書長官にしてエリザベス1世の側近でもあるサー・フランシス・ウォルシンガムが、国内の諜報網を国際的なネットワークに発展させた。「いかなる知識も高価に過ぎることはない」がモットーのウォルシンガムは、主にカトリックを対象とした大規模な諜報組織をイングランドに作り上げ

た。その一方、彼は女王を後ろ盾にしていたものの、諜報活動には自ら資金を提供している。こうして1573年には対外諜報組織を作り始め、フランス、ドイツ、イタリア、低地諸国、スペイン、そしてトルコへ諜報員を派遣し、外国の複数の宮廷にも浸透させた。雇用した諜報員と同じく、ウォルシンガムもケンブリッジ大学で教育を受けたが、数世紀後にはソビエトの情報機関がそこで勧誘活動を活発に行ない、ケンブリッジ・スパイ網という名の諜報網を形成する。

　アメリカ植民地では、ジョージ・ワシントン将軍がスパイの操縦法を短期間で会得し、諜報と謀略を用いてイギリスの裏をかいた。独立戦争末期の植民地で活動したイギリス諜報組織の長、ジョージ・ベックウィズ少佐は、後にこう記している。

「ワシントンは戦闘で勝利を収めたのではない。諜報活動で勝利を収めたのだ！」

　19世紀を迎えると、貿易に携わる主要国は公的かつ恒久的な情報機関の必要性に目覚めだした。フランスではナポレオン・ボナパルトが、手紙の秘密開封を主な任務とする警察機関を設置している。以前から国内宛てか国外宛てかを問わず手紙を開封していたイギリスでは、ロンドン警視庁（スコットランド・ヤード）に特別課が設けられ、国内の反体制活動や内外のテロリストによる犯罪を捜査するようになった。またアメリカ合衆国では、外国の軍事情報の収集を目的とした初の恒久的機関、海軍情報局（ONI）が1882年に設立されている。

　1909年、イギリス帝国国防委員会は保安部（MI5）と秘密情報部（MI6）の前身となる秘密任務局を設置した。イギリスの情報組織は、西洋諸国で設けられた同種の機関のモデルとなっている。政権の危機に瀕したエリザベス1世がウォルシンガムの諜報活動を支援したように、後にイギリスの宰相となったウィンストン・チャーチルも、帝国全体が危機に襲われた際は情報機関と暗号機関に惜しみない支援を与えており、1940年にこう述べている。

「重要なのは、それがなんであれ、真実の状況を把握することだ」

　各国には諜報組織の運用に関するそれぞれの政策があるものの、諜報技術における特定の要素は共通である。諜報は昔ながらの伝統に基づく職業であり、その技術は「正体を現わした」スパイたちによって、幾世代にもわたって継承されてきたのである。技術というものは、十年単位ではそう変わらないものだ。

　スパイ活動の大半は平凡極まりなく、ロマンティックな要素は存在しない。マタ・ハリ（彼女は危険な存在というより単なる世間知らずだった）のような魅力溢れるスパイもほとんどいない。フィクションの世界でも、スパイの実体を最も反映しているのはイアン・フレミングの生んだジェームズ・ボンドではなく、ジョン・ル・カレが生み出したジョージ・スマイリーやアレック・リーマスなのである。ル・カレはこう記す。

「スマイリーのように祖国の敵に囲まれながら長年暮らし、働き続けた人間は、こう祈ることしか知らない。どうか、決して気づかれないように、と」

　世界中を見渡しても、大部分の「スパイ」は情報機関の一職員で、ありふれたデータをあさっているに過ぎない。ソビエトのスパイ、ルドルフ・アベルがモスクワに送った情報の大半は、ニューヨーク・タイムズやサイエンティフィック・アメリカンから得たものだった。イギリスの歴史家A・J・P・テイラーによれば、情報機関が入手する情報の90％は、公開された情報源で見つけられるものだという。またCIAの諜報員となったアメリカの歴史家シャーマン・ケントは、アメリカ社会の開放性を理由として、合衆国に関する限りこの数字を95％に引き上げている。

　自説を立証するため、ケントはイェール大学の歴史家5名に対し、アメリカ

合衆国の戦力組成に関するレポートを作成するよう依頼した。師団レベルにおける戦力と編成、海空軍の戦力、及び陸軍航空機の詳細を、機密資料を使わずに調べ上げるというものである。一夏にわたる作業を終え、歴史家たちは数百ページのレポートに30ページの要約を添えてケントに提出した。そこからケントは、このレポートの正確性は90％だと推定している（CIAは、イェール・レポートの名で知られるようになったこの文書のコピーを全て機密ファイルにしまい込んだ〔訳注：現在は公開されている〕）。

　政府機関が秘密情報を求めるのは、外交活動における不確実性を除去し、他国に対して有利な位置に立つためである。アメリカ合衆国は日本の外交暗号を解読することで、1922年に調印されたワシントン海軍軍縮条約の交渉において、より確信をもって日本と対決することができた。また奇襲攻撃を計画していた日本海軍は、外交官に偽装したスパイをハワイで活用することで、どのアメリカ艦艇が真珠湾に在泊しているかを突き止めたのである。

　しかし、暗号解読とスパイ行為だけで一切が明らかになるわけではない。日本の外交暗号をほぼ全て解読していたアメリカ政府は、真珠湾への奇襲攻撃計画を突き止められなかったし、一方の日本も、1941年12月7日の真珠湾に空母——最重要の攻撃目標——が在泊していないことを摑めなかった。またFBIの高官は、数多くの若い中東系移民が飛行レッスンを受けている件について、その理由を急いで調査すべしと主張した職員の警告に注意を払わなかった。2001年9月11日が過ぎて初めて、FBIはこの飛行レッスンの理由を知ったのである。生の情報だけでは決して十分でなく、とりわけ背後の状況から切り離された場合は誤りを含んでいるものだ。

　国家は情報を集めるだけでなく、それを分析・評価しなければならない——そうすることで「インフォメーション」が「インテリジェンス」になる。さらに、得られた情報をどのように使うかのみならず、そもそも使うべきか否かの判断にも迫られる。ソビエトの独裁者ヨシフ・スターリンは、1941年中に日本はソビエトを攻撃しないというリヒャルト・ゾルゲの報告を信じた。そして、この重要な情報を摑んだスターリンは師団数個を極東から移動させ、同年7月22日にソビエト連邦へ侵攻したドイツ軍との戦闘にあたらせている。しかし、ドイツ侵攻の2ヵ月前にゾルゲなどの情報源が発した侵攻近しの警告を、スターリンは無視した。なぜか？　イギリスから送られた警告は、自分をドイツとの開戦に踏み切らせる挑発だと信じ込んだからである。さらに、スターリンは配下の情報将校を信じていなかった（それ以前の数年間で数百名もの将校を粛清している）。一国の指導者、とりわけ独裁者は究極的に自らの判断を信頼し、スパイや情報機関については、それらによる情報評価が自分の先入観と一致していない限り信用しないのだ。

　ソビエト連邦は1991年に崩壊し、急激かつ——ソビエト政権にとって——破壊的な変化を遂げずには、現代的なハイテク社会への順応を続けることができなかった。その一方、国内外で活動していたソビエト情報組織は名前を変えて現在も存在しており、今や新たな「顔」さえ有している——スパイを顕彰した郵便切手やKGBの歴史が収められたCDが発売されるのみならず、かつては「恐怖の館」として知られ、長年にわたりソビエト情報機関の本部だったルビャンカの建物も、現在は博物館に改装されて観光客に開放されている。

　情報が正しいタイミングで正しい場所に届かない場合もある。1995年夏にアメリカがボスニアで集めた情報は、アメリカ軍の航空機が警戒飛行を行なっている区域に、最近セルビア人勢力が地対空ミサイルを設置したことを明らかにする。しかし、警戒飛行を立案していたアメリカ空軍司令官に伝達されるまで、かなり

の時間を要した。アメリカ空軍のスコット・オグレディ大尉がF-16戦闘機で当該空域を飛行した時、ミサイル誘導レーダーを検知・攪乱する専用の飛行機を伴っていなかったのはこのためである。かくして、予期せざるミサイルがオグレディの戦闘機に命中した。彼は生還を果たしたが、情報が正しいタイミングで正しい場所へ届かなかったために危うく命を落としかけたのだ。

米英共同の対テロ戦争が始まった2年後の2003年、西側の情報機関及び防諜機関に属する人々は、この新たな戦争に順応しつつあったが、そこには機密を明らかにする必要性も含まれる。テロリズムとの戦争で公式発表が行なわれることはほとんどないのだが、時に情報のリークがあったり、または国家にとっての悪い知らせを、政策の立案・実行に適合しない情報を持ち込んだ情報関係者のせいにしようと、政治家が幾度となく試みたりしているからだ。

本書はスパイのみならず、彼らの技術、彼らが所属する情報機関、そして彼らが実行した諜報行為を描き出すことを目的としている。旧約聖書に初めてスパイの記載がなされてからおよそ四千年間、幾万の男女がスパイ活動に携わり、他人の通信を暴こうと試みた。また、幾千のスパイマスターやケースオフィサーが彼らの活動を指揮し、多数の情報機関がいくつもの国家に設置されている。我々はその中から、世界的事件に影響を与えたと信じられるもののみならず、興味深いと思われるものを選び出した。

従って本書の項目には、モーゼやジョージ・ワシントン将軍のような極めてよく知られているスパイマスターから、サイゴンの「クッキー・レディー」やフランス人エージェントが送ったドッグスキン報告のように、一般にはほとんど知られていないものまで含まれている。その他にも、短命に終わった南北戦争時の軍事情報局から、長寿を誇るアメリカ海軍情報局、そして新設された国土安全保障省に所属する実力未知数の情報職員まで、スパルタ人が用いたスキュタレーという秘字法から、今日のスパイ衛星やプレデター無人機まで、有益な情報を何一つ集められなかったマタ・ハリから、合衆国とソビエト連邦が核戦争の一歩手前まで近づいた1961年のベルリン危機と1962年のキューバミサイル危機において、その報告書がケネディ大統領の行動に重大な影響を及ぼしたソビエトのオレグ・ペンコフスキー大佐まで、そして独立戦争時におけるベネディクト・アーノルドの裏切りから、ソビエト及びロシアのスパイとして20年間にわたって活動したFBIエージェント、ロバート・ハンセンの裏切りまでが含まれる。

本書の執筆準備中、我々は項目の選択について困難な決断を何度か迫られた。極めて重要かつ興味深い人物や組織、作戦、用語、そして技術を収載することに我々は意を払った。あらゆる事項を含むのは可能性の領域を超えることだろうが、その「あらゆること」というのも、諜報とその周辺の世界では、公に知られていることに限られるのである。

我々が第2版の作業を始めた時、冷戦の影は薄れていたものの、テロリズムとの戦いはまだ宣言されていなかった。この新しい戦争が始まる中、付け加えるべき記録や年代記はまだまだ存在しており、現役の関係者や歴史家とオフレコで議論すべき事項もあった。我々はこうした情報源の助けを借りつつこの第2版を世に問うことで、21世紀の対テロ諜報活動という新たな時代を展望せんとするものである。

諜報・防諜活動は多くの歴史的事件における鍵となっているが、この事実に着目した歴史家はほとんどおらず、それが本書の執筆理由となっている。諜報活動がいかに行なわれるかを知れば、過去及び現在の出来事をよりよく理解できるという信念のもと、我々は本書を完成させた。それに際しては事典の形式をとった。なぜならば、「参照する」という行為を通じ、読者は情報収集における個人

的な努力を追体験できるからである。

　本書の項目の多くは、嘘をつき他人を騙した人間や組織を記している。スパイやスパイマスターたちの自叙伝に含まれる自己弁護を正しく解釈し、また情報機関の誇張された主張をふるいにかけ、本当の功績——及び失敗——を見分けることで、我々は真実により近づこうと全力を尽くした。幸いなことに、過去には入手不可能だった文書にアクセスできることも頻繁にあった。冷戦終結後、CIA、FBI、国家安全保障局（NSA）、そして KGB といった機関が、保有するファイルを公開し始めたのである。NSA——アメリカの諜報活動における「耳」——は1940年代に傍受した電文の解読内容を公開したが、それは今後機密解除が予定されている 6000 万にも及ぶ NSA 資料の第一陣だった。

　CIA も 1993 年から 97 年にかけ、ソビエト連邦及び国際共産主義に関する 450点以上の国家情報評価を公開している。それらはいずれも、これまで最高ランクの機密資料とされていた。機密情報が含まれるだけでなく、諜報活動上の失敗や不手際も明らかになる恐れがあったためである。1997 年には、1940 年から 1950年にかけて大統領へ提出された日毎・週毎の情報報告概説書といった、同様に機密度の高い 208 の文書が公開された。同じく 1997 年、新任の中央情報長官ジョージ・J・テネットは情報公開の新たな流れの中、96 年度の諜報関係予算が総額266 億ドルであることを明らかにした。CIA が予算を公にしたのはこれが初めてである。

「世界が変わったことを私は知っている」

　テネットはそう述べた。だがその後、予算は再び非公開になっている。

　2001 年、世界は再び変貌を遂げ、ファイルキャビネットの多くが閉じられると共に、情報公開請求もそのほとんどが応えられないままとなった。しかし、9/11 後の情報機関が情報公開の流れに目を背けても、他の政府機関による追及は勢いを増している。一例を挙げると、司法省の監察官は、ハンセンの長期にわたるスパイ行為を見逃したとして、FBI に対する容赦のない批判文書の大半を公にした。ホワイトハウスも同様に、イラク侵攻に先立つ数週の間に作成された情報報告書の一部を機密解除している。

　公開された文書は、アメリカの情報界（インテリジェンス・コミュニティー）が大量の情報を保有していることと、（コメンテーターがよく用いるフレーズを借用するなら）「全ての点を結んでいれば」事前に十分な警告がなされていたはずだということを明らかにしている。本書の「真珠湾攻撃」の項目を読めば分かる通り、破局が訪れた後では必ず多くの「点」が見つかるものであり、事後にそれらを「結ぶ」のはいつだって簡単なのである。今後長期間にわたり、様々な調査や委員会を通じて 9/11 の「点」にメスが入るだろうが、誰に究極の責任があるかは決して明らかにならないだろう。

　この秘密の世界には今なお数多くの秘密があり、判明していない諜報活動の勝利（及び敗北）が存在している。例えば、第 2 次世界大戦における連合国側の諜報活動で最大の勝利は、ウルトラ及びマジックという暗号解読活動である。しかし、1930 年代初頭から 70 年代初めに至るまで、こうした暗号解読活動は秘密のヴェールに覆い隠されてきた。数千のアメリカ人とイギリス人——それに加え少数のポーランド人とフランス人——がそれを知っていたにもかかわらずである。秘密の所有者がウルトラ及びマジックで解読された内容のほとんど——全てではない——を公開したのは、実に 40 年が経過した後のことだった。

　ヴェノナ計画は、第 2 次世界大戦の初期から始められた、アメリカによるソビエトの秘密通信の傍受・解読活動を指すコードネームである。その内容はアメリカの軍事機密、とりわけ原爆開発プロジェクトに関する情報を入手しようとす

る、ソビエトの大規模な諜報活動を明らかにしていた。1996年になってヴェノナ計画による傍受・解読内容が公開され、ソビエト連邦のためにスパイ活動を行なったアメリカ人の名前が公にされた。だがヴェノナがもたらした情報は、全てが解読されたわけでも、また公開されたわけでもない。2003年の時点においても、トルーマン大統領がヴェノナの内容を知り得たか否かの論争が行なわれているほどだ。

　冷戦が対テロ戦争に取って代わられた21世紀、西側の政治家は、自分たちに仕え、時に転落させる情報機関に新たな要求を押し付けている。既存の機関が改編され、新たな機関が計画されたのは必然の結果である。人はこう尋ねる「どれほどの情報が必要なのか？」それに対し、孫子による古い答えが突如新鮮に聞こえることもある。「情報に費やされる百匁の銀は、戦争に費やされる一万匁の銀を節約する」

ノーマン・ポルマー
トーマス・B・アレン

本書の活用法

　人名は名字を見出しとしている。同様に、別名の方が知られている人物については、その別名を見出しとし、最後に［p］を付している。例えば、ジョン・ル・カレのペンネームで知られているデイヴィッド・コーンウォールは、「ル・カレ、ジョン[p]」という見出しになる。しかし、フィクションの登場人物についてはそのままの項目名とした。よって、ジェームズ・ボンドは「ボンド、ジェームズ」ではなく「ジェームズ・ボンド」という見出しになり、フィクションの人物であることを示す[f]が末尾に付く。

　アメリカの諸機関は正式名称を見出しとし、その後に括弧書きで略称を記している。ただしCIA（中央情報局）、FBI（連邦捜査局）、NSA（国家安全保障局）、及びその他特定の情報機関については、略称が十分浸透しているので正式名称を省略している。KGBなどの外国組織については、通常は略称のみを用い、必要に応じてその国の言語での正式名称あるいは英文名称を括弧書きしている。

　見出しとなり得る略称については、次節の略称一覧で紹介している。

　本書には以下の国々が項目として収められており、情報組織及び諜報活動に関するそれぞれの歴史を紹介している。

中国
イングランド──大英帝国──連合王国
フランス
ドイツ
イスラエル
日本
ロシア──ソビエト社会主義共和国連邦
アメリカ合衆国

　キューバ、イラク、そしてベトナムも、他国による諜報活動の主要な対象となったため、独立項目としている。しかし国名は数多くの項目で触れられているので、相互参照が読者にとって有益であるとした場合を除き、特段の扱いはしていない。

　諜報活動、情報、そしてスパイはほとんどの文化に深く根ざしており、国民生活の様々な面に反映されている。小説におけるスパイ、コミックや映画、あるいはテレビに登場したスパイ、そして切手になった少数の英雄は、いずれも本書に収載されている。

　本書を読む際は、まずある特定の国、そしてその国の情報機関を参照し、そこに記されている参照項目を確認することを勧める。この方法は、本書を諜報活動の年代記として楽しむ手掛かりを与えるだろう。しかし、諜報活動をさらに深く探究するためには、スパイやスパイマスターと同じく、本能に頼る必要があるかもしれない。ピーター・ライトが著書『Spycatcher（邦題・スパイキャッチャー）』で記したように、「諜報活動とは証拠がほぼ全く残らない犯罪であり、それを探知するにあたっては良くも悪くも本能が大きな役割を果たす」のである。

　謀略は諜報活動の大きな部分を占めるため、スパイについて書く際は、事実と

フィクション——あるいは意図的な偽情報——を峻別することが必要となる。「諜報活動の本質は、それを研究対象にすることを困難にしており、ある特定の出来事において何があったのかを正確に立証するのは、多くの場合不可能である」保守党の元議員ルパート・アラソンは、「第2次世界大戦における諜報活動の謎」を扱った著書『A Thread of Deceipt』の中でそう記している。イギリスの諜報活動に関して権威である氏は、ナイジェル・ウエストのペンネームで数多くの書籍を上梓している。

　スパイ個人や組織についての記録が、歴史研究における定説として認められる例はごく少数しか存在しない。さらに、戦争や政治的判断に大きな影響を与えた例も同じく数少ない。だがこの事実は、第1次世界大戦中のイギリス海軍による暗号解読（ルーム40）や、第2次世界大戦における米英共同の暗号解読（パープル—ウルトラ）といった諸活動、モーゼによる約束の地へのスパイの派遣、ソビエトの原爆スパイ網及びレッド・オーケストラ、あるいはイギリスのダブルクロス・システムといった諸作戦、そしてデュスコ・ポポフ、ローレンス・サフォード、リヒャルト・ゾルゲ、フリッツ・コルベ、そしてもはや伝説と言ってもよいケンブリッジ・スパイ網の各メンバーのような諸個人の評価を損ねるものではない。

　情報機関の重要性や能力はそれぞれ異なっている（「アプヴェーア」「GRU」「CIA」「KGB」「MI5」「MI6」「NKVD」「NSA」「ゲシュタポ」「戦略諜報局」を参照のこと）。その中には、KGB、NKVD、ゲシュタポなど、対外諜報活動や防諜活動と同じかそれ以上に、国内の治安維持に関わっていた組織もある。

　諜報活動、情報、スパイの各単語は普遍的な存在であるため、本書の項目に存在しない。ここでこれらを以下のように定義する。

　諜報活動……（1）秘密の手段を通じて情報を入手するための行動。（2）秘密の情報収集。

　情報（インテリジェンス）……収集・統合・分析を経たデータ、事実、証拠の集合体。及びそこから引き出される結論。それらは「コンシュマー」（情報の受取人）の明示的・潜在的な要求に従って収集・供給される。

　スパイ……通常は敵対関係にある他の国家や組織について、秘密の事実や情報を入手するため、政府ないし組織に雇用された個人（諜報関係者がこの単語を用いることは滅多になく、一般的にはエージェントという呼び名を使う）。

略称一覧

以下の組織は略称を項目名としている。

BCRA　　情報・行動中央局（フランス）
BfV　　　連邦憲法擁護庁（ドイツ）
BND　　　連邦情報庁（ドイツ）
BTLC　　連絡・調整技術局（フランス）
CIA　　　中央情報局（アメリカ）
CPUSA　アメリカ合衆国共産党
DST　　　国土監視局（フランス）
FBI　　　連邦捜査局（アメリカ）
FSB　　　連邦保安庁（ロシア）
FSK　　　連邦防諜庁（ロシア）
GRU　　　参謀本部情報総局（ソビエト―ロシア）
KGB　　　国家保安委員会（ソビエト）
KI　　　　情報委員会（ソビエト）
MB　　　　保安省（ロシア）
MfS　　　国家保安省（東ドイツ）
MI5　　　保安部（イギリス）
MI6　　　秘密情報部（イギリス）
NKVD　　内務人民委員部（ソビエト）
NSA　　　国家安全保障局（アメリカ）
RSHA　　国家保安本部（ドイツ）
SBP　　　大統領保安局（ロシア）
SD　　　　親衛隊保安部（ドイツ）
SDECE　　防諜・外国資料局（フランス）
SOE　　　特殊作戦執行部（イギリス）
SR　　　　参謀本部情報局（フランス）
SS　　　　親衛隊（ドイツ）
SVR　　　対外情報庁（ロシア）

献辞

　本書に記載された内容の大半は、政府資料、出版された書籍や記事、私信などの文書類、法廷資料（ごく最近の諜報活動の場合）、そして諜報関係会議における講義・講演録を基にしている。我々はまた、諜報活動や情報収集に携わった個人からも話を聞いた。こうした諸個人が提供してくれた助力の中には、本書で明らかにできないものもある。そうした人々についてはここで感謝を申し上げる。

　以下のリストにおいてアスタリスクを付した人々は、本書の一部項目の基礎となっている前著『Merchants of Treason』（1988）の執筆時に資料を提供してくれた。それら人々の中には、本書のために全く新しい情報を提供してくださった方もいる。

（訳注：肩書は原著刊行当時のもの）

フランス
　アレクサンダー・シェルドン＝デュプレ（海軍史家）

イギリス
　W・J・R（ジョック）・ガードナー（歴史家、イギリス海軍歴史部）
　ライオネル・レヴェンサール（出版者、グリーンヒル・ブックス）
　ジョン・W・R・テイラー（ジェーン世界航空年鑑名誉編集者）
　ナイジェル・ウエスト（諜報史家）
　ブレッチレーパーク博物館
　帝国戦争博物館
　資料保管オフィス（現在は国立公文書館に統合）

イスラエル
　メイアー・アミット（中将、モサド及びシンベト元長官）
　ハイム・ヘルツォーグ（中将、アマン元長官、元イスラエル大統領）
　特殊研究センター
　イスラエル国防省広報局

日本
　三輪宗弘（九州共立大学教授）
　田尻正司（海将補、資料調査会理事長）

オランダ
　ユリエン・ヌート（歴史家）

ロシア
　ユーリ・コバラヅェ（ロシア情報局）
　キューバミサイル危機会議（1994年9月、ロシア連邦公文書館の支援により、モスクワのKGB博物館にて開催）
　ロシア連邦公文書館

アメリカ

デイヴィッド・バッティス*（対産業スパイ専門家）

ゲイリー・バウアー*（レーガン大統領の国内問題顧問）

トーマス・A・ブルックス（海軍少将、海軍情報部長）

ネイル・ブラウン*（FBI特別捜査官）

キャスリーン・A・バック（元空軍及び国防省最高顧問弁護士）

バーナード・F・カヴァルカンテ（海軍歴史センター）及び彼の優秀なアシスタントであるキャシー・ロイドとエラ・ナージェル

ウィリアム・C・チャプマン（退役海軍大尉、飛行士、立案者、分析官）

ウィリアム・S・コーヘン*（上院議員、国防長官）

ジョージ・コンネル*（海兵隊大佐、元海軍捜査局副長官）

A・ジェイ・クリストル（海軍予備役隊大尉、判事、『The Liberty Incident』著者）

ジョン・ディオン*（司法省国内保安局諜報検察ユニット長）

ロバート・F・ドール（航空史家）

エドワード・ドレア（陸軍歴史センター調査分析部長）

スチュアート・アイゼン（トーマス・E・ロレンス〔アラビアのロレンス〕に関する専門家）

C・デイル・エヴァハート*（退役海軍大尉、元海軍諜報担当将校）

ウィリアム（バック）・ファーマー*（副検事、ジェリー・ウィットワース事件の主任検察官）

ロバート・M・ゲイツ*（元中央情報局長官）

ウィリアム・W・ゲイマー*（弁護士、ジェームスタウン基金創設者。この基金はソビエト連邦及び東ヨーロッパからの逃亡者を支援した）

ジェフリー・グリーンハット（歴史家、海軍保安隊）

リチャード・P・ハリオン（空軍主任歴史家）

ジョセフ・ハリード*（大西洋会議上級副議長）

アレクサンダー・ハーヴェイ（地方裁判所判事）

デイヴィッド・A・ハッチ（暗号歴史センター理事長）

リチャード・ヘイヴァー（元海軍情報局副局長、諜報委員会上級メンバー）

トーマス・ヘンレイ*（元中央情報局職員）

ジャック・イングラム（国立暗号博物館館長）

デイヴィッド・カーン（歴史家、国家安全保障局暗号歴史センター上級史家）

ロバート・カークゼイ*（退役海軍中将、元海軍指揮・統制・通信本部部長）

スザンヌ・ウィーラー・クライン（中央情報局広報部）

ジョン・レーマン*（海軍長官）

キャロリン・マッケンジー*（精神科医）

クラーク・マグルーダー*（元海軍情報部副部長）

ロバート・F・ミューズ*（サミュエル・L・モリソンの弁護士）

ポール・H・ニッツェ（元海軍長官及び大統領顧問）

アラン・プレイト（電子工学者）

アーネスト・ポーター*（FBI広報部）

ゲイリー・パワーズ（冷戦博物館創設者）

ダイアン・パトニー（空軍及び国防省歴史家）

J・スティーブン・ラメイ*（FBI特別捜査官）

ジェフリー・リチェルソン（諜報史家）

レイ・ロビンソン（元中央情報局及び国防情報局分析官）

フランク（ミッキー）・シュバート（歴史家、統合参謀本部）

ロバート・シンクレア（元中央情報局職員）

ウィリアム・O・スチュードマン（海軍大将、元国家安全保障局長官及び中央情報局副長官）

デイヴィッド・スザディ＊（FBI 特別捜査官）

ジョン・テイラー（歴史家、国立公文書館）

ヴィンセント・トーマス＊（退役海軍大尉、海軍広報部員としてプエブロ事件など多数の諜報活動に関わる）

ティナ・D・トンプソン（TRW 社発行『スペース・ログ』編集者）

ハワード・J・ヴァリンスキー（法廷行動コンサルタントとしてジェリー・ホイットワース事件の弁護に関わる）

ジョン・ワーナー＊（上院議員）

マイケル・ワーナー（中央情報局情報研究センター上級史家）

R・ジェイムズ・ウールジー（元中央情報局長官）

ジェローム・ツァイフマン（下院法務委員会の弁護士として、ロバート・L・ハンフリーに対する検察官を務める）

空軍歴史センター

暗号歴史センター（国家安全保障局）

陸軍歴史センター

情報研究センター（中央情報局）

国際冷戦史プロジェクト（ウッドロー・ウィルソン国際センター）

冷戦期における領空侵犯に関する会議（統合軍事大学の支援により、ボーリング空軍基地において 2001 年 2 月に開催）

コロナ──アメリカ初の偵察衛星──会議（中央情報局とジョージ・ワシントン大学の支援により 1995 年 5 月に開催）

情報及び、平和、危機、戦争における国家安全保障に関する会議（中央情報局と陸軍史ソサエティーの支援により、ヴァージニア州ロスリンにおいて 1996 年 4 月に開催）

ハリー・S・トルーマン政権における CIA の創設と発展に関する会議（中央情報局とハリー・S・トルーマン図書館の支援により、1994 年 3 月に開催）

暗号史シンポジウム（暗号歴史センターの支援により 1995 年 10 月に開催）

下院図書館

南部連合博物館（ヴァージニア州リッチモンド）

国立公文書館

海軍歴史センター

大統領直属外国情報諮問委員会

　我々は以下の人物にも感謝を捧げたい。ソビエトの諜報事情に関する会話を交わしたニコラス・シャドリン（ニコライ・F・アルタモノフ）及びミラン・ヴェゴ、アメリカの諜報事情に関する会話を交わしたレイ・クライン元 CIA 副長官、F・J（フリッツ）・ハリフィンガー（海軍中将、海軍情報部長、のちに指揮・統制・通信本部長）、アール・F（レックス）・レクタヌス（海軍中将、海軍情報部長、情報担当国防次官）そして E・A（アル）・バークハルター（海軍中将、情報本部副長官）。

　我らが友ムリッツ・マクレンドンは調査と編集を通じてこのプロジェクトに貢献してくれた。スーザン・マーチとマリアン・バーコウィッツは調査を担当し、コンスタンス・アレン・ウィッテはドイツ語の翻訳をしてくれた。そして我々の

息子でありコンピュータの専門家であるクリス・アレン、ロジャー・マクブライド・アレン、そしてマイケル・ポルマーは技術的な援助をしてくれた。さらに自らも高名な著者であるロジャーは、最終段階で必要不可欠な「コピー・アンド・ペースト」を行なってくれたのである。

年表

紀元前 1800 年頃　食糧を求めてエジプトに入国したヨセフの兄弟たちが、自分を見分けられなかったとして、エジプトの宰相になっていたヨセフにスパイと非難される。

紀元前 1255 年頃　モーゼに率いられたユダヤ人が約束の地を目指してエジプトを出国。モーゼと後継者ヨシュアが歴史上最初のスパイマスターとなる。

1558 年 11 月 17 日　エリザベスがイングランド女王に即位。在位中（1558 ～ 1603 年）、サー・フランシス・ウォルシンガムが大規模な諜報網を運営する。

1775 年 6 月 15 日　大陸会議がジョージ・ワシントンにアメリカ植民地軍の指揮権を委任。ワシントンは後に自らスパイマスターとなる。

1776 年 12 月 26 日　トレントンの戦い。デラウェア川を渡ったワシントンは、英国軍相手に最初の重要な勝利を挙げる。その勝利はフランスの判断に大きな影響を与え、アメリカ支援を決意させた。

1781 年 10 月 19 日　イギリスがアメリカ軍とフランス艦隊に敗北したのを受け、ヴァージニア州ヨークタウンの英国兵が投降、独立戦争に終止符が打たれる。

1789 年 7 月 14 日　パリの労働者がバスティーユ監獄を襲撃。以降フランス全土で貴族階級の資産に対する略奪と差し押さえが始まる。

1792 年 9 月 21 日　フランスが第 1 共和国の樹立を宣言。

1793 年 1 月 21 日　フランス革命が最高潮を迎える中、国王ルイ 16 世が処刑される。

1804 年 12 月 2 日　ナポレオン・ボナパルトが皇帝に即位、フランスに君主制が復活する。

1861 年 4 月 12 日　サウスカロライナ州チャールストン湾にあるサムター要塞に南部連合軍（南軍）が発砲、南北戦争の火蓋が切って落とされる。

1863 年 7 月 1 日～ 3 日　北部諸州軍（北軍）がゲティスバーグの戦闘に勝利。ペンシルヴェニアにおけるこの戦闘は、独立戦争において南軍が到達した北限となる。

1865 年 4 月 3 日　北軍が南部連合の首都ヴァージニア州リッチモンドを占領。1 週間後、グラント将軍とロバート・E・リー将軍が会合して南北戦争は終結を迎えるものの、南軍の最後の部隊は 5 月 26 日まで降伏しなかった。

1865 年 4 月 14 日　エイブラハム・リンカーン大統領が南部連合のエージェント、ジョン・ウィルクス・ブースに狙撃される。リンカーンは翌朝死亡。

1898 年 2 月 15 日　アメリカ軍艦メーン号がキューバのハバナ湾で沈没。予期せざる爆発——おそらく事故だと思われる——は合衆国とスペインとの戦争につながった。

1898 年 5 月 1 日　ジョージ・デューイ司令官がマニラ湾にてスペイン艦隊を下す。アメリカはこの勝利によってフィリピンとグアムの支配権を得た。

1914 年 8 月 1 日　ドイツがロシアとフランスに宣戦布告、第 1 次世界大戦が始まる。8 月 4 日にはイギリスがドイツに対して宣戦布告。

1915 年 5 月 7 日　アイルランド沖合にて、ドイツ海軍の U ボートが客船ルシタニア号を撃沈。128 名のアメリカ人を含む 1195 名が死亡。

1917 年 2 月 1 日　ドイツが大西洋における無制限潜水艦攻撃を開始。U ボートによる攻撃はアメリカ参戦の一大要因となる。

1917 年 4 月 6 日　アメリカ合衆国がドイツに宣戦布告。

1917 年 6 月 15 日　アメリカ議会が諜報法を可決。

1917 年 11 月 7 日　ボルシェビキがペトログラード（現・サンクトペテルブルグ）を制圧、議会府を廃止してロシア革命と内戦のきっかけを作る。

1918 年 6 月　アメリカ軍がロシアのムルマンスクに上陸。アメリカ、イギリス、フランス、日本の各国軍が軍需物資の保全を目的としてロシアに派兵されたが、真の目的は反ボルシェビキ勢力の支援だった。

1918 年 11 月 11 日　ドイツと連合国軍との間で休戦協定が調印され、第 1 次世界大戦が終結。

1919 年 9 月 1 日　アメリカ合衆国共産党が設立される。

1924 年 1 月 21 日　ウラジーミル・I・レーニン死去。ヨシフ・スターリンがロシア政府の支配権を握る。

1936 年 7 月 29 日　フランシスコ・フランコ将軍の軍勢がドイツの輸送機でモロッコからスペインへ空輸される。船での移動であれば共和国の軍艦に発見されていたと思われる。スペイン内戦において、ドイツはナショナリスト派（フランコ派）を、ソビエト連邦は共和派（体制派）を支援。

1936 年 10 月　日本が中国侵攻を開始。日本軍は翌年 11 月に上海、12 月に南京を占領し、多数の強姦及び殺人事件を引き起こす。

1938 年 5 月　下院非米活動委員会が設立される。

1939 年　アメリカ議会がスミス法を可決。過激な経済的・政治的主張を支持するアメリカ人は、この法の下で破壊活動分子と見なされ、彼らに対する捜査、罰金刑、ならびに身柄拘束が可能になった。

1939 年 3 月　フランコ軍がマドリードを陥落させる。ナショナリスト派は 4 月までに完全な勝利を収めた。

1939 年 9 月 1 日　ドイツがポーランドに侵攻。9 月 3 日にイギリスとフランスがドイツに宣戦布告し、第 2 次世界大戦が始まる。

1940 年 5 月 10 日　ドイツがフランス、ベルギー、オランダに侵攻。同日、ウインストン・チャーチルがイギリス首相に就任。

1941 年 6 月 22 日　ドイツがソビエト連邦に侵攻。

1941 年 12 月 7 日（日本時間 8 日）　日本の空母及び特殊潜航艇が真珠湾のアメリカ艦隊に奇襲攻撃を行ない、アメリカを第 2 次世界大戦に参戦させる。11 日にはドイツとイタリアもアメリカに宣戦布告。

1942 年 4 月 18 日　ジェームズ・ドゥーリットル中佐率いるアメリカの B-25 爆撃機隊が空母ホーネットから離陸し、日本に対する最初の空襲を行なう。

1942 年 6 月 4 日　開戦以来 6 ヵ月間、妨げられることなく太平洋を侵攻していた日本海軍が、ミッドウェー海戦において劣勢のアメリカ艦隊に初めての敗北を喫する。

1942 年 6 月 25 日　ルーズベルト大統領とチャーチル首相が戦時中 2 回目となる会談をワシントンで行なう。合意事項の中には、原子爆弾を開発すべく両国が協働することが含まれていた。この合意はアメリカのマンハッタン計画の制定につながったが、そこにはイギリス人チームも参加することになった。なお、計画責任者はレズリー・グローヴス少将が務めた。

1942 年 8 月 7 日　アメリカ海兵隊がソロモン諸島のガダルカナル島に上陸。太平洋におけるアメリカ軍の反攻が始まる。

1942 年 11 月　ソビエト軍がドン川に沿って進出開始。後にスターリングラードの戦闘が発生し、塹壕に籠ったドイツ軍は 1943 年 1 月 31 日に降伏。ドイツにとって初めての重大な軍事的敗北となった。

1942 年 11 月 8 日　米英軍がフランス領北アフリカに侵攻。開戦後最初の連合国軍による侵攻となる。

1943 年 9 月 3 日　米英軍がイタリアに上陸。イタリア政府は 8 日に連合国へ降伏を通告する。

1944 年 6 月 6 日　連合国軍がノルマンディに上陸（D デイ）。

1944 年 6 月 15 日　中国に配備されたアメリカ軍の B-29 爆撃機が日本に対する
　　最初の大規模空襲を行なう（八幡空襲）。

1945 年 4 月 12 日　ルーズベルト米大統領死去。ハリー・S・トルーマンが大統
　　領に就任。

1945 年 5 月 2 日　4 月 30 日のアドルフ・ヒトラー自殺に続き、ベルリンがこの
　　日に陥落。ドイツは 5 月 8 日に連合国へ降伏する。

1945 年 7 月 16 日　アメリカによる最初の原子爆弾がニューメキシコ州アラモゴ
　　ルドで爆発。

1945 年 8 月 6 日　B-29 が広島に原子爆弾を投下。3 日後には長崎にも投下する。

1945 年 8 月 15 日　日本政府が連合国による終戦条件を受諾。公式の降伏文書
　　は、東京湾に在泊するアメリカ戦艦ミシシッピにおいて 9 月 2 日に調印され
　　る。

1946 年 11 月　ベトナムのフランス軍が共産主義勢力ベトミンに対する作戦を開
　　始。インドシナ奪還を目指すフランスの活動が始まる。

1948 年 4 月 1 日　ソビエト軍が米英のベルリンへの通行に干渉し、東西対立が
　　始まる（ベルリン封鎖）。封鎖は翌年 9 月 30 日まで続き、その間アメリカと
　　イギリスの輸送機が 230 万トンの食糧及び石炭をベルリンに運んだ。

1948 年 5 月 14 日　イスラエルが建国を宣言。直後にアラブ 5 ヵ国が攻撃を開
　　始。

1949 年 1 月 21 日　中国共産党軍が北平（北京）を占領、国民党との内戦に終止
　　符が打たれ、程なく中華人民共和国の建国が宣言される（10 月 1 日）。

1949 年 8 月 29 日　ソビエトによる最初の原子爆弾が、カスピ海とアラル海に挟
　　まれたカザフ砂漠の試験場に設置された鉄塔の上で爆発。4 年前に実施された
　　アメリカのトリニティ実験と同じくプルトニウム原爆だった（アメリカの原爆
　　ファットマンと同じ）。

1950 年　マッカラン法あるいは反共産党法とも呼ばれる国内保安法が、トルー
　　マン大統領の拒否権行使にもかかわらず成立する。

1950 年 2 月 2 日　クラウス・フックスが逮捕され、ソビエト原爆スパイ網の摘
　　発へとつながる一連の逮捕劇が始まる。

1950 年 5 月 22 日　ハリー・ゴールドが FBI に自白。

1950 年 6 月 25 日　北朝鮮軍が 38 度線を越えて韓国に侵攻、朝鮮戦争が勃発す
　　る。アメリカ主体の国連軍が参戦。

1950 年 6 月 30 日　アメリカ軍が朝鮮戦争に参戦。

1950 年 11 月 26 日　中国軍が北朝鮮の国連軍に攻撃行動を開始。

1953 年 3 月 5 日　ソビエト独裁者ヨセフ・スターリン死去。

1953 年 6 月 19 日　ジュリウス・ローゼンバーグと妻エセルがシンシン刑務所の
　　電気椅子で処刑される。

1953 年 7 月 27 日　休戦協定が調印され、朝鮮戦争が終結する。

1954 年 5 月 7 日　56 日間にわたってベトミンに包囲されたディエンビエンフー
　　のフランス軍が降伏。約 1 万名のフランス兵と同盟国兵が捕虜となり、1 万名
　　が殺害される。これにより、フランスによるインドシナ奪還作戦は終わりを告
　　げた。

1954 年 7 月 21 日　ジュネーブ協定が成立。これにより、北緯 17 度線を境にベ
　　トナムが一時的に分割される。翌年 10 月、北側は共産主義勢力が支配するベ
　　トナム民主共和国（北ベトナム）、南側はアメリカなど西側諸国の支援を受け
　　るベトナム共和国（南ベトナム）となる。

1954 年 9 月 30 日　世界初の原子力艦艇となるアメリカ海軍の潜水艦ノーチラス
　　が就役。

1956 年 2 月 25 日　モスクワで開催された第 20 回共産党大会において、ニキー
　　タ・フルシチョフがスターリン批判を行なう。

1956 年 10 月 23 日　ソビエト・ハンガリー両軍がブダペストで戦闘開始。

1956 年 10 月 29 日　イスラエル軍がエジプトを攻撃。英仏政府はこの戦闘を口
　　実として、スエズ運河の自由航行を確保すべく出兵する（第 2 次中東戦争）。

1957 年 10 月 4 日　ソビエト連邦が世界初の人工衛星スプートニク 1 号を打ち上
　　げる。

1959 年 1 月 1 日　フィデル・カストロがキューバの支配権を握り、独裁者フル
　　ヘンシオ・バティスタの追放を目的とした 3 年間に及ぶゲリラ作戦に幕が下
　　ろされる。

1959 年 6 月　スパイ衛星コロナの初号機が打ち上げられ、ソビエトの写真を撮
　　影する。

1960 年 2 月 13 日　フランスが原爆実験に成功。

1960 年 5 月 1 日　フランシス・ゲイリー・パワーズの操縦するアメリカの U-2
　　偵察機がソビエト領空で撃墜される。アメリカは 4 年間にわたってソビエト
　　上空で偵察飛行を行なっていたが、撃墜を受けて有人偵察機によるソビエトへ

の意図的な領空侵犯が中止される。

1961 年 4 月 12 日　ソビエトの宇宙飛行士ユーリ・ガガーリンが世界初の地球周回飛行を実施。

1961 年 8 月 13 日　東ドイツ政府が西側への人口流出を止めるべくベルリンの壁を建設。この時点ですでに 300 万名以上が西側へ移住していた。

1962 年 10 月 22 日　ソビエト連邦によるキューバへの弾道ミサイル配置を、ケネディ大統領が明らかにする。その動かぬ証拠は U-2 偵察機によって確認された。ソビエトがミサイルの撤去に同意したことをもって、キューバミサイル危機は終わりを迎える。

1963 年 11 月 22 日　ジョン・F・ケネディ米大統領暗殺。リンドン・B・ジョンソンが大統領に就任する。

1964 年 5 月 28 日　パレスチナ解放機構（PLO）が設立され、パレスチナ「革命」を宣言する。

1964 年 8 月 2 日　ベトナム民主共和国（北ベトナム）の魚雷艇が、トンキン湾で哨戒活動に従事するアメリカの駆逐艦を攻撃。空挺部隊による報復攻撃が 8 月 4 日に行なわれ、アメリカがベトナムに本格介入する契機となった。

1965 年 3 月 8 日　アメリカ海兵隊がベトナム共和国（南ベトナム）のダナンに上陸。南北ベトナム間で継続中の戦闘へ介入した初のアメリカ部隊となる。

1967 年 6 月 5 日　イスラエルがエジプト、ヨルダン、シリアとの 6 日間戦争（第 3 次中東戦争）に勝利し、ガザ及びシナイ半島における元エジプト領、ヨルダン領だった東エルサレムのアラブ人区域とヨルダン川西岸地区、シリア領だったゴラン高原を支配下に置く。7 月 8 日には、イスラエル空軍機がアメリカの情報収集艦リバティに誤って魚雷攻撃を行なった。

1968 年 1 月 30 日　ベトナムの旧正月（テト）にあたるこの日、北ベトナムがサイゴンなど南ベトナムの都市に対する大規模攻撃を実施（テト攻勢）。結果的には北ベトナムの完敗に終わるものの、アメリカのメディアは米軍の大敗と報じ、反戦感情を煽り立てた。

1969 年 7 月 25 日　ニクソン大統領がベトナムからの撤兵開始を公表する。最後のアメリカ部隊が南ベトナムから撤退したのは 1973 年 3 月 29 日だった。

1972 年 6 月 17 日　ニクソン政権の指示を受けた「配管工」が、ワシントンのウォーターゲートビルにある民主党本部へ潜入する。このウォーターゲート・スキャンダルは、1974 年 8 月 9 日の大統領辞任につながった。

1972 年 9 月 5 日　ミュンヘン五輪開催中、テロリストがイスラエル選手の宿舎に侵入し、2 名を殺害して 9 名を人質に取ったあと、200 名のアラブ人ゲリラを解放しなければ残りの選手も殺害すると脅迫。西ドイツ警察による人質解放

作戦は失敗に終わり、選手はテロリスト共々死亡した。

1973年10月6日　ユダヤ人にとって最も神聖な日であるヨム・キップルのこの日、1967年に失った領地を回復すべく、エジプトとシリアがイスラエルを攻撃する。3週間に及ぶ戦闘で、イスラエルは侵攻軍を撃退した。

1975年4月29日　北ベトナム軍が迫る中、アメリカ人がサイゴンから脱出する。北ベトナム軍は南ベトナム全域を制圧、ベトナム社会主義共和国を建国した。

1976年7月3日　イスラエルのコマンド部隊が、ハイジャックされてウガンダのエンテベ空港に着陸したエールフランス航空機の乗客乗員103名を救出する。この急襲で人質4名、ハイジャック犯10名のうち7名、ウガンダ人兵士20名、そしてイスラエル軍将校1名が死亡するも、以降の対ハイジャック作戦の見本となった。

1979年3月26日　イスラエルのメナハム・ベギン首相とエジプトのアンワル・アル・サダト大統領がキャンプデーヴィッド合意に基づく平和条約に調印する。アメリカのカーター大統領が仲介役を務め、合意文書の名称もメリーランド州にある彼の別荘からとられた。

1979年12月25日　ソビエト軍がアフガニスタンに侵攻、10年間にわたる紛争の幕が開く。アメリカ合衆国は後に、ソビエト軍と戦うムジャヒディーンに武器を提供する。ムジャヒディーンの兵士の中には若きサウジアラビア人、オサマ・ビン・ラディンがいた。

1981年10月6日　カイロのイスラム原理主義者がエジプト大統領アンワル・アル・サダトを暗殺。

1983年10月23日　トラックによる自爆攻撃でベイルートのアメリカ軍施設が破壊され、241名が死亡する。犠牲者のほとんどは海兵隊員だった。ほぼ同時にフランス軍基地でも爆弾が炸裂し、58名のフランス軍兵士が死亡している。イスラム教テロリストが犯行声明を出す。

1985年10月7日　パレスチナ解放戦線のテロリストがエジプト沖の地中海でクルーズ船アキレ・ラウロ号をシージャックし、身体の不自由なアメリカ人観光客を殺害する。事件の2日後、テロリストは自由通行許可証と引き替えに投降。しかしアメリカ海軍のF-14戦闘機が、犯人たちを乗せたエジプト航空機を迎撃し、シチリア島に強制着陸させる。その後、イタリア当局がテロリストの身柄を拘束した。

1987年12月6日　ガザ地区で発生した、イスラエル軍によるパレスチナ人の交通事故をきっかけとして、ヨルダン川西岸、ガザ、エルサレムの全域で暴動が発生、パレスチナ解放機構がインティファーダ（蜂起）と称する事態が生じる。

1988年12月21日　パンアメリカン航空103便がスコットランド・ロッカビー

上空で空中爆発。乗員乗客 259 名と地上の 11 名が死亡する。国際的な捜査活動によって、リビア情報機関に雇われていたリビア人が逮捕・起訴される。2001 年 1 月、犯人に終身刑が宣告された。

1989 年 11 月 9 日　東西ドイツを隔てるベルリンの壁の一部が群衆によって打ち壊され、翌年 10 月 3 日のドイツ統合につながる。

1990 年 8 月 2 日　イラク軍がクウェートに侵攻、支配下に置く。

1991 年 2 月 27 日　アメリカ軍主体の多国籍軍が、クウェートを解放すべく 100 時間にわたる地上戦を行ない、イラク軍を撃破する。地上戦の前には 1 ヵ月にわたってイラクへの空爆及びミサイル攻撃が行なわれた。戦争は多国籍軍の勝利に終わったものの、イラクの独裁者サダム・フセインは引き続き政権の座に居座る。

1991 年 12 月　ソビエト連邦崩壊。冷戦に終止符が打たれる。

1992 年 8 月 26 日　ジョージ・H・W・ブッシュ米大統領がイラクの北緯 32 度以南を飛行禁止空域に指定、固定翼機ならびにヘリコプターの飛行を禁止する。

1993 年 2 月 26 日　ニューヨークの世界貿易センタービルで大規模な爆発が発生、6 名が死亡し 1000 名以上が負傷する。翌年、イスラム教テロリスト集団アルカイダのメンバー 4 名に対し、爆発の計画と実行の罪でそれぞれ懲役 240 年が宣告される。

1993 年 6 月 26 日　アメリカによるミサイル攻撃がイラクに対して実行される。4 月にクウェートを訪れたブッシュ元大統領に対する暗殺計画の「説得力ある証拠」が発見され、攻撃の根拠とされた。

1995 年 3 月 20 日　宗教集団オウム真理教のメンバーが東京の地下鉄でサリンを散布。13 名が死亡し数千名が負傷する。

1995 年 7 月 1 日　国連大量破壊兵器破棄特別委員会（UNSCOM）による調査報告書と、決定的な証拠の発見に鑑み、イラクは初めて生物兵器開発プログラムの存在を認めるものの、武器自体の存在は否定する。

1995 年 8 月 20 日　イスラエルとパレスチナ解放機構の高官がワシントンで会談を行ない、ヨルダン川西岸及びガザ両地区でパレスチナ自治政府の選挙を行なうオスロ合意に調印する。

1995 年 11 月 4 日　イスラエルの右翼過激派に属する男が、和平への動きに反撥してイツハク・ラビン首相を暗殺する。

1996 年 1 月 3 日　パレスチナ解放機構のヤセル・アラファト議長がパレスチナ自治政府大統領に選出される。

1996年6月25日　少なくとも5000ポンド（約2268kg）に上るプラスチック爆弾を積んだトラックが、サウジアラビアのダーランにあるアメリカ軍兵舎ホバール・タワーの外で爆発、アメリカ人兵士19名が死亡、372名が負傷する。捜査の結果、ヒズボラ（神の党）に属するテロリストの犯行と断定される（訳注：容疑者は2015年8月に拘束）。

1998年8月7日　ナイロビ、ケニア、ダルエスサラーム、タンザニアのアメリカ大使館でほぼ同時に爆弾が炸裂、アメリカ人12名を含む231名が死亡する。オサマ・ビン・ラディン率いるアルカイダのテロリストによる犯行とされた。

1998年11月1日　イラクがUNSCOMによる兵器査察への協力を一切停止する。

2000年5月24日　最後のイスラエル兵がレバノンを離れ、ほぼ20年にわたり占領を続けた「南部国境地帯」から撤退する。

2000年7月25日　ビル・クリントン大統領を仲介人としてキャンプ・デーヴィッドで開催された中東和平会談が、イスラエルの妥協案をパレスチナ側が拒絶したことにより失敗に終わる。

2000年10月12日　爆発物を積載した小型ボートが、イエメンのアデンに停泊するアメリカ海軍駆逐艦コール（DDG67）の付近で爆発、舷側に穴を空ける。水兵17名が死亡、39名が負傷する。オサマ・ビン・ラディン率いるアルカイダのテロリストによる犯行とされた。

2001年6月13日　ジョージ・テネット中央情報長官がイスラエル及びパレスチナの情報機関幹部と停戦交渉を行なう。後にイスラエルのシモン・ペレス外相とパレスチナのヤセル・アラファト大統領は、永続的な停戦へ向けて努力することに合意する。しかし、和平への展望が見えないまま戦闘は続く。

2001年9月11日　アルカイダのテロリストが4機のアメリカ民間機をハイジャック。2機はニューヨークの世界貿易センタービルへ、3機目はワシントンDCからポトマック川を隔てた場所にある、ヴァージニア州の国防総省ビル（ペンタゴン）へ突入する。4機目はホワイトハウスあるいは合衆国議事堂を目標としていたが、ハイジャック犯と乗客との格闘の結果、ピッツバーグの南方約80マイルに位置するペンシルヴェニア州シャンクスヴィルに墜落する。ニューヨークでは2800名以上が死亡し、その中には消防士343名と警官60名、及びハイジャックされた2機に搭乗していた乗客127名と乗員20名が含まれる。ペンタゴンでは乗客53名と乗員6名に加え、軍民合わせて125名の職員が死亡した。ジョージ・W・ブッシュ大統領は国家安全保障問題担当補佐官と協議を行ない、当日のうちにテロリズムとの戦争を命令、手始めにアフガニスタンのタリバン政権とアルカイダに対する攻撃を指示する。

2001年10月7日　アメリカ特殊作戦部隊とイギリス軍がアフガニスタンで軍事攻撃を開始、タリバン政権に対する戦闘を始めると共にアルカイダの訓練キャンプを急襲、オサマ・ビン・ラディンを追跡する。

2001 年 10 月 18 日　1998 年に発生したアフリカのアメリカ大使館爆破事件で起訴されていたアルカイダのテロリスト 4 名が、仮釈放なしの終身刑を宣告される。

2001 年 12 月 22 日　タリバン政権の崩壊を受け、アメリカに支持されたハミド・カルザイがアフガニスタンの新リーダーに就任、民主的選挙を約束する。米英軍はオサマ・ビン・ラディンの追跡を続ける。

2002 年 1 月 11 日　アフガニスタンで実施された多国籍軍の作戦による最初の捕虜 20 名が、キューバのグアンタナモ湾にある米海軍基地へ到着する。以降、イスラム教テロリストまたは敵兵と疑われた数百名が収容される（訳注：その後捕虜に対する人権侵害が発生、問題となる）。

2002 年 10 月 7 日　ジョージ・W・ブッシュ大統領が演説を行ない、イラクに対する軍事活動の概要を説明する。その中でブッシュは、イラクによる脅威が際立っているのは、最も深刻な危険――好戦的な独裁者と大量破壊兵器（WMD）――がこの一国に集中しているためだと強調する。

2002 年 10 月 12 日　2000 年にイエメンで米駆逐艦コールが攻撃されたこの日、インドネシアのバリ島にあるナイトクラブで自動車爆弾が炸裂する。400 名以上の犠牲者及び負傷者の中には、アメリカ人 7 名が含まれていた。

2002 年 11 月 1 日　アルカイダと関係があるイスラム教軍事組織、ジェマー・イスラミヤのメンバーがインドネシア当局に逮捕される（訳注：2008 年 11 月 9 日に実行犯 3 名の死刑が執行される）。

2003 年 3 月 20 日　米英軍がイラクに対する攻撃を開始。

2003 年 4 月 9 日　イラク全域で抵抗活動が終わりを迎える中、バグダッドが陥落する。サダム・フセインによる 24 年間の統治に幕が降ろされたものの、フセイン自身は捜索の手を逃れた。以降、米英軍によるイラクの占領が始まる。国家安全保障担当補佐官のコンドリーザ・ライスは、これに先立つ 4 月 4 日にこう述べている。「我々は可能な限り早期に、イラク人の手にイラクを委ねるつもりだ」

2003 年 5 月 1 日　ブッシュ大統領が主要軍事作戦の終了を宣言する。しかしサダム・フセインがいまだ逃亡中という状況の下、米英軍に対する攻撃といった抵抗活動は以降も続く。各国の情報機関幹部はこの抵抗活動を、今なおサダム・フセイン及びテロリストを支援するゲリラによるものとした。だがフセインはアメリカ軍によって 12 月 13 日に拘束される。

2003 年 8 月 19 日　バグダッドの国連オフィスが爆破される。トラックに積まれた爆弾はバグダッドの国連本部を破壊して 20 名の犠牲者を出したが、その中にはブラジル出身のセルジオ・ヴィエイラ・メロ駐イラク国連大使と、国連政治問題担当次官の秘書で、カリフォルニア州ウォルナット・クリーク出身のリチャード・フーパーが含まれていた。

2004年2月5日　ジョージ・テネット中央情報長官が、大量破壊兵器がいまだ
イラクから発見されていないことを明らかにする。

スパイ大事典
S P Y B O O K

英数字

007

イアン・フレミングが生んだヒーロー、ジェームズ・ボンドのコードネーム。フレミングの記述によれば、「00」は英国政府から「殺しのライセンス」を授与された人間であることを表わす。

【参照項目】イアン・フレミング、ジェームズ・ボンド、コードネーム

2506旅団 (Brigade 2506)

失敗に終わった1961年のピッグス湾侵攻作戦において、主にグアテマラでCIAと軍による訓練を施されたキューバ人亡命者部隊（「キューバ」を参照のこと）。

40委員会 (Forty Committee)

CIAの秘密工作活動に許可を与える国家安全保障会議（NSC）内のグループ。

このグループは幾度も名称を変更されているが、「40」は1970年代の呼称である。ちなみに50年代以降、NSCには秘密工作活動を決断するためのメカニズムがいくつか存在していた。

1975年10月、委員会との連絡役を務めていた国務省元職員のジェイムズ・R・ガードナーは下院情報委員会（パイク委員会）に対し、1972年から74年にかけて約40件の工作活動が40委員会の審議を経ることなく承認されたと述べている。ガードナーによれば、国家安全保障担当大統領補佐官であり後に国務長官を兼任するヘンリー・キッシンジャー議長は、会合を持つよりも「電話投票」による決定のほうを好んでいたという。さらにガードナーは40委員会を、大統領の票のみがカウントされるリンカーン政権の閣議に例えた。つまり40委員会ではキッシンジャーの票のみが意味を持つのである。

40委員会の他のメンバーはウィリアム・E・コルビー中央情報長官、ウィリアム・P・クレメンツ・ジュニア国防次官補、統合参謀本部議長のジョージ・S・ブラウン空軍大将、そして政治問題担当国務次官補のジョセフ・J・シスコである。

国務省の情報研究局に所属していたガードナーは、提案された秘密工作活動について詳しく知っていたのはキッシンジャーだけだったとしている。

【参照項目】国家安全保障会議、秘密工作活動、パイク委員会、ウィリアム・E・コルビー、中央情報長官、情報研究局

5412委員会 (5412 Committee)

重要かつ機密保持を必要とする秘密作戦にホワイトハウスと同等の許可を与えるため、国家安全保障会議（NSC）が1955年に設置した諮問委員会。委員はアレン・W・ダレス中央情報長官、アイゼンハワー大統領の代理人、国務長官、そして国防長官である。

後に特別グループと改称されたアイゼンハワーの5412委員会は、政権に政治的ダメージを及ぼす可能性のある秘密作戦に検討を加えることが第1の使命とされた（「表向きの否認」というダレスの着想は、こうしたダメージを軽減するためのものである）。

1956年にベルリントンネルの存在が明らかになった後、アイゼンハワーは他国の主権を侵害する秘密工作活動についても直接的な情報を求めるようになった。

1950年代に開発されたU-2偵察機は高度な機密事項であり、5412委員会の議題とするには不適切だとダレスは判断する。マイケル・R・ベシュロスが著書『Mayday: Eisenhower, Khrushchev and the U-2 Affair』（1986）で述べた通り、ダレスによる判断の結果、アイゼンハワーは「U-2の計画管理者とも言える立場をとり、いつどこにこの偵察機を飛ばすかについて重要な決定を下すようになった」。フランシス・ゲイリー・パワーズの操縦するU-2が1960年5月1日にソビエト上空で撃墜された際、そのダメージが5412委員会ではなくダレスとCIAにのしかかったのはそのためである。

【参照項目】国家安全保障会議、中央情報長官、アレン・W・ダレス、表向きの否認、ベルリントンネル、秘密工作活動、U-2、フランシス・ゲイリー・パワーズ

711

独立戦争当時のスパイ、ベンジャミン・タルマッジによって付与された、ジョージ・ワシントンを指すコードネーム。

【参照項目】ベンジャミン・タルマッジ、ジョージ・ワシントン、コードネーム

86

「マクスウェル・スマート」を参照のこと。

97式欧文印字機 (Alphabetical Typewriter 97)

「パープル暗号」を参照のこと。

A-11

A-12オックスカート偵察機のロッキード社内における呼称。

【参照項目】A-12オックスカート

A-12オックスカート (A-12 Oxcart)

SR-71ブラックバード偵察機の前身であるアメリカのステルス偵察機。A-12の存在はジョンソン大統領によって1964年2月26日に明らかにされた。ジョンソンは

ロッキードの社内呼称を用いつつこう述べている。

　アメリカ合衆国は先進的なジェット試作機、A-11 の開発に成功した。目下のところ継続的な飛行試験が行なわれ、時速 2,000 マイル（3,218 キロメートル）以上の速度で 70,000 フィート（21,300 メートル）を超える高度での飛行が可能である。A-11 の性能は、現在世界に存在するいかなる航空機をも凌駕している……数機がカリフォルニア州エドワーズ空軍基地において飛行試験中である。このプログラムの存在をここで公表するのは、我が国の軍事的・商業的開発計画において、この先進テクノロジーを規律正しく活用させるためである。

　開発中の機体を A-11 と呼んだのは真の呼称を隠すための意図的な策略であり、実際の A-12 はエドワーズ空軍基地でなく秘密の基地で飛行試験を行なっていた。

　A-12 の開発にあたったのは CIA 及びロッキード社の秘密設計部門スカンクワークスである。胴体は極めて細長く、小さな三角翼の上に巨大なジェットエンジン 2 基が装備されている。機体に用いられるチタニウム合金は生産量が少なく非常に高価な上、生産方法も確立されておらず、初期に納入されたチタニウムのうちおよそ 80％が返品されたという。材料に関する問題と設計上の要求から、全ての A-12 は実質的に手作業で製造された。その他にも、特殊な燃料（飛行中、機体の温度は摂氏約 175 度にまで上昇する）や、摂氏 315 度でも機能するエンジン潤滑油を用いる必要があった。

　A-12 はマッハ 3 で飛行でき、燃料の大部分を使い果たした後は 90,000 フィート（27,400 メートル）を超える高度での巡航が可能である。1965 年 11 月に配備が始まった後、CIA はキューバ上空への偵察飛行に用いることを提案したが、実行されることはなかった（「スカイラーク」を参照のこと）。最初の――そして唯一の――作戦飛行は、ブラックシールドというコードネームのもと 1967 年に北ベトナムを対象として行なわれ、1967 年 5 月 31 日から翌年初頭にかけ、沖縄の嘉手納基地に配備された A-12 が北ベトナムに対する 26 回の偵察任務に従事した。その何機かは発見され、SA-2 地対空ミサイルによる攻撃を受けたものの、撃墜あるいは被弾した機体はなかった（SA-2 は、フランシス・ゲイリー・パワーズが操縦する U-2 偵察機をソビエト連邦上空で、ルドルフ・アンダーソン・ジュニアが操縦する U-2 をキューバ上空で撃墜している）。

　1968 年 1 月 26 日、拿捕された情報収集艦プエブロの写真を撮影すべく、1 機の A-12 が北朝鮮上空での偵察任務に飛び立った。中国のレーダーがこれを捉えたものの、ミサイルが発射されることはなかった。北朝鮮における 2 度目の偵察飛行は同年 5 月 8 日に行なわれたが、これが A-12 の最終任務となった。

　1968 年 3 月には A-12 を基に開発された空軍の SR-71 が沖縄に配備され、北ベトナム上空での偵察任務を取って代わった。その後 A-12 の飛行は、パイロットの技量維持に必要不可欠なものに制限される。そしてその年のうちに、現存する A-12 は保管状態に置かれた（製造された 15 機のうち、6 機が事故で失われ、1 機が D-21 無人偵察機を射出する際に墜落している）。

　SR-71 は複座式であり、もう 1 人の乗員が複雑な航法及び偵察任務を支援できるという利点がある一方、A-12 には 1 人しか搭乗していないため、より多くのカメラや情報収集機器を搭載できる。また D-21 無人偵察機を射出するため、2 機の A-12 が複座式に改造されたものの、この計画は途中で断念された。

　空軍の YF-12A 戦闘機は A-12 の派生型であり、兵器システム担当の乗員を搭乗させるために座席を追加したことと、機体内部に空対空ミサイルを搭載する空間のあることが主な違いだった。YF-12A の初飛行は 1962 年 4 月 26 日に行なわれたが、製造は 3 機にとどまっている。

　SR-71 の製造機数は 3 機の YF-12A と 1 機の SR-71C 練習機を含む 32 機である。この練習機は事故を起こした YF-12A と構造試験用の機体を組み合わせて製造された。1990 年に退役した時の現存機数は 20 未満に過ぎず、また高度なメンテナンスが必要なため、常時運用できる機数は 8 ないし 9 機のみだった。

　ペンタゴンは 1970 年代に 8 機の SR-71 が事故で失われたことを公表したが、U-2 と異なり撃墜されたものはない。ポール・クリックモアは著書『Lockheed SR-71: The Secret Missions Exposed』の中で、1963 年から 89 年にかけて 5 機の A-12、1 機の MR-12 無人機母機、13 機の SR-71、そして 1 機の YF-12A が作戦飛行中に失われたと記している。

　革新的な航空機である A-12 は数多くの記録を塗り替えた。1966 年 12 月 21 日にアメリカ上空で行なわれた周回飛行では、10,198 マイル（16,412 キロメートル）の距離を 6 時間で飛行し、平均時速 1,700 マイル（2,730 キロメートル）という記録を残している。

【参照項目】偵察、CIA、スカンクワークス、上空偵察、フランシス・ゲイリー・パワーズ、ルドルフ・アンダーソン・ジュニア、プエブロ、SR-71 ブラックバード、D-21

A-2

　アメリカ陸軍航空隊、及びその後身のアメリカ陸軍航空軍に所属する情報参謀。「アメリカ空軍における諜報活動」、「G-2」を参照のこと。

A3D（後にA-3）スカイウォーリア

(A3D Skywarrior〔A-3〕)

　長距離飛行と核攻撃が可能な艦上攻撃機としてダグラス社が開発したA3Dは、写真偵察及び電子情報（ELINT）活動にも多数が活用された。艦載機としては最大であり、空中給油機型の最大離陸重量は8万ポンド（36.3トン）以上になる。その大きさとずんぐりした外観のため、「クジラ」という愛称がつけられた。

　米海軍は1956年から61年にかけて各種のスカイウォーリアを282機受領し、1956年より部隊での運用を開始している。それらのうち29機は写真偵察型のA3D-2Pとして製造され、胴体に最大12基のカメラを設置可能である。別の25機は電子戦（ELINT）型のA3D-2Qとして製造されたが、後に原型機の多くがこのタイプへ改造された。A3D-2Qは前方用と側方用のレーダー、赤外線センサー、及び各種電子観測機器を装備している。海軍が最後まで運用したのもこのELINT型であり、91年に退役するまで活躍した。

　A3Dはベトナム戦争において様々な任務に就いたが、空中給油型は航続距離の短い戦闘機に給油するため特に重宝された。また、空軍はA3Dを改設計したB-66デストロイヤーを運用し、爆撃、電子戦、写真偵察、気象観測、及び研究の各任務に用いた。B-66は合計294機が製造されている。

　原型のA3Dは乗員3名で運用されるが、ELINT型の乗員は7名、写真偵察型は5名となっている。攻撃機型は12,800ポンド（5.8トン）の通常爆弾または原子爆弾1発を胴体内部の爆弾倉に搭載できる。2基のターボジェットエンジンは、攻撃任務において時速610マイル（980キロメートル）の最高速度と2,000マイル（3,218キロメートル）の航続距離を可能にした。

　A3Dは1962年にA-3と改称されている。

【参照項目】 偵察、電子情報

A3J（後にA-5）ヴィジランティ　(A3J Vigilante〔A-5〕)

　ノース・アメリカン社のA3Jヴィジランティは核攻撃可能な艦上攻撃機として開発されたが、主たる任務は超音速偵察だった。A3Jはソビエト連邦への核攻撃を念頭に、A3Dスカイウォーリアの超音速（マッハ2.1）版後継機として開発された。しかし地上ないし潜水艦から発射される弾道ミサイルの登場によって、既存のA3Jは1960年代初頭に写真偵察型のA3J-3Pに改造され、以降の新造機も特殊任務に従事することとなった。

　スマートな胴体と後退翼を備えたこの飛行機にはターボジェットエンジン2基が装備され、搭乗員は2名、最高速度は時速1,385マイル（2,229キロメートル）である。トンネルのような爆弾倉に搭載された原子爆弾は2つの燃料タンクと連結されており、胴体後部から一緒に投下される。また両主翼の下面には通常爆弾あるいは増加燃料タンクを搭載できる。

　写真偵察型に改造された機体にはカメラ、赤外線センサー、電子妨害装置と共に、偵察機器と側方用レーダーが爆弾倉に設置された。

　初号機のYA3J-1は1958年8月31日に初飛行し、61年には爆撃機型が海軍に配属された。また偵察機型は63年後半より運用されている。1970年代を通じておよそ150機が製造されており、その大半は偵察機型である。これらの機体はベトナム戦争で広範囲に用いられた後、79年に退役した（62年にRA-5Cと改称）。

　A3J偵察機を運用する空母には統合作戦情報センター（IOIC）が設置され、航空機が入手したデータの高速なダウンロードと、使用可能な情報への素早い変換を可能にしている。IOICは1962年11月から空母サラトガで

アメリカ海軍A3Dスカイウォーリアの偵察機型、A3D-2P。カメラ12台と搭乗員3名が機体の前に並んでいる。迷彩塗装に注意。ベトナム戦争たけなわの頃、一部の海軍機にこの塗装が施された。（出典：アメリカ海軍）

運用を開始したが、これは航空機が配備されるより早かった。

【参照項目】偵察、A3Dスカイウォーリア、電子対抗手段、統合作戦情報センター

A-54

「パウル・トゥンメル」を参照のこと。

ABS

「ビジネス・セキュリティー協会」を参照のこと。

ACINT

「音響情報」を参照のこと。

ADFGX暗号 （ADFGX Cipher）

最も有名な非機械式暗号の1つ。1918年春、フランスにおける軍事行動を計画していたドイツのエーリッヒ・フォン・ルーデンドルフ元帥のため、フリッツ・ネーベル大佐が考案した。ADFGXの5文字を冠した5行5列の正方形を基礎としているが、これらの文字が選ばれたのは、いずれもモールス信号で簡単に識別できるからである。これは未熟な無線オペレーターを多数擁していた陸軍にとって重要な要素だった。

この暗号は次のような枡目状の換字表が基本である。

	A	D	F	G	X
A	n	b	x	r	u
D	q	o	k	d	v
F	a	h	s	g	f
G	m	z	c	l	t
X	e	i	p	j	w

行→列の順に参照することで、「attack at dawn（夜明けに突撃せよ）」というメッセージは次のように暗号化される。

FA	GX	GX	FA	GF	DF	FA	GX	DG	FA	XX	AA
a	t	t	a	c	k	a	t	d	a	w	n

各言語には文字の繰り返しと出現頻度に特徴があり、メッセージにおける特定の文字の出現頻度を攪乱するため、数字（転置鍵）を用いた転置法を通じて再暗号化あるいは二重暗号化される。なお、換字表と転置鍵は毎日交換されていた。

フランスの無線傍受担当者が最初のADFGX暗号文を受信したのは1918年3月5日のことである。その2週間後、ドイツ軍の侵攻は成功し、いくつかの攻撃地点で連合軍を40マイルほども押し返した。

その間、有能な暗号解読者ジョルジュ・パンヴァン大尉に率いられたフランス暗号局は、この暗号の解読に成功した。傍受された2つの暗号文の冒頭部に一種の類似性があることに気づき、この暗号が5つの文字、さらには枡目状の表から作成されていることに着目した上で、パンヴァンはわずか1日──1918年4月1日──で換字表と転置鍵を突き止めたのである。

やがてフランスは、メッセージに数字を入れるため、ドイツ軍がもう一つの文字──V──を枡目に追加したことを知った。それでも、パンヴァンは6月1日までに暗号解読を成功させている。これ以降に解読された暗号文によって、連合軍は6月9日から始まるドイツの次なる攻撃地点を知ることができ、この戦いに勝利を収めて西部戦線の戦況を一変させた。

パンヴァンがいかにしてADFGX暗号を解読したかは1966年に初めて公表された。

【参照項目】暗号、二重暗号化、ジョルジュ・パンヴァン

AFIO

「インテリジェンス・オフィサー退職者協会」を参照のこと。

AFSA

「軍保安局」を参照のこと。

AGER

（miscellaneous auxiliary environmental reserch、各種補助的環境調査）

傍受型情報収集艦を指すアメリカ海軍の呼称。

1960年代後半、3隻の改造貨物船、バナー（AGER1）、プエブロ（AGER2）、パーム・ビーチ（AGER3）にこの呼称が付与された。信号情報の傍受を目的に改造された各艦には海軍の乗員が乗り組んでいたが、情報収集はNSAの監督のもと非軍人の専門家らにより行なわれた。海洋学や環境データの収集をカバーにしているものの、実際の任務はその運用と電子アンテナからも明らかである。また艦内には最低限の武装として機関銃や小火器も搭載されていた。

さらなる改造が計画されたものの、AGER計画そのものがイスラエルによるリバティへの攻撃（1967年）、及び北朝鮮によるプエブロの拿捕（1968年）を受けて中止された。

【参照項目】情報収集艦、プエブロ、信号情報、NSA、リバティ

AGI

外国の情報収集艦、特に冷戦期におけるソビエトの艦隊を指す、アメリカ及び北大西洋条約機構（NATO）の呼称。

【参照項目】情報収集艦、北大西洋条約機構

AGTR

（miscellaneous auxiliary technical reserch、各種補助的技術調査）

傍受型情報収集艦を指すアメリカ海軍の呼称。

1960年代に5隻の船舶が信号情報収集船に改造され、それぞれオックスフォード（AGTR1）、ジョージタウン（AGTR2）、ジェームズタウン（AGTR3）、ベルモント（AGTR4）、リバティ（AGTR5）と命名された。海軍の乗員が乗り組んでいたが、情報収集はNSAに監督された非軍人の専門家らにより行なわれた。AGERの各艦と同じく、その活動内容とアンテナによって情報収集艦であることは簡単に識別できる。また最低限の武装として機関銃や小火器を装備しているのも同様である。

AGTR計画も、1967年のリバティに対する攻撃と68年のプエブロ（AGER2）拿捕によって幕を下ろされた。

1962年10月に発生したキューバミサイル危機の際、オックスフォードはキューバ沖合でソビエトによる通信の傍受に従事した。

【参照項目】情報収集艦、信号情報、リバティ、NSA、AGER、プエブロ、キューバミサイル危機

AIB

「連合軍諜報局」を参照のこと。

An-12 カブ （An-12 Cub）

ソビエトの輸送機。このカテゴリーでは最も重要な機体の1つであり、軍民問わず広く用いられた。また多数が電子情報（ELINT）機に改造された上で、西側艦船に対する哨戒任務に就いている。

活躍の舞台はソビエト国内ばかりでなく、1967年から72年にかけてはELINT用の機体がエジプトを拠点とし、東地中海におけるソビエト艦船の活動を支援した。これらの一部にはエジプト軍の塗装が施されていたが、搭乗していたのはソビエト軍の要員のみだったとされている。また親ソビエトの第三世界諸国を拠点に活躍した機体もある。

アントノフ設計局が開発した高翼機のカブは胴体全体が貨物スペースとなっており、4基のターボプロップエンジンを動力源にしている。貨物スペースを犠牲にしないため、主脚は胴体下部のポッドに収納される。また急角度で立ち上がる胴体尾部には傾斜ランプが組み込まれている。ほとんどの機体には尾部銃座があり、23ミリ連装機関銃の砲塔が1基設置されている（中には民間機の塗装が施されたものもある）。火器管制レーダーは搭載していないものの、武装型のAn-12には後方警戒レーダーが装備されている。一方、貨物機型は44,000ポンド（20トン）の貨物ないしおよそ100名の兵員を搭載できた。

電子偵察機型は1970年から存在が確認されている。

アメリカがカブBと呼ぶ機体は胴体と尾部にアンテナドームを取り付けた電子妨害装置搭載機であり、カブCは胴体下面のアンテナ収容部などを特徴とするレーダー捜索（フェレット）専用機である。またカブDは哨戒及びELINT収集機となっている（基本型に対するソビエトの呼称はAn-12BPである）。

An-12の初飛行は1957年であり、59年から配備が始まった。その18ヵ月後にはアエロフロートが民間機型の運用を始めている。1973年までに900機以上が生産され、そのほとんどは軍用だった。ソビエト（ロシア）空軍以外にも、ワルシャワ条約機構諸国や第3世界諸国が各種のAn-12を運用している。

【参照項目】電子情報、偵察、電子対抗手段、フェレット

Ar234 ブリッツ （Ar234 Blitz）

世界初のジェット推進爆撃機であり、1944年から45年にかけてヨーロッパ上空の長距離偵察任務に用いられた。しかし他のドイツ製ジェット機と同じく、戦争の趨勢に影響を与えるには登場が遅過ぎた。

Ar234V7偵察機型には様々なカメラが搭載され、1944年8月2日からフランス上空での作戦飛行を開始し、後にはイギリス上空への偵察飛行も実施されている。また1944年後半から運用を開始したAr234B-2爆撃機型には4,410ポンド（2トン）の爆弾を搭載できた。Ar234による初の空襲は1944年12月のバルジの戦いで行なわれ、その後も燃料不足に悩まされつつ、1945年5月初めの敗戦まで散発的に空襲を続けた。

アラド社が製造したこの爆撃機は、高速飛行が可能な偵察機を求めるドイツ航空省の要求によって開発された。初飛行は1943年6月15日であり、翌年9月から量産に入っている。元々は双発ジェット機だったが、1944年2月4日に初飛行した8番目の試作機（Ar234V8）は4基のジェットエンジンを搭載している。ジェットエンジンは絶えず問題に悩まされ、通常の耐用限度は25時間に過ぎなかった（訳注：10時間ごとにオーバーホールが必要だったという）。数種類の夜間戦闘機型も開発されており、また計画のみに終わったものの、V-1飛行爆弾（ブンブン爆弾）を搭載する派生型も考えられていた。

双発のAr234B-2型は最高速度461マイル（741キロメートル）で最大実用高度は36,000フィート（10,973メートル）、航続距離は約950マイル（1,530キロメートル）である（2,205ポンド〔1トン〕の爆弾を搭載すると航続距離は半分になる）。4発機型は最高速度が546マイル（879キロメートル）になる一方、少数のAr234Cには与圧コクピットが装備されている。

【参照項目】偵察

ASA

「陸軍保安局」を参照のこと。

ASIO

「オーストラリア保安情報機構」を参照のこと。

ATOMAL

アメリカ合衆国から提供された閲覧制限資料（原子力関係資料）を指す北大西洋条約機構（NATO）の機密区分。

【参照項目】閲覧制限資料、北大西洋条約機構、機密区分

A軍団 （A Force）

「ロンドン・コントローリング・セクション」を参照のこと。

Aシューレ （A-Schule）

第2次世界大戦中、ナチス配下のSS（親衛隊）は2つの主要なスパイ養成機関を運営した。オランダのハーグに設置された西Aシューレと、ユーゴスラビアのベオグラードに置かれた東Aシューレである。これらの「エージェント養成校」では、モールス信号、無線操作、爆発物の設置、バイクの運転法、銃の扱い方（片手が負傷した際に備え、様々な拳銃を左右両手で撃てるよう訓練された）などのスパイ技術が教え込まれた。各クラスはエージェントの予定任務に従って編成され、最大でも5、6名から構成されていたという。

肉体的訓練にも重点が置かれると共に、第3帝国のほとんどの教育活動で要求されるナチスによる政治的教化も実施された。学生の在籍期間も様々で、短い者で数週間、中には数ヵ月に及ぶ者もいた。また外出できるのは夜間に限られ、それも職員の付き添いを必要としたとされている。

戦時中のドイツにはこの他にもより小規模なスパイ養成機関が存在していた。

【参照項目】SS、スパイ養成機関、スパイ技術

B-2

第2次世界大戦期におけるアメリカ軍の旅団及び大隊の情報組織。「G-2」を参照のこと。

B-29 スーパーフォートレス （B-29 Superfortress）

第2次世界大戦中に活躍した各国爆撃機の中でB-29は最高性能を誇っており、対日本戦や朝鮮戦争（1950〜53）では多数の写真偵察機型も任務に就いた。

B-29による初の空襲任務は1944年6月5日に行なわれ、インドの飛行場を離陸した機体が日本占領下のバンコクを爆撃した（任務遂行後の集結拠点として中国の飛行場が用いられた）。その後は中国各地から、また10月以降はマリアナ諸島から飛び立ったB-29が日本本土への空襲を行なっている。マリアナを離陸した機体は日本の各都市を焼き払い、45年8月には広島と長崎に原爆を投下した。

当初F-13という呼称を与えられた偵察機型は爆撃の終了後に飛行し、空襲によるダメージを評価するための写真を撮影した。標準型の写真偵察機は6台のカメラと追加ユニットを搭載できる棚を装備している。

1949年9月3日、大気中の放射性物質検出装置を取り付けて日本からアラスカへ飛行したアメリカ空軍のWB-29気象偵察機が、ソビエト初の核実験の証拠を検知した（専門家による委員会はこの成果を検討し、ソビエトが原子爆弾を爆発させたと結論づけた）。

朝鮮戦争ではRB-29（1948年にF-13から改称）が大規模に用いられた。数機のRB-29がMiG-15戦闘機の攻撃を受け、損傷を負った機体もあったが、撃墜されたものは1機もない。しかし、公海上で偵察活動を行なっていた3機のB-29がソビエトの戦闘機によって撃墜されている（「撃墜」を参照のこと）。RB-29はその後53年末までに全機が退役した。

ボーイング社が設計したXB-29の初号機は1942年9月21日に初飛行した。B-29は合計3,996機が生産され、45年8月までに230機を除く全機が引き渡されている（他に5,000機のB-29が発注されていたが、終戦時にキャンセルされた）。最高速度は時速358マイル（576キロメートル）であり、最大2万ポンド（907キログラム）の爆弾を搭載できる。4ヵ所ある遠隔操作式の銃塔には、防御用として8または10門の.50口径機銃が4基の銃塔に装備され、尾部銃塔にはさらに2門の機関銃と2センチ機関砲1門を備えている。爆撃機型の乗員が10名である一方、F-13偵察機は9名で運用される（機関銃数門が撤去されているため）。

B-29の改良型であるB-50 スーパーフォートレスは第2次世界大戦後に爆撃及び偵察任務に就いている。

B-36 ピースメーカー （B-36 Peacemaker）

核兵器時代の初期に多くの論争を生んだアメリカ空軍の戦略爆撃機。長距離・高々度の戦略偵察機としても用いられた。

B-36の開発はアメリカが第2次世界大戦に参戦する以前より行なわれていた（イギリスがドイツに降伏した場合、アメリカ本土の基地からヨーロッパを攻撃するため）ものの、この爆撃機が運用を始めたのは1951年になってからであり、その後59年まで戦略航空軍団で爆撃及び戦略情報任務に就いた。RB-36による偵察作戦についてはごくわずかの情報しか公表されておらず、B-36がソビエト上空の偵察にあたったことをアメリカ政府は

10基のエンジンを備える巨人機、B-36の偵察型RB-36D。「寄生」偵察戦闘機YRF-84Fをフックで引っ掛けた後、格納中の様子が写っている。1930年代、アメリカ海軍は同様の小型機を、機体の収容が可能な2機の大型機から運用していた。（出典：アメリカ空軍）

公式に認めていない。しかしこのような任務が2回実施されたとする説がある。

B-36爆撃機が初めてアメリカ本土の外を飛行したのは1951年1月16日だった。10基のエンジンを搭載した6機のB-36Dが、イギリス・レイクンヒースの英空軍基地に着陸する。そのうち3機には隠しカメラのバッテリーが装備されていて、レイクンヒースを離陸したこれらの機体は、コラ半島のムルマンスクにあるソビエト基地施設上空への偵察飛行を行なった。ミグ戦闘機2機が迎撃を試みたものの、いずれも無事に帰還している。その後6機のB-36Dは1月20日にアメリカ本土へ帰還した。

伝えられるところによると、カメラを搭載したB-36Dによるウラジオストク基地施設への偵察飛行が2度実施されたという。この任務は、23機のB-36が日本本土、沖縄、そしてグアムを一時的拠点にしていた1953年8月から9月にかけて行なわれ、その一環として、ウラジオストクの主要基地施設への偵察飛行が嘉手納基地を拠点にして2度行なわれたとのことである。現在入手できる記録から、これらの機体が先にムルマンスク上空を飛行したB-36Dと同じ改造型か、あるいは偵察任務に特化したRB-36Dであるかは明らかでない。いずれにせよ、どちらの作戦活動においても、カメラを搭載した機体は「普通の」B-36の中に「隠されて」いたのである。

1951年6月に戦略航空軍団へ配備された偵察機型のRB-36は、前部爆弾倉に14台の高々度カメラ（合計重量3,300ポンド〔1.5トン〕）を備え、2番倉には80個の閃光爆弾、3番倉には3,000ガロンの燃料タンク、そして4番倉には電子妨害装置（ECM）が装備されている。また最も大きなカメラレンズの焦点距離は47インチ（1,193mm）である。航続時間は30時間であり、当初は22名の乗員を必要とした。

RB-36Dには20ミリ機関砲2門を装備した遠隔操作式の銃塔が8基あったものの、後に尾部を除いた全ての銃塔が撤去されて乗員も19名に減少している。

RB-36は各国が運用した偵察機の中で最大のものだった。ターボジェットエンジンを装備した機体は運用限度に近い高度で時速560キロメートルを出すことができる。アメリカ空軍の資料には運用限界高度が4万フィート（12,190メートル）と記されているが、実際の限界高度はそれよりはるかに高い6万フィート（18,290メートル）だったとする資料もある。

B-36は385機がコンベア社からアメリカ空軍に引き渡され、その中には24機のRB-36D、同じく24機のRB-36F、そして73機のRB-36H偵察機型が含まれており、全体の31パーセントを占めている。さらに22機のB-36AがRB-36Eに改造され、また29機のB-36Bが一時的にRB-36B写真偵察型へ改装されている。1954年6月にはRB-36の主要任務が重爆撃に変更され、最後部の爆弾倉に装備されていたECM機材を乗員区画に移動した上で、本来の爆弾倉として機能させることになった。

全長49メートル、全幅70メートルのB-36は実用化された最大の軍用機である。B-36Jの最大爆弾搭載量は43トンであり、総重量は41万ポンド（186トン）に及ぶ。6基の大型レシプロエンジンを装備しているが、後期型には4基のターボジェットエンジンが翼下のポッドに追加搭載された。全てのエンジンをジェット化し、主翼を後退翼にした改良型の試作機YB-60も開発されたが、B-52ストラトフォートレスとの競争に敗れて採用には至らなかった。また、別の1機が空中原子炉の実験に用いられている（原子炉を推進力にしているわけではなかった）。

ソビエトの防空体制が1950年代に改善されたのを受け、軽量化計画を通じてRB-36の運用高度を上昇させる試みがなされ、全ての機銃と一部の装備が撤去された。軽量型のRB-36では乗員も19名に減少している。この結果、最高運用高度は一般型よりも5,000〜8,000フィート高い45,000フィートに達した。またRB-36の

偵察能力をさらに高めるため、RF-84 サンダーフラッシュ戦術写真偵察機を「寄生」させる実験が行なわれた。胴体を部分的に窪ませた RB-36D に RF-84 を搭載、高速で飛行すべく目標上空で切り離し、任務完了後は母機にドッキングさせるというものである。7 機の軽量型 GRB-36D と 23 機の RF-84K が改造された（それぞれの爆撃機は 1 機の RF-84 を搭載する）ものの、飛行試験の結果実用的ではないと判断され、1956 年に計画は破棄された。また別の計画においては、両翼端に 2 機の RF-84 を搭載する試験が行なわれている。

XB-36 の初飛行は 1946 年 8 月 8 日であり、偵察機型 RB-36D の初号機が飛行したのは 49 年 12 月 18 日である。全盛期の 53 年には 209 機の爆撃機型と 133 機の偵察機型が運用されていたものの、そのいずれも実際に爆弾を投下することはなかった。

B-45 トーネード (B-45 Tornado)

第 2 次世界大戦後に初めて生産されたジェット爆撃機。RB-45C は北朝鮮及びソビエト連邦に対する重要な写真偵察任務に就いており、特にソビエトへの飛行任務は冷戦期における上空偵察の先駆けとされている。

B-45 は 1948 年 11 月に配備が始まった（世界初のジェット爆撃機はドイツの Ar234 ブリッツである）。4 基のエンジンを搭載するものの戦術爆撃機として開発され、核爆弾及び通常爆弾のいずれも搭載できるよう設計されている。また核攻撃任務を目的としたイギリスへの配備は 1952 年から行なわれた。

朝鮮戦争（1950 ～ 53）に参戦したのは RB-45C 偵察機型のみであり、MiG-15 戦闘機の脅威に晒されながらも 3 機が共産勢力の占領地域で写真撮影を続けた。1951 年 2 月から始められたこの任務では、最初の数ヵ月こそミグ戦闘機を振り切ることができたが、MiG-15 による迎撃が何度か試みられた年末を迎える頃になると、RB-45 の飛行は「安全な空域」の昼間飛行に制限されるようになった。

朝鮮戦争開戦後、ソビエト連邦を挑発しかねない偵察飛行はトルーマン大統領によって禁止されたが、戦略航空軍団は潜在的ターゲットのレーダー映像を強く必要としていた。そのためイギリスに支援を求めた上で、イギリス軍の塗装を施し、イギリス人の操縦する RB-45C がソビエト内陸部で偵察活動を行なったとされている。

1952 年 4 月 19 日から 20 日にかけて 3 機の RB-45 で初めて実施されたこの任務はいずれも夜間飛行であり、アメリカの爆撃機が用いるレーダー映像を記録することが目的とされた。ソビエトはこれを探知して迎撃を試みたが失敗に終わっている。イギリス人の操縦による 2 度目の飛行は 1954 年 4 月 29 日から 30 日にかけての夜間に行なわれた。

同じく 1954 年、英空軍のスカルソープ基地を拠点とするアメリカ第 19 偵察航空団が RB-45 の運用を始めた。そのうち数機にはイギリス空軍の塗装が施され、少なくとも 2 名のイギリス人搭乗員が同航空団に加わっているものの、ソビエト連邦に対する偵察任務が実施されたという記録はない。

B-45 は 1944 年に陸軍航空軍が提出したジェット爆撃機の要求書を基にノースアメリカン社によって開発され、試作機 XB-45 は 47 年に初飛行した。機体は直線翼を備え、両翼のナセルに 4 基のターボジェットエンジンが装備されている。また胴体内の爆弾倉には 10 トンの爆弾を搭載でき、対空防御用の .50 口径機関銃 2 門が有人の尾部銃塔に備えられた。1948 年に配備が始まった B-45 の生産機数は 3 機の XB-45 を含む 143 機にとどまっており、うち 33 機が RB-45C 偵察機型である。

1949 年 5 月 3 日に初飛行した最初の RB-45C は 5 ヵ所にカメラを装備し、乗員は爆撃型と同じく 5 名である。爆弾倉には追加の燃料と共に、夜間飛行に備えて閃光爆弾が搭載された。配備開始は 50 年であり、同年に初の海外配備が実施されている。その後 59 年までに全ての機体が退役した。

B-47 ストラトジェット (B-47 Stratojet)

世界で初めて量産され、冷戦期の西側爆撃機で最多の生産数を誇る後退翼のジェット爆撃機。派生型の RB-47 は写真偵察や電子偵察に広く用いられた。

著名な航空専門家のビル・ガンストンは B-47 を評して「技術的に進んだ設計のため、真に未来的な外見である」と述べている。高速飛行を可能にする流線型の機体に加えて高度な自動化がなされており、ほぼ同じ重量の B-29 が 11 名の乗員で運用されていたのに対し、B-47 では操縦士、副操縦士、そして爆撃手兼航法士のわずか 3 名である。その代わり、遠隔操作式の尾部銃塔に装備された 20 ミリ連装自動機関砲を除き、全ての防御武装は撤去されている。6 基のジェットエンジンを搭載する B-47 は敵戦闘機を回避するため、高速性能（B-47E の最高速度は時速 660 マイル〔1,062 キロメートル〕）と電子対抗手段に依存している。また原子爆弾 1 発もしくは 18,000 ポンド（8.2 トン）の通常爆弾を搭載可能である。

アメリカ空軍は 1953 年から 24 機の B-47 を RB-47B 偵察機型に改造し、爆弾倉に 8 台のカメラを搭載した。さらに 240 機の RB-47E 写真偵察機と、32 機の RB-47H 及び 15 機の RB-47K 電子偵察機が生産されている。写真偵察機型は 11 台のカメラを搭載して乗員 3 名で運用される一方、電子偵察機型には 5 ないし 6 名の乗員が搭乗した。

1952 年には特殊カメラを搭載した B-47B がソビエト連邦に対する初の偵察飛行を行なった。この機体は 10 月 15 日にアラスカ州フェアバンクスを離陸、空中給油

を受けた後、高度4万フィート（12,190メートル）以上でシベリア北東部を飛行した。偵察目標はソビエトの爆撃機基地と疑わしき場所である。ソビエト戦闘機が迎撃を試みたものの失敗に終わった。

8時間に及ぶこの偵察任務で飛行距離は3,500マイル（5,630キロメートル）に達したが、うち800マイル（1,290キロメートル）がソビエト領空だった。雲に覆われた地域もあったものの、貴重な写真が多数得られた。

その後もRB-47はソビエト領に沿って無数の偵察飛行を行なっている。1960年7月1日、1機のRB-47Hがバレンツ海上空でソビエトの戦闘機によって撃墜された。乗員6名のうち4名は撃墜時に死亡したと伝えられており、残りの2名は1961年1月25日、すなわちケネディ大統領就任の5日後に解放された（ニキータ・フルシチョフが搭乗員の解放を遅らせたのは、対立候補のニクソンを敗北に追い込んで彼の評判を傷つける策略の一部だった。フルシチョフは後に、自分の1票が「くそったれリチャード・ニクソン」の敗北を決定づけたと自慢している）。

1965年4月には別のRB-47Hも北朝鮮軍戦闘機による攻撃で深刻な損傷を受けたが、こちらは無事に帰還した。

試作機XB-47の初飛行は1947年12月17日であり、最初の量産型はRB-47Bだった。その後1957年までに合計2,032機のB-47が生産され、全盛期の1957年には1,260機の爆撃機型と約300機の偵察機型に加え、同じくおよそ300機の訓練及び特殊任務用の機体が空軍によって運用されている。

1960年代初頭、ロバート・マクナマラ国防長官は有人爆撃機を大陸間弾道ミサイルに置き換えることに重点を置き、B-47の退役を加速させた。爆撃機型の最後の1機が退役したのは66年2月だったが、RB-47は翌年12月まで運用が続けられている（海軍は後に3機のEB-47Eを現役に復帰させ、ミサイル及び電子戦プロジェクトに活用した）。

B-57キャンベラ (B-57 Canberra)

イギリス製のターボジェット爆撃機。アメリカでも使用され、ソビエト上空での情報収集任務に就いた。優れた性能を誇り米英両国で生産されたキャンベラ爆撃機の偵察機型は、戦術偵察のみならず高々度戦略偵察任務にも就いており、U-2偵察機を補完する存在となった。

1952年、CIAはイギリスに対し、新型のキャンベラを長距離写真撮影任務に用い、ヴォルガ川沿いのカプースチン・ヤールにあるソビエトのミサイル実験施設への偵察を行なえないかと打診した。これを受けたイギリスは1952年に1度目の偵察任務を実行し、また翌年7月に2度目の偵察飛行を実施したものとされている。2度目

の任務では対空砲火で損傷を受けたが、無事イランに帰還した。

イングリッシュ・エレクトリック社が開発したキャンベラはイギリス初のジェット爆撃機である。第2次世界大戦中に活躍したモスキートの実質的な後継機として開発され、1949年5月13日の初飛行を経て51年から配備が始まった。胴体内部の爆弾倉には通常爆弾か核爆弾、または複数の20ミリ機関砲を搭載できる。

1953年には偵察任務用のPR.3が配備され、また60年からは翼幅を広げ高度6万フィート（18,290メートル）以上を飛行できるPR.9が運用されている。1950年代中盤には、イギリス空軍の5つの戦略偵察飛行隊にキャンベラが配備されていた。なお爆撃機型・偵察機型とも防御武装は搭載しておらず、スピードと高度、そして機動性を頼りに敵の戦闘機から逃れていた。

最初の写真撮影専用機であるPR.3とその後継機は、延長された胴体内部の爆弾倉に最大7台のカメラを搭載できた。後のPR.9ではエンジンの改良と主翼の大型化が行なわれ、高々度任務を可能にしている。PR.7は高度4万フィート（12,190メートル）で時速580マイル（933キロメートル）を出すことができ、最高運用高度は48,000フィート（14,630メートル）、最大航続距離は4,300マイル（6,920キロメートル）を誇る。基本型のキャンベラはパイロットと航法士の2名で運用され、爆撃機型ではそれに爆撃手が加わる。1955年には特別に改造された機体が高度65,890フィートで飛行し、当時の最高記録を打ち立てた（その直後、U-2偵察機が秘かにこの記録を破っている）。

キャンベラは全タイプ合わせて1,352機がイギリスの各企業によって生産され、うち155機がPR派生型である。またそれとは別に57機がオーストラリアで生産されており、アメリカではグレン・L・マーチン社が製造にあたった。アメリカ製の機体にはB-57の呼称が与えられ、1954年6月28日に初飛行している。アメリカ空軍は403機のB-57を運用し、その中には20機のRB-57Dと16機のRB-57F戦略偵察機が含まれていた。

RB-57DとRB-57Fは高々度を飛行するために主翼が延長され、基本型の翼長が64フィート（19.5メートル）である一方、RB-57Dでは105フィート（32メートル）に、RB-57Fでは122.5フィート（37.3メートル）にそれぞれ延びている。RB-57Fの最高飛行高度は68,500フィート（20,880メートル）に達し、航続距離は4,250マイル（6,840キロメートル）である。RB-57Dは1人乗りだが、RB-57Fでは2人乗りとして効率性を増している。また主翼を延長した数機のB-57が台湾に供与され、中国上空での偵察任務に就いた（戦術偵察用のRB-57A、RB-57C、RB-57Eも存在する）。

21世紀に入った現在でもイギリス空軍はPR.9偵察機を第一線で運用している（訳注：2006年に退役。一方、

NASA が現在も運用を続けている）。

【参照項目】偵察、U-2、CIA、モスキート

B-70

「RS-70 ヴァルキリー」を参照のこと。

BCRA （Bureau Central de Renseignements et d'Action）

　第2次世界大戦中にシャルル・ド・ゴール将軍が設立した秘密活動と破壊工作を目的とする組織。正式名称は情報・行動中央局。自由フランス軍の一組織としてロンドンに本部を置いた BCRA は、フランスに送られたエージェントの一部を管理すると共に、イギリスの SOE（特殊作戦執行部）との協力を通じてレジスタンス組織とも活動した。

　この組織は当初 BCRAM（情報軍事行動中央局）という名称を与えられたが、ロンドンに亡命中のフランス人政治家が、政治案件に軍が介入することをほのめかしていると抗議したことを受け、「軍事」を示す M の1字が削除された。

　チャーチル首相とド・ゴールの反目は、管轄上・作戦上の問題における英仏情報機関の争いに発展した。さらに、BCRA は現在の作戦でなくむしろ戦後のフランスに目を向けがちだった。BCRA による初期の作戦の1つに、フランス人約10万名のカードファイルを作成して、ド・ゴール率いる自由フランス軍に対して敵対的、友好的、無関心と分類するというものがあった。

　「パッシー大佐」――アンドレ・ドゥヴァヴラン大佐がパリ地下鉄の駅名にちなんで名乗った偽名――は BCRA の設立にあたってドイツ占領下のフランスにエージェントを送り、またそこから逃れたフランス人による報告の分析・評価をこの組織の主要任務とした。だがイギリスはその活動に低い点しか与えず、フランス・レジスタンス運動の弱点と見なした。一方のアメリカはやや高い評価をしている。多くのフランス人は、BCRA の関心が軍事よりも政治にあると感じ、戦争終結までに壊滅すると予想したが、それは的中した。BCRA は1944年に解散し、DGSS に統合されている。

【参照項目】秘密活動、SOE、アンドレ・ドゥヴァヴラン、DGSS、フランス

BfV （Bundesamt für Verfassungsschutz）

　ドイツの防諜機関、連邦憲法擁護庁の略称。

　BfV は冷戦開始後間もなく、イギリスの防諜機関 MI5 をモデルに米英の情報機関から支援を受けて設立された。なおゲシュタポや SS のような機関を西ドイツに持たせたくないという米英の意向により、MI5 と同じく逮捕権を有していない。

　1950年から90年に至るまで、BfV の活動は西ドイツにおける米英の大規模な諜報活動に影響され続けたが、

東西ドイツが再統一を果たした90年には統一ドイツの一機関となっている。

　西ドイツの対外情報機関 BND（連邦情報庁）同様、BfV には冷戦期と統一後という2つの期間が存在する。ドイツが分裂していた時代（1945〜90）、西ドイツとりわけベルリンは、悪名高い東ドイツの秘密警察シュタージ（「MfS」を参照のこと）のみならず、アメリカ、イギリスそしてソビエトの主要情報機関が暗躍する一大拠点であり、国境を股にかけて活動する多くのスパイにとっては BfV もターゲットの1つだった。2つのドイツが言語と文化を共有している事実は、こうしたエージェントや内通者の発見を極めて難しいものにしていた。

　BfV は内通者及び亡命者によって大きな損害を被っている。1954年7月、BfV 長官のオットー・ヨーン博士は東ベルリンに赴いたまま、翌年12月まで戻らなかった。その間ソビエトでシュタージと接触したのだが、ヨーン自身は誘拐されたと主張している。この常軌を逸した行動は BfV を荒廃に追い込んだ。

　BfV はさらに2件の深刻な事件でその欠陥を露呈している。1974年、ヴィリー・ブラント首相の側近であり、スタッフの主要メンバーでもあったギュンター・ギヨームが、シュタージのエージェントだったことが発覚する。公安活動における数々の失敗に続いて起きたギヨーム事件により、ブラントは辞任を余儀なくされた。

　もう1つの衝撃的な裏切り行為は、1982年から1990年まで西ドイツ首相の座にあったヘルムート・コール首相に提出される情報要約週報を、6年間にわたり作成していたガブリエレ・ガストによるものだった。ガストは、コールが週報に目を通すより早く、それをシュタージに送っていたのである。

　皮肉なことに、1961年のベルリンの壁建設は BfV を助ける結果となった。それによってチェックポイントが設けられ、国境を越える人間に対して身分証の確認が行なわれるようになったからである。かくして1980年代初頭までに BfV は本来の能力を取り戻したかに見えた。しかしその幻想は、対東ドイツ防諜局長のハンス・ヨアヒム・ティートケが1985年に東ドイツへ亡命したことで破られる。ティートケの亡命後、BfV と BND は組織再編を行なった。

　1990年のドイツ再統一後、BfV はシュタージ・ファイルを調査する。それらのファイルは、BfV への浸透が予想よりはるかに深刻だったことを明らかにした。「西側の人間は愚かにも、これらのファイルにはこちら（東側）の情報しか含まれていないと信じていた。しかしそこには、あちらのことも大量に記されていたのだ」と、ファイルを管理するドイツ市民委員会のトップ、ヴェルナー・フィッシャーは述べている。それらの中には性行為のビデオテープ――脅迫目的なのは明らかである――や、盗聴された通話の記録も含まれていた。

警察はシュタージ・ファイルを証拠として用い、まず10名以上のスパイ容疑者を逮捕した。その中には西ドイツの防諜担当官であり、同国内で活動していた東ドイツのスパイ——その数8,000名以上とも言われる——を寝返らせる任務に長年携わったクラウス・クーロンも含まれていた。クーロンは8年間にわたって二重スパイを務め、寝返らせたエージェントの名前といった情報をシュタージに渡し、その見返りとして月に2,500ドルを受け取っていたことを認めた。ティートケ亡命時のBfV長官だったヘルベルト・ヘレンブロイヒは、シュタージの作戦について「その究極の目標は——まさにクーロンがいたポジションにエージェントを送り込むことだった」としている。

米英が西ドイツに情報機関を設立する手助けをした際、一連の新たな組織を作り上げたのは元ナチス党員だった。それと同様に、BfVはドイツ統一後、元シュタージの二重スパイが自分の正体を隠してBfVにとどまるだろうと考えた。そこでBfV史上最大の作戦として、シュタージのエージェントと疑わしき職員の摘発が行なわれている。

2003年、BfVは自らの使命を「自由主義・民主主義の秩序に真っ向から反する活動(いわゆる『極左』及び『極右』の活動)を監視すること、及び防諜活動も担当し、治安維持に脅威を及ぼし得る外国人の活動についての情報を収集すること」としている。

【参照項目】ドイツ、防諜、ゲシュタポ、SS、BND、ベルリン、オットー・ヨーン、ギュンター・ギヨーム、ハンス・ヨアヒム・ティートケ、寝返り、二重スパイ

BI

「素性調査」を参照のこと。

BJs

1919年から39年にかけ、アメリカ合衆国を含む数ヵ国から発信された機密外交電文の傍受内容を指すイギリス情報界の用語。安全とされる電信線を経由して送信された外交暗号文は、イギリスの信号情報施設で日常的に傍受・解読されていた。これらの資料は厳重に秘匿され、その出所がイギリス政府によって明らかにされることはなかった。存在が初めて認められたのは、1997年にNSAで開催された歴史関連学会においてである。

この単語は、外務省が資料をファイルしていた青いジャケット(blue jacket)に由来している。

【参照項目】信号情報、NSA

BND (Bundesnachrichtendienst)

ドイツ連邦情報庁の略称。1956年に設立されたBNDは、ソビエト連邦に対抗すべくラインハルト・ゲーレン中将が指揮を執ったナチスドイツの情報組織を土台にし

ている。1950年代、CIAはゲーレンを通じて西ドイツの諜報活動をコントロールしていたが、やがてゲーレンの権力が強まっていった。

その後、BNDは2つの段階を経た。1つは西ドイツの情報機関としてであり、もう1つは1990年以降の統一ドイツの情報機関としてである。西ドイツ時代、BNDはゲーレンそのものであり、CIAのインテリジェンス・オフィサーがゲーレンを見出したことは、冷戦期における主要な成功例の1つと位置づけられている。しかしゲーレンの数多い批判者たちは彼の能力を疑っていた。

ゲーレンの下で対ソビエト防諜責任者を務めたハインツ・フェルフェは、10年間にわたりソビエトのためにスパイ行為をしたとして1961年に逮捕された。この情報は東ドイツからの亡命者によってもたらされたものだが、同様のケースはその後無数に発生し、東ドイツの秘密警察シュタージやソビエトのために活動するエージェントがこうして捕らえられたのである。

BNDに対するスパイの浸透は頻繁に起こった。ヘルムート・コール首相は1982年の就任時から東西ドイツが再統一する90年までBNDとBfVを守り通す一方、BfVのハンス・ヨアヒム・ティートケ防諜局長が1985年に東ドイツへ亡命した際は迅速に対応した。BNDとBfVとの間の競争意識を取り除くため、コールはBfV元長官のヘルベルト・ヘレンブロイヒをBND長官に任命する。ところが捜査の結果、ティートケが慢性的なアルコール中毒であり、ヘレンブロイヒもそれを知っていた事実が明らかになったため、就任後わずか1ヵ月で辞職を余儀なくされた。後任には、駐ソビエト大使と駐NATO大使を歴任した外交官のハンス=ゲオルク・ヴィークが就任している。

BNDとBfVを通じた西ドイツの機密情報流出はドイツ再統一によってようやく終わりを告げた。

【参照項目】ラインハルト・ゲーレン、BfV、ハインツ・フェルフェ、シュタージ、ハンス・ヨアヒム・ティートケ、北大西洋条約機構

BNE

「国家評価委員会」を参照のこと。

B.P.

「ブレッチレーパーク」を参照のこと。

BRUSA協定 (BRUSA Agreement)

米英がドイツ及び日本との戦争状態に入った際、両国間で通信情報(COMINT)を交換すべく1943年5月17日に調印された公式協定。ジェイムズ・バンフォードは著書『The Puzzle Palace(邦題・パズル・パレス:超スパイ機関NSAの全貌)』(1982)の中で次のように記している。「この協定の意義は歴史的と言ってもよい。

最高度の通信情報に関する密接な協力関係が確立されたのは、これが初めてだったからだ。人材交流、最高機密資料の取り扱いに関する共通の規則、そして配布方法がここに定められたのである」

アメリカ陸海軍とイギリス政府暗号学校の暗号解読者は、1941年後半からCOMINT情報と暗号機を相互に交換していた。BRUSA協定はあらゆるレベルの暗号解読活動で両国が完全な協力体制をとると共に、コードワード、解読優先順位、そしてウルトラ及びパープル情報の取り扱い手続きを共通化するよう定めた。

またオーストラリアとカナダの暗号解読機関も程なくBRUSA体制に組み込まれている（「中央局」を参照のこと）。

BRUSA協定の成功は1948年のUKUSA協定につながった。

【参照項目】通信情報、政府暗号学校、コードワード、ウルトラ、パープル、UKUSA協定

BSC

「英国保安調整局」を参照のこと。

BTLC （Bureau Technique de Liaison et de Coordination）

フランスの情報機関、連絡・調整技術局の略称。インドシナ半島の住民が数千名規模でフランスに移住した1948年に設立され、フランス及びフランス植民地の公安任務にあたる植民省の管轄下で活動した。

植民省の管轄下にある最大の機関は、本国と海外領との連絡を任務とするフランス海外領連絡局（SLOTFOM）だった。BTLCはまず第一にSLOTFOMと協働し、インドシナやフランス領北アフリカから潜入した共産圏のエージェントによるスパイ行為、破壊活動、そして反政府運動に対処すべく設けられたのである。

ただでさえ混乱しているフランスの情報界にまた別の機関を追加することは、フランスの各都市（全ての植民地は国土の一部と見なされていたため、ここではヨーロッパのフランス領である「フランス・メトロポリテーヌ」を指す）に居住する国民及び外国人を対象とした防諜活動にまつわる騒動をさらに大きくした。移民者はすでに公安総局、参謀本部第2部、そしてSDECEの監視下にあったのである。

フランス及びその植民地で縄張り争いが繰り広げられていた1949年、BTLCは共産主義者に「機密を漏洩した」として政府自体を捜査対象にしようと試みた（インドシナ政策に関するフランス陸軍の秘密報告が、要約の形でベトミンのラジオ局から放送されたのである）。

BTLCが植民省の筆頭機関になり、その官僚的圧力の下SLOTFOMは1951年の時点で事実上消滅していた。しかしインドシナからフランスが撤退し、アルジェリアとモロッコが独立すると、植民省とBTLCの権力は劇的に減少した。

【参照項目】公安総局、参謀本部第2部、SDECE

Bundesnachrichtendienst

「BND」を参照のこと。

Bチーム （B Team）

CIAによるソビエトの軍事情勢評価を再検討するため、機密資料に対する前例のない閲覧権限を与えられた外部有識者のグループ。

外部有識者による再検討というアイデア自体は、ソビエトの軍事予算に関するCIAの1975年度評価が公表されたのを受け、インテリジェンス・コミュニティー内部で発生したものである。大統領外国情報活動諮問会議の議長を務めるジョージ・W・アンダーソン・ジュニア退役海軍大将は、この評価結果がソビエト軍の能力を過小評価していると述べた。フォード大統領はこれを受け、偏見のない外部の人間にCIAの情報評価を検討させるべきと決断した。このグループが後にチームBあるいはBチームと呼ばれるようになる。

Bチームのリーダーに就いたのは、CIAによるソビエトの評価を再三にわたって批判したハーバード大学教授、リチャード・E・パイプス博士である。またCIAのグループであるAチームは、ソビエト担当部長を務めるハワード・ストエルツがリーダーとなった。ロシア語に堪能で、ソビエトに精通したCIA職員、ジョン・A・ペイズリーがCIAとBチームとの連絡役になり、Bチームのメンバーが要求した高度な機密情報を提供している（1978年9月にペイズリーが謎の死を遂げた際、CIAとBチームそれぞれに対する彼の忠誠について憶測がなされた）。

Bチームのメンバーには、戦略兵器制限交渉（SALT）の交渉担当者であり、第2次世界大戦以来政府内部で高い地位にあったポール・H・ニッツェ、同じくSALTの交渉担当者だったウィリアム・R・ヴァン＝クリーヴ、ジョン・ヴォグト及びジャスパー・A・ウェルチ・ジュニアの両空軍大将、ランド研究所のトーマス・ウォルフェ大佐、軍備管理軍縮庁（ACDA）のポール・ウォルフォウィッツ（後にジョージ・W・ブッシュ政権下で国防副長官に就任する）、そしてソビエト評価に関する論争が始まった際、国防情報局（DIA）長官の座にあったダニエル・O・グラハム中将がいた。

CIAに対する激烈な批判者であり、かつDIAの熱心な擁護者だったグラハムは、DIAのほうが軍事情報を有しているため、軍事力の評価者としてより優れていると主張した。後に機密解除されたBチームに関する資料によれば、他のメンバーも「ソビエトの戦略的脅威について、インテリジェンス・コミュニティー内で広く認め

られた見解以上に悲観的な見方をしている、経験豊かな政治評論家及び軍事アナリストから恣意的に選ばれた」とされている。

　再検討作業が始まった際に中央情報長官（DCI）を務めていたウィリアム・E・コルビーは、CIAのウォーターゲート事件への関与に対する懲罰としてこれを受け入れた。コルビーの後任としてジョージ・H・W・ブッシュがDCIに就任すると、Aチーム対Bチームの抗争にまで発展したこの問題に幕が下ろされるという希望がCIA内部に生まれたものの、ブッシュは再検討作業の継続を決断している。

　Bチームによる再検討作業の存在は1976年にリークされ、議会による調査が始まった。Bチームの研究結果が公にされたのは92年10月であり、ソビエトの戦略的軍事力に関する1976年度国家情報評価（NIE）として結実したAB両チームの報告書が機密解除された。

　Bチームは、ソビエトの軍事力が西側よりも急速に増大するため「1980年から83年にかけて短期的な脅威が頂点に達する」と予測した。一方のAチームは、重大な脅威は発生しないと推測している。しかしAチームの報告書には、CIAの分析官があまりにも神経過敏であるとする国務省、及びCIAがソビエトの脅威を深刻に受け止めていないとする各情報機関それぞれの反対意見も記されている。

　Bチームの報告書は、1975年度の情報評価が「ソビエトの戦略的計画の背後にある動機を根底から誤解しており、それゆえにその規模、範囲、そして潜在的脅威を過小評価する傾向が一貫して見られる」としている。CIAが衛星や電子情報（ELINT）活動によってもたらされる「ハードデータ」に過度に依存しており、『社会主義の世界的勝利』と婉曲的な言い方をしているが、実は全世界における覇権確立に向けた活動」についてソビエトが内外に表明した意図のような「ソフトデータ」を軽視していると、CIAに批判的な人間は述べている。

　ソビエトの戦略は「平和的共存（西側ではデタントとして有名）」を必要としているが、「ソビエトの指導者はデタントとSALTのいずれをも、世界平和を確立する協力行為ではなく、アメリカとより効率的に競争する手段として見ている」と、Bチームのメンバーは語った。

　部外者による再検討という考えは多くの批判を受け、かつCIA内部で長期にわたり波紋を投げかけた。とりわけ情報本部（DI）はこの動きを、自ら最も誇りとする諜報活動の成果、つまり国家情報評価を政治的に利用する試みだと捉えた。マーク・ペリー著『Eclipse』（1992）の中で、元情報本部長のレイ・クラインは長年経った今も、この再検討作業について忿懣やるかたない思いをしていると述べ、「この件はCIAの能力に疑問符を付けるための意図的な試みであり、体制に対する挑戦であることは疑いなく、明らかに政治的で反知性的だ」

と語っている。

【参照項目】CIA、大統領外国情報諮問会議、ジョン・A・ペイズリー、国防情報局、中央情報長官（DCI）、ウィリアム・E・コルビー、ウォーターゲート事件、ジョージ・H・W・ブッシュ、国家情報評価、衛星、電子情報

Bディーンスト　(B-Dienst)

　第2次世界大戦中に活躍したドイツ海軍の暗号解読組織。正式名称をBeobachtungdienst（観測局）とするこの組織は連合軍の無線通信解読に高い能力を発揮し、Uボート部隊に護送船団の位置を伝えるなど大きく貢献した。Bディーンストがとりわけ重宝されたのは、連合国の船団の行動を探知する情報機関が他に存在しなかったからである。

　Bディーンストの起源は1918年に遡る。この年、第1次世界大戦中にドイツ帝国海軍の暗号解読組織で勤務していた人々が現役に呼び戻された。彼らは1920年代から30年代にかけてイギリス海軍暗号の解読に幾度か成功し、第2次世界大戦直前には外交暗号の解読にも成功する。そして1942年9月にトブルク沖の浅瀬で撃沈されたイギリス駆逐艦シークから暗号書を回収したことで、Bディーンストは大きな武器を手に入れ、翌年3月に実施された大西洋船団に対する攻撃期間中、イギリス海軍暗号の一部を解読することに成功した。しかしアメリカ海軍暗号の解読にはほとんど失敗している。さらにアメリカ海軍が1942年4月に新型の機械式暗号を採用したことで、ごくわずかな暗号解読さえも不可能になった。

　1942年9月に解読したイギリス暗号がその後用いられなくなったことで、Bディーンストの重要性は翌年4月を境に低下してゆく。

　この組織が作成した資料と、そこから得られた暗号解読能力の大部分は、1943年11月のベルリン空襲で失われた。また戦争が進むにつれ、進化を続ける連合国側の暗号作成能力はBディーンストの解読能力を常に上回った。しかし暗号史家のデイヴィッド・カーンによると、Bディーンストはそれでもなお「第3帝国の他の情報機関が太刀打ちできないほどの成果」を残したとされる。

　戦争中、Bディーンストの職員は約5,000名にまで増加し、うち1,100名はベルリンに駐在していた。1943年11月の空襲後、Bディーンスト本部はベルリンの北東40キロメートルに位置するエーベルスヴァルデに移転している。

　1943年当時、Bディーンストは1日あたりおよそ8,500件に上る連合軍のメッセージを傍受していたが、その一部は他と重複するものであり、当然ながら全ての解読に成功したわけではなかった。

【参照項目】暗号解読、コード、デイヴィッド・カーン

C

（1）イギリス秘密情報部（MI6）長官を指す伝統的なコードネーム。初代長官サー・マンスフィールド・カミングス（Cummings）のイニシャルが由来となっている。

（2）機密扱い（Confidential）の略。

C-121 コンステレーション （C-121 Constellation）

コンステレーションは第2次世界大戦期に生まれた未来的な旅客機であり、また最先端をゆく航空機でもあった。戦後はより大型のモデル749コンステレーションがアメリカ空・海軍に大量採用され、輸送機ならびに電子偵察機として用いられた。

空軍では C-121、海軍では様々な呼称を与えられた「スーパーコニー」は、そのほとんどがアメリカに接近するソビエト爆撃機を発見すべく大型の対空捜索レーダーを搭載し、レーダー早期哨戒機として運用された。1950年代中期から65年までこれらの機体が昼夜を問わず飛行、北アメリカ全域と大西洋及び太平洋の一部にレーダーの壁を築いた。

ベトナム戦争において、アメリカ空軍は東南アジア上空に EC-121 を展開して敵戦闘機の警戒とアメリカ機の誘導にあたった。また海軍は EC-121M レーダー搭載機を運用し、NSA の指揮下で電子情報（ELINT）の収集にあたっている。これらの飛行機は、イスラエルによるリバティ攻撃と北朝鮮によるプエブロ拿捕を受けて ELINT 任務から退いた、海軍の情報収集艦の代替でもあった。

1967年6月8日にリバティがイスラエルの航空機と魚雷艇から攻撃を受けた際、海軍の VQ-2 飛行隊に所属する EC-121 がその近辺を飛行していた。機内にはヘブライ語を話せる乗員が搭乗しており（リバティには乗艦していなかった）、イスラエル側の通信を傍受した結果、この攻撃は悲劇的なミスであるとされた（「ジェイムズ・バンフォード」「VQ 飛行隊」を参照のこと）。

1969年4月15日、北朝鮮沖の公海上空で任務に就いていたもう1機の EC-121 が北朝鮮の戦闘機によって撃墜され、搭乗員31名全員が死亡した。捜索の結果、後に2名の遺体が発見されている。この EC-121 は VQ-1 飛行隊に所属していた。アメリカ側の対応はプエブロ拿捕におけるそれ同様、ベトナム戦争への関与のために非常に限られたものとなった。

その後 EC-121 は ELINT 任務を RC-135 に譲り渡している。

TWA（トランスワールド航空）のオーナーだったハワード・ヒューズが1939年に着想したコンステレーションは4基のエンジンを装備する旅客機であり、流線型の胴体と3枚式の垂直尾翼が特徴だった。戦後開発されたレーダー搭載機は胴体背面と腹部に巨大な「こぶ」を有し、その中にレーダーを格納していた（海軍の1機には円盤形のレードームが装備された）。6トンに及ぶ電子機器を搭載するこの型は、レーダーが1回転するごとに4万平方マイル（103,600平方キロメートル）ものエリアを探索できる。5名の運航要員に加え電子技師及びオペレーター12名によって運用され、また10時間に及ぶ任務では交代要員が搭乗して合計24名から31名となる。

コンステレーションの最初の軍用型は1943年にロッキード社の生産ラインから離れ、輸送機として用いられた。陸軍航空軍での呼称は C-69 であり、海軍でのそれは R7O だった。

海軍向けに142機が生産されたレーダー搭載機──ウォーニング・スターの愛称が付けられた──の初号機は1955年に引き渡され、当初は PO という型式呼称だったが後に WV と改められた。また空軍が発注した82機の RC-121/EC-121 もそれに続いて生産されている（1962年には海軍が運用する機体にも EC-121 の呼称が付与された）。アメリカにおける最後の EC-121 は1982年に海軍から退役した。

【参照項目】電子情報、リバティ、プエブロ、C-135 ストラトリフター

C-135 ストラトリフター （C-135 Stratolifter）

ボーイング707旅客機の軍用型である C-135 は、空中給油機、輸送機、空中指揮機、そして電子情報（ELINT）収集機としてアメリカ空軍によって多数運用されており、ELINT 任務に従事する RC-135 は冷戦期における最も優秀な偵察機の1つだった。

RC-135 は多数の電子アンテナと胴体の張り出しで容易に識別でき、また側方監視機上レーダー（SLAR）の「厚板」型アンテナを胴体前部に装備した機体もある。これら RC-135 はソビエト領周辺など危険地域で運用された。

1980年9月21日、空母ジョン・F・ケネディを発艦した海軍の F-14 戦闘機は、リビア沖および200マイルの地点で RC-135 を妨害する8機のリビア戦闘機（シリア人が操縦していた）を追い払った。その直前の9月16日には、2機のリビア戦闘機が RC-135 に接近するという事件が起きている。リビア地上統制官の無線通信を傍受した結果、パイロットは RC-135 を撃墜するよう指示されており、RC-135 も両戦闘機から1発ずつミサイルが発射されたのを確認しているが、機体に損傷はなかった。

1983年9月1日未明、カムチャッカ半島から樺太（サハリン）に迷い込んだ大韓航空007便ボーイング747がソビエト戦闘機によって撃墜される。犠牲になっ

た乗員乗客269名のうち62名がアメリカ市民で、その中にはローレンス・P・マクドナルド下院議員も含まれていた。撃墜されたボーイング747は、以前にカムチャッカ東方を飛行していたアメリカ空軍のRC-135と誤認されたものと考えられている（両機は一見類似しているがB747のほうがはるかに大きい）。

空軍の戦略航空軍団（SAC）もネブラスカ州オファット空軍基地を拠点にRC-135を運用した。ちなみにRC-135による計画全体はリヴェットジョイントと名付けられている（1992年にSACが廃止された際、リヴェットジョイント機は航空戦闘軍団〔ACC〕に移籍したが、今もなおオファットを拠点にしている）。

RC-135には搭載している電子探知装置の違いによっていくつかの派生型が存在する。飛行任務「ハブ・テラ」「ハブ・セント」をこなすRC-135Uコンバットセントは特殊なレーダー波の探知を目的とし、バーニングスター計画では太平洋におけるソビエト（ロシア）及び中国の戦略ミサイル実験を監視している。

C-135（KC-135）はボーイング707旅客機を基にした世界初のジェット輸送機（空中給油機）であり、後退翼の下に4基のターボジェットエンジンを装備している。RC-135では航続距離を増加させるためにターボファンエンジンが採用された（給油機も後にターボファンエンジンへ換装されている）。なおKC-135空中給油機は3万ガロン以上のジェット燃料を他機に給油できる。最高速度は時速600マイル（965キロメートル）であり、11時間の運用が可能である。また空中給油によって運用時間は23時間に延長される。

RC-135Cは5名の運航要員に加え電子技師及びオペレーター8名が搭乗し、交代要員も含めると合計18名となる。

C-135給油機の初号機は1956年に初飛行し、翌年1月に空軍へ引き渡された。生産機数は各型合わせて820機に上る（フランス空軍向けの12機を含む）。また66年にはELINT機のRC-135Cが初飛行しており、21機のC-135輸送機とKC-135S空中給油機がRC-135に改造された。1993年初頭、アメリカ空軍はWC-135B気象観測機を改造してOC-135Bオープンスカイズとし、かつてワルシャワ条約機構に加盟していた国々での飛行任務を遂行した。

空軍で運用されるボーイング707の他の派生型には、E-3セントリー早期警戒管制機（AWACS）、EC-135空中指揮機、WC-135気象観測機、VC-135要人輸送機、EC-18電子戦機、そしてE-8ジョイント・スターズ（J-Stars）早期警戒管制機などが存在する。

海軍は1977年から78年にかけて2機のKC-135Aを改造して電子対抗手段（ECM）研究機とし、NKC-135の呼称を与えた。またそれに続き16機のE-6マーキュリーを調達して戦略ミサイル潜水艦との通信中継機とし

て運用している。これらの飛行機は後に空軍のルッキンググラス計画のために改造され、地上に配置された戦略ミサイルや有人戦略爆撃機の空中統制に用いられた。

2003年時点でアメリカ空軍は21機のRC-135を運用し、またEC-135とOC-135を2機ずつ保有している。

【参照項目】 電子情報、リヴェットジョイント、電子対抗手段

CAS

「コンチネンタル・エア・サービス」を参照のこと。

CAT

「民航空運公司」を参照のこと。

CEWI

「戦闘電子戦情報」を参照のこと。

CFI

「外国情報委員会」を参照のこと。

CI

「防諜」を参照のこと。

CIA （Central Intelligence Agency）

アメリカ中央情報局の略称。

アメリカの情報活動を統合すべくトルーマンが設立したCIAは、情報の収集と評価、そして秘密工作活動を通じてアメリカの影響力を高めることを任務とし、世界各地にネットワークを張り巡らせている。

CIAの生みの親は戦略諜報局（OSS）長官を務めたウィリアム・ドノヴァン少将である。1944年、ドノヴァンはルーズベルト大統領に対し、第2次世界大戦が終結した暁には世界各地で活動し得る情報機関を作るべきと進言する。だがルーズベルトは終戦を見ることなく死去、ドノヴァンの提案が実行されることはなかった。その上ドノヴァンの計画はワシントンDCで支持を得ることができず、独立情報機関というアイデアも独自の組織を持っていた軍からの攻撃に晒された。また外交活動でのライバルを欲しなかった国務省と、平時に同じような機関が存在することを望まなかったFBI（J・エドガー・フーヴァー長官はOSSを嫌っていた）も反対に回っている。

情報機関がアメリカの不利益になるのではないかと恐れたトルーマン大統領は、1945年9月にOSSを解散させた。ドノヴァンが反対したにもかかわらず、トルーマンはOSSの調査・分析部門を国務省に移管し、また秘密情報収集部門と防諜部門を引き継いだ陸軍省はそれらを戦略活動部隊として統合したが、短命に終わっている。

情報分野における官僚的な縄張り争いは続き、1946 年 1 月、トルーマン大統領は中央情報グループ（CIG）を設置することでそれに対応した。CIG は大統領の代理人、国務長官、陸軍長官、そして海軍長官から成る国家情報庁の下でアメリカの情報活動を統合する役割を担った。その際トルーマンは、海軍情報部ナンバー 2 のシドニー・W・ソワーズ少将を中央情報長官（DCI）なるポストにつけた。CIG の主要任務は、大統領に日毎・週毎の情報及び海外向け電報の要約を提供することだった。

ドノヴァンが構想した中央集権的な情報機関を求める声はますます強まりを見せた。当時は冷戦の最初期にあたり、国防及び外交政策を調整すべく国家安全保障会議（NSC）と軍を統一するため、1947 年制定の国家安全保障法で国防総省が生まれたが、本格的な情報機関の構想も法案に組み込まれている。この機関は「国家の安全保障に関係する……情報活動が関わる件において」NSC にアドバイスすることとされ、ドノヴァンが強く求めた通り警察力は与えられなかった。

かくして 1947 年 9 月の法案通過をもって中央情報局が誕生した。トルーマンの海軍担当顧問であるウィリアム・C・モット准将は、1950 年 10 月にオアフで一緒に散歩していた際、大統領が CIA を創設した理由を次のように述べたと回顧している。

私は議会の子であり、大統領に突然就任した時も、それまで政策がいかに立案されていたか、全くと言っていいほど知らなかった。私の元には 200 の異なるソースから情報が届けられるのに、私のためにそれらを要約してくれる人間などいなかった。そこで、我々の歴史上初めて（副大統領を）働かせるべく、NSC を設置するための法律を通過させようと思った。それに加えて、情報を要約して私に提示する組織を設けたかったのだ。

CIA 専属の長官は置かれず、中央情報長官が CIA を率いると同時に、アメリカのあらゆる情報収集活動を統轄することになった。トルーマンは後に、CIA を用いたのは情報収集のためだけであると語ったが、CIA が秘密活動に携わるのを許しており、それは 1947 年 12 月に発せられた NSC の秘密指令において「心理的作戦」と称された。イタリア総選挙で反共産派の政党を支援し、ギリシャ内戦で反共産勢力に武器を供与するというこの秘密作戦は、共産主義の伸張を防ぐというトルーマン・ドクトリンを影から支えるものだった。

NSC の指令によれば、作戦の目的は「世界の平和と安定に脅威をなすと共に、アメリカの国家的目標ないし活動を妨害し、打ち砕くことを目標としたソビエトの活動、及びソビエトに支援された活動に対処する」ことである。指令書の写しは 3 部しか作成されず、ホワイト

ハウスと国務省、そして CIA 設立当時の中央情報長官ロスコー・H・ヒレンケッターが受領している。

その後すぐ、秘密作戦のシステムが形作られた。外交的手段ではアメリカの対外政策目標が達成されず、かつ軍事行動があまりに極端または危険だと判断された場合、NSC は秘密作戦を推奨する。そして行政府がアメリカの関与を否定できる形で作戦の指揮にあたるよう、中央情報長官に命じるのである。

1949 年の法律改正によって、CIA は予算及び職員の肩書きと給与を秘密扱いにし、入札なしで民間企業と契約できることが認められた。さらに外国人とその家族に永住権を与えることが許されている（これは亡命者や外国のエージェントに安住の地を与えることを意味する）。

CIA は特殊活動局（OSO）を設けて秘密作戦にあたらせた。1948 年 6 月には NSC によるもう 1 つの指令が発せられ、「破壊工作、破壊防止工作、妨害及び救出作戦、そして地下反体制運動への支援を含む、敵対国家の転覆など予防的な直接行動」が認められた。しかしヒレンケッターが秘密行動の命令を躊躇したため、この任務は新設された政策調整局（OPC）に委ねられ、国務省が監督にあたることとなる。かつて OSS に所属したことがあり、当時は国務次官補だったフランク・ウィズナーが OPC の指揮にあたった。また OPC は、ワシントンのモール地区にある、第 1 次世界大戦当時に建てられた「臨時」ビルに CIA と同居していた。

OPC にとって初めてとなる主要な秘密活動は、アルバニアにゲリラを潜入させ、エンヴェル・ホッジャ率いる共産党政府に対して反乱を引き起こすという米英共同作戦だった。しかし、イギリス秘密情報部（MI6）に潜むソビエトの内通者、キム（ハロルド）・フィルビーの裏切りによって作戦は失敗に終わり、エージェント全員が捕らえられた。

1949 年 8 月にソビエトが初の原爆実験に成功した際、ウィズナーは CIA で訓練したウクライナ人亡命者をソビエト国内にパラシュートで潜入させた。そのエージェントは無線機を持っており、西ドイツにいる CIA 本部のハンドラーに活動報告を送信することになっていた。その後 5 年間、ウィズナーはパラシュートで降下させるか、またはバルト海にボートを走らせることでエージェントをソビエトに送り込んでいる。だがこれらのエージェントは、ソビエト側に捕らえられたという警報以外の信号を送ることはなかった。

その頃、OSO と OPC（OPC の職員は OSO の職員よりも高い給与を得ていた）との間で官僚的な縄張り争いが静かに燃え上がっていた。すでに OPC の下で働いているとは知らず、OSO があるエージェントをタイで勧誘しようとしたことで、その対立が表面に出た。1950 年 4 月、NSC はさらに過激な文言の指令を発して「どこか 1 ヵ所でも自由主義陣営が敗北すれば、それは全体の敗北

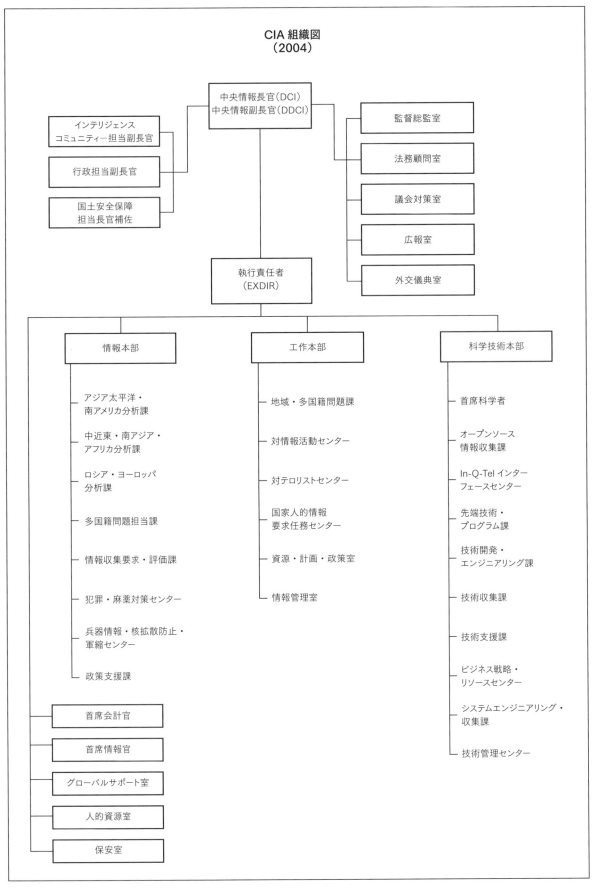

CIA 組織図
（2004）

中央情報長官（DCI）
中央情報副長官（DDCI）

インテリジェンス
コミュニティー担当副長官

行政担当副長官

国土安全保障
担当長官補佐

監督総監室

法務顧問室

議会対策室

広報室

外交儀典室

執行責任者
（EXDIR）

情報本部

- アジア太平洋・
  南アメリカ分析課
- 中近東・南アジア・
  アフリカ分析課
- ロシア・ヨーロッパ
  分析課
- 多国籍問題担当課
- 情報収集要求・評価課
- 犯罪・麻薬対策センター
- 兵器情報・核拡散防止・
  軍縮センター
- 政策支援課

首席会計官

首席情報官

グローバルサポート室

人的資源室

保安室

工作本部

- 地域・多国籍問題課
- 対情報活動センター
- 対テロリストセンター
- 国家人的情報
  要求任務センター
- 資源・計画・政策室
- 情報管理室

科学技術本部

- 首席科学者
- オープンソース
  情報収集課
- In-Q-Tel インター
  フェースセンター
- 先端技術・
  プログラム課
- 技術開発・
  エンジニアリング課
- 技術収集課
- 技術支援課
- ビジネス戦略・
  リソースセンター
- システムエンジニアリング・
  収集課
- 技術管理センター

英数字

CIA 組織図
（2015）

長官室 ── **行政部門**

長官室
CIA 長官（DCIA）
副長官（DDCIA）
執行責任者（EXDIR）
副執行責任者（D/EXDIR）

行政部門
対外情報関係担当長官補佐　　業務効率測定室
軍事問題担当長官補佐　　　　議会対策室
首席会計官　　　　　　　　　法務顧問室
政策スタッフ　　　　　　　　監督総監室
重要任務保障プログラム　　　広報室
長官支援スタッフ　　　　　　調達担当官
秘書室　　　　　　　　　　　戦略・組織統括室

分析本部
上級分析室
情報生産・配布室
資源管理・支援室
戦略プログラム室

デジタル技術革新本部
データ室
サイバー情報センター
情報技術室
オープンソース室
人材発掘室

工作本部
人的資源スタッフ
情報活動・対外関係室
作戦・資源管理スタッフ
政策調整スタッフ
支援資源スタッフ

科学技術本部
グローバルアクセス室
統合任務室
任務資源室
宇宙偵察室
特殊活動室
技術収集室
技術情報官育成室
技術活用室
技術支援室

支援本部
人材管理室
組織運営室
施設・任務管理室
グローバル支援室
技術革新・統合室
医療業務室
人材資源室
保安室
資源管理グループ

任務センター
アフリカ
対情報活動
対テロリズム
東アジア・太平洋
ヨーロッパ・ユーラシア
グローバル問題
中近東
南アジア・中央アジア
兵器・核拡散防止
西半球

（公開情報を基に訳者作成）

につながる」とし、「ソビエト連邦に対する活発な政治的攻勢」を求めた。

その2ヵ月後に朝鮮戦争が勃発するとOPCが重用される一方、CIA傘下のOSOは衰退していった。北朝鮮軍が国境線沿いに兵力を増強させていることは摑んだものの、韓国への侵攻を予想できなかったのがその理由である。

北朝鮮は1950年6月25日に侵攻を開始したが、その結果、韓国における諜報活動の失敗が再び明らかになった。つまりCIAは大統領に対し、中国の参戦は考えられにくいと伝えたのである（アメリカ極東軍最高司令官であるダグラス・マッカーサー元帥も、中国が直接介入することはないと信じていた）。

北朝鮮による攻撃について、CIAは事前に大統領へ警告していたとヒレンケッターが主張したことで、トルーマンは激怒した。1950年10月にヒレンケッターは罷免、軍歴のある者をDCIに任命するという慣習に従って、第2次世界大戦でドワイト・D・アイゼンハワー大将の参謀長を務めたウォルター・ベデル・スミス中将が後を継ぐ。CIA内部ではOSOとOPCとの対立関係が組織を蝕んでおり、劇的な改革が必要であることに職員の多くが気づいていた。スミスは国務省からOPCを引き抜き、CIAの1部署とする。また第1級の情報分析を提供するために国家評価局（ONE）が設立された。

かくしてOSOとOPCは共にCIAの傘下に入ったが、スミスは計画担当副長官のポストを新設して1人の人物にこの2つの部署を任せることとし、元OSSのアレン・W・ダレスを任命した。ウィズナー率いるOPCは引き続きCIAの活動の大半を占め、朝鮮及び中国で準軍事作戦を実行し、東ヨーロッパの反体制運動を支援すると共に、西ヨーロッパがソビエトに占領された場合に備えてウィズナーが組織しようとしていた「解放軍」向けの武器を秘かに備蓄した。またレッドソックス－レッドキャップというコードネームが与えられた作戦において、ウィズナーはポーランド人、ルーマニア人、ハンガリー人、そしてチェコ人の亡命者を訓練し、東ヨーロッパにおける将来の解放運動を指導させようと試みている。

1951年、スミスはCIAの秘密作戦を担当する計画本部を新設、そのトップにダレスを任命することでOSO－OPC問題に幕を下ろした。1953年に大統領となったアイゼンハワーは、ダレスを文官初のDCIに任命する。9年間に及ぶ在任中、ダレスは冷戦を戦うアメリカの主戦力としてCIAを育て上げ、DCIの座を去った後は再びスパイマスターとなった（訳注：退任後、主要部局に自分の息がかかった者を置き、影響力を維持したことを指す）。CIA内部における彼のニックネームは「偉大なる白人ケース・オフィサー」だった。

【参照項目】秘密工作活動、ウィリアム・ドノヴァン、戦略諜報局、防諜、中央情報グループ、国家情報庁、国家安全保障会議、表向きの否認、亡命者、ハロルド（キム）・フィルビー、ハンドラー、ウォルター・ベデル・スミス、国家評価局、アレン・W・ダレス

エリート機関

OSSの工作員は上流階級またはアイヴィーリーグの出身者が大多数を占め、OSSは「Oh, So Social!（まあ、なんと社交的な！）」の略だとジョークの種になった。その多くはイェール大学の卒業生であり、ピアソン・カレッジの学長で国際関係学教授のアーノルド・ウォルファーズに勧誘された人間である。イギリスの作家、マルコム・マッグリッジによれば、OSSから発展したCIAは「流線型のキャデラックが時代遅れの馬車を駆逐したように、伝統的な諜報活動に取って代わった」という。

ダレスはプリンストン大学の出身だった。後に歴代DCIの中で最も大胆な政策を進めることになる、イェール大学卒業生のリチャード・M・ビッセル・ジュニアは、CIAの初期にダレスが勧誘した人物である。イェール大学を辞職してOSS入りした歴史学教授のシャーマン・ケントも、CIAに加わってONE局長に就任した。彼が勧誘した優秀な若者の1人に、イェール大学出身のウィリアム・バンディがいた（後に国防次官補となり、ベトナム戦争で主要な役割を演じる）。イェール大学の歴史学者、ロビン・W・ウインクスは著書『Cloak & Gown』（1987）の中で次のように述べている。

学長主催の茶会やセミナーで、またはモリーズでコーヒーを飲みながら、またあるいはボート競技の休憩中──1950年代を迎えると、こうした機会を見つけ、静かにかつ手際よく勧誘活動を行なうことは広く受け入れられていたため、1951年に卒業したジョン・ダウニーは、何らかの形で国家に貢献することが当然だと思っていた、と語っている……。

（ジョン・ダウニーは卒業後CIAに入ったが、1952年11月、中国上空での偵察任務中に撃墜され、20年間を中国の刑務所で過ごした）

ダレスはその後20年にわたってCIAを支える文化を作り出した。「大統領が命じたことは全て遂行できる力がある。目的を達するためならどんな手段を使ってもよい」これはナチスのスパイ長官（「ラインハルト・ゲーレン」を参照のこと）を使ったり、フロント組織（「ラジオ・フリー・ヨーロッパ」を参照のこと）を設立したり、暗殺計画を立案（「キューバ」を参照のこと）したりすることを意味している。だが、そんなダレスにも限度はあった。バレリーナを使ってソビエト政府職員を籠絡するという計画を聞かされたダレスはショックを受け、自分がDCIである間は決して性による誘惑を使わ

ないようにと申し渡した。

ダレスはソビエト連邦に対する世界規模の十字軍運動を呼びかけた。アイゼンハワーの大統領就任直後に作成された CIA 本部の分析報告書には、次のように記されている。「クレムリンの政策と行動方針は全て、モスクワを頂点とする共産主義世界の実現という長期的目標の達成に向けられている」

ダレスが CIA の日常業務に関わることは少なかったものの、CIA の構造が現在のものに発展し始めたのは彼の在任期間中である。ダレスの下、国家情報諮問委員会が国家情報評価（NIE）の作成を始めたが、CIA は重要性を持つ特定の国、地域、そして対象に関する NIE の刊行を今も続けている。

またダレスの時代には監察総監（IG）及びそのスタッフ、軍事支援部長、そして軍縮情報スタッフが DCI の高級副官に加わった。大統領によって指名され、上院が任命する監察総監は DCI の直属で CIA のどの部門からも独立しており、監督や調査にあたると共に、監査や苦情処理システムの監督にもあたっている。

CIA の残りの部分は次官の指揮する各本部に編成され、各次官はその頭文字で呼ばれるようになった。情報担当次官（Deputy Director for Intelligence, DDI）は情報の評価、分析、作成、そして配布を担当し、適切な情報を正確かつ迅速に受け手へ届ける責任を負っている。

工作担当次官（Deputy Director for Operations, DDO）は外国情報を秘密裡に収集する責任者であり、そこには人的情報（HUMINT）だけでなく通信情報（COMINT）収集活動の管理も含まれている。CIA は法律によってアメリカ国内では活動できないが、国内の人々や組織から自主的な提供を受けることで、DDO は外国情報を集めることができる（1972 年に改名されるまで、工作本部は計画本部と呼ばれていた）。

1992 年以降、DDO は軍事担当次官及び国家人的情報要求任務センターの議長から支援を受けるようになった。国家人的情報要求任務センターはアメリカ情報機関による人的情報収集活動を調整するための組織である。またテロリスト関連情報をインテリジェンス・コミュニティー内で調整する対テロリズムセンターも設けられた。しばしば「スパイ製造工場」とも称される工作本部はかつて秘密のベールに覆われており、工作担当次官の写真を表に出すのが許されないほどだった。現在でも DDO の氏名は公表されていない。

行政担当次官（Deputy Director for Administration, DDA）は DCI による監督の下、CIA 及びインテリジェンス・コミュニティーの支援にあたり、資金調達、医療サービス、通信、補給、人的資源、訓練、そして保安を担当している。

科学技術担当次官（Deputy Director for Science and Technology, DDS ＆ T）は技術的手段による情報収集とその処理を担当する。国家写真分析センターと外国放送情報局（FBIS）も DDS ＆ T の管轄下にある（国家偵察局も同じく情報収集機関だが、こちらはインテリジェンス・コミュニティー内の独立機関として、国防総省の管理下にある）。科学技術本部は 1960 年代初頭に設置され、情報の収集・処理を改善する装置の開発にも取り組んでいる。

科学技術本部による知られざる創造物の 1 つに盗聴ネコ（アコースティック・キティ）がある。2001 年に初めて公開されたこのネコには超小型マイクが取り付けられ、尻尾にアンテナが隠されている。だがスパイネコとして活躍する前にタクシーにはねられてしまった。

1997 年に CIA の変装専門家として表彰されたアントニオ・J・メンデスは、CIA が架空の映画を制作したことがあると暴露した。ハリウッドの業界紙に広告まで打たれたその映画は、1980 年のイラン大使館人質事件で拘束されそうになり、カナダ大使公邸へ逃げ込んだ 6 名のアメリカ人をテヘランから脱出させる際、彼らの身元を偽装するために制作されたものである。俳優や撮影スタッフに偽装したそれらのアメリカ人は、自分たちが単なる映画制作者であり、脱走した人質ではないことをイラン当局に見事納得させている。

【参照項目】マルコム・マッグリッジ、国家情報諮問会議、国家情報評価、人的情報、信号情報、ジェイムズ・R・シュレジンジャー、インテリジェンス・コミュニティー、国家写真分析センター、国家偵察局、アントニオ・J・メンデス、偽装身分

秘密工作の時代

1950 年から 61 年まで、CIA の秘密作戦は世界規模で行なわれた。中国本土に反共産勢力の足がかりを築くため、ビルマで活動する中国国民党のゲリラを人材と資金で支えることもあった。また 1950 年には、ウィズナー率いる OPC に所属していたアメリカ陸軍のエドワード・G・ランズデール中佐が、後にフィリピン大統領となるラモン・マグサイサイを国防大臣の座に就けるべく資金援助とキャンペーンを行ない、フィリピンにおけるフクバラハップ（抗日人民軍）の反乱を抑え込んだ。さらに、52 年にエジプトのファルーク国王を退位させ、ガマル・アブデル・ナセルを権力の座に就けたのも CIA の工作員である。

1953 年、CIA の中東専門家であるカーミット・ルーズベルトは、イラン首相のモハンマド・モサッデクを失脚させ、シャー・ムハンマド・レザー・パフラヴィーを皇帝の座に戻すという作戦を主導した。その翌年には、ユナイテッド・フルーツ社（現・チキータ・ブランド）を攻撃するというミスを犯した、ハコボ・アルベンス・グスマン大統領率いるグアテマラの左派政権を打倒する準軍事作戦が実行されている。CIA によるクーデター作戦

を率いたのはイェール大学出身のC・トレイシー・バーンズであり、OSSに所属したことのあるE・ハワード・ハントが支援にあたった。

ニューヨーク・タイムズ紙のアーサー・ヘイズ・スルツバーガー社主はアレン・ダレスと会談を行ない、シドニー・グルーソン記者をグアテマラから引き揚げさせることに同意した。グルーソンは政治的に健全な思想の持ち主でないというのがダレスが語った理由である。一方のグルーソンは、「確かにCIAからの評判はよくなかった。何度も苛立たせたからね」としている。なおスルツバーガーの関与は1997年まで明かされなかった。

当時のアメリカ人はCIAの活動をほとんど知らなかったが、やがて秘密活動についての情報が漏れ始める。裏の冷戦に対する国民の反応に懸念を抱いたアイゼンハワー大統領は、委員会による評価を求めた。それを率いたのが、空母ホーネットから東京への空爆を敢行した第2次世界大戦の英雄、ジェームズ・ドゥーリットル退役大将である。委員会による報告書にはこう記されている。「アメリカ合衆国が生き延びようとするならば、『フェアプレー』という古くからの伝統は再考されなければならない。有効な諜報・防諜活動を促進すると共に、反政府活動及び破壊工作を通じて、また我々に対して用いられている以上に巧みで、洗練され、かつ有効な方法を生み出すことで敵を打倒する必要がある」

アメリカが「秘密の世界」に足を踏み入れた結果として何を得たか、アイゼンハワーは1960年5月に知ることとなる。CIAのリチャード・ビッセルの下で開発されたU-2偵察機は、56年7月以来ソビエト上空を飛行していた。だが60年5月1日、フランシス・ゲイリー・パワーズの操縦するU-2が、スヴェルドロフスク上空でソビエトの地対空ミサイルによって撃墜される。アメリカは当初この事件を隠蔽しようと、気象観測機がコースを逸れたと主張した。しかし機体の残骸が発見されるに及んで真の目的が明らかになり、墜落から生き残ったパワーズもCIAに雇われていることを認めた。歴史家のマイケル・R・ベシュロスは著書『Mayday（邦題・1960年5月1日：その日軍縮への道は閉ざされた）』（1986）の中で次のように記している。「CIAの大失敗が明るみに出たのはこのU-2撃墜が最初であり、多くのアメリカ人は自分たちの政府が諜報活動を行なっていることを初めて知った。1960年5月は、リーダーが常に真実を語っているわけではないと多くの人が知った最初の瞬間だった」

U-2撃墜事件はCIAの秘密作戦が暴露されただけにとどまらず、政府に対する国民の不信が吹き荒れる結果をもたらした。そしてもう1つの秘密工作が嵐を巻き起こす。キューバの共産主義指導者、フィデル・カストロ政権の転覆計画がそれであり、この作戦はアイゼンハワーの後を継いだジョン・F・ケネディに引き継がれ

る。

【参照項目】エドワード・G・ランズデール、カーミット・ルーズベルト、モハンマド・モサッデク、E・ハワード・ハント、秘密の世界、U-2、フランシス・ゲイリー・パワーズ

大惨事の時代

ピッグス湾の惨事は1961年4月に発生した。CIAによって勧誘・訓練されたおよそ1,400名のキューバ人亡命者をキューバに潜入させ、反カストロ革命を引き起こそうとしたこの侵攻計画では、ピッグス湾が上陸地点になっていた。リチャード・ビッセルとE・ハワード・ハントが作戦に加わったものの、結果は悲惨な失敗に終わる。

ピッグス湾事件の後、ケネディ大統領はCIAの解体を望んだというが、結局はダレスとビッセルの辞職を認めただけに終わった。ケネディはダレスの後任に原子力委員会のジョン・A・マコーン元委員長を任命し、暗殺を含む包括的な対カストロ秘密工作作戦マングースに許可を与える。また科学技術本部が新設されたものの、CIAによる科学技術活動の全てを傘下に収めたわけではなかった。計画担当次官の下に技術開発部──「アイデア商品開発部」の名で知られていた──があり、ジェームズ・ボンドが使うような道具を生み出していたのである。しかしこうした官僚組織の下には単なる商品開発部以上のものが隠されており、CIAの殺し屋に毒物やウイルス、バクテリアを提供する実験所も存在していた。

カストロ暗殺計画はどれも成功しなかった。CIAはコンゴ共和国（ザイールを経て現在はコンゴ）のパトリス・ルムンバ首相に対しても暗殺計画を立案したが、実行前にルムンバは政敵に殺害されたという。

1962年10月のキューバミサイル危機は、アメリカ本土を射程圏内に収めるソビエトの弾道ミサイルがキューバに配備された事実を、空軍の運用するU-2偵察機（CIAが提供したものである）が突き止めたことによって表面化したが、ここでもCIAが重要な役割を演じたとされる。しかし、インテリジェンス・コミュニティーのソビエトに対する評価は非常に不正確だったことが、後に明らかとなる。推定8,000名のソビエト兵がキューバに配置されていると見積もられたものの、実際の数は4万を超えていた。また核弾頭の存在も突き止められないでいたが、実際には134発が荷揚げされていたのである。

キューバ危機の後にケネディが暗殺されると、後任のリンドン・ジョンソンはベトナム紛争におけるアメリカの関与を加速させた。それに伴い、CIAはベトナムを秘密工作活動の新たな舞台とする。だがフェニックス作戦、あるいはラオスでの工作活動や暗殺計画によって、CIAの評判はまたしても傷ついた。「CIAはかの地で戦

争を主導していた」ラオスでメオ族及びタイ人を率いた経験のある元CIA職員はそう語っている（「特殊作戦部隊」を参照のこと）。

ベトナムにおけるCIAの諜報活動は様々な結果を生み出したが、客観的な行動はしばしば優れた結果をもたらしている。1965年7月、CIAは北ベトナムへの空爆を分析し、部分的な効果しかなく北ベトナムの政策を変化させることはできないと結論づけた。しかしCIAの分析作業が現状の戦争遂行方針の後追いに陥ることもあった。事実、1966年3月の時点でCIAは前年の分析結果を覆し、ハノイとハイフォン湾への爆撃を主張するようになっている。こうした矛盾は政府の諮問会議におけるCIAの立場を弱めると同時に、ベトナム戦争によって独立性と清廉さが失われているという印象をさらに強めた。

【参照項目】キューバ、ジョン・A・マコーン、マングース作戦、ジェームズ・ボンド、キューバミサイル危機、インテリジェンス・コミュニティー、ベトナム

暴露の嵐

ニクソン大統領の辞任という結果で幕を閉じた1972年のウォーターゲート事件は、CIAの評判に泥を塗った。ホワイトハウスの「鉛管工」チーム（機密漏洩対策班）に所属するE・ハワード・ハントはCIAの技術開発部で変装を施され、ウォーターゲートビルとワシントンDCのアパートメントビルで盗聴活動を行なった。ハントは元CIA工作員を雇っており、またCIAも鉛管工たちに嘘発見器の専門家をつけて機密漏洩の追跡を支援した。リチャード・ヘルムズ中央情報長官はウォーターゲート事件に関してホワイトハウスの要求を全て呑んだわけではなかったものの、自分は大統領に仕えているという信念から、CIAとニクソンの間に壁を設けることはしなかった。「私はアメリカ合衆国大統領のために働いている」とヘルムズは述べている。この忠誠心のために、ヘルムズとCIAは国民の支持をさらに失った。

ウォーターゲート事件がCIAを傷つけたのであれば、続く数年間の出来事はこの情報機関を壊滅の一歩手前に追いやったと言える。1974年12月22日、国内情報作戦の一環として行なわれた20年間にわたる違法な郵便検閲（「カオス作戦」を参照のこと）といったCIAの権力乱用が、ニューヨーク・タイムズ紙のセイモア・ハーシュ記者によって明らかにされた。DCIのウィリアム・E・コルビーはこの話が真実だと認めたものの、現在は行なわれていないと主張した。

それに続いて様々な暴露が行なわれたが、その中で最も世間の耳目を集めたのがCIAによるカストロ、ルムンバ、及びドミニカ共和国の独裁者、ラファエル・トルヒーヨの暗殺計画である。ちなみにトルヒーヨは1961年5月30日に待ち伏せ攻撃によって殺害されている（暗殺犯はCIAの人間ではなかったが、武器はCIAが供与したものと思われる）。

以後も暴露は止まらなかった。その中には、マインドコントロール実験が長期にわたって実施され、少なくとも1名が死亡したというものもある（「MKウルトラ計画」を参照のこと）。また国立学術協会や数々の雑誌――ドイツの『Der Monat』やイギリスの『Encounter』を含む――がCIAによって活動のカバーとして利用され、アメリカのジャーナリスト、学者、そして聖職者までもがスパイとして勧誘されている。

フォード大統領はロックフェラー委員会を設け、CIAの国内活動を調査させることでそれに対処した。また下院は情報特別委員会を設置し、連邦情報機関による「違法または不適切な」活動を調査した。この委員会は2代目の委員長を務めたニューヨーク州選出の民主党議員、オーチス・G・パイクにちなんでパイク委員会と命名される。上院も情報活動に関する政府活動調査特別委員会を設け、こちらはチャーチ委員会と呼ばれた。これらの委員会による報告結果は、CIAが直接・間接を問わず暗殺計画に関わるのを禁じた、カーター大統領による行政命令へとつながった。

小説執筆のためにCIAを退職し、後にナショナルジオグラフィック誌の主任編集者となったチャールズ・マカリーは、CIAで出会わなかった人間が2種類あったと後に述べている。つまり暗殺者と共和党員である。チャーチ委員会もCIAが暗殺者を擁している証拠を発見することはできなかった。

1977年1月にホワイトハウス入りしたカーターは海軍兵学校の同期生――面識はなかったが――スタンスフィールド・ターナー海軍大将をDCIに指名した。CIAが苦境に立たされているという好ましからざる報道に接したターナーは、秘密活動に携わるおよそ600名の男女を退職させたものの、それはCIA内部の士気を大きく低下させた。ピーター・スコット、ジョナサン・マーシャル、ジェーン・ハンター著『The Iran-Contra Connection』（1987）には次のように記されている。

これらの秘密工作員は1970年代に放逐されたが、その後レストランを開いたり本屋で働いたりしたわけではもちろんない。彼らは政治プロセスを秘密裡に操ることに長けており、秘密工作活動に復帰すべく、それにふさわしい人物を見つけ立候補させようとした。そして、レーガンとブッシュが喜んで彼らの代弁者になったのである。

【参照項目】ウォーターゲート事件、鉛管工、ブラック・バッグ・ジョブ、リチャード・ヘルムズ、国内情報、ウィリアム・E・コルビー、パイク委員会、チャーチ委員会

監督強化

CIA に対する調査によって、情報組織を監督する常設の上院情報特別委員会が 1976 年 5 月に設置された。また翌年 7 月には下院も情報常設委員会を設けている。

チャーチ委員会における暴露以来、CIA の活動は一連の行政命令のために著しく制限され、アメリカ国内での偵察、盗聴、手紙の開封、そしていかなる形の監視も禁じられた。しかしアメリカ国内の人物が外国政府につながっていると判断されれば、FBI に対して監視を行なうよう秘かに要請した上で、外国情報活動監視法廷に法的許可を申請させることは可能だった。

CIA は秘密工作に先立ち大統領から許可を得なければならない。また議会の監視委員会にもこうした活動について「適宜」報告する必要がある。議会による調査は今やありふれたものになっており、CIA の職員及び分析官は特定の議員あるいは委員会に対して年平均 1,000 件以上の報告を行なっている。

ソビエトという「悪の帝国」に対する聖戦の一環として、レーガン大統領はウィリアム・J・ケーシーを DCI に任命した。OSS で勤務したことのあるケーシーは秘密工作活動の熱心な擁護者だった。レーガンはケーシーを閣僚の一員にすると共に、大統領外国情報諮問委員会を復活させてケーシーをさらに支援している。また機密情報を守るために特別法を制定して、CIA を情報公開法の適用対象外とした。

ニカラグアの反サンディニスタ勢力に資金提供することで、レーガン政権が議会の追及を巧みにかわそうとした結果、CIA はさらなる調査を受けることになった。その資金は、イラン指揮下のゲリラによってレバノンで人質となったアメリカ人を解放させるのと引き替えに、イスラエル経由でイランに武器を売却した代金をそのまま回したものだった（「イラン・コントラ事件」を参照のこと）。長期にわたる上院公聴会の結果、上院は「NSC と CIA に所属する、ある特定の人物」が議会を騙したという報告書を提出した。かくして国家公認の殺人という問題が持ち上がる。CIA の支援を受けて作成されたコントラ向けのマニュアル『Psychological Operation in Guerrilla Warfare（ゲリラ戦における心理作戦）』では賄賂と脅迫の活用が推奨され、また暗殺の有効性にも言及している。

試練はこれで終わりどころか、今度は大々的な注目を集める事件が起きた。1994 年 2 月、少なくとも 8 年間にわたってソビエト及びロシアのためにスパイ行為をしていたとして、FBI は CIA 防諜担当官のオルドリッチ・H・エイムズを逮捕した。エイムズは豪華な暮らしを続けていたにもかかわらず、それまで疑われることはなかった。その一方で、組織内部に内通者がいたことを、CIA は知っていたのである。だがレーガン及びクリントン大統領に提出された虚偽混じりの報告書において、

CIA はその事実を否認した。エイムズ事件、組織内のセクハラ容疑、そして女性に対する昇進差別といった CIA の問題は、クリントン政権における最初の DCI ジェイムズ・ウールジーの早期辞職につながった。

クリントンは次にボビー・レイ・インマン海軍大将を DCI に選んだ。しかし長年にわたるホワイトハウスの「インサイダー」だったインマンは、マスコミによる追及を懸念して辞退してしまい、この選択は PR 上の大失敗に終わってしまう。結果的に、広く尊敬を集めていたジョン・M・ドイッチ元国務次官補が任命された。

ドイッチはおぼつかない足どりの CIA を、大量破壊兵器の拡散、麻薬取引、国際的な組織犯罪、そして産業スパイへの対処という新たな使命に向かわせた。また秘密活動部門に対し、暗殺、拷問、テロ行為といった犯罪に関与したことのある外国人エージェント約 100 名との関係を断ち切るよう命じた。首になったエージェントのうちおよそ半数は南アメリカで活動していた。

ドイッチの後任には国家安全保障問題担当補佐官のアンソニー・レイクが指名される。しかし複数の上院議員が彼の適性を疑問視して就任が危うくなったため、レイクは指名を辞退した。その際、次官のジョージ・テネットが DCI 代理として職務を引き継いでいる。そして 1997 年 7 月、かつて職員として働いていた上院からの支持を得て、テネットは正式に就任した。

テネットが DCI に就任した際、CIA はピッグス湾事件以来最悪となるイメージダウンに苦しんでいた。1997 年 7 月にニューヨークタイムズ紙が伝えた通り、「過去 4 年間の CIA は、ほぼ絶え間なく悪いニュースに彩られていた」のである。例として、2 件の裏切り行為の発覚——エイムズ及びハロルド・J・ニコルソン——と、フランス、インド、日本、イタリア、そしてイラクにおける秘密活動の不手際が挙げられる。その中で最悪だったのが、フセイン政権転覆を目的とした CIA の作戦がイラク公安機関に突き止められ、CIA が支援していた 100 名以上のクルド人が殺害されたという事件である。

1997 年 4 月、検事総長は報告書の中で、エイムズの摘発に失敗したことは「主に CIA が責任を負うべきである」と述べた。またこの報告書によると、CIA はエイムズを「有罪にし得る」情報を 1989 年後半の段階で摑んでいたものの、「FBI に正しく伝え捜査させることを怠った」という。そして FBI が初期のうちに関与していれば、ソビエトにおける作戦失敗やエージェント喪失の「原因となったエイムズの正体を、極めて早いうちに突き止められる可能性があった」と結論づけている。

湾岸戦争直後のイラクでアメリカ軍が破壊した武器の中に、化学兵器も存在していたことが明らかになった際も、CIA はその扱いを間違えた（数万名のアメリカ兵がイラクの化学兵器に晒された可能性を示す資料の隠蔽疑惑で、上級分析官 2 名が辞任した）。

また南アメリカの治安維持部隊に暗殺や心理的拷問の技術を教えたという情報も明らかになった。さらには、グアテマラにおけるアメリカ国民の殺害にCIAが関与していたことを下院議員に伝えたとして、国務省のある高官がセキュリティー・クリアランスを取り消されるという事件や、未確認飛行物体（UFO）に関してCIAが嘘をついたことを30年以上にわたって隠し通し、偵察機の活動を隠すために大衆を惑わしていた事実が明らかになっている。

CIAは時代遅れの秘密情報を歪め、また改ざんすることで知られているので、1996年8月にサンノゼ・マーキュリー・ニュース紙が報道したセンセーショナルな事実を否定した際も、ほぼ全く信用されなかった。その事実とは、アメリカが支援するニカラグア反政府勢力への援助資金をすべく、1980年代に純度の高いコカインがアメリカ国内へ大量に密輸され、主としてロサンゼルスのワッツ地区に居住する黒人に売られたというものである。

この件にまつわる政治的な嵐が吹き荒れていた1996年9月、ドイッチは連邦議会黒人幹部会に姿を現わし、調査を約束した。しかしこのパフォーマンスはCIA内部で広く批判され、辞任の決断につながったと多くの関係者が信じている。

ロサンゼルス郡保安局とマーキュリー・ニュース紙自身による調査の結果、この問題に関する重大な疑問が湧き起こった。郡保安局によれば、麻薬取引におけるCIAの関与を示す証拠は存在せず、同紙の編集主幹も「（自社の）基準に達していなかった」として1997年5月に記事を撤回した。

2001年9月11日に発生した世界貿易センタービルとペンタゴンに対するテロ攻撃は、2004年に至って大統領直属の独立機関による精力的な調査が行なわれた。その結果、CIAは1998年からテロリズムと「戦争状態」にあると公言していたものの、「敵に関する包括的な評価はなされなかった」とされている。

こうしたテロ行為に対する警告、あるいは警告の欠如が公にはほとんど知られない一方、CIAの工作員がアラブの数ヵ国で活動していたことが明らかになっている。ブッシュ政権が対テロ戦争を掲げて2002年にアフガニスタンへ、2003年にイラクへ侵攻した際、CIAは地上に人員を、空中に無人偵察機を送り込んだ。アフガニスタンにおける最初のアメリカ人戦死者は、CIA秘密工作員のマイケル（ジョニー）・スパンだった。スパンは2001年11月、アフガニスタン北部のマザリ・シャリフ近郊にある刑務所で起きた反乱の際に命を失っている。反乱が起きた当時、スパンは囚人の尋問にあたっていた。

またCIAのその他の職員も、アメリカ軍が戦闘状態に入ると同時にアフガニスタンとイラクの全域で活動を開始し、その一部は特殊作戦部隊と直接協力している。

この時期のCIAが活用していた「航空兵力」にはプレデター無人偵察機だけでなく、戦術情報任務用に開発された空軍の無人機が含まれている。CIAはこれらを偵察任務に用いるのみならず、プレデターにスティンガーミサイルの空対空型を装備し、イエメンやアフガニスタンを自動車で移動するテロ容疑者に攻撃を仕掛けた。

イラクが化学兵器、生物兵器、そして核兵器の開発計画を進めていたというCIAの結論に対しては、2003年3月のイラク戦争開戦以来厳しい追及がなされた。2003年8月、DCIのテネットは「イラクによる大量破壊兵器（WMD）開発計画の継続」について前年10月に作成された国家情報評価（NIE）を公開するという異例の行動に出て、「我々はNIEの判断を支持する」と述べた。しかし2004年中盤を迎えても、このような兵器は発見されなかった。さらに、テネットによるNIEの公表は、CIAの情報開示を意味するものではなかった。連邦法廷から予算の規模について質問されたテネットは、こうした情報開示は「国家安全保障に重大な損害を及ぼす」と回答する。しかし、1997年度（266億ドル）と98年度（267億ドル）については額を公表したのである。

9/11後のCIAによる情報評価、とりわけ大量破壊兵器に関する分析結果への批判は大きな変化をもたらした。2004年2月、秘密情報源も分析対象とするようテネットが命じたことが公表される。長年の慣習として分析官にこうした秘密情報は与えられず、データをもたらすエージェントについての事実は特に秘匿されてきた。大量破壊兵器に関する情報評価を行なった分析官は、データが単一の情報源から得られたものではなく、多くの情報源によって確認されたものであると信じていたのだ。

ともあれ21世紀初頭には、対テロ活動がCIAの主な任務になっている。

【参照項目】盗聴／盗聴装置、外国情報活動監視法廷、ウィリアム・J・ケーシー、大統領外国情報諮問委員会、情報公開法、オルドリッチ・H・エイムズ、寝返り、R・ジェイムズ・ウールジー、ボビー・レイ・インマン、ジョン・M・ドイッチ、産業スパイ、ジョージ・J・テネット、ハロルド・J・ニコルソン、マイケル（ジョニー）・スパン、特殊作戦部隊、プレデター、無人航空機、戦術情報、国家情報評価

歴代中央情報長官（DCI）

CIAが設立される以前、3名のDCIがCIGを率いている。シドニー・W・ソワーズ海軍少将、ホイト・S・ヴァンデンバーグ空軍中将、そしてロスコー・H・ヒレンケッター海軍少将である。1947年5月にDCIとなったヒレンケッターは、同年9月にCIAが創設された際もそのポストにとどまり、1950年10月までDCIを務めた。

1950 年 10 月〜1953 年 2 月	ウォルター・ベデル・スミス 陸軍中将
1953 年 2 月〜1961 年 11 月	アレン・W・ダレス
1961 年 11 月〜1965 年 4 月	ジョン・A・マコーン
1965 年 4 月〜1966 年 6 月	ウィリアム・F・レイボーン・ジュニア海軍中将
1966 年 6 月〜1973 年 2 月	リチャード・M・ヘルムズ
1973 年 2 月〜1973 年 7 月	ジェイムズ・R・シュレジンジャー
1973 年 7 月〜1973 年 9 月	ヴァーノン・A・ウォルターズ陸軍中将（DCI 臨時代理）
1973 年 9 月〜1976 年 1 月	ウィリアム・E・コルビー
1976 年 1 月〜1977 年 1 月	ジョージ・H・W・ブッシュ
1977 年 1 月〜1977 年 3 月	E・ヘンリー・ノッシュ（DCI 臨時代理）
1977 年 3 月〜1981 年 1 月	スタンスフィールド・ターナー海軍大将
1981 年 1 月〜1987 年 1 月	ウィリアム・J・ケーシー（1986 年 12 月 18 日から 87 年 5 月 26 日まではケーシーの病気のためロバート・M・ゲイツが DCI 臨時代理を務める）
1987 年 5 月〜1991 年 8 月	ウィリアム・H・ウェブスター
1991 年 9 月〜1991 年 11 月	リチャード・J・カー（DCI 臨時代理）
1991 年 11 月〜1993 年 1 月	ロバート・M・ゲイツ
1993 年 2 月〜1995 年 1 月	R・ジェイムズ・ウールジー
1995 年 5 月〜1996 年 12 月	ジョン・M・ドイッチ
1997 年 1 月〜1997 年 7 月	ジョージ・J・テネット（DCI 臨時代理）
1997 年 7 月〜2004 年 7 月	ジョージ・J・テネット
2004 年 9 月〜2006 年 5 月	ポーター・J・ゴス
2006 年 5 月〜2009 年 1 月	マイケル・ヘイデン
2009 年 1 月〜2011 年 6 月	レオン・パネッタ
2011 年 9 月〜2012 年 11 月	デイヴィッド・ペトレイアス海軍大将
2013 年 3 月〜	ジョン・ブレナン

（訳注：2005 年 4 月以降は中央情報局長官〔DCIA〕）

【参照項目】 ウォルター・ベデル・スミス、アレン・W・ダレス、ジョン・A・マコーン、ウィリアム・F・レイボーン・ジュニア、リチャード・M・ヘルムズ、ジェイムズ・R・シュレジンジャー、ウィリアム・E・コルビー、ジョージ・H・W・ブッシュ、スタンスフィールド・ターナー、ウィリアム・J・ケーシー、ロバート・M・ゲイツ、ウィリアム・H・ウェブスター、R・ジ

ェイムズ・ウールジー、ジョン・M・ドイッチ、ジョージ・J・テネット

CIDG

「民間不正規戦グループ」を参照のこと。

CIG

「中央情報グループ」を参照のこと。

CIPA

「機密情報処理法」を参照のこと。

CL-282

1954 年初頭、ロッキード社による事業としてクラレンス・L（ケリー）・ジョンソンが設計し、社内の秘密設計部門スカンクワークスによって開発された航空機。同社製の F-104 スターファイター戦闘機の高々度偵察機型として、アメリカ空軍と CIA の要求を満たすことを意図していた。

母体となった F-104 はターボジェットを装備した戦闘機で、1954 年の初飛行を経て 58 年から配備されているが、CL-282 は翼幅を 21.5 メートルに広げた偵察機型である。地上での操縦と離陸には台車を使う必要があり、離陸後に投棄することになっていた（ドイツのメッサーシュミット Me163 ロケット機と同じである）。

CL-282 の最高高度は 7 万フィート強であり、2,000 マイル（3,220 キロメートル）の航続距離を持つ。ジョンソンが設計したこの機体は、多くの点でジェット推進式のグライダーと呼べるものだった。

しかし空軍は CL-282 の設計案を却下した。伝えられるところによると、アメリカ戦略航空軍団（SAC）の指揮官カーチス・ルメイ大将は報告を途中で遮ってその場に立ち上がり、くわえていた葉巻を手にとると、もし高々度写真偵察機がほしいのなら B-36 ピースメーカー爆撃機にカメラを取り付ければいい話であり、車輪も機銃も装備していない飛行機などに興味はないと言い放ち、時間の無駄だったと吐き捨てて部屋を出たという。

空軍に却下された CL-282 の設計を元に、CIA の支援を受けて U-2 偵察機が開発され、後に空軍も採用している。

【参照項目】 クラレンス・L（ケリー）・ジョンソン、スカンクワークス、偵察、B-36 ピースメーカー、U-2

CL-400

U-2 偵察機の後継を目指してロッキード社の秘密設計部門スカンクワークスが開発した航空機。

1956 年初頭、ロッキード社のクラレンス・L（ケリー）・ジョンソン設計技師は、水素燃料式の高々度超音速偵察機を空軍に提案した。その結果、試作機 2 機の

購入契約が1956年4月に結ばれ、それに続いて6機を追加生産するようにとの命令が下る。しかし、ロッキード社と空軍のいずれも想定された航続距離に満足せず、1957年10月にプロジェクトは打ち切られ、ほぼ完成していた試作機もスクラップにされた。

　この飛行機は薄い台形翼の主翼の両端に2基の水素燃料エンジンを装備している。複座式で高度95,000ないし10万フィート（28,960ないし30,480メートル）をマッハ2.5で巡航する予定だった。

　CL-400の代わりとしてA-12オックスカートが開発されている。

（訳注：その後CL-400のエンジンは液体燃料式ロケットの発展に貢献、アポロ計画に不可欠な要素となった）

【参照項目】U-2、スカンクワークス、クラレンス・L（ケリー）・ジョンソン、偵察、A-12オックスカート

COI

「情報統括官」を参照のこと。

COINTELPRO

　防諜プログラム（Counterintelligence Program）。「FBI」を参照のこと。

COMINT

「通信情報」を参照のこと。

COMSEC

「通信保安」を参照のこと。

CPUSA （Communist Party of the United States of America）

　アメリカ合衆国共産党の略称。本来は合法的な政党だったが、ソビエト情報機関によってモスクワの「センター」から発せられた指令を遂行するエージェントの供給源に変容した。

　GRU（参謀本部情報総局）、NKVD（内務人民委員部）そしてKGBから勧誘を受けたアメリカ共産党員として、1930年から党を追放される45年まで党首を務めたアール・ブラウダー、ジュリアス・ローゼンバーグなど原爆スパイ網の面々、国務省のアルジャー・ヒス、司法省のジュディス・コプロン、そしてホワイトハウス補佐官のロークリン・カリーといった人物の名が挙げられる。連邦政府に潜むエージェントは写真撮影や政府秘密資料の持ち出しなど通常のスパイ活動を実行するだけでなく、財務省のハリー・デクスター・ホワイトなど、党員ではないものの党の主張を理解する人間の勧誘も試みた。

　当時のCPUSA（アメリカの防諜担当官は通常このように呼んでいた）はモスクワとの結び付きが強く、党員に対して「同志（Fellow Countrymen）」というコードワードを用いるほどだった。このコードワードは他の多数と共に、ヴェノナ計画によるソビエトの情報通信の解読で明らかになった。しかし1995年にヴェノナ情報が公開される以前から、CPUSAを通じたソビエトの諜報活動を示す証拠は無数に発見されている。またソビエト連邦崩壊を受けて諜報関係資料が公開された際、ヴェノナを補強する多数の資料が歴史家によって発見された。

　イギリスの歴史家クリストファー・アンドリューはヴェノナ情報の公開直後、ソビエトによるCPUSAへの浸透が極限に達していたと述べた上で、ルーズベルト大統領がソビエトのシンパだったヘンリー・ウォレス副大統領を更送し、ハリー・S・トルーマンを後釜に据えていなければ、1945年のルーズベルトの死後、アメリカには「ヘンリー・ウォレス大統領、ロークリン・カリー国務長官、そしてハリー・デクスター・ホワイト財務長官という、KGBに支配された政権が生まれていただろう」としている。

　1国の共産主義政党を諜報活動に用いるというアイデアは、ロシア共産党のリーダーが1919年に共産主義インターナショナル（後にコミンテルンとして知られるようになる）を設立し、「あらゆる手段を駆使して国際ブルジョワジーを打倒すると共に、国家の廃絶に至る移行段階として国際ソビエト共和国を建国する」ことを宣言した際に生まれたものである。

　ソビエト連邦のためにスパイ活動を行なうことに同意したCPUSA党員は、レーニンのレトリックが予想するところの「よりよい世界の創造」に貢献するという言葉に刺激を受けていた。1930年代、このレトリックは職と希望を失った者には魅力的に響いたのである。党の指揮系統が劇的に代わった際も多くの者は共産主義への信仰を捨てず、愛国主義をも覆い隠すほどだった。第2次世界大戦の初期にはアメリカの中立を求めていた声が、1941年6月のドイツ軍による侵攻を受けてソビエトへの支援を求める声に突如変わっても、その信仰がゆらぐことは全くなく、終戦時点の党員数は5万人から75,000人に上ったと推測されている。

　1948年、元CPUSA党員のエリザベス・ベントレー及びホイッテイカー・チェンバースによるスパイ行為の暴露に対処すべく、司法省はアメリカ共産党に対する取り締まりを強化したが、その根拠となったのが暴力的な政府転覆活動を禁じるスミス法だった。「今日のアメリカには多数の共産党員がいる」J・ハワード・マクグラスは1949年4月にこう述べた。「共産主義者は至るところに存在する——工場、職場、肉屋、街頭、そして個人商店にも。その1人1人が社会に死をもたらす病原菌を保有しているのだ」

　FBIは共産党リーダー145名を逮捕した。109件に及ぶ裁判の大半では、党に潜入したFBIの情報提供者が政府側証人として出廷している。その中で最も成功した

情報提供者は、モスクワでソビエト指導者と頻繁に面会していたという（「ソロ作戦」を参照のこと）。

1990 年代に入り、ヴェノナ及びマスク計画による解読結果が、長らく秘密とされてきたソビエトの資料と共に公表された際、CPUSA が諜報活動に深く関与していたことが決定的になった。その中にはコミンテルンの会計資料があり、1919 年から 20 年にかけてアメリカ人へ支払われた額が列挙されていて、その合計は 300 万ドルという当時としては巨大な金額に達した。また別の資料からは、後にオクシデンタル石油の会長となるアーマンド・ハマーがソビエトの資金をマネーロンダリングし、コミンテルンの金であることを秘匿した事実も判明している。

エモリー大学のハーヴェイ・クレアと議会図書館のジョン・アール・ヘインズはロシア側資料管理者のフリドリフ・イゴレヴィチ・フィルソフと共同で、モスクワの指示を受けて行なわれた CPUSA の諜報活動について調べた後、著書『The Secret World of American Communism』(1996) の最後でこう結論づけている。

ソビエトがアメリカの政党に資金援助していたこと、CPUSA が秘密組織を維持していたこと、そして主要リーダー及びメンバーがソビエトの諜報作戦に関わっていたことは、もはや否定し得ない事実である……ソビエト連邦とアメリカ共産党幹部はこうした活動を正常かつ適切だと見なしていた。彼らが懸念を抱いていたのは、それらが明るみに出ることだけだったのである。

【参照項目】センター、GRU、NKVD、KGB、アール・ブラウダー、ジュリアス・ローゼンバーグ、原爆スパイ網、アルジャー・ヒス、ハリー・デクスター・ホワイト、ジュディス・コプロン、ロークリン・カリー、クリストファー・アンドリュー、エリザベス・ベントレー、ホイッテイカー・チェンバース、アーマンド・ハマー

D-21

アメリカが開発した空中射出式の無人偵察機。高々度を飛行する A-12 オックスカートまたは SR-71 ブラックバード偵察機の背面から射出されることになっていた。また独特な形状の外見は母機の A-12 及び SR-71 に類似している。

D-21 による作戦飛行は 4 度しか実施されず、しかも母機として用いられたのはいずれも B-52H 戦略爆撃機だった。これらの作戦飛行は中国上空の写真偵察を目的としていたものの、うち 1 機は北に逸れてシベリアへ入り込んでしまった。機体はソビエト領に墜落した後、一部が回収されている。回収が不可能（任務終了後、機体は自爆することになっていた）なためにコストがかさ

むこと、現像済みフィルムの回収が難しいこと、そして偵察衛星が利用可能になったことで、この計画は中止された。

D-21 は高速（マッハ 3.5）偵察機として開発され、政治的理由あるいは敵の防空体制のため有人飛行機を用いることができない目標への偵察飛行を目的にしていた。機体は A-12 あるいは SR-71 に搭載され、高々度から射出される。数度の試験が行なわれたが、A-12 が射出に失敗して墜落したために、エンジン 8 基を備える大型の B-52H が母機となった。2 機が改造され、主翼下のパイロンに 2 機の D-21 を搭載した。運用はカリフォルニア州北部のビール空軍基地とネヴァダ州にあるグルーム・レイク実験施設に限られた。なお B-52 と D-21 による作戦任務にはシニア・ボウルというコードネームが付けられている。

4 回の作戦飛行において、母機の B-52 はアメリカの基地を離陸した後、太平洋西部の射出地点へ向かった。D-21 を射出した後は近くの航空基地に着陸すればよい。無人機は偵察任務を実行してから海上を飛行、そこでフィルム容器とカメラなどの機器類を投下する。それらはパラシュート降下中に回収機によって「捕獲」されるが、衛星から投下されたフィルムを回収する際にも同じ手順が用いられた（「コロナ」を参照のこと）。

中国上空への偵察任務は 1969 年から 71 年にかけて 4 回行なわれたが、いずれもフィルムと機器の回収に失敗している。

ロッキード社のスカンクワークスが開発した D-21 は 1964 年から 69 年にかけて 38 機が製造された。細長い三角翼を備え、水平尾翼を持たない機体は主にチタニウムで構成されており、1 基のラムジェットエンジンを推進源としている。また胴体にはカメラ搭載室が設けられている。燃料満載状態の重量は 11,000 ポンド（4,990 キログラム）で、全長は 13 メートル、翼幅は 5.8 メートルだった。最大航続距離は 3,500 マイル（5,630 キロメートル）で 95,000 フィート（28,960 メートル）の高空を飛行できる（SR-71 よりも若干高い）。

2 機の A-12 が D-21 の射出用に改造され、M-12 の呼称を付与された。また「合体」した際には MD-21 と呼ばれる――母（Mother）と娘（Daughter）というわけだ。この計画にはタグボードというコードネームが付けられ、1966 年 7 月 30 日まで続けられた。その後は B-52 による射出に備えて改造されている。

残存した機体は 1968 年から 76 年まで保管され、その後廃棄された。うち少なくとも 17 機がアリゾナ州モンサン空軍基地で野外保管されていた（1994 年、宇宙航空局〔NASA〕が研究目的で 4 機の D-21 を取得している）。

D-21 は基本型に対する呼称であり、B-52 からの射出用に改造された機体は D-21B と呼ばれ、また戦闘用の

機体は GTD-21 である。21 という数字は A-12 の 12 を逆さにしたものだと言われている。

【参照項目】 無人航空機、偵察、A-12 オックスカート、SR-71 ブラックバード、シニア・ボウル、スカンクワークス

DCI

「中央情報長官」を参照のこと。

DGER （Direction Général des Études et Recherches）

1944 年に DGSS（特殊戦力総局）の後継として設立されたフランスの情報機関、調査・研究総局の略称。

歴史的に見て、フランスの情報機関は軍によって支配されてきた。だが DGSS と DGER はこの慣習を破って陸軍大臣の下に置かれ、やがて首相に直属している。この新たな慣習はシャルル・ド・ゴール将軍による努力の賜物であり、1944 年のフランス解放後、ド・ゴールは暫定政権を打ち立てると同時に DGER を設立したのである。

DGER 長官に就いたのはアンドレ・ドゥヴァヴランだった。彼は「パシー大佐」という通称を名乗りつつ、ド・ゴールが戦時中に創設した BCRA（情報・行動中央局）を率いた人物である。ドゥヴァヴランは DGER のエージェントに対し、政党やレジスタンス活動に関する情報を集めるよう命じると共に、共産主義者による反政府活動を特に厳しく監視するよう指示した。また技術操作本部は電話の盗聴や手紙の開封を行なっている（フランスに古くから伝わるこの慣習に関しては「ブラックチェンバー」を参照のこと）。そしてエージェントはドイツ支配下のフランスに居住する数千人の市民を監視下に置いた。

1944 年に連合軍がフランスを解放した直後、DGER に所属する 1 万名ほどのエージェントは全土をうろつき回り、ドイツ協力者を捜し出すと共に彼らの不正利得を摘発した。また急遽新たな身分が必要となった人間のために書類を偽造（戦時中身につけた技能だった）したり、政治家を脅迫したり、違法な現金取引を行なったりしている。幻滅を抱いたフランス人の中には DGER を「Direction Général des Escroqueries et Rapines（詐欺・掠奪総局）」と呼ぶ者もいた。また共産主義者も DGER を「Direction Général des Ennemis de la République（共和国の敵総局）」と称している。

DGER は 1944 年 11 月から、ド・ゴールが暫定大統領を辞職する 1946 年 1 月まで活動を続けた。その後は直ちに解体され、SDECE（防諜・外国資料局）が後を継いでいる。

【参照項目】 DGSS、アンドレ・ドゥヴァヴラン、BCRA、SDECE

DGSE （Direction Général de la Sécurité Extérieure）

悪名高い SDECE の後継として 1982 年に創設されたフランスの情報機関、対外治安総局の略称。

1981 年に大統領となった社会党のフランソワ・ミッテランは、少なくとも名目上は SDECE を廃止して DGSE を創設、エールフランス元会長のピエール・マリオンを長官に据えた。だがマリオンは就任後わずか 18 ヵ月で辞職し、ピエール・ラコスト海軍大将が後を継ぐ。海軍将校がフランスの主要情報機関のトップに就任するのはこれが初めてだった。

ラコストは 2,800 名の常勤職員（うち軍人は 1,300 名）を擁するこの組織の再編に着手した。その結果、情報収集と分析を担当する第 1 局、防諜及び保安を担当し、敵情報機関の浸透を防ぐ第 2 局、そして SDECE の作戦局を引き継ぎ DGSE の「活動」部門を担当する第 3 局に分けられた。

しかし DGSE が SDECE 以上の責任を担うという期待は 1985 年に打ち砕かれる。フランスの核実験に抗議すべく環境保護団体グリーンピースが太平洋に派遣した船舶レインボー・ウォーリア号を、DGSE の「工作」要員が爆破・沈没させたのである。この船はニュージーランドでドック入りしているところを爆破され、乗船していたカメラマン 1 人が死亡した。程なくレインボー・ウォーリア号の沈没に DGSE が関わっていることが明らかになり、その結果生じた国際的非難の嵐の中で、ラコストは辞任を余儀なくされた。

1989 年に長官の座を受け継いだクロード・シルベルザーンは、冷戦後の世界において DGSE の情報資源を再配分する必要に迫られた。そこで選ばれたのが産業スパイ活動である。とりわけアメリカの航空産業に対する DGSE のスパイ活動は目に余るようになり、1993 年のパリ航空ショーではフランスのスパイに警戒するようにとの注意が、CIA から各航空機メーカーに通達されたほどである。この警告は、ショーへの参加を決めたアメリカの 40 社以上から、DGSE が技術情報を盗み出そうと計画していることを示す証拠が基になっていた。

シルベルザーンは CIA の警告が正当なものであると暗に認め、DGSE 長官を更迭される。しかしフランスの戦術を正当化するため、現在の諜報活動は「本質的に経済、科学、技術、そして金融に関わるものである」と主張した。

FBI によると、アメリカ企業に対する産業スパイ行為において、フランスのエージェントは今なお最も盛んに活動しており、IBM、テキサス・インスツルメンツ、そしてコーニングといった企業のフランス支社にエージェントを送り込み、有益な商取引情報を入手しているとされる。

また DGSE のエージェントはパリとニューヨークを

往復するエールフランスの航空機に盗聴器を仕掛け、アメリカ人ビジネスマンの会話に耳を傾けているという。さらにアメリカ当局は、DGSE がアメリカ企業のヨーロッパ支社に内通者を置き、それら支社が使う国営の通信回線に盗聴装置を仕掛け、またインドの戦闘機調達においてもアメリカ企業に対抗し、フランス企業のために落札を奪い取ろうと試みたとしている。その上、テキサスに駐在するフランス領事館員がアメリカ企業役員宅のゴミ箱をあさって技術情報を見つけようとする傍ら、ヨーロッパの航空企業集団エアバス・インダストリー社のためにボーイング 747-400 旅客機の飛行テストを電子的に監視した疑いが持ち上がっている。

【参照項目】SDECE、ピエール・ラコステ、防諜、レインボー・ウォーリア号、産業スパイ、CIA、FBI、内通者

DGSS （Direction Général des Service Spéciaux）

フランスの情報機関、特殊戦力総局の略称。第 2 次世界大戦中、自由フランスの最高司令官シャルル・ド・ゴール将軍と、彼のライバルであるアンリ・オノレ・ジロー将軍との権力闘争から生まれた。

1942 年 11 月の米英軍による北アフリカ侵攻後、ド・ゴールはロンドンに拠点を置く自らの情報機関 BCRA（情報・行動中央局）を、ジロー配下の SR（参謀本部第 2 部情報局）、及びヴィシー政権下のフランスで活動していた軍事保安局と統合するよう求めた。この統合は最終的に実現され、SR は新組織 DGSS の技術部門となる。ド・ゴールは諜報経験のない民間人、ジャック・スーステルを長官に抜擢しており、DGSS が軍上層部でなくド・ゴールに直属したことは、フランス情報機関に歴史的変化をもたらした。

D デイ、すなわち 1944 年 6 月 6 日のノルマンディー上陸に続き、DGSS はフランスだけでなく中東及び東ヨーロッパでの活動を始める。またアメリカに居住するフランス人を使い、フランスに影響を与え得るアメリカの行動について情報を集めさせた。解放後のパリでド・ゴールによる暫定政府が樹立されたのを受け、DGSS は DGER（調査・研究総局）と名称を変更した。

【参照項目】BCRA、SR、D デイ、DGER

DIA

「国防情報局」を参照のこと。

DIS

(1) イギリス国防情報参謀部。
(2) 国防捜査部。「国防保安部」を参照のこと。

DMI

「軍事情報長官」を参照のこと。

DNI

(1)「国家情報長官」を参照のこと。
(2)「海軍情報長官」を参照のこと。

DPSD （Direction de la Protection de la Sécurité de la Défense）

軍事基地や防衛施設の内部保安を担当するフランスの情報機関、国防保安保全局の略称。

元々は軍事保安局（Sémurité Militaire）という組織がこうした機能を担当していた。しかし国内情報活動に手を出し、軍士官の政治信念に関するファイルを作成していたことが明らかになったため、情報機関の不祥事には名前を変えて対応するというフランスの伝統に従い、1981 年に軍事保安局から DPSD へと成り代わったのである。

1992 年からは参謀本部第 2 部と同じく軍事情報本部の指揮下に置かれている。

【参照項目】国内情報、参謀本部第 2 部

DST （Direction de la Surveillance du Territoire）

1944 年に設置されたフランスの情報機関、国土監視局の略称。保安総局の防諜部門（ST）を引き継ぎ、防諜及びテロリスト対策を担当している。

DST は内務大臣の指揮下にあり、伝統的に警察長官の経験者が長官を務める。その使命を述べた公式声明によると、DST は「フランス共和国の領土において、国家の安全を害すべく外国勢力によって鼓舞、実行、継続される活動を探知・予防する責任を負う」ものとされている。

DST は国防省傘下の DGSE（元の SDECE）よりも優れた情報及び情報源を有しているとされる。1950 年代のアルジェリア紛争においては、DST のエージェントが図らずも SDECE の作戦を明らかにしたこともある。しかし DST はアルジェリア反乱勢力への浸透に成功するも、その成果は SDECE 及び参謀本部第 2 部による、より派手でかつ論争の的になった活動の影に隠れてしまった。

冷戦中、DST の主要な任務はフランス国内におけるソビエトの破壊活動を予防し、フランス政府とりわけ情報機関への浸透を阻止することにあった。事実、KGB はフランスに最大規模の支部を置いていた——最盛期には 700 名の工作員を擁し、その大部分はソビエト大使館の指示によってパリで活動していたのである。

DST は大使館の盗聴や秘密無線通信の監視、またはフランス国内に居住する合法的スパイを通じて情報入手を試みている。最も大きな成功を収めた実例として、「フェアウェル」というコードネームを与えられた KGB の離反者から情報を入手し、1983 年にソビエト国民 47 名をスパイ行為で国外追放した件が挙げられる。47 名の

うち 40 名は外交官、5 名は通商代表、そして 2 名はタス通信の特派員を活動のカバーとしていた人物だった。

1987 年にはフランス人 5 名の関わる宇宙技術スパイ網が DST に摘発されたのを受け、さらに 3 名のソビエト外交官が国外追放されている。このスパイ網の狙いは、衛星打ち上げに用いられるアリアンロケット関係の情報だった。

その一方、DST は様々な議論を引き起こしている。1973 年、DST はスキャンダル記事と風刺記事が売り物の反ドゴール派週刊紙『Le Canard Enchaîné』の編集部に盗聴器を仕掛けた。しかしこの盗聴器は発見され、DST の関与が明らかになっている。1980 年に新社屋へ移転した際も、盗聴器がスタッフによって発見された。あくまで退くことを知らない DST が設置したと思われる。また DGSE がレインボー・ウォーリア号爆破事件への関与で非難を受けた際は警察組織特有の偏見を露わにし、工作員に関する情報を提供することでニュージーランドの官憲に協力した（皮肉なことに、DGSE の関与を暴露したメディアの 1 つが『Le Canard Enchaîné』だった）。

DST は資源のおよそ 4 分の 1 をフランス国内のテロ対策に投じているという。DST による有名な成果の 1 つとして、ブラック・セプテンバーのパレスチナ人リーダー、アブ・ダウドが 1976 年にフランスへ入国した際、拘束に成功した事例が挙げられる。1972 年のミュンヘンオリンピックでイスラエル選手団が虐殺された事件との関連で、DST はダウドを西ドイツ当局へ引き渡そうとした。しかしダウドは SDECE による「安全な手引き」でフランスへ入国しており、釈放せざるを得ないと知った DST を激怒させている。

（訳注：DST は 2008 年 7 月に RG〔総合情報中央局〕と統合、DCRI〔国内情報中央局〕へと再編された）

【参照項目】防諜、DGSE、SDECE、参謀本部第 2 部、合法的スパイ、コードネーム、離反者、カバー、衛星、レインボー・ウォーリア号

D 通告 （D Notice）

イギリス政府及び報道機関の代表で構成される国防・新聞・放送諸問委員会が発行する、正式な検閲要請。編集者の間で内密に回覧され、それを読んだ編集者には特定資料の公表差し止めが求められる。D 通告は勧告状あるいは要請状の形をとっており、差し止め対象が公的秘密保護法の適用対象になり得ることと、その公表は違法でこそないものの、国益に反する行為であることを警告している。

【参照項目】公的秘密保護法

D デイ （D-Day）

第 2 次世界大戦をクライマックスに導いたノルマンディー上陸作戦の実施日。連合国の情報機関は数多くのカバーや欺瞞作戦を立案し、正確な上陸場所と 1944 年 6 月 5 日（後に 6 日に変更）という上陸予定日を隠そうとした（「ビゴット・リスト」「アメリカ陸軍第 1 軍集団」「フォーティチュード作戦」「ダブルクロス委員会」を参照のこと）。

連合軍による上陸作戦の実行日はほぼ例外なく D デイと呼ばれていたが、通常はノルマンディー上陸の日付を指す。

E-8 J-STARS（ジョイント・スターズ）

いまだ開発段階にあったにもかかわらず、1991 年の湾岸戦争で大規模に用いられたアメリカの監視航空機。E-8 という呼称を付された J-STARS——Joint Surveillance and Target Acquisition（統合監視及び目標捕捉レーダーシステム）——は陸海軍の合同プロジェクトであり、高品質のレーダー探知と移動する地上車両の追跡を目的としていた。

このような監視能力に対する関心は、空軍が 1970 年代に立案した「ペイヴ・ムーヴァー」という名のレーダー計画が基になっている。この計画は当時のアラブ－イスラエル紛争における経験を原動力として進められた。そして 1985 年、ヘリコプター搭載型の監視レーダーを構想していた陸軍と空軍は、それぞれの要求をまとめて J-STARS を開発することにした。

J-STARS はボーイング 707-320 旅客機の機体を基にしており、カヌー形をした全長 7.3 メートルのポッドが前部胴体下部に設置され、中には AN/APY-3 マルチモード・フェーズドアレイ・レーダーを搭載している。移動中か否かを問わず 200 キロメートルという遠方からトラック大のターゲットを高解像度で捉えることができ、情報収集と目標攻撃の両面で大いに力を発揮する。また数百もの地上局をリアルタイムで同時に追尾できる。

通常の作戦滞空時間は 11 時間であり、空中給油を行なうことで 21 時間まで延ばすことが可能である。また J-STARS のシステムは事実上あらゆる天候下での運用、そして夜間の運用も可能になっている。乗員は 21 名で、長時間の任務では追加の人員が搭乗する。

2 機のボーイング 707 旅客機が E-8A 試作機に改造され、1988 年 12 月 22 日に初飛行した。いずれの機体も 1991 年 1 月の湾岸戦争でイラク地上軍の追尾に用いられ、スカッドミサイル発射トレーラーを含むイラク軍車両の攻撃を可能にしている。両機は平均 11 時間の任務を 49 回こなし、大半の期間において少なくとも 1 機が空中任務に就いていた。

2003 年に勃発したイラク戦争の時点で空軍は 14 機の J-STARS を保有しており、いずれもジョージア州ロビンス空軍基地を拠点とする第 116 航空統制航空団の所

属機として実戦に参加した。

【参照項目】監視

ECCM

「対電子対抗手段」を参照のこと。

ECM

（1）電気暗号機（Electrical Cipher Machine）「シガバ」を参照のこと。

（2）電子対抗手段（Electronic Countermeasures）

EEI

「情報主要素」を参照のこと。

ELINT

「電子情報」を参照のこと。

EMCON

「エミッション・コントロール」を参照のこと。

ESM

「電子的監視手段」を参照のこと。

EW

「電子戦」を参照のこと。

F-101 ヴードゥー　(F-101 Voodoo)

　アメリカ空軍の戦闘機。派生型の RF-101C が低空での写真偵察任務に用いられ、1962 年のキューバミサイル危機においては RF-101C と海軍の F8U クルセイダーが低空から写真を撮影し、ソビエトの兵力増強に関する詳細な情報をもたらした。またベトナム戦争においても、RF-101C は 1961 年から 65 年にかけて空軍の主力戦術偵察機として活躍した。

　F-101 は対ソビエト攻撃用の B-36 ピースメーカー戦略爆撃機を護衛する長距離「侵入」戦闘機として、マグドネル・ダグラス社が開発した。しかし F-101 の初号機が離陸する前に空軍は護衛能力の要求を取り消した。結局は戦術戦闘機として生産され、防空・攻撃任務に就いている。また RF-101 写真偵察機型も多数生産された（10 機の RF-101C 写真偵察機が台湾に供与された）。

　F-101 は XF-88 試作機を基に開発された比較的大型の 2 人乗り後退翼機であり、2 基のターボジェットエンジンを動力源として高度 35,000 フィート（10,670 メートル）を時速 1,000 マイル強（マッハ 1.7）で飛行できる。大半の戦闘機型には 20 ミリ機関砲が 4 門装備され、主翼下と胴体内の武器倉に空対空ミサイルを搭載している。F-101C は胴体中央のパイロンに核爆弾を搭載できる一方、核弾頭を装着した空対空ロケットを装備する機体

もある。

　RF-101C 写真偵察機型は延長された機首内部に 4 台のカメラを装備し、武器倉にもさらに 2 台のカメラを搭載している。その一方機銃は装備していないが、照明弾を使って夜間撮影任務を実施できる。キューバミサイル危機当時は F-101 に KA-1 及び KA-2 カメラが搭載されたものの、高速かつ低高度からの撮影には適さないことが判明、シカゴ・アエロ・インダストリー社（現・アエロ・インダストリー社）が海軍向けに開発した KA-45 カメラを搭載して初めて、F-101 はキューバの写真撮影任務に就いている（海軍による最初の写真偵察飛行が実施された 3 日後の 10 月 26 日から始められている）。

　F-101 は 1954 年に初飛行し、57 年から部隊に配備された。偵察機型の試作機 YRF-101A は 56 年に初飛行し、合計 604 機の F-101 と 203 機の RF-101 が生産された。また後に 84 機の F-101 戦闘機が RF-101 に改造され、州兵空軍によって運用されている。

　空軍からは 1972 年に退役し、その後 82 年まで州兵空軍で用いられた。

【参照項目】偵察、F8U クルセイダー、キューバミサイル危機、B-36 ピースメーカー

F4H（後に F-4）ファントム　(F4H Phantom〔F-4〕)

　1960 年代から 70 年代にかけてアメリカ空軍、海軍、海兵隊が運用した全天候型の多目的主力戦闘機。他に 11 ヵ国の空軍とイギリス海軍でも採用されている。また RF-4 写真偵察機型は、冷戦期に生産された西側偵察機の中で最も多数が運用された。

　当初、艦載機として開発されたファントムは迎撃、護衛、攻撃任務だけでなく防空レーダー制圧（ワイルド・ウィーゼル）及び偵察任務にも就いている。またアメリカ空軍の派生型の中には核兵器を搭載できる機体もある。マグドネル・ダグラス社は 1958 年から 79 年にかけてアメリカはじめ各国向けに 5,057 機を生産し、日本でも 138 機の F-4EJ が製造された。これらのうち 701 機が写真偵察機型であり、アメリカ空軍と海兵隊に加え、西ドイツ、ギリシャ、イラン、イスラエル、日本、そしてトルコの空軍で用いられた。

　ファントムは 2 基のジェットエンジンを備える大型の後退翼機で、大きなレドームを機首に有している。単体のキャノピー内には 2 名分の座席があり、「通常型」の戦闘・攻撃機型では、主翼下の 6 つのパイロンと胴体下に 3 ヵ所あるステーションに、最大 16,000 ポンド（7,258 キログラム）のミサイル、ロケット、爆弾、及び燃料タンクを搭載できる（これとは対照的に、B-17 重爆撃機は 8,000 ポンドの爆弾しか搭載できなかった。その一方で航続距離は F-4 よりも長い）。また「無積載」状態の RF-4C は時速 1,485 マイル（マッハ 2.25）での飛行が可能である。

機首が延長された写真偵察機型は3台のカメラを装備すると共に、電子装置、レーダー、赤外線センサーを搭載している。

ベトナム戦争ではアメリカ空軍が、また中東戦争ではイスラエル空軍が多数のファントムを実戦に用いた。ベトナム戦争における5名のエース・パイロット——海軍と空軍のパイロットが1名ずつ、そして海軍1名空軍2名の「後席搭乗者」——はいずれもファントムで敵のミグ戦闘機を撃墜した。この戦争でアメリカ軍の戦闘機は57機の撃墜スコアを記録しているが、うち36機及び複数の未確認撃墜についてはファントムによるものとされている。

665機に上るアメリカ空軍のRF-4C及びRF-4Eは、大部分がベトナム戦争の戦術偵察任務に従事し、海兵隊が運用する46機のRF-4Bも同様である。さらに1991年の湾岸戦争では空軍のF-4Gワイルド・ウィーゼルが用いられた。

XF4H-1試作機の初飛行は1958年5月であり、61年7月に海軍への配備が始まった。空軍での運用開始は1963年7月である。1996年、最後のファントムがアメリカ軍から退役したが、それらは空軍が運用するF-4Gと、州兵空軍が運用するRF-4C及びF-4Gだった。しかし今なお数ヵ国で運用が続けられている（訳注：アメリカ空軍では退役後も無人標的機として用いられたが、2017年に退役の予定）。

当初、海軍での呼称はF4H、空軍での呼称はF-110だったが、1962年F-4に統一された。

【参照項目】偵察

F8U（後にF-8）クルセイダー (F8U Crusader〔F-8〕)

アメリカ海軍の艦上戦闘機。ベトナムとキューバではF8U-1P写真偵察機型が重要なターゲットを低空から撮影（「キューバミサイル危機」を参照のこと）するなど、戦闘機型と偵察機型が海軍及び海兵隊によって運用された。

1962年10月23日、海軍に所属する6機のF8U-1Pがフロリダ州キーウエストから飛び立ち、キューバ上空における初の低空写真偵察飛行を実施する。飛行高度は400フィート（122メートル）、速度は時速400マイル（643キロメートル）だった。フロリダ州ジャクソンヴィル郊外のセシルフィールドに着陸後、露光済みのフィルムは直ちに機体から取り下ろされ、隣接する海軍写真ラボに急いで運ばれた。一方、飛行隊長でVFP-62写真飛行隊の指揮官を務めるウィリアム・B・エッカー中佐は、すぐさま離陸してワシントンDCに程近いアンドルーズ空軍基地へ飛行するよう命じられる。アンドルーズに着陸したエッカーはヘリコプターでペンタゴンに運ばれた。そして飛行服を着たまま拳銃を取り上げられて統合参謀本部へ通され、そこで軍高官に飛行任務の第一印

象を話した。

エッカーが「汗臭い」ことを謝罪すると、乱暴な物言いで有名な参謀総長、カーチス・E・ルメイ大将はそれを遮り、「飛行機を飛ばしていたんだろう？ 汗臭いのは当たり前だ。さっさと座れ！」と言い放ったという。

F8Uの戦闘機型はベトナム戦争で様々な戦闘に加わり、海軍は空母を、海兵隊は陸上基地を拠点に運用した。またいずれも、胴体前部下面に5台のカメラを装備したF8U-1P写真偵察機型を用いている。なお、これら写真偵察機に機銃は装備されていなかった。

1964年、ベトナムでの戦闘に初めて参加したアメリカ戦闘機の中にF8Uもあった。また写真偵察機型もこの地域、特にラオスを上空から撮影した。同年5月、チャールズ・F・クラスマン大尉の操縦する写真偵察機が空母キティ・ホークを離陸した後、ラオス上空で対空砲火の攻撃を受ける。機体が20分にわたって燃え続けたものの、クラスマンは無事空母に帰還した。しかし2週間後の6月6日、別の写真偵察任務に就いていたクラスマンの機体に対空砲火が命中する。今度のダメージは深刻だったので、クラスマンは機体から脱出してパラシュートで共産軍陣地の近くに着地、ベトナム戦争で捕らえられた初のアメリカ人パイロットになった。3ヵ月後、クラスマンは数名のラオス人捕虜と共に脱走、ジャングルに2日間潜伏した後で政府軍の野営地に辿り着き、最終的にアメリカ軍によって救出された。

チャンス・ヴォート社が開発したF8Uの後退翼は着陸速度を減らすために角度を上方に可変でき、機体は単座でターボジェットエンジン1基を装備している。戦闘機型は20ミリ機関砲4門を装備、また主翼下に空対空ミサイルか5,000ポンド（2,268キログラム）の爆弾を搭載できた。

クルセイダーは水平飛行で時速1,000マイル（マッハ1.7）以上の速度を達成したアメリカ初の量産機である。1957年7月16日、後に宇宙飛行士を経て上院議員となったジョン・グレン海兵隊少佐はF8U-1Pでアメリカ合衆国横断のスピード記録を達成した。飛行に要した時間は3時間23分で、平均速度は時速723.5マイル（1,164キロメートル）である。

合計1,075機のF8U戦闘機と144機のF8U-1P写真偵察機が生産され、他にもフランスの空母で運用するため、42機のF8U戦闘機が製造されている。

試作機のXF8U-1は1955年に、XF8U-1Pは57年に初飛行した。F8U戦闘機の配備は1957年からであり、82年まで海軍で用いられた。最後にクルセイダーを運用したのはVFP-206海軍航空予備役飛行隊で、87年まで写真偵察機型を使っている（フランス海軍はその後も空母での運用を99年まで続けた）。

1962年に行なわれたアメリカ軍用機の呼称変更により、戦闘機型はF-8、写真偵察機型はRF-8と改称され

ている。

【参照項目】偵察

FBI (Federal Bureau of Investigation)

アメリカの主要な防諜機関、連邦捜査局の略称。外国の情報組織に雇われたアメリカ人または外国人エージェントによる諜報活動法違反を捜査する。また州をまたぐ犯罪に対処する国家警察の役割も果たしている。インテリジェンス・コミュニティーの一員だが情報収集を主任務とはしておらず、連邦機関として諜報活動の捜査を主導している。

FBIはその主任務を防諜（counterespionage）、すなわち外国の情報収集活動から機密資料を守ることとしており、活動そのものを妨害する対情報活動（counterintelligence）とは異なるものである。

FBIとCIAには2つの大きな違いがある。(1) FBIの捜査官は逮捕権を有する法の執行人であるのに対し、CIAのインテリジェンス・オフィサーは逮捕権を有さない。(2) FBIはアメリカ国内でのみ活動できる一方、CIAはアメリカ国内で活動できない。この地理的規制はCIAに対しては厳格に適用されているが、FBIに対しては拡大解釈されており、FBI捜査官は2国間捜査協定の対象となる事件を扱う「法務駐在官」として在外公館を拠点に活動できる（FBIは外国で容疑者を逮捕し、裁判のためアメリカへ移送することができるという判断が裁判所によって下されている）。

諜報活動捜査の「主務機関」と称されているにもかかわらず、FBIはインテリジェンス・コミュニティーの他の構成機関が行なう防諜活動を全て知っているわけではない。さらに、捜査官を様々な任務や現場に配属し、幅広い経験を持つ捜査官として昇進させるという政策の下、FBIに所属する捜査官約1万名のうち、防諜活動のスペシャリストはほとんどいない。またFBIは司法省の主力捜査機関として、広範囲にわたる連邦犯罪の捜査を行なうのみならず、機密保持が要求される公職の候補者に素性調査を行なうなど、国家安全保障に対する支援を実施している。

インテリジェンス・コミュニティーでFBIを代表するのは国家保安担当長官補佐である。国家保安部（NSB、以前の情報部）は諜報、破壊工作、及び政府転覆の予防・摘発といった、FBIが主務機関となっている活動を扱う部署であり、国家保安担当長官補佐は国家外国情報会議（NFIB）と国家情報会議（NIC）にもFBIを代表して出席している。

FBIの前身は、セオドア・ルーズベルト政権の司法長官チャールズ・J・ボナパルトが1908年7月に創設した司法省の「特別捜査官」チームである。この新たな部署は「捜査局」と呼ばれ、後にアメリカ捜査局、次いで捜査部と改称される。特別捜査官は、倒産詐欺やトラスト法違反といった比較的少数のホワイトカラー犯罪も扱っていた。

捜査局による最初の諜報活動は第1次世界大戦中に行なわれた。所属する捜査官が軍の防諜活動を支援したのがそれである（「アメリカ陸軍における諜報活動」を参照のこと）。その際、捜査局も軍と同じくアメリカ防衛連盟による自発的協力を活用した。連盟のメンバーは反政府活動と思しき行為を通報し、時には自ら捜査を行なうこともあった。

戦時中、アメリカ国内におけるドイツの破壊工作活動は大きな成果を挙げていた。およそ50件の爆破事件によって兵器工場や化学工場が損害を受け、あるいは破壊されている。中でも大規模なのが1916年7月30日に発生したブラック・トム爆破事件であり、ブラック・トム島にある工場で数百トンの弾薬が爆発、ニューヨーク湾に破片の雨を降らせた。捜査局は爆発が偶発的事故によるものと結論づけたが、戦後に行なわれた捜査で破壊工作だったことが立証されている。

【参照項目】防諜、インテリジェンス・コミュニティー、対情報活動、CIA、インテリジェンス・オフィサー、駐在武官、素性調査、国家外国情報会議、国家情報会議

Gメンの時代

1920年に禁酒法が制定され、度数の高い酒類の生産と消費は連邦犯罪とされた。また禁酒法と共にギャングが出現、彼らは誘拐や銀行強盗を行なった後、州境をまたいで逃走することが多かった。議会は対抗策として1932年に連邦誘拐法を通過させる。これは捜査局の権限を拡大する最初の法律だった。

また1920年代初頭には「赤の恐怖」も現われている。これはロシア革命直後に巻き起こった、ボルシェビキによる世界的陰謀への恐怖である。捜査局（BOI）の若き幹部J・エドガー・フーヴァーは、アナーキスト、過激派、そしてBOIの一般情報部に巣食う共産主義者を執念深く追い詰めることで評判を上げつつあった。1924年、フーヴァーはBOI局長に就任し、国民的関心が反政府活動から犯罪に移る中、革命家ではなく犯罪者を追いつめることでそれに対応する。部下の捜査官は「Gメン」と呼ばれた。ギャングの構成員、ジョージ・〈マシンガン〉・ケリーが1933年9月に逮捕された際、「撃たないでくれ、Gメン！」と叫んだことが由来だとされている。

1933年3月、アドルフ・ヒトラー暗殺を予告する手紙がアメリカのドイツ大使館に届き、駐米ドイツ大使は国務長官に対して捜査を要請した。だがこの件は、アメリカ国内の親ナチ組織に対する捜査の口実をBOIに与えた。

フランクリン・D・ルーズベルトが大統領に就任すると、捜査局は捜査部へ格上げされた。さらにルーズベル

トはフーヴァーに高度な独立性を付与する法案を支持し、1935年7月の連邦捜査局（FBI）創設につながった。同じ年、ギャングに対するFBIの活動を描いた映画『G-men』がジェイムズ・キャグニー主演で製作され、その後同様の映画が数多く作られた。

FBIの犯罪捜査活動にスポットライトが当たるようになったものの、反政府活動に対するフーヴァーの熱意が冷めることはなかった。ルーズベルトもこれを知っており、チャールズ・リンドバーグやアメリカ第1委員会といった孤立主義者に関する情報を集めることで国内情報活動に従事するよう、極秘のうちにフーヴァーに命じた。また1939年6月には全ての連邦機関に対し、「直接間接を問わず諜報、防諜、破壊工作に関係する」と思しきあらゆる情報をFBIに提供するよう秘密裡に命じている。

【参照項目】J・エドガー・フーヴァー、映画、国内情報

第2次世界大戦

FBIはかくしてスパイ摘発の主力機関となった。第1次世界大戦当時の捜査局と違い、第2次世界大戦における FBIは極めて有能な防諜活動を実行する。1940年の時点でFBIは898名の捜査官を擁していたが、1945年には4,886名に急増している。戦時中の急拡大は連邦法の着実な強化、戦時情報活動の急増、そしてフーヴァーとFBIに絶大な信頼を寄せていた議会に対するフーヴァー自身のロビー活動が要因だった。アメリカが第2次世界大戦に参戦する以前、フーヴァーは裏切り者、つまり「内なる敵」――「アメリカ合衆国政府を打倒できる」と信じる者たち――の第5列活動について警告した。実際に第5列活動は存在しなかったが、議会はFBIを全ての敵に対する防波堤と見なし、その規模――そして権力――が増大するのを許したのである。

議会は1934年の通信法で盗聴活動を禁じていた。にもかかわらず、通信法が禁じているのは盗聴行為自体ではなく、盗聴によって得られた情報の公開であるという司法省の判断の下、FBIの盗聴活動は続けられた。そして1940年5月、ルーズベルトは秘密指令を発して反政府活動が疑われる人間への盗聴を許可した。また前年9月にヨーロッパで第2次世界大戦の幕が開けるや否や、フーヴァーは全ての部署に対しドイツ、イタリア、及び共産主義のシンパに関する報告書を用意するよう命じた。それら人物の氏名は保護拘束名簿に記され、アメリカが参戦した暁に逮捕できるようにした。さらにフーヴァーは家宅侵入の許可を与えた（エージェントはこの行為をブラック・バッグ・ジョブと呼んだ）ものの、拘束あるいは家宅侵入を許可する権限はフーヴァーになかった。

ルーズベルト大統領は戦争準備を進めるにあたり、各地の警察署に対してスパイ行為や反政府活動に関する情報をFBIに引き渡すよう求めた。またFBIに対しては、「反政府活動に関わる情報を収集している、あらゆる民間組織の統括役として行動」するよう命じている。その一方で、軍役に就いている人間、またパナマ運河地帯などアメリカ国外で働く文官職員は陸軍情報部と海軍情報局が担当することとされた。

1940年6月、ラテンアメリカ諸国におけるナチスの浸透や諜報活動に対処すべく、FBIに特別情報部が新設される。これはアメリカ国外で情報機関として活動する最初の契機となった。イギリス秘密情報部（MI6）は英国保安調整局（BSC）というカバーネームの下、情報分野での協力関係を築くためにウィリアム・スティーヴンソンをニューヨークに派遣したが、フーヴァーはスティーヴンソンとの協力を拒んでいる。外国情報機関に対するフーヴァーの嫌悪と、MI6の下で活動していた有能な二重スパイ、デュスコ・ポポフに向けられた彼の個人的な憎悪のせいで、アメリカの対独偽スパイ網をポポフに運用させようとするイギリスの目論見は打ち砕かれてしまった。

真珠湾攻撃の翌日、FBI捜査官はあらかじめ指定された敵性外国人の摘発を始める。その結果、12月10日までに合計2,342名の日本人、ドイツ人、イタリア人が拘束された（アメリカ西海岸に居住する日系アメリカ人の大規模な拘束は陸軍が担当した）。

反政府活動の摘発に熱意を燃やすフーヴァーは、アフリカ系アメリカ人向けに発行されていた新聞に注目した。これらの新聞は社説で軍内部や軍需産業での差別を批判していたため、反戦派かつ共産党系だと判断したのである。そして諜報活動法でこれら黒人系新聞を起訴しようとしたが、フランシス・ビッドル司法長官によって阻止された。

諜報活動に対するフーヴァーの嫌悪にもかかわらず、FBIは犯罪捜査テクニックをスパイ摘発に応用し、スパイ及び反政府活動家の摘発において好成績を残した。その代表的事件は1940年に発生している。この年、ドイツ系アメリカ人のウィリアム・G・シーボルドはFBIに対し、アメリカ国内でのスパイ行為に同意しなければ本国にいる家族へ危害を加えるとナチスに脅されたことを通報した。FBIはスパイ行為に同意するようシーボルドに告げ、彼を二重スパイとして活動させることでデュケイン・スパイ網を壊滅に追い込み、2年近く前から監視下に置いていた者を含む33名を逮捕した。後に全員がスパイ容疑で有罪となっている。

ミシガン州デトロイト地区で活動するスパイの主要連絡員としてナチスのインテリジェンス・オフィサーに勧誘されたカナダ人、グレイス・ブキャナン＝ディニーンについても、FBIは寝返らせることに成功している。彼女のアパートメントに盗聴器と隠し映画カメラを仕掛けた結果、FBIの捜査官は7名を逮捕したが、その中には

医師やドイツ語教授も含まれていた。FBI の研ぎ澄まされた捜査能力は、日本のためにスパイ行為をしていた人形商、ヴェルヴァリー・ディキンソンの逮捕と起訴ももたらしている。

1942 年 6 月、U ボートでドイツから送られた 4 名の破壊工作員が、ニューヨーク州ロングアイランドの浜辺に上陸した。またフロリダ州ジャクソンヴィル近郊にも別の 4 名が上陸する。彼らは高性能爆弾と 174,000 ドルのアメリカ紙幣を持っていた（中には流通停止となった金兌換券も含まれていた。また日本語で記された手形もあった）。しかしロングアイランドの工作員は、浜辺をパトロールしていた沿岸警備隊に発見され、程なく逮捕される。フロリダのグループは上陸後散らばったものの、10 日のうちに FBI がニューヨークとシカゴで発見している。彼らはルーズベルト大統領が任命した軍事委員会で裁かれ有罪とされた。1942 年 8 月に 6 名が絞首刑を執行され、逮捕後に FBI へ協力した 2 名は収監された。

1944 年にはアメリカ生まれのウィリアム・C・コールポーとエーリッヒ・ギンペルが、メイン州のフレンチマン湾に U ボートから上陸した。2 人はドイツのスパイ養成機関で訓練を受け、ドイツ軍の情報機関アプヴェーアで対米英諜報活動の指揮を執るニコラウス・リッターから任務の指示を受けていた。しかし活動を始める前にコールポーは FBI に自白し、ギンペルもすぐさま発見されている。

その一方で FBI が取り逃がしたスパイもいた。ノルデン社が開発した機密扱いの爆撃照準機に関する情報をドイツに渡したヘルマン・ラング、1939 年 9 月に活動を開始して 44 年 10 月まで逮捕されなかったスリーパー（潜在スパイ）のジモン・E・ケーデルがその一例である。しかしドイツと日本のいずれも、戦時中のアメリカでスパイ網を築くことはできなかった。

ラテンアメリカでは独裁国家の秘密警察と協力した結果、特殊情報部が素晴らしい成果を挙げた。特殊情報部は全盛期において 360 名の捜査官をラテンアメリカに配していたが、その多くは法務駐在官として外交官特権を有していた。彼らがもたらした情報はスパイ 389 名、破壊工作員 30 名、そしてドイツ人宣伝員 281 名の逮捕につながった。それら諸国はアメリカに協力することを選び、地元警察も FBI と協力して、この地域への浸透を目指すナチの企みを破砕したのである。

だが諜報の分野で FBI が戦時中に挙げた功績は、ウィリアム・ドノヴァンによる成功の影に隠れてしまった。ドノヴァンは海外で活動する情報機関——フーヴァーが戦後の FBI に望んだ分野——を創設することでフーヴァーを出し抜いたのである。1941 年 7 月、ルーズベルトはフーヴァーと軍情報機関の反対を抑え、ドノヴァンを準情報機関のトップである情報統括官に任命した。1 年後、ドノヴァンは CIA の前身、戦略諜報局（OSS）の長官に就任している。

皮肉なことに、後に CIA の防諜責任者となるジェイムズ・ジーザス・アングルトンが情報分野でのキャリアを始めるにあたり、フーヴァーは間接的な役割を演じている。以前、ギャングの構成員ジョン・デリンジャーの待ち伏せを組織したことで知られる英雄的 G メン、メルヴィン・パーヴィスをフーヴァーは罷免した。戦争が始まるとパーヴィスは陸軍に移籍、情報士官として諜報部門への勧誘活動を始めたが、それに応じた 1 人が後に OSS 入りしたアングルトンだったのである。

【参照項目】第 5 列、ブラック・バッグ・ジョブ、海軍情報局、ウィリアム・スティーヴンソン、MI6、カバー、英国保安調整局、デュスコ・ポポフ、二重スパイ、真珠湾攻撃、諜報活動法、ウィリアム・G・シーボルド、デュケイン・スパイ網、監視、寝返り、ヴェルヴァリー・ディキンソン、ウィリアム・C・コールポー、エーリッヒ・ギンペル、スパイ養成機関、ニコラウス・リッター、アプヴェーア、ヘルマン・ラング、ジモン・E・ケーデル、スリーパー、ウィリアム・ドノヴァン、情報統括官、戦略諜報局、ジェイムズ・ジーザス・アングルトン

共産主義者狩り

対外情報機関の設立というトルーマン大統領の決断に対し、フーヴァーは抵抗する姿勢を見せた。しかし 1947 年に CIA が創設された後は、国内情報活動を通じて冷戦を戦うことにこそ、FBI の将来がかかっていると判断する。

かくして FBI の資源は公安部門に集中された。1947 年、連邦政府職員及び志願者の忠誠心を調査する任務が FBI の担当になったことで、この認識の正しさが証明される。翌年には暴力的な反政府運動を禁じたスミス法の下、司法省がアメリカ共産党を弾圧する動きを見せている（「CPUSA」を参照のこと）。

FBI は 145 名の共産党幹部を逮捕・立件した。有罪判決が下された 109 件の裁判の多くでは、共産党に潜入した FBI の情報提供者が政府側の目撃者として出廷している。

戦後の数年間は、その後数十年にわたってアメリカの防諜活動を混乱させる数多くのジレンマをもたらした。「外套と短剣」の活動が「警官と泥棒ごっこ」などよりもはるかに複雑で辛抱を要するものであることに、FBI の職員と捜査官は気づき始めていた。他の犯罪であれば確実に立件できるほど証拠を積み上げても、スパイ事件では逮捕にすら至らないことを、防諜担当の捜査官は痛感したのである。

冷戦が始まった際、FBI に対するイメージは 2 通りに分かれていた。1 つはマスコミや映画、あるいはラジオで描かれるクールで有能な警官、つまり無名の FBI 捜

査官であり、もう１つは共産党の呵責なき敵、つまり議会の委員会では共産主義の拡大に厳格な警告を発し、普段は舞台の裏側で反共産主義活動——そして FBI の拡大——に心血を注ぐフーヴァー自身の姿である。

フーヴァーは映画界や文学界に潜む共産主義者についての報告書を議会の委員会にリークした。FBI はジョン・ドス・パソス、ダシール・ハメット、リリアン・ヘルマンといった作家に関するファイルを作成しており、ハリウッドの人間に関するファイルには、俳優のエロール・フリンやクラーク・ゲーブルの名も含まれていた。フーヴァーはハリウッドに数名の情報源を持っていたが、映画俳優組合委員長のロナルド・レーガンもその１人だった。レーガンは FBI ロサンゼルス支局の「秘密情報提供者」だったのである。後に最高裁判事となる人権派弁護士のサーグッド・マーシャルも 1950 年代に情報提供者として活動した。

フーヴァーは数々の見出しを飾ったものの、勝利を収めることはできなかった。彼はアメラジア事件につながる不法侵入の許可を与えたが、違法に入手された証拠のため裁判が影響を被っている。

FBI は事件をきちんと立件することに力を注いだ。捜査官たちは解読されたソビエトの通信を道しるべとして一心不乱に捜査を行ない、原爆スパイ網を壊滅させてジュリアス・ローゼンバーグと妻エセルらを有罪に追い込む証拠を掘り出した。またフーヴァーは、ソビエトのインテリジェンス・オフィサーの下で密使を務めるジュディス・コプロンに対する違法盗聴の許可を与えた（令状のない盗聴行為のため、控訴審では彼女の有罪が覆された）。さらに FBI の捜査官は中空の５セント硬貨を手がかりとして、ソビエトの大物スパイ、ルドルフ・アベルを捕らえ、有罪に追い込んだ。またソビエトの連絡員を務めていたエリザベス・ベントレーは最初 FBI に出頭したものの、フーヴァーが昵懇の議員にこの話を漏らしたため、スパイではなく反共産主義者として祭り上げられることになった。またアルジャー・ヒスに対するリチャード・ニクソン議員の活動にもフーヴァーは手を貸したが、ヒスはスパイ行為でなく偽証罪で懲役刑を下されている。

ソビエト情報機関を相手に活動する FBI の防諜工作員は、スパイ及び二重スパイ狩りの場としてニューヨークの国際連合本部に白羽の矢を立てた。ソビエト情報機関に所属する残留離反者のうち最も有名なのがトップハットとフェドラであり、２人の情報に魅了されたフーヴァーはホワイトハウスに直接それを届けている。

しかし諜報活動に対するフーヴァーの関心は、反政府活動の取り締まりに熱中するあまり影を潜めてしまった。不法侵入——ユダヤ文化協会ワシントン支部、ギリシャ・アメリカ親善協会、そして中国洗濯人協会が標的になった——は 1966 年７月をもって表向きは終結した

ものの、実際にはその後も続けられた。68 年にはベトナム反戦運動の主導的グループだった民主学生協会のシカゴ本部に、フーヴァー配下の捜査官が侵入している。

【参照項目】国内情報、外套と短剣、アメラジア事件、原爆スパイ網、ジュリアス・ローゼンバーグ、ジュディス・コプロン、密使、ルドルフ・アベル、エリザベス・ベントレー、アルジャー・ヒス、国際連合、残留離反者、トップハット、フェドラ

防諜活動計画の伸張

1955 年から 75 年に至るまで、FBI は 74 万件に上る「反政府活動」の捜査を行なった。1975 年の時点で FBI 内部には 650 万もの国内情報ファイルが存在していたという。その大部分は COINTELPRO、すなわち防諜プログラムと称される活動から生み出されたものだった。防諜プログラムが始められたのは 1956 年、フーヴァーが国家安全保障会議に対し、アメリカ共産党に「潜入・浸透し、混乱または妨害させる」計画があると話したことがきっかけである。このコンセプトはスパイを見つけ出すことではなく、党員がスパイ行為に走るのを防ぐため党そのものを壊滅へと追い込むことに重点が置かれていた。

だが程なく、防諜プログラムは共産党への浸透を超えて動き始めた。フーヴァーは、アメリカ政府の活動を妨害していると思しきあらゆる組織について、監視する権限を FBI に与えた。防諜活動の対象になった組織として社会主義労働者党、クー・クラックス・クラン、そして黒人の国家主義グループが挙げられる。1960 年代に入ってベトナム反戦運動が盛り上がるにつれ、防諜プログラムは反戦運動に活動の軸足を移した。1967 年から 72 年にかけて防諜プログラムは拡大を続け、FBI が CIA を指揮する形で実行されたカオス作戦もその中にあった。

カオス作戦と防諜プログラムの裏側には、ベトナム反戦運動はソビエトに指揮されているという、ジョンソン、ニクソン両政権の主張する理論が存在していた。CIA のカオス作戦では、職員が反戦運動に加わった後、ソビエトとの結び付きを探るために海外へ赴いた。だがカオス作戦の期間中アメリカ人 7,200 名に関するファイルが作成されたにもかかわらず、ソビエトの影響を示す証拠は発見されなかった。

しかし FBI の防諜プログラムはさらに続けられ、黒人過激派グループ、プエルトリコ独立運動、ベトナム反戦運動、そしてアメリカ・キリスト教徒行動委員会における反政府運動を監視した。また黒人指導者のマーチン・ルーサー・キング・ジュニアは共産主義者——かつ性的堕落者——であるという、執念にも似たフーヴァーの信念に突き動かされ、FBI の捜査官は 39,237 ページに及ぶキング関係の報告書を作成した。防諜プログラムの標的となった人物の中には、FBI が違法なスパイ行為を

行ない、暴力行為を煽ることで反戦グループに混乱をもたらそうと試みたとして、司法省相手に勝訴を勝ち取った者も数名いる。FBIが黒人活動家に対し、白人活動家が書いたと思しきパンフレットを送りつけるという事件もあった。「我々は貴様らを黒人の追い剝ぎと見なしている」パンフレットにはそう書かれていた。

フーヴァーはまた、カリフォルニア大学バークレー校に「大量の共産主義者が浸透している」とも信じていた。一方、1961年11月から65年4月まで中央情報長官を務めたジョン・マコーンは同大学の卒業生であり熱心な後援者だった。マコーンはフーヴァーに対し、キャンパスに共産主義者が溢れているという証拠を大学の理事に提供するよう求める。それを受け、フーヴァーは「問題を起こした」人物に関する「公的ソースからの情報」を提供したが、その「共産主義者」の名前がマコーンに知らされなかったのは明らかである。

エイサン・G・セオハリスとジョン・スチュアート・コックスは著書『The Boss』(1988)の中で次のように記している。

> ある合意が秘密裡になされた。対象を外国人エージェントまたはアメリカ人工作員に限るという前提の下、秘密作戦──違法行為に頼らざるを得ないため、いかなる検察官であっても許可できない作戦──を実行する広範な自由がフーヴァーに与えられた……かくして記録文書を作成することなく「反政府」活動家を監視・弾圧できるとフーヴァーは信じ込み、報告する義務もないと判断したのである。

1972年にフーヴァーが現職のまま死去したことは、FBIにとって1つの時代の終焉であり、新たなFBIの始まりでもあった。それから30年後の2003年、コラムニストのロバート・D・ノヴァクは5月12日付のワシントン・ポスト紙において、ロバート・ミュラー現長官(訳注:2013年に退任)の行動に触れながら2人の違いを語っている。

> 変化の象徴として批判への対処が挙げられる。内部告発者や上院の非難に対し、長官として適切に対処しなかったことを私がコラムの中で触れた後、J・エドガー・フーヴァー・ビルディングで話をしたいという誘いがミュラー長官から届いた。30年以上前にフーヴァー長官を批判した時など、彼はワシントン支局に命じて私の自宅の電話を盗聴させたものである(この話はFBI副長官から聞いたものであり、その副長官はこうした違法な命令を無視した)。

フーヴァー長官の時代、CIAとFBI──双璧をなすアメリカの主要情報機関──の関係は完全に冷え切ってい

たが、後任の長官の下で好転する。FBIのインテリジェンス・コミュニティーに対する貢献も増していった。しかし協力関係の構築は、新たな活動方法を見出したということでもあった。

【参照項目】国家安全保障会議、CPUSA、カオス作戦、中央情報長官、ジョン・マコーン、ロバート・ミュラー

新たなルールに従って生きる

フーヴァー死後のある日、ニクソン大統領はL・パトリック・グレイをFBI長官代理に任命した。それから1ヵ月足らずしてウォーターゲート事件が始まり、グレイも巻き込まれてゆく。後に彼は辞職したが、カンザス州警察長官のクラレンス・ケリーが後任のFBI長官となるまで疑いは晴れなかった。

ウォーターゲート事件の余燼がくすぶる中、議会はCIA(「MKウルトラ計画」「ファミリー・ジュエル」を参照のこと)及びフーヴァー時代のFBIによる数々の違法行為を暴露した。エドワード・レヴィ司法長官はFBIの防諜活動に関する新たなガイドラインを設定、これは外国情報活動監視法の制定につながり、盗聴行為に対する規制が強化されると共に、電子的監視行為の訴訟を裁決する外国情報活動監視法廷が設けられた。

防諜活動は今や複雑なものになっていた。アメリカで活動するソビエト及び東欧諸国のスパイは1966年から78年の間に倍増し、もはやFBI支局単独ではスパイと疑われる人物に対処できなくなった。だがこうしたスパイは意識的か否かを問わず、支局が関与しない防諜作戦に従事するアメリカ人ハンドラーに支配されていた可能性もある。つまり、サンフランシスコの監視チームの目には容疑者と映る人物が、実は二重スパイとして活動するアメリカ人、または寝返りを迫られているか、あるいは偽情報を与えられているKGBエージェントだったという可能性もあるのだ。

逮捕すべき人物と放置すべき人物の選別を行なったのは、インテリジェンス・コミュニティーと現場の事情を知る司法省の職員である。1978年、スパイと信じられていた南ベトナム人デイヴィッド・チュンに情報を渡していた国務省職員、ロナルド・L・ハンフリーの事件においてFBIとCIAが矛盾する主張を行なった際、グリフィン・B・ベル司法長官は判断を下す必要に迫られた。チュンの連絡員はCIAの指揮下で活動しており、身元が明かされるのを好まないという。一方のFBIは証人としてこの連絡員を召喚するよう求めた。結局、ベルはFBIの主張を支持した。

1980年代──スパイの10年──の代表的なスパイ事件は、FBIの捜査活動ではなく離反者の証言によって明るみに出るのが常だった。FBIが極めて優れていたのは、検事が法廷で提出する証拠をもたらすことである。敗北に終わったのはリチャード・C・スミスに関する事件だ

けであり、しかも FBI に原因があったのではなく、CIA
と軍の情報機関がミスをしたせいだった。

　スパイの 10 年において FBI を率いたのは、ケリーの
後任であるウィリアム・H・ウェブスター判事だった。
FBI は数々の事件を摘発するのに成功し、1 件を除いて
有罪に追い込んでいる。

　スパイの 10 年と同時に冷戦も終わりを迎え、中央情
報長官に指名されたウェブスターが FBI を去るのに伴
い、防諜活動は FBI 内部で重要性を失った。1991 年、
FBI は「国家安全保障に対する脅威」のリストを作成す
る。そこで挙げられたのが産業スパイであり、アメリカ
の技術情報を入手せんとする外国情報機関の試みから
も、その重要性は明らかである。2001 年 9 月 11 日の同
時多発テロによってテロリズムとの戦いが始まるまで、
産業スパイ活動への対処こそが FBI の主要任務だった。

　またリストが作成された直後、FBI は 425 名の防諜担
当捜査官を暴力犯罪捜査に振り向ける。その結果、情報
部は 1994 年に国家公安部と改称された。93 年にはモス
クワ支局を開設して組織犯罪と戦うロシア警察を支援す
ると共に、法務駐在官が世界各国の首都に派遣されてい
る。

【参照項目】L・パトリック・グレイ、ウォーターゲート
事件、クラレンス・ケリー、外国情報活動監視法、外国
情報活動監視法廷、ハンドラー、偽情報、KGB、ロナル
ド・L・ハンフリー、スパイの 10 年、リチャード・C・
スミス、ウィリアム・H・ウェブスター、産業スパイ

冷戦後

　FBI 捜査官の一部にとって防諜活動とは、図書館から
技術書を借り出した「東欧系またはロシア系の名前」の
人物がいないかを確かめることだった。しかし図書館員
から不満が噴出したためこの慣習は取りやめられた。モ
スクワで活動する FBI 捜査官のイメージ同様、図書館
訪問の中止も伝統的なスパイ狩りの終わりを象徴してい
るかのようである。そして 1994 年 2 月 21 日、FBI は 9
年間にわたってソビエト及びロシアのためにスパイ行為
をしていた CIA の防諜担当官、オルドリッチ・H・エ
イムズを逮捕した。もっと早くにエイムズの裏切り行為
を突き止められなかったのは、CIA と FBI との間におけ
る協力関係の欠如という、長年の課題に原因があるとさ
れた。クリントン大統領は防諜活動を FBI の管轄に移
し、防諜問題の政策を立案する拠点のトップに FBI 職
員を据えるよう指示した。この拠点のトップは 4 年ご
とに CIA、FBI、そして軍の情報機関が持ち回りで就く
ものとされている。

　ロシアのためにスパイ活動をしていたもう 1 人の
CIA 職員ハロルド・J・ニコルソンと、16 ヵ月間に及ぶ
囮捜査の末 1996 年 12 月に逮捕された FBI 捜査官アー
ル・エドウィン・ピッツの事件においては、この新体制

が力を発揮したものと思われる。

　これら両事件は FBI がいまだスパイ狩りに従事して
いることを示したが、活動の重点はテロ対策と麻薬捜査
に移っていた。海外捜査は対象国の許可を必要とする
上、CIA の活動と時に衝突することもあった。2003 年の
時点で FBI の法務駐在官は 46 ヵ国で活動している。ま
たロシア警察と協力しながら、アメリカにおける「ロシ
アンマフィア」の活動を監視する捜査官もいる。

　通信技術の急速な進歩は FBI の電子的監視技術にも
影響を与えている。1995 年、ルイス・J・フリー長官は
「技術の進化に対応できる、安価かつ導入の容易な解決
策を見出すべく」FBI と電話会社が「協力関係にある」
と述べる一方で、「盗聴の件数及び範囲を拡大させる意
図はない」と強調した。またコンピュータを用いた諜報
活動に対処すべく国家コンピュータ犯罪部隊が設置され
ている。

　だがフリーの在任期間中、FBI はいくつかの不手際を
冒した。1996 年にアトランタのオリンピック公園で発生
した爆破事件の捜査では警備員を第 1 容疑者としてし
まい、後に逮捕される真犯人を突き止めることができな
かった。ロスアラモス原子力研究所に勤務する台湾出身
の原子物理学者、李文和が機密情報の処理を誤ったとし
て告発された事件でも、捜査に非難が集中した。またロ
バート・ハンセン捜査官は 15 件のスパイ容疑で有罪を
認め、さらにオクラホマシティの爆破事件では数百件の
資料を不適切に扱ったとして FBI が非難を受けている。

　ジョージ・ブッシュは大統領就任から 1 年足らずで
フリーを更迭し、2001 年 9 月 4 日にロバート・ミュラー
が後任の FBI 長官となっている。

　1 週間後の 9 月 11 日、テロリストが世界貿易セン
タービルを崩壊させた上にペンタゴンを攻撃したことによ
り、FBI の優先順位は劇的に変化した。FBI は直ちに容
疑者の検挙を始めたが、その多くは世界貿易センタービ
ルが最初に爆破された 1993 年から監視下に置いていた
人物だった。皮肉なことに、FBI はこのテロ行為を実行
したグループに内通者を潜ませていたのである。しかし
FBI は、その内通者が 7 ヵ月前から活動状態になかった
と主張した。

　2001 年のテロ攻撃後、FBI 支局の一捜査官がテロ攻撃
に関する情報を本部に送っていたにもかかわらず無視さ
れていたことを暴露すると、大きな非難が巻き起こっ
た。批判の大部分は、モロッコ生まれのフランス人で一
部の捜査官から「20 人目の実行犯」と称されていたザ
カリアス・ムサウイの扱いに集中していた。

　アルカイダの計画に参加した他の 19 名の実行犯同
様、ムサウイは何らかのカバーを使ってアメリカにしば
らくの間滞在し、ミネソタの飛行学校に入学して授業料
を現金で支払った。その際、大型ジェット機の操縦に興
味があるのだと教官に話している。2001 年 8 月に飛行学

校は FBI に通報、ムサウイが疑わしいことを報告する。FBI は尋問を行ない、ビザの有効期限が切れていたことを理由にムサウイを入国管理局に引き渡した。

ムサウイの尋問にあたった捜査官らは外国情報活動監視法廷（FISC）の令状を望んだが、ワシントンの政府高官は既知のテロ組織と彼を結び付ける証拠がないとしてこの要請を先送りにした。だがフランス側の資料によると、フランスの情報機関はムサウイとオサマ・ビン・ラディン及びアルカイダとの結び付きを発見し追跡、アフガニスタンのテロリスト養成キャンプと思しき場所を突き止めた旨 FBI に通報したという。またムサウイの名はフランス情報機関によってテロ容疑者のリストに付け加えられていた。しかしこの情報が、FISC の令状を保留している政府高官に届くことはなかったと思われる。

2002 年、ムサウイは航空機の破壊計画などの罪で起訴された。最高刑は死刑である。またテロに用いられた旅客機のうち、ユナイテッド航空 93 便のみ 4 名のハイジャック犯しか搭乗していなかった（他の便には 5 名のハイジャック犯が搭乗）が、5 人目の実行犯がムサウイだったと検察官は信じている。乗客とハイジャック犯との格闘の結果、ニューアーク発サンフランシスコ行きの 93 便はペンシルバニア州サマセット郡の原野に墜落したのだった（訳注：2006 年 5 月、ムサウイに仮釈放なしの終身刑が言い渡された）。

捜査の結果がどうあれ、FBI に所属する 25,000 名の職員は最優先の任務——テロの防止——に集中することとなった。

【参照項目】オルドリッチ・H・エイムズ、ハロルド・J・ニコルソン、アール・エドウィン・ピッツ、ルイス・J・フリー、コンピュータを用いた諜報活動、李文和、ロスアラモス、ロバート・ハンセン、ロバート・ミュラー、内通者、外国情報活動監視法廷

歴代 FBI 長官

連邦捜査局の前身は捜査局（Bureau of Investigation〔BOI〕）であり、スタンレー・W・フィンチ（1908 年 7 月〜1912 年 4 月）、A・ブルース・ビーラスキ（1912 年 4 月〜1919 年 2 月）、ウィリアム・E・アレン（長官代行、1919 年 2 月〜7 月）、ウィリアム・J・フリン（1919 年 7 月〜1921 年 8 月）、ウィリアム・J・バーンズ（1921 年 8 月〜1924 年 5 月）が長官を務めている。J・エドガー・フーヴァーは 1924 年 5 月に BOI 長官となり、組織名が変わった後もその座を維持した。捜査局は 1932 年 7 月にアメリカ捜査局、1933 年 8 月に捜査部（Division of Investigation。禁酒局も含む）と名を変える。1935 年 7 月には連邦捜査局と再度改名され、フーヴァーが引き続き初代長官を努めた。以下に歴代長官を示す。

1935 年 7 月〜1972 年 5 月	J・エドガー・フーヴァー
1972 年 5 月〜1973 年 4 月	L・パトリック・グレイ（長官代行）
1973 年 4 月〜1973 年 7 月	ウィリアム・D・ラッケルスハウス（長官代行）
1973 年 7 月〜1978 年 2 月	クラレンス・M・ケリー
1978 年 2 月	ジェイムズ・B・アダイズ（長官代行）
1978 年 2 月〜1987 年 5 月	ウィリアム・H・ウェブスター
1987 年 5 月〜1987 年 11 月	ジョン・オットー（長官代行）
1987 年 11 月〜1993 年 9 月	ウィリアム・S・セッションズ
1993 年 9 月〜1993 年 9 月	フロイド・I・クラーク（長官代行）
1993 年 9 月〜2001 年 6 月	ルイス・J・フリー
2001 年 6 月〜2001 年 9 月	トーマス・J・ピカード（長官代行）
2001 年 9 月〜2013 年 9 月	ロバート・ミュラー
2013 年 9 月〜	ジェイムズ・コミー

【参照項目】クラレンス・M・ケリー、ウィリアム・S・セッションズ、ルイス・J・フリー

FBIS

「外国放送情報局」を参照のこと。

FBQ コーポレーション （FBQ Corporation）

ニューヨーク州ベルモア（ロングアイランド）とカリフォルニア州レセダに無線傍受局を設置するため、1942 年にアメリカ戦略諜報局（OSS）が設立したフロント企業。統合参謀本部が OSS に引き渡すマジック及びウルトラ情報の量を制限していたため、OSS は自ら暗号解読分野に乗り出そうと無線局を建て、商業無線交信の傍受・分析に用いた。

この無線局は程なく陸軍信号情報部に引き継がれた。

【参照項目】戦略諜報局、フロント企業、マジック、ウルトラ、信号情報部

FOUO

「公用限り」を参照のこと。

FSB （Federalnaya Sluzhba Bezopasnosti）

FSK（連邦防諜庁）の再編を受けて 1995 年 4 月に創設されたロシア連邦保安庁の略称。

創設時の政府スポークスマン、アレクサンダー・ミハイロフ少将はこの変化について「我々は組織犯罪、ギャング、密輸、そして腐敗したファシスト分子との戦いといったその他の任務を徐々に担うようになった」と述べ

ている。新たな法令の下、FSB は独自の刑務所を運用すると共に、外国組織や組織犯罪への潜入、捜査活動の隠れ蓑となる営利企業の設立、そして私企業に対する情報の要求が可能になっている。

FSK 最後の長官となったセルゲイ・ステパーシン中将が一時的にこの新機関を率いたが、モスクワの流動的な政治情勢のため 1995 年 7 月に更迭され、ミハイル・バルスコフ上級大将が後を継いだ。しかし翌年 6 月 20 日にはバルスコフも長官の座から追われ、ニコライ・コヴァレフ上級大将と交替している。ボリス・エリツィン大統領は大統領選決戦投票の前夜にタカ派のバルスコフを更迭したのである（エリツィンは同時に軍と保安組織の幹部数名に加え、第 1 副首相も解任している）。コヴァレフによると、経済分野の対情報活動が FSB の最優先任務であるという。

FSB は政府の機密資料の保護にも責任を負うだけでなく、軍をはじめとする政府組織の保安業務も請け負っている。

1996 年 7 月、FSB は公安活動における現代的アプローチを示すべく 6 時間に及ぶ CD-ROM を公開し、ソビエトの諜報・保安活動の歴史を紹介した。その中には元インテリジェンス・オフィサーや歴史家とのインタビューが 60 件収録されている。

FSB のスポークスマン、ユーリ・コバラゼはこのように説明する。「この CD-ROM を公開したのは、これが国民とコミュニケーションをとる現代的な方法だからです。我々は現代化を望んでいます。この分野においてさえ、我々は今なお他の誰よりも優れていたいと思っているのです。イギリスも自らの情報活動についてCD-ROM を発表すればよいでしょう。アメリカもそうすればいい。しかし先頭に立つのは常に我々です」

1997 年 5 月 22 日に公表された FSB の組織は以下の部局から成っている。

防諜局
憲法体制擁護・テロ対策局
分析・予測・戦略計画立案局
組織・人事業務局
支援業務局
犯罪組織捜査・抑制局
活動局
捜査局
捜索局
捜査技術措置局
個人保安局
業務局
拘置所
科学研究センター

FSB は最初の 4 年間で 4 名の長官が就任した。ウラジーミル・プーチンは 1998 年から 99 年まで FSB 長官を務め、同年 3 月からはロシア安全保障会議議長を兼務している。また 8 月にはエリツィン大統領から首相に指名され、12 月 31 日にエリツィンの後任としてロシア連邦大統領に就任した。

以下に歴代 FSB 長官を記す。

1995 年 4 月〜1995 年 7 月	セルゲイ・ヴァディモヴィチ・ステパーシン
1995 年 7 月〜1996 年 6 月	ミハイル・イワノヴィチ・バルスコフ
1996 年 7 月〜1998 年 7 月	ニコライ・ドミトリエヴィチ・コヴァレフ
1998 年 7 月〜1999 年 8 月	ウラジーミル・ウラジミロヴィチ・プーチン
1999 年 8 月〜2008 年 5 月	ニコライ・プラトノヴィチ・パトルシェフ
2008 年 5 月〜	アレクサンドル・ヴァシリエヴィチ・ボルトニコフ

FSK （*Federalnaya Sluzhba Kontrrazvedki*）

ロシア連邦防諜庁の略称。1993 年 12 月から FSB に改名される 95 年 4 月までロシア国内の治安維持と防諜活動を担当した。KGB の後継機関の 1 つとしてボリス・エリツィン大統領によって 1992 年 1 月に設立されながらも、短期間の存在に終わった保安省（MB）を前身としている。

初代保安相は保安省設立と同時に任命されたヴィクトル・バランニコフであり、翌年 8 月にはニコライ・M・ゴルシコが後を継いだが、FSK 創設後の 94 年 2 月に更迭され、ゴルシコの下で副大臣を務めたセルゲイ・ステパーシン中将が 3 人目かつ最後の FSK 長官となった。

ゴルシコは次のように宣言している。「FSK は法令に従い、外国の特殊機関及び組織による情報収集ならびに反体制活動、ロシアの立憲体制、主権、領土、そして防衛に対する不法な侵害行為の発見、予防、及び摘発を任務とする」

FSK は軍、国境警備隊、国内軍が行なっていた防諜活動を統合すると同時に、各地域の防諜活動を編入した。ロシアの商業紙 Trud が 1994 年に行なった推計によれば、軍民合わせて 75,000 名が所属しているという。

FSK は 1995 年 4 月 12 日に FSB（ロシア連邦保安庁）と改名される。この変更はエリツィンが署名した法令の一部であり、ロシア連邦内で増加しつつある犯罪や汚職に対処すべくより幅広い権限が与えられた。

【参照項目】防諜、FSB、KGB、MB、ヴィクトル・バランニコフ、ニコライ・M・ゴルシコ、セルゲイ・ステパーシン

FUSAG

「アメリカ陸軍第1軍集団」を参照のこと。

G-2

アメリカ陸軍の師団以上の部隊における情報参謀組織。

1903年8月、陸軍省は認可されたばかりの参謀本部を整備し、3つの部門に分けた。その中で情報参謀部から進化した「軍事情報」部門が第2部と名付けられた。その後大隊以上の司令部には、G-1（人事担当）、G-2（情報担当）、G-3（作戦担当）、そしてG-4（補給担当）という4つの基本的な参謀部が設けられる（第2次世界大戦中は前線司令部より上の組織にG-5〔民事もしくは軍政〕とG-6〔広報及び心理戦〕の2つが追加された）。

「G」という接頭辞は1800年代後半のフランス陸軍に由来している。当時のフランス参謀本部では、いくつかの参謀部がそれぞれの機能に従って呼称を付された（「フランス」を参照のこと）。当初は3つの参謀部が設置され、中でも第2部が敵に関する情報を扱うものと定められたのである。

旅団、連隊、大隊レベルではS-2という呼称が情報参謀に対して用いられる。

（1941年に創設されたアメリカ陸軍航空軍は第2次世界大戦において、各参謀部を示すためにA-1、A-2、A-3、A-4の呼称を用いた）。

【参照項目】S-2、A-2

G2A6

第1次世界大戦中フランスに派遣されたアメリカ遠征軍のG-2（情報参謀部）において、無線情報を扱っていた部門。最盛期には72名を擁し、その中には弁護士2名、記者、音楽批評家、言語学者、建築家、チェス選手、そして考古学者が含まれていた——いずれも傍受されたドイツ軍の交信を解読することが期待されていたのである。

【参照項目】G-2

GC&CS

「政府暗号学校」を参照のこと。

GCHQ

「政府通信本部」を参照のこと。

GPU

「チェーカ」を参照のこと。

GRAB

(Galactic Radiation And Background experiment

〔銀河放射及び宇宙背景放射実験〕)

軌道投入に成功した世界初のスパイ衛星。電子情報（ELINT）を収集すべくワシントンDCの海軍調査研究所（NRL）で厳重な秘密体制の下に開発され、1960年6月22日に初号機が打ち上げられた——その2ヵ月後には最初のコロナ衛星が打ち上げられている。GRABミッションそのものは、太陽放射の測定という実験内容を公にしていたので機密扱いはされていない。しかし主要な目的はソビエトのレーダー波放出を記録することであり、この任務については1998年6月まで機密扱いとされた。

GRAB衛星は2年以上にわたってソビエトの対空防衛レーダーに関する電子情報を収集、データは磁気テープに記録され、NSAと戦略航空軍団が処理・分析を行なった。

当プロジェクトが開始されたのは1958年のことである。国家偵察局（NRO）長官のキース・ホールは1998年6月17日にNRLで次のように語った。

GRABがペンシルヴェニア有料道路で始まったというのは事実です。NRLのレイド・マヨ研究員は、1958年初めに家族旅行で出かけたミシガン州からの帰途、ELINT収集衛星というコンセプトを思いつきました。当時彼は雪嵐で立ち往生し、有料道路のそばにあるハワード・ジョンソンのレストランに避難します。妻と子どもたちが眠っている間、マヨは紙のランチョンマットで最初の計算を行ないましたが、その覚え書きから当時の技術の粋を極めた衛星に発展したのです。

1960年5月5日、アイゼンハワー大統領はGRAB衛星初号機の打ち上げを許可したが、それはフランシス・ゲイリー・パワーズの操縦するU-2偵察機がソビエト領空で撃墜された4日後のことだった。そして6月22日、2つの電子装備——機密扱いのELINT装置と太陽放射の測定機器——を搭載したGRAB衛星が、海軍のトランジット航法衛星3号機に「ただ乗り」する形で打ち上げられた。その後2号機の打ち上げが1961年6月29日に行なわれている。

2機のGRAB衛星はいずれも打ち上げに成功し、1960年7月から62年8月まで運用された。

【参照項目】衛星、電子情報、コロナ、国家偵察局、フランシス・ゲイリー・パワーズ、U-2

GRU (Glavnoye Razvedyvatelnoye Upravlenie)

ソビエト連邦軍（ロシア連邦軍）参謀本部情報総局の

略称。

ソビエト崩壊後はKGBの後継機関が質・量共に規模を減らされたため、GRUによる対外情報活動の重要性が相対的に高まった。

GRUの母体となったのは、1918年11月5日にV・I・レーニンがレオ・トロツキー軍事委員の求めに応じて創設した、労働者・農民赤軍野戦本部扇動・情報課である（GRUの名称が公式のものになったのは1942年6月だが、ソビエト建国の初期段階からすでに広く用いられていた）。この新たな情報組織は、赤軍司令部に付属する既存の情報部門の重要性を減じるものではなかったが、それらの活動を調整すると共に、軍事問題に関わる中央の参謀を査定するという目的があった。

GRUは戦略情報と作戦情報の収集に加え、初期の段階から軍事に関係する科学データの収集に重点を置いていた。外国へ不法に侵入し、その国に帰化して市民となり、科学技術情報を盗み出すようGRUから命じられた科学者の小咄がある。この科学者は任務に同意するのだが、これから行く国の言葉を知らないと言った。

「それは心配しなくてもいい」GRUの職員は言った。「何も話せない人間として振る舞えばいいんだ」

「突然寝言を喋ってしまったらどうします？」科学者はなおも尋ねる。

「そんなことにはならないさ。我々が君の舌を切り落とすからな」

GRUは設立当初から対外情報収集を任務として謳っていた。一方、情報活動だけでなく国内警察業務や犯罪捜査に関わっていたチェーカ及びその後継機関と違い、GRUが国内警察業務に関係することは全くなかった。唯一の例外は、NKVD（内務人民委員部）幹部の粛清に使われた1930年代後半と、国内保安を担当するMVD（内務省）職員に対して工作活動を行なった1953年の2回のみである。

GRUと国家保安組織（NKVD、KGBなど）との間には重複する活動が数多くあったが、必ずしも欠点とは見なされてはいなかった。ソビエトの諜報活動では効率性やコストパフォーマンスなど常に2の次だったのである。情報が多ければ多いほどいいというわけで、重複する諜報活動は互いのチェック機構として働いていたのだ。

しかしソビエトの軍事・政治史に関する西側有数のアナリスト、ジョン・エリクソンが著書『The Soviet High Command』（1962）で記した通り、「軍と秘密警察は複雑に絡み合い、不安に襲われつつも絶え間ない抗争に引きずり込まれた。死に至る闘争となることは避けようがなかった」のである。

軍幹部を標的としたスターリン時代の恐るべき大粛清に先立ち、GRUは設立初期に粛清、つまり「流血」を経験していた。1920年11月、ポーランド情勢に関する評価が不正確だったとして、情報士官数百名の射殺をレーニンが命じたのである。また初期のGRUトップの在任期間はごく短く、（政治的観点から見た）無能さを理由に解任された者もいれば、逆に能力が優れていて、1920年まで国内に大混乱をもたらしたロシア内戦中、他の部署で必要とされた人間もいた。

だがGRUはすぐさま体勢を立て直し、1926年の赤軍再編によって労農赤軍本部第4局となる（他には作戦、組織・動員、軍事通信の3局が存在していた）。公式な地位を得たGRUは1920年代から30年代にかけて数多くの成果を挙げ、ドイツ、イギリス、アメリカの軍事機密を蓄積した。

【参照項目】KGB、戦略情報、作戦情報、チェーカ、NKVD、MVD

スターリンの大粛清

1929年から翌年にかけ、スターリンはソビエト連邦内の「右派」に対する粛清を命じた。軍高官数名も犠牲となったものの、逮捕されたのは軍幹部の5％に過ぎず、しかも他の政府組織で粛清された人間はその半分未満であり、GRUに至っては何の影響も受けなかった。35年には、それよりはるかに大規模な粛清が極秘のうちに始まるが、最初に逮捕・処刑されたのは海外に駐在するNKVD職員が中心で、GRUが処刑を実施した。GRU総局長のY・K・ベルヅィンは信頼する暗殺者数名を伴ってモスクワから極東へ赴き、標的のNKVD幹部を殺害した（ベルヅィンはその後スペインへ赴いた。モスクワを留守にしている間も公式にはGRU総局長の座にとどまっているが、S・P・ウリツキーが代行に指名されている）。

軍上層部に対する第2の粛清は1937年に始まり、数百名の将校が処刑され、数千名が投獄された。GRU総局長代行のウリツキーも逮捕の末銃殺されている。NKVDの工作員は他国へも赴き、GRUのイリーガルやソビエト連邦への帰国を拒んだGRU及びNKVDのインテリジェンス・オフィサーを殺害した——1935年とは全く逆の状況になったのである。NKVD処刑団の中には赤軍から移籍したばかりの若き将校、I・A・セーロフもいた。セーロフは後にKGB議長とGRU総局長を務めている。この時点でGRUは荒廃の極みに達していた。ヴィクトル・スヴォロフ著『Inside Soviet Military Intelligence（邦題・GRU：ソ連軍情報本部の内幕）』（1984）によると、「1937年の粛清によってGRUは完全に破壊された——職員名簿に載っていたというだけでトイレの管理人やコックまでもが対象となった」のである。

1年も経たずにGRUは勢力を取り戻したが、1938年夏に再び襲いかかったテロの波によって全ての力を失った。その前年、ソ連邦元帥のM・N・トゥハチェフスキーが逮捕され、裁判の結果銃殺刑に処されたことをきっ

GRU 組織図

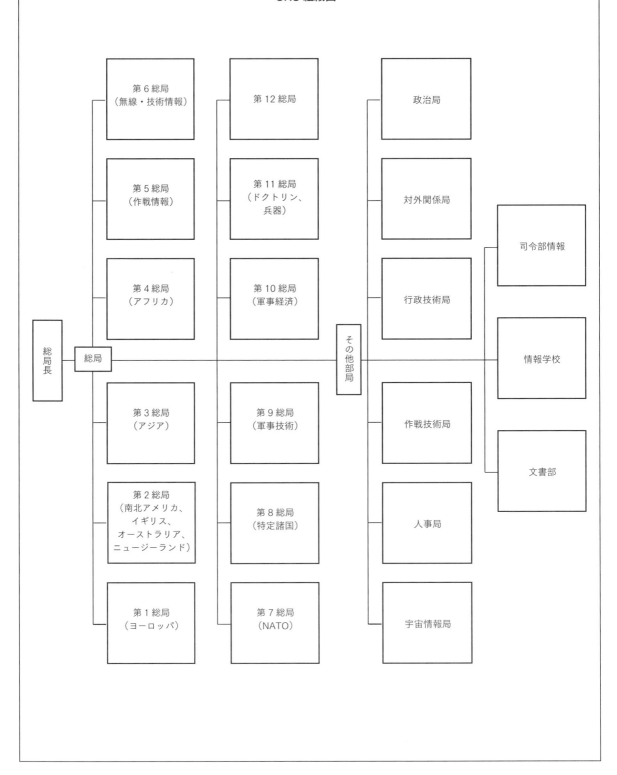

かけとして、赤軍に対するテロの嵐が吹き荒れる。数万人の将校が処刑ないし投獄され、GRU高官全員を含む参謀本部は消滅した。元GRU総局長のベルズィンはスペイン内戦で共和軍を実質的に指揮していたが、帰国後の1938年7月29日に処刑された。しかし、短期間ながら思いもかけず困難な軍事行動となった1939年から40年にかけてのフィンランド侵攻は、破壊したばかりの参謀本部が実は必要不可欠な存在であることをスターリンに思い知らせたに違いない。こうした状況の下、GRUはフィリップ・ゴリコフの指揮によって程なく力を取り戻した。フィンランド侵攻における数多い失敗の1つに、ハジ＝ウマル・マムスロフ大将率いる50名のGRU特殊部隊によって実行されたスペツナズ作戦がある。マムスロフはスペイン内戦において特殊部隊を率い、ナショナリスト派の輸送施設など前線後方の諸施設を攻撃した実績があった。フィンランドにおいてもマムスロフ配下の兵士はフィンランド兵を捕らえて尋問しようと試みたが失敗に終わった。とは言え、この活動はGRUによる特殊工作活動の新たな領域を切り開いた。

　1941年6月22日のドイツ軍によるソビエト侵攻の直前、GRUはソビエト指導層に対し攻撃が差し迫っていることを警告するも、スターリンはそれを無視、同年秋、GRUを2つの部局に分割する。海外エージェントによる活動は新設された最高司令部情報総局の管轄下に置かれ、スターリンの直属と定められた。戦略及び作戦情報活動については引き続きGRUが担当し、参謀本部を直接支援するものとされている。

【参照項目】Y・K・ベルズィン、S・P・ウリツキー、イリーガル、I・A・セーロフ、ヴィクトル・スヴォロフ、フィリップ・ゴリコフ

第2次世界大戦

　第2次世界大戦中、ソビエト軍の情報機関は比較的高い能力を発揮した。しかし1941年6月22日のドイツ軍による大規模な攻勢の結果、戦術情報の収集能力はほとんど失われ、大祖国戦争（第2次世界大戦のロシアでの呼び名）の最初の1年間、GRUは無能力に陥った。そこから復活したのは1942年から43年にかけて行なわれたスターリングラードの戦いにおいてである。赤軍による情報活動を分析したアメリカ陸軍のデイヴィッド・グランツ大佐は次のように述べている。

　　数の上での優位性がソビエトに勝利をもたらした最大の要因であることは間違いないが、有能な情報活動がドイツの知らぬ間にその優位性を生み出すことに貢献したのである。（情報は）ドイツ軍の兵力配置を正確に描き出すことで、突破作戦を即座に立案する一助となった。一旦作戦が始まると、ソビエト軍は正しい情報のおかげで主導権を握ることができ、その状態は

時間と距離がソビエト軍の足を止めるまで続いた。これがソビエト軍の並外れた前進を部分的にせよ説明している。

　　　　　　　　　＊　　＊　　＊

　（戦時中の軍事情報活動について）ソビエトはいつものことだが多くを語っていない。ドイツ側の資料がなくとも、ソビエトの情報活動は優秀だと評価されていただろう。しかしドイツの資料を考慮に入れると、その評価はますます高まる。またソビエト側の文書が完全に公開されれば、彼らの情報能力はさらに高く評価されるに違いない。

　戦時中、GRUのエージェントはスイスを通じてドイツ参謀本部に浸透し（ドーラ作戦――「ルーシー・スパイ網」を参照のこと）、またカナダ経由で原爆の秘密情報を盗み出した（ザリア作戦）。日本で活動していた伝説的エージェント、リヒャルト・ゾルゲを監督していたのもGRUである。さらに、アメリカとイギリスに駐在していたソビエトの武官は戦争計画や兵器（戦時中に供与された航空機、艦船、戦車とは別）に関する数トンもの文書を集めた。こうした戦時中の活動に対し、GRUに所属する121名の男女に栄えあるソ連邦英雄の称号が与えられている。

　軍内部の防諜活動はGRUでなく公安機関が担っており、1918年12月に設置された公安機関内の特別課がそれを請け負っていた。一方、1941年2月から7月というごく短期間、スターリンは軍独自の防諜活動を許している。その間もNKGBとNKVDには特別課が残され、それぞれ軍内部の公安機能を担っていた。その後、陸軍及び海軍の特別課は再びNKVDに従属するようになっている。

　1941年、軍内部における諜報活動の予防、前線後方の裏切り者や亡命者の摘発、撤退しようとする兵士の射殺、そしてドイツの捕虜収容所から脱走したソビエト兵の逮捕を目的として、スメルシという名の組織がNKVD内に設けられた。1943年には国防委員会直属の独立機関となるも、その活動は1946年3月16日に新設されたMGB（国家保安省）へ統合された。

　1947年、スターリンは陸軍及びMGBから情報活動を取り上げる決断を下す。そして対外情報機関KI（情報委員会）を設置、V・M・モロトフ外相の管轄下に置いた。この組織は1951年まで存続したものの、GRUは48年中盤にKIの管理下から逃れている。

　1946年から48年までGRU総局長を務めたセルゲイ・シュテメンコ大将は同年末に参謀総長へ昇進したが、直後に更迭されている。その後1956年にGRU総局長へ復帰するも翌年には再び降格、だが最終的には3度目の昇進を果たしている。

　公安機関（NKVDあるいはKGB）の幹部がGRU総

局長に就任する例もしばしば見られた。例えば1958年から63年までGRU総局長を務めたセーロフ上級大将は元スメルシ職員でKGB議長の経験があった。だがセーロフの下、GRUは上から下まで腐敗にまみれてゆく。元NKVD・KGB職員のピョートル・イワシュチン大将は24年間（1963～87）にわたって総局長を務め、GRUの不正、汚職、そして職務怠慢を前例のないレベルまで悪化させた。しかもイワシュチンの在任期間中、幹部数名が西側へ亡命している（セーロフの時代、GRU職員は自発的に西側情報機関と接触し、彼らから得た情報よりもはるかに価値ある情報を与えていた）。

1987年から91年まで総局長を務めたウラドレン・ミハイロフ大将は軍情報機関で勤務した経験がなく、その意味では不適任だった。日々の活動は3名の副局長に委ねられ、交替で総局長代理を務めている。そしてソビエト連邦崩壊直前、エフゲニー・チモーヒン上級大将がミハイロフの後任として総局長に就任したが、防空畑を歩んできたこの将軍にも情報活動の経験はなく、1992年にはフョードル・ラドゥイギン中将と交代している。

後に上級大将へ昇進したラドゥイギンは1996年11月にプラウダ紙とのインタビューに応じ、ロシアが「3流国家に転落」するのを防ぐべく、軍事に関係する経済情報や技術情報を収集することが主要な任務の1つだと述べた。

ソビエト崩壊前の1980年代後半の時点で、ソビエト連邦軍のGRU部門——作戦情報の収集が任務だった——は偵察大隊（定員340名）180個及び偵察中隊（定員55名）約700個を擁し、地上軍の上位部隊（師団など）と15の軍管区（10万名以上）に情報参謀を配していた。同様に、海軍の艦隊司令部や実戦部隊だけでなく、戦略ロケット軍団、空軍、防空軍に所属する情報参謀もGRUの監督下に置かれていた。また宇宙情報局が情報収集衛星を管理する一方、第6局は情報収集艦を世界中の海に展開したり、電子傍受局を構成したりするなど、信号情報活動を担当している。

当時、アメリカを標的としたGRUによる諜報活動の成果は、KGBによるそれを上回っていたとされている。また機密軍事技術の入手はGRUが主導していたという。

GRUは現在スペツナズという名の特殊任務部隊を指揮下に置いている。スペツナズはアメリカ陸軍のグリーンベレーやデルタフォース、海軍のネイヴィー・シールズといった特殊作戦部隊に類似したものであり、訓練と管理、及び実戦活動はGRUが担当している。しかしソビエト時代はKGBの管理下で特殊作戦にも従事しており、1968年のチェコスロヴァキア占領における初期の軍事作戦や、1979年12月のアフガニスタン大統領暗殺に加わっている。

ヨーロッパに展開する4つの軍集団と主要な軍管区のそれぞれにはスペツナズ旅団があり、900名から1,300名に及ぶ士官と下士官兵が所属しているという。また4つの艦隊のそれぞれにも海軍スペツナズ旅団が配属されている。元インテリジェンス・オフィサーのスヴォロフが1984年に記したところによると、スペツナズ旅団20個と独立中隊41個が存在しているという。それが事実とすれば、ソビエト軍におけるスペツナズの総兵力はおよそ3万人にもなる。

GRUには訓練を行なう教育機関がいくつか存在しており、3年または5年間の学習を職員に施している。その中で主要なものがモスクワにある軍事外交アカデミーだが、イリーガル訓練センター、フルンゼ軍事アカデミー、海軍アカデミー、軍事信号アカデミー、軍事外国語学校、チェレポヴェツキー軍事通信工学高等学校、海軍無線・電子高等学校、そしてリャザン空挺高等学校スペツナズ科といった施設でも訓練が行なわれている。またGRU職員は特別なスパイ養成機関で様々なスパイ技術を学んでいる。

GRUには18の局があると言われ、主要なものには1から12の番号が付されている（組織図を参照のこと）。GRU本部はモスクワの旧ホドゥンキ空港近くのホロシェフスコエ通りにある総ガラス張りの9階建ての建物で、西側では「水族館」というニックネームを与えられたが、GRU職員は普通「ガラスのビル」と呼んでいる。当初このビルは軍の病院として建設された。

【参照項目】リヒャルト・ゾルゲ、駐在武官、防諜、スメルシ、MGB、KI、セルゲイ・シュテメンコ、ピョートル・イワシュチン、ウラドレン・ミハイロフ、エフゲニー・チモーヒン、フョードル・ラドゥイギン、経済情報、技術情報、衛星、情報収集船、信号情報、スペツナズ、特殊作戦部隊、スパイ養成機関、スパイ技術

歴代（総）局長

在任期間の長さに大きな差があることに注意。またM・A・シャリンとY・K・ベルズィンは2度にわたってGRUのトップを務めた。

1918年10月～1919年7月	S・I・アラロフ
1919年7月～1919年12月	S・I・グセフ
1919年12月	D・I・クルシコエ
1920年1月～1920年2月	G・L・ピャタコフ
1920年2月～1920年8月	V・X・アウセム
1920年8月～1921年4月	Y・D・レンツマン
1921年4月～1924年3月	A・Y・ゼイボト
1924年3月～1935年4月	Y・K・ベルズィン
1935年4月～1937年6月	S・P・ウリツキー
1937年7月～1937年8月	Y・K・ベルズィン
1937年9月～1938年10月	S・G・ゲンディン
1938年10月～1939年4月	A・G・オルロフ

1939 年 4 月〜1940 年 7 月	I・I・プロスクロフ
1940 年 7 月〜1941 年 10 月	F・I・ゴリコフ
1941 年 10 月〜1942 年 11 月	A・P・パンフィロフ
1942 年 11 月〜1945 年 6 月	I・I・イリチェフ
1945 年 6 月〜1947 年 9 月	F・F・クズネツォフ
1947 年 9 月〜1949 年 1 月	N・トルソフ
1949 年 1 月〜1952 年 6 月	M・V・ザハロフ
1952 年 6 月〜1956 年 8 月	M・A・シャリン
1956 年 8 月〜1957 年 10 月	S・M・シュテメンコ
1957 年 10 月〜1958 年 12 月	M・A・シャリン
1958 年 12 月〜1963 年 2 月	イワン・A・セーロフ
1963 年 3 月〜1987 年 7 月	ピョートル・I・イワシュチン
1987 年 7 月〜1991 年 10 月	ウラドレン・M・ミハイロフ
1991 年 11 月〜1992 年 8 月	エフゲニー・L・チモーヒン
1992 年 8 月〜1997 年 5 月	フョードル・I・ラドゥイギン
1997 年 5 月〜2009 年 4 月	ワレンチン・V・コラベリニコフ
2009 年 4 月〜2011 年 12 月	アレクサンドル・シュリャフトゥロフ
2011 年 12 月〜2016 年 1 月	イーゴリ・セルグン
2016 年 2 月〜	イーゴリ・コロボフ

H-21

「マタ・ハリ」を参照のこと。

Ic

　第 2 次世界大戦期のドイツ陸軍において、各種司令部の情報士官を指して用いられた呼称。

IC

「インテリジェンス・コミュニティー」を参照のこと。

INR

「情報調査局」を参照のこと。

INSCOM

「陸軍情報保安コマンド」を参照のこと。

IOIC

「統合作戦情報センター」を参照のこと。

IPB

「戦場における情報準備」を参照のこと。

IR

「情報要求」を参照のこと。

ISM　(Industrial Security Manual)

「国家産業保安プログラム」を参照のこと。

J-2

　アメリカ各軍の統合参謀組織の情報部門。統合参謀本部の J-2 は情報局と呼ばれ、少将がトップを務める。「G-2」「S-2」も参照のこと。

JIC

(1) 統合情報センター
(2) 合同情報委員会

JN暗号　(JN-Series Ciphers)

　旧日本海軍の暗号を指すアメリカの呼称。1940 年 9 月、アメリカ海軍は日本海軍の作戦暗号 JN-25 の解読に初めて成功した（一方、アメリカ陸軍が日本陸軍暗号の解読に成功したのはこの 3 年後だった）。

　1939 年 6 月 1 日に運用を開始した JN-25 は、日本海軍内で最も広く使われた暗号となった。これは 2 つのパートから成るコード式暗号で、「字引書」には 5 桁の数字 33,333 グループが掲載されている。また第 2 のコード書にも 5 桁の数字がランダムに並んでいて、繰り上がりのない計算法で字引書の数字に加算される。その結果生まれた暗号文は一連の 5 桁の数字から成り、計算ミスを簡単にチェックできるよう全て 3 で割り切れる。また 1940 年 12 月 1 日には第 2 版である JN-25b の運用が始まった。

　アメリカの暗号解読者は 1941 年 11 月の時点でメッセージの部分的解読に成功していた。信頼の置ける資料の大部分は、JN-25 に対する当時の解読成功率を 10 〜 15％と見積もっている。またイギリスとオランダの暗号解読者が JN-25 に対してより高い成功率を収めたとする資料もある（「暗号解読」を参照のこと）。

　1941 年 12 月 7 日（日本時間 8 日）の真珠湾攻撃に先立ち、アメリカ海軍の情報部門トップは、当時使われていた JN-25 の解読をフィリピンのキャスト局とワシントン DC の OP-20-G（ネガット）に担当させた。またシンガポールに駐在するイギリスの小規模な暗号解読部隊も JN-25 の解読にあたっている。アメリカ海軍第 3 の暗号解読部隊である真珠湾のハイポは、日本海軍の将官が用いる暗号の解読を担当していた。その上、キャストと OP-20-G（そしてアメリカ陸軍）は、すでに日本の外交暗号パープルを解読していた。

　1941 年 12 月 4 日、新たな追加数字の暗号書が導入され、ただでさえ限られていたアメリカの暗号解読は中断

に追い込まれた。しかしわずか4日後には、ルドルフ・J・ファビアン大尉による指揮の下、コレヒドール島にあるキャスト局がこの新暗号の解読に成功している（1942年初頭にフィリピンが陥落すると、ファビアン配下の暗号解読者は潜水艦でオーストラリアに移され、そこでベル解読局を設置した）。

12月10日、ハイポもJN-25の解読作業に加わるよう命じられる。その結果、月末までに一部のJN-25bが解読された。その後も十分な量の解読結果が迅速にもたらされ、1942年5月の珊瑚海海戦における勝利につながった。

日本側は1942年5月28日にJN-25cを導入したが、アメリカ暗号解読者はすぐにそれを攻略した。6月のミッドウェー海戦における勝利と、翌年4月の山本五十六長官機撃墜はいずれも暗号解読者の功績である。日本側が暗号を変更してもクリブによって程なく解読され、太平洋におけるアメリカ海軍のさらなる優勢がもたらされた。アメリカ側が日本軍の兵力を戦闘前に知っていたことを、シカゴ・トリビューン紙のスタンレー・ジョンストン記者が1942年6月7日付の記事にすると、連合軍の暗号解読成果が日本に知られてしまうのではないかとの懸念が海軍上層部に生じた。しかしこの記事が日本に届くことはなく、日本の大本営はアメリカ側がJN-25の解読に成功したことを終戦まで知らなかったのである。

日本海軍の暗号を解読したことは、ダグラス・マッカーサー大将の南西太平洋方面と、チェスター・W・ニミッツ大将の太平洋方面における作戦に直接利益をもたらした。

【参照項目】暗号解読、真珠湾攻撃、キャスト、ネガット、ハイポ、パープル、ルドルフ・J・ファビアン、山本五十六、スタンレー・ジョンストン

JOSIC

「合同海洋監視情報センター」を参照のこと。

Ju88

多目的かつ高性能を誇った中型爆撃機。ドイツのユンカース社が開発したこの飛行機は、第2次世界大戦を通じてドイツ軍が参加したほぼ全ての戦場で活躍している。偵察機型も広く用いられ、ドイツ軍の侵攻に先立ってソビエト連邦の高々度空中写真を撮影した。

多くの点でイギリスのモスキート爆撃機と類似した双発機のJu88は、ドイツの爆撃機で最も多く生産され、爆撃、雷撃、戦車攻撃、昼間及び夜間戦闘、写真偵察、そして訓練の各任務に就いた。またピギーバック（訳注：ドイツ語ではミステール〔ヤドカリの意〕）爆撃任務ではBf109またはFw190戦闘機を搭載し、有人の戦闘機が離脱した後、爆薬を満載した無人のJu88が敵ターゲットに突入している。だが連合軍の戦闘機が改良され、多数のJu88を撃墜するようになると、後者のパイロットはJu88を「空飛ぶ棺桶」と呼ぶようになった。

ユンカース社は1935年に航空省が策定した性能要求に応じる形でこの爆撃機を開発し、設計開始からわずか11ヵ月後の1936年12月21日に試作機Ju88V1を初飛行させた。その後試作機と先行量産機が製造され、エンジンや翼幅などに変更が加えられている。そして1939年初頭に高速爆撃機としてドイツ空軍（ルフトヴァッフェ）での運用が開始された。しかしバトル・オブ・ブリテンでは昼間爆撃で多数が撃墜されている。1944年春と45年3月に行なわれたイギリス空襲には改良型のJu88が投入され、連合軍の爆撃機をイギリス上空で撃墜するための大胆な夜間進出作戦も行なわれている。

大半のJu88はガラス張りの大きなコクピットと機首を備えており、パイロットに良好な視界を提供した。偵察機型は爆弾倉に燃料タンクとカメラを備え、翼下の落下式増加タンクにも燃料が積まれていた。初期型のJu88A4爆撃機の最高速度は時速273マイル（439キロメートル）で、最大1,550マイル（2,495キロメートル）を飛行できる。また胴体内に最大3,960ポンド（1,796キログラム）の爆弾を搭載し、短距離任務では加えて翼の下に2,205ポンド（1,000キログラム）の爆弾を吊り下げていた。防御火器は20ミリ砲と機銃であり、乗員は通常の爆撃機型で4名である。一方、C-6重戦闘機型の最高速度は時速311マイル（500キロメートル）で、武装は機首に取り付けられた3門の20ミリ砲と数基の機関銃だった。乗員は3名であり、1944年から実戦に投入された夜間戦闘機型にはさらに1人が搭乗した。

カメラを搭載した偵察専用機も数機が製造されている。Ju88H超長距離偵察機は追加の燃料を搭載して3,200マイル（5,150キロメートル）を飛行でき、内蔵式カメラ3台と共にレーダーを装備した機体もある。

Ju88はおよそ9,000機の爆撃機型と6,000機の非爆撃機型が生産された。総計は14,676機に上り、加えて7ヵ所の工場で数機の試作機が製造されている。

【参照項目】偵察、モスキート

K

「サー・ヴァーノン・ケル」を参照のこと。

KAEOT

「彼らに注意せよ（keep an eye on them）」という意味のイギリス防諜界で用いられる俗語。「彼ら」は当然、スパイと疑わしき人物を指す。

KG200

第2次世界大戦中、各種の秘密作戦で活躍したドイツ空軍の「特殊任務」飛行隊、第200爆撃航空団

（Kampfgeschwader）の略称。1944年2月20日に編成され、敵前線後方へエージェントを送り込むことで、アプヴェーアやSSの活動を支援するのが主な任務だった。またソビエトの独裁者ヨシフ・スターリンの暗殺を目的としたツェッペリン作戦においても鍵となる役割を演じた。

KG200は様々な航空機を運用したが、ドイツ製の機体だけでなく鹵獲したアメリカ、イギリス、フランス、イタリアの飛行機も使った。またKG200の任務に従事した珍しい飛行機として、アメリカの4発機B-17フライングフォートレスやB-24リベレーター爆撃機、そして超長距離飛行が可能な6発機Ju390飛行艇が挙げられる。またエージェントをパラシュートで降下させたり、敵前線後方に強行着陸したりすることに加え、PAGと呼ばれる投下装置を用いて人員を送り込むこともあった。

【参照項目】エージェント、アプヴェーア、SS、ツェッペリン作戦、PAG

KGB （Komitet Gosudarstvennoy Bezopasnosti）

ソビエト国家保安委員会の略称。1954年3月から1991年10月まで――直後の12月にソビエト連邦は崩壊する――情報収集及び国家保安活動を担当した。その後KGBの主要な対外諜報機能は新設の中央情報庁に移管されている。また1960年から66年までソビエト連邦内部の保安も担当していた（「NKVD」を参照のこと）。

KGBの任務としては、防諜、外国情報の収集・分析、軍内部における対情報活動、陸上・海上の国境警備、国家指導層による通信あるいは核兵器の管理など各種の特殊保安任務、そしてクレムリンの警備が挙げられる。KGBは世界最大の情報・警察機関であり、全ての西側情報機関を合わせた以上に大規模だったと考えられている。アメリカではCIA、NSA、FBI、国防情報局、海兵隊の大使館警護部門、軍の防諜部門、国境警備隊、沿岸警備隊、そしてシークレットサービスによって遂行される機能を、KGBは一手に担っていた。

KGBエージェントは大柄で首が太く、力は強くて頭は悪いというのが西側メディアによる一般像であり、大部分はその通りだった。元国連事務次官でソビエトから亡命したアルカディ・シェフチェンコは著書『Breaking with Moscow（邦題・モスクワとの訣別）』（1985）の中で、ニューヨークに駐在していたあるKGB工作員を「筋肉質で髪はブロンド、典型的なゲシュタポの生まれ変わりだった」と描写し、マンハッタンの摩天楼の話をするのが好きだったと付け加えている。「あの光り輝く高層ビルを見たまえ。見た目は力強く聳えているが、実はトランプの家に過ぎないんだ。何ヵ所かに爆薬をセットすれば『ダスヴィダーニャ（さよなら）』さ」

【参照項目】防諜、対情報、CIA、NSA、FBI、国防情報局、シークレットサービス、アルカディ・シェフチェンコ、国際連合

仕事の手口

殺人、誘拐、そして脅迫が、チェーカからKGBに至るまでソビエト諜報組織の常套手段だった。しかしより洗練された現代的方法を用いるKGB（及びGRU）工作員も数多く見られた。ある時、アメリカ政府職員がソビエト情報機関員から接触されたものの、数度の面会を経て打ち切られる。しかし2、3年後、そのアメリカ人職員は離婚した上に引っ越しており、さらに車も変えていたのに、同じロシア人がドラッグストアで彼と顔を合わせ、再び接触しようと試みたという。

それ以上に遠回りでかつ秘密に包まれた作戦も実行されている。ウィーンのアメリカ大使館で勤務していたドナルド・ウルタン（ブルックリン生まれ、当時30歳）は暗号事務官――KGB及びGRUにとっては最優先の対象である――だったために、ソビエト情報機関のターゲットにされた。そして、複雑で風変わりな計画が実行に移される。まず、ある西側国家に帰化したソビエトのエージェントが、ウルタンの親しい友人を酒の席に誘う。このようにして、なかば引退状態にあるベルギー人ビジネスマンとカフェで顔を合わせる「機会」を作り上げた――もちろんそのベルギー人はKGBの職員である。そして今度はウルタンとの面会だった。ベルギー人はウルタンに興味がない振りをし続け、その代わりウルタンの友人との面会を増やしてゆく。かくして二人は、カフェやコーヒーショップ、チェスの試合、そして時には小旅行に出かけることで親密な出会いを重ねていった。一方、ユダヤ人でフランス語に堪能だったウルタンは、自分と同じくユダヤ人（イスラエルに親戚がいた）で、フランス語を話すこのベルギー人との交際を望むようになる。

それからわずか5ヵ月後、ベルギー人エージェントは暗号情報と引き替えに金を渡すとウルタンに持ちかける。ウルタンはすぐさま大使館の保安職員のもとを訪れ、KGBが接触してきたことを通報した。ウルタンに対するソビエトの作戦は洗練されたものであり、事件に関するアメリカの捜査報告書には「よく練られた計画」と記されている。

ウルタンなど暗号に関わっていたアメリカ人――海軍通信担当官のジョン・ウォーカーやジェリー・ホイットワースのような人物――は、ソビエトの諜報活動において最優先のターゲットだった。アメリカ政府の機密マニュアル『Soviet Intellgence Operations Against Americans and U.S. Installations』には次のように記されている。「暗号事務官、秘書、そして海兵隊警備員などから成るこの幅広いカテゴリーは、ソビエトから特に価値あるものと見

KGB 組織図

```
                              議長

                            総局・局

  第8総局    第7総局    第5総局    第3総局    第2総局    第1総局
  （通信）    （監視）  （反体制活動）  （軍）   （国内情報）  （外国情報）


           第9総局    国境警備         技術作戦局    管理局      人事局
           （護衛）    総局


                              部

  作戦記録部  登録・文書部  特別捜査部   国家通信部    警備部      経理部
```

なされている。なぜなら『彼らは特権階級に属しておらず、経済的にも苦しい』からである」最後の点こそが重要である——機密情報をソビエトに売り渡した人間の大部分は金が目的だった。

その中で例外は、1980年代にモスクワのアメリカ大使館で勤務していた海兵隊の警備員たちだったかもしれない。彼らの一部は、女性の提供と引き替えに建物や機密資料へのアクセスを提供したのである。モスクワ及びレニングラード（現・サンクトペテルブルグ）駐在の海兵隊員に対して捜査が行なわれたが、少なくとも初期段階においては金が動機として浮かび上がることはなかった。

KGBはスパイ勧誘の手段として「階級闘争」も用いた。モスクワのアメリカ大使館を警備する海兵隊員の中でも、黒人やアメリカ原住民の隊員がその標的である。しかし当時大使館で勤務していたある海兵隊員は、大使館の職員や警備員をスパイに寝返らせるソビエトの試みは「一斉作戦」だったと断言した。

彼は本書の著者にこう語っている。「これらの人間（アメリカ人）がモスクワにいるのは短期間、せいぜい2年ほどなのに、ソビエト側は彼ら全員に目をつけていた。中には他の人間より誘惑に弱い人間もいるだろうが、KGBは大使館で勤務していたほぼ全員——特に年少の職員や海兵隊の下士官——に注意を払っていたんだ」

このように、KGBは情報を集めるべくあらゆる種類のスパイ技術を用いた。女性は特に有効な武器であり、ソビエトに居住するアメリカ人などの外国人に対し、そして少なくとも1度はアメリカ国内において、ハニートラップが仕掛けられている（「リチャード・ミラー」を参照のこと）。

【参照項目】チェーカ、GRU、ドナルド・ウルタン、ジョン・ウォーカー、ジェリー・ホイットワース、ターゲット、スパイ技術、ハニートラップ

沿革

1954年、ヨシフ・スターリン及びラヴレンチー・ベリヤの後を継いだソビエト指導層は国家保安機関に対する主導権を確保すべく、閣僚会議に附属する国家委員会としてKGBを創設した。つまりベリヤの失脚に伴い、治安維持機能は内務省（MVD）に、公安機能（対外諜報任務を含む）はKGBに移管されたのである。1978年7月、KGBはソビエト連邦附属の国家委員会となり、創設以来24年目にして省に昇格している。

ジョージワシントン大学でソビエトの情報活動を教えるジョン・J・ジアクはワシントン・タイムズ紙とのインタビューの中で、ソビエト体制におけるKGBの存在を次のように説明した。「KGBは（ソビエト）体制の重要要素であり、生存に不可欠だった」また1974年までCIA防諜部門のナンバー2を務め、統合軍事情報大学の

講師でもあるレイモンド・G・ロッカも、共産主義の理論と実践においてはKGBが主役を演じたと、ワシントン・タイムズ紙とのインタビューで語っている。「共産主義体制の要だった」

GRU副総局長のイワン・セーロフがKGBの初代議長（1954〜58）に就任したものの、1958年12月に総局長としてGRUに復帰している（GRU総局長の大半はKGB及びその前身機関での勤務経験を持っていた）。1958年から61年まで議長を務めたアレクサンドル・シェレーピンはKGBを有能な情報・防諜機関とすべく、組織再建を主たる任務とした。

ユーリ・アンドロポフ議長（1967〜82）の下、KGBは比較的大きな尊敬と権力を享受した。レオニード・ブレジネフの死後、アンドロポフはKGBを去って共産党書記長に就任し、事実上のソビエト指導者となる。またソビエトの主要情報機関のトップとして、ベリヤに次ぐ在任期間を記録している。

その後ヴィタリー・フェドルチュクが後任のKGB議長になったものの、アンドロポフがブレジネフの後を継ぐと、彼に対するアンドロポフの信頼を反映して内務大臣に転出した。

1988年にKGB議長となったウラジーミル・クリュチコフは、失敗に終わった1991年8月の反ゴルバチョフ・クーデターを首謀した人間の1人である。その結果議長を解任され、直ちに逮捕された。また陰謀に関与した13名の中には、クレムリン大統領警備局局長であり、ゴルバチョフをクリミアの別荘に軟禁したユーリ・プレハノフKGB中将、ウラジーミル・グルシュコKGB副議長、そしてクレムリン警備局副局長のヴャチェスラフ・ゲネラーロフもいたが、いずれも裁判にかけられることはなかった。

クーデター未遂を受け、レオニード・シェバルシン副議長が議長代行に任命される。1987年にKGB副議長となる前は、アフガニスタン、イラン、インドで勤務した経験を持つ人物である。しかしソビエト指導層の一部はシェバルシンを受け入れず、1ヵ月も経たないうちにワジム・バカーチンがKGB議長に就任した。

バカーチンは前年12月にクレムリンの強硬派によって内務大臣を解任されていた。しかしバカーチンの下、KGBはその構成と任務を変えてゆく。国境兵は独立機関の所属となり、武力組織はソビエト連邦軍に移管、クレムリンの警備及び通信管理はソビエト政府の直轄下に置かれた。元KGB少将でバカーチンの補佐官だったオレグ・カルーギンは、KGBは「将来的に政治機能を持たず、毒物や秘密兵器を生産する秘密研究所を運営することもない」と1991年8月に述べている。

バカーチンの在任期間は同年10月上旬で終わり、エフゲニー・プリマコフが後を継いだ。そしてプリマコフの下、KGBは1991年11月6日に廃止された（しかし

12月までKGB議長の地位を維持していたという）。組織は大きく分けて3つの独立機関に分離した。MB（ロシア保安省。1993年にFSK、その後FSBと改名）、共和国間保安庁、そして国境警備委員会である（訳注：通常はロシア保安省、共和国間保安庁、中央情報庁〔2週間後に対外諜報庁と改名〕、国境警備委員会に分割したとされる）。

【参照項目】 ラヴレンチー・ベリヤ、MVD、統合軍事情報大学、イワン・セーロフ、アレクサンドル・シェレーピン、ユーリ・アンドロポフ、ヴィタリー・フェドルチュク、ウラジーミル・クリュチコフ、ワジム・バカーチン、オレグ・カルーギン、エフゲニー・プリマコフ、MB、FSK、FSB

組織

後期の段階において、KGBの基本的な組織は9つの総局から構成されていた。

第1総局：国外情報活動、工作活動、対情報活動、情報分析
第2総局：国内防諜活動、治安維持活動。産業保安
第3総局：ソビエト連邦軍における防諜及び治安維持。特別部（OO）を含む。
第4総局：大使館の保安及び国内治安
第5総局：反体制派への対処
第6総局：経済情報、秘密政治情報、及び運輸
第7総局：監視装置
第8総局：信号情報及び通信保安
第9総局：国家指導部及び機密を要する施設の警備。クレムリンの警護を含む。

1960年代後半、第4総局から第6総局は第2総局に統合された。その中で、1969年に設置された第5総局は、政治、社会、及び文化の分野における反体制派の対処にあたっていた。

軍内部の防諜を担当する第3総局の職員は軍のあらゆる部署に配属されている。通常彼らは一般の軍服を着用しているが、KGB職員だと見分けるのは簡単であり、KGBの特別な指揮系統に従いつつ「情報提供者」のネットワークを運用している。海軍では陸上基地だけでなく大型艦艇にもKGBの職員が配置されていた。

元KGB職員で亡命者のアレクセイ・ミャグコフは著書『Inside the KGB』（1991）の中で、「情報提供者を勧誘する時は我々のために働くよう説得するだけでなく、そうするように強制しなければならない」と言われたことを記している。その後でこう付け加える。

KGBは必要な権利と権力を有していた。相手が（情報提供者となることを求められている）士官であれば、彼のキャリアは危機に瀕する（士官はKGBの許可なく軍事アカデミーに入学することはできず、また昇進も不可能だった）。通常の（下士官）兵であれば話はもっと単純だ。軍から追放すればよいのである。一般市民の生命も脅かされている。大学への入学は不可能でいかなる職業にも従事できず、また海外旅行も禁じられる。

1980年代、KGBは40万人以上を擁していると見積もられ、うち23〜25万名が国境警備兵だったという。また約5万名が通信・保安部隊に所属し、政府及び共産党の指導部を支援した。さらに、政府と軍を含むソビエト社会には、数十万人に上るKGBの情報提供者がいたとされている。

ワシントンDCのソビエト大使館に勤務する職員の40ないし60パーセントは、KGB職員だったとする説がある。KGBの要員は戦闘地域でも活動しており、ソビエト軍の支援にあたっている。1954年から89年までの35年間に合計572名のKGB要員が、「他国への軍事・技術支援を行なう間」に、または国境紛争の最中に殺害された。その国々にはアラブ諸国や北ベトナム、アフガニスタンが含まれる。

KGB本部はモスクワのジェルジンスキー広場2番地にあり、前身機関と後継機関も同じ場所に所在している。なおKGB第1総局は、モスクワ環状道路沿いのヤセネヴォに建つ、フィンランド人設計の近代的なオフィスビルへ1970年代に移動した。

KGB及びその前身機関は大規模な教育・訓練機関を擁しており、いくつかのスパイ養成機関ではソビエトだけでなく東欧諸国の情報・保安担当者にも訓練を施していた。またモスクワ近郊のプシュキナにある訓練施設では、アラブ人テロリストの訓練が大々的に行なわれていた。

【参照項目】 信号情報、通信保安、ジェルジンスキー広場、スパイ養成機関

歴代KGB議長

以下に歴代KGB議長を記す。

1954年3月〜1958年12月	I・A・セーロフ
1958年12月〜1961年11月	A・N・シェレーピン
1961年11月〜1967年4月	V・Y・セミチャストヌイ
1967年5月〜1982年5月	Y・V・アンドロポフ
1982年5月〜1982年12月	V・フェドルチュク
1982年12月〜1988年8月	V・M・チェブリコフ
1988年8月〜1991年8月	V・A・クリュチコフ
1991年8月	レオニード・シェバルシン
1991年8月〜1991年10月	ワジム・バカーチン
1991年10月〜1991年12月	エフゲニー・プリマコフ

KHシリーズ衛星 (KH-Series Satellites)

「キーホール」を参照のこと。

KI (Komitet Informatsii)

ソビエト情報委員会の略称。それまでMGB（国家保安省）とGRU（参謀本部情報総局）が担当していた外国情報活動と秘密工作を引き継いだ。V・M・モロトフ外相の提案を受け、ヨシフ・スターリンが1947年10月に情報委員会を設けて閣僚会議の指揮下に置いて以来、KI議長は外務省の高官が務めている（モロトフ、アンドレイ・ヴィシンスキー、ヤコフ・マリク、ワレリアン・ゾリン）。

KIの任務は以下の通りである。

(1) 外国における軍事・政治面の諜報活動
(2) 外国のあらゆる反ソビエト組織に対する工作活動
(3) ソビエト大使館、使節団、領事館、商業代表団、及び外国在住の国民に対する防諜活動
(4) 他の共産主義国家における諜報活動

特定の秘密工作活動——暗殺など——は引き続きMGBの管轄下にあった。

KIの構想は完全な失敗に終わったが、当時は4つの国家保安機関——MGB、GRU、MVD、そしてKI——が存在しており、業務の重複、不足、そして混乱という結果になったのが理由の一部である。1948年の中頃、ソ連邦元帥でかつてチェーカに所属していたN・A・ブルガーニンは、KIの対外諜報活動をGRUに戻すようスターリンを説得する。またその年の後半には、防諜活動などの任務がMGBに戻された。

設立から1年後、KIの任務には外国の政治・経済情報の収集しか残されていなかった。これらも1953年にはMGBの担当になり、混乱に満ち、かつ（ソビエトの観点から見て）危険な体制はこうして終わりを迎えたのである。

KI設立の真の根拠ははっきりしていない。モロトフの仕掛けた権力闘争、あるいは国家保安機関の影響力を削ごうとするスターリンの試みだったというのが有力な理由である。

【参照項目】GRU、防諜

KWシリーズ暗号機 (KW-Series Cipher Machines)

第2次世界大戦後にアメリカが開発した暗号機。他にもKG、KL、KYの呼称がアメリカの暗号機及び周辺機器に与えられている。

これら暗号機はメッセージを高速で暗号化／復号化できる。時にRもしくはTの文字がKWの後ろに加えられ、それぞれ受信・送信機能を有することを示してい

る。またこれらの呼称体系が極めて煩雑になったため、多くのKW及びKYシリーズ暗号機はクレオン、ジェイソン、ネスター、ポンティスといった神話上の名前で呼ばれることもあった。

1960年代から70年代にかけ、KW-7オレステスはアメリカ軍で最も広く用いられる暗号機であり、また他の政府機関のみならずいくつかの同盟国でも使用されていた。アメリカ海軍を例にとると、小型艦艇はKW-7を1台搭載しているが、原子力空母エンタープライズではおよそ25台となっている。

KW-7はテレタイプ印字機とほぼ同じ大きさの灰色の箱に収められている。また放出された電子信号が付近の傍受装置に捉えられるのを防ぐため、機械の重要部分は遮蔽素材の中に格納されている。

メッセージは英語の平文でタイピング入力される。信号は内部の暗号化回路を通り、暗号鍵の数字によって決められたその日の設定に従い暗号化される。その後メッセージはグループ化された一連の数字という形で無線送信される。受信側では別のKW-7が信号を受け入れ、同じ暗号鍵で設定されている場合のみ復号化されるのである。メッセージはテレタイプのキーボードによって入力され、受信したメッセージは装置のテレタイプ部分を通って印字される。

暗号鍵、すなわち「鍵リスト」は長年かけて進化を続けた。暗号鍵——装置を作動させる一連の数字で、毎日変更される——は、かつて鍵リストと呼ばれるものに印字されていた。暗号機を操作する通信士がこれら数字に対応するキーを押すと、機械のほうはその日受信したメッセージを復号化するための、またはその日に発信するメッセージを暗号化した上で送信するための論理回路を構成するのである。

後に鍵リストは、初期のIBMコンピュータのパンチカードに似た「鍵カード」となる（それでもなお鍵リストと呼ばれていた）。カード式の場合、通信士は暗号機の側面にある蓋を開けて電子センサーにカードを差し込み、再び蓋を閉める。センサーはカードの穴を信号に変換してその日の暗号鍵を機械に伝えるのである。冷戦後もしばらくはこうしたカードが使用されたものの、やがてカセットテープ式の暗号機が登場する。暗号鍵はテープに記録されており、巻き戻して同じ数字が再び使われることのないように設計されていた。

鍵リストやカードと同じく、カセットは日毎の暗号鍵を機械に伝える手段に過ぎない。また暗号機の中には、鍵カードと同時にCRIB（カード読み取り装置挿入基盤）という、鍵カードと似た機能の装置を必要とするものもあった。しかし無線員がリストを使おうがカードを使おうが、あるいはテープを使おうが、システムそのものの要素は同じだった。機械、暗号鍵、そして——システムを説明する時しばしば見過ごされるが——通信士である

（海軍では男女を問わず無線操作員のことをそう呼んでいる）。

暗号機に鍵を伝える手段は変化を続けてきたが、機械自体の変更はそれほど見られない。特に長年にわたって用いられたKW-7の場合はそうである。機械を更新する費用はかなりの額に上り、20世紀末の時点でも軍や他の政府機関（及び同盟国）で数千台が使われていたとあってはなおさらだった。

（上記の暗号機は主に軍用だったが、ホワイトハウスでも用いられており、出張中の大統領やホワイトハウス高官も暗号機を使うことがあった。海兵隊のオリヴァー・ノース中佐はイラン・コントラ事件の際に携帯式のKL-43を海外で活用している）

【参照項目】暗号、平文、暗号鍵、イラン・コントラ事件

暗号の安全性

暗号機の安全は機械そのもの、そして特に鍵リストの物理的保護を通じて得られる。鍵リストを守るための規則は、機密資料システム（CMS）の核心を成している。CMSはNSAによって策定され、密封された封筒に入った鍵リストをメリーランド州フォート・ミードにあるNSAの警備厳重な印刷施設から運び出す運搬役をはじめ、リストを扱う人間が遵守している規則である。そこで印刷された鍵リストは、米軍運搬隊の人間によって暗号機の利用者——大使館、軍基地、情報機関職員、そして海軍の艦艇——のもとへ運ばれている。

この複雑な配送網の海軍における最終目的地は、CMS管理者に指定された通信士である。陸上にあるか艦上にあるかを問わず、鍵リストはまず署名され、授受を逐一確認され、金庫にしまわれ、そして使用後は廃棄される。鍵リストを扱えるのは最高機密資料の取り扱いを許可された者、もしくは特別な「暗号」クリアランスを有する者だけである。

少なくとも、このシステムは上記のように機能するはずだった。

暗号機に関する詳細な知識と鍵リストへのアクセスを有する多くのアメリカ人、さらに数名の外国人が、アメリカの暗号機に関する情報及び鍵リストそのものを冷戦中のソビエト——あるいは冷戦後のロシア——に売り渡している。しかもソビエトは大量のアメリカ製暗号機を所有していた。

アメリカの暗号活動及び暗号システムについての情報をソビエトが直接入手したのは、NSAの暗号官ウィリアム・H・マーチンとバーノン・F・ミッチェルが亡命した1960年のことである。その後1963年から64年にかけ、陸軍通信担当官のジョセフ・G・ヘルミッチ准尉が暗号機に関する詳細な情報のみならず、KL-7及びKW-26をはじめとする暗号機の鍵リストを売り渡して

いる（1981年の裁判において、政府は「KL-7は現在も用いられており、裏切り行為の余波は今なお続いている」と述べた）。

ヘルミッチが情報を売り渡した5年後の1968年1月、アメリカ海軍がNSAと共同で運用する情報収集艦プエブロを北朝鮮が拿捕したことにより、ソビエトは何種類かの暗号機を入手したが、その中にはKW-7、KWR-37、そしてKG-14があった。当時KW-7は世界規模の鍵リストを用いており、機械と鍵リストさえあれば（鍵リストの有効期間中に限り）世界中の軍事通信を読めたのである。

1975年に北ベトナム軍が南を占領し、アメリカの支援を受けていたサイゴン守備隊が武器と暗号機を残して撤退したことで、さらに多くの暗号機が失われた。北ベトナム及び同盟国ソビエトは、およそ30台のアメリカ製暗号機を入手したとされる。また32台と正確な数字を挙げる資料もある。

アメリカ海軍のジョン・A・ウォーカー准尉、そして裏切り行為の同志であるジェリー・ホイットワース上級通信士の2人は、少なくとも1968年から鍵リストなど多数の資料やマニュアルをソビエトに提供しており、アメリカ及び連合軍による過去の通信の解読と、該当する暗号機を有している場合、現在の通信メッセージに対する解読能力の向上を許した。さらに、ウォーカーやホイットワースらアメリカ人のみならず、外国人からもたらされた資料と情報により、ソビエトは該当する暗号機を有していなくともそのメッセージを解読することができた。

ウォーカーとホイットワースの提供した暗号情報があまりにも多数に上ったため、ソビエト側は欲する情報の選別を始めた。特に熱望したのがKW-7の鍵リストである。ソビエトはKW-8システムによって暗号化された音声メッセージなど他の情報資料は欲しておらず、それらについては別の情報源から入手することを望んでいた。

また1970年代後半、ソビエトはCIAにおけるKW-7の使用法という情報をクリストファー・ボイスとアンドリュー・D・リーから入手した。ボイスは鍵リストの入ったビニール封筒にアクセスでき、封筒からリストを取り出して撮影すると、アイロンを使うか、または不注意にも糊を使って再び密封した。一度など密封するのに失敗したこともあるが、政府の監察官はしわくちゃになった封筒を確かめた上で、それを無視したのだった。

こうしたアメリカ人スパイは鍵リストや暗号資料だけでなく、暗号機のマニュアルもソビエトに提供した。NSAの技術者によれば、ベトナムあるいはプエブロから入手した機械——破壊されていてもよい——に加えてマニュアルさえあれば、こうした装置を組み上げることができるという。KW-7をはじめとする一部の暗号機は

他国でも広く用いられているため、暗号資料が外国の使用者から漏洩したと考えることも可能である。

1987年、通信分野に長らく携わったアメリカ海軍のある退役将官は本書の著者にこう語った。「我々はKW-7の脆弱さを知っていた。鍵リストに（保安上の）問題があったとNSAから聞いた憶えはないが、行方不明になったとあれば話は別だ。我々が聞かされたのは、それらが（飛行機）事故で失われたということだった。そして機械そのものも30台がベトナムで失われている。しかし機械だけでは十分じゃない。ソビエトはこのアルゴリズムを解析できる高性能のコンピュータを有していなかったのだ」（ここで言うアルゴリズムとは、メッセージの暗号化で生じた数字のグループを、受信側のテレタイプ機構が読み取れる形に変換する数学的論理のことを指す）

しかしソビエトはそれ以前から西側諸国の暗号に対する攻略を行なっていたのだった。

「クリブ」「暗号解読」も参照のこと。

【参照項目】NSA、フォート・ミード、最高機密、ウィリアム・H・マーチン、バーノン・F・ミッチェル、ジョセフ・G・ヘルミッチ、情報収集船、プエブロ、ジョン・A・ウォーカー、ジェリー・ホイットワース、CIA、クリストファー・ボイス、アンドリュー・D・リー、暗号資料

LCS

「ロンドン・コントローリング・ステーション」を参照のこと。

L クリアランス （L Clearance）

アメリカエネルギー省が職員、他省庁の人員、及び契約業者に与える機密情報閲覧許可（セキュリティー・クリアランス）。極秘レベルの閲覧制限資料及び機密レベルの国家保安情報を閲覧できる。

核兵器製造用物資へのアクセスにもLクリアランスが必要である。

「Qクリアランス」も参照のこと。

【参照項目】機密情報閲覧許可、極秘、閲覧制限資料、機密

L ピル （L-Pill）

敵に捕らえられ拷問を受けても秘密を暴露することのないよう、スパイが持ち歩いている毒薬。第2次世界大戦期においてはガラス容器に詰められた青酸カリが主流だった。これは義歯の中に隠されており、舌を使って歯の外に出す。次いでカプセルを噛んでガラスを割ると、中身が放出されて死に至る。万が一寝ている時に容器が歯から外れても、ガラスさえ割れなければ消化器官を通り過ぎてゆくだけである。

当然ながら、Lピルを持っていながら即座にそれを使えなければ、スパイだと見破られることになるだろう。

アメリカ戦略諜報局（OSS）の記録によると、OSSのエージェントがLピルを用いたのは2度に過ぎないという。OSS長官のウィリアム・ドノヴァンと副官のデイヴィッド・ブルースが1944年6月7日、つまり連合軍上陸の翌日にノルマンディー海岸を訪れた際も、2人はLピルを持参していなかった。ドノヴァンはブルースに対し、もし捕らえられそうになったら私が君と私自身を拳銃で射殺すると告げたのである。

1977年、アメリカのためにスパイ活動をしていたソビエトの外交官、アレクサンドル・オゴロドニクは、デッドドロップにいたところをソビエト当局に逮捕された（「マーサ・ピーターソン」を参照のこと）。彼は自白書への署名に同意し、自分のペンを使わせてほしいと申し出る。そしてLピルが仕込まれていたペン軸の尻を噛み、即死したのだった。

冷戦中、アメリカのスパイは捕らえられた際に自殺する手段として、より洗練された方法を用いた。U-2偵察機のパイロットには当初、青酸カリのカプセルが与えられていた。しかし1960年にソビエト上空で撃墜されたフランシス・ゲイリー・パワーズは、一見普通の銀貨を供与された。銀貨には金輪がついており、キーホルダーにはめるかネックチェーンに取り付けるようになっている。だがこのお守りは自決用だった。捻ってその輪を引き抜くと、ネジの先にクラーレという毒薬の塗られた細い針が現われるという仕掛けである（パワーズが撃墜された際、ソビエト当局は直ちに銀貨を剥ぎ取って中の毒針を見つけた。現在はモスクワのKGB博物館に展示されている）。

【参照項目】エージェント、戦略諜報局、ウィリアム・ドノヴァン、アレクサンドル・オゴロドニク、デッドドロップ、U-2、フランシス・ゲイリー・パワーズ、KGB、博物館

M-134

「シガバ」を参照のこと。

M-4 バイソン （M-4 Bison）

戦略爆撃機としてミャスィーシチェフ設計局によって開発された航空機。多数がソビエト空軍の長距離偵察機としても用いられている。一方ジェットエンジンの制約で比較的速度が遅く航続距離も短かったため、戦略爆撃機としては失敗作と見なされた。

後退翼を備えたM-4は主翼の付根に4基のターボジェットエンジンを埋め込み、最高速度は時速621マイル（1,000キロメートル）だった。胴体内部には2つの爆弾倉があり、最大1万ポンド（4.5トン）の原子爆弾ないし通常爆弾を搭載できる。中には固定式23ミリ自

動機関砲を機首に１門、胴体前部の上下と尾部の連装銃塔に６〜10門搭載する機体も存在した。さらに空中給油装置が最終的に全機に追加されている。

現在も活躍するアメリカの B-52 ストラトフォートレスよりわずかに小さいこの飛行機は、1953 年末に初飛行した後 56 年初期から配備された。従って、ツポレフ設計局が開発したターボプロップ戦略爆撃機／偵察機の Tu-95 ベアとは同世代の航空機ということになる。

M-4 の生産数は 200 ないし 300 機だったと推定されている。なおバイソン B 型は戦略偵察専用機としてカメラと電子情報（ELINT）収集装置を搭載していた。

NATO によってバイソン（野牛）のコードネームが付けられたこの飛行機は、ロシアでは「モロット（ハンマー）」の名で知られている。また設計局の呼称は M-4 及び 201-M であり、ソビエト軍での呼称は M-4 だった。

【参照項目】航空機、偵察、Tu-20/Tu-95、電子情報

M-17 ミスティック （M-17 Mystic）

多くの点でアメリカの U-2 偵察機と類似しているソビエトの高々度偵察機。だが開発が完了したのは 1970 年代後半であり、初飛行は U-2 に遅れること 27 年の 1982 年 5 月に実施された。

ミャスィーシチェフ設計局によって開発されたミスティックは戦略偵察を目的としていたが、重量 5,500 ポンド（約 2.5 トン）のカメラ及びその他軍事偵察機器を搭載する機体は、U-2 の改造型と同じく科学研究にも用いられた。

機体は本質的に動力つきのグライダーであり、広い翼幅（40 メートル）と双テイルブームが特徴である。主翼後縁には特殊な揚力装置が取り付けられ、空力性能の向上が図られている。またターボファン（ジェット）エンジン 1 基（改良型の M-55 は 2 基）を備え、最高速度は時速 466 マイル（750 キロメートル）、巡航高度は 7 万フィート（21,340 メートル）である。

ロシアの報道によれば、滞空時間は 1 時間半とされている。これが本当ならば U-2 の 9 時間半よりはるかに短い。改良型の M-55 はわずかに小型（翼幅 37.5 メートル）であり、3,000 ポンド（約 1.4 トン）の機器を搭載しているが、それでも滞空時間は 6 時間半に過ぎない。ちなみに搭乗員は 1 名である。また 1990 年に実施された一連の特殊飛行試験の中で、ミスティックは飛行高度に関係する 25 の世界記録を塗り替えた。

ミスティックは西側によるコードネームであり、ソビエトでの名称はストラトスフェラである。なお M-17 は設計局による呼称である。

【参照項目】偵察、U-2、コードネーム

M-94 暗号機 （M-94 Cipher Machine）

アメリカ陸軍が 1922 年から第 2 次世界大戦終結まで用いた円筒状の暗号機。手持ち式でメッセージの簡単な暗号化が可能だった。暗号盤の仕組みを基にしたこのアルミ製の円筒は 25 枚のリングを重ねたものであり、それぞれのリングには 26 のアルファベットがランダムに刻まれている。

M-94 は全長 15 センチメートル、直径 5 センチメートルで、リングに刻まれたアルファベットの配列は全て異なっていた。各リングは自由に入れ換えることができ、円筒の外側に沿って伸びる棒のおかげで円盤の並び替えと暗号化されたメッセージの読み取りが簡単に行なえた。

使用する時はまずリングを回転させてメッセージの最初の 25 文字を表示させ、別の列に並ぶ文字を読み取ってそれを暗号文とする。受信側は暗号化されたメッセージが並ぶようにリングを回転させた上で、平文のメッセージを読み取ればよい。安全性に制限はあったものの、簡単かつ効率的に暗号化と複合化を行なうことができた。

【参照項目】暗号盤、平文

M-209 暗号機 （M-209 Cipher Machine）

アメリカ軍が第 2 次世界大戦中に用いた小型軽量の機械式暗号機。戦場で用いることを意図したこの機械は金属の箱に格納されており、使用の簡単さと内蔵式のテープ印字機が特色だった。暗号化は 6 枚のローターを手でセッティングすることにより行なえる。

平文は 1 文字ごとに暗号化され、紙のテープに暗号文が自動的に印字される。また手順を逆にすることで、別の M-209 によって暗号化されたメッセージを復号することができた。正式には「変換機」と呼ばれたこの装置は、正しく使えば高い安全度を誇っていた。しかし戦場での利用はやはり難しく、またかなりの手間を要した。

運搬ケースと付属工具を含んだ重さは 7.25 ポンド（3.3 キログラム）だった。

【参照項目】平文

MB

KGB の後継機関、ロシア保安省の略称。1992 年 1 月 22 日にボリス・エリツィン大統領の指令によって設立され、93 年まで存在した。ヴィクトル・バランニコフ元帥が 1993 年 7 月まで初代大臣を務め、ニコライ・ゴルシコ上級大将がその後を継いでいる。

解体後、主要な情報部門は対外情報庁（SVR）と連邦防諜庁（FSK）に引き継がれた。

「ロシア—ソビエト」も参照のこと。

【参照項目】KGB、ヴィクトル・バランニコフ、ニコライ・ゴルシコ、SVR、FSK

MfS (Ministerium für Staatssicherheit)

東ドイツ国家保安省の略称。ソビエトの保安機関——MGBとその前身であるNKGB及びNKVD——を模範として1950年4月に創設された（ソビエト連邦は49年10月7日にドイツ民主共和国——東ドイツ——を建国していた）。

MfSは1945年5月から49年10月までドイツの3分の1を占めていたソビエト占領地域でソビエトによる治安維持を支援していた、複数の小規模な情報活動から発展したものである。元ソビエト占領地域に東ドイツが建国された後も、赤軍の情報機関（GRU）をはじめとする諜報組織は引き続き活発な活動を続けた。

シュタージの名で広く知られるMfSは東ベルリンに本部を置き、国内の治安維持と外国での諜報活動を実行したが、その大半はソビエトの「兄貴分」の代理として行なわれたものである。シュタージの対外諜報部門は情報総局（HVA）と呼ばれ、西ドイツを最重要ターゲットとする一方、他の西ヨーロッパ諸国や、ヨーロッパに駐留するアメリカ軍も標的とした。

国内では大規模な密告網を通じて東ドイツ国民を抑圧し、時には家族同士での密告を推奨した上で報酬を支払うこともあった。シュタージ設立以前の諸機関は警察官やインテリジェンス・オフィサーの経験者を活用していたが、その多くはゲシュタポに所属していた人間だった。MfS設立後も元ナチスの雇用は続き、アプヴェーアで防諜部門のトップを務めたルドルフ・バムラー中将も加わった（同様のケースは当然ながら西ドイツでも見られた。「ゲーレン機関」を参照のこと）。

東ドイツは荒涼とした冷たい国家だった。ジョン・ル・カレが名著『The Spy Who Came In from the Cold（邦題・寒い国から帰ってきたスパイ）』（1963）で描写したように、シュタージはこの国にふさわしい存在だった。しかしその能力は高く、西ドイツ政府に浸透してほぼあらゆるレベルで政府職員を懐柔していたのである（「ドイツ」を参照のこと）。

1990年10月3日に東西ドイツが統合した際、シュタージは人口1,700万足らずの東ドイツに173,000名もの情報提供者を擁していたと伝えられている。それに加え、9万以上の軍人及び文官が正職員としてMfSで勤務していた。

ドイツ統合後、東ドイツの元インテリジェンス・オフィサー数名が、国境警備隊員や一部の情報提供者と共にかつての活動で裁かれた。東ドイツのスパイマスター、マルクス・ヴォルフを含む元シュタージ職員数名の裁判が行なわれた後、統一ドイツの憲法裁判所は1995年5月23日、冷戦期における西側への諜報活動で元シュタージ職員を裁くことはできないと決定した。5対3の投票結果は、ヴォルフら東ドイツの元インテリジェンス・オフィサーを赦免するのに十分だった。

【参照項目】NKVD、GRU、ベルリン、ターゲット、ゲシュタポ、アプヴェーア、防諜、ジョン・ル・カレ、マルクス・ヴォルフ

MGB

ソビエト国家保安省の略称。「NKVD」を参照のこと。

MI

(1)「軍事情報（Military Intelligence）」の略。

(2) イギリスの情報・保安活動を指す呼称。第1次世界大戦前、陸軍省内に設置された部署に由来する。それらにはまず「軍事活動（Military Operations）」を指すMOの接頭辞が付与され、1916年に軍事情報を指すMIに変更された。

MIの接頭辞が付与された主な組織は以下の通り。

MI1	軍事情報局
MI1(b)	暗号解読課（1919年に政府暗号学校へ統合）
MI1(c)	外国課
MI3	ヨーロッパ課
MI3(b)	ドイツ班（1940年にMI14へ変更）
MI5	保安部（元の保安情報部）
MI6	秘密情報部
MI8	無線保安部1
MI9	逃亡・脱出部
MI11	野戦保安警察
MI14	ドイツ課
MI19	合同尋問センター
MI(L)	陸軍省と連合国情報機関との連絡を担当

なお、上記の組織が全て同時に存在したことはない。

【参照項目】軍事情報、暗号解読、政府暗号学校、MI5、MI6

MI5

防諜活動を担当するイギリス保安部の略称。

歴史家のF・H・ヒンズリーが著書『British Intelligence in the Second World War』（1990）で記したところによると、1909年3月、「スパイやイギリス侵略にまつわるおどろおどろしいストーリーが小説になった結果、大衆の懸念が高まったことを受け」、イギリスを標的とした外国による諜報活動の性質及び範囲を検証するため、そして誰がこうした活動に対処すべきかを決めるため、帝国防衛委員会の下に1つの小委員会が設けられた。同年7月に提出された報告書は、「ドイツの

大規模な諜報システムが我が国で活動していること」は間違いなく、「その範囲及び目的を正確に突き止める……組織は存在しない」と結論づけた。

この報告を受けて1909年10月1日に秘密任務局——以前の帝国保安情報局——が設立され、国内課と外国課に分かれた上で、陸軍省、海軍省、そして海外で活動するスパイやエージェントの調整役を務めると共に、イギリス政府の防諜機能を引き受けることになった。

秘密任務局は他のあらゆる政府機関からの独立を認められたものの、運営管理は外国人問題を扱う陸軍省MO5（軍事作戦局特別課）の下に置かれた。当初はマンスフィールド・カミング大佐率いる海軍課と、ヴァーノン・ケル大尉率いる陸軍課に分かれていたが、後に再編が行なわれ、「C」のイニシャルを持つカミングが外国情報収集を担当する一方、「K」のイニシャルを持つケルにスパイ摘発の任務が与えられた。

イギリスがドイツ陸海軍の戦力力強に関する情報を求める中、秘密任務局は多忙を極めた。第1次世界大戦勃発前に12名のスパイを逮捕し、開戦後に活動することになっていたスパイ網の証拠も発見したのはその一例である。

1914年7月の第1次世界大戦勃発を受け、国内課は陸軍省（MO5）の直属下に置かれ、軍事情報局の新設に伴いMI5と改名された。また外国課はMI1（c）となり、大英帝国外部の防諜活動と共に、海外での情報収集を担当することになった。

かくして海外での諜報活動と、国内での防諜活動が再び大々的に行なわれるようになった。戦争初期、秘密任務局は21名のスパイ容疑者を逮捕し（1名は逃亡）、戦時中はさらに35名を拘束、1916年に至りイギリス国内で野放しになっているスパイはいないものとされた。

終戦時点で外国課は外務省の下に移っており、MI6の呼称を持つ秘密情報部（SIS）の名で知られるようになっていた。なおカミングは1923年まで長官の座にとどまっている。国内課はMI5の呼称を持つ保安部に進化し、ケルが1940年までMI5長官を務めた（ケルは「K」のイニシャルを用いているが、MI6の歴代長官が「C」の略称を引き続き用いたのと異なり、彼の後継者がそれを使うことはなかった）。

【参照項目】防諜、F・H・ヒンズリー、秘密任務局、エージェント、マンスフィールド・カミング、ヴァーノン・ケル、スパイ網、C

ボルシェビキの脅威

両大戦の合間の時期、イギリス情報機関の再構築、とりわけMI5とMI6を統合せんとする動きが定期的に見られた。しかしドイツがいまだ脅威ではなかったこの当時、ソビエト・ロシアが革命を世界中に輸出するというボルシェビキの恐怖があった。1927年5月、イギリスに

おけるソビエトのスパイ活動（「アルコス事件」「マカートニー・ウィルフレッド」を参照のこと）に対してMI5と警察による大規模な捜査が行なわれ、ボルシェビキの陰謀を摘発せんとするMI5の努力は頂点に達した。黒シャツ団のリーダー、サー・オズワルド・モズレーによるものをはじめとして、ファシスト運動がイギリス国内で盛り上がっていたにもかかわらず、共産主義者のほうがイギリス社会にとって脅威であると保安部も警察も信じていたのだ。

しかし1930年代後半を迎える頃になると、またしてもドイツがイギリスにとっての脅威であることが明らかになり、ドイツによる諜報活動の可能性も再び懸念された。ヒトラーの恐怖から逃れた数万の難民がイギリスへ流れ込むにつれ、この懸念はより一層高まりを見せる。

第2次世界大戦においては、1941年から46年まで長官を務めたサー・デイヴィッド・ペトリーがMI5の活動を率いることになった。就任直後、ペトリーは陸軍情報部隊の3つの階級、すなわち少尉、大佐代理、そして現地軍准将の地位を与えられている。

戦時中、MI5は大きな成果を挙げたと考えられている。終戦までに16名のドイツ人スパイが逮捕・処刑され、ジブラルタルではスペイン人2名がスパイ容疑で処刑された。他にも多数のドイツ人エージェントが寝返りを余儀なくされ、大規模な欺瞞作戦に参加させられた。その結果、ドイツ情報機関——さらにはアドルフ・ヒトラー本人——は、自分たちがイギリスで大規模かつ有能なスパイ網を運用していると信じ込まされたのだった（「ダブルクロス・システム」を参照のこと）。

戦時中にイギリスでスパイ活動をし、「寝返り」から逃れることができたのはヤン・ヴィルヘルム・テル・ブラークただ1人だとされている。他に少なくとも2名が戦時中のイギリスにパラシュート降下し、摘発されることなく無事ドイツに帰還したとされているが、真偽は不明である。

戦時中のMI5は以下の主要部署に分かれていた。

A　管理
B　防諜
C　保安
D　軍との連絡
E　外国人
F　海外指揮

【参照項目】寝返り、欺瞞、ヤン・ヴィルヘルム・テル・ブラーク

冷戦の苦難

第2次世界大戦中にMI5が味わった成功は、長期にわたる冷戦期へ引き継がれることはなかった。とは言

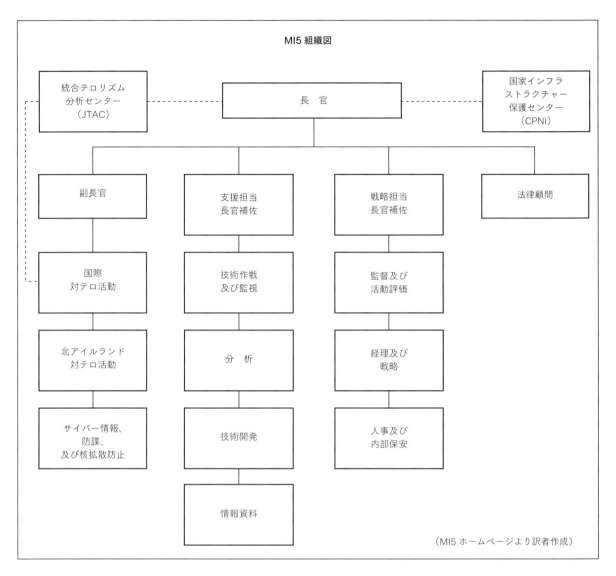

MI5 組織図

```
                              長 官
 統合テロリズム                              国家インフラ
 分析センター                                 ストラクチャー
 （JTAC）                                    保護センター
                                            （CPNI）

 副長官      支援担当      戦略担当      法律顧問
             長官補佐      長官補佐

 国際        技術作戦      監督及び
 対テロ活動   及び監視      活動評価

 北アイルランド  分 析       経理及び
 対テロ活動                 戦略

 サイバー情報、 技術開発     人事及び
 防諜、                     内部保安
 及び核拡散防止

             情報資料
```

（MI5 ホームページより訳者作成）

え、ロンドンのソビエト、フランス、そしてエジプト大使館に対する MI5 の作戦の中には、大成功を収めたものもいくつかあった（「エンガルフ」を参照のこと）。またイギリスで活動するソビエトのエージェントが多数逮捕されているが、その大半は MI5 の成果である。

　しかし戦中から戦後にかけてソビエトの内通者数名がイギリス政府に浸透しており、そのほとんどはケンブリッジ大学で勧誘された若者だった（「ケンブリッジ・スパイ網」を参照のこと）。そして時が経つにつれ、これらの若者たちは外務省や MI6 といった省庁で出世の階段を登っていく。

　MI5 による活発な捜査が行なわれたにもかかわらず、ドナルド・マクリーンが 1949 年に、ハロルド（キム）・フィルビーが 63 年にイギリスからソビエトへ逃亡したことは、政府だけでなく大衆をも失望させる結果になった。実際、MI5 自体がソビエトの内通者に浸透されているという懸念も——さらには証拠も——あったほどである。

　1963 年、戦時中 MI5 に所属していたアンソニー・ブラントがソビエトの内通者であると発覚したものの、疑惑はそれにとどまらなかった。MI5 及び MI6 の合同委員会（フルーエンシー委員会）が 1960 年代に行なった大規模調査によってその疑惑が調べられ、1942 年から少なくとも 62 年に至るまで、ソビエトがほぼ絶え間なく MI5 に浸透していたと結論づけられた。MI5 に潜むソビエトの内通者として名指しされたのが、当時部長の職にあったマイケル・ハンレーと、ロジャー・ホリス長官その人だった。しかしハンレーも後に長官に就任している。

　ハンレーとホリスは友好的な雰囲気の中で尋問を受け、結果として結論が出ないまま、2 人に対する調査は打ち切られた（1981 年、マーガレット・サッチャー首相は下院において、さらに検討を加えた結果、ホリスはスパイでなかったという結論に達したと述べた。MI5 もホリスに対する容疑——元 KGB 職員のオレグ・ゴルディエフスキーによって確認された結論——には根拠がな

いと発表している）。

ホリスの後継者たち、とりわけマーチン・ファーニヴァル・ジョーンズはMI5の信用を取り戻すという大きな課題に取り組むこととなったが、組織内の士気を回復させることもそこに含まれていた。ファーニヴァル・ジョーンズとその後継者が抱く懸念の中で特に大きかったのが、FBIとCIAを通じてアメリカとの緊密かつ開かれた関係を再構築することだった。アメリカの指導者たちはイギリス情報機関や外務省だけでなく、アメリカの原爆プロジェクトにソビエトが浸透するのを許したことを、イギリス保安機関の大失態と見なしていたのである。だがソビエトの内通者であるという以前の疑惑にもかかわらず、マイケル・ハンレーがファーニヴァル・ジョーンズの後継として1972年にMI5長官に就任したことは、アメリカのインテリジェンス・コミュニティーを驚愕させた。イギリスが原爆スパイ網及びケンブリッジ・スパイ網に属する自国民を摘発できなかったことで、絶えず「痛い目に遭わされてきた」とアメリカ側は感じていたのである。

およそ20年後の1991年12月、イギリス市民は朝刊を開いて驚き、古い時代を知る者の一部はショックを受けた。56歳になる2児の母がMI5長官に指名されたというのである。ステラ・リミントンは主要国の情報機関を率いる最初の女性となった。また報道機関でMI5長官就任が公にされたのも彼女が初めてである。しかし彼女の指名を発表する公報にはこう記されていた。「この指名に関係して写真や記者会見が提供されることはない」（1993年にはサー・コリン・マッコールのMI6長官就任が初めて公にされた）

情報公開はその後も行なわれ、1993年7月16日には36ページから成る小冊子『The Security Service』がMI5によって公刊された。その中にはMI5の活動内容の詳細、憲章の正確な全文、そして組織図さえも記されていた。それによってMI5が2,000名の職員を擁していることも明らかになっている。また保安機関を冷戦の影から引きずり出したリミントンの写真も同時に公開された。

小冊子にはMI5の6つの機能が列挙されている。
（1）対テロリズム（「現在、アイルランドのテロ組織は連合王国の治安に対する最も大きな脅威である」）
（2）防諜（「以前の脅威〔ソビエト連邦及びワルシャワ条約機構〕がもはや存在していないのは事実だが、スパイ活動が継続しているのも等しく真実である」）
（3）対政府転覆活動（「ソビエト共産主義の崩壊以来……〔これらの活動は〕機関全体の捜査活動の5％未満しか占めていない」）
（4）治安維持
（5）保安情報活動
（6）記録保管

対テロ活動がMI5の活動資源の70％を占める一方、国際的な治安維持活動には26％、アイルランド及び国内問題には44％が割り当てられている。1992年10月、イギリス国内のアイルランド人テロリストに対する情報活動は首都警察の管轄下に移された。しかしMI5はその後も警察に情報を提供し続けており、1992年から99年にかけて21名をテロ関連容疑で有罪に追い込んでいる。情報活動はいくつかのテロ行為を防いでおり、その中には大惨事となる可能性もあったロンドン市内での爆破計画も含まれていた（訳注：原書刊行後の2005年7月7日にロンドン同時爆破事件が発生、56名が死亡した）。1996年、議会はMI5に対し、「深刻な犯罪」というあえて曖昧にされた犯罪を解決するにあたって法執行機関に支援を行なう権限を与えた。

MI5はMI6及び軍の情報部門——特殊空挺部隊（SAS）と特殊舟艇部隊を含む——と密接に協力し、対テロ活動及びテロリスト情報任務を行なっている。

リミントンの後任として1996年4月1日に就任したスティーヴン・レンダー新長官は、アイルランド共和軍（IRA）による新たな爆破作戦を受け、さらなる対テロ任務を強調した（訳注：IRAは2005年7月に武装解除された）。MI5の対アイルランド人テロリズム部門を率いた経験のあるレンダーは、この問題に強い感情を抱いていることで有名だった。

MI5で2番目の女性長官となったのが、2002年10月に就任したエリザ・マニンガム＝ブレアである。彼女はハロルド・マクミラン及びアレック・ダグラス＝ヒューム両保守党政権で検事総長と大法官を務めたサー・レジナルド（後にディルホーン卿）を父に持ち、オックスフォード大学のレディ・マーガレット・ホールで英文学を研究したが、そこでMI5から最初の勧誘を受け、父親の不興を買ったとされている。だが結局、3年後の1974年にMI5入りした。マニンガム＝ブレアは対テロリズムのスペシャリストとされている。

【参照項目】内通者、ドナルド・マクリーン、ハロルド（キム）・フィルビー、アンソニー・ブラント、フルーエンシー委員会、コードネーム、ロジャー・ホリス、KGB、オレグ・ゴルディエフスキー、マーチン・ファーニヴァル・ジョーンズ、FBI、CIA、インテリジェンス・コミュニティー、原爆スパイ網、ケンブリッジ・スパイ網、ステラ・リミントン、テロリスト情報

歴代長官
MI5の歴代長官を以下に示す。

1909～1940	サー・ヴァーノン・ケル陸軍少将
1940～1941	オズワルド・アレン・ハーカー陸軍准将
1941～1946	デイヴィッド・ペトリー
1946～1953	パーシー・シリトー
1953～1956	ディック・ホワイト

1956 〜 1965	ロジャー・ホリス
1965 〜 1972	マーチン・ファーニヴァル・ジョーンズ
1972 〜 1979	マイケル・ハンレー
1979 〜 1981	ハワード・スミス
1981 〜 1985	ジョン・ジョーンズ
1985 〜 1988	アンソニー・ダフ
1988 〜 1992	パトリック・ウォーカー
1992 〜 1996	ステラ・リミントン
1996 〜 2002	スティーヴン・レンダー
2002 〜 2007	エリザ・マニンガム＝ブレア
2007 〜 2013	ジョナサン・エヴァンス
2013 〜	アンドリュー・パーカー

MI6

　対外諜報活動を担当するイギリス秘密情報部の略称。MI5と同じく、1909年に設立された秘密任務局を母体とする。

　1914年7月の第1次世界大戦勃発直後、秘密任務局の外国課はMI1(c)となり、外国での情報収集だけでなく大英帝国外部での防諜活動も担当することになった。外国課は1916年から18年まで陸軍省の下に戻され、その後は外務省の管轄下に置かれた。21年にはイギリスの外国情報機関として秘密情報部（SIS）が外務省の下に設置され、マンスフィールド・カミング大佐（「C」の名で知られる）が外国課、SIS、そしてMI6のトップを1909年から23年まで務めている（退任から数ヵ月後にカミングは世を去った）。

　当時、カミング配下のエージェントが主たるターゲットにしていたのはドイツだった。フランスに展開するイギリス遠征軍の情報参謀は戦術情報の収集を任務としていたものの、さしたる成果を挙げていなかった。よって、カミングの仕事には情報収集活動の進化・発展も含まれていたが、本部に直属する現地指揮官をあらゆる前線に置くことで大きな成果を挙げた。

　カミングは政治情報にも関わるようになった。ロシア皇帝ニコライ2世が1917年3月16日に退位した際、アレクサンドル・ケレンスキーの新政府樹立を支援し、ロシアとドイツの戦争状態を継続させることがイギリスの国益に重要だった。イギリス政府はこの目標に向け、カミングがニューヨークに設けていた事務所を通じてケレンスキーに資金を送っており、その際資金を運ぶ密使を務めたのが、カミングのエージェントだったW・サマセット・モームである。モームはその後ロイド＝ジョージ首相とケレンスキーをつなぐ連絡役となった。その間、他のイギリス人エージェントも革命に揺れるロシアで活動していたが、中でも有名なのがスティーヴン・アレイ少佐と、不屈の男シドニー・ライリーである。

　ライリーの受けた指令が何であったか、また誰からそれを受け取ったかは明らかになっていない。彼はカミン

グ——ライリーは時に親しみを込めて「あの1本足のくそったれ」と呼んでいた——の代理としてロシアだけでなく、ドイツの造船所を1人で訪れたこともあった。熱心な王制支持者であったライリーはボルシェビキの指導者たちと会い、次いで反革命を扇動しようと試みた。さらにボルシェビキのリーダーであるV・I・レーニンの暗殺未遂（その結果レーニンは重傷を負った）に関わっていたことも間違いないとされている。

　ロシアを取り戻す（そして自分自身が首相に就任する）というライリーの複雑かつ壮大な計画は悲惨な失敗に終わった。カミングは——少なくとも公式には——2度とライリーを用いなかったものの、他のエージェントを海外に送り続けた。1921年3月にイギリスとロシアの間で締結された通商協定は事実上ボルシェビキ政府を承認するものであり、両国が互いにスパイ活動を行なうのを禁じていた。しかしこれによってカミングも、またロシア側のライバルであるフェリクス・ジェルジンスキーも、自らの任務を放棄することはなかった。とりわけイギリス側は、アイルランドで続く衝突にロシアが介入するのではないかと懸念していた。さらに、ロシアがイギリスでスパイ活動をすると共に、イギリスの経済状況が悪化していた当時、政府にとってとりわけ厄介な存在だった共産主義運動を支援している証拠を見つけている。（1919年、海軍省の暗号解読部署ルーム40と、陸軍省の小規模な暗号解読部門が統合して政府暗号学校が誕生し、カミングの指揮下に置かれたのは特筆される。その結果、ロシアがロンドンの大使館との通信に用いていた外交暗号は程なく解読された）

　1924年を迎えると、ライリーはMI6にとって大きな問題になっていた。当時、彼はアメリカで暮らしつつ、ヨーロッパの反ボルシェビキ運動を資金面で援助していたが、トラストという名の欺瞞作戦によってソビエト連邦（1922年に建国）に引き戻される。ライリーがフィンランドとの国境を渡ったところで姿を消した時、妻は彼の行方を突き止めるべくMI6の職員に助けを求めた（トラストは当時OGPUと名乗っていたロシア情報機関のフロント組織だった）。

　1923年、秘密情報部は新たな長官を迎える。戦争直後に海軍情報部長を務めたヒュー・シンクレア少将がその人だった。当時、ソビエトに対するイギリスの情報活動と、ドイツの軍事状況は一部がオーバーラップしていた。ヴェルサイユ条約の規定により、ドイツは軍用機など各種の兵器開発が禁じられていたため、ヘルマン・ゲーリングらドイツ政府高官はロシアに赴いて秘密訓練施設などを設置すると共に、兵器開発においてソビエトと協力した。一方のソビエト連邦は、革命及び内戦で壊滅状態になった自国の産業と軍備を再建する中で、大英帝国を第1の敵と見なしたのである。

　ドイツが1930年代に軍備増強を始めた結果、MI6の

エージェントは再軍備の規模と範囲を突き止めるべくより一層努力する必要に迫られた。しかし、世界規模に及ぶイギリスの国益を支えるのに必要な対外諜報活動に比べ、MI6が擁する資源は少な過ぎた。1935年のイタリアによるアビシニア（現・エチオピア）侵攻、及びドイツのラインラント占領において、事前の警告はほとんど不可能だった。また、ドイツがズデーテンラントを占領し、チェコスロバキア（1938）とポーランド（1939）に侵攻した際も、ヒトラーの意図――及びその能力――についてMI6は十分な警告を与えられなかった。

イギリスの情報史家であるナイジェル・ウエストは、第2次世界大戦初期におけるMI6の現状を著書『MI6: British Secret Intelligence Service Operations 1909-45』（1983）で次のように記している。

ヒュー・シンクレア提督にとってSIS長官としての最初の16年間は、資金不足が理由で極めて困難なものになった。その結果、彼は必要不可欠な（外国）支局を閉鎖し、先の大戦で活躍したオールドタイマーを雇用し続けなければならなかったのである。また持ち金を有効に活用することもできなかった。シンクレアは信憑性の薄い亡命者から構成される対ロシア諜報活動に資金を注ぎ込み、その他の場所にはほとんど流さなかったのである。結果として、シンクレアはナチズムの勃興に不意を打たれる形になった。

内部抗争を繰り広げる間、SISはホワイトホールにおける影響力を失っていた。ロシアに関するカミングの報告はSISの信用を落とす結果になり、職員が……有益なデータを現地で入手しても信じてもらえなかったのである。SISに対する熱意の欠如は、アビシニアとラインラントへの奇襲が不意打ちの形で現実のものとなった時、ますます悪化した。ドイツを第1のターゲットとして認識するのが手遅れだったことは、ドイツ関連情報に対するホワイトホールの要求が高まりを見せた時であっても、シンクレアがそれを届ける立場にないことを意味していた。優れた情報源を開拓するには時間を要し、ナチスドイツにおける厳重な保安状況はSISの任務を困難なものにしていた。

1938年、MI6は陸軍省統計局という無害に聞こえる部署を設置したが、実際は「紳士的でない戦争」に従事するのが目的だった。開戦から2ヵ月後の1939年11月4日、シンクレアは自らのオフィスで息を引き取った。後任のスチュワート・ミンギス陸軍大佐はこのポストを10年以上にわたって維持することになる。後に少将へ昇進したミンギスは戦時におけるイギリス諜報活動の成功に寄与したが、暗号解読活動ウルトラもその1つだった。またイギリス参戦直前の数ヵ月間にもいくつかの成功が見られる。一例を挙げると、F・W・ウインター

ボザム空軍大佐は大規模な情報収集活動をドイツで行ない、アドルフ・ヒトラーとの面会にも成功した。またドイツの高々度航空写真を入手したことも成果として挙げられる。イギリス空軍は写真偵察部隊を有していなかったので、MI6はフランスと共同で1939年からオーストラリア人のシドニー・コットンに対する支援を始め、隠しカメラを搭載した商業機でドイツ上空を偵察飛行させている。

しかし大きな失敗もあった。1939年11月にオランダ－ドイツ国境で起きたフェンロー事件において、2名のMI6士官がドイツに拉致される。その後ペイン・S・ベスト大尉とH・リチャード・スティーヴンス少佐の2人はMI6の秘密を数多く白状したが、その中にはイギリスのエージェントの氏名も含まれていた。

この不運な始まりにもかかわらず、MI6は第2次世界大戦でかなりの成功を収めた。ウルトラによってドイツの秘密通信を解読（「エニグマ」「暗号解読」も参照のこと）しただけでなく、ドイツ及びイタリアの国力と意図について広範かつ有益な情報を連合国の指導者に提供したことがその最たるものである。

ミンギスはアメリカ及び他のイギリス情報機関と上手く協働した。問題も数多くあり、特にアメリカ戦略諜報局（OSS）やイギリス特殊執行部（SOE）との連繋はそうだったが、戦争全体を通じてそれらは取るに足らない問題だった（これは実際に見られた諸機関の協力関係と、ミンギスがアメリカからメリット勲章を授与された事実によって示されている）。

第2次世界大戦中、MI6は本部活動を担当するY課と、海外支局を統轄するYP課という2つの主要部署から構成されており、Y課は以下の各セクションに分かれていた。

I	政治
II	軍事
III	海事
IV	航空
V	防諜
VI	産業
VII	金融
VIII	通信
IX	暗号
X	報道機関

1944年夏にはソビエトの諜報活動と反政府活動に対処する新たなセクションが設置され、（既にある）IXの呼称が付与された。新セクションの長にはセクションV（防諜）のベテラン職員が任命された。史上最大の成果を挙げたソビエトのスパイ、ハロルド（キム）・フィルビーこそその人である。

冷戦はイギリスの諜報活動に新たな挑戦を突き付けた。かつての同盟者ヨシフ・スターリンが新たな敵になったのである。戦時中、ソビエト情報機関は主にケンブリッジ・スパイ網の活動を通じてイギリス情報機関に大きな足場を築いた。このスパイ網にはMI6の出世頭──そして将来の長官候補──と見なされていたフィルビーに加え、MI6だけでなく政府暗号学校にも所属していたジョン・ケアンクロス、朝鮮戦争後にソビエトのスパイ活動を始めたジョージ・ブレイクといった面々がいた。さらにMI5とMI6が密接な関係にあったことは、アンソニー・ブラントなど保安機関に潜むソビエトの内通者がMI6の資料にアクセスできることを意味していた。

（奇妙な事例の1つとして、第2次世界大戦中にMI6で勤務し、ドイツとソビエトの両方に情報を売り渡したチャールズ・H・エリスのケースが挙げられる。ソビエトのためのスパイ行為は戦後も続いたものとされている）

こうした浸透活動により、米英による情報作戦の大半がソビエト情報機関に漏洩した。冷戦期における連合国側の失策のうち、こうした浸透活動の結果であることが間違いない事例として、アルバニアなどに送られたエージェントの喪失と、ベルリントンネル計画がソビエト側に漏れていたことが挙げられる。また他にも多数の諜報活動がダメージを被った。

MI6自体も諜報活動におけるいくつかの失敗（及び困難）を招いている。1956年、MI6は太り過ぎかつ歳を取り過ぎた元海軍の潜水士、ライオネル・クラブをポーツマス港での秘密任務に派遣し、ニキータ・フルシチョフとN・A・ブルガーニンをイギリスに送り届けたソビエトの新型巡洋艦オルジョニキーゼの船腹を調査させようとした。しかし後に、クラブのものとされる首のない遺体が港で発見された。

それでもMI6は幾度か大成功を収めている。GRUの情報士官であるオレグ・ペンコフスキーは、ソビエト軍に関する秘密情報を暴露しようとまずCIAに接近した。アメリカ人に無視された後、今度はイギリス人ビジネスマンのグレヴィル・ウインに接触、ウインはMI6にそれを伝える。イギリスはペンコフスキーをCIAと「共有」せざるを得なかったが、1960年代初頭の短期間、ソビエトの軍事政策及び兵器に関する情報は米英の政治・軍事指導者に筒抜けとなった。

MI6は他にも成功を収めたが、ペンコフスキーの成果ほど短期間ながら劇的かつ有益なものはなかった。秘密情報部は1991年に就任したステラ・リミントン長官以降の保安部（MI5）と違い、いまだ「情報公開」をしていない。冷戦が終わったにもかかわらず、MI6のエージェントは今なお外国の地で危険な任務にあたっているため、そうなる可能性は低いと思われる。そうであって

も、MI6は情報公開の流れの中で本部所在地（ヴォクソール・クロスのアルバート・エンバンクメント85番地。職員は「レゴランド」と呼んでいる）を公開している。

MI5や他国の情報機関と同じく、MI6もテロリスト情報の収集を最優先課題とした。2001年9月11日の同時多発テロ直後、MI6は対テロ部隊の拡張を急速に始めたが、それ以前は冷戦終結を受けて予算が大幅に削られていた。ある職員はこう語る。「優先順位と職場環境はいずれも変わった。ウィーンやジュネーブ（訳注：いずれも国連の関係機関が多数所在し、冷戦中から激しい諜報活動が行なわれた）のようにはならないだろう」

イラクの独裁者サダム・フセインが「大量破壊兵器」を開発しているという報告書の正確性について、2004年に米英で論争が行なわれる中、MI6のリチャード・ディアラブ長官は論争で鍵となる役割を演じた。2003年8月、ディアラブが翌年8月に退任すると外務省から発表された際、イラクの兵器問題について他の大臣と意見を異にしていることが、早期退任の理由であるという噂が流れた。しかし報道官はそれを強く否定している。

オブザーバー紙に掲載された報告書によれば、ディアラブが早期に退任する決断を下したのは、イラクに対する諜報活動について「自らの組織とダウニングストリート（つまり首相）との間に明確な齟齬がある」ことに嫌気が差したからだという。しかし外務省の報道官はCNNに対し、これはスケジュール通りの退任であり、決断をイラクの情報問題と結び付けようとするメディアの報道は「完全なる捏造」であると述べた。またディアラブの在任期間は5年になるはずであり、「C」の在任期間としては平均的だと付け加えている。

歴代長官
以下に歴代MI6長官を示す。

1909〜1923	マンスフィールド・カミング海軍大佐
1923〜1939	ヒュー・シンクレア海軍大将
1939〜1952	スチュウート・ミンギス陸軍少将
1953〜1956	ジョン・シンクレア
1956〜1968	ディック・ホワイト
1968〜1973	ジョン・オギルビー・レニー
1973〜1978	モーリス・オールドフィールド
1979〜1982	ディック・フランクス
1982〜1985	コリン・フィギュアス
1985〜1989	クリストファー・カーウェン
1989〜1994	コリン・マッコール
1994〜1999	デイヴィッド・スペディング
1999〜2004	リチャード・ディアラブ
2004〜2009	ジョン・スカーレット
2009〜2014	ジョン・ソワーズ
2014〜	アレックス・センガー

第2次世界大戦中MI5に所属したことがあり、不屈の精神で知られるディック・ホワイトはMI5とMI6の長官を両方務めた唯一の人物で、通算15年間にわたって主要情報機関のトップに君臨した。

【参照項目】 秘密任務局、防諜、マンスフィールド・カミング、エージェント、ターゲット、W・サマセット・モーム、スティーヴン・アレイ、シドニー・ライリー、フェリクス・ジェルジンスキー、ルーム40、暗号解読、政府暗号学校、欺瞞、トラスト、OGPU、海軍情報部長、ヒュー・シンクレア、ナイジェル・ウエスト、スチュワート・ミンギス、F・W・ウインターボザム、偵察、シドニー・コットン、フェンロー事件、ペイン・S・ベスト、H・リチャード・スティーヴンス、戦略諜報局、SOE、ハロルド（キム）・フィルビー、ケンブリッジ・スパイ網、ジョン・ケアンクロス、ジョージ・ブレイク、アンソニー・ブラント、内通者、チャールズ・H・エリス、ベルリントンネル、ライオネル・クラブ、オレグ・ペンコフスキー、グレヴィル・ウイン、ステラ・リミントン、テロリスト情報、ウィーン、C、ディック・ホワイト、ジョン・オギルビー・レニー、モーリス・オールドフィールド

MKウルトラ計画 (MKULTRA)

LSDなどの向精神薬を用いて完全無欠のエージェント——脳全体がケース・オフィサーの支配下にあるエージェント——を作り出すために立案された、CIAによる極秘研究プロジェクト。

MKウルトラ計画はアレン・W・ダレスの中央情報長官（DCI）在任中（1953〜61）に行なわれた。提案されたのは1953年4月で、立案者は当時CIA工作本部での秘密活動に従事し、やがてDCIとなるリチャード・ヘルムズである。ヘルムズはダレスに対し、CIAは「現在及び将来の秘密工作活動を支援すべく、化学物質を秘密裡に用いて様々な心理的状況を生み出す能力」を必要としていると述べた。これを達成できれば、「敵の潜在能力に関する完全な知識」を得られ、「こうした技術を活用できない敵に対して、身を守ることが可能になる」という。

ヘルムズは後に、CIAがなぜこうした奇妙な化学実験に走ったかを説明する中で、「配下のエージェントを心身共に支配していない限り、自分が望むことを正確に行なわせることも、結果を正しく報告させることもできない」と、ケースオフィサーや「秘密工作員」は叩き込まれていると語った。エージェントの精神、少なくとも意志を操作することが、MKウルトラ計画で行なわれた数多くの実験における目標だった。しかしLSDを用いた実験の1つは、変死という結果に終わった。

向精神薬を用いるという現代的なアイデアは1949年に遡ることができる。この年、ハンガリーの共産党政府はヨージェフ・ミンツェンティ枢機卿を反逆罪で裁判にかけた。ところが枢機卿は法廷において、虚ろな目をしながら自白する。CIAは職員をヨーロッパに派遣し、枢機卿を検察の支配下に置いた要因を探らせた。ソビエト当局が人民の心を操っているなら、それがどのように行なわれたのかをCIAは突き止めたかったのである。またCIAは「自白剤」と、記憶喪失を誘発する薬品についても関心を持っていた。

小型カメラや電子盗聴器といったスパイ道具の開発を担当するCIAの技術開発部（TSS）は化学部門を持っており、毒物や身体の自由を奪う薬品の研究も行なっていた。1950年代初頭、当時化学部門の長を務めていたシドニー・ゴットリーブ博士は、開発されたばかりの強力な幻覚剤、LSD（リゼルグ酸ジエチルアミド）の活用に関する研究を提案した。この提案はヘルムズに届けられ、ダレスの認可を経てMKウルトラのコードネームが与えられた。MKはTSSのプロジェクトであることを指しているが、ウルトラはランダムに選ばれた単語であり、戦時中の暗号解読活動ウルトラとは無関係である。また初期にはブルーバードやアーティチョークといったコードネームが付与されていた。

他の薬品も研究されたものの、力点はLSDに置かれた。LSDは極めて強力な薬品であり、同じ量であればハシシの100万倍の効果がある。研究資金は表向きCIAと無関係な媒介者を通じて供給されており、コロンビア大学やニューヨークのマウント・サイナイ病院、国立精神医学研究所のリサーチセンター、そしてイリノイ医科大学といった権威ある組織によって実験が行なわれた。ケンタッキー州レキシントンの連邦薬物病院で実験対象になった1人は、77日間連続でLSDを投与されたという。

ゴットリーブの最も悪名高い実験はメリーランド西部の山荘で実施された。1953年11月、彼はそこで、メリーランド州フレデリックに程近いフォート・デトリックにあった、陸軍の化学・生物戦研究施設から来た科学者と面会する。MKナオミというコードネームが付与された別の研究プログラムの下、フォート・デトリックでは毒物やKGBの毒薬に対する解毒剤が開発されていた（「ゲオルギー・マルコフ」を参照のこと）。そこで開発された薬品の1つに甲殻類から抽出された致死性の毒薬があり、1960年にソビエト上空で撃墜されたU-2偵察機のパイロット、フランシス・ゲイリー・パワーズもそれを所持していた。

フォート・デトリックで勤務する科学者の1人にフランク・オルソン博士がいた。1953年11月19日、オルソンら数名の科学者が山荘でくつろいでいる横で、ゴットリーブは彼らの飲み物にLSDを混入する。オルソンは興奮し、次にふさぎ込み、最後には憂鬱になったた

め、精神医学上の観察が必要と診断された。ゴットリーブは彼を同僚２名と共にニューヨーク市内の精神科医のもとへ送った。その後、一行はメリーランドに戻ったが、オルソンの容態が悪化したので再びニューヨークに戻り、ステイトラー・ホテルの10階の部屋にチェックインした。そして11月28日未明、オルソンは部屋の窓から身を投げて命を絶った。1994年にオルソンの死を再検討した監察医によると、自殺とは考えられないという。この他にも1953年から66年にかけ、ニューヨークとサンフランシスコのセイフハウスで実験が行なわれた。セイフハウスに連れ込まれた売春婦に薬物入りのカクテルが振る舞われる一方、CIAの職員が彼女らの反応を写真に撮って記録した。MKウルトラ計画の科学者たちはLSDに加えてマジックマッシュルーム、メスカリン、アンフェタミン、マリファナといった薬品を試した。また麻薬取締局の協力を得て違法薬物も入手している。

MKウルトラ計画に関する情報は厳重な秘密とされた。CIAの監査報告書にはこう記されている。「計画を敵勢力から秘匿するだけでなく、アメリカの一般大衆からも隠蔽すべく策を講じなければならない。CIAが非倫理的かつ違法な活動に関与しているという情報は、政界及び外交界に重大な影響を及ぼしかねない」

MKウルトラ計画はCIAの悪行を調査すべくフォード大統領が任命したロックフェラー委員会によって、部分的ながらも明らかにされた。当時、ヘルムズはすでに計画に関する文書の破棄を命じていた。しかしヘルムズの後を継いでDCIに就任したジェイムズ・シュレジンジャーは補佐官らに対し、CIAによる活動のうち違法または疑問の余地があるものについてリストを作成するよう命じており、その中にMKウルトラ計画の資料も含まれていたのである（「ファミリー・ジュエル」を参照のこと）。次のウィリアム・コルビー長官から資料の引き渡しを受けた委員会はオルソン事件について初めて知ったが、彼の名前を表に出すことはなかった。1975年6月に委員会の報告書が公開されてはじめて、匿名の犠牲者に関する情報を得たオルソンの未亡人は、夫に何が起きたかを知ったのである（議会はオルソン一家に75万ドルの賠償金を支払う法案を後に通過させた）。

MKウルトラ計画について調査を行なったチャーチ委員会は次の結論を下した。

1950年代初頭に始まってから1963年の中止に至るまで、被験者による合意と認識のないままLSDを秘密裡に投与するというこの計画は、CIAの指導層が人権に十分な注意を払わず、かつ実効性のある指針を職員に与えなかったことを示している。実験が危険であることは認識されていたものの、被験者の生命は危機に晒され、彼らの人権も無視されたのである。

次なる情報公開の流れは1979年に訪れた。「洗脳」という単語を一般的にした1962年の映画（リチャード・コンドン著の同名の小説を原作にしている）からタイトルを借用し、ジョン・マークスがノンフィクション作品『The Search for the "Manchurian Candidate"』を上梓したのがそれである（映画原題の「Manchurian Candidate〔満洲の立候補者。邦題は『影なき狙撃者』]」とは、未来の大統領候補を暗殺するよう満洲の捕虜収容所でプログラムされたアメリカ人捕虜のことである。「スパイ映画」を参照のこと）。朝鮮戦争で捕らえられたアメリカ人捕虜の多くは、プロパガンダ声明を発表するに至った理由を、朝鮮人と中国人から洗脳を受けたためだと説明している。マインドコントロールは可能であるという考えが、MKウルトラ計画を生み出したのだった。

マークスが基にしたのは、CIAによる過去の秘密予算支出を調べていたカーター政権の職員によって1977年に発見された、16,000ページに上る文書である。マークスは改正された情報公開法を通じて文書を入手した上で著書の基礎として用いると共に、計画を知る人々へのインタビューでそれを補強している。

【参照項目】 CIA、エージェント、ケース・オフィサー、アレン・W・ダレス、中央情報長官、リチャード・ヘルムズ、盗聴／盗聴器、シドニー・ゴットリーブ、コードネーム、ウルトラ、媒介者、U-2、フランシス・ゲイリー・パワーズ、セイフハウス、ジェイムズ・シュレジンジャー、ウィリアム・E・コルビー、チャーチ委員会、ジョン・マークス、情報公開法

MOL

「有人軌道実験室」を参照のこと。

MSS

「中国国家安全部」を参照のこと。

MVD

「NKVD」を参照のこと。

N-2

アメリカ海軍各組織の情報スタッフを指す呼称。

NACIC

「国家対情報センター」を参照のこと。

NATO

「北大西洋条約機構」を参照のこと。

NFIB

「国家外国情報会議」を参照のこと。

NIA

「国家情報庁」を参照のこと。

NIC

「海軍情報司令部」を参照のこと。

NIE

「国家情報評価」を参照のこと。

NKGB

「NKVD」を参照のこと。

NKVD （Narodnyy Komisariat Vnutrennikh Del）

ソビエトの独裁者ヨシフ・スターリンの「秘密警察」として機能した内務人民委員部の略称。NKVD及びその後継機関であるMVD、NKGB、MGBは、1934年から46年まで国家の保安・諜報活動と国内の治安維持を担当した。

1917年のロシア革命で生まれたチェーカ、そして後継のGPU及びOGPUによる恐怖と抑圧も、NKVDのとった手段に比べれば生易しいものだった。さらにNKVDはスターリンの対外諜報機関及び保安機関としても機能しており、西側諸国からの情報の盗み出しや、西側へ逃亡した「国家の敵」の暗殺も担当していた。NKVDは巨大な規模に成長し、伝統的な諜報・防諜任務だけでなく、国内及び国境での兵力動員、そしてソビエト各地の強制収容所（グラーグ）を含む多数の組織を管理していたのである。

スターリンによるNKVDの創設は、ロシア革命のリーダーであり、1934年当時ソビエト党組織で最も強力な存在だったレニングラード共産党のセルゲイ・キーロフ議長の暗殺計画が背景にあったとされる。1934年7月10日、既存の保安・諜報組織であるOGPUは新設のNKVDに吸収され、すでに国内の弾圧活動を指揮して久しいゲンリフ・ヤゴーダが新機関のトップに任命された。イギリスの政治史家、ロバート・コンクエストは著書『The Great Terror: Stalin's Purges of the Thirties（邦題・スターリンの恐怖政治）』（1968）の中で次のように記している。

新組織は続く数年間で効率的な形へと展開した。特権と権力を増す一方の幹部たちは、組織の紋章——剣を突き立てられた蛇——を党のシンボルであるハンマーと鎌を上回る存在に仕立て上げた。政治局のメンバーをはじめ、彼らの目から逃れられる者はいなかった。その一方で彼ら自身は、最高の政治的存在であるスターリンの厳重な管理下に置かれ続けた。

1934年12月1日午後、セルゲイ・キーロフはレニングラード党本部の薄暗い廊下を歩いて会議の場へ向かっていた。若い暗殺者がその背中を撃った時、いつもいるはずの個人的なボディーガードはいなかった。殺害がヤゴーダの指示で行なわれたのは明らかだった。スターリンが自らの複雑な政治的問題を解決するためには、最大のライバルを殺し、その背後にいる者を非難して潜在的な敵対者を全て抹消するしかなかったのである。

ヤゴーダ率いるNKVDは直ちに捜査を開始し、多数を逮捕した。暗殺犯だけでなく他の116名も共謀罪で有罪となり、NKVDによって処刑された。ヤゴーダはNKVDを作り、形を変え、研ぎ澄ませた。帽子と襟章の色から「青帽」と呼ばれたNKVDの職員は、新たなソビエト社会の中でエリートになりつつあった。コンクエストは次のように記す。

スターリンの反平等主義政策から生まれた特権階級の中でも、彼らは最も高い地位にいた。華美な制服が導入されると同時に、NKVDの幹部には社交というものを学ぶことが期待された。彼らの多くは以前の知識階級に生まれた知的な美女と結婚した。そういった女性はどんな形であれ権力と富を引きつけ、それ以上に、自らの出自による悲惨な結果から逃れた人物である。NKVDの子どもたちは特別な学校に入れられた。また前途有望なポストも高官の息子たちに与えられることがしばしばだった。

ヤゴーダ自身は国家保安人民委員総監（ソ連邦元帥と同等である）という仰々しい肩書きを持ち、それにふさわしい派手な制服をデザインさせた。しかしこの機関を生み出した男は、成果を見るまで生きることはなかった。共産党を代表してNKVDを管理する党中央委員会付属統制委員会の議長を務めるニコライ・エジョフが、NKVDの指揮権を蚕食しつつあったのである。ヤゴーダは1936年9月30日に全てのポストから解任され、エジョフがその後釜に座る。そして翌年3月18日にルビャンカの本部で開かれたNKVDの幹部会議において、エジョフは公式にヤゴーダを非難した。ヤゴーダは翌年の公開裁判を経て処刑され、昼夜を問わず、また自宅にいるか職場にいるかを問わず（時には車で出勤中に）、ソビエト連邦各地でNKVD幹部が逮捕された。中には家族へ累が及ぶのを恐れ、額を打ち抜いたり、窓から飛び降りたりして自ら命を絶つ者もいた。1937年の1年間で、ヤゴーダの部下のうち3,000名以上が死んだと言われている。

【参照項目】チェーカ、ゲンリフ・ヤゴーダ、ニコライ・エジョフ、ルビャンカ

大粛清

　その一方で「大粛清」が幕を開けた。最初の犠牲者はスターリンの潜在的な敵対者である軍の高官だった。1937年6月11日、赤軍最高幹部8名が国家反逆罪で逮捕・起訴されたことが発表され、いずれも翌日に処刑された。次いで同じく陰謀に関わっていたとされる別の高官が自殺した。そしてルビャンカの地下室、ジェルジンスキー通り11番地に建つNKVD本部の処刑場、巨大なレフォルトヴォ刑務所の処刑室、及びソビエト各地のNKVD支部に多数の軍人が連行された。元帥5名のうち3名、上級司令官15名のうち13名、軍団司令官85名のうち62名、師団長195名のうち110名、旅団長406名のうち220名、そして無数の将校がこのように殺害されている。

　1921年に発生したクロンシュタット軍港の反乱後、海軍は共産党の直属下に置かれていたが、こちらも粛清を逃れることはできなかった。結果、8名いる提督の全員が処刑され、数千名の士官も同じく命を奪われている（1938年8月、元NKVD副長官のM・P・フリノフスキーが海軍人民委員に任命され、翌年3月まで海軍の名目的なトップを務めている）。全国各地で政治家や党指導者がNKVDによって逮捕され、裁判にかけられた。また作家、詩人、科学者、芸術家、技術者、果ては教師までもが通りで捕らえられたり、ベッドから引きずり出されたりした。青帽たちが運転する連行用のバン、「黒いマリア」から逃れられる者はいなかった。

　しかしスターリンは程なく粛清に飽きたらしく、これ以上進めればソビエトの社会、産業、軍の崩壊は免れないと認識する。かくしてエジョフの権力は崩れ始めた。エジョフによる尋問の内容が漏れ始め、一部の軍高官を自らの手で射殺していたことが明らかになる。そして1938年12月8日にNKVD長官を解任され、その後短期間ながら下位のポストにとどまったが、翌年初頭に姿を消した。前任のヤゴーダのように、裁判もしくは形式的な死刑宣告は行なわれなかった。

　エジョフの後を継いだのは、後にスターリンが最も信頼した副官——「信頼」という言葉がスターリンに当てはまればの話だが——となるラヴレンチー・ベリヤだった。恐怖による支配はベリヤの下で完成を見る。外国で活動するNKVD及びGRU（参謀本部情報総局）のインテリジェンス・オフィサーが国内に呼び戻され、「裁判」の後に処刑された。帰国しなかった者は西側への脱出を試み、一部は成功したが、他の者たちは差し向けられた暗殺チームによって殺害された。政治上のターゲットの1人として、1920年代にスターリンの政権掌握に反対した「オールド・ボルシェビキ」のレオン・トロツキーが挙げられる。1940年、メキシコで亡命生活を送っていたトロツキーはNKVDの暗殺者によって殺害された。1年後には、ソビエトの上級インテリジェンス・オフィサーとして初めて亡命したウォルター・クリヴィツキー少将が、ワシントンDCのキャピトル・ヒル・ホテルの1室で死体となって発見された。処刑したのはNKVDの暗殺団だった。

　全ての「裏切り者」が処刑されたわけではなく、強制収容所——グラーグ——は多数の男女で溢れていた。そこには本物の犯罪者、政治的囚人、そして大粛清のノルマによって逮捕された者が収容されていた。重労働、わずかな食糧、看守の虐待、そしてシベリアの極寒に起因する極めて高い死亡率にもかかわらず、1941年6月にソビエト連邦が第2次世界大戦に参戦した時点で、囚人の数は800万名に上ったと推測されている（他にも100万名が収容されていたという推測もある）。

　囚人は1日10、12、あるいは16時間も働かされた。彼らはダムや運河を造り、何百マイルもの線路を敷き、木を切り倒し（1951年には女性による伐採が公式に禁じられている）、金——後にはウラニウム——を採掘した。賃金が支払われることはなく、食糧の配給もわずかだった。これらはいずれもアレクサンドル・I・ソルジェニーツィンの『The Gulag Archipelago（邦題・収容所群島）』（上巻1973、下巻1975）に記述されている。

　NKVDは強制収容所や監獄以外にも多数の収容施設を運営していた。モスクワ郊外にある科学研究センターは、ソルジェニーツィンが著書『The First Circle』（1968）で描写している通り、囚人によって運用されていた。またNKVDによる管理の下、囚人が作業を行なっていた航空機設計局も存在する。エンジニアや設計技師は「国内収容所」に監禁され、時には死刑宣告を受けながらも作業を続けた。収監された航空機の設計技師の多くはモスクワの国立航空工場（GAZ）第39号で作業にあたり、他の者は設計局（KB）で働いた。囚人兼設計技師のウラジーミル・ペトリャコフはKB第100号を、ウラジーミル・ミャシシチェフはKB第102号を指揮し、アンドレイ・ツポレフはKB第103号で勤務していた。

　ソビエトの航空機設計における第1人者だったツポレフは、設計技術を学ぶべく政府の許可を得て1936年にアメリカとドイツを訪れた。しかし1938年にサボタージュ容疑で逮捕・起訴され、収監されながらも航空機の設計を続けた。「私は5年間を刑務所で過ごした。自宅に監禁されながら4発爆撃機を設計したのは世界で私一人だろう」ツポレフはジャーナリストにそう語っている（その後1943年に解放された）。

　NKVDは潜水艦の設計局も運営していた。そこで設計されたことが知られている唯一の潜水艦がM-400であり、B・L・ブジェジンスキーが1939年に設計した。全長20メートルで高速を誇るなど、潜水可能な魚雷艇とも言えるこの潜水艦は1941年7月に進水した。しかしレニングラード包囲戦でドイツ軍の砲火による損傷を

受け、建造は 1942 年に中止、完成することはなかった。

【参照項目】ルビャンカ、地下室、ラヴレンチー・ベリヤ、インテリジェンス・オフィサー、GRU、ウォルター・クリヴィツキー

対外諜報活動

治安維持と弾圧への執着が、NKVD の対外諜報活動を妨げることはなかった。西側諸国はいずれもターゲットにされたが、中でもイギリスとアメリカに最も重点が置かれた。イギリスはロシア内戦当時から敵勢力と見ていた一方、アメリカはスターリンが熱望していた技術や生産手段を有していたのである（「アルコス事件」「CPUSA」を参照のこと）。

史上最も有能な諜報ネットワークであるケンブリッジ・スパイ網を組織したのも NKVD だった。スパイ網のメンバーは 10 年以上にわたって米英の秘密情報をもたらし、イギリス外務省、MI5、MI6 で幹部の座についた者もいる。イギリスが原子力を用いた超兵器の研究を行なっているという報告が、ケンブリッジのスパイの 1 人であるジョン・ケアンクロスによってもたらされた時、それを受けたベリヤはイギリス、カナダ、アメリカのエージェントにスパイ網を組織するよう指示し、原爆の秘密を探らせた。

1941 年 6 月にドイツ軍がソビエトに侵攻すると、スターリンは突如米英と同盟関係に入ったことを認識する。これによって外交・通商・軍事使節団がより急速なペースで両国に派遣され、NKVD と GRU が送り込む合法的工作員（リーガル）の数も増えることになった。

その一方、NKVD 内部で組織された大規模な部隊が、外部の敵から国土を守るために投入され、師団、軍団、そして方面軍として東部戦線でドイツ軍と戦った。また同じく重要なこととして、NKVD の部隊は軍の撤退を防ぐべく、激戦地の前線後方で活動している。1943 年、スターリンは憎悪を一身に受けていた秘密警察と軍組織との統合を図り、NKVD 独自の階級を軍の階級に置き換えた。

また戦時中の緊急事態に対処するため専門の憲兵隊が必要となり、ベリヤは 1943 年に NKVD の組織としてスメルシ（ロシア語で「スパイに死を」の意）を創設し、国家保安人民委員部ナンバー 3 のワシリ・チェルニショフの下に置いた。スメルシは 1943 年 4 月 14 日から 46 年 3 月 16 日まで、スターリン率いる国防人民委員部の直轄下にある独立機関として機能した。これはソビエト軍内部の防諜活動が保安機関でなく（スターリンの影響下にあるものの）軍組織の下に置かれた最初かつ唯一の例である。特筆すべきことに、スメルシの士官は NKVD の一般部隊に対する指揮権を持っていた。

NKVD から独立していたこの期間中にスメルシを率

いたのは、ベリヤの副官兼側近で国家保安人民委員部の第 1 副人民委員を務めていたヴィクトル・アバクーモフ上級大将である。またスメルシには海軍セクションもあった。

その一方、NKVD の戦闘部隊はモスクワ、スターリングラード、レニングラード、そしてコーカサス北部で戦い、時に大きな功績を挙げた（NKVD の国内部隊は戦闘に加わらなかった。防諜活動に必要とされていた上、およそ 25 万名が収容所や刑務所、及び囚人を移送する特別列車の警護にあたっていたのである）。

第 2 次世界大戦で無数に発生した憎むべき犯罪の中で、最も悪名高いものの 1 つであるカチンの森虐殺にも NKVD が関与していた。ナチスドイツによるポーランド侵攻にソビエトが加わった 1939 年後半、ソビエト軍はポーランド人兵士 20 万名以上を捕虜にしたが、うち 15,000 名——その中で士官は 8,700 名——は再び姿を見せなかった。彼らは NKVD によって殺害されたのである。

戦時中に NKVD が行なったその他の活動として、原爆開発プロジェクトの管理が挙げられる。米英による開発計画の詳細を知ったスターリンは、ソビエトの原爆開発に関わる様々な活動——スパイ活動も含む——をベリヤに任せたのである。

【参照項目】スパイ網、ケンブリッジ・スパイ網、ジョン・ケアンクロス、エージェント、原爆スパイ網、合法的スパイ、スメルシ、防諜、カチンの森虐殺

再編

1941 年、スターリンは保安組織の再編に着手する。ベリヤは 38 年 12 月から 41 年 2 月まで内務人民委員と、NKVD の下部組織である国家保安総局のトップを兼任していた。

1941 年 2 月から 7 月までの短期間、スターリンはこれら 2 つの機関を分離し、保安・諜報活動を担当する国家保安人民委員部（NKGB）を創設してヴセヴォロド・メルクロフをトップに据えると共に、国内の公安活動を担当する NKVD は引き続きベリヤの下に置いた。メルクロフはベリヤとその取り巻き同様グルジア出身であり、いわゆる「グルジア・マフィア」に属していた。

アメリカの情報アナリストであるジョン・J・ジアクは著書『Chekisty: A History of the KGB』（1987）の中で次のように述べている。「こうした細かな組織的変更を……全て説明するのは不可能だが、占領下に置いた土地と住民を整理することが関係していたように思われる」ここでいう「占領下に置いた土地」とはエストニア、ラトビア、リトアニア、ポーランドの一部、及びルーマニアから割譲されたベッサラビアとブコヴィナ北部のことである。「逮捕、国外追放、処刑、そして収容所の維持のために、公安機関の再編と拡充がなお一層必要

とされた」

しかしジアクはこうも記している。「ドイツ侵攻という衝撃は1941年7月の組織統合を促し、2つの機関は再びベリヤ指揮下のNKVDとして統合された」この状態は1943年4月14日まで続いた。

だがスターリンはまたも組織再編を行ない、メルクロフ指揮下のNKGBとベリヤ指揮下のNKVDに分離した。ジアクによると「スターリングラードにおける勝利とそれに伴うソビエト軍の前進によって、土地と人口の奪還という見込みが生まれた。かくしてNKGBとNKVDは1943年に再び分離したのである」という。

この状態は1946年3月16日まで続いた。その後、スメルシは新設の国家保安省（MGB）に統合されて第3総局となり、軍内部の防諜活動を担当することになった。MGBのトップにはメルクロフが就任している。それと同時に、国内の公安活動を担当するNKVDは内務省（MVD）に昇格した。

この期間中、スターリンは情報委員会（KI）を設置し、それまでMGBが行なっていた対外情報活動と秘密工作活動を担当させた。KIは閣僚会議の下に置かれたが、これは不便かつ非効率なやり方だった。KIの活動内容には重複と欠落があまりに多く、1年後にはGRUが対外諜報活動をKIから取り戻し、その他の機能もMGBの手に戻った。かくしてKIは外国の政治情報と経済情報のみを扱うことになったが、それらも1951年にMGBへ戻され、消滅した。

MGBとMVDの並立はスターリンの死まで続いた。1953年3月5日にスターリンが死亡した翌日、スターリンの後継者候補として当時最も有力だったベリヤは国家保安機関と国内公安機関の統合を主導した——その結果生まれたのが新MVDとも言える組織であり、トップには当然ながらベリヤが就いた（それ以前にも大規模な組織改編が計画されていた）。

30年間にわたって君臨したスターリンの死からソビエトが立ち直ろうと試みる中、ベリヤは他の人間と権力を共有した。しかし自分自身が国家保安機関のトップになり、やがて国家トップの座に就くことを考えていたのは間違いない。だがこの夢は1953年6月に逮捕され、数ヵ月後に処刑されたことでもろくも崩れ去った。

ベリヤの逮捕と共に、NKVDとその後継機関の歴史にも幕が下ろされた。スターリンの遺産とも言える複雑な統治機構を政治リーダーが整理・再編する間、「新MVD」の指揮はNKVDとスメルシで長年勤務したセルゲイ・クルグロフ上級大将の手に委ねられた。

その後1954年3月にKGB（国家保安委員会）が設置され、全ての国家保安活動と対外諜報活動を引き継ぐ（ただしGRUに移管されたものを除く）。MVDには治安維持の機能が再び与えられたものの、名称はそのまま残された。

【参照項目】 ヴセヴォロド・メルクロフ、経済情報、セルゲイ・クルグロフ、KGB

NKVD － NKGB － MGB － MVD の歴代トップ
以下に各組織の歴代トップを記す。

NKVD

1934年7月～1936年9月	ゲンリフ・ヤゴーダ（前OGPU長官）
1936年9月～1938年11月	ニコライ・エジョフ
1938年11月～1945年12月	ラヴレンチー・ベリヤ
1945年12月～1946年3月	セルゲイ・クルグロフ

NKGB（国家保安人民委員部）

| 1941年2月～1941年7月 | ヴセヴォロド・メルクロフ |
| 1943年4月～1946年3月 | ヴセヴォロド・メルクロフ |

MGB（国家保安省）

1946年3月～1946年10月	ヴセヴォロド・メルクロフ
1946年10月～1951年8月	ヴィクトル・アバクーモフ
1951年8月～1951年12月	セルゲイ・オゴルツォフ
1951年12月～1953年3月	セミョーン・イグナチェフ

MVD（内務省）

1946年3月～1952年11月	セルゲイ・クルグロフ
1952年11月～1953年6月	ラヴレンチー・ベリヤ
1953年6月～1956年3月	セルゲイ・クルグロフ

【参照項目】 セミョーン・イグナチェフ

NM-1

戦略偵察を目的としてソビエトが開発した技術実証機。

RSR（戦略偵察航空機）と称するこの飛行機は、高度10万フィートの高空を時速1,850マイル（マッハ2.8）で飛行することになっていた。また機体には高速度カメラと共に、開発が済み次第その他のセンサーも取り付けられる予定だった。

設計を担当したのは実績のある設計局でなく、航空研究所に所属するパヴェル・V・ツィビンだった。ツィビンは野心的な設計案を採用し、細長い円形断面の胴体、比較的短いものの面積の広い台形翼の主翼、そして翼端に搭載したエンジンポットが特徴だった。動力源はラムジェットエンジンだったと考えられている。この設計はF-104スターファイター戦闘機から進化した、クラレンス（ケリー）・ジョンソンによるCL-282とCL-400に類似していた。

複雑な設計のために、まず低速の技術実証機——NM-1——を製作し、次いでマッハ2.8で飛行する実用

機の製造に着手することが決められた。実証機は1959年から翌年にかけて飛行しているが、低速における操縦性の低さといった問題点が明らかになった。

飛行実験の結果が芳しくなかったこと、及び実用機で用いられるエンジン開発の困難により、この野心的計画は1960年に中止された。

【参照項目】偵察、クラレンス（ケリー）・ジョンソン

NMIC

「国家海事情報センター」を参照のこと。

NOC

「非公式カバー」を参照のこと。

NOFORN

「外国人による閲覧禁止（no foreign）」を指すアメリカの保安上の制限。これに指定された機密文書などの資料は、セキュリティー・クリアランスの如何にかかわらず外国人に対する閲覧・譲渡が禁じられる。

【参照項目】機密、セキュリティー・クリアランス

NONCONTRACT

「契約企業による閲覧禁止（non contractor）」を指すアメリカの保安上の制限。これに指定された機密文書などの資料は、セキュリティー・クリアランスの如何にかかわらず契約企業に対する閲覧・譲渡が禁じられる。

国防計画の保安維持に寄与するところが少ないことから、この制限は1995年に廃止された。

【参照項目】機密、セキュリティー・クリアランス

NORCANUKUS

ノルウェー、カナダ、イギリス、アメリカ各国の国民のうち、適切なセキュリティー・クリアランスを所持する人物に対して機密文書などの閲覧・譲渡を許可する保安上の制限。

【参照項目】セキュリティー・クリアランス、機密

NPIC

「国家写真分析センター」を参照のこと。

NRO

「国家偵察局」を参照のこと。

NSA

アメリカの信号情報（SIGINT）収集機関、国家安全保障局（National Security Agency）の略称。無線通信、電話、コンピュータモデムやファックス機の送受信、そしてレーダー及びミサイル誘導システムから放出される信号の傍受を行なっており、アメリカ政府が用いる暗号

の開発・保護も担当しているが、その全貌は今なお秘密のベールに包まれている。

世界貿易センタービルとペンタゴンを標的にした2001年9月11日の同時多発テロ以降、NSAとCIAはテロの脅威を警告できなかったとして、議会やメディアから厳しく批判された（「テロリスト情報」を参照のこと）。皮肉なことに、NSAは新たな目標──「情報面におけるアメリカの優位性」──を宣言したばかりだった。また1996年に長官となったケネス・A・ミニハン空軍中将は、来るべき世紀においては「ハイテク・テロリスト」がNSAの主要なターゲットになるだろうと語っている。

ミニハンの後を継いだマイケル・V・ヘイデン空軍中将もその考えを継承したが、その在任期間中、ターゲットにされたのはむしろアメリカだった。ヘイデンはテロを警告できなかったことへの批判を受け、アルカイダ幹部が2000年にクアラルンプールで会合を持つ予定だったことをNSAは事前に知っており、インテリジェンス・コミュニティーに「この情報を伝えた」と議会に語った。またテロ攻撃の直前、「テロリストと関係のある人物が、9月11日に何らかの大事件が起きると信じていたことを示す2つの情報を、NSAは入手しており」「2001年夏には、何らかの事態が差し迫っている旨の警報を30件以上得ていた」とも述べた。

しかしヘイデンは、NSAの基本的な生産物であるSIGINTは分析を必要とする生の素材であるという立場を堅持しつつ、情報活動上の失敗を追求するならばNSA以外の場所をあたるべきだと述べ、「人間同士のコミュニケーションの量、種類、そしてスピードが、我々の任務を日々難しくしている」実態を知るべきだと付け加えている。

その上で、NSAは「1990年代にかけて人員を3分の1に減らされ、予算も同じ割合だけ削減された」と指摘し、「一方1990年代には、パケット化された通信（我々にもお馴染みの電子メール）が従来の通信を上回るようになった。また携帯電話が16万台から7億4,100万台に増加したのもこの10年間である」と指摘した。NSAのSIGINT部門を率いるモーリーン・バギンスキーの言葉を借りれば、NSAは「収集者からハンター」に変身しなければならなかったのである。

アメリカの暗号解読と暗号セキュリティーを担当するNSAの中央保安部（CSS）には2つの使命、つまり他国が用いる暗号の解読と、暗号化されたアメリカの公的通信に情報システムセキュリティー（INFOSEC）を提供するという使命がある。INFOSEC技術はホワイトハウスによる通信の保護から、戦術的軍事通信の保護まで広範囲に適用されている。

NSA長官は同時にCSS長官でもあり、各軍の信号情報活動を管理している。NSAとCSSは共に国防総省の

傘下にありながらインテリジェンス・コミュニティーの一員でもあり、ゆえに中央情報長官（訳注：2005年からは国家情報長官）にも直属している。

NSAは他国の宇宙船や実験ミサイルから放出される通信信号の傍受も行なっている。NSAの国家信号情報センターは「リアルタイムの」情報を提供しており、危機が発生した際には「Critic」というコードネームの緊急警報をホワイトハウスの情報分析室（シチュエーションルーム）に送ることになっている。

NSA本部はワシントンDCとボルチモアのほぼ中間にあたるメリーランド州フォート・ミードに所在している。NSAはそこを拠点として、衛星、航空機、艦船、及び地上局から成る世界規模の傍受網をコントロールしており、地球上のほぼ全域から集めた情報をアメリカ政府に提供している。「アメリカ政府が懸念を抱く他国の政策や軍事情勢に関係する出来事のうち、NSAが直接関与しなかったものはない」1992年から96年までNSA長官を務めたジョン・M・マコンネル海軍中将は1995年にそう述べた。これはNSAによる自己評価が公に行なわれた珍しい例である。NSAは「No Such Agency（そんな機関は存在しない）」あるいは「Never Say Anything（何も言うべからず）」の略称だと言われ続けてきたのだから。

NSAは驚くべき量の通信情報を空中から入手している。NSAの推定によると、アメリカ議会図書館にはおよそ1,000兆ビットの情報が格納されているという。それを踏まえた上で、マコンネルは次のように語っている。「現在製図板の上にある技術を使えば、我々は議会図書館を3時間で一杯にするほどの情報を得ることができる。これが世界情勢の中で我々が扱わなければならない情報の量なのだ」

1995年、長年にわたってNSA副長官を務めたルイス・W・トルデッラはボルチモア・サン紙とのインタビューで次のように語った。「NSAに対する要求は、無限大に近づいていると言ってもいいと思います。誰もがあらゆる事に関する全てを知りたがっているのです」

しかし新たなテクノロジーは、NSAが昔から用いてきた20世紀のテクノロジーを基礎とする傍受技術——銅の電話線や衛星を経由した通話の盗聴——を衰退させることにもなった。現在、国際通話——年間30億時間に上るという——の大半は衛星回線でなく、光ファイバーの地上回線や海底ケーブルを経由している。また携帯電話は従来型の電話よりも盗聴がはるかに難しくなっている。

【参照項目】信号情報、CIA、インテリジェンス・コミュニティー、暗号解読、暗号保安、中央情報長官、フォート・ミード、衛星、航空機、ルイス・W・トルデッラ

起源

NSAは陸軍信号情報局及び軍保安局（AFSA）から発展した組織である。朝鮮戦争における戦略情報の質の低さに対する不満を受け、大統領委員会は国防総省の管理下にある通信情報（COMINT）収集機関の設立を勧告した。一方、軍保安局はワシントン郊外のヴァージニア州アーリントンホールからフォート・ミードへと秘密裡に移転していた。

トルーマン大統領が1952年10月24日に発令した大統領命令によれば、この機関は存在自体が最高機密であると定められており、コードワードを用いてさらなる秘密保全を図ることとされていた。NSAが通信情報の活用に関する各種法規制の適用対象外であることを示すため、1984年に公開した短い抜粋を除けば、NSAの任務内容は今もって機密扱いである。

1972年には国防総省内の暗号組織の統一を目的として、大統領命令によってCSSが設立された。CSSについてはその母体以上に未知の部分が多い。さらにCSSの奥深くには特別収集部（SCS）というエリート組織があり、そこの技術者は敵国の情報ターゲットに対する盗聴を行なっている。

NSAは自らの存在を隠そうとあらゆる手を使った。職員は長年にわたり、どこで働いているかを訊かれた際には「連邦政府で」あるいは「国防総省で」と答えるよう命じられていたほどである。

NSAの活動が初めて明かされたのは1960年9月、モスクワでのことだった。その日、NSAに所属する暗号官、ウィリアム・H・マーチンとバーノン・F・ミッチェルは、記者会見を開いて自らの亡命を明らかにする。そして暗号解読における米英の協力関係を話し、NSAが40ヵ国以上の通信を定期的に傍受していることを暴露した。対象国にはソビエト連邦や東側諸国だけでなく、イタリア、トルコ、フランスといった同盟国も含まれているという（訳注：当然、日本も含まれている）。次いで1963年、NSAの中近東課に所属するヴィクター・N・ハミルトン調査分析官がモスクワに姿を現わし、自分たちが他国の軍事・外交暗号を解読していたこと、そして国際連合の通信を傍受していたことをイズベスチャ紙に暴露した。

これら3人の裏切り者はNSAの基本的任務を暴露したが、秘密保持に対するNSAの執念が弱まることはなかった。アマチュアの暗号専門家であるデイヴィッド・カーンが暗号に関する書籍を執筆していることを知ったNSAは、出版を差し止めようと試みただけでなく、カーンの名前を要注意リストに付け加えた。1966年に出版社が国防総省に原稿を提出した際も、出版は「国益に反する」とまで言われたという。2、3の文章を巡るごたごたを経た後、この本は『The Codebreakers（邦題・暗号戦争：日本暗号はいかに解読されたか）』のタイトルで

1967年に出版された（NSAは近年になってカーンを歓迎するようになり、1995年にNSA暗号歴史センターを新設した際には名誉客員史家として招聘している）。

NSAを最初に詳しく紹介したのは、ジェイムズ・バンフォードが1982年に上梓した『The Puzzle Palace（邦題・パズル・パレス：超スパイ機関NSAの全貌）』である。NSAがこの本に好意を示すことはなかったものの、当時すでに情報公開法が施行されており、作家たちは以前なら（時には恣意的に）閲覧を拒否されていた政府文書を入手できるようになっていた。なお1987年にNSAが作成した機密扱いの月報には、バンフォードとニューヨーク・タイムズ紙のセイモア・ハーシュ記者の氏名が、ソビエト連邦に情報を売り渡したNSA分析官ロナルド・A・ペルトンの名前と共に、「近年大量に発生した、メディアへの望ましからぬ露出」の張本人として記されている。

NSAに関する書籍はいまだ少ない。1995年版の議会図書館目録には、NSA関連の書籍が12冊しか記載されておらず、うち4冊は『The Puzzle Palace』の再版本である。現在入手可能なNSAに関する資料の量は、2003年に作成されたCD『21st Century Complete Guide to the National Security Agency』によって示されている。認識ソフトによって複製された約32,000ページから成るこのCDには、第2次世界大戦や朝鮮戦争当時の資料など、NSAの暗号活動及び歴史に関する情報が記載されている。

NSAは1940年代にアメリカとモスクワとの間で交信されたソビエトによる情報通信の傍受内容を受け継いでいる。ヴェノナというコードネームが付されたこれらの傍受内容は極めて歴史的価値の高いものだが、NSAは1995年7月に至るまでヴェノナ資料の公開を行なわなかった。その一方で、当時は6,000万件以上に及ぶその他のNSA文書が機密解除の手続き中だった。こうした公開主義を指し示すものとして、NSA本部の近くにあるモーテル跡地──監視拠点として使われるのを防ぐためにNSAが購入した──に国立暗号博物館を建設、一般大衆との接点にしたことが挙げられる（「国家航空偵察犠牲者公園」も参照のこと）。

【参照項目】信号情報局、軍保安局、戦略情報、通信情報、アーリントンホール、最高機密、コードワード、特別収集部、ウィリアム・H・マーチン、バーノン・F・ミッチェル、ヴィクター・N・ハミルトン、国際連合、デイヴィッド・カーン、要注意リスト、ジェイムズ・バンフォード、情報公開法、ロナルド・W・ペルトン、博物館、監視

NSAの世界

フォート・ミードに位置する敷地面積650エーカーのNSA本部は、世界各地に所在するNSA施設の中で一番際立っている。NSAは他にもウエストヴァージニア州シュガーグローヴ、ワシントン州ヤキマ、アラスカ州アンカレッジ、そしてアルゼンチン、オーストラリア、中国、ニュージーランドなどの諸外国に地上局を有している。また一部の地上局は軍の暗号司令部によって運営されている。冷戦期には、海上におけるNSAの傍受基地として海軍から情報収集艦が提供された（「リバティ」「プエブロ」を参照のこと）。アメリカ海軍軍の航空機もNSAの指示によって運用され、時にはソビエトや中国沿岸の空域を飛行し、両国の防空システムを作動させて通信情報（COMINT）と電子情報（ELINT）を収集することもあった。それが危険な任務だったことは言うまでもない（「撃墜」を参照のこと）。

宇宙空間に目を移すと、NSAは2種類の人工衛星を用いて傍受を行なっている。電話、ファックス、コンピュータ通信を中継する商業衛星と、双方向の無線通信、極超短波による地方の電話回線、及びその他の電子通信を傍受するために設計されたELINT衛星である。2003年に勃発した第2次湾岸戦争（イラク戦争）の期間中、NSAの専門家がイラク国内の携帯電話と電子メールの傍受に成功したという未確認の報道が行なわれた──それが事実であれば、21世紀の遠隔通信を対象としたNSAの傍受能力が高まっていることを示唆している。

NSAはUKUSAコミュニティーと呼ばれる情報活動に関する世界規模の同盟関係を通じ、イギリスの政府通信本部、カナダの通信安全保障局、オーストラリアの国防信号局、そしてニュージーランドの政府通信保安局と密接に協力している（「UKUSA協定」を参照のこと）。また旧ソビエトとの国境地帯であり、原爆及びミサイル実験所に程近い、中国北西部の新疆地区にも古くから傍受拠点を置いている。

NSAはフォート・ミードにおいて、巨大な印刷工場と、コンピュータ設備の維持に必要なマイクロチップを製造する最先端の工場を擁しており、国家暗号学校の運営も行なっている。また政府が用いる秘密通信機器の調達を一手に引き受け、1993年にはメリーランド州に所在する企業との取引だけで7億ドルに達した。NSAの年間予算は極秘扱いだが約35億ドルと推定されており、その中には国家偵察局（NRO）によって製造・運用される傍受衛星の費用は含まれていない。

NSAの暗号解読はフォート・ミードで集中的に行なわれているが、その中心は世界最大規模の数学者集団を擁するスーパーコンピュータ施設である。フォート・ミードをはじめメリーランド州各地で約2万人が勤務しており、NSAは州最大の雇用主となっている。また世界各地で10万人もの職員──大半は軍人である──が働いているとされる。さらに、NSA職員は制限の多い生活を送っている。麻酔にかかっている間に秘密を漏らさないよう、NSAのセキュリティーオフィスから認可を受け

た歯科医や外科医にかからなければならないのが一例である。また海外への訪問も規制されている上、職員ないしその親族が外国人と結婚する際には事前の申告が必要である。

NSAは国防総省傘下の組織であるものの、その任務は中央情報長官（DCI）によって与えられ、国家安全保障会議の指示と国家外国情報会議による勧告の下で活動している。NSA長官には通常情報関係の経歴を持つ中将が任命され、その任務は多岐にわたっている。

NSAは特定の他国に対する「監視」要請を受け、自動車電話を含む短距離・長距離通話、首都と大使館との通信、傍受対象国に言及したその他諸国の通信、軍の無線通信、以前に傍受した内容を裏付ける報告、電話の会話内容を基にした指導者のプロフィール、様々な言語で言及された特定あるいは間接的な単語やフレーズ（「核物質」「爆発物」など。「エシュロン」を参照のこと）を傍受する。

NSAによる活動の実態は、イラン・コントラ事件に対する捜査の過程で明らかになった。事件の首謀者であるオリヴァー・L・ノース海兵隊中佐によれば、NSAは「非常に特定された情報収集活動」を行ない、「何が起きているかをほぼ即座に、かつ極めて正確に伝えてくれた」という。その中には「これらの人物（イランへの武器売却に関わった共謀者）が互いに何を言い合っているか、また何を計画しているかに関する詳細な情報」も含まれていた。

NSAが自らの成果について秘密を守ろうとする一方、その一部は数年をかけて明らかになった。リムジンの自動車電話で行なわれたレオニード・ブレジネフソ連邦書記長と最高幹部との会話を傍受したこと、パナマの独裁者マヌエル・ノリエガと愛人との会話を傍受したこと、1988年のパンナム機爆破事件に関わったリビア人の正体に結び付く情報を入手したこと、1993年に治安維持部隊によって射殺されたコロンビアの麻薬王、パブロ・エスコバルの所在を電話盗聴によりピンポイントで突き止めたこと、そして2003年のイラク戦争で携帯電話の通話を傍受したことがその実例である。

【参照項目】電子情報、政府通信本部、国家偵察局、国家安全保障会議、国家外国情報会議、イラン・コントラ事件

NSAと法律

外国情報活動監視法などの法律により、NSAの盗聴行為は外国を対象としたものに制限されている。だがこの法律は、通信における一方の端が他国である限り、もう一方の端がアメリカ国内であってもよいと解釈されてきた。またアメリカ人を対象とすることは禁じられており、傍受内容にアメリカ人の名前が含まれていれば、それは記録から抹消されなければならず、CIAやFBIなど

その他の政府機関に渡すことも禁止されている。こうした記録の中で、その名前は「アメリカ人」という単語で置き換えられる。

法律遵守に関するNSAの規定は最高機密とされているが、大部分は明らかになっている。国内における傍受活動が国家の安全保障に不可欠であるとNSAもしくはFBIが判断したならば、外国情報活動監視法廷（FISC）から令状を入手しなければならないが、法廷が要請を却下した例は知られていない。また法律によると、法廷は令状の要請数と発行数を議会に毎年報告する義務がある一方で、内容に関する詳細は秘密とされている。こうした状況の下、1978年から2002年5月にかけて1万件もの申請書が提出された。なおFISCの下では、テロリストは「外国のエージェント」であると見なされていないために、米国愛国者法に監視活動に関する新規の分類が取り入れられた。

大使館から本国への通信など、アメリカ国内の外国人をターゲットとした監視で令状が必要とならない場合もある。しかしターゲットが大使館の外にあるならば、令状が必要になる。一例を挙げると、1991年に亡命したジャン＝ベルトラン・アリスティド元ハイチ大統領がワシントンに居住していた際、彼の通話を盗聴したり自宅に盗聴器を取り付けたりするためにはFISCの令状が必要だった。アリスティドはアメリカ人と接触を持っていたからである。

アメリカ人が通話相手である時に何が起きるかの例として、レーガン政権がニカラグア政府の転覆を目指していた際、マイケル・D・バーンズ議員とニカラグア当局との通話がNSAによって傍受された事例が挙げられる。「記者たちによれば、私の通話内容の抜粋が右翼によって流布されたという」バーンズはNSAに関するボルチモア・サン紙の特別記事の中でそう語った。また当時のDCIであるウィリアム・J・ケーシーから、NSAが傍受したニカラグア大使館からの電信メッセージを見せられたとも述べている。そのメッセージには、大使館職員とバーンズの側近との面会が報告されており、ケーシーはバーンズに対してその側近を解雇するよう求めたという。バーンズは会話を記録されることに反対はしないと言ったものの、ボルチモア・サン紙に対し、こうした出来事はNSAの盗聴能力が悪用され得る事例だと語っている。

NSAによる盗聴行為の規制を目的としたこの法律は、NSAの国内での活動を対象として議会が1975年に行なった調査から生まれたものである（「シャムロック」を参照のこと）。電話会社との秘密協定の下、アメリカの監視機関は30年間にわたって国内電報のコピーを入手しており、シャムロックの支作戦であるミナレットでは1,690名のアメリカ人が「要注意人物」に指定され、彼らの国内通話と電報は自動的に傍受された。要注意人物

に指定された人物としてマーチン・ルーサー・キング・ジュニア師、ベトナム反戦活動に関わっていた女優のジェーン・フォンダ、フォーク歌手のジョーン・バエズ、そして小児科医のベンジャミン・スポック博士が挙げられる。シャムロック作戦の期間中、NSAはアメリカ人75,000名のファイルを作成したという。

冷戦が終結すると、NSAは他の情報機関と同じくテロリストや麻薬密売人に関するELINTを提供することで新たな使命を見出そうとしたが、その一方で盗聴行為の継続も望んでいた。NSAとFBIは政府による暗号通信の傍受をより簡単にすべく、ジョージ・H・W・ブッシュ政権下で行なったキャンペーンを皮切りに、電話とコンピュータへの「クリッパーチップ」の組み込みを強く促した。民間の運動家をはじめ、コンピュータ企業と電話会社もこの考えに反対した。しかしNSAの要請を受けたマイクロソフト社は、暗号化がより難しくなるようにウインドウズのプログラムを設計したと伝えられている。

21世紀を迎え、国際通信は規模と複雑さの両面で極めて拡大した。1995年には1,800万人だったインターネットの利用者も2000年には1億2,000万人に増加しており、今なお驚くべきペースで増えている。また毎分500万件以上の電子メールが送信され、ケーブルや衛星を通じた地上回線または携帯電話回線による音声通話が毎時3,500万件行なわれているとする推定もある。これらを可能にすべく、光ファイバーケーブルが世界中の地下や海底に張り巡らされているが、そうしたケーブルは盗聴が難しい。今日における最高のエージェントは、光ファイバーケーブルがどこに埋まっているかを知る掘削機の操作員だとジョークを飛ばすCIA職員もいるほどだ。

【参照項目】外国情報活動監視法、CIA、FBI、外国情報活動監視法廷、米国愛国者法、盗聴／盗聴器、ウィリアム・J・ケーシー、ミナレット

歴代NSA長官

歴代NSA長官には軍保安局の司令官2名を含めるのが慣例となっている。1949年7月から51年7月まで司令官を務めたアール・E・ストーン海軍少将と、1951年7月からNSAが設立された52年11月まで司令官を務めたラルフ・J・キャニン陸軍少将（当時）である。2人の少将は、この傍受・暗号解読機関が軍の一組織から、軍の指揮系統を外れた国家組織へと移行する際にトップを務めた。

以下に歴代NSA長官を記す。

1952年11月〜1956年11月	ラルフ・J・キャニン陸軍中将
1956年11月〜1960年11月	ジョン・A・サムフォード空軍中将
1960年11月〜1962年6月	ローレンス・H・フロスト海軍中将
1962年7月〜1965年5月	ゴードン・A・ブレイク空軍中将
1965年6月〜1969年7月	マーシャル・S・カーター陸軍中将
1969年8月〜1972年7月	ノエル・A・M・ゲイラー海軍中将
1972年8月〜1973年8月	サミュエル・C・フィリップス空軍中将
1973年8月〜1977年7月	ルー・アレン・ジュニア空軍中将
1977年7月〜1981年3月	ボビー・レイ・インマン海軍中将
1981年4月〜1985年4月	リンカーン・D・ファウラー空軍中将
1985年5月〜1988年7月	ウィリアム・E・オドム陸軍中将
1988年8月〜1992年4月	ウィリアム・O・スチュードマン海軍中将
1992年5月〜1996年2月	ジョン・M・マコンネル海軍中将
1996年3月〜1999年2月	ケネス・A・ミニハン空軍中将
1999年3月〜2005年7月	マイケル・V・ヘイデン空軍中将
2005年8月〜2014年4月	キース・B・アレキサンダー陸軍大将
2014年4月〜	マイケル・S・ロジャーズ海軍大将

【参照項目】ボビー・レイ・インマン、ウィリアム・E・オドム、ウィリアム・O・スチュードマン

NSC

「国家安全保障会議」を参照のこと。

NSG

「海軍保安群」を参照のこと。

OB

「戦力組成」を参照のこと。

OGPU

「チェーカ」を参照のこと。

OIC

「作戦情報本部」を参照のこと。

ONE

「国家評価局」を参照のこと。

ONI

「海軍情報局」を参照のこと。

OP-20-G

「海軍通信情報」を参照のこと。

OPINTEL

「作戦情報」を参照のこと。

OPSEC

「作戦上の保安」を参照のこと。

ORCON

　カーター政権において、契約業者への提供が拒否された資料を指すコードワード。「作成者管理（originator controlled）」に指定されたこれらの資料は、作成者の許可なくして個人ないし組織に渡すことが禁じられている。

　「NONCONTRCT」も参照のこと。

OSS

「戦略諜報局」を参照のこと。

P2V（後にP-2）ネプチューン (P2V Neptune〔P-2〕)

　第2次世界大戦後20年間にわたり第一線で活用されたアメリカ海軍の陸上対潜哨戒機。ソビエト及び中国をターゲットとする太平洋沿岸での哨戒任務に就く中で、数機が敵の戦闘機から攻撃を受けている。

　ネプチューンは航続距離が長く信頼性も優れていたため、ソビエト及び中国近辺の哨戒任務に最適であり、1947年から70年代前半まで海軍の哨戒飛行隊によって運用された他、アメリカ以外の数ヵ国でも使われた。ベトナム戦争中、海軍はベトコンの補給路に沿って投下した電子監視装置をモニターすべく、改造された24機（AP-2及びOP-2）を飛行させ、別の4機（AP-2）を補給路に対する夜間攻撃に用いている。さらに、陸軍は数機を電子情報（ELINT）専用機（RP-2E）として用い、空軍も7機を電子戦任務にあてている（RB-69）。

　A3DスカイウォーリアやP-3オリオンと違い、ネプチューンがELINT専用機に改造されることはなかった。しかしELINT収集用の「ブラックボックス」を取り付けられた機体があり、手持ち式のカメラを使った偵察任務にも広く用いられている。

　1951年から55年にかけて3機がソビエトの戦闘機によって、1機が中国の迎撃機によって撃墜されている。

また撃墜に至らぬまでも、敵機に追尾された機体もある（「撃墜」を参照のこと）。

　ロッキード社が開発したネプチューンは2基のレシプロエンジンを搭載し、後期のモデルでは潜水艦を追跡する際にスピードを上げるため、2基のターボジェットエンジンが追加されたものもある。機体内部には水中爆雷及び対潜魚雷を搭載するための爆弾倉が設けられ、翼の下には浮上した潜水艦を攻撃するためのロケット弾を装備している（初期に改造された12機のP2V-3Cには原子爆弾が搭載され、空母から発艦して陸上のターゲットを攻撃できるようになっていた。なお空母への搭載にはクレーンが用いられたという）。初期のネプチューンには防御用として20ミリ機関砲と.50口径機関銃が様々な組み合わせで装備されていた。また通常8名の乗組員で運用された。

　試作機XP2V-1は1945年5月17日に初飛行した。翌年には、長距離飛行のために装備を下ろされ、『Truculent Turtle（凶暴な亀）』と名付けられたP2V-1が、途中給油を受けることなく11,236マイル（18,082キロメートル）の距離を55時間17分で飛行した（この記録は1962年に空軍のB-52H戦略爆撃機によって塗り替えられた。その際の飛行距離は11,377マイル〔18,310キロメートル〕である）。最も多数が生産されたP2V-5型の航続距離は3,200マイル（5,150キロメートル）で、最高速度は時速353マイル（568キロメートル）である。

　P2Vは1945年から62年にかけてロッキード社で合計1,099機が生産された。他にも日本の川崎航空機（現・川崎重工航空宇宙カンパニー）が83機のP-2Jを生産している。

　P2Vの呼称は1962年にP-2と改められた。

【参照項目】監視、電子情報、A3Dスカイウォーリア、P3Vオリオン

P3V（後にP-3）オリオン (P3V Orion〔P-3〕)

　1960年代中期より活躍を続けるアメリカ海軍の主力対潜哨戒機。アメリカ海軍以外にも11ヵ国の海軍及び空軍で同様の任務に就いている。またアメリカ海軍は大規模に改造したEP-3を電子情報（ELINT）活動に用いている。

　P2Vネプチューンの後を継ぐ海軍の主要哨戒機として開発されたオリオンは、1962年10月に発生したキューバミサイル危機の最中に運用を開始し、キューバに向かうソビエト及び東側諸国の商船の監視にあたった。またベトナム戦争では、共産主義勢力のジャンク船やサンパン船の行き来を監視すべく、マーケットタイム作戦に参加していた飛行隊でも用いられている。こうした任務で共産ゲリラから小火器による攻撃を受けるのは珍しいことではなく、任務の大半は夜間に行なわれた。1990

年代後半から21世紀初頭にかけては海上及び陸上の戦闘空間の監視も任務に含まれるようになり、入手した情報を地上軍、とりわけアメリカ海兵隊にすぐさま提供できるようにしている。

ロッキード社が開発したオライオンは、L-188エレクトラ旅客機を発展させたものである。動力源は4基のターボプロップエンジンで、機体内部には水中爆雷、対潜魚雷、及び機雷を搭載する爆弾倉を備え、翼下のパイロンには追加の武器──対艦ミサイルを含む──を搭載できる。通常10名で運用されるこの機体に防御用の武器は装備されていない。またセンサーとしてレーダー、磁気探知機、赤外線探知機、及び投下式ソノブイを搭載している。

ELINT任務用に改造されたEP-3には方向探知機とレーダー信号分析機が備えられ、対潜装備の代わりに様々な通信傍受・記録システムが装備されている。

現在もアメリカ海軍で運用されているP-3C型は最高時速473マイル（761キロメートル）で、半径1,550マイル（2,495キロメートル）の任務区域に13時間滞空できる（空中給油装備は搭載していない）。

冷戦中、EP-3はソビエトや中国をはじめとするターゲットの近辺で、沿岸から12海里の距離を保って哨戒飛行を実施したが、時には外国の航空機に追尾されることもあった。こうした事態は1990年代後半の中国沖で特に顕著だった。

2001年4月1日、2機のJ-8戦闘機が海南島沖でEP-3Eに異常接近し、うち1機が突然EP-3Eに突っ込んだ。大破した戦闘機は海上に墜落、パイロットは死亡した。同じく大きなダメージを受けたEP-3Eは海南島に針路を向ける。海軍の暗号官が急いで機器と記録内容を破壊する中、パイロットは必死に機体をコントロールして中国軍の飛行場に不時着した。

海軍の24名（男性21名、女性3名）は中国軍に拘束された──ただし待遇は悪くなかったという。機体は捜索されたが、荒らされることはなかった。11日後に乗組員は解放され、チャーター機でアメリカ領に送られた。長期にわたる交渉の後、アメリカは40名の技術者を海南島に派遣して機体をいくつか解体し、2機のロシア貨物機──中国側はアメリカの軍用機が海南島に着陸するのを拒絶した──に搭載することを許された。その後機体は修理されて現役に復帰している。

エレクトラの改造機は1958年8月19日に、YP3V-1の初号機は翌年11月25日に初飛行し、62年8月から配備が始まっている。合計551機が海軍向けに生産されると共に、数機が外国政府に引き渡された。また100機以上が日本で生産されている（海上自衛隊はEP-3ELINT型も運用している）。

オライオンの呼称は1962年にP3VからP-3へと改められた。

「VQ飛行隊」も参照のこと。

【参照項目】 電子情報、P2Vネプチューン、キューバミサイル危機、監視、ターゲット

P4M-1Qマーケーター （P4M-1Q Mercator）

ほぼ電子情報（ELINT）任務にのみ用いられたアメリカ海軍の陸上偵察／対潜哨戒機。少なくとも2機がアジア沿岸でELINT任務に就いている際にソビエト及び中国の戦闘機から攻撃を受け、うち1機が16名の乗員と共に失われた。

グレン・L・マーチン社が開発したマーケーターは、1つの機体にピストンエンジンとジェットエンジンを搭載して速度と航続距離の最大化を図っている。これは1940年代になされた試みの1つだった。P4Mは哨戒機としてはP2Vに破れたものの、1951年から60年までELINT任務に用いられている。

P4M-1は1950年に哨戒飛行隊の1つに配備されたが、生産された21機の大半をELINT機型（P4M-1Q）に改造する決断が下された。その初号機は年内に初飛行し、ソビエト及び中国近辺でスパイ任務に就いていた旧型の海軍機を置き換えている（「PB4Y-2プライバティア」を参照のこと）。

1955年6月1日、電子妨害任務（ECM）に特化したVQ-1飛行隊が日本の岩国基地に組織され、P4M-1Qを運用した。その後9月1日にはVQ-2がモロッコのポール・リョーテに置かれ、同じくP4M-1Qを運用している（「VQ飛行隊」を参照のこと）。

マーケーターはソビエト及び中国の海岸から12海里離れて飛行し、レーダー波と通信電波を傍受していたが、定期的に両国の戦闘機から妨害を受けた。1956年8月22日には、中国本土から37海里離れた嵊泗列島上空で1機のP4M-1Qが夜間飛行中に撃墜され、乗員16名全員が死亡し、遺体のいくつかはアメリカの捜索機によって発見された。59年6月16日には別のP4M-1Qが、北朝鮮の元山から85海里東の日本海上空でソビエトの戦闘機に攻撃されている。損傷を負った飛行機は日本の航空自衛隊美保基地に帰還したものの、尾部の機関銃手が重傷を負った。その後1960年にVQ任務から離れた。

マーケーターは両翼のナセル内に2基のピストンエンジンとジェットエンジンを装備している。機体は流線型で最高速度は時速410マイル（660キロメートル。ただしピストンエンジンとジェットエンジンを併用した場合）、巡航速度での航続距離は2,265マイル（3,645キロメートル）である。ELINT任務に就く際には爆弾も魚雷も搭載できないが、防御用として20ミリ機関銃4門と12.7ミリ機銃2門を装備している。また運用は13名の乗員で行なわれた。

試作機のXP4M-1は1946年10月20日に初飛行し、

生産された 21 機は全て 1950 年に引き渡された。

【参照項目】電子情報、P2V ネプチューン、電子対抗手段

PAG

　第 2 次世界大戦中、ドイツ空軍によって開発された装置。エージェントを敵前線の後方へパラシュートで降下させるために用いられた。PAG——Persönen-Abwurf-Gerät（人員投下装置）——は金属と木でできた容器で、中ではエージェント 3 名が水平に固縛されている。また彼らの装備を搭載することが可能だった。さらに容器が飛行機の翼下に取り付けられている時は、電話でパイロットと連絡することができた。

　ドイツ空軍のパイロットだった P・W・シュタールは、著書『KG200: The True Story』（1979）の中で次のように記している。

　PAG の活用によって、作戦はいくつかの点で単純になった。その 1 つに、エージェントが別々のパラシュートで 1 人 1 人降下する時よりも、降下地点をより正確に定められたことが挙げられる。地上において、特に「闇に包まれた」地域において、エージェントが仲間を捜す必要はなくなったのである。次に、着地後、自分の装備を探さずともよくなったことが挙げられる。しかし流線型をしたこの装置の開発と活用を促したのは、闇に包まれた未知の場所にパラシュートで降下する際、負傷するリスクを減らすことだった。

　シュタールによれば、唯一の欠点は 3.7 メートルもある容器をいかに廃棄するかだったという。
「KG200」も参照のこと。

【参照項目】エージェント

PB4Y-2 プライバティア　(PB4Y-2 Privateer)

　アメリカ海軍の哨戒機。冷戦初期に様々な電子情報（ELINT）任務で用いられた。1950 年 4 月 8 日にはラトビア沖で ELINT 任務に就いていた PB4Y-2 がバルト海上空でソビエト戦闘機から攻撃を受け、ソビエトによって撃墜された最初のアメリカ偵察機となった。搭乗していた 10 名は全員死亡したものの、数名がソビエトの捕虜になったという報道が当初なされた。なお機体は武装していなかった。

　PB4Y-2 は B-24 リベレーター重爆撃機の派生型であり、対潜哨戒用に大幅な改設計がなされている。プライバティアの特徴は背の高い垂直尾翼で、B-24 の特徴だった双垂直尾翼から変更されている。胴体も主翼前方が 2 メートルほど延長された上、高翼型の主翼に 4 基のエンジンを装備している。また胴体後部には「ブリスター」と呼ばれる特徴的な銃座がある。通常は .50 口径の機銃 12 門を装備し、内部の爆弾倉には 8,000 ポンド（3.6 トン）の爆弾を搭載できる。一方 ELINT 任務に就く際は、機銃の大半が取り外された。

　最高速度は時速 237 マイル（381 キロメートル）で航続距離は 2,800 マイル（4,500 キロメートル）、通常は 11 名の乗員で運用されていた。

　コンベア社によって 3 機の B-24D が改造されて PB4Y-2 試作機となったが、その初号機は 1943 年 9 月 20 日に初飛行した。部隊への配備は 1944 年 5 月から始まり、翌年 10 月まで続けられた。海軍向けに 739 機の新造機が引き渡され、他にも数機が海兵隊によって運用された。また輸送機型の RY-3 も生産され、46 機がアメリカ海軍に、27 機がイギリスに引き渡されている。戦後

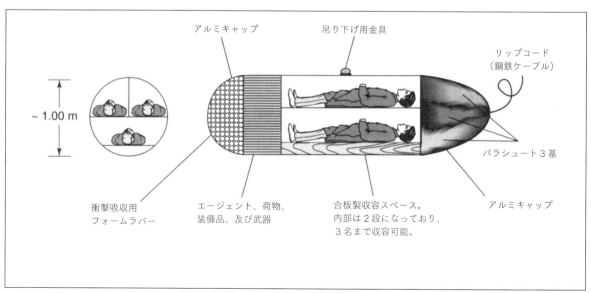

アルミキャップ　　吊り下げ用金具　　リップコード（鋼鉄ケーブル）

~ 1.00 m

衝撃吸収用フォームラバー　　エージェント、荷物、装備品、及び武器　　合板製収容スペース。内部は 2 段になっており、3 名まで収容可能。　　パラシュート 3 基　　アルミキャップ

PAG パラシュート・カプセル（出典：ジェーンズ・パブリシング社）

は沿岸警備隊が PB4Y-2G の名称でプライバティアを運
用し、フランス海軍にも数機が引き渡されてインドシナ
戦争で用いられた。

【参照項目】電子情報

PFIAB

「大統領外国情報活動諮問会議」を参照のこと。

Q

「チャールズ・フレイザー＝スミス」及び「アントニ
オ・J・メンデス」を参照のこと。

Q クリアランス　(Q Clearance)

　アメリカエネルギー省（DOE。以前の名称は原子力
委員会）が職員、その他政府機関の人間、及び契約業者
に付与するセキュリティー・クリアランス。主に核関連
の閲覧制限資料、もしくは機密及び最高機密レベルの国
家安全保障上の情報に適用される。

　核兵器資料を閲覧する際は Q クリアランスが必須と
なる。

　「L クリアランス」も参照のこと。

【参照項目】セキュリティー・クリアランス、閲覧制限
資料、機密、最高機密

RD

「閲覧制限資料」を参照のこと。

RORSAT

　ソビエトのレーダー海洋偵察衛星の略称。「人工衛星」
も参照のこと。

【参照項目】レーダー海洋偵察衛星

RPV

　遠隔操縦機（Remotely Piloted Vehicles）の略称。「無
人航空機」を参照のこと。

RS-70 ヴァルキリー　(RS-70 Valkyrie)

　高々度超音速戦略爆撃機 B-70 ヴァルキリーの開発計
画を守る手段として、アメリカ空軍が提案した偵察・攻
撃機。B-70 は調達・維持費用が高額に上るという理由
で、開発が事実上頓挫していた。また高度 7 万フィー
トを設計最高速度のマッハ 3 で飛行している時以外は
操縦性も悪く、さらにソビエト連邦が高々度爆撃機に対
する防衛手段を構築しつつあったため、再開の見込みも
低かった。

　B-70 の開発は、空軍戦略航空軍団司令官のカーチ
ス・ルメイ大将が可能な限り高速で飛行できる B-52 の
後継機を求めたことをきっかけとして、1954 年に始めら
れた。57 年 12 月にはノースアメリカン社が開発契約を

勝ち取り、急ピッチで設計を進めた。

　ところが 1959 年 11 月に開かれた国防プログラムを
話し合う会議の場で、アイゼンハワー大統領は空軍参謀
総長に対し、「軍事的意味という点で、B-70 は私を失望
させた」と語り、たとえ B-70 が生産段階に進んだとし
ても実用化まで 8 ないし 10 年かかり、その間にミサイ
ルが主要な戦略報復兵器になっているだろうと述べた。
1959 年 12 月 29 日、空軍は渋々ながら、技術開発を目
的として試作機 XB-70 を 1 機のみ製造する決断を下し
た。しかし 1960 年の大統領選挙において戦略兵器への
関心が再燃する中、B-70 プログラムも息を吹き返した。
1960 年 8 月、アイゼンハワー政権はプログラムを拡大
させて原型機及び試験機 13 機を製造することとし、
B-70 を製造段階に移行させた。

　開発計画はケネディ大統領が 1961 年 1 月にホワイト
ハウス入りするまで続けられた。空軍は同年後半にこの
飛行機を偵察・攻撃爆撃機（RSB-70、後に RS-70）と
改称するが、その時点では初飛行すら行なわれていなか
った。RS-70 は 60 機が製造される予定で、核攻撃の際に
敵ターゲットの偵察を行ない、必要であれば空対地ミサ
イルによる即時攻撃を実施することになっていた
（B-70 計画を存続させようと必死だった空軍は、輸送機
としての活用も視野に入れていた）。

　しかし空軍内部でも B-70 計画を継続することに疑問
の声が上がり、1961 年 4 月、ロバート・S・マクナマラ
国防長官は開発計画を兵器システムのない原型機に制限
するよう命じた。

　1964 年 9 月 21 日に原型機が初飛行した際、B-70 は飛
行に成功した中で史上最も重い航空機となった。2 度目
の飛行は翌年に実施され、32 分間にわたってマッハ 3 の
速度を維持した。

　1966 年 6 月 8 日、空中撮影に参加していた 2 号機が
F-104 戦闘機と空中衝突を起こして墜落する。以降の飛
行試験は中止され、極めて野心的な偵察機開発計画は終
焉を迎えた（XB-70 の 1 号機は国家航空宇宙局
（NASA）に移管され、1969 年 2 月 4 日まで飛び続け
た）。

　「NM-1」も参照のこと。

【参照項目】偵察

RSHA　(Reichssicherheitshauptamt)

　ナチスの主要な秘密警察組織、国家保安本部の略称。
ゲシュタポと SD を含む全てのドイツ公安警察を統合す
る目的で 1939 年に設立され、ラインハルト・ハイドリ
ヒが長官に就任した。1942 年 6 月にハイドリヒがチェコ
人エージェント（イギリスで訓練を受けていた）によっ
て暗殺された後は、エルンスト・カルテンブルンナーが
その後を継いでいる。

　RSHA 第 III 局が指揮するアインザッツグルッペ（行

動部隊）は、一見無害な名称の下に邪悪な意図を隠していた。その正体は殺戮部隊で、占領国の男女200万名を殺害したと言われている。犠牲者の大半は銃殺された上で大きな穴に投げ込まれたという。

第Ⅳ局には反ユダヤ人活動を監督する課があり、課長はアドルフ・アイヒマンだった。

【参照項目】ゲシュタポ、SD、ラインハルト・ハイドリヒ、エージェント、エルンスト・カルテンブルンナー

RU

ソビエト（ロシア）軍情報局の略称。

RYAN

アメリカが核兵器による奇襲攻撃の準備を進めているか否か判断すべく、ソビエトが実施した大規模な情報収集活動。ソビエトが平時に行なった情報作戦としては最大規模のものだった。

1981年1月にホワイトハウス入りしたロナルド・レーガン大統領が新型の核ミサイル（パーシングⅡとトマホーク）をヨーロッパに配備したのを受け、ソビエトのレオニード・ブレジネフ書記長とユーリ・アンドロポフKGB議長は5月に開かれたKGB幹部の秘密会議に姿を見せた。

ブレジネフがまず演壇に上り、レーガンの政策に懸念を表明する。次いでアンドロポフは、アメリカがソビエト連邦に対する奇襲攻撃の準備を進めていると述べた上で、KGBとGRU（参謀本部情報総局）が共同でその兆候を監視し、アメリカの戦争準備に対して早期警戒態勢をとっていることを明らかにした。この活動にはRYAN——Raketno-Yadernoye Napadenie（核ミサイル攻撃）の略——というコードネームが与えられていた。

そして1981年8月から9月にかけて実施された海軍演習において、原子力空母ドワイト・D・アイゼンハワーに率いられた83隻から成るアメリカ、イギリス、カナダ、ノルウェーの大艦隊が、慎重に準備され、事前にリハーサルを行なった秘匿・欺瞞手段を用いてソビエトに探知されることなく大西洋を渡り、ノルウェー海入りすることに成功した。消極的手段（無線封止の維持と電波放出の抑制）及び積極的手段（レーダー波の妨害と偽のレーダー波の放出）を組み合わせて連合国艦隊を一種のステルス艦隊に仕立て上げ、ソビエトの低高度周回レーダー衛星の目をも欺いたのである。この演習——空母には核攻撃が可能な戦闘機も搭載されていた——はソビエト指導層にとって大きな脅威だった。

1982年3月、KGB本部の要求事項を調整する職員がワシントンに派遣され、情報収集活動の監督にあたった。さらにRYAN情報は、政治局員に毎日提供される報告書にも記載された。

クリストファー・アンドリュー及びオレグ・ゴルディ

エフスキー著『Instructions from the Centre: Top Secret Files on KGB Foreign Operations 1975-1985』（1991）によると、1983年2月17日、KGB本部は在外公館で活動する全てのインテリジェンス・オフィサーに対し、RYANは「特別な緊急性を有し、今や極めて重要である」と通知したという。KGBのレジデントには新たな命令が与えられ、作戦スタッフ全員を「継続的監視」に充てるよう指示を受けた。3月23日にレーガン大統領が戦略防衛構想——ジョージ・ルーカス監督のSF映画にちなみ『スターウォーズ計画』とマスコミから命名された——を発表すると、ソビエト側の懸念はさらに高まった。大統領による発表から4日後、アンドロポフはこの計画を名指しで非難した。1982年11月のブレジネフ死去を受けて書記長に就任したこのベテランKGB職員は、1983年3月27日付のプラウダ紙において、ソビエトに対する先制攻撃の準備を進めているとアメリカを非難した上で、レーガン大統領が「自らの有利になるよう核戦争を引き起こし、恐らくは勝利を収めるべく、新たな計画を進めつつある」と主張した。

1983年4月から5月にかけ、アメリカ太平洋艦隊に所属する約40隻の艦船が高度のステルス性を保ちつつ同様の演習を行なった。これらの艦船は、ソビエト太平洋艦隊の主要な潜水艦基地であるカムチャッカ半島ペトロパヴロフスクの沖合450マイル（724キロメートル）以内まで航行した。またこの時も、空母ミッドウェイとエンタープライズに核攻撃機が搭載されていた。

そして11月、NATO軍司令部で「エイブル・アーチャー」と呼ばれる演習が実施され、その中でNATO軍は核兵器発射の大規模なシミュレーションを行なった。KGB本部はそれを受け、11月8日もしくは9日に西ヨーロッパの工作員へ至急電を発し、ヨーロッパのアメリカ軍が警戒態勢に入り、一部の基地では兵力が動員された——いずれも誤りだったが——と伝えた。（実施されていない）この警戒態勢は、ベイルートのアメリカ海兵隊兵舎が爆撃され、アメリカ兵200名以上が殺されたことへの対応、もしくは目前に迫っていたアメリカ陸軍の大演習に関連したもの、あるいは核兵器による奇襲攻撃のカウントダウン開始のいずれかであると推測されていた。至急電の受取人はアメリカの警戒態勢を確認し、上記3つの仮説を評価するよう指示された。そしてこの危機によって生み出された緊張と、過去数ヵ月にわたる非難の応酬の中で、KGB職員の一部はアメリカ軍が警戒態勢に入り、戦争へのカウントダウンを始めたと判断した。

だが程なくしてこの緊張状態は解消された。ソビエトがアメリカの挑発をまともに受け取っている兆候を考慮し、レーガン大統領が非難の調子を抑えたのが理由の一つである。またアンドロポフが1984年2月に死去したことも緊張緩和に役立った。

ドン・オーバードルファー著『From the Cold War to a New Era: The United States and the Soviet Union, 1983-1990』(1991)によると、レーガン大統領は回想録の中で、1983年後半、「ソビエト統治機構の頂点に立つ多数の人間が、アメリカ及びアメリカ国民を心から恐れている」こと、そして「ソビエト当局の多くの人間が、我々を敵対者としてだけでなく、核兵器による先制攻撃を仕掛けかねない潜在的な侵略者としても恐れている」ことを知って驚いたと──イギリスの情報報告書やエイブル・アーチャーに触れることなく──記したという。

さらに、アンドリューとゴルディエフスキーは前掲書の中で次のように述べている。

RYAN作戦の最中も、世界が核戦争の瀬戸際に追い詰められていたわけではなかった。しかし83年のエイブル・アーチャーにおいては、そうと認識されぬまま、ぞっとするほど──1962年のキューバミサイル危機以来最も──核戦争に近づいていたのである。

1983年にソビエトが高度の戦略的警戒態勢に入っていた一方、アメリカ側がそうでなかったことは特筆される。

【参照項目】ユーリ・アンドロポフ、KGB、GRU、欺瞞、人工衛星、クリストファー・アンドリュー、オレグ・ゴルディエフスキー、北大西洋条約機構

S

「機密」を参照のこと。

S&T

「科学・技術情報」を参照のこと。

S-2

アメリカ陸軍の旅団、連隊、及び大隊における情報参謀のこと。師団以上の組織ではG-2の呼称が用いられる。またS-2はアメリカ陸軍各部隊の情報将校を指す場合もある。

「G-2」「J-2」も参照のこと。

SBP (Sluzhba Bezopasnosti Prezidenta)

ロシア大統領保安局の略称。かつてのKGB第9総局を母体としており、1993年12月17日に独立した政府機関として新設された(訳注:96年6月に連邦警護庁〔FSO〕へ編入)。

SBPはロシア最高幹部とクレムリンの警備に加え、政府の最高機密通信と政府専用機(以前は第235飛行隊が担当していた)の管理、地下司令センターの運営・警備、モスクワの主要政府機関を結ぶ地下鉄網の維持、

そしてその他「戦略施設」の警備を担当している。

KGB第9総局長だったアレクサンドル・V・コルジャコフ少将が、1993年から96年までSBP局長を務めた。しかしエリツィン大統領の選挙アドバイザー2名が現金538,000ドルを政府ビルから持ち出したところをSBP職員に逮捕された事件を受け、コルジャコフは更迭された。

エリツィンはコルジャコフの後任として側近のボディーガード、アナトリー・クズネツォフを指名している。「ロシア−ソビエト連邦」も参照のこと。

SCI

「機密細分化情報」を参照のこと。

SCIF

「機密細分化情報施設」を参照のこと。

SD (Sicherheitsdienst)

SS(親衛隊)内部に設けられた情報収集及び諜報セクション「保安部」の略称。ハインリヒ・ヒムラーSS長官が述べた通り、SDの任務は「国家社会主義(ナチズム)の敵を発見する」ことだった。ドイツ本国及び占領下のヨーロッパ各国に張り巡らせた情報提供者とエージェントの大規模なネットワークを通じ、SDはゲシュタポと密接に協力してドイツの政治的・民族的敵対者を摘発し、破滅に追い込んだ。

SDの暗殺団は、公開処刑によって殉教者が生み出されることを恐れたヒトラーが、それを防ぐ方法として発令した1941年12月の「夜と霧」命令を遂行した。この指令により、被占領国の市民が秘密裡にドイツへ連行され、「痕跡も残さず消滅」させられた。この総統命令は「彼らの所在あるいは運命について一切の情報を残さない」ことを定めており、ドイツ側は数万名の身に降りかかった運命を「霧と化した」と表現したのである。

戦後にドイツ人戦犯を裁いたニュルンベルク国際軍事法廷は、「ユダヤ人の迫害と虐殺、強制収容所における残虐行為と殺人、被占領国に対する過酷な支配、強制労働計画の監督、及び捕虜の虐待と殺戮」の元凶としてSSとゲシュタポだけでなくSDも非難の対象にしている。

「ラインハルト・ハイドリヒ」も参照のこと。

【参照項目】SS、ラインハルト・ハイドリヒ、エージェント、ゲシュタポ

SDECE

(Service de Documentation Extérieure et de Contre-Espionnage)

国内外で比類なき力をふるったフランスの情報機関、防諜・外国資料局の略称。

シャルル・ド・ゴールが1946年1月に暫定政府の大

統領を辞任した際、彼の育成した情報機関 DGER の後継として SDECE が創設された。それと同時に、情報機関のトップもド・ゴール派のアンドレ・ドゥヴァヴランから、社会主義者で内相の側近であるアンリ・リビエールに置き換えられた。

公式には DGER が単に改称しただけとされているが、実際には劇的な変化が伴なっていた。国内保安機関である DGER は、政府の監視下にある人間の電話を盗聴したり、手紙を開封したりすることで悪名高い存在だったが、SDECE はフランス国内で活動することを禁じられ、「政府に資するあらゆる情報及び資料を国外で入手する」ことだけが任務とされた。また正式には国防相の管轄下にあるが、大統領が補佐官を通じて操っているのが実態だった。

SDECE のパリ本部は、「ラ・ピシーヌ（水泳プール）」の名で親しまれていた市民プールの近くにあった。組織内部には各情報機関に巣食う内通者を摘発すべく防諜セクションが置かれたものの、外国大使館を対象とする場合を除いてフランス国内での防諜活動は固く禁じられており、設立文書によれば、全ての情報保安活動は「内務省の特別部署」に委ねることになっていた。フランスではよく見られることだが、ある情報機関の権限は、別の機関に同種の権限を与えることで抑制されていたのである。

第2次世界大戦直後のインドシナにおいて、SDECE は戦時中のレジスタンス運動に範をとった地元のレジスタンス組織を作り上げようとした。そこでまず、中国国民党の中央執行委員会調査統計局と協力して共産主義者と疑わしき人物を摘発すると共に、インドシナのジャングルでフランス式の地下グループを組織しようと試みた。その後 1949 年に共産党が中国の支配権を握ると、国民党の一部はインドシナに逃れて SDECE の下で働いた。しかし反共地下グループを組織する試みをもってしても、フランスをインドシナから追い出そうとするベトミンの活動を防ぐことはできなかった。

SDECE はアルジェリアだけでなくインドシナにおいても、軍の情報機関である参謀本部第2部というライバルが存在していた。またフランス国内では、SDECE と違って逮捕権を持つ犯罪捜査機関、公安総局と頻繁に衝突を繰り返した。

1949 年 9 月、公安総局の捜査官は陸軍参謀総長など軍高官が関係する複雑な陰謀を突き止めた。これら将軍たちは、政治的理由から機密文書を SDECE の情報提供者に渡していたが、情報提供者はなんとそれをベトミンに回していた。この出来事が公に広まることはなかったものの、タイム誌のパリ特派員がそれを聞きつける。フランス情報機関がニューヨークのタイム誌編集部に送られた至急電を傍受、フランス政府はアメリカ国務省に記事の差し止めを求めた。その結果、北大西洋条約機構

（NATO）創設からわずか数ヵ月にして、米仏関係に新たな危機が生じたのである。

「将軍たちのスキャンダル」は陸軍と SDECE を傷つける結果になった。しかし一方で、秘密のベールに包まれた SDECE の暗号解読班はソビエトのコード式暗号を解読し、防諜班に情報をもたらし続けたことで高い評価を得ている。

SDECE の行動局は陸軍の志願者に訓練を施し、インドシナの敵地にパラシュートで潜入する破壊工作員に仕立て上げており、1950 年代の時点でパリ近郊のペルサン・ボーモンに専用の飛行場を設けていた。共産党の支配する東欧諸国から逃れた多数の亡命者がここから飛び立ち、NATO の情報任務を遂行すべく故国にパラシュートで潜入したのである。しかしソビエトで訓練を受けた共産主義者が SDECE に浸透していたため、着地エリアの保安部隊は警戒態勢をとっており、それらエージェントは永久に姿を消した。

SDECE はターゲットを決定すべく、政府の各省庁に質問票を送っていた。それに基づいて政治、軍事、及び経済に関する情報を集めたのは、地理局という一見無害な名称の部局である。地理局に求められていたのはアメリカの航空企業に関する情報から、リビアの独裁者ムアンマル・アル・カダフィの排除計画まで様々だった。

SDECE は奇抜な作戦を行なうことで有名だった。その一例として、凍結防止剤の成分を分析すべくフランスに着陸したソビエト機から燃料を抜き取ったことが挙げられる。また SDECE の工作員が、オリエント急行で旅をしていたソビエトの連絡員を麻酔薬で眠らせ、携行していた文書を探ったという話もある。さらにフランスは、SDECE と CIA をつなぐ連絡員を通じてジョセフ・ケネディ・ジュニアにレジオンドヌール勲章を没後授与（1952）し、ジョン・F・ケネディ上院議員がマサチューセッツ州に住むフランス系アメリカ人の票を獲得できるようにした。SDECE によるこの小さな貸しは、後年ケネディが大統領になることで報いられた。

フランスがインドシナと北アフリカで反乱勢力との戦争に巻き込まれる中、SDECE は情報任務を拡大させ、不法侵入（ブラック・バッグ・ジョブ）、誘拐、殺人にも手を染めるようになる。フランス陸軍とアルジェリア反乱軍との戦闘から深刻な危機が生じていた 1958 年、フランスのあるインテリジェンス・オフィサーが「政治的暗殺の時代」と呼ぶ事態が始まった。それを受け、議会はシャルル・ド・ゴールを首相に指名すると共に、6 ヵ月間限定で彼に全権を委任した。

この新たな権力は SDECE にも及び、行動局はド・ゴール内閣から命令を受け取るようになった。SDECE によって雇われ、訓練を受けた暗殺者は、レッドハンドというテロ集団のメンバーだったと考えられている。彼らは走行中の車からアルジェリアの政治家を暗殺し、また

メルセデスを爆破することで武器商人を殺害した。いずれの暗殺も西ドイツで実行されたものであり、ラインハルト・ゲーレンBND長官も黙認したと推測されている。

「数十件の暗殺が実行された」P・L・シロー・ド・ヴォジョリは1970年に出版した自伝の中でそう記している。自伝のタイトル『ラミア』は、ヴォジョリのコードネームでもあった。「銃とナイフに加え、より洗練された方法が編み出された。例えば、小型の注射針を発射する炭酸ガス使用エアガンをアメリカから購入していた——しかしSDECEは麻酔薬の代わりに致死性の毒薬を用いた。これを打たれた犠牲者は、心臓発作の症状を見せて息を引き取る」犠牲者には武器商人、知識人、アルジェリアの独立を支持するフランス人、そしてフランス領北アフリカにおける独立運動のリーダーなどがいた。

1956年から61年にかけ、SDECEに雇われた工作員が6隻の船を乗っ取り、アルジェリア反乱軍宛てのものと思われる貨物を強奪した。またハンブルク港では別の貨物船がフランス海軍の機雷によって爆破されている。1957年3月には、電話の盗聴内容などの情報データをSDECEに与えていたスイス法相が、事態の発覚を受けて自殺した。アルジェリアでは、軍事部隊を率いる参謀本部第2部の士官が、反乱軍と疑わしき人物の殺害と、反仏派のグループをかくまっていると思しき村の焼き討ちを命じた。

第2次世界大戦中フランス陸軍に所属し、その後アルジェリア民族解放戦線のリーダーとなったアフメド・ベン・ベラも、SDECEによる暗殺のターゲットにされた。それが失敗に終わった後、ベン・ベラを永遠に黙らせるべく別の企みが実行に移される。1956年10月、アラブ連盟の会合に出席するためチュニスに赴くベン・ベラを乗せた飛行機が、ハイジャックによって行き先をアルジェリアに変更させられた。着陸後フランス軍の兵士が乗り込んでベン・ベラを誘拐、フランス・アルジェリア紛争が終わるまで彼を拘禁した。

大統領にさらなる権限を与えた新憲法の下、ド・ゴールは1959年に大統領となる。しかし戦争終結の目途は立たず、SDECEによる暗殺も続けられた。1961年、内戦を終わらせるべくド・ゴールがアルジェリア独立を決断すると、一部の陸軍士官はパリを乗っ取ると脅しをかけた。

インドシナで雇われたベトナム人を含むSDECEの暗殺団がアルジェリアに送られ、反体制派にテロを仕掛け、殺害するよう命じられる。「特殊部隊（les spéciaux）」と呼ばれたこれら暗殺者を除去すべく、1961年1月、ド・ゴール政府はアルジェに拠点を置く暗殺チーム本部の爆破を命じた。この事件は他の数多くの諜報作戦同様、新聞にリークされた。

殺人的行動にまつわるSDECEの評判は、フランス・アルジェリア紛争の期間を通じて消えることはなかった。7年間に及ぶ戦闘を経て紛争は1962年に終結、その間およそ10万名のアルジェリア人と1万名のフランス軍兵士が死亡している。SDECEは植民地紛争の終結と共に、フランス国内の防諜活動に集中した。しかし1961年12月、亡命した元KGB職員がSDECE内部におけるソビエトの浸透を暴露したことで、SDECEの国内保安活動に疑問符が付けられることになった（「サファイア」を参照のこと）。

すでに傷ついていたSDECEの評判は、1965年10月に発生したスキャンダルでさらに落ち込んだ。モロッコの左翼政党党首メフディー・ベン・バルカがパリで失踪したが、実はSDECEのエージェント2名がバルカを誘拐し、拷問を伴った尋問を行なうためモロッコ当局に引き渡したのである。バルカの遺体は今日に至るまで発見されていないが、殺害後フランスから持ち出されたものと考えられている。

1970年、ド・ゴールの後を継いだジョルジュ・ポンピドゥーはSDECEを浄化する試みの一環として、アレクサンドル・ド・マランシェを長官に任命した。マランシェはSDECEを引き継いだ際、「麻薬や銃の売買を行なうエージェントもいれば、誘拐や殺人に関わり、手を血まみれにさせているエージェントもいる」と語った。一方、ド・ゴール政府の終焉に伴い、SDECEとCIAの協力関係が急速に構築された。その一例として、両者がザイール当局と協力し、1975年にアンゴラ解放国民戦線へ武器を供給したことが挙げられる。

1950年代からSDECEと結び付いていた組織の1つに市民行動サービス（Service d'Action Civique〔SAC〕）がある。ド・ゴール支持者約8,000名から成るこの組織は、反ド・ゴール派の集会を襲うなど、SDECEの「汚れ仕事」部門として活動しており、マランシェはSDECEとSACの関係を清算することに力を注いだ。そしてSDECE職員1,000名のうちおよそ半数が解雇されると共に、情報収集及び分析の手続きも近代化された。

1981年に大統領となった社会党のフランソワ・ミッテランはマランシェを更迭し、元エールフランス社長のピエール・マリオンを後釜に据えた。フランス各紙の報道によると、強硬な右翼であるSDECEの指導部はミッテランの肖像画を掲げることを拒んだという。またマリオンの就任と共に名称も変更され、SDECEはDGSE（対外保安総局）となった。

【参照項目】DGER、アンドレ・ドゥヴァヴラン、監視、防諜、内通者、中国国民党中央執行委員会調査統計局、参謀本部第2部、公安総局、北大西洋条約機構、エージェント、浸透、ターゲット、CIA、ブラック・バッグ・ジョブ、インテリジェンス・オフィサー、ラインハルト・ゲーレン、ラミア、コードネーム、KGB、アレク

サンドル・ド・マランシェ、DGSE

SGA
「特別上級委員会」を参照のこと。

SI
「特殊情報」を参照のこと。

SIGINT
「信号情報」を参照のこと。

SIS
(1) アメリカ信号情報局の略称。
(2) イギリス秘密情報部（MI6）の略称。

SLU
「特殊連絡部隊」を参照のこと。

SOE　(Special Operations Executive)
　イギリス特別作戦執行部の略称。破壊工作及び政府転覆活動、そしてドイツ占領地域における秘密部隊の組織を目的として1940年7月22日に設置された。またこれら占領地域において情報収集機関の役割も務めている。

　「ヨーロッパを燃え上がらせる」特殊部隊を望んでいたウィンストン・チャーチル首相はSOEを強力に支援した。SOEは1940年夏の時点ですでに存在していた3つの部局、すなわち陸軍省のMIR、MI6のセクションD（破壊工作担当）、そして外務省内部のEH（エレクトラハウス）を統合する形で組織された。

　極秘の存在とされたSOEはカバーとして戦時経済省の下に置かれたが、そこは敵国の工場など破壊工作のターゲットに関する情報を扱うのに適した場所だった。戦時経済相のヒュー・ダルトンがSOEの事実上のトップに就いたのもこれが理由である。当初は3つの主要部署から構成され、SO1はプロパガンダを、SO2は工作活動を、そしてSO3は計画立案を担当していたが、1年後にはSO2だけが残り、その後の基礎となっている。

　SOEはフランス、オランダ、スカンジナビア半島、バルカン半島、中近東、アフリカ、そして極東で作戦を実施した。特にヨーロッパではアメリカの戦略諜報局（OSS）と密接に協力している。その一方で、それぞれの作戦範囲と任務を定めた協定にもかかわらず、バルカン半島、北アフリカ、さらにはフランスにおいても、SOEとOSSはライバル関係にあった。またSOEはMI6に対する嫉妬とライバル意識に蝕まれており、互いに情報を隠し合い、現場のエージェントが損害を被る（時には犠牲になる）こともあった。

　SOEによる失敗が最も甚だしかったのはオランダだ

った。ドイツ軍はMI6のあるエージェントが廃棄したアタッシェケースから、オランダにおける協力者の氏名と住所を発見する。これに加え、SOEが無線保安手続きを守らなかったため、あるいは囚われたオランダ人エージェントからの警告に気づかなかったため、ドイツ側はオランダ人工作員を自分たちのために働かせることができた。結果としてSOEがオランダで組織した地下ネットワークは壊滅に追い込まれ、SOEエージェント51名、MI6エージェント9名、そしてドイツ占領地域からの逃走を担当するMI9のエージェント1名──ベアトリックス・テールウィント──が捕えられた。テールウィントは強制収容所から生還したものの、47名が銃殺されている（「北極点作戦」を参照のこと）。

　1998年に公開された文書には、SOEが1944年にアドルフ・ヒトラー暗殺を真剣に検討していたことが記されている。この発想は数多くの計画と議論を生み出した。計画の中には、ヒトラーの牛乳やリンゴジュースの中に毒を入れる、列車を爆破する、あるいは山中の別荘大本営ベルヒテスガーデンで朝の散歩をしているヒトラーを狙撃する、といったことが含まれている。暗殺計画を巡る論争は、ヒトラー自身が総統壕で自決する1945年4月30日まで続けられた。

　SOEはソビエト勢力との協力を試み、1940年後半にはドイツ軍の侵攻を予期してソビエト国内における作戦計画を立案した。翌年6月の侵攻後、SOEの代表が9月にモスクワを訪れ、相手国の領内（イギリス連邦諸国と委任統治領を含む）で反体制活動を実施しないことを条件として、NKVD（内務人民委員部）との相互連絡体制を確立する。イギリスはソビエトのエージェントをパラシュートでヨーロッパに送り込んだ（「マンバ」を参照のこと）ものの、一方のNKVDは、ドイツ軍のために働くよう強いられたロシア人元捕虜を二重スパイにすることでドイツを欺くという、SOE立案の作戦にほとんど熱意を示さなかった。そのためSOEは、ソビエトの許可を得ることなく、イギリス軍に捕らえられたロシア人を活用し、こうした作戦をヨーロッパ各地で実行に移している。

　SOE（及びOSS）に対するソビエトの敵意は1944年以降一層強まった。自国の支配下にある地域でSOEが行なう活動を疑っていた上、そもそもSOEを無能と考えていたのである。しかしSOEとNKVDの協力が成功をもたらした例もあり、とりわけアフガニスタンとユーゴスラビアでそれが顕著だった。

　歴史家のM・R・D・フットは著書『SOE』（1984）の中で、SOEの戦争に対する貢献を評価しつつ、「（SOEは）敵の注意を主戦場から自らの後方地域に向けさせた。ヒトラー自身も、過去24時間に発生したSOEの仕業と疑わしき事件に関するアプヴェーア及びSDの報告書を読むことに、少なくとも一日一時間は費やした

──むしろ無駄にした──ほどである」と記し、さらにこう続ける。「SOEは自ら例を示すことで、人類の勇敢かつ高貴な行動の実例をさらに増やしたのである」

　終戦当時、SOEは差し迫る冷戦に向けて大規模な計画を立案していたが、1946年初頭に解体された。ピーク時には軍人と民間人合わせて13,000名の男女が所属しており、以下の3名がSOEの作戦を指揮した。

1940年8月～1942年5月：サー・フランク・ネルソン
1942年5月～1943年9月：サー・チャールズ・ハンブロ
1943年9月～1946年1月：コリン・ガビンス少将

「ヴェラ・アトキンス」も参照のこと。
【参照項目】MI6、戦略諜報局、エージェント、NKVD、アプヴェーア、SD

SOF

「特殊作戦部隊」を参照のこと。

SORM　(Sistema Operativno-Rozysknykh Meropriyatii)

　ロシア連邦保安庁（FSB）が実行しているインターネット監視活動、捜査活動効率化システムの略称。

　ロシア政府がFSBに遠隔通信の監視権限を与えた1995年、SORMは開始された。1998年のSORM-2ではインターネットも監視対象として加えられ、クレジットカードの取引や電子メールを追跡できる特殊装置の取り付けを、インターネットのプロバイダー業者が自費で行なうよう義務づけられた。この装置はユーザーに知られることなくウェブサイトを監視することもできる。なお各プロバイダーは回収したデータを直接FSBへ送るものとされた。

　ウラジーミル・プーチン大統領は、FSBだけでなくその他7つの連邦保安機関もSORMを活用できるようにした。それら機関には連邦税警察や内務省警察も含まれる。公式な定めに従えば、FSBなどの各機関は令状がなければインターネット情報を閲覧することはできない。しかし人権団体によれば、盗聴行為は令状なしで行なわれているという。

　ロシア政府はSORMをエシュロン（NSAが開発した盗聴システム）になぞらえている。しかしワシントンDCに本拠を置く民主主義・技術センターの上級顧問ジム・デンプシーはそれに異を唱える。「エシュロン、及びイギリス、カナダ、オーストラリア、そしてニュージーランドにある同盟国のシステムは、それが見つけた情報を入手している。つまりエシュロンは強制的システムではなく、遠隔通信システムに組み込まれた政府主導の監視機能に頼っていないのである。一方、SORM-2を擁するロシアは、民間セクターの通信システムを監視目的で操ることにおいて、他のいかなる民主主義国家よりも勝っている」

【参照項目】FSB、インターネット、監視、ウラジーミル・プーチン、エシュロン

SOSS

「ソビエト海洋監視システム」を参照のこと。

SOSUS

「音響監視システム」を参照のこと。

SPOT

　フランスの商業衛星。情報活動での使用にも耐える写真を提供できる。正式名称は「Système Probatoire d'Observation de la Terre（地球観測探査システム）」または「Satellite Pour l'Observation de la Terre（地球観測衛星）」。2台のカメラを搭載する重量4,000ポンド（約1.8トン）のSPOT1号は、アリアン2ロケットによって1986年2月22日に打ち上げられ、地上約515マイル（830キロメートル）の周回軌道に投入された。その後2002年中盤までに地球の写真750万枚を撮影している（訳注：現在は1,000万枚を超す）。

　SPOTの打ち上げ以前、一般に利用できる衛星写真は1972年に打ち上げられたアメリカのランドサット衛星によるものだけだった。しかしSPOTの写真はより優れており、しかも安価に入手できる。さらに衛星を運用するスポットイマージュ社に対価を支払えば、特定のターゲットを撮影することも可能である。

　ウィリアム・E・バロウズは著書『Deep Black』（1986）の中で次のように記している。

　　SPOTの持つ意味は非常に大きい。宇宙観測における軍と民間の境界は、写真の明瞭さによってもはっきり分かれていたが、今やそれが曖昧になったのである。情報当局にとっての可能性を秘めたこの衛星はすでに情報活動を担っており、フランスが独自の軍事情報衛星エリオスを打ち上げるまでその状況は続くだろう……

　SPOTの写真はメディアによって使われており、1980年代後半にはアメリカ国防総省も『Soviet Military Power』を刊行するにあたってそれを活用している。当時はまだ冷戦が終結しておらず、国防総省は自国の衛星による写真の公開を望まなかったのである。

　2002年5月、国家画像地図局（NIMA）は「市民のための画像」なる文書に署名し、SPOT衛星による分解能10メートルのパンクロマチック画像およそ5,500枚から作成した「Controlled Image Base（CIB）」を一般公開できるようにした。

　NIMAの主導で1998年に始められた「市民のための

画像」プログラムは、政府が保有する大量の画像・地理情報（一部はそれまで機密扱いだった）に一般大衆や教育関係者がアクセスすることを可能にしている。

【参照項目】 衛星、ターゲット、国家画像地図局

SR （Service de Renseignements）

フランス軍参謀本部第2部（DB）の一組織、情報局の略称。

1870年の普仏戦争でプロイセンに敗北した後、フランス陸軍はプロイセンの占領下に置かれたアルザス・ロレーヌ地方で軍事情報を集めるべくSRを設置した。だがDB同様、SRもドレフュス事件（フランス情報機関によってアルフレド・ドレフュス大尉がスパイにでっち上げられた事件）の後遺症に苦しむことになる。1899年、このスキャンダルによってSRは単独機関としては廃止され、その機能は軍のDBと警察組織である公安総局との間で分割された。

DBの傘下に置かれたセクションは外国情報の収集、防諜、電話盗聴などの各任務を一括して行なうと共に、中央登録所という名の部署を通じてSR外部の情報源から情報を集めた。また第1次世界大戦期には航空情報局が設置され、航空偵察によってもたらされた情報を扱った。

SRはエージェント網と鋭い分析を通じ、ドイツ軍が大戦初期の攻勢で用いるであろう戦略の一部を突き止めた。しかし現代史の専門家は、この機関が1904年に謎のドイツ人将官から実際の戦争計画を入手したという主張に疑問符を付けている。

第1次世界大戦後、SRは主として防諜活動を担い、電話盗聴、エージェントの活用、そして外国軍や軍需産業に関するオープンソース情報の分析を通じてそれを行なった。DBの傘下にあったSRは、フランス情報機関の複雑な世界の中でやがて重要な地位を取り戻すことになる。

1936年、制度上はいまだDBの管轄下に置かれていたものの、SRは独立を取り戻した。防諜と情報収集の両方が任務となり、活動の重点はドイツに置かれた。また外国の兵器及び航空機開発に関する情報を集め、分析する部署も有していた。さらにSRの傍受局はドイツ、イタリア、スペインをはじめヨーロッパ各国の無線通信を傍受している。

SRとDBはドイツに関する信頼度の高い情報を絶えずもたらしたと評価されている。しかし所属する士官が後に苦々しく不満を漏らした通り、フランスの軍事・政治指導者はそれらの情報を活用できなかった。

1940年5月にドイツ軍がフランスを席巻した際も、SRは未占領地域——親ナチのヴィシー政府が統治していた地域——で存続した。ヴィシー政府に協力するという汚点を残したSRは、シャルル・ド・ゴール将軍とそ

の支持者から疑いの目で見られるようになる。かくしてイギリスを拠点に自由フランス運動を率いていたド・ゴールは、自らの情報機関BCRA（情報・行動中央局）を組織した。

1942年11月に米英軍が北アフリカへ上陸した後、ド・ゴールはBCRAとSRの統合を命じ、SRは新機関DGSSの技術部門となった。

【参照項目】 参謀本部第2部、軍事情報、アルフレド・ドレフュス、保安総局、防諜、偵察、エージェント、オープンソース、BCRA、DGSS

SR-71 ブラックバード （SR-71 Blackbird）

U-2の後継として開発された戦略偵察機。今もなお、世界最速かつ最も高々度を飛行した実用機という栄誉を保っている。

最高時速マッハ3の写真・電子偵察機であるSR-71は、ロッキード社の秘密設計部門スカンクワークスが自社のU-2偵察機の後継として開発したA-12オックスカートをさらに発展させたものである。U-2が高々度を比較的低速（マッハ0.7）で飛行する設計だった一方、SR-71は高度85,000フィートを時速2,000マイル（マッハ3）で飛行できるだけでなく、「レーダー反射断面積」が小さいために発見も難しかった。また搭載されたカメラは1時間につき10万平方マイル（259,000平方キロメートル）もの面積を撮影できた。

チタニウム製の機体は特異な形状をしており、断面積が小さく、徐々に薄くなって滑らかに主翼へとつながる

SR-71ブラックバードは大成功を収めた偵察機。U-2の後継として開発された。SR-71の原型となったA-12オックスカート同様、ロッキード社のスカンクワークスが設計を担当している。しかしマッハ3での飛行が可能なSR-71はU-2と比べ、維持と飛行の両面でコストが高くつきすぎた。（出典：アメリカ空軍）

胴体と、翼端が楕円状になった三角翼が特徴である。胴体前部は平らになっており、両側が鋭く張り出している。主翼中央部にはターボジェットエンジンを搭載するナセルが埋め込まれ、それぞれのナセルにはわずかに内側へ傾いた垂直尾翼が取り付けられている。高速での飛行中、胴体表面の温度はかなり上昇し、全長が11インチ（28センチメートル）も伸びる。胴体内部の大半は高速飛行に必要な大量の燃料が占めており、またヒートシンクの役割も果たしている（武器は装備していないものの、核兵器のポッドを胴体下部に取り付ける計画もあった）。空中給油が可能なこの飛行機は、2名の搭乗員によって運用される。

　当初ロッキード社と結んだ契約では4機が生産されることになっており、そのうち3機がYF-12A戦闘試作機（「A-12 オックスカート」を参照のこと）として完成し、4機目がSR-71の初号機となって1964年12月22日に初飛行した。この機にはRS-71の呼称が付与されることになっていたが、ジョンソン大統領が機体の存在を公表した演説の中でアルファベットを逆に読んでしまった（RSは「偵察攻撃機」を表わす呼称であり、RS-70 ヴァルキリーの続きとしてもRS-71のほうが論理的である）ため、SR-71という呼称になった。

　SR-71は1966年1月からアメリカ空軍第9偵察航空団で運用が始められ、アメリカの空軍基地だけでなく沖縄の嘉手納基地やイギリスのミルデンホール空軍基地からも定期的に出撃した。

　また中国上空でもSR-71による多数の偵察任務が行なわれ、1967年には中国初の水爆実験を撮影している。さらに、翌年には北ベトナムの上空偵察にも用いられ、その後はキューバ、リビア、ニカラグア、中近東、そしてペルシャ湾での偵察任務にあたった。74年9月、SR-71はニューヨークからロンドンまで1時間55分（平均時速マッハ2.8）で飛行し、76年7月には時速2,193マイル（マッハ3.31）という直線飛行の最高速度記録を打ち立てた。加えて旋回飛行でも時速2,092マイル（マッハ3.17）という記録を樹立している。

　SR-71の最終飛行は1990年3月6日に実施された。先に開発されたU-2が戦略偵察任務を続ける一方、SR-71はコスト削減の中で退役したのである。

　1995年、議会はマッハ3の偵察能力を確保すべく3機のSR-71を現役復帰させるための予算を認可したが、結局再び飛行することはなかった。

　生産機数は機密扱いになっているものの、32機と考えられている。しかし1990年の退役時には20機程度しか残っておらず、現役当時もメンテナンスの難しさにより常時運用できたのは8ないし9機に過ぎなかった（ペンタゴンは1970年までに8機が事故で失われたと公表している。U-2の場合と違い、撃墜された機体はなかった）。

製造終了後に治具が破棄されたため、SR-71を増備するのは不可能だった。設計者のクラレンス（ケリー）・ジョンソンによると、当時の国防長官ロバート・S・マクナマラは、マグダネル・ダグラス社のF-15 イーグルをはじめとする軍用機の予算獲得を確実なものにすべく、SR-71がこれ以上生産されないよう治具の破壊を命じたという。

【参照項目】U-2、偵察、スカンクワークス、A-12 オックスカート、RS-70 ヴァルキリー、クラレンス（ケリー）・ジョンソン

SRF

「特殊報告機関」を参照のこと。

SS　(Shutzstaffel)

　本来はアドルフ・ヒトラーの護衛部隊だったが、ナチスの恐怖と殺戮行為を象徴する政治警察・情報機関になった組織。正式名称は親衛隊であり、ナチ指導者を護衛する小規模の部隊として1920年代初頭に組織された。6万名を擁するナチスの武装組織SA（突撃隊あるいは「褐色シャツ隊」）の傘下に置かれたSSは、構成員280名と小規模ながら規律は厳しかった。

　SSが拡大を始めたのは、ヒトラーがハインリヒ・ヒムラーを親衛隊全国指導者に任命した1929年のことである。野心に溢れ、ヒトラーに心酔していたヒムラーは、ナチスのイデオロギーを強制・貫徹する神秘的な組織としてSSの拡大に努めた。構成員は「黒シャツ隊」の名で知られ、髑髏をあしらった記章を付けていた。この組織はエリート意識の強いドイツ人の目に、街頭で乱闘を繰り広げるSAよりも魅力的に映った。

　1930年の時点でヒムラーは3,000名以上をSSに勧誘していた。各隊員は18世紀にまで遡って純粋なアーリア人の家系であることを示す必要があり、人種的純潔を求めるナチの基準に照らせば手本と呼ぶべき存在だった。候補者の血統は、養豚業者だったリヒャルト＝ヴァルター・ダレが率いる人種及び移住本部によって調査された。ダレは「血と地」理論の提唱者であり、ヨーロッパ文明は純粋なドイツ人種の賜物であると主張していた。また人種及び移住本部はSS隊員の結婚相手に関する調査も行なっていた。

　SSのモットーは「信じよ！　服従せよ！　戦え！」であり、自分自身を現代のチュートン騎士団と考えていた隊員たちは、もっぱら武器を持たない敵相手に戦った。1939年9月のポーランド侵攻直後、SS部隊は占領地域における恐怖の支配を初めて行なった——SSはそれを「ユダヤ人、知識人、聖職者、そして貴族階級の一掃」と称している。

　1941年6月にドイツ軍がソビエトに侵攻した際、SSにはソビエトのユダヤ人及び「ボルシェビキの煽動者」

を絶滅させるという任務が与えられた。SSはこれを遂行するため「行動部隊（アインザッツグルッペ）」を組織し、ドイツ軍の後からソビエト連邦に入り込ませた。そしてアインザッツコマンド分遣隊は民間人（大半はユダヤ人）を次々と摘発、銃で虐殺した。戦争犯罪者の証言によると、これらSS部隊は200万名以上のユダヤ人を殺害したという。

SSはアインザッツコマンドと並行して、武装親衛隊というエリート戦闘部隊を組織した。1934年、ヒトラーは軍指導部に対し、ドイツの対外問題においては軍こそが「唯一の武器保有者」であると確約していた。しかし程なくして、重武装したSSの警察部隊が陸軍の軍服を着用するようになり（儀礼の場を除く）、武装組織を有すると共に重火器を与えられた。

開戦当時、およそ2万名のSS隊員が軍事部隊として組織されていた。またヒトラーがエリート戦闘部隊を必要としたことで、武装親衛隊は急速に規模を拡大させる。1944年末の時点で武装親衛隊は60万名の兵士を擁しており、機甲師団7個及び小規模部隊を多数展開させていた。またいくつかの軍団や軍ではSS司令官が指揮を執ることがあり、SS部隊は軍の通常部隊よりも規模が大きく、重武装を施されていた。さらに武装親衛隊は戦術情報の生産者であり消費者でもあった。

これら部隊はヨーロッパにおけるほぼ全ての戦場で戦った。その活動はSSのその他部隊が行なう治安維持や国内弾圧とは程遠かったものの、連合軍からは等しく犯罪行為に関わっていると見なされた。

SSは——ゲシュタポと共に——ドイツ及びその占領地域において、収容所と死のキャンプの広大なネットワークを運営・警備した。従って、数百万ものヨーロッパ人——ユダヤ人もキリスト教徒も、あるいはドイツ人も外国人も——を飢えさせ、拷問し、そして死に追いやったことに、SSは直接責任を負っていたのである。

戦後ドイツ人戦犯を裁いたニュルンベルク国際軍事法廷において、SSとゲシュタポは戦争犯罪組織とされた。また一部の事務官と下級隊員を除き、SSの全てのメンバーは人道に対する犯罪を計画・実行したことで有罪とされている。

「SD」も参照のこと。

【参照項目】ハインリヒ・ヒムラー、戦術情報、コンシューマー、ゲシュタポ

SSO

「特殊保安要員」を参照のこと。

SVR　(Sluzhba Vneshney Razvedki)

ロシア対外情報庁の略称。KGBの後継機関の1つとして1991年12月にボリス・エリツィン大統領が設立しながら短命に終わったロシア保安省（MB）の傘下に置

かれた。

SVRはKGBの対外情報機能を引き継ぎ、防諜活動は保安省廃止後に新設されたFSK（ロシア連邦防諜庁）の管轄となった（同様に、KGBが担当していた要人警護任務もFSKに移管されている）。

SVR初代長官のエフゲニー・プリマコフは、ミハイル・ゴルバチョフに対するクーデターが失敗した後の1991年10月、KGB議長に任命された。その後96年1月9日までSVR長官を務め、次いで外相を経て首相となっている（SVRはSVRRと称されることがある）。

プリマコフの後を継いで長官に就任したヴャチェスラフ・イワノヴィチ・トルブニコフは、インドとパキスタンの専門家である。

SVRにはおよそ15,000名の職員が所属しているという。国内保安、技術情報、イリーガルスパイ網、大量破壊兵器の拡散防止、そして経済情報を担当する各部局があり、組織犯罪、テロリズム、麻薬密輸は1つの局が一手に担っている。

【参照項目】KGB、MB、防諜、FSK、エフゲニー・プリマコフ、技術情報、経済情報

T-10

1950年代、共産党員狩りの情報提供者だった俳優ロナルド・レーガンにFBIが割り当てたコードネーム。

FBIがレーガンについて最初に記録を残したのは1943年11月18日のことである。あるパーティーで1人の親独派（名は記されていない）が反ユダヤ人的言動をしたところ、「あわや乱闘になりそうだった」というレーガンからの報告が残っている。レーガンは当時アメリカ陸軍に所属しており、カリフォルニア州カルヴァーシティーに所在するキャンプローチで陸軍航空軍第1映画部隊に配属されていた。次にレーガンの名が現われるのは、FBIが「共産主義者のフロント組織」と信じていたハリウッド芸術・科学・専門職独立市民委員会に対する捜査が行なわれていた1946年のことである。レーガンがFBIに語ったところによると、ファシズムと共に共産主義を非難する決議案が否決されたことで、彼は委員会を離れたという。

1947年10月、映画俳優組合の委員長だったレーガンは、娯楽産業での共産党員狩りに力を注いでいた下院非米活動委員会で証言を行なった。その際、当時の妻だった女優ジェーン・ワイマンと共に、「共産党の路線に盲従する」派閥について証言している。

レーガンは後にカリフォルニア州知事を経て、1981年に第40代アメリカ大統領となった。

【参照項目】コードネーム、FBI

TARPS

戦術航空偵察ポッドシステムの略称。アメリカ海軍が

保有する空母 10 隻は F-14 トムキャット 14 機から成る飛行隊を 1 つずつ擁していたが、そのうち 3 機には TARPS ポッドが装備されていた。TAPRS にはデジタル画像装置とデータリンクが装備され、陸上及び艦上の司令部に画像を準リアルタイムで提供した（1980 年代初頭に導入された初期型の TARPS は、空母帰還後にダウンロードできる偵察画像装置を備えていた）。

しかし TARPS 装備機のパイロットは偵察飛行の訓練を受けておらず、以前の艦上偵察機と比べ質・量共に劣っていた。この欠点は 1991 年の湾岸戦争における砂漠の嵐作戦で痛感されることになる。当時海軍情報局長を務めていたトーマス・A・ブルックス少将によると、爆撃戦果評価に必要なタイムリーかつ十分な量の情報を提供するにあたり、TARPS は「全く不十分」だったという。

TARPS は A3J ヴィジランティ、F4H ファントム、F8U クルセイダーの各機を改造した偵察専用機の後継として開発されたものである。

F-14 が退役する 2010 年以降、艦載機による偵察任務は F/A-18 ホーネットの偵察機型及び無人航空機に引き継がれるものと予想されている（訳注：実際の F-14 退役は 2006 年。また、F/A-18E/F には TARPS の後継装備 SHARP〔機能分担機上偵察ポッド〕が搭載された）。

全長 5.2 メートル、重量 840 キログラムの TARPS ポッドは F-14 の胴体下面に装着され、ミサイルと同時に装備できる。当初は KS-87 フレームカメラ 2 基（垂直方向及び前方）、KA-99 低高度パノラマカメラ 1 基、そして AN/AAD-5 赤外線画像センサーを搭載していたが、後にデータリンク経由で画像をほぼリアルタイムで送信すべくデジタル化機器が追加されている。またそれぞれの画像には撮影位置の緯度と経度が記されている。

【参照項目】航空機、A3J ヴィジランティ、F4H ファントム、F8U クルセイダー、無人航空機

TELINT

「遠隔測定情報」を参照のこと。

TENCAP

「国家技術力の戦術的活用」を参照のこと。

TINA

「無線指紋」を参照のこと。

TK

「タレントキーホール」を参照のこと。

TR-1

「U-2」を参照のこと。

TS

「最高機密」を参照のこと。

Tu-16 バジャー (Tu-16 Badger)

半世紀以上にわたりソビエト及びロシアの海空軍によって用いられている、極めて汎用性の高いソビエトのターボジェット中型爆撃機。また爆撃任務の他にも、電子偵察、対艦ミサイル攻撃、写真偵察、電子妨害、空中給油の各任務に従事した。

Tu-16 はソビエト連邦に隣接する海域を広範囲に飛行し、西側の艦船を探し求めた。1967 年から 72 年にかけては、地中海東部で活動するソビエト艦艇を支援すべくエジプトにも配備されている。一部の機体にはエジプト軍の塗装が施されたものの、搭乗員はみなソ連軍人だったようである。また 1980 年頃から 91 年のソビエト連邦崩壊までは、ベトナムのカムラン湾にある元アメリカ軍基地も拠点にしていた。一方、68 年 5 月 25 日に行なわれたアメリカ空母エセックスに対する一連の偵察飛行において、1 機の Tu-16 が急旋回した後エセックスの眼前で海面に墜落、搭乗員全員が死亡している。

ツポレフ設計局が開発した Tu-16 は後退翼を備え、主翼の根元に埋め込まれたナセルに 2 基の大型ターボジェットエンジンが装備されている。初期の爆撃機型の最高速度は時速 650 マイル（1,046 キロメートル）であり、胴体内部の大型爆弾倉に 2 万ポンド（約 9 トン）の爆弾を搭載できる。後に生産されたバジャー G 攻撃機型は、胴体下部または主翼パイロンに 1 ないし 2 発の大型空対地ミサイルを搭載していた。またほとんどの機体は胴体上部、下部、及び尾部に 23 ミリ連装機関砲の銃座を装備している。さらに大型の機首レードームを持たない爆撃機型は、機首右側に 7 門目の自動機関砲を固定装備できた。一方、写真偵察機型は爆弾倉に複数のカメラを備えている。爆撃機型の乗員数は 6 ないし 7 名だった。

Tu-16 はソビエト軍による呼称であり、バジャーは NATO のコードネームである（ツポレフ設計局の呼称は Tu-88）。バジャー D 及び K は電子偵察・洋上偵察機型であり、バジャー E は写真偵察機型である。またバジャー F は電子偵察と写真偵察のいずれにも用いることができる（他の派生型は主に爆撃機型またはミサイル搭載機型だった）。

Tu-16 の初飛行は 1952 年で空軍飛行隊への配備は 54 年に始まっている。また海軍への配備は 1950 年代後半より行なわれ、多数の空軍機が海軍へ移管された。1960 年代中盤までにおよそ 1,500 機が生産され、他にも 150 機ほどが中国で生産されている（これらには H-6 の呼称が付けられた）。バジャー爆撃機は現在（2004 年）もロシア及び中国軍で運用されており、ソビエト製の機体

は中国、エジプト、インドネシア、イラク、リビアにも輸出された。（訳注：本書執筆時点〔2004年〕でロシア連邦軍が運用していた機体は、いずれも無人標的機に改造されたものである）

Tu-20/Tu-95ベア （Tu-20/Tu-95 Bear）

　優美な機体を持つ、世界唯一のターボプロップ式大型戦略爆撃機。ロシア空軍ではミサイル攻撃機として、また海軍では長距離監視やミサイル誘導などの任務を行なう重要な機材として今も現役である（訳注：2014年現在も現役）。

　この機体は核兵器を積んでソビエトの基地からアメリカの目標上空に到達することを目的としてアンドレイ・N・ツポレフ設計局によって開発され、1955年11月6日にソビエト初の核兵器投下実験を遂行したと言われている。

　戦略爆撃機として配備が開始されたのは1956年である。その後1960年代中盤に哨戒機型のベアD（Tu-95RTs）が海軍での運用を開始し、洋上監視及びミサイル誘導任務についた。この型に攻撃兵器は搭載されておらず、大型の水上探索レーダーとビデオデータリンク（VDL。西側情報機関での呼称はドラムビュイ）を装備し、ミサイルを発射する水上艦や潜水艦に目標のデータを送ることができた。

　海軍での運用が始まった直後より、ベアDは公海におけるアメリカ艦船の偵察飛行を開始した。1970年4月以降、コラ半島を離陸した2機編隊のベアDがノールカップ周辺を飛行後、ノルウェー海及び大西洋北部を南下してキューバに着陸、数日後に基地へ帰還するという運用が行なわれた。8,000キロメートル以上に及ぶ無着陸飛行の間、通常は北米大陸の320～400キロメートル沖合で監視活動を行ない、電子情報を収集している。

　1973年になると2機編隊のベアがギニアのコナクリへの飛行を始めた。キューバとコナクリに配置されたベアは、数度にわたり大西洋南部及び中部の偵察飛行を行なったとされる。その後77年にコナクリからの飛行が

1971年、アメリカ艦艇に向かって北太平洋上空を飛ぶTu-20ベアD偵察機の優美な姿。空母ミッドウェイから飛び立ったアメリカ海軍のF-4ファントム戦闘機がこの大型機を注意深く監視している。（出典：アメリカ海軍）

中止され、アンゴラのルアンダ基地を拠点とするにあたって飛行パターンは変更された。また81年からソビエト連邦が崩壊する91年までのほぼ全ての期間、ベアはキューバを拠点にしている（83年にはベアF〔Tu-142〕対潜哨戒機型もキューバでの運用を開始している）。

1974年、ソビエト極東部の基地に所属するベアDの長距離飛行任務に、ベトナムのダナン及びカムラン湾の元アメリカ軍基地を拠点とする偵察任務が加わった。ベトナムを拠点とするベアD／Fの任務は79年から91年まで続けられた。

洋上監視とミサイル誘導の大部分は衛星に取って代わられたものの、ロシア海軍は現在もこうした任務にベアDを用いている（「ソビエト洋上監視システム」を参照のこと）。

空軍の写真偵察機として生産されたのがベアEである。またベアFは海軍向けの対潜哨戒機型であり、ベアGは初期の爆撃機型を誘導ミサイル搭載型に改造したものである。ベアH（Tu-95MS）は新造のミサイル搭載型で、1984年に配備が始まった。さらに、海軍の通信中継機としてベアJ（Tu-142MR）が存在する。前述の通り初期の爆撃機型はミサイル搭載型に改装され、生産自体も1990年代まで少数ながら継続された。かくしてベアは歴史上他のどの飛行機よりも長期間にわたって生産が続けられ、それは実に45年以上に及んでいる。生産機数も500機を超えた。

ベアは後退翼を備えた大型機で、主翼に埋め込まれた流線型のナセルに4基のターボプロップエンジンを搭載している。それぞれのエンジンには二重反転・可変ピッチ式の4翅プロペラが取り付けられており、最高速度は時速920キロにもなる。また11,000キロメートル強（ベアDの場合）という航続距離は、機首に取り付けられた固定式の受油棒から空中給油を受けることでさらに延長することができる。

Tu-95はツポレフ設計局内部の呼称であり、この飛行機の軍用機型を表わすものとして西側諸国で（誤って）使われることがあった。初期の軍内部での呼称はTu-20で、ベアF以降の生産機にはTu-142の呼称が与えられている。

Typex

第2次世界大戦中、高度な機密メッセージの暗号化に用いられたイギリスの主力暗号機。

1926年に各省庁合同の委員会が創設され、当時イギリス各軍だけでなく外務省、植民省及びインド政庁で用いられていた書籍式暗号（コード）に代わって、機械式暗号を用いる価値について検討が加えられた。この期間中、イギリスは評価用としてエニグマ暗号機2台を購入している。

1937年1月、委員会は空軍省による暗号機約30台の調達を勧告した。エニグマを改良発展させたタイプであるこの暗号機はType Xと呼ばれた。暗号機の開発及び調達は成功し、ヨーロッパで戦争が始まった1939年9月には、陸軍省と空軍省がすでにこの機械——Typexと改称済みだった——を用いて高度な暗号化を行なっている。しかしイギリス海軍はTypexを採用せず、従来通りコード書と暗号書に頼り続けた（海軍が暗号機を使い始めたのは1943年末であり、アメリカ、カナダ、及びインド海軍が使用していたシガバ暗号機の改良発展型、統合暗号機〔Conbined Cypher Machine〕を採用している）。

Typexは複数のローターを用いており、原理的にはエニグマと同様に動作する。また高速、高性能、安全という評価が与えられていた。戦争初期にダンケルクと北アフリカで数台がドイツ軍に鹵獲されたものの、ドイツ側はTypex暗号を真剣に解読しようとしなかった（同様に、統合暗号機の解読もなされなかった）。

Typexは作戦部隊、陸軍の師団司令部、そして空軍の主要な地上司令部だけでなく、特殊連絡部隊（SLU）でも活用された。しかし中国－ビルマ－インド方面の連絡部隊は例外で、こちらはアメリカのシガバ暗号機を用いていた。またアメリカ軍のいくつかの部隊もTypexを使っている。

【参照項目】暗号、エニグマ、シガバ、特殊連絡部隊

U-2

史上最も有名な偵察機。ソビエト上空での情報収集を目的としてアメリカが開発した写真・電子偵察機であり、1956年6月から60年5月にかけてソ連邦上空を飛行した。その後は中国、キューバ、エジプト、イスラエル、ラオス、ベトナムといったその他ターゲットの偵察も行なっている。ソ連への飛行ではイギリス人パイロットが操縦にあたることもあり、また数機は台湾に移管されて中国上空の偵察飛行に用いられた。U-2は21世紀に入っても活躍しており、後継機となるはずだったSR-71ブラックバードよりも長寿を保っている。

U-2の開発はCIAの資金提供を伴うブラック計画として1953年に始められ、リチャード・M・ビッセルが責任者を務めた。また設計主任にはロッキード社の秘密設計部門スカンクワークスを率いるクラレンス（ケリー）・ジョンソンが就いている。アイゼンハワー大統領はソビエトの戦略核兵器による真珠湾攻撃の再来を恐れ、U-2計画を支持すると共に30機の生産を内密に認可した。

1954年、アイゼンハワーはマサチューセッツ工科大学のジェイムズ・R・キリアン学長に対し、長距離戦略ミサイル開発の可能性を探る委員会の議長に就任するよう要請する。そして学術機関、研究所、政府からおよそ50名の高名な科学者及びエンジニアが集められ、戦略

高々度を飛行するU-2R。大型化されたこの派生型は主翼下面に「スリッパ式」のタンクを備えており、追加燃料とセンサーを収納している。人工衛星や無人航空機の出現にもかかわらずU-2は今なお現役であり、後継機のSR-71よりも長寿を保っている。（出典：ロッキード社）

高々度を飛行するU-2も無敵ではない。1960年から67年にかけ、7機のU-2がソビエトのSA-2誘導ミサイルによって撃墜された。ソビエト及びキューバ上空でそれぞれ1機ずつ、中国上空で5機が撃墜されたものと考えられている。上記の写真は北京の軍事博物館で1965年に展示された、偵察機4機の残骸の一部である。

攻撃兵器、戦略的防衛手段、及び戦略情報技術の様々な側面について検討を行なった。ポラロイド社のエドウィン・H・ランドが議長を務めた情報分科会は、1955年2月に次の文章から始まる極秘報告書を作成した。「我々は情報評価の基礎となる確実な事実の数を増やし、より優れた戦略的警告を与え、奇襲攻撃に対する備えを最大化させると共に、脅威の過大評価もしくは過小評価を根絶させる手段を見つけ出さなければならない」それに対

する解答として、ランド率いる分科会はU-2の開発を強く促した。

当初、U-2は高度6万フィートでソビエト領上空を飛行するものとされた。アイゼンハワーは回想録『Waging Peace, 1956-1961』（1963）の中で、本質的には動力付きグライダーであるこの偵察機を「独自の形状をしており、爆撃機と間違われる可能性はほとんどない」と評している。初期のU-2には複数のカメラに加

え、ソビエトのレーダー信号を捉えるべく最先端の小型電子情報（ELINT）システムが搭載された。偵察システムは定期的に更新され、1960年代初頭に生産されたU-2は焦点距離944.7ミリのレンズを備えたカメラを搭載し、200キロメートル×3,500キロメートルのエリアを4,000枚の立体視画像として撮影できた。

U-2は1955年8月1日に初飛行し、56年7月4日にはモスクワを主目標とした偵察飛行に従事している。また翌年にはアラル海東方のチュラタムに飛び、ソビエト初の大陸間弾道ミサイル発射台を偵察したとされる。

ソビエト上空への偵察飛行はCIAと契約を結んだ民間人パイロットによって行なわれたが、実際には空軍から借り受けたか、あるいは正体を偽装した飛行士であり、機体も第1、第2、第3（臨時）気象観測飛行隊に所属していた。ソビエト上空への初飛行はイギリスのレイクンヒース空軍基地を拠点に実施されたものの、その後は政治的理由から西ドイツのフランクフルトに程近いヴィースバーデンから行なわれた。そして拠点をさらにターゲットへ近づけるため、ヨーロッパのU-2はトルコのアダナ近郊にあるインジルリク基地を拠点にすると共に、一部の偵察機はパキスタン奥地の飛行場から飛び立っている。同様に、極東での偵察飛行は当初日本の厚木基地を拠点にしていた。

U-2は1957年6月からアメリカ空軍に配属され、74年以降は全てのU-2戦略偵察機が空軍の所属となっている。現在はカリフォルニア州ビール空軍基地を拠点とする第9戦略偵察航空団がU-2の運用を担当している。また1982年から91年にかけては、イギリスのアルコンベリー空軍基地に第17戦略偵察航空団が置かれ、ヨーロッパ方面におけるU-2の運用を担当していた。

イギリス人パイロットもU-2の操縦訓練を受け、1958年にはアイゼンハワー大統領がハロルド・マクミラン首相を説得した上で、彼らにソビエト上空の偵察飛行を行なわせている。イギリス人パイロットがU-2を操縦する初の偵察飛行は1958年8月24日に実施された。

U-2の開発当時、ソビエト上空を安全に飛行できるのは、探知・撃墜が可能になるまでのわずか2年間だと見積もられた。しかし1956年から60年にかけて実施された24回の偵察飛行は、いずれもソビエトのレーダーによって追尾されていた。60年5月1日、ロシア中央部の工業中心地スヴェルドロフスク近郊で、1機のU-2がソビエトのSA-2地対空ミサイルによって撃墜される。パイロットのフランシス・ゲイリー・パワーズはパキスタンのペシャワールから離陸し、ソビエト領を横切ってノルウェーのボードーに着陸することになっていた。飛行予定時間は9時間半、飛行距離は6,096キロメートルで、そのうち4.697キロメートルがソビエト領上空だった。またU-2を撃墜したSA-2ミサイルはM・R・ヴォロノフ少佐率いる対空防衛部隊によって発射さ

れたものであり、機体への命中によってエンジンに深刻な問題が発生し、高度を失ったものと考えられている。

このU-2には時限スイッチ付きのプラスチック爆弾が備えられ、パワーズは脱出に先立ってこれを作動させることになっていた。なおこの装置はカメラの破壊が目的であって、機体の破壊を目的とはしていない。しかし装置は作動しなかった。

パワーズはパラシュートで脱出したが、着地後すぐに捕らえられた。機体の残骸は後にモスクワのゴーリキー公園で展示され、その後は博物館に移されている。

パワーズによる偵察飛行は、パリで主要国首脳会談が予定されていた15日前に実施された。U-2撃墜を受け、ニキータ・フルシチョフ首相はアイゼンハワー大統領が会談の場で謝罪することを求め、首脳会談の中止と米ソ関係の悪化という結果になった。これ以降、U-2によるソビエト上空の偵察飛行は中止されたものの、アメリカの国益が関わるその他の地域では継続されている。

U-2はキューバ上空でも頻繁に偵察飛行を実施した。アイゼンハワー大統領から内密に認可を受けた初の偵察は1960年10月27日に行なわれ、CIAの所属機が担当した。また62年10月13日から14日にかけての深夜には、空軍のパイロットもキューバ上空を偵察飛行している。U-2の偵察飛行によってソビエトがキューバに武器を送り込んでいることが明らかになり、キューバミサイル危機の端緒となった。同月27日には空軍のU-2がキューバ上空でSA-2ミサイルによって撃墜され、操縦していたルドルフ・アンダーソン・ジュニア空軍少佐が殉職した。

1960年初頭には台湾人パイロットによる中国上空への偵察飛行が始まっている。台湾のU-2が初めて撃墜されたのは1962年9月であり、1960年代に合計5機のU-2が撃墜されたという（中国上空への偵察飛行は1974年6月まで続けられた）。また64年5月には太平洋中部で活動する空母レンジャーを拠点として、CIAによる偵察任務が実施された。このU-2Gはフランス領ポリネシアのムルロア島上空を飛行し、フランスの原爆実験を撮影している。

U-2による特筆すべき任務として、その他にもインドを拠点とした中国上空の偵察飛行が挙げられる。1962年、インド政府は中国との紛争を受け、西側に軍事支援を要請した（その一方でソビエトからの武器調達も続けていた）。長期にわたる交渉を経た1964年初頭、インド政府は東部沿岸のカタック近郊にあるチャルバティア空軍基地を、CIAが使用することを認めた。そして5月から1機のU-2によって中国及びチベットへの偵察飛行が実施され、ロプノールで中国初の原爆実験が行なわれた12月までに2、3回任務を遂行したものとされている。いずれの偵察飛行も成功に終わり、この極秘作戦で得られた国境地帯の中国軍に関する情報はインド政府に

も提供された。

　2000年1月27日、国家航空宇宙局（NASA）に所属するER-2——U-2の非軍用型——が、ロシア政府の許可を得てロシア上空を飛行した。この飛行はオゾン層の調査を目的とした国際プロジェクトの一環として実施され、スウェーデンのキルナを離陸基地としていた（NASAはこのプロジェクトへ参加するにあたり、改造したDC-8旅客機と観測機器を積んだ気球も投入している）。

　1956年のスエズ危機以降、軍のU-2は中東でも活動している。91年の湾岸戦争ではサウジアラビアの空域を飛行し、イラクに関するリアルタイムの情報を地上局にもたらした。後にはイラク上空の「飛行禁止空域」を監視すると共に、短期間ながら国連の指揮下でイラク上空を飛行、違法兵器の捜索を行なった。また2003年のイラク戦争でも貴重な情報を提供している。

　1955年から69年にかけて合計53機のU-2A/B型が生産された。これらは幾度か改造・改修され、1989年までに全機が引退している。またこれらの機体用に発注したスペアパーツを使って他に6機が組み立てられている。60年代後半にはより大型で高性能のU-2Rが12機製造され、最新型の偵察用レーダーと様々な電子センサーが搭載された。またヨーロッパの戦場上空の偵察を目的として、U-2Rに似たTR-1戦術偵察（Tactical Reconnaissance）型も開発されている。空軍は1979年から89年にかけて27機のTR-1と8機のU-2Rを受領し、NASAもER-1地球環境（Earth Resource）調査機型を2機調達している（TR-1は1991年にU-2Rと改称された）。NASAは初期のU-2も数機運用した。

　U-2は合計86機が生産され、2003年の時点でも空軍が31機を所有している（訳注：2014年現在も現役）。

　少なくとも2機のU-2Rが通信情報（COMINT）機に改造され、衛星経由でデータを送信するために、翼断面涙滴型をした大型のレードームを機体背面の短いパイロンに装着している。さらに、数機のU-2と2機のTR-1Bが訓練用として用いられている。海軍も海洋監視任務への投入を検討すべく、特殊レーダーを搭載した2機のU-2を調達したが、この計画は中止された。またアレスティング・フックを備えたU-2数機が海軍の空母から運用されている。

　ターボジェットエンジン1基を搭載した初期のU-2は、最高時速430マイル（692キロメートル）で飛行した。後のU-2Cではより強力なエンジンが採用され、最高時速も528マイル（850キロメートル）に向上している。当初の上昇限界高度は6万フィート（U-2Cは85,000フィート、U2-Rは9万フィート）であり、航続距離も当初は2,200マイル（3,540キロメートル）だったが、U-2Cでは3,000マイル（4,828キロメートル）に、U-2Rでは3,500マイル（5,633キロメートル）に延

びている。また数機のU-2Cには空中給油装置が備えられていた。

　「レインボー」も参照のこと。

【参照項目】偵察、ターゲット、SR-71ブラックバード、CIA、ブラック、リチャード・M・ビッセル、スカンクワークス、クラレンス（ケリー）・ジョンソン、真珠湾攻撃、ジェイムズ・R・キリアン、エドウィン・H・ランド、電子情報、上空偵察、フランシス・ゲイリー・パワーズ、キューバミサイル危機、ルドルフ・アンダーソン・ジュニア、国際連合、通信情報、衛星

UAV

「無人航空機」を参照のこと。

UKUSA協定 （UKUSA Agreement）

　ジェイムズ・バンフォードは名著『The Puzzle Palace（邦題・パズル・パレス：超スパイ機関NSAの全貌）』（1982）の中で、UKUSA協定を「英語圏の諸国が締結した中で恐らく最も厚い秘密のヴェールに包まれた協定」と評している。

　UKUSA——連合王国（イギリス）・アメリカ合衆国安全保障協定（the United Kingdom-United States of America Security Agreement）——は、米英間における信号情報（SIGINT）の全面的相互提供と、SIGINT活動における協力関係の構築を目的として1943年に締結されたBRUSA協定の後継である。1946年に締結されたUKUSA協定は米英両国だけでなく、オーストラリア、カナダ、ニュージーランドによるSIGINT活動をも包含した。これら5ヵ国にはそれぞれの活動地域が割り当てられているが、その一部は重複している。例えばイギリスは香港の傍受基地を、アメリカは韓国、日本、台湾の傍受基地を使って、共に中国本土からSIGINTを入手していた。UKUSAに加盟している情報機関として、NSA、イギリス政府通信本部（GCHQ）、カナダ通信保安局（CSE）、オーストラリア国防信号局（DSD）、そしてニュージーランド政府通信保安局（GCSB）が挙げられる。

　UKUSA加盟国は共通のコードワード、用語、傍受技術、そして保安手続きを用いることで合意している。また全ての規則と手続きはSIGINT国際規則（IRSIG）という名の包括的文書に記されているが、ここでいう「国際規則」とはこれら5ヵ国でのみ共有されている極秘手続きを指すに過ぎない。

　UKUSA協定は、1956年のスエズ危機など、米英の分裂をもたらした政治的事件を生き延びた。その一方で、相手方が協定違反を犯したという非難を米英ともにしばしば行なっている。イギリス保安部（MI5）に所属していた科学者のピーター・ライトは著書『Spycatcher（邦題・スパイキャッチャー）』（1987）の中で、ウィリア

ム・K・ハーヴェイなる人物がCIA内部にスタッフD セクションを設置した時のことを記している。「アメリカ人が暗号解読活動を行ないながら、成果物を我々と共有することを望まない、あるいは今もきっとそうしているように、イギリスあるいは連合王国に敵対するような作戦を実施したいと考えているなら、スタッフDこそがその場所である」

近年では、UKUSAによる盗聴活動の重点はエシュロンに移行している。エシュロンとは、商用衛星を経由する通信から特定の単語を探知すべく開発された、最先端のシステムを指すコードネームである。

【参照項目】ジェイムズ・バンフォード、BRUSA協定、信号情報、NSA、政府通信本部、コードワード、MI5、ピーター・ライト、ウィリアム・K・ハーヴェイ、CIA、エシュロン、衛星、コードネーム

U.N.C.L.E.

「テレビ」を参照のこと。

USIB

「合衆国情報会議」を参照のこと。

Vertrauensmann

直訳すれば「我々の信頼する人間」。「秘密エージェント」という意味のこの単語は、第2次世界大戦期のドイツの外交電報にしばしば登場した。米英の翻訳官は「密偵」と訳している。

【参照項目】エージェント、密偵

VIAT

1960年代、北ベトナムを標的とした秘密工作を遂行すべく活用された、南ベトナムの民間航空会社。CIAが運営するフロント企業だった。またもう1つのフロント企業であるエア・アメリカのパイロットを使ったこともある。

【参照項目】秘密工作活動、CIA、フロント企業、エア・アメリカ

VQ飛行隊 (VQ Squadrons)

電子情報（ELINT）機を運用するアメリカ海軍の艦隊航空偵察隊。1950年代中期以降、極東のVQ-1とヨーロッパ―地中海地域のVQ-2がELINT任務を遂行し、技術情報活動を支援しつつ艦隊及び方面司令官に戦術情報を提供した。

アメリカ海軍は第2次世界大戦中から様々な陸上航空機や飛行艇を用いて電子情報活動を行なってきた。冷戦期に入ると、PBMマリナー双発飛行艇とPB4Y-2プライバティア4発爆撃機を改造した上でソビエト周辺を飛行させている。これらの航空機は通常の哨戒飛行隊

（VP）に配備された。なお冷戦下で初めて撃墜された偵察機は、モロッコのポール・リョーテ（現・ケニトラ）を拠点とするVP-26所属のPB4Y-2である（1950年4月8日にラトビア沖で撃墜されたこの航空機は、バルト海上空でELINT任務を遂行すべく西ドイツのヴィースバーデンから飛び立ち、任務完了後はデンマークのコペンハーゲンに着陸する予定だった）。

海軍はELINT活動を専門とする飛行隊の必要性を認識しており、1955年6月1日にECM（電子対抗手段）飛行隊としてVQ-1を日本の岩国基地で編成した。当初、この飛行隊はP4M-1Qマーケーターを運用していた。同年9月1日にはポール・リョーテでVQ-2が編成され、P4M-1QとA3D-1Qスカイウォーリアが配備される。スカイウォーリアは地上からだけでなく空母からも発進できた。またECMという単語は、この飛行隊の真の目的を隠すのが目的だった。

1960年1月1日、VQの呼称は艦隊航空偵察飛行隊を指すものと変更される。飛行隊はその後も任務を続け、現在VQ-1はワシントン州ウィドビー島を、VQ-2はスペインのロタを本拠とし（訳注：2005年にワシントン州ウィドビー島へ移転）、P-3オリオン哨戒機をELINT任務用に改造したEP3-Eを運用している。

1967年6月、ELINT任務用に改造され、少なくとも2名のヘブライ語話者を乗せたC-121コンステレーションが、アメリカの情報収集艦リバティへの攻撃に関わるイスラエル軍の交信を傍受した。VQ-2に所属していたこのC-121は通信を記録し、NSAはそれによって攻撃が誤認によるものだと判断している。

2001年4月1日には、VQ-1所属のEP-3Eが海南島沖で中国のJ-8戦闘機と空中衝突する。J-8は海上に墜落、パイロットは死亡した。一方、大きなダメージを負ったEP-3Eは海南島に不時着する。乗員24名（男性21名、女性3名）に負傷者はなく、機体が着陸するより早く一部の装置と記録を破壊していた（乗員は11日後に解放され、機体は分解された上でアメリカへ空輸された）。

1991年、海軍は2つのVQ飛行隊を新設し、VQ-5をグアム島のアガナに、VQ-6をフロリダ州セシルフィールドに配置した。両飛行隊には艦載型のES-3AバイキングELINT機が配備されたものの、A3Dスカイウォーリアの後継であるES-3Aの寿命は短かった。予算削減の流れを受けて海軍はES-3Aの退役を決め、VQ-5とVQ-6も99年に解隊された。なお最後のES-3Aは95年に引き渡されている。

【参照項目】電子情報、偵察、技術情報、戦術情報、PB4Y-2プライバティア、撃墜、電子対抗手段、P4M-1Qマーケーター、A3Dスカイウォーリア、C-121コンステレーション、リバティ、NSA

WNINTEL

「情報源あるいはその入手方法に関する警告通知」を参照のこと。

X計画 (Project X)

特にラテンアメリカにおいて外国人インテリジェンス・オフィサーを訓練するという、アメリカ陸軍が1965年から80年代初頭にかけて実施したプロジェクト。詳細はほとんど明らかにされていないものの、プロジェクトのマニュアルによると、政敵へのスパイ行為、野党への浸透、反乱軍メンバーの家族の誘拐、反体制派の殺害・捕縛に対する報酬の支払い、そして脅迫戦術の活用が、これら外国人に教え込まれたとされる。

このマニュアルはアメリカ国内だけでなく、外国人インテリジェンス・オフィサーを訓練するためにそれぞれの出身国で用いられ、内容の一部は1997年に公開されている。作成したのは当時メリーランド州ボルチモア近郊のフォート・ホラバードに所在していた陸軍情報本部・学校であり、この組織は後にアリゾナ州フォート・フワチューカに移転した。

X計画は1965年に始められ、南ベトナムなどのアジア人を沖縄の陸軍太平洋方面情報学校で訓練した。革命前のイランでも訓練が行なわれており、軍の士官が参加している。X計画はその後ラテンアメリカにも広まり、中止された1980年代初頭には他の地域でも実施されていたと思われる。なおアメリカ陸軍は、その後も外国人インテリジェンス・オフィサーを訓練するプログラムを継続している。

【参照項目】インテリジェンス・オフィサー、フォート・ホラバード

X-2

第2次世界大戦中に活動した戦略諜報局（OSS）の防諜・対情報部門を指す呼称。

初代のトップはシカゴ出身の弁護士であるヒューバート・ウィルが務めた。次いで、戦前までイェール大学の英語教授だったノーマン・ホームズ・ピアソンがウィルの後を継ぎ、恐らくイギリスのダブルクロス委員会との連繋を指す意味でX-2の呼称を付与したものとされている。

ピアソンはイギリスの暗号解読活動（ウルトラ）拠点ブレッチレーパークにしばらく滞在したことがあり、そこでX-2との連絡体制を構築した。また1943年7月から10月までロンドン支局長代行を、44年9月から45年1月まで支局長を務め、支局のイベリア－北アフリカ班も率いている。イギリス側の同僚にはハロルド（キム）・フィルビーもおり、イギリス秘密情報部（MI6）のイベリアにおける活動を監督していた。フィルビーは後にス

パイであることが暴露され、1963年にモスクワへ亡命したが、ピアソンはフィルビーに気をつけるよう警告されたことを後に明かしている。

OSSの資料によると、X-2は敵国エージェント1,300名の摘発に貢献したという。ピアソンは機密扱いのOSS史において、X-2がイギリスと密接に協力しただけでなく、フランス、イタリア、ノルウェーからも防諜資料を入手していたと記している。さらにベルギー、デンマーク、オランダ、スウェーデン、そしてトルコの機関からも協力を得たという。その結果、終戦までに30万名の情報ファイルが作成された。

X-2にはジェイムズ・ジーザス・アングルトンなど様々な人材が在籍していた。ロビン・W・ウインクスは著書『Cloak & Gown』（1987）の中でその一例を挙げている。

> プロの歌手、コンサートのピアニスト、北京の学校で勤務していた元英語科主任、社交界の名士、そして高校を出たばかりの少女……女性の飛行教官、マットレス工場の支配人、作家ジョン・P・マーカンドの息子、コカコーラ社の重役、フットボールのコーチ、バーテンダー（エール・クラブ出身）……美容室の店員……巨額の富を持つ男性3名と女性2名（あるいはそれ以上）、そして高校を出ていない女性3名……

ウインクスによると、女性はたとえ男性と同じ教育を受けていても、解読官だった1人を除いていずれも秘書、翻訳者、あるいは事務員として勤務していたという。

詩人のジョン・ホランダーは書籍1冊分にもなる詩編『Reflection on Espionage』を作り、X-2でピューリタンというコードネームを持つピアソンを登場させている。

【参照項目】戦略諜報局、防諜、対情報、ダブルクロス委員会、ウルトラ、ブレッチレーパーク、ハロルド（キム）・フィルビー、MI6、エージェント、ジェイムズ・ジーザス・アングルトン

XX

「ダブルクロス・システム」を参照のこと。

XYZ委員会 (XYZ Committee)

1930年代に活動したイギリスの民間人による非公式なグループ。イギリスの戦争準備を整えるべく、情報を交換し合うことが目的だった。他のグループとしてフォーカスやエレクトラがある。これらグループの活動は、当時下野していたウィンストン・チャーチルの情報分野における側近、ウィリアム・スティーヴンソンによって監督されていた。スティーヴンソンは後に英国保安調整

局のトップとしてニューヨークを拠点に活動している。

【参照項目】 ウィリアム・スティーヴンソン、英国保安調整局

Yak-25RD マンドレイク (Yak-25RD Mandrake)

ソビエトの高々度偵察機。しかしその有効性は、1960年のU-2偵察機撃墜によって疑問符が付けられた。マンドレイク——北大西洋条約機構によるコードネーム——は夜間及び全天候の運用を目指して開発された、双発ジェット・後退翼のYak-25フラッシュライト戦闘機を土台にしている。Yak-25——23ミリ砲と長距離レーダーを備え、最高速度は時速677マイル（1,090キロメートル）——は1952年6月に初飛行を行ない、55年より配備が開始された。ところがアメリカは同等のスピードを誇るB-47ストラトジェット爆撃機を開発しており、すでに時代遅れとなっていた。

マンドレイクは直線翼を備え、翼幅は23メートルと戦闘機型の2倍以上になっている。両翼の位置もフラッシュライトより高く、翼に取り付けられたナセルの中にターボジェットエンジンが格納されている。巡航高度は約60,000フィートだが、70,000フィートを飛行することも可能である。また搭乗員は2名だった。

「ソビエト版U-2」とも称されるマンドレイクは、1950年代後半に西ヨーロッパ上空だけでなく、ソビエトに隣接する地域でも偵察飛行を実施した。なお西側上空の偵察飛行は1960年5月1日のU-2撃墜を受けて急遽中止されたものと考えられている。空中スパイの非難が自分たちにも向けられることを望まなかったのがその理由だ

ろう。

一部の戦闘機は偵察機型に改造された（電子戦用に改造されたものもある）。各種——戦闘機、爆撃機、及び偵察機——合わせて約1,000機が1958年までに生産され、Yak-25の基本設計は大幅に改良された上で、後のYak-28ブリュワー爆撃機とファイアバー戦闘機に引き継がれている。

【参照項目】 偵察、U-2、北大西洋条約機構、コードネーム、B-47ストラトジェット

Y局 (Y Service)

第2次世界大戦中に存在したイギリスの信号傍受機関。正式名称の複合信号機関（CSO）は、政府暗号学校の通信傍受活動を秘匿するカバーとして用いられた。

戦後、秘密情報部（MI6）は「Yセクション」を設置し、オーストリアでソビエトが行なう電話連絡の盗聴と、イギリスなど西欧諸国でソビエト代表団が入居している建物への盗聴器設置を担当させた。

「Y」は傍受プロセスを指すイギリスの用語でもある。

【参照項目】 政府暗号学校、MI6、盗聴／盗聴器

Z優先順位規則 (Z Priorities)

第2次世界大戦中、エニグマ暗号の解読結果を配布する際にイギリスが用いたマーキング方式。解読内容にはそれぞれ1つから5つのZが記され、Zの数が多いほど優先順位が高いとされた。

【参照項目】 エニグマ

ア

アイアンバーク　(Ironbark)

　GRU（ソビエト連邦軍参謀本部情報総局）のオレグ・ペンコフスキーが米英情報機関にもたらした秘密文書を指すアメリカの区分。

アイヴィー・ベル　(Ivy Bells)

　水深およそ120メートルのオホーツク海に敷設されたソビエトの海底通信ケーブルに傍受装置を取り付けるというアメリカ海軍の作戦。潜水艦が定期的にこの装置の保守にあたり、テープを回収した。カムチャッカ半島のソビエト基地と極東沿岸を結ぶこの海底ケーブルは、民間通信だけでなく軍事機密通信にも用いられていた。

　傍受装置の取り付けにあたったのはアメリカの原子力潜水艦ハリバットで、作戦開始から1976年までテープの交換も担当した。その後は同じく原子力潜水艦のパーチーが任務を引き継いでいる。両艦とも海底での作業とテープ回収のために大幅な改造を施されていた。

　テープに記録された通信内容は数週間ないし数ヵ月前のものだが、情報分析には有用だった。中には将来の活動に触れたものもあり、それらは発生した時点で対処することになる。またデータからは技術情報ももたらされた。

　アイヴィー・ベル作戦は1981年まで続けられた。その年、装置の取り付けられた場所でソビエトのサルベージ船が作業している様子を、アメリカの衛星が撮影する。後にパーチーがテープを回収しに行くと、装置はなくなっていた。海軍をはじめとする情報機関は当初、アイヴィー・ベル作戦が発覚したいきさつとその正確な時期について判断を下せなかった。

　しかし1985年に逮捕されたNSAのロナルド・ペルトン分析官が、1980年1月頃に海軍の秘密作戦をソビエトへ漏らしたと自白したことで、発覚の経緯は明らかになった（押収された海底録音装置の1つはモスクワの旧KGB本部にある博物館で展示されている）。

　アイヴィー・ベル作戦の全貌を初めて明らかにしたのは、ジャーナリストのシェリー・ソンタグとクリストファー・ドリューが執筆したベストセラー『Blind Man's Bluff（邦題・潜水艦諜報戦）』（1998）である。だが海軍士官の多くは、全ての潜水艦作戦は機密扱いにされるべきという確固たる信念──そこから海軍の潜水艦活動を指す「サイレント・サービス」という言葉が生まれた──を抱いており、本書の刊行を認めるべきではなかったと主張している。

【参照項目】潜水艦、技術情報、衛星、NSA、ロナルド・ペルトン、博物館

愛国者法　(Patriot Act)

　「米国愛国者法」を参照のこと。

アイデアリスト　(Idealist)

　バイマン偵察衛星群の中でU-2偵察機を指すコードネーム。

【参照項目】バイマン、U-2、コードネーム

アウスラント・アプヴェーア　(Ausland/Abwehr)

　「アプヴェーア」を参照のこと。

明石元二郎　(1864-1919)

　1901年に駐在武官としてヨーロッパに派遣された日本陸軍将校。フランス、スウェーデン、ドイツ、スイスに居住するロシア人革命家と連絡を取ることを主要任務とした一方、ロシア軍に関する情報も集めた。

　その後ロシアへ赴任した時点で、明石は経験豊かな軍事アドバイザー、戦術専門家という評判を得ていた。またイギリスの伝説的スパイであるシドニー・ライリーを知っており、日本軍のために諜報活動を行なうよう説得している。

　絵画と詩の才能によってヨーロッパで人気があった明石は、情報収集活動でかなりの成果を挙げた。帰国後は大将に昇進し、台湾総督在任中に死去している。

　「黒龍会」も参照のこと。

【参照項目】駐在武官、シドニー・ライリー

アーガス　(Argus)

　計画のみに終わったアメリカの信号情報（SIGINT）収集衛星。リオライト衛星を置き換えるこの計画は、1971年にウィリアム・コルビー中央情報長官（DCI）による認可を受けていた。

　しかし、ジェイムズ・シュレジンジャー国防長官によってこの衛星は不必要であるとの決定が下される。コルビーはジェラルド・フォード大統領に決定の取消を求め、大統領は国家安全保障会議（NSC）に対してこの件の調査を命じた。会議の勧告を受けたフォードはコルビーの支持に回るものの、議会が開発予算を拒否したため計画は破棄された。

【参照項目】信号情報、人工衛星、ウィリアム・コルビー、中央情報長官、国家安全保障会議

アクアケイド　(Aquacade)

　「リオライト」を参照のこと。

アクエリウム　(Aquarium)

　ソビエト（ロシア）連邦軍参謀本部情報総局（GRU）本部を指す俗称。モスクワ郊外のホドゥンキ地区、ホロ

シェフスコエ通りに位置する9階建てのビルで、外壁のほとんどがガラス張りのためアクエリウム（水族館）の俗称が付けられている（GRU職員の多くはこのビルをステクリャーシュカ〔ガラスのビル〕と呼んでいる）。

元GRUの亡命者ウラジミール・レズンは、ヴィクトル・スヴォロフのペンネームで執筆した1985年の著書に『アクエリウム』の題名をつけた。

【参照項目】GRU、ヴィクトル・スヴォロフ

アクセス　(Access)

セキュリティー・クリアランスの適切な行使によって機密情報を得ること。

【参照項目】セキュリティー・クリアランス

アグネス　(Agnes)

1940年、ブレッチレーパークに設置されたボンブ計算機の名前。ドイツ空襲を恐れ、その後に製造されたボンブは近くの地所や村落にも配置された。

（訳注：ボンブ初号機の名称はヴィクトリーであり、アグネスは2号機にあたる）

【参照項目】ブレッチレーパーク、ボンブ

アグラナート委員会　(Agranat Commission)

ヨム・キップル戦争（第4次中東戦争）後、エジプト軍によるスエズ渡河奇襲攻撃の「責任」を問うため1973年11月に設けられたイスラエルの委員会。名称の由来は委員長を務めたサイモン・アグラナート最高裁判所長官である。

1974年4月1日、委員会は辛辣な表現に満ちた予備報告書を提出したが、内容の中心は、エジプト軍による攻撃の可能性についてアマン（参謀本部諜報局）が発した警告に対する評価だった。報告書では、諜報局長官であるエリアフ・ゼイラ少将以下インテリジェンス・オフィサー3名の更迭が提言されている。アマンはエジプト軍の奇襲のみならず、10月8日に行なわれたエジプト軍に対する最初の反撃が失敗に終わったことについても責任があるとされた。

イアン・ブラックとベニー・モリスは著書『Israel's Secret Wars』(1991) の中でこう記している。

1973年に発生したイスラエルの諜報活動における完全なる失敗は、2つの大きな教訓をもたらした。1つは予断や偏見が確かな事実に勝ることであり、この事実が将来の見通しの暗さを指し示すものであればその傾向はなおさら強い。もう1つは、たとえ統制がとれて組織の秩序も確立されており、洗練された装備を有している諜報機関であっても、小麦（優れた情報）と籾殻（誤った、あるいは不適切な情報）を見分け、意味のない「雑音」から有意義なシグナルを聞きとる

際には例外なく困難に直面することである。最終的に、入手した情報を正しく解釈できるか否かは分析・評価担当者と、上に立つ政治指導者次第なのだ。

1967年の6日間戦争（第3次中東戦争）ではアマン副長官として賞賛されたゼイラだったが、長官の座を降りざるを得なかった。また委員会は陸軍参謀総長と南部軍司令官にも非難を加えている。一方、ゴルダ・メイア首相とモシェ・ダヤン国防大臣に「直接の責任」はないとされたものの、両者とも報告書の提出後に辞任している。

さらに委員会は、インテリジェンス・コミュニティーの各組織における変革を勧告し、モサドと外務省の小規模な調査機関により大きな情報分析の権限を与え、アマンによる独占状態を終わらせるべきだとしている。

委員会の最終報告書は1975年1月30日に提出された。

【参照項目】アマン、インテリジェンス・オフィサー、モサド

アシェ　(Asché)

「ハンス＝ティロ・シュミット」を参照のこと。

アジャックス作戦　(Ajax)

イランのモハンマド・モサッデク首相を排除すべく1953年に実施されたイギリス・CIA合同作戦を指すアメリカ側のコードネーム。イギリス側のコードネームはブート。

【参照項目】CIA

アスター、ウィリアム・ヴィンセント

(Astor, William Vincent　1891-1959)

ルーズベルト大統領の長年にわたる友人であり、資金提供者でもあった人物。1941年にアメリカの対外情報活動を統轄する立場に任命された。また第1次世界大戦では海軍少尉としてヨーロッパ戦線に従軍している。

1927年、アスターはカーミット・ルーズベルトと共に「ルーム」なる秘密組織を結成した。ルームに所属する著名なメンバーとして、銀行家のウィンスロップ・W・オルドリッチや国務省外務部のデイヴィッド・K・E・ブルースが挙げられる。またMI6の元職員など諜報活動の経験者もいた。

1930年代、アスターはヌールマハル号という自らのヨットにルーズベルトを定期的に招待し、カーミット・ルーズベルトや主要な銀行家及び文学者と情報関係のテーマについて討論したことが知られている。また海軍の予備役情報士官としてすでに初歩的な諜報活動を行なっており、カリブ海やパナマ運河地帯への航海中に得た情報を定期的にルーズベルト大統領へ提供していた。

歴史家のジェフリー・M・ドーワートは著書『Conflict of Duty』（1983）において、アスターが1930年代に情報士官から「若干単純に過ぎるが熱意に溢れ、貴重な情報提供者と言える」と評されていたことを記している。とりわけ1938年に太平洋中部の島々への航海を行ない、将来戦場になる地域の港や空港といった施設の情報を集めたことが特筆されよう。「この航海における情報収集活動は興味深く示唆に富むものであり、将来役立つことを私は心から願っております」と、アスターは大統領に宛てて電報を打っている。

1939年9月にヨーロッパで第2次世界大戦が勃発すると、「ルーム」は「クラブ」と名前を変えてより精力的な活動を行ない、ルーズベルトに直接情報を上げるまでになった。中でも銀行家のオルドリッチは、日本の商取引と、フロント組織アムトルグを通じたソビエト連邦の金融取引についての情報を提供している。またウエスタンユニオン社の取締役であるアスターは海外電信の傍受内容を提供した。クラブの銀行家たちはとりわけ有益だった。アスターが大統領に述べた通り、「諜報と破壊工作には金がかかり、いずれかの段階で銀行を通す必要がある」からである。

アスターは数多くの準諜報活動に携わった。1940年6月26日、ルーズベルトは彼の要求に従い、海軍作戦部長のハロルド・R・スターク大将に対して次のように勧告している。

　　ニューヨーク地域の諜報活動を（アスターに）統轄させ、当然あらゆる支援が彼に与えられるよう私が望んでいることを君に知らせておきたい。何より私は……総合的な諜報活動に必要な人員や要素について彼が有している広範な知識のために、候補者選定については彼の推薦を重視したいのだ。

翌年初頭、アスターはルーズベルト及び新任の海軍情報部長（DNI）アラン・G・カーク大佐と共に航海へ出た。その時の議論は、ニューヨーク地域で陸海軍の情報部門とFBIの活動を監督する権限を持つ情報統括官に、アスターを指名することに集中した。

それから数ヵ月間、アスターはルーズベルト大統領の認可（それは海軍情報部長からの手紙という形で1941年3月19日に与えられた）によって行動し、大都市近辺におけるアメリカの諜報活動を統轄すると共に、秘密活動や違法工作も行なった。

しかしアスターがこの地位に就いたことは、FBI長官のJ・エドガー・フーヴァーや各軍のトップから強い反撥を受けた。さらに、ルーズベルトはもう1人のお気に入りのスパイを舞台に上げつつあった。退役軍人で弁護士のウィリアム・ドノヴァンである。ルーズベルトは戦火に包まれているヨーロッパでの様々な任務をドノ

ヴァンに委ね、彼を諜報機関の長とすることについてイギリスからの支持を急速に拡大させていた。そして1941年7月11日、新設された対外情報収集機関の長官にドノヴァンを指名し、情報統括官の称号を彼に与えたのだった。

ドノヴァンの台頭、諜報機関からの反対、そしてこうした状況で諜報活動を遂行する際の様々な困難に直面したアスターは病に陥った。1941年10月、彼は胃の手術を受けるべく入院したが、病床から自らの任務を続けようとした。

アスターは1944年までニューヨーク地域の責任者を務めたものの実質的な任務はほとんどなく、海軍司令部の支援がその大部分を占め、ドノヴァンや諜報機関からはほぼ無視された形になった。

【参照項目】カーミット・ルーズベルト、ルーム、MI6、インテリジェンス・オフィサー、アムトルグ、海軍情報部長、FBI、J・エドガー・フーヴァー、ウィリアム・ドノヴァン、情報統括官

アセスメント （Assessment）

情報資料あるいは情報の信頼性・重要性に関する分析、及びその結果。

アセット （Asset）

情報機関や公安組織が作戦に活用し得る人的、技術的、あるいはその他全ての資源。アメリカでは通常人的資源を指す。

アゼフ、イェフノ（ユージーン）

（Azeff, Ievno〔Eugene〕　1869-1918）

20世紀初頭に活躍したロシアの二重スパイ。秘密警察に所属しながら社会革命党の秘密メンバーでもあり、党の同志や計画を秘密警察に売り渡す一方、政府高官の暗殺にも関与した。

ユダヤ人の貧しい仕立て職人の息子として生まれたアゼフは、1892年に雇い主からいくばくかの金を盗んでドイツのカールスルーエに逃げた後（訳注：バターの売却で資金を得たという説も）、現地の工科大学に入学したが、そこには革命実現に燃えるロシア人学生も在籍していた。そこで93年にオフラナ（帝政ロシアの秘密警察）へ手紙を送り、ロシア人学生に対するスパイになることを申し出る。オフラナはアゼフを有望なエージェント候補だと判断し、その年の6月に採用を決めた。

翌年、アゼフはあるロシア革命グループの指導者とスイスで会った。その結果ロシアだけでなくヨーロッパ各地に散在する革命運動の指導者たちとの連絡役に任じられ、入手した情報をオフラナと革命勢力の両方へ送った。1900年代の初頭にはオフラナから毎月500ルーブルを支給されているが、これはスパイの報酬としては異例

の高額だった。

1904 年から 08 年まで、アゼフは革命グループで爆破工作や暗殺を担当する「戦闘団」隊長の座にあり、内務大臣兼警察長官の W・K・プレーヴェに対する爆弾テロや、皇帝の伯父であるセルゲイ大公暗殺を計画し、いずれも成功に導いている。一方で皇帝の暗殺も計画したが、こちらは失敗に終わった。

1905 年と 06 年の 2 度にわたりアゼフは二重スパイの非難を受けたが、そのいずれをもかわしている。しかし 08 年にはパリの革命法廷で査問を受け、パリを脱出してヨーロッパ各地を放浪する。その後 15 年にドイツ官憲によって逮捕され刑務所に入り、18 年 4 月 24 日にベルリンで生涯を閉じている。

グラハム・スティーヴンソンは著書『History of Russia: 1812-1945』において、「痕跡を隠すのがあまりに見事だったため、主にどちらを裏切っていたのかは今なお判断しがたい」とアゼフを評している。

革命グループにおけるアゼフのコードネームは「ヴァレンティン」だった。

【参照項目】二重スパイ、オフラナ、コードネーム

アゾリアン計画　(Azorian)

太平洋の海底に沈んだロシアのミサイル潜水艦を引き上げるため、巨大サルベージ船ヒューズ・グローマー・エクスプローラーを用いて行われた CIA の作戦全体を指すコードネーム。「ジェニファー作戦」も参照のこと。

【参照項目】ヒューズ・グローマー・エクスプローラー、CIA、コードネーム

アディティブ　(Additive)

暗号文またはコード文に付け加えられる一連の数字や文字。「暗号鍵」とも。

【参照項目】暗号、コード、暗号鍵

アトキンス、ヴェラ　(Atkins, Vera　1908-2000)

第 2 次世界大戦中にイギリス特殊作戦執行部（SOE）フランス課長を務めたモーリス・バックマスター少佐の第 1 秘書。

イギリス人の母とドイツ人の父との間に生まれたアトキンスはブカレストで育ち、1933 年に一家ぐるみでイギリスに移住した。39 年に第 2 次世界大戦が勃発するとすぐに SOE 入りし、フランスに派遣されるエージェントの選抜と訓練にあたった。彼女はエージェントの偽装身分を仕立て上げるのに異常なほど長期間をかけ、ドイツ軍やゲシュタポに捕らえられても服装によってその検査を逃れられるよう気を配った。さらにはエージェントの 1 人を歯医者に送り、歯の詰め物をフランス式に直させるほどだった。

アトキンスは尋問官としても優れた能力を発揮し、高

い地位にある多数のドイツ人捕虜を尋問した。その中には無断でイギリスへ飛行し、1941 年 5 月 10 日に捕らえられたアドルフ・ヒトラーの副官ルドルフ・ヘスも含まれている。

戦後になると、敵国から帰還しなかったイギリス側エージェント 118 名の捜索に力を注いだ。精力的な調査と目撃者への尋問にかかわらず、安否が明らかにならなかったエージェントが 1 人だけいた。ギャンブル中毒者であるその男はイギリスから支給された 3 百万フランの資金を持ってモンテ・カルロにいるところを目撃されたのが最後だったという。また 39 名の女性エージェントをフランスに送り込んでいるが、生還したのは 26 名だった。

その後アトキンスは 1947 年に復員している。

【参照項目】特殊作戦執行部、エージェント、偽装身分、ゲシュタポ

アート・バーン　(Art Barn)

ワシントン DC のロック・クリーク公園にある小さな建物。地元芸術家の作品展示に使われると共に、冷戦中は FBI の監視所としても活用された。2 階にある錠の付いた小部屋から、FBI 捜査官は任意の東側国家の大使館を監視下に置くことができた。

【参照項目】FBI、監視

アナディール　(Anadyr)

戦略ミサイルとその防衛にあたる陸海空軍をキューバに配置するという、ソビエトが 1962 年に実行した大規模な秘密活動を指すコードネーム。アナディールという名称自体が偽装目的でつけられたものであり、実際にはカリブ海から遠く離れたシベリア（カムチャッカ半島北部）の一港湾都市の名前である。

「キューバミサイル危機」も参照のこと

【参照項目】コードネーム

アーノルド、ベネディクト　(Arnold, Benedict　1741-1801)

アメリカの薬剤師及びビジネスマンであり、独立戦争で史上最も悪名高い裏切り者となるまで最前線の大陸軍司令官だった人物。

コネティカット州ノーウィッチに生まれたアーノルドはフレンチ・インディアン戦争（1755 ～ 63）に加わるため 14 歳の時に家出し、後に書店と薬局を経営した。1775 年 4 月 9 日に大尉として大陸軍に入隊、その年後半に発生したタイコンデロガ砦の戦いでは指揮官の 1 人として攻略に成功したが、年末に行なわれたケベック遠征で重傷を負っている。

献身的な活動とジョージ・ワシントン将軍からの個人的な賛辞にもかかわらず、アーノルドはフィラデルフィア総督当時の一部の行動のために非難を受けた。またフ

ベネディクト・アーノルド准将（出典：国立公文書館）

ィラデルフィア駐在中に 20 歳近く年下のペギー・シッペンと結婚している。シッペン家は親英派であり、イギリスがフィラデルフィアを占領した際、ペギーは若き英軍士官のジョン・アンドレと親交を結んでいた。

1777 年 2 月には少将への昇進を議会から認められたものの、実際の昇進はその 3 ヵ月後だった。また同年 10 月のサラトガの戦いにおいても、負傷しつつ勝利をもたらした功労者として認識されている。

ワシントン将軍はアーノルドを最優秀の現地司令官と見なしていたが、1779 年に汚職容疑で軍法会議にかけられた。無罪となったものの、不当な扱いを受けていると信じ込んだアーノルドは同年 5 月、グスタフというコードネームを用いていたジョン・アンドレ少佐を通じてイギリスへの内通を始めた。翌年、ウエストポイント攻略にあたっていたアーノルドはイギリスと交渉を行ない、ウエストポイント砦とその一帯を――そして恐らくはジョージ・ワシントンをも――現金 2 万ポンド及びイギリス軍における同等の階級と引き替えに売り渡そうとした。しかし独立支持者がこれを立証する文書を入手しアンドレを捕らえたことで、この陰謀は失敗に終わった。当時、ワシントンはウエストポイントへの途上にあった。

アンドレの逮捕を知ったアーノルドは直ちにイギリス側へ逃れ、それまでの貢献に対して 6,315 ポンドを受け取ると共にイギリス陸軍准将の階級を与えられた。またトーリー党員と投降者から成る「アメリカ軍団」という名の旅団を組織し、南部においてはリッチモンドを急襲

してこれを焼き払い、北部では生まれ故郷であるコネティカット州のニューロンドンに火を点けた。

アーノルドは 1781 年 12 月にイングランドへ渡った後、カナダに短期間移住して事業を始めたが失敗に終わった。フランス革命戦争では軍事活動に加われずイギリス軍の補給将校として志願し、1794 年から 95 年にかけて西インド諸島でフランス軍と戦っている。その後は年金の支給を受けながら主にイギリスで暮らし、1801 年 6 月 14 日に死去した。

アメリカの歴史家ネイサン・ミラーは、軍事司令官としてのアーノルドはそのスタイルと態度においてジョージ・S・パットン（1885 ～ 1945）と非常に類似していると記した。

【参照項目】ジョージ・ワシントン、ジョン・アンドレ、コードネーム

アバクーモフ、ヴィクトル・セミョノヴィッチ

(Abakumov, Viktor Semyonovich　1908-1954)

ラヴレンチー・ベリヤの部下だったソビエトの情報官僚。スメルシ長官（1943 ～ 46）と国家保安相（1946 ～ 51）を歴任した。

1941 年に NKVD（内務人民委員部）副長官に就任し、第 2 次世界大戦中は軍の防諜機関スメルシの長官として悪名を馳せた。1943 年から 46 年 3 月までスメルシ長官の座にあったアバクーモフは、ヨシフ・スターリンが議長を務める国防人民委員部の直属下にあった。大戦中は第 1 国防副人民委員（国防人民委員はベリヤ）を務めると共に、43 年には公安機関の高官として上級大将に昇進している。

1946 年 10 月、国家保安相（国内警察機関として新設された MGB のトップ）に任命され、51 年 8 月に失脚するまでその座にあった。スターリンがアバクーモフを保安相に任命したのはベリヤの影響力を削ぐのが理由だったが、アバクーモフは引き続きベリヤに忠誠を誓っている（スメルシは国家保安省第 3 部〔防諜担当〕として統合された）。

アバクーモフの在任中、国家保安省には汚職が蔓延した。そしてベリヤの権力をさらに牽制しようとするスターリンによって 51 年秋に逮捕され、ルビャンカへ送られた。当時モスクワ市の党秘書だったニキータ・フルシチョフは、アバクーモフの汚職行為――私娼窟の経営や西側から高級品を輸入したことなど――と、スターリンを標的としたいわゆるレニングラード計画を早期に摘発できなかったことを、失脚の原因として説明している。

1953 年 3 月のスターリン死去を受け、ベリヤはアバクーモフを釈放した。しかし同年後半にベリヤが処刑されるとアバクーモフは再び逮捕され、裁判の翌年 12 月に死刑が執行された。裁判で挙げられた罪状には、レニングラード計画――その大部分はアバクーモフが立案

したものである――の被告人に不利な証拠を捏造したことが含まれる。

歴史家のアントン・アントノフ＝オヴセイェンコは著書『The Time of Stalin』（1981）の中で、アバクーモフを「愛らしいまでに愚鈍だが、秩序を守ることにかけては信用できる男」と評している。

「KGB」も参照のこと。

【参照項目】ラヴレンチー・ベリヤ、スメルシ、MGB、NKVD、防諜、ルビャンカ

アハーディ[p] （Ahadi 1918?-?）

シリア人の両親を持つアメリカ生まれのアハーディは、帰化したエジプト人労働者との結婚後、エジプトのスパイ行動へ従事するようになった。彼女は理想的なスパイであり、なんら報酬を受け取っていなかったという。

1967年にスパイ活動を始めた当時、アハーディはアメリカ空軍の情報分析官として25年のキャリアを積んでおり、アメリカ空軍第21司令部における情報部門トップの座にあった。アハーディによれば、スパイ活動を行なうきっかけになったのは、1967年の6日間戦争（第3次中東戦争）において、エジプト、ヨルダン、シリアがイスラエルに敗北を喫したことだった。

本人の主張によれば、エジプトに送ったのは3件の機密文書（1件は機密であとの2件は極秘）と未分類の文書だけだったという。スパイ活動を始めた直後に短期間拘束されたものの、起訴されることはなく、健康上（精神上）の理由で退役することが認められた。

【参照項目】機密、極秘

アパラート （Apparat）

スパイ網あるいは基本組織（セル）のこと。

アプヴェーア （Abwehr）

1921年から44年まで存在したドイツ軍の情報機関。ドイツ語で「防ぐ」を意味するアプヴェーレン（abwehren）が名称の由来であり、任務の重点が防諜に置かれていたことを表わしている。この名称を用いたのは、第1次世界大戦後のドイツの諜報活動は「防衛上の」目的に制限されるべきという連合国側の要求に譲歩したものである。

アプヴェーアは、ドイツがライヒスヴェーア（国防軍）の創立を許された1921年に国防省の一組織として設けられた。初代部長は第1次世界大戦でドイツ諜報組織の長を務めたヴァルター・ニコライ大佐の元副官、フリードリッヒ・ゲンプ少佐である。設立当時、アプヴェーアは3名の将校と7名の元将校、そして1人の事務員から構成されており、1920年代中盤には3つの部門が存在していた。

I 偵察
II 暗号及び無線傍受
III 防諜

1928年にはドイツ海軍の諜報部門がアプヴェーアに統合された。30年代に入り国家社会主義（ナチス）運動が盛り上がりを見せる中、国防省は再編され、32年6月7日には海軍将校のコンラート・パッツィヒ大佐がアプヴェーア部長に就任する。アプヴェーアの大部分は陸軍の士官が占めているものの、パッツィヒの任命は、この組織が小規模で重要性も低いため、陸軍将校の野心を満たすものではなかったことを示している。また海軍将校は豊富な海外経験を持っており、海外事情に通じていたことも任命の理由だった（結果的に、ドイツ各軍はそれぞれ独自の情報参謀を置くに至った）。

パッツィヒは就任直後、アプヴェーアが主導するポーランド国境の偵察飛行を巡ってSS長官のハインリヒ・ヒムラーと対立する。ポーランド侵攻の秘密計画がこの飛行によって危険に晒されるのを、陸軍首脳部は恐れたのである。パッツィヒは1935年1月に更迭され、同じ海軍大佐のヴィルヘルム・カナリスが後を継いだ（パッツィヒは新型のポケット戦艦アドミラル・グラーフ・シュペーを率いて秘密任務に従事した後、海軍人事部長に就任している）。

1937年、ソビエトの独裁者ヨシフ・スターリンによる軍幹部の大粛清に対してアドルフ・ヒトラーが支援を決断したことは、SSとアプヴェーアの対立をさらに悪化させた。ヒトラーは陸軍高官が赤軍将校に警告することを防ぐべく、スターリンが赤軍幹部に対して粛清を意図している事実を、ドイツ軍将校が知ることのないよう命じた。それを受け、SS特殊チームと刑事警察の強盗専門班が参謀本部とアプヴェーアに侵入、秘密ファイルを突き止めて独ソ協力に関する資料を盗み出した上、侵入を隠蔽するためアプヴェーア本部を含む現場に火を点けた。

1938年、ヒトラーは戦争省を廃止してOKW（国防軍最高司令部）を設立する。それに伴ってアプヴェーアもOKWの一部門となったが、独立性はかなりの程度保たれた。カナリスはアプヴェーアを再編し、次の三つの主要部門を設けた。この体制は6年間続いている。

I 諜報
　G 書類偽造担当
　H West 西側軍事情報担当（イギリス・アメリカ）
　H Ost 東側軍事情報担当（ソビエト）
　Ht 軍事技術担当
　i 通信担当
　L 空軍情報担当

ア行

M　海軍情報担当

T/Lw　航空技術情報担当

Wi　経済情報担当

Ⅱ　破壊工作

Ⅲ　防諜

　これらセクションのトップには陸海軍両方の将校が就いている。

　カナリスのもとでアプヴェーアは拡大を続け、第2次大戦初期においては比較的大きな成果を挙げたが、全体を通じて見ると優秀な組織とは言い難かった。連合国側の意図についてアプヴェーアが収集した情報の大部分は、ドイツ首脳部にとって政治的に受け入れられるものではなかったのである。さらに、ラインハルト・ハイドリヒとヴァルター・シェレンベルクによって進められていたSSの諜報活動と直接対立した上、複数の反ヒトラー計画に将校が参加しており、暗殺計画の際には爆発物を提供さえした。またカナリスはユダヤ人数名をアプヴェーアに雇い入れると共に、少数のユダヤ人がドイツからスイスへ逃亡する際の隠れ蓑としてアプヴェーアを使っている。

　反体制グループを支援していると疑われた（実際それは正しかった）数名の将校を調査することで、SSは陰に陽にアプヴェーアの力を削ぐのみならず、ロシアの軍事行動につきヒトラーに悲観的な報告を行なったとしてカナリスを非難している。伝えられるところによると、1944年初頭に開かれた会議において、ヒトラーはカナリスに飛びかかって襟を摑み、情報機関の長たる者がドイツの敗北をほのめかすとは何事かと詰問したと言われている。

　1944年2月18日、ヒトラーはヒムラーSS長官を最高司令官とする統一的な情報機関の設立を命じる指令書に署名したが、海軍中将に昇進していたカナリスには下位の地位しか与えられなかった。7月のヒトラー暗殺計画が失敗に終わった後、カナリスは逮捕され、敗戦まで1ヵ月を切った翌45年4月9日に処刑された。

　アプヴェーアの本部はベルリンのティルピッツウーファー76/78にあり、OKWのオフィスが隣接していた。ローラン・ペインは著書『Abwehr』（1984）の中で、アプヴェーアの建物を次のように描写している。

　（アプヴェーア本部は）薄暗い通路と軋みを上げる階段から成る迷宮で、小さな部屋が並ぶ様子はウサギの繁殖場と呼ぶにふさわしく、年代物のエレベータはひとたび動くと唸りを上げて左右に揺れ、時には完全に止まってしまう有様だった。訪れる者はこの建物を「狐の穴」と呼ぶ。1939年の時点でかなりの規模に膨れ上がっていたアプヴェーアのような組織にふさわし

い建物ではなかったが、かの提督は移転することも、あるいは近代的に改築することも拒んでいる……

　この建物にはいくつかの利点もある。近くのベンドラーシュトラーセにあるドイツ国防軍本部へ、通りを渡らず直接行くことが可能だったのはその一例だ。また諸省庁や様々な民間団体、あるいは大使館の近隣という戦略的な場所に位置していたのである。

　以下に歴代アプヴェーア部長を記す。

1921～1927　フリードリッヒ・ゲンプ大佐

1927～1929　ギュンター・シュヴァンテス少佐

1930～1932　フェルディナント・フォン・ブレドウ中佐

1932～1934　コンラート・パッツィヒ少将

1935～1944　ヴィルヘルム・カナリス中将

「東方外国軍担当課」、「西方外国軍担当課」、「パウル・トゥンメル」も参照のこと。

【参照項目】防諜、ヴァルター・ニコライ、ハインリヒ・ヒムラー、SS、ヴィルヘルム・カナリス、ラインハルト・ハイドリヒ、ヴァルター・シェレンベルク

アフメーロフ、イスハーク・アブドゥロヴィチ

(Akhmerov, Isskhak Abdulovich　1901-1975)

　2度にわたりイリーガルとしてアメリカに派遣され、ヴェノナメッセージに現われる多数のエージェントを管理していたソビエトのインテリジェンス・オフィサー。

　1934年にアメリカ合衆国へ入国、英語を学んで新たな身分を獲得する一方、コロンビア大学で学生の勧誘活動を開始した。その中には自分の妻であり、アメリカ共産党党首アール・ブラウダーの姪でもあったヘレン・ロウリーも含まれている（「CPUSA」を参照のこと）。ヘレンは夫と共に活動し、NKVDのエージェントになった。彼女の暗号名はネリーであり、アフメーロフのそれはビルだった。

　アフメーロフは洋服商という隠れ蓑（カバー）を時おり使った他、多数の偽名を用いており、マイケル・ストレートを部下としていた当時はマイケル・グリーンの偽名を使っている。またエリザベス・ベントレーはアフメーロフをビルという名前で知っていた。さらに、短期間ながらマーサ・ドッドを部下として用いている。歴史家のアレン・ウェインシュタインと元KGB職員のアレクサンダー・ワシリエフが著書『The Haunted Wood: Soviet Espionage in America － The Stalin Era』（1999）の中で「ソビエトによるスパイ活動の『黄金時代』」と称した期間、アフメーロフはスパイとして大きな成果を挙げたのだった。

【参照項目】イリーガル、ヴェノナ、エージェント、インテリジェンス・オフィサー、アール・ブラウダー、

NKVD、暗号名、マイケル・ストレート、エリザベス・ベントレー、マーサ・ドッド、KGB

アベル、ルドルフ・イワノヴィチ
（Abel, Rudolf Ivanovich 1903-1971）

　1950年代にアメリカで活動し、逮捕から5年後にU-2偵察機のパイロット、フランシス・ゲイリー・パワーズと引き替えに釈放されたソビエトの上級スパイ。

　アベルはアレクサンダー・イワノヴィッチ・ベロフという名前で、ヴォルガ河沿いのとある町で生まれたとされている（イギリスの資料には、ウィリアム・フィッシャーとしてイギリスで生まれたと記しているものもある）。

　アベル本人によると、金属細工師の父親は自由主義グループに属しており、自分も父の親ボルシェビキ文書を配布する手伝いをしていたという。若きアベルは工学を専攻し、化学と原子物理学に関する実用的な知識を得た。また1922年には共産党の青年組織（コムソモール）に加入している。

　ロシア語に加えて英語、ドイツ語、ポーランド語、イディッシュ語に堪能だったため、赤軍の通信部隊で勤務した後は、1927年にOGPU入りするまで語学教師を務めた。その後無線技師として赤軍に徴兵され、第2次世界大戦中はインテリジェンス・オフィサーとしてドイツの前線地帯にて勤務、ヨハン・ヴァイスの名前で運転手をしつつ、アプヴェーアに潜入したとされている（この期間中はマーティン・コリンズという名前も用いていたらしい）。そしてドイツ軍によるソビエト侵攻直後にドイツ陸軍の伍長に昇進し、勲章を授与された。

　終戦時NKVD少佐だったアベルは1947年、アンドリュー・カヨティスの名前を用いてフランス経由でカナダに不法入国し、翌年に国境を越えてアメリカ入りする。54年の時点ではエミル・R・ゴルトフスの名前を用い、芸術写真家としてニューヨークで活動する一方、KGBのニューヨーク地区レジデント統括官兼スパイマスターとして、北米及び南米における諜報活動のみならず地元のソビエトスパイ網を指揮していた。さらに自ら短波無線機を操作してモスクワと連絡をとっている。また情報機関の高官と面会するため、54年から55年にかけてのどこかの時点で一時帰国したものとされている。なおアメリカ駐在中にKGB大佐へ進級した。

　1957年6月21日、アベルは秘密メッセージを送る際に用いる中空の硬貨を、軽率にも新聞配達少年のジェイムズ・F・ボザートに渡してしまい、FBIによって逮捕された。裁判はその年の秋に行なわれ、禁固30年と罰金3,000ドルを言い渡された。

　1962年2月10日、服役していたアベルは東西ベルリンに架かるグリーニケ橋において、U-2偵察機パイロットのパワーズと交換される形でソビエト連邦に帰国した。ソビエト政府の声明によると、その後は「若いインテリジェンス・オフィサーの育成に精力的に携わった」という。

　ソビエトの資料には、アベルは若い頃「シャイで自意識過剰だと見られていた。しかし、生き生きとしたそつのない目、かすかに皮肉げな笑み、上品で自信に満ちた身振りは、強い意志と鋭いウィット、そして確固たる献身を示していた」と記されている。ソビエト政府は1965年にアベルがインテリジェンス・オフィサーであることを公式に認めた。また90年10月20日に発行された切手には、他のKGBインテリジェンス・オフィサー4名と共に彼の肖像が印刷されている。

【参照項目】U-2、フランシス・ゲイリー・パワーズ、OGPU、インテリジェンス・オフィサー、アプヴェーア、NKVD、KGB、FBI、ジェイムズ・F・ボザート、ベルリン、切手

アマン　（Aman）

　イスラエル国防軍（IDF）の情報組織。1948年5月14日のイスラエル建国直後に陸軍参謀本部作戦局の一部署として設置された。シャイという情報組織が以前から存在していたものの、イスラエル独立戦争（第1次中東戦争、1948～49）の開戦時、イスラエル軍に軍事情報機関は存在しなかった。だがその後の1948年夏、軍事情報組織は数度の再編を経て陣容を立て直した。暗号解読者や無線技師をはじめとする技術者の参加がその主要要素であり、彼らの多くはかつて米英軍で勤務していた。結果的に情報収集——アラブ軍による無線通信の傍受を含む——と情報分析のいずれも改善され、さらには情報収集活動や破壊活動が、隣接するアラブ各国で実行された。

　1953年、軍事情報組織は参謀本部諜報局に昇格する。このとき付けられたアマンという略称は、ヘブライ語のアガフ・モディイン（情報の翼）を由来としている。

　アマンはアラブ諸国に対する諜報活動を最優先の任務とし、次いでイスラエルにとって敵にも味方にもなり得るアフリカ諸国やソビエト連邦（後にロシア）に重点を置いている。ソビエトを諜報対象として重視するようになったのは、1955年にソビエト及び東側諸国からアラブないしアフリカ諸国へ大規模な武器輸出が行なわれたことに加え、これら国々の軍人に訓練を行なったためである。70年代に入ると、アマンの活動は（他のイスラエル諜報機関と同じく）イスラエルの国益に反する世界規模のテロ行為への対応をも含むようになった。

　アマンによる情報評価と警告は一般的に高い正確性を誇っており、例外はほとんど存在しない。しかし、アマンの警告がイスラエルの軍事・政治指導者によって常に重視されたわけではなかった。

　アマンのイメージはいくつかの大きなスキャンダルに

よって損なわれている。初代長官のイッサー・ベーリは、アラブ軍とイギリス軍に情報を渡したとされるユダヤ人、メイアー・トゥビアンスキーの処刑を受けて1949年1月に更迭された。彼をいい加減な裁判で裁いたというのがその理由である。55年には、エジプトに対する破壊工作作戦から生じたラヴォン事件のために、ビンヤミン・ギブリ長官が辞職を余儀なくされた。さらに、58年に行なわれた陸軍予備兵の動員訓練に失敗した責任を問われ、エホシャファト・ハルカビ長官が更迭されている。すなわち最初の4名の長官のうち、3名が馘首されたことになる。

一方で成功をおさめた長官の中には、2度にわたって長官のポストに就き、後にイスラエル大統領に就任したハイム・ヘルツォーグや、1963年から67年にかけてモサド長官を務め、イスラエルの情報組織に近代的な管理手法を持ち込んだメイアー・アミットがいる。アハロン・ヤリフと、彼の下で副長官を務め、後任の長官となったエリアフ・ゼイラは、6日間戦争（第3次中東戦争、1967）の圧倒的勝利で賞賛を受けた軍幹部の一員だが、ヨム・キップル戦争（第4次中東戦争、1973）前夜における諜報活動の失敗のために、ゼイラのキャリアは完全に閉ざされた。

それから10年後、イスラエル軍からベイルート難民キャンプへの出入りが許されていた、レバノンのキリスト教右派武装グループによる虐殺事件の調査結果を受け、エホシュア・サグイ長官が職を追われた。サグイはそもそも武装グループを信用しておらず、彼らとの協力も渋っていたものの、モサド高官のアドバイスを受けたイスラエル軍司令官から責任を問われたのである。虐殺事件に対するイスラエルの調査委員会は、この事件にサグイが「明らかな関心の欠如」を見せていたと非難し、彼の辞任を勧告した。結果として、サグイは1983年3月1日に辞職している（モサド長官であり、虐殺事件の4日前に就任したばかりのナフム・アドモニは責任を問われなかった）。

アマンの歴代長官のうち、エフード・バラク（1991～95）、アムノン・リプキン（1995～98）、モシェ・ヤアロン（2002～05）の3名が国防軍参謀総長に就任している。

1950年代初頭に防諜業務がアマンから取り除かれ、軍内部の保安活動を除いた全ての公安活動は文民警察（特別班）とシン・ベト（保安部）が担当している。

アマンはイスラエル国防軍と陸軍に従属する情報機関であり、空軍と海軍はそれぞれ小規模の情報参謀を擁して関係分野の情報収集や分析にあたっている。アマンはイスラエル情報組織の中で最大規模を誇り、ダン・ラヴィヴとヨッシ・メルマンが著書『Every Spy a Prince（邦題・モーゼの密使たち：イスラエル諜報機関の全貌）』（1990）の中で記したところによると、80年代半ばには

7,000名もの職員を擁していたという。

以下に歴代長官を記す。

(1947)～1949	イッサー・ベーリ
1949～1950	ハイム・ヘルツォーグ大佐
1950～1955	ビンヤミン・ギブリ大佐
1955～1959	エホシャファト・ハルカビ少将
1959～1962	ハイム・ヘルツォーグ少将
1962～1963	メイアー・アミット少将
1964～1972	アハロン・ヤリフ少将
1972～1974	エリアフ・ゼイラ少将
1974～1978	シュロモ・ガズィート少将
1979～1983	エホシュア・サグイ少将
1983～1985	エフード・バラク少将
1986～1991	アムノン・リプキン（シャハク）少将
1991～1995	ウリ・サギ少将
1995～1998	モシェ・ヤアロン少将
1998～2001	アモス・マルカ少将
2001～2006	アハロン・ゼエヴィ＝ファルカシュ少将
2006～2010	アモス・ヤドリン少将
2010～2014	アヴィヴ・コハヴィ少将
2014～	ヘルツル・ハレヴィ少将

【参照項目】イスラエル、シャイ、信号情報、イッサー・ベーリ、メイアー・トゥビアンスキー、ハイム・ヘルツォーグ、メイアー・アミット、モサド、防諜、シンベト

アミット、メイアー （Amit, Meir　1921-2009）

イスラエルの軍事情報組織アマン（1962～63）及びモサド（1963～68）の長官を歴任した人物。

メイアー・スルツキーの名で生まれたアミットはキブツ（集団農場）で生まれ育ちその後ユダヤ人の地下軍事組織ハガナに入隊、イスラエル独立戦争（第1次中東戦争、1948～49）では中隊指揮官と大隊指揮官を経て、有名なゴラニ旅団の副司令官を務めている。終戦後もイスラエル軍に残って歩兵部隊と戦車部隊を率い、スエズ戦争（第2次中東戦争、1956）ではモシェ・ダヤン参謀総長に次ぐナンバーツーのポストにあった。また1961年には、ニューヨークのコロンビア大学で経営修士号を取得している。

アマン長官に就任した1962年当時、4名の前任者のうち3名までが更迭されていた。しかし諜報活動の経験を持たないアミットはあえて火中の栗を拾い、近代的な管理手法をアマンに持ち込んだ。イスラエルの「メムネー」──全情報機関の事実上のリーダー──だったモサド長官、イッサー・ハレルとの熾烈な競争関係や意見の相違にもかかわらず、この施策は全て実行に移されている。

1963年3月26日、死海近くに展開する部隊を査察していたアミットはなんの前触れもなくデイヴィッド・ベン＝グリオン首相から飛行機で呼び戻され、首相官邸へ赴いた。そしてただちに、ハレルが12年にわたって務めたモサド長官の座を引き継ぐよう命じられる（後任のアマン長官には、アミットの副官であるアハロン・ヤリフ少将が就任した）。

著書『Every Spy a Prince（邦題・モーゼの密使たち：イスラエル諜報機関の全貌）』（1990）の中で、ジャーナリストのダン・ラヴィヴとヨッシ・メルマンはアミットのスタイルをこう記している。

新長官はモサドを本格的かつ近代的な情報組織に転換し、自分が最優先と考える任務に集中させようとした。すなわちアラブ諸国の軍事的・政治的データの収集である。アミットはモサドを情報収集機関と見なし、華々しい作戦は資源の無駄遣いとして以降避けられるようになった。アメリカで履修した経済・経営学の影響を受けたアミットは、アメリカ型の協力体制と管理スタイルを理想としたのである。

アミットは1968年9月までモサド長官の地位にあり、その間にはイスラエルの大勝に終わった6日間戦争（第3次中東戦争、1967）が起きている。モサドとアマンがもたらした情報は、アラブ諸国に対するイスラエルの圧倒的勝利を可能にした大きな要因である。開戦の数日前、アミットは秘密裡にアメリカへ飛び、ジョンソン大統領とリチャード・ヘルムズ中央情報長官、そしてロバート・マクナマラ国防長官に対し、中東情勢が極めて緊迫していることに加え、エジプトによる封鎖活動のせいで紅海とインド洋へのアクセスが断ち切られたため、イスラエルとしては戦争に訴えざるを得ないことを伝えた。

モサド長官を辞した後はイスラエル最大の複合企業、コール・インダストリー社の社長に就任し、9年後には政治の世界に進出してクネセット（国会）議員となり、運輸大臣と通信大臣を歴任した。

1982年には再びビジネスの世界へ戻り、イスラエル初の通信衛星アモスの開発プロジェクトを主導している。

【参照項目】 アマン、モサド、メムネー、イッサー・ハレル、リチャード・ヘルムズ、中央情報長官、人工衛星

アミット、ヨッシ （Amit, Yossi 1945-）

アメリカのためにスパイ活動を行なったイスラエル陸軍の情報士官。

陸軍の中でもエリートとされる落下傘部隊での勤務を経た後、軍の情報組織アマンへ配属される。その後秘密作戦の途中に胸へ被弾し、部分的身体障害者に分類され

た。

1986年3月14日に逮捕されたアミットは3名の判事から成る裁判にかけられ、1987年にアメリカ合衆国へのスパイ行為で有罪とされ禁固12年を宣告された。

この裁判は判事私室で行なわれ、1993年まで機密扱いとされた。

【参照項目】 軍事情報、アマン

アムトルグ （Amtorg）

ソビエトが1920年代から30年代にかけてアメリカで実行した諜報活動におけるフロント組織。正式名称はAmerikanskaya Torgovlya（アメリカ貿易会社）。

アムトルグの起源は1921年に遡る。この年、コロンビア大学医学部を卒業したアーマンド・ハマーは、V・I・レーニンへの紹介状を携えてモスクワに旅立った。父親はロシア系アメリカ人の社会主義者にしてレーニンの友人でもあったジュリアス・ハマー医師で、製薬企業を所有する富豪だった。アーマンドはロシアに対する連合国の封鎖期間中、父親の製薬会社が密輸した薬品の未収代金15万ドルを回収すべくモスクワへ赴いたのである。

レーニンはハマーを説得し、高収益が見込めるソビエト連邦との長期間にわたる貿易協定を結ばせた。1924年、この協定はハマーとソビエトの合弁企業として結実する。当時ハマーを支援した高官の一人に、チェーカの初代長官フェリクス・エドムンドヴィチ・ジェルジンスキーがいる。彼は合弁企業の設立に一役買った外国企業委員会の委員長をカバーとして活動していた。よってアムトルグには当初からソビエトの諜報機構が組み込まれていたのである。ハマーにとってアムトルグは商取引だったが、ソビエトにとっては3つの使命、すなわちソビエト連邦の外交的認知、合法的な貿易と調達活動、そして諜報活動を実行する便法だった。

アムトルグの職員の多くはインテリジェンス・オフィサーであり、産業及び軍事に関する秘密情報を盗み、アメリカ人、中でもアメリカ共産党に所属する人間をエージェントとして勧誘することを目的としていた。1933年にアメリカがソビエト連邦を承認した後も、アムトルグは長きにわたって活動を続けたが、48年にFBIがソビエトの貨物船を臨検し、アムトルグが入手した原子力研究用の科学機器を押収した直後に諜報組織としての役目を終えた（訳注：組織自体は1988年まで存続）。

【参照項目】 カバー、アーマンド・ハマー、チェーカ、フェリクス・ジェルジンスキー、エージェント、インテリジェンス・オフィサー、FBI

アメラジア事件 （Amerasia Case）

中国共産党の一派につながっているとして非難された雑誌が、アメリカ政府の機密文書を利用したことに対し

て行なわれた捜査。アメリカ・アジア関係を専門にしていたアメラジア誌は寄稿者に国務省の高官を擁していたが、アメラジア事件は、1940年代後半から50年代にかけて議会が実施した、政府内部のスパイに関する調査活動の初頭で大きなセンセーションを巻き起こした。

1945年、この雑誌は戦略諜報局（OSS）の分析官によるタイ関連の報告書を出版したが、その際にOSSのエージェントがアメラジア誌のオフィスへ不法侵入し、機密文書を発見する。それを受けてFBIによる捜査が行なわれた。

FBIは編集者であるフィリップ・ジャッフェ、雑誌に寄稿していた国務省のエマヌエル・ラーセン、そして海軍情報局（ONI）のアンドリュー・ロス中尉を保安規則違反で逮捕した（ONIのある士官は政府職員の忠誠心について調査していた議会の委員会に対し、当時のアメリカ海軍には数千名の「旅行仲間」がいたと発言している。これらの「旅行仲間」は共産党につながっていたとされるが、共産党員ではなかった）。

ジャッフェは機密文書の所持で有罪を認め、ラーセンも不抗争答弁を行なうことで罪を認めている。この2人には罰金刑が科された一方、ロスに対する容疑は取り下げられた。

アメラジア誌が所持していた文書の中には、国務省のベテラン職員ジョン・スチュワートの機関に関係する覚え書きのカーボンコピーが含まれていた。この覚え書きには、ルーズベルト大統領から蔣介石将軍へのメッセージが記されていた。中国共産党と戦う蔣介石に極めて批判的だったスチュワート機関は1951年に解散させられたが、57年に復活している。

【参照項目】戦略諜報局、海軍情報局

アメリカ海軍における諜報活動
（Naval Intelligence, U.S.）

アメリカの国家的諜報活動として最も古い歴史を誇る海軍のそれは、1882年の海軍情報局（ONI）創設を嚆矢としている。

以来、ONIは海軍長官及び海軍作戦部長の情報参謀として機能し、艦隊には独自の情報参謀が置かれたものの、第2次世界大戦の後半には、それまで作戦中の艦隊に割り当てられていた作戦情報活動もONIの任務となった。

また海軍のインテリジェンス・オフィサー（情報士官）は艦隊のみならず艦隊情報センターにも配属されているが、第2次世界大戦中には独立した情報機関や下位司令部が設けられた。その中で最も有名なのが、艦隊の写真技師を訓練・支援する目的で1941年に設置された海軍写真分析センター（NAVPIC）である。

冷戦期に入ると多数の専門組織が海軍の情報機関に設けられた。当初これらは海軍情報局の下に置かれたが、

海軍本部の人員を削減し、増加を続ける情報司令部への指揮系統を一元化すべく1967年に行なわれた海軍全体の組織再編の一環として、海軍情報司令部（NIC）が新設された。

冷戦期の特徴として科学技術に関する情報活動の大幅な増加が挙げられる。これは1960年の海軍科学技術情報センター（NAVSTIC）創設につながった。また並立的な組織形態を作り上げようと、1964年にはNAVPICが海軍偵察・技術支援センター（NRTSC）と名称を変更している。NAVSTICはワシントンDCの海軍観測所に置かれていたが、1967年にワシントン近郊のメリーランド州スートランドへ移転し、NAVSTICとNRTSCが同居することになった。これら下位司令部は1967年に創設された海軍情報司令部の下に置かれ、海軍情報部長代理たる少将が指揮を執ることになった。

NAVSTICとNRTSCはいずれも衛星写真及びそれに関係する情報を扱っており、1972年に海軍情報支援センターとして統合された。それから程なくして、海軍情報支援センターは国防総省における主要な科学技術センターとしての名声を確立した（その後1988年に海軍技術情報センター〔NTIC〕と改名）。

その間、ONIの作戦情報部門──特別情報セクション──は1957年に海軍現地作戦情報局（NFOIO）と改称され、NSAが所在するメリーランド州フォート・ミードに移転した。1970年を迎える頃にはソビエトの海洋作戦行動が劇的な増加を見せており、NFOIOは海軍海洋監視情報センター（NOSIC）と呼ばれる最新情報の収集組織をスートランドに設置するよう指示された。

ソビエト海軍の作戦行動に対する懸念から、海軍は1986年にNFOIOとNOSICを統合して海軍作戦情報センター（NAVOPINTCEN）を設立、スートランドとボルチモア・ワシントン国際空港に拠点を置いた。このセンターはソビエト海軍関係の活動を残らず追跡し、情報と警告、最新の作戦情報、そして詳細にわたる分析報告を提供する責任が与えられた。

一方、1969年にタスクフォース（TF）168が設けられ、情報収集活動の管理と、艦隊の諜報活動に対する支援の改善にあたった。その後TF168は海軍情報部門の情報収集組織に発展し、世界各地に人員を派遣するまでになった。

1964年、艦船や海軍情報機関の各所でますます活用が進むコンピュータ関係の支援にあたるべく、ヴァージニア州アレクサンドリアに海軍情報処理システム支援組織が設立され、後には世界規模の情報通信も担当するようになった。組織の一部はスートランドにあって海軍のその他情報活動を支えていたが、1979年には司令部全体がスートランドに移転している。その後1985年に海軍全体のデータ処理に関わる保安任務が与えられ、それに伴い任務の広がりをより正確に反映して88年に海軍情

報自動化センターと改名された。そして1990年には海軍情報活動局と再び名称が変更されている。

冷戦終結の兆候が現われつつあった1980年代後半、海軍情報部長のエドワード・D（テッド）・シーファー少将は情報活動の統合に向けて大きな一歩を踏み出し、ソビエト連邦崩壊直前の1991年10月、NTIC、NAVOPINTCEN、TF168、そして改名されたばかりの海軍情報活動局の一部を、スートランドに新設された国家海事情報センターに吸収させた。

1993年1月、国家海事情報センターの外に残った情報組織も統合され、海軍情報局の直属下に置かれた。後に海兵隊と沿岸警備隊の情報スタッフも海軍情報センターに移っている。そして2003年には沿岸警備隊が新設の国土安全保障省に吸収されたのを受け、沿岸警備隊の小規模な情報活動もその情報組織に併合されている。

ここまで挙げた多数の情報組織以外にも、海軍は冷戦初期から予備役情報ユニットを数多く維持し続けてきた。これらユニットに所属する人間は、個人的にあるいはユニットとして様々な活動に携わった。また紛争や戦争の際には艦隊及び情報センターのスタッフを補強している。

「海軍犯罪捜査局」も参照のこと。

【参照項目】海軍情報局、作戦情報、インテリジェンス・オフィサー、艦隊情報センター、海軍情報司令部、科学・技術情報、海軍情報部長、衛星、フォート・ミード、情報と警告、タスクフォース、国家海事情報センター、国土安全保障省

アメリカ合衆国 (United States of America)

アメリカ史における2つの重要な分岐点でスパイマスターを務めたジョージ・ワシントンとジョージ・H・W・ブッシュ同様、スパイ活動はごくアメリカ的なものである。ワシントンは軍事情報活動によってアメリカ独立戦争（1775〜83）で勝利を収め、中央情報長官と大統領を歴任したブッシュは、開放的な社会に身を置きつつ秘密裡に活動するという点で極めてアメリカ的な情報機関、CIAを監督したのである。

ワシントンとブッシュ以外に情報活動や秘密工作活動に直接関与した大統領がいなかったわけではない。セオドア・ルーズベルトは海軍次官だった1898年3月12日、駐在武官としてマドリッドのアメリカ大使館に勤務するG・L・ダイアー海軍大尉に対し、暗号で指令を送った。「Abrolhando geoselenic abtruppen」という書き出しで始まるその指令は、ハバナに向かって航行中のスペイン軍艦を知らせるようダイアーに命じるものだった。2月15日にはアメリカ戦艦メインがハバナ湾で沈められており、スペインとの戦争が1ヵ月後に迫っていた最中の出来事だった。

ジョージ・ワシントンにとって、情報は独立を達成す

る鍵だった。ワシントンはエージェントを直接動かし、秘密筆記法の使用に関する注意を与えたり、「敵の状況と兵力——いかなる種類の部隊か、どのような守備隊を擁しているのか——そして敵部隊の戦力と配置場所に関する情報」が必要だとインテリジェンス・オフィサーに告げたりするなど、時にケース・オフィサーとして振る舞った。またワシントンは、スパイ活動における黄金律を知っていた。「かくも重要かつ危険な活動において、最大限の注意と秘密が必要とされるのは言うまでもない」

この当時、秘密工作活動、心理戦、あるいは特殊作戦といった言葉はまだ存在していなかった。しかしワシントンは敵に対する不正規活動の必要性を認めており、1776年にはバンカーヒルの戦いで名を挙げたトーマス・ノールトン中佐に対し、志願者から成る偵察部隊を組織して「水陸を問わず、あるいは昼夜を問わず」情報を集めるよう命じている。ノールトン・レンジャーズの名で知られたこの偵察部隊は、アメリカ初の正式な軍事情報組織となった。

厳しい戦いが続くこの年、ネイサン・ヘイルという青年将校が、イギリス軍前線の後方に潜入してスパイ活動を行なうべく志願した。だがこの任務は失敗に終わり、ヘイルは絞首刑に処される。とは言え、ノールトン・レンジャーズによる諜報活動とネイサン・ヘイルの伝説的な英雄行為を通じ、アメリカ陸軍は情報機関の創設に向けて最初の1歩を踏み出したのである。

1775年11月29日、大陸会議はアメリカ初の外国情報収集機関として秘密通信委員会を設立した。委員会の「唯一の目的は、イギリス及びアイルランドをはじめ世界各地の友人と連絡を保つ」ことであると議会は宣言しているが、そこで触れていない真の目的は情報収集だった。委員長のベンジャミン・フランクリンは、こうした活動の重要性を断乎信じていた点でワシントンの同志だと言えよう。

ワシントンは1777年までに情報機関を設置し、各植民地の愛国主義勢力「保安委員会（Committee of Safety）」と直接連絡を保つだけでなく、スパイの活用をより組織的なものにした（「カルパー・スパイ網」と「ベンジャミン・タルマッジ」を参照のこと）。また後に最高裁判所初代長官となるジョン・ジェイは、防諜作戦の指揮にあたっている。

大統領に就任したワシントンは、新国家を民主主義のショールに包んで率いつつ、議会による監督の試みと対決した。1791年、陸軍の対インディアン遠征軍が喫した敗北を調査すべく、議会は委員会を設置する。それに対し政府は、「大衆の利益となる文書であっても、それが大衆を傷つける結果になる場合、公開を拒否すべきであることを行政府は伝えなければならない」と勧告した。しかしワシントンは議会に協力して情報公開の道を選

び、議会がCIAの秘密工作活動に調査のメスを入れ始めた1970年代に引用されることになる、一つの前例を作った。

若きアメリカ合衆国がカンバーランド山地を越えて西へと膨張する中、陸軍は遠征隊——北西部にはルイスとクラーク、コロラドにはパイク——を送り込み、その過程で情報活動も行なわせた。1832年に遠征隊を率いてロッキー山脈を越えたベンジャミン・L・E・ボンネヴィル大尉は、「各部族の居留地域で出会う可能性のある兵士」について情報を集めるよう命じられていた。

1812年の米英戦争においては軍事情報や海軍関連情報が重要な役割を果たすことはなかった。情報を求めるワシントン将軍はもはやおらず、スパイ行為といっても勇敢な男たちが偵察に駆り出される程度だった。

しかし、南北戦争では両軍ともスパイを活用した。いずれの側もアメリカ人であり、南北の境界も曖昧で絶えず変化を続けていたため、スパイ行為は容易だった。南部連合はエージェントだけでなく数多くの女性も用いている。その1人ベル・ボイドは、北軍の防諜エキスパートであるアラン・ピンカートンを出し抜き、またワシントンの裕福なパーティー主催者だったローズ・グリーンハウは出席客から政治情報を入手しつつ、南部連合がワシントンで運用していた数多くのスパイ網の1つを通じてそれらを伝えている（リンカーン大統領を暗殺したジョン・ウィルクス・ブースもこうしたスパイ網の1つに所属していた）。さらに元奴隷のハリエット・タブマンをはじめとする多数の黒人も、戦時中はスパイとして活動した。

戦争中は南北いずれの側も正式かつ高水準の軍事情報機関を有していなかった。私立探偵からスパイマスターに転じたピンカートンとその後継者であるラファイエット・C・ベイカーは、北部諸州の「情報チーフ」と称されることがある。だが実際にはこうしたチーフなどおらず、北部諸州の下で活動する民間人の情報組織も存在しなかった。その一方で、軍には軍事情報局なる組織がジョージ・H・シャープ少将によって設立されている。

戦後、陸海軍は常設の情報部を設置した（「アメリカ陸軍における諜報活動」と「アメリカ海軍における諜報活動」を参照のこと）。1882年にはジョン・ワトソン・フォスター国務長官（未来の中央情報長官、アレン・W・ダレスの祖父）の発案によってロンドン、ベルリン、パリ、ウィーン、サンクトペテルブルグに駐在武官が置かれ、「重要な書籍の刊行、もしくは新兵器の発明・改良を早い段階で知る」ために書籍や出版物を入手することが表向きの任務とされた。

1898年の米西戦争では「ガルシアへの書簡」という伝説が生まれた。このメッセージは、アメリカ陸軍の情報士官アンドリュー・S・ローワン中尉の手によって、キューバ反乱軍の司令官カリスト・ガルシア将軍に届け

られたものである。

アメリカが第1次世界大戦に参戦したのは、ツィンマーマン電報事件として知られる複雑な情報活動が一因だった。1917年1月16日、ドイツのアルトゥール・ツィンマーマン外相は駐メキシコ大使に電報を送り、目前に迫った無制限潜水艦攻撃の計画を明かすと共に、メキシコ側にドイツとの同盟を提案しつつ、「失ったテキサス、ニューメキシコ、アリゾナの再占領」を約束するよう指示する。この電報はイギリス海軍の情報機関（「ルーム40」を参照のこと）によって傍受・解読された上でアメリカに伝えられ、ドイツに対する怒りを呼び起こした。4月2日、ウィルソン大統領は宣戦布告を議会に要請する中で、ドイツが「我が国の平和と安全に害をなそうとしている」証拠としてこの電報を引用した。

イギリスがツィンマーマン電報の扱いにおいて見せた技能は、アメリカの情報活動が初歩的だったのに比べ、イギリスのそれがいかに優勢かつ洗練されていたかを示している。アメリカの参戦当時、陸軍参謀本部は軍事情報部を抱えていたものの、特筆すべき情報活動は行なっていなかった。アメリカ遠征軍に軍事情報部が設けられることになったのは、陸軍における先駆者ラルフ・H・ヴァン・デマン少佐の尽力によるところが大きかった。またヴァン・デマン少佐は陸軍情報警察部隊も創設している。この部隊は犯罪者、浮浪者、そして一般兵士から成る奇妙な混成チームで、前線エリアをパトロールしながらスパイや破壊工作員を摘発したのだが、共通点はフランス語を話せることだけだった。

さらにヴァン・デマンは、陸軍初となる大規模な国内情報活動を始めた。すなわち兵士が民間人の中に混じり、国内に潜むスパイや徴兵忌避者を捜索したのである。この活動は戦後の「赤狩り」や反体制派摘発の先駆けとなるものだった。

【参照項目】ジョージ・ワシントン、ジョージ・H・W・ブッシュ、中央情報長官、CIA、秘密工作活動、駐在武官、暗号、エージェント、秘密筆記法、インテリジェンス・オフィサー、偵察、ネイサン・ヘイル、秘密通信委員会、ベンジャミン・フランクリン、防諜、ベル・ボイド、アラン・ピンカートン、政治情報、スパイ網、ジョン・ウィルクス・ブース、ハリエット・タブマン、ラファイエット・C・ベイカー、軍事情報局、ジョージ・H・シャープ、アレン・W・ダレス、ベルリン、ウィーン、ツィンマーマン電報、ラルフ・H・ヴァン・デマン、国内情報

共産主義者とスパイ

第1次世界大戦によって、諜報活動と反体制運動に対するアメリカの無知に幕が降ろされた。現代アメリカの諜報・防諜機関も、この戦争で生まれた発想や組織から発展したものである。ドイツのスパイや破壊工作員を

捜し求める中で、国務省、陸軍、海軍、そして司法省に情報機関が設置された。活動の法的根拠となったのは1917年の諜報活動法であり、これによって敵国へ手を貸すことは違法とされた。また翌年に行なわれた改正の結果、「アメリカ合衆国への抵抗を促す、あるいは敵国の主張を広める」言説も禁じられている。この法律は幾度かの改正を経つつ、現在も諜報活動における基本法として存在している。さらに、諜報活動をイデオロギー上の脅威と見なす見方も変わっていない。

1918年には治安維持法が議会を通過し、さらにその翌年には、現実か想定かを問わず安全保障上の必要により、憲法で保障された言論の自由が制限され得る場合について、オリヴァー・ウェンデル・ホームズ・ジュニア最高裁判事によってガイドラインが提示された。ホームズはスパイ事件に関する意見を述べる中でこう語っている。「国家が戦争状態にある時、平時であれば言説を許される多くのことが戦争遂行上の大きな障害となるため、戦いが続く限りそれらを口にするのは許されないだろう」この言葉は長く残り、特に冷戦期においては、行政府による権力濫用を正当化する言い訳として用いられた。

戦争直後、ロシアで発生した「赤化革命」の恐怖がアメリカにも達するのではないかと国中がパニックに陥る中、破壊工作員やスパイ容疑者への対処は主に司法省が行なった。スパイに対するアメリカの主要な武器は司法省捜査局（BOI）だったが、海軍情報局（ONI）からの支援を受けていた。若き局長J・エドガー・フーヴァーの下、BOIは共産主義者と外国人を目の敵とした。フーヴァーはBOIがFBIに発展した後も長きにわたって長官を務めている。また本物か否かを問わず国内の共産主義者以外にも、ソビエトという存在があった。1917年のロシア革命でボルシェビキが権力を握った際、アメリカはボルシェビキ政権の承認を留保した。1920年代に入り、ソビエト連邦は代表部としてアメリカ貿易会社（アムトルグ）を置いたが、創設者の1人はチェーカ長官のフェリクス・ジェルジンスキーだった。事実、アムトルグは実際に貿易活動に従事する傍ら、スパイ活動も行なっていた。職員の多くはソビエトのインテリジェンス・オフィサーであり、産業情報と軍事情報の入手だけでなく、アメリカ人、とりわけアメリカ共産党員の勧誘を目的としていたのである。

1933年にソビエトがアメリカから国家承認されると、駐在武官も文官の同志に加わってアメリカの秘密情報を盗み出そうとした。アメリカ海軍作戦部長のウィリアム・H・スタンドレー大将はこう不満を漏らしている。「陸軍武官、海軍武官、あるいは商業駐在官を問わず、ロシア人は何でも持って行こうとする——技術誌や商業誌、陸海軍の専門誌、設計図、洗濯機、トラクター、果てはコンバインのナットからボルトに至るまで、あらゆるものを持ち去ろうとするのだ」（スタンドレーは後に

1942年2月から43年10月まで駐ソビエト大使を務めている）

日本も1912年という早い段階から情報収集を行なっており、特にアメリカ艦隊と軍港を対象にしていた。この年にはタフト大統領が運河地帯を視察すべく新型戦艦アーカンソーに乗ってパナマを訪れているが、ある海軍士官は情報を得ようとしていた日本人のウェイター、理髪師、そして漁師を警戒の目で見ていた。「我々は彼らの一部がスパイであると睨んでいた。しかし返ってくる反応といえば『だからどうした！』というのがほとんどだった」と、この士官は後に報告している。

しかし、ニューヨークの銀行家で元海軍駐在武官だったジョン・A・ゲイドは、このような態度をとらなかった。ゲイドは1929年に海軍の情報士官と接触し、フーヴァー大統領の直属下に置かれるべき「一種の中央集権的な情報機関」というアイデアを議論している。ゲイドは議論の中で、アメリカ人は他国民と比べ「過去には名人だった分野でアマチュアに成り下がっている」と述べた。そして国務省の内部に「国家情報機関」を設け、「中央長官」を情報活動における車輪の中心とするよう提案した。

このアイデアが陽の目を見ることはなかったが、主な原因は軍の情報スタッフによる反対だった。その上、フーヴァーもヘンリー・L・スティムソン国務長官も諜報活動に関心がなかった。国務省には外国情報部が存在していたものの、その活動といえば外国の公開情報から入手した「知らせる価値のある内容」を、主に政府職員や議員に配布することだけだった。一方陸軍省では、MI-8暗号局がハーバート・O・ヤードレーによって1913年に設置されていた。この組織は第1次世界大戦中に活躍し、戦後も「ブラック・チェンバー」の名で活動を続けたが、存在を知ったスティムソンによって予算配分が中止された。

海軍のONIは外国の海軍や商船隊に関する情報を集めるだけで、駐在武官などが入手した情報を評価することはなかった。武官の1人は、「疑わしい活動に踏み込んでも評判やキャリアには結びつかない」と言われたことを後に振り返っている。陸軍の情報部門はG-2という名称で知られていたが、1922年におよそ90名のスタッフを擁していたのが27年には74名になり、36年には66名にまで数を減らしている。

ヨーロッパでの戦争勃発から8ヵ月が経過した1940年5月、ロンドンのアメリカ大使館で勤務するタイラー・ケント暗号官が、ルーズベルト大統領とウィンストン・チャーチル首相との間でやりとりされた大陸間通信のコピーを盗み出し、親独組織に渡していたことが、イギリス保安部（MI5）によって突き止められた。ケントの逮捕を知ったアメリカ国務省は、陸軍のG-2に助けを求める。だが「成功は保証できない」とG-2から通

告を受け、今度はスパイでなくギャングを取り締まるGメンの組織FBIに頼る。しかしFBIが乗り出すより早く、イギリスはケントを裁判にかけて有罪判決を下し、すでに収監していた。

【参照項目】諜報活動法、海軍情報局、J・エドガー・フーヴァー、FBI、アムトルグ、チェーカ、フェリクス・ジェルジンスキー、ブラック・チェンバー、ハーバート・O・ヤードレー、G-2、MI5、暗号、タイラー・ケント

OSSからCIAへ

日本軍による1941年12月7日（日本時間8日）の真珠湾攻撃は、自国の情報機関がいかに頼りない存在かをアメリカの政治・軍事指導者に思い知らせた。つまりそれら情報機関は互いに争って統制がとれておらず、かつ人員も不足している組織の集合体に過ぎなかったのである。こうした情報活動の失敗に対する怒りの中、アメリカがすでに日本の暗号の一部を解読できる能力を有しており、後にマジック情報——無線傍受の解読結果——をもたらして戦争の勝利に貢献するという事実は覆い隠された（「エドウィン・T・レイトン」「ローレンス・サフォード」「セオドア・S・ウィルキンソン」「ウイリアム・F・フリードマン」を参照のこと）。

「君が始めさせてくれたことに、私は感謝する」1941年12月8日午前2時、ルーズベルト大統領はウィリアム・J・ドノヴァンにそう語った。この年の7月、ルーズベルトは軍から独立した行政府初の情報機関として情報統括官（COI）オフィスを設置し、第1次世界大戦の英雄ドノヴァンをそのトップに据えていたのである。そして翌年6月にはCOIを土台として戦略諜報局（OSS）が生まれている。

OSSの新設により、アメリカは第2次世界大戦を通じて世界中で諜報活動と秘密工作を行なう組織を手に入れた。OSSは情報を収集・評価しつつ、敵に対するゲリラ活動や反体制運動を操った。諜報活動と秘密工作という二重の任務は、戦後におけるCIAの活動パターンを生み出すことになる。

OSSがドノヴァンにのみ責任を負う独立組織として活動する一方、軍のリーダーはアメリカ各軍の情報機関を統合すべく模索していた。この結果生まれたのが統合情報委員会であり、陸軍、海軍、国務省、OSS、そして外国経済庁からの代表がメンバーとなった。

それまでは、平凡な駐在武官が細々と情報を集めるものと見なされていた諜報活動に、アイヴィーリーグ出身の若き俊英が知的基礎を与えるという考えは、OSSの創設から生まれたものである。イェール大学教授のロビン・W・ウインクスは著書『Cloak & Gown』（1987）の中でこう記している。

第2次世界大戦中OSSに所属していたイェール大学の卒業生でない者、いやアイヴィーリーグの卒業生でない者であれば、東南アジアやアフリカの奥地にある活動拠点で、デスクワークに従事しているか、あるいは現場で活動しているかを問わず、米英のインテリジェンス・オフィサーが腕を組み、「ウィッフェンプーフ・ソング（訳注：イェール大学のアカペラグループ『The Whiffenpoofs』によるクロージングナンバー）」の合唱で酒宴を終わらせるのを一度ならず目にすることがあったはずだ。

FBIのフーヴァー長官や軍の情報士官はOSSに敵意を示した。またドノヴァン配下のエージェントは北アフリカ、ヨーロッパ、及び中国－ビルマ－インド方面で諜報活動や破壊工作を遂行したものの、太平洋の海戦に適した存在ではなく、さらに南東太平洋方面（フィリピンを含む）においては、ダグラス・マッカーサー陸軍大将がすでに独自の情報機関を設けていた（「連合軍諜報局」を参照のこと）。

フーヴァーは「イギリス情報機関による侵略」を激しく憎む（「英国保安調整局」「デュスコ・ポポフ」「ウィリアム・スティーヴンソン」を参照のこと）一方で、ラテンアメリカと合衆国国内を拠点とし、スパイ狩りという新たな任務を熱心にこなした（「ウィリアム・コールポー」「デュケイン・スパイ網」「エーリッヒ・ギンペル」「ウィリアム・G・シーボルド」を参照のこと）。

FBIがニューヨークに置いた対ソビエト防諜部隊は、領事館を根城に活動するソビエトのスパイを秘かに監視し続けた。しかしソビエトという神経質な同盟国を刺激したくないという理由で、逮捕に至ることは滅多になかった。1940年代に逮捕された数少ないソビエトのスパイの1人として、30年代から北米大陸でスパイ網を運営していたガイク・オヴァキムが挙げられる。

オタワのソビエト大使館で暗号官を務めていたイーゴリ・グゼンコが終戦直後に亡命するまで、ソビエトによる諜報活動の規模は不明のままだった。グゼンコが提供した資料には原爆スパイ網の存在が記されており、イギリス人科学者のクラウス・フックスとアラン・ナン・メイ、そしてジュリアス・ローゼンバーグと妻エセルをはじめとする多数のアメリカ人の関与が明らかになった。

1939年、アメリカ陸軍は信号情報局（SIS）を新設して、アメリカとモスクワの間を行き来するソビエトの電文を傍受し始めた。ヴェノナというコードネームが付けられたプロジェクトにおいて、SISは43年から傍受内容の解読を始める。しかしニューヨーク駐在のインテリジェンス・オフィサーと、モスクワの上司との間でやりとりされたメッセージの一部が読めるようになったのは、メレディス・ガードナーが解読に成功した46年夏のことだった。12月には2年前に送信された別のメッセージ

もガードナーによって解読されている。そこにはアメリカの原爆開発に携わる高名な科学者の一覧が記されていた。またアメリカ共産党（CPUSA）がソビエトのエージェントの供給源となっていた実態も明らかになっている。ソビエトに暗号解読活動が知られるのを防ぐため、ヴェノナ計画は1995年まで機密扱いとされていたが、その後約3,000点のメッセージが公開されている。

【参照項目】 真珠湾攻撃、ウィリアム・J・ドノヴァン、情報統括官、戦略諜報局、ガイク・オヴァキム、イーゴリ・グゼンコ、原爆スパイ網、クラウス・フックス、アラン・ナン・メイ、ジュリアス・ローゼンバーグ、信号情報局、ヴェノナ、メレディス・ガードナー

冷戦の始まり

1945年8月29日、連合軍の捕虜に補給物資を投下していたアメリカのB-29スーパーフォートレス爆撃機が、朝鮮半島の咸興近郊でソビエトの戦闘機から銃撃を受け、撃墜されるという事件が発生した。第2次世界大戦はその15日前に終結していた。しかしB-29の乗員は知らないことだったが、すでに冷戦が始まっていたのである。

ウィンストン・チャーチルが警告した「鉄のカーテン」によって、東西ヨーロッパは遮断された。このカーテンを貫くため、あるいは向こう側を覗き見るため、アメリカは大規模な情報機関の創設を始めた。ドノヴァンはすでにその必要性を見通しており、軍から独立した平時の情報機関を、OSSを核として新設するようトルーマン大統領に進言していた。しかしトルーマンはこのアイデアに反対し、1945年10月1日にOSSが廃止された際には調査・分析部門を国務省へ移管させると共に、秘密工作と防諜活動は陸軍省の戦略活動ユニット（SSU）として再編させている。

情報活動を巡る官僚的な縄張り争いは、軍、国務省、そしてFBIの間でなおも続けられた。トルーマンは1946年1月に中央情報グループを設置し、同じミズーリ州出身のシドニー・W・ソワーズ海軍少将を初代中央情報長官（DCI）に任命する。指揮すべき事柄はさほど多くなかったものの、少人数のスタッフが作成した日次情報報告書はトルーマンを喜ばせた。これはCIAが作成する最重要資料の1つ、大統領日次報告書の先駆けとなるものだった。

ソビエトが引き起こしたトルコ危機、チェコスロバキアのクーデター、そしてギリシャ内戦はいずれも、「征服の試みに抵抗する自由諸国民」をアメリカが支援するという「トルーマン・ドクトリン」に対する挑戦だった。トルーマンは冷戦を戦うため1947年7月26日に国家安全保障法へ署名し、国家安全保障委員会（NSC）、アメリカ空軍（それまでは陸軍の一部だった）、そして中央情報局（CIA）が新設された。

それから1年足らずで、秘密工作活動が政策実現の武器として登場する。NSCがトルーマンの主要な補佐官に配布した最高機密の指令書には、「プロパガンダ、経済戦……破壊工作……地下レジスタンス運動への支援を含む、敵国政府を対象とした転覆活動……」を認める旨が記されていた。これら秘密工作活動は、国務省とペンタゴンによる監督下でCIA傘下の政策調整局（OPC）が担うものとされた。そしてOSS出身のフランク・G・ウィズナーが、当時戦場となっていたアルバニアから朝鮮に至る各地で秘密作戦を展開した。

1950年6月の北朝鮮による韓国侵攻を予測できなかったことでCIAは組織再編を余儀なくされ、以降は国家情報評価（NIE）を作成することで、事実に基づいた分析結果を大統領に提供することとなった。またNIEの作成は情報本部が行ない、秘密工作活動はOPCを吸収した計画本部（後に工作本部）の担当になっている。

秘密工作は行政府と立法府との間に古くから存在していたチェック機能を脅かした（やがて司法も影響を受けることになる。「外国情報活動監視法廷」を参照のこと）。CIAは行政府——主にホワイトハウスとNSC——に対し、議会の監視をかいくぐって活動できるようにした。またFBIもスパイや反体制派を探し求める中で2,000台以上の盗聴器を仕掛け、数千件の通話を傍受している。

ジョセフ・マッカーシー上院議員（ウィスコンシン州選出の共和党議員）による「政府内の赤狩り」で火が点いた国内の共産主義者に対する戦いにおいて、市民の権利はしばしば侵害された。それについては「明白な現在の危機」という根拠が再び用いられている。1948年、司法省は暴力的な反政府運動を禁じるスミス法を盾として、アメリカ共産党の摘発を始めた。J・ハワード・マクグラース司法長官は49年4月にこう述べている。「今日アメリカには多数の共産主義者が存在している。彼らは工場、オフィス、肉屋、交差点、そして個人商店などどこにでも潜んでおり、1人1人が社会を死に至らしめる病原体を保有しているのだ」

FBIは共産党幹部145名を逮捕し、有罪判決が下された109件の裁判の大半では、党内に植え付けられたFBIの情報提供者が検察側のスター証人として出廷した。またFBIによる浸透が最も大きな成果を挙げたケースでは、情報提供者がソビエト指導者との面会に成功している（「ソロ」を参照のこと）。

同じ頃、議会は1つの法案を通過させ、反体制的と見なし得る蔵書を全てリストアップするよう議会図書館の司書に命じた。またテレビカメラのライトが煌々と照りつける公聴会において、大学、教会、労働組合に潜む共産主義者の摘発が行なわれた。

俳優のロナルド・レーガン——FBIからT-10というコードネームを与えられていた——も、ハリウッドにお

ける共産主義の実態を証言している。レーガンが反共の闘士としての姿勢を明確にしたことは、後にホワイトハウスへの道を切り拓いた。

憲法修正第5条を根拠として質問を拒否した芸能関係者は「修正第5条共産主義者」と非難され、テレビとラジオのブラックリストに入れられた。またリチャード・M・ニクソン議員は、ホイッテイカー・チェンバースからスパイであると非難されていた元国務省職員、アルジャー・ヒスの追求で名を挙げている。

海外に目を転じると、潤沢な資金を誇るCIAの活動に制限はなかった（CIAの予算は他省庁の一般会計の中に覆い隠されている。また議会は、「職員の業務、氏名、役職、給与、あるいは職員数」の公開を義務づける法律において、CIAを適用対象外とした）。CIAの秘密工作担当者はエジプト（1952）、イラン（1953）、そしてグアテマラ（1954）でクーデターを指揮した。さらにCIAはダミー財団を通じて多数の組織に資金を提供しているが、その中にはイギリスの詩人スティーヴン・スペンダーが編集人を務める文芸雑誌エンカウンター、全米学生協会、及びアメリカ新聞ギルドが含まれる。さらにアメリカ人芸術家の創造力と表現の自由を見せつけるため、ジャクソン・ポロック、ロバート・マザーウェル、ウィレム・デ・クーニング、マーク・ルソコといった前衛画家の個展に多額の補助金を秘かに支出した。表向きは民営企業だが実際にはCIAによって運営されているラジオ・フリー・ヨーロッパについても、マスコミ主導で資金集めのキャンペーンが行なわれたことがある。

極秘組織として活動する国家安全保障局（NSA）は世界中で盗聴活動を繰り広げた。シャムロックというコードネームの国内情報活動においては、外国人のみならずアメリカ市民及び組織の海外通話と電報までもが傍受対象とされた。さらにCIAの科学者はMKウルトラという秘密プログラムの中で洗脳実験を行ない、LSDなどの幻覚剤を被験者の同意を得ないまま投与した。

ソビエトの軍事技術と兵器開発に関する情報を求めたトルーマンとアイゼンハワーは、アメリカ機による限定的な上空偵察に許可を与えた（イギリス人パイロットが操縦にあたった例もある）。CIAはロッキード社の秘密部門スカンクワークスと共同でU-2偵察機を開発した。その直後にはU-2の後継機であるSR-71ブラックバードの開発が始められ、どの航空機よりも速いマッハ3というスピードを3度にわたって叩き出している。またアイゼンハワーの在任中、有人偵察機はいずれ撃墜されるという考えからスパイ衛星が開発された。アイゼンハワーは、上空から撮影されたソビエト領の高解像度の写真さえあれば、「核兵器による真珠湾攻撃」を防げると考えていたのである。

さらにアイゼンハワー大統領は、もう1つの秘密計画に許可を与えている。つまりフロリダのキューバ人亡命者コミュニティーからゲリラ兵を募って訓練し、フィデル・カストロへの奇襲攻撃を仕掛けて政府転覆を図るというCIAの計画案である。ジョン・F・ケネディがアイゼンハワーの後任として就任した当時、ゲリラ兵の数は1,400名に膨れ上がっていた。しかし1961年4月17日に実施されたピッグス湾侵攻は大失敗に終わった。その結果、カストロ排除に燃えるケネディは、破壊工作──あるいはマフィアによる暗殺──を通じて政権転覆を図るCIA立案の大規模作戦、マングースに許可を与えている。

ケネディ政権の2年目、米ソ両国はキューバミサイル危機によって核戦争の1歩手前に近づく。高空を飛行するU-2と、低空から偵察を行なうF8Uクルセイダー及びF-101ヴードゥーを用いたアメリカの情報活動は大成功を収め、アメリカ本土の核攻撃が可能なミサイルをキューバに配置するという、ソビエトの企みを突き止めた。しかし核弾頭を装備したミサイルがすでにキューバへ運ばれた事実と、ソビエトによる軍備増強の規模については探知できなかった。

【参照項目】B-29スーパーフォートレス、中央情報グループ、シドニー・W・ソワーズ、大統領日次報告書、国家安全保障委員会、最高機密、フランク・G・ウィズナー、国家情報評価、盗聴／盗聴器、T-10、コードネーム、ホイッテイカー・チェンバース、アルジャー・ヒス、ラジオ・フリー・ヨーロッパ、NSA、国内情報、シャムロック、MKウルトラ、上空偵察、スカンクワークス、U-2、SR-71ブラックバード、衛星、マングース作戦、キューバミサイル危機、F8Uクルセイダー、F-101ヴードゥー

議会の介入

CIAとNSAは創設当初より、国防総省と国務省を対象とした国民による監視の外に置かれた。また国防情報局（DIA）、国家偵察局（NRO）、FBIなどのインテリジェンス・コミュニティー全体に対しても、議会による監視は申し訳程度にしか行なわれなかった。その例外の1つとして、ソビエトのスパイ、ドナルド・マクリーンがアメリカの核開発にもたらした損害規模の評価報告、イーストランド文書が挙げられる。この文書は上院内部保安小委員会の議長を務めるジェイムズ・イーストランド上院議員の求めに応じて作成されたものだった。

しかしベトナム戦争における諸行為（「ペンタゴン・ペーパーズ」「ベトナム」を参照のこと）とウォーターゲート事件は、議会の目を秘密活動に向けさせた。1974年には外国援助法を改正したヒューズ＝ライアン修正法が制定され、あらゆる秘密工作につき議会の適切な委員会に対して時宜を得た報告を行なうよう大統領に求めた。その2年後にはフォード大統領が議会による監視

委員会の設置という発想を支持すると共に、アメリカの政策を遂行する手段として暗殺を禁じる命令書をごくさりげなく発した。

その後チャーチ委員会とパイク委員会によってさらなる調査が行なわれ、CIAの職権濫用が明るみに出た。闇に包まれていたこれらの秘密はファミリー・ジュエルの名で知られている。またこうした公聴会から、上院情報特別委員会と下院情報常設特別委員会が生まれた。1981年に制定された情報活動許可法は、秘密工作活動の報告について特別の手続きを定めている。それによればCIAは上下院の多数派リーダーだけでなく、関連する委員会の議長及び副議長に工作活動の事実を通知しなければならない。この通知は「事実認定」と呼ばれ、後に「大統領事実認定」と改称された。この制度では発生から適切な期限内に活動内容の詳細を報告することになっているが、何をもって「適切」とするかについてはしばしば議論の対象となった。

レーガン大統領の下で中央情報長官（DCI）を務めたウィリアム・J・ケーシーは「事実認定」手続きに違反し、ニカラグアの左翼政権打倒を目指して反政府組織コントラを支援すべく、同国の港に機雷を仕掛けたことについて、委員会に適切な報告を行なわなかった。アリゾナ州選出のバリー・ゴールドウォーター上院議員（共和党）はケーシーにこのような手紙を送っている。「中央アメリカの港への機雷敷設に大統領が許可を与えたことについて、私はこれまで、それを知った時の感情をどうあなたに伝えようか模索してきた。そしてごく短い単純な一言に行き当たった。『全くうんざりだ！』」

ゴールドウォーターが雄弁に語った議会の不興は、ニカラグアにおける秘密工作をさらに制限する結果になった。またこれらの秘密工作はイラン・コントラ事件を引き起こす原因ともなっている。

1980年代ほどアメリカ情報機関に対する評価が下がった期間はなかった。イラン・コントラ事件に加え、「スパイの1年」とも称される1985年には3件の大規模なスパイ事件が明らかになり、防諜活動への疑問が巻き起こった。この年の終わりまでに10名のアメリカ人がスパイ容疑で逮捕され、11人目はFBIの監視を逃れてモスクワにいた。レーガン大統領は12月にこう語っている。「ここ数週間でスパイの逮捕が相次いでいることは、我々の摘発活動が強化された結果なのか、あるいはより多くのスパイが活動していることの現われなのか、中には不思議に思っている方もおられよう。私は両方とも正しいと思っている」

実際、1980年代には多数のソビエトスパイが——さらにはイスラエルに機密文書を売り渡したジョナサン・ジェイ・ポラード（1985）も——逮捕され、まさに「スパイの10年」という表現がふさわしい時代だった。

【参照項目】国防情報局、国家偵察局、イーストランド文書、ドナルド・マクリーン、ウォーターゲート事件、チャーチ委員会、パイク委員会、ファミリー・ジュエル、ウィリアム・J・ケーシー、イラン・コントラ事件、スパイの1年、ジョナサン・ジェイ・ポラード、スパイの10年

使命を求めて

アイゼンハワー政権下で始められたスパイ衛星の開発により、軍縮条約の遵守を上空から監視することが可能になった。その後軍縮交渉が相次いで行なわれ、冷戦も終わりを迎えるかに思われた。まずレーガン大統領、次いで元スパイマスターのブッシュ大統領は、ソビエトの指導者ミハイル・ゴルバチョフが信用に足る交渉相手であることを見出す。ゴルバチョフがアフガニスタンからの撤兵を実現させたことも緊張緩和に役立った（その結果、ソビエトと戦うムジャヒディーンに対するCIAの武器供与も中止されている）。ベルリンの壁が完全に取り壊され、ソビエト連邦崩壊が間近に迫った1990年10月の段階で、冷戦は終わりを迎えたのである。

それでもスパイは存在し続けた。CIAの防諜担当官オルドリッチ・H・エイムズが1994年2月に逮捕されたことは、スパイ戦争がいまだ続いていることを如実に表わしていた。その裏切りによって少なくとも10名のエージェントを死に追いやったエイムズは、移行期のスパイとも呼べる存在であり、最初はソビエトのためにスパイ行為を始めたが、FBIによってキャリアに幕を降ろされた時にはロシアのために諜報活動を行なっていた。CIAは遅ればせながら、4万ドルの赤いジャガーXJ6と54万ドルの自宅を買うために、給与以上の金が必要だったことを突き止めている（1996年、議会は1つの法案を可決させ、エイムズの裏切りによって犠牲となったロシア人エージェントの未亡人と子息にアメリカ市民権を与えた）。

冷戦はアメリカ（とソビエト）の情報機関にはっきりとした目標を与えていた。冷戦が終わるということは、その目標も消え去ることを意味している。かくして新たな使命探しが始められ、その結果、テロリスト情報、麻薬密輸、そして産業スパイ活動が浮上する。またCIAは、ソマリア、ハイチ、ボスニアに展開する米軍と国連治安維持軍を支援すべく、昔ながらの情報作戦を実施している。

だが上院情報特別委員会は、新たな任務への移行以上に、根源的な何かが必要だと感じていた。エイムズ事件の取り扱いは「CIAにおける根本的変化の必要性を示唆している」と委員会は主張し、その変化をもたらすためにジョン・ドイッチがDCIに任命された。ドイッチは議会の信任を勝ち取り、1996年には情報関連予算が6.3パーセント増額され、CIAの予算規模は30億ドルに迫る勢いを見せた。

ドイッチはインテリジェンス・コミュニティー全体における組織改革と管理強化を模索した。しかしこの試みには、ベトナム戦争末期にCIAサイゴン支局長を務めたトーマス・ポルガーによる次の疑問が絶えずつきまとっていた。「今日の秘密機関には、何をすることが求められているのか？」

【参照項目】オルドリッチ・H・エイムズ、テロリスト情報、産業スパイ、ジョン・ドイッチ、トーマス・ポルガー

対テロ戦争

　この単純な疑問に対し、簡潔に答えられる者は誰もいないかに思われた。そして2001年9月11日、ニューヨークの世界貿易センタービルとペンタゴンを標的とした同時多発テロが発生する。ジョージ・W・ブッシュ大統領はテロとの戦争を宣言、これがアメリカのインテリジェンス・コミュニティーにとって最優先の――そしてほぼ唯一の――任務となった。

　9/11に続く混乱の中、インテリジェンス・コミュニティーは2つの課題に直面していた。「情報活動の失敗」をいかに説明するか、そして数多くの国々を拠点に様々な方法を用いる謎に満ちた敵から、いかに情報を入手するか、の2点である。情報機関に対する批判は徐々に薄れていったものの、組織内部の責任追及はその後も続けられた。

　そこで槍玉に挙げられたのが、オサマ・ビン・ラディン率いる過激派組織、アルカイダだった。NSAとCIAはビン・ラディンの発見に全力を投入し、特殊作戦部隊とチームを組んでアフガニスタンに潜入、タリバン政権の打倒とアルカイダの壊滅、そしてビン・ラディンの拘束を目指した。地元の反タリバン勢力を加えたこの混成部隊はタリバン政権を崩壊させ、アルカイダに大きなダメージを与えることに成功したが、ビン・ラディンは追跡を逃れアルカイダも壊滅には至っていない（「特殊活動課」を参照のこと）。

　（訳注：オサマ・ビン・ラディンは2011年5月にアメリカ軍によって殺害された）

　ワシントンに目を戻すと、ブッシュ政権と議会は国土安全保障省という新たな政府組織を創設することで9/11に対処した。この組織は程なくホワイトハウスの1官房から省庁へと昇格している。また米国愛国者法は対テロ戦争における対民間情報活動に新たな力を与え、国内情報活動と対外情報活動との境界線を曖昧にした。

　焦点がアルカイダからイラクに移った2003年、アメリカの情報機関、とりわけCIAに対する論調も同じく変化を見せた。CIAが国家安全保障会議とイラク駐留軍に情報を提供する一方、CIAの分析官はブッシュ政権の政策に合わせて情報を作り上げている、あるいは政策に合致しないよう情報をねじ曲げているという非難がなさ

れたのである。

　この間、国防総省は大幅な人員削減を実行し、国家画像地図局や情報担当国防次官（USD〔I〕）職の新設などいくつかの組織再編を行なった。後者は国防総省内における最高位の情報官であり、国防情報局、国家偵察局、NSAなどあらゆる軍情報機関に対する監督権を有している。また情報担当国防次官はCIAとの主要な連絡役でもある。さらに2003年、ドナルド・H・ラムズフェルド国防長官は、情報に関連する国防総省内の意志決定は、今後4つの基本事項を基に下されると述べた。

持続性（Persistence）：あらゆる天候、あらゆる時間であっても活動を続ける（広報誌では「年中無休」と表現されている）。

敵の妨害を打ち破る（Defeating enemy countermeasures）：敵にとって最も重要な情報を、それを守ろうとする敵の努力を乗り越えて見破る。

鋭敏さ（Exquisiteness）：例えば大量破壊兵器など、敵にとって最も重要な情報や、生存に必要な戦闘能力に内在している弱点を識別する。

水平的統合（Horizontal integration）：従来の「垂直型」アプローチを打破し、国防総省外の組織を含むインテリジェンス・コミュニティー全体で情報を共有する。

　ラムズフェルドは特殊情報ユニットをペンタゴン内部に設置した。少なくとも外部向けの正式名称はなく、情報活動を主導することもない上、存在理由も公にされていない。その任務はラムズフェルドの仮説（例えばイラクとアルカイダとの結びつきなど）を支持すべく、情報の欠片をかき集めることだとするCIA分析官もいる。「分析官の地位は地に堕ちた」と、イラク問題に携わった元CIA職員は語っている。またイラク戦争前に集められた情報が、アメリカ軍のイラク占領後に発見されたデータと整合しているか否かを検証すべく、ジョージ・テネット中央情報長官は元CIA職員らによる見直しを命じた。

　サンフランシスコのゴールデンゲートブリッジからニューヨークのブルックリン橋に至るまで、アメリカ人はテロリストによる生物兵器、化学兵器、あるいは核攻撃の危険性を示すカラーコードの下で暮らすようになった。緑は低リスク、青は要注意、黄色は要警戒、オレンジは高リスク、赤は深刻なリスクを表わしている。この警戒レベルは、連邦職員、州知事、市長、地方公務員、及び現場担当者のうち、知る必要のある者（ニード・トゥ・ノウ）のみに配布される情報に従って付与・変更される。また一般市民も「セイフルーム」を確保し、3日分の緊急物資、食糧、そして水を備蓄しておくよう勧告された。

　国土安全保障省の指示書に記された一言が、情報分析

官の悪夢を簡潔に言い表わしている。「次に何が起こるかを予測する手段はない……」

【参照項目】特殊作戦部隊、国土安全保障、米国愛国者法、国家画像地図局、情報担当国防次官、国防情報局、国家偵察局、ジョージ・テネット、ニード・トゥ・ノウ

アメリカ合衆国共産党
(Communist Party of the United States of America)

「CPUSA」を参照のこと。

アメリカ空軍における諜報活動
(Air Force Intelligence, U.S.)

1900年代初頭の揺籃期より、軍における航空機の主要な目的は情報収集だった。1916年、ジョン・J・パーシングはパンチョ・ビリャ討伐軍を率いてメキシコに赴く際、第1航空大隊を隷下に置いていた。およそ15機のカーチス・ジェニー複葉機を擁するこの大隊は、作戦地域の詳細な写真や視覚的な偵察情報をパーシング指揮下の討伐軍にもたらしている。

第1次世界大戦においては、航空機と有人気球が戦場の情報を集めるために使われた。これは現地司令官の意志決定を助けるという点で戦術情報活動である。これらの航空機や気球は陸軍通信隊の支援を受けつつ、1917年から18年にかけて連合国のフランスにおける偵察活動に大きく貢献した。

1918年11月に第1次大戦が終結した際、この年創設された陸軍航空部（the Army Air Service）には数個の観測大隊と23の気球中隊があった。戦間期になると、陸軍航空隊（the Army Air Corps, 1926〜）は諜報活動の中で、主として空中偵察に注力した。陸軍参謀本部と軍事諜報部も、航空隊を支援すべくその他の諜報活動を実施している。

航空写真のパイオニアは、1917年に一兵卒として通信隊入りした商業アーティストのジョージ・W・ゴダードである。ゴダードはコーネル大学で初級士官を対象とした航空写真術の講義を受けた後、フランスに赴いて陸軍の航空写真活動を指揮せよとの命令を下されたが、戦争の終結を受けて取り消された。ゴダードは代わりに操縦訓練を受け、結果として航空写真における世界的なパイオニアになったのである（ゴダードは准将として1953年に退役した）。

1941年6月、陸軍の航空部門は陸軍航空軍（the Army Air Forces, AAF）として再編された。同時に航空参謀職が制定され、航空参謀次長（諜報担当）がAAFにおける情報士官（A-2）の最高責任者となった。なお司令部及び飛行隊の情報士官もA-2と呼称される一方、航空群ないし大隊レベルではS-2と呼称されている。

多数の重爆撃機がイギリスに展開し始めた1942年、AAFの諜報活動も急速に進展した。爆撃目標を選別し、その情報を収集しなければならないからである。情報士官は帰還した偵察機の乗員から、目標の状況や、敵の高射砲または戦闘機などに関する報告を受ける。写真分析もまた、目標の選別や爆撃効果の評価といった点でAAFにとって必要不可欠な業務となった。そのために様々な偵察機が用いられている（「航空機」を参照のこと）。

AAFの情報士官はヨーロッパ戦線において、作戦行動や情報提供などの点で有能なイギリス空軍の支援を受けた。しかし太平洋戦線においては、日本軍に対する情報収集を独自に行なわなければならなかった。太平洋における本国基地と偵察目標との距離はヨーロッパ戦線における距離よりはるかに大きかったため、日本及び日本軍についてはドイツやイタリアほど詳しい情報を得ていなかった。こうした要素のために、太平洋における情報収集は困難を極めたのである。

一例を挙げると、日本空襲は米軍の情報士官にとって大きな挑戦だった。中国から飛び立ったB-29スーパーフォートレスによる日本本土への空襲が数度にわたって失敗に終わった後の1944年11月24日、マリアナ諸島を基地とするB-29による最初の東京空襲が行なわれた。それに先立ち、1機のF-13航空機（B-29の写真偵察機型）がサイパンから日本上空に向かっている。ラルフ・D・スティクレー大尉が操縦するこの機は、1942年4月のドゥーリットル航空隊による空襲以来、初めて東京上空を飛行したアメリカ機となった。「トーキョー・ローズ」と名付けられたF-13は東京の住宅地上空を35分間にわたり飛行し、数千枚の写真を撮影する。「これ以上は望み得ないという写真を手に入れた。以降は終戦に至るまで、こうしたチャンスは再び得られなかったのである。まさに神より賜った写真と言えよう」マリアナにおけるB-29の司令官だったカーチス・ルメイ将軍はそう書き記している。

【参照項目】偵察、気球、戦術情報、写真分析、B-29スーパーフォートレス

戦後の航空諜報活動

戦後、AAFの情報資源は1947年に設立されたアメリカ空軍に引き継がれた。情報収集活動はより洗練され、カメラだけでなく電子情報（ELINT）収集装置や各種センサーを搭載した高性能の航空機が登場している。1950年代後半になると、「休暇中」の空軍パイロットがU-2偵察機を操縦し、ソビエト連邦上空を飛行するようになった——だがそれも、1960年5月1日に元空軍パイロットのフランシス・ゲイリー・パワーズが撃墜されたことで終止符を打たれる。キューバミサイル危機の際にもU-2は攻撃を受け、ルドルフ・アンダーソン・ジュニア少佐の操縦する機体が撃墜された。なお、アンダーソンはキューバ危機における唯一の殉職者である

（1950 年代から 60 年代にかけて他にも数機がソビエトと中国によって撃墜されている）。

U-2 はアメリカ空軍が運用した偵察専用機の 1 つに過ぎない。B-57 キャンベラと SR-71 ブラックバードは高々度飛行能力を持ち、また C-135 ストラトリフターの電子偵察機型は冷戦期における最も重要な偵察機の 1 つだった（「リヴェットジョイント」を参照のこと）。

ベトナム戦争が最盛期を迎える 1960 年代中盤、空軍は無人偵察機を用いるようになり、パイロットを対空砲火の危険に晒すことなく目標上空を偵察することが可能になった。1969 年から 71 年にかけ、空軍の B-52H 戦略爆撃機が 4 機の D-21 超音速無人偵察機を中国上空で射出したものの、ターゲットの写真をもたらすことには失敗した。またこの時期、空軍は偵察活動のため宇宙にも進出しており、情報収集を目的とした有人軌道実験室の運用を計画する一方、スパイ衛星からも情報を得た（有人軌道実験室計画は短期間で中止に追い込まれた）。

空軍における諜報活動の責任者は情報担当参謀次長（AF/IN）である。1972 年 6 月 27 日には、参謀本部や世界中に展開する主要軍団に対して専門的な情報支援を行なうべく空軍情報部（Air Intelligence Service）が設置された。この組織は 1993 年 10 月 1 日に空軍情報局（Air Intelligence Agency, AIA）と改名され、2001 年 2 月 1 日の空軍再編成では航空戦闘軍団の隷下に置かれた。

テキサス州サンアントニオのラックランド空軍基地を本拠とする AIA は、情報収集、保安活動、電子戦、及び条約監視支援任務に就いている。また国家航空情報センター、空軍情報戦闘センター、第 67 情報作戦航空団、及び第 70 情報航空団の活動を指揮するのみならず、アメリカ宇宙軍団の傘下にある統合情報作戦センター（ラックランド空軍基地に所在。1999 年 9 月設立）の運用も担当している。

【参照項目】電子情報、U-2、フランシス・ゲイリー・パワーズ、キューバミサイル危機、ルドルフ・アンダーソン・ジュニア、撃墜、キャンベラ、SR-71 ブラックバード、C-135 ストラトリフター、無人航空機、ターゲット、衛星、有人軌道実験室、国家航空情報センター

アメリカ陸軍第 1 軍集団 （First U.S. Army Group〔FUSAG〕）

待機中の連合軍部隊が英仏海峡を渡ってパ・ド・カレに上陸するとドイツ軍司令官に信じ込ませ、そうすることで敵兵力を釘付けにすべく、1944 年に創設された架空の戦闘部隊。フォーティテュードというコードネームが付けられたこの欺瞞作戦は、複雑極まる欺瞞計画（ボディーガード作戦）の一部だった。

ジョージ・パットン中将が FUSAG 司令官に任命され、その戦力組成はダブルクロス委員会の指令を受けてイギリスで活動する二重スパイを通じてドイツ側に伝えられた。

ケント州沿岸で大規模な軍事増強が行われていると見せかけるため、連合軍の欺瞞作戦担当者は偽の戦車などを配した野営地を設けると共に、テムズ川河口にダミーの揚陸艇を浮かべ、ドイツ空軍の偵察機がこの地帯を飛行してもあえて見逃した。

もっともらしい無線通信がパットンの偽司令部から流され、1944 年 6 月 6 日の D デイまで連合軍の爆撃がパ・ド・カレ地域に集中して実施された。D デイ後も、ノルマンディー上陸に続いてカレ沿岸にさらなる大軍が進攻するとドイツ側に信じ込ませるべく、欺瞞作戦は続けられた。その結果、D デイ後の数週間にわたって少なくともドイツの 19 個師団がカレにとどまっている。

【参照項目】欺瞞、フォーティテュード作戦、コードネーム、ボディーガード、ダブルクロス委員会、二重スパイ、D デイ

アメリカ陸軍における諜報活動
(Army Intelligence, U.S.)

アメリカ陸軍による諜報活動の歴史は 1776 年に遡る。この年、ネイサン・ヘイルという青年士官が自ら志願してイギリス軍前線の後方へ潜入し、戦術情報の必要性を固く信じていたジョージ・ワシントン将軍のためにスパイ活動を行なった。だがヘイルは平服姿で捕らえられ、絞首刑に処せられる。彼は一匹狼の工作員であり、情報機関に所属していない単なる一志願者だったが、陸軍の諜報活動はこうした状況が長く続くことになる。

揺籃期のアメリカ合衆国が西へ膨張するにつれ、探検行――北西部へ向かったルイスとクラーク、コロラドへ向かったパイクなど――は情報収集の任務も兼ねるようになった。1832 年にロッキー山脈踏破を目指して出発したベンジャミン・L・E・ボンヌヴィル大尉は、「途中で遭遇するであろう各部族の戦士」についての情報を集めるよう命じられている。しかし 19 世紀の残りの期間を通じて、原住民に関する情報を陸軍にもたらした組織は、インディアン・スカウトなる部隊ただ 1 つだった。

合衆国にとって最初の対外摩擦である 1812 年の米英戦争当時、アメリカ側に諜報機関は存在しなかったが、1846 年の米墨戦争になると、陸軍はメキシコ人の暴漢から成るスパイグループ、メキシカン・スパイ・スカウト・カンパニーを組織している。

南北戦争では両軍とも情報収集機関を擁し、北軍は民間人のアラン・ピンカートンに頼る一方、南軍は女性を主とする志願エージェントを用いた（「エマ・エドモンズ」「ベル・ボイド」を参照のこと）。そして戦争後期を迎え、北軍は軍事情報局を設置してジョージ・H・シャープ大佐を局長に任命する。軍事情報局はポトマック軍内の組織にとどまったが、アメリカ陸軍最初の公式な情報機関となった。

南北戦争は航空偵察が活用された初の戦争でもあった

（「気球」を参照のこと）。アンティータムの戦いでは情報が重要な位置を占めたものの、アレン・W・ダレスが著書『The Craft of Intelligence（邦題・諜報の技術）』（1963）の中で述べているように、「優れた情報によって戦闘の勝敗が決する、あるいは戦闘そのものが回避されることはなかった。大部分の諜報活動は大なり小なり地域的かつ一時的な目標にとどまっていた」のである。

【参照項目】 ネイサン・ヘイル、戦術情報、ジョージ・ワシントン、アラン・ピンカートン、エージェント、軍事情報局、ジョージ・H・シャープ、偵察、アンティータム、アレン・W・ダレス

情報と駐在武官

アメリカ陸軍に正式な軍事情報組織が置かれたのは1885年である。当時、陸軍長官が外国軍に関する簡単な質問をしたところ、陸軍省は回答はおろかそれに類したものさえ準備できなかったという話がある。そこでさらなる質問が下ることを予想した陸軍省は、軍務局総務課の中に軍事情報師団（MID）なる大仰な名前の組織を設置した。MIDには士官1名と秘書1名が配属され、新聞や国務省の報告書から情報を集めたという（海軍はその3年前に情報局を設置して独自の情報収集を始めている）。

1889年、陸軍は常設の武官制度を始め、ベルリン、ウィーン、パリ、ロンドン、サンクトペテルブルグの各都市に将校を派遣した。しかし通常の俸給以外に資金面での援助を行なえなかったため、この任務に就いたのは裕福な将校だけだった。訓練を受けておらず、スパイの真似事をするディレッタントに過ぎないこうした初期の武官は、価値ある情報をほとんどもたらさなかった。

その一方でMIDの価値は増しつつあった。1898年の米西戦争を迎えた時点で、MIDは完全な機能——地図の作成、武官からもたらされた情報の分析、情報消費者による要求への対応——を有する情報機関になっており、敵兵や敵施設に関する駐在武官の報告は直ちに分析され、正確な評価を陸軍省にもたらした。さらにMIDはホワイトハウスの要求に応じてキューバの天候や地形を調べ、熱帯性気候が兵士を衰弱させる可能性を考慮して冬まで軍勢を送るべきでないと勧告している。ところが、陸軍大臣はこの勧告を消極的だとして機嫌を損ね、MID師団長に対し今後の昇進はあきらめろとまで言い放ったという。

エルバート・フバードによるエッセイで有名になった「ガルシアへの書簡」はMID士官のアンドリュー・S・ローワン中尉によって、キューバ反乱軍司令官のカリスト・ガルシア将軍へもたらされたものである。また戦争中にキューバで勤務していたもう1人のMID士官ラルフ・H・ヴァン・デマン大尉は、後に陸軍の諜報活動における最重要人物の1人になった。

戦後のフィリピンにおいて、ヴァン・デマンは地元反乱軍と日本軍の情報を集め、後の戦争に先駆けて独自の諜報網を構築しようとした。その中で彼は、反乱組織によるアーサー・マッカーサー大将（第2次世界大戦で勇名を馳せたダグラス・マッカーサー大将の父）の暗殺計画をキャッチしている。

陸軍が参謀本部制度を整備したことに伴い、MIDは参謀本部第2部に格上げされた（「G-2」を参照のこと）。しかし官僚的な縄張り争いのために陸軍軍事学校の直属下に置かれ、効果的な諜報活動は中断のやむなきに至った。

【参照項目】 駐在武官、海軍情報局、ベルリン、ウィーン、ラルフ・H・ヴァン・デマン

第1次世界大戦

アメリカ合衆国が第1次世界大戦に参戦したのをきっかけに、MIDは軍事情報部と改名された。部長のヴァン・デマン少佐は陸軍初の大規模な国内諜報計画を立案した。すなわち、シカゴの宣伝マンによる発案で結成されたアメリカ防衛連盟を監督し、スパイや徴兵忌避者の追跡を始めたのである。メンバーに法の執行権は与えられていないものの、電話を盗聴したり、容疑者のオフィスを捜索したりすることがあった。また黒人のエージェントを黒人社会へ送り込み、人種間対立の先鋭化を目的としたドイツの策略について真偽を探らせている。MID自体には防諜を担当するネガティブ部門と、情報を扱うポジティブ部門があった。また、後に時代を代表する暗号解読者となるハーバート・O・ヤードレー中尉の下に暗号課が設置されている。MIDによるスパイ摘発活動はドイツの大物スパイ、ロタール・ヴィツケのメキシコにおける逮捕につながった。

フランスでは、アメリカ陸軍の情報警察隊（CIP）が前線地域のパトロールを実施し、スパイや破壊工作員の摘発を行なったが、この組織は現地の徴兵忌避者やアメリカの犯罪者といったならず者の集団だった。一方、無線情報班はドイツの通信を傍受するのみならず、秘密保持違反を監視すべくアメリカ側の通信にも耳を澄ませた。

戦後、規模が縮小されたMIDは地図作成と空中撮影の研究に注力し、平時の軍隊に付き物の資源不足や将兵の不満に対処した。この時期における技術革新の1つに、騎兵部隊のために開発された馬に搭載できる無線受信機がある。また1932年に「ボーナス部隊（約束されたボーナスの速やかな支払いを求める退役軍人たち）」がワシントンを行進した時は、CIPのエージェントが行進に紛れ込んで情報を集めた。

1930年、陸軍通信隊はウィリアム・F・フリードマンの下に新たな暗号解読班を組織する。第1次世界大戦中、前線で無線傍受活動に従事していたフリードマン

は、新たに組織された信号情報局（SIS）を率いて電子機器による暗号化や解読手法を開発した。SISの傍受局はテキサス、カリフォルニア、パナマ運河地域、ハワイ、そしてフィリピンに設置され、1940年には日本の主要な外交暗号であるパープルが、フリードマンとそのスタッフによって解読されている。

【参照項目】国内情報、防諜、ハーバート・O・ヤードレー、ロタール・ヴィッケ、ウィリアム・F・フリードマン、信号情報局、パープル

第2次世界大戦

アメリカ陸軍の暗号解読者は日本の暗号作成者に勝利を収めた。しかし1941年12月7日（日本時間8日）の真珠湾攻撃でその勝利は失われ、逆に諜報活動の失敗と見なされた。だが事実は違う。失敗の要因は、得られた情報及びその分析結果を軍の最高幹部とホワイトハウスに届ける必要性を、生まれたばかりのインテリジェンス・コミュニティー（当時この単語はまだ存在しなかった）が認識できなかった点にあったのだ。

暗号解読者への支援も無きに等しい状態だった。ジョージ・C・マーシャル大将は後にこう述べている。「第2次世界大戦以前、我々の外国情報は、駐在武官がディナーやコーヒーの席で聞き出す情報に毛の生えた程度のものだった」またドワイト・D・アイゼンハワー大将は次のように記す。「戦間期、諜報システム、すなわち大規模な諜報組織が有するべき基本的機能に必要な資金は与えられなかった」

情報組織——最初は情報統括官（COI）オフィス、次いで戦略諜報局（OSS）——の急速な拡大は陸軍の力ではなく、当時大佐だったウィリアム・J・ドノヴァンの尽力によって実現された。OSSは名目上軍の統制下に置かれたが、実質的には陸海軍及び民間から成る戦時組織で、統合参謀本部の直属下に置かれていた。

MIDは陸軍の情報部門として残ったが、その機能は作戦上のものではなく管理的なものに変質した。活動範囲もワシントン軍管区に集中され、陸軍省に勤める軍民職員の忠誠を調査したり、政府所有の建物や橋梁、あるいは都市施設の保護を支援したりすることが任務となった。

陸軍参謀本部第2部（G-2）は敵の諜報活動や破壊活動の可能性について具体的に警告する責任を負った。一方、敵に関する情報の収集と分析は、主に現地司令官の下で行なわれた。すなわち、太平洋南西部においてはマッカーサー大将であり、北アフリカ・地中海・ヨーロッパ地域においてはアイゼンハワー大将である。

陸軍の規模が拡大するにつれ——1939年の時点で実働師団は5つしかなかったのに対し、終戦時には89師団にまで膨れ上がっていた——情報部隊も数・規模の両面で増大した。情報担当参謀は大隊レベルに至るまで、

陸軍のどの部隊にも存在した（およそ800名とされる）。また全ての歩兵師団には、戦術情報を収集する定員155名の偵察部隊が置かれていた。そして機甲師団には定員900名の騎兵偵察大隊があり、馬ではなくジープや戦車で偵察活動を行なった。さらには敵の通信傍受を専門とする通信隊部隊が置かれる一方、第2通信大隊は信号情報局（SIS）及びその後身機関の下で高度な傍受活動を行なっている。

情報警察隊（CIP）は防諜部隊（CIC）と名称を変え、アメリカ国内において FBI と協働してナチ支援者を取り締まった。また海外では戦闘部隊に従軍し、地雷原の地図の入手や奪った文書の分析から、敵協力者及びスパイの摘発に至るまで幅広い任務に従事した。なお1944年6月にローマへ立ち入った最初の連合軍兵士の中には、CIC の隊員も含まれている。

太平洋南西部においては初めから情報が乏しく、その上ダグラス・マッカーサー大将の厳重な統制下にあった。マッカーサーは自らの情報組織として連合軍諜報局と翻訳通訳課を設立しており、OSS はマッカーサー司令部から排除された。翻訳通訳課は日系2世のアメリカ兵を使い、日本軍捕虜の尋問や敵文書の翻訳、あるいは心理戦に従事させた。CIC の隊員も時に2世兵士と協力して活動し、戦闘地域や占領地域の保安捜査を行なっている。

戦場においては、戦闘部隊の士官が大隊の情報参謀に就くことがあった。各野戦軍には情報大隊と陸軍保安局部隊が置かれる一方、軍団あるいは師団レベルには情報中隊が配置されている。それと同時に、戦闘諜報活動もますます複雑になっていった。地勢、敵の戦力組成、指揮系統、装備、意図、通信といった情報活動に加え、化学兵器、核兵器、電子通信傍受、そして電子対抗手段などに関する敵の能力と意図を知る必要が生じたからである。

【参照項目】真珠湾攻撃、インテリジェンス・コミュニティー、情報統括官、戦略諜報局、ウィリアム・J・ドノヴァン、偵察、戦術情報、第2信号大隊、連合軍諜報局、陸軍保安局、戦闘情報、戦力組成

冷戦期の諜報活動

戦後、CIC のメンバーはドイツと日本で占領軍における中核となった。ドイツでは戦争犯罪の捜査に加え、ナチス党員であるか否かの判別作業を支援し、日本では東条英機元首相を含む戦争犯罪者の逮捕にあたった。また両国において、共産主義者に対する調査とソビエトによる諜報活動の取り締まりが直ちに開始された。

陸軍の急速な復員、高度な技能を持った予備役将兵の喪失、そして1947年の CIA 設立は全て、陸軍が外部で行なう諜報活動の重要性を低下させた。さらにアメリカ空軍の創設は、空中偵察に用いる人的資源などを陸軍か

ら奪い取る結果になった。その灰燼から出現したのが陸軍保安局（ASA）である。1945年9月に設立されたこの機関は「全ての信号情報活動、通信保安体制、部隊及び人員」を引き継ぎ、陸軍参謀次長（情報担当）の下で活動することになった。また設立目的の1つに暗号研究があるのも特色である。だが結果的に、ASAは3年ほどで解体されて軍保安局（AFSA）となり、後に国家安全保障局（NSA）へと秘密裡に進化した。

CICは陸軍の情報部門と同じく、朝鮮戦争では小さな役割を果たすにとどまった。開戦時に存在していた韓国人エージェントの小規模なネットワークも程なく壊滅している。準備も全く整っておらず、訓練用のパラシュートすらないため、スピードを上げて走るジープの後部から飛び降りることで訓練を行なうほどだった。結果、パラシュートやゴムボートによって敵戦線の後方へ送られた韓国人は、ほぼ全てが殺されるか捕らえられてしまった。

1961年の国防情報局（DIA）設立は陸軍による諜報活動をさらに希薄化させた。参謀本部が行なう調査研究に情報面の支援を与えることもDIAの担当任務とされたからである。同年、CICは情報隊に改称された（1965年にはさらに情報隊司令部と名を変えている）。その主な任務は国内外に展開する陸軍部隊内及びアメリカ国内における防諜活動だった。

【参照項目】CIA、陸軍保安局、軍保安局、NSA、国防情報局

ベトナム戦争及びそれ以降

アメリカ軍がベトナムに送り込んだ戦力には情報部隊も含まれる。1965年の段階で、陸軍の情報要員が最も集中していたのは南ベトナム軍事援助司令部（MACV）だったものの、他の軍事情報グループもベトナム各地に展開して情報収集と防諜活動に携わっている。ベトナムにはサイゴンの情報本部に加え、尋問や敵の文書及び設備の分析を行なう拠点が存在していた。また長距離偵察活動は戦術情報をもたらしたが、時に大きな犠牲を伴うことがあった。

フェニックス作戦は、地域の安定を図るという表向きの目的がしばしばベトコン（そう疑われただけの人物も含む）の殺害につながったため議論を呼ぶことになったが、軍の情報士官も南ベトナム人やCIA職員と協働してこの計画に携わった。また人的情報（HUMINT）作戦の多くはMACVの調査観測グループが担当し、情報収集チームを敵の支配下にある地域へ送り込んだ。

アメリカ国内に目を転じると、陸軍は防諜エージェントを通じFBIと共同で反戦グループに関する情報を集めている。ワシントンDCで行なわれたデモにおいては、スーツやネクタイを身につけた短髪の若い男が、ジーンズとTシャツ姿の若者たちに紛れ込んでいる姿がよく見られた。彼らは陸軍のエージェントであり、公衆の擾乱に備えるという陸軍情報司令部のガイドラインに従って情報を集めたことになっているが、実際には反戦運動に対するジョンソン及びニクソン政権による対応策の一部だった。

国内情報の収集は数多くの訴訟を誘発し、陸軍は市民活動家から非難されただけでなく、民間人に対して不法なスパイ活動を行なったとして訴えられもした。1970年5月、東南アジアでの戦争拡大に反対してデモ行進を行なっていたオハイオ州立ケント大学の学生と外部の扇動家に対し、パニックに襲われた陸軍州兵が発砲する。その結果4名が死亡し、8名が負傷した。州兵は陸軍の国内情報活動と無関係だったものの、この事件は軍の高官を驚愕させ、活動は直ちに中止された。

陸軍の残り全体と同様、情報士官もベトナム戦争の記憶を消し去ろうと躍起になった。再び平和の時代に入ると情報組織の改編が行なわれ、陸軍の全ての情報活動は1984年に陸軍情報局へ集約されている。戦術レベルでは電子戦闘部隊と情報部隊が新たに設けられ、電子情報（ELINT）活動をより戦場に近づけた。この部隊が初めて実戦に投入された1991年の湾岸戦争は、まさに電子技術とコンピュータが最も活躍する舞台となった。

陸軍の情報部隊は2003年のイラク侵攻においても重要な役割を果たしている。第104軍事情報大隊の分析官たちは逃走中のサダム・フセイン元大統領の追跡を見事成し遂げ、拘束部隊の派遣を可能にした（「イラク」を参照のこと）。

「第20タスクフォース」も参照のこと。

【参照項目】フェニックス作戦、人的情報、調査観察グループ、電子情報

アヤロン、アミ （Ayalon, Ami 1945-）

1996年1月から2000年までイスラエルの防諜機関シンベトの長官を務めた人物。シンベト長官への就任を公表した初の人物であり、海軍将校がこの地位に就いたのも初めてである。

前任者のカルミ・ジロンは1995年11月4日に発生したイツハク・ラビン首相暗殺事件の責任をとって辞職したが、ラビンが以前にシンベト長官への就任を要請していたのがアヤロンである。

アヤロンは1963年に海軍入りして潜水工作コマンド部隊に所属した後、1970年から73年にかけて海軍士官養成コースで学んだ。その後は小型艦艇の艦長や陸上部隊の指揮官を経て、1988年から91年まで海軍副司令長官を務めた。またアメリカ海軍大学校に留学し、ハーバード大学から修士号を授与されている。92年にはイスラエル海軍司令長官に就任しており、96年までその座にあった。

1969年7月19日、スエズ運河の南部進入口に位置す

る重防備のグリーン島へ奇襲攻撃を成功させたことに対し、アヤロンはイスラエル最高位の戦闘勲章である最高敢闘章を授与されている。

（訳注：その後政治家を経て、イスラエル民主主義研究所〔IDI〕のシニアフェローを歴任）

【参照項目】防諜、シンベト

アラソン、ルパート　(Allason, Rupert)

「ナイジェル・ウエスト［p］」を参照のこと。

アラロフ、セミョーン・イワノヴィチ

(Aralov, Semyon Ivanovich　1880-1969)

　ソビエト軍の情報機関、GRU の初代局長（1918～19）。スターリンによる粛清で２度逮捕されたにもかかわらず、後に軍情報組織の重鎮となった。

　富裕な商人の家庭に生まれたアラロフは 1905 年にロシア軍入りする一方、ボルシェビキの古参メンバーでもあった。第１次世界大戦中は少佐として軍事情報活動に従事し、1917 年の 10 月革命後はチェーカの設立に加わっている。以降は急速に昇進を重ね、翌年 10 月には初代 GRU 局長に指名された。その後 20 年７月に第 12 軍の、次いで第 14 軍の情報責任者を歴任し、ロシア内戦では南西戦線の情報責任者となっている。1921 年からは GRU 局長代理として、外交官を隠れ蓑（カバー）にトルコ、ラトビア、リトアニアで活動した。またアメリカ、ドイツ、日本において諜報活動拠点の設置を担当している。

　1937 年に始まるスターリンの大粛清によってアラロフは全ての軍職から追われ、国立文学博物館の副館長に左遷された。しかも翌年に逮捕されて３年間を獄中で過ごし、釈放後は一兵卒として懲罰部隊に配属されている。しかし第２次世界大戦の末期には大佐へ昇進しており、戦後 GRU に復帰した。

　1946 年に再び逮捕されて強制収容所で 10 年を過ごすものの、1956 年の釈放後は直ちに GRU 局長代理へ任命された。だがわずか１年後には、ニキータ・フルシチョフによるソ連邦元帥ゲオルギー・ジューコフ粛清のあおりを受けてまたも罷免されている。その後は静かな余生を送り、ロシア内戦についての書籍を執筆した。

【参照項目】GRU、チェーカ、カバー

アリエフ、ヘイダル・A　(Aliyev, Geidar A.　1923-2003)

　KGB 職員を経てソビエト共産党政治局員になった人物。アリエフのキャリアは祖国アゼルバイジャン共和国の治安警察へ入隊した 1944 年に始まる。以降は順調に昇進を重ね、1967 年にはアゼルバイジャン KGB の議長に就任、２年後にはアゼルバイジャン共産党中央委員会第一書記となり、アゼルバイジャンの経済・社会状況を改善するのに成功した。

　その後アゼルバイジャン共産党書記長だった 1976 年にソビエト共産党政治局の局員候補となり、82 年 11 月のレオニード・ブレジネフ書記長死去を受けてモスクワに移住、第一副首相に就任すると同時に共産党政治局員となった。

　ロシアの政治史家ゾーレス・A・メドヴェデフは評伝『Gorbachef』（1986）において、アリエフを「頭脳明晰で野心に満ちた KGB 高官」と評している。

（訳注：ソビエト崩壊後、アリエフはアゼルバイジャンに戻り、1993 年大統領に就任）

【参照項目】KGB

有末精三　ありすえせいぞう　(1895-1992)

　第２次世界大戦の大半を通じて日本軍による諜報活動の責任者を務めた陸軍軍人。

　1936 年、有末は大使館付武官としてローマに駐留し、30 年代後半を迎えると中国北部に赴任した。イギリスの作家メイリオン・ハリーズとスージー・ハリーズは著書『Soldiers of the Sun』（1991）の中で、帰国した有末と参謀総長との面会を描写しつつ、真偽が定かでないエピソードを紹介している。参謀総長の副官の１人がある会合に加わり、日米両軍が激戦を繰り広げていたガダルカナル島での勝利を祈願するため、明治神宮に参拝してきたことを告げた。すると同席していた有末は「ガダルカナル島とはどこか？」と訊いたというのである。

　上記の著者たちは、日本陸軍の主たる関心が太平洋地域ではなくアジア大陸にあることを強調するためこのエピソードを記したというが、1942 年８月に有末が参謀本部第２部（諜報担当）部長に就任した時の状況がまさにそうだった。なお彼は 45 年８月の終戦までこの職を務めている。

　1945 年８月６日に広島へ原爆が投下された翌日、有末は徹底的に破壊された市街地に急行して生き残った将校に会い、大惨事の直接的な情報を入手した。後に総理大臣から指名を受け、8 月 28 日に厚木飛行場へ着陸したダグラス・マッカーサー元帥の先遣隊を公式に出迎えている。その際、有末はアメリカ陸軍の将校をテントに案内し、オレンジパンチを差し出したという。なおもアメリカ人たちが躊躇していると、有末はグラスを取り上げ自ら飲み干したと伝えられている。

　終戦後、有末は極東及びソビエト連邦に関する自らの知識を、マッカーサーの諜報スタッフに加わる取引道具として活用した。そしてチャールズ・A・ウィロビー少将と緊密な関係を維持しつつ、日本軍の元情報将校による「歴史研究チーム」を組織、マッカーサーの参謀を側面支援したのだった。

【参照項目】駐在武官、チャールズ・A・ウィロビー

アーリントンホール　(Arlington Hall)

　ワシントンDC郊外のヴァージニア州アーリントンに建つ元女学校。第2次世界大戦中には陸軍信号情報局（SIS）が置かれていた。

　SISは1930年の設立から42年まで、第1次大戦中に建てられた「仮設」ビル群の1つであるワシントンモールの弾薬倉庫ビルに入居していた。当初はポトマック川の対岸に建設中だったペンタゴンビルに移転する予定だったが、SISはワシントン郊外の独立した場所に置かれることが決定された。拡張の余地があり、秘密も保てるというのがその理由である。

　数度の変更を経た後選ばれたのは、ルート50沿いにあるアーリントンホール女子短期大学の建物だった。ペンタゴンから数マイルの距離にあり、ヴァージニア州ワレントン近郊のヴィント・ヒル・ファームズに建設が予定されていた東海岸無線傍受局からも比較的近い。その上、急速に増加しつつあったSIS職員が住むワシントン地区からさほど離れていなかった。

　建物の購入費用は65万ドルで、さらに4万ドルをかけて改装している。1942年6月14日の陸軍省による購入後、SISは直ちに職員、ファイル、機械装置の移転を始め、8月24日に完了させた。

　その後まもなく、もう1つのビルの建設と共に、最高機密施設における秘密維持設備の設置も始まった。

　同時期に海軍の暗号解読班もワシントンモールを離れ、ワシントン北西部のネブラスカ通りとマサチューセッツ通りに面する別の学校へ移転している（「海軍保安ステーション」を参照のこと）。

　SISの後継機関は1980年代末までアーリントンホールに所在した。

【参照項目】信号情報局、最高機密、暗号解読

アルコス事件　(Arcos Affair)

　1920年代にイギリスで暗躍していたソビエトのスパイ網にまつわる外交上の騒動。スパイ活動の隠れ蓑となっていたソビエト通商代表団は、全ロシア協同委員会（ARCOS）とロンドンのオフィスを共有していた。1927年5月、アルコスの職員がインテリジェンス・オフィサーではないかと疑いを抱いたイギリス保安部（MI5）は、150名の警察官をアルコスのオフィスと倉庫に突入させた。

　25万件に上る書類を押収・精査したイギリス政府は、諜報活動の証拠を見つけたとして、ソビエト連邦との外交関係を断ち切った。イギリスはこの3年前にも、ジノヴィエフ書簡を巡る事件に絡んでソビエトとの関係を悪化させている。

　アルコス事件と呼ばれるようになったこの一件を受け、ソビエトは外交官や通商代表といった合法的エージェント（リーガル）から、ロシア人ではない非合法エージェント（イリーガル）の活用に軸足を移した。またアメリカにおいても、アムトルグという名の組織をカバーとして同様のスパイ活動を行なっている。

【参照項目】インテリジェンス・オフィサー、MI5、ジノヴィエフ書簡、イリーガル、アムトルグ

アルゴン　(Argon)

　コロナ偵察衛星と並行して開発されたアメリカの地図衛星。戦略ミサイルの命中精度を上げるべくソビエト連邦の詳細な地理的データを収集するという軍の要求に基づいて、アルゴン計画は開始された。

　1959年にホワイトハウスの許可を得たこのプロジェクトは、打ち上げに必要な資源の争奪を避け、かつ保安体制を単純化するために、CIAによるコロナ計画の枠内で進められた。KH-5型カメラを搭載したアルゴン衛星の打ち上げも、初期においては単独で行なわれたものの、後にはコロナ衛星のピギーバック衛星として打ち上げられている（「キーホール」を参照のこと）。

　アルゴン衛星は1961年2月17日から64年8月21日にかけて12回打ち上げられ、カメラの運用は62年5月から64年8月まで行なわれた。12回のうち成功したのは6回で、残りの6回は実用に足る画像をもたらすことに失敗した。

　KH-5カメラの地上解像度は140メートル、つまり地上にある140メートルの大きさの物体を識別できる。また平均周回高度は約320キロメートルだった。

【参照項目】人工衛星、コロナ

アルソス・ミッション　(Alsos Mission)

　ヨーロッパの米軍占領地域において、ドイツ及びイタリアによる原爆開発計画の進展状況を探るべく行なわれた情報収集任務を指す名称。この任務は、レスリー・グローヴス中将率いるマンハッタン計画、科学研究局、陸軍情報参謀部（G-2）、そして海軍の共同活動だった。海軍は後にアルソス・ミッションから手を引き、ヨーロッパにおいて独自の諜報活動を行なっている。

　アルソス・ミッションを率いたのは陸軍の情報士官ボリス・T・パッシュ中佐で、メンバーは科学者と軍人から構成されていた。パッシュは1943年に部下を伴なってイタリアへ渡り、研究所や大学の実験設備を調査した後、1944年から45年にかけてフランス、ベルギー、そしてドイツへと赴いている。イタリアではさしたる成果を挙げられなかったが、ドイツの核兵器開発に関する情報を多数入手した上、ドイツ人原子物理学者の拘束に成功、彼らは後に西側諸国で活動している（アメリカ軍のベルリン到着に先立ち、ソビエト軍はドイツの原子力研究の中心地であるカイザー・ヴィルヘルム研究所から研究成果を持ち去っていた。また、この建物を本部として

用いた米軍のとある情報部隊が、残された数少ない実験機材をその重要性に気づかず裏庭に捨てたことが、アルソス・ミッションによって明らかにされている）。

アルソスというコードネームはグローヴス中将が命名したものであり、「小さな森」を意味するギリシャ語に由来している。

【参照項目】 コードネーム

アルタモノフ、ニコライ・フェドロヴィチ
（Artamonov, Nikolai Fedrovich）

「ニコラス・シャドリン」を参照のこと。

アルトゥゾフ、アルトゥール・フリスティアノヴィチ
（Artuzov, Artur Khristianovich　1891-1937?）

ソビエトのインテリジェンス・オフィサー。ロシアに移住したイタリア系スイス人のチーズ製造業者の息子として、A・K・フラウチの名で生を受ける。ロシアの歴史家アントン・アントノフ＝オヴセィエンコは著書『The Time of Stalin』（1981）の中で、アルトゥゾフを「物静かかつ控えめで、決して勲章を見せびらかすことなく、田舎の親切な教師といった風情だった」と描写している。

アルトゥゾフはチェーカに始まるソビエト公安機関で防諜責任者を務めた後、1931 年から 34 年まで OGPU 第 1 課（対外諜報担当）課長の座にあった。外国大使館への浸透やソビエト駐在外交官の懐柔に関するノウハウを生み出しており、また対外工作組織トラストの創設にも関わった。なお 1930 年代には短期間ながら参謀本部情報総局（GRU）でも勤務している。

アルトゥゾフは NKVD の一員として、ドイツ及びポーランド問題についてヨシフ・スターリンと意見を異にしており、1930 年代の大粛清でも自らの信念に基づいて行動しようとしたが、それがスターリンの逆鱗に触れて逮捕され、後に銃殺された。ルビャンカ刑務所での処刑──1937 年と思われる──前、アルトゥゾフは独房の壁にこう記したとされている。「スターリン殺害は誠実な人間に課せられた使命である」

【参照項目】 チェーカ、OGPU、GRU、NKVD、ルビャンカ

アルニカ　（Arnika）

ソビエトのオレグ・ペンコフスキー大佐によってもたらされた情報資料を指すイギリスのコードネーム。「ルピー」も参照のこと。

【参照項目】 オレグ・ペンコフスキー、コードネーム

アルバニ、アレッサンドロ　（Albani, Alessandro　1692-1779）

イタリアの枢機卿、絵画収集家、そしてスパイだった人物。イギリス政府の命を受けてローマに赴き、スチュアート朝の復活を図るジャコバイトに対して諜報活動を行なった。

アルベルティ、レオン・バッティスタ
（Alberti, Leon Battista　1404-1472）

フィレンツェの富裕な商人の庶子であるアルベルティは、建築家、画家、作家、作曲家として、イタリア・ルネッサンスの星とも呼べる存在だった。著書『De Re Aedificatoria（建築論）』は建築に関する初の印刷本であり、ローマのサン・ピエトロ大聖堂をはじめとする教会の設計に影響を与えたことは明らかである。アルベルティ自身の建築としてはパラッツォ・ルチェッライ、サンタ・マリア・ノヴェッラ教会（フィレンツェ）のファサード、サン・フランチェスコ教会（リミニ）などがある。

アルベルティは教皇の従者のもとに届いた秘密通信の解読にも才能を発揮した。暗号史家のデイヴィッド・カーンによれば、1466 年ないし 67 年に彼が記した論文は、「西洋暗号学の父」という称号をアルベルティに与えてもよいほどの内容だという。25 ページから成るこの文書は、暗号解読法に関する西洋最古のテキストであり、暗号の解読法のみならず、暗号盤を用いていかに解読を防ぐかが記されている。暗号盤は 2 枚の円盤を同心円状に重ねたものであり、それを回転させることで数字や文字の置換ができるというものだった（この論文は全集の一部として 1568 年に刊行された）。

【参照項目】 暗号、デイヴィッド・カーン、暗号解読、暗号盤

アレイ、スティーヴン　（Alley, Stephen　1876-1969）

1917 年の革命時にロシアで諜報活動を行なったイギリスのインテリジェンス・オフィサー。

ロシアで生まれ育ったアレイは、第 1 次世界大戦及びロシア革命当時、イギリス秘密情報部（MI6）のロシアにおける責任者だった。伝えられるところによると、1920 年代にソビエト連邦の支配者となったヨシフ・スターリンの暗殺を命じられたが、それを拒否したとされている。アレイは後に友人へこう語っている「いつも命令に従うわけじゃない。昔スターリンの消去を命じられたことがあった。別に好きだったわけじゃないが、向こうからは友人だと思われていたから、執務室に押し入って殺す気にはなれなかったのさ」アレイはまた、暗殺後の逃走プランにも不満だったと述べている。

アレイをはじめイギリス大使館職員のほとんどは 1918 年 2 月にサンクトペテルブルグを脱出し、アルハンゲリスクでイギリス行きの船に乗り込んだ。

1919 年には保安局（MI5）へ移り、数年間そこで勤務する。MI5 を退職した後はパリで雑貨販売を始めた。その後イギリスに帰国し、第 2 次世界大戦でも諜報活

動を命じられている。革命当時ロシアにいたロバート・ブルース・ロックハートは、著書『Reilly: The First Man』(1987) の中で次のように記している。「第2次大戦中、私は幾度かアレイに会う機会があった。当時の多くのインテリジェンス・オフィサーと同じく、彼も制服姿である。胸には（ダグラス・）マッカーサー将軍を思わせるほど多数の勲章をぶら下げていたが、どれがどういうものかはついにわからずじまいだった」（皮肉なことに、マッカーサーは常にカーキの通常軍装を着用しており、シャツから勲章をぶら下げることはなかった）

【参照項目】インテリジェンス・オフィサー、MI6、MI5、ロバート・ブルース・ロックハート

アレン、E・J (Allen, E.J.)

「アラン・ピンカートン」を参照のこと。

アレン、マイケル・H (Allen, Michael H.)

フィリピンの国内事情に関するアメリカの機密要約資料をフィリピン軍警察隊に売り渡したとして有罪になった、アメリカ海軍の元上級無線技師。怪しい行動をとっているという同僚の報告を受けた海軍は、アレンを逮捕する1986年12月まで5ヵ月にわたる調査を行なった。

アレンは1950年から72年まで海軍で勤務し、退役後はフィリピン停泊地の電信局で民間人事務員として働いていた。その傍らで自動車代理店も経営しており、現地警察と良好な関係を築くために機密情報を横流ししていたという。

反乱軍の活動に関する情報を含むそれらの書類は、反体制派に対する弾圧で悪名高いフィリピン軍の一部局、フィリピン軍警察隊に渡されていた。情報の大半は、フィリピンにおけるアメリカの主要な情報収集機関、海軍捜査局（NIS）が入手したものだった。情報漏洩の結果、少なくとも1人の覆面捜査官が正体を暴露されている。

アレンは禁固8年と罰金1万ドルを宣告され、海軍から受領した追加退職金を返還するよう命じられた（名目上は海軍予備士官だったため、海軍の軍法会議で裁かれている）。

ジョン・A・ウォーカーとジェリー・A・ホイットワースの逮捕後2年も経たないうちにアレンが逮捕されたことは、通信担当員が外国情報機関の勧誘に対していかに弱いかを浮き彫りにした。

【参照項目】海軍捜査局、ジョン・A・ウォーカー、ジェリー・A・ホイットワース

アレン、ルー、ジュニア (Allen, Lew, Jr. 1925-2010)

アメリカ空軍将校であり、最も著名なNSA長官の1人。1973年8月から77年7月まで長官を務めた。

陸軍士官学校を卒業したアレンは、後にイリノイ大学で修士号及び博士号を取得している。その後、1947年に創設された空軍の初級士官として勤務、核兵器に関係するいくつかの任務に携わる傍ら、パイロットとしても4,000時間以上の飛行経験を有している。

1961年、国防総省内部の技術研究局に配属され、スパイ衛星の運用を担当するアメリカ国家偵察局（NRO）での勤務を始めた。65年から68年にかけては空軍特別計画局（NROの一部）副長官としてロサンゼルスで勤務し、その後も人工衛星に関する様々な部局に配属されている。71年には特別計画局長官に就任した。

1973年3月、新任のジェイムズ・シュレジンジャー中央情報長官（DCI）はアレンをインテリジェンス・コミュニティーのスタッフ長に指名、その5ヵ月後にはNSA長官に任命する。

NSA長官に就任直後、アレンは国内での盗聴活動にまつわる騒動に巻き込まれた（「ミナレット」「シャムロック」を参照のこと）。議会、裁判所、そしてメディアは、多数の資料によって明らかにされたアメリカ市民に対する大規模な盗聴行為について、NSAの役割を説明するよう求めた。アレンはそれを受けて1975年8月8日にNSA長官として初めて議会の委員会に出席し、下院情報特別委員会（パイク委員会）で証言を行なっている。

アレンは委員会の開催前に行なわれた4時間にわたる非公開の質疑に続き、1975年10月29日、チャーチ委員会（後の上院情報委員会）に先立って、等しく白熱した議論を繰り広げた。

アレンが明らかにしたところによると、NSAの「監視対象リスト」——国外通話や海外電信の傍受を通じて、NSAが注意していた人物のリスト——には、約1,700名のアメリカ人と6,000名近い外国人の名が記されているという。複数の機関がNSAに監視対象リストを提供しているため、中には重複もあった。それでもなお、この数字は驚くべきものだった。

ジェイムズ・バンフォードは著書『The Puzzle Palace（邦題・パズル・パレス：超スパイ機関NSAの全貌）』(1982) の中で次のように記している。

NSAは法の及ばない領域に存在し、国家を統治する法律や規制などには制限を受けない（と、アレンと2人の副長官は証言した）。ペンシルヴァニア選出のリチャード・シュワイカー上院議員が先に行なった質問と対比すれば、それはより一層浮き彫りになる。「（NSAの監視リストと巨大な技術力を用いれば）悪意を持った人間が、アメリカ国内の会話を傍受することは可能なのか」と問われたアレンは、「そうしたことは技術的には可能です」と答えた。

NSAなどの情報機関や電話会社による通話傍受記録

へのアクセスについて、その後行政府と下院が論争を繰り広げた。続く公聴会にアレンは出席しなかったものの、事情に通じた証言者が出席しており、下院政府活動委員会による報告書がNSAに痛手を負わせた。その報告書はNSAによる盗聴活動に検討を加えた後、NSAを覆う巨大な秘密性が「執拗かつ根深いもの」であると断言している。

アレンはこの試練を切り抜け、1977年7月にNSAを去った。

その後は1977年8月から翌年3月まで空軍システム軍団司令官を務め、78年7月1日には空軍参謀総長に就任、82年6月に退役するまで空軍トップの地位にあった。

【参照項目】NSA、国家偵察局、人工衛星、ジェイムズ・シュレジンジャー、中央情報長官、インテリジェンス・コミュニティー、パイク委員会、チャーチ委員会、ジェイムズ・バンフォード

アングルトン、ジェイムズ・ジーザス
（Angleton, James Jesus 1917-1987）

冷戦全盛期のCIAにおける防諜スペシャリスト。CIAきっての強硬派であり、ソビエトの情報機関がCIAへの浸透を繰り返し試みていると固く信じていた。

アイダホ州ボイシに生まれたアングルトンは、会社役員の父について16歳の時にイタリアへ移住、現地の英語予備校で教育を受けた後、1937年にイェール大学へ入学する。そこで文学と詩への関心を強め、『フリオソ』という文芸誌の発刊に携わった。

大学卒業から2年後の1943年、アングルトンは陸軍に入隊し、戦略諜報局（OSS）に配属された。ロンドン駐在中は勤務時間外にT・S・エリオットをしばしば訪れる傍ら、ウルトラ情報を扱うOSSの防諜部門X-2に配属されている。そこでMI5やMI6といったイギリス情報機関の職員と知り合うことになったが、ハロルド（キム）・フィルビーもその1人だった。1944年になるとローマへ派遣されてX-2のイタリア支局を率いることになり、ファシスト党の情報機関と対決する。この間アングルトンが築いたヴァチカン人脈には、後にローマ教皇パウロ6世となる神父も含まれていた。アングルトン伝説はすでに確立されており、ウィリアム・ドノヴァン少将から「（OSSにおいて）最もプロに徹した防諜担当官」と評されている。

ドイツの戦争犯罪者に対する尋問を行ない、来るべき戦犯裁判に必要とされるドイツの諜報要員や高官の写真について詳細な調査報告書を作成したのもアングルトンである。彼はローマ中の写真スタジオを回り、写真のネガを探し求めた。ドイツの高官が母国に送る写真をそういった場所で撮影していたことを知っていたのである。

戦後は陸軍省の戦略諜報部隊へ配属され、ソビエトの諜報活動に対抗すべくイタリアの防諜機関と共に活動した。その一方でヨーロッパにおけるユダヤ人地下組織と関係を築き、それは後にモサドとの間で構築される緊密かつ長期間にわたる関係へと発展している。

アングルトンは1947年の設立時からCIAに在籍しており、54年には最初の防諜担当部長となった。また初期の任務には秘密工作活動も含まれており、48年に行なわれたイタリア総選挙の際にはCIAの資金力を駆使して共産党を敗北に追い込んだ。

アングルトンは20年以上にわたって防諜部門の長として君臨、痩せこけた体つきから「マザー」「灰色の幽霊」「ヴァージニア・シン」などのあだ名を付けられている。しかし1974年12月、熱狂的なまでの内通者狩りがかえってCIAに害を及ぼしていると確信したウィリアム・コルビー中央情報長官によって退職に追い込まれる。当時、アングルトンはおよそ300名の部下を率いていた（コルビーの在職中、この部署は80名にまで規模を縮小されたと言われている）。

アングルトンが関与した最も悪名高い事件の1つに、ソビエトからの亡命者ユーリ・ノセンコへの長期にわたる尋問が挙げられる。ちなみにノセンコは、リー・ハーヴェイ・オズワルドがソビエトで活動していた時に彼のケース・オフィサーを務めていたと述べ、KGBはジョン・F・ケネディ大統領の暗殺に関わっていないと主張していた。

引退後は趣味のフライフィッシングと蘭の栽培に没頭し、1975年にはCIAの最高勲章である情報功労章（Distinguished Inteligence Medal）を授与されている。「鏡の荒野」も参照のこと。

【参照項目】防諜、戦略諜報局、X-2、ウルトラ、MI5、MI6、ハロルド（キム）・フィルビー、ウィリアム・ドノヴァン、秘密工作活動、内通者、ウィリアム・コルビー、中央情報長官、ユーリ・ノセンコ、ケース・オフィサー

暗号 （Cipher）

メッセージの各文字を別の文字あるいは数字で置き換えて暗号文を作る方法。暗号（サイファー）には転置法と換字法という2種類の基本的方法がある。またサイファー（cipher）とコード（code）という2つの方式があり、サイファーが1つの文字を別の文字に置き換えるという原則に従っているのに対し、コードは単語あるいはフレーズを丸ごと置き換えることを原則にしている点が異なっている。

転置法ではメッセージの各文字を並べ替える。例えば、BATTLESHIP（戦艦）という平文の単語はATLEBSPITHなどと暗号化され得る。各文字の使用頻度には言語ごとに特徴があるので、こうした暗号が簡単に「解読」できるのは明らかである。英語ではEが最

も頻繁に用いられる一方、S で始まる単語が一番多い。またメッセージの冒頭で to や from といった特定の単語が頻繁に用いられることは容易に想像できるだろう。

　一方の換字法では平文の各文字が別の文字または数字に置き換えられる。暗号化は手作業でも作成可能だが、暗号機を使えば同じ文字をその都度異なる文字（数字）で置き換えるという複雑な暗号システムを利用でき、その置き換え方は天文学的数字になる。BOMBER（爆撃機）という単語を例にとると、1 度目は LKJHGF に、2 度目に現われたときには QWERTY というように、同じメッセージの中であっても異なる文字に暗号化されるのである。

　第 2 次世界大戦中に用いられた有名な暗号機としては、ドイツのエニグマ、日本の暗号機 β 型（「パープル」を参照のこと）、イギリスの Typex、アメリカのシガバがある。

【参照項目】暗号法、コード、平文、エニグマ、タイプ X、シガバ

暗号解読 （Cryptanalysis）

　暗号化またはコード化されたメッセージを、正しい鍵（「暗号鍵」を参照のこと）を事前に知ることなく平文に変換する過程のこと。

　1954 年から 74 年の退職まで CIA の防諜部長を務めたジェイムズ・ジーザス・アングルトンはこう記す。「究極的には他者の通信保安を打ち破ることであり……自らの通信を守り、他者の通信を解読することである」

　有史以来、敵の通信を解読する──「手紙を盗み読みする」──ことはスパイや情報機関の目標であり、一方が他方のメッセージを解読したために決着がついた闘いも数多く存在する（「通信保安」を参照のこと）。

　暗号解読（cryptanalysis）という単語はアメリカの暗号解読者、ウィリアム・F・フリードマンが 1921 年に生み出したものであり、それ以前は暗号法（cryptgraphy）

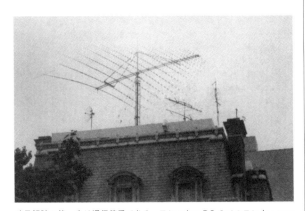

暗号解読の第一歩は通信傍受である。ワシントン DC のベルモント・ロードに建つソビエト駐在武官事務所の屋根に設置されたこれらアンテナは、モスクワの GRU 本部に情報を送信すると同時に、アメリカの暗号解読者に「生の素材」を提供した。（出典：N・ポルマー）

が暗号作成と解読の両方を意味していた。

　コード化されたメッセージの解読ははるか古代にまで遡る。旧約聖書のダニエル書は、紀元前 6 世紀の出来事を伝える中で、バビロン王の宴会場の壁に記されていた「MENE, MENE, TEKEL, UPHARSIN」という謎の言葉に触れている。

　　やがて国王の賢人たちが入ってきた。しかし彼らはその文字を読めず、国王に意味を知らせることもできなかった。ベルシャザール王は大いに恐れ、顔色が変わり、大臣たちも当惑した。（ダニエル書 5:8-9）

　このメッセージを解読できたのはヘブライの預言者ダニエルだけだった。彼は王にこう告げる。「汝は秤で量られ、その量の足りないことがわかる……汝の王国は分かたれ、メデアとペルシアの人々に与えられる」以降、世界の外交史と軍事史には秘密のメッセージが付き物になり、ダニエルのような解読者を必要としたのである。

　イングランドは王国を防衛する手段として暗号解読に多大な関心を寄せた。1500 年代後半、主にカトリックの脅威からエリザベス 1 世を守るため、サー・フランシス・ウォルシンガムが行なった大規模な諜報活動には暗号機関の設置が含まれていた。その主たる目的は、イングランドのカトリック教徒に宛てて国外から送られた暗号文を解読することである。暗号解読に対する関心はその後数世紀にわたって維持された（「ジョン・サーロー」「ジョン・ウォリス」「エドワード・ウィリス」を参照のこと）。

　20 世紀に入ると、無線通信──及びその他の現代的な軍事技術──によって暗号解読はより困難になり、また通信の即時性のために一層重要なものとなっている。

【参照項目】ジェイムズ・ジーザス・アングルトン、防諜、ウィリアム・F・フリードマン、暗号、コード、暗号法、フランシス・ウォルシンガム

第 1 次世界大戦

　第 1 次世界大戦において無線は軍事司令官の重要な道具となったが、それに伴って通信情報への関心が生まれた。当時の暗号は最高機密情報を送信するために用いられるものであっても、現在の水準から見れば単純なものであり、コードブックを二重に用いるなど手作業によって補強されていた。こうした暗号の解読には時間と手数がかかるものの、いつかは読むことができたのである。

　第 1 次世界大戦当時、イギリス陸海軍は既に暗号解読機関を設置していた。戦時中の最も重要な暗号解読組織が海軍のルーム 40 だったことは間違いない。ルーム 40 はドイツ軍の暗号を解読しただけでなく、外務省から各国の大使館へ送信された暗号電信も解読しており、

その中には1917年4月のアメリカ参戦を決定づけたいわゆるツィンマーマン電報もあった。

有能な暗号担当官、ジョルジュ・パンヴァンに率いられたフランス暗号局がドイツのADFGX暗号の解読に成功したおかげで、連合軍は1918年春にフランスへ侵攻したドイツ軍を撃破できた。戦時中はドイツ軍も暗号解読を成し遂げているが、その大半はロシア軍の通信だった。

アメリカの現代的な暗号解読活動は1916年、当時27歳のハーバート・ヤードレーが陸軍信号軍団の暗号課長に就任したことで始まる。第1次大戦におけるヤードレーの活動は大きな成果を挙げ、アメリカ軍による暗号活動の基礎となった（ヤードレーの功績が再検討された結果、まだ未熟だった海軍の暗号解読活動は中止された）。

【参照項目】通信情報、ツィンマーマン電報、ジョルジュ・パンヴァン、ADFGX暗号、ハーバート・ヤードレー

戦間期

1919年、ヤードレーはブラックチェンバーを設置する。この組織は1921年に開かれたワシントン海軍軍縮会議に先立って日本の外交暗号の解読に成功し、アメリカ代表団はこの成果をもって日本側を圧倒、自国に有利な結果を引き出した。

戦争終結に伴って軍の規模が縮小されると、ヤードレー率いるブラックチェンバーは主に国務省から資金を受け取るようになった。その後もヤードレーは精力的な活動を続けたが、1929年、新任のヘンリー・スティムソン国務長官は「紳士たるもの他人の手紙を読むべきではない」として、暗号解読活動の中止を命じた。

1年後、陸軍は信号情報局（SIS）を設置し、史上最も成果を挙げたとされる暗号担当官、ウィリアム・F・フリードマンをトップに据える。しかしアメリカ陸軍が傍受すべき外国の軍事通信はほとんど存在せず、SISは活動の重点を日本のパープル外交暗号に置いた。

一方、暗号解読活動から締め出され、SISのトップに据えようという陸軍の試みも失敗に終わったことは、ヤードレーの心にわだかまりを残した。彼はまず1931年、第1次世界大戦における自らの成果を著書『The American Black Chamber（邦題・ブラック・チェンバー：米国はいかにして外交暗号を盗んだか）』で暴露する。これはアメリカ合衆国に対する嫌がらせにとどまらず、ドイツと日本が機械式暗号を採用するきっかけとなった。機械式暗号は手作業やコードブックによる暗号より解読がはるかに難しいどころか、適切に用いれば――少なくとも理論上は――解読不可能なのである。

戦間期にはアメリカ海軍も大規模な暗号解読活動を始め、演習中の日本海軍の通信を艦船に傍受させると共

に、後に中国やフィリピンに陸上傍受局を設置することでそれを補強した。海軍は特に日本海軍の交信分析と、副次的なコード式暗号の解読に成功している。暗号解読者はさらに、国内に所在する日本の施設に忍び込んでコードブックを秘かにコピーするという、不法侵入からも恩恵を受けた。

中国とインドシナに対する日本軍の侵攻は、アメリカ陸海軍にパープル暗号の解読を促す契機となり、1940年8月に成功している。フリードマンは配下の解読者たちを「マジシャン」と呼び、パープル暗号の解読結果にマジックというコードネームを付けた。日本海軍の暗号（オレンジ）はそれよりも解読困難だったが、1941年12月初頭にはいくつかの成功を収めている。

その一方、ルーム40は第1次大戦後ほぼ解散状態にあった。しかし解読者の多くは、1919年にイギリスの暗号解読機関として設立された政府暗号学校に雇用される。1930年代にはイタリアによるアビシニア（エチオピア）侵略やスペイン内戦など様々な危機や対立が生じたが、政府暗号学校はイタリアの暗号に対して一定の成果を挙げた。

1930年代後半、ドイツの軍事力増強にもかかわらず、イギリス政府高官の多くはアドルフ・ヒトラーとの宥和が可能だと信じていた。だがドイツに隣接するポーランド政府は彼らよりも現状をよく認識しており、暗号担当部局のビウロ・シフルフが1932年頃からドイツのエニグマ暗号の解読において大きな躍進を遂げていた――エニグマ暗号機の製造工場で働いていたポーランド人がそれを助けたのである。

戦争の影がヨーロッパを覆い尽くす1939年、ポーランドの暗号解読者は自らの成果をフランスとイギリスに公開した。かくして、連合軍はドイツの軍事暗号を一部解読した状態で戦争に突入する。それと同時に、前例のない規模で暗号資料の共有が行なわれた。アメリカはイギリスにパープル暗号機の1台を供与し、またその際に米英間で始められた暗号解読者の相互交流は、60年以上経った今もなお継続している（「BRUSA協定」を参照のこと）。

【参照項目】ブラックチェンバー、信号情報局、パープル、交信分析、違法捜査活動、マジック、政府暗号学校、ビウロ・シフルフ、エニグマ、暗号資料

第2次世界大戦

1939年9月、兵力・火力共に劣るポーランド軍にドイツの爆撃機隊と機甲師団が襲いかかり、ヨーロッパでの戦争が勃発した。ドイツが一瞬のうちに勝利を収めた後は奇妙な戦争と呼ばれる状態が訪れ、英仏がドイツに宣戦布告したものの地上戦は発生しなかった。一方海上では、島国イギリスの命運を握る商船隊がドイツの軍艦と潜水艦によって撃滅されつつあった。

地上戦は1940年4月に始まった。航空兵力を伴ったドイツの大軍勢がデンマークとノルウェーを侵略、1ヵ月後にはフランス、ベルギー、オランダを下す。生き残ったイギリス陸軍は大陸の端へと追いやられた。エニグマ暗号の解読で得られたウルトラ情報を固く信じ、それを活用したウィンストン・チャーチル首相の下、イギリスはかくして孤軍奮闘することになったのである。

ウルトラ情報が海上戦の勝利をもたらすこともあったが、それは極めて稀なことだった。その一方、イギリスはドイツの気象観測船のみならず、時には捕獲あるいは撃沈された潜水艦から暗号資料を入手している。

緒戦では水上艦艇、仮装巡洋艦、そして陸上を拠点にする爆撃機にUボートが加わり、ドイツが大西洋海戦で勝利を収めつつあった。商船が海から駆逐されればイギリスの命運は決してしまう。イギリスはそれまでの段階で、Uボートの通信に用いられているエニグマ暗号の鍵を突き止められないでいた。結果、1942年11月だけで連合軍は109隻の商船を失い、その総重量は721,700トンに及んだ。その一方で、Uボートの喪失はわずか13隻である。

1942年12月13日にイギリスがついにUボートの暗号鍵を突き止めると、その効果はすぐに現われた。この月の商船の喪失は44隻にまで減少し、翌1943年1月には33隻だった。それと同時にUボートの損害は大きくなる。1943年2月には19隻のUボートが沈没、その後も3月と4月にはそれぞれ15隻、5月には41隻が海の藻屑となった。結局、Uボートは大西洋の主要な商船ルートから撤退を余儀なくされた。

ドイツの著名な海軍史家ユルゲン・ローワーは著書『The Critical Convoy Battles of March 1943』（1977）で、この時代のことをこう記している。「それゆえ、ドイツの暗号システムの解読が、後にUボート戦の分水嶺と見なされることになる（1943年）4月及び5月の海戦において、決定的要素となったのは明らかである」Uボートに対する連合軍の勝利にはいくつかの要素が関わっていた。長距離哨戒機の大量投入、レーダーの性能向上、護衛艦の増強、対潜水艦戦術の進化、そして——いくつかの点で最も影響が大きかったのは——Uボートが用いるエニグマ暗号の解読である。

Uボート司令官だったカール・デーニッツ中将（後にドイツ海軍司令長官）は1941年の段階で、商船隊がUボートの攻撃をしばしば逃れていることに気づいていた。司令部の日誌には次のように記されている。「偶然だけでは決して有り得ない——偶然が常に片方だけにもたらされるはずはないのだが、この事態はほぼ9ヵ月も続いている。理由として考えられるのは、イギリス側がなんらかの情報源から我々の集中配置を知ってそれを避け、単独で航行するUボートを狙い撃ちしている、というものである」

デーニッツの伝記作家ピーター・パドフィールドは著書『Dönitz: The Last Führer』の中でこの問題を検討するにあたり、ドイツ側の論理を次のように説明している。

この情報を得る手段として、スパイ（排除するためにあらゆる手段が講じられた）、無線通信の解読（最高司令部の暗号専門家はこれを問題外とまで言い切った）、そして「Uボートの無線交信と目撃情報の組み合わせ」の3つが挙げられる。

ドイツ海軍司令長官をはじめとするドイツ軍の指導部は、偉大なるエニグマ暗号が連合軍によって解読された可能性を決して信じようとしなかった。

第2次世界大戦において枢軸側が成功させた暗号解読で最も顕著なものは、ドイツ海軍のBディーンストが成し遂げている。ドイツは連合国商船隊のコード式暗号を解読することで、Uボートを商船へと誘導した。しかし米英がUボートの暗号を解読すると商船隊のルートは変更され、追跡劇が数日にわたって続けられた。

陸上に目を転じると、ドイツ陸軍はソビエトの戦術通信の解読に成功していた。東部戦線では、信頼できる戦闘情報のうち70%がソビエトの無線通信から入手したものだったという。皮肉なことに、イギリスが入手したソビエト軍の兵力及び作戦に関する最良の情報は、東部戦線で活動するドイツ空軍の交信傍受から得られたウルトラ情報だった。こうして得られたドイツ軍に関する情報のうち、イギリスからソビエトに正式に提供されたものは比較的少数にとどまっている。

日本の暗号を解読したことも、連合軍がヨーロッパの戦争に勝利を収める一助となった。駐独日本大使の大島浩はアドルフ・ヒトラーを含むドイツ指導層と特別かつ親密な関係を保っており、ドイツの作戦計画、兵器、防衛に関する技術的情報に加え、ヒトラーなど第3帝国指導者と行なった議論の内容を全て、定期的に東京へ報告していたのである。

【参照項目】ウルトラ、Bディーンスト、戦闘情報、大島浩

太平洋戦争

太平洋方面を担当するアメリカ海軍の暗号解読者は、真珠湾が攻撃される1941年12月の時点でJN（日本海軍）暗号を部分的に解読しており、この情報は直ちに活用された。42年1月27日、米潜水艦ガジョンは暗号担当官の指示に従って太平洋のある一点に向かった。すると、日本海軍の伊第73号潜水艦が浮上して航行しているのを発見、これを撃沈する。アメリカ潜水艦によって日本の艦艇が撃沈されたのはこれが最初だった。

真珠湾（ステーション・ハイポ）に駐在する海軍の暗

号解読者は太平洋艦隊司令長官のチェスター・W・ニミッツ大将に対し、日本軍はオーストラリアに向かって進攻する途中、ニューギニアのポートモレスビーを攻撃するだろうと提言した。その結果、1942年5月上旬の珊瑚海海戦でアメリカの空母部隊は日本艦隊の進出を防ぎ、日本軍に初めての敗北をもたらしている。

次いで暗号解読者は次のように予測した。日本海軍はアメリカ艦隊を誘い出して海上決戦を強いるため、ミッドウェー環礁に一大攻撃を仕掛けるだろう、と。これを知ったニミッツは自らの劣勢な艦隊を、奇襲可能な場所に配置することができた。1942年6月上旬のミッドウェー海戦において、日本軍は大型空母4隻と共に多数の航空機とパイロットを失ったが、アメリカの損失は空母1隻にとどまっている。かくしてミッドウェー海戦は太平洋戦争における分水嶺となったのである。

ミッドウェー海戦後、アメリカ軍は太平洋での攻勢を強める。1943年4月17日早朝、アリューシャン列島のダッチハーバーにある海軍の無線傍受局が、日本海軍の旗艦である戦艦武蔵から発信された電文を傍受する。コード化されたままでも武蔵の名前に気づいた傍受担当官は、この電文をワシントンへ転送した。そこで解読作業が行なわれ、連合艦隊司令長官の山本五十六大将による太平洋南西部の前線基地への視察計画が判明する。電文にはスケジュールの詳細まで記されていた。

ニミッツとウィリアム・F・ハルゼー中将は航空機による迎撃を命じ、1943年4月18日、山本の乗った長官搭乗機は撃墜された。

ウルトラ・マジック情報は終戦に至るまでアメリカ海軍の作戦計画を支援した。その解読結果によって、駆逐艦イングランドは12日間で6隻の日本潜水艦を撃沈し、両世界大戦を通じて最も戦果を挙げた駆逐艦となった。

海軍は南西太平洋方面最高司令官のダグラス・マッカーサー将軍にも日本海軍暗号の解読結果を提供した。日本の輸送船と海軍機は陸軍の作戦に直接関わっており、また1944年に至るまで日本陸軍の主要な暗号は解読されなかったので、これはマッカーサーにとっても価値ある情報だったのである。

日本側は連合軍の暗号をほとんど解読できなかった。情報活動に無関心で力を入れなかったのが主な原因であり、また（小規模な）暗号解読活動において陸海軍間に協力関係が存在しなかったためでもあった。実際、アメリカのシガバ暗号機は敵に破られなかった唯一の暗号機とされている（日本軍は中国の暗号については比較的簡単に解読していた）。

【参照項目】 JN暗号、真珠湾攻撃、ハイポ、ミッドウェー、山本五十六、シガバ

冷戦

米英は第2次世界大戦開戦当時、ソビエトが外交官やエージェントとの間で交わす通信を定期的に傍受していた。しかし、ソビエト側は暗号化の際にワンタイムパッドという最も安全とされる方法をとっていたため、これらの通信を解読することはほぼ不可能だった。

戦時中、ソビエトは敵国だけでなく同盟国に対しても暗号解読を成功させていた。1930年代後半に実行されたスターリンによる軍幹部の大粛清のため、1941年6月にドイツがバルバロッサ作戦を発動させた際、ソビエトの暗号解読活動は比較的初歩にとどまっていた。しかしその年には数機のエニグマ暗号機を入手しており、そこには暗号鍵も伴っていたと思われる。さらに、ソビエトはイギリスによる暗号解読の成果も入手していた。ソビエトの内通者であるジョン・ケアンクロスが1942年から43年まで、イギリス政府暗号学校の戦時拠点ブレッチレーパークに配属されていた賜物である。

イギリス政府には他にもケンブリッジ・スパイ網などの内通者が潜入しており、通信内容を含む政府の機密資料をソビエトに提供していた。こうしたクリブ、つまり暗号解読上の手掛かりのおかげで、ソビエトは少なくとも1950年代に至るまで米英間の通信を解読できた。またソビエトの暗号解読者はルーズベルト大統領とスターリンとの頻繁な連絡にも助けられている。これらの内容は暗号化された上でアメリカ海軍の通信回路を通じて送信されたが、いずれも中身が長く、またモスクワで大統領のメッセージを扱う海軍士官は内容を1字たりとも変えないよう命じられていたため、ソビエトはアメリカの軍事通信を解読する上で素晴らしいクリブを与えられたのである。

ソビエトに暗号情報を与えた主なイギリス人スパイとして、政府暗号学校に配属されていたジェフリー・プライムが挙げられる。またアメリカにも大量の裏切り者が存在していた。NSAの暗号解読者であり後にソビエトへ亡命したウィリアム・H・マーチンとバーノン・F・ミッチェル、NSA長官の運転手という立場を利用して機密文書をソビエトに売り渡した陸軍軍曹のジャック・ダンラップ、NSAで勤務している間に暗号資料を提供したジョセフ・ヘルミッチ准尉とロバート・S・リプカ軍曹、モスクワのアメリカ大使館で勤務している際、ロシア人を最高機密の通信室へ案内したとされる複数のアメリカ海兵隊員、そして暗号鍵をソビエトに売った海軍通信担当官のジョン・A・ウォーカー及びジェリー・ホイットワースといった面々である。

中でもウォーカーとホイットワースはアメリカの通信保安に最も大きなダメージを与えた。1968年1月、北朝鮮軍はアメリカの情報収集艦プエブロを拿捕し、損傷を受けてはいたものの多数の暗号機を、整備マニュアルや機密通信のコピーと共に入手した。また北朝鮮はベトナ

ム戦争中も大量のアメリカ製暗号機——一説には32台——を入手しており、その大半は1975年の終戦時に南ベトナム軍から捕獲したものだった。それらがソビエトに活用されたのは間違いない。

　一方アメリカ当局は、重要な暗号鍵は毎日変更した上、極めて厳重な統制下で配布しているので、暗号自体も安全だと考えていた。しかしウォーカーとホイットワースは、その鍵をソビエトに渡してしまったのである。1985年に2人のスパイ行為が明るみに出た際、彼らが防衛体制に与えた損害について様々な意見が出た。逮捕の1ヵ月後に2人の裏切りによる損害を推定した海軍作戦部長のジェイムズ・D・ワトキンス大将はこう述べている。「（海軍はこの問題による）影響を最小限にとどめ、過去のものにできるだろう……この問題は収束しつつあると信じる……この問題を抑制したと信じる」

　ペンタゴンで開かれた記者会見において、諜報活動に起因するアメリカ潜水艦の脆弱性について尋ねられたワトキンスはさらに楽天的な回答をした。ソビエトが暗号を解読し、アメリカの潜水艦を探知できるようになったという兆候はない、「よって、我々のSSBN（戦略ミサイル潜水艦）は今なお100％安全である」

　しかし他の海軍高官はワトキンス以上に懸念を抱いていた。当時海軍情報部門のトップだったジョン・バッツ少将は参謀会議において、ウォーカー及びホイットワースがなしたダメージを推定した上でこう述べている。「10段階評価で……12点だ！」スパイ網の摘発から1年以上経った頃、新任の海軍作戦部長カーライル・A・H・トロスト大将は、暗号資料のおかげでソビエトが海上戦における優位性を確保したと述べた。トロストの下で情報部門を統轄するウィリアム・O・スチュードマン少将はこう語る。「ジェリー・ホイットワースの不名誉な裏切り行為のために我々の能力がいかに損なわれたか、その真の範囲は決して知り得ないだろう」トロストはさらに続ける。「両大国が戦闘状態に突入していれば、戦況を極めて有利にするこの情報をソビエトはフルに活用していたはずだ」

　歴史家のデイヴィッド・カーンはソビエトの暗号解読能力を総括した上で、彼らが非常に大きな成果を挙げたと示唆している。「暗号解読の成功にはしばしば3つの要素が関係している。チェスの能力、音楽の能力、そして数学の能力である」歴史的に見て、ロシア人はこれら全てにおいて優れた能力を発揮してきたのだった。

　ソビエトの通信に対してアメリカの暗号解読活動がいかなる成功を収めたのか、それを確定させるのはさらに困難である。第2次世界大戦中、アメリカは国内で活動するソビエトの外交官やエージェントによる通信内容を傍受・記録した。戦後の1947年、アメリカの暗号担当官メレディス・ガードナーは、戦時中に発生したソビエト側のワンタイムパッドの取り扱いミスによってその一部を解読できるようになった（「ヴェノナ」を参照のこと）。この大発見——それはイギリスとも共有された——のおかげで通信内容の一部が解読され、アメリカにおけるソビエトのスパイ活動の規模が明らかになったのである（「マスク」を参照のこと）。

　イギリスはロンドンのソビエト大使館に盗聴器を仕掛け、暗号活動に関する情報を手に入れたが、程なく発見されて使い物にならなくなってしまった。また、西側のためにスパイ行為をしていた、あるいは西側に亡命したソビエトのインテリジェンス・オフィサーや軍人の一部から暗号資料を提供されたのも間違いない。そうした資料に加え、多数のコンピュータ、そしてNSAや政府暗号学校の暗号解読者による努力の結果、ソビエトの通信を解読できたこともまた確実である。

　20世紀後半に入っても主要な情報機関は潜在的敵勢力の暗号解読に力を注いだ。またコンピュータの処理能力が飛躍的に増大するにつれ、各国政府の中には商業的に利用可能な暗号ソフトウェアの開発に懸念を示す者も現われた。こうしたソフトウェアを用いれば個人や企業であっても、本来の受け手以外に読まれてしまう恐れもなく、データを電話回線経由で送信できるのである。

　1996年、個人に加え多国籍企業によるこうした技術の利用を防ぐため、クリントン政権は特定の暗号化ソフトウェアの輸出を制限した。このようなソフトウェアは「兵器」に指定され、ミサイルなどと同じ輸出規制がかけられたのである。

　クリントン政権の論理は、「解読不可能な」コンピュータプログラムが犯罪者やテロリストの利益になるという点にある。FBI長官のルイス・フリーは議会の委員会において、アメリカで発売されているこのようなソフトウェアには、暗号化された内容を捜査機関が読み取れる機能を含むべきだと述べている。

　ソフトウェア会社などは、表現の自由を侵すものだとしてクリントン政権の提案を直ちに攻撃した。1996年12月18日、マリリン・ホール・パテル地方判事はサンフランシスコにおいて、ある数学教授（Daniel J. Bernstein）による暗号プログラムの輸出を政府が中止させようとしたことは、表現の自由という彼の権利を侵す違憲行為だと判決を下した。この判決は全ての暗号輸出規制を違法とするものではなかったが、こうした規制の反対者にとっては実質的に勝訴判決だった。

　暗号化技術の輸出は今なお連邦政府の規制下にある。機密物品や技術の輸出に対して規制を行なう商務省産業保安局は、ハイテクを駆使してこうした取引を管理している。

【参照項目】ワンタイムパッド、バルバロッサ作戦、内通者、ジョン・ケアンクロス、ブレッチレーパーク、ケンブリッジ・スパイ網、クリブ、ジェフリー・プライム、ウィリアム・H・マーチン、NSA、バーノン・F・ミ

ッチェル、ジャック・ダンラップ、ジョセフ・ヘルミッチ、ロバート・S・リプカ、最高機密、ジョン・A・ウォーカー、ジェリー・ホイットワース、プエブロ、ウィリアム・O・スチュードマン、デイヴィッド・カーン、盗聴／盗聴器、ルイス・フリー

暗号鍵 （Cipher Key）

暗号文を平文に戻す（復号化する）際に用いられる暗号機のセッティング。

エニグマなど、ボリス・ハゲリンが開発した暗号機で使用される暗号鍵はローターのセッティングを指し、より現代的な暗号機では文字の配列が暗号鍵となる。鍵が長いほど解読は困難になる。ジェイムズ・バンフォードの著書『The Puzzle Palace（邦題・パズル・パレス：超スパイ機関NSAの全貌）』（1982）によると、56ビットの長さの暗号鍵を用いれば、あるメッセージが同じように暗号化されるまで7京通りの組み合わせが可能であるという。公にされている暗号鍵の中で最長のものは、IBMがルシファー暗号のために開発した128ビットだが、ほとんどの暗号鍵はこれよりずっと短い。

解読されるのを防ぐため、暗号鍵は定期的に交換される。第2次世界大戦中、ドイツ軍は優先度の高いエニグマ暗号の鍵を毎日変えており、冷戦期においてはさらに高い頻度で変更された。また1度しか用いられない暗号鍵は解読不可能である。

誤用あるいは盗難されると、暗号鍵は途端に無力となる。しかし同じ暗号鍵を2度以上用いるなど、暗号機のオペレーターによる鍵の誤用は頻繁にあった。

暗号鍵は盗まれる可能性もある。アメリカ海軍の通信スペシャリスト、ジョン・A・ウォーカーとジェリー・ホイットワースによるスパイ行為がその一例だ。

アメリカ海軍では、1ヵ月分の日鍵または鍵リストが密封状態で通信センターや艦船に毎月配布されていた。2人が盗んだ鍵リストはIBMのパンチカードに似ていたという。鍵リストが配布されると、ウォーカーがそれを持ち出して通信室で写真に撮る。必要であれば自分のオフィスに持ち込んでから撮影することもあった。手書きで転写するよりこちらのほうが速く、暗号機を使おうとやって来た誰かに、鍵リストを無断で扱っている姿を見られるリスクが避けられた。1つの暗号システムで用いられる1ヵ月分の鍵を撮影するのに要した時間は20ないし30分だったという。

鍵リストは使用ごとに廃棄すべし（実際には数日分まとめて廃棄されていた）と定められていたので、ウォーカーとホイットワースは月初にまとめて撮影していた。

また、敵が復号化済みメッセージのコピー（電子的なものでも紙に印刷したものでも）を手に入れ、かつ暗号通信も記録していたとすれば、メッセージの収められたファイルをめくって平文と暗号文を比較し、新たな暗号

文を解読すべくその情報を使うことができる。ウォーカーは補給艦ナイアガラ・フォールズに乗務していた1970年から73年にかけ、KW-7、KWR-37、KG-14、KY-8、KL-47の各暗号機（「KWシリーズ暗号機」を参照のこと）で用いられる暗号鍵を「ほぼ100％」コピーしてソビエトに渡したという。彼は定期的（通常6ヵ月ごと）にKGBのインテリジェンス・オフィサーと会い、フィルムの包みを渡していた。

ジェリー・ホイットワースの裁判で、ウォーカーは盗み出すのがいかに簡単だったかを証言している。「（鍵リストを盗み出すことに）難しいことは何もありませんでした……無線室にいる者であれば誰でも持ち出せたのです」目的の包みが密封されていれば、封を剥がせばいい。封をし直すにはどうするか？「マスキングテープ、あるいはセロテープを使えば済む話でした」

【参照項目】暗号、平文、エニグマ、ボリス・ハゲリン、ローター、ジェイムズ・バンフォード、暗号解読、ジョン・A・ウォーカー、ジェリー・ホイットワース、暗号システム、KGB

暗号局 （Cipher Bureau）

「ハーバート・O・ヤードレー」を参照のこと。

暗号サービスグループ （Cryptologic Service Groups）

アメリカ軍の上級司令官や文官職員と直接協働し、リアルタイムで暗号に関する支援を行なうNSAのグループ。「ミニチュア版NSA」とも。

【参照項目】NSA

暗号システム （Cryptosystems）

暗号化と復号化に用いられる資料や装置。

暗号資料 （Cryptomaterial）

暗号化、復号化、及び通信認証に用いられる文書、装置、機械、器具一式などのこと。

暗号パッド （Cipher Pad）

「ワンタイム・パッド」を参照のこと。

暗号盤 （Cipher Disk）

2枚の円盤を同心円状に重ね合わせたもの。円盤の1枚にはアルファベットが通常の順序で記されており、もう1枚にはランダムあるいは逆順に並べられている（なんらかのシンボルが記されている場合もある）。ランダムあるいは逆順に並ぶアルファベットを回転させてから、メッセージの実際の文字を参照することで、平文を暗号化できるという仕組みである。

この装置を発明したのは15世紀のレオン・バッティスタ・アルベルティだと考えられている。アメリカで大

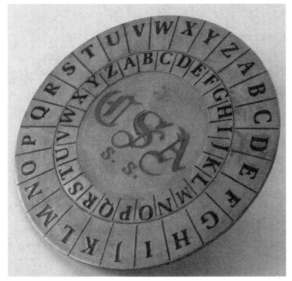

南北戦争中、南軍が用いた暗号盤。暗号盤の歴史は少なくとも15世紀にまで遡り、第二次世界大戦でも広く使われた。また子供の玩具としても人気である。（出典：国際スパイ博物館）

規模に用いられたのは南北戦争が最初であり、北軍の主任信号士官が暗号盤——オリジナルの暗号盤と非常によく似ていた——の特許を取り、手旗信号と共に活用している。

　19世紀が終わりを迎える頃、アメリカ陸軍は1つが通常のアルファベットでもう1つが逆順のアルファベットという同種の暗号盤を採用した。技術的に見ればランダムなものから1歩後退しているが、エラーを防げるという利点があった。

　トーマス・ジェファーソンは国務長官在任中（1790～93）に暗号筒を発明しているが、暗号盤はその発想の基礎となるものだった。またフランス人暗号学者のエティエンヌ・バズリーがジェファーソンのアイデアを基に暗号筒を1891年に発明し直している。

【参照項目】平文、レオン・バッティスタ・アルベルティ、M-94暗号機

暗号文　(Cryptogram)

暗号化あるいはコード化された文章。

【参照項目】暗号、コード

暗号保安　(Cryptosecurity)

暗号あるいはコードを保護する方法及び手続き。暗号システムと運用手続きの両方を対象とする。

【参照項目】暗号、コード、暗号システム

暗号法　(Cryptography)

本来秘密筆記の技法を意味するこの単語は、ギリシャ語のkryptos（秘密の）とgraphos（筆記）を由来にしている。メッセージを送る際に送り手と意図した受け手以外の誰にも本来の意味を読み取れないようにするため、情報機関によって用いられる。

　暗号法には大きく分けてコード（code）とサイファー（cipher）の2種類がある。

　暗号法という言葉は本来「解読」の意味に用いられていたが、1921年にアメリカの暗号解読者ウィリアム・F・フリードマンが「暗号解読（cryptanarysis）」という単語を生み出して以来、こちらが使われるようになった。

【参照項目】コード、暗号、秘密筆記法、ウィリアム・F・フリードマン、暗号解読

暗号名　(Cryptonym)

エージェントや秘密作戦、秘密計画に付与される偽名または表向きの名前。コードネームとも。

　CIAは過去において2文字の接頭辞を伴った暗号名を付与し、特定の対象や分野を示した。MKウルトラ計画のMKはCIA技術局のスタッフを指し、またMHCHAOSはCIAの国内作戦であるカオス（CHAOS）とアメリカの国際安全保障を指すMHから成立している。

【参照項目】コードネーム、CIA、MKウルトラ計画、カオス作戦

アンスロポイド　(Anthropoid)

1941年に立案されたナチス高官ラインハルト・ハイドリヒ暗殺作戦を指すイギリスのコードネーム。

【参照項目】ラインハルト・ハイドリヒ、コードネーム

安全保障政策諮問会議
(Security Policy Advisory Board)

1994年の大統領令によって設立された組織。当時、アメリカ政府の最高レベルでは冷戦後の安全保障政策に関する分析が行なわれていたが、安全保障政策諮問会議はそれを補佐する非政府の独立諮問組織として設けられた。会議のメンバーは大統領によって任命され、任期は最長3年である。それと同時に、テロリスト情報を含む将来の情報活動を決定すべく、中央情報長官（DCI）が議長を務める安全保障政策会議も設置されている。

【参照項目】テロリスト情報、中央情報長官

アンセイル、ヘンリー・W、ジュニア
(Antheil, Henry W., Jr.)

「ケント、タイラー・G」を参照のこと。

アンダーカバー・エージェント　(Undercover Agent)

「密偵」を参照のこと。

アンダーソン、ルドルフ、ジュニア

(Anderson, Rudolph, Jr. 1927-1962)

1962年10月27日、キューバミサイル危機の最中に撃墜されたU-2偵察機のパイロット。アメリカ空軍による偵察飛行に参加し、キューバにおけるソビエト弾道ミサイルの存在を明らかにしたパイロット2名のうち1人である。

CIAは1960年10月からキューバ上空にU-2を飛行させており、空軍によるキューバ上空への偵察飛行は、第4080戦略偵察航空団に所属する2人のパイロットによって、62年10月13日の深夜から始まった。アンダーソンはその翌日から偵察飛行に就いて何度かの任務を遂行した後、10月27日の朝にフロリダ州マッコイ空軍基地を離陸し、再びキューバ上空へ赴いた。そしてキューバ本島東端部に差しかかった時、ソビエトのミサイル中隊によって発射されたSA-2地対空ミサイル（ソビエト軍の名称はS-75）がアンダーソンのU-2C偵察機に命中する。その後機体はベインズ湾からアンティラにかけての地域へ墜落、アンダーソンは命を落とした。

ロバート・ケネディは著書『Thirteen Days（邦題・13日間——キューバ・ミサイル危機回顧録）』（1969）の中で、アンダーソンの殉職を知ったホワイトハウスの反応を以下のように記している。

「SAM（地対空ミサイル）基地を根絶やしにしないまま、これ以上のU-2パイロットをどうやってこの地域へ送ると言うのか？」大統領は言った。「我々は今、全く新たな状況に置かれている」当初我々は、攻撃機と爆撃機をもって翌日早朝にSAM基地を攻撃、完全に破壊することで意見が一致していた。しかし大統領は皆の手綱を引き締めにかかった。「私は第1段階には懸念を抱いていない。しかし両方が第4、第5段階とエスカレートしても——第6段階に進むのは不可能だ。その頃にはもう人類は絶滅しているからだ。我々は危険なコースに足を踏み出そうとしていることを忘れてはならない」

アンダーソンの撃墜に対してアメリカが軍事行動を起こすことはなかった。一方、U-2による偵察飛行と低空偵察活動はその後も続けられている。アンダーソンはキューバミサイル危機で犠牲になった唯一のアメリカ軍人だった（少なくとも他に2機のU-2偵察機がSA-2による攻撃を受けている）。

1962年11月6日、キューバ政府はアンダーソン少佐の遺体をアメリカ合衆国に返還した。

【参照項目】キューバミサイル危機、U-2、偵察、CIA

アンティータム （Antietam）

アンティータムの戦いは、南北戦争における最も著名な情報作戦上の失敗を浮き彫りにした。1862年9月3日、ロバート・E・リー将軍に率いられた南軍は北に進撃してメリーランドへ入ったが、メリーランド州フレデリック近辺の原野で休息していた第27インディアナ連隊に所属する2名の北軍兵士が、煙草3本の入った封筒を見つける。その煙草を巻いていた紙こそが、リー将軍のメリーランド侵攻計画を記した特別命令書第191号だった。著名な南北戦争研究家であるブルース・カットンは著書『Mr. Lincoln's Army』（1951）において、この兵士による発見を「アメリカ軍事史における最大の機密漏洩——大戦争の趨勢に影響を与えた唯一の例」としている。

命令書は直ちに北軍の現地司令官、ジョージ・B・マクレラン少将のもとへ届けられた。若く（当時34歳）カリスマ性のあったこの将軍はポトマック軍の司令官であり、北軍の序列第2位だった。マクレランはこの情報を活用すべくすぐさま行動を起こしたものの、9月17日の戦闘においてリーの軍勢を打ち破るのに失敗した。マクレランは敵の2倍の戦力を誇っていたが、自身の臆病さ、貧弱な戦闘計画、そして部下であるアンブローズ・E・バーンサイド少将の致命的な欠陥に妨げられたのである。さらには、アラン・ピンカートンがもたらした虚偽の情報にも躍らされている。

アンティータム（南軍の呼称はシャープスバーグ）の戦いでは、北軍の死傷者及び行方不明者が12,400名（うち戦死者2,108名）に上ったのに対し、南軍も9,298名の死傷者（うち戦死者1,546名）を出すなど、アメリカ軍事史上最多の犠牲者を出した1日となった。

【参照項目】アラン・ピンカートン

アンドリュー、クリストファー （Andrew, Christopher 1941-）

国内情報問題の専門家。2002年12月、イギリス保安部（MI5）の歴史家に指名され、2009年に設立100周年を迎えるMI5の歴史を執筆する仕事を委託された。また諜報分野に関するいくつかの著書ならびに共著書がある。

アンドリューの前職はケンブリッジ大学の近現代史教授であり、歴史学部長を務めたこともある。さらにハーバード大学の客員教授として国内治安について教鞭を執った経験があるだけでなく、他の複数の大学で講師を務め、米英両国のテレビにも度々出演している。

諜報分野に関する主な著書は以下の通り。

『KGB: The Inside Story』（1990、オレグ・ゴルディエフスキーとの共著）

『For the President's Eyes Only: Secret Intelligence and the American Presidency from Washington to Bush』

（1995）

『The Sword and the Shield: The Mitrokhin Archive and the Secret History of the KGB』（1999、ヴァシリ・ミトロキンとの共著）

【参照項目】MI5、オレグ・ゴルディエフスキー

アンドレ、ジョン （André, John 1750-1780）

　アメリカ独立戦争においてイギリス陸軍第26歩兵連隊に所属し、ニューヨーク駐在イギリス軍司令官、サー・ヘンリー・クリントン将軍に高級副官として仕えた士官（少佐）。またニューヨーク方面におけるスパイ活動の管理も担当していた。

　アンドレは当時17歳のペギー・シッペンに求婚していたが、彼女は後に大陸軍の幹部ベネディクト・アーノルドと結婚する。この縁でアンドレは1779年にアーノルドとの通信を始め、翌年9月には、ウエストポイント陣地と重要な要塞をイギリス側に引き渡す根回しをしている。アーノルドと連絡をとる際、アンドレは彼に対してグスタフというコードネームを用いた。

　1780年9月23日、アンドレはアーノルドと面会した後、イギリス前線に戻ろうとするところを逮捕された。この報を受け、クリントン将軍は彼の解放を画策したが、ジョージ・ワシントンがその交換条件として受け入れる人物はただ1人、アーノルド将軍だった。結局アンドレ少佐はスパイとして裁かれ、1780年10月2日、

ニューヨークのタッパンで絞首刑に処された。処刑の際もアンドレは冷静さを失わず、縄を自分の首に掛け、自らのハンカチを目隠しにした。また彼の遺骨は1821年11月28日に至ってロンドンのウエストミンスター寺院に再埋葬されている（アンドレはウエストミンスターに埋葬されたことが知られている2名のスパイのうち1人で、もう1人はアフラ・ベーンである）。

　アンドレの逮捕に貢献した3名のアメリカ人には、特別に鋳造されたメダルと現金が大陸会議から与えられた。

　アンドレはジョン・アンダーソンという偽名を用いていた。

【参照項目】ベネディクト・アーノルド、コードネーム、ジョージ・ワシントン、アフラ・ベーン

アンドロポフ、ユーリ・ウラジーミロヴィチ

（Andropov, Yuri Vladimirovich 1914-1984）

　KGB議長（1967～1982）を経てソビエト連邦最高指導者及びソビエト共産党書記長に上り詰めた人物。

　鉄道員の息子として北コーカサスに生まれたアンドロポフは、ペトロザロドスクの大学とリビンスクの水運技術学校で学び1936年に卒業、コムソモール（共産主義青年同盟）の幹事として政治活動を始めた。第2次世界大戦中はフィンランド戦線の政治委員など共産党の様々な職を歴任し、東ヨーロッパの専門家という評判を得た。その後は1939年から国内治安維持関連の職務に就いたとされている。

　1951年、党中央委員会の政治局長に就任、続く54年には駐ハンガリー大使に任命され、56年のハンガリー動乱ではソビエト軍の介入を求めて働きかけた。57年から67年にかけては党中央委員会に所属し、海外の共産党や共産主義組織との連携を担当する部署の責任者を務めた。そして62年に党中央委員会書記へ昇進した。

　1967年5月、政治局の局員候補に抜擢されると同時に、陸軍大将の階級で国家保安委員会（KGB）議長に就任する。

　翌1968年、アンドロポフはソビエト最高幹部に対し、チェコスロバキアにおける共産党の影響力を削ごうとする西側の策略について警告を発すると共に、ドプチェク政権への攻撃を開始する後押しをした。そして侵攻の前夜には、アンドロポフの指示の下、西側の観光客に偽装した30名のKGBイリーガルがソビエトの介入を正当化すべく挑発的なポスターを貼ったり、共産党指導者の追放を求める反体制的なスローガンを街のあちこちに塗ったりしている。

　1973年4月には党政治局局員への就任を果たしたが、国内治安維持組織の長がこの地位に就くのはラヴレンチー・ベリヤ以来だった。アンドロポフが高水準の規律、意志決定能力、及び知的能力をKGBに持ち込んで以

アメリカ独立戦争中、米軍前線の後方で逮捕されたイギリス人士官、ジョン・アンドレ少佐の処刑の瞬間。アンドレはハドソン川沿いの主要陣地ウエストポイントをイギリス側に引き渡すことで国を裏切ろうとしたアメリカ人、ベネディクト・アーノルドのハンドラーだった。（出典：国立公文書館）

ユーリ・アンドロポフは秘密警察幹部からソビエト政府の首脳に上り詰めた唯一の人物である。独裁者ヨシフ・スターリンが1953年3月に死去した後、後継者の座はラヴレンチー・ベリヤの手に渡るものと予想されたが、同僚によって逮捕・処刑された。（出典：ワールド・ワイド）

来、この国家保安機関はイメージと能率の両面で大きな進化を遂げただけでなく、外国情報の収集活動もより洗練され、西側諸国と同じくハイテク装置を用いた諜報活動を行なうようになっている。それと同時に「現場の」エージェントの活用もより強化された。

1982年5月、アンドロポフはKGB議長の座を離れて党中央委員会書記に復帰する。そして11月にレオニード・ブレジネフが死去すると、その後継者となった。西側のマスコミはソビエトの新リーダーを「比較的開かれた精神の持ち主」と評しているが、長年にわたるチェキストに対してふさわしい描写とは言えないだろう。ワシントン・ポスト紙は68歳になるアンドロポフを「英語の巧みな洗練された人物」と評し、以下のように続ける。

　　ハンガリーの政府高官は、1956年にモスクワが軍事介入によって蜂起を鎮圧した際、アンドロポフが大使としてブダペストに駐在していたことを今でも記憶している。ハンガリー動乱の鎮圧において彼が果たした役割にもかかわらず、アンドロポフはわざわざハンガリー語を学び、ハンガリー文化の理解に努めた外交官として記憶されているのだ。

アンドロポフに対して西側のジャーナリストが見せた好意は、彼がニコライ2世以来初めてとなる、英語に堪能なロシアの指導者であるという事実が理由の1つである。またソビエト側の情報源によれば、アンドロポフはフルシチョフやブレジネフと違ってすぐ人に抱きつくことはなかったものの、相手を安心させる特殊な能力があったという。それと同時に、全体的に洗練された人柄は、前任者たちの粗野な個性とは実に対照的だった。

しかし、アンドロポフのソビエト連邦指導者としての統治は短期間に終わった。1982年11月12日の書記長就任から3ヵ月後、糖尿病に冒されていた腎臓が機能不全に陥り、人工透析装置につながれる。公衆の前に最後に姿を現わしたのは翌年8月であり、それから半年後の1984年2月9日に死去した。

アンドロポフはアメリカのジョージ・H・W・ブッシュ、及びイスラエルのハイム・ヘルツォーグと共に、主要情報機関のトップを経て国家の最高指導者となった数少ない人物の1人である。

【参照項目】KGB、イリーガル、ラヴレンチー・ベリヤ、ジョージ・H・W・ブッシュ、ハイム・ヘルツォーグ

アンブラ　（Umbra）

キーホール衛星などから得られた高レベルの信号情報（SIGINT）全般を指すアメリカのコードワード。それ以前には、トライン及びディナールというコードワードが用いられていた。

UKUSA協定の定めに従い、SIGINT資料を指すこれらのコードワードはイギリスでも用いられた。

【参照項目】キーホール、衛星、信号情報、コードワード、UKUSA協定

アンブラー、エリック　（Ambler, Eric　1909-1998）

イギリスのスパイ小説作家。イアン・フレミングのジェームズ・ボンドと違い、アンブラーの生んだヒーローは様々な仕掛けでなく、自分自身の知的能力と体力によって任務を果たしている。

アンブラーの初期の作品群では、戦争下のヨーロッパが舞台になっていた。『The Dark Frontier』（1936、邦題『暗い国境』）、『Uncommon Danger』（1937、同『恐怖の背景』）、『Epitaph for a Spy』（1938、同『あるスパイの墓碑銘』）、『Cause for Alarm』（1938、同『裏切りへの道』）、そして『The Mask of Dimitrios（アメリカでは『A Coffin for Dimitrios』として出版）』（1939、同『ディミトリオスの柩』）がそれにあたる。また『Epitaph for a Spy』は『Hotel Reserve』として1944年に映画化された。

アンブラーは1964年に公開された映画『トプカピ』の脚本を提供しているが、これは宝石泥棒が活躍する1962年の小説『The Light of Day』（邦題『真昼の翳』）を土台にしている。

1930年代の多くの知識人と同じく、アンブラーも左翼に対する好意を見せ、ファシズムに強く反対している。『The Uncommon Danger』と『Cause for Alarm』の2冊はソビエトの勇敢なエージェント、アンドレアス・ザレショフを主人公にしているものの、アンブラー自身は共産主義者ではなかった。その他のほとんどのスパイ小説では、諜報と陰謀の世界に巻き込まれた普通のイギリス人が主人公になっている。

第2次世界大戦中、アンブラーは一兵卒としてイギリス砲兵隊に入隊したが、後に戦場写真班に、次いで戦争省の映画班に配属され、およそ100点に上る訓練及びプロパガンダ映画を製作した。その結果、終戦時には中佐にまで昇進している。

「スパイ小説」「スパイ映画」も参照のこと。

【参照項目】イアン・フレミング、ジェームズ・ボンド

アンブラー銃 (Umbrella Gun)

「ゲオルギー・マルコフ」を参照のこと。

アンレイス (Anlace)

「オルドリッチ・H・エイムズ」を参照のこと。

イアハート、アメリア (Earhart, Amelia 1897-1937?)

第2次世界大戦前に日本領の島々へ偵察飛行したとされるアメリカ人女性飛行士。

イアハートは数々の「世界初」を達成した——女性として初めて大西洋横断飛行と大西洋単独横断飛行に成功し、また大西洋横断定期便における初の女性客となった。その模様については書籍を執筆していて、後に自らの冒険譚を何冊か著している。

第1次世界大戦中カナダで負傷兵の看護をしていたイアハートは、戦後ニューヨークのコロンビア大学に入学するものの、飛行訓練の資金を稼ぐために中退した。

1928年には大西洋横断便に搭乗、32年に大西洋単独飛行を成し遂げる。また女性として初めてアメリカ大陸を両方向から横断飛行し、35年に行なったハワイ-カリフォルニア間の単独飛行では、大西洋横断よりもさらに長い距離を飛んでいる。

1937年、イアハートはフライト・エンジニアのフレッド・ヌーナンと共に赤道上世界一周飛行を試みる。だが全行程の3分の2まで進んだところで、彼女を乗せた飛行機は太平洋のハウランド島近くで消息を絶った。無人島に着陸したという説が流れ、実際いくつかの兆候もあったが、決定的な証拠は得られていない。また日本軍に捕らえられ、島々の偵察を試みたとして投獄あるいは処刑されたという説もある。いずれにせよ、無線航法の知識を欠いていたため海上に不時着水した可能性が一番高い。

イアハートがこの地域の日本海軍基地を偵察していたという説は、1943年の映画『Flight for Freedom』で有名になった。この映画ではロザリンド・ラッセルが飛行士イアハート（役名は Tonie Carter）を演じている。フレッド・マクマレイ演じるイアハートのボーイフレンドは、彼女が集めた情報を使って日本領の島々に海軍の急降下爆撃機隊を導いた。興味深いことに、イアハートは1937年の冒険飛行で、シドニー・コットンがドイツ上空の偵察飛行をしたのと同じ双発のロッキード L-10 エレクトラを飛ばしていた。

【参照項目】偵察、スパイ映画、シドニー・コットン

イエロー・フルーツ (Yellow Fruit)

アメリカ陸軍の防諜作戦を指すコードネーム。5年間に及ぶ作戦中におよそ3億ドルが違法に使われ、後の捜査につながった。情報関係者の中にはこの作戦をイラン・コントラ事件の先駆けと見なす者もいる。

出所がアメリカだと突き止められないよう、作戦で用いられた資金は「洗浄」されていたため、全貌解明は困難を極めた。

違法支出に対する捜査の結果、陸軍士官3名と軍曹1名が軍法会議にかけられた。いずれも厳しい処罰が下され、デイル・E・ダンカン中佐は1986年11月に禁固10年と罰金5万ドル、及び向こう10年にわたり月々の給与から3,350ドルの控除という判決を受けた上、陸軍を解雇された。イエロー・フルーツとの関連でフロント企業を運営しつつ、秘密資金を私的に流用したことで有罪とされたのである。なお、作戦の詳細は公にされなかった。その後ダンカンは2年半の刑期を務め、罰金2万ドルを支払い、9万ドルを控除された上で、1989年に釈放されている。

後に軍法会議は有罪判決を棄却し、「インテリジェンス・コミュニティーにおける資金の扱いについて、上層部からの指示は『カバーを生きろ』『任務を達成せよ』という言葉以外になかったと思われる」と述べた。そしてダンカンは違法行為で有罪でないという裁定を下している。

1983年に始められた調査では、対テロ作戦や人質救出任務に携わる陸軍のエリート部隊、デルタフォースの秘密資金運用に対する監査も行なわれた。

「陸軍情報保安コマンド（INSCOM）」「特殊作戦部隊」も参照のこと。

【参照項目】防諜、コードネーム、イラン・コントラ事件、フロント企業、インテリジェンス・コミュニティー

医学的情報 (Medical Intelligence〔MEDINT〕)

軍事計画立案者、とりわけ医療関係の要員にとって関心のある、外国の医療体制、生物科学、及び環境に関する資料から得られた情報。例を挙げると、戦場になることが予想される地域の病気や、敵軍が直面している医療

上の問題は、軍事計画の立案者にとってかけがえのない情報である。

イギリス （England-Great Britain-United Kingdom）

イギリスにおける諜報活動の根本は、国内情報活動を必要とする反逆行為の摘発と密接に絡み合っている。数世紀もの間、イングランド国王の情報機関は国王の身の安全と王権の維持を主たる目的にしていた。14世紀から15世紀にかけ、これは反乱を目論むスコットランド人など外国人の摘発を意味していたが、イングランドからスパイを一掃する機関は存在しなかった。王権に敵対する者を発見・処刑する法的根拠となったのは1351年制定の反逆法であり、国王及び王国に対する犯罪を大逆罪と定義し、国璽や貨幣の偽造もそこに含まれた。人々は「国王の死を想像した」だけで首が刎ねられたのである。

大逆罪には国王へのスパイ行為も含まれるが、諜報行為は究極の犯罪である大逆罪の影に覆い隠された。スコットランド女王メアリーとサー・ウォルター・ローリーもこの法律で裁かれ、処刑された数多い人々の一部であり、近代に入っても、両世界大戦でイギリス人反逆者を裁くために反逆法が用いられている（「ウィリアム・ジョイス」を参照のこと）。

外国情報の必要性は、教皇ピウス5世がエリザベス1世を破門した1570年に顕在化した。イングランド人による策謀を恐れたエリザベスは大規模な国内情報機関を設置、73年に国王秘書長官となるサー・フランシス・ウォルシンガムをトップに据えた（ウォルシンガム配下のスパイの1人に詩人兼劇作家のクリストファー・マーロウがいた）。ウォルシンガムは自らのスパイ網をヨーロッパ大陸に拡大し、カトリック教徒を諜報対象とした。その一方で、「聖職者、ジェスイット、そして反逆者」に賄賂を贈り、「王国に敵対する行動を漏らす」よう仕向けている。またローマにいるスパイからは、女王の肉体を「犬に食いちぎらせる」陰謀を耳にしたという報告がもたらされた。

この諜報網はウォルシンガムが世を去った1590年に幕を下ろしたかに見えた。実際、17世紀に入ってオリヴァー・クロムウェルが頭角を現わすまで、実質的な諜報組織は存在しなかった。だがクロムウェルの「情報家」の1人だったジョン・サーローが記す通り、このスパイマスターは「狡猾でずる賢い奴らを多数」使い、郵政省を通過する手紙を秘密裡に開封していた（「ジョン・ウォリス」を参照のこと）。すなわちクロムウェルの時代、興味のある手紙は特別に用意された一室へ運ばれ、「秘密の男」がそれらを検閲したのである。

【参照項目】国内情報、フランシス・ウォルシンガム、クリストファー・マーロウ、スパイ網

秘密局

名誉革命でジェイムズ2世が没落し、1689年の権利章典で守られた議会が力を得ると、諜報組織は恒久的な政府機関となった。1703年、イギリス秘密諜報活動の父と呼ばれるダニエル・デフォーはスパイとなることを下院議長に申し出、廃位されたジェイムズ2世の子を支持する一派、ジャコバイトによる王権への策謀を摘発せんとした。また18世紀には、暗号解読にあたる公式の「暗号官」と秘密局が国務省の下に設けられた。

秘密局は後に郵政省の管轄となり、手紙の開封を定期的に続けた（「ボード一族」を参照のこと）。1782年には国務省の任務が再編され、イングランド国外の事項は外務省が扱い、国内は内務省が担当することになった。この体制は情報収集活動にも反映されており、国内保安と外国情報収集を目的とするそれぞれ別の機関が設けられている。

1775年から81年にかけてのアメリカ独立戦争ではイギリスの諜報能力が試された。防諜及び軍事諜報活動を行なうエージェントがアメリカ植民地のみならず、アメリカを支援するフランスでも必要とされたのである（「ベネディクト・アーノルド」「ジョン・アンドレ」「エドワード・バンクロフト」を参照のこと）。

1844年に議会で行なわれた調査にもかかわらず、手紙の開封はなおも続けられた。ある手紙の差出人が試みに小さな種を同封したところ、それがなくなっていたというので議会に通報するものの、情報機関は抗議を受けてもなお手紙を開き続けた。19世紀の大半においてイギリスによる諜報活動の主たる対象はグレート・ゲーム、つまり中央アジアの覇権を巡るロシアとの対立だった。ロシアが領土の拡張を目論む一方、イギリスはインドに至る北のルートを確保しようとしていた。イギリスはグレート・ゲームにおけるスパイ活動の拠点として、ペルシャ（現・イラン）のホラーサーン州にあるマシュハドを選び、ジャーナリスト、巡礼者、郵便局員、そして避難民に金を払って情報を得ている。その時代の文書にはカスピ海のロシア蒸気船でスパイ行為をした船員の話が載っており、「しかしロシアからも金を受け取っていた可能性がある」と付け加えている。マシュハドでの活動は第1次世界大戦まで続けられた。

【参照項目】ダニエル・デフォー、秘密局、防諜、軍事情報、グレート・ゲーム

秘密資金

1782年以降、諜報活動の予算は秘密裡に与えられた。議会は秘密投票で国務省に資金を与え、公の監査を受けることはなかった。外国からロンドンに戻った外交官は、秘密資金を正しく用いたという宣言を行なう。また、ドイツ、ロシア、イタリア、オスマン帝国、そしてスペインで活動するエージェント（長期にわたって活動

する者たち）や情報提供者（時おり情報をもたらす者たち）に資金を与えたという記録も残っている。

1807年、対仏同盟にプロイセンとロシアを引き込むため、巨額の金が両国に注ぎ込まれた。だがこの資金は情報活動と関係のない外交官の親族を含む、秘密活動従事者の年金にも用いられている。

19世紀末になると、外交官、駐在武官、そしてジャーナリストといった人々も大英帝国を舞台にスパイ活動を行なった。1894年から98年にかけてはロイター通信も秘密資金を受け取っており、記者から機密報告を受け取ると共に、外国新聞に外務省のプロパガンダ広告を掲載している。

陸海軍省は1883年の時点ですでに正式な情報部門を有していた。しかしボーア戦争（1899～1902）によって情報・防諜活動に恒久的かつ専門的なアプローチが必要だと認識されるまで、イギリスのスパイ活動にはアマチュアリズムがつきまとっていた。1900年のマフィケング占領で功績を挙げたロバート・ベーデン＝パウエル少将は、この戦争で革新的な諜報技術を導入した。これらの革新は、ヨーロッパ戦争が勃発した際に情報をもたらすことになる諜報活動の再編を促した。1905年頃に策定された計画では、敵国にいる「観測者」が「運搬人」──セールスマン、ジプシー、あるいは女性が想定された──に情報を渡すものとされた。運搬人は中立国に行き、そこで「回収人」が情報を分析して最寄りのイギリス大使館に伝え、暗号化した上でロンドンに送信する。回収人は陸軍省の軍事情報局から選ばれることになっていた。

この計画が実行に移されることはなかったものの、帝国国防委員会の小委員会は1909年、イギリス国内の防諜活動を担当し、陸軍省の秘密活動資金で運営される秘密活動局の設立を提言した。秘密活動局は国内課と外国課に分割され、国内課は保安部になってMI5（軍事情報第5課）の呼称を与えられ、外国課は秘密情報部となってMI6と命名された。

【参照項目】駐在武官、ロバート・ベーデン＝パウエル、MI5、MI6

第1次世界大戦

第1次世界大戦におけるイギリスの戦術情報活動は不十分なものだった。ソンムの戦いでは、戦場電話網の盗聴によってドイツ軍に作戦計画を知られ、多数の死傷者を出した。あるイギリス軍旅団の少佐などは、再三の警告にもかかわらず電話で命令を読み上げていたほどである（この時の命令文は後にドイツ軍の塹壕で発見された）。イギリスの歴史家はこう記す。「この信じ難い馬鹿げた行ないのせいで、数百人の勇敢な男たちが命を落とした」一方、ドイツ軍の前線上空を偵察する飛行機や観測気球は有益な情報をもたらしている。

イギリスの暗号解読者は、事実上全てのドイツ暗号を解読したことで名を馳せた。またルーム40に所属する海軍の暗号解読者がツィンマーマン電報を解読したことは、戦争に重大な影響を与えた。ドイツ外務省からメキシコの大使館に送られたこのメッセージでは、メキシコによるドイツ支援と引き替えにアメリカ領の奪還が提案されていた。電報が暴露されるとアメリカは激怒し、参戦に向けて大きく舵を切ったのである。なお終戦後もイギリスは暗号解読能力を維持するため、ルーム40の後継機関として政府暗号学校（GC&CS）を設置した。

第1次世界大戦は将来の諜報・防諜活動を支える人材に実地教育の場を与えたが、その中には陸軍の諜報部門で勤務し、後にMI6長官となるサー・スチュワート・ミンギスもいた。ミンギスは戦時中に索引ファイルシステムを導入し、味方になり得るか敵になり得るかに従って人々を分類している。このシステムではまずBS（イギリス派）、AS（連合国派）、NS（中立国派）、そしてES（敵国派）に区分される。次いで情報の重要度に従ってAA（完全なる英国人）からBB（下劣なドイツ人）に分類される。これはMI6が後に採用した情報細分化計画の基になるものだった。

1917年にフランスへ派遣されたアメリカ遠征軍の規模を隠すため、米英のインテリジェンス・オフィサーは「資料X」という名の巧妙な欺瞞計画を立案した。アメリカの産業及び軍事力の増強に関する偽の報告書を中立国のメキシコとスペインの外交官に渡したところ、彼らは期待通り、膨らませた数字をドイツ側の連絡員に広めたのである。また英仏両国は同様の欺瞞計画を支援した。これが成功したことはイギリスの暗号解読者によって確かめられている。

かくしてドイツの情報機関は、実際には大隊に過ぎない連隊、あるいは連隊に過ぎない師団に関する報告を受け取った。師団は軍となり、軍は軍集団となったのである。イギリスのあるインテリジェンス・オフィサーは後に、資料Xが大きな成功を収めたので「我が方の最高司令官さえも正確な状況を知らず、西部戦線における米軍の実力を過大評価していた」と記している。

イギリスは戦後も情報組織を維持し、新たな対象──ボルシェビキ──に注意を向けた。ロシアやドイツを襲ったボルシェビキ主導の市民蜂起を恐れるイギリス情報機関は、新たな秘密組織M04を設立、市民蜂起や軍の反乱に関する情報を集めさせた。

米英間の戦時協力体制は戦後も続けられた。戦争初期に第1海軍卿を務めたウィンストン・チャーチルはこの協力関係を支援し、情報関係の事柄に多大な個人的関心を寄せた。チャーチルの提案に従い、ロイド＝ジョージ首相は情報機関を一元化してMI6を外務省の指揮下に置くと共に、イギリス国外でエージェントを運用し、また作戦を実行する権限を認めた。この時期に活躍した

最も有名なエージェントとして、ボルシェビキ支配下の
ロシアなどイギリスの国益が関わる多数の場所で活動し
たシドニー・ライリーの名が挙げられる。またミンギス
のような陸軍省所属の情報士官はカバーとして軍籍こそ
残したものの、実際には MI6 で勤務している。

　1927 年、イギリスはアルコス事件を巡ってソビエト
連邦と国交を断絶した。イギリスで商業活動を行なうソビ
エト企業のアルコスは、実際には諜報活動を主たる任
務にしていたのである。アルコス・スパイ網が壊滅した
後、ソビエトは合法的エージェント──外交官及び駐在
武官──からイリーガル、すなわち何らかのカバーを用
いて活動するロシア人やイギリス人に重点を移した。ソ
ビエトはイギリスの共産党員をスパイとして勧誘し、ウ
ールウィッチ海軍工廠の兵器工場から秘密計画を盗み出
すべくスパイ網を組織するなどしている。

　イギリスの防諜機関 MI5 は、勤続 25 年のベテラン職
員オルガ・グレイをスパイ網に潜入させた。彼女はソビ
エト連邦友愛組合の一員となって共産党に入党する。そ
こで大きな信用を得て NKVD のセイフハウスを運営す
るまでになり、党自体や党の諜報活動に関する大量の情
報を MI5 にもたらした。MI5 がこのスパイ網を壊滅させ
た後、身の安全を恐れたグレイは新たな身分を得てカナ
ダに移住した。

　しかし 1930 年代初頭にアドルフ・ヒトラーが権力の
階段を登るにつれ、イギリス諜報機関は国内の敵からド
イツとの戦争準備に活動の軸足を移していく。

【参照項目】戦術情報、偵察、気球、ツィンマーマン電
報、ルーム 40、政府暗号学校、スチュワート・ミンギ
ス、インテリジェンス・オフィサー、欺瞞、シドニー・
ライリー、アルコス事件、合法的スパイ、イリーガル、
NKVD、セイフハウス

第 2 次世界大戦

　1938 年、ミュンヘンでヒトラーとの和平合意に達し
たネヴィル・チェンバレン首相が「我らの時代の平和」
を約束した直後、ベルリン駐在のイギリス武官 F・N・
メイソン＝マクファーレン大佐と、後にアメリカでイギ
リスの諜報活動を率いるウィリアム・スティーブンソン
から、ミンギスに 1 つの申し出がなされた。競技用の
ライフル銃でヒトラーを暗殺してほしい、と。しかし外
務大臣のハリファックス卿は「外交の代替として暗殺を
用いる段階には達していない」として、この申し出を断
った。

　イギリスの諜報機関はこうした突飛かつ切迫したアイ
デアを考慮しながら、戦争に突入したのである。ドイツ
との戦争が差し迫る 1939 年 8 月、議会は緊急権限法を
通過させ、民間人に広範な制限を課す権限を政府に与え
た。また議会ではなく法令によって制定された 18B 国
防規制では、「公衆の安全もしくは領土の防衛に害とな

る行為」に関わっていることが疑われる場合、その容疑
者を逮捕し、裁判にかけることなく投獄できる権限が内
務省に与えられている。こうした規制の下、インテリジ
ェンス・オフィサーはイギリスファシスト同盟や英独友
好協会、あるいは右派クラブ（アンナ・ウォルコフやア
メリカの暗号事務員タイラー・ケントによる諜報活動に
関わっていた）といった組織に立ち向かっていった。

　1939 年 9 月 1 日、ドイツがポーランドに侵攻し、2 日
後には英仏両国がドイツに宣戦布告する。しかし最初の
戦闘は海上で行なわれた。「奇妙な戦争」とも称される
この間、ミンギスは部下 2 名に対してヒトラー排除を
企むドイツ人亡命者との接触を許可する。しかし結果は
惨憺たるものだった（「S・ペイン・ベスト」を参照の
こと）。

　一方、アプヴェーアに代表されるドイツの情報機関
はイギリスにエージェントを浸透させ、またスパイの
勧誘に力を注いだ。しかしイギリスのダブルクロス委
員会はすぐさまそれらスパイの大部分を二重スパイに寝
返らせ、実際にはイギリスに操られているスパイ網が、
自分たちの意志に従って動いているとドイツ情報機関に
まんまと信じ込ませた。捕らえられたスパイは極秘のう
ちに取引を持ちかけられ、「寝返りか死か」を迫られる。
処刑された枢軸国スパイは 18 名──16 名はイギリス人
で 2 名はジブラルタル在住のスペイン人──に上り、
うち 15 名が絞首刑である。43 歳のヨーゼフ・ヤコブス
はイギリスへのパラシュート降下で脚を折ってしまい、
絞首台まで歩くことができなかった。そのためロンドン
塔の地面に置かれた椅子に縛りつけられ、銃殺隊によっ
て処刑されている。また釈放されたものの公的秘密保護
法違反で再逮捕されたスパイがいて、終戦まで収監され
たという話も伝わっている。戦争中にイギリスへ辿り着
きながら、逮捕を逃れたドイツのスパイは 1 人しか知ら
れていない（「J・W・テル・ブラーク」を参照のこ
と）。

　この戦争で最も重要な勝利の 1 つは戦場でなく、政
府暗号学校の戦時拠点ブレッチレーパークで成し遂げら
れた。ドイツの無線通信を解読し、計画立案や意志決定
に関する内部事情を米英の政治・軍事指導者に知らせた
ウルトラ情報は、ここで生み出されたものだった。

　一方、ナチスに占領されたヨーロッパでレジスタンス
組織を支援し、破壊工作を行なうために、イギリス情報
機関は特殊作戦執行部（SOE）を設置する。歴史家の
M・R・D・フットによれば、この部署は「イギリスの
伝統である奇抜さにのっとり……本質的に伝統的ではな
い編成を組み、伝統から外れた場所で、伝統から外れた
手段によって戦争を仕掛けた」のである。

　こうした活動を監督していたのが 1940 年 5 月に首相
となったウィンストン・チャーチルである。暗号解読と
いった諜報活動の成果を活用するのに必要な資源や支援

を、チャーチルは惜しみなく与えた。諜報活動に対する彼の情熱は、1940年11月24日に参謀総長へ宛てたメモの中に記されている。「最も偉大な事柄は、それが何であれ真の全体像を手に入れることだ」

チャーチルはウルトラ情報の多くを自ら個人的に見直し、それを戦略に取り入れるよう司令官たちに強制した。さらにロンドンにいない時も、同行している特殊連絡部隊を通じて解読内容を受け取っている。戦争を通じ、チャーチルは情報源の秘匿に努め、秘密軍事通信がイギリスの暗号解読者に見破られていることをドイツの軍事指導者に悟られないよう特別の注意を払った（「ボニファキウス」「ボディーガード」を参照のこと）。

この情報戦において、イギリスははっきりとドイツを引き離していた。デイヴィッド・カーンが著書『Hitler's Spies』（1978）で記している通り、戦争中を通じて「連合軍は師団レベルに至るまでフランスにおけるドイツ軍の戦力を知っていた」のである。ウルトラから得られた知識は大西洋海戦、すなわちドイツ海軍Uボート部隊との長期戦を勝利に持ち込む鍵となった。また巧妙に運用されたダブルクロス・システムはDデイに関する精密な欺瞞作戦を実現させ、連合軍の兵士がノルマンディーに上陸している最中も、この侵攻が囮であるか否かをドイツ参謀本部が判断できなくさせるほどだった。

【参照項目】F・N・メイソン＝マクファーレン、ウィリアム・S・スティーブンソン、アンナ・ウォルコフ、タイラー・ケント、ダブルクロス委員会、二重スパイ、ダブルクロス・システム、公的秘密保護法、ブレッチレーパーク、ウルトラ、SOE、特殊連絡部隊、ドイツ

冷戦

1945年5月に対ヒトラー戦争が終結した直後、今度は元同盟国であるソビエト及びその情報機関との戦いが始まる。歴史家で戦時中にインテリジェンス・オフィサーを務めたヒュー・トレヴァー＝ローパーが指摘する通り、「ドイツに対して素晴らしい成果を挙げたのと同じ浸透の思想」がイギリス相手にも用いられていることを、MI5は認識していなかった。ソビエトはイギリス社会でスパイ勧誘を行ない、ダブルクロス・システムがアプヴェーアにしたことをMI5とMI6相手に実行していたのである。

冷戦期にイギリスを裏切った人間は数多く存在している。ガイ・バージェス、ドナルド・マクリーン、キム（ハロルド）・フィルビー、サー・アンソニー・ブラント、そしてジョン・ケアンクロスの5人（ケンブリッジ・ファイブ）は、いずれもケンブリッジ・スパイ網——ソビエトが好んで勧誘を行なった場所にちなんでそう名付けられた——のメンバーである。これらの人物はソビエト情報機関に、米英の情報活動、国家政策、暗号

解読内容、さらには原爆に関する最も厳重な秘密情報を渡した。同じくイギリスの機密を漏洩した人物としてジョージ・ブレイク、ジョン・ヴァッサール、ゴードン・ロンズデール（本名コノン・モロディ）、レオ・ロング、ジェフリー・プライムといった名前が挙げられる。また性と機密が絡み合ったプロヒューモ事件は一大政治スキャンダルを引き起こしたが、そこから秘密情報が漏れた形跡はない。

MI5の元インテリジェンス・オフィサー、ピーター・ライトが著した『Spycatcher（邦題・スパイキャッチャー）』（1987）は、マーガレット・サッチャー首相から出版中止の圧力を受けた。ライトはその中で、MI5長官のロジャー・ホリス自身もソビエトの内通者だったと主張している。また、MI5の工作員グループが1960年代にハロルド・ウィルソン首相の暗殺を企てたとも記している。

MI5とMI6はいずれも、内部の保安が傍目にもわかるほど弛んでいた。同性愛者の連絡員はソビエトの脅迫に屈し、インテリジェンス・オフィサーの名前を暴露した。バージェスとマクリーンは酒癖が悪いことで知られ、フィルビーがそこに加わることもあった。頻発するスキャンダルを受け、作家兼ジャーナリストのレベッカ・ウエストはこのように記している。「戸棚に鍵をかけておき、また酔いつぶれる習慣のある職員を公務から外すだけで、多くのトラブルは防げたはずだ」

冷戦は第2次世界大戦当時の情報組織をそのまま存続させた。政府暗号学校は監視の価値があると見なした大使館や企業などのソビエト機関、そして個人に盗聴活動の重点を移した——またBRUSA協定の下、暗号解読の分野でアメリカと緊密に協力している。さらに、MI6はいとこ——CIA——と共同で、GRUに所属するオレグ・ペンコフスキー大佐を活用した。ペンコフスキーは1960年代に西側が有していた中で、恐らく最も重要なソビエト軍事情報の提供源だった。

加えて、イギリス人パイロットはアメリカの偵察機を操縦し、ソビエト上空の偵察飛行に従事している。実際、1952年にソビエト内陸部への意図的な領空侵犯を最初に行なったのは、CIAからの要請を受けたイギリスのキャンベラ偵察機である。ターゲットはソビエトのミサイル試験施設だった。その後もキャンベラを用いた偵察飛行が少なくとも1回実施されており、またイギリス空軍のパイロットはB-45トーネードの偵察機型やU-2偵察機も操縦してソビエト領空を飛行した。

【参照項目】ガイ・バージェス、ドナルド・マクリーン、キム（ハロルド）・フィルビー、サー・アンソニー・ブラント、ジョン・ケアンクロス、ケンブリッジ・スパイ網、勧誘員、ジョージ・ブレイク、ジョン・ヴァッサール、ゴードン・ロンズデール、レオ・ロング、ジェフリー・プライム、プロヒューモ事件、同性愛者、監視、

BRUSA協定、いとこ、CIA、GRU、オレグ・ペンコフスキー、上空偵察、キャンベラ、B-45トーネード、U-2

冷戦後

1987年の『Spycatcher』出版を受けて議会は公的秘密保護法を強化し、過去の作戦を暴露したインテリジェンス・オフィサー経験者の起訴を可能にする。しかし冷戦が終わりを迎える中、秘密維持の原則はますます崩れてゆく。史上初めて情報機関トップの氏名が明かされ、MI5の名もパンフレットの中に記される。また統合情報委員会の存在が認められると共に、小冊子『Central Intelligence Machinery』の発行によって諜報機関の活動内容が初めて公式に説明された。

1992年2月にMI5長官となったステラ・リミントンはイギリス諜報機関のトップに立つ初めての女性であり、また名前が公表された初めての人物でもある。彼女の就任は、MI5入りする女性が増加するのと軌を一にしていた。1991年の時点で工作員のおよそ40%が女性と推計されており、この割合はその後も増加を続けている。現場、特にアイルランドで活動する女性には、MI5と密接に協力しているスコットランドヤード特別課の職員も含まれる。2002年にはリミントンの後任として、同じく女性で幅広い作戦経験を持つエリザ・マニンガム＝ブレアが就いた。

西側諸国の他の情報機関と同じく、イギリスの情報機関も対テロ活動と麻薬撲滅を主要任務としている。1992年、MI5はアイルランド共和軍（IRA）及びアイルランド国民解放軍（INLA）との戦いを先導する機関に選ばれた。MI5は異例とも言える情報公開の中で、1990年中盤の時点でおよそ70%の資源を対テロ活動に投入していると推計した。

こうした情報公開の姿勢は長年にわたる観察者を驚かせた。「ミサにおける祭服、降霊術における闇と同じく、秘密維持は情報活動にとって不可欠なものであり、それが何らかの目的に資するか否かを考慮する必要は全くなく、いかなる犠牲を払ってでも維持されなければならない」そう述べるのは、かつて就いていた職業について多くのことを書き、語ってきた元インテリジェンス・オフィサーの作家、マルコム・マッグリッジである。

【参照項目】ステラ・リミントン、エリザ・マニンガム＝ブレア、マルコム・マッグリッジ

イクシーク (Ichthyic)

1968年、アメリカ海軍の情報収集艦バナーとプエブロを用いて北朝鮮及びシベリア沿岸で実施される予定だった情報収集計画を指す、アメリカのコードネーム。同年1月23日にプエブロが北朝鮮に拿捕されたことを受け、計画は中止された。

【参照項目】プエブロ、コードネーム

イグナチェフ、セミョーン・デニソヴィチ

（Ignatiev, Semyon Denisovich　1904-1983）

1951年から53年までソビエト国家保安省（MGB）トップの座にあった人物。

長年にわたって共産党中央委員会の職員を勤めたイグナチェフは1951年8月9日に国家保安相となった。前任はラブレンチー・ベリヤの庇護を受けていたヴィクトル・アバクーモフであり、ヨシフ・スターリンがベリヤの権力を削ぐために更迭したものと考えられている。後の1952年から53年にかけて発生したスターリンに対する「医師団陰謀事件」において、イグナチェフは主要な役割を演じた。この事件はユダヤ人知識層を標的とした新たな粛清を正当化するために仕組まれたものであり、ソビエト情報組織の歴史において最も反ユダヤ的な企てだった。

1953年3月5日のスターリン死去から24時間も経たないうちにベリヤはMGBを内務省（MVD）に併合し、公安機能と対外諜報活動を引き継いだ。3月7日、イグナチェフは今や有名無実となった国家保安相を解任されたものの、逮捕あるいは処刑されることはなく、ソビエト指導層における大規模な変化が予見された。スターリンの大粛清を丹念に記録したロバート・コンクエストを含む歴史家の一部は、ニキータ・フルシチョフがイグナチェフを保護したものと信じている。

イグナチェフは党中央委員会書記になるもののその後解任され、地方に左遷された。なおソビエト情報機関のトップとしては珍しく、天寿を全うしている。

【参照項目】MGB、ラブレンチー・ベリヤ、ヴィクトル・アバクーモフ

医師 (Doctor)

警察を指すロシア諜報界の用語。エージェントが逮捕されると「病気」にかかったとされ、刑務所に収容されれば「病院」送りになったという。

【参照項目】エージェント、病気、病院

イーストランド文書 (Eastland Document)

長年にわたりイギリス政府で勤務していたソビエトの内通者、ドナルド・マクリーンがいかなる情報をソビエトに流していたかについて、アメリカないしイギリスが作成した中で唯一存在が明らかになっている評価文書。この文書は、上院国内保安小委員会の議長を務めたジェイムズ・イーストランド議員に宛てて国務省が記した書簡の形をとっている。小委員会はマクリーン及びガイ・バージェスがアメリカになした損害を調査していたが、1956年2月21日付のその手紙では、原子力に関する米英間のやりとりと、アメリカの核兵器開発計画に関する高度な機密情報の両方にアクセスできたマクリーンが、

アメリカの核関連活動にいかなる損害をなしたかの推定が試みられた。

「原爆スパイ網」も参照のこと。

【参照項目】ドナルド・マクリーン、ガイ・バージェス

イズマイロフ、ウラジーミル （Izmaylov, Vladimir）

駐在武官補佐としてワシントンDCで勤務していたGRU（ソビエト連邦軍参謀本部情報総局）の情報将校。戦略国防プログラム及びレーダー回避（ステルス）技術に関する極秘データにアクセスできたアメリカ空軍の幹部将校を勧誘しようと試みた結果、1986年6月に国外追放された。

【参照項目】駐在武官、GRU

イスラエル （Israel）

あるアメリカ人インテリジェンス・オフィサーは各国の情報機関を評価する中で、アメリカ、イギリス、ソビエトが——この順番で——真に優れた情報収集活動を行なっていると語った。だがその後に「しかし暗い横道で命の危険に晒されたら、私はイスラエルのモサドを呼ぶだろう……実にタフな連中だからだ」と付け加えている。

この言葉にイスラエル情報機関の本質が凝縮されていると言えよう——祖国の生存に命を捧げたタフな存在であり、しかもほとんどの民主主義国家では見られない権力を有している。イスラエル独立戦争（第1次中東戦争、1948）において、この新国家は武力のみならず、建国前から存在する情報システムによってアラブ諸国の攻撃を跳ね返したのだ。

イスラエルの建国前、国際連盟のイギリス委任統治領だったパレスチナはナチスの迫害から逃れるユダヤ人にとって磁石のような存在だった。だがユダヤ人移民の流れはパレスチナの社会構造を劇的に変化させる。1919年の段階でこの地域には65,300名のユダヤ人が居住していたが、1936年になるとその数は40万にまで増え、パレスチナ全人口の28.5パーセントを占めるまでになった。イギリス当局はユダヤ人移民の問題について態度を明らかにせず、一方では移民の流れを押しとどめようとし、他方ではユダヤ人部隊を治安維持に用いる有様だった。

1940年、イギリス特殊作戦執行部（SOE）は、地下防衛組織ハガナの志願者で構成されるユダヤ人コマンド部隊を組織した。コマンドの多くはパルマッハと呼ばれるハガナの特殊部隊の出身者で、ドイツがパレスチナに進攻した場合ゲリラ戦を遂行することになっていた。ハガナは後にユダヤ人の地下軍隊に進化し、シャイという名の情報部署を有するようになる。

イギリス当局の各部門にエージェントを送り込んでいたシャイは1948年5月14日のイスラエル建国前から

存在していたので、イスラエル初の情報機関とされている。その後軍の情報機関アマンと国内保安組織シンベトが創設されたのを受け、同年7月に廃止された。

独立前のイスラエルにはアリア・ベトという名の組織もあった。イギリスが移民流入に大幅な制限を課した後、「敵対地域」から違法にユダヤ人を移民させるべく、ハガナが1937年に設置した組織であり、多くの点で情報機関と呼べる存在だった。独立後、アリア・ベトは移民元の国々で独自に集めた情報のみならず、他の機関からもたらされた情報も活用し、公然または非公然の手段でソビエト連邦やアラブ諸国から数十万のユダヤ人をイスラエルへ入国させている。

情報機関の創設と同時に、スキャンダルもすぐさま表面化した。アマン初代長官のイッサー・ベーリは、反体制的な行動が疑われた人間を拷問・処刑したとして軍法会議にかけられている。イッサー・ハレルがトップの座を引き継いだものの、シンベトのみを率いる名ばかりの存在だった。後にアマン長官となったメイアー・アミットは建国初期の冒険的活動から距離を置き、プロフェッショナリズムに重点を移した。その結果、イスラエルの保安機関は程なくしてアメリカ、イギリス、フランスのそれと肩を並べる存在になっている。

一方、イスラエルの各情報機関が混乱に陥っていた最中の1951年、アメリカから戻った外務省所属の秘密情報調整官は、アメリカでCIAなる組織が新設されたというニュースを携えていた。その人物はデイヴィッド・ベン＝グリオン首相に対し、首相のみに直属する同様の機関がイスラエルにも必要だと提案、その結果生まれたのがモサド（諜報特務庁）である。イスラエルが誇るモサドは、誘拐、暗殺、人質の救出、そして秘密情報の収集を任務とする、何でもありの機関になった。なおモサドのエージェントは秘密部隊である一般偵察ユニットの支援を受け、特殊作戦にあたっては臨時の諜報班が設置される。

次いで創設されたのが国防省科学連絡局であり、ヘブライ語の頭文字をとってラカムと呼ばれた。設立は1957年で、イスラエルの諜報活動を率いるイッサー・ハレルもその事実を知らないほど秘密裡に行なわれた。ラカムの主要な目的は核開発における機密保持だった。

イスラエルの情報機関は多くの国々において大きな成果を挙げている。配下のエージェントが必要な情報を入手することもあれば、以前に訓練を行なった外国の軍人や、イスラエルの支援を欲する軍、経済、そして時には農業関係の政府機関がそれをもたらすこともある。こうした多数のエージェントや「友人たち」は、貴重この上ない情報をイスラエルにもたらした。ソビエトで活動するイスラエルのある情報源は、ニキータ・フルシチョフがスターリン批判を行なった第20回共産党大会（1956）の極秘報告書のコピーを入手している。この報

告書は直ちに CIA にも渡された（KGB がフルシチョフの指示で報告書をリークしたという説もある）。

【参照項目】インテリジェンス・オフィサー、モサド、シャイ、エージェント、アマン、シンベト、イッサー・ベーリ、イッサー・ハレル、メイアー・アミット、ラカム、CIA、KGB

生存をかけた戦争

　1956 年、スエズ運河をエジプトから奪還すべく立案された英仏軍の攻撃計画にイスラエルも加わったのは、その情報が高く評価された結果に違いない。スエズにおける作戦行動を予兆するものとして、アマンが 1954 年にエジプトで組織したスパイ網が挙げられる。エジプトに所在する米英の各種施設を配下のエージェントに攻撃させ、スエズ運河国有化を最優先事項の 1 つにしていたガマル・アブデル・ナセル大統領の信用を失墜させることが、アマンの狙いだった。

　しかし作戦は大失敗に終わる。1954 年 7 月にアメリカ情報機関の図書館で爆破事件が発生した後、エジプトの防諜機関はそれがイスラエルの陰謀であることを突き止め、大々的に宣伝する。その結果、イスラエルとアメリカではアマンのほうが信用を落とす結果となった（「アヴラハム・ダール」を参照のこと）。

　しかし 1956 年にナセルが運河を国有化すると、英仏はエジプトへ浸透できるイスラエルの協力を強く望んだ。戦争は国際連合を通じて休戦協定が結ばれたために短期間で終わったが、その裏にはアメリカとソビエトの意向が強く働いていた。アメリカは表向きは侵略行動を非難したものの、CIA がモサドに一定の援助を与えている。その主導者だったのが、CIA における防諜活動のトップでイスラエル問題の責任者を務めるジェイムズ・ジーザス・アングルトンだった。

　またイスラエルはイギリス情報機関とも長期にわたる協力関係を確立した。イギリス秘密情報部（MI6）は、ベテラン職員のニコラス・エリオットを連絡員としてテルアビブに送り込んでいる。エリオットはイスラエル側と積極的に交遊することで、イギリスに対するモサドの猜疑心を乗り越えた。彼が割礼を受けたことを知ったあるイスラエル人は「君の組織は何でも考えているんだな！」と感嘆したという。

　1967 年 6 月 6 日早朝、イスラエル情報機関は大きな成果を挙げた。戦争に結びつく事態（後に 6 日間戦争〔第 3 次中東戦争〕として現実のものとなる）が発生した場合にイスラエルを支援すべく航空機を派遣するという米英の計画に対し、エジプトのナセル大統領とヨルダンのフセイン 1 世はそれを非難する陰謀を巡らせていたが、その無線通話を傍受したのである。この一件はイスラエルの情報機関が持つ大胆さを見せつけると共に、大きな秘密——アラブ指導者の不注意と盗聴行為の成功

——を明らかにした。

　1967 年の 6 日間戦争におけるイスラエルの大勝利は、シナイ沖を航行していたアメリカの情報収集艦リバティへの誤った攻撃によって汚点がついた。アメリカ人 34 名が死亡、171 名が負傷するというこの事件に激怒した国防当局は、イスラエルを好戦的だとして非難した。一方、CIA はリバティの悲劇にもかかわらず、この戦争をイスラエル情報機関の有能さを示す実例と見なした。しかし 1973 年のヨム・キップル戦争（第 4 次中東戦争）ではこの能力が発揮されず、エジプトとシリアによる奇襲攻撃を許している。

　1973 年 9 月、シリアがイスラエルとの国境地帯に対空ミサイルを配備し、エジプトもスエズ運河に向けて兵力を移動させつつあると、イスラエルの情報機関は報告した。またソビエトから提供された対空ミサイルも見られるようになったという。さらに無線傍受の結果、献血、民間防衛組織の動員、そして灯火管制といった行動が明らかになる。10 月 4 日にはソビエトの軍事顧問団がエジプト及びシリアから去った。当時エジプトで活動していたモサドのエージェントは、実際の攻撃計画を持ってイスラエルに帰国したとされる。戦争が差し迫った際に警報を発するのはアマンだが、攻撃計画を偽情報として無視したことがその後明らかになっている。

　戦争が差し迫っている兆候はアマンの抱く先入観に合致しなかったのだが、それはエジプトの欺瞞作戦が優秀だったことの傍証でもある。また動員を開始して戦争が発生しなかったとなれば、イスラエル社会は混乱に陥ることになる。事実その直前にも、「狼少年」的な誤った警報が発せられたばかりだった。

　10 月 6 日、すなわちヨム・キップル——ユダヤの暦で最も神聖な 1 日——の午前 4 時、アマン長官はついに攻撃が目前に迫っていると判断を下す。実際に攻撃が行なわれたのは午後 2 時 5 分であり、結果は大惨事に終わった。最初の数時間でエジプト軍はスエズ運河の渡河に成功し、東岸に展開する防御の薄いイスラエル軍を撃破、シナイ半島へ進攻した。

　戦争はイスラエルの辛勝に終わったが、直ちに主犯者捜しが行なわれた。戦後すぐに設置されたアグラナート委員会はアマンに非難を集中させる。従って、モサドがヨム・キップル戦争でその輝かしき評判を落とすことはなかった。またゴルダ・メイア首相とモシェ・ダヤン参謀総長が戦争の責任を負って辞職している。

　1970 年代に CIA が作成した秘密評価文書には次のように記されている。「イスラエルの情報・防諜機関は世界で最優秀の 1 つに数えられる。経験豊かな要員と先進的な技術が優れた能力の基礎であり、世界中のエージェント、ユダヤ人コミュニティ、及びその他の情報源からもたらされる情報資料を組織、選別、評価することにおいて並外れた能力を見せている」（この報告書はシュレ

ッダーにかけられた文書をつなぎ合わせたものであり、1979年にテヘランのアメリカ大使館を占拠したイラン人によって暴露された）。

シンベトの支援を受けて1960年にナチ戦犯のアドルフ・アイヒマンをアルゼンチンで捕らえたこと、1972年のミュンヘンオリンピックでイスラエル選手団11名を虐殺したブラック・セプテンバーのメンバーを追跡の後殺害したこと、そして陸軍及び空軍との共同作戦で1976年にウガンダのエンテベ空港からハイジャック機の乗員乗客を救出したこと（「マイク・ハラリ」を参照のこと）もモサドの成果として挙げられる。

【参照項目】 スパイ網、防諜、国際連合、ジェイムズ・ジーザス・アングルトン、MI6、情報収集艦、リバティ、偽情報、欺瞞、アグラナート委員会

絶えざるトラブルの時代

1985年の時点でイスラエルのアメリカ人スパイ、ジョナサン・ポラードの雇用と管理を実務面で担当していたのはラカムだった。ポラード事件はアメリカ当局を激怒させたが、イスラエルのアメリカに対するスパイ活動は以前から衆知の事実だった。それらが新聞の見出しを飾ることは滅多になく、公になった事件は数少ない。しかしポラード事件はアメリカ―イスラエル関係を一気に悪化させ、アメリカのユダヤ人社会を分裂させた。またポラード事件には奇妙な結びつきがいくつか存在している。1965年、ペンシルヴァニア州アポロに所在するNUMEC（核関連物質及び器具）社は連邦当局に対し、200ポンドもの高濃度ウラニウムが行方不明になっていることを認めた。専門家の見積もりでは、行方不明のウラニウムから少なくとも6発の核兵器が作れるという。捜査の結果、NUMECとイスラエル人所有者とを結びつける犯罪の証拠が発見された。またNUMEC社と関係を持つイスラエル人の1人にラファエル・エイタンがいた。伝説的インテリジェンス・オフィサーのエイタンはラカムを通じてポラードをコントロールしていたのである。ポラードの逮捕を受け、ラカムは表向き廃止されたことになっている。

1978年3月、上院外交委員会スタッフのスティーブン・D・ブライエンは、ワシントンDCにあるホテルの喫茶室で複数のイスラエル政府職員と面会した。ところがその隣に、アラブ系アメリカ人国民連盟の代表であるマイケル・サバがたまたま座る。サバは後に宣誓供述の中で、「基地に関するペンタゴンの資料を持っています。きっとご覧になりたいでしょう」というブライエンの言葉が耳に入ったと述べた。捜査官によれば、この資料はサウジアラビアの基地に関するものだったという。ブライエンはポラードの逮捕当時、国防次官補として防衛技術の輸出を監督していたが、機密資料をイスラエルに渡したことは否定している。

1979年度のCIA活動報告書はイスラエルの情報活動を評価する中で、シンベトが「エルサレム在住の若い女性と交際していた事務職員を通じ、エルサレムのアメリカ総領事館への浸透を試みた」としている。シンベトは相手の女性が流産したと嘘をついてその職員を引き入れようとしたが、結局失敗に終わっている。またこの脅迫未遂の前にも、イスラエル人の若い女性にボーイフレンドから情報を引き出させようとしたこともあったという。さらに報告書は、イスラエルに所在するアメリカの施設及び住居から盗聴器や隠しマイクがいくつか発見されており、しかも「警備役の海兵隊員を金で釣ろうとしたことも数回あった」としている。

イスラエルはアメリカのインテリジェンス・コミュニティーによる特別な好意を長期にわたって享受している。防衛に必要なものは全てイスラエルに与えるというのがその内容であり、本質的にはアメリカの衛星写真といった情報データの定期的提供を意味していた。

しかしこの関係に深刻な亀裂の走ったことが少なくとも2度ある。核兵器製造を目的とするイラクの原子炉を爆撃した1981年と、ポラードがイスラエルのスパイであると発覚した1985年である。原子炉爆撃の際に中央情報副長官を務めていたボビー・レイ・インマンによれば、イスラエルが爆撃に成功したのは両国の理解に基づかない情報を入手したためだったという。インマンがそれを語ったのは、国防長官の指名を辞退した1994年だった。「私は地図でイスラエルからバグダッドへの距離を測り、こう考えた『標的の基になった資料はどこからどうやって手に入れたのだろう？』と」また爆撃以前の6ヵ月間、イスラエルはバグダッドに関する情報だけでなく、パキスタンやリビア関係の情報も活用していたとインマンは述べている。これを受け、イスラエルへ提供する情報は国境から250マイル（約400キロメートル）以内のものに限定し、それ以遠は特別許可を必要とすると定められた。しかし中央情報長官のウィリアム・J・ケーシーはこの決定を後に保留したという（皮肉なことに、湾岸戦争終結後の1991年、アメリカ陸軍のノーマン・シュワルツコフ大将はイスラエル首相へ感謝を伝えるメモを送り、10年前にイラクの原子炉が爆撃されていなければ、アメリカ兵はイラクで核兵器と対決しなければならなかっただろうと記した）。

アメリカによるイスラエルへの支援を一方通行として非難する者は多いが、実際にはアメリカのインテリジェンス・コミュニティーもイスラエルから大きな恩恵を被っている。フルシチョフによるスターリン批判のような政治的恩恵もあるが、大部分は軍事的恩恵である。アラブの周辺諸国に対して勝利を収めるたびにソビエト製の兵器やその他装備が戦利品として手に入り、中には最新のものもある。イスラエルはこれらを詳細に検証した後、報告書――時には現物――をアメリカへ渡してきた

のである。

　軍事以外の情報活動における顕著な成功例として以下が挙げられる。

- ・スパイのエリアフ・コーエンをシリアの上流社会に送り込んだ。
- ・モサドに促されて祖国を裏切ったシリア人離反者が、家族を安全に脱出させた後、最新鋭の MiG-21 戦闘機を操縦してイスラエルに飛来した（1966 年）。
- ・スイス人エンジニアのアルフレート・フラウエンクネヒトからミラージュ戦闘機に関する 20 万件以上の技術文書を入手した。
- ・エジプト領からソビエト製の P-12 レーダー施設を丸ごと盗み出した（1969 年）。夜間にヘリコプターで持ち上げて運び出したという。

　これらは第 1 級の成果であり、大部分はアメリカ側と共有された。

　しかし時として起こる失敗によってイスラエル情報機関の名声が傷つくこともあった。ソビエトのスパイ（「ウォルフ・ゴールドシュタイン」「シモン・レヴィンソン」を参照のこと）だけでなく、アメリカから報酬が支払われていたスパイ（「ヨッシ・アミット」を参照のこと）の浸透を許したことがその一例である。並外れた防諜能力を誇るラカムさえも、モルデカイ・ヴァヌヌによるイスラエルの原爆開発プログラムの暴露を防ぐことはできなかった。

　ダン・ラヴィヴとヨッシ・メルマンは著書『Every Spy a Prince（邦題・モーゼの密使たち：イスラエル諜報機関の全貌）』（1990）の中で次のように記している。「（1980 年代）イスラエル市民は自国の秘密機関に対する信用を失っていた。モサド、シンベト、アマンに守られているので夜も安心して寝られると考える代わりに、インテリジェンス・コミュニティーに対する根深い不信感のために寝返りが止まらなくなった」またイスラエル情報機関を研究する者は、軍の情報機関トップを務めたシュロモ・ガズィート大将による以下の言葉を引用する。情報機関におけるプロフェッショナリズムは「助言と作戦の両面で」失われた、と。

【参照項目】ジョナサン・ポラード、ラファエル・エイタン、インテリジェンス・コミュニティー、衛星、中央情報長官、ボビー・レイ・インマン、ウィリアム・J・ケーシー、エリアフ・コーエン、アルフレート・フラウエンクネヒト、モルデカイ・ヴァヌヌ

周辺諸国との対立

　1980 年代、モサドとシンベトに対する民衆の支援や政治的な支持は、諜報工作員がパレスチナ人テロリストを拷問の末殺害したという疑いのせいで大きく損なわれた。第 1 次インティファーダ――ヨルダン川西岸とガザ地区でイスラエルの占領に反対して発生したパレスチナ人の反乱行為――を抑圧するため、チェリーとサムソンというコードネームを持つイスラエル軍の秘密部隊がカフィエを被りアラビア語を話しつつ、パレスチナ人を追い詰めたのである。

　イスラエル情報機関のイメージは 1997 年 9 月 25 日にも傷つけられた。この日、モサドのエージェントがイスラム教武装組織ハマスの政治部門リーダー、ハーリド・マシャアルを毒殺しようとして失敗した。この暗殺計画は、エルサレムの混雑する街頭で自爆テロが発生した直後に行なわれたものだった。

　カナダのパスポートを保有する 2 人の男がヨルダンの首都アンマンにあるマシャアルのオフィスの外から彼を攻撃し、左耳に毒物を注射した。暗殺者はいずれも逮捕され、ヨルダンのフセイン国王はクリントン大統領に対してこの毒物に関する情報提供を要請したという。メシャルは重態に陥った。事件の直後、ベンヤミン・ネタニヤフ首相はエージェントの解放と引き替えに解毒剤を提供することに同意した。

　周辺アラブ諸国の軍備、兵器、そして軍事計画に関する情報を集めるため、イスラエルは洗練された手法と優秀なエージェントを用いてきたが、イスラエルへの浸透を試みるアラブのテロリストから国内の治安を維持するには無力だった。こうした内なる脅威に対処すべく、シンベトは新たな戦術と手段を考え出す必要に迫られる。イスラエルを標的とするテロリスト――シナイ半島、ガザ地区、ゴラン高原、そしてヨルダン川西岸を活動の拠点にしていた――は、新たな地理的状況とそれにまつわる問題を保安機関にもたらした。ユダヤ人、キリスト教徒、及びアラブ人から構成されるイスラエル国民と違い、上記地域のアラブ人はイスラエルに好意を抱いていない。アラブ諸国の中にはこれら地域に住むパレスチナ人を支援するものもあれば、イスラエルやアメリカへのテロ作戦に手を貸すものもあった。

　同様に、情報機関は宗教的か否かを問わず国内で成長したテロリストへの対処にも手を焼いていた。シンベトの元職員はこう語る。「宗教に突き動かされたユダヤ人の過激派組織に浸透するのは難しい。世俗の過激派よりも献身的で首尾一貫しているからだ」

　1993 年 8 月にイスラエルがパレスチナ解放機構（PLO）との和平協定（オスロ協定）に署名すると、右翼過激派が PLO 以上にイスラエル政府へ怒りを募らせつつあることを、情報機関は突き止めた。シンベトは右翼の一部に対処するが、結局は古くからの脅威――左翼の反政府活動――がそれを上回っている。従って情報活動の大半は宗教的な過激派でなく世俗の左翼活動家を対象としていた。

　イツハク・ラビン首相が過激派ユダヤ教徒に暗殺された後の 1995 年 11 月、情報機関に対する大衆の批判は

頂点に達した。過激な反政府活動家を捕捉できず、また首相の身辺保護に失敗したとして、シンベトが批判の大半を受けることになった。

1995年11月4日のラビン暗殺を受け、シンベトの再編と改革を求める声が上がった。その結果、ラビン暗殺を防げなかった責任をとって96年1月にカルミ・ジロンが退任した後、元海軍最高司令官のアミ・アヤロン少将が後任のシンベト長官に就任する（アヤロンは以前にラビンから就任を要請されたことがあった）。

アヤロンの就任時にシンベトが直面していた困難は巨大なものだった。外国（とりわけシリアにコントロールされているレバノン）勢力の浸透に加え、ガザ及びヨルダン川西岸のパレスチナ人、そしてアラブとの和平合意に反対する右派勢力にも対処しなければならなかったのである。PLOがイスラエルとの和平合意に達するとの観測がなされた1990年代後半、この状況はさらに悪化した。パレスチナの過激派はショッピングモールやレストラン、あるいはバスターミナルを標的とした一連の自爆テロで社会を揺るがした。イスラエルの情報活動はこうしたテロ攻撃の予防と報復に向けられ、後者は過激派政治リーダーの暗殺という形で実行された。また軍を使ってパレスチナ領の一部を遮断し、テロの拠点ないし武器工場と疑われた建物、さらには自爆テロ犯人の自宅を破壊した。しかし恐るべき自爆テロは今に至るまで続けられている。

ポラード事件も後々まで尾を引いた。1996年、イスラエルは彼に市民権を与え、クリントン大統領に釈放を請願する政府職員もいた。同時に精力的なロビー活動が繰り返されたものの、釈放には至らなかった。

アメリカにおけるイスラエルの諜報活動が中断されることはなかった。1995年10月、アメリカ国防捜査部は軍需企業に対し、イスラエルがアメリカで「精力的に」スパイ活動を行なっていると警告した。しかしイスラエルが「強力な民族的つながり」をもってスパイを勧誘しているという内容が問題となり、この警告は2ヵ月後に撤回された。ユダヤ系市民を狙い撃ちにしているととられかねない、ペンタゴンはそう判断したのである。事実、ユダヤ人互助組織であるブナイ・ブリスの名誉毀損防止同盟（ADL）は、この警告を「反ユダヤ主義に等しいもの」だとして批判した。

警告はイスラエルによる軍事・非軍事両面のスパイ行為、とりわけ国防、航空、電子関係の国有及び民間企業にアメリカの技術を提供し、それら企業を支援せんとする産業スパイ活動を指している。こうした諜報活動は、ポラードの逮捕を受けて廃止されたはずのラカムが実行していた。アメリカの情報関係者は、ラカムはすでに存在こそしていないものの、その活動はそれぞれ独立した各種の政府組織によって——モサドやアマンの知らぬ間に——引き継がれたのだと信じている。

イスラエルの国内治安問題が過去数年間で大きくなった一方、外部の脅威、そしてその結果として外国情報の需要が減少したことは特筆される。かくして、外国の兵力や政治意図に関する従来の情報要求は、非従来型の兵器開発——化学、生物、及び核兵器——への懸念に置き換えられたのである。こうした脅威は、戦車、戦闘機、そしてミサイル艇がアラブ諸国の武器庫にどれほど存在しているかというこれまでの関心事に比べ、はるかに深刻なものと言えよう。

上記の懸念はモサドとアマンに戦術、政策、そして装備の変化を促した。1988年9月、イスラエルはアラブ諸国の監視を目的とした写真偵察衛星の試作機、オフェク衛星の初号機を打ち上げる。かくして、「スパイ」という単語を初めて用いた人々（「聖書のスパイ」を参照のこと）は、現代において最も進んだスパイシステムを用いることになったのである。

「特殊研究活動センター」も参照のこと。

【参照項目】 アミ・アヤロン、国防捜査部、産業スパイ活動、偵察、オフェク

イーデン、ウィリアム （Eden, William 1744-1814）

アメリカ独立戦争当時、イギリスの政治家にして諜報機関の長だった人物。

植民地の国務次官だった1772年、イーデンは植民地と外国政府との関係について詳細な情報を得るため、イギリス秘密機関を再編成した。78年にはアメリカ植民地弁務官5名のうち1人となり、和平合意を結ぶという実りのない試みのためにアメリカへ派遣された。

その後1780年にアイルランド大臣、83年にアイルランド副大蔵大臣に任命される。次いで他の政府要職を歴任しながらスペイン、オランダ両国の大使を務めた。最後の公職は貿易委員会議長（1806〜07）である。

イーデンはオークランド男爵として1789年にアイルランド貴族、93年には大英帝国貴族に列せられている。

いとこたち （Cousins）

アメリカのインテリジェンス・コミュニティー、特にCIAを指すイギリスの俗語。

イプシロン （Epsilon）

第2次世界大戦後、イギリスに抑留されたドイツ人科学者の会話を盗聴するというイギリスの作戦。

イラク （Iraq）

第1次世界大戦後、オスマン帝国の崩壊を受けて生まれた国家の1つ。1920年にイギリス委任統治領となり、32年に王国として独立を宣言した。

1968年、サダム・フセイン率いる革命によってバース党（以前のバース・アラブ社会党）がイラク唯一の政

治団体になった直後から、アメリカのインテリジェンス・コミュニティーはイラクを諜報活動のターゲットにしている。1979年、フセインは大統領を追放してイラクを乗っ取り、秘密警察組織の複雑なネットワークを用いて自らの権力を確立した。

またフセインは核兵器、化学兵器、生物兵器の開発プログラムを押し進め、自国内の反体制グループに毒ガスを用いることもした。1981年6月7日、イスラエルはバグダッド近郊のオシラクにある原子力施設を空爆して核兵器の製造を防いだが、イスラエルの計画立案者はジョナサン・ポラードが提供したアメリカの衛星写真を活用したと考えられている。

さらに隣国イランで革命が起き、アメリカの支持するシャー・ムハンマド・パフラヴィーが1979年に退位すると、フセインは8年間（1980～88）にわたる戦争にイラクを導くものの、決着はつかなかった。この戦争中、アメリカは技術面、そして恐らくは情報面での支援をフセインに行なっている。

1990年のイラクによるクウェート侵略後、アメリカ率いる多国籍軍がイラクを攻撃した（湾岸戦争、1991年1月～2月）。多国籍軍によるクウェート解放とイラクへの進攻を受け、国連安全保障理事会はイラクに対して全ての大量破壊兵器と長距離ミサイルを破棄し、国連の査察団を受け入れるよう命じた。査察ではU-2偵察機の撮影した兵器生産施設らしき場所の航空写真が役立っている。

イラクが国内反体制派の弾圧に航空機を用いることを防ぐため、アメリカ率いる多国籍軍はイラク北部と南部に「飛行禁止区域」を設定した。このおかげでアメリカは衛星を補完する形で、ほぼ継続的にイラク上空の偵察飛行を行なえた。

国連の決議案にイラクが一貫して従わなかったことで、ジョージ・W・ブッシュ大統領は大量破壊兵器の使用を防ぐべく予防的戦争の決断を下し、2003年3月にイラク攻撃を命じた。およそ25万名のアメリカ兵と海兵隊員に、45,000名のイギリス兵、そして他数ヵ国の小規模な派遣軍が加わった兵力はまさに圧倒的であり、あっという間に勝敗は決した。

CIAのインテリジェンス・オフィサーに率いられた1,400名から成るイラク調査グループが大量破壊兵器の捜索にあたったものの、2004年中盤に至っても発見できなかった。一方、グループの分析官やその他専門家の多くは、占領軍に攻撃を仕掛けている反乱勢力を対象とした諜報活動について詳しい説明を受けた。

バース党勢力は自動車爆弾、ロケット、そして待ち伏せ攻撃を使い、多国籍軍に対するゲリラ戦を始めた。赤十字と国連の活動も無差別攻撃を受けている。それに対し、軍及び行政府の情報工作員は、反乱兵を捜し出し、攻撃を妨害するための情報を入手するという新たな任務

に取りかかった。かつてイラクの情報活動に携わっていた人間の一部も、占領軍に手を貸すよう勧誘されている。

2003年12月13日のフセイン逮捕では、アメリカ軍の情報部隊が主役を演じた。フセインはティクリット近郊のダウルにある農園で、「蜘蛛の穴（spider hole）」に潜んでいるところを発見された。陸軍のアンジェラ・サンタナ少佐とハロルド・エングストローム大尉は、およそ300名の部族民とフセインとの関係を示す複雑なチャート――「モンゴ・リンク」――を作り上げた。2人は第4歩兵師団を支援する第104軍事情報大隊に属していたが、その成果はリアルタイムの情報を現場の部隊に直接届ける見事な実例となった。適切な情報がもたらされた11時間以内に、600名の兵士と特殊作戦部隊はフセインの潜む農園施設を急襲したのである。

ドナルド・ラムズフェルド国防長官はフセイン尋問の主導権をCIAに与え、尋問によって得られた情報の管理もCIAに任せた。その一方で軍の情報機関に所属する将校も尋問に加わっている。

【参照項目】インテリジェンス・コミュニティー、ターゲット、ジョナサン・ポラード、衛星、国際連合、衛星、航空機、偵察、CIA、インテリジェンス・オフィサー、特殊作戦部隊

イラン・コントラ事件 (Iran-Contra Affair)

イランに武器を売却することでレバノンで人質になっているアメリカ人を救出し、その代金でニカラグアの反サンディニスタ勢力（コントラ）を支援するという複雑かつ違法な計画。

この計画を着想したのは国家安全保障会議（NSC）の政治・軍事問題担当次官補を務めるオリヴァー・ノース海兵隊中佐で、レーガン大統領の国家安全保障担当補佐官ジョン・ポインデクスター海軍中将と、中央情報長官としてレーガン政権の閣僚に名を連ねるウィリアム・J・ケーシーが支援を行なった。この極秘作戦が明るみに出たことで、引退した者を含むCIA職員数名が捜査の渦に巻き込まれ、その中には将来の中央情報長官、ロバート・ゲイツも含まれていた。

イラン・コントラ事件の根はイランに対する武器禁輸を決定した1979年11月と、ニカラグアの左翼政党サンディニスタ民族解放戦線（FSLN）を転覆させるべく、工作活動の秘密指令書にレーガン大統領が署名した83年9月とに遡る。サンディニスタという名前はかつての革命指導者、アウグスト・セザール・サンディノに由来している。1979年、FSLNはコスタリカとホンジュラスから攻撃を開始し、ニカラグアのアナスタシオ・ソモザ・デバイレ政権を打倒して左翼軍事政権を樹立すると共に、企業の国有化を推し進めた。これに対し、アメリカはコントラという名の右翼反政府勢力に秘密資金を

援助した。

　1981年、CIAはコントラに対する資金援助の事実を議会両院の情報活動監視委員会に報告した。その結果、情報活動認可法案に「ニカラグア政府の転覆を目的とした」予算消費を禁じる機密条項が追加されることとなった（1982年9月27日）。次いで12月21日、下院は情報委員会の議長を務めるエドワード・P・ボランドの名にちなんだボランド修正案を通過させ、それまで機密扱いとされてきたことが正式に明文化された。それでもなお行政府がコントラ支援を続けている事実が明らかになると、再修正案（ボランド2）が制定され、ニカラグア政府の転覆を目的とする資金提供がより明確な形で禁じられた。

　以上のような法律的状況の下、レーガン大統領は1984年6月25日に補佐官と会合を持ち、議会の規制を回避しながらコントラに資金援助する方法を話し合った。その席でケーシーは第3国を通じた資金提供を提案する（レーガンの国家安全保障担当補佐官であるロバート・C・マクファーレンはこの時点で他国に資金提供を要請していた）。資金は後にアメリカの民間人から引き出されることになる。

　この時期、ノースはCIAと秘かに関係を持つリチャード・V・セコード空軍少将を引き入れた（「エドウィン・P・ウィルソン」を参照のこと）。セコードはイラン人亡命者のアルバート・ハキムと共同で「エンタープライズ」と称する提携関係を築き、海外にオフショア口座を開設すると共に、武器入手を目的とするダミー企業のネットワークを作り上げ、この計画の枠組みとした。

　1985年春、エンタープライズを通じて購入された最初の兵器がコントラのもとに届けられる。そして5月、イランがアメリカ製のTOW（発射筒発射、光学追尾、有線誘導）ミサイルを欲していることをイスラエル人から知ったマイケル・レディーンNSC顧問はイスラエルを計画に引き込み、武器売却に関する取り決めをまとめ上げた。1985年8月から9月にかけてイスラエルからの武器がイランに届いた後、人質は全員解放されるものとレーガン政権は信じていた。しかしマクファーレン補佐官は、解放される人質は1人だけで、しかも自身がそれを選ばなければならないと告げられる。本人曰く「神を演じる」ことを求められたマクファーレンは、CIAベイルート支局長のウィリアム・バックリーを選ぶ。その選択がイラン側に拒否される──バックリーがすでに死亡していることをイラン側は告げていなかった──と、マクファーレンは代わりにベンジャミン・ウェイア師を選んだ。

　人質と兵器の交換を仲立ちしたマヌシェール・ゴルバニファルはCIAのポリグラフ検査に引っ掛かり、「焼却通知」を受ける羽目になった。当時CIA工作担当次官を務めていたクレア・ジョージは「不誠実で信用できな

いがために、我々が現に話し合いを持っている人物と関わるべきでないことを世界中に通知した」のは、これが3度目だと後に語っている。またセコードについては「私が決して関わらないであろう人物」と評した。しかしケーシーがこの計画をCIAからノースの手に移し、自らノースのケース・オフィサーとなったため、ジョージは「自分がのけ者にされている」ことをすぐに悟った。

　2003年8月9日、ゴルバニファルの名前が再び新聞に現われる。ペンタゴンからのリークを基にしたと思われるその記事は、国防関係の人間がパリでゴルバニファルと会い、イラン情勢について話し合ったと報じていた。中近東・南アジア・及び特殊作戦局という国防総省の情報部署がセッティングしたこの会談では、イランの政権交替が主な話題だったとのことである。

　数百基のTOWミサイル、そしてホークミサイルのスペア部品がイランに流れ込む一方、レーガンは公式の場でイランを非難した。1985年7月8日、レーガンはイランを「テロ同盟国家の1つ……国際版の新たな殺人株式会社」と呼び、アメリカは決してテロリストと妥協しないと宣言する。1985年12月にマクファーレンの後を継いで国家安全保障担当大統領補佐官となったポインデクスターは秘密工作活動について、人質と引き替えにミサイルをイランへ送ったことを過去に遡って是認すべしという「結論」をレーガンに渡した。

　ノースは今や円滑に作戦を進めていた。1986年1月にはKL-43暗号機をNSAから入手し、配下のグループ間の通信を安全に行なえるようにしている（「KWシリーズ暗号機」を参照のこと）。4月4日、ノースはポインデクスターに宛てた報告書の中で、イランへの武器売却から得られた利益はコントラに回されるだろうと示唆した。だが10月5日、ユージーン・ヘイゼンファスの操縦する輸送機がニカラグアで撃墜される。コントラに捕らえられたヘイゼンファスはCIAのために働いていると自白した。

　それから4日後、ホワイトハウスがボランド修正を踏みにじったとして議会で嵐が巻き起こる中、NSCの上級秘書官代理で最高顧問弁護士代理も務めるW・ロバート・ピアソンはポインデクスターに電子メールを送り、2つの点を強調すべきだと勧告した。つまり「民主的な抵抗運動に対する行政上の支援を継続すること、NSCは中央アメリカの活動に関して法に触れることはしておらず、特に撃墜された飛行機あるいはヘイゼンファスとは何ら関係ないこと」である。

　次いでレバノンの新聞が武器取引を暴露し、計画が徐々に全貌を現わし始める。ケーシーとノースは「生贄作戦」を話し合った。ポインデクスターがその生贄であると思われる。11月13日、レーガンは一般教書演説の中で「我々は決して──繰り返す、決して──武器など

の物品を人質と交換したことはないし、これからもする
つもりはない」と述べた。ポインデクスターとノースは
続く数日間で文書の廃棄と電子メールの消去を始めた
が、バックアップファイルが存在することは知らなかっ
た。

【参照項目】国家安全保障会議、中央情報長官、ウィリ
アム・J・ケーシー、CIA、ロバート・ゲイツ、秘密工作
活動、ウィリアム・バックリー、ポリグラフ、焼却、ク
レア・ジョージ、ケース・オフィサー、リーク

発覚と余波

　1986年11月25日、武器取引の調査をレーガン大統
領から命じられたエドウィン・ミーズ司法長官は、イラ
ンへの武器売却で得られた資金がコントラに回されてい
たと明らかにした。またレーガンはこの資金の流れを知
らなかったと表明している。

　議会両院はそれに反応する形で特別委員会を設け、不
法行為があったか否か、新たな法が必要か否かについて
議論した。レーガンはジョン・タワー元上院議員を議長
とする特別会議を設置しており、その報告書が特別委員
会の基礎となったのである。しかしイラン・コントラ事
件の全容を明らかにしたのは、委員会主催の公聴会に出
席した公述人たちだった。そしてこれらの公聴会が長期
にわたったにもかかわらず、明らかになり得ることが全
て明らかになったわけではなかった。

「追及されていない、または答えの得られない問題が数
多くあった」共和党のウィリアム・S・コーエンと民主
党のジョージ・J・ミッチェル両上院議員は著書『Men
of Zeal』(1988)の中でそう記し、以下のように続け
る。

　　委員会は30万件以上の文書等を検証した。しかし
　資料の中には重要なものがあったにもかかわらず、シュ
　レッダーの紙くずとなるか、あるいは燃えるゴミと
　して灰にされてしまった。500名に上る証言者の多く
　は……率直に証言したものと考えられるが、中には都
　合よく記憶喪失に陥った者もいた……政府高官は鍵と
　なる事実について完全に矛盾している。嘘をつく者も
　いれば、単に記憶違いをしていた者もいた。

　特別委員会は1987年11月19日に2冊の報告書をま
とめ上げた。1つは15名から成る民主党議員の大多数と
共和党の上院議員3名が、もう1つは共和党の下院議
員6名と上院議員2名が作成したものである。多数派
の報告書は事件を以下のように要約している。

　　イランとの取り組みで得られた成果は3名の人質
　を別の3名と入れ換えたこと、2,004基分のTOWミ
　サイル及びホークミサイルのスペア部品をイランにも

たらしたこと、コントラをはじめ秘密工作活動の資金
を生み出したこと（とは言えノースが信じていたより
もはるかに低い金額だったが）、本来であればアメリ
カの納税者のものであるべき利益をハキムとセコード
のエンタープライズにもたらしたこと、NSCとCIA
の職員が政府の代表を騙る原因を作ったこと、国際社
会におけるアメリカの評判を失墜させたこと、そして
アメリカ史上前例のない行政機関の信用問題に大統領
を引きずり込んだこと、である。

　議会から独立した特別弁護人が専任され、時に議員た
ちと対立しつつ犯罪行為の有無を調査した。その結果、
ノース、ポインデクスター、セコード、ハキムの4名
は、アメリカ合衆国に対する詐欺、政府財産の詐取、司
法行為の妨害、コンピュータを用いた詐欺、偽証、そし
て資料の破棄をはじめとする複数の容疑で1988年3月
に起訴された。

　起訴後に現職を退いたノースは議会に対する妨害行
為、政府資料を不法に裁断したこと、そして違法な見返
り（自宅の防犯フェンス）を受け取ったことで有罪を言
い渡された。ノースの裁判中、ジェラルド・A・ゲセル
連邦判事は「メディアが情報を正確に報道している一
方、当法廷ではその同じ事実を否認する弁論がなされて
いるという、実に奇妙な状況」を非難した。検察側が証
拠として提出した「消毒済み」のメモが、民事訴訟では
消毒されることなく証拠として提出されていたことをゲ
セルは知っていたのである。

　ノースは執行猶予3年及び保護観察2年と罰金15万
ドルを言い渡された。控訴審は2件の有罪判決を破棄
し、手続き上の問題があったとしてもう1件の有罪を
棄却した。ポインデクスターは議会に対する偽証、議会
による捜査の妨害、そして武器売却と資金配布を共謀し
たとして有罪となったが、それも後に破棄されている。

　1987年2月に自殺を図ったマクファーレンは、議会
に情報を隠した5件の軽犯罪で有罪を申し立てた。セ
コードも議会の捜査員に偽証したことで有罪を認め、執
行猶予2年が言い渡されている。またハキムは違法な
見返り（ノース宅の防犯フェンス）を与えた罪を認め
た。その結果、執行猶予2年と罰金5,000ドルを言い渡
された上、武器取引で得た730万ドルの請求権を放棄
することに同意している。

　保守派の献金者から資金を集めたカール・R・チャン
ネルは脱税の罪を認め、執行猶予2年が言い渡された。
広告会社幹部のリチャード・R・ミラーは、控除対象の
献金を用いてコントラに軍事装備を提供したとして、執
行猶予2年と120時間の地域奉仕を言い渡されている。
クレア・ジョージは議会に対する偽証で有罪となった
が、ジョージ・H・W・ブッシュ大統領の恩赦を受け
た。そのブッシュもイラン・コントラ事件との関係が取

りざたされている。コーエンとミッチェルは、ブッシュが武器取引を知っていたのは間違いないと結論づけている。事実、「私は力を貸した」と、ブッシュはCBSのニュース・アンカー、ダン・ラザーとのインタビューで語った。「大統領に対する忠誠、または人質を解放させる情熱に取り憑かれた結果として」ブッシュはそうしたのだと2人は記している。

【参照項目】消毒、ジョージ・H・W・ブッシュ

イリーガル （Illegal）

ソビエト市民ではなく外国人を装いながら他国で情報活動に従事するソビエトのインテリジェンス・オフィサー。ターゲットに潜入するエージェントの勧誘が最も重要な任務である。移動中のイリーガルは「ツアー中のアーティスト」と呼ばれる。

【参照項目】インテリジェンス・オフィサー、エージェント

イリーガル・エージェント （Illegal Agent）

イリーガル・レジデントまたは情報機関本部による直接的な指揮の下で活動するエージェント。

【参照項目】イリーガル、レジデント、エージェント

イリーガル活動 （Illegal Operation）

レジデントまたは情報機関本部による指示の下、インテリジェンス・オフィサーやエージェントが実施する活動。

【参照項目】レジデント、インテリジェンス・オフィサー、エージェント

イリーガル網 （Illegal Net）

イリーガル・レジデントの指揮下で活動する複数のエージェントによる情報収集活動、または情報収集ユニット。

【参照項目】イリーガル、レジデント、エージェント

イリチェフ、イワン・イワノヴィチ
（Ilichev, Ivan Ivanovich 1905-1983）

1942年から45年までソビエト連邦軍の情報機関GRUの総局長を務めた人物。戦時中に処刑されたとする資料もあるが、戦後の1953年6月から55年7月までオーストリアにおけるソビエト占領地帯の高等弁務官を務めている。

彼の経歴について上記以外のことは知られていない。

【参照項目】GRU

イワシュチン、ピョートル・イワノヴィチ
（Ivashutin, Petr Ivanovitch 1909-2002）

1963年から87年までソビエト連邦軍の情報機関GRUの総局長を務めた人物。I・V・セーロフ上級大将の更迭を受けて1963年1月に就任したイワシュチンのキャリアは、レオニード・ブレジネフが共産党及びソビエト政府のトップの座にあった期間と一致している。

イワシュチンは赤軍に志願し、1931年に諜報部門へ配属された。第2次世界大戦中はスメルシに所属、1944年から翌年にかけて第3ウクライナ戦線のスメルシ部隊を率いた。そこではウクライナの反体制派を相手に戦うと共に、ブルガリアにおける共産党政権の樹立を支援している。ブレジネフと出会い、2人のキャリアが重なり合うのもこの時期からだった。

戦争終盤にはソビエト市民の強制送還にも携わり、ドイツが支援するロシア解放軍に参加した人間の処刑にも手を貸している。

1946年のスメルシ解体後はラブレンチー・ベリヤ率いるNKVDに移って第3総局（軍事担当）のトップに就任、ベリヤの失脚後もNKVD及び後身のKGBにとどまっている。そしてセーロフの更迭後、ブレジネフの指令でGRU総局長に就任した。時にはKGBと対立してまで軍部の利益を守り抜く一方、GRUの腐敗が収まることはなかった。モスクワのネザヴィシマヤ・ガゼータ紙が1991年に掲載した記事には、イワシュチン在任期間中の職権濫用行為が記されている。

24年間にわたってGRUを率いたP・I・イワシュチン陸軍上級大将の在任期間は、この主要な裏切り者（ポリヤコフ）と小物数名の出現で幕を降ろした。何たる期間だったことか！ また参謀本部に新たなトップが就任するたび、高価なプレゼントが贈られることも知られていたが、それはGRUの活動資金、当然現金で支払われたものである。

イワシュチンはブレジネフ、ユーリ・アンドロポフ、そしてコンスタンティン・チェルネンコといったソビエト指導者の死後もGRU総局長の座を維持し、ソビエト崩壊の直前まで勤め上げた。そのしぶとさは、KGBの影響力に対するバランス役としてイワノフを評価していた軍指導部の強力な後ろ盾によるものだった。

イワシュチンは1985年にソビエト連邦英雄の称号を授与されている。

【参照項目】GRU、I・V・セーロフ、防諜、ラヴレンチー・ベリヤ、NKVD、KGB、ユーリ・アンドロポフ

イワノフ、イーゴリ・アレクサンドロヴィチ
（Ivanov, Igor Alexandrovich 1931-）

スパイ容疑で有罪とされるも保釈金を積んで釈放された恐らく唯一の人物。イワノフはソビエトの貿易機関アムトルグの運転手として1962年3月にアメリカへ入国した。それから1年も経たないうちに、FBIは4名のソ

ビエト市民とアメリカ人技師ジョン・ブテンコが、アメリカ戦略航空軍団に関係する機密計画を入手しようと試みていることを突き止めた。

1963年10月、FBIは資料の入手を試みた5人を逮捕する。ソビエト市民のうち3名は国連職員として外交官特権を持っており、ペルソナ・ノン・グラータ（望ましからざる人物）としてアメリカからの出国を求められた。しかしイワノフとアメリカ人は逮捕され、スパイ容疑で立件された。

1964年12月、2人に禁固30年が言い渡される。しかしイワノフは10万ドルの保釈金で釈放された。支払ったのはソビエト大使館である。一方、イワノフの有罪判決はアメリカの司法制度に従い控訴審で争われた。

翌年ソビエトは、警備の薄いノルウェー国境からソビエトに侵入したアメリカ人教科書セールスマン、ニューコム・モットとイワノフとの交換を試みた。モットは独房に3ヵ月間閉じ込められた後で裁判にかけられ、不法入国で有罪となり労働収容所での強制労働18ヵ月という判決を受けていた。

アメリカ政府はこの提案を拒否している（モットは1966年1月に謎の死を遂げた）。しかしイワノフは、次の出廷の際にアメリカへ戻るという条件の下、1971年にソビエトへの帰国を許された。しかし再びアメリカの地を踏むことはなかった。

【参照項目】国際連合

イワノフ、エフゲニー・ミハイロヴィチ
(Ivanov, Yevgeny Mikhailovich　1926-1994)

1960年から63年までソビエト海軍の駐在武官補佐としてロンドンで勤務、プロヒューモ事件で鍵となる役割を演じた人物。

赤軍将校の息子として生まれ、父親の家系は小作農、母親は貴族の出身だった。若きイワノフは軍人となることを夢見て1943年にウラジオストクの海軍太平洋高等学校へ入学する。その後短期間ながら太平洋戦争に加わり、戦後はバクーで学び1947年に卒業した。

卒業後は戦艦セヴァストポリで2年間勤務、次いでGRUの訓練機関であるモスクワの軍事外交アカデミーに入学する。そこで4年間学び、卒業後は海軍武官補佐としてノルウェーのオスロに配属され、軍事機密の入手に携わった。そして1960年3月にロンドンのソビエト大使館へ異動する。

ロンドンへの着任直後、イワノフは整骨医のスティーブン・ウォードと友人になり、ウォードの愛人であるクリスティーン・キーラー、マンディー・ライス＝デイヴィーズと出会う。イワノフは両者と性的関係を持ったものとされている。そしてウォードを通じてイギリス上流社会の人間と親交を結んだが、その中にはフィリップ王子やウィンストン・チャーチル、アスター卿、そして内

務大臣のジョン・プロフューモといった人々もいた。イワノフは資料──秘密のものも含まれる──を盗み出し、出会った多くの人物から情報を引き出すことに成功した。社交的なスポーツマンだった彼は、パーティーやディナーの席にふさわしい存在だったのである。

その後1963年1月にモスクワへ戻り、栄えある参謀本部アカデミーに入学する。卒業後の68年には大佐へ昇進し、1981年の退役までGRUの分析局長を務めた。

1953年に結婚した妻のマーヤ・イワノフは暗号事務官として夫と共にロンドンで勤務していたが、2人でいるところを目撃されることはほとんどなかった。

1992年にはゲンナジー・ソコロフと執筆した自伝『The Naked Spy』が刊行されている。

【参照項目】駐在武官、プロヒューモ事件、GRU

インターネット　(Internet)

世界規模のコンピュータ・ネットワーク（WWW〔ワールド・ワイド・ウェブ〕とも）。数多くのサイトが情報機関及び情報活動全般に関する資料やデータを提供している。

軍事情報を送受信する手段としてアメリカで開発されたインターネットは、想像し得るほぼ全ての種類の情報をやりとりするシステムとなった。アメリカの情報機関も他の政府機関同様インターネットを活用しており、情報資料──当然ながら全て非機密扱いである──を無数の利用者に提供している。

1970年代、アメリカ国防総省の高等研究計画局（ARPA）が有するコンピュータ網（ARPANET）を、ARPAと関係する他の政府機関もしくは学術機関のコンピュータ網と接続する構想からインターネットは発展した。ARPANET自体は実験的なコンピュータ網であり、政府の研究活動を支援するのが当初の目的だった。

ARPANETに接続するコンピュータは全て平等にメッセージ（電子メール）の送受信を行なえる──これはヒエラルキーを基にした従来型ネットワークシステムからの脱却だった。この構想の副産物であるインターネットは、災害で損傷を受けた、あるいは破壊された結節点を迂回してメッセージを送ることができる。

今日、一般大衆は後に示すアドレスからインターネット上の情報機関サイトにアクセスできる（アドレスは事前の告知なく変更される場合があるものの、「諜報活動」「CIA」といったキーワードで検索することにより新たなアドレスを見つけることができる。なおアドレスの多くは〔全てではないものの〕大文字・小文字の区別が必要であり、「CIA」と「cia」は異なる単語として扱われることに注意すること）。

CIAをはじめとするアメリカの情報機関は広報活動の手段としてインターネットの活用を決断した。事実上全ての情報機関がインターネット上に存在しているとい

う事実は、アメリカ社会の開放性を示すものである。CIAのサイトには週あたり12万件のアクセスがあり、CIA本部のバーチャルツアー、歴代長官及び次官の略歴、CIAの歴史に関する情報、CIA発行『The World Factbook』の最新版、地図、そして情報に関する書誌情報から成る「CIAWEB」を提供している（CIAの書誌情報には、本書はもちろん前著『Merchants of Treason』〔1988〕も含まれている）。

1996年9月、スウェーデン人ハッカーがCIAのホームページに侵入し、挨拶文を「ようこそ中央お馬鹿局へ（Welcome to the Central Stupidity Agency）」に書き換えるという事件が発生した。これを受け、CIAのホームページに以下のメッセージが記されることとなった。

あなたがアクセスしているのはアメリカ合衆国の公式システムであり、許可を得た目的でのみ利用可能なものです。このシステムに格納された情報を無許可で改ざんすることは刑事訴追の対象となります。政府はこのシステムを監視・監査しており、ここにアクセスする全ての個人はこうした監視・監査行為に同意したものと見なします。

中国とキューバでは特定のウェブサイトに国民がアクセスできないなど、インターネットの利用が厳しく制限されている。

ほとんどの情報機関はセキュリティプログラムによって外部と遮断された独自のコンピュータ網を有しており、中にはインターネットの機密版と言えるものもあって、写真の伝達や外交官への情報資料の配布といった様々な目的に使われている（「コンピュータを用いた諜報活動」も参照のこと）。

主要情報機関のサイトアドレス

CIA
　www.cia.gov
対情報活動
　www.cicentre.com
国防情報局
　www.dia.mil
国防及び国際安全保障に関する文献
　www.mpr.co.uk/scripts/sweb.dll/li_home
政府の機密保持に関するアメリカ科学者連盟のページ
　www.fas.org/issues/government-secrecy
GRU（ロシア連邦軍参謀本部情報総局）
　www.fas.org/irp/world/russia/gru
国土安全保障
　www.whitehouse.gov/homeland
イスラエル国防軍（イディッシュ語）
　www.idf.il

MI5
　www.mi5.gov.uk
国家画像地図局。公開された資料を閲覧できる。
　http://egsc.usgs.gov/nimamaps/
国家偵察局
　www.nro.gov
NSA
　www.nsa.gov
ロシアの対外政策と保安上の監視活動
　www.rferl.org/section/russia/161.html
資料保管局（現・イギリス国家公文書館）によるイギリスの公開資料
　www.nationalarchives.gov.uk/
ヴェノナ
　https://www.nsa.gov/public_info/declass/venona/

イントレピッド　(Intrepid)

「ウィリアム・スティーブンソン」を参照のこと。

インテリジェンス・オフィサー　(Intelligence Officer)

情報組織に所属する要員。専門の情報訓練を受けた軍人または文官を指す。

インテリジェンス・オフィサー退職者協会

(Association of Former Intelligence Officers〔AFIO〕)

「強力かつ合理的な国家情報機関に対する大衆の理解と支持」を促進するために1975年に設立された組織。外国からの奇襲攻撃、国内の破壊活動、対外活動及び国防政策における政治指導者の誤判断からアメリカを守るためには、効果的な諜報活動が最も重要だと信じている。『Periscope』というニュースレターを毎月発行し、2003年現在の会員数は約3,000名に上る（訳注：2014年現在では約5,000名に拡大）。

インテリジェンス・コミュニティー　(Intelligence Community)

国家の情報活動は様々な情報収集活動から構成されているが、インテリジェンス・コミュニティーという言葉は行政組織の中でそれを行なう機関の集合体を指す。アメリカでは中央情報長官がCIAと共にインテリジェンス・コミュニティーのトップを務め、その指揮の下、コミュニティー管理担当の次官がインテリジェンス・コミュニティーの活動を統轄している（訳注：2004年以降は国家情報長官がインテリジェンス・コミュニティーを、専属の中央情報局長官がCIAを統轄する体制になった）。

インテリジェンス・コミュニティーはCIAに加え以下の機関から構成されている。

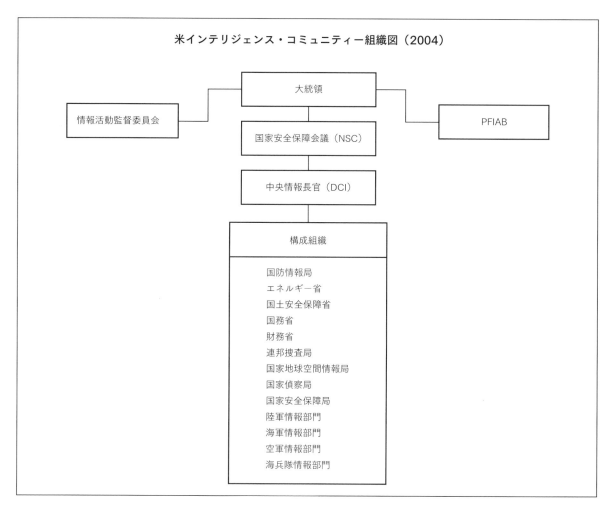

米インテリジェンス・コミュニティー組織図（2004）

```
              大統領
情報活動監督委員会              PFIAB
          国家安全保障会議（NSC）
          中央情報長官（DCI）
                構成組織
              国防情報局
              エネルギー省
              国土安全保障省
              国務省
              財務省
              連邦捜査局
              国家地球空間情報局
              国家偵察局
              国家安全保障局
              陸軍情報部門
              海軍情報部門
              空軍情報部門
              海兵隊情報部門
```

空軍情報部（訳注：2007年以降は空軍情報・監視・偵察局）

陸軍情報部

国防情報局（DIA）

エネルギー省

国土安全保障省（DHS）

国務省

財務省

連邦捜査局（FBI）

海兵隊情報部

国家地球空間情報局

国家偵察局

国家安全保障局（NSA）

海軍情報部

　上記以外にも財務省、エネルギー省、麻薬取締局の情報関係部署と、中央情報長官官房のスタッフ部門がインテリジェンス・コミュニティーに加わっている。DIA、NRO、NSA、そして各軍の情報部は国防総省の管轄下にある。また法律によってアメリカ国内での警察任務に限定されているFBIは、防諜活動の主務機関たるべく連邦当局から委任を受けている。

【参照項目】中央情報長官、CIA、空軍情報部、陸軍情報部、国防情報局、国土安全保障、FBI、国家偵察局、NSA、海軍情報部、防諜

インテリジェンス・コミュニティー・スタッフ

（Intelligence Community Staff〔ICS〕）

　インテリジェンス・コミュニティーの長たる中央情報長官（DCI）の業務を支援する特別スタッフ。従ってCIA内部のスタッフとは独立した存在である。

　ICSのトップは長らく各軍の中将が務めた。しかし議会は1996年にコミュニティー管理担当次官のポストを新設し、ICSの監視にあたらせた。

【参照項目】中央情報長官、インテリジェンス・コミュニティー

インテリジェンス・サイクル　（Intelligence Cycle）

　情報資料（インフォメーション）を入手して情報（インテリジェンス）に転換後、情報利用者の手に届けるまでのプロセス。通常は以下の5段階から成る。

計画及び指揮：必要な情報の決定、収集計画の立案、情報収集の命令または要請、及び収集主体の生産性の検証。

収集：情報資料の入手、及び処理・生産過程への投入。

処理：収集した情報資料を情報生産に適した形に変換すること。翻訳やコンピュータ・データの再フォーマットも含まれる。

生産：利用可能な全データを統合、分析、評価、そして解釈することで情報資料を最終的な情報に変換し、また利用者の必要に応じる形で情報生産物を用意すること。

配布：情報を利用者に配布すること。

インテリジェンス・プロセス (Intelligence Process)

「インテリジェンス・サイクル」を参照のこと。

インマン、ボビー・レイ (Inman, Bobby Ray 1931-)

海軍情報部長（DNI）、NSA長官、中央情報副長官（DDCI）を歴任した人物。

テキサス大学卒業後の1951年に海軍へ入隊、水上艦艇勤務を経て情報畑のキャリアを歩み始める。1974年10月に大佐の階級でDNIとなり、1年後にはNSA次官、そして1977年7月に海軍中将でNSA長官に任命される。1981年2月までその座にあり、次いで中央情報副長官に就任した。

1981年2月、インマンはアメリカ海軍の情報士官として初めて大将に進級する（1992年にはNSA長官経験者であるウィリアム・O・スチュードマンも4つ星の大将に進級している）。その後は翌年7月の海軍退役まで14ヵ月間DDCIを務めた。伝えられるところによると、情報の世界を去ったのはウィリアム・ケーシー長官との個人的確執が原因であるらしい。退任後は下院情報委員会の顧問を無償で短期間務めたが、民主党が牛耳る委員会は政治的に偏向しているとして程なく身を引いた。

公職から退いた後はビジネス界の指導的立場に就いた。1993年12月16日、クリントン大統領はインマンを国防長官に指名する意向を明らかにしたが、新聞のコラムニストからの攻撃が止まないため職を受ける気はないと宣言し、翌年1月18日に指名を辞退した（上院の認証は確実に得られたという）。就任が実現していれば、ジョージ・C・マーシャル（1950-51）に次いで国防ポストの頂点に立つ軍人となるはずだった。

【参照項目】海軍情報部長、NSA、中央情報長官、インテリジェンス・オフィサー、ウィリアム・O・スチュードマン、ウィリアム・ケーシー

ヴァウプシャソフ、S・A (Vaupshasov, S. A. 1899-1976)

1920年から24年にかけ、反ソビエト派のポーランド人によるベラルーシの地下活動に関わったソビエトのインテリジェンス・オフィサー。その後幾度かの諜報任務を経て1937年から39年まで内戦中のスペインへ赴き、ナショナリスト軍の前線後方で情報作戦に従事した。

第2次世界大戦中は大規模なゲリラ部隊を率いてミンスク地方のドイツ軍前線の後方で活動し、戦後も情報活動を続けている。

その後ソ連邦英雄の称号を与えられ、1990年には記念切手の形で顕彰された。

【参照項目】インテリジェンス・オフィサー、切手

ヴァシオ、ジュゼッペ (Vascio, Giuseppe)

F-86Eセイバー戦闘機の飛行試験データを北朝鮮に売り渡そうと試み、1952年に逮捕されたアメリカ空軍の写真技師。第2次世界大戦の英雄だったヴァシオは航空殊勲十字章を2度授与されており、逮捕当時は韓国に駐在していた。裁判の結果、敵勢力に機密を売り渡そうとした共謀罪で有罪となり、重労働20年の刑を言い渡され不名誉除隊となった。

ヴァッサール、ウィリアム・ジョン (Vassall, William John 1924-1996)

ソビエト連邦のためにスパイ行為をしたイギリス海軍省の事務官。1962年9月12日に逮捕されて罪を自白し、裁判の結果10月22日に禁固18年の刑を言い渡された。その後10年間服役している。

ヴァッサールが捜査対象となったきっかけは、ソビエトから亡命したアナトリー・ゴリツィンが尋問官に対し、海軍省に所属する1人の同性愛者がソビエトのスパイであると語ったことだった。MI5はその情報からヴァッサールを突き止めた。

聖職者の息子として生まれたヴァッサールは政府の様々な職に就いた。海軍卿の個人秘書補佐官を務めたこともあれば、海軍駐在武官付の事務官としてモスクワのイギリス大使館で勤務したこともある。また1956年12月には「原子力関連の機密情報に対するアクセスと、国防上の最高機密情報に対する常時のアクセス権限」を与えられている。伝えられるところによると、モスクワ滞在中に同性愛行為をソビエトの情報機関に嗅ぎつけられ、スパイになるよう脅迫されたという。

ヴァッサールは戦時中にイギリス空軍の写真技師を務めたが、そのスキルを文書のコピーに活用した。自室を捜索したところ、エグザクタのカメラと何巻ものフィルムが発見されている。

ヴァッサールに対する保安審査が緩かったことは、いわゆる「ヴァッサール裁判」の設置につながり、その中で彼の浪費が必ずや疑いを招いたはずだと判断された。また裁判においては、脅迫の種となった同性愛行為も、保安当局による審査の対象にされるべきだったと批判されている。

ハンドラーからは「ヴェラ」と呼ばれていた。

【参照項目】アナトリー・ゴリツィン、同性愛者、駐在武官、ハンドラー

ヴァナマン、アーサー・W (Vanaman, Arthur W. 1892-1987)

ヨーロッパでの爆撃任務中、ドイツ上空で撃墜されたアメリカ陸軍航空軍（AAF）の士官。現在のところ、ウルトラ情報の存在を知りながらドイツ軍に捕らわれた唯一の人物とされている。

1917年に操縦士として陸軍入りし、20年に任官される。その後は主にエンジニアとしてキャリアを歩み、37年7月から41年6月にかけては駐在武官補佐官としてベルリンで勤務した。次いでAAFの補給部門の責任者となり、42年3月には准将に臨時昇進している。そして44年5月、情報担当参謀副長として第8空軍に配属されたものの、6月27日の爆撃任務中、乗機が撃墜されてドイツ軍の捕虜となる。しかし尋問が行なわれることはなく、ウルトラ情報の秘密は守られた。

1945年4月23日、ヴァナマンはヴァルター・シェレンベルクによって解放される。連合軍捕虜向けの補給を必要としていること、そしてドイツ指導層の中に連合軍との和平交渉を願っている者がいることを、アメリカ軍高官に伝えさせるのが目的だった。

戦後は大佐の階級に戻されたものの、48年に少将へ昇進した。

（ウルトラ情報へのアクセスを有していたイギリス人士官、ロナルド・アイヴロー＝チャプマン空軍准将も、1944年5月にドイツ支配下のフランスで撃墜されている。彼は墜落寸前のランカスター爆撃機から脱出し、フランスのレジスタンスグループに救出されたものの、後にゲシュタポによって捕らえられた。しかしウルトラ情報の秘密は守り通している。またエニグマ暗号の解読活動を知る多数のポーランド人暗号解読者も1939年後半に囚われの身となったが、秘密を漏らした者はいないとされている）

【参照項目】駐在武官、ベルリン、ヴァルター・シェレンベルク、エニグマ

ヴァヌヌ、モルデカイ (Vanunu, Mordechai 1954-)

イスラエルの核兵器情報を暴露し、その後異性による誘惑で帰国させられた原子力エンジニア。帰国後スパイ行為と国家反逆の容疑で逮捕された。

ヴァヌヌはモロッコからイスラエルに移住した正統派ユダヤ教徒の息子として生まれた。ネゲヴのベン＝グリオン大学在籍中は活発な左翼学生だったものの、卒業後はネゲヴ砂漠のディモナで核研究を行なう極秘機関に採用されている。そこで9年間勤務するも、1985年に解雇された。その直後にイスラエルを出国し、まずはオーストラリア、次いでロンドンを訪れているが、スーツケースの中には最高機密のデータが詰まっていた。弁護士が後に主張したところによると、ヴァヌヌの目的はイスラエルにダメージを与えることではなく、核の脅威を警告することだったという。ロンドンに到着したヴァヌヌはサンデー・タイムズ紙に対し、イスラエルは1960年代以降、専門家の見積もりよりもはるかに多い約200発の核弾頭を貯蔵していると語った。

1986年9月、ヴァヌヌは記事掲載の数日前に姿を消した。金髪女性に誘惑されてローマへ連れ出されたのである。シンディという名のアメリカ人と名乗った彼女は、実はモサドのエージェントだった。伝えられるところによると、ローマに到着したヴァヌヌは薬を嗅がされた上でヨットに乗せられ、鎖に繋がれたままイスラエルへ連れて行かれたという。

7ヵ月にわたる裁判は秘密裡に行なわれ、公表されたのは1988年3月25日に下された60ページの判決文だけである。「我々は被告を3つの容疑で有罪とした」3名の判事は禁固18年の刑を言い渡した――それはヴァヌヌがイスラエルに連れ戻された1986年10月7日から起算するものとされている。

検察側は終身刑を求刑していた。審理の結果次第では死刑判決を下される可能性があったものの、イスラエル国民がこれまで死刑を言い渡されたことはなかった。イギリスに本拠を置く反核団体は彼を殉教者として祭り上げ、釈放を目指すキャンペーンを繰り広げた。その後2004年4月に釈放。

【参照項目】性、最高機密、モサド、エージェント

ヴァン・デマン、ラルフ・H (Van Deman, Ralph H. 1865-1952)

現代アメリカにおける軍事情報活動の父とされる陸軍の情報士官。

1889年にハーバード大学を卒業したヴァン・デマンは1年がかりで法律を学んだ後、医学部に移る。その後91年に陸軍入りし、93年に医学部を卒業した。しかし医学部卒業後も歩兵士官として陸軍にとどまり、カンザス州フォート・レヴンワースの歩兵・騎兵学校で学んでいる。

1898年に陸軍軍事情報部へ配属され、1年間キューバで勤務する。次いで1901年から1903年までフィリピン課の軍事情報セクションに所属し、現地民と日本軍に関する情報を集めた。またフィリピン駐在中にアーサー・マッカーサー大将（ダグラス・マッカーサーの父）の暗殺計画を突き止め、これを防いでいる。

帰国後はワシントンDCに戻って陸軍大学校に入学、卒業後の1906年には中国へ派遣され、現地の日本勢力と協力して極秘偵察活動を遂行する。その後1915年に少佐としてワシントンへ戻ったが、新たな職場は陸軍大学校だった。当時は誰も情報活動に携わっておらず、ヴァン・デマンも対メキシコ作戦やヨーロッパ戦争で作成

された情報報告書を読み、ファイルする毎日だった。彼はこの時、入ってくる情報を要約した上で、関係するスタッフ部門に配布するというシステムを始めている。

1917年4月にアメリカが第1次世界大戦に参戦した後、ヴァン・デマンは陸軍内部に情報組織を設置すべきとヒュー・スコット参謀総長に進言したが、受け入れられることはなかった。アメリカ陸軍は英仏の情報機関に対して「さあ、我々の準備はできました――あなたがたが入手した敵に関する情報を、残らず渡していただきたい」と言えば済む話だと、スコットは信じていたのである。

陸軍長官との面会から48時間後、ヴァン・デマンは陸軍大学校の学部内に新設された軍事情報課（Military Intelligence Branch〔MI〕）の課長となっていた。当時イギリス側は「Information」ではなく「Intelligence」という単語をすでに用いており、アメリカ陸軍としてもこれに協力する関係上「Intelligence」を組織名として採用した。

ヴァン・デマンは部下の士官に直接命令を下す権限を求め、与えられた。また主要都市の警察に対して有能な人材を供出するよう要請している。終戦時点でMIは282名の士官と1,100名の文官を擁しており、アメリカ各地に防諜拠点を設置していた。さらに1917年には、国務省の暗号官でアマチュア暗号解読者だったハーバート・O・ヤードレーを部下に加えている。ヤードレーにはMI8、すなわち暗号課を組織するという任務が与えられた。この暗号課は後に大きな成果を挙げている。

ヴァン・デマンは1929年に陸軍を退役したものの、第2次世界大戦中はアメリカ国内で志願者を募り、軍機関とFBIを支援している。戦後もアメリカにおける共産主義の厄災について頻繁に講演を行なった。

【参照項目】軍事情報、偵察、防諜、ハーバート・O・ヤードレー

ヴァンデンバーグ、ホイト・S
（Vandenberg, Hoyt S. 1899-1954）

1946年6月から47年4月まで第2代中央情報長官（DCI）を務め、後に空軍参謀総長となった人物。

1923年の陸軍士官学校卒業後は主に戦闘機パイロットを務め、第2次世界大戦開戦当時は陸軍航空軍参謀長補佐の地位にあった。戦時中は参謀として勤務、1942年から43年にかけては北アフリカに駐在し、次いで46年まで航空担当参謀副長を務めた。また軍事使節団の航空部門責任者としてモスクワを訪れたこともある。その後は陸軍参謀本部G-2の情報担当参謀副長となった。

ヴァンデンバーグはトルーマン大統領によって新設が検討されていた空軍の指揮を執ることを望んでいた。しかしトルーマンは彼をDCIに任命する。これは国防総省、空軍、そしてCIAの創設を目指すトルーマンの巧

妙な選択だった。ヴァンデンバーグは有力な共和党員であり、上院の臨時議長を務めていたアーサー・ヴァンデンバーグ議員の甥だったのである。

DCIに就任したヴァンデンバーグは1947年7月に創設されるCIAの前身機関、中央情報グループ（CIG）の指揮を執った。ヴァンデンバーグの下、CIGは一定の独立性を確保し、情報収集と分析の権限を与えられた。それまでは情報収集しか行なえず、トルーマンに提出する日次及び週次の情報報告書と電文の作成が任務だった。さらに、ヴァンデンバーグはホワイトハウスに対し、独立した中央情報機関の必要性を力説している。

ヴァンデンバーグによって調査評価局が設置されたものの、情報調査局との混同を嫌う国務省の主張に応じて報告評価局と改称されている。また彼は、廃止された戦略諜報局（OSS）の残余部分をCIGにもたらした。これによってCIGは、外国の機密情報を収集する権利を得ている。この新たな任務を遂行すべく、ヴァンデンバーグはラテンアメリカで活動する権利を求め、希望通り与えられた。第2次世界大戦中、ラテンアメリカは情報活動に関する限りFBIの縄張りだったのである。

1947年10月にアメリカ空軍が創設されると、ヴァンデンバーグは空軍大将として参謀副長に任じられた。その後48年5月から53年6月まで空軍参謀総長を務めている。

【参照項目】中央情報長官、G-2、情報担当参謀副長、CIA、中央情報グループ、情報調査局、戦略諜報局、FBI

ウィズナー、フランク・G （Wisner, Frank G. 1909-1965）

第2次世界大戦中は戦略諜報局（OSS）に、冷戦期はCIAに所属した、典型的なアメリカ人インテリジェンス・オフィサー。

1934年にヴァージニア大学ロースクールを卒業、ウォールストリートの弁護士事務所で勤務し、アメリカが第2次世界大戦に参戦すると士官として海軍に加わった。その後OSSに移り、SI（秘密情報）課で勤務する。戦後はOSS職員としてドイツのゲーレン機関を担当すると共に、ソビエトによる東欧諸国の掌握を監視した。

その後ウォールストリートに戻ったものの、対外問題への関心が消えることはなく、1947年に国務省入りして占領国担当の書記官補佐となる。

1948年6月、国家安全保障会議（NSC）はCIA内部に政策調整局（OPC）を新設し、ソビエトに対する政治戦、心理戦、経済戦の計画立案・遂行を担当させた。OPCは監査を受けないCIAの予算から資金を受けることになっていたものの、中央情報長官（DCI）の指揮下に置かれなかったことは特筆される。OPC局長は国防総省と国務省の合同委員会から指示を受けることになっており、ジョージ・C・マーシャルは新組織のトップにウィズナーを選んだ。

「それは実にでたらめな組織であり、あのように機能できたのは驚嘆に値する」と、経験豊富なインテリジェンス・オフィサーであるレイ・クラインは著書『Secret Spies and Scholars』(1976) の中で記している。

OPC は急速に拡大した。G・J・A・オツールは、アメリカの情報活動を記した著書『Honorable Treachery』(1991) で次のように記している。

フランク・ウィズナーは頭脳明晰で精力に満ち溢れていたものの、有能な管理者ではなかった。さらに、急速に膨張しつつある政府組織を運営する難しさが、秘密活動自体の性質によって一層大きくなることに彼は気づいた。アメリカ政府においてこうした事態は初めてだった。あらゆる教訓は戦時中の OSS から導き出されたものであり、中でも秘密作戦は、官僚的な決まり切った手順や、権限の厳密な線引きによって管理することはできない、というのはその際たるものだった。

また OPC は CIA の他の部署、とりわけ特殊作戦局との競争にも苦しんだ。1950 年 10 月に DCI となったウォルター・ベデル・スミスは、OPC を CIA に統合させる決断を下す。新設された計画局――これ自体カバーネームだった――は、秘密工作活動において OPC と特殊作戦局の両方を指揮することとなり、1951 年 10 月から実行された。アレン・W・ダレスが計画局長に就任し、ウィズナーは引き続き OPC 局長を務めた。

1950 年 6 月に朝鮮戦争が勃発すると、ウィズナー率いる OPC は日本に拠点を設置して朝鮮半島における工作活動を実行したものの、その大半は共産主義勢力によって妨げられた。9 月にアメリカ軍が仁川へ上陸し、連合軍による大規模な攻勢が始まった後も、OPC は敵の後方で秘密工作活動を続けていた。

OPC と特殊作戦局は 1952 年 8 月に統合され、ウィズナーがその責任者に任命された(ダレスは副長官に昇格していた)。ウィズナーの副官は、後に DCI となるリチャード・ヘルムズが務めている。

ウィズナーによる作戦活動は規模・範囲共に増大し、東欧における反ソビエト運動を扇動するまでになった。1956 年にハンガリーで暴動が発生した際には、エージェントにハンガリー人を煽らせるだけでなく、東ヨーロッパ各地で同様の蜂起を起こさせようとしている――この作戦計画にはレッドソックス―レッドキャップというコードネームが与えられた。しかしアイゼンハワー大統領はこれを却下し、ハンガリーの暴動も赤軍によって鎮圧された。

ウィズナーは暴動当時ウィーンにおり、次いでハンガリー国境に向かったが、失意のうちに帰国する結果となった。彼の関心は程なくアジアへ向かい、親ソ的なイン

ドネシアのスカルノ政権を打倒すべく、クーデターを引き起こそうと試みている。だがまたしても失敗に終わり、さらに気落ちしたウィズナーは神経衰弱と重度の肝炎によって 6 ヵ月の入院生活を余儀なくされた。

任務に復帰すると、新任のダレス長官は彼を支局長としてロンドンに派遣した。しかし健康問題が尾を引き、1961 年に CIA を辞職している。その 4 年後、ウィズナーはショットガンで自ら命を絶った。

【参照項目】戦略諜報局、CIA、インテリジェンス・オフィサー、ゲーレン機関、国家安全保障会議、中央情報長官、レイ・クライン、ウォルター・ベデル・スミス、アレン・ダレス、リチャード・M・ヘルムズ、エージェント、ウィーン

ウィチェゲルデ、ミニーア(ヤン)
(Wychegerde, Mynheer〔Jan〕)

イングランドのスパイマスター、サー・フランシス・ウォルシンガム配下のスパイだった 16 世紀の小麦商人。ドイツ北部に生まれたウィチェゲルデは、1580 年代の時点でフランダース西部のディズミュードに帰化しており、ウォルシンガムの情報任務を遂行していた。

彼はスペインに食糧を売りつつ、低地諸国(訳注：現在のオランダ、ベルギー、ルクセンブルクにまたがる地域内に存在した諸連邦)におけるスペイン軍の活動に関する重要な情報をイングランドにもたらした。

【参照項目】サー・フランシス・ウォルシンガム

ヴィツケ、ロタール　(Witzke, Lothar　1896-?)

第 1 次世界大戦中にアメリカで死刑を宣告された唯一のドイツ人スパイ。しかし執行はされなかった。

1915 年 3 月に巡洋艦ドレスデンが南米沖で沈没した際、ヴィツケは海軍兵学校生徒として乗り組んでいた。沈没後はチリのバルパライソにある収容所へ入れられたが、脱走してサンフランシスコに辿り着き、現地の総領事でスパイマスターを務めるフランツ・フォン・ボップからスパイ兼破壊工作員として勧誘された。

ヴィツケはしばらくの間、もう 1 人のドイツ人スパイ、クルト・ヤーンケと共に活動した。2 人は 1917 年のアメリカ参戦に先立って発生した、一連の弾薬工場爆破事件に関与したとされている。

1917 年後半、ヴィツケはパブロ・ワベルスキーの変名を用いてメキシコに潜入した。そこではヤーンケが、国境沿いで活動するエージェントの指揮にあたっていた。その後、元メキシコ陸軍士官でアメリカ軍の情報部門に雇われていたパウル・アルテンドルフを伴ってアメリカへ戻る。ある夜、酔ったヴィツケはアルテンドルフに対し、自分とヤーンケが関わった破壊工作の数々を語った。

アルテンドルフはどうにかヴィツケから詳細を聞き出

し、それをアメリカ領事館員に伝えた。その結果、パブロ・ワベルスキーなるロシア人のパスポートでアメリカに入国していたヴィッケは、アメリカ陸軍情報部門の監視下に置かれた。やがて当局はアリゾナ州でヴィッケを逮捕、荷物を捜索したところコード書と暗号表が発見された。それらはワシントンDCの陸軍暗号解読者のもとへ送られている。解読された書類の1枚には、ヴィッケがドイツの密偵であり、彼の「暗号電文」は公式電文として送信すべしという内容の、ドイツ外交官向け「極秘指示」が記されていた。ヴィッケは尋問中にこう語っている。「私はまだ22歳です。死ぬには早過ぎます。しかし私は任務を遂行しました」ヴィッケはスパイだったことを否認した。1918年8月にテキサス州フォート・サムヒューストンで行なわれた軍法会議の結果、ヴィッケは有罪となり死刑を宣告される。しかし処刑を待つ中、11月11日に戦争は終結した。

ヴィッケは終身刑への減刑後、1923年に釈放されドイツへ追放された。拘束中、1916年7月30日にニューヨーク港のニュージャージー側で発生したブラック・トム島の弾薬貯蔵庫爆破事件につき、ヴィッケは繰り返し尋問された。彼はアルテンドルフに対し、爆発によって引き起こされた波のせいでボートが転覆し、ヤーンケと一緒に溺死するところだったと語っていた。

アメリカ当局が戦時中破壊工作活動に対する責任の所在を突き止めようとしていた1925年、ドイツ政府はその責任を否定し、ヴィッケについても「気絶するまでゴム棒で殴られたから」自白したまでだと主張している。

【参照項目】クルト・ヤーンケ、監視、コード、暗号、密偵

ウィッチャー （Wicher）

ドイツのエニグマ暗号を解読するにあたり、ポーランド人が行なった先駆的活動を指すポーランドのコードネーム。

【参照項目】エニグマ、コードネーム

ヴィリー （Willi）

イギリスの元国王ウインザー公を誘拐し、ポルトガルからドイツへ連行するという、1940年7月に実行予定だった作戦のコードネーム。ナチスはドイツ軍によるイギリス占領後、ウィンザー公を王位に就ける計画だった。

ジョージ5世の長子として生まれたエドワードは、父の崩御を受けて1936年1月にエドワード8世として即位する。しかし新国王は離婚経験のあるアメリカ人、ウォリス・ウォーフィールド・シンプソンと恋愛関係にあった。国王が名目的な長を務めるイングランド国教会は当時再婚を禁じており、結婚がかなわなかったエドワード8世は同年12月11日に退位して世界を驚愕させ

た。

元国王とシンプソンはフランスで結婚式を挙げた。翌年10月、ウインザー公夫妻はナチ支配下のドイツに赴きアドルフ・ヒトラーと面会、親ナチ派ではないかという推測を煽り立てる。事実、この旅行の費用は、公が潜在的な味方であると信じていたナチ政府から出されていた。

イギリスが1939年9月に宣戦布告すると、ウインザー公はフランス軍総司令部におけるイギリス軍事使節団の連絡員となった。だが実際には、フランスの国防体制、とりわけマジノ線に関する情報を欲していたイギリス軍情報部門のエージェントを務めていた。マイケル・ブロックが著書『Operation Willi』（1981）の中で記したところによると、公には「秘密任務の才能があり、5件の秘密報告はフランスの悲惨なまでの準備不足を明らかにした……これらの警告がロンドンで重視されていれば、戦争の行く末は違ったものになっただろう。しかしいずれも無視された」という。

ドイツ軍がフランスを席巻する中、ウインザー公夫妻は中立国スペイン経由でポルトガルへ移った。そこではドイツの外交当局と情報機関が公をヨーロッパに留め置く策を練っており、ドイツへの連行も企んでいたとされる。情報機関の関係者には、ヨアヒム・フォン・リッベントロップ外相の私設組織、リッベントロップ機関の代表も含まれていた。公はリスボンでウィンストン・チャーチルからの電報を受け取り、イギリスへの帰国を命じられる。軍の指揮下にあるため、命令を拒めば「深刻な結果をもたらす」、すなわち軍法会議の対象になることを、チャーチルは指摘していた（公は一時的に少将に任命されていた）。次いでもう1通の電報が届き、そこにはカリブ海に浮かぶイギリス領の小島、バハマの総督に任命する旨が記されていた。

ドイツはSS（親衛隊）の優秀なインテリジェンス・オフィサー、ヴァルター・シェレンベルクをリスボンに急派し、作戦の指揮にあたらせた。ウインザー公夫妻をスペイン国境に連れ出し、命を狙う陰謀から夫妻を「保護」すべくそこに留め置くというのが計画の骨子だった。しかし公はスペインへ赴くことを拒否し、バハマ行きを決断する。シェレンベルクは後に、ヒトラー自身が元国王の誘拐を命じたと記している。しかし故意だと思われるが、シェレンベルクは誘拐の遂行に失敗し、ウインザー公は1940年8月15日ナッソーに向けて船出した。

【参照項目】コードネーム、エージェント、SS、ヴァルター・シェレンベルク

ウィリス、エドワード （Willes, Edward 1694-1773）

18世紀のイギリス人暗号学者。当代随一の暗号解読者だったジョン・ウォリス及び孫のウィリアム・ブレン

コウの後を継ぎ、イングランドの「暗号解読官」となった人物。

ウィリスはウォリスと同じく聖職者だったが、教会内部での栄達のために暗号解読能力を用い、その結果バスとウェルズの司教となっている。

ウィリスは自力でロチェスター司教フランシス・アッタベリーの手紙を解読し、スチュワート朝復権の陰謀に関与していることを突き止めた。この成果により、彼は自らの解読方法を貴族院で公開させられそうになる。しかし議会では「暗号解読官に対し、暗号解読の技法や謎を明らかにし得る何らかの質問をすることは、大衆の安全に合致するものではない」と決議された（アッタベリーは有罪となり、イングランドから姿を消した）。

1742年にはウィリスの長男が暗号解読官となっている。

【参照項目】ジョン・ウォリス

ウィルキンス、ジョン （Wilkins, John　1614-1672）

ジョン・サーローの下で暗号学者を務めたイングランドの司教。いくつかの暗号法を発明すると共に、暗号の手引きを執筆した。彼の発明した暗号はアメリカ内戦で広く用いられている。

1649年のチャールズ1世処刑に続く共和制の時代、ウィルキンスはオリヴァー・クロムウェルの下で議会派議員となった。60年に王政復古がなった際もウィルキンスは生き残り、チャールズ2世に仕えている。

また複数の技術的分野において、ウィルキンスはいくつもの論文を書き上げた。『Mathematical Magick』において、彼は極地帯を航行する際に「潜水艇」を用いることの利点を明らかにしている。水上艦艇であれば氷山、寒気、あるいは厳しい天候に遭遇する危険性を孕んでいるが、潜水艇ならば安全だという——ウィルキンスは間違いなく、潜水艦による北極海の航行について記した最初の人物だった。

【参照項目】ジョン・サーロー、暗号

ウィルキンソン、ジェイムズ （Wilkinson, James　1757-1825）

スペインのエージェントだったアメリカ陸軍士官。

ベネディクト・アーノルド少将の下でアメリカ独立戦争を戦ったウィルキンソンは、1777年に大陸軍の准将へ昇進した。翌年には戦争委員会の秘書官に就任したものの、ジョージ・ワシントン将軍を陸軍最高司令官から引きずり下ろす陰謀に関わったとしてその座を追われた。その後も退役するまで、上官の追い落としを図る陰謀を続けている。

アメリカ独立後はまずケンタッキー、次いでヴァージニアに赴き、両地方のアメリカへの併合を阻止せんとするスペインのエージェントとなった。ケンタッキーは1792年にアメリカの一州となるものの、当時まだ陸軍に籍を置いていたウィルキンソンは反政府活動を続け、西部地域の併合を目論むスペインの企みに手を貸した。

1796年、ウィルキンソンは陸軍最高司令官に就任する。しかしその後もスペインに対する支援を続け、スペイン国王に忠誠を誓う宣誓までした。1805年には最高司令官に加えルイジアナ総督となり、アーロン・バー元副大統領と共謀して西部に帝国を作り上げようとした。しかし後にバーと袂を分かち、彼が国家反逆罪で裁判にかけられた際には検察側の主要な証人となっている（バーは罪を免除された）。

ウィルキンソンはバー事件から派生した軍法会議を生き延び、1812年戦争での失策を受けて開かれた軍法会議も乗り切った。戦争の翌年に少将へ昇格し、その2年後に名誉除隊となっている。メキシコシティーで死去した際にはテキサスの土地特許を得ようと運動していた。彼に関しては「戦争に勝ったことはなく、法廷で負けたことはない」と評されている。また歴史家のフレデリック・ジャクソン・ターナーはウィルキンソンを「アメリカ史上最大級の反逆者」と評した。

【参照項目】エージェント、ベネディクト・アーノルド、ジョージ・ワシントン

ウィルキンソン、セオドア・S
（Wilkinson, Theodore S.　1888-1946）

真珠湾攻撃当時のアメリカ海軍情報部長（DNI）。

1909年に海軍兵学校を卒業、水上及び陸上の様々な任務を経て1920年から26年にかけて駆逐艦4隻の艦長を務め、後に戦艦ミズーリの艦長にもなっている。歴史家のサミュエル・エリオット・モリソンの評価によれば、ウィルキンソンは第2次世界大戦勃発当時、「アメリカ軍随一の頭脳を誇っていた」という。

1941年10月、ウィルキンソンは少将の階級でDNIに就任した。彼による指揮の下、日本の外交通信を解読して得られたマジック情報がワシントンDCの高官に配布されている。しかしオフィスに流れ込んでくる膨大な量のマジック情報につき、ウィルキンソンと彼のスタッフは評価することを許されず、発信となるとなおさら御法度だった。むしろ情報資料を評価して日本艦隊の動きを予想し、この情報を誰に見せるかを決定するのは、戦争計画を立案したリッチモンド・ケリー・ターナー少将の役割とされた。日本語を話せる士官を部下に抱えながら——日本語においては微妙なニュアンスが大きな意味を持つ——ウィルキンソンは「敵の意図を推測しないよう命じられた」のである。

ターナーはこうした情報を独占し、見せる必要のある人間には細切れにして提供した。かくして日本艦隊の動静について、ワシントンはおろかアメリカ海軍内部でも全体像を描ける者は存在しなかったのである。しかしモリソンは『The Rising Sun in the Pacific 1931-April

『1942』（1948）の中でこう記している。「ウィルキンソン提督は他の人間と同じく敵の戦力を過小評価し、自らの常識を過大評価していた。彼が責任を負ったとしても結果は同じだったはずだ」

その一方、ターナーが全ての情報を支配する状況の中、日本軍の戦力と予想される行動について、包括的な分析がなされる可能性は皆無だった。

論争の的としてもう1つ挙げられるのが、ウィルキンソンとターナーによってマジック情報が真珠湾の陸海軍に知らされなかった点である。この情報がもたらされたとしても、これら司令官が日本軍の攻撃に対して警戒態勢をとっていた可能性は低い。その一方で、情報の一部は言葉を置き換えた上で真珠湾の海軍情報スタッフに非公式の形で伝えられている（フィリピンの陸海軍司令官はパープル暗号機を用いて日本の外交暗号を自ら解読していた）。

中心となる分析担当スタッフがいなかったことに加え、ウィルキンソンが鋭い直感の活用を許されなかったこと、及び優秀なスタッフがこの問題に触れるのを許されなかったことは、太平洋における攻撃態勢を整えた日本軍により、アメリカが奇襲攻撃されることを不可避にした。

ウィルキンソンは1942年7月にDNIのポストを去り、艦隊司令官として太平洋で戦い、上陸作戦にも携わった。その後は終戦まで上陸部隊を率い、日本の占領下にある島々への攻撃を指揮している。

戦後、ウィルキンソンは自動車事故で死亡した。

【参照項目】真珠湾攻撃、マジック、パープル

ウィルシャー、キャスリーン （Willsher, Kathleen 1905-?）

イーゴリ・グゼンコによって存在を暴露されたカナダのソビエト・スパイ網に所属していた人物。

ロンドン・スクール・オブ・エコノミクスを卒業したウィルシャーは、イギリス高等弁務官事務所で勤務した。しかし退屈な私生活と昇進の遅さに不満を募らせ、ソビエト情報機関にとって恰好の餌食となる。カナダ共産党に入党した彼女は、総務係として勤務していた弁務官事務所の記録簿から情報を盗み出し、他の共産党員に渡すようになった。

1946年2月15日に逮捕され、裁判の結果5月3日に禁固3年を言い渡されている。ソビエト側のコードネームは「エリー」だった。

【参照項目】イーゴリ・グゼンコ、勧誘、コードネーム

ウィルソン、エドウィン・P （Wilson, Edwin P.）

リビアのムアンマル・カダフィに武器や爆弾を提供した元CIA職員。

海兵隊に所属した後、1951年にCIA入りして保安局に配属され、55年に契約職員となる。そして国際海員組合に浸透し、CIA契約職員のまま組合のロビー活動を行なっている。また1960年代中期にはCIAのフロント企業、コンサルタンツ・インターナショナルを設立したが、この頃から私生活と仕事との境界線が曖昧になってゆく。後の捜査によると、ウィルソンは調達契約にサインする一方で、相手からキックバックを得ていたという。

その後CIAを離れ、海軍の極秘諜報作戦部隊、第157タスクフォース（TF157）に移る。そこで別のフロント企業を設置したものと考えられているが、その詳細は明かされていない。ある非公式の資料によると、ウィルソンは世界規模の日用品販売会社を設立してTF157が世界中の港を利用できるようにすると共に、その利益——当然ウィルソン自身の給与と出費は差し引かれている——でTF157の活用資金を賄うことを提案したという。

ウィルソンの接触先には、空軍軍事顧問団のトップとしてイランに駐在していたリチャード・V・セコード大佐もいた。後に少将へ昇進したセコードはイラン・コントラ事件に関与している。

ボビー・レイ・インマン海軍情報部長がTF157の廃止を検討していた1975年10月、TF157司令官はウィルソンに対し、翌年4月30日に契約を打ち切ると通告した。ウィルソンは議会のコネを使ってインマンと会い、別のタスクフォース設立を進言する。だがこの会合は、TF157を廃止するというインマンの決意をさらに強める結果に終わった。

ウィルソンは武器の無許可輸出で1982年に逮捕され、検察官の殺害を謀ったとして後に有罪となり、禁固52年を言い渡された。

2004年、連邦判事はウィルソンに対する起訴を棄却した。CIAとの関係を検察側が明らかにできなかったのが理由だという。政府は再審を求めない方針で、75歳のウィルソンは釈放される見通しである。

【参照項目】CIA、フロント企業、第157タスクフォース、イラン・コントラ事件、ボビー・レイ・インマン

ウィルモス、ジェイムズ・R （Wilmoth, James R.）

「ラッセル・P・ブラウン」を参照のこと。

ウィロビー、チャールズ・A
（Willoughby, Charles A. 1892-1972）

1941年から51年までダグラス・マッカーサー陸軍大将の下で情報部門（G-2）トップを務めた人物。同僚からは偏執狂かつ極度に感情的な人間と見なされていた。また将校としても些細なことで部下を度々怒鳴りつけていたが、他の情報士官や通信士官が憤慨したことに、彼の職権濫用はウルトラという単語によって正当化された。

ドイツのハイデルベルクでカール・ヴァイデンバッハの名で生まれたウィロビーはヨーロッパで教育を受け、哲学と現代語を専攻した。数度の訪米の後、1910年にアメリカへ移住して市民権を取得する。その年のうちに陸軍へ志願する一方、1914年に大学を卒業した（後にカンザス大学で修士号を取得すると共に、陸軍司令部学校と参謀本部学校、及び陸軍大学校で学んでいる）。

1916年、ウィロビーは任官され、7ヵ月後の翌年6月にはアメリカ海外派遣軍第1師団の一員としてフランスに送られている。その後すぐに陸軍航空部門へ異動となり、飛行訓練に携わった。1918年の帰国後はアメリカ初となる航空郵便事業の責任者となっている。

1920年代から30年代にかけてはアメリカ国内で様々な任務に就くだけでなく、南アメリカのアメリカ大使館でも勤務した。そして大佐進級後の1940年にフィリピン駐在となり、マッカーサー将軍が陸軍に復帰して極東方面軍の指揮を任された際には、彼の情報参謀となっている。

マッカーサーが日本軍の侵攻を受けてマニラ湾のコレヒドール島から撤退し、PTボートと飛行機でオーストラリアへ逃れることを余儀なくされた際、ウィロビーは同行していた1人だった。オーストラリアに辿り着いたウィロビーは、引き続きマッカーサーの下でG-2部長を務め、連合軍諜報局、オーストラリア海軍のコーストウォッチャーズ、そして連合軍の通訳・翻訳セクションなど、様々な情報機関に対して大きな権力をふるった。しかしオーストラリアにおけるアメリカ海軍の暗号解読拠点ベルは、ワシントンDCにいる海軍作戦部長の管理下に置かれた。

ウィロビーは戦中から戦後にかけてマッカーサーに仕え続け、マッカーサーが連合軍最高司令官として日本に駐在した際も、また朝鮮戦争で国連軍の最高司令官となった際も、その下で働き続けている。マッカーサーは1951年4月11日に極東方面連合軍最高司令官の職を解かれたが、5月にはウィロビーも日本を離れ、治療のために帰国した。

ウィロビーは後に『Shanghai Conspiracy（邦題・赤色スパイ団の全貌：ゾルゲ事件）』（1952）を執筆した。日本におけるリヒャルト・ゾルゲのスパイ網を扱ったこの書籍は、「理想主義の仮面を被った共産主義者が、良心の咎めなくいかに活動しているか……敵に支援と安心を与えるべく、疑うことを知らない自由主義者をいかに操っているか」に関する自らの報告書が土台となっている。また彼は評伝『MacArthur: 1941-1951（邦題・マッカーサー戦記）』（1954）も執筆している。

ウィロビーを最も強く批判したのは、太平洋で共に戦った同僚たちだった。太平洋艦隊の情報士官を務めたエドウィン・T・レイトン海軍少将らは、共著書『And I Was There（邦題・太平洋戦争暗号作戦：アメリカ太平洋艦隊情報参謀の証言）』（1982）の中で次のように記している。

> ウィロビーには情報将校として欠陥があった。戦史を熟読したことで戦略の権威になったという勘違いがその原因である。なお悪いことに、彼は自らの領域において嫉妬深く、他者の介入を過度に嫌っていた。マッカーサーはこの性癖を知っていたにもかかわらず彼を守り──1941年から51年まで途切れることなく「取り巻き」だったのはウィロビーだけだった──、その評価を福音の如く受け入れる傾向があった。とりわけ、聞き心地のいい情報評価を上げてきた時はそうだった。

（ここで言う「取り巻き」とは、フィリピンでマッカーサーに仕えた高級参謀を指している。中でも、1942年の最初の4ヵ月間、アメリカ軍が日本に敗北を喫したバターンで共に働いた士官は、マッカーサーの籠愛の対象となっていた）

【参照項目】G-2、ウルトラ、連合軍諜報局、コーストウォッチャーズ、暗号解読、ベル、リヒャルト・ゾルゲ、エドウィン・T・レイトン

ウィーン　(Vienna)

オーストリア゠ハンガリー帝国の時代から冷戦期に至るまで、国際的陰謀の舞台となった都市。

観光客で溢れるウィーンは東西ヨーロッパにまたがるその地理的位置のため、数多くのスパイを引きつけてきた。帝政時代のロシアとドイツはここを拠点として互いにスパイ活動を行なっている。中立国のオーストリアがスパイ狩りをすることはなく、パリやロンドン、ワシントン、テルアビブと違い、インテリジェンス・オフィサーが防諜機関に悩まされることもなかった。

ソビエトは西側エージェントとの接触場所としてウィーンを好み、FBIから「ウィーン手続」と称されるほどだった。1961年に西側へ亡命したKGB職員アナトリー・ゴリツィンは1953年から55年までウィーンに駐在し、ソビエト亡命者の監視を担当していた。同じくKGBの亡命者であるペテル・デリアビンも防諜担当官としてウィーンを訪れた経験があり、1954年にソビエト占領軍が撤退した後もイリーガルが現地にとどまれるよう手配している。

第2次世界大戦後、オーストリアはドイツと同じくアメリカ、ソビエト、イギリス、フランスの各占領地域に分割された。しかし4つの独立地帯に分割されたベルリンと違い、ウィーンでは共同統治が行なわれている。その象徴が4ヵ国の兵士を乗せて市内をパトロールするジープだった。一方、西側3ヵ国は裏で手を結び、ソビエトに対するスパイ活動を行なっていた。

映画『The Third Man』(1950)は、戦後ウィーンの薄暗い雰囲気を完璧に捉えている。グレアム・グリーンの脚本はスパイ活動ではなく闇市場に焦点を当てていたが、この街が陰謀の中心地であることは元インテリジェンス・オフィサーとして当然ながら知っていた。

米英の情報機関はウィーンで協力する中で、ソビエト情報機関の本部へつながる電話線がイギリス－ソビエトそれぞれの管理地域の境界線近くを通っていることを突き止めた。そこでシルバーというコードネームの作戦が立案され、トンネルを掘った上で電話交換機に盗聴装置を取り付けられた。また盗聴行為の隠れ蓑として使われた服飾店の地下には、傍受基地が設けられた。デイヴィッド・マーチンが著書『Wilderness of Mirrors（邦題・ひび割れたCIA)』(1980)の中で記した通り、この店は人気店だったため、情報機関は客の入りを維持すべく予想外のエネルギーと人材を割かねばならなかった。

1950年代に入るとウィーンの相対的な重要性は低下し、東西危機の発火点で大規模なスパイ拠点が集中していたベルリンの後塵を拝することになる（ベルリンでも「ゴールド」というコードネームの下、トンネルが掘られていた。「ベルリントンネル」を参照のこと）。しかしウィーンには国際原子力機関本部が所在しており、その後も冷戦下のスパイたちを引きつけた。ソビエトはウィーンに本部を置く国連工業開発機関（UNIDO）を足がかりとして先端テクノロジーを入手すると共に、アメリカなど西側諸国によるソビエトへの技術移転禁止を回避している。

大使館に所属する米ソの外交官はカクテルパーティーを開いてスパイの勧誘を行なった。またCIAのウィーン支局には防諜担当官が配属され、数多いアメリカ人スパイの監視にあたっている。

ソビエトのスパイだった海軍の通信員ジョン・ウォーカー・ジュニアは、11回にわたりソビエトのハンドラーとウィーンで会っていた。またNSAの機密情報を暴露したロナルド・W・ペルトンもウィーンを2度訪れ、セイフハウスで会合している。ペルトンが後に語ったところによると、3度目の訪問の際、指定された場所——シェーンブルン宮殿の庭——で3日間にわたって待ち続けたが、相手方からの接触がなかったという。ハンドラーは彼が寝返ったのではないかと警戒し、寒空の中で待ちぼうけを食らわせたのである。弾道ミサイル関連の情報をソビエトに渡していたジェイムズ・ハーパーも、ウィーンに赴くよう指示されている。

モスクワのアメリカ大使館で勤務していた際に勧誘された海兵隊のクレイトン・J・ローンツリー軍曹は、ウィーンの大使館に転属した後、新たなハンドラーと会った。元CIA職員のエドワード・L・ハワードも、逃亡者としてモスクワへ赴く以前、恐らく訓練のために少なくとも1度ウィーンを訪れている。スパイ行為の容疑を

かけられたフェリックス・S・ブロックは、使節団副団長としてウィーンのアメリカ大使館に所属していた。しかしハンドラーと顔を合わせたのはパリであり、会合の模様がフランスの監視チームによって撮影されている。

二重スパイとしてFBIの下で活動していたソビエトの亡命者、ニコラス・シャドリンが失踪したのもウィーンだった。しかしCIAが十分な保護手段をとっておらず、KGBに誘拐された際に偶然命を奪われたというのが真相である。

【参照項目】防諜、インテリジェンス・オフィサー、エージェント、FBI、KGB、アナトリー・ゴリツィン、ペテル・デリアビン、イリーガル、ベルリン、スパイ映画、グラハム・グリーン、トンネル、国際連合、CIA、ジョン・A・ウォーカー・ジュニア、ハンドラー、NSA、ロナルド・W・ペルトン、セイフハウス、ジェイムズ・ハーパー、クレイトン・J・ローンツリー、エドワード・L・ハワード、フェリックス・S・ブロック、監視、二重スパイ、ニコラス・シャドリン

ウイン、グレヴィル・M （Wynne, Greville M. 1919-1990）

ソビエト連邦軍の情報機関GRUに所属するオレグ・ペンコフスキー大佐と米英情報機関との橋渡し役を務めたイギリス人ビジネスマン。

ノッティンガム大学で学んだ後、第2次世界大戦中は士官として軍の情報部門で勤務する。戦後の1950年に重工業用設備の輸出企業を設立、その後頻繁に海外を訪れると共に、ソビエトにも数回赴いている。

ウインがペンコフスキーと出会ったのは、ある貿易会議に出席するためモスクワを訪れた1960年12月のことだった。ペンコフスキーがウインに対し、自らの代理としてイギリス情報機関に接触するよう依頼したのはその時である（以前にもCIAへの接触を試みたが失敗に終わっていた）。

ウインは翌年4月から密使としての活動を始め、ペンコフスキーがロンドンやパリを訪れた際に、イギリス秘密情報部（MI6）とCIAに報告する機会を作った。

ペンコフスキーがトラブルに見舞われていることが発覚した1962年、レニングラード（現・サンクトペテルブルグ）で開催される貿易展示会を利用してペンコフスキーを西側に脱出させる計画が立案された。展示用の機械を積んだトラックが2台用意され、ペンコフスキーはこの中に隠れることになった。ウインは同じく貿易展示会が開催されていたブダペストにトラックを走らせ、そこからヘルシンキ経由でソビエト入りする予定だった。

1962年11月2日、ブダペストで開かれたパーティーを後にしたウインは、KGB職員に銃を突きつけられ車に押し込まれる。一方、イギリス情報機関の知らぬ間に、ペンコフスキーは10月22日に逮捕されていた。ウイ

ンは空路モスクワへ連行され、続く 6 ヵ月間をルビャンカの不潔かつ過酷な監獄で過ごす。しかし KGB はペンコフスキーとの関係を自白させるべく、時に改善待遇を図ることもあった（妻の訪問も許している）。

1963 年 5 月、ペンコフスキーと共に裁判にかけられたウインは有罪とされ、禁固 3 年及び強制労働 5 年の刑を言い渡された。ソビエト側はスパイ交換を行なわせようと望んでおり、ウインの扱いは苛烈を極めた。

判決から 1 年と経たない 1964 年 4 月 22 日、ウインはスパイ交換のためベルリンに連行され、ソビエトのスパイとして有罪になったゴードン・ロンズデールと引き換えの形でイギリスに引き渡された。

ウインは自らの経験やペンコフスキーとの関係を何度かに分けて記し、1968 年に『Contact on Gorky Street』として出版した。

【参照項目】GRU、オレグ・ペンコフスキー、CIA、MI6、KGB、ルビャンカ、スパイ交換、ゴードン・ロンズデール

ウインターボザム、フレデリック・ウィリアム

(Winterbotham, Frederick William 1897-1990)

第 2 次世界大戦中、ヨーロッパ―地中海方面の連合軍司令官にウルトラ情報を配布する責任者を務めたイギリス空軍（RAF）士官。著書『The Ultra Secret』(1974) は、連合軍による暗号解読活動の成果を明らかにした最初の 1 冊として知られている。それ以前にも 2 冊の書籍がウルトラの秘密を明かしていたが、ウインターボザムの著作は世界中でセンセーションを巻き起こした（「エニグマ」を参照のこと）。

第 1 次世界大戦勃発当時、グロスター義勇農騎兵団の若手士官だったウインターボザムは 1916 年にイギリス陸軍航空隊へ移り、翌年 4 月にはフランスでの航空戦に参加している。しかし 7 月 13 日の空戦で撃墜され、終戦までの 18 ヵ月間を捕虜として過ごした。

戦後はオックスフォード大学クライスト・チャーチ・カレッジで法律を学ぶものの、卒業後の 1920 年に農場経営を始め、世界各地を旅した。帰国後の 29 年 12 月、ウインターボザムは RAF 代表として秘密情報部（MI6）に配属され、ドイツ空軍の拡張状況を確認すべく 34 年から 38 年にかけて頻繁にドイツを訪れている。また同じ 34 年には、新設されたルフトヴァッフェの士官だけでなく、アドルフ・ヒトラーらナチ高官とも個人的に面会している（ドイツ側は彼が MI6 に所属していることを 1938 年に知り、ドイツに再び入国しないよう警告した）。

1939 年初頭、ウインターボザムは所属する MI6 航空セクション内部に科学情報ユニットを設立し、ドイツの最新兵器や電子技術の監視を始めた。ウインターボザムのオフィスが政府暗号学校と同じ建物に入居していた事

実と合わせ、これはイギリスの暗号解読活動に彼が関わるきっかけとなった。

1939 年 8 月に暗号解読拠点がブレッチレーパークへ移転したことを受け、ウインターボザムのスタッフを含む MI6 の一部も翌月そこへ移った。

ブレッチレーパークでドイツの無線通信の解読が始まった翌年 4 月、極秘の解読内容、すなわちウルトラ情報を配布する任務がウインターボザムに与えられる。彼はウルトラ情報を軍の参謀や現地司令官へ送信するにあたり、安全な方法を確保することの必要性を認識していた。主要な現地司令部と協力してウルトラ情報を取り扱う特殊連絡部隊のアイデアは、ここから生まれた。この部隊は特別な無線通信網と、事実上解読不可能なワンタイムパッドを用いるものとされた。またウインターボザムは、ウルトラ秘密情報をドイツから、さらには戦後 20 年にわたって世界各国から守るための規則を作り上げている。

ウインターボザムは「妥当な」勲章を授与された後、戦後になって退役した。著書として『The Ultra Secret』の他にも『The Nazi Connection』(1978) があり、1930 年代のドイツにおける自らの活動を詳述している。

【参照項目】ウルトラ、MI6、科学情報、政府暗号学校、ブレッチレーパーク、特殊連絡部隊、ワンタイムパッド

ウインドウ・システム・コード (Window System Code)

「穿孔紙」を参照のこと。

ヴィンナーストレム、スティーグ

(Wennerström, Stig 1906-2006)

ソビエトのスパイだったスウェーデン空軍士官。

1929 年にスウェーデン空軍へ入隊、翌年飛行訓練に志願する。飛行訓練終了後はロシア語を学ぶと共に情報活動の訓練を受ける。大尉に昇進した 1939 年には空軍駐在武官としてモスクワへ派遣され、その後は情報士官として空軍参謀本部で勤務している。

1945 年には少佐へ進級したが、昇進の遅さと低い評価に不満を抱いていた。48 年に大佐として再びモスクワへ赴任した後、この不満がソビエトのスパイ勧誘員の目に止まり、エージェントとして働かせるための活動が始められる。パーティーでお世辞を言われたりもてなされたりする中で、GRU でなら高い階級に昇進できると告げられた。かくしてヴィンナーストレムはスパイ行為を始め、スウェーデン各地や北大西洋条約機構（NATO）での任務をこなしつつ諜報活動を続けた。また 1952 年から 57 年にかけては駐在武官としてワシントン DC でも勤務している。

1959 年、ベルン駐在のアメリカ大使に FBI 長官宛ての手紙が届けられた。現地の CIA 支局長が開封してみると、自分はポーランド人でアメリカのためにスパイ活

動をしたいという内容の文書が入っており、最後に「スナイパー」と署名されていた。スナイパーはいくつかの情報を記す中で、駐在武官としてアメリカで活動していたスウェーデン空軍の一士官がスパイであることを明かしていたが、そこからすぐにヴィンナーストレムが突き止められた。

スパイ行為が明るみに出た際、ヴィンナーストレムはスウェーデン国防省の高官に登り詰めていた。監視下に置かれた彼は、ストックホルムでソビエト側と接触している現場を目撃される。その後閑職へ追いやられる一方、スウェーデン公安警察は彼の電話を盗聴し、立件を進めていった。捜査の結果、1963年6月25日に逮捕され、ソビエトのケース・オフィサーは国外追放となった。ヴィンナーストレムは14年にわたるスパイ行為を自白した後で自殺未遂を起こしている。そして裁判の結果、終身重労働を言い渡された（訳注：その後1972年に禁固20年に減刑され、74年に釈放されている）。

ソビエトによるコードネームは「イーグル」だった。

【参照項目】駐在武官、エージェント、GRU、北大西洋条約機構、FBI、監視、ケース・オフィサー、コードネーム

ウェザー （Weather）

アメリカ海軍第157タスクフォース（TF157）が用いていた最高機密の通信システムを指すコードネーム。ニクソン大統領の国家安全保障問題担当補佐官を務めたヘンリー・キッシンジャーが、1972年のニクソン極秘訪中を準備する際に活用された。キッシンジャーはリークを恐れており、ホワイトハウスと国務省を経由しない通信システムを望んでいたのである。

ウェザーは旧式となったNSAのシステムを用いて暗号化を行なってから、海軍の既存通信システムにメッセージを渡し、そこで再度暗号化が行なわれた。従って、送信側と受信側で操作を行なうTF157の要員だけが、二重に暗号化されたメッセージを読めたのである。

キッシンジャーのメッセージはホワイトハウスでTF157の連絡員に渡される。そしてTF157の士官によって暗号化が施されてから、日本の横須賀にあるTF157オフィスへ送信される。現地のユニット司令官はメッセージを復号した上で、東京に駐在する中国貿易代表団に直接手渡すことになっていた。

キッシンジャーはベルリンで行なわれた主要4ヵ国会談においても、TF157によるこのシステムを活用してアメリカ代表団との連絡を行なった。

【参照項目】第157タスクフォース、最高機密、コードネーム、NSA

ウエスト、ナイジェル[p] （West, Nigel 1951-）

冷戦期にイギリスの情報活動に関する多数の書籍を執筆したルパート・アラソンのペンネーム。ウエストの著作は綿密な調査を基にしているだけでなく、インテリジェンス・オフィサーによる「ガイダンス」が取り入れられている。

ウエストはロンドン警視庁（スコットランドヤード）で勤務した経験を持ち、警察関連の書籍を執筆すべくリサーチを行なう間に情報活動への関心が生まれた。その結果、ドナルド・マコーミックと調査を行ない、共同執筆したBBCのドキュメントシリーズ「Spy」が1980年に放映されている。

著作として『MI5: British Security Service Operations 1909-1945』（1981）、『A Matter of Trust: MI5 1945-1972』（1982）、『MI6: British Secret Intelligence Service Operations 1909-1945』（1983）、『The Branch: A History of the Metropolitan Police Special Branch 1883-1983』（1983）、『Unreliable Witness: Espionage Myths of the Second World War（邦題・スパイ伝説：出来すぎた証言）』（1984。アメリカ版のタイトルは『A Thread of Deceit: Espionage Myths of World War II』）、『GCHQ: The Secret Wireless War 1900-86』（1986。1988年に出版されたアメリカ版のタイトルは『The SIGINT Secrets』）、『Mole Hunt: Searching for Soviet Spies in MI5』（1987）、『Crown Jewels』（オレグ・ツァーレフとの共著。1998）、『VENONA: The Greatest Secret of the Cold war』（1999）が挙げられる。

『A Matter of Trust』の原稿は、出版差し止めを望むイギリス保安部（MI5）によって盗まれた。しかし原稿のコピーがアメリカでの出版のためにニューヨークへ送られており、こちらは『The Circus: MI5 Operations 1945-1972』として1982年に出版されている。同年10月12日、イギリス政府は「（情報）捜査及び情報活動の遂行が偏見の目で見られ、危険に晒される」ことを理由として、裁判所による出版差し止め命令を求めた。裁判所はこれを認めて出版社に命令書を送ったが、出版社とウエストはこの時まで差し止め命令が申請されていることを知らなかった。

ウエストはアメリカ版において、情報当局との話し合いの結果、「いくつかの名前が消去されている」と記した。これらの職員は「海外で危険な任務に就いており、その名を明かすことは彼らの命を危険に晒す」というのが理由である。それらの名前が削除された後で、この本は出版された。

『The Secret War for the Falklands』（1997）はイギリスによる諜報活動の内幕を明かしつつ、アルゼンチンの航空基地をターゲットとして立案された、特殊作戦部隊による作戦計画に触れている。

またウエストは初のフィクションとなる『The Blue List』（1989）において、ハロルド（キム）・フィルビーが実はイギリスの二重スパイだったという説を展開して

いる。またもう1つの小説『Cuban Bluff』(1991)はキューバミサイル危機を題材にしている。

元保守党議員の息子として生まれたウエストは1987年の選挙に立候補し、見事当選した。その後10年間にわたって保守党議員を務めたが、97年5月1日の選挙で労働党による地滑り的勝利を受けて落選した。

【参照項目】インテリジェンス・オフィサー、MI5、特殊作戦部隊、ハロルド（キム）・フィルビー、キューバミサイル危機

ヴェストファル、ユルゲン （Westphal, Jürgen）

西ドイツ国防省の元幹部職員。東ドイツなど共産主義国家のためにスパイ行為をした疑いで1986年12月11日に逮捕された。逮捕当時は西ドイツ軍のコンピュータシステムの効率性を改善するプロジェクトに携わっていた。ウィーンで1986年8月に勧誘され、連絡員に情報を渡す前に逮捕されたものと考えられている。

【参照項目】ウィーン

ウェッソン［p］ （Wesson）

ソビエトのスパイだったアメリカ空軍の下士官。イギリス生まれの「ウェッソン」は1957年から63年まで空軍に在籍し、航空機の通信員と兵器システムの操作員を務めた。空軍におけるスパイ活動捜査の一環として彼の尋問が行なわれ、その中で捜査官はウェッソンがスパイであることを確信した。捜査記録では仮名が用いられ、事件の詳細は明かされていない。

ウェット部隊 （Wet Squad）

殺人もしくは暗殺を遂行するソビエト（ロシア）の部隊を指す俗語。

ウェット・ワーク （Wet Work）

殺人もしくは暗殺が関連する情報作戦を指す西側の俗語。

ヴェノナ （Venona）

1940年代にモスクワと世界各都市との間を行き交ったソビエトの情報メッセージを解読するという、アメリカの暗号解読プロジェクトを指すコードネーム。メッセージの大半はアメリカ国内でのスパイ活動に関するものであり、1940年代に新聞の見出しを飾った数々の名前──エリザベス・ベントレー、ホイッテイカー・チェンバース、クラウス・フックス、アルジャー・ヒス、ドナルド・マクリーン、そして原爆スパイ網のハリー・ゴールド、デイヴィッド・グリーングラス、ジュリアス・ローゼンバーグと妻エセル──が現われている。解読された内容は、アメリカの防諜当局が当時からこれらスパイの正体を知っていたことを物語っている。しかし、アメリカの暗号解読者がソビエトの主要な暗号システムを打ち破っていた事実が知られるのを恐れ、当局はメッセージの内容を公の場で活用できなかった。

ヴェノナ計画は1980年正式に終結した。その膨大な情報が公表されたのは95年に入ってからであり、97年までにおよそ3,000件のメッセージが公開された。その大半は極度な機密を含んだ内容であり、トルーマン大統領さえも閲覧していないことはほぼ確かである。各種の資料に目を通すと、トルーマンは秘密の暗号解読プロジェクトが存在していることは知っていたものの、詳細までは知らなかったことがわかる。またこの解読プロジェクトによって、ソビエトの情報組織がアメリカ政府機関にどの程度まで浸透しているかを突き止められたものの、トルーマンはそれも知らなかったようである。

ヴェノナの存在をソビエトに知らせたのは、メッセージの解読にあたっていた人物だった。アメリカ軍保安局に所属するロシア語専門家のウィリアム・ワイスバンドは、ヴェノナ計画の成果をソビエト側に伝えると共に、アメリカ情報機関との連絡役を務めていたイギリス人スパイ、ハロルド（キム）・フィルビーがソビエトに渡した情報を補完した。最初にリークを行なったのはエリザベス・ベントレーだった。彼女はソビエトのスパイ網と袂を分かった後の1948年、アメリカの暗号解読者が「ロシア人の秘密暗号」をほぼ解読したことをルーズベルト大統領の側近がすでに知っていたと、連邦大陪審の前で証言したのである。これがヴェノナ計画だった。彼女のその証言は、ソビエトによる浸透の程度を指し示していた（この大統領側近はロークリン・カリーだったと思われる。カリーはベントレーによってソビエトのスパイであると名指しされていた）。

歴史家のアレン・ワインシュタインと元KGB職員のアレクサンデル・ワシリエフは、ソビエト情報機関の文書庫に収蔵されたファイルを入手し、それらとヴェノナの解読内容を使って『The Haunted Wood: Soviet Espionage in America─The Stalin Era』(1999)を執筆した。2人はその中で、エリザベス・ベントレーがFBIに寝返ったことを最初にモスクワへ通報したのはフィルビーだったと述べている。またアメリカ戦略諜報局（OSS）のトップを務めたウィリアム・ドノヴァンが、他のインテリジェンス・オフィサーと共にモスクワを1943年12月に訪れ、「アレキサンデル・オシポフ将軍」なる人物と会ったことも明かされている。ドノヴァンはOSSの秘密作戦をオシポフに伝える一方、その人物が1920年代にレジデントとしてニューヨークに居住し、41年にスパイとしてでなく無許可の外国人ビジネスマンとして逮捕されたガイク・オヴァキム少将であるとは知らなかった。

ドノヴァンはOSSとNKVD（ソビエト内務人民委員部）との協力を模索していたが、親しい友人であり主要な側近でもあったダンカン・リー少佐がNKVDの下で

働いていることは認識していなかった。ドノヴァンはその点で極めて純真であり、彼が誠実な人間であることをNKVDに告げねばならないと、リーが感じるほどだった。またJ・エドガー・フーヴァーFBI長官がこの協力関係に反対であることを耳にした際、「ドノヴァンはフーヴァーを馬鹿呼ばわりした」とも報告している。ソビエトに協力したその他OSS士官としてモーリス・ハルペリンやフランツ・ノイマンがいる。

　解読されたメッセージがリアルタイムで活用されることはなく、また全てのメッセージが解読されたわけでもない。事実、暗号解読者は1946年の時点で44年のメッセージに取り組んでいたのである。解読によってスパイの手がかりがもたらされるたび、解読を担当していた機関はその情報をFBIに渡し、時にはイギリス情報機関の連絡員にもたらすこともあった。またフランスの情報機関DSTにもヴェノナ資料が提供され、1930年代に航空相を務めたピエール・コットとフランス航空省所属の科学者アンドレ・ラバルテがソビエト情報機関に協力していた事実を明かしている。

　ヴェノナのメッセージには暗号名が満ち溢れ、その一部は分析担当者によって特定の人物と結びつけられた。その中で最も大きな苛立ちの種となったのが「ムラド」である。NSAがメッセージの公開を始めた1995年、アメリカ当局は原爆開発に携わっていたセオドア・A・ホールという物理学者がムラドであることをようやく突き止めた。また「アレス」という暗号名は、ルーズベルト大統領が45年2月にウィンストン・チャーチル首相及びヨシフ・スターリンとヤルタ島で会談した際、それに同行したソビエトのエージェントを指している。ある1つの電文には、アレスが1935年からソビエト情報機関に協力していたことが記されていた。当局はこの電文をはじめとする手がかりから、アルジャー・ヒスこそがアレスだったと結論づけた。

　これらのメッセージは、アメリカ、ヨーロッパ、ラテンアメリカ、オーストラリアで活動するエージェントとモスクワとの結びつきを示していた。メッセージのうちおよそ850点は、サンフランシスコとメキシコシティーにおけるNKVDの活動、ニューヨークとワシントンDCにおけるGRUの活動に関連したものである。ソビエトによるスパイ行為の広範さは驚くべきとしか言いようがない。NKVDトップのラヴレンチー・ベリヤ宛てに送られたある長文のメッセージでは、レオン・トロツキー暗殺犯をメキシコの刑務所から救出する作戦が詳しく説明されている。また別のメッセージは、戦時検閲局に潜むあるエージェントの活動を述べている。そしてもう1通のメッセージでは、20世紀フォックス社の研究所からカラー映画のノウハウを入手したことが述べられている。

　アメリカ当局は1997年に発表したヴェノナの要約書の中で、メッセージを分析した結果、115名のアメリカ人がソビエトのエージェントだと突き止められたことを明かした。また当局が解明できなかった、あるいはあえて解明しなかった他のアメリカ人エージェント100名の正体も、暗号名の中に覆い隠されている。NKVDのアメリカ人勧誘は大きな成果を挙げ、あるメッセージが示す通り、実行には移されなかったものの、ファーストレディーのエレノア・ルーズベルトを勧誘するという計画が立案されたほどだった。ニューヨーク在住のNKVDレジデント、ワシリ・ザルービンの妻を使ってエレノアを説得する、というのが計画の骨子である。

　ソビエトのエージェントはホワイトハウス、上院委員会スタッフ、陸軍、戦略諜報局、国務省、司法省、戦時生産委員会、そして財務省に潜んでいた（人員過剰のため、財務省にエージェントを配置するのを中止するよう、アメリカのハンドラーに命じたメッセージもある）。またマンハッタン計画に携わっていたり（「原爆スパイ網」を参照のこと）、軍需工場で雇われたりしている者もいる。さらに、ホイッテイカー・チェンバースやマイケル・ストレートのようにジャーナリストだったエージェントもいる。

　アルフレッド・K・スターンや、彼の妻で元駐独大使の娘でもあるマーサ・ドッドのような裕福かつ影響力のあるアメリカ人の活動にも、新たな光が当てられている。ソビエトのエージェントであるとFBIの情報提供者から名指しされたスターン夫妻は、1957年にチェコスロバキアへ逃れ、記者会見で疑惑を否定した。しかしヴェノナのメッセージは、スパイ網の主要メンバーと2人の関係を明らかにしている。またルーズベルトとトルーマンの補佐官を務め、国務省の連絡員でもあったロークリン・カリーとハリー・デクスター・ホワイトも、エージェントだったことが突き止められている。

　ヴェノナ計画で暗号解読に功績を挙げたメレディス・ガードナーは特別報告書を作成し、アメリカの情報当局に素早く警告できるよう、メッセージから発見した内容を記録した。1997年に公開された報告書には、原爆開発を対象としたスパイ行為、イギリス人スパイであるドナルド・マクリーンのコードネーム、ジュリアス・ローゼンバーグのスパイ網、そしてワシントンで亡命したソビエト貿易代表団メンバーがNKVDの追跡を受けていることなどが含まれていた。

　ヴェノナメッセージを入手したアメリカの防諜当局は、1930年代におけるソビエトのスパイ活動をFBIに詳しく語った元共産党員、チェンバースの供述内容を実証できた。また1945年にオタワで亡命し、原爆スパイ網などソビエトによる様々なスパイ活動を暴露した大使館所属の暗号官、イーゴリ・グゼンコによる情報も、ヴェノナによって裏付けられている。長らくNKVDの密使を務め、時にはエージェントのハンドラーにもなったべ

ントレーは 1945 年に FBI へ出頭し、具体的な名前を挙げて自らのスパイ行為を自白した。FBI はヴェノナによってもたらされた情報を基に、彼女の供述の多くを裏付けることができた。

アメリカ陸軍信号情報局（SIS）は 1939 年からソビエトによる通信の傍受を続けてきたが、解読までは試みていなかった。わずか数週間前まで教師だった SIS の若き職員ジーン・グラビールは、外交任務、暗号システム、あるいは受取人ごとにメッセージを分類するという作業を始める。その結果、メッセージは 5 つのカテゴリーに分けられた。1 つは貿易や武器貸与、あるいはイギリス及びソビエトへの補給物資の送付といった内容を含むと思われるものである。2 つ目は外交関連であり、他の 3 つは NKVD や GRU といったソビエト情報機関のメッセージだった。そして SIS（NSA の前身）がワシントン DC 郊外のアーリントンホールを拠点として、暗号化されたソビエトの外交通信に取り組み始めた 1943 年、ヴェノナ計画（当初はブライドというコードネームが付されていた）が始められた。

同年 11 月、陸軍信号部隊の予備役士官でシカゴ大学所属の考古学者だったリチャード・ハロック中尉は貿易通信暗号の解読で小さな成功を収め、他のシステムを解読する手がかりをもたらした。翌年にはセシル・フィリップというもう 1 人の暗号解読者によって 1 つの発見がなされ、後に NKVD のものであると判明する暗号システムを、限定的ながら解読できるようになった。しかし NKVD のメッセージを読めるようになる、あるいは通常の外交・貿易通信ではなくスパイの通信であると判断できるようになるまでには、さらに 2 年を要した。

大きな進展がもたらされたのは 1946 年夏のことである。SIS のメレディス・ガードナー分析官は、メッセージ数点におけるパターンの類似性を発見する。NKVD の暗号システムには、単語やフレーズを数字に置き換えるコードブックが用いられていた。これらの数字は「アディティブ」、すなわちワンタイムパッドに記されたランダムな数字（乱数）を加えるというテクニックを通じて、さらに暗号化されていた。ワンタイムパッドの各ページにはいくつもの乱数が記されており、メッセージの送り手と受け手はそれを使ってもう 1 段階の暗号化を行なったりそれを復号したりするのである。メッセージにおける最初の単語が「原子力」で、この単語を表わすコードブックの数字が 3856 であるならば、それにワンタイムパッドの最初の数字、例えば 1349 を繰り上がりなしで加算する。すると、原子力という単語は 4195 と暗号化される。

【参照項目】コードネーム、エリザベス・ベントレー、ホイッテイカー・チェンバース、クラウス・フックス、アルジャー・ヒス、ドナルド・マクリーン、原爆スパイ網、ハリー・ゴールド、ジュリアス・ローゼンバーグ、防諜、浸透、ウィリアム・ワイスバンド、軍保安局、ハロルド（キム）・フィルビー、ロークリン・カリー、戦略諜報局、ウィリアム・ドノヴァン、インテリジェンス・オフィサー、NKVD、レジデント、ガイク・オヴァキム、ダンカン・リー、FBI、J・エドガー・フーヴァー、モーリス・ハルペリン、フランツ・ノイマン、DST、暗号名、NSA、セオドア・A・ホール、エージェント、GRU、ラヴレンチー・ベリヤ、ワシリ・ザルービン、ハンドラー、マイケル・ストレート、マーサ・ドッド、ハリー・デクスター・ホワイト、メレディス・ガードナー、イーゴリ・グゼンコ、密使、信号情報局、ブライド、アーリントンホール、ワンタイムパッド

いかにして成し遂げられたのか？

ワンタイムパッドは 1 度しか使わなければ解読不可能である。しかしソビエトの暗号資料作成セクションは、一部のワンタイムパッドを再利用していた。ガードナーは数千もの数字のグループから繰り返しを発見するが、アメリカの暗号解読者に手がかりをもたらしたのはこの繰り返しだった。ソビエトによるワンタイムパッドの使い回しは 1942 年には稀だったが、43 年になるとそれが増え、44 年には一層増加している。それと比例して、暗号解読率もこの 3 年間で上昇を続けた。

この暗号システムを解読するため、解読者はまず加算された数字を突き止める必要があった。彼らは自らの頭脳だけを頼りに、初めて見るコードブックの解読に取り組んだ。1942 年から 43 年にかけて傍受したメッセージの一部は、NSA のサミュエル・P・チュー博士の純粋な分析手法によってもう 1 つの突破口が開ける 1953 年ないし 54 年まで解読できなかった。しかしそれ以降は、部分的に解読されたソビエトのコードブックが意味を持つようになる。

ヨーロッパでの戦争が終結を迎える中、ポール・ネフ中佐率いる軍事情報チームはアーリントンホールの指示に従い、ザクセンの古城にあるドイツ外務省の信号情報部門の文書庫からコードブックの写真コピーを入手した。このコードブックをはじめとする資料は、フィンランドが 1941 年 6 月 22 日にペトサルノのソビエト領事館から入手したものだった。フィンランド軍が領事館を接収した際、職員はコードブックの一部しか焼却できなかったのである。ネフのチームがこのコードブックをアメリカ軍前線に届けたのは、ソビエト占領軍がザクセンに進駐するわずか 1 日前のことだった。それと同じ頃、同じくアーリントンホールから連絡を受けたオリヴァー・カービー中尉は、ドイツのシュレスヴィヒで関連する暗号資料を発見している（ネフとカービーは後にNSA 幹部となった）。

一方ガードナーは、ニューヨークからモスクワへ送信された 1944 年 8 月 10 日付のメッセージから、1 つのフ

BRIDE

~~TOP SECRET~~

TO BE KEPT UNDER LOCK AND KEY :
NEVER TO BE REMOVED FROM THE OFFICE.

USSR	Ref No: 3/NBF/T176
▄▄▄▄▄	Issued: ▄▄▄2/4/1952
	Copy No: 201

JOURNALISTS' VIEWS ON CANDIDATES FOR APPOINTMENTS
TO BE MADE BY THE U.S. GOVERNMENT.

From: NEW YORK

To: MOSCOW

No.: 1507   23 Oct. 1944

TO VICTOR.

　　　　From a chat with SERGEJ[i]
　　　　　　　　　　[69 groups unrecoverable]
[SW]ING[ii] assert[s] that HENDERSON[iii] will not be appointed to
this post.　Thomas REYNOLDS, a correspondent of the CHICAGO SUN who
is on very friendly terms with CAPTAIN's [KAPITAN][iv] close adviser -
ROSENMAN[v], said that HENDERSON[iii] will be given the post of
economic [D' adviser] with the Military Administration of Occupied
Germany.　DUNDLE-DEE [GRMEL'][vi] and SWING[ii] consider the most
serious candidacy in 1944 is that for the head of the ARSENAL[vii].
They and correspondent HIGHTOWER [KHAJTAUER], who has connections
with the BANK[viii], assert that so far the question has not been
decided.　Several correspondents have named General WEDEMEYER
[VIDEMEJER] as commander of the occupation forces of the COUNTRY [STRANA][ix],
however there is no possibility of checking the information.
Apparently one [3 groups unrecovered] General CLARK, but at the
instance of MURPHY [MERFI][x] his candidacy has been turned down
because he is a Jew.

No. 844.   MAY [MAJ][xi]

23rd October

　　　　　　　　　　　　　　　[T.N. and Comments overleaf]

Distribution

レーズを抽出していた。このメッセージはラテンアメリカでの秘密活動に言及するものだったことが、後の分析によって明らかにされている。そして46年12月20日、ガードナーは1944年に発信されたもう1件のメッセージを解読したが、それはまさに宝の山だった。そこにはアメリカの原爆開発プロジェクトに携わる一流科学者の氏名が記されていたのである。47年4月下旬もしくは5月上旬、ガードナーは44年12月に発信された2件のメッセージを解読し、陸軍参謀本部に所属する人物が極秘情報をソビエトに提供していたことを突き止めた（NSAは95年にヴェノナ資料を公開するにあたり、「これら2件のメッセージは現在機密解除の審査中である」としか述べていない。またいくつかの暗号名が「個人情報保護」とされている）。

アメリカ陸軍G-2の副官であり、戦時中のマジック計画で中心的役割を果たしたカーター・W・クラーク准将は、解読された内容に驚愕した。クラークから通知を受けたFBIは、ロバート・ランファイア特別捜査官をヴェノナ計画に配属する。さらにその後、米英の情報当局は、モスクワとキャンベラとの間で交信されていたメッセージの解読内容について、オーストラリアにも通報している（下記を参照のこと）。

MI6におけるソビエトの内通者だったキム・フィルビーは1949年から51年にかけてワシントンに駐在しており、時々アーリントンホールを訪れてヴェノナの解読内容を目にすると共に、ヴェノナ計画の進展に関する要約書を定期的に受け取っていた。ソビエトはフィルビーなどの情報源から、戦時中のスパイ行為が米英の情報機関によって突き止められたことを知ったのである。

1945年6月、モスクワは「外国情報機関」がソビエトの外交郵便の動きに関心を示しており、外交郵袋から「文書を抜き取る」可能性について警告した。また47年5月に発信されたもう1つの警告メッセージは、「料理人、子守女、掃除人、メイドなど」として私的に雇った外国人を直ちに解雇するよう、大使、領事、及び職員に命じている。

イギリス保安部（MI5）に所属していたピーター・ライトは、1950年代のヴェノナメッセージを見せられ、暗号名の一部が今もMI5で活動中の人物を指していることに気づいた。ヴェノナによって正体を突き止められたスパイの1人であるセドリック・ベルフレージは、戦時中ニューヨークに拠点を置いた情報機関、英国保安調整局に1941年から43年まで所属していた人物だった。

ライトは著書『Spycatcher（邦題・スパイキャッチャー）』（1987）の中でこう記している。「それら解読内容を読んだ私は、最初に解読されてから10数年間、MI5のトップにいる者が枕を高くして眠れたのはどういうわけだろうと不思議に思ったものだ」（ライトは正式に公開されるより早くヴェノナの存在を暴露していた）。ま

たフルーエンシー委員会がヴェノナ資料を使ってイギリス情報機関の内通者狩りを行なうと共に、アンソニー・ブラントのスパイ行為や、ソビエトからの亡命者アナトリー・ゴリツィンの信憑性を探っていた捜査官もヴェノナを活用していたことを明かしている。

数百を超す暗号名の中にアンテナとリベラルというものがあった。いずれもジュリアス・ローゼンバーグを指していることが後に明らかになり、メッセージの1つにはリベラルの妻がエセルであると記されていた。

他のメッセージでは、ローゼンバーグ（リベラルと記されていた）がスパイ活動で多忙を極め、ハンドラーが「過労のためにリベラルを任務から外さざるを得ない」事態を心配していることが触れられている。またNKVDはエセルを評価するメッセージの中で、「政治的に十分進歩した。夫の活動を知っている」と述べている。さらに、ハリー・ゴールド、デイヴィッド・グリーングラス、ルース・グリーングラス、クラウス・フックスによる秘密活動も別のメッセージで触れられていた。しかし原爆スパイ網に関わった人々の暗号名の一部は現在も突き止められていない。

ヴェノナメッセージは、レオニード・クワスニコフ（暗号名アントン）がアメリカ国内における原爆スパイ活動を率いていたことを明かしている。クワスニコフはローゼンバーグ夫妻（2人は彼の管理下に置かれた）同様、ジェット機、レーダー、ロケットといったその他の技術開発もスパイ活動のターゲットにしていた。またソビエト情報機関とアメリカ共産党との広範囲にわたる結びつきや、ソビエトのスパイ網が領事館、アムトルグ貿易会社、タス通信、及びソビエト軍向け補給物資の生産工場への査察団をカバーとして活動していた実態も明らかになっている。

1940年から41年にかけてGRUのロンドン在住レジデントとモスクワ本部との間でやりとりされた約260件のメッセージは幅広い内容を含んでいたが、少なくとも3ヵ所に秘密無線局を設置することも記されていた。バロンというコードネームのエージェントは、ドイツのエニグマ暗号の解読内容から入手したと思しき情報を送っている。その中ではクラウス・フックスについても言及されていた。このレジデントは、駐在武官の個人秘書をカバーとしていたサイモン・クレマーだったと考えられている。

1943年から48年までに、およそ200点のメッセージがモスクワとオーストラリアの間を行き交っている。その大半は政府機関内部のエージェントに関するものであり、情報機関に潜む内通者に関連するものもあった（「オーストラリア保安情報機構」を参照のこと）。

これらオーストラリア関連のメッセージから、10名のスパイが突き止められている。その1人であるイアン・ミルナーは、チェコスロバキアに亡命して同国の情報機

関に加わった。1954年にはKGB幹部のウラジーミル・M・ペトロフが、暗号官の妻と共にオーストラリアへ亡命する。ペトロフによって正体を暴露されたと思われるエージェントは、ヴェノナの解読内容を目にし、ソビエトの防諜担当官を混乱させる撒き餌としてペトロフを活用することを決断したオーストラリア当局によって釈放されている。またオーストラリア関連のメッセージは、ソビエトが現地のエージェントから連合軍の戦略情報を提供され、それを日本政府に見せたことも明らかにした。当時のソビエトはヨーロッパにおいては連合国に加わっていたものの、太平洋戦争の最後の週まで日本との外交関係を維持していたのである。

別の450件のメッセージは、第2次世界大戦で中立を保ったスウェーデンにおけるソビエトのスパイ活動を示している。1942年4月13日にモスクワへ送信されたメッセージでは、OSSに協力したスウェーデン人外交官ラウル・ワレンバーグの伯父である銀行家、ヤコブ・ワレンバーグも関与したドイツの和平工作に触れられていた。

ヴェノナメッセージの大半はエージェントの活動やスパイ技術に関するものであり、FBIへの対抗策、会合のシナリオ、そして文書の撮影についての内容も含まれていた。あまりに多くの資料がソビエトのスパイによって入手されたため、情報を暗号化した上で送信する以外に、機密文書の写真コピーを外交郵袋に入れてモスクワへ届ける必要もあった。ニューヨークからモスクワの本部へ送信されたあるメッセージには、「ロバート」からフィルム56巻を入手したことが記されている。またアメリカ人共産主義者をスパイとして勧誘するにあたり、NKVDが行なった評価に触れたメッセージもある。

イギリス情報機関のメキシコ担当エージェント「スタンレー」に触れているメッセージが複数存在し、その正体がフィルビーであることが後に判明した。また事実よりも意見のほうを数多く送ってきた人物として「ヒックス」の名が挙げられており、そこから内通者ハンターはガイ・バージェスに辿り着いた。「ジョンソン」の旅行パターンはブラントのそれと一致していた。またヴェノナには、戦後のフランス政府の核となるシャルル・ド・ゴールの自由フランス運動に、ソビエトが浸透しているという情報も含まれていた。

「アルバート」は2度にわたりイリーガルとしてアメリカに駐在したソビエトのインテリジェンス・オフィサー、イスハーク・アフメーロフのことである。「ルレヴォイ」というカバーネームを持っていたアメリカ共産党党主アール・ブラウダーの名も、解読されたメッセージに記されている。

ピーター・ライトによる暴露と、アメリカが特別な情報源を有しているという「リーク」を除き、ヴェノナ計画による成果は1995年まで極秘とされてきた(当然ながら、ソビエトはフィルビーやワイスバンドらスパイを通じてヴェノナの存在を知っていた)。

1995年、NSAは1,200点以上に及ぶヴェノナメッセージの公開を始め、1940年代におけるソビエトのスパイ活動の規模を明らかにすると共に、通信傍受と暗号解読がアメリカの防諜活動に果たした重要な役割を広く知らしめた。

【参照項目】軍事情報、信号情報、G-2、マジック、ロバート・ランファイア、内通者、MI5、ピーター・ライト、英国保安調整局、フルーエンシー委員会、アンソニー・ブラント、アナトリー・ゴリツィン、スパイ網、アムトルグ、エニグマ、駐在武官、KGB、ウラジーミル・M・ペトロフ、戦略情報、ラウル・ワレンバーグ、スパイ技術、ガイ・バージェス、イリーガル、インテリジェンス・オフィサー、イスハーク・アフメーロフ、アール・ブラウダー

ウェーバー、ルース (Weber, Ruth)

「ウルスラ・クチンスキー」を参照のこと。

ウェブスター、ウィリアム・H (Webster, William H. 1924-)

FBI長官(1978〜87)と中央情報長官(87〜91)の両方を務めた唯一の人物。しかし1989年のパナマ侵攻における情報活動の失敗、及び90年のイラク軍によるクウェート侵攻を予測できなかったことで、ブッシュ政権と議会の批判を受けて辞職した。

ウェブスターはアマースト大学で学び、その後ワシントン大学ロースクール(セントルイス)に移って1949年に卒業する。卒業後はセントルイスで弁護士業を営み、60年にミズーリ州東部地区の検察官に任命された。また71年にはニクソン大統領によって連邦判事に指名されている。

1978年、カーター大統領から任期10年のFBI長官に指名されたものの、ウェブスターはその座を狙っていたわけではなかった。しかし就任後は、ウォーターゲート事件によって低下したFBIのイメージを立て直すことと、1972年に死去したJ・エドガー・フーヴァー前長官による独裁的体質を改めることに注力した。

ウェブスターはFBI長官として、機密指定される文書の量を減らすことでソビエト連邦とのスパイ戦争を抑制できると進言すると共に、スパイ事件を防ぐため最高機密のセキュリティー・クリアランスを持つ人数を削減するよう提案した。「車に機密資料を積んで走り回るような人間、あるいは機密資料を家に置きっぱなしにしたり、机の上に放置したりするような人間は……金が必要になると(外国情報機関からの)誘惑に負けてしまう優柔不断さを持っているものだ」

ウェブスターはその一方で、スパイ行為に対するより積極的な措置を講じた。ワシントンDCで開かれた集会

において、彼はこう述べている。「1984年には（スパイ行為で）3件の有罪判決が下されましたが、前年に比べると急増しています。さらに今年（1985年）は、すでに9件の有罪判決が下されているのです。と同時に、84年度のスパイ容疑による逮捕件数は8件でしたが、今年はもう14件の逮捕が行なわれています」

ウィリアム・J・ケーシーの死去に伴い、ウェブスターは1987年5月に中央情報長官（DCI）となり、イラン・コントラ事件によって低下したCIAの評判を立て直すと誓った。結果、年末までに事件に関与した職員2名を解雇、1名を降格処分にすると共に、他の4名を譴責処分とした。

CIAを引き継いだウェブスターは議会の委員会において、防諜部門を改善し、また世界各地のアメリカ大使館における保安体制を強化するため、組織再編を実施したと述べた（しかしCIAはその後6年間にわたってオルドリッチ・H・エイムズのスパイ行為を発見できなかった。ソビエトのためにスパイ行為をしていたエイムズは、この時CIAの防諜部門スタッフを務めている）。

ウェブスターは1991年5月8日にDCIを辞職したが、ブッシュ大統領の要請により8月31日までオフィスにとどまっている。

【参照項目】FBI、中央情報長官、ジョージ・H・W・ブッシュ、CIA、ウォーターゲート事件、J・エドガー・フーヴァー、最高機密、ウィリアム・J・ケーシー、イラン・コントラ事件、防諜、オルドリッチ・H・エイムズ

ウェブスター、ティモシー （Webster, Timothy 1822-1862）

南北戦争において北部諸州のためにスパイ活動を行ない、エイブラハム・リンカーン暗殺計画の阻止に一役買ったアラン・ピンカートン配下のエージェント。

イギリスのニューヘヴンに生まれたウェブスターは1830年に一家ぐるみでアメリカへ移住、ニューヨーク市警察に一時務めた後、ピンカートンの配下に加わった。リンカーンの大統領就任に先立ち、ウェブスターは大統領暗殺を企む南部支持者のメリーランド出身者グループに浸透し、計画を突き止める。メリーランドでは南部支持者として受け入れられ、ピンカートン配下の別の男によって逮捕されるほどだった――しかしウェブスターの正体を知ったこの男は、彼の「脱獄」を手配している。

南部連合の首都リッチモンドに入ったウェブスターは、陸軍長官ユダ・ベンジャミンによってエージェントとして雇われる。北部諸州で活動する他のエージェントにメッセージを届けるよう命じられた際には、まずハンドラーにメッセージを見せてからそれを実行した。彼のもたらした情報により、北軍に所属していた南部連合のスパイが逮捕されている。

南部連合に捕らえられたピンカートン配下のエージェント2名が命と引き換えに情報を提供し、それによってウェブスターの正体が割れた。その結果、1862年4月29日にリッチモンドで絞首刑となったが、こうした運命を辿ったアメリカ人は、1776年にイギリス軍によって絞首刑とされたネイサン・ヘイル以来だった。

1871年、ピンカートンはウェブスターの遺体をリッチモンドから北部諸州の地に移し、イリノイ州オナーガで埋葬が執り行なわれた。ここには北軍に所属し、南部連合の刑務所で獄死したウェブスターの息子、ティモシー・ジュニアも眠っている。

【参照項目】アラン・ピンカートン、エージェント、ハンドラー、ネイサン・ヘイル

ヴェラ （Vela）

核実験の監視を目的として開発されたアメリカの人工衛星。

ヴェラ衛星は3種類が打ち上げられた。ヴェラ・ホテルは2基1組で運用され、地上の核爆発を検知する。ヴェラ・シエラは大気圏及び宇宙空間での爆発を検知し、ヴェラ・ユニフォームは地下及び水中の核爆発で発生した振動を検出する。なおヴェラ・ホテルは、月までの距離のおよそ4分の1に相当する地上約96,600キロメートルの軌道に「滞在」していた。

宇宙空間から初めて核実験を監視したのはエクスプローラー4号であり、1958年にアメリカが実施した5回の高々度核爆発を探知した。この人工衛星は放射能研究衛星として、同年7月26日に打ち上げられたものである。その後もディスカバラー衛星を用いて観測装置の試験が行なわれた。

1963年10月17日、ヴェラ・ホテルの最初の1基が周回軌道に入った。アトラス・アジェナDロケットによって打ち上げられた各衛星の重量は220キログラムで、衛星に搭載されたガンマ線及び中性子検出装置は、地球から1億マイル（約1.6億キロメートル）離れた場所で出力わずか10キロトン（訳注：広島型原爆の核出力は15キロトン、長崎型原爆の核出力は21キロトン）の核爆発を探知できる。またこれらセンサーは、太陽面爆発（フレア）や核爆発以外の閃光と放射能も検出できるようになっていた。

ヴェラ衛星の打ち上げは引き続き行なわれ、その過程でセンサーに対する改良が加えられた。最後のヴェラ衛星――ヴェラ11号及び12号――は1970年4月8日に打ち上げられ、その後は核爆発検出装置を搭載したDSP衛星（「ミダス」を参照のこと）が取って代わった。

ヴェラ衛星はソビエト及び中国をはじめ各国の核実験を監視すると共に、自然現象の観測にも力を発揮している。

「ヴェラ」は「監視員」という意味のスペイン語であ

る。

（ヴェラ衛星の開発以前、アメリカ国外の核実験を探知する主な手段は、核爆発による放出物の回収装置が取り付けられた航空機だった。1949年にソビエトが初の核実験を行なった際、改造を施されたB-29 スーパーフォートレスが9月3日に日本海上空で放射性物質を回収している。この核実験は8月25日にカザフ砂漠で行なわれたものだった。その後はU-2 偵察機が核実験探知任務に用いられている）

【参照項目】衛星、B-29 スーパーフォートレス、U-2

ヴェール　(Veil)

　リビアの独裁者ムアンマル・アル・カダフィに対してCIA が立案したとされる偽情報計画のコードネーム。ワシントン・ポスト紙のボブ・ウッドワード記者は、もう1つの同様な計画、ヴェクターについて記されたメモも見たと述べており、「アメリカの秘密欺瞞作戦」に関する記事を1986年10月に執筆した。

　レーガン大統領とウィリアム・J・ケーシー中央情報長官は計画の存在を否定している。またウッドワードは、1987年に出版されたケーシーとCIA に関する自著に『Veil』のタイトルを付けている。

【参照項目】CIA、偽情報、コードネーム、ボブ・ウッドワード、欺瞞、ウィリアム・J・ケーシー、中央情報長官

ウェルチ、リチャード・S　(Welch, Richard S.　1929-1975)

　CIA 職員の「無力化」を呼びかけていた元CIA エージェント、フィリップ・エイジーによって正体を暴露された後の1975年12月23日、アテネで殺害されたCIA 職員。ベテラン工作員のウェルチは殺害当時アテネ支局長であり、国務省の駐ギリシャ大使特別補佐官をカバーとして活動していた。しかし彼の本当の身分はアテネではよく知られていた。

　1975年、エイジーは反CIA のカウンタースパイ誌に記事を寄稿し、CIA エージェントの素性を暴露して「無力化」すべきだと訴えた。また同じ号の別の記事では、ウェルチがアテネ支局長であることを暴露している。この記事を元に、アテネ・ニューズ紙も同年11月にウェルチの素性を明らかにするだけでなく、彼の現住所を掲載した。

　12月23日、ウェルチは左翼団体「11月17日革命機構」のメンバーを名乗る3名によって自宅近くで射殺された。遺体はアーリントン国立墓地へ埋葬され、葬儀にはフォード大統領やウィリアム・E・コルビー中央情報長官など多数の高官が列席した。

　カウンタースパイ誌は事件後すぐに声明を出し、「ウェルチ氏の死に責任のある人物がいるとすれば、それはCIA だ。我々は誰かが射殺されるのを望んではいない」

と述べた。

【参照項目】CIA、エージェント、フィリップ・エイジー、カバー、ウィリアム・E・コルビー、中央情報長官

ヴェンデッタ　(Vendetta)

　「ツェッペリン作戦〔2〕」を参照のこと。

ウォイキン、エマ　(Woikin, Emma)

　ソビエトがカナダで組織したスパイ網のメンバー。このスパイ網の存在はイーゴリ・グゼンコによって暴露された。カナダ外務省職員のウォイキンは、駐在武官としてカナダにおけるソビエトのスパイ活動を指揮していたニコライ・ザボーチン大佐に情報を渡したのである。

　1946年に逮捕された後、裁判の結果有罪とされ、禁固2年6ヵ月を言い渡されている。

【参照項目】スパイ網、イーゴリ・グゼンコ、駐在武官、ニコライ・ザボーチン

ウォーカー、アーサー・J　(Walker, Arthur J.　1934-2014)

　弟のジョン・A・ウォーカー・ジュニア海軍准尉に勧誘されてスパイとなった元アメリカ海軍士官。

　アーサー・ウォーカーは1953年に海軍入りし、1等ソナー操作員として潜水艦で勤務した。少尉任官後も潜水艦部隊にとどまり、68年にはヴァージニア州ノーフォークの大西洋艦隊戦術学校で対潜水艦戦の教官となる。その後73年に少佐で退役するまで教官を務めた。

　退役後はカーラジオの取り付けや交換を行なう事業を始めるも失敗、海軍にエンジニア業務を提供する軍需企業 VSE 社で働く。その後弟のジョンからスパイの勧誘を受け、1980年9月からVSE で扱っている機密資料を渡し始めた。

　1985年5月20日にジョン・ウォーカーが逮捕された後、FBI は兄のスパイ活動への関与を突き止めた。FBI による尋問を受けたアーサーは黙秘権を放棄して自白を行なっている。

　起訴内容によると、アーサーは「文書、ファイル、写真、冊子、そしてアメリカの海軍力に関係した防衛計画」を弟にもたらしていたという。当然ながら、ジョンがそれらをソビエトに渡していることは知っていた。また他にも、揚陸艇に搭載された機器の故障に関する報告書や、揚陸指揮艦ブルーリッジのダメージコントロール・マニュアルが手渡されていた。

　妻のリタはノーフォークで行なわれたアーサーの裁判において、夫が1960年代後半から70年代前半にかけてジョンの妻バーバラと関係を持っていたことを、ジョンの逮捕後に告白されたと証言した。またアーサーが現役当時からウォーカーのためにスパイ行為をしていた可能性があると検察側は述べたが、この件がそれ以上追求されることはなかった。

アーサーの弁護人は裁判において証人を求めなかった。その後有罪判決が下され、終身刑3回と罰金25万ドルが言い渡されている。

【参照項目】 ジョン・A・ウォーカー・ジュニア

ウォーカー、ジョン・A、ジュニア

（Walker, John A., Jr. 1937-2014）

1985年にスパイ容疑で逮捕されたアメリカ海軍の下士官。ウォーカーが作り上げたスパイ網には息子のマイケル・ウォーカー、兄のアーサー・J・ウォーカー海軍少佐、そして通信員のジェリー・A・ホイットワースが加わっており、いずれも海軍に所属していた。ウォーカー事件はアメリカ海軍の歴史において最大のダメージをもたらしたスパイ事件とされている。

「最高度の暗号関連機密」のセキュリティー・クリアランスを有していたウォーカーは、サウスカロライナ州チャールストンの潜水艦訓練センターに配属されていた1967年、ワシントンDCのソビエト大使館へ接触したものと考えられている。当時彼はチャールストンでバー兼レストランを開業していた（これらの事実は、後にウォーカーのスパイ行為をFBIに通報した妻バーバラの主張を基にしている。ウォーカーはFBIに対し、ヴァージニア州ノーフォークの大西洋艦隊潜水艦隊で航海士兼通信本部スタッフとして勤務していた頃からスパイ行為を始めたと供述している）。

ウォーカーは1955年に海軍入りした後、通信スペシャリストとしてのキャリアを歩み、1962年から66年にかけて2隻の戦略ミサイル原子力潜水艦で勤務している。次いでチャールストンとノーフォークで勤務した後、サンディエゴ海軍訓練センターの通信員学校で副監

1985年に撮影された逮捕当時のジョン・A・ウォーカー。かつらを被っている。（出典：FBI）

督官を務めた。自分と同じ暗号関連のセキュリティー・クリアランスを持つ上級通信員、ホイットワースと巡り会ったのはこの頃である。

ウォーカーは1976年に海軍を退役するが、スパイ活動から手を引いたわけではなかった。彼はホイットワースだけでなく、後に息子のマイケルと兄のアーサーからも機密情報を入手していた。その一方、海軍退役後にノーフォークで2つの事業——コンフィデンシャル・リ

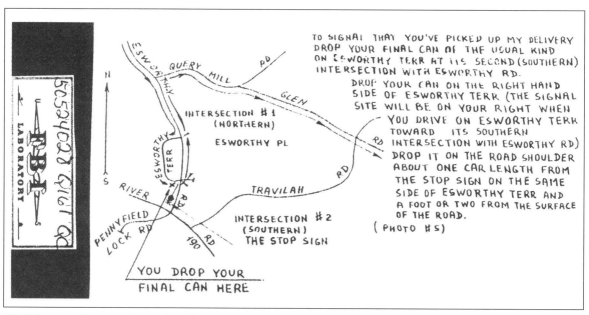

KGBがジョン・A・ウォーカーのために用意した地図入りの指示文書。（出典：FBI）

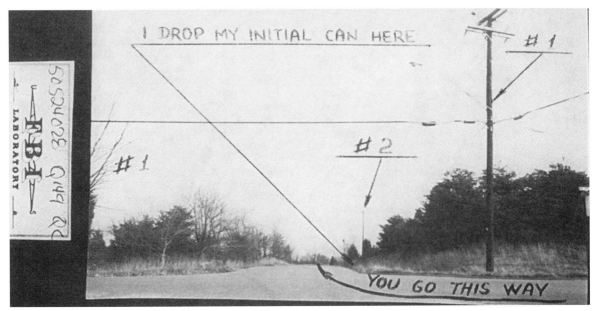

I DROP MY INITIAL CAN HERE

#1

#2

#1

YOU GO THIS WAY

KGB がジョン・A・ウォーカーに隠し場所を伝えるべく用意した指示書き入りの写真。(出典：FBI)

ポート社という総合探偵会社と、エレクトロニック・カウンタースパイ社という盗聴器の発見を専門とする会社——を始めている。

　ウォーカーはアメリカ国内だけでなく、ウィーン、香港、フィリピンでソビエトのエージェントと会った。しかも、ソビエト軍から上位の階級を与えられたものとされている。

　娘のローラ・ウォーカー・スナイダーは陸軍に所属していた。ウォーカーは彼女もスパイ網に引き入れようとしたが、失敗に終わっている。ローラの回想によると、陸軍に残れるよう父親から中絶を勧められた上で、スパイに勧誘されたという。「（陸軍を）辞めるなんて馬鹿だ、そんなことでは未来はない、どうしようもない人間だと言われました。お前は間抜けだ、と」

　ウォーカーは自らのスパイ行為に奇妙なプライドを持っていた。彼はソビエトに送った手紙の中で、自分の運営手腕をこう記している。「我が組織に所属する、あるいは所属することが見込まれる人間の誰も、このビジネスに関わる多くの人間を蝕む昔ながらの問題とは無縁です。ドラッグ、アルコール、あるいは同性愛の問題を抱えているメンバーはいません。全員精神的に強靱で、しかも成熟しています。さらに我が組織は資金洗浄もできるのです」

　1984年11月、FBIはジョン・ウォーカーのスパイ活動について、ローラに促された元妻のバーバラから通報を受けた。バーバラはそれ以前からスパイ行為に気づいており、機密資料を残して金を回収するデッドドロップに同行したこともある。夫妻は数年間にわたって別居と酒の上での口論を繰り返した後、1976年に離婚した。その後バーバラはFBIに2度通報しているが、1度目は酔っぱらいの戯言として無視された。

　FBIは1984年後半からウォーカーを監視下に置き、機密文書129件（空母ニミッツ所属の息子が盗み出したもの）がメリーランド州プールスヴィルのデッドドロップに残されたことを確認した後、翌年5月20日に逮捕した。またデッドドロップ近くで目撃されたソビエト副領事のアレクセイ・トカチェンコは、その3日後にアメリカを離れている。

　1985年10月の開廷前日、ジョン・ウォーカーと息子マイケルはスパイ容疑で有罪を認め、ジェリー・ホイットワースの事件について捜査に協力することに同意した。裁判の結果ウォーカーは終身刑、マイケルは禁固25年を言い渡されている。

　伝えられるところによると、ウォーカーは取調中に実施されたポリグラフ検査を通過できなかったという。特にスパイ網の起源と規模に関する回答について、取調官は疑問を抱いたとされる。

　ウォーカーがスパイ行為で逮捕された1985年までに、ソビエトは彼のもたらした暗号資料によって100万点以上のメッセージを解読していたと、アメリカの情報当局は見積もっている。「ソビエトは兵器及びセンサーのデータ、海軍の戦術、対テロ戦術、そして水上艦艇、潜水艦、空挺部隊の訓練内容、準備状況、及び戦術にアクセスできた」キャスパー・W・ワインバーガー国防長官は、ウォーカー・ホイットワース事件によってもたらされたダメージを推定する中でそう述べた。「海軍関係のあらゆる分野でソビエトが劇的なメリットを得たというはっきりした兆候を我々は現在摑んでいるが、それらは今やウォーカー事件との関連において解釈しなければならない」

ジョン・ウォーカーのニックネーム「ジョーズ（Jaws）」は彼のイニシャルが由来になっている。

【参照項目】マイケル・ウォーカー、アーサー・J・ウォーカー、ジェリー・A・ホイットワース、飛び込み、FBI、盗聴／盗聴器、ウィーン、デッドドロップ、アレクセイ・トカチェンコ、ポリグラフ、暗号資料

ウォーカー、マイケル （Walker, Michael 1962-）

父親のジョン・A・ウォーカーからソビエトのスパイとして勧誘されたアメリカ海軍の水兵。

マイケルの記憶によれば、家族のスパイ行為に初めて気づいたのは酒に酔った母親とのいざこざからだったという。「（母が）私の部屋にやってきて——もう深夜近くでした——、手をとって階下のリビングに引っ張っていき、私に向かって叫びだしたのです。『あんたの父親はスパイなのよ！』と」当時 13 歳だったマイケルは、そんなことは信じられないと言い返した。

高校に進学後は、父親と共に近所のバーへ出かけるようになった。その際、父親が急に豊かになったのが傍目にもわかったという。ウォーカーはボート 2 艘と自家用機を購入し、とりわけ若い女性がいる場では気前よく振る舞っていた。マイケルは疑惑を抱いたものの、父親がスパイだったとは知らなかったと後に主張している。

息子をスパイにしたかった父親の薦めにより、マイケルは 1982 年 12 月に海軍入りした。新兵訓練終了後は下士官候補生——専門分野の訓練を受けている水兵——として空母アメリカに配属、1983 年 7 月の初航海から戻った後に休暇を取り、入隊当時同居していた父親を訪れるべく上陸した。そしてある夜、マイケルは父親の書斎で空母アメリカにおける仕事を話し始めた。

マイケルは後にこう振り返っている。「まず私は、機密情報を扱っていると話しました。仕事の概略を話すと、父は興味深げに聞いていました。そして数週間後、私のもとにやってきてこう言いました。『なあ、職場の機密情報を渡してくれれば金を払う……金がほしいだろう？　いくらでも稼げるぞ』と」父親によれば、「最低でも週 1,000 ドル、最大で月 5,000 ドル」は稼げるという。

1983 年 10 月、当時婚約者がいたマイケルはヴァージニア州ヴァージニアビーチの海軍航空基地に住んでいた。ある夜、図書館を訪れた彼は機密文書を制服の下に詰め込み、それらを父親のもとに届ける。「ええ、喜んでいましたね。私にそうする勇気があったということで嬉しがっていました。それから無言で文書をめくり、いい出来だと言いました。それだけです」その後 2 人はジョン・ウォーカー宅の 2 階にある作業場に赴き、ウォーカーは息子にミノックスカメラの使い方を教えた。またスパイ行為を母親に知られていることについても話し合っている。ウォーカーは息子にこう告げた。「母さ

んは問題だな。我々を刑務所にぶち込みかねない」

1983 年 12 月、マイケルはバーの会計係をしていたレイチェル・アレンと結婚する。そのバーは父親の行きつけの店だった。翌月には空母ミニッツに転勤となり、艦上のレクリエーション活動を監督し、上陸時の自由旅行の手配も行なう特別業務課に配属された。そして翌年 9 月にはニミッツの作戦室へ配置換えとなっている。

FBI 捜査官が 1985 年 5 月 20 日にメリーランド州でジョン・ウォーカーを逮捕した際、彼はマイケルから受け取った機密文書の詰まったゴミ袋をデッドドロップに残したところだった。

マイケルのスパイ行為は、父親の逮捕に先立つ捜査段階ですでに判明していた。FBI は同僚の水兵もスパイ活動に引き込まれていることを恐れ、海軍当局へ極秘裏に連絡したのである。

5 月 20 日、マイケル・ウォーカーは厳重な監視の下、海軍犯罪捜査局の取調官による尋問を受けた。当時ニミッツはイスラエルのハイファに停泊していた。取調官はマイケルによって艦内に隠された重量 15 ポンドもの機密資料を発見している。艦を下ろされたマイケルはワシントン郊外のアンドリュース空軍基地へ移送され、そこで FBI によって逮捕された。

父親が膳立てした司法取引により、マイケルは連邦機関への協力を条件として禁固 25 年の刑を言い渡された。

その後 2000 年 2 月に釈放されたものの、刑期満了までは保護観察下に置かれることになっている。

【参照項目】ジョン・A・ウォーカー、デッドドロップ、海軍犯罪捜査局、FBI

ヴォジョリ、フィリップ・ド （Vosjoli, Philippe de）

「トパーズ」を参照のこと。

ウォーターゲート事件 （Watergate Scandal）

ウォーターゲートはワシントン DC 北西部に所在する、住居とホテルから成る建物群である。1972 年 6 月 17 日夜、ここに入居していた民主党全国委員会へニクソン政権配下の「鉛管工（特殊捜査部隊）」が侵入、盗聴装置を仕掛けようとした。ウォーターゲート事件は後にニクソン大統領による不正行為の暴露につながり、その結果大統領の辞任を余儀なくした。

5 名の侵入者はいずれも逮捕され、裁判の結果有罪となった。その名前を以下に記す。

ジェイムズ・W・マコード・ジュニア（大統領再選委員会警備部長。FBI と CIA 保安局で勤務した経験を持つ）
バーナード・L・バーカー（元 CIA 職員の不動産業者。1962 年のピッグズ湾侵攻にも関与）
フランク・A・スタージス（CIA と関わりのある元アメ

リカ兵）

ユージニオ・R・マルティネス（CIAの情報提供者）

バージリオ・R・ゴンザレス（鍵業者）

侵入者を発見した警備員は、直ちにワシントン警察へ通報した。捜査の結果、E・ハワード・ハントと、同じく鉛管工チームに所属していたG・ゴードン・リディの2人も関係していたことが明らかになる。また元CIA職員のハントは、別の作戦でバーカーと活動したことがあった。

CIAはこの侵入行為を知らないことになっていたが、犯人との関係から「表向きの否認」を伴う違法作戦ではないかと疑われた。当時、侵入犯はCIAに属していなかったものの、マコードは1970年に退職したばかりであり、マルティネスは契約職員としてCIAの報酬支払いリストに名前が記されていた。またハントは、ペンタゴン・ペーパーズを暴露したダニエル・エルスバーグの元精神科医のオフィスに侵入した際、CIAから技術的支援を受けている。

犯人はいずれもホワイトハウスとの関係について供述しなかった。だがホワイトハウスから見捨てられたと感じたマコードは判事に手紙を書き、隠蔽工作によって侵入行為の首謀者が隠されていると主張した。ここから、後にウォーターゲート事件として有名になるスキャンダルの幕が開いたのである。

「L・パトリック・グレイ」「リチャード・M・ヘルムズ」も参照のこと。

【参照項目】鉛管工、FBI、CIA、E・ハワード・ハント、表向きの否認、ペンタゴン・ペーパーズ

ウォリス、ジョン （Wallis, John 1616-1703）

オリヴァー・クロムウェルによる共和制の時期（1649～58）、暗号学者としてジョン・サーローに仕えたイギリス人。聖職者、数学者、そしてオックスフォード大学教授でもあったウォリスが率いたイギリス秘密機関の暗号解読組織は、極めて優秀な存在だった。この組織は政府によって傍受された、王制派とその支持者との間の手紙から、秘密メッセージを探り出すために用いられた（サーローは郵政総監でもあった）。

1660年に国王となったチャールズ2世は暗号活動を続けるようウォリスに命じ、その後王宮の聖職者にしている。89年にウィリアム3世（オラニエ公）が王位に就くと、ウォリスは後継者として1人の若者を訓練するよう求められた。その能力が国王に大きな感銘を与えていたのである。死後は孫のウィリアム・ブレンコウが後を継いでいる。ブレンコウは「暗号解読者」の称号を与えられた初のイギリス人であり、暗号学者として定期的な俸給が支払われたのも彼が最初である（その後1712年に自殺）。

ウォリスは多くの学者から、アイザック・ニュートンが登場する以前のイングランドにおいて最も影響力のある数学者と見なされていた。また数点の数学書に加え『Essay on the Art of Deciphering』を著している。

【参照項目】暗号、ジョン・サーロー、秘密機関

ウォルコフ、アンナ （Wolkoff, Anna 1902-1969）

第2次世界大戦初期、ロンドンのアメリカ大使館で暗号官を勤めていたタイラー・ケントと共謀してスパイ活動を行なったロシア人ファシスト。「敵を利する」文書をケントから入手し、「敵を支援する目的で」それらをコピーしたとして、公的秘密保護法違反でイギリス当局により起訴された。またベルリンから反連合国のプロパガンダを放送していた「ホーホー卿」ことウィリアム・ジョイスに、コード式暗号で記された手紙を送ろうと試みたともされている。

ウォルコフは親ナチ・反ユダヤ人団体であるライトクラブに所属していた。イギリスが1939年9月にドイツとの戦争に突入すると、ライトクラブは表向き解散したが、実際には地下へ潜り、ドイツを支援する方途を探った。ウォルコフはイタリア大使館の媒介者を通じてベルリンに情報を送ったが、そこにはジョイスによるプロパガンダ放送を勧める内容も含まれていた。

ロシア帝政最後の海軍駐在武官を務めた父親と、皇后のメイドを務めた母親との間に生まれたウォルコフは、ケントと出会った当時ドイツのスパイ容疑者として監視下に置かれていた。また家族がロンドンの自然史博物館に程近い場所で営んでいたロシア・ティールームは、ソビエトに敵対する白系ロシア人の会合場所として使われていた。

ウォルコフはケントと同じ1940年5月20日に逮捕されたが、パトカーに乗せられる彼女の姿を、1人の少年が目を大きく見開いて目撃していた。少年はスパイとの最初の出会いを終生忘れなかった。彼こそが後にスパイ作家として名をなすレン・デイトンである。

中央刑事裁判所で行なわれた非公開の裁判において、ウォルコフは利敵行為を試みたとして禁固10年を言い渡された。その後1947年に釈放されている。

【参照項目】タイラー・ケント、公的秘密保護法、ウィリアム・ジョイス、媒介者、監視、レン・デイトン

ヴォルコフ、コンスタンチン （Volkov, Konstantin）

西側に寝返ったNKVDのインテリジェンス・オフィサー。

1945年8月、イスタンブールのソビエト領事館を拠点に副領事をカバーとして活動していたヴォルコフはイギリス領事館に接触し、イギリス政府に潜む内通者についての情報を提供した。その際、2名は外務省職員、1名は防諜機関のトップだと述べている。またソビエトはす

でにイギリスの外交暗号を解読しているため、自分の情報も寝返りの申し出も、ロンドンに電報で伝えてはならないと警告した。

内通者に関するヴォルコフの情報は外交郵袋でロンドンへ送られ、1週間後にMI6のハロルド（キム）・フィルビーのデスクに届けられた——そしてフィルビーは、自分もヴォルコフに名指しされようとしている内通者の1人であることを認識した。「私は考えをまとめるため、必要以上にその文書を見つめていた」自己弁護的な回想録『My Silent War（邦題・プロフェッショナル・スパイ：英国諜報部員の手記）』（1968）の中でフィルビーはそう記している。しかし運と周囲の怠慢のおかげで、別のインテリジェンス・オフィサーに代わってイスタンブールへ赴任することができた。だが到着した時点でヴォルコフはすでに姿を消しており、その後の消息も聞かれなかった。

それから数年後にフィルビーのスパイ行為が明らかになった際、イギリス情報機関はヴォルコフの件を再検証し、フィルビーがソビエト側に情報をもたらし、結果としてヴォルコフの死刑執行書にサインすることになったと結論づけた。一方のフィルビーは回想録の中で、ソビエトがヴォルコフの住まいに盗聴器を仕掛けた、あるいはヴォルコフが自白したという内容の報告書を記したと述べている。またヴォルコフがイギリス人スパイによって素性を暴露された可能性については、「報告書に記す価値はなかった」としている。

【参照項目】寝返り、NKVD、インテリジェンス・オフィサー、カバー、内通者、防諜、MI6、ハロルド（キム）・フィルビー、盗聴／盗聴器

ウォルシンガム、サー・フランシス

（Walsingham, Sir Francis　1532頃-1590）

エリザベス1世統治下のイングランドで、主にカトリック教徒をターゲットとした大規模な情報組織を作り上げた人物。1573年から死去するまでエリザベス1世の国王秘書長官を務めた。

熱烈なプロテスタントであるウォルシンガムはケンブリッジのキングス・カレッジで教育を受け、卒業後は駐仏大使の秘書を務めつつ情報活動に携わった。エリザベスの即位に伴って帰国した後、女王の目に止まって1570年に駐仏大使となる。73年の帰国後は枢密顧問官及び国王秘書長官に任じられ、ロンドンで秘密機関を組織した。

「貴重すぎる知識はない」をモットーにしていたウォルシンガムは、大規模かつ有能な対外情報組織を構築し始めた。その努力は、イングランド初の国家的・包括的な情報機関として結実した。また暗号にも関心があり、精緻な暗号組織を創設している。

ウォルシンガムのエージェントはフランス、ドイツ、イタリア、低地諸国（訳注：現在のオランダ、ベルギー、ルクセンブルクにまたがる地域内に存在した諸連邦）、スペイン、そしてトルコで活動し、中には外国の王宮に浸透した者もいた。このスパイ網はウォルシンガムの私的財産で運営されており、エージェントの大半はケンブリッジとオックスフォードの両大学から勧誘された人物だった。

ウォルシンガムが挙げた数多い成果の1つに、イングランドに向かって航行するスペイン無敵艦隊の作戦計画に関する詳しい情報がある。またメアリー・スチュアート（スコットランド女王）が陰謀の共犯者に宛てて送った手紙を傍受したことにより、彼女は裁判の結果1587年に処刑されている。ウォルシンガムはこの処刑を熱心に支持した1人だった。

ウォルシンガムが熱心なプロテスタントだったことは、その拡大にさほど熱意を見せなかった女王との間にしばしば不和をもたらした。一方、その浅黒くハンサムな顔つきから、エリザベスからは愛情を込めて「私のムーア人」と呼ばれていた。しかし忠実な働きぶりと見事な成果に対し、エリザベスは十分に報いなかった。その結果、ウォルシンガムは貧困と負債の中でこの世を去っている。

娘のレディー・シドニーもウォルシンガムの諜報活動に関わっていた。

「クリストファー・マーロウ」も参照のこと。

【参照項目】暗号、エージェント

ヴォルテックス　（Vortex）

「シャレー」を参照のこと。

ウォルド、ハンス・パーマー　（Wold, Hans Palmer）

1983年に逮捕されたアメリカ海軍の下士官。ウォルドは乗務していた空母レンジャーを無断で離れた後、海軍犯罪捜査局（NIS）によってフィリピンで身柄を確保され、同時に最高機密資料が写ったフィルムも押収された。情報を担当していたため尋問は苛烈を極め、やがてソビエトに売り渡す目的で偵察情報を撮影したことを認めた。

1983年に行なわれた軍法会議の結果、「アメリカに害をなし、外国に利益をもたらす意図で、もしくはそう信じて写真を撮影した」として有罪となり、重労働4年を言い渡された。

【参照項目】海軍犯罪捜査局、偵察

ウォルトン［p］　（Walton）

西ドイツ駐在中にソビエト連邦軍の情報機関GRUへ情報を提供したアメリカ陸軍及び空軍の下士官。空軍の記録において「ウォルトン」と記されているこの人物は、1961年から64年まで陸軍に所属し、その数ヵ月後

空軍の下士官となった。

1972年、黒人だったウォルトンは人種差別を理由に空軍を離れた。その後テキサス州ヒューストンでタクシーの運転手をしていた際、空軍特別捜査局の尋問を受ける。そしてスパイ活動の全容を話すことと引き換えに起訴は見送られた（と同時に、身分を守るため記録の中では仮名が用いられている）。

【参照項目】 GRU

ウォルフ、ジェイ・クライド （Wolff, Jay Clyde）

艦載兵器システムに関する機密文書を売ろうして有罪になったアメリカ海軍の元下士官。FBIの古典的な囮捜査により、1984年12月にニューメキシコ州ギャラップで逮捕された。当時24歳だったウォルフはFBIの覆面捜査官と会い、機密文書を5,000ないし6,000ドルで売り渡すと持ちかけた。逮捕後に機密文書を売り渡そうとした罪を認め、1985年6月28日に禁固5年の刑を言い渡された。

【参照項目】 FBI

ヴォルフ、マルクス （Wolf, Markus 1923-2006）

東ドイツのスパイマスターだった人物。

医師、戯曲作者、そして共産主義者のユダヤ人を父に持ち、アドルフ・ヒトラーが権力を握った際に一家揃ってスイスへ移住した。その後若きヴォルフはフランスで暮らし、1934年にはモスクワに移ってコミンテルンが運営する移民学校へ通っている。

第2次世界大戦後はドイツに戻り、ソビエト政府による東ドイツ建国（1949）に携わった。建国後はまずラジオの特派員を務め、次いで外交機関に加わり、同国初の1等書記官としてモスクワの東ドイツ大使館で勤務した。

1958年、ヴォルフはMfS（シュタージ）の外国情報部門「A」総局（HVA）のトップに就任する。主な活動──そして功績──として、ヴィリー・ブラント政権当時の西ドイツ政府に多数のスパイを潜入させたことが挙げられる。1974年に側近のギュンター・ギヨームが東ドイツの内通者であると発覚したことで、ブラントは辞職を余儀なくされた。

その後健康問題を理由として、ヴォルフは1987年にシュタージを退いている。

1990年のドイツ再統合後、過去の言動が基で裁かれた元インテリジェンス・オフィサーの中にヴォルフもいた。裁判の結果1993年に有罪となり、禁固6年を言い渡される。しかし1995年5月23日、冷戦期に西側に対するスパイ活動を行なった元シュタージ職員を訴追対象から除外するという判断が憲法裁判所によって下され、ヴォルフら東ドイツの元インテリジェンス・オフィサーは5対3の評決で刑を免除された。

1996年、ヴォルフは出版社とスパイ本の刊行について打ち合わせるべくアメリカへ赴いたが、入国を拒否された（当時すでに自伝をハリウッドの映画制作会社に売り渡していた）。しかしイスラエル訪問時は一時入国ビザを与えられた上、情報当局から歓迎を受けている。

1997年、ヴォルフは再び裁判にかけられる。今度は3件の誘拐行為が対象だった。1955年に誘拐されたアメリカ当局の翻訳官は、スパイ行為を拒否した後に解放されている。1959年に誘拐されたブラントの友人は、ブラントを親ナチ派と非難するのを拒んだものの解放された。また1962年に誘拐された東ドイツからの亡命者は、10年間を刑務所で過ごしている。裁判の結果ヴォルフは有罪とされ、禁固2年の執行猶予付き判決が下された。

ヴォルフは回想録『Spy Chief in the Secret War』（1997）の中で、ベルリンの壁崩壊直後にCIAのインテリジェンス・オフィサー2名から接触を受け、エージェントの名前と引き換えにカリフォルニアで新たな身分を与えると提案されたことを明かした。この本は『Man Without a Face』（1997）と改題された上でアメリカでも出版されている。

【参照項目】 MfS、ギュンター・ギヨーム、内通者、CIA、インテリジェンス・オフィサー

ウォルフ、ロナルド・C （Wolf, Ronald C.）

ソビエトのインテリジェンス・オフィサーを装ったFBIの覆面捜査官に機密情報を売り渡そうとしたアメリカ空軍の元パイロット。

1974年から81年まで空軍に在籍していたウォルフは、89年5月にテキサス州ダラスで逮捕された。ロシア語の音声分析官として訓練を受けていた彼は最高機密のセキュリティー・クリアランスを有しており、極東での偵察飛行に携わったこともあった。

ウォルフは「経済的な無分別」を理由として1981年に除隊されており、逮捕当時は無職だった。その後1990年2月にスパイ行為で有罪を認め、禁固10年の刑を言い渡されている。

【参照項目】 インテリジェンス・オフィサー、FBI、最高機密、セキュリティー・クリアランス、偵察

ウォーレン、ケリー・シアーズ （Warren, Kelly Therese）

クライド・リー・コンラッド・スパイ網の一員としてハンガリーとチェコスロバキアのエージェントに機密情報を渡していた元アメリカ兵。裁判の結果有罪となった。

1997年の起訴当時、ウォーレンは31歳だった。1986年から88年まで第8歩兵師団司令部の事務官としてドイツのバート・クロイツナハに駐在、戦争計画書を扱っていた。10年以上にわたって行なわれたFBIと陸軍の合

同捜査活動において、彼女はスパイ行為の共謀罪で逮捕・起訴された5人目のメンバーだった。裁判の結果、1999年2月に禁固25年の刑を言い渡されている。

ウォーレンが1997年にジョージア州で逮捕された際、アメリカ当局は彼女がロデリック・ジェイムズ・ラムゼイから勧誘を受けたと発表した。彼女はスパイ行為の報酬として7,000ドルを手にしているが、その金は負債の返済に必要だったという。また連邦捜査官は10年近くにわたって彼女の関与を疑っていた。

【参照項目】クライド・リー・コンラッド、スパイ網、エージェント、FBI、ロデリック・ジェイムズ・ラムゼイ

嘘発見器 (Lie Detector)

「ポリグラフ」を参照のこと。

ウッド、ジェイムズ・D (Wood, James D.)

アメリカ空軍特別捜査局に所属していた下士官。ソビエト外交官との面会をFBI捜査官に目撃され、1973年に逮捕された。捜査の結果、レンタカーから数百件の機密文書が発見されている。

ウッドが逮捕されたのは、1等書記官としてワシントンDCのソビエト大使館で勤務していた外交官、ヴィクトル・A・チェルニシェフをFBIが監視した結果だった。

ウッドはFBIに協力し、不名誉除隊になると共に禁固2年の刑を言い渡された。

【参照項目】FBI、監視

ウッドワード、ボブ (Woodward, Bob 1943-)

ウォーターゲート事件の後、カール・バーンスタインと共同でワシントン・ポスト紙に記事を執筆し、ニクソン大統領を辞職に追い込んだアメリカのジャーナリスト。また後に出版した『Veil: The Secret Wars of the CIA 1981-1987(邦題・ヴェール:CIAの極秘戦略1981-1987)』(1987)において、レーガン政権で中央情報長官(DCI)を務めたウィリアム・J・ケーシーの功罪を述べている。

ウッドワードはイェール大学在籍中、海軍予備役士官養成部隊(NROTC)プログラムに参加、卒業後の1965年に海軍入りし、指揮艦と巡洋艦で勤務した後、5年間にわたる海軍生活の後半はペンタゴンで通信情報活動に携わった。

1971年にワシントン・ポスト紙へ入社、民主党全国委員会が入居するウォーターゲート・ビルへの侵入がホワイトハウスの主導で行なわれた事実をバーンスタインと共に暴露した。2人は共著書『All the President's Men(邦題・大統領の陰謀:ニクソンを追いつめた300日)』(1974)と『The Final Days(邦題・最後の日々)』(1976)

の中でニクソンの転落を記録している。前者は76年に映画化され、ダスティン・ホフマンがバーンスタインを、ロバート・レッドフォードがウッドワードを演じた。

ウッドワード著の『Veil』は、ケーシーがいかにしてレーガン大統領から自由裁量を与えられ、40年以上に及ぶCIAの歴史において最も強力なDCIになったかを明らかにしている。しかし、レーガンからは「コミュニケーション能力を失った人物について、嘘八百を並べた書籍」と非難された。本書にまつわる論争の大半は、死の床にあるケーシーとのインタビューに集中した。なおケーシーの未亡人は、インタビューなど行なわれなかったと後に主張している。ウッドワードによれば、インタビューは4分間にわたり、ケーシーは19の単語を口にしたという。

しかしレーガンは、本書で暴露された内容の一部を認めている。一例を挙げると、レバノンでの対テロ作戦を許可する秘密命令書にサインしたのは事実だとしている。

本書の執筆当時、ウッドワードはワシントン・ポスト紙犯罪報道部門の副編集主幹だった。

後に出版されたジョージ・W・ブッシュ大統領による対テロ戦争(2002)とイラク戦争(2004)に関する書籍は、いずれもベストセラーとなった。

【参照項目】ウォーターゲート事件、中央情報長官、ウィリアム・J・ケーシー

ウリツキー、セミョーン・ペトロヴィチ

(Uritski, Semyon Petrovich 1895-1937)

ソビエト連邦軍の情報機関GRUの局長を1935年4月から37年6月まで務めた人物。

ウリツキーは1917年10月のロシア革命で活躍し、21年のクロンシュタット軍港における反乱では水兵への攻撃を指揮した。その後GRU局長に就任するまでの経歴はほとんど知られていない。そしてスターリンによる粛清の嵐が吹き荒れる中、1937年に逮捕、翌年銃殺された。

【参照項目】GRU

ウールジー、ロバート・ジェイムズ

(Woolsey, Robert James 1941-)

1993年2月から95年1月まで中央情報長官(DCI)を務めた人物。長きにわたってワシントンの政権中枢にいたウールジーは、CIAを冷戦後の世界に順応させようと努めた。

スタンフォード大学を卒業後、ローズ奨学生としてオックスフォード大学で学び、修士号を取得する。また帰国後はイェール大学で法学博士号を取得した。その後1968年から70年まで陸軍に所属、戦略兵器制限交渉に

携わると共に、国家安全保障会議のスタッフも務めた。

1970年、ウールジーは上院軍事委員会の事務局長に任命され、73年まで務めた後は民間の弁護士事務所に移った。また1978年から79年まで海軍次官補を務めた後も弁護士業に戻っている。1980年代に入ると、今度はソビエト及び北大西洋条約機構との兵器削減交渉に携わった。89年には外交官の身分を与えられた上で、ヨーロッパの通常兵力に関する会議のアメリカ代表に任命されている。そしてソビエトとの合意に達した後、ウールジーはまたしても弁護士の世界に戻っていった。

冷戦が終結し、CIAだけでなくインテリジェンス・コミュニティー全体が新たな任務と組織再編を必要とする中、クリントン大統領はウールジーをDCIに指名した。当時CIAは、昇進と任務割り当てにおける女性差別、グアテマラでの違法活動、そしてCIA職員オルドリッチ・H・エイムズがソビエトの内通者だったと1994年に発覚したことで非難を浴びていた。

ウールジーの在任期間は2年で終わった。エイムズの監督責任があった職員を処罰せず非難が集まる中、1995年1月に辞表を提出している。

【参照項目】中央情報長官、CIA、国家安全保障会議、北大西洋条約機構、インテリジェンス・コミュニティー、オルドリッチ・H・エイムズ

ウルタン、ドナルド　(Ultan, Donald)

ブルックリン生まれのアメリカ大使館職員。ウィーン駐在中、暗号官であるという理由でソビエト情報機関のターゲットにされた——KGBとGRUにとって、暗号官は最優先の勧誘対象だったのである。1960年代に実施された複雑かつ奇妙な計画の中で、ある西側国家の市民権を取得していたソビエトのエージェントがウルタンの友人を酒場に誘い、半ば引退したベルギー人ビジネスマンと喫茶店で「偶然」出会う機会を作った。当然ながら、このビジネスマンはKGB職員だった。

この出会いは次にウルタンとの面会につながった。KGB職員はウルタンについて無関心を装いつつ、彼の友人と再会する約束を取りつけ、カフェや喫茶店で何時間も親しげに語り合い、時にはチェスの試合に興じたり、果ては遠くに出かけたりした。ベルギー人の大半がそうであるようにフランス語に堪能だったユダヤ人のウルタンは、同じくユダヤ人でイスラエルに親戚がいると称するベルギー人と親しく付き合うようになった。

それからわずか5ヵ月後、このKGBエージェントは金と引き換えに暗号情報を渡すよう求める。ウルタンはしばらくしてから大使館の保安職員を訪れ、KGBによる接触を打ち明けた。ウルタンに対するソビエト側の誘いは手が込んでおり、アメリカ情報機関が作成した報告書の言葉を借りれば「巧妙に計画された」ものだった。

【参照項目】ウィーン、暗号、ターゲット、KGB、GRU、エージェント

ウルトラ　(Ultra)

第2次世界大戦中にアメリカとイギリスが入手した通信情報（COMINT）全般を指す単語。エニグマを用いて作成されたドイツの無線通信と、暗号機によって作成された日本の軍事通信から構成されている。一方、日本の外交暗号の解読結果はマジックと呼ばれた。

第2次世界大戦初頭、イギリスは高レベルのCOMINTに様々なコードワードを付与したが、その中にはシダー、スウェル、ジモティックというものもあった。しかし程なくして3つの単語がCOMINTを指すコードワードとなり、重要性の高い順にウルトラ、パール、サムと名づけられた。また1943年に締結された協定に従い、アメリカの暗号解読機関もイギリスのコードワードを採用しているが、パールとサムは後にピンナップの1語で置き換えられた。

1941年以前、イギリスはドイツの無線交信にボニファスというコードネームを付与した上で配布した。このコードネームは、情報が密偵によってもたらされたことを示唆しているが、後にウルトラの機密区分が割り当てられた。厳密に言えば、当初この単語は信号と文書の機密レベルを指すものに過ぎず、実際の情報そのものは特別情報あるいは「Z」と呼ばれていた（「Z優先規則」を参照のこと）。

ウルトラは連合軍による数多くの勝利において鍵となる役割を果たした。中でも重要なのが、戦時中最長かつ最も複雑な「戦闘」であり、いくつかの点で戦争の帰趨を決した大西洋海戦（1939年5月～45年5月）である。大西洋はイギリスにとっては生存に必要不可欠な補給路であり、アメリカにとっては兵士や航空機などをヨーロッパ戦線へ送り込む重要ルートだった。

大西洋海戦は激戦となった。チャーチル首相は次のように記している。「戦時中、私の心胆を寒からしめたのはUボートの脅威だけだった。バトル・オブ・ブリテンと称される栄光に満ちた航空戦よりも、この戦闘のほうが私にとっては気がかりだった」ドイツのUボート司令部と連合軍は勝利を収めるべく、いずれも暗号解読を重視していた。

戦争初期において、ドイツのBディーンストは連合国船団のルートについて正確な情報をUボート司令部に提供していた。一方、連合軍による暗号解読活動もUボートの行動に関する貴重な情報をもたらし、最終的には戦闘の帰結に対してより大きな影響力を持つまでになった。ドイツの高名な海軍史家であり、終戦間際にUボートに乗り組んだ経験もあるユルゲン・ローワーは次のように結論づけている。

大西洋海戦の帰趨を決した数多くの要素に順位を付

けるなら、私はまずウルトラをトップに置き、次いで大西洋北部において航空兵力の差が縮まった事実、短波方向探知機を搭載した護衛艦隊及び（対潜水艦）支援船団の存在、そして波長 10 分の 1 メートルのレーダーなどを挙げるだろう。

ローヴァーによれば、ウルトラがなくとも大西洋海戦は連合軍の勝利に終わったものの、連合軍の優勢がもたらされるのは 1943 年春よりもずっと遅れていたはずだとしている。

【参照項目】通信情報、エニグマ、暗号解読、コードワード、BRUSA 協定、密偵、特別情報、B ディーンスト

ウンシュリフト、ヨシフ・スタニスラヴォヴィチ

（Unshlikht, Iosif Stanislavovich 1879-1938）

ソビエト軍の情報機関 GRU の局長代理を 2 度にわたって務めた人物。1935 年、ヤン・K・ベルズィン GRU 局長は NKVD 職員の粛清を実行するため極東へ赴き、次いでスペイン内戦において共和派政府を支援し、同時に GRU エージェントを勧誘すべく、37 年にスペインを訪れた。

ポーランド人貴族の息子として生まれたウンシュリフトは左翼政治家として活動し、1917 年 10 月のロシア革命では指導者の 1 人となった。革命後は秘密警察の設立に携わり、それから程なくして同郷のフェリクス・ジェルジンスキーによってチェーカが創設されている。

1920 年、ウンシュリフトは短命に終わったポーランド革命政府の一員となる。21 年から 23 年にかけては GPU 副議長を務め、その後 GRU 副局長に転じた。その傍らで定期的にヨーロッパを訪れ、ドイツ、リトアニア、ポーランドでエージェント網を組織している。1935 年にベルズィンがモスクワを離れた際には GRU 局長代理を務め、その後航空総局長に任命されると共に、ソビエト中央委員会の委員候補となった。

しかし粛清の嵐が吹き荒れる 1938 年 7 月 29 日、ベルズィンと共に銃殺された。

【参照項目】GRU、ヤン・K・ベルズィン、エージェント、フェリクス・ジェルジンスキー、チェーカ

エア・アメリカ　（Air America）

CIA によって運営された航空会社。1950 年代初頭より CIA の保護下で経営されていた台湾の民航空運公司（CAT）を土台にしており、59 年にエア・アメリカの社名が与えられた。

エア・アメリカは商業航空会社として、空軍との契約を通じて成功を収めた。ベトナム戦争中は東南アジアで活発に事業を行なっており、各国の政府や情報機関、民間顧客のために貨物便を運航するのみならず、様々な政治的・軍事的作戦を支援している。またラオスで撃墜されたパイロットの救助作戦に従事する一方、ラオス上空で前線航空統制任務を行ない、対地攻撃の中、アメリカ、ラオス、タイの各国機を安全に導いている。なお戦時中は一部の空軍パイロットがエア・アメリカに派遣された。

エア・アメリカのパイロットは様々な輸送機や多目的機を操縦した。その中にはアメリカ海兵隊から貸与された H-34 ヘリコプターも含まれており、武装した T-28 トロージャン練習機もラオスでの攻撃作戦に従事していたという。

エア・アメリカは 1981 年に解散したが、90 年にはリチャード・ラッシュの著作を基にして、メル・ギブソンとロバート・ダウニー・ジュニア主演の映画『エア★アメリカ』が製作されている。

「民航空運公司」、「コンチネンタル・エア・サービス」、「スティーヴ・キャニオン」も参照のこと。

【参照項目】CIA

エアスパイ　（Air Spy）

写真分析の専門家を指す第 2 次世界大戦中の俗語。写真分析官とも。

【参照項目】写真分析

エア・プロプリエタリー　（Air Proprietary）

情報機関によって設立された、あるいは資本参加を受けた航空会社。表面上は私有の営利企業という形をとる。こうした会社は通常業務に加え、情報機関の秘密任務にも携わる。また情報機関との関係は通常秘密にされる。

【参照項目】エア・アメリカ、民航空運公司、コンチネンタル・エア・サービス

影響力のあるエージェント　（Agent of Influence）

政府高官、マスコミ、あるいは圧力団体に対して秘密裡に影響力を行使し、外国政府の目的に資することのできる個人。

英国保安調整局　（British Security Co-ordination〔BSC〕）

1940 年 5 月、イギリス秘密情報部（MI6）によってニューヨークに設置されたカバー組織。情報収集及びプロパガンダのために設けられたこの組織は、MI6 の下で働くカナダ人ウィリアム・スティーヴンソンによって率いられた。当時、国家指導者レベルで見れば米英は協力関係にあったものの、「イギリスのスパイ」がアメリカにやって来たことは J・エドガー・フーヴァー FBI 長官と国務省を激怒させた。

このイギリス機関は外国団体として国務省に登録され、表向きは英国パスポート発給所として、ロックフェラー・センターのオフィスを拠点に活動した。

スティーヴンソンはFBIの敵意についてこう皮肉を言っている。「J・エドガー・フーヴァーは、バンカーヒルでレッドコート相手に戦っているとでも考えているのだろうか?」イギリス側がアメリカ人を雇用しないことでスティーヴンソンとフーヴァーは同意したが、実際には雇われていた。これらアメリカ人には48から始まる身分証番号が与えられたが、当時のアメリカ48州が由来になっていると思われる。

【参照項目】MI6、ウィリアム・スティーヴンソン、J・エドガー・フーヴァー、FBI

エイジー、フィリップ (Agee, Philip 1935-2008)

ラテンアメリカ担当の現地駐在員だった元CIAエージェント。スパイ行為に関わったことはないが、CIA内部では裏切り者と見なされている。

エイジーはノートルダム大学を卒業後の1957年にCIA入りした。入局後は対キューバ作戦に携わると共に、1963年から66年にかけウルグアイに駐在、現地の治安維持組織の結成に関わった。67年にメキシコシティーへ転勤した後、69年にCIAを退職している。

エイジーは1971年にアメリカ合衆国を離れているが、その後執筆した著書『Inside the Company: CIA Diary (邦題・CIA日記)』は、「CIAのオフィサーやエージェントを暴露し、任国から追放するのに必要な措置をとる」という彼の以前からの脅迫を実行するものになった。この本には2,500名に上るエージェントの氏名並びに外国における情報網が記されており、南アメリカにおけるCIAの活動を極度に麻痺させた。また1975年に反CIA雑誌『Counter-Spy』に寄稿した記事の中で、CIAによる活動の「無力化」を訴えている。同じ号の中にはCIAアテネ支局長であるリチャード・ウェルチの名前も記されたが、その年末にウェルチは左翼グループによって殺害された。

下院はこれに対し、公共機関関係法97-200(いわゆる「情報身分保護法」)を1982年に可決、アメリカの諜報活動に携わる人物の身元を明らかにすることを非合法とした(「アメリカ合衆国」を参照)。また1979年には、国務省がエイジーのパスポートを没収している。裁判において、下級裁判所はパスポートの返還を求めるエイジーの訴えを支持したが、最高裁判所は81年、パスポート発行を認めないという政府の権利を7対2で認めた。

1979年にテヘランのアメリカ大使館がテロリストに占拠された際、大使館から持ち出されたCIA文書を分析すべくエイジーは自ら名乗りを上げているが、その申し出は拒否された。

エイジーはその後数ヵ国に滞在している。キューバで開催された国際会議では、世界各国におけるCIAの作戦やエージェントを明かすべく『秘密活動情報年鑑』の刊行を宣言した。また2冊目の著書『Dirty Work: The CIA in Western Europe』(1978)の中でもCIAの活動を暴露し、後に改訂版となる『Dirty Work II』を出版している。この書籍には、エイジーがCIAのエージェントあるいは作戦担当者と疑った、841名の男女の名が記されている。

エイジーは1977年6月にイギリスから強制出国させられたのを手始めに、フランス、オランダ、西ドイツからも追放された。その後87年にはニカラグアのパスポートを使い、カナダ経由でアメリカに入国している。16年ぶりとなる帰国の理由は新著『On the Run』の宣伝だった。その際エイジーは、処女作『Inside the Company』の出版をCIAが差し止めようとしたと主張している。この時、司法省が逮捕状を発行することはなく、エイジーは身元を明らかにした後も自由の身であり続けた。

キューバ情報機関出身の亡命者であるアスピジャガ・ロンバルド少佐によれば、エイジーはCIAを退職した頃から(ロンバルドがアメリカに亡命した)1987年にかけ、キューバ政府から100万ドル以上を支払われていたという。一方エイジーは金銭の受け取りを否定した。

エイジーはなぜこのような行動に出たのか? 1975年に行なわれた『プレイボーイ』誌とのインタビューで、彼はこのように述べている。「12年間所属して、CIAがどれほどの苦しみを引き起こしているか、CIAまたはそれを支援する組織のために、世界中の何百万という人間が殺され、生活を破壊されたかを初めて理解した。何もせずに安閑としているなんてできなかったんだ」

2000年、エイジーは旅行代理店のオーナーとして再びキューバに姿を見せた。

【参照項目】CIA、エージェント、リチャード・ウェルチ

衛星 (Satellite)

「人工衛星」を参照のこと。

エイタン、ラファエル (Eitan, Rafael 1929-2004)

ジョナサン・ジェイ・ポラードのスパイ活動を指揮したイスラエルの情報士官にしてスパイマスター。

両親は1922年にパレスチナへ移住したロシア人であり、少年の頃に母親とスパイ映画を見たエイタンは「マタ・ハリのようなスパイになりたい」と言ったという。その後12歳でユダヤ人の防衛組織ハガナに入隊、コマンド部隊のパルマッハに加わる。第2次世界大戦中から1948年のイスラエル建国にかけては、ユダヤ人難民のパレスチナ移住を助ける秘密任務を遂行した。イギリス委任統治領当局はアラブ諸国を宥めるためにユダヤ人の移住をほぼ完全に禁止しており、エイタンの活動にはカーメル山にあるイギリスのレーダー局を爆破することも含まれていた。そこへ辿り着くために排水溝を歩いていったことから、「臭いのきついラフィ」というあだ名が付けられている。

イスラエル建国が宣言された1948年5月15日にエイタンは負傷し、独立戦争（第1次中東戦争、1948～49）では軍の諜報部門で勤務している。戦後は牧畜業を始めたが、6ヵ月後に情報機関（後にモサドと命名）入りし、次いで国内保安機関（シンベト）に移って1950年代後半に作戦部長となった。58年にはデイヴィッド・ベン＝グリオン首相の秘書官イスラエル・ベーア中佐がソビエトのスパイであることを突き止めている。

1960年5月、エイタンは生涯で最も困難な作戦を遂行する。モサド－シンベトチームの一員として、アルゼンチンに潜伏するナチ戦犯のアドルフ・アイヒマンを捕らえ、裁判にかけるべくイスラエルへ護送したのである。この功績により、エイタンは国民的英雄となった（アイヒマンは裁判の結果有罪とされ、絞首刑が執行された）。

その後1963年にモサドへ移っているが、イスラエルの情報機関でこうした異動は普通のことである。モサドでの勤務中、エイタンはエジプトの武器開発プログラムに加わっていたドイツ人ロケット科学者やエンジニアの監視に従事した。また同じ頃、エジプトのガマル・アブデル・ナセル大統領と最初の関係を構築したと主張している。さらに、1972年のミュンヘンオリンピックでイスラエル選手団11名を殺害したパレスチナ解放機構のテロ集団、ブラックセプテンバーに対する報復部隊のリーダーとして、彼らを追跡・殺害した。

1972年、長官の座を逃したエイタンはモサドを退職する。その後は熱帯魚の養殖などいくつかの事業を始めたがいずれも失敗に終わったため、メナハム・ベギン首相の求めに応じて78年に政府へ戻り、対テロ担当首相補佐官に任命された。在任期間中はいくつかの対テロ作戦を立案・指揮している。さらに81年には国防省傘下のラカム（科学事務局）長官に任命される。ラカムは陸軍のアマンなどイスラエルのその他情報機関から独立した技術情報機関だった。かくしてエイタンは2つの情報ポストを同時に握ることとなり、テロ問題に関しては首相に、拡張を続けるラカムの活動については国防相に直属する立場になった。

1984年、アメリカ海軍捜査局の対テロ警告センターに所属するジョナサン・ポラードが、イスラエル政府に秘密情報を売り渡す取引を持ちかけてきた。この時ポラードはラカムと接触させられている。11月、エイタンはポラードとパリで会い、その場にはポラードのフィアンセ、アンヌ・ヘンダーソンも同席していた。イスラエル側は2人にワインとディナーをご馳走している（アンヌには1万ドルの指輪が贈られた）。ポラードとヘンダーソンは翌年にもエイタンのもとを訪れた。彼がポラードに興味を持ったのは、モサドに対するラカムの優位性を見せつけるよい機会だと考えた結果かもしれない。

1985年11月21日にポラード夫妻が逮捕され、彼らのスパイ行為が明るみに出た際、アメリカ司法省はエイタンこそがポラード事件の首謀者であると主張した。ポラード事件で引き起こされた混乱の結果、ラカムは1986年に解体され、エイタンも国有化学企業の会長に左遷された。

ポラード事件にもかかわらず、エイタンは多数の批判者を含むイスラエル国民から諜報活動の英雄と評価されている。

【参照項目】ジョナサン・ジェイ・ポラード、マタ・ハリ、モサド、シンベト、イスラエル・ベーア、アマン、技術情報、カバー、海軍捜査局

エイムズ、オルドリッチ・H （Ames, Aldrich H. 1941-）

ソビエト連邦（ソ連崩壊後はロシア）のためにスパイ活動を行なったCIAの防諜担当官。1994年にエイムズが逮捕された際、連邦政府はCIA史上最も大きな国家安全上の被害をもたらした人物と述べている。9年にわたるスパイ活動の間、エイムズは100以上の秘密作戦を明らかにし、CIAはじめ西側情報機関の下でスパイ活動を行なっていた30名以上の工作員の名を暴露した。結果として少なくとも10名のロシア人及び東ヨーロッパ国民が処刑され、その中には20年近くにわたってアメリカのためにスパイ活動を行ない、貴重な情報をもたらしたGRU将校ディミトリー・ポリアコフ少将も含まれていた。

エイムズの主張によれば、最初は金儲けのために比較的価値の低い内部情報をソビエトに渡していたという。だが元KGB職員のヴィクトル・チェルカシンが1997年に語ったところによると、エイムズが最初に売り渡したのは、ワシントンのソビエト大使館に駐在しつつ二重スパイ活動を行なっていた2人のKGB職員、ヴァレリー・マルティノフとセルゲイ・モトリンの素性だった。FBIに勧誘された2人は後に処刑された。

またエイムズは、CIAによって実行された2件の技術情報作戦に関する情報もソビエトに提供していた。モスクワ郊外の宇宙施設にトンネルを掘って通信を傍受する

1994年、逮捕の瞬間に撮影されたオルドリッチ・H・エイムズと愛車の赤いジャガーXJ6。無実を主張したが受け入れられず連行された。エイムズは西側エージェント30名以上の素性をソビエト情報機関に暴露している。（出典：FBI）

試みと、ソビエトの弾道ミサイルに搭載される核弾頭の数を推計するために用いられた、プロジェクト・アブソーブという装置がそれである。

エイムズの裏切り行為によるもう1つの悪影響は、1986年から94年にかけ、多くのエージェントが敵国に買収されていることを知りつつ、それについて歪曲した報告書をホワイトハウスやペンタゴンに送り続けたという、複数のCIA職員による驚愕すべき不正行為に現われている。当時、ソビエト及びロシアの兵器開発や軍縮活動に関する数十の報告書が、モスクワにコントロールされたエージェントからの情報を基礎に作成されていた。しかしこれを知るCIA職員は、報告書の中でこの事実を認めていない。上院情報特別委員会の報告書によると、ロナルド・レーガン、ジョージ・H・W・ブッシュ、ビル・クリントンの各大統領に提出された11件の報告書において、情報源に関するCIAの疑念が記されていなかったという。一方、同時期にペンタゴンへ提出された報告書には、「情報源に関する若干の懸念の兆候」が記されているものの、その「懸念」が、エージェントがモスクワのコントロール下にあるという疑いに基づくものだとは書かれていなかった。

エイムズがスパイ活動を始めたのは、対ソビエト防諜部長の地位にあった1985年である。ソビエトのスパイではないかという疑いは再三持たれていたものの、92年まで捜査の手が伸びることはなかった。エイムズの逮捕はCIAを大きく揺さぶり、綱紀粛正を求める声が議会から上がると共に、R・ジェイムズ・ウールジー中央情報長官の辞任と、CIA高官数名の早期退職につながった。

議会の批判者が「ほとんど信じがたい」と評した一連の不手際において、CIAの調査官はエイムズの優雅な生活と、スパイとして副収入を得ているという可能性とを結びつけることができなかった。エイムズはソビエト及びロシアのハンドラーから少なくとも270万ドルを受け取っており、69,843ドルという年収にもかかわらず、54万ドルの自宅を現金で購入し、4万ドルのジャガーXJ6を乗り回していた。また勤務記録も芳しいものではなく、しばしば酒を飲んで出勤するなど通常の保安規則違反を犯すこともあった。

上院情報特別委員会は報告書の中で、CIAがエイムズの摘発に失敗したことは、「冷戦の最盛期にソビエト連邦へ注ぎ込まれたCIAの諜報資源が、ほぼ完全に失なわれる結果を招いた」としている。

FBIに雇われたソビエトのインテリジェンス・オフィサー2名が1986年に処刑されたのを受け、スパイの捜査が始められた。捜査官たちは当初、1985年に逃亡したCIA職員のエドワード・リー・ハワードか、モスクワのアメリカ大使館でスパイ行為を行なったとして有罪になった、海兵隊員のクレイトン・ローンツリーのいずれかが、エージェント2名の素性を暴露したものと信じていた。

しかしながら、さらに3名のエージェントが失踪したため、情報がCIA内部から漏れている可能性を捜査官は渋々受け入れるようになった。とは言え、スパイ活動の疑いについてCIAがFBIとの協議を始めたのは1991年になってからである。その結果、FBIはナイトムーヴァーというコードネームのもとに調査を開始した（後の調査には、両刃の短剣を意味するアンレイスというコードネームが付けられた）。

エイムズは20名に上る容疑者の1人であり、1986年と91年にポリグラフ検査を通過したものの、結果として比較的重要性の低い麻薬対策部に異動している。それでもなおスパイ活動を続け、新しい職務に無関係な高度の機密文書を入手していた。92年6月、FBIは外国情報活動監視法廷への請願に成功し、エイムズの通話を盗聴すること、彼の自宅に侵入してカメラと電子盗聴器を設置すること、そしてコンピュータを監視することの許可を得る。同年10月、親類を訪ねるためコロンビアへ行くとエイムズから告げられていた上司は、彼がベネズエラのカラカスに向かう予定であることを知った。FBIが監視をつけたところ、ロシアのエージェントと連絡を取る姿が目撃されている。

エイムズが秘密情報を受け渡ししている現場を捕らえようと望むFBIは、当初エイムズの逮捕を遅らせていた。やがて、ロシア側が疑いを抱きつつあるとの懸念から、FBIは彼への包囲網を狭め始め、1994年2月21日に逮捕する。ロシアの麻薬情報担当官との公式会合のため、モスクワへ出発する前日のことだった。同時に妻ロザリオ（当時41歳）も逮捕されているが、2人にはポールという5歳になる息子がいた。

CIA職員を父に持つエイムズは、最初の妻ナンとCIAで出会っている。しかし1981年にメキシコシティ支局へ異動になった時、妻は同伴せず、すでに破綻しつつあった結婚生活は程なく終局を迎えた。その後CIAの下級情報源だったコロンビア生まれのロザリオとメキシコシティーで出会い、後に結婚している。

エイムズはCIAにおけるソビエト専門家として、1985年にソビエトから亡命したヴィタリー・ユルチェンコの尋問にあたり、またアメリカへの亡命者の中で一番の大物だったアルカディ・シェフチェンコ国連政治問題担当次官の管理も担当している。

エイムズは連邦検事に対してスパイ行為での有罪を認め、仮釈放なしの終身刑を受け入れた。また、妻ロザリオの情状酌量と引き替えにCIA及びFBIに協力しており、結果としてロザリオには懲役63ヵ月が宣告されている。模範囚と認められればこの刑期は42ヵ月にまで短縮される。しかしエイムズは獄中にあっても取引を続け、刑務所内でのさらなる特権と引き替えに、より一層

の協力をしようとしている。

1996 年、アメリカ議会はエイムズによって正体を暴露されたために処刑されたロシア人の未亡人と子息に、アメリカ市民権を与える法案を可決した。

【参照項目】CIA、防諜、GRU、ドミトリー・ポリヤコフ、KGB、FBI、トンネル、エージェント、ジョージ・H・W・ブッシュ、内通者、R・ジェイムズ・ウールジー、中央情報長官、エドワード・リー・ハワード、クレイトン・ローンツリー、コードネーム、外国情報活動監視法廷、ヴィタリー・ユルチェンコ、国際連合、アルカディ・シェフチェンコ

エキパZ　(Ekipa Z)

1939 年 10 月から 40 年 5 月にかけてフランスの暗号解読センター、ブルーノで活動した、ビウロ・シフルフ出身のポーランド人暗号解読者 15 名を指すコードネーム。

【参照項目】暗号解読、ブルーノ、ビウロ・シフルフ、コードネーム

エクスフィルトレイト　(Exfiltrate)

エージェントなどの人物をある国または地域から秘密裡に脱出させること。

エクスプロイテーション　(Exploitation)

出所を問わず情報を入手するプロセス。

エージェント　(Agent)

通常は外国籍で情報機関と雇用関係になく、機関の指示によって諜報及び防諜の目的で情報を収集、またはその手助けをしたり、その他の諜報活動を行なったりする個人。「秘密エージェント」あるいは「アンダーカバー・エージェント」などとも呼ばれる。

アメリカのインテリジェンス・コミュニティーにおいて、FBI や財務省検察部は、秘密任務に関わっているか否かを問わず職員に「エージェント」の呼称を用いている。

「惑乱エージェント」、「支配下にある外国エージェント」、「協力エージェント」、「二重スパイ」、「名誉エージェント」、「イリーガル」、「架空エージェント」、「潜在的エージェント」、「主要エージェント」、「再転向エージェント」、「密偵」、「三重スパイ」、「無意識のエージェント」も参照のこと。

【参照項目】防諜、インテリジェンス・コミュニティー、FBI

エージェント・スクール　(Agent School)

「Aシューレ」、「キャンプピアリ」、「陸軍中野学校」、「スパイ養成機関」を参照のこと。

エージェント・トム　(Agent Tom)

ハロルド（キム）・フィルビーを指すソビエト情報機関のコードネーム。

【参照項目】ハロルド（キム）・フィルビー、コードネーム

エージェント網　(Agent Net)

エージェント管理者の管轄下にある情報収集ユニット。エージェント管理者の上にはインテリジェンス・オフィサーがいる。

【参照項目】エージェント、インテリジェンス・オフィサー

エシュロン　(Echelon)

NSA がイギリス、オーストラリア、カナダ、及びニュージーランドの情報機関と共同で運用する世界規模の監視ネットワークを指すコードネーム。

エシュロンのコンピュータ群は傍受したメッセージの検索を通じてキーワード、あるいはファックス番号や電子メールのアドレスを探し出す。高度な機密とされているこの計画は、2001 年にヨーロッパ議会が発行した報告書の中で明らかにされた。こうした計画による国内情報活動を懸念したアメリカ議会は、2000 年度の情報関係予算を NSA に配分するにあたって 1 つの要求事項を付け加えた。つまり通信傍受における法的規範を報告せよ、というものである。ロバート・L・バー・ジュニア下院議員はこう語る。「エシュロンはどう見ても本来あるべきよりはるかに大規模な計画であり、憲法上の深刻な問題を呈している」

NSA は外国情報活動監視法（FISA）の条項に従っているとアメリカ政府は強調する。FISA の下、対象がたとえ諜報活動などの犯罪に関わる外国政府のエージェントであっても、そう認められる十分な根拠を示せない限り、NSA は国内に居住しているか否かを問わずアメリカ人に対する盗聴行為を禁止されている。何らかの情報が偶然傍受された場合でも、それを広めることは法律で禁じられており、「肉体に重大な危害が加えられる恐れ」がない限り、24 時間以内に破棄されなければならない。

【参照項目】コードネーム、国内情報、外国情報活動監視法

エジョフ、ニコライ・イワノヴィチ

(Yezhov, Nikolai Ivanovich 1895-1939)

1936 年から 38 年まで NKVD（ソビエト内務人民委員部）長官を務めた人物。この時期はスターリンによる大粛清の嵐が吹き荒れ、赤軍指導部だけでなく NKVD をはじめとするソビエト社会全体で大虐殺が行なわれた。ロシアでは彼の名にちなみ、この時期をエジョフチナと

呼んでいる。エジョフは1917年から53年まで存在したこの国家保安組織において、生粋のロシア人としてトップに立った唯一の人物だった。

身長150センチ足らずのエジョフは「小人」と呼ばれ、NKVD長官就任後は「血まみれの小人」と変わっている。

1917年に共産党入りした後地方でいくつかのポストを歴任し、やがてヨシフ・スターリンの目に止まる。1934年には政府の主要機関である党中央委員会のメンバーとなり、同時に党統制委員会の議長に任命された。また党機構の中で程なくNKVDの指揮も任され、1936年9月30日にNKVDのトップである内務人民委員へ就任、それに伴い300名ほどの支持者がNKVD入りした。また翌年には政治局員候補になっている。

1937年3月18日、エジョフは前任のゲンリフ・ヤゴーダを、帝政時代の警察長官、横領犯、泥棒として非難した。その結果ヤゴーダは4月3日に逮捕されている。その一方、ヤゴーダ時代の副官や各部長は、全国各地の党職員の政治的忠誠心を自ら赴いて調査するよう、党中央委員会から指示される。しかしモスクワを後にした彼らが、目的地に到着することはなかった。列車が停まる度にエジョフの取り巻きによって逮捕され、車でモスクワに連れ戻された後に収監されたのである。次に待っていたのは、ヤゴーダ支持者を対象とする大量逮捕と処刑だった。NKVD職員のうち、ヤゴーダの失脚時に自殺しなかった3,000名以上が逮捕された。またソビエト国外に居住する共産党員を暗殺すべく、エジョフは「移動部隊」を組織した。さらにはウクライナの共産党員や、ソビエト国内に住む外国人共産主義者の粛清も行なっている。

元KGB職員の亡命者オレグ・ゴルディエフスキーは著書『KGB』(1990)の中で、エジョフをこう描写している。

彼は反抗的な囚人を自白させる方法に大きな関心を示し、尋問官に「囚人の口を割らせる最後の手段は何だと思うか」と常に尋ねていた。エジョフは、子どもがどうなってもいいのかと脅すことで、古参ボリシェビキを泣かせたことに強い誇りを持っていた。勝ち誇るエジョフの姿を目撃したNKVDの尋問官は、後にこう語っている。「人生の中でエジョフほどの悪魔を見たことはない。あいつは喜んで手を下していた」

その後程なくして、スターリンは粛清に飽いた。これ以上続ければ、ソビエトの社会、産業、そして軍に重大な影響が及ぶのは避けられないと判断したのである。かくしてエジョフの権力は小さくなっていった。またエジョフは個人的に尋問を行ない、自らの手で軍の高官を射殺した疑いもある。1938年12月8日にNKVD長官の座

を追われた後は、水上交通人民委員を短期間務めた（この年前半に任命されていた）。

1939年2月を迎える頃、エジョフの姿は見られなくなっていた。前任者の場合と違って、裁判も形式的な非難も行なわれていない。しかしエジョヴォ・チェルケスクという町の指導者は、直ちに町名の前半部分を削除した。また後任のNKVD長官には副官のラヴレンチー・ベリヤが就任している。

エジョフはスターリンの命令によって1939年に処刑されたものと考えられている。前任者の処刑から1年と経っていなかった。アメリカの情報史家であるジョン・J・ジアクは、著書『A History of KGB』(1988)の中で次のように記している。「エジョフの運命が公にされることはなかった。彼の死は、処刑、自殺、狂気の中での死、あるいは同房の人間による殺害など様々に噂されている。いずれにせよ、スターリンが彼を生かし続けた可能性は極めて低い」

【参照項目】NKVD、ゲンリフ・ヤーゴダ、ラヴレンチー・ベリヤ

閲覧制限 (Restricted)

暴露されると国家安全保障に損害を及ぼすことが予想される情報について、アメリカが以前に用いていた機密区分。第2次世界大戦後に制定された「閲覧制限」は、アメリカの機密区分の中で一番下に属しており、上位の区分として「極秘（Confidential）」、「機密（Secret）」、「最高機密（Top Secret）」がある。

現在「閲覧制限」の区分は使われていない。

【参照項目】機密区分、極秘、機密、最高機密

閲覧制限資料 (Restricted Data)

原子力関連の情報に適用されるアメリカの機密区分。1954年に制定された原子力法に従い、原子力に関する情報は何らかの具体的行動がとられない限り全て機密扱いとされる。この手続きはアメリカ政府の行政機関（国防総省など）でその他の情報に対してとられている措置と正反対のものである（つまり特に指示のある場合にのみ機密扱いとされる）。

「閲覧制限資料」のコンセプトは「ボーン・クラシファイド（生まれながらの機密）」の名で知られている。

エネルギー省（以前の原子力委員会）以外の組織は原子力情報を機密指定できず、また機密解除もできない。

【参照項目】機密区分、ボーン・クラシファイド

エドモンズ、サラ・エマ (Edmonds, Sarah Emma 1841-1898)

南北戦争中、北部諸州のスパイとして南軍の前線後方で活躍したカナダ生まれの女性。歴史上唯一の服装倒錯者にして「人種の壁を越えた」スパイだったとされる。

1857年、エドモンズは結婚を逃れるため、カナダの

ニュー・ブランスウィックからアメリカへ移住した。1861 年に南北戦争が勃発すると、彼女はフランク・トムソンと名乗って北軍に男性看護兵として志願、最初の主要な戦闘である第 1 次ブルランの戦いに参加した。男性看護兵として 2 年間従軍した後は、スパイになって南軍の後方で活動している。肌を染め、髪も短く刈ることで黒人青年に変装したエドモンズは、ヴァージニア州ヨークタウン近くの前線を無事突破した。

奴隷監視人を相手にする時は自由な黒人だと主張したものの、結局は南軍の要塞構築にかり出されてしまう。だが重労働を 1 日したことで、要塞をスケッチするだけでなく、配備されている銃の概要を記録することができた。翌日は労働者に水を配り、兵士に食糧を運ぶという仕事に従事する。さらに雨の降る夜に歩哨を命じられたエドモンズは、南軍のライフル銃を戦利品として北軍の前線に持ち帰った。

南軍前線の後方で 3 日間を過ごしたエドモンズは有益な軍事情報をもたらし、続く数ヵ月間で 11 回に上る南軍前線後方での活動を無事に成功させた。ある時にはアイルランド人の物売り女として、またある時には織物商として潜入し、一度などは友人の戦死を嘆き悲しむ振りまでしたという。

だが活動中にマラリアを発症してしまい、治療によって本当の性が明らかになることを恐れて北軍前線に帰還した後、姿を消している。

エニグマ　(Enigma)

第 2 次世界大戦中にドイツの軍及び政府機関が使った電気暗号機。連合国はウルトラという名の活動を通じ、数多くのエニグマ暗号を解読した。ドイツ、日本、イタリアの軍事・外交暗号を読めたことは多くの成果につながり、中でもドイツの U ボートを相手に行なわれた大西洋海戦（1939 ～ 45）の勝利が特筆される。

エニグマは携帯型タイプライターとほぼ同じ大きさの電気機械式暗号機であり、標準的なキーボードと内部で発光する文字盤から構成されている。操作は簡単で戦場やトラック、あるいは船の中で用いるのに適しており、バッテリー式なので携帯も容易である。セッティング後に平文のメッセージをタイピングすると暗号化された文字が光るので、別の担当者が暗号文を書き留めて無線で送信する。受け取ったメッセージについてはこのプロセスを逆に行なう。

エニグマは 3 ～ 5 枚の交換可能な円盤（ローター）と数本のプラグボード配線を使うことで、繰り返しのない暗号を電気機械的に作成できる。ローターが 3 枚の場合、平文が同じように暗号化されるまで 17,000 通りの組み合わせがあり、5 枚になるとその組み合わせは 6,000,000,000,000,000,000,000 通りになる。ローターのセッティングは短期間で――1 日あたり数回まで――変

えることができ、解読をさらに難しくしている。主な欠点としてはメッセージを印字できないため、効率的な運用には 2 名以上を必要とする点が挙げられる。またオンライン、つまり無線機やテレタイプと直接接続することもできない（訳注：さらに重大な欠点として、原理上メッセージ中の各アルファベットは同じアルファベットに暗号化されないことが挙げられる。これは解読する上で重要な手がかりになった）。

エニグマ暗号機を発明したのはドイツ人エンジニアのアルトゥール・シェルビウスであり、企業による秘密通信を想定していた。正式名称は「グローランプ式暗号・復号機械エニグマ」といい、1923 年に登場した。エニグマは製造業者の社名からとったものであるが、イギリスの作曲家サー・エドワード・エルガーによる『エニグマ変奏曲』を基にしたという説もある。

アメリカ陸軍は 1928 年に評価用としてエニグマ暗号機を購入した。代金は 144 ドルであり、包装・輸送費として 12 ドル 30 セントが加算されている。またイギリス外務省もほぼ同時期にエニグマを入手している。しかし両国とも正式に採用することはなかった。

エニグマ暗号機を初めて軍用に用いたのはスウェーデン陸軍とドイツ海軍であり、いずれも 1926 年から調達を始めた。続いて 28 年にドイツ陸軍が、35 年に空軍がエニグマを採用する。39 年時点で、およそ 2 万台の各種エニグマ暗号機がドイツの軍、外交機関、そして警察によって用いられていた。日本の海軍と外務省も 34 年からエニグマを使い始めたものの、第 2 次世界大戦を通じて暗号機の主力は 97 式欧文印字機とその派生型だった（「パープル」を参照のこと）。また 1930 年代初頭ま

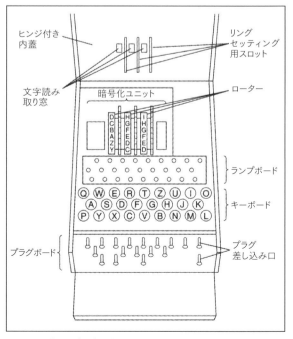

3 ローター式エニグマ暗号機

1940年代のフランス作戦において、指令車の中で発生したエニグマ暗号機の問題に対処していると思しきドイツ兵。車内に立つハインツ・グデーリアン大将はドイツ機甲軍団の発展において中心的役割を果たした。（出典：帝国戦争博物館）

でに商業用のエニグマ暗号機は市場から姿を消している。

【参照項目】 暗号、ウルトラ、平文、ローター、アルトゥール・シェルビウス

エニグマ解読

　エニグマ暗号機の実物が敵の手に落ちても解読は不可能であると、ドイツ政府は固く信じていた。ローターの初期設定──暗号鍵──を定期的に変更（第2次大戦勃発後は1日1回）することで、捕獲された暗号機やローターが敵に活用されるのを防いだからである。しかし連合国の暗号解読者はエニグマ暗号の大部分を解読しており、数多くの戦闘や作戦に大きな影響を及ぼした。

　ポーランドのビウロ・シフルフは1932年末という早い時期にエニグマ暗号機の解読に成功しているが、これにはフランスの暗号解読者も手を貸している。またフランスはハンス＝ティロ・シュミットという名のエージェ

ントから入手した資料を提供している。アシェというコードネームを持つこのエージェントは、エニグマに関係するドイツの機密資料にアクセスできたのである。ポーランドは1932年12月の最終週にドイツの無線通信の全文解読を初めて成功させたが、その後も秘密通信の解読において着実な進化を遂げ、38年にはエニグマで暗号化されたドイツ陸空軍の無線通信をほぼその日のうちに読むことができた。

　だがこの成果も、エニグマ暗号機の運用手順が変更された1938年9月に終わりを迎える。暗号鍵は以前から定期的に変えられていたものの、ローターの組み合わせはそのままで次々とメッセージが送信されていた。それが今やローターの組み合わせも毎日変えられるようになったのである（第2次世界大戦末期、ローターの組み合わせは1日3回変更されていた。しかしエニグマの安全性に対する信頼から、プラグボードの配線はそのままだった）。

　ポーランドは英仏に支援を求め、組み立て直したエニグマ暗号機を両国に提供する。1939年9月にドイツ軍がポーランドへ侵攻すると、数名の暗号解読者がフランスに（その一部はやがてイギリスに）逃れた。その後エニグマ暗号の解読においてはイギリスが主導権を握ることになる。

　当初、エニグマ暗号機は3枚のローターしか用いていなかった。1942年2月1日、ドイツ海軍は4枚のローターを備えたM4型をUボート部隊に配備する。これは第2次世界大戦におけるドイツの暗号活動で最も特筆すべき出来事の1つであり、暗号解読ははるかに困難になった。イギリスがシャークというコードネームをつけたこの機械による暗号は、1942年12月まで不定期にしか解読されなかった。やがて他の機関も4枚式の暗号機を採用する一方、ドイツ海軍はローターを5枚備えたエニグマ暗号機を使うようになった。

　イギリスの暗号解読活動を支えたのは、ドイツの気象観測船や潜水艦から捕獲した暗号資料である。エニグマに関する知識を英仏両国と共有したポーランド人と同じように、ブレッチレーパークで働くイギリスの暗号解読者は自らの知識を、1941年12月7日（訳注：日本時間12月8日）のアメリカ参戦前からアメリカ人と共有していた。これは米英の暗号解読者による前例のない協力関係につながってゆく（「BRUSA協定」を参照のこと）。

　エニグマが広く用いられたことで、イギリスの暗号解読者は解読すべき大量の暗号文を与えられた。その成果は目覚ましいものだった。1942年初頭、ブレッチレーパークの暗号解読者は月平均25,000件のドイツ陸空軍通信文、14,000件の海軍通信文を解読していた。1943年秋からヨーロッパでの戦闘が終わるまで、その数字は陸海軍の通信文については月平均48,000件、海軍の通信文

CHIFFRIERMASCHINEN
AKTIENGESELLSCHAFT
BERLIN W 35
STEGLITZER STR. 2

◆

FERNSPR.: NOLLENDORF 2899
TEL.-ADR.: CHIFFRIER BERLIN

エニグマの広告

については 36,000 件となり、ゲシュタポや外交機関による数百の通信文もそこに加わっている。

　イギリスはエニグマ暗号から得られた情報をソビエトの独裁者ヨシフ・スターリンにも提供していたが、出所を明かすことはなかった。それでもジョン・ケアンクロスなどの内通者によって、エニグマ暗号に対するイギリスの成果は 1941 年春までに明らかとなった。その一方で、ソビエトはエニグマ暗号機を独自に入手している。

　ソビエト側の資料によれば、初めてエニグマ暗号機を入手したのは 1941 年 12 月上旬、モスクワから北西およそ 80 キロメートルのクリンで行なわれた進攻作戦の時だったという。入手した暗号機はモスクワへ運ばれることになった。輸送にあたるのは 2 名の兵士だったが、うち 1 名の実家近くにトラックを駐めていたところ、荷台から持ち去られてしまう。持ち去ったのは子供で、タイプライターだと思って地元の鉄屑屋に売ったのである。暗号機は直ちに回収され、ソビエト保安機関（NKVD）に無事引き渡された。

　情報史家のデイヴィッド・カーンは著書『The Codebreakers（邦題・暗号戦争：日本暗号はいかに解読されたか）』の中で、ソビエトは 1942 年の時点でエニグマ暗号の解読に成功していたと述べている。43 年中頃には海軍のエニグマ暗号機も捕獲しており、またドイツ空軍の暗号も一部解読していたという。これを知ったイギリスは、もう 1 台のエニグマ暗号機と指示書をソビエトに提供したが、絶えず変更される暗号鍵を解き明かすための支援は行なわなかった。後にドイツ軍が後退し、数十万の兵と装備を失う中、ソビエトは大量のエニ

グマ暗号機とコード資料を捕獲している。

　やがて暗号鍵変更のペースが上がったため、暗号機を持っているだけでは十分でなくなってしまった。しかし暗号機、以前の鍵、そして捕虜にした通信担当官を通じ、ソビエトの暗号担当者が戦争の後半においてエニグマ暗号を解読していたのは間違いない。

　ドイツは第 2 次世界大戦を通じてエニグマを使い続けたが、陸軍の最高司令部はフィッシュ暗号を使い、また海軍では新型暗号機チュニーの導入が進められていた。ドイツでエニグマ暗号機が長期間——およそ 20 年間——使われたのは、単純さ、携帯の容易さ、広く用いられていること、そして想定される安全性に加え、戦時中に新たな暗号機を導入し、操作員を訓練することが難しかったためである。さらに、連合軍がエニグマを解読した直接的な証拠をドイツが得ることはなかった。デイヴィッド・カーンの言葉を借りれば、その疑いはあったものの、「煙を吐いている銃はなかった」のである。

　1926 年から 45 年春の終戦まで、10 万台ものエニグマ暗号機がドイツ各軍や政府機関に配備されたとする資料もある。実際にはそれよりも少なかったろうが、それでも驚くべき数であることは間違いない。

【参照項目】暗号解読、ビウロ・シフルフ、ハンス＝ティロ・シュミット、エージェント、コードネーム、暗号資料、ジョン・ケアンクロス、内通者、NKVD、デイヴィッド・カーン、チュニー

エニグマの暗号鍵

　ドイツ各軍（SS を含む）、ゲシュタポ、アプヴェー

ア、外交機関、そしてトッド建設機関といった組織の主要部署においては、それぞれ異なる暗号鍵（ローターの初期設定）が用いられていた。

保安上の理由で暗号鍵（日毎のローター配置以外のものも含む）は以前から定期的に変えられていた上、戦争が進むにつれて広く用いられていた暗号鍵は小さなグループに分割され、それぞれの鍵で暗号化されるメッセージの数が減らされた。結果として、連合国の暗号解読者が用いるクリブ（手がかり）も減少したのである。

ブレッチレーパークで働く暗号解読者は大量のエニグマ暗号鍵を解き明かした。その中には一定の期間有益だったものの、ドイツがローターの設定を変えたことで「失われた」ものもある。しかし大部分はクリブあるいは「総当たり式」——大量のボンブと人員が暗号鍵の解明に注ぎ込まれた——の方法によって再び解読されている。

アルマジロ（1944年に解読された空軍の暗号鍵）やペスワン（1944年8月に解読されたドイツ陸軍第1軍の暗号鍵）のように、連合軍に捕獲されたことで明らかになった鍵もある。またガドフリー（空軍第10航空軍団の暗号鍵で1942年1月に解読）やホーネット（空軍第4航空軍団の暗号鍵で同じく42年1月に解読）のように登場するや否や解読されたものもある。一方、ピュース（ソビエト駐留の空軍第1航空艦隊）やTGD（ベルリンのコールサインにちなんで名付けられたゲシュタポの暗号鍵）のように解読されなかった鍵も存在している。

【参照項目】SS、アブヴェーア、クリブ

エニグマの暴露

1930年代初頭から70年代初頭に至るまで、エニグマ暗号の解読に関する秘密が保たれていたのは特筆に値する。戦時中は数千もの人間がエニグマ／ウルトラ情報にアクセスできたが、中にはドイツの捕虜になった者もいる（「アーサー・W・バナーマン」を参照のこと）。実際、ポーランド人暗号解読スタッフの多くは1939年9月に、フランス人暗号解読者は1940年5月に拘束されている。しかし、秘密を明かせば直接的な利益——生存を含む——が自分自身と家族に約束されていたにもかかわらず、口を割る人間はいなかった。

カーンによれば、米英によるエニグマ暗号の解読活動を知っていた者は3万名に上るという。それらの中には、ブレッチレーパーク、アーリントンホール、そしてワシントンDCのマサチューセッツ通りとネブラスカ通りに挟まれたアメリカ海軍の施設で働いていた暗号解読者や通信担当官が含まれる。またロンドンとワシントンDC、及び戦地で活動する司令官や現地司令官（数百名に上る）のために情報の送受信を行なう特殊連絡部隊（SLU）の将兵数千名も、解読の事実を知っていた。

ミシェル・ガルデが著書『La Guerre Secreé des Service Spéciaux Français, 1935-45』（1967）で歪曲されたストーリーを初めて明らかにするまで、エニグマ／ウルトラの秘密を暴露した人間はいなかった。その中でエニグマという単語は用いられていないが、かつてフランスの暗号解読活動を率いたギュスタヴ・ベルトラン准将はこれに刺激を受け、エニグマ解読活動の回想録『Enigma ou la plus Grande Énigme de la Guerre 1939-1945』（1973）を執筆した。この本は大きな反響を巻き起こし、諜報界からの反論がなされるに至ったが、一般の注目を集めることはなかった。

この件に関する次の1冊——世界中でセンセーションを巻き起こした1冊——は、イギリスのインテリジェンス・オフィサーであり、ウルトラ情報の配送システムを組織したF・W・ウインターボザム空軍大佐の『The Ultra Secret』（1974）である。その2年後には、さらに詳細な事実がウインターボザムへの反論と共に現われた。フランス防諜機関の元トップであるポール・ペロール大佐が、エニグマの秘密を最初に暴露したのは暗号機の生産工場で勤務していたポーランド人であるというイギリスの主張に反論したのである。ペロールの説は1976年6月27日付のサンデー・タイムズ紙に『暗号を突き止めたのは自国のスパイであるとフランスは主張』という見出しで掲載された。

ウインターボザムによる暴露の後、大量の記事や本がそれに続いた。この分野に関して後に出版された本で最も重要なのが、キエフ生まれのポーランド人、ヨーゼフ・ガルリンスキー著の『The Enigma War』（1979）、F・H・ヒンズリー他編の5巻から成る公史『British Intelligence in the Second World War』（1979〜90）、そして特にロナルド・レヴィン著『Ultra Goes to War』（1978）である。デイヴィッド・カーン著の『Seizing Enigma』（1991）は、Uボートが用いていたエニグマ暗号の解読——その大半は気象観測船や潜水艦に備えられていたエニグマ暗号機を捕獲することで達成された——を巡る競争について貴重な視点を提供している。エドワード・ドレアの『ULTRA』（1992）とロナルド・H・スペクターの『Eagle Against the Sun』（1985）は、太平洋におけるアメリカの軍事作戦にウルトラがいかに貢献したかを示す貴重な記録である。

戦時中は数千名のアメリカ人がウルトラ及びマジックを知っていた。後者は元々日本外務省が用いていたコード式暗号の解読を指す単語だったが、両者の活動は戦時中に統合されている（戦争中には大規模な機密漏洩が発生している。ジャーナリストのスタンレー・ジョンストンがシカゴ・トリビューン紙の中で、1942年5月に発生した珊瑚海海戦の直前、アメリカは日本軍の通信を解読していたと暴露したのである。また戦後にも、真珠湾攻撃を巡って議会による大規模な調査や公聴会が行なわれた結果、さらにいくつかの暴露がなされた）。

「海軍通信情報」「信号情報局」も参照のこと。

【参照項目】アーリントンホール、特殊連絡部隊、ギュスタヴ・ベルトラン、F・W・ウインターボザム、F・H・ヒンズリー、マジック、スタンレー・ジョンストン、真珠湾攻撃

エミッション　（Emission）

レーダーや無線機など電子装置から放出される電磁波。探知・傍受・記録・分析することで様々な情報が得られる。

エミッション・コントロール　（Emission Control〔EMCON〕）

無線機あるいはレーダーの使用を避けるか減らすかし、敵軍に電磁波を探知・傍受されることを防ぐ行為。

エミッション・セキュリティ　（Emission Security）

電磁波の傍受・分析を通じた敵の情報入手を防ぐためにとられる措置。エミッション・コントロールも含まれる。

【参照項目】エミッション・コントロール

エリオット、リタ　（Elliot, Rita）

1955年、サーカスの綱渡りをカバーにしつつオーストラリアでスパイ網を組織したソビエトのスパイ。このスパイ網は大きな成果を挙げたが、彼女が原子力研究などの秘密活動に携わる大勢の男たちをもてなしていることを、オーストラリアの防諜担当官が突き止めたことで終わりを迎えた。スパイ活動を中止するようモスクワから警告を受けた後、彼女は1961年にオーストラリアを離れ、インドやパキスタンでサーカスを続けた。

その後の消息は知られていない。本名はエスフィル・ユリナだった。

【参照項目】スパイ網、防諜

エリス、アール・H　（Ellis, Earl H.　1880-1923）

西部太平洋に浮かぶ日本領の島々をスパイし、攻撃用揚陸艇の開発を促したアメリカ海兵隊士官。1920年代から30年代にかけ、海兵隊の上陸作戦原則に大きな影響を与えた。

1900年に海兵隊入りし、翌年任官される。その後は極東で勤務、第1次世界大戦ではフランスで功績を挙げている。また終戦後は、太平洋の基地をアメリカ艦隊が確保して日本軍の手に渡らないようにするため、それらを占領する際の海兵隊の役割について研究を始めた。5万語からなる彼の報告書は1921年に海兵隊司令官へ提出され、海兵隊が太平洋に進出する際の設計図となった。その書き出しはこうである。「日本に対して我々の意図を完遂するため、艦隊及び陸戦隊を太平洋に展開させるだけでなく、日本の海域で戦闘を行なう必要があ

アール・H・エリス中佐（出典：アメリカ海兵隊）

る」エリスが想定した攻撃目標にはマーシャル諸島、カロリン諸島、そして琉球諸島（沖縄を含む）が含まれており、そのほとんどが第2次世界大戦において上陸作戦の舞台となっている。また確保すべきいくつかの環礁を列挙し、兵器、移動手段、戦術といった必要事項を挙げた。

1921年8月、エリスは太平洋全域を視察し、有望な上陸地点候補に関する情報を集めた。だが翌年の横浜上陸後にアメリカ海軍病院へ運ばれ、アルコール中毒と診断される。横浜で2度の入院を経験したエリスは、サイパン、次いでマーシャル諸島に向けて出港した。そこで再び入院したが、退院後に日本領諸島への旅を続けている――しかしそれは全く不適切な諜報活動だった。伝記作家のディック・アンソニー・バレンドルフは『Marine Corps Gazett（海兵隊新聞）』の中で次のように記している。

　エリスのスパイとしての評価は低い。軍事的視点から見れば、任務の結果は惨憺たるものとしか評価できない。深刻な神経疾患に陥り、時に酒浸りとなる海兵隊士官が、休暇届も出さずコードブックを手に長期間不在となり、自らの任務についてアメリカ国民とおおっぴらに議論している。一方の日本側から見れば、メモや地図を書きながら島中を歩き回っている不審人物だ。アメリカ海軍当局は、エリスの行状に赤面しただろう。果たして、日本領諸島に数回立ち寄るうち、エ

リスは病に陥った。

エリスは行く先々で島や環礁の地図を書き、上陸作戦に関係するであろう事柄を記した。その存在は至るところで目についた。旅行中、エリスは日本側から厳重に監視されたが、情報の入った箱を少なくとも1人のビジネスマンに渡し、アメリカへ郵送するよう依頼することに成功している。マーシャル諸島のジャルートでエリスはまたしても2週間入院した。退院後はカロリン諸島に戻り、パラオのコロールに着いた彼は親交を結んでいた地元部族のもとを訪れ、メタウイエという名の25歳も年下の美しい女性を妻に迎えた。その後の行動はますます支離滅裂になってゆく。主にビールと酒を大量に飲み続け、大声でわめき散らし、一度など「兵士のように」歩き回って「パンチで壁に穴を開けた」と目撃者は語っている。

1923年5月、エリスの容態は深刻になり、妻と使用人に「自分はアメリカ政府上層部の命令を受けてニューヨークからやって来たスパイだ」と告白した。その最中にも酒を飲み続け、処方された薬の服用を拒絶したという。エリスは5月12日に息を引き取り、コロールに埋葬された。地図やノート――そして恐らく――コードブックは日本側に押収されている。

エリスの死を知ったアメリカ政府は海軍艦艇を派遣して遺体を引き取ろうとしたが、日本側に拒絶された。しかし海軍所属の薬剤師が日本船でコロールを訪れることが許される。彼はエリスの遺体を墓から掘り起こして写真を撮り、火葬に付した。遺骨はその薬剤師、ローレンス・ゼムシュと共に日本へ戻っている。

日本がエリスの活動に重大な関心を抱いていたことは明らかである。しかし、カロリンやマーシャル諸島の防衛に関する情報など得られるはずがなかった。1930年代に入るまで、日本はこれらの諸島に防衛陣地を築いていなかったからである。

エリス、チャールズ・ハワード（ディック）

（Ellis, Charles Howard〔Dick〕 1895-1975）

ドイツとソビエトの諜報機関に情報を売り渡したイギリス秘密情報部（MI6）の職員。

オーストラリアに生まれ、第1次世界大戦中はイギリス陸軍のミドルセックス連隊に所属する。戦後はオックスフォードとソルボンヌで学び、1924年にMI6入りした後は、外交官をカバーにベルリンとパリで情報収集を行なう傍ら、勧誘員として活動した。

1940年8月にニューヨークへ転勤、ウィリアム・スティーヴンソン率いる英国保安調整局（BSC）の次官（階級は大佐）となった。ここでも外交官のカバーを用いており、イギリス領事館職員として登録されている。BSC在籍中は、アメリカ戦略諜報局（OSS）の創設に

あたってウィリアム・ドノヴァンを支援した。

1944年、エリスはロンドンのMI6本部に戻る。2年後には東南アジア及び極東担当のフィールド・オフィサーに任命され、シンガポールを活動拠点とした。その後1950年にオーストラリアへ赴き、新設されたオーストラリア保安情報機構（ASIO）の顧問となっている。

1951年、戦時中にドイツ軍の諜報機関アプヴェーアと通じていたイギリス人、「エリス大尉」に関する情報が明るみに出た。その中には、ヨアヒム・フォン・リッベントロップ駐英大使と、ベルリンのアドルフ・ヒトラーとの間の秘密電話回線をイギリスが盗聴していたという事実も含まれていた。しかしエリスなるスパイがいるという以前にもなされていた報告は、当時MI6のソビエト課長だったハロルド（キム）・フィルビーの手に渡ったことで、イギリス情報機関では無視されることになった。フィルビーは「このエリスという人物は何者だ？」と記したのみで、これ以上の行動は必要ないと述べたのである（当時、エリスはフィルビーのすぐそばのオフィスで勤務していた）。

MI6はエリスが――ソビエトのではないにしても、少なくともドイツの――内通者である可能性を調査したものの、1953年に中止した。エリスが退職を申し出たからである。60歳の定年まで2年を残していたが、エリスは健康上の理由だとしている。

エリスはオーストラリアに船で渡り、到着後直ちにASIOと2年契約を結んで働き始めた。しかし2ヵ月後に契約を破棄してイギリスへ帰国する。キャンベラで活動するソビエトのインテリジェンス・オフィサー、ウラジーミル・ペトロフが亡命しそうだという情報を受けてのことだった。ロンドンに到着した直後、エリスはフィルビーに連絡をとり、ペトロフ亡命の件を告げたとされる。

一方、イギリス保安部（MI5）は、エリスが外国のエージェントである兆候の記されたファイルを探し始めた（「フルーエンシー委員会」を参照のこと）。またワシントンDCでも、FBIがエリスの活動を調査している）。

エリスは年金を増額させるべくMI6でパートタイムの仕事をしていた。MI6の文書を見直し、もはや価値がないと判断されたものを破棄するのが業務だったという。

MI5の調査官は最終的に、エリスは戦前からドイツによるフランス及びオランダ侵攻（1940年5月）までアプヴェーアのスパイを務め、次いでソビエトに脅迫されてそちらのスパイになったと結論づけた。だが実際には、ソビエトのために働いていたのは1920年代からだった。

1966年、エリスを尋問する決定が下され、スコットランドヤード特別課は彼を監視下に置いた。また亡命を防ぐために電話の盗聴も行なわれている。エリスは尋問

の中で、1920年代にMI6での勤務を始めた直後からイギリス情報機関に関するささいな情報をエージェントに与え、エージェントがそれらをソビエトに渡すことで報酬を受け取っていたと供述した。そして自分の稼ぎを増やすために、ソビエトだけでなくドイツにも売れるような情報をエージェントに渡したという。結果、よりよい情報を提供しなければこの件を暴露すると脅されたのだった。

しかし、ソビエト情報機関の下で直接働いたことは否定している。数週間にわたる尋問中、オーストラリア当局はエリスの正体を知らされた——しかしFBIには知らされていない。エリスは死ぬまで正体を公にされることも裁かれることもなく、政府の年金で余生を過ごした。

【参照項目】MI6、カバー、ベルリン、勧誘員、英国保安調整局、戦略諜報局、ウィリアム・ドノヴァン、オーストラリア保安情報機構、ハロルド（キム）・フィルビー、内通者、ウラジーミル・ペトロフ、MI5、監視、特別課

エリス、ロバート・W　(Ellis, Robert W.)

カリフォルニア州のモフェットフィールド海軍航空基地に所属していた海軍下士官。1983年にサンフランシスコのソビエト領事館と接触し、機密資料を2,000ドルで売り渡すと持ちかけた。

ソビエトのインテリジェンス・オフィサーに扮したFBI捜査官に情報を売り渡そうとしたところを逮捕される。エリスの申し出をいかなる経緯で探知したか、アメリカ政府は明らかにしていないものの、ソビエト領事館に仕掛けた盗聴器が一役買ったものと思われる。エリスは不名誉除隊となり重労働5年の刑を言い渡されたが、後に3年に減刑されている。

遠隔操縦機　(Remotely Piloted Vehicles〔RPV〕)

「無人航空機」を参照のこと。

遠隔測定情報　(Telemetry Intelligence〔TELINT〕)

遠隔測定で入手したデータの傍受、処理、分析を通じて得られる技術情報。

遠隔測定情報は米ソの宇宙競争と共に収集が始められた。当時アメリカは、ソビエトの宇宙船打ち上げを遠隔測定しようと望んでいた。当初は電子センサーを搭載した航空機が発射施設上空を飛行して遠隔測定情報を傍受・記録し、後に分析が行なわれた。それにあたり、トルコのインジルリク空軍基地に所属するB-47ストラトジェット爆撃機3機がEB-47E（TT）に改称された上で、電子戦担当要員の収容カプセルが爆弾倉に取り付けられている。また機首の両側にはセンサーアンテナを搭載した外部フェアリンクが追加された。これらの飛行機は、ソビエトがカプースチン・ヤールで打ち上げを行なう際

には黒海上空を、チュラタムで打ち上げを行なう際にはイラン北東部上空を偵察飛行し、1958年から67年まで任務に就いた。また空軍のRC-135リヴェットジョイントも、太平洋上空を飛行してソビエト及び中国のミサイル発射を追跡している（「C-135ストラトリフター」を参照のこと）。

アメリカ海軍は1981年からミサイル追跡艦オブザベーション・アイランドを運用し、ミサイル発射を監視している。この艦はコブラ・ジュディー作戦の一部として建造されたものである。

遠隔測定情報に関するアメリカ空軍の情報収集ガイドによると、遠隔測定情報が傍受されていることを知った上で、ミサイルから偽データが発信される場合もあると警告している。

【参照項目】技術情報、B-47ストラトジェット、リヴェットジョイント

エンガルフ作戦　(Engulf)

暗号機（特にボリス・ハゲリンが発明した機械の派生型）をセッティングする際のノイズを検出することでエジプトとフランスの暗号通信を解読すべく、イギリスが1950年代から60年代にかけて実施した一連の作戦。

1956年、イギリスはロンドンのエジプト大使館にある暗号室に盗聴器を仕掛けた。当時は両国間の緊張が高まっており、やがてスエズ戦争（第2次中東戦争）にエスカレートしている。郵政省が大使館の電話機にトラブルを仕掛けた後、修理工に扮したイギリス保安部（MI5）の職員が盗聴器を設置すべく暗号室に侵入した。

元MI5職員のピーター・ライトは著書『Spycatcher（邦題・スパイキャッチャー）』の中で次のように記している。

暗号解読で得られた重要な情報はただ1つ、モスクワで行なわれていたソビエト－エジプト間の会談内容であり、その詳細はモスクワのエジプト大使館からロンドンの大使館に直接転送されていた。合同情報委員会（JIC）はここから得られた情報の結果、ソビエトがスエズ危機への介入を真剣に考慮していると確信できたのである。

またライトによれば、アンソニー・イーデン首相がもう1通の電信を読んで早期の停戦に同意する一方、BRUSA協定に従ってこの情報をアメリカと共有したことが、スエズ戦争におけるアメリカの対イギリス、フランス、イスラエル政策の形成に重要な役割を果たしたとしている。

さらにライトは、友好関係の証しとしてソビエトが「掃除人」をエジプト大使館に送り込み、盗聴器や隠しマイクの捜索にあたらせたと記している。しかしソビエ

ト側は MI5 によって仕掛けられた盗聴器を発見したが、それを取り除くこともエジプト側に警告することもなかった。中東問題に関する自国の立場をイギリスに正確に知らせたいという判断が働いたものと思われる。

イギリスはエンガルフ作戦の一環としてフランス大使館にも盗聴器を仕掛けた。こちらの作戦にはストッケイドというコードネームが与えられている。

もう 1 つのエンガルフ作戦として、1959 年にソビエト巡洋艦オルジョニキージェがストックホルムに寄港した際、この軍艦から発せられる暗号ノイズを探知しようと試みたことが挙げられる。係留中、通信室の向かいにある物品庫に隠しマイクが仕掛けられ、暗号機のノイズとおぼしき音を拾ったものの、解読の成功には結びつかなかった。

【参照項目】 暗号、ボリス・ハゲリン、MI5、カバー、ピーター・ライト、BRUSA 協定、掃除人、ストッケイド、コードネーム

鉛管工 （Plumbers）

1971 年に大統領（リチャード・M・ニクソン）再選委員会が組織した特殊調査ユニット。このユニットは安全保障上問題のあるリーク（情報漏洩）を止める（よってこのニックネームが付けられた）と共に、民主党を標的とする秘密情報収集と組織攪乱を目的としていた。

鉛管工はニクソン大統領の首席補佐官ジョン・アーリックマンの直属下にあり、E・ハワード・ハント、G・ゴードン・リディ、デイヴィッド・ヤング（国家安全保障問題担当補佐官ヘンリー・キッシンジャーのアシスタントを務めていた）、そして後に運輸次官となる大統領補佐官エジル（バッド）・クロウ・ジュニアがメンバーだった。

これら鉛管工は 2 件の不法侵入（ブラック・バッグ・ジョブ）を監督した。ダニエル・エルスバーグの心療内科医のオフィスに対する不法侵入（1971）と、ウォーターゲートビルに対する侵入行為（1972）である。エルスバーグはベトナム戦争に関する機密文書「ペンタゴン・ペーパーズ」を盗んでリークしたとして、ニクソン大統領の怒りを買っていた。

【参照項目】 E・ハワード・ハント、ブラック・バッグ・ジョブ、ウォーターゲート、ペンタゴン・ペーパーズ

エンジェル （Angel）

敵国の情報機関に属する人間を指す、インテリジェンス・オフィサー及びエージェントの隠語。

【参照項目】 インテリジェンス・オフィサー、エージェント

エンタープライズ （Enterprise, The）

「イラン・コントラ事件」を参照のこと。

オヴァキム、ガイク・バダロヴィチ

（Ovakim, Gaik Badalovich 1898-1967?）

1930 年代にニューヨークで活動した NKVD（ソビエト内務人民委員部）のレジデント。1933 年にアメリカへ渡り、アムトルグという商業組織をカバーとしていた。

技師としての教育を受けたオヴァキムは産業スパイ活動を専門にしていた。ロバート・J・ランファイア FBI 捜査官と共著者のトム・シャハトマンは、著書『The FBI-KGB War』（1986）の中で次のように記している。「オヴァキムは『あの悪賢いアルメニア人』と呼ばれることがしばしばあり、それは彼が本当にアルメニア人か否かはっきりしなかったという、掴み所のなさを測る物差しになっていた」ちなみにオヴァキムは身長およそ 170 センチ、体重 75 キロと小柄な人物だった。

ランファイアとシャハトマンによると、オヴァキムによる勧誘活動はアメリカ国内にとどまらず、メキシコとカナダでも行なわれていた。ジュリアス・ローゼンバーグと妻エセルを 1938 年に原爆スパイ網へ勧誘したのもオヴァキムだった（当時、ソビエトはジュリアス・ローゼンバーグが入手できる原爆以外の秘密情報に関心を持っていた）。またメキシコでラモン・メルカデルと会い、レオン・トロツキーの暗殺命令を渡している（襲撃は 1940 年 8 月 20 日に実行され、トロツキーはその傷が元で翌日に死亡した）。

1941 年 5 月、外国の商業代理人でありながら司法省に届出がなかったとして、FBI はオヴァキムを逮捕・起訴した。オヴァキムは獄中で外交官特権を主張し、自分は武器購入の代理人に過ぎず、政治的理由で取引の交渉ができなかっただけだと述べた。ソビエト大使館は 25,000 ドルを支払ってオヴァキムを保釈させている。

捜査の結果オヴァキム配下のエージェント数名を突き止めた FBI は、オヴァキム本人を裁判にかけようとした。しかしアメリカ人 6 名がソビエト国内で抑留されていたために米ソ両国で合意がなされ、オヴァキムは 1941 年 7 月にアメリカからの出国を許された（アメリカ人 6 名のうち、3 名は帰国が叶わなかった。出国直前にドイツ軍がソビエトに侵攻、2 名はドイツ軍に捕らえられ、1 名はソビエトの監獄に留め置かれたのである）。

モスクワの NKVD 本部に戻ったオヴァキムはアメリカ課長となり、NKVD の連絡員であるハリー・ゴールドと、ニューメキシコ州ロスアラモスの原爆研究施設で勤務するデイヴィッド・グリーングラスとの面会を許可する電報を、1944 年にアメリカへ送らせた。ゴールドはあるスパイ網に所属しており、グリーングラスは NKVD が運営する別のセル（細胞組織）に所属していた。その両者を会わせるのはスパイ活動における重大な規律違反であり、オヴァキムは降格させられた。

スパイ組織の長ラヴレンチー・ベリヤが処刑され、ス

ターリンの行き過ぎた行為がニキータ・フルシチョフによって批判された後の1956年頃、オヴァキムはKGB（NKVDの後身）から追放された。

【参照項目】 NKVD、レジデント、アムトルグ、カバー、産業スパイ、ジュリアス・ローゼンベルグ、原爆スパイ網、エージェント、ハリー・ゴールド、デイヴィッド・グリーングラス、KGB

オーウェン、ウィリアム・ジェイムズ

(Owen, William James　1901-1981)

　潜在的に利用可能な秘密情報を敵国に売り渡したとして起訴された20世紀で唯一のイギリス庶民院議員。労働党の「バックベンチャー（平議員）」だったオーウェンは、彼の失脚を目論む東側情報機関による複雑な策略の結果、1970年1月23日に公的秘密保護法違反で起訴された。

　1954年に初当選し、60年2月に国防評価委員に指名されたオーウェンは、イギリスと東ドイツの関係改善を目指して活動していた。1964年にはベローリーナ・トラベルという旅行会社の代表に就任、その立場で数度にわたって東ドイツを訪問すると共に、ソビエトにも足を踏み入れている。さらにチェコの商業駐在官ロバート・フサクと親交を結び、後にチェコ政府から現金2,300ポンドを受け取るだけでなく、プレゼントつきのもてなしを受けた。

　その見返りとして、オーウェンは同僚議員に関する情報を渡し、脅迫に屈しやすい人物を捜し求めた。また機密情報にもアクセスできたが、外国の情報機関にそれを渡したかどうかは定かでない。

　オーウェンは1970年1月に逮捕され、4月に議員を辞職した。その後の裁判では無罪となったが、法廷費用として2,000ポンドを支払うよう命じられている。無罪となった後、オーウェンはチェコ情報機関との取引内容を明らかにした。

　チェコ情報機関からは「リー」というコードネームが与えられていた。

【参照項目】 公的秘密保護法

王立カナダ騎馬警察

(Royal Canadian Mounted Police〔RCMP〕)

　1984年にカナダ保安情報局（CSIS）が新設されるまで防諜活動を担当していたカナダの機関。一般には「マウンティーズ」の名で知られていた。また現在でも対テロ情報活動に関係し、テロリスト関連情報を市民から集める保安情報ホットラインを運営している。

　マウンティーズは、真紅のチュニックとつばの広い帽子を身に付け、広大な森林地帯で無法者を追いかけるだけの集団ではない。RCMPは国家警察組織として反体制活動を取り締まる役割を担っており、私服マウンティーズの任務は常に秘密のベールに包まれていた。1896年にユーコンでゴールドラッシュが始まった時、鉱夫や労働者が金鉱目指して押し寄せたが、実は自国民をカナダへ送り込み、領土の一部を併合せんとするアメリカの陰謀ではないかと疑う者がカナダ政府にいた。そこでエージェント——扮装したマウンティーズと思われる——をアメリカに派遣して陰謀を突き止めようとしたが、何の発見も得られなかった。

　第2次世界大戦に先立ち、カナダの諜報活動は陸海軍に割り当てられた。やがてアメリカの暗号解読チーム、ブラックチェンバーを率いていたハーバート・O・ヤードレーを通じて、通信情報と暗号術がカナダに入ってきた。1941年、ヤードレーは国家研究会議の検証ユニットをカナダに設立する。戦時中、カナダの傍受局は米英の傍受局と密接に協力し、ドイツ及び日本の通信を傍受、追跡、解読した。

　第2次世界大戦におけるRCMPの主要な諜報任務は、カナダ人ウィリアム・スティーヴンソンの支援だった。スティーヴンソンはイギリス秘密情報部（MI6）の北米大陸における作戦行動のカバー機関、英国保安調整局（BSC）のトップである。RCMPはスティーヴンソンのために保安活動を担当し、オンタリオ湖の北岸に極秘基地ステーションMを設置する手助けをした。BSCはここを拠点にして文書や手紙の偽造を研究している。北米で活動するドイツのエージェントが、中立国スペイン及びポルトガルの便宜的住所宛てに投函した手紙の一部は途中で傍受され、ステーションMに送られた。そこで手紙は検査され、それらエージェントの活動を妨害し、あるいは失敗に追い込んだのである（「キャンプX」も参照のこと）。

　RCMPが関係する最大の事件は1945年9月に発生した。オタワのソビエト大使館で暗号官として勤務していたイーゴリ・グゼンコが、身重の妻と子どもを伴って亡命したのである。グゼンコが提供した情報によって、ソビエトが北米大陸で大規模なスパイ網を運用していることが明らかになった。大使館のNKVD要員から追われる身となったグゼンコは、RCMPによる保護を受けて身を隠した。妻が出産のために入院した時は、ポーランド人農夫の妻を装っている。またマウンティーズの1人が夫の振りをし、片言の英語を話しながら彼女に同行している。スティーヴンソンは後に、無事生まれた女児に乳児用品一式を贈った。

　RCMPはその一方で、グゼンコが今も逃亡中であるとソビエト側に信じさせるべく、偽の公開捜査を大々的に行なった。そして1946年2月、マウンティーズは一連の逮捕を始め、20名のスパイを裁判にかけると共に、アメリカ、イギリス、カナダにまたがる原爆スパイ網を壊滅に追い込んだ（「フレッド・ローズ」を参照のこと）。

大規模なスパイ捜査の後にRCMPは再編され、スコットランドヤード特別課に範をとったユニットが防諜及び対反政府活動を担当することになった。しかしCIAに似た国家捜査局の新設は政府によって却下されている。

国内で活動するソビエト諜報員の数に比べ、カナダの防諜活動はややもすると不十分だった。ソビエト軍にとどまったまま西側に寝返ったオレグ・ペンコフスキー大佐は、1961年から62年にかけて行なわれた尋問において、ソビエト軍の情報機関GRUがカナダを「情報の素晴らしい狩り場」と考えていることを明らかにした。63年にペンコフスキーが処刑された後、CIAは自らの関与を秘密にした上で、ペンコフスキーの供述内容を公開する決断を下した。しかしカナダ側の感情を考慮し、ベストセラー『The Penkovsky Papers（邦題・ペンコフスキー機密文書）』（1965）の土台となった供述内容からカナダに関する言及を削除している。

1978年、スポーツ・文化問題担当1等書記官をカバーに活動していたKGB職員、イーゴリ・ヴァルタニアンがマウンティーズの1人を勧誘しようと試みた時も、RCMPはKGBを見事出し抜いた。そのマウンティーズは接触を受けたことを報告し、二重スパイになるよう指示される。そしてカナダ政府の報告書によれば「慎重に選択した非機密情報、あるいは完全に偽の文書」を渡すことでヴァルタニアンを信用させた。RCMPが十分な証拠を入手した後、カナダ政府はヴァルタニアンと、外交官をカバーとして活動していた他のKGB職員10名を国外へ追放すると共に、休暇でソビエトに帰国していた2人は今後入国を拒否すると通告した。

その一方、1970年代に発生した治安維持活動における人権侵害——手紙の盗み読み、許可のない盗聴、不法侵入（ブラック・バッグ・ジョブ）——の結果、RCMPの違法活動を審査する政府特別委員会が設置された。委員会は1981年、RCMPから情報任務を取り上げ、別の保安組織に割り振ることを勧告する。政治家とRCMPはこの勧告に反対したが、1984年にカナダ保安情報局（CSIS）が新設された。

CSISは「カナダの安全保障に対する脅威」を防ぐために情報収集を行なうものとされた。その脅威にはスパイ活動、破壊工作、そして「外国勢力の影響を受けた活動」が含まれている。また「憲法によって定められたカナダの統治機構を、暴力によって破壊することを最終目的とした」活動を行なっている市民に対し、盗聴や秘密捜査を実施することが認められている。

CIAやMI6と同じくCSISも法執行の権限を持っておらず、逮捕を望む時はRCMPの特殊ユニットに要請しなければならない。

【参照項目】防諜、テロリスト情報、ブラックチェンバー、ハーバート・O・ヤードレー、通信情報、暗号、ウィリアム・スティーヴンソン、MI6、英国保安調整局、エージェント、便宜的住所、イーゴリ・グゼンコ、スパイ網、原爆スパイ網、特別課、残留離反者、オレグ・ペンコフスキー、GRU、KGB、二重スパイ、ブラック・バッグ・ジョブ

大島浩 （1886-1975）

第2次世界大戦期のナチスドイツに日本大使として赴き、知らぬ間に貴重な通信情報を連合国に提供した人物。「ヨーロッパにおけるヒトラーの意図について（大島は）我々の主たる情報基盤だった」と、戦時中にアメリカ陸軍参謀総長を務めたジョージ・C・マーシャル将軍は記している。

大島は日本の名家に生まれ、父親の大島健一は1916年から18年まで陸軍大臣を務めた。息子の浩も、1905年に陸軍士官学校を卒業した後は順調なキャリアを歩んでいった。

1934年、大佐の階級で駐在武官としてベルリンに赴任する。ほぼ完璧なドイツ語を話せる大島は、程なくヨアヒム・フォン・リッベントロップと友人になった。当時アドルフ・ヒトラーは、外交政策を進める上で表向きは外務省を窓口にしていたが、実際にはリッベントロップ事務所なるものを重視し、野心溢れるシャンペン商人が設立したこの組織と外務省を競わせていたのである（リッベントロップ事務所には300名ほどの職員が在籍していたが、リッベントロップが外務大臣に就任した1938年に廃止された）。

リッベントロップの手引きにより、大島は1935年秋にヒトラーと個人的に面談した。そしてナチ指導部と日本陸軍参謀本部の支援を受けた大島はベルリンで急速に頭角を現わし、中将に昇進後の1938年には駐独大使に任命された。

1939年後半、大島は本国に召還され、アメリカ経由で帰国する。しかし彼の帰還を望むドイツの求めにより、41年初頭に再びベルリンへ赴き、ヨーロッパ戦争が終結するまで、インド洋での軍事協力を含む日独の関係緊密化に力を注いだ。ジャーナリストのウィリアム・K・シャイラーは大島について、「ナチ以上に国家主義的な人物という印象を見る者に与えた」と記している。

大島はヒトラー及びリッベントロップとの密接な関係を通じ、外国人としては異例のことながらドイツの戦争計画や国家政策にアクセスできた。またロシア前線やフランス沿岸の要塞地帯（大西洋の壁）を視察すると共に、ヒトラーとも定期的に顔を合わせている。こうして集めた情報は、パープル外交暗号で東京に——そしてほぼ同時にアメリカの暗号解読者に——無線で送信された。

アメリカの傍受活動、及びマジックという名の暗号解読活動によって、大島と東京との間の通信はほぼ全て集

1939年、ベルリンでアドルフ・ヒトラーと握手を交わす大島浩陸軍大将。中央に立つのはヨアヒム・フォン・リッベントロップ外相。大島が東京との間でやりとりした秘密通信は連合国側によって解読され、第2次世界大戦期に貴重なドイツ関連情報を連合軍にもたらした。（出典：国立公文書館）

められた。その数は1941年の11ヵ月間で約75件、42年は約100件、43年は約400件、44年には600件、そして45年にドイツが敗北するまでの4ヵ月間で300件に上っている。一例を挙げると、42年1月19日に解読されたメッセージは、日次の情報報告書を大島に提供することについて、リッベントロップが同意した経緯に触れていた。その報告書は大島から東京へ伝えられることになっていたが、大島はその中で、「これらの報告書が我が方のミスで漏洩するならば重大な結果をもたらすだろう。従って、これらの扱いはいずれも厳重になされるべきである」と警告していた。

大島による予想の一部は間違っていたが──例えば、イギリスは1941年末までにドイツに屈服するだろうと推測していた──ナチ指導層の計画及び政策に関する報告、そして事実に基づいたデータは、連合国にとってこの上ない価値を持つものだった。その1つとして1941年6月6日に東京へ送った報告が挙げられる。その中で大島は、ドイツが6月22日にソビエトへ侵攻すると述べていたのである（「バルバロッサ」を参照のこと）。

戦争が進み、ドイツが後退を始める中でも、大島はドイツの勝利を疑わなかった。だが1945年4月13日、ついにベルリンからの撤収を余儀なくされる。大島と日本の外交スタッフの大半は山中の保養地、バート・ガスタインに逃れた。それから1ヵ月足らずでドイツは降伏

し、大島はスタッフと共に捕虜となった。一行は船でアメリカへ送られ、7月11日に到着する。そして尋問を受けてペンシルヴァニアのリゾートホテルに収容された後、大島は日本に帰国した。

帰国後は荒廃した祖国で束の間の自由を楽しんだが、1945年12月6日に戦犯として逮捕・起訴される。長期にわたる裁判を経た1948年11月、大島は平和に対する共謀容疑で有罪とされ、終身刑を言い渡された。

その後1955年11月に仮釈放され、3年後に赦免される。そして連合国に貴重この上ない情報を渡していたとは知らないまま、1975年に死去した。

【参照項目】通信情報、パープル、マジック

オギンス、イサイア・H （Oggins, Isaiah H. 1898-1947）

スパイ容疑でソビエト連邦にて逮捕・処刑されたことが、1992年9月にロシア大統領ボリス・エリツィンによって確認されたアメリカ人。

オギンスはスパイ容疑で1939年に逮捕され、ソビエトの監獄に収容された。第2次世界大戦後に解放されることになっていたが、国家保安相（「NKVD」「スメルシ」を参照のこと）のヴィクトル・アバクーモフはヨシフ・スターリンにこのアメリカ人を処刑すべきと進言し、その結果1947年に処刑された。

1992年、ロシア政府のドミトリー・ヴォルコゴノフはこの事件を「シェークスピアを思わせる……悲劇」とし、オギンスがスパイではなかったと述べている。

オゴロドニク、アレクサンドル・D

（Ogorodnik, Alexsandr D. 1939-1977）

1970年代、ソビエト外務省の国際関係課に所属しつつ、CIAのためにスパイ行為をしていた人物。モスクワの中枢部に配置されたアメリカのエージェントとしては、オレグ・ペンコフスキー大佐以来の人物とされている。

『KGB Today（邦題・今日のKGB：内部からの証言）』（1983）の著者ジョン・バロンによれば、オゴロドニクがCIAに接近したのは、カナダで勤務していた1974年のことだったという。その後1977年に機密文書の撮影中に逮捕されるまで、「数百件」の文書をCIAに渡した。ケース・オフィサーであるマーサ・ピーターソンも同時期に逮捕されている。

オゴロドニクは有罪を認めた後、自白書に署名した。その際に愛用の万年筆を所望したが、中には以前にCIAから提供されたLピルが入っていた。彼はペンの端をかじってピルを飲み込み、即死した。伝えられるところによると、その後KGBはスパイ容疑者を裸にし、全身をくまなく検査するようになったという。

彼のコードネームはトリゴンだった。

【参照項目】CIA、エージェント、オレグ・ペンコフスキ

ー、KGB、ジョン・バロン、ケース・オフィサー、マーサ・ピーターソン、Lピル、コードネーム、トリゴン

オゴロドニコワ、スヴェトラナ

(Ogorodnikova, Svetlana　1951-)

　1984年、愛人のFBI捜査官リチャード・ミラーから機密文書を入手した容疑で逮捕されたKGBのエージェント。後に夫のニコライと共にスパイ行為の罪を認めた。

　ユダヤ人としてウクライナに生まれたニコライ・ウォルフソンは11歳の時に始まった第2次世界大戦で戦い、ドイツ軍に捕らえられた。解放後は愚連隊に加わり、強盗事件を4回起こして刑務所で14年間暮らしている。1968年の釈放後にスヴェトラナと結婚、1970年には幼い息子と共にイスラエルへの移住許可が与えられた。

　しかし夫妻はウィーンで考えを翻したらしく、政治的亡命者としてアメリカに向かい、ハリウッド西部に居を構えた。スヴェトラナはソビエトの雑誌を配布しつつ看護婦として働くこともあり、周囲の人々にはソビエト領事館との関係を自慢していた。またソビエト連邦を何度も訪れるという、普通では考えられない特権も与えられていた。ニコライは肉の包装会社で働く労働者に過ぎないのである。なのに息子のマトヴェイは夏になると黒海の共産党青年キャンプに加わり、両親はソビエト連邦内の士官学校に進ませる相談をしていた。

　スヴェトラナがFBIの関心を引いたのは1982年、この地域のロシア人コミュニティーにおける情報提供者となるよう、ジョン・E・ハント捜査官から依頼された時のことである。彼女は移住者の親ソビエト活動に関する情報を渡すことで、FBIを惑わせた。だがFBIの現地支局は、普通のロシア人移住者と明らかにかけ離れていることから、スヴェトラナに対する監視を続ける。細身で黒い瞳のブロンドだった彼女は、程なくハントと恋仲になった。FBIの記録によれば、ハントは1982年から83年にかけてスヴェトラナと55回も会っている。その1つはロサンゼルスの内科医への訪問だった。ハントによると、この訪問の目的はスヴェトラナの「稀な血液病」を検査するためだったというが、スヴェトラナのほうは中絶手術のために連れてこられたのだと主張している。彼女はハントが父親であると強くほのめかしたが、1960年に精管切除の手術を受けた事実は知らなかったらしい（ハントは1984年、52歳でFBIを退職した）。

　1984年、リチャード・ミラーがスヴェトラナの担当に任命され、ハント同様彼女と関係を持った。ミラーは8月にロサンゼルス・フリーウェイをドライブした時のことをこう振り返っている。

　あれは私にとって特別なドライブでした……人生であんなに飲んだのは初めてです。彼女はマルガリータやコニャックを持参していました。ところがコニャックときたら、あんなにひどい味の酒は他にないでしょうね。私は考えていました「おい、これは大物になれるチャンスだぞ」と。私はそのチャンスに食いつこうとしていたのです。そして私たちは歌をうたいながらI-5を走り、窓からボトルを投げ捨てるなんて時代遅れの真似をしていました。私は彼女がボトルを投げ捨てるのをやめさせようとしたんですがね。

　ドライブの目的地はサンフランシスコのソビエト領事館だった。47歳の捜査官で、20年間のキャリアにおいて信じられないほど悪い勤務記録を残していたミラーは、自分自身もFBIの監視対象であることを忘れていたらしい。この間抜けなドライブの直後、FBIは情報提供者を通じて、ミラーとスヴェトラナの関係を知ったと思われる。FBIは2人の追跡を始め、スヴェトラナと会っているミラーの姿をビデオテープに収めると同時に、電話を盗聴してミラーの勤務内容を秘密裡に確認することで、KGBの下で働いていると思しきスヴェトラナの立件を目指した。

　スヴェトラナの主張によると、自分はミラーと性的関係を持つことに抵抗したが、「脅迫されたので」仕方なく関係を持ったという。ミラーはそれに対し、「このように考えましょう。私は彼女より性的欲求が強かったのです」と述べている。

　またスヴェトラナは、自分はKGB少佐で、スパイになれば65,000ドルを現金と金塊で支払うとミラーに約束したことを主張した。彼女は夫を「ウォルフソン」として紹介し、KGBの会計担当者であると告げた。ウォルフソンがスヴェトラナの夫であることを、ミラーは知らなかったと思われる。

　その間、ミラーに特別な任務が与えられた。亡命者であるスタニスラフ・レフチェンコKGB少佐と、1976年にMiG-25戦闘機で日本に亡命したヴィクトル・ベレンコの所在を突き止めるというものである。2人はソビエトの欠席裁判で死刑を宣告されており、KGB暗殺チームのターゲットであると考えられていた。

　1984年9月27日、ミラーは直属の上司で支局の防諜担当指揮官を務めるP・ブライス・クリステンセンに対し、この数ヵ月間、二重スパイになることでKGBに浸透するという、独自の活動を続けてきたと告げた。また、スヴェトラナと共にウィーンへ赴くにあたってFBIからの支援が必要だったので、彼女との関係を告白したとも主張している。FBIは、自分が監視対象にされていることを何らかの方法でミラーが知ったと考えた。

　ミラーとオゴロドニコワ夫妻は10月3日に逮捕された。ミラーと共に裁判にかけられたスヴェトラナとニコライは司法取引で有罪を認め、スヴェトラナには禁固

18年、ニコライには禁固8年が言い渡された（2人は息子をソビエト連邦に送り返している）。司法取引の交渉中、スヴェトラナはミラーの裁判で証言することに同意した。しかしミラーとの関係について支離滅裂かつ矛盾した証言を行ない、ポリグラフ検査でも否定的な結果が出ている。

3ヵ月にわたる審理を経た1985年11月、ミラーの裁判を担当した判事は審理無効を言い渡した。アメリカ政府のスパイ事件において、有罪とならずに終わったのはこれが初めてである。だが2度目の裁判では有罪となった。

ニコライは5年間服役した後の1990年1月に釈放された。その後はホテルのバス運転手を務め、バスジャック犯を捕らえたとしてロサンゼルス市警から感謝状を授与されている。しかし彼の国外追放を狙っていた移民局によって1991年10月に逮捕された。

禁固18年のほぼ半ばで釈放されたスヴェトラナは、アメリカからの国外追放を目指す動きに抵抗し、その後メキシコへ移住した。そして1999年にアメリカへ不法入国、新しい夫と共にカリフォルニア州フォールブルークの農場に住みついた。信じられないことに、彼女とFBIとの関わりがそこで再び始まった。

メキシコでアメリカ人が殺害された事件に対する捜査の一環として、農場を監視下に置いていたFBIはスヴェトラナを用い、農場のオーナーであるキンバリー・ベイリーとの会話を秘密裡に録音させた。またスヴェトラナは、暗殺者を装ったFBIの覆面捜査官とベイリーとの面会をセッティングしている。この覆面捜査官は、ベイリーの愛人を誘拐・殺害した人物の暗殺に同意した。後の裁判において、ベイリーはスヴェトラナの証言によって有罪となり、2002年8月に誘拐の罪で終身刑を言い渡された。またスヴェトラナについては、証拠不十分として有罪にはなっていない。裁判後、スヴェトラナは姿を消した。

【参照項目】FBI、リチャード・ミラー、KGB、エージェント、ウィーン、スタニスラフ・レフチェンコ、防諜、二重スパイ、ポリグラフ

尾崎秀実（おざきほつみ） (1901-1944)

日本の作家、ジャーナリストにして、ソビエトのスパイでもあった人物。リヒャルト・ゾルゲの主要な共謀者だった。

新聞記者を父として東京に生まれ、台湾で育った尾崎は東京帝国大学に進み、1925年に卒業した。その翌年朝日新聞社に入社、1927年に大阪朝日新聞へ移った後、特派員として上海へ赴き、ソビエトのスパイ、リヒャルト・ゾルゲと出会う。ゾルゲがドイツ人ジャーナリストを活動のカバーとして1933年に来日してからも、2人は接触を保ち続けた。

1936年にカリフォルニアのヨセミテ国立公園で開催された太平洋問題調査会の会議に、尾崎は日本代表の1人として出席した。その1年後には、首相にアドバイスを行なう「政策立案ブレーントラスト」の一員となる。このようにして、尾崎は高度な秘密情報をゾルゲに渡せる立場にあったが、その行為は国家のために日本式の政府機構を転覆させなければならないという信念に基づいていた。

尾崎は1941年10月14日に逮捕され（訳注：当時は満鉄調査部の嘱託職員として、東京支社にて勤務）、治安維持法違反などの罪で裁かれた後、43年に死刑判決を受けた。翌年4月に判決が確定、そして11月7日、ゾルゲと共に絞首刑に処されている。

【参照項目】リヒャルト・ゾルゲ、カバー

オスター、ハンス (Oster, Hans　1888-1945)

ドイツ軍の情報機関、アプヴェーアの参謀長を務めた反ナチ派の将校。1944年のヒトラー暗殺未遂事件に関わったとして絞首刑に処せられた。

プロテスタントの聖職者の息子として生まれたオスターは第1次世界大戦中に参謀本部のスタッフを務め、敗戦後はベルサイユ条約でドイツが保有することを許された小規模な軍隊、ライヒスヴェーアに加わった。

1933年からは国防省での勤務を始め、やがて大佐に昇進、アプヴェーアの庶務と会計を扱うと共に、ドイツ人エージェントのリストを管理する中央管理部の長となった。

歴史家のローラン・ペインは著書『The Abwehr』（1984）の中で、オスターを「高度なユーモアのセンスを持ち、汚職を嫌い、政治家を軽蔑していた。ナチの行き過ぎが独立した事象ではなく意図的な政策の一部となった時には——慎重さの欠片も見せずに非難した」と評し、「オスターは真面目で注意深く、実際的かつ現実的な人物だった」と続けている。

ヨーロッパで戦争が迫りつつあった1939年、オスターはアプヴェーア部長ヴィルヘルム・カナリス中将の参謀長に就任する。ドイツの戦争準備に懸念を抱いていたオスターは、ドイツがノルウェー及びデンマークに侵攻する意図を持っているという情報を連合国に渡した。またアプヴェーアの様々な作戦を通じ、占領国に居住するユダヤ人を保護しようと試みている。

ゲシュタポによってアプヴェーアのオフィスが捜索され、終戦交渉に関してヴァチカン関係者との面会を試みたことが明らかになったのを受け、カナリスは1943年4月15日にオスターをアプヴェーアから追放、予備役に編入されたオスターと接触を持たないようスタッフに命じた。オスターは軍服の着用こそ許されたものの、ベルリンとドレスデンの自宅で事実上の軟禁下に置かれた。

1944年7月20日のヒトラー暗殺未遂当日、オスターはゲシュタポの厳重な監視下に置かれていたが、翌日に逮捕・収監される（カナリスも同様）。そして終戦1ヵ月前の4月9日、フロッセンビュルクの収容所で絞首刑に処せられた。カナリスも同じ日に絞首刑が執行されている。

【参照項目】アプヴェーア、エージェント、ヴィルヘルム・カナリス、ゲシュタポ、ベルリン

オーストラリア保安情報機構
（Australian Security and Intelligence Organisation〔ASIO〕）

　防諜を第1の使命とするオーストラリアの公安組織。その一方で情報収集活動にも携わっている。

　ASIOは第2次世界大戦中の連合軍諜報局（AIB）を母体として設立された。戦後、独立情報機関を必要としたオーストラリア政府は、AIB局長を務めたC・G・ロバーツ大佐に相談を持ちかけた。また、将来のMI5長官、ロジャー・ホリスにも支援を求めている。

　ASIOは1949年に設立され、元オーストラリア軍情報部長のチャールズ・スプライ卿が初代長官に就任した。なおスプライはこの地位に19年間とどまっている。

　ASIOは長年にわたりソビエトによる浸透を懸念していた。ハロルド（キム）・フィルビーの友人であり、共産主義者への接近を疑われていたMI6職員のチャールズ（ディッキー）・エリスが、フィルビーの辞職を受けて自らもMI6を早期退職し、ASIO顧問の座に就いたのがその理由である（「S・ペイン・ベスト」を参照のこと）。

　オーストラリア関連と思しきMI6の情報は保留されるか改変され、ASIOに内通者がいても、情報源や入手方法をその内通者が辿れないようにした。1954年4月、首都キャンベラのソビエト大使館に勤務するインテリジェンス・オフィサー、ウラジミール・M・ペトロフが亡命を申し出た際、ASIOに内通者が存在していることが確認された。またペトロフは、アメリカによって傍受・解読されたソビエトの機密情報（「ヴェノナ」を参照のこと）が、実は改ざんされていることも明らかにした。

　ペトロフはオーストラリア外務省に勤務する2人の名を挙げてソビエトの内通者であると名指しし、オーストラリアに大規模なソビエトスパイ網が存在して、国内にあるウラニウム鉱山の情報を入手しようと試みていると暴露した。オーストラリア政府が後にペトロフ夫人の亡命を支援したため、ソビエトはオーストラリアとの国交を断絶している。

　次なる主要なスパイ事件は1983年4月に発生した。ソビエト大使館のインテリジェンス・オフィサーが影響力のあるエージェントを勧誘せんと試みていたことを、ASIOは突き止めた。勧誘を受けた1人、労働党幹部の

デイヴィッド・クームはボブ・ホーク首相の友人だった。ASIOはクームの通話を盗聴、そこから得た情報によってホークを動かし、閣僚にクームとの接触を禁止させた。野党がこれを知った際、オーストラリア政府にソビエトのスパイが浸透しているのではないかと疑いの声が上がった。

　政府高官の委員会による調査を受け、重大なスパイ事件が発生しようとしている時、その事実を首相ならびに検事総長へ通知しなければならないという義務がASIOに課せられた。同時に、閣僚級のメンバーから成る公安委員会にASIOの監督権限が与えられている。

　ASIOはイギリス及びアメリカの情報機関と強いつながりを有していた。英豪合同のチームが香港で無線傍受局を運用し、1997年の香港返還まで中国の通信を監視していた例もある。

　一説によると、1990年に開設された中国大使館の巨大な建物には、米豪の諜報技術者が盗聴目的で設置した光ファイバーケーブルが張り巡らされているという。

　こうした活動の全盛期においては、NSAから派遣された30名ほどの職員がASIOと共にハイテク盗聴器を仕掛け、そこから発信される信号をキャンベラのイギリス大使館経由でワシントンDCに届けた。オーストラリアのメディアがこの盗聴行為の報道を試みた際、ASIOは法的手段によってそれを止めようとしたが結果的に失敗した。

【参照項目】防諜、連合軍諜報局、MI6、チャールズ（ディッキー）・エリス、ハロルド（キム）・フィルビー、内通者、インテリジェンス・オフィサー、ウラジミール・M・ペトロフ、ヴェノナ、影響力のあるスパイ、NSA、盗聴／盗聴器

オックスカート　（Oxcart）

　「A-12 オックスカート」を参照のこと。

オット、ブルース　（Ott, Bruce）

　ソビエトのインテリジェンス・オフィサーに扮したFBI捜査官2名に対し、SR-71 ブラックバード偵察機に関する資料を売り渡そうとして、1986年1月にカリフォルニア州ビール空軍基地で逮捕されたアメリカ空軍の航空兵。オットはサンフランシスコのソビエト領事館——FBIは「KGB西側支局」と呼んでいた——に電話をかけ、秘密情報の売り渡しを提案していた。

　FBIはその通話を探知し、偽の面会をでっち上げる。オットはソビエトのエージェントと信じ込んでいた人物に対し、自分は長期契約の内通者になり、KGBの役に立つよう空軍でキャリアを積み上げていくことを望んでいると語った。その上で、第1戦略偵察飛行隊の連絡簿のコピーと、入手可能な秘密資料の手書きリストを、エージェントに扮したFBI捜査官に手渡した。オットは

600 ドルをその場で前払いするよう求めたが、それはローンの支払いが遅れて回収された愛車を取り戻すためだった。

後の面会においてその他の資料を渡したオットは、これから届ける秘密情報に対し合計 165,000 ドルの支払いを求めた。FBI は 400 ドルを支払い、それを受け取ったオットに手錠を掛けた。

逮捕された際、当時 25 歳のオットはこう呟いたという。「手に負えなくなる前に逮捕してくれてありがとう……現行犯か……模範囚になるつもりだが、どのくらいの刑になると思う？」オットは軍法会議の結果、禁固25 年及び不名誉除隊を言い渡された。

【参照項目】SR-71 ブラックバード、インテリジェンス・オフィサー、FBI、偵察

オデッサ （Odessa）

西側情報機関の主要ターゲットになったドイツの元親衛隊員による秘密組織。第 2 次世界大戦後に組織されたオデッサの主たる目的は、戦争犯罪で指名手配されている親衛隊（SS）メンバーの逃亡を支援することだった。オデッサは「元親衛隊員のための組織（Organization der Entlassene SS Angehürige）」の略称であり、ドイツ各地にエージェントを配し、「蜘蛛（Die Spinne）」という地下ルートを通じて元親衛隊員の脱出、もしくは追跡者からの逃亡の手はずを整えた。

アメリカとイスラエルの情報関係者は、ユダヤ人問題に関する SS の「専門家」だったアドルフ・アイヒマン、アウシュビッツで囚人に対する残虐な人体実験を行なったヨゼフ・メンゲレ医師、そしてその他無名の SS 隊員を南米に逃がしたのがオデッサだったと信じている。この組織の存在は戦後すぐ連合国占領当局の知るところとなった。また創設者の 1 人に、特殊作戦を指揮していた大胆不敵なドイツ人、オットー・スコルツェニーがいたと考えられている。

伝えられるところによると、親衛隊員は巨額の現金をドイツから持ち出して逃亡費用を賄ったという。さらにイスラエルの情報当局によれば、アルゼンチンの首都ブエノスアイレスがオデッサによる脱出ルートの主要な目的地だったという。

この組織の名を有名にしたのはフレデリック・フォーサイスの小説『The Odessa File（邦題・オデッサ・ファイル）』（1972）であり、1974 年にジョン・ボイト、マリア・シェル、マクシミリアン・シェル主演で映画化された。

【参照項目】SS、オットー・スコルツェニー

オドム、ウィリアム・E （Odom, William E. 1932-2008）

1985 年 5 月から 88 年 7 月まで NSA 長官を務めた人物。直截な物言いで知られ、カーター大統領の国家安全保障問題担当補佐官ズビグニュー・ブレジンスキーの軍事アドバイザーを務めていた時には、「ズビグ配下の超タカ派」と呼ばれるほどの強硬派だった。

1954 年に陸軍士官学校を卒業後、コロンビア大学で政治学の修士号（1962）並びに博士号（1970）を取得。また陸軍の教育機関でロシア語を極め、レンジャー課程を経た上に司令官・参謀大学で学んだ経験も持つ。

また 1964 年から 66 年までソビエト軍へのアメリカ軍事連絡使節団としてドイツに駐在、1972 年から 74 年まで駐モスクワ駐在武官補佐を務めている。1970 年から 71 年にかけてはベトナムで和平プログラムに携わり、ニューヨーク州ウエストポイントの士官学校で数回にわたって教鞭を執ったこともある。

ブレジンスキーが 1977 年 1 月にカーター大統領の国家安全保障問題担当補佐官に就任した際、彼はコロンビア大学時代からの知己だったオドムを軍事アドバイザーに任命する。オドムは軍事アドバイザーとして、ソビエトによるアフガニスタン侵攻と、テヘランのアメリカ大使館人質事件において、その対処の立案に関わった。

1981 年初頭、オドムは国家安全保障会議を去り、11 月に陸軍参謀次長（情報担当）となる。その後 82 年に少将、84 年に中将へ昇進した。

1985 年 5 月に NSA 長官となったオドムは、その 1 年後、NSA の元通信スペシャリストであり、ソビエトのためにスパイ行為をしていたロナルド・ペルトンの裁判に注目が集まることを恐れ、マスコミの検閲を要求した。情報収集手段が明らかにならないよう、メディアに対し事件の報道を差し控えるよう公に要請したのである。また勧告を無視した記者に対しては刑事訴追も辞さないという脅迫を加えようとした（当然ながら、ペルトンが公開裁判で明らかにし得る秘密情報について、ソビエトはすでに知っていた）。結局要請はなされたものの、刑事訴追の脅しはそこになかった。

またオドムは、機密情報をマスコミに漏らしたとしてレーガン政権の関係者を非難し、情報漏洩の責任は議会でなく行政府のほうにあると述べた。「議会からの情報漏洩はある……行政府からの情報漏洩はそれ以上に多い。そちらの方が規模が大きいからだ。私はそれがもたらす結果に頭を悩ませている」

また 1987 年 9 月 2 日に軍事記者と行なった会合では次のように語っている。「過去 3、4 年にわたり、情報漏洩は（通信情報）システムをこれまでにないほど傷つけた」要点はこうだ。「命取りになるほどの損害だ」（「リーク」を参照のこと）

オドムは 1988 年 8 月 1 日に NSA 長官の座を退き、陸軍を退役した。その後はイェール大学の客員教授とハドソン研究所の上級研究員を務めつつ、著書『Fixing Intelligence』（2003）を上梓している。

【参照項目】NSA、駐在武官、国家安全保障会議、ロナ

ルド・ペルトン

オートメドン号 （Automedon）

積載重量 7,528 トンのイギリス商船。1940 年 11 月 11 日、ドイツの仮装巡洋艦アトランティスがシンガポール西方沖でこの船を拿捕し、ドイツ軍に貴重な情報をもたらした。

アトランティスは連合国の船舶を攻撃すべく用いられた重武装の商船である。こうした仮装巡洋艦は護衛艦隊に遭遇する可能性の高い主要航路でなく、遠隔海域で獲物を狙っていた。

ドイツの仮装巡洋艦から停船命令を受けたオートメドン号は緊急無線信号を発信した。直後、アトランティスは無力のオートメドン号に砲撃を始める。そしてドイツ人水兵がこのイギリス商船に乗り込み、機密文書の入った袋を押収した。

文書の 1 つは、シンガポールを本拠地とするイギリス極東軍の司令長官に就任したばかりのロバート・ブルック＝ポッパム卿に宛てたものだった。また秘密文書の中には、イギリス軍の弱点とシンガポール要塞の脆弱性を指摘した、1940 年 8 月 8 日付のイギリス戦時内閣閣議の議事録が含まれていた。

12 月 5 日、この文書袋は東京駐在の海軍武官、パウル・ヴェッケナー少将へ送られた。ヴェッケナーは文書の要約を無線でベルリンに知らせ、アドルフ・ヒトラーの直接命令により 12 月 12 日に日本海軍へ通知した。しかし日本の陸海軍の不和のため、日本陸軍による 1942 年のシンガポール攻略の際、オートメドン文書が有効に活用されなかったことは特筆される。

アトランティスは 1940 年 3 月にドイツを出港してから 1941 年 11 月 22 日に南大西洋で攻撃を受けて自沈するまで、総計 144,384 トンに上る 22 隻の商船を沈めた。ドイツの仮装巡洋艦で最も輝かしい戦果を挙げたアトランティスが失われたのは、U ボートが使用していた暗号の解読にイギリスが成功したからである。アトランティスは会合を指示すべく U-126 潜水艦に無線通信を行なったが、それがブレッチレーパークで解読された結果、会合予定海域にイギリス軍艦が急行したのだった。

イギリス巡洋艦デヴォンシャーからの攻撃を受けた時、アトランティスは U-126 に給油を行なっていた。砲撃が激しくなり、脱出が不可能だと悟ったアトランティスの艦長はキングストン弁を開放して自沈させるよう命じた。攻撃時に給油を受けていた U-126 は、乗組員 55 名を戦闘後に収容している。別の 200 名はライフジャケットを着たまま、浮上した U-126 の甲板上に「野営」し、さらに別の 200 名は U-126 の曳航する小型ボート 6 隻に分乗した。また他の潜水艦と 1 隻の艦艇も一部の生存者を救助しているが、後者はイギリス艦艇によって撃沈された。そして長期間にわたる航海を続けた後、8 名を除く全員がドイツに帰還している。

【参照項目】 駐在武官、ベルリン、暗号、ブレッチレーパーク

囮 （Agent Provocateur）

例えば警察がすでに疑いを抱いている個人または団体の公然たる犯罪活動を扇動し、その信用を失わせるためのエージェント。

【参照項目】 エージェント

オーバーロード （Overlord）

「D デイ」を参照のこと。

オフェク （Ofek）

イスラエル初の人工衛星。ヘブライ語で「地平線」を意味するオフェクは、アラブ諸国による兵器（ミサイルなど）の開発・配備状況の監視を目的に設計された。この衛星開発計画――「プレシャス・ストーン」というコードネームが与えられた――は、スエズ運河を渡ったエジプト軍から奇襲攻撃を受けた、1973 年のヨム・キプル戦争（第 4 次中東戦争）による副産物だった。シナイ半島の戦闘でエジプト軍が用いた戦術は、イスラエルに大きな教訓をもたらしたのである（「イスラエル」「アグラナート委員会」を参照のこと）。

アマンとモサドの各長官、次いでジェネラル・サテライト社の会長を歴任したメイアー・アミット少将は、イスラエルがスパイ衛星を持つ必要性を次のように説明している。「他人の気まぐれでしか情報の欠片を得られないのであれば、実に不便かつ困難である。だが自分自身の独立した能力を持っていれば、一段高みに登れるのだ」

オフェク衛星の初号機は 1988 年 9 月にネゲヴ砂漠から打ち上げられた。重量 70 キログラムのこの衛星は、3 段式の国産ロケット「シャヴィト（彗星）」によって宇宙へ運ばれた。実験機のオフェク 1 号は地上 400 ～ 1,850 キロメートルの周回軌道に乗り、1990 年 4 月 3 日にはオフェク 2 号が周回軌道に乗っている。ほぼ同じ軌道を回る重量 73 キログラムの 2 号機は、カメラ搭載衛星の先駆者として紹介された。両機ともおよそ 4 ヵ月後に周回軌道を外れ、続くオフェク 3 号は 5 年を経過した時点で燃え尽きている。2002 年 5 月には最新型となるオフェク 5 号が打ち上げられた（訳注：その後もオフェク衛星の製造は続き、2014 年 4 月にはオフェク 10 号が打ち上げられた）。

【参照項目】 衛星、監視、コードネーム、アマン、モサド、メイアー・アミット

オフライン・システム （Off-Line System）

他のシステムと接続されていない暗号機。作成された

暗号テープは直接または郵便で渡されるか、別の機械に
よって送信される。

オフラナ　(Okhrana)

　帝政ロシアの秘密警察機関。ロシアにおける秘密警察
活動の歴史は「近代ロシア」の創設者ピョートル大帝
（在位1682～1725）の時代に遡る。政治警察機関を表
わすオフラナという名称が用いられ始めたのは1881年
頃だった。オフラナは政治犯罪の捜査を専門としていた
が、逮捕を誘発するためにエージェントが犯罪をでっち
上げることもあった。

　既存のロシア秘密局を再編し、後にオフラナと呼ばれ
る国家保安局へ発展させたのは、プロイセン人のヴィル
ヘルム・シュティーバーである。アレクサンドル2世
は、外国人であるシュティーバーが公安活動に関わるこ
とを快く思わなかったものの、その仕事ぶり、とりわけ
皇帝への陰謀を計画している国外の反体制派を追跡する
ため、スパイ網を組織すべしというアドバイスに高額の
報酬を支払った（アレクサンドル2世は革命派が投げ
つけた爆弾により、1881年にサンクトペテルブルクで暗
殺された）。

　オフラナは膨大な捜査官を擁する内務省、外務省、及
び軍とは異なる、独自のコード式暗号と通信システムを
有すると共に、有給のエージェントを多数抱えて潜在的
な反体制派の監視にあたらせた。その主な戦術は、ロシ
ア国内に多数存在する反体制派グループへの浸透だっ
た。

　それに関し、イギリスの情報史家リチャード・ディー
コンは著書『A History of the Russian Secret Service』
の中で次のように記している。

　　革命家グループは程なくオフラナの怠慢に気づき、
　策略を巡らせてオフラナの監視に対抗した。これら秘
　密結社の幹部は、オフラナのエージェントよりも巧み
　に素性を隠していた。オフラナのエージェントはおろ
　か同志にも本名を知らせず、ニックネームあるいはコ
　ードネームを用いたのである。

　オフラナに所属していた数多いエージェント及び二重
スパイの1人として、ヨシフ・ヴィッサリオノヴィチ・
ジュガシヴィリの名前が挙げられる。彼は後にスターリ
ンと姓を改めた。

　オフラナによる外国情報の収集は、帝政の脅威となり
得る国外在住のロシア人に対する監視以外はほぼ行なわ
れず、外国支局はパリのロシア大使館にあるだけだっ
た。オフラナが潜在的敵国に関する情報収集を怠った事
実は、1904年から05年にかけての日露戦争と第1次世
界大戦における敗北によっても明らかである。

　オフラナは36年間にわたって活動を続けた。恐らら

れていた存在ではあったが、「国家の敵」による攻撃と、
1917年のロマノフ王朝崩壊に直面した際は比較的無力
だった。

　「オプリーチニナ」「ローマン・マリノフスキー」も参
照のこと。
【参照項目】エージェント、リチャード・ディーコン、
監視

オプリーチニナ　(Oprichnina)

　ロシアのイワン4世（イワン雷帝）が1565年に創設
した警察機関。国内の敵対勢力を抑圧するために設けら
れたオプリーチニナは、チェーカ、NKVD、KGBの遠い
祖先にあたる。

　モスクワ大公として初めて皇帝の座に就いたイワン雷
帝は、黒い衣装を着て黒い馬に乗る騎兵でオプリーチ
ナを組織したが、馬の鞍には犬の頭とブラシから成るシ
ンボルが描かれていた。つまり反逆者を嗅ぎ分け、一掃
するという意味である。オプリーチニナという単語は
「アウトライダー（訳注：馬に乗った警官の意）」と翻訳
することができ、彼らが法の枠組みの外にいる、あるい
はそれを超越する存在であることを臭わせていた。これ
ら騎兵の数は、最終的に6,000名にまで達した。

　オプリーチニナは7年間にわたる恐怖支配の中で数
多くの残虐行為に関係し、ロシア有数の歴史を誇るノヴ
ゴロドは1570年に起こった5週間に及ぶ大虐殺で荒廃
の地となった。当時ロシア第2の都市だったノヴゴロド
は、敵対するリトアニアに協力しているという疑いを
イワン雷帝からかけられていたのである。この大虐殺で
は数万名の命が奪われた。

　オプリーチニナのメンバーには所領が与えられ、その
土地はモスクワ大公国の半分を占めるまでになった。し
かし組織そのものは1572年頃に廃止されている。
【参照項目】チェーカ、NKVD、KGB

オープンコード　(Open Code)

　実際の意味を持つ外部のテキストを使うことで、隠れ
た意味を偽装する暗号システム。
【参照項目】暗号システム

オープンスカイズ　(Open Skies)

　アメリカ、ロシア、イギリス、フランス、及び元ソビ
エト連邦構成国の間で1992年3月に締結された協定
（訳注：民間航空を対象としたオープンスカイ協定とは
別物）。偵察機が自国の領空を飛行し、軍事施設を撮影
することを認めている。後に他の北大西洋条約機構加盟
国やワルシャワ条約機構加盟国も加わり、最終的に42
ヵ国が調印したこの協定は2002年1月1日に発効し
た。

　オープンスカイズのコンセプトは1955年7月、ジュ

ネーブで開催されたニキータ・フルシチョフとの首脳会談の席でアイゼンハワー大統領が行なった提案に遡る。ハーバード大学所属の若き政治学者、ヘンリー・キッシンジャー（後に国務長官）の発案によるその提案は、米ソの偵察機が互いの領空を飛行することを認めると共に、軍事施設の設計図と計画案を相互に交換するという互恵的なプログラムだった。会談に出席していた英仏の代表もアイゼンハワーの提案を即座に支持した。

だがフルシチョフは、上空からのスパイ活動を公認させる企みだとしてこの提案を厳しく非難した。アイゼンハワーは回想録『Mandate for Change（邦題・アイゼンハワー回顧録）』(1965) の中で、フルシチョフの発言を振り返っている。「このアイデアはソビエト連邦に対する大胆なスパイ計画以外の何物でもない……」フルシチョフはジュネーブでの首脳会談について、回想録『Khrushchev Remembers（邦題・フルシチョフ回想録）』(1970) の中で一行も触れていない。

かくしてソビエト連邦によって拒絶されたこの提案は、ソビエト領上空における U-2 の偵察飛行、及び衛星を用いたソビエトに対する偵察活動の根拠として、アメリカ政府が用いることになった。現在の上空飛行協定は、米ソの代表団が 1989 年に行なった会談から生まれたものである。それによって、加盟国の領空全体を非武装の航空機によって上空飛行することが可能になった。

アメリカの上空監視活動は空軍が担当しており、C-135 ストラトリフターを改造した OC-135 偵察機が用いられている。この航空機にはフライトクルーだけでなく、交代要員（飛行距離が長いため）と外国政府の代表も搭乗する。OC-135 の初号機は 1993 年後半から運用開始された（「リヴェットジョイント」を参照のこと）。

オープンスカイズ協定による偵察飛行でロシアが用いているのは、ボーイング 727 旅客機に似た中型 3 発機の Tu-154M であり、1999 年からは合成開口レーダーを装備した Tu-154-ON が運用されている。また 1995 年 6 月にはアメリカ上空への偵察飛行の先駆けとして、空中カメラと赤外線センサーを装備し、元東ドイツのパイロットが操縦する Tu-154 によって、アメリカへの訓練飛行が実施された。

【参照項目】偵察、北大西洋条約機構、U-2、衛星、C-135 ストラトリフター

オープンソース （Open Source）

一般大衆が利用可能な情報源、とりわけニュースメディアから得られた情報を指す用語。1980 年代後半、略称好きなアメリカのインテリジェンス・コミュニティーは、オープンソースの情報をオシント（OSINT）と呼んでいた。

イギリスの歴史家である A・J・P・テイラーはかつて、情報機関の生み出す情報のうち 90 パーセントは一般の情報源から得られたものだと述べたことがある。また CIA の国家評価局長を務めたシャーマン・ケントはアメリカの情報について、社会の開放性を理由にこの数字を 95 パーセントにまで引き上げている。

【参照項目】インテリジェンス・コミュニティー、CIA、国家評価局

オープンソース情報 （Open Source Intelligence）

「オープンソース」を参照のこと。

表向きの否認 （Plausible Denial）

元々は秘密工作活動に対するアメリカ政府の関与、資金援助、及び支援を「表向きは」否認できるように、そうした活動を立案、調整、実行するための方法を指す言葉。後にこのコンセプトは、政府高官とその側近たちが、犯罪となる言葉を発することなくコミュニケーションをとる方法を指す言葉となった。つまり秘密工作活動を議論する際に正確な言葉を使わず、許可を与えたことや関与したことを明確にしないのである。「表向きの否認」の原則に従って何かを言ったり書いたりすれば、それが明らかになっても恥をかいたり政治的ダメージを受けたりすることはない、ということになる。

一例を挙げると、U-2 偵察機がソビエト連邦上空で撃墜された際、天候観測任務に就く非武装の航空機だったというカバーストーリーを発表することで、アイゼンハワー大統領は表向きの否認を行なった。しかしパイロットのフランシス・ゲイリー・パワーズが生存しており、スパイ行為の自白をソビエト側が明らかにしたために、この否認は崩れ去った。

「表向きの否認」という言葉自体が公の場で使われたことはない。定義の曖昧なこの言葉が脚光を浴びたのは、CIA 立案の暗殺計画にチャーチ委員会がメスを入れた 1975 年のことである。秘密作戦の責任者であるリチャード・M・ビッセル・ジュニアは、アレン・W・ダレス中央情報長官がいかにしてアイゼンハワー、ケネディ両大統領に暗殺計画を説明しなければならなかったかを語る中で、ダレスは暗殺計画を「検討中の作戦における総合的目標」と表現したと述べた。「大統領が……中止命令を下せる程度に明確にしなければならないと同時に、その明確さは総合的目標を理解できる程度にとどめる必要がありました。こうした方法は、計画の存在が明るみに出た際、大統領がそれを知っていたことを否認できるようにするのが目的でした」

【参照項目】秘密工作活動、U-2、カバー、フランシス・ゲイリー・パワーズ、チャーチ委員会、CIA、リチャード・M・ビッセル・ジュニア、中央情報長官、アレン・W・ダレス

オルツィ、バロネス・エマースカ

(Orczy, Baroness Emmuska　1865-1947)

　一世を風靡したスパイヒーロー、スカーレット・ピンパーネルを生み出した作家。

　ハンガリー生まれのオルツィは15歳の時に家族とロンドンへ移住、そこで英語を学び、後の作品は全て英語で記した。1905年に出版された『The Scarlet Pimpernel（邦題・紅はこべ）』は、表向きはプレイボーイとして振るまっているものの、実はフランス革命さなかのパリで「恐怖による支配」の犠牲となった無実の貴族を救うべくイギリスの若者が結成した、スカーレット・ピンパーネル連盟のリーダーを務めるイギリス人貴族を描いた物語である。

　オルツィは主人公のサー・パーシー・ブレイクニーを他の作品およそ10点にも登場させた。その中でも有名なのが『The Elusive Pimpernel』（1908）と『The Way of the Scarlet Pimpernel』（1933）である。また探偵小説と戯曲も数点執筆している。『The Scarlet Pimpernel』は1935年と82年に映画化され、97年にはブロードウェイのミュージカルになった。さらに1998年から2000年にかけてBBCのテレビドラマとして放映されている。（訳注：ブロードウェイの脚本を基に、宝塚歌劇団でも2008年に上演されている）

【参照項目】スカーレット・ピンパーネル

オールドフィールド、サー・モーリス

(Oldfield, Sir Maurice　1915-1981)

　1973年から79年までイギリス秘密情報部（MI6）の長官を務め、大きな功績を残した人物。

　オールドフィールドは小作人の息子として生まれたが、こうした経歴を持つ人物がMI6長官に就任したのは初めてである。1937年にマンチェスター大学を卒業後41年に陸軍へ入隊、南スタッフォードシャー連隊に配属される。その後軍事情報部隊へ移り、戦地保安担当の伍長として勤務しつつ、1943年4月13日に少尉へ任官された。次いで派遣された中東においては、イギリスの情報機関がドイツによる諜報活動の浸透を防ごうとしていた。

　1946年末、少佐だったオールドフィールドは一時的に中佐へ昇進し、戦時中の活動によって複数の勲章を授与された。MI6での勤務を始めたのはこの時であり、主な活躍の場はブロードウェイの名で知られていたロンドン本部だった。1950年から53年まで東南アジア弁務官を務めたのがMI6入部後初の海外勤務であり、次いで55年から58年までシンガポールで勤務している。

　その後1960年から64年までワシントン支局長を務めた。この頃、ソビエトの内通者によるイギリス情報機関への浸透が報告され始めている（「ケンブリッジスパイ網」を参照のこと）。続く10年間はロンドンで勤務し、1973年にMI6長官となった。

　1975年10月13日、アイルランド共和軍の暫定派がロンドンにあるロケッツ・レストランの柵と窓枠の間に30ポンドの爆弾を挟み込み、オールドフィールドを暗殺しようと試みた。しかし爆発予定時刻の3分前に、爆弾処理班によって信管を抜き取られている。

　オールドフィールドは1979年10月2日までMI6長官の座にあった。退任直後、マーガレット・サッチャー首相はオールドフィールドを北アイルランド担当保安・情報統括官に指名している。

　1980年3月、オールドフィールドは同性愛者であることを告白し、5月末には健康問題を理由として自らの職を解くよう首相に請願した。彼はMI6長官として大きな成果を挙げたと見なされており、特にアメリカ、フランス、イスラエルの情報機関と強力な関係を構築したことが功績とされている。

　ロナルド・ペインとクリストファー・ドブソンは著書『Who's Who in Espionage』（1984）の中で、オールドフィールドを次のように評している。「眼鏡を掛けた丸っこい顔、陽気な物腰、そして生き生きとしたユーモアのセンスが特徴の男で、タフではあったが暴力には反対だった。実際、諜報活動に付き物の荒っぽいことに関わったとは考えられない」

　また正確ではないものの、オールドフィールドはジョン・ル・カレが生んだジョージ・スマイリーのモデルだという説もある。

【参照項目】MI6、ブロードウェイ、ジョン・ル・カレ、ジョージ・スマイリー

オルロフ、アレクサンドル・ミハイロヴィチ

(Orlov, Alexandr Mikhailovich　1895-1973)

　1920年代から30年代にかけてソビエト諜報機関の幹部を務め、後にスターリンによる粛清から逃れるためアメリカに渡った人物。西側に亡命したソビエトのインテリジェンス・オフィサーとしては最高位の人物の1人である。

　正統派ユダヤ教徒の息子としてベラルーシのボブルイスクという町に生まれたオルロフは、当初レイバ・ラザレヴィチ・フェルドビンと名付けられた。だが成長するに従い宗教を捨て、共産主義に傾倒してゆく。ロシア革命のさなか赤軍に入隊、ロシア内戦とポーランド・ソビエト戦争に従軍し、ゲリラ部隊を指揮すると共に防諜部門で勤務した。その活躍ぶりによって、ロシア情報部門のトップ、フェリクス・ジェルジンスキーから注目される。

　1921年から23年にかけてモスクワ大学で法律を学び、修了後は検事補として勤務、公安活動に従事するも、1924年にOGPU（統合国家政治局）入りして再び情

報の世界に戻っている。翌年末にはトランスコーカシア前線の連隊長に就任したが、これは以前にゲリラ戦を指揮した経験を買われてのことだった。彼は11,000名の兵士を率い、ペルシャ（現・イラン）及びトルコとの国境警備にあたっている。

1926年中頃、オルロフはパリ在住のOGPUレジデントとして対外諜報活動の世界に足を踏み入れる。その後も海外任務を続け、1933年からはヨーロッパのいくつかの都市でイリーガルとして活動した。その間の32年にはレフ・レオニドヴィチ・ニコライエフという名前のパスポートを使い、秘密裡に訪米している。そして詐欺まがいのやり方で、オーストリア生まれの移民と思われるウィリアム・ゴールドウィンの名前が記されたアメリカのパスポートを入手した。

その後1934年7月にイギリスへ移り、ロンドン在住のレジデントとして当地における諜報活動の指揮にあたる。彼はアメリカ人を装い、冷蔵庫の販売会社を設立して諜報活動の隠れ蓑としつつ、ケンブリッジ・スパイ網の運用も担当した。しかし35年10月、古い知り合いと偶然顔を合わせ、モスクワへの帰還を余儀なくされる。帰国後は海外におけるソビエトのスパイ活動を監視すると共に、NKVDの訓練施設であるモスクワ中央軍事学校で情報・防諜部門の管理を担当した。

1935年、オルロフは公安部門における少佐（軍の階級では准将に相当）に昇進した。同じ年には著書『Tactics and Strategy of Intelligence and Counter-Intelligence』が出版され、ソビエトの情報学校で用いられると共に、オルロフをこの分野における指導的人物に引き上げた。

1936年9月、オルロフは内戦中（1936〜39）のスペイン共和国へ赴き、マドリッド在住のNKVDレジデントとなった。しかし帰国直前、恋仲になっていたNKVDの若き事務官ガリナ・ヴォイトワがルビャンカの正門前で拳銃自殺する。スペインへの同伴を許されず、妻との離婚も拒否されたのが理由だったという。

当時、ソビエトの内通者だったハロルド（キム）・フィルビーはイギリス人ジャーナリストをカバーとしてスペインで活動していたが、オルロフを「行動の男」と評している。著書『My Silent War』（1969）には次のように記されている。「彼は精力的──絶望的なまでに精力的な人物だったと言えよう。例えば、彼は常に武装して外出するのを好んだ──絶望的なまでのエネルギーと、自らの職業に対する行き過ぎたロマンチシズムの結果だろう」スパイの典型的な衣装であるトレンチコートの下にサブマシンガンを忍ばせるというのが、当時のオルロフのトレードマークだった。

オルロフはスペイン在住のレジデントとして、スペインに駐留する赤軍のために情報収集や防諜活動を行なうだけでなく、フランシスコ・フランコ将軍と戦う共和国軍にソビエトからの武器が滞りなく供給されているかを監視する責任も負っていた。また共和国軍の勢力下にある地域で、NKVDが管理する秘密警察の設立にも関わっている。これは軍事捜査局と称された。さらに、オルロフがスペインに設置したスパイ養成機関では、多数のスパイ候補者に訓練が施されたが、モリス・コーエンという名のアメリカ人もその1人である。この時期、オルロフはスペインにおけるソビエト高級幹部だった。

1938年7月、モスクワへの帰還を命じられたオルロフは、処刑を恐れて躊躇した。ヨシフ・スターリンは古参のボルシェビキだけでなく、海外に駐在していた政府職員をも粛清していたのである。オルロフは支局の金庫から盗み出した3万ドル（訳注：一説には6万ドル）を持ってその月のうちにスペインから逃げ出し、妻と14歳の娘（当時すでに病が重く、アメリカ到着直後に死亡した）を伴ってカナダ経由でアメリカに入国した。その際、1932年の訪米時に入手したアメリカのパスポートを使っている。

アメリカにおいて、オルロフ夫妻は1953年に本を出版するまで（下記参照）、盗み出した金だけで生活していた。伝えられるところによると、自分を暗殺しようとするならば、西側におけるソビエトのスパイ網を暴露するとスターリンを脅迫したという。

NKVD長官に宛てた手紙の中で、オルロフは自らの逃亡についてこう説明している。

　今の私の目的は何とか生き長らえ、子どもが成人するまで育て上げることだけです。私が党あるいは祖国に対する反逆者でないことだけは忘れないでいただきたい。誰も、あるいは何事も、プロレタリアート及びソビエトの力に対する大義を私に裏切らせることはできません。魚が水から離れられないのと同じく、私も祖国から離れることを望んだわけではないのですが、犯罪的人物による非行のせいでまな板の上の鯉同様にされてしまったのです。

　私は祖国だけでなく、ソビエト人民と共に暮らし、同じ空気を吸う権利をも奪われてしまいました。私を放っておいてくだされば、党またはソビエト連邦に害をなすようなことは決して致しません。

オルロフは1938年からアメリカ国内で逃亡者として暮らし、彼の存在をアメリカ当局が知ることはなかった。そして1953年──スターリンが死去した年──にライフ誌へ一連の記事を寄稿し、また著書『The Secret History of Stalin's Crimes』（1953）を発表することで、自らの存在を明らかにする。その後もスターリンの犯罪について書籍数点を発刊すると共に、NKVD及びソビエト軍事学校で用いるために執筆した教科書を基に『A Handbook of Intelligence and Guerrilla Warfare』（1962）を上梓した。

オルロフはアメリカ情報機関と駆け引きを演じ、議会の調査委員会の前でさえも嘘混じりのストーリーを語った。さらに西側で活動するソビエトのエージェントの素性を守り続け、45年にわたるアメリカ生活の中でただ1人のエージェントも暴露しなかった。また1969年と71年の2度、KGB職員と秘密裡に顔を合わせている。

オルロフに関するソビエトの情報ファイルの多くは、ジョン・コステロと元KGB職員のオレグ・ツァーレフが執筆した『Deadly Illusions』（1993）の中で明らかにされている。

ソビエト情報機関におけるオルロフのコードネームは『シュヴェード（「スウェーデン」の意）』であり、アメリカへの逃亡後はイーゴリ・コンスタンチノヴィチ・ベルグという名前を主に用いていた。

【参照項目】インテリジェンス・オフィサー、フェリクス・ジェルジンスキー、レジデント、イリーガル、カバー、ケンブリッジ・スパイ網、NKVD、ルビャンカ、内通者、ハロルド（キム）・フィルビー、スパイ養成機関、モリス・コーエン、エージェント、KGB、ジョン・コステロ、コードネーム

オレクスィ、ユゼフ （Oleksy, Jozef　1946-2015）

元ポーランド首相。ソビエトのスパイだったという容疑について軍が公式捜査を始めたのを受け、1996年2月7日に辞職を余儀なくされた。この捜査では、ポーランドに駐在していたソビエト外交官2名のスパイ容疑についても調べられた。

スラヴォミル・ゴルズキーヴィチ法務官は、オレクスィが内務大臣時代にソビエト諜報機関へ情報を渡していたという報告を受け、捜査を決断したと述べた。一方オレクスィ自身は、地方の共産党職員だった1980年代から、ポーランド議会の議長を務めていた1995年にかけてモスクワのためにスパイ活動をしていたという、退任間近のアンジェイ・ミルツァノヴスキ内務大臣による疑惑を否定している。

またKGB幹部であることが後に判明したソビエト外交官2名と社交的な接触を持ったことは認めたものの、情報を渡したことは否定した。オレクスィの所属政党は、1995年11月の選挙において、レフ・ワレサ大統領がオレクスィと親しい元共産党員のアレクサンデル・クファシニェフスキーに敗北し、そこから生まれた敵意のために保安機関がでっち上げた疑惑だと主張した。一方、ワレサはオレクスィを捜査するという法務官の決断を歓迎している。

オレクスィはポーランドで共産主義体制が崩壊した後の6年間で7番目の首相として、11ヵ月前に就任したばかりだった。

オーロラ （Aurora）

SR-71ブラックバードの後継機として開発されたという噂のあるアメリカの極超音速偵察機。空軍と国防総省はこの飛行機の存在を一貫して否定している。こうした偵察機が存在しているのではないか、あるいは少なくとも開発中なのではないかという推測は1991年にSR-71の退役が迫るにつれて一層強まった。

現在の人工衛星に加えてU-2偵察機と無人偵察機があれば、要求される上空偵察能力は明らかに満たされている。しかしジャーナリストや航空専門家は、最高速度マッハ5で飛行する三角翼のステルス機が開発中であると言い続けてきた。彼らによると、機体は三角形で2枚の垂直尾翼を備えているという（水平尾翼は存在しない）。イギリスの航空専門家であるビル・スウィートマンはこうした飛行機の目撃例があるとし、その中には1989年に北海上空で目撃された例もあると主張している。さらに、この飛行機の最高速度がマッハ8にまで引き上げられたともしている。

それに加え、オーロラと似た形状を持つとされる国家航空宇宙機（NASP）が、実はオーロラの存在を秘匿するものではないかとも報道された。詳細がほとんど明らかにされていないこのNASP計画——後に破棄された——は、マッハ6で2時間飛行できる民間機の開発を目標にしていたとされる。興味深いことに、NASPにはX-30という軍呼称が与えられており、空軍とNASAによる共同支援が行なわれていた。

オーロラという名称はペンタゴンの1985年度予算要求書に誤って記載されたコードネームを基にしているが、国防総省はこれに関して秘密計画であるとしか述べていない。

【参照項目】SR-71ブラックバード、人工衛星、無人航空機、上空偵察、コードネーム

音楽家 （Musician）

無線操作員を指すソビエトの隠語。

音楽箱 （Music Box）

秘密無線機を指すソビエトの隠語。

音響監視システム （Sound Surveillance System〔SOSUS〕）

潜水艦の発見を目的としたアメリカの海底音響探知システム。アメリカ海軍は冷戦期の大半において、太平洋と大西洋の様々な場所だけでなく、ジブラルタル海峡とノールカップ（ノルウェー北部）にもSOSUSを配置していた。SOSUSは移動中の潜水艦を探知するために使われ、戦時には連合軍の航空、水上、及び潜水艦兵力を水中のターゲットへ導くことになっていた。しかし敵艦艇や商船隊による能動的・受動的攻撃（妨害）には弱か

った。

第2次世界大戦中、アメリカ、イギリス、ソビエトの各海軍は低性能の音響アレイを水深の浅い海、とりわけ港に近い海底に配置した。終戦直後、アメリカ海軍は本格的な深海アレイの開発プログラムを始め、1948年に海洋試験を行ない、51年には初のSOSUSアレイを海中に設置した。カエサル計画と命名された最初の実用的な水中聴音機はマンハッタン南方のニュージャージー州サンディーフックに配置され、翌年にはバハマのエルーセラ島沖の深海（水深370メートル）にも設置されている。さらにこの年、海軍作戦部長は大西洋西部に6基のアレイを設置し、56年末までに運用を開始するよう命じた。また太平洋に設置されたアレイは58年に運用を開始している。その後は他の海域にも設置され、特にノルウェー海が重点目標とされた（アメリカがSOSUSアレイを配置した場所は、後にソビエトの雑誌で暴露された）。

当初、SOSUSの陸上拠点として多数の海軍施設（NAVFAC）が設けられた。これらはアメリカ沿岸だけでなく、カリブ海、アイスランド、そして日本をはじめとする様々な場所に置かれた。後に海底聴音機は交換され、また高性能なアレイとコンピュータが開発されたのに伴い、アメリカとカリブ海のNAVFACが統合されている。

SOSUSシステムは統合海中監視システム（IUSS）を通じ、監視用曳航アレイセンサーシステム（SURTASS）を装備した水上艦艇と接続されている。NAVFACと地域評価センター（REQ）からの音響データは、海洋監視情報システム（OSIS）を経由して大西洋、太平洋、及びヨーロッパ地域の艦隊司令センター（FCC）、そしてメリーランド州スートランドの海軍海洋監視情報センター（NOSIC）など国内の各司令センターに送信される。

関連書籍によれば、SOSUSの探知範囲は数百マイルに達するという。また固定式分散型システム（FDS）という名の改良されたSOSUS型システムが現在開発中である（訳注：2004年現在。その後実用化された）。このシステムは従来よりも深い場所を潜航する静音型のロシア潜水艦の探知を目的としている。水深の浅い場所用のFDSも開発中だが、こちらは光ファイバーシステムに重点が置かれており、音響以外のセンサーを統合している。

先進展開可能システム（ADS）も現在開発されている。ADSは水深の浅い海域で活動するディーゼルエレクトリック方式潜水艦の探知能力、機雷敷設活動の発見能力、及び水上ターゲットの追尾能力を水中探知システムに持たせることを目的としており、戦術兵力（艦艇もしくは航空機）から直接操作される予定である。危機や紛争の際には、10日以内に作戦地域へ設置される。

1960年代後半、ロバート・S・マクナマラ国防長官は

SOSUSの存在を初めて公に認めた。

第2次世界大戦中、ソビエト海軍は港の入口や湾に沿って水中聴音機を設置し、Uボートを探知した。また戦後もわずかな数の海底音響システムを使って潜水艦の探知を行ない、その後広範囲にわたる監視が必要な太平洋の近海に、平面アレイを備えた現代的な音響探知システムを配備した。北大西洋条約機構はこのプロジェクトにクラスター・ランスという名称を付与している。またソビエトは戦略ミサイル潜水艦が出入りするバレンツ海、グリーンランド、及びカラ海の作戦海域にバリアアレイを配置し、極地の群島に沿った狭い航路の海溝にも設置したものと考えられている。これらのアレイは海路における「トラップワイヤー」として機能し、目的はあくまで西側の攻撃型潜水艦の探知であり、長距離監視用ではなかった（アメリカのSOSUSシステムも同様である）。しかしソビエトには固定式の長距離音響探知システムがなかったために、海洋では艦艇や航空機による音響探知に頼らざるを得なかった（衛星も潜水艦の探知に用いられたとされる）。

冷戦終結を受け、大西洋と太平洋に配備された一部のSOSUS水中聴音機アレイは機能を停止した。また北太平洋のSOSUSは水中哺乳類が発する低周波の音声を聞きとるため、生物学者によって用いられている。

【参照項目】潜水艦、北大西洋条約機構、衛星

音響情報 （Acoustic Intelligence〔ACINT〕）

音響データ、特にソナーで捉えられた水上艦艇、潜水艦、及び水中兵器の「声紋」から得られた情報。

オン・ザ・ルーフ・ギャング （On-the-Roof Gang）

第2次世界大戦前、無線交信分析と暗号解読の訓練を受けたアメリカ海軍及び海兵隊の要員を指す俗語。ワシントンDCのコンスティチューション通りに所在する、海軍省本部第6ウイングの屋上に建てられた、鉄筋コンクリートの小さな訓練施設に由来している。

訓練プログラムは1928年に開始され、選抜された海軍及び海兵隊の通信兵が3ヵ月にわたって無線傍受の訓練を受けると共に、日本軍が使っていた片仮名のモールス信号を学んだ。

1928年10月に召集された最初の受講生は7名だった。その後41年までに通算25回の訓練が行なわれ、合計176名が参加している。

第2次世界大戦直前、彼らは海軍の無線傍受班及び暗号解読班の一員として、フィリピン、グアム、上海、ベインブリッジ島（シアトル近郊）、そしてワシントンDCに駐在した。1942年初頭に日本軍がフィリピンを占領する直前、このうち70名がキャスト局から救出されている。また41年12月にグアムが奪取された際には7名が捕虜となったものの、日本軍が彼らの活動内容を知

ることはなかった（上海に駐在していた要員は開戦前に撤退している）。

戦時中、彼らは海軍の様々な活動に携わり、日本の無線通信に耳を傾けたり、モールス信号を書き取ったりした。さらにはモールス信号の打鍵の仕方によって日本の通信兵を特定することもでき、メッセージの送信元である艦船や司令部を識別することで、交信分析における貴重な資産とした。

メンバーのうち数名は士官に任官され、2名は海軍大佐にまで登り詰めた。彼らは「ルーファー」とも呼ばれていた。

【参照項目】交信分析、暗号解読

オンライン・システム （On-Line System）

無線あるいは電話に直接接続され、暗号化と送信を同時に行なえるようにした暗号システム。

【参照項目】暗号システム

カ

海軍情報　(Naval Intelligence)

　海軍及び海事活動に関係する情報の本体。特に潜在的敵勢力が保有する艦船や兵器の技術的要素、及び開発・製造手段に関わるものを指す。

　「海軍情報部長」「アメリカ海軍における諜報活動」「海軍情報局」も参照のこと。

海軍情報局　(Office of Naval Intelligence〔ONI〕)

　外国政府の軍事問題に関する情報収集を目的として、アメリカが初めて設置した機関。「（海軍）省にとって平時だけでなく戦時にも有益な海軍情報を収集・記録」すべく1882年3月23日に創設され、セオドラス・B・M・メイソン大尉が1882年6月から85年4月まで初代局長を務めた（このポストは1911年に海軍情報部長と改称された）。

　1917年4月にアメリカが第1次世界大戦に参戦した時点で、ONIは諜報活動、破壊工作活動、及び反政府運動から艦船や施設を保護する責任を負っていた。また1920年代まではデータ及び戦史関連の業務も担当していたが、これらは後に海軍省内に設置された独立部署へ移管されている。

　第2次世界大戦の後半において、ONIはそれまで作戦行動中の艦隊に任されていた作戦情報活動も担当するようになった。その後1992年後半まで、海軍における情報活動は海軍作戦部長室内におけるスタッフ（参謀）業務とされており、当初はOP-16の組織コードが付与された（OPは海軍作戦部長室を、16は海軍情報活動を指す）が、後にOP-92と改められた。1992年に実施された海軍主要司令部の組織変革に伴い、ONIは主要な参謀組織であるN-2となり、統合参謀本部、合同司令部、そして陸空軍における情報組織とより密接に活動することとなった。

　「アメリカ海軍における諜報活動」も参照のこと。

　【参照項目】セオドラス・B・M・メイソン、海軍情報長官、作戦情報、N-2

海軍情報司令部　(Naval Intelligence Command〔NIC〕)

　海軍情報局（ONI）への支援を行なうアメリカ海軍の司令部。海軍本部の人員削減など海軍全体の組織再編の一環として、ONI傘下の司令部に対する指示と監督を一元化するため1967年7月1日に設置された。

　NIC長官は通常海軍情報部長代理を兼務する海軍少将である。当初はヴァージニア州アレクサンドリア郊外のオフィスビルに所在していたが、1979年に同じくワシントンDC近郊のメリーランド州スートランドに移転し

た。その後93年に新設された国家海事情報センターへ移っている。

　【参照項目】海軍情報局、海軍情報部長、国家海事情報センター

海軍情報長官　(Director of Naval Intelligence〔DNI〕)

　イギリス海軍省が1887年に新設したポスト。それ以前の82年には海軍情報局（NID。当初は外国情報委員会）が設立されている。当初DNI配下のスタッフは外国情報の収集のみならず艦隊の動員や戦争計画の立案も担当しており、情報活動と動員という2つの部署に分かれていた。1900年には戦略及び防衛問題を担当する3つ目の部署が新設され、1902年には商船防衛に関する諸問題を扱う第4の部署が設けられた。

　以降、海軍情報長官の重要性は急速に認識されてゆく。歴史家のアーサー・J・マーダーは著書『The Anatomy of British Sea Power』において、1902年を迎える頃には「制服の小さな変更といった問題でも、海軍情報長官の発言を待たずに決定されることはなかった」としている。

　第1次世界大戦中、イギリス海軍による暗号解読活動の成功は海軍情報長官によるところが大きかった（「ルーム40」を参照のこと）。

　イギリス海軍の情報活動を率いた最初の人物は、1887年に任命されたウィリアム・ヘンリー・ホール大佐である。

　アメリカ海軍も海軍情報局長の職を新設し、初代局長にはセオドラス・B・M・メイソン大尉が任命された。

　「海軍情報局」「アメリカ海軍の諜報活動」も参照のこと。

海軍捜査局　(Naval Investigative Service)

　「海軍犯罪捜査局」を参照のこと。

海軍通信情報　(Navy Communications Intelligence)

　第1次世界大戦中に暗号課が設置されたのをもって、アメリカ海軍の通信情報（COMINT）活動は始まった。この部署はコード式のものを含む暗号の開発を主たる任務としながら、外国通信の解読も担当している。また1919年のパリ和平会議においては、ウィルソン大統領及び国務省宛てのメッセージを暗号化するにあたって巧妙なシステムを用いた。

　しかしハーバート・O・ヤードレー率いる陸軍の暗号解読班は、海軍のシステムを容易に解読することができた。それと同時に、海軍の暗号解読者は自らの活動に大きな困難を抱えていた。その結果、ヤードレーによる活動を知った海軍情報局は1918年7月に暗号課を廃止している。

　日本海軍を対象とした通信情報活動が始まったのは、

研究班という名称をカバーとした COMINT 組織が海軍通信局内に設置された 1924 年のことである。このユニットには OP-20-G というコードが与えられた。20 は海軍の通信活動を、G は通信局内の 7 番目のユニットであることを示している（当時の海軍情報活動は OP-16 だった）。後に研究班は通信保安群と改名された。

COMINT ユニットは当初ローレンス・F・サフォード大尉と 4 名の文官スタッフで構成されていた。彼らが勤務していたのは、第 1 次世界大戦期に「臨時」の建物としてワシントン・モールに建てられた海軍省本館ビルである。スタッフに課せられた最初の使命は日本の外交暗号の解読だったが、容易に入手できるというのが理由だった。当時、陸海軍の暗号解読活動に協力関係はなく、陸軍は暗号解読部署ブラック・チェンバーが存在していることさえ認めなかった。

日本海軍の無線通信を傍受する試みが始まったのは 1927 年 10 月のことである。当時、巡洋艦マーブルヘッドでアジア艦隊のインテリジェンス・オフィサー（情報士官）を務めていたエリス・M・ザカライアス中佐率いる COMINT ユニットが、日本海軍が演習で用いた通信を傍受する。また他の海軍艦船にも COMINT チーム——艦隊無線ユニット（FRU）と呼ばれていた——が定期的に乗り組み、訓練を受けた通信員が後の分析のために片仮名のモールス信号を書き取っていた。

海軍は COMINT ユニットを設けると同時に無線傍受局の設置を始めた。その第 1 号は 1925 年に中国の北京に置かれ、海兵隊が運用にあたった。その後は上海、ヘエイア（オアフ島東岸）、グアム、フィリピン、メイン州バー・ハーバー、そしてワシントン DC に建設された。ワシントンに駐在する主要な COMINT スタッフ（ステーション・ネガット）に加え、日本の通信を研究し、メッセージを解読するため、フィリピンのオロンガポ（ステーション・キャスト、1932 年）とオアフ島の真珠湾（ステーション・ハイポ、1936 年）にも COMINT ユニットが置かれ、それぞれアジア艦隊と太平洋艦隊の司令長官を支援することになった（1941 年 9 月、ハイポはコレヒドール島に建設された巨大な地下防空壕に移転した）。これら 3 つの COMINT ユニットは、海軍と海兵隊の要員から成る「オン・ザ・ルーフ・ギャング」によって構成されていた。

1920 年、日本の通信を解読するという海軍の COMINT 活動は、海軍情報局（ONI）、FBI、及びニューヨーク市警察による日本領事館への不法侵入（ブラック・バッグ・ジョブ）に海軍が資金提供することで大きく助けられた。領事館に侵入した「泥棒」はオフィスの鍵を開け、金庫の中から日本海軍のコードブックを発見した。コードブックは慎重に撮影された後に金庫へ戻され、日本側がこの行為に気づくことはなかった。そして COMINT ユニットはこのコードブックを正しく活用し

たのだった。

1923 年の不法侵入は金庫が開かなかったために失敗に終わったものの、ONI と FBI は 1926 年と 27 年の 2 度にわたって再びニューヨークの日本領事館に忍び込み、改訂されたコードブックの撮影に成功した。また 29 年 9 月には 5 夜連続して日本海軍の軍需品監査官のオフィスに潜入しているが、いずれも発覚していない（1938 年と 39 年にも不法侵入が行なわれたという）。1920 年代の不法侵入によって得られた情報を基にコードブックが作成され、赤い布地で装丁されたことから日本のコード式暗号は「レッド」と呼ばれることになった。

COMINT ユニットは日本軍の計画や作戦について詳細な情報を海軍幹部にもたらしたが、その中には 1930 年の海軍大演習や、大規模改装後の戦艦長門が最高速力を大幅に向上させたことを実証した 1936 年の公式試運転に関する情報も含まれている（訳注：これは誤り。建造当時、長門の最高速力は 23 ノットと公表されていたが実際には 26 ノットであり、アメリカ側はこれを突き止めたものと思われる。事実、大規模改装の結果、最高速力はかえって低下した）。

1930 年代末に日本はコードを変更し、機械式のレッド暗号に切り替えた（この時期における日本の無線通信が真珠湾攻撃について触れていないのは特筆される）。

1939 年 6 月 1 日、日本海軍は再び新たな艦隊暗号を導入したが、海軍 COMINT ユニットによって程なく解読されている。しかし 41 年 12 月 1 日にまたも変更され、真珠湾攻撃までに再度傍受することはできなかった。それに成功したのは変更から 2 週間後で、コレヒドールの COMINT ユニットが、同じ暗号であるものの新しい鍵が使われていることを突き止めた。これは同じ暗号に対して異なる鍵が使われた 3 または 4 例目であり、アメリカの暗号解読を簡単なものにした。

日本艦隊が書籍式のコード暗号を用いていた一方、海軍駐在武官は機械式の暗号を使っており、COMINT ユニットはこちらも解読に成功した。1931 年、COMINT ユニットは陸軍が新設した信号情報局に対し、ユニットが突き止めた全ての暗号鍵のコピーを提供する許可を与えられた。これは陸軍側が独自の暗号解読部門——ブラック・チェンバー——を有していることさえ、海軍に認めるのを拒んでいるにもかかわらず行なわれた。その後陸軍は主に日本の外交暗号の解読に注力し、一方の海軍は日本海軍が用いていたコードや暗号の解読に取り組んだ。しかし 1940 年から 41 年にかけ、日本の外交暗号に対する関心の高まりから、海軍もこちらの活動に加わることになった。外交暗号——パープル——の解読を可能にした最初の機械は、1940 年にワシントンの海軍工廠で完成した。そして翌年秋には日本の通信メッセージの完全な解読に初めて成功している。陸海軍はこれらメッセージの解読と配布を共同で行なった。

海軍のCOMINTユニットは着実に拡大を続け、1941年6月には多数の在郷軍人が現役復帰することで増強された。結果、1941年12月7日の時点で730名——士官75名、下士官兵645名、民間人10名——がCOMINT活動に携わっていた。大部分はワシントンで勤務していたものの、186名が真珠湾に、78名がコレビドールに駐在しており、他に26名がフィリピンへ移動中だった（これらの要員は開戦後オーストラリアに避難している）。

民間人として活動していた要員の1人にミセス・アグネス・メイヤー・ドリスコルがいた。戦時中に太平洋艦隊の情報士官を務めたエドウィン・T・レイトン少将は著書『And I Was There（邦題・太平洋戦争暗号作戦：アメリカ太平洋艦隊情報参謀の証言）』（1985）の中で、彼女について次のように記している。

　海軍の中で、彼女は並ぶ者のない暗号解読者だった。教え子の中には……より有能な数学者もいたが、彼女は全員に暗号解読を教え、その優れた才能と暗号解読への熱意に疑問を差し挟む者はいなかった。彼女は機械を理解しており、その活用法についても知悉していた。1937年には、暗号機械の開発に貢献したことで上院から授与された15,000ドルの賞金を、ウィリアム・F・グレシャム中佐と分け合った。

開戦後、COMINT組織は急速に拡大し、1943年になると通信保安群は、ワシントン北西部のネブラスカ通りとマサチューセッツ通りの交差点に建つ元の女子大学へ移転した（海軍保安ステーションを参照のこと）。

一方、日本海軍は同じコードを用い続け、1942年6月1日に大規模な変更が行なわれるまでアメリカ海軍による解読を許していた。これらのコードを解読し、日本軍の計画を事前に突き止められたことは、1942年5月上旬の珊瑚海海戦、そして6月上旬のミッドウェー海戦における勝利を可能にした。

海軍はこの時点で、太平洋に展開するタスクフォース（任務艦隊）の旗艦に無線情報ユニット（RIU）を乗り込ませていた。RIUのスタッフは日本の無線通信を傍受し、日本側の戦術計画や意図を司令官にアドバイスするのみならず、真珠湾の太平洋方面艦隊無線部隊（FRUPAC）に情報を中継していた。ロナルド・H・スペクター博士は著書『Listening to the Enemy』（1988）の中でFRUPACの報告書を引用している。

　海上における無線情報ユニットの活動にはしばしば困難がつきまとい、その上厳重な保安が必要とされる……むしろ微妙な問題だったのは、無線情報ユニットに対する司令官の信頼を獲得することだった。物事が速いペースで進む状況の中、司令官は情報源に関する説明を受けることなくRIUの情報を額面通りに受け取り、必要な行動を即座にとるため、部下のユニットを信頼することが不可欠だった。通信士官が作戦航海を通じ、1人の司令官の下で可能な限り勤務し続けたのはこれが理由である。

戦時中の大半において、1隻の旗艦には通常1名のRIU士官と4名の通信員が乗務していたが、敵の通信に絶えず耳を傾けていなければならないとあって、特に戦闘中は激務を強いられた。

海軍の通信情報は太平洋における潜水艦作戦でとりわけ重要な役割を果たした。ここに『Listening to the Enemy』からもう1つの報告書を引用する。「通信情報が存在しなければ、潜水艦作戦がより困難かつ多額の費用を要するものになっていたことは間違いないだろう。カバーしなければならない海域は広大であり、最終的な目標達成も大幅に遅れていたものと思われる」戦時中で初めてCOMINT活動の成功がもたらされたのは1942年1月27日だった。その日、日本の無線交信を頼りに誘導された潜水艦ガジョンが、ミッドウェー西方240海里（約440キロメートル）の海域で日本海軍の伊号第73潜水艦を撃沈する。大型の船体はおよそ70名の乗員と共に海底へ沈み、アメリカ潜水艦によって撃沈された最初の日本艦艇となった（訳注：撃沈の経緯については諸説あり）。

アメリカ海軍の暗号解読活動は、陸軍の作戦を支援するためにも用いられた。陸軍の信号情報局が1944年になるまで日本陸軍の暗号を大規模に解読できなかったからである。海軍の暗号解読により、兵員の海上輸送、及び日本艦隊による地上作戦への航空・砲撃支援がいつ行なわれるかについて、陸軍は知ることができたのだった。

戦時中、海軍のCOMINT活動は日本海軍のあらゆるコード及び暗号を解読したが、将官用の暗号は例外だった——複雑で扱いにくく、運用に時間がかかったため、日本側は戦争初期に使用を中止していたのである。

終戦時点で8,454名の男女が海軍の通信情報活動に携わっていた——うち1,499名が士官、6,908名が下士官兵、そして47名が民間人である。

第2次世界大戦以降も、海軍は洋上におけるCOMINT拠点のネットワークと艦船におけるCOMINT活動を続けた。1968年以降は海軍保安群という遠回しな名前で知られるようになるこれらの活動は、最初に軍保安局、次いでNSAの指揮下で行なわれた。

【参照項目】通信情報、コード、暗号、ハーバート・O・ヤードレー、海軍情報局、カバー、ローレンス・F・サフォード、インテリジェンス・オフィサー、エリス・M・ザカライアス、ネガット、キャスト、ハイポ、オン・ザ・ルーフ・ギャング、ブラック・バッグ・ジョ

ブ、FBI、レッド、真珠湾攻撃、駐在武官、信号情報局、パープル、アグネス・メイヤー・ドリスコル、エドウィン・T・レイトン、ミッドウェー海戦、太平洋方面艦隊無線部隊、潜水艦、海軍保安群、軍保安局、NSA

海軍犯罪捜査局 (Naval Criminal Investigation Service〔NCIS〕)

捜査活動と防諜活動を担当するアメリカ海軍の機関。

NCIS は 1992 年 12 月まで海軍捜査局（NIS）という名称だったが、名称変更によって NIS の低下した評判を回復させるという海軍の判断によって改名された。捜査局はスパイ事件の扱いを巡って 1980 年代に厳しい批判を受けた上、1992 年にはテイルフックという名の、気の荒いパイロットたちの慣習から生じたセクハラ問題を徹底的に追及しなかったとして再び非難されたのである。

1987 年、海兵隊員が関係するセンセーショナルなスパイ事件がモスクワのアメリカ大使館で発生した際、NIS は捜査の主務機関となった。アメリカのスパイ事件については FBI が主務機関であるものの、海兵隊は海軍の管轄下にあるため NIS の出番となったのである（「クレイトン・J・ローンツリー」を参照のこと）。

海軍捜査局は 1985 年にも、空母キティホークから F-14 トムキャット戦闘機の重要部品を盗み出してイランに売り渡した国際密輸網、及び 1968 年から海軍内部で活動していたウォーカー・スパイ網（「ジョン・A・ウォーカー」を参照のこと）の摘発に失敗したとして厳しく非難された。第 1 次世界大戦中、急速に拡大した海軍情報局（ONI）は外国軍の兵力や反政府活動に関する情報を集めるため、経験豊かな捜査官の採用を始めた。当時の ONI は海軍施設における防諜と保安に深く関わっており、1985 年に海軍捜査局司令部が独立するまで、海軍捜査局を通じてこれらの任務を遂行していた。

NCIS は約 2,500 名の職員を擁しており、そのほぼ半数が文官の特別捜査官である。

【参照項目】防諜、海軍情報局

海軍保安群 (Naval Security Group〔NSG〕)

海軍の通信情報活動を指すアメリカ海軍の呼称。本部活動（ワシントン DC の海軍保安ステーションを拠点にしている）と、陸上・洋上を問わず世界各地に展開する様々な通信傍受グループを指す用語として 1968 年 7 月 1 日に採用された。

【参照項目】海軍通信情報、海軍保安ステーション

海軍保安ステーション (Naval Security Station)

国土安全保障省が最初に所在した場所。2002 年の設立直後、国土安全保障省はワシントン DC 北西部のマサチューセッツ通りとネブラスカ通りが交差する場所にある施設へ移転した。またこの場所には 1943 年から 95 年まで海軍通信情報本部が置かれていた。施設は元々マウント・ヴァーノン女子大学だったが、1942 年後半に政府が買い取り、翌年初頭から通信保安群が以前のキャンパスを占めるようになった。

海軍保安ステーションは 1995 年 11 月までワシントンに位置していたが、その後 NSA が所在するメリーランド州フォート・ミードに移転している。

「海軍保安群」も参照のこと。

【参照項目】国土安全保障省、海軍通信情報、通信保安、NSA、フォート・ミード

外国情報委員会 (Committee on Foreign Intelligence〔CFI〕)

1976 年 2 月 18 日にフォード大統領によって設置された委員会。アメリカの外国情報プログラムに対する予算編成と資源配分の権限を握っている。この委員会はインテリジェンス・コミュニティーの改革再編に関連したフォード大統領による一連の政策の 1 つであるが、政策のいくつかは中央情報長官（DCI）の地位を引き上げる結果になった。

外国情報委員会は DCI が議長を務め、国防次官（情報担当）と国家安全保障問題担当大統領補佐官代理が委員を務めている。

【参照項目】中央情報長官

外国情報活動監視法
(Foreign Intelligence Surveillance Act)

1976 年に議会へ上程され、78 年に成立したアメリカの法令。スパイ容疑者の監視についての合法的な取り扱いを定めている。

スパイ事件において行政機関が電子的監視の要請を決めた際、司法長官は地方判事から 1 人を選出し、こうした監視を許可すべきか否かを決定すべく非公開の審議会を開かせる。外国情報活動監視法廷が通常その任を担う。

この法令は新たな条項を加えた上で合衆国法典に組み込まれた。「対外情報活動を標的とした合衆国内での電子的監視」がそれである。また条文の中では電話及び電子盗聴器に対する法律上の規制を確立する必要性が認められている。

【参照項目】監視、外国情報活動監視法廷

外国情報活動監視法廷
(Foreign Intelligence Surveillance Court〔FISC〕)

アメリカの司法制度に特有の非公開法廷。イングランドの悪名高い王立星室庁裁判所の現代版だと指摘する法律専門家もいる。この秘密法廷は盗聴行為の乱用に対する議会の調査から着想されたものであり、推進者は 1976 年に当法廷の法的根拠である外国情報活動監視法案（1978 年に成立）を提出したエドワード・ケネディ

上院議員である。

　この法廷は連邦政府のためだけに機能していることから弁護士が立ち入ることはできず、連邦職員の入廷のみが認められている。提出される書面、法廷の判断、そして決定は全て秘密とされ、審議の記録も最高裁判所長官と司法長官が定める保安手続きのもとで密封される。

　当初は最高裁判所長官によって指名された7名の判事から構成され、任期7年で再選は認められていなかった。各判事は異なる管轄地区から選ばれることになっており、毎年新任の判事が参加するようそれぞれの任期は1年ずつずらされていた。

　2001年、米国愛国者法によって判事の数は11名に増員され、「うち3名以上はコロンビア特別区の20マイル（約32キロメートル）圏内に居住する」ことが定められた。また法廷の許可を受けた監視活動の期限が90日から120日間に延長され、最大1年までの監視が可能になっている。捜査官には「移動許可」が与えられ、例えば監視対象が電話会社やインターネットプロバイダーを変更するといった状況の変化にも対応できる総括的な裁判所命令が入手可能になった（以前はこうした状況の変化があると、裁判所に出向いて新たな許可を得る必要があった）。また「緊急事態」においては、無許可の電子的監視を最長72時間に限って実施できる。捜査官はこの間に法廷の許可を得るか監視を終わらせなければならない。

　外国情報活動監視法廷の設置以前は、司法省の情報活動政策検討局がアメリカ合衆国を代表して、スパイ活動や国際テロリズムの捜査にあたる情報機関の電子的監視、または物理的捜索の申請を行なっていた。こうした監視活動の結果、裁判所に提出可能な有望な証拠を得られたならば、情報活動政策検討局が全ての申し立てと準備書面を担当することになる。

　法廷はワシントンDCのコンスティチューション・アヴェニューに建つ司法省ビルの6階、電子セキュリティが保たれている一室で開かれる。リベラルか保守かを問わず、法廷の合憲性に対して権利章典の援護者から異議を唱えられることは事実上ない。政治的主張がどうあれ、民主党員も共和党員もこの法廷の存在を支持しているのである。

　2001年にテロリズムとの戦いが始まって以来、外国情報活動監視法廷が発した許可の数は急上昇している。1994年には盗聴の申請が576件あり、その全てが通常通り許可された。2002年の申請数は1,228件にまで上昇、うち1,226件が許可され残り2件は「修正」が必要とされた。この修正は、当法廷とその秘密手続きを定めた法の制定以降初めて、司法省が同じく秘密扱いの外国情報活動監視再審裁判所に上訴した結果だった。

　ロイス・C・ランバースは外国情報活動監視法廷について公に発言した唯一の判事である。彼は1997年にア

メリカ司法協会に対し、「（申請が提出されると）私は本質に切り込む。何がどういった理由でなされるかを私は正しく知らされ、私の疑問はきちんと答えられる……」と述べた。申請が全て認められることから「判を押しているだけ」ではないかという疑惑に対しては「見直されるものあれば、一旦撤回し追加の情報を添付した上で再提出されるものもある」と主張している。

　またランバースは、CIA内部のスパイ、オルドリッチ・エイムズの自宅に対する秘密捜査——盗聴器を仕掛けるための家宅侵入とは法的に異なった捜査——を認めたのはジャネット・レノ司法長官であり、外国情報活動監視法廷ではないことを明かした。エイムズが出廷していれば「熱い争いになっていただろう」とランバースは述べている。この条項はすでに改正されており、秘密捜査には法廷の許可が必要となっている（「米国愛国者法」を参照のこと）。

【参照項目】 外国情報活動監視法、米国愛国者法、盗聴・盗聴器、CIA、オルドリッチ・H・エイムズ

外国放送情報局
(Foreign Broadcast Information Service〔FBIS〕)

　外国のメディア、特にラジオとテレビ放送をモニターするCIAの部署。科学技術本部の一組織であるFBISは、公共であるか秘密であるかを問わず各国の放送を翻訳・要約・分析している。また新聞、雑誌、書籍、ニュースレター、企業決算書、電話帳、CDロム、そしてデータベースといった外国のオープンソース情報を収集している。

　FBISの起源は国務省の求めに応じて連邦通信委員会が外国放送監視局を設置した1941年に遡る。第2次世界大戦に入ると監視局は陸軍の監督を受けつつ、ドイツ、イタリア、日本のプロパガンダ放送の聴取に集中した。

　戦後、外国放送監視局は中央情報グループ（CIG）に編入され、CIAが創設された際には放送のモニターがその主要な任務になった。FBISはイギリス放送協会（BBC）のモニタリング部署と協定を結び、傍受する価値のある世界各国のニュース放送と、情報分析に関係すると思われる放送の大部分を分担してモニタリングしている（BBCはCIAのインテリジェンス・オフィサーにしばしばカバーを提供した）。

　FBISによる放送内容の写しは学者や研究者に公開され、日次の報告書はアメリカ政府内やメディア及び学会の購読者に広く配布されている。さらに世界中に存在する米英の政府施設にも写しが電送されている。

　中国のためにスパイ行為をしたとして1986年に逮捕されたラリー・チン（金無怠）はFBISで勤務していた。彼の逮捕はFBISが機密資料も扱っていたことを明らかにしたが、その内容は公表されていない。

（訳注：日本では「海外ラジオ傍受・分析局」や「国外ラジオ放送部」とも）

【参照項目】CIA、オープンソース、中央情報グループ、インテリジェンス・オフィサー、ラリー・チン

外套と短剣　(Cloak and Dagger)

　諜報を生業とする者を表わす昔からのシンボル——外套は秘匿を、短剣は殺人を意味する。諜報作戦やスパイ活動を指す俗語としても用いられる。

　「シドニー・W・ソワーズ」も参照のこと。

カヴァナー、トーマス・P　(Cavanagh, Thomas P.　1945-)

　B-2ステルス爆撃機に関する秘密情報をソビエトのエージェントに売り渡そうとしたアメリカの航空技師。

　4年間にわたり通信担当者として海軍に在籍していたカヴァナーは電子工学に関心を抱き、除隊後はヒューズ・エアクラフト社で勤務する。1981年にはノースロップ社にエンジニアとして転籍、1984年を迎える頃には先進システム部の上級エンジニアとなっていた。

　1984年のある時、金を必要としていたカヴァナーはソビエトの外交機関——サンフランシスコ領事館と思われる——に電話をかけ、機密資料をソビエトのインテリジェンス・オフィサーに売り渡そうと企む。カヴァナーは25枚のクレジットカードで大量の負債を抱えており、その中にはクラブ・メッドからの17,000ドルにも上る請求もあった。

　FBIは何らかの方法（電子装置を用いた盗聴であることは間違いない）を通じてカヴァナーの企みを知り、ソビエト側を上回る興味を示した。そこで捜査官がロシア人を装ってカヴァナーに電話をかけ、ロサンゼルス郊外のコカトゥー・モーテルで1984年12月10日に会うという約束を取り付けた。

　カヴァナーは提供できる機密資料のサンプルを持参してモーテルに姿を見せた。2度目の面会ではさらに資料を提供し、その中には極秘とされていたステルス爆撃機に関するものもあった。面会中、彼はFBI捜査官にこう語った。「私は借金まみれでね。大金が必要なんだ」ノースロップ社の機密情報を流し続ければ、今後10年間にわたって毎月25,000ドルを現金で支払うと提案されたカヴァナーはそれに同意した。

　3度目の面会が設定され、偽のソビエト工作員にさらなる資料を渡したところでカヴァナーは逮捕された。1985年3月14日、2件のスパイ容疑で有罪を認め終身刑が言い渡されている。

【参照項目】FBI

カウダー、フリッツ　(Kauder, Fritz　1903-?)

　第2次世界大戦中、ドイツに対するソビエトの偽情報作戦を成功させた立役者。ドイツ軍の情報機関アプヴェーアからマックスというコードネームを割り当てられたカウダーは、3年半にわたってドイツ国防軍に偽の情報を流し続けた。

　カウダーはユダヤ人の母親と、ユダヤ教に改宗したが後にキリスト教の洗礼を受けた父親との間にウィーンで生まれた。1930年代はジャーナリスト及びビジネスマンとして働きながらブダペストで暮らし、有力なハンガリー人と親交を結ぶだけでなく、ビザの不正取得といった違法行為に手を貸すこともあった。またブダペストに駐在するドイツのインテリジェンス・オフィサーやアメリカの外交官とも知り合っている。

　ヨーロッパ戦争が始まった際、カウダーはユダヤ人であるにもかかわらずアプヴェーアとSD（親衛隊情報部）に資料や情報を売りつけた。1941年6月のドイツ軍侵攻を受け、ソビエトは偽情報作戦を開始する。まず白系ロシア人の元将校を名乗る人物がアプヴェーアに接触、ソビエト関連情報を提供すると持ちかける。これを受け、アプヴェーアは無線送信機をモスクワと中央ロシアに設置、送信者にマックス及びモリッツというコードネームを与えた。モリッツはすぐに姿を消したが、マックスは1945年初頭まで情報を送り続けた。

　マックスからの情報は戦略・戦術の両面に関するものであり、表向きは最高機密と思われた。つまりマックスはクレムリン内部のスパイということである。スターリンを担当する医者だと考える者もいれば、クレムリンの電話線に盗聴器を仕掛けたのだと信じる者もいた。

　マックスからの最も驚くべきメッセージは、1942年11月4日に送信されたものだと思われる。それはタイミングのよさと情報源が高度なレベルであることを浮き彫りにしていた。

　11月4日、スターリンの統裁による戦争会議がモスクワで開かれた。出席者は元帥及び将軍12名。会議では以下の原則が決定された。(a) 大規模な損害を避けるべく全ての作戦は慎重に進める。(b) 地上軍の損失は重要ではない……(f) 天候状況が許す限り、可能であれば11月15日以前に全ての攻撃作戦を遂行する。主たる目標：グロズヌイから……ヴォロネジのドン地域、ルジェフ、イルメン湖及びレニングラード南方。前線を担当する兵士は予備役から抽出すること……

　当初、マックスがモスクワから送信したメッセージはウィーンで受信された。しかし1941年の年末近くに受信地点がブルガリアのソフィアへ移され、カウダーがそのポストを引き継いだ。彼はモスクワからのメッセージを受信してウィーンに中継、メッセージはそこからベルリンのアプヴェーア本部に転送されて各軍に配布される仕組みだった。

偽情報作戦としては恐らく前例のない期間の長さこそ、その成功を裏付けている。一部の資料によれば、内務人民委員のラヴレンチー・ベリヤがこの作戦をモスクワから個人的に指揮したという。イギリスもウルトラを通じてマックスのメッセージを数多く傍受しており、MI5内部のスパイであるアンソニー・ブラントは「情報漏洩」の恐れをソビエトに指摘していた。しかしドイツの情報機関はマックス情報の正しさを疑わなかったようである。作戦全体に対する疑問が時折上がりながらも、ドイツ当局はその情報の正しさを（確認できる範囲で）確かめ、戦争に必要不可欠であると判断した。伝えられるところによると、作戦の存在を知るアドルフ・ヒトラーは、マックスがユダヤ人であると聞き、この情報源のさらなる受け入れを拒否したという。しかし国防軍最高司令部は彼の宗教にもかかわらず、マックスの重要性を訴えた。

戦争末期、アプヴェーアはマックス情報がソビエトの偽情報活動によるものと判断するが、当時ドイツ指導層はすでにアプヴェーアの存在を無視していた。国防軍はソビエト軍の侵攻が迫る1945年2月にマックスからのメッセージが途絶えるまで、カウダーの情報を信じ続けた。

シェールホルン作戦同様、この作戦も欺瞞活動におけるソビエトの能力を見せつけるものだった。

カウダーはリヒャルト・クラットという変名も使っていた。

【参照項目】偽情報、アプヴェーア、コードネーム、ベルリン、NKVD、ラヴレンチー・ベリヤ、ウルトラ、内通者、MI5、アンソニー・ブラント、シェールホルン作戦

カウフマン、ジョセフ・P （Kauffman, Joseph P.）

「軍事機密」を東ドイツの情報機関に渡したとして1962年に西ドイツで軍法会議にかけられたアメリカ空軍士官。東ドイツのインテリジェンス・オフィサーだった離反者の証言でスパイ行為が発覚、軍法会議の結果有罪となり、重労働20年を言い渡されている。その後の控訴審で重労働2年に減刑された。

【参照項目】インテリジェンス・オフィサー、離反者

カエサル （Caesar）

カエサル暗号（シーザー暗号、カエサル・アルファベットとも）は換字式暗号の一種であり、最も有名な使用者であると同時に発明者ともされているローマ帝国のユリウス・カエサル（B.C.100～B.C.44）にちなんで命名された。

カエサル暗号は、通常のアルファベットの各文字を別のアルファベットに置き換えるものである。置き換えの方法は変えてもいいが、送り手と受け手の両方がそれを知っていなければならない。今日、1つのアルファベットを適切な順序で別の文字に置き換える換字式暗号は全てカエサル暗号と呼ばれる。

カオ・イェン・メン （Kao Yen Men）

輸出が禁じられている機密指定のハイテク軍需品を不法にアメリカ国外へ持ち出そうとして逮捕された中国籍の人物。

ノースカロライナ州シャーロットに住んでいたカオは、スパイ網を対象とした6年半に及ぶ捜査の結果、1993年12月に逮捕された。そのスパイ網は海軍のハイテク武器やテクノロジー関連情報の入手を目的としていた。防諜担当官によれば、カオと「数名の中国人」は海軍のMk48能力向上型（ADCAP）魚雷に加え、F/A-18ホーネットに用いられているジェネラル・エレクトリック社製F404-400型ジェットエンジン2基、そしてF-16ファルコン戦闘機の火器管制レーダーを密輸しようと試みたという。しかしこれらの装備が中国に届けられることはなかった。FBIによる囮捜査の中で、カオはFBIの情報提供者に24,000ドルを支払って衛星の部品を手に入れている。移民局は彼のビザが切れていることと、「アメリカ合衆国に対するスパイ行為に関与した」ことを理由に、香港への国外追放を命じた。

検察側も中国政府を刺激することを避けると共に、防諜活動上の情報源とノウハウを守るため裁判に反対する意向を示した。

シャーロットで2軒の中華料理店を営んでいたとされるカオは、数年間にわたってFBIの監視下に置かれていたが、その一方で中国のインテリジェンス・オフィサーと連絡を保っていた。

またギャンブル中毒であり、中国のハンドラーから送られた金を横領していたとされる。中国本土ではなく香港への国外退去を求めたのも、報復を恐れたためだった。そしてアメリカに帰化した妻と子供2人を残し、アメリカを後にしている。

【参照項目】防諜、FBI、衛星、インテリジェンス・オフィサー、ハンドラー

カオス作戦 （CHAOS）

ベトナム戦争中、アメリカ国内の反戦運動が共産主義者に鼓舞されているか否かを確かめるために行なわれた、FBIによる国内監視活動（詳細については「FBI」を参照のこと）。

科学・技術情報 （Scientific and Technical〔S&T〕Intelligence）

外国の科学・技術研究及びそれらの発展状況に関する情報。外国軍の兵器システムに関係する基礎研究、応用研究、科学的・技術的な特色、能力及び限界、そして産業面・生産面から見た兵器開発の状況も含まれる。

「潜在敵あるいは現実の敵による新兵器及び軍事的手段の採用を、早期に警戒するための活動」がイギリスの科学者R・V・ジョーンズによる定義である。第2次世界大戦中、ドイツの技術革新の予測に携わった経歴を持つジョーンズは、名著『The Wizard War』(1978) の中で、根本的に新しい兵器がいかに開発されるかを概説した。

(1) 学術的あるいは商業的要素を有する一般的な科学研究が行なわれる。
(2) 軍と近い関係にあり、軍の要求を知っている人物が、学術研究の成果を応用させることを考える。
(3) 軍の研究所で特別な研究と小規模な試験が実施される。
(4) 大規模な試験が実施される。
(5) 新兵器が軍に採用される。

ジョーンズは、第1段階は一般的に公のものであり、先進国では常識的なものだと指摘している。一方で後者の諸段階は秘密のベールに包まれており、「対処する唯一の方法は直接的なスパイ行為か、研究者の不注意を待ち続けることである……」という。
そして情報は次の5つの経緯でリークされると述べる。

(1) 偶然による漏洩。復号化されたメッセージも含まれる。それらは多数に上り、つなぎ合わせれば有益な全体像を得ることができる。
(2) アルコールもしくは愛人の力による漏洩(「セックス」を参照のこと)。
(3) 秘密にはしておけないが、それでいて敵にとって有益な情報(例として短波方向探知機による無線電波の傍受、戦闘における装備の喪失が挙げられる)。
(4) エージェントによる直接的な観察──「この方法には困難と危険が伴い、入手できる情報量も少ないが、価値は大きい」
(5) 幻滅を抱いた国民(離反者)から得られた情報──「信頼できない場合が多く、常にチェックされなければならない」

ジョーンズは1939年から46年までイギリス空軍科学情報部長と秘密情報部(MI6)科学担当顧問を兼務した。
【参照項目】MI6

科学連絡局 (Scientific Liaison Bureau)
「ラカム」を参照のこと。

鏡の荒野 (Wilderness of Mirrors)
諜報の世界にまつわる混乱を端的に示す表現。長きにわたってCIAの防諜部門トップを務めたジェイムズ・ジーザス・アングルトンによって生み出されたと考えられている。「(鏡の荒野は)西側諸国を混乱させ分裂に追い込むべく、ソビエト・ブロックとその情報機関が用いている策略、欺瞞、策謀、及びその他の偽情報手段を指す総称である」かくして東側諸国は「事実と幻想が入り交じり、絶えず流動を続ける荒野」を作り出しているのだという。
この表現は、アングルトンを題材としたデイヴィッド・C・マーチンの著作──『Wilderness of Mirrors(邦題・ひび割れたCIA)』(1980) ──でもタイトルとして用いられている。
【参照項目】CIA、防諜、ジェイムズ・ジーザス・アングルトン

カーキ (Khaki)
第2次世界大戦中にアメリカ海軍が用いた暗号システム。主要な情報組織間の通信、とりわけマジック及びウルトラ資料の送受信において保安を確保することが目的だった。
「海軍通信情報」も参照のこと。
【参照項目】暗号システム、マジック、ウルトラ

鍵リスト (Key List)
「暗号鍵」を参照のこと。

架空エージェント (Notional Agent)
架空または実在しない秘密エージェント。通常は偽情報の出所として用いられるか、そうした情報の入手経路を説明するために使われる。
「ダブルクロス・システム」「ガルボ」も参照のこと。
【参照項目】エージェント、偽情報

架空の内通者 (Notional Mole)
敵の情報機関を混乱させるために作り出された架空の内通者。実在しない内通者の摘発に莫大な資源を注ぎ込んだとして、CIAの防諜責任者ジェイムズ・ジーザス・アングルトンを批判する際にこの概念が持ち出された(1994年に内通者であることが発覚したオルドリッチ・H・エイムズは、アングルトンの引退から10年が経過した1985年までスパイ行為に手を染めることはなかった)。
【参照項目】ターゲット、内通者、CIA、防諜、ジェイムズ・ジーザス・アングルトン、オルドリッチ・H・エイムズ

核情報　(Nuclear Intelligence〔NUCINT〕)

放射性物質から生じる放射能などを収集・分析することで得られる情報。こうした現象には核爆発及び核融合反応だけでなく、核兵器からのベータ線放射も含まれている。

史上初の主要な NUCINT 作戦は 1949 年 9 月 3 日に行なわれ、アメリカ空軍の B-29 スーパーフォートレス爆撃機の偵察機型が日本からアラスカへ飛行し、ソビエトが核実験を行なった最初の兆候を検出した。それ以前の 1947 年 9 月 16 日には、世界各地で発生したあらゆる大規模爆発の場所と時間を突き止め、それが核物質によるものか否かを確定すべしという指令が空軍に下されている。

【参照項目】B-29 スーパーフォートレス、偵察

確認済み情報　(Confirmed Intelligence)

独立した 3 つの情報源からもたらされた情報、または情報資料を指すアメリカの用語。アメリカ陸軍のマニュアルである FM34-130『Intelligence Preparation of the Battlefield』(1994) には「分析に基づいた判断も 1 つの情報源としてカウントする。ただしこれは 1 件の情報につき 1 つのみにすること」と記されている。

確認済み情報源　(Established Source)

一般的あるいは公認済みの情報源。そこからもたらされる情報資料は信頼性を確認する必要がない。

カササギ作戦　(Magpie)

第 2 次世界大戦中、アメリカの国防拠点をスパイすべく立案されたドイツの作戦を指すコードネーム。U ボートでメイン州に上陸してしばらく後、指揮者となるはずだったアメリカ人ウィリアム・コールポーが FBI に出頭したため実施されることはなかった。「エーリッヒ・ギンペル」を参照のこと。

【参照項目】コードネーム、ウィリアム・コールポー

カサノヴァ、ジョヴァンニ・ジャコモ
(Casanova, Giovanni Giacomo　1725-1798)

冒険者、兵士、作家、そしてフランス国王ルイ 15 世の密偵だったヴェネツィア人。放蕩者として知られ、その名前は「女たらし」の同義語とされている。

カサノヴァは 1755 年に魔術師であるとしてヴェネツィアで告発され、禁固 5 年を言い渡された。しかし翌年には見事な脱獄劇を演じてパリに逃れ、宝くじを創始して巨利を得る。その後は様々な場所を旅してフランス国王のためにスパイ活動を行なったが、後にヴェネツィアへ戻り、1774 年から 82 年まで国内情報の収集にあたった。

カサノヴァは作家としても多才であり、その自伝は彼の観察眼を伝えると共に、18 世紀のヨーロッパ主要都市における社会状況を鋭く捉えている。

【参照項目】国内情報

カー、サム　(Carr, Sam　1906-1989)

1937 年からカナダ共産党書記を務めた人物。カーがカナダでソビエトのために活発なスパイ活動を行なっていた事実は、1945 年 9 月にカナダへ亡命した GRU 職員イーゴリ・グゼンコによって明らかとなった。

シュミル・コーガンの名でウクライナに生まれたカーは、カナダ移住後の 1924 年 8 月に名前を改めている。移住当初は農場で働いていたが、25 年に共産党青年団のメンバーとなった。1929 年頃から 31 年までソビエトのレーニン学校で学び、この間にスパイとしての訓練を受けたものと思われる。帰国後はオタワ駐在の GRU レジデント、ニコライ・ザボーチン大佐の下で勧誘員及びハンドラーを務めた。1940 年 6 月に拘束令状が発せられるものの、彼は地下に潜っている（カナダは前年 9 月 10 日に宣戦布告していた）。

その後の 1941 年 11 月、欠席裁判においてスパイ行為に関する 3 件の容疑で有罪とされ、禁固 10 年を言い渡された。そして翌年 9 月 25 日にカナダ当局へ出頭して刑務所に入っている。しかし 2 週間後の 10 月 6 日には、自分はソビエト市民であると主張した。

戦争が終わった 1945 年に釈放されるも、グゼンコの証言によって 49 年 1 月に再度逮捕される。裁判の結果またも有罪とされ、今度は禁固 6 年の判決が言い渡された。

カーはサム・コーエンという偽名を使っており、GRU のコードネームは「フランク」だった。

【参照項目】イーゴリ・グゼンコ、GRU、ニコライ・ザボーチン、勧誘員、ハンドラー、レジデント

画像情報　(Imagery Intelligence〔IMINT〕)

写真映像、赤外線センサー、レーザー、電子光学機器、あるいはレーダー・センサーから得られた情報。合成開口レーダーを用いると、対象物の映像をフィルムや電子ディスプレイ装置といった表示手段に光学的・電子的に再現できる。

カッシオ、ジュゼッペ　(Cascio, Giuseppe)

韓国の米軍基地に駐在していた空軍の写真技官。1952 年、当時 34 歳のカッシオは F-86E セイバーの飛行試験データを北朝鮮に売り渡したとして逮捕された。

第 2 次世界大戦中に爆撃手として航空殊勲十字章を 2 度授与され、戦後の 1948 年末に空軍を除隊したが、翌年に 3 等軍曹として再入隊している。

再入隊後、韓国に派遣されたカッシオはジョン・P・

ジョーンズ3等軍曹から機密情報を受け取り、北朝鮮情報機関の下で働く韓国人に渡すと共に、軍票で報酬を支払った。

しかし1952年に空軍公安隊によって逮捕され、軍法会議の結果、敵勢力に秘密情報を渡したことに加え、軍票を不法に用いたなど16件の容疑で有罪とされ、1953年6月8日に重労働20年と不名誉除隊の判決が言い渡された。

【参照項目】ジョン・P・ジョーンズ

合衆国カントリーチーム (United States Country Team)

アメリカが大使を派遣している国では、その大使が責任を負うという概念。CIA支局長は中央情報長官（訳注：現在はCIA長官）に直属する一方、その国の大使にも従属することになっている。唯一の例外はその国に駐留し、方面軍司令官の指揮下に置かれている軍人である。

ケネディ大統領は大使の権限を概説した親書を出し、この慣習は今も続いている。しかしCIAが適用対象外になるのは避けられなかった。例えばクリントン大統領が記した親書には「麾下は手段を問わず、使節団が送受信する全ての通信を閲覧する権利を有しているが、法律あるいは行政判断による例外は除く」と書かれており、最後の一言がCIAにとっての抜け道だと見なされている。

【参照項目】CIA、中央情報長官

合衆国情報会議 (United States Intelligence Board〔USIB〕)

CIAが作成する国家情報評価の監督機関。国家評価委員会（BNE）の後継として設立された。

1973年、ウィリアム・E・コルビー中央情報長官（DCI）は国家評価局とBNEを廃し、特定の地域や事項を担当する国家情報官（NIO）制度を作り上げた。また合衆国情報会議は創設3年後に国家外国情報会議として生まれ変わる。

NIOは国家外国評価センター長官を兼務する国家情報担当副長官を通じて、DCIに報告を行なっていた。1979年以降、NIOは一体として国家情報会議の名で呼ばれるようになった。

【参照項目】CIA、国家情報評価、国家評価委員会、ウィリアム・E・コルビー、中央情報長官、国家評価局、国家外国情報会議、国家情報会議

カッパ (Kappa)

「フリッツ・コルベ」を参照のこと。

ガーディアン (Guardians)

イギリスのインテリジェンス・オフィサー、ピーター・ライトが提案した保安チーム。保安部（MI5）及び秘密情報部（MI6）に対するソビエトの浸透を監視するのが目的とされた。

【参照項目】ピーター・ライト、MI5、MI6

カディクス (Cadix)

フランス北部がドイツ軍に占領された1940年後半から42年までヴィシー・フランスのニーム近郊に存在した、無線傍受局と暗号解読拠点を指すフランスのコードネーム。ブルーノの後継機関でもあった。

フランスの暗号解読活動を率いるギュスタヴ・ベルトラン大佐は、フランスとポーランドの暗号解読者を率いてドイツ軍から逃れ、フランス領北アフリカに渡った（「ビウロ・シフルフ」を参照のこと）。フランスの状況が安定し、未占領の南部にヴィシー政権が樹立されると、ベルトランは暗号解読者を船に乗せてマルセイユへ送り、ニームにほど近いウゼ近郊のレ・フーズ城に住まわせた。

カディクスの呼称を与えられたベルトラン配下の暗号解読者は、10名（訳注：一説には9名）のフランス人、15名のポーランド人、そして7名のスペイン人から構成されていた。そのうちポーランド人にはグループ300のコードネームが付与されている。また定期的に実施されるドイツ軍の探索を生き延びるため、全員にフランスの身分証明書が与えられた。

カディクスは無線傍受装置や暗号機などを装備しており、ドイツの通信信号の傍受と解読が始まると、イギリスとの間で無線通信を確立している。またマルセイユ、モンペリエ、そしてポーにあるヴィシー・フランスの傍受局からもその内容が伝えられた。さらにフランスの郵便局もドイツの通話を傍受し、その記録をカディクスに転送したとされている。

カディクスは1942年10月まで活動を続けたが、ドイツ軍がその所在地を突き止めようとしていたのを察知して、ベルトランと暗号解読者たちは脱出した（米英軍がフランス領北アフリカに上陸した直後の1942年11月上旬、ドイツ軍はヴィシー・フランスを占領している）。

【参照項目】暗号解読、ブルーノ、ギュスタヴ・ベルトラン、グループ300、暗号

カティンの森虐殺 (Katyn Massacre)

ソビエトのNKVD（内務人民委員部）が1940年にポーランド軍将校らを大量に虐殺した事件。1943年4月13日、スモレンスク近郊のカティンの森にある共同墓地8ヵ所で、身体を縛られた状態で後頭部を撃たれたポーランド軍将校4,143名の遺体が発見されたと、ドイツの無線放送が伝えた。放送によると、これら将校はソビエト軍に殺害されたという。

ナチスドイツのポーランド侵攻にソビエトが加わった

1939 年後半以降、20 万名以上のポーランド人が捕虜になった。うち 15,000 名——その中で士官は 8,700 名——は再び姿を見せなかった。一方ソビエト側は、ドイツ軍がソビエト侵攻の際にこれらポーランド人を殺害したと主張した。

NKVD の部隊がポーランド人を虐殺した事実を、ソビエト政府は 1990 年に至るまで認めなかった。だが虐殺はソビエト軍がこの地域の支配権を握っていた 1940 年春に発生したものであり、1941 年 7 月のドイツ軍侵攻以前である。命令したのはヨシフ・スターリンで、ポーランド人に対する憎悪が理由だという説がある。また 1990 年にソビエトの研究者が提示した別の説によれば、エストニア、ラトビア、リトアニアからの難民を受け入れるため、NKVD は捕虜収容所を空にする必要があったという。その他姿を消したポーランド人捕虜の行方は不明である。同様の虐殺は他の各地でも発生したとされているが、死体の埋められた場所はいまだ見つかっていない。また別の捕虜は平底船に詰め込まれ、白海に沈められたとも伝えられている（ロシア内戦の際、チェーカも溺死させる方法で大量処刑を行なった）。

歴史家でソビエト専門家のロバート・コンクエストは著書『Stalin: Breaker of Nations（邦題・スターリン：ユーラシアの亡霊）』（1991）の中で次のように記している。

カティンの森虐殺の反響は深刻で、いつまでも続くものになった……国際法は言うまでもなく、人命と真実に対するスターリンの態度が明確に現われたのである。1940 年 3 月に処刑を決断した際の精神状態は、我々の理解を超えたものである。広い意味で、彼はこう考えただろう「奴らはいつの日かトラブルを引き起こすに違いない。だから射ち殺しておこう」

NKVD がこの任務を遂行したのは明らかである。

【参照項目】NKVD

ガーデニング （Gardening）

敵に暗号メッセージを送らせることで、暗号解読のクリブ（手がかり）を入手する行為を指すイギリスの用語。

情報史家のナイジェル・ウエストは著書『The SIGINT Secrets』（1986）において、ブレッチレーパークの暗号担当官が実施したガーデニング活動を描写している。

想定通りの無線交信を行なわせるべく、イギリス海軍は挑発的な作戦を実施した。特に好まれたのは、ドイツ側が安全だと考えた海域に機雷を敷設することである。新たな機雷を発見するたびに通報が行なわれ、

機雷除去部隊が展開した後、「進路の安全確保」という短い信号が発信された。

ブレッチレー（パーク）の解読者たちはこれを傍受した上でテキストを分離し、日々変更される暗号鍵を突き止めることができた。

【参照項目】クリブ、ナイジェル・ウエスト、ブレッチレーパーク、暗号鍵

ガードナー、メレディス・ノックス
(Gardner, Meredith Knox　1912-2000)

第 2 次世界大戦中及びその直後、アメリカ国内で活動するソビエトのインテリジェンス・オフィサーが用いていた暗号を解読したアメリカ人。

大学の言語学講師でロシア語など数ヵ国語に堪能だったガードナーは、1941 年 12 月 7 日（日本時間 8 日）にアメリカが第 2 次世界大戦に参戦した直後、陸軍信号情報局（SIS）に入隊した。

アメリカで活動するソビエト情報機関から送信された無線メッセージは SIS に傍受されていたが、1946 年夏まで解読は不可能だった。当時ガードナーは、アーリントンホールの陸軍施設で働く同僚たちと同じく、いくつかの暗号文におけるパターンの類似性に気づいていた。これらのメッセージはワンタイムパッドを用いて暗号化されており、本来なら解読不可能のはずだった。しかし戦時中の諸問題のため、ソビエトの NKVD（内務人民委員部）はパッドの再使用を認めていたのである。

ガードナーは着々と成功を重ね、原爆開発プロジェクトに従事する科学者数名の名前が記されたメッセージを 1946 年 12 月に解読した。続く数ヵ月間でさらなる暗号メッセージが部分的あるいは完全に解読され、原爆スパイ網の摘発における陸軍と FBI の密接な協力関係につながった。この大規模な解読活動——程なくイギリスも加わる——にはヴェノナのコードネームが与えられた。

スパイ活動の規模が突き止められた際、ガードナーは特別報告書を記し、アメリカのインテリジェンス・オフィサーがより迅速に警戒できるよう、メッセージの中で突き止めたことを記録した。1997 年に公開されたこの特別報告書には、原爆に関するスパイ活動、イギリス人スパイだったドナルド・マクリーンのコードネーム、ジュリアス・ローゼンバーグのスパイ網、そしてワシントン DC 駐在のソビエト商業使節を対象とした NKVD の離反者狩りといった項目があった。

米英で活動していたスパイの逮捕と起訴において、ヴェノナは主要な要素となった。

ガードナーは 1972 年に公職から退いている。

【参照項目】信号情報局、アーリントンホール、ワンタイムパッド、NKVD、原爆スパイ網、FBI、ヴェノナ、コードネーム、ドナルド・マクリーン、ジュリアス・ロー

カートライト、ヘンリー <small>(Cartwright, Henry)</small>

第2次世界大戦中スイスに駐在していたイギリスのインテリジェンス・オフィサー。

第1次世界大戦において、一説には12回もドイツ軍の手を逃れたカートライトは、ベルン駐在のイギリス軍武官として第2次大戦を迎え、脱走した連合軍の捕虜を扱うMI9のベルン支局長を務めていた。

ドイツ軍の情報機関アプヴェーアによる挑発を恐れたカートライトは、ドイツ外務省の方針が記された資料を持っているというフリッツ・コルベ博士との面会を拒否する。しかしこのドイツ人は友人を通じて約束を取り付け、1943年8月16日に姿を見せた。だが多数の機密電文を提供し、イギリスのためにスパイ活動を行なうという申し出は無視された。

コルベは次にアメリカ戦略諜報局（OSS）のベルン支局長であり、受け入れる見込みの高かったアレン・W・ダレスにこの話を持ちかけている。

【参照項目】駐在武官、アプヴェーア、フリッツ・コルベ、戦略諜報局、アレン・W・ダレス

ガードレール <small>(Guardrail)</small>

アメリカ陸軍の空中信号情報プログラムの名称。1971年、国家安全保障局（NSA）は遠隔式の空中通信情報システムをヨーロッパで用いることの価値を実証したいと望んだ。このシステムはガードレールⅠと名付けられ、3機のU-21Gが改造されている。操作員は搭乗せず、データリンクを介して傍受内容を受け取る地上のトレーラーで、操作を行なうものとされた。

ガードレール計画はその後拡張され、陸軍を巻き込むまでになった。現在このプログラムは商業機のDHC-7を改造したRC-7、RC-12スーパーキングエア、そしてヘリコプターのEH-60ブラックホークを用いて続けられている。これらの機体には電子傍受システムが装備され、敵のレーダー及びレーダー波を識別することで地上の司令部を直接支援している。

（以前はRC-21及びUH-1ヒューイが用いられていた）。

【参照項目】信号情報、NSA、通信情報、航空機

カナリス、ヴィルヘルム・フランツ
<small>(Canaris, Wilhelm Franz　1887-1945)</small>

ドイツ軍の情報機関アプヴェーアの長官を1935年から44年まで務めた人物。第2次世界大戦期のドイツ軍将校で最も謎に包まれた人物の1人であり、ナチ政権内で高い地位にあった一方、アドルフ・ヒトラーの政策には終始一貫反対し続けた。

ギリシャ系実業家の息子として生まれたカナリスは

1905年に海軍士官候補生となり、1907年からキール海軍兵学校で学んでいる。卒業後は陸上任務に従事しつつ艦船での任務もこなし、第1次世界大戦の開戦時には巡洋艦ドレスデンの士官として南太平洋にいた。1915年3月にドレスデンが自沈した際（イギリス戦艦に追い詰められていた）、カナリスは変装して商船に乗り、なんとイギリス経由でドイツに帰国している。そして1916年から18年までスペインとイタリアで諜報任務に就いた後は、潜水艦の艦長となった。戦後も海軍に残り、1934年から旧型戦艦シュレージェンの艦長を務めている。

1935年1月1日、少将に昇進していたカナリスは海軍情報機関のトップとなる。スペイン内戦ではドイツ海軍を率いてナショナリストの支援に回り、複数のスペイン政府高官と親交を結んだ。情報史家のデイヴィッド・カーンは著書『Hitler's Spies』（1978）の中でカナリスを次のように描写している。

> 頭は既に白く、「白髪頭」と呼ばれていた。所作は軍人らしくなく、身のこなしも静かで人目を引くことはない。彼は「狐の巣」と呼ばれたオフィスに突然姿を見せる。誰の耳にも足音は聞こえない。軍服よりも私服を好み、その私服も大抵の場合実にみすぼらしいものだった。外見になど注意を払っていなかったのだ。勲章も他の小物と一緒に引き出しへ放り込まれていた……（カナリスの部下は）彼が少将次いで中将に昇進したことを他人の口から知った……寒がりなのか、真夏でも時々オーバーを羽織っていた。

カナリスの趣味はテニスと乗馬だった。ベルリンにいる際は、職業上のライバルであり、1944年7月に自分を逮捕することになるヴァルター・シェレンベルクと乗馬を楽しむこともあったという。

ヴェルサイユ条約と共産主義に反対する立場から、カナリスは当初ヒトラーを支持していた。しかし程なくしてヒトラーの容赦ない支配に反撥を覚え、国防軍内の反ヒトラー派を支援するようになった（その一方でヒトラー暗殺計画には当初反対している）。

カナリスは第2次世界大戦中もアプヴェーアを掌握し続けた。とは言え、カナリス自身の無能のせいか、あるいは反ヒトラー的な態度のためか、特に優秀な情報機関ではなかった。その一方で反ヒトラー陰謀の計画者やユダヤ人の一部をアプヴェーアに引き入れ、彼らの身の安全に手を貸してもいる。またアプヴェーアの士官やエージェントを定期的に捜査していたSSとは最後まで対立関係にあった。

1944年2月、カナリス排除を目論んだSSの活動が実り、ヒトラーは彼をアプヴェーア長官の座から降ろした上、組織そのものを廃止する。こうして一旦は退役に

追い込まれるものの、すぐに商業・経済戦担当局局長に任命された。しかし7月20日に発生したヒトラー暗殺未遂事件の結果、カナリスは共犯とされなかったにもかかわらず7月23日に逮捕され、手足を束縛されたままミュンヘン北方のフロッセンビュルク強制収容所に収監された。そこではSSから拷問を含む尋問を受けた。

1945年4月5日、ソビエト軍がベルリンの地下壕を取り囲む中、ヒトラーはカナリスの処刑を命じた。しかしその後の4月8日にも残忍な尋問が行なわれている。深夜独房に戻ったカナリスは、壁を叩いて隣室の囚人に遺言を伝えた。

私は祖国のために命を失おうとしている。私には明確な良心がある。ドイツを破滅に導いた張本人、ヒトラーの犯罪的狂気に反対するのは愛国的行為に他ならないと、君も一士官として理解してくれるだろう。我が祖国は今破滅の際に立たされているが、私は1942年の時点でこうなることを知っていた。

1945年4月9日午前5時30分頃、SSの看守がピアノ線をカナリスの首に巻きつけ、ゆっくりと彼を吊した。その後死んだと見なされて一旦床に置かれたが、まだ生きていたのでもう一度吊されたという。カナリスの遺体は焼却された（アプヴェーア参謀長だったハンス・オスターもカナリスの直前に絞首刑を執行されている）。

カナリスが第1次世界大戦下のスペインでマタ＝ハリと、また第2次世界大戦中にはスイスでアメリカ戦略諜報局（OSS）長官ウィリアム・ドノヴァンと会っていたという説がある。しかしカナリスとマタ＝ハリが同時期にマドリッドにいたことは1度しかなく、2人が会ったとは考えにくい。同様にOSS長官と面会した可能性も限りなく低いと思われる。

【参照項目】アプヴェーア、デイヴィッド・カーン、ベルリン、ワルター・シュレンベルグ、SS、ハンス・オスター、マタ＝ハリ、戦略諜報局、ウィリアム・ドノヴァン

カーニー、ジェフリー・M (Carney, Jeffrey M. 1963-)

高セキュリティのNSA関連施設で勤務中、東ドイツのためにスパイ行為をしたアメリカ空軍の情報スペシャリスト。1982年4月から84年4月までベルリンのテンペルホフ空港で通訳兼通信担当官として働いていたカーニーは、その後NSAの下で東側諸国の通信を盗聴していた電子セキュリティグループに移籍した。

次いでベルリンからテキサス州のグッドフェロー空軍基地に転勤し、教官を務める。だが1985年、スパイ活動が発覚するのを恐れたのか、基地を脱走して東ドイツに亡命した。

空軍の捜査官は、ベルリンでアメリカの外交官や軍将校をスパイしていた東ドイツのエージェントにカーニーが手を貸したのみならず、グッドフェロー空軍基地でも諜報活動を続け、機密資料をコピーして東ドイツのエージェントに渡したとしている。こうした書類をどのように渡したか、どのようにアメリカを出国したか、また追跡はどのように行なわれたのか、空軍は明らかにしていない。またカーニーとNSAとの関係も公式には明らかにされなかった。

1991年4月、カーニーはかつての東ベルリンで逮捕された。東ドイツの情報機関シュタージのファイルから彼のスパイ行為が突き止められたものと思われる（「MfS」を参照のこと）。東西ドイツ再統一後の90年10月から、西側の調査官たちはそれらファイルへのアクセスを得ていたのである。アメリカの防諜担当官から広範囲にわたる尋問を受けたカーニーは、12月にワシントンDC近くのアンドルーズ空軍基地で開かれた軍法会議において、スパイ行為、共同謀議、そして脱走の罪を認め、禁固38年の判決を下された（訳注：その後釈放され、回想録を執筆した）。

【参照項目】NSA、ベルリン

カバー (Cover)

秘密活動への関与が漏れるのを防ぐため、あるいは本当の協力関係や支援関係を隠すため、個人、組織、あるいは装置に対して用いられる安全上の偽装。

カーペットバガー作戦 (Carpetbagger)

戦略諜報局（OSS）を支援すべくヨーロッパで実施されたアメリカの航空作戦。OSSのエージェントをドイツ占領地帯にパラシュートで送り込み、また様々なレジスタンスグループに物資を投下することが任務の大半を占めていた。

ドイツ軍がノルウェー、デンマーク、フランス、そして低地三国（ベルギー、オランダ、ルクセンブルグ）を占領した直後の1940年7月、イギリス空軍（RAF）は特殊作戦執行部（SOE）を支援する航空作戦を始めた。またOSSが1943年にヨーロッパ大陸での作戦行動を開始した際には、RAFの航空機がその支援にあたっている。だがOSSの支援に全ての戦力を割くわけにはいかず、そこでカーペットバガー作戦が立案された。

アメリカ陸軍航空軍（AAF）と海軍が論争を続けていたさなかの1943年7月、イギリスを拠点とする陸軍航空軍第479対潜戦闘群が、大西洋東部に展開するUボートに対する攻撃作戦を始めた。低高度夜間飛行の訓練を受け、RAF沿岸司令部の指揮下で活動していた第479戦闘群は、OSS支援作戦にうってつけの存在だった。

戦闘群の第4及び第22飛行隊に所属する数機のB-24リベレーター爆撃機が運用から外れ、OSS支援作戦のために改造された。胴体下部の球状の銃座は取り除かれ、

エージェントがパラシュート降下する際の貨物ハッチに取り換えられた。また機首はプレキシガラス張りの「温室」に改造されて、爆撃手が降下地帯をよりよく見渡せるようになっている。胴体両側面の .50 口径機関銃座と酸素供給装置は撤去され、方向探知装置と対地上無線が装備された。さらには消炎排気管がエンジンに取り付けられて、排気ガスの青い炎を抑制している。改造型のB-24 は通常 8 名の乗員で運用された。

その間、AAF は 1943 年 8 月に対潜任務から撤退し、第 36 及び第 406 爆撃航空隊に再編成されたが、翌年 3 月には第 801 爆撃群に統合されている。また 1944 年 5 月からは、第 788 及び第 850 爆撃航空隊もカーペットバガー作戦に従事した。

OSS とフランス地下組織を支援する最初の任務は 1944 年 1 月 4 日から 5 日にかけての夜に実施された。7 時間にわたる B-24 の飛行任務は成功を収めたものの、イギリス上空での飛行訓練で数機の機体と数名の乗員が失われている。3 月 2 日から 3 日にかけて行なわれた任務では、1 機の B-24 がフランス上空で対空射撃によって撃墜され、実戦における最初の犠牲が発生した。翌日の夜にもさらに別の 1 機が撃墜されている。

フランス上陸作戦の予定日である 1944 年 6 月 6 日、すなわち D デイに向けた準備として、17 機の B-24 による飛行任務が 6 月 3 日から 4 日にかけて行なわれ、それまでで最大規模となるこの編隊は見事に成功を収めた。続く 2 日間でさらに大規模な飛行任務が実行されており、フランスの地下組織に武器や装備を届けただけでなく、3 名から成る OSS のチーム（ジェドバラ）を 100 ほども送り出した。

1944 年 7 月はカーペットバガー作戦の最盛期にあたり、4 個の B-24 飛行隊によって約 4,700 個の補給コンテナ、2,900 個の小型補給パッケージ、1,378 束の宣伝ビラ、そして 62 名のエージェントが現地に投下された。同月、各飛行隊は C-47 ダコタの運用を始め、敵の占領地域に着陸してエージェントを回収するようになっている。B-24 はさらに遠方へ進出し、ドイツ占領下のノルウェーへ 1 回、デンマークへ 2 回飛行してエージェントをパラシュートで送り込んだ。また B-24 は定期的に爆撃任務へ戻されており、その際は爆弾ラックが再び取り付けられた。

最後のカーペットバガー作戦が行なわれた 1945 年 4 月 16 日までに、この低高度爆撃機は 1,000 名以上のエージェントと数トンにおよぶ武器や補給品を届けている。作戦中に 24 機が失われたが、被撃墜率は出撃 74.4 回につき 1 回となる。これはヨーロッパ全域で爆撃任務に従事した他の 4 発爆撃機よりもはるかに低い数字だった。また 208 名が犠牲になっている。公式戦史『The Army Air Forces in World War II』（1951）では、B-24 による夜間飛行任務が次のように描写された。

これら航空機は対空射撃の有無にかかわらず、ピンポイントで（降下地帯上空を）旋回飛行し、その日の合図をモールス信号で空中にきらめかせた。信号灯や懐中電灯による正しい回答を受け取ると、乗員は投下の準備を始める。パイロットは機体を高度 700 フィート（213 メートル）未満に降下させ、速度をおよそ時速 130 ノット（240 キロメートル）に落とし、投下担当者に合図を送る。全てを投下するには目標上空を数回通過する必要があり、また失速速度付近で飛行するとあって事故の危険は大きかった。

カーペットバガー作戦に従事する飛行隊とは別に、イギリスを拠点とする B-24 リベレーターと B-17 フライングフォートレス爆撃機が 1944 年 6 月から 8 月にかけ、マーキス地下部隊への大規模な物資投下任務を行なっている。

【参照項目】戦略諜報局、SOE

カーボン紙　(Carbons)

化学薬品で秘密筆記を行なう際に用いる紙。

【参照項目】秘密筆記法

カミング、サー・マンスフィールド

(Cumming, Sir Mansfield　1859-1923)

イギリス秘密情報部（MI6）の初代長官。1909 年、当初 MI1c という呼称を付けられていた諜報組織の長に任命される。カミングの名前は公表されず、一般には「C」というイニシャルのみが伝えられ、この伝統は後継者たちにも受け継がれた（カミング以降、C のイニシャルを持つ長官は存在していない）。

海軍士官だったカミングは船酔いに弱く、その上 1914 年に片脚を失った。伝説によれば、フランスで自動車事故に遭った際、彼はペンナイフを用いて自分の脚を切断したという。だが実際には事故で両脚を折り、翌日片脚だけを切り落とした上で、義肢を用いるようになったのである（この事故では息子が命を失っている）。

カミングによる指揮の下、MI6 は一定の成果を挙げた。また配下のエージェントには、世界各地で任務を遂行した不屈の闘士、シドニー・ライリーがいる（カミングはライリーの忠誠がどこを向いているか最後まで確信できなかったが、その能力を認めていたことは間違いない）。

カミングは MI6 を優秀な情報機関に育て上げ、第 1 次世界大戦の際に管轄が陸軍省から外務省に移った際も MI6 を守りきった。またイギリスの暗号解読機関である政府暗号学校の指揮権を握ることにも成功している。

カミングは 1923 年初頭まで MI6 長官を務めたが、病気のために退任する。そしてナイトを授爵された数ヵ月

後に死亡した。なおカミングは結婚後に妻の姓をとり、マンスフィールド・スミス＝カミングと改名している。

【参照項目】MI6、シドニー・ライリー、政府暗号学校

カーラ （Karla）

　ジョン・ル・カレのスパイ小説のいくつかに悪役として登場するソビエト情報機関のトップ。東ドイツのスパイマスター、マルクス・ヴォルフをモデルにしたとされているが、多くの成果を挙げたという事実以外に共通点はほとんどない。

【参照項目】ジョン・ル・カレ、マルクス・ヴォルフ

カラマチアーノ、クセノフォン
（Kalamatiano, Xenophon　1882-1923）

　ロシアのボルシェビキ政権に対するスパイ活動を行なったアメリカ人。

　ギリシャ人の父とロシア人の母との間にオーストリアで生まれる。1894年に父がこの世を去ると母親は再婚し、一家ぐるみでアメリカへ移住した。その後イリノイ州ブルーミントンのカルヴァー兵学校に入り、次いでシカゴ大学へ進んでいる。卒業後は大学にとどまってロシア語を教えた。

　1907年、カラマチアーノは農機具メーカーに雇われてロシア支店長になり、1912年には自身の農機具店をモスクワに開いてすぐさま繁盛させた。そして翌年には宮廷に所属する女性と結婚している。

　アメリカに帰国中の1914年、ロシア情勢についてアメリカ政府に報告してもらいたいとロバート・ランシング国務長官の代理人から依頼を受ける。この依頼から数ヵ月を経た同年8月、ロシアが第1次世界大戦に参戦する。その際、ウィルソン政権の対外政策立案にあたってカラマチアーノの情報が重要な役割を果たした。

　1917年4月にアメリカも参戦すると、カラマチアーノと政府の関係は公式なものになり、報酬を支払われる秘密職員となった。F・C・ブラウンは『Naval Intelligence Professionals Quartarly』（1996年秋号）の中で次のように記している。

　　カラマチアーノに与えられた資金は、情報提供者を雇い、セイフハウスを借り、不意の出費を支払うために用いられた。またセルゲイ・ニコラエヴィチ・セルプホフスキーという名のパスポートを支給された上で、モスクワを拠点とするコントローラーに任命された……加えてカラマチアーノは通信社を始め、それを口実に国内を旅することができた。

　ロシアの状況が悪化する中、カラマチアーノは妻と息子をアメリカへ送り返した。こうして諜報活動に全力を注ぎ込んだが、彼の動きはボルシェビキの秘密警察（チ

ェーカ）トップ、フェリクス・ジェルジンスキー長官にすぐさま伝えられた。チェーカは1917年10月頃からアメリカ領事館に情報提供者を置き、カラマチアーノによる報告書のコピーを入手していたのである。

　カラマチアーノは自由な行動を許されていたが、1918年秋になると、チェーカはロシア国内で活動する外国エージェントの逮捕を始める。彼はその時モスクワを離れており、しばらくは領事館や自宅に配置されたチェーカの護衛から逃れている。しかし結局は発見され、捕らえられた。

　ボルシェビキ政権の転覆を謀ったとして他の人間と共に裁かれた結果、カラマチアーノは有罪とされて死刑判決が下された。2度にわたって処刑場へ引き立てられたものの執行はされず、独房の中で活力を失っていった。だが1921年8月、当時飢餓に苦しんでいたヨーロッパの数百万人に食糧を与える調整役であり、将来大統領となるハーバート・フーヴァーの尽力によって釈放された。

　ワシントンへ到着後も報告が求められることはなく、報酬を支払われ、妻と息子が暮らすカリフォルニアへの切符を渡されただけだった。その後は母校のカルヴァー兵学校で語学を教えている。しかし1922年から23年にかけての冬に行なった狩猟で足に凍傷を負い、11月に敗血症で死亡した。

　新たな共産主義国家に対するカラマチアーノの鋭い見方と諜報活動を、ブラウンは以下のように評価している。「彼の業績はKGBで詳細に至るまで検討が加えられたが、ここ母国ではさほどの検証も行なわれていない」

【参照項目】チェーカ、フェリクス・ジェルジンスキー、KGB

カランザ、ラモン　（Carranza, Ramon）

　米西戦争（1898）当時、ワシントンDCで諜報活動に従事していたスペイン海軍の駐在士官。しかし、そのスパイ行為は完全なる失敗に終わった。

　1898年2月15日に戦艦メインがハバナ湾で爆沈したのを受け、アメリカ議会はこの惨劇を調査すべく委員会を設けた。ハバナ駐在キューバ総督兼メイン艦長のチャールズ・D・シグスビー大佐が証言を行ない、犯人はスペイン当局であるとしたが、カランザはこれに反撥して決闘を申し込んでいる。

　その後すぐに戦争が始まり、ワシントン駐在のスペイン公使とカランザを含む職員は帰国を命じられた。しかしカランザはカナダのモントリオールにとどまり、住居を借りてアメリカに対するスパイ活動を始めた。その暮らしぶりがあまりに派手だったので、偽金作りの摘発を主任務とするアメリカ財務省秘密任務部の監視下に置かれる。カランザはトロントのホテルのスイートルームを

借り切っていたが、財務省のエージェントは隣の部屋を借りて、彼が1人のアメリカ人と取引する様子を観察した。そのアメリカ人はジョージ・ダウニングを名乗り、かつて巡洋艦ブルックリンに乗務していたという。カランザはダウニングをワシントンに行かせ、アメリカ艦隊の行動を突き止めようとしていた。

ダウニングはカナダの便宜的住所を用いてカランザに手紙を送ったが、アメリカ郵政省がこれを押さえる。その中には、ジョージ・デューイ准将がフィリピンのスペイン軍に対して計画していた、太平洋西部におけるアメリカ海軍の作戦案が詳細に記されていた。ダウニングは逮捕されたが、裁判前に首を吊って自殺したとされる。

カランザはエージェントの勧誘を続け、カナダなど中立国の人間に、大金と引き替えにアメリカへのスパイ活動をするよう持ちかけるだけでなく、スパイ捜しを手伝わせるべく私立探偵も雇っている。しかし、カランザが接触したスパイ候補は全てアメリカ当局に追跡され、またカランザから彼らに宛てた手紙も押収された。それによって、彼がカナダの中立に違反していることが明らかになった。カランザは結局なんの情報も得られないままスペインに帰国している。

【参照項目】便宜的住所

カリー、ロークリン (Currie, Lauchlin 1902-1993)

フランクリン・D・ルーズベルト大統領の側近でありながら、ソビエトのためにスパイ行為をした人物。

カリーがソビエトのエージェントであると最初に名指ししたのは、アメリカ共産党（CPUSA）を脱退して下院非米活動委員会で諜報行為に関する証言を行なったエリザベス・ベントレーである。ベントレーは連邦大陪審に対し、アメリカの暗号解読者が「ロシア人の秘密暗号」の解読に成功しつつあることを、ルーズベルト大統領のある側近が知っていたと暴露した。このニュースは暗号解読者たちを驚かせ、ソビエトの諜報メッセージを解読するヴェノナ計画に着手させた。

カリーにはホワイトハウスの信号情報に対するセキュリティー・クリアランスが与えられていたので、ロシアの暗号活動についての噂も聞いていたものと思われる。

第2次世界大戦中、大統領特別補佐官だったカリーは中国への秘密旅行を2度行なっている。当時の中国では内戦の嵐が吹き荒れていたが、国民党の蒋介石と共産党の毛沢東が争っていることもあり、ソビエトにとっても国共内戦は関心の的だったのである。

ヴェノナ文書において彼のコードネームは「ページ」だった。

【参照項目】CPUSA、密使、エリザベス・ベントレー

カリビアン・マリーン・アエロ・コーポレーション
(Caribbean Marine Aero Corporation)

CIAのフロント企業。1964年に発生した共産勢力によるコンゴ争乱を鎮圧するため、キューバ人亡命者をパイロットとして雇い入れ、B-26インベーダー攻撃／軽爆撃機の操縦にあたらせた。

【参照項目】フロント企業

カルーギン、オレグ・ダニロヴィチ
(Kalugin, Oleg Danilovich 1934-)

長年にわたってアメリカにおけるKGBの活動を率い、その後KGBの批判に転じた人物。

レニングラード国立大学を経てスパイ養成機関で訓練を受けた後、1958年に交換留学生としてアメリカを訪れ、ニューヨークのコロンビア大学でジャーナリズム論を学ぶ。コロンビアで1年間を過ごした後は、ラジオモスクワの記者として国際連合を担当している。そしてニューヨークを拠点としてから5年後の1965年、外務省の広報担当官をカバーに活動すべくモスクワへ戻った。

次いでカルーギンはワシントンDCへ派遣され、ソビエト大使館の副広報担当官として勤務する。しかし実際には、政治情報を担当するKGBのレジデントだった。冷戦期におけるこの主要ポストをカルーギンは12年間にわたって勤め上げた。また一時的ではあるが、飛び込みでスパイとなったアメリカ人、ジョン・ウォーカーのハンドラーにもなっている。

アメリカでの成功はKGB史上最年少となる少将への昇進をもたらした（1974年）。その後はKGB本部に戻り、第1総局の対外防諜部門（Kブランチ）の長に就任している。

カルーギンの輝けるキャリアは1980年に終止符が打たれた。KGB指導部との意見の相違により、カルーギンはKGB本部から「亡命」してレニングラードKGBの副議長に降格する。KGBの政策、手法、そしてCIAの「悪魔化」に対する批判は、1987年にヴィクトル・チェブリコフ議長が彼を馘首する原因となった。

ミハイル・ゴルバチョフの下でソビエト連邦が激震に見舞われると、カルーギンはKGB批判をさらに繰り広げ、ソビエト保安機関を「スターリン主義者」とこき下ろした。そして1990年、ゴルバチョフの命令によって彼は階級と勲章、そして年金を剥奪された。それでもなお、KGBの支援を受けた妨害にもかかわらず、1990年9月の選挙で議員となり、クラスノダル地域の人民委員に就任した。

カルーギンはロシア共和国のボリス・エリツィン大統領を熱烈に支持した。1991年8月のゴルバチョフに対するクーデター未遂では、反クーデター派の拠点である議

事堂（ホワイトハウス）に向けて群衆を率い、エリツィンに演説を行なうよう促した。その結果、新任のKGB議長、ワジム・バカーチンの補佐官となっている（しかし同年11月にバカーチンはKGB議長の座を追われている）。カルーギンの率直さが失われることはなく、KGBは将来的に「政治機能を持たず、毒物や秘密兵器を生産する秘密研究所を有することもない」とマスコミの前で述べるほどだった。またロシア及びアメリカで、ロシアの情報活動に対する監視体制を整えるべきだとも発言している。

カルーギンはアメリカで数度の講演を行ない、インテリジェンス・コミュニティーに所属するかつての仇敵を訪れた後、1997年にアメリカの永住権を申請した。だがこの事実が明らかになると、退役したアメリカ人インテリジェンス・オフィサー数名から反対を受けている。

雑誌『Sources』から表彰を受けたカルーギンはヴァージニア州アーリントンでスピーチを行ない、その中で自分の性格を説明しようと試みた。

> 「私は亡命したことも祖国を裏切ったこともない。またアメリカをはじめとする他国の機関と協力したこともない。私は慎ましやかに、かつ誇り高く生きようとする1人のロシア市民である」

2002年、カルーギンは欠席裁判の結果国家反逆罪で有罪となり、禁固15年を言い渡された。その一方、翌年にはアメリカ市民権が与えられている。カルーギンはかつての情報活動を基に『Burning Bridges』（1992）と『The First Directorate』（1994）を著した。またワシントンDCにある国際スパイ博物館の理事会にも名を連ねている。

【参照項目】KGB、スパイ養成機関、国際連合、飛び込み、ジョン・ウォーカー、防諜、CIA、ヴィクトル・チェブリコフ、ワジム・バカーチン、インテリジェンス・コミュニティー、インテリジェンス・オフィサー、国際スパイ博物館

ガルシア、ウィルフレード　(Garcia, Wilfredo)

海軍の機密資料を外国政府の代理人に売り渡そうと試み、1988年に有罪となったアメリカ海軍の下士官。

ガルシアの逮捕は、海軍捜査局（NIS）とFBIによる共同捜査の結果である。1985年後半に始められたこの捜査は、カリフォルニア州ヴァレーホ在住の民間人からNISとFBIになされた通報がきっかけだった。後にガルシアと判明したある水兵が、秘密資料を80万ドルで売ったというのがその内容である。資料を買い取ったビジネスマンはそれを外国政府に転売した後、ガルシアに対してさらに金を払うと約束した。また資料は売買の結果フィリピンに送られた。NISのマニラ支局が捜索令状

をとってある家屋に踏み込み、当該資料を発見している。

海軍に15年間勤務していたガルシアはスパイ行為ほか数件の容疑で有罪となり、禁固12年の刑を言い渡された。

【参照項目】海軍捜査局、FBI

ガルシア、フアン・プホール　(Garcia, Juan Pujol)

「ガルボ」を参照のこと。

カルダーノ、ジェロラモ　(Cardano, Gerolamo　1501-1576)

16世紀にミラノで活躍した物理学者、数学者。様々な分野の書籍を執筆すると共に、カルダーノ格子として知られる画期的な暗号法の発明者でもある。基本的な形式では「ありふれた手紙」の上に布または紙片を置く。そこには穴もしくは小さな窓が開けられていて、それぞれに番号が付されている。これを手紙の上に重ね、穴または窓から見える文字を指示された順番通りに読むと、秘密のメッセージが現われるという仕組みになっている。これは記録に残る最初の転置式暗号である。

カルダーノは別のコード式暗号も編み出したが、実用的なものはほとんどなかった。むしろ特筆すべきは、受け手に気づかれないよう手紙の中身を読む方法を発明したことである。まず細い棒を封筒に差し込み、手紙を注意深く巻きつけてからそれを引き抜く。読み終えた後は逆の順序で封筒に戻すのである。

カルダーノはこの時代の卓越した数学者と見なされており、教鞭を執る傍らでいくつかの書籍を出版した。その一つ『Liber de ludo aleae（賽の投げ方について）』は確率計算を体系的に論じた最初の書とされている。

ボローニャ大学の教授だった1570年、カルダーノは異端信仰の罪で逮捕された。獄中で数ヵ月を過ごした後、自説を破棄することで罪を赦されたが、教授の職と本を出版する権利を失なっている。

【参照項目】暗号、コード

カルテンブルンナー、エルンスト

(Kaltenbrunner, Ernst　1903-1946)

SS（親衛隊）高官であり、1942年6月のラインハルト・ハイドリヒ暗殺後はRSHA（国家保安本部）長官を務めた熱烈なナチ党員。元々弁護士だったカルテンブルンナーは故郷オーストリアで初期ナチス党の職員を務めた後、オーストリアSSの司令官となり、1938年のドイツによる併合後はSS中将へ昇進してオーストリア保安担当国務長官に就任した。

ハイドリヒの後を継いだカルテンブルンナーはユダヤ人狩りに力を入れ、側近のアドルフ・アイヒマンを通じてホロコーストの主導的役割を演じた。また管理下の収容所における処刑方法、とりわけガス室に個人的興味を

抱いていた。

1944年後半、ドイツが戦争に負けたことを悟ったカルテンブルンナーは、アメリカ戦略諜報局（OSS）ベルリン支局長のアレン・ダレスと和平交渉を持つべく試みたが失敗に終わる。結局1945年5月のドイツ敗戦後にアメリカ兵によって捕らえられ、ニュルンベルク裁判で裁かれることになった。法廷で証拠として提出されたユダヤ人及び捕虜の大量虐殺を命じる数多くの文書には、彼の署名が記されていた。裁判の結果死刑が言い渡され、絞首刑が執行された。

【参照項目】SS、ラインハルト・ハイドリヒ、戦略諜報局、アレン・ダレス

カルパー・スパイ網 （Culper Ring）

アメリカ独立戦争中、ジョージ・ワシントン将軍に情報をもたらしたスパイ組織。

1778年6月、新任の駐米イギリス軍司令官、サー・ヘンリー・クリントン将軍がニューヨーク市を占領した際、ワシントン配下の軍勢はニューヨーク、ニュージャージー、そしてコネチカットの各州に分散していた。クリントン軍の規模と行動計画に関する情報を求めたワシントンは、ベンジャミン・タルマッジ少佐にスパイ網を組織するよう命じた。

ロングアイランド生まれのタルマッジはアブラハム・ウッドハルを雇った。彼はロングアイランド海峡を挟んでコネチカットの対岸にあるロングアイランド州セトケットに住んでいたが、ロングアイランドもニューヨーク市同様イギリス軍に占領されていた。タルマッジに雇われたウッドハルはサミュエル・カルパーという偽名を名乗り、ニューヨークのビジネスマン、ロバート・タウンゼントを勧誘する。クエーカー教徒だったタウンゼントはアメリカ独立を声高に叫んだことがなく、そのためトーリー党員になりすますのが簡単であり、後にトーリー民兵に加わっている。こうしてウッドハルは「カルパー・シニア」に、タウンゼントは「カルパー・ジュニア」になった。

タルマッジはコード式暗号を作成し、コードブックのコピーを4冊手書きで作った。うち1冊は自分で持ち、残りをウッドハル、タウンゼント、そしてワシントンに渡した。タウンゼントのコードは723、ウッドハルは722、ワシントンは711である。タウンゼントと恋仲に落ちた女性エージェントがいて、彼女には355が割り当てられたと多くの歴史家は信じているが、その数字は単に婦人を表わすコードに過ぎない。タウンゼントはワシントンの指示に従い、報告書を作成する際には内容をコード化してから秘密書記法で記していた。ワシントンはこう命じている。「情報はパンフレットの空白ページ、一般書籍の任意のページ、あるいは記録簿や年鑑など価値の薄い書籍の空白ページに記すべきである」また友人

への手紙の行間に秘密筆記法で情報を記すことも提案している。

スパイたちの素性を知らなかったワシントンはタルマッジに対し、「カルパー・ジュニアはできるだけ士官や避難民と交流し、コーヒーハウスなど大衆の集まる場所を訪れるべきだ。また水陸を問わず、特にこの街の内部と周辺における敵の動きに注意を払わなければならない」と語っている。ワシントンはタウンゼントやウッドハルのような、「敵方と共に暮らし、地理的状況のおかげで疑いを招くことなく観察できる」スパイを好んだ。

タウンゼント配下のエージェント、ジェイムズ・リヴィングトンはあるトーリー系の新聞にゴシップ記事を書いているが、その新聞にはジョン・アンドレ少佐も記事を寄せていた。アンドレはスパイ活動やベネディクト・アーノルド少将と共謀する時間の合間に詩を書いていたのである。またタウンゼントの報告書はオースチン・ローの手でウッドハルに運ばれた。セトケットで宿屋を営むローは、仕入れのため定期的にニューヨーク市へ出入りしており、ウッドハルの農園に設けた隠し場所（デッドドロップ）に報告書を置いていた。

このデッドドロップはカレブ・ブリュースターも活用している。メッセージは船員であるブリュースターの手で海峡を渡ってタルマッジあるいは密使の1人に託され、そこから直接ワシントンに届けられた。それによってワシントンは、クリントン軍の配置に関する日々の情報——ワシントンの戦略にとってなくてはならない情報となる——を得ていた。

1780年、アメリカを支援すべくフランス軍がロードアイランドのニューポートに到着した際、クリントンは軍勢の大部分を船でニューポートへ運び、アメリカ軍と合流する前にフランス軍を攻撃することを決断した。タウンゼントは軍勢が出港すべく準備しているのを目にし、報告書をワシントンに送った。それを読んだワシントンは、自分がマンハッタンに行軍していると見せかけた。この偽情報にクリントンは騙され、進撃を中止すると共に、現われることのないアメリカ軍を待ち続けたのだった。

【参照項目】ジョージ・ワシントン、ベンジャミン・タルマッジ、アブラハム・ウッドハル、ロバート・タウンゼント、秘密書記法、ジョン・アンドレ、ベネディクト・アーノルド、カレブ・ブリュースター、密使、偽情報

ガルボ （Garbo 1912-1988）

第2次世界大戦中、ドイツに雇われてイギリスに対するスパイ活動を行なったスペイン人、フアン・プホル・ガルシアのコードネーム。歴史上最も有能な二重スパイの1人とされる。

ガルボがドイツを裏切って活動したのは、スペインの

独裁者フランシスコ・フランコへの嫌悪が動機であり、連合軍の勝利のみがフランコの失脚を可能にすると信じていた。ガルボはまずイギリス情報機関にスパイ活動を申し出たが断られ、ドイツのアプヴェーアに雇われることとなった。そして1941年7月、秘密筆記の道具、イギリスで活動するドイツのエージェントに尋ねるべき質問のリスト、現金、及び郵便物を送る便宜的住所と共に、表向きはイギリスを訪れるということでマドリッドを離れた。

だが実際に向かったのはリスボンで、イギリス情報機関との接触を試みるが失敗する。次いでイギリスに到着したとドイツ側に告げ、1941年7月からイギリス海軍及び商船に関する報告書をアプヴェーアに送り始めた。またスパイ網をイギリスで組織しつつあるとも伝えている。

1942年1月、いまだリスボンにとどまっていたガルボはようやくイギリスのインテリジェンス・オフィサーに会い、二重スパイとして活動すると申し出た。どちらがガルボをコントロールするかで秘密情報部（MI6）と保安部（MI5）が内輪もめを繰り広げた後、ガルボは4月にイギリスに着き、戦争が終わるまでロンドンにとどまりつつ、ダブルクロス委員会の指揮下で二重スパイとして活動した（妻と幼い息子も同行している）。

ドイツからの信用を高めるべく、ガルボは架空エージェントで構成される机上のスパイ網を作り上げ、エージェント14名と各要所に配置された連絡員11名を擁しているとアプヴェーアに報告した。また代理人、無線オペレーター要員、そして数名のアシスタントがイギリス各地に散らばっているとも伝えた。

想像上のエージェントの1人に、WRENS（イギリス海軍婦人部隊）の一員である「レン（Wren）」がいた。レンはセイロン（現・スリランカ）の東南アジア方面司令部に派遣され、アプヴェーアのために情報を送ってきているとガルボは報告した。ドイツはその偽情報をベルリンの日本人武官に渡し、それは最終的に東京へ送られた。

ドイツ側はガルボの報告に大きな感銘を受けた。ガルボが作成した報告書の大部分は、アプヴェーアの用意した住所へ郵送されていた。また表向きは1942年11月の米英軍による北アフリカ上陸以前に記されたことになっている報告書は、上陸後にドイツ側へ届いた。アプヴェーアは次のように返信している。「君の最後の報告書は実に素晴らしいものだったが、残念ながら着くのが遅すぎた。特に米英のアフリカ上陸に関する部分はそうである」郵便では時間がかかりすぎるということで、ガルボとの無線連絡網が設置された。

ガルボの活動により、本物のドイツ側エージェント数名の正体がイギリス情報機関の知るところとなった（「ダブルクロス・システム」を参照のこと）。さらにド

イツ側はこの欺瞞作戦に金を払っており、スパイ網の運営資金として34万ドルを秘密裡にガルボへ送っている。その上、1944年6月6日の連合軍フランス上陸（Dデイ）に関する情報のために、（欠席ながら）鉄十字勲章を授与した。一方イギリス政府は、同国が管理する無線交信でドイツに送った同じ偽情報の功績として、ガルボを大英帝国国民として遇することになった。

「ガルボ」はイギリス側のコードネームであり、ドイツ側のそれは「ルーフス」である。後に二重スパイとしてのキャリアを描いた自伝『Garbo』（1986）を著した。

【参照項目】コードネーム、アプヴェーア、秘密筆記法、便宜的住所、スパイ網、MI6、MI5、ダブルクロス委員会、架空エージェント、ベルリン、駐在武官、ダブルクロス・システム、Dデイ

カルロウ、サージ・ピーター
(Karlow, Serge Peter　1921-2005)

内通者というレッテルを誤って貼られたCIA職員。CIA入りする前は戦略諜報局（OSS）での勤務を経験している。

アメリカ生まれのカルロウは、幼少の一時期を両親の祖国ドイツで過ごした。奨学金を得てスワスモア大学に在籍中の1942年7月、海軍少尉としてOSSに配属され、OSSの作戦を支える高速のPTボートに乗って地中海で活動した。しかし鹵獲したイタリアの魚雷艇が機雷に触れて爆発した際、片脚を失なってしまう（この任務でカルロウはブロンズ・スター勲章を授与された）。その後ワシントンDCに戻り、1946年にはカーミット・ルーズベルトと共にOSSの歴史を記す任務を与えられた（1976年に『War Report of the OSS』の題で刊行されている）。

1947年に新設されたCIA入省後すぐ、カルロウはアメリカと西ドイツで勤務し、ハイテク装置やスパイ技術に必要とされる物資の調達を担当した。デイヴィッド・ワイズ著『Molehunt』（1992）の中で、カルロウは当時の仕事をこう語っている。「銃、鍵、紙を扱っていた。立入禁止の場所へ人を送るために必要なツールを作っていたんだよ……正しいラベルのついた服、身分証、労働団体の組合員証、雇用契約書、それに配給カードなんかだね」

カルロウは主に技術サービス部で順調にキャリアを積み重ねた。そんな中、CIAとFBIの防諜担当者は、サーシャというコードネームを持つソビエトの内通者がCIA内部に潜んでいると信じ込む。根拠が薄弱なその発見は、KGBから離反した2人——アナトリー・ゴリツィンとユーリ・ノセンコ——がもたらした手掛かりを基にしていた。

1962年、カルロウは国務省の作戦センターにCIA代表として配属される。CIAが保有している政治機密情報

ヘアクセスできないようにするためだった。1962年後半、通常の捜査と思われる状況の中でFBIが彼の元を訪れ、翌年2月11日には捜査対象になっていることを告げる。そして大規模な捜査と尋問が行なわれた後、カルロウはCIAを解雇された。

その後は民間企業モンサントに就職し、自らの汚名をそそぐことに集中した。いまだサーシャの「第一容疑者」とされていたが証拠はなく、当局も正式に起訴できないでいた。運命とは奇妙なもので、カルロウの立件に手を貸したCIAの防諜責任者こそジェイムズ・ジーザス・アングルトンだったが、彼自身も1974年12月にCIAを追われることになった。2人は互いによく知っており、カルロウは元の仇敵から自分の名誉回復につながる情報を聞き出した。

情報公開をさらに強化する追加法案が通過したのを受け、カルロウは名誉回復に向けてより一層力を注ぐ。そして1986年10月、当時の中央情報長官（DCI）ウィリアム・J・ケーシーとOSSの同窓会で面会する。ケーシーは事件の再捜査を約束したが、数ヵ月後にこの世を去った。だが後任のウィリアム・H・ウェブスターは事件を見直し、カルロウの解雇は不公正であると判断した（訳注：結果、CIAは1989年に誤りを認め、カルロウの名誉回復を図った）。

1998年、議会がカルロウへの支払いを認める特別条項を通過させた結果、翌年には50万ドルが支払われた上、CIAに対する22年間の功績を認める勲章と感状が授与されている。

（元CIA職員のポール・ガーブラーとリチャード・コヴィッチにも合計20万ドルが支払われている。両名ともソビエトのスパイではないかと疑われた人物であり、比較的重要性の低い任務に就かされた後、CIAからの退職を余儀なくされた。また1981年にも追加の補償金が支払われている）

【参照項目】CIA、内通者、戦略諜報局、カーミット・ルーズベルト、スパイ技術、防諜、アナトリー・ゴリツィン、ユーリ・ノセンコ、離反者、ジェイムズ・ジーザス・アングルトン、中央情報長官、ウィリアム・J・ケーシー、ウィリアム・H・ウェブスター

カレ、マチルド （Carré, Mathilde　1908-1970?）

第2次世界大戦中に活躍したフランスの三重スパイ。1940年秋、フランス陸軍将校の娘であるカレは、ドイツ占領下のパリで活動するフランス人地下組織に勧誘され、連合軍ロンドン司令部にドイツ軍の行動を報告した。

しかしネットワークの存在が突き止められ、カレは1941年11月17日に逮捕される。ドイツ軍の情報機関アプヴェーアは彼女に対し、地下組織の仲間の身元を明かしてドイツ軍のために働けば、銃殺刑を免除するだけ

でなく月々6万フランを支払うと持ちかけた。カレはそれに同意した。

カレの暴露によって地下組織メンバーのほとんどはすぐに逮捕され、無線発信機4台が押収された。カレはロンドンとの通信に用いられるコードとスケジュールを知っており、無線連絡を続けてこの逮捕劇をできるだけ長く知られないようにした。

こうした策略はさらにエスカレートし、占領下のフランスで活動するSOE工作員、ピエール・ド・ヴォムクールがロンドンに連絡をとり、秘密の会合地点に飛行機を向かわせた際にはその手助けまでした。ドイツ側はさらに、カレをヴォムクールと共にイギリスへ赴かせ、SOEの工作活動に関するより多くの情報を入手させようとした。しかしヴォムクールが彼女に疑いを抱いて問い詰めたところ、カレは涙を流して全てを告白したという。

ヴォムクールはその言葉を信用することにした。飛行機による帰還が失敗に終わったため、カレは1942年2月26日から27日にかけての夜、ブリタニーの岸辺にイギリスの魚雷艇を差し向けるよう手配する。

イギリスに到着したヴォムクールはカレの背信行為を報告した。SOEはカレを「信頼する」ことに決め、三重スパイになった彼女はアプヴェーア士官の氏名だけでなく、ドイツによる防諜活動の詳細といった情報をイギリス側に伝えた。

1942年春、フランスに戻ったヴォムクールはドイツ軍に捕らえられる。カレの三重スパイ行為を強制的に聞き出されるのではないかと恐れたイギリスは、彼女を終戦まで拘束した。戦後、カレはフランス当局に引き渡され、49年に裁判にかけられる。その結果彼女は有罪とされ死刑を宣告された。その後終身刑に減刑されているが、結局54年に出所している。

カレは1959年に著書『J'ai été chatte（私はネコだった）』を出版した。地下組織におけるコードネームは「リリー」、後に「キャット」だった。

【参照項目】三重スパイ、スパイ網、アプヴェーア、SOE、コードネーム

カロズ、ヤーコヴ （Caroz, Ya'akov）

イスラエルの情報機関シャイ、後にモサドに所属したエージェント。

ハンガリー生まれのカロズはシリアでイギリスのために活動した後、パレスチナにおけるユダヤ人地下軍事組織ハガナの諜報部門、シャイに移った。また北アフリカでも活動し、現地のユダヤ人を建国間もないイスラエルへと率いている。

1949年7月、カロズはイスラエルの防諜機関シンベトに入隊する。直後にテルアビブ地区責任者に任命され、多数の外国大使館とそのエージェントの監視を統轄

した。それからエルサレム地区責任者を短期間務め、52年にはアラブ地区責任者という要職に就いた。

1954年には対外情報機関のモサドに移籍し、パリ支局長に任命される。そこではフランスの国内公安組織DSTと密接な関係を築き上げた。この頃、フランスはアルジェリア動乱への対応に苦慮しており、アラブ人の活動に関する情報は貴重だったので、この関係は互恵的だったのである（さらに、フランスとアラブの関係が緊張していた当時、フランスと親密であることはモロッコ在住ユダヤ人のイスラエルへの移住を簡単にした。またフランスとイスラエルの軍事的協力関係は、1956年のスエズ作戦におけるイスラエル軍の勝利に必要不可欠なものだった）。

1954年、カロズはモサドの対外関係部署の初代部長に就任する。この地位に就いた彼は、イスラエルとのあからさまな関係を望まない諸国との連繋を打ち立てた。

1966年に政府内部の抗争を受けてモサドを退職した際は副長官の地位にあった。

退任後はエディオット・アーロノット紙の編集委員を務めると共に、『The Arab Secret Services』（1978）を執筆している。

【参照項目】シャイ、モサド、シンベト、DST

ガン、キャサリン （Gun, Katharine 1974-）

イギリス政府通信本部（GCHQ）の職員。国連加盟国を対象とした盗聴作戦への協力を求めるべく、NSA（アメリカ国家安全保障局）が2003年1月にGCHQへ送った最高機密書簡の漏洩源であり、政府の秘密情報を暴露したとして公的秘密保護法違反に問われた。盗聴のターゲットにされたのは、米英のイラク侵攻計画に関する決議案を議論していた国連の外交官だった。

イギリスのオブザーバー紙が明らかにした通り、NSAの書簡には次の内容が記されていた。「（NSAは）国連安保理のメンバー（当然アメリカとイギリスは除く）が現在進行中の議論にどう反応するかを知るべく特に力を注いでいる。さらにはイラクに関連する決議案の議決予定や、各国が考慮するであろう政治上・交渉上の立場など、アメリカの目標を達成する、あるいは奇襲攻撃を成功させるにあたり、アメリカの政策決定者にとって武器となり得る情報全般を欲している」。ここに記されている「力を注ぐ」内容には国連外交官のオフィスや自宅電話の盗聴が含まれている。NSAはこの書簡の真偽を肯定も否定もしていない。

当時29歳のガンは中国語の通訳兼分析官だった。またGCHQはUKUSA協定の下でNSAと協力関係にある。政府は公式声明を出すことなく、ガンに対する嫌疑を後に取り下げた。

【参照項目】政府通信本部、NSA、国際連合、最高機密、公的機密保護法、UKUSA協定

監視 （Surveillance）

ある特定のエリア——宇宙、空中、水上、海中を含む——や個人を、様々な情報収集手段によってシステマチックに観察すること。

各国の情報機関が有する監視技術に差はほとんどないものの、イギリスの監視員とソビエトのエージェントは1940年代の一時期全く同じ指示を受け取っていた。イギリス保安部（MI5）に所属していたアンソニー・ブラントは、外国のエージェントやスパイ容疑者に目を光らせる監視員の責任者を務めたことがあった。ブラントは彼らに毎週任務を与え、それぞれの詳細を知るのみならず、監視テクニックを分析して変更を指示することもあった。一方ブラントはMI5に潜むソビエトの内通者でもあり、監視内容を残らずソビエトに渡していた。その結果、ソビエトのエージェントは監視員の目を逃れることができたのである。これがいつまで続いたかは定かでない。

【参照項目】監視員、エージェント、MI5、アンソニー・ブラント

監視員 （Watchers）

ソビエト（ロシア）の外交官や大使館職員を、ロンドン周辺及びイギリス各地で尾行・監視する人間を指すイギリス保安部（MI5）の用語。

【参照項目】MI5

艦隊情報センター （Fleet Intelligence Center〔FIC〕）

アメリカ海軍の情報司令部。陸上を拠点とし、作戦行動中の艦隊に包括的な情報支援を行なっている。こうしたセンターで最初のものは、太平洋艦隊司令長官兼太平洋方面最高司令官のチェスター・W・ニミッツ大将を支援するため1942年7月に設けられた太平洋方面情報センター（ICPOA）である。太平洋戦争中、ニミッツは太平洋方面最高司令官として、東経160度よりも西に展開する陸海空軍を指揮していた。

ICPOAは海軍の一司令部だったが、他の軍からの連絡将校が配属されていた。設立時の要員は士官11名と下士官兵29名であり、初代司令官のジョセフ・ロシュフォート中佐は真珠湾で海軍による暗号活動の指揮を取り続けた（「ハイポ」を参照のこと）。1942年9月、ロシュフォートはICPOA司令官を解任され、ロスコー・ヒレンケッター大佐が後任に就いている。

規模が拡大するにつれて真珠湾の海軍工廠にある本部では手狭になり、ニミッツ提督の巨大な司令部に程近い、マカラパ・クレーターの縁にある新たな建物へ移転した。また1943年9月7日にはニミッツ指揮下の戦力拡張に伴い、大規模な作戦に対処すべく組織の改編が行なわれた。その結果、ICPOAは太平洋方面統合情報セン

カ行

ター（JICPOA）と改名され、ICPOA との連絡将校を努める経験豊富な地図制作者、ジョセフ・J・トゥイッティー陸軍准将の指揮下に置かれた。

JICPOA はその後も拡大を続け、1945 年 1 月の時点で各軍の士官 500 名と下士官兵 800 名を擁するまでになっている。この月、ニミッツが前線指揮所をグアムに設置したのを受け、JICPOA もそこに支局を置いた。8 ヵ月後の終戦時、JICPOA はハワイに 1,800 名の要員を抱えると共に、数々の島や艦隊旗艦に数百名の人員を配置していた。

JICPOA は写真分析、地図製作、情報分析や報告書の準備、無線情報、マジック及びウルトラ資料の取り扱い、捕虜尋問など、情報活動の全ての段階に関与していた。ここから毎月平均 200 万枚の情報文書と 15 万枚の写真が生み出され、太平洋で活動する各軍によって活用された。

第 2 次世界大戦後、海軍の各艦隊には少数の情報参謀しか配置されていなかったが、必要が生じた際にはワシントン DC の海軍情報局が支援や追加の人員派遣を行なうことになった。

戦後初の艦隊情報センターは、モロッコのポール・リョーテ（現・ケニトラ）にある海軍航空駐屯地に設けられた。東大西洋・地中海方面艦隊情報センターと命名されたこの司令部は、ロンドンの方面司令部と海上のアメリカ艦艇に対する支援を行なった。その活動例として、1958 年の海兵隊によるレバノン上陸といった前進作戦に情報専門家を派遣したことが挙げられる。その後 60 年にはヨーロッパ方面艦隊情報センター（FICEUR）と改名された。

1964 年にモロッコがアメリカの基地使用権を打ち切ると、FICEUR はフロリダ州ジャクソンヴィルに移転した。その後 1970 年の時点で海軍及び海兵隊士官 52 名と下士官兵 115 名、そして民間人 9 名が所属していた。

1955 年後半、ヴァージニア州ノーフォークに所在する大西洋艦隊の情報局も艦隊情報センターとしての活動を始めたものの、大西洋方面情報センター（LANTINTCEN）となったのは 61 年であり、また 68 年に至るまで大西洋方面艦隊情報センター（FICLANT）の名は与えられなかった。だが名称にかかわらず、センターの任務は急速に拡大し、大西洋、カリブ海、そしてインド洋が担当範囲に含まれ、1961 年のピッグス湾侵攻（「キューバ」を参照のこと）と 1962 年のキューバミサイル危機の際には海上部隊に対し重要な情報支援を行なっている。FICLANT は 1970 年の時点で海軍及び海兵隊士官 53 名、下士官 128 名、そして民間人 27 名を擁していた。

東海岸を拠点とする FICEUR と FICLANT は 1974 年に統合され、ヨーロッパ・大西洋方面艦隊情報センター（FICEURLANT）が誕生している。

太平洋艦隊情報センター（FICPAC）は 1955 年に真珠湾の中央にあるフォード・アイランドに設置された。1960 年代初頭の東南アジア危機を受け、FICPAC はこの地域に関する詳細な写真情報報告書を作成すると共に、航空機が撃墜された際の『回避・脱出』マニュアルをパイロット向けに作成している。また 1964 年 8 月には、北ベトナム空爆に携わる空母により迅速な写真分析支援を行なうため、フィリピンのチュビ・ポイントに FICPAC の前線施設が設置された。

ベトナムで戦う海軍及び海兵隊部隊、そして海上で活動する艦隊にとって、FICPAC は主要な情報源だった。なお 1970 年──ベトナムに送った兵力が最高潮に達した年──の時点で海軍及び海兵隊士官 75 名、下士官兵 214 名、そして民間人 24 名が FICPAC に所属していた（最大の艦隊情報センターは FICEURLANT であり、1991 年の時点で 500 名の現役士官に加え、一時的に現役復帰した予備役士官も配属されていた）。

1980 年代に入ると、一方面の軍事作戦を指揮する統合司令官や現地司令官の役割が重要性を増すと共に、権限も拡大された。それに伴って FICEURLANT と FICPAC は 1991 年に解体され、両者の機能は統合司令本部にある統合情報センターに引き継がれた。

【参照項目】ジョセフ・ロシュフォート、ロスコー・ヒレンケッター、写真分析、マジック、ウルトラ、海軍情報局、キューバミサイル危機、統合情報センター

カーン、デイヴィッド （Kahn, David　1930-）

暗号史の第 1 人者となったアメリカ人ジャーナリスト。アメリカの大学を卒業後、1974 年にオックスフォード大学でドイツ現代史の博士号を取得したカーンはニューヨークのニュースデイ紙で記者を務める傍ら、ニューヨーク大学の準教授（その後教授）としてジャーナリズムを教えた。また NSA の客員歴史家としても著名である。

カーンは通信情報の分野で優れた本を数冊執筆した。代表作に『The Codebreakers（邦題・暗号戦争：日本暗号はいかに解読されたか）』（1968）、『Hitler's Spies: German Military Intelligence in World War II』（1978）、『Seizing Enigma: The Race to Break the German U-boat Codes, 1939-1943』（1991）、『The Codebreakers: The Comprehensive History of Secret Communications from Ancient Times to the Internet』（1996）がある。

またエッセイ集『Kahn on Codes』（1983）も刊行されている。

【参照項目】NSA

カンパイルス、ウィリアム・P （Kampiles, William P.　1955-）

ビッグバード衛星に関する最高機密マニュアルをソビエトに売り渡した CIA の元監視員。

インディアナ大学を卒業したカンパイルスは、1977年3月から11月までヴァージニア州ラングレーのCIA本部で勤務した。しかし勤務成績が悪いことを叱責されてインテリジェンス・オフィサーへの道を断たれてしまい、64ページから成るビッグバードのマニュアルをジャケットの下に潜ませてCIAを退職する。翌年2月19日、カンパイルスはアテネに飛び、ソビエト大使館付の駐在武官に3,000ドルでマニュアルを売り渡す。このGRU士官は興味を持っている他のテーマを教えると同時に、今後会う際の指示を与えた。

アメリカへの帰国後、カンパイルスはCIAの元上司に対し、ソビエトから3,000ドルを騙し取ったと自慢したが、本当にマニュアルを渡したことには触れなかった。インテリジェンス・オフィサーとしてCIAに再雇用させることが目的だったのである。元上司はその提案を書面にしたらどうかと言い、カンパイルスはその通りにした。

ソビエトのインテリジェンス・オフィサーはカンパイルスからマニュアルを買い取るまで、ビッグバードが信号情報収集と写真偵察を目的とした衛星であることに気づかなかったようである。国家写真分析センターの分析官は、ソビエトの軍事施設や戦略ミサイル発射基地における偽装方法が変わったことに気づき、何かがおかしいと感じ始めた。

そこにCIAの上司に宛てたカンパイルスの手紙が現われる。その中にはソビエトとの取引が記されていたものの、実際にマニュアルを売り渡したことはここでも省かれていた。当時のグリフィン・B・ベル司法長官によると、その手紙は「2ヵ月もの間、開封されないまま放置されていた」という。ベルは後に、インテリジェンス・コミュニティーは「スパイを1人処分するたびに秘密が漏れ出すと信じるようになり、むしろスパイを自由にさせて秘密を守る——すなわち2つの悪のうち軽いほうを選ぶ——ことが、政策として優れていると考えるようになった。しかし私は、秘密を漏洩させることなくこうした事件を処理できると考えた」と記している。司法省との間で結ばれた非公式な合意により、CIAは諜報容疑の立件に対する拒否権を得ていたのである。

ベルはインテリジェンス・コミュニティーとの戦いで勝利を収め、アメリカ情報局の職員ロナルド・L・ハンフリーと、ハンフリーが政府資料を渡していたベトナムのエージェント、デイヴィッド・トゥロンを起訴に持ち込んだ。カンパイルスのスパイ行為を知ったベルはCIAに対し、彼を裁判にかけたいと告げる。一方CIAは彼の裏切りを秘密にしておきたかったが、ベルはカーター大統領の許可を取り付けた。その結果、カンパイルスは1978年8月17日にシカゴでFBIによって逮捕された。

カンパイルス事件は諜報容疑の立件におけるターニ

ングポイントとなった。裁判の結果カンパイルスは有罪となり、禁固40年が言い渡される（訳注：後に刑期は19年に短縮され、1996年12月16日に釈放された）。当時の中央情報長官、スタンスフィールド・ターナー海軍大将の言葉を借りれば、カンパイルスの窃盗行為はCIAの内部保安手続きが「驚くほどルーズだった」ことを白日の下に晒したのである。ターナーは著書『Secrecy and Democracy』（1985）の中でこう記した。「（マニュアルの）1冊が行方不明になっていると知って初めて、他の13冊もなくなっていることに気づいたのである」

【参照項目】ビッグバード、衛星、最高機密、CIA、ラングレー、インテリジェンス・オフィサー、駐在武官、信号情報、国家写真分析センター、インテリジェンス・コミュニティー、ロナルド・L・ハンフリー、中央情報長官、スタンスフィールド・ターナー

カンパニー　(Company, The)

CIAを指す組織内部の用語。外部の人間が使うことをCIA職員は嫌っている。

カーン、ブルース・L　(Kearn, Bruce L.)

アメリカの戦車揚陸艦タスカルーサの乗組員。1984年に無断で艦を離れ、暗号資料を含む機密文書を持ち出した。重労働4年と不名誉除隊を言い渡された後で司法取引を行ない、重労働1年6ヵ月に減刑されている。

【参照項目】暗号資料

カンボジア　(Cambodia)

「ベトナム」を参照のこと。

ガンマ　(Gamma)

ベトナム戦争中の1960年代、北ベトナムへの訪問歴がある自国民に対して行なわれたアメリカの特殊情報作戦。国防情報局（DIA）とNSAの合同で行なわれたこの作戦では、手紙開封など特定の活動を指すのに4文字から成る接頭辞（Gilt, Goat など）が用いられた。

勧誘員　(Spotter)

「スパイ勧誘員」を参照のこと。

機関　(Organ)

チェーカ、NKVD、KGBなどの国家保安組織を指すソビエト及びロシアの用語。

気球　(Balloons)

U-2偵察機や人工衛星が上空偵察を行なうはるか以前、情報収集者はスパイ活動の手段として気球を用いた。ベンジャミン・フランクリンも、諜報活動における気球の可能性に着目したインテリジェンス・オフィサー

の1人である。ジャックとジョセフのモンゴルフィエ兄弟が1783年に熱気球の飛行を成功させた直後、気球は「工兵を乗せて敵の軍勢や工場を一望させたり、包囲された都市に情報を送ったり、あるいはそこから情報を集めたり、また遠く離れた場所へ信号を送ったりするなど、ある種の目的に対して有効だろう」とフランクリンは記している。

　地上に繋留されたまま浮上する有人の情報収集気球は、18世紀末には実用化されていた。南北戦争中には、水素を充填した気球が北軍の観測兵を乗せて高度300フィート（91メートル）まで上昇し、15マイル（24キロメートル）四方の戦術情報をもたらしている。北軍気球司令部の創始者であるタデウス・S・C・ローは、フェア・オークスとゲインズ・ミルで行なわれたヴァージニアの戦いにおいて、様々な兆候や警告を適時適切に与えたことで知られる。また観測気球は平底船から浮上させることもあった。

　ローは馬車牽引式の水素発生器を開発し、3時間未満で気球を膨らませることに成功した。さらには気球に電信線を取り付け、観測内容を即座に伝達できるようにもしている。50名の裁縫師によって縫い上げられた7基の気球が、当初の北軍観測大隊を構成した。

　一方の南軍は3基の気球を保有していた。1基は熱気球だがこれは墜落している。残る2基はガス充填式で「絹のドレス」と呼ばれた。南部美人のガウンを縫い合わせて作られたことが由来だという。だがいずれも戦場で有効に用いられることはなかった。

　フランスでは、気球の活用が19世紀に入っても続けられた。1870年から71年にかけての普仏戦争でプロイセン軍がパリを占領した際、気球は手紙や伝書鳩を乗せて飛び、至急便と共に帰還した。

　20世紀初頭、観測気球をさらに上昇させるのは不可能であるように思われた。フランス陸軍は1911年に気球が時代遅れだと公式に宣言し、飛行船に置き換えられるべきとした。しかし気球は第1次世界大戦になって復活、ドイツ軍・連合軍のいずれも戦術情報の収集に活用している。

　フランスの気球は6,000フィート（1,830メートル）の高さまで上昇できる上、時速70マイル（113キロメートル）の強風にも耐えられるなど、高度と性能の両面でドイツの気球に勝っていた。しかし戦争末期を迎えると、航空機には太刀打ちできないことが明らかになり、観測手段としての気球は再び姿を消す。

　冷戦は気球に一瞬の輝きをもたらした。1952年、空軍の援助を受けたビーコン・ヒルという名の研究グループは、高々度を飛行する航空機や気球からの写真撮影など、空中偵察における新たなアプローチを提言した。委員会によって検討されたより突飛な提言の1つが「透明飛行船」である。青みがかった反射防止剤を塗布され

気球に乗り込んだイギリス人観測員2名がドイツ軍勢力地帯のターゲットを偵察すべく準備中の姿。受話器、大型地図盤、そしてパラシュート容器2個が搭載されている。パラシュートは気球がドイツ軍戦闘機に攻撃された場合、迅速な脱出を可能にするためのものだった。（出典：帝国戦争博物館）

たほぼ平面状の巨大飛行船がソビエト国境に沿って高度9万フィート（27,400メートル）という高空を低速で飛行し、大型レンズを用いてターゲットを撮影するというものである。この計画が進められることはなかったものの、ビーコン・ヒルはU-2計画の起源の1つとなった。

　ランド研究所による1951年の研究結果を基礎とし、アメリカは56年1月にカメラを搭載した数百の気球をソビエト上空に放った。これはジェネトリクスというコードネームを持つ秘密計画の一環として行なわれた。西ヨーロッパのアメリカ情報チームが浮上させたこれらの気球は、ソビエト及び東側諸国領土の写真撮影を目的としており、太平洋西部で回収されることになっていた。気球が目的地上空に到達すると地上の操作拠点から無線信号が送られ、撮影済みのフィルムをカメラごとパラシュートで投下させるのである。パラシュートが海上に落下した場合、機材一式は水面に浮いて誘導信号を発し、捜索班を誘導する。気球は一定の高度を保つことができ、既知の気流に乗って飛行することになっていた。またソビエト側の資料によると、カメラは撮影地点の座標を記録でき、4～500枚の撮影が可能だったという。

　この計画はソビエト側の抗議を受けて数ヵ月で中止された上、ほとんどが失敗に終わった。1956年2月末までに空軍は合計516基の気球を発進させたが、機材の回収に成功したのは46基にとどまった——最後の機材が回収されたのは実に1958年である。さらに、それらのうち実用に足る写真をもたらしたのは34基に過ぎなかった。

ソビエトは1956年2月に行なった抗議において、アメリカが空中撮影気球で領空を埋め尽くしていると主張した。また気球を見つけて当局に引き渡すと報酬が支払われた。さらに、250基の気球と撮影機材が、主張の正しさを証明するものとしてモスクワで展示された。その際の説明によると、無線操縦式の気球は「7ないし10日間でソビエト領を横断し、その後（撮影）機材をパラシュートで落下させて友好国に回収させる」としている。ソビエトの報道官は、それぞれの気球には1,500ポンド（680キログラム）の機材が搭載され、定期的に位置信号を発する無線発信器を備えていると述べた。

（まったくの偶然ながら、撮影機材とバラストを保持する気球内部の鉄棒は、ソビエトの防空レーダーが発するレーダー波に共鳴した。これにより、ソビエト国境に沿って配置されたアメリカ及びNATOレーダー基地のオペレーターは、以前に知られていなかった多数のレーダー施設を突き止めることができた）

1958年、アイゼンハワー大統領はWS-461L計画に許可を与えた（コードネームはメルティングポット〔るつぼ〕）。気球搭載用の新型カメラが開発され、探知できないほどの高空から撮影できるようになったことが追い風となっている。11万フィート（約33,500メートル）もの高度を西から東へ飛行するこれらの気球は、強い気流を最大限活用するためベーリング海を航行する海軍の空母から放たれた。しかし計画開始から1ヵ月足らずで再びソビエトの抗議を受け、アイゼンハワーは怒りと共にこの計画を中止させた。回収された機材はなかった。

その後、アメリカ情報機関は繋留式の無人気球——時に軽気球と呼ばれた——を用いて各種のセンサーを空中に上げた。これらは程度こそ様々ながら、ベトナム戦争やカリブ海地域における麻薬密輸組織の捜索などで成功を収めている。1995年、アメリカ国家偵察局（NRO）は新たな偵察気球プログラムを提案した。最新テクノロジーを駆使した機材を高々度気球に搭載し、低コストの静止衛星として用いるというものである。大きさはB-747旅客機とほぼ同じか2倍に及び、レーダー及び光学装置を積んで65,000フィート（19,800メートル）の高空に放つという設計だった。だが本書刊行の時点（2004年）で、この計画は中断に追い込まれたものとされている。

【参照項目】衛星、上空偵察、ベンジャミン・フランクリン、戦術情報、ジェネトリクス、アメリカ国家偵察局

キケロ　(Cicero　1905-1970)

第2次世界大戦中、トルコのイギリス大使をスパイしたエリエザ・バズナを指すドイツのコードネーム。

アルバニア人のバズナはアンカラのイギリス大使館に勤務する1等書記官の運転手を経てサー・ヒュー・ナッチブル＝ヒューゲッセン大使の個人秘書に昇進、1943年10月から44年4月にかけて大使公邸の高度な機密資料を見られる立場にあった。当時、公邸の保安体制は無に等しく、バズナは資料の写真をドイツに売り渡して30万ポンドを受け取った。しかしそのほとんどは額面5ポンドの偽造紙幣だった。

このスパイがドイツにもたらした秘密の中には、ルーズベルト大統領とチャーチル首相が会談したカサブランカ会議に関する情報、連合軍の爆撃作戦に関する詳細、そしてノルマンディ上陸作戦を指すオーバーロードというコードワードが含まれていた。

アンカラのドイツ大使館に勤務する書記官がイギリスへ亡命したことでバズナのスパイ行為が明らかになったものの、逃亡に成功している。

このストーリーは『Operation Cicero』(1950)と映画『Five Fingers』(1952)で再現され、映画ではジェイムズ・メイソンがキケロを演じている。キケロの件で追及を受けたイギリスのアーネスト・ベヴィン外相は庶民院において「大使付の個人秘書が大使館で多数の機密資料を撮影し、フィルムをドイツへ売り渡した」と認めた。また自伝『I Was Cicero（邦題・わが名はキケロ）』が1962年に出版されている。

偽造紙幣を使ったとして懲役刑を受けたバズナは、釈放後ミュンヘンで夜間警備員となった。

技術情報　(Technical Intelligence〔TECHINT〕)

外国の技術装備や技術水準に関する情報。第2次世界大戦中、イギリス軍とドイツ軍は主力攻撃部隊に随伴するか、あるいはその後を追って技術資料を捕獲する専門部隊を組織した（「第30攻撃部隊」を参照のこと）。またアメリカ陸軍はアルソス・ミッションを組織し、敵国の原爆関係資料を入手している。

冷戦期において、技術情報活動にはコンピュータ、電子センサー、人工衛星、あるいは上空偵察を通じた情報収集が含まれるようになった。技術情報はテクノロジーに大きく依存する場合が多く、ユーザーは人的情報を必要としないと想定している。そのため世界中の情報機関では、これら収集方法の価値に関する議論が度々行なわれている。

「科学・技術情報」「アルソス・ミッション」も参照のこと。

ギゼフィウス、ハンス・ベルント

(Gisevius, Hans Bernd　1904-1974)

第2次世界大戦中スイスに駐在し、アメリカ戦略諜報局（OSS）とドイツ陸軍内の反ヒトラー勢力との連絡役を務めたドイツ人外交官。

保守派に属していたギゼフィウスは、ナチスが権力を握った直後の1930年代初頭にゲシュタポ入りしたが、程なくアドルフ・ヒトラーに幻滅を抱いた。その結果、

34年6月30日に起きた「長いナイフの夜」の後、政府を離れて民間企業に入社している。

ギゼフィウスはナチ幹部に関する情報ファイルを作成し、ドイツ軍の情報機関アプヴェーアのヴィルヘルム・カナリス長官に送った。1939年、カナリスは特別計画の責任者としてギゼフィウスを雇い入れ、翌年にチューリッヒのドイツ領事館へ派遣する。OSSのアレン・ダレスとの接触が始まったのはその時だった。

ギゼフィウスはナチ政権に反対するドイツ軍将校や文官との連絡役を務めることに同意する。その一方で、外務省の機密資料をダレスに提供していたフリッツ・コルベに対して援助を行なっている。

ギゼフィウスはドイツへ帰国したが、1944年7月のヒトラー暗殺未遂事件を受けてスイスに脱出する。戦後は再びドイツへ戻りニュルンベルク戦犯法廷に出廷、プロイセン州内務大臣を務めていたかつての上司、ヘルマン・ゲーリングの裁判で検察側の重要証人となった。

その後OSSの支援を受けアメリカで企業を設立するが、失敗に終わったのでドイツで隠退生活に入った。

1946年に出版された自伝『Bis zum Bitteren Ende（ほろ苦い結末に向かって）』はナチ政権（その高官の多くをギゼフィウスは個人的に知っていた）と共に、残虐行為を見て見ぬ振りをしたとしてドイツ人をも強く非難している。

【参照項目】戦略諜報局、アプヴェーア、ヴィルヘルム・カナリス、アレン・ダレス、フリッツ・コルベ

偽装身分　(Legend)

偽造書類、あるいは別人の名前で暮らすなどの手段を通じ、エージェントが作り上げる偽の素性。

北大西洋条約機構
(North Atrantic Treaty Organization〔NATO〕)

NATOは冷戦期におけるソビエト情報機関の主要ターゲットであり、現在では世界各国にテロリスト関連の情報アセットを提供している。2004年にはソビエトの衛星国だった7ヵ国——ブルガリア、エストニア、ラトビア、リトアニア、ルーマニア、スロバキア、スロヴェニア——が加盟し、対テロ戦争におけるNATOの存在感を一層高めることになった。なおそれ以前の1999年には、ハンガリー、ポーランド、チェコ共和国もNATOに加盟している（訳注：2009年にはアルバニアとクロアチアも加盟）。

世界貿易センタービルとペンタゴンを標的にした2001年9月11日の同時多発テロ以降、NATOは加盟国への攻撃を同盟全体への攻撃と見なすという、1949年に制定した設立条約書第5条を発動、対テロ戦争に加わった。新規加盟国による軍事力の強化はわずかなものだが、それらはテロリストの脅威を突き止めるにあたって新たな情報資源をもたらしている。

NATOが設立されたのは冷戦初頭、1948年のソビエトによるベルリン封鎖の直後だった。翌年5月にソビエトが封鎖を解除した時点で、第2次世界大戦当時の連合国9ヵ国——ベルギー、イギリス、カナダ、デンマーク、フランス、ルクセンブルク、オランダ、ノルウェー、アメリカ合衆国——が、元枢軸国のイタリア及び中立国のポルトガルとアイスランドを加えてNATOを構成していた。NATO加盟国は3つの主要な軍事司令部（うち2つはアメリカ人将校の、1つはイギリス人将校の指揮下に置かれた）を置き、どの1ヵ国に対する攻撃も全加盟国に対する攻撃と見なすことを誓った。また1952年にはトルコとギリシャがNATOに加盟している。

再軍備した西ドイツがNATOに加盟した1955年、ソビエト連邦はただちにワルシャワ条約機構を設立した——加盟国はソビエト連邦、アルバニア、ブルガリア、チェコスロバキア、東ドイツ、ハンガリー、ポーランド、ルーマニアである。これら東側諸国の情報機関は、ソビエトによる容赦ない諜報活動に貢献した。結果、ソビエトは諜報活動上の一大目標——NATOへの浸透——を数度にわたって成功させている。

西側の情報関係者は、こうした浸透行為がごく初期から発生していたと信じている。イギリス人スパイのドナルド・マクリーンは1940年代後半に外務省内での地位を活用し、NATO設立に関する米英両国の態度についてソビエトのハンドラーに詳しく報告した。マクリーンの活動を調査したアメリカの公式報告書には次のように記されている。「アメリカ、イギリス、カナダの原子力計画、米英の戦後計画及びヨーロッパ政策に関し、（マクリーンの）亡命以前の情報が全てソビエトの手に渡ったことに疑いの余地はない……」（マクリーンは1951年に亡命した）

マクリーンと同じくケンブリッジ・スパイ網のメンバーだったジョン・ケアンクロスも、NATOに関する秘密を早くから暴露していた。ケンブリッジ・スパイ網を指揮していたNKVD職員のユーリ・モジンは、1948年秋に西ドイツへの核兵器配備に関する情報を求めた際、ジョン・ケアンクロスがイギリス国防省でNATO計画の策定に携わっていたと記している。以下に『My Five Cambridge Friends』(1994)からの文章を引用する。「トルコ、ノルウェー、アイスランド、イタリアにおけるアメリカ軍基地の設置費用、イギリスによる装備提供の価値、雇用される民間人の数、食糧の提供業者、そして基地を維持する人間とその費用について、我々は当初から知っていた。また配備された兵器の性質と価格、またどの国が提供したかについても情報を得ていた」

東ドイツの秘密警察シュタージ（「MfS」を参照のこと）はNATOへの浸透にとりわけ秀でていた。シュタ

ージのハンサムなエージェント——西側情報機関からは「ロミオ」と呼ばれていた——は西ドイツの各省庁とNATO事務局をターゲットとし、秘書を誘惑して秘密情報を得ようとした。このようにして誘惑されたスパイの中には、ブリュッセルのNATO本部で勤務していたドイツ人女性も含まれている。冷戦期の大半においてシュタージ長官を務めたマルクス・ヴォルフは、NATOの中枢にエージェントを置いたことを自慢した。中には摘発されないまま退職した者もいると思われる。

NATOの経済担当官であるヒュー・ジョージ・ハンブルトンは、長年にわたってソビエトのためにスパイ行為を続けた。ハンブルトンのスパイ行為を明らかにしたのは、1961年12月に亡命したKGB職員アナトリー・ゴリツィンだとされている。ゴリツィンは西側の尋問官に対し、ソビエトがNATOで勤務するエージェントから継続的に情報を得ていたと語った。

連合国ヨーロッパ最高司令部の兵站部長だったヘルマン・ルートケ海軍少将は、NATOにおける最高位のソビエトスパイだと疑われた。自らへの疑惑を悟ったルートケは1968年に自殺した。後に将校2名と民間人職員1名も自ら命を絶ったが、彼らとルートケとの関係は当時公にされなかった。

ソビエトにとって最も価値あるスパイとして、ライナー・ルップの名が挙げられよう。ルップは妻と協力して推計1万枚のNATO文書を東ドイツに渡し、それらは東ドイツからソビエトにもたらされた。夫妻のスパイ行為は「戦争においてNATOの敗北を招きかねないものだった」とドイツのある検察官は語っている。

同じくソビエトのスパイとして価値のあったのが、スパイ網を組織して核ミサイルや兵力に関する秘密情報を売り渡した、アメリカ陸軍のクライド・リー・コンラッド軍曹である。1970年代後半、それまで10年間にわたってヨーロッパに駐在していたコンラッドは、西ドイツのバート・クロイツナハ近郊に位置する陸軍基地で機密文書の管理にあたっていた。スパイ網にはハンガリー情報機関の人間が少なくとも2名所属しており、伝えられるところによると、うち1名は偽造文書を渡すことでCIAからも報酬を受け取っていたという。

コンラッドはロデリック・ジェイムズ・ラムゼイ軍曹とジェフリー・S・ロンドー2等軍曹をスパイ活動に引き入れた。2人は1980年代に入ってもスパイ行為を続け、NATOの防衛計画をチェコスロバキア及びハンガリーのインテリジェンス・オフィサーにもたらした（現在、チェコスロバキアとハンガリーのインテリジェンス・オフィサーは加盟国の情報機関員としてNATOの支援にあたっている）。文書管理官のラムゼイは戦術核兵器と軍事通信の活用に関する情報を売り渡したとされている。ソビエトの訓練を受けた東側諸国の情報機関と同じく、ハンガリーの情報機関もその成果をソビエトと共有した。

アメリカ陸軍の下士官で、1960年代初頭に暗号文書管理官としてパリに駐在していたジョセフ・G・ヘルミッチ・ジュニアは、飛び込みスパイになることで負債を片づけようとした。つまりパリのソビエト大使館に赴き、アメリカ及びNATOの通信関連秘密情報を売り渡すと申し出たのである。

サファイアというコードネームを与えられたソビエトのスパイ網はパリを本拠にしていたが、その触手はNATOへも伸びていた。その1人、NATOの広報官を務めるジョルジュ・ピケは、ソビエトのハンドラーに資料を渡す姿がフランスの監視員によって目撃された。ピケは裁判において、国際的緊張を緩和するために外交及び軍事情報をソビエトに渡していたと主張している。またソビエトの指導者ニキータ・フルシチョフから送られた手紙には、1961年のベルリン危機ではピケのもたらしたNATO文書を活用しつつ対処にあたったと書かれていたそうである。

【参照項目】ターゲット、テロリスト情報、ベルリン、浸透、ドナルド・マクリーン、ハンドラー、ケンブリッジ・スパイ網、ジョン・ケアンクロス、NKVD、ユーリ・モジン、エージェント、マルクス・ヴォルフ、ヒュー・ジョージ・ハンブルトン、KGB、アナトリー・ゴリツィン、ライナー・ルップ、クライド・リー・コンラッド、CIA、ロデリック・ジェイムズ・ラムゼイ、ジェフリー・S・ロンドー、インテリジェンス・オフィサー、ジョセフ・G・ヘルミッチ・ジュニア、サファイア、コードネーム、ハンドラー、監視

切手 (Postage Stamps)

歴史的に見て、国家権力は——成果を挙げたか否かにかかわらず——スパイの顕彰に消極的だった。にもかかわらず、数名のスパイは切手に描かれるという栄誉を得ている。最初に切手になったと考えられているのは、能力こそ低いものの勇敢であり、アメリカ独立戦争での活躍によって尊敬されているスパイ、ネイサン・ヘイルである。アメリカ郵政省は有名なアメリカ人を取り上げた記念切手シリーズの一環として、ヘイルを顕彰する1/2セント切手を1925年に発行した。このシリーズには他にも、卓抜したスパイマスターだったジョージ・ワシントン、リンカーン、ベンジャミン・フランクリン、セオドア・ルーズベルト、そしてU・S・グラントといった歴史的人物が登場している。

次に「スパイ切手」が発行されたのは実に40年後、国内情報の収集に携わった偉大なイギリス人作家、ダニエル・デフォーを顕彰する切手がルーマニアで発行された1960年のことである。

ソビエト連邦——功績が常に大きく讃えられる——もスパイ切手6点を発行した。第1弾は1965年に発行さ

切手に描かれたスパイたち。上段左からＳ・Ａ・ヴァウプシャソフ、Ｒ・Ｉ・アベル、キム・フィルビー、Ｉ・Ｄ・クドリャ。下段左からＫ・Ｔ・モロディ、ネイサン・ヘイル、リヒャルト・ゾルゲ。スパイとして処刑されたカナダ人エディス・キャヴェルとスウェーデン人ラウル・ワレンバーグの両名も切手の形で顕彰されている。

れたリヒャルト・ゾルゲの４コペイカ切手で、逮捕・処刑されるまで８年間にわたって日本に対するスパイ活動を行ない、大きな成果を挙げたこの人物を顕彰している。1990 年には美しいできばえの５コペイカ切手５枚組が発行され、以下のスパイ及びスパイマスターを顕彰した。

ソ連邦英雄Ｓ・Ａ・ヴァウプシャソフ大佐（1899 〜 1976）：1920 年から 24 年までベラルーシの地下組織に所属して白軍及びポーランド軍と戦い、37 年から 39 年までスペインで活動した。その後 53 年まで諜報の世界に身を置いている。

ルドルフ・アベル大佐（1903 〜 1971）：1948 年から 57 年までアメリカで原爆スパイ網を率いた。

ハロルド（キム）・フィルビー（1912 〜 1988）：ケンブリッジ・スパイ網の一員であり、米英の機密情報をロンドン及びワシントンのソビエト情報機関にもたらした（スパイ網の他のメンバーはこの名誉にあずかっていない）。

ソ連邦英雄イワン・ダニロヴィチ・クドリャ（1912 〜 1942）：1941 年から 42 年にかけ、ウクライナ駐留のドイツ軍に対する数々の破壊工作活動に参加した。その後ドイツ軍に捕らえられて処刑されている。

コノン・モロディ大佐（1922 〜 1970）：第２次世界大戦で戦い、後に KGB 入りした人物。西側ではゴードン・ロンズデールの名で知られている。

東ドイツ政府は 1964 年に６枚組の切手を発行し、第２次世界大戦でナチスと戦ったドイツ人を顕彰した。その中にはレッド・オーケストラのメンバーも含まれている（反ナチ活動のために殉職したミルドレート・フィッシュ・ハナックと夫のアルフィートは 40 ペニヒ切手に描かれた。６枚の切手はいずれも、ナチ犠牲者の国立追悼施設を建設するための寄付分が額面に上乗せされていた）。

マイクロドット化した秘密メッセージを切手に隠すというように、切手それ自体もスパイ活動に用いられてきた。原爆スパイ網のメンバーだったジュリアス・ローゼンバーグと妻エセルは、連絡手段としてこの方法を用いたとされている。

第１次世界大戦中、インヴァゴードン（スコットランド）のイギリス海軍基地で活動するドイツ人スパイが、切手自体をコードとして使ったという話が伝わっている。一例を挙げると、ペルーの切手３枚が貼られていれば、軽巡洋艦３隻が基地に停泊しているという意味だった。しかしこうした説は、外国人エージェントが

実際に用いた手段というよりも、スパイ作家の空想といったほうが適切だと思われる。

キューバでは1943年以来、スパイに気をつけよと警告するのに切手が使われている。5枚組で発行された5センタボ切手の中には、マスクを剥ぎ取られた男性の顔と共に、「第5列の仮面を剥がせ」というキャプションが記されたものがある。

切手は──間接的ながら──スパイ以外の人物を顕彰する場合もある。1931年にカナダ政府が発行した1ドル切手には、第1次世界大戦中ドイツ軍によって処刑されたエディス・キャヴェルを記念して名付けられた、アルバータ州のエディス・キャヴェル山が描かれている。彼女は連合軍捕虜の脱走を手助けした容疑で処刑されたが、スパイ活動にも携わっていたと考えられている（訳注：一方で、スパイ活動は全くの濡れ衣だったとする説もある）。

1996年、アメリカ郵便公社はハンガリー系ユダヤ人をホロコーストから救ったスウェーデンの外交官、ラウル・ワレンバーグを顕彰する切手を発行した。ワレンバーグはアメリカ戦略諜報局（OSS）のスパイでもあった。

【参照項目】ネイサン・ヘイル、ジョージ・ワシントン、ベンジャミン・フランクリン、国内情報、ダニエル・デフォー、リヒャルト・ゾルゲ、ルドルフ・アベル、ハロルド（キム）・フィルビー、ケンブリッジ・スパイ網、ゴードン・ロンズデール、レッドオーケストラ、ミルドレッド・フィッシュ・ハーナック、マイクロドット、ジュリアス・ローゼンバーグ、エディス・キャヴェル、ラウル・ワレンバーグ、戦略諜報局

ギデオン　(Gideon)

陸路アメリカ入りするのに先立って偽装身分を確立すべく、1952年にカナダへ入国したソビエトのイリーガルを指すカナダのコードネーム。ギデオンはカナダ人女性と恋に落ちたが、これはソビエトの規則に真っ向から反する行為だった。

カナダから離れることを望まず、スパイ活動にも嫌気が差していたであろうギデオンは、アメリカへの移住は非常に困難であるとソビエトの「センター」に連絡した。モスクワの本部はそれを受け、不法レジデントとしてカナダにとどまり、国内で活動する他のイリーガルの統轄にあたるよう命じた。

しかし仕事量の多さと自身の怠慢のため、ギデオンはこの複雑な任務の中ですぐさま遅滞をきたすようになる。しまいには恋人に本当の仕事を漏らすと共に、当局へ身分を明かそうと決断した。

当時防諜活動を担当していた王立カナダ騎馬警察（RCMP）は、ギデオンを二重スパイへと寝返らせることにした。ギデオンはその後1年間にわたりRCMPの監督下でレジデントとして任務をこなした。RCMPはその活動と無線通信を監視する一方、ソビエトのスパイ技術について聞き取りを行なった。

1955年、KGBは報告のためにギデオンをモスクワへ召喚する。当初は躊躇ったものの結局ソビエト連邦へ帰国、以降の消息は知られていない。RCMPの中には、最初の裏切りの後ソビエト情報機関から説得を受け、ソビエトによる欺瞞作戦の中でRCMPとの接触を続けていたと信じる者もいた。いずれにせよ、RCMPとイギリス情報機関はギデオンから多くの情報を手に入れた。

【参照項目】偽装身分、イリーガル、コードネーム、センター、レジデント、王立カナダ騎馬警察、二重スパイ、スパイ技術、KGB

キーホール　(Keyhole〔KH〕)

偵察機やスパイ衛星が収集した画像情報を指すアメリカの呼称。カメラシステムには頭文字のKHが付与されている。例えばコロナ衛星のカメラにはKH-1からKH-4までの呼称が付与され、アルゴン衛星のカメラはKH-5、ランヤード衛星のカメラはKH-6である。

後の衛星カメラシステムにはKH-7、KH-8、KH-9（ビックバード）、そしてKH-11（ケナン、後にクリスタル）の呼称が付与されている。KH-10も計画されたが、製造が行なわれる前により高性能のKH-11が開発された。またKH-12及びKH-13システムを搭載した衛星について言及した書籍や記事も存在するが、国家偵察局は1980年代後半のKH-11を最後にこの呼称体系を廃止したと伝えられている。

CIAは以下のKHミッションを実行した。

プログラム名	カメラ	運用年	成功数	失敗数	解像度
コロナ	KH-1	1959-60	1	9	12メートル
コロナ	KH-2	1960-61	4	3	7.6メートル
コロナ	KH-3	1961-62	4	4	3.7〜7.6メートル
コロナ	KH-4/A/B	1963-72	86	9	1.8〜7.6メートル
アルゴン	KH-5	1961-64	6	6	140メートル
ランヤード	KH-6	1963	1	1	1.8メートル

1962年にKH-4カメラを搭載したコロナ衛星が打ち上げられた際、以前のコロナミッションで使われたカメラには全て遡ってKH-4の呼称が付され、人工衛星史にいくらかの混乱をもたらすことになった。

「ラクロス」「タレント・キーホール」も参照のこと。

【参照項目】航空機、衛星、画像情報、コロナ、ランヤード、ビックバード、ケナン、国家偵察局、CIA

基本情報　(Basic Intelligence)

国土、社会、経済、政治、文化など、一国の特色についての基礎的かつ事実に基づいた、一般的には不変の情

報。公開情報の吟味と分析から得られたこうした情報資料は、秘密手段によって入手した情報を評価する基礎となる。

欺瞞 (Deception)

事実を操作し、歪め、あるいは偽造することで、敵に誤った認識を抱かせる手法。

「カバー」も参照のこと。

機密 (Secret)

国家安全保障に関する情報のうち、許可を得ずに公表されると国際関係の混乱をもたらしたり、極めて重要なプロジェクト及び政策の効率性を損なったりするなど、国家安全保障に深刻なダメージを与えるものに適用されるアメリカの機密区分。アメリカの機密区分の中では2番目に高い。また他の機密区分として最高機密（Top Secret）と極秘（Confidential）がある。

【参照項目】機密区分、最高機密、極秘

機密区分 (Classification)

政府機関は国家の安全を保つべく、無許可の情報公開を防ぐために機密資料の分類を行なっている。

アメリカでは機密情報を3段階に区分しており、機密度の低い順から極秘（Confidential）、機密（Secret）、最高機密（Top Secret）としている。加えて、特殊または細分化された分類を表わすためにコードワードや用語が用いられ、その情報を閲覧するにはそれぞれ特定の利用許可を得る必要がある。

またエネルギー省（以前の原子力エネルギー委員会）では別の分類がなされていて、部外秘データ（Restricted Data）、Lクリアランス、Qクリアランスの3種がある（かつて軍で用いられていた「部外秘」はこれと異なっており、「極秘」の下位区分だった）。

情報の外部への公開に関しては「公用限り（For Official Use Only）」など別種の「部外秘」が存在している。これらは保安上の分類ではないが、アメリカ政府は情報を公にしないためにしばしばこうした分類を用いている。

国防総省はリチャード・スティルウェル退役陸軍大将による指揮の下、画期的と言ってもよい研究を1985年に行なった。その報告書『Keeping The Nation's Secrets』（1985）には次のように記されている。「機密文書が膨大な数に上るのは明らかである。国防総省が機密区分を通じて現在行なっていることの大部分は、言うまでもなく継続されなければならない。にもかかわらず、あまりに多くの情報が機密指定され、それも本来妥当と思われる以上に高度の区分がなされていると見受けられる」

過度の機密指定の例は枚挙にいとまがない。例えば、ソビエトのポモルニク級ホバークラフト強襲揚陸艇の写真を国防総省は一切公開していない。1987年に刊行が予定されていたキャスパー・ワインバーガー国防長官による報告書のために「保全」しているのが理由である。しかし北大西洋条約機構の同盟国が、興味を持ったアメリカ人ジャーナリストのために写真を公開している。

同様に、ソビエトが高度な航空機開発を行なっているという印象を議会に与えるため、ローレンス・A・スカンツェ空軍中将が公聴会に持参した新型戦闘機の衛星写真についても、ペンタゴンは機密扱いとした。

サム・ナン上院議員はある機密区分会議に出席した時のことについて、報告者の用いた図表が全て機密扱いであった上、「失敗は許されない（We must not fail）」とだけ記された表すらも機密だったと語っている。この4つの単語がなぜ機密なのかを尋ねたが、答えられる者は1人もいなかった。そこでナンはこう言ったという。「君らは物事を機密扱いしようとすると、なんでもかんでも機密にしたがる……全てを保護しようとして、結局何も保護していないんだ」

「公用限り」と「部外秘」も情報を公にしないための違法な手段として用いられる。議会職員のウィリアム・S・リンドが機密扱いされていないFM100-5作戦の運用マニュアルについて痛烈な批判を行なった際、陸軍は次のような機密扱いではない「機密区分」をその文書に貼りつけた。

部外秘

本書には公用限りの技術上・作戦上の情報が記されている。配布はアメリカ政府機関に限定される。情報公開法または対外武器売却プログラムによって本書の政府外への公開が要請された場合、TRADOC（訓練・戦略思想司令部）司令官に報告のこと。ヴァージニア州フォートモンロー 23651-5000

陸軍は自らの思想を広める潜在的同志の議員や議会職員にはこの文書を渡しているが、その他の人間には単に「閲覧不可」としている。

海軍も『月例艦船進捗報告』で同じことをしている。この定期刊行物には現在建艦が行なわれている造船所に加え、過去及び将来の起工、進水、そして就役に関わるデータが列挙されている。1970年代に議会の厳しい非難を浴びた後、海軍海上システム司令部は「公用限り」のスタンプを押してこの文書を「部外秘」としたものの、内容は司令部から1マイル離れたペンタゴンの情報センターに電話すればすぐに知ることができた。ペンタゴンは日付や造船所に関する情報を教えてくれるだろうし、艦船の造船契約、進水、就役ごとに発行されるプレスリリースにも同じ内容が記されている。「公用限り」の指定はすぐさま次のように変更された。

配布方針B

　配布はアメリカ政府機関のみに限る。行政上・作戦上の使用のみ。（日付）この文書に対するその他の要請はCOMNAVSEA（海軍海上システム司令官）に問い合わせること。（SEA907）

　1994年、政府上層部に対する数度の請願を受けて、海軍海上システム司令部はこの文書を再び公開した。

　次に機密区分を濫用した典型例を示す。1968年1月、北朝鮮軍に拿捕された情報収集艦プエブロに搭載されていた暗号機のリストについて、海軍はその公開を拒否した。だがこうしたリストのコピーは、ワシントンDC北西部のネブラスカ・アベニューにある海軍保安群本部だけでなく、平壌とモスクワにも存在していた——おそらくは機械の現物と共に。機密区分をもてあそんでも目的は果たされず、平壌やモスクワといった場所に真の国家機密が漏れないように作られたシステム全体を、かえって無意味にしたのである。

　1987年、史上最高に馬鹿げた軍事機密関係の事件が発生した。アメリカ空軍はセキュリティー・クリアランスを持つ民間人職員に対し、機密情報及び将来機密扱いとされるであろう情報について議論や公開を行なわないという同意書にサインするよう求められた。かくして機密情報の範疇に「機密とされ得る」情報——いつの日か秘密のデータに変化するかもしれないありふれたデータ——という馬鹿げたアイデアが加わることになった。空軍は署名を躊躇した人間に「機密情報を保護する信念」が欠けているという烙印を押した。そして署名を拒否した人間を罰するか、あるいは政府機関から追放するための手続きをとっていたが、訴訟の恐れがあるとして秘密非開示の同意書を撤回した。しかし「未来の機密」というアイデアは命運を保ち、1987年秋までにおよそ170万名に及ぶ軍民の職員が同意書に署名している。

　こうした馬鹿げた事態はその後も発生している。1980年代後半、海軍作戦部長が議会で行なった答弁ですでに言及されていたにもかかわらず、潜水艦部門は原子力潜水艦シーウルフの設計速度（時速35ノット）を再度機密扱いにしようとした（実際にはそれ以上の速度を出すことができた）。90年代に入ると、アメリカとソ連で多数の関係書類が発行されているにもかかわらず、潜水艦の速度を向上させるポリマーについての情報を、同じく潜水艦部門が残らず機密化しようと試みている。

　国防上・国政上のあらゆる情報を秘匿したいという願望は機密区分の有益性を損なうものであり、アメリカの安全保障全体に悪影響を及ぼしかねない。

【参照項目】極秘、機密、最高機密、コードワード、細分化、アクセス、部外秘、Lクリアランス、Qクリアランス、公用限り、北大西洋条約機構、衛星、プエブロ、海軍保安グループ、セキュリティー・クリアランス

機密細分化情報
(Sensitive Compartmented Information〔SCI〕)

　アクセス権限を細分化することで取り扱いに制限を加えるなど、特殊な管理を必要とする情報。保有しているセキュリティー・クリアランスのレベルにかかわらず、知る必要のある人間のみが利用でき、また特別な管理施設を必要とする。初期のSCI情報は通信情報に関わるものだった。

　Sensitive Compartmented Intelligenceでないことに注意。

【参照項目】セキュリティー・クリアランス、通信情報

機密細分化情報施設
(Sensitive Compartmented Information Facility〔SCIF〕)

　最高機密及び機密細分化情報を扱うために設けられた施設——1室あるいは広めのワークスペース——を指すアメリカの用語。壁、床、天井は特殊な素材でできており、隣接する建物に設置された盗聴器によって室内の会話あるいは装置が傍受されるのを防いでいる。また特殊な電話線と電線が引き込まれており、盗聴も不可能である。SCIFには窓がなく、その他の特別な保安措置もとられている。

【参照項目】最高機密、機密細分化情報、盗聴／盗聴器

機密情報 (Sensitive)

　高度な保安措置を必要とする情報あるいは資料のこと。

機密情報処理法
(Classified Information Procedures Act〔CIPA〕)

　諜報活動関係の裁判において、機密情報を証拠として適切に活用するための手続きを定めるべく、1980年に制定された法律。秘密資料を裁判で用いるか否かの判断を判事に委ねることで機密情報を保護しており、判事はこの法律の下、秘密の保護と公平な裁判との間でいかにバランスをとるかを決定している。

　訴追手続きを進めれば法廷で秘密を暴露する、さらには公衆に晒すと被告側が暗に脅すことを、法律関係者はグレーメールと呼んでいるが、CIPAの制定はそれに対する一つの対処である。司法省に事件を取り下げさせるか、またはスパイにとって有利となる司法手続きを強いることで、グレーメールは司法を歪める恐れがある。

　CIPAの制定以降、機密情報は厳重な保安体制の下、被告側弁護人、事務員、及びその他の裁判関係者によって吟味される。このような吟味は非公開の聴聞会で行なわれ、機密資料の内容を漏らさないという宣誓がなされる。

　司法省はサミュエル・L・モリソン事件においてCIPAを発動したが、政府は条項に示された内容からは

るかに逸脱した。秘密資料を確認する検事は判事が出した「保全命令」に同意し、資料に書かれている秘密を決して漏らさないという宣誓書に署名している。また政府は弁護人に対し、指紋採取と全面的なセキュリティー・クリアランスの取得、そして「学問上の履歴、これまでの業績、出勤状況、運動能力、個人的経歴、懲罰歴、医療記録、そして信用記録を含み、かつそれに限らない」個人記録をFBIが照会することを認めるよう求めた。

　弁護側はこうした要求を屈辱的かつ不必要と考えたが、同時に行き過ぎでもあった。裁判で秘密情報が明かされることはなかったものの、7日間にわたる審議の結果陪審はモリソンを有罪とした。

【参照項目】グレーメール、サミュエル・L・モリソン、セキュリティー・クリアランス、FBI

キム〔f〕　(Kim)

　ラドヤード・キプリングが1901年に発表した同名の小説に登場する主人公。アイルランド人の孤児であり、インドでヒンズー教徒として育てられたキムは、現実または想像の世界で「グレート・ゲーム」という名の諜報活動を演じた数多い人間の典型的な例となった。ある時はヒンズー教徒、ある時はイスラム教徒、またある時はヨーロッパ人といった具合に、キムは次々と身分を変える理想的なエージェントであり、自ら見聞きしたことを正確に報告できるスパイだったのである。

　『キム』の中に記された言葉は、グレート・ゲームの演者と観客の両方を讃えている。

　　神は時あるごとに、自らの命を危険に晒して前に進み、情報を見つけ出すことに強い願望を抱く人間――そなたもその1人である――を創造する。今日の情報ははるか遠くの物事、明日の情報は隠れた山、そして明後日の情報は国家に対して馬鹿なことをしでかした近くの男かもしれない……グレート・ゲームに参加する者は独りで進まねばならない――命の危険を冒しても。見張っている人間と同じように唾を吐いたり、座り込んだり、くしゃみをしたりしなければ、彼の命はないのである。

　ハロルド・フィルビーの「キム」という愛称も、このスパイの英雄からとられたものである。そして中央情報長官を務めたアレン・W・ダレスの伝記『Gentleman Spy』（1994）の中で著者ピーター・グローズが記した通り、ダレスもこの作品に対して終生変わらぬ愛着を抱いており、息を引き取った時もこの本がベッドの傍らにあったという。

【参照項目】グレート・ゲーム、エージェント、ハロルド（キム）・フィルビー、中央情報長官、アレン・W・ダレス

キム、ロバート・C　(Kim, Robert C.　1940-)

　機密文書を韓国人に渡したアメリカ海軍情報局のコンピュータ技師。韓国生まれでアメリカに帰化したキムは共謀して国防情報を集めた罪を認め、1997年7月に禁固9年を言い渡された。

　キムはスパイであることを否定し、兄の会社が販売するコンピュータシステムを韓国政府に購入させるべく文書を渡したのだと主張した。

　外国情報活動監視法廷から許可を得たFBIの盗聴器により、艦艇の行動を追跡するシステムに関する、数百万ドル単位の取引についての兄弟の会話が記録された。

【参照項目】海軍情報局、外国情報活動監視法廷

キャヴェル、エディス・ルイーザ
(Cavell, Edith Louisa　1865-1915)

　第1次世界大戦中、スパイのレッテルを貼られドイツ軍に処刑されたイギリス人看護婦。1914年8月にドイツがベルギーを占領した際、キャヴェルはブリュッセルのベルケンダール赤十字病院で働いていた。その後連合軍の地下組織に加わり、イギリス、ベルギー、フランス部隊による中立国オランダへの進出を援助した。

　1915年8月、およそ200名の連合軍兵士がベルケンダール病院に潜む最中、ドイツ軍の将校はキャヴェルら病院職員を逮捕した。彼女は自らの地下活動を認め、軍法会議の結果10月11日に銃殺刑を宣告された。

　中立国を代表してアメリカとスペインの外交官が減刑を求めて奔走したが、10月12日、キャヴェルは銃殺隊の前に引き出されて処刑された。

　しばしばスパイに分類されるものの、キャヴェルへの容疑はスパイ行為でなく、連合軍兵士をかくまい、逃走を助けたことである。最後の言葉は「愛国心だけでは十分じゃありません。相手が誰であっても憎しみや敵意を抱いてはならないのです」だった。

キャスト　(Cast)

　フィリピンのマニラ湾に浮かぶコレヒドール島の地下トンネルに1930年代後半から42年4月まで存在したアメリカ海軍の暗号解読拠点を指すコードネーム。

　コレヒドール島が日本軍の攻撃に晒されていた1942年4月、キャストの責任者であるルドルフ・J・ファビアン准将と75名の暗号解読者及び無線技術者は、アメリカ潜水艦に救出されてオーストラリアへ向かった。そこでキャストのチームはベルコーメンとして再編成されている（「ベル」を参照のこと）。

　キャストは当時の軍事通信でコレヒドールを指すCの音標符号だった。

【参照項目】暗号解読、ルドルフ・J・ファビアン、パープル

1915年、スパイとして「フン族（ドイツ兵）」の手で処刑されるエディス・キャベル。その後、ドイツ銃殺隊によって殺害される彼女の姿が記事、社説、絵画、募兵ポスター、果ては絵葉書で描かれるなど、連合軍の中で有名な存在となった。

キャビネ・ノワール (Cabinet Noir)

「ブラックチェンバー」を参照のこと。

ギャンビット (Gambit)

　アメリカのキーホール衛星シリーズに属する写真偵察衛星の名称。1963年7月12日に初めて打ち上げられたギャンビットは以前のコロナと違い、狭い地域の鮮明かつ詳細な写真を撮るためにKH-7カメラを搭載した「精密視型」の衛星であり、ソビエトの大陸間弾道ミサイル基地に関する詳細な情報を得ることが主眼とされた。

　軌道上における操作機構の問題のため、初期の任務は完全な成功を収めたとは言えなかったが、この問題はすぐに解決された。結果、1967年6月4日までに年間ほぼ10回のペースで38回もの打ち上げが行なわれている。失敗に終わったのは2度だけで、その他は成功した。撮影終了後は2個のフィルム缶がパラシュートで投下され、飛行機によって空中で回収されることになっていた。

【参照項目】偵察、衛星、キーホール、コロナ

キャンプ・ピアリ (Camp Peary)

　ヴァージニア州ウィリアムスバーグの近くにあるCIAのスパイ養成機関。公式には存在しないことになっている。敷地面積36.4平方キロメートルに及ぶこの場所は「ファーム（農場）」の名でも知られ、実験的軍事訓練活動と呼ばれる国防総省の1施設だと考えられている。

　キャリア訓練生と呼ばれる生徒たちは、18週間にわたる授業で「実践的諜報技術」つまりスパイ技術を学ぶ。卒業後は、CIAの秘密作戦部門であり、職員の一部が「スパイの仕事場」と呼ぶ工作本部のインテリジェンス・オフィサーないしケース・オフィサーとして勤務を始める。

　授業課程の中には「フラップ・アンド・シール（秘かに手紙を開封し、再び封をすること）」や錠のピッキング、そして盗撮術や変装が含まれる。またCIAのオフィサーはノースカロライナ州ハーヴェイ・ポイントや国内の人里離れた場所で追加の軍事訓練も受けることになっている。

　キャンプ・ピアリは第2次世界大戦中、仮設滑走路や港湾施設の建設にあたる海軍設営隊（シー・ビーズ）の訓練施設として設立された。

【参照項目】スパイ養成機関、CIA、スパイ技術、インテリジェンス・オフィサー、ケース・オフィサー

キャンプX (Camp X)

　オンタリオ州ウィットビー（カナダ）に存在したイギ

リスのスパイ養成機関。英国保安調整局（BSC）とカナダ政府の共同事業として 1941 年 12 月に設立された。この施設は当初からイギリスのエージェントだけでなく、戦略諜報局（OSS）や FBI から派遣されたアメリカ人の訓練も目的にしていた。また OSS 幹部に対する週末コースも存在している。

キャンプ X における課程は、格闘戦や破壊工作、情報収集、脱出・回避術、無線操作、地図解読、そして小火器の取り扱いなど、エージェントに必要な技能の大部分をカバーしていた。また近郊のオシャワには空軍基地があり、訓練における飛行機の利用を容易にした。なお著名な訓練生としてイアン・フレミングが挙げられる。

カナダ陸軍はキャンプ X をキャンプ J と呼ぶ一方、王立カナダ騎馬警察はより無骨な「S-25-1-1」という呼称を用い、BSC の親組織である MI6 は「STS-103」つまり特殊訓練学校（Special Training School）103 の名を用いていた。

この施設は 1945 年にカナダ陸軍へ引き渡されている。

【参照項目】スパイ養成機関、英国保安調整局、戦略諜報局、イアン・フレミング、MI6

キューバ （Cuba）

「アメリカの 90 マイル（145 キロメートル）沖合に浮かぶ脅威」アメリカの政策決定者は数十年にわたってキューバをそう評しつつ、共産主義者フィデル・カストロの排除を試みた。キューバはアメリカとソビエトが核兵器をもって対決し、現在の西半球で共産主義が残り、そして——マフィアの手を借りた——アメリカのインテリジェンス・オフィサーに命を狙われた指導者が今なお権力を握る唯一の場所である。情報源としてではなく苛立ちの種として、カストロはキューバ以上に重要なターゲットだったのである。

長期間にわたるゲリラ戦の末、1959 年 1 月にカストロがフルヘンシオ・バチスタの独裁政権を打倒した際、アメリカは短期間ながら彼を解放者として持ち上げた。しかし、カストロは程なくキューバのアメリカ資産を接収して農場を集団化すると共に、共産主義を堂々と支持し始めた。さらに、以後 30 年にわたってソビエトから莫大な経済的・軍事的支援を受け続ける。アメリカは経済封鎖で対抗し、カストロ排除の計画を練り始めた。

キューバとアメリカの間には 2 度の危機が発生したが、その第 1 弾は 1960 年 3 月、反カストロ派のキューバ人亡命者をフロリダで訓練して現地に潜入させ、反乱を起こすことでカストロ政権を打倒するという CIA の計画に、アイゼンハワー大統領が許可を与えたことに端を発している。亡命者のリーダーは「自由キューバ」暫定政府を名乗ることになっていた。それ以前、CIA はイランとグアテマラで親米クーデターの支援に成功しており、キューバでも同じことを目論んだのである。

CIA の秘密作戦責任者リチャード・M・ビッセルの下でキューバ・タスクフォースが組織され、以前のクーデター作戦で活躍した人物もそこに加わった。このタスクフォースを率いたのは、第 2 次世界大戦当時 OSS（戦略諜報局）に所属し、ビルマの日本軍前線後方で活動した経歴を持つジェイコブ・D・エスターラインである。またグアテマラでの作戦に参加したことがあり、当時キューバ人亡命者の組織化を進めていたハワード・ハントもエスターラインのタスクフォースに加わっている。さらに CIA は「民主革命戦線」というフロント組織を設立して、フロリダに居住する亡命者の勧誘を行なった。

亡命者たちはフロリダで識別標識のない飛行機に乗せられ、ビッセルがグアテマラの山中に設置したキャンプ・トラックスという軍事訓練基地に運ばれた。また CIA は、ホンジュラス沖のスワン島に商業放送局を偽装したラジオ・スワンを設立し、ニュースや音楽に加え、表向きはフロリダのキューバ人亡命者が制作したことになっている反カストロ番組を放送した。

CIA はキューバの山岳地帯に点在するゲリラ組織と連絡をとり、補給物資の投下を始めた。また反カストロ派のエージェントをボートでキューバに送っている。一方、カストロがこれらの活動をどの程度知っていたかについては情報を摑んでいなかった。だがカストロは、秘密警察と情報総局（DGI）を通じて事態を完全に把握していたのである。

1960 年 7 月、カストロは弟ラウルをソビエトに派遣し、予想されるアメリカの侵攻に対してさらなる保護を要求させた。ソビエトのニキータ・フルシチョフ首相は武器と顧問団をさらに送り、キューバへの軍事支援を強化する。CIA がキューバの兵力増強を探知すると、ビッセルは計画を拡大させ、航空支援を伴った数百名規模の上陸作戦を立案した。アメリカ空軍は CIA に大佐クラスの人物を出向させた上で、数機の B-26 インベーダー軽爆撃機と朝鮮戦争時の余剰物資の購入にあたらせた。

B-26 はキューバを含む多数の国で運用されており、大規模な準軍事作戦に発展しつつある計画の指揮にあたっていたビッセルは、B-26 が侵攻の隠れ蓑になると判断した。その計画では、まず B-26 の 1 機にキューバ空軍の塗装を施し、胴体に弾痕を穿つ。そして亡命者のパイロットがその機体をニカラグアの秘密基地からマイアミへ飛ばし、政治亡命を申請する。その際、自分はキューバ空軍のパイロットで、体制支持派の同僚に撃たれたのだと説明する一方、キューバ軍の大部分はカストロに対する大規模な反乱に加わっていると主張することになっていた。

侵攻の時が近づくにつれ、1960 年のアメリカ大統領選挙も迫ってきた。そのため、アイゼンハワー大統領は作戦実施の延期を命じる。作戦の一部詳細を知っていたリ

チャード・ニクソン副大統領が、ジョン・F・ケネディの対抗馬として出馬していたからである。選挙戦の期間中、中央情報長官のアレン・W・ダレスはケネディに対し、キューバに対する作戦計画が立案されていると暗にほのめかす。しかしダレスが計画の全容を話したのはケネディの当選後であり、大統領就任8日後の1961年1月28日になって初めて、ケネディは統合参謀本部（JCS）に対してこの作戦の軍事面からの検討を命じたのである。

統合参謀本部は——上陸によって蜂起が実現すれば——この作戦は「成功する可能性が高い」と判断した。しかし、20万と推測されるカストロの軍勢を撃破することは、侵攻軍だけでは不可能だった。

グアテマラはアメリカに対し、訓練を受けているキューバ人——2506旅団——を国外に出すよう圧力をかけていた。それと同時に、アメリカは祖国への帰還を熱望する1,400名の武装亡命者からも圧力を受けていたのである。

3月11日、ケネディは補佐官会議を開いた。冒頭、ダレスはメンバーを前にこう述べている。「我々は処理に関する問題を抱えていることを忘れずに。これらの人物をグアテマラから出国させるならば行き先はアメリカだが、自分たちの活動を言いふらしながら国中を歩き回られては困る」ケネディはダレスの現実的な見方を是認した。「これら800名（ケネディは実際の人数を知らなかった）を処理するのであれば、アメリカではなくキューバに捨てたほうがいいだろう。彼らがそこに行きたいのなら」

上陸地点はトリニダード市を計画しており、上陸後は素早く山地へ姿を消すことになっていた。近くのエスカンブライ山脈に反カストロ派のゲリラが潜んでいたからである。滑走路が短いのでB-26は着陸できず、ニカラグアの基地を拠点にせざるを得なかった。しかしケネディはB-26をキューバに飛ばしてそこを拠点にすることで、それらがキューバ空軍所属であるというカバーストーリーに信憑性をもたせることを望むと共に、人口希薄な地域を着陸地点にするよう求めている。

これによって上陸地点は、十分な長さの滑走路があるピッグス湾へ移った。侵攻部隊はその後沿岸40マイル（64.4キロメートル）のうち3ヵ所を確保した上で湿地帯を横断、海岸から50マイル（80.5キロメートル）離れた山岳地帯まで歩くことになっていた。ピッグス湾はハバナからも近く、キューバ軍が集中している地域に上陸部隊を置くことになる。亡命者たちは、岸辺を3日間にわたって防衛できれば500名のゲリラが加わって反乱が始まり、国全体が反カストロ運動で盛り上がるだろうと告げられた。

この時点で「表向きの否認」という概念は現実によって吹き飛んでいた。ラテンアメリカ諸国の新聞はマイアミにおける亡命者の勧誘活動を取り上げ、街は侵攻が差し迫っているという噂で持ちきりだと伝えた。亡命者の中にはDGIのエージェントも混ざっており、ハバナに事態を報告していた。4月12日、ケネディはこの噂を打ち消そうと記者会見で次のように述べた。「いかなる条件下でも、アメリカ空軍がキューバに介入するということは有り得ない」しかし自由キューバの指導者たちはアメリカ軍による支援が行なわれるものと信じていた。

上陸作戦——CIAは「足がかり」と呼んでいた——は4月5日に予定されていたが、ケネディはまず4月12日に、その後17日に延期した。

【参照項目】CIA、リチャード・M・ビッセル、戦略諜報局、E・ハワード・ハント、中央情報長官、アレン・W・ダレス、2506旅団、表向きの否認

侵攻開始

4月15日早朝、9機のB-26がニカラグアから飛び立ち、うち8機がキューバの空軍基地を爆撃、1機はマイアミに着陸して機体の弾痕を見せ、キューバ空軍の亡命者というカバーストーリーを話した。国際連合では、パイロットの嘘を知らないアドレー・スティーヴンソン大使がこの話を基にして、アメリカがキューバを一方的に攻撃したという非難に反論した。

2度目の空爆は、侵攻部隊が陸地へ接近する4月16日に予定されていた。しかし信用低下を恐れたケネディはこれを中止させた。

4月17日午前1時過ぎに最初の侵攻部隊が上陸したものの、戦車、砲兵隊、そして歩兵部隊による激しい攻撃を受けた。沖合に浮かぶ艦船もキューバの航空機に襲撃され、予備弾薬の大部分を搭載していた1隻が作戦早々に撃沈された。ここでカストロが表舞台に姿を見せる。上陸地点はお気に入りの釣り場であり、カストロはよく知っていたのである。完全に包囲された侵攻部隊のうち、脱出できた者はほとんどいなかった。その一部はゲリラがいると思われる山岳地帯に、その他の者は生存者を拾い上げるべく沖合で待機していたアメリカ艦艇へと逃れた。

岸辺に残った部隊を助ける最終手段として、ケネディは渋々「ミッション・インポシブル」の許可を与えた。18日、無標識の航空機を発進させ、沖合15マイル（24.1キロメートル）まで接近して状況を見極めるよう、アメリカ空母に命令する。その後すぐに陸地上空の飛行が許可されたものの、あくまで偵察が目的であり、キューバの航空機や地上部隊に攻撃を仕掛けないよう厳命された。そして後に、ニカラグアから飛び立ったB-26を支援するよう命じられる。

精密なこの戦闘指令はほとんど無意味に終わった。時間帯を取り違えたために、B-26は海軍機が到着する1時間前にキューバ上空へ達してしまったのである。2機

が撃墜され、4名のアメリカ人――CIAに雇われた搭乗員――が死亡した。犠牲者の1人であるアラバマ空軍州兵のトーマス・レイ少佐は墜落時点では生存していたものの、カストロ配下の兵士に殺害されている。

暫定政府の参加予定者はケネディ政権に対し、アメリカ海兵隊を送ると共に大規模な空襲を実施することで、岸辺に取り残された隊員を救い、旅団を救出するよう嘆願した。それを受けて、航空支援を伴ったアメリカ海軍の駆逐艦がピッグス湾海域で捜索活動を行なったものの、それ以外には何もなされなかった。4月18日から19日にかけての深夜、ホワイトハウスで開かれた会議には海軍作戦部長のアーレイ・バーク大将も加わり、沿岸上空の制空権を握るべく空母を派遣することの可否が議論された。ピーター・ワイデン著『Bay of Pigs』によると、その際バークは「2機のジェット戦闘機で敵を撃墜させてください」と懇願したと言われている。

ケネディの答えはノーだった。アメリカ軍を侵攻に関わらせるつもりはないと「何度も繰り返し」述べたはずだ、と言ったという。バークは攻撃禁止命令を出した上で無標識の艦載機を低空飛行させ、力を誇示してはどうかと提案したが、これもケネディに拒絶される。次いで、特にカストロ軍の戦車隊を撃破するため、駆逐艦による兵力支援を提言した。

大統領は激怒し、「バーク、アメリカ合衆国がこの件に関わることを私は望まないのだ」と鋭く言い放った。
〈ここまで追い込まれたことはない〉と感じたバークは声を張り上げた。〈たとえ大統領が相手でも可能な限り強く出た〉のである。「大統領、そんなことを言っても我々はすでに関わっているんだ！」

戦闘の結果、キューバ軍約1,650名と侵攻部隊の114名が戦死したとされている。またキューバ軍は1,189名を捕虜とした。蜂起は実現せず、反乱に参加していたであろう人々もすでに投獄されていた。カストロ配下の秘密警察は差し迫った侵攻を探知しており、少なくとも10万名、一説には20万名とも言われる反乱容疑者を拘束していたのである。

18ヵ月後、ケネディ政権から暗に促された民間企業が6,200万ドル相当の医薬品と食糧を身代金としてキューバに送ったことで、これらの囚人はようやく解放された。

侵攻が失敗に終わった理由として、ケネディによる航空支援の拒絶というのが一般的な説明になった。しかしCIAでは、ビッセルが内部のキューバ専門家のみならず、軍事専門家への相談をも怠ったことに非難が集中した。またエリート組織である国家評価局も、反乱の可能性について評価するよう求められていなかった。〈足が

かり〉計画は明らかに欠陥を含んでいたため、ビッセルに対する批判者の中には、そこに隠された意図が組み込まれていたと信じる者もいた。つまり、岸辺で包囲された2506旅団はアメリカの大規模な軍事介入で救助されることになっており、それこそが真の侵攻作戦だったというものである。

ダレスとビッセルが辞職したのはこの直後であり、作戦の失敗はカストロ排除というケネディ政権の願望を強めただけに終わった。1961年11月、ケネディは破壊工作と攪乱計画から成る秘密作戦に許可を与えた。反乱誘発のエキスパートであるエドワード・ランズデール少将が指揮を執るこの作戦にはマングースというコードネームが付けられ、閣僚レベルの特別委員会が管理することになった。マイアミにおけるマングース作戦の活動主体はタスクフォースWと呼ばれ、元CIAのウィリアム・K・ハーヴェイが指揮にあたった。

年間5,000万ドルという予算で活動するタスクフォースWは400名のアメリカ人と2,000名のキューバ人亡命者に加え、高速艇部隊を擁していた。工作員はキューバから輸出される砂糖への薬品混入、ヨーロッパからキューバに向かうボールベアリングの輸送妨害、そしてキューバ沿岸での攻撃活動といった任務を実施した。

またアルファ66という別の一団もキューバに対する攻撃を行なったが、こちらはCIAの指揮下にはなかった。1961年8月、アルファの工作員はリゾート地の海岸沿いを高速艇で通過しながらホテルに機銃掃射を行ない、20名のキューバ人とソビエト人顧問を殺害した。それから1ヵ月後にはこの海域に停泊するキューバとイギリスの商船を砲撃している。この攻撃はアメリカから実施されたものの、アメリカ当局は亡命者を処罰するどころか、キューバと取引するならば危険を承知で行なうべきだと海外の運輸業者に警告した。

その間、アメリカ統合大西洋軍最高司令官は大統領の指示を受け、キューバに対する軍事侵攻計画を立案した。作戦計画（OPLAN）314号及び316号の名で知られるこの計画は、参加部隊に対しそれぞれ4日間と2日間の事前警告しか与えず実行されることになっていた。だがキューバの防衛兵器と陣地に対する爆撃を行なうため、これらの日数は後に延長されている。いずれのOPLANもアメリカによる第2次世界大戦後の軍事行動としては最大規模であり、まず海兵隊の上陸部隊2個師団と陸軍空挺部隊2個師団がキューバを攻撃し、その後陸軍の大部隊が続く予定になっていた。それら侵攻軍は揚陸艦だけでなく、動員可能な全ての輸送機によって輸送される計画だった。また上陸直前には大規模な空襲が実施され、アメリカ南東部の空軍基地を拠点に長期の航空作戦が展開されるはずだった。作戦計画及び物資の準備は1962年10月を目途に完了するものとされたが、どちらの計画もソビエトによる介入の可能性を検討

した形跡は見られない。

【参照項目】国際連合、国家評価局、秘密工作活動、マングース作戦、特別委員会、ウィリアム・K・ハーヴェイ

第2の危機

フルシチョフはキューバへの防衛兵器供与を続けると共に、ソビエト及び東側諸国の軍事顧問団を送り込んだ。そしてアメリカにキューバ侵攻を諦めさせ、同時に長距離ミサイル計画の欠陥を補うため、1962年4月、アメリカ本土を射程圏内とする弾道ミサイルをキューバに配備する決断を下した。この決断は同年10月にアメリカとの対立を引き起こし、一歩間違えば核戦争に発展する恐れもあった（「キューバミサイル危機」を参照のこと）。

1962年10月の危機が収束するにつれ、アメリカとソビエトの代表はニューヨークで会合を持ち、ミサイル撤退計画の詳細を詰めるというデリケートな任務に取り組んだ。その最中にもマングース作戦は続行され、11月8日にはタスクフォースWの破壊工作チームがキューバの工場を爆破している。また少なくとも2つの別のチームが交渉中もキューバにいたが、その活動が交渉結果に影響を与えることはなかった。

当時すでにマングース作戦はCIA史上最大となる秘密活動に膨れ上がっていた。マイアミ支局は世界最大規模を誇り、600名のケース・オフィサーと3,000名のエージェントを擁していた。エージェントの大半は亡命者だったが、DGIの二重スパイがどの程度混じっていたかは不明である。

さらなる行動を追い求めたランズデールは、イエス・キリストの2度目の降臨が迫っており、その場所にキューバが選ばれた——ただし神を信じぬ共産主義者、カストロが去るまでは降臨しない——という噂を流してはどうかと提案した。さらに信憑性を高めるため、海軍の潜水艦が夜間にハバナの沖合で浮上し、神聖なる予兆を思わせる花火を打ち上げることも計画された。

このアイデアの他にも突飛な提案がいくつかなされたものの、いずれも実現しなかった。一例を挙げると、カストロのラジオ演説に先立ってスタジオに幻覚剤を噴霧し、支離滅裂な言葉を放送させる、靴に薬品を仕込んで髭を抜け落とさせる、さらには葉巻に幻覚剤を混入させるというものまであった（当時CIAは幻覚剤の開発に深く関与していた。「MKウルトラ計画」を参照のこと）。

それらと並行して経済面での破壊活動も続けられた。一例を挙げれば、キューバ向けの石油に薬品を混入することで潤滑性能を失わせ、機械を破壊させようと、CIAに訓練されたキューバ人グループがパリに赴いている。またキューバ国内のエージェントも、砂糖精製工場に対

する破壊活動を行なった。

【参照項目】二重スパイ、潜水艦

マフィアの登場

1960年夏、カストロの信用を落として政権から追い出すという計画は、彼の暗殺計画に姿を変えた。7月21日、ビッセルはあるケース・オフィサーに対し、新たに雇ったエージェントが「トップ3人の排除」を実行できないかと尋ねた。つまりカストロ、弟ラウル、そして革命の同志であると同時に、当時ラテンアメリカ諸国で共産主義の伝道師として活躍していたチェ・ゲバラである。その間、ハーヴェイはマフィアの大物ジョン・ロッセーリとマイアミで会い、カストロの暗殺方法を議論している。ロッセーリはマフィアのボスであるサム・ジアンカーナとサントス・トラフィカンテにも声を掛け、暗殺団を組織すべく共にキューバ人の発掘を始めた。

マフィアの動機は単純なものだった。カストロはハバナの悪名高いカジノを閉鎖しており、キューバからマフィアを追放していたのである。カストロ政権の終焉と自由キューバの出現はカジノやそれに関連する悪徳の復活を意味し、マフィアの収入も跳ね上がるというわけだった。

1962年4月、ハーヴェイはマイアミで再びロッセーリと会い、CIAの技術スタッフが用意した4錠の毒薬を手渡した。ロッセーリは後に、毒薬は3名のヒットマンと共にキューバへ送ったと報告している。

しかし何も起こらなかった。後に1名が加わった暗殺チームは、カストロの有能な秘密警察機関、革命防衛委員会に検挙されたのである。亡命者の1人が語ったところによると、革命防衛委員会は「あらゆる街路や工場」に工作員を配置しているという。6月、タスクフォースWから更迭されたハーヴェイはマイアミでロッセーリと面会し、CIAとマフィアの協力関係を終わらせる。ロッセーリを監視下に置いていたFBIは、内容が何であるかを知らないままこの面会を見張っていた。

その一方でカストロに対する計画はなおも続けられる。1963年11月22日、パリに駐在するCIA職員がカストロ暗殺を請け負っていたキューバ人と会い、毒薬入りの万年筆を与えてカストロに突き刺すよう命じた。しかし会合が終わりを迎えた時、このCIA職員はケネディ大統領の暗殺を知る。このタイミングはケネディ暗殺事件の調査に後々までつきまとい、復讐に燃えるカストロがケネディ暗殺に関与していたのではないかという具体性のない疑いにつながった。

【参照項目】ケース・オフィサー

寝返ったエージェントたち

長年にわたり、CIA職員の中には、キューバの大規模なエージェント網がDGIに浸透していると懸念を抱

く者がいた。少なくとも表向きは、浸透されていた証拠はない。またキューバが国際テロリストの巣窟になっているという懸念もあった。キューバ発の報道によれば、悪名高いテロリスト、カルロス（ジャッカル、本名イリイッチ・ラミレス・サンチェス）はハバナのキャンプ・マンハンザスでKGBの将校を含む教官から訓練を受けたという。

しかしこうした情報はどの程度信頼できるのだろうか？　1983年3月、DGI作戦部長のイエズス・ラウル・ペレス・メンデスがマイアミに亡命し、マイアミとキーウエストに存在する大規模なキューバ人コミュニティに、DGIがエージェントをいかに潜入させたかを暴露した。メンデスによれば、DGIはこのエージェント網を通じてアメリカに麻薬を輸出していたという。

プラハのキューバ大使館で情報責任者を務めていたフロレンチノ・アスピリャーヘ少佐は、亡命した際CIAの尋問官に対し、キューバでの活動中にDGIから寝返りを迫られ、ポリグラフ検査を含む素性調査を定期的にパスして今なお二重スパイとして活動しているアメリカのエージェント38名のリストを提供した。キューバにいるエージェントは残らずDGIの管理下に置かれていると、アスピリャーヘは信じていた。つまり、CIAによるキューバの国家情報評価はいつの頃からか歪められていたことになる。CIAのキューバ専門家は情報消費者に対し、キューバからは並外れた量の情報が得られていると告げていた。だがその大部分は大きく歪められているか、または偽情報であることが判明したのである（二重スパイはその後もキューバに関するアメリカの情報を歪め続けた。偽の亡命者がキューバに送還されることでそれが明らかになったのは1996年2月のことである）。

その間、アメリカのインテリジェンス・オフィサーは、ハバナ郊外のルルドにある巨大な通信傍受施設がソビエトの技師によって改良され続けていると報告した。この施設はアメリカ本土から衛星経由で海外に送信される電話、ファックス、及びその他の通信を傍受しており、全盛期にはおよそ6,000名が勤務していたとされる。

【参照項目】KGB、亡命者、二重スパイ、ポリグラフ、素性調査、国家情報評価、コンシューマー、ルルド、衛星

協力関係の終焉

冷戦終結と1991年12月のソビエト連邦崩壊の結果、カストロに対するソビエトの経済援助は打ち切られた。しかし、ソビエトの技術者や顧問団が急いでキューバを後にしながらも、ルルドの傍受施設はその後数年間運用を続けた。

ピッグス湾事件は長きにわたって波紋を投げかけ、犠牲者に関する様々な話がでっち上げられた。墜落後に殺害されたアラバマのパイロット、レイ少佐を例に挙げる

と、彼の死亡直後、未亡人は夫が「裕福なキューバ人亡命者の会社で傭兵として働いており、貨物機の墜落で死亡した」と告げられていた。彼女はこれを信じず、真実を明らかにするためのキャンペーンを始めたが、真相を知ったのは1978年になってからだった。またキューバ側は79年12月に遺族へ引き渡すまでレイの遺体を保管している（「ブック・オブ・オナー」を参照のこと）。

キューバ侵攻作戦の参加者の中には、ウォーターゲート事件に関与した者もいれば、アメリカが支援するチリのアウグスト・ピノチェト政権に批判的な元大使、オルランド・レテリエルに対する1976年の爆弾テロ事件に加わった者もいる。また2506旅団はシンボルとしてその後も残り、キューバへの経済制裁解除に反対するマイアミの強力なロビー団体となった。

1998年、FBIは過去最大級のキューバ・スパイ網を摘発したと発表し、アメリカ側に幾分かの勝利をもたらした。資料によれば、スパイ網のメンバーはアメリカの軍事基地で職を得ようとしていたという。容疑者の1人は、1965年に生後7ヵ月で死亡したテキサスの乳児の出生証明書を使って偽の身分を作り上げたとされる。FBIはワスプ・ネットワークというこのスパイ網のメンバーのうち、最終的に14名を逮捕した。

2001年6月、スパイ網の5名（訳注：「Cambridge Five」にかけて「Cuban Five」とも）がアメリカに対するスパイ容疑で有罪とされ、各人に禁固15年から終身刑が言い渡された（訳注：いずれも2014年12月までに釈放）。ヘラルド・ヘルナンデスというスパイ網のリーダーは、「救助する兄弟たち」という亡命者グループに所属していた操縦士4人の殺害に関与したとして有罪とされている。この操縦士たちは1996年2月、2機に分かれて搭乗していたところ、キューバ空軍の戦闘機に撃墜されたのだった。

現在、FBIはDGIをキューバ情報局（CIS）と呼んでいる。そのCISはアメリカに対して成功を収め続けてきた。2003年、カストロは反体制活動家75名を投獄したが、その中に紛れ込んでいた10名ほどの情報提供者が、彼らの氏名、及びキューバに駐在するアメリカ人外交官との関係についての情報を伝えたのである。キューバ人エージェントの一部は極めて高い信頼を得ており、アメリカ人外交官のコンピュータを使うことが許されていたほどだった。また他にも情報提供者がフロリダに潜んでいて、反カストロ亡命者グループに潜入しているという。

キューバに対するアメリカのテロ支援国家指定は1998年に議会で再検討されたが、取り消されることはなかった（訳注：その後両国は2015年に国交を回復した）。

（「アナ・ベレン・モンテス」も参照のこと）

【参照項目】ウォーターゲート事件

キューバミサイル危機 (Cuban Missile Crisis)

アメリカにとって、1962年10月に発生したキューバミサイル危機は情報活動の成功であると同時に失敗でもあった。ソビエト最高指導者のニキータ・フルシチョフが核弾頭を積んだ弾道ミサイルをキューバに配備しようとしたことから危機は発生したが、配備の理由は（1）アメリカによるキューバ侵攻の阻止、（2）米ソ間でますます拡大しつつある戦略兵器の不均衡の是正、だった。

防衛にあたるソビエト陸海空軍と共に戦略ミサイルをキューバに配備する計画はアナディール作戦と称された。本来の計画では36基の中距離弾道ミサイル（ソビエト側の呼称はR-12、アメリカ側の呼称はSS-4 サンダル）と24基の中長距離ミサイル（ソビエト側の呼称はR-14、アメリカ側の呼称はSS-5 スキーン）が輸送されることになっていた。いずれも核弾頭が搭載され、アメリカ本土を標的にすることができた。また沿岸防衛ミサイルやロケット砲に搭載する核弾頭、6発の原子爆弾、そしてIl-28ビーグル軽爆撃機が用意され、アメリカの侵攻軍を阻止する計画だった。それらに加え、合計5万人のソビエト兵、水兵、操縦士、技術者及びメカニック、そしてその他の支援要員がキューバへ派遣される予定になっていた。

ソビエト側の認識は極めて明確だった。元ソビエト海軍士官のゲオルギー・スヴィアトフ博士は、若き工兵中尉として潜水艦の建造に携わっていた1962年秋、「キューバは単純な問題として浮かび上がった」と回想している。すなわち、キューバへの戦略ミサイル配備は以下の各点を反映していた。

まず第1に、戦略兵器の配備が簡単にできた――キューバにミサイルを配備するのは、潜水艦に弾道ミサイルを搭載するという我々の突貫計画と同じようなものだった。

第2に、我々はキューバを支援していた……「革命のロマンチシズム」というやつである。

そしてキューバにおける我々のミサイルは、トルコに配備されたアメリカのジュピターミサイルに等しいものという事実である。

1962年7月26日、人員と物資――その大部分は巧妙に隠されていた――を積んだソビエト及び東側諸国の商船がキューバに到着し始めた。大規模な兵力を海外に展開した経験のないソビエト軍にとってはこれだけでも特筆すべき成果だが、秘密もかなりの程度守られていた。この夏、アメリカの政治・軍事指導者はベルリン問題とベトナム危機に忙殺されていたのである。ソビエトが爆撃機や長距離ミサイルをキューバに持ち込もうとしていることは政府高官の間ですでに推測されていたものの、確たる証拠はないとされていた。

CIAは1960年10月からU-2偵察機をキューバ上空に飛ばしていたが、翌年11月にケネディ大統領がジョン・マコーンを中央情報長官に任命すると、キューバ上空における高々度偵察飛行の回数はさらに増加した。そして62年秋の時点で、ケネディ政権のもとには、キューバにおけるソビエト製兵器の増強に関する情報が続々ともたらされていたのである。しかし長距離核兵器がキューバに送られている兆候は見られなかった。同年にアメリカのインテリジェンス・コミュニティーが発行した4件の国家情報評価――その最後は9月19日に発行されている――も、ソビエトがキューバに核兵器を運び入れる可能性はないと断言していた。

1962年6月にはCIAによるキューバ上空への偵察飛行が4回行なわれた。U-2偵察機が撮影した写真には、キューバに地対空ミサイル（SAM）が配備されつつある最初の兆候が示されていたが、ミサイルそのものの存在は当時まだ明らかになっていなかった。次の偵察飛行は8月5日に実施され、SAM基地建設の兆候がさらに突き止められている。

マコーンらはソビエトがSAMだけでなく長距離ミサイルをもキューバに持ち込もうとしている可能性を憂慮し、偵察飛行を月4回に増やすよう命じた。またキューバのSAM基地は疑問の余地なく防衛目的だったが、アメリカ政府は攻撃の可否について議論を始めている。8月10日には経済封鎖が議論されたものの、キューバへの対処次第によってはベルリンでソビエトの復讐を招くことが懸念された。

U-2偵察機がもたらしたフィルムの分析は、ネブラスカ州オファット空軍基地にある戦略航空軍団（SAC）で行なわれていた。しかしより広範囲な写真分析を求めるマコーンは、ワシントンDCの海軍写真分析センターにも分析を命じる。これは省庁間の競争ではなく、マコーンが適切かつ客観的な説明を求めたために過ぎない。

またアメリカ政府高官や軍事司令官には、高々度から撮影されたU-2の写真に加え、公海上を飛行する電子偵察機やキューバ沖で活動する情報収集艦オックスフォードがもたらした通信情報及び信号情報も提供されていた。

8月29日のU-2による偵察飛行で得られた写真にはSAM基地がはっきり写っており、ミサイル輸送機、レーダー、そして発射台が配置されていた。また沿岸防衛ミサイルが設置されつつあることも写真から判明している。その上、9月5日の偵察飛行ではさらに多くのSAM基地が整いつつあることに加え、高性能を誇るMiG-21戦闘機の存在が確認されている。以前の8月28日には、Il-28爆撃機が解体された状態でキューバに運び込まれているのが撮影されていた。U-2による偵察飛行はさ

らに続けられる。

その月の後半、国防情報局のジョン・R・ライト・ジュニア大佐はU-2の撮影した写真を見ていたところ、サン・クリストバル近郊におけるSAMの配備パターンが、戦略ミサイルを防御するためにソビエトが用いているパターンに似ていることを発見した。それを受け、マコーンは直ちにキューバ上空での写真撮影を強化するよう命じる。

しかし誰が偵察機を飛ばすのか？　国防長官のロバート・S・マクナマラは新たにSAMが配備されたことで生じた危険を鑑み、パイロットは軍のユニフォームを着用すべきだと主張したが、マコーンはこれに反対した。キューバは今なお情報作戦の対象であるというのがその根拠であり、しかも自らの権限においてU-2の改良型をCIAが運用できるようにしていた。

ケネディ大統領は空軍による偵察任務の遂行を決断したが、CIAが保有するより優れた装備のU-2Cで行なわせることにした。それを受けて空軍に所属する2名のパイロット、リチャード・S・ヘイザーとルドルフ・アンダーソンの両少佐が急遽U-2Cの操縦資格を取得した。10月14日未明、ヘイザーの操縦するU-2Cがキューバ上空を飛行し、その後をアンダーソンが続いた。ヘイザーの乗機がフロリダのマッコイ空軍基地に着陸した直後、機体から取り出されたフィルムがオファット基地経由で直ちにワシントンDCへ送られ、その日のうちに現像された——ソビエトは攻撃核ミサイルをキューバに配置しつつあった。

キューバに配備されたSS-4弾道ミサイルを最初に確認したのは、オファットで写真分析官として勤務するマイケル・デイヴィス上等兵だった。10月16日早朝、CIA情報担当次官のレイ・クラインはホワイトハウスに赴き、国家安全保障問題特別補佐官のマクジョージ・バンディに報告を行なった。これを受けたバンディは大統領に対し、キューバに攻撃ミサイルが存在する確かな証拠が得られたと告げる。

迫りつつある危機が政府内で議論されていた10月17日、U-2によるキューバ上空の偵察飛行を6回実施し、キューバ島全体を高々度から撮影することが決定された。これらの飛行によって、SS-4及びSS-5という2種類の弾道ミサイルの配備が進んでいる事実だけでなく、通常兵器の大規模な増強が明らかになる（実際には、SS-5はまだキューバに到着してなかった）。ケネディ大統領は直ちに補佐官を招集し、アメリカの対応策を検討した。ロバート・ケネディは後に著書『Thirteen Days（邦題・13日間：キューバ・ミサイル危機回顧録）』(1969)の中でこう記している。「その場を支配していた感情はショックを伴う懐疑だった。我々はフルシチョフに騙されていたわけだが、また自分自身をも騙していたのである。ケネディ大統領に対し、ソビエトの兵力増強に（攻撃）ミサイルが含まれていると示唆した者は政府にいなかったのだから」

こうした兵力増強を受け、ケネディは10月19日に国家軍事警戒態勢を発令する。3日後、統合参謀本部はキューバ島封鎖の準備を整えるよう指示を発し、戦略航空軍団に所属する65機のB-52戦略爆撃機——4発の核兵器と攻撃目標リストを搭載していた——を空中待機させると共に、他の全ての爆撃機も厳重警戒態勢下に置いた。爆撃機もしくはミサイルによる奇襲に備え、その一部は遠隔地の基地に分散配置された。またケネディはU-2の撮影した写真をイギリス、カナダ、フランス、西ドイツといった西側諸国へ秘密裡に送り、アメリカによる対抗策への支持を取りつけようとした。

10月22日夜、ケネディはアメリカ国民に対しこう述べる。

過去1週間、かの囚われた島国において多数の攻撃ミサイル基地が建設中であるという確固たる証拠が得られました。この基地の目的は紛れもなく、西半球に対する核攻撃能力を獲得しようとするものです。

ケネディはキューバへの攻撃ミサイル搬入を阻止すべく海上封鎖を命令した。海軍艦艇が島を包囲する一方、艦載機及び陸上哨戒機が大西洋とカリブ海の上空を飛び、ソビエトの艦船や潜水艦の探索にあたった。またSACは16機のKC-97空中給油機と5機のB-47ストラトジェット写真偵察機型を飛ばし、キューバ周辺における低高度からの海上哨戒任務に就かせている。

それと同時に、ミサイル基地に対する大規模空襲の準備も始められた。陸海空軍はピッグス湾上陸作戦後に作成された作戦計画（OPLAN）314号及び316号に従い、キューバ島への侵攻に向けて戦力配備を進めた。

キューバ封鎖が進行する一方、U-2による高々度偵察飛行に加え、海軍のF8Uクルセイダー写真偵察機型と空軍のF-101ヴードゥーによる低高度偵察が実施された。ミサイルの準備状況といった詳細な情報を得るためにも、低空からの写真が必要とされたのである。

10月25日夜半、ミサイル基地の建設が急速なペースで進んでいることが明らかになる。翌日午後に撮影された写真では、Il-28ビーグル軽爆撃機が陸揚げ後迅速に組み立てられているのが確認された。

2日後の10月27日、フィデル・カストロが自国の高射砲部隊に対して、低高度を飛行するアメリカ機の撃墜を命じた後、ソビエトの現地防空司令官は——許可なく——SA-2地対空ミサイル中隊に対し、高々度を飛行するU-2の撃墜を命じた。アンダーソン少佐は10月27日早朝、キューバ上空の偵察を行なうべくすでにマッコイ基地から飛び立っていた。そしてキューバ島東部を飛行していた際、SA-2ミサイルが彼のU-2に命中する。

機体はキューバ島のベインズ・アンティラ地域に墜落、アンダーソンは殉職した。

ロバート・ケネディは『Thirteen Days』の中で、アンダーソン死亡の知らせがホワイトハウスに届けられた際の反応をこう記す。

「SAM（地対空ミサイル）基地を根絶やしにしないまま、これ以上のU-2パイロットをどうやってこの地域へ送ると言うのか？」大統領は言った。「我々は今、まったく新たな状況に置かれている」当初我々は、攻撃機と爆撃機をもって翌日早朝にSAM基地を攻撃、完全に破壊することで全員の意見が一致していた。しかし大統領は皆の手綱を引き締めた。「私が懸念しているのは第1段階ではない。しかし両方が第4、第5段階とエスカレートすれば──第6段階に進むことはできない。その頃にはもう地球に人間は存在しないからだ。我々は危険なコースへ足を踏み出そうとしていることを忘れてはならない」

アンダーソンの撃墜に対して何らかの行動がとられることはなく、U-2の偵察飛行と低高度偵察任務も続けられている。アンダーソンはキューバミサイル危機における唯一のアメリカ人犠牲者となった（少なくとももう1機のU-2がSA-2ミサイルによって撃墜されている）。

緊張はますます高まっていった。カストロは隷下の軍勢に侵攻への警戒を命じる。またフルシチョフに対し、アメリカが攻撃に踏み切った際には、ケネディに主導権を譲るよりもアメリカ本土への核攻撃を実行するよう（10月27日早朝に送信された）電文で提案している。

カストロにとって「キューバから共産主義を一掃するための侵攻作戦は、ソビエト対帝国主義という世界戦争の幕開けになる」が、フルシチョフにとっては「こうした事態は実現せず、ソビエトをキューバにおける戦争に引き込んではならない」と、政治史の専門家レイモンド・ガートホフはキューバ危機に関する1992年の論文の中で述べている。

キューバ危機は外交的手段によって解決された。ケネディ大統領とフルシチョフ首相との間で秘密通信が直接行なわれると同時に、ロバート・ケネディ、アメリカ人ジャーナリスト、そしてワシントンに駐在する2名のKGB職員、ゲオルギー・ボルシャコフとアレクサンドル・フェクリソフを通じた「裏ルート」の交渉が等しく重要な役割を演じた。特にフルシチョフにとっては交渉内容を政治局に諮る必要がないため、より率直なやりとりが行なわれている。

10月28日、ソビエト政府は弾道ミサイルのキューバからの撤去に同意した。しかし解体された戦略ミサイルがキューバから搬出される間も封鎖は続けられる。11月20日、Il-28爆撃機の解体が始まったのに伴い、ケネディ大統領はキューバに対する海上封鎖を解除した。海上封鎖は成功を収め、キューバのソビエト軍を攻撃することなくアメリカの決意を世界に示すことができた。フルシチョフはキューバから攻撃ミサイルを（4個のうち3個の地上戦闘連隊と共に）撤去し、一方のケネディはキューバに侵攻しないことを約束した上、ジュピター弾道ミサイルのトルコからの撤去に同意したのだった。

【参照項目】アナディール、CIA、U-2、ジョン・マコーン、中央情報長官、国家情報評価、インテリジェンス・コミュニティー、偵察、写真分析、通信情報、信号情報、情報収集艦、ジョン・R・ライト・ジュニア、国防情報局、ルドルフ・アンダーソン、B-47ストラトジェット、F8Uクルセイダー、F-101ヴードゥー、ゲオルギー・ボルシャコフ、アレクサンドル・フェクリソフ

諜報活動の失敗

ソビエトの企みと二枚舌を世界に示すのに必要な写真がアメリカの偵察機によってもたらされる一方、インテリジェンス・コミュニティーはキューバにおけるソビエトの軍事増強とその性質及び規模について、早期の兆候を探知するのに失敗した。アメリカ側は海上封鎖を実施した時点で、キューバに到着していたソビエト兵をおよそ8,000名と見積っていたが、実際の数はなんと41,900名だったのである。

しかしそれ以上に重要だと思われるのは、核兵器はキューバに搬入されていないとアメリカのインテリジェンス・コミュニティーが結論付けたことである。実際には10月4日に貨物船インディジールカ号が最初の核弾頭を荷揚げしていた。この貨物船にはSS-4ミサイルに装着する36発、沿岸防衛ミサイルに装着する80発、そしてルナ短距離ロケット砲に装着する12発の核弾頭に加え、Il-28に搭載する6発の原子爆弾が積載されており、合計134発の核兵器がキューバに到着していたのである（SS-5ミサイルに装着する24発の核弾頭を積んだ別の商船もキューバに到着していたが、こちらは荷揚げされなかった）。

ホワイトハウスは秘密の情報源も有していた。ソビエト軍の情報機関GRUに所属するオレグ・ペンコフスキー大佐である。1961年から62年にかけ、ペンコフスキーはソビエト軍の兵器及びそれらの準備状況に関する機密データをアメリカとイギリスにもたらしていた。U-2が実施したソビエト上空の偵察飛行と合わせ、ケネディは核戦争に対するソビエトの準備状況がいまだ低水準にとどまっていることを知ったのである。

情報──よいものも悪いものも含め──と核兵器におけるアメリカの優位性は、キューバミサイル危機でケネディが外交的勝利を達成するのに重要な要素だった。空軍の公刊戦史には次のように記されている。

キューバのマリエル港に集うソビエト艦船を低高度から撮影した偵察写真。アメリカ海軍の RF-8 クルセイダー偵察機によって 1962 年 11 月上旬に撮影された。この写真には大陸間弾道ミサイルの様々な補助機材と、ソビエトの商船 3 隻が写っている。（出典：アメリカ海軍）

生の情報データを処理・活用することは、偵察飛行任務と同じくらい国家安全保障の命運を握っていた。キューバ危機においては急速なペースで事態が進展したため、情報を迅速に処理・分析することが必要とされ、その結果は適時適切な行動をとれるよう国家の意志決定者へと送られたのである。

【参照項目】GRU、オレグ・ペンコフスキー

兄弟 (Siblings)

(1) 同じ国の別の情報機関を指す単語。
(2) かつて CIA が国防情報局（DIA）を指して用いていた単語。

【参照項目】CIA、国防情報局

協力エージェント (Co-opted Agent)

他国の情報機関を支援する国民。協力者とも。

ギヨーム、ギュンター (Guillaume, Günter 1927-1995)

西ドイツ首相ヴィリー・ブラントの秘書にして東ドイツのスパイだった人物。東ドイツが建国された 1949 年から東西ドイツが再統合した 1990 年までの間に西ドイツ政府へ浸透した MfS（シュタージ）エージェントの中で、最も大きな成果を挙げたことは間違いない。

第 2 次世界大戦中、医師だったギヨームの父は、ゲシュタポに追われていたブラントに隠れ家を与え、傷の治療を施した。1955 年、ギヨームの父は当時西ベルリン市会議員で後に市長となるブラントに連絡をとり、息子が東側から脱出する手助けをしてほしいと依頼する。ブ

ラントの助力によってギヨームは56年に政治亡命者として西側へ逃れた。しかし彼はKGBの訓練を受けており、当時は東ドイツ軍に所属しつつシュタージの下で活動していた。後に「西ドイツ市民となり、住まいと職を見つけて定住するように」という指示を受け、スリーパーとして西側に送られたと告白している。

ブラントの勧めで社会民主党（SDP）に入党したギヨームは出世の階段を登り、1972年にはブラントの個人秘書となる。かくして西ドイツ政府だけでなく北大西洋条約機構（NATO）の最高機密計画及び文書も閲覧できるようになり、さらにはブラント一家の休暇にも同行している。ロナルド・ペインとクリストファー・ドブソンは著書『Who's Who in Espionage』（1984）の中で次のように記している。「ギヨームは一見無害だった。顔は二重顎で丸々肥り、鉄縁の眼鏡から覗く目はフクロウを思わせる。いかにも理想的な役人という風采で、実際そのように行動していた」

1974年4月、ギヨーム夫妻はスパイ容疑で逮捕される。尋問中、ギヨームはシュタージのためにスパイ行為をしていたと認めた。裁判の結果有罪となり、禁固13年の刑が言い渡される。妻のクリステルも反逆罪で有罪となった。ギヨームを巡るスキャンダルの結果、ブラントは翌月に首相を辞任した。

東側に拘束された西ドイツ市民との交換により、ギヨーム夫妻は1981年に東ドイツへ帰国、後にソビエト連邦から勲章を授与されている。

1993年に開かれた東ドイツの元スパイマスター、マルクス・ヴォルフの反逆罪を問う裁判でギヨームは証言を行ない、自分は「平和の使徒」であるとした上で、東西の軍事バランスを保つにあたって自分のもたらした情報が役に立ったと主張した。ギヨームが東ドイツに渡した秘密文書の中には、ニクソン大統領からブラントに宛てた個人的な書簡も含まれていたという。

ヴォルフは後に、ブラントが辞職したせいで東西関係に深刻なひびが入ったとして、ギヨーム事件を一大失策と評した。

【参照項目】MfS、ゲシュタポ、ベルリン、スリーパー、北大西洋条約機構、マルクス・ヴォルフ

キーラー、クリスティーン （Keeler, Christine）

「プロヒューモ事件」を参照のこと。

キリアン、ジェイムズ・R・ジュニア

（Killian, James R., Jr. 1904-1998）

アメリカの情報活動、人工衛星、及び戦略兵器プログラムに大きな影響を与えた科学者。アイゼンハワー大統領の科学担当補佐官としての役割を説明する中で、キリアンはこう記している。「アイゼンハワー政権において科学は政府の最高レベルに影響を及ぼすようになった

が、それはジェファーソンが自ら科学担当補佐官を務めた時、そして第2次世界大戦中にヴァネヴァー・ブッシュがルーズベルトの補佐官を務めた時以外には見られなかった現象である」

マサチューセッツ工科大学（MIT）を卒業したキリアンは1930年から39年まで同大学の『Technology Review』誌の編集者を務め、その後43年に副学長、48年に学長となり、51年にはトルーマン大統領によって国防動員局の科学諮問委員会メンバーに任命された。

1954年春、大統領に就任してから1年が経過したアイゼンハワーは長距離戦略ミサイル計画の可能性を探るべく、MIT学長のキリアンに技術性能会議を主宰するよう要請した。当時はソビエトによる長距離ミサイルの開発が進行中であり、アメリカの政治及び軍指導者はこうした兵器による奇襲攻撃に重大な懸念を抱いていた。

議長の名を取ってキリアン委員会と呼ばれるようになったこの会議は、学会、研究機関、そして政府に所属するおよそ50名の科学者と技術者から構成され、戦略攻撃兵器、戦略防衛手段、及び戦略情報技術の様々な要素を検討する小委員会に分かれていた。1955年2月14日には公式報告書『Meeting the Threat of Suprise Attack』を発行、その中で戦略ミサイル開発を加速すべきと勧告すると共に、特に海外の地上基地や艦艇（または潜水艦）から発射される航続距離1,500海里のミサイルに重点を置いた。また特筆すべきことに、この報告書はソビエト国内の戦略的ターゲットを偵察する手段として、U-2偵察機と人工衛星の開発プログラムの基礎となる構想を示していた。

ポラロイド社の創業者エドウィン・H・ランド率いる情報小委員会は、報告書の中で次のように述べている。

　我々は情報評価の基礎となる確実な事実の数を増やし、より優れた戦略的警告を与え、奇襲攻撃に対する備えを最大化させ、脅威の過大評価もしくは過小評価を根絶させる手段を見つけ出さなければならない。この目的を達成すべく、数多い情報活動で最先端の科学・技術知識を用いるためのプログラムを採用するよう、我々はここに勧告する。

報告書の中で情報活動に関する部分は機密扱いにされるべきと見なしたアイゼンハワー大統領は、リークを恐れて国家安全保障会議にさえこの中身を伝えなかった。アイゼンハワーとの数度にわたる私的な懇談において、キリアンとランドはソビエトの戦略兵器——有人爆撃機とミサイル——開発について事実に基づいた情報をもたらす様々な上空偵察システムを話し合った。

アイゼンハワー大統領はキリアン委員会の勧告を実行に移し、戦略ミサイル（ポラリス潜水艦発射ミサイルを含む）開発計画を加速させると共に、提案された戦略偵

察活動を実現に移す途を探った。また戦略偵察プログラム（U-2偵察機と人工衛星）を軍でなくCIAの管轄下に置くべきだとアイゼンハワーを説得するにあたっても、キリアンは影響力を行使した。キリアンによれば、2人がU-2計画について話し合っている際、アイゼンハワーは「国防総省の官僚主義の中でがんじがらめとなったり、各軍のライバル関係からトラブルを被ったりしないよう、この計画は通常と異なる方法で進めなければならないと要求した」という。とりわけ、ソビエトのターゲットに関する情報を必要としていた戦略航空軍団のトップ、カーチス・ルメイ空軍大将は、上空偵察システムにおける主導権を要求していた。

アイゼンハワーは1956年に大統領外国情報活動諮問会議（それ以前は大統領外国情報活動補佐官会議と呼ばれていた）を設置した際、初代議長にキリアンを任命した。キリアンはこの職を63年まで務めている。

1957年10月4日にソビエトが世界初の人工衛星を周回軌道に乗せた後、キリアンはアイゼンハワー大統領の科学担当補佐官となり、大統領科学諮問会議を設置してその議長になるよう要請された。

1977年には回想録『Sputnik, Scientists, and Eisenhower』が出版されている。

【参照項目】衛星、戦略情報、U-2、偵察、ターゲット、国家安全保障会議、上空偵察、CIA、大統領外国情報活動諮問会議

ギルバート、オットー・アッティラ (Gilbert, Otto Attila)

アメリカ国内でハンガリーのためにスパイ行為をした、ハンガリー生まれのアメリカ人。唯一のスパイ行為はアメリカ当局に発覚したが、その中でギルバートが接触していたのは、二重スパイとして活動するアメリカ陸軍士官だった。

1956年に発生したハンガリー動乱は失敗に終わり、ソビエトによる占領統治がその後に続いた。ギルバートは祖国を逃れる避難民の流れに乗って1957年にアメリカ入りし、64年に市民権を取得する。そして1970年代後半のある時、ハンガリー情報機関が実行するアメリカ陸軍への浸透作戦に引きずり込まれた。

この作戦は1977年12月、同じくハンガリー系アメリカ人のヤノス・スモルカ准尉が母に会うべくブダペストを訪れたことが発端となっている。西ドイツのマインツに駐留する陸軍犯罪捜査班に所属していたスモルカが母親の自宅にいたところ、家族の友人に脇へ引っ張られ、「政府の代理人」が個人的に会いたがっていると告げられた。その男はラヨス・パーラキといい、ハンガリーの情報機関に所属しているとのことだった。パーラキの話では、ハンガリーのためにスパイ行為をしてくれれば、最も近い血縁である母親と妹に「便宜を図る」という。スモルカは軍の状況説明において、このようなこと

は東欧諸国に親族がいる兵士に過去何度もあったことだと告げられていた。しかしこうした脅迫行為を当局に通報した人物がどれほどいたのかは謎のままである。

スモルカは後に通報した。そしてアメリカ陸軍の防諜部門による指示の下、ハンガリー情報機関に協力する振りをし、1980年にジョージア州オーガスタ近郊のフォート・ゴードンへ転属した後もそれを続けた。スモルカはウィーンでパーラキと会い、ハンガリーとパリの便宜的住所に無害な資料を送った。1981年初頭にウィーンで行なわれた会合の際、パーラキは非機密資料のフィルム16巻に対して3,000ドルを支払った。さらに、自分が欲しているのは秘密資料だと念押しした上、兵器及び暗号システムに関する機密資料を渡せば10万ドルを支払うと持ちかけた。

スモルカはアメリカ国内で活動するソビエトのエージェントと会わせてくれるよう求めた。1982年4月17日、ニューヨーク州フォレスト・ヒルに住んでいたギルバートがオーガスタに姿を見せる。スモルカはギルバートに機密資料を渡し、4,000ドルを受け取った。そのやりとりを監視していたFBIがギルバートを逮捕した。終身刑の可能性に直面したギルバートは司法取引を求め、機密軍事文書を受け取って送信した罪を認めた。その結果、他のスパイ容疑3件は取り下げられ、禁固15年の判決を言い渡された。

【参照項目】二重スパイ、傍聴、ウィーン、便宜的住所、暗号システム、FBI

ギルモア、ジョン (Gilmore, John 1908-?)

作家、イラストレーター、そしてスパイだった人物。ヴィリー・ヒルシュとしてドイツで生まれたギルモアは14歳の時にアメリカへ送られ、親族のもとで暮らした。やがて作家兼イラストレーターとしてコリエーズ紙やサタデー・イブニング・ポスト紙に署名入り記事を寄稿する一方、ライフ誌にイラストを売り、『New York, New York』や『City of Magic』といった書籍を出版した。

1936年には『Soviet Russia Today』誌で勤務すべくソビエトに赴いた。そしてアメリカへ帰国した直後、GRU（ソビエト軍参謀本部情報総局）のために航空写真を集め始める。またソビエトが求める情報を集める際には、他の何名かの手も借りた。だがそのうち2名は二重スパイで、ギルモアの活動をFBIに通報した。

国際連合に勤務するロシア人、イーゴリ・メレフと会合を重ねた後、ギルモアは1960年10月23日に逮捕された。スパイ行為によりシカゴの連邦大陪審で起訴されたが、国外退去を条件にメレフが釈放されたため、裁判が開かれることはなかった。その後ギルモアも釈放され、1961年7月21日に家族と共にドイツ経由でチェコスロヴァキアへ移り、市民権を取得した。

ギルモアの釈放は、前年7月1日にソビエト軍戦闘

機によって撃墜されたアメリカ空軍士官2名とのスパイ交換の一環として行なわれたものだった（「撃墜」を参照のこと）。

【参照項目】GRU、イーゴリ・メレフ、国際連合、スパイ交換

義和団 （Boxers）

　中国の秘密結社。西洋での名称はボクサーズ。この組織は中国に在住する西洋人についての情報を集めていたが、こうした秘密結社の原動力である外国人への不信感は現代もなお残っており、中国国民党及び中華人民共和国の情報機関に影響を及ぼしている。

　義和団は「正義の拳」をもって清国政府を打倒し（訳注：義和団はあくまで排外運動が中心であり、この記述は太平天国の乱と混同したものと思われる）、満洲人の黙認のもと中国を乗っ取ろうとしている「鷲鼻の悪魔（西洋人のこと）」を追い払うと誓った。また排外組織のみが中国の必要とする秘密情報をもたらせると信じていた。

　1899年、「扶清滅洋」をスローガンに掲げた義和団はキリスト教徒に対する迫害を始め、スパイや暗殺者を用いて中国全土に恐怖を広めた。そして翌年7月、西太后は義和団の力に屈服し、全ての外国人を殺害するよう命じる（訳注：実際には外国勢力に対する宣戦布告）。それに対し8ヵ国連合軍が首都北京を占領、宮廷勢力を追放すると共に義和団を鎮圧した。

キング，ジョン・H （King, John H.）

　ソビエトに情報を流したイギリス外務省の暗号事務官。機密を扱う立場にあったためNKVD（ソビエト内務人民委員部）の標的にされた。

　第1次世界大戦中は陸軍に所属し、大尉の階級で暗号担当者となった後はダマスカスとパリで勤務、1918年の休戦後はドイツに赴任する。その後1934年に外務省の通信部署へ転籍、ジュネーヴの国際連盟に送られた。

　妻と別居していたキングは、1935年にジュネーヴで出会ったアメリカ人女性を愛人にするものの、やがて収入の範囲内で暮らすことが難しくなった。ソビエトによるスパイ行為への勧誘は慎重にゆっくりと行なわれた。勧誘にあたったのはオランダの有名な芸術家、アンリ・クリスティアーン・ピークである。ピーク夫妻はキングと愛人をもてなし、ヨーロッパの贅沢な休暇を送らせた。

　その後ロンドンを訪れたピークは偽旗作戦を実行に移し、オランダ人銀行家のために国際関係についての内部情報を手に入れたいとキングに告げた。キングとしてはピークの友人を助けられると共に、喉から手が出るほど必要な金を手に入れられる。かくしてピークの提案に乗ることとなった。

　キングは機密資料をピークに渡し始めた。それらはロンドンのアパートメントで撮影された後キングに戻された。資料の一部——イギリス政府職員間の秘密電文——は特に重要だと見なされ、ソビエトの独裁者ヨシフ・スターリンのもとに直接届けられた。

　イギリス当局は1937年に亡命したNKVDの元職員、ウォルター・クリヴィツキーの証言により、巧みに配置されたスパイが高レベルの政治機密をソビエトに提供していると確信しており、1939年の時点で外務省保安部の疑いはキングに向けられていた。2名の保安職員がある日の夜にカーゾン・ストリートのパブでキングと会い、ウイスキーを次々と飲ませる。そして泥酔したキングは、ソビエトのために働いていることを認めたのだった。

　逮捕後の1939年10月18日に中央刑事裁判所で秘密裁判にかけられたキングは、自らの罪を認めた。その結果禁固10年を言い渡されたが、第2次世界大戦開戦後に模範囚として罪を免除されている。

【参照項目】NKVD、偽旗作戦、ウォルター・クリヴィツキー

キング，ドナルド・ウェイン （King, Donald Wayne）

　ルイジアナ州ベル・チャスの海軍航空基地に配属されていた航空兵。1989年、海軍捜査局（NIS）のエージェントによって逮捕された後、共謀してスパイ行為に携わり、政府の資産を盗み出した罪を認めた。同時にもう1人の航空兵、ロナルド・ディーン・グラフも逮捕されている。

　2人は機密扱いとなっていた15万ドル相当の航空機部品と技術マニュアルをNISの囮捜査官に売り渡した。両名とも捜査官を外国政府の代理人だと信じ込んでいた。また盗まれた物品は海軍の対潜哨戒機P3Vオライオンに関するものだった。

　キングとグラフにはいずれも禁固5年が言い渡された。

【参照項目】海軍捜査局、P3Vオライオン

キングフィッシャー （Kingfisher）

　コンベア社がU-2偵察機の後継として提案した高性能戦略偵察機。ターボジェットエンジンを搭載したB-58ハスラー爆撃機に吊り下げられて空中に上がり、母機が音速を超えた時点で分離されるという計画だったが、後に中止されている。

【参照項目】U-2、偵察

ギンスバーグ，サミュエル （Ginsberg, Samuel）

　「ウォルター・クリヴィツキー」を参照のこと。

ギンペル，エーリッヒ （Gimpel, Erich　1910-2010）

　第2次世界大戦中、潜水艦でアメリカ合衆国へ上陸

したドイツのスパイ。1944年、生粋のドイツ人であるギンペルは、アメリカ生まれのスパイ、ウィリアム・コールポーと共に、Uボートでメイン州の沿岸に上陸した。

2人が出会ったのは、オランダのハーグでSS（親衛隊）が運営していたスパイ養成機関においてである。ギンペルはエージェントとして活動していたスペインから帰国した直後だった。1944年10月6日、ギンペルとコールポーはU-1230に乗り込んでアメリカへ向かう。そして11月29日の夜、2人はメイン州バー・ハーバーに程近いフレンチマン湾の人里離れた海岸にゴムボートで上陸した（上陸に関する詳細はウィリアム・コールポーの項を参照のこと）。

ギンペルはペルーの鉱山会社で無線技師として働いていた1935年にスパイとして勧誘され、リマのドイツ大使館で勤務する駐在武官から、港を出入りする船や貨物に目を光らせるよう命じられた。アメリカが第2次世界大戦に参戦した直後の1942年1月、ペルーはアメリカの側に立って参戦し、ドイツとの国交を断絶する。ギンペルはアメリカへ追放され、同年8月に中立国スウェーデンの船でドイツへ送還されるまで、テキサス州の外国人収容所に拘束された。

送還協定のもと、ギンペルはドイツ軍に入隊することができなかった。かくして、スペイン語に堪能だったこともあり、マドリッドのドイツ大使館とベルリンを行き来する連絡員としてドイツ外務省の下で働き始める。当時のマドリッドは連合国と枢軸国のエージェントが暗躍するスパイのるつぼだった。

1944年夏、ギンペルは初めて正式なスパイ教育を受け、ヴィルヘルム・コラーという偽名を与えられた。ギンペルとコールポーによるスパイ作戦にはマグパイ（カササギ）というコードネームが付けられ、2年間にわたって続けられる予定だった。2人の任務は1944年の大統領選挙に関する情報収集（11月に行なわれたこの選挙戦はルーズベルト大統領の4選という形で終わった）であり、また技術雑誌などのオープンソースから技術情報を集め、そうした情報資料を無線、マイクロドット、あるいは秘密筆記で送信し、また手紙は中立国の便宜的住所に送るよう命じられていた（マイクロドット装置は余りに重く、ギンペルはUボートに残さざるを得なかった）。一方、スパイ網の組織は任務になかった。

ギンペルとコールポーが上陸した5日後、FBIはメイン沖8マイルを航行していたカナダの貨物船が魚雷攻撃を受けたことを知り、Uボートが1944年後半にもなってここまで岸に近づいたからには、エージェントを乗せていたはずだと疑いを抱いた。しかしメイン州沿岸の捜索は空振りに終わった。その間、2人のスパイは1日平均100ドルを費やしてニューヨークの暮らしを楽しんでいた。だが12月21日、コールポーはギンペルのもとを秘かに離れ、26日にFBIへ出頭、ギンペルが買っ

たばかりのスーツやコートを含む彼の特徴を教えた。ニューヨーク市全域で大規模な捜索が行なわれた結果、FBIの捜査官はタイムズ・スクエアの新聞売り場でギンペルを逮捕する。12月30日の出来事だった。

1945年2月6日、軍法会議にかけられたギンペルとコールポーはスパイ行為で有罪とされ、絞首刑を宣告された。後にトルーマン大統領は終身刑への減刑を命じている。

（訳注：ギンペルは1956年の釈放後に西ドイツへ送還され、2010年にサンパウロで死去した）

【参照項目】潜水艦、ウィリアム・コールポー、駐在武官、ベルリン、密使、コードネーム、オープンソース、秘密筆記、便宜的住所、スパイ網、FBI

クイックシルバー （Quicksilver）

ノルマンディー上陸日（Dデイ）に関する複雑な欺瞞作戦を指すコードネーム。連合軍の上陸地点がパ・ド・カレであるとドイツ側に信じ込ませることが目的だった。「アメリカ陸軍第1軍集団」も参照のこと。

【参照項目】Dデイ

クイーン・アンズ・ゲート （Queen Anne's Gate）

ロンドンのセント・ジェイムズ公園の向かい側、クイーン・アンズ・ゲート16番地から18番地にかけて所在する小さな家屋。1884年から1901年までイギリス陸軍の情報部門が入居していた。

クイーン・アンズ・ゲート21番地の家屋はMI6初代長官マンスフィールド・カミング海軍大佐（在任期間1909年～23年。「C」の略称で呼ばれていた）のオフィス兼公邸として使われており、カミングは公邸とブロードウェイのMI6本部との間に秘密通路を建設させている。

カミングの後継者──同じく「C」と呼ばれた──も、テムズ川南岸のヴィクトリア・エンバンクメントに建つ近代的なセンチュリー・ハウスにMI6が移転する1966年まで、クイーン・アンズ・ゲートの家屋を公邸とした。

【参照項目】MI6、マンスフィールド・カミング、C、ブロードウェイ、センチュリー・ハウス

偶然によるターゲット （Target of Oppotunity）

予期せず情報作戦のターゲットとなった人物、機関、施設、あるいはエリアのこと。

ククリンスキー、リシャルト （Kuklinski, Ryszard　1930-2004）

1972年から亡命する81年まで、ソビエトの軍事計画に関する情報をCIAにもたらしたポーランド軍士官。

1981年11月上旬、ククリンスキー夫妻と彼らの息子（複数いたものと思われる）は、CIAの支援を受けてポ

ーランドから西側に脱出した。12月13日の戒厳令に基づく労働団体「連帯」への弾圧において、ククリンスキーはその立案に関わっていた。

ポーランド当局がククリンスキーのスパイ行為に初めて気づいたのは、彼が職場に顔を見せなかった11月6日のことだった。欠席裁判の結果有罪とされ、死刑を宣告される。ククリンスキーは推定35,000ページに上る機密文書をCIAに渡していた。

ワシントン・ポスト紙は1986年に「金のためでなく、ソビエト及び（ポーランドの）軍事政権が祖国に為したことを憎んでいたために（CIAの）エージェントを務めた、勇敢な人物」であると評した。ポーランド政府は1995年にククリンスキーへの嫌疑を取り下げている。その後1998年4月にポーランドを訪れたが、反応は複雑なものだった。
【参照項目】CIA

グスタヴ （Gustavus）

「ベネディクト・アーノルド」を参照のこと。

クズネツォフ、フョードル・フェドトヴィチ
（Kuznetsov, Fedor Fedotovich 1904-1979）

1943年から46年までGRU総局長（1945年6月まで局長）を務めた人物。また第2次世界大戦前後は軍内部を標的とした血の粛清でも主要な役割を演じた。

モスクワの工場労働者で共産党員でもあったクズネツォフは1938年に赤軍へ召集され、政治総局の副総局長となる。この立場にあった彼はGRUを含む赤軍内部の大粛清を積極的に推進した。

1943年、前任者の突然の更迭を受けてGRU局長に就任する。1943年11月28日から12月1日にかけて開催されたチャーチル、ルーズベルト、スターリンらによるテヘラン会議の実現に尽力した後、大将に昇進。また1945年のヤルタ会談とポツダム会談においても重要な役割を果たした。

クズネツォフによる指揮の下、GRUはアメリカの核技術を盗み出すことに力点を置いた（「原爆スパイ網」を参照のこと）。

1948年、ソビエト軍政治総局長に就任する。1953年3月にスターリンが死去するまでその地位にあったが、スターリンの死後はソビエト国防省人事総局長に降格した。その後は軍事アカデミー校長を経て、北方軍集団の政治局長としてキャリアを終えている。1969年に退役。
【参照項目】GRU

グゼンコ、イーゴリ・セルゲイエヴィチ
（Gouzenko, Igor Sergeievitch 1919-1982）

オタワのソビエト大使館で勤務していた暗号官。彼の亡命はソビエトのスパイ活動に関する情報を西側にもた

らしたが、そうした活動の主な目的は原爆開発の秘密を盗み出すことだった（「原爆スパイ網」を参照のこと）。

グゼンコはモスクワ工科大学とモスクワ建築大学で学んだ後、1941年に軍事情報学校へ送られ、次いで赤軍の情報機関GRUに配属された。第2次世界大戦では士官として実戦に参加し、43年夏にソビエト大使館付の暗号官としてオタワへ派遣される。グゼンコ自身は飛行機で赴き、第1子を身ごもっていた妻のスヴェツラナは海路カナダへ行くことを許された。

カナダでは任務を遂行しつつ、西側の生活を夫婦揃って楽しんだ。しかし1944年9月、グゼンコはソビエト連邦への帰国という思いがけない命令を受け取る。帰国命令は後に延期されたが、その間に夫妻は決して帰国すまいと決断した。

1945年9月6日、グゼンコは再び妊娠していたスヴェツラナと幼い息子を伴ってカナダ政府への亡命を試みたが、カナダ当局は最初それを拒否した。そのため、王立カナダ空軍の下士官である隣人が一家を保護している。その後ようやく、グゼンコの重要性と、彼が危険に晒されている事実を知った政府は安全な隠れ家を提供した。

グゼンコ本人の供述と彼が持参した資料によって、カナダにおけるソビエトの大規模なスパイ網の存在が明らかになり、GRUのオタワ地区担当官（レジデント）ニコライ・ザボーチン大佐と、原子力学者のアラン・ナン・メイら原爆スパイの摘発につながった。メイはじめ10名の原爆スパイ関係者はいずれも刑務所に送られている。またグゼンコは、アメリカ国務省職員のアルジャー・ヒスがソビエトのスパイであるとも示唆しているが、彼のもたらした証拠は決定的なものではなかった。

カナダ当局はグゼンコ一家に秘密の隠れ家と新たな名前を与えた。グゼンコは定期的にカナダのテレビ番組に出演してソビエトのスパイ活動を論じたが、常に黒いフードを被っていた。また自らの亡命劇を『This Was My Choice』（1984）で記し、映画『The Iron Curtain』のモデルにもなっている。グゼンコはその後もカナダで暮らしつつ、何冊かの小説を執筆した。
【参照項目】GRU、レジデント、ニコライ・ザボーチン、アラン・ナン・メイ、アルジャー・ヒス

クチンスキー、ウルスラ （Kuczynski, Ursula 1907-2000）

レッド・オーケストラ及びルーシー・スパイ網のメンバーだったソビエトのエージェント。原爆スパイ網に所属するクラウス・フックスの連絡員も務めた。チャップマン・ピンチャーは著書『Too Secret Too Long』（1984）の中で「歴史上最も成功した女性スパイ」と評している。また変名としてルース・ウェーバー及びルース・ハンブルガー・ブルトンという名前も用いていた。

ベルリン生まれの彼女は共産主義者の父を持ち、自身

も 17 歳の時に共産党青年連盟へ加わった。その後家族ぐるみでイギリスに移住する。ロバート・チャドウェル・ウィリアムスによるフックスの伝記『Klaus Fuchs: Atom Spy』(1987) によると、イギリス保安部 (MI5) は 1928 年の段階ですでにクチンスキー本人、父親、そして兄ユルゲンに関する情報を集めていたという。

1929 年、クチンスキーはドイツでロルフ・ハンブルガーと結婚し、翌年には上海へ赴くようソビエト情報機関から命じられる。そこで彼女はアグネス・スメドレー、リヒャルト・ゾルゲ、そしてロジャー・ホリスと出会ったようである。ゾルゲはクチンスキーに対し、ソビエト軍の情報機関 GRU のためにイリーガルとして働くよう説得した。彼女は自宅のアパートメントをゾルゲの会合場所として使うことを許し、またこのグループの連絡員を務めた。この時ゾルゲから「ソニア」というコードネームを与えられているが、スパイ活動を終えるまでずっとこれを用いたとされる。

1932 年 12 月、ゾルゲはモスクワに対し、ソニアが有能なエージェントであると報告した。34 年 4 月には日本が支配する満洲国の首都、奉天に派遣され、抗日勢力とモスクワとの連絡を保つ任務にあたる。次いで翌年 5 月に北京へ派遣されるものの、上海におけるゾルゲの後継者が逮捕されたのを受けて程なく中国を離れた。

ヨーロッパに戻ったクチンスキーはロンドンで暮らす両親のもとを訪れてから、ハンブルガー一家についてポーランドへ移った。そこでは夫ロルフも GRU の指揮下で働いた。彼女はさらなる訓練を受けるべく 1937 年 6 月にモスクワへ赴き、外国市民に与えられるものとしては当時最高位の赤旗勲章を授与されると共に、GRU 少佐の階級を与えられている。

1938 年に入り、クチンスキーはレッド・オーケストラ及びルーシー・スパイ網の活動拠点スイスに送られる。ルーシー・スパイ網のメンバーの 1 人に、スペイン内戦で国際旅団に加わったイギリス人、アレキサンダー・フートがいた。フートは同じく国際旅団で戦ったレン・ブルトンを彼女に紹介している。GRU はロルフと離婚してブルトンと再婚するよう命じた。そうすればイギリス国民となってイギリスのパスポートを入手できるからである。クチンスキーは 1940 年 2 月 23 日にブルトンと結婚し、5 月にイギリスのパスポートを取得。そしてイギリスへ戻り、直後に新郎もその後を追っている。

ドイツでクチンスキーの乳母をしていた「オロ」は、一家と共にイギリスへ移り住むことを望んでいた。しかしそれが叶えられないと知り、クチンスキーとブルトンのスパイ行為をスイスのモントレーに駐在するイギリス領事代理に通報したが、あっさり無視された。1941 年 2 月に子供 2 人とイギリスへ到着したクチンスキーはオックスフォード近くに居を構え、同年春からソビエトへの無線送信を始めている。

1942 年のある時、フックスはクチンスキーの兄ユルゲンと接触した。2 人とも共産党員だったことから、互いをよく知っていたのである。ユルゲンはフックスとウルスラを接触させ、原爆開発に関するフックスの情報をウルスラ経由でロンドンのハンドラーに引き渡す、また無線でモスクワに送信する段取りを整えた。

1947 年 6 月、MI5 職員 2 名と地元警察の刑事がスパイ活動についてウルスラ夫妻に尋問しようと試みた（西側に離反したフートから名指しされたためと思われる）。「彼らは丁重かつ静かに私たちのもとを去った。しかし成果は何もなかった」と、クチンスキーは後に記している。そして防諜当局がこれ以上一家に関心を抱くことはなかった。

クチンスキーと子供 2 人は 1950 年——公的秘密保護法違反でフックスが裁かれる前日——に休暇で東ドイツを訪れ、ブルトンも同年後半に東ドイツの家族を訪ねている。後にルース・ウェーバーのペンネームで執筆した自伝『Sonya's Report』(東ドイツでは 1977 年に、イギリスでは 1991 年に刊行) の中で、彼女は次のように記している。「MI5 は私とフックスを結びつけられないほど愚かだったか、またはこれ以上の事実が暴露されれば自分たちの名誉が傷つくと考えて私たちを逃したかのいずれかだろう」またイギリス版のあとがきでこう述べている。「私が活動したあの 20 年間、スターリンのことは頭になかった。私たちはソビエト連邦の人々による戦争阻止の努力を助け、ドイツファシズムとの開戦後は勝利を収めるべく手を貸したのである」

クチンスキーがイギリスに戻ることはなく、1969 年には 2 度目となる赤旗勲章を、78 年にはカール・マルクス勲章を授与されている。

【参照項目】レッド・オーケストラ、ルーシー・スパイ網、原爆スパイ網、クラウス・フックス、密使、チャップマン・ピンチャー、ベルリン、MI5、アグネス・スメドレー、リヒャルト・ゾルゲ、ロジャー・ホリス、GRU、イリーガル、コードネーム、アレキサンダー・フート、ハンドラー、防諜、公的機密保護法

クチンスキー、ユルゲン (Kuczynski, Jürgen 1904-1997)

イギリスで活動したソビエトのエージェント。ソビエトのスパイ「ソニア」を妹に持つ（「ウルスラ・クチンスキー」を参照のこと）。

1930 年にドイツ共産党 (KPD) へ入党、その後ソビエト軍の情報機関 GRU から勧誘を受けて 36 年にベルリンへ送られ、ナチ政権打倒を目指す共産党の活動を支援した。

第 2 次世界大戦が近づくと難民としてイギリスへ渡り、GRU のために働きつつイギリスにおける KPD 地下組織のトップを務める。またイギリス共産党との関係を築き、複数の都市で共産主義グループを組織した。

1940年1月に保安上の危険人物として収監されるものの3ヵ月で出所し、戦時中はGRUエージェントとして活動を続ける。1941年にイギリスの原子物理学者クラウス・フックスをソビエトの連絡員に紹介したのもクチンスキーだった。

1944年9月、ロンドンのアメリカ大使館はクチンスキーに対し、アメリカ戦略爆撃調査団に加わって連合軍の爆撃がドイツの戦争努力に与えた影響を評価するよう求めた。この要請により、彼はアメリカ陸軍中佐に任命される。クチンスキーがこの任務から得た情報は、ソニアの無線機を通じてモスクワに送られた。またより価値のある他のアメリカ関連情報も、今やアメリカ軍の様々な情報配布リストに名を連ねているクチンスキーのもとに流れ込んだ。

1945年11月、クチンスキーは東ドイツへ姿を消した（訳注：その後経済学者として業績を残した）。

ソビエトから与えられたコードネームは「カロ」である。

【参照項目】エージェント、GRU、ベルリン、クラウス・フックス、コードネーム

クチンスキー、ロベルト・ルネ
（Kuczynski, Robert René 1876-1947）

ソビエトのスパイ、ユルゲン・クチンスキーとウルスラ・クチンスキーの父。ポーランド生まれのクチンスキーは経済学者にして観念的共産主義者であり、ドイツの左翼政党に深く関わった後、1933年にイギリスへ移住した。

クチンスキーは娘のスパイ活動を知っており、1941年に彼女がイギリスに赴いた際は手を貸している。

【参照項目】ユルゲン・クチンスキー、ウルスラ・クチンスキー

靴 （Shoe）

パスポートを指すロシアの俗語。

クッキー・レディ （Cookie Lady）

ベトナム戦争下のサイゴンで大規模スパイ網の一員と信じられていたものの、実はただのクッキー売りだった人物。1970年代初頭、アメリカ海軍の情報士官のもとに、サイゴンのオフィスで勤務するベトナム人が海軍の廃棄資料を「焼却袋」から持ち出し、近くの街頭でクッキーを売る女性に渡しているという情報がもたらされた。

大規模なスパイ網の一端を突き止めたと信じ込んだ海軍捜査局は、士官を派遣してクッキー・レディを監視させた。そうして士官がクッキーを3枚買ったところ、彼女はなんと海軍の機密文書にそれを包んだのである。

クッキー・レディは商品を包むために海軍の従業員か

ら屑紙を買っていたのであり、両者とも英語は読めなかった。トーマス・A・ブルックス少将とウィリアム・H・マンソープ大佐は『Naval Intelligence Professionals Quarterly』の中で次のように記している。「我々が突き止めたのは諜報活動ではなく全くの個人事業だった。しかし物理的な保安体制の杜撰さも明らかになったのである」

【参照項目】海軍捜査局

クック、クリストファー・M （Cooke, Christopher M.）

タイタン戦略ミサイルの発射基地で勤務中、ワシントンDCのソビエト大使館を訪れ、戦略ミサイル情報の売却を持ちかけたアメリカ空軍の士官。その前にも大使館へ電話をかけていたが、囮だと疑ったのかソビエト側は彼の申し出を拒絶している。1980年12月23日、クックはワシントンDCのソビエト大使館を訪れ、機密資料から写した手書きのメモを50ドルで売り渡した。

クリスマス休暇の後、クックは所属しているカンザス州マコンネル空軍基地に戻った。そこで機密資料を集め、翌年5月2日に再びソビエト大使館を訪れたが、その日は閉鎖されていた。

前年12月に大使館を訪れた際、そこからヴァージニア州リッチモンドの自宅に電話をかけたことで、クックは監視の対象となる。そしてFBIによる電話盗聴の結果、彼は逮捕された。だがクック自身はスパイ行為を認めたものの、尋問の際の不手際によって、軍事法廷は彼を軍法会議にはかけられないと判断した。その後、勤続わずか1年で空軍から除籍されている。

クックは修士号を取得しており、外国大使館に情報を持ち込んだアメリカ人としては恐らく最高学歴である。ソビエト側との取引においては「マーク・ジョンソン」という偽名を用い、自らに「スコーピオン」というコードネームを与えている。

【参照項目】囮、飛び込み

靴屋 （Shoemaker）

偽造の専門家を指すロシアの俗語。

クーパー、ジェイムズ・フェニモア
（Cooper, James Fenimore 1789-1851）

2作目の小説『The Spy』（1821）が大ヒットとなったアメリカ初の有名作家。本書はジョージ・ワシントン将軍の下で無償のスパイ活動に従事した架空の人物、ハーヴェイ・バーチの活躍をモチーフにした歴史小説であり、法律家のジョン・ジェイから聞いたエノック・クロスビーの功績が、主人公バーチを生み出した基になっている。

本書の正式タイトルは『The Spy: A Tale of the Neutral Ground』である。クーパーは他にも多数の小説

を執筆したが、最も有名なのは『The Last of the Mohicans』（1826）だとされている。

アメリカ開拓地で育ったクーパーは1806年から11年までアメリカ海軍に所属した。その後はニューヨーク州北部へ移り住み、農場主になろうと試みる。しかし妻相手に小説を朗読している最中、クーパーはこれよりもいいものを書けると宣言した。妻は是非そうするようにと夫を挑発し、その結果生まれたのが1820年に出版された『Precaution』である。売れ行きは芳しくなかったものの、続く『The Spy』の大成功によって本格的な文筆生活に入った。

クーパーは社会批評家でもあり、彼の小説は個人の自由と私的所有権に重点が置かれている。

【参照項目】ハーヴェイ・バーチ、ジョージ・ワシントン

グライフ作戦 （Greif）

第2次世界大戦のバルジの戦いにおける奇襲作戦を指すドイツのコードネーム。グライフはギリシャ神話に登場する頭部と前脚がワシで、胴体と後ろ脚がライオンの怪獣「グリフィン」のことだが、誘拐する習慣があることから英語では「スナッチ」と訳された。

グライフ部隊は1944年12月のバルジの戦いに備えて組織された。オットー・スコルツェニーによる指揮の下、約3,300名のドイツ兵がアメリカ兵の軍服を身にまとい、鹵獲したアメリカ軍の軍用車、武器、装備を使って前線後方で混乱を引き起こすと共に、ミューズ川の各橋梁を奪取するのが目的だった。また奇襲部隊には英語を話せる兵士が150名ほど所属していた。

スコルツェニーの偽造GI部隊は通信線を切断したり、道路標識を改ざんしたりする一方、ドイツの奇襲に驚いたアメリカ軍にGI間の情報をもたらして混乱に陥れた。パリ郊外のベルサイユに駐屯する連合国の遠征軍司令部では、スコルツェニー率いる暗殺部隊がドワイト・D・アイゼンハワー大将を標的にしているという噂が流れ、護衛が追加されるほどだった。

作戦中、3名の偽アメリカ兵が逮捕され、スパイとして処刑されている（訳注：他にも多数のドイツ兵が処刑された）。

【参照項目】オットー・スコルツェニー

クライン、レイ・S （Cline, Ray S. 1918-1996）

元CIA次官。アメリカのインテリジェンス・オフィサーで最も経験豊富かつ尊敬を集めた人物とされる。

ハーバード大学で博士号を取得した後オックスフォード大学で学んだクラインは1942年に海軍の暗号解読者となり、1943年から45年にかけて戦略諜報局（OSS）で勤務した。その後は1945年から49年まで戦史担当官として陸軍に在籍、第2次世界大戦における陸軍の意志決定を記した公式戦史『Washington Command Post』（1951）の執筆にあたった。

1949年にCIAが新設された際はそこへ加わり、1951年から53年までロンドンで勤務、その後はCIA本部の様々なポジションに就き、1958年から62年にかけては台北支局長として中国本土に対する工作活動を監督した。その後1962年から66年まで情報担当次官を務め、キューバミサイル危機では主要な役割を演じている。

長官のウィリアム・F・レイボーン中将と政策上の意見の相違で対立したクラインは、1966年にフランクフルト支局長へと左遷され、69年までボンのアメリカ大使館で顧問を務めた。帰国後は情報研究局長に就任している。

1973年11月にCIAを退職したクラインは、諜報関係者に対するものとしては最高位にあたる情報功績章を授与された。

退職後はジョージタウン大学戦略国際問題研究所の所長となり、次いでアメリカ国際戦略会議の議長を務めた。

情報活動に関する多数の記事や論文を執筆すると共に、『Secrets, Spies, and Scholars（邦題・CIAの栄光と屈辱：元副長官の証言）』（1976）、『The CIA Under Reagan, Bush & Casey』（1981）などの著書がある。

【参照項目】CIA、インテリジェンス・オフィサー、戦略諜報局、キューバミサイル危機、中央情報長官、情報研究局

クラスター （Cluster）

冷戦期にアメリカ海軍情報局が用いたコードワードのうち、ソビエトに関係する計画や活動を指すものに付けられた接頭辞。例えばソビエトの機雷にはクラスター・ベイやクラスター・ガルフ、海底音響監視システムにはクラスター・ランスといったコードワードが付与された。

クラスター・カーヴとクラスター・アイランドは、ソビエト艦船に搭載された核兵器を探知すべくガンマ線と中性子を同時に検知する能力を持った、アメリカ海軍のシステムを指す名称である。このシステムは第157タスクフォース（TF157）が運用する小型ボートに搭載することができた。

1970年代にTF157と国防地図局が地中海で実施した、重力によるミサイル軌道への影響を測定する作戦はクラスター・スペードと呼ばれている。この作戦は小型貨物船を改造した偽装船によって行なわれた。

クラスター・ネプチューンは海軍情報局が1973年に実施した秘密研究であり、ベトナム戦争に対するソビエトの認識と、それがソビエト海軍の計画及び戦略に与える影響を分析するために行なわれた。

クラスニー・カペル (Krasney Kapel)

「レッド・オーケストラ」を参照のこと。

クラソフ、ウラジーミル・ワシリエヴィチ

(Kurasov, Vladimir Vasilievich 1897-1973)

1949年にGRU総局長を務めたソビエト軍の将校。

1917年の10月革命でボルシェビキ側についたロシア帝国軍士官のクラソフは、1940年に赤軍参謀本部の作戦局長代理となるまで主に参謀畑で勤務した。第2次世界大戦が始まるまで局長代理を務めた後、第4突撃軍の司令官に転出している。

戦後はオーストリア占領ソビエト軍の司令官に転じた。陸軍大将昇進後の1949年2月にはGRU総局長となり、同年後半に参謀本部アカデミー校長を拝命している。その後1956年から61年まで参謀次長を務めた。

【参照項目】GRU

クラブ (Club, The)

「ルーム」を参照のこと。

グラーフ・ツェッペリン (Graf Zeppelin)

ドイツの旅客飛行船。正式名称はLZ130。1939年にイギリスのレーダー施設を対象とする電子的監視任務に用いられた。前年に完成したグラーフ・ツェッペリン——この名称を持つ飛行船としては2代目にあたる——は当時最先端の商業飛行船だった。

建造後は飛行試験が行なわれたものの旅客運輸に従事することはなく、1939年春からフランクフルトを拠点としてドイツ空軍の偵察任務に就き、イギリスのレーダー電波の波長測定やレーダー基地の位置特定に用いられた。飛行船が用いられたのは、当時の航空機は航続距離が短く、上記の任務に必要な電子装置の搭載スペースも不足していたからである。最初の偵察飛行は1939年5月下旬に実施された。

電子装置の問題が原因で有益なデータは得られず、8月初旬に行なわれた2度目の飛行でも有益な情報の入手に失敗している。最初の偵察飛行ではイギリスのレーダーによる追跡を受けたが、2度目の飛行は気づかれることなくレーダーの目を逃れた。しかし飛行船は非常に目につきやすく、ロンドン・デイリー・テレグラフ紙が偵察飛行を暴露して以降、ドイツ政府は飛行船がドイツから飛び立った、またはイギリス沿岸に接近した事実を否定した。そしてヨーロッパで戦争が始まるとグラーフ・ツェッペリンは地上に係留された。

2代目のグラーフ・ツェッペリンはドイツが生産した最後の硬式飛行船であり、130機目にあたることからLZ130の呼称が与えられた。

（1928年に建造された初代のグラーフ・ツェッペリン〔LZ127〕は10年間にわたって旅客運輸に従事し、37年6月に退役するまで590回の飛行を行なった。また初の大西洋横断長距離飛行を成功させ、112時間でアメリカに到着している。それに先立つ29年には世界一周飛行を実施、途中様々な場所に立ち寄り、各地の港で7日間を費やしつつわずか21日強で世界一周を成功させている。同じ年には北極調査に従事し、翌年にはグラーフ・ツェッペリンによる南アメリカへの定期便が開設された）

ドイツ空軍最高司令官ヘルマン・ゲーリングの命令によって2隻のグラーフ・ツェッペリンは1940年に解体され、機体のアルミニウムは戦闘用航空機に転用された。

【参照項目】レーダー、監視

クラブ、ライオネル (Crabb, Lionel 1910-1956)

船員、アメリカのガソリンスタンド店員、イギリスのビジネスマン、写真家、そしてイギリス海軍の潜水士だった人物。ソビエト巡洋艦に対する情報収集任務で殺害された。"壊し屋"クラブの名で知られていた彼は、イギリス海軍で最も有名な水中破壊工作の専門家だった。

第2次世界大戦が始まった際、クラブは船員として商船に乗っていた。1940年にイギリス海軍警備隊へ入隊、翌年に任官するも、左目の視力が弱かったので海には出られなかった。そこで掃海部隊へ志願し、1942年にジブラルタルへ派遣される。ここでクラブら海軍の潜水士は、イタリアの潜水工作員や「人間魚雷」からイギリスの艦艇を守った。連合軍の進攻が始まった時も、クラブはイタリアの港で掃海作業に従事していた。

クラブは1947年に海軍を去ったが、1952年から55年まで現役に復帰して潜水活動に携わる。1956年4月19日、伝えられるところではMI6の秘密任務でポーツマス湾に潜り、ソビエトの指導者ニキータ・フルシチョフとN・A・ブルガーニンを乗せて前日到着した新型巡洋艦、オルジョニキーゼの船腹を調べた。だが後に首のない遺体が湾に上がり、クラブのものと判定された。イギリス政府の公式発表では「死亡したものと思われる」とされている。

グラフ、ロナルド・ディーン (Graf, Ronald Dean)

「ドナルド・キング」を参照のこと。

グランヴィル、クリスティン (Granville, Christine 1915?-1952)

第2次世界大戦中に大きな成果を挙げたイギリスのエージェント。ポーランド貴族のクリスティナ・スカルベック女伯爵として生まれたグランヴィルは魅力的かつ優雅な女性で、10代の時にはミス・ポーランドに輝くほどの美貌を誇っていた。

1939年9月に戦争が始まった際、彼女はエチオピア

のアジスアベバにいた。その後夫を捨ててイギリスへ渡り、秘密情報部（MI6）に志願する。イギリス当局によってブダペストに派遣された彼女はジャーナリストとして活動しつつ、繰り返し祖国に赴いてポーランド人の国外脱出を手助けした。伝えられるところによると、ポーランドへ密入国した際ドイツ当局に逮捕されたことがあったものの、かろうじて逃亡に成功したという。また撃墜された連合軍パイロットの脱出を助けていた時にユーゴスラビア国境で逮捕されたこともあるというが、この時も捕らえた人間をたぶらかして逃れることに成功した。

　その後は中東での活動を経て、イギリス特殊作戦執行部（SOE）による支援の下、フランス南部にパラシュート降下してレジスタンスグループとの連絡役を務めた。

　他に生計を支える手段を持たなかったグランヴィルは、戦後定期船のスチュワーデスとして働いたが、愛人との口論中に刺殺された。

【参照項目】 エージェント、MI6、SOE、密使

クランシー、トム　(Clancy, Tom　1947-2013)

「テクノスリラー」を得意とするアメリカのベストセラー作家。処女作『The Hunt for Red October』から登場するCIA情報分析官のジャック・ライアンは作を重ねるごとに昇進を続け、クランシーの小説10点に登場している（2004年現在）。

　メリーランド州ボルチモアで生まれ育ったクランシーは、保険外交員として働いていた時に『The Hunt for Red October（邦題・レッド・オクトーバーを追え）』（1984）を執筆した。情報関係や軍関係の経歴を持たないクランシーの情報源は『Guide to the Soviet Navy』や『Combat Fleets of the World』などの参考図書、そしてボードゲームの『Harpoon』であり、『The Hunt for Red October』のアイデアは、1975年11月に発生したフリゲート艦ストロジェヴォイの反乱未遂事件から得たという。

　この小説は、ソビエト弾道ミサイル潜水艦の艦長が艦と共に西側へ亡命しようとしていることをライアンが突き止める、という筋書きである。スピーディーな展開と詳細な技術的描写はレーガン大統領の想像力を刺激し、個人的な激賞を受けている。なお映画版（1990）ではショーン・コネリーが主役を演じた。

　ジャック・ライアンは他の9作にも登場している（『Patriot Games（邦題・愛国者のゲーム）』〔1987〕、『The Cardinal of the Cremlin（邦題・クレムリンの枢機卿）』〔1988〕、『Clear and Present Danger（邦題・いま、そこにある危機）』〔1989〕、『The Sum of All Fears（邦題・恐怖の総和）』〔1991〕、『Without Remorse』〔1993〕、『Debt of Honor（邦題・日米開戦）』〔1994〕、『Executive Orders（邦題・合衆国崩壊）』〔1996〕、『Rainbow Six（邦題・レ

インボー・シックス）』〔1998〕、『The Bear and the Dragon（邦題・大戦勃発）』〔2000〕、『Red Rabbit（邦題・教皇暗殺）』〔2002〕）。ライアンは分析官を皮切りに紛争調停人を経て、ついには中央情報長官にまで出世した。

　クランシーは数点のノンフィクションと共に、米ソ対立を描いたフィクション『Red Storm Rising（邦題・レッド・ストーム作戦発動）』（1998）も執筆している。ノンフィクションにはアメリカ軍の高級司令官との共著も含まれており、またアメリカ軍の兵力や作戦について記した一連の「ミリタリー・ガイドブック」をジョン・D・グリシャムと書き上げている。

【参照項目】 CIA、中央情報長官

クリア　(Clear)

暗号化あるいはコード化せず平文のまま送られるメッセージ。

【参照項目】 暗号、コード、平文

クリヴィツキー、ウォルター　(Krivitsky, Walter　1899-1941)

ソビエトの上級インテリジェンス・オフィサーとして初めて西側に亡命した人物。

　サムエル・ギンスバーグの名でソビエト支配下のポーランドに生まれたクリヴィツキーは1917年にボルシェビキ党へ加わり、後にソビエト軍の情報機関GRUでキャリアの第1歩を踏み出した。1923年にドイツで共産主義革命を扇動した後は赤軍参謀を務め、モスクワのGRU本部でも勤務している。1934年にはNKVD（内務人民委員部）に移籍しているが、GRU時代と同じく対外諜報活動に携わった。

　クリヴィツキーはオランダにおけるNKVDのレジデントとして、西ヨーロッパ全域の軍事情報活動を担当した。1937年5月にモスクワへ戻ったものの、その当時はスターリンによる大粛清の嵐が吹き荒れており、情報組織や軍の高官も粛清の対象とされた。彼は報告を終えた後、ハーグへ戻ることを許されている。しかし同年9月にモスクワへの帰還命令を受け、粛清の犠牲となることを恐れ亡命を決断する。その後すぐにパリへ向かい、フランス内務省に亡命を申請した。そしてソビエトのエージェントに2度も命を狙われたにもかかわらず、妻と4歳になる息子と共に無事アメリカへ渡ることができた。

　クリヴィツキーの証言はアメリカ、イギリス、そしてフランス情報機関の興味を大いにそそった。彼は1939年に訪英し、イギリス政府にソビエトの内通者が浸透していることを証言した。その証言は、ジョン・H・キングの逮捕に直接結び付いている。またイギリスで活動する別のスパイについても注意を促した。その人物はロンドンの新聞社に所属する「若きイギリス人ジャーナリスト」で、当時その正体が突き止められることはなかった

が、これはハロルド（キム）・フィルビーのことだった。

ナイジェル・ウエストは著書『MI6: British Secret Intelligence Service Operations 1909-1945』（1981）の中で次のように記した。「クリヴィツキーがもたらした情報の真の価値は、外交官をカバーとしてイギリスで活動するスパイ、及び彼らの情報源数名の正体を突き止めるにあたり、彼が見せた能力と熱意にある」61名に上るソビエトのエージェントがイギリス及び英連邦で活動していることをクリヴィツキーは明らかにしたが、その全てを名指しすることはできなかった。3名は外務省で、また別の3名はイギリス情報機関に所属していたという。さらに、ジョン・キングの名を明らかにした時も、実際には外務省の人間だったにもかかわらず内閣官房の人間だと述べていた。

またクリヴィツキーはソビエトの諜報活動を新聞記事（1939年にサタデー・イブニング・ポスト紙に掲載されたものも含まれる）の中で暴露し、1939年には下院非米活動委員会で証言した。同年には自伝『In Stalin's Secret Service（邦題・スターリン時代：元ソヴィエト諜報機関長の記録）』も出版されている（イギリスでのタイトルは『I Was Stalin's Agent』）。

1941年2月10日の午後、クリヴィツキーはワシントンDCのキャピトル・ヒルにあるホテル・ベルビューの524号室にチェックインし、宿泊代金として2ドル50セントを支払った。翌朝、額を打ち抜かれた彼の遺体をメイドが発見する。部屋には鍵がかけられており、3通の遺書が残されていた。首都警察は自殺と断定したが、ソビエトの暗殺者に殺されたのは間違いない。

クリヴィツキーのコードネームは「グロール」だった。

【参照項目】 インテリジェンス・オフィサー、GRU、NKVD、レジデント、エージェント、ジョン・H・キング、ハロルド（キム）・フィルビー、コードネーム

クリスタル　（Crystal）

「ケナン」を参照のこと。

クリックビートル作戦　（Clickbeetle）

1960年代後半から極東で実行された、アメリカ海軍の情報収集艦による初期の諜報作戦を指すコードネーム。バナーとプエブロが参加したクリックビートル作戦では、4ないし6週間の航海で「ソビエト艦隊及びその他目標に対する戦術的偵察と情報収集」を実施することになっていた。

参加する艦艇は、対象国が主張する領海の少なくとも1海里外側（すなわち海岸から13海里）を航行するよう命じられた（バナーは1967年から70年にかけて16回の哨戒任務に就いたが、プエブロは最初の哨戒任務で拿捕された）。

【参照項目】 プエブロ、偵察

クリッパー・ボウ　（Clipper Bow）

合成開口レーダーによる海洋偵察を行なうために計画されたアメリカ海軍の人工衛星。開発完了前に計画は中止された（ソビエトは同様のレーダー海洋偵察衛星を打ち上げている）。

【参照項目】 衛星、偵察、レーダー海洋偵察衛星

クリッピー　（Crippie）

暗号担当官を指すアメリカ軍の俗語。けなす目的で使われるものではない。「クリーピー（crypie）」とも。

クリーピー　（Crypie）

「クリッピー」を参照のこと。

クリブ　（Crib）

暗号解読の手掛かり。暗号機の不適切な取り扱いなどによって生じる。暗号解読の大半はクリブを基に成し遂げられる。

司令部から各部隊にそれぞれ異なる暗号メッセージを送信した時、その1つが部分的あるいは完全に解読されたとすると、それが第2のメッセージに対するクリブとなる。同様に、毎日決まった時間に天候報告を送信する、あるいは常に同じ文言でメッセージを始めるといった習慣も敵にクリブを与えることになる。

第2次世界大戦中に連合軍が活用したもう1つのクリブの例として、アドルフ・ヒトラーの誕生日にドイツ最高司令部から送信された祝福メッセージが挙げられる。このメッセージは暗号やコードだけでなく、なんと平文で送られることもあったという。

クリブは強制的に発生させられたり誘発されたりすることもある。イギリスは第2次世界大戦において、ドイツ軍が通報することを知りつつ爆撃機を飛ばし、特定の海域に機雷を敷設した。当然、ドイツ軍の報告文に含まれる場所とおおよその内容はわかっていたので、その知識をもっていくつかのエニグマ暗号鍵を解読できたのだった。

【参照項目】 コード、暗号、平文

クリュチコフ、ウラジーミル・アレクサンドロヴィチ
（Kryuchkov, Vladimir Aleksandrovich　1924-2007）

1988年から91年までKGB議長を務めた人物。ソビエト陸軍に短期間所属した後法律専門学校で学び、卒業後の1950年代初頭に検察局へ就職する。次いでブダペストのソビエト大使館に配属され、57年から67年まで外国の共産党を担当する党中央委員会の部署で勤務した。当時そのトップを務めていたのがユーリ・アンドロポフである。

アンドロポフがKGB議長に昇進した1967年、クリュチコフもKGBの一部局のトップに任命され、1978年の時点ではKGB中将として総局の局長を務めている。その後KGB副議長を経て、1988年に議長へ就任した。

クリュチコフはKGBのイメージを高め、西側政治家の「心を捉える」施策を実行に移した。1991年8月19日の反ゴルバチョフ・クーデター未遂事件に加わり、「祖国の裏切り者」として逮捕・収監されたものの、起訴されることはなかった。ボリス・エリツィン政権によって1994年に釈放された後は隠退生活に入り、回想録を執筆している。

【参照項目】KGB、ユーリ・アンドロポフ

グリルフレイム （Grillflame）

「サイキック情報」を参照のこと。

クリーン （Clean）

エージェント、情報資料、施設——便宜的住所やセイフハウスを含む——のうち、これまでの作戦で用いられたことがなく、よって敵の情報機関に知られていないと思われるもの。

グリーン、グレアム （Greene, Graham 1904-1991）

イギリスの小説家にして秘密情報部（MI6）のエージェントでもあった人物。

グリーンは執筆活動と諜報活動に対する自身の態度を『A Sort of Life』（1971）の中で次のように要約している。「私の見るところ……どの小説家もスパイと共通の何かを持っている。目で見、耳で聞き、動機を探り、性格を分析する……」

諜報活動への関心はオックスフォードで学んでいた1924年に遡る。グリーンはロンドンのドイツ大使館から支給された資金を使っていまだ占領下にあるドイツを訪れ、ヴィシー地方のフランス人による反乱行為の予兆を探った。その後1926年から30年にかけてタイムズ紙の編集部で勤務し、次いで39年まで『The Spectator』誌で映画批評を行なった。第2次世界大戦が始まった時点ですでに小説家として名声を確立しており、1932年のスリラー小説『Stamboul Train（邦題・スタンブール特急）』（アメリカでは『Orient Express』として出版）をはじめとするフィクションで知られていた。また『The Confidential Agent（邦題・密使）』（1939）は戦時中のスパイ活動を予感させる作品になっている。

グリーンを諜報の世界に引き込んだのはMI6で勤務する妹のエリザベスだった。しかし法廷に彼の記録があったため、セキュリティー・クリアランスを取り消される。当時子役だったシャーリー・テンプルの主演映画が性を連想させるというグリーンの非難に対し、映画スタジオの重役が激怒して名誉毀損で訴えたためである。結

果として、長官自身がグリーンのMI6入りを個人的に認めた。

グリーンの上司はハロルド（キム）・フィルビーだった。グリーンは後にこう記している。「かくも理想的な上司は他にいなかっただろう。小さな忠誠心は全て同僚たちに向けられていたが、大きな忠誠心がどこを向いていたかは当然我らの与り知らぬ所である」

最初の任地はシエラ・レオネのフリータウンであり、エージェントの管理と、密輸業者やスパイがはびこる沿岸地域の監視が仕事だった。なおフリータウン駐在中には『The Ministry of Fear』（1943）を執筆している。次いでフィルビーの差配により、諜報活動の温床となっていた中立国のポルトガルに送られる。その後1945年にMI6から外務省の政治情報局へ移ったものの、程なく退職した。

戦後、グリーンは西アフリカにおける経験を基に『The Heart of the Matter（邦題・事件の核心）』（1948）を執筆した。また映画『The Third Man（第3の男）』の脚本を書くために占領下のウィーンを訪れた際、ソビエトのインテリジェンス・オフィサーからまだMI6に所属しているのではないかと疑いを抱かれた。犯罪者がウィーンの下水道を用いているとスパイの1人から聞いたグリーンは、そこから逃走シーンの着想を得ている。映画の主役であるハリー・ライムはキム・フィルビーがモデルだと多くの者が信じていた。しかしグリーン自身は新聞記事の中で、フィルビーがスパイだと発覚し、「第3の男」というラベルを貼られる以前からこのフレーズを用いていたと記している。

フィルビーがスパイであると発覚した後、グリーンはこう語った。「私は彼が好きだった。彼が秘密エージェントであることを当時知っていたらどうしただろうかと、自問自答したものだ……例えば酔っている時にでもヒントを聞かされていたら、私は24時間の猶予を彼に与え、それから通報していただろう」

情報活動に関するグリーンの知識は『Our Man in Havana（邦題・ハバナの男）』（1958）ではユーモアとして用いられているが、『The Human Factor（邦題・ヒューマン・ファクター）』（1978）においてはスパイ行為が陰湿かつ非道徳的な行為として描かれている。また、『The Human Factor』に登場する二重スパイ、モーリス・カッスルはフィルビーをモデルにしたものではないと後にグリーンは語っている。「実在の人物をモデルにできるのは、ごくわずかしか登場しない端役だけだと、私は自分の経験から知っている」伝記作家によれば、グリーンは原稿のコピーをモスクワにいるフィルビーへ送り、彼の意見を求めたという。小説の中では、ソビエトの内通者であるイギリス人インテリジェンス・オフィサーが、南アフリカの金をソビエトに渡すまいとイギリスとの間で締結された秘密条約の存在を報告している。そ

の小説が出版された後、同様の条約の存在が明らかになった。伝記作家たちはこうした現象を指し、グリーンが実はイギリス情報機関と接触を保っていたという推測の根拠にしたのである。

『The Quiet American（邦題・おとなしいアメリカ人）』（1955）——及び1958年と2002年に製作された同名の映画——は、フランス領インドシナでジャーナリストとして活動していた際の経験が基になっている。グリーンはそこでアメリカのゲリラ戦スペシャリスト、エドワード・G・ランズデールと出会い、主人公パイルのモデルとした。またCIAエージェントによる謀略活動も目の当たりにしている。小説では人の溢れる広場で爆弾が炸裂した後、パイクが靴の染みを見て「何だ、これは？」と尋ねる。それに対し語り手のイギリス人（グリーン）は「血だよ。初めて見るのか？」と答える。アメリカ人が「初めて本物の戦争を目撃した」この瞬間、ベトナムに対するアメリカの関与が決定づけられたのである。グリーンはまたしても諜報活動という藪の中から歴史上の小さな出来事を見つけ、それを小説の中で記録したのだった。

　グリーンの長兄ハーバートは1930年代に短期間ながら日本のためにスパイ活動を行ない、公表済みの情報源から入手した偽の秘密情報をロンドンの連絡員に手渡した。またスペイン内戦では反乱軍のスパイもしており、『The Confidential Agent』（1939）の背景となっている。『Our Man in Havana』（1960年に映画化された）でイギリスのスパイとなる掃除機セールスマンは、下手な詐欺師だったハーバートがモデルだったと思われる。

【参照項目】MI6、セキュリティー・クリアランス、ハロルド（キム）・フィルビー、インテリジェンス・オフィサー、二重スパイ内通者、エドワード・G・ランズデール、CIA、スパイ映画

グリーングラス、デイヴィッド （Greenglass, David　1922-2014）

　ソビエトの原爆スパイにしてジュリアス・ローゼンバーグの義弟でもあったハリー・ゴールドのために、ロスアラモス国立研究所で連絡員を務めていた人物。1943年にアメリカ陸軍へ入隊後、技術訓練を経てロスアラモスに配属され、原爆製造に関する重要度の低い任務に就く。配属後は実験施設の設計図に加え、1945年8月9日に長崎で投下されたプルトニウム型原爆（ファットマン）のおおまかなスケッチをソビエトにもたらした。

　グリーングラスはスパイ容疑で1950年6月16日に逮捕された。クラウス・フックスから秘密資料を入手していたゴールドによって、スパイ網との関係を暴露されたのが原因である。さらに、44年にアメリカ陸軍情報部が傍受し、50年に解読されたソビエトの情報メッセージによって、捜査対象がグリーングラスに絞られていた（「ヴェノナ」を参照のこと）。

裁判の結果グリーングラスには禁固15年の刑が言い渡された。彼はローゼンバーグ夫妻の有罪を立証する証拠を提出したが、自分の刑を軽くするのが目的だったと思われる。なお釈放は1960年だった。

　ソビエト側のコードネームは「キャリバー」である。「原爆スパイ網」も参照のこと。

【参照項目】ロスアラモス、ジュリアス・ローゼンバーグ、ハリー・ゴールド、コードネーム

グリーンピース （Greenpeace）

「レインボー・ウォーリアー号」を参照のこと。

クルグロフ、セルゲイ・ニキフォロヴィチ

（Kruglov, Sergei Nikiforovich　1907-1977）

　1946年3月から52年11月まで、及び53年6月から56年2月まで内務大臣を務めたソビエトの上級インテリジェンス・オフィサー。それまで国内の治安維持を担当していた内務省（MVD）は、53年3月から国家保安も担うようになった。

　経験豊富な情報・保安職員のクルグロフは1941年から45年まで第1副内務人民委員を務め、国家保安と諜報活動を担当するNKVD（内務人民委員部）でナンバー2の地位にあった。また43年から45年末まで軍防諜機関スメルシの長官、ヴィクトル・アバクーモフの下で勤務した。クルグロフはこの立場を利用し、ヨシフ・スターリン、ルーズベルト大統領、そしてチャーチル首相が出席して1943年11月から12月にかけて行なわれたテヘラン会議、及び1945年2月のヤルタ会談でソビエト代表団の警護を担当した。歴代ロシア皇帝の別荘地である黒海沿いのヤルタにおいて、NKVDは米英の指導者を手厚くもてなしたが、これもクルグロフが個人的に指揮を執ったものである。イギリス代表団スタッフのジョアン・ブライトはクルグロフを「巨大な肩、顔、手、そして足を持つ、これまで目にした中で最も力強く見える人物」と評した。

　しかしそれより重要な事実として、連合国指導者の気まぐれや要望にクルグロフの部下がすぐさま応える一方、十分な警護を行なっていたことが挙げられる。そして当然ながら、クルグロフ配下の専門家が米英指導者及びスタッフに対する監視を怠らなかったのは間違いない。

　（クルグロフはテヘランとヤルタでの働きに対して後に大英帝国勲章を授与されているが、ソビエトのインテリジェンス・オフィサーがこのような栄誉を受けたのは空前絶後である）

　1945年12月、スターリンは諜報活動と弾圧を担当していたラヴレンチー・ベリヤをNKVD長官（内務人民委員）の座から引き下ろし、そのポストをクルグロフに与えた。翌年3月、MVDは人民委員部から省に昇格し、

クグロフも大臣に昇進した。ベリヤによってスメルシの重要なポストを与えられていたものの、ベリヤ派と見なされることはなく、スターリンもベリヤの権力と栄誉に対するバランス役を欲していたのである。

クグロフは7年以上にわたってMVDにとどまった。スターリンの死から2日経った1953年3月7日、ソビエト政府は国家保安機関MGBとMVDを合併し、ベリヤの下で単一の「スーパーMVD」を誕生させた。「MVDのクグロフとMGBの（セミョーン・）イグナチェフはすぐさま失脚したが、いずれも逮捕あるいは処刑されることはなかった。失脚したトップとしては異例のことである」アメリカの情報分析官ジョン・J・ジアクは著書『Chekisty: A History of the KGB』（1988）の中でそう記した。「実際、クグロフはベリヤの副官としてとどまったのである。これはベリヤの過ちだった」

1953年6月26日──スターリンの死からほぼ4ヵ月後──、ベリヤは逮捕された。クグロフは反ベリヤ派に寝返り、その報酬として内務大臣の座を与えられた。ベリア失脚では重要な役割を演じたとされており、またもう1人の副官も追い落としたという。実際、クグロフがベリヤの通話を盗聴した結果、6月27日にクーデターを起こして政府を乗っ取る計画が明らかになったとする記録もある。

MVDは1954年3月のKGB創設に伴って規模を縮小した。国家保安機能はKGBが担うことになり、MVDは国内の治安維持に専念する。1956年2月に開催された第20回党大会の直前、ニキータ・フルシチョフはクグロフを解任した。そして党大会において、フルシチョフはスターリンと警察及び情報機関による恐怖政治を批判したが、その恐怖政治においてクグロフは主要な役割を演じていたのである。

伝えられるところによると、クグロフはかつての弾圧に対する報復を恐れて自殺を図ったという（訳注：他にも諸説あり）。

【参照項目】インテリジェンス・オフィサー、NKVD、防諜、スメルシ、ヴィクトル・アバクーモフ、監視、ラヴレンチー・ベリヤ、KGB

グループ300 (Group 300)

フランスの暗号解読拠点カディクスで1940年の中頃から42年10月まで活動した、ビウロ・シフルフ出身のポーランド人暗号解読者15名を指すコードネーム。彼らは後にイギリスへ渡った。

【参照項目】カディクス、ビウロ・シフルフ、コードネーム

グルンデン、オリヴァー・E (Grunden, Oliver E.)

U-2偵察機に関する機密情報を売り渡そうとして1973年に逮捕されたアメリカ空軍の兵士。アリゾナ州デヴィスモンサン空軍基地の第100部隊整備大隊に所属していた。

逮捕当時わずか19歳だったグルンデンを捕らえたのは、空軍特別捜査局とFBIの捜査官から成るチームだった。軍法会議の結果禁固5年の刑が言い渡され、不名誉除隊とされた。しかし手続き上のミスのため、空軍控訴審は有罪判決を破棄する。再審の結果グルンデンは再び有罪を言い渡されたが、すでに収監されていた日数が判決から差し引かれた。

【参照項目】FBI

グレイ、L・パトリック (Gray, L. Patrick 1916-2005)

FBI長官代行を務めるも、ウォーターゲート事件への関与で辞職を余儀なくされた人物。

48年間にわたってFBI長官を務めたJ・エドガー・フーヴァーが死去した翌日の1972年5月3日、ニクソン大統領はグレイをFBI長官代行に指名した。しかし6月15日、ワシントンDCのウォーターゲートビル内にある民主党全国委員会本部に侵入したとして5名が逮捕される。その結果、ホワイトハウスによる隠蔽工作が明らかになっただけでなく、すぐさまグレイにも引火した。

侵入者はCIAとつながりがあったため、ニクソンはリチャード・M・ヘルムズ中央情報長官に対して、FBIの捜査を中止させるべく影響力を行使するよう圧力をかけた。ヘルムズは副長官のヴァーノン・A・ウォルターズ中将に命じてグレイのもとへ赴かせる。ウォルターズは後に、ヘルムズの言葉としてこう述べた。「FBIとCIAとの協定をグレイ氏に思い出させなければならない。一方がもう一方のアセットと衝突している、あるいはその正体を暴露していると思われるなら、相手にそれを通告するのがルールだ、と」

グレイはFBIを抑えにかかったが、隠蔽工作を感じ取った職員はそれに反撥した。これを受けてグレイはウォルターズを呼び出し、FBIに対する捜査の中止要請を書面で提出するよう求めた。しかしそれが出されることはなく、FBIの捜査は再開される。その一方でグレイの評判は地に堕ちた。上院の公聴会で激しい攻撃の的になるのを待ちつつ、グレイは1973年4月27日に辞職した。令状なしの侵入行為（ブラック・バック・ジョブ）に許可を与えたとして後に立件されたが、80年12月に取り下げられている。

【参照項目】FBI、J・エドガー・フーヴァー、CIA、リチャード・ヘルムズ、中央情報長官、ブラック・バック・ジョブ

グレイメール (Graymail)

起訴された場合、諜報活動やその他の機密情報を法廷で暴露すると被告側が脅迫すること。（訳注：「脅迫」を

意味する blackmail のもじり）

グレゴリー、ジェフリー・E （Gregory, Jeffrey E.）

　北大西洋条約機構（NATO）の機密情報をハンガリー及びチェコスロバキアのエージェントに売り渡したクライド・リー・コンラッド・スパイ網のメンバーだった人物。10 年以上にわたって続けられた FBI とアメリカ陸軍情報部の合同捜査によって、1993 年 4 月にアラスカ州フォート・リチャードソンで逮捕された。

　1980 年代中盤、グレゴリーはスパイ網の他のメンバーと同じくドイツのバート・クロイツナハに駐留する第 8 歩兵師団に配属され、司令部付の運転手として移動指揮所の運営に従事していた。彼の任務には軍の行動を示す地図の更新が含まれており、機密通信へもアクセスできた。FBI によれば、20 ポンド（9 キログラム）もの機密資料が詰まった軍用のフライトバッグを盗み出したこともあり、その中には NATO の「戦争計画」も含まれていたという。

【参照項目】北大西洋条約機構、クライド・リー・コンラッド、スパイ網、FBI

クレスト軍曹［p］ （Sgt. Crest）

　イタリア駐留の第 40 戦術戦闘群に配属されたアメリカ空軍下士官の仮名。1976 年 12 月、東ドイツから西ドイツへ入国しようとしたところを引き止められ、そのまま逮捕された。後の捜査によって、クレストがブラックマーケット活動に携わり、ハンガリー情報機関とも関係を持っていたことが突き止められた。しかし証拠不足のため起訴に至らず、行政手続きによって除隊となった。また事件にも仮名が与えられた。

グレート・ゲーム （Great Game）

　1800 年代のインドでイギリスが実行した大規模な諜報活動。小説『Kim（邦題：キム）』（1901）の中でラドヤード・キプリングが命名した用語とされる。後に歴史家によって、中央アジアの覇権を巡る中国とロシアによる公然・非公然の工作活動を指す用語とされた。またイギリス人士官のアーサー・コノリー大尉が 1840 年に友人に宛てて記した手紙が初出だとする意見もある。

　　我々は激動の時を目前にしている。しかし目の前にあるグレート・ゲームに挑むなら、その結果は我々（イギリス）のみならず諸部族にも計算しがたいほどの利益をもたらし、混乱、暴力、無知そして貧困に彩られた彼らの運命は、平和と啓蒙、そして多様な幸福へと姿を変えるだろう。

　　第 1 次世界大戦に先立ち、イギリス政府は文官・軍人を問わず多数の人間を、大英帝国内部における諜報、

保安、防諜業務に従事させた。その中で最大のものがインドにおける任務だったが、広大かつ反抗的なこの領土を管理するのはわずか数千名の兵士に過ぎなかった。

【参照項目】キム、防諜

クレーマー、カール＝ハインツ

（Krämer, Karl-Heinz　1914-?）

　第 2 次世界大戦中、駐在武官としてスウェーデンの首都ストックホルムで活動したドイツ空軍士官。大規模なスパイ網がイギリス国内で活動しているのではないかという恐怖をイギリス情報機関に植えつけた。

　ハンブルク大学に在籍中の 1939 年、クレーマーはドイツ空軍に徴集されて特務少尉の階級を与えられ、ハンブルクにおけるアプヴェーアの情報拠点に赴任する。そこで低地諸国、ハンガリー、トルコにおけるエージェントの活動を管理し、幾度かの作戦で成功を収めた。またイギリスの航空機生産及び工場に関する有益な情報をスウェーデンから入手している。

　1942 年 10 月にストックホルムへ派遣されたクレーマーは、反ナチ派で妻のエヴァを毛嫌いしていたメイドと関係を持った。ストックホルム駐在のイギリス秘密情報部（MI6）職員ピーター・フォークは、共通の友人を通じてそのメイドと接触する。彼女はクレーマー家に関するゴシップをフォークに伝え、ゴミ箱に捨てられていた紙くずを提供した。そして主人の机の鍵を型に取り、フォークが作った合鍵を使って大量の情報資料をイギリスにもたらした。ストックホルムのドイツ大使館とベルリンとの通信の大半は地上の電線を用いて行なわれていたため、無線通信を傍受する情報活動（ウルトラ）は役に立たなかったのである。

　メイドの働きはイギリスにとってかけがえのないものだった。彼女が盗み出した文書のおかげで、MI6 はドイツの情報源のいくつかを突き止めている。そして衝撃がもたらされた。ヘクターとジョゼフィーヌというドイツの情報源がイギリスから重要な資料を持ち出していたのだが、その中にルーズベルト大統領とウィンストン・チャーチル首相との間でやりとりされた秘密電報の詳細が含まれていたのである。第 2 次世界大戦の初期において、MI6 はドイツのエージェントを全て捕らえ、収監するか寝返らせていたはずだった（「ダブルクロス・システム」を参照のこと）。

　ナイジェル・ウエストは著書『MI6: British Secret Intelligence Service Operations 1909-1945』（1983）の中で次のように記している。

　　アプヴェーアの大規模なネットワークがロンドンで活動しているという疑惑は、MI5（イギリス保安部）を恐怖で満たした。二重スパイ作戦の多くは自由に動ける独立したエージェントがいないという前提の上に成

り立っており、ドイツが情報をダブルチェックすることになれば、重要かつ戦略的な欺瞞作戦のいくつかも危険に晒されることが予想された。クレーマー情報は正確であり、主要な作戦を失敗させるのに十分なものだと考えられた。

MI5はこの事態に最も優秀な人材の1人、アンソニー・ブラントをあてた。しかしイギリス当局の知らないことだったが、ブラントはソビエトのスパイだった。にもかかわらず、ブラントは優秀な成果を挙げている。ヘクターの正体がロンドン駐在のスウェーデン海軍武官ヨハン・オクセンスティエルナ大佐であること、そして外務省の下級職員ウィリアム・ストラングがこの件に関わっていることを突き止めたのだ。

ストラングは「苦痛に満ちた尋問」を受けたとウエストは記す。オクセンスティエルナにはMI5がバリウムと呼ぶ、クレーマーによるヘクター－ジョゼフィーヌ報告書から浮かび上がった情報が渡された。その後イギリス政府からペルソナ・ノン・グラータ（望ましからざる人物）の指定を受けてイギリスを去り、これによってヘクター－ジョゼフィーヌ・ネットワークは活動を停止したのだった。

その後スウェーデンが行なった調査によって、オクセンスティエルナはクレーマーでなくスウェーデン国防省の参謀に報告書を送っていたことが判明した。クレーマーは参謀部の秘書をスパイとして雇っており、その彼女が、ストラングとの会話を基にオクセンスティエルナが作成した報告書を入手、クレーマーに渡していたのである。MI5はストラングに謝罪した。

戦後、MI5の尋問を受けたクレーマーは、ベルリンに送った報告書の真の情報源を証言した。
（訳注：戦時中、クレーマーは日本の駐在武官、小野寺信とも親しかった）
【参照項目】駐在武官、MI6、ベルリン、ウルトラ、コードネーム、寝返り、ナイジェル・ウエスト、アンソニー・ブラント、バリウム

クレムリン　（The Kremlin）

第2次世界大戦中、ワシントンDCのEストリート・ノースウエスト2430番地に所在していた戦略諜報局（OSS）のオフィスを指す俗語。OSSの後を継いだ中央情報グループとCIAでも、ワシントンDC近郊のヴァージニア州ラングレーに移転するまでこの単語が使われた。

このオフィスは1930年代に海軍が医療施設として建築したものであり、リンカーン・メモリアルとポトマック川を見下ろす高台に位置していた。
【参照項目】戦略諜報局、中央情報グループ、CIA、ラングレー

クレムル作戦　（Kreml）

1942年5月から6月にかけてソビエト軍相手に成功を収めたドイツの欺瞞作戦。1941年後半、ドイツ国防軍最高司令部はモスクワの約650キロメートル南に位置するハリコフの戦いで勝利を収めた後、東方前線の南端に進むソビエト軍を撃破すべく攻撃作戦を立案した。ソビエトの注意をこの攻勢（後に赤軍の有利を決定づけたスターリングラード攻防戦につながる）から逸らすため、国防軍は1942年5月29日に「モスクワへの攻撃を可能な限り早期に再開する」という内容の偽命令を下した。クレムルはこの欺瞞作戦に与えられたコードネームである。

アメリカ陸軍の歴史家であるアール・F・ジームケとマグナ・E・バウアーは著書『Moscow to Stalingrad: Decision in the East』（1985）の中で次のように述べている。

クレムルは机上の攻撃計画で完全な欺瞞作戦だったが、投機的とも言えるこの種の軍事技術の傑作となるにふさわしいいくつかの要素を伴っていた。第1に、この作戦はソビエト側の思考──当然ながらドイツが知るはずはない──と一致していた。第2に、作戦の目的──1941年後半に行なわれたモスクワへの進軍を繰り返す──が確固たるものだった。実際、戦略的感覚としてはブラウ（南方作戦）よりも優れている……軍集団の指令書は、前年秋と同じ任務を2個の機甲師団に与えていたが、作戦を知らされていないドイツ軍将校さえも本物だと思うようなものだった。当然、ほとんどの将校は作戦のことなど知らされていなかったのである。

クレムル作戦の一環として、ドイツ空軍はモスクワ上空及び周辺の偵察飛行を増やし、捕虜尋問官にはモスクワの防衛体制を聞き出すための質問リストが与えられた。また情報将校がエージェントの「大群」をモスクワに送り込む一方、封筒に密封されたモスクワの地図が連隊レベルにまで配布された。さらに、準備期日は8月1日と通知される。

戦後作成されたソビエトの報告書はクレムル作戦が失敗に終わったと主張しているが、赤軍最高司令部はモスクワが再びドイツ軍の攻撃目標になると信じていた。そして1942年7月28日にブラウ作戦──ドイツ軍による東方への大攻勢──が発動され、大成功を収めることになった。
【参照項目】欺瞞、コードネーム偵察

クローガー、ピーター　（Kroger, Peter）

「モリス・コーエン」を参照のこと。

クロスビー、エノック （Crosby, Enoch）

「ジェイムズ・フェニモア・クーパー」「ハーヴェイ・バーチ」を参照のこと。

黒手組 （Black Hand）

オーストリア＝ハンガリー帝国からの独立を求めるセルビア人分離主義者によって運営されていたバルカン半島のテロ組織。セルビア、ボスニア、ヘルツェゴビナの統一を目的として1911年にベオグラードで結成された。壁や脅迫状にスタンプされたこの名前はバルカン半島全域で恐怖のシンボルとなり、セルビア人の敵と見なされた人物には黒手組の鉄槌が下った。そのモットーは「統一か死か」である。

設立者のドラグーティン・ディミトリエビッチはセルビア陸軍参謀本部の情報部長であり、1912年から13年にかけてのバルカン戦争では黒手組を使ってセルビア人の力を誇示し、暗殺や破壊活動といったテロ行為を引き起こしている。オーストリア皇太子フランツ・フェルディナンド大公の暗殺を指示したのもディミトリエビッチだった。オーストリア政府はこの暗殺事件を口実にセルビアに対して宣戦布告し、数週間後には第1次世界大戦へと発展する。

1916年12月、サロニカ（テッサロニキ）の摂政アレクサンダー暗殺計画に対する捜査が行なわれた後、ディミトリエビッチは首謀者として逮捕された。セルビア人が不正だと主張した裁判で彼は2人の支援者と共に死刑を言い渡され、1917年6月に銃殺された。その後1953年にベオグラードで開かれた再審において、最高人民法廷は被告を無罪とし名誉回復を宣言している。

グローバルホーク （Global Hawk）

U-2偵察機の後継として超長距離偵察任務用に開発されたアメリカ空軍の無人航空機（UAV）。2002年のアフガニスタンにおける対テロ作戦、2003年のイラク戦争で限定的ながら用いられた。

カリフォルニア州ランチョ・ベルナルドにあるノースロップ・グラマン社のライアン航空センターで開発されたグローバルホークには、偵察機（R）及び無人機（Q）であることを示すRQ-4の呼称が付けられた。RQ-4Aの機体は全長13.5メートル、全幅35.4メートルと非常に大きく、重量も燃料とセンサー類——電子光学・赤外線センサーと合成開口レーダー——を満載した状態で12,110キログラムに及ぶ。ターボファンエンジンを1基備えており、巡航速度は時速約635キロメートルである。9,600キロメートルの距離を24時間にわたって偵察飛行することができ、フェリー時の航続距離は22,780キロメートルにもなる。限界上昇高度は65,000フィート（19,800メートル）で、衛星や他の無人機を経由してリアルタイムの情報を司令部または作戦センターに送るため、様々なセンサーを備えている。

初飛行は1998年2月に実施され、その後空軍に配備された。試験飛行中の99年10月19日から20日にかけては、カリフォルニア州エドワーズ空軍基地からアラスカへ飛び立った機体が24時間の無給油・無着陸飛行を成功させている。

2001年4月に行なわれた実用デモンストレーションでは、同じくエドワーズ空軍基地から離陸した機体が13,800キロメートル以上の距離を22時間で飛行し、オーストラリアのアデレード近郊にある航空基地へ着陸したが、これは本来の航続距離の60％でしかない。この機体は引き続いて米豪合同の演習に参加、4度目の国内飛行で小さな問題が発生したものの、すぐに修理が行なわれている。6度目の国内飛行——25時間にも及んだ——では63,000フィートの高度から200枚の偵察写真を撮影し、画像はデータリンクを経由してオーストラリアの地上局とアメリカ空母キティホークにダウンリンクされた。

その後グローバルホークは実戦で用いられ、イラクとアフガニスタンで情報収集任務にあたった（詳細は機密扱いとされている）。2003年のイラク戦争では、グローバルホークから地上局へダウンリンクされた画像が即座に海軍のF/A-18ホーネット攻撃機へアップリンクされ、ターゲット発見から数分後の攻撃を可能にした。またサダム・フセインが息子と会っていたレストランへの攻撃（2003年4月7日）でも、グローバルホークがターゲットを突き止めた後、飛行中のB-1爆撃機にその情報がすぐさま送信され、誘導爆弾での攻撃が実施されている。『Aviation Week & Space Technology』誌（2003年4月14日号）によれば、オマーンを拠点とするこの爆撃機に攻撃命令が出された12分後には、GBU-31誘導爆弾が投下されたという。

長大な航続距離と大きな積載能力を誇るグローバルホークを、アメリカ国内における対テロ作戦の支援と、国家弾道ミサイル防衛システムの一部として用いるという提案がこれまでになされてきた。また海軍は2003年に、広域洋上監視（BAMS）プログラムの一環としてグローバルホークの評価を計画していた（訳注：アメリカ海軍は洋上監視用にMQ-4Cトライトンの名称でグローバルホークを採用した。配備開始は2015年の予定。また日本でも導入される）。

【参照項目】偵察、無人航空機、衛星

グローマー・エクスプローラー （Glomar Explorer）

「ヒューズ・グローマー・エクスプローラー」を参照のこと。

クンクル、クレイグ・D （Kunkle, Craig D. 1949-）

　アメリカ海軍対潜哨戒機の元搭乗員。ソビエトのインテリジェンス・オフィサーに扮したFBIの囮捜査官に秘密情報を売り渡そうと試みた後、スパイ容疑で罪を認めた。

　海軍に11年半在籍していたクンクルは1985年に猥褻な露出行為で除籍され、ソビエトのためにスパイ活動を試みた88年当時は病院の守衛として働いていた。金銭と海軍に対する復讐が動機だったと本人は語っている。

　クンクルは1988年12月から6回にわたり、ワシントンDCのソビエト大使館に所属する（と本人は信じ込んでいた）人物と接触している。この人物はFBI捜査官であり、秘密情報──対潜戦闘の教官をしていた頃の記憶を基にしていた──の見返りとして5,000ドルを支払った。この様子はFBIの隠しカメラによって記録され、クンクルは翌年1月10日に逮捕された。

　スパイ容疑を認めた後、クンクルは禁固12年を言い渡された。

　ソビエトとの接触の試みをFBIが把握した経緯は明らかにされていないが、ソビエト大使館に設置された盗聴器を通じて知ったものと思われる。

【参照項目】インテリジェンス・オフィサー、FBI

軍事情報 （Military Intelligence）

　（1）イギリスの情報・保安活動を指す呼称（「MI」を参照のこと）。

　（2）外国軍関連の情報につき、収集、処理、生産、及び配布を経た最終生産物（「インテリジェンス・サイクル」を参照のこと）。通常外国の地上軍を対象とし、海軍情報、そして一部の解釈では航空情報と区別される。「アメリカ陸軍における情報活動」「陸軍情報保安司令部」も参照のこと。

【参照項目】海軍情報

軍事情報局 （Bureau of Military Information）

　南北戦争中に活動した北軍の情報組織。1863年初頭、ポトマック軍司令官のジョセフ・フッカー少将は憲兵副司令官のジョージ・H・シャープ大佐に対し、戦術情報を集めるための「秘密機関」を設置するよう命じた。シャープは組織を作り上げてそれを軍事情報局と名付け、ただちにエージェント──スカウトとも呼ばれた──を南軍前線の後方に送り込んだ。

　軍事情報局は南軍の戦力組成に関する極めて正確な情報を突き止め、エージェントのみならず捕虜、避難民、南部の新聞、そして気球観測を通じて集めた情報に基づき情報報告書を作成した。

　軍事情報局のエージェントは、ポトマック川を渡ってメリーランドに至る南軍の侵攻計画を突き止めた。北軍はこうしたエージェントの情報に従って行動し、南軍に計画変更を余儀なくさせた。南北戦争の分水嶺となったゲティスバーグの戦いはこのような経緯で生じたのである。

　1864年3月、北軍司令官に就任したユリシーズ・S・グラント将軍はシャープを准将に昇進させ、軍事情報局を司令部に統合した。こうして諜報活動はプロが行なう新たな地位に引き上げられたものの、20世紀に至るまで軍事情報局に比肩し得る組織がアメリカ陸軍に設けられることはなかった。

【参照項目】戦術情報、気球

軍事情報長官 （Director of Military Intelligence〔DMI〕）

　イギリス陸軍省の情報部門を強化すべく1887年に制定されたポスト。参謀本部が設置されるまで、軍事情報長官は外国に対する諜報活動だけでなく国土防衛と動員も担当した。

　1904年に諜報機能が陸軍省の諜報・動員局に統合された際、軍事情報長官の職は廃止された。しかし第1次世界大戦初期に独立した情報スタッフの必要性が認識されたため、1916年に復活する。

　1922年に作戦・情報局が設立されると軍事情報長官の職は再び廃止された。しかし1939年9月に第2次世界大戦が勃発したのを受け、それとは独立した中央情報長官というポストがまたしても復活し、終戦まで維持された。

軍事情報部 （Military Intelligence Division）

　「アメリカ陸軍における情報活動」を参照のこと。

クーン、ベルナルト （Kuehn, Bernard）

　妻のフリーデル、そして娘に扮したルース・ケーテ・スーゼと共に、第2次世界大戦直前のハワイで活動したドイツのスパイ。いずれもアプヴェーアの指揮下で活動し、日本海軍にも情報を提供した。

　1930年にナチス党入りしたクーンは日本を訪れたことがあり、1935年にベルリンで日本海軍の駐在武官と面会、日本のスパイ活動をすることに同意した。その見返りとして毎月2,000ドルが支払われ、年末には6,000ドルのボーナスを受け取ることになった。

　スパイ活動を実行に移すため、クーン夫妻とスーゼは1936年にハワイへ赴いた。到着後は表向きハワイ大学で日本語を学び、1939年3月にはスーツケースに仕込まれた携帯式の無線発信機を与えられた。電波の到達距離は160キロメートルほどであり、ハワイ沖で活動する日本の潜水艦へ連絡することになっていたという（こうした無線通信が行なわれた記録、また1941年12月の開戦に先立ち、日本海軍の潜水艦がハワイ海域で活動し

ていた記録は存在していない）。さらにクーン一家はハワイにおける日本海軍の最重要エージェント、吉川猛夫と密接に協力している。

　1939年初頭のある時、クーンはアメリカ当局からスパイの嫌疑をかけられる。しかし何らかの処置がとられることはなかった。

　日本海軍の真珠湾攻撃にあたり、クーンが情報上の貢献をしたとは考えにくい。日本のあるインテリジェンス・オフィサーは1950年に次のような評価を下している。「あまりに無能かつ方法が原始的だったため、真珠湾を空襲するという我々の意図に役立つ情報を十分に提供できない懸念があった。そのため、他の手段が使えなくなった時に限り彼を用いると決められた……」また発光信号、ラジオ広告、そしてヨットの標識塗装を組み合わせて沖合の潜水艦に信号を送るという無意味な計画を企てたこともあった。

　1941年12月7日（日本時間8日）の真珠湾攻撃中、屋根裏部屋の窓から日本領事館に向けて発光信号を送っているクーンの姿が、アメリカのインテリジェンス・オフィサーによって報告されている。しかしこうした事実があったとは考えられない――この段階になって日本側に何を伝えるというのか？

　真珠湾攻撃後、クーンとスーゼはFBIに逮捕され、クーン夫人も後に捕らえられた。クーンはスパイ容疑で当初死刑を宣告されたが、禁固50年に減刑されている。そして戦後の1946年に釈放された。

　クーン夫人と彼らの「娘」は戦後に国外追放されている。

【参照項目】アプヴェーア、ベルリン、駐在武官、潜水艦、エージェント、吉川猛夫、真珠湾攻撃、インテリジェンス・オフィサー

軍保安局 (Armed Forces Security Agency〔AFSA〕)

　アメリカ陸海空軍の暗号活動を統合すべく1949年5月20日に設立された組織。統合参謀本部の指揮監督下に置かれ、軍による全ての通信情報（COMINT）及び通信保安（COMSEC）活動を担当した。また設立時、この組織の存在は秘密とされた。

　1950年1月の時点で各軍は軍人・文官を問わず多くの人員をAFSAの活動に割いていた。しかし同年6月の朝鮮戦争勃発によってCOMINT及びCOMSEC活動の急速な拡張が求められたが、この新組織はそれに応えられなかった。公式の歴史書においても、「（朝鮮戦争中に）COMINT活動から得られた戦略情報の質は、第2次世界大戦時のそれを下回る」とされている。そこにはAFSA、情報消費者である軍、そして国務省の衝突があった。

　AFSAは実質的に第4の暗号組織になってしまい、陸海空軍の活動と競合する結果となった。1951年後半にト

ルーマン大統領が設置した特別委員会による勧告の結果、翌年10月に国家安全保障局（NSA）が設立され、AFSAを通じて経験した問題の克服が図られた。

　AFSAの長官を務めたのは以下の2名である。

1949年7月～1951年7月　　アール・E・ストーン海軍少将
1951年7月～1952年11月　　ラルフ・J・ケイナイン陸軍少将

「フォート・ミード」も参照のこと。
【参照項目】通信情報、通信保安、NSA

ケアンクロス、ジョン (Cairncross, John　1913-1995)

　ケンブリッジ・スパイ網に勧誘されてソビエトのためにスパイ行為をしたイギリス人。アンソニー・ブラント、ガイ・バージェス、ドナルド・マクリーン、そしてハロルド（キム）・フィルビーに続き「第5の男」と呼ばれることもある。

　熱心なマルクス主義者でありケンブリッジ大学在籍中からイギリス共産党に所属していたケアンクロスは、党を抜けて外務省に応募するようソビエトのハンドラーに命じられた。公職にある間はブレッチレーパークの暗号解読学校、MI6、そして大蔵省で勤務している。

　スコットランド人の一家に生まれ、金物屋の父と教師の母を持つケアンクロスには他に7名の兄弟がいた。ナイジェル・ウエストとオレグ・ツァーレフが『The Crown Jewels』（1998）で明らかにしたところによれば、仲間のスパイが後に記した評価に次の一節が含まれているという。「彼は衒学的にして勤勉、執念深くまた質素である。金の価値と扱い方を知っている。謙虚かつ単純な人柄と言える」さらに「彼は単純であり、世間知らずでいくぶん粗野なところがある。すぐに他人を信用し、自分の意見を隠すことができない」しかし「規律正しく注意深い。我々を全面的に信頼しており、我々の影響を大いに受けている」ともしている。

　ケンブリッジ・スパイ網の他のメンバーと違い、ケアンクロスは特権階級の出ではなかったが、誰よりも幅広い公的教育を受けている。グラスゴー大学を卒業後はソルボンヌ大学でドイツ語とフランス語の学位を取得し、次いで奨学金を得てケンブリッジ大学に入り、現代語学で最優秀の成績を収めた。フランス語、ドイツ語、イタリア語、スペイン語に堪能であり、また他の数ヵ国語も読んで理解することができた。

　1936年、ケアンクロスは内務省と外務省の入省試験で最高の成績を収めるという前人未踏の偉業を果たした。結局は外務省に入省し、しばらくの間中央課（ベルギー、ドイツ、フランスを担当していた）でマクリーンと共に勤務した。

ケアンクロスのスパイ行為は少なくとも1939年に遡る。最初はイギリスの政治家に関する情報、とりわけナチス・ドイツへの態度をバージェスに知らせていた。その情報は、同年8月23日にドイツと不可侵条約を結んだソビエト連邦にとって極めて価値あるものだった。そして翌年には、国務大臣として諜報活動の監督を担当するモーリス・ハンキー卿の個人秘書となった。

1942年8月にハンキーが内閣を去った後、政府暗号学校に配属されたケアンクロスは、傍受・解読済みのウルトラ情報をNKVD（内務人民委員部）のハンドラーに渡すようになる。中でもエニグマの暗号鍵は特に価値があった。44年6月には眼の疲れを理由にMI6へ転属し、フィルビーと同じ防諜担当部署での勤務を始めたが、直後に政治担当部署へ移籍した。彼は内通者として大量の情報をソビエトにもたらし、1941年には3,449件、42年には1,452件、43年には94件、そして44年には794件の資料原本及びコピーを提供している。

ブレッチレーパークで勤務中、ケアンクロスはドイツのティーガー戦車、ソビエト国内におけるドイツ空軍基地、そして1943年春の攻勢命令について暗号解読で知っていたと、ハンドラーの1人であるユーリ・モジンは後に記している。それらの中には、1943年のクルスクの戦いでソビエト軍が勝利を収めた際の鍵となった、ルフトヴァッフェ（ドイツ空軍）の信号情報も含まれている。ソビエト政府はその功績に対して赤旗勲章を授与し、1944年末には「長期にわたる有益な」働きに報いるべくハンドラー経由で250ポンドを贈った。

ヨーロッパでの戦争が終結した直後の1945年6月、ケアンクロスは大蔵省に移籍する。ソビエト大使館の暗号官イーゴリ・グゼンコがカナダに亡命した10月22日に彼のスパイ活動は突如終わりを迎えるが、その後も大蔵省で出世の階段を登り、1948年6月にはソビエト情報機関のレジデントから再び接触を受け、直ちに貴重な情報を送り始めた。

1951年にバージェスとマクリーンがソビエト連邦に逃亡した際、バージェスのアパートメントからケアンクロスの手書き文字が記された大蔵省の事務用箋が発見される。それと同じ頃、ケアンクロスは個人的な軋轢のため軍需省に左遷させられたが、引き続き多数の機密資料を閲覧できる立場にあった。

その直後の1951年9月、ケアンクロスはMI5の内通者摘発官から尋問を受ける。スパイであることを否定したものの、年金受給権を与えられずに政府から追放され、前途に暗雲が立ち込める中イギリスを後にした。その後はアフリカと極東で国連の経済開発プロジェクトに従事し、またアメリカの大学で教鞭を執ることもあった。フランス語が専門ということでフランスの古典文学を英語に翻訳し、モリエールの権威としても認められている。

ジョン・ケアンクロス（出典：フランス－ソワール）

1964年に不起訴特権を得た後で尋問されたブラントは、ケアンクロスをソビエトのスパイであると名指しした。それを受け、ケアンクロスはMI5に全てを告白する。スパイとしてさほどの損害は与えていないと当局が判断したため起訴は免れたものの、彼のスパイ行為は当局の予想よりもはるか以前から始まっていた。

ケアンクロスは、第2次世界大戦で生存に不可欠な情報を与えられなかった同盟国としてソビエト連邦を支援したのであり、冷戦期以降はスパイ行為に関与していないと主張している。

1995年、ケアンクロスは40年以上にわたる海外生活を経てイギリスに戻り、アメリカ人オペラ歌手のゲイル・ブリンカーホフと結婚した。回想録も完成間近だったが、2度の発作の後同年に死去している。

ソビエト側のコードネームはケアンクロスにふさわしく「リスト」と「モリエール」だった。それぞれ彼が崇拝する作曲家と作家である。また他にも「カレル」というコードネームがあった。

1997年には自伝『Enigma Spy』がイギリスで出版されている。

【参照項目】ケンブリッジ・スパイ網、第5の男、アンソニー・ブラント、ガイ・バージェス、ドナルド・マクリーン、ハロルド（キム）・フィルビー、政府暗号学校、ブレッチレーパーク、ナイジェル・ウエスト、モーリス・ハンキー、ウルトラ、エニグマ、ユーリ・モジン、イーゴリ・グゼンコ、MI5、内通者、国際連合

経済情報 (Economic Intelligence)

　政治及び軍事情報を補強するために集められる情報。大部分の経済情報は公の情報源から得られるものの、秘密の手段で入手しなければならない場合もある。

　アメリカでは 1996 年に経済諜報活動法が成立して以来、商業上の機密を盗み出すことは連邦犯罪とされた。

　CIA の国家評価局長を務めたシャーマン・ケントは著書『Strategic Intelligence for American World Policy』において経済情報の範囲をこう定義している。

　　情報機関は新種の作物、新農法の開発、農機具の進化、土地活用、農薬、開墾計画などに注意を払わねばならない。また新たな生産プロセス、新規産業の出現、そして新規鉱山における地盤陥没にも目を向ける必要がある……

　経済情報の大半は公の情報源、特に商業衛星の写真や赤外線画像から得られるため、情報分析官にとって大きな価値がある。

　CIA は創立以来、全世界の石油産出、主要作物、外国の経済政策、貿易状況を定期的に監視している。しかし諜報対象となっている国の中には経済報告を公開せず、偽情報の混じった統計を公にしている所もある。よって分析官は情報の質を突き止め、秤にかけなければならない。

　一例を挙げると、中国は経済統計を厳しく統制しており、1996 年には金融情報の国内流入を制限すると発表した。この国は長年にわたり、金融情報の無断公表を軍事情報の暴露と同じ保安規則違反と見なしている。

　ロバート・M・ゲイツ中央情報長官は在任中の 1991 年、CIA に対する経済情報の提供要請は他の全ての情報を上回っていると述べた。20 の政策決定機関による情報提供要請のおよそ半分は「本質的に経済的なもの」だったという。

　経済情報活動と産業スパイ活動の違いは定義しがたい場合がある。ゲイツは経済情報について語る中で、「我々の技術を盗もうと試み、不公正または違法な手段でアメリカの商業活動を不利に導こうとしている」国々に対して「特別な注意」を払う必要があるとしている。

　一国の経済情報は他国の諜報活動の対象となる。1971 年 11 月、フランス情報機関 DGSS のアレクサンドル・ド・マランシェ長官は、経済情報機関のトップからアメリカが来月にもドルを切り下げる予定だと聞かされた。マランシェはこの情報をジョルジュ・ポンピドゥー大統領に報告し、これをポンピドゥーから伝えられたフランス銀行は世界中の市場でドル売りフラン買いを進めたのだった。

　1993 年 9 月、クリントン大統領はジェネラル・モーターズ、フォード、クライスラーの経営幹部を両脇に従え、アメリカ政府はこれら自動車メーカー 3 社と協力し、現行の 3 倍の燃費性能を誇る車の開発に乗り出すと発表した。この「政府と産業の新たな協力関係」について、ホワイトハウスの声明文には次のように記されている。

　　最新兵器システムのために開発された丈夫な軽量素材、スターウォーズ計画の中で生まれた超高性能コンデンサー、（国防）高等研究計画局による超効率的なモーターと燃料セル、陸軍戦車コマンドが開発したバーチャル・デザイン及び試作システム、そしてその他にも数多くの技術がこのプロジェクトで用いられる予定である。

　識者の中には、ペンタゴンがインテリジェンス・コミュニティーを通じて他国の生産技術に関する情報を得ることで、産業スパイの可能性が生じると論じる者もいる。そういった情報をアメリカの自動車メーカーに横流しすることは、見方次第で経済情報活動とも産業スパイ行動とも判断できる。

　防諜執行局が 2001 年に作成した報告書によると、経済スパイ活動のために、アメリカ企業は販売機会の逸失といった形で、2000 年の 1 年間で少なくとも 1,000 億ドルの損失を被ったという。またスパイ活動の大部分は生産過程や研究開発に関するものだったとしている。

【参照項目】軍事情報、オープンソース、CIA、国家評価局、偽情報、ロバート・M・ゲイツ、中央情報長官、産業スパイ、アレクサンドル・ド・マランシェ

ゲイツ、ロバート・M (Gates, Robert M. 1943-)

　長年にわたって中央情報副長官を務めた後、1991 年 11 月から 93 年 1 月まで中央情報長官（DCI）のポストにあった人物。

　1966 年に CIA 入りした後、戦略プログラム担当の国家情報官補佐として勤務する。その一方、東欧史の研究で修士号、また後にロシア史及びロシア語の研究で博士号を取得している。直截な表現を好むゲイツは、簡潔な報告書を書ける人物という評判を得た。このスキルのおかげで 74 年に国家安全保障会議（NSC）へ配属され、79 年まで勤めている。

　ヴァージニア州ラングレーの CIA 本部に戻ってすぐ、ゲイツはソビエト担当国家情報官となったが、1982 年 1 月に中央情報副長官（DDI）へ任命された際、決め手となったのはこのポストに就いていたことだった。DDI 就任後は CIA が行なうあらゆる分析活動の責任者となり、1983 年 9 月には国家情報会議議長も兼務、インテリジェンス・コミュニティーが作成する国家情報評価を監督した。

死期の迫ったウィリアム・J・ケーシーが中央情報長官を退任した1987年2月、ゲイツは長官代行を務め、直後にレーガン大統領から後任の指名を受ける。当時43歳のゲイツは史上最年少の中央情報長官となるはずだった。しかしイラン・コントラ事件を知らなかったことを上院情報委員会のメンバーから非難され、指名を辞退した。NSCの一員だったオリヴァー・ノース海兵隊中佐は、違法取引を立案するにあたってケーシーの支援を受けていた。ウィリアム・S・コーエンとジョージ・J・ミッチェル両上院議員が『Men of Zeal』（1988）で記した通り、ゲイツは議会で証言を行なうケーシーのために「十分な熱意をもって事実を突き止めることをしなかった」のである。

ケーシーの後を継いだウィリアム・H・ウェブスターの下で、ゲイツは引き続き中央情報副長官を務める。1988年12月、大統領に当選したジョージ・H・W・ブッシュは国家安全保障担当次席補佐官という、上院の認可が不要なポストをゲイツに与えた。そして1991年5月、ゲイツは再び中央情報長官に指名される。上院情報委員会議長のデイヴィッド・ボレン議員はこの指名を評して「ボブ・ゲイツは並外れた能力を持つ副長官であり、議会委員会との誠実な連絡役であり、ホワイトハウスで執務する大統領にとってかけがえのない側近である」と述べた。

指名を受けて開かれた上院の承認公聴会において、ゲイツはイラン・コントラ事件に関する警告を受け取っていたという、本人による以前の主張とは矛盾する証言がCIAの高官からなされた。それにもかかわらずゲイツは承認を受け、1991年11月に就任した。

就任早々、ゲイツはCIAファイルの公開を加速させると約束し、その目的のために「情報公開タスクフォース」を設置した。また冷戦後の任務転換も引き続き行ない、核拡散、テロリズム、麻薬、そしてソビエト連邦崩壊後のロシアといった問題にCIAの活動を集中させた。

1992年10月、ゲイツは中央情報長官として初めてクレムリンを訪れ、ボリス・エリツィン大統領及びロシア対外諜報庁（SVR）のエフゲニー・プリマコフ長官と面会した。和解のジェスチャーとしてゲイツはエリツィンに対し、CIAが1974年に行なったソビエト潜水艦引き揚げ作戦（ジェニファー）に関する情報を与えた（「ヒューズ・グローマー・エクスプローラー」も参照のこと）。

クリントン大統領の就任を受け、ゲイツは中央情報長官から退任すると共にCIAを退職した。初の著書『From the Shadows』（1996）は「5名の大統領の内幕、そして彼らがいかにして冷戦を勝ち抜いたかに関する内部証言」と評価された。

（訳注：ゲイツは2006年12月ブッシュ政権の国防長官に就任、オバマ政権下でもその座にとどまって2011年に退任した）

【参照項目】中央情報長官、国家情報、国家安全保障会議、国家情報会議、インテリジェンス・コミュニティー、国家情報評価、ウィリアム・J・ケーシー、イラン・コントラ事件、ウィリアム・H・ウェブスター、SVR、エフゲニー・プリマコフ、ジェニファー作戦

撃墜 (Aircraft Shot Down)

2001年10月のアメリカによるアフガニスタン侵攻、及び2003年3月から4月にかけての米英軍によるイラク侵攻では、攻撃目標の敵軍を捉えるために無人航空機（UAV）が広く用いられた。その中には、攻撃にあたる有人航空機へターゲットの映像を直接送信できるものもあった。

冷戦中には、アメリカ軍に所属する多数の偵察機と情報収集機が、ソビエトや中国の戦闘機及び地対空ミサイルによる攻撃を受けている。第2次世界大戦後にソビエト軍が初めてアメリカ軍機への攻撃を行なったのは1945年8月29日のことであり、朝鮮の咸興付近の捕虜収容所へ物資を投下していたB-29スーパーフォートレスに対してYak戦闘機が機銃掃射を加え、強制着陸させた。また偵察機に対する最初の攻撃は、1945年10月5日、アメリカ海軍のPBMマリナー双発哨戒機に対してソビエトの戦闘機が行なった警告射撃だとされている。当時、この海軍機はソビエト占領下の旅順において、中国北部から兵士を引き揚げる日本艦船の監視任務に就いていた。PBMは海岸からおよそ3キロメートルの距離を保って飛行していたものの、旅順の南65キロメートルまで達した時にソビエトの戦闘機から発砲された。その際、PBMは攻撃を逃れるために海面ぎりぎりを飛行している。

記録に残るアメリカ軍機の撃墜を以下に記す。なお1958年にソ連領へ強制着陸させられたCIAの連絡機もここに含める。一方、朝鮮戦争とベトナム戦争で撃墜された偵察機は含んでいない。また1950年代、ソビエト領を飛行していたB-36ピースメーカーの偵察機型が、領空内またはその近辺で墜落したという報告——公式には認められていない——もなされている。

こうした撃墜事件でおよそ150名のアメリカ人パイロットが命を落とした。またソビエト機によって撃墜された12名のアメリカ人パイロットをソビエト軍が捕虜として捕らえ、極秘裏に収容したことがロシアのボリス・エリツィン大統領によって1992年に公表されている。しかし91年後半にソビエト連邦が解体した時点で、生存者はいないと見られている（NSAは航空偵察任務において64名の暗号担当官が命を落としたことを97年に明らかにした）。

アメリカの情報収集機で攻撃を受けたものは数機であり、全機が帰還しているものの中にはダメージを受けた

機体もあった。攻撃したのはほとんどがソビエトあるいは中国の航空機だが、EC-130 ハーキュリーズと RC-135（C-135 ストラトリフターの偵察機型）がリビア軍機によって迎撃された例もある。下に記したアメリカ機に加え、台湾人パイロットの操縦する 5 機の U-2、3 機の RB-57 キャンベラ、2 機の RF-101（F-101 ヴードゥー）も同じく中国上空で撃墜されたものと考えられている。

1950 年 4 月 8 日

アメリカ海軍の PB4Y-2 プライバティア電子偵察機がバルト海上空でソビエト戦闘機によって撃墜される。乗員 10 名が死亡したものの、そのうち数名がソビエト軍によって捕らえられたという記録も残っている。機体は武装されていなかった。

1951 年 11 月 6 日

天候偵察任務に就いていたアメリカ海軍の P2V-3 ネプチューン哨戒機が、シベリア沖でソビエト戦闘機から攻撃を受けた後、姿を消す。乗務員 10 名が行方不明。

1952 年 6 月 13 日

日本海上空で偵察任務に就いていたアメリカ空軍の RB-29 スーパーフォートレスが、乗員 12 名共々跡形もなく姿を消す。ソビエト戦闘機から攻撃を受けたとされる。

1952 年 10 月 7 日

日本近海を飛行していたアメリカ空軍の RB-29A スーパーフォートレスが歯舞上空で姿を消す。ソビエト戦闘機に撃墜されたものと思われる。乗員 8 名が未帰還。

1952 年 11 月 29 日

中国北西部で CIA の輸送機が撃墜される。捕らえられた乗員のジョン・ダウニーとリチャード・フェクトーはそれぞれ 1973 年と 1971 年にアメリカへ引き渡された。他の 2 名は墜落時に死亡し、現場近くに埋葬された（「ブック・オブ・オーナー」を参照）。

1953 年 1 月 18 日

アメリカ海軍の P2V-5 ネプチューンが中国軍の対空射撃を受けた後、汕頭沖の台湾海峡に不時着水する。乗員 7 名が行方不明となったが、うち数名は中国の捕虜になったとされる。また行方不明機の捜索にあたるアメリカ沿岸警備隊の飛行艇が離陸直後に墜落し、犠牲者を 11 名に増やした。

1953 年 7 月 29 日

アメリカ空軍の RB-50 スーパーフォートレスが日本海上空でソビエト戦闘機によって撃墜される。副操縦士

が救出されたものの、残る乗員 16 名は行方不明となった。しかし数個のパラシュートが開いており、何名かはソビエト軍に捕らえられた可能性もある。

1954 年 9 月 4 日

アメリカ海軍の P2V-5 ネプチューンがシベリアの沖合 65 キロメートルの地点でソビエト戦闘機によって撃墜される。乗員 1 名が死亡したものの、残る 9 名は翌日救助された。

1954 年 11 月 7 日

アメリカ空軍の RB-29 スーパーフォートレスが日本の北海道付近でソビエト戦闘機によって撃墜される。脱出した乗員 11 名のうち 1 名が死亡、残り 10 名は救助された。

1955 年 6 月 22 日

アメリカ海軍の P2V-5 ネプチューンがベーリング海のセント・ローレンス島付近でソビエト戦闘機に攻撃され、不時着する。乗員 10 名のうち 7 名が負傷するものの死者はいなかった。

1956 年 8 月 23 日

アメリカ海軍の P4M-1Q マーケーター電子偵察機が夜間飛行中、上海の沖合 60 キロメートルに位置する嵊泗列島上空で撃墜される。乗員 16 名全員が死亡し、うち数名の遺体がアメリカの捜索機によって発見された。

1958 年 6 月 27 日

乗員 6 名と CIA 要員 3 名を乗せて秘密輸送任務に就いていたアメリカ空軍の C-118 輸送機がソビエト戦闘機の攻撃を受けて被弾、ソビエト領アルメニアの内陸 160 キロメートルの地点に強制着陸させられる。着陸前にパラシュートで脱出した 5 名のうち、2 名が負傷。全員が取り調べを受けた後、10 日後に解放される。当機はトルコのアダナ基地を離陸してテヘランに向かっていたが、途中で悪天候のためソビエト空域に侵入し、戦闘機の攻撃を受けたものである。機体は諜報任務用に改装されたものではなかった。

1958 年 9 月 2 日

乗員 17 名を乗せて電子偵察任務に就いていたアメリカ空軍の EC-130 ハーキュリーズが、ソビエト戦闘機の攻撃を受けてアルメニアに墜落する。6 名の遺体がソビエト政府より返還されたものの、他の 11 名についての言及はなされなかった。17 名全員が死亡したものと思われる。

1959年6月16日

　アメリカ海軍のP4M-1Qマーケーターが北朝鮮・元山からおよそ140キロメートル東の日本海上空でソビエト戦闘機の攻撃を受ける。被弾した機体は日本の美保基地に帰還したものの、後部銃座が大破した。

1960年5月1日

　CIAの運用するU-2偵察機がスヴェルドロフスク付近でソビエトの地対空ミサイルにより撃墜される。パイロットのフランシス・ゲイリー・パワーズは捕らえられ、後の裁判においてスパイ容疑で有罪となり収監された。

1960年7月1日

　イギリスの基地を飛び立ったアメリカ空軍のRB-47（B-47ストラトジェットの電子偵察機型）が、バレンツ海上空でソビエトのMiG-19戦闘機によって撃墜される。乗員6名のうち4名が墜落時に死亡したとされ、生還した2名はモスクワのルビャンカ刑務所へ収監された後、1961年1月25日に解放された。

1962年10月27日

　アメリカ空軍のU-2偵察機がキューバ上空を飛行中、ソビエトのSA-2地対空ミサイルによって撃墜される。パイロットのルドルフ・アンダーソン・ジュニア空軍少佐が死亡。

1964年3月10日

　アメリカ空軍のRB-66デストロイヤーが東ドイツ上空でソビエト戦闘機によって撃墜される。乗員3名はパラシュートで脱出、うち1名が負傷したものの、全員が帰還している。

1969年4月15日

　ELINT任務に就いていたアメリカ海軍のEC-121Mウォーニングスターが、日本海沖で北朝鮮機によって撃墜される。乗員31名全員が死亡し、2名の遺体が海上で発見された（「C-121コンステレーション」を参照）。

1973年2月5日

　ラオス上空で諜報任務に就いていたアメリカ空軍のEC-47Qスカイトレインが、対空砲火によって撃墜され

第1次世界大戦中、任務に先立ち機体備え付けのカメラを調整中のイギリス人カメラマン。航空写真はほぼ1世紀にわたって貴重この上ない情報収集手段であり続け、衛星写真が発達した今も重要性を保っている。（出典：帝国戦争博物館）

る。乗員8名が搭乗していたが、2名が捕らえられて尋問のためにソビエト連邦へ連行されたという報告もある（この撃墜事件は、ベトナム戦争に終止符を打ったパリ和平協定の1週間後に発生した）。

2001年4月1日

　アメリカ海軍のEP-3Eオリオン電子偵察機が、中国沖の公海上で中国のJ-8 II戦闘機から挑発行為を受け、空中衝突する。J-8は海上に墜落、パイロットは死亡した。男女24名の乗員を乗せたオリオンは海南島に不時着する。乗員と機体は中国政府に接収され、4月12日に乗員が解放された。機体はアメリカ人技師によって解体された後、2001年7月にロシアのアントノフAn-124貨物機でアメリカに帰還した。

　アメリカ軍によるソビエト偵察機の撃墜は1件も公表されていないが、1968年5月25日にアメリカ空母エセックスの視界内でTu-16バジャーが海上に墜落している。この事故で乗員全員が死亡した。
　中東では、エジプト軍のマーキングを施されたソビエト機数機がイスラエルの戦闘機によって撃墜された。またイスラエルは数機のイギリス偵察機も撃墜している。1948年11月20日、新規に配備されたイスラエルのP-51Dムスタングが、スパイ飛行を行なっていたモスキートPR.34を迎撃した。ムスタングの機関銃はわずか数発の発射で故障したものの、モスキートは被弾して地中海に墜落、2名のパイロットは死亡した（ムスタングを操縦していたのは、元アメリカ陸軍航空軍の志願兵、ウェイン・ピークだった）。
　イスラエルとエジプトの停戦協定が発効した1949年1月7日の朝、武装した数機のイギリス偵察機がネゲブ砂漠のイスラエル占領地域上空を飛行した。その際、低空飛行任務に就いていた4機のスピットファイアFR.18がイスラエルの対空砲火による攻撃を受け、1機が撃墜された。パイロットは脱出し、イスラエル軍によって捕らえられている。他の3機のパイロットがパラシュートの着地を見守っていると、2機のイスラエル軍スピットファイアMk.IXが現われ、他の写真偵察機を撃墜した。1名が死亡したものの、他の2名は脱出に成功している（これら「スピッツ」の捜索に送られた4機のテンペスト戦闘機もイスラエル軍の攻撃を受けた。1機が撃墜されたものの、パイロットはエジプト空域へ逃げ込む前に応戦している）。
　「国立航空偵察犠牲者公園」も参照のこと。
　【参照項目】偵察、B-29 スーパーフォートレス、CIA、B-36 ピースメーカー、NSA、C-135 ストラトリフター、キャンベラ、F-101 ヴードゥー、PBY4Y-2 プライバティア、電子情報、P2V ネプチューン、ジョン・ダウニー、リチャード・フェクトゥ、P4M-1Q マーケーター、U-2、フランシス・ゲイリー・パワーズ、B-47 ストラトジェット、ルビャンカ、ルドルフ・アンダーソン・ジュニア、モスキート、スピットファイア

ケーシー、ウィリアム・J （Casey, William J.　1913-1987）

　第2次世界大戦中は戦略諜報局（OSS）に所属し、1981年から87年まで中央情報長官（DCI）を務めた人物。在任中はレーガン政権の主要スキャンダルに深く関与した。すなわちレバノンで囚われたアメリカ人の救出を目的とするイランへの武器売却と、ニカラグアの反共産勢力に対する違法な武器供与である（「イラン・コントラ事件」を参照のこと）。
　ケーシーはフォーダム大学を経て1937年にセント・ジョーンズ大学ロースクールを卒業した。その後43年に海軍入りし、翌年にはOSSに移籍、ロンドン支局長の補佐官としてイギリスへ派遣される。ケーシーはロンドンへの赴任について記す中で、イギリスのインテリジェンス・オフィサーであるマルコム・マッグリッジに「印象を残したのは間違いない」と述べている。そのマッグリッジはこう語った。「ああ、最初にロンドンへやって来たOSSの連中か。よく憶えているよ。花嫁学校を出た若い乙女のように無邪気な奴らが、情報機関という淫らな売春宿で働き始めたんだ」
　しかしケーシーらはイギリス人教官と程なく袂を分かち、自分のやり方で活動を始めた。ケーシーはヨーロッパにおける諜報活動の責任者として、フランスのドイツ軍占領地域にジェドバラというエージェントを送り込み、フランス人レジスタンスと協働させた。またヨーロッパでの戦闘が終盤を迎えると、ドイツ人捕虜から成るエージェント部隊をドイツに潜入させて情報収集にあたらせた。
　戦後、ケーシーは法律と会計の世界に戻った。1966年には、接戦が繰り広げられていたニューヨーク州ロングアイランドでの下院議員選挙で共和党の指名選挙に名乗りを上げるが、選出はされなかった。その後1971年、ニクソン大統領によって証券取引委員長に任命され、73年まで務めた。退任後は1974年から76年まで輸出入銀行総裁を、1976年から77年まで大統領情報活動諮問委員会の委員を歴任している。そして1980年の大統領選挙でレーガンの選挙対策委員長として当選に貢献した結果、翌年1月中央情報長官に任命された。
　レーガン政権を揺さぶったイラン・コントラ事件は、レバノンでテロリストに誘拐された西洋人を救い、同時に中米の反共産勢力を支援することが狙いだった。国家安全保障会議のスタッフを務める海兵隊将校、オリヴァー・ノース中佐が一部を立案した複雑な計画には、アメリカ製武器をイスラエル経由でイランに輸送することと、この売却によって得られた資金でニカラグアの反政府勢力（コントラ）向けの武器を購入することが含まれ

ていた。議会はこうした取引を禁じており、ケーシーの
スタッフは議会の調査委員会に対して嘘の証言を行なっ
ている（「クレア・E・ジョージ」を参照のこと）。当時
CIA は他にも、ソビエト船による共産勢力への補給を
妨害するため、ニカラグアの港に機雷を敷設するという
違法行為を行なっていた。

　ケーシーの在任期間は、最終的にソビエト崩壊につな
がる状況を作り上げようとレーガン政権が模索した時期
にもあたっていた。レーガンの「スターウォーズ計画」
と軍縮への取り組みは、ソビエトの政治状況及び軍事プ
ログラムに関する広範囲な情報を必要としたのである。

　1987 年 1 月、ケーシーは発作に襲われ DCI を辞任、
その直後に死去した。第 2 次世界大戦期のヨーロッパに
おける諜報活動を記した著書『The Secret War Against
Hitler』が死後の 1988 年に出版されている。

【参照項目】戦略諜報局、中央情報長官、イラン・コン
トラ事件、マルコム・マッグリッジ、大統領情報活動諮
問会議、国家安全保障委員会

ゲシュタポ　（Gestapo）

　秘密国家警察（Geheime Staatspolizei）の略称。ドイ
ツ国内及び占領地域でナチスに敵対する者を容赦なく取
り締まり、その他の国々では諜報活動や破壊工作を行な
う傍ら強制収容所を運営した。なお正式な組織名は
RSHA（国家保安本部）第IV局、反体制派捜査・粛清課
である。

　ゲシュタポが公式に発足したのは 1933 年であり、プ
ロイセン州の政治警察を置き換えるものとしてヘルマ
ン・ゲーリングによって設立された。当初、ルドルフ・
ディールス長官率いるゲシュタポは、反ナチ派を逮捕・
殺害するゲーリングの機関だった。しかし 1934 年 4 月
にハインリヒ・ヒムラーが実質的なトップに任命される
と、同じくヒムラー率いる SS（親衛隊）の警察機構とし
て拡大し始めた（「SD」も参照のこと）。

　1939 年 10 月、ヒムラーがドイツ民族性強化国家委員
に任命され、新たに併合されたポーランドの統治を委ね
られたのを受け、ハインリヒ・ミュラーが後任のゲシュ
タポ長官に就任する。ミュラーは戦時中におけるゲシュ
タポの悪名高き活動を指揮し、「ユダヤ人問題の最終的
解決」において主要な役割を演じるも、敗戦間際の
1945 年 5 月 1 日にベルリンの総統地下壕で目撃された
のを最後に行方不明となる。そのため、最後まで残った
ナチ支配下の地域を連合国が蹂躙した際、ゲシュタポを
指揮する人間は不在だったことになる。

　1936 年 2 月 10 日に制定された基本法（第 3 ゲシュタ
ポ法）により、反国家活動に関わっていると判断された
人間については、ゲシュタポが生殺与奪の権を握ること
になった。ゲシュタポはドイツ及びナチ占領国家の全域
で活動し、犠牲者は強制収容所へ送られるか拷問の末殺

害された。中にはゲシュタポが管理する人民法廷に引き
ずり出される者もいたが、ほぼ例外なく死刑判決が下さ
れた。一方、ゲシュタポの行動と命令は司法による監督
の対象にはならなかった。ヒムラーの側近だったヴェル
ナー・ベストが述べた通り、「警察が指導者の意志を実
行する限りにおいて、いかなる行為も合法」なのであ
る。

【参照項目】RSHA、ハインリヒ・ヒムラー、SS、ハイン
リヒ・ミュラー

ケース　（Case）

　諜報作戦全体、あるいは諜報活動の記録を指す言葉。

ケース・オフィサー　（Case Officer）

　ある特定の諜報作戦においてエージェントに指示を与
え、同時にエージェントの勧誘と監督に責任を負う情報
機関の要員。

【参照項目】エージェント、ケース、ハンドラー

ケースメント、サー・ロジャー（デイヴィッド）
（Casement, Sir Roger〔David〕　1864-1916）

　第 1 次世界大戦中にスパイ容疑で処刑された唯一の
イギリス人。イギリスが自国民を叛逆罪で極刑に処した
のは 1 世紀以上ぶりだった。

　外交官だったケースメントはポルトガル領東アフリカ
（1895 〜 98）、アンゴラ（1898 〜 1900）、コンゴ自由国
（1901 〜 04）、そしてブラジル（1906 〜 11）で領事を務
め、白人商人による搾取の実態を暴露したことで国際的
名声を得た。その後 1911 年にナイトを授爵されてい
る。

　1912 年、ケースメントは健康悪化を理由にアイルラ
ンドでの隠退生活に入ったが、翌年後半からアイルラン
ドの反英運動に関わるようになり、1914 年 7 月にニュー
ヨークへ渡ってアメリカの支援を求めた。そして翌月、
第 1 次世界大戦が勃発する。ケースメントはイギリス
からの独立にドイツが手を差し伸べてくれるだろうと信
じて 11 月にベルリンへ赴き、ドイツを説得して遠征隊
を派遣させると共に、アイルランド人捕虜による反英武
装組織を結成させようと目論んだが、どちらも実現しな
かった。

　1916 年 4 月、ケースメントは U ボートでアイルラン
ドに上陸したものの、4 月 21 日に逮捕されてイギリスへ
連行された。そこで裁判を受け、6 月 29 日に有罪判決が
下る。数多くの著名人が減刑嘆願を行なったが、8 月 3
日に絞首刑が執行された。ケースメントに対する司法手
続きは今も議論の的になっており、彼が同性愛者だった
事実にイギリス当局が偏見を抱いていたという主張もあ
る。

【参照項目】ベルリン、同性愛者

ゲッスナー、ジョージ・ジョン (Gessner, George John)

アメリカ陸軍の核兵器技術兵だった人物。1960年にテキサス州フォート・ブリスからメキシコシティーに逃走、翌年にかけてソビエトのインテリジェンス・オフィサーに機密データを渡した。

アメリカ当局に拘束されたゲッスナーは、脱走罪によってカンザス州レヴンワース連邦刑務所で短期間服役したが、1962年の釈放後にスパイ容疑で再び逮捕される。裁判の結果64年6月に有罪判決が下され、終身刑を言い渡された。

ゲッスナーは1946年制定の原子力法における、許可を得ていない人物に原子力情報を渡すことを禁じた条項で裁かれた初めての人物だった。しかし控訴の結果、裁判所は1966年3月にゲッスナーに対するスパイ容疑を棄却した。

【参照項目】インテリジェンス・オフィサー

ケーデル、ジモン・E (Koedel, Simon E. 1881-?)

第2次世界大戦中ドイツの指揮下でスパイ行為をしたアメリカ人。

ドイツ南部のバイエルンに生まれたケーデルは22歳の時にアメリカへ移住し、3年間の陸軍勤務を経てアメリカ国籍を取得した。祖国ではアドルフ・ヒトラーが権力を握りつつあったが、ケーデルはヒトラーを熱烈に支持している。1930年代半ばのある時、ケーデルはドイツを訪れ、スパイとして働くことを申し出た。ドイツ軍の情報機関アプヴェーアは訓練を施した上で給与を払い、スリーパーとしてアメリカに戻り指示を待つよう命じた。

ドイツ軍がポーランドを席巻しつつあった1939年9月、「目を覚ませ」との指令がケーデルのもとに届く。ドイツからの電報には「アロイ」というコードワードと「ハートマン」の署名が記されていた。

映写技師のケーデルにアメリカの国防産業に関する知識はなかったが、アメリカ軍需品協会に加わりこのコネを使ってメリーランド州エッジウッドの陸軍工廠に入り込んだ。その後、エッジウッドにおける兵器開発状況について長文の報告書を記している。

ケーデルは軍需品協会を通じてロバート・R・レイノルズ上院議員（ノースカロライナ州選出）と知り合い、一般物資だけでなく石油や石炭も積み込み可能な港湾のリストといった情報を入手した。1940年3月、アプヴェーアはどのような補給品がアメリカから送られているかを把握すべく、それら港を正確に報告するよう命じた。

ケーデルは勤勉かつ独創的なスパイだった。船積みの情報を集めるためにスタテン島のフェリーに乗ってニューヨーク湾を横断し、停泊している船名を確かめることもあった。時には港湾労働者に扮したこともあったとい

う。ケーデルの情報はワシントンDCのドイツ大使館と中立国の便宜的住所を通じて本国に届けられた。

娘のマリーはニューヨークの港沿いにあるバーへ行き、父親のために情報を集めた。またイギリス人船員のダンカン・スコット＝フォードを勧誘、護送船団に関する情報を得ている（スコット＝フォードは1942年11月にスパイとして絞首刑が執行された）。しかしマリーの元婚約者がFBIに通報したせいでケーデルは1944年10月に逮捕・収監され、戦後に本国へ強制送還された。

【参照項目】アプヴェーア、コードワード、便宜的住所

ケドロフ、ミハイル・セルゲイエヴィチ (Kedrov, Mikhail Sergeyevich 1878-1941)

ラブレンチー・ベリヤの違法行為を報告して息子共々処刑されたソビエトのインテリジェンス・オフィサー。その後1956年の第20回共産党大会でニキータ・フルシチョフが独裁者スターリンの行き過ぎを暴露した際、ケドロフの「最後の手紙」が引用された。

ロシア内戦（1917～20）当時、古参ボルシェビキのケドロフはアルハンゲル地域の秘密警察——チェーカ——トップを務めており、1919年にはOGPU（統合国家政治局、チェーカの後身）特別課の課長として、ベリヤがOGPU副議長を務めるアゼルバイジャンで秘密警察の状況を調査した。そしてベリヤがソビエトに敵対する人物を釈放し、無実の人々を投獄していることを突き止める。ケドロフはベリヤの更迭を勧告する手紙をモスクワに送ったが、何の反応もなかった。

ケドロフ自身も残酷な尋問官であり、国家情報機関の強制労働部門を率いていた。また必要とあらば犠牲者から嘘の自白を引き出すこともあった。

引退した1939年には、息子のイーゴリがNKVDと改名された情報機関の捜査官になっていた。ベリヤが内務人民委員、つまりNKVDのトップに指名された際、ケドロフ親子は友人数名と共に、同年2月から3月にかけてスターリンに抗議の手紙を多数送っている。

イーゴリは程なく逮捕され、銃殺された。ケドロフも4月に逮捕、収監される。逮捕後、彼は共産党書記A・A・アンドレイエフに宛てて手紙を記した。

レフォルトフスカーヤ刑務所の陰気な独房から、私は君の助けを求める。私の恐怖の叫びを聞き、それを無視することなく仲裁に入り、尋問の悪夢を打ち破り、過ちを突き止める手助けをしてほしい……私は無実の犠牲者である。それは信じてほしい。時間が証明するだろう。私は皇帝警察の囮ではなく、スパイでもなく、反ソビエト組織のメンバーでもない。にもかかわらず、そうだと責められているのだ。それに党や祖国に対する罪など犯していない。私は筋金入りの古参ボルシェビキとして40年近くもの間、人民の福祉と

幸福のために党の中で戦ってきた……そして今、尋問官どもは残酷かつ屈辱的な肉体への暴力をもって62歳のこの老人を脅しているのだ。

手紙はさらに続き、党とソビエト政府に対する忠誠が記されている。

ケドロフの無実は明らかだった。スターリンによる大粛清では珍しいことながら、最高裁判所の軍事評議会は彼を無罪とした。しかしベリヤは釈放を許さなかった。1941年10月、ケドロフは後頭部に1発の銃弾を撃ち込まれた。さらに殺害を正当化すべく、日付を遡って新たな判決文が書き上げられている。

1956年にモスクワで開催された第20回党大会において、フルシチョフはアンドレイエフに宛てたケドロフの手紙を引用した。回想録『Kurushchev Remembers（邦題・フルシチョフ回想録）』（1970）の中で、スターリンが最も信頼した側近の1人であるフルシチョフは、スターリンが死に、ベリヤが失脚した直後、「ケドロフが人民の敵として処刑された事実に驚愕したものである」と記した。

ケナン　（Kennan）

KH-11カメラシステム（「キーホール」を参照のこと）を搭載したアメリカのスパイ衛星。このシステムは史上初めて宇宙からのリアルタイム映像をもたらすと共に、地球の画像を細長い写真に収めてデジタルデータの形でリレー衛星に送信、画像はそこからワシントンDCの南に位置するヴァージニア州ベルヴォワールの地上受信局に転送された（後にKH-11の映像を受信する地上局が複数設置されている）。

KH-11の初号機打ち上げは1976年12月19日であり、翌年1月20日に最初の写真が送信された。以前の衛星と違って搭載しているフィルムの数による制限を受けないため、ケナンは2年以上にわたって運用が続けられた（初号機の軌道周回期間は770日であり、後のKH-11は1,000日以上もの間軌道周回している）。中には4年半にわたって運用されるものもあった。

KH-11衛星は当初KH-8及びKH-9写真衛星と並行して打ち上げられたが、後に両衛星の後継となった。続く数年間は通常2機のKH-11衛星が軌道にあり、ソビエト連邦及び中国をはじめ、アメリカの政府高官や軍幹部が関心を持つ地域の詳細な写真をもたらした。また1980年にテヘランのアメリカ大使館がイラン人学生に占拠された際、建物内部の人質の位置を突き止めるためにKH-11が用いられている。そこから大使館突入に必要な情報がもたらされたものの、作戦は失敗に終わった。

また初めて公にされたアメリカのスパイ衛星画像もKH-11の写真とされている。その写真は、1981年12月14日発行の『Aviation Week and Space Technology』誌に掲載されたソビエトのTu-160ブラックジャック爆撃機のものだった。キャプションによれば、モスクワ近郊のラメンスコイエ航空研究所に駐機中の機体を、およそ2週間前に撮影したものであるという。当然のことながら写真は機密扱いだった。

KH-11衛星の運用は1990年代に入っても続けられ、その間の1982年にケナンからクリスタルへと改称されている。カメラシステムも引き続き改良されており、衛星の重量はおよそ16トンに増加した。

KH-11は地上およそ245〜530キロメートル上空の軌道を周回する。KH-11の信号は、1976年から運用を開始した衛星データシステム（SDS）の1機に送信され、そこから地上に転送される。

KH-11搭載衛星は円筒状で全長約20メートル、直径3メートルであり、当初の重量は15トンとされている。「ビックバード」も参照のこと。

【参照項目】人工衛星

ゲハイムシュライバー　（Geheimschreiber）

「フィッシュ」を参照のこと。

ケヘル、カレル・E　（Koecher, Karl E.　1934-）

チェコスロバキア内務省諜報局（CIS）にアメリカの機密情報をもたらした元CIA職員。東側諸国のスパイとして初めてCIAに浸透した人物とされる。

チェコスロバキアに生まれたケヘルは1962年から65年にかけてインテリジェンス・オフィサーとしての訓練をCISで受けた。そして妻ハナと共にオーストリアへ「亡命」し、12月4日に移民としてアメリカに入国、その際CISからの離反者であると申告している。入国後はインディアナ大学で学んだ後にニューヨークへ移り、コロンビア大学に入学した。

ケヘル夫妻は1971年にアメリカ国籍を取得する。その後は放埒な社会生活を送り、伝えられるところではヌーディストコロニーだけでなく乱交パーティーやセックスクラブにしばしば出入りし、東側諸国の情報機関のために働くエージェントを探していたという。

イリーガル・エージェントだったカレルは、アメリカ情報機関に就職するよう命じられる。そのためFBIによる保安審査を受け、1972年10月にはCIAのポリグラフ検査をパスしている（捜査官は後にCIAの技師が検査結果を読み間違えたと明らかにした）。

ケヘルは1973年から75年にかけて翻訳者として勤務し、最高機密レベルの情報閲覧許可（セキュリティークリアランス）を与えられていた。次いで77年までニューヨークにおけるCIAの連絡員として働くものの、CIA以前の活動について、アメリカ政府は明らかにしていない。その後行なわれたFBIの定期的な監視活動

によって、CIS職員と面会しているのを目撃されたことで、ケヘルは疑いを持たれるようになった。

ケヘルがCISに渡した文書の1つのせいで、ソビエトの外交官でモスクワにおけるCIAの内通者だったアレクサンドル・D・オゴロドニクの素性が発覚した（1977年にソビエト当局の追求を受けたオゴロドニクは自ら命を絶った）。

1984年11月27日、ケヘルは自宅のアパートメントでスイスへ飛ぶ準備をしている最中に逮捕され、スパイ行為の共謀罪で起訴された。裁判所の文書によると、妻は1974年から83年までケヘルとCISとの密使役を務めていたとされ、証人として証言台に立たされたものの、訴追されることはなかった。弁護士を依頼した後も尋問を続けるという規則違反をFBIが犯したためである。

ケヘルの保釈は認められなかったが、裁判所への出廷前にソビエトの反体制派、アナトリー・シチャランスキーと交換されることになった（政府間のこうした取引はスパイ交換と呼ばれているが、シチャランスキーはスパイではなかった）。1986年2月11日、シチャランスキーがベルリンのグリーニケ橋を渡って西側入りした30分後、ケヘル夫妻も橋を渡って東ドイツへ出国した。

作家のロナルド・ケスラーはワシントン・ポスト紙の中で、交換当時の夫妻の様子を次のように記した。「口髭を蓄え、毛皮で縁取られたコートを着ていたカレルは狐以外の何物にも見えなかった。妻のハナはミンクのコートをまとい、同じくミンクの白い帽子を被っていた。性的魅力に溢れたブロンドで、大きな青い瞳はまるで映画スターのようだった」

ケスラーは1987年にプラハでカレル夫妻にインタビューしている。カレルは当時もCISで働いており、担当はアメリカ合衆国だったという。

【参照項目】CIA、インテリジェンス・オフィサー、離反者、エージェント、イリーガル、保安審査

ゲームキーパー　(Gamekeeper)

コントローラー、つまりエージェントを操る人物を指すイギリスのインテリジェンス・オフィサーの俗語。「ハンドラー」も参照のこと。

ケル、サー・ヴァーノン　(Kell, Sir Vernon　1873-1942)

MI5の創設者にして初代長官を務めた人物。サンドハーストの王立兵学校を卒業後、1900年に北京で発生した義和団蜂起の鎮圧に加わる。独学でフランス語、ドイツ語、イタリア語、ポーランド語を習得するなど、若い頃から語学の才能があり、中国とロシアでも勤務の傍ら外国語を学んだほどである。また天津に駐在するローン・キャンベル将軍の司令部で情報謀議を務めると同時に、デイリー・テレグラフ紙の外国記者としても活動す

るという興味深い経歴を辿っている。

1902年から06年まで陸軍省のドイツ課長を務めるも深刻な喘息を患い、現役を続けられなくなった。そこで1909年、保安機関（当初はM05、1916年からはMI5）を組織する任務がケルに与えられる。彼は公文書で「K」のイニシャルを用いたが、結果としてこれがMI5長官を指す頭文字となった。

1909年に保安機関を組織した時、ケルには陸軍省の一室があてがわれた。1914年の時点でスタッフは14名だったが、4年後には700名にまで増加している。第1次世界大戦後もMI5長官の座にとどまり、公式には1923年に軍を退役したものの、1930年代を通じてMI5を率い続けた。

1940年6月10日、ウィンストン・チャーチル首相はケルを罷免した。いくつかの出来事が彼の失脚につながったのだが、一番の理由は1939年10月14日にオークニー諸島スカパ・フローの艦隊停泊地で、戦艦ロイヤル・オークがドイツのUボートに撃沈されたことである。その際、ドイツの諜報活動が撃沈を引き起こした、または少なくともそれに貢献したという推測が新聞の一面を飾った。また40年1月にウォルサム・アビーの王立火薬工場で爆発があった際も、破壊工作活動ではないかという推測がなされた。その後も破壊工作の報道は止まず、チャーチルがケルを首相官邸に呼び2人きりで面談することもあった。自分が罷免されたことにケルは驚き、MI5の職員も仰天したという（6巻から成る第2次世界大戦の回想録において、チャーチルはケルの名に1度も触れていない）。

【参照項目】MI5、義和団、インテリジェンス・オフィサー

ゲルハルトセン、ヴェルナ　(Gerhardsen, Werna　1912-1970)

高レベルの情報源としてソビエト情報機関の標的になった元ノルウェー首相夫人。ソビエトはKGB職員と性的関係を持たせることでこれを実現させようとした。

1945年から65年まで短期間を除いて首相の座を保ち続けた夫のエイナー・ゲルハルトセンは妻より15歳年上だった。1940年のドイツ軍侵攻当時、オスロ市長だったゲルハルトセンは終戦まで強制収容所で過ごした後、ノルウェーの指導者として頭角を現した。

1950年代初頭、ヴェルナはソビエトのピオネールにつながる左翼青年グループの一員だった。54年に青年派遣団の一員としてソビエト連邦を訪問した際、彼女はアルメニアの首都エレバンにあるインツーリスト・ホテルに宿泊した。この時、一行を利用するという任務を与えられていたKGBの若き職員、エフゲニー・ベリャコフもホテルの特別室——音声・映像記録装置を備える客室——に滞在しており、ヴェルナを誘惑したと言われている。

この件は1993年、元KGB幹部のボグダン・デュベンスキーがタイムズ紙とのインタビューの中で明らかにした。ベリャコフはその後オスロのソビエト大使館に配属され、2人の関係も続けられたという。「彼女が脅迫されたことはない」デュベンスキーはKGBによるセックスの活用について言葉を選びつつそう話した。ベリャコフは2人がホテルで一緒にいるところを撮影されたとヴェルナに告げ、上司がそう仕組んだことを知らなかったと主張した。

デュベンスキーによると、ヴェルナは国際連合及び北大西洋条約機構（NATO）の諸問題におけるノルウェーの立場といった情報をKGBに渡したという。またノルウェー議会の議員に関する情報もベリャコフにもたらしたとされる。「我々はその情報を基に、次なるターゲットを割り出した」当時オスロ大使館でKGBレジデントとして活動していたデュベンスキーはそう回顧する。この件はそれから3年後、ベリャコフが酔って妻を殴り、「スキャンダルの恐れあり」としてソビエトに召喚されたことをもって幕を閉じた。

【参照項目】KGB、国際連合、北大西洋条約機構、レジデント

ゲルハルト、ディーター・フェリクス
(Gerhardt, Dieter Felix　1935-)

ソビエト連邦軍参謀本部情報総局（GRU）のためにスパイ行為をした南アフリカの海軍士官。

ベルリンに生まれたゲルハルトは第2次世界大戦の勃発前に一家ぐるみで南アフリカへ移住した。内省的かつ不器用でしかも長身だったことから、綽名は「ジャンボ」。海軍では献身的に職務をこなす、厳格な訓練至上主義者だったようである。

ゲルハルトがGRUに勧誘されたのは1960年、青年将校としてイギリス海軍に派遣されていた時であり、ロンドンのソビエト大使館に自ら足を運んだものとされている。第2次世界大戦中、ドイツ人の父が南アフリカでイギリス当局によって投獄されたことが動機だったらしい。

ゲルハルトは当時最初の妻と離婚しており、すでにソビエトのエージェントだったスイス人女性、ルース・ヨールと再婚した。この結婚はGRUの示唆によるものだったとされる。ルースは夫の連絡員を務め、表向きは母に会うということでジュネーブを頻繁に訪れた。

南アフリカ海軍はイギリス、フランス、イスラエルの艦船及び装備を使っていたが、ゲルハルトはそれに関する情報をソビエトにもたらした見返りとして25万ドルを受け取ったという。また国防幹部に取り入ったことで軍事情報だけでなく政治情報を容易に入手でき、P・W・ボータ首相（後に大統領）とも個人的な知遇を得た。さらに南アフリカの大規模な海洋監視システム、シルバー

マインズから情報を得られたことはソビエトの利益となった。加えてゲルハルトはソビエト情報機関のために勧誘も行なっている。

ゲルハルトはスパイ行為の発覚までサイモンズタウン海軍工廠の長官を務めていた。ケープタウンに程近いサイモンズタウン海軍基地に建つ豪邸と彼の豪華な暮らしぶりは、ドイツの母親が遺した資産と、競馬、宝くじ、株式投資によるものだとしてあっさり説明された。

1982年、ゲルハルトはニューヨーク州のシラキューズ大学に入学し、数学の上級コースを選択した。しかし翌年1月、FBI及び南アフリカの捜査官によってアメリカ国内で拘束される。11日にわたる尋問の後、護衛つきで本国に送還された。

南アフリカ政府は、ソビエトのエージェントであるユーリ・ロガノフがヨハネスブルグで逮捕された1967年以降、国内にソビエトの内通者が潜んでいると信じていた。しかし少なくとも5回に及ぶモスクワ訪問のうち2回においてボリジョイバレーを観劇しているゲルハルト夫妻の姿が、モスクワに駐在するモサド（イスラエルの情報機関）のエージェントに目撃されるまで、スパイの正体がゲルハルトであるとは見破れなかった。これらのソビエト訪問は許可を受けたものではなく、帰国後も適切な報告書が提出されることはなかった。

非公開の審理は3ヵ月に及んだ。1983年12月、ゲルハルトは大逆罪とスパイ行為で有罪とされ、終身刑の判決が下された。また妻には禁固10年が言い渡されている。

【参照項目】GRU、ベルリン、飛び込み、密使、内通者、モサド

ゲーレン機関　(Gehlen Organization)

第2次世界大戦後の西ドイツでアメリカが創設した情報組織。表向きはソビエト軍関連の情報を集めるのが目的とされた。

アメリカで米軍の情報将校と会談してから1年後の1946年7月、元ナチ将校のラインハルト・ゲーレンは西ドイツへ帰国、終戦時に埋めた情報ファイルを掘り起こし、ドイツ参謀本部の東方外国軍担当課に所属していた部下の参謀を再組織した。

ゲーレン機関はアメリカ陸軍の指揮下で活動し、人員や作戦に要する資金、武器、その他必要な援助も陸軍が提供した。また1947年後半にはミュンヘンの南8キロメートルに位置するピュラッハ村に本部が設置されている。

この組織は東ドイツ及びソビエト連邦西部に潜むスリーパー、すなわち1944年から45年にかけてソビエトが西方へ進撃した際、前線後方にとどまったエージェントの一部を「目覚めさせる」ことに成功した。しかし情報の大半は西側に逃れた東ドイツ人への尋問や、東側に

送り込んだスパイから得ていた。

連合国の全ての高官がゲーレン機関を評価したわけではなく、アメリカ陸軍のアーサー・トルドー大将は「あの怪しげなナチ組織」と評している。しかしアメリカ陸軍はゲーレンの活動に満足していた。1947年にCIAが創設されたのを受け、ゲーレン機関の将来の運営についてアメリカ陸軍とゲーレン本人を交えた3者会談が行なわれた。その結果、ゲーレン機関の管理はCIAに移されることとなった。

ゲーレンによる情報活動の大部分は東ドイツとソビエトの軍事目標を対象としており、NKVD（ソビエト内務人民委員部）職員を寝返らせたこともあった。

1949年5月23日に西ドイツ政府が成立した際、新政府との事前協議を行なったゲーレンは現在以上の関係を持つことを禁じられた。しかし1年後にはコンラート・アデナウアー首相と面会し、親密な協力関係を打ち立てている。

西ドイツが1955年5月5日に北大西洋条約機構（NATO）へ加盟、主権を回復すると、アデナウアーはゲーレン機関を西ドイツ連邦情報庁（BND）とする。組織の改編は1956年4月1日に実施され、BNDは連邦官房に付属——従属ではない——することになった。

「不可欠な人間」も参照のこと。

【参照項目】ラインハルト・ゲーレン、東方外国軍担当課、スリーパー、エージェント、CIA、NKVD、寝返り、北大西洋条約機構、BND

ゲーレン、ラインハルト （Gehlen, Reinhard 1902-1979）

第2次世界大戦中、ドイツ参謀本部の東部（ロシア）前線における情報活動を監督し、戦後は西ドイツの対外情報機関BND（連邦情報庁）の長官を務めた人物。

陸軍入隊後は砲兵隊を中心に様々な任務を経験した。1940年5月のフランス侵攻作戦では上級司令官の連絡将校を務め、7月には副官として参謀本部に配属される。その後東部前線に派遣され、42年4月には中佐の階級でロシア前線担当の高級情報参謀——参謀本部東方外国軍担当課長——に就任した。その後44年12月1日に准将へ昇進しているが、司令官を経験せずに将官となったのは他に数名しかいない。部下の参謀はソビエト軍の兵力や意図に関しておおむね現実的な評価を行なったが、ナチス指導者とりわけアドルフ・ヒトラーは情報評価に根本的な不信感を抱いていたため、それらが活用されることはほとんどなかった（ヒトラーの出席する会議において、ハインツ・グデーリアン大将がゲーレンのもたらしたソビエト軍関連の情報を提示した際、ヒトラーは怒り狂い、ゲーレンは気の狂った精神薄弱者に違いないと喚き立てた）。45年4月9日にヒトラーがゲーレンを更迭したのも、彼がもたらしたソビエト軍の兵力及び意図に関する情報が原因だった。

しかしゲーレンはすでに自分自身の将来を考えていた。ソビエト軍関係の情報ファイルやロシアの航空写真といった膨大な資料をドラム缶50個の中に密封した上、将来に備えて複数の場所に埋める。第3帝国の滅亡が迫る中、ゲーレンと主だった部下はハインリヒ・ヒムラーによる暗殺を恐れ、潜伏生活に入った。

1945年5月上旬の終戦後、ゲーレンは——主な部下と情報ファイルを伴なって——5月22日アメリカ軍へ投降した。米軍士官による尋問を受けた後の8月には部下6名と共にワシントンへ移送され、アメリカ軍の高級情報将校と会談する。その後は1年近くアメリカにとどまり、ゲーレン機関を組織すべく46年7月に船でドイツへ帰国した。この組織の目的は、ソビエト占領地域でアメリカがゲーレンのスパイ網を活用するにあたって手を貸すことだった。

1956年、ゲーレンの組織はBNDとなり、ゲーレン自身が長官に就任した（また陸軍予備役将校として少将の階級も保持していた）。スパイマスターとしてナチスとアメリカの両方に仕えたゲーレンは、今や西ドイツ政府の下で活動するようになったものの、以前ほどの成果は挙げられなかった。ベルリンの壁建設といった東ドイツ及びソビエトの行動を予期できず、さらには西側諸国の情報を収集し始め、エジプトの情報機関創設を手助けする一方、イスラエルとも（対ソビエト活動において）協力したのだった。

1961年にハインツ・フェルフェ防諜部長が共産党の二重スパイだと明らかになったことで、ゲーレンの信用は地に墜ちた。フェルフェの正体が暴露されたことはコンラート・アデナウアー政権の崩壊（1963年）を早めたが、ゲーレンは影響力と権力を失いつつもその後5年間BND長官の座にとどまった。

1972年に回想録『The Service（邦題・諜報・工作：ラインハルト・ゲーレン回顧録）』が出版されている。

【参照項目】BND、東方外国軍担当課、ハインリヒ・ヒムラー、ゲーレン機関、スパイ網、ハインツ・フェルフェ、二重スパイ

ケント、タイラー・G （Kent, Tyler G. 1911-1988）

ロンドンのアメリカ大使館で勤務していた暗号事務官。第2次世界大戦中、極秘電文やその他資料を親独派組織に渡した。

ケントは父親がアメリカ領事を務めていた満洲で生まれ、プリンストン大学を経てソルボンヌ大学でロシア語を学ぶ。国務省入省後はモスクワのアメリカ大使館に赴任、初代駐ソビエト大使ウィリアム・C・ビュリットの下で事務官として勤務した。後に暗号事務官へ昇進している。

その後ロンドンのアメリカ大使館へ異動となり、1939年10月5日から職務を始めた。当時はウィンストン・

チャーチルが第1海軍卿に就任した直後だった。チャーチルはフランクリン・D・ルーズベルト大統領と定期的に連絡をとっており、両名とも彼がいずれイギリスの戦時内閣首相になると予想していた。

ケントはロンドンに着任するや否や、スコットランドヤード特別課が監視していたドイツのエージェントと一緒にいるところを目撃されている。またロシア帝国の駐在武官としてロンドンに赴任した経験を持つニコライ・ウォルコフが、皇后付きのメイドだった妻と経営していた白系ロシア人のたまり場、ロシアン・ティー・ルームにも頻繁に出入りしていた。ケントは夫妻の娘アンナを通じ、イギリス国民となって頻繁にソビエトを訪れていた商人の妻、イレーネ・ダニシェウスキーと会っている。彼女はケントの愛人になったが、ソビエトのスパイではないかということで夫共々MI5の監視下にあった。

ケントが盗み出した電文には、チャーチルの首相就任前後にルーズベルトへ送られたものも含まれていた。その中には、ルーズベルトがドイツの攻撃に対してイギリスを支援すべく、中立法の回避方法を探っていることが記されており、公開されれば米英関係が破綻したのは間違いない。

1940年5月20日にケントを逮捕したMI5は、彼のアパートメントから1,929件の公文書を発見した。その中にはチャーチルによる電文に加え、スコットランドヤード特別課ないしMI5の監視対象となっている人物のリストもあった。またアメリカ大使館の暗号室の鍵も見つかっている。

ケントが秘密裡に逮捕され11日間にわたって拘留された後、アメリカ国務省は彼の解雇を発表し、「イギリス内務省の命令によって拘束された」ことを明らかにした。しかしこの声明は、ケントが公的秘密保護法違反で逮捕された事実に触れていなかった。アンナ・ウォルコフも同日逮捕され、同様に起訴されている。

ケントのスパイ行為に関し、1人の国務省職員が秘密裡に評価を下している。「（これら文書は）1938年以降に我々が送信した外交電信を完全に網羅している……我々の暗号が解読されたのみならず……全ての外交活動がドイツ及びロシアに筒抜けだったことを意味している……」しかし捜査の結果、ケントによる国務省暗号の漏洩は重大な結果をもたらさなかったことが明らかになっている。

10月23日、中央刑事裁判所でケントの秘密裁判が始まった。窓とドアのガラスには茶色の紙が貼られ、傍聴者は政府職員のみであり、その中にはMI6を代表してマルコム・マッグリッジも加わっていた。またMI5で反政府運動への対処を統轄しているマックスウェル・ナイトと、文書を見たとしてナイトによりマン島に収容されていたアーチボルド・モール・ラムゼイ大尉が証言台に立った。文書の存在を知っていた政府職員は、中身が

公になればルーズベルトの再選は不可能だろうと信じていた（ラムゼイはユダヤ人、ボルシェビキ、フリーメイソンの陰謀を信じる者たちの集まり、ライト・クラブの創設者だった）。

ケントには「敵にとって直接・間接に有益となり得る」文書を入手し、ウォルコフに渡したという嫌疑がかけられた。またロンドン駐在のジョセフ・P・ケネディ大使が所有する文書を盗んだことでも立件されている（ジョン・F・ケネディの父であるケネディ大使はドイツに対するイギリスの勝利を疑っていた）。

ケントはモスクワのアメリカ大使館から文書を持ち出し、いつの日か自らの孤立主義と反ユダヤ論を共有するアメリカの議員に見せることがあるだろうと考えつつ、それらを隠していたことを認めた。さらに、モスクワで入手した文書はロンドンへ着任する前に全て焼却したと述べている（モスクワでは同じくNKVDのスパイだった通訳者と恋に落ち、そこからソビエトと通じていたのではないかという疑いが持ち上がっている。前任の暗号事務官であるヘンリー・W・アンセイル・ジュニアもソビエトに情報を渡していたが、正式に起訴されるより早く、1940年に飛行機事故で死亡している）。

ケントの逮捕が報道されると、米英政府は事件の沈静化に努めた。アメリカを戦争に引き込みたいチャーチルがルーズベルトと共謀した証拠を見つけたため、ケントは口封じのために収監されたという、ルーズベルトの不利になる噂が流れた。だが1972年に公開された文書は陰謀説を否定するものだった。ケントの持ち出した文書は、米英海軍の協力関係構築についてのものだった。その一方で、ルーズベルトは議会や世論の支持を受けずにそれ以上関与することを嫌がっていたともしている。

ケントは1945年9月の釈放後にアメリカへ国外追放されたが、自説を曲げることはなかった。帰国後は裕福な婦人と結婚し、週刊誌の出版人となって黒人、ユダヤ人、そして今は亡きルーズベルト大統領を攻撃した。またジョン・F・ケネディ大統領も共産主義者だとして非難しており、共産主義を捨てたために暗殺されたと主張している。

反共産主義的な言説にもかかわらず、FBIはなおも彼が隠れたソビエトシンパではないかと疑っていた。レイ・ベアーズとアンソニー・リードは1952年から63年にかけて『Conspirator』を執筆し、ケントに対するFBIの捜査が6回行なわれたものの、「いずれも結論が曖昧なまま終わった」と記した。

【参照項目】エージェント、特別課、駐在武官、監視、MI5、公的秘密保護法、アンナ・ウォルコフ、MI6、マルコム・マッグリッジ、NKVD

原爆スパイ網　(Atomic Spy Ring)

第2次世界大戦中、ソビエト政府は大規模なスパイ

網を運用し、イギリス、カナダ、そしてアメリカから原子力に関する機密情報を入手しようと試みた。戦争が終結した後は勢いこそ弱まったものの、冷戦期においても原爆プロジェクトに対するソビエトのスパイ活動は続けられている。

　原爆開発計画が米英の機密事項の中で最も厳重に管理されていたことは間違いない。この計画の詳細を知る者は、連合国の暗号解読活動について知る人間よりもさらに少なかった。実際、1942年初頭に原爆開発計画（マンハッタン計画）を陸軍の管理下に置くと決定したことは、陸軍こそが機密保持に最も適した機関であるという確信が重要な要素となっている。

　参謀本部第2部（G-2）と陸軍省軍事情報部はFBIや海軍情報局と共にアメリカの諜報・防諜活動及び破壊工作に関する責任を負っており、マンハッタン工兵管区の機密保持責任者もそれに携わっていた。しかし、マンハッタン計画の機密保持は悲惨なまでの失敗に終わっている。

　プロジェクトの長であったレスリー・R・グローヴス准将は、共産党と関係がある科学者を何名か雇用してしまった。中でも有名なのがJ・ロバート・オッペンハイマーであり、グローヴスは彼をニューメキシコ州にあるロスアラモス原子力研究所の所長に任命した。1930年代、オッペンハイマーは多数の共産党関係組織から勧誘を受け、共産党系の運動にも定期的に参加していたのみならず、友人、妻、弟までもが共産党員だった経歴を持っている。

　にもかかわらず、グローヴスは原爆開発をオッペンハイマーに率いさせた。オッペンハイマーがその信頼を故意に裏切った証拠はないものの、グローヴスの命令に反して共産主義者であることが明らかな人物との交際を続けている（ソビエトはオッペンハイマーに「スター」というコードネームを、著名な原子物理学者であるエンリコ・フェルミに「エディター」というコードネームを与えていた）。

　ソビエトの情報機関NKVD（内務人民委員部）は1941年末の時点で、アメリカとイギリスが原爆開発に関心を抱いていることを突き止めている。その主な情報源はケンブリッジ・スパイ網の一員であるジョン・ケアンクロスだった。ケアンクロスは、原子力の可能性を調査すべくイギリス政府が1941年に設けた委員会のトップ、モーリス・ハンキー卿の秘書だった人物である。

　ロンドンにおけるケアンクロスのハンドラーだったユーリ・モジンは、著書『My Five Cambridge Friends』（1994）の中で次のように記している。「ソビエト連邦が原爆開発の技術的・政治的側面に関するあらゆる事実を熟知していたと断言しても、それは誇張にあたらない」

　ソビエトの情報機関はケアンクロス以外にも、原爆の秘密を知り得る位置にスパイを送り込んだ。その主要な者として次の人物が挙げられる。ロスアラモス研究所で原爆の技術開発を担当していたクラウス・フックスとデイヴィッド・グリーングラス、カナダで研究活動を行なっていたアラン・ナン・メイとブルーノ・ポンテコルヴォ、そして1944年からワシントンのイギリス大使館で1等書記官を務め、翌年夏からは米英両国の原爆開発計画（それぞれマンハッタン計画とチューブ・アロイ計画）の調整役を務めたドナルド・マクリーンである（メイはソビエト軍の情報組織GRUに雇われていた）。

　これらのスパイを支援するため、ソビエトは密使とハンドラーから成るネットワークをアメリカ国内で組織した。彼らの報告書やメイがもたらしたウラニウムのサンプルは、NKVD長官のラヴレンチー・ベリヤへ直接送られた。ベリヤはこれを基に、ヨシフ・スターリンやソビエトの科学者に対して実験スケジュールを含む原爆開発計画の詳細を提供できたのである。

　1945年7月にベルリン近郊のポツダムで開かれた連合国トップの首脳会談において、トルーマン大統領はスターリンに対し、アメリカが強大な威力を持つ新型爆弾を所有していることを告げた。1945年7月26日、「桁外れの破壊力を持つ新兵器」についてトルーマン大統領から聞かされたスターリンは、カイザーシュトラーセの宿舎へ戻った後ベリヤに電話をかけた。その時当直将校としてベリヤのオフィスにいたウラジーミル・チーコフは、著書『From Moscow to Los Alamos』（1992）の中で2人の会話を次のように回想している。

スターリン：同志ラヴレンチー、アメリカの原爆実験について何か聞いているかね？
ベリヤ：はい、同志スターリン。我々の得た情報によれば2週間前に行なわれたそうですが、結果は摑んでおりません。
スターリン：それは誤った情報だよ。原爆実験は2日前に行なわれたんだ。トルーマンは我々にプレッシャーをかけ支配しようと……ソビエト連邦に対する彼の態度は極めて攻撃的だ。当然ながら、原爆という要素はトルーマンの有利に働く。それはよろしい。しかし、脅迫と圧迫という政策は我々の許容できるものではない。だからこそ、我々が脅迫に屈すると思い込ませることはしなかった。ラヴレンチー、我々に決定的に勝る軍事力を持つ国家の存在を許してはならんのだ。「贈り物」を急いで届けるよう同志（イーゴリ・ヴァシリエヴィチ・）クルチャトフに告げ、科学者の仕事を加速するのに何が必要なのかを訊くんだ。（クルチャトフはソビエト原爆開発プログラムの責任

（者だった）

　ベリヤ配下のスパイたちは最初の原爆実験を7月4日と予想していた。それは正しかったが、実験そのものが7月16日に延期されたのである。ソビエトの原爆開発は加速した。ベリヤはこの計画に個人的かつ直接的な関心を抱き、参加者たちを叱咤激励する傍ら原爆スパイ網からもたらされた情報を最大限活用した。
　「原爆に関する諜報活動は軍事面のみならず政治面・外交面でも価値あるものだった」NKVDのパヴェル・スドプラトフ准将は『Special Tasks（邦題・KGB衝撃の秘密工作）』（1994）の中でそう記している。スドプラトフは原爆に関するNKVD及びGRUの情報活動を監督すべく組織されたS課の責任者だった。彼は以下のように回想する。

　　フックスは報告書と共に……ウラニウム235を生産する際に核となるデータをもたらした。また、アメリカがすでにその生産に成功したことも知らせている。これは最重要の情報だった。と言うのも、これによってアメリカが所有する原爆の数を推計できるからである。それゆえ、1940年代末ないし1950年代初頭まで、アメリカが我々に核戦争を仕掛けるのは不可能であると判断できた。米英がソビエト連邦を破壊するのに十分な核兵器を所有するのは1955年以降と推測されたのである。

　原爆スパイの中で最も重要な存在だったフックスは、プルトニウム爆弾（ファットマン）の組立や起爆方法を含む技術情報も提供し、ソビエトの原爆開発をさらに加速させている。
　ソビエトのスパイが現行犯で逮捕されることはなかったが、原爆スパイ網は1946年から崩壊し始めた。ソビエトのハンドラーから送信される無線通信がアメリカ陸軍信号情報局によって傍受され、同年夏から解読が開始されたのである。陸軍の暗号解読者であるメレディス・ガードナーがメッセージの1つを解読したところ、そこにはマンハッタン計画に携わる科学者のリストが含まれていた。イギリス政府暗号学校との共同作業で行なわれたこの解読作業にはヴェノナというコードネームが付けられた。
　慎重かつ緩慢な分析作業がそれに続いた。フックスは当時スコットランドヤード特別課の捜査対象になっていたが、彼と原爆スパイ網とを結び付ける決定的な証拠がヴェノナから得られたのは1949年のことである。そして翌年1月27日、フックスは42年から49年までソビエトのためにスパイ活動を行なっていたことを自白した。フックスから得た証拠を基に、FBIは秘密情報員のハリー・ゴールドに辿り着く。同年5月22日にスパイ

容疑で逮捕されたゴールドは自白し、もう1人のロスアラモスのスパイであるグリーングラスに加え、モートン・ソベル、ジュリアス・ローゼンバーグ、そして彼の妻エセルの名を暴露した。グリーングラスはエセルの弟で、ソベルはジュリアス・ローゼンバーグの長年にわたる友人だった。これら全員が原爆機密の盗み出しに関係していたのである（原爆機密への関与に先立ち、ローゼンバーグは別の軍事機密をソビエトに横流ししていた）。
　ニキータ・フルシチョフは『Khrushchev Remembers: The Glasnost Tapes（邦題・フルシチョフ回想録）』（1990）の中で次のように回想している。「（スターリンは）親しみを込めてローゼンバーグ夫妻について言及した。原子爆弾の生産を加速させるにあたりローゼンバーグ夫妻が非常に役立ったと、スターリンと（外務人民委員だったV・M・）モロトフが語ったのを私は聞いている」スパイ網に属するこれらの人間は全員裁判にかけられ、戦時中に共謀してスパイ活動を行なったとして有罪とされた。ローゼンバーグ夫妻は1953年6月19日に死刑が執行され、他の者たちは刑務所へ送られている。
　スドプラトフによれば、ソビエトはロスアラモスで勤務する他の物理学者や科学者にも接触したというが、「正式にエージェントとして採用することはなかった」という。
　フックスの逮捕を受け、米英の防諜機関は共産党と関係を持つ他の科学者の調査を始めた。ポンテコルヴォはカナダとイギリスで原子力の研究に携わっていたが、自宅はアメリカにあった。FBIは家宅捜索を行ない、ポンテコルヴォと共産党を結び付ける証拠を発見した。またFBIはMI6のワシントン駐在官であるハロルド（キム）・フィルビーに情報を送ったが、そのフィルビーこそソビエトの内通者だった。1950年10月にポンテコルヴォがソビエトに亡命するまで、フィルビーはこの情報を握りつぶしたとされている。
　1946年、オタワのソビエト大使館で暗号官を務めていたイーゴリ・S・グゼンコが亡命を申請したことで、原爆スパイ網のもう1つの側面が明らかにされた。彼の証言は、オタワ駐在のGRU将校ニコライ・ザボーチン大佐と、原爆機密の盗み出しに関わっていたメイら科学者の名前を暴露することになった。結果、カナダで原爆スパイ活動に携わっていた10名が刑務所に送られた（ザボーチンはソビエト連邦に脱出している）。
　アメリカの原子力政策について価値ある情報をソビエトに送っていたマクリーンは、逮捕直前にイギリスからモスクワへ逃亡している（1951年）。
　1944年2月4日、原子爆弾の開発に関わるアメリカ軍事政策委員会は「当該計画に関して、枢軸国による諜報活動は発見されていないものの、疑わしい兆候がある」と報告した。その半分は正しかった。原爆機密の盗み出しに成功したのはドイツでなく、アメリカの戦時同

盟国ソビエト連邦だったのである。

冷戦期、アメリカの原子爆弾開発計画とその後の水素爆弾開発計画に対するソビエトの諜報活動は続けられたが、その他の武器や技術に比べて優先度は低下していた。また中華人民共和国も、1949年の建国後にアメリカの原子力機密を入手しようと試みている。

【参照項目】スパイ網、G-2、軍事情報部、海軍情報局、ロスアラモス、ジョン・ケアンクロス、ケンブリッジ・スパイ網、モーリス・ハンキー、ユーリ・モジン、クラウス・フックス、デイヴィッド・グリーングラス、アラン・ナン・メイ、ブルーノ・ポンテコルヴォ、ドナルド・マクリーン、GRU、ラヴレンチー・ベリヤ、NKVD、パヴェル・スドプラトフ、信号情報局、政府暗号学校、ヴェノナ、特別課、ハリー・ゴールド、モートン・ソベル、ジュリアス・ローゼンバーグ、ハロルド（キム）・フィルビー、内通者、イーゴリ・S・グゼンコ、ニコライ・ザボーチン、アレクサンダー・フェクリソフ

ケンブリッジ・スパイ網 （Cambridge Spy Ring）

1930年代にソビエトの情報機関NKVD（内務人民委員部）からスパイとして勧誘されたケンブリッジ大学の学生たち。ガイ・バージェス、ドナルド・マクリーン、ハロルド（キム）・フィルビーがスパイとして知られ、アンソニー・ブラントはケンブリッジ大学における勧誘員だった。またジョン・ケアンクロスはケンブリッジ大学の出身でスパイ網の一員だったものの、大学で勧誘を受けたわけではない。いずれにせよ、彼らは歴史上最も成功を収めたスパイであり、米英両国政府の最高レベルの機密情報をソビエトにもたらした。

大半の記録文書は、最初に雇われた人物をブラントとしている。そのブラントはケアンクロスの勧誘に成功し、またレオ・ロングというもう1人の若者をスパイ網に引き入れた。しかしケンブリッジ・スパイ網のハンドラーだったユーリ・モジンによれば、バージェスこそが「ブラントら学生たちを勧誘した人物である」という。モジンは回想録『My Five Cambridge Friends』（1994）において、フィルビー、マクリーン、バージェス、ケアンクロス、そしてブラントはソビエトの情報機関内部で『ケンブリッジ5人組』と呼ばれていたと記している。この5人は「緊密に連繋したグループではなく、それぞれの性格は全く異なっていた」という。またいずれもスパイ行為に対する報酬は一度も受け取らなかったとされる（しかしマクリーンの亡命後、KGBはスイスの銀行にある妻名義の口座に2,000ポンドを入金している）。

多くのイギリス知識人が西側の政治・経済体制に疑問を投げかけていた当時、若者の間にも幻滅が広がりつつあった。こうした中、ソビエトのスパイ勧誘員は上流階級出身のケンブリッジ大学生に照準を絞ったのである。

この時代のある文章は「ケンブリッジ・コミンテルン」なるものに言及する中で、次のように記している。共産主義に染まった学生は、自分たちがソビエトの独裁者ヨシフ・スターリンあるいはクレムリンのためでなく、国際共産主義のために活動していると信じているのだ、と（コミンテルン、またの名を共産主義インターナショナルは、世界各国の共産党が共通の目標を達成するための機構として1919年に設立された）。

ケンブリッジ大学の秘密結社アパスルはバージェス、ブラント、そしてロングを惹きつけた。さほど名の知られていないロングは、戦中戦後にドイツで行なわれたほとんどのスパイ活動に携わったと語っている。彼らはアパスルのメンバーであることを仲間の学生から隠していた。自分たちの知性のほうが優れていると信じていたことに加え、メンバーの大多数が2つの秘密を持っていたからである。すなわち、彼らは共産主義の支持者であり、また同性愛者でもあった。

経済学者のジョン・メイナード・ケインズはアパスルについて次のように記している。「我々は慣習的な道徳、因習、そして古くからの常識を完全に否定する……道徳的義務あるいは精神的拘束に安住または追従することを認めない」別のアパスルメンバーである小説家のE・M・フォースターは、友人を裏切るか祖国を裏切るかの二者択一を迫られれば、「祖国を裏切るほうを望む」と記している。しかしケンブリッジ・スパイ網の存在が明るみに出た際に引用されたこの言葉は、部分的にしか実行されなかった。確かにフィルビー、バージェス、そしてブラントは互いにかばい合った。だがイギリス情報機関に手を貸せば起訴はしないと持ちかけられたバージェスは、ケアンクロスとロングの名を明かしたのである。

内通者の摘発に従事したピーター・ライトによれば、ケンブリッジ・スパイ網の摘発に端を発した捜査の結果、イギリス防諜機関は生死を問わず40名ほどのスパイ容疑者を突き止めたという。しかしアメリカの関心は、ケンブリッジのスパイたちによっていかなる機密情報が漏洩したかという点に向けられた。フィルビー、バージェス、マクリーンはいずれもアメリカの高度な機密資料を閲覧することができ、その中にはアメリカの防諜活動、原爆製造計画、そして朝鮮戦争（1950～53）におけるアメリカ軍の戦略計画に関する情報が含まれていた。上記の3名は、大量のイギリス機密資料と共にこれらの重要情報をソビエトのハンドラーに渡していたのである。

フィルビー、バージェス、マクリーンの正体が発覚した後も、ケンブリッジ・スパイ網における「第4の男」がアンソニー・ブラントではないかという疑いや噂が長い間残った。他のスパイの友人にしてケンブリッジ大学トリニティ・カレッジのフェローであり、また第2次世界大戦中MI5の職員だったブラントは、1963年につい

に正体を突き止められる。マイケル・ストレートというアメリカ人がFBIに対し、ケンブリッジ大学に在籍していた1930年代、ブラントから勧誘を受けたと話したのである。またイギリスの情報関係者にロシア語を教える目的で使われていたケンブリッジ大学の軍共同語学校も、ソビエトの勧誘拠点として機能していた。

【参照項目】 ガイ・バージェス、ドナルド・マクリーン、ハロルド（キム）・フィルビー、アンソニー・ブラント、勧誘員、ジョン・ケアンクロス、ユーリ・モジン、ハンドラー、同性愛者、内通者、ピーター・ライト、MI5、マイケル・ストレート

憲兵隊

軍の警察機構として1881年に創設された日本の情報組織。年月と共に恐るべき秘密警察機関となり、第2次世界大戦においてその権力は頂点を極めた。

憲兵隊はドイツのゲシュタポに勝るとも劣らない冷酷さで一般市民に対する広範な統制を行ない、反体制活動の芽を摘み取った。第2次世界大戦期は市民も取り締まりの対象としていたが、組織としては陸軍省の傘下にとどまっている。しかし独立した権力を持つ海軍から掣肘を受けることも頻繁にあった。

憲兵隊員の多くは良家の出身であり、過酷な精神的・肉体的試験に合格した者のみが入隊を許された。およそ1,000名から成る部隊が各軍管区に配属され、捕虜の尋問を含む防諜任務に就いた。連合軍の捕虜の多くは憲兵隊員から拷問を受けた後、殺害されている。

隊員は制服で活動することもあれば私服で任務にあたることもあり、法廷に頼らず兵士を逮捕して懲罰を決めることができた。彼らの権力は市民や外国人にも及んでいる。また少数の女性も憲兵隊の密偵として雇われた。

憲兵隊は「思想警察」と称されることもあるが、これはまた別の組織である。司法省は1927年に刑事部思想課を設置し、共産党員や破壊活動家の摘発を行なった。後には国体の変化を目論むいかなる計画をも禁じる治安維持法が制定され、思想課がその執行にあたった（訳注：実際には内務省警保局の管轄下にある特別高等警察〔特高〕がこの任務を担当した）。

第2次世界大戦後、アメリカ占領当局は諜報活動に携わっていた秘密結社と共に憲兵隊を解散させた（「日本」を参照のこと）。

【参照項目】 ゲシュタポ、防諜

玄洋社 （Black Ocean Society）

日本の影響力を拡大し、中国、朝鮮、満洲、そしてロシアから情報を入手すべく1881年に結成された秘密結社。国外のアセットを通じて日本に外国情報をもたらした最初の組織である。

玄洋社という名前は九州と韓国を隔てる玄界灘から

られた。裕福な福岡藩士の家に生まれた平岡浩太郎によって1881年に結成されたが、指導者としては頭山満が最も有名である。下層階級の出身である頭山は腰に2本の刀を差し、主のいない侍、つまり浪人の頭であると同時に玄洋社の「用心棒」でもあった。

玄洋社は「皇室を敬戴すべし」を社則にした国家主義者の集団だが、G・R・ストリーは日本社会の研究書『The Double Patriots』（1957）の中で「テロ組織でありまたスパイ養成学校でもあった」としている。19世紀末にはこのような組織が合同して東亜同文会を発足させ、上海にスパイ養成所を設立した。

玄洋社の諜報活動において中国は特別なターゲットだった。また事実上政府の一部門として活動しており、日本陸軍にも情報を提供している。さらに頭山は漢口に玄洋社の支部を設け、中国陸軍に対する諜報活動も行なった。

玄洋社は情報収集の手段として一貫して性を用いており、日本、中国、そして朝鮮に売春宿を設立して中国の他の秘密結社の会計官や将校を惹きつけ、彼らから重要な情報を引き出した。こうした売春と脅迫を通じ、玄洋社は情報だけでなく運営資金も入手している。

玄洋社の関係組織である天佑俠は朝鮮におけるスパイ活動を行ない、また朝鮮の弱体化を狙った計画の一環として政府転覆を企み、結果的に後の韓国併合につながった。

【参照項目】 アセット、黒龍会

公安総局 （Sûreté General）

国内情報活動を担当するフランスの警察機関。

公安総局の歴史はナポレオンの時代にまで遡る。1804年、ナポレオン配下の警察大臣ジョゼフ・フーシェは公安（Sûreté）という名の秘密警察を警察省内に設置した。この強力な秘密機関はフランス国外にまで広がるスパイ網を運営し、国内外の政敵に関する情報をナポレオンにもたらした。そうした情報の大部分はフランスで古くから用いられていた手段、すなわち手紙の無断開封で入手したものだった（「ブラックチェンバー」「フランス」を参照のこと）。

ナポレオンが没落して共和政府が樹立された後も、公安は新たな権力者の下で引き続き政治情報を集めた。公安の工作員は政敵や反政府派を監視下に置く一方、フランスの商業界やマスコミに潜むドイツのエージェントに目を光らせていた。

19世紀末の時点で公安は内務省傘下の防諜機関に成長しており、ベルリン、ジュネーブ、サンクトペテルブルグといったヨーロッパの主要都市にエージェントを配置していた。また1894年の露仏同盟成立後は、ロシア皇帝アレクサンドル3世の秘密警察オフラナと協力関係を築くこともあった。しかしオフラナがフランス国内

で公然と活動し、亡命ロシア人に嫌がらせを加えて国外追放に成功すると、フランスの急進派は反公安運動を扇動した。それ以降フランスの自由主義者にとって、公安は戦時弾圧のシンボルとなっている。

共産主義が台頭する中、公安は「赤化の恐怖」をヨーロッパ中で煽り、フランス社会に潜むボルシェビキを摘発すると共に、共産主義者による反体制運動との戦いの中でSR（情報局）と対立することもあった。1920年代、フランス共産党は赤軍と国際共産主義を支援すべく、労働者たちに密告を呼びかけた。またソビエト大使館のインテリジェンス・オフィサーは、入手可能な情報を尋ねる質問票を共産党員に配布した。ソビエトはとりわけ軍や航空産業にスパイを送り込もうと目論んでいた。

だがこの質問票は世論を公安支持に傾かせ、フランス共産党中央委員会のメンバーとそのガールフレンドが逮捕される結果になった。2人は後にソビエトへ逃亡している。

公安は現在に至るまで本質的に警察機関であり、スパイ活動はSDECEといった軍に起源を持つ情報機関が担っている。それでもなお、公安が情報活動上の論争に巻き込まれることもあった。例えば1965年には、公安総局のエージェントがモロッコの左翼政治指導者、メフディー・ベン・バルカの誘拐に関与している。しかしそういった事例を除けば、公安総局はイギリスのスコットランドヤード特別課同様、スパイの追跡と逮捕を担当する警察機関として機能している。

【参照項目】 国内情報、監視、エージェント、防諜、オフラナ、インテリジェンス・オフィサー、特別課

航空機 (Aircraft)

航空機は第1次世界大戦の直前から諜報活動の手段として用いられている。航空機が軍事作戦で使用された最初の例は1911年10月23日、イタリアとトルコがトリポリタニア及びキレナイカ（いずれも現在のリビア）の領有権を巡って争っていた北アフリカでの偵察飛行とされる。イタリア軍は原始的な航空機を所有しており、1時間にわたってフランス製のブレリオXI型単翼機を操縦したピアッツァ大尉により、トリポリとアジジアの中間でトルコ軍を発見したこと、及びその位置が報告されている（9日後には、イタリアが史上初となる敵軍への爆撃を行なった）。

翌年2月24日から25日にかけて実施された同様の作戦で、ピアッツァ大尉はこれも史上初となる航空機からの写真撮影を行ない、再び歴史に名前を残した。さらに4月19日には、同じ部隊のスルシ司令官がP.3飛行船を操縦、敵の宿営地を空中から動画で撮影した。

【参照項目】 偵察

第1次世界大戦

1914年から18年まで続いたこの戦争において、最初はパイロット自身の目視によって空中から情報が集められた。その後は手持ち式のカメラが装備され、第2の乗組員の手で操作されるようになる。次いでより大型のカメラが後部の機関銃座に搭載されるようになり、さらに時間が経つと胴体の底にカメラ用の穴が開けられた機体が登場している。

戦時中、連合国（イギリス、フランス、イタリア、ロシア、アメリカ）と中央同盟国（ドイツ及びオーストリア）の航空機はいずれも、一般的な空中偵察だけでなく大規模な空中撮影にも従事した。1機の高性能な偵察機は、数百あるいは数千もの騎兵がもたらす以上の情報を現地司令官に提供できたと言われる。航空機は日中の時間帯を通じて空を飛び、また敵の攻撃から保護するため、時に戦闘機の護衛がついた。それらは行軍中の敵部隊、西部戦線の大規模な塹壕網、及び重要な町や都市を撮影している。写真は分析専門家によって詳細に調べられ、地形の細かな変化によって、敵の行動や時にはその意図さえも突き止められたという。

戦争が終結するまでに、ドイツ軍単独で1日あたり4,000枚以上の航空写真が撮影された。ドイツの諜報活動に詳しいデイヴィッド・カーンは、著書『Hitler's Spies』(1978)でこう述べている。

「1917年以降、連合国・中央同盟国側とも（航空偵察を）恐れるあまり、日中に部隊を動かすことはなかった」

第1次世界大戦期において最も人気のあった偵察機は、イギリスのデ・ハビランド社が開発したDH4型機であり、その多くは写真偵察用に改造された。また印象的な偵察機として、世界初の4発軍用機、ロシアのイリヤ・ムーロメッツ爆撃機が挙げられる。イーゴリ・シコルスキーによって設計され、80機弱が生産されたこの飛行機は、1915年から17年にかけて440回の爆撃を行なう一方、爆撃及び偵察任務に従事する機体にはスチールカメラが取り付けられ、約7,000枚の航空写真をロシア軍にもたらした。

長距離飛行が可能なイリヤ・ムーロメッツ爆撃機は、前線のはるか後方におけるドイツ軍の行動といった戦略的情報を収集しており、世界初の戦略偵察機とされている。一方、前線の防衛体制、軍需品の保管状況、あるいは部隊や艦船の動きを対象とした偵察機は、戦術情報を収集したことになる。

アメリカ合衆国が参戦した1917年4月、米軍はすでに空中撮影の経験を有していた。その前年、ジョン・J（ブラックジャック）・パーシング大将が懲罰目的でメキシコへ侵攻した際に大規模な写真偵察任務が実施され、およそ15機のカーチス社製ジェニー航空機が観察及び写真偵察に使われたのである。

第1次世界大戦の終結から第2次大戦に至るまでの間、いくつかの国で空中撮影の大きな進歩が見られた。ヨーロッパに再び戦雲が迫る1936年、フランス空軍はドイツ西部への偵察飛行を開始している。オーストラリア人パイロットのシドニー・コットンはフランス及びイギリス情報機関の要請を受け、秘密裡に改造されたロッキード12-Aスーパーエレクトラを操縦してドイツ、イタリア、北アフリカにおける数度の撮影飛行を1939年2月から行なった。イギリスの軍用写真撮影機は比較的性能が低かったので、彼は開戦後も改造民間機を使い、ドイツ港湾の上空を飛行している。

第2次大戦の直前、ドイツの飛行船グラーフ・ツェッペリン（LZ130）は、新たに設置されたイギリスのレーダー施設に対する電子偵察を実行した。1939年春にドイツ空軍が徴用したこの飛行船は、イギリスのレーダー装置の波長と場所を特定するという、電子情報（ELINT）あるいはフェレットと呼ばれる活動に従事した。飛行船が用いられたのは、当時の飛行機は航続距離が短く、また任務に必要な電子機器を格納する空間が不足していたからである。

【参照項目】写真分析、デイヴィッド・カーン、戦略情報、戦術情報、シドニー・コットン、グラーフ・ツェッペリン、電子情報、フェレット

第2次世界大戦

1939年から45年まで続いたこの戦争では、全ての参戦国が偵察及び情報収集のために航空機を用いている。当初は標準的な飛行機から銃を降ろし、代わりにカメラを取り付けていた。イギリスの偵察活動で特に大きな成果を挙げたのはスピットファイア戦闘機とモスキート双発機であり、写真偵察機にはPR、戦闘偵察機にはFRの呼称が付与された。合板製の多目的機であるモスキートはその航続距離と高速性能で知られ、敵の戦闘機から容易に逃れることができた。

ドイツが戦術偵察機として主に用いていたのは、欧州開戦時に最高性能を誇っていたMe（Bf）109、双発機のMe（Bf）110、そしてMe210という各戦闘機の改造型である。数機の爆撃機も偵察任務に就いており、Ju86PとJu86Rは爆撃機としては失敗に終わったものの高々度写真偵察機としては成功を収め、Ju88は戦争を通じてあらゆる戦線を偵察飛行した。また世界初のジェット爆撃機Ar234ブリッツも、戦争末期に長距離偵察機として広く用いられている。

イギリスは航空偵察能力をほとんど持たないまま戦争に突入し、ドイツ軍の目標を撮影する飛行任務は、民間パイロットのシドニー・コットンと彼の航空機に任せざるを得なかった。だがこの任務は、高性能を誇るスピットファイアとモスキートの偵察型改造機によってすぐさま取って代わられている。

アメリカ陸軍航空軍（AAF）は様々な航空機を偵察・情報収集用に改造した。以下にその例を挙げる（通常は「写真（Foto）」を表わすFの頭文字が付与された）。

F-5	P-38 ライトニング
F-6	P-51 ムスタング
F-7	B-24 リベレーター
F-8	モスキート
F-9	B-17 フライング・フォートレス
F-10	B-25 ミッチェル
F-13	B-29 スーパー・フォートレス
F-14	P-80 シューティング・スター
F-16	P-61 ブラック・ウィドウ
FA-26	A-26 イントルーダー

アメリカ海軍の主な偵察機としては、PB4Y-1Pリベレーター爆撃機やF6F-5Pヘルキャット艦上戦闘機が挙げられる。

戦争中に開発された写真撮影専用機は数種類に過ぎないが、その主なものとしてF-11とF-12がある。特に前者は、操縦士でもある先駆的企業家ハワード・ヒューズによって設計された双発機だった（2機が製造されたXF-11試作機のうち1機は、ヒューズが操縦中に墜落した。その際重傷を負ったヒューズは投与されたコデインの中毒になっている。また墜落でできた傷を隠すために口髭を伸ばすようになった）。F-12は長距離飛行が可能な4発機だが、生産は試作機の1機にとどまっている。

写真偵察は、戦時中における軍事作戦の一部となった。最初はイギリスの、後にヨーロッパ北西部の基地を拠点にしたアメリカ第9空軍は、1ヵ月に600回以上の写真撮影任務を実施し、戦争の最後の1年間は地上及び航空攻撃の支援も行なっている。イギリスの航空機も同様にこの地域の写真を撮影した。

第2次世界大戦を通じ、連合国とドイツはいずれもエージェントを敵の支配地域へ輸送するために飛行機を用いた。エージェントは、以前に投下された補給物資やゲリラ兵同様、通常夜間にパラシュートで敵対地域に降下した。時にはエージェントや敵国の特殊な亡命者を回収するため、飛行機が敵地に着陸することもある。こうした任務には様々な飛行機が用いられたが、ドイツ空軍は敵基地への突入を容易にするため、敵から鹵獲した航空機を活用した。その中にはソビエトの4発機TB-7（ANT-42）1機、及び数機のB-17フライング・フォートレスやB-24リベレーター爆撃機が含まれる。ドイツ空軍はエージェントをパラシュートで降下させるだけでなく、機体下面に3人乗りのコンテナを取り付け、エージェントと装備品をパラシュートで地上に投下した（「PAG」を参照）。さらに敵前線後方へのこうした秘密飛行を実施するため第200爆撃航空団（KG200）が編

成されている。

　連合国の空軍もまた、電子情報（ELINT）任務に航空機を用いている。アメリカによる最初のELINT活動は1942年秋に始まった。キャスト・マイク・プロジェクトNo.1というコードネームを付与された海軍の一部隊が、改造されたB-17フライング・フォートレス爆撃機を用いてソロモン諸島上空におけるELINT作戦を開始する。ニュー・ヘブリデス諸島のエスピリトゥ・サントを拠点にしたこの部隊は、アメリカ及びニュージーランドの乗員を使って8度にわたる長距離任務を実施した。その後、キャスト・マイク部隊はソロモン・ニューブリテン作戦においてPBY-5Cカタリナ飛行艇を用いたELINT作戦に従事し、44年中盤には日本軍のレーダー波を捉えるためフィリピンまで飛行している。また艦載機のTBMアヴェンジャーもELINT任務用に改造された。

　陸軍航空軍（AAF）によるELINT作戦は、アリューシャン列島のアッツ、キスカ両島にB-24Dリベレーターを飛ばし、日本軍のレーダーを捜索したのが最初である。1943年3月、この飛行機はアダク及びアラスカから3度にわたる長距離任務に飛び立った。大規模な改造を施されたB-17Fフライングフォートレスも北アフリカの基地を拠点として、5月から地中海地域のELINT任務に就いている（この任務にはイギリスのウェリントン爆撃機の改造型も参加した）。

　しかし、敵のレーダー波を探知・分類することの重要性が広く認識されていたわけではなかった。ELINT任務用に製造された初のB-24が1943年末に太平洋南西部へ配備された時、現地の司令官は「ブラックボックス」を取り外し、通常の爆撃機としてそれらを用いた。一方、10月に追加生産されたELINT用のB-24は目的外使用から「保護」され、意図した任務に用いられている。45年に入ると、これらの飛行機は日本軍と対峙しつつ、日本本土を含む太平洋一帯の飛行任務に就いた。

　かくして第2次世界大戦が終結する頃には、作戦遂行に必要不可欠な情報ツールとして、電子情報の収集が写真偵察に加わったのである。

　（訳注：太平洋戦争で日本軍が用いた偵察機として、陸軍の一〇〇式司令部偵察機、海軍の零式水上偵察機、彩雲、瑞雲などが挙げられる）

【参照項目】 スピットファイア、モスキート、Ar234ブリッツ、エージェント、コードネーム

冷戦期

　第2次世界大戦が終結すると、航空機は戦略・戦術を問わず偵察行為に広く用いられた。アメリカとイギリスの航空諜報活動が大々的に推進されたのは、西側のエージェントが地上での諜報活動に次々と失敗したからだが、主な原因はドナルド・マクリーンとハロルド（キム）・フィルビーによる反逆行為だった。

　戦後における最初の大規模な電子情報（ELINT）任務は1946年9月に行なわれ、電子分析装置と記録装置を搭載した中古のB-17がソビエトの南極基地上空を飛行した。アメリカ軍の幹部は、この基地が軍事目的ではないかと懸念を抱いていたが、B-17はレーダー波を全く捉えなかった。翌年、オーストリアを離陸してソビエト占領下の東ドイツ上空を飛行していたアメリカ軍のC-47輸送機が、厚い雲にもかかわらず非常に正確な対空砲火を受ける。ソビエト軍が射撃レーダーを進化させたのではと不安を抱いた陸軍航空軍（AAF）は、2機のB-17を入手してこの空域の飛行にあたらせた。その結果、ソビエトは捕獲したドイツのレーダーを使用していることが明らかになった。

　これら事件の後、ELINT任務はアメリカ軍の通常活動となった。アメリカ空軍（独立した組織として1947年に創設された）がB-29スーパーフォートレスの改造型を用いる一方、海軍は当初PBMマリナー飛行艇や、（主として）改造型のPB4Y-2プライバティア（B-24リベレーター爆撃機を単垂直尾翼にした改良型）を運用した。

　朝鮮戦争が始まった1950年、アメリカはRB-29を用いて北朝鮮の写真偵察を行ない、後にはRB-45C（B-45トーネード）ターボジェット機も偵察任務に加えている。だが秋になると、北朝鮮上空を飛行する中国のMiG-15迎撃機から身を守るため、いずれの航空機も戦闘機の護衛が必要となった。アメリカの偵察機は幾度も攻撃を受け、中には被弾した機体もあるものの、撃墜されたものは1機もない。

　アメリカ空軍による写真撮影飛行は、1952年5月には月間2,400回に達し、同年4月から翌年3月にかけては1ヵ月あたり平均1,792回に及んだ。また53年3月には、こうした撮影飛行によって64,657枚のネガフィルムがアメリカ地上軍にもたらされている。一方、海軍及び海兵隊の写真偵察任務は、艦載機としての運用も可能なF2H-1Pバンシー戦闘機によって行なわれた。こうしたアメリカの航空機の中には、北朝鮮と満洲を隔てる鴨緑江を横断し、満洲の基地に配属されているミグ戦闘機の写真を撮影したものもあった。中国領空に潜入した航空機として、戦争初期にはRF-80シューティングスターが、また後にはRF-86セイバーが挙げられる。

　その頃南方では、1955年5月11日から6月12日にかけ、陸上を基地とする海兵隊写真大隊のF2H-2Pバンシーが中国の福建上空を飛行している。同じく海兵隊所属のF2H-2戦闘機に護衛されたこれら撮影機は台湾の台南基地から離陸し、中国による台湾上陸計画の証拠を突き止めようとした。合計27回の偵察飛行が海兵隊によって行なわれたが、その大半では韓国に配備されたF2H-2Pが用いられた。

冷戦初期、アメリカは大規模なバルーン・プログラムを実施し、カメラを積んだ気球（モビー・ディック計画）や、電子情報機器を積んだ複数の気球（グランド・ユニオン計画）をソビエト連邦上空へ飛ばした。偏西風に乗って飛ぶこれらの気球は西太平洋またはアラスカで回収することを意図していたが、いずれも失敗に終わっている。情報収集機器や操縦装置に不具合が起きたものもあれば、ソビエトや東ヨーロッパに落下して回収が困難なものも多数あった。

この時期、数多くの有人航空機がソビエト領空と中ソ両国の境界線上を飛行しており、アメリカ空軍の航空機も主にアラスカの基地から北極圏のソビエト領へ侵入している。朝鮮戦争が始まった1950年6月、こうした飛行はハリー・S・トルーマン大統領によって禁じられたが、戦略分析や爆撃任務のためにも、ソビエト内部の情報は引き続き必要とされた。

そこでアメリカはイギリスに支援を求めた。ソビエト内陸部で初めて上空偵察を行なったのは、イギリス空軍のマーキングを施され、イギリス人パイロットによって操縦された、アメリカ空軍のRB-45トーネード写真偵察機だったとされている。これらはいずれも夜間飛行であり、最初の出撃は1952年4月19日から20日にかけて行なわれ、3機のRB-45がアメリカ爆撃機の標的となるレーダー施設を撮影すべく飛び立った。これらの偵察飛行はソビエト軍によって捕捉されたものの、迎撃には至らなかった。また54年4月29日から30日にかけ、イギリス人パイロットによる2度目の偵察任務が同じく3機のRB-45によって実施されている。

またイギリスはヴォルガ川沿いのカプースチン・ヤールにあるミサイル試射施設への長距離写真偵察任務に参加するよう求められた。新型のキャンベラ爆撃機を用いた1度目の偵察飛行は1952年に、2度目の飛行は翌年7月に実施されている。後者の飛行では対空射撃によって機体にダメージを負ったが、無事イランに帰還した。

1950年代初頭、長距離・高々度の写真偵察任務はB-36ピースメーカー大型戦略爆撃機の偵察機型によっても行なわれ、カメラを搭載した機体がソビエト上空を飛行している。ソビエトのジェット戦闘機による迎撃が予想されたため、エンジンを10基装備するこの巨人機は機銃などの装備を取り外すといった軽量化改造を施され、より高々度での偵察任務が可能になった。しかしこの機体──20名以上の乗組員を必要とした──も、迎撃に対してはなお脆弱だった。

爆撃機やミサイルの開発をスパイする偵察飛行の必要性に対し、アメリカは非常な高性能を誇るU-2偵察機の開発で応えた。U-2は1956年から、ソビエトの防空ミサイルによって1機が撃墜された1960年5月1日の24回目の上空飛行任務まで、ソビエト連邦に対する上空偵察任務を成功させた。なお、これらの活動はCIAと空軍の共同プロジェクトとして実施された。U-2は本質的にはエンジン付きのグライダーであり、カメラとELINT任務用のセンサーを装備している。U-2はソビエトの地対空ミサイルに敗北するまでの数年間、極めて大きな成果を挙げ続けた。

ロッキード社内のスカンクワークスと呼ばれる集団は、同社製のU-2に代わる後継機としてA-12オックスカートとその派生型SR-71ブラックバードを開発した。これらの航空機はU-2と対照的に、撃墜を避けるため高々度を飛行し、またレーダーによる探知を回避すべく断面積を極小化する一方、スピードを重視している。A-12とSR-71はいずれも時速2,000マイル（マッハ3）を超える速度と85,000フィート（25,900メートル）を超える高々度の飛行が可能であり、戦略偵察任務に幅広く用いられたものの、本来意図したソビエト上空の飛行には使用されなかった。CIAの運用するA-12は1967年から68年にかけて北ベトナムと北朝鮮上空を飛行したが、これが同機による唯一の偵察飛行だったとされている。一方、空軍のSR-71は中東方面に加え、1960年代には北ベトナムと中国上空を飛行した。A-12とSR-71はいずれも世界最高速を誇る航空機と認められたが、80年代後半には「オーロラ」というコードネームを持つ、より高速な偵察機が開発されたという噂もある。

SR-71の退役は、1991年の湾岸戦争に先立つ1年前の90年2月であり、90年代から21世紀初頭にかけてはU-2偵察機と偵察衛星が中東における戦略的偵察を行なった。一方、アメリカ航空宇宙局（NASA）による調査飛行のために数機のSR-71が短期間ながら現役復帰しており、U-2とその改良型のER-2もNASAによって運用されている。

アメリカ空軍では、後継機のA-12とSR-71が退役した後も、U-2が戦略偵察機として今日も飛行し続けている。また空軍はB-70ヴァルキリー戦略爆撃機を開発中止から救うために偵察爆撃型のRS-70を提案したが、B-70計画そのものが中止に追い込まれて爆撃機型も偵察機型も量産されることはなかった。

1960年代以降、ソビエトに対する写真偵察活動、次いでELINT活動は衛星によって行なわれるようになる。しかし70年代に入っても、航空機はより優れた写真をもたらし、時には衛星よりも迅速に情報を提供した（フィルム回収にかかる時間差のためである）。一方、76年12月に打ち上げられたアメリカのKH-11は偵察衛星として写真の直接伝送を初めて可能にし、衛星が目標上空を通過した数時間後には、政府高官に地上写真をもたらすことができた。

アメリカで生産されたキャンベラ爆撃機（RB-57）も長距離偵察任務に用いられている。1960年代初頭、アメリカは台湾の中国国民党政府に数機のU-2、RB-57、及びRF-101を供与し、中国本土の偵察飛行にあたらせ

た。こうして得られた情報は両国政府の間で共有された。

イギリスは後に、ヴァリアント及びヴィクター長距離爆撃機を写真偵察型に改造して用いているが、ソビエト上空を飛行した機体はないとされている。

中ソ国境地帯では、西ヨーロッパや北アフリカ、中東の友好国の基地から飛び立った航空機が、大規模なELINT活動を行なった。これらの航空機は時に中ソ国境へ直接飛行し、最後の一瞬まで偵察を続けるか、あるいは意図的に国境を越えて特定の防空レーダーを強制的に作動させ、その場所と特徴を記録してから引き返すこともあった。冷戦期においては、アメリカ空軍のRB-47ストラトジェット、RB-50スーパーフォートレス（B-29の改良型）、そして後にはRC-135によって年間1,000回以上の電子偵察飛行が実施されており、一方海軍はP4M-1Qマーケーター、P2Vネプチューン、P3Vオライオン、EC-121、そして艦載機のA3D-2Qスカイウォーリアといった航空機を電子情報任務に用いた。こうした偵察機のうち数機は敵の戦闘機による攻撃を受け、中には撃墜されたものもある（「撃墜」を参照）。

アメリカ軍は戦術偵察機（写真偵察及び電子偵察用）も多数開発した。戦術面の情報収集任務と戦略面のそれは時に重複することもあるが、1962年10月に発生したキューバミサイル危機はその一例である。ソビエトがキューバに戦略ミサイルを配備している最初の情報は、U-2高々度偵察機によってもたらされた。CIAは同年8月5日から10月7日にかけてU-2をキューバ上空への飛行任務に就かせ、10月14日からはアメリカ空軍の戦略航空軍団がその後を継いでいる（そのうち1機はソビエトの地対空ミサイルによって撃墜された）。またミサイル基地建設の詳細な様子は、海軍のF8U-1Pクルセイダー写真偵察機によって、後には空軍のRF-101ヴードゥーによって突き止められた。

多数が生産されたA3Dスカイウォーリアは、35トンという比較的重い最大離陸重量にもかかわらず通常は空母から運用されていたが、写真偵察型と電子偵察型が諜報任務に用いられている。やや小型の艦載機A3Jヴィジランティは時速1,385マイル（マッハ2.1）での飛行が可能であり、艦隊に長距離写真偵察の能力をもたらした。またアメリカ空軍は大幅に改造したA3DをELINT任務（EB-66）と写真偵察任務（RB-66）に用いた。

1962年10月にアメリカ軍の命名規則が変更され、陸海空軍における名称が統一された。その結果、P2VネプチューンはP-2に、P3VオライオンはP-3に、WVウォーニングスターはEC-121に、A3DスカイウォーリアーはA-3に、A3J-1PヴィジランティはRA-5Cに、またF8U-1PクルセイダーはRF-8Aに変更されている。

これら航空機の大半はベトナム戦争で用いられたが、空軍、海軍、及び海兵隊が運用した最高性能の戦闘機

F4Hファントムの写真偵察型、RF-4も参加している。また、かの偉大なるC-47スカイトレインの派生型EC-47グーニー・バードは、無線方向探知機として南ベトナムのジャングル上空を飛行した。こうした飛行機は、共産主義勢力の司令部に対する空爆や砲撃を支援するために用いられた。C-47と同様の成果を挙げた唯一の輸送機はC-130ハーキュリーズであろう。この飛行機は、派生型のEC-130がELINT任務に就いている。

アメリカ軍は無人航空機を対空砲火やミサイル発射訓練の標的機として長年にわたり使ってきた。1960年代に入ると、アメリカ空軍はテレダイン・ライアン社製の無人標的機を改造し、AQM-34バッファロー・ハンター無人偵察機を完成させている。

空軍はこうした無人機を用い、1964年8月から75年6月にかけて3,435回に及ぶ写真偵察と電子偵察を南北ベトナム上空で行なった。その後、秘密のベールに覆われたブラック計画の下でさらに進化した無人偵察機が開発されている。D-21無人偵察機はA-12またはSR-71によって上空へ運ばれ、射出されることを前提としていたが、実際にはB-52H戦略爆撃機に搭載されて中国本土上空で射出されることになり、10回以上の偵察飛行を実施した。

イスラエルはスカウト無人偵察機を開発し、1982年のレバノン侵攻において偵察を含む多くの任務に用いた。模型飛行機にも似たこの無人機は、望遠レンズ付きのテレビカメラを装備している。レバノン侵攻では国内におけるシリアの対空設備を捜索するためにスカウトを用いたが、ベイルート湾に停泊したアメリカ艦艇の上空も飛行している。一度などはキャスパー・ワインバーガー国防長官が桟橋を歩いている真上を飛行したが、ステルス性能のために発見されることは一度もなかった。スカウトは数種の改良型が開発されており、その中にはアメリカ陸海軍と海兵隊が1991年の湾岸戦争で活用したRQ-2パイオニアもある。

その後、CIAと空軍は数種の長距離無人偵察機を開発したが、中でも有名なのがRQ-4グローバルホークとRQ-1プレデターである。後者には空対地ミサイルが装備され、「見敵必殺」能力を備えている（「無人航空機」を参照）。

結果的に短期間で終わったものの、大規模な戦闘が行なわれた湾岸戦争（1991年1月〜2月）では、パイオニア無人機だけでなく有人航空機も偵察・諜報活動に携わった。U-2高々度偵察機をはじめ、今や時代遅れとなった空軍のRF-4Cや、戦術航空偵察ポッドシステム（TARPS）を装備したF-14トムキャット戦闘機が任務に就いた。しかし特別訓練を受けたパイロットの不足など、様々な要因に苦しめられている。陸上及び空中におけるイラク軍の行動を追跡した航空機として、E-8ジョイントスターズ試作機、E-2Cホークアイ、E-3セントリ

ー、EA-3B スカイウォーリア、そして EP-3 オライオン電子偵察機が挙げられる（E-2 が艦載機である他はすべて陸上機である）。湾岸戦争の写真偵察任務で好成績を残した航空機として、他にもイギリスのトーネードや、サウジアラビアの RF-5E タイガーが知られている。

【参照項目】ドナルド・マクリーン、ハロルド（キム）・フィルビー、PB4Y-2 プライバティア、B-45 トーネード、気球、モビー・ディック、キャンベラ、B-36 ピースメーカー、U-2、CIA、スカンクワークス、A-12 オックスカート、SR-71 ブラックバード、衛星、RS-70 ヴァルキリー、C-135 ストラトリフター、P4M-1Q マーケーター、P2V ネプチューン、P3V オライオン、C-121 コンステレーション、A3D-2Q スカイウォーリア、キューバミサイル危機、F8U-1P クルセイダー、A3J ヴィジランティ、F4H ファントム、バッファロー・ハンター、グローバルホーク、プレデター

ソビエトの航空活動

　ソビエト連邦はアメリカ合衆国へ偵察機を飛ばそうにも海外基地が少なく、人工衛星の開発に先立つ冷戦初期には情報収集活動で制約を受けていた。アメリカと同じく、ソビエトも長距離偵察任務に爆撃機を採用したが、その主たるものとして Tu-16 バジャーや Tu-22 ブラインダーといった中距離爆撃機、または Mya-4 バイソンや Tu-95 ベアといった長距離爆撃機が挙げられる。バジャー、ブラインダー、バイソンはターボジェット機だが、大型のベアは爆撃機として唯一成功を収めたターボプロップ機である。この巨大かつ優美な航空機には2重反転プロペラを備えた4基のエンジンが装備されており、戦略諜報任務（ベア E）と対潜哨戒任務（ベア D、E）の両方に用いられただけでなく、ミサイルを敵艦に誘導するビデオ・データリンクを装備したベア D も存在している。また航続距離は 12,000 キロメートルを超え、空中給油によってさらに延長が可能である。

　1963年3月、ソビエト海軍のバジャーとベアは公海上のアメリカ艦船に対する大規模な哨戒飛行を開始した。シベリアの基地から発進したこれらの哨戒機は、遠くはハワイ諸島の外側まで飛行し、アメリカ艦隊に対する偵察任務のみならず訓練飛行にも従事した。また程なくして大西洋や地中海の空域にも進出している。地中海における飛行任務はエジプト軍の基地を拠点にすることがあり、その際はエジプト空軍のマーキングを施した機体が用いられた。

　ソビエト軍機による最初の主要な海外偵察飛行は、1970年4月に複数の海洋を舞台に行なわれたオケアン演習の際に実施されている。2機のベア D 偵察機がコラ半島を離陸し、ノールカップ付近を飛行後ノルウェー海を南下、アイスランドとフェロー諸島の間に展開するソビエト艦隊の上空を飛行してからさらに南へ飛び、キュ

ーバに着陸した。8,000キロメートル以上に及ぶこの無着陸飛行は、ベアがソビエト衛星国以外に着陸した最初の例となった。なお偵察機はキューバに数日滞在した後で母国に帰還している。4月後半には別のベア D がキューバへ飛び、70年5月に3度目の飛行を実施するに至って、こうした作戦飛行の定期的なパターンが確立された。この飛行は80年代を通じて毎年数回実施され、いずれも2機のベア偵察機が用いられている。また83年には、キューバへの飛行にベア F が加わった。

　冷戦の終結まで、ベアは北米大陸の沖合 320～400 キロメートルにおいて一般的な偵察活動や ELINT 活動を行なっている。

　1973年、2機のベアによるギニアのコナクリへの飛行が始まり、それから数度にわたってキューバとコナクリに配備されたベアが大西洋南部及び中部の共同偵察に携わったとされている。1977年に入るとコナクリからの飛行が中止されてアンゴラの首都ルアンダから発進することになり、ベア D の飛行パターンに変化が生じた。それに伴い、キューバーアンゴラ間の大西洋横断飛行が実施されている。

　冷戦期のソビエトは数種の戦略偵察専用機を開発している。中でも印象的なスパイ飛行機として、計画のみに終わった RSR 戦略偵察ジェット機が挙げられよう。この計画はアメリカの U-2 計画と同じ 1953 年に始まっているが、こちらのほうがはるかに野心的で、およそ 10万フィート（3万メートル）の高度を時速 1,850 マイル（マッハ 2.8）で飛行する計画だった（亜音速の U-2 は 7万フィート前後を巡航高度としていた）。先進的なデザインの RSR はあまりに急進的な計画だったため、速度を落とした技術試験機の NM-1 が先に製造され、1959 年ないし 60 年に初飛行を行なっている。しかしこうした先進的な飛行機の開発ではよくあることだが、NM-1 においても多くの問題点が浮き彫りになり、60 年末に計画は中止された。

　アメリカの U-2 とコンセプトにおいてより似通っている機体として、M-17 ミスティックが挙げられる。本質的にはエンジン付きのグライダーであるこの飛行機は、ミャスィーシチェフ設計局によって開発された。初飛行は 1980 年代初めであり、7万フィート（21,000 メートル）以上の高度で運用されるものの U-2 同様最高速度は遅く、時速 750 キロメートルに過ぎない。また科学研究ミッションに用いられたのも U-2 と同じである。

　一方、ソビエトは数種の戦闘機を戦術偵察型に改造している。東西対決の中で特に有名なのは、Yak-25R マンドレイクと Yak-28 ブリュワーである（いずれもヤコブレフ設計局が開発した）。戦略偵察機であるマンドレイクは、全天候型で夜間飛行も可能な双発ジェットの後退翼戦闘機を母体にしており、航続距離と揚力を増加させるべく直線翼が与えられると共に、様々なセンサーが装

備された。上昇限界高度は７万フィートに達したと言われている。Yak-25R 偵察機──そのほとんど、あるいは全てが Yak-25 戦闘機からの改造機だとされている──は 1959 年頃に配備が始まり、中国への領空侵犯を何度か行なった。一方の Yak-28 は、Yak-25 の設計を基礎とした戦術爆撃・偵察機である。69 年の配備開始以降広く用いられた Yak-28 ブリュワー D は複数のセンサーを備えた航空機であり、元の爆弾倉には数個の電子センサーが、機首にはカメラが設置されている。またいくつかの基準から判断すれば、ソビエトで開発された最も先進的な偵察機は Su-24 フェンサー攻撃機の派生型であり、今なお広く運用されている。

【参照項目】Tu-16、Mya-4 バイソン、Tu-20/Tu-95 ベア、Yak-25RD マンドレイク

中東における諜報活動

　冷戦中、アメリカとイギリスのソビエト連邦に対する偵察飛行、あるいはソビエトによるイギリス上空及びアメリカ周辺における偵察飛行の他にも、これら３ヵ国はイスラエルやアラブ諸国の上空で偵察任務を行なった。イスラエル独立戦争（第１次中東戦争、1948 〜 49）では、エジプトから飛び立ったイギリス軍とエジプト軍の飛行機がイスラエル上空で偵察飛行を実施している。1948 年夏から秋にかけて数度にわたり、モスキート機が高度およそ３万フィート（9,100 メートル）でイスラエルの上空偵察を行なったが、当時のイスラエル軍にはその高度まで上昇して迎撃できる飛行機がなかったので、全機が無事に帰還した。一人前になったイスラエル空軍が初めてモスキートを撃墜したのは 1948 年 11 月 20 日であり、翌年にはスパイ活動を行なっていたスピットファイアを数機撃墜している。

　その後はアメリカとソビエトの偵察機がイスラエルの上空で偵察任務を遂行、前者は U-2 を、後者はエジプトに配備したミグ戦闘機を用いている。イスラエルはミグ数機を撃墜し、1963 年 7 月 19 日にはイスラエル軍に所属する２機のミラージュ戦闘機がアメリカ軍の RB-57A キャンベラに警告射撃を行ない、ロッド空港（後にベン・グリオン空港へ改称）に強制着陸させている。

　一方イスラエル軍も、当初はカメラを搭載したミーティア戦闘機、後にはミラージュと RF-4 ファントムを用いて周辺のアラブ諸国を偵察している。

戦術及び戦場偵察

　いくつかの国々では、視覚情報や写真情報、あるいは電子情報（ELINT）を収集するために戦術及び戦場偵察機が用いられており、固定翼・回転翼いずれの飛行機も使われている。この項で特に触れたものを除き、偵察に用いられる航空機はいずれも他の用途で開発された航空機を改造したものである。

　1962 年、アメリカ陸軍保安局は ELINT 活動に用いる航空機の開発を始めた。この活動には敵の無線通信の傍受（通信情報活動）や、戦術レーダー波の探知（信号情報活動）が含まれる。現在のアメリカ陸軍でこうした任務に就いているのは、DASH-7 旅客機の改造型である RC-7、RC-12 スーパー・キングエア、及びヘリコプターの EH-60 ブラックホークなどである（「ガードレール」を参照）。

　また戦術偵察には様々な無人航空機（UAV）も用いられている。それらは模型飛行機に似ており、サイズも様々で、搭載されているセンサーもそれぞれ異なっている。大規模に運用されている UAV で最小のものは、アメリカ海兵隊のドラゴンアイである。これはバックパックに入れて持ち運ぶことができ、「発進」も手で放り投げるだけでよい。他にも大洋横断が可能なグローバルホークや、航空機あるいは地上の目標を攻撃可能なプレデターといった UAV が活躍している。

【参照項目】陸軍保安局、通信情報、信号情報

工作員 (Operative)

「エージェント」の別称。

高周波方向探知 (High-Frequency/Direction Finding〔HF/DF〕)

　無線電波の発信源の方向を探知し、複数の受信機を用いてその場所を突き止める方法のこと。短波方向探知とも。個々の無線送信機だけでなく、地上及び海上における敵軍の位置を突き止めるためにも用いられる。

　HF/DF──「Huff-Duff」とも呼ばれる──は第２次世界大戦中、ドイツ海軍の潜水艦（U ボート）を発見する目的で大々的に用いられたのが嚆矢である。ドイツの潜水艦戦術、特に複数の潜水艦による「群狼作戦」は、商船隊を発見した潜水艦が海面に浮上、他の U ボートに自艦の位置を通報して誘導することが必要とされた。

　イギリス海軍は HF/DF を初めて採用した海軍であり、地上と艦上で傍受システムを運用した。1920 年後半には最初の傍受局──暗号解読活動のために無線通信を傍受するのが主な目的だった──を建設しているが、アビシニア（エチオピア）危機とスペイン内戦にイギリス海軍が巻き込まれる可能性が高まった 1930 年後半になると、この動きをさらに加速させている。特にスペイン内戦においては、「共和軍に物資を届ける商船を狙う海賊（イタリア）潜水艦」を発見するためにも HF/DF が不可欠だった。

　イギリス海軍は 1930 年代後半から HF/DF システムを軍艦に搭載し始める。その後、無線発信源の位置を自動的に記録する装置がカナダで開発された。改良はさらに進み、アメリカ海軍はナチスの手から逃れたフランス人科学者を動員、電波を発信する U ボートの位置をスクリーン上に自動でプロットする装置を開発している。

この装置は、無線通信が止んだ後に短い無線信号しか発せられなくとも進路を辿れるため、Uボートへの攻撃を誘導するのに役立った。試作型は1940年3月に駆逐艦で試験され、42年後半からアメリカ沿岸警備隊及び海軍艦艇への配備が始まった。

Uボートによる無線通信の探知・記録（後にウルトラ計画による解読が行なわれた）、及び商船隊への迂回指示には沿岸の傍受局が有益である一方、護衛艦でもHF/DFが利用可能になったため、「姿の見えない」潜水艦の位置を突き止められるようになり、護衛艦または護衛機による攻撃が簡単になった。護衛艦でUボートの無線通信が探知された場合、その潜水艦は通常15ないし20マイル（25ないし32キロメートル）以内に存在する（短波無線の「地上反射」現象による）。無線傍受によって方角がわかると、Uボートを攻撃すべく護衛艦もしくは護衛機を発進させる。潜水艦の撃沈に失敗しても、強制的に潜水させるか無線通信を断たせることになるため、商船隊は大きく進路を変えて危機を脱することができた。

戦時中、ドイツ海軍の潜水艦司令部はHF/DFに対するUボート作戦の脆弱性を一貫して過小評価していた。

【参照項目】ウルトラ

交信分析 (Traffic Analysis)

傍受した無線を調査してパターンを突き止める、信号情報（SIGINT）活動の一形態。傍受側が敵の暗号を解読できなくとも、信号の発信源、長さ、時間と波長の規則性によって、何らかの推論を引き出すことができる。また同じメッセージが転送されていれば、同じ命令を受け取った部隊間の関連性を推測できることになる。

太平洋戦争中、暗号解読能力を事実上持たなかった日本軍は、情報を入手・評価するにあたってしばしば交信分析に頼った。アメリカ側の通信量は逐一追跡されており、ハワイから南西太平洋への交信が急に増加したならば、その方面における作戦行動が計画されていることを意味していた。また無線通信が突如中断されると、攻撃が差し迫っていると予想できた。

通信量の急増が敵に行動を知らせていることに気づいたアメリカの通信担当者は、軍事通信に新たな規則を追加した。メッセージにパディングが加えられ、メッセージの長さ——あるいは短さ——がヒントにならないようにしたのである。さらに洗練された方法として、無線封止を逆手にとった手段が挙げられる。つまり数字の列が絶えず発信され、その大半は何の意味もなかったが、中に本当のメッセージを埋め込んでいたという具合である。

【参照項目】信号情報、パディング

康生 (Kang Sheng 1899-1975)

毛沢東の下で中国の情報活動を指揮した人物。

裕福な地主の息子として張宗可の名で生まれた康生は、父親への反抗心から名前を変えた。その後上海大学で学びつつ1925年に共産党へ加わり、労働者の勧誘員となっている。

康生は1920年代から情報活動を始めたと考えられており、当初は地元の共産党幹部に情報を提供していた。また1928年と30年にソビエトを訪れ、諜報・防諜テクニックを研究している。大部分の資料によれば、康生はソビエトを信用していなかったというものの、1930年代にはロシア人向けに『Revolutionary China Today』を執筆している。

康生は中国共産党の主要な保安組織である党中央社会部のトップを1938年から46年まで務め、第2次世界大戦中には蒋介石率いる国民党の情報機関にエージェントを浸透させている。戦後も諜報活動を通じて革命を助け、後には核兵器に関する情報を西側諸国から入手しようと試みた。

1949年の中華人民共和国成立後は党中央委員として国家指導者の1人となり、59年には周恩来首相に同行してモスクワを訪問、翌年にもワルシャワ条約機構代表団との会合のために再訪している。

（訳注：その後党中央副主席に登り詰めるも、没後、文化大革命期の悪行で党を除名される）

【参照項目】エージェント

公然たる情報 (Overt Intelligence)

新聞、雑誌、ラジオ、テレビといったオープンソースから集められた情報。オープンソース情報とも。

【参照項目】オープンソース

公的秘密保護法 (Official Secrets Act)

1889年にイギリスで制定された法律。内容や重要性にかかわらず、公的活動についての情報公開を政府が保留することを可能にしている。1911年に制定された新たな法の下では、情報を漏らして国家に害を与えた人物を処罰することができる。その後も1920年、39年、89年に改正された。また有名な事件のいくつかでは、平時においてこの法律を犯したことにより起訴された者もいる。

「ジョージ・ブレイク」「D通知」「タイラー・G・ケント」「スパイ小説」「ピーター・ライト」も参照のこと。

合同海洋監視情報センター

(Joint Ocean Surveillance Information Centre)

1990年1月、軍司令部及び作戦部隊に対する支援を目的として、ロンドン北方のノースウッドに設置された

イギリスの機関。同じくノースウッドを拠点とする海上航空隊（空軍第18飛行集団）が運営している。

口頭限り　(Ears Only)

書き記すことが許されず、特別な施設において口頭でのみ伝えることが可能な極秘の情報資料。

口頭証言　(Parol)

「パスワード」を指すロシア情報界の俗語。

力行

合同情報委員会　(Joint Intelligence Committee〔JIC〕)

いくつかの点でアメリカの国家安全保障会議（NSC）と類似しているイギリスの情報調整機関。

合同情報委員会（JIC）は1936年にイギリス合同参謀本部の合同情報小委員会として設置された。構成員は議長、海軍情報副長官、空軍情報副長官、そして参謀本部MI1課の課長である。

戦時内閣と参謀長委員会は1940年5月17日にJICの任務を策定した。

昼夜を問わずその構成組織にとってふさわしい時に、国際情勢に関する報告書を至急準備するにあたって主導的立場をとること……これら報告書は可能な限り簡潔にすることとし、以下の目的を有するものとする。
（ⅰ）外務省あるいは他省庁が入手した、特別の重要性を持つと思われる情報に対して関心を惹起し、その価値を評価し、また利用可能な情報をもって補強することで、問題となっている状況について下した推論を委員会に提示すること。
（ⅱ）敵の意図、あるいは国際情勢における「潜在的危機」の進展に関して広く証拠を集め、そこから引き出される結論を簡潔に提示すること。

収集した軍事情報を評価・調整した上で勧告を行なうため、JICは定期的に会合を開いた。時には保安部（MI5）や外務省もJICに対する質問を持って出席した。軍の情報部門は当初JICを時間の無駄遣いと考えていたが、軍や政府機関が情報評価を求めて訪れるにつれ、JICの役割と影響力は増大している。その中でも特に重要なのが、JICが毎日発行する情報要約書だった。また1941年夏には、ワシントンDCに派遣された合同参謀使節団の中にJICの事務局が設置されている。

JICは第2次世界大戦後も存続し、メンバーの入れ換えと任務の拡大を経て今日まで続いている。公的文書である『National Intelligence Machinery』（2002）は現在の任務を次のように定義している。

常設の情報機関長官委員会による監督の下、情報組織及び国内外におけるイギリスの情報活動に指示を与え、かつ検討を加えることで、効率性と経済性を維持し、変化を続ける情報要求に対し迅速に順応できるようにする。

現在JICは毎週会合を持っているが、その構成員は情報調整官（議長）、陸海空軍の情報部門トップ、外務省及び英連邦省から2名ずつ、通産省及び財務省から1名ずつ、そして情報機関——MI5及びMI6——の長官である。議長は指名によって定められ、必ずしも情報調整官である必要はない。その場合、情報調整官はJICの1メンバーとなる。

「防衛情報スタッフ」も参照のこと。

【参照項目】国家安全保障会議、海軍情報部長、MI5、MI6

口頭通信の傍受　(Interception of Oral Communication)

盗聴器を用いて会話を盗み聞きすることを指す婉曲な言い回し。

購入済み　(Shopped)

暗殺もしくは殺害済みであることを表わすイギリス情報界の俗語。

合法的スパイ　(Legal)

商務官または事務員といった公的ポストをカバーとして入国するエージェント。

【参照項目】エージェント

公用限り　(For Official Use Only〔FOUO〕)

非機密扱いの情報に適用されるアメリカの区分。公開しても国家の安全保障に影響を与える可能性がないにもかかわらず、公にしないことが認められる。商業上の秘密を含む情報、政府と取引のある企業から得られた商業・金融上の情報、あるいは個人情報を守るために援用される場合がある。

しかし公開することで特定の官僚を貶める恐れがある、または秘密裡に進められていてかつ議論の的になり得る政府のプロジェクトにも、「公用限り」のスタンプを押されることがある（「機密区分」を参照のこと）。

コーエン、エリアフ・ベン・シャウル
(Cohen, Eliahu ben Shaul　1924-1965)

イスラエルの情報機関モサドのスパイ。イスラエルのスパイとして初めて逮捕・処刑された。

エジプトのアレキサンドリアに生まれたコーエンは1957年にイスラエルへ移住し、スエズ戦争（第2次中東戦争、1956年）後にエジプトを追放されたユダヤ人として活発な政治活動を行なった。また以前の55年に

も、無線通信と破壊工作を学ぶために短期間ながらイスラエルを訪れている。

　イスラエルに移住したコーエンは陸軍で勤務した後、1960年5月にモサドから勧誘を受け、シリアのバース党へ潜入するという任務を与えられた。62年初頭、コーエンは妻子をイスラエルに残してダマスカスに入る。カマル・アミン・ターベットという偽名を用い、アルゼンチンのパスポート（1947年から居住していることにした）を所持、当局にはシリア系レバノン人と申告していた。ダマスカスでは家具と絨毯を扱う貿易会社を設立、豪華なパーティーを催して交友範囲を広げてゆく。友人となった人物の中には、実業界、軍、そしてバース党の有力メンバーも含まれていたが、1965年初頭に国防次官となり、その後大統領に就任するアミン・アル＝ハフェズもその1人だった。

　コーエンはシリアの軍事活動に関する詳細な情報をモサドにもたらしたが、そこにはイスラエルの死命を制するゴラン高原の要塞化計画も含まれていた。こうした情報は秘密の短波通信によって伝えられた。

　シリア指導層におけるコーエンの人気は、国防次官の座に彼をつけるという話にまでエスカレートした。しかしそれも長くは続かなかった。伝えられるところによると、ソビエト製の新型電子装置を試験するため、ダマスカスからの外交通信が一斉停止を命じられた際に、コーエンは捕らえられたという。彼はそれを知らず、停止期間中も交信を続けたために電波が探知されたのだった。

　1965年1月24日に逮捕されたコーエンは拷問を含む尋問を経て軍事裁判にかけられ、死刑を言い渡された。5月18日に絞首刑が執行された時、ダマスカスのマリエ広場では1万人以上の観衆が歓声を上げ、テレビカメラによる中継まで行なわれたという。またコーエンと関係したシリア軍士官17名が処刑されたという記録も残されている。

　さらには、イスラエル政府がフランスのコネクションを通じてコーエンの命を「買い取る」とシリアに申し出たという噂もあった。その際には100万ドルが提示されたらしい。

　ペントハウス誌の取材に応じた元モサド長官のイッサー・ハレルは、インタビュアーのクレイグ・S・カーベルに対して「エリ・コーエンは他にも多数いたと言ったらどうするかね？　彼らが成功していたら、きみがその名を聞くことはなかったんだぞ？」と語ったという。

　イスラエルによるコーエンのコードネームは「工作員88号」「メナシェ」だった。
【参照項目】モサド、イッサー・ハレル、コードネーム

コーエン、モリス （Cohen, Morris 1910-1995）

　妻のロナと共にソビエトの重要なエージェントだった人物。最初はルドルフ・アベルとアメリカで、後にゴードン・ロンズデールとイギリスでスパイ活動を行なった。

　モリス・コーエンはロシア人移民（訳注：父親はウクライナ、母親はリトアニアの出身）の子供としてニューヨークで生まれ、1935年に共産党へ加入、2年後にはエイブラハム・リンカーン旅団に入隊してスペイン内戦を共和軍について戦った。ソビエト情報機関から勧誘を受けたのは、帰国後傷の治療を受けている最中だった。

　1941年、コーエンは同じく共産主義者のレオンティーナ（ロナ）・ペトラと結婚する。第2次世界大戦では夫が陸軍に在籍し、妻が軍需工場で働いている間、夫妻揃ってソビエトのためにスパイ行為をした。またコーエンは、アメリカにおけるソビエトの軍需品調達組織、アムトルグの下でも活動している。

　2人はローゼンバーグ夫妻と、ソビエトのスパイマスターであるアベルとも関係があった。モリス・コーエンの死後、ソビエトのプラウダ紙は次のように記している。「ありがとう、コーエン。ソビエトの原爆技師たちは君のおかげで、ロスアラモスの秘密研究所から技術資料を大量に入手できたのだ」

　ジュリアス・ローゼンバーグがスパイ容疑で逮捕（1950年7月17日）された当日、コーエン夫妻はアメリカから逃亡し、ピーター・ジョンとヘレン・クローガーという亡くなったカップルを名乗ってニュージーランド入りした。そして1954年にはこれらの名前を使ってカナダ人のカップルに偽装、イギリスへ入国する。ピーターはロンドンのストランド街190番地で小さな古書店を開いた。サドマゾや拷問に関する書籍を専門にしていたという。人の出入りが多く、本を調達するためにヨーロッパ本土を旅する必要があり、また定期的に国際郵便を出すことから、古書店はスパイ活動における格好のカバーだった。

　コーエン夫妻はロンドン西郊のルイスリップに建つ大きなバンガローに居を構えていた。訪問客の中には1人の若者がいて、夫妻はカナダ出身のゴードン・ロンズデールとして隣人に紹介していた。1960年、ロンズデールは短期間ながらルイスリップのコテージで暮らしていたのである。

　ロンズデールに対する包囲網が狭まりつつあった1960年11月、コーエン夫妻もイギリスの保安機関MI5の監視下に置かれた。翌年1月7日にロンズデールを逮捕したイギリス当局は、バンガローに踏み込んで夫妻を拘束する。9日間にわたる家宅捜索の結果、撮影装置や小型短波無線機、コードブック、ワンタイムパッド、数千ドルのアメリカ紙幣、そして複数のパスポートが発見され、中身をくり抜いた聖書の中にはマイクロフィルムが詰まっていた。コーエン宅はロンズデールの通信センターだったのである。

　採取された指紋から、2人は原爆スパイ網との関係で

アメリカ政府から指名手配を受けているコーエン夫妻だとわかった。

イギリスで裁判にかけられた夫妻は共にスパイ容疑で有罪とされ、禁固20年の刑が言い渡された。しかし収監から8年後の1969年7月、ソビエトに拘束されていたイギリス市民数名との複雑なスパイ交換が行なわれ、2人はポーランド経由でソビエト連邦に入国した（ロナは1992年にモスクワにて死去している）。

【参照項目】ルドルフ・アベル、ゴードン・ロンズデール、ジュリアス・ローゼンバーグ、MI5、ワンタイムパッド、原爆スパイ網

国際スパイ博物館 (International Spy Museum)

2002年7月17日に開館した、諜報活動の歴史を対象とする博物館兼研究センター。ワシントンDCのダウンタウンにあり、一般公開されているこの種の施設としては最大規模を誇る。

【参照項目】博物館

国際連合 (United Nations)

第2次世界大戦直後の創設以来、国際連合は数多くのスパイを引きつけてきた。1945年、国連創設を話し合うべく連合国の代表がサンフランシスコに集まった際、アメリカは盗聴を行なっていた。アメリカの諜報機関は当時すでに確立されていた無線傍受と暗号解読テクニックを用い、サンフランシスコとワシントンDCとの間を行き交う外交電文を傍受、その解読内容をマジック情報としてワシントンの高官に伝えていたのである。

1970年代、安全保障理事会を見下ろすプレス室にCIAが読唇術者を送り込み、公開会議で互いに囁き合うロシア代表団の唇の動きを読ませていたことが、チャーチ委員会によって明らかにされた。

傍受された外交電文の大半は1993年まで機密扱いとされており、その後も公開文書は検閲の対象とされた。NSAは連合国の一部も盗聴対象にしていたことを1993年に認めたが、友好国の外交官によるある種の情報活動については引き続き神経を尖らせた。スティーブン・シュレジンジャーは95年に刊行された学術書『Cryptologia』の中で、アメリカ合衆国は傍受活動のおかげで「国連憲章をほぼ思い通りに起案することができた」と述べている。

2003年のイラク戦争に先立つ討論の場において、アメリカが電子的な盗聴行為をしていたという噂が国連本部の廊下を駆け抜けた。イギリスのある新聞は、「国連代表団をターゲットとする旨が記されたNSAの内部メモ」なるものを記事に引用している。アメリカ情報当局はこの報道についてコメントを拒否した。当時代表団の多くは、イラクで大量破壊兵器の捜索を行なう国連査察団の監視に、アメリカ情報機関が力を注いでいると疑っ

たものの、説得力のある根拠はなかった。

ソビエトは早い段階から国連を諜報活動の有力拠点としていた。イギリス外務省で勤務する傍ら長期間にわたってソビエトに情報を漏らし続けたドナルド・マクリーンは、国連の活動に関わることがしばしばあった。1945年春、マクリーンは国連に関する2つの重要な問題についてソビエトの立場を強く支持した。すなわち安全保障理事会における拒否権と、ウクライナ及びベラルーシの国連加入であり、もし両国が加入を認められれば、ソビエトは総会において実質的に3票を行使できるのだった。

1946年、ソビエトは米英両国を標的とする1つの提案を行ない、他国に軍を駐在させている国連加盟国は、その数と場所を公表するよう求める決議案を提出した。マクリーンは対案を作成するために、アメリカで国連問題を担当する国務省特別政治問題部長のアルジャー・ヒスと協力した。そのヒスも、ソビエトのためにスパイ行為をしたとして後に非難されている（さらにその後、ヴェノナ情報が公開されたことでこの非難が裏付けられた）。2人は、それぞれの国が海外に駐留させている兵力について情報を交換した。アメリカは108の拠点に軍隊を駐留させており、そのうち韓国には52,590名を配備していたが、マクリーンがそれらの数字をソビエトに報告できたのも情報交換のおかげだった。この情報は、朝鮮戦争が勃発した1950年当時、特に価値あるものだった。

国連とその下部機関（とりわけジュネーブとウィーンに所在する機関）は創設期から冷戦終結まで、ソビエトが好んでスパイ活動を行なった場所の1つであり、FBIのスパイハンターにとっても主たる活躍の場であり続けた。その逆に、ソビエト出身の国連職員を監視するよう命じられたFBIのアール・エドウィン・ピッツ捜査官は1987年にソビエトから勧誘を受け、後にスパイ容疑で有罪となっている。

アメリカ人と国連スパイが絡んだ最初の事件は1949年3月に発生した。国務省職員のジュディス・コプロンは、ヴァレンチン・グビチェフというロシア人に文書を渡そうとして逮捕された。当時グビチェフは、イーストリバーに建設が予定されていた新本部（それまで国連本部はロングアイランドのレイク・サクセスに置かれていた）の設計案を検討するグループに配属されていた。グビチェフはスパイ容疑で禁固15年の刑を言い渡されたが、その後出国を許されている。

ソビエトは1950年代中期まで国連に配置する職員の数を抑えていた。西側の風に触れて亡命されることを恐れたからである。しかしアフリカなどの元植民地が次々と独立して国連加入を求める中、ソビエトはインテリジェンス・オフィサーと第3世界諸国の指導者との出会いの場として国連を有望視するようになる。またアメリ

カ上院情報特別委員会が 1985 年に作成した報告書によると、KGB 職員は「世界平和会議などソビエトのフロント組織と国連との関係強化」に努めていたという。

ソビエトの情報機関はウィーンを本拠とする国際原子力機関に足がかりを築くことで、西側が持つ原子力情報へのアクセスを得た。またソビエトが初めてデータバンク技術に触れたのは、ニューヨークで国連会議に出席していたある職員が、ニューヨーク・タイムズ紙のデータバンクシステムを見せられた 1974 年のことだった。翌週、ニューヨークに駐在する KGB レジデントの妻が、国連のデータバンクを使ってニューヨーク・タイムズ紙のデータバンクに侵入、オープンソース情報の入手を容易にしている。

国連事務次長を務めたアルカディ・シェフチェンコは、アメリカに亡命したソビエト出身職員として最高位の人物であり、他にも国連に所属していた数名が亡命し、FBI によるアメリカ国内のスパイ摘発に手を貸している。またヒューズ・エアクラフト社の社員だったウィリアム・H・ベルはポーランド人亡命者によって正体を暴露され、後にスパイ容疑で有罪となった。

国連のホールで通常の外交官と KGB 工作員を見分けるのは簡単だったと、シェフチェンコは後に記している。

　　最初の手がかりは金である。KGB は……本物の外交官よりはるかに金離れがいい。外務省の人間は 1 年以上も給料から金を貯め、それでようやく中古のアメリカ車を買えるものだが、KGB のエージェントはニューヨークに着き次第、それを買う金が与えられる。彼らには贅沢なもてなしをする現金もある。外国人を次から次へと酒でもてなしている中堅の使節団員や事務局スタッフを見かけたら、KGB の資金を使っていると考えて間違いない……

（国連職員はソビエト出身の同僚職員によるスパイ活動を皮肉たっぷりに「その他の活動」と呼んでいた）

1985 年の上院報告書には次のように記されている。「国連事務局に所属するソビエト国民のおよそ 4 分の 1 はインテリジェンス・オフィサーであり、KGB もしくは GRU によって送り込まれた人間も数多い。また事務職のソビエト国民は KGB の支援要請に応える義務がある」国連には他にも東欧諸国出身の職員が 200 名ほどおり、ソビエトの情報活動に協力していた。

米ソが弾道弾迎撃ミサイル制限条約（ABM 条約）締結へ向けた話し合いと、第 1 次戦略兵器制限条約（SALT I）交渉を行なっていた 1972 年 2 月、国連翻訳官をカバーとして活動していたソビエトのインテリジェンス・オフィサー、ヴァレリー・マルケロフが FBI 捜査官によって逮捕される。マルケロフはグラマン社のエンジニアから F-14A トムキャット戦闘機に関する機密資料を入手したとされたが、このエンジニアは FBI の二重スパイだった（3 ヵ月後にニクソン大統領とブレジネフ書記長との首脳会談が予定されており、アメリカ政府はスパイ容疑をひっそりと取り下げ、仮釈放されていたマルケロフのソビエトへの出国を認めた）。

1973 年、司書として国連で勤務するインテリジェンス・オフィサー、アナトリー・アンドレイエフは、ある会議の場で国防総省所属の文官職員と顔を合わせた。それから 1 年間にわたり、2 人は「相互の利益」のために機密文書を交換し合った。そしてアンドレイエフは、特定の機密文書と引き換えに金を渡すともちかける。その後アメリカから国連に対して抗議が行なわれ、このロシア人司書は秘かにアメリカを後にした。

国連のソビエトスパイが 1977 年にアーサー・リンドバーグ海軍少佐の勧誘を試みたことは外交問題に発展した。しかしソビエト及び東欧諸国出身の国連職員は、アメリカの軍人に対する同様のアプローチをしばしば試みている。翻訳官として国連で勤務するソビエトのインテリジェンス・オフィサーが逮捕されたこともあるものの、起訴には至らなかった。このインテリジェンス・オフィサーは、外交官特権を有していなかったにもかかわらず、ソビエトへの帰国を認められた。アメリカ人エージェントの解放が絡んだ秘密交渉があったものと、情報関係者の多くは信じている。

国連に配属されたソビエト国民は、通常であれば立ち入りを許されないアメリカ（及びその他諸国）の各地を訪れることができた。しかし西側から見てそれ以上に危険だったのは、ソビエト出身の国連幹部が全国連職員の人事ファイルを閲覧でき、協力者や脅迫の対象となり得る人間を選別できることだった。

冷戦終結と共に国連でのスパイ活動も勢いを潜めたが、消え去ったわけではない。だが、元ソビエト連邦の各共和国はスパイ活動を続けるよりも、国連に加入して経済援助を得ることのほうにより力を入れている。

【参照項目】マジック、CIA、チャーチ委員会、NSA、内通者、ドナルド・マクリーン、アルジャー・ヒス、ヴェノナ、ウィーン、FBI、監視、アール・エドウィン・ピッツ、ジュディス・コプロン、インテリジェンス・オフィサー、KGB、レジデント、オープンソース、アルカディ・シェフチェンコ、ウィリアム・H・ベル、GRU、二重スパイ、アーサー・リンドバーグ

国土安全保障 <small>(Homeland Security)</small>

2001 年 9 月 11 日に発生したニューヨークの世界貿易センタービル及びワシントンのペンタゴン（国防総省）へのテロ攻撃を受け、アメリカのインテリジェンス・コミュニティーはテロリスト情報の入手に力を傾けることとなった。

最大の組織的変化は、政府内で第3の規模を有する閣僚級省庁、国土安全保障省（DHS）の新設である。テロ計画を予見・警告できなかったFBIとCIAに対する議会の批判は、テロの恐怖から国家を守るべく22の国内機関を1つの省庁に統合するというブッシュ政権の計画を後押しすることになった。

2003年1月24日に業務を始めた新省庁はテロリスト情報の主たる利用者であるものとされたが、情報を入手・処理する能力は狭い範囲に限られ、他の情報機関の活動を真似るものではなかった。当初、この組織の主要な目的はカラーコードに基づいた警報を発することだった。すなわち赤（深刻な危険）、オレンジ（高い危険）、黄（高まりつつある危険）、青（警戒を要する危険）、そして緑（低い危険）である。

DHSに統合された主な組織として、アメリカ沿岸警備隊、連邦危機管理局（FEMA）、シークレットサービス、そして現在は市民権・移民局と呼ばれる新生版の移民管理局が挙げられる。

発足時、DHSは以下の5つの部門から構成されていた。

国境警備・運輸保安：運輸保安庁、関税局、出入国管理・市民権局の国境警備部門、動植物保健検査局、連邦法執行訓練センターを包含する。

緊急事態への準備・対応：自然災害に対応する主務機関というFEMAの伝統的役割を引き継ぎ、それにテロ攻撃への対応を加える。

科学・テクノロジー：「大量破壊兵器を用いたテロ行為全般に備え、対応する」とされている。

情報分析・インフラ保護：DHSの情報部門が活用されるであろう分野。公式には「国土全体への脅威に関わる情報データを広く識別・分析し、時宜を得た警告を発すると共に、適切な予防及び保護措置をとるための機能を統合する」とされている。

管理：予算、管理、及び人事問題を扱う。

インテリジェンス・コミュニティー所属メンバーの多くはDHSの存在を、FBIが主に担当する国内情報活動と、アメリカ国内での活動が禁じられたCIA及びNSAが行なう対外情報収集活動との伝統的境界線をぼやけさせるものと見た。DHSに吸収された4つの機関——沿岸警備隊、税関局、シークレットサービス、国境警備隊——がいずれも微々たる情報収集機能しか持っていない

ためである。
【参照項目】インテリジェンス・コミュニティー、テロリスト情報、FBI、CIA、シークレットサービス、国内情報、NSA

国土監視局 （Direction de la Surveillance du Territoire）

「DST」を参照のこと。

国内情報 （Domestic Intelligence）

国内の治安を脅かすと政府が判断した、国家内部の活動や状況に関係する情報。独裁国家では国家保安機関による防諜活動の延長線上に国内情報の収集がある。一方民主主義国家では、政府が市民の権利を侵害しているという非難の元になる。

「FBI」「J・エドガー・フーヴァー」「ヒューストン計画」「鉛管工」「ウォーターゲート事件」も参照のこと。
【参照項目】防諜

国内保安局 （Department of Internal Security）

「シンベト」を参照のこと。

極秘 （Confidential）

国家の秘密情報に付与されるアメリカの機密区分の1つ。無許可で公開された場合、国家の安全保障に害を及ぼすと予想される情報に適用される。アメリカの機密区分では最下位に位置する。
【参照項目】機密区分、機密、最高機密

国防支援プログラム （Defense Support Program）

「ミダス」を参照のこと。

国防情報官 （Defense Intelligence Officer）

1974年、当時のアメリカ国防情報局（DIA）長官ダニエル・O・グラハム陸軍中将によって創設された職名。激烈かつ率直な人物であるグラハムは、DIAがインテリジェンス・コミュニティーにおける役割を模索していた時期に長官を務めた。そしてDIA強化の一環として、エチオピアの軍事クーデターやアフリカにおける軍主導の独立運動といった特定の情報活動に従事する部下の参謀を国防情報官に任命したのである。
【参照項目】ダニエル・O・グラハム、国防情報局、インテリジェンス・コミュニティー

国防情報局 （Defense Intelligence Agency〔DIA〕）

軍の諜報活動を調整するため1961年10月1日に設置されたアメリカ国防総省の情報機関。統合参謀本部、国防長官、そして統合軍や現地軍の司令官に情報を提供している。

1958年に制定された国防再編法の下、いくつかの統

合軍事部隊が創立されたが、陸海空軍がそれぞれ独自の情報機関を持っている限り、統合軍司令部は統合された情報を受け取れないことになる。すなわち各軍は情報データの自由な交換を妨げる障壁を設けていたのである。

大きく異なる情報評価や官僚的な縄張り争いに対する不満は、ケネディ政権の下で DIA の設立を促したが、国防総省の「自らの家を整頓する」努力は 1959 年に遡る。ケネディ大統領は初の一般教書演説において「行動が必要とされる時に断乎として行動する能力はこれまで頻繁に抑えられており、決断と行動、計画と現実との間の溝を大きくした」と述べている。

かくしてロバート・S・マクナマラ国防長官は DIA を設立し、それまで各軍が独自に行なっていた情報評価の調整を主要任務にした。DIA はインテリジェンス・コミュニティーの一員であり、名目上は国防長官のみならず中央情報長官の管轄下に置かれる。さらに、DIA 長官は統合参謀本部の J-2（情報担当幕僚）の機能を引き継いでおり、現在も J-2 に対する支援を行なっている。

機密資料『Plan for the Activation of the Defence Intelligence Agency』の中では、DIA 長官本部に最大 250 名の人員——軍人及び文官——を置くことが求められている。

陸海空軍はそれぞれ情報機関を有しており（「アメリカ海軍における諜報活動」「アメリカ空軍における諜報活動」「アメリカ陸軍における諜報活動」を参照のこと）、各軍における諜報活動訓練、戦闘情報の理論構築、軍内部の保安維持、及び防諜に関する責務を担っている。また各軍と並行して DIA が担当している任務として、技術情報の収集や、統合参謀本部の研究活動に対する情報面からの支援などが挙げられる。

DIA はインテリジェンス・コミュニティーにおける存在感を高めるべく、組織再編やペンタゴンへのロビー活動を通じて努力を重ねた。しかし軍事関連情報を集めるという設立目的を達成する中で、衛星や戦略偵察機による情報収集は国家偵察局に、暗号作成及び解読は NSA に、そして外国の情報機関から入手した軍事情報については CIA に頼らざるを得ない。一例を挙げれば、CIA がロシアの GRU 職員を寝返らせたとき、DIA はその職員がもたらす情報を得るため CIA に頼らなければいけないのである。

1975 年の時点で DIA は 4,600 名以上の職員を擁しており、年間予算も 2 億ドル以上に達していた。この成長ぶりは議会による調査の対象になった。当時の DIA 長官ダニエル・グラハム中将は 1974 年 6 月にパイク委員会で証言を行ない、その年の主要な功績の 1 つとしてトルコによるキプロス侵攻を予想したことを挙げた。「これはさほど難しいものではない」オーチス・パイク委員長はこう応じた。「トルコのラジオ放送で流されていたのだから」

1976 年 2 月に流出したパイク委員会の報告書では、DIA の解体が勧告されていた。他の情報機関の活動と重複しているというのが理由である。当時すでに退役していたグラハムはこの報告書を「スキャンダルを見つけ出そうと躍起になった若造」によって書かれた「腐った紙切れ」と酷評している。

DIA はパイクとグラハムの反目を生き延びたが、批判はなおも消えなかった。元中央情報長官のスタンスフィールド・ターナーは 1986 年にこう記している。「より有能な CIA の影で生きているという負い目があったため、DIA は独立を保つために矛盾した立場をとることがよくあった……大抵の場合、CIA と異なる見解が生じても、そちらを支持することはできない——あるいはするつもりはない——のである」またターナーら多くの CIA 職員は、相争う各軍を統轄できないとして DIA を非難している。

1991 年に発生した湾岸戦争では、およそ 2,000 名の DIA 職員がクウェートとイラクに駐留するアメリカ主導の多国籍軍の直接支援に回された。しかし軍司令官たちは、彼らが適時適切に戦地情報をもたらさないと不満を漏らしている。

そこで戦場や海上の司令官に情報をもたらすスピードを上げるべく、諜報網や伝達システムの改良が行なわれた。1991 年 2 月、ペンタゴン及びアメリカ国内の軍司令部 19 ヵ所に所属するおよそ 1,000 名の軍事情報・作戦担当者を対象に、DIA は有線テレビ網を設置した。国防情報ネットワークの番組は暗号化されており、許可を受けた者しか視聴できないようになっている。また番組内容には航空・衛星による偵察画像や NSA の音声報告などがあった。「CNN が報道に関して行なっていることを、我々は情報に関して行なわねばならないのです」ペンタゴン職員はワシントン・ポスト紙にそう述べている。

DIA は国際連合の平和維持軍やアメリカの対テロ部隊にも情報を提供し、麻薬摘発作戦に従事する警察機関に対しても支援を行なっている。それまでは総合職キャリアの終着点と見られていた情報活動に対する軍の態度が変わるに従い、DIA のパフォーマンスも向上していった。1980 年代中盤、DIA は軍の機関なのにもかかわらず、職員のおよそ 60% が文官だったのである。

DIA が再生に向けて舵を切ったのは 1995 年、元国防次官補のジョン・M・ドイッチが中央情報長官（DCI）に就任した時だとされている。ドイッチはペンタゴンで勤務する中で DIA に大きな関心を持ち、その内部に人的情報部（DHS）を設置、海外におけるエージェントの運用やフロント企業の経営を認めた。

2003 年 12 月にサダム・フセインが拘束された後、尋問を主導する機関として CIA が選ばれた。しかしイラクで大規模に活動していた DIA の専門家も尋問チーム

に加わっている。さらに DIA の分析官は大量破壊兵器の捜索にも関わった。

DIA は以下に示す6つの主要部局と統合軍事情報大学（以前の国防情報大学）から構成されている。

総務部
分析部
人的情報部
情報管理部及び国防情報局情報官（CIO）
統合参謀情報部
測定情報・技術収集部

DIA 本部はペンタゴンに所在している。また国防情報分析センターと統合軍事情報大学はワシントン DC 南西部のボリング空軍基地にある。

DIA 長官は通常中将の中から国防長官によって任命される。以下に歴代の長官を示す。

1961 年 10 月〜 1969 年 9 月	ジョセフ・F・キャロル空軍中将
1969 年 9 月〜 1972 年 8 月	ドナルド・V・ベネット陸軍中将
1972 年 8 月〜 1974 年 9 月	ヴィンセント・P・ド・ポワ海軍中将
1974 年 9 月〜 1975 年 12 月	ダニエル・O・グラハム陸軍中将
1976 年 1 月〜 1976 年 5 月	ユージーン・F・ティーゲ・ジュニア空軍中将
1976 年 5 月〜 1977 年 8 月	サミュエル・V・ウィルソン陸軍中将
1977 年 9 月〜 1981 年 8 月	ユージーン・F・ティーゲ・ジュニア空軍中将
1981 年 9 月〜 1985 年 9 月	ジェイムズ・A・ウィリアムス陸軍中将
1985 年 10 月〜 1988 年 12 月	レオナルド・H・ペルーツ空軍中将
1988 年 12 月〜 1991 年 9 月	ハリー・E・ソイスター陸軍中将
1991 年 9 月〜 1991 年 11 月	デニス・M・ナギー（長官代行）
1991 年 11 月〜 1995 年 8 月	ジェイムズ・R・クラッパー・ジュニア空軍中将
1995 年 8 月〜 1996 年 2 月	ケネス・A・ミニハン空軍中将
1996 年 2 月〜 1999 年 7 月	パトリック・M・ヒューズ陸軍中将
1999 年 7 月〜 2002 年 7 月	トーマス・R・ウィルソン海軍中将
2002 年 7 月〜 2005 年 11 月	ローウェル・E・ジャコビー海軍中将
2005 年 11 月〜 2009 年 3 月	マイケル・D・メイプルズ陸軍中将
2009 年 3 月〜 2012 年 7 月	ロナルド・L・バージェス・ジュニア陸軍中将
2012 年 7 月〜 2014 年 8 月	マイケル・T・フリン陸軍中将
2014 年 8 月〜 2015 年 1 月	デイヴィッド・R・シェッド（長官代行）
2015 年 1 月〜	ヴィンセント・R・スチュワート海兵隊中将

【参照項目】インテリジェンス・コミュニティー、中央情報長官、J-2、戦闘情報、防諜、技術情報、国家偵察局、衛星、戦略偵察機、NSA、CIA、寝返り、GRU、パイク委員会、ダニエル・グラハム、スタンスフィールド・ターナー、国際連合、ジョン・M・ドイッチ、国防情報局人的情報部、エージェント、フロント企業、統合軍事情報大学

国防情報局人的情報部
（Defense HUMINT Service〔DHS〕）

エージェントを用いて人的情報（HUMINT）の収集にあたるアメリカ国防情報局（DIA）の一組織。

DHS はジョン・M・ドイッチの国防次官在任中に設置され、1993 年 11 月 2 日に正式な組織となった。当初は知る人も少なかったが、95 年 5 月にドイッチが中央情報長官（DCI）に就任すると重要性が増した。DCI の任務の 1 つに、DIA を含むインテリジェンス・コミュニティーの統轄がある。ドイッチは、DIA による海外エージェントの勧誘と活用を促進すると述べたが、それこそがまさに DHS の任務だった。

それまでエージェントの勧誘と運用については CIA の独壇場だった。変化の兆しが現われたのは、ドイッチが軍事支援担当長官代理というポストを新設し、軍人であるデニス・ブレア海軍中将を就任させた際である。かくしてブレア及び「軍事的支援」は CIA による指揮系統の上位に置かれることとなった（その後ブレアは大将に昇進し、1999 年から 2003 年までアメリカ太平洋艦隊司令長官を務めている）。

ソビエトがアメリカ情報機関の主要ターゲットだった冷戦中、エージェントの勧誘と運用は CIA 工作本部（作戦本部とも）が担当していた。エージェントを統轄するケース・オフィサーは伝統的に CIA のインテリジェンス・オフィサーであり、外交官をカバーとして各国の大使館や領事館で勤務していた。また、ビジネスマンといった非公的なカバーを用いて CIA の指揮系統の外部で活動する、NCO というオフィサーもいた。

冷戦終結を受けて CIA がテロリストや麻薬密売人の

摘発といった新たな任務に注力する中、古いシステムは効率性を失い、エージェントはスパイ候補を見つけるため、大使館のカクテルパーティー以外にも目を向けなければならなくなった。かくしてCIAがより暗い世界に足を踏み入れる一方、裏世界の新たな情報源としてDHSが浮上したのである。

アメリカ情報機関の秘密資金に関して1996年に制定された法の下、議会はDHSによる海外エージェントのフロント企業の経営を認めた。商業活動を通じて「外国で実施される情報収集任務に安全なカバーを与える」ため、DHSに3年間の試行期間が与えられる。当時DHSはヴァージニア州クラレンドンに本部を置いており、約1,000名の職員を擁していた。

DIAはDHSを恒久的組織とする許可を求めたが、議会は3年間という試行期間を決定していた。下院の報告書によれば、「権限を適切に行使しているかの追跡記録を作成・監視し、特に緻密かつ洗練された活用を促すため」だという。

これは秘密活動におけるスキャンダルを避けるようにと、DHSに発せられた警告だった。1980年代中盤、アメリカ軍の情報機関は秘密工作活動から生じた法的問題に囚われていたのである（「イエロー・フルーツ」を参照のこと）。

1995年7月、駐在武官として香港に派遣されていたDIAの人的情報工作員2名が中国のインテリジェンス・オフィサーによって拘束、中国南東部沿岸の立入制限地帯でスパイ行為をしたとして起訴された。また翌年1月には北京駐在武官のブラッドレー・ジャーディス中佐と日本の駐在防衛官が、中国南海艦隊司令部近くの航空基地でスパイ活動を行なったとして逮捕されている。

（訳注：DHSは2012年に新設されたDCS〔Defense Clandestine Service〕に統合された）

【参照項目】人的情報、ジョン・M・ドイッチ、中央情報長官、インテリジェンス・コミュニティー、CIA、ケース・オフィサー、インテリジェンス・オフィサー、非公的カバー、カバー企業、秘密工作活動、駐在武官

国防情報参謀部　(Defence Intelligence Staff〔DIS〕)

国防情報参謀部はイギリス国防省（MOD）の一部であり、国防予算によって運営されているものの、イギリス諜報機構の主要要素と見なされている。

1964年に各軍の情報部と統合情報局を合併させて誕生した国防情報参謀部は、国防省、陸海空軍、そして政府の各部局を支援する統合組織であり、公然・非公然の情報源から得た情報を分析し、情報評価、助言、及び戦略的警告を、統合情報委員会、国防省、軍司令部、そして展開中の部隊へ提供することが主要任務とされている。また画像及び地理情報を提供すると共に、諜報活動の訓練を担当する2つの軍機関——国防地理画像情報局（DGIA）と国防情報保安本部（DISC）——を管轄している。

2003年、イラクの核兵器プログラムに関するトニー・ブレア首相の声明を外交問題特別委員会が調査した際（「イラク」を参照のこと）、2000年11月にDIS長官の座を引き継いだジョー・フレンチ空軍中将の名が新聞の見出しを飾った。フレンチは当時国防情報長官（CDI）の地位にもあったが、CDIはDISの指揮に加え、陸海空軍及び各軍部隊における情報活動の全体的調整を担当している。2003年にDISが発行した報告書によれば、およそ4,600名の軍人及び文官職員が在籍しているという。

【参照項目】統合情報委員会、ジョー・フレンチ

国防情報大学　(Defense Intelligence College)

「統合軍事情報大学」を参照のこと。

国防捜査部　(Defense Investigative Service)

「国防保安部（DSS）」を参照のこと。

国防特殊ミサイル及び宇宙センター
(Defense Special Missile and Astronautics Center〔DEFSMAC〕)

北アメリカ航空宇宙防衛司令部（NORAD）を補強するため、1964年にロバート・S・マクナマラ国防長官が設置したNSAの一組織。長官はNSAに所属する文官であり、国防情報局（DIA）に属する軍人が次官となる。

「今日、この組織は外国のロケット発射を知らせる主要な警報ベルとして機能している」作家のジェイムズ・バンフォードは著書『Body of Secrets』（2001）の中でそう記している。またNSA元職員の言葉を引用し、この組織は「どのようなロケットが発射されたか」、またそれがアメリカ及び同盟国にとって危険であるか否かを「比較的早期に識別できる」としている。1998年に発表されたNSAの声明では、DEFSMACは「外国による宇宙ロケット打ち上げあるいはミサイル発射に関する分析・報告」を最初にもたらす機関と説明されている。

【参照項目】NSA、国防情報局、ジェイムズ・バンフォード

国防保安部　(Defense Security Service〔DSS〕)

軍人、国防総省の文官職員、及び機密情報を扱う企業への就職希望者に対して調査を行なうアメリカ国防総省の機関。

国防長官の指揮する独立機関として1972年1月1日に設立された国防捜査部（DIS）を母体にしている。

DSSは、軍需企業が操業する工場といった諸施設でセキュリティー・クリアランスを申請する人間に対し、調査を行なっている。DSSによれば、1,300名の調査員

が毎年 50 万件という素性調査を実施しており、公表されていないが未処理もかなりの数に上る。またその他およそ 230 名の職員が国防総省の仕事を請け負う 11,000 箇所以上の工場を監督し、さらに DSS の防諜課は、外国による情報収集活動を突き止めるべく契約企業への支援を実施している。

軍需関連資料などの機密区分を決定する複雑な規則も DSS の管理下にある。またセキュリティー・クリアランスの申請処理という DSS の主要業務は国防産業機密閲覧許可局（DISCO）が担っている。国防産業の従業員が関わるスパイ事件が連続したのを受け、上院は 1980 年度から 84 年度に至る DISCO の活動記録を調査した。この期間中、DISCO は 138,252 名に対する保安調査を実施しているが、拒否されたのはわずか 118 名で許可率は 99.91％にもなっていた。

上院における防衛問題の権威、サム・ナン議員はこの報告を受けて次のように語った。「この結果によれば事実上全ての対象者が潔白な人間ということになり、それこそが閲覧許可を申請する人物の際立った特質であるか、あるいはセキュリティー・クリアランスを拒否すべき人間を摘み取ることのできない、根本的に無能なシステムを我々が抱えているかのいずれかである」

素性調査は DIS の調査官あるいは DIS に雇用された民間の調査官が実施する。DIS によるこうした調査はたびたび批判されており、パスした人間がスパイ活動で捕まるとそうした批判はますます強まった。一例を挙げると、ジョナサン・ジェイ・ポラードは前職と学歴に関して嘘をついており、またクリストファー・ボイスの薬物使用歴も突き止められなかった。

ヒューズ・エアクラフト社の従業員でスパイとなったウィリアム・H・ベルは逮捕後、自分はそれまでにスパイの「あらゆる兆候、そして昔ながらの理由」を見せていたと語っている。すなわち金銭問題とそれに続く説明のつかない富、職に対する不満、共産国家の国民とのあからさまな関係である。しかしヒューズ・エアクラフト社と DIS はベルのスパイ行為に気づかなかった。最高機密資料の閲覧許可は 28 年も見直されないままで、ベルの正体が発覚したのは離反者に名指しされたためだった。

素性調査の担当は後に別の機関へ移り、DIS は DSS に再編された。2003 年現在はテロリズム、「生産物のすり替え」、コンピュータへの侵入を含むサイバー犯罪、そして賄賂、汚職、大規模な窃盗といった犯罪の捜査を主要任務としている。

【参照項目】セキュリティー・クリアランス、素性調査、防諜、機密区分、ジョナサン・ジェイ・ポラード、クリストファー・ボイス、ウィリアム・H・ベル、離反者

黒龍会　(Black Dragon Society)

ロシア軍を満洲から一掃すべく 1901 年に組織された日本の秘密結社。情報活動を通じて日本政府のロシア対抗策を支援したこの組織は、第 2 次世界大戦に至るまで日本の外交政策に影響を及ぼし続けた。

満洲北部におけるロシアとの国境線はアムール川であり、中国と日本では黒龍江の名で知られている。別の情報組織である玄洋社の幹部だった内田良平は、玄洋社の存在が外国に知られるようになったため新たに黒龍会を結成した。ロシアをたびたび訪れていた内田は、ロシアこそが日本にとって唯一の脅威であると考え、それゆえロシアに焦点を当てた情報を求めていたのである。

その後、黒龍会は日本で最も強力かつ攻撃的な秘密結社になる。若い愛国者から成るメンバーは自らを志士と呼び、会の存在と急速な規模の拡大は長年にわたって秘匿されたものの、閣僚や軍の将校もメンバーとして名を連ねていた。日本の出版物に黒龍会の名が初めて現われたのは 1930 年代に入ってからである。

結成直後、黒龍会は駐在武官の派遣に許可を与える権利を主張することで、その力を見せつけた。黒龍会にとって最初の試練は、日清戦争時（1894 ～ 95）参謀本部に所属していた明石元二郎大佐を、陸軍省が駐ロシア駐在武官に任命した時に始まる。黒龍会は明石の派遣を熱烈に支持する一方、ロシア人亡命者から情報を収集させるべく彼を「移動武官」にさせることに成功した。当時これら亡命者の多くは他のヨーロッパ諸国で革命活動を行なっていたが、明石は黒龍会からの指示に従ってロシア人亡命者に金を払い、ロシア情報機関についての情報を収集したのである。

当初はロシアと満洲に関する情報のみを集めたが、1930 年代後半には朝鮮、中国、フィリピン、マラヤ、香港、シンガポール、インド、アフガニスタン、エチオピア、トルコ、モロッコ、カリブ海諸国、南アメリカ諸国、そしてアメリカ合衆国も対象とした。また中国の近代化を成し遂げた国民党総統の孫文とも強力な関係を築き上げている。

1930 年代、西洋のジャーナリストはしばしば黒龍会を取り上げ、時には政権の黒幕、また時には犯罪組織と報じた。確かに黒龍会には犯罪的な側面があり、そのトップは「闇の帝王」とも称されている。黒龍会は秘密性と政治性を保ち続け、1930 年代後半に隠れた存在となるまで緩いながらもナチスとの関係を築き上げた。

1945 年 9 月、日本社会の再構築を進めるダグラス・マッカーサー大将は正式に黒龍会の解散を命じ、指導者と思われる 7 名の逮捕を指示した。しかしアメリカの情報は時代遅れのもので、指導者とされたうち 2 名は実際のメンバーではなく、1 名は 1938 年に死亡、もう 1 名は 1943 年に自殺しており、残りは何年も前に脱退し

ていた。

【参照項目】玄洋社、駐在武官、明石元二郎

コステロ、ジョン （Costello, John　1943-1995）

評価の分かれるイギリスの情報史家。

ケンブリッジ大学で経済学と法律を学んだ後、テレビ局勤務を経てフリーライターとなったコステロは、歴史家として精力的かつ根気強いことで知られている。情報関連の主な著書として、アメリカ太平洋艦隊の元情報士官エドウィン・T・レイトン少将の回想録『And I Was There（邦題・太平洋戦争暗号作戦：アメリカ太平洋艦隊情報参謀の証言）』（1985）、アンソニー・ブラントを記した『Mask of Treachery』（1989）、NKVDのアレクサンドル・オルロフの生涯を描いた『Deadly Illusion』（1993、KGB元職員オレグ・ツァーレフとの共著）がある。

ザ・タイムズ紙は追悼記事の中でコステロを以下のように評している。

驚くにはあたらないが、歴史家コステロの功績に関する真実は、成し遂げた業績に対する両極端の見方のどこか中間に位置している。最も辛辣な批判者でさえ、魅力的な新資料を発掘する彼の能力は認めざるを得ないだろう。コステロが失敗したのは――少なくとも学者の目から見て――時として結論を雑なものに見せる、単調な文体によるものだと思われる。本来であればより興味深い議論が可能だったはずなのだ。また、提示した命題に合致しない証拠を無視することもよくあった。逆に言えば、例え情報源が下心のあるKGBの工作員であっても、彼はそれを受け入れたのである――騙されていたと言えなくもなかろうが。

コステロはロンドン発マイアミ行きの飛行機で死んでいるのが発見された。食事の中に毒物が混入されたものと思われる。

【参照項目】エドウィン・T・レイトン、アンソニー・ブラント、NKVD、アレクサンドル・オルロフ

コーストウォッチャーズ （Coastwatchers）

第2次世界大戦中、ソロモン諸島やビスマルク諸島に潜んで日本軍の行動を通報したオーストラリア人及びニュージーランド人。日本を敵視する現地人にかくまわれつつ日本軍の空襲を無線で通報し、連合軍の戦闘機管制基地に警告を与えた。

オーストラリア海軍は戦争前にコーストウォッチャーズを組織し、1941年の時点で100以上の監視所を設置していた。本来は単独で活動する偵察兵――農園主、宣教師、植民地の役人、あるいは警官――であり、日本軍が侵攻した際に自ら志願した人物だった。冒険心と独立心に富む一方、規律に欠けているこれら偵察兵は原始的な

環境の中で暮らし、日本軍から絶えず追跡されていた。日本側は高周波方向探知を用いて彼らの無線通信を探っていたのである。捕らえられると殺害されるか激しい拷問を受けるのが常だったが、それは彼らに手を貸した現地人も同様だった（移動する際に無線機や補給品を運ぶ運搬人を必要としたのである）。

1942年から43年にかけて行なわれたガダルカナル島の戦闘の後、ウィリアム・F・ハルゼー大将はこう語っている。「コーストウォッチャーズはガダルカナルを救い、ガダルカナルは太平洋を救った」ジョン・F・ケネディ中尉を救出したのもコーストウォッチャーズである。乗務するPT109が日本の駆逐艦に撃沈された際、ケネディは生き残った乗組員を率いて無人島に辿り着いた。そして、コロンバンガラ島に配置されていたオーストラリア人のコーストウォッチャーが一行の救出を手配したのである。

1944年、日本海軍連合艦隊司令長官、古賀峯一大将の搭乗する飛行機がフィリピンのセブ島沖で消息を絶ち、福留繁参謀長を乗せた2号機が不時着水した際、1人のコーストウォッチャーが発見した書類にフィリピン島の防衛計画が記されていた。この書類はアメリカ軍の司令部へ直ちに運ばれ、太平洋西部における作戦計画の立案に活用された。

フィリピンの孤立した島々では民間人もコーストウォッチャーズを務めたが、オーストラリアで訓練を受けた者と違い独立して活動したわけではなかった。フィリピンのコーストウォッチャーズは武装しており、その多くは本来無関係のフィリピン人ゲリラと協力していた。アメリカ海軍のある情報士官は戦後次のように語っている。「コーストウォッチャーズがゲリラ戦などに関係すれば、観測者あるいは報告者としての有益性は失われる」

陸軍史家のエドワード・ドレアは『MacArthur's ULTRA』（1992）の中でこう記している。「コーストウォッチャーズによる成果として戦術的報告以上に、太平洋南西部におけるウルトラ情報をそうとは知らずに守ったことが挙げられよう」連合軍はコーストウォッチャーズが配置されている地域でウルトラ情報を活用していたが、一方の日本側は、自軍の行動が暗号解読の結果突き止められたものだとは知らず、艦艇や航空機がなんらかの手段で発見されたものと信じ込んでいたのである。

コーストウォッチャーズのネットワークは、オーストラリアとアメリカが合同で運用していた連合軍諜報局の指揮下にあった。

【参照項目】高周波方向探知、ウルトラ、連合軍諜報局

コスミック （Cosmic）

北大西洋条約機構（NATO）の防衛資料における最高度の機密区分。最高機密文書のみに適用される。このコ

ードワードは 1950 年代初期にメトリックの代替として
採用された。

【参照項目】北大西洋条約機構、最高機密、コードワー
ド、メトリック

国家安全保障会議 (National Security Counci〔NSC〕)

国家安全保障に関わる国内・外国・軍事の各政策を一
元化して大統領にアドバイスすることを目的に、1947 年
7 月 26 日のアメリカ国家安全保障法に基づいて設立さ
れた機関。全ての対外情報活動と防諜活動について、大
統領に代わって指針と方向性を与えている。また国家安
全保障に関わる行政府の政策立案機関として、国家の情
報活動における最終的な消費者（コンシュマー）ともなっ
ている。

法律で定められた NSC のメンバーは大統領、副大統
領、国務長官、国防長官である。また国家安全保障問題
担当大統領補佐官、略して国家安全保障補佐官率いるス
タッフが NSC の支援にあたっている。

【参照項目】防諜、コンシュマー

国家安全保障局 (National Security Agency)

「NSA」を参照のこと。

国家安全保障文書館 (National Security Archive)

情報公開法（FOIA）を通じて入手したアメリカの機
密解除文書を収蔵する非政府・非営利組織。ワシントン
DC のジョージ・ワシントン大学ゲルマン図書館に所在
しており、機密解除された文書を収蔵する施設としては
世界最大である。

この文書館——国家安全保障局（NSA）と混同され
がちである——は国際問題に関する研究機関としても機
能し、政府が有する情報に対して民間人のアクセスを容
易にすべく法的支援を行なっている。FOIA の下で文書
館が起こした訴訟により、アメリカ政府はキューバミサ
イル危機の際にケネディとフルシチョフとの間で取り交
わされた書簡から、イラン・コントラ事件当時のオリヴァ
ァー・ノースの日記に至るまで、かつては機密とされて
いた様々な文書の公開を余儀なくされた。

年間約 180 万ドルという文書館の予算は広告収入、
あるいはカーネギー財団、ジョン・D・アンド・キャサ
リン・T・マッカーサー財団、フォード財団といった民
間篤志家からの寄付で賄われており、政府からの資金援
助は受けていない。

当文書館は、FOIA を通じて入手した政府資料を一元
的に収蔵する民間の施設を求めていたジャーナリストや
学者が発起人となって 1985 年に設立された。2004 年の
時点で、収蔵資料の量は 200 万ページを越えている。

【参照項目】情報公開法、NSA

国家外国情報会議
(National Foreign Intelligence Board〔NFIB〕)

合衆国情報会議の後を継ぎ、中央情報長官（DCI）の
諮問会議として機能している組織。

創設者のジミー・カーター大統領は、国家情報評価
（NIE）の作成に直接関わっていた合衆国情報会議とは
違う任務を NFIB に与え、顧問的な役割を果たすものと
した。この任務はロナルド・レーガン大統領とウィリア
ム・J・ケーシー中央情報長官によってさらに拡張され
る。1981 年 3 月、ケーシーは NFIB に関して次の指令を
出した。すなわち NFIB は外国情報の生産、見直し、調
整を担当し、インテリジェンス・コミュニティーを構成
する各機関の間で情報交換の仲立ちとなり、そして
DCI によって持ち込まれた事項に対応する。また DCI
が NFIB 議長を、CIA 長官代理が副議長を務めることに
定められ、NSA 長官、国防情報局（DIA）長官、国務省
の情報調査局長、FBI 副長官、エネルギー省及び財務省
の情報責任者、そして「国家情報委員会偵察プログラ
ム」の代表がメンバーとなった。最後の「国家情報委員
会偵察プログラム」は、当時名称が非公開だった国家偵
察局を指しているのは間違いない。

NFIB は NIE を見直し、それらがインテリジェンス・
コミュニティー内の合意を反映しているか否かを確認す
る。また情報活動の優先順位を付けると共に、同盟国に
対する情報提供の決定権も有している。国家情報におけ
る必要事項の 1 つに予知があり、NFIB は発生したばか
りの現象、あるいはこれから発生する現象についてその
兆候を発見することに力点を置いている。

アメリカの情報関係者による定義に従えば、国家情報
は 2 つの特質によって他と区別される。つまり国家安
全保障政策の形成に資することを意図している点、その
内容が単一機関の情報を超越し、インテリジェンス・コ
ミュニティー内の一致した意見を表わしているという点
である。国家情報は通常 DCI によって大統領もしくは
国家安全保障会議に提示される。

「戦略情報」も参照のこと。

【参照項目】合衆国情報会議、中央情報長官、国家情報
評価、ウィリアム・J・ケーシー、インテリジェンス・
コミュニティー、CIA、NSA、国防情報局、情報調査局、
国家偵察局、国家情報、国家安全保障会議

国家海事情報センター
(National Maritime Intelligence Center〔NMIC〕)

アメリカ海軍、海兵隊、及び沿岸警備隊の情報活動を
統轄する一大拠点。ワシントン DC 郊外のメリーランド
州スートランドに位置している。

1993 年 10 月 20 日に設置されたこのセンターは、ワ
シントン各地に散在する多数の海軍情報組織を統合すべ

く冷戦期に立案された。床面積 61,000 平方メートルを誇る建物は広大なスートランド連邦センターに立地し、約 2,000 名の技術者と支援スタッフを収容できる建物内部には、安全が保たれた会議室（「機密細分化情報施設」を参照のこと）やコンピュータが完備されると共に、350 席を有する講堂、ハイテク会議室、写真分析装置といった設備を擁している。

【参照項目】写真分析

国家画像地図局

(National Imagery and Mapping Agency〔NIMA〕)

「地球空間情報」をインテリジェンス・コミュニティーの各組織や軍に提供する情報・戦闘支援機関。

NIMA は国家画像地図局法によって 1996 年に創設され、以前の国防地図局、中央画像局、国防配布計画局を 1 つの機関に統合した。また国防空中偵察局と国家写真分析センターの機能も NIMA に引き継がれている。

NIMA は国家偵察局が行なっていた写真利用と共に、画像の配布と処理も引き継いだ。

2003 年 11 月 24 日、NIMA は国家地球空間情報局（NGA）と改称された。当時の NIMA 長官ジェイムズ・R・クラッパー退役空軍中将が語ったところによると、この改称は「実際の業務をより正確に反映させる」ためであり、活動内容の変化によるものではないという。

NIMA 及び NGA の本部はメリーランド州ベゼスダに所在している（訳注：その後 2011 年にヴァージニア州スプリングフィールドへ移転）。

【参照項目】インテリジェンス・コミュニティー、国家写真分析センター、国家偵察局

国家機関調査 (National Agency Check)

アメリカ政府がセキュリティー・クリアランスを与える際に行なう素性調査。FBI によって実行され、指紋検査、国防総省中央インデックスの確認、そして個人の過去に関する追加調査から構成されている。

【参照項目】セキュリティー・クリアランス、FBI

国家技術手段 (National Technical Means)

軍縮条約の履行を監視するために用いられる航空写真、衛星写真、及び海底音響監視システムなどの偵察手段を指すアメリカの用語。

ウィリアム・E・バローズは著書『Deep Black』(1988) の中で次のように記している。「（国家技術手段は）軍縮プログラムの中で非常に重要なものと考えられており、それらに干渉することは各条約の中で特に禁じられている。（国家技術手段）システムは、アメリカ合衆国及び同盟国への攻撃可能性を示す何らかの兆候が観測された際に作動する、一種の警報として機能している」

【参照項目】航空機、衛星、音響監視システム、偵察

国家技術力の戦術的活用

(Tactical Exploitation of National Capabilities〔TENCAP〕)

国家の偵察能力と戦術面における意志決定プロセスとの統合を目指すアメリカ軍のプログラム。戦術情報の必要条件を支えるために国家的システムが構成されているが、戦略システムを戦術レベルにダウンリンクさせて戦術的意志決定プロセスを早めるべく、国家的技術を進化させることが TENCAP の目的である。ここでいう国家的技術には、衛星や偵察機などの国家技術手段が含まれる。

1973 年、アメリカ陸軍は国家技術力を活用し、国家的計画を立案する省庁の技術面・予算面における唯一の窓口になると共に、TENCAP のハードウェア調達計画を立案することで、国防総省内における主導権を握った。

このアプローチは大きな成功を収めた。1977 年、議会は各軍に対し、陸軍のモデルを基にして TENCAP プログラムを策定するよう命じる。当初陸軍は、軍団以上の司令部で活用すべく地上処理基地を設けた。その一方で技術の適用法は、師団以下のレベルでも活用できるように発展させた。また国家のデータをその他情報源のデータと組み合わせることで、計画立案とその遂行において敵及び地形の現状を正確に伝え、戦場における情報準備（IPB）をより充実させることにも成功している。

陸軍の TENCAP が現在に至るまで最大規模であり、各軍によるプログラムの中で最も大きな成果を収めているが、その他の軍が限られた資源（人員及び資金）しか投入していないのが理由の 1 つである。

【参照項目】偵察、戦略情報、衛星、航空機、国家技術手段、戦場における情報準備

国家航空情報センター (National Air Intelligence Center)

外国空軍関連の情報活動を担当する国防総省の組織で最も重要な機関。オハイオ州のライト・パターソン空軍基地を拠点として外国空軍及び兵器の分析を行ない、その能力、弱点、意図を判断している。分析官はアメリカの兵器条約交渉や査察の支援にも関わっている。

（訳注：2003 年 2 月 15 日に National Air and Space Intelligence Center と改称）

国家航空偵察犠牲者公園 (National Vigilance Park)

航空偵察に従事する中で死亡した軍関係者の「功績と献身」を顕彰するため、メリーランド州フォート・ミードの NSA に設けられた追悼施設。NSA は 1997 年の開設セレモニーにおいて、第 2 次世界大戦及び冷戦期間中に 152 名の暗号官が命を落とし、うち 64 名は航空偵察に携わっていた中での殉職だったと述べた。後に公園関係者はこの人数を「非武装かつ低速の航空機で冷戦下の偵察任務に携わり、命を落とした空軍保安局、海軍保安

群、陸軍保安局の『物言わぬ戦士』200 名以上」に引き
上げている。

公園は国家暗号博物館（「博物館」を参照のこと）に
隣接している。その中心には、1958 年 9 月 2 日にアルメ
ニア上空で MiG-17 戦闘機によって撃墜された EC-
130A に似せて改装された C-130 ハーキュリーズが鎮座
している。撃墜当時この飛行機には第 7406 支援飛行隊
に所属する操縦士 6 名と、第 6911 移動無線群第 1 分遣
隊に附属する空軍保安局の 11 名が搭乗していたが、撃
墜によって 17 名全員が死亡した。

公園には陸軍の RU-8D 信号情報偵察機も保存されて
いる。この飛行機は、UH-1H ヒューイ・ヘリコプター 2
機がベトナムで撃墜された際に命を落とした第 371 無
線捜索中隊の 8 名、また固定翼機の JU-21A が撃墜され
た際に命を落とした第 138 無線捜索中隊の 5 名を顕彰
するために設置された。

この飛行機の周囲には 19 本の木が植えられており、
冷戦下で失われた偵察機の機種数——空軍機 12、海軍
機 4、陸軍機 3——を象徴している。

「撃墜」も参照のこと。

【参照項目】フォート・ミード、NSA、偵察、海軍保安
群、陸軍保安局、信号情報

国家産業保安プログラム

（National Industrial Security Program）

国防総省が政府と取引のある企業のために制定した、
機密情報の漏洩を防ぐのに必要な要求・制限事項、機密
区分、及びその他安全策を規定するプログラム。国防保
安部が管理する当プログラムは 1993 年 1 月 6 日の大統
領行政命令によって制定され、行政機関と取引のある企
業が対象となっている。

要求及び規制事項はプログラムの「活動マニュアル」
に記載されている。このマニュアルは 1995 年まで「機
密情報を保護するための産業保安マニュアル」という名
称だった。なお保安担当者からは「バイブル」というニ
ックネームで呼ばれている。

【参照項目】機密区分、国防保安部

国家写真分析センター

（National Photographic Interpretation Center〔NPIC〕）

偵察機や人工衛星によって撮影された写真の分析を担
当するアメリカの情報機関。通称 N-pic。

1996 年に国家画像地図局が創設された際、NPIC もそ
こに統合された。それ以前は CIA の科学技術本部
（DS&T）に附属していたが、現在でも CIA と国防総省
が合同で運営しており、その生産物は CIA 及びペンタ
ゴンに持ち込まれて全情報源による情報報告書に組み込
まれる。人員は画像分析官と文書管理官合わせて約
1,200 名とされている。

U-2 偵察機とコロナ写真衛星が開発中だった 1950 年
代中盤、CIA はそれらのフィルムを扱う写真分析のスペ
シャリストを集め始めた。要員の募集・選抜を含む組織
化の任務は、アーサー・C・ランダールという人物に与
えられた。

CIA の写真担当部署には当初 HT/AUTOMAT のコー
ドネームが与えられた。これは保安担当官（Henry
Thomas）のイニシャルと、この部署はレストランチェー
ンと同じように、情報消費者（コンシューマー）が好き
な時にやってきて、必要とする分析済みの写真を自由に
持って行く「自動販売式食堂（automat）」にすべきとい
うランダールの見方を組み合わせたものだった。

拡張されて NPIC となったこの部署が最初の拠点とし
て用いたのは、ワシントン DC 北西部のフィフス・スト
リートと K ストリートが交差する地点に建つ何の変哲
もないオフィスビルであり、下の 3 階には自動車会社
と不動産会社が入居していた。写真分析のスペシャリス
トであるディーノ・A・ブルジオーニは著書『Eyeball to
Eyeball』（1992）の中で、NPIC が最初に入居したオフィ
スビルを次のように描写している。「この建物にエアコ
ンはなく、冬は暖房の問題に苦しめられた」

U-2 偵察機による初のソビエト上空飛行は 1956 年 7
月 4 日に実施された。写真専門家は数百フィートに及
ぶ「練習フィルム」を調べた後、ついにソビエト連邦の
秘密が写った写真を手に入れる。1960 年 8 月 19 日には、
ソビエト連邦を撮影後にコロナ衛星から放出された最初
のフィルム容器が空軍機によって空中で回収された。ま
たキューバとモスクワの特別な関係が始まったのを受
け、同年 10 月 27 日に U-2 がキューバ上空を初めて飛
び、大規模な空中撮影を始めている。

かくして、NPIC はより一層政府高官の支援に関わる
こととなった。ホワイトハウスを去る数日前の 1961 年
1 月 18 日、ドワイト・D・アイゼンハワー大統領は国
家安全保障会議情報命令書第 8 号に署名し、NPIC を正
式に CIA の管理下に置いた。それより前、アイゼンハ
ワーは U-2 とコロナの開発計画にも個人的に許可を与
えている。

後任のジョン・F・ケネディは NPIC の施設が貧弱な
ことを知り、この極めて有益な活動のためによりよい場
所を見つけ出すよう命じた。それに従い、センターは
1963 年 1 月 1 日に、ワシントン南西部に位置する海軍
工廠施設の一部であり、ファースト・ストリートと M
ストリートが交差する 213 番地の広々としたオフィス
ビルに移転する（現在もこの場所に位置している）。

ソビエトによる武器供与を受けてキューバに対するア
メリカの関心が増大する中、海軍の P2V ネプチューン
哨戒機が撮影した写真は NPIC にも持ち込まれた。ブル
ジオーニによると、ランダールは「写真測量法を用いて
木箱とコンテナを慎重に分析・測定するよう求めた。彼

は木箱とその中身を測定し、正体を突き止め、分類する技術を『木箱術（cratology）』と名付けた」という。

NPICの活動レベルは1962年のキューバミサイル危機を通じて何倍にも増加したが、その一方で空軍の戦略航空軍団と海軍の写真分析センターも危機への対処にあたった（「F-101 ヴードゥー」「F8U クルセイダー」を参照のこと）。

これらの写真は1962年10月のほぼ毎日、ランダールによるケネディ大統領及び補佐官への報告の際に用いられた。高官の中には海軍工廠に赴いて分析官から直接話を聞く者もいた。

キューバへの弾道ミサイル配備を受けてケネディがソビエトとの対決を決断した際、NPICの写真はアメリカの報告担当者によって西側諸国の各首都へ運ばれた。またキューバに対する精密爆撃、もしくは侵攻に備えて緊急作戦計画が立案される中、アメリカ軍の最高司令官はNPICの写真と地図を活用している。

しかしNPICによる1枚の写真が原因で、危機の中でユーモアの瞬間が生まれたとブルジオーニは記している。

ケネディ大統領は軍内部の俗語——特にMRBM（中距離弾道ミサイル）の状態を「使用中（発射装置がある状態）」及び「空き」という言葉で報告すること——をひどく嫌った。その時、3つの穴が掘られた露天の便所で用を足している兵士の写真が、低空飛行した偵察機によってたまたま撮影された。この写真が「使用中」の例として大統領に提示されたとき、ケネディは大笑いして、こうした見本をもっと早くに見せてもらえばよかったのにと言った。

後にベトナム紛争に対するアメリカの関与が深まる中、航空写真はホワイトハウスにおける報告の場で再び活躍した。しかしロバート・S・マクナマラ国防長官は、自分の見方を補強する以外にNPICの写真を使うことはなかった。ランダールもケネディに対して行なったように、ジョンソン大統領に報告することはなかった。ブルジオーニは次のように回想している。

激しい爆撃を受けて多数の穴が開いた道路の高々度航空写真は、軍事作戦が成功に終わったという印象を見る者に与えた。しかし低空からの写真には、多数の（北）ベトナム兵士が補給品を満載した自転車を押し、無数の穴が開いた道路を縫うように進んでいる姿が写っていた。ベトナム人が自軍に補給していることを示したNPICの報告書は……大統領の目に触れることはないと我々は告げられた。（ディーン・）ラスク（国務）長官は有利とは言えないこの情報の存在を知っていたが、国務省と国防総省の対立を恐れ、攻撃的なマ

クナマラとの対決を避けたのである。

NPICの分析を経た航空写真と衛星写真は、ベトナム戦争やその後アメリカが経験した紛争または危機において、政策立案及び軍事判断の主要な要素となった。
【参照項目】偵察、衛星、上空偵察、国家画像地図局、U-2、コロナ、CIA、写真分析、コンシュマー、国家安全保障会議、P2V ネプチューン、キューバミサイル危機

国家情報　(National Intelligence)

政府の最高指導層による行動もしくは意志決定に必要な情報。国家情報における必要事項の1つに予知があり、発生したばかりの現象、あるいはこれから発生する現象についての兆候を発見することに力点が置かれている。アメリカの情報専門家による定義に従えば、国家情報は2つの特質によって他と区別される。つまり国家安全保障政策の形成に資することを意図している点と、その内容が単一機関の情報を超越し、インテリジェンス・コミュニティー内の一致した意見を表わしている点である。アメリカにおいて、国家情報は通常中央情報長官（DCI）（訳注：2005年以降は国家情報長官）によって大統領もしくは国家安全保障会議に提示される。
「戦略情報」も参照のこと。
【参照項目】インテリジェンス・コミュニティー、中央情報長官、国家安全保障会議

国家情報会議　(National Intelligence Council〔NIC〕)

中長期の戦略的検討を行なうインテリジェンス・コミュニティーの中心機関。CIAの内部に設けられ、国家情報評価（NIE）の作成を担当している。

議長、評価担当副議長、及び推定担当副議長が管理するこの会議は、国家情報官（NIO）と、情報消費者（コンシュマー）の必要に応じて分析を行なう経験豊かな分析官（CIA以外の人間も数多い）から構成されている。通常NIOは中東といった特定地域、またはテロリスト情報、核拡散、ないし大量破壊兵器といった特定分野の専門家である。またNIOは政策立案者と密接に協力し、自らの専門分野における中央情報長官（訳注：2005年以降は国家情報長官）のスタッフもしくは上級補佐官として機能している。
【参照項目】インテリジェンス・コミュニティー、CIA、国家情報評価、コンシュマー、テロリスト情報、中央情報長官

国家情報庁　(National Intelligence Authority〔NIA〕)

CIAの前身。アメリカの対外情報活動を統合すべく、トルーマン大統領が1946年1月22日に署名した行政文書によって創設された。トルーマンからNIAのメンバーとして指名されたのはジェイムズ・F・バーンズ国

務長官、ロバート・V・パターソン陸軍長官、ジェイムズ・V・フォレスタル海軍長官であり、事実上の統合参謀本部議長を務めていたウィリアム・D・リーヒ海軍大将が大統領の代理人として参加した。各メンバーは国務省、陸軍省、海軍省の要員を、中央情報長官の指揮する中央情報グループ（CIG）に提供するよう指示された。NIAとCIGの存続期間は20ヵ月で、1947年9月20日にCIAが設立された際、CIGの人員と記録は全てCIAに引き継がれた。

【参照項目】CIA、中央情報長官、中央情報グループ

国家情報長官 (Director of National Intelligence〔DNI〕)

アメリカのインテリジェンス・コミュニティーを管理する政府高官として、過去の複数の研究において提言されたポスト。2001年9月11日に発生した同時多発テロを調査すべく2004年に開かれた大統領直属独立委員会の公聴会において、このアイデアが再び持ち上がった。

1971年、ジェイムズ・R・シュレジンジャーが議長を務める委員会の報告書の中で、国家情報長官なるポストの新設が議論されたものの、正式な提言となることはなかった（ニクソン、フォード政権下で国防長官となったシュレジンジャーは、1973年2月から7月まで中央情報長官を務めている）。こうした情報担当高官の新設を提言する研究は他にも存在していた。

1992年にデイヴィッド・L・ボレン上院議員とデイヴィッド・マッカーディ下院議員が提出した法案では、インテリジェンス・コミュニティー全体に対する権限と、各情報機関の間で一時的に人員を移動する権限を有した国家情報長官職の設置が求められている。しかしこの法案も可決されることはなかった。

CIA発行の『Studies in Intelligence』2003年第1号に収載された論文の中で、インテリジェンス・コミュニティー担当長官代理のラリー・C・カインズヴェイターもこうした強力なポストを提言しているが、中央情報長官がそれに就くべきだとしている。

（訳注：その後2005年に国家情報長官の職が新設された。権限などはこの項に記された通りである。それと同時に、CIAは専任の長官〔Director of Central Intelligence Agency, DCIA〕が率いることになった）

【参照項目】インテリジェンス・コミュニティー、ジェイムズ・R・シュレジンジャー、中央情報長官、CIA

国家情報評価 (National Intelligence Estimate〔NIE〕)

通常は特定の国家を対象とした、国家安全保障上の問題に関する評価文書。CIAの国家情報会議が作成し、中央情報長官（訳注：2005年以降は国家情報長官）によって国家安全保障会議に提示される。また特定分野（弾道ミサイル兵力に関する世界規模の評価など）のNIEについては、上院情報特別委員会の要求に応じて作成さ

れることもあった。

1950年、CIAはNIEを作成する専門グループとして国家評価局（ONE）を設置した。ONEを構成していたのは、NIEに必要な情報の収集及び要約を行なうスタッフ部門と、NIEの枠組みを規定し、草稿作成を監督する国家評価委員会（BNE）である。BNEのメンバーには元将校、国務省所属の専門家、及び学者が含まれていた。

スタッフと委員会メンバーは最高機密データに対するほぼ無制限のアクセスを有していた。NIEの作成はCIAの担当であるものの、通常はインテリジェンス・コミュニティーの他の組織と共同で作成され、必要が生じた際には民間の専門家を参加させることもあった。

イェール大学の元歴史学教授で『Strategic Intelligence for American World Policy』(1949) の著者でもあるシャーマン・ケントが、1952年から67年までONE局長とBNE議長を兼務した。

ケントは在任期間中、単語とフレーズをもって相手を説得したがる「詩人」と、「おそらく」や「たぶん」といった単語に正確な意味を持たせたがる「数学者」との間でNIEの表現を調整しようと試み、この問題を以下のように表わした。「抽象的なアイデアや感情しか伝えないような書き方であっても、大きな成功を収められるかもしれない。それに対し、完全にかつ正確に理解してもらおうと心を砕いたところで、成功はおぼつかない」

NIE作成者はケントの指示を受け、NIEの中で「ほぼ確実」または「ほぼ不可能」といった単語やフレーズが意味することを、数学的な確率で表わすチャートを編み出した。中には、NIEを作成する時は裏表紙に必ずこのチャートを記すよう提案する者もいた。

100%……確実
93%±6%……ほぼ確実
75%±12%……可能性は高い
50%±10%……可能性は半々
30%±10%……可能性は低い
7%±5%……ほぼ不可能
0%……不可能

1993年、CIAの情報研究センターは、BNEがケントの下で1950年から59年にかけて作成した、ソビエト連邦に関するNIEの公開を始めた。一例を挙げると、1957年12月に作成されたNIEでは、核実験の2年間中止にソビエトが従っているか否かの問題が検討された。NIEはまず結論から始まり、次いでその結論の基になる情報資料を論じている。この時のNIEは次のように結論を下した。

ソビエト連邦が核実験中止に同意するならば、その条件に従うことが第1の政策になるものと我々は信

じる。ソビエトの指導者は違反のリスクを恐れている
だけでなく、核実験中止による影響が政治的・戦略的
有利に働くことを望んでいるというのが理由である
……ソビエトの指導者は例外的な状況に置かれた場合
を除き、条件違反が発覚した際の政治的結果を受け入
れがたいものと見なしていることは間違いないと、
我々はここに結論を下すものである……

ケントの下、ONE はそのスタイルから外れた、学術論
文らしき NIE を作成することがしばしばあった。ニク
ソン大統領の国家安全保障担当補佐官を務めたヘンリ
ー・キッシンジャーは ONE を厳しく批判し、本当の意
味を汲み取るために「タルムードのような」書類を読み
込まなければならないと不満を漏らした。キッシンジャ
ーはまず手始めとして、国家安全保障会議に評価を書か
せた。これらの評価は ONE によって作成された NIE よ
りも、キッシンジャーの気に入るものになる傾向があっ
た。

1973 年、中央情報長官のウィリアム・E・コルビーは
ONE を廃止したが、国家情報官（NIO）に NIE の作成
を続けさせた。NIO は CIA 内外の専門家から支援を受
け、ONE のものとはかなり異なる情報評価を作成するこ
とが頻繁にあった。

ケントが「二極化された世界」と評した米ソ対立の終
焉を受け、NIE が潜在的な核保有敵国に集中することは
もはやなくなり、新世代の情報官は他の国々、あるいは
テロリスト情報といった諸問題に没頭している。CIA を
批判する人々によれば、彼らが作成する NIE は学術的
というよりもジャーナリスティックなものであり、現政
権の政策に合わせて政治的に偏向していることがしばし
ばあるという。

【参照項目】CIA、国家情報会議、中央情報長官、国家安
全保障会議、国家評価局、国家評価委員会、インテリジ
ェンス・コミュニティー、情報研究センター、ウィリア
ム・E・コルビー、テロリスト情報

国家対情報センター

(National Counterintelligence Center〔NACIC〕)

アメリカにおける国家レベルの対情報活動を一手に指
揮する調整機関。国家安全保障会議（NSC）が 1994 年
に大統領命令を通じて設立した。

NACIC は NSC 傘下の国家対情報政策委員会によっ
て管理され、FBI、CIA、NSA、DIA、国防総省、及び国
務省の職員で構成されている。NACIC の任務には産業ス
パイ活動への対処も含まれており、外国勢力または情報
機関によるアメリカの産業及び技術をターゲットとした
秘密活動について、脅威評価部が種々の情報源や公開文
書を基に情報をまとめている。

センターは開発中またはすでに存在する技術、もしく
は国内外の企業役員に対する脅威の分析を行ない、NSC
に報告している。また外国の所有権、技術移転、ジョイ
ントベンチャーがアメリカの国益にもたらす影響につい
ても分析の対象にしている。

NACIC は産業スパイに関する報告書を特定の企業向
けに作成すると共に、インテリジェンス・コミュニティ
ーとアメリカ企業との「関係を強化する」ための活動も
行なっている。

【参照項目】対情報、国家安全保障会議、FBI、CIA、NSA、
DIA、産業スパイ活動、インテリジェンス・コミュニテ
ィー

国家地球空間情報局

(National Geospatial Intelligence Agency)

「国家画像地図局」を参照のこと。

国家偵察局　(National Reconnaissance Office〔NRO〕)

戦略的航空宇宙偵察・監視活動を担当するアメリカの
機関。国防総省の管轄下にあり、偵察衛星の設計、製
造、運用を行なっている。

かつて NRO は厳重な秘密とされており、存在が公式
に認められたのは 1992 年のことである。その後 95 年 2
月、80 万枚に上るコロナ衛星の写真を機密解除し、国立
公文書館に移したことで、秘密のベールはより一層薄く
なった。翌年 12 月には偵察衛星の打ち上げを初めて事
前に発表し、2002 年にはすでに存在していたウェブサイ
トに加え、子ども向けのサイトも開設している。

NRO は U-2 偵察機と人工衛星による上空偵察活動を
統轄すべく 1960 年 8 月 25 日に創設され、CIA や NSA
よりはるかに多額の予算を使う機関となった。また衛星
の活用とその発見物を巡って利害が対立していた CIA
と空軍との紛争解決役になることも期待されていた。空
軍側は、ソビエトが継続的な軍事力増強政策をとってお
り、それに対抗するには空軍予算を増やす必要があると
いう自らの立場を補強するため、国家偵察局による証拠
を欲した。一方 CIA は、衛星情報さえあればソビエト
軍の規模に関する客観的な証拠が得られると信じていた
のである。

NRO はアメリカが運用する全ての戦略衛星の設計、
開発、保守を担当しており、衛星が周回軌道に入ってか
らはその運用も行なっている。さらには衛星データから
得られた情報及び警告の提供、軍事行動や演習の宇宙か
らの監視、自然災害の観測、そして時には環境問題につ
いて衛星を用いた支援も実施している。NRO が運用する
人工衛星の中には信号情報を傍受するものや、特殊な通
信手段を提供するものも存在している。

NRO は国防総省の管轄下にあるが、中央情報長官に
よる共同管理がなされている。また世界各地に約 30 ヵ
所の米軍衛星管制ステーションを展開しているものの、

NROの施設であると正式に認められたことはない。一方、1996年に国家画像地図局が設置され、それまでNROが行なっていた画像の活用、配布及び処理機能もそちらに移管されたことで、一部の任務が解除された。

中央情報長官（訳注：2005年以降は国家情報長官）の下にある画像要求・活用委員会（COMIREX）が、現在の必要事項をNROに指示する。1992年には上空偵察情報の配布を扱う省庁間の中心組織として中央画像局が新設され、COMIREXもそこに組み込まれた（「活用」とは、NROによる生産物から情報を抽出することを指すインテリジェンス・コミュニティーの用語である）。

1991年には科学者及び官民の専門家およそ50名から構成される環境タスクフォースがDCIの下に設置された。メンバー全員がNROによる情報を確認するためのセキュリティー・クリアランスを有しており、火山噴火や森林火災といった現象を環境面から調査するために活用している。

アイゼンハワー大統領は、コロナ衛星及び当時開発中だったSAMOS（衛星及びミサイル観測衛星）によってもたらされる新次元の情報をいかに扱うかを研究させるべく、特別グループを任命した。そして1960年8月に行なわれた両者の会合でNROの発想が生まれた。この時アイゼンハワーと面会したのは、国防総省のジョン・H・ルーベル研究工学次官、アイゼンハワーの科学担当補佐官を務めるジョージ・B・キスティアコフスキー博士、そして空軍次官のジョセフ・チャリク博士などである。

その頃、空軍は衛星情報の監督権を巡ってCIAと対立しており、CIAがU-2開発計画を握ることに反対していた。そしてCIAがU-2による上空偵察の主導者となった今、コロナ計画もCIAの管理下に置かれることを空軍は恐れた。

1960年5月1日に発生したソビエトによるU-2撃墜事件で（「フランシス・ゲイリー・パワーズ」を参照のこと）、アイゼンハワーは政治的ダメージを受けた。宇宙偵察をどう扱うかについて熟慮していたアイゼンハワーは、撃墜から3ヵ月が経過した時点でもCIAの事後処理を巡って激怒していた。その怒りから、公にはミサイル・衛星システム局（OMSS）と名付けられた組織が空軍長官官房の中に生まれ、次官のチャリクがOMSS局長を兼務した。関係者によると、チャリクは2種類の帽子を被り分けており、1つは空軍の白い帽子、もう1つはNROが未公開のプログラムであることを表わす黒い帽子だったという。かくして1961年1月31日、アメリカ初の偵察衛星が打ち上げられた。

NROは設立後間もなく、ソビエトが以前に伝えられたほどミサイルを所有していないことを示して「ミサイル・ギャップ」論争（訳注：ソビエトに対するミサイル開発の遅れがアメリカの命取りになるという論争）に終

止符を打った。またソビエト国家指導者を保護するための地下壕掘削という巨大プロジェクトの写真を提供、彼らが核戦争の可能性を真剣に憂慮していることを裏付けるなどして、価値ある機関として自らの存在価値を示した。またソビエトとの軍縮合意においても、衛星による監視を通じてその履行を監視できたため、NROは合意到達に重要な役割を果たした。

空軍の宇宙担当長官補佐を務めたマーチン・C・ファーガは、NROという名称が公式には非公開の状態にある時代の最後の長官となった。以前CIAで勤務していたというファーガ自身の経歴は、NROが持つ二重の性質を象徴している。「衛星偵察は過去30年に発生した安全保障上のあらゆる出来事において、その一部を構成していたと言っても過言ではない。爆撃及びミサイル発射のためにSAC（戦略航空軍団）を設置したことも、戦場における戦術ユニットを支援したことも、あるいは大統領、国防長官、国家安全保障担当補佐官などに情報を与え続けたことも、みなそうである……」

NROは秘密裡のうちに、予算面でほぼ独立した強力な機関に成長した。NROを取り巻く厳重な秘密のために予算は議会の監査を逃れたものの、「利益を生み出す」技術への偏向を巡って批判が起きた。NROの年間予算は50～70億ドルと見積もられており、監督問題への対処もNROによる二重のコントロール下に置かれてきた。

NROは約3,000名のスタッフを擁しているとされ、国防総省及びCIAの職員と軍人（大部分が空軍出身）から構成されている。一方、衛星画像の分析はNROでなくCIA国家写真分析センターの担当である。NROは偵察機の一部を管理しているものの、1994年6月以降は国防空中偵察局（DARO）がこの任務を扱うことになり、有人・無人を問わず全ての空中偵察機、及びそれらに搭載されるセンサー、データリンク、データ中継、そして地上基地の開発・建設を一手に引き受けている。DAROの機能は1996年に国家画像地図局へ移管されたが、この三角関係は混乱と批判を巻き起こした。1991年の湾岸戦争後、軍事計画立案者は情報の伝達が遅すぎると不満の声を上げ、NROこそが真犯人であるとした。NROはそれに対し、軍事作戦の立案者がボタンを押せば、平和維持軍が包囲されている都市の建物の写真といった特定の情報がスクリーン上に現われるという、「オンデマンド式アーキテクチャー」を開発中であると述べた。それが実現すれば、可能な限りリアルタイムに近い最新の情報データが立案者のもとに届けられるという。

その間の1990年、NROは304万ドルの資金を投じて4階建ての本部ビルを建設すべく、ワシントンDCから西に約40キロメートル離れたメリーランド州ダレス国際空港の近くに土地を購入した。しかしその面積は必要とされるより56,000平方メートル以上広く、余分な土地は定期的に取引している企業にリースする予定だっ

た。これらはいずれも国防総省にもDCIにも知らせないままで行なわれていた。

　計画を突き止めて暴露したのは議会の調査官であり、NROが新本部の建設費用を議会に伝えていなかった件に対応していたところだった。調査官はさらに、NROで勤務する2,900名の職員と、企業が派遣する1,000名の現地駐在員を収容するのに必要とされる費用よりも、30％高い金額が費やされていることを発見した。

　1995年5月にDCIとなったジョン・M・ドイッチは就任わずか1ヵ月後に、NROが未消化の予算について監督官庁に報告することなく、40億ドルもの資金を蓄積していたと告げられた（この額は国務省の年間予算を上回っていた）。資金の大半は代替衛星の打ち上げ費用だとされていたがいずれの衛星も置き換えの必要はなく、議会調査官曰くNROは「巨額のあぶく銭」として金を貯め込んでいたのである。だが上院情報特別委員会は、「NROの最高幹部自身も」どれだけの予算が未消化になっているか「全く知らなかった」としている。後に任命されたNROの資金担当官による監査の結果、蓄積された超過予算は40億ドルに上ることが明らかにされた。

　ドイッチとウィリアム・ペリー国防長官は、NRO長官と宇宙担当空軍長官補佐を兼務するジェフリー・K・ハリスと、彼の補佐官であるジミー・D・ヒルの2人を更迭した。この更迭劇が国家画像地図局（NIMA）の新設につながったものと見なされている。NIMAは国防総省の管轄下に置かれ、インテリジェンス・コミュニティーの一部となった。この新組織には国防地図局、中央画像局、国家写真分析センター、及び国防情報局の職員と、DAROに所属していた一部の人員が統合されている。

【参照項目】偵察、監視、衛星、コロナ、上空偵察、U-2、CIA、NSA、情報と警告、信号情報、中央情報長官、国家画像地図局、インテリジェンス・コミュニティー、セキュリティー・クリアランス、SAMOS、国家写真分析センター、ジョン・M・ドイッチ、国防情報局

国家秘密情報 (National Security Information)

　無許可の公開に対する保護が必要であると、政府機関によって定められた情報。最高機密、機密、極秘といった機密区分がこうした情報に対して用いられる。

　「機密情報」とも。

【参照項目】最高機密、機密、極秘、機密区分

国家評価委員会 (Board of National Estimates〔BNE〕)

　政治的圧力や組織的偏見に左右されない独立した情報評価を提供するため、1950年にCIA内部に設置されたグループ。アメリカのインテリジェンス・コミュニティーを取りまく世界的問題に関する総合的評価を行ない、国家情報評価という形でそれを提供した。

　委員会のメンバー12名は、退役将校、国務省、学術界、そしてCIAの中から中央情報長官（DCI）によって選ばれる。当委員会は1973年に解散し、代わって特定の専門分野を担当する12名の国家情報官がCIA内部から任命された。またBNEの機能の大半は合衆国情報会議に継承されている。

【参照項目】CIA、インテリジェンス・コミュニティー、国家情報評価、中央情報長官、合衆国情報会議

国家評価局 (Office of National Estimates〔ONE〕)

　国家情報評価（NIE）を作成するCIAの1部局。作成者自らはNIEを最終的な情報生産物と見なしている。

　ONEのカリスマ的天才として、シャーマン・ケントの名が挙げられる。彼の辿ったキャリアは、現代アメリカにおける情報活動の進化と軌を一にしている。アメリカが第2次世界大戦に参戦する以前から、ケントは戦略諜報局（OSS）の前身である情報統括官オフィスの調査分析部門で勤務していた。1943年1月にはOSSのヨーロッパ・アフリカ担当調査分析部長となり、戦後のOSS解体後は国務省の情報調査局に短期間所属している。その後1950年にCIAへ移籍、戦時にケントの上司だった外交史家ウィリアム・L・ランガーの副官となった。このランガーこそ、新設された国家評価局の初代局長である。

　ONEの前身である報告評価局（Office of Reports and Estimates〔ORE〕）は、1947年のCIA創設以来非難の的にされていた（報告評価局の以前の名称は調査評価局〔Office of Research and Evaluation〕だったが、調査・評価を担うのは我々であると国務省からクレームが出され、名前を変えた。しかしイニシャルはそのままだった）。1949年、国家安全保障会議はCIAの組織改善を命じる。中央情報長官（DCI）のロスコー・ヒレンケッター海軍少将は当初それに抵抗したが、1950年にCIA──特に分析部門のORE──が北朝鮮の韓国侵攻を予期できなかったため、承服せざるを得ない立場に追い込まれた。

　ヒレンケッターの後を継いでDCIに就任したウォルター・ベデル・スミス陸軍中将は、OREを廃止した上でONEと国家評価委員会（BNE）を創設、情報分析の独立性を高めることにした。スミスは第2次世界大戦当時からランガーとケントのことを知っており、彼らにONEを中心としたCIAの分析システムを再構築させた。スミスが望んでいたのは、ONEを「中央情報局及び国家情報機構の中心的存在」にすることだった。

　ランガーは1952年1月にハーバードへ戻り、イェール大学の出身であるケントがONE局長の座を引き継いだ。かくしてケントは1952年から67年の引退までONE局長とBNE議長を兼務する。CIAの歴史部門トップであるJ・ケネス・マクドナルドは1994年にケントを評し、「一種の豪傑である」と記した。彼がONEの

トップを務めたことは「中央情報局ならびにインテリジェンス・コミュニティーが国家情報評価を作成・提示するにあたり、主要かつ創造的な影響を及ぼした」のである。

ケントの物言いは、傲慢な教授による学部生への講義のように聞こえることがあった。「政策決定者が我々の知識と知恵を無視するようなことがあれば、それは我々の不正確さ、不完全さ、もしくは偏見によるものではないようにしよう。他の誰かにより大きな敬意を払わざるを得ない、それが我々を無視する唯一の理由にしようではないか。そして、他人に敬意を払ったことを後悔——心から後悔——させるのだ」と、1968年に執筆した機密扱いの回想録に記されている。また CIA の歴史家であるドナルド・P・スチューリーは、ONE に関するケントの回想録が1994年に機密解除された際、その序文に、彼と ONE には「オリュンポスの神々のようなオーラがあった」と記し、ONE は「学術的な客観性と知的傲慢とを隔てる一線を絶えず行き来していた」と付け加えている。

1962年にソビエト連邦がキューバへの核ミサイル配備を決断した際、ケントが誇る NIE は有り得ない事態だと結論づけた。1962年9月に発行された臨時の NIE には、キューバへのミサイル配備は「現在に至るソビエトの慣習、また現時点で予測されるソ連の政策と合致していない」と記されている。だが DCI のジョン・A・マコーンは直感に従って U-2 偵察機によるキューバ上空の飛行を命じ、NIE が有り得ないと評していたことがまさに行なわれている証拠を手に入れた。

ケントが1967年に退任した際、ONE は忘却の彼方に去りつつあった。ニクソン大統領の下で国家安全保障問題担当補佐官を務めたヘンリー・キッシンジャーは、ONE の生産物を好んでいなかった。かくして1973年、CIA 内部の12名が国家情報官に任命されてそれぞれの専門分野を担当することになり、委員会は廃止された。また国家評価委員会の機能の大半は合衆国情報会議に引き継がれている。

【参照項目】国家情報評価、情報統括官、戦略諜報局、情報調査局、国家安全保障会議、中央情報長官、ロスコー・ヒレンケッター、ウォルター・ベデル・スミス、国家評価委員会、ジョン・A・マコーン、U-2、合衆国情報会議

国家保安人民委員部
(Narodnyy Komisariat Gosudarstvennoy Bezopasnosti)

NKGB の正式名称。「NKVD」を参照のこと。

ゴットリーブ、シドニー (Gottlieb, Sidney 1918-1999)

議論を呼びながらも失敗に終わった CIA による洗脳実験の責任者。

20年以上にわたって CIA の技術業務部長を務めたゴットリーブによる悪名高い活動の1つに MK ウルトラ計画があり、LSD などの薬物がそうとは知らない被験者に投与された。またキューバの指導者フィデル・カストロ暗殺計画で用いられる予定だった毒薬を開発したのも彼である(「キューバ」を参照のこと)。

しばしば「一種の天才」「現実世界のドクター・ストレンジラブ(訳注:映画「博士の異常な愛情」より)」と称されるゴットリーブは自分の人生における精神的意味を探究しつつ、他人の精神を歪める実験を監督し、時には自ら行なうこともあった。1950年代から60年代初頭にかけ、彼の開発した向精神薬が数百名の被害者に投与されたが、その中には囚人や精神病患者も含まれていた。ある患者は174日間にわたって毎日 LSD を投与されたという。

LSD を常用していたゴットリーブは退職後にインドへ行き、ハンセン病療養所を運営した。1年半後に帰国してからはヴァージニア州に隠棲、フォークダンスとヤギの飼育に没頭しながら余生を過ごした。

【参照項目】CIA、MK ウルトラ計画

コットン、F・シドニー (Cotton, F. Sidney 1894-1969)

飛行機を用いた諜報活動のパイオニア。第1次世界大戦中イギリス海軍航空隊に所属していたオーストラリア人のコットンは、1932年から航空業界だけでなく映画界にも関わるようになった。その結果、1938年9月のミュンヘン会議中にフランス情報機関から接触を受け、ビジネスを隠れ蓑にドイツ上空の偵察飛行を行なえないかと持ちかけられる。

1939年3月25日に航空測量・機械販売という企業を設立、それをカバーとしてドイツ西部、イタリア、そして北アフリカのイタリア占領地域で高々度写真偵察飛行を行ない、ベルリンにも2度飛行している。なおコットンの飛行任務には4月までフランスが、それ以降はイギリスが資金援助をしている(最初のエレクトラ改造機は4月にフランスへ返却され、別の1機もその年後半に返却されている)。イギリス空軍(RAF)の R・H・ニーヴン中尉がコットンの副操縦士兼機関士を務めたが、ニーヴン自身も1939年8月下旬にビーチクラフト機を操縦してドイツの港湾上空で偵察飛行を行なっている。

コットンが操縦していたのは特殊改造を施したロッキード 12-A エレクトラ双発機で、隠しカメラも備えられていた。2機目の飛行機はコクピットの下に3台のカメラが搭載され、1台は真下に向けて、他の2台は40度傾けて取り付けられており、高度21,000フィート(6,400メートル)からだと左右18.5キロメートルの範囲を撮影できた。また主翼下にもカメラを追加できるようになっている。カメラの穴は地上では塞がれており、一見す

ると商業機にしか見えなかった。2機目のエレクトラは追加の燃料タンクを備え、航続距離を1,100キロメートルから2,500キロメートルに伸ばしている。

1939年9月の第2次世界大戦勃発後、コットンはドイツ上空への写真偵察任務をさらに行ない、港や艦船の位置を突き止めようとした。なお既存のイギリス製写真偵察機はこうした任務に不適当だったので、引き続きエレクトラを用いている。

戦争中はRAFの飛行中隊長（少佐）に任じられ、RAF初となる写真偵察専門部隊の指揮を命じられた。

終戦後もコットンは自家用飛行機と商業機の操縦を続け、内乱に巻き込まれたり人命救助に駆り出されたりすることもあった。ザ・タイムズ紙は、「頑固なまでに個人的、かつ極めて独創的な行動で知られ、勇気と機知がそれを支えていた」と評している。

【参照項目】偵察

コッパーヘッド作戦　（Copperhead）

1944年、連合軍がフランス西部に侵攻するのではなく、地中海方面での作戦行動を計画しているとドイツ情報機関に信じ込ませるため実行された、イギリスによる欺瞞作戦。イギリス保安局（MI5）は俳優のM・E・クリフトン＝ジェイムズをイギリス軍の上級司令官バーナード・L・モントゴメリー大将に変装させ、枢軸側のエージェントが必ず現われるであろうジブラルタルとアルジェに姿を見せるよう命じた。この計略——ハムボーン作戦とも呼ばれる——は成功に終わったとされる。

1898年にオーストラリアで生まれたクリフトン＝ジェイムズは第1次世界大戦中イギリス軍に従軍、フランスでの戦闘を経験したが、毒ガス攻撃で重傷を負った。戦後は演劇界に入ったものの、第2次世界大戦が始まるとイギリス軍に戻っている。作戦当時は主計部隊の中尉だったが、その際MI5の代表として電話をかけてきたのが、後に俳優となるデイヴィッド・ニーヴン中佐だった。クリフトン＝ジェイムズはこの申し出を受け入れている。

終戦後、彼は自らの冒険譚を『I Was Monty's Double』（1954）に記した。この作品はアメリカでは『The Counterfeit General Montgomery』の題名で出版され、1958年に原題のまま映画化されている。クリフトン＝ジェイムズは戦時中モンゴメリーを演じたが、映画では本人役で登場した。1963年に死去。

【参照項目】欺瞞、MI5、Dデイ

コッホ、ヒューゴ・アレキサンダー

（Koch, Hugo Alexander　1870-1928）

1919年に暗号機の特許を申請したオランダ人技師。コッホの「秘密筆記機械」というコンセプトはエニグマ暗号機の先駆けとなるものであり、特許申請書には「滑車と組み合わせた鉄線、梃子、光線、あるいは管を流れる空気、水、または油によって、電気と同じ暗号化を行なえる」と記されている。

コッホは秘密暗号機の製造会社を創設した後、ドイツ人技師のアルトゥール・シェルビウスに特許を売り渡した。

【参照項目】エニグマ、アルトゥール・シェルビウス

コード　（Code）

単語やフレーズをコードワードまたは数字で置き換える暗号化の方法。運用にあたっては、コードブック、つまりコードワードないし数字が列挙された辞書を、送り手と受け手の両方が所持していなければならない。

コードと暗号（Cipher）の大きな違いは、コードが単語またはフレーズを丸ごと置き換えることを原則としているのに対し、暗号は個々の文字を置き換えるのが原則になっている点である。

例として「戦艦2隻が港で沈没、空母1隻が損傷（TWO BUTTLESHIPS SUNK IN HARBOR, ONE CARRIER DAMAGED）」というメッセージを送信するものとする。その際、これらの単語を網羅したコードブックが必要になる。

単語	文字	数字
Battleship	ATML	9827
Carrier	BSIM	5389
Damaged	SKTL	9012
Harbor	BWTS	7624
In	TDAU	8914
One	RCBU	4780
Sunk	PTMB	3589
Two	PCST	9367

数字と文字いずれの配列にも規則性がないことに注意されたい。また、「in」などの基本的な単語はコードブックにない場合もあるが、こうした単語がなくても文意は容易に理解できよう。メッセージは次のように変換される。

PCST ATMN PTMB TDAU BWTS RCBU BSIM SKTL
　　または、
9367 9827 3589 8914 7624 4780 5389 9012

コードブックにはこうしたコードが数百、あるいは数千と記されている。ちなみにここで用いられるコードワードは、秘密計画もしくは機密区分を表わすためのコードワードとは別の概念である。

【参照項目】暗号法、暗号、コードネーム、機密区分

コード及び信号文書　（Code & Signal Publications〔CSP〕）

装置や文書、器具などの暗号資料を指すアメリカ海軍

の呼称。

【参照項目】暗号資料

コードトーカー （Code Talker）

　両世界大戦において自らの言語を音声通信のコード式暗号として活用したアメリカ先住民。

　先住民の言葉をコードとして用いるというアイデアは第1次世界大戦当時に生まれた。当時、戦場用の安全な音声通信手段を持っていなかったアメリカ陸軍は、フランス戦線における無線通信と電話通信の送受信にチョクトー族を用いた（ドイツ軍が電話線を盗聴していることに連合軍は遅まきながら気づいていた）。

　第2次世界大戦中、陸軍はコードトーカーとしてコマンチ族、チョクトー族、カイオワ族、ウィネベーゴ族、セミノール族、ナバホ族、ホピ族、そしてチェロキー族などの兵士をヨーロッパ戦線で活用した（訳注：しかしヒトラーに利用される恐れから、ヨーロッパ戦線では使用が中止された）。また海兵隊は太平洋戦線における全ての師団と奇襲大隊にコードトーカーを配置している。

　ナバホ族の言語に存在しない軍隊用語もいくつかあり、そうした際は他の単語を応用した。besh-lo（「鉄の魚」すなわち潜水艦）、dah-he-tih-hi（「ハチドリ」すなわち戦闘機）がその一例である。なおアメリカ海軍のウェブサイトにコードトーカーの辞書が収載されている（訳注：www.history.navy.mil にアクセス後、検索ボックスに "Navajo Code Talkers' Dictionary" を入力すると表示される）。

【参照項目】コード

コードネーム （Code Name）

　（1）傍受の恐れがあるメッセージを送信する際、安全のために用いる偽名やシンボルのこと。秘密通信を行なう者は常に使用している。

　（2）機密扱いされているか否かにかかわらず、プロジェクト、計画、あるいは作戦に付与される名称のこと。機密とされている場合は、意味や意図を秘匿するために用いられる。コードワードとも。

コドフォード作戦 （Codford）

　第2次世界大戦後の中立国で予想されるナチスの活動に対処すべく立案された、イギリス特殊作戦執行部（SOE）の作戦計画。戦時中、ナチス高官が現金や美術品などの資産を被占領国に運び入れ、戦後に活用することが予想されていた。SOEは密輸ルートに潜入するだけでなく、美術商または金融機関との連携を強化することで、こうした資産を突き止めようとした。

【参照項目】SOE

アメリカ海兵隊に所属するナバホ族のコードトーカー。1943年、ソロモン諸島ブーゲンビル島で撮影。アメリカは両世界大戦において、戦術無線及び電話通信が敵に傍受されるのを防ぐべく、アメリカ原住民を活用した。（出典：国立公文書館）

コードレイ、ロバート・E （Cordrey, Robert E.）

　1984年、ノースカロライナ州キャンプ・ルジューヌの核兵器・生物兵器・化学兵器防衛学校で教官をしていたアメリカ海兵隊員のコードレイは、機密情報を売り渡すべくソビエト及びチェコスロバキアのインテリジェンス・オフィサーに接触しようと試みた。この事件は連邦政府職員いわく「捜査上の高度な秘密性」のために、翌年1月まで公表されなかった。コードレイは接触を試みたことを認め、重労働12年の刑を言い渡されている。

コードワード （Code Word）

　「コードネーム」を参照のこと。

コバリー、アラン・D （Coberly, Alan D.）

　1983年6月、アメリカ海兵隊の脱走兵であるコバリーは、マニラのソビエト大使館に入ったのを目撃された。セキュリティー・クリアランスを有しておらず、また機密情報にアクセスする機会もなかったはずだが、秘密情報の提供と共にスパイ行為を持ちかけているものと判断された。その結果アメリカ当局に拘束され、軍法会議によって重労働18ヵ月の刑と懲戒除隊が言い渡された。

【参照項目】ウォークイン、セキュリティー・クリアランス

コブラー （Cobbler）

偽造者を指すロシアの用語。「靴」「靴屋」も参照のこと。（訳注：cobbler は「靴直し」の意）

コプロン、ジュディス （Coplon, Judith　1921-2011）

ソビエト連邦のためにスパイ行為をしたアメリカ司法省の職員。

ニューヨーク州ブルックリン生まれのコプロンはバーナード大学でロシア語を学んだ。卒業後の 1944 年に司法省入りしてニューヨーク市での勤務を始め、翌年にはワシントン DC の本省へ移って外国人エージェントの登録課に配属される。この一見退屈な仕事の中で、彼女は大量の情報を仕入れた。登録されている外国人エージェント——そこにはソビエトの工作員ではないかと FBI が疑った人物も含まれていた——のファイルには、FBI による報告書がしばしば挿入されていたからである。

1948 年、コプロンこそソビエトスパイ網の連絡員ではないかと FBI が初めて疑ったとき、長官の J・エドガー・フーヴァーは保安上の危険を理由に彼女を解雇すればよいと考えていた。しかし防諜担当者はコプロンを厳重な監視下で泳がせるよう勧める。諜報活動を嫌っていたフーヴァーだったが、最終的には同意した。コプロンは監視下に置かれ、電話も盗聴される。ワシントン DC とニューヨークを頻繁に往来する際も行動は逐一見張られており、国連職員をカバーとして活動していたソビエトのインテリジェンス・オフィサー、ヴァレンチン・グビチェフに資料を渡している姿が目撃されている。

FBI はフーヴァーの署名が記された偽の秘密メモを用意し、それをコプロンの目につくところへ置いた。彼女は他の FBI 資料と一緒にメモをハンドバッグに入れてグビチェフへ渡そうとしたが、1949 年 3 月、2 人はニューヨーク市で逮捕された。ソビエトはグビチェフの外交官特権を主張したものの、結局認められなかった。ソビエト使節団の一員としてアメリカに入国したのは確かだが、後に国連事務局へ移籍しており、そのために外交官特権を失なったのである。

政府資料の窃盗と国防関連資料の窃盗未遂で起訴されたコプロンは、グビチェフ同様有罪とされた。グビチェフのほうは国務省による取引の結果国外追放となっている。一方、コプロンの有罪判決は 2 件の法的問題のため控訴院判事によって破棄された。すなわち盗聴記録を彼女の弁護人に提示しておらず、また令状なしで逮捕されていたのが問題となったのである（その直後、スパイ事件では令状なしの逮捕を認める法律が可決された）。

コプロンは拘留されたまま新たな裁判を待っていたが、司法省は 1967 年にこの事件を取り下げた。

ヴェノナ計画で解読された文書には、「シーマ」というコプロンのコードネームが記されていた。

【参照項目】密使、FBI、J・エドガー・フーヴァー、国際連合、ヴェノナ

コペック （Copek）

第 2 次世界大戦中にアメリカ海軍が用いた暗号システム。各地に所在する暗号担当官同士の技術的交信に使われた。

コーポレーション （Corporation）

他国の共産党を指す KGB の用語。

コミック （Comics）

スパイは数多くのコミックに登場している。アメリカの漫画家、ミルトン・カニフは 1934 年から『Terry and the Pirates』の執筆を始めているが、しばしば主人公を「ジャップ（Jap）」のスパイと戦わせている（このコミックで「日本人〔Japanese〕」という単語が用いられるのは稀だった）。また 1947 年には新たな主人公、スティーヴ・キャニオンが活躍する漫画の新聞連載を始めた。洗練された空軍士官であるキャニオンもスパイと戦うが、今回は「アカ（Commies）」のスパイが相手だっ

CROCK　RECHIN & WILDER

ビル・レチン、ドン・ウィルダー作のコミック『Crock』のように、スパイ活動はユーモアの対象ともなる。ここに登場する 2 人の遊牧民はクロックと配下の兵士を痛めつけようと絶えず企んでいる。（コピーライト 1996、ノース・アメリカン・シンジケート）

た。空軍の「公式」記録によると、戦闘機乗りの証明であるパイロット・ウイングを1942年に取得しており、1989年に引退するまでソビエトや中国のインテリジェンス・オフィサーを相手に活躍し続けたという。

MAD誌上で定期的に掲載された『Spy Vs. Spy』もスパイ分野で長続きした作品である。作者の「エル・ムンド」はもともとキューバで活動していた政治漫画家であり、1960年にカストロ政権から逃れた後、翌年からMAD誌での連載を始め、白スパイと黒スパイの馬鹿馬鹿しくも果てしない戦いを描き続けた。時には女性の灰色スパイが登場して――その場合作品名は『Spy Vs. Spy Vs. Spy』となる――作品に色を添えた。ちなみに、彼女が白黒のスパイに負けることはなかった。

コメタ （Kometa）

第4世代のソビエト偵察衛星。初期のゼニット衛星の改良型であるコメタはバッテリー充電用の太陽電池を備えており、運用寿命の延長が図られている。地形図作成に用いられたこの衛星の後期型は、最長45日間の運用が可能とされている。

【参照項目】偵察、衛星、ゼニット

子守女 （Nursemaid）

亡命を防ぐため、西側諸国を訪れる使節団に同行する保安機関（かつては主にKGB）職員を指すロシアの用語。使節団の誰かが亡命すると、保安機関の職員は投獄という憂き目に遭う――過去には処刑された例もある――ため、こうした「子守女（ロシア語では nyanki）」は特に神経を尖らせていた。

ゴリエネフスキー、ミハル （Golienewski, Michal　1922-1993）

イギリス秘密情報部（MI6）職員にしてソビエトのスパイだったジョージ・ブレイクと、ポートランドのイギリス海軍基地で雇われていた民間人、ハリー・フートンの逮捕につながる情報をもたらした、ポーランドのインテリジェンス・オフィサー。

ゴリエネフスキーは1960年の亡命当時、KGBの内通者としてポーランドの情報機関で働いていた。従って、ポーランドのみならずソビエトの諜報活動についてもかなりの知識を有していた。また前年にはヨーロッパ各地のCIA支局長に宛てて、「スナイパー」の署名を記した14通の手紙を送っている。それらの手紙には有益な情報が書かれており、フートンのスパイ活動を示唆する手掛かりも含まれていた。そして1960年12月、ゴリエネフスキーは愛人を伴って西ベルリンのCIA支局に亡命した。

西側に到着したゴリエネフスキーは、ヨーロッパに隠しておいた機密文書のフィルム数百巻の隠し場所を明かす。またKGBの活動とスパイに関する有益な情報を米英の尋問官に与えている。だがその一方で、自分は1917年の革命でポーランドに逃れたアレクセイ・ニコラエヴィチ・ロマノフ大公の血縁であると主張した。

1963年、ゴリエネフスキーはボールというコードネームのエージェントが関わるKGBのスパイ作戦について語ったが、そのエージェントこそ当時ハーバード大学教授（後に国家安全保障問題担当大統領補佐官、及び国務長官）を務めていたヘンリー・キッシンジャーであるという。また、後にMI5長官となるマイケル・ハンレーもソビエトのエージェントであるとほのめかしている。

イギリスのインテリジェンス・オフィサーであるピーター・ライトによると、CIAは1963年の時点で「ゴリエネフスキーが精神異常に陥りつつあると疑っていた」という。またCIA職員のジェイムズ・ジーザス・アングルトンと後の長官リチャード・ヘルムズも、ゴリエネフスキーは亡命前からKGBのコントロール下に置かれており、ブレイクとフートンはより重要なスパイを守るため西側情報機関への生贄にされたのだと確信していた。

【参照項目】MI6、ジョージ・ブレイク、ハリー・フートン、インテリジェンス・オフィサー、KGB、内通者、CIA、コードネーム、国家安全保障会議、MI5、ピーター・ライト、ジェイムズ・ジーザス・アングルトン、リチャード・ヘルムズ

ゴリコフ、フィリップ・イワノヴィチ

（Golikov, Filipp Ivanovich　1900-1980）

1940年から41年にかけての重要な時期にGRU（参謀本部情報総局）総局長を務めたソビエト陸軍の上級司令官。ソビエトの独裁者ヨシフ・スターリンのお気に入りだったゴリコフは、司令官としても諜報機関の長としても失敗を重ねたにもかかわらず、驚くほど長きにわたって出世の階段を登り続けた。

農民の子として生まれたゴリコフは1918年に赤軍に志願し、第3特殊懲罰旅団に所属する傍ら、反ボルシェビキ派の農民暴動を積極的に弾圧した。ロシア内戦後は連隊長、旅団長、師団長、そして軍団長と順調に昇進を重ね、1939年9月のポーランドにおける短期作戦では第6軍の指揮を執った。

赤軍に階級制が導入された1940年6月、ゴリコフは中将となり、同年GRU総局長に任命される。長官としての任務は1930年代後半に繰り広げられた血まみれの大粛清からGRUを蘇らせ、有能な情報機関に育て上げることだった。GRUはスターリンに対してドイツの攻撃が差し迫っていることを警告していたが（スターリンはそれを無視した）、1941年6月22日の独ソ開戦後もゴリコフが解任される――またはそれよりも悲惨な運命に襲われる――ことはなかった。ゴリコフはその後もGRU

総局長の座にとどまりつつ、米英の軍事支援（及び情報）を得るべくソビエト使節の第一団を率いてロンドンとワシントン DC に赴いた。

1941 年 10 月、ゴリコフはソビエトに帰国して第 10 軍司令官に就任、1941 年から 42 年にかけてのモスクワ防衛戦に参加した。その後は第 4 打撃軍、次いでソビエト陸軍最大の現地司令部の 1 つ、ヴォロネジ戦線を率いた。また 1942 年から 43 年にかけては、スターリングラード戦線の副司令官を務めた。ニキータ・フルシチョフは回想録『Khfushchev Remembers（邦題・フルシチョフ回想録）』（1970）の中で、次のように記している。

スターリングラードの一将校から送られてきたメッセージには、ゴリコフが完全に正気を失い、狂人のように振る舞っている様が記されていた。（スターリングラード）軍における彼の存在は何の利益ももたらさず、我々の負担にさえなっていた……我々はゴリコフを任務から解放し、モスクワへ呼び戻した。

スターリンはゴリコフを解任したことで後にフルシチョフを叱責した。1943 年にゴリコフは赤軍人事総局長及び副大臣に任命され、戦後は赤軍兵の復員問題も担当している。元スメルシ職員の A・I・ロマノフは復員局について次のように記す。

事情を知る者は、ゴリコフがお飾りに過ぎないことを知っていた。つまり公式文書や報告書、請願書に署名するだけの存在である。復員局も外国、とりわけ同盟国を欺く隠れ蓑に過ぎなかった。本当の仕事は……スメルシと NKGB の秘密警察総局が遂行していたのである。

ゴリコフは戦後の 2 年間──恐らく 1949 年から 50 年にかけて──投獄されていたという説がある。にもかかわらず、1950 年から 57 年まで軍の主要な地位にあり、同時にソビエト軍政治総局長及び党中央委員会の一局長という重要なポストを与えられた。またスターリン死後の 1961 年にはソビエト軍の最高階級であるソ連邦元帥に昇進した。

ゴリコフは 1962 年 5 月に一線から退いたが、多数の勲章に加えソ連邦英雄の称号を与えられている。

【参照項目】GRU、スメルシ

ゴリツィン、アナトリー・ミハイロヴィチ

（Golitsyn, Anatoliy Mikhaylovich 1926-）

1961 年 12 月、当時配属されていたフィンランドの首都ヘルシンキからアメリカに亡命した KGB 職員。亡命時アナトリー・キルモフという名を用いていたゴリツィ

ンは、CIA にソビエトの内通者が浸透している事実をアメリカ当局に伝えた。

ゴリツィンはウクライナ人の母とロシア人の父との間にウクライナで生まれた。第 2 次世界大戦中は赤軍に所属しながら防諜訓練所で学び、後に NKVD（内務人民委員部）とその後継機関 KGB に配属されている。本部勤務を経た後の 1953 年から 55 年にかけては、ウィーンでロシア人亡命者に対するスパイ任務に従事、その後 1966 年にヘルシンキ支局へ配属される。彼は亡命の理由として、共産主義に対する失望と KGB 内部の権力争いを挙げた。

ゴリツィンはソビエトのスパイや諜報活動に関する多数の情報をもたらした。またイギリス諜報機関で活動していたハロルド（キム）・フィルビーのスパイ容疑を固めるにあたって秘密情報部 MI6 の手助けをし、ソビエトのためにスパイ行為をしていたイギリス海軍省職員ジョン・ヴァッサールの正体も暴露している。これらの情報はフルーエンシー委員会の設置につながり、ゴリツィンのもたらした手掛かりが検証されることになった。その中には保安部（MI5）にソビエトが浸透しているという報告も含まれている。

フランスにおけるソビエトの活動についてゴリツィンがもたらした情報は、フランス情報機関のトップ 2 名と、ド・ゴール大統領の情報担当補佐官の辞職につながった。さらに 1983 年には、北大西洋条約機構（NATO）の機密文書をソビエトに渡したとして、カナダ人のヒュー・ハンブルトンがイギリスの裁判所で禁固 10 年の刑を言い渡されている。

ゴリツィンは西欧諸国の情報機関トップ数名と会い、ソビエトのスパイ活動について話し合った。しかし CIA はゴリツィンが気分屋であり、付き合うのは難しいと判断する。ゴリツィンは CIA 及びイギリス情報機関が持つ全ての情報ファイルを閲覧させるよう求めただけでなく、ソビエトの偽情報作戦を研究する彼独自の機関や、KGB に対抗する世界規模の防諜機関の設置を──CIA の出資で──求めたという。一方で CIA 内部にソビエトの内通者がいるという主張は、CIA の防諜部門を率いるジェイムズ・ジーザス・アングルトンの関心を引いた。その結果、アングルトンは CIA の秘密資料をゴリツィンに閲覧させている。またゴリツィンは、CIA 職員数名が何の証拠もなく、かつ裏切り行為の兆候も見られないまま解雇に追い込まれるきっかけをもたらした。

同じくソビエトからの離反者であるフェドラとユーリ・ノセンコは、ゴリツィンが西側に与えた情報の正当性に疑問を投げかけた。

MI5 はゴリツィンに「カーゴ」というコードネームを与えた。

【参照項目】KGB、CIA、内通者、防諜、NKVD、ウィーン、ハロルド（キム）・フィルビー、MI6、ジョン・ヴァ

ッサール、フルーエンシー委員会、MI5、北大西洋条約
機構、ジェイムズ・ジーザス・アングルトン、離反者、
フェドラ、ユーリ・ノセンコ、コードネーム

コリンズ、マーチン （Collins, Martin）

「ルドルフ・アベル」を参照のこと。

ゴルシコ、ニコライ・ミハイロヴィチ

(Golushko, Nikolay Mikhaylovich 1937-)

　ソビエト崩壊後のロシア連邦第2代──そして最後
の──保安相。

　ゴルシコは1959年にトムスク国立大学法学部を卒業
し、検察の取調官として4年間勤務した。63年には
KGBケメロヴォ州局の調査官となり、74年からはモス
クワのKGB本部で主要な地位に就いている。

　1984年にはKGB秘書局第1副局長となり、85年まで
その座にとどまる。1987年から91年までウクライナ
KGB議長を務めるが、ソビエト政府内の改革派を支持
したとして全ての役職から解任された。

　1992年1月、ボリス・エリツィン大統領はゴルシコ
を保安次官、次いで保安第1次官に任命した。そして
翌年9月18日に保安相に任命するが、その年末に保安
省は廃止された（ゴルシコの前任はヴィクトル・バラン
ニコフ）。

【参照項目】MB、KGB、ヴィクトル・バランニコフ

ゴルディエフスキー、オレグ （Gordievsky, Oleg 1938-）

　KGBで勤務していたイギリス情報機関の内通者。11
年間にわたってイギリスのためにスパイ行為をしたが、
CIA内部のソビエト内通者、オルドリッチ・エイムズ
によって1985年に正体を暴露された。その後かろうじ
てソビエトから逃れ、イギリスへの亡命を果たしてい
る。

　ゴルディエフスキーはモスクワ国際関係大学で学び、
1962年にKGBへ就職、1年間にわたる訓練を経てKGB
本部へ配属され、西側で活動するイリーガルの分析にあ
たった。66年1月にはコペンハーゲンに送られ、70年
までデンマークにおけるKGBのスパイ網を指揮、1973
年から78年にかけて再びコペンハーゲンで勤務した
（モスクワで勤務していた77年、休暇中のゴルディエ
フスキーはハロルド（キム）・フィルビーが亡命後初め
て教鞭を執った講義に出席している）。

　伝えられるところによると、ソビエトが1968年にチ
ェコスロバキアを侵略したのがきっかけで、ゴルディエ
フスキーは西側へ手を貸すことを決断したという。コペ
ンハーゲン駐在中の74年、彼はイギリス秘密情報部
（MI6）のためにスパイ行為を始めた。その後78年から
82年までモスクワへ戻ったが、次いでロンドンのソビエ
ト大使館に配属され、85年にKGBのロンドン地区担

当官（レジデント）となっている。

　1985年5月、ゴルディエフスキーは協議のためにモ
スクワへ召喚される。そこで尋問を受け、ソビエト連邦
を裏切ったという容疑をかけられたが、その全てを否認
した。KGBの尾行付きではあったが、その後もイギリス
情報機関との接触は可能だった。毎日決まった時刻にジ
ョギングしていたゴルディエフスキーは7月19日の午
後にジョギング姿のまま逃走し、アパートメントに戻る
ことはなかった。イギリスの手助けでソビエトからの脱
出に成功するも、妻レイラと娘2名は後に残さざるを
得なかった。

　ゴルディエフスキーが1985年9月にロンドンで「浮
上」した後、イギリス政府は外交官やジャーナリストな
ど25名を国外追放した。彼らはいずれもスパイ活動へ
の関与をゴルディエフスキーに暴露された人物だった。

　1990年、ウラジーミル・クリュチコフKGB議長は、
チェコスロバキアで共産党が権力を失っていなければ、
ゴルディエフスキーは1年前に妻と再会できていただ
ろうと述べた。モスクワで開かれた記者会見の場で、ク
リュチコフは家族との再会を法に基づいた提案だとして
いるが、ゴルディエフスキーは「いつもの罠」に過ぎな
いと評し、「私が妻そして娘2名と再会すれば、モスク
ワへ戻るよう説得できるとKGBは目論んでいるのだ」
と語った。ゴルディエフスキーの亡命直後、妻は彼と離
婚した。そうしていなければ職を失っていただろうし、
子どもたちを学校に通わせることも不可能だったに違い
ない。

　妻と娘たちは1991年にソビエト連邦からの出国を許
されたが、ゴルディエフスキーとよりを戻すことはなか
った。

　クリストファー・アンドリューとの共著『KGB: The
Inside Story』（1990）がある。

　（訳注：2007年、何者かに毒殺されかかった）

【参照項目】KGB、内通者、CIA、オルドリッチ・エイム
ズ、ハロルド（キム）・フィルビー、MI6、ウラジーミ
ル・クリュチコフ、クリストファー・アンドリュー

コールド・アプローチ （Cold Approach）

　外国人をエージェントまたは情報担当者として雇おう
とする際、対象となる人物がそうした勧誘を受け入れる
兆しのないままそれを行なうこと。勧誘対象が金を必要
としている、または仕事、生活、家族に不満を抱いてい
るという大雑把な証拠しかない場合に実行される。

　勧誘を断った人物は報酬目当てに警察ないし政府機関
に通報する可能性があるので、コールド・アプローチは
非常に危険である。

ゴールド作戦 （Gold）

「ベルリントンネル」を参照のこと。

ゴールドシュタイン、ウォルフ （Goldstein, Wolff 1921-2007）

ソビエトのスパイのうち、イスラエルに対してスパイ行為をしたことが知られている最初の人物。東ヨーロッパに住むユダヤ人一家に生まれたゴールドシュタインは若い頃から共産主義を信奉しており、やがてソビエト軍の情報機関GRUから勧誘を受けた。当初からイスラエルへのスパイ活動を命じられたとされている。

独立戦争（第1次中東戦争、1948）中のイスラエルに到着したゴールドシュタインは、外務省経済局で働き始める。この時期にイスラエルへ移住した多くの人間と同じく、彼は名前をヘブライ語に改めゼエフ・アヴニを名乗った。1950年代にはブリュッセル、次いでベオグラードに配属される。その間、イスラエル政府の通信文書と秘密交渉の内容にアクセスでき、それら全てをKGB（ソビエトの対外情報機関として1954年にNKVD〔内務人民委員部〕から発展）に渡した。KGBはこのようにしてイスラエルのあらゆる外交通信を手に入れたが、その中には外交官をカバーとして活動する情報工作員に宛てたものもあった。

イスラエルの国内保安機関シンベトは、ベオグラードのイスラエル大使館で勤務するゴールドシュタインに疑いの目を向け始めた。大使館の秘密通信エリアでの残業を望んでいたことが原因である。何らかの口実でイスラエルに召喚されたゴールドシュタインは帰国後に尋問を受け、程なくKGBのために行なっていたスパイ活動を自白した。その後開かれた秘密裁判で有罪とされ、10年間の服役を経て若い頃住んでいたスイスへ移り住んだ。

数年後、ゴールドシュタインはイスラエル情報機関との合意の下でイスラエルへ戻り、新たな身分を与えられて心理学者としてイスラエル陸軍での勤務を始めた。
【参照項目】KGB、BKVD、シンベト

ゴールド、ハリー （Gold, Harry 1910-1972）

ソビエトの原爆スパイ、クラウス・フックスと共謀したアメリカ人化学者。ハインリヒ・ゴルドドニツキーとしてロシアで生まれたゴールドは1914年に家族ぐるみでアメリカへ移住し、22年に市民権を取得した。その後ペンシルヴァニア大学で化学工学を学ぶ一方、ドレクセル工科大学とザビエル大学にも通った。

ゴールドがソビエト情報機関のために働いたのは1934年から45年にかけてとされており、イギリス人化学者のフックスと、ニューメキシコ州のロスアラモス国立研究所に所属する機械工、デイヴィッド・グリーングラスから受け取ったアメリカの原爆開発プログラムに関する機密資料を、ソビエトに渡すのが任務だった。ゴールドとフックスはニューヨーク市で7ないし8回にわたって会い、原爆に関する秘密資料の受け渡しを行なった。またゴールドは1945年2月にマサチューセッツ州

ケンブリッジで再びフックスと顔を合わせ、情報の入った「多数の包み」を受け取ったという。

ゴールドが次にフックスと会ったのは同年6月で、途中2ヵ所に立ち寄る危険な旅となった。まずニューメキシコ州サンタフェに赴き、実験が目前に迫っていたプルトニウム型原爆（ファットマン）のスケッチとメモをフックスから受け取る。次に同じニューメキシコ州のアルバカーキへ行き、ロスアラモスに配属されていたデイヴィッド・グリーングラス技術伍長に500ドルを渡したのである。

広島と長崎への原爆投下によって戦争が終わった後の1945年9月、フックスはゴールドと再会し、ウラニウム235の生産率といった情報を渡した。ゴールドは代わりに、ロンドンのソビエト側ハンドラーとの接触方法に関する指示を与えている。

1946年、ゴールドは保安違反を理由にソビエト側から捨てられ、フックスも49年に拘束される。裁判の結果ゴールドの存在が明らかになり、FBIは50年5月22日に彼をスパイ容疑で逮捕した。ゴールドは自白の中でグリーングラスだけでなく、モートン・ソベル、ジュリアス・ローゼンバーグと妻エセルの名前を挙げ、彼らを逮捕に追い込んだ。裁判の結果1950年12月9日に有罪とされ、禁固30年が言い渡されている。なお65年の釈放後はフィラデルフィアに居を構えた。

ソビエト連邦からは赤星勲章を授与されており、「グース」「レイモンド」というコードネームが与えられている。

「原爆スパイ網」も参照のこと。
【参照項目】クラウス・フックス、ロスアラモス、デイヴィッド・グリーングラス、ハンドラー、FBI、モートン・ソベル、ジュリアス・ローゼンバーグ、コードネーム

コールドフィート （Coldfeet）

放棄されたソビエトの北極基地に2名のインテリジェンス・オフィサーをパラシュート降下させ、複数の科学分野、そして可能であれば対潜水艦戦に関するソビエトの研究内容を入手することを目的とした、アメリカ海軍による作戦計画のコードネーム。

1962年5月28日、空軍のジェイムズ・F・スミス少佐と海軍のレオナルド・A・ルシャック中尉は朽ちかけている氷上施設の上にパラシュート降下した（ヘリコプターでは到達不可能なほど遠隔地にあったため）。2人は氷上に残る残骸や装置類を3日間にわたって丹念に観察した後、フルトン社製のスカイフック救助システムを装備したCIA所有のB-17によって拾い上げられた。

（2名の士官が身に付けていた特殊なハーネスからは救助ロープが延びていて、気球によって空中に浮き上げられていた。機首にフックを取り付けた飛行機がそのロー

プを捕らえ、乗員が２人を機内に巻き上げていく。この方法は見事に成功し、２名の士官と発見した品々を無事機内に回収した）

ルシャックの回想録『Project Coldfeet』（1996。ウィリアム・M・レアリーとの共著）によれば、この秘密作戦は「ソビエトの北極観測プログラムの目的、範囲、そして水準に関する第１級の情報」をもたらしたという。２人は83件の資料と21個の装置に加え、詳細なメモと氷上で撮影した大量の写真を持ち帰った。

ゴールドフィンガー作戦 (Goldfinger)

ソビエト船舶で輸送中の核兵器を監視すべく、P3V オライオン哨戒機を用いて実施されたアメリカ海軍の情報作戦。この機体は1960年代後半から70年代初頭にかけ、水上艦艇や小型船舶を監視する任務に従事した（「タスクフォース」を参照のこと）。

ゴールドフィンガーというコードネームはジェームズ・ボンドの作品からとられたものとされていたが、実際には1968年から71年まで海軍情報部長を務めたF・J（フリッツ）・ハールフィンガー少将にちなんだものである。

【参照項目】P3V オライオン、コードネーム、ジェームズ・ボンド、海軍作戦部長

ゴールドフス、エミル・R (Goldfus, Emil R.)

「ルドルフ・アベル」を参照のこと。

コルビー、ウィリアム・E (Colby, William E.　1920-1996)

1973年9月から76年1月まで中央情報長官（DCI）を務めた人物。

1941年にプリンストン大学を卒業後、陸軍に入隊して空挺部隊に配属される。1943年に戦略諜報局（OSS）への転籍を志願し、翌年にはドイツ占領下のフランスへ、45年には同じくドイツ占領下のノルウェーにパラシュートで潜入した。ノルウェー降下作戦の際少佐だったコルビーは、この功績に対して勲章を授与されている。

戦後はコロンビア大学ロースクールに入学し、戦時中に OSS を率いたウィリアム・ドノヴァンと弁護士事務所を開業、その後国家労働関係委員会に加わり、1956年6月の朝鮮戦争勃発後に CIA 入りする。1951年から53年までストックホルムの、53年から58年までローマのアメリカ大使館で勤務した後、59年から62年まで CIA 支局長としてサイゴンのアメリカ大使館に駐在した。

1968年、コルビーはアメリカ国際開発機関をカバーとして大使の資格でベトナムに戻り、フェニックス作戦の実施を支援した。71年には国務省へ出向した形になっているが、実際には CIA に復帰しており、工作担当次官という要職に就いている。そして同年、コルビーは中央情報長官に任命された。

DCI への就任直後、ニューヨーク・タイムズ紙のセイモア・ハーシュ記者がカオス作戦についての情報を入手し、それをコルビーに尋ねた。コルビーは、カオス作戦の主たる情報源である郵便開封について認めたが、あくまで防諜作戦であるとしてジェイムズ・ジーザス・アングルトンに責任を負わせた。ハーシュはアングルトンの名をこの時初めて聞いたという。

アングルトンは CIA 幹部に内通者がいると信じ込んでおり、そのため CIA の防諜責任者である彼を更迭するのはコルビーにとって最優先事項だった（コルビーにも内通者の疑いがかけられていたという）。

コルビーは1976年に公職から退き、以降は執筆及び教授生活に入ったが、翌年に出版された『Honorable Men: My Life in the CIA（邦題・栄光の男たち：コルビー元 CIA 長官回顧録）』は論争を巻き起こした。元職員が書籍を執筆する際、そこに機密情報が含まれていないことを確認するため、CIA による検閲が必要となるが、コルビーはその同意書にサインしていた。アメリカの出版社はこの条項を知って理解していたものの、機密情報の含まれている箇所を CIA が削除する前に、原稿のコピーがフランスの出版社へ送られたのである。

司法省職員の言葉を借りれば、これは「コルビーによる義務履行違反」だという。彼は政府に1万ドルを支払い、今後は同意事項に従うと誓ってこの騒動を収めた。

1996年、コルビーはチェサピーク湾の別荘近くでカヌー事故のために死亡した。

【参照項目】中央情報長官、戦略諜報局、ウィリアム・ドノヴァン、CIA、フェニックス作戦、カオス作戦、防諜、ジェイムズ・ジーザス・アングルトン

コルベ、フリッツ (Kolbe, Fritz　1900-1971)

第2次世界大戦中にスイスのアメリカ戦略諜報局（OSS）オフィスを飛び込みで訪れ、ドイツ政府による数百もの電文のコピーを連合国にもたらした人物。

コルベはカール・リッター大使の特別補佐官であり、外務省職員のリッターはヨアヒム・フォン・リッベントロップ外相の相談相手として、極めて重要度の高い外交任務の多くを担っていた。従って、コルベはほぼ全ての重要な外交電文だけでなく、軍関係の文書にもアクセスできる立場にあった。

コルベはドイツ外務省に20年間勤務しており、妻と息子はイギリスが支配する南アフリカで暮らしていた。

1943年8月、コルベはベルンのイギリス駐在武官ヘンリー・カートライト大佐に接触したが、ドイツの「挑発行為」ではないかと恐れたカートライトは彼をオフィスから追い出した。翌日、コルベの友人が資料のサンプルを持参してベルンのアメリカ大使館を訪れる。OSS の

ベルン支局長として大使館で勤務していたアレン・ダレスは、その資料を一目見るなり驚いた。ジェイムズ・スロウズは評伝『Allen Dulles: Master of Spies』(1999)の中で「普段から熱心なダレスだったが、この餌に食いつくことはなかった。本物だと信じるにはあまりに素晴らしかったからである」と記した。

しかしそれは本物だった。コルベは同じ週の後半にダレスと会い、通信メッセージのコピーとその他100点以上の資料を渡している。スロウズはこう記す。

> それらの報告書には東部戦線における軍の士気、フランスにおける破壊工作活動マキへの評価、日本大使のベルリン訪問、リッベントロップ外相とナチ高官との間で行なわれた会議の内容が記されていた。コルベが持ち込んだ宝の山の中には、ラステンブルクにあるヒトラーの東部戦線秘密司令部の手書き地図、そこを訪れるナチ高官の特別列車を駐める側線の場所、そしてドイツ政府が用いているワンタイムパッドの1つもあった。

文書自体も価値あるものだったが、通信文のコピーは暗号を解くクリブ（手がかり）となり、外務省及び軍で用いられているエニグマ暗号をブレッチレーパークとアーリントン・ホールで解読することを可能にした。このかけがえのない情報に対してコルベは見返りを求めず、ただ1つ、戦争が終わった際――連合国の勝利に終わった際――には、政府のしかるべき地位に就けてほしいと望んだだけだった。

コルベはベルリンとベルンを行き来するドイツ外務省の密使として活動しつつ、翌月もさらに大量の文書を持参した。文書の持ち込みが続き、それらの信憑性が確認される中、OSS長官のウィリアム・ドノヴァンは1944年1月10日、「慎重なる裏付け」がなされたものとしてコルベ文書の一部をルーズベルト大統領に見せている。

次いで1944年5月には「ボストン・シリーズ」というコードネームの下、コルベ文書の一部がワシントンDCに運ばれ、ルーズベルトを含む政府及び軍の最高幹部11名に配布された。

一方、コルベはベルリンで働くアルザス出身の医師とチームを組んでいた。コルベが重要文書を撮影できるよう、医師の診療所に秘密の写真ラボが設けられていたのである。このようにして、OSSベルン支局への文書持ち込みは終戦まで続けられた。

戦後、ダレスはコルベのアメリカ入国に力を尽くし、OSSから1万ドルを支払わせた。しかしドイツ政府で働いていたという経歴から、入国にあたって国務省が難色を示す。その後コルベはビジネスを始めたが失敗に終わり、ベルリンにおけるOSSの定住型エージェントと

してコルベを支援したハンス・ギゼフィウスと共に、ドイツへ帰国した。「かつて救おうとした祖国から裏切り者と罵られるという、ややもすると荒涼たる人生を生き抜くため」とスロウズは記している。

OSSはコルベに「ジョージ・ウッド」のコードネームを与えた。また彼がもたらした文書は「カッパ」と呼ばれた。

【参照項目】戦略諜報局、飛び込み、駐在武官、ヘンリー・カートライト、アレン・ダレス、ブレッチレーパーク、アーリントン・ホール、密使、ウィリアム・ドノヴァン、コードネーム、定住型エージェント、ハンス・ギゼフィウス

コールポー、ウィリアム・C (Colepaugh, William C. 1918-2005)

第2次世界大戦中、米国内でスパイ活動をすべくドイツから送られたアメリカ人。

コネティカット州ニアンティックに生まれ、ニュージャージーのアドミラル・ファラガット・スクールとマサチューセッツ工科大学で船体構造や造船技術を学ぶ。卒業後の1942年10月に海軍予備役部隊へ加わるも、「軍務上の都合」によって1年未満で除隊させられた。

FBIはドイツのシンパだとしてコールポーに関心を持ち始めた。しかし、1941年春にコールポーがイギリス船舶でスコットランドへ行き、帰国後はニューヨークのドイツ領事館のために護送船団の編成情報を集めていたことを、FBIは当時知らなかった。

1944年1月10日、ドイツ人をポルトガル経由で本国に送還する中立国スウェーデンの定期船グリップスホルムに、コールポーは船員として乗り込んだ。これを知ったFBIは出国を阻止しようとしたが失敗に終わった。

ドイツに着いたコールポーはカール・クルト・グレッチナーを名乗り、SSによってオランダのハーグにあるスパイ養成機関へ送られた。そしてスパイとしてアメリカへ派遣される予定だと告げられた上で、ドイツ本国との間で安全に連絡するテクニックを学ぶと共に、あるアメリカ人捕虜の名前と住所を教えられた。その捕虜に宛てた一見何の変哲もない手紙に秘密筆記法で真のメッセージを記すことになっており、ドイツのインテリジェンス・オフィサーが手紙を検閲した上で、メッセージをしかるべき機関へ転送するという手筈だった。コールポーに与えられた任務はアメリカのロケット、航空機、そして建艦に関する情報収集だった。

コールポーはドイツ語を話せなかったので、話せる人物とチームを組む必要があった。そのため、スペインから帰還したばかりのドイツ人エージェント、エーリッヒ・ギンペルを養成機関で紹介される。ギンペルはコールポーを伴ってアメリカへ赴く際、現金6万ドル、ポケット一杯のダイヤモンド、そして無線機の組立方法とベルリンとの連絡手段を記したマイクロドットの指令書

を持参していた。かくして1944年10月6日、2人は潜水艦 U-1230 に乗ってアメリカへと向かった。

11月29日、潜水艦はメイン沖で浮上する。一艘のゴムボートが舷側につけられ、バー・ハーバーの近くにあるフレンチマン湾の人里離れた砂浜に2人のスパイを上陸させた。彼らはしばらく歩いた後タクシーでバンゴールへ行き、そこから列車に乗ってボストン経由でニューヨークに辿り着く。ニューヨークではスパイ行為とドイツとの無線通信に向いたアパートメントを数日かけて探した。

メイン州の交通量の少ない道路で怪しい2人連れを見たという通報を受けたFBIが彼らを追跡する間、コールポーは友人を訪ねて事態が緊迫していると告げた上で、自らFBIに出頭した。ギンペルも数日後にニューヨークで逮捕されている。

裁判の結果2人ともスパイ行為で有罪とされ、1945年2月6日に絞首刑が言い渡された。しかしトルーマン大統領の命令によって両者とも終身刑に減刑されている。

コールポーは15年後に仮釈放され、その後もアメリカにとどまってペンシルヴァニアで余生を送った。

【参照項目】 FBI、スパイ養成機関、スパイ技術、秘密書記法、インテリジェンス・オフィサー、エーリッヒ・ギンペル、潜水艦

コロッサス　(Colossus)

第2次世界大戦中、ブレッチレーパークに設置されたイギリスの高速計算機。ボンブよりも高性能だったコロッサスは「プログラム可能な電子デジタル計算機の先駆け」とされ、1秒間におよそ25,000ビットの情報を読み込むことができた。これは1950年代に登場した「本物の」コンピュータと同じ速度である。

1,500本の真空管から成るコロッサスはドイツのフィッシュ（Geheimschreiber）暗号機を解読するために開発された。最初に組み立てられたマークⅠは1944年2月に運用を開始し、続く7月にはマークⅡが登場する。こちらは2,400本の真空管を装備したより高速かつ多目的な計算機であり、Dデイに関係するドイツ軍の通信を解読するため急遽開発されたものだった。F・ハリー・ヒンズリー他著『British Intelligence in the Second World War』（1984）によれば「オーバーロード作戦において、極めて価値のある情報上の貢献をすべく」急いで組み立てられたという。終戦時には10基のコロッサスが運用されていた。

第2次大戦後にアメリカとイギリスは多数の暗号解読装置を開発したが、コロッサスがその基礎になっていることは間違いない。

【参照項目】 ブレッチレーパーク、ボンブ、フィッシュ、Dデイ

コロナ　(Corona)

ソビエト、中国、中近東をはじめ世界各地を偵察する目的で、1960年から72年まで用いられたアメリカの写真撮影衛星。

1956年、CIAと空軍はU-2偵察機の後継としてコロナの開発を開始した。当初空軍兵器システム（WS）117Lと名付けられたこのスパイ衛星のコンセプトは、軌道周回人工衛星の実現可能性を探るべくランド研究所が1946年に行なった研究結果に端を発している。弾道ミサイル（衛星を軌道へ打ち上げるために用いる）、超望遠レンズ、そしてパラシュートで投下されたフィルム容器を回収する飛行技術の開発は、やがてコロナ計画へとつながった。ソビエトは1957年10月4日に世界初の人工衛星スプートニク1号を打ち上げたが、アメリカ政府はその8週間後にコロナの開発と打ち上げを決断している。

コロナには目標上空に到達すると自動的に作動するカメラが搭載されていた。また露光済みのフィルム容器は太平洋上空に投下され、空軍の航空機がパラシュートで落下中の容器を回収することになっていた。

最初に開発されたのはKH（キーホール）-1システムである。1959年6月から60年9月にかけて10回もの打ち上げが行なわれ、そのうち8機にはカメラが搭載されていた。しかし全て失敗に終わり、回収されたフィルムはなかった。空軍、CIA、そして軍需企業はこの失敗から学び、開発をさらに加速させる。そして1960年8月18日、13機目のコロナが軌道に打ち上げられ、ソビエト領の部分的な撮影に成功した。翌日、衛星からフィルム容器が投下され、空軍機がこれを回収する。この1度のミッションで、U-2偵察機が過去23回の偵察飛行で撮影したよりも広範囲の写真がもたらされた。900メートルに及ぶフィルムから約410万平方キロメートルものソビエト領の写真が現像されたのである。

続く10年間で衛星とカメラはさらなる進歩を遂げ

太平洋上空での回収作戦において、コロナ衛星のフィルム容器（パラシュートの下方）をキャッチするアメリカ空軍のC-119フライング・ボックスカー。各コロナ衛星はミッション中に2度この容器を放出した。後に衛星の画像は地上局あるいは洋上艦艇へとダウンリンクされるようになる。（出典：CIA）

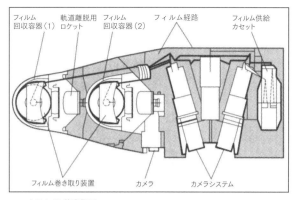

フィルム回収容器（1）／軌道離脱用ロケット／フィルム回収容器（2）／フィルム経路／フィルム供給カセット／フィルム巻き取り装置／カメラ／カメラシステム

コロナ KH-4B 偵察衛星

る。タレント・キーホールというコードネームのもと1960年に立案された対ソビエト写真偵察計画には、次の撮影対象が含まれていた。

（1）戦略／弾道ミサイル

（2）重爆撃機

（3）核兵器開発、特に ICBM（大陸間弾道ミサイル）の配備状況

後に衛星の数が増えると共にカメラやフィルムの性能も上がり、また数日間にわたる任務が可能になると、撮影対象はさらに増やされた。例えば1968年7月24日、アメリカ海軍の原子力艦艇計画責任者である H・G・リ

ックオーヴァー中将は原子力合同委員会に対し、「ソビエトは世界最大の原子力潜水艦建造・修理施設を有している……それでもなお、その規模を拡張し続けているのです」と述べた。北極圏のセヴェロドヴィンスクにある第402造船所に関するリックオーヴァーの説明は、コロナがもたらした写真を基にしていたのである。

艦船や航空機といったソビエトの戦闘システム、生産・輸送能力、そしてその他無数の軍事的諸要素に関する技術的評価のみならず、アメリカの戦略的評価もしくは計画立案にも衛星写真は不可欠となった。

最後のコロナ衛星によるミッションは1972年5月に実施された。KH ミッションのうち95回は完全または部分的な成功を収め、26回が失敗に終わっている（後期型の衛星では2基搭載されたカメラのうち1基が故障するか、2個のフィルム容器のうち1個しか回収できなかった場合に部分的成功と判定される）。最後のバージョンである KH-4B は19日間のミッションが可能であり、搭載された9,700メートルのフィルムは2個の容器に入れられて地上に投下された。

ソビエトが主要なターゲットである一方、中国領も広範囲に撮影され、さらに東南アジアや中近東の一部もカバーした。またアメリカ上空でも装置の調整を目的とした撮影が2度行なわれている。

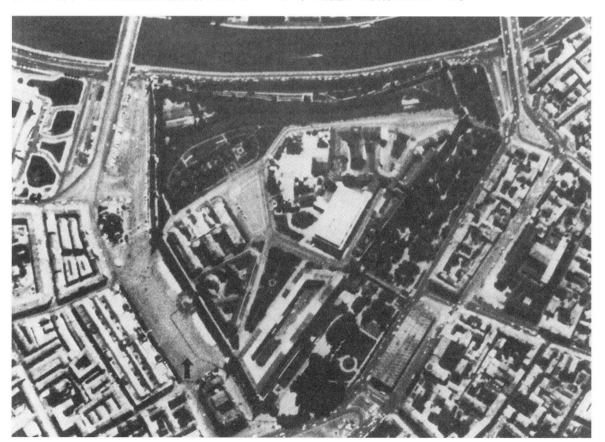

1970年5月28日にコロナ衛星が撮影したクレムリンの画像。左下の矢印は、赤の広場にあるレーニン廟へ向かう行列を指している。コロナ衛星はソビエトの核兵器及び運搬システムを探知すべく、U-2偵察機の後継として開発された。（出典：CIA）

1990年代に入ってもコロナ計画は厳重な機密事項とされた（訳注：1992年に機密解除、画像も公開された）。コロナの現役当時、衛星打ち上げには「ディスカバラー」という秘匿名が与えられ、表向きは研究目的の衛星であると発表された。1995年5月23日、ジョン・H・ドイッチは中央情報長官就任直後の記者会見において、政府による効果的な意志決定過程、軍産協力体制、そして情報収集の重要性を示す例としてコロナを挙げた。ドイッチによれば、コロナは「冷戦の道筋を大きく変えた」のである。

現在1機のコロナ衛星がワシントンDCの国立航空宇宙博物館で展示されている。

【参照項目】衛星、偵察、CIA、U-2、キーホール、タレント・キーホール、ディスカバラー、ジョン・H・ドイッチ、中央情報長官

コーンウォール、デイヴィッド （Cornwall, David）

「ジョン・ル・カレ」を参照のこと。

コンシュマー （Consumer）

情報を用いる個人または組織。

コンチネンタル・エア・サービス
（Continental Air Services〔CAS〕）

小規模な個人航空会社バード＆ソン社を母体として、1960年代にCIAが設立したフロント企業。CASは貨物輸送や人命救助を行なうと共に、アメリカがベトナム戦争に関与していた1960年代から70年代初頭にかけてのラオスで、対地攻撃時の前線航空統制任務を実施した（攻撃はアメリカ、タイ、ラオスのパイロットによって行なわれた）。

CASのパイロットは様々な貨物機や多目的機を操縦したが、その中にはH-34ヘリコプターもあった。また最大の航空機は双発のC-123プロバイダー輸送機と、4発機のC-130ハーキュリーズ輸送機である。

【参照項目】エア・プロプリエタリー、CIA、エア・アメリカ、民航空運公司

コンドル （Kondor）

イギリスがエジプトを支配していた1942年、首都カイロに情報機関アプヴェーアのエージェントを配置するという、ドイツが立案した作戦のコードネーム。ドイツ軍のカイロ進軍を想定して計画された。

【参照項目】アプヴェーア、コードネーム

コントロール （Control）

（1）情報組織及び機関の指示を確実に遂行できるよう、エージェントに加えられる物理的・心理的圧力。
（2）諜報作戦を指揮する組織または個人。

（3）ジョン・ル・カレの小説に登場するイギリス情報機関の架空の長官。イギリス秘密情報部（MI6）の長官を指す「C」をモチーフにしている。ル・カレは一連の小説の中で何人かの「コントロール」を登場させ、主人公の1人ジョージ・スマイリーもこの地位に就かせている。コントロールの描写は他の登場人物同様極めて具体的であり、次に『Tinker, Tailor, Soldier, Spy（邦題・ティンカー、テイラー、ソルジャー、スパイ）』（1974）からの抜粋を示す。

今度はコントロールのほうが若く見えた。体重を落とし、頬をピンクに染め、また彼をほとんど知らない人物にその素晴らしい外見を褒めちぎられていたことを、スマイリーは憶えていた。恐らくスマイリーだけが、髪の生え際を流れる玉のような汗に気づいていただろう。

コントロールは失敗を嫌った。中でも病気と自分自身の失敗には最も強い嫌悪を抱いた。失敗を認識することはそれと共に生きることであり、また闘いを避ける組織は生き残れないことを知っていた。コントロールはシルクのシャツを着たエージェントを嫌った。連中は多額の予算を独り占めし、忠誠を誓う平凡なネットワークに損害を与えている。コントロールは成功を愛していたが、自らの努力を無価値とするような奇跡は嫌った。そして感情や宗教を嫌うのと同じく、弱さを嫌っていた……

コンパレーター （Comparator）

アメリカ海軍の通信情報部門OP-20-Gが1930年代に計画した高速計算機の中で1番最初のもの。暗号解読に革命をもたらすことを意図していた。海軍はマサチューセッツ工科大学（MIT）のヴァネヴァー・ブッシュ博士に接触し、実現していれば世界最高性能を誇っていたであろう計算機の設計・開発を依頼した。しかし資金不足のため、この計画は1939年頃に中止されている。

高名な科学者兼エンジニアのブッシュは後に科学研究・開発局の長官を務め、アメリカの原爆開発を主導した。その後はカーネギー財団理事長とMIT副学長を歴任している。

【参照項目】海軍通信情報、暗号解読

コンピュータによる諜報活動 （Computer Espionage）

機密情報を密かに入手する、また内部に保存されているデータを改ざんする目的でコンピュータに侵入すること。通常、コンピュータへの侵入を試みるエージェントは情報入手を目的にしているが、他の目的で違法に侵入する場合もある。データを改ざんまたは破壊するための「ウイルス」、または偽の命令を発生させる「ソフトウェア」を仕掛けるといった行為がそれにあたる。こうした

ソフトウェアは目に見えない時限爆弾の如くシステムの中に潜み、あらかじめ決められた時間に破壊的な命令を発するという形で爆発する。

アメリカ海軍艦艇におけるコンピュータシステムの脆弱性は、少なくとも1975年から認識されていた。この時期、国防総省は「タイガーチーム」を組織し、機密防衛システムに侵入を試みるという任務を負わせた。タイガーチームは侵入を試みた全てのコンピュータを乗っ取ることに成功している。コンピュータの保護が十分でないことは国防総省のセキュリティマニュアルでも認められているが、海軍無線技師のジェリー・ホイットワースが原子力空母に乗務しつつ、ソビエトに秘密情報を売り渡していたのもこの時期（1982〜83）である。マニュアルにはこう記されている。「真に重層的なセキュリティモードで運用すれば、保安上の目標は達成される……しかし現在利用可能な高性能ハードウェア及びソフトウェアの限界から、この目標が常に達成されるとは限らない」

1989年、アメリカの軍事ソフトウェアやデータを盗んでいたソビエトのコンピュータ・スパイ網が西ドイツ警察に摘発された。その結果、アメリカ軍と軍需企業が用いる30台のコンピュータに侵入、そこから盗んだ情報をソビエトのハンドラーに渡したとして5名が起訴されている。ドイツでのコンピュータ侵入を最初に発見したのは、カリフォルニア州バークレーのローレンス・バークレー研究所で勤務する天文学者で、コンピュータセキュリティの専門家でもあるクリフォード・ストール博士だった。この研究所は核兵器の設計という極秘業務に携わっていたのである。

ストールがハッカーの存在に気づいたのは、研究所の会計システムにおける75セントのエラーだった。彼はSDINETと呼ばれる偽の戦略防衛構想ファイルを作り上げ、それをハッカーに対する餌にした。この追跡劇を描いた自伝『The Cuckoo's Egg（邦題・カッコウはコンピュータに卵を産む）』（1989）によると、ストールは比較的無名な国立コンピュータ・セキュリティ・センターに連絡し、政府及び民間のデータベースに対する保護強化を支援させたという。

1986年にはセンターのネットワークも1大学生によって侵入されている。NSAはそれを受け、ネットワークの全てのコンピュータ通信を暗号化するという「ブラッカー計画」を立案した。ブラッカーは安全が確保された政府のコンピュータ網を通じて機密情報を送受信する際に用いられている。

ニューメキシコ州ロスアラモスやイリノイ州のアルゴンヌ国立研究所でもコンピュータへの侵入が検知された。西ドイツ当局によると、これらハッカーは1985年頃から現金や麻薬の形でKGBの勧誘者から報酬を支払われていたという。また西ドイツ、イギリス、フラン

ス、イタリア、日本、そしてスイスでも政府のコンピュータが侵入されていた。

1989年、FBIは囮作戦をワシントンDCで実行し、アメリカ政府のコンピュータ保護に関する情報を入手しようとしたソビエトの外交官を罠にはめた。駐在武官補佐のユーリ・パフツソフ中佐はアメリカ軍の士官に近づき、こうした資料の入手を依頼する。FBIに通報したその士官は、情報提供に同意するよう指示される。そして受け渡しの最中にパフツソフは逮捕された。その後、国務省は彼の国外追放を命じている。

ピーター・H・リーと李文和に対するFBIの捜査によって、コンピュータに保存されている機密データの消去が容易ではないことが明らかになった。これまでの諜報活動で用いられてきた文書やマイクロドット、あるいはミノックスカメラのネガと違い、コンピュータのファイルは一瞬のうちに消去できる。しかし捜査関係者によると、データの痕跡を完全に抹消するにはハードディスクごと破壊しなければならないという。

防諜活動におけるコンピュータの活用は、オルドリッチ・H・エイムズに対する捜査の過程で明らかになった。FBIは詳細を公開しなかったものの、自宅に電子盗聴装置を取り付け、エイムズのパソコンを電子的に監視したものと思われる。この装置はキーのタッチ（それぞれ異なる電子信号が発生する）を検知するか、不在中に遠隔操作でパソコンの電源を入れ、FBIによるスキャンとファイルのダウンロードを可能にしたかのいずれかとされる。

コンピュータはイスラエルの安全保障における戦場にもなっている。1997年、イスラエルは大量の電子メールを送ることでヒズボラのウェブサイトをクラッシュさせようと試みた。一方のヒズボラはウイルスの仕掛けられた電子メールを送り返して復讐している。こうした「コンピュータ戦」についてアメリカの国防情報局（DIA）は、テロ組織と関係していると思しきインターネットのサイトを多数監視している。

ペンタゴンのタスクチームは1997年に作成されたコンピュータ・セキュリティに関する報告書の中で、少なくとも65パーセントに上る国防総省の非機密システムが脆弱性を有していると述べた。1995年には少なくとも20万回にわたって外部から侵入されているが、検知されたのはそのわずか2パーセントであるという。あるケースでは空軍のウェブページが標的となり、反政府スローガンやポルノ画像で中身が書き換えられている。

【参照項目】ジェリー・ホイットワース、NSA、ロスアラモス、KGB、FBI、駐在武官、ピーター・H・リー、李文和、マイクロドット、防諜、オルドリッチ・H・エイムズ、盗聴／盗聴装置、国防情報局、インターネット

コンプロマイズ （Compromise）

　機密指定されている人物、情報、あるいはその他の資料が、許可を得ていない人物に暴露されること、またはそう疑われている状態のこと。

コンラッド、クライド・リー （Conrad, Clyde Lee　1948-1998）

　西ドイツ駐在の第8歩兵師団で機密資料管理者として勤務していた1975年、チェコスロバキア及びハンガリーの共産党エージェントから接触を受けたとされるアメリカ陸軍の下士官（1等軍曹）。以降10年以上にわたって多数の機密資料をこれら情報機関に売り渡した。

　コンラッドはさらに部下のロデリック・J・ラムゼイ3等軍曹を勧誘し、1983年から85年までスパイ行為を手伝わせた。

　10年以上にわたるスパイ行為に対して、一説には500万ドルにも上る大金が支払われたとされる。しかし、東側諸国の情報機関がそれだけの大金を準備したとは考えられない。またラムゼイは2万ドルを受け取ったという。

　コンラッドはスパイ網に関わっていた数名の民間人と共に1988年8月に逮捕され、西ドイツで裁判にかけられた。その結果「西側の防衛能力全体を危険に晒した」として有罪となり、終身刑を言い渡されている。

【参照項目】ロデリック・J・ラムゼイ

コンラッド、ジョセフ （Conrad, Joseph　1857-1924）

　初期の優れたスパイ小説『The Secret Agent（邦題・密偵）』（1907）の作者。テオドル・ヨシフ・コンラード・コルゼニオフスキという名でポーランドのロシア占領地域に生まれたコンラッドは、最も偉大な英文小説家の1人となった。

　コンラッドは17歳で船乗りとなり、1886年にイギリスへ渡っている。そこで英語を学んで船員免許を手に入れたが、作家の道へ進むため93年に海から去った。アナーキストの世界を描いた『The Secret Agent』はロンドンを舞台としており、彼らの爆破計画を突き止めんとするイギリス工作員の防諜活動が詳しく記されている。このストーリーは、ロンドンのグリニッジ天文台で1894年に発生した爆破未遂事件を基にしている。

　『Lord Jim（邦題・ロード・ジム）』（1900）や『Heart of Darkness（邦題・闇の奥）』（1899）といった名作のほうがよく知られているものの、コンラッドはスパイ小説に絶望と裏切りという要素を加え、これは後のジョン・ル・カレにも引き継がれている。『Under Western Eyes（邦題・西欧の眼のもとに）』（1911）では、暗殺計画に関わる同級生の裏切りに引きずり込まれた、ラズモフというロシア人学生を主人公にしている。

　コンラッドは友人に宛てた手紙の中で、人生に対する悲観的な見方を次のように記した。「ここに……機械がある。それは自ら進歩し……見よ！　それは……我々を編み込み、また編み出してゆく。それは時間、空間、苦痛、死、腐敗、そして絶望など、あらゆる幻想を編み上げる——どれ1つとして重要なものではない。しかし、この無慈悲なプロセスを見ることが時に愉快なのは認めよう」

サ

再暗号化コード (Reenciphered Codes)

「二重暗号化」を参照のこと。

サイキック情報 (Psychic Intelligence)

テレパシー（ESP）もしくは心霊能力の活用など、超常的手段で入手されたと思しき情報のこと。アメリカ国防情報局（DIA）は10年以上にわたり、推定2,000万ドルをかけてサイキック情報の入手を試みた。スターゲートというコードネームが与えられたこの計画は1980年代に始められ、DIAなどの情報機関が心霊専門家（「遠視能力者」と呼ばれていた）を雇用していたことを当局が認めてプログラムを中止する1995年まで続けられた。

ペンタゴンが超常現象に手を出したのは、ソビエトのサイキック情報活動に刺激を受けたのが原因だと思われる。1970年に『Psychic Discoveries Behind the Iron Curtain』という書籍がアメリカで刊行され、ソビエトによる実験内容が大々的に暴露された。著者のシェイラ・オストランダーとリン・シュレーダーは、長年にわたって超常現象及びESPの研究に携わったソビエトの高名な科学者多数にインタビューしたという。

後にアメリカ海軍研究者の興味を引いたある実験において、ソビエトの科学者は生まれたてのウサギを潜航中の潜水艦に乗せ、陸上の実験室に残された母ウサギの脳に電極を差し込んだ。そして潜水艦の子ウサギを殺した瞬間、母ウサギの脳が反応したという。ソビエトの科学者はこう報告している。「親子の間にコミュニケーションが存在し、我々の機器はESPの瞬間をはっきりと捉えた」

ソビエトによる実験が始まったのは、アメリカ海軍が世界初の原子力潜水艦ノーチラスを用いて陸上と海上とのテレパシーに関する実験を行なったと、フランスのある雑誌が報道した直後のことだったらしい。オストランダーとリン・シュレーダーは、ソビエトの生理学者レオニード・L・ワシリエフ博士による次の言葉を引用している。「我々はスターリン政権の下で、大規模な、そして現在に至るまで全く公開されていない、ESPに関する実験を行なったのだ！　今日アメリカ海軍は原子力潜水艦でテレパシー実験を行なっている……我々はこの重要な分野を再び探索しなければならない」ワシリエフには心霊現象に関する多数の著書がある。

ペンタゴンは出版直後から『Psychic Discoveries Behind the Iron Curtain』の内容に興味を持っていたが、それがDIAによるプログラムにつながったか否かは不明である。1995年11月、NSA本部のあるメリーランド州フォート・ミードで心霊専門家が雇用されていることをワシントン・ポスト紙が報じた。スターゲート計画はCIAに引き継がれ、外部専門家による検証がなされたが、直後の95年中頃に中止された。CIA幹部は否定的結果の報告を基に、これ以上の出費は認められないと判断したのである。情報関係者によると、ある匿名の上院議員の存在がなければ、この計画は情報当局によって中止されるはるか以前に放棄されていたはずだという。

DIAの中には、少なくとも19件の「遠視」が成功したと信じている者もいる。そのうち1件は1979年9月に行なわれたものだった。その中で、国家安全保障会議（NSC）は建造中のソビエト潜水艦に関する質問をした。遠視能力者はそれに対し、18から20基のミサイル発射筒を備え、「巨大な平らな尾部」を持つ超大型潜水艦が100日以内に進水するだろうと予測した。その後の120日間で、ミサイル発射筒を装備した（ただし予測よりも数は少なかった）潜水艦2隻が目撃されている。

遠視能力者の1人として、1978年にスターゲート計画（当時はグリルフレイムと呼ばれていた）へ配属されたアメリカ陸軍准尉、ジョセフ・マクモニーグルの名が挙げられる。マクモニーグルによると、彼をはじめとする遠視能力者は通常の手段で得られた情報を補完するために用いられたという。またCIA、NSA、統合参謀本部、麻薬取締局、シークレットサービス、入国管理局、そして沿岸警備隊といった政府機関がサイキック情報を求めたとのことである。

【参照項目】国防情報局、コードネーム、フォート・ミード、NSA、CIA、国家安全保障会議

最高機密 (Top Secret〔TS〕)

アメリカにおける最上位の機密区分。許可なく公開されると戦争や外交関係の断絶といった、国家安全保障に「極めて重大な損害をもたらす」ことが予想される情報に適用される。他の機密区分として「極秘（Confidential）」と「機密（Secret）」がある。

【参照項目】機密区分、極秘、機密

最高秘密 (Most Secret)

イギリスにおける最上位の機密区分。アメリカの最高機密（Top Secret）と同等である。

【参照項目】機密区分、最高機密

再転向エージェント (Redoubled Agent)

スパイ行為をしている機関に二重スパイであることを見破られ、意図的か否か、あるいは自発的か否かにかかわらず、もう1つの機関に対するスパイ行為に使われているエージェント。

【参照項目】二重スパイ、エージェント

サイフォニー　(Ciphony)

音声通話を盗聴されないようにするため、あるいは秘密通話を解読するために用いられる技術。cipher（暗号）と telephony（電話通信）から成る造語。

細分化　(Compartmented)

機密情報資料の取り扱いについて、それぞれ個別の手続きを定めること。細分化された資料は特別なセキュリティー・クリアランスを得た者のみが閲覧を許される。一例を挙げると、タレント・キーホールや人工衛星などの空中写真を閲覧するには専用の特別許可が必要になる。

【参照項目】セキュリティー・クリアランス、キーホール、人工衛星

サヴァク　(Savak)

イランの秘密警察兼情報機関。皇帝ムハンマド・レザー・パフラヴィーを退位・亡命に追い込んだ1979年のイスラム革命で活動の幕を降ろされた。

サヴァクはペルシャ語の「Sazamane Etelaat va Amniate kechvar（保安情報組織）」を短縮したものである。パフラヴィーはイランを近代化させる一方であらゆる政治的対抗者を抑圧したが、サヴァクはそれを執行する機関として恐怖と憎悪の目で見られた。皇帝に対する脅威の除去を任務としていたこの機関は、反体制派数千名を逮捕し、拷問の末に殺害した。

CIAはイランに大規模な支局を置き、推定50～75名の職員を配する一方、イランに対して諜報活動を行なうことはなかった。むしろイラン国内の情報に関してはサヴァクを頼りにしており、それがために帝政の打倒を予期できなかった。

CIAとサヴァクが密接に協力していた事実は、アメリカ大使へ宛てた1974年6月2日付の秘密メモに見ることができる。その中でメモの作成者は、「イランにおけるソビエト情報機関の存在」に関するCIAの報告書に触れていた。この報告書によれば、テヘランでは「識別済み」のインテリジェンス・オフィサー67名が活動しており、うち3名はソビエトの病院で、1名はアエロフロートの支社で勤務していたという。またこれらの他にも、「ソビエト情報機関の伝統的な赴任地であるイランに親しむため、国内各地を旅行中だった若い職員」などが活動していたとされている。報告書のコピーはサヴァクとパフラヴィーに渡された。

イランにおけるCIAの存在が大きくなったのは、カーミット・ルーズベルトに率いられた30名足らずのアメリカ人、イギリス人、及びイラン人のエージェントが、モハンマド・モサッデク首相率いる左翼政権を転覆させるべく作戦を遂行した1953年である（「アジャックス作戦」を参照のこと）。その3年後、CIAとモサドの支援によってサヴァクが設立された。

CIAがイラン国内で自由に活動し、ソビエトに対する情報収集活動を行なうことを、皇帝は認めていた。またNSAもイラン国内に大規模な電子傍受基地を設け、イラン軍が新型の航空、陸上、海上兵器を入手した際には大勢の軍事顧問団が支援を行なっている。しかしアメリカによるこうした活動は、いずれもサヴァクとその情報提供者によって監視されていた。

イラン国内外で反帝制運動が燃え上がった1970年代、サヴァクは亡命中の学生を対象とした複数の作戦をアメリカ国内で遂行する。CIAとFBIによる黙認の下で活動していたサヴァクのエージェントは、アメリカの各大学に通うおよそ3万名のイラン人学生を監視した。またアメリカにおけるサヴァクの責任者は、イラン代表団の一員として国際連合に駐在する外交官を活動のカバーとしていた。

消滅当時、サヴァクは推定5,000名の職員を擁すると共に、数千名の情報提供者から支援を受けていた。イスラム教原理主義者がイランの支配権を握ると、テヘランのサヴァク本部は攻撃され、情報ファイルも掠奪された。最後の長官となったネマトラ・ナシリ将軍は職員60名と共に本部庁舎内で射殺されている。

1979年2月、イスラム評議会はサヴァクを廃止し、警察力を持たない国家情報本部を創設する法案を通過させた。

「アリ・ナギ・ラッバニ」も参照のこと。

【参照項目】CIA、インテリジェンス・オフィサー、カーミット・ルーズベルト、エージェント、モサド、NSA、国際連合、カバー

サウザー、グレン・M　(Souther, Glenn M.　1957-1989)

ソビエトのためにスパイ行為をしたアメリカ海軍の下士官。海軍のカメラマンだったサウザーは機密情報へのアクセスを有すると共に、ソビエト側によると「核戦争におけるアメリカ海軍の作戦計画を示す、最高機密かつ最も価値ある資料」を閲覧できる立場にあったという。

サウザーは1976年に海軍入りし、後に語ったところでは80年からソビエトのためにスパイ行為を始めた。彼はローマのソビエト大使館に赴き、スパイとなることを志願した飛び込みスパイだった。1982年、別居中だったイタリア生まれの妻が海軍犯罪捜査局（当時はNIS）の捜査官に対し、夫がソビエトのスパイらしいと通報する。しかしNISの捜査官はこの通報を、結婚問題を抱える女性の復讐として一蹴した。

サウザーは82年に海軍の現役を退いたがその後も予備役を続け、月1度の週末にヴァージニア州のノーフォーク海軍航空基地で広報関連の任務に就く一方、オールド・ドミニオン大学でロシア語を専攻している。1983

年、国防捜査部はサウザーのセキュリティー・クリアランスを最高機密に引き上げるため、素性調査を行なった。そして新たなクリアランスを得た直後の翌年12月、サウザーはヨーロッパ・大西洋方面艦隊情報センターでの勤務を始め、機密細分化情報、写真情報、そして信号情報へのアクセスを与えられた。

1985年に海軍准士官のジョン・ウォーカーが逮捕された後、サウザーの元妻と結婚した海軍士官がサウザーにまつわる疑惑を通報した。しかしNISはサウザーが民間人であることに鑑み、FBIが捜査を行なうべきだと判断する。ところがウォーカーの逮捕を膳立てしたノーフォークのFBI支局は、サウザーに関する通報を8ヵ月にわたって放置した。

1986年5月21日、2名のFBI捜査官がサウザーに対し、敵国の情報機関と接触したことがあるか否かを尋ねた。サウザーはそれを否定したが、6月9日、ローマに飛び立ちそのまま姿を消した。6月17日、サウザーが政治亡命を申請してモスクワにいるという記事がソビエトのイズベスチャ紙に掲載される。そして2日後、彼はテレビの前に姿を現わし、人生を変える決断をしたと述べた。しかしスパイだったことは認めなかった。

1989年6月27日、ソビエト連邦軍の機関紙クラスナヤ・ズベズダは、ミハイル・エフゲニエヴィチ・オルロフという32歳の情報士官が死亡したことを伝えた。「人類のよりよい未来のために働いた」として故人を追悼したその記事は、オルロフの別名に触れていた。グレン・マイケル・サウザーである。

ロシア側がサウザーに別の名前を与えたことは、彼が長期にわたる「プラント」——アメリカ人の振りをしたソビエト国民——ではなかったかという推測を西側情報機関の中で生み出した。関係者の中には、ソビエトは時に幼児や青年を選抜し、アメリカでスパイ活動をさせるべく、アメリカ社会を模したKGB施設で育てていると考える者もいる。しかしKGB議長のウラジーミル・クリュチコフは後にモスクワで開かれた記者会見の場で、サウザーはアメリカ人であり、海軍在籍中に勧誘したと述べた。また「（サウザーの）神経系統は二重生活のプレッシャーに耐えられず」、その結果自ら命を絶ったとしている。伝えられるところによると、サウザーはKGBの制服を着て埋葬されることを望んだという——彼はKGB少佐だった。葬儀はモスクワ近郊のクントセヴォ墓地で軍の礼式に則って行なわれたが、そこにはイギリス人スパイのハロルド（キム）・フィルビーも眠っている。サウザーはロシア人の妻と生後18ヵ月になる娘を残してあの世に旅立った。

【参照項目】最高機密、飛び込み、海軍犯罪捜査局、海軍捜査部、艦隊情報センター、機密細分化情報、写真情報、信号情報、ジョン・ウォーカー、KGB、ウラジーミル・クリュチコフ、ハロルド（キム）・フィルビー

サーカス （Circus）

フィクションにおけるイギリス秘密情報部（MI6）の通称。シャフツベリー・アヴェニューとチャリング・クロス・ロード他いくつかの通りが交わるケンブリッジ・サーカス・サーキットが由来とされているものの、実際の本部はブロードウェイに所在しており（1924～66）、「サーカス」の名はスパイ小説の大家ジョン・ル・カレによって一躍有名になったものである。MI6本部がケンブリッジ・サーカスにないとはいえ、劇場や書店がひしめくこの地域にはイギリス情報機関の支部が所在するものとされている。

ル・カレは『The Honourable Schoolboy（邦題・スクールボーイ閣下）』（1977）の中で、「ロンドンの有名な交差点を見下ろすこの組織の秘密本部の住所から」その名前がとられたと説明している。超人的スパイのジョージ・スマイリーがサーカスのトップに就任した際、そのオフィスは「ケンブリッジ・サーカスに建つ、エドワード風の陰気な建物の5階にあるみすぼらしい謁見室」と描写されている。

1945年から72年に至るイギリス保安部（MI5）の歴史を記したナイジェル・ウエストの著書『A Matter of Trust』は、アメリカでは『The Circus』（1982）というタイトルで刊行された。

【参照項目】MI6、ジョン・ル・カレ、MI5、ナイジェル・ウエスト

ザカライアス、エリス・M （Zacharias, Ellis M. 1890-1961）

第2次世界大戦中にアメリカ海軍の情報士官として活躍し、冷戦の到来を予言したことで有名な人物。1912年に海軍兵学校を卒業後、20年から24年にかけて日本に駐在、日本の言葉と政治を学んだ。帰国後は1926年から31年まで暗号官として海軍のアジア根拠地で勤務している。

その後は海上任務だけでなく教育及び情報分野の任務にも就き、1938年から40年まで第11軍管区（サンディエゴ）の情報士官を務めた。また真珠湾攻撃が差し迫っていることを太平洋艦隊司令長官のハズバンド・E・キンメル大将に警告したと主張しているが、キンメルはこうした会話を交わした記憶はないと後に証言している。

1940年から42年まで重巡洋艦ソルトレイクシティの艦長を務め、太平洋におけるいくつかの海戦に参加する。42年から43年まで海軍情報副部長として勤務した後は戦艦ニューメキシコ艦長となり、再び海戦に参加している。次いで44年から45年まで第11海軍管区長官として、降伏を促すプロパガンダ放送など日本に対する心理戦を指揮した。

戦後は退役軍人名簿上で少将に昇進した後、1946年に海軍を去った。同年後半に『Secret Missions』を刊行し

てからは国際問題や防衛問題に関する講演を行ない、いくつかの著述を残している。また冷戦勃発の経緯を記した『Behind Closed Doors』は1950年に出版され、その中でザカライアスは、アメリカとソビエトとの第3次世界大戦が「1952年夏から56年秋にかけてのある時点で勃発する可能性が高い」と予測した。

【参照項目】真珠湾攻撃

ザカルスキー、マリアン (Zacharski, Marian)

スパイ行為によりアメリカで有罪となったポーランド情報機関のエージェント。ヒューズ・エアクラフト社の従業員ウィリアム・H・ベルから機密情報を買い取った後に逮捕された。

ザカルスキーはポーランド・アメリカ機械会社（POLAMCC）の西海岸担当責任者として1977年にカリフォルニア州へ赴任した。この会社は、ポーランドの貿易組織メタル・エクスポートのマーケティング部門としてアメリカで登記されていた。ザカルスキーはセールスマンとして、カリフォルニアを拠点とする航空宇宙企業に機械設備を販売した。また隣に住んでいたベルと親交を結んでいるが、当時ベルは多額の負債を抱えていた。ザカルスキーはまず機密扱いでない文書類を要求したが、やがて秘密資料を提供するよう求め、表向きは「コンサルタント料」としてベルに報酬を支払う。ベルはFBIに逮捕される1981年までに、現金11万ドルと6万ドル相当の金貨を受け取っていた。

ザカルスキーの素性を暴露したのは国際連合に所属するポーランド人だった。この人物は亡命した後、アメリカにおけるポーランドの諜報活動をFBIに話した。それによると、ベルがもたらした情報の最終的な受取人はKGBであり、ザカルスキーはその代理人だったという。

ベルはFBIへの協力に同意し、シャツの下に隠しマイクを付けてザカルスキーと何気ない会話を交わした。その結果ザカルスキーは1981年12月に逮捕され、終身刑を言い渡された。ベルには禁固8年の判決が下されている。その後85年6月、ザカルスキーを含む東側のスパイ4名と、東欧諸国で拘束されている25名とのスパイ交換が行なわれた。

【参照項目】ウィリアム・H・ベル、国際連合、FBI、KGB、スパイ交換

作戦上の保安 (Operational Security)

立案中、進行中、あるいは完了後の作戦に関する情報が、許可を得ないまま公開されるのを防ぐためにとられる措置。

「通信保安」も参照のこと。

作戦情報 (Operational Intelligence〔OPINTEL〕)

戦闘地域及び作戦地域で作戦計画を立案する際に用い

られる情報。作戦情報という用語は、作戦部隊に提供される情報を指す言葉として1980年代にアメリカ海軍によって用いられた。このレベルの情報は現在戦術情報と呼ばれている。

アメリカでこうした情報活動を担当しているのはシャイアン・マウンテン作戦本部を拠点とする作戦情報監視部（OIW）であり、自らを「宇宙活動、ミサイル攻撃、及び戦略航空活動から生じる世界規模の危機、及び国内外に展開するアメリカ軍に影響を与えかねない地域的騒乱に対する国家の警報センター」としている。

【参照項目】戦術情報

作戦情報本部 (Operatioal Intelligence Centre〔OIC〕)

第2次世界大戦中にイギリス海軍省が設けた組織。「海軍、空軍、及び商船隊から構成されるドイツの海上勢力の意図と行動を解明すべく、全てのソースから情報を入手し、調整、分析、配布を行なう」ことを目的としていた。1939年から45年にかけてドイツのUボートを相手に戦った大西洋海戦では、作戦情報本部が情報活用の鍵になった（「ウルトラ」を参照のこと）。

1936年の時点でイギリス海軍の情報部門は暗号解読を行なっておらず、政府暗号学校に任せていた。翌年6月、海軍情報長官のJ・A・G・トループ少将はノーマン・デニング少佐を抜擢し、第1次世界大戦末期におけるルーム40のような情報センターを組織するよう命じた。

デニングは1人の事務官と共に作戦情報本部という名称のセクションを作ったが、それは後に洋上戦に関係する全ての情報を調整するセンターとなり、分析と評価を一手に引き受けるまでになった。また1938年には、生み出した情報を海軍各所に配布する権限を得ている。これは第1次世界大戦のルーム40とは異なる、手続き上の大きな変更点だった。

OICの主要メンバーだったパトリック・ビースリーは著書『Very Special Intelligence』（1977）の中で次のように記している。

ネプチューン作戦（フランス侵攻）のような大規模作戦であろうと、エージェントのブルターニュ上陸、ノルウェーへの奇襲攻撃、あるいは低地諸国沖におけるドイツ商船隊への攻撃といった小規模な作戦であろうと、海上作戦の前には必ず立案者とOICスタッフとの間で詳細な打ち合わせが行なわれた。Uボートの建造計画に関する綿密な分析、ドイツの海図を小さな枡目に再構築し、Uボート司令部が秘密裡に行なった配置転換を突き止める作業、4年間にわたる爆撃隊の機雷投下作戦に最適な地域の選択。いずれも絶え間ない努力を必要としたが、これなくして明瞭かつ効果的な作戦行動は不可能だったはずだ。

【参照項目】暗号解読、政府暗号学校、海軍情報長官、ノーマン・デニング

作戦保安 (Operations Security)

「作戦上の保安」の同義語。通信の分野では、軍事作戦の立案・実行についてあらゆる兆候を識別、管理、保護することによって、友軍の戦力及び行動計画に関する情報を敵から守るプロセスが含まれる。

「通信保安」も参照のこと。

サケット、ナサニエル (Sackett, Nathaniel 1737-1805)

アメリカ独立戦争の際にジョージ・ワシントン将軍が個人的に雇ったインテリジェンス・オフィサー。

サケットは防諜活動の専門家として頭角を現わし、イギリスのスパイや密使の発見を任務とするニューヨーク陰謀摘発・打倒委員会に所属していた。1777年2月、ジョージ・ワシントン将軍はサケットに対し、ニューヨーク地区でスパイ網を作り上げ、「敵の意図に関する最良の情報を、可能な限り早期に」入手するよう求める。そして月々50ドル（現在の貨幣価値で約1,000ドル）を支払うと共に、エージェントの勧誘費用として500ドルを与えた。

サケットは自らのスパイ網についてほとんど情報を残していない。ある作戦においては、「隣のイギリス人一家」と親しくなって家禽の販売免許を入手するよう、あるエージェントに命じた。エージェントはこのカバーを使って街から郡へと自由に行動し、家禽業者から情報を入手するシステムを作り上げたものと思われる。

【参照項目】ジョージ・ワシントン、インテリジェンス・オフィサー、防諜、密使、スパイ網、エージェント、カバー

サーシャ (Sasha)

「セルジュ・カルロウ」「ユーリ・ノセンコ」を参照のこと。

殺菌 (Sterilize)

秘密作戦に用いる文書から、スポンサーとなっている組織あるいは国家を明らかにしかねないマークや記述を消去すること。

【参照項目】消毒

サットラー、ジェイムズ・フレデリック
(Sattler, James Frederick 1938-)

東ドイツの内通者として活動していたアメリカ人。ニューヨーク市に生まれたサットラーはカリフォルニア大学バークレー校に通い、後に東西ドイツとポーランドで学んだ。ドイツ語に堪能な彼は頻繁にヨーロッパを訪れ、教鞭を執り、研究を行ない、そして国際会議に参加しつつ、パリに拠点を置く外交問題大西洋研究所でも短期間勤務した。

1970年代初頭、サットラーは米国大西洋委員会の外交政策分析官としてワシントンDCで働き始めた。大西洋委員会は、北大西洋条約機構（NATO）が抱える政治上・軍事上の問題を研究する対外政策シンクタンクであり、アメリカ政府当局も有望な計画を伝播させる手段としてこの委員会を活用することがあった。

1973年頃、サットラーは西ドイツに亡命した東ドイツのインテリジェンス・オフィサーによって、スパイであることを暴露された。そのインテリジェンス・オフィサーは、KGBに情報をもたらしていた他のエージェント数名の名前も明らかにしている。

サットラーは素性を暴露される6年前の1967年からスパイ活動を行なっていた。亡命者がサットラーの名を挙げたと知ったFBIは、彼と知り合いだったジョン・レーマン海軍長官を通じて二重スパイになるつもりはないかと尋ねた。結果、サットラーはレーマンにスパイ行為を認めた後でメキシコに逃亡し、ソビエト大使館に助けを求めたが無駄に終わった。

その後すぐワシントンへ連行されたサットラーに対し、司法省はほとんど知られていない連邦法を適用、スパイとして登録するようサットラーに命じた。1974年3月23日、サットラーは国務省国内保安課が作成したGA-1様式に記入する。「外国政府または外国政党の諜報、防諜、あるいは破壊工作活動に関する知識を有していますか？」という質問では、イエスの欄にチェックを入れた。その後スパイとしての人生を次のように語っている。

1967年以来、私は北大西洋条約機構、及びドイツ、アメリカ、イギリス、カナダ、そしてフランスの各研究所や政府機関に所属する人々から受け取った情報と文書を、東ベルリンの上司に渡していました。

私はこうした情報をマイクロディスクカメラで撮影し、そのマイクロディスクをパッケージに詰め、東ベルリンの上司が後で受け取ると知りつつ、西ドイツのある住所に送っていたのです。その他の文書や情報はミノックスカメラを使って写真に収め、フィルムを直接上司に持参するか、あるいは連絡員に渡していました。マイクロディスクカメラは上司から渡されたものです。

サットラーはおよそ15,000ドルの現金と共に、東ドイツ国家保安相から「名誉勲章」を受け取ったことを認めた。

伝えられるところによると、アメリカの防諜担当官がサットラーを寝返らせた後で彼の通信システムを追跡し

た結果、ワシントンからカナダ、西ドイツ、東ドイツを経由してモスクワにつながっていることが明らかになったという。

サットラーはスパイであることを認める書類に署名した直後、姿を消した。スパイであることが露見していなければ、1980年代を迎える頃には「彼は何にでもなれていただろう……国防次官補——あるいは国務次官補にでも」と、レーマンは信じていた。

【参照項目】内通者、北大西洋条約機構、インテリジェンス・オフィサー、KGB、エージェント、二重スパイ、防諜

サテュロス （Satyr）

モスクワのアメリカ大使館で、大使執務室の天井にある国章から発見された高性能隠しマイクの謎を突き止めるべく、イギリスが実施した計画。ソビエトによって仕掛けられ、1952年にアメリカが発見したこの盗聴器は、数多くの機密情報をソビエト情報機関にもたらしたと考えられている。

盗聴器を発見したのは、国務長官の訪問に先立ち大使館の各所を点検していた「掃除人」と呼ばれる職員だった。しかしアメリカの技術者はこの装置の機能を理解することができなかった。マイクは遠く離れた場所からの極超短波ビームによって動作していたのである。

その後マイクはイギリスに運ばれ、電子専門家のピーター・ライトによって調査された。その結果、謎は明らかにされたものの、防諜活動用の盗聴装置を試作する——この活動にはサテュロスのコードネームが与えられた——まで18ヵ月を要した。

【参照項目】盗聴／盗聴器、掃除夫、ピーター・ライト、防諜、コードネーム

ザハロフ、ゲンナジー・F （Zakharov, Gennadi F.）

1986年にスパイ容疑で逮捕されたソビエト出身の国際連合（UN）職員。ザハロフの逮捕はアメリカ人ジャーナリストがモスクワで拘束される事態を生み出し、レーガン大統領とミハイル・ゴルバチョフとの間で予定されていた首脳会談を中止に追い込んだ。

エージェント勧誘を担当するインテリジェンス・オフィサーだったザハロフは、国連事務局の一組織である科学技術開発センターの科学問題担当官としてニューヨークに赴任した。通常、エージェントの活動はリーガル——国連のソビエト代表団メンバーをカバーとするKGBあるいはGRUの職員——によって管理されている。リーガルがスパイ活動で捕えられると通常は国外追放処分になり、裁判にかけられることはない。

FBIの監視チームは、ザハロフがニューヨーク地域の大学キャンパスでかなりの時間を費やしていることに気づいた。ザハロフから接触された学生数名がこの件を

FBIに通報したものの、二重スパイの可能性がある者はいなかった。そして1983年4月、FBIはガイアナから来た25歳の青年リーフ・N・ボーゲを協力者として引き込む。ボーゲはザハロフからスパイ行為の勧誘を受けており、FBIによるコードネームはプラマー（鉛管工）、KGBによるコードネームはバーグだった。

ザハロフはコンピュータ工学を専攻していたボーゲに対し、自分は国連所属の科学調査官であり、ロボット工学及びコンピュータ技術の情報入手にあたって手助けが必要だと打ち明ける。ボーゲの卒業が間近に迫る1984年後半、ザハロフは人工知能あるいはロボット工学に関する職に就くよう彼に促した。これを知ったFBIは、ある捜査官の父親が経営し、レーダーや軍用機エンジン用の精密部品を製作しているメーカーに就職できるよう取り計らった。

1986年5月、ザハロフは1つの契約を口述し、ボーゲがそれを書き留めた上で署名し、ザハロフに渡した。そして契約の証しとしていくらかの現金を受け取った。その契約によると、ボーゲは「向こう7年から10年間にわたって」スパイとして働き、「その後……契約は更新または延長される」ことになっていた。支払いはもたらす情報の質によるものとされた。この時ボーゲは隠しマイクを付けており、ザハロフとの会話は近くに駐まるFBIの車に逐一送信されていた。

国務省がザハロフの逮捕に反対であることを知ったFBIは、ホワイトハウスに許可を求めた。その中で、ザハロフは小物のスパイであり特に危険というわけではないが、ソビエトがスパイ活動の場として国連を悪用していることに対し、アメリカの不快感を表わす絶好の機会だと主張している。当時、レーガン政権は「スパイの1年」——1985年の1年間だけで数名のアメリカ人スパイが摘発されていた——による痛手からいまだ立ち直っておらず、ザハロフ逮捕の許可を与えた。

8月23日、ジョギング中の振りをした男女1名ずつのFBI捜査官がザハロフを逮捕する。この時ザハロフは、ニューヨーク市クイーンズの駅でボーゲと会話を交わしていた。ザハロフはKGBのインテリジェンス・オフィサーであり、アメリカ空軍が運用しているジェットエンジンの設計に関する機密文書3点と引き換えに、1,000ドルをボーゲに支払ったとFBIから発表される。この文書はFBIからボーゲに渡されたものだった。またザハロフの住居を捜索したところ、ワンタイムパッドと秘密筆記用の化学薬品が発見されている。そして同時に発見されたグリーティングカードを検査してみると、ほとんど目に見えない点の中にコード化された情報が記されていた（「マイクロドット」を参照のこと）。

それからちょうど1週間後、KGBはUSニューズ＆ワールド・レポート誌のモスクワ特派員、ニコラス・S・ダニロフを逮捕、スパイ容疑で起訴した。ザハロフは連

邦裁判所において異議を申し立てないことを誓った上で、ダニロフが釈放されたのと同時にアメリカを出国している。レーガン政権は、ダニロフはスパイでないためスパイ交換にはあたらないとした。

【参照項目】国際連合、エージェント、インテリジェンス・オフィサー、リーガル、カバー、KGB、GRU、FBI、監視、二重スパイ、コードネーム、スパイの1年、ワンタイムパッド、秘密筆記法、ニコラス・S・ダニロフ、スパイ交換

ザハロフ、サー・バジル （Zaharoff, Sir Basil 1849-1936）

ヨーロッパで大規模かつ有能なスパイ網を運用した国際武器商人。ロシア人の父とギリシャ人の母との間にトルコで生まれたとされるザハロフは、軍需企業ヴィッカース社の代理人を務め、後にヴィッカース・マキシム社の社長となっている。またイギリス情報機関——伝説的スパイのシドニー・ライリーやイギリス国王も含む——と親密な関係にあるとされた。

同時代の新聞は彼を「死の商人」と称している。ザハロフは産業情報を集めると共にその提供者でもあった。

【参照項目】産業スパイ活動、シドニー・ライリー

ザハロフ、マトヴェイ・ワシリエヴィチ

（Zakharov, Matvei Vasilievich 1898-1972）

1949年から52年までソビエト軍の情報機関GRUの総局長を務め、その後2度にわたって参謀総長に就任した人物。

第1次世界大戦中はペトログラード（現・サンクトペテルブルグ）に住んでいたが、軍への徴兵は免れた。その一方で反戦運動に加わり、1917年4月にはボルシェビキが指導する赤衛隊に入隊している。10月にボルシェビキが冬の宮殿を襲った際も、ザハロフはそれに参加した。

戦後は反ボルシェビキ勢力の弾圧を行なうと共に、赤軍入りしてフルンゼ軍事アカデミーで学ぶ。1935年9月当時は37歳の若さで連隊長を務めており、その後間もなくして、「戦略技術と卓抜した指揮を実施するにふさわしい候補者」を輩出すべく新設された参謀本部軍事アカデミーに入った。ザハロフは1930年代に吹き荒れた大粛清を生き延び、37年7月にはレニングラード軍管区の参謀長となり、翌年5月からは参謀総長補佐官を務めている。

1941年6月にドイツ軍がソビエトへ侵攻した際、少将に昇進していたザハロフは、オデッサで編成された第9軍の参謀長を務めていた。戦力を分散させた結果、第9軍の航空隊はドイツ軍による初期の空襲を受けた部隊で最も犠牲が少なかった。その後名誉ある第2ベラルーシ前線に移って1944年6月の大攻勢を指揮し、戦後は参謀本部軍事アカデミーの校長となっている。

1949年1月、ザハロフはGRU総局長に就任する。当時GRUは、西側の兵器開発を対象とした情報活動を急速に拡大させていた。しかし1952年6月、第19回共産党大会の開催を巡って権力闘争が発生する。政治局の主張にスターリンは反対したが、参謀総長とザハロフはスターリンを支持したため、いずれも解任された。1953年3月のスターリン死去後もザハロフの転落は続いたものの、5月にはレニングラード軍管区の司令官に任命されそのポストをかろうじて維持している。

1957年10月、今度はニキータ・フルシチョフ率いる政治局とゲオルギー・ジューコフ元帥との間で権力闘争が発生した。ザハロフは完全に政治局の側に立ち、その功績としてドイツ駐留ソビエト軍の司令長官に任命された。次いで59年にソ連邦元帥へ昇進し、翌年4月には参謀総長となっている。

しかしキューバミサイル危機の後に政治・軍事指導者の入れ替えが行なわれ、ザハロフも1963年に罷免された。その後は反フルシチョフ陰謀に関わり、1964年10月にフルシチョフが失脚したことで参謀総長に返り咲いている。71年9月に健康問題を理由として参謀総長を退き、4ヵ月後に死去した。

【参照項目】GRU、技術情報、キューバミサイル危機

サファイア （Sapphire）

フランス情報機関SDECEの内部で活動していたと思しきソビエトのスパイ網を指すコードネーム。この事実はCIAに寝返ったKGBエージェント、アナトリー・ゴリツィンによって1961年12月に明らかにされた。

ゴリツィンによると、サファイアの内通者はシャルル・ド・ゴール政権内部、北大西洋条約機構（NATO）軍のパリ司令部、そしてSDECE自体に浸透していたという。ケネディ大統領はCIAの防諜責任者ジェイムズ・ジーザス・アングルトンの勧告に従ってド・ゴールに親書を送り、ゴリツィンが暴露した内容を伝えた。その親書はCIAのパリ支局長からド・ゴールに直接手渡されている。

しかしCIAの陰謀ではないかと疑ったド・ゴールは、SDECEにCIAとの関係を絶つよう命じた。一方、サファイアの活動を暴露したことにフランス側の反応がなかったため、アングルトンは外交電文を読んでフランスの真意を見極めるべく、ワシントンDCのフランス大使館に不法侵入（ブラック・バッグ・ジョブ）してコード書を入手するよう命じた。だがこの不法侵入が明らかになり、SDECEのワシントン支局長は本国へ召還された。

サファイア事件はレオ・ユリス著『Topaz』（1967）の題材となり、後に映画化された（「スパイ映画」を参照のこと）。小説の形をとっているとはいえ信憑性は高く、CIAからユリスに情報がわたったと考える関係者もいた。フランスの情報当局はユリスと映画会社を訴えて

勝訴したが、ユリスはこの裁判を基に『QB VII（邦題・QB7)』（1970）を執筆している。

　サファイアに所属していたスパイの1人に、NATOの広報官を務めていたジョルジュ・ピケがいる。ピケは機密資料をソビエトのハンドラーに渡している姿をフランスの監視チームに目撃された。ピケが裁判で主張したところによると、外交及び軍事に関する機密情報を渡したのは国際的緊張を緩和するためだったという。またソビエトのハンドラーがニキータ・フルシチョフからの手紙を彼に見せ、そこには1961年のベルリン危機において、ピケの情報を基に対応したと記されていたとも述べている。ピケは反逆罪で終身刑の判決を受けたが、後に禁固20年に減刑された。

　ヴェノナ計画による解読文書には、フランス航空省所属の科学者アンドレ・ラバルテが1940年代にソビエトのスパイを務めたことが記されていた。フランス情報当局は、ラバルテが1944年にアルジェでピケを勧誘したものと信じている。

【参照項目】SDECE、スパイ網、コードネーム、CIA、エージェント、アナトリー・ゴリツィン、内通者、北大西洋条約機構、防諜、ジェイムズ・ジーザス・アングルトン、ブラック・バッグ・ジョブ、コード、ハンドラー、監視、ベルリン、ヴェノナ

サフォード、ローレンス・F （Safford, Laurance F. 1893-1973）

　暗号解読組織を作り上げるなど、アメリカ海軍における暗号解読活動の第1人者だった人物。

　1916年の海軍兵学校卒業後は海上勤務を経て、日本海軍の通信を傍受すべく24年に通信情報（COMINT）

ローレンス・サフォード大佐（出典：NSA）

ユニットを組織する。研究班という名称のもと海軍通信局内に置かれたこのユニットはOP-20-Gというコード名で知られ、OPは海軍作戦部長を、20は海軍の通信活動を、そしてGは局内における7番目のユニットであることを表わしている。後に研究班は通信保安群と改名された。当初のスタッフはサフォード大尉と民間人4名という構成であり、最初の任務は入手が容易だった日本の外交暗号を解読することだった。

　1925年から29年まで洋上勤務に戻った後、3年間暗号任務に携わってから再び海に戻る。そして1936年にOP-20-Gの指揮官となり、退役するまで暗号活動を担当した。49年から51年まで軍保安局長の特別補佐官を務めた後、現役を退いている。

　1958年、議会は戦時中の発明に対する特許料の代わりとして、サフォードに10万ドルを授与した。

【参照項目】暗号解読、通信情報、軍保安局

サボー、ゾルターン （Szabo, Zoltan）

　ドイツ駐留のアメリカ陸軍内部でスパイ網を作り上げた1等軍曹。

　1974年、サボーはクライド・リー・コンラッド軍曹をハンガリーのインテリジェンス・オフィサーに紹介し、その後コンラッドはスパイ網の中心メンバーとなった。サボー自身は1989年にスパイ容疑で有罪判決を下されたが、FBIと陸軍による長期の捜査に手を貸し、コンラッドの摘発とスパイ網の壊滅に貢献したとして、禁固10ヵ月の執行猶予付き判決で済んでいる。

【参照項目】スパイ網、クライド・リー・コンラッド、インテリジェンス・オフィサー

ザボーチン、ニコライ （Zabotin, Nikolai ?-1946）

　1943年から45年までレジデントとしてカナダに駐在した、ソビエト軍の情報機関GRUの士官。1943年夏に部下の暗号官イーゴリ・グゼンコを伴ってカナダ入りし、原子力物理学者のアラン・ナン・メイらを通じて原爆の秘密を盗み出したGRUのスパイ網を指揮している。

　しかしグゼンコは1945年9月にカナダ政府へ亡命、ザボーチンによる諜報活動を暴露した。カナダ当局はザボーチンの逮捕を計画したものの、彼は司直の手を逃れてニューヨークに赴き、同年12月、ソビエトの商船アレクサンドロフ号に乗り込んだ。

　ザボーチンのその後の運命については諸説ある。ソビエトに向かうアレクサンドロフ号から海に飛び込んだという説もあるが、翌年1月に帰国した4日後、「心臓発作」で死亡したとする説のほうが有力である。

　ザボーチンのコードネームは「グラント」だった。

【参照項目】レジデント、GRU、暗号、イーゴリ・グゼンコ、アラン・ナン・メイ、スパイ網、コードネーム

ザミール、ズヴィ （Zamir, Zvi　1925-）

　1968年から74年までイスラエルの諜報機関モサドの長官を務めた人物。

　ポーランドに生まれたザミールは乳児の頃にパレスチナへ移住した。1948年5月のイスラエル建国直後に陸軍入りし、メイアー・アミットの後任としてモサド長官に任命された際には、少将にまで登り詰めていた。それまで情報活動の経験はなかった（駐在武官兼スパイとしてイギリスに赴任したことを除く）ものの、イスラエルの複雑な情報機関と関わりがなかったというまさにその理由で、レヴィ・エシュコル首相から指名されたのだと関係者は語っている。

　1972年のミュンヘンオリンピックに参加していたイスラエル選手団11名がブラックセプテンバーのテロリストに殺害（2名）・誘拐（9名）されたのを受け、ザミールもミュンヘンに急行する。しかし対テロリスト部隊による人質救出を西ドイツ当局に拒否されたため、選手団は全員殺害された。ザミールには選手団の復讐という任務が課せられる。ゴルダ・メイア首相は極秘の復讐委員会を組織し、直接か否かにかかわらず虐殺に関わったテロリストの殺害を許可した。

　ザミールはマイク・ハラリを復讐チームのトップに任命した。暗殺行為にはスキャンダルと拙速が伴ったものの、ザミールはこの混乱を乗り切った。また1973年のヨム・キプル戦争（第4次中東戦争）前後に発生した情報活動の失敗でも個人的な面目を失うことはなく、5年間の在任期間を終えて無事に退任している。

【参照項目】モサド、メイアー・アミット、駐在武官、マイク・ハラリ

サム　（Sam）

　ソビエトの情報機関NKVD（内務人民委員部）と関係を構築すべく、1941年8月から9月にかけてモスクワへ派遣されたイギリス使節団を指すコードネーム。

　イギリス使節団はSOE（特殊作戦執行部）の要員から構成されており、秘密情報部（MI6）に所属したことのあるジョージ・ヒル准将が団長を務めた。犯罪ジャーナリストのチャプマン・ピンチャーは著書『Too Secret Too Long』（1984）の中で次のように記している。「ヒルの抜擢は特筆に値する。ロシア革命後に起こったボルシェビキ委員会メンバーの暗殺未遂において、彼がもう1人のスパイ、シドニー・ライリーと共に関与していたことをソビエト側は知っていたからである」（「シドニー・ライリー」を参照のこと）

　交渉の結果、ソビエト連邦及びイギリス連邦の外部において、反体制活動とプロパガンダの分野で相互に協力するという合意をソビエト側から引き出すことに成功した。それを受けて1人のNKVD職員が公式にロンドンへ配属される一方、イギリスの軍事使節がモスクワに駐在し、情報提供ルートとして機能した。しかしイギリスはサム使節団及びその後の合意からほとんど利益を得られなかった。実際、鹵獲されたドイツ軍の兵器に関する技術情報さえ提供されていないという不満が、イギリス政府から上がったほどである。しかしモスクワに駐在していたSOEの連絡将校は一部ロシア人との接触を許され、時には他のイギリス人将校が立ち入りを許されていない場所に入ることもできた。

　対照的にイギリス側はソビエトに対してかなりの支援を行ない、情報源こそ公式には秘匿したものの、暗号解読から得られた情報（ウルトラ）も提供している。しかしジョン・ケアンクロスなどのスパイがすでにウルトラ情報をソビエトに渡しており、モスクワへ渡すには不適当だと判断されたその他の情報も伝えられていた。

　またNKVDはイギリスに対し、エージェントをイギリスの手でドイツ軍の占領地域にパラシュート降下させ、西ヨーロッパで囚われの身となったソビエト軍の捕虜やその他のグループと接触させることを提案した。イギリスの同意を受け、数名のNKVDエージェントが潜水艦によってイギリスへ送られ、訓練を経て占領下のヨーロッパ各地に潜入した。

　その一方で、イギリスの機密情報を盗み出そうと必死に活動を続けるエージェントもいたのである（「ケンブリッジ・スパイ網」を参照のこと）。

【参照項目】NKVD、コードネーム、チャプマン・ピンチャー、技術情報、ジョン・ケアンクロス、エージェント

寒い国　（Cold）

　味方の手が届かない敵国に潜入したスパイの心理状態。ジョン・ル・カレは小説『The Spy Who Came In From the Cold（邦題・寒い国から帰ってきたスパイ）』（1963）において、この心理状態を鮮やかに描き出した。二重スパイをテーマにしたこの小説で、主人公のリーマスはガールフレンドのリズ・ゴールドを後に残して「寒い国」から帰ることはできなかったのである（この小説は1965年にリチャード・バートン主演で映画化された）。

【参照項目】ジョン・ル・カレ

鮫作戦　（Haifisch）

　ソビエト連邦に対する奇襲攻撃（「バルバロッサ」を参照のこと）の意図を隠すため、1941年に立案されたドイツの大規模な欺瞞作戦。銛作戦と共に4月下旬に裁可された鮫作戦では、艦艇と揚陸艇を西ヨーロッパ沿岸に集結させて揚陸・乗艦演習を実施すると同時に、イギリス上空で偵察機を飛行させることになっていた。また長らく延期されてきたイギリス侵攻の噂がドイツ占領地域に広められた（元々の侵攻作戦——アシカ作戦——は

1940年秋に予定されていたが、イギリス空軍から制空権を奪えなかったために中止されていた）。

鮫作戦の最終目的は、上陸拠点と飛行場を確保すべく空挺部隊によるイギリス上陸が実施され、その後イギリス南東部の海岸4ヵ所に歩兵師団8個が上陸すると、イギリス及びソビエトに信じさせることだった。歩兵師団が上陸した後は機甲師団4個と自動車化師団2個が続き、次いで歩兵師団6個から成る第3波が上陸、地域全体を支配下に置くと共にロンドンまで進撃することになっていた。

1941年6月22日にドイツ軍がソビエトに侵攻した後も、欺瞞活動が直ちに中止されたわけではなかった。国防軍最高司令部は策略の継続を試み、ドイツ軍が東方で迅速な勝利を収めた後は西に矛を向けると、イギリスに信じさせようとした。

暗号解読活動（ウルトラ）によってドイツのソビエト攻撃計画に関する優れた分析結果がイギリス指導層にもたらされたものの、イギリス侵略の恐怖はソビエト侵攻後も消え去らなかった。そして1941年8月、チャーチル首相と参謀本部はソビエト戦線の状況を鑑み、ようやく侵攻に対する警戒態勢を緩和したのだった。

【参照項目】欺瞞、銛作戦、偵察、ウルトラ

サモス (SAMOS)

アメリカ空軍の偵察衛星「衛星及びミサイル観測システム（Satellite and Missile Observation System）」の略称。

フィルム容器を地上に戻すコロナ写真衛星と違い、サモスは機上で現像を行なう設計であり、現像された写真はスキャン後、テレビと同様の方法で地上局へ送信（ダウンリンク）されることになっていた。

サモスはコロナ同様、WS（兵器システム）-117Lプロジェクトと、民間企業が参加したパイドパイパー入札事業から生まれたものである。当初はセントリーという名称を与えられたが、後にサモスと改称された。

この衛星が開発された1950年代後半、米ソ間のいわゆるミサイルギャップを巡る懸念は大きく、議会は人工衛星計画を強く支援していた。CIAがコロナ衛星を開発していたのと同時期に、空軍のサモス計画にも予算が与えられたのはこのためである。しかしサモスのダウンリンク技術はいまだ不十分であり、後の衛星ではコロナ同様フィルム容器を放出し、特別な改造を施された飛行機がパラシュートで降下中の容器を回収することになった。

予算の問題に加え、サモスの管轄も当時は大問題だった。コロナがCIAのプロジェクトである一方、空軍は当初サモスを自らのプロジェクトであると考えていた。しかし政府高官の一部は、偵察衛星は国家の資産であり、軍組織の「私物」ではないと信じていた。だがサモ

スを巡る状況は、1960年8月25日に国家偵察局（NRO）が極秘のうちに創設されたことで大きく改善される。ペンタゴンの空軍スタッフが秘密裡に運営するNROは国防総省の一機関だが、実際にはインテリジェンス・コミュニティーの一員であり、中央情報長官（従ってCIA）の下に置かれていたのである。

NROの運営は主として空軍によって担われた。加えてサモスの管轄がNROに移ったことで、NROの隠れ蓑（カバー）になっていた空軍の司令部がプロジェクトの指揮を振るえるようになる。しかしこの計画は空軍の指揮系統の外にあり、戦略航空軍団司令官のカーチス・ルメイ大将が関わっていなかったことは特筆される。

サモス衛星1号機の打ち上げは1960年10月11日に行なわれたが、発射塔とアジェナロケットを結ぶ電線が分離せず、衛星の一部を破損したことで失敗に終わる。それでも翌年1月31日の2号機打ち上げは成功し、ほぼ1ヵ月にわたって写真を地上局に送り続けた。しかしコロナ衛星の写真に比べて質が低く、分析には数ヵ月を要した。衛星の総重量は1.9トンで、地上475〜557キロメートルの軌道を周回した。

なおサモス衛星の打ち上げに初めて成功した時点で、コロナ衛星は5ヵ月以上にわたって有益な写真をもたらしていた。

続く2回の打ち上げは失敗に終わったものの、その後は成功が続き、失敗したのは数回のみだった。1962年11月11日までに11回の打ち上げが実施されているが、失敗に終わったのは4回だけである。だがウィリアム・E・バロウズは著書『Deep Black』（1986）の中で次のように指摘している。

解像度はまた別の問題だった。関係者の中には、計画が進行するにつれ、解像度（識別可能な地上の物体の大きさ）が20フィート（6.1メートル）から約5フィート（1.5メートル）に向上したことを指摘する者もいる。一方、CIAのハーバート・スコヴィル・ジュニアらは、サモスが有益な写真をもたらすことはなかったと主張している。

こうした欠点を抱えながらも、1962年に発生したキューバミサイル危機ではサモスのデータも活用された。

サモス衛星にキーホールの呼称は与えられなかったが、基本型のカメラシステムは失敗に終わったランヤード計画においてKH-6として用いられた。

【参照項目】人工衛星、偵察、コロナ、CIA、国家偵察局、インテリジェンス・コミュニティー、中央情報長官、カバー、ウィリアム・E・バロウズ、キューバミサイル危機、キーホール、ランヤード

サリュート　(Salyut)

　科学研究だけでなく偵察などの軍事目的にも使われた
ソビエトの有人軌道実験室。1971年4月19日に打ち上
げられたサリュート1号は世界初の宇宙ステーション
となった。6月7日には1機の宇宙船がサリュート1号
とのドッキングに成功、クルー3名を移乗させている。
彼らは6月29日まで任務を続けた。

　(この3名は宇宙ステーションを離れた後、再突入の
際にハッチが開いたため窒息死した。当時のミッション
では宇宙服すら搭載されておらず、後に行なわれたサリ
ュート宇宙ステーションへの飛行では必ず搭載すること
になった。なお宇宙服を乗せる必要が生じたため、その
後10年間、宇宙ステーションへの飛行はクルー2名に
制限されることになった)。

　サリュート1号は6ヵ月足らずで任務を終了したが、
その後も有人宇宙ステーションの打ち上げは続けられ、
1982年4月19日に打ち上げられたサリュート7号が最
後になった。総重量21トンのこの巨大宇宙船は地上
473キロメートルの軌道を周回し、1991年初頭まで運用
された。

　サリュートはほぼ常に有人状態にあり、宇宙船によっ
て交代要員と補給物資が輸送された。司令官は必ず軍人
とされていたものの、民間人もフライトエンジニアとし
て搭乗していた。これらの宇宙ステーションにより、ソ
ビエトはアメリカの何倍もの有人状態による宇宙飛行時
間を稼ぐことができた。ソビエト当局は、宇宙ステーシ
ョンで活動する宇宙飛行士は目視、カメラ、分光計、及
び多スペクトル電子光学センサーを用いて地球の観測を
行なっていると発表した。一方アメリカ政府が作成した
『The Soviet Space Challenge』(1987)には、これらの
観測結果は「偵察及び目標照準に応用されている」と記
されている。

　公表された実験結果を基に、サリュート1、2、3、及
び5号は軍事目的、4、6、7号は民間の研究目的だった
と推測されている。しかし両者が同時に行なわれていた
可能性もある。一例を挙げると、サリュート7号では
レーダーを用いた潜水艦探知の実験が行われている。
「礼砲(salute)」を意味するサリュートという名称は、
サリュート1号が打ち上げられる10年前に成し遂げら
れた、ユーリ・ガガーリンによる世界初の有人宇宙飛行
を顕彰するものだった。

　サリュート宇宙ステーションは1986年に打ち上げら
れたミールによって置き換えられた。またアメリカでも
同様の有人軌道実験室が計画されたものの、実現には至
っていない。

【参照項目】偵察

ザルービン、ワシリ・ミハロヴィチ

(Zarubin, Vassili Mikhailovich　1894-1974)

　ソビエトの情報機関NKVD(内務人民委員部)のレジ
デントとして、第2次世界大戦期の大半をアメリカで
過ごした人物。

　ザルービンが保安と情報の世界に足を踏み入れたの
は、ロシア内戦後のウラジオストク地方においてだった
と考えられている。その後は経済犯罪を担当する地区保
安機関の経済局長を務め、ウラジオストクでの2年間
にわたる勤務を経てハルビンへ移っている。ボルシェビ
キが内戦で勝利を収めて以来、ハルビンには数多くの白
系ロシア人が流れ込んでいたが、ザルービンはそこで中
国関連の業務に就き、その働きによって表彰された。

　次いで妻リサを伴い、インテリジェンス・オフィサー
としてフィンランドとフランスで勤務し、1933年から
37年までドイツに駐在した。伝えられるところによる
と、ザルービンの任務にはこれら各国における諜報網の
組織も含まれていたという。

　ソビエトに帰国したザルービンは、インテリジェン
ス・コミュニティーだけでなく社会全体をも壊滅に追い
込んだ大粛清を生き延びた。1941年初頭には再び極東赴
任を命じられ、ドイツ当局をソビエトの有利になるよう
動かそうと試みている。

　ドイツ軍がモスクワに迫り、レニングラードを包囲し
た1941年秋、ザルービンはアメリカ行きを命じられ
る。その時彼は、ドイツと西側諸国の単独講和を阻止す
るという特別な任務——スターリン個人によるものだっ
たと思われる——を与えられていた。単独講和が実現す
れば、ドイツ軍はソビエトとの東部戦線に全戦力を集中
させるはずだった。

　1941年12月25日、ザルービンは合法的にサンフラ
ンシスコへ上陸し、ニューヨークへ向かった。そしてソ
ビエト大使館2等書記官をカバーとして、3年間にわた
りNKVDのアメリカ駐在レジデントを務めている(前
任は同年5月FBIによって逮捕されたガイク・オヴァ
キムだった)。

　1943年8月7日、匿名の手紙がFBIに届く。そこに
は次の内容がロシア語で書かれていた。

　(ザルービンは)エージェントを違法にアメリカへ出
　入国させ、秘密無線局を組織し、文書の偽造を行なっ
　ている。彼と近い関係にあるアシスタントは以下の通
　り。

　1.　彼の妻は当地における政治情報活動を指揮し、
　国務省を含むほぼ全ての省庁で大規模なスパイ網を組
　織している。その一方でNKVDに偽情報を送り、価
　値のある全ての資料をボリス・モロズ(ハリウッド)
　なる人物を通じてドイツにもたらしている。彼女を監

視下に置けば、スパイ網の全貌はすぐ明らかになるだろう。

この後には別の8名の名前が続いている。

2003年、ウラジーミル・コノプリッキーはプラウダ紙に次のような文章を寄せている。「ザルービンはソビエト連邦とアメリカの関係構築に大きく貢献した。その仕上げとして、妻リサと共に原爆情報の入手を始めたのである」

ザルービンは、アメリカ共産党（CPUSA）党首であり、ソビエトのエージェントでもあったアール・ブラウダーのNKVDにおける窓口だった。またアチーブメントというコードネームの作戦を指揮し、レオン・トロツキー暗殺犯のメキシコ監獄からの救出も試みている。

だがインテリジェンス・オフィサーとしての輝かしいキャリアは、予期せざる形で終わりを迎えた。ザルービンとアメリカ情報機関とのつながりを非難する報告書が、ニューヨークのエージェントからNKVDのもとに届けられたからである。6ヵ月間にわたる調査の結果、この非難は虚偽であることが証明された。しかしザルービンは1944年8月にソビエトへ召喚され、その後2度と出国を許されなかった。

ザルービンは1948年まで保安分野での勤務を続け、54歳の時に健康問題を理由としてNKVD少将を最後に引退した。それから26年経って死去した際には、レーニン勲章を授与されると共に、極東の一農村に「ザルビノ」という名前が付けられている。

ヴェノナ計画で解読されたソビエトの情報通信において、ザルービンのコードネームはマキシム、妻のそれはヴァルドだった。また両名はポピー、マミーとも呼ばれている。さらにズブリンという偽名を用いて活動することもあり、その際のコードネームはマキシンだった。

【参照項目】NKVD、レジデント、インテリジェンス・オフィサー、スパイ網、カバー、ガイク・オヴァキム、FBI、CPUSA、エージェント、ヴェノナ、コードネーム

サーロー、ジョン　(Thurloe, John　1616-1668)

オリヴァー・クロムウェルの下で国務大臣と情報機関トップを務めた人物。イングランドとヨーロッパ大陸で優秀なスパイ組織を運用し、チャールズ・スチュアート（チャールズ2世）による王政復古に抵抗した。

サセックスで弁護士を務めていたサーローは、1649年から58年までイギリスを統治したクロムウェルから経済的支援を受けていた。その後ヨーロッパで最も優秀な情報機関を作り上げ、郵政総監という公職を通じて情報活動を指揮すると共に、国務大臣、内務大臣、警察長官、外務大臣、陸軍大臣、そして官房長官を歴任している（時に兼務することもあった）。またサーローの情報機関はイングランドとヨーロッパ各国の首都でスパイ網

を組織しただけでなく、手紙の開封も大規模に行なっていた（「ジョン・ウォリス」を参照のこと）。

サーローはクロムウェルによる統治の時代を生き残り、護国卿の息子リチャードが後を継いだ時も引き続き国務大臣を務めた。しかし1660年5月15日に反逆罪で逮捕され、釈放から死去までの8年間は外交政策に関する文書を執筆して余生を送った。また全7巻から成る書簡集は、クロムウェル時代に関する貴重な1次資料となっている。

サロン・キティ　(Salon Kitty)

ドイツのSD（親衛隊保安部）が建てた施設。ドイツのスパイマスター、ヴァルター・シェレンベルクはこう述べている。「外国の重要人物を秘密の雰囲気の中で『歓待』し……魅力的な女性によるもてなしを提供する。こうした雰囲気の中、いかに堅物の外交官といえども心身共にくつろぎ、有益な情報を話してくれるだろう」

サロン・キティはベルリンの高級住宅地に設けられた。『The Schellenberg Memoirs（邦題・秘密機関長の手記）』（1956）では次のように描写されている。

マイクロフォンを設置するため壁は二重とされた。隠しマイクは自動送信装置を経由してテープレコーダーと接続されており、家の中で行なわれるあらゆる会話が記録された。我が部局の技術スタッフ3名が宣誓した上でこの施設を担当した。また表向きの所有者には家政婦と料理人が与えられ、最高のサービス、料理、そして酒を振る舞えるようにした。

サロン・キティの女性たちは「極めて頭がよく洗練された売春婦」から選抜され、シェレンベルクによると「ドイツの上流階級に属する多数の淑女が、こうした形で祖国に貢献することを望んだ」という。

サロンは外交官などの顧客から多くの秘密を得ることに成功した。またナチ高官、特にラインハルト・ハイドリヒもこのサロンを愛用している。当然ながら、この時マイクのスイッチは切られていた。

【参照項目】SD、ヴァルター・シェレンベルク、ベルリン、ラインハルト・ハイドリヒ

産業スパイ活動　(Industrial Espionage)

容易に、または合法的に入手できない商業上の優位性を得るべく行なわれるスパイ活動。民間レベルで見ると、私企業は古くから競争相手へのスパイ行為を続けてきた。しかし1980年代以降、この単語は他国の産業上・商業上の利害関係に対する、国家の支援を得たスパイ活動を指すようになった。

公の情報源（オープンソース）に頼る経済情報活動と違って産業スパイ活動には伝統的な諜報活動で見られる

違法行為が関連しており、近年ではこの形態の情報活動が急増したとされている（「中国」「フランス」を参照のこと）。

1994年以降現在に至るまで、国家対情報センター（NACIC）という無名に近い機関が、アメリカ企業もしくはその技術を標的にした産業スパイ活動についての情報を管理し、限定された一部のアメリカ企業にこの種の情報に関する報告書を配布している。

アメリカ国内では、経済上・産業上の利益を損なう外国の諜報活動はCIAによる監視の対象となっている。CIAが国外で収集した犯罪関連情報──国家ぐるみの不公正な貿易取引や入札企業からの賄賂──はFBIに引き渡されると共に、標的となったアメリカ企業にも非公式の形で警報が送られる。

国務省傘下の海外保安諮問会議（OSAC）は政府と民間部門との情報交換を推進すべく1990年代に電子掲示板を運営していたが、2001年9月11日以降はその重点を他に移し、「ロシアにおけるビジネス上及び法律上の問題点」「サハラ以南のアフリカで高まりつつある海洋事業の危険性」そして「テロ攻撃の『ソフトターゲット』に内在する脆弱性」といったテーマにつき、2,300の登録済み「顧客」へ情報を提供している。またOSACは年次報告会を開催しているが、国務長官自身が出席することもある。2002年にはコリン・L・パウエル長官がOSACによる「道を切り拓く支援」の実例として、「南アフリカの自動車強盗、アルゼンチンの政情不安、インドとパキスタンの緊張状態」についてスピーチを行なった。

NSAによる世界規模の盗聴活動は高度な機密とされている一方で、時として産業スパイ活動の証拠を発見することもある。その情報は「消毒」された上で「FBI危険通知」となり、ターゲットとなり得る企業へももたらされる。

NSAは世界規模の監視網エシュロンを使って盗聴活動を行なっているが、テロリスト情報の収集を目的としながら、産業スパイ活動にも用いているのではないかという疑いがヨーロッパ企業から上がっている。またアメリカのビジネス界においても、スパイ活動と疑わしき事例が頻繁に発生している。2003年、莫大な利益が約束されたロケット開発契約を受注すべく産業スパイ行為をしたとして、ロッキード社はボーイング社を訴えた。ボーイング社は一部従業員の反倫理的行為について謝罪したものの、会社自体は高度な倫理規範を遵守していると主張した。

FBIが外国勢力の関与を疑い、あるいはそれを確信したとしても、捜査の対象となるのは刑事事件となり得るケースのみである。だがこうしたケースは滅多に見られず、通常は昔ながらの諜報手段が用いられている。1980年代にFBIが発表したところによると、KGBと東側諸国は古くからの勧誘手法を用いて産業スパイを育成するのみならず、合法的に輸入できない製造装置を入手すべくダミー企業の設立や許可証の偽造といったことも行なっているという。こうしたスパイ行為を立件した実例（「ウィリアム・H・ベル」を参照のこと）も存在するが、後にアメリカ政府は事件を法廷に持ち込むのではなく、情報を広める方向に進んでいった。

その一例を挙げると、14億ドルの電話通信プロジェクトを握るブラジル政府職員にフランス企業が賄賂を贈っているという情報を、CIAは1994年に入手した。その後アメリカ政府からブラジル側に通報された結果、アメリカ企業がフランスの合法的な入札を制して契約を勝ち取っている。

アメリカ企業を標的とする産業スパイ活動の問題は、大統領から議会への報告を義務付ける法案が1995年に通過したことで、その重大さが裏付けられることになった。当該法律は外国の産業スパイ活動を「外国政府、もしくは外国政府の直接的支援を受けた外国企業によってアメリカの民間企業を対象に実施され、商業上の秘密情報を入手することを目的としたスパイ活動」と定義している。

カリフォルニア州のシリコンバレーはアメリカ国内でコンピュータ産業が最も集中していることもあり、長年にわたって産業スパイの主要ターゲットであり続けた。2003年1月、EHIグループUSA／アラジ・エレクトロニクス社の会長でアメリカにおける唯一の従業員であるジャン・チン・チャンという中国人が、マイクロ波増幅器3台を中国に持ち出そうとした容疑で逮捕された。この装置は長距離通話の品質向上だけでなく、大陸間弾道ミサイルの精度向上にも活用できるものだった。

2002年10月以降、機械装置や商業機密をシリコンバレーから中国に持ち出そうとして立件された中国人は、ジャンの他に少なくとも3名いるという。アメリカの検察当局によると、中国籍を有するジャンは許可証を取得せずに増幅器3台を石家荘市に所在する会社へ送ろうとしたが、その住所には中国人民解放軍の第54研究所も入居しているとのことだった。軍機関への輸出はほとんどの物品について禁止されており、ジャンは軍用目的で増幅器を持ち出したのだと検察側は主張している（ジャンは1995年から合法的にアメリカで暮らしており、妻と息子は中国に居住していた）。

【参照項目】経済情報、オープンソース、国家対情報センター、CIA、FBI、NSA、消毒、エシュロン、テロリスト情報、KGB、シリコンバレー

友好国に対するスパイ活動

冷戦期には友好国であっても、テクノロジー戦争の時代では敵対する場合もある。フランス、イスラエル、そして日本は、アメリカ産業界を標的とする大規模な情報

収集活動を行なっていると名指しされてきた。1987年に
CIA が行なった推測によると、日本の情報活動資源の
80％はアメリカの産業界に向けられているという。ま
た FBI は、フランス情報機関が IBM とテキサス・イン
スツルメンツ社を標的に「活動を行なっている」と
1992年に報告している。さらに同年、シカゴ郊外に本
社を置く軍需企業のレコン・オプティカル社は、空中ス
パイカメラの設計図を盗み出そうと試みたとしてイスラ
エルを非難した。イスラエルは法廷の外で決着を付け、
一説によると損害賠償として 300万ドルを支払ったと
いう。

　1993年、CIA はアメリカの航空機メーカー各社に対
し、パリ航空ショーでのスパイ活動に注意するよう警告
を発した。それ以来、この航空ショーはアメリカ企業に
とって魅力の薄いものになっている。例えばヒューズ・
エアクラフト社はフランス情報機関のターゲットになり
得るという警告を受け、1993年のショーに出展しなかっ
た。他にもボーイング、ジェネラル・ダイナミクス、ロ
ッキード・マーチン、ノースロップ・グラマンといった
大手メーカーが標的となっている。CIA によると、アメ
リカの金融機関やロスアラモス国立研究所もスパイ活動
のターゲットになっていたという。

　フランス情報機関のある職員は自国の産業スパイ活動
を弁護するにあたり、現代のスパイ活動は「本質的に経
済、科学、技術、金融を対象としている」と新聞記事の
中で述べている。ある推計によれば、フランスによる情
報収集活動の 80％は商業紙やコンピュータのデータベ
ースといったオープンソースを利用したものであり、残
りの 20％は賄賂、産業スパイの浸透、企業への不法侵
入（ブラック・バッグ・ジョブ）、そしてコンピュータ
による諜報活動を通じたものとされている。

　アメリカがフランスのスパイ活動を封じ込めにかかっ
たことは、フランスからの反撃を招いている。1995年初
頭、フランスは未発表の政府資料をある公務員から入手
しようと試みたとして、CIA の女性インテリジェンス・
オフィサーを告発した。この公務員は、当該インテリジ
ェンス・オフィサーを、世界経済に関心を持つ財団の代
理人と信じて情報を渡したという。同僚の公務員が疑い
を抱くと、フランス情報機関は彼女を監視下に置き、公
開認可を経ていない金融情報の見返りとして現金を渡す
姿が目撃されたと報告した。フランスがアメリカ大使館
に抗議した際、パメラ・ハリマン大使は自分は何も知ら
ないとありのままに回答した。この CIA 職員は非公式
カバーを使って活動しており、つまり大使館とは無関係
だったのである。

　フランス側は事件の大部分を解明し、当該インテリジ
ェンス・オフィサーはじめスパイ活動に関わったその他
4名の召喚をアメリカに求めた。その結果彼女は帰国し
たが、アメリカ政府が罪を認めることはなかった。

　1977年3月から81年1月まで中央情報長官（DCI）
を務めたスタンスフィールド・ターナー海軍大将は、他
のどの DCI よりも直截な言葉で産業スパイ活動につい
て語った。「我々は自国の軍備のために秘密を盗み出し
ている。なぜ経済的優位性を持つべきでないのか、私に
は理解できない」ターナーは「経済的理由から盗み出
す」という言い方こそしなかったものの、含意がそこに
あるのは明白だった。

　ターナーの DCI 在任当時、CIA はアメリカ企業の役員
を対象とした商務省主催の会議を定期的に支援し、半導
体や航空機技術といった分野における外国の発展状況を
報告した。ある会議では巨大な電源開発プロジェクトに
関心を持つ企業の役員に対し、中国で水力発電所の建設
計画が持ち上がっているという情報を CIA が流したこ
ともあった。

　レーガン政権になってウィリアム・J・ケーシーがター
ナーの後任として DCI に就任した際、不正な商取引
を行なっているとアメリカ企業から見なされている特定
の外国企業について、それらが摘発されるか否かの推測
がより大々的になされるようになった。しかし特定の企
業が狙い撃ちにされた実例は知られていない。その一
方、元補佐官が「非公式」と呼ぶ CIA とアメリカ産業
界との協力関係構築が進められた。こうした関係は冷戦
の終結まで続けられ、ペンタゴンはアラゴンヌ、ローレ
ンス・リバーモア、オークリッジ、ロスアラモスの各国
立研究所からもたらされた高度な機密情報を含む科学・
技術情報を、定期的に軍需企業へ流している。

　1991年に DCI となったロバート・M・ゲイツは、産
業スパイ活動を CIA の任務に加えようとする動きに必
死で抵抗した。その際、ゲイツはあるエージェントの言
葉を引用している。「ミスター・ゲイツ、私は祖国のた
めに命を捧げるのは厭いませんが、企業のために命を捨
てるのは拒否します」

　クリントン政権初の DCI となった R・ジェイムズ・
ウールジーは、産業スパイ活動に CIA が関わることは
ないと主張した。しかし 1993年12月には、「アメリカ
企業が敗北を続けている入札を勝ち取るため、外国の誰
が誰に賄賂を贈っているか」を突き止めるべく CIA が
活動していると述べた。フランスで CIA 職員による産
業スパイ活動が発覚したのは、1995年5月にウールジー
の後任としてジョン・M・ドイッチが DCI に就任する
直前だった。ドイッチは産業スパイ活動及び経済情報活
動について公の場で語ることを避けている。後任のジョ
ージ・テネット長官もこの方針を受け継いでおり、信号
情報活動から経済情報が得られないことを認める一方、
NSA は「産業スパイ活動の遂行とは単に無関係である」
と 2000年に述べている。

【参照項目】ロスアラモス、ブラック・バッグ・ジョブ、
コンピュータを用いた諜報活動、インテリジェンス・オ

フィサー、監視、非公式カバー、中央情報長官、スタンスフィールド・ターナー、ウィリアム・J・ケーシー、科学・技術情報、ロバート・M・ゲイツ、R・ジェイムズ・ウールジー、ジョン・M・ドイッチ、ジョージ・テネット、信号情報

秘書と学生

　産業スパイ活動に関して 1995 年にホワイトハウスが作成した報告書には、某国の勧誘員が秘書、コンピュータ操作員、技術者、そして整備員から情報を得ようとしていると記されている。こうした人間は「競争力をもたらす情報への、最上とは言えないまでも良質なアクセスを有していることがしばしばある」という。「加えて、低い給与と階級のせいで情報機関に操られる素地が豊富にある」としている。こうした産業スパイはオフィスに潜入し、内部の人間からヒントを得て目的の情報が格納されていることを確かめた後、特定のラップトップパソコンまたはディスクを盗み出すのである。

　各国の中には訓練した学生をスパイとして送り込んでいる所もある。一例を挙げると、中国のある工科大学は西側情報機関から産業スパイ養成校と見なされている。訓練生はここで科学技術について学んだ後、学生としてアメリカ、イギリス、フランス、ドイツ、そして日本へ送られる。フランスの写真関連企業を見学に訪れた中国人学生が化学薬品にネクタイを浸し、そのサンプルを持ち帰ろうとしたのが発覚したこともある。

　少なくとも 1 つの国（ホワイトハウスの報告書では国名が言及されていない）においては、スパイとして先進国を旅行することで学生の兵役が免除される。また大学院生となってからは、スパイ行為の対象分野の研究を行なう教授に、無償で助手となることを申し出るのだという。

　西側メーカーとつながりを持つ専門家やコンサルタントも、時におおっぴらに勧誘されることがある。「あなたの国で予定されているプロジェクトや大事業について、専門的あるいは内部の情報をお持ちではありませんか？」1991 年にアジアン・ウォール・ストリート・ジャーナル紙に掲載された広告はそう尋ねていた。「私たちはヨーロッパの数多くの大企業と委託・代理店契約しており、あなたのお知らせになったプロジェクトや大事業を紹介できます」この広告には西ヨーロッパの電話番号も記載されており、アメリカのインテリジェンス・オフィサー曰く、産業スパイへの大胆な勧誘に他ならないという。

産業保安マニュアル　(Industry Security Manual〔ISM〕)

「国家産業保安プログラム」を参照のこと。

三重スパイ　(Triple Agent)

　1 人のエージェントとして 3 つの情報機関に仕えながら、意図的か否かにかかわらず、1 つの情報機関から教唆を受け、他の 2 つの機関には重要な情報を与えないエージェントのこと。

「再転向エージェント」も参照のこと。

【参照項目】エージェント

サンセット　(Sunset)

　第 2 次世界大戦中にイギリス海軍省情報部が作成してワシントン DC 駐在の海軍省代表へ送られた、エニグマ暗号の解読内容を基にした極秘資料を指すコードネーム。ウィンストン・チャーチル首相が 1943 年 1 月にカサブランカでルーズベルト大統領と会談した際、特殊連絡部隊はチャーチルにウルトラ資料を渡すことができず、その代わりとしてサンセット「電報」が彼にもたらされている。

【参照項目】エニグマ、コードネーム、特殊連絡部隊、ウルトラ

サンソム、オデット　(Sansom, Odette　1913-1995)

　第 2 次世界大戦中にイギリス特殊作戦執行部（SOE）のエージェントを務め、ゲシュタポに捕らえられて拷問を受けた人物。

　フランスに生まれた彼女は 1931 年にロイ・サンソムというイギリス人と結婚、40 年にイギリス第 1 看護義勇軍へ志願した。その後程なくして SOE の目に止まり、フランスのレジスタンスと協力する任務を与えられている。その際のコードネームは「リーズ（Lise）」だった。

　1942 年 11 月、サンソムはフランス南部にボートで上陸し、あるレジスタンス組織に加わる。しかしその組織の存在は、マチルド・カレによる様々な裏切り行為によって暴露された。

　サンソムはもう 1 人の SOE 工作員、ピーター・チャーチル大尉と共にゲシュタポ（当時、フランスで活動するドイツの情報組織は全てそう呼ばれていた）によって捕らえられた。だが自分とチャーチルは結婚しており、フランスにいるのは自分のせいだとドイツ側に納得させることで、チャーチルを銃殺刑の運命から救った。その後チャーチルは、ウィンストン・チャーチル首相の甥だと主張して獄中生活を生き延びている。

　過酷な尋問——熱したアイロンを押しつけられたり、足の爪を引き抜かれたりした——は 14 回に及んだが、彼女はゲシュタポに追われていたエージェント 2 名の正体を最後まで明かさなかった（訳注：その後強制収容所に送られ、戦後、その実態を戦犯法廷で証言した）。

　オデット・サンソムは夫の死後、1947 年にチャーチルと結婚した。しかし後に離婚し、別の元 SOE 工作員、

ジェフリー・ハロウズと再婚している。

【参照項目】特殊作戦執行部、エージェント、ゲシュタポ、コードネーム、マティルド・カレ

サンタン （Suntan）

U-2 偵察機の後継としてロッキード社が提案した CL-400 を指すコードネーム。生産には至らなかった。

【参照項目】U-2

賛美歌 （Psalm）

ソビエトがキューバに弾道ミサイルを配備した際、関連する機密資料を扱うためにアメリカが用いた特別な情報ルート。それらの資料にはオレグ・ペンコフスキー大佐によってもたらされたものも含まれている。

参謀本部情報総局

（Glavnoye Razvedyvatelnoye Upravlenie）

「GRU」を参照のこと。

参謀本部第２部 （Deuxième Bureau〔DB〕）

普仏戦争（1870 ～ 71）の敗戦を受けて設置されたフランス陸軍参謀本部の諜報部門。

参謀本部には人事担当の第１部、諜報担当の第２部、作戦担当の第３部、そして兵站担当の第４部という４つの主要な部署があった（アメリカ陸軍参謀本部もこの制度を模倣し、G-2 が諜報担当となっている）。

1870 年に普仏戦争が発生した際、フランスの諜報活動は衰退の極みにあり、ナポレオン３世の軍隊はプロイセンの地図にさえ事欠いていた。翌年の敗戦を受け、フランス陸軍参謀本部はプロイセンに範をとって再編成され、この結果生まれたのが第２部である。そして核となる統計・軍事偵察課の士官にアルフレッド・ドレフュス大尉がいた。ドレフュスが無実のスパイ容疑で 1894 年に有罪にされたこと——そして後に続いたスキャンダル——は、第２部及びその傘下の情報課（SR）に対するフランス人の信用を失わせた。

第１次世界大戦前夜から 1914 年８月の緒戦にかけて、第２部はドイツ軍の作戦計画に関する良質の情報を参謀本部にもたらすも、その大部分は軍の上層部に無視される。戦争が長引くにつれて第２部の能力は低下し、1918 年３月にドイツ軍の大規模な侵攻が目前に迫った際、第２部部長は「私はフランスで最も優れた情報を持つ人間だが、その私ですらどこにドイツ軍がいるのか知らないのだ」と語るほどだった。その一方、第２部は軍事情報組織として航空偵察、無線傍受、そして迅速な暗号解読といった近代的諜報技術を導入している。

第１次世界大戦中から戦後にかけ、第２部はフランス内外で軍事諜報活動と防諜活動を行なう大規模な組織に膨れ上がった。なお第２部のメンバーは秘密を生涯

外に漏らさないという特別な宣誓を行なっていた。

第１次大戦後、第２部はイギリス、フランス、そしてアメリカで吹き荒れていた「赤化の恐怖」に対処する。時に公安総局と協力し、時に対立しながら、1920 年代から 30 年代にかけて軍や軍需産業に潜む共産党スパイの摘発を行ない、中でも航空部隊と航空機生産工場に重点を置いた。

両世界大戦を挟んだ時期における第２部の著名な人物として、フランスの暗号解読活動を率いたギュスタヴ・ベルトランが挙げられる。第２次世界大戦直前、ベルトランはポーランド人によるエニグマ暗号解読を支援し、またフランスとイギリスにエニグマ暗号機の実物をもたらした。

第２次世界大戦においてフランスの戦闘行為は短期間で終了したが、第２部は十分な情報を提供した。しかし軍事指導者は旧態依然たる戦略に固執して 1940 年５月のドイツ軍侵攻に関する警告を無視、国土の蹂躙とドイツ軍の圧勝を許すことになる。半分はドイツに占領され、もう半分は親独派のヴィシー政権が支配する戦時のフランスにおいて、第２部は敗北したフランス陸軍と共に消え去った。しかしポール・ペロール大尉をはじめとする情報士官はヴィシー政権地帯で情報機関を組織し、表向きは田舎の旅行者を手助けする地方旅行社という企業をカバーとして活動した。ペロールは 1942 年 11 月に米英軍が仏領北アフリカへ上陸し、ドイツがフランス全域を占領下に置くまで活動を続けた。その後はイギリスへ逃れ、ロンドンに拠点を置く自由フランス軍の最高司令官、シャルル・ド・ゴール将軍が設立した BCRA に参加する。

1945 年春にヨーロッパでの戦争が終結した際、フランス陸軍と共に第２部も再建された。そして今度は軍事情報組織であるだけでなく軍事秘密工作組織として、反乱が勃発していた植民地で大規模に活動する。

インドシナにおいては戦後のライバル SDECE 同様ゲリラ組織との協働を試み、あるいはベトミンの蜂起に潜入しようとした。第２部はフランス・インドシナ戦争（1946 ～ 54）の敗北における責任の一端があるものの、良質な軍事情報が欠如していた事実は、ベトミンの実力を政治家が過小評価したことで無視された。

1954 年のジュネーブ和平会談によってベトナムは南北に分割され、ベトミンが北ベトナムを握ると共に南側ではベトナム共和国が建国された。それに伴い、フランス軍は第２部及び SDECE と一緒に南ベトナムへ移転している。第２部と SDECE の中には、アヘンや金をフランスに横流しするルートを開拓すべく、サイゴンでアヘンを密売している悪名高い犯罪組織、ビン・スエン派との協力を続ける者もいた。またインドシナにおけるフランスの役割が終わり、代わりにアメリカが台頭するに伴って、第２部工作員が CIA と小競り合いを起こす事態

も時おり発生した（「エドワード・G・ランズデール」「アメリカ合衆国」「ベトナム」を参照のこと）。

今日、第２部はフランス陸海空軍がもたらす情報を調整しているが、その中には各軍の駐在武官からもたらされた情報も含まれている。なお科学・技術情報活用センターと情報活用センターの運営も第２部の担当である。また1992年以降、第２部はDPSDと同じく軍事情報本部の指揮下に置かれている。

【参照項目】アルフレッド・ドレフュス、軍事情報、偵察、防諜、ギュスタヴ・ベルトラン、暗号解読、エニグマ、BCRA、SDECE、DPSD

残留離反者 (Defector in Place)

祖国を裏切りながらそこを離れない離反者。通常こうした離反者は内通者になることを選び、価値ある情報を他国に与え得る立場にとどまる。冷戦期におけるソビエトの残留離反者としてオレグ・ペンコフスキー大佐とオレグ・ゴルディエフスキーが挙げられる。また西側の残留離反者にはガイ・バージェス、ジョン・ケアンクロス、ハロルド（キム）・フィルビー、ドナルド・マクリーン、エドワード・リー・ハワードらがいる。

【参照項目】オレグ・ペンコフスキー、オレグ・ゴルディエフスキー、ガイ・バージェス、ジョン・ケアンクロス、ハロルド（キム）・フィルビー、ドナルド・マクリーン、エドワード・リー・ハワード

三輪車 (Tricycle)

「デュスコ・ポポフ」を参照のこと。

ジェイムズタウン財団 (Jamestown Foundation)

ワシントンを拠点にする組織。ソビエトなど東側諸国から亡命した人間がアメリカでの生活に順応できるよう支援することを目的としている。多数の東側インテリジェンス・オフィサーがCIAに秘密情報の提供を申し出た冷戦末期、その多くはアメリカではなく財団への逃亡を試みたという。またジェイムズタウン財団はインテリジェンス・コミュニティーと密接な関係を維持している。

ジェイムズタウン財団はアルカディ・シェフチェンコの『Breaking with Moscow（邦題・モスクワとの訣別）』執筆を支援する目的で1984年に設立された。後に同様の支援がルーマニアの元トップ・インテリジェンス・オフィサーであるイオン・パセパにも行なわれている。このような関係を通じ、財団は「政府高官、軍幹部、政治学者、ジャーナリスト、研究者、そして経済学者」のネットワークから得られた情報をアメリカの政策立案者にもたらすという任務を、冷戦後に至っても遂行したのである。

【参照項目】インテリジェンス・オフィサー、インテリジェンス・コミュニティー、アルカディ・シェフチェンコ

ジェイムズ、ルー[p] (James, Lew)

ベトナムを最後に離れたCIA職員の変名。

1975年4月16日、ジェイムズはサイゴンへ進撃する北ベトナム軍に捕らえられ、4月30日に最後のアメリカ人がベトナムを脱出した際もそこにはいなかった。彼の所在は不明のままで、CIAは行方不明の「領事館員」に分類した。

北ベトナム軍に捕らえられたジェイムズは長期にわたる尋問中に過酷な拷問を受け、ハノイに移された上で投獄されていた。彼は「アメリカ領事館職員」及び「国務省外交局元職員」の身分証を持っており、いわば「薄い」カバーの下で活動していた。しかし北ベトナムの尋問官は何度も質問を重ねた後、彼の正体を示す押収資料を突きつけたという。

ジェイムズは6ヵ月以上経ってから解放された。フランク・スネップは著書『Decent Interval（邦題・CIAの戦争：ベトナム大敗走の軌跡）』（1977）の中で、CIAが別の西側情報機関を通じて練り上げた「業務上の合意」によってこの解放が実現したと記している。「彼こそがベトナムに最後まで残ったCIA工作員である」

ベトナムで主任戦略分析官を務めていたスネップによると、サイゴンで活動していた元CIA職員タッカー・グーゲルマンも友人を捜しにベトナムへ戻った際に捕らえられ、KGBなどの情報機関から尋問を受けて1年後に死亡したという。「彼が尋問で何を明らかにしたかは不明である。だがベトナムなどアジア各地におけるCIAの作戦と人員配置について、グーゲルマンはかなりの知識を有していた」

2001年、CIAはグーゲルマンの存在を公式に認め、1年近くにわたる尋問と拷問の末1976年に死亡したことを明らかにした。グーゲルマンは1972年にCIAを退職していたが、友人となった孤児のグループを助けるべく75年にサイゴンへ戻ったところを捕らえられたという（「ブック・オブ・オナー」を参照のこと）。

【参照項目】CIA、カバー

シェイモフ、ヴィクトル・イワノヴィチ
(Sheymov, Victor Ivanovich 1946-)

KGB第8総局に所属していた信号情報及び通信情報のスペシャリスト。

モスクワ国立工科大学でミサイルや宇宙船の設計を学んだ後、1969年に卒業する。その後は国防省傘下の科学研究所に入り、宇宙兵器の研究に携わった。

1971年にKGBへ移籍して第8総局に配属され、次いで第1総局（外国情報担当）で勤務する。そこでは世界各国に駐在するKGBレジデントからの電文を傍受し

た。その後76年に第8総局へ戻り、暗号通信の極秘分野に関する仕事を行なっている。

だがソビエト体制に幻滅を抱いたシェイモフはモスクワのアメリカ当局に接触し、CIAの手引きによって1980年に妻と娘を伴ってモスクワを脱出した。

シェイモフのKGBにおけるキャリアは自伝『Tower of Secrets』(1993) に記述されている。1981年5月に発生したローマ法王ヨハネ・パウロ2世暗殺未遂にKGBが関与していたという報道について、シェイモフはユーリ・アンドロポフの署名が記された電報を送信したと語った。その中には「法王に接近するためのあらゆる情報を集めよ」と記されていたが、シェイモフはその裏に隠されたメッセージをこう説明した。「誰もがその意味するところを知っている。つまり、法王を暗殺せよ、ということだ」

【参照項目】KGB、信号情報、通信情報、ユーリ・アンドロポフ

ジェドバラ　(Jedburghs)

第2次世界大戦中、対独レジスタンス活動を支援すべくフランスに潜入した米英合同チーム。通常は戦略諜報局(OSS)に所属するアメリカ人と特殊作戦執行部(SOE)などの情報機関に所属するイギリス人、そして自由フランス軍の将校または下士官から構成されており、ドイツ側に捕らえられてもスパイとして処刑されないよう、いずれも制服姿でパラシュート降下した。

メンバーの中には無線技師がいて、地元のゲリラ組織に通信手段と助言を提供した。また武器などの装備が連合軍の戦術に従って正しく用いられているか否かを、指揮官に伝える役目も果たしていた。

1944年6月6日のノルマンディー上陸以降、93個のジェドバラ・チームが米英の航空機でフランスに潜入した。またベルギー、オランダ、ノルウェーにパラシュート降下したチームもあり、これらはいずれもOSSとSOEが共同で勧誘・訓練を行なった。

スコットランド南東部にジェドバラという都市が存在しているものの、チーム名とは無関係のようであり、コードワードからランダムに選び出されたものと思われる。しかしスコットランドでは「ジェドバラの正義」——悪人をまずは罰し、その後で裁くこと——という単語が知られているので、イギリス流のウィットがこのチーム名の元になった可能性もある。

【参照項目】戦略諜報局、特殊執行部

ジェニファー作戦　(Jennifer)

1968年に沈没したソビエトの大陸間弾道ミサイル潜水艦、K-129を海底から引き揚げるため、1974年にCIAが実施した深海サルベージ作戦のコードネーム。アゾリアン作戦(Azorian)とも。アメリカ海軍の音響監視シ

ステム(SOSUS)が潜水艦沈没を傍受した後、潜水艦ハリバットがカメラを曳航しつつ正確な場所を突き止めた。

CIAは特殊サルベージ船ヒューズ・グローマー・エクスプローラー号を建造してK-129の前部を引き揚げたが、これは深海引き揚げの最深記録だった。

【参照項目】潜水艦、CIA、音響監視システム、ヒューズ・グローマー・エクスプローラー号

ジェネトリクス　(Genetrix)

気球でソビエト連邦の偵察目標を撮影するという、1950年代にアメリカ空軍が実施した偵察計画を指すコードネーム。ヨーロッパから浮揚させた287基のカメラ搭載気球のうち44基のみが太平洋で回収され、また数基がソビエト領内で発見されたものの、残りは回収されなかった。

初期のコードネームはゴーファー、グランドソン、グレイバックである。

「モビー・ディック」も参照のこと。

【参照項目】気球、偵察、コードネーム

シェフチェンコ、アルカディ・ニコライエヴィチ
(Shevchenko, Arkady Nikolayevich　1930-1998)

西側に亡命したソビエト外交官の中で一番の大物。1978年4月6日の亡命当時は国際連合事務次官を務めていたが、そのポストに就く前の2年6ヵ月にわたり、ソビエトに関する機密情報及び文書をアメリカ情報機関に提供した。

シェフチェンコはウクライナの炭鉱都市に生まれた。母親は看護婦であり、外科医の父親は赤軍医療部隊で軍医を務めていた。

1949年に外交官の登龍門、モスクワ国際関係国立大学に入学する。54年の卒業後は大学院へ進み、56年に外務省入りして輝かしきキャリアの第1歩を踏み出した。

最初の訪米は1959年で、ある会議に出席するのが目的だった。その後60年代にニューヨーク勤務となり、1973年初頭には国連事務次官へ就任している。

だが権力の階段を登るに従い、シェフチェンコは指導層への幻滅を募らせていった。回想録『Breaking with Moscow(邦題・モスクワとの訣別)』(1985) の中で、彼は次のように記している。

　　私は(レオニード・)ブレジネフや(アンドレイ・)グロムイコをはじめとする政治局員と同じテーブルに座り、ソビエト連邦を率いる人間について多くのことを知った。そして彼らが白を黒と言ったかと思うと、再び前言を翻すのを目の当たりにした。偽善と腐敗が生活のあらゆる局面にどれほど浸透していた

か、支配者が人民からいかに隔絶していたか、私はつぶさに目撃したのである。

　例を挙げよう。グロムイコはこの40年間モスクワの街頭を歩いたことがない。だがそれは他の人間も同じようなものだ。メッキを貼ったクレムリンの静かな廊下には1つの標本室がある。数々の思想が、琥珀に閉じ込められた蠅の如く目に見える化石となっているのだ。こうした過去の遺物を守りながらキャリアを登り詰めた連中は、ユートピア神話を土台にした社会機構を人民に信奉させようとしたのである……

　地球上における他のどの場所と比べても、クレムリンで率直さ、正直さ、開放性を見出せる可能性は少ない。

　1975年、シェフチェンコはアメリカ当局に接近し、亡命を望んでいると告げる。だが国連にとどまってソビエトに関する情報を提供するよう説得され、アンディというコードネームを与えられた。

　その後、ソビエト政府から疑いの目で見られていると確信したシェフチェンコは、ある金曜日の夜、ニューヨーク州ロングアイランドのソビエト外交官宿舎に車を走らせる振りをして亡命した。しかし妻と娘は同行しなかった（その後シェフチェンコは1978年に再婚している）。

【参照項目】国際連合、コードネーム

ジェフリーズ、ランディー・マイルズ　(Jeffries, Randy Miles)

　アメリカ議会の公聴会で録画を担当するワシントンDCの企業において、メッセンジャーを務めていた人物。1985年に機密資料をソビエト当局に渡し、後には「ウラド」というソビエトのインテリジェンス・オフィサーを装ったFBIの覆面捜査官に別の情報を売り渡そうとした。その中には軍事通信プログラムに関する最高機密文書のコピーも含まれていた。

　当局の発表によれば、ジェフリーズがソビエトに渡したのは核戦争計画に関する秘密聴聞会の議事録、トライデント潜水艦の太平洋における作戦海域についての情報、コンピュータや電話に対する盗聴防止のセキュリティー技術、そしてアメリカのレーダー能力に関わる情報だったという。

　ジェフリーとソビエトの連絡員との会合は、ワシントンDCのソビエト駐在武官事務所にかけた電話をFBIが傍受したことで発覚した。ウィスコンシン通りに新しいソビエト大使館が建設される1991年まで、駐在武官事務所は大使館と別の建物にあり、FBIの電子的監視だけでなく、時には有人の監視下に置かれていた。ジェフリーはスパイ容疑1件で罪を認め、禁固10年が言い渡された。

【参照項目】インテリジェンス・オフィサー、FBI、監視

ジェームズ・ボンド[f]　(James Bond)

　イアン・フレミングによる大ヒットスパイ小説と、それを基にして製作された映画シリーズの主人公。大胆不敵なボンドは別名エージェント007といい、00から始まるコードネームは殺しのライセンスを与えられたことを指す。

　ストーリーは空想に満ちているが、現実を思わせる箇所もある。頻繁に敵役となったスメルシは実在のソビエト情報組織であり、ブルガリアの作家A・グリャーシは（伝えられるところではKGBの委託を受けて）スメルシ及びソビエトに対する負のイメージを払拭すべく、ボンドを敵役とした小説を書いた。『Zakbov Mission』の題名で刊行されたその作品は、『Avakum Versus 007』というタイトルでコムソモールスカヤ・プラウダ紙に連載され、共産主義者のヒーローがボンドに立ち向かう形になっている。

　ボンドの上司は「M」というイニシャルで呼ばれるが、現実の世界でも、保安部（MI5）の中で反政府活動への対処を任務とするB5(b)のトップを務めたマックス・ナイトは、秘密情報部（MI6）長官が「C」と呼ばれていたのを真似てMを名乗っている。

　1964年のフレミング死去はボンドの死を意味するものではなく、出版社はジョン・ガードナーの力を得てボンドを生き長らえさせた。ガードナーは以前に『The Liquidator（邦題・リキデイター）』（1964）の中で、失敗ばかりする主人公ボイジー・オークスにボンドを騙させたことがあった。ボンドを引き継いだ初の書籍『License Renewed（邦題・メルトダウン作戦）』は米英両国で1981年に刊行され、以降も毎年執筆が続けられている。

　ジェームズ・ボンド・シリーズのタイトルと出版年月、そして映画については「イアン・フレミング」及び「スパイ映画」を参照のこと。

【参照項目】コードネーム、KGB、C

ジェルジンスキー広場　(Dzerzhinsky Square)

　長年にわたりソビエト保安機関（NKVDやKGBなど）の本部ルビャンカが所在していた歴史的な場所。モスクワのジェルジンスキー通り2番地にあり、クレムリンからも至近距離にある。7本の通りがここから伸びており、地下鉄駅、「デッキー・ミール（子供の世界）」百貨店、そして工芸博物館もこの広場にある。

　1958年にはニキータ・フルシチョフの指示で高さ12メートル、重量14トンに及ぶフェリクス・ジェルジンスキーの像が、彫刻家のY・ヴュチェティチと建築家のG・ザハロフによって広場に建てられた。しかし1991年8月22日、ミハイル・ゴルバチョフに対するクーデターが失敗に終わったのを受け、民主化支持者たちが像

ソビエト国家保安機関の父、フェリクス・ジェルジンスキーの像の前に立つモスクワ市民と愛犬。彼の名を冠した通りにかつて聳えていたこの像は、1991年8月に発生した騒乱の中で引き倒された。現在は他のスターリン時代の像と共にモスクワ彫刻公園に横たわっている。（出典：ワールド・ワイド）

を台座から引き倒す。破壊こそ免れたものの、その後はモスクワの彫刻公園で仰向けに放置された。同時に広場の名前もルビャンカ広場と改称され、元の地下鉄ジェルジンスキー駅はルビャンカ駅と名前を変えた。

ジェルジンスキー広場は1600年代初頭から様々な歴史的事件の舞台になっている。20世紀ではまず1905年10月に発生した最初の革命の際、会議がここで行なわれた。10月20日には、秘密警察に命を奪われたある高名な革命家の柩を先頭に、20万名ものデモ隊が広場に殺到した。また1917年10月の革命では戦闘の舞台となり、革命家はここを起点にニコラスカヤ通り（後に10月25日通りと改称）とテアトラーリヌイ通り（後にマルクス・プロスペクトの一部となる）を経てクレムリンへの進撃を開始した。

【参照項目】NKVD、KGB、ルビャンカ、フェリクス・ジェルジンスキー

ジェルジンスキー、フェリクス・エドムンドヴィチ

(Dzerzhinsky, Feliks Edmundovich　1877-1926)

ソビエト情報組織の母体であるチェーカの創設者。1917年にチェーカを設立し、名称が変わった後も（GPU及びOGPU）1926年までその長官を務めた。またロシア革命（1917）とそれに続くロシア内戦（1917〜20）では、家を失った子供たちの福祉と教育を担当している。

ポーランド系ロシア人貴族の家に生まれたジェルジンスキーはカトリックの聖職者になることを望んでいたが、やがてロシアの政治運動に巻き込まれてしまい、1905年から翌年まで続いた革命運動でアジテーターを

務めたために投獄される。17年のボルシェビキ革命では「労働者の騎士」と持ち上げられ、サンクトペテルブルグにあるスモーリヌイ修道院の警備責任者となる。その修道院は元々裕福な少女のための学校だったが、今やボルシェビキの司令部となっていた。またレーニンの親友の1人として共産党指導者の警備にあたり、1918年のレーニン暗殺未遂を受けて大規模な恐怖作戦を始め、数多くの容疑者を投獄・拷問の後に殺害した。創設時には23名の人員しかいなかったチェーカは、1919年1月の時点で37,000名を擁するまでになっていた。

イギリスの外交官兼スパイであるロバート・ブルース・ロックハートは回想録『Memoirs of a British Agent』の中で、ジェルジンスキーを「礼儀正しく話しぶりも静かだが、性格に衰弱したところが全くない人物である。中でも特筆すべきは彼の両目だ。深く沈んだ瞳には狂気の炎が常に燃えさかっており、ちらつくことは決してなかった」と評している。

ジェルジンスキーはKGBまで続く秘密警察機構を作り上げた。その内部にはソビエト国外の破壊活動に対処する第1部、ソビエト連邦内の破壊工作員を摘発する第2部、そして軍内部の破壊活動やクーデターの予兆を監視する第3部が設けられ、共産党による経済及び輸送機関の支配を支援することもあった。

連合国によるボルシェビキ革命への干渉戦争（1917〜22）の間、ジェルジンスキーはアメリカ領事館を拠点に活動する小規模なスパイ網を壊滅させると共に、工作員に命じてモスクワにおけるフランスの諜報拠点を襲撃させ、6名のエージェントを逮捕すると同時に爆発物を押収した。また国外では調達機関アムトルグを設立、

アメリカ国内で活動するエージェントのカバーとした。

1922 年にレーニンから強制収容所の設置を命じられたジェルジンスキーは、ソロヴェツキー島にそれを建設した。送り込まれた数千名は北極の厳しい気候、あるいは収容所の劣悪な環境の中で命を落とした。またジェルジンスキーは同年に打ち出されたスターリンのグルジア侵攻計画も支持している。革命を守る——そして反革命派を摘発して壊滅させる——というジェルジンスキーの情熱は、ソビエト初となる重要な対外諜報活動につながった（「トラスト」を参照のこと）。ヨーロッパ及びアメリカで活動する帝制支持者や白系ロシア人は監視対象になった上で本国に報告され、時に殺害されることもあった。

ソビエトのスパイマスター第 1 号は、1926 年 7 月 20 日にスターリンと議論を繰り広げている途中、心臓発作で死亡したとされている。決定的な証拠こそないが、当時 48 歳のジェルジンスキーを襲った心臓発作は、スターリンとの議論などよりもはるかに暴力的な原因で引き起こされたという噂が後々まで残った。

【参照項目】チェーカ、GPU、OGPU、ロバート・ブルース・ロックハート、アムトルグ、カバー

シェルビウス、アルトゥール　(Scherbius, Arthur　1878-1929)

世界初の実用的な機械式暗号機、エニグマを発明したドイツ人。ローター式のこの暗号機は文字キーを押すたびにローターが回転し、異なる換字がランダムに現われるようになっていた。商業利用を目的としていたエニグマは元の名前を「グローランプ式暗号・復号機械エニグマ」としており、1923 年に初めて公開されたが、すぐに成功を収めることはなかった。

その後ボリス・ハゲリンがこの機械を受け継いで改良を加えた。シェルビウスは破産し、エニグマが 1920 年代後半に大量生産され、スウェーデン軍とドイツ軍に納入されるのを見ることなく死去した。

【参照項目】暗号、エニグマ、ローター、ボリス・ハゲリン

シェールホルン作戦　(Scherhorn)

第 2 次世界大戦中に行なわれたソビエトの欺瞞作戦。ベレジナ川のソビエト軍前線後方で 2,500 名の友軍が罠にかかっていると、ドイツ軍に信じさせることが目的だった。

罠にかかったとされる部隊の司令官はハインリヒ・シェールホルン中佐といった。1944 年 8 月 19 日、シェールホルンはドイツ軍最高司令部と無線で連絡をとり、部隊が陥った苦境を詳細に伝える。この日から翌年 4 月 4 日に最後のメッセージが発信されるまで、ドイツ軍は部隊を救出すべくかなりの労力——人員、航空機、そして装備——を注ぎ込んだ。またシェールホルン部隊救出を

支援すべく SS のグループ 2 つが派遣され、ベニト・ムッソリーニを救出したオットー・スコルツェニーも 1945 年 3 月に救出作戦を立案したという記録が残っている。

シェールホルンからの無線通信は胸を打つ英雄的なものであり、ヒトラーは彼を大佐へと昇進させると共に騎士十字章を授与した。さらには無線通信で名前を言及された士官全員も昇進している。だが実際には、シェールホルンと 200 名の部下たちは 1944 年夏のベラルーシ攻勢で捕虜にされており、ソビエトによる指示の下で無線メッセージを送っていたのである。

マックス作戦同様、シェールホルン作戦もこうした欺瞞活動におけるソビエトの優秀さを示している。

【参照項目】欺瞞、SS、オットー・スコルツェニー、マックス

シェレーピン、アレクサンドル・ニコライエヴィチ

(Shelepin, Aleksandr Nikorayevich　1918-1994)

1958 年 12 月から 61 年 11 月まで KGB 議長を務めた人物。

モスクワ歴史・哲学・文学大学で歴史と文学を専攻するも中退、第 2 次世界大戦ではゲリラ部隊の指揮官を務める。1943 年には共産主義青年同盟（コムソモール）の幹部となり、52 年から 58 年までコムソモール中央委員会第一書記を務めた。またソビエト首脳部が 1954 年に中国を訪問した際はニキータ・フルシチョフに同行している。

次いでヨシフ・スターリンの死後に創設された情報・保安機関 KGB の副議長となる。フルシチョフがシェレーピンを任命したのは、イワン・セーロフが議長を務めていた 1950 年代、幹部の亡命が相次いだことが理由の一部だった。シェレーピンは、国家保安機関がスターリン時代に占めていた地位を取り戻そうとした。その一環として多数の KGB 職員を降格あるいは解雇し、空いたポストを共産党職員とりわけコムソモール出身の人間に与えている。

1961 年 11 月、シェレーピンは KGB 議長から中央委員会書記に昇進した。その一方で後任のウラジーミル・セミチャストヌイ議長を通じて KGB に影響力を行使し続けたとされている。また翌年には第 1 副首相となり、1964 年 10 月に発生したフルシチョフ解任劇では主役を演じているが、この時も KGB を味方につけていたのは間違いない。

フルシチョフ失脚を受けてシェレーピンは書記長に就任し、事実上政府のトップに立つことが予想されていた。アレクサンドル・ソルジェニーツィンによれば、政府内のスターリン派はシェレーピンを支持し、「スターリン主義に戻らないのであれば、一体何のためにフルシチョフを失脚に追い込んだのか？」とさえ語っていたと

いう。

シェレーピンには報奨として 1964 年 11 月に政治局員の座が与えられた。当時は政治局員の中で一番の若手だった。しかし「第 1 人者」となる野望を捨てたわけではなく、同僚の政治局員はシェレーピンを注意深く見張り、野望を打ち砕こうとした。その後も政治局にとどまるものの、1975 年突如失脚した。

【参照項目】KGB、イワン・セーロフ、ウラジーミル・セミチャストヌイ

シェレンベルク, ヴァルター
(Schellenberg, Walter 1910-1952)

1944 年のアプヴェーア解体後、ドイツ情報機関の対外作戦部長を務めた情報将校。

シェレンベルクが情報の世界に足を踏み入れたのは、SS（親衛隊）に配属された 1933 年のことである。当初は防諜活動に携わり、1941 年 6 月に SS 少将の階級でRSHA（国家保安本部）の第 4 局長（外国情報担当）に就任した（シェレンベルクは当時最年少の SS 将官だった）。シェレンベルクが個人的に指揮・参加した作戦として、フェンロー事件、ウインザー公をポルトガルから誘拐する計画（ヴィリー作戦）、リヒャルト・ゾルゲ事件、キケロ作戦が挙げられ、終戦間近にはユダヤ人など強制収容所の囚人を「売り渡す」計画にも関わった。また 1944 年中盤からはドイツ軍の情報機関、アプヴェーアの任務も引き継いでいる。

情報史家のデイヴィッド・カーンは著書『Hitler's Spies』（1978）の中で、シェレンベルクを次のように描写している。「若々しい魅力に溢れた SS 少将で、銀の縁取りがついた黒い SS の制服がよく似合っていた……その頭脳、直感力、そして忠誠心によって、31 歳の若さで第 4 局を任された」。一方、ヒュー・トレヴァー＝ローパーは『The Last Days of Hitler』においてシェレンベルクを厳しく批判している。「SS に満ち溢れていた偏狭な人物の中で、シェレンベルクは……本来ふさわしくない評判を享受していた……実際には取るに足らない人物だったのである」

シェレンベルクは直属の上司であるラインハルト・ハイドリヒだけでなくハインリヒ・ヒムラーからも厚い信任を得ると共に、ヒトラーとも定期的に連絡をとっていた。ハイドリヒの暗殺後、シェレンベルクは RSHA 長官候補と見なされていたが、当時はまだ若く、少なくともナチの視点では異端であるとして却下された。だがエルンスト・カルテンブルンナーが RSHA 長官に就任すると、名目上はカルテンブルンナーの部下でありながら、ヒムラーに直接面会する権限を与えられた。

ヨーロッパにおいて第 2 次世界大戦が終局を迎えようとしていた時、シェレンベルクはヒムラーを動かし、西側連合国への降伏を成し遂げるべく中立国代表との交渉を試みた。ヒムラーがヒトラーの後を継いでドイツの元首となることを望んでいたのである。また強制収容所の囚人の保護と解放にも動いている。しかしヒムラーによる西側との交渉にヒトラーが激怒したため、シェレンベルクは 1945 年 4 月 30 日に第 4 局長の座を追われた。だがその日の夜には、ヒトラーの後を継いだカール・デーニッツ海軍元帥の政府に加わっている。1 週間後に終戦を迎えた際、シェレンベルクは降伏交渉のためスウェーデンにいた。

ニュルンベルク戦犯法廷において、シェレンベルクは 2 件の罪で有罪となった。つまり国際検事団が犯罪組織と認定した SS 及び SD に所属していたことと、ロシア人捕虜を裁判を経ずに処刑したことである。しかし法廷は、強制収容所の囚人を救うという遅きに失した努力を減刑理由と見なし、禁固 6 年を言い渡した。1951 年 6 月の釈放直後に『The Shellenberg Memoirs（邦題・秘密機関長の手記）』を書き上げたが、その 1 年足らず後に肝臓癌で死亡している。

【参照項目】アプヴェーア、防諜、RSHA、ヴィリー、フェンロー事件、リヒャルト・ゾルゲ、キケロ、デイヴィッド・カーン、ハインリヒ・ヒムラー、ラインハルト・ハイドリヒ、エルンスト・カルテンブルンナー

シガバ （Sigaba）

第 2 次世界大戦中、高度な機密を要するメッセージの暗号化に用いられたアメリカの主力暗号機。ECM（電気暗号機）とも。第 2 次世界大戦でどの国にも解読されなかった唯一の暗号機とされている。

シガバは 1935 年に陸海軍の共同プロジェクトとして開発が始められ、38 年に実用化された。陸軍の呼称は M134-C、海軍の呼称は CSP-888 である。

エニグマ暗号機同様、シガバもローターを用いていた。交換可能なローター 15 枚を内蔵し、そのうち 4 枚が文字をタイプする度に回転する。一方、エニグマは 1 度に 1 枚しか回転しなかった。またシガバのローターは逆方向に回転することもできた（エニグマのローターは一方向にしか回転しない）。シガバはオンラインシステムとして開発されており、無線機あるいは電話機に直接接続され、暗号化と送信が同時に行なえるようになっている。しかしそのように用いられることはなく、暗号化されたテープを無線送信する形をとっていた。

アメリカ陸軍に加え、陸軍航空軍、海軍、海兵隊、そして特殊連絡部隊（SLU）がシガバを用いた。またイギリスの SLU も中国－ビルマ－インド戦線でシガバを使っている。

ドイツと日本がシガバ暗号の解読に本腰を入れることはなく、ドイツはシガバを「アメリカの巨大マシン」と呼んでいた。また製作されたシガバ暗号機のうち行方不明になったのは 1 台だけとされている。1945 年 2 月、ア

メリカ陸軍のトラックがフランスのレジスタンスグループに盗まれる。トラックが目的で積載物に興味のなかった犯人は、シガバとM138バックアップ用変換機の入った金庫を近くの湖に捨て、そのまま逃走した。機械は後に発見されている。

シガバは1960年代まで使われ続けた。だがシガバに関する情報は、NSAが1995年に機密文書を公開するまでほとんど公にされなかった。暗号学者のジョン・J・G・サヴァードはこの情報公開の結果を基に、シガバの内部機構に関する詳細を自らのホームページで公開している（訳注：現在はアクセスできなくなっている）。

【参照項目】暗号、エニグマ、ローター、特殊連絡部隊

指定国家 （Designated Countries）

その国益がアメリカ合衆国のそれと対立する国々を指すアメリカ政府の用語。セキュリティー・クリアランスを持つ人間は指定国家の国民と接触した場合は必ず報告せねばならず、また保安担当官に知らせることなくこれらの国々を訪れてはならない。

1991年のソビエト崩壊直前、アメリカ政府の指定国家として以下の国々があった。アフガニスタン、アルバニア、アンゴラ、ブルガリア、キューバ、チェコスロバキア、エチオピア、ハンガリー、イラン、イラク、カンプチア（以前のカンボジア）、ラオス、リビア、モンゴル人民共和国（外モンゴル）、ニカラグア、北朝鮮、中華人民共和国（チベットを含む）、ポーランド、ルーマニア、南イエメン、シリア、ソビエト社会主義共和国連邦（エストニア、ラトビア、リトアニア、クリル諸島、及び南サハリンを含む）、ベトナム、そしてユーゴスラビアである。

冷戦後、このリストには絶えず変更が加わっている。

2003年の時点では49の指定国家があり、それらは4つのグループに分類されている。アメリカ合衆国と外交関係を持たない国々、アメリカによって制裁もしくは禁輸が課せられている国々、「ミサイル技術に関する懸念」がある国々、そしてテロ支援国家である。現在はこのうちテロ支援国家に重点が置かれており、このカテゴリーにはキューバ、イラン、北朝鮮、リビア、スーダン、そしてシリアが含まれる（訳注：北朝鮮は2008年、リビアは2006年にテロ支援国家の指定を解除されている。さらにリビア及びキューバとはその後国交を回復している）。

【参照項目】セキュリティー・クリアランス

シナモン・アンド・シュリンプ計画
（Cinnamon and Shrimp）

1960年代初頭、CIAの支援を受けて南ベトナムで行なわれた地域安定化計画。サイゴンの裕福なビジネスマンから資金援助を受けたおよそ500名の武装グループが、共産ゲリラの暗躍するサイゴン－ブンタウ街道を流通ルートとして防衛した。

計画は概して成功を収め、この地域に関する有益な情報を南ベトナム軍に提供した。

この計画では、南ベトナムで活動する多数の武装グループにCIAからも援助が行なわれた。「民間不正規戦グループ」も参照のこと。

シニア （Senior）

極秘電子プロジェクトを指すアメリカ空軍のコードネームに付けられる接頭辞。他の極秘プログラムに用いられる場合もある（「シニア・ボウル」など）。

シニア・プロジェクトには以下のものが含まれる。

シニアスピア：U-2偵察機の通信情報（COMINT）システム

シニアストレッチ：同上

シニアスカウト：C-130Hハーキュリーズ航空機の信号情報（SIGINT）システム

シニアハンター：EC-130Eに搭載される心理戦用放送システム

シニアウォーリア：シニアスカウトの海兵隊バージョン

【参照項目】コードネーム、シニア・ボウル、通信情報、信号情報

シニア・ボウル （Senior Bowl）

改造を施したB-52戦略爆撃機にD-21無人偵察機を搭載する計画のコードネーム。この組み合わせで中国に対する偵察任務が4度行われたが、いずれも失敗に終わった。

【参照項目】D-21、偵察、コードネーム

ジノヴィエフ書簡 （Zinoviev Letter）

コミンテルンのグリゴリー・ジノヴィエフ議長が1924年にイギリス共産党へ送ったとされる秘密書簡。後に偽造であることが明らかになったこの書簡は、イギリス陸軍と労働組合の共産党細胞組織に対し、革命への準備を整えるよう指示するものだった。ジノヴィエフ書簡は総選挙を4日後に控えた1924年10月25日にイギリス各紙で掲載され、ラムゼイ・マクドナルド率いるイギリス初の労働党内閣を崩壊に追い込む一助となった。

1920年代、世界中に共産主義を広める目的でソビエトが支配していたコミンテルンは、イギリスにとって深刻な脅威と見なされていた。秘密情報部（MI6）も「赤化の恐怖」に反応する形で革命家の摘発を行ない、特に労働党と労働組合を標的とした。調査の過程でこの書簡を入手したわけだが、経緯は明らかになっていない。国家の脅威たる労働党員を引きずり下ろすために仕組まれた陰謀というのが現代の定説である。また伝説的スパイ

のシドニー・ライリーが関与していたという説もある。

1997年に公開された情報関係文書では、ジノヴィエフ書簡が完全な偽作である一方、当時のイギリス政府は政治局会議の議事録を入手できるアセットを保有していたことが示唆されている。つまりジノヴィエフ書簡の内容そのものは真正だが、陰謀を進めるために偽造されたということである。議事録の入手ルートにまつわる推測の中心は、ヨシフ・スターリンの側近であり、後に政治局書記となったボリス・バジャノフに置かれた。バジャノフは1928年にロシアを逃れ、公的な保護を受けてフランスに移り住んだとされているが、この行動は彼がイギリスのエージェントだったという疑いを否定するものである。

イギリスの労働党政府はソビエトと外交関係を結んでおり、通商条約の締結を計画していた。しかしジノヴィエフ書簡が公開されると、ショックを受けたマクドナルドはソビエト政府に抗議声明を送る。しかしこれも手遅れで、次の選挙で労働党は大敗、保守党が政権に返り咲いた。

皮肉なことに、スターリンはコミンテルンとジノヴィエフの両方を処分した。ジノヴィエフには外国情報機関に協力したなど偽の容疑がかけられ、1936年に開かれた見せ物裁判の結果有罪となり、直ちに銃殺された。

【参照項目】MI6、シドニー・ライリー

支配下にある外国エージェント
(Controlled Foreign Agent)

二重スパイを指すアメリカ軍事機関の用語。「支配下にある外国アセット」とも呼ばれる。

【参照項目】二重スパイ、アセット

シープ・ディッピング (Sheep Dipping)

装備や要員の正体を偽装または秘匿することを指すアメリカ情報界の用語。特に非軍人の指令によって秘密活動に投入された、軍の装備あるいは部隊に対して用いられる。

（訳注：シープ・ディッピングは「羊を殺虫液に浸して洗う」の意）

時佩璞 (Shi Pei Pu)

「ベルナール・ブルシコ」を参照のこと。

シーボルド、ウィリアム・G (Sebold, William G. 1899-1970)

アメリカの二重スパイとなったドイツ系アメリカ人。

ドイツ生まれのシーボルドは第1次世界大戦中ドイツ陸軍に所属し、1922年に商船でアメリカへ渡る。テキサス州ガルヴェストンで船を下りた彼はヴィルヘルム・G・デブロフスキからウィリアム・G・シーボルドと名前を変え、アメリカへ帰化した。その後カリフォルニア

へ移り、サンディエゴの航空機メーカー、コンソリデーテッド社に就職する。1939年、帰国して家族を訪れるために会社を辞めたが、パスポートの欄に職業が記載されたままだったので、それがドイツ情報機関の目に止まった。

アブヴェーアで米英に対する諜報活動を担当していたニコラウス・A・リッター少佐は、密輸の犯罪記録を基にシーボルドを脅迫し、スパイとして雇った。犯罪記録と虚偽記載が明るみに出れば、アメリカから追放されるのは間違いない。さらに、ドイツに住む母親と姉弟が危険に晒されるのも明らかだった。

シーボルドはハンブルグのスパイ養成機関で諜報活動に足を踏み入れた。寄宿舎を改装した「訓練兵舎」では、英語以外の会話は許されなかった。そこで無線機の扱いを憶えると共に、ハリー・ソーヤーという名前が記されたアメリカの新しいパスポートを受け取り、ニューヨークで活動するエージェント4名の氏名と住所を告げられた。シーボルドはこれらエージェントが入手した情報を、トランプというコードネームを使ってハンブルグに送信するか、あるいはマイクロドット化した上で上海、ポルトガル、及びブラジルの便宜的住所へ送ることになっていた。また彼の接触先には、スパイ網のリーダーであるフレデリック・デュケインと、最高機密の照準器を製造していたノルデン社の社員ヘルマン・ラングも含まれていた。

だがシーボルドはドイツを離れる前にケルンのアメリカ領事館を訪れ、これまでの経緯を報告した上で、二重スパイとなることに同意する。FBIは週50ドルを支払うと共に、事務所を設けさせた。隠しカメラで鮮明な写真を撮影できるよう壁は白く塗られ、壁時計とカレンダーも写真にはっきり写り込むよう注意深く配置された。

シーボルドはドイツ側の指示に従いながらも秘かにFBIの支援を受け、ロングアイランドに短波無線機を設置し、1940年5月からほぼ毎日ドイツへの連絡を行なっ

オフィスでエージェントの1人と会うウィリアム・G・シーボルド（写真左）。この写真は会合の模様をよりよく記録に残すべくFBIがセッティングしたものであり、時計とカレンダーもドイツ側スパイとの会合の模様を証拠として残す目的で配置されている。

た。そして真珠湾攻撃から１ヵ月足らず後の 42 年 1 月、FBI はドイツのスパイ 33 名を摘発した（「デュケイン・スパイ網」を参照のこと）。

【参照項目】二重スパイ、ニコラウス・A・リッター、スパイ養成機関、エージェント、コードネーム、マイクロドット、便宜的住所、スパイ網、ヘルマン・ラング、FBI、真珠湾攻撃

シムション　（Shimshon）

イギリス委任統治領時代のパレスチナで活動したユダヤ人地下部隊の奇襲グループ、パルマッハ（突撃隊）の情報・破壊工作ユニット。1943 年から 48 年 5 月 14 日のイスラエル建国までアラブ人に対する工作活動を遂行し、その後も 1950 年までイスラエル陸軍の一組織として存続した。

邪悪　（Turpitude）

「ツェッペリン〔2〕」を参照のこと。

シャイ　（Shai）

1948 年 5 月 14 日のイスラエル建国前にパレスチナで活動していたユダヤ人の地下軍事組織、ハガナの情報部門。1920 年に創設されたハガナは、ユダヤ人の入植地及び権益を、アラブ人とイギリス人の両方から守ることを目的としていた。イギリスはユダヤ人国家が建設されるまで、委任統治領としてパレスチナを牛耳っていた（第２次世界大戦中、ハガナ構成員の多くはイギリス陸軍のユダヤ人旅団に加わったが、中にはドイツの同盟国を舞台にイギリスの指揮下で秘密作戦を遂行する者もいた）。

1940 年、ハガナ内部にシャイと呼ばれる情報部門が設置される。ハガナはユダヤ人入植地に対するアラブの攻撃に対抗しつつ、第２次世界大戦中から戦後にかけてパレスチナへのユダヤ人移住を支援すると共に、イスラエル建国後は主要な軍事ポジションにアラブ人を残そうとするイギリスの試みに抵抗した。そのような中、シャイがもたらす情報は必要不可欠なものになった。シャイは警察、税関、郵便局、そして電話局にエージェントを配置することで、イギリスの意図及び作戦に関する情報を得ていたのである。

シャイは 1946 年に大きな成功を収めた。ユダヤ人地下組織のメンバーに関するデータが記されたイギリスの「ブラックブック」の中身を、秘密無線局から放送したのがそれである。こうしたこともあり、イギリス陸軍パレスチナ司令官はシャイを「完璧な諜報システム」と評している。その後 1948 年 7 月に廃止され、軍の情報機関アマンと国内秘密機関シンベトが新設された。

「イスラエル」も参照のこと。

【参照項目】エージェント

シャーク　（Shark）

4 ローター式のエニグマ暗号機にイギリス政府暗号学校が割り当てた名称。4 ローター式エニグマは 1942 年 2 月 1 日にドイツ海軍が U ボート専用として導入した。これは第２次世界大戦におけるドイツの暗号活動の中で特筆すべき出来事であり、連合国は以後 U ボートの通信を解読できなくなった。

ドイツ軍は 4 ローター式のエニグマ暗号機に M4 の呼称を付与した。しかし 4 枚目のローターはメッセージの暗号化において 1 つの位置に固定され、残り 3 つのローターだけが各文字毎に位置を変えていた。なお 4 ローター式エニグマを用いたのは海軍の U ボートだけである。

1942 年 10 月、潜水艦 U-559 がエル・アラメイン近くのエジプト沿岸でイギリスの駆逐艦から攻撃を受け損傷を負った。この U ボートは浮上中で乗員もすでに脱出していた。駆逐艦ペタードから士官と水兵が海に飛び込み、放棄された潜水艦へと泳ぐ。その後には酒保の補佐をしていた 16 歳の少年が続いていた。士官と水兵が潜水艦に乗り込み、潜水艦が沈没する前に 4 ローター式エニグマと海図、そして信号書を少年に渡したが、この 2 人は艦と共に海底へ沈んだ。

U-559 から鹵獲されたエニグマは、ブレッチレーパークで働くイギリスの暗号解読者のもとに送られた。彼らはこの戦利品の助けを借りつつ、U ボートの気象通報をクリブ（手がかり）として、1942 年 12 月 13 日に 4 ローター式暗号機の解読に成功した。

しかしシャークの暗号鍵が全て突き止められたわけではなかった。一例を挙げると、1943 年 1 月には 10 日間にわたってセッティングを突き止められず、2 月 10 日から 17 日まで一切の解読ができなかった。それでもほとんどの暗号鍵は 24 時間以内に突き止められており、連合軍の対潜水艦作戦に貴重この上ない貢献をした。

【参照項目】エニグマ、暗号機、政府暗号学校、ブレッチレーパーク

写真情報　（Photographic Intelligence〔PHOTINT〕）

写真全般を基にした情報。現在では画像情報の一部として扱われている。

写真情報は第１次世界大戦において重要な情報活動となり、とりわけ航空機から撮影された写真が重視された。第２次世界大戦を迎えると航空写真が重要性をさらに増す一方で、潜水艦から撮影された写真にも重きが置かれるようになった。当時最高性能を誇っていたのはドイツ製のカメラであり、アメリカ海軍も、第２次世界大戦中に潜水艦ノーチラスが太平洋で実施した撮影任務において、潜望鏡から撮影するために特注したカメラがドイツ製の手持ちカメラ、プリマフレックスよりも劣

っていることを認識した。戦時中にプリマフレックスを購入することは不可能だったので、写真雑誌に広告を出して寄贈を求めた。結果的に10台のプリマフレックスが海軍に寄せられ、撮影任務で用いられている。

電子情報などの特殊化された情報収集手段が台頭した戦後においても、写真情報は等しく重要な地位を占め続けた。冷戦は広角・高速度のカメラの開発を促し、キャンベラ、B-36、U-2、A-12オックスカート、SR-71ブラックバード、Tu-20/Tu-95ベア、そしてM-17ミスティックといった高々度を飛行する偵察機に搭載されてその威力を発揮した。

後にはさらに進んだカメラがスパイ衛星に搭載された。アメリカのコロナとソビエトのゼニットがカメラ搭載衛星の嚆矢である。

【参照項目】画像情報、航空機、潜水艦、電子情報、キャンベラ、B-36、U-2、A-12オックスカート、SR-71ブラックバード、Tu-20/Tu-95ベア、M-17ミスティック

写真分析 (Photographic Interpretation)

ターゲットエリアの写真から情報を引き出すこと。写真は航空機、人工衛星、潜水艦、無人航空機、水上艦艇、及び地上の人間によって撮影される。

アメリカ陸軍が1944年に発行した『The Official World War II Guide to the Army Air Forces』には、短いながらも有益な説明が掲載されている。

写真情報は、第1に偵察機によって、第2に作戦中の爆撃機によって撮影された航空写真の分析から得られるものである。高度な訓練を受けた写真分析官が写真を解析し、損害判定、産業・交通・航空活動、地上及び沿岸の防衛体制、カモフラージュ、ダミー、及び囮、通信、地上軍の活動、輸送、及び船舶建造についての報告書を作成する。重要な情報の大部分は、最近撮影された写真を、過去に入手した同じエリアの写真と比較することで得られる。近年では航空写真の分野に大きな進歩がもたらされ、高々度撮影、低高度撮影、赤外線撮影、地図作製用撮影、カラー撮影、及び夜間撮影といった各種目的の専用カメラが軍事活動で用いられている。

保安上の理由によりここで触れていないのがレーダー写真、つまりある特定の地域に関してレーダーが「捉えた」画像である。また1944年に刊行された前掲書にはこう記されている。「軍事的決断の基礎となる情報の中でも、写真偵察によるものが一番大きな部分を占めている」この著者は連合国による暗号解読活動を知らなかったか故意に隠しているようだ(「マジック」「ウルトラ」を参照のこと)。

「国家写真分析センター」「国家画像地図局」も参照のこと。

【参照項目】ターゲット、航空機、衛星、潜水艦、無人航空機

シャドリン、ニコラス・ジョージ
(Shadrin, Nicholas George 1922-1975)

アメリカに亡命したソビエト海軍士官。亡命後二重スパイとなるようFBIに強制された結果、KGBに誘拐されて命を失った。

ニコライ・フェドロヴィチ・アルタモノフとして生まれたシャドリンは1949年にフルンゼ高等海軍学校(アカデミー)を卒業、55年には海軍最年少の駆逐艦艦長となった。

インドネシア人水兵を訓練するためポーランドのグダニスクに寄港中の1959年6月7日から8日にかけ、シャドリンはポーランド人のガールフレンドと共に小型ボートでバルト海を横断、スウェーデンに亡命した(シャドリンはこの時妻をソビエトに残した。後に離婚し、ポーランドから一緒に逃れた女性と結婚している)。

政治亡命を申請した後はアメリカへ渡り、シャドリンと名を変え国防情報局(DIA)でさほど機密度の高くない任務に就いた。ニキータ・フルシチョフが訪米する直前の1960年9月、シャドリンは下院非米活動委員会において証言を行ない、ソビエトの政治体制を攻撃すると共に、諜報システムを詳しく語っている。

その後シャドリン夫妻はアメリカ市民となった。1972年にはジョージ・ワシントン大学から国際関係学の博士号を授与されたが、ソビエト海軍の詳細な評価が論文のテーマだった。

ソビエト連邦で行なわれた欠席裁判で死刑を宣告されたものの、1966年にKGBから接触を受けたことで、FBIの指示によって二重スパイにさせられる。だがこの任務のためにウィーンを訪れていた1975年12月20日、KGBエージェントによって誘拐される。ソビエトの亡命者ヴィタリー・ユルチェンコが1985年に証言したところによると、シャドリンは自動車の後部座席で誘拐者と格闘中、致死量のクロロホルムを誤って嗅がされてしまったという。ウィーン滞在中はCIAが保護にあたっていたが、結局失敗する形になってしまった。

【参照項目】二重スパイ、KGB、国防情報局、ウィーン、ヴィタリー・ユルチェンコ、CIA

シャープ、ジョージ・H (Sharpe, George H. 1828-1900)

南北戦争時に活躍した北軍の将校。北軍の主力ポトマック軍で唯一の情報将校であり、シャープが入手した情報は、南北戦争の趨勢を決した1863年7月のゲティスバーグの戦いでロバート・E・リー将軍の敗北をもたらしている。

弁護士としてアメリカ外交団に所属していたシャープ

は、1861年5月11日にニューヨーク州民兵の大尉に任官された。その3ヵ月後に大佐へ昇進、ニューヨーク義勇軍第120連隊の連隊長となっている。

1863年初頭にポトマック軍情報局の局長に任命されて65年の戦争終結までその座にとどまり、スパイや脱走兵が南軍前線で手に入れた大量の情報を処理した。その間1864年12月に名誉昇進で准将となり、終戦後は戦時の功績によって少将に昇進している。

1867年、ウィリアム・H・スワード国務長官はシャープをヨーロッパに派遣し、リンカーン大統領暗殺の首謀者を見つけだそうとしたが失敗に終わった。その後はラテンアメリカへの外交使節を務めると共に、ニューヨークでいくつかの公職に就いた。

【参照項目】軍事情報局

シャムロック　(Shamrock)

アメリカ軍が実行した中で恐らく最も野心的な国内情報作戦。外国の情報通信を突き止めるために対外電文を傍受するという、第2次世界大戦当時行なわれた作戦の延長線上にあった。

戦争が終わった1945年後半、陸軍保安局（ASA）局長のW・プレストン・コーダーマン准将は、外国の電文を得ずして暗号技術を維持・改善することがいかに難しいかを感じていた。歴史家のジェイムズ・バンフォードが著書『The Puzzle Palace（邦題・パズル・パレス：超スパイ機関 NSA の全貌）』(1982) の中で記したように、「重要な電報を根こそぎ手に入れるため、何らかの方法で主要電信会社3社と極秘に協定を結ぶことの必要性を感じていた」のである。

ASA は直ちにウエスタンユニオン、ITT、及びRCAと協定を結び、大使館や領事館の電信だけでなく、アメリカ市民や企業による通信へのアクセスを手に入れた。作戦はまず、私服の陸軍軍人が上記3社から電信テープを毎日回収することで始められた。このシステムは後に、各社が扱った海外電報のコピーを残らず提出するよう改められた。

しかし電信各社の首脳は、電報を陸軍に渡すことの違法性について懸念を抱いていた。そこでまず国防長官、次いで司法長官、さらには大統領から、刑事訴追の対象にならないという確約を得ようとした。ジェイムズ・V・フォレスタル国防長官は1947年12月16日に電信会社首脳と会見し、傍受活動は「国家安全保障に極めて重要である」という確約を、トルーマン大統領の名前で彼らに与えた。

その後フォレスタルの補佐官は議会の主要メンバーと秘密裡に会合を持ち、秘密傍受作戦に対する法律上の免責措置について話し合った。しかし正式な法律と適切な公聴会が必要らしいとなった時点で、この会合は打ち切られた。

シャムロック作戦は1949年に創設された軍保安局の主導によって続けられたが、その後52年に新設されたNSA へと引き継がれている。

2000年に公開されたCIA による報告書の中で、シャムロック作戦に関する詳細が明らかになっている。「1950年代には紙テープが用いられた。紙のテープに穴が開けられ、その後スキャンされて電気信号に変換される方式だ。残された紙テープのリールは NSA の連絡員が毎日回収し、フォート・ミード（NSA本部）に持ち帰る。1960年代初頭になると、電信企業は磁気テープに切り替えた」電信各社はリールの返却を求めていた。そこで1966年、NSA のルイス・W・トルデッラ副長官はCIA の支援を受けてニューヨークに貸事務所を見つけ、「NSA がそこで磁気テープを複製できるようにした」。これは1973年まで続けられたものの、「CIA は弁護士の間で持ち上がった懸念を受けてこの協定から手を引いた」。そこで NSA はマンハッタンに自らオフィスを設けた。トルデッラは後にこう回想している。「シャムロックに関して何も耳にすることなく数年が過ぎることもあった。誰からも注目されることなく、ただ漫然と続けられていたのである」

NSA のコンピュータはテープを検索してあらかじめプログラムされた氏名、住所、単語、あるいはフレーズを探し出し、数分の一秒で電報の全文を吐き出した。氏名と住所から成るこうした「要注意リスト」には共産主義国家の大使館や公使館だけでなく、共産主義にシンパシーを抱いていると思しき人物も含まれていた。また注意すべき単語やフレーズには、「設計図」「原子爆弾」、あるいは外国及び国内の情報作戦を指し示すものもあった。

（この間、FBI もワシントンDC に拠点を置く様々な電信局から国際通信のコピーを受け取っていた）

1961年に就任したロバート・F・ケネディ司法長官は犯罪組織に所属する人間の要注意リストを様々な機関に配布したが、NSA も配布先に含まれていた。この活動により、犯罪界の大物を起訴に追い込んだことは間違いない。またケネディはカストロ支配下のキューバと取引を行なったアメリカ市民及び企業の要注意リストも NSAに渡している。ここでもアメリカの法執行機関はシャムロックから直接恩恵を受けることになった。

しかし陸軍と NSA による国内スパイ作戦は1967年から下降線を辿るようになる。この年、情報担当参謀副長のウィリアム・P・ヤーボロウ陸軍少将はマーシャル・カーター NSA 長官にメッセージを送り、国内のベトナム反戦運動に対する外国の影響力について情報収集を求めた。NSA によるこの作戦にはミナレットというコードネームが与えられ、電信だけでなく海外通話の傍受も行なわれた。NSA 長官の1人が後に証言したところによると、NSA は1967年から73年にかけて外国人及び外

国グループによる 6,000 件近い海外通話と電信だけでなく、アメリカ市民及び組織による 1,650 件もの海外通話と電信を傍受したという。

この国内情報活動はさらに規模を増す。市民運動のリーダー、マーチン・ルーサー・キング・ジュニアが暗殺されると、容疑者のジェイムズ・アール・レイとその家族が NSA の監視リストに付け加えられた。のみならず、後に麻薬の密輸及び密売に関わる人間も盗聴対象になっている。

ニクソン政権の下、国内情報活動に対する NSA の関与はさらに拡大された（「ヒューストン計画」を参照のこと）。

シャムロック作戦とその派生作戦は 1975 年に終焉を迎えた。1970 年代初頭、CIA による国内スパイ活動にメスを入れた議会の調査委員会は、すぐに NSA も調査対象とする（「チャーチ委員会」と「パイク委員会」を参照のこと）。30 年にわたる NSA の活動の全貌が、議会あるいはマスコミの手で暴露されるのはもはや時間の問題だった。1975 年 5 月 12 日、ルー・アレン・ジュニアNSA 長官は 1 枚の覚え書きを記し、上院情報委員会のフランク・チャーチ委員長が「アメリカ人を対象とした過去最大と思しき政府の通信傍受プログラム」と称した活動に幕を降ろした。

【参照項目】国内情報、軍保安局、暗号、ジェイムズ・バンフォード、NSA、CIA、フォート・ミード、ルイス・W・トルデッラ、要注意リスト、FBI、キューバ、情報担当参謀副長、ミナレット、コードネーム、ルー・アレン・ジュニア

シャリン、ミハイル・アレクセイヴィチ
(Shalin, Mikhail Alekseevich)

1951 年から 56 年まで、及び 57 年 11 月から 58 年 12 月までソビエト軍の情報機関 GRU の総局長を務めた人物。

数年間にわたって GRU 総局長の座にあったにもかかわらず、シャリンのキャリアや活動に関する情報はほとんど存在しない。西側のためにスパイ活動を行ったオレグ・ペンコフスキー大佐は『The Penkovsky Papers（邦題・ペンコフスキー機密文書）』(1965) の中で、シャリンを「戦時中から情報の世界に身を置いていた……経験豊富な優れた情報士官」と評している。

【参照項目】GRU、オレグ・ペンコフスキー

シャレー (Chalet)

通信情報と遠隔測定情報を収集する目的で開発されたアメリカ第 2 の主要衛星。リオライト衛星の後継として 1978 年 6 月 10 日に 1 号機が打ち上げられた。

この衛星は地上約 35,900 キロメートルの静止軌道上にあり、ソビエト及び中国のマイクロ波通信を傍受する

と共に、両国が大陸間弾道ミサイルの実験を行なった際にはその遠隔測定データも監視した。

その後 1979 年から 89 年まで打ち上げが行なわれている。

シャレーという名前がニューヨーク・タイムズ紙に掲載された後、コードネームはヴォルテックスに改められた。また後継としてマグナム衛星が存在するものとされている。

【参照項目】衛星、通信情報、遠隔測定情報

従業員 (Employee)

アメリカ情報機関に雇われた人物、またはそれら機関に配属ないし派遣された人物を指すアメリカの俗語。

重大情報 (Critical Inteligence)

国家元首及び国家の意志決定に関わる人物へ送らねばならない、緊急かつ重要な情報のこと。

重要施設情報法 (Critical Infrastructure Information Act)

電力会社といった民間企業に対し、その脆弱性に関する情報を国土安全保障省（DHS）と自発的に共有させ、テロリスト情報を収集することを目的としたアメリカの法律。

この法律では、連邦職員はこうした情報を漏らしてはならないと定められているものの、企業の中には、潜在的問題に関する情報が漏洩すれば競争相手やテロリストの利益になると不安視する向きもある。一方 DHS は、環境各法や情報公開法を含むあらゆる州法・連邦法による情報公開から、このようなデータを「機密扱い」することが認められている。

DHS の職員はこう語る。「我々の目的は、この国をより安全なものにすべく民間部門に助言や支援を行なう際、必要となる情報を提出してもらうための枠組みを提供することにあり、有害な情報を監督官庁や公衆から隠す仕組みを提供しているわけではない」

【参照項目】国土安全保障省

シュタージ (Stasi)

「MfS」を参照のこと。

シュティーバー、ヴィルヘルム
(Stieber, Wilhelm 1818-1882)

19 世紀のヨーロッパで情報活動に革命をもたらしたプロイセン人。

シュティーバーはルター派の聖職者になるべく学んだ後、決心を変えて弁護士になった。1845 年から 50 年にかけて法律事務所の経営で成功を収める一方、情報提供者及びスパイとして活動する。特に犯罪事件を得意とし、警察機関誌の編集者もしていたのでどんな証拠が提

出されるかをあらかじめ知ることができた。これがスキャンダルになったにもかかわらず、国王フリードリヒ・ヴィルヘルム４世はシュティーバーを支援し続け、彼を警察長官に任命した。その頃から「スパイマスター」または「国王の番犬」と呼ばれるようになる。

新たにプロイセン国王となったヴィルヘルム１世はシュティーバーを罷免した。結果、シュティーバーは忠誠の対象を変え、1858年から63年までロシア皇帝のために働き、秘密警察機構の設立を助けている。またロシアから出国した政治活動家の追跡も行なった。しかしその後もロシアのために働きつつプロイセンのスパイ活動も続け、ビスマルクの命を受けてオーストリアで諜報活動に携わることもあった。

1866年の普墺戦争でプロイセンが容易に勝利を収め得たのは、シュティーバーの情報によるところが大きかった。戦後はフランスで18ヵ月間過ごし、諜報網を組織している。またプロイセン政府に中央情報局を設置すると共に自身も報道機関を作り、鉄道会社やホテルからスパイを勧誘した。さらに近隣諸国の新聞社を買収し、親ドイツのプロパガンダを広めている。

シュテメンコ、セルゲイ・マトヴェイエヴィチ

(Shtemyenko, Sergei Matveyevich 1907-1976)

1946年から48年まで、及び56年から57年まで、2度にわたってソビエト軍の情報機関GRUの総局長を務めた高級参謀。オレグ・ペンコフスキー大佐は著書『The Penkovsky Papers（邦題・ペンコフスキー機密文書）』(1965)の中でシュテメンコをこう評している。「精力を注ぎ込み、数多くの優れた改革を実行した。シュテメンコは優れた指導者だった。それは主として彼の管理手腕によるものだが、参謀本部の将軍連からは嫌われていた」

農家に生まれたシュテメンコは1926年に赤軍入りし、主に砲兵部隊と機甲部隊での勤務を経て1939年9月に参謀本部へ配属される。43年5月には参謀本部作戦局長に指名されて軍事作戦立案者の１人になると共に、ヨシフ・スターリンの主要な補佐官となった。

その後1946年4月から48年11月までGRU総局長を務め、次いで参謀総長となり陸軍大将に昇進する。1952年6月に起きたスターリンと政治局との論争ではスターリンの側に立ったが、参謀総長の座を追われると共に中将へ降格され、モスクワから遠く離れたヴォルガ軍管区の司令官に左遷された。1956年、ソ連邦元帥ゲオルギー・ジューコフによってモスクワへ呼び戻され、再びGRU総局長に就任する。だが翌年10月のジューコフ失脚を受けてまたもや職を追われた上、中将に降格した。ところが62年6月に地上軍司令長官（ソビエト陸軍トップ）として返り咲く。68年には3度目となる大将への昇進を果たし、第1国防次官及びワルシャワ条約

機構軍参謀総長に任命されると共に、死ぬまでそのポストを握り続けた。

シュテメンコのキャリアは波乱に満ちたものだった。ソ連邦元帥に3度推薦されており、1度目は41歳の時だったが、結局その栄誉を勝ち取ることはなかった。また歴代GRUトップの中で最も精力的かつ博識、しかも冷酷な人物だったと言われている。

シュテメンコは軍事史に関する2冊の著作を残しており、『The Soviet General Staff at War: 1941-1945』(1981)と『The Last Six Months: Russia's Final Battles with Hitler's Armies in World War II』(1973)はいずれも版が重ねられた。

【参照項目】GRU、オレグ・ペンコフスキー

シューフ、チャールズ・エドワード (Schoof, Charles Edward)

共謀してスパイ活動を行なったとして有罪になったアメリカ海軍の水兵。戦車揚陸艇フェアファックス・カウンティで勤務していた1989年12月、同僚のジョン・ジョセフ・ヘーガー3等兵曹と共に逮捕された。

シューフはワシントンのソビエト大使館に電話をかけ、レーダー、通信、及び電子妨害手段に関する情報を渡すと持ちかけた。そして金庫の鍵番号を知るヘーガーが盗み出すことになっていた資料を、誰かが受け取りに来るよう求めた。2人の水兵は、艦の繋留されていたヴァージニア州ノーフォークが、ソビエト外交官に許された行動範囲の外にあることを知らなかったらしい。またFBIとNSAが大使館の電話を定期的に盗聴していることも知らなかったと思われる。

1990年4月、シューフに禁固25年、ヘーガーに禁固19年の刑が言い渡された。1987年に改訂された連邦政府の保釈基準によると、2人は刑期満了まで刑務所で過ごすものと思われる。

【参照項目】FBI、NSA

シュミット、ハンス＝ティロ (Schmidt, Hans-Thilo 1888-1943)

エニグマの暗号鍵を連合国にもたらしたドイツ人。歴史家のデイヴィッド・カーンはシュミットを「第2次世界大戦に最も影響を与えたスパイ」と評している。彼がもたらした情報によってポーランドはエニグマ暗号を解読でき、その知識をフランスとイギリスに伝えたのである。

シュミットはシャルロッテン大学教授と女男爵の息子としてベルリンに生まれた。若きシュミットが第1次世界大戦に従軍したか否かは定かでない。戦後は化学工場を経営するも、1920年代にドイツを襲ったインフレの嵐によって倒産した。兄のルドルフ・シュミットは職業軍人であり、陸軍及び国防省の暗号技術を担当する信号軍団内のユニット──シフリエシュテッレ──でナンバー2の地位にあった。

かくしてシュミットは民間人職員としてそこに職を得、カーン著『Kahn on Codes』(1983)によると「暗号資料の配付と、期限が切れたものの廃棄を監督していた」という。兄が1929年10月にシフリエシュテッレを去った後も、シュミットはその職にとどまっている。そしてアドルフ・ヒトラーが権力の座に就く1年前の1931年12月1日にナチス党入りした。

その時から1932年10月までのいずれかの時点で、いまだシフリエシュテッレにとどまっていたシュミットは、エニグマの秘密を売るとフランスに持ちかけた。フランス情報機関の暗号解読部門トップ、ギュスタヴ・ベルトラン大尉に最初の文書を渡したのはいつか、説は様々に分かれている。いずれにせよ、ベルトランは当時のヨーロッパで最も優れた暗号解読活動を行なっていたポーランドとイギリスにこの文書を渡した。ポーランド側の資料には文書を受け取ったのが1931年12月7日と記録されているが、大半の資料は最初の文書引き渡しを1932年としている（イギリスは当時この文書を活用できなかった）。

カーンによると、シュミットがもたらした文書は計り知れない価値を持っていたという。

動機は金だった。柔弱な快楽主義者で、浪費家でもあったシュミットは、愛人（彼には妻がいた）との贅沢な暮らしのために金を必要としていた。しかし彼の叛逆行為には知られざる動機もあったようだ。父親は民間人として望み得る最高の地位を得ており、母親は貴族である。そして兄はドイツで最も尊敬されている機関、すなわち軍で急速に頭角を現わしつつあった。しかしシュミット自身は落ちこぼれに過ぎない。家族に栄誉をもたらした社会に害を与え、発覚すれば彼らを破滅に追いやるであろう行為をすることで、家族に復讐を試みたのかもしれない。

1934年、シュミットは新設された通信傍受・暗号解読機関の研究班——フォルシュングスアムト——に移るものの、そこを拠点に叛逆行為を続け、貴重な暗号資料をベルトランに提供した。アシェというコードネームを与えられたシュミットは、叛逆行為を続けた7年間で19回にわたってフランス人と会った。会合はほとんどスイスで行なわれたが、時には他の場所で行なわれることもあった（1938年8月にパリで会った際には、フランス側からワインとディナーの饗応を受けている）。

シュミットはフランスに——そしてベルトラン経由でイギリスとポーランドに——エニグマ暗号機の情報だけでなく、フランスなど各国を対象としたドイツの暗号解読活動についての報告をもたらした。シュミットのスパイ行為は1939年9月の第2次世界大戦勃発まで続けられたが、フォルシュングスアムトにおける勤務は42年

11月に突如幕を降ろされた。当時ドイツ当局は、フランスに帰化し、フランス情報機関のために働いていたレモワーヌなる人物を拘束していたが、レモワーヌは自分の身を守るため、シュミットらの名を明かしたのである。

その後シュミットはゲシュタポに逮捕され、1943年7月に処刑された（機甲戦の専門家として輝かしい成功を収めていた兄は、階級を剥奪された上で陸軍を追われている）。

【参照項目】エニグマ、暗号、デイヴィッド・カーン、ベルリン、ギュスタヴ・ベルトラン、コードネーム、ゲシュタポ

主要エージェント (Principal Agent)

インテリジェンス・オフィサーの指示により、他のエージェントの活動を監督するエージェントのこと。ハンドラーの代理人。

【参照項目】インテリジェンス・オフィサー、エージェント、ハンドラー

シュルーガ、バロン・アウグスト
(Schluga, Baron August 1841-1917)

1866年から第1次世界大戦までプロイセン及びドイツに仕えたスパイ。

当時のオーストリア＝ハンガリー帝国に生まれたシュルーガは、ウィーン工科大学で学んだ後、オーストリア陸軍に入隊した。1859年の第2次イタリア独立戦争ではマジェンタの戦いにおいて功績を挙げ、参謀本部のポストが約束されているかに見えた。しかし彼は陸軍を退役、地主階級の仲間入りをしている。

プロイセン軍のヘルムート・フォン・モルトケ参謀総長がオーストリアとの戦争準備を進めていた1866年、シュルーガはジャーナリストを装ってオーストリア陸軍本部に入り込む。そしてオーストリア軍の戦力組成をモルトケに伝え、プロイセン軍の勝利に貢献した。

パリを拠点に活動していたシュルーガは、普仏戦争（1870～71）の直前にもモルトケのために働いている。当時エージェント17号と呼ばれていた彼は、パリのプロイセン大使館に所属する駐在武官に情報をもたらした。この武官はシュルーガがどこに住んでいるかさえ知らず、情報の入手方法はなおさらだった。そして今回も、シュルーガの情報はプロイセン軍に勝利をもたらす一助になったのである。

エージェント17号は1870年から1914年までスリーパーであり、ドイツの上司によって覚醒されることはなかった（この間、プロイセンはドイツ帝国に発展していた）。彼のスパイマスターは参謀本部IIIbという名の情報部署を率いるヴァルター・ニコライ少佐だった。ニコライは平時においてシュルーガからごくわずかの情報し

か入手しなかったが、第1次世界大戦の直前、フランス軍が動員から5日後に予定している大規模な部隊展開の情報が、シュルーガからもたらされる。軍事史家の中にはこの情報を、敵国に住むスパイが挙げた中で最も大きな成果だとする者もいる。

しかしドイツ軍の司令官たちはこの情報を活用できなかった——諜報の歴史にはよく見られる現象である。73歳で健康状態も悪かったシュルーガは、戦争勃発後秘かにドイツへ入国した。そしてしばらく休養した後、1915年5月にフランスへ戻り、情報メッセージを密使に託して定期的にスイスへ送った。

しかしシュルーガがもたらした情報はあまりに素晴らし過ぎた。歴史家のデイヴィッド・カーンは著書『Hitler's Spies』（1978）の中で次のように記している。「（シュルーガは）意識的か否かにかかわらず、フランス人の性格及び政府の弱さを強調した」この指摘は、フランス軍が「攻撃する意思も能力も」欠いているという、エーリッヒ・フォン・ファルケンハイン陸軍参謀総長の信念をさらに強めることになった。「結果として1915年夏、ファルケンハインは敵の攻勢が差し迫っている兆候を過小評価した……しかし（連合軍による）重砲の轟きがついにスパイを打ち負かした。ファルケンハインは連合軍の前進を押しとどめるべく軍を動かした」

ドイツ人スパイの最優等生とされるシュルーガは、情報源と入手方法を上司にすら秘密にした。1916年3月に最後の報告書を送った後ドイツに帰国、1年後に死去している。

【参照項目】ウィーン、戦力組成、エージェント、駐在武官、スリーパー、ヴァルター・ニコライ、密使、デイヴィッド・カーン

ジュルトチェンコ、ヴィタリー （Dzhurtchenko, Vitaly）

1985年8月にアメリカへ亡命したKGB高官。亡命時は外交官をカバーとしてローマで活動しており、KGBで序列第5位にいたという説もある。ジュルトチェンコの亡命後、東から西へ亡命する動きが相次ぎ、その中にはKGBロンドン支局長のオレグ・ゴルディエフスキーもいた。

【参照項目】KGB、カバー、オレグ・ゴルディエフスキー

シュルマイスター、カール （Schulmeister, Karl 1770-1853）

ナポレオン・ボナパルトの下でスパイマスターを務めた人物。ナポレオンからは「密偵どもの皇帝」と呼ばれた。ルター派聖職者の息子としてバーデンに生まれたシュルマイスターはフランス語、ドイツ語、ハンガリー語を話し、変装術にも長けていた。

1804年の時点でシュルマイスターは密偵になっており、翌年にはナポレオン配下の正式なスパイとなる。当時フランスはオーストリアと戦争状態にあり、シュルマイスターは変装してウィーンに赴き、敵の行動を探り出した。またハンガリー人貴族を装ってオーストリア軍のカール・マック将軍の参謀となり、フランス陸軍に関する偽情報を提供した。この情報によって、マックはウルムの戦い（1805年10月）でナポレオンに敗れたものと考えられている。

しかしシュルマイスターはフランスとオーストリアの両方から金を受け取っていた。正体が明るみに出て逮捕された彼は、フランス軍がウィーンを占領した際に救出され、当地の警察長官になった。

シュルマイスターはプロイセンとロシアにもスパイを送り込み、伝えられるところによるとロシア皇帝アレクサンドル1世の本営にもエージェントの1人を潜入させたという。その後もナポレオンがオーストリア皇帝の娘マリーと結婚する1809年まで、シュルマイスターはスパイ活動を続けた。彼の残酷さに憤怒したオーストリア人が、引退させるようナポレオンに強いたのである。シュルマイスターは高位の勲章が与えられるものと期待していたが、ナポレオンにこう告げられたという。「スパイにふさわしい報酬は黄金のみだ」

しかしナポレオンがエルバ島から脱出した際も、シュルマイスターは彼の元に馳せ参じている。

オーストリアが1814年にアルザスを侵略した時、シュルマイスターの地所も破壊の対象にされた。翌年フランス軍がワーテルローで敗北を喫した後、シュルマイスターはナポレオン支持者として最初に逮捕された人物となったが、巨額の身代金を払って身を守っている。だが富は生涯彼の手に戻らず、その後はアルザスで余生を送った。

【参照項目】密偵、ウィーン、エージェント

シュレジンジャー、ジェイムズ・R

（Schlesinger, James R. 1929-2014）

1973年2月から7月までの短期間、中央情報長官（DCI）を務めた人物。退任後は75年まで国防長官を、77年8月から79年8月までエネルギー長官を務めている。

経済学者でエネルギー及び国家安全保障問題に関する専門家だったシュレジンジャーはハーバード大学で学士号、修士号、博士号を得た。その後は連邦準備委員会顧問とヴァージニア大学教授を務め、1963年から69年までランド研究所の戦略研究部長となっている。

公職に入った後は1969年から71年まで予算局（後に管理予算局と改称）の副局長及び局長代理を歴任し、その間にインテリジェンス・コミュニティーの改革案を練り上げる。次いで71年から73年まで原子力委員会議長を務めたが、そこでニクソン大統領からDCIに指名された。CIAを好んだことも信用したこともないニク

ソンは、ウォーターゲート事件の際に非協力的だったとして、シュレジンジャーの前任者リチャード・ヘルムズを更送していたのである。

CIA の再編を命じられたシュレジンジャーは、ファミリージュエル・リストの作成を許可（ただし議会に示したのは後任のウィリアム・E・コルビー）する一方、1,000 名以上の CIA 職員を解雇すべく、「20 年で退職」ルールを発動させてそれを成し遂げようとした。しかしシュレジンジャーに CIA の水は合わなかったらしく、ニクソンは彼を国防総省に移した。

ペンタゴン入りしたシュレジンジャーが最初にとった行動として、アメリカ及びソビエトの戦略兵器開発を徹底的に分析するよう命じ、両大国がなぜ、あるいはどのように核兵器を開発しているかを突き止めようとしたことが挙げられる。またアメリカ軍のベトナムからの最終撤兵を監督している。

シュレジンジャーの国防長官としてのキャリアは、「ハロウィーンの虐殺」と呼ばれた事態の中で突如幕を降ろされた。1975 年 11 月上旬、フォード大統領は行政府の再編を行ない、シュレジンジャーだけでなく中央情報長官のコルビーをも更送し、ジョージ・H・W・ブッシュを後釜に据えた。シュレジンジャーは輸出入銀行総裁のポストを固辞したが、その後エネルギー長官に任命されている。閣僚の座を去った後も政府及び民間組織で勤務し続け、国防政策委員会に名を連ねる傍ら、国防・情報関連企業 MITRE 社の取締役会議長も務めている。

【参照項目】中央情報長官、インテリジェンス・コミュニティー、CIA、ウォーターゲート事件、リチャード・ヘルムズ、ファミリー・ジュエル、ウィリアム・E・コルビー、ジョージ・H・W・ブッシュ

シュワルツ、マイケル　（Schwartz, Michael）

秘密情報をサウジアラビア政府に渡したとされるアメリカ海軍士官。

1992 年 11 月から 94 年 9 月にかけて軍事訓練使節団の一員としてサウジアラビアに赴任していた際、機密情報を違法に公開したとして捜査対象になる。特に機密文書の誤った取り扱い、虚偽の証言、そしてスパイ行為の容疑をかけられた。軍法会議の日程が設定された後、シュワルツは法廷に立つことを回避するため退役を申請した。

1995 年 12 月に海軍からの退役が認められ、「非名誉除隊」とされた。

瞬間的接触　（Brush Contact）

ハンドラーなどインテリジェンス・オフィサーとエージェントが情報、資料、または資金を受け渡す際、公の場で素早く秘かに接触すること。「一瞬の接触」あるいは「一瞬の会合」とも呼ばれる。その際 2 人の間に会話はない。

未熟な監視員の目には、見ず知らずの人間同士が偶然ぶつかったようにしか見えない。

【参照項目】ハンドラー、インテリジェンス・オフィサー、エージェント、

純評価グループ　（Net Assessmet Group）

インテリジェンス・コミュニティー再編の一環として、1971 年にニクソン大統領が国家安全保障会議の中に設けた組織。情報生産物を検討し、それを用いて純評価を行なうことになっていた。通常はアメリカ合衆国の軍事力とソビエト連邦のそれを比較することが任務だった。

グループが組織されたのは 1971 年 12 月 6 日であり、国防総省の組織再編を勧告すべくニクソン大統領が設置したブルーリボン委員会に対応してのものだった。なお純評価グループの長は国防長官の直属下に置かれている。

【参照項目】インテリジェンス・コミュニティー、国家安全保障会議、生産物

ジョー・K　（Joe K）

「クルト・ルードヴィヒ」を参照のこと。

ジョアン・エレノア　（Joan Elenor）

第 2 次世界大戦中にアメリカ戦略諜報局（OSS）が用いた超小型（幅 16.5 センチメートル、奥行き 5.7 センチメートル、高さ 3.8 センチメートル）無線送受信機のニックネーム。重さ 1.8 キログラムのこの無線機は、RCA の技師として働くスティーヴン・シンプソン海軍少佐と、海軍の委託を受けてシンプソンと働いていた同じく RCA のデウィット・R・ゴダード技師が開発した。

ジョアン・エレノアはバッテリーで作動し、上空を旋回する飛行機に積まれた大型のユニットに電波を送信する。なお機上のユニットは録音機に接続されていた。機械の設計と電波の波長のため、ドイツの方向探知機に傍受される危険性は低かった。ジョアン・エレノアはシステム全体を指すコードネームであり、エレノア（ゴダードの妻に由来）は地上のユニットを、ジョアン（女性陸軍部隊を率いたジョアン・マーシャル少佐に由来）は機上のユニットを指している。

【参照項目】戦略諜報局、コードネーム

ジョイス、ウィリアム　（Joyce, William　1906-1946）

第 2 次世界大戦中、「ホーホー卿」を名乗ってドイツからイギリスにプロパガンダ放送を流した人物。ジョイス自身はスパイではなかったものの、イギリスで活動するドイツ工作員との関係を通じて諜報活動に深く関わっていた。またアメリカ大使館のタイラー・ケント暗号官

から文書を受け取っていたアンナ・ウォルコフが、反英プロパガンダ放送のトピック候補を秘密裡にジョイスへ送っていた。

「ホーホー卿」というニックネームは、親独プロパガンダを語る際の貴族ぶったアクセントから、イギリスのリスナーが命名したものである。サー・オズワルド・モズレーが創設したイギリス・ファシスト連盟のメンバーだったジョイスは 1939 年にドイツを訪れ、ヨーゼフ・ゲッベルス宣伝相お気に入りのラジオスターとなった。

イングランド系の母とアイルランド系アメリカ人の父との間にニューヨーク州ブルックリンで生まれたジョイスは、1921 年に家族と共にイギリスへ移住した。そのため、戦後になってロンドンの中央刑事裁判所で国家反逆罪に問われた際、彼はアメリカ市民だと主張している。しかしイギリスのパスポートを所持しているとして、裁判所は刑事訴追の対象になると判断を下した。かくして裁判の結果有罪となり、1946 年 1 月 3 日に絞首刑が執行された。

【参照項目】アンナ・ウォルコフ、タイラー・ケント

焼却 (Burn)

重要なスパイや内通者、さらにはスパイ網を守るため、エージェントを故意に犠牲にすること。あるエージェントが裏切っている、あるいは正体が突き止められている兆候が見られた際、内通者の信用性を高めるべくそのエージェントを「焼却」する場合もある。

【参照項目】内通者、スパイ網、暴露、ミハル・ゴリエネフスキー

商業諜報活動 (Commercial Espionage)

「経済情報」及び「産業スパイ活動」を参照のこと。

上空偵察 (Overhead)

ターゲットとした国の写真、またはその他情報を入手すべく、航空機や衛星を用いること。

ウィリアム・E・バローズは著書『Deep Black』(1986) の中で次のように記している。

「上空偵察及び監視システム、そしてそれらを運用する人間は、3 つの基本的責任を負っている。つまり、アメリカ及び同盟国に何らかの程度で影響を及ぼし得る、あらゆる軍事的・経済的活動を発見し、監視し続けることである」

「国家技術手段」も参照のこと。

【参照項目】ターゲット、航空機、衛星

上空飛行 (Overflight)

偵察機――カメラあるいは信号情報装置、またはその両方を搭載している航空機――による敵国上空の飛行任務。通常は戦略情報の収集を目的としている。こうした飛行任務は、敵勢力上空への飛行を含む戦術情報の収集活動とは区別される。これについては「無人航空機」を参照のこと。

上空飛行(Overflight)という単語は冷戦期から用いられるようになった。西側によるソビエト上空への飛行任務が最初に実施されたのは 1952 年、アメリカの B-47 ストラトジェットとイギリスのキャンベラ偵察機によるものであり、後者はアメリカ政府から要請を受けて飛行した。

【参照項目】信号情報、戦略情報、戦術情報、B-47 ストラトジェット、キャンベラ

省庁間情報 (Interdepartmental Intelligence)

様々な機関や省庁が収集した情報を合成することを指すアメリカの用語。こうした情報はある特定の機関もしくは省庁以外も必要としているか、それら機関の情報生産能力では生み出せないものである。

消毒 (Sanitize)

情報源の正体や入手方法を秘匿するため、報告書などの文書から特定の箇所を削除したり訂正したりすること。時には防衛手段の範疇を超え、機密解除された文書の中で公表をはばかられる箇所を黒く塗りつぶすことも指す。

「消毒」手段はそれ自体が機密である。しかし CIA は機密解除された 1977 年作成の評価文書において、そのプロセスを垣間見せた。「消毒は本質的に困難かつ時間を要するものであるが、正確かつ最新のガイドが存在しないことでより一層そうなっている」評価文書はその例として、「『安全を期すあまり』あらゆる具体的基準を無視し、秘密と思われる全ての箇所を手当り次第切り取った」担当者の事例を挙げている。

【参照項目】CIA、殺菌

情報活動に対する監督 (Intelligence Oversight)

第 2 次世界大戦以降のアメリカ情報機関及び情報活動における主要な要素。1947 年 7 月 26 日の国家安全保障法は CIA の情報活動に対する監督を規定しているが、CIA の任務は「国家安全保障会議の指示によって」定義されるとしている。つまり、CIA は国家安全保障会議を通じて合衆国大統領の直属下にあると言える。

後に複数の監督機関が設置されたが、その中で最も影響力を有するのは大統領外国情報活動諮問会議(PFIAB)だとされている。これはアイゼンハワー大統領が 1956 年に設置した大統領外国情報活動顧問会議の後身であり、商業界、国際関係分野、そして情報分野の著名な民間人がメンバーとなっている。これ以外にも

1978年にカーター大統領が新設した情報活動監督委員会があり、大統領が指名した3名のメンバーから構成されている。このグループはインテリジェンス・コミュニティーの合法性もしくは妥当性に関わる問題を検証している。議長はPFIABのメンバーが務めており、両者の間には密接な関係が築かれている。

またインテリジェンス・コミュニティーに関わる予算・運営面の監督は行政管理予算局（OMB）が担当している（OMBは元来財務省の一部局だったが、1970年に行政機関として改組、改称された）。

議会も特別委員会を通じて情報活動を監督している。その代表例がチャーチ委員会とパイク委員会であり、いずれもCIAとNSAの不正行為に関する調査を行なった。後に上院は1976年5月19日に上院情報特別委員会を設け、下院も翌年7月14日に下院情報活動常設特別委員会を設置している。CIA主導の情報活動プログラム、及び軍、国務省、FBIによる情報活動は専任の常設委員会に加え、両院の委員会が定期的に検証を行なっている。

【参照項目】 CIA、国家安全保障会議、大統領外国情報活動諮問委員会、インテリジェンス・コミュニティー、チャーチ委員会、パイク委員会、NSA、FBI

情報局 (Chi Pao K'o)

中国情報機関の保安機構。様々な理由で監視下に置かれた政府職員や学生などに関係する公安活動を主な任務にしている。またもう1つの部局である保防偵察局は、中国当局が「華僑」と呼ぶ外国籍の在外中国人に関する防諜業務や諜報活動を担当している。

情報局 (Razvedyvatelnoye Upravlenie)

「GRU」、「RU」を参照のこと。

情報局 (Service de Renseignements)

「SR」を参照のこと。

情報源あるいはその入手方法に関する警告通知 (Warning Notice Intelligence Sources or Methods〔WNINTL〕)

情報源あるいは入手方法に関するデータが含まれていることを警告するアメリカの保安カテゴリー。冷戦期に用いられたこのカテゴリーは、保安維持に役立たなかったことから1995年に廃止された。

情報研究協会 (Consortium for the Study of Intelligence)

アメリカの社会学者、歴史家、そして外交政策や国際法の専門家によって創立された組織。大学及び大学院での情報活動に関する教育・研究を促進するのが目的である。

1979年4月に設立された当協会は、情報関係の会議や論文などの出版物に資金援助を行なっている。非営利教育機関である国家戦略情報センターによって刊行された論文は、『Intelligence Requirements for the 1980's』という一連の取り組みから始まった。

情報研究センター (Center for the Study of Intelligence)

1975年に設立されたCIA内部の調査・研究拠点。1992年にはロバート・M・ゲイツ中央情報長官の指示を受け、CIAの歴史スタッフ部門（1951年に設立）を組み入れる形で再編された。

その後センターは、かつて機密扱いとされていた冷戦関係資料の公刊を始めた。その1冊目は『CIA Documents on the Cuban Missile Crisis, 1962』であり、キューバミサイル危機という歴史的事件の30年後に出版された（「キューバミサイル危機」を参照のこと）。それに続いて歴史的なCIA資料が次々と公開され、2冊目の『Selected Estimates on the Soviet Union, 1950-1959』は1993年に公刊された。

3冊目の『The CIA under Harry Truman』は、1994年3月にCIAとハリー・S・トルーマン大統領図書館との共催で開かれた会議に合わせる形で出版された。一連の会議の内容は情報分野の歴史家や学者に資する目的で公開されている。

「諜報活動の歴史、実務、思想、そして理論に関する記事」を集めた『Studies in Intelligence』という価値ある機関誌（かつては機密扱いだった）も情報研究センターの担当である。

【参照項目】 CIA、中央情報長官、ロバート・M・ゲイツ

情報公開法 (Freedom of Infomation Act〔FOIA〕)

政府機関は請求に従って機密情報を公開すべしと定めた連邦法。

1967年に施行されたこの法律は長らく機密とされてきた政府の記録を明るみに出し、度重なる改正の結果、対象は文書にまで拡大されている。例えばFBIは当初対象外とされていたが、1975年の改正によってFBIのファイルも公開対象とされた。そして2003年の時点で、歴史家、研究家、そして一般市民はFOIAに従って請求することで、600万ページ以上のFBI資料を閲覧できる。だが2001年9月11日の同時多発テロ以降、司法省は各連邦機関に対し、FOIAに基づく請求を拒んだ場合でも、大半の事例において支援を与えると通告した。

FOIAにはいくつかの例外事項がある。例えば情報源や入手方法が記された資料は保護されており、またNSAが作成した情報資料はほぼ全てが公開対象外となっている。

FOIAの対象となるのは連邦機関だけであり、議会、法廷、及び州や自治体の行政組織が所有する記録は対象外である。その代わり、各州にはそれぞれのFOIAが存

在している。

自分自身に関する記録の公開請求は 1974 年制定のプライバシー法によっても可能である。この法律は全ての人間に自らの個人情報を閲覧し、必要であれば修正する権利を認めている。またいずれの法律も、請求を拒否した当該機関を訴える権利を国民に与えている。

FOIA の手続きの詳細については http://www.justice.gov/oip/make-foia-request-doj を参照のこと。

情報・行動中央局
（Bureau Central de Renseignements et d'Action）
「BCRA」を参照のこと。

情報コマンド　(Intelligence Commando)
「第 30 襲撃部隊」を参照のこと。

情報収集艦　(Intelligence Collection Ships)
　水上艦艇——20 世紀以降は潜水艦も加わる——は情報収集活動で大規模に用いられてきた。第 2 次世界大戦中、主要海軍の軍艦には高周波（短波）無線探知装置が搭載され、後に電子情報（ELINT）収集装置が追加されている。全ての艦艇と潜水艦は事実上の情報収集艦であり、外国の海軍、商船、港湾、及びその他の対象を観測し、それについての情報資料をもたらしている。

ソビエト連邦
　ソビエトが専用の「スパイ船」を登場させたのは 1950 年代初頭であり、それまでは改造したトロール船で外国海域における情報収集活動と西側諸国の艦隊作戦の監視を行なっていた。アメリカは同盟国のみならず、ソビエト連邦を取り囲む一部の中立国にも情報拠点を設置していた一方、ソビエトは海外に電子傍受施設を持っていなかった（大使館と領事館を除く）ため、情報収集艦の必要性が生じたのである。

　トロール船に「偽装している」と西側メディアで報じられることがしばしばあったものの、ソビエトの情報収集艦は容易に識別可能である。いずれも海軍の人員によって運用され、大型の電子アンテナを装備しており、中には武装している船もある。しかし機会が許せば漁船や商船も情報を集めていたことは間違いない。ソビエト（ロシア）の情報収集艦——西側情報機関の呼称は AGI——はトロール船の船体を基礎に建造された。巨大かつ防水区画を備えた貨物スペースが、電子装置格納庫や乗員スペースへと容易に転換できたからである。また頑丈で航洋性も良好であり、量産も可能だった。

　AGI の後期型は最初から情報収集活動を目的に設計されたものであり、船体も大型化している。プリモリィエ級（3,700 トン、全長 85 メートル）とバルザム級（4,900 トン、全長 105 メートル）は艦上での情報処理

が可能となっており、艦隊や地区司令官に情報データを届ける時間が短縮された。またこれら大型の AGI は対空軽機関銃を装備しており、肩撃ち式の対空ミサイルランチャーを備えた船も数多く観察されている。

　1980 年代後半——ソビエト崩壊直前——の時点で、ソビエト海軍は約 60 隻の情報収集艦を運用し、アメリカの戦略潜水艦基地があるスコットランドのホリー・ロック沖と、アメリカの南東沖——サウスカロライナ州チャールストンの潜水艦基地、ジョージア州キングス湾、そしてフロリダ州ケープ・カナヴェラルでのミサイル発射を監視できる——で監視活動を行なっていた。またジブラルタル海峡、シチリア海峡、ホルムズ海峡といった重要な国際航路でも活動しており、アメリカ海軍や北大西洋条約機構（NATO）諸国の艦隊活動を監視した。ベトナム戦争中はグアム沖で活動する 1 隻の AGI と、トンキン湾に集まったアメリカ空母の近くで活動する別の 1 隻が、アメリカの空襲を北ベトナムに警告していたものとされている。

　ソビエトの水上艦艇も海上で活動する西側海軍の監視を行なった。近接追尾作戦に従事する艦艇や AGI は、通常「告げ口屋」と呼ばれている。また潜水艦も幅広い情報収集活動に携わった。

【参照項目】北大西洋条約機構

アメリカ合衆国
　第 2 次世界大戦後、アメリカ海軍は水上艦艇や潜水艦に加え、艦上・陸上の飛行機を使って情報収集活動を行なった。北ベトナム沖で電子情報収集に携わっていた 2 隻のアメリカ駆逐艦は、1964 年に発生したいわゆるトンキン湾事件の原因となり、アメリカのベトナムに対する関与を深める結果をもたらした（「デソト」を参照のこと）。

　アメリカは南米とアフリカに十分な数の電子情報収集施設を有しておらず、そのため情報収集専用艦が造られることになった。それらはいずれも、NSA が第 3 世界諸国を対象とする ELINT 艦の保有を認められた 1960 年以降に、第 2 次世界大戦期の貨物船を改造したものである。

　最初の改造艦は 1961 年 11 月に運用を開始したプライベート・ホセ・F・バルデス（T-AG169）であり、「長期の水路測量航海」を名目として 10 年近くアフリカ沖で活動した。次いでジェイムズ・E・ロビンソン（T-AG170）とジョセフ・E・ミュラー軍曹（T-AG171）の 2 隻が NSA の資金で改造され、非軍人のクルーと NSA の技術者によって運用された。なお、T は非軍人が乗り組んでいることを、AG は多目的補助艦（miscellaneous auxiliary）を示している。

　それと並行して、アメリカ海軍も NSA と協力して情報収集活動を開始した。戦時の輸送艦が ELINT 艦に改造

され、海軍の情報収集活動を担う海軍保安群の人員（海軍軍人と海兵隊員）がNSAのスタッフと共同で運用にあたった。海軍初の情報収集艦は1945年に輸送船として建造されたオックスフォード（AG159）である。海軍歴史局の『Dictionary of American Naval Fighting Ships』（1970）によると、オックスフォードは1961年7月8日に運用を開始し、「電磁反響に加え海洋学関連の分野」に関する調査を行なっているという。

1962年秋、オックスフォードはカリブ海で活動し、ソビエト連邦がキューバ島に兵員と武器を輸送している最中、その無線通信を傍受した。その後呼称がAGTR（多目的補助〔AG〕技術調査〔TR〕）と改められ、さらに4隻の輸送艦が同様の改造を受けた。ジョージタウン（AGTR2）、ジェイムズタウン（AGTR3）、ベルモント（AGTR4）、そしてリバティ（AGTR5）である。これらの情報収集艦は海軍の人員によって運用されたが、NSAの指揮下にある非軍人の専門家も乗艦していた。作戦内容、各種アンテナ、そして海事資料に記載された

文章から、情報収集艦と識別するのは容易であり、また機関銃や小火器といった最低限の武装も施されている。

ジョージタウンは主に南米の沖合で、ジェイムズタウンはアフリカ沖、カリブ海、南シナ海で、ベルモントはカリブ海（ドミニカ共和国へのアメリカ兵上陸を支援した）で運用された。そしてリバティは地中海東部に派遣され、1967年6月にシナイ半島沖で攻撃を受けたのである。

その後海軍、国防総省、そしてNSAはより小型の貨物船、さらにはトロール船をELINT任務に用いることを検討した。大型のAGTR改造艦よりも「標的」地域に近づくのが容易だから、というのが理由である。3隻の小型貨物艦（全長54メートル）が1960年代に改造され、バナー（AGER1）が第1号となった。なお呼称のAGERは多目的補助〔AG〕環境調査〔ER〕を意味している。

バナーは横須賀を拠点とし、クリックビートルというコードネームの下、シベリア、北朝鮮、そして中国に対

ベトナム戦争最中の1969年、トンキン湾でアメリカ空母を監視するソビエトの情報収集艦ジドロフォン。ソビエトのAGIは漁船に偽装しておらず、巨大なアンテナ群、海軍の識別番号、そして乗組員の服装によって容易に識別可能だった。（出典：アメリカ海軍）

する ELINT 収集任務を開始した。時にはソビエト艦船の妨害を受けることもあったという。

1967年後半には姉妹艦プエブロ（AGER2）が極東に派遣され、3番艦のパーム・ビーチ（AGER3）も他の海域で ELINT 任務を始めた。AGTR と同じくこれらの艦船も、機関銃と小火器から成る最低限の武装を施されている。

さらなる改造が計画されたものの、1967年に発生したイスラエルによるリバティへの航空攻撃及び魚雷艇攻撃、そして1968年1月の北朝鮮によるプエブロ拿捕のためにアメリカのパッシブ型 ELINT 艦計画は中止された。

「潜水艦」も参照のこと。

【参照項目】電子情報、海軍保安群、リバティ、プエブロ

情報主要素 (Essential Elements of Information 〔EEI〕)

軍事司令官が決断を下す際、敵軍あるいは環境に関する情報を他の情報と統合する時に鍵となる要素。

情報主要素の性質と数は、作戦の種類や段階によって様々である。一例を挙げると、空挺部隊による強襲作戦を立案するにあたり、情報主要素には以下の事柄が含まれる。

（1）障害物を含む降下地点の地形
（2）当該地域における敵の防空体制
（3）降下後に直面する地上軍の兵力

計画立案後、司令官は強襲の実行を決断するが、その際には最後の1つ——降下後に直面する地上軍の兵力——のみが情報主要素であり、他の要素はすでに決断に織り込まれている。

「戦場における情報準備」も参照のこと。

情報生産者 (Intelligence Producer)

インテリジェンス・サイクルの生産段階に携わる情報機関あるいはスタッフ。

【参照項目】インテリジェンス・サイクル

情報担当国防次官
(Under Secretary of Defense 〔Intelligence〕)

アメリカ国防総省における情報活動の責任者。省内の情報活動、及び国防情報局（DIA）、国家偵察局（NRO）、国家画像地図局（NIMA）、NSA などの情報機関を監督すべく、2003年3月に新設された。また CIA などの諸省庁に加え、インテリジェンス・コミュニティーとの連絡・調整にも責任を負う。

初代の情報担当国防次官にはスティーヴン・A・キャンボーンが就任した。

【参照項目】国防情報局、国家偵察局、国家画像地図局、NSA、CIA、インテリジェンス・コミュニティー

情報担当参謀次長 (Deputy Chief of Staff 〔Intelligence〕)

情報活動を担当するアメリカ陸軍本部の幕僚。事実上の G-2 部長であり、陸軍における略称コードは DCS（INT）である。この職は海軍情報部長と同じ地位にある。

元の名称は情報担当参謀副長（Assistant Chief of Staff 〔Intelligence〕）。

【参照項目】G-2、海軍作戦部長

情報担当参謀副長 (Assistant Chief of Staff 〔Intelligence〕)

「情報担当参謀次長」を参照のこと。

情報調査局 (Bureau of Intelligence and Reserch 〔INR〕)

政策に関する調査と評価を行なう国務省の組織。1945年10月1日にトルーマンが設置した情報調査局は当初、戦略諜報局（OSS）出身のインテリジェンス・オフィサーや分析官から構成されていた。

INR は短期間ながら、アメリカの主要情報組織になるものと思われていた。しかしソビエト連邦と対決すべく保安機関の新設を検討し始めたトルーマン大統領は、既存の連邦機関とは独立した情報組織の必要性を認めて1947年に CIA を設立、INR の影を薄くした。

INR は大統領でなく国務省のために調査・研究活動を行なうことが規約で定められており、またその活動は「対外政策の立案及び執行に関係する外国情報の収集」に制限されている。CIA と同時に設置された国家安全保障会議が大統領の直属である一方、INR は国務省内の1組織にとどまり、国務次官補と同格の人物がトップを務めている。

INR がもたらすのは情報ではなく、アメリカの国益という観点から見た現状評価であり、目的は国務省内部での活用だった。しかし2003年、地理的問題や国境問題も分析対象とするこの組織は、イラクが核兵器を保有しているというブッシュ政権の主張に異を唱えたことで、インテリジェンス・コミュニティーの一員として存在感を示した。

【参照項目】戦略諜報局、CIA、国家安全保障会議、インテリジェンス・コミュニティー

情報提供者 (Informer)

情報（インテリジェンス）あるいはその基になるデータもしくは資料（インフォメーション）をもたらす人間。意図的か否かは問わない。

情報統括官 (Coordinator of Information 〔COI〕)

インテリジェンス・オフィサーとしてのキャリアを踏み出したウィリアム・ドノヴァンに与えられた肩書き。1941年7月11日、フランクリン・D・ルーズベルト大

統領はドノヴァンを COI に任命し、次の指示を与えた。

　　国家安全保障に関係すると思しき全ての情報及びデータを収集・分析すること。こうした情報やデータを相互に関連づけ、大統領、及び大統領が指定する政府機関や職員が利用できるようにすること。大統領が求める場合には、政府が現時点で有していないものの、国家安全保障に不可欠な情報の確保を容易にする補助的行動を実行に移すこと。

　ドノヴァンが COI に就任した当時、彼の機関には 92 名分の報酬を支払う予算が割り当てられた。その後1941 年 12 月 15 日の時点で 596 名を抱える機関に成長しており、直後にドノヴァンの手によって戦略諜報局（OSS）が誕生している。

　後にドワイト・D・アイゼンハワー大将の下で情報士官を務めたエドウィン・L・サイバート大佐は、ドノヴァンの伝記執筆者アンソニー・ケイヴ・ブラウンにこう語っている。「（ワシントン DC の COI 司令部は）土曜の夜におけるラレードの安宿のようで、ライバル心、嫉妬、そして狂った計画が室内を満たし、誰もが長官にご注進しようと争っていた。しかし私は、1 つの専門組織が誕生しつつあると感じたし、それが正しかったとここで言えることを嬉しく思う」

　ドノヴァンによる初期の活動の多くは、向こう数十年にわたるアメリカの情報政策に大きな影響を与えた。調査分析課を設置し、人材を得ようとアイヴィーリーグの各大学に目を向けたのがその一例である。調査分析課は後に R&A の名で知られるようになるが、そのトップにはウィリアムズ大学のジェイムズ・フィニー・バクスター学長を就任させた。だがバクスターは程なく更迭され、ハーバード大学の歴史学教授、ウィリアム・L・ランガーがその後任に就く（ランガーは第 1 次世界大戦で実戦に参加していた）。ランガーの下、R&A は心理学者、経済学者、地理学者、そして人類学者を擁する巨大組織に成長した。議会図書館の司書であるアーチボルド・マクリーシュが R&A の採用責任者だった。またCOI が約束する心躍る冒険に惹きつけられ、フェリックス・フランクファーター最高裁判事の娘であるエステル・フランクファーターや、映画『The Grapes of Wrath（邦題・怒りの葡萄）』の監督を務めたばかりのジョン・フォード、そして『キング・コング』の監督であるメリアン・C・クーパーも加わっている。

　COI 配下の最も秘密に包まれた部署として SA/B と SA/G があり、来るべきヨーロッパ大戦へのアメリカ参戦の際に活動すべく訓練を受けていた。COI（後に OSS）の組織内で「SA」は特殊活動を指し、スラッシュの後の文字は責任者のイニシャルを示している。すなわちSA/B はデイヴィッド・K・E・ブルースが率いる情報部

門であり、SA/G は M・P・グッドフェローが率いる破壊工作部門だった。

　ドノヴァンは海外プロパガンダ活動——公式には外国情報局（FIS）——を、高名な劇作家であり大統領のスピーチライターを時おり務めるロバート・E・シャーウッドの指揮下に置いた。シャーウッドはドイツのプロパガンダ放送を聴くために短波無線傍受局を設置し、FIS は直ちに反米プロパガンダに対応した。FIS におけるシャーウッドの部下には、ソーントン・ワイルダーやスティーヴン・ヴィンセント・ベネットといった有名な作家がいた。また大統領の長男であるジェイムズ・ルーズベルト海兵隊大尉もドノヴァンの軍事アドバイザーになっている。

　COI は OSS の創設に伴って廃止された。なお OSS は1942 年 6 月 13 日に正式な情報機関となっている。
【参照項目】ウィリアム・ドノヴァン、戦略諜報局

情報と警告　(Intelligence and Warning〔I&W〕)

　自国及び同盟国にとっての直接的脅威に関連している可能性があり、かつ有効期間の短い情報データを発見・報告することを目的とした情報活動。敵の行動や意図に関する警告、敵国や反乱軍、もしくはテロリストの行動が差し迫っていること、あるいは偵察作戦に対する敵対的行動への警報が含まれる。
　「戦略情報」も参照のこと。

情報認識　(Intelligence Appreciation)

　情報評価を指すイギリスの用語。すなわちある特定の主題もしくは地域に関する説明をもたらすと共に、敵が取り得る行動やそれが実現する可能性を突き止めるために、その主題もしくは地域に関連する評価を行なうこと。
【参照項目】情報評価

情報馬鹿　(Intel Puke)

　アメリカ各軍で情報士官や情報専門家を指して用いられる蔑称。「馬鹿」の前には様々な専門分野が入り、「補給馬鹿」「通信馬鹿」などと使われる。
【参照項目】インテリジェンス・オフィサー

情報評価　(Intelligence Estimate)

　敵もしくは仮想敵の取り得る行動を予測すべく、ある特定の状況ないし条件に関連のある手持ちの情報を評価すること。

情報要求　(Intelligence Requirement〔IR〕)

　情報入手が求められている対象であり、一般的なものか特定のものかは問わない。アメリカでは特定のテーマに関して作成された情報報告書も指す。情報機関が実行

するIRのリストを計画立案幹部が作成することもある。

ジョージ、クレア・E （George, Claire E. 1930-2011）

1980年代にCIAの工作担当次官を務め、イラン・コントラ事件で主役となった人物。公務中に重罪で裁判を受け、有罪となった初のCIA高官である（有罪となったもう1人のCIA高官はリチャード・ヘルムズ元長官であり、軽罪容疑に対して抗弁しなかった）。

ジョージは陸軍で2年間勤務した後の1955年にCIA入りし、最初は韓国に配属され、次いで57年に香港へ転勤する。その後はCIA本部での勤務に加え、アフリカ、インド、ギリシャに赴任した。そして工作担当次官に就任後、レバノンで捕らえられたアメリカ人の解放と引き替えにイランへ武器を売り渡す試みに関与した。

ジョージは公務執行妨害、偽証、そして1986年10月14日に開かれた下院情報委員会で嘘の証言を行なおうとしたことで起訴された。当時情報委員会は、10月5日にニカラグアで撃墜された貨物機にアメリカ政府が関与していたか否かを調査していた。この貨物機は反政府勢力に武器を輸送していたのである。

1992年8月に開かれた初公判は評決不能に終わった。その後再び公判が開かれ、議会に対して偽証を行なった2件の罪で12月9日に有罪評決が下る。判決は翌年初頭に予定されていたが、12月24日、ジョージ・H・W・ブッシュ大統領はイラン・コントラ事件に関わった他の5名と共に特赦を与えた。

【参照項目】CIA、中央情報長官、イラン・コントラ事件、リチャード・M・ヘルムズ

ジョージ・スマイリー［f］ （George Smiley）

ジョン・ル・カレの探偵小説やスパイ小説に登場する主人公。最初の2作『Call for the Dead（邦題・死者にかかってきた電話）』（1961）と『A Murder of Quality（邦題・高貴なる殺人）』（1962）でスマイリーは探偵仕事を行なっているが、続く『The Spy Who Came In from the Cold（邦題・寒い国から帰ってきたスパイ）』『Tinker, Tailor, Soldier, Spy（邦題・ティンカー、テイラー、ソルジャー、スパイ）』『The Honourable Schoolboy（邦題・スクールボーイ閣下）』『Smiley's People（邦題・スマイリーと仲間たち）』ではスパイもしくはスパイマスターとなっている。また『A Murder of Quality』では理想的なエージェントとして次のように説明されている。

曖昧さこそが彼の職業であり本質である。諜報活動の脇道に派手で色鮮やかなフィクションのいかさま師は存在しない。スマイリーのように敵国で長年暮らし、働いてきた人間はただ1つの祈りを学ぶ──決して、決して気づかれませんように。同化することが第一の目的であり、振り返ることもなくすれ違う人々を愛するようになる。スマイリーの匿名性と身の安全は彼らにかかっているのだ。恐怖はスマイリーを卑屈にする──苛立ち混じりに自分を押しのけ、歩道に突き飛ばす買い物客であっても、スマイリーなら抱き締めることができる。ぶっきらぼうで無関心な役人、警官、バスの車掌などは崇拝の対象だ。

しかし恐怖、卑屈さ、そして依存心は、人間の色彩に関する知覚をスマイリーの中に育て上げた。彼らの性格や動機に対する女性的な一瞬の直感。猟師が隠れ場所を、狐が森を知るように、スマイリーは人間を知っていた。自分が追われながら他人を追わねばならないスパイにとっては、人混みこそが資産だ。猟師が捻れたシダ類や折れた枝を記憶し、狐が危険の兆候を感じ取るのと同じように、スマイリーは彼らの仕草や言葉を摑み、目配せと動作の相互作用を認識できるのだ。

スマイリーは策略の名手（そして情報機関のトップ）である一方、広く知られたスパイ像からは間違いなくかけ離れている。アンとの結婚は失敗に終わり、分厚い眼鏡をかけた顔は若くもハンサムでもなく、時に大胆ささら欠いているのだ。

イギリス秘密情報部（MI6）長官を務めたサー・モーリス・オールドフィールドはジョン・ル・カレ、そしてテレビドラマ版の『Tinker, Tailor, Soldier, Spy』でスマイリーを演じたサー・アレック・ギネスとランチを共にしながら次のように言った。「我々は今日のホストが描いたような人物ではありませんよ」ギネスは本物のスパイマスターと会うことを望み、ル・カレがこのランチをセッティングしたのである。ドラマの放映後、オールドフィールドはギネスに「私は今でも自分自身を認識していないのです」と書き送った。

1981年にオールドフィールドが死去した際、タイムズ紙は彼こそがスマイリーのモデルであると報じた。しかしル・カレは同紙にこう語っている。「私がサー・モーリスの名前や他の色々なことを知ったのは、ジョージ・スマイリーの名前と性格が活字になったずっと後のことです」

【参照項目】ジョン・ル・カレ、サー・モーリス・オールドフィールド

書籍暗号 （Book Cipher or Book Code）

ある特定のページ、行、単語を参照することで暗号またはコードとして用いられる書籍、手紙、あるいはその他の文書のこと。メッセージの送り手と受け手は同じ文書を手許に持っていなければならない。

ページ、行、単語、及び文字はメッセージの数字で示

される。聖書もこの目的で用いることができる。

ジョゼフィーヌ （Josephine）

「カール＝ハインツ・クレーマー」を参照のこと。

ジョン及びジェーン・ドー[p] （John and Jane Doe）

2004年に発行された訴状で用いられた変名。CIAのためにソビエトでスパイ行為をしたと主張する夫妻を指す。ドー氏は法廷において、現在の地位にとどまってアメリカのためにスパイ行為をするようCIAから説得され、そうすればCIAが亡命と移住を手配するだけでなく、生涯にわたって個人的・経済的安定を保証すると告げられたことを証言した。

夫妻はアメリカに移され、偽の身分と経歴を与えられてしばらくは平穏に暮らした。しかしドー氏が勤務していたワシントン州シアトルの銀行が別の銀行と合併することになり、彼は解雇される。CIAは、失業した場合には経済的支援を再開するという約束にかかわらず、何の援助もせずに放置した。そこでドー夫妻は正当な手続きをとり、約束の金を払うようCIAに対して訴えを起こしたのである。

法廷ははるか以前に出された判例を元に、アメリカ情報機関の約束を告訴によって強制させることはできないという判断を下した。効果的な対外政策のため秘密とされなければならない事項が公開を余儀なくされる、というのがその理由である（「ウィリアム・A・ロイド」を参照のこと）。

2004年1月、アメリカ第9管区高等裁判所（シアトル）の判事は意見書の中で、夫妻が約束のものを受け取れるか否かで生じる危険性以上に、この国のスパイ運用能力に悪影響を及ぼすものはないと述べた。多数派の意見は次のようなものである。

　　ドー夫妻の申し立てが真実だとすれば、深刻な不公正が2人に対してなされたことになり、2人に対する不公正はアメリカ合衆国の長期的な保安体制にとって極めて有害である。

　　にもかかわらず司法部は、先に述べた永久に秘密とされねばならない約束の存在を明かすことなく、こうした不正を糺すことはできない。（ソビエト）政権の崩壊は部分的にはCIAによって引き起こされたものであり、国民の自由に対する願望が全ての原因ではないという、鉄のカーテンの後ろにあった国で流布している言説をここで繰り返すのは有益ではない。

そしてこう付け加える。

　　ヨシュアはスパイを必要とし、リンカーンはスパイを必要とし、そして我々もソビエト帝国と戦うためにスパイを必要とした。この世に人間がいる限り、スパイは必要とされるのである。

【参照項目】CIA

ジョーンズ、サー・ジョン （Jones, Sir John　1923-1998）

1981年から85年までイギリス保安部（MI5）長官を務めた人物。サー・ロジャー・H・ホリス（1956〜65）以来となる、防諜分野の勤務経験がない長官だった。

ジョーンズはホリス同様国内情報を扱うF局に所属し、主にイギリス共産党などの左翼勢力や、反政府的と疑われる人物の情報収集を担当していた。

ジョーンズの在任期間中、MI5は技術的・電子的な監視活動を押し進め、盗聴器やコンピュータ監視装置などを使うことで、エージェントよりも機械を頼るようになった。ピーター・ライト著『Spycatcher（邦題・スパイキャッチャー）』（1987）によると、ジョーンズが技術的監視活動の「強力な推進者」だったのは、「オフィサーの多くは乱雑な生活を送っており、MI5のオフィサーさえも国家のために犠牲を払わない場合があるため、部下をこれら左翼集団に浸透させられない」と信じていたからだという。

【参照項目】MI5、防諜、国内情報、監視、盗聴／盗聴器、ピーター・ライト

ジョーンズ、ジュニーヴァ （Jones, Geneva）

リベリア政府の転覆を目論む反乱軍に機密情報を渡す手助けをしたとして、1993年に逮捕されたアメリカ国務省の秘書。国務省政治軍事部で5年間勤務していたジョーンズは130以上の電信文をコピーし、それを国務省から持ち出しジャーナリスト2名に渡したとして告発された。1人はアメリカに拠点を置くアフリカ系新聞の記者で、外国人居住者のドミニク・ントゥベなる人物である。彼は文書を反乱軍にファックス送信したとして起訴されている。

文書にはソマリア及びイラクにおけるアメリカの軍事作戦に関するものも含まれており、その一部は西アフリカの雑誌に掲載された。他の機密文書は反乱軍リーダー、チャールズ・テイラーの司令部から発見されている。テイラーは後にリベリア政府を転覆させ、国際社会の圧力によって2003年に退陣するまで恐怖政治を行ない、数千名を殺害した。送信文にはワシントンDCにおけるントゥベの電話番号が記されたファックスの送り状が付属していた。彼の自宅を捜査した連邦捜査官は数千もの政府文書を発見したが、その多くはCIAのものだった。

ジョーンズは窃盗罪21件、及び国防情報を違法に送信したことに関連する2件の罪を認め、禁固37ヵ月の判決を受けた。

【参照項目】CIA

ジョーンズ、ジョン・P （Jones, John P）

ジュゼッペ・カッシオ3等軍曹と共謀の上で「敵に情報を与えた」として、1952年に韓国で逮捕されたアメリカ空軍の技術者。ジョーンズは神経衰弱に陥り、精神鑑定の結果裁判に耐えられないと判断されたため起訴には至らなかった。

【参照項目】ジュゼッペ・カッシオ

ジョンストン、スタンレー （Johnston, Stanley）

日本海軍に対するアメリカ海軍の暗号解読活動を1942年に暴露したアメリカ人ジャーナリスト。

1942年5月7日から8日にかけて戦われた珊瑚海海戦の際、シカゴ・トリビューン紙の記者だったジョンストンは空母レキシントンに乗艦していた。史上初の空母同士の対決となったこの海戦の結果、ニューギニアのポートモレスビーを目指していた日本艦隊は反転を余儀なくされたが、アメリカ側もレキシントンを失った。攻撃を受けたレキシントンが放棄されると、ジョンストンは巡洋艦チェスターに乗り換え、その後輸送艦バーネットで帰国の途についた。

その際、巡洋艦の士官が日本の無線通信の解読結果をジョンストンに見せる。そこには6月5日から7日にかけて行なわれるミッドウェー海戦の作戦命令が記されていた。海戦直後の6月7日、シカゴ・トリビューン紙は「海軍、日本の海上攻撃作戦を入手」という見出しを一面に掲載し、同紙から記事の提供を受けている数紙もこれに続いた。トリビューン紙のオーナーは熱狂的な孤立主義者でルーズベルトの政敵でもあるロバート・マコーミック大佐だったが、彼は真珠湾攻撃の前夜にもアメリカの戦争計画と称するものを掲載していた。

6月7日の記事に署名こそ入っていなかったものの、執筆者はジョンストンだった。記事の中では、アメリカ海軍は日本軍の兵力と配置をあらかじめ知っていたと主張しており、日本の機動艦隊に所属する主力艦の名前さえ挙げていた。

事実この記事は、真珠湾の海軍通信情報部隊（「ハイポ」「太平洋方面艦隊無線部隊」を参照のこと）が5月31日に発行した極秘部内報を基にしていた。日本艦隊の詳細を正確に伝えるこの部内報は、各種資料及び書籍、珊瑚海海戦における日本側の損失、そしてその他の公開資料を基に記事を執筆したという、ジョンストンが後に行なった主張を覆すものだった。

海軍士官の中にはジョンストンをスパイ行為で起訴すべしと主張する者もおり、司法省は渋々ながら1917年の諜報活動法に基づいてジョンストンとトリビューン紙に対する司法手続きに着手した。シカゴの大陪審で行なわれた数名の宣誓証言により、ジョンストンが巡洋艦チェスターに乗艦中、空母レキシントンの副長から5月31日付のメッセージを見せられたことが明らかになる。「これはあらゆる保安規則に違反しているが、大陪審は評決を拒否した。ジョンストンは秘密であることを知らされずに情報評価を提供されたという理由で、シカゴ・トリビューン紙は罪を免れたのである」太平洋艦隊の情報将校だったエドウィン・T・レイトン少将は著書『And I Was There（邦題・太平洋戦争暗号作戦：アメリカ太平洋艦隊情報参謀の証言）』（1985）の中でそう記している。当時の検閲法は、敵艦隊に関する情報について新聞が報道するのを禁じていなかった。

日本側がトリビューン紙の記事を目にしたという確証はない。事実、日本海軍は1942年8月に暗号を変えているものの、それがジョンストンの機密漏洩によるものである証拠は得られていない。

ジョンストンは珊瑚海海戦から帰還するとすぐに『Lexington: Queen of the Flat-Tops』（1942）を執筆した。1ページ目にはこう記されている。「本書に記された情報は検閲局の検査を受けており、差し止め事項はなかった」

（国際的に有名なニュースキャスターのウォルター・ウィンチェルも、アメリカ海軍はミッドウェー海戦に先立って日本艦隊の動きを知っていたと述べている。7月5日、ウィンチェルはニューヨーク・デイリー・ニュース紙の三面記事の中で、「現在の出来事が歴史として記される時、文明世界の運命は2度にわたり傍受メッセージによって大きく変えられたことが明らかになるだろう」と記した。その後7月7日にもトリビューン紙の記事に触れ、暗号解読説を強調している。しかしウィンチェルの言説がアメリカ当局の標的になることはなかった）

【参照項目】海軍通信情報、諜報活動法、エドウィン・T・レイトン

ジョンソン （Johnson）

「リヒャルト・ゾルゲ」を参照のこと。

ジョンソン、クラレンス・L （ケリー）
（Johnson, Clarence L.〔Kelly〕1910-1990）

ロッキード社の内部チーム、スカンクワークスを長期間にわたって率いる中で、U-2及びSR-71ブラックバードなど偵察機の設計・生産を指揮した伝説的設計者。

ジョンソンはミシガン大学で航空力学を学び、1933年に卒業する。ロッキードに入社後は機器設計者を務め、様々な職務――応力解析者、風洞技師、重量計算者――を経て38年に主任研究技師となった。卓抜したエンジニアだけでなく説得力のあるセールスマンでもあり、同じ年にはイギリス空軍（RAF）へハドソン爆撃機を売り込んでいる。第2次世界大戦において、イギリス空軍

で最初に敵航空機（ドルニエDo18飛行艇）を破壊（1938年10月8日）したのがハドソンだと知り、ジョンソンは誇りに感じたという。また第2次大戦における最も有名なアメリカ機の1つ、P-38ライトニング双胴機の開発にも携わっている。

「私は12歳の時から自分が何をしたいのか知っていた」ジョンソンはそう語ったことがある。「それ以来、飛行機を設計したいという私の願望はいささかも変わっていない」

1952年、ジョンソンはバーバンク工場（カリフォルニア州）の主任技師に任命された。そして40もの航空機の設計を行ない、その中にはアメリカ初のジェット戦闘機F-80シューティングスター──わずか143日で設計と試作を終えた──やF-104スターファイターが含まれる。しかしジョンソンを有名にしたのは偵察機の設計だった。彼が率いた最高機密の設計部門、スカンクワークス（正式名称は「先進開発プロジェクト部」）では、スパイ衛星や電子妨害装置も開発されていた。

ジョンソンは必要以外のことには1セントも使わないという評判があった。U-2の試作機が予算以下で完成すると、彼は約200万ドルをアメリカ政府に戻している。またU-2の後継として水素燃料式のCL-400を提案したが、十分な性能が得られないことを知るや否や計画を中止した。

1975年に上級副社長を最後にロッキード社を退職し

U-2偵察機の横に立つクラレンス・L（ケリー）・ジョンソン。U-2はジョンソン及びロッキード社のスカンクワークスが生み出した極めて革新的な航空機である。ジョンソン率いるチームはU-2の後継として超音速機A-12オックスカート及びSR-71ブラックバードの設計も担当した。（出典：ロッキード社）

た際、タイム誌は彼を「恐らくオーヴィルとウィルバーのライト兄弟以来最も大きな成功を収めた、航空界の革新者」と評した。その後も1980年まで取締役会に残り、上級経営顧問を務めている。さらには空軍が民間人に授与する中で最上位の勲章と、自由勲章を含む大統領からの感状を3度授与された。

【参照項目】U-2、SR-71ブラックバード、スカンクワークス、衛星

ジョンソン、ロバート・リー (Johnson, Robert Lee 1922-1972)

ベルリンでソビエト情報機関から勧誘を受け、1950年代から60年代初頭にかけてスパイ行為をしたアメリカ陸軍の軍曹。オーストリア生まれの愛人と暮らし、彼女との間に息子までもうけていたが、昇進の遅れに不満を抱き陸軍への復讐を決断する。「私は陸軍やアメリカ的な生活様式と関係を絶ちたかった……ソビエトへの亡命を決断したのです」と後に語っている。

ジョンソンは愛人を通じて東ベルリンのソビエト情報機関と接触した。1953年2月に行なわれた会合において、ソビエト側は陸軍にとどまってソビエトのために働くようジョンソンを説得する。その間、ジョンソンは愛人と結婚すると共に、歩兵部隊からベルリン司令部の情報部門へ異動となり、文書整理係を務めることになった。

機密文書を担当していたジョンソンは、ソビエトから与えられたカメラを使って重要と思われる文書を体系的に撮影していった。そのフィルムを届けるのは、ジョンソン同様簡単なスパイ技術を教えられていた妻の役割だった。

友人のジェイムズ・A・ミントケンボー軍曹がベルリンへ配属されると、ジョンソンは彼をスパイに勧誘した。1956年に陸軍を除隊となったが、ミントケンボー──加えてKGBからの500ドル──に説得されて再志願する。その結果、パリ近郊のオルリー空港にある陸軍連絡通信局へ配属され、より密度の濃い情報をソビエトに供給し始めた。

連絡通信局では暗号機で用いられる暗号鍵を含む、極めて価値のある機密資料がやりとりされていた。戦争計画やその代替計画、及び暗号機で送信するにはあまりに長くまた機密を要する文書も、連絡通信局経由で送られた。さらにオルリー局は暗号資料のみならず、北大西洋条約機構（NATO）、アメリカ軍ヨーロッパ司令部、そして地中海を拠点とするアメリカ第6艦隊宛ての極秘文書も扱っていた。文書がワシントンDCから届き、連絡員がそれぞれの宛先へ運ぶために持ち出すまで、そうした機密文書は金庫で保管されるが、ジョンソンはその金庫へアクセスできたのである。

機密資料の入った郵袋にアクセスすべく連絡通信局へ浸透するよう告げられたジョンソンは、週末任務を志願

する。南京錠の鍵を蠟で型取り、また数字組み合わせ式の錠をソビエト製の放射線装置で読み取ることで、1962年11月から翌年春まで断続的に機密文書の郵袋をハンドラーに渡した。その後ハンドラーが封を開け、中身の写真を撮り、再び封をするのである。

ジョンソンが持ち出した文書には、ヨーロッパにおけるアメリカの戦争計画を詳述したCINCEUR（ヨーロッパ方面最高司令官）作戦計画NR100-6や、戦術核兵器の標的を列挙した核兵器要求ハンドブックが含まれていた。これらは後にNATOに対するソビエトの偽情報作戦で活用される。

その後アメリカへ異動になったジョンソンはスパイ活動を中止した。妻の裏切りを恐れた彼は陸軍から脱走して放浪者となる。1965年、恐怖と良心の咎めからジョンソンは自首し、ミントケンボーの名前をほのめかした。その結果、ミントケンボーは直ちに逮捕されている。ジョンソンの妻も、自分と夫がスパイ行為に携わっていたことを認めた。

同年、ジョンソンとミントケンボーにそれぞれ禁固25年が言い渡される。1972年5月19日、ロバート・リー・ジョンソン・ジュニアがペンシルヴァニア州ルイスバーグの連邦刑務所を訪れ、収監されている父と久々に顔を合わせた。ジョンソンがスパイ行為を始める直前に生まれたロバートは、両親の恥ずべきスパイ行為を目の当たりにしており、自らの名誉を回復すべく陸軍に志願、ベトナムで戦った。そしてロバートは父親にナイフを突き刺すことで、この面会を締め括った。ジョンソンは即死だった。

【参照項目】ハンドラー、スパイ技術、ジェイムズ・A・ミントケンボー、暗号資料、北大西洋条約機構、偽情報

シリコンバレー （Silicon Valley）

カリフォルニア州サニーベール、パロ・アルト、及びサンノゼ近郊に位置する地域。1960年代以降開発が進み、アメリカにおけるハイテク産業の一大集積地となった。コンピュータ関連企業が多数所在していることで知られ、結果として外国情報機関による産業スパイ活動の主要なターゲットになっている。

1980年代初頭、シリコンバレーはアメリカ第9位の工業生産高を誇り、半導体及び関連装置の3分の1、誘導ミサイルと宇宙船の4分の1、そして電子計算装置のほぼ6分の1を生産していた。またシリコンバレーには、主要な対潜水艦センターであるモフェット海軍航空基地（現在活動の大半はNASAが担当）、サニーベール空軍衛星追跡・支援センター、そしてロッキード社の主力工場が立地している。

1990年代のIT不況を受けてシリコンバレーも苦境に立たされたが、スパイ活動の勢いが弱まることはなかった。2002年と2003年、中国に装置一式を密輸した、あるいは商業上の機密情報を盗み出したとして、当局は複数の中国系アメリカ人に対する家宅捜索を行なった。21世紀初頭におけるこうした状況は、あるFBI捜査官がフォーブス誌とのインタビューに応じ、シリコンバレーにおける外国情報機関の浸透を次のように語った1992年当時からほとんど変化していないようである。

シリコンバレーで働く技術者のうち、10%が中国系の人間だと推定されています。その大半は献身的な従業員ですが、中国はその一部から情報を引き出せると知ってしまったのです。留学あるいは交換プログラムで訪米した中国人は「勧誘員」となり、アメリカ企業で働く中国系従業員のリストを作成しています。中には中国に招待され、中国本土に住んでいる親族を訪問する人間もいます——もちろん費用は相手持ちです。

この捜査官は、シリコンバレーのアメリカ企業をターゲットとしたフランスによる産業スパイ活動も指摘している——そして、こうした活動は21世紀に入った今も続けられている。

【参照項目】産業スパイ、ターゲット、衛星

シリトー、サー・パーシー （Sillitoe, Sir Percy　1888-1962）

1946年から53年までイギリス保安部（MI5）長官を務めた人物。

1908年に南アフリカ警察入りし、情報キャリアの第1歩を踏み出す。その後1911年から23年まで北ローデシア警察で勤務、イギリスに帰国した後も警察畑で働き続け、29年にはイギリス初の犯罪科学研究所を設立した。また第2次世界大戦中は沿岸地方のケント州警察本部長として、軍の情報機関と密接に協力した。

1946年4月、シリトーはMI5長官に任命される。その在任期間を特徴づけたのは、イギリス政府はおろか情報機関にまで浸透した多数のソビエトスパイによる活動だった。しかしシリトーの在任中に摘発されたスパイはたった1人、ウィリアム・M・マーシャルである。あるソビエト外交官を見張っていたMI5の監視員は、その外交官がマーシャルと話している姿を目撃した。イギリス外務省の通信員であるマーシャルはモスクワのイギリス大使館で暗号官を務めていたが、最近帰国したばかりだったのである。

シリトーはMI5長官を8年務めた後に退任、その後は南アフリカのデ・ビアス社で勤務し、ダイヤ密輸の摘発にあたった。

【参照項目】MI5、監視員、暗号

資料X （Document X）

「イギリス」を参照のこと。

シルバー （Silver）

「ウィーン」を参照のこと。

シロアフ、ルーヴェン （Shiloah, Reuven 1909-1959）

モサド初代長官。多くの点で現代イスラエル情報機関の父と呼べる存在である。

シロアフはルーヴェン・ザスランスキーの名でユダヤ教正統派の一家に生まれた。背は低かったものの、眼鏡の奥に光る青灰色の瞳は相手を射抜くような鋭さだったという。

第2次世界大戦中、ハガナの情報部門シャイを創設したシロアフは、イギリス軍の任務に就くべくドイツ軍戦線の後方へ赴いた。またワシントンDC、カイロ、イスタンブールでアメリカ戦略諜報局（OSS）と活動している。その際関わり合ったアメリカ人の1人に、OSSの防諜部門X-2に所属するジェイムズ・ジーザス・アングルトンがいた。シロアフは後にCIAの防諜部門トップとなるアングルトンと親密な関係を築き上げている。

1949年、複数に分かれていたイスラエルの情報活動を監督・調整すべく政府が設置した情報活動調整委員会の議長に就任する（1953年3月までその座にあった）。しかしこれで問題が解決されたわけではなく（「アマン」を参照のこと）、権限に関する明確な線引きがないのはおろか、個人的軋轢も存在していた。その結果、デヴィッド・ベン＝グリオン首相が乗り出し、イスラエル情報機関の再編を要求する。そして建国3年後の1951年4月1日にモサドが新設された。モサドは海外における情報収集を担当することとなり、首相官房の直属下に置かれた。

シロアフのモサド長官としての在任期間は短かったが、ある種の規律と信念を組織内部に確立した。その一方で作戦遂行——及び資金の取り扱い——はいささかルーズだった。

情報機関トップ間の論争はその後も止まず、加えて1952年中盤に交通事故で負傷したため、シロアフは9月にモサド長官を退くことになった。その1年後にはイスラエル大使館付全権使節としてワシントンDCに派遣されている。

シロアフのモサド長官時代を論じた『Israel's Secret Wars』（1991）の中で、イアン・ブラックとベニー・モリスはこう記している。「友人かライバルかを問わず、彼はこの職にふさわしくなかったと誰もが語った。彼らによれば、シロアフは『アイデアの男』であり、秘密活動の核心に閉じこもるべき組織的な男ではなかった」つまり、バグダッドのスパイ網やシンベトにまつわる問題などがシロアフを「消耗させた」のである。

【参照項目】モサド、シャイ、戦略諜報局、防諜、X-2、ジェイムズ・ジーザス・アングルトン、CIA、シンベト

シングルトン （Singleton）

インテリジェンス・オフィサーあるいはエージェントが単独で行なう諜報活動のこと。情報収集、エージェントの支援、及び密使としての活動が含まれる。

【参照項目】インテリジェンス・オフィサー、エージェント、密使

シンクレア、サー・ジョン （Sinclair, Sir John 1897-1977）

1953年から56年までイギリス秘密情報部（MI6）長官を務めた人物。

シンクレアには「シンドバッド」という愛称があった。ウィンチェスター大学で学んだ後に海軍の士官候補生となり、それからダートマスの海軍兵学校に入ったのが由来である。その後1918年に陸軍へ移り、ウールウィッチの王立アカデミー在籍中に王立業務部隊（Royal Service Corps）の士官となった。また第2次世界大戦中は作戦副部長を務めている。以上の経歴からわかる通り、MI6長官に就任するまで情報活動の経験はほとんどなかった。その上、シンクレアのMI6長官在任期間はいくぶん短いものに終わった。1956年4月、MI6が元海軍潜水士のライオネル・クラブを雇い、ニキータ・フルシチョフとN・A・ブルガーニンを乗せて寄港したソビエトの巡洋艦オルジョニキーゼに対するスパイ任務にあたらせたことが暴露される。クラブの死によってスパイ任務が公にされたのを受け、アンソニー・イーデン首相はまず外務省のMI6担当顧問を、次いでシンクレアを更迭したのだった（公式調査においては、シンクレアはクラブ作戦に直接関与していないとの結論が下されていた）。

【参照項目】MI6、ライオネル・クラブ

シンクレア、サー・ヒュー （Sinclair, Sir Hugh 1873-1939）

1923年6月から39年11月までイギリス秘密情報部（MI6）長官を務めた人物。1909年から23年までMI6初代長官を務めたサー・マンスフィールド・カミングの後任である。

1886年に海軍入りし、艦上と陸上での勤務を経て戦艦ハイバーニアの艦長を務めた後、第1次世界大戦中はレジナルド（ブリンカー）・ホール少将の下で海軍情報次官となる。そして少将に昇進し、1919年から21年までホールの後任として海軍情報長官を務めた。その後潜水艦隊の司令官を経てMI6長官に指名された。

MI6長官就任後は、ソビエト連邦によるイギリス政界への浸透とドイツの再軍備に対する諜報活動を重視した。しかし外務省から割り当てられる予算はごく少なく、苛立ちは増す一方だった。

戦争が差し迫る中、シンクレア率いるMI6はドイツに対する諜報活動だけでなく、破壊工作やゲリラ作戦へ

の準備を始める。だがヨーロッパで戦乱の火蓋が切られてから2ヵ月後の1939年11月4日、執務中に急死した。

【参照項目】MI6、マンスフィールド・カミング、海軍情報長官、レジナルド・ホール

人工衛星 (Satellites)

1960年代初頭から用いられている、恐らく最も重要な戦略情報収集手段。また戦術情報と技術情報の入手にもある程度活用されている。1967年3月、ジョンソン大統領は写真衛星の重要性についてこう語った。

私は以下の事実が引用されることを望まないが、我々は宇宙計画に340ないし400億ドルを投入した。そして宇宙写真から得られる知識以外に結果が皆無だったとしても、それ自体プログラム全体にかかった費用の10倍価値がある。今我々は、敵が何基のミサイルを有しているかを知っているが、以前の予想は実は的外れだった。つまり我々は必要のないことを行ない、建てる必要のないものを建て、怯える必要のない不安に怯えていたのである。

宇宙から情報を入手する試みが初めてなされたのは1946年から47年にかけてとされている。その年、アメリカ陸軍はドイツのV-2ロケットに小型カメラを取り付けて発射実験を行なった。高空における低温から保護するためのヒーターと、回収用のパラシュートを備えたこのカメラは、最高100マイル（160キロメートル）という高度から写真を撮影した（1947年にV-2ロケットの在庫が払底すると、高々度観測気球にカメラを載せて実験が続けられた。しかし高度は10万フィート〔3万メートル〕強にとどまっている。気球を使うという発想は、後にソビエト連邦上空における戦略偵察で活用された）。

アメリカが偵察衛星の開発に向けて大きな1歩を踏み出したのは、ランド研究所が空軍に人工衛星の保有を勧告した1954年のことである。一方でその年の後半——ランド研究所は関知せず、空軍でも知る者はごく少数だったが——アイゼンハワー大統領はソビエト上空の偵察飛行を行なうため、U-2偵察機の開発許可をCIAに与えている。

アイゼンハワーがU-2——後に衛星——開発を支持したのは、ソビエトが戦略核兵器を開発すれば真珠湾の再来になりかねないという懸念が理由だった。1954年、アイゼンハワーはマサチューセッツ工科大学のジェイムズ・R・キリアン総長に対し、長距離戦略ミサイル開発の可能性を探る委員会の議長に就任するよう依頼する。そして大学、研究所、政府の有名な科学者及びエンジニアおよそ50名が結集し、戦略攻撃兵器、戦略防衛技術、そして戦略情報テクノロジーに関する様々な研究を始めた。情報小委員会はポラロイド社のエドウィン・H・ランドが議長を務めている。

委員会が1955年に作成した極秘報告書は以下の書き出しから始まっている。「情報評価の基礎となる具体的事実の数を増し、よりよい戦略的警報を提供し、奇襲攻撃の可能性を最小限に抑え、危機を過大あるいは過小に評価する危険性を減らすべく、我々はその方法を見つけなければならない」

委員会はU-2の開発を強く促した。U-2は1956年の実用化を目指して開発が進められていたが、ソビエトの対空防衛の進歩によって2年程度しか実用に適さないと考えられており、その後は衛星が取って代わると期待されていた。アイゼンハワーは委員会の勧告を支持し、科学担当補佐官を務めていたキリアンと、偵察機及び衛星の開発に大きな影響力を持っていたランド研究所との関係を続けた。

1956年、アメリカ空軍は一連の偵察衛星を開発すべく、WS（兵器システム）-117L計画を開始した。1950年代中盤、ソビエトの爆撃技術の進歩に対する懸念は人工衛星への関心につながり、アイゼンハワーはコロナ写真衛星の開発をCIAに、撮影された画像を転送するサモス衛星の開発を空軍に任せた。

アメリカでこれらのプロジェクトに許可が与えられる一方、ソビエト政府も偵察衛星ゼニットの優先的開発を1956年1月に許可した。アメリカ社会の開放性にもかかわらず、ソビエトの軍事・政治指導者は、アメリカの防衛軍備の大半が秘密のベールに覆われていると信じていたのである。

両国によるミサイル開発の研究は、いずれもドイツ人科学者の知識と、終戦時に接収した機材を基にしていた。しかし1957年8月21日、R-7大陸間弾道ミサイルが発射台から数千マイル離れたシベリアの大地に命中、西側諸国を驚愕させる。ソビエトのタス通信社は慎重な言葉遣いでこう伝えている。「超長距離を誇る多段式大陸間弾道ミサイルが……前例のない高度で……飛行し、標的エリアに着弾した」（アメリカのアトラス大陸間ミサイルが長距離飛行実験を行なったのはその16ヵ月後だった）そして2ヵ月後の10月4日、R-7ロケットによって世界初の人工衛星、スプートニク1号が打ち上げられる。重量は83キログラムと軽量だったものの、3ヵ月後に打ち上げられたアメリカ初の人工衛星より75キログラムも重かった。ソビエトはその後もより大型の衛星を打ち上げ、兵器開発に対するアメリカの懸念を加速させて「ミサイルギャップ論争」を勢いづかせると共に、より優れた情報への需要を引き起こした。

世界初の「スパイ衛星」はアメリカ海軍のGRAB（銀河放射及び宇宙背景放射実験）とされている。GRAB衛星の初号機は、コロナ衛星の打ち上げが初めて成功する

２ヵ月前の1960年6月22日に打ち上げられた。GRABは太陽の放射を測定する公開実験を行なうことになっており、機密扱いの衛星ではなかった。しかし1998年6月に初めて公開された真の目的は、電子情報（ELINT）の収集だった。GRABは２年以上にわたってソビエト国内から発射されたレーダー波を記録し続けたのである。

コロナ衛星が初めて写真撮影ミッションに成功したのは1960年8月だった。このミッションでは3,000フィート（914メートル）のフィルムを消費して160万平方マイル（414万平方キロメートル）の面積を撮影しており、U-2偵察機が過去23回にわたって撮影したよりも広範囲にわたるソビエト領の写真が得られた。

同じく1960年8月には国防総省内に国家偵察局（NRO）が極秘裏に設立され、衛星プログラム――そして最重要の戦略情報――を巡る空軍とCIAの主導権争いを解決させた。空軍のサモス衛星は1961年1月に初めてミッションを成功させたが、写真――テレビ式のデータリンクで地上に送信された――の質は低く、コロナがパラシュートで地上に送り返したフィルムの写真とは対照的だった。他方、コロナ写真衛星は程なくピギーパック式のELINT装置を搭載するようになる。

その一方で、ソビエトは1962年7月にゼニット衛星――コスモス７号のミッション名が与えられた――の打ち上げを成功させた。

その後より進化した写真・ELINT衛星が開発されるのみならず、各種任務に特化した衛星が後に続いた。ア

メリカのミダス衛星とその後継であるDSP衛星は弾道ミサイルの発射を早期に警告すると共に、高性能航空機を探知する能力も有していた。またソビエトもレーダー海洋偵察衛星（RORSAT）を他国に先んじて打ち上げている。原子力で動作するRORSATはELINT海洋偵察衛星（EORSAT）とペアになり、公海上の西側艦艇を発見する役割を担った。

研究目的だけでなく情報収集のために人間を宇宙へ送り込むという発想は、アメリカとソビエトの両方で生まれていた。しかしアメリカの有人軌道実験室は開発遅延と予算不足のため1969年に中止された。一方、ソビエトのサリュートシリーズと後継のミール宇宙ステーションは様々な軍事計画を支援し、その中には情報収集も含まれている。RORSATとEORSAT、そして恐らくサリュートとミールの活動によって、ソビエトは潜水艦の発見を通じて対潜水艦戦における優位を得ようとした。

遅れて実現したアメリカのスペースシャトル計画も断続的ながら情報収集活動を行なったが、その期間はごく短く、コストも間違いなく高かった。それに加え、スペースシャトルの存在は公にされていたため、衛星を宇宙に運ぶ以外の軍事的な役割は限られていた。またスペースシャトルはアメリカの人工衛星打ち上げを強く制約することにもなった。つまり衛星を軌道に乗せるより効果的な手段として、スペースシャトルを議会と大衆に売り込む形になったためである。しかし実はロケットに乗せて宇宙へ送るほうがより簡単であり、1986年1月28日

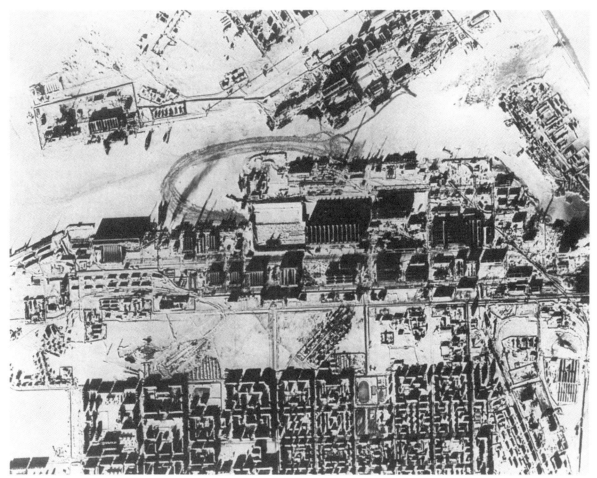

ロシア北部のスヴェロドヴィンスク（モロトフスク）にある潜水艦工廠は西側情報機関の主要ターゲットだった。左側（374頁）の写真は1941年にドイツの偵察機が撮影したものであり、上は1969年2月10日にコロナ偵察衛星がより高々度から撮影したものである。（出典：CIA）

のチャレンジャー号爆発事故もあって88年9月までシャトルの打ち上げは中止された（2003年2月1日に発生したコロンビア号事故の後も長期の打ち上げ中止が続いている）。

　1986年4月18日に機密扱いの衛星を打ち上げる試みがなされたものの、ロケットの故障で失敗に終わった。その後アメリカの軍事衛星が打ち上げられたのは同年9月5日のことである。それとは対照的に、ソビエトはロケットを衛星打ち上げの手段として使い続け、かなりの柔軟性を確保していた。1982年のフォークランド紛争や91年の湾岸戦争といった様々な危機や対立の間、ソビエトはより多くの偵察衛星を迅速に打ち上げられたのである。

　フランスが一般販売用の写真を撮影する目的で86年2月にSPOT衛星を打ち上げた時、衛星情報のもう1つの側面が前面に押し出された。それまでは比較的少数の衛星写真のみが一般大衆に公開されており、SPOT衛星と同程度の高解像カメラによる写真は皆無だった。実際、ソビエトの軍事的脅威を概説すべく国防長官が1981年に刊行した『Soviet Military Power』でも、スパ

イ衛星の写真を用いることはできなかった（後の版ではフランスから購入したSPOT衛星の写真が使われている）。

　しかし大衆の目に触れた衛星写真も存在する。サミュエル・L・モリソンはソビエトの港湾を撮影した機密衛星写真のコピーをジェーン防衛週報に渡すことで、また空軍のローレンス・A・スカンツェ中将は新型機に対する支持を得るべく、ソビエトの新型戦闘機の衛星写真をばらまくことで、アメリカの安全保障を損なっている。

　SPOTのおかげで衛星写真が容易に入手できるようになったこと、及び1991年に冷戦が終結したことは、高解像度の衛星写真を公開すべきというアメリカ政府への圧力を一層高める結果になった。1993年、R・ジェイムズ・ウールジー中央情報長官は議会に対し、政府はこれまで「リモートセンシング」画像の販売に反対してきたが、以降は取り下げるつもりだと語った。それら写真は地上にある3.25フィート（1メートル）の物体をも識別できるという代物だった。

　アメリカ政府は以前、衛星写真を公開することで人工衛星の活動が明らかになることを恐れていた。しかしソ

ビエト側が自らの経験と諜報活動によってそれを知って
いるのは明らかだった。1978年、CIA職員のウィリア
ム・P・カンパイルスはKH-11のマニュアルをわずか
3,000ドルでソビエトに売り渡し、最新のスパイ衛星に
関する技術データをもたらした（「キーホール」を参照
のこと）。当時中央情報長官を務めていたスタンスフィ
ールド・ターナー海軍大将は後にこう記している。
「CIAの保安手順は驚くほど穴だらけだった」また著書
『Secrecy and Democracy』（1985）の中で、カンパイル
ス事件に触れつつ次のように述べた。「1冊が行方不明
になっていることを突き止めたのはいいが、他の13冊
の所在も不明だったのである！」ソビエト側の手に渡っ
たKH-11マニュアルの総数はわかっていない。

　情報収集用の衛星以外にも、弾道ミサイル打ち上げの
警告、通信、ナビゲーション、地図作成、資源調査、天
候観測、研究、及び敵衛星の攻撃を目的とした衛星が開
発・実用化されている。SPOT衛星写真の公開と、それ
に続くアメリカによる衛星写真の販売開始——アメリカ
企業は10億ドルの市場規模があると見込んでいる——
は、より正確な地図、よりよい環境及び生育予想、より
正確な報道といった利益をもたらす可能性を秘めてい
る。

　しかし情報収集衛星はそれらを超越した別個のカテゴ
リーに属するものとして考えなければならない。ジェフ
リー・リチェルソンは概説的な著書『America's Secret
Eyes in Space』（1990）の中で次のように記している。

　　写真偵察衛星は、文明世界の破滅をもたらす原爆及
　び核兵器のパートナーであり続けた。アメリカとソビ
　エトは戦争の際に攻撃対象となるターゲットを発見・
　識別するため、いずれも衛星に頼ってきた。他方、こ
　れらの衛星は戦争を防ぎ、軍縮条約を可能にする上で
　大きな役割を演じた。コロナ衛星は活動初年におい
　て、スプートニクの打ち上げ以降アメリカ人の多くに
　つきまとったソビエトの戦略的優位性に対する恐怖を
　拭い去ったのである。

　その時以来、少なくとも衛星情報にアクセスできる個
人及び機関にとって、他国の軍事力を評価するにあた
り、理性が恐怖を大きく上回るようになったのである。
また過去、現在、将来の軍縮条約も、その履行を確認す
るためのシステム、つまり人工衛星なしには実現不可能
だと思われる。

　アメリカとソビエト以外にも数ヵ国が情報収集衛星を
打ち上げており、近年イスラエルと日本がそれに加わっ
た。アラブ諸国の軍事・技術情報を求めるイスラエル
は、写真・ELINT衛星であるオフェク1号を1988年9
月19日に打ち上げた。その後もオフェクの打ち上げは
続き、1995年のオフェク3号には紫外線など各種画像セ

ンサーが備えられている。

　以前から科学調査衛星を打ち上げていた日本は、2003
年3月28日に多目的情報収集衛星（IGS）2基を初めて
打ち上げている。いずれも同じロケットで打ち上げら
れ、1基は光学センサーを、もう1基はレーダーを装備
していた。日本は北朝鮮のミサイル開発にとりわけ大き
な懸念を抱いている。

　当然ながら、スパイ衛星を開発する余裕のない国々で
あっても、現在では私企業から衛星写真を購入すること
ができる。

　「フィードバック」も参照のこと。

【参照項目】偵察、上空偵察、U-2、CIA、真珠湾攻撃、
ジェイムズ・R・キリアン、エドウィン・H・ランド、
コロナ、サモス、ゼニット、GRAB、電子情報、国家偵
察局、レーダー海洋偵察衛星、有人軌道実験室、サリュ
ート、ミール、SPOT、サミュエル・L・モリソン、R・
ジェイムズ・ウールジー、中央情報長官、ウィリアム・
P・カンパイルス、スタンスフィールド・ターナー、ジ
ェフリー・リチェルソン、オフェク

信号情報　(Signals Intelligence)

　通信情報（COMINT）と電子情報（ELINT）を組み
合わせて得られる情報。

　（訳注：Signals Intelligenceは通常「通信情報」と訳さ
れるが、本書ではCommunication Intelligenceと区別す
るため「信号情報」と訳した。またSignal Intelligence
Serviceなどの組織名についても、訳語が広く定着して
いる場合を除いて同様である）

【参照項目】通信情報、電子情報

信号情報局　(Signal Intelligence Service〔SIS〕)

　アメリカ陸軍の暗号関連活動を信号部隊（Signal Corps）
に統合するため、1930年4月24日に設立された組織。
陸軍が用いるコード書と暗号装置を開発すると共に、仮
想敵国による通信の解読を担当した。信号情報局の設立
以前は陸軍省の軍事情報課が暗号活動を担当しており、
ハーバート・O・ヤードレーが国務省の支援を受けてこ
の秘密任務の指揮にあたっていた。しかし1929年、
「紳士たる者他人の手紙を盗み読みすべきではない」と
信じ、後にそう語ったとされるヘンリー・スティムソン
国務長官によって、この活動は中止に追い込まれてしま
った。

　SIS初代局長のウィリアム・F・フリードマンは極め
て優秀な少数のスタッフ——若手の暗号解読者4名と
事務員1名——で組織を構成した。1935年にはSIS局長
の座を陸軍士官に譲ったが、その後も組織の推進役を担
っている。

　暗号活動に加え、SISは暗号学に関する研究を通じて
後世に影響を与えるだけでなく、通信における安全性を

確保すべく機械式暗号を開発した。第2次世界大戦前にSISが成し遂げた最大の功績として、日本の外務省が用いていた機械式暗号、パープルの解読に成功したことが挙げられる。フリードマンらは純然たる暗号解読手法を用い、また海軍と密接に協力することでこの暗号機のコピーを作り上げ、本来の受取人が読むよりも早く日本の通信を解読したのである。パープルの解読内容は当初マジックと呼ばれていた。

第2次世界大戦の勃発を受けてSISは急速に規模を拡大させ、真珠湾攻撃の時点で陸軍士官45名、下士官兵177名、民間人109名、計331名を擁するまでになった。なお下士官兵の大半と士官1名は前線部隊に従軍し、残りはワシントンで活動した。

1942年6月、拡大を続けるSISはワシントン・モールにある第1次世界大戦期の臨時オフィスからヴァージニア州アーリントンホールに移転した。また同月には、SISの傍受部門である陸軍第2信号大隊の要員がヴァージニア州ワレントンのヴィント・ヒル・ファームにある無線傍受局で活動を始め、アーリントンホールに電文を供給した（開戦に先立ち、陸軍は無線傍受局を7箇所に設置していたが、戦時中さらに10局を開設している。下記を参照のこと）。

SISは1942年に信号情報師団（Signal Intelligence Service Division）と改称され、その後信号保安師団、信号保安部門、信号保安師団、信号保安部と次々に名前を変えた後、1943年7月1日から45年9月14日まで信号保安局（Signal Security Agency〔SSA〕）と呼ばれた。

1942年6月、以前は海軍と共同で行っていた外国の外交電文の活用という任務が、信号保安局の独占になった。パープルの解読はSIS時代に成功させていたが、日本軍の暗号はより解読が難しかった。日本陸軍はコード式暗号でなく二重暗号を用いていたのである。解読の足がかりは1943年4月まで得られず、利用可能な情報が初めて得られたのは同年6月のことだった。さらに日本陸軍の通信を継続的に読めるようになるには翌年まで待たねばならなかった。

ドイツ軍のシステムについても、陸軍は同様のフラストレーションに直面していた。同じ時期、イギリスのブレッチレーパークでもドイツ軍の暗号に対する解読作業が進められていた。しかしジェイムズ・L・ギルバートとジョン・P・フィネガンは、編集に加わった公史『U.S. Army Signals Intelligence in World War II』（1993）の中で、イギリスの非協力ぶりに触れている。「——イギリス側は保安上及び経済上の理由でそれを正当化していたが、対Uボート戦における作戦上の必要を満たすため、イギリスが高レベルのCOMINT（通信情報）をアメリカ海軍に提供する意向であることを知った陸軍は、一層苛立ちを募らせた」

アメリカ陸軍が日本の軍事暗号を解読できたことは、

ブレッチレーパークで働くイギリス人による遅ればせながらの協力につながった（この協力体制により、アメリカ陸海軍だけでなくイギリス機関でも高レベルのCOMINTはウルトラと呼ばれるようになった）。

無線傍受部隊がますます膨れ上がる中、番号名つきの航空軍を支援すべく陸軍航空軍が1944年に無線傍受飛行隊を編成した時も、陸軍はそれを支援している。しかし戦時中この問題が解決されることはなかった。ギルバートとフィネガンはこう記している。

陸軍の信号情報活動におけるアセットは、戦術面・戦略面いずれもいまだ十分に調整されていなかった。戦術COMINT部隊はSSA（信号保安局）でなく陸軍地上軍が訓練を担当しており、前線司令官や番号名を持つ航空軍司令官による指揮下で活動していた。その一方で、人的資源がこのように分割されたことは、通信情報活動は継ぎ目のない網のようなものであるという現実にそぐわなかった。

この時点で陸海軍の協力体制は全く不十分なものであり、真珠湾攻撃前におけるパープル暗号の取り扱い、及び1944年初頭に陸海軍通信情報調整委員会が設置された際に見られた優れた協力体制からは遠くかけ離れた状況だった。

そして戦争末期、陸軍情報部門のトップに就いたクレイトン・ビッセル少将は、海軍とのよりよい協力関係をようやく打ち立てた。ビッセルによる指示の下、「信号情報及び保安に関わる全ての組織、部隊、及び人員」を管理し、軍事情報部（G-2）の直轄下で活動する機関として、軍保安局が1945年9月15日——戦争終結の13日後——に設置されたのである。

SISは終戦までに規模を30倍に拡大させ、1945年8月14日の時点で士官792名、男性下士官兵2,704名、

アメリカのシガバは解読された記録が存在しない世界唯一の暗号機である。ここに写っている2台のシガバ暗号機はアーリントン・ホールで用いられた。機械の上部には「ローターバスケット」がはめ込まれている。（出典：NSA）

女性下士官兵 1,214 名、民間人 5,661 名、計 10,371 名を擁していた。その大半はアーリントンホールで勤務しており、加えておよそ 17,000 名の陸軍軍人が方面司令部やその他の主要な司令部で信号情報活動に携わっていた。しかしこの膨張が遮られることもあった。政府機関と軍の馬鹿げた規則に加え、情報活動に役立つ技能や経験の有無にかかわらず、28 歳未満の士官は 1942 年 1 月 31 日以降ワシントン DC への立ち入りを禁じるという、陸軍長官の布告がその原因である。

戦時中 SIS は 17 の固定式無線傍受局を運営しており、前線部隊には数百の移動式傍受局が附属していた。

戦前に設置された傍受局は以下の通り。

コロザル（パナマ運河地帯）
フォート・ハンコック（ニュージャージー州）
フォート・ハント（ヴァージニア州）
フォート・マッキンリー（フィリピンのマニラ近郊）
フォート・サムヒューストン（テキサス州）
フォート・スコット（カリフォルニア州サンフランシスコのプレシディオ）
フォート・シャフター（ハワイ州）

それらに加え、戦時中に以下の傍受局が設置された。

アムチトカ（アリューシャン列島）
アスマラ（エリトリア）
ベルモア（ニューヨーク州ロングアイランド）
フェアバンクス（アラスカ州）
グアム
インディアンクリーク（フロリダ州マイアミビーチ）
ニューデリー（インド）
ペタルマ（カリフォルニア州）
タルザナ（カリフォルニア州）

暗号解読は機械だけでなく紙と鉛筆にも頼っている。アメリカ陸軍信号情報局に所属するこれらの女性は、1942 年 6 月から 80 年代後半まで SIS 及びその後継機関が拠点を置いたアーリントン・ホールで勤務している。

ワレントン（ヴァージニア州）

これらの傍受局はワシントン DC（後にアーリントンホール）の SIS に傍受内容を転送する際、保安コードを用いていた。

1941 年、陸軍第 2 信号大隊がフィリピンで傍受した内容は、日本の外交通信を解読すべくパープル暗号機を所有していたコレヒドール島駐留の海軍部隊（キャスト）にも届けられるようになり、アメリカの上級司令官 2 名、ダグラス・マッカーサー陸軍大将とトーマス・C・ハート海軍大将にも転送されている。コレヒドール島では 1942 年初頭に情報関係要員が脱出するまで一部で傍受が続けられたものの、マニラが同年 12 月下旬に放棄されたのを受け、フォート・マッキンリーも失われた（コレヒドールは 42 年 5 月 6 日に日本軍の手に落ちた）。

1944 年中盤に海兵隊がグアムを奪還すると、傍受局も設置された。また戦略諜報局（OSS）がベルモアとタルザナに設置した傍受局は SSA に引き継がれ、保安目的でアメリカ国内の無線通信を傍受するために使われた。

陸軍はワシントン州ベインブリッジアイランドとメイン州バーハーバーに設けられた海軍の傍受局からも多数の傍受内容を受け取っている。SSA は 1945 年 9 月 15 日に陸軍保安局（ASA）と改称され、1977 年には陸軍情報部門（G-2）と統合して陸軍情報保安コマンド（INSCOM）となっている。

「海軍通信情報」も参照のこと。

【参照項目】コード、暗号、暗号解読、軍事情報部、ハーバート・O・ヤードレー、ウィリアム・F・フリードマン、パープル、マジック、アーリントンホール、第 2 信号大隊、ブレッチレーパーク、通信情報、ウルトラ、クレイトン・ビッセル、陸軍保安局、G-2、戦略諜報局、陸軍情報保安コマンド

シンシア （Cynthia）

（1）「エミー・エリザベス・ソープ」を参照のこと。
（2）第 2 次世界大戦中、ヴィシー・フランス政府が用いる暗号を解読すべく実施されたイギリスの諜報作戦。

真珠湾攻撃 （Pearl Harbor Attack）

1941 年 12 月 7 日（日本時間 8 日）に日本軍が真珠湾のアメリカ太平洋艦隊に奇襲攻撃を仕掛けたことは、日米両方にとって軍事的な大惨事となった。この空襲——アメリカ側は「卑劣な騙し討ち」と呼んだ——によって 2,390 名が死亡、1,178 名が負傷した（これらの数字は 2001 年にアメリカ国立公園局がまとめたものであり、それまで定説とされていた死者 2,403 名、負傷者 1,104 名とは異なっている）。アメリカ太平洋艦隊は壊滅的被

害を受け、真珠湾周辺の飛行場で待機していた航空機の75%が破壊された。日本側の損害は艦載機29機と特殊潜航艇5隻のみである。しかし乾ドックや燃料備蓄タンクは無傷だった。これらも破壊されていれば、太平洋艦隊は西海岸へ本拠を移さざるを得ず、太平洋におけるアメリカの反撃はかなりの程度遅れていたと思われる。

真珠湾攻撃はアメリカによる20世紀の情報活動で最も重大な失敗だった。しかし同時に、日本の戦略情報の限界を示すものでもあった。と言うのも、こうした攻撃がアメリカ人を日本に対して団結させ、大日本帝国の打倒に立ち上がらせるだろうということに、日本の政治・軍事指導者が思い至らなかったからである。

12月7日の数ヵ月前、数週間前、そして数時間前にどのような錯誤があったかについては、攻撃直後から調査が始められた。真珠湾への攻撃が差し迫っていることにつき、アメリカ情報機関はその警告となり得る大量のデータを政治及び軍事指導者に提供していた。しかしその情報は、日本の意図を明確に警告するものではなかった。情報の無視という説は、イギリス情報機関の二重スパイとなったセルビア出身のドイツ人スパイ、デュスコ・ポポフが中立国ポルトガルからニューヨークに到着した1941年8月に遡る。その際、ポポフはドイツのスパイ技術を持ち込んでいた。つまり1ページ分の情報を文章のピリオドの大きさに縮小するマイクロドットである。マイクロドットの1つには、日本側の要請を基にしたドイツ情報機関による指示が記されていた。すなわちハワイに赴いて「海軍の要衝、真珠湾」に関する情報を収集せよ、というものである。

イギリスの情報当局はポポフの任務をFBIに伝え、それを受けたFBIはマイクロドットのコピーを入手した。一方、FBI長官のJ・エドガー・フーヴァーはポポフを「バルカンのプレイボーイ」と酷評し、ハワイへ赴かせるのを拒んだ。かくしてフーヴァーは、マイクロドットの情報的価値を無視したのである。

このエピソードは、アメリカの参戦直前、情報機関がいかに無統制かつ鈍感だったかを今に伝えている。しかし暗号解読者は優れた業績を残した。ウィリアム・F・フリードマン率いる軍の暗号解読チームは、マジックという名の活動によって日本のパープル暗号をすでに解読していた。1941年11月、日本の野村吉三郎、来栖三郎両大使が日米の緊張状態を緩和すべくワシントンを訪れる。対するアメリカ政府幹部は日本の外交暗号の解読内容を通じ、両大使と東京との通信内容を知っていたのである。

11月27日、海軍省は解読された日本の電文を基に、真珠湾のハズバンド・E・キンメル艦隊司令長官にメッセージを送った。「この文書は戦争を警告するものと理解されたい」そして次のように続く。「日本軍による攻撃的行動が数日以内に予想される」同じ11月27日、

陸軍省もハワイ地区司令官のウォルター・ショート中将に同じ内容のメッセージを送り、「敵対的行動が差し迫っている。敵対的行動を避け得ない、繰り返す、敵対的行動を避け得ないならば、アメリカ合衆国としては日本による第一撃を望む」と警告している。

ハワイの民間人を刺激したくなかったキンメルは、艦隊の警戒レベルを引き上げなかった。またハワイの防衛を担当するショートは、破壊工作活動を警戒することで警告に対応した。この対応は、ハワイの日本人及び日系人は信用に足らず、戦争になればアメリカに敵対的な行動を取るはずだという信念に基づいていた（陸軍は特に、日本出身の人物による破壊活動を恐れていた。1930年代中盤、当時ハワイの陸軍情報部門責任者だったジョージ・S・パットン・ジュニア中佐は、日米戦争が勃発した際にハワイの日本人社会指導者128名を捕らえ、人質として拘束する計画を立案していた）。

ショートは破壊工作活動に対する陸軍の警戒規則に従い、航空機を密集させて容易に保護できるようにした。だが日本軍が真珠湾周辺の飛行場を攻撃した際、この措置のために飛行機が短時間で破壊される結果になった。

12月7日の奇襲から11日後、ルーズベルト大統領は調査委員会の議長にオーウェン・J・ロバーツ最高裁判事を任命した。議長の名を取ってロバーツ委員会と呼ばれるようになったこの委員会は、非公開の調査を経て1942年1月23日に結論を出し、キンメルとショートは最高司令官に求められる能力を発揮していなかったと述べた。すでに更迭された両名に新たな任務が与えられることはなく、いずれも程なく退役した。

その後も陸海軍の支援を受けて合計6件の調査が秘密裡に行なわれた。だが軍の秘密保持に鑑み、真珠湾で発生した被害についての事実は終戦まで公にされなかった。議会の合同調査が始められたのは終戦後の1945年11月15日であり、6ヵ月間に及ぶ公聴会で合計15,000ページもの証言が集められた。

1946年7月に発表された大小の報告書はいずれも、キンメルとショートに主たる責任を負わせていた。両名ともワシントンから送られた警告に注意を払わず、麾下の部隊に適切な警告を行なわなかった上、防御態勢の調整も不十分であり、攻撃が予想された際、あるいは攻撃からの防衛において、人員と装備を然るべく活用できなかったというのである。委員会は、キンメルとショートは「判断ミス」を犯したのであり、「任務怠慢」ではなかったと結論づけた。

しかし議会の調査によって真珠湾に関する疑問に終止符が打たれたわけではなかった。1945年の時点でアメリカの暗号解読活動は部分的にしか公開されておらず、マジックによる傍受内容の大半も数十年後まで機密解除されることはなかった。当時、現役で残っている関係者はまだ数多く、軍の情報組織間のライバル関係は、誰が何

を知っていたのか——そしていつそれを知ったのか——についての事実を曖昧にし続けたのである。

海軍は無線傍受局のネットワークを組織し、日本軍の通信をモニターした（「海軍通信情報」を参照のこと）。東京とハワイの日本領事館との通信は、通商に関する電文が大半を占めていたため、優先度が低いものとされていた。しかしこうした電文のうち、1941年9月24日に領事館に宛てて送信されたものは注目すべき内容を含んでいた。それは真珠湾を5つのセクションに分け、枡目のそれぞれに艦船の位置を記してもらいたいというものだった。後の調査によって、この電文は「爆撃計画（ボム・プロット）」という名で知られるようになる。この計画とは「陰謀」ではなく「区画図（プロット）」の意味だったが、陰謀を追い求める中で本当の意味は見失われてしまった。アメリカの暗号解読者が知らぬことだったが、この電文は副領事をカバーとして日本海軍のスパイ網を指揮していた吉川猛夫に宛てたものだった（軍港の「区画図」を要求する同種の電文は、他の数ヵ国の日本外交官にも送信されていた）。

あらゆる調査や陰謀説で見られたのが、どのような「警告」が真珠湾の軍司令官に送られていたのかに関する一般的な誤解である。ロベルタ・ウォールステッターは明快かつ洞察に優れた著書『Pearl Harbor: Warning and Decision』（1962）の中で、次のように指摘している。「的外れな情報の山から意味のあるシグナルを見つけだすことと、それを警報として認識することの間には……違いがある。またそれを警報として認識することと、それに基づいた行動をとることの間にも違いがある。これらの違いは単純なものでありながら、歴史のこの瞬間を覆う不明瞭さに光を当ててくれている」

11月27日にキンメル及びショートへ送られた警告の前にも、少なくとも4月から別の警報が届けられていた。しかし戦争に関する警告はあっても、真珠湾への攻撃を警告するものはなかった。つまりワシントンでもハワイでも、真珠湾が攻撃されるとは予測されていなかったのである。

キンメルとショートは、インテリジェンス・コミュニティーによって傍受・解読され、極秘とされた日本の外交電文に対するアクセスを持たなかったが、それらの多くは意訳された上で「非公式に」真珠湾へも送られていた。情報機関の官僚たちが暗号解読活動を極秘のままにすることを望んだためにマジックの秘密は固く守られ、元々の電文を目にした者さえほとんどいなかった。キンメルとショートが外交電文を見せられていれば、戦争に関する警告もより差し迫ったものとして理解されていたと思われる。しかし高度な情報がもたらされていたとしても、対応の仕方について認識を改めるには至らなかった可能性が高い。

東京とワシントンの間でやりとりされた電文の1つには、日米関係が「危機的状況」を迎えた場合、「東からの風雨」という偽の気象情報を東京から放送する旨が記されていた。陰謀説を唱える者は、この単語が12月5日に放送されたにもかかわらず、「警告」はなぜかキンメルとショートに伝えられなかったと主張している。だが議会の報告書、ウォールステッターによる調査、及びその他の研究結果によると、この電文が実際に東京から放送された証拠は見つかっていないという。

真珠湾攻撃はその後の情報活動に長らく影を落とし続けた。第2次世界大戦後、アメリカ軍の焦点がソビエト連邦に移った際、戦略立案者は「青天の霹靂」と称された「真珠湾攻撃」の再来に懸念を抱いた。こうした恐怖と、利用可能な情報を完全に統合させる必要性は、トルーマン大統領によるCIA創設（1947）の決断において第1の要因となった。同様に、アイゼンハワー大統領もU-2偵察機を開発する理由として「核時代の真珠湾攻撃」の恐怖を挙げている。

戦略構想を分析するためにアメリカ陸軍航空軍が創設したランド研究所は、いくつかの奇襲攻撃シナリオを立案した。1950年代後半、当時ランドのコンサルタントだったロベルタ・ウォールステッターは、真珠湾攻撃に関する書籍の執筆を始めた。彼女の情報源はいずれも機密扱いされておらず、大半は1946年に公刊された39巻から成る議会公聴会の議事録だった。しかしウォールステッターのセキュリティー・クリアランスの条件によれば、彼女は国防総省に原稿を提出し、検閲を受けなければならないことになっていた。

原稿は国防総省からNSAに回され、NSAはそれを機密扱いとし、コピーを全て破棄するよう命じた。理由を訊いたウォールステッターへの回答は、貴殿はそれを知らされるセキュリティー・クリアランスを有していない、というものだった。

考えられる理由について、ウォールステッターは後にこう述べている。「暗号に関する記述があると、彼ら（NSA）は頑なになるんです」また別の可能性として、彼女の結論——指導者はあまりに多くの情報、つまり「雑音」に邪魔された——が、ルーズベルト大統領は日本による攻撃を事前に知っており、敢えて相手に先制攻撃を許したとする、ペンタゴンが抱いていた信念と一致していなかったことが挙げられるという。「それで原稿はNSAに送られ、全て機密扱いとされたのです」ケネディ政権が1961年1月にペンタゴンの指導部を一新するまで、書籍の出版は許されなかった。

ようやく陽の目を見た『Pearl Harbor: Warning and Decision』には、極めて高い評価が寄せられた。この本は今なお真珠湾攻撃の検証に関する古典的名著とされており、優れたインテリジェンス・コミュニティーであっても錯誤は避けられない実例を示している。ウォールステッターは同書を次のように締め括っている。「我々は不確実性という現実を受け入れ、それと共生することを

学ばねばならない。暗号であれ他の何であれ、確実性を
もたらす魔法などは存在しない。我々の計画は不確実性
の中でも機能せねばならないのである」

　同様に、歴史家のデイヴィッド・カーンもこう記して
いる。「分析済みか否かにかかわらず、アメリカ軍の司
令官やルーズベルト大統領に対し、真珠湾攻撃を事前に
知らせることのできた情報は存在しない」

【参照項目】戦略情報、二重スパイ、デュスコ・ポポフ、
マイクロドット、暗号解読、ウィリアム・F・フリード
マン、パープル、マジック、カバー、吉川猛夫、CIA、
U-2、セキュリティー・クリアランス、NSA、デイヴィ
ッド・カーン

人的情報　(Human Intelligence)

　通常は外国領土にいる人間が集めたデータに基づく情
報。人的情報活動（HUMINT）はスパイ活動の同義語
である。

浸透　(Penetration)

　ターゲットとなる組織の秘密情報にアクセスするた
め、またはその行動に影響を与えるため、組織内部でエ
ージェントを勧誘したり、あるいは内部にエージェント
もしくは監視装置（盗聴器）を植え付ける行為。

【参照項目】ターゲット、エージェント、盗聴／盗聴器

シンベト　(Shin Bet)

　イスラエルの公安機関。正式名称はイスラエル総保安
庁（訳注：現在ではシャバクという略称が用いられる場
合もある。特にイスラエルではこちらのほうが一般的）。
エルアル航空、イスラエル政府の建物及び大使館、防衛
産業、科学研究所、及び国家安全保障にとって重要な工
場の警備も担当している。またアラビア語を流暢に話す
人間を抱えており、彼らはパレスチナ人を装ってヨルダ
ン川西岸で活動している。

　シンベトの失敗は過去多数が明るみに出た。その一方
で、シンベトが成し遂げた功績はモサドの場合と違って
ほとんど公になっていない。

　シンベトはイスラエル建国6週間後の1948年6月30
日にイッサー・ハレルを初代長官として設立された。当
初は国防省の一部として支援と資金を提供されるだけで
なく、シンベトの要員には軍の階級が与えられた（ハレ
ルも中佐になっている）。だがシンベトは文官の組織で
あるべきというハレルの信念により、1950年には国防相
の直轄下に置かれた。

　予算不足と省内部の権力抗争に囚われながらも、ハレ
ルは友人でもあったデイヴィッド・ベン＝グリオン首相
に対し、シンベトを独立機関にすべく圧力をかけ続け
た。これが実現されたのは1950年後半で、以降シンベト
は首相の直属となった。

「スパイは至る所に存在する」第2次世界大戦期のポスター。（出典：帝国
戦争博物館）

　一方、イッサー・ベーリの罷免により、ハレルはイス
ラエル軍の情報機関ハガナの長官も兼務した。そしてベ
ン＝グリオンから、イスラエルのあらゆる情報活動にお
ける「メムネー（第1人者）」に指名される。ハレルは
1952年までシンベト長官を務め、副長官のイツィ・ド
ロトに後を譲った。その後モサドとシンベトの長官は別
の人物が務めるようになる。

　イスラエルの歴史において、その公安活動は巨大なア
ラブ人人口──1948年末には18％を占め、以降ユダヤ
人の移民と新生児出産によって割合を減らしていった
──に対する懸念から生じたものである。アラブの脅威
は2段階に分かれていた。その1つは周辺のアラブ諸
国によるスパイ活動の可能性であり、それら国々はイス
ラエルと大規模戦争を行なうだけでなく、破壊工作員や
テロリストを送り込んでいた。第2に挙げられるのは
国内における暴動の可能性である。1979年のエジプトを
手始めにアラブ諸国から国家承認される中、テロ組織に
よる公安上の脅威が増加していった。その代表格がイス
ラム聖戦機構、ハマス、そしてヒズボラである。これら
の組織はイスラエルとのあらゆる合意に抵抗した（ずっ
と後になってヨルダン川西岸とガザ──いわゆる占領地
帯──の部分的自治権をパレスチナ人に与えることで合
意に至った際、この状況はますます悪化した）。

シンベトはこうしたアラブ人への懸念に囚われる傾向があった。しかし非アラブ諸国も、敵国か友好国かを問わずイスラエルに浸透していた。ウォルフ・ゴールドシュタインは1948年にイスラエルに入国した直後から、ソビエトの情報機関NKVD（及び後身のKGB）に情報を送り始めた。後にはシモン・レヴィンソンもソビエトのためにスパイ活動を行なっている。両者ともイスラエル政府の幹部職員であり、摘発されるまでにかなりのダメージをイスラエルに与えた。他にも数名の小物エージェントが摘発される一方で、ヨッシ・アミットはイスラエルの最重要同盟国アメリカのためにスパイ行為をした。

ソビエトの政策がイスラエル支持からアラブ諸国への武器供給に変化したことを受け、シンベトの活動対象もイスラエルに駐在するソビエト及び東欧諸国の外交官を含むようになった。

しかしシンベトの重点はあくまでアラブ問題に置かれ続けた。アラブ問題課はアラブ人テロリストの索引を保有しており、アマンと協力してテロ組織やハマスの軍事部門と戦うミスタラヴィムという秘密部隊も存在していた。

1980年6月に発生したヨルダン川西岸のアラブ人市長3人に対する暗殺未遂事件を巡って政治的議論が沸騰する中、アヴラハム・アヒトゥヴは12月にシンベト長官を辞職した。爆弾が用いられたこの事件で、ナーブルス市長は両脚を、ラマラ市長は片脚を失っていた。

1984年4月12日、シンベトはガザ近郊でバスを乗っ取ったアラブ人2名の死を偽装しようと試みた。乗っ取られたバスに陸軍部隊が突入、犯人のアラブ人を捕らえる。この攻撃で別のテロリスト2名と乗客の女性兵士1名が死亡した。しかしシンベトの報告ではバスへの攻撃で死亡したとされていたアラブ人2名が、実は生きたままシンベトによって連行されていたことが明るみに出て、アヴラハム・シャローム長官は86年7月に辞表を提出した（シャロームと工作員3名は殺害に関係した罪で起訴されておらず、また有罪にもなっていないものの、86年6月にハイム・ヘルツォーグ大統領から恩赦を与えられた。軍情報機関のトップを2度務めたヘルツォーグは、公安にさらなるダメージが加えられるのを避けるべく、恩赦を与えたのである。後にシンベトの他の7名も事件への関与について恩赦を与えられている）。

それから1年後、シンベトはさらなる論争に巻き込まれた。1987年5月、シンベトが違法な尋問方法を用い、また少数民族チェルケス人の陸軍士官、イザート・ナフス大尉のスパイ事件において偽証したとの判断が、イスラエル最高裁によって下された。パレスチナ人ゲリラ組織に秘密情報と武器を売り渡したとして7年半服役したナフスは、シンベトによって罪をでっち上げられたのである。

シンベト職員はナフスを裁く軍法会議で嘘の証言を行なった。シンベトの尋問方法と慣習を調査した司法委員会は1987年、尋問官が過去17年にわたり尋問方法について習慣的に偽証していたとする報告書を作成した。また自白を得るために肉体的・精神的拷問を定期的に行なっていたともしている。

1987年末、23歳のパレスチナ人男性が獄中で死亡した事件を巡り、状況の隠蔽を試みたとしてシンベト職員3名が停職処分になった。それを受けてヨセフ・ハルメリン長官が年明けに辞職している。また87年12月には、パレスチナ人による蜂起（インティファーダ）が始まったことにより、治安維持を巡る懸念が膨らんだ。ヨルダン川西岸とガザ地区でアラブ人青年が暴動を起こし、イスラエル軍に投石したり、蜂起の間も商売を続ける店の窓ガラスを割ったりするなどして暴れ回ったが、暴動に対するイスラエル側の回答は力——催涙ガス、暴力、ゴム弾、そして時には実弾が用いられた。その一方で、シンベトと警察も石を手にする若者たちに実弾を発射した。

蜂起は新世代のパレスチナ武装組織リーダーを生み出した。彼らは自主独立の精神を持ちつつ、宗教的、政治的、経済的、及び社会的な違いを乗り越えて地元パレスチナ人を結集させ、イスラエル支配への反対勢力を作り上げる能力を備えていた。かくして1990年まで続いた初のインティファーダは、イスラエルに対する既存の「脅威」を倍増させる結果になったのである。

1993年初頭にはもう1つの脅威が持ち上がった。イスラエルとパレスチナ解放機構（PLO）の秘密交渉が暴露されたのである。それによると、ヨルダン川西岸とガザ地区の一部がPLOの統治下に置かれることになっていた。イスラエルの右派はすぐさまこれに反対したが、シンベトは反対の広がりをなかなか認識できなかった。程なく占領地域のイスラエル人が暴力的な反対活動を始める。こうしたアラブ人に対する攻撃——モスクで礼拝中のイスラム教徒を狙った銃撃事件もあった——は、公安問題に新たな現実を突きつけた。

シンベトは1995年11月4日に発生したイツハク・ラビン首相暗殺事件を防げなかった。ユダヤ人が別のユダヤ人を「政治的理由」で殺害するという事態はあまりに恐るべきものであり、暗殺計画の報告があってもおざなりな調査しかされていなかったのである。

家庭用ビデオで撮影されたこの事件は、暗殺犯がいかにたやすくターゲットへ近づけたかを示していた。カルミ・ジロン長官は事件を防げなかった責任をとって辞職、イスラエル海軍司令長官の座を退いたばかりのアミ・アヤロン海軍少将が後を継ぐ。アヤロンは長官就任が公にされた初めての人物だが、これは公安機関に対する国民の信頼を取り戻すためのジェスチャーだった。2000年5月、エフード・バラク首相はアヤロンの後任

として、急襲部隊で部下だったアヴラハム・デイッチャーを任命した。

2001年3月、強硬派のアリエル・シャロンが首相に就任したことは、新たなイスラエル－パレスチナ紛争と、インティファーダの再発を招くことになった。そして同年6月、アメリカのジョージ・テネット中央情報長官は異例のイスラエル訪問を行ない、アメリカの仲介による停戦を実現すべくイスラエルとパレスチナの公安幹部の橋渡しを試みたが、最終的には失敗に終わっている。パレスチナ人による自爆テロをきっかけに新たな暴力の連鎖が始まると、シンベトはインティファーダ指導者を標的とした報復攻撃を行なうため、正確な情報をイスラエル軍にもたらしている。

歴代シンベト長官

歴代シンベト長官を以下に示す。ヨセフ・ハルメリンは2度長官を務めている。またイッサー・ハレルはシンベト長官とモサド長官を歴任した唯一の人物である。

1948～1952	イッサー・ハレル
1952～1953	イツィ・ドロト
1953～1963	アモス・マノル
1964～1974	ヨセフ・ハルメリン
1974～1981	アヴラハム・アヒトゥヴ
1981～1986	アヴラハム・シャローム
1986～1988	ヨセフ・ハルメリン
1988～1994	ヤコブ・ペリ
1995～1996	カルミ・ジロン
1996～2000	アミ・アヤロン
2000～2005	アヴラハム・デイッチャー
2005～2011	ユヴァル・ディスキン
2011～	ヨラム・コーエン

【参照項目】モサド、イッサー・ハレル、イッサー・ベーリ、アマン、メムネー、浸透、ウォルフ・ゴールドシュタイン、NKVD、KGB、シモン・レヴィンソン、エージェント、ヨッシ・アミット、ハイム・ヘルツォーグ、アミ・アヤロン、中央情報長官、ジョージ・テネット

吸い尽くす （Sucking Dry）

任務を終えて帰還したエージェントから情報を聞き出すことを指すロシアの言葉。

スヴォロフ、ヴィクトル［p］ （Suvorov, Viktor）

1978年、ウィーンでイギリス当局に亡命を申請した元GRU大佐ウラジーミル・ボグダノヴィチ・レズンのペンネーム。

レズンはハリコフ親衛戦車学校で学んだ後士官となり、後にソビエト地上軍の機甲部隊で勤務した。その部隊は1968年のチェコスロバキア侵攻に参加したが、レズンは攻撃部隊の情報責任者の目に止まり、軍の情報部門に移る。そして69年にスペツナズの訓練を受け、レニングラードのフルンゼ軍事アカデミーで学んだ後、モスクワのGRU本部に配属された。

その後1975年から78年まで駐在武官補佐官としてウィーンで勤務し、情報活動に携わった。伝えられるところによると、78年の亡命時にはGRU士官から追跡されたという。イギリスに移住した後はヴィクトル・スヴォロフのペンネームでいくつかの書籍を執筆した。『The Liberators: My Life in the Soviet Army（邦題・ソ連軍の素顔）』（1981）、『Inside the Soviet Army（邦題・ザ・ソ連軍）』（1982）、『Inside Soviet Military Intelligence（邦題・GRU：ソ連軍情報本部の内幕）』（1984）、『Inside the Aquarium: The Making of a Top Soviet Spy（邦題・死の網からの脱出：ソ連GRU将校亡命記）』（1986）、『Spetsnaz: The Inside Story of the Soviet Special Forces』（1987）、『Cleansing: Why Did Stalin Decapitate His Army?』（1999）、『Suicide: Why Did Hitler Attack the Soviet Union?』（2000）がそれである。

（レズンがその姓をペンネームとしたアレクサンドル・スヴォロフは、18世紀のロシアにおける最も偉大な将軍だった）

【参照項目】ウィーン、GRU、スペツナズ、駐在武官

趨勢情報 （Current Intelligence）

最近の出来事に関する情報の要約及び分析。

スカイラーク （Skylark）

A-12 オックスカートを用いたキューバ上空の偵察飛行計画を指すコードネーム。1964年11月5日――A-12が実用化される1年前――以降の偵察飛行を緊急で実施できるよう立案された。

キューバへの上空飛行は実施2週間前に関係部署へ通知されることになっており、CIAの分遣隊がその訓練を担当した。しかしキューバ上空の偵察飛行は引き続きU-2によって行なわれ、A-12はより重要な任務のために待機させられた。

【参照項目】A-12 オックスカート、偵察、CIA、U-2、上空偵察

スカーベック、アーウィン・C （Scarbeck, Irwin C.）

東欧の共産主義諸国に秘密情報を渡したアメリカ国務省職員。ワルシャワのアメリカ大使館で2等書記官として勤務していた1960年、22歳のポーランド人女性と恋に落ちる。敵の情報当局は古典的な脅迫作戦を実行して女性といるところを写真に撮り、妻と4人の子どもがいたスカーベックに対し、秘密情報を渡さなければ写真をばらまくと脅した。当初はその要求を拒んだもの

の、結局政治に関する機密情報を渡している。裁判の結果有罪となり、禁固30年を言い渡された。1963年、禁固10年に減刑されている。

スカルプ・ハンター （Sculp Hunter）

亡命者の取り扱い、及び亡命者の真贋の識別を専門にするインテリジェンス・オフィサーを指すイギリスの俗語。亡命者候補を見分ける手助けをすると共に、必要であれば脅迫あるいは罠の手配もする。
【参照項目】 インテリジェンス・オフィサー

スカーレット・ピンパーネル （Scarlet Pimpernel）

ハンガリー生まれのイギリス人作家、バロネス・エマースカ・オルツィ作の冒険小説『The Scarlet Pimpernel（邦題・紅はこべ）』に登場するフィクションのスパイ集団。1905年に発表されたこの作品は、フランス革命後の恐怖政治で犠牲となった無実の貴族を救うべく誓いを結んだイギリス人青年の集団、スカーレット・ピンパーネル連盟のリーダーにまつわる物語である。主人公のサー・パーシー・ブレイクニーは自らの勇気と巧みな変装術によって敵を欺いてゆく。秘密の救出活動で彼の正体を識別するのは、真紅のルリハコベ（スカーレット・ピンパーネル）をかたどった印章付きの指輪だった。

この物語は1917年と34年に映画化され、55年と82年にはテレビ映画にもなった。34年の映画にはレスリー・ハワード、マール・オベロン、レイモンド・マッセイが出演している。二重生活を送り、イギリスでは詩を愛するきざな紳士を装いつつ、フランス革命の犠牲となった無実の人間を救い出す青年貴族を、ハワードは見事に演じきった。
【参照項目】 バロネス・エマースカ・オルツィ

スカンクワークス （Skunk Works）

クラレンス・L（ケリー）・ジョンソンによって1943年に創設された、カリフォルニア州バーバンクにあるロッキード社設計部の俗称。設計部——その存在は長らく極秘とされてきた——は当初、アメリカ初のジェット戦闘機P-80シューティングスターを開発するために設けられた。その後はU-2、A-12オックスカート、そしてSR-71ブラックバードの各偵察機を極秘裏に設計・製造している。

スカンクワークスは他にもアメリカ空軍のF-117Aステルス攻撃機を開発すると共に、海軍のステルス実験艦シー・シャドウも設計している。

オフィスの近くに化学工場があり、その臭いがアル・キャップ作の漫画『リル・アブナー』に登場するスカンクを想起させたことから「スカンクワークス」という俗称が生まれた。

スカンクワークスの歴代トップを以下に示す（訳注：

2004年現在）

1943〜1975	クラレンス（ケリー）・ジョンソン
1975〜1991	ベンジャミン・リッチ
1991〜1993	シャーマン・ミュレン
1993〜	ジャック・ワーデン

「CL-282」「CL-400」も参照のこと。
【参照項目】 クラレンス（ケリー）・ジョンソン、U-2、A-12オックスカート、SR-71ブラックバード

杉田一次 （1904-1993）

第2次世界大戦の主要な戦闘に参加し、降伏にも立ち会った日本陸軍の情報士官。

1925年に陸軍士官学校を卒業後、歩兵少尉に任官される。その後は一般的な勤務を経て、1937年1月に駐在武官補佐官としてアメリカへ赴任、翌年9月にはイギリス駐在となる。そして39年2月に参謀本部へ配属されたが、専門的な情報訓練を受けたことのある部員は杉田の他にいなかった。

真珠湾攻撃を1ヵ月後に控えた1941年11月、中佐として第25軍に配属され、マレー及びシンガポール作戦に携わる。この作戦中にバイク事故で重傷を負うも、痛みをこらえつつ職務を続け、42年2月にはシンガポール守備軍司令官A・E・パーシバル中将との降伏交渉を補佐し、通訳も務めた。

その後はガダルカナルに赴き、ジャングル戦の苦境と飢えを耐え抜く。日本はこのガダルカナルで陸上戦における初の敗北を喫したが、杉田は兵士13,000名の撤収計画を立案した。撤退後は東京での参謀任務に戻る一方、大敗に終わった日本軍のインパール作戦を督戦するため東南アジアに赴いている。

1945年9月2日、東京湾に浮かぶアメリカ戦艦ミズーリの艦上で日本が降伏文書に署名した際、杉田は日本側代表団の一員だった。テーブルの向こうには、3年前に杉田が降伏会場のテーブルまでエスコートし、日本の捕虜収容所から解放されたばかりのパーシバル将軍の姿もあった（降伏調印式当時、杉田は大本営参謀だった）。

戦後収監されるも47年5月に釈放される。その後陸上自衛隊入りし、1960年3月から62年3月まで陸上幕僚長を務めた。

スキュタレー （Scytale）

スパルタ人が発明した歴史に残る最初の暗号装置。布もしくは革の帯に文字が一見ランダムに記されているが、その中にコード化されたメッセージが隠されており、ある特定の太さの棒に巻きつけることでメッセージが現われる仕組みになっている。
【参照項目】 暗号

スキラコッテ、マリー　(Squillacotte, Marie　1958-)

　東ドイツに秘密情報を渡したとして1998年10月に有罪を言い渡された国防総省所属の弁護士。97年10月に夫のカート・スタンド、友人のジェイムズ・クラークと共に逮捕され、裁判の結果スキラコッテには禁固21年10ヵ月、スタンドには禁固17年6ヵ月が言い渡された。有罪を認めて政府のために証言したクラークには禁固12年が言い渡されている。

　2001年、アメリカ最高裁判所は事件の再審を棄却した。その際スキラコッテの弁護士は、FBI捜査官が南アフリカ人に扮した囮捜査によって、彼女は罠にかけられたとしている。

　1955年生まれのスタンドはドイツ人移民の息子であり、父親から東ドイツの情報機関MfS（シュタージ）を紹介された。青年時代には東ドイツのサマーキャンプに参加、その後は食品企業の労働組合で構成される国際組織の代表を務めると共に、過激な反共組織として知られるアメリカ民主社会主義委員会のメンバーにもなった。

　1976年からベルリンの壁が崩壊する89年まで東ドイツのために活動したクラークは、国務省の友人から入手した機密文書をハンドラーに送っていた。彼は自分自身を「国際社会主義運動の活動家」と称し、「完全に思想上の理由から」スパイ活動を行なったと語っている。

　一方、1948年生まれのクラークは88年から96年まで司法実習生として陸軍に所属した。陸軍を退職したのは、ドイツにおける活動のせいでセキュリティー・クリアランスが取り消されるのを恐れたためとされている。FBIによると、クラークは東ドイツでモールス信号と秘密撮影術を学んだという。またCIAと国務省の秘密文書を撮影し、フィルムを人形の服に縫い付け、それを小包にしてドイツに送ったと言われている。陸軍退役後は民間の警備会社で働いた。

　スキラコッテは1980年にスタンドと結婚した後ワシントンへ移り、カトリック大学のロースクールに入学した。83年の卒業後は父親もかつて所属していた全国労働関係委員会の弁護士となっている。また80年には下院軍務委員会から特別奨学金を得ていたが、それがペンタゴンで職を得るきっかけとなり、92年から調達業務改善担当次官のオフィスで勤務した。

　夫妻がもうけた2人の子どもの名前──カールとローザ──は、ドイツ共産党の創設者であるカール・リープクネヒトとローザ・ルクセンブルクからとったものと言われている。

　FBI捜査官のキャサリン・アレマンは、ベルリンで保管されていたシュタージのファイルをチェックし、アメリカ人スパイを見つけだすという任務を与えられた。そしてクラークが1976年から、ウィスコンシン大学の学生だったスタンドが73年から、スキラコッテが81年

からそれぞれスパイ活動を行なっているという内容の文書が発見され、FBIによる捜査が始まった。

　彼らを「思想上の理由で」活動するスパイと記したシュタージ文書は、ジャックというコードネームを与えられたクラークに17,500ドルが、またジュニアというコードネームを持つスタンドには24,650ドルが支払われたことも明らかにしていた。

　3人は1970年代中盤にミルウォーキーのウィスコンシン大学で出会っており、当時クラークとスタンドはアメリカ共産党（CPUSA）の学生組織、青年労働者解放連盟のメンバーだった。

　シュタージのファイルにアメリカ人の氏名が記されていることを知ったFBIは、外国情報活動監視法廷から許可を得て3人の電話を盗聴し、自宅に盗聴器を取り付け、さらに秘密捜索を実行した。宣誓供述書によると、クラークのコンドミニアムを調べた捜査官は、短波無線機、現金3,500マルク、そしてベルリンへの定期連絡の記録を発見したという。またスキラコッテのコンピュータからは、南アフリカの国防副大臣を務めた共産党リーダー、ロニー・カスリルズへ宛てた手紙も見つかっている。

　1996年8月、スキラコッテはカスリルズから返事を受け取った──それはFBIの捜査官によって記されたものだった。そこでは10月にニューヨークで会うことが提案されていた。そして当日、南アフリカのスパイマスターを相手にしていると思い込んだ彼女は、東ドイツにおける過去の活動を語った。「私は合衆国法典第18編に何度も何度も違反しました」スキラコッテはそう言ったとされている（連邦法第18編にはアメリカに対するスパイ行為についての条文が含まれている）。

　FBI捜査官が身に付けていた盗聴装置はスキラコッテによる次の言葉を捉えた。「私と夫は1981年にこの仕事へ戻りました。自慢すべきことだと思っていますよ」この捜査官によると、彼女はウィリアム・ペリー国防長官の署名が記された機密メモを渡したという。それに対して捜査官は1,000ドルを支払った。97年1月に行われた2度目の会合では、機密文書4点を手渡したとされる。

　シュタージにはハリーというコードネームのハンドラーがおり、クラークはそのコードネームで彼のことを知っていた。FBIはハリーの友人なる人物（もちろん捜査官）との面会をセッティングすることで、クラークを罠にはめた。FBI関係者によれば、ハリー──本名はロタール・ツィーマー──はシュタージのために働くことを過去クラークに提案していたが、何らかの理由で拒絶されたという。

　FBI捜査官は盗聴器越しにクラークの呟きを聞いた。「近づいてくる……嘘発見器にかけるつもりだろうが……簡単にばれるだろう。簡単に……お前はスパイだと

言われるんだ……」

【参照項目】FBI、MfS、ハンドラー、セキュリティー・クリアランス、CIA、コードネーム、CPUSA、外国情報活動監視法廷

スクラネイジ、シャロン　(Scranage, Sharon)

　1983年から84年5月までCIAガーナ支局の秘書を務めた人物。スパイ行為とガーナ政府への情報漏洩によって85年7月に訴追された。帰国したスクラネイジはFBIに対し、ガーナで活動するCIA職員と情報提供者の名前を、ガーナ人の元恋人、マイケル・スースディスに教えたことを認めた。

　ガーナ共和国のジェリー・ローリングス国家元首のいとこであるスースディスも、アメリカ訪問中の7月10日に逮捕された。その後スパイ容疑で起訴され、11月25日に禁固20年を言い渡されている。24時間以内に出国することを条件として即座に執行猶予が与えられたものの、実際にはCIAのためにスパイ行為をしたとして、ガーナで囚われの身となっていた8名との交換だった。

　1985年11月、スクラネイジは禁固5年を言い渡された。だが翌年2月に禁固2年に減刑され、8ヵ月服役した後に釈放されている。

【参照項目】CIA、FBI

スコルツェニー、オットー　(Skorzeny, Otto　1908-1975)

　いくつもの大胆不敵な奇襲作戦を指揮したSS（親衛隊）隊員。スコルツェニーの目を見張るキャリアは突撃隊（SA）から始まっており、1940年にSS士官としてフランス及び低地諸国における作戦に参加、その後ソビエト国内で数々の作戦を遂行した。

　スコルツェニーはイギリスの奇襲戦術と訓練方法を学び、SS内部に同様の特殊作戦部隊を組織しようと望んだ。しかし重要度の高い作戦を初めて成功させるまで、支持を得ることはできなかった。その作戦とは、1943年7月に拘束されたイタリアの独裁者、ベニト・ムッソリーニの救出である。イタリア当局がムッソリーニを移動させ続けていたため救出は困難を極めると思われたが、ヒトラー自身がスコルツェニーを抜擢してこの任務にあたらせた。彼はまずムッソリーニを発見すべく大規模な情報作戦を立案したものの、イタリア当局との追いかけっこでは常に一歩遅れをとった。サルディニア沖の孤島にある隠れ家を偵察していた飛行機が、連合軍の戦闘機によって撃墜されたこともある。

　やがてスコルツェニーは、ムッソリーニがアブルッツィ北部のグラン・サッソにあるリゾートホテルに幽閉されていることを突き止める。1943年9月12日、スコルツェニーに率いられた奇襲部隊はLZグライダーでグラン・サッソ高原に飛び、ホテルに隣接する標高3,000メートルの草地に着陸した。スコルツェニーらは警備兵を追い散らしてホテルに入り、呆然としているムッソリーニを発見する。そしてヒトラーの命を受けてやって来たと告げた上で、「閣下は自由の身です！」と言った。その後ムッソリーニをFi156シュトルヒ小型機に押し込み、岩だらけの草地をかろうじて離陸した後、その夜のうちにウィーンに送り届けた。こうしてスコルツェニーの「ミッション・インポッシブル」は見事成功したのである。

　1943年後半、ソビエトの独裁者ヨシフ・スターリンはテヘランにおいてウィンストン・チャーチル首相ならびにルーズベルト大統領と会談したが、スコルツェニーがこの機を狙ってスターリン暗殺を試みたという説もある。

　1944年7月20日のヒトラー暗殺未遂事件を受けてスコルツェニーはベルリンの国防省に急ぎ、混乱の中短期間ながらドイツ陸軍の指揮を執った。また国防省を警備すべくSS大隊を組織し、暗殺計画の証拠を発見すると共に首謀者の多くを摘発している。

　スコルツェニーの次なる任務——ミッキーマウスというコードネームが与えられた——は、ハンガリーを枢軸側にとどめたいというヒトラーの願望から生まれたものである。1944年9月、ハンガリーの摂政ホルティ・ミクローシュ提督は、ブダペストに迫りつつあったソビエトとの単独講和を模索する。スコルツェニーは特殊部隊を率いてハンガリーに潜入、ホルティの息子を誘拐した上で、辞職しなければ息子を殺すと脅迫した。それと同時に王宮を占領し、ファシストの傀儡政権が樹立されるまでハンガリーを統治している。

　ドイツ軍が1944年12月のバルジの戦いにつながるアルデンヌ攻勢を始めた時、スコルツェニーは特殊作戦における天分を再び見せつけた。グライフと名付けられた作戦の中で、彼は英語を話すドイツ兵に訓練を施しアメリカ軍の制服を着せ、鹵獲した米軍車両でアメリカ軍前線後方に潜入させるなどして混乱を引き起こした。

　スコルツェニーのエアザッツ（偽装）部隊は通信線を切断し、道路標識を変え、ドイツ軍の奇襲に驚くアメリカ兵に偽情報を与えた。パリ近郊のベルサイユに拠点を置く連合国海外派遣軍の最高司令部では、スコルツェニー率いる暗殺団がドワイト・D・アイゼンハワー大将を標的にしているという意図的な噂のために、アイゼンハワーに対する警備が強化された。一方、アメリカ軍は米兵に扮した人間の多くを捕らえ、スパイとして直ちに処刑している。

　1945年5月、スコルツェニーはオーストリアでアメリカ軍に捕らえられた。アメリカによる戦犯法廷は、バルジの戦いで戦時犯罪があったとして彼を訴追した。しかし米英の特殊部隊も同様の不正規戦術を用いていたとイギリス人士官が証言したため、無罪になっている。

　ドイツ当局はスコルツェニーを逮捕し、ダルムシュタ

ットの収容所に送り込んだ。しかし1948年7月に脱走、新たな身分を得た上で元SS隊員による秘密組織オデッサの設立を手助けした。スコルツェニー側の記録によると、オデッサとその逃走ネットワーク「ディー・シュピンネ（蜘蛛）」はSS隊員数百名のドイツ脱出を助けたという。オデッサの手引きで脱出した人物の中には、悪名高いアドルフ・アイヒマンもいたとされている。

スペインに移住したスコルツェニーはディー・シュピンネによる活動のカバーとして貿易会社を営み、中東及び南米の親ナチ国でSS隊員のネットワークを維持し続けた。1959年、SSの略奪品を自由にできた彼はアイルランドの田舎に地所を購入し、馬の飼育を始める。その後マドリッドで死去した。

【参照項目】SS、ウィーン、コードネーム、グライフ

素性調査 (Background Investigation〔BI〕)

個人の信頼性と誠実さを判定するために行なわれる詳細な調査。機密情報の利用許可（セキュリティー・クリアランス）を与える際、通常は素性調査が必要とされ、出生、国籍、教育、雇用などの記録が調べられる。さらには信用情報や旅行記録に加え、外国に住む友人や親戚についても調査される。大抵の場合、調査官は隣人、友人、雇用主からも追加情報を入手する。

アメリカの素性調査では、全ての連邦機関に対して不名誉な情報の照会（国家機関調査）が行なわれるのみならず、警察や裁判所の記録も確認される。

閣僚候補などの政府高官に対しては、FBI捜査官による特別素性調査が実施された上で機密情報の利用許可が与えられる。一方、情報活動監督委員会に所属する議員を含め、選挙で選ばれた人間に対して素性調査は行なわれない。

【参照項目】セキュリティー・クリアランス、国家機関調査、情報活動に対する監督

スタージョン (Sturgeon)

「フィッシュ」を参照のこと。

スタシンスキー、ボグダン (Stashinsky, Bogdan 1931-)

毒性の粉末による暗殺の訓練を受けたKGBの暗殺者。

ウクライナ生まれのスタシンスキーは19歳からソビエト情報機関で働き始め、入省早々の1957年、西ドイツで暮らすウクライナ国家主義者のリーダー、レフ・レベトの殺害を命じられた。

スタシンスキーは青酸カプセルを装填した特殊な拳銃を使い、顔面にガスを噴射することになっていた。カプセルがぶつかった衝撃で青酸が放出されるというわけである。青酸を吸い込んだ犠牲者は心臓発作を起こして死に至る。またスタシンスキーには銃撃直前に服用する解毒剤が与えられた。

1957年10月12日、レベトは待ち伏せ攻撃を受けて殺害された。

スタシンスキーの次なる任務は、亡命しているもう1人のウクライナ人指導者、ステファン・バンデラの殺害だった。今度は銃身が2本の拳銃を与えられ、ターゲットだけでなくバンデラのボディーガードの顔面にも毒性の酸化物を撃ち込むよう命じられた。

スタシンスキーは尻込みし、現場は任務を遂行できる状況にないと上司に報告した。その後もう一度挑戦するよう命じられ、1959年10月15日に殺害を成功させている（バンデラにボディーガードはいなかった）。

同年12月、それまでの功績に対して赤旗勲章が授与され、同時に新たな任務も与えられた。1941年にウクライナ共和国の首相を務め、同じく西ドイツに住んでいたラオスラフ・ステツコフの殺害である。

この頃、スタシンスキーは東ドイツ人女性と結婚していたが、彼女は夫の職業に恐れおののいた。夫妻は悔悟と罪の意識、そして不安を抱き、1961年8月12日にベルリンでアメリカ当局に亡命を申請した。スタシンスキーは裁判にかけられ、自らの「成果」を自白する。判決は禁固8年だったが1966年末に極秘で釈放され、アメリカへと連れられた。その後の人生については知られていない。（訳注：夫妻は新たな身分を与えられ、1984年には南アフリカ共和国から保護の申し出があったという）

【参照項目】KGB、ベルリン

スチュードマン、ウィリアム・O (Studeman, William O. 1940-)

1992年4月から95年8月まで中央情報副長官（DDCI）を務め、93年初頭にDCI代行となった人物。またアメリカ海軍の情報士官として大将に登り詰めた2番目の人物でもある（「ボビー・レイ・インマン」を参照のこと）。

テネシー州のサウス大学を1962年に卒業した後、翌年海軍入りし、飛行士官学校で学ぶ。その後は陸上・海上を問わず多数の情報任務に就く一方、海軍大学校で学ぶと共に、ジョージ・ワシントン大学で修士号を取得している。

1980年に海軍作戦副部長の首席副官となり、84年には海軍長期作戦グループの責任者として准将に昇進する。翌年9月には海軍情報部長となり、中将昇進後の88年8月NSA長官に就任、中央情報副長官に任命される92年まで務めている。また93年初頭にはR・ジェイムズ・ウールジーがDCIに就任するまで長官代行を務めた。

1995年10月1日、中央情報副長官の座を去ると同時に海軍を退役した。

【参照項目】中央情報長官、R・ジェイムズ・ウールジー

スティーヴ・キャニオン (Steve Canyon)

ベトナム戦争中、ラオスの共産主義勢力を攻撃するにあたってパイロットを管制すべく行なわれたアメリカ空軍の秘密プログラム。1967年から73年にかけ、作戦に参加する空軍士官はラオスでの航空作戦を管理するCIA要員に扮装した（当時ラオスは中立国であり、表だって軍事部隊を配置することができなかった。「エアアメリカ」を参照のこと）。スティーヴ・キャニオンはミルトン・コニフ作の人気コミックの主人公であり、空軍は彼の個人ファイルを作成するほどだった。

【参照項目】CIA、シープ・ディッピング

スティーヴ・ブロディ (Steve Brody)

F2H-2Pバンシー写真偵察機を活用してソビエトの核施設上空を偵察するというアメリカ海軍の計画。1951年から52年にかけ、海軍の有するコーカサス、クリミア、ウクライナ地方の航空写真は決定的に不足していた。これを受け、地中海に展開するアメリカ第6艦隊の情報士官はこれら地域の撮影任務を立案した。

第6艦隊の各空母は上記地域のターゲットを核攻撃する任務を負っていた。当時、艦隊の情報将校を務めていたウィリアム・C・チャプマン大佐はこう振り返っている。「我々、もしくは我々の側にいる人間が持っていた写真は、第2次世界大戦中にドイツが撮影したものだけだった……大部分は冬に撮影された写真で、写っているのは一面の白景色。そこかしこで線路が横切っているだけのこともあった」

チャプマンは艦隊の核攻撃任務に触れた後でこう続ける。「AJサベージがソビエトのターゲットに命中する確率はほぼゼロだった。写真情報の欠如が第1のハードルだ……」

少なくとも4機のF2H-2Pが、エーゲ海のサロニカ南方で活動する空母から飛び立つ予定だった。この任務では、必要な写真を得るためおよそ4時間にわたってソビエト上空を飛行する必要があった。トルーマン大統領の許可を得るべく、極秘撮影任務の提案書が1952年5月にワシントンDCへ直接持ち込まれる。しかしロバート・ロヴェット国防長官は提案書をホワイトハウスに取り次ぐことを拒否し、作戦は中止された。

（スティーヴ・ブロディはニューヨークの酒場経営者の名前であり、1886年に賭けをしてブルックリン橋から飛び降りた。この出来事の後、「ブロディの真似をする」という言葉は、危険な行為に及ぶことを意味するようになった）

【参照項目】偵察

スティーヴンス、R・H (Stevens, R. H. 1893-1967)

イギリス秘密情報部（MI6）の職員。1939年、S・ペイン・ベスト大尉と共にドイツ人エージェントとの会合に誘い出され、オランダのフェンローで捕われた（「フェンロー事件」を参照のこと）後、終戦までザクセンハウゼンとダッハウの両強制収容所に監禁された。

事件当時、スティーヴンスはハーグのパスポート管理官をカバーとしていたが、ドイツ側は彼の素性を知っていた。一方2人のイギリス人は、フェンローにおいて、ドイツ軍内部における反ヒトラー派の代表と会っているものと信じ込んでいた。

ドイツ側がMI6をどの程度知っていたかに関して戦後行なわれた調査を通じ、スティーヴンスがベストよりも多くの情報を暴露したことに加え、同じくMI6職員で1950年代まで在籍したチャールズ（ディッキー）・エリスも戦前に情報を漏らしていたことが明らかになった。

【参照項目】MI6、S・ペイン・ベスト、カバー、チャールズ（ディッキー）・エリス

スティーヴンソン、サー・ウィリアム (Stephenson, Sir William 1897-1989)

第2次世界大戦中アメリカで活動した英国保安調整局（BSC）のトップ。アメリカにおけるイギリスのスパイマスター的存在だった。

カナダ生まれのスティーヴンソンは第1次世界大戦中カナダ海外派遣軍に所属した。しかし1916年に西部戦線で毒ガス攻撃を受け、イギリスに送られる。回復後はイギリス陸軍航空隊に移り、戦闘機パイロットとして26機を撃墜したとされているが、自身も撃墜されてドイツ軍の捕虜となった。その後収容所を脱走してイギリス軍の司令部に戻り、ドイツで見聞きしたことを詳細に報告した。

戦後はボクシング選手となり、アマチュアのライト級チャンピオンとなる。そして商用無線の開発など様々な事業に関わるが、その中に航空事業もあった。1934年には自ら設計し、自分の工場で組み立てた飛行機で国王主催の飛行機レースに優勝する。また同じく1930年代、ドイツの工業地区を訪れた際に情報活動への興味も芽生えた。彼はそこで得た情報を秘密情報部（MI6）とウィンストン・チャーチルに伝え、イギリスが再軍備を進める後押しをした。

1940年6月、首相就任直後のチャーチルはルーズベルト大統領への代理人としてスティーヴンソンを任命し、アメリカでBSCを設立するよう命じる。またスティーヴンソンはMI6とSOE（特殊作戦執行部）のアメリカにおける代表となり、パスポート管理官をカバーとしてFBI及びOSS（戦略諜報局）との連絡役を務めた。

1940 年から 41 年にかけアメリカでは孤立主義が優勢であり、スティーヴンソンの活動は一部から反対を受けた。しかしルーズベルト、J・エドガー・フーヴァー FBI 長官、ウィリアム・ドノヴァン OSS 長官は彼を支援している。だが後にスティーヴンソンとフーヴァーの関係は冷え込み、活動に困難をもたらした（「デュスコ・ポポフ」を参照のこと）。

戦後ナイトを授爵され、冷戦初頭には西側に亡命したソビエト大使館所属の暗号官、イーゴリ・グゼンコの処遇に関与した。

スティーヴンソンの活動はウィリアム・スティーヴンソン著『A Man Called Intrepid（邦題・暗号名イントレピッド：第二次世界大戦の陰の主役）』（1976）と『Intrepid's Last Case』（1983）、そして H・モントゴメリー・ハイド著『The Quiet Canadian』（1962、アメリカでのタイトルは『Room3603〔邦題・3603 号室：連合国秘密情報機関の中枢〕』）に記述されている。スティーヴンソンはしばしば「イントレピッド（大胆不敵）」と呼ばれていた。

【参照項目】英国保安調整局、MI6、SOE、FBI、戦略諜報局、J・エドガー・フーヴァー、ウィリアム・ドノヴァン、イーゴリ・グゼンコ、H・モントゴメリー・ハイド

スティッガ、オスカー・アンソヴィチ
(Stigga, Oskar Ansovich　1894-1938)

ソビエト軍の情報機関 GRU の高級士官。

ラトビアに生まれたスティッガは一兵卒として第 1 次世界大戦を戦った。ボルシェビキ革命後は共産党入りすると共に、反革命派を弾圧しつつ V・I・レーニンの身辺警備にあたった赤軍ラトビアライフル部隊の士官となっている（当時ラトビアはドイツに占領されており、ラトビア人はボルシェビキを強く支援していた。ボルシェビキの傭兵となったのもこれが理由である）。

1918 年 10 月に GRU が設立された際、スティッガはラトビア、リトアニア、ポーランドでイリーガルとして活動した。翌年には西部戦線における情報活動の責任者となり、20 年 8 月には GRU 副局長に任命された。その後も情報網を組織するため各地を訪れている。だが海外に赴任していた他の GRU 士官同様、スティッガも 1938 年にモスクワへ召喚、直ちに処刑された。

【参照項目】GRU、イリーガル

ステーション X　(Station X)

「ブレッチレーパーク」を参照のこと。

ステパーシン、セルゲイ・ワジモヴィチ
(Stepashin, Sergey Vadimovich　1952-)

ソビエト崩壊後に頭角を現わしたロシアのインテリジェンス・オフィサー。

中国の旅順で生まれ、1973 年にレニングラード（現・サンクトペテルブルグ）の内務省（MVD）高等政治学校を卒業、その後軍事政治アカデミーに進んで歴史学の博士号を取得している。論文のテーマは「大祖国戦争中のレニングラード火災における党の指導性」だった（訳注：「大祖国戦争」は第 2 次世界大戦のソビエトにおける呼称）。

卒業後は MVD 入りすると共に、レニングラード内務省大学で教鞭を執る。1990 年には高等政治学校政治部の副部長となり、政治活動と教育活動を並行して行なった。

1990 年から 93 年までロシア最高会議の代議員を務め、軍改革グループの中道左派を代表する。またソビエトの解体が進む 91 年から 93 年までは最高会議の国防・治安委員長も兼務しつつ、KGB など国家保安機関の活動を調査する委員会を率いた。波乱に満ちたこの期間中の 91 年 8 月、ステパーシンは共産党を離党した。

KGB の活動が見直されたことを受けて 1991 年にロシア連邦防諜庁（FSK）が創設され、ステパーシンは第 1 次官に任命される。同じ年にはロシア保安省（MB）も新設されており、彼はそちらの第 1 次官も兼務した。

1991 年 9 月、大佐から少将に昇進。さらに 1 年後には中将へ昇進する。

ステパーシンは 9 ヵ月間にわたって最高会議の仕事と保安省の仕事を兼務した。1992 年 9 月には最高会議から身を引こうとするも、会議は保安省の仕事を免除し、最高会議における職務を遂行できるようボリス・エリツィン大統領に求める決議を可決した（MB は 93 年に廃止された）。

1994 年 3 月、エリツィン大統領はステパーシンをロシア連邦治安会議議長に任命すると共に、FSK 長官（後に FSB 長官）に指名する。その後エリツィンの下で行政管理庁長官、法務大臣、そして内務大臣を歴任した。

1999 年 4 月 27 日、エフゲニー・マクシモヴィチ・プリマコフ内閣の第 1 副首相に就任。そして 5 月 12 日にエリツィンがプリマコフを解任したのに伴い、首相に就任する。しかしステパーシン内閣は 82 日間しか続かなかった。2000 年 4 月 19 日、ロシア議会はステパーシンを任期 6 年の会計検査院議長に任命し、現在もその職にある（訳注：2013 年 9 月に退任）。

【参照項目】インテリジェンス・オフィサー、KGB、FSK、FSB、エフゲニー・マクシモヴィチ・プリマコフ

ストックウェル、ジョン　(Stockwell, John　1937-)

書籍や講演で CIA を強く批判した元職員。

アフリカに生まれたストックウェルはアメリカ海兵隊に 7 年近く所属し、1964 年に CIA へ移った際には少佐に昇進していた。その後アフリカでいくつかの任務に就き、73 年から 75 年にかけてはベトナムで勤務している。

1975年に帰国した直後、元ポルトガル植民地のアンゴラで秘密裡に武器供給を行ない、また軍事作戦を計画していたタスクフォース（2）を指揮するよう命じられる。当時アンゴラは内戦で荒廃状態にあった。アメリカによる軍事支援の目的は、この地域においてソビエトと中国が影響力を確保することを防ぐことにあった。

この紛争に対するアメリカの政策に失望したストックウェルは1976年にCIAを退職、CIAだけでなくアメリカの第3世界に対する政策を批判すべく、書籍の執筆や講演活動を始めた。主な著書として、アフリカにおけるCIAの活動を暴露した『In Search of Enemies: A CIA Story』（1978）、レーガン、ブッシュ両政権の外国政策を激しく攻撃した『The Praetorian Guard: The U.S. Role in the New World Order』（1990）がある。またストックウェルは、CIAの活動を表立って批判する元職員や官僚の組織、ARDIS（責任ある異議のための協会）を設立している。

【参照項目】CIA

ストッケイド　(Stockade)

フランスの高度な暗号を解読するため、1960年から63年にかけて実施されたイギリス保安部（MI5）による作戦。

ピーター・ライトが指揮を執ったこの作戦は、フランス大使館の電話線に無線盗聴器を設置することで行なわれ、近くのハイドパークホテルに設けられたMI5の作戦室に盗聴器からの電波が送られた。

ライトは著書『Spycatcher（邦題・スパイキャッチャー）』（1987）で次のように記している。

1960年から63年までほぼ3年間にわたり、MI5とGCHQ（政府通信本部）はロンドンのフランス大使館で用いられている高度な暗号文を解読した。ヨーロッパ共同市場に参加するという、結局失敗に終わった我々の試みが続けられていた時、フランス側の全ての動きは監視されていた。外務省はこの情報を貪るように読み、ド・ゴール（大統領）による電文のコピーは赤い箱に入れられた上で外務大臣に届けられた。

【参照項目】暗号、MI5、ピーター・ライト、盗聴／盗聴器、政府暗号学校

スドプラトフ、パヴェル・アナトリエヴィチ

（Sudoplatov, Pavel Anatolievich　1907-1996）

スパイマスターにまで登り詰めたソビエトの暗殺者。

ウクライナ人の父とロシア人の母との間に生まれたスドプラトフは1920年に家を飛び出して赤軍に入隊、ロシア内戦を戦った。読み書きができたので、その後チェカの大隊に移って電話交換手と暗号官を務めている。

1920年代から30年代にかけて国家保安機関の様々なポストを渡り歩き、主としてウクライナの国家主義者に対する作戦に従事した。その間1928年に結婚しているが、妻のエマもソビエト情報機関に所属していた。

1935年にはフィンランドとドイツに派遣され、カバーを使って活動しつつウクライナ国家主義者のベルリン本部に潜入すると共に、ナチス党と協働した。彼は亡命者に受け入れられ、ウィーンとパリに居住するウクライナ支持者のもとを訪れている。NKVD（内務人民委員部）の密使を務めていたエマは、パリで偶然夫と顔を合わせることもあったという。スドプラトフは海外で活動するソビエトの敵についての報告を送り続けた。「西ヨーロッパでの任務を成功させたことは、情報界における私の地位を変えた。私の報告はスターリンに伝えられ……後に赤旗勲章をM・I・カリーニン（最高会議幹部会）議長から授与された」と、自伝『Special Tasks』（1994）には記されている。また37年から38年にかけて通信員をカバーとして貨物船に乗り込み、密使として西側諸国を訪れた。この間にソビエトの独裁者ヨシフ・スターリンと面会しているが、その時の様子をこう記している。

私は当時30歳で、感情をコントロールする術をまだ身に付けていなかった。私は圧倒され、この国の指導者が一庶民と顔を合わせていることが信じられなかった。スターリンから手を握られた私は動揺し、簡潔に報告することができなかった。スターリンは笑みを浮かべてこう言った。「若いの、そう緊張しなくてよろしい。重要な事実を伝えたまえ。20分しかないからな」

スドプラトフが次にスターリンと会ったのは、国内外で活動するウクライナ国家主義者の暗殺計画が進められている時だった。1938年5月、彼はロッテルダムでウクライナ国家主義運動のリーダー、エフヘン・コノヴァレツに爆弾の入ったチョコレートの箱を渡し、殺害に成功する。暗殺後はロッテルダムからスペインに逃れ、共和軍の傘下に入っていたNKVDのゲリラグループで、ポーランド人志願者として数週間活動した。モスクワ帰還後は、スターリンの政敵だったレフ・トロツキー暗殺計画を担当する。トロツキーは滞在先のメキシコでNKVD職員ラモン・メルカデルによって殺害された（襲撃は8月20日に実行され、その傷が元で翌日死亡した）。

スドプラトフはスターリンの大粛清を生き延びたが、西ヨーロッパの各地を訪問していたことを考えると特筆すべき事実である。

ドイツ軍によるソビエト侵攻直後の1941年7月5日、スドプラトフはドイツなど枢軸国に対する諜報作戦

を担う特殊任務管理局の局長に就任する。この組織はその後急速に膨れ上がり、2万名を擁するまでになった。うち2,000名がソビエト国民以外の人間だったという。同年10月にはNKVD第2局として再編され、スドプラトフは内務人民委員のラブレンチー・ベリヤに直接報告する立場になった。また赤軍中将と同格の保安人民委員に昇格している。

『Special Tasks』には、自ら率いた任務についてこう記されている。

　　戦時中、我々は7,316名から成る212個のゲリラ分遣隊及び部隊を敵の後方に配置し、1,000名ほどの赤軍士官と技術者に破壊活動の訓練を施した。また民間の破壊工作員及びエージェント3,500名を送り込んでいる。さらに（NKVDの）パラシュート部隊は、およそ3,000名のゲリラを敵前線の後方に降下させた。

　ドナルド・マクリーンなど米英の原爆スパイ網から情報を入手したスターリンは、1942年に原子力特別委員会を設けてベリヤをトップに据え、ソビエト科学者がこれまでに挙げた業績と原子力に関する研究活動との統合を図った。その際、スドプラトフも情報部門責任者として委員会に配属されている。44年2月にはNKVDの外国情報部門と保安部門が独立した人民委員部、NKGBとして再編され、スドプラトフはS課の課長となった。S課はNKVDだけでなくGRUも含めたあらゆる原爆関係の諜報活動を監督していた。

　かくしてスドプラトフはアメリカ、カナダ、イギリスで実施されている諜報活動だけでなく、原爆スパイ網からの情報も監督する立場になった。回想録にはこれら活動の詳細が記されているだけでなく、原爆スパイ網の有名なスパイたちに加え、アメリカの原爆開発プロジェクト（マンハッタン計画）の技術部門リーダーだったJ・ロバート・オッペンハイマー、エンリコ・フェルミ、ニールス・ボーアなど著名な科学者たちの名前にも触れている。

　だが彼らがスパイ行為に携わったという疑いは的外れである。クラウス・フックスやブルーノ・ポンテコルヴォといったソビエトのスパイは、オッペンハイマー（ソビエトのコードネームは「スター」）からおおっぴらに情報を入手していた。本当のスパイたちがこれら科学者を情報源だと名指ししたことで、彼らも事実上ソビエトのエージェントだとスドプラトフは信じ込んだのかもしれない。

　戦後もスドプラトフはインテリジェンス・オフィサー幹部として活動を続け、ベリヤだけでなくスターリンにも直接報告していた。1953年にスターリンが死去すると、ベリヤは他の2名と共にソビエトの支配権を握っ

たものの、6月26日、側近数名と共に逮捕される。同年12月23日に処刑されるが、尋問の中でスドプラトフの名前が再三挙げられた。

　スドプラトフは尋問を受けた後、8月21日に逮捕された。ベリヤと共謀した事実はなく、過去30年以上にわたる行為は全て「合法」であると終始一貫主張し続けたが、逮捕から5年経った1958年、禁固15年の刑が言い渡された。

　1968年の釈放後は名誉回復と恩給の復活を求める運動を始め、その結果92年に名誉回復している。『Special Tasks（邦題・KGB衝撃の秘密工作）』の執筆には息子のアナトリー、そしてソビエト問題に関するベテラン作家のジェロルド・L・シェクターとレオナ・P・シェクターとが関わっている。

【参照項目】 暗号、カバー、ベルリン、ウィーン、NKVD、密使、ラブレンチー・ベリヤ、ドナルド・マクリーン、原爆スパイ網、クラウス・フックス、ブルーノ・ポンテコルヴォ、コードネーム、エージェント

ストリップ式暗号　(Strip Cipher)

　並び替え可能な長い文字テープ（ストリップ）を使って作成する暗号。第2次世界大戦期にアメリカ陸海軍が用いた（陸軍の呼称はM-138、海軍の呼称はCSP-642）。低レベルのメッセージに使われたこの暗号は、最大30本の交換可能なストリップから構成されている。

　1937年後半、日本当局は神戸のアメリカ領事館に侵入、M-138ストリップ式暗号の写真を撮影した。その後1941年12月にウェーキ島を占領した際には実物を入手している。しかし定期的なペースで解読することはできなかった。

【参照項目】 暗号

ストリンガー　(Stringer)

　ターゲットの近くで暮らすか働くかし、目に止まった重要な情報を伝える下級エージェント。ターゲットの性質や接近の難易度によって、定期的に情報がもたらされることもあれば、希にしかもたらされないこともある。

　普通こうしたエージェントは専門的な訓練を受けていない。また定期的に少額の報酬が支払われ、特別な報告を行なった際にはボーナスが与えられる。

【参照項目】 ターゲット、エージェント

ストレート、マイケル・W　(Straight, Michael W.　1916-2004)

　アンソニー・ブラントによってケンブリッジ・スパイ網に勧誘されたアメリカの作家兼編集者。

　ストレートはイギリスびいきの裕福なアメリカ人一家に生まれ、第2次世界大戦中イギリス空軍に所属していた兄はイギリス国民となっている。母親はアメリカ人

投資銀行家の未亡人で、再婚後に10歳になるマイケルを連れてイギリスへ移住した。

1934年にロンドン・スクール・オブ・エコノミクスからケンブリッジ大学トリニティーカレッジへ移り、アパスルという秘密結社に加わったが、メンバーの1人にブラントがいた。またストレートはケンブリッジ大学の共産党セルの一員となり、後にケンブリッジ・スパイ網を構成する他のメンバーとも出会っている。そして1937年2月、スペイン内戦で共和軍のために戦い、命を落とした共産主義者の友人、ジョン・コーンフォードの葬儀に参列していた時、ブラントから国際共産主義（コミンテルン）のエージェントになるよう勧誘を受けた。

ブラントはコミンテルンの下で働くことが最高の供養になるとストレートを説得した上で、まずはケンブリッジ卒業後にアメリカへ戻り、銀行家となって「ウォール街による世界経済支配計画を評価する」よう促した。しかしブラントは後にこの提案を撤回、アメリカで連絡を待つよう告げた。ストレートによると、ブラントはもう1人のアパスルメンバーで、後にソビエトのスパイとなるガイ・バージェスの指揮下で行動していたという。

ストレートは指示に従ってアメリカへ赴き、家族が持っていたルーズベルト大統領とのコネを使って国務省のボランティア職員となり、後に内務省に移ってルーズベルトや閣僚らの演説原稿を執筆した。この頃、ケンブリッジの学友から連絡を受けたというソビエトのインテリジェンス・オフィサー「マイケル・グリーン」と会っている。

ストレートが後に主張したところによると、彼はこの人物に「自分の意見を伝えただけで何も渡さなかった」という。当時、ソビエト情報機関の最優先目標はアメリカ政府への浸透だった。ストレートのハンドラーは、国務省に潜むもう1人のソビエトスパイ、アルジャー・ヒスとストレートが関わり合いになれば、正体が明らかになってしまうと懸念を抱いた。そのため、2人は幾度か顔を合わせたものの、何らかの関係が生まれることはなかった。ストレートを避けるようヒスに指示が出ていたためと思われる（「ホイッテイカー・チェンバース」「ヴェノナ」を参照のこと）。またストレートのハンドラーは、「大局的に見れば（ストレートは）大物エージェントであり、正体が発覚することを我々は望まない」と告げられていた。

ストレートは両親が始めたニュー・リパブリック誌の編集人兼出版人に就き、リベラル派の論客として影響力をふるった。

回想録『After Long Silence』に記されている通り、1940年にバージェスがストレートのもとを訪れた時、彼ら夫妻はワシントンDCに住んでいた。ストレートは後に、バージェスとブラントがソビエトのエージェントであると妻に打ち明ける。彼女はそれを精神分析医のジェニー・ウェルダーホール博士に伝え、博士は1948年、その情報をイギリス大使館職員である夫に伝えたと、ストレート夫人に告白した。ストレートはこう記している。「私は心底ほっとした。当時すでに、情報提供者として行動することに嫌気が差していたからだ」

そして1951年3月、ストレートはイギリス大使館でバージェスの姿を見て「驚くと共にショックを受け」、外務省を去らなければ素性をばらすとバージェスに告げた。バージェスのために朝鮮戦争でアメリカ人の命が失われることを、ストレートは恐れていた。バージェスは直ちにもう1人のケンブリッジスパイ、ドナルド・マクリーンのもとを訪れ、米英の防諜機関が自分たちに迫っていると警告した。だがストレートとバージェスが偶然顔を合わせた事実と、この警告は無関係のようである。それはハロルド（キム）・フィルビーから送られたものだった。

1963年6月、ストレートはケネディ大統領によって新設された連邦機関、芸術諮問委員会の議長に就任する予定だった。しかしFBIによる素性審査で共産主義者だった過去が発覚することを恐れ、高名な歴史家で大統領補佐官を務めていたアーサー・シュレジンジャーに対し、FBIとの面談をセッティングするよう頼み込む。そしてストレートはブラントのことをFBIに話した。一方のバージェスは、スパイであることがずっと以前から突き止められていた。

FBIはこの情報をイギリス保安部（MI5）のアーサー・マーチンに伝える。ソビエトのスパイ活動を扱うD1部長を務めていたマーチンは、エリザベス女王の美術顧問を務めるブラントから自白を引き出そうと試みていたが、ストレートの情報こそまさに欲していたものだった。ストレートは後に、君が情報をもたらしたおかげでほっとできたと、ブラントから告げられたことを記している。

【参照項目】アンソニー・ブラント、ケンブリッジ・スパイ網、エージェント、ガイ・バージェス、インテリジェンス・オフィサー、ハンドラー、アルジャー・ヒス、防諜、ドナルド・マクリーン、ハロルド（キム）・フィルビー、保安審査、MI5

ストロング、ケネス・W・D (Strong, Kenneth W. D. 1900-1982)

第2次世界大戦で連合国遠征軍最高司令官を務めたドワイト・D・アイゼンハワー陸軍大将麾下の情報責任者。

ストロングはスコットランドに生まれ、サンドハースト王立陸軍士官学校を卒業する。戦争前はベルリンで駐在武官補佐を務め、開戦後最初の1年半は陸軍省ドイツ課長として勤務すると共に、1942年から43年にかけてイギリス国内軍の情報責任者となった。

1943年2月、カセリーヌ峠（チュニジア）の戦いで米軍が敗北を喫した後、アイゼンハワー中将はイギリス政府に対し、当時の情報責任者エリック・モックラー＝フェリーマン准将を更送した上で、「ドイツ人の思考回路と行動様式をより広く知っている」人間を後任に就けるよう求めた。その後さらに、「彼の後任には、様々な情報源からもたらされた報告を何重にもチェックする好奇心と注意深さを求める」と付け加えている。これを受けたイギリス側は、当時准将だったストロングを推薦した。

2人の仲は良好だった。ストロングは著書『Intelligence at the Top』（1968）の中で次のように記している。

（アイゼンハワーは）口頭の報告を聞き、そこから本質を抽出する優れた才能を持っていた。また彼と付き合う最良の方法は、国家的な利害関係の対立などを引き起こしかねない要素があろうとも、完全に胸襟を開くことだと知るようになった……高い地位にいる人間の大部分は、読まねばならない文書が多すぎる……私は記録に残すことが重要だと判断した数少ない場合にのみ、情報評価を書面でアイゼンハワーにもたらすことにした。

1943年8月、アイゼンハワーはイタリア代表団のいるリスボンへ、参謀長のウォルター・ベデル・スミス准将と共にストロングを派遣し、イタリア降伏を秘密裡に交渉させた。

ヨーロッパにおける連合軍の軍事行動が頂点に達した時、ストロングは配下に1,000名以上の男女を擁しており、少将として終戦を迎えた。その一方でアメリカ戦略諜報局（OSS）がヨーロッパで活動することには反対していた。秘密裡に資金を与えられた文官の組織が、戦時の軍事作戦に関わるのを好まなかったためである。

1964年、イギリス国防省の初代情報局長に就任したストロングによる指示の下、イギリス各軍の軍事情報スタッフは国防情報スタッフとして統合された（副局長はノーマン・デニング海軍中将）。その後66年に退任している。

【参照項目】駐在武官、ウォルター・ベデル・スミス、戦略諜報局、ノーマン・デニング

スネップ、フランク・W （Snepp, Frank W.）

2度にわたる東南アジア勤務の後、アメリカの対ベトナム政策の失敗に抗議したCIA職員。

スネップはエリザベス朝時代の文学を専攻し、1965年にコロンビア大学で修士号を取得した。その後CIA入りしたが、徴兵を回避するためだったと思われる。入省後は分析官として北大西洋条約機構（NATO）関連の問題を担当した。

スネップは同僚の一部から、ベトナム勤務の志願という深刻ないたずらを仕掛けられた。彼はその任務を避けようとしたが、拒否すればキャリアに傷がつくと警告される。結果として1969年から71年までベトナムで勤務し、評価書や報告書を作成する傍ら尋問や情報提供の受け入れを担当した。

帰国後はヴァージニア州ラングレーのCIA本部に配属され、ベトナム担当タスクフォースに加わった。しかし程なく「政治的理由」でチームを追われたという。1972年、今度は上級分析官としてベトナムに戻り、サイゴン支局の現象分析課に所属、75年4月にアメリカ大使館員が救出されるまでそこで勤務している。

ベトナムの後はタイに配属され、南ベトナムから逃れたジャーナリストや難民からの情報聞き取りに携わった。そして8月には昇進の上でCIA本部に戻り、戦争の最後の数週間における「鋭い分析」で表彰を受けた。

だが3週間後、ベトナムにおけるCIAの活動について客観的な「事後報告書」を作成しようとしたが潰されてしまい、CIAを退職する。ベトナムにおけるCIAの失敗を正確に記録しようと決心したスネップは『Decent Interval（邦題・CIAの戦争：ベトナム大敗走の軌跡）』を書き上げた。この本は『An Insider's Account of Saigon's Indecent End Told by the CIA's Chief Strategy Analyst in Vietnam（ベトナムの首席戦略分析者が語る、サイゴンにおける名誉なき終末の内部記録）』という副題を付けた上で1977年に出版されている。とりわけ、ヘンリー・キッシンジャー国務長官が北ベトナムとの和平交渉で演じた極秘の「名人芸」には批判的だった。580ページに上る本書では、グラハム・マーチン大使をはじめとするその他のアメリカ人やベトナム人も非難の対象になっている。

1980年に小説『Convergence of Interest』を執筆した際、スネップは原稿を検閲するためCIAに提出する必要に迫られた。この小説ではケネディ暗殺事件におけるCIAの関与がテーマになっている。本書には、エージェント数名の素性と共にあるCIA職員の実名が記されている以外に法的問題はなかった。しかしその人物の名前を削除するよう求められたスネップは、同じくケネディ暗殺を扱ったエドワード・ジェイ・エプシュタインの著書『Legend: The Secret World of Lee Harvey Oswald』（1987）から引用したものであると反論した。スネップはまた、このエージェントは別の本でも名前を挙げられており、その中にはCIA職員によって記され許可を得たものもあると主張している。以前の書籍に名前が記されていることを知ったCIAは反対を取り下げ、問題の職員は「秘密裡に退職した」と述べた。だが結局、スネップは1982年に刊行された書籍の中で仮名を用いている。

【参照項目】CIA、北大西洋条約機構、ラングレー、エー

スノー作戦 (Operation Snow)

日米戦争を誘発すべくアメリカ政府に対日強硬策をとらせるという、1941年夏にソビエトが実施したとされている作戦。日米戦争が起これば、日本の注意は当時ドイツと緊張関係にあったソビエトから逸れるものと期待されていた（この緊張は1941年6月22日のドイツ軍によるソビエト侵攻につながった。「バルバロッサ」を参照のこと）。

この作戦で主役を演じたのは、ソビエトのエージェントでもあったハリー・デクスター・ホワイト財務次官補である。またハーバート・ローマーシュタインとエリック・ブレインデルは著書『The Venona Secrets』（2000）の中で、もう1人のエージェントとしてロークリン・カリーの名を挙げている。この人物は、日本の中国侵略を止めるべく最後通牒を発しなければ、アメリカ国務省は中国を「裏切る」ことになると同僚たちに主張していた。

ソビエトのインテリジェンス・オフィサーだったヴィタリー・パヴロフはロシア語の著書『Operatsia Sneg (Operation Snow)』（1966）の中で、この作戦の詳細を初めて明らかにした。

【参照項目】ハリー・デクスター・ホワイト、影響力のあるエージェント、ロークリン・カリー

スパイ映画 (Movies)

スパイ小説と違い、エンターテイメントたるスパイ映画が信憑性を主眼に置くことは少ない。優れたスパイ小説の読者は、スパイや追跡者の心理状態を知ることで深い洞察を得る。しかし映画の場合、諜報や防諜にまつわる重苦しい現実がカメラに写ることは少ない。監督と制作者の大部分はサスペンスや大捕物、さらには特殊効果のほうを好み、微妙なやりとりや真のスパイ技術を無視しがちである。ほとんどのスパイ映画はスパイスリラーと呼んだほうが正確であり、つまりは警官と泥棒、カウボーイとインディアンのスパイ版に過ぎない。

著書『Six Days of the Condor』（1974）が『Three Days of the Condor（邦題・コンドル）』（1975）のタイトルで映画化されたジェイムズ・グレイディーは、1985年に「スパイフィクション映画」を次のように評している。

映画制作者は英雄と悪役、明確な結末、正邪のはっきりした区別を好み、倫理的な曖昧さという特有の問題は、彼らがスパイを正確に描くことを避ける理由になっている……血まみれの惨劇や政治の裏側を掘り下げるストーリーを大衆に売り込むことは、映画業界において危険なビジネスであり、それゆえスパイ映画の大半は非現実的な国際捕り物劇に堕しているのである。

とは言え、スパイ映画は1つのジャンルとして確立されている。マイクロソフトがCDの形で発売した映画データベース『Cinemania 95』では、ドイツ人のフリッツ・ラングがベルリンを舞台とする最初の長編スパイ映画『Spione（邦題・スピオーネ）』を制作した1928年以降の364本が、スパイ映画の項目に列挙されている。『Spione』の悪役はV・I・レーニンに似せたメイクを施されていた。また1939年にイギリスで制作された『The Spy in Black』は、コンラート・ファイト演じるドイツ人エージェントがヴァレリー・ホブソン演じるイギリス人エージェントと恋に落ちるという内容であり、第1次世界大戦中の諜報活動をロマンチックに描いている。

第2次世界大戦前、諜報活動はハリウッドの映画制作者を魅了した。グレタ・ガルボがマタ・ハリを演じた1931年の映画は、スパイ活動の傍らで繰り広げられるロマンスに焦点を当てていた。しかし当時のスパイ映画の大半は、スーツとネクタイに身を包んだ米英のスパイを西部の保安官の雰囲気を残す善人とし、フィクションまたは名のない国々の人間を悪人とする単純なものだった。ヒトラーが支配するドイツへの苛立ちは数多くの戦前スパイ映画を生み出したものの、アルフレッド・ヒッチコックがこのジャンルをほぼ独占した。彼が最初に制作した『The Man Who Knew Too Much（邦題・暗殺者の家）』（1934）では、ふとしたことからスパイの世界に入り込み、沈黙を守るために子どもを誘拐された諜報とは無関係の人物を、レスリー・バンクスが演じている。

翌年に名作『The 39 Steps（邦題・三十九夜）』を制作したヒッチコックは、当時次のように語っている。「私は大衆に優秀かつ健全、しかも精神的な刺激を与えようと力を尽くしました。文明が選別と保護をあまりに重視するようになったため、私たちは十分なスリルを直接体験できなくなってしまったのです」今回はロバート・ドーナットが陰謀に巻き込まれるイギリス人を演じ、マデリーン・キャロルが共演した。ちなみにこのスパイスリラーはジョン・バカンが1915年に発表した同名の小説を基にしている。

同じくヒッチコックがメガホンをとった『Sabotage（邦題・サボタージュ）』（1936）には、シルヴィア・シドニー、オスカー・ホモルカ、ジョン・ローダーが出演した。ジョセフ・コンラッドの『The Secret Agent』を原作とするこの映画は、『A Woman Alone』と改題された上でアメリカでも上映された。また1936年制作のスパイ映画『The Secret Agent』では再びマデリーン・キャロルを起用し、他にもジョン・ギールグッドとピーター・ローレが出演している。ルイス・セイラーが監督した1940年の捕り物劇『Murder in the Air』では、未来

の大統領ロナルド・レーガン演じる秘密エージェントのブラス・バンクロフトが、殺人光線を盗もうとするスパイを捕らえている（殺人光線は当時人気の架空兵器であり、レーガン自身の「スター・ウォーズ計画」の先駆けとも言えるものだった）。

ジョン・P・マーカンドが生んだミスター・モトは、スパイなどの悪役から善人を救う礼儀正しい日本人紳士であり、1930年代に登場した後は短期間ながらハリウッドでシリーズ映画が製作された（ピーター・ローレがミスター・モトを演じた）。だが第2次世界大戦が差し迫る中、ミスター・モトは日本人に対する偏見の犠牲となって姿を消した。

戦時中のアメリカで制作されたスパイスリラーとして、ビリー・ワイルダー監督の『Five Graves to Cairo（邦題・熱砂の秘密）』が挙げられる。この作品は、フランチョット・トーンがオアシスにあるエイキム・タミロフのホテルに潜入、エーリッヒ・フォン・シュトロハイム演じるエルヴィン・ロンメル将軍から秘密情報を入手しようと試みるという内容である。またドキュメンタリー風のナレーションが特徴の『The House on 92nd Street（邦題・Gメン対間諜）』では、原爆情報を追うナチスのスパイたちをFBIが追跡した。

戦時中、映画のスパイは卑劣な日本人か極悪非道なナチスであり、アメリカ映画のスパイキャッチャーは機敏で勇敢なFBI捜査官だった。諜報活動を扱った戦争映画はほとんど存在しないが、アクションを追い求める映画愛好家にはわかりにくいテーマだったのである。『Across the Pacific（邦題・パナマの死角）』では、ハンフリー・ボガート、メアリー・アスター、そしてシドニー・グリーンストリートが、パナマ運河の破壊を企む日本の陰謀を防ぐべく共に活躍した。また1943年の映画『Flight for Freedom』の中で、アメリア・イアハートをモデルにしたと思われる架空の飛行士スパイをロザリンド・ラッセルが演じ、1937年の世界一周飛行中に消息を絶った際、イアハートは日本の海軍基地を偵察していたのだという根強い噂を広く知らしめた。

エリック・アンブラーの小説を原作にした『The Mask of Dimitrios（邦題・仮面の男）』は、ピーター・ローレ、シドニー・グリーンストリート、そしてザカリー・スコットの3人を中東での陰謀に結びつけた。また1930年代から40年代にかけて人気を博したニュース映画『The March of Time』は、第2次世界大戦中に制作され1947年に公開された『13 Rue Madeleine（邦題・鮮血の情報）』における語りのスタイルを生み出す基になった。ジェイムズ・キャグニー演じる戦略諜報局（OSS）のエージェントが占領下のフランスに潜り込んでゲシュタポを出し抜き、殺害されたエージェントの任務を代わりに果たす、というのがこの映画の内容である。エージェントの素性を知るインテリジェンス・オフィサーが敵前線の後方に自ら赴くことはないので、彼の行為は弁解の余地がない不手際と言えよう。しかし映画のスパイが現実のスパイと似ていることは滅多にないのである。

ハリウッドが戦時中に生み出した映画の中には、ボブ・ホープとドロシー・ラムーアがワシントンでナチのスパイを追跡するスパイコメディー『They Got Me Covered』など現実逃避的なものもある。ホープが主演したスパイパロディとしては他にも、ヘディ・ラマーと共演した『My Favorite Spy（邦題・腰抜けモロッコ騒動）』（1951）が挙げられる。

戦時中のスパイは戦後になっても映画制作者に刺激を与え続けた。ヒッチコックは『Notorious（邦題・汚名）』を監督するにあたり、スリルとサスペンスを醸し出す手段として再び諜報活動を取り上げた。ケーリー・グラント演じる秘密諜報員とイングリット・バーグマン演じる反ナチ活動家が、クロード・レインズがアルゼンチンで運営するスパイ網を壊滅させるべく策を巡らせるという内容である。第2次世界大戦直後の南アメリカを舞台に設定したのは脚本家のベン・ヘクトだった。

戦時中の出来事を基にした良作として、イギリス人外交官の従者でありながらドイツのためにスパイ行為をしたキケロをジェイムズ・メイソンが演じた『5 Fingers（邦題・五本の指）』や、ミンスミート作戦から着想を得た『The Man Who Never Was』がある。後者の中では、シチリア島上陸に関連する欺瞞作戦で無関係の遺体を作戦に使うというアイデアを、クリフトン・ウェッブが生み出している。もう1つの戦争映画『The Quiller Memorandum（邦題・さらばベルリンの灯）』では、ベルリンのネオナチ組織を壊滅させるという任務を背負わされたエージェント、クィラーをジョージ・シーガルが演じた。ハロルド・ピンターが執筆した脚本はアダム・ホールの小説を基にしている。ナチスは第2次世界大戦を舞台としたスリラー映画『Eye of the Needle（邦題・針の眼）』でも悪役になっている。ドナルド・サザーランド演じるナチスの高級スパイが、Dデイに関する秘密情報を入手しようと試みるこの映画は、ケン・フォレットによる同名の小説を原作にしている。

リチャード・バートンとクリント・イーストウッドが困難な任務に挑む『Where Eagles Dare（邦題・荒鷲の要塞）』など、ハリウッドは再び戦時中のナチスを取り上げた。Dデイに関する欺瞞作戦の陰謀の中、2人は場違いにもナチスの高官に変装するのである。この映画は現実と全く無関係な点で特筆され、ドイツ人エージェントが連合国情報機関の最高司令部に浸透するという点で歴史を歪めている。

冷戦は映画の世界に新たな敵を与えた。すなわち残虐なロシア人と極悪なKGBである。諜報と防諜をリアルに描いた稀な映画として1948年制作の『The Iron Curtain（邦題・鉄のカーテン）』があり、オタワのソビ

エト大使館から亡命し、原爆スパイ網の壊滅に手を貸したイーゴリ・グゼンコをダナ・アンドリューズが演じている。また冷戦下のウィーンにおける東西対立は、闇商人ハリー・ライム（オーソン・ウェルズ）が暗躍するスパイを捕らえる映画『The Third Man』の謎に満ちた背景となった。脚本を執筆したグレアム・グリーンは、ハロルド（キム）・フィルビーを指すレッテルとして用いられるより早く「Third Man（第3の男）」という単語を使ったと述べている。しかしフィルビーを知るグリーンは彼を基にしてライムのキャラクターを生み出したのだと、多くの人間が信じている。

ジョン・ル・カレの小説を原作とした『The Spy Who Came In from the Cold（邦題・寒い国から帰ったスパイ）』（1965）は、書籍と同じく諜報活動を真剣に取り上げた。共産主義国のスパイマスターを破滅に追いやるため、名誉と職を失った諜報員を装いつつ東ドイツに潜入したイギリス人エージェントを、リチャード・バートンが演じている。

朝鮮戦争に従事し、ソビエトと中国の工作員によって大統領を暗殺するよう洗脳された古参兵をローレンス・ハーヴェイが演じる『The Manchurian Candidate（邦題・影なき狙撃者）』（1962）は、共産主義者による邪悪な「洗脳」を広く世に知らしめた。ハーヴェイの戦友を演じるフランク・シナトラがその洗脳に気づき、アンジェラ・ランズベリー演じる敵役の陰謀を打ち砕くべく行動するという筋書きである（現実の洗脳計画については「MKウルトラ計画」を参照のこと）。

レン・デイトンが生み出した柔らかな物腰のスパイ、ハリー・パーマーを『The Ipcress File』の中で演じたマイケル・ケインは、1960年代における最も多忙なスパイ俳優となった。パーマーは『Funeral in Berlin（邦題・パーマーの危機脱出）』の中で、ソビエト情報機関幹部（オスカー・ホモルカ）の亡命劇に巻き込まれている。また『The Billion-Dollar』はハイテンポながら現実味の薄いスパイ活動がモチーフとなっている。そして1987年、フレデリック・フォーサイスによる同名の小説を基にした『The Fourth Protocol（邦題・第四の核）』で、ケインはスパイの世界に復帰した。映画においてエージェントは例外なく上司に見捨てられているが、この作品でも、イギリスに向けて輸送中の核兵器の部品にソビエトのエージェントが潜んでいるというケインの警告に耳を貸す者はいなかった。

第2次世界大戦中と同じく冷戦期においても、映画のスパイは訓練されたエージェントでなく、陰謀に巻き込まれた無関係の傍観者である場合がしばしばあった。偶然スパイになった人物の日常は、ほぼ例外なく美しい女性によって乱されるのである。ヒッチコックが1956年にリメイクした『The Man Who Knew Too Much（邦題・知りすぎていた男）』では、第2次世界大戦前から

冷戦期に変更された舞台の中で、ジェイムズ・スチュワートとドリス・デイが陰謀の世界に足を踏み入れていった。初期のヒッチコック作品同様、この映画でも諜報活動はサスペンスに従属するものだった。ヒッチコックの映画はスパイ物語ではなく、スリラー物語なのである（『The Thirty Nine Steps』もドン・シャープ監督によって1978年にリメイクされ、ロバート・パウエル、エリック・ポーター、ジョン・ミルズが出演している）。

ヒッチコックによるもう1つの名作スリラー『North by Northwest（邦題・北北西に進路をとれ）』では、スパイと間違われたアメリカ人（ケーリー・グラント）が外国のスパイに追跡される一方、エヴァ・マリー・セイントが二重スパイとして驚くべき働きを見せる。またフランスとアメリカのインテリジェンス・オフィサーがチームを組んで二重スパイを突き止める映画『Topaz（邦題・トパーズ）』において、ヒッチコックはいくらかリアリスティックな路線をとった。このリアリティーは、現実のスパイ事件（「サファイア」を参照のこと）を基にしたレオン・ユリスの小説に由来している。小説を基に成功したもう1つの映画として、善人と悪人の両方からターゲットにされるCIAの研究員ジョー・ターナーをロバート・レッドフォードが演じた『Three Days of The Condor（邦題・コンドル）』が挙げられる。

ウォルター・マッソーも『Hopscotch（邦題・ホップスコッチ／或るエリート・スパイの反乱）』の中で逃走中のCIA職員を演じたが、この映画はサスペンスよりも笑いを追求したものになっている。これは1972年のフランス映画『Le Grand Blond avec une choussure noire』も同じであり、何も知らないバイオリニストがスパイに間違われている。ちなみにこの作品は1990年にハリウッドでリメイクされた。またCIAが東南アジアで運営した航空会社であるエア・アメリカは、メル・ギブソンとロバート・ダウニー・ジュニアが共演した破天荒なアクション映画の名作『Air America（邦題・エア★アメリカ）』（1990）のモチーフになった。

冷戦期におけるスパイ映画の象徴とも言えるのが、イアン・フレミングが生んだジェームズ・ボンドである。本の中では現実にいるのではないかと思えるボンドも、映画では全く荒唐無稽な存在になる。つまりスタント、スパイ道具、そして間一髪の脱出劇がボンド映画の標準的なプロットなのだ。小説の読者は、ハリウッドに行ったヒーローの変わり様にさぞ驚いただろう。

1953年に刊行されたシリーズ第1作『Casino Royale（邦題・カジノ・ロワイヤル）』は67年に映画化され、豪華スター（ピーター・セラーズ、ウルスラ・アンドレス、デヴィッド・ニーヴン、オーソン・ウェルズ、ウディー・アレン、シャルル・ボワイエ）が共演したものの、諸々のスパイ映画のパロディーとして企画・制作された作品であり、そのプロット——そういったものがあ

ればの話だが——は、イギリス政府がサー・ジェームズ・ボンドを呼び戻し、各国指導者のクローンを使って世界を乗っ取るというボンドの甥による陰謀を打ち砕く、というものである。デヴィッド・ニーヴンがジェームズ・ボンド、ウディー・アレンが彼の唾棄すべき甥である「ジミー・ボンド」、ジョアンナ・ペティットがグラマラスなスパイのマタ・ボンド、そしてオーソン・ウェルズがスメルシに所属する悪役ル・シフルを演じている。セラーズが演じたバカラのエキスパート、イーヴリン・トレンブルはイギリスのエージェントとして雇われ、ル・シフルとカジノで対決する。この映画は大失敗に終わったが、撮影においてセラーズが演出の自由にこだわったこと、荒唐無稽なプロット、無意味な性的描写、そしてスター同士の個人的摩擦がその主な原因である。ボンドシリーズの成功は数多くの低質なパロディーを生み出し、その例として『Our Man Flint（邦題・電撃フリント GO!GO 作戦）』『Matt Helm（邦題・マット・ヘルム）』そしてオースティン・パワーズ・シリーズが挙げられる。

真のジェームズ・ボンド・シリーズはショーン・コネリーを主演に迎えて始まった。コネリー演じるボンドは美しい女性たちと愛を交わし、様々な方法で世界を支配しようと企む狂気の悪人と戦う、向こう見ずな紳士である。コネリーがエージェント 007 を演じた第 1 作は『Dr. No（邦題・ドクター・ノオ）』（書籍版は 1958 年、映画版は 63 年）であり、世界を脅かす西インド諸島の悪党との対決をウルスラ・アンドレスが助けている。『From Russia, with Love（邦題・ロシアから愛をこめて）』（書籍版 1957 年、映画版 63 年）の中でコネリーはソビエトのエージェント、ロバート・ショウを出し抜き、『Goldfinger（邦題・ゴールドフィンガー）』（書籍版 1959 年、映画版 64 年）では、オッド・ジョブ（ハロルド坂田）の手を借りてフォートノックスから金塊を奪おうとするゲルト・フレーベの企みを阻止した。この映画で格闘技の達人プッシー・ガロアを演じたオナー・ブラックマンは、テレビシリーズの『The Avengers』にスパイ役として出演した経験がある。

コネリーはさらに 4 作でボンドを演じた。殺人をも厭わないソビエトの組織スペクターと対決する『Thunderball（邦題・サンダーボール作戦）』（映画用脚本を基にイアン・フレミング他 2 名が 1959 年に執筆。映画化は 65 年）、『You Only Live Twice（邦題・007 号は二度死ぬ）』（書籍版 1964 年、映画版 67 年）、『Diamonds Are Forever（邦題・ダイヤモンドは永遠に）』（書籍版 1956 年、映画版 71 年）、そして実質的には『Thunderball』のリメイク版『Never Say Never Again（邦題・ネバーセイ・ネバーアゲイン）』（1983）がそれである。

『On Her Majesty's Secret Service』（書籍版 1963 年、映画版 69 年）では、ボンドの役柄こそ同じだが、ファッションモデルのジョージ・レーゼンビーがコネリーに代わって 007 を演じた。しかし次の『Live and Let Die（邦題・死ぬのは奴らだ）』（書籍版 1954 年、映画版 73 年）ではロジャー・ムーアに交替している。ムーアはその後も『The Spy Who Loved Me（邦題・私を愛したスパイ）』（書籍版はヴィヴィエンヌ・マイケルとの共著で 1962 年に出版。映画版は 77 年）、『The Man with the Golden Gun（邦題・黄金銃を持つ男）』（書籍版 1965 年、映画版 74 年）、『Moonraker（邦題・ムーンレイカー）』（書籍版 1955 年、映画版 79 年）、『Octopussy（邦題・オクトパシー）』（書籍版 1965 年、映画版 83 年）、『A View to a Kill（邦題・美しき獲物たち）』（1985）に出演した。

ボンドシリーズの 16 作目『License to Kill（邦題・消されたライセンス）』（1989）はイアン・フレミングの原作からタイトルをとっていない最初の作品であり、短編『The Hildebrand Rarity（邦題・珍魚ヒルデブランド）』（プレイボーイ誌 1960 年 3 月号）を含む諸作品のパーツを組み合わせたものである。ティモシー・ダルトンがジェームズ・ボンドとして復帰したこの映画は、暴力的描写のためボンドシリーズで初めてとなる R 指定を受けた。1995 年に公開された『Goldeneye（邦題・ゴールデンアイ）』（イアン・フレミングがジャマイカに所有していた別荘にちなんで名付けられた）では、ピアース・ブロスナンがボンドを、ジュディ・デンチが「M」を演じている。これは二重の意味で現実と一致していた。MI6 長官は昔からアルファベット 1 文字で呼ばれており、現実世界では「C」である。また映画の公開当時、MI5 長官は同じく女性のステラ・リミントンだった。

ル・カレの小説を原作としたスローテンポの映画『The Russia House（邦題・ロシア・ハウス）』（書籍版 1989 年、映画版 90 年）において、コネリーはスパイの世界に復帰した。2003 年現在、ボンドシリーズは 20 作が制作されており、次の 21 作目が最後になるという噂がある（訳注：21 作目『Casino Royale』が 2006 年に公開された後も、2014 年までに『Quantum of Solace（邦題・慰めの報酬）』〔2008〕と『Skyfall（邦題・スカイフォール）』〔2012〕が制作されている。また 2015 年には『Spectre（邦題・スペクター）』が公開）。イギリス人にとって、ボンドは今でもヒーローである。2003 年のイラク戦争に従軍したイギリス人兵士は自分たちの任務を「ジェームズ作戦」と呼び、ゴールドフィンガー、ブロフェルド、コネリーなど、ボンド映画に関係する単語をコードネームに用いたほどである。

冷戦下の諜報活動や破壊工作活動を無効化するという問題は、1977 年の映画『Telefon』で事実に先んじて描かれた。この作品では、アメリカに潜入し、電話口でロ

バート・フロストの詩の一節を聞くと、家や職場を出て民間・軍事施設を爆破するよう催眠をかけられたソビエトのスリーパーによる巧妙なスパイ網を破壊すべく、アメリカに送られたKGB工作員をチャールズ・ブロンソンが演じた。催眠から数年後、KGBの裏切り者がネットワークを覚醒すると脅し、それを実証するためにいくつかのターゲットを破壊する。ブロンソンを助けるために派遣され、その後彼を殺したKGBのエージェントをリー・レミックが演じている。

1990年代に入り、『Austin Powers: International Man of Mystery（邦題・オースティン・パワーズ）』と共にスパイコメディの新たな波が訪れた。ジェームズ・ボンドの機敏さを完全に欠いた好色なエージェント、パワーズを演じたマイク・マイヤーズは、幼いころに見たスパイ映画から影響を受けたと語っている。

冷戦終結及び対テロ戦争の始まりと共に、スパイ映画とアクション映画は区別が難しくなるほど1つに融合している。

【参照項目】スパイ技術、ベルリン、マタ・ハリ、ジョン・バカン、ジョセフ・コンラッド、FBI、アメリア・イアハート、エリック・アンブラー、戦略諜報局、ゲシュタポ、インテリジェンス・オフィサー、キケロ、ミンスミート作戦、欺瞞、イーゴリ・グゼンコ、原爆スパイ網、ウィーン、グレアム・グリーン、ハロルド（キム）・フィルビー、第3の男、ジョン・ル・カレ、レン・デイトン、二重スパイ、エア・アメリカ、イアン・フレミング、ジェームズ・ボンド、エージェント、テレビ、スペクトル、MI5、C、ステラ・リミントン、コードネーム、スリーパー

スパイ勧誘員 (Talent Spotter)

エージェントあるいは二重スパイとなり得る人物について、インテリジェンス・オフィサーに注意を促す人間のこと。報告を受けたインテリジェンス・オフィサーは、エージェント候補の経歴情報を集めてから接近する。勧誘員は必ずしもエージェントを生業とする人間ではなく、媒介者を通じて報酬を受け取り、スパイとして有望な人間の名を伝える、バーテンダーや銀行員である場合のほうが多い。また偽旗作戦の中で、友好国の政府や企業がスパイ候補を探していると直接告げる場合もある。

【参照項目】エージェント、二重スパイ、インテリジェンス・オフィサー、媒介者、偽旗作戦

スパイ技術 (Tradecraft)

諜報活動におけるテクニックやトリックの総称。実行する人間にとっては、自分の仕事がプロの技であるという信念を確たるものにする。また諜報活動上のスキルには、監視におけるトリックやエージェントの運用も含ま

れる。スパイ技術はジョン・ル・カレの小説に度々登場しているが、現実世界でも頻繁に用いられている。それらは訓練で叩き込まれると共に、エージェントから次の世代のエージェントへと順に伝えられてゆく。

防諜を専門とするベテランFBI捜査官のデイヴィッド・W・スザディーは、古典的な方法が最も優れ、かつ信頼できる理由を理論的に説明した。「デッドドロップや海外における1対1の面会。機能しているからこそ今も使われている。無線は傍受される危険性があり、小型かつ繊細な無線機はメンテナンスを必要とするため、時に問題となる。私の経験で言えば、古典的な方法のほうが上手く行く……諜報活動は3つの基本しか必要としない。緊急事態で誰かを頼るエージェントの能力、エージェントから情報を入手するインテリジェンス・オフィサーの能力、そしてエージェントに報酬を支払う際の方法である」

デッドドロップと瞬間的接触──互いに顔を合わせることなく会い、やりとりするための方法──は、スパイ技術における基本的要素である。以下に標準的なスパイ技術の例をいくつか示す。

・車内の照明を消し、ドアを開けても気づかれないようにする。尾行が疑われる場合、誰かを車に乗せたり下ろしたりする時に有効である。
・誰かを乗せたり下ろしたりした後で内外を完全に洗車し、走った場所を突き止められるような土、泥、枯れ葉などを洗い落とす。
・デッドドロップで缶やボトル、壺などを隠し場所または合図として用いる際、野生動物が持ち去らないよう完全に洗ってから使う。
・地下鉄、列車、バスでは何気なく振る舞い、尾行者をまくためドアが閉まる直前に乗り降りする。

本書のいくつかの項目で触れた事件においても、スパイ技術が使われている。

ジェイムズ・ハーパーは洗濯リストの裏側にリメリック（5行詩）を記した。ハンドラーはそれを半分に破って片方をハーパーに返し、もう片方は自分で持つ。ハーパーが媒介者と会うべく、あらかじめ決められた場所へ指示された時間に赴いた際、その人物は洗濯リストの片方を見せることで媒介者であることを証明した。

ハリー・ゴールドはデイヴィッド・グリーングラスと面会する際、原爆スパイ網のジュリアス・ローゼンバーグと面識があることを証明するため、ジェロー（訳注：アメリカのゼリー菓子）の箱の上部を半分に破って持参した。またクラウス・フックスと会った時には、片手に手袋を、別の片手に緑のカバーをかけた本を持って現われている。一方フックスは、ボールを持参することになっていた。フックスは後にソビエトのハンドラーと面会

する際、バーネット・サーフの小説と、黄色と緑のダストジャケットを片手に持ち、紐で縛った5冊の本をもう片方の手に持っていた。

ジョナサン・ジェイ・ポラードは、自宅周辺にある公衆電話のリストを作成するよう指示された。イスラエルのハンドラーはそれぞれにヘブライ語の文字を割り当て、ポラードの自宅に電話をかけて文字の1つを伝える。そしてポラードは文字によって指示された公衆電話へ赴き、電話がかかるのを待つというわけである。

ジョン・ウォーカーはデッドドロップについて特別な指示を受け取った。そのデッドドロップはある木の近くにあった。ウォーカーは機密文書を、きれいに洗った缶や瓶と共にゴミ袋へ詰め込む。デッドドロップの場所は、ソビエト外交官が別途許可を得ることなく旅行でき、また、ワシントンDCの半径25マイル以内に設ける必要があった。首都において最も安全な場所は森林地帯である。森の中で尾行するのは難しく、周囲に転がっている何の変哲もない物——ビール缶、ゴミ、石——を目印として活用できるからである。

ネルソン・C・ドラモンドは毎月初めの土曜日、黒いバッグを持ち、馬の頭部を襟に配した服を着てカフスボタンをはめながら、ニューヨークのセブンスアベニューを125番街から南へ歩いた。すると男が近づいて「サヴォイ・ダンスホールはどちらですか？」と尋ねてくるので、「ええ、案内しましょう」と答えることになっていた。

CIAでの訓練期間中、エドワード・ハワードは「箱の中のジャック（JIB）」の使い方を教えられた。箱の中のジャックとは、ブリーフケースの中に入ったダミー人形である。監視下に置かれた人物は車の助手席に乗り、追っ手の車が一時的に見えなくなったところでJIBを膨らませ、車から飛び降りる。すると追っ手の車からは相変わらず2人が乗っているように見える。ハワードはコートのハンガー、切り落とした箒の柄、妻のかつらホルダー、そして変装用のかつらを使ってJIBを作り、FBIの監視を見事逃れた。変装用のかつらはCIAの訓練期間中に盗んだ物だと、後に告白している。ハワードはJIBに被せていた帽子を被り、車が角を曲がって追っ手から見えなくなったところで飛び降りたのである。

一般に知られている中で最も巧妙なスパイ技術は、ソビエト軍の情報機関GRUに所属する内通者、オレグ・ペンコフスキーがCIAのハンドラーに与えた、モスクワのデッドドロップに関する指示書に記されている。

入口（ロビー）に入ると、左側にNo.28と記されたダイヤル式の電話機がある。その反対側にはスチーム式暖房のラジエーターがあり、濃い緑のペンキで塗られている。ラジエーターは1本の金属フックで支えられており、ラジエーターの正面に立つとそのフックは右側にあり、腕を垂らした手の高さである。

フックが取り付けられている壁とラジエーターの間に、2、3センチほどの隙間がある。この空間とフックをデッドドロップとして用いるよう提案する。

外交官をカバーとして活動していたCIA職員は、このデッドドロップを使っている最中KGBに拘束された。

CIAはナショナルジオグラフィック誌を秘かに渡すことで、別のGRU士官とも連絡を取り合っていた。CIAの技術者がレーザーを用い、広告ページの黒線にマイクロドットと似た極小メッセージを埋め込むことで、デッドドロップについての指示を与えたのである。この雑誌は現在モスクワのKGB博物館で展示されている。またこのGRU士官は、ハワードとオルドリッチ・H・エイムズによって正体を暴露されたのが原因で後に逮捕された。

【参照項目】監視、エージェント、ジョン・ル・カレ、エージェント、防諜、FBI、デッドドロップ、瞬間的接触、ジェイムズ・ハーパー、ハンドラー、媒介者、ハリー・ゴールド、デイヴィッド・グリーングラス、原爆スパイ網、ジュリアス・ローゼンバーグ、クラウス・フックス、ジョナサン・ジェイ・ポラード、ハンドラー、ジョン・ウォーカー、ネルソン・C・ドラモンド、エドワード・L・ハワード、CIA、箱の中のジャック、GRU、オレグ・ペンコフスキー、カバー、マイクロドット、博物館、オルドリッチ・H・エイムズ

スパイ交換 （Spy Swaps）

敵国に捕らえられ、収監されたエージェントやインテリジェンス・オフィサー同士を交換すること。冷戦中、数多くのスパイ交換がベルリンで行なわれたが、その多くを膳立てしたのはウォルフガング・フォーゲルなる人物だった。

1962年2月10日、恐らく最も有名なスパイ交換がベルリンで行なわれた。U-2偵察機パイロットのフランシス・ゲイリー・パワーズと、ソビエトのスパイ、ルドルフ・アベルである。もう1つの有名なスパイ交換として、イギリスの連絡員グレヴィル・ウインとソビエトのスパイ、ゴードン・ロンズデールのそれが挙げられる。この交換劇は64年4月22日、西ベルリンのシュパンダウ近くにある別の東西チェックポイントで実施された（ウインは米英情報機関とオレグ・ペンコフスキーGRU大佐との連絡員を務めていた）。

時には「人質」がスパイと交換されることもある。反共産主義の亡命者グループに関係していたジェラルド・ブルークというイギリス人青年は、自ら志願して違法なパンフレットをソビエトに持ち込み、逮捕された。しかしソビエト政府は後にブルークをスパイ容疑で裁くと宣

言し、禁固15年が言い渡されるだろうと予告する。彼はスパイでもイギリス情報機関の職員でもなかったが、すでにソビエトの刑務所で4年間暮らしていた。

　イギリス側はブルークと交換するために、イギリスだけでなくアメリカでも活動していた有能なスパイ、ピーター・クローガーと妻ヘレンを釈放する。その結果ブルークは1969年7月23日にソビエトからロンドンへソビエト機で移送された。またこの複雑なスパイ交換劇の中で、麻薬密輸の容疑で収監されていたイギリス人2名がソビエトからの出国を許されると共に、他のイギリス人3名がソビエトに入国した上で恋人と結婚、その後一緒に帰国している。

　その見返りとして、クローガー夫妻はポーランドのワルシャワに移送された。その時点で2人はイギリスの刑務所に8年間収容されていた。彼らはファーストクラスで旅をしたが、その費用はポーランド大使館から支払われている。

　（訳注：冷戦中にスパイ交換が行なわれた場所としてベルリンのグリーニケ橋が有名である）

　「ベンジャミン・チャーチ」も参照のこと。

　【参照項目】エージェント、インテリジェンス・オフィサー、ウォルフガング・フォーゲル、U-2、フランシス・ゲイリー・パワーズ、ルドルフ・アベル、グレヴィル・ウイン、ゴードン・ロンズデール、オレグ・ペンコフスキー

スパイ小説 (Literary Spies)

　諜報活動について書くことは、書籍の執筆そのものと同じくらい古くから行なわれてきた（「聖書におけるスパイ」を参照のこと）。初めてスパイ物語の題材になった人物の1人に7世紀の中国人スパイマスター狄仁傑（訳注：唐代の政治家。武則天に仕えた）がおり、その活躍は18世紀に『狄公案』という題の小説になった。さらに近年になってオランダの外交官R・H・ファン・ヒューリックが翻訳し、『ディー判事シリーズ』として出版されている。従って古代に題材をとっているものの、他のスパイ小説同様その歴史は新しいと言えよう。

　西洋の文学界に目を転じると、初のスパイ作家という称号はジェイムズ・フェニモア・クーパーに与えられている。その著書『The Spy』は、アメリカ独立戦争で活躍したある愛国者のスパイ行為が土台になっている（「ハーヴェイ・バーチ」を参照のこと）。しかしアメリカではその後長らくスパイ小説が現われず、独立戦争で活躍した両軍のスパイによる、極めて粉飾された回想録しか出版されなかった。

　イギリスでは、ジャコバイト相手にスパイ活動をした作家ダニエル・デフォーが名作『Robinson Crusoe』（1719）を残しているものの、密偵のキャリアを作品に生かすことはなかった。またチャールズ・ディケンズは

『A Tale of Two Cities（邦題・二都物語）』（1859）の筋書きに諜報活動を織り込んでいる。その後はアメリカ同様、イギリスでもスパイ小説は不毛の時期を迎えた。しかし19世紀終盤、2名の多作な作家が諜報活動に題を求め、イギリスにおけるその分野の先駆けとなった。E・フィリップス・オッペンハイムの『Mysterious Mr. Sabin』（1898）がイギリス初のスパイ小説とされることもあるが、同時期に活躍したウィリアム・タフネル・ル・キュー作『The Secret Service』（1896）のほうが先行している。なおオッペンハイムのスパイ小説では『The Great Impersonation』（1920）が最も広く知られている。

　ルドヤード・キプリングは『Kim（邦題・少年キム）』（1901）の中で、イギリス人インテリジェンス・オフィサーに雇われるインド人青年の物語の背景として「グレート・ゲーム」を用いた。二重スパイであるハロルド（キム）・フィルビーのニックネームも、キプリングの生んだ主人公が由来になっている。またバロネス・エマースカ・オルツィは、フランス革命で不運に見舞われたフランス人貴族を、イギリス人貴族が助けるという筋書きの小説『The Scarlet Pimpernel（邦題・紅はこべ）』（1905）を生み出した。

　1903年、ドイツがイギリス侵攻を計画していると確信したアースキン・チルダースは『The Riddle of the Sands（邦題・砂洲の謎）』を上梓した。ドイツの侵攻計画にたまたま行き当たった2人のヨットマンを主人公とするこの小説は、イギリス海軍省を刺激して北海艦隊を編成させることになった。チルダースの作品はスパイ小説の波を生み出したが、その中にはジョセフ・コンラッドの『The Secret Agent（邦題・密偵）』（1907）と『Under Western Eyes（邦題・西欧の眼のもとに）』（1911）が含まれる。コンラッドはアナーキストの陰鬱な世界を描いた『The Secret Agent』の中で、後のグレアム・グリーンやジョン・ル・カレが生んだ、何かに取り憑かれたスパイの出現を予想している。一方G・K・チェスタートンは『The Man Who Was Thursday（邦題・木曜日だった男：一つの悪夢）』（1908）の中で、世界を乗っ取る陰謀というプロットを用い、イアン・フレミングのジェームズ・ボンドが対決することになる世界征服組織の登場を先読みした。

　第1次世界大戦でイギリスのエージェントを務めたサマセット・モームは、自らの経験を基に『Ashenden（邦題・アシェンデン）』（1928）を執筆している。アンソニー・マスターズは著書『Literary Agents（邦題・スパイだったスパイ小説家たち）』（1987）の中で、「アシェンデンの冒険は著者の実際の体験に極めて近い」と記した。またル・カレはモームの伝記作家に対し、スパイ小説の執筆にあたっては本作の影響を受けたと語っている。ル・カレ曰く、モームは「幻滅というムード、そして平凡と言ってよい現実の中でスパイ活動を描いた最初

の人物」であるという。

1930年代、スパイスリラーが通俗雑誌（安物の紙を使っていたことからパルプ・マガジンとも）の連載として出現し始める。中でも1番の人気を誇っていたのが「アメリカのスパイエース」こと秘密工作員ナンバー5（そこに時々工作員Z7が加わる）の活躍を描いた空想物語だった。

両世界大戦で活躍したイギリスのインテリジェンス・オフィサー、シリル・ヘンリー・コールズはアデレード・フランシス・マニングと共に、マニング・コールズのペンネームで25作から成るシリーズ物を書き上げた。主人公は「イギリス情報機関」の下で働くエージェント、トミー・ハンブルドンであり、シリーズには他にも『Drink to Yesterday』『Pray Silence』（いずれも1940）『They Tell No Tales』（1941）がある。またミステリー作家として有名なF・ヴァン・ウィック・メイソンも『Seeds of Murder』（1930）で「陸軍情報部門のヒュー・ノース」を主人公にしている。

エリック・アンブラーは大戦前に執筆した一連の小説の中で、戦争に向かってひた走るヨーロッパを描いた。グレアム・グリーンも『The Confidential Agent（邦題・密使）』（1939）で戦争を予期し、その後『Our Man in Havana（邦題・ハバナの男）』（1958）と『The Human Factor（邦題・ヒューマン・ファクター）』（1978）で冷戦をリアルに描いた。さらに『The Quiet American（邦題・おとなしいアメリカ人）』（1955）では、アイゼンハワー政権時代にベトナムで活動する執念深いCIA秘密工作員、アルデン・パイルのモデルとして、現実の秘密工作員エドワード・ランズデール少将による活動を用いている。ランズデールはよき秘密工作員という矛盾した性質を持ち、フィクション3作において主人公のモデルになるほどだった。つまりウィリアム・J・レーデラー及びユージーン・バーディック著『The Ugly American（邦題・醜いアメリカ人）』（1958）では現地人の心を掴むエドウィン・バーナム・ヒランデール大佐として、ジャン・ラルテギー著『Le Mal Jaune』（1965。アメリカ版のタイトルは『Yellow Fever』）では反フランス派のライオネル・テリーマン大佐として描かれたのである。

第2次世界大戦中は多くの作家が情報の世界に携わっており、中にはその経験を後に小説で用いる者もいた。グレアム・グリーンはMI6のエージェントであり、ジェームズ・ボンドを生み出したイアン・フレミングはイギリス海軍の情報将校である。イギリスの作家アンガス・ウィルソンは暗号官としてブレッチレーパークで働いた経験があり、そこで神経衰弱を起こして作家の道を歩むよう心理療法士にアドバイスされたことから、戦時中の経験を生かした作品を生み出したのである。

小説家のジョン・P・マーカンドはアメリカ戦略諜報局（OSS）で勤務した経験を持つ。その任務の中には、ドイツ軍が連合軍に用いると予想されていた生物化学兵器について、防御が可能か否かを突き止めるべくドイツ人捕虜に抗毒素を試すというものがあった。

2つの世界大戦に比べると、冷戦はスパイ小説の舞台を豊富にもたらし、東西エージェントの対決を描いた無数の小説を生み出すことになった。主人公と悪役はCIA、MI6、そしてKGBのためにスパイ行為をする。また現実世界のほうでは諜報機関の真の活動がほとんど明かされていなかったにもかかわらず、フィクションの世界では諜報機関が霧の向こうから出現して多数の紙面を飾った。

大半のスパイ小説は、現実のインテリジェンス・オフィサーやハンドラー、あるいはエージェントとは似ても似つかぬスパイを主人公にしたスリラーである。第2次世界大戦中にインテリジェンス・オフィサーを務めた作家のマルコム・マッグリッジは、「精神的に不安定な人物が精神科医に、性的不能の人間がポルノ男優になるのと同じ気楽さで」スリラー作家が諜報活動に手を付けていると指摘している。

ジェームズ・ボンド――エージェント007――は『Casino Royale（邦題・カジノ・ロワイヤル：秘密情報部〇〇七号）』（1953）でスパイフィクションの世界に鮮烈なデビューを果たし、このスパイを無敵のヒーローとする小説が以降10作生み出された。ケネディ大統領はイアン・フレミングこそお気に入りの作家であると語り、ジェームズ・ボンド・シリーズがアメリカでベストセラー入りするのに貢献した。またボンドの映画も同様の好評を博している（タイトルと公開年については「スパイ映画」を参照のこと）。

ジョン・ル・カレは現実世界のスパイ、すなわち自身も完全に理解していない任務をこなす、苦悩に満ちた陰鬱な人間を登場させた。ル・カレの生んだジョージ・スマイリーは『Call for the Dead（邦題・死者にかかってきた電話）』（1961）に登場しているが、スパイ物語の大家としての評判を確立したのは『The Spy Who Came In from the Cold（邦題・寒い国から帰ってきたスパイ）』（1963）である。

諜報活動に関するチャールズ・マッキャリーの巧みな文章は、CIAでのキャリアを基にしたものである。マッキャリーは自身をスパイ作家ではなく、単なる物書きに過ぎないと考えていたという。しかし主人公のポール・クリストファーは雑誌編集者をカバーとしてCIAに似た情報機関の下で働いているという、実にリアルな設定を用いている。エリック・アンブラーもマッキャリーの処女作『The Miernik Dossier（邦題・蜃気楼を見たスパイ）』（1973）を「実に説得力がある」と賞賛した。この本はスパイの親玉タデウス・ミールニクに関する89の文書から構成されている。他の作品には『The Tears of Autumn（邦題・暗号名レ・トゥーを追え）』（1974）、『The Secret Lover（邦題・カメンスキーの「小さな死」）』（1977）、『The Last Supper（邦題・最後の晩餐）』（1983）、『Shelley's Heart』（1995）がある（マッキャリーはCIAを退職後、ナショナル・ジオグラフィック誌の上級編集者として数年間勤務した）。ル・カレの現実的なスタイルを追い、正しい技術描写と舞台を用いてスパイの人生を描く作家がその後登場した。ケン・フォレットは時に産業スパイを中心としてプロットを組み立てつつ、『The Shakeout』（1975）、『The Key to Rebecca（邦題・レベッカへの鍵）』（1980）、『The Man from St. Petersburg（邦題・ペテルブルグから来た男）』（1982）、『Five Tigers』（1985）において現実感溢れる描写を行なっている。

ウィリアム・F・バックリーは元CIA職員で保守派の作家だが、スパイのスタイルについては日和見主義的であり、主人公のブラックフォード・オークスはアメリカ版ジェームズ・ボンドと現実のヒーローの中間に位置する人物として描かれている。オークスはある特別なプロジェクトのために呼び戻された元CIAエージェントであり、その点作者のバックリーと同じである。オークスを主人公とした作品は10点に上っているが、1994年の『A Very Pretty Plot』をもって幕を降ろした（訳注・その後1999年と2005年に刊行されている）。

小説家のノーマン・メイラーは冷戦の大半をカバーした1,253ページの大著、『Harlot's Ghost』（1996）を引っさげてスパイの世界に進出した。また文芸作家としか言いようのないキャリアを持つフィリップ・ロスは『Operation Shylock』（1993）を執筆して読者（及びスパイ小説ファン）の首を傾げさせている（少なくともアメリカの書店は本書をスパイ・スリラーの棚に並べた）。ロスはフィリップ・ロスという名の登場人物を、イスラエルのスパイとしてアテネで活躍させている。読者と批評家はいずれもこの本を小説と見なしたが、ロスは事実に基づいて執筆したと後に主張している。本書の終盤でモサドの工作員が「ロス」に対し、この本はフィクションであると述べることが自分の利益にかなっていると告げるシーンがある。そしてロスは「そうすることが私の利益にもかなうのだと確信するようになった」と続け、「私は1人の善良なモサド支持者なのである」と締め括った。

レン・デイトンは処女作『The IPCRESS File（邦題・イプクレス・ファイル）』（1962）で早くも名声を確立した。他の作品には『Funeral in Berlin（邦題・ベルリンの葬送）』（1964）、『Twinkle, Twinkle, Little Spy（邦題・トゥインクル・トゥインクル・リトル・スパイ）』（1984）、及び3部作『Berlin Game（邦題・ベルリン・ゲーム）』（1983）、『Mexico Set（邦題・メキシコ・セット）』（1984）、『London Match（邦題・ロンドン・マッチ）』

（1985）がある。フレデリック・フォーサイスは『The Day of the Jackal（邦題・ジャッカルの日）』（1971）において、暗殺者と防諜官の息もつかせぬ追跡劇を加えることで、ストーリーの流れを加速させた。その他の代表作には『The Odessa File（邦題・オデッサ・ファイル）』（1972）、『The Dogs of War（邦題・戦争の犬たち）』（1974）、『The Fourth Protocol（邦題・第四の核）』（1984）がある。また1994年の『Fist of God（邦題・神の拳）』は湾岸戦争を舞台にしている。レン・デイトンは『Hope』（1995）の中で、くたびれ果てたイギリスのインテリジェンス・オフィサー、バーナード・サムソンを冷戦末期の世界で活躍させた。

トレヴァニアン（ロッド・ホイッテイカーのペンネーム）は『The Eiger Sanction（邦題・アイガー・サンクション）』（1972）、『The Loo Sanction（邦題・ルー・サンクション）』（1973）、『Shibumi（邦題・シブミ）』（1979）の中でリアリティに残虐性を加えた。ロバート・ラドラムは数多くの作品を生み出したが、その作風はフレミングの荒唐無稽さとル・カレのリアリズムの中間に位置している。ラドラムの作品には複雑な国際的陰謀が横溢しており、『The Scarlatti Inheritance（邦題・スカーラッチ家の遺産）』（1971）、『The Matarese Circle（邦題・マタレーズ暗殺集団）』（1979）、『The Bourne Supremacy（邦題・殺戮のオデッセイ）』（1986）、『The Icarus Agenda（邦題・血ぬられた救世主）』（1988）がその代表である。なおラドラムは2001年に死去している。

トム・クランシー作『The Hunt for Red October（邦題・レッド・オクトーバーを追え）』（1984）の登場に伴い、軍事兵器システムや衛星といったハイテクがスパイ小説の世界に加わった。しかし主人公であるCIAのジャック・ライアンはジョージ・スマイリーのような典型的スパイと違って大胆不敵な人物であり、諜報作戦を率いる若き幹部職員と言ったほうが適切である。クランシーのライアンはル・カレのスマイリー同様、以降の作品にも登場している。

【参照項目】ジェイムズ・フェニモア・クーパー、ダニエル・デフォー、ウィリアム・タフネル・ル・キュー、インテリジェンス・オフィサー、二重スパイ、ハロルド（キム）・フィルビー、バロネス・エマースカ・オルツィ、アースキン・チルダース、ジョセフ・コンラッド、グレアム・グリーン、ジョン・ル・カレ、イアン・フレミング、ジェームズ・ボンド、サマセット・モーム、エリック・アンブラー、秘密工作活動、エドワード・ランズデール、CIA、MI6、ブレッチレーパーク、戦略諜報局、ハンドラー、マルコム・マグリッジ、ジョージ・スマイリー、スパイ技術、産業スパイ、モサド、レン・デイトン、トム・クランシー、衛星

現実と非現実

　フィクションとノンフィクションの境界はしばしば曖昧である。極めて信憑性の高いスパイフィクションが多数刊行されたのを受け、CIAは世界各地で出版されたスパイ小説の図書館を運営し始めた。この秘密図書館はジェイムズ・グレイディー作のフィクション『Six Days of the Condor』（1974）の舞台になっている。無数に出版されたスパイ小説の1冊であるこの本は、スパイ映画の原案にもなった。主人公は下級のCIA職員であり、陰謀と殺人が渦巻く世界に巻き込まれてゆく。

　インテリジェンス・オフィサー経験者が小説の作者となるのはもちろん、諜報分野の経験を持たない小説家も、しっかりとしたリサーチを基にし、時には自らの想像力をもってスパイ小説を書いている。「外套と短剣」を投げ捨ててペンを手にとった職員に対し、情報機関は眉をひそめた。サー・コンプトン・マッケンジーは第1次世界大戦の回想録を刊行した結果、公的機密保護法違反で1932年に起訴され、有罪判決が下されている。ル・カレとグリーンもその描写のために、イギリスの情報機関から鋭い批判を受けた。グリーンの『Our Man in Havana』が刊行された際には公的保護法違反による告発が真剣に検討されたという（その他の例については「フィリップ・エイジー」「サー・ジョン・マスターマン」「フランク・スネップ」「ピーター・ライト」を参照のこと）。

　中央情報長官（DCI）のリチャード・ヘルムズは、その冷笑的な態度と裏切りというテーマのためにル・カレのスパイ小説——特に『The Spy Who Came In from the Cold』——を嫌っていたが、その一方で現役職員のハワード・ハントにスパイ小説の執筆を許している。ジェームズ・ボンドのアメリカ版を生み出すことを期待してのことだったが、フレミングのような人気を博することはできなかった。ヘルムズはアレン・W・ダレス同様、ジェームズ・ボンド風のスパイ小説をもってすれば、自らをPRできない情報機関の人気を高められると信じていたのである。

　情報機関は頻繁に作家をリクルートしながらその対価については認識していないと、ル・カレは記している。「作家など裏切り者とは言えないまでも、反政府分子の集団なのである」1986年、ル・カレはサンデー・タイムズ紙にこのような文章を寄せた。「作品の質が優れているほど、裏切り者と見られる傾向がある。秘密組織は犠牲を払ってこのことを学んだのだろう。もはや我々を味方にしようなどとは考えていないと、私は聞いたことがある」

　どこまでが現実でどこまでが架空の世界か、目の肥えた読者でさえも認識できないことが度々ある。トム・クランシーの小説が人気なのは兵器に対するリサーチが信頼できるからであり、読者にとって作中のハイテクは十分現実的なのである。しかし元スパイがノンフィクションの執筆を思い立った時、その現実は作者そのものから生じることになる。こうしたノンフィクションの真偽に関する典型的な例は、イギリス秘密情報部（MI6）所属のフィルビーが二重スパイとしてKGBのために働いたキャリアを振り返る『My Silent War（邦題・プロフェッショナル・スパイ：英国諜報部員の手記）』（1968）である。フィルビーの書には自分の過去を清算する意味もあったが、プロパガンダ臭はない。グリーンはこの作品を「私の記憶にあるどのスパイ小説よりもはるかに心をとらえる」と評している。

【参照項目】サー・コンプトン・マッケンジー、公的秘密保護法、中央情報長官、リチャード・ヘルムズ、ハワード・ハント、アレン・W・ダレス

歴史と諜報活動

　他の歴史分野と違い、世界史的事件における情報の役割がそれにふさわしい注目を集めることはない。大部分の歴史家は情報活動に内在する偽情報の深淵に直面し、それについて書くことを諦めてしまうのである。ウルトラなど第2次世界大戦中の暗号解読活動に関する情報がようやく公開された際も、戦闘の勝敗における暗号活動の重要性を正しく認識した歴史家はほとんどいなかった。

　イェール大学のロビン・W・ウインクスは情報活動を綿密に検討した数少ない歴史家の1人である。ウインクスは戦略諜報局における初期の人材育成を形作った文化に目を向け、資料価値が高い一方ウィットに富み、記録による考証が十分なされた著書『Cloak & Gown』（1987）を世に問うた。自身はこの本を「特異な種類の歴史書」と呼んでいる。

　ウインクスによれば、歴史家が「伝統的に文書に頼る」一方、情報活動は「文書の否認、偽造、そして破棄」に頼っているという。そして資料が文書庫に収められた時でさえも、それらはしばしばごちゃ混ぜにされており、故意に正確さが損なわれているのである。

　ウインクスは次のように続ける。

　（スパイ文学は）回想録でよく見られる特殊な自己弁護を伴っている。これは諜報活動を経てこの分野に進出した人間にとって当然のことだろう。あるいは防御的——閉鎖された敵の手から開かれた民主的社会を守るため、スパイ活動は必要不可欠なのだという理解を求める意図が明らかなもの——であるか、またはフィリップ・エイジーをはじめとする「暴露人」の作品がそうであるように、ひどく傲慢な怒りに満ちているかのいずれかである。

　（本書の著者が信頼に足ると判断したノンフィクション

の諜報関係書籍については、巻末にある参考文献リストを参照のこと）

スパイ小説の中で真実を追究することは、資料価値が高いとされるノンフィクションにおいて真実を追い求めるのと同じくらいフラストレーションの溜まる作業である。1970年代から80年代にかけてのイギリス諜報活動に関する第1人者、ルパート・アラソン（ペンネームはナイジェル・ウエスト）も、著書『MI6』（1983）の中で次のように記している。「記録文書を信用することの危険性を私に指摘したのは、現役を退いた情報機関のトップだった。彼曰く、文書庫にある情報の大半は純粋なフィクションであるという」

【参照項目】ウルトラ、暗号解読、フィリップ・エイジー、ナイジェル・ウエスト

スパイショップ　(Spy Shops)

「個人の自衛手段」と称して高性能な盗聴器や監視装置を販売している店のこと。売られている機器の大部分は、以前であれば主要な情報機関しか持っていなかったものである。この分野における最大のチェーン店として、スパイファクトリーやカウンタースパイショップが挙げられる。これら企業は西側各国だけでなく、モスクワやブルガリアの首都ソフィアにも店舗を展開している。またスパイゾーン・オンラインは「自衛、監視とその防止、そして妨害装置など、スパイ用具に関する全てのニーズ」に応えているという。

時計やブリーフケース、さらには食品に偽装した各種の隠しマイクやカメラが販売されている一方、オフィス、自宅、あるいは電話が盗聴されているかどうかを確かめる装置も購入できる。また暗視ゴーグル、夜間カメラ、透明インク、果ては相手が嘘をついていることを探知できると称する「真実の電話」も売られている。2003年にはある企業が子ども向けの「スパイ・トイズ」を売り出し、新たな市場を開拓した。

盗聴装置を違法に持ち出し販売したとして、従業員が有罪を認めたスパイファクトリーに対して連邦政府は家宅捜査を行ない、11の店舗を閉鎖させた。この会社は電卓、コンセント、ボールペンに隠した発信機を販売していたが、それらは日本から違法に持ち込まれたものであり、合法的に購入できるのは法執行機関の職員だけである。

【参照項目】盗聴／盗聴器、監視

スパイダスト　(Spy Dust)

西側の外交官や駐在武官を追跡する目的でKGBが1980年代に用いた無害な粉末。ニトロフェノールペンタジエン（NPPD）とルミノールを含む数種の化学薬品から成っており、西側のターゲットに対して使われた。1986年2月14日、スパイダストが使われていることを

知ったアメリカ大使のアーサー・A・ハートマンは記者会見を開き、「我々はソビエト当局に対し、モスクワに居住するアメリカ人への積極的措置は許し難いとはっきり伝えたい」と語り、その上でこう付け加えた。「何らかの物質をアメリカ人に用いるのは許容できない」

その前年、ソビエト当局がアメリカ政府関係者の行動を辿るべく、家や車のドアノブにNPPDを散布していることがアメリカ当局によって突き止められた。しかしソビエト政府はそれを否定している（これら物質から有害成分は検出されなかった）。

【参照項目】KGB、駐在武官

スパイの1年　(Year of the Spy)

1985年、アメリカでは大物スパイ3名が摘発された。ソビエトに暗号機密を売り渡したジョン・A・ウォーカー・ジュニア、大量の機密資料をイスラエルに売り渡したジョナサン・ジェイ・ポラード、そしてNSAによる最高機密活動の一部をソビエトに暴露したロナルド・ペルトンである。

元海軍下士官のウォーカーは、兄のアーサー・ウォーカー元海軍少佐、息子のマイケル・ウォーカー3等下士官、そして親友の主任通信員ジェリー・ホイットワースを自らのスパイ活動に引き入れた。ウォーカーの妻バーバラも夫のスパイ行為を知っており、手を貸したこともある。しかし彼女が罪に問われることはなかった。

ポラードはアメリカ海軍情報局の民間人職員だった。イスラエルは虚栄心の塊だったポラードのエゴと銀行口座を満たし、手当たり次第に文書を盗ませた。妻のアン・ヘンダーソン・ポラードも機密文書の所持で収監され、後にポラードと離婚した。

並外れた記憶力の持ち主であるペルトンは、NSA在籍時に見聞きしたことを残らずソビエト側に話した。特に潜水艦によるアメリカ海軍の情報活動と、ソビエト海底通信ケーブルへの盗聴行為の暴露は大きな影響をもたらした。彼も刑務所入りとなっている。

「スパイの10年」も参照のこと。

【参照項目】ジョン・A・ウォーカー・ジュニア、ジョナサン・ジェイ・ポラード、ロナルド・ペルトン、アーサー・ウォーカー、マイケル・ウォーカー、潜水艦

スパイの10年　(Decade of the Spy)

1980年代、多数のアメリカ人——特に軍関係者——が諜報行為で逮捕されたのを受け、本書の著者が生み出したフレーズ。国防総省だけで60名の軍人及び職員がスパイ行為または重大な保安規則違反で逮捕された。1970年代以降、スパイ行為の原動力は私欲となっており、冷戦前に原爆スパイ網やケンブリッジ・スパイ網のメンバーを突き動かしたイデオロギーではなくなっていたのである。前著『Merchant of Treason』（1988）にお

いて著者はこう記した。「金銭目的のスパイ活動という時代は、クライアントがデータを必要とする一方、スパイが現金を必要としていることで成り立っている」

【参照項目】原爆スパイ網、ケンブリッジ・スパイ網

スパイ網 (Network)

共通のリーダーまたはハンドラーを有する、エージェントもしくはイリーガルの集団。スパイ網の中には、1名もしくはそれ以上のメンバーが摘発または脅迫されても、スパイ網に属する他の全員の名前を自白できないよう、複数のセルに分かれているものもある。

【参照項目】ハンドラー、エージェント、イリーガル、セル

スパイ養成機関 (Spy Schools)

情報機関がエージェントやインテリジェンス・オフィサーに訓練を施す場所。内勤のスタッフや分析官もこうした訓練機関に送られることがある。

正式なスパイ養成機関——少なくとも教室クラスの規模——が初めて設けられたのは20世紀初頭のことらしい。アルムガート・カール・グラーフェス博士は著書『The Secrets of the German War Office』(1914) の中で、1903年にドイツ秘密局入りした後、極東のポートアーサー（現・旅順）への派遣に先立ち5ヵ月間にわたって訓練を受けた時のことを記している。

この5ヵ月間、私は苦労しながら様々なことを学んだ。来る日も来る日も、秘密任務の効率的な遂行に必要不可欠なことを叩き込まれたのである。

それらは大きく4つのカテゴリーに分けられる。地勢学、三角法、造艦技術、そしてスケッチ……フランスのヴェルダンをはじめとする要塞につき、その概要、現状、武装状況を調査・報告するために送り込まれた秘密機関のエージェントは、距離、高さ、角度、そして地形などを正確に見積もらなければならない。これは正しい科学的訓練を受けた人間のみがなし得ることである。

グラーフェスはベルリンで正規のクラスに出席するだけでなく、参謀本部博物館やキール及びヴィルヘルムスハーフェンの海軍工廠を訪れている。「私はそこで軍艦建造のあらゆる構造を詳しく学んだ。しかし砲、魚雷発射管、あるいは機雷の部品について正しく語れるようになるまで、知識を得たとは見なされなかったものである」

第2次世界大戦が勃発した当時、ドイツのRSHA（国家保安本部）はハーグとベオグラードで大規模なスパイ養成機関を運営していた（「Aシューレ」を参照のこと）。またアプヴェーアとSD（親衛隊保安部）も小規模な養成機関を運営している。そうした機関は少なくとも20ほど存在しており、特定の地域で行なわれる作戦のためにスパイを訓練していた。またそれらはベルリン、ハンブルク、ケーニヒスベルク、シュテッティン、シュトゥットガルトそしてウィーンに分散していた。1941年6月のソビエト侵攻後、ドイツ軍は占領したソビエト領に9つのスパイ養成機関を設け、10,000人のスパイ及び破壊工作員に訓練を施せるようにした。生徒の大部分は、反スターリン活動に同意したソビエト兵だった。

デイヴィッド・カーンは著書『Hitler's Spies』(1978) の中で、対西側作戦にあたるエージェントの訓練施設をこう描写している。

エージェントはモールス信号、無線機の組み立てと修理、暗号法、透明インク、マイクロドット、尾行の発見とまき方、そして航空機の識別法を学んだ。講義は常に個別で行なわれていた（ロシア前線に赴くエージェントが大人数の教室で学んでいたのとは対照的である）。この訓練方法は時間もコストもかかったため、戦争を通じてハンブルクの学校を卒業した若者は200名に過ぎなかった。

ソビエトの情報・保安機関も革命直後に各種の専門的な情報学校を設立し、海外に送られるエージェントと国内保安にあたる要員を訓練した。元NKVD（内務人民委員部）職員のA・I・ロマノフは回想録『Nights Are the Longest There』(1972) の中で、モスクワ郊外のバブシュキンにある国家保安学校で学んだ時（1942年）のことを記している。そこでは4つの「特殊テーマ」を教えられ、その第1は政治問題だったという。

NKVD学校に在籍していた時、政治問題の講義が10ないし15分以上続けられたことは1度としてなかった……我々は特殊テーマに関する講義の中で、ソビエト国家と共産主義の本質、その困難と過ち、そして未来に向けた計画についての具体的事実を教えられ、いかなる場合であっても退屈な決まり切ったプロパガンダに時間が費やされることはなかった。集団農法や工業分野における成功、あるいはマルクス・レーニン主義の功績を学ぶことに、どんなに短くとも時間を無駄遣いする意味などなかったのである。

もう1つのテーマは外国情報機関の構造と活動であり、ドイツなど枢軸国の情報機関と米英の情報機関に分かれていた。また工作活動に関する実習——スパイ技術の習得——も講義内容に含まれていた。

ロマノフは著書の中で、戦時中この学校に所属していた教官は「授業が終わるや否やすぐに退勤した。他にも任務があったのだろう。そちらこそが主たる任務だった

か、あるいは他の学校に行って同じことを教えていたかに違いない。時には講義に現われず、別の教官が代わりを務めることもあった」と指摘している。

国家保安機関——NKVD、MVD、KGB、そしてソビエト崩壊後の後継機関——は複数のスパイ養成学校を運営し、ソビエト及び東欧諸国のインテリジェンス・オフィサーと保安要員に訓練を施した。またモスクワ近郊のプーシキンにある施設は、アラブ人テロリストを訓練するために活用されていたことが知られている。

モスクワの軍事外交アカデミーはインテリジェンス・オフィサーにとっての大学院だった。卒業生の大部分はGRUに配属されたが、中には他の国家保安機関に進んだ者もいる。1953年に卒業したオレグ・ペンコフスキー大佐は、1960年代初頭に軍事外交アカデミーを卒業した人間の30〜40パーセントがKGB入りしたと証言している。

冷戦中にKGBが運営した上級学校として、アンドロポフ大学（モスクワ）、モソヴェート国境司令官学校（モスクワ）、ジェルジンスキー国境司令官学校（アルマアタ）、そしてヴォロシロフ国境軍事政治学校（ボリトシノ）が挙げられる。

国内警察を担当するMVD（内務省）も独立した訓練組織を運営していた。1992年、サラトフにあったMVDのジェルジンスキー高等軍事司令官学校はFSB（ロシア連邦保安庁）の管轄下に移され、ロシア保安アカデミーとなっている。

GRUは長期にわたって大規模な教育制度を運用していた。その主要な学校が軍事外交アカデミーだが、GRU士官はイリーガル訓練センター、フルンゼ軍事アカデミー、海軍アカデミー、軍事信号アカデミー、軍外国語大学、チェレポヴェツキー高等通信技術学校、海軍無線電子高等学校、リャザン高等空挺学校のスペツナズ部門、キエフ高等軍事司令官学校、そしてハリコフ高等軍事航空・工科学校でも訓練を受けている（1991年12月のソ連邦崩壊後、これら学校の一部は新設されたロシア連邦の管轄から離れた）。

スパイマスターのアレクサンドル・フェクリソフは著書『The Man Behind the Rosenbergs』（2001）の中で、モスクワから1時間の場所にある学校に1年間在籍し、スパイ技術を学んだ時のことをこう記している。「情報源への接触、勧誘、そして管理（監視されているかどうかを確かめ、必要とあれば尾行をまく方法はいくらでもある）を習得した」

アメリカ初のスパイ養成機関を作り上げたのは戦略諜報局（OSS）であり、第2次世界大戦中、ヨーロッパでの作戦を支援すべく特殊作戦執行部（SOE）と共同でイギリスに養成機関を設けた。ドイツとイギリスが戦時に設けたスパイ養成機関同様、OSSの養成機関も短期間の講義から構成されており、特定の地域に特化したものだ

った。またカナダのオンタリオ湖北岸にも、英国保安調整局が秘密裡に運営する学校があった。キャンプXの名で知られるその学校は、カナダ、イギリス、アメリカのエージェントを集めてヨーロッパ作戦の訓練を施した。

アメリカの主要情報機関は正式な養成プログラムを運営している。CIAはヴァージニア州キャンプ・ピアリでインテリジェンス・オフィサーの訓練を行ない、FBIはヴァージニア州クアンティコの海兵隊基地に程近い場所で学校を運営している。またいずれの機関もエージェントに専門的な訓練を施すため様々な軍の学校を活用しており、その中にはサウスカロライナ州フォート・ジャクソンで国防総省が運営するポリグラフ学校もある。当然ながらFBIのアカデミーは犯罪捜査など法執行業務の教育に力を注いでおり、とりわけ銃器訓練に重点を置いている。ワコ事件とルビーリッジ事件の後、重武装した民兵への懸念が国内で高まりを見せたこともあり、この点に関する訓練はより一層強化された。また2001年9月11日に発生した世界貿易センタービルとペンタゴンに対する同時多発テロ以降、FBIとCIAはテロリスト情報に関する訓練を追加している。しかしこれらの詳細は明らかにされていない。

アメリカ陸軍の情報部門はメリーランド州ボルチモアにあるフォート・ホラバード（「バード」の愛称で呼ばれている）で情報要員の訓練を行なってきたが、アリゾナ州フォート・フワチューカに移転した。陸海空軍はそれぞれの軍事大学や教育施設で専門的な情報カリキュラムを提供している。アメリカの主要な軍事情報教育機関として、ワシントンDCのボーリング空軍基地に所在する統合軍事情報大学（1993年5月に国防情報大学から改称）が挙げられる。またNSAもエリート部隊の訓練を行なう特別収集部を擁しているが、その所在は機密扱いとされている。

さらに、アメリカ各軍と情報機関はカリフォルニア州モンテレーの国防語学学校を使い、エージェントや駐在武官に語学教育を施している。

「陸軍中野学校」も参照のこと。

【参照項目】エージェント、インテリジェンス・オフィサー、ベルリン、RSHA、アプヴェーア、SD、ウィーン、NKVD、スパイ技術、MVD、KGB、GRU、オレグ・ペンコフスキー、FSB、イリーガル、アレクサンドル・フェクリソフ、戦略諜報局、SOE、英国保安調整局、キャンプX、CIA、FBI、ポリグラフ、テロリスト情報、統合軍事情報大学、NSA、特別収集部、駐在武官

スパン、（ジョニー）・マイケル

(Spann,〔Johnny〕Michael 1969-2001)

アフガニスタンで発生したタリバン勢力との戦闘において、初めて死亡したアメリカ人とされるCIA職員。

2001年11月25日にマザーリ・シャリフの監獄で反乱が起きた時、CIAのエリート組織である特別活動課に所属していたスパンはタリバン兵に対する尋問を行なっていた。しかし北部同盟とアメリカの兵士を攻撃したこれらタリバン兵は、銃や手榴弾を監獄に持ち込んでいたのである。スパンともう1人のCIA職員も応戦し、監獄からの退避を試みる。1人は脱出に成功したが、スパンは銃弾を受けて死亡した。彼らは外部に警報を送ることができたものの、制圧には3日間を要した。

アメリカ海兵隊士官の経歴を持つスパンは1999年にCIA入りし、殉職当時は6週間にわたってアフガニスタンで勤務していた。

【参照項目】 CIA、特殊活動課

スピットファイア （Spitfire）

第2次世界大戦で卓越した戦果を残したイギリスの戦闘機。一方で複数の写真偵察（PR）型が生産されている。

「スピット」が初めて実戦に参加したのは1939年10月16日であり、スコットランドのフォース湾上空でドイツの爆撃機2機を撃墜した。ドイツ機がイギリス上空で撃墜されたのは1918年以来のことである。スピットファイアIから改造された最初の写真偵察型は翌月18日にフランスの基地を離陸、アーヘン上空を飛行した。後に広く用いられたPR型は、主翼に2つのカメラを搭載していた。高速性を誇るスピットファイアは非武装の写真撮影機としても優れており、複数のPR型が低空・高空を問わず偵察任務に使われている。また戦闘・偵察（FR）型は機銃を装備していた。

スピットは第2次世界大戦においてイギリス空軍（RAF）が最も広範に活用した航空機となった。またアメリカ陸軍航空軍やアメリカ海軍、それに他の数ヵ国でも少数ながら運用されている。

スピットファイアは民間企業の取り組みとして開発が始められ、「8丁機銃戦闘機」と呼ばれた試作機は1936年3月5日に初飛行した。6月には生産開始が認められ、RAF戦闘機軍団への配備は38年6月から始まっている。その後47年10月までに合計20,351機が生産、その中には数百機の偵察型が含まれている。また海軍向けのシーファイアが2,408機生産されており、主に空母で運用された。

戦時中に失われたスピットファイア偵察型は比較的少数である。しかし戦後の1948年には、武装した4機の偵察機が数分間のうちにイスラエルの対空砲火と戦闘機によって撃墜された（中にはイスラエルの「スピッツ」に撃墜されたものもある。「撃墜」も参照のこと）。

スピットファイアの設計は極めて洗練されており、直列型のロールスロイス製エンジンを搭載すると共に、胴体下面には小型の空気取り入れ口を備えている。また楕円形の翼端と先の尖った垂直尾翼が特徴である一方、戦時中に多数の改良がなされた。

単座のスピットファイアIは最高時速583キロメートルで飛行し、15分間戦闘した場合の航続距離は636キロメートル、最大航続距離は925キロメートルである。後期に生産されたPR型は戦闘機型よりも長い距離を飛行できた。

【参照項目】 偵察

ズブリン、ワシリ （Zublin, Vassili）

「ワシリ・ザルービン」を参照のこと。

スペキュラトーレス （Speculatores）

ガイウス・ユリウス・カエサル（紀元前100〜44）の時代、ローマ軍団内に配置された情報収集士官。兵士1,000名につきスペキュラトーレス10名が割り当てられていた。

スペキュラトーレスは、軍の参謀組織に情報要員が配属された最初の例と考えられている。カエサルの時代までに戦争技術は大きく進歩しており、軍の司令官はすでに情報機能と作戦機能を区別していたのである。

スペクター （S.P.E.C.T.R.E.）

ジェームズ・ボンドシリーズの数作に登場する国際的な巨大犯罪組織。正式名称は「対敵情報、テロ、復讐、及び強奪の特殊執行機関（Special Executive for Counter-intelligence, Terrorism, Revenge and Extortion）」である。

イアン・フレミングの着想によるスペクターは当初「テロ、革命、及びスパイ活動の特殊執行機関」が正式名称だった。この組織はボンドの敵——元スメルシ、ゲシュタポ、マフィア、中国のエージェント、そして後にはバーデル・マインホフ（ドイツ赤軍）のメンバー——にカバーを提供しており、『Dr. No』（1958）で初登場した。

スペクターはパリに本拠を置くと共に、工作員を訓練するための島を所有している（実際にはイギリスのパインウッド・スタジオだった）。

【参照項目】 ジェームズ・ボンド、イアン・フレミング

スペシャリスト （Specialist）

監視活動の訓練を受けた職員を指すFBIの用語。スペシャリストは捜査官と違い法執行権を与えられておらず、それゆえ逮捕することはできない。通常は容疑者もしくは「興味の対象」を尾行し、その姿をビデオ撮影する場合もある。彼らの任務はイギリスの監視員のそれと同様である。

【参照項目】 監視、FBI、監視員

スペツナズ　(Spetsnaz)

アメリカの特殊作戦部隊に類似したソビエト（ロシア）の特殊部隊、「特殊任務部隊」の略称。名目上はロシア連邦軍情報総局（GRU）傘下の組織であるが、ソビエト時代はKGBが平時の作戦立案と任務遂行に責任を負っており、後にロシア連邦の保安機関FSKに引き継がれた。

スペツナズという名称は第2次世界大戦当時から存在し、ドイツ軍の後方で活動するNKVD、NKGB、GRUの特殊部隊にも使われていた。その任務として情報収集（捕虜の拘束も含む）、ドイツの輸送機関及び補給線への攻撃、対独協力者の暗殺、地方へのプロパガンダ拡散、そしてパルチザン部隊の支援が挙げられる。

スペツナズは戦時だけでなく平時においても偵察活動や特殊任務を遂行している。1979年12月に発生したアフガニスタン大統領暗殺のような平時における作戦は、KGBによる指示を受けて行なわれた。

1980年代後半の時点で、約1,000名から成るスペツナズ旅団がヨーロッパに4つある軍集団だけでなく、いくつかの主要な軍管区にも配置されていた。また海軍でも4つの艦隊にスペツナズ旅団が配備されており、パラシュート兵だけでなく戦闘可能な潜水兵もいた。彼らはパラシュート降下、スキューバダイビング、爆破工作、破壊活動、監視、ターゲットの選択、そして外国語の訓練を受けている。

GRUの亡命者ヴィクトル・スヴォロフによると、当時20個のスペツナズ旅団に加えて41個の独立中隊が存在していたという。従って、1980年代のソビエト軍には約30,000名のスペツナズ兵が存在していたことになる（ソビエト軍の総兵力は約500万名）。

スペツナズは秘密任務を遂行すべく訓練を受け、またそのための装備を施されている。それら秘密任務には偵察、妨害工作、敵前線後方にあるターゲットの破壊、そして暗殺が含まれる。

「特殊作戦部隊」も参照のこと。

【参照項目】 GRU、NKVD、監視、ターゲット、ヴィクトル・スヴォロフ、偵察

スホムリノフ、ウラジーミル
(Sukhomlinov, Vladimir 1848-1926)

1906年から14年6月まで帝政ロシアの軍事大臣を務めた人物。その愚劣さと傲慢さのため、1914年7月に第1次世界大戦が勃発した際、ロシア陸軍は必要な武器を調達できなかった。結果として、戦後に国家反逆容疑で裁かれている。

1877年の露土戦争には勇猛な騎兵として従軍しており、バーバラ・タックマンは著書『The Guns of August（邦題・八月の砲声）』（1962）の中で、「この戦いで得

られた軍事的知識を永遠の真実と信じ込んだ」と記している。タックマンによると、外務大臣はスホムリノフを評して「働かせるのは難しく、真実を語らせるのはほぼ不可能である」と語ったという。そして魅力的な人柄で皇帝夫妻に取り入る一方、野戦軍司令官を務めるなど軍事指導者として極めて有能だったニコライ大公を軽蔑し、しばしば干渉を加えていた。

肥満して他人に甘く、かつ傲慢ないかさま師だったスホムリノフは、軍事大臣の時に32歳年下の女性を4番目の妻にめとった。あるオーストリア人の取り巻きがその妻と離婚させるための証拠を集め、友人として度々スホムリノフの自宅を訪れていたが、家に持ち帰っていた書類を入手できたのは間違いない。アルツヒラーというこのオーストリア人は、ロシアで活動するエージェントを束ねる人物だった。またスホムリノフは、ドイツに様々な情報を渡していたことが明らかな部下をかばってもいる。

無能さのため1914年に軍事大臣の座から降ろされた後も、第1次世界大戦の最初の3年間はロシアにとどまった。しかし1917年8月、皇帝の退位によってロシアが危機に見舞われる中、スホムリノフは逮捕され、国家反逆などの罪で裁判にかけられた。その結果国家反逆では無罪とされたものの、権力濫用と「無作為」の罪で終身刑を言い渡された。

数ヵ月後、ボルシェビキがロシア各地の支配権を握る中スホムリノフは釈放され、ベルリンへ逃亡した。

その後は回想録を記し、ドイツをロシアとの戦争に導き、戦後亡命した皇帝ヴィルヘルム2世に献上している。

【参照項目】 エージェント

スポンサー　(Sponsor)

作戦に資金を与えた上で管理する組織または機関を指す俗語。自ら遂行する場合もある。

スマッジャー　(Smudger)

カメラマンを指す情報界の俗語（訳注：smudgeは「染みをつける」の意）。

スミス、ウォルター・ベデル
(Smith, Walter Bedell 1895-1961)

1950年10月から53年2月まで中央情報長官（DCI）を務めた人物。第2次世界大戦中は駐ヨーロッパ連合軍最高司令官ドワイト・D・アイゼンハワー陸軍大将の下で参謀長を務めた。

「ビートル」のニックネームを持つスミスは、高校卒業後の1910年にインディアナ州兵入りした。第1次世界大戦では歩兵として第4師団に所属し、フランスに赴いている。その後1917年に任官されて情報将校を務め

ると共に、陸軍の主要な学校と大学の全てに通った後、教官として歩兵学校に戻った。次いで陸軍から予算局へ移り、4年半の間勤務した。そこでは第1次世界大戦の余剰物資を処分する委員会の上級副委員長を務めている。

スミスは程なく、軍人と民間人との複雑な意見の相違を上手に調整できる人間として評判を得た。

アメリカが第2次世界大戦に参戦した当時、スミス准将は陸軍参謀本部の事務官という、優秀な士官の登竜門とも言えるポジションについていた。1942年9月にはフランス領北アフリカへの上陸作戦を立案していたアイゼンハワー中将の参謀長となり、終戦までアイゼンハワーの副官を務めつつ中将へ昇進した。スミスは参謀長として43年9月のイタリア降伏、45年のドイツ降伏でそれぞれ交渉にあたっている。その結果、アイゼンハワーから「戦争のゼネラルマネージャー」と称された。

アイゼンハワーは著書『Mandate for Change 1952-1956（邦題・アイゼンハワー回顧録：転換への負託）』（1963）の中で、イギリス首相ウィンストン・チャーチルとの会話を記している。

　　チャーチルは、第2次世界大戦における素晴らしき参謀長であり、私と共に働いたベデル・スミスの仕事ぶりを賞賛した上で、司令部を訪れた日のことについて語った。ベデルと私は熱のこもった議論をしており、私は議論の継続を許しただけでなく、それを強く促した。首相はこの出来事を、極めて注目すべき意見のぶつかり合いと見たのである。だがその時、私は議論を終わらせるような結論を下し、そして首相が驚いたことに、ベデルが見せた反応は我が意を得たりというものだった――実際にはそうでもなかったのだが。

1946年、参謀本部作戦部門の引き継ぎにあたっていたスミスは駐ソビエト大使に指名され、軍人の地位を保ちながら48年12月まで大使の職を務めた。

その後はニューヨークに司令部を置く第1軍の司令官に就任するも、数ヵ月後の1950年10月、同年6月に発生した北朝鮮軍による韓国侵攻をアメリカ情報機関が予測できなかったことを受け、トルーマン大統領によってDCIに指名された。そして翌51年7月1日には、DCIの座にありながら大将に昇進している。

イギリス情報機関で勤務しつつソビエトの内通者として活動していたハロルド（キム）・フィルビーは、著書『My Silent War（邦題・プロフェッショナル・スパイ：英国諜報部員の手記）』（1968）の中でスミスを次のように評している。

　　彼は冷たく無表情な目と精密機器のような頭脳を兼ね備えていた。最初に会った時、私はおよそ20の段

落から成る米英の戦争計画書を持参していた……彼は何気なくページをめくったかと思うと文書を脇にのけ、暗記した段落番号に触れながら関係事項を熱心に議論した。午前中をかけて文書を暗記していなければ、私はとても議論についていけなかった。

（フィルビーは「ベデル＝スミス」と名字を間違って記している）

スミスは1953年初頭にCIAを離れて現役も退いたが、アイゼンハワー大統領によって国務次官に指名され、翌年まで務めている。

著書に『Eisenhower's Six Great Decisions』（1956）、『My Three Years in Moscow（邦題・モスクワの三年）』（1949）などがある。

【参照項目】 中央情報長官、内通者、ハロルド（キム）・フィルビー

スミス、リチャード・C （Smith, Richard C.）

アメリカ陸軍情報保安コマンド（INSCOM）に所属していた元下士官。スパイ容疑で逮捕されたものの、裁判の結果無罪となった。

スミスはINSCOMに配属されていた1973年から80年にかけてロイヤル・ミトルという名の二重スパイプログラムに携わり、スパイが用いるカバー（偽装身分）の作成を担当した。80年に陸軍を離れた後は故郷のユタ州でビデオ制作会社を始めている。また陸軍在籍中に日本語を学び、81年6月にはアメリカ企業数社の代理人として日本からの投資を募るべく東京を訪れた。

1984年4月、二重スパイ6名の正体を明かした見返りにソビエトのエージェントから11,000ドルを受け取ったとして逮捕される。スミスは金を受け取ったことは認めたが、KGBに二重スパイを浸透させるというCIAによる作戦の一部だと主張した。

逮捕されたスミスはFBIに対し、東京滞在中にCIA職員を名乗る2人の男から接触されたことを告げた。スミスの素性を知っていた2人は、東京経由でKGBに浸透する計画を手伝ってほしいと要請したという（1979年10月、KGBのレジデンチュラであるスタニスラフ・レフチェンコKGB少佐が東京で亡命し、日本におけるソビエトのスパイ活動をCIAに話していた）。

スミスによれば、CIAは彼に対し、妻と子ども4人に遺産を残せるよう全てのもの――情報を含む――を売ろうと望む、破産した末期ガンのアメリカ人ビジネスマンに扮するよう求めたとのことである。実際スミスには4人の子どもがおり、1982年から83年にかけて東京でKGB職員と会った際には、経営するビデオ制作会社も破産していた。

その後CIA職員から連絡がなかったため、スミスはFBIにこれまでの経緯を告げた。10ヵ月にわたって断続

的に行なわれた尋問の後、FBI はスミスの話が信用できないと結論づける。その結果スミスは逮捕され、自分が語ったストーリーを基に起訴された。

スミスの裁判には機密情報処理法が適用された。この法律では、秘密事項の法廷への持ち込みに関する権限を判事に与えることで、機密情報が守られることになっている。スミスは CIA から放置されたと述べ、自分の主張を証明すべく機密文書の持ち込みを望んだ。一部の機密文書の持ち込みが判事によって許可されると、司法省は第4巡回控訴審に訴え、その結果スミスが利用できる情報の量は減らされた。控訴審による決定の中には、機密情報が記載されているとして公にできない脚注も含まれていた。

1986年4月にスミスの裁判が開廷した際、判事は政府に対し、CIA とスミスの関係を立証すべく証人の出廷を求めた。この証人は、CIA がスミスなる人物と東京で接触した事実はないと述べた。しかし陪審はスミスの主張を信じ、無罪の評決を出した。

【参照項目】陸軍情報保安コマンド、二重スパイ、KGB、レジデンチュラ、スタニスラフ・レフチェンコ、機密情報処理法

スメドレー、アグネス (Smedley, Agnes 1892-1950)

長期間にわたって謀略とスパイ行為に関わり、リヒャルト・ゾルゲがリーダーを務める極東のソビエトスパイ網で主要な役割を演じたアメリカ人。

幼い頃から理想主義者だったスメドレーは、1918年にニューヨーク市でインド独立運動に加わった。ドイツが資金援助を行なっていたこの運動は、当時交戦相手だったイギリスのインド支配を揺るがすことで、同国にダメージを与えるのが目的だった。スメドレーは中立法違反で逮捕されるが裁判にはかけられず、すぐに釈放される。しかしこの事件は彼女の中に激しい反米感情を植え付け、それは西側文明に対する憎悪にまで膨らんだ。スメドレーはすでに複数の男性と性的関係を持っていた（18歳の時に短期間結婚したこともある）ものの、男性的な服装をすることが多かった。後に中国の共産党支配地区へ赴いた際には、赤軍の軍服を着たりもしている。

1920年代はベルリンで暮らし、作家として生活の糧を得つつ共産主義運動に打ち込んだ。またベルリン大学で教鞭を執ると共に、ベルリン初の産児制限病院を設立している。1921年にはモスクワを訪れてインド独立運動家の会議に参加し、また28年にはモスクワ経由で中国を訪問したが、この時点ですでに国際共産主義運動における著名な人物になっていた。

極東滞在中、スメドレーは上海を拠点とし、ドイツのフランクフルター・ツァイトゥング紙（及びマンチェスター・ガーディアン紙）の特派員を務めた。中国語を話せず、中国あるいは中国人に関する知識もほとんどなかったが、新聞や書籍に中国関連の「権威ある」記事を寄稿し始めた。しかしそれらは中国の本当の姿を明らかにするものではなく、偏見と独善で満ちていた。

共産主義への強いシンパシーを持っていたスメドレーは、赤軍の情報機関 GRU の下で活動していたリヒャルト・ゾルゲと親交を結ぶ。ゾルゲは彼女の住居を秘密の無線発信拠点として使い、また後に日本での有力な協力者となる尾崎秀実を紹介された。

尾崎はスメドレーによってゾルゲのスパイ網に勧誘された初めての人物であり、ゾルゲは後にこう記している。「中国で頼りにできたのはアグネス・スメドレーだけだった。彼女の名はヨーロッパで聞いていた。中国でグループを組織するにあたっては彼女の支援を求め、とりわけ中国人協力者を選び出す時にはそれが役立った」スメドレーがスパイ網の参加候補者を見つけだして勧誘し始めるまで、ゾルゲは表に出ないことのほうが多かった。

上海のスパイ網に加わったその他の人物として、同じく優秀なスパイだったウルスラ・クチンスキーと、後にイギリス保安部（MI5）長官となるロジャー・ホリスがいた。

ゾルゲが1933年に中国から日本へ移った際、スメドレーは治療を受けにソビエトを訪れた。次いでヨーロッパを横断してニューヨークへ戻った後、1935年に再び中国へ赴く。到着後は情報資料をモスクワに送ると共に、共産主義を熱く語ることで人々に影響を与えようとした。

1930年代に駐中国イギリス大使を務めたサー・アーチボルド・クラーク＝カー（後にインヴァーチャペル卿）はスメドレーを「最も偉大な女性」の1人と評価していたが、彼がその後駐米大使になったことで、第2次世界大戦後にアメリカの対中政策を混乱させる結果になった。スメドレーは後に米軍のビルマ・中国方面司令官となるジョセフ・スティルウェルとも親交を結び、中国に対する見方に影響を与えた。この2人の間には「互いに対する強い尊敬の念」があったとする者もいる。また中国の共産主義勢力を賞賛し、国民党をナチスにたとえた著書『Battle Hymn of China（邦題・中国の歌ごえ）』（1943）も多くの人間に影響を与えた。

スメドレーは1941年以降アメリカで活動し、中国関係の書籍を執筆したり教鞭を執ったりした。戦後、ダグラス・マッカーサー陸軍大将の情報参謀を務めたチャールズ・ウィロビー少将は公式報告書の中で、スメドレーが極東における共産主義者の謀略で中心的な役割を果たしたと主張した。この報告書は1947年に作成され、2年後にワシントン DC で刊行されている。スメドレーはトルーマン大統領に宛てて手紙を書き、マッカーサーによる謝罪か、あるいは名誉毀損で訴えるために彼の免責特権を剥奪するよう求めた。それを受けて陸軍省は報告書

を取り消した。「(情報)部はスパイ容疑を裏付ける証拠を持っていない。報告書は日本官憲からの情報を基にしたものであり、その旨を記載すべきだった。容疑を裏付ける証拠が存在していたとしても、現時点で我々の手元にはない」

　ジャーナリストの中にはスメドレーを擁護する者もおり、元内務長官のハロルド・L・イッキーズもこのように記している。「ミス・スメドレーを知る者であれば、この勇敢かつ聡明なアメリカ市民が他国のスパイになるほど落ちぶれたとは考えもしないだろう——たとえそれが強く執着している動機によるものであっても」

　1950年、下院非米活動委員会はスパイ行為の噂を受けてスメドレーを呼び出したが、彼女はすでにイギリスへ出国した後で、しかも直後に急死している。地所は遺言によって、当時朝鮮で米軍相手に戦っていた中国人民解放軍の元司令官、朱徳に遺された。死亡時、彼女は朱徳の伝記を執筆中だった。また遺体は火葬に付し、遺灰は「朱徳将軍あるいは後継者が指示する場所に安置する」よう求めていた。結局遺灰は北京に埋葬され、その際参列した800名の中には共産党指導者も数名混じっていたという。

　ウィロビーは著書『Shanghai Conspiracy（邦題・赤色スパイ団の全貌：ゾルゲ事件）』（1952）の中でスメドレーのスパイ容疑を繰り返し、スメドレーと彼女のスパイ活動を幅広く論じている。

　ミス・アグネス・スメドレーというこのアメリカ人は、20年以上にわたって中国に滞在し、ソビエトの大義に全身全霊を捧げた。中国の共産主義者が実際には共産主義者でなく、ソビエトとは無関係の素朴な農民革命家であるという戯言をでっち上げたとは言わぬまでも、そうした虚言を最初に広めた1人である。このでっち上げは、公的なものか否かを問わず、アメリカ人の対中世論を形作る上で大きな影響を与えた。

【参照項目】リヒャルト・ゾルゲ、ベルリン、GRU、尾崎秀実、ウルスラ・クチンスキー、MI5、ロジャー・ホリス、チャールズ・ウィロビー

スメルシ　(Smersh)

　独裁者ヨシフ・スターリンによって設立・命名され、防諜の分野で幅広く活動したソビエトの情報組織。スメルシという名称はロシア語で「スパイに死を」を表わす「smert' shpionam」の略である。

　スメルシは前線後方で裏切り者や脱走兵を摘発し、撤退する兵士に銃口を向け、ドイツから逃走した捕虜を逮捕することが任務だった。陸軍、海軍、空軍だけでなくNKVD（内務人民委員部）の軍事部隊及び各施設もスメルシの管轄下に置かれていた。また情報提供者による軍

内部のネットワークを管理すると共に、ドイツ軍の前線後方で活動するパルチザンの指揮も担当していた。

　スメルシが設立される以前、軍内部における防諜活動はNKVDの特別課が行なっていた。スメルシは1941年にラヴレンチー・ベリヤによって組織され、NKVDの一機関として国家保安担当人民委員ワシリ・ワシレヴィチ・チェルニショフの指揮下に置かれた。その後1943年4月14日から46年3月16日までは、スターリン率いる国防人民委員部の直轄下にある独立機関として機能した。NKVDから独立していた期間中は、ベリヤの副官である国家保安第1副人民委員、V・S・アバクーモフ上級大将がスメルシの指揮を執った。またアバクーモフが組織全体の指揮を担当する一方で、ペトル・アンドレイエヴィチ・グラドコフが海軍部門を率いている（1943〜46）。上級大将に昇格していたチェルニショフも1946年までスメルシ副長官の座にとどまり、その後は新設されたMGB（国家保安省）の副大臣となっている。

　スメルシの主要部局を以下に示す。

第1局：大隊及び中隊レベルに至るまで軍のあらゆる部隊に代表を送り込み、士官と下士官を監督すると共に、情報提供者を監視する。
第2局：各種の作戦（パルチザンの支援や憲兵隊としての活動）を実行し、NKVDとNKGBとの連絡役を務めると共に、司令部や高級将校を護衛すべく特殊保安部隊を提供する（平均して各軍に中隊1個、各方面軍に大隊1個）。
第3局：スメルシの活動に関係する情報の入手、保存、配布。
第4局：反ソビエト活動が疑われる軍人、及び軍の活動に関係する民間人の捜査を担当。
第5局：容疑者を裁くために3名の士官（トロイカ）から成る軍法会議を実施する。

　スメルシはNKVD出身の要員を多数擁し、「スパイに死を」というスローガンを遂行した。また事務員、秘書、タイピストに至るまで、スメルシに所属する全ての男女には士官の階級が与えられた。

　全ての現地司令部にスメルシ士官が配属されると共に、その下の部隊ではスメルシの分遣隊が活動した。元スメルシ士官のA・I・ロマノフ（ペンネーム）は回想録『Nights Are Longest There』（1972）の中で、戦時中赤軍の最高位にあったゲオルギー・ジューコフ元帥でさえも、「最高位の非チェキストとして、チェキストの将軍たちに囲まれていた……階級が高く、表向きの権力が大きいほど、保安機関の監視は強まる」と記している。なおA・I・ワジス中将がスメルシの責任者としてジューコフの監視を担当していた。

　戦時中あるいは終戦直後にスメルシが逮捕した数千名

の中には、砲兵士官で作家のアレクサンドル・ソルジェニーツィンもいた。

　戦争終盤、スメルシのチームは前進を続ける赤軍の後についてドイツへ入り、ナチ士官の捜索を行なった。1945年5月上旬、スメルシ部隊の指揮官として第79ライフル軍団（第3突撃軍）を督戦していたイワン・I・クリメンコ中佐は部下を率い、ヒトラーの地下司令部である総統壕があった首相官邸の庭に潜入する。イワン・チュラコフという兵士の注意深い観察によって、クリメンコは炭化したヒトラー夫妻の遺体だけでなく、ヨーゼフ・ゲッベルスと妻マグダ、そして母親によって毒殺された子どもたち6人の遺体を発見した。スメルシは尋問と調査（検死も含む）によって、この遺体が影武者でなくヒトラー本人のものであることを確かめようとした。

　作家のアレクサンドル・ソルジェニーツィンは著書『The Gulag Archipelago（邦題・収容所群島　1918-1956　文学的考察）』（1973）の中で次のように記している。

　　軍隊の中で国家保安機関を代表する人間——スメルシの人間——は中尉に過ぎないが、部隊を率いる古株の大佐であっても彼が部屋に入ると立ち上がり、機嫌を取り結ぼうとごまをする。また参謀長と一杯やる時も必ず彼を招待する。肩章に星が2つしかないという事実も関係ない。それはおかしささえ感じさせる光景だ。結局のところ星の重さが違うのであり、通常の士官とは全く異なる基準で測られる（特殊任務では少佐の記章を付けることが許される。一種の変装、あるいは知恵である）。彼は部隊や工場、もしくは地区に属する全ての人間を支配し、その権力は司令官、工場長、果ては地区共産党書記のそれよりも比べようのないほど大きなものである。

　スメルシの機能は1946年に新設されたMGBに引き継がれ、内務省第3総局（防諜担当）として生まれ変わった。

　インテリジェンス・オフィサーを務めたことのあるイアン・フレミングはジェームズ・ボンドシリーズの中で、スメルシという名の組織を悪役として登場させている。

　「GRU」も参照のこと。

【参照項目】NKVD、防諜、ラヴレンチー・ベリヤ、V・S・アバクーモフ、イアン・フレミング、ジェームズ・ボンド

スラマー　（Slammer）

　スパイ容疑で収監された国民から直接的な情報を得るために立案された、アメリカのプロジェクト。アメリカ人スパイの動機と態度を探るべく、インテリジェンス・

オフィサーによる尋問の様子がテレビ撮影された。また1993年に立案された「スラマーの息子」という第2のプロジェクトでは、コンピュータによる諜報活動の犯人が対象となった。

　空軍の保安教育担当士官は2003年に至ってもこのプロジェクトを活用していた。この研究は今なお有益であり、突き止められた事実が現在でも有効だと信じていたのである。なお、プロジェクトで発見された事実は以下の通り。（1）裏切る意志を持つ犯人は決して相手を信頼しない。（2）ごまかしが上手く、支配的かつ自己中心的で、他からの影響を受けやすいと共に自尊心を欠いており、成熟しておらず他者と協調する能力もない。（3）重度の虐待者が多い。（4）同僚たちに受け入れてもらえないという考えが裏切り行為の理由の一部である。この研究ではまた、犯人たちの反社会的性格が明らかにされた。

　1997年に召集された安全保障政策諮問会議は、スラマーのデータによって政府機関幹部の間に「スパイ行為のメカニズムに関するよりはっきりした理解がもたらされ、政府及び企業の保安プログラムに組み込まれる」よう強く求めた。

　スラマーの尋問内容は今も機密扱いだが、抜粋の一部がリークされている。尋問対象となったスパイの1人に、父親のジョン・A・ウォーカー・ジュニアから勧誘されたマイケル・ウォーカーがいる。逮捕当時アメリカ海軍の水兵だったマイケルは尋問官に対し、海軍艦艇の機密スペースで文書をコピーしていた時、他の水兵に「スパイ行為を目撃されたものの、そのまま見過された。ばれそうになったことも何度かあったが、その度に上手くごまかしてきた」と語っている。

　ソビエトのためにスパイ行為をしたアメリカ空軍の通信スペシャリスト、ジェフリー・カーニーは、「私が所属していない場所で本を盗み読みし……人々と話し、その会話から情報を集めていても」何の問題もなかったと語り、「実にあからさまだったので、誰かが気づいてもよさそうなものだった」と続けている。

　スラマー報告書の一部に目を通したジャーナリストのジェフ・シュタインは、ニューヨーク・タイムズ紙で次のように記した。「（報告書の作者は）行動の変化が諜報行為にしばしば結び付くことを突き止めた。過度の飲酒、麻薬依存、鬱病あるいはストレスの兆候、不倫問題及び離婚が、保安維持における警告サインなのである。また報告書の作者は、同僚や上司が早いうちから問題のある職員に介入できるよう教育されれば、有害なスパイ行為を防止できるとしている」

【参照項目】インテリジェンス・オフィサー、コンピュータによる諜報活動、ジョン・A・ウォーカー・ジュニア、マイケル・ウォーカー、ジェフリー・カーニー

スリーパー (Sleeper)

　将来のある時点に覚醒させられるまで諜報活動を行なわず、ターゲットエリアで待機しているスパイのこと。

　1992年にイギリスで放送されたドラマ『Sleeper』は、1960年代にイギリスへ送られたソビエトのスリーパー2名が主人公である。待機生活を送っていた2人のもとにモスクワの「センター」から連絡があり、冷戦が終わったので帰国するようにと命じられるのだが、いずれもすでに新しい生活を築いていた──1人は結婚して子供をもうけ、もう1人は金融機関の重役として成功を収めており、いずれも帰国を望まなかったのである。このドラマは、冷戦中に米英へ配置された実際のスリーパーの身に起きたことを再現していた。

　またカナダでも、冷戦後に少なくとも2人のスリーパーが摘発されている。カナダ当局は1996年にこれらスリーパーを国外追放したが、いずれもカナダ人と結婚し、カナダへの再入国を試みていることが2002年になって明らかになった。カナダの犯罪ジャーナリスト、アンドリュー・ミトロヴィカ著『Covert Entry』(2002)によると、エレナ・オルシェフスカヤとドミトリー・オルシェフスキーはいずれもカナダ人と結婚し、モスクワのカナダ大使館に赴いて市民権を申請したという。

　2人のスリーパーは30年以上前に死亡した乳児を表向きの素性にしていたが、ゴードン・アーノルド・ロンズデールという名前のソビエトスパイも同じテクニックを使っている。「ロンズデール」同様、後のスリーパー2人も夫婦としてアメリカへ移住し、ロシアの指揮下で産業スパイ活動を行なおうと計画していたようである。これらスリーパーを摘発したのは王立カナダ騎馬警察とカナダ保安情報局(CSIS)であり、ミトロヴィカによると、CSISはさらに情報を得るべくインテリジェンス・オフィサーにオルシェフスカヤを誘惑させようとしたという。しかしオルシェフスカヤは「夫」同様、すでに新しい恋人を見つけていたのである。

【参照項目】ターゲット、テレビ、センター、ゴードン・アーノルド・ロンズデール、産業スパイ、王立カナダ騎馬警察、インテリジェンス・オフィサー

スレイヴンス、ブライアン・E (Slavens, Brian E.)

　1982年にソビエト大使館へ電話をかけ、軍事情報を売り渡すと持ちかけたアメリカ海兵隊の逃亡兵。通話を傍受したFBIによって逮捕され、裁判の結果スパイ容疑で有罪となり重労働2年を言い渡された。

【参照項目】FBI

性 (Sex)

　現実かフィクションかにかかわらず、性は聖書の時代から諜報活動の一部だった。「行って、エリコとその周辺を探」(ヨシュア記2:1)るために送り出されたヨシュアのスパイ2名も、売春婦ラハブの自宅に身を潜めている(「聖書におけるスパイ」を参照のこと)。

　その当時から現在に至るまで、性は疑いを抱いていない人間から情報を手に入れる手段、あるいは秘密を明かすよう脅迫する手段として用いられている。2003年、中国系アメリカ人カトリーナ・ルンの逮捕によって、ロマンスがらみの複雑なスパイ事件が明るみに出た。ルンはカリフォルニアの上流階級に属する一方でFBIのエージェントを務めていたが、FBIハンドラーの愛人でもあった。そして中国に関する情報をハンドラーに渡すエージェントを装いながら、実は中国の二重スパイだったという疑いがかけられている。FBIによれば、ルンは同じく逮捕されたジェイムズ・J・スミス元捜査官と20年にわたって関係を持っていただけでなく、さらにその前のハンドラーとも愛人関係にあったという。

　性が諜報活動に用いられた例として最も有名なのは、妖しい魅力を持ったダンサー、マタ・ハリのケースだろう。しかしマタ・ハリのイメージの大部分は、根拠のない話を基に形作られたものである。彼女は優秀なスパイとは程遠く、敵味方を問わず簡単に騙される純真な女性だった。

　しかしマタ・ハリの虚像は長く残った。「軽口は戦艦を沈める」というスローガンでドイツや日本のスパイに対する警戒を促した第2次世界大戦期のポスターには、アドルフ・ヒトラーや昭和天皇のカリカチュアではなく、魅力的な金髪女性が描かれることのほうが多かった。

　だからといってターゲットが全て男性だったわけではない。ノルウェー首相夫人のヴェルナ・ゲルハルトセンは、モスクワでKGBの若い職員に誘惑されたと伝えられている。彼はその後オスロに配属され、首相夫人との関係を続けながら、ノルウェーの国防体制や北大西洋条約機構(NATO)に関する秘密情報を入手したという。

　第2次世界大戦でナチスに対してスパイ活動を行なったレジスタンス組織、レッド・オーケストラのヒロインであるミルドレッド・フィッシュ・ハナックは、同じくレッド・オーケストラに所属する夫の求めに応じてアプヴェーア士官とベッドを共にした。あるゲシュタポ士官は、彼女がアプヴェーア士官から情報を手に入れたと判断した後、「国家に害をなす意図をもってそうするのでない限り、愛人とベッドを共にしている女性が、その瞬間の出来事と何ら関係のない質問をどうしてできるのか」自分には「全く理解できない」と報告している。ハナックと愛人は共に反逆罪で有罪となり、処刑された。

　セックスによるスパイ活動のターゲットは、機密を知る立場の男性が圧倒的に多かった。1960年代初頭に発生したプロヒューモ事件において、当時10代の売春婦はソビエト海軍の情報将校エフゲニー・イワノフ大佐と関

係を持つ傍らで、ジョン・D・プロヒューモ陸軍大臣とも関係を持った。この複雑な事件によって、ハロルド・マクミラン首相は後に退陣を余儀なくされている。

冷戦期におけるもう1つの事件として、モスクワのアメリカ大使館で発生したアメリカ海兵隊員による機密漏洩が挙げられる。ソビエトの「ツバメ」がこの海兵隊員を誘惑し、「おじ」のKGB職員に情報を渡すよう仕向けたのである（「クレイトン・ローンツリー」を参照のこと）。またKGBが仕掛けた別の罠として、カリフォルニア勤務のFBI捜査官、リチャード・ミラーの事件がある。ミラーはスヴェトラナ・オゴロドニコワというKGB職員の魅力に負けてしまった。

冷戦期のスパイ活動で性を活用したのはソビエトだけではない。王立カナダ騎馬警察は1968年のディープ・ルート作戦において、ソビエト外交官の妻があるカナダ人と性交している写真を入手し、その女性から秘密情報を引き出そうと試みた。しかし彼女はそれを拒み、程なく帰国している。

同じ年、外交官が絡む別の事件が発生した。KGBは1枚の写真をモスクワ駐在のイギリス大使に見せて彼を脅迫した。その写真には、大使公邸でロシア人メイドと性行為に及んでいる姿が写されていた。大使はこの件を外務省に報告し、その後保安部（MI5）から秘密裡に尋問を受ける。インテリジェンス・オフィサーは大使の軽率さにではなく、KGBが大使公邸に潜入して写真を撮影できたことに衝撃を受けた。しかし極秘調査が実行された後、大使はその出来事が公邸の外で行なわれたことを認めた。つまり隠しカメラが取り付けられた部屋で罠にかけられたのである。

中には性とスパイ行為が混ざり合わず別個に発覚する例もある。ソビエトに秘密情報を売り渡していたイギリスの暗号専門家ジェフリー・プライムは、その傍らで若い女性に淫らな行為を強制していた。そしてプライムが性犯罪で逮捕された時、ソビエトのスパイでもあったことが妻によって暴露されたのである。

第2次世界大戦中、アメリカ戦略諜報局（OSS）はドイツ占領地区に女性エージェントをパラシュートで潜入させた。しかしチームが捕らえられた場合、拷問を受けた女性エージェントは口を割るとして、男性エージェントの一部はそれに反対した。それから20年後、元OSS職員から中央情報長官（DCI）になったアレン・W・ダレスは著書『The Craft of Intelligence』（1963）の中で次のように記している。

　　CIAの女性は男性と同じ訓練を経験し、同じ仕事に就くことができるものの、海外における任務は限られている。女性は男性の――職業上における――「下僕」だとする根強い偏見が世界の多くの国で残っている、というのがその理由である。この慣習の中で育っ

たエージェントは女性から命令を受けることに不快を覚えるだろうが、我々がこの点において彼の考えを変えることはできないのである。

ここでダレスが触れていないのは、スイスでOSSのスパイ網を運営していた際、エージェントの1人メアリー・バンクロフトを愛人にしていたという事実である。また（恐らく知らなかったのだろうが）CIA内部にも女性に対する根強い偏見が存在していたことも触れていない。この状況は少なくとも30年間変わらなかった。1995年、CIAは性差別訴訟を回避するための和解の一部として、250名以上の女性職員に対して総額100万ドルの給料を遡って支払うと共に、25名を昇進させることに同意した。加えて、ケース・オフィサーから外された15名を元の任務に戻している（ケース・オフィサーだった女性の1人、マーサ・ピーターソンは、外交官をカバーとしてモスクワで活動していた1977年、KGBによって逮捕された。CIA関係者が内々で語ったところによると、KGBはインテリジェンス・オフィサーに対する通常の処遇を彼女に対しては与えなかったが、優秀な女性を対等な相手と見なしたくなかったのがその理由だという）。

1992年12月、CIAを相手取った女性ケース・オフィサーによる集団訴訟が始められた。しかしR・ジェイムズ・ウールジー中央情報長官が個人的に乗り出す93年9月まで、現実的な交渉は行なわれなかった。CIA行政本部長のノーラ・スラットキンによると、その時点でCIAは男性優先の方針から転換していたという。その上で、以前の1年間において「幹部職に任命された64名のうちおよそ3分の1が女性であり、全て合わせると幹部の4分の1が現在女性によって占められている」としている。

ダレスはCIAの作戦において、男性を罠にかけるため女性を用いることを許さなかった。こうした戦術が彼の退任後用いられたか否かは、現在に至るまで不明である。

「同性愛者」「ハニートラップ」「レイブン」「ツバメ」も参照のこと。

【参照項目】カトリーナ・ルン、FBI、エージェント、ハンドラー、二重スパイ、マタ・ハリ、ターゲット、ヴェルナ・ゲルハルトセン、北大西洋条約機構、レッドオーケストラ、ミルドレッド・フィッシュ・ハーナック、アプヴェーア、ゲシュタポ、プロヒューモ事件、エフゲニー・イワノフ、スヴェトラナ・オゴロドニコワ、王立カナダ騎馬警察、MI5、ジェフリー・プライム、戦略諜報局、中央情報長官、アレン・W・ダレス、メアリー・バンクロフト、ケース・オフィサー、マーサ・ピーターソン、カバー、R・ジェイムズ・ウールジー

聖歌隊　(Choir)

　ロンドンのベイスウォーター地区にあるソビエト領事館へマイクロフォンを仕掛けるという、イギリス保安部（MI5）が 1955 年に実行した盗聴作戦。隣の建物が改築されるのに乗じ、業者を装った MI5 の工作員が厚さ 18 インチの壁にドリルで穴を開け、領事館の会議室のすぐ裏側に高性能のマイクロフォンを設置した。

　盗聴器は 6 ヵ月間完璧に機能するも、ある日突然故障した。穴が発見され埋め戻されたのは明らかだった。後にイギリスのエージェントは、盗聴器が仕掛けられた壁のそばにもう 1 つの防音壁が取り付けられ、盗聴器を無意味にしていたことを突き止めた。

【参照項目】MI5

生産物　(Product)

　顧客もしくは使用者のために行なわれる情報分析の最終結果を指す情報界の用語。口頭報告、書面、あるいは画像の形をとる。

政治情報　(Political Intelligence)

　国家あるいはグループ内部の政治的状況に関係し、敵勢力にとって役立ち得る情報のこと。1960 年代の東南アジアにおいて、アメリカ情報機関は政治情報もターゲットにした（「国内情報」「ベトナム」を参照のこと）。

聖書におけるスパイ　(Biblical Spy)

　聖書にはスパイについての言及がいくつか存在する。ユダヤ人がモーゼ五書あるいはトーラーと呼ぶ旧約聖書を繙くと、まず冒頭の創世記でスパイに関する最初の言及がなされており、また出エジプト記においてはモーゼとヨシュアがスパイマスターとして描かれている。そして新約聖書に目を移せば、ローマ人がユダを内通者として用い、キリストを裏切らせている。

　聖書における最初のスパイ行為は創世記 42:9 で述べられている。エジプトの宰相としてファラオに次ぐ地位にあったヨセフが、自分の正体を認識していない兄弟たちに面と向かってこう尋ねる。「汝らはどこから来たのか」兄弟たちが「食糧を買いにカナンの地から」と答えると、ヨセフは「汝らは間諜である。この国の弱さを見るために来たのだ」と言った。「この国の弱さ」とは、エジプトで最も豊かな地域とされた北東部の国境周辺を指している。この地域に足を踏み入れた他国の人間はスパイと疑われるのが自然だった。

　記録に残る最初の諜報任務は民数記第 13 章に記されている。「そして主は言われた。『あなたの人を遣わし、わたしがイスラエルの子に与えるカナンの地を探らせなさい。その父祖の部族から、それぞれ彼らの司たる人々を選んで遣わしなさい』」

　モーゼは 12 の部族のそれぞれから 1 人ずつ選び出した。彼らの名前と部族はその直後に記されている。そしてモーゼは、約束の地を目指す 40 日間の任務にこの 12 名を遣わすのだが、その際に明確な指示を与えた。

　「あなたがたは南へ行って山に登りなさい。そしてその土地の様子を見、そこに住む人々が強いか弱いか、数は多いか少ないか、その土地は良いか悪いか、どのような街に住んでいるか、テントに住んでいるのかあるいは堅固な壁に囲まれているのか、土地は豊かなのか痩せているのか、そこに木があるかどうかを確かめなさい」（民数記 13:17-20）

　だがモーゼによる諜報活動は現代のスパイマスターをも悩ませる問題を生み出した。エージェントがそれぞれ異なる情報を持って帰還したのである。カナンの地には巨人が住んでいると言って侵攻に強く反対する者もいた。そして 12 名のスパイのうち 2 人だけが侵攻に賛成する。住民の強さに関する報告に恐れをなしたユダヤ人はパニックに陥った。かくして神は彼らを懲らしめるため、「汝らがその土地を探した日数にちなんで」40 年にわたり、約束の地からユダヤ人を締め出したのである。

　侵攻を支持した 2 人のうち、カレブは神から「私のしもべ」と呼ばれ、スパイの中で彼だけが 40 年を生き延びて約束の地に入り、さらにはヘブロンの街と周囲の丘陵地帯が与えられた（民数記 14:24）。

　聖書におけるもう 1 つの諜報任務は失敗に終わっている。カナン人の王アラデはモーゼのスパイを幾人か捕らえ、拘留の上尋問を行なった。しかしイスラエル人がカナンの都市を占領するにあたっていずれも釈放されたようである（民数記 21:1-3）。

　モーゼの死後、ヨシュアがユダヤ人の指導者となってスパイ活動を引き継ぐ。彼は 2 人のスパイに「行って、エリコとその周辺を探りなさい」（ヨシュア記 2:1）と命じた。世界で 2 番目に古い職業に就いたこの 2 人は、世界で最も古い職業に就く女、娼婦ラハブの家にかくまわれる。エリコの王は情報提供者からそれを聞き、スパイたちを裏切るようラハブに命じる。だが彼女は、イスラエルのスパイが自宅にいたことは認めたものの、彼らはすでに出発し、街の門が閉じられる前に出てしまったと言い張った。国王の手先が慌てて追跡に向かおうとする一方、ラハブはスパイたちを屋根に乗せ亜麻の茎で隠したのである。

　イスラエル人がエリコを占領した暁には家族共々命を助けるという約束を受け取ったラハブは「綱を使って彼らを窓に下ろした。その家は街の城壁の上に建っていたのである」（ヨシュア記 1:15）イスラエルのスパイたちは立ち去る前、緋色の織物を窓に結び付けるよう告げた。それが侵略者に対する、この家を破壊してはならな

いとの合図になるから、と。そして2人のスパイは脱出して偵察を行ない、ヨシュアのもとに戻った。ヨシュアはその秘密報告を基にエリコを攻撃したが、緋色の織物を窓に結び付けた家は破壊しなかった（アメリカ南北戦争において、北軍に情報を提供していたある秘密結社は緋色の刺繍をバッジ代わりに用いていた。この秘密結社は「赤い紐」とも呼ばれている）。

CIAは聖書におけるスパイ活動という一風変わった研究をかつて行なった。ある分析官は当初機密扱いされていた雑誌『STUDIES IN INTELLIGENCE』において、モーゼとヨシュアの作戦の違いはスパイたちが報告する際の方法にあると記している。つまりモーゼのスパイは公に報告してパニックを引き起こしたが、ヨシュアのスパイは秘密裡に結果を報告したのだという。またモーゼが直面した状況は、監督と監視に悩むアメリカのインテリジェンス・コミュニティーのそれに類似しているとも指摘している。

多かれ少なかれ大衆社会に属するアマチュアによって実行されたモーゼの作戦は、指導層内部におけるモーゼの地位低下という結果をもたらし、かつ大衆の自信喪失につながったのみならず、国家に長期的かつ深刻な害をなした。一方、プロによって秘密裡に実施されたヨシュアの作戦は、国家的目標の達成という結果につながっている。

さらにこの記事は、ヨシュアが「監督問題に悩まされることはなく、政治的に容認可能な任務のシナリオを定義せねばと頭を悩ます必要もなかった」ともしている。

諜報に関するもう1つの挿話に、秘密を引き出そうと性を使った女性の裏切り行為がある。サムソンがガザに行ってある娼婦を訪れた際、彼女は街の門で待ち伏せていたペリシテの役人にその情報を告げる。しかしサムソンの命運を決したのは、この大男を籠絡するために雇われたもう1人の女性デリラだった（彼女はKGBが「ツバメ」と呼ぶ役割を果たしていた）。

ペリシテの君主たちはデリラに銀貨1,100枚を渡してサムソンへの裏切り行為をさせた。愛情で判断力を失っていたサムソンから、頭髪こそ力の源泉であるという秘密を聞いたデリラは彼が眠りこけるまで待ち、仲間の1人に髪を剃らせる。ペリシテ人はサムソンを縛り上げて牢につないだ。そして髪が生えて力を取り戻す前に、サムソンは数千人の敵が立て籠もる建物を引き倒した上で、自ら命を絶ったのである（士師記第16章）。

新約聖書では、ユダを内通者として用いたことが、ローマ植民地における諜報活動の典型的な例を示している。支配者が地元住民を諜報任務に用いたのは、彼らだけが大衆に溶け込むのに必要な言語及び社交能力を持っていたからである。またもう1つの諜報活動がパウロによって記されていて、「偽の兄弟が秘かにやってきて、わたしたちがイエス・キリストにあって持っている自由を探り、我々を奴隷にしようとした」（ガラテヤ人への手紙2:4）と謎めいた言及がなされている。

【参照項目】CIA、インテリジェンス・コミュニティー

政府暗号学校 （Government Code and Cypher School〔GC&CS〕）

1919年から1946年まで存在したイギリスの暗号機関。その後政府通信本部（GCHQ）と改名される。

1919年11月1日、外国のコード及び暗号システムを研究し、かつ機密通信の保安について政府に助言すべく政府暗号学校が設置された。新組織はイギリス海軍のルーム40と、陸軍省のMI（b）暗号課に所属する25名から構成されていた。管理上の目的から当初は海軍省の管轄下に置かれたが、1922年には秘密情報部（MI6）と共に外務省の管轄となり、作戦資金もそこから受けることになった。またMI6長官――例外なく「C」のイニシャルで呼ばれた――が暗号解読活動の責任者とされているものの、政府暗号学校の実際の指揮はMI6及び各軍を代表する委員会の手に委ねられたままであり、ルーム40出身のアラステア・デニストンが政府暗号学校長官に就任した。

当初、暗号解読者はロンドンのサヴォイホテルから程近い、かつてマルコーニ社の無線施設が置かれていたウォーターゲート・ハウスで勤務した。その後、セント・ジェイムズ公園の向かいにあり、クイーン・アン・ゲートに隣接するブロードウェイ54番地のMI6の建物に移転している。

政府暗号学校では海軍課が1924年に、陸軍課が30年に、そして空軍課が36年に設置されている。これらの課はそれぞれの軍に関係する暗号活動にのみ注力することとされた。その際、海軍省と陸軍省は新組織から各々の課を撤退させる権利を確保した。しかし暗号解読の複雑性と相互関連性を考えると、これらの課を廃止していればイギリスの暗号解読活動は壊滅的なダメージを負っていたと思われる。

政府暗号学校は1917年のロシア革命直後からソビエトの通信を解読していたが、ソビエト側によるワンタイムパッドの採用で事実上中断のやむなきに至った（再開されるのは第2次世界大戦後、アメリカによるヴェノナ計画においてだった）。1930年代初頭、政府暗号学校の主なターゲットは軍を再建しつつあるソビエト連邦とドイツの軍事通信だった。暗号解読者は両国に対して大きな成果を挙げたものの、暗号化された無線通信が比較的少数だったため全ての暗号を解読できたわけではない。その上、1930年代後半になるとドイツは軍及び警察の無線通信にエニグマ暗号機を使うようになり、解読は一層困難を極めた。

1936年、イギリスはフランス陸軍の暗号解読活動を

率いるギュスタヴ・ベルトラン大尉に接触し、エニグマ暗号を解読すべく両機関の間で有益な情報の交換が始められた。当時すでにフランスとポーランドの間で協力関係が存在しており、1939年1月9日から10日にかけ、ベルトランはフランス、ポーランド、イギリスの暗号解読機関幹部による会議をパリで主催した。この会議はナチの侵攻から唯一生き残ったイギリスに対し、戦時中のドイツ暗号を解読する基礎をもたらした（「ビウロ・シフルフ」を参照のこと）。

1930年代後半の時点で政府暗号学校の暗号解読者は最大のターゲットに努力を集中させていた。つまりエニグマによって生み出されたドイツの暗号文である（日本海軍が用いる暗号の解読は、香港にあるイギリスの解読拠点に委ねられた）。

ミュンヘン会談におけるアドルフ・ヒトラーの政治的勝利、そしてラインラント、オーストリア、チェコスロバキアの併合は、戦争が差し迫っていることをイギリスの軍事指導者の胸に刻み込ませた。大戦勃発1ヵ月前の1939年8月、デニストンはドイツの空襲を避けるべく、政府暗号学校をブロードウェイのオフィスからロンドン北方のブレッチレーパークに移転させた（1938年のミュンヘン会談当時、ブレッチレーパークへ試験的に移転したことがあった）。

そして戦後の1946年――正確な日付は不明である――、真の活動内容を覆い隠すべく、政府暗号学校は政府通信本部（GCHQ）と改名された。

戦時中、ブレッチレーパークの政府暗号学校はエニグマ暗号に対してかなりの成果を挙げた（「エニグマ」「ブレッチレーパーク」を参照のこと）。1941年6月22日のドイツ軍によるソビエト侵攻を受け、ウィンストン・チャーチル首相はソビエト政府を同盟国として扱うべきと決断する。この日、ソビエトによる通信の解読は戦時中にわたって中断することが決められた。これはイギリスで活動するソビエトのエージェントにとってまさに吉報であり、以降は傍受の恐れなく秘密通信を送信できるようになった。

暗号解読活動の緊張はデニストンに影響を与えた。1942年1月、彼は20年間にわたって君臨していた政府暗号学校から去り、ロンドンに移って外交・商業暗号の解読活動を指揮した。名目上は政府暗号学校長官にとどまっていたものの、ブレッチレーパークにおけるデニストンの実務はエドワード・W・トラヴィスが引き継いだ。なおデニストンは1944年に退役へと追い込まれている。

第1次世界大戦後のルーム40と違い、冷戦期に入ってもGCHQ――暗号解読者の大部分は今なおGC&CSと呼んでいた――を存続させることに疑問の余地は全くなかった。またエニグマに対する成功だけでなく、暗号解読活動の存在自体も1970年代に至るまで秘密とされ

た。解読拠点はバーミンガムの南方40マイルにあるコッツウォルズ地方のチェルトナムに移転、ブレッチレーパークで活動していた時よりも広い場所が利用可能になり、専用の施設が建設された（以前の施設は訓練のために引き続き使われ、現在では郵政省の研修施設となっている）。

GCHQ及びチェルトナムに関する事項は事実上全て秘密扱いにされたものの、ソビエトはイギリスの暗号解読活動についてかなりの程度知っていた。第2次世界大戦中、ブレッチレーパークの秘密はジョン・ケアンクロスによってソビエトへ伝えられており、冷戦下においてもジェフリー・プライムがチェルトナムの秘密をソビエトに渡している。

【参照項目】政府通信本部、暗号、コード、ルーム40、MI6、C、アラステア・デニストン、ブロードウェイ、クイーン・アン・ゲート、ワンタイムパッド、ヴェノナ、エニグマ、ギュスタヴ・ベルトラン、ブレッチレーパーク、ジョン・ケアンクロス、ジェフリー・プライム

政府通信本部

(Government Communications Headquarters〔GCHQ〕)

1919年に設立されたイギリスの暗号解読機関、政府暗号学校（GC&CS）の後身。活動内容を秘匿すべく46年に政府通信本部へと改名・改組された。しかし暗号解読者の大半はそれ以降もGC&CSの名称を用い、今なおそう呼ぶ人間もいる。

GCHQについてはごくわずかしか公にされていないが、4つの主要部門から構成されているという。

H課：暗号解読
J課：特殊信号情報（SIGINT）
K課：一般信号情報
X課：コンピュータ関連

対テロ・犯罪・保安法が議会を通過した2001年以降、GCHQは信号情報（SIGINT）を提供するのみならず「情報保安」任務を拡大し、ハッカーなどの脅威から政府の通信・情報システムを保護すべく支援を行なっている。また発電所、水力施設、民間通信業者といった「イギリスの重要な国家的インフラストラクチャ」に対しても同様の支援を提供している。さらにかつては歴代長官の氏名も厳重に秘匿されてきた。第2次世界大戦後の長官を以下に示す。

1944～1952　エドワード・W・トラヴィス海軍中佐
1952～1960　エリック・ジョーンズ空軍大佐
1960～1964　クライヴ・レーニス
1965～1973　レオナルド・フーパー
1973～1978　アーサー・ボンソール

「BRUSA 協定」「UKUSA 協定」も参照のこと。

【参照項目】政府暗号学校、暗号解読、信号情報

セイフハウス　(Safe House)

　尋問を行なう、あるいは亡命者をかくまうなど、情報機関が秘密活動を行なうために所有する、一見何の変哲もない家屋。

　ジョン・ル・カレはベストセラー小説『Tinker, Tailor, Soldier Spy(邦題・ティンカー、テイラー、ソルジャー、スパイ)』(1974) の中で、セイフハウスに入ったピーター・ギーラムの思考を次のように描写している。

　　お馴染みのセイフハウス。陰気なフラットを見回しながら、ギーラムはそう考えた。一般の旅行者がホテルについて書くように、彼はそれを描写できる。一方はウェッジウッドの柱と金箔を貼った樫の葉で飾られた、ベルグラヴィア・ホテルの鏡張りのホール、そしてもう一方は埃と下水の臭いが充満し、漆黒の廊下に高さ3フィートの消火器がある、レクサムガーデンに建つ2部屋のあばら屋。暖炉の上では騎士がピューターから何かを飲んでいる。テーブルの上には灰皿代わりの貝殻。そして灰色のキッチンには「両方のガスコックを閉じること」という何の変哲もない張り紙……ボタンを押すと廊下のほうで電気錠の上がる音が聞こえた。彼は正面のドアを開けたが、トビーの他に誰もいないことを確かめるまでチェーンは外さなかった。

　そして次のように続ける。

　　トレイの上に茶が乗っている。2つのカップはギーラムが用意したものだ。セイフハウスには給仕に関するある種のしきたりがある。そこに住んでいる振りをするか、どこにでも順応できる振りをするか、あるいは単にあらゆる事を考えている振りをするかのいずれかだ。この商売においては自然さこそが要諦だとギーラムは判断していた。

【参照項目】ジョン・ル・カレ

西方外国軍担当課　(Foreign Armies West)

　第2次世界大戦において西部戦線の軍事情報活動を担当したドイツ陸軍参謀本部第3課の別称。当初は外国軍担当課と称されていたが、アドルフ・ヒトラーがソビエト侵攻を計画し始めた1938年、東部戦線での情報活動を担当する部署として、参謀本部内に東方外国軍担当課が設置されたのを受けて改称された。

　情報史家のデイヴィッド・カーンは著書『Hitler's Spies』(1978) の中で、この2つの部署は「シャツをズボンの中に入れるのが西側の人間、外に出すのが東側の人間」という原則に従って世界を東西に分割したと記している。

　西方外国軍担当課は当初ベルリンに本部を置いていたが、東方外国軍担当課とは対照的に、主たる情報源はアプヴェーアだった。1939年9月の開戦後はツォッセンに拠点を移すものの、後に西方での戦争準備が進むにつれ、情報参謀も参謀総長に随伴して移動している。ドイツ軍がフランスを攻撃した1940年5月の時点で、情報課はフランスに展開する英仏両国の123個師団のうち122個の位置を突き止めていた。

　しかしカーンはこう述べている。「それとても完全ではなく、50万人から成るベルギー軍全体を見失ったこともある」。西方担当課が価値ある情報及び評価を陸軍にもたらしたのは確かだが、1942年11月の米英によるフランス領北アフリカへの侵攻を予想できず、しかもイギリスの欺瞞作戦(ミンスミート作戦)に騙されて連合軍がシチリア島ではなくバルカン半島に上陸するものと信じ込み、アンツィオとネッツノへの連合軍上陸を警告できなかった上、ノルマンディ上陸においても連合軍の欺瞞作戦に再び引っ掛かった。

　東方外国軍担当課はより大きな成果を挙げたが、対ソビエト戦が西部戦線に比べ、国家的、地理的、そして戦術的に単純だったことが理由の一部である。

　「ヴァルター・ニコライ」も参照のこと。

【参照項目】軍事情報、東方外国軍担当課、デイヴィッド・カーン、ベルリン、アプヴェーア、ミンスミート作戦、欺瞞

セイント　(SAINT)

　計画のみに終わったアメリカの人工衛星査察プログラム。ソビエトが打ち上げた人工衛星の活動目的を確かめ、武器を装備しているか否かを査察することが目的だった。

　SAINT計画は1960年代中盤に開発許可が出された。当初はテレビカメラとレーダーの搭載を予定していたが、後のモデルでは赤外線、X線、及び放射線センサーを装備し、査察対象となる人工衛星の特徴をより詳細に

突き止められるようにした。SAINT 衛星は周回軌道に入った後、自機の推進システムを使って査察対象の 50 フィート（約 15 メートル）圏内で活動することになっており、センサーから得られた情報はデータリンク経由で地上局に送信される予定だった。

SAINT 計画に携わった空軍関係者の中には、自爆装置の搭載を望んでいた者もいたという。

この計画は資金不足と構想上の欠陥により 1962 年 12 月に中止された。アイゼンハワーとケネディのいずれも、こうした査察システムに武器を搭載して宇宙兵器とすることに興味を抱かなかったのである。

【参照項目】人工衛星

セカンド・ストーリー （Second Story）

偵察衛星の開発費用を CIA から得るため、アメリカ空軍が 1958 年に実施した活動。後に衛星開発プロジェクトは CIA に引き継がれ、コロナのコードネームが与えられた。

【参照項目】CIA、コロナ、コードネーム

赤外線情報 （Infrared Intelligence〔IRINT〕）

赤外線センサーによって得られた情報。現代では画像情報の一種とされる。

【参照項目】画像情報

セキュリティー・クリアランス （Security Clearance）

機密情報を扱う軍人、政府職員、及び契約企業の職員に対し、その職務をこなすにあたって与えられる情報へのアクセス権限。

アメリカを例にとると、国防総省は 3 段階のクリアランスを設け、制限の厳しいほうから順に最高機密（Top Secret）、機密（Secret）、極秘（Confidential）としている。またエネルギー省は「閲覧制限資料（Restricted Data）」というクリアランスを用いている。

一方、「公用限り（For Official Use Only）」は正式の機密区分でないものの、政府機関に勤める多くの人間はこのことを認識していない。

安全保障政策諮問会議は 2001 年に作成した大統領向け報告書の中で、35 万件の素性調査と 162,000 件の再調査が「実行中」であり、他にも 30 万件が申請待ちであると述べている。

「機密区分」も参照のこと。

【参照項目】最高機密、機密、極秘、閲覧制限資料、公用限り、機密区分、安全保障政策諮問会議

セキュリティー・リスク （Security Risk）

一国の安全を脅かす行動をとりかねないと当局に疑われている人間のこと。この言葉がアメリカで有名になったのは 1950 年代であり、ジョセフ・マッカーシー上院

議員による反共産主義的な奇行が原因だった。

1950 年 2 月 9 日、マッカーシーは西ヴァージニア州で次のように演説した。「ここに 205 人の名が記されたリストがあります……共産党員でありながら国務省で働き、政策立案に携わっている人間のリストです」

マッカーシーは後に人数を 57 名に訂正したが、彼の告発は政府を揺るがし、「マッカーシズム」——共産主義者あるいは反体制派と見なされた人物に対する政府及び議会の調査——の時代を招いた。しかし陸軍までも調査の対象にしたため、マッカーシーの信用は地に堕ちた。上院は「伝統に反する」行為を理由として、1954 年 12 月に譴責決議を可決する。事実、マッカーシーが指揮を執った大規模な調査において、ただ 1 人の共産党員も政府からは発見されなかった（しかしソビエトの情報通信を解読した結果、この当時の名前が再浮上している。「ヴェノナ」を参照のこと）。

その後アメリカ全土で、政府批判を行なった者、ソビエトに関する書籍や雑誌記事を読んだ者、及び忠誠宣誓書への署名を拒否した者が「セキュリティー・リスク」と呼ばれることになった。

セキュリテ・ミリテール （Sécurité Militaire）

「DST」を参照のこと。

セクスピオナージ （Sexpionage）

1976 年に出版された同名の著書の中で、イギリス人ジャーナリストのデイヴィッド・ルイスが生み出した言葉。ルイスによると、性がスパイ活動に用いられた歴史上最初の例は紀元前 10 世紀、デリラが自分の魅力によってサムソンを破滅に追いやったことだという（「聖書におけるスパイ」を参照のこと）。しかし現在の作家は、この行為をスパイ活動の範疇に入れていない。デリラは敵であるサムソンを捕らえ、彼が眠っている間に理髪師の助けを借りて力を奪ったに過ぎないというのが理由である。

【参照項目】性

積極的措置 （Active Measures）

他国の政策あるいは行動に影響を与え得る諜報作戦を指すロシアの用語。公然・非公然の両方があり、暗殺を含む幅広い活動から成る。

「偽情報」も参照のこと。

セッションズ、ウィリアム・S （Sessions, William S. 1930-）

1987 年 11 月から、綱紀違反でクリントン大統領によって更迭される 93 年 7 月 19 日まで FBI 長官を務めた人物。

検事及び司法省職員の経歴を持つセッションズはテキサス州で連邦判事を 13 年間務め、厳格かつ公正な法律

家との評判を得た。また1979年にジョン・H・ウッド連邦判事が暗殺された際には、実行犯の裁判において全国的注目を浴びることになった。

レーガン大統領が任期10年のFBI長官にセッションズを指名した際、議会はあっさりとそれを承認した。その後まもなく、レーガン政権の中米政策に反対するグループへの捜査において、取り扱いの誤りを理由にFBI職員6名を譴責処分にしたことで、議会の支持は一層大きくなった。「セッションズ判事」と呼ばれることを好んだ彼は、FBIがヒスパニック系エージェントを習慣的に差別しているという法廷での事実認定に関し、それを取り下げようと望むFBI内部の圧力に抗した。

議会でも特にセッションズを支持していたのはリベラル派の民主党議員で、ニューヨーク・タイムズ紙が呼ぶところの、レーガン政権からの「精神的独立」を賞賛した。

セッションズの在任期間中、FBIは1988年に発生したパンアメリカン航空103便爆破事件、ペンタゴンの汚職と詐欺行為に対するイル・ウインド捜査作戦、そして貯蓄貸付機構のスキャンダルから生じた諸々の事件に深く関わった。

しかし1992年、セッションズが税金の支払いを逃れ、住宅ローンの調査に対し協力を拒んだという非難がなされた。ウィリアム・P・バー司法長官は司法省内部監査局による調査結果を受けて厳しい言葉遣いの手紙をセッションズに送り、申告していない利益に対する所得税を支払い、自宅の防犯フェンスにかかった費用1万ドルをFBIに払い戻すよう命じた。また公用車とFBI専用機の使用に関して規則違反を犯したことも非難している。

FBI内部においても、セッションズの管理手法と共に、妻がFBI長官としての意志決定に影響を与えていることについて非難が集中した。セッションズはFBI長官の座にしがみつこうとしたが失敗に終わり、1993年7月にFBIを去った。

1999年12月、テキサス州検事総長は、銃犯罪の撲滅を目的とした州の取り組み、テキサス・エグザイルの代表にセッションズを任命した。

【参照項目】FBI

ゼニット (Zenit)

ソビエト初の写真偵察衛星。アメリカのコロナ衛星に2年遅れて初号機が打ち上げられたゼニットは、いくつかの点でより洗練されていた。

1950年代、ソビエトはアメリカ同様、相手方による戦略兵器の開発を恐れていた。その結果、1956年1月にスパイ衛星の開発が決断され、7ヵ月後には第1設計局（OKB-1）を設立、ロケット科学者セルゲイ・コロリョフの下で衛星の設計が始まった。

軌道投入に成功した世界初の人工衛星は、1957年10月4日に打ち上げられたスプートニク1号である。この衛星は重量83キログラムと小型ながら世界中で新聞の第1面を飾り、人類の想像力を刺激した。西側の軍事評論家にとって特に衝撃だったのは、ロケットの推進力と衛星を軌道に乗せる際の精密さである。それからわずか1ヵ月後の11月3日には、500キログラム強もの貨物を搭載したスプートニク2号が打ち上げられる。こちらにはライカという名の犬も積み込まれ、無重力状態や放射線といった宇宙環境に生物がどう反応するかを調査すべく、生化学データを地球に送信する装置も搭載された。また翌年5月15日に打ち上げられたスプートニク3号の総重量は1,327キログラムに上り、アメリカがこの記録を破るまで6年を要した。搭載物のサイズと、それらを宇宙に運ぶロケットは関係者に強い印象を残すと共に、軍事装置とりわけ偵察システムを衛星に搭載して軌道に乗せる可能性を予言していた。

ゼニットと命名された初の偵察衛星は、ユーリ・ガガーリン宇宙飛行士を乗せて1961年4月12日に打ち上げられたヴォストーク有人宇宙船を発展させたものである。コヴァレフ設計局はヴォストークに1Kの呼称を付与しており、ゼニットは2Kプロジェクトとなる予定だった。

ゼニットの総重量は約5トンになると想定され、4台のカメラ——2台は高解像度カメラ、2台は信号情報（SIGINT）機能を備えた低解像度カメラ——を搭載するものとした。SIGINT機能付きカメラは、現像済みのフィルムをパラシュートで地球に落下させると同時に、ソビエト国内の地上局に信号を送信する。このシステムは、宇宙空間で現像だけを行ない、SIGINT機能を備えていなかったコロナのカメラよりも高度だった。

ゼニット衛星の打ち上げは1961年12月11日に実施されたが、ロケットの3段目が故障して失敗に終わった。シベリアに墜落したゼニット衛星は行方不明になっている。翌年3月16日から19日にかけて行なわれた2度目の試験では、ロケットと回収システムこそ正常に動作したものの、衛星の安定システムが機能しなかった。そのためターゲットの写真を撮影できずに終わっている。

3度目の打ち上げ——コスモス7号の名称が付与された——は1962年7月28日に行なわれ、無事成功した。ほぼ4日間にわたる飛行でコスモス7号はソビエト領を撮影、実用に足る写真フィルムを地球に持ち帰った。後に打ち上げられたゼニットをはじめとする偵察衛星は、アメリカのコロナ衛星などがソビエトのターゲットに対して行なったのと同じく、西側の防衛体制に関する詳細を情報専門家や軍事計画立案者にもたらした。またこれもアメリカの衛星と同様、ソビエト初のスパイ衛星も存在を秘匿された。アメリカのスパイ衛星はディスカ

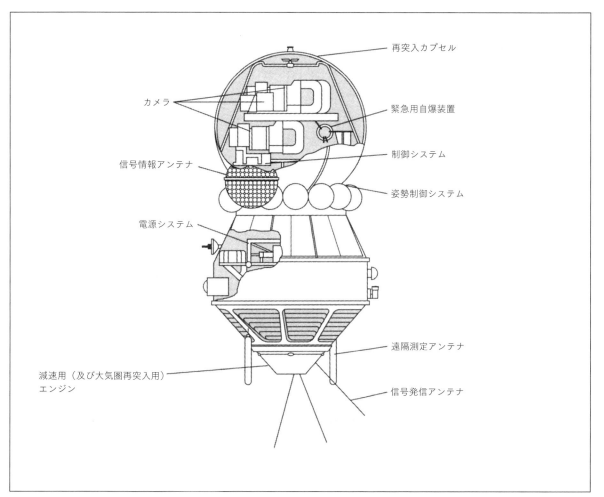

ゼニット偵察衛星

カメラ

再突入カプセル

緊急用自爆装置

制御システム

信号情報アンテナ

姿勢制御システム

電源システム

遠隔測定アンテナ

減速用（及び大気圏再突入用）
エンジン

信号発信アンテナ

バラー調査衛星というカバーを与えられたが、ソビエト
側も同様である。なお、西側情報機関がソビエト衛星の
正体を突き止めるまで数年を要したものと考えられてい
る。ゼニット偵察衛星はアメリカの衛星同様、国家指導
者や軍の計画立案者に意志決定の鍵となる判断材料を提
供した。

　続いて打ち上げられたレスールスFとコメタ（正式
名称ヤンターリ）はヴォストーク及びゼニットを改良し
たものであり、より洗練されたカメラを搭載している。
また後の写真偵察衛星では「ピギーパック」が下ろさ
れ、SIGINT装置は専用の衛星で宇宙に運ばれた（「レー
ダー海洋監視衛星」を参照のこと）。さらに第4世代及
び第5世代の写真衛星が開発されており、運用期間も
延びている。基本型のゼニット衛星は最大8〜12日間
の運用が可能だが、コメタ以降の衛星は8週間にわた
って運用できる。

【参照項目】人工衛星、コロナ、偵察、信号情報、ター
ゲット、レスールスF、コメタ

セブン・ドアーズ　(Seven Doors)

　インテリジェンス・オフィサーと思しきロシア人を勧
誘し、残留離反者として寝返らせることを目的にしたア
メリカの情報作戦。

　この作戦は1976年にイランの首都テヘランで立案さ
れた。当時、米ソの情報機関は互いに相手のスパイを寝
返らせようと頻繁に試みていた。「コントロールされた
社交作戦」というこのアプローチは、諜報活動の訓練こ
そ受けていないものの、情報機関の指示で動くアメリカ
人によって実行される予定だった。

　作戦を命じられた空軍士官は自発的にポリグラフ検査
を受け、作戦中は変名を用い、また妻からも情報を聞き
出すことに同意する書類に署名しなければならなかっ
た。妻から情報を聞き出すのは、「状況が必要とする際、
ターゲットの妻を対象とした作戦任務を遂行する能力
が、彼女にあるか否かを評価するため」である。しかし
作戦に参加することになっていた指揮官の妻は、評価の
結果除外された。

　勧誘活動の各段階ではメモが記され、その内容はカク

テルパーティーにおける出来事から、作戦開始の延期に至るまで様々だった。セブン・ドアーズに関する書類は1976年8月から現われ始め、78年3月の時点でも作戦は進行中だったが、ソビエト側への接触はいまだ行なわれていなかった。

【参照項目】インテリジェンス・オフィサー、残留離反者

セミチャストヌイ、ウラジーミル・エフィモヴィチ
（Semichastny, Vladimir Yefimovich 1924-2001）

1961年11月から67年4月までKGB議長を務めた人物。

師であり前任者でもあるアレクサンドル・シェレーピン同様、KGBにまつわる多数の恥ずべき事件に関係した。一例を挙げると、セミチャストヌイは1963年10月にモスクワを訪れたイェール大学教授、フレデリック・バーグーンの逮捕を許可した。バーグーンがスパイであると非難することで、同月FBIにスパイ容疑で逮捕されたイーゴリ・イワノフの釈放を狙ったのである。

バーグーンはケネディ大統領の個人的な友人であり、ケネディが記者会見で断言した通りいかなる違法行為にも関わっていなかった。結果として恥をかいたのはソビエト側であり、バーグーンはすぐさま釈放された（イワノフは1971年にアメリカ出国を許されている）。

その後1964年10月、セミチャストヌイはニキータ・フルシチョフ書記長の失脚劇に関与したが、新たな指導者の下でもKGB議長にとどまれたのはこれが理由だったに違いない。政変劇を主導したレオニード・ブレジネフはフルシチョフの粛清を望んだが、セミチャストヌイはKGBによる実行を拒否したと伝えられている。

セミチャストヌイは在任期間中に新たなKGB像を作り上げようと模索し、「あるKGB幹部（実はセミチャストヌイ自身）」とのインタビュー記事をイズベスチャ紙に掲載させた。記事の中で彼は「若き党員やコムソモール（青年団）団員が多数KGB入りしており、個人（スターリン）崇拝の時代に無実の人々の抑圧に加わった人間はもはや在籍していない」と語っている。その後もKGBに関する記事や書籍が発表され、ソビエトのスパイたち——ルドルフ・アベル、ゴードン・ロンズデール、ハロルド（キム）・フィルビー、リヒャルト・ゾルゲ——は活字の上で英雄になった。

クレムリンにおける権力闘争の結果、ブレジネフは1967年5月18日にセミチャストヌイを更迭し、KGBのイメージと存在意義を立て直す責務を後任のユーリ・アンドロポフに託した。

【参照項目】KGB、アレクサンドル・シェレーピン、FBI、イーゴリ・イワノフ、ルドルフ・アベル、ゴードン・ロンズデール、ハロルド（キム）・フィルビー、リヒャルト・ゾルゲ、ユーリ・アンドロポフ

セラフ　（Seraph）

第2次世界大戦中、多数の諜報活動及び特殊作戦を遂行したイギリスの潜水艦。その1つではアメリカ人士官が名目上の艦長を務めた。1942年6月に就役したセラフは最初の任務として北アフリカ上陸作戦の支援にあたっていたが、9月の最後の2週間は潜望鏡を用いてアルジェリア沿岸の偵察を行なった。N・L・A（ビル）・ジュエル大尉が指揮を執ったこの偵察は、セラフにとって初の戦闘任務となった。

任務遂行後、セラフはジブラルタルに戻り、そこで地中海の独伊軍に対する作戦行動を命じられる代わりに、ドワイト・D・アイゼンハワー大将の副官で、ヴィシー・フランス軍士官との秘密交渉に赴くマーク・クラーク中将を北アフリカに運ぶフラッグポール作戦を割り当てられた。折りたたみ式のカヌー、短機関銃、そして携帯無線機などを搭載した潜水艦には、クラークの他にも陸軍将官2名、ジェロルド・ライト海軍大佐はじめ数名の士官、そしてイギリス特殊部隊の3名が乗艦していた（ライトは後に海軍大将に登り詰めている）。

一行を乗せたセラフはアルジェリア沿岸に向けて航行した。海岸に近づいたところでカヌーが展開され、クラークらは10月20日夜半に上陸する。この交渉によって、フランスは上陸作戦への反対を弱めることになった（しかし揚陸艇がすでに出港しており、数日後に上陸が始まることをフランス側は知らされなかった）。

いくつかの困難に見舞われた後、セラフは10月23日朝に海岸から300ヤード（274メートル）まで近づき、交渉を終えた23名を乗艦させた。彼らをジブラルタルのアイゼンハワー司令部まで可能な限り早く送り届けるのが最優先だったので、アメリカ人は海上でPBYカタリナ飛行艇に移乗した。数日後、今度はフランス南部の海岸に向かい、アンリ・オノレ・ジロー将軍を秘密裡に乗艦させよとの命令がジュエル大尉に下る。米英軍の北アフリカ上陸を将軍に認めさせ、フランス植民地からの支持を得ることが目的だった。しかしフランス人の反英感情は強く、ジローはイギリス潜水艦に乗ることを拒否する。そこでセラフは一時的にアメリカ海軍籍となり、ライト大佐が名目上の艦長として乗り込んだ。しかし実際の指揮はジュエル大尉が執っている（ライトは潜水艦乗りではなかった）。

ジローら一行は11月5日から6日にかけての夜にル・ラヴァンドゥーの町でセラフに乗り、海上でPBYに移乗してジブラルタルへ向かった。

1942年11月24日、セラフは地中海で初の哨戒任務に就く。しかし程なくして、偵察活動を行なう米英の特殊部隊を他の潜水艦と共同で輸送することになった。12月、セラフはイタリア商船に魚雷を発射して損傷を与える。この商船はその日のうちにイギリス艦艇によって撃

沈された。また同じ月にはイタリア潜水艦に体当たりしてダメージを与えている。

1943年初頭、セラフはイギリスへ航行して必要な改修を受け、4月には引き続きジュエル大尉による指揮の下、再び地中海へ向かう。この時は通常の乗員に加え、ドライアイスに囲まれ、イギリス海兵隊士官の制服を着た身元不明の死体が搭載されており、死体のコートには、秘密文書の入ったブリーフケースが手錠で繋がれていた。そして4月30日朝、スペイン沖で浮上したセラフから、ライフジャケットを着けた死体が海中に投下された（「ミンスミート作戦」を参照のこと）。

1943年の残り期間中、セラフは地中海で独伊軍を相手に活動し、商船団のいくつかに攻撃を加えたが、平底船1隻を撃沈、小型船数隻に砲撃でダメージを与えただけだった。その後は終戦まで大西洋東部とノルウェー海で活動しつつ、1944年6月6日のノルマンディー上陸（Dデイ）では先導艦の役目を果たした。

セラフは1960年代に入るまで現役を続けた。その後65年に解体されたが、艦橋の一部はサウスカロライナ軍事大学（シタデル）で保存されている。（クラークはシタデルの卒業生であり、1954年から65年まで総長を務めた）。

【参照項目】 潜水艦、偵察、Dデイ

セル　(Cell)

諜報ネットワークの最下層にいて最も使い捨てにされる人々のグループ。

ゼレノグラード　(Zelenograd)

モスクワの北西およそ65キロメートルの地点にあるロシアの都市。現在はモスクワ市の一部。1950年代後半にハイテク研究の中心地となり、コンピュータや特殊な情報関連装置の開発が進められた。かくして西側情報機関の最重要ターゲットにされたため、ソビエト時代に外国人の立ち入りは原則として禁じられていた。

もともとクリュコヴォと呼ばれていたこの都市は、1960年代中期にゼレノグラードと改称された。冷戦末期の1980年代後半、ゼレノグラードの人口は17万人であり、うち35,000名が市内に26ヵ所存在する大規模な科学研究所や工場で勤務していた。しかし軍拡競争の終焉と共に大量の失業者が発生し、1993年初頭までに4,500名ほどが街を離れている。その後この都市を家電製品の生産地に生まれ変わらせる試みがなされ、小規模な家電メーカーやコンピュータ関連企業が多数設立された（訳注：2002年の調査で人口は215,000人）。

ゼレ、マルガレータ　(Zelle, Margaretha)

「マタ・ハリ」を参照のこと。

セーロフ、イワン・アレクサンドロヴィチ

(Serov, Ivan Alexandrovich　1905-1990)

1954年から58年までKGB議長を、58年から62年までGRU（参謀本部情報総局）総局長を務めたソビエト陸軍及びNKVD（内務人民委員部）の将校。国家保安機関に所属していたにもかかわらずスターリンの粛清を生き延びたが、西側に寝返った大物スパイ、オレグ・ペンコフスキー大佐との近い関係が仇となって1962年にGRU総局長の座を追われた。「熱心ではない」が残酷な処刑人と見なされている。

元々軍の情報将校だったセーロフは、1930年代後半にGRUで吹き荒れた粛清の嵐を生き延びただけでなく、NKVDに移ることができた。そして1937年6月11日、ソ連邦英雄ミハイル・トゥハチェフスキー元帥が、他の赤軍幹部と共に軍の大物として初めて粛清の犠牲になった際、それを執行したのがセーロフだったという記録も存在している（その一方でNKVDに配属されたのは1938年だったとする記録もある）。

1940年以降、セーロフはソビエトに敵対する人間の抑圧と殺害に関わるようになり、1940年及び44年から47年にかけてエストニア、ラトビア、リトアニアで行なわれた反体制集団の摘発・粛清で名を挙げた。さらにポーランド軍士官が犠牲になったカティンの森虐殺にも深く関わっている。そして1941年にスメルシ副局長となり、その後43年から45年までラヴレンチー・ベリヤの副官を務め、同年にはドイツのソビエト占領地帯におけるスメルシ副局長に任命された。

第2次世界大戦後はNKVDで勤務し、次いでGRU副局長となる。1953年のスターリン死後、セーロフは他の共謀者と共にベリヤ失脚を画策した。同年6月にベリヤが失脚すると、セーロフはMVD（内務省。元のNKVD）副大臣に就任、翌年には新設機関KGB議長の座に就く。1956年のハンガリー動乱ではユーリ・アンドロポフ大使と共に反乱リーダーを捕らえ、拷問と処刑に関与した。そのため「ハンガリーの首吊り人」というニックネームが与えられている。

1958年12月、GRU総局長に就任するも、NKVDとスメルシで勤務した経験を持つセーロフは軍及びGRUに敵が多かった。セーロフの在任期間中は汚職が蔓延し、GRUの歴史を通じて最も活動が停滞した時期とされている。GRU将校が西側機関と自発的に接触し、彼らが得る以上に貴重な情報を西側へ渡していたのは、ソビエト体制の中でこの時期だけだった。

1962年、ペンコフスキーが西側に寝返っていたことを理由として、セーロフは中将に降格、勲章も剥奪された。

セーロフをKGB議長の座から降ろし、より影響力の少ないGRU総局長に任命したニキータ・フルシチョフ

は回想録『Khrushchev Remembers（邦題・フルシチョフ回想録）』（1970）の中で、1962年に彼を更迭したのは「軽率さ」が理由だったと述べている。フルシチョフによると、セーロフは「数々の過ちがあったものの、誠実かつ清廉で、信頼の置ける同志だった。私は彼を尊敬し、信頼した。全く単純な人間で、純真と評しても差し支えないほどだった」という。

【参照項目】KGB、GRU、NKVD、オレグ・ペンコフスキー、カティンの森虐殺、スメルシ、ラヴレンチー・ベリヤ、MVD、ユーリ・アンドロポフ

穿孔紙 (Perforated Sheet)

あらかじめ定められたパターンに従っておよそ1,000個の穴が穿たれた紙片。ボンバ及びボンブの両計算機が開発される前、エニグマ暗号機のセッティングを突き止めるために用いられた。

【参照項目】ボンバ、ボンブ、エニグマ

潜在的エージェント (Potential Agent)

情報機関からエージェントとしての訓練を受けている人物。あるいはエージェント候補として検討中の人物。

戦術航空偵察ポッドシステム (Tactical Air Reconnaissance Pod System)

「TARPS」を参照のこと。

戦術情報 (Tactical Intelligence)

軍団及び部隊レベルにおいて、戦術的作戦を立案・実行するために用いられる情報。敵の能力、現在の意図、そして周囲の環境に焦点を当てている。

アメリカ海軍は1980年代まで、作戦部隊からもたらされる戦術情報を作戦情報（Operational Intelligence）と称していた。

軍事史を繙くと、司令官が戦術情報を無視した例で満ちあふれている。これら司令官は、そうした情報が自ら立てた計画と干渉する、あるいは敵の意図に関する自分の仮説と矛盾するといった理由で、戦術情報を受け入れなかったのである。

1944年12月、ドイツ軍によるアルデンヌ攻勢——バルジの戦い——の数日前、ドイツ軍と対峙する連合軍の前哨拠点から、前線に沿って自動車の移動する音が聞こえたという報告がなされた。また他のアメリカ兵も、清潔な軍服に身を包んだドイツ兵を目撃したと報告している。つまりこれらのドイツ軍兵士は、前線に配置されて間もないことを意味していた。司令官がこうした小さな情報と、より大局的な情報とをつなぎ合わせれば、ドイツ軍が大規模な攻勢を仕掛けると予想できたはずである。しかしこの戦術情報の重要性が認められたのは、戦後になってドイツ軍の奇襲を事後検討した時のことだっ

た。

当然ながら戦術情報がきちんと活用される場合もある。1945年3月、ドイツ軍はライン川にかかる橋梁を全て破壊するか、あるいはそれに対する防備を固めていた。この時、レマーゲンという町のはずれに位置していたアメリカ第9機甲師団の前進部隊は、ルーデンドルフ鉄道橋がいまだ手つかずであることを発見する。この情報が部隊によって伝えられ、指令系統を上がってゆく間に、アメリカ軍はこの橋を確保していた（ドイツ側は鉄道橋を爆破しようと試みたが、結局崩壊しなかった）。この知らせを受け取った連合軍最高司令官のドワイト・D・アイゼンハワー大将は、戦闘計画を変更して手持ちの全軍にレマーゲンへ向かうよう命じ、アメリカ軍のドイツへの進攻を加速させたのである。

「戦略情報」も参照のこと。

【参照項目】作戦情報

戦場における情報準備 (Intelligence Preparation of the Battlefield〔IPB〕)

1980年代にアメリカ陸軍で流行した用語。敵の状況、寝返りの可能性、地形に関する情報資料（インフォメーション）を体系的に統合し、状況打開、標的の価値評価、情報収集、偵察・監視計画、及び戦場における意志決定の基礎を提供することを指す。

陸軍戦場マニュアルFM34-130「戦場における情報準備」は以下の文章から始まっている。

戦場及びそれが敵味方にもたらす選択肢を理解するプロセスとして、IPBは最適である……IPBはある特定の地理的エリアにおける脅威や環境を分析する、体系的かつ継続的なプロセスであり、参謀による評価活動と軍事的意志決定の支援を目的としている。IPBのプロセスを適用することで、戦場の重要な一時点あるいは一地点において、司令官は自らの有利となるよう配下の兵力を運用でき、またその力を最大化する一助となる。

このテーマに関する陸軍の教案によると、「各階層の司令部に所属する情報要員が環境を分析し、それが敵味方の行動に与える影響を評価するにあたって、IPBは統一された様式を提供する」という。

【参照項目】偵察、監視

全情報源から得られた情報 (All-Source Intelligence)

オープンソースのデータを含む、利用可能な全ての資料を基にした情報。

【参照項目】オープンソース

潜水艦 (Submarines)

潜水艦作戦は秘密裡に行なわれる性質を有しているため、潜水艦自体に情報収集能力が内在している。20世紀初頭以来、潜水艦は敵の支配地域に潜入し、要員を沿岸に上陸させるか、あるいは潜望鏡で観察するかして情報を集めてきた。潜望鏡を用いて初めて写真を撮影したのは、イギリスの潜水艦 E-11 とされている。1915年12月13日、E-11は危険極まりないトルコの海峡地帯及びマルマラ海を潜航し、潜望鏡に取り付けた箱型カメラでコンスタンチノープル（現・イスタンブール）を撮影した。

第2次世界大戦中、複数の国が潜水艦を偵察及び諜報任務で大規模に活用した。日本海軍は潜水艦から水上機を発進させて偵察活動を行ない、1941年11月から翌年11月にかけて34回の偵察任務を実施した。これら水上機は真珠湾、オーストラリアのメルボルン及びシドニー、ニュージーランドのオークランド及びウェリントン、アリューシャン列島のアムチトカ及びキスカ、マダガスカルのディエゴ・スアレス、そしてオレゴン州沿岸地域を飛行している。

1942年、ドイツのUボートは4名から成る破壊工作チームをアメリカの大西洋沿岸地域、ロングアイランド（ニューヨーク州）、そしてフロリダに上陸させた。また44年には2人のチームがメイン州のフレンチマン湾に上陸している。これらチームはいずれも上陸後間もなく、アメリカ当局によって捕らえられたが、上陸した一部の工作員がアメリカ当局に接触しようと試みたのが原因だった（「FBI」を参照のこと）。

潜水艦は一般的な監視活動、とりわけ敵艦船が頻繁に通過する海峡地帯において有益だった。また潜望鏡で撮影された写真は、敵国の沿岸地域に関する貴重な情報源となった。特に潜望鏡の視野は、浜辺に接近する揚陸艇艇長のそれとほぼ同じだったので、上陸作戦の立案において重要視された。潜水艦による写真情報活動の先駆けとなったアメリカの潜水艦ノーチラスには、カメラを取り付けるためのブラケットが潜望鏡に備えられていた。また船内には現像室があり、不満足な写真があれば再び撮影できるようになっていた。さらに写真撮影専門の下士官も乗艦していた。1943年9月、ノーチラスはギルバート諸島のタラワ及びマキンを潜望鏡で偵察、11月の上陸作戦に向けた地ならしを行なっている。また上陸前日の11月19日にもタラワ環礁に潜入した。過去5日間にわたってこの環礁に空爆が行なわれ、当日は水上艦艇による砲撃が実施されていた。ノーチラスが偵察したところ、浜辺に築かれた丸太の壁は大きな損傷を受けており、ノーチラスに砲弾を発射し続けている沿岸の砲台も同様だった。この情報は沿岸における波高の見積もりと共に、任務部隊（タスクフォース）司令官へ無線で伝えられた。

太平洋戦争では潜水艦によるさらに多くの偵察任務が実施された。上陸作戦前に潜水艦が行なう偵察任務では、ターゲットエリアの写真2,000枚が撮影されている。また1944年7月、潜水艦バーフィッシュは写真偵察に加えてパラオ島とヤップ島に偵察部隊を上陸させ、浜辺の情報を入手した。

大西洋東部と地中海では、イギリスの潜水艦セラフが複数の「特殊作戦」及び欺瞞作戦に参加している（「ミンスミート作戦」を参照のこと）。

第2次世界大戦以降、潜水艦は電子情報（ELINT）と音響情報（ACINT）の収集にも活用されている。米英の潜水艦は1950年代からソビエト沿岸地域でこうした作戦を開始し、北極海と太平洋の主要なソビエト海軍基地の近くで定期的に活動している。また1954年には潜水艦トーテムがコラ半島沖でイギリス初の作戦を遂行した。

アメリカが同様の作戦をいつから開始したかは現在も機密扱いだが、1957年7月に潜水艦ガジョンがウラジオストク近辺で活動し、ソビエトの駆逐艦から激しい妨害を受けて浮上を余儀なくされたと言われている。こうしたアメリカによる「潜入」任務の一部には、ホーリーストーンのコードネームが与えられた。

1970年代、アメリカの潜水艦ハリバットとパーチェはアイヴィーベルと銘打たれた作戦の中で、オホーツク海の水深120メートルの海底に敷設され、カムチャッカ半島のソビエト軍基地と極東沿岸地域とを結ぶ通信ケーブルに盗聴装置を仕掛けた。この作戦は1980年1月、アメリカ人ロナルド・ペルトンによってソビエトの知るところとなり、すぐさま中止に追い込まれた（回収された海中盗聴装置の1つはモスクワのKGB博物館で展示されている）。またハリバットは秘密捜索活動において深海カメラを曳航し、太平洋で沈没したソビエトの弾道ミサイル搭載潜水艦を発見している。その後実施された秘密作戦（ジェニファー）において、船体の一部がサルベージ船ヒューズ・グローマー・エクスプローラーによって引き上げられた（引き上げ作戦が明らかになった際、ソビエト当局の中には、ACINTを収集すべく追尾していたアメリカ潜水艦に衝突されたことが、沈没の原因だと非難する声もあった）。

冷戦中、アメリカの潜水艦は中国、北朝鮮、北ベトナム、リビア、及びキューバなどに対する情報収集任務にも携わっている。

潜水艦による冷戦期の諜報活動について、その後も秘密を保とうとするアメリカ海軍の熱心な試みは、『Blind Man's Bluff（邦題・潜水艦諜報戦）』が1999年に出版されたことで部分的ながら終焉を迎えた。ジャーナリストのシェリー・ソンタグとクリストファー・ドリューによるこのベストセラーは極秘潜水艦任務のいくつかを明ら

かにしており、事実誤認が多数あるものの優れた1冊である。

　冷戦期における潜水艦作戦の秘密は、他の書籍3点でも明らかにされている。潜水艦ハリバットで原子炉操作員を務めたロジャー・C・ダンハム博士は著書『Spy Sub』（1996）の中で、沈没したソビエト潜水艦の捜索活動を記している。また小型原子力潜水艦NR-1の建造当初の乗組員だったリー・ヴィボニーと作家のドン・デイヴィスは、この優れた潜水艦をテーマに『Dark Waters』（2003）を著わした。さらにジャーナリストのジム・リングは著書『We Come Unseen』（2001）で冷戦期におけるイギリスの潜水艦作戦を述べ、イギリス当局の懸念を引き起こしている。

　米英の秘密作戦は冷戦後も続けられた。2000年8月12日、バレンツ海でロシア海軍の演習に参加していた原子力潜水艦クルスクが内部爆発を起こし、乗員118名と共に沈没したが、アメリカの原子力潜水艦2隻が演習の模様を偵察していた（ロシア海軍の幹部は当初、クルスクの沈没をなんとアメリカ潜水艦との衝突のせいにした）。

　ソビエトの潜水艦も同様の諜報活動に用いられている。1981年10月27日、極秘軍事施設に程近いスウェーデンの海域で、老朽化したウイスキー級ディーゼル・エレクトリック式潜水艦が座礁する。この艦は諜報訓練活動の最中だったとされている。スウェーデン当局はソビエトが自国の海域に潜水艦を送り込んでいると以前から非難しており、海底を這うように進む小型潜航艇の痕跡を示す写真まで見せた。しかしソビエト海軍にこうした小型潜航艇は存在せず、痕跡も漁網によるものだったことが後に明らかにされている。

　アメリカのホーリーストーン作戦は米ソ潜水艦の衝突事故を何度か引き起こした。これらの事故はいずれも沈没に至らなかったが、何隻かが損傷を受けている。こうした海中事故は国際海域だけでなくソビエト沿岸でも発生した。

　ソビエトの資料によると、こうした衝突事故が発生したのは、ACINTなどを収集するアメリカ潜水艦による追尾が原因だという。1968年に太平洋北部で発生したディーゼル・エレクトリック式潜水艦の沈没事故（上記を参照のこと）、及び86年にバミューダ沖で発生したヤンキー級原子力ミサイル潜水艦の沈没事故において、ソビエト側はいずれもアメリカ側の過失を原因とした。だが現存する記録によれば、いずれの潜水艦も作戦行動上の問題が理由で沈没したものとされている。またどちらの潜水艦も核弾頭弾道ミサイルを搭載していた。

【参照項目】偵察、セラフ、電子情報、音響情報、ホーリーストーン、コードネーム、アイヴィー・ベルズ、ロナルド・ペルトン、KGB、博物館、ヒューズ・グローマー・エクスプローラー、ジェニファー作戦

センター　(Centre, The)

　ソビエト情報機関のモスクワ本部を指すロシアの俗語。

【参照項目】KGB、MVD

センチュリー・ハウス　(Century House)

　イギリス秘密情報部（MI6）現本部の通称。テムズ川の南岸、ロンドン地下鉄のヴォクソール駅に隣接している。MI6本部は1966年にブロードウェイから移転したが、およそ30年後の95年に再移転し、テムズ川を挟んでテート・ギャラリーの向かいにあるヴォクソールの壮麗かつ近代的な巨大ビルに入った。

【参照項目】MI6、ブロードウェイ

戦闘情報　(Combat Intelligence)

　司令官が戦術作戦を立案・実行する際に必要とされる、敵勢力、天候、及び地理的特色に関する情報。

　戦術情報も本質的には同じ意味の単語であり、しばしば混同される。

【参照項目】戦術情報

戦闘電子戦情報
(Combat Electronic Warfare and Intelligence〔CEWI〕)

　実戦部隊における様々な電子活動上の規則を統合するため、1970年代に始められたアメリカ陸軍のプロセス。当時、陸軍は各師団に固有の情報中隊を割り当てていたが、ほぼ同時期に第522軍事情報大隊から分離された最初のCEWI大隊が第2機甲師団に編入されている。

　（陸軍は固有の軍事情報部隊を各師団に置くことを当初躊躇していた。戦線の状況によって言語などの条件が異なるからである）

　現在CEWI大隊は全ての陸軍師団と一部の上級司令部に配置され、情報収集管理、防諜、捕虜の尋問、そして電子情報（ELINT）収集といった任務に携わっている。なおELINT収集任務には専用のヘリコプター小隊が用いられている。

　師団レベルのCEWI大隊に加え、独立した旅団や装甲騎兵連隊にもCEWI中隊が配置されている。

【参照項目】軍事情報、防諜、電子情報

潜入　(Infiltration)

　ターゲットとなる地域、集団、または組織にエージェントを送り込むこと。エージェントが合法的な訪問者または移民をカバーとして対象国に潜入すれば公然の行為となり、国境から秘かに潜入する、あるいは潜水艦や小型ボートで上陸すれば秘密の行為となる。

【参照項目】ターゲット、エージェント、カバー、潜水艦

戦略情報 (Strategic Intelligence)

国家レベル及び国際レベルの政策もしくは軍事計画の立案に用いられる情報。

歴史家のエドワード・ルットワクとダン・ホロウィッツは著書『The Israeli Army』(1975)の中で戦略情報に触れ、「敵の攻撃意図に対する警告、『戦術的』警告、ならびに実際の物理的攻撃準備の探知」と定義している。

戦略諜報局 (Office of Strategic Services〔OSS〕)

第2次世界大戦期に存在したアメリカの情報・工作機関。ルーズベルト大統領によって1942年6月13日に創設され、統合参謀本部の監督下に置かれたOSSは、準情報機関である情報統括官オフィスの後継組織だった。また情報統括官を務めていたウィリアム・J・ドノヴァンが新機関の長官に指名された。

ロンドンを訪れ、イギリス情報機関から広範にわたる報告を受けたドノヴァンは、イギリス特殊作戦執行部(SOE)をOSSのおおまかなモデルとした。SOEは襲撃部隊を運用する一方、ドイツに占領された国々でレジスタンス運動やゲリラ活動を支援していた。

OSSは各軍の軍人と文官によって運営され、また様々な分野の人間がドノヴァンの勧誘を受けている。アーサー・M・シュレジンジャーをはじめとする大学教授、将来の最高裁判事アーサー・ゴールドバーグなどの弁護士、広告マン、ジャーナリスト、作家(フォウダーズ旅行ガイドを創刊したジーン・フォウダーズなど)、映画制作者(ジョン・フォード)、そして経済学者(空襲の効果を上げるためにも、ドイツの戦争経済に関する専門家が必要だった)がその一例である。またOSSのヨーロッパ作戦部長を務めたデイヴィッド・K・E・ブルースは後に駐仏大使(1949〜52)、駐西独大使(1957〜58)、駐英大使(1961〜69)を務め、上記主要3ヵ国の大使を歴任した唯一の人物となっている。

コードブックの制作者であるジュリア・チャイルドはまずワシントンDCで、次に中国で勤務した。彼女はOSSが「なんたる秘密性か!(Oh! So Secret!)」と呼ばれていたことを記憶している。また他の人間によれば、有名人が数多く所属していたことから「なんたる社交性か!(Oh! So Social!)」を意味していたという。確かに、どちらのニックネームも間違ってはいない。ドノヴァンはコロンビア大学ロースクール(F・D・ルーズベルトと同窓である)を卒業しており、またOSSは秘密のベールに包まれていながら、社交界に名を連ねる男女が数多く勤務していたのである。

OSSの海外作戦はヨーロッパと北アフリカから始まった。やがてロンドンのアメリカ大使館に程近いグロスヴェナー通り72番地にドノヴァンの「前線本部」が設置されるものの、イギリス情報機関との正式な協定の下、OSSがイギリスを拠点として独自の作戦を始めることはなく、当初は北アフリカに活動の重点を置き、1942年11月の米英軍上陸に先立って情報収集を行なった。ヨーロッパでの作戦についても北アフリカを拠点にしており、ドイツの占領下にあるフランス南部でスパイ網を組織すべく2名のエージェントを雇っている。さらに、米英軍が1943年にイタリア南部へ進攻する際も、OSSのエージェントがそれに先立って上陸した。

OSSは後にイギリス機関との合同作戦を行なっている。すなわちフランスのレジスタンスグループを支援するため、3名——アメリカ人、イギリス人、および自由フランス軍の兵士——から成るジェドバラ・チームをパラシュートで敵地へ潜入させたのである。加えてノルマンディー上陸後には、ドノヴァンの「私兵隊」とも称されるOSS作戦グループをフランスに送り込んだ。4名の士官とおよそ30名の兵士で構成されるこれらのチームは、全員が少なくとも相手に理解できる程度のフランス語を話し、前線後方で活動しつつ時にドイツ軍と交戦することもあった。

連合軍がヨーロッパ大陸を前進する中、OSSのエージェントは小型無線機を携帯して空からドイツに潜入した(「ジョアン・エレノア」を参照のこと)。終戦時点でOSSは約200名のエージェントをドイツ国内で活動させていたが、その多くは偽の身分証を与えられたドイツ人捕虜だった。彼らに与えられた任務として、V-1飛行爆弾の発射基地を突き止めること、及びベルリン空襲の効果を見極めることなどが挙げられる。

海軍の小型舟艇でエージェントを上陸させるというSOEのやり方を知ったドノヴァンは自らも海軍を持とうとし、1943年12月3日にそれを実現させた。数隻の駆潜艇と魚雷艇を、エージェントの輸送や捕獲した資料の回収などに用いたのである。また映画俳優で海兵隊大尉だったスターリング・ヘイドンが帆走船14隻から成るOSSの艇隊を指揮し、ドイツの封鎖をくぐり抜けてユーゴスラビアのパルチザンに物資を供給した(ヘイドンは後にドイツで活動し、銀星勲章を授与されている)。

Dデイから1日が経った1944年6月7日、ドノヴァン自身もノルマンディーの海岸に赴き、周囲を見渡してから立ち去った。またビルマの日本軍前線から240キロメートル離れた前進基地にも姿を見せたが、ドノヴァンが敵前線の後方に赴いたのはこれが唯一である。

OSSは中立国でも独自の作戦を展開しており、リスボン、ストックホルム、マドリッド、イスタンブール、そしてベルンに工作員を配置した。スイス支局長を務めたアレン・W・ダレスは反ヒトラー派のドイツ人と接触し、降伏の予備交渉にも関与している。

OSSは5つの部署から構成されていた。

SI（秘密情報部）：情報収集及び諜報活動を担当（当初は
デイヴィッド・K・E・ブルース部長のイニシャルをと
って SI/B と呼ばれた）。

SO（特殊作戦部）：破壊工作、反体制運動、ゲリラ作戦
を担当（当初は M・プレストン・グッドフェロー部長
のイニシャルをとって SO/G と呼ばれた）。

R&A（調査分析部。またの名を「地上勤務部」）：ドイツ
の占領地域に対する空襲の効果を判断するといった、
様々な通常作戦及び秘密作戦の評価を担当。

MO（士気作戦部）：架空の反ナチグループによる偽のラ
ジオ局をイギリスで運営するといった、ブラックプロパ
ガンダ活動を担当。

X-2（防諜部）：アメリカによる情報活動の保護を担当。
イタリア及びフランスにおける連合軍の前線後方で活動
していたドイツの「残置諜報網」を無力化することを目
的とした。司法省でドノヴァンと働いたことのあるジェ
イムズ・R・マーフィー弁護士と、税法の専門家である
ジョージ・K・ボウデンによって組織された。また後に
アメリカ有数のスパイハンターとなるジェイムズ・ジー
ザス・アングルトンも所属していた。

　OSS に浸透したソビエトのエージェントのうち、防
諜担当者による摘発を逃れた者が数名いた。またソビエ
トの情報通信を解読した結果、アメリカ人共産主義者を
通じて数名の OSS 士官がソビエトに勧誘されていたこ
とが明らかになっている（「ヴェノナ」「CPUSA」を参
照のこと）。ドノヴァンは 1945 年 3 月に議会委員会で
証言し、「私の知る限り、（OSS 内部に）共産主義者は
いない」と述べた。しかし共産主義者の存在、とりわけ
スペイン内戦に従軍した者の中に共産主義者がいること
は広く知られていた。当時知られていなかったのは、そ
れらの一部がソビエトのエージェントだった事実である
（「フランツ・ノイマン」「ダンカン・リー」「モーリス・
ハルペリン」を参照のこと）。

　OSS のエージェントは時にイギリス軍と協力しなが
ら、中国－ビルマ－インド地方でも活動した。中国では
第 202 分遣隊が、日本の占領下にあるインドシナで情
報を集めるべく、潜入計画を立案している。この計画
は、反日勢力へ支援を行なうという提言と共に認可され
た。

　1945 年春、最後のフランス軍部隊がインドシナから
脱出し、中国への撤退を試みた。その後 6 月初頭には、
25 名のフランス軍士官とおよそ 100 名のベトナム植民
地兵士が OSS に配属される。彼らにはアメリカの武器
と装備が与えられ、再びインドシナへ浸透することにな
っていた。しかしベトナム側がフランス人への支援を拒
否したため、大半の作戦は失敗に終わった。実際、フラ
ンス・アメリカ共同のパトロール部隊が、地元の共産主
義勢力（ベトミン）に襲撃される事態が少なくとも 1

度発生している。

　アメリカ側はベトミンのリーダーであるホー・チ・ミ
ンと会見し、日本軍に対する作戦を話し合う。その際ホ
ーは、フランスが戻るのを歓迎しないと明言した。アメ
リカ側はそれと正反対の意見だったものの、結局 2 ヵ月
にわたってベトミンに訓練を施し、日本軍の通信線への
攻撃にあたらせようとした。

（ベトミンにはアメリカ軍の武器も供与されており、
1946 年から始まった対仏戦争で用いられた）

　OSS とベトミンの協力関係による主な成果として、
この地域で撃墜された陸海軍のパイロット数名を救出し
たことが挙げられる。ベトミンの名声はこのようにして
高まったが、フランスはアメリカへの不信を募らせ始め
た。1945 年 8 月には OSS の小部隊がインドシナ南部へ
潜入したが、作戦が行なわれる前に終戦を迎えている。

【参照項目】情報統括官、ウィリアム・J・ドノヴァン、
SOE、ジェドバラ、ベルリン、D デイ、アレン・W・ダ
レス、ブラックプロパガンダ、ジェイムズ・ジーザス・
アングルトン

OSS への敵意

　チェスター・W・ニミッツ提督の指揮下にある太平洋
エリアと、ダグラス・マッカーサー大将の下にある太平
洋南西部で OSS が活動することはなかった。ニミッツ
の担当地域はジャングルに覆われた島々や不毛の珊瑚礁
から構成されており、OSS の工作員が潜入しても無意味
だと考えられたのである。加えて両地域ではオーストラ
リア人とニュージーランド人のコーストウォッチャーが
多数の島々で活動し、OSS 式の偵察を行なっていた。

　一方マッカーサーの担当地域において、OSS は歓迎
されざる存在だった。マッカーサーは自らの指揮下にある
連合軍諜報局こそがこの地域での情報収集、フィリピン
人レジスタンスへの支援、及びその他任務の遂行に最も
適していると考えていた。さらに OSS は来るのが遅す
ぎ、かつわずかのものしかもたらさなかった――その
上、OSS を指揮するドノヴァンはマッカーサーの支配の
外にいたのである。

　また OSS に反対する陸海軍の情報将校も多かった。
彼らは自らの権限が侵され、時には優秀な人材が引き抜
かれていると感じたのである。一例を挙げると、陸海軍
は大規模なネットワークを設けて敵軍の通信を傍受して
いたが、OSS も独自の傍受局を設置しつつあった
（「FBQ コーポレーション」を参照のこと）。2 つの施設
が 1942 年に建設されたものの、いずれも統合参謀本部
によって陸軍信号情報局の下へ移されている。

　ドノヴァンのもう 1 人の敵が J・エドガー・フーヴァ
ー FBI 長官である。フーヴァーも海外における防諜活動
の拡張を図っており、OSS をライバルと見なしていた。
彼はドノヴァンを止めることができない一方で、ルーズ

ベルト大統領に対し、戦時中は FBI 捜査官が南米においてアメリカ情報機関を代表し、OSS は排除されるべきとする自説を納得させている。

ドノヴァンはソビエトの主要情報機関 NKVD（内務人民委員部）とも関係を構築し、恐らくは情報交換も行なおうとしていた。そして 1943 年 12 月にモスクワを訪れ、両国にとっての利害が存在する国々でそれぞれの作戦活動を連絡し合うという協定が OSS と NKVD の間で結ばれる。さらに NKVD の連絡員がワシントンへ派遣されることになった。

しかしこの動きは統合参謀本部によって止められた。そこにはフーヴァーからの勧告もあった。1944 年 2 月 15 日、フーヴァーは司法長官に宛てて次のような手紙を送っている。「私が思うに、NKVD の公認チームがアメリカ合衆国に根を下ろすことは、我が国の国内保安にとって深刻な脅威となるでしょう。加えて、こうした機関が我が国に設置される真の目的は不明であり、正当化される理由があるとは考えられません」実際、ソビエト情報機関による OSS への浸透がその後明らかになっているものの（「ヴェノナ」を参照のこと）、これといった成果を挙げることはなかった。

【参照項目】コーストウォッチャーズ、偵察、連合軍諜報局、信号情報局、FBI、J・エドガー・フーヴァー、防諜、NKVD

終焉

終戦が近づくにつれ、ドノヴァンは OSS を基にした戦後の情報機関についてルーズベルト大統領に提案した。しかしルーズベルトは何らかの行動をとる前の 1945 年 4 月 12 日に死去する。後任のトルーマン大統領はこの件を考慮する間もないほど多忙を極め、その上ドノヴァンを嫌っていた。OSS は 1945 年 10 月 1 日の大統領命令によって正式に廃止され、ドノヴァンがトップの座を退いた翌年 1 月 12 日をもって消滅した。

OSS が廃止された際、調査分析部と報告課（地図などの報告資料を作成していた）に所属する 1,362 名の多くは、臨時の調査情報スタッフとして国務省に移籍した。その他の職員 9,028 名については、大部分が陸軍省内に新設された戦略任務ユニット（SSU）に配属され、ドノヴァンの副官を務めたジョン・マグルーダー准将が SSU のトップに任命された。マグルーダーは 46 年初頭に退役し、彼の副官で、アメリカ第 7 軍及び OSS の情報活動を調整していたウィリアム・W・クィン中佐が後を継いだ。

クィンが最初にとった行動の 1 つとして、アングルトンをイタリアにおける防諜責任者に任命したことが挙げられる。そこでアングルトンは、1948 年のイスラエル建国後に同国情報機関で重要な役割を演じるユダヤ人数名と会っている（「ルーヴェン・シロアフ」を参照のこと）。

トルーマンは OSS を廃止する命令書に署名した際、アメリカは「包括的かつ統一的な対外情報活動プログラム」を必要としていると述べた。しかしニミッツとマッカーサーが OSS を全く活用しなかったことを知っており、しかもドノヴァンが提案する高度に中央化された情報機関に対して懸念を抱いていたため、自らの信念に従って戦後のインテリジェンス・コミュニティーを形作ることとした。にもかかわらず、トルーマンが 1947 年 9 月に CIA を創設した際、OSS の大部分がそこに引き継がれている。

歴代中央情報長官（DCI）のうち、アレン・ダレス、ウィリアム・コルビー、リチャード・ヘルムズ、ウィリアム・ケーシーの 4 名が OSS に所属していた。

【参照項目】CIA、中央情報長官、ウィリアム・コルビー、リチャード・ヘルムズ、ウィリアム・ケーシー

戦力組成　(Order of Battle)

敵軍の素性、戦力、指揮系統、及び配置に関する情報。アメリカには電子戦力組成（EOB）という派生語があり、また以前はソビエト戦力組成（SOB）という用語も使われていた。

掃除夫　(Sweeper)

オフィスや施設を調査もしくは「掃除」し、電子盗聴器が取り付けられているか否かを確かめる電子技師。

測定・サイン情報
(Measurements and Signatures Intelligence〔MASINT〕)

1986 年にインテリジェンス・コミュニティーが採用した情報分類。人的情報（HUMINT）、信号情報（SIGINT）、画像情報（IMINT）を統合したものであり、1992 年には国防情報局（DIA）の中に中央 MASINT オフィスが設置された。

DIA は MASINT を「特定の動的・静的ターゲットを探知・発見・追跡・特定する目的で、技術的に入手された情報」と定義し、「レーダー、レーザー、光学、赤外線、音響、放射線、無線、スペクトル放射分析、及び地震探知の各システムと共に、気体・液体・固体のサンプリング及び分析を含む」としている。

【参照項目】インテリジェンス・コミュニティー、人的情報、信号情報、画像情報、国防情報局

ソコロフ、アレクサンドル　(Sokolov, Aleksandr　1919-?)

1964 年 10 月、妻と共にアメリカから強制退去させられたソビエトのスパイ。

ソコロフ夫妻は 1958 年から 63 年にかけ、アメリカのミサイル基地や核兵器といった軍事関連情報を集めるなど、共謀してスパイ活動を行なったとされているが、

2人は容疑を否定した。アメリカ政府は裁判で機密情報が漏れることを懸念し、起訴を見送っている。

検察側の主要な証人にFBIの二重スパイ、カーロ・ルドルフ・トゥオミがいた。

ソコロフはソビエト国民だったものの祖国でなくチェコスロバキアへの強制送還を求め、アメリカ政府もそれを受け入れた。

【参照項目】FBI、二重スパイ、カーロ・ルドルフ・トゥオミ

組織 (The Service)

KGB職員が自らの機関を呼ぶ際に用いるニックネーム。

卒業生 (Graduated)

外国の政府、行政機関、あるいは軍に所属する内通者のうち、より重要な階級、もしくはより高度な機密に携わる地位に昇進した者を指すロシアの俗語。

【参照項目】内通者

ソニア (Sonia)

「ウルスラ・クチンスキー」を参照のこと。

その他業務 (Other Work)

国際連合スタッフをカバーにしたインテリジェンス・オフィサーの諜報活動を指すソビエトの俗語。

ソビエト海洋監視システム

(Soviet Ocean Surveillance System〔SOSS〕)

西側の艦船、特にアメリカ空母——後に潜水艦——を追尾すべく、ソビエトが1960年代に構築した世界規模の監視システム。ソビエト海洋監視システムは他国の水上・航空兵力を追尾する重要な手段だった。様々な監視・偵察活動で得られたデータがSOSSに投入され、その中には海軍の作戦部隊(航空機、水上艦艇、及び潜水艦)によるものだけでなく、専門的な情報収集活動によるものもあった。

主に航空機、無線傍受活動、衛星、水上艦艇、潜水艦、そしてスパイ——KGB及びGRUのエージェント——がSOSSに貢献した。またソビエトの宇宙ステーション、サリュート及びミールもSOSSにデータを提供したと考えられている。使用された航空機は主としてベアD長距離機であり、ソビエト国内の各基地だけでなく、1970年以降はキューバも拠点にした。また大西洋を横断してキューバへ飛行する際には、途中コナクリ(ギニア共和国)に着陸することもあった。

SOSSは海軍艦艇に加え、政府が保有する商船や漁船団から得られた情報も活用していたが、主力はソビエトの研究調査団だった。これら調査団は海洋研究や極地調査に携わる船舶や航空機から構成されており、民間と軍の宇宙航空及び大気調査プログラムを支援していた。

SOSSの様々な構成要素が集めた情報は、4箇所の司令センター——北極地方、バルト海、太平洋、黒海——とモスクワの海軍司令部で統合される。これらのセンターには堅牢な作りの通信施設があり、またバックアップとして機能する代替施設も併設、情報データの素早い受信と、艦隊及び戦術司令官に対する迅速な指令伝達を可能にしていた。ソビエトの戦術は通信に大きく依存していたが、紛争の際には硬直したドクトリンと戦術のため、西側の水上兵力に比べ司令部の命令が重視されないと考えられていたのである。

上記の施設に加えて、巡洋艦と潜水艦数隻に指揮統制システムが搭載され、SOSSの情報を処理・活用することが可能になっていた。

衛星偵察システムなどSOSSの一部は冷戦後も運用された。

「レーダー海洋偵察衛星」も参照のこと。

【参照項目】潜水艦、偵察、衛星、KGB、GRU、エージェント、サリュート、ミール

ソビエト国家保安委員会

(Komitet Gosudarstvennoy Bezopasnosti)

「KGB」を参照のこと。

ソビエト連邦

「ロシア-ソビエト連邦」を参照のこと。

ソープ、エミー・エリザベス

(Thorpe, Amy Elizabeth 1910-1963)

第2次世界大戦中、イギリス秘密情報部(MI6)とアメリカ戦略諜報局(OSS)の指揮下で活動したアメリカ生まれのエージェント。シンシアというコードネームを用いていた。

ソープは海兵隊を退役後に弁護士となった元士官を父に持ち、ワシントンの上流階級の中で成長した。その後商務官としてイギリス大使館で勤務していたアーサー・パックと出会い、1936年に結婚している。

夫がポーランドの首都ワルシャワに転勤となった際、ソープはすでにMI6の下で働いており、一説によるとポーランド外相の私設秘書と愛人関係になって、機密の外交情報を入手していたという。またスペイン内戦では「偉大な勇気」を示し、政治難民の国外脱出を助けたともされている。さらに、MI6の指示で南米を訪れたこともある。

夫がワルシャワのイギリス大使館で勤務していた1938年、彼女はある外交官の会話を立ち聞きし、その内容をパスポート担当官をカバーに活動していたMI6のインテリジェンス・オフィサーに伝えた。この働きに

よってソープはエージェントに抜擢され、ポーランド政府職員と親交を結んで会話の立ち聞きを続けるよう命じられた。またエニグマという名の暗号機械についての会話も聞いたとされている。

1940年夏、ソープはアメリカに赴き英国保安調整局（BSC）のオフィスで勤務した。そしてイタリア海軍の駐在武官と恋仲になり、後にイタリアの暗号を入手したと主張している。パックとは当時すでに別居していた。

ドイツがフランスを占領してヴィシーに傀儡政府を樹立した後、ソープはワシントンDCのヴィシー政府大使館に浸透する任務を与えられた。彼女はヴィシー政府に好意的なジャーナリストを名乗ってシャルル・ブルース広報官に電話をかけ、大使とのインタビューを要請する。このインタビューによっていくつかの情報を得ると共に、ブルースと再会して2人は恋仲になっている。イギリス情報機関の下で働いていることを告白された愛人は、大使館の秘密情報をソープにもたらすようになった。

アメリカが第2次世界大戦に参戦すると、ソープはOSSとMI6のために活動した。1942年6月には海軍のコード書を盗み出すため、イギリスから提供された金庫破りの名人と共に大使館へ侵入する。そのコード書は近くにあるホテルの1室で撮影された。

ソープによる活躍の結果、連合軍の戦略立案者は1942年11月の北アフリカ上陸に先立ち、フランス艦隊の配置状況に関するヴィシー政府の電文を読むことができた。

優秀なエージェントと評されるソープは、様々に回想されている。BSCの工作員だったH・モントゴメリー・ハイドは、著書『Room3603（邦題・3603号室　連合国秘密情報機関の中枢）』（1963）の中でこう記した。「これといった性的魅力はなかった。普通のセンスで見れば、美しいとも可愛らしいとも言えない」しかしBSCを率いたウィリアム・スティーヴンソンの評伝『A Man Called Intrepid（邦題・暗号名イントレピッド　第二次世界大戦の陰の主役）』（1976）において、著者のウィリアム・スティーヴンソンは次のように記している。「（ソープは）エキゾチックな女スパイだった……人目を引く女性で……スレンダーながらもグラマーな体つきをしていた」いずれの作者も、彼女が緑の瞳をしていたことで意見が一致している。またスティーヴンソンは、BSCが作成した次の文章を引用している。

　彼女は鋭い頭脳を持ち、正確この上ない報告をもたらした。極めて勇敢であり、我々が許容できない危険を自ら志願して負うこともあった。生活費をわずかに上回る額しか支給されなかったにもかかわらず、イギリスと祖国アメリカにとって、彼女の価値は計算不能なほどである。シンシアというカバーネームを知る者

は、多く見積もっても3人しかいなかった。

夫妻は離婚し、パックは1945年に自ら命を絶つ。ブルースとソープは結婚してフランスの古城で暮らした。その後ソープは1963年に口腔ガンで死亡し、ブルースはその10年後、電気毛布の故障で感電死している。また66年には彼女のスパイとしての活動を描いた『Cynthia』が出版された。

【参照項目】MI6、戦略諜報局、エージェント、コードネーム、カバー、インテリジェンス・オフィサー、エニグマ、英国保安調整局、駐在武官、暗号、H・モントゴメリー・ハイド、ウィリアム・スティーヴンソン

ソベル、モートン　（Sobell, Morton　1917-）

原爆スパイ網のメンバー、ジュリアス・ローゼンバーグの長年にわたる友人であり、ローゼンバーグと妻エセルの裁判で共同弁護人を務めた人物。

ソベルはローゼンバーグ夫妻と同じく、アメリカに移住したロシア系ユダヤ人の息子として生まれた。夫妻とはニューヨーク市立大学で知り合い、卒業後も交遊を続けた。また学部生として研究を行なう傍ら、ミシガン大学で電気工学の修士号を取得している。

ソベルが初めてアメリカ防諜機関の目に止まったのは1941年1月、海軍省の同僚であるマックス・エリッチャーと共に、徴兵反対運動に参加する人々を愛車で送迎していた時のことである。この反対運動を支援していたアメリカ平和動員委員会は、多数の共産主義者が紛れ込んでいる組織として知られていた。その後程なくしてソベルは海軍省を退職し、リーヴス・インスツルメントという民間企業で働き始めたものの、エリッチャーは第2次世界大戦中も海軍省に残っている。

ソベルが次にFBIの目を引いたのは1948年のこととされる。7月30日、FBIの監視下にあると信じ込んでいたエリッチャー夫妻は、ニューヨーク州クイーンズにあるソベルの自宅を訪れ泊めてもらおうとした。夫妻は尾行をまいたと自信を持っていたが、ソベルは怒り、そして不安を覚えた。そして2人に対し、ここにローゼンバーグに渡すつもりの資料があり、「捨て去るには惜しい」が自宅で隠し持つには危険すぎると付け加えた。

次いでソベルとエリッチャーはマンハッタンに車を走らせ、人気のない水辺に駐車した。エリッチャーが車の中で待つ間、ソベルは35ミリフィルムの入った缶を持ち、近くにあるローゼンバーグの住居へと歩いていく。その後1950年7月にジュリアス・ローゼンバーグが逮捕されるまで、ソベルの身には何も起きなかった。ローゼンバーグの逮捕後、ソベル一家はメキシコへ逃れる。FBIは一家が住んでいるメキシコシティーのアパートメントを突き止めたが、そこはもぬけの殻だった。モートンは正規の旅券を持たない一家を東欧に運ぶ貨物船を見

つけようと、ベラクルスとタンピコを訪れていたのである。だが 8 月 16 日夜にアパートメントへ戻ったところ、望ましからぬ外国人としてメキシコ保安警察に逮捕された。

8 月 18 日、ソベルはアメリカとの国境で FBI に引き渡される。家族はアメリカ領に入ったところで解放された。ソベルは休暇でメキシコを訪れていたのだと主張したが、メキシコシティーのアパートメントで発見された証拠によって国外逃亡計画が明らかになった。

1951 年 3 月、ソベルはローゼンバーグ及びデイヴィッド・グリーングラスと共に裁判に臨んだ。審理の結果有罪となり、禁固 30 年を言い渡される。そして数年後、ニューヨーク市で活動していたソビエトのイリーガル、ルドルフ・アベルのアシスタントを務めていたレイノ・ヘイハーネンが、ソビエトへの帰国でなく西側への亡命を選んだことにより、さらなるつながりが明るみに出た。ヘイハーネンが明らかにしたところによると、1955 年のある日、ヘレン・ソベルに渡す法廷費用 5,000 ドルを穴から掘り出すよう命じられたという。しかし彼は現金を掘り出したものの、それを自分の懐に収めたのである。

ヘレン・ソベルがスパイ網への関与で罪に問われることはなかった。しかし FBI 捜査官のロバート・J・ランファイアとトム・シャハトマンは『The FBI-KGB War』(1986) の中で次のように記している。「ソベル夫人がソビエトと関係していたという考えは、当時ローゼンバーグ事件を批判していた人間によって否定された。しかし後になって、アベルの古い財布から偶然見つかったマイクロフィルムによって、関与は確かなものになっている」

当初ソベルはサンフランシスコ湾に浮かぶアルカトラズ刑務所に収監されていたが、後にアベルがいるジョージア州アトランタの連邦裁判所へ移された。2 人はチェスに興じたものの、アベルが U-2 偵察機のパイロット、フランシス・ゲイリー・パワーズとの交換で 1962 年に釈放されたことにより終わりを迎えた。

1969 年 1 月に釈放されたソベルはその後も無実を訴え続けた。しかし NSA と FBI はソビエトの情報通信を傍受・解読するヴェノナ計画によって、ソベルの名前とコードネームを結び付けた。それにもかかわらず、彼はスパイ行為を否定し続ける。妻ヘレンも夫の無実を訴えて釈放運動を続けたが、1980 年に離婚している。その後ヘレンは 2002 年に死去した。

(訳注：2008 年、ソベルはニューヨーク・タイムズ紙とのインタビューの中で、スパイ活動に関与していたことを初めて認めている)

【参照項目】原爆スパイ網、ジュリアス・ローゼンバーグ、防諜、FBI、監視、デイヴィッド・グリーングラス、イリーガル、ルドルフ・アベル、ロバート・J・ランフ

ァイア、U-2、フランシス・ゲイリー・パワーズ、NSA、ヴェノナ、コードネーム

ゾルゲ, リヒャルト （Sorge, Richard 1895-1944）

大きな成果を挙げたソビエトのスパイ。ゾルゲが日本から送った情報のおかげで、ソビエトは極東から兵力を移動させ、1941 年から 42 年にかけてのドイツ軍侵攻を押しとどめることができた。

ドイツ人の父とロシア人の母との間にロシアで生まれたゾルゲはハンブルグ大学で学び、政治学の博士号を取得した。第 1 次世界大戦ではドイツ陸軍に所属し 3 度負傷している。戦後の 1920 年に共産党員となり、1920 年代後半には GRU による指揮の下、教師をカバーとしてドイツで活動を始める。また 1924 年から 27 年までモスクワで勤務した後、スカンジナビア（1927）、アメリカ（1928）、イギリス（1929）、そして上海（1930）に派遣された。なお上海では、もう 1 人のソビエトスパイ、ウルスラ・クチンスキーと出会っている。

あるドイツ系雑誌の特派員をカバーにしていたゾルゲは、1933 年 9 月から逮捕される 41 年 10 月まで日本でスパイ活動を行なった。ドイツの高級紙フランクフルター・ツァイトゥング他 2 紙の東京特派員として、東京のドイツ大使館、大本営、さらには皇族にまで浸透し、貴重な軍事・政治情報を集めている。またソビエトとの戦争を避けるよう日本側を説得しようと試みた。

1941 年、ゾルゲは日本が南進（蘭領及び仏領インドシナへの侵攻）を計画しているという情報をソビエトに伝えた。ソビエトはこの情報を基に、日本軍はドイツのロシア侵攻を支援すべく攻撃を仕掛けることはないと判断、兵力を極東から対独戦に移すことができた。

日本側におけるゾルゲの協力者は、近衛首相のブレーンを務め、軍事及び政治関連の情報に近づける立場にいた尾崎秀実である。尾崎によれば、スパイとなったのは「社会主義国家として再建されるべき」日本を救うことが動機だったという。日本がソビエトを攻撃し、破壊するのを防ぐべく、ゾルゲを助けているというのが言い分だった（尾崎は台湾で育ち、台北中学へ通いながら専門学校で英語を学んだ。帰国後は政治問題、社会問題、そして少数民族問題をより深く考察しようと 1923 年にマルキシズムへ転向した。そして 1930 年に上海でアグネス・スメドレーからゾルゲを紹介されたのである）。

ゾルゲのスパイ網は偶然のきっかけから発見された。日本の防諜機関が共産主義者の摘発に力を入れていたところ、強硬な反ソ派という評判があったゾルゲの名が捜査線上に浮かんだのである。ゾルゲと尾崎は 1941 年 10 月に逮捕され、44 年 11 月 7 日に絞首刑が執行された。ゾルゲはソ連邦英雄の称号を没後授与されると共に、ソビエトの記念切手になっている。

中国でのコードネームはジョンソン、日本でのそれは

ラムゼイだった。

【参照項目】GRU、カバー、ウルスラ・クチンスキー、政治情報、尾崎秀実、アグネス・スメドレー、防諜、切手

ソロ作戦 (Solo)

FBIがアメリカ共産党（CPUSA）を対象として長期間にわたって実施した防諜作戦を指すコードネーム。

1950年代中盤から77年にかけ、ジャックとモリスのチャイルズ兄弟はアメリカ共産党員として党内で高く信頼されており、党の資金をモスクワからアメリカに運んだり、ニキータ・フルシチョフやレオニード・ブレジネフといったソビエト指導者と面会したり、冷戦下における彼らの対米政策を党幹部に伝えたりしていた。だがそれと同時に、チャイルズ兄弟はFBIの情報提供者でもあった。

ウクライナで生まれたモリス・チャイルズは1921年にアメリカ共産党入りし、ソビエト情報機関がアメリカで運営していた地下スパイ網のエージェントとなるべく、モスクワのレーニン学校で訓練を受けた。1932年には弟のジャックが共産主義青年同盟の幹部となり、同じく訓練のためにモスクワへ派遣されている。モリスは後に、アメリカ共産党が発刊するデイリー・ワーカー紙のモスクワ特派員に任命された。

モリスは1940年代に一旦活動を中止したが、54年に共産党地下組織へ復帰する。任務の一つに、モスクワからアメリカに現金を輸送することがあった。その一方で、チャイルズ兄弟はこの頃からFBIへの協力を始めている。

兄弟はFBIに対し、公民権運動のリーダー、マーティン・ルーサー・キング・ジュニアと近い関係にあるスタンレー・レヴィソンが共産党員であると報告した。この情報を掴んだJ・エドガー・フーヴァー長官は、キングの信用を失墜させる作戦を実行に移し、キングが共産主義者とつながっているという噂をアメリカ当局に広めた。

ソロ作戦に関する具体的な情報を初めて明かしたのは、歴史家のデイヴィッド・J・ガロウが著した『The FBI and Martin Luther King Jr.: From 'Solo' to Memphis』（1981）である。その後1996年には、FBIに強力なコネを持つジョン・バロンによる『Operation Solo』が刊行され、より詳しい事実を伝えている。バロンによれば、モリス・チャイルズは当時のKGB議長で後に共産党書記長となるユーリ・アンドロポフと親しい関係にあったという。また兄弟がキューバのフィデル・カストロや、中国の毛沢東のもとにも派遣されたとしている。

モリス・チャイルズは、ソビエト連邦と中華人民共和国の関係悪化について話し合われた会談を目撃したと報告している。つまりアメリカ当局はソロ作戦で得られた内部情報を基に、中ソ対立について歴史家が以前に信じていたより多くの知識を得ていたのである。

【参照項目】FBI、CPUSA、エージェント、J・エドガー・フーヴァー、ジョン・バロン、KGB、ユーリ・アンドロポフ

ソワーズ、シドニー・W (Souers, Sidney W. 1892-1973)

初代アメリカ中央情報長官（DCI）。CIAの前身、中央情報グループの設立指令書にトルーマン大統領が署名した翌日の1946年1月23日に就任した。しかし在任期間は短く、同年6月に退任している。

ソワーズは1914年にオハイオ州のマイアミ大学を卒業後、不動産担保ローン、証券、投資の世界で順調なキャリアを歩む。1929年に海軍予備役隊の少佐となり、40年まで情報士官として待機する。召集後はイリノイ州グレート・レイクスの地区情報本部に配属され、またサウスカロライナ州チャールストンとサンファン（プエルトリコ）の海軍地区司令部でも情報任務に携わった。

1944年7月、ソワーズは計画担当の海軍情報副部長としてワシントンDCの海軍作戦本部に配属され、翌年には少将へ昇進した。この期間中、中央情報機関の設立を検討する政府委員会に海軍長官代理として出席している。

トルーマンは中央情報機関の構想に強い関心を抱き、個人的に検討した。「私はソワーズ提督の支援を受けて陸海軍が作成した計画に賛成の立場であり、いつでも実現できるよう準備を行なった」と、回顧録『Years of Trial and Hope: 1946-1952（邦題・トルーマン回顧録）』（1956）には記されている。

ソワーズはビジネス界に戻ることを望んでいたが、トルーマンはそれを引き止めた。「私は彼に対し、陸軍、海軍、そして国務省が意見を一致させ、私が受け入れられる候補者を選び出せば、君をすぐに解放すると言った」かくして1946年1月22日に中央情報グループが設立された。翌日、ソワーズが正式に中央情報長官として任命され、2日後にはトルーマンからホワイトハウスに招かれる。そして紋章——黒い外套と木の短剣——を授与された（「外套と短剣」を参照のこと）。

ソワーズはトルーマン大統領、そして大統領首席補佐官であり、新機関に個人的興味を持っていたウィリアム・D・リーヒ提督と共に中央情報グループの創設を監督した。

DCIを5ヵ月務めた後、ソワーズは短期間ながらビジネスの世界に戻った。しかし新設された原子力委員会からの要請に応じ、委員会が必要とする情報について大規模な調査を指揮している。1947年9月には国家安全保障会議（NSC）の初代事務局長に指名され、1950年1月までその職を務めた。安全保障会議を去った後はビジネス活動を続けつつ、国家安全保障問題の大統領特別顧問と

なった。その後53年1月1日に海軍予備役隊を退役したが国家安全保障問題に関わり続け、マッカーシーによる赤狩りの嵐が吹き荒れた時には、反政府活動規制法と全国的な反共産主義運動に「危険の種」が宿っていると警告した。また無制限かつ無差別な反共運動は、共産主義者がなし得る以上にアメリカの自由を害しかねないとも説いている。

【参照項目】中央情報長官、中央情報グループ、CIA、国家安全保障会議

孫子 （紀元前535年頃-?）

情報の価値に対し鋭い感覚を持っていた古代中国の武将、孫武の尊称。孫子が著した兵法書は戦争及び諜報活動に関する史上初の教科書とされ、現在も東西の軍事機関で必読書となっている。

黄河河口の斉国に生まれた孫子は、人生の大半を隣接する呉の武将として送り、呉軍の将軍になったこともある。

孫子はこう記す。「爵禄百金を愛んで敵の情を知らざる者は、不仁の至りなり」「敵を知り己を知れば百戦危うからず。己を知り敵を知らざれば一勝一負す。敵を知らず己を知らざれば百戦危うし」

孫子によれば間諜（スパイ）には5つの種類があるという。

(1) 郷間：敵国の民間人。
(2) 内間：敵国の官吏。今の地位を保ちながら寝返らせる。
(3) 反間：敵国の間諜（つまり二重スパイ）。敵に関する情報をもたらし、偽情報を敵に送り返す。
(4) 死間：敵の指揮下で諜報行為に携わり、それをもって敵を欺く間諜。敵に偽情報を与えるため犠牲にされる（すなわち敵によって処刑される）。
(5) 生間：繰り返し敵国に潜入して情報を入手する間諜。

兵法書の中で孫子はこう記している。

故に三軍の親は間（スパイ）より親しきは莫く、賞は間より厚きは莫く、事は間より密なるは莫し。聖智に非ざれば間を用うること能わず、仁義に非ざれば間を使うこと能わず、微妙に非ざれば間の実を得ること能わず。

ソンボレイ、アルバート・T （Sombolay, Albert T.）

「アラブの大義」を支援すべくイラク及びヨルダン当局に情報を渡したとして、スパイ行為並びに利敵行為で有罪となったアメリカ兵。

アフリカのザイールに生まれたソンボレイは1978年にアメリカ市民権を取得し、85年に陸軍へ入隊した。そしてドイツのバート・クロイツナハに駐留する第8歩兵師団に所属していた1990年12月、イラクとヨルダンの大使館に接触を試みる（イラクは同年8月にクウェートへ侵攻しており、湾岸戦争の前哨戦となる砂漠の盾作戦も開始されていた）。

ソンボレイはアメリカ軍の展開状況に関する情報をブリュッセルのヨルダン大使館に渡した上、アメリカの兵器及び戦争計画に関するビデオテープを渡すと約束した。また部隊がサウジアラビアに展開されれば、より多くの情報をもたらせるだろうとも語っている。彼はボンのイラク大使館にも同様の提案をしたが、こちらからは何の返事も得られなかった。

12月29日、ソンボレイの所属部隊は砂漠の盾作戦の一環として展開されたが、彼自身はドイツにとどまり、引き続きイラクとの接触を試みた。またヨルダンのエージェントに化学戦用の防護スーツ、ブーツ、手袋、及び除染装置を提供している。

陸軍の情報機関は何らかの方法でソンボレイの行為を突き止めた。そして1991年7月、バウムホルダーで開かれた軍法裁判においてスパイ行為と利敵行為で有罪となり、重労働34年を言い渡されている。

【参照項目】エージェント

タ

第1気象偵察臨時飛行隊
(1st Weather Reconnaissance Squadron〔Provisional〕)

U-2偵察機を運用するため、1956年4月にネヴァダ州グルーム・レイクで編成されたアメリカ空軍の部隊。U-2のパイロットは空軍から休暇を取ってCIAと契約する形で飛行任務に就き、空軍の司令官とCIAの幹部職員が指揮にあたった。

飛行隊の本拠地は1956年7月にロンドン北東のレイクンヒースにあるイギリス空軍の基地へ、同年9月には西ドイツのヴィースバーデンにあるアメリカ空軍の基地へ移動する。U-2によるソビエト領空への最初の偵察飛行はヴィースバーデンを拠点に実施されたが、ソビエト側にヴィースバーデン作戦を知られた可能性が生じたため、西ドイツのさらに遠隔地にあるジーベルシュタット基地へ拠点を移した。

第1気象偵察飛行隊は1957年11月に解散し、U-2による偵察飛行はそれぞれトルコのアダナと日本の厚木を本拠地とする第2及び第3気象偵察臨時飛行隊に引き継がれた。また西ドイツの他にもパキスタンのペシャワール、バーレーン、イギリス、ノルウェーのボードー、沖縄、台湾、フィリピン、そしてインドのカタック近郊にあるシャルバチア空軍基地から、U-2による偵察飛行が続けられている。

第1及び第2飛行隊は10/10派遣隊としても知られている。

【参照項目】U-2、CIA

第12情報保安中隊 (12 Intelligence and Securiry Company)

1942年にイギリス陸軍が北アイルランドで組織した情報部隊。アイルランド共和軍暫定派とアイルランド国民解放軍を対象とした秘密工作活動において、中心的役割を担った(「第14情報中隊」を参照のこと)。

【参照項目】秘密工作活動

第14情報中隊 (14 Intelligence Company)

テロリスト捜索でより優れた情報を提供すべく、1973年頃に北アイルランドで組織されたイギリス陸軍のエリート監視部隊。当初は偵察軍(Reconnaissance Force)またはRFと呼ばれ、その後は一連のカバーネームを用いた。

1969年に北アイルランドでプロテスタントとカトリックの対立が激化し、イギリス軍が対処のために派遣される以前から、秘密情報部(MI6)と保安部(MI5)はいずれも北アイルランドで活動していた。しかし陸軍も独自の情報を持つ必要に迫られ、戦術情報の収集という

スタンダードな方法から、大規模な「地上」監視活動を行なう高度な専門組織、第14情報中隊の設置まで、複数のアプローチが試された。

マーク・アーバンは著書『Big Boys' Rules』(1992)の中で次のように記している。

第14情報中隊は静的な監視拠点(Ops)を設置する、あるいは無印の自動車(Q Cars)から監視するといった方法で大半の任務を遂行した。都市部の監視拠点は空き家であり、田舎においては道端の排水溝だった。また自動車には、何気なく観察しただけでは気づかない「秘密無線機」が取り付けられていた。

1987年、第14情報中隊はイギリスの各種対テロ組織、特殊空挺部隊(SAS)、特殊舟艇部隊(SBS)、そして海兵隊特殊部隊と同じく軍の管理下に置かれた。また時にSASを隠れ蓑として使い、高度な訓練を受けた陸軍部隊が監視活動に携わっていることをアイルランド共和軍(IRA)に知られないようにした。

任務は極めて危険だった。第14情報中隊の兵士はIRAの標的となっているSASとしばしば密接に協力し、1983年から87年にかけて20名のIRAメンバーを殺害した。一方、1974年から84年に至るIRA闘争の最盛期には、情報中隊に所属する4名がIRAの狙撃手に射殺されている。

第14情報・保安中隊と呼ばれることもある。

【参照項目】監視、カバー、MI6、MI5、戦術情報

第2信号大隊 (2nd Signal Service Battalion)

第2次世界大戦中、世界各地の無線傍受局に人員を提供する目的で設けられたアメリカ陸軍の部隊。

1939年1月1日に陸軍信号司令官の下に組織された第2信号中隊を母体とし、当初は数名の士官と101名の下士官兵が配属された。それ以前、陸軍信号情報局(SIS)は以下の各地に展開する信号部隊ユニットに無線傍受を担当させていた。

フォート・モンマウス(ニュージャージ州)
フォート・サム・ヒューストン(テキサス州)
プレシディオ(カリフォルニア州サンフランシスコ)
フォート・シャフター(ハワイ州オアフ島)
フォート・マッキンリー(フィリピン)
クアリー・ハイツ(パナマ運河地帯)

信号中隊が結成されたことにより、SISによる全ての傍受活動は中央のコントロール下に置かれた。第2信号中隊の司令部は当初フォート・モンマウスに置かれたが、1939年11月にワシントンDCへ移り、SISと同居するようになっている。ヨーロッパで第2次世界大戦が勃発したのを受けてSISの活動は拡大されたが、陸軍が急速に拡張する中で高度な訓練を受けた通信員が不

足したため、中隊は常に人員不足に苦しんだ。1941年12月7日（日本時間8日）の真珠湾攻撃当時、フィリピン分遣隊における下士官の定員は24名と定められていたが、実際に配属されていたのは16名に過ぎなかった。

アメリカが戦争に突入した時点でSISは45名の士官を擁し、第2信号中隊には177名の下士官兵が配属されていた。ワシントンでは士官44名と下士官兵28名が活動し、またフォート・モンマウスの訓練施設を含むその他の分遣隊には士官1名と下士官兵149名が割り当てられていた（他にも109名の民間人がSISに所属していた）。

1942年春の時点で陸軍は15の傍受分遣隊（フィリピンの分遣隊は救出されてオーストラリアに移っていた）を擁し、700名以上の人員を配置していた。そして同年4月、中隊は第2信号大隊に昇格する。その後7月、SISと大隊の司令部はワシントン近郊のヴァージニア州アーリントンホールに移転したが、その実態は、陸軍の通信傍受活動に携わる下士官兵（後に女性も加わっている）の1セクションに過ぎなかった。

世界各地の拠点に派遣された分遣隊はドイツと日本の無線通信を傍受すると共に、通信保安手続きの遵守を確かなものにすべく、アメリカ軍による軍事通信の監視も行なった。また訓練施設もあり、1942年10月にフォート・モンマウスからヴァージニア州ヴィントヒルファームズへ移っている。

1942年11月19日、4月にSISへ配属されたフランク・W・バロック大佐が大隊指揮官を兼務することになったのを受け、SISと第2信号大隊は実質的に一体化された（バロックはアーリントンホール傍受局の司令官も務めており、実際には3足の草鞋を履いている状態だった）。

有能な人材の発掘は変わらぬ悩みの種だった。1943年初頭までに521名の下士官兵がヴィントヒルファームズの傍受局へ送られたものの、そのうち28名は読み書きができず、通信傍受任務には不適当とされた。程なく女性下士官兵（WAC）も大隊に配属されるようになったが、当初は11名の女性士官と800名の下士官が要求された。

またアーリントンホールに配属された下士官兵の間には、士気に関する大きな問題があった。その多くは、より多額の俸給を受け取っていたSIS及び第2信号大隊の士官、そしてSISの民間人職員と同じ任務に就かされていたのである。大隊の公史には次のように記されている。「ある人間の階級と、その成果との間に相関関係はないものと思われる。当然ながら、下士官の多くは不公平な扱いを受けていると感じた。この問題を解決すべく努力がなされたものの、完全な解決には至らなかった。解決策の1つとして、優秀な下士官兵を幹部候補

学校に送るというものがあったが、その割当ては少数だった」加えて、下士官を直接士官に昇格させることが難しかった一方、日本語を話せる下士官58名は少尉に任官されていたのである。

1945年8月に戦争が終結した際、第2信号大隊はアメリカ国内数ヵ所とグアムに加え、アスマラ（エリトリア）、ニューデリー、アラスカ、そしてハワイにも傍受分遣隊を配置していた。士官792名、男性下士官2,704名、女性下士官1,214名、計4,700名以上を擁していた第2信号大隊は陸軍最大の大隊であり、准将が傍受局と大隊の指揮にあたっていた（以上の数字には、終戦時に陸軍の通信情報部門で勤務していた5,661名の民間人職員と、前線司令部で信号情報活動に携わっていた17,000名の士官及び下士官は含まれていない）。

【参照項目】信号情報局、真珠湾攻撃、アーリントンホール、通信保安、信号情報

第20タスクフォース (Task Force 20)

2003年のイラク戦争に参加し、化学兵器、生物兵器、及び核兵器の捜索にあたったアメリカ陸軍の秘密部隊。主に陸軍特殊作戦部隊から構成されていた。

上記の大量破壊兵器を発見することはできなかったものの、イラク指導者数名に加えパレスチナゲリラ（PLFアッバス派）のリーダー、ムハンマド・アッバスの拘束に成功している（また化学物質の分散が目的だったと思われる地雷保管庫の位置も突き止めた）。

第20タスクフォースは、イラク軍によって拘束されたアメリカ兵ジェシカ・リンチの救出にも用いられ、他の部隊と共にイラク国内の病院から彼女を救出している。

【参照項目】特殊作戦部隊

第157タスクフォース (Task Force 157)

1970年代、第157タスクフォース（TF157）は様々な情報任務に関与した。その活動範囲は港湾の監視から、1971年のヘンリー・キッシンジャー国家安全保障担当大統領補佐官による極秘訪中の際、最高機密の通信チャンネルを提供したことまで、多岐にわたっている（「ウェザー」を参照のこと）。

TF157はおよそ75名のエージェントを擁していたが、その中にはリビアに武器を売却したとして後に有罪となる元CIA職員、エドウィン・P・ウィルソンもいた。

このタスクフォースが表向きのカバーとしていたのは、遠隔地の要員を支援する名目で設けられた海軍管理業務コマンドである。また非公式には国際海事顧問企業、ピアース・モルガン・アソシエーツ社をカバーにしていたが、この企業は海軍管理業務コマンドと同じヴァージニア州アレキサンドリアの建物に所在していた。な

おTF157は世界各地に25名の現地インテリジェンス・オフィサーを配し、国内外で少なくとも10社のフロント企業を運営していた。

TF157は極秘の部隊とされており、海軍が人的情報（HUMINT）収集プログラムを立案した事実のみならず、部隊の存在すらも機密扱いだった。しかし1973年に開かれた上院歳出委員会において、兵站担当海軍作戦副部長のW・D・ガディス中将は「海軍の人的情報収集プログラムは、機密が求められる分野において活動を拡大させている」と述べ、HUMINT収集活動の存在を明らかにした。ここでガディスによって言及されたのがTF157である。

TF157は時に新聞広告を通じ、ケース・オフィサーとして勤務する民間人をリクルートし、現地事務所でエージェントの運用と作戦の遂行を担当させた。例えばドイツでは海軍の退役軍人に目をつけ、東西ドイツを行き来する郵便に目を光らせることでエージェント役を務めさせようとした。

作戦の1つに、表向きはイラン海軍のスパイ養成に関するものがあった。ウィルソンはフロント企業を通じてトロール船を購入、50万ドルでイランに転売する。この船はソビエト艦艇の近くを航行しつつ、放出された電子信号を傍受することになっていた。しかしペルシャ湾にこのようなターゲットはほとんど存在せず、トロール船も航海に適する状態ではなかった。

またTF157による任務の1つとして、ソビエトが輸出する核兵器の監視が挙げられる。ジブラルタルやボスポラスといった幅の狭い海峡で、海軍の技術者と核物質探知装置を搭載した「民間ヨット」が船舶を臨検するというものだった（「クラスター」を参照のこと）。

戦略兵器削減交渉（SALT）の際、ソビエト製兵器に関するデータを提供したのもTF157だった。また台湾から中国本土へエージェントを送り込み、電子傍受装置を設置させているが、こちらは1972年のニクソン訪中によって中止された。ベトナムではハイフォン湾に関する情報を提供し、72年の海軍機による機雷敷設を支援している。さらに73年10月のヨムキップル戦争（第4次中東戦争）の際には、エジプトに核兵器が持ち込まれていると報告したものの、決定的な証拠はなかった。

第157タスクフォースの調達方法に調査のメスが入った時、ウィルソンら外部エージェントと、TF157に装備や補給品を納入している企業との間で取引が行なわれていることが明らかになった。この発見がなされた1974年10月、当時大佐だったボビー・レイ・インマンが海軍情報部長に就任する。インマンはペンタゴンからの指示で情報予算を切り詰めたが、削減対象の1つにTF157があった。そしてCIAあるいは国防情報局（DIA）に移管する試みも空しく、76年7月にインマンはTF157を廃止し、翌年9月30日をもってこの組織を

消滅させた。

情報史家のジェフリー・T・リチェルソンはこう記している。「ケース・オフィサーは海軍による雇用記録を全て破棄するよう命じられた……タスクフォースが存在した事実も否定することになっていた」

しかし1977年5月、ウィルソンに関する記事を執筆していたワシントン・ポスト紙のボブ・ウッドワード記者がTF157の名前を耳にしたことで、組織の存在が明らかになった。

【参照項目】最高機密、エージェント、CIA、エドウィン・P・ウィルソン、カバー企業、人的情報、ケース・オフィサー、ターゲット、ボビー・レイ・インマン、国防情報局、ジェフリー・T・リチェルソン、ボブ・ウッドワード

第168タスクフォース (Task Force 168)

第157タスクフォース（TF157）が廃止された際、その資源とプロジェクトはインテリジェンス・コミュニティー内で配分された。この時、TF157による活動の一部が、戦術情報と技術情報を艦隊司令官に提供していた第168タスクフォースに引き継がれている。

TF168自体は、海軍情報司令部（NIC）の人員削減を回避すべく1969年に設立された組織である。77年には海軍極東科学・技術班と、海軍情報局（ONI）にとって有益な情報を難民や亡命者から聞き出すミュンヘン駐留の情報部隊2つを、TF157から引き継いでいる。

「ゴールドフィンガー作戦」も参照のこと。

【参照項目】インテリジェンス・コミュニティー、戦術情報、技術情報、海軍情報司令部、海軍情報局

第2部 (Second Bureau)

「参謀本部第2部」を参照のこと。

第30襲撃部隊 (30th Assault Unit)

第2次世界大戦中イギリス各軍によって組織され、上陸作戦の際にドイツ軍の技術情報を集めた戦闘部隊。ジェームズ・ボンドシリーズの作者イアン・フレミングが設立に関わったこの部隊は、1942年11月の米英軍による北アフリカ上陸作戦で初めて実戦に参加した。

第30襲撃部隊は第30コマンド部隊とも呼ばれ、連合軍の先鋒部隊と共に上陸した後、敵が破棄あるいは破壊するより早く敵軍の文書や装備を捕獲した。後にはシチリア、イタリアなど地中海各地の作戦に参加し、貴重な文書のみならず暗号、無線、レーダーの各装置、及び兵器を入手している。シチリアではイタリア空軍が誘導信号に用いている暗号機一式を入手し、以降連合軍の航空機はイタリアの航法装置によって同国北部の攻撃目標に飛行した。

1941年には同様の情報部隊がドイツ軍によって組織

され、先鋒部隊と共にアテネに入った後、放棄されたイギリス軍司令部から重要文書を捕獲した。また他にも同じ性質の部隊が存在したことを、イギリス側は摑んでいる。

第30襲撃部隊は1943年後半にイギリスへ帰還、翌年のノルマンディー上陸作戦に向けて準備を始めた。しかしイギリス陸軍第15軍団は、この部隊の陸軍部門をイタリアでの作戦に用いるよう要求する。その結果、上陸作戦当日（Dデイ）は海軍部門だけが参加、海兵隊第40コマンド部隊と共にノルマンディーへ上陸し、沿岸にあるドイツのレーダー基地から技術情報を集める支援を行なった。

【参照項目】技術情報、ジェームズ・ボンド、イアン・フレミング、暗号、Dデイ

第837信号任務派遣隊
(837th Signal Service Detachment)

「中央局」を参照のこと。

第3の男 (Third Man)

イギリス人スパイ、ドナルド・マクリーンとガイ・バージェスのソビエトへの逃亡を仕組んだ人物を指す、イギリスのマスコミによる呼称。実際にはハロルド（キム）・フィルビーを指しており、その指摘は正しかった。後には第4の男、第5の男という呼称も生まれている。

フィルビーの正体が暴露された後、作家であり、インテリジェンス・オフィサーとしてフィルビーの下で働いた経歴を持つグレアム・グリーンは、「第3の男」という呼称が最初に用いられたのは1950年のサスペンス映画『The Third Man』であると指摘した。グリーンの原作によるこの映画は、終戦後のウィーンで活動する「第3の男」をストーリーの中心に置いているが、テーマは闇取引でありスパイ活動ではない。

【参照項目】ドナルド・マクリーン、ガイ・バージェス、ハロルド（キム）・フィルビー、第4の男、第5の男、インテリジェンス・オフィサー、グレアム・グリーン

第4の男 (Fourth Man)

「第3の男」すなわちハロルド（キム）・フィルビーに手を貸したとされるイギリス人スパイ。フィルビーはイギリス政府に潜むソビエトの内通者だったガイ・バージェスとドナルド・マクリーンの2人を、スパイ網に引き込んだ人物である。1963年にフィルビーがソビエトのスパイであると発覚した際、イギリス情報機関は第4の男を突き止めようとしたが、元インテリジェンス・オフィサーでクイーンズギャラリーの学芸員を務める高名な美術史家、サー・アンソニー・ブラントが長い間そうではないかと疑われていた。ブラントは実際に「第4の男」であり、次いで「第5の男」に関する推測が行

なわれた（「ジョン・ケアンクロス」「ロジャー・ホリス」を参照のこと）。

【参照項目】ケンブリッジ・スパイ網、第3の男、ハロルド（キム）・フィルビー、ガイ・バージェス、ドナルド・マクリーン、インテリジェンス・オフィサー、アンソニー・ブラント

第5の男 (Fifth Man)

ケンブリッジ・スパイ網の5人目のメンバー、すなわちMI5もしくはMI6に潜むソビエトのスパイに貼られたレッテル。

元保安部（MI5）職員のピーター・ライトと歴史家のジョン・コステロは、ロジャー・ホリス（元MI5長官）こそ第5の男だと信じている。一方KGBからの離反者であるオレグ・ゴルディエフスキーは、ジョン・ケアンクロス——後に自ら第5の男であると主張した——こそがそうだと確信していた。

「フルーエンシー委員会」「第3の男」「第4の男」も参照のこと。

【参照項目】ケンブリッジ・スパイ網、MI5、MI6、ピーター・ライト、ジョン・コステロ、KGB、離反者、オレグ・ゴルディエフスキー、ジョン・ケアンクロス

第5列 (Fifth Column)

スペイン内戦当時の1936年、4列編成のマドリード攻撃部隊を支援していたナショナリスト支持者を指す単語。ナショナリスト軍のエミリオ・モラ将軍が生み出した。

イギリスは後に、占領下の国々、とりわけフランスに居住するナチのスパイやシンパに、この単語を適用した。アーネスト・ヘミングウェイはスペイン内戦を描いた戯曲『The Fifth Column』(1938)を通じ、この単語をアメリカに広めている。1940年にフランスがあっさりと敗北したのは正体不明の第5列のせいだとされ、イギリス当局も大陸から逃れた難民の中に第5列が潜んでいるのではと懸念していた。

ウィンストン・チャーチルは「ヨーロッパを燃え立たせる」べく特殊作戦執行部（SOE）の設置を命じた際、第5列というアイデアを借用した。戦時経済大臣とSOE長官を兼務したヒュー・ダルトンは「ナチス自身が世界のほぼ全ての国に設置した注目すべき組織」と同様のものであると説明している。ルーズベルト大統領もこうしたナチ組織の存在を信じており、1940年5月26日の炉辺談話で「反乱行為に無防備な国家を裏切る第5列」に触れている。だが実際には、このようなナチスの組織は存在していなかった。

ルーズベルトの命令を受けて1940年7月にイギリスへ視察任務に向かったウィリアム・ドノヴァンは、一連の新聞記事に加えて『Fifth Column Lessons for America』

なるパンフレットを他の著者と執筆し、ナチスのエージェントがアメリカに浸透しているというヒステリー状態を生み出すのに大きな役割を演じた。そのパンフレットは、アメリカ国内の「数百万人から成るドイツ人社会」がナチスに利用されかねないと警告していた。そこには数千名の国内労働者と「ドイツ人ウェイター」も含まれているという。さらに、謎に満ちた第5列に所属するドイツ系アメリカ人の多くは、「外国の独裁者及び異質な政治哲学を利するため、自分自身の国を破壊し、防衛体制を混乱に導き、戦争努力を弱め、艦船を沈めた上で、兵士や水兵を殺戮すべく」行動するだろうとしている。

この単語は戦争の終結と共に消え去った。連合国のどこにも本当の第5列が出現しなかったためである。

【参照項目】SOE、ウィリアム・ドノヴァン

対抗手段 （Countermeasure）

個別的あるいは包括的な敵の脅威に対処する方策。特に電子対抗手段（Electronic Countermeasure）を指す。

【参照項目】電子対抗手段

対情報活動 （Counterintelligence〔CI〕）

外国勢力による暗殺、諜報行為、破壊工作、及び情報収集活動を防ぐこと。

代替地 （Alternate Meet）

秘密会合を行なう際、なんらかの理由で予定の会合が中止された場合に備えて、あらかじめ定めておく場所のこと。

対電子対抗手段

(Electronic Counter-Countermeasures〔ECCM〕)

敵の電子戦（EW）活動に対し、自身の電磁スペクトル──レーダーや無線など──能力を確保するためにとられる行動。

ECCMの1つに複周波数式レーダーがある。敵による干渉の可能性を減らすため、レーダーが回転するごとに周波数を切り替えるというものである。また高密度のメッセージを超高速で送信することで敵に探知・傍受される危険性を減らすという、バースト送信なる手段も用いられる。

ECCM装置は水上艦艇、潜水艦、及び軍用機に装備されている。またECCM装置の設計には敵の電子戦システムに関する広範囲な技術情報が必要とされる。

【参照項目】電子戦、技術情報

大統領外国情報活動諮問会議

(President's Foreign Intelligence Advisory Board〔PFIAB〕)

アメリカ行政府の有力な情報監督機関。情報の収集、評価、生産、及び情報政策の執行に関係する政府機関の活動全てについて検証を行なっている。また情報機関の管理、人員構成、及び組織構成の効率性についての評価も担当する。

PFIAB（「ピフ・イー・アブ」と発音する）は1956年2月6日にアイゼンハワー大統領によって設置され、当初は大統領外国情報活動顧問会議と呼ばれていた。メンバーはビジネス、国際関係、及び情報の各分野で豊富な経験を持つ高名な民間人だった。

1961年、ケネディ大統領は顧問会議を再構築し、権限を拡大させた。ケネディ以上にこの会議を活用した大統領はいなかったと思われる。ジェイムズ・R・キリアンが1956年から63年まで議長を務め、ケネディがホワイトハウス入りしてからは平均週1回のペースで会議を開き、時には大統領本人が参加することもあった。数ある諮問会議の中でも、ケネディはこの会議を最も有益だと考えていた。彼の在任中170件の正式な勧告が提出され、うち大統領に採択されたもの125件、差し戻されたものはわずか2件で、その他については異なる行動がとられた。

ジョンソン大統領はPFIABと改称した上でこの会議を存続させる。後任のニクソンは1969年に組織改編を行ない、外国情報だけでなく、CIAなどインテリジェンス・コミュニティーの各組織が遂行した全ての作戦活動に関する「検証と評価」を担当させた。この任務はその後政権が代わっても継承されている。

カーター大統領はPFIABが秘密工作活動を支援していること、及び国家安全保障会議（NSC）から十分な勧告を得ていることを理由として、1977年5月にPFIABを廃止した。

その後レーガン大統領は1981年10月20日にPFIABを復活させ、民間の「著名な人物」19名をメンバーに任命した。ボブ・ウッドワード記者はレーガン時代を記した著書『Veil: The Secret Wars of the CIA 1981-1987（邦題・ヴェール：CIAの極秘戦略1981-1987）』の中で、PFIABのメンバーを「ホワイトハウスに貸しのある、有力かつ非党派的な老人の集まり」と評している。

PFIABのメンバーには、将来の中央情報長官であるウィリアム・J・ケーシー、「水爆の父」と称される物理学者のエドワード・テラー、後に国防長官を務めたクラーク・クリフォード、元統合参謀本部議長のマクスウェル・テイラー、衛星カメラの開発で知られるポラロイド社のエドウィン・H・ランド、元テキサス州知事で海軍長官のジョン・コナリー、クレア・ブース・ルース元大使、ネルソン・A・ロックフェラー、そして後に大統領候補となるH・ロス・ペローが含まれていた。

PFIABのメンバーは無給で大統領に仕えており、またメンバーの1人は3人で構成される情報監視会議の議長も務めている。

（訳注：2008年2月、PFIABは大統領情報活動諮問会

議〔PIAB〕と改名された）

歴代議長

PFIAB の歴代議長を以下に示す。

1956 ～ 1963　ジェイムズ・R・キリアン博士
1963 ～ 1968　クラーク・H・クリフォード
1968 ～ 1970　マクスウェル・D・テイラー退役陸軍大将
1970 ～ 1976　ジョージ・W・アンダーソン退役海軍大将
1976 ～ 1977　レオ・チェーム
1982 ～ 1990　アン・L・アームストロング大使
1990 ～ 1991　ジョン・G・タワー上院議員
1991 ～ 1993　ボビー・レイ・インマン退役海軍大将（議長代行）
1993 ～ 1994　ウィリアム・J・クロウ退役海軍大将
1994 ～ 1995　レス・アスピン下院議員
1995 ～ 1996　ウォーレン・B・ルドマン上院議員（議長代行）
1996 ～ 1997　トーマス・S・フォーリー下院議員
1997 ～ 2001　ウォーレン・B・ルドマン上院議員
2001 ～ 2004　ブレント・スコウクロフト退役空軍中将
2005　ジェイムズ・C・ラングドン・ジュニア
2006 ～ 2009　スティーヴン・フリードマン
2009 ～ 2013　チャック・ヘイゲル、デイヴィッド・L・ボレン
（2014 年現在は空位）

【参照項目】ジェイムズ・R・キリアン、CIA、インテリジェンス・コミュニティー、秘密工作活動、国家安全保障会議、ボブ・ウッドワード、中央情報長官、ウィリアム・J・ケーシー、衛星、エドウィン・H・ランド

大統領日次報告書　(President's Daily Brief〔PDB〕)

　大統領に毎日提出される CIA の報告書。青い皮のバインダーに綴じられている。PDB は本質的に、過去 24 時間以内にインテリジェンス・コミュニティーが作成した情報について大統領の知識を形作る基礎となっている。PDB の存在は 1990 年代初頭まで機密扱いとされており、その配布についてはほとんど公になっていない。2000 年、カリフォルニア州シミヴァレーにあるロナルド・レーガン大統領記念図書館・博物館において、バインダー（当然ながら中身はない）が CIA によって初めて公開された。

【参照項目】CIA、インテリジェンス・コミュニティー

太平洋方面艦隊無線部隊
（Fleet Radio Unit Pacific〔FRUPAC〕）

　太平洋艦隊に所属するアメリカ海軍の通信情報部隊。

第 2 次世界大戦前に組織された FRUPAC はオアフ島の真珠湾海軍工廠に所在しており、戦時中は戦闘情報部隊というカバーネームを用いていた。

　1941 年の時点で士官 10 名と下士官兵 20 名が真珠湾で活動しており、太平洋に散在する支局に 60 名以上の要員が配置されていた。しかし開戦時には人手が著しく不足し、真珠湾攻撃で撃沈された戦艦カリフォルニアの軍楽隊員が割り当てられたほどである。だが彼らは暗号解読に力を発揮したため、海軍は音楽的素養を持つ人材の発掘に力を入れるようになった。

　1942 年 7 月、FRUPAC は真珠湾に新設された太平洋方面情報センター（ICPOA）の下に置かれ、その後太平洋における情報活動の再編成が行なわれた結果、43 年 9 月には太平洋艦隊司令長官の指揮下に入っている（チェスター・ニミッツ大将は太平洋方面最高司令官と太平洋艦隊司令長官を兼務していたものの、これら 2 つの司令部にはそれぞれ別の参謀が置かれていた）。

　1945 年 1 月にニミッツが前線司令部をグアムに移した際、FRUPAC の一部もそれに随伴した。

　FRUPAC は戦時中を通じて貴重この上ない通信情報を太平洋各地のアメリカ軍に提供するだけでなく、艦隊やタスクフォースに配属された無線情報部隊を監督した。終戦時には数百名が FRUPAC に所属していた。

【参照項目】海軍通信情報、真珠湾攻撃、通信情報

戴笠　(Tai Li　1897-1946)

　第 2 次世界大戦中、蒋介石率いる中国国民党の情報部門トップを務めた人物。国民党国家軍事委員会の情報組織である調査統計局を創設し、1932 年から 46 年まで副局長の座にあった。

　1920 年代は軍警察に所属し、1927 年の時点で大尉だった。戴のキャリアはカバーストーリーと対情報工作のせいで不明になっているが、中国の共産主義組織へ極秘裏に潜入していたとされている。また過去を覆い隠そうとするあまり、幼少期から青年期にかけての記録を焼却するだけでなく、10 代の頃を知る人間を皆殺しにしたという。

　人々は戴を「肉切り人」と呼び、拷問や処刑を上機嫌で監督していると噂した。リチャード・ディーコンは著書『The Chinese Secret Service』（1974）の中で、戴が用いたテクニックの 1 つを描写している。「側線に機関車を何両か並べ、火室に火をくべて投炭口を開け、悲鳴が聞こえないよう汽笛を鳴らしっぱなしにした上で、犠牲者を 1 人また 1 人と生きたまま火室へ放り込んでいった」このようにして数千名の労働指導者、知識人、そして学生――戴はいずれも蒋介石の敵と見なしていた――が生きたまま身体を燃やされたのである。

　戴笠は標的とした男性を操るべく、酒と女を使うべきだと信じていた。また部下や使用人に対して結婚を禁じ

夕行

た。秘密を知る人間が1人増える、というのが理由である。

西側諸国が1941年に日本と戦争状態に突入した時、戴笠は中国の新たな同盟国と協力し、ゲリラ部隊やスパイ網を指揮した。また1942年から45年にかけて中美特殊技術合作所（SACO）の主任を務めている。この組織は3,000名のアメリカ軍人を中国に駐留させ、天候観測、戦闘活動、及び諜報活動に携わらせていたが、戴笠はSACOを通じ、アメリカ戦略諜報局（OSS）の下で活動するエージェントの名前を知ることができた。

あるアメリカ人はこう記している。「あらゆる村に戴笠のスパイがいて反政府活動に目を光らせている事実は、この組織の誇りだった。家族を脅せば協力させるのは簡単である」戴笠らは日本との戦争に無関係な多数の人間を殺害したが、その正確な数は分かっていない。暗殺者の多くはアメリカから供給されたサイレンサー付きの拳銃を用いたという。

1946年3月17日、戴笠は航空機事故で死亡する。公式には悪天候のため南京近くの山中に墜落したものとされているが、政敵によって殺害されたという噂が根強く残った。死後、中将に特進している。
【参照項目】中国国民党中央執行委員会調査統計局、カバー、対情報、戦略諜報局

ダヴィリア、ラファエル （Davilia, Rafael）

最高機密の軍事資料を盗んだとして2003年に逮捕されたアメリカ州兵陸軍の情報士官。FBIによれば、ダヴィリアが盗み出した資料は300点に上り、その多くは化学戦及び生物兵器戦に関するものだったという。逮捕当時はワシントン州タコマの第96州兵部隊司令部に所属しており、陸軍で勤務していた30年間にわたって資料をくすねていたと連邦当局は説明している。起訴された際、盗まれた資料は1つとして発見されなかった。元妻も逮捕されたが、弁護士によれば彼女は検察側に協力しているという。
【参照項目】最高機密、FBI

ダウニー、ジョン （Downey, John　1930-2014）

1952年11月29日に中国で拘束されたCIA職員。

1951年にイェール大学を卒業した直後、同級生の多くと同じくCIA入りする。レスリングチームの主将にしてフットボールチームのガードを務めていたダウニーに対する期待は高かった。入局後はアメリカ国内で訓練を受けた上で秘密工作活動の一環として日本に送られ、エージェントを中国へ送り込む業務に従事する。当時の中国では、蒋介石が毛沢東率いる共産党に敗れ、台湾に逃れていた。アメリカの政策は、蒋介石配下の軍隊を「解き放ち」、中国を奪還することにあった。この政策の一部として、ダウニーなどCIA工作員は日本の秘密基地で台湾人に訓練を施し、中国へ潜入させていたのである。

ダウニーは台湾人を中国へ送り込む時、同行する必要はなかったにもかかわらず、志願して敵地に赴いた。友人によれば、1952年11月29日に無標識のC-47ダコタ輸送機で飛び立つ以前、少なくとも1度の飛行任務に加わっていたという。ダコタに同乗していたのはCIA職員のリチャード・フェクトーと台湾人パイロット2名、そして満洲の山岳部で通信基地を設置することになっていた7名の台湾人である。またエージェントを降下させる前、飛行機は1人のエージェントを吊り紐で拾い上げることになっていた。

しかし降下直後に中国側の対空砲火が始まり、飛行機は着陸を余儀なくされた。無線通信からエージェントの回収任務を知っていた中国側は、ダウニーとフェクトーを拘束する。なお台湾人は個別に連行され、恐らく処刑されたものと思われる。

アメリカ国務省はあらかじめ用意したカバーストーリーを用い、ソウル－東京間を定期的に飛行する航空機が行方不明になり、乗客には国防総省職員2名、すなわちダウニーとフェクトーが含まれていると発表した。彼らは死んだものとして諦められたのである。

最初の10ヵ月間、ダウニーは鉄の足枷をはめられたまま絶え間ない尋問を受け、自分がCIA職員であることを白状させられる。1954年12月、中国当局はCIA工作員2名を捕らえ、スパイ容疑で裁判にかけていると発表した。ダウニーには終身刑の判決が下される一方、フェクトーはダウニーの部下であるという理由で禁固20年が宣告されている。地方の刑務所から北京へ移送された2人は、以前に撃墜されたB-29スーパーフォートレス偵察型の搭乗員と出会っている。

当時、朝鮮戦争はすでに停戦を迎えており、アメリカは中国との間で捕虜交換を協議していた。アメリカ側のリストにあったのは129名の中国人で、大部分はアメリカ国内で活動していた科学者と経済学者だった。中国側のリストには40名のアメリカ人が記載されていて、その中にはB-29の搭乗員の名前もあった。しかしアメリカはダウニーとフェクトーをCIA職員と認めていなかったため、彼らの名前はそこになかった。B-29の乗員は1955年8月に解放されたが、その1人がCIAに対し「2人を取り戻す唯一の方法は、君の政府が彼らをCIAのエージェントだと認めることだ」という中国当局の言葉を伝えた。

中国とアメリカの間に外交関係はなかったが、中国は1957年に間接的方法で2名の釈放を持ちかける。しかしこの提案は、ジョン・フォスター・ダレス国務長官によって拒否された（当時の中央情報長官は弟のアレン・W・ダレスだった）。

その後、ニクソン大統領は静寂そのものの記者会見に

おいて、ダウニーとフェクトーがCIA職員であることを認める。かくして2名は解放された。フェクトーの釈放は1971年、ダウニーの釈放はその2年後である（訳注：帰国後にロースクールで学び、判事となった）。

2002年、ダウニーの乗っていた機体の捜索が中国政府によって許可された。その際、ダウニーはアメリカの捜索チームに同行して中国北部へ赴いている。捜査の結果、機体の一部が発見されたものの搭乗者の遺体はなく、埋葬場所の痕跡も見つからなかった。

【参照項目】CIA、リチャード・フェクトー、B-29スーパーフォートレス、中央情報長官、アレン・W・ダレス

タヴリン (Tavrin)

「ツェッペリン」を参照のこと。

タウンゼント、ロバート (Townsend, Robert 1753-1838)

アメリカ独立戦争中にジョージ・ワシントン将軍の下でスパイ活動を行なったニューヨーク市の商人。大きな成果を挙げたことで知られるカルパー・スパイ網に所属していた。イギリス軍の兵力と意図に関する情報を必要としていたワシントンは、ベンジャミン・タルマッジ少佐に命じて諜報網を組織させたが、タウンゼントはタルマッジに勧誘された1人だった。

クエーカー教徒だったタウンゼントはアメリカ独立についてはっきりと意見を述べたことがなく、1778年にヘンリー・クリントン司令官率いるイギリス軍がニューヨークを占領した際も、容易に親英派を演じることができた。さらに自らのカバーを守り通すため、トーリー党の民兵に加わってさえいる。メッセージに本名を記すことはなく、常にコードネームのカルパー・ジュニアを用いていた。

タウンゼントはワシントンの指示に従い、コードと秘密筆記法で報告書を記した。ワシントンは「小冊子や普通の小型本の白紙部分、あるいは記録簿、年鑑、その他大した価値のない本の空白ページに情報を記すべきである」と述べ、友人宛の手紙の行間に秘密筆記法でメッセージを記すことも勧めている。

タウンゼントはトーリー派の新聞にゴシップ記事を執筆していたが、アマチュア詩人のジョン・アンドレ少佐も同じ新聞に寄稿していた。またタウンゼントはコーヒーショップを経営しており、新聞社のオーナー――この人物もアメリカのスパイだったことはほぼ間違いない――から政治情報を入手していた。

【参照項目】ジョージ・ワシントン、カルパー・スパイ網、ベンジャミン・タルマッジ、カバー、コードネーム、秘密筆記法、ジョン・アンドレ、政治情報

ターゲット (Target)

情報作戦の対象となる人物、機関、エリア、あるいは国家のこと。

凧 (Kites)

軍事偵察に凧を用いるという構想は過去幾度も実行に移されている。1800年代後半、アメリカ陸軍は観測員を乗せた有人の凧と、カメラを取り付けた無人の凧の実験を行なった。いずれの実験も成功に終わったが、全ては風次第という事実が浮き彫りになり、関心はすぐに消え去った。

偵察凧の構想は第2次世界大戦期のドイツで復活する。フォッケ・アハゲリス社のFa330「動力式凧」がそれである。この凧は偵察範囲を広げるべく、浮上した潜水艦に引っ張られる形をとっている。また揚力を増すために3枚羽根のローターが備えられていた。本体は鉄管組みで、格納・取り外し可能な尾が附属しており、潜水艦内部に格納できた。運用時には60～150メートルの鋼製ケーブルが繰り出される。またケーブルの中には電話線が組み込まれていて、潜水艦との通信が可能だった。浮上高度はおよそ90メートルである。

約200機が製造されたFa330のうち、数機はUボートから運用された。パイロットは通常下士官で、フランスのシャレー・ムードンに設置された風洞で訓練を受けた。凧の中には車輪とテイルスキッドを取り付けられたものもあり、観測用軽飛行機に曳航される形で飛行訓練を可能にしていた。

【参照項目】偵察

タスクフォース〔1〕 (Task Force〔1〕)

アメリカ海軍の情報作戦に与えられるカバーの呼称。通常は艦艇などが関係する海上作戦に用いられる。一例を挙げると、日本駐留海軍司令官による指揮の下、1960年代後半に極東で情報収集艦の活動を統轄していたアメリカ海軍の司令組織、第96タスクフォースには、バナーとプエブロの2隻が配備されていた。

しかし情報分野において、「タスクフォース」は情報収集組織を指すようになった。海軍情報局（ONI）が情報収集部隊の海軍現地作戦支援グループ（NFOSG）に対し、「非情報面の属性を残しつつ、世界規模で情報収集を行なう組織」の設置を命じたのがきっかけである。

NFOSGの存在は公になっていたため、海軍の情報士官はNFOSGによるそれぞれの作戦にカバーを与え、1つの作戦が暴露されても、NFOSGが有する隠れ蓑としての役割まで明るみに出ないようにすることを望んだ。そこで選ばれたのが、海軍が任務部隊を指して広く用いていた「タスクフォース」という名称だった。

「部隊の呼称――第157タスクフォース――が何らかの形で明るみに出ても、別の番号で置き換えればよい。第157タスクフォースという呼称が、この組織の本当の名前を示すNFOSGという呼称を置き換えるものでは

ない一方……NFOSG の呼称はいつしか使用されなくなった」と、情報史家のジェフリー・T・リチェルソンは記している。

【参照項目】カバー、情報収集艦、プエブロ、海軍情報局、ジェフリー・T・リチェルソン

タスクフォース〔2〕 (Task Force〔2〕)

とりわけ準軍事活動が求められる国際的危機に対処すべく、CIA が組織したグループ。通常は 25 ～ 100 名で構成され、分析官、軍事専門家、インテリジェンス・オフィサーを含んでいる。

一例を挙げると、CIA は 1960 年代にコンゴ TF とキューバ TF を組織したが、前者はコンゴ危機が長期間にわたったため、CIA の一部局となっている。また 70 年代には、短命に終わったリビア TF、政情不安に対処するためのポルトガル TF、そして元ポルトガル植民地における内戦と、ソビエト及びキューバの影響力増大に対処するためのアンゴラ TF が組織されている。

（訳注：CIA のタスクフォースはオサマ・ビン・ラディンの殺害にも加わった）

【参照項目】CIA

ダスト (Dust)

「スパイダスト」を参照のこと。

立入禁止地帯 (Denied Area)

情報を得たくとも容易に侵入できない場所。外交官の（従って外交官をカバーにした合法的スパイも）立ち入りが禁止されている。またアメリカが国家承認する前の中国のように、国全体が立入禁止地帯となる場合もある。このような地帯において、情報機関はイリーガル、間接的観測（避難者や訪問者に対する尋問など）、航空機、衛星、または電子情報に頼らざるを得ない。

【参照項目】合法的スパイ、イリーガル、航空機、衛星、電子情報

ターナー、スタンスフィールド (Turner, Stansfield 1923-)

1977 年 3 月から 81 年 1 月まで中央情報長官（DCI）を務めたアメリカ海軍将校。

1947 年に海軍兵学校を卒業後、1 年間の海上勤務を経てローズ奨学生としてオックスフォード大学に入り、50 年に修士号を取得する。その後は様々な海上任務に就き、水上艦艇（掃海艇、駆逐艦、及び誘導ミサイル駆逐艦）の艦長を何度か務めた。また海軍作戦部長オフィスで勤務すると共に、国防次官補（システム分析担当）と海軍長官首席補佐官を歴任している。

ハーバード大学ビジネススクールで学んだ後、1970 年に少将へ進級。次いで空母任務部隊司令官と海軍システム分析部長を務め、1972 年には海軍大学校長となって 2

年間務めた。その後は第 2 艦隊と NATO 大西洋攻撃艦隊の司令官を経て、1975 年 9 月、海軍大将として NATO 南ヨーロッパ方面連合軍の司令長官に就任している。

1977 年 1 月にホワイトハウス入りしたジミー・カーターは、情報関係に疎く、また有望な DCI 候補も知らなかったため、海軍兵学校の同期——と言っても面識はほとんどなかったが——を DCI に指名する。なお、ターナーは現役将校のまま DCI に就任した（海軍退役は 1978 年 12 月）。

DCI となったターナーは人的情報（HUMINT）への依存度を低めると共に、人工衛星や電子情報（ELINT）活動から得られる情報に重点を置くなど、CIA の資源を徐々に移した。また秘密工作活動に対する予算も大幅に減らし、工作本部のベテラン職員を多数解雇するだけでなく、150 名以上を早期退職に追い込んだ。それら早期退職者は次のような手紙を受け取っている。「貴殿の職務はもはや必要ないと判断された」

ターナーは提督として CIA を運営し、与えた命令は必ず実行されるものと期待していた。さらに、昼食時に酒を飲む人間を好まなかった。提督のこうした好みは、海軍においては部下を禁酒主義者にするが、CIA では厳格な禁欲主義者としか映らなかった。ターナーの行動は後々まで尾を引く敵意を生み出し、自分の見方で後知恵の批判を行なう傾向がそれをさらに悪化させた。

ターナーの下、CIA は秘密のベールをほんの少しだけ脱いだ。広報室を設置して元海軍士官をトップに据えると共に、キャンパスにおける反 CIA 感情を和らげるため大学の総長を CIA のセミナーに招待したのがその一例である。

DCI 退任後は講演と執筆を行ない、DCI としての 4 年間を記録した『Secrecy and Democracy』（1985）を著わしている。審査のためにこの原稿を提出した際、CIA は 100 ヵ所以上の削除を求めたという。ターナーは序文において、この検閲が守っているのは秘密ではなく、CIA という組織だと暗に批判している。また 1994 年に開かれたある情報関連会議において、彼はイランのパフラヴィー失脚とソビエト連邦崩壊を予期できなかったとして CIA を厳しく批判した。

【参照項目】中央情報長官、北大西洋条約機構、CIA、人的情報、衛星、電子情報

棚ずれ品 (Shopworn Goods)

離反者あるいは離反者候補によってもたらされる情報の中で、あまりに古い、または無関係なため、その国あるいは情報機関にとって役に立たないもの。

【参照項目】離反者

ダニロフ、ニコラス・S (Daniloff, Nicholas S.)

モスクワ在住のアメリカ人ジャーナリスト。KGB に不

当逮捕されたことで、レーガン大統領とゴルバチョフ書記長との間で予定されていた首脳会談が中止の危機に陥った。

『USニューズ＆ワールド・レポート』誌のモスクワ駐在記者だったダニロフは、国際連合で活動するKGB職員がFBIによって逮捕された3日後の1986年9月2日、モスクワで拘束された（FBIによる逮捕については「ゲンナジー・ザハロフ」を参照のこと）。

ダニロフは自宅近くのレーニン・ヒルズという公園でロシア人の知人と会った。彼はダニロフに包みを渡し、中に新聞の切り抜きが入っていると告げる。だが実際に入っていたのは、「機密」のスタンプが押されたアフガニスタンの地図の一部と、ソビエト軍の駐留地を示す図表、そしてソビエト兵の写真26枚だった。その時、近くに駐めてあったバンから8名のKGB職員が現われ、ダニロフを逮捕する。

ゴルバチョフが「行動中に逮捕されたスパイ」とダニロフを非難したのに対し、ダニロフは激怒して容疑を否認する。またホワイトハウスもダニロフの逮捕を「人質の拘束と変わらない」としている。スパイ交換の話が直ちに持ち上がったが、ダニロフはスパイではないため、そうした交渉が行なわれることはないとアメリカ政府は表明。ソビエト側は、スパイとして1985年に国外追放されたアメリカ大使館の政治担当職員ポール・M・ストンバウ、及びCIAモスクワ支局長であると判明したムラト・ナティルボフの2名がダニロフと関係していると主張した。ナティルボフはダニロフが逮捕された直後にソビエトを出国していた。

逮捕当時、5年半にわたるモスクワ勤務を終えようとしていたダニロフは、帝国時代から存在するレフォルトヴォ刑務所に13日間拘束された後釈放された。同時にザハロフも拘束を解かれており、両者ともそれぞれの大使の保護下に置かれた。

ダニロフ解放に向けた交渉の最中、レーガン政権は国連で活動するロシア人25名がKGB職員であると非難した（国連のソビエト使節団にKGB職員が何名加わっているかについては、以前から数当てゲームが行なわれていた）。

ザハロフ－ダニロフ事件は1986年9月30日に幕が下りた。レーガン大統領とゴルバチョフ書記長による首脳会談が10月11日から12日にかけてアイスランドで行なわれると米ソ政府が発表したのである。この発表はソビエトのタス通信が午前9時50分に行なった。4分後、ザハロフはニューヨーク州ブルックリンで開かれた連邦法廷において、スパイ容疑を否認しない旨の申し立てを行なう。それから彼はワシントンDCへ赴き、アエロフロート機に乗って午後3時15分にダレス国際空港を飛び立った。前日にモスクワを発ったダニロフは午後4時40分にワシントンへ到着する。また巧妙なスケジュールの下で行なわれたこの交換劇においては、ソビエトの反体制活動家も妻と一緒に解放された。だがレーガン政権はこれがスパイ交換の一部であることを否定している。またソビエト国内で反政府運動の指導者をしていた人物も妻と共に解放された。

西側の防諜担当者が後に語ったところによると、KGBは1984年12月からダニロフを罠にかけるべく活動を始めていたという。まず聖職者を自称するロシア人がダニロフのオフィスを訪れ、自分は信仰のために拘束されていたと告げる。ダニロフが後に語ったところによると、その男が聖職者だとは確信できなかったが、彼の手紙をアメリカ大使館へ届けることに同意したという。1985年1月、聖職者はダニロフの郵便受けに封筒を残した。中にはもう1枚の封筒が入っていて、宛先はアメリカ大使館だった。この封筒の中にはさらに別の封筒があり、中央情報長官のウィリアム・J・ケーシーが宛先として記されていた。そして一番中の封筒にはソビエト軍の兵器に関するデータが入っていたのである。

1985年2月、大使館に出頭するよう求められたダニロフは保安室に通され、外交官を装うCIA職員らしき人物から質問を受けた後、聖職者を名乗る男の名前と電話番号を教えた。数ヵ月後、ダニエルは再び大使館に呼ばれ、その聖職者はKGBとつながりがあるらしいと告げられる。その直後、ストンバウはスパイとして国外追放された。その偽聖職者と接触を試みたためだと思われる。

ソビエト側によれば、ダニロフとCIAのストンバウを結び付ける証拠には、ストンバウが偽聖職者に記した手紙が含まれているという。ソビエトが公表したその手紙には、「親愛かつ貴い友人へ。1月24日に君からダニロフ記者へ託された手紙が指定の宛先に配達されたことをここに知らせる。君の働きに深く感謝する」と記されていた。

釈放後、ダニロフは事件を振り返ってこう述べている。「こんなことになるとわかっていたら、その手紙を大使館へ持って行く代わりに燃やしていただろう」

（アメリカ人がソビエト国内でスパイとして罠に掛けられたその他の例としては、「ロシア－ソビエト連邦」を参照のこと）

【参照項目】 KGB、国際連合、ゲンナジー・ザハロフ、機密、CIA、中央情報長官、ウィリアム・J・ケーシー

タバーヴィル、サー・トーマス (Tuberville, Sir Thomas)

スパイとしてフランス国王フィリップ4世に仕えたイングランドの騎士。1294年から99年にかけて行なわれた対イングランド戦争において、タバーヴィルはスコットランド人とウェールズ人を扇動して、イングランド国王エドワード1世相手に戦わせようと試みた。

タブマン、ハリエット (Tubman, Harriet 1821?-1913)

南北戦争中、北部諸州のスパイとなった元奴隷。奴隷の娘としてメリーランド州に生まれ、1849年頃に自由を求めて北極星を追いかけつつ、ペンシルバニアへと逃れた。1850年代には有力な奴隷制廃止論者となり、両親を含むその他の奴隷を解放すべく、「地下鉄道」の「車掌」として働いた。

南北戦争が勃発した時、タブマンはまず北軍の料理人に志願し、次いで看護婦、そしてスパイとなる。彼女はスパイとして、メリーランドとバージニアの南軍支配地域に急襲部隊を導く役を務めた。

1863年、タブマンは元奴隷から成る偵察部隊を組織し、南軍の前線をすり抜けて補給品集積場の位置を突き止めた。またタブマンの下で働く黒人の船頭は、当時「魚雷」と呼ばれていた河川用機雷を発見している。タブマンらが奇襲に先立ってサウスカロライナ州コンバイー川の偵察を実施した後、南軍のある士官はこのように報告している。「我が軍の編成及び兵力、そして敵と遭遇する可能性が低い事実について、敵側はそれらを知悉していると思われる。またこの川や地方をよく知る人物に導かれているようだ」

戦後、タブマンは未払いとなっていた報酬1,800ドルの回収を試み、成功した。1899年には恩給を支給されるものの、あくまで退役軍人の未亡人としての扱いでしかなかった。彼女はニューヨーク州オーバーンに移住して、南部諸州からやって来た解放奴隷のための学校を開くと共に、オーバーンに住む貧しい黒人のために家を建てた。また南北戦争時の功績が認められ、葬儀は軍の礼式に則って行なわれた。

【参照項目】 偵察

ダブルクロス委員会 (Twenty Committee)

戦時にイギリスで組織された、アマチュアを含む情報関係者のグループ。ドイツのスパイを二重スパイに仕立て上げたダブルクロス・システムの中心的存在。ドイツのインテリジェンス・オフィサーは、これら二重スパイが正確と思われる情報を送っており、成果を挙げていると信じ込まされた。

委員会の名称はローマ数字の20（XX）と、スパイを裏切らせる（ダブルクロス）という目的が由来になっている。このグループはもっともらしい情報──真実と虚偽を巧みに混ぜ合わせた情報──を寝返ったエージェントに与え、これらエージェントを掌握していると信じ切っていたドイツ軍の情報機関アプヴェーアを完全に騙した。

ダブルクロス委員会は連合軍のヨーロッパ進攻を支援する包括的な欺瞞作戦、ボディーガードに全力を集中させた。この作戦はノルマンディー上陸の正確な日付（D

デイ）、場所、そして詳細を覆い隠すために立案されたものである。その一環としてアメリカ陸軍第1軍集団という架空部隊まで作られた。

この委員会の起源は、国内軍司令長官と陸海空軍の情報部門トップで構成されたW委員会に遡る。W委員会はWセクションという常設会議を設け、これが1941年1月にダブルクロス委員会となって最初の会合を行なった。大英帝国で活動するドイツのエージェントに対する防諜任務を背負ったこの委員会は、二重スパイに与える偽情報の作成という業務も担当した。

イギリス保安部（MI5）はT・A・ロバートソン中佐の下にB1（a）という特別セクションを設け、エージェントの摘発と管理を担当させた。ダブルクロス委員会は1941年10月から、エージェントに与える偽情報をB1（a）に提供し始める。委員会の議長を務めたのはオックスフォード大学の学監だったサー・ジョン・マスターマンであり、14名から成る委員会のメンバーには海軍情報部のユーエン・モンタギュー、ロンドン・コントローリング・ステーション（ウルトラを扱っていた）所属のジョン・H・ベヴァン大佐、そして連合国海外派遣軍最高司令部及びその他イギリス情報機関からの代表が含まれていた。アメリカ戦略諜報局（OSS）の防諜部門X-2のトップを務めていたノーマン・ホームズ・ピアソンも委員会に関わっていたが、正式なメンバーではなかった。またモンタギューは連合軍のシチリア上陸に先立ってドイツ軍を攪乱すべく、ミンスミートというもう1つの巧妙な欺瞞作戦を立案している。

マスターマンはほぼ欠かさず会議に出席したが、本人曰く上質のロールパンと紅茶が供されたからだという。「デュスコ・ポポフ」も参照のこと。

【参照項目】 二重スパイ、ダブルクロス・システム、インテリジェンス・オフィサー、欺瞞、ボディーガード、アメリカ陸軍第1軍集団、防諜、MI5、ジョン・マスターマン、ユーエン・モンタギュー、ロンドン・コントローリング・ステーション、戦略諜報局、X-2、ミンスミート作戦

ダブルクロス・システム (Double-Cross System)

第2次世界大戦中にドイツ人エージェントを寝返らせるべく実施され、大きな成果を挙げたイギリスのプロジェクト。本物と偽の秘密情報を混ぜ合わせたものを、無線を通じて二重スパイからドイツ軍の情報機関アプヴェーアに送らせ、完全に騙すというのが計画の骨子である。その結果、ドイツは偽情報を受け入れただけでなく、それに従って行動することもあった──ドイツの計画に「影響を与え、可能であれば変更させる」というダブルクロス委員会の目的は見事に達成されたわけである。

ウェールズの電気技師であり、戦前にヨーロッパを旅

してイギリス海軍省に情報を渡していたアーサー・オーウェンズの諜報活動が、この計画の基礎になっている。だがイギリスの支払額に満足しなかったオーウェンズは、ドイツ側に話を持ちかけた。アプヴェーアの士官であるニコラウス・リッターは、オーウェンズに「ジョニー」というコードネームを与えた上で1939年夏にハンブルクへ呼び寄せて訓練を施し、モールス信号や無線発信機の組み立て方を学ばせた。

オーウェンズは1939年秋の開戦と共にイギリスへ戻り、保安部（MI5）にアプヴェーアとの接触を報告する。短期間の拘留中、彼はイギリス空軍や艦船の動静など、ドイツ側に高く評価されるだろうとMI5のハンドラーが判断した情報を与えられ、独房から送信した。

オーウェンズはイギリスから「スノー」というコードネームを与えられる。さらにMI5はGW、ビスケット、そしてセレリーといったエージェントを雇い、アプヴェーアに送り込んだ。これらエージェントは潜水艦やパラシュートでイギリスに潜入するにあたり、「イギリスにおけるドイツのスパイリーダー」であるスノーに接触するようアプヴェーアから命じられていた。かくして、ダブルクロス・システムは第1ラウンドから成功を収めていたのである。

このシステムを運用したのは、プロのインテリジェンス・オフィサーとアマチュアの混成部隊、ダブルクロス委員会だった（委員会の名前はローマ数字のXX〔20〕と、エージェントの裏切り〔ダブルクロス〕行為をもじったものである）。議長のサー・ジョン・マスターマンが語った通り、「我々はダブルクロス・システムを通じ、イギリスにおけるドイツの諜報システムを積極的に操り、管理していた」のである。

マスターマンによると、このシステムには7つの目的があった。（1）敵の諜報システムを操る。（2）スパイを摘発する。（3）アプヴェーアなどドイツ情報機関の手法や性格を知る。（4）ドイツの暗号を解読する。（5）二重スパイに送られる指示からドイツの意図を知る。（6）二重スパイが送る情報を通じてドイツの計画に影響を与える。（7）連合軍の偽計画をドイツ側に信じ込ませる、である。

MI5はB1（a）という特別部署を設けてドイツのエージェントを摘発し、支配下に置いた。ダブルクロス委員会は1941年10月からドイツに渡すべき偽情報をB1（a）に提供している。

エージェントによる虚偽の報告を通じて得られたダブルクロス・システムの比類なき成果は、連合軍によるヨーロッパ侵攻の欺瞞計画、ボディーガード作戦を支えた。この計画は1944年6月に予定されていたDデイ、すなわちノルマンディー上陸作戦の真の日付、時刻、場所、そして詳細を隠すために立案されたものである（架空のアメリカ陸軍第1軍集団も欺瞞計画の一部だっ

た）。

この計画は最終的に、侵攻軍の主力がノルマンディーではなくパ・ド・カレに上陸するとドイツ軍司令部に確信させた。さらにダブルクロス・システムの運用担当者はDデイ後も数週間にわたって欺瞞作戦を続けている。212委員会がヨーロッパ大陸の二重スパイを運用する一方、イギリスではダブルクロス委員会が活動を続けたのである。また特殊防諜部隊もドイツの諜報ネットワークを寝返らせ、ダブルクロス・システムを通じて操った。

さらにダブルクロス・システムは、ドイツの意図も突き止めている。アプヴェーアはイギリス南西部の沿岸防衛についてイギリス人エージェントに尋問しているが、この質問は当該地域への侵攻計画が存在していることを明らかにした。また毒ガス戦に対するイギリスの準備状況を訊かれたエージェントは、「イギリスの備えは高水準にあるという過大評価を送り返し、毒ガス戦はドイツよりイギリスにとって大きな利点があるとほのめかした」とマスターマンは述べている。

イギリス側の記録によれば、MI5はアプヴェーアによってイギリスへ送り込まれたエージェントを残らず捕えたという。協力を拒んだ者は処刑された。ダブルクロス委員会は120名の二重スパイを操っており、うち39名は長期間にわたって活動した。イギリスに送られた破壊工作員も寝返りを迫られた上、偽の破壊活動を通じてアプヴェーアの信頼を勝ち取り、イギリス軍によるノルウェー上陸が差し迫っているという警告をまんまと信じさせた。「テート」という寝返ったエージェントは無線によってドイツの市民権を与えられ、また1級及び2級鉄十字章も無線経由で授与された。「ガルボ」というエージェントもドイツの鉄十字章を授与されると同時に、欺瞞作戦の功績によって大英帝国の一員とされている。

ダブルクロス委員会は、ドイツの無線通信を解読する秘密作戦（ウルトラ）によって成果を確認することがしばしばあった。ウルトラはダブルクロス委員会の中でも機密中の機密とされており、ダブルクロス・システムの存在がマスターマンの著書『The Double-Cross System in the War of 1939-1945（邦題・二重スパイ化作戦：ヒトラーをだました男たち）』（1972）でようやく明らかにされた際も、ウルトラが公になることはなかった（出版に至る苦闘については「サー・ジョン・マスターマン」を参照のこと）。

1944年夏、ドイツ軍がイギリスを標的としてV-1及びV-2ミサイルの発射を始めた際も、委員会配下のエージェントは偽情報を送り、大部分が人里離れた地域に命中したと伝えた。またDデイ後もヨーロッパにおける委員会の活動を続けるために特殊防諜部隊が設置され、当初の予定をはるかに過ぎた後も欺瞞作戦を継続した。委員会はノルマンディー上陸を活動のクライマックスと

想定しており、エージェントがイギリスから大陸へ無事逃れたとアプヴェーアに信じ込ませることまではできないと考えていたのである。しかしダブルクロス・システムはヨーロッパでの戦闘が終結するまで続けられた。

終戦が近づくにつれ、「トレジャー」というコードネームの女性エージェントが実は三重スパイであり、ソビエトの下でも活動しているのではないかという疑いが持ち上がった。マスターマンもトレジャーについては曖昧にしか記しておらず、「ロシア生まれのフランス人」としたのみである。マスターマンによれば、彼女は「感情の起伏が極めて激しく、トラブルの種」であり、短期間しか無線機の操作を許されなかったという。また彼女をリリー・セルゲイエフとする説もあり、連合国の軍事計画をソビエトに渡していたとしている。
「デュスコ・ポポフ」も参照のこと。
【参照項目】エージェント、寝返り、二重スパイ、アプヴェーア、ニコラウス・リッター、コードネーム、MI5、ハンドラー、潜水艦、ダブルクロス委員会、サー・ジョン・マスターマン、コード、暗号、ボディーガード、欺瞞、D デイ、アメリカ陸軍第1軍集団、防諜、ウルトラ、三重スパイ

ダム・ブランシュ （Dames Blanches）

第2次世界大戦中に存在した連合国の情報組織。ベルギー人女性で構成され、家の中から兵員輸送列車の両数を数えた。その際は怪しまれないよう、窓際でニットを編んでいた。

ダラー、リディア （Darragh, Lydia 1729-1789）

アメリカ独立戦争時、家族ぐるみで植民地のためにスパイ活動を行なったクェーカー教徒。

リディア・ダラーはフィラデルフィアのセカンド・ストリートに住んでいたが、その家は1778年6月まで駐米イギリス軍司令官を務めたサー・ウィリアム・ハウ将軍の司令部から、通りを隔ててほぼ真向かいにあった。クェーカー教徒のリディアは反戦主義者と見られており、スパイの疑いを招くことはなかった。かくして自分の目と耳で軍事情報を入手するだけでなく、ハウの参謀を務める大尉と知り合いだったことを生かし、怪しまれることなく情報を聞き出せたのである。

夫のウィリアムは妻に代わって速記のコードで報告書を書き、それを当時流行していた衣服の隠しボタンに潜ませた。10歳になる息子ジョンがフィラデルフィア郊外のホワイトマーシュにあるアメリカ軍キャンプへ秘かに赴き、そこで服からボタンを切り離して兄のチャールズ・ダラー中尉に渡す。そして速記から書き起こされた文章がジョージ・ワシントン将軍のもとへ届けられた。

1777年11月、ダラー一家はセカンド・ストリートの自宅から退去を命じられた。ハウ将軍がそこを使うというのである。リディアが抗議した結果、1部屋だけを会議室として用いることでハウは同意した。12月2日、「今夜は邪魔されることなくこの部屋を使いたい」として、一家は早めに就寝するよう告げられる。重要な会議が行なわれると予感したリディアは、会議室の隣にあるクローゼットに隠れて盗み聞きした。その内容は、大陸軍を壊滅に追い込むべく、大規模攻撃を12月4日に実施するというものだった。

多くの女性と同じく、リディアはフィラデルフィアとホワイトマーシュの中間にある粉挽き小屋へ行くため、イギリス軍の前線を行き来することが認められており、12月3日、いつものように前線を通り過ぎるとキャンプへ急ぎ、アメリカ軍の士官に盗み聞きした内容を伝えた。

12月4日、ハウはフィラデルフィアから進軍したが、ワシントン軍の準備があまりに整っていたので戦闘に入ることはなかった。ホワイトマーシュにおける睨み合いの報は12月末にロンドンへ届き、イギリス政府はこれをアメリカ侵攻が不可能である例として引用した。この言葉はベンジャミン・フランクリン配下のエージェントからフランスにいるフランクリンに届けられ、そこからフランスのアメリカ支持者の間に広められている。

後にフィラデルフィアのクェーカー教徒はチャールズ・ダラーに対し、戦争に参加したという理由で友会から脱退するよう求めた。またリディアも、スパイ行為が仲間のクェーカー教徒に知られた際に追放されたと伝えられている。

【参照項目】軍事情報、ジョージ・ワシントン、ベンジャミン・フランクリン

ダール、アヴラハム （Dar, Avraham 1925-）

エジプトでスパイ網を組織したイスラエルのインテリジェンス・オフィサー。しかしその活動は完全な失敗に終わった。

パレスチナに生まれた（訳注：エルサレム生まれという説も）ダールは第2次世界大戦後、ユダヤ人のイスラエル移住を支援すべくヨーロッパで活動し、イスラエル独立戦争（第1次中東戦争、1948〜49）の際にはパルマハ（奇襲部隊）の士官としてアラブ諸国で勤務した。その後一時的に軍を離れるも51年に復帰、イスラエル軍の情報機関アマンに配属された。

同年5月、ダールはジョン・ダーリングの名が記されたイギリスのパスポートを使ってエジプトに入る。しかしイアン・ブラックとベニー・モリスが著書『Israel's Secret War』（1991）で指摘した通り、そこで地下組織を設立するものの、「このネットワークの目的——ユダヤ人の自衛、不法移民の支援、諜報活動、そして反エジプト活動——は当初、ダールにも（組織に所属していた）ユダヤ人の若者たちにもはっきりしていなかった」

のである。エージェントの大部分はアマチュアに過ぎなかった。

　秘密通信、諜報技術、そして破壊工作を短期間で学ぶため、ダールはエジプトを離れた。また他のメンバーもフランス経由でイスラエルに赴いている。しかしこのネットワークはセルとして細分化されていなかったので、各メンバーは所属している他のエージェントをみな知っていた。

　1953年末までにエージェントは訓練を完了し、狙うべきターゲットを告げられた上で爆発物と共にエジプトへ戻った。1954年、ネットワークの指揮を執るべくアヴリ・エル=アドがエジプトに送られる。そして6月に発生したエジプトの軍事クーデターを受け、作戦開始を知らせるコードワード──スザンナ作戦──がテルアビブから送信された。破壊活動によって、国家主義を掲げる軍事政権の信用を失墜させることが狙いである。7月に入るとこのネットワークはカイロとアレキサンドリアで爆破工作を開始する。だが映画館に爆弾を仕掛けようとしたメンバーの1人が逮捕され、他のメンバーを暴露してしまう。かくして全員が逮捕された。

　メンバーの裁判は1954年12月11日に始まった。1人は取調中に撲殺され、もう1人が公判中に自殺している。裁判の結果2名に死刑が宣告され、4名に禁固7年から終身刑の判決が下された。また2名は無罪判決を受けている。

　ダールはその後もアマンに残った。1956年10月にイスラエル・イギリス・フランスがエジプトを攻撃した際、少佐に昇進していた彼は他のアマン工作員2名と共にモサドへ配属され、フランス情報機関と協力して特殊任務を随時遂行すべく、フランス機でポート・サイドへ派遣された。11月11日に実行されたツシア（ヘブライ語で「知恵」の意）作戦において、フランス軍の制服を着て外国人部隊のユダヤ人に変装したダールら3名は、ポート・サイドのユダヤ人コミュニティと連絡をとる。そしてフランス軍の助けを借り、コミュニティの3分の1にあたる65名を11月17日から18日にかけて船でイスラエルへ送る段取りを整えた。

　1957年、前年10月から11月にかけてのスエズ作戦で捕らえたエジプト人捕虜6,000名と引き替えに、カイロで囚われの身となっているメンバーの解放をイスラエル政府が迫らなかったことに抗議して、ダールは軍を退職した。また当時のイスラエル国民には知られていなかったが、捕虜の中にはガザ総督のモハンメド・ディグウィ大将がいた。ディグウィは1955年、裁判長として2名の工作員に死刑を宣告した人物だった（モサド長官のメイアー・アミットがガマル・アブデル・ナセル大統領に自ら訴えた結果、収監された4名は1967年に釈放されている）。

【参照項目】スパイ網、インテリジェンス・オフィサー、アマン、セル、モサド、メイアー・アミット

タルマッジ、ベンジャミン　(Tallmadge, Benjamin　1754-1835)

　アメリカ独立戦争当時、ジョージ・ワシントン将軍の下で活動したインテリジェンス・オフィサー。カルパー・スパイ網を組織してワシントンに貴重な情報をもたらしたことが最大の功績である。

　1778年、ネイサン・ヘイルによる2年前のスパイ活動に失望したワシントンは、タルマッジをスパイマスターに任命した。なお、ヘイルは敵の間諜であることがばれて処刑されていた。

　ベネディクト・アーノルド少将の裏切り行為を突き止めたのは、タルマッジの功績である。アーノルドはタルマッジに対し、アメリカ軍前線を通過する権利が与えられていた「ジョン・アンダーソン」なる人物を支援するよう命じた。ある部隊がアンダーソンを拘束したところ、ウエストポイント守備隊に関する文書を持っていたため、タルマッジはこの男（正体はイギリス軍士官のジョン・アンドレ少佐だった）とアーノルドとの関係に疑いを抱く。ワシントンによるアーノルドの尋問をタルマッジは望んだが、彼にそうする権限はなかった。アンドレは監禁され後に処刑されているが、アーノルドは逃亡した。

　タルマッジは部下のために作成したコード式暗号の中で、自身の名前に721という数字を割り当てた。

【参照項目】ジョージ・ワシントン、インテリジェンス・オフィサー、ネイサン・ヘイル、ベネディクト・アーノルド、ジョン・アンドレ、エージェント

ダレス、アレン・W　(Dulles, Allen W.　1893-1969)

　第2次世界大戦中に戦略諜報局（OSS）で情報関連のキャリアを始めて以来、長きにわたってスパイマスターであり続け、1953年2月から61年11月まで中央情報長官（DCI）を務めた人物。

　祖父と伯父が国務長官だったダレスは、3人目の国務長官になることを夢見て1916年に国務省へ入省した（同じ願望を抱く兄フォスターがその夢を叶えている）。一方、若い頃にルドヤード・キプリングの『キム』を読んでおり、主人公キムが繰り広げる「グレート・ゲーム（大政略）」に生涯惹きつけられることになる。

　入省後最初の任地は、オーストリア=ハンガリー帝国の首都ウィーンにあるアメリカ大使館だった。そして1917年4月にアメリカがドイツへ宣戦布告した後、領事館員としてスイスのベルンへ転勤する。勤務中のある日、ウラジーミル・イリイチ・レーニンを名乗る人物が領事館に電話をかけ、面会を要求した。しかしダレスは精神の狂った亡命者の戯言としてこれを断る。翌日、アメリカ人外交官との面会を果たせなかったレーニンは、今や有名になった「封印列車」に乗ってドイツからロシ

アへ向かった。後年、ダレスは新規職員にこの話を語って聞かせ、人の判断は慎重に行なうよう教えている。

ダレスはコンスタンチノープル（現・イスタンブール）や第1次世界大戦後のヴェルサイユ講和会議でも活躍した。その後1926年に国務省を退職、ウォール街のサリヴァン・アンド・クロムウェル弁護士事務所に入る。顧客リストには国際的影響力を持つ人物や企業が名を連ねていたという。なおアレンが入所したとき、兄フォスターはすでに同じ事務所の特別修習生だった。

サリヴァン・アンド・クロムウェルはアメリカ政府高官との並外れたコネを持ち、またヨーロッパの金融、投資、産業資本とも強力な関係を保っていた。事務所に勤める他の職員同様、アレン・ダレスも公職に就く機会があり、国際会議でアメリカ使節団の顧問を務めることもあった。また後にスパイマスターとして再会する人物と関わり合いになることもあり、イタリアの独裁者ベニト・ムッソリーニ（1932年11月）やドイツ首相のアドルフ・ヒトラー（1933年4月）といった歴史的人物にも面会している（偶然にも、同じく後に中央情報長官となるリチャード・ヘルムズも1930年代にヒトラーと面会している。ヘルムズはAP通信の特派員として1936年にインタビューしたのである。奇妙なことに、ダレスはヒトラーと面会したことをヘルムズに話していない）。

アメリカが第2次世界大戦に参戦する前年、ダレスはOSS長官のウィリアム・ドノヴァン少将から勧誘を受ける。しばらくはニューヨークのOSS本部で働き、次いでウィリアム・スティーヴンソンが設立した英MI6のアメリカ支局、英国保安調整局に異動する。ダレスは同僚の大部分に自分の業務を話すことなく、ビジネス上の知り合いを次々とOSSに勧誘した。その任務は秘密とされていたが、1942年9月17日、ニューヨーク・タイムズ紙は短い記事を載せ、ダレスが「戦略諜報局で戦争業務に就くため」財務官を辞任する予定だという、共和党ニューヨーク郡委員会の言葉を引用した。

1942年11月、ダレスはOSSの支局を開設すべくベルンに到着、諜報活動における真のキャリアを開始した。そしてアマチュア・スパイマスターは輝かしいデビューを飾った。外交官としてアメリカ大使館に所属していたものの、ヘレンガッセ23番地にある自宅を活動拠点にしており、ホワイトハウスにコネを持つ特使ではないかと漠然ながら認識されていたのである。OSSは「エージェント110」または「ミスター・ブル」というコードネームをダレスに与えており、再びスパイの巣窟となったベルンに駐在する外交官たちも、ダレスがアメリカ情報機関のヨーロッパにおけるトップであることを知っていた。ダレスは戦争でスイスに置き去りにされたアメリカ人を勧誘し、その中にはスイスに不時着したものの何もすることのないまま抑留されていたアメリカ陸軍航空軍の飛行士もいた。

またメアリー・バンクロフトというアメリカ人女性もダレスに勧誘された1人である。38歳の彼女には会計士の夫がいたが、ベルンを不在にすることが多かった。かくしてバンクロフトはダレスの秘書兼愛人となる。女性のアドバイスを信頼するダレスに感銘を受けたという。友人である精神科医のカール・ユングもバンクロフトに対し、ダレスのような男は「最高の判断を下し、かつ深みにはまらないようにするため、女性の言葉に耳を傾ける必要があるのだ」と告げている。

ダレスにとって最も貴重なエージェントだったのは、ドイツ外務省で電信を扱っていたフリッツ・コルベである。連合国のためにスパイ活動を志願すべくベルンを訪れた後、イギリスに拒絶されたためにダレスのもとにやって来て、信頼できるとして採用された。その際「ジョージ・ウッド」というコードネームを与えられている。コルベは1944年春までに1,200件の書類をもたらしたが、そのどれもが2週間以内に作成されたものだった。その中には、トルコのアンカラに駐在するイギリス大使の従者が、実はスパイであるという報告もあった（「キケロ」を参照のこと）。またダレスの元には、ドイツの原爆及びミサイル開発に関する情報ももたらされた。

ダレスはワシントンやロンドンに駐在する連合国のスパイマスターにコルベ情報の要約を送ることしかできず、しかも最初は信用されなかった。だが報告内容の分析が終わった後、ドノヴァンはダレスに次の電文を送っている。「私は今やウッドの忠誠心を信じている。これらの文書は真正だ。私の評判をかけてもよい」

ドワイト・アイゼンハワー大将の情報参謀であるケネス・ストロング少将はダレスを評して「当時の最も偉大なインテリジェンス・オフィサーであることは間違いない。しかし長期的な情報評価の仕事よりも、情報収集や短期的評価といった事柄に強く、またそちらのほうに関

アレン・W・ダレス（出典：国立公文書館）

心を抱いていた」と述べている。

　戦争が終結すると、ダレスはしばらく法曹界の仕事に戻った。しかしかつての OSS が CIA に進化するのを見ながら、いずれ公職に戻るだろうと予期してその時を待つ。事実、ジェイムズ・フォレスタル国防長官の求めに応じて CIA に関する研究論文を執筆し、期待された役割に応えていないとしてこの新組織を批判している。また 1948 年の大統領選挙では、トルーマンの対抗馬として出馬したトーマス・デューイの選挙戦に加わっている。トルーマンが勝利を収めた際、ダレスは情報関係のポストが回ってくることはないだろうと考えた。しかし新任の中央情報長官であるウォルター・ベデル・スミス中将から、工作担当次官に就任してほしいと要請を受ける。ダレスはそれを受け入れ、自らの仕事──スパイと秘密工作活動の監督──がより曖昧になるよう、「工作（operations）」という単語を「計画（plans）」で置き換えるべきだと提案した。かくして 1951 年 1 月から CIA での勤務を始め、8 月に計画担当次官となっている。

　1953 年 2 月、ダレスはアイゼンハワー大統領から DCI に任命され、1961 年までその職を務めた。長期かつ歴史に残るダレスの在任期間中、CIA は世界的組織となって南アメリカから中東に至る各地で秘密工作活動を行ない、ベルリントンネルを掘り、また U-2 偵察機を開発した。

　左派系の作家であるイリヤ・エレンブルグはダレスを「世界で最も危険な男」と評し、「ダレスが何かの手違いで天国に行ったら、クーデターを組織して天使を撃ち殺すだろう」と記した。この文章はソビエトの新聞に掲載されたが、ピーター・グローズが著書『Gentleman Spy』（1994）で述べた通り、ダレスは楽しげにそれを引用していたという。

　ダレスの下、CIA は 1961 年 4 月のピッグス湾侵攻を計画し、実行に移した。しかしこれが大惨事に終わったことで、キャリアに終止符が打たれることになる。以降は勤務時間のほとんどをヴァージニア州ラングレーの CIA 新本部建設に注ぎ込み、1961 年 11 月に退任した。

　その後は個人的生活に戻って『The Craft of Intelligence（邦題・諜報の技術）』（1963）を執筆したが、ケネディ大統領暗殺に関する大統領特命調査委員会（ウォーレン委員会）の一員として再び公務に就いている。

【参照項目】戦略諜報局、中央情報長官、グレート・ゲーム、キム、ウィーン、ウィリアム・ドノヴァン、英国保安調整局、ウィリアム・スティーヴンソン、メアリー・バンクロフト、ケネス・ストロング、CIA、ウォルター・ベデル・スミス、秘密工作活動、ベルリントンネル、ラングレー

タレントキーホール （Talent Keyhole）

　偵察機及び人工衛星による写真に適用されるアメリカの機密区分。「タレントキーホール」及び「特別情報」は、信号情報活動で得られたデータ、上空偵察で得られたデータ、あるいは両者を組み合わせたデータに適用される機密区分である。

【参照項目】偵察、人工衛星、機密区分、特別情報、信号情報

ダンカン、ヘレン （Duncan, Helen 1897-1956）

　降霊術の集いで軍事秘密をばらしたとされる降霊術師。その内容は、戦死したイギリス兵が最も近い親族に話しかけてきたものだった。結果として 1944 年 3 月、彼女は中央刑事裁判所において、1735 年制定の魔術法違反で裁かれた。なお、機密情報を漏らす恐れがあったため、審理は非公開で行なわれた。

　兵士の遺族を騙したとして、2 名のイギリス海軍士官がダンカンを詐欺で訴えたのを受けて行なわれた捜査の結果、D デイ（ノルマンディー上陸作戦の決行日）関連の機密を守ることに懸命だったインテリジェンス・オフィサーを仰天させる出来事が明るみに出た。イギリス海軍の主要基地があるポーツマスでダンカンが主催した降霊術の集いにおいて、母親が息子の死を知るより早く、死んだ息子を彼女の前に出現させようとしたのである。その水兵は、1941 年 11 月 25 日に戦艦バーラムが地中海で魚雷攻撃を受けて撃沈された際、犠牲になった 862 名の乗組員の 1 人だった。降霊術の集いは撃沈が公表される前に行なわれたのである。

　ダンカンは口の軽い水兵からその知らせを聞いたのだと、捜査関係者は判断した。そして 1944 年 3 月にポーツマスが侵攻作戦参加艦隊の主要基地に選ばれた際、D デイ関連の秘密を知るダンカンが、降霊術の集いを通じてそれを広めてしまうのではないかと、イギリスのインテリジェンス・オフィサーは恐れた。これが裁判の理由だったとされる。

　ダンカンと 3 名の参加者は、「魔術を行使あるいは活用する」振りをし、「ヘレン・ダンカンを媒介として死者の魂を現世に蘇らせようとした」容疑で起訴された。ダンカンには禁固 9 ヵ月の刑が下され、1944 年 6 月 6 日の D デイまで「死者の声」は沈黙させられた。その後同年 9 月 22 日に釈放されている。

　ダンカンはスコットランドのカレンダーに生まれ、幼い頃から霊界との媒介者としての素質が見られたという。その後イギリス各地で降霊術の集いを催して生計を立てる。集いでは死者の魂が姿を見せ、遺族に語りかけたり触れたりしたらしい。やがて、降霊術を行なう各地の教会や個人の集会で神の使いを務めるようになったとのことである。

イギリスの新聞は彼女を「最後の魔女」と呼んだ。

【参照項目】Dデイ、インテリジェンス・オフィサー

ダンラップ、ジャック・E （Dunlap, Jack E.　1927-1963）

　NSAで勤務中、ソビエトのためにスパイ行為をしたアメリカ陸軍の軍曹。朝鮮戦争中の負傷で勲章を授与されたダンラップは、NSA副長官であり首席補佐官だったガリソン・カヴァーデール少将の運転手を務めていた。

　ワシントンで最高機密会議が開かれた後、カヴァーデールはブリーフケースをダンラップ軍曹に預けてオフィスへ戻らせることがよくあった。ところがダンラップはブリーフケースの中身を撮影し、そのフィルムをソビエトのハンドラーに渡していたのである。ハンドラーのことは「ブックキーパー」なるコードネームでしか知らなかったという。またブリーフケースの中身に加え、NSAの機密資料を数多く盗んだとされる。

　既婚者で5人の子供がいたダンラップは、キャビン付きのクルーザーを買い、ジャガーを乗り回すなど、スパイ行為の報酬で贅沢な暮らしを送っていた。またワシントンとメリーランド州ボルチモアの中間にあるフォート・ミードの警備厳重なNSA施設への出勤には、最新型のキャデラックを使っていた。それでもなお、スパイとして疑われることはなかったのである。

　ダンラップは一兵卒だったので、NSAへの配属にあたってポリグラフ検査を受ける必要はなかった。しかしNSA在籍中に退役を志願したせいで検査を受けることになる。そして「些細な窃盗」と「不実な行為」を犯したことが明らかになったため、さらなる調査が行なわれることになった。またその際、機密資料にアクセスできない職へ回されている。

　調査が始められた直後、ダンラップは睡眠薬を飲んで自殺を試みた。その後人里離れた場所で車を駐めてマフラーにつないだホースを車内に引き込み、一酸化炭素中毒で死亡した。遺体は翌日発見された。

　1963年7月25日、ダンラップは軍の礼式をもってアーリントン国立墓地に埋葬される。だが翌月、遺品整理の際に見つけた機密資料の束を持って未亡人がFBIへ出頭した。

　ダンラップによるスパイ行為の規模は明らかになっておらず、「ブックキーパー」の正体も不明のままである。しかしダンラップの悪事が明らかになったのはポリグラフ検査のためでなく、20年近くにわたってアメリカのためにスパイ行為をしたソビエトのGRU士官、ディミトリー・ポリアコフ少将のせいだったらしい。ポリアコフは、1994年に逮捕されたCIA内部の内通者、オルドリッチ・H・エイムズによって正体を暴露されたアメリカのアセットの1人だった。

【参照項目】NSA、最高機密、ハンドラー、フォート・メアデ、ポリグラフ、FBI、GRU、ディミトリー・ポリ

アコフ、CIA、オルドリッチ・H・エイムズ

チェーカ （Cheka）

　国内の公安活動を担うボルシェビキの機関として1917年から22年まで存在した、「反革命運動及び破壊活動取締非常委員会」の略称。この間Vチェーカ（中央チェーカ）に名称を変更し、さらに1922年から23年までGPU、1923年から34年までOGPUと名乗っている（下記を参照のこと）。

　ボルシェビキがロシアを掌握した数週間後の1917年12月20日、V・I・レーニンはボルシェビキ革命を保護する政治情報組織としてチェーカの設立を指示する。当初は革命の最前線で闘ったバルト海艦隊の水兵が大部分を占めていた。チェーカの設立と指揮を担う人物として、レーニンはポーランド貴族の血を引く政治アジテーター、フェリクス・ジェルジンスキーを選ぶ。ボルシェビキ本部の司令官であり、1917年10月の政権掌握の際にレーニンら党幹部の護衛を担当していたジェルジンスキーは、レーニンの親友と見られていた。

　チェーカには3つの明確な任務が与えられた。

1．どこで発生したかを問わず、ロシア全域のあらゆる反革命運動及び破壊活動を調査し、取り締まること。
2．全ての破壊活動家及び反革命運動家と闘う方法を編み出し、革命法廷に引き渡すこと。
3．治安維持に必要とされる予備捜査のみを行なうこと。

　チェーカが処刑を実施する法的根拠を持たなかったことは特筆に値する。それでもなお、ロシア内戦（1917〜20）の際にはチェーカによる処刑が便宜的に行なわれた。左派社会主義者に対する最初の処刑が1918年2月24日になされた後、チェーカはトロイカという3名体制の法廷を設ける。しかしこれも、チェーカによる処刑を認める法律外の手段として悪名を馳せるようになった。トロイカ体制による最初の処刑はペトログラード（後にレニングラードと改名。現・サンクトペテルブルグ）のペテロパヴロフスク要塞で行なわれた。1703年に建設されたこの建造物はその後「虐殺本部」の名で知られるようになる。

　内戦の激化は1918年9月5日に発布された悪名高き「赤色テロ」政令につながった。この政令によって多数のボルシェビキ党員がチェーカの強化を訴え、強制収容所の建設、反革命組織と接触した人間の銃殺、そして処刑された人物の氏名及び処刑理由の公表が実施される。その12日後には、革命法廷に諮ることなく被告に刑を言い渡して処刑する権限が、正式にチェーカに対して与えられる。大部分の事件で逮捕から刑の宣告まで24時間しかかかっていない——処刑も直後に執行される——

ことをジェルジンスキーは誇りにした。

だが拳銃とライフル銃による処刑では死刑宣告を受けた「反革命主義者」を捌ききれなくなり、ジェルジンスキーは機関銃による処刑を命じた。ペトログラードではあまりに多くの死刑が言い渡されたため、死刑囚は2人1組で背中合わせに縛られ、深夜のうちに木製の艀に乗せられてトルブヒン灯台を通過後、フィンランド湾に流された上、そこで溺死させられた。西風が吹いた時は、フィンランド湾の最奥部に位置するコトリン島のクロンシュタット港に遺体が打ち上げられたという。

チェーカによる革命期のこうした残虐行為は、強烈な反ボルシェビキ派のエージェントであり、ロシアにおける反革命組織の創設者でもあった伝説的スパイ、シドニー・ライリーの回想録で明確に描かれている。

チェーカによる襲撃は、文明社会の人間には想像もできない非人間性と残虐性をもって実行された。ある時、赤軍の兵士がアパートメントの一室を訪れる。住人が極度の恐怖からドアのチェーンを外せないでいると、赤軍兵は爆弾（手榴弾）をドアの隙間から投げ込んだ。また、ドアをノックしても返事がなかったというだけで人が殺されたこともある。この時の犠牲者は1人の老婆であり、前年に起こった大虐殺の際、眼前で夫が殺害されたショックから発作で寝たきりになっていた。当時フラットには他に誰もおらず、苛立った赤軍兵の1人がドアに手榴弾を投げつけたところ、爆発のために5名の兵士が死傷した。兵士たちは夜になってそこへ戻り、ベッドの上の老婆に「復讐」したのである。

設立の1ヵ月後、チェーカには23名のスタッフが所属していたが、2年後には少なくとも37,000名の士官及びスタッフを擁するまでに成長し、1921年中盤になると31,000名の民間人、137,000名の公安部隊、そして94,000名の国境警備兵を合わせた250,000名以上の男女がチェーカで勤務していたという（これよりも多くの人間が働いていたとする推計もある）。

チェーカの権力は1920年3月により強化された。捜査によって「十分な証拠が発見」されなかった場合でも、最大5年間まで「容疑者」を強制収容所に送る権限が認められたのである。

チェーカはまた、1918年にドイツと講和を結ぶまで戦闘活動の一環として行なわれていた、要塞建設などのプロジェクトに数千名の男女を送り込む「強制徴募隊」の運用も担当していた。後には白系ロシア人や連合軍に対抗すべく実施された他の建設プロジェクトにも労働者を送り込んでいる。

1920年12月20日、チェーカに外国課（INO）が新設され、メール・トリリッセルが課長に就任する。かく

して、ロシア国外に居住する反革命運動家の居所を突き止める活動が公式のものとなった。当時のボルシェビキにとって、白系ロシア人の元士官、とりわけベルリンとパリに居住する士官や移住者は脅威だった。そこでINOはエージェントと暗殺者を反革命運動に潜入させ、その信用を落として壊滅させることを狙った。このようにして、チェーカの外国活動——情報収集を含む——は防衛機能から進化していったのである。こうした反革命運動家に対する成功例の代表としてトラスト作戦が挙げられる（チェーカはINOの設立前からエージェントを海外に派遣していたが、あくまでも一時的行為にとどまっていた）。

トリリッセルは情報収集活動に無線機などのハイテク機器を用いることも奨励しており、科学的・技術的情報を集める目的で西側諸国にエージェントを送り込んだ。それには長期にわたる技術・語学習得プログラムにエージェント候補生を参加させるという試みも含まれていた。またジェルジンスキーもチェーカ内部に特別課（OO）を設け、軍内部の防諜活動と党による統制強化を担当させている。

しかし、チェーカの暴走はその改名につながった。まず1922年2月6日に国家政治局（GPU）と名を改める。GPUは同じく1922年2月に設立された内部人民委員部（NKVD）に制度上従属しており、ジェルジンスキーがNKVDとGPUの長官を兼務した。1923年7月にはGPUが独立、統合国家政治局（OGPU）となる。ジェルジンスキーはNKVD長官という軽い職責のほうを捨て、1926年に死去するまでOGPU長官を務めた。主な長官代理としてヴャチェスラフ・メンジンスキーとゲンリフ・ヤゴーダが挙げられる。

ジェルジンスキーの後任としてOGPU長官の座に就いたのがメンジンスキーである。前任者同様ポーランド人貴族の出身であるメンジンスキーも、1934年に死去するまでその職にあった。なお、その下で長官代理を務めたのがヤゴーダである（1934年まではGPUとOGPUの略称が交互に用いられた）。

チェーカ及びその後継機関の規模は最高機密とされていたが、1920年代初頭にはおよそ3万名を擁していたと推測されている。

チェーカ、GPU、OGPUと名を変えたこの組織は、1925年までに25万名以上の反ボルシェビキ派及びその家族を処刑し、ソビエト各地に6,000ヵ所以上ある収容所へ130万名とも言われる囚人を送り込んだ。さらに、数10万名のその他ロシア人が遠隔地にあるソビエト初の収容所共同体に送られているが、後にソビエト全域に建設されて「収容所群島（グラーグ・アークペラゴ）」の名で知られるようになった政治犯・刑事犯の強制収容所群は、これを嚆矢としている。ちなみにOGPUの強制労働収容所管理部門（グラーグ）は、ヤゴーダが長官の

座にあった 1930 年代に設置されているが、強制収容所のネットワークそのものは 1919 年から存在していた。

1920 年代、スターリンは地方農民による一揆を鎮圧する主要な手段として OGPU を活用した。その際、OGPU は赤軍の支援を得て数百万の農民を強制移住させ、農地の集団化を推し進めている。

1934 年 7 月 10 日、OGPU は再編後の NKVD に統合されてその歴史に幕を下ろした。

チェーカー GPU － OGPU の長官には F・E・ジェルジンスキー（1917 ～ 26）と V・R・メンジンスキー（1926 ～ 34）の 2 人が就いている。

【参照項目】フェリクス・ジェルジンスキー、シドニー・ライリー、ベルリン、トラスト、NKVD、ヴァチェスラフ・メンジンスキー、ゲンリフ・ヤゴダ

チェキスト 　(Chekist)

本来はチェーカに所属する人間を指す言葉だったが、後にソビエト（ロシア）の公安組織職員を指す俗語として用いられている。

【参照項目】チェーカ

チェブリコフ、ヴィクトル・ミハイロヴィチ
(Chebrikov, Viktor Mikhailovich　1923-1999)

1982 年から 88 年まで KGB 議長を務め、政治局員にもなった人物。KGB 議長としての在任期間は、ブレジネフからミハイル・ゴルバチョフへと権力が移行した時期にあたっている。

1950 年代後半から 60 年代初頭にかけて故郷ドニエプロペトロフスクで KGB 職員を務めた後、67 年にブレジネフの推挙で KGB 本部へ移り、人事課長に就任する。その後 1968 年から 82 年 4 月まで KGB 副議長、同月から 12 月まで第 1 副議長の座にあった。

同年末、共産党書記長に就任したユーリ・アンドロポフは、チェブリコフを KGB 議長に抜擢する。そして 1 年後の 1983 年 11 月、チェブリコフは公安機関の職員として初めて上級大将の階級を与えられた（ヴィクトル・クリコフ元帥が 1988 年に引退したのを受け、チェブリコフは現役最高位の「軍人」となった）。

また 1983 年に政治局員候補となり、85 年 4 月には議決権を持つ正式な局員に選出された。当時ゴルバチョフが彼を高く評価していた現われと言える。

この時期は東ヨーロッパを変革の嵐が襲い、またモスクワ支配からの離脱という東欧諸国の願望はキューバにまで飛び火した。1987 年、チェブリコフは KGB とキューバ情報総局との関係を再構築すべく、キューバへ赴いた。

しかしゴルバチョフが西側諸国との経済関係強化を模索していた 1987 年、チェブリコフは「帝国主義国家の特殊機関による反政府運動」を理由に西側を非難した。

こうした態度のせいでチェブリコフは生き残ることができず、1988 年 10 月 1 日に KGB 議長を解任され、法律政策を審議するために新設された中央委員会委員長の座に祭り上げられた。

【参照項目】KGB、ユーリ・アンドロポフ

チェンバース、ホイッテイカー
(Chambers, Whittaker　1901-1961)

タイム誌の元編集者。ソビエトのスパイだったことを告白する中で、国務省職員のアルジャー・ヒスもソビエトのためにスパイ行為をしていたと暴露した。

フィラデルフィアに生まれたチェンバースはコロンビア大学に入学したが、執筆した演劇が冒瀆的であるとされ 3 年生の時に退学を余儀なくされた。1925 年にアメリカ合衆国共産党（CPUSA）へ入党、党の同僚と結婚する。そして 31 年頃、スパイ育成所としてソビエトが活用していた党の地下細胞組織に加わった。

その後 1934 年にボルチモアへ移り、政府職員が撮影あるいは盗み出した書類をソビエトのハンドラーに届ける密使の活動を始めた。しかし徐々に幻滅を抱くようになり、39 年 8 月に独ソ相互不可侵条約が締結された 2 日後、アメリカ人がソビエトのために行なったスパイ活動について、知っていることを残らず当局に暴露する。唾棄すべきヒトラーのナチズムに対する思想上のアンチテーゼとして共産主義を支持していたチェンバースら多くのアメリカ人にとって、不可侵条約締結は裏切り以外の何物でもなかったのである。

チェンバースはアドルフ・バール国務次官補のもとへ赴き、彼の有能な秘書アルジャー・ヒスがソビエトのスパイであると告げたが、バールはそれを一笑に付したという。

1948 年 7 月、当時すでにタイム誌の上級編集者となっていたチェンバースは、下院非米活動調査委員会において、ヒスが 1930 年代に自分と同じく共産主義者だったこと、そしてソビエトのハンドラーに渡す国務省の書類を与えていたことを暴露した。チェンバースの証言は、共産主義からの政治的改宗のように聞こえたという。その一方で、1930 年代に共産主義を信奉した他の多くのアメリカ人同様、平和を愛し、世界的視野を持った知識人が辿るべき唯一の道を選んだのだと自己弁護している。

彼はそれを次のように説明した。

　私は 1924 年に共産党へ加入しました。誰に勧誘されたのでもなく、我々が住む西洋文明というこの社会が危機に瀕しており、最初の世界大戦はその軍事的表現だったこと、そして文明は崩壊するか野蛮な状態に戻るより他ないと信じるようになったのです。危機の原因を理解していたわけではなく、それについてどう

すべきかもわかりませんでした。しかし、私は1人の知識人として、行動を起こさねばならないと感じていました。そしてカール・マルクスの著書から歴史的・経済的説明を見出したと考えたのです。またレーニンの著書からは、何をすべきかについて答えを見つけたと考えました。

そしてチェンバースがしたことは、ワシントンDCを拠点とする、モスクワ配下の地下組織に仕えることだった。彼はこう述べる。「このグループの当時の目的がスパイ行為だったわけではありません。本来の目的はアメリカ政府に共産主義者を送り込むことだったのです。しかし結局は、スパイ活動が目的の1つになったことは間違いありません」

【参照項目】アルジャー・ヒス、CPUSA、密使

地下室 (Cellar, The)

KGB本部ルビャンカ内部の処刑や監禁が行なわれる場所を指して、ソビエトの情報・公安機関職員が用いた単語。しかし地下室では処刑のみが行なわれ、独房のようなものはなかった。監禁施設は建物の6階に位置していたのである。

【参照項目】ルビャンカ、NKVD

チームB (Team B)

「Bチーム」を参照のこと。

チモーヒン、エフゲニー・レオニドヴィチ

(Timokhin, Yevgeny Leonidovich)

1991年から92年にかけてソビエト軍の情報機関GRUの総局長を務めた人物。就任前はソビエト航空防衛軍の参謀次長だった。保安機関あるいはソビエト地上軍以外の人間がGRU総局長になったのは稀なケースである。

【参照項目】GRU

チャーチ委員会 (Church Committee)

1975年から76年にかけて諜報活動にメスを入れたアメリカ上院の調査委員会。一般には議長を務めた民主党のフランク・チャーチ上院議員（アイダホ州選出）の名前で知られているが、正式名称は「情報活動に関する政府活動特別調査委員会」という。

チャーチ委員会は国内におけるスパイ活動、とりわけNSAによって実行されたシャムロック作戦を標的にした。NSAの証人から話を聞いた議員は、政府が1940年から国外向け通信を傍受していたと知り衝撃を受けた。

公聴会が開かれている間、フォード大統領は個人的にチャーチ議員へ電話をかけ、NSAの活動を公開することの危険性を説明して、これ以上の暴露を止めさせようと

した。しかし公聴会はその後も続けられた。またニクソン政権が検討したヒューストン計画も議論の対象になっている。

チャーチ議員はNSAの活動に対する自らの見解を次のようにまとめた。「インテリジェンス・コミュニティーが政府に与えた技術的能力は完全なる圧政を可能にし、それに抵抗する術はない……この技術の能力はかくの如しである」委員会は1976年4月26日に最終報告書を作成した。

公聴会の間――しかし委員会が始まってからのことだが――CIAの防諜部門トップであるジェイムズ・ジーザス・アングルトンは、オフレコと信じ込んでいたインタビューで次のように語っている。「政府の秘密情報機関が、政府による明示的な命令の全てに従わねばならないなどどうしても理解できない」

チャーチは第2次世界大戦中軍の情報部門に所属し、中国－ビルマ－インド戦線で勤務している。戦後の1950年に弁護士事務所を開業、56年から上院議員を務めたが、81年1月の選挙で落選した。

（訳注：ロッキード事件の端緒となった、ロッキード社前副会長コーチャンの喚問を行なったのも、チャーチ上院議員の委員会〔多国籍企業小委員会〕だった）

【参照項目】シャムロック作戦、NSA、ヒューストン計画、ジェイムズ・ジーザス・アングルトン、CIA、パイク委員会

チャーチ、ベンジャミン (Church, Benjamin 1734-1777?)

独立戦争中イギリスの指揮下でスパイ行為をしたアメリカ人。

ロードアイランドのニューポートに生まれたチャーチは、1754年にハーバード大学を卒業した後ボストンで医学を学び、後にジョン及びサムエル・スミス、ジョン・ハンコック、ポール・リヴィアといった愛国者のリーダーと共に、マサチューセッツ議会と反乱組織「自由の息子達」の両方に所属した。

しかし1765年にアメリカ独立の話が持ち上がるようになると、アメリカ愛国派の一員であるチャーチは英国王党派のエージェントになった。75年に独立戦争が勃発した際は、マサチューセッツ英国総督トーマス・ゲージ将軍のために情報を集めるよう命じられている。

1775年5月、チャーチは植民地の防衛について話し合う大陸会議の会合に参加した。その場でケンブリッジにある陸軍第1病院の院長兼主任医師に指名され、直後にアメリカ植民地軍の軍医に任命される。しかし植民地軍に捕らえられた女性の密使によって、チャーチの正体が明らかになった。彼女は暗号化されたメッセージを持っていたが、ジョージ・ワシントン将軍配下の暗号解読者がそれを解読し、チャーチの優れたスパイ行為を白日の下に晒したのである。

ワシントンはチャーチを除隊させるが、罪に問うことはしなかった。だが議会はそこまで寛容ではなかった。チャーチは反逆罪で逮捕されて裁判にかけられ、1778年まで収監された。そしてアメリカ初となるスパイ交換で、捕虜となった植民地の医師と引き替えにイギリス側へ引き渡される。チャーチを乗せた船はカリブ海のマルティニーク島に向けて出港したが、その後行方不明になった。

【参照項目】密使、ジョージ・ワシントン、スパイ交換

中央局 (Central Bureau)

第2次世界大戦中、太平洋中西部を担当するダグラス・マッカーサー大将の下に設けられた米豪共同の暗号解読組織。中央局には4つの使命があった。すなわち日本軍の無線通信から得られた信号情報をマッカーサーに提供すること、通信上の保安に責任を負うこと、ワシントンDCの信号情報局（SIS）と協働して日本軍の暗号を解読すること、そしてアメリカ海軍やイギリス軍と情報交換を行なうことである。マッカーサーの計画立案と作戦遂行は、日本海軍による無線通信の解読結果であるウルトラ情報が鍵を握っていたため、海軍は特に重要な存在だった（日本陸軍の暗号を継続的に「読める」ようになったのは1944年春からである）。

1942年4月1日、前月フィリピンからオーストラリアへ逃れたマッカーサーは陸軍省に対し、マニラ湾のコレヒドール島から連れてきた数名の暗号解読者を補完するため、熟練した人物をオーストラリアに送るよう要請する。第6局と名付けられたフィリピン駐在のこの部隊は、日本が用いる通信システムを識別し、空襲警報を早期にもたらすこともあった。また入手したコードブックを基に、日本の戦術暗号に関する知識も得ていた。日本軍によるフィリピン占領が不可避となった1942年3月下旬、陸軍暗号解読者の大部分はオーストラリアに移される。しかしフィリピンにおけるアメリカ軍最後の拠点だったコレヒドール島が日本に奪われた際、第6局所属の6名が捕らわれの身となった（日本の捕虜収容所における残虐行為と欠乏状態から生き延びたのは1人しかいなかった）。

4月15日、生き残った暗号解読者と第837信号班から派遣された人員により、中央局がメルボルンにおいて正式に発足する。中央局の指揮にあたったアブラハム・シンコヴ少佐は、1930年代に日本のパープル暗号を解読した際、ウィリアム・フリードマンと共に働いた経験を持つ人物だった。

中央局局長には、フィリピンにおけるマッカーサーの情報担当副官であり、SIS局長を務めていたスペンサー・B・エイキン准将が就き、シンコヴと共にアメリカ陸軍の暗号解読活動を統轄した。また日系2世の兵士が当初から中央局に組み入れられ、必要不可欠な日本語

能力を提供している。

さらに、オーストラリア陸空軍から派遣された多数の専門家がアメリカ人と共同で勤務しているが、その中にはエルヴィン・ロンメル将軍率いるドイツ軍アフリカ軍団の暗号を解読したベテランも含まれていた。またシンガポールから救出されたイギリスの暗号解読者も共に任務に就いている。中央局はメルボルンのベルコナンにあるアメリカ海軍の暗号解読拠点から支援を受けており、その拠点が中央局に統合されることはなかったものの、マッカーサーの指揮下で活動している（「ベル」を参照のこと）。

特筆すべきことに、エイキンはマッカーサーの情報担当副官として、開戦時同じくフィリピンにいたチャールズ・ウィロビーより階級が上だった。陸軍史家のエドワード・ドレアは名著『MacArthur's Ultra』（1992）の中で次のように記している。

エイキンは中央局局長として、重要な生の（分析されていない）解読結果を直接マッカーサーに手渡すという特権を享受していた。自身の分身とも呼ぶべき（参謀長のリチャード・）サザーランドにまず報告させるほど、マッカーサーは規則にうるさかったのに、である。エイキンはサザーランドの許可を得て、解読結果から得られた適切な情報を太平洋中西部司令部の通信チャンネル経由で現地司令官に直接伝えている。アポなしでマッカーサーに直接面会するというエイキンの習慣は終戦まで続いた。

ウィロビー配下の参謀が解読結果を分析し、そこから得られた情報をマッカーサーの作戦参謀に提供した。とりわけその情報が暗号解読でもたらされた場合、ウィロビーによる情報の扱い方は様々だった。2年にわたるニューギニア作戦の期間中、暗号解読者によって正確なデータが与えられていたにもかかわらず、ウィロビーは日本軍の戦力を過小評価していた。またマッカーサーは――そして程度こそ甚だしくはないものの、航空軍司令官のジョージ・C・ケニーも――暗号解読者からの情報をたびたび拒絶しており、それが自分の先入観と矛盾するものであればなおさらだった。この態度は、海軍のウルトラ情報が太平洋における通信情報の主要な供給源だったことも一因である（マッカーサー自身は指揮を執った戦闘における日本軍の被害を過大に見積もっており、ジャングルでの病気や疲労のため戦闘に参加できなくなった数千名の部下のことには触れていない）。

1944年初頭まで日本陸軍の通信は読めなかったものの、中央局はコールサインや通信の優先順位、そして送受信元を突き止めることができた。それらに加え、高周波方向探知機を用いて無線機の位置を特定することで、日本軍の配置状況も突き止めた。さらに、中央局の暗号

解読者はワシントン DC のアーリントン・ホールにいる SIS の専門家と協働し、日本陸軍の暗号通信を解読するという 1944 年 1 月の大成果において主要な役割を演じた（「暗号解読」を参照のこと）。

ドレアは次のように記す。

（この大成功は）中央局を数千に及ぶ敵の無線通信を読むことができる第一級の暗号解読センターの座に引き上げた。連合軍の暗号解読者たちは初期の IBM 社製コンピュータといった最先端テクノロジーを独創的に用い、創意工夫を発揮することで、後に日本陸軍が暗号を変更した際も対応でき、隠されたメッセージを継続して読めたのである……太平洋戦争で中央局が暗号解読になした貢献は、巨大なものであると同時に広範囲にわたっていた。

戦争中、マッカーサー司令部がオーストラリア（最初はメルボルン、次にブリスベーン）からニューギニアに、次いでレイテに、そしてフィリピンのルソン島に移動した際も、中央局は常に同行した。終戦時、中央局の職員はおよそ 4,000 名に達していたが、戦争終結と共に解体されている。

【参照項目】信号情報、通信保安、信号情報局、パープル、ウィリアム・フリードマン、日系 2 世、チャールズ・ウィロビー、高周波方向探知、交信分析、アーリントン・ホール

中央情報局 (Central Intelligence Agency)

「CIA」を参照のこと。

中央情報グループ (Central Intelligence Group〔CIG〕)

トルーマン大統領の行政命令によって 1946 年 1 月 22 日に設立された CIA の前身機関。翌年 9 月 18 日に CIA となっている。

以下に歴代 CIG 長官を示す。

1946 年 1 月〜 1946 年 6 月	シドニー・ソワーズ海軍少将
1946 年 6 月〜 1947 年 5 月	ホイト・S・ヴァンデンバーグ空軍中将
1947 年 5 月〜 1947 年 9 月	ロスコー・H・ヒレンケッター海軍少将

【参照項目】CIA、シドニー・ソワーズ、ホイト・S・ヴァンデンバーグ、ロスコー・H・ヒレンケッター

中央情報長官 (Director of Central Intelligence〔DCI〕)

CIA のトップにして、情報活動に携わるアメリカ政府機関の集合体インテリジェンス・コミュニティーの長を務める人物。

この職名が最初に用いられたのは 1946 年、中央情報長官配下の中央情報グループ（CIG）によるアメリカの外国諜報活動を調整すべく、トルーマン大統領が国家情報庁（NIA）を設置した時に遡る。その後 NIA と CIG は 1947 年 9 月 20 日の CIA 設立に伴って廃止され、この時以来、中央情報長官が CIA のトップを兼ねることとなった。

1947 年に制定された国家安全保障法の下、中央情報長官はアメリカの主要な情報機関である CIA を指揮すると同時に、「インテリジェンス・コミュニティー」を構成するその他情報機関との間で、情報活動全体の調整を図るものとされた。しかし、歴代中央情報長官が持つ権力の弱さ、無関心、そしてコミュニティーを構成するその他機関の官僚的権力によって、中央情報長官の CIA 外における権限は歴史的に制限されてきた。

1971 年にインテリジェンス・コミュニティーが再編された際、中央情報長官は「全ての情報活動における計画立案、再検討、調整、評価、そして国家的情報の提供」の責任を負うものとされた。またインテリジェンス・コミュニティーの各構成機関は、総合的な情報問題を取り扱う委員会への参加を通じ、中央情報長官にアドバイスするものとされている。こうした委員会の主なものとして国家情報委員会や国家情報会議（NIC）があり、いずれも中央情報長官が議長を務めている。

中央情報長官は国家安全保障会議の上級省庁間グループも率いており、省庁間の情報問題に対処すると同時に情報関連政策の執行を監督している。

中央情報副長官（DDCI）は長官を支援すると共に、長官の不在時、職務執行不能時、また新長官の就任までその権限を代わりに行使するものとされている。

「国家情報長官」も参照のこと。なお「CIA」の項に歴代中央情報長官が列挙されている。

（訳注：2005 年に国家情報長官〔Director of National Intelligence〕の職が新設されたことで、専任の長官〔Director of Central Intelligence Agency, DCIA〕が CIA を率いることになった）

【参照項目】CIA、インテリジェンス・コミュニティー、国家情報庁、中央情報グループ、国家情報会議

中央調査局 (Central Research Agency)

1960 年代から 70 年代（すなわちベトナム戦争期間中）にかけて軍事諜報活動を担当していた北ベトナムの機関。民間情報に関しては公衆保安省の管轄だった。

中央調査局には以下の 6 つの部門があったとされる。

（1）管理部門、（2）技術部門、（3）通信部門、（4）訓練部門、（5）保安部門、（6）情報収集部門

中央ロシア君主主義連盟
（Monarchist Association of Central Russia）

「トラスト」を参照のこと。

中国 （China）

　古代において、中国は中華、すなわち世界の中心を自負しており、周辺の蛮族にはさして関心を払わなかった。諜報活動も国内に限られ、宮廷や高級娼館に配したスパイを通じて皇帝への陰謀を阻止するのが目的だった。外部の敵に対する諜報活動については、紀元前6世紀に兵法を著した孫子（孫武）の言葉がある。「間諜を用いよ」という金言を遺した孫子は、今なお東洋のみならず西洋のインテリジェンス・オフィサーからも尊敬を集めている。兵法はアメリカ海兵隊将校の必読書であり、毛沢東も孫子を読んで内戦に勝利を収め、中国を支配した。

　孫子は数世紀にわたり、陰謀や反陰謀を企てる役人の思考に影響を与えた。しかし官僚機構に秘密組織が組み込まれたのは紀元625年のことである。則天武后は政敵を監視するための機関を設けるだけでなく、秘密警察官に拷問術を習得させるべく、学校を設けて恐るべき教科書を使わせた。

　中国の外国人嫌いは効率的な対外情報機関の成長を妨げた。満洲人が支配する最後の君主国・清は国内情報機関こそ持っていたものの、他の政府機関と同じく汚職が蔓延し、情報ではなく賄賂を集めるほうに長けていた。対照的に、19世紀末に満洲人政府への反乱を計画した反体制派は有能なスパイを抱えていた。こうした反乱軍の中で最も優れていたのが義和団である。彼らは清王朝の転覆と、「鉤鼻の悪魔」つまり中国を乗っ取りつつある西洋人の撃滅を誓った。そしてスパイたちは北京で西洋人が開いていた集会に出入りし、この地区の防御力と弱点を突き止めている。

　1900年6月、義和団はついに蜂起した。だが結果的に外国軍がこれを鎮圧し、その後の無政府状態の中、ロシアが満洲南部を支配する。1902年、シドニー・ライリーはイギリス秘密諜報部（MI6）に次の報告を行なっている。「満洲人の帝国には幕が降ろされた。中国が列強の草刈り場となるのは時間の問題である。現実的目標を有する情報組織は存在していない」

【参照項目】孫子、義和団、シドニー・ライリー、MI6

非公式な諜報活動

　中国に存在していたのは別種の情報組織、つまり有力な反体制派及び商人によるネットワークであり、それらは三合会と呼ばれる秘密結社と緩いながら関係を持っていた。清の情報機関が外国にほとんどアセットを持っていないことを知っていた革命家たち──孫文がそのリーダーだった──は、陰謀のほとんどを香港で計画している。こうした情報機関は、西洋に散らばって住む、民主的精神を持った裕福な中国人に手を伸ばした。

　中国と日本には影響力のある人間を頭に頂く秘密結社が存在していて、一種の影の内閣を秘密裡に組織していた。日本の強力な秘密結社である玄洋社は、孫文こそが中国を安定に導く勢力であるとし、相当の資金援助を行なった。孫文自身も自らの情報機関である興中会の基礎として三合会のネットワークを活用すると共に、西洋との貿易を望む商人と結び付いている。

　1895年に孫文支持者が広東政府を乗っ取ろうとする（広州蜂起）も、一部は捕らえられて処刑された。孫文は日本に逃れ、新たに組織された黒龍会の支援を得て外務省から秘密資金を提供される。後にイギリスへ渡った際、中国の秘密警察が彼を誘拐したが、イギリス政府の圧力を受けて解放せざるを得なかった。

　中国の革命家にとってもう1つの安全地帯だったのがフランスである。しかしフランスの公安機関である公安総局は、パリ13区のチャイナタウンに集う中国人革命家を厳しく監視していた。若き革命家の中には、後に中国の指導者となる周恩来や、毛沢東の下で中国の諜報活動を指揮する康生（当時は張宗可）がいた。

【参照項目】玄洋社、黒龍会、公安総局、康生

共産党特科

　周恩来と康生は1924年に中国へ戻り、中国共産党の再建を始めた。そして1928年、ソビエトで訓練を受けた康生が作成したと思しき指令によって、党の公安機関が組織される。「疑わしい人物を監視するため、組織のあらゆる部署に密偵を配置しなければならない。反逆者ないし敵勢力の密偵は党から完全に排除するべきである……」だが指令書に記されていないもう1つの目的があった。すなわち政府組織への浸透である。

　秘密機関である特科（中国共産党中央特別行動科）のトップには周恩来が任命された。ちなみに、中国では今も様々な公安組織が特科と呼ばれている。第2次世界大戦中、ヨーロッパのドイツ占領地域に住む人々が、ナチスの公安組織を全てゲシュタポと呼んだのと同じである。

　1912年に中華民国臨時大総統への就任を宣言した孫文は、国民党の隠れた一面である強力な秘密警察を通じて権力を握った。1920年代に入ると、周恩来率いる共産党との協力関係によってソビエト連邦から財政援助を受けたが、一方のソビエトは軍事顧問や成長目覚ましいスパイ網を通じて情報を入手している。1924年、孫文は黄埔軍官学校を設立、当時頭角を現わしていた蒋介石を校長に任命する。なお教官の中にはソビエト軍士官も数名存在していた。

　中国共産党の力が増すにつれ、蒋介石はその秘密活動

に対抗すべく国民党自身の秘密組織を強化させる。国民党の秘密組織を作り上げた人物の1人に、孫文の顧問であり武器商人でもあったモリス・コーエンがいた。普段の自己防衛の方法から「2挺拳銃」のあだ名が付けられていたコーエンは、その後蒋の下でボディーガードを務めつつ、アメリカでは「蒋機関」の名で知られるようになる組織の建設において主導的役割を果たした。

蒋介石の情報機関は正式名称を中国国民党中央執行委員会調査統計局としており、「虐殺人」の異名をとる残虐な憲兵、戴笠が局長を務めた。戴は「青シャツ隊」と恐れられた秘密警察を指揮しつつ、中将に進級して最有力人物の1人となり、共産党特科同様、新聞社や銀行、文化団体、そして政府のあらゆる部署にエージェントを送り込んだ。

【参照項目】ゲシュタポ、モリス・コーエン、中国国民党中央執行委員会調査統計局、戴笠

第2次世界大戦

世界の大部分はそうと気づいていなかったが、第2次世界大戦は1931年9月18日、中国北西部の奉天（現・瀋陽）近くを走る線路沿いで始まった。日本軍は、日本の所有する南満洲鉄道が中国人によって爆破されたと主張し、奉天を占領する。謎に満ちた「奉天事件（満洲事変）」は日本による中国北東部への侵攻を引き起こし、1912年に廃位された清朝最後の皇帝・溥儀をトップに戴く傀儡国家、満洲国の建国という結果を生み出した。

蒋介石は日本軍よりも共産党と戦うほうに関心を持っており、侵略軍を止めるための行動はほとんどとらなかった。しかし1941年12月7日（日本時間8日）の真珠湾攻撃以降、蒋は代理人を通じたロビー活動をワシントンDCで強化する。親中派のアメリカ人で構成され、蒋の妻から援助を受けていたチャイナ・ロビーには2つの任務があった。蒋への支援を引き出すことと、毛沢東率いる共産党の評判を落とすことである。

かくしてアメリカの資金が中国に注ぎ込まれた。蒋介石の下で秘密警察を率いる戴笠が中美特殊技術合作所（SACO）のトップに就き、気象報告、戦闘作戦、そして諜報活動を遂行すべく中国に駐留していた3,000名のアメリカ軍人を指揮下に置く。戴笠はSACOを通じ、アメリカ戦略諜報局（OSS）の下で働く中国人エージェントの氏名を突き止めており、一説ではOSS局長のウィリアム・ドノヴァン准将と対立していたという。「OSSがSACOの枠外で活動するおつもりなら、あなたのエージェントを皆殺しにします」戴笠はそう警告したとされる。それに対しドノヴァンは、エージェントが1人殺されるごとに戴笠配下の将軍を1人ずつ殺害すると言い返した。この件で死者が出ることはなかったものの、戦時中に米中両国の情報機関の間で存在した対立関係を浮き彫りにしている。

中国はOSSと共同で日本軍の前線後方へのパラシュート降下作戦を行なった。またOSSはイリヤ（ビル）・トルストイ（レオ・トルストイのひ孫）をもう1名の士官と共にチベットへ派遣し、アメリカによるチベット支援の意向をダライ・ラマに伝えたが、チベットは日本と中国のどちらを恐れるべきか判断に迷った。いずれも侵略軍となる可能性があったからである。

チベットに対する中国の意図に当惑したOSSだが、それは戦時の中国でアメリカが経験したことを端的に示していた。つまり信頼と知識の欠如である。第2次世界大戦後に中国が内戦で引き裂かれると、アメリカ人外交官の中には共産党が蒋介石を打ち破るのではないかと予測する者もいた。だがトルーマン政権の対中政策を批判する議会の人間は、こうした見方をするアメリカ人を共産主義のシンパと呼んで非難した。1949年10月に毛沢東が中華人民共和国の建国を宣言した際も、批判者の1人はこう問いかけた。「中国を失ったのは誰か？」1940年代から50年代にかけてアメリカ政府内で赤狩りの嵐が吹き荒れると、この疑問は彼らが用いるレトリックの一部にまでなった（「アメラジア事件」「ジョン・バーチ」「アメリカ合衆国」を参照のこと）。

国共内戦に破れた蒋介石は国民党政府を引き連れ、中国本土の沖合90マイルにある台湾島へ逃れた。アメリカは台湾こそが「真の中国」であると見なし、ニクソン大統領が米中国交正常化への第1歩を踏み出す1972年までその姿勢を変えなかった。

今日の中国における諜報活動と公安活動の大部分は汪東興の遺産である。毛沢東と出会った1930年代には読み書きもできない貧農だった汪は、毛が最も信頼を置くボディーガードとなる。1949年には毛の生涯で唯一となる外遊に同行してモスクワへ赴き、同じ年に共産党中央委員会保安局局長に任命された。また同時に、「労働を通じた自己改造」を強制する収容所として悪名高い「労改（労働改造所）」を運営する、公安部第8課の副課長となる。その後は8341部隊のトップとして15,000名の職員を率い、中央委員会のメンバーを警護するという特殊任務を遂行した。さらに、性行為が老化を遅らせるという専属医の言葉を信じていた毛のために、若い女性を用意する任務にも就いている。

【参照項目】真珠湾攻撃、戦略諜報局、ウィリアム・ドノヴァン

中国に対するスパイ活動

アメリカは「中共」に対する諜報活動の拠点として台湾を重視した。台湾のエージェントがボートやパラシュートで中国本土に潜入し、また台北近郊の樹林口にはアメリカの傍受局が設けられ、軍事通信に聞き耳を立てた。CIAは西側のニュースを中国へ流すべく無線局を設

置すると共に、気球を使ってパンフレットや書籍を中国へ送り込んでいる。アメリカ製のB-57キャンベラとU-2偵察機が中国上空を飛行したが、台湾人の操縦する機体の中には撃墜されたものもあった（「撃墜」を参照のこと）。さらには数機のD-21無人航空機が偵察任務に就いたものの、有益な情報をもたらすには至らなかった。

1962年、インド政府は中印武力衝突を受けて西側諸国に軍事支援を求めた（その一方でソビエトからの武器調達も続けている）。この関係強化の一環として、東海岸のクタック郊外にあるチャルバティア空軍基地のCIAによる使用が認められ、62年初頭からCIA所属のU-2がここを拠点に飛び立つようになる。中国及びチベット上空への偵察飛行が2または3度実施されたが、最初は1964年5月、最後は中国がロプノールで最初の核実験を行なった直後の同年12月だとされている。高度な秘密作戦とされたこれらの偵察飛行はいずれも成功を収め、国境地帯に展開する中国軍の情報がインド政府との間で共有された。

それ以前の1952年11月には、史上最も悪名高い偵察機の事件が発生した。乗機を撃墜されたCIAインテリジェンス・オフィサー、ジョン・ダウニーとリチャード・フェクトーの2名が中国当局に捕らえられ、スパイとして収監されたのである。

その後偵察衛星が進化するにつれ、有人飛行機による危険な偵察飛行の必要性は薄れていった。さらにアメリカが1972年に中国を国家承認したことで、諜報拠点としての台湾の重要性も減少する。そしてアメリカの外交使節が台湾から引き揚げたため、アメリカは連邦予算を支出して民間組織の米国在台湾協会を設立した。2代目の台北事務所長にはCIAの中国担当官を務めたことのあるジェイムズ・リリーが任命され、CIA本部は当然ながら台湾での業務を続けた。またNSAも同様に中国本土に対する電子監視活動を行なっている。

ソビエト連邦も中国共産党の伸張に合わせて情報収集活動を始めていた。毛沢東が実権を握って以来、NKVD次いでKGBは二重の役割を演じ続けた。すなわち自分自身のスパイ活動と、中国によるスパイ活動の支援である。ソビエト顧問団は情報資料を共有し、また東ドイツなどのワルシャワ条約機構加盟国がKGBやGRUの支援を受けて集めた情報の一部を渡すことで、中国を支えたのである。

ヨーロッパにおける中国の主要なスパイ拠点は、中国系インドネシア人が多数居住するオランダのハーグだった。1966年7月、在ハーグ中国大使館に駐在する代理公使のリャオ・ホウ・シュウは、亡命する可能性の高い中国人男性をオランダのある病院から誘拐した。国際会議場でエンジニアを務めるその男性は誘拐後に死亡したが、全身にひどく殴られた痕があったという。事件は西

側諸国で大きく報じられ、リャオの名が狡猾な黒幕として暴露された。

1969年1月、リャオはオランダに政治亡命を申請し、西側に亡命した最高位の中国人として翌月CIAに引き渡された。しかし、実は二重スパイではないかという疑いがすぐに持ち上がる。CIAに浸透する任務を背負った特科の工作員だというのだ。そのため、リャオにはワシントンDCのジョージタウン大学で翻訳作業などの仕事が与えられた。この頃、アメリカは中国との関係を再構築しつつあり、スパイ交換の対象としてリャオ・ホウ・シュウを中国に提案したものと考えられている。ちなみにその交換相手は、1952年に乗機が撃墜されて以来中国で囚われの身となっていた、CIA職員のジョン・ダウニーだったとされる。1973年3月のある日、ダウニーの釈放と時を同じくしてリャオは中国への帰国を認められた。

中国による諜報活動は時に西側のインテリジェンス・オフィサーを感嘆させた。フランス外務省職員のベルナール・ブルシコは極めて純真な人物だったが、女装した京劇団員の誘惑を受けてスパイ活動に手を染めている。中国側の情報源によれば、身分詐称のケースがさらにもう1つあるという。1950年代のある時、祖国を訪れた中国系アメリカ人の若い女性が沈没事故で溺死する。中国の公安当局は遺体とパスポートを確保、英語を話すエージェントに変装を施して死んだ女性に見せかけ、「リリー・ペタル（ユリの花びら）」というコードネームを与えた上で、溺死のニュースがアメリカへ届く前に送り込んだ。現地に到着した彼女はある都市のチャイナタウンに新たな身元を使って潜入し、勧誘員兼エージェントとして長年活動したらしい。

【参照項目】CIA、気球、B-57キャンベラ、U-2、D-21、ジョン・ダウニー、リチャード・フェクトー、衛星、NSA、NKVD、KGB、GRU、二重スパイ、ベルナール・ブルシコ

兄との訣別

中国が1960年代にソビエト連邦と袂を分かったことは、情報機関にとって痛手だった。それら機関はソビエトの秘密警察組織を忠実に模しており、チェーカの創設者フェリクス・ジェルジンスキーの肖像画がオフィスの壁に掛けられていたほどである。工場や高層ビルの建築と同じく諜報の分野でも、中国人はソビエトを「我らが兄弟」と呼んでいたのだ。

両国の関係悪化に伴い、米中の情報機関はソビエトという共通の敵に対してしばらくの間協力する。1978年のソビエトによるアフガニスタン侵攻の際には、米中共同作戦を通じてアフガニスタンの反乱組織に武器が供与されている。両国の情報機関はアンゴラにおいてもソビエト勢力を駆逐すべく、親ソ派のアンゴラ解放人民運動と

敵対する勢力に武器を届けた。また中国は、ソビエトのミサイル及び核兵器実験を監視するため、アメリカが新疆に信号情報収集拠点を設置するのを認めた。このデータは中国側にも提供されている。

1991年のソビエト連邦崩壊まで、中ソ関係が回復することはなかった。1974年1月、中国当局はソビエトの外交官5名をスパイ容疑で国外追放する。彼らはKGB職員として諜報活動に携わっているところを、中国の公安当局に発見された。つまり北京郊外の橋の下でKGBのハンドラーがエージェントと会っている現場を、中国側のエージェントが撮影していたのである。国営メディアによれば、2人のロシア人は情報、反革命資料、無線送受信機、秘密筆記の道具、そして偽の国境通過証といった品々に加え、諜報活動の資金をやりとりしていたという。その場を中国の公安警察と武装警官に踏み込まれたのだった。

その結果、無線通信の周波数と、モスクワからの指示で情報を送信するスケジュールも明らかになった。このスパイはリー・フン・シュウという名前だとされている。彼の供述によると、1967年に勧誘されてソビエトのスパイ養成機関へ秘かに送られ、71年に中国へ戻ったという。中国当局がリーのことをあまりに詳しく知っていたため、西側の情報機関は彼が寝返ったエージェントで、KGBが橋の下での面会をセッティングした時には中国の二重スパイとして行動していたのではないかと推測している。

1983年5月、ソビエトのためにスパイ活動を行なった約200名の中国人を1982年中に逮捕したと、中国当局は発表した。それらスパイ容疑者の中で唯一詳細が明らかになっているのがハンソン・ファンである。香港に生まれ、ハーバード大学を卒業したファンは1984年2月にスパイ行為で有罪とされた。逮捕当時、彼は北京大学で法律を教えており、外資導入を担う中国政府の一機関で法律顧問として勤務していた。誰のためにスパイ活動を行なっていたのかは明らかにされていないが、アメリカではないかと言われている。なお、ファンには禁固10年の刑が言い渡された。

アメリカによる中国の国家承認に向けた最初の具体的な動きは、北京にアメリカ連絡事務所が設置されたことに遡る。初代所長は後に中央情報長官となるジョージ・H・W・ブッシュだった。CIAの職員も連絡事務所に配置され、以来北京で活動を続けている。両国が相手国の首都に大使館を置いた際も、それぞれ大使と共に駐在武官を派遣した。伝統的に駐在武官は「紳士のスパイ」とされており、外交官として遇されつつ、立ち入り禁止区域外から新型軍用機を撮影するといった穏やかな諜報活動を行なっている。しかし中国は伝統的に振る舞うことをせず、アメリカ空軍の駐在武官を1996年1月に国外追放した際も外交的配慮は一切見せなかった。

中国では比較的ありふれた情報さえ入手が難しい。情報機関の名称は保安上の理由で頻繁に変更され、中国情報機関に関する西側諸国の知識は1985年の亡命事件までわずかしかなかった。中国人としては珍しいその亡命者は兪強声といい、主要情報機関である国家安全部（MSS）の外事局主任を務める人物だった。

国家安全部は1983年に独立した政府機関となるまで公安部の傘下にあった。当局によれば、国家安全部のエージェントは「自らの社会的地位を改善」し、「人民に愛される」ことを目指しているという。

国家安全部は国内監視任務を含む公安部の業務を数多く引き継ぎ、台湾、香港、そしてマカオに特化した部署を有する一方、その他の地域では外事局の監督を受けている。また一見情報活動に関係なさそうな部局が北京に2つ存在する。国際関係学院は国家安全部の職員を訓練する機関であり、また現代国際関係研究院は分析センターとして、高官向けの機密資料『現代国際関係』を発行している。さらにこの研究所は国家安全部、外務部情報局、そして国防部外事弁公室に所属するエージェントの訓練にあたっている。

通常の警察業務は公安部と人民武装警察に委ねられ、120万名の警官、国境警備隊、そして政府機関及び対外公館の警備員がその任務にあたっている。政治保安局は外国人と接触を持つ中国人の監視を行っている。さらに共産党は労働者を「労働単位」にまとめ、特定の居住区に集中して住まわせることで国民を監視している。一例を挙げると、外務部に勤務する全ての下級・中級職員は団地の同じ区域に住んでいる。団地に入り込んだ他所者はすぐに突き止められ、党の機構を通じて公安当局に通報されるというわけだ。

【参照項目】チェーカ、フェリクス・ジェルジンスキー、信号情報、ハンドラー、秘密筆記法、スパイ養成機関、寝返り、二重スパイ、中央情報長官、ジョージ・H・W・ブッシュ、MSS

見境なきスパイ活動

エティエンヌ・バラズは著書『Chinese Civilization and Bureaucracy』（1964）の中で、17世紀に西洋人が「発見」する前の中国を記しつつ、農産階級を次のように描写している。「（権力者の）触手は至るところに届いていた。領民と彼らの生活圏は細かく記録されており、そこから逃れられる者はいない。定められた道から少しでも外れようものなら、反乱を企てているのではないかと厳しく監視され、どんな些細な逸脱も社会全体にとっての脅威と見なされたのである」

中国は独自の資本主義を採用しているが、21世紀に入ってもこの状況はほとんど変わっていない。秘密警察は主に国内に焦点を向け、外国人によるスパイ行為よりも破壊活動のほうを警戒している。都市・地方問わず地図

の流通は制限されており、また政府はファックスの使用のみならず、全てのコンピュータ・ネットワークをコントロールすることで、インターネットへのアクセスも厳しく制限している。インターネット経由でコンピュータ・ネットワークにログインしようとする者は保安チェックを受けるだけでなく、関係省庁を通じて接続しなければならない。しかし中英合意のもと1997年に特別行政区となった香港は、比較的高度な自治が行なわれているために監視が若干緩やかである。例えば、国家安全条例案に抗議して2003年に行なわれたデモは、中国の他の場所では決して見られない。

政府機関の新華社通信は、外国報道機関による特電が政府の支配する各メディアへ届く前に選別している。国内に流れ込む報道を全て確かめた後、それらに対する現実的な見解を党及び政治リーダーに送り、広まっても危険を及ぼさないと判断された情報のみ政府傘下のメディアに送るのである。1996年、新華社はより強力な統制が治安維持に必要だとして、電子経済ニュース——中国の銀行及び金融機関に配信される株式、証券、商品などの情報——を制限した。

新華社は中国の情報機関が運営するカバー組織の1つである。同種の組織として他にも中国人民対外友好協会があり、また大学院生を主とする学生たちも海外でのスパイ行為に使われている。さらに外交部の外事管理局は国内の外国大使館や領事館に事務員、メイド、運転手、さらには子守りも派遣しているが、いずれもハンドラーに報告を行なっている。

国内に多数の事務所を置く外事管理局は基本的に情報機関であり、外交組織としての機能は従でしかない。外国からの訪問客、とりわけジャーナリストに付けられた通訳は、訪問客に接触してきた人物を監視すると同時に会話の内容を記録している。

北京に居住する外国人にはアパートメントが割り当てられ、人民武装警察が建物を警護すると共に、訪問客、特に中国人の出入りを報告する。ジャーナリストや外交官は私服警察官、あるいはアパートメントやオフィスに取り付けられた隠しカメラや盗聴機によって監視されている。

中国の情報ターゲットとして重要性の高い順に並べると、ロシア、インド、ベトナム、そしてアメリカ合衆国になるという。中国は地域の大国として情報活動を周辺諸国に集中させている。またチベット人に対する諜報活動だけでなく、中国北東部の新疆ウイグル自治区で人口の大部分を占める、ウイグル語を話すイスラム教徒に対する諜報活動にも高い比重を置いている。

中国は1950年にチベットへ侵攻し自治区とした。抵抗したチベット人は拘禁または殺害され、反乱の試みも潰された。チベット人の抵抗に対処するため、中国側は地元住民をエージェントとして雇って諜報活動の訓練を施し、チベット社会のあらゆる階層に送り込んだ。情報提供者、あるいは秘密警察に所属する彼らの雇い主は、反中国デモを止めることなく反乱の予兆を嗅ぎ分けている（チベットを結束させているチベット仏教の弱体化を中国当局は試みてきたが、宗教的リーダーのダライ・ラマはインドへ自主亡命し、数十年にわたって強硬な姿勢をとり続けている）。

新疆に元から住むウイグル人やカザフ人などは、中国人のことを古代の名称である漢族と呼んでいる。政府は北京で訓練を施した先住民と漢族を現地の共産党組織や行政機関に配置することで、反乱を未然に防いできた。それでも、漢族とイスラム教徒との間に存在する言語、文化、そして宗教上の障壁のため、中国の情報機関にとって新疆は任務上困難な土地となっている。

監視活動から逮捕・拘束まで、国家安全部は反体制派の抑圧で主要な役割を果たした。「公安機関に認められる権力の行使」を許された国家安全部は、西洋で有名な民主化運動家を投獄、あるいは厳重な監視下に置いている。こうした活動の典型的な例が、魏京生に対する扱いである。1979年、当時29歳の魏は民主化を求める壁新聞を北京西端の壁に貼った容疑で逮捕され、「外国人に重要な軍事情報を与え」「国家の安全を乱す活動に関わった」として禁固15年の刑が言い渡された。北京動物園に勤務する電気技師がどのようにして軍事情報を入手したのかは説明されていない。魏は1993年9月の釈放後も反体制運動を続けて翌年4月に再び逮捕され、「政府転覆を共謀した」として95年12月に禁固14年の判決が下された。その後97年に健康上の理由から釈放されてアメリカへ事実上の国外追放となり、今もそこで人権運動を続けている（訳注：2007年、来日の際に入国を一時拒否された）。

【参照項目】インターネット、盗聴器

アメリカとの対立

長年CIAに雇われていたラリー・チンが1986年に逮捕された際も、中国による諜報活動のレベルの高さにアメリカ当局が目を覚ますことはなかった。チンは高級スパイとは認められておらず、彼の自殺によって事件は幕を閉じた（チンの正体を暴露したのは兪強声とされる）。しかし1990年代に明かされた中国の諜報活動に関する新たな疑惑が、多くのアメリカ人に衝撃を与えた。1996年の大統領選挙において、謎に満ちた巨額の中国系資金がビル・クリントン陣営に献金として流れたのである。

アメリカにおける中国の諜報活動は、1998年に議会が提出した報告書に概要が記されている。報告書では、「大学図書館、研究機関、インターネット、そして公開されているデータベース」といったオープンの情報源をあさることで国家安全部の要請に応じている、中国人学生、研究者、及び「アメリカを訪れるその他の訪問者」

が調査の対象になっている。報告書はまた、研究者交換プログラムを通じて科学・技術情報を集める場所として、ロスアラモスなど国立研究所の名を挙げている。こうしたプログラムは「アメリカの技術情報を保護する上で脆弱性を生み出している」と批判された。

経済情報に関しては次のように述べている。「中国政府の経済情報収集者は、危険の少ない穏やかな方法を好んでいる。一例を挙げると、米中両国で活動する国家安全部は……特に中国国内に居住するアメリカ人ビジネスマンやその他西洋人を標的として、諜報活動を盛んに行なっている」

FBIはロスアラモス原子力研究所に勤務する李文和をスパイとして捜査対象にしたが、スパイ行為で立件するのに十分な証拠は得られなかった。その結果、2000年9月に嫌疑が晴れている。次いで2003年には、恋仲になったFBIのハンドラーに情報を提供する一方、二重スパイではないかと疑われたカトリーナ・M・ルン（陳文英）が逮捕された。

ルンがカリフォルニアで逮捕された時期は、同州において他の中国人が産業スパイ容疑で逮捕された時期と重なっている。2002年10月から翌年1月にかけ、機械装置や商業上の秘密をシリコンバレーから違法に中国へ持ち出したとして、中国人ビジネスマン5名が逮捕された。それら事件の中に、ある中国人男性がサンディア国立研究所から高速コンピュータを購入した一件があった。そのコンピュータは核兵器開発を含む秘密プロジェクトに用いられていたものであり、当局はこの取引を間一髪のところで突き止め、アメリカからの輸出を食い止めたのである。

両国の外交関係も諜報活動が関わる事件のせいでしばしば緊張状態に至っている。1999年にベオグラードの中国大使館が空爆された際、中国はアメリカとCIAを口を極めて非難した。この誤爆事件は1999年5月7日、セルビアでの虐殺行為に終止符を打つべく北大西洋条約機構（NATO）軍が作戦を行なう中、アメリカのB-2ステルス爆撃機が引き起こしたものである。CIAは「意図せざる攻撃」だったと公式に認めた上で、「標的を突き止め識別する際に用いられる多数のシステム及び手順が上手く機能しなかったために」起きた事態だと釈明した。中国側はアメリカの説明を受け入れず、この誤爆は「NATOによる意図的な謀略」であるとした。

2001年4月には、中国沿岸の国際空域で電子情報を集めていたアメリカ海軍の偵察機が、中国の戦闘機2機に迎撃されるという事態が起きた（「P3V オライオン」を参照のこと）。偵察機は戦闘機の1機に接触されて深刻な損傷を負い、海南島にある中国空軍の基地に緊急着陸する。中国人パイロットの死と緊急着陸に対してアメリカ側が謝罪するまで、中国当局は24名の乗員を11日間にわたって拘束した。その上EP-3の修理を認め

ず、結局この偵察機は解体された上で貨物機によって持ち出された。

2002年には、要人輸送用として中国政府が購入したボーイング767-300ER旅客機に盗聴器が仕掛けられているのを、中国の技術者が発見した。ワシントン・ポスト紙の報道によると、「浴室やベッドの頭板を含む」27ヵ所に盗聴器を取り付けたのはアメリカの情報機関であると、中国側は信じているという。

中国は国家安全部と人民解放軍の情報部門に加え、少なくとも4つの情報収集機関を有しているとされる。

中央政法領導小組
　国内問題に関する情報収集活動と警察活動を監督する共産党の機関。国内の治安維持を担当する党軍事委員会の下で活動している。

中央規律検査委員会
　党員に対する政治面の捜査を行なう共産党の機関。

中央統一戦線工作部
　外国籍の「在外中国人」を取り扱う共産党の機関（どこに居住しているかにかかわらず、中国政府は全ての中国人を管轄下に置いていると考えている）。統一戦線のエージェントは大部分が大使館や領事館に合法的要員（リーガル）として駐在しており、中国系の有力人物を党の方針に従わせることを目的としている。また海外で働く科学者や学者を監視し、必ず帰国させることも任務である。

国防科学技術工業委員会（2008年より国家国防科技工業局）
　中国新時代公司、中国中信集団公司、保利科技有限公司といったフロント企業の従業員としてアメリカや西欧諸国にエージェントを送り込み、輸出が制限されている機械装置や技術の調達を図っている。「経済情報」を参照のこと。

【参照項目】ラリー・チン、ロスアラモス、経済情報、李文和、カトリーナ・M・ルン、二重スパイ、産業情報、北大西洋条約機構、偵察、電子情報

中国国民党中央執行委員会調査統計局
(Central Bureau of Investigation and Statistics)

　中国国民党政府軍事委員会の情報部門。1932年から46年まで存在した。略称は「軍統」。
　設立に関わった戴笠が第2次世界大戦中の軍統局長を務め、恐ろしいイメージのつきまとう秘密警察に変貌させた。職員は通常私服を着用していたが、その制服から「青シャツ隊」の名で知られている。

軍統の「統計」機能は、統計資料を生み出す全ての政府機関の記録について、部下の工作員に調査させる法的理由を戴笠に与えた。そこには学校や病院の記録も含まれている。

【参照項目】戴笠

中国国家安全部 (Ministry of State Security〔MSS〕)

情報収集と対情報活動を担当する中国の主要機関。

1983年にいくつかの部局を統合して生まれた国家安全部は、少なくとも国内監視の面ではKGBをモデルにしており、中国の複雑な情報組織を支配している。1982年7月に中国政府が発表した声明によると、外国の情報機関と戦うことが設立の目的であるという。

声明文は次のように続く。「我が国が対外開放路線を採用して以来、一部諸国の情報機関及び秘密機関は我が国の国家機密を入手せんと努力を強め、また政府転覆や破壊工作を遂行すべく特殊エージェントを送り込んでいる」

1985年に元外事局主任の兪強声が亡命するまで、西側の情報機関は国家安全部に関する信頼性の高い情報をほとんど持っていなかった。同年スパイ容疑で逮捕されたCIAのベテラン職員、ラリー・チン（金無怠）の正体を明かしたのも兪強声だとされている。西側の情報関係者によれば、国家安全部は外事部を通じて約50ヵ国にまたがる170以上の都市で情報活動を行なっているとされ、台湾、香港、そしてマカオでも大規模に活動している。また外国人、特に報道関係者に対する監視活動の監督も担当している。

国家安全部は第1局から第17局までで構成され、うち1つは国内情報を扱っている。その他は地域毎の担当を与えられているか、電子、科学、あるいは技術など各種情報の収集を専門にしているかのいずれかである。また中国現代国際関係研究院をカバーとして用いる部署もある。この研究院は『現代国際関係』という機密扱いの雑誌を発行しており、閲覧は中国共産党幹部に限られている。国家安全部はさらに北京国際関係大学と蘇州の幹部行政学院で職員の訓練を行なっている。

国外における国家安全部の活動として、他国に亡命した中国人の追跡と共に、外交官、学生に扮したエージェント（アメリカには15,000名以上の中国人留学生が居住している）、そして科学、学術、及び文化といった各種使節団の代表あるいはメンバーとして他国へ赴く数千名の中国人にカバーを提供することが挙げられる。また政治キャンペーンに違法献金を行なうことでアメリカの政策に影響を与えるという、1995年から始まった活動の裏側にも国家安全部が存在している。

1999年5月にアメリカ議会が公表した報告書によると、「中国のスパイはアメリカが保有する最先端の熱核兵器に関する秘密7点を盗み、『我が国に対抗し得る』核兵器の設計情報を得た」という。しかし報告書には、この文章の基になった文書は、アメリカの情報分析官が完全には信用していない、飛び込みの情報提供者からもたらされたものだと付け加えられている。その分析官は、情報提供者の背後に国家安全部があり、何らかの理由で偽の文書を差し出したのだとしている。

【参照項目】対情報、監視、KGB、ラリー・チン、国内情報、カバー、エージェント、飛び込み

駐在武官 (Attaché)

駐在武官は外国の首都に派遣されて外国軍との連絡役を務め、公然たる情報収集を行ない、また適切だと判断すれば諜報活動に携わる士官であり、諜報活動を専門とする士官の場合もあれば一般士官の場合もある。例えば、ソビエト及びロシアの駐在武官はほぼ全員がGRU（参謀本部情報総局）の士官であり、アメリカの駐在武官も上記のいずれかだった。

第1次世界大戦中に海軍情報部長を務めたロジャー・ウェルス少将は、駐在武官に求められる資質を次のように記している。

　ある士官が外国語を知っている事実だけでは、有能な駐在武官であることの決定的な証明にはならない……豊かな想像力を持ち、わずかな証拠から正しい結論を導くことができ、マナーに優れ、世界を見通せ（あまりに見通せるのも問題だが）、社会のあらゆる階層に上手く溶け込める、十分な知性の持ち主でなければならない……

一般的に駐在武官は外交団の一員として認められ、外交官でないにもかかわらず外交官特権など各種の特権を有している。

外交スタッフに随行して外国の軍事活動を報告した最初の駐在武官は、18世紀にヨーロッパ各国の首都へ派遣されたフランス軍士官とされており、ナポレオン・ボナパルトも19世紀初頭にこの慣行を採用している。

1889年、アメリカ議会は陸軍武官の派遣を初めて認可し、ベルリン、ウィーン、パリ、ロンドン、サンクトペテルブルグの各都市に士官を送り出したが、こうした任務に割り当てられる予算は限られていた。著書『Crusade in Europe（邦題・ヨーロッパ十字軍：最高司令官の大戦手記）』(1948) の中で、ドワイト・D・アイゼンハワー将軍は次のように記している。

　この種の任務にかかる法外な出費に対して十分な官費は支給されなかったため、独自の収入源を持つ士官のみがこのポストに就くことができた。大抵の場合、駐在武官は社会に受け入れられる名士であって、諜報活動の本質を知る者はほとんどいなかった。

最初の公式な海軍武官は1860年にフランスからロンドンへ派遣された。また南北戦争後、戦艦の設計、武装、及び機関において顕著な進歩が見られるようになると、ヨーロッパの数ヵ国の海軍武官がアメリカへ駐在するようになっている。駐在武官として公式に派遣された初のアメリカ海軍士官は、外国の大砲技術の進歩を研究すべく1872年にヨーロッパへ赴いたフランシス・M・ラムゼイ中佐である。その10年後には、ロバート・W・シュールフェルト大佐が国務省の求めに応じて北京の公使館へ派遣された。

海軍情報局初の駐在武官は1882年にロンドンへ送られたフレンチ・チャドウィック少佐であり、優れた記憶力が買われたものとされている。

またアメリカでは、南米の各国政府に対するナチスの浸透を防ぐため、FBIが法務駐在官を送り出した。しかし冷戦期までこの単語が一般的になることはなかった。後にFBIの法務駐在官(「リガッツ」と呼ばれる)は、対テロリスト、対麻薬密輸、及びその他の司法活動を共同で行なうため各国へ派遣されるようになっている。

2002年、FBIの46番目の法務駐在官事務所が北京に開設された。

【参照項目】GRU、海軍情報部長、ベルリン、海軍情報局、FBI

チュージョイ (Chuzhoi)

思想上あるいは政治上の理由以外で——金銭のため、あるいは企業または政府組織での栄達のため——エージェントとして働く人間を指すソビエト(ロシア)情報機関内の俗語。「チュージョイ」とはロシア語で「外国人」の意味である。

チューリング、アラン (Turing, Alan 1912-1954)

第2次世界大戦中ブレッチレーパークに所属し、グループを率いてドイツのエニグマ暗号を解読したイギリスの数学者。

母方の祖父はマドラス鉄道のエンジニアであり、インドの湿った熱風をかき回して冷やす扇風機を発明することで、イギリス人を救った天才として知られる人物だった。チューリングも祖父と同じ道を歩み、ケンブリッジ大学を卒業した2年後の1936年、「計算可能数、ならびにそのヒルベルトの決定問題への応用」という論文を執筆してコンピュータの出現を予言する。チューリングは自らの仮想機械を「万能チューリングマシン」と名付け、他のあらゆる計算機を模倣できるとした。

この理論を現実にしようと試みたチューリングとブレッチレーパークの同僚らは、エニグマ暗号機を与えられた上で、その機能を推測できる別の機械を組み立てるよう命じられる。彼らは「銅の女神(別名・巨大な銅色の

戸棚)」なる原始的なコンピュータを完成させ、1940年4月に初めて暗号解読に成功させた。これこそがドイツ暗号の解読を可能たらしめた画期的活動、ウルトラの始まりだった。後にドイツ側がエニグマをグレードアップさせると、ブレッチレーパークの暗号解読者はチューリングの理論を応用、プログラム可能な初のデジタル式コンピュータ、コロッサスを完成させた。

「皺だらけの汚らしい服を着た」この長髪の若者は、同性愛者でもあった。1944年初頭、ブレッチレーパークに程近いある町で学校の生徒が乱暴されたという報道がなされた後、チューリングはバッキンガムシャーのハンスロープ・パークに所在するMI6の秘密無線研究所に移される。ブレッチレーパークの同僚がコロッサスの製作にあたる一方、チューリングはそこで秘話装置の開発を行なった。

戦後、チューリングは同性愛のせいで情報当局からセキュリティー・リスクとされる。そしてマンチェスターで同性愛行為をしたとして有罪になった後、青酸中毒で死亡した(自殺の可能性が強い)。

アンドリュー・ホッジスによる評伝『Alan Turing: The Enigma(邦題・エニグマ アラン・チューリング伝)』(1983)はヒュー・ホワイトモア作の戯曲『Breaking the Code』の原作となり、1986年にロンドンで、後にニューヨークで公演された。また97年にはテレビ版が放映されている。(訳注:2014年にもこの評伝を原作とした映画『The Imitation Game〔邦題・イミテーション・ゲーム/エニグマと天才数学者の秘密〕』が制作され、ベネディクト・カンバーバッチがチューリングを演じた)

【参照項目】ブレッチレーパーク、エニグマ、暗号、銅の女神、ウルトラ、コロッサス、同性愛者、セキュリティー・リスク

調査監視グループ (Studies and Observation Group〔SOG〕)

ベトナム戦争中に活動したアメリカ陸軍の人的情報(HUMINT)収集組織。南ベトナム軍事援助司令部(MAC)の一部だったSOG(MACSOGとも)は、サイゴンのパスツール通りに本部を置いていた。調査監視グループという一見無害な名称を与えられたこの組織は陸上から、あるいはパラシュートやヘリコプター、揚陸艇を用いて、情報収集チームを敵支配地域の奥深くへ送り込んだ。

1967年11月に設置されたSOGには次の任務が与えられた。「妨害工作、牽制作戦、政治的圧力、捕虜の拘束、物理的破壊工作、情報の獲得、プロパガンダの作成、及び対北ベトナム戦に用いる資源配分」

SOGはアメリカ各軍から構成されるエリート組織で、太平洋軍司令官の直属下に置かれていた。南ベトナムの機関と密接に協力すると共に、ベトコン支配地域をパトロールする際には中国系ベトナム人が加わることもあっ

た。

CIA も SOG に関与していた。SOG に所属していた工作員の1人にウィリアム・バックリーがいる。CIA 職員のバックリーは後にベイルートへ派遣されたが、1984年現地で誘拐後に殺された。バックリーの死後、彼の功績を讃える中で、ベトコン指導者の暗殺を目的とした極秘計画、フェニックス作戦における SOG の関与が明らかになっている。

2001年、SOG は遅ればせながら大統領から感状を与えられた。「並外れた英雄的行動、偉大な戦績、そして東南アジアにおける敵支配地域の奥深くで極秘任務を遂行しつつ、不動の忠誠心を見せたこと」がその理由である。また感状は、SOG のチームが「ラオスのジャングル地帯やカンボジア東部の奥地に築かれた、最も危険な敵の要塞」へ潜入したことも触れている。「人間の追跡者、時にはブラッドハウンドに追われながらも、これら少人数のチームは数の上で優勢な敵を出し抜き、戦いに勝利を収め、そして彼らの手から逃れ、敵の主要施設を発見し、撃墜されたパイロットを救い出し、盗聴器を仕掛け、車列を待ち伏せ攻撃し、B-52 の爆撃目標を発見・評価すると共に、敵に少なからぬ数の犠牲を強いた」のだった。

「ベトナム」も参照のこと。

【参照項目】人的情報、ウィリアム・バックリー

挑発　(Provocation)

自身にダメージをもたらすような行動を個人、組織、情報機関、あるいは政府にとらせることを目的とした活動。挑発作戦の一環としてエージェント（あるいは囮）による偽情報の提供がある。

【参照項目】囮

諜報活動法　(Espionage Act)

ドイツのスパイ活動や破壊工作に対処すべく 1917年6月に制定されたアメリカの法律。この法律のために数千名が逮捕され有罪判決を下されたが、スパイ活動で裁かれた者はおらず、大部分が反体制活動だった。

諜報活動法によって最初にスパイ容疑をかけられたのは、1971年にペンタゴン・ペーパーズを報道機関と議会に漏洩したダニエル・エルスバーグである。しかし、ニクソン大統領の側近がエルスバーグを起訴に追い込もうと努めた——精神科医のオフィスにまで忍び込んだ——ことは、公判前に起訴事実が却下される結果につながった。

次いで 1984年に逮捕されたサミュエル・L・モリソンが諜報活動法を適用されている。

スパイ容疑は通常、合衆国法典第 18 編第 1 部第 37章によって裁かれる。この章の第 794条では、「アメリカ合衆国に損害を与え、他国に利益をもたらす意図ない

し理由」があって「外国政府を援助すべく国防上の情報を集めあるいは渡す」行為には最高で死刑が科せられると定められている。また関係する他の法律では「保護された通信」、コード、そして外交書簡が対象となっている。また国防情報の収集、送信、紛失、軍事施設の撮影及びスケッチ、そして機密情報の公開も処罰の対象となる。

軍の構成員が被告の場合、司法省の判断と容疑の重大さによっては、統一軍事裁判法の諜報活動に関する条項で裁かれる可能性もある。

【参照項目】ペンタゴン・ペーパーズ、サミュエル・L・モリソン

直腸秘匿装置　(Rectal Concealment Device)

エージェントの直腸に挿入してメッセージや道具を秘かに持ち出すための容器。国際スパイ博物館で展示されている容器の中には、囚われの身となった際に用いるナイフや鍵ピックが入っている。

【参照項目】エージェント、国際スパイ博物館

チルダース、ロバート・アースキン

(Childers, Robert Erskine　1870-1922)

兵士、船員、そして冒険者にして、世界初の現代的スパイ小説を執筆したイングランド系アイルランド人。

熟達したヨットマンのチルダースはドイツ沿岸を頻繁に航海し、フリースラント諸島を縫ってヨットを走らせることもあった。その結果、ドイツがこれらの島々を経由してイギリス侵攻を企てていると確信する。チルダースが著した唯一の小説『The Riddle of the Sands』（1903。1979年にはマイケル・ヨーク主演で映画化された）はこの信念が基になっている。アメリカでの出版は1915年までずれ込んだが、チルダースは 1903年に訪米したことがあり、1人のアメリカ人女性と出会って後に結婚している。

小説の中では、2人のイギリス人ヨットマンが、フリースラント諸島からイギリスに侵攻するというドイツ軍

様々な器具から成る直腸秘匿装置は古代から用いられている。（出典：国際スパイ博物館）

の計画を偶然知る。チルダースの説はあまりに現実的だったので、初版にはサー・ジョン・フィッシャー第1海軍卿が言葉を寄せている。「この本が印刷される間にも、まさに上記の弱点や危険を除去すべく、政府は数多くの処置をとった」イギリス政府を目覚めさせ、ドイツ軍の侵攻に対処させるという著者の目的は、こうして達せられたのである。

イギリス海軍は直ちに北海艦隊を編成し、ドイツの侵攻作戦に対する処置として北海に新たな海軍基地を建設すると発表した。1910年5月、チルダースの小説に従ってドイツ沿岸とフリースラント諸島を航海していた海軍士官2名が、スパイ容疑でドイツ当局に逮捕される。2人は3年間を刑務所で過ごした後、イギリスに対する善意のジェスチャーとして釈放された。

チルダースは第2次ボーア戦争（1899～1902）に陸軍士官として従軍した期間を除き、1895年から1910年まで庶民院の書記を務めたが、アイルランドの正義を実現するために退職した。しかしながら、第1次世界大戦では情報士官としてイギリス海軍で勤務、北海作戦に参加して勲章を授与されている。

アイルランドで成長し、ケンブリッジで教育を受けたチルダースはプロテスタントであるものの、1908年に始まったアイルランド自治を支持しており、ヨットマンとしての能力を武器密輸に用いるだけでなく、作家としての名声をこの正義の実現に注ぎ込んでいる。1914年に妻と協力してヨットで持ち込んだ銃は、1916年のイースター蜂起に不可欠だったとする資料もある。

アイルランド共和軍のメンバーだったチルダースは、1921年のアイルランド自由国建設につながるイギリスとの条約交渉で秘書官を務めた。しかし条約そのものには反対で、その後の内戦ではデ＝バレラの側についている。その際、IRAのマイケル・コリンズ司令官から贈られた回転式拳銃を所持していたために逮捕された。この小型拳銃を使ったことはないものの、結局死刑判決が言い渡されて1922年11月24日に自由国銃殺隊によって処刑された。確たる証拠はないが、イギリスとアイルランドの多くの人間は彼を二重スパイではないかと疑っていた。

1940年11月、ドイツ軍によるイギリス侵攻の恐怖が再び持ち上がったのを受け、『The Riddle of the Sands』が復刊されている。

息子のアースキン・ハミルトン・チルダースは1973年から74年までアイルランドの大統領を務めた。

【参照項目】インテリジェンス・オフィサー、二重スパイ

沈黙を要する最高秘密 (Hush Most Secret)

第2次世界大戦期のイギリスで高度な機密資料に付与された機密区分。最高秘密よりも上位に位置する。こ

れに指定された資料は必ず手渡しで伝達され、担当官のみが携行を許される。

【参照項目】機密区分、最高秘密

チン、ラリー (金無怠、Chin, Larry〔Chin Wu-Tai〕1922-1986)

分析官としてCIAに勤務する傍ら、30年以上にわたりスパイ行為を続けた中国系アメリカ人。

1948年から52年までアメリカ陸軍に所属して上海と香港で勤務し、その後CIAの1部門である外国放送情報局（FBIS）に移籍、81年の退職まで勤め上げた。FBISでは秘密情報源から得られた機密資料の翻訳と分析に従事している。

機密情報を初めて中国に渡したのは1952年頃であり、最初の情報は朝鮮戦争で捕虜となった中国人の居場所に関するものだったが、後には外交問題に関するアメリカ政府の評価文書を中国政府に渡すまでになった。中国側からは18万ドル以上が支払われたという。

チンは1985年にワシントンDCで逮捕され、裁判の結果17件のスパイ行為、共謀、そして脱税の容疑で有罪となり終身刑を言い渡されたが、1986年2月21日、ビニール袋を頭に被り自殺した。

【参照項目】CIA、外国放送情報局

ツァン・ウェイチュー (Zang Weichu)

「ホウ・ドーシュン」を参照のこと。

ツィンマーマン電報 (Zimmermann Telegram)

アメリカ世論を激昂させ、第1次世界大戦への参戦を決断させる鍵となった電報。1917年1月16日、ドイツのアルトゥール・ツィンマーマン外相はメキシコ駐在のドイツ大使に電報を送り、直後に実施される無制限潜水艦攻撃の計画を明かした。またメキシコにドイツとの同盟を提案し、「失ったテキサス、ニューメキシコ、アリゾナの地をメキシコが奪還することに対し、ドイツは理解を示す」ことを約束するよう指示した。

電報はイギリス海軍によって傍受・解読された（「ルーム40」を参照のこと）。情報部門トップのレジナルド（ブリンカー）・ホール海軍少将は、この電報が持つ戦略的価値を直ちに認識した。アメリカ当局がこれを読めば、アメリカの参戦は確実である。外務省は電報の公開を求めた。しかしホールは、部下の暗号解読者が高度な外交暗号の解読に成功したことを、ドイツ側に知られたくなかった。ツィンマーマンが複数のルートを通じて電報を送ったことを知ったホールは、低レベルの暗号で送信された電報のコピーをメキシコシティーのエージェントに入手させた。

イギリス当局から電報を見せられたロンドン駐在のアメリカ大使は、ただちにワシントンの国務省へ転送した。電報の内容にショックを受けたウィルソン大統領

は、それがいかにして傍受・解読されたかについては明らかにならないよう、3月1日に連合通信を通じて公表すべく手筈を整えた。アメリカの平和主義者は、これをイギリスによる策謀だと非難した。しかし電報の信憑性は、ツィンマーマン自身が3月3日の記者会見で認めている。

1917年4月2日、ウィルソンは議会に宣戦布告を求める中で、ドイツが「我が国の平和と安全に反する行動をとっている」ことを示す証拠としてツィンマーマン電報を引用した。

【参照項目】 レジナルド・ホール、エージェント

通信情報 (Communications Intelligence〔COMINT〕)

通信傍受から得られた情報。現在では信号情報の一部を成す。傍受された通信内容はたとえ解読できなくても、無線交信分析を通じて位置、行動、そして兵力をも突き止められるので、敵にとっては有益である。

通信情報はCOMINTチャンネルと呼ばれる特殊かつ秘密度の高い通信手段を経由して、司令部から司令部へと常に送られる（「コペック」を参照のこと）。

【参照項目】 信号情報、交信分析、暗号解読

通信保安 (Communications Security〔COMSEC〕)

通信内容を敵に対して秘匿するために用いられる手続き及び手段。有効な通信保安を実行しないことで、これまでに数多くの軍事的惨劇が引き起こされている。

無線通信時代における最初の通信保安上の失敗は第1次世界大戦中に発生した。東プロイセンで戦闘が始まった当初、ロシア軍はタンネンベルクの戦い（1914年8月）においてオーストリア軍に大勝利を収めた。しかし、小規模なドイツ軍がロシア軍を完全に撃破することで、この勝利は敗北に一変する。「クリア」な状態、つまり平文のままで発信されたロシア側の無線通信をドイツ軍司令官に傍受されたのがその原因だった。ロシア軍の指揮官が通信保安に全く意を払っていなかったのに対し、ドイツ側は無線通信の安全確保とその傍受の価値に気づいていたのである。

タンネンベルクではこの利点を基に、小規模なドイツ軍がロシアの4個軍団をほぼ完全に撃破、数千のロシア兵を死に至らしめる（その中には司令官も含まれていた）と共に9万名を捕虜とし、数百門の大砲と大量の補給品を捕獲した。タンネンベルクの戦いは、第1次大戦末期における勝利をドイツ軍にもたらしかけた、パウル・フォン・ヒンデンブルク将軍の名声を高める結果になった。

（アメリカ陸軍は優れた防御戦術の基本的な例として、ロシア軍の無線通信を傍受したことでドイツ軍が勝利を収めたタンネンベルクの戦いを今も引用し続けている。）

また第1次世界大戦では、そのドイツ軍も不十分な

通信保安のためイギリスに多数の通信を読まれている（「ルーム40」「ツィンマーマン電報」を参照のこと）。

第1次大戦の終結から第2次大戦の開戦に至る間、日本の通信保安が十分ではなかったために、アメリカはワシントン海軍軍縮会議（1921〜22）で東京と日本全権団との通信を読むことができた（「ブラックチェンバー」を参照のこと）。

第2次世界大戦においては、連合軍の軍事的成功が交信分析と暗号解読によってもたらされることがしばしばあった。こうした暗号解読活動はマジック、ウルトラと名付けられ、ドイツ及び日本の（それぞれ軍事上、外交上の）通信が解読された。大西洋海戦でドイツのUボートが敗北を喫したのは、通信保安の不十分さが大きな原因である。ドイツ海軍の司令官は、複数の兆候があったにもかかわらず、自らの通信が敵に読まれていることを信じようとしなかった。また日本も開戦直前、アメリカに外交暗号を解読されている兆候を摑んでいた一方で、保護する手段をなんら講じなかった（「パープル」を参照のこと）。

連合軍の通信保安がドイツ——あるいは日本——によって破られた例としては、米英護衛船団の通信を対象としたBディーンストの傍受活動が挙げられる。

冷戦期（1945〜91）においては、ソビエトと東ドイツのスパイが暗号鍵などの通信資料を盗み出すことで、アメリカはじめ北大西洋条約機構諸国の通信保安を大きく損なった。アメリカの暗号担当官は、たとえ暗号機の仕組みが見破られていたとしても、暗号鍵を継続的に変更することで通信の安全は保たれると長い間信じていた。しかしソビエト側は、ジョン・ウォーカーとジェリー・ホイットワースによるスパイ行為を通じ、アメリカで最も安全とされる通信を多数読めたのである。

電子タイプライターの登場は通信保安に対する新たな挑戦の幕開けとなった。電子タイプライターのキーは本質的にスイッチであり、それを押すことで発生する電気信号は専用の盗聴装置を用いれば解読できる。ある有名なスパイ事件においては、モスクワのアメリカ大使館へ届けられる途中の電子タイプライターに、KGBの電子技師が盗聴装置を仕掛けている。KGBはしばらくの間、これらを用いてタイプされた全ての文字を再現できたのである。

機密資料を作成する手段としてパソコンが電子タイプライターを駆逐するにつれ、通信保安にまつわる状況はますます悪化した。コンピュータから発せられる電子信号も傍受可能だからである。電子タイプライターやパソコンの普及による通信保安の低下に対し、アメリカはテンペスト（TEMPEST）という名の計画を通じて対処している。

【参照項目】 交信分析、暗号解読、エニグマ、マジック、ウルトラ、Bディーンスト、北大西洋条約機構、暗号鍵、

ジョン・ウォーカー、ジェリー・ウィットワース、KGB、テンペスト計画

ツェーエ、アルフレート (Zehe, Alfred)

アメリカ海軍の活動をスパイしたとして、交換プログラムで訪れていたアメリカで1983年に逮捕された東ドイツ人教授（訳注：材料工学の分野で業績があり、アメリカを訪れたのもその関係だった）。スパイ容疑8件で有罪を認めて収監された後、1985年6月11日のスパイ交換で帰国した。

ツェーエはアメリカの諜報活動法に挑戦する形で、自分はメキシコで機密情報を受け取った東ドイツ人であり、アメリカの法律は適用されないと主張した。一方法廷は、その行為がアメリカ国内におけるものか否かを問わず、アメリカの秘密が関わっている限りこの法律が非アメリカ国民にも適用されることを、立法府は意図していたと判断した。

【参照項目】スパイ交換、諜報活動法

ツェッペリン作戦（1） (Operation Zeppelin〔1〕)

ソビエトの独裁者ヨシフ・スターリンの暗殺を目的とした、ドイツによる巧妙な作戦計画の名称。この計画が実行に移されたのは1944年7月、RSHA（ドイツ国家保安本部）のエルンスト・カルテンブルンナー長官が、敵前線の後方にエージェントを送り込むのを専門としていた空軍の第200爆撃航空団部隊（KG200）に対し、モスクワの60マイル（97キロメートル）以内に人員を送り込めるか否かを照会したのがきっかけだった。この当時、ドイツ軍の前線はモスクワから数百マイルも離れていた。

ドイツの輸送機はモスクワ近郊の田舎に極秘裡に着陸する予定だった。暗殺者——ドイツに忠誠を誓ったロシア軍士官の捕虜——はオートバイと武器を下ろし、モスクワへ向かう。暗殺メンバーはすでに訓練を終えており、十分な武器と共に脱出のための装備も与えられていた。さらにモスクワでは隠れ家も用意されていた（作戦直前に1人の女性が暗殺者に加わった。彼女も元ロシア軍士官であり、作戦前日2人は結婚した）。

ツェッペリン作戦はまず、着陸地点が適切か否かを確かめるべく、偵察チームが予定場所にパラシュートで潜入することによって始められた。やがて問題なしとの信号が発信され、1944年9月4日から5日にかけての夜、アラド Ar232B 四発輸送機がラトビアの飛行場から離陸し、スモレンスクとモスクワの間にある着陸地点に向かう。370マイルの飛行は平穏だった。しかし着陸を目前にした早朝、ソビエトの対空砲火がこの輸送機を襲った。

先発隊はすでに捕らえられており、「問題なし」の信号をドイツに発信するよう強制されていた。無線チェッ

クは行なわれず、偵察チームが寝返ったことを突き止められなかったのである。対空砲火は、暗殺者を捕らえるべく罠を仕掛けていたソビエト軍の許可を得ずに行なわれたものだった（ソビエト側はこの輸送機の積み荷や任務については知らなかった）。

パイロットは直ちに高度を上げ、スモレンスクの東にあるカルマノヴォの代替着陸地に向かった。こちらは大丈夫そうだった。しかし着陸後、主翼が木に衝突してエンジン1基が脱落、機体は火に包まれる。これがソビエト兵を呼び寄せるビーコンの役割を果たした。「タヴリン」少佐と「シロヴァ」少尉はすぐさまバイクに飛び乗り、モスクワへと走る。搭乗員6名は徒歩で西へ向かった。彼らは地図、ソビエトの紙幣と煙草、そして緊急用の物資を持っていたが、ロシア語は話せなかった。そしてもちろん、ドイツ軍の制服を着ていた。

2人の暗殺者は夜を徹して走り続け、歩哨に止められた時には必要な書類を見せている。しかし元ドイツ空軍パイロットのP・W・シュタールが著書『KG200: The True Story』(1981) で記した通り、歩哨から書類を受け取ってバイクを走らせようとしたところ、タヴリン少佐が命取りとなる一言を発した。「頼むから急いでくれ。一晩中バイクを走らせていたんだ」歩哨は手をとめた。ほんの少し前まであたりは暴風雨に襲われていた——それなのに、2人の服もバイクも奇妙なまでに乾いている。歩哨は警報を鳴らし、それがツェッペリン作戦の終わりを告げた。

墜落から24時間後、Ar232Bの乗員は徒歩での脱出を試みていることを無線信号で報告した。しかし彼らが帰還することはなかった（訳注：何名かは生還したという）。

【参照項目】RSHA、エルンスト・カルテンブルンナー、KG200、エージェント、偵察、寝返り

ツェッペリン作戦（2） (Operation Zeppelin〔2〕)

ヨーロッパ北西部からドイツ軍を一掃すべく連合軍が地中海方面で大規模な追加作戦を計画していると、ドイツ軍最高司令部に信じ込ませるため、1944年の1年間を費やして実施されたイギリスの大規模な欺瞞作戦。

イギリスの歴史家マイケル・ハワードが『British Intelligence in the Second World War』(1990) で記したところによると、「フランスの地中海沿岸が攻撃される恐怖、あるいはその現実によって、フランス南部に駐留するドイツ軍を釘付けにすることは、連合軍のフランス北西部上陸作戦に内在している要素であり、ドイツ側もそれを予期していた」

この発想はウィンストン・チャーチル首相の戦争観と完全に一致していた。チャーチルは第1次世界大戦がそうであったように、ヨーロッパにおける膠着状態を回避すべく、ドイツ帝国（南ヨーロッパ）の「柔らかな下

腹部」を常に探っていたのである。

　ツェッペリン作戦を立案したのは、地中海各地の司令部を支援する「Aフォース」である。中でも重要だったのは、ジョージ・S・パットン中将率いるアルジェのアメリカ第7軍がフランス南部の沿岸地帯を攻撃すると、ドイツ側に信じさせることにあった。しかし北アフリカの兵力は零に近く、この欺瞞作戦——ヴェンデッタというコードネームが与えられた——は主にダミーの戦車、兵器、そして揚陸艇から成っており、オランを拠点として偽の演習も実施された。また極東に向かっていた空母インドミタブルやヴィクトリアスといったイギリスの軍艦も近くを航行し、演習に現実味を加えている。

　欺瞞作戦は7月まで続けられる予定だったが、参加していた兵力が本来の任務に旅立ってしまい6月後半に打ち切られ、攻撃は延期になったという噂が代わりに流された（その後1944年8月15日に米仏軍がフランス南部に上陸している）。

　ドイツ側の資料によれば、ヴェンデッタは部分的な成功しか収めなかったという。

　地中海東端では、連合軍がギリシャ本島とバルカン半島に上陸し、トルコ沖のロードス島にも予備的攻撃を試みているとドイツ軍に信じ込ませるための「タービテュード（邪悪）」作戦が立案され、ヴェンデッタを支援した。ここでもダミー部隊が組織され、北アフリカだけでなくシリアにも展開している。

　この活動も6月後半まで続けられた。そしてこちらでも、成功は部分的なものに終わった。しかしドイツ軍最高司令部は6月8日に通知を出し、「地中海東部で作戦行動が差し迫っている明確な予兆があり、最高度の警戒を要する」と警告している。

　1944年6月6日のノルマンディー上陸（Dデイ）後、地中海方面からフランス北西部へ移動したドイツ師団は1つしかなく、それさえも上陸後の「命運を決する期間」には間に合わなかった。ハワードはこう記している。「『A』フォースはあらかじめ定めた野心的な目標には届かなかったが、（米英軍）統合参謀本部が期待した全てのことを達成した」

【参照項目】 欺瞞、Dデイ

ツォウ、ダグラス （Tsou, Douglas）

　中国生まれの元FBI職員。1986年に台湾政府へ送った手紙の中で中華人民共和国のインテリジェンス・オフィサーの素性をばらしたとアメリカ当局に自白した後、1988年にスパイ容疑で起訴された。

　1991年に開かれた裁判において、台湾に駐在していたこの中国人インテリジェンス・オフィサーは、FBIに接近して二重スパイになると申し出たものの、拒否されていたことが明らかになった。ツォウがヒューストンの台湾代表部に送った情報は機密扱いだったが、申し出が拒否された時点で機密解除になったものと信じていたという（FBIは拒否の理由を明らかにしていない）。

　1949年に中国で共産主義政府が樹立された際に台湾へ逃れたツォウは、そこで20年間暮らした後アメリカへ渡り、市民権を取得した。その後1980年から86年までFBIに所属し、最初はサンフランシスコ、後にヒューストンで勤務した。

　1992年1月、禁固10年の判決が言い渡された。

【参照項目】 FBI、インテリジェンス・オフィサー

辻政信 （つじまさのぶ）（1902-1961?）

　第2次世界大戦後、スパイ活動に従事したとされる元日本陸軍士官。しかしその実態は謎に包まれている。

　1924年に陸軍士官学校を首席で卒業、41年のマレー作戦では参謀本部員として第25軍の作戦指導を行ない、シンガポールにおける華人虐殺を引き起こす（訳注：1939年のノモンハン事件では関東軍参謀として強硬策をとり、大敗の責任者とされる。戦時中はマレー作戦の他にもガダルカナル作戦を指導。またビルマで行なわれたインパール作戦にも第33軍参謀として関わる）。

　戦後、戦犯として指名手配された辻は地下に潜り、タイ及び中国で潜伏生活を送る（訳注：渡辺望著『蔣介石の密使 辻政信』〔祥伝社新書、2013〕によると、2005年に公開されたCIAの極秘調査ファイルの中に、辻が蔣介石の諜報ネットワーク作成のため中国国民党に雇われていたとする記述があるという）。その後1948年に帰国、日本が主権を回復した52年の衆議院選挙で当選を果たした（訳注：その後岸首相の金銭問題を執拗に追求したことで1959年に自民党を除名され衆議院議員を辞職、同年の選挙で参議院へ移る）。そして1961年4月、視察に赴いたラオスで消息を絶つ。

　日本の関係者によれば、辻はサイゴンから家族宛に手紙を送り、月末には帰国すると伝えたという。しかしラオスで消息を絶ってから4ヵ月後、CIAの工作員によって同国で殺害されたという報道が、北京放送によってなされた。アメリカ当局はこれを否定している。

　辻は1952年に上梓した『シンガポール』の中で、自分が立案した作戦の成果を述べると共に、イギリス及びアジアの同盟国を激しく非難している（その一方で、辻はウィンストン・チャーチルの崇拝者だった）。さらに、同時期に出版された『亜細亜の共感』において、日本はヨーロッパ人による数世紀ものアジア支配を終わらせ、極東の人々を救うという大事業に乗り出したのだと記している。また日本軍によってこの地域の白人の力が弱まり、後にアジア諸国がアメリカやヨーロッパの支配者を追い出す原動力になったと主張している（訳注：辻の著作として有名なものに『潜行三千里』（1950）がある）。

　メイリオン・ハリーズとスージー・ハリーズは共著書『Soldiers of the Sun: The Rise and Fall of the Imperial

Japanese Army』（1991）の中でこう記している。

辻は作戦立案の才能を持つ極めて有能な参謀だった。だがこの才能は、誇大妄想的な野心、暴力的性向、そして情け容赦ない人命軽視を伴っていた。辻にとって自分は、アジア人の団結をもたらす預言者であり、反共の救世主だった。彼は多数の書を著わしているが、その中で自分を、成功したあらゆる戦略の立案者、死を恐れぬ英雄——敵前線の上空を小型偵察機で飛行したり、戦車で敵の塹壕に突入したりした——として描き、先見の明があり、ダイナミックで、かつ誤解されている人間のように見せかけた。

（訳注：前掲書『蔣介石の密使 辻政信』によれば、辻はハノイを目指して変装潜伏していたものの、ラオス愛国戦線に逮捕監禁され、脱走を企てたために処刑された、というのがこれまでの多数説だったが、CIA文書によると実は中国雲南省の共産党過激派に身柄を拘束されていた、という。渡辺はそこから、辻は中国共産党の懐に飛び込み幹部になろうと試みたものの、「思想改造」の段階で決定的な齟齬が生じ、客人から囚人へと待遇が変わったのではないかと推測している）
【参照項目】CIA、エージェント

ツバメ （Swallow）

ターゲットから情報を得る、もしくは後日脅迫するため、ハニートラップに用いられる女性エージェントを指すロシアの俗語。
【参照項目】エージェント、ハニートラップ

ツーリスト （Tourist）

第2次世界大戦中、ドイツ軍の前線後方に配置されたエージェントの一団を指すアメリカ情報機関の俗語。
【参照項目】エージェント

デイヴィーズ、アレン・J （Davies, Allen J.）

電子技術や赤外線技術を活用した偵察プログラムに関し、その機密情報をソビエトに提供したアメリカ空軍の元下士官。空軍に10年間勤務したデイヴィーズは機密レベルのセキュリティー・クリアランスを有していた。

デイヴィーズは勤務成績不良のため1984年に空軍を「不本意ながら除隊させられて」おり、ソビエトにスパイ行為を持ちかけることで復讐を果たそうとしたのである。アメリカ政府はその申し出を突き止めた経緯を明らかにしていないものの、ソビエトの外交施設に対する電話盗聴が一定の役割を果たしたものと思われる。通話が盗聴されていた当時、デイヴィーズはカリフォルニア州パロ・アルトのフォード航空宇宙通信社（フォード自動車の航空宇宙部門）で実験室技師として勤務していた。

デイヴィーズがサンフランシスコのソビエト領事館に連絡をとった際、その通話はFBIに盗聴されていた。1986年10月、ロシア人を装ったFBI捜査官がデイヴィーズに電話をかけ、面会をセッティングする。FBIによると、デイヴィーズは偵察技術に関する「口頭での詳細な情報」と「手書きの資料」から成る機密情報を渡したという。またそれらの情報は、西ドイツのライン・マイン空軍基地に配属されていた1983年から84年にかけて手に入れたものだと捜査官に教えている。

捜査官に機密資料を渡している最中、デイヴィーズは逮捕された。その後スパイ行為で有罪とされ、禁固5年を言い渡された。
【参照項目】機密、セキュリティー・クリアランス、盗聴／盗聴装置、FBI

デイヴィス、サム （Davis, Sam 1842-1883）

南北戦争中スパイとして処刑された第1テネシー連隊所属の2等兵。1863年11月にテネシー州プラスキ近くで北軍に捕らえられた際は、コールマン偵察隊という名の南軍部隊で密使を務めていた。

拘束されたデイヴィスは数日間に及ぶ尋問を受けたが、南軍部隊に関する情報を黙秘し続けた。情報と引き替えに釈放すると持ちかけられた時は、こう宣言したとされている。「友人を裏切ったり任務に反する行動をとったりするよりは、千回死んだほうがましだ」その結果、1863年11月27日に絞首刑が執行された。南部諸州の新聞は彼を「現代のネイサン・ヘイル」と賞賛している。
【参照項目】ネイサン・ヘイル

デイヴィス、ジェイムズ・T （Davis, James T. 1936-1961）

アメリカ軍人のうちベトナム戦争で最初に戦死した陸軍の情報専門家。1961年12月22日、デイヴィスはAN/PRD-1方向探知機を搭載したジープに乗り込み、ベトコンの秘密無線通信を探知する任務に就いていた。だがその日の任務中、10名の南ベトナム兵と共にベトコンの待ち伏せ攻撃を受ける。銃撃戦の結果、生き残ったのは1人のベトナム兵だけだった。

サイゴン近郊にあるタンソンニャット空軍基地の第3無線探索部隊に所属していたデイヴィスは、ベトナムで勤務する陸軍保安員60名の中の1人だった。彼らは3年後の軍事介入に先立つ1961年5月に、軍事顧問団の一部としてベトナムに送られたのである。
【参照項目】陸軍保安局

ディエロ、ユリシーズ （Diello, Ulysses）

「キケロ」を参照のこと。

ディキンソン、ヴェルヴァリー

(Dickinson, Velvalee 1893-1980)

第2次世界大戦中、日本のためにスパイ行為をしたとされる数少ないアメリカ人の1人。

ヴェルヴァリー・ディキンソンと夫のリーは、サンフランシスコで暮らしている時に日本文化への関心を抱いた。リーは株式仲買人として日系アメリカ人の顧客と頻繁に接していたのである。

夫妻は1937年にニューヨークへ移り、現地の領事館に勤務する日本人外交官と知り合いになる。そしてスパイ行為の話を持ちかけられ、2人揃って同意した。1941年12月にアメリカが参戦すると、ディキンソン夫妻はアメリカ艦隊の位置と状況を観察し、とりわけ真珠湾攻撃後にカリフォルニアの港へ帰還した艦船に注意を払った。

ヴェルヴァリーはニューヨーク市に人形店を開いてこれをカバー(隠れ蓑)とし、ブエノスアイレスにある日本側の便宜的住所に「ドール・コード」という形で情報を送った。また送信元として顧客の住所を使い、ハワイから新たに到着した艦船を「フラ・スカートを履いた人形」、大西洋から太平洋に艦船が3隻派遣されると「新しい人形3体」というように情報を伝えている。

便宜的住所に住む日本のエージェントが退去した後、ブエノスアイレスの郵便局は未達の手紙を送信元の住所に送り返した。奇妙な手紙を不思議に思った複数の女性が、それらをアメリカの郵便当局に通報する。手紙はFBIに回され、研究所による調査の結果、署名が偽造であり、手紙の内容もドール・コードで記された情報であることが判明した。

スパイ行為を疑ったFBIは手紙を追跡してヴェルヴァリーに辿り着く(リー・ディキンソンは1943年に死亡していた)。自宅の金庫には15,940ドルの現金が入っており、そのほとんどは100ドル紙幣だった。FBIがその出所を辿ると、日本の銀行が戦前に貯蓄していたものであることが突き止められた。

タブロイド紙に「人形女」というレッテルを貼られたディキンソンはスパイ行為と戦時検閲法違反で起訴された。1944年、司法取引で有罪を認めた彼女に、禁固10年と罰金1万ドルが言い渡される。釈放されたのは戦後の51年だった。

【参照項目】真珠湾攻撃、カバー、便宜的住所、FBI

ディーコン、リチャード[p] (Deacon Richard 1911-98)

諜報関係の権威ある書籍を数多く著したイギリスの作家、ドナルド・マコーミックの筆名。

1911年生まれのマコーミックは第2次世界大戦中イギリス海軍で勤務し、イアン・フレミングの下で「ある種の現場作業」に従事した。後にジェームズ・ボンドを生み出すフレミングは当時情報士官だったのである。

戦後はジャーナリストの道に戻り、1963年から73年までサンデー・タイムズ紙の海外部長を務めた。本名・ペンネーム両方でおよそ50冊の著書があり、諜報関係のものとしては「A History of the British Secret Service」(1969)、「A History of the Russian Secret Service(邦題・ロシア秘密警察の歴史)」(1972)、「The Chinese Secret Service」(1974)、「Kempai Tai: The Japanese Secret Service Then and Now」(1982)、「Spyclopaedia」(1987)がある。

偵察 (Reconnaissance)

ある特定のエリアにおける敵の活動や兵力、あるいは気象、水路、地理に関する情報を得るための活動。

「監視」も参照のこと。

定住型エージェント (Agent-in-Place)

常に最新の情報を送るべく、現在の地位にいながら他国のために活動する個人を表わす単語。内通者(Mole)とも呼ばれる。

有名な定住型エージェントとして、ソビエトGRU(参謀本部情報総局)のオレグ・ペンコフスキー大佐やCIAのオルドリッチ・H・エイムズが挙げられる。

「ケンブリッジ・スパイ網」も参照のこと。

【参照項目】内通者、エージェント、GRU、オレグ・ペンコフスキー、CIA、オルドリッチ・H・エイムズ

ディスカバラー (Discoverer)

世界初の写真偵察人工衛星、コロナの正体を隠すために用いられたカバーネーム。コロナスパイ衛星が開発中の1958年12月3日、宇宙の環境状況を調査すべく打ち上げが予定されている試験衛星、ディスカバラーについてのマスコミ向け資料がアメリカ政府によって発表される。この人工衛星には動物を含む生物学・医学上の標本も搭載され、軌道周回後に回収する予定だとされていた。

ディスカバラー1号は1959年2月28日に打ち上げられ、コロナ計画で用いられる予定のソア・アジェナロケットがテストされた。その後も試験衛星の打ち上げは続き、コロナ衛星への道が着々と整えられる。同年6月25日にはカメラを搭載した実用的スパイ衛星、ディスカバラー4号の打ち上げが試みられるも、これは失敗に終わった。

それに先立つ6月3日、失敗に終わった数度の試みに続いてディスカバラー3号が打ち上げられる。これは動物――4匹の黒ネズミ――を搭載した唯一のディスカバラーだった(ソビエトは犬を積んだスプートニク2号を1957年11月3日に打ち上げたが、この時は衛星も犬のライカも生還できなかった)。

ディスカバラーというカバーネームは 1962 年 2 月 27 日のコロナ衛星打ち上げでも用いられており、この衛星はディスカバラー 38 号とされている。コロナ計画は 1972 年まで続けられ、以降はより高性能のスパイ衛星に後を譲った。

ソビエトは最初のカメラ搭載衛星が打ち上げられた直後に、ディスカバラーの真の目的を見抜いていた。1960 年代末の時点で、ディスカバラー衛星がスパイ用途であることをソビエトの複数の雑誌が明らかにしていたが、こうした報道が単なる非難目的か、あるいは正確な情報を基にしていたのかは不明である。しかし、衛星技術におけるソビエトの知識水準、ソビエトに秘密情報を売り渡していたアメリカ人数名の存在、そしてアメリカの新聞紙上で公然と行なわれていた推測を考え合わせると、ソビエトがディスカバラーの真の目的に気づくのは時間の問題だったと思われる。

【参照項目】偵察、衛星、カバー、コロナ

ティスラー、フランティセク (Tišler, František)

ワシントン DC のチェコ大使館で暗号官を勤めていた人物。1950 年代に残留離反者として FBI の下で活動した。

1957 年夏に休暇で一時帰国したティスラーは、これも休暇中だった友人と遅くまで酒を飲んだ。駐在武官としてロンドンのチェコ大使館に勤務するこの友人は、あるエージェントにイギリス空軍の誘導ミサイル開発プロジェクトを探らせていると、ティスラーに話した。ティスラーから FBI のハンドラーに伝えられたこの情報は、J・エドガー・フーヴァー長官経由で MI5 にもたらされた。イギリス側が調査したところ、電子技師として国防関連企業に勤務するブライアン・F・リニーの名が浮上する。その後リニーは公的秘密保護法違反の罪を認め、禁固 14 年の刑を言い渡された。

FBI はティスラーに細かな情報を与えてプラハに伝えさせ、これに感銘を受けたチェコの情報当局は彼を昇進させたものの、同時にプラハへ転属した。かくも優れたアセットを失って動揺した FBI は、ティスラーの後任をスパイだと暴露してプラハに召喚させる。この時点でティスラーと FBI はスパイ活動を終わらせる判断を下した。ある夜、ティスラーはオフィスの窓から FBI 捜査官にファイルを渡し、翌朝には大使館から永遠に姿を消してアメリカでの新たな人生を始めた。

【参照項目】残留離反者、FBI、駐在武官、ハンドラー、J・エドガー・フーヴァー、MI5、公的秘密保護法

ディックシュタイン、サミュエル
(Dickstein, Samuel 1885-1954)

ソビエトのためにスパイ行為をしたことが知られている唯一のアメリカ議員。1923 年から 45 年まで下院議員

だったディックシュタインは、後に下院非米活動委員会となる委員会の創設者だった。

ディックシュタインのスパイ行為は、ソビエトのエージェントとモスクワとの間でやり取りされていた情報メッセージを解読するヴェノナ計画で明らかになった。スパイ行為の動機は金であり、思想がスパイ行為の主な動機だったこの当時（「マイケル・ストレート」「CPUSA」を参照のこと）、ハンドラーにしばしば現金をしつこく要求したため、ソビエトから「詐欺師」のコードネームを付けられている。

リトアニアに生まれたディックシュタインは 6 歳の時に両親と一緒にアメリカへ移住し、後に選挙区となるニューヨークのロウアー・イースト・サイドに居を構えた。1906 年にニューヨーク・ロースクールで法学の学士号を取得、その後司法や政治の世界に入り、最初は州検事総長代理、次いでニューヨーク市会議員、そしてニューヨーク州議会議員となる。1923 年には民主党員として下院議員選挙で当選を果たし、以降連続 11 期にわたって下院議員を務めた。

ディックシュタインの選挙区には移民が多数居住していたため、彼は移民問題に重点を置き、徐々に自らの関心を「非米」活動なるものに移していった。皮肉なことに、彼はこの単語を議会に広めたことで知られている。

ディックシュタインが率いた委員会は当初マコーマック・ディックシュタイン委員会、または単にディックシュタイン委員会と呼ばれていた。1938 年、テキサス選出の保守的な民主党議員、マーチン・ダイズがディックシュタインから委員長の座を奪い取る。ダイズ委員会は後に下院非米活動委員会と名前を変えた。この委員会が政府内の共産主義者を摘発する一方、ディックシュタインは NKVD（内務人民委員部）から報酬を受け取っていたのである。

ディックシュタインのスパイ行為を記した『The Haunted Wood』(1999) の中で著者アレン・ワインシュタインとアレキサンダー・ヴァシリエフが述べている通り、NKVD による最初の接触は 1937 年、アメリカ市民になりたいと称するイリーガルによって行なわれた。ディックシュタインは賄賂とも認識されかねない資金の要求を、「ビュービィ」というコードネームを持つこのイリーガルに対して行なった。ニューヨーク在住の NKVD レジデント、ガイク・オヴァキム中将は後に、ディックシュタインは「ギャング団を率い、パスポートを売り、人々を違法に入国させて市民権を取得してやるという、いかがわしい仕事に関わっている」と、怒りも露わにモスクワへ報告した。

1937 年 12 月、ディックシュタインは駐米ソビエト大使に電話をかける。その結果、大使からモスクワ宛てに、ディックシュタインが「ソビエトに対する友好的態度を見せて」おり、ロシア国内のファシストについて委

員会が得た情報を送る代わりに、「5,000 〜 6,000 ドルが必要だ」と述べているという内容のメッセージが送られた。大使の疑いにもかかわらず、NKVD 長官のニコライ・エジョフはディックシュタインを有給のエージェントにする許可を与えた。

ディックシュタインとハンドラーは金の問題で絶えず火花を散らした。下院非米活動委員会が設置された直後の 1938 年 5 月、ディックシュタインと NKVD は 1 つの合意に達した。「書類の形で資料」を渡し、また NKVD が望む方向に委員会の調査を「誘導」することに対して、月々 1,250 ドルを支払うというものである。しかし程なく、ディックシュタインは「破廉恥で」「金にうるさく」「非常に狡猾な詐欺師」だと、ハンドラーはモスクワの「センター」に不満を漏らし始めた。

5 月後半にディックシュタインが委員会から下ろされると、ソビエトにとっての価値は急減し、合意内容の再交渉を求めだした。別のメッセージによると、激怒したディックシュタインは、ポーランドやイギリスの情報機関相手に「活動」していた時は、はるかによい待遇を受けていたと語ったそうである。

勝利を収めたのはまたしてもディックシュタインだった。さらにハンドラーは、ソビエトに友好的な議員を支援する計画の一部として、ディックシュタインに金を払うべきだとまでセンターに提言した。この興味深いメッセージに対する返信はヴェノナの解読内容に含まれていない。しかし別の解読内容から、共産党員狩りに他ならないとしてディックシュタインが 1938 年 9 月に非米活動委員会を公の場で非難した際、NKVD に金を要求したのは明らかである。またアメリカ情報機関への浸透を持ちかけられた際には、それを一笑に付した——提案した報酬が不十分だというのである。

1940 年初頭、モスクワはディックシュタインとの縁を切った。すでに 12,000 ドルが支払われており、ワインシュタインとヴァシリエフが指摘する通り、これは現在の価値でおよそ 133,000 ドルになる。ディックシュタインの NKVD に対する働きは生涯にわたって明かされなかった。1945 年、彼は議員の職を捨ててニューヨーク州最高裁判事に立候補、見事当選を果たす。そして 1948 年に発生した事件において、ディックシュタイン判事は再びソビエトと関わりを持つ——今回はソビエトの外交官に対し、ニューヨークのソビエト領事館から「自由に向かって飛び立った」女性を法廷に連れてくるよう命じたのである。大きな話題を呼んだオクサナ・カセンキナ夫人は外交官の子息の教師であり、ソビエトに戻るようにとの命令を拒否していた。ディックシュタインも、この教師が示した愛国心に理解を示している。その後は 1954 年に死去するまで判事の職にあった。

【参照項目】エージェント、ハンドラー、コードネーム、NKVD、イリーガル、レジデント、ガイク・オヴァキム、ニコライ・ヴェジョフ、センター

ティートケ, ハンス・ヨアヒム

(Tiedge, Hans Joachim　1937-2011)

1985 年 8 月に東ドイツへ亡命した BfV（連邦憲法擁護庁）職員。亡命当時は防諜局長の要職にあった。

西ドイツの防諜機関 BfV に 1966 年から所属していたティートケは、東ドイツの諜報活動に関するエキスパートだった。しかし同僚からはアルコール漬けの無気力者で、多額の借金を抱えるなど人生に向き合うことができない人物と評されている。妻のウーテは 1982 年 7 月にケルンの自宅から転落死しており、娘たちは麻薬に手を出していた（当時、ウーテの死は事故によるものとされた。ティートケの亡命後、ケルン検察局は殺人容疑で再捜査したが結論は出なかった）。

ティートケは評判通りの無気力者だったかもしれないが、東ドイツの歓迎を保証する十分な量の情報をもたらした点では、やはりプロだった。彼は東ドイツで活動する少なくとも 2 名の BfV エージェントを暴露し、3 名の東独エージェントに西から脱出するよう警報を送っている。しかし、リヒャルト・フォン・ヴァイツゼッカー大統領の官房で秘書を務めていたマルグレット・ヘーケを救うことはできなかった。ティートケの亡命とほぼ時を同じくしてヘーケは逮捕されている。

【参照項目】BfV、防諜、エージェント、マルグレット・ヘーケ

デイトン, エリアス　(Dayton, Elias　1737-1807)

アメリカ独立戦争の際、ジョージ・ワシントン将軍の下で極めて優秀なスパイ網を指揮した大陸軍の士官。

1777 年 7 月 26 日にワシントンからデイトンへ発せられた指令は、軍事情報に対するワシントン自身の見方を正確に伝えている。

よい情報を得る必要性は明白であり、ことさら強調するまでもない——あえて付け加えるならば、あらゆる事をできる限り秘密にせよ。大多数の活動において、その成功は秘密にかかっているのであり、いかに入念に計画され、また状況がいかに有利かつ有望であろうと、情報がなければ大抵は敗北に終わる。

第 1 ニュージャージー連隊の高級士官だったデイトンは、イギリス軍に占領されていたニューヨーク州スタテン・アイランドを本拠にスパイ網を運用していた。右腕が不自由で戦闘に参加できなかったジョン・ラグランジ・メルスローが、デイトンの主要なエージェントだった。メルスローは島内に駐留するイギリス軍の前線後方で活動し、ジョン・パーカーという名の密使を通じてデイトンに情報を送った。当時デイトンは、ハドソン川を

隔ててスタテン・アイランドの対岸にあるニュージャージーにいたのである。

イギリスに捕らわれたパーカーが死亡した際、メルスローは自ら情報を届けるという危険を犯す。深夜、報告書が詰まった瓶をいかだに括りつけ、ジャージー沖のシューターズ・アイランドへ向かう。捕らわれた場合は瓶を結び付けている紐を切り、川底に沈めることになっていた。また島と沖合の間で光を用いた信号のやりとりがなされ、瓶を残して代わりに指示を受け取るデッドドロップの場所がメルスローに知らされた。

デイトン・スパイ網から絶えず送られる情報は、1777年7月5日に開かれた第2次大陸会議でワシントンによって報告された。「私はスタテン・アイランドに人員を常駐させており、彼らは敵の作戦に関する情報を毎日もたらしてくれる」

デイトンは20名のエージェントを配下に置いていたが、その中にはスタテン・アイランド駐留のイギリス軍に補給物資を売る商人に偽装した2名のアメリカ人士官がいた。このスパイ網は1777年から80年にかけて運用され、活動の一部は今なお明らかになっていない。今日残る報告書には偽名こそ記されているものの、エージェントの素性は記されていないのである。また、デイトンのスパイ網がイギリス軍に浸透した痕跡もあるが、その詳細も謎のままである。

デイトンは1783年に准将へ昇進した。

【参照項目】ジョージ・ワシントン、軍事情報

デイトン、レン （Deighton, Len 1929-）

スパイ小説の作家。イアン・フレミングやグレアム・グリーン、ジョン・ル・カレといった他のイギリス人スパイ作家と違い、諜報分野での経験はない。

デイトンは駅員を経てイギリス憲兵隊の特別捜査局やイギリス空軍でカメラマンとして軍務に就き、1949年の除隊後は美術学校に入学する。しかしウェイターのアルバイトをしている時に料理への関心を抱き、オブザーバー紙の日曜版に漫画を連載すると共に、何冊かの料理本を出版した。その後ニューヨークでイラストレーターとして働き、また帰国後はロンドンの広告代理店でアートディレクターを務めた。

最初のスパイ小説『The Ipcress File（邦題・イプクレス・ファイル）』（1961）の刊行後、デイトンは筆一本で生きる決意を固める。上司の1人がスパイであることに下っ端のインテリジェンス・オフィサーが気づくという内容の本作はすぐさまヒットし、1965年にはマイケル・ケイン主演で映画化された。

1964年の『Funeral in Berlin（邦題・ベルリンの葬送）』は、フレミングでなくル・カレの系譜を引き継ぐスパイ作家としてデイトンの名を確立した。様々な道具や大胆な行為ではなく自らの本能によって生き延びよう

とする、幻滅を抱いた男たちが主人公だからである。彼らはいずれも、ソビエトのエージェントだけでなく同胞による狡猾な裏切りの標的になっている。

3部作『Berlin Game（邦題・ベルリン・ゲーム）』（1983）、『Mexico Set（邦題・メキシコ・セット）』（1984）、『London Match（邦題・ロンドン・マッチ）』（1985）において、主人公バーナード・サンプソンはホワイトホールの机仕事を離れて東ベルリンへ赴いている。いわゆる仲間にせよ敵にせよ、サンプソンが出会うほぼ全ての人間は誰かを裏切ってゆく。この3部作はイギリスで出版されるとすぐ、アメリカでテレビのミニシリーズとして放映された。サンプソンは『Spy Hook（邦題・スパイ・フック）』（1988）と『Spy Line（邦題・スパイ・ライン）』（1989）にも登場している。

デイトンによる他のスパイ小説として『Spy Story（邦題・スパイ・ストーリー）』（1974）、『Yesterday's Spy（邦題・昨日のスパイ）』（1975）、『Twinkle, Twinkle, Little Spy（邦題・トゥインクル・トゥインクル・リトル・スパイ）』（1976、アメリカでは『Catch a Falling Spy』）、『SS-GB（邦題・SS-GB）』（1978）、『XPD（邦題・暗殺協定XPD）』（1981）、『Goodbye, Mickey Mouse（邦題・グッバイ、ミッキーマウス）』（1982）、そして『Winter（邦題・ヴィンター家の兄弟）』（1987）がある。その中でも傑作とされる『SS-GB』では、1940年にナチスドイツによって占領されたイギリスが描かれている。

現在までにおよそ50冊の著書が出版されており、その中には航空関係のノンフィクションも数冊含まれている。

「文学におけるスパイ」も参照のこと。

【参照項目】イアン・フレミング、グレアム・グリーン、ジョン・ル・カレ、インテリジェンス・オフィサー

ディナール （Dinar）

「アンブラ」を参照のこと。

テイラー、テルフォード （Taylor, Telford 1908-1998）

弁護士を経て、第2次世界大戦中はイギリスの暗号解読活動（ウルトラ）拠点、ブレッチレーパークで勤務したアメリカ陸軍の士官。後にナチス戦犯を裁いたニュルンベルク国際軍事法廷でアメリカの首席検察官を務めている。

大佐の時にブレッチレーパークへ送られたテイラーは、ヨーロッパの主要な陸軍及び陸軍航空軍の司令部にウルトラ資料を配付する責任者だった（「特殊連絡部隊」を参照のこと）。

ヨーロッパでの戦争が終わりを迎える中、戦犯法廷の首席検察官に任命されたアメリカ最高裁判事のロバート・H・ジャクソンは、テイラーを検察陣に加えるよう求めた。テイラーはジャクソンの後を継いで首席検察官

となり、1946年から49年にかけて行なわれた裁判でナチス及び軍の指導者12人を断罪している。

著書に『The Anatomy of the Nuremberg Trials』(1992)をはじめ、第2次世界大戦に関するものが数作ある。中でも『The Breaking Wave: The Second World War in the Summer of 1940』(1967)は、バトル・オブ・ブリテンに関する最も優れた書籍の1冊とされている。またその他の著書として『Grand Inquest: The Story of Congressional Investigations』(1955)が挙げられる。

【参照項目】ウルトラ、ブレッチレーパーク

デオン、シュバリエ・シャルル・ジュヌヴィエーヴ・ルイ (d'Éon, Chevalier Charles Genevieve Louis 1728-1810)

時に女装して秘密任務を遂行したルイ15世配下の密偵。卓抜した剣士であり、市民法及び教会法の権威としても名声を博している。

1755年、駐ロシア大使に任命されたデオンはしばしば女装するようになる。それと共に様々な噂が彼につきまとった――曰く女帝の誉れ高きメイドであり、画家もこの美女の肖像画を描きたがっている、と。

フランス宮廷の陰謀で破滅に追い込まれた後、デオンはイングランドに逃れてイギリス秘密機関と関係を持つ（その一方で、来るべきフランス軍のためにイギリスの道路網など戦術情報を集めていたともされている）。帰国を命じられたデオンはそれを拒絶し、亡命すると脅しをかけた。国王はピエール・ボーマルシェという別の密偵を派遣してデオンに金を払う一方、生涯女装して王権への反乱を企てなければ身の安全を保証すると交渉させた。ボーマルシェも、デオンが男性であるからこそ危険なのだと信じていた。

密偵のデオンはイングランドにとどまった。死後、彼の性別を判断すべく数度の検査が行なわれ、最後は男性として埋葬された。

【参照項目】密偵、秘密機関、戦術情報、離反者、ピエール・ボーマルシェ

デシャンプラン、レイモンド (DeChamplain, Raymond)

アメリカ陸軍の下士官だったデシャンプランは1970年代初頭、タイのバンコクでKGBからスパイ活動の勧誘を受けた。勧誘の経緯をアメリカ政府は明らかにしていない。逮捕当時はバンコクの統合アメリカ軍事顧問団に所属していた。軍法会議の結果、1971年11月に重労働7年の刑を言い渡されている。

デソト (DESOTO)

1960年代初頭に北ベトナムのトンキン湾で実施された、アメリカ海軍の駆逐艦による哨戒活動のコードネーム。電子情報（ELINT）の収集が目的だった。またデソト艦に対する攻撃の疑惑が、ベトナム戦争につながる

危機を生み出した。

1964年1月、デソト哨戒活動が始められようとしていたまさにその時、国家安全保障会議（NSC）は厳重な機密とされていたプラン34Aを承認し、南ベトナムによる対北秘密作戦をCIAが支援する許可を与えた。この計画は2つの部分から成っており、南ベトナムのエージェントを飛行機やボートで北へ送り込む一方、南ベトナムまたはCIAに雇われた兵士が高速艇を操縦、北ベトナムの沿岸防衛施設に奇襲攻撃を仕掛けるという内容だった。

「34A作戦とデソト哨戒活動の両方を知る人間も数名いたが、承認を得るプロセスははっきり区分され、両方の作戦計画を立案した、あるいは詳細にわたって検討した幹部職員は存在しない」元国防長官のロバート・S・マクナマラは回想録『In Retrospect（邦題・マクナマラ回顧録：ベトナムの悲劇と教訓）』(1995)の中でそう振り返り、「そのような人間を持つべきだった」と付け加えている。

1964年7月20日夜、南ベトナムの警備艇がプラン34Aに従ってトンキン湾に浮かぶ2つの島に攻撃を仕掛けた。翌朝、デソト哨戒活動に就いていたアメリカ海軍の駆逐艦マドックスが湾に進入する。8月2日、沖合25マイル（40キロメートル）の公海上を航行していたマドックスは高速魚雷艇から攻撃を受けていると通報、それを受けてもう1隻の駆逐艦ターナー・ジョイが救援に向かった。

8月4日、プラン34Aに基づいた攻撃が北ベトナム沿岸で再度実施される。だが数時間後、マドックスとターナー・ジョイが小型ボートの夜襲を受けており、うち2隻を駆逐艦の砲で撃沈した旨の報告がなされる。さらに、アメリカ空母タイコンデロガから戦闘機が発進し、2隻の駆逐艦の救援に向かった。

その夜以来、8月4日の夜襲を巡って議論が巻き起こる。現場にいた海軍士官の中には、夜襲などなかったと主張する者もいた。またNSAが傍受した北ベトナムの無線通信も議論の対象となる。しかしジョンソン大統領はこの夜襲を北ベトナムによる挑発と捉え、報復攻撃を命じた。その結果、タイコンデロガと空母コンステレーションから、北ベトナムの警備艇基地と原油貯蔵施設を標的とする延べ64回もの出撃が行なわれた。

当時、行政・議会指導者の中で、プラン34Aの存在を知る者は皆無に等しかった。続いて起きた議会の論争においても、CIAが南ベトナムの奇襲攻撃を支援しているという言及はなされていない。夜襲を巡って湧き上がった議論の中で、南ベトナムによる奇襲攻撃は忘れられてしまったのである。ジョンソンは議会を押し切って後にトンキン湾決議と呼ばれる政令を通過させ、南ベトナムを支援するために「軍事力の使用を含む、必要なあらゆる手段をとる」権限を自らにもたらした。

マクナマラはベトナム戦争の起源をより深く知る試みと称し、1995年11月にハノイを訪れた。その際、戦時中北ベトナム軍の司令官を務めたヴォー・グエン・ザップ将軍と面会する。トンキン湾決議と疑惑の残る8月4日の夜襲の後始末として、マクナマラはザップとの面会後にこう述べた。「第2の攻撃はなかったと、疑問の余地なくここに言い切る準備がある」

後にベトナム魚雷艇の司令官たちに対して行なわれたインタビューにおいて、最初の攻撃は確かにあったが、2度目の夜襲はなかったことが裏付けられている。

【参照項目】コードネーム、電子情報、国家安全保障会議、CIA、NSA

データマイニング　(Data Mining)

特定の諜報対象に関する情報を引き出すため、大量のデータをスキャニングすること。2001年9月11日に発生した同時多発テロの直前、テロリスト情報を得る手段としてしばしば引用された。この技術はFBIや国土安全保障省が用いると共に、運輸保安局も旅客機の乗客プロファイリングシステムを開発する目的で活用している。

データマイニングは「機械的学習、統計分析、モデル化技術、及びデータベース技術の組み合わせ」から構成されており、「将来の結果の予測」につながる「法則」を見つけるべく「データにおけるパターンや微妙な関係性」を突き止めるものと説明される。

データマイニングでは個人及び企業のデータベースも対象になるため、プライバシー侵害を懸念する非政府組織が厳重に監視している。

【参照項目】テロリスト情報、FBI、国土安全保障

デッドドロップ　(Dead Drop)

関係者——通常はエージェントとハンドラー——が互いに顔を合わせることなく、メッセージや現金を秘密裡にやりとりするために用いられる、あらかじめ決められた隠し場所。ロシアでは「デュボック」と呼ばれる。典型的な活用法については「ジョン・ウォーカー」を参照のこと。

【参照項目】エージェント、ハンドラー

デデヤン、サハグ・K　(Dedeyan, Sahag K.)

ジョンズ・ホプキンス大学付属物理研究所の数学者。1973年3月、レバノン生まれのアメリカ国民であり、セキュリティー・クリアランスを所持していたデデヤンは、アメリカの北大西洋条約機構（NATO）政策に関する分析書を研究所から持ち去り、KGBのエージェントだった親戚のサルキス・パスカリアンに見せた。パスカリアンが数年前にKGBから勧誘を受け、訓練されていたことをデデヤンは知らなかったのである。パスカリアン

は資料の写真を撮り、ソビエトに渡した。

パスカリアンの行為は何らかの経緯でFBIの知るところとなった。1975年6月27日に逮捕されたパスカリアンは罪を認め、スパイ行為で禁固22年の刑を言い渡された。また保安規則違反を犯したデデヤンにも禁固3年の判決が下されている。

【参照項目】セキュリティー・クリアランス、北大西洋条約機構

デニストン、アラステア・G
(Denniston, Alastair G.　1881-1961)

第2次世界大戦中、ブレッチレーパークを本拠とする政府暗号学校（GC&CS）の長官を務めた人物。1921年から44年までデニストンの指揮下にあった政府暗号学校は、イタリアのコード式暗号とドイツのエニグマ暗号の大部分を解読した。

デニストンは洗礼時にアレキサンダーと名付けられたものの、アラステアという名前を用いている。イギリスのボウデン大学で学んだ後、ボン大学を経てソルボンヌへ留学、またスコットランドのホッケー選手としてオリンピックに出場する傍ら、少年学校でフランス語とラテン語を教えた。1912年には外国語の教官としてオスボーンの海軍兵学校での勤務を始め、第1次世界大戦の開戦後は、ルーム40の名で知られる海軍省の暗号解読活動に携わっている。

戦後、デニストンは1919年にルーム40の後継機関、政府暗号学校に入った。その2年後には長官に任命され、イギリス政府が用いる暗号及びコード書の編纂・印刷にあたると共に、外国通信の解読に取り組んだ。ドイツの通信を解読する試みはわずかな成果しか挙げられなかったが、1930年代にヨーロッパで政治的危機が発生した際はイタリアの暗号を解読している。

デニストンは1939年7月にワルシャワを訪れ、ポーランドのビウロ・シフルフに所属する暗号解読者と会った。その場でポーランド側は、フランスの協力を得てドイツのエニグマ暗号の解読に成功していたことを明らかにする。後にポーランドからデニストンのもとへ届けられたエニグマ暗号機とフランスの支援によって、政府暗号学校はドイツの通信をほぼ全て解読できるようになった。

第2次世界大戦直前の1939年8月、デニストンは予想されるロンドン空襲を避けるべく、政府暗号学校の本部をブロードウェイ54番地にある秘密情報部（MI6）本部からブレッチレーパークに移した。

1941年8月にはアメリカを訪れ、アメリカ陸海軍と暗号解読について議論した（同種の訪米はその後2度行なわれる）。これらの会合は1943年5月のBRUSA協定につながった。

政府暗号学校はデニストンの下で急速に増大を続けた

が、重責は極度に達していた。さらに彼自身、解読内容の取り扱いに関する内輪争いに巻き込まれてしまう。1942年1月、名目上は政府暗号学校長官の座にあったデニストンはロンドンに移り、外交・商業暗号の解読活動を率いることになった。ブレッチレーパークでの軍事暗号解読はエドワード・W・トラヴィス准将に引き継がれ、その後膀胱結石によって1945年に退役を余儀なくされた（後任の政府暗号学校長官はトラヴィスである）。

病気、鬱、そして「馘首」されたことによる精神的ショックに苦しめられたデニストンは、イギリスによるエニグマ暗号の解読が公表されるより早くこの世を去った。

【参照項目】ブレッチレーパーク、政府暗号学校、エニグマ、ルーム40、ビウロ・シフルフ、ブロードウェイ、MI6、BRUSA協定

デニング、サー・ノーマン （Denning, Sir Norman 1904-1979）

第2次世界大戦中にイギリス海軍作戦情報本部（OIC）を創設し、ウルトラ情報などを用いてドイツの水上艦艇及びUボート部隊の撃滅を計画した人物。

1937年6月、様々なソースから得られた情報を結合し、行動方針を海軍上層部に提言すべく情報センターを創設するという任務が、当時主計大尉だったデニングに課せられた。これは、当初暗号解読組織として発足しながら、後に同種のセンターとして成長した第1次世界大戦当時のルーム40をさらに洗練させたものである。

当初デニングにはオフィスすら与えられず、事務員が1人いるだけで自身も諜報経験はなかった。しかし彼は適任だった。まず政府暗号学校（GC&CS）で4週間を過ごし、アラステア・デニストン海軍准将から暗号解読活動の基礎を習得する。当時、イギリスはイタリアの通信こそ解読していたものの、ドイツのそれは解読できないでいた。

だがさらなる知識を得る前に、当時すでに1年以上続いていたスペイン内戦に関する情報を集めるよう言い渡される。デニストンは政府暗号学校から情報を入手する一方、高周波方向探知によって、ナショナリスト（ファシスト）軍を支援するイタリア潜水艦の動きを辿ることができた。情報の索引カード化や潜水艦の位置追跡など、今日まで続く情報処理の手法を開発したのもデニングだった。現在こうした手法はコンピュータ化され、全情報源から得られた情報を用いた上で実施されている。

デニングの指揮下でOICは成長を続け、対独海上戦における事実上の作戦センターとなった。海軍史――及び映画『Sink the Bismarck』（1960）――に示されている通り、OICは1941年5月にドイツ軍艦ビスマルクの発見・撃沈作戦を成功させ、大西洋の対Uボート戦における事実上の勝利をもたらした（この海戦は1943年5月に「勝利」こそもたらされたが、45年5月にドイツが降伏するまで続けられた）。

かつてOICに所属していたパトリック・ビーズリーは著書『Very Special Intelligence』（1977）で次のように記している。「デニングは戦争を通じて海軍省に詰めっぱなしで、ほぼ常に電話をかけ続けていた」デニングは有能で役に立ち、思慮深く、そしてかけがえのないOICを作り上げたのである。

その後は1960年から64年まで、最後から2番目となる海軍情報長官を務めた（統合国防参謀部の創設と共にこの職は廃止される）。また1964年にルイス・マウントバッテン卿が国防参謀長の職を新設した際には、第1参謀長（情報担当）の座に就いている。これはイギリス軍の諜報活動におけるナンバー2のポストであり、マウントバッテン自身がデニングを任命したのだった。

その後1967年に海軍を退役している。

【参照項目】作戦情報本部、ウルトラ、ルーム40、政府暗号学校、アラステア・デニストン、高周波方向探知、全情報源から得られた情報、パトリック・ビーズリー、海軍情報長官

テネット、ジョージ・J （Tenet, George J. 1953-）

元アメリカ中央情報長官（DCI）。1997年3月19日にクリントン大統領からDCIに指名され、7月10日に議会の承認を受けた。クリントンは当初このポストに国家安全保障問題担当補佐官のアンソニー・レイクを提案していたが、国家安全保障会議（NSC）スタッフ150名の扱いについて上院の一部から批判がなされ、レイク自ら指名を辞退した。これら議員は、職員8万名を擁するCIAだけでなく、インテリジェンス・コミュニティー全体を指揮する能力がレイクにあるのかと疑問符を付けたのである。

過去6年間で5人目のDCIとなったテネットは95年7月から中央情報副長官を務め、ジョン・M・ドイッチ前DCIの退任日（96年12月）以降、次期長官と目されたレイクの就任予定日までDCI代行を務めている。

グアテマラにおけるCIAの職権濫用が明らかになった後、秘密作戦を司る工作本部の幹部2名を前任のドイッチが更迭したことで、両者は深刻な対立関係に陥っていたが、CIAとの関係が長いテネットは工作本部の信頼を取り戻した（ドイッチは秘密活動に携わる幹部を傲慢かつ無能だとして公の場で非難している）。

ドイッチはテネットと良好な関係を築いていたものの、どちらが上司であるかは常にはっきりさせていた。テネットが黒い顎髭を生やし始めたときなど、ドイッチは彼を有名なテロリストにちなんで「カルロス」と呼んだほどである。そして最後には髭を剃り落とすよう命じた。一方でテネットをこう評している。「ジョージは非常に忠実かつ熱心な公務員だ。外国要人との極めて重要な会議において、次官としての熱心な仕事ぶりをまざま

ざと見せつけられた」

　テネットがDCI就任後最初にとった行動は、冷戦後の基本任務を策定することだった。

　　世界各地でアメリカの権益を脅かす、最も困難なターゲットを追求する……つまるところ、我々は諜報機関なのだ。我々は独自の情報をもたらし、これらターゲットの１つ１つについて成果を挙げなければならない。さもなくば存在意義は何であろうか。我々はもはや任務を探している状態ではない。任務が何であるかは知っており、ターゲットが何であるかも知っている。

　DCI就任後初の人事として、テネットは引退していたジャック・G・ダウニングを呼び戻して工作担当次官に任命した。テネットによれば、ダウニングは「能力及び人心掌握の面で工作本部の伝説的存在である」という。海兵隊員としてベトナム戦争に従軍した後CIAモスクワ支局長を務め、中国語とロシア語に堪能なダウニングは、ドイッチに昇進を断たれて退職していた。

　テネットはギリシャ系移民の息子としてニューヨーク市に生まれた。公職に就いたのは29歳の時で、ペンシルバニア州選出の共和党上院議員ジョン・ハインツのスタッフになったのが振り出しだった。85年にアメリカのインテリジェンス・コミュニティーを監督する上院情報委員会の事務局に移り、４年後には事務局長に就任する。1997年にクリントン政権の２期目が始まった際、テネットはNSC情報プログラムの上級責任者となり、レイクの下で働いた。そしてドイッチがDCIに就任すると、テネットは副長官に任命された。

　中央情報副長官時代、テネットはドイッチの不在時にスタッフ部門を引き継ぎ、CIAとFBI及び議会との関係を改善すべく影で動いた。冷戦後の世界で存在感を示すべく模索していたCIAを引き継ぐにあたって、テネットにはこうしたスキルを発揮することが期待された。

　2001年９月11日の同時多発テロ直後、テネットはジョージ・W・ブッシュ大統領が最も信頼するスタッフの１人となった。事実、ほぼ毎日オーバルオフィスで大統領と顔を合わせ、テロリスト情報を中心に１対１で報告を行なっている。国家安全保障問題担当補佐官のコンドリーザ・ライスが評する通り、ブッシュ大統領は「対テロ戦争から１日が始まる」のである。イラク戦争に先立って情報活動に関する論争が発生した時も、テネットは責めを一身に負って政府の戦争政策を終始一貫支持し続けた。

　2003年、テネットは監視・分析すべき対象を検討する中で、「世界各地に広がる無政府地域——無法地帯、あるいはアフガニスタンとパキスタンの国境に代表される『無人の荒野』——において、過激派運動が隠れ家を

見つけ、成長する場所を確保している事態」について言及した。

【参照項目】中央情報長官、国家安全保障会議、インテリジェンス・コミュニティー、ジョン・M・ドイッチ、テロリスト情報

デフォー、ダニエル　(Defoe, Daniel　1660-1731)

　イギリスの作家にしてスパイだった人物。著書『ロビンソン・クルーソー』は世界で最も有名な小説である。生まれたときはダニエル・フォーという名前だったが、Dという字とFoeを１つの名字にし、こちらを通名にした。ケンブリッジあるいはオックスフォードに進学するだけの経済的余裕はあったのだが、父親が非国教徒だったため教育はニューイントン・グリーンで受けている。

　「イギリス秘密機関の父」と呼ばれるデフォーはまず商人になったものの、経済的問題に苦しめられた。その後政治に興味を持つようになってパンフレットを書き、1703年には庶民院議長にスパイ行為を申し出ている。かくして「アレクサンダー・ゴールドスミス」という名の商人をカバーに用いながら、イギリス全域を歩き回って政敵に関する情報を報告するのみならず、廃位されたジェイムズ２世の息子を支持するジャコバイトの反乱計画を監視した。

　またデフォーは、国内情報を収集するスパイ網も組織している。1706年、イングランドとスコットランドの議会を連合させる交渉の最中、デフォーは非公式な連合支持者としてスコットランド人に近づいた。またジャコバイトにうまく取り入り、彼らの新聞を編集する傍らで本物のメンバーをそうと知られないよう暴露している。

　1719年に『ロビンソン・クルーソー』を発刊した直後、デフォーのスパイ人生は終わりを迎えた。後に『Moll Flanders』（1722）などの作品を著している。

【参照項目】カバー、国内情報

デュガン、ローレンス　(Duggan, Laurence　1905-1948)

　ソビエトのためにスパイ行為をしたとされる国務省職員。同じく国務省職員のノエル・フィールドと親しかったデュガンは、ラテンアメリカ課及び連合国救済復興機関で勤務していた。ソビエト情報通信の解読結果（ヴェノナ）を調査したところ、デュガンが1943年にモスクワへ送信したと思われる、連合軍によるイタリア侵攻計画の報告文書が発見された。

　ホイッテイカー・チェンバースが暴露した共産党員によるスパイ活動について、デュガンは1948年12月11日にFBIの尋問を受けたが、その９日後、オフィスの16階から投身自殺を遂げている。

【参照項目】ノエル・フィールド、ヴェノナ、ホイッテイカー・チェンバース

デュークス、サー・ポール （Dukes, Sir Paul　1889-1967）

　ボルシェビキ革命当時のロシアで諜報活動に携わったイギリス人。

　聖職者の息子として生まれたデュークスはサンクトペテルブルグで音楽を学び、指揮者となることを夢見ていた。しかし 1915 年から、第 1 次世界大戦で英露両国の戦争遂行を調整したイギリス－ロシア委員会で働き始める。

　ボルシェビキが権力を握った 1917 年、デュークスはイギリスへ帰国したが、イギリス情報機関から再びロシアへ戻るよう依頼される。そしてヘルシンキ経由でロシアに入国し、エージェント ST25 としてボルシェビキに潜入した。ロシア語に堪能で変装の名人だったデュークスは、ボルシェビキの秘密警察チェーカの職員を装ったこともあった。また「同志ピオトロフスキー」として共産党の一員にもなっている。

　デュークスは白系ロシア人に接触し、反革命運動に関する情報を入手した。その報告書をイギリスに渡すため、彼は小舟を漕ぎ、イギリスの警備艇が待機するバルト海の会合場所へ向かうこともあった。

　デュークスは大きな危険を冒して 1919 年 9 月までロシアにとどまったが、スパイ網がチェーカによって壊滅させられたためフィンランドに逃れた。その後功績に対してナイトを授爵されている。

　1939 年には再びエージェントになるよう依頼され、今度はチェコ人ビジネスマンの失踪を調査することになった。そのビジネスマンは、ナチスドイツがチェコスロバキアを併合した後に姿を消したという。デュークスは線路上で発見された仕立屋のバラバラ遺体が怪しいとにらみ、それが行方不明のビジネスマンではないかと考えた。そしてドイツ側に掛け合って遺体を墓から掘り起こさせ、その正体を突き止めている。

【参照項目】エージェント、スパイ網

デュケイン・スパイ網 （Duquesne Spy Ring）

　第 2 次世界大戦当時アメリカに存在したスパイ網。ボーア戦争に従軍し、1902 年にバミューダからアメリカへ移住、爆弾に詳しい反英派の冒険者としてイギリス情報機関に目を付けられていた南アフリカ人、フレデリック・J・デュケインが名前の由来である。

　デュケインは 37 歳の時、ドイツのためにイギリスを標的としたスパイ活動を始めた。最初はボーア戦争、次いで両世界大戦を舞台に活動し、1916 年 6 月に巡洋艦ハンプシャーを撃沈したドイツの U ボートに信号を送ったことで名声を得る。犠牲者の中にイギリス陸軍参謀総長のキッチナー卿がいたのである。デュケインがクレメント・ウッドのペンネームで出版した自伝『The Man Who Killed Kitchener』（1932）には、いかにして巡洋艦

に乗り組み、懐中電灯で U ボートに合図を送って魚雷を発射させ、命中する前に脱出したかが記されているが、実は機雷に触れたのが沈没の原因だった。この嘘だらけの本の中で、デュケインはフリッツ・ジュベール・デュケイン、フレデリック・フレデリックス、西オーストラリア騎兵隊のストウトン大尉、そしてピエ・ニアクーなどの変名を使ったと主張している。

　本格的なスパイ活動は 1939 年から始まった。カリフォルニア州サンディエゴのコンソリデーテッド・エアクラフト社で働いていた、当時 40 歳のウィリアム・G・シーボルドは、家族に会うため生まれ故郷のドイツへ戻った。帰郷中、彼は米英に対する諜報活動を担当していたアプヴェーア士官、ニコラウス・A・リッター少佐から勧誘を受ける。だがシーボルドはその足でケルンのアメリカ大使館に赴き、アプヴェーアから勧誘されたことを報告すると共に、二重スパイとして働くことに同意した（彼の経歴は映画『The House on 92nd Street』の基礎となった。「スパイ映画」を参照のこと）。

　帰国したシーボルドは FBI の監督下でドイツ側の指示に従い、デュケイン及びヘルマン・ラングと接触する。ラングは最高機密の爆撃照準機を製作していた L・C・ノルデン社に勤務する人物だった。シーボルドは FBI から秘かに手助けを受けてロングアイランドで短波無線機を組み立て、ほぼ毎日ドイツへ電波を発信した。ちなみに当時、アメリカとドイツはまだ戦争状態になかった。

　FBI はデュケインとシーボルドとの面会を秘かに撮影すると共に、諜報活動と破壊工作の両方を行なうようアプヴェーアから指示を受けていた証拠を大量に入手した。またデュケインがドイツへ送った手紙——ポルトガルやブラジルなど世界各地の便宜的住所が用いられていた——は、スパイ網に属する船員によってヨーロッパへ届けられることもあった。

　FBI はデュケイン・スパイ網を摘発し、さらにドイツのエージェント 32 名を逮捕した。そして日本の真珠湾攻撃から 1 ヵ月と経たない 1942 年 1 月、全員に有罪判決が下され、合計で 300 年以上の禁固と 18,000 ドルの罰金が言い渡される。この摘発は単一のスパイ網としては米国史上最大であり、32 名のうち 2 名が生来のアメリカ人、5 名がドイツ人、25 名がアメリカに帰化した移民だった。

　デュケインに下された判決は禁固 18 年と罰金 2,000 ドルである。デュケインと同棲していた彫刻家兼玩具制作者のイヴリン・クレイトン・ルイスには禁固 1 年と 1 日が言い渡され、スパイ行為がとりわけ重大だと判断されたラングには禁固 18 年の判決が下された。

　他に有罪となったスパイの氏名を以下に記す（括弧内はスパイ行為に関する判決内容）
・親ナチ派の独米連盟メンバー、ポール・ベント（禁固

18 ヵ月及び罰金 1,000 ドル）

- 書店員マックス・ブランク（禁固 18 ヵ月及び罰金 1,000 ドル）
- US ライン社の整備士アルフレド・E・ブロックホフ（禁固 5 年）
- 商船のコック、ハインリヒ・クラウシング（禁固 8 年）
- アメリカ・エクスポート・ラインのチーフ・スチュワード、コンラディン・O・ドルド（禁固 10 年及び罰金 1,000 ドル）
- 出版社ハーパー・アンド・ブラザーズの荷役班長、ルドルフ・エベリング（禁固 5 年及び罰金 1,000 ドル）
- ウェイターのリチャード・アイヘンラーフ（禁固 18 ヵ月及び罰金 1,000 ドル）
- US ライン社のスチュワード、ハインリヒ・C・アイラース（禁固 5 年及び罰金 1,000 ドル）
- 商船乗り組みのコックにしてアメリカにおけるドイツスパイ網の海上部門長、ポール・フェーザ（禁固 15 年）
- フォード・モーターズ社の元ドイツ地区販売責任者、エドムンド・C ハイネ（禁固 2 年及び罰金 5,000 ドル）
- ソーダ水の売り子として働いていた無線技師、フェリクス・ヤーンケ（禁固 20 ヵ月及び罰金 1,000 ドル）
- 発電所や海軍基地を設計したエンジニア、グスタフ・W・ケルカー（禁固 22 ヵ月及び罰金 2,000 ドル）
- 写真家兼石版画家ジョセフ・クライン（禁固 5 年）
- 商船のコック、ハートウィグ・R・クレイス（禁固 8 年）
- ウェイターにしてパン・アメリカン航空のスチュワード、レネ・E・メゼネン（禁固 8 年）
- 工場労働者カール・ルーパー（禁固 2 年）
- 火器発明者エヴェレット・M・レーダー（禁固 16 年）
- ドイツ語書籍店員ポール・A・W・ショルツ（禁固 16 年）
- ジョージ・G・シュー（禁固 18 ヵ月及び罰金 1,000 ドル）
- 商船乗り組みの肉屋アーウィン・W・シーグラー（禁固 10 年）
- 商船乗り組みの理髪師オスカー・R・スタブラー（禁固 5 年）
- 音楽家兼ウェイター、ハインリヒ・ステード（禁固 15 ヵ月及び罰金 1,000 ドル）
- 女性洋品店の店長リリー・バーバラ・キャロラ・スタイン（禁固 10 年）
- 船員フランツ・J・スティグラー（禁固 16 年）
- 船員エリック・シュトルンク（禁固 10 年）
- 商船乗り組みの塗装工レオ・ワーレン（禁固 12 年）
- 船員アドルフ・H・A・ワリシェウスキー（禁固 5 年）

- 駐ニューヨーク・ドイツ領事館の書記エルス・ウェステンフェルド（禁固 5 年。スパイ指揮官リッターの弟と同居していた）
- 独米連盟メンバーのトラック運転手アクセル・ウィーラー＝ヒル（禁固 15 年）
- 歯学部学生バートラム・W・ゼンジンガー（禁固 8 年及び罰金 1,000 ドル）

【参照項目】ウィリアム・G・シーボルド、アプヴェーア、ニコラウス・A・リッター、二重スパイ、ヘルマン・ラング、最高機密、便宜的住所、真珠湾攻撃

デュバーシュタイン、ウォルドー・H

(Dubberstein, Waldo H.　1907-1983)

アメリカの軍事秘密をリビアに売り渡した容疑で起訴された当日、死体で発見された元 CIA 職員。

ベテランのインテリジェンス・オフィサーだったデュバーシュタインは中東を専門にしていた。ルター派の聖職者になるべく学んでいたが、やがて興味の対象を古代文明に移し、シカゴ大学東洋研究所で博士号を取得する。また 1947 年の CIA 設立当時、最初にそこで勤務した分析官の 1 人である。長期間にわたる平穏な勤務生活において、デュバーシュタインは地域専門家兼分析官として働いた。

1970 年に CIA を退職した後は国防情報局（DIA）に移り、またワシントン DC の国防大学で教鞭を執っている。1970 年代、デュバーシュタインはエドウィン・P・ウィルソンと親交を結ぶ。元 CIA 職員のウィルソンは、リビアに兵器や爆弾を密輸したと非難され、またそれらの人々を殺そうと計画したことで有罪になった人物だった。

1983 年 4 月 29 日、デュバーシュタインの遺体が「私に罪はない」と記されたメモと共に発見された。当局の発表によれば、ショットガンで頭部を撃ち抜いたとのことである。遺体が発見されたのは、ヴァージニア州アーリントンにある自宅アパートメントの地下倉庫だった。メモの日付は 4 月 24 日で、26 日にショットガンを購入した記録が残っている。デュバーシュタインとウィルソンは、両者が CIA で勤務していた際に面識があった。ウィルソンはデュバーシュタインに対し、リビアに関する「特別なミッション」に協力するよう頼んだという（ウィルソンは海軍の秘密プロジェクトに従事していた。「タスクフォース」を参照のこと）。デュバーシュタインは 1978 年にリビアを訪れているが、DIA はそれを知らなかったと思われる。だが結局、中東におけるアメリカ軍の戦力に関する情報を 32,000 ドルでリビアに売り渡したとして、アメリカ政府はデュバーシュタインを告発した。リビアは当時ソビエトと緊密な関係を保っており、ソビエトもこの情報を受け取った可能性は高い。

【参照項目】CIA、インテリジェンス・オフィサー、国防

情報局、エドウィン・P・ウィルソン

デュボック （Dubok）

　デッドドロップ、すなわち情報資料や報酬の隠し場所を指すロシアの用語。

【参照項目】デッドドロップ

デリアビン、ペテル・セルゲイエヴィチ

（Deriabin, Peter Sergeyevich　1921-1992）

　1954 年にウィーンで亡命し、後に CIA で勤務した元 KGB 職員。

　シベリア生まれのデリアビンは第 2 次世界大戦中赤軍に所属した。4 度の負傷を経て 1944 年 6 月から 45 年 4 月まで高等軍事防諜学校に所属、軍事防諜担当官として頭角を現わす。シベリアの保安担当官として短期間勤務した後、当時 NKGB と呼ばれていた国家保安人民委員部に転籍する（「NKVD」を参照のこと）。デリアビンは警備局の士官として、クレムリンに所属する制服・私服の保安要員の監督を担当した。

　1952 年 5 月には外国情報を担当する第 2 局のオーストリア・ドイツ課に配属され、翌年 9 月にソビエト使節団の一員として、いまだ連合国の占領下にあったウィーンへ赴く。比較的平穏な 5 ヵ月を過ごした後の 54 年 2 月、デリアビンはアメリカ軍司令部に徒歩で入り、政治亡命を申請した。当時デリアビンは少佐であり、離反したソビエトのインテリジェンス・オフィサーとしては最高位にあった。

　この一見衝動的な決断において、デリアビンは妻と子供を後に残した。CIA はデリアビンを貨物として列車に乗せ、ウィーン周辺のソビエト占領地域を通過させる。その後 5 年にわたって CIA は彼を隠し続け、その間に尋問を行なうと共に CIA へ引き入れた。最も興味深い供述の 1 つに、モスクワでの勤務中に聞いたひと言がある。高級インテリジェンス・オフィサーがフランスの情報機関 SDECE を評して「ポケットの中の売春婦」と呼んだのである。7 年後、SDECE がソビエトのスパイに浸透されているという報告が他の亡命者によってなされた際、この情報が極めて大きな価値を持つことになった。またデリアビンはアナトリー・ゴリツィンを有望な離反者候補として挙げている（ゴリツィンは SDECE への浸透を裏付けた）。

　その後デリアビンは、ソビエトによる諜報活動の歴史と手法に関する権威となる。彼は CIA の講義で教え、国防情報大学で教鞭を執り、また『The Penkovsky Papers』（1965）の刊行にあたっては資料の翻訳を担当した。CIA が秘密裡に制作したこの本は、西側に手を貸したソビエト軍将校としては最高位の、オレグ・ペンコフスキー大佐に関する情報ファイルを基にしている。

　デリアビンはフランク・ギブニーとの共著で自伝『The

Secret World』（1959）を執筆した。他にも『Watchdogs of Terror』（1972）、『The KGB: Masters of the Soviet Union』（1982）、そしてペンコフスキーについて記したジェロルド・L・シェクターとの共著『The Spy Who Saved the World』（1992）がある。

【参照項目】ウィーン、CIA、KGB、防諜、離反者、インテリジェンス・オフィサー、SDECE、アナトリー・ゴリツィン、オレグ・ペンコフスキー

テルピル、フランク・E （Terpil, Frank E.）

　「エドウィン・P・ウィルソン」を参照のこと。

テル・ブラーク、ヤン・ヴィルヘルム

（Ter Braak, Jan Wilhelm　1914-1941）

　第 2 次世界大戦中、ドイツの命を受けてイギリスへ潜入し、ダブルクロス・システムによる拘束あるいは転向を免れた唯一のスパイとされる人物。しかし 5 ヵ月間にわたってイギリス国内で自由に行動したものの、何の成果も挙げられなかった。

　イギリス潜入時の年齢は 27 歳と考えられており、素性や国籍は知られていない。1940 年 11 月 3 日、オランダ人テル・ブラークの名前が記された身分証を持って、ケンブリッジ近郊のバッキンガムシャー州ハーバーシャムにパラシュートで降下する。その後ケンブリッジで下宿を見つけ、周囲には 1940 年夏にダンケルクから救出されたのだと主張した。また自分はロンドンのオランダ系新聞社で働いているとも語った。だが偽造身分証は極めて不出来で、すぐに疑惑の目が向けられたものの、捜査が行なわれることはなかった。

　テル・ブラークは毎日のように日帰り旅行を重ね、時には軍の飛行場を観察しているが、ドイツに何らかの報告を行なった形跡はない。発見された無線機も未使用の状態だった。

　やがて資金が尽きる。そして 1941 年 4 月 1 日、ケンブリッジの防空壕でテル・ブラークの自殺体が見つかった。こめかみに銃弾の穴が穿たれていたという。

　（他にも 2 名がイギリスにパラシュートで潜入し、拘束を逃れてドイツへ帰還したとされているものの、それを裏付ける証拠は存在しない）

【参照項目】ダブルクロス・システム

テルミン、レフ・S （Theremin, Lev S.　1896-1993）

　盗聴器の開発を担当したロシアの発明家。モスクワのアメリカ大使館にある国章に隠され、1960 年にヘンリー・カボット・ロッジが国連で存在を暴露した盗聴装置も、テルミンが作り上げたものである。

　テルミンは 1917 年のロシア革命後にアメリカを訪れている。その後自らの名を冠した電子楽器を発明、29 年にアメリカの特許を取得した。だが 38 年、ソビエトの

インテリジェンス・オフィサーによってニューヨークの
アパートメントから拉致され、ソビエトへ連行される。
労働収容所に入れられたテルミンは、秘密集音装置、す
なわち盗聴器を開発した。中でも有名なのが、1952年に
アメリカ大使館へ贈られた国章から発見された装置であ
る。

この盗聴器は内部に電源を持たず、従って配線もな
い。その仕組みだが、まず大使館の近くに駐めたバンの
中から極超短波の信号が発信される。すると装置内部の
ダイアフラムが音声を受け、受信した信号を変調した上
で跳ね返すのである。

テルミンが発明した奇妙な楽器は『The Day the Earth
Stood Still（邦題・地球の静止する日）』（1951）などの
SF映画で用いられている。またレッド・ツェッペリン
などのロックバンドもテルミンを愛用した。

【参照項目】盗聴／盗聴装置

テレクリプトン　(Telekrypton)

第2次世界大戦中にアメリカの電信会社ウェスタン・
ユニオンが開発し、英国保安調整局（BSC）が用いた大
陸間無線通信システム。

【参照項目】英国保安調整局

テレビ　(Television)

現実のスパイ活動がアメリカのテレビに登場したの
は、共産主義に対する議会の公聴会が放送された1950
年代のことである。この時視聴者は、映し出されている
のが本来非公開の行政手続きであることを知らなかっ
た。

そして2003年、ジョセフ・マッカーシー率いる上院
政府活動調査常設小委員会——1950年代に行なわれた
マッカーシーによる公聴会——の議事録が公開されたこ
とで、新たな事実が明らかになる（上院の調査記録は
50年間非公開とされる）。5巻から成るこの議事録は、
マッカーシー公聴会関連の公開文書の中で最大のものだ
った。

議事録によれば、ウィスコンシン州選出の共和党議員
で、その執拗な攻撃から「マッカーシズム」という言葉
を生み出す元となったマッカーシーは、尋問をテレビで
放送させるか否かを判断するため、証人に対する一種の
オーディションを行なっていたという。そして自らのイ
メージアップに貢献しない者、あるいは国家反逆や共産
主義者の陰謀という自らの仮説に役立たない者は無視さ
れた。

自国でスパイ活動がなされている現実を数百万のアメ
リカ人に突きつけたテレビのワンシーンは、すぐさま有
名になった。上下院の議員が演壇の前に座り、証人は右
手を上げて真実を語ると宣誓する。その姿をクリーグ灯
が明々と照らしている。スパイが登場することはほとん

どなかったが、視聴者はFBIの覆面捜査官からスパイ
技術について知ることができた。1954年、陸軍内部の共
産党スパイを捜していたマッカーシーは、テレビの短い
歴史において最多の視聴者を惹きつけた。やがてマッカ
ーシーは表舞台から姿を消すものの、議会のテレビ放送
は続けられた。公聴会を通じたスパイ狩りは1960年代
に入っても行なわれたが、その後ウォーターゲート事件
とそれに関わった「鉛管工」たちが再び視聴者を惹きつ
けることになる。

議会で証言を行なったFBI覆面捜査官の1人、ハー
バート・A・フィルブリックは、視聴者を本物の「秘密
の世界」から、フィクションが事実に勝るテレビの世界
へと導いた。覆面捜査の過程でアメリカ共産党幹部にま
で登り詰めたフィルブリックは、ベストセラー『I Led
Three Lives』（1952）を執筆しているが、この本は同名
のテレビシリーズとなった。FBIが共産党へいかに浸透
したかを克明に描いたこのドラマでは、俳優のリチャー
ド・カールソンがフィルブリックに扮し、覆面捜査官、
共産党の内通者、そして秘密の生活を送っているなど余
人には想像もできない普通のアメリカ人という、3つの
生活を演じきった。

映画制作者同様、テレビのプロデューサーも初期の段
階からドラマの題材としてスパイに惹きつけられてき
た。その結果、ジョン・ウォーカーやロバート・ハンセ
ンといった実在のスパイがテレビドラマのモデルになっ
ている。しかしテレビという狭い枠の中、スパイドラマ
はスパイ映画以上に荒唐無稽な場合がほとんどである。
プロデューサーの中には、スパイ活動を笑いものにする
という、しごく簡単な——そしてユーモラスな——方法
をとった者もいる。『Get Smart（邦題・それ行けスマー
ト）』におけるマクスウェル・スマートの馬鹿げた行為
の数々は、秘密の世界を笑いに変えるテレビドラマの典
型と言えよう。

スパイドラマにおける真実は、シチュエーションコメ
ディにおける社会的リアリティ同様希にしか見られな
い。1950年代初頭にハリウッドの映画関係者が作成した
ドラマの1つに『A Man Called X』がある。そのプロ
モーション資料によると、このドラマは当時ほとんど情
報がなかった謎の政府組織、CIAにまつわる実際の事件
を基にしているという。

アメリカ情報庁（USIA）は、親米的な情報を世界中
に拡散させる政府運営のラジオ局としてボイス・オブ・
アメリカを設立した。第3世界諸国が1950年代にテレ
ビ放送を始めた際、USIAもこの媒体に参加し、これら
の国々に無料で映画を提供した。またUSIAが用意した
映画は、キングフィッシュというコードネームのプログ
ラムを通じて、アメリカニュース映画の外国語版に組み
入れられている。CIAもフォックスやMGMに支援金を
与え、それと引き換えにUSIAの映画を挿入させた。

アメリカのテレビ業界はこうした現実世界の情報活動を、カウボーイとインディアン、あるいは警官と強盗が登場する冒険作品に取り入れている。この時代を記した著書『Tube of Plenty』(1990) の中で、ラジオ・テレビ史家のエリック・バーノウはこう述べている。「最新のトピックを取り入れたスパイフィクションが氾濫するようになったが、それは（実際の秘密工作活動を）理論的に説明し、アメリカ人がこの概念に慣れる結果をもたらした。そうしたテレビ番組として『The Man from U.N.C.L.E.（邦題・0011 ナポレオン・ソロ）』『The Girl from U.N.C.L.E.(邦題・0022 アンクルの女)』『Get Smart』『I Spy』『The Man Who Never Was』『Mission Impossible（邦題・スパイ大作戦）』及びその他多数——愛すべきものもあればウィットに富んだものもあり、メロドラマ的なものもある——が挙げられる」『Mission Impossible（邦題・スパイ大作戦）』はアメリカのスパイドラマとして最も成功を収めた作品の 1 つである。そのメッセージ——アメリカの秘密工作担当者に不可能はない——は、本作を輸入した第 3 世界諸国で真実と見なされていたことの反映である。

各国からの抗議を防ぐため、制作者は架空の国で任務を行なわせた。舞台は第 3 世界あるいはソビエトらしき国家に設定されており、外国語のようだが解読可能な看板や標識——Alarilm, Ddnjer, Elevaten, Entrat Verbaten——が現われる。そして邪悪な意図を持つ悪役は当然の報い——罠、裏切り、時には死（死ぬのは常に同国人の腕の中で、アメリカ人の腕の中で死ぬことはない）——を受けることになる。

作品の冒頭には現実世界における『表向きの否認』に似たメッセージが組み入れられた。正体不明のテープの声が「不可能作戦部隊（IMF）」のリーダーにこう告げる。「例によって、君、もしくは君のメンバーが捕えられ、あるいは殺されても、当局は一切関知しないからそのつもりで。このテープは 5 秒後に消滅する……それでは成功を祈る」

ジム・フェルプス（演・ピーター・グレイヴス）が第 2 シーズンから IMF のリーダーを務めた。IMF のメンバーには、優秀な黒人エンジニアで数々の道具を発明するバーニー・コリアー（演・グレッグ・モリス）、悪役に色仕掛けで迫るシナモン・カーター（演・バーバラ・ベイン）、変装の名人ローラン・ハンド（演・マーティン・ランドー）、そして運び屋の場合もあれば、敵組織の護衛に扮装することもある怪力のウィリー・アーミテージ（演・ピーター・ルーパス）がいる。またレナード・ニモイやアン・ウォーレンも IMF のメンバーを演じた。アメリカでは 1966 年 9 月から 73 年 3 月まで CBS で放送され、88 年から 89 年にかけてリメイク版が ABC で放送された（訳注：日本ではオリジナル版が 1967 年 4 月から 73 年 9 月にかけて、リメイク版が『新スパイ大作

戦』として 91 年 3 月から 10 月にかけて放映された）。さらに 96 年にはトム・クルーズ主演で映画化され、より荒唐無稽なストーリーが繰り広げられている。

1960 年代に放送された人気ドラマ『Get Smart』は、現代の情報活動をアメリカ風に茶化した作品である。ドン・アダムス演じるマクスウェル・スマートは失敗ばかりのドジなスパイだが、エージェント 99 号（演・バーバラ・フェルドン）が現われてさらなる窮地から彼を救い出す。靴底に仕掛けられた無線電話機が最も有名な小道具で、任務でヘマをしたときには「ああ、やっちゃった！」が決まり文句だった。マクスウェル・スマートは「コントロール」という組織に属しており、そのチーフ（演・エドワード・プラット）も「コントローラー」という名前以外は謎の存在である。世界を股にかける敵役として秘密結社ケイオスがあるものの、その目的はコントロール相手に毎週いたずらを仕掛けるだけのようである。

この時代に『Get Smart』と同じ人気を誇ったスパイフィクションが他にも 2 作ある。『I Spy』では、ビル・コスビーがテレビ界初となる黒人の主人公を演じた。ロバート・カルプがテニスプレイヤーのケリー・ロビンソン、コスビーがトレーナーのアレキサンダー・スコットを演じ、世界を転戦しつつ任務を遂行するという筋書きである（現実世界では、KGB がスポーツ選手団をカバーとして活用した）。

この作品では、アジア人やアフリカ人の反共活動を助ける 2 人の活躍が描かれている。一説には、CIA の力と博愛精神を印象づけるため、CIA が『I Spy』の輸出を支援したと伝えられている。

『The Man from U.N.C.L.E.』では、「法執行のための国際ネットワーク司令部」の下で活動するクールで洗練されたエージェント、ソロを、ロバート・ヴォーンが颯爽と演じた。この国際組織は現実の国際連合と同じくスパイの巣窟だった。またイリヤ・クリヤキン（演・デヴィッド・マッカラム）がソロの相棒を務め、アレキサンダー・ウェーヴァリー（演・レオ・G・キャロル）が司令部を率いている。

短命に終わったスピンオフ作品の『The Girl from U.N.C.L.E.』(1966 ～ 67) に目を転じると、ステファニー・パワーズが主人公エイプリル・ダンサーを演じている。また後に制作されたロマンスコメディー風のスパイスリラー『Scarecrow and Mrs. King』では、アメリカ情報機関に所属する「スケアクロウ」ことリー・ステットソン（演・ブルース・ボックスライトナー）と偶然のきっかけから関わり合うようになるシングルマザー、アマンダ・キングをケイト・ジャクソンが演じた。

エフレム・ジンバリスト・ジュニアがアースキン捜査官を演じた長寿シリーズ『THE F.B.I.（邦題・FBI アメリカ連邦警察）』は、1965 年に ABC で放送が始まった。オ

ープニングでは毎回FBIの紋章が映し出されるが、これはJ・エドガー・フーヴァーFBI長官から許可を得たものであり、全ての原稿はFBIの校閲を受け、また捜査官を演じるのはFBIの許しを得た俳優に限られた。フーヴァーはFBIの防諜能力を折に触れて自慢していたが、テレビの捜査官たちはスパイよりも強盗を追いかけることのほうが多かった。1990年代に入ると、奇妙な未解決事件が収められていると思しきFBIのファイルから名付けられた『The X-Files（邦題・Xファイル）』が制作されている。この作品は当然FBIの許可を得たものではなく、相手は地球外のエージェントであり、地球人のエージェントは実際のFBIに任せている。

21世紀初頭のスパイドラマはファンタジーと現実の間をさまよっている。『She Spies（邦題・シースパイズ）』では3人の美しい悪人が刑務所から解放され、政府の秘密機関のために働く限り自由の身だと告げられる。しかしストーリーの中心は諜報活動でなく彼女らの肉体に置かれていた。CIAとの協力で制作された『The Agency（邦題・CIA：ザ・エージェンシー）』は作戦を現実的に描写している。『24-TWENTY FOUR』もある組織の活動を描いているが、24時間のストーリーを1シーズンで進行させるのが特徴である。

2000年、CIAは同局の博物館で特別展示を行なうことにより、テレビのスパイたちを顕彰した。展示物の中にはマクスウェル・スマートの靴底電話機や、『Avengers』でパトリック・マクニーが被った山高帽、ダイアナ・リッグがはいた革のズボンがあった。また『The Man from U.N.C.L.E.』で用いられた銃や銀色のペン型通信機も展示された。

イギリスのスパイフィクション

イギリスはジェームズ・ボンドシリーズをはじめ、『Danger Man（アメリカでのタイトルはSecret Agent）』『The Saint（邦題・セイント　天国野郎）』そしてMI5をモチーフにした『The Avengers』といったスパイフィクションを生み出している。レスリー・チャータリスが1930年代に著した書籍を原作とする『The Saint』は1962年から放送され、後にジェームズ・ボンドとなるロジャー・ムーアが「セイント」ことサイモン・テンプラーを演じた。普段は犯罪を解決する探偵だが、時に諜報活動の世界へも足を踏み入れるのである。

『Danger Man（邦題・秘密諜報員ジョン・ドレイク）』では、第3世界で活動する勤勉な秘密諜報員をパトリック・マッグーハンが演じた。またジョニー・リヴァースによる主題歌『Secret Agent Man』も大ヒットとなっている。マッグーハンは後のドラマ『The Prisoner（邦題・プリズナーNo.6）』で、情報機関から身を引こうとするも、謎の場所に誘拐されるインテリジェンス・オフィサーを演じ、スパイパロディーからシュールレアリズ

ムに重点を移した。その場所では、退職した工作員が機密保持のために暮らすことを余儀なくされており、そこからの脱出を試みるも、いつもあと一歩のところで失敗する。『The Prisoner』の舞台はウェールズのポルトマイリオンに位置する、ある奇妙な「村落」だった。

1962年に放送を開始した『The Avengers（邦題・おしゃれ㊙探偵）』は次のナレーションから始まる。「国家に対する並外れた犯罪は、並外れたエージェントによって復讐されなければならない」――つまりボンドシリーズにおける「殺しのライセンス」の一種である。主な登場人物はジョン・スティード（演・パトリック・マクニー）と女性アシスタントで、後者は何人かの女優が演じているが、中でも人気だったのがダイアナ・リグである。リグはオナー・ブラックマン演じるキャシー・ゲイルの後任として、エマ・ピールの役名で登場した。残されたメモには、ゲイルの後任は「男性を惹きつける魅力を持っていること」と記されていた。なお、このコメディードラマでリアリズムは希薄である（ダイアナ・リグはイギリス舞台界の第1人者となり、アメリカの人気番組『Mystery!』でホステス役を務めている）。

シリーズものと違い、イギリスの単発スパイドラマには「秘密の世界」への敬意が見て取れる。中でもそれが顕著なのは、ジョン・ル・カレ著『Tinker, Tailor, Soldier, Spy（邦題・ティンカー、テイラー、ソルジャー、スパイ）』（1979）と『Smiley's People（邦題・スマイリーと仲間たち）』（1982）を基に制作された同名のドラマであり、いずれも数本のエピソードに分けて放送された。両作品ともサー・アレック・ギネスがジョージ・スマイリーを演じ、ル・カレをして「（ギネスは）この人物を私から奪い去った」と言わしめるほどの演技を見せた。

ドラマ化されたもう1つの偉大なスパイ叙事詩として『Reilly, Ace of Spies（邦題・スパイ・エース）』（1983）が挙げられる。このドラマは「現代史上最も偉大なスパイ」と称されるシドニー・ライリーの息もつかせぬ冒険譚がモチーフになっている。12話から成るこのドラマではサム・ニールがライリーを演じ、1985年にはアメリカの公共放送局でも放映された。ストーリーは20世紀初頭の雰囲気だけでなく、伝説的存在であることを自覚していたライリーの性格をよく捉えている。

1978年から80年にかけて全20エピソードが放映された『The Sandbaggers（邦題・ザ・サンドバッガーズ）』は、イギリス情報機関のエリート秘密工作部門に焦点を当てている。秘密工作の大半にサンドバッガーズのリーダー、ニール・バーンサイド（演・ロイ・マーズデン）が関わり、上司と摩擦を繰り返す。彼らはバーンサイドに十分な資源を与えず、冷戦で勝利を収めるよりも首相に取り入ることのほうが大切だと考えていた。そのためバーンサイドたちは、自力で冷戦を戦わねばならなかっ

たのである。アメリカにも輸入された本作はカルト的な人気を誇り、ファンクラブやウェブサイトが作られるほどだった。

冷戦の終結に伴い、米英ではスパイフィクションというジャンルも終焉を迎えた。そのエピローグとなったのが、1991年に製作された4部構成のドラマ『Sleepers』である。本作は1960年代にイギリスへ送られたソビエトのスリーパー2名に焦点を当てていた。冷戦が終わりを迎える中、2人は帰国を命じられる。しかしいずれも新たな生活を始めており、ロシアへの帰還を望んでいなかったのである。

【参照項目】FBI、スパイ技術、ウォーターゲート事件、鉛管工、秘密の世界、ジョン・ウォーカー、ロバート・ハンセン、マクスウェル・スマート、CIA、コードネーム、秘密工作活動、表向きの否認、KGB、カバー、ナポレオン・ソロ、国際連合、J・エドガー・フーヴァー、防諜、博物館、ジェームズ・ボンド、MI5、インテリジェンス・オフィサー、ジョン・ル・カレ、ジョージ・スマイリー、シドニー・ライリー、インターネット、スリーパー

テロリスト情報 (Terrorist Intelligence)

政治的・社会的な目的でターゲット（通常は民間人）への暴力行為を企む組織または個人について集められた情報のこと。アメリカにおいては、2001年9月11日に発生した世界貿易センタービル及びペンタゴンに対する同時多発テロ以降、この種の情報活動が国家の最優先事項とされている。

同時多発テロにより、アメリカの情報機関は対テロ作戦に莫大な量の資源を移した。かくして、長年にわたってテロ行為と戦っている諸国にアメリカも加わった。イギリス政府はアイルランド共和軍（IRA）と、イスラエル政府はハマスのテロリストと、イタリア政府は赤い旅団と、ロシア政府はチェチェンの反乱軍と、そしてフィリピン政府は、9/11テロを実行したアルカイダと関係していると思しきゲリラ組織と戦い続けてきたのである。テロ行為が世界各地で頻発している事実は、テロ情報の交換と容疑者の刑事訴追において、より高度な国際的協力を生み出す結果になった。

アメリカのジョージ・テネット中央情報長官（在任期間1997〜2004）は、アルカイダの活動範囲が広がりつつある現状に触れる中で、「ネットワークは大規模で順応性に富んでいる。アルカイダに代表されるテロリストのネットワークを解明し、壊滅に追い込むには、数年に及ぶ不断の努力を必要とするだろう」と述べ、アルカイダの高度な生物兵器開発能力を強調した。

テロリスト情報活動の複雑さは、1999年にマレーシアで行なわれたアルカイダ幹部の会合をCIAがいかに扱ったかでもわかる。CIAはこの会合を監視した後、幹部

2名がアメリカへ入国していたことを突き止めた。しかしCIAには国内情報部門がなく、この2人をアメリカ政府の要注意リストに加え、アメリカへの入国を禁じるよう求めたのもようやく2001年8月になってからだった。ところがこの2人こそ、同時多発テロの実行犯だったのである。

議会はテロリストを対象とした監視活動の改善を求める中で、テロ情報に特化した新機関の設置を提案するも、FBIとCIAのロビー活動によって撤回している。しかし新設された国土安全保障省にテロリスト警戒統合センターが設けられ、FBIの対テロ課、CIAの対テロリズム本部、そして国防総省による対テロ活動を包含した（「国土安全保障」を参照のこと）。国土安全保障省によると、このセンターは「テロリズムに関する全ての情報を統合・分析」し、「外国情報と国内情報を分析する際の『裂け目』をふさぐ」ことを目的としている。

【参照項目】ターゲット、中央情報長官、ジョージ・テネット、CIA、FBI

電気暗号機 (Electric Cipher Machine〔ECM〕)

「シガバ」を参照のこと。

電子光学情報 (Electro-Optical Intelligence〔ELECTRO-OPINT〕)

紫外線（波長0.01マイクロメートル）から遠赤外線（波長1,000マイクロメートル）までの電磁スペクトルを光学的に観測することで得られる情報。

【参照項目】信号情報

電子情報 (Electronic Intelligence〔ELINT〕)

電磁放射（電磁波）から得られる情報。ただし無線通信は除く。主な情報源としてレーダー波の放射がある。

ELINT収集には水上艦艇、情報収集艦、潜水艦、及び特殊設備の航空機が用いられる。そうした航空機としてA3Dスカイウォーリア、C-121コンステレーション、C-135ストラトリフター、P2Vネプチューン、P3Vオライオン、P4M-1Qマーケーターが挙げられる。

【参照項目】情報収集艦、A3Dスカイウォーリア、C-121コンステレーション、C-135ストラトリフター、P2Vネプチューン、P3Vオライオン、P4M-1Qマーケーター

電子戦 (Electronic Warfare〔EW〕)

敵が用いる電磁放射（電磁波）の探知・位置特定・活用・妨害・予防を図るための行動、及び自身の電磁放射能力を維持する行動全般を指す用語。電子戦には以下に示す要素がある。

対電子対抗手段（ECCM）
電子対抗手段（ECM）
電子的監視手段（ESM）

信号情報（SIGINT）

「測定・サイン情報（MASINT）」も参照のこと。
【参照項目】対電子対抗手段、電子対抗手段、電子的監視手段、信号情報

電子対抗手段 (Electronic Coutermeasures〔ECM〕)

　友軍に対する敵の脅威を探知し、敵の兵器やセンサーの能力を妨害、あるいは弱めるために用いられる手段。一例を挙げると、ECM装置は敵のレーダーに対し、ジャミングや欺瞞を通じて干渉しようとする。つまりチャフ（アルミ箔の帯）を空中に散布して敵のレーダーと自機との間で空気の電気的特性を変化させたり、レーダー波を吸収する素材や塗料、あるいは電子的・機械的な増幅装置によって自機の反射特性を変化させたりするのである。

　水上艦艇、潜水艦、軍用機の大部分にはECM装置が搭載され、敵による探知・攻撃を防ぐ一助としている。加えて、警戒厳重な地域に潜入する他の飛行機を支援するため、ECMに特化した航空機も存在する。アメリカの代表的なECM機としてEF-111AレイヴンやEA-6Bプラウラーが挙げられる。

　ECM装置の設計には敵の電子戦システムに関する広範囲な技術情報が必要とされる。
【参照項目】潜水艦、技術情報

電子的監視 (Electronic Surveillance)

　レーダーや無線通信といった電磁放射（電磁波）を探知・傍受・位置特定・記録・分析すること。電子的監視は通常受動的であり、無線もしくはレーダー波の放射に「耳を傾ける」ことで敵軍（艦船や航空機を含む）の存在を探知している。

電子的監視手段 (Electronic Surveillance Measures〔ESM〕)

　レーダーや無線通信といった電磁放射（電磁波）を探知・傍受・位置特定・記録・分析するための装備または手段。ESMは電子対抗手段（ECM）や対電子対抗手段（ECCM）に必要な技術情報をもたらす。

　ESMシステムは地上局や特殊車両、水上艦艇、情報収集艦、潜水艦、航空機に装備される（「電子情報」を参照のこと）。
【参照項目】電子対抗手段、対電子対抗手段、情報収集艦、潜水艦、航空機

電子保安 (Electronic Security)

　外国勢力による電磁放射（電磁波）を探知・識別・評価・特定すること。防諜作戦においては、外国のエージェントから大使館及び諸外国に発信された電波通信を探知することを意味する。

電子保安活動によって摘発されたイスラエルのスパイ「エリアフ・コーエン」、及び「ラフター作戦」を参照のこと。

伝書鳩 (Pigeon Post)

　優れた帰巣本能を持つ鳩は、聖書の時代以来メッセージ——時にはスパイが得た情報——の伝達に用いられた。オリンピックを観戦できなかったギリシャ人は、伝書鳩によって同胞の勝利を知っている。またバグダッドのスルタンは1150年に伝書鳩の制度を設けて帝国各地の連絡に活用した。

　普仏戦争当時の1870年から71年にかけてパリが包囲された際、市民は鳩を木箱に入れた上で、市外に展開する友軍に気球で届けた。これらの鳩はプロイセン軍の包囲線を越え、メッセージと共に市民のもとへ戻ってきた。その際、1羽の鳩でもマイクロドット化された多数のメッセージを運ぶことができた。20世紀初頭になると、ドイツ人写真家のユリウス・ノイブロンナーが重量約70グラムのカメラを鳩に括りつけ、偵察目的にも使えることを実証しようと試みた。カメラには自動タイマーが備えられており、30秒ごとにシャッターが切られるようになっていた。

　第1次世界大戦中、伝書鳩は連合軍の各塹壕を結んだ。偵察用の気球に鳩を乗せ、そこから地上にメッセージを届けるのである。イギリス陸軍の野戦情報部も通信手段として伝書鳩を活用した。鳩の英雄「シェール・アミ」が運んだメッセージにより、アメリカ軍の「失われた大隊」が救われたという出来事もあった。シェール・アミは傷を負いながらも40キロメートルの距離を25分で飛び、その功績によりフランスの柏葉戦功十字章を授与されている。死後は剥製にされ、ワシントンDCのスミソニアン博物館で展示された。

　イギリス保安部（MI5）に所属するエージェントは、ベルギー、オランダ西部、そしてバルカン半島において、ドイツ軍が伝書鳩用に使っている鳩小屋のリストを作り上げた。イギリスの情報関係資料には、少なくとも2羽の伝書鳩が捕獲されたと記されている。またあるインテリジェンス・オフィサーは報告書の中で次のように述べている。「いずれの鳩も、現在は捕虜としてイギリスの鳩と繁殖に精を出している」伝書鳩計画は、熱心な鳩愛好家として知られるハインリヒ・ヒムラーSS長官の発案によるものらしい。

　フランスのレジスタンス網は、イギリス空軍がパラシュートで籠ごと降下させた伝書鳩にカプセルを括りつけ、様々な情報をイギリスに送った。空飛ぶスパイの存在に気づいたドイツ軍は、射撃の名手や鷹を使ってこれらの鳩から翼をもごうとしている。

　第2次世界大戦になると、イタリアのある都市を占領したイギリス軍はGIジョーと名付けた鳩を使って本

タ行

1918年、フランス北部に展開するイギリス軍の戦車から解き放たれる伝書鳩。伝書鳩は第2次世界大戦を通じて用いられたが、より高速で信頼性の高い無線通信によって置き換えられた。（出典：帝国戦争博物館）

国に報告した。そして、その都市が爆撃されようとしているというメッセージが、まさに爆撃直前に届けられた。その功績により、GIジョーはイギリス動物愛護協会からディッキン勲章を授与されている。また北海上空を770キロメートルも飛び続け、デンマークのレジスタンス組織からイギリスにメッセージを届けたマーキュリーという鳩にも同じ勲章が授与された。

　1950年代、砂漠地帯のアラブ軍施設を探すイスラエル陸軍の偵察部隊には、電子追跡装置を取り付けた鳩が配備されていた。それらの鳩は空腹になるのを待って解き放たれた。つまり、アラブ軍のキャンプの近くに食糧があると仮定していたのだ。鳩の追跡は電子的に行なわれ、イスラエル軍はアラブ軍の施設と思しき場所を見事突き止めている。

　1870年代のインディアン戦争中に設けられたアメリカ陸軍の伝書鳩部門は1957年に廃止され、最後まで残った鳩は動物園や鳩愛好家に払い下げられた。

【参照項目】気球、偵察、インテリジェンス・オフィサー、SS、ハインリヒ・ヒムラー

テンペスト計画 (Tempest)

　音響通信あるいは電気通信に関する調査研究を指すコードネーム。テンペスト計画では「敵を利する発信」、すなわち傍受・分析されると敵に機密情報を与えかねない情報関連信号の意図せざる発信を防ぐことが目的とされた。テンペストは音響通信と電気通信の両方を対象としているものの、その大半はコンピュータのキーボードや電気式タイプライターによる電気信号だった。
「コンピュータを用いた諜報活動」も参照のこと。

【参照項目】コードネーム

ドイツ (Germany)

　19世紀中盤に至るまでヨーロッパ大陸は騒乱のるつぼだった。当時、カール・マルクスはすでに共産党宣言を刊行しており、フランスでは「人民の王」ルイ・フィリップが革命家によって王座から引きずり下ろされている。ロシア皇帝も次は我が身と恐れをなし、ドイツ諸侯は統一問題で紛糾を続けていた。プロイセンはこれらドイツの各小国をヨーロッパ随一の軍事勢力とすべく、オーストリアとの戦争準備に入る。そしてドイツ統合を実現するため、強力な陸軍──及び優秀なスパイ組織──を作り上げた。

　プロイセンはヨーロッパ大陸の他の諸国家に先んじて近代的な諜報活動を始めている。恒久的な参謀本部を初めて設置すると共に、恒久的な諜報組織をも作り上げたのだ。参謀本部の絶え間ない作戦立案は、近代的な軍事情報の必要性を明らかにした。つまり戦場のみならず一国全体──鉄道網、兵器庫、戦争計画、そして兵器生産──に関する情報が求められたのである。

　仮想敵国の鉄道に関する情報があれば、軍隊動員の兆候と速度についてのデータがもたらされる。また武器生産に関する情報は、戦場で用いられる兵器の数と質に転換可能である。参謀本部が1816年に宣言したように、プロイセンは「我が国はじめヨーロッパ諸国の軍事問題に関する最も正確な情報」を有していなければならないのである。

　プロイセンは参謀本部制度以外にも、文官が運営する恒久的な情報機関の設置を進めていた。創設者の名前はヴィルヘルム・シュティーバーといい、はじめは囮として過激派や社会主義者を見つけ出し、後にスパイマスターとしてヨーロッパ最大のスパイ網を監督した人物である（シュティーバーはロンドンでマルクスを監視する任

務に就いたこともある）。ヘルムート・フォン・モルトケ参謀総長がオーストリアの戦争計画に関する情報を集めるべく 1866 年に臨時情報局を設置して、来るべき対オーストリア戦争に備える一方、シュティーバーは中央情報局を組織してオーストリアを標的とした諜報活動に従事すると共に、プロイセン陸軍の防諜部隊、戦場保安警察の組織にもあたっている。

モルトケ配下の主要なエージェントはアウグスト・シュルーガ男爵だった。ハンガリー生まれの若きオーストリア人だったシュルーガは、オーストリア軍の戦力組成に関する情報をモルトケにもたらしている。オーストリア軍の元士官でもある彼はウィーンを拠点とし、ジャーナリストを装って情報を入手した。モルトケはこうした軍事情報と、シュティーバーのスパイからもたらされた政治情報を活用しつつ 7 週間でオーストリア軍を撃破、恒久的な情報局の設置を断乎として支持するようになった。

シュティーバーの次なるターゲットはフランスだった。そのために売春婦を含む数千名のスパイを雇っているが、脅迫や情報入手のために性を使うことはシュティーバーの常套手段だった。

プロイセン宰相のオットー・フォン・ビスマルクは偽情報を活用し、ドイツ人にはフランスが自国の主権を脅かしていると納得させ、フランス人には国王ヴィルヘルム 1 世が駐プロイセン・フランス大使を侮辱したと思わせることで、1870 年にフランスを戦争へと引きずり込んだ（エムス電報事件）。ビスマルクの目論見通り、対仏戦争では他のドイツ諸国もプロイセンの側に立ち、ヨーロッパ最強の軍隊を持つ統一ドイツが生まれた。モルトケは普仏戦争（1870 ～ 71）において戦略家としての天分を見せつけたが、それはシュティーバーがもたらした情報によるところが大きかった。しかし将軍というのは戦争に勝ったのは自分だと信じ込むのが普通なので、モルトケの勝利を記録した書物にシュティーバーと彼のスパイたちは登場していない。

【参照項目】軍事情報、ヴィルヘルム・シュティーバー、囮、傍聴、アウグスト・シュルーガ、戦闘序列、政治情報、性、偽情報

第 1 次世界大戦

モルトケの情報部は第 3 補給本部 b 課となったものの、当時の参謀本部には多数の部署が乱立していたことから、単純にⅢ b と呼ばれた。オーストリア軍の戦力組成をモルトケに知らせたシュルーガは「エージェント 17」となって、Ⅲ b がスパイを置いていた都市の 1 つ、パリで活動した。またエキゾチックなダンサー、マタ・ハリもⅢ b 配下のスパイだった。彼女はドイツでスパイとしての訓練を受け、フランスに派遣されていたのである。しかし秘密を入手することはなく、結局はフラ

ス政府によって処刑された。マタ・ハリの名声は事実ではなく、伝説に基づいたものである。

ドイツ人スパイの最長老となっていたシュルーガは、情報源や収集方法を上司にも秘密にしていた。その最大の成果は、第 1 次世界大戦直前にフランス軍の動員計画文書の写しを手に入れたことである。1914 年に始まった世界大戦はスパイ活動の新たな時代を招来した。すなわち一瞬のうちに行なわれる通信情報活動である。

アメリカの参戦を予想したドイツは大胆に行動する。1917 年の時点でⅢ b はアメリカを含む同盟国に 330 名のエージェントを配しており、スパイ活動ではなく破壊工作を主な任務にしていた。

戦争初期のある時、東プロイセンのケーニヒスベルクにあるドイツの無線局が、平文のまま送信されたロシア軍の通信を傍受する。無線技術は当時導入されたばかりで、傍受されるという発想自体がなかった。しかしドイツ軍はロシア軍の計画をつなぎ合わせ、タンネンベルクの戦いでほぼ全滅に追い込んだ。情報史家のデイヴィッド・カーンは著書『Hitler's Spies』（1978）の中で、この戦いは「敗北する最初の大きなきっかけをロシア軍にもたらした。さらに、全く新しい形の情報活動にドイツの目を開かせた」と述べている。

イギリス、アメリカ、フランスの各軍も西部戦線において、無線通信及び塹壕での電話通信に付随する長所と短所を突き止めていた。また東部戦線では、ドイツの傍受網がロシア軍の撃退に大きな役割を果たしている。だが通信を暗号化するドイツの技能は、それを解読するフランスの技能に敵わなかった。その一方で、フランスによる航空偵察の成果は、航空写真を撮影・分析するドイツ側の能力によって打ち消されている。

ドイツ帝国海軍の情報部も通信情報活動を行なっており、24 の傍受局ならびに高周波（短波）方向探知局を海岸沿いに設置していた。情報の分析には軍事警察部と外国海軍部があたった。また陸軍の情報部でも外国陸軍課が連合軍の戦略を分析し、1916 年夏のソンム攻勢を正しく予想している。

消耗戦、泥だらけの塹壕、機関銃、そして毒ガスが支配したこの戦争において、情報は結局さしたる重要性を持たなかった。とは言え、ドイツ陸軍の敗北にもかかわらずⅢ b は自らの存在価値を立証し、常設部署として生き残っている。

1919 年 4 月、戦後の混乱から生まれた脆弱かつ不人気なワイマール共和国は、連合国との交渉がもたれるという前提のもと、フランスのヴェルサイユで開かれた講和会議に代表団を派遣した。しかし交渉が行なわれることはなかった。ドイツ側はヴェルサイユ条約を一方的に手渡されただけで、7 万平方キロメートル以上もの領土を奪われたのである。条約では参謀本部の廃止も定められ、情報部門のない小規模な軍隊しか持つことを許され

なかった。だが情報活動を秘密裡に引き継ぐ組織として軍務局が設置されており、新生ドイツ軍の創設に貢献している。

　絶望と重苦しさが支配する社会は——民主主義の有無にかかわらず——よりよい将来を約束する政治家を待ち望んだ。そしてドイツ国家社会主義労働者党、すなわちナチス党のカリスマ的指導者アドルフ・ヒトラーが、共産主義者、ユダヤ人、搾取者に立ち向かう救世主として自らの存在を誇示してゆく。
【参照項目】通信情報、平文、デイヴィッド・カーン、偵察、高周波方向探知

ナチスの権力と諜報活動

　1933年3月の選挙は、ナチスにライヒスターク（議会）の過半数を与えた。一方、ソビエト連邦を除いた当時のヨーロッパでは、ドイツ共産党が最大の共産主義政党だった。そうした中、2月27日に国会議事堂が炎上する。ナチス政治警察のトップだったヘルマン・ゲーリングは共産主義者を非難し、この火災は革命の始まりを合図するものだと述べた。結果、非常大権を与えられたヒトラーはワイマール共和国に幕を下ろし、第3帝国の樹立を宣言した。

　ヒトラーは権力の座に着く前から、政敵を突き止め壊滅させるために粗野な情報機関を活用していた。最初の組織であるSA（突撃隊）は戦闘的なナチ党員から成っており、1920年の設立時はまさに暴漢の群れ——党の会合を警備して共産主義者と乱闘するだけでなく、原始的な防諜部隊を持っていた——だった。だがヒトラー個人の警備隊であるSS（親衛隊）が、1934年6月30日に発生した血生臭い「長いナイフの夜」でSAの権力を奪い去る。かくしてSSは、独自の情報組織SD（親衛隊保安部）を持つ政治警察機関となった。ハインリヒ・ヒムラー率いるSSは秘密警察であると同時に、強制収容所を運営する悪名高い組織でもあり、後には死の収容所や殺人軍団をも持つようになる。SDの任務は「国家社会主義の敵を見つけ出す」こととされた。
【参照項目】SA、SS、SD、ハインリヒ・ヒムラー

第2次世界大戦

　1939年9月にドイツ機甲軍団がポーランドに侵攻した当時、ドイツは複雑な情報機構を有しており、一部が市民社会を管理し、別の一部が伝統的な軍事情報機関として機能していた。ラインハルト・ハイドリヒ率いるSDはRSHA（国家保安本部）を設置した。ドイツ全土及び占領下に置いたヨーロッパ各国に散在する情報提供者とエージェントの広大なネットワークを通じ、SDは秘密警察ゲシュタポ（秘密国家警察）の中でも極めて残酷な連中と密接に協力する。ヒトラーはヒムラーにSS長官と国家警察長官を兼務させた。またゲシュタポは私

服の政治警察として活動していたが、後にRSHAの一部として独自の法律を持つようになり、国家に敵対すると見なした人間に対して生殺与奪の権を握った。犠牲者たちは強制収容所に送られるか、拷問の末殺害された。時には合法を装った上でゲシュタポが管理する人民法廷の前に引きずり出すものの、いずれの判事も容赦なく死刑判決を連発することで悪名高かった。

　これらの行動は全てヒトラーによる指揮の下で直接遂行された。1938年、ヒトラーは国防省を廃止して自ら軍の指導者となると共に、「私の直接指揮下にある軍事スタッフ」として国防軍最高司令部（OKW）を設置した。軍事情報活動を担うアプヴェーアはエージェントの勧誘・管理を行なうと同時に、外国の軍事・非軍事通信を傍受する暗号課を運用した。

　OKWの下には2つの軍事諜報組織、すなわち東方外国軍担当課と西方外国軍担当課があった。対ソ戦中、東方外国軍担当課はラインハルト・ゲーレン准将の指揮下に置かれる。ゲーレンは大規模かつ効率的なスパイ網を作り上げてソビエト連邦の情報を集めると共に、情報の品質評価を行なう分析官を配置した。また外国の経済情報については、戦時経済・兵器庁の一部署が収集・分析にあたっていたが、後にアルベルト・シュペーア率いる兵器・弾薬省（軍需省）の担当となっている。

　ドイツ軍は第2の電撃戦——ベルギー、フランス、オランダ、ルクセンブルグに対する1940年5月の侵攻作戦——に先立ち、優秀な戦術情報活動を実施した。ドイツ陸軍は航空偵察、暗号解読、そしてエージェントによってもたらされたフランスの情報を基に行動することで、西ヨーロッパをわずか1ヵ月余りで征服したのである。この作戦における信号情報活動の一研究によると、フランスの通信保安はあまりに杜撰で「あらゆる行動、あらゆる移動がドイツ側に筒抜けだった。無線の利用にあたってはフランス空軍が最も不用心であり、地上局は無数の手掛かりを敵に与えた」という。

　ドイツ軍はフランスの一部を占領し、残りの部分は親ナチのヴィシー政府を樹立してこれに統治させた。占領下の地域ではアプヴェーア、SD、ゲシュタポがそれぞれレジスタンス運動に対処したが、当時のレジスタンス運動はロンドンに亡命中のフランス情報機関BCRAの指示に一定程度従っていた。しかしSDとゲシュタポは、情報提供者や暴力を駆使して容赦なくレジスタンス運動を抑え込む。さらにヴィルヘルム・カナリス中将が1944年2月にアプヴェーア長官の座から追われると、フランスに駐在する隊員の多くはSDに移管された。「マキ」の名で知られるフランスの地下ゲリラ部隊がドイツ人を1人殺すたび、ドイツ側は100名のフランス人捕虜を殺害した。結果として29,660名のフランス人捕虜がドイツに処刑され、さらに4万名が拘束中に命を落としたとされる。また連行された後で行方不明にな

った人々もいた——SD が実行した「夜と霧」命令の下、殺されて「霧になった」のである。この命令は公開処刑で「殉教者」を生み出すことを防ぐため、1941 年 12 月にヒトラーが立案したものだった。SD が NN（Nacht und Nebel Erlass）と呼んだ「夜と霧」命令によって、占領された国々の市民が秘密裡にドイツへ連行され、「自分の居所や運命を一切知らされぬまま、跡形もなく消された」のである。

【参照項目】ラインハルト・ハイドリヒ、RSHA、ゲシュタポ、アプヴェーア、東方外国軍担当課、西方外国軍担当課、ラインハルト・ゲーレン、経済情報、戦術情報、暗号解読、BCRA、ヴィルヘルム・カナリス

暗号解読

　通信情報活動の中でも、諸外国の外交暗号は「ペルスZ（Z 要員、表向きは外務省の人事・管理部署）」という組織に属するドイツ人暗号解読者によって解読された。ペルス Z はアメリカ、イギリス、フランス、日本、イタリア、そしてスペインの暗号の一部を解読したが、ソビエトの暗号は解読できなかった。

　ドイツによる通信情報活動の中で最も重要なのが、ルーズベルト大統領とウィンストン・チャーチル首相との大陸間通話を傍受・解読したことである。クルト・フェッターラインが両国首脳の通話線を突き止め、盗聴する方法を開発したことで、それは可能になった。

　1941 年のソビエト侵攻後はトルコの外交暗号を解読、戦略立案者はそれによってソビエトの計画を間接的に知ることができた。モスクワに駐在する中立国のトルコ大使は、ドイツにとって有益かつ詳細な報告を本国に送っていたのである。アメリカからソビエトに送られている軍需品の数や種類といった事柄をドイツが知ったのは、トルコ暗号の解読を通じてだった。

　しかしドイツ側の成果は連合軍のエニグマ解読によって打ち消された。ブレッチレーパークで働く米英共同チームが戦争の大半においてドイツ暗号の解読に成功したのである。アプヴェーアによる対英スパイ作戦は屈辱的な失敗に終わったが、原因はエニグマ暗号が解読されたことだった。またイギリスのダブルクロス・システムは、英国国内で活動するアプヴェーアのエージェントを二重スパイに仕立て上げている。

　カーンは著書『Hitler's Spies』の中でドイツの敗北をこう分析している。「ドイツは情報戦に敗れた。第 2 次世界大戦におけるどの戦略的転換点においても、その情報活動は全て失敗に終わった。すなわちロシアを過小評価し、北アフリカ侵攻の前には目が曇り、シチリア上陸をバルカン半島で待ち、ノルマンディー上陸を陽動作戦と思い込んだのである」

　U ボートとの間でやりとりされるドイツ海軍の通信情報を解読したことは、この戦争で最長かつ最も重要な戦闘の 1 つ、大西洋海戦（1939 年 9 月〜 45 年 5 月）で連合軍に勝利をもたらした主要な要素だった。さらに、ドイツ潜水艦隊司令官のカール・デーニッツ大将が、海軍版エニグマを連合軍が解読している可能性について調査するよう命じても、解読不可能であるという回答が返ってくるのみだった。むしろ潜水艦基地に潜むフランスのスパイ、連合軍のレーダー、あるいはその他保安上の欠陥が原因とされるのだが、暗号に弱点があるという指摘はついにされなかった。

【参照項目】クルト・ヴェッテルライン、エニグマ、ブレッチレーパーク、ダブルクロス・システム

2 つのドイツにおけるスパイ活動

　1945 年 5 月のドイツ降伏後、連合軍は国土を 4 つの占領地域に分割し、各国——アメリカ、イギリス、フランス、ソビエト——が独自の情報・防諜活動を行なった。米英が戦時の協力関係を続ける一方、フランスは戦時中と同様に振る舞いながらも情報をほとんど共有しなかった。だが 3 国は一致してソビエトに対抗し、それらの占領地域から西ドイツが誕生する。一方のソビエトは自国の占領地域に共産党政権を樹立し、それが東ドイツとなった。ベルリンは 2 つに分割され、東ベルリンに囲まれた西ベルリンがヨーロッパにおけるスパイ・センターになっている。

　1961 年 8 月、東ドイツは西側への市民の逃亡を防ぐためにベルリンの壁を建設したが、現実の世界でもフィクションでもチャーリー検問所が壁の両側を行き来する主要な通過点だった。またベルリンの壁は対立する 2 つの情報活動の境界線——エーリッヒ・ミールケ率いる MfS、すなわちシュタージ（国家保安省）が東側で、米英及び西ドイツの情報機関が西側で活動した——となった。シュタージは人口 1,800 万人の東ドイツにおいて 50 万名の情報提供者と 85,000 名のエージェントを擁し、600 万名分の情報ファイルを所有していた。

　西ドイツでこうした水準の国内情報活動が行なわれることはなかったが、両ドイツにとってスパイの中心地であるベルリンには、1960 年代から 70 年代にかけ地球上の他のどの都市よりも大量のスパイが潜伏していた。西ドイツでは米英情報機関の存在が余りに大きく、西ドイツ情報機関の活動は西側世界でさしたる重要性を持たなかった。米英スパイプロジェクトのうち最も華々しいのが、ソビエト−東ドイツ間の通信を地下で傍受しようと試みたベルリントンネルである。しかし西側は長年にわたり、KGB が掘削前からトンネルの存在を知っていたとは認識していなかった。

　西ドイツが占領下の敵国から冷戦の同盟国へと急速に進化するにつれ、米英両国はシュタージに直接対処し得る西ドイツの国家情報機構を構築する必要に気づき始めた。この事業において中心的存在となったのは、かつて

東方外国軍担当課長を務めたラインハルト・ゲーレンである。1945年にドイツが降伏した時、対ソビエト諜報活動に活用できる良質なアセットとして大量のナチス党員が西側に受け入れられたが、ゲーレンもその1人だった。

ゲーレン及び彼の組織はアメリカの情報活動の枠外にある「独立機関」ということになっていたが、実際には西ドイツにおけるCIAの活動に直接関与していた。1949年のドイツ連邦共和国（西ドイツ）建国後、ゲーレンの情報機関はBND（連邦情報庁）となり、ゲーレン自身も1968年に引退するまでトップの座にとどまる。また西ドイツの防諜機関BfV（連邦憲法擁護庁）も米英の情報機関が創設したものである。

ゲーレンは東ドイツ政府に深く浸透しており、一時は閣僚の一員がエージェントだったこともある。しかし冷戦下のスパイ戦争で勝利を収めたのはシュタージだった。ゲーレンの下で対ソ防諜活動に従事していたハインツ・フェルフェは、10年間にわたってソビエトのためにスパイ行為を続けていたとして1961年に逮捕された。この情報をもたらしたのは東ドイツからの離反者だったが、それは絶望的なまでに当たり前となっていた事態の中で発生した。すなわちシュタージのエージェントによるBNDあるいはBfVへの浸透である。西ドイツの防諜活動を統轄していたオットー・ヨーンだけでなく、19年間にわたって西ドイツの防諜機関で勤務し、東ドイツのスパイを捜索する部署の長だったハンス・ヨアヒム・ティートケもソビエトのエージェントだった。

シュタージによる最大の成果は、ヴィリー・ブラント首相の側近にスパイを紛れ込ませたことである。1950年代、シュタージのエージェントであるギュンター・ギヨームは西ドイツに潜入して社会民主党に入党、出世街道を進みついにはブラントの個人秘書となった。1974年にギヨームの正体が発覚したのを受け、ブラントは辞職を余儀なくされる。また西ドイツ政府によると、ギヨームの逮捕から1979年にかけ、東側のスパイと思しき100名以上を拘束したという。

シュタージの工作員はしばしば性を情報活動の武器として用い、淫らな姿の西側市民をビデオに収めて脅迫した。またローマ・カトリック教会の懺悔室に盗聴器を仕掛け、ターゲットの性癖を探ることもあったという。

シュタージはハンサムな男性エージェント──西側のインテリジェンス・オフィサーは「ロメオ」と呼んだ──を西ドイツや北大西洋条約機構に送り込み、諜報対象となっている幹部の秘書を誘惑させた。その中には国防省の秘書や、ブリュッセルのNATO本部で勤務するドイツ人女性も含まれていた。1960年代から冷戦終結にかけ、他にも数名の秘書が逮捕されている。その最後の1人は1990年のスパイ交換で釈放され、罪を赦された。

【参照項目】ベルリン、エーリッヒ・ミールケ、MfS、国

内情報、ベルリントンネル、KGB、アセット、BND、BfV、ハインツ・フェルフェ、離反者、オットー・ヨーン、ハンス・ヨアキム・ティートケ、ギュンター・ギヨーム、北大西洋条約機構

ドイツ再統一

1990年3月、東ドイツは対外諜報活動の中止とエージェントの召喚を発表した。シュタージの諜報部門は4,000名から250名に削減され、エージェント撤収の監督にあたった。諜報部門の閉鎖はシュタージ解体の最後のステップだった。また10月に東西ドイツが正式に再統一した後、シュタージ文書庫での情報探索がすぐさま始められている。

文書庫からもたらされた発見は多くの生活を破壊した──夫に裏切られた妻、教師に裏切られた学生などが多数いたのである。勇敢な人権派弁護士だと思われていた東ドイツ人が、実は情報提供者だった。またある聖職者は、自分のかかりつけ医がシュタージの指示を受けて処方した薬のせいで鬱病になったことを知った。一方、シュタージの元職員やエージェントから成るグループは再検討内部委員会を組織し、自分たちの裏切り行為に対する理解と同情を求めた。

1999年、CIAはドイツに対し、ローズウッドというコードネームの秘密作戦で入手した32万件のシュタージ・ファイルを提供することに同意した。関係者によれば、その資料にはドイツ人の本名とコードネームが含まれているという。一方、アメリカなど他国でシュタージのために働いていた外国人の氏名は引き渡されなかった。CIAは以前にも、NATOの機密情報を東ドイツへ渡したとして有罪になったライナー・ルップをはじめ、2,000名の元シュタージ・エージェントを突き止めるための情報をドイツに提供していた。

マルクス・ヴォルフは当局に自首し、反逆罪で起訴された。その結果有罪判決が下り、禁固6年が言い渡された。シュタージに所属していた他の人間も同様に逮捕・起訴されている。そして1995年5月、祖国のためだけに活動した東ドイツ人は国を裏切ったわけではなく、よって反逆罪で裁くことはできないという決定が、ドイツ最高裁判所によって下された。ヴォルフを裁く再審が開かれたものの、この決定が実質的な免罪符となり、収監されることはないだろうというのが一般の見方だった。

ドイツが再統一を祝う中、冷戦を戦ったBNDなどのスパイ機関は新たな使命を見出した。すなわち経済情報活動とコンピュータを用いた諜報活動である。ドイツ国内の批判者は、BNDがアメリカ企業を標的とし、ドイツの産業界に役立つ秘密情報を探し求めていると指摘する。

「エーリッヒ・ミールケ」も参照のこと。

【参照項目】コードネーム、ライナー・ルップ、マルクス・ヴォルフ、経済情報、コンピュータを用いた諜報活動

ドイツ国防軍暗号局 (Chiffrierabteilung)

第2次世界大戦中のドイツ国防軍に存在していた組織。一般的には「カイ（Chi）」の名で知られており、無線傍受、暗号解読、そしてドイツ軍が用いる暗号の開発・配布を担当していた。この組織以外にも、ドイツ陸海空軍はそれぞれ独自の傍受・解読機関を持っていた（「Bディーンスト」を参照のこと）が、空軍と海軍の機関が最も成功を収めている。

ドイツ軍はカイロ駐在のアメリカ人武官、ボナー・フェラーズ大佐から発せられた情報通信の解読作業によって、また1942年11月にアメリカ軍が北アフリカ西部（フランス植民地）へ上陸した後はM-209暗号機の解読によって、北アフリカにおけるイギリス軍の作戦を知ることができた。一方、イタリア軍の情報機関はローマのアメリカ大使館に潜入して駐在武官用のコード書を盗み出し、ドイツ側に渡している。さらに、北アフリカに駐在するアメリカ陸軍の暗号解読者がイギリス側のコード式暗号を解読していたので、ドイツはイギリス軍の戦術計画及び作戦内容に関する最高機密情報も突き止められた。

さらに、M-209暗号機の解読に成功したことで、ドイツ軍はアメリカ陸軍の師団以下のレベルにおける交信内容を知ることができた。

ドイツはイギリスの戦術通信も解読している。しかし、より高レベルの通信については解読不可能だった。ドイツ陸軍C軍集団の日誌にも、高レベルの通信を対象とした傍受活動が無益とさえ記されている。

【参照項目】駐在武官、ボナー・フェラーズ、M-209暗号機

ドイッチ、ジョン・M (Deutch, John M. 1938-)

元アメリカ中央情報長官（DCI）。1995年5月に就任した際、ソビエトの内通者だったCIA職員オルドリッチ・H・エイムズの摘発で生じた「困難を乗り越える」べくCIAを率いてゆくと述べた。またドイッチはウィリアム・J・ケーシー以来となる、閣僚に補せられた中央情報長官だった。

しかしこの名誉は長くは続かなかった。再選されたクリントン大統領が自分を留任させる意向のないことを知り、1996年12月に辞職したのである。

20ヵ月にわたる在任期間中、ドイッチはCIAの秘密活動拠点である工作本部との暗闘に明け暮れた。グアテマラでの公然活動における不祥事を受けて幹部2名を更迭した上、秘密活動に携わる身元不詳の職員を傲慢かつ無能だと公に非難している。辞職後に行なわれたワシ

ントン・ポスト紙とのインタビューで、ドイッチは秘密作戦を担当する職員が自分を批判したことに触れ、その態度たるや「長官は自分のしていることがわかっていない、長官には経験がない、長官は我々の一員ではない」と解釈できるほどひどかったと述べた。

在任期間中にCIAを襲った出来事の処理が原因で、ドイッチはクリントン政権高官の信頼も失っていた。特にロサンゼルスの市民グループの前に姿を見せ、街に流入したコカインとCIAとのつながりを否定したことは厳しく批判された。

ドイッチの前任者は、1994年2月にエイムズがFBIに逮捕された際の中央情報長官、R・ジェイムズ・ウールジーである。ウールジーはエイムズの内偵を怠ったCIA職員を処罰しなかったとして、辞職を余儀なくされた。この点について、ドイッチは自らの態度をはっきりと表明している。「被害が大きくなったのは、工作本部のプロをはじめCIAの人間による、弁解の余地のない怠慢のせいだ。これは情報活動上の大災害である」

ドイッチは初の外国生まれの情報長官だった。ベルギーのユダヤ人一家に生まれた彼は、4歳の時に両親及び妹とナチスの手からアメリカに逃れている。一家はワシントンDC郊外に居を構え、技師だった父親は戦時生産委員会で合成ゴムの開発に従事した。ドイッチも父と同じ道を進み、マサチューセッツ工科大学（MIT）で化学工学の学位を取得する一方、アマースト大学で歴史学を学んだ。卒業後は1961年から65年まで国防総省で政策立案者として勤務しつつ、MITから物理化学の博士号を授与されている。

プリンストン大学で化学を教えた後はMITに戻り、1976年には化学学部長に就任する。その間ペンタゴンと関係を持ち、防衛シンクタンクのランド研究所で勤務を始めた。MITのオフィスのドアには「防衛問題ではタカ派、社会問題ではリベラル、学部の問題については極度の偏執狂者」という標語が貼られていたという。

カーター政権下（1977～81）、ドイッチは新設のエネルギー省に入省して核兵器プログラム担当次官に任命される。レーガンが大統領になるとMITに戻って学長に就任したが、その後のブッシュ政権下（1989～93）で大統領外国情報諮問委員会に加わっている。

50歳の誕生日を迎えたドイッチに、同僚たちは次の言葉がプリントされたTシャツを贈った。「撃て──狙え──構え」率先垂範と即断即決を旨としたドイッチにふさわしい言葉である。クリントン政権下において、レス・アスピン国防長官から技術担当次官に任命されたドイッチは、この特質をペンタゴンに持ち込んだ。ドイッチはペンタゴンでの仕事を楽しみ、1994年12月に辞任したウールジーの後任として中央情報長官に就任させるというクリントンの申し出も断るほどだった。クリントンは次にマイケル・P・C・カーンズ退役空軍大将に打

診したが、素性調査の結果、フィリピン人の若者をアメリカに入国させる手助けをしたことが、移民法及び労働法に違反している可能性があるとして断念せざるを得なかった。かくしてクリントンは再びドイッチに目を向け、ドイッチも渋々ながら受諾したのだった。

とは言え、彼が自らの役割を表明するのに躊躇したわけではない。就任直後、エイムズ事件で傷ついたCIAの評判を取り戻すことが自分に課せられた使命であると、ドイッチは述べた。さらに、冷戦後におけるCIA及びインテリジェンス・コミュニティーの使命を定義する上で、軸となる役割が自分に課せられていると信じていた。1995年9月には、諜報活動こそ今なおCIAの「中核的任務」であり、秘密工作活動を遂行する能力はこれからも維持されなければならないと語っている。「失敗が怖い、あるいは批判を恐れているといった理由でこうしたリスクを負わないのであれば、情報機関として失格である」とドイッチは述べた。

「私個人としてはこの事件に激怒しています」エイムズ事件の公聴会において、ドイッチは下院情報委員会の前でそう話している。また「私は誤った考えを個人的に植え付けられました」と発言し、ロシアで活動するエージェントが寝返りを迫られたことに気づきながら、それを報告しなかったCIA職員によって、嘘の情報がホワイトハウスとペンタゴンにもたらされたと強調した。さらに、公の場で詳しく述べることはしなかったものの、ソビエトの防空能力に対する誤った情報を基礎にしてF-22戦闘機の採用を勧告した旨述べたという説もある。

CIAの再建と再編を進めるにあたり、ドイッチは冷戦後における4つの主要な挑戦として、化学兵器、生物兵器、核兵器といった大量破壊兵器の拡散、北朝鮮、イラン、イラクなど敵対国の動静、国際犯罪、テロリズム、麻薬の脅威、そしてアメリカ経済の安全維持を挙げた。経済の安全維持が産業スパイに通じるという声に対し、ドイッチは次のように反論している。「まずは外国政府が我が国の企業に浸透しているかどうかを知るべきだ」

ドイッチはまた画像情報部門の統合計画を押し進め、巨額の予算を与えられている国家偵察局（NRO）に対する中央情報長官の権限を強めた。NROの予算が乱雑に費消されている事実を知ったドイッチは、長官のジェフリー・K・ハリスと次官のジミー・D・ヒルを更迭した。この結果、ドイッチが国防情報局（DIA）内に設置した人的情報部が、秘密工作活動においてより大きな役割を果たすものと見込まれた。

ドイッチがCIAの改革を進める中、彼の激烈かつ高圧的な態度に触れた職員はCIA本部を「ドイッチランド（ドイツ国のもじり）」と呼び始めた。ドイッチは元海軍次官補のノーラ・スラットキン副長官と協力し、エイムズ事件における違法行為、及び1990年にグアテマ

ラで発生したアメリカ人殺害にCIAエージェントが関わっていたという情報を不適切に扱ったとして、職員17名を懲戒処分とした（前任者のウールジーは、エイムズ事件で職務怠慢とされた職員11名を譴責処分にしただけだった）。

ドイッチはスラットキンをDIA及びNSA長官と同じ地位に引き上げ、自身は中央情報長官という職名にふさわしくアメリカ情報機関の代表としてふるまった。さらに統合宇宙管理委員会の活動を主導し、衛星の購入と国家画像地図局の設立を進めている。

だが退任後に行なわれたCIAによる保安調査の結果、インターネット経由で容易に侵入できる自宅のラップトップパソコンに最高機密資料を保存していることが明らかになり、ドイッチのセキュリティー・クリアランスは1999年8月に取り消された。この資料にはクリントン大統領はじめ閣僚に宛てたメモが含まれており、国防次官補時代の機密資料も保存されていた（2001年1月、ペンタゴンの調査チームは、ドイッチの行動が国家の安全保障を害した「証拠はない」と結論づけている）。司法省との合意の下、ドイッチは機密資料の無断保存という過失を認めた。その結果、クリントンは大統領の任期が切れる最終日にドイッチの罪を免除した。

【参照項目】中央情報長官、CIA、オルドリッチ・H・エイムズ、内通者、ウィリアム・J・ケーシー、大統領外国情報諮問委員会、素性調査、インテリジェンス・コミュニティー、秘密工作活動、寝返り、エージェント、画像情報、国家偵察局、国防情報局、国防情報局人的情報部、衛星、国家画像地図局、セキュリティー・クリアランス、最高機密、インターネット

土肥原賢二 （1883-1948）
（どいはらけんじ）

1930年代の満洲で最も重要な地位にあった日本陸軍の情報将校。西側のメディアからは「満洲のロレンス」と呼ばれ、アメリカ人ジャーナリストのジョン・グンサーはこう記している。「彼の任務はまずトラブルを作り出し、その後日本の有利になるよう解決することだった」

土肥原は「事変」、すなわち中国による日本への攻撃をでっち上げた。その中で特筆されるのは、1931年9月18日、日本の所有する南満州鉄道の線路の道床を中国の活動家が破壊したとして、日本軍が奉天（現・瀋陽）を占領した事件である。偶然にも、当時の奉天市長は土肥原だった。

土肥原は特務機関を設置して満洲国全土に勢力を伸ばし、「日本に友好的でない全ての組織と社会を抹殺する」という使命を実行に移した。中国指導者の蒋介石は、土肥原の密偵と疑わしき数名の将軍を処刑している。

土肥原の下で活躍した伝説的密偵の1人に川島芳子がいる。中国生まれのこの女性はしばしば男装して活動

した。廃位された元皇帝の溥儀に対し、土肥原の傀儡として満洲国の皇帝に就任するよう説得したのも彼女とされている。また一説には、溥儀の妻に付き添って亡命先の天津から満洲国に送り届けたともいう。川島は戦後の1945年10月に北京で中国国民党の官憲に逮捕され、国賊として処刑された。

土肥原は1944年3月から45年4月まで第7方面軍司令官としてシンガポールに駐在し、その後は終戦まで日本本土の第1総軍司令官を務めた。しかし戦後の戦犯裁判で有罪とされ、1948年12月23日に絞首刑が執行されている。

ドゥヴァヴラン、アンドレ （Dewavrin, André 1911-1998）

第2次世界大戦中、自由フランス軍で情報部門の長を務めた人物。「パシー大佐」——パリの地下鉄駅からとられた名前である——を名乗り、ロンドンにおけるシャルル・ド・ゴール将軍の情報機関BCRAを率いた。以前にサン・シール士官学校で要塞構築を教えていた工科将校のドゥヴァヴランは、フランスが降伏した際にイギリスで組織されたフランス人部隊に加わる。その後はロンドンの自由フランス軍に加わり、情報機関を組織するという任務が直ちに与えられた。この組織は最終的にBCRA（情報・行動中央局）と名付けられている。

諜報活動について何1つ知らない砲兵士官だったドゥヴァヴランは、MI6副長官サー・クロード・ダンジーの指揮下に入る。勇敢な人間である一方、向こう見ずなこの新米情報士官は、1943年1月にドイツ占領下のフランスへ潜入した。

ドゥヴァヴランは1946年2月にド・ゴールがフランスの暫定大統領を辞職するまで情報責任者として活動を続けたが、同年5月、戦時中にBCRAの資金を横領したという冤罪で逮捕された。後に容疑は晴れたが、結果的に陸軍を去ることになった。

フランスのジャーナリスト兼海軍士官であるロベール・マンガンは、かつてドゥヴァヴランの思考を「自分のそれとは正反対である」と評したものの、著書『No Laurels for de Gaulle』（1966）の中で「パシー大佐は勇敢であり、高い知性を持ち、かつ献身的な人物だった……」と賞賛している。

【参照項目】BCRA、MI6

トゥオミ、カーロ・ルドルフ
（Tuomi, Kaarlo Rudolph 1916-1995）

二重スパイとなってアメリカのためにスパイ行為をしたソビエト軍の情報士官。

アメリカ・ミシガン州に生まれたトゥオミは、幼少の頃にフィンランド人の養父から共産主義信仰を教え込まれた。一家は1933年にミシガンからソビエトに移住するも、その4年後、養父はNKVD（内務人民委員部）によって逮捕され、その後再び姿を見せることはなかった。

トゥオミは母親を支えるため木材伐採の仕事に就いたが、1939年に赤軍入りする。情報関連の訓練を受けるものの、1941年6月にドイツ軍が侵攻した際は歩兵部隊に配属され、戦時中の勇敢な行為によって勲章を授与された。46年の除隊後はキーロフの師範学校に入学、下宿先の娘と結婚する。そして1949年後半、秘密警察（MGB）から脅迫を受けて情報提供者になることを強いられ、卒業後もMGBの命令により英語教師として学校にとどまった。教師兼情報提供者というキャリアは、KGBから勧誘されイリーガルとして西側での活動を始める1957年まで続けられた。

トゥオミは3年間にわたってスパイ養成機関で特殊な訓練を受けたものの、米ソ関係の悪化によりGRU（参謀本部情報総局）へ配置換えとなる。そして1958年中頃、アメリカ人旅行者をカバーとして西ヨーロッパへ送られ、西側社会に親しむよう命じられる。12月にフィンランド系アメリカ人のパスポートを使ってカナダに到着、入国後はシカゴ在住のアメリカ人ビジネスマン、ロバート・B・ホワイトとして行動した。列車でアメリカ入りしたのはその年の大晦日である。

トゥオミはアメリカで偽装身分を確立した後、GRUのハンドラーと連絡をとる。しかしアメリカ入国後から彼を監視していたFBIに嗅ぎつけられ、止むなくアメリカ当局に正体を白状した。そして二重スパイとして転向し、最初はティファニーの店員となり、次いで船会社で働きつつ、GRUとの接触を続けて新たな任務を待った。その一方、FBIはトゥオミとソビエトとの連絡を残らず監視し、GRUによるスパイ技術の大半を知ることができた。

1963年6月、ソビエトに一時帰国してその後アメリカへ戻る予定だったにもかかわらず、トゥオミは妻と子どもたちをソビエトに残して故国アメリカにとどまる道を選んだ。その後は姿を消していたが、FBIは1971年にリーダース・ダイジェスト誌の記事において、彼が二重スパイであることを明らかにした。

【参照項目】二重スパイ、NKVD、イリーガル、KGB、スパイ養成機関、GRU、カバー、偽装身分、ハンドラー、FBI、スパイ技術

東京ローズ （Tokyo Rose）

太平洋戦争中、日本のプロパガンダ放送に携わっていた女性アナウンサーにアメリカ兵がつけたニックネーム。英語を話せるこれらの女性は日本人上司から偽情報を与えられ、秘密情報を握っているという印象をリスナーに植え付けると共に、日本の情報機関が実際以上に優れていると思い込ませようとした。

太平洋戦争中、日本のプロパガンダ放送は政府の指示

によって行なわれ、英語を話せる関係者は憲兵隊と特高警察による審査を経る必要があった。その１人に、ロサンゼルス生まれで、カリフォルニア大学ロサンゼルス校を卒業したアイバ・戸栗・ダキノ（郁子）がいた。1941年12月7日（日本時間8日）の真珠湾攻撃当時、彼女は日本の親族のもとで暮らしていた。なお、他の日系人と放送に携わったのは、当局による強制だったと後に主張している。

最初の放送ではアナウンサーを略した「アン」を名乗っていたが、後に「孤児のアン——あなたのかわいい敵」と自己紹介するようになる。プロパガンダ放送の担当者は、主にアメリカのラジオ番組から得た情報に頼っていた。彼らは放送に耳を傾け、プロパガンダに使える情報、とりわけ災害情報を得ようとした。ダンス音楽や軽快なクラシック音楽がレコードから流れる中、女性たち——やがて全員が東京ローズと呼ばれるようになる——は、時に特定の部隊を名指ししながら偽の戦死者数を伝えたり、妻や恋人の不貞を臭わせたり、近く行なわれる戦いを予言したりした。

戦後、他にも同じことをした女性がいたにもかかわらず、アメリカ当局はダキノこそが東京ローズであるとした（アメリカ戦時情報局によれば、24時間欠かさず日本の放送を傍受したものの、「東京ローズ」という単語は１度も流れなかったという）。

アメリカに帰国したダキノは、国家反逆とアメリカ兵の士気を損ねたことで1949年に起訴された。その中で彼女は、強制されて放送に関わったと主張し、他にも少なくとも20名の「東京ローズ」がいたと述べている。裁判の結果、国家反逆罪では無罪となったものの他の容疑で有罪となり、禁固10年の刑が言い渡された。その後1977年、フォード大統領から特赦を与えられている。

（訳注：2006年1月、ダキノは「困難なときもアメリカ国籍を捨てなかった愛国者」として退役軍人会から表彰された。その年9月に90歳で死去）

【参照項目】偽情報

統合軍事情報大学 （Joint Military Intelligence College）

国防情報局（DIA）が運営する国防総省の教育機関。陸軍の戦略情報学校と海軍の情報カリキュラムを統合する形で1962年に国防情報学校として設置された。1981年に国防情報大学と改名された後、93年に統合情報大学となり、現在はワシントンDCの南西に位置するボーリング空軍基地に所在している。

学生はキャリアの向上を目指す軍人及び文官の情報担当官である。アメリカ大使館付の駐在武官に選ばれた将校もここで学び、情報専門家としてのキャリアを広げることを目的とした上級レベルの講義を受ける。また1980年には戦略情報学の修士号を、97年には情報学の

学士号を与える権限が議会から与えられている。

沿岸警備隊を含む各軍、CIA、DIA、FBI、NSA、及びその他の政府機関に所属する人間が統合軍事情報大学で学んでいる。軍人の学生は士官及び上級の下士官である。また国家安全保障局（NSA）によるキャンパス外のプログラムもあり、民間機関からの入学も着実に増えている。大学は２つの定時制プログラムを設けているが、その１つは軍の予備役士官を対象としたものである。

さらに、学生や各教育機関の研究活動に対する支援も行なわれている。

（訳注：その後2006年に国防情報大学〔National Defense Intelligence College〕、2011年2月に国家情報大学〔National Intelligence College〕となっている）

【参照項目】国防情報局、駐在武官、CIA、FBI、NSA

統合国家政治局 （OGPU）

「チェーカ」を参照のこと。

統合作戦情報センター
（Integrated Operational Intelligence Center〔IOIC〕）

RA-5C航空機（「A3Dヴィジランティ」を参照のこと）に搭載された複数のセンサーから得られた、偵察データなどの戦術情報を迅速に処理・分析するため、1962年から79年まで大型空母に設置されたアメリカ海軍の施設。

IOICでは、飛行機が空母に帰還してから10分以内に対象地域の写真を現像することができ、また電子情報及び赤外線情報の処理も可能である。さらに対象地域の動画撮影技術もRA-5Cで試験されたが、こちらは不採用となった。

RA-5Cのシステムが稼働すると、当時としては最高水準の写真及びその他の戦術情報が得られた。しかしRA-5Cは洗練された機体が仇となって整備が難しく、また数機がベトナム戦争中に北ベトナム上空で撃墜されている。

【参照項目】偵察、戦術情報、電子情報、赤外線情報

統合情報 （Joint Intelligence）

陸海空軍のうち複数の軍組織によって生み出された情報を指すアメリカの用語。

統合情報センター （Joint Intelligence Center）

アメリカ統合司令部（陸海空軍のうち２つ以上の軍組織を含む司令部）の情報センター。統合司令官及び傘下の各司令部に情報支援を行なうことが目的である。

統合偵察センター （Joint Reconnaissance Center）

「国家偵察局」を参照のこと。

同性愛者 (Homosexuals)

スパイ活動には異性愛関係が頻繁に関係しているが、同性愛関係も同様である。一例を挙げると、イギリス人インテリジェンス・オフィサーの中にも同性愛者がいて、自己の性的傾向が任務遂行に及ぼす悪影響という形で、あるいは脅迫に対する恐怖という形で一定の役割を演じていた。1980年代から90年代にかけて社会がより寛容になるまで、同性愛関係には脅迫の試みが付き物だった。MI6元長官のモーリス・オールドフィールドも、自分が同性愛者だと告白したことで、北アイルランド担当保安・情報統括官の地位から降りざるを得なかったのである。

同性愛者のエージェントは、それを暴露するという脅迫によって寝返りを迫られてきた。オーストリアの上級インテリジェンス・オフィサーであるアルフレート・レドル大佐も、1900年代初頭におけるこうした犠牲者の1人だった。ロシアの勧誘員はレドルが同性愛者であることを知り、金と一緒に若い男をあてがって、ロシアのためにスパイ行為をするよう脅迫したのである。1937年、モスクワのアメリカ大使館に附属する駐在武官事務所で勤務していたアメリカ人事務官は、同性愛行為の写真をNKVDのエージェントに撮影され、72時間以内にアメリカ軍のコード暗号を持ってくるよう脅迫されたと報告した。この事務官は直ちに帰国させられている。

大使館を対象としたFBIの防諜活動によって、さらに2件の同性愛関係が明らかになっている。この捜査を実施したFBI職員は報告書の中で「こうした人間にとってモスクワは最も望ましからざる赴任先である。なぜなら……自らの性行為が……秘密情報を引き出す梃子として容易に利用され得るからである」と指摘した。そして既婚者のみがモスクワへ派遣されるべきだと結論づけている。

第2次世界大戦中、戦略諜報局（OSS）のアレン・ダレスがヨーロッパにおけるスパイマスターとなった際、彼にとって有益となり得る上流階級の同性愛者グループの存在が耳に入った。しかしピーター・グリースは著書『Gentleman Spy』（1994）の中で、「当時の社会的規範のために」ダレスはこのグループに辿り着けなかったと述べている。グループの存在を知っていたOSS職員は、ダレスが「このいささか特殊な友愛グループに対処できなかった」と判断した。グリースによれば、ダレスは同性愛の肉体的側面を理解できず、ナチスでは法的に禁じられていると知った際も、同性愛とは何か説明が必要だったという。同性愛行為はイギリスでも違法だった。1954年、イギリスの優秀な暗号解読者アラン・チューリングは同性愛行為で有罪となった後、自殺に追い込まれている。

秘かな性行為と諜報活動との結び付きは数多く見られ

る。ケンブリッジ・スパイ網のガイ・バージェスとアンソニー・ブラントは同性愛者であり、もう1人のメンバーであるドナルド・マクリーンは両性愛者で、しばしば同性愛行為にふけっていた。3人はいずれもアパスルという秘密結社のメンバーだった。アンドリュー・シンクレアは著書『The Red and the Blue』（1986）の中で次のように記している。

アパスルで見られる強力な同性愛的要素は秘密の誓いを補強すると同時に、自らを一般社会からより一層隔離するものでもあった。同性愛を公にすることは自らのキャリアを破壊し、刑事訴追と投獄を招く危険を伴っていた……同性愛者だったこれらのマルキシストたちは、ごまかしと欺瞞の世界の中でより固く結び付いたのである……信仰をも拒絶するほど盲目だった彼らは、スターリン支配下のロシアではイギリス以上に同性愛関係が罪になるという事実から目を背けていた。

1950年代、アメリカ陸軍のジェイムズ・A・ミントケンボー軍曹はスパイだった別の兵士によって、ドイツでKGBのためにスパイ活動を行なうよう勧誘された。ミントケンボーは同性愛者であり、事件に関する政府の報告書によれば、「この事実がKGBハンドラーの関心を引いた。同性愛者はしばしば社会から拒絶され、阻害されたように感じるからである。こうした性格は社会に対する復讐を求め、望ましからざる立場に自らを置く」のである。またイギリス海軍省の事務官ジョン・ヴァッサールをスパイとして勧誘する際、ソビエト情報機関は脅迫を武器として用いた。事実、海軍省のスパイが「同性愛者」であるというソビエトからの亡命者の証言によって、1962年のヴァッサール逮捕に結び付いている。

一方でこのような話も伝わっている。フランスのある外交官が、モスクワのフランス大使館に配属されたロシア人警備隊長に興味を持っていると気づいたKGBの監視要員は、その警備隊長に情事をでっち上げるよう命じた。スパイ行為に引き込むべく脅迫の種になる写真が撮られ、その外交官に突き付けられる。だが同性愛行為は上司も知っていたので、彼は笑みを浮かべて写真に対する礼をKGBに述べるだけだった。

1960年、アメリカ国家安全保障局（NSA）に所属する暗号官のウィリアム・マーチンとバーノン・ミッチェルは、自分たちの情報収集方法が受け入れられなかったとしてソビエトに亡命した。彼らの亡命に脅迫が関係している痕跡はなかったが、2人の裏切り行為はNSAに潜む他の同性愛者狩りを引き起こすことになった。その結果、同性愛行為が疑われるとして数十名の職員が解雇されるか辞職を余儀なくされた。

ジェイムズ・バンフォード著『The Puzzle Palace（邦

題・パズル・パレス：超スパイ機関NSAの全貌）』（1982）によると、NSAはその20年後にも同性愛者の職員に辞職するよう圧力をかけたという。その職員が弁護士のもとを訪れたところ、自分が同性愛者であることを家族に告白し、「（自らに対する）脅迫を受けた場合、あるいは性的嗜好を原因とする強制または強要の対象となった場合は」直ちに報告することを条件として、NSAは雇用を続けることに同意した。1982年に発生した同様のケースにおいては、外国旅行中の同性愛行為を認めた職員が解雇された——NSAによれば、解雇の理由は性的行為でなく、「保安上の危険を招く一連の乱雑な行動」であるという。

48年間にわたってFBI長官を務めたJ・エドガー・フーヴァーは同性愛に関する報告——自分に向けられたものであっても、あるいは他の有力なアメリカ人に向けられたものであっても——に取り憑かれていた。エイサン・G・セオハリスとジョン・スチュアート・コックスはフーヴァーの伝記『The Boss』（1988）を執筆するため、彼に関する公的及び機密情報ファイルの目次を情報公開法に従って入手したが、そこには「有力な人々」と同性愛行為を結び付ける記述が多数見られたという。

ある報告書には「（氏名と肩書は削除）は同性愛者であり、共産勢力はこれを用いて（氏名は削除）を脅迫、共産主義者を（部署名は削除）に配属させようとした。面談において、（氏名は削除）と（氏名は削除）を同性愛者として結び付ける情報が得られた」と記されていた。また別のファイルには「同性愛的傾向の可能性……に関する経歴資料」が含まれていたいう。

議員などの有力者を対象としてFBIと陸軍情報部門が作成した647ページの情報ファイルは、公開を認められなかった。しかしその目次には「同性愛者を広言する（氏名は削除）は軍の情報提供者に対し、（氏名は削除）元議員などの有力者が同性愛行為に関係していたと主張した」と記されている。

1995年8月、クリントン大統領はセキュリティー・クリアランスの運用見直しを行なう中で、性的嗜好だけを理由として同性愛者に許可を与えないことを禁じる行政命令に署名した。この行政命令では、ある人物の性格が「合衆国の国家安全保障上の利益に合致する」か否かが許可を与える基準になるとされている。

【参照項目】 インテリジェンス・オフィサー、モーリス・オールドフィールド、寝返り、エージェント、アルフレート・レドル、勧誘員、駐在武官、NKVD、FBI、戦略諜報局、アレン・W・ダレス、アラン・チューリング、ケンブリッジ・スパイ網、ガイ・バージェス、アンソニー・ブラント、ドナルド・マクリーン、ジェイムズ・A・ミントケンボー、KGB、ジョン・ヴァッサール、監視、ウィリアム・マーチン、バーノン・ミッチェル、NSA、ジェイムズ・バンフォード、J・エドガー・フー

ヴァー、セキュリティー・クリアランス

盗聴／盗聴装置 （Bug）

(1) 隠しマイクなど音響偵察に用いられる装置。現在は離れた場所（建物の外側など）から音を聞ける通話機器あるいは電子装置も存在するが、受信装置の制約によって、ターゲットを見通せる位置にあることが必要とされる。こうした外部からの盗聴に対しては、テンペスト（大騒ぎの意）と呼ばれる盗聴防止装置あるいは手続きが存在している。

(2) 上記の装置を取り付けること。「盗聴されている（bugged）」とは、部屋あるいは室内の備品に集音装置が隠されていることを意味する。

銅の女神 （Bronze Goddess）

エニグマ暗号機のイギリス製コピーを指す俗称。

【参照項目】 エニグマ

トゥビアンスキー、メイアー （Toubianski, Meir 1904-1948）

イギリスのためにスパイ行為をしたユダヤ人。

第2次世界大戦中はイギリス陸軍工兵軍団の少佐だったが、1948年5月14日のイスラエル建国後にイスラエル軍の大尉となる。しかし6月30日、軍情報機関アマンのトップに就いたイッサー・ベーリにより、国家反逆罪で逮捕される。ベーリが「野戦軍法会議」と名付けた裁判において、イギリスのスパイだったとして有罪になり、その日のうちに軍の銃殺隊によって処刑された。

トゥビアンスキーに対する容疑は全て状況証拠に過ぎなかった。さらに、ベーリを除く軍法会議の構成員は後に、自分たちは容疑者を尋問していたに過ぎず、死刑宣告を言い渡すことになるとは知らなかったと主張している。翌年、トゥビアンスキーは冤罪を晴らされると共に階級も回復し、遺体は軍の礼式に則って改葬された上、家族には賠償金が支払われた。

1948年12月に開かれた軍法会議において、ベーリは別件での殺人行為で有罪とされ、軍から追われた。その翌年にはトゥビアンスキー処刑によって再び逮捕、裁判の結果有罪となったが、「忠誠心に富んだ功績に鑑み」禁固1日という名目的な刑を言い渡された。

【参照項目】 アマン、イッサー・ベーリ

東方外国軍担当課 （Foreign Armies East）

ドイツ陸軍参謀本部第12課の別称。アドルフ・ヒトラーがソビエト連邦への侵攻を計画し始めた1938年11月10日に設置され、第2次世界大戦で東部戦線における軍事情報活動を担当した。

この部署は西方外国軍担当課と同じく様々なソース——スパイ、暗号解読、捕虜の尋問、航空偵察、前線視察など——から情報を入手したが、国防軍情報部もスパ

イ行為や前線視察を含む独自の情報収集活動を行なっていた。

1939年9月に戦争が始まった際、東方外国軍担当課はベルリンの約30キロメートル南方、参謀本部の現地司令部があるツォッセンに所在していた。しかし41年6月にドイツ軍がソビエトへ侵攻すると、第12課は参謀本部の他の部署と共に、東プロイセンのマウアーゼー湖（現在はポーランドのマムリ湖）にある総統司令部へ移転している。

1942年4月に課長に就任したラインハルト・ゲーレン大佐の下、東方外国軍担当課はソビエト軍の識別・評価において大きな成果を挙げた。情報史家のデイヴィッド・カーンは著書『Hitler's Spies』（1978）の中で次のように記している。

ゲーレンの正確さは彼の個人的立場を強化し、またドイツ陸軍の情報に対する否定的態度を変えた主要な要素の1つだった。第2の要素は、秘かなプロパガンダ活動である。ゲーレンは小冊子の中で自らの予想を記し、自分が「敵の意図を——時には数ヵ月前に——正しく認識するのに成功した」と主張している。第3の要素は状況だった。ドイツ軍は（1942年から43年にかけての冬以降）守勢に立たされており、攻勢にあった時以上に敵に関する情報を必要としていた。さらに戦力も減少していて、情報こそが現有戦力を増強させることから、ドイツ軍の将軍たちはゲーレンの支援を喜んで受け入れたのである。

しかしソビエト軍の計画と意図に関する評価・予測において、東方外国軍担当課は大きな過ちも犯している。1944年6月22日——ドイツ軍侵攻の3周年——ソビエト軍の4個軍団に等しい戦力がドイツ軍の前線中央を破砕したが、それはまさに何の動きもないだろうとゲーレンが予測していた場所だった。ドイツ軍の前線は崩壊し、立ち直った時には数百マイルもの占領地を失っていた。

東西両方の外国軍担当課にとって事態をさらに複雑にしたのは、ヒトラーがインテリジェンス・オフィサーを嫌っており、彼らの評価を敗北主義としてしばしば無視していた事実である。また1942年から43年にかけてドイツが劣勢に立たされるにつれ、特に総統司令部に所属する参謀は情報評価を低く見積もる傾向があり、そのため情報参謀に対して評価を水増しするよう強いてもいる。

事実、1945年3月28日にヒトラーが居並ぶ将軍たちに怒りをぶつける中、大戦における最も優秀な戦車司令官の1人、ハインツ・グデーリアンはこう叫んだ。「ゲーレン将軍は情報評価の中で、ソビエト軍の戦力について『誤った情報を与えた』のでしょうか？ そんなこと

はない！」ヒトラーも叫び返す。「ゲーレンは馬鹿者だ！」

グデーリアンはその場で解任された。ゲーレンも1945年4月9日——第3帝国終焉の1ヵ月前——に東方外国軍担当から外されている。

【参照項目】軍事情報、西方外国軍担当課、偵察、アプヴェーア、ベルリン、ラインハルト・ゲーレン、デイヴィッド・カーン

透明インク （Invisible Ink）

「秘密筆記法」を参照のこと。

東洋の女神 （Oriental Goddess）

ブレッチレーパークで用いられていたコンピューター、ボンブのセッティングを行ない、エニグマ暗号の解読に必要な処理を実行できるようにするための機械。

【参照項目】ブレッチレーパーク、ボンブ、エニグマ

ドゥーリイ、トーマス・A （Dooley, Thomas A　1927-1961）

ベトナム戦争中の人道的活動で有名になったアメリカ海軍の軍医。その一方、CIAの下で秘密裡に活動していた。

フランスがインドシナ戦争に敗北したのを受けて1954年に開催されたジュネーブ和平会談で、ベトナムの分断が決定された。軍医だったドゥーリイは海軍を辞め、北ベトナムとラオスで医療活動に従事する。彼には2つの使命があった。表向きはカトリックの避難民に援助の手を差し伸べながら、裏ではCIA工作員として避難民に南へ向かうよう促し、南ベトナムのカトリック教徒に合流させようというものである。これは南ベトナムのゴ・ディン・ジエム首相を支援するアメリカによる政策の一部だった。

「ラオスのジャングル医師」という名で知られたドゥーリイの人道的活動は本物であり、単なるスパイ活動のカバーではない。その一方でCIAのために行なった活動としては、アメリカの世論を反共産主義に導くことと、時に現実性を欠いたプロパガンダが挙げられる。ベストセラーとなった著書『Deliver Us from Evil』（1956）では、共産主義者がベトナムのキリスト教徒に行なった暴虐の数々を記している。

ドゥーリイの死後（癌のために34歳で亡くなった）、彼を聖人に加えるための運動が始められる。しかし列聖審査においてCIAとの関係が明らかになったために断念された。さらに死後行なわれた調査の結果、ドゥーリイは同性愛者であり、海軍情報局による調査を受けて退役させられていたことが判明している。

【参照項目】CIA、同性愛者、海軍情報局

トゥロン、デイヴィッド　(Troung, David)

「ロナルド・L・ハンフリー」を参照のこと。

トゥンメル、パウル　(Thümmel, Paul　1902-1945)

　ドイツ軍の情報機関アプヴェーアに所属していたイギリスの二重スパイ。1934年にアプヴェーアのエージェントとなった後、第2次世界大戦前はドレスデンとプラハで、開戦後はバルカン半島とトルコで活動した。ヴィルヘルム・カナリス長官からの信任が厚く、ドイツにおける反ヒトラー勢力の連絡員を務める一方、反ナチ組織経由でイギリス当局に機密文書をもたらした。

　トゥンメルはもともとチェコ軍情報機関のトップ、フランティセク・モラヴェク少佐の下で働いており、A54というコードネームを与えられていた。その後ナチの保安機関SDとアプヴェーアの両方にアクセスできたことを生かし、高品質かつ時宜を得た情報をもたらしている。彼は1939年3月のドイツ軍によるチェコスロバキア占領を予測し、そのおかげでイギリスはモラヴェク一家を国外に脱出させることができた。また戦争初期には、ドイツ空軍の戦力組成に関するほぼ完璧な情報を連合軍に提供している。

　チェコ占領後、トゥンメルは自らの情報をレジスタンス組織経由でしか送れないようになった。1942年2月にゲシュタポによって逮捕され、軍法会議にかけられたが、チェコのレジスタンスに浸透を試みていたと主張することで無罪を勝ち取っている。

　トゥンメルがイギリスにもたらした情報は非常に優れたものであり、MI6長官のスチュワート・G・ミンギスもこう評している。「A54が報告すると、軍隊は行進する」解放後、イギリスはアンスロポイドというコードネームの救出作戦を通じて、彼を敵中から秘かに退去させることにした。だがこの作戦は失敗に終わり、トゥンメルは再び囚われの身となる。そして今度は国家反逆罪で収監され、1945年4月に処刑された。

　チェコにおけるトゥンメルのコードネームはフランタで、ホルム博士やルネといった偽名も用いていた。

【参照項目】アプヴェーア、二重スパイ、ヴィルヘルム・カナリス、フランティセク・モラヴェク、コードネーム、戦力組成、ゲシュタポ、スチュワート・G・ミンギス

トカチェンコ、アレクセイ・G　(Tkachenko, Aleksey G.)

　ワシントン駐在のソビエト外交官。スパイ容疑で1985年5月19日に逮捕されたジョン・ウォーカーの接触先だった人物。

　ソビエト大使館の3等書記官をカバーとしていたトカチェンコは、その夜メリーランド州プールスヴィルでウォーカーのデッドドロップを用意していたとされる。その場所を見張っていたFBI捜査官は、大使館のナンバーをつけた車でトカチェンコがやって来るのを目撃する。家族連れのドライブを装うべく、車には妻と子どもも乗っていた。ウォーカーはあらかじめ決めてあった場所にセブンアップの空き缶を置いており、ある特定の木のそばに資料を残したことを知らせていた。この合図を見たトカチェンコはデッドドロップへ赴き、バッグを回収して現金の包みを残すことになっていた。

　しかしFBI捜査官はセブンアップの缶を証拠として回収してしまい、トカチェンコは缶が見当たらなかったのでそのまま引き返した。一方、デッドドロップの使用中止を知らなかったウォーカーは、機密文書の詰まったゴミ袋をそこに残した。FBIはその後袋を回収し、近くのモーテルへ戻ったウォーカーを逮捕している。

　トカチェンコは妻と娘2人を連れて5月23日にアメリカを離れた。一家の出発は急だったので、一説によると作りかけのハンバーガーが自宅のストーブに乗ったままだったという。

「スパイ技術」も参照のこと。

【参照項目】ジョン・ウォーカー、デッドドロップ、FBI

特殊アクセスプログラム　(Special Access Program)

　情報へのアクセス及び配布をコントロールすると共に、最高機密以上に高度な管理を要する機密情報について、それらを保護すべく制定されたプログラムを指すアメリカ政府機関の用語。

　特殊アクセスを誰に許可するかには厳しい制限が課されている。

【参照項目】最高機密

特殊活動課　(Special Activities Division〔SAD〕)

　主としてテロリスト情報活動を遂行するために設立されたCIAの準軍事組織。

　SADの存在が明らかになったのは、アルカイダの指導者を発見し、タリバン兵と戦う北部同盟軍を支援すべく、アメリカ特殊作戦部隊がアフガニスタンに到着した2001年秋のことである。CIAの武装チームは特殊作戦部隊及びアフガニスタンと協力し、空爆に必要な情報を提供した。SADが用いた兵器の中には、空軍とCIAによってヘルファイアミサイルを搭載された無人偵察機プレデターもあった（「無人航空機」を参照のこと）。

　アフガニスタンでの戦闘で初めて死亡したとされるアメリカ人のマイケル・スパンも、SADの一員だった可能性が高い。しかし他のメンバーと同じく重武装していたものの、記章のついた制服は着ていなかった。なおSADの工作員は通常6名のチームで活動しており、いずれも軍事訓練を受けると共に数ヵ国語を話すことができる。

　2002年11月にイエメンでアルカイダ指導者を殺害し

たプレデターも、SADの1チームが操縦していたとされる。

【参照項目】テロリスト情報、CIA、プレデター、マイケル・スパン

特殊研究活動センター （Center for Special Studies）

1985年に設立されたイスラエルのシンクタンク。殺害されたイスラエル人インテリジェンス・オフィサーの追悼施設でもある。テルアビブ北方のグリロットにある追悼施設は石造りの迷宮から成っており、数ヵ所ある中庭のそれぞれがアラブとの抗争の歴史における1期間を表わしている。また壁面には、任務中に殉職したおよそ400名のインテリジェンス・オフィサーとエージェントの名が刻まれているが、その最初にあるのはジェイコブ・ボカイの名前である。イスラエル建国からおよそ1年後の1949年5月4日、シリア生まれのユダヤ人であるボカイは、避難民に紛れてヨルダンへ潜入するという任務を命じられる。しかしヨルダン当局に逮捕され、スパイとして8月3日に絞首刑が執行された。また施設には名前の記されていない一角があり、イスラエルの諜報活動に果たした役割がいまだ公表できない男女を顕彰している。

研究施設も迷路のような建物である。インテリジェンス・オフィサーの経歴を持つ初代所長のエシャヤフ・ダリオットは、ニューヨーク・タイムズ紙とのインタビューで次のように語っている。「迷路というアイデアは、情報収集活動を象徴するたゆまぬ研究、方向性の変化、そして複雑性と永続性を具現化しているのです」

センターの研究施設は博物館、会議室、図書館、講堂、そしてオフィスから構成されており、イスラエルの軍及び情報組織が会議や訓練、あるいは式典の場として用いている。

【参照項目】インテリジェンス・オフィサー、エージェント

特殊作戦執行部 （Special Operations Executive）

「SOE」を参照のこと

特殊作戦部隊 （Special Operations Forces〔SOF〕）

特定のエリアに潜入し、破壊工作、情報収集、及びその他の「特殊任務」を遂行すべく、特別な訓練を受けた軍事部隊を指す用語。特殊作戦部隊のメンバーは厳しい肉体的訓練を通じ、いかなる状況でも自力で生き延びることが求められる。またヘリコプター、パラシュート、小型ボート、あるいは潜水艦を使って敵の支配地域に潜入することもある。

アメリカ各軍はそれぞれ特殊部隊を擁している。陸軍にはグリーンベレーとデルタフォースがあり、後者は人質救出の訓練を受けている。また海軍にはシールズが、空軍には特殊作戦コマンドがある。これら特殊部隊の大半は、主にジョン・F・ケネディ大統領の発案でベトナム戦争中に組織された。またテロ攻撃に関わる政府機関でもSOFに対する関心が強まっている（「テロリスト情報」を担当のこと）。

ベトナム戦争とコロンビアでの麻薬戦争において、アメリカ特殊部隊はCIAのチームと共に秘密作戦を遂行した。また2001年の米軍によるアフガニスタン侵攻でも、特殊部隊とCIA工作員部隊が活動した。なお、この時アメリカ人初の犠牲者となったのがCIA武装工作員の（ジョニー・）マイケル・スパンであり、2001年11月25日、マザーリ・シャリフの監獄で発生した銃撃戦によって命を落とした（「特殊活動課」を参照のこと）。

イギリスの特殊空挺部隊（SAS、陸軍）と特殊舟艇部隊（SBS、海兵隊）は、数あるSOFの中で最も有名な部隊の1つである。第2次世界大戦期に組織されたこれら秘密工作部隊は、冷戦期に入っても世界各地のイギリス領、とりわけ北アイルランドで活動し、北アイルランド共和軍と秘密裡に戦った。テレビで大々的に放送された1980年5月5日の駐英イラン大使館人質事件において、SASはイラン人5名を射殺、残る1人を拘束して事件を終わらせた。人質26名が解放されたが、銃撃戦の中で1人が死亡、2人が負傷している。また1982年のフォークランド紛争でもSASとSBSの活動は華々しく伝えられた。一説によると、SASのチームがヘリコプターでアルゼンチンに上陸する一方、SBSのチームはサウスジョージア島の凍土にこれもヘリコプターで送り込まれたという。

1991年の湾岸戦争と2003年のイラク戦争においては、通常軍の攻撃に先立ってアメリカとイギリスの特殊部隊がイラクに送り込まれたとされている。また前述の通り、2001年にはアフガニスタンにも潜入している。

ソビエトも陸海空の兵力を組み込んだ特殊部隊、スペツナズを組織した。西側の特殊部隊と違い、スペツナズは軍の情報機関GRUの管轄下にある。冷戦下におけるスペツナズの活動は概要しか伝わっていないが、2002年10月のモスクワ劇場占拠事件では突入の様子が全世界に中継された。劇場の空調システムから無能力化剤のガスを送り込んだ後、覆面で顔を隠した重武装のスペツナズ兵およそ200名が建物に入り、50名ほどのチェチェン人拘束犯を射殺する。しかしガスの影響で観客100名以上も命を奪われた。

他の各国も特殊部隊を有しており、現在その大半は人質救出や対テロ作戦だけでなく、情報収集や急襲作戦も担当している。

【参照項目】潜水艦、CIA、マイケル・スパン、スペツナズ、GRU

特殊情報　(Special Intelligence〔SI〕)

　細分化された情報を指すアメリカの用語。主に信号情報に関係している。

【参照項目】細分化、信号情報

特殊任務　(Special Tasks)

　暗殺、誘拐、殺害、及び破壊工作を指すロシア情報界の用語。1936年頃、特殊任務を担当するグループがニコライ・エジョフによってNKVD（内務人民委員部）に組織された。また41年7月5日にはNKVD特殊任務管理局が設立され、ドイツなど枢軸国に対する諜報活動を行なっている。

　「パヴェル・スドプラトフ」も参照のこと。

【参照項目】ニコライ・エジョフ、NKVD

特殊保安要員　(Special Security Officer)

　特殊アクセスプログラムの対象となっている文書及びその他資料の取り扱いを管理する、アメリカ政府あるいは民間企業の人間。また機密細分化情報施設の責任者でもある。

【参照項目】特殊アクセスプログラム、機密細分化情報施設

特殊報告機関　(Special Reporting Facility〔SRF〕)

　国務省の活動に従事しているCIA職員を遠回しに指す用語。通常はアメリカ大使館職員をカバーとするインテリジェンス・オフィサーである。

【参照項目】CIA、カバー、インテリジェンス・オフィサー

特殊連絡部隊　(Special Liaison Unit〔SLU〕)

　第2次世界大戦中、ウルトラ情報（後にマジック情報）の厳重な取り扱いを実施するため、米英軍が主要な前線司令部に設置した部隊。

　SLUを着想したF・W・ウインターボザム空軍大佐は、著書『The Ultra Secret（邦題・ウルトラ・シークレット：第二次大戦を変えた暗号解読）』（1974）の中で次のように説明している。

　情報の存在を知り得る人数に関するルール、そして情報を受け取る人間に関するルールを厳しく定め、彼らが敵の疑惑をかき立てる、あるいは計画が知られたのではないかという敵の不安を立証する、といったことを防がねばならないと私は指摘した。これを最高司令官に説くのは確かに困難である。時には相手に知らせてやりたくなる衝動にかられるものだ。

　各SLUの指揮官には、この方針を強制する権限が米

英の最高司令官から与えられた。SLUの士官は、ウルトラ及びマジックのメッセージを自らの手で上級司令官、もしくは特に受け取りを指示された参謀に届けねばならない。またメッセージは読後SLU士官に戻され、破棄されることになっていた。

　SLUはワンタイムパッド、アメリカのシガバ暗号機、そしてイギリスのTypex暗号機を使い、イギリスのブレッチレーパーク、ワシントン郊外のアーリントンホール、及び各地の海軍通信情報施設と連絡をとった。Typexで暗号化された重要でないメッセージを除き、これらの暗号通信がドイツ及び日本に「読まれる」ことはなかった。

　SLUは極めて優秀な存在であり、ウィンストン・チャーチル首相も個人的な話題といった最高度の秘密が求められる通信には彼らを使った。また1944年12月にドワイト・D・アイゼンハワー陸軍大将とバーナード・L・モントゴメリー陸軍元帥との間で深刻な対立が持ち上がった際も、アイゼンハワーはSLUの通信ルートを用いてチャーチルに個人的なメッセージを送り、上司であるジョージ・C・マーシャル大将に「私か、それともモントゴメリーか」と迫る用意があることを伝えている。

　ウインターボザムが連合軍の作戦地域におけるSLUの配置と監督を担当していた。

【参照項目】ウルトラ、マジック、F・W・ウインターボザム、ブレッチレーパーク、アーリントンホール、ワンタイムパッド、シガバ、Typex

特別委員会　(Select Committees)

　「アメリカ合衆国」を参照のこと。

特別課　(Special Branch)

　イギリス情報機関、とりわけ保安部（MI5）のために警察業務を行なうスコットランドヤード（ロンドン警視庁）の1部署。監視の遂行、容疑者の逮捕、及び裁判での証言を任務とする。MI5は逮捕権を有しておらず、身元が割れるのを防ぐため裁判で証言することも滅多にない。一方、特別課は警察組織として外国要人の警備を行ない、またMI5と協力してテロリストや暗殺犯と思しき人物の摘発にあたっている。

【参照項目】MI5、監視

特別行動　(Executive Action)

　暗殺を婉曲に指す単語。許可を与えられているか、少なくとも情報機関から妨害または非難されていない暗殺行為に用いる。1975年にチャーチ委員会がCIAを調査する中で入手した内部資料に掲載されていた。特別作戦とも。

【参照項目】CIA

特別細分化情報 <small>(Special Compartmented Intelligence)</small>

「機密細分化情報」を参照のこと。

特別収集部 <small>(Special Collection Service)</small>

電子情報（ELINT）活動を行ない、敵国で盗聴作戦を実行するアメリカの極秘エリート組織。NSAのスペシャリストを含むメンバーは通常外交官をカバーとし、ターゲット国の在アメリカ大使館や、安全が確かめられた建物に極秘の電子装置を設置している。この組織はNSAによって運営され、装置とバックアップ要員の提供を受けている。またCIAの専門家も配属されている。

情報アナリストのジョン・パイクは「不法侵入を得意とするミッション・インポシブル型の機関」と評している。

典型的な作戦の場合、特別収集部は極秘装置を用いて通信を傍受するが、その中には政府機関やテロリストの本拠といった、特定のターゲットから漏れ出した会話も含まれている。この任務は高度な機密とされているため、組織についてもほとんど公にされておらず、訓練施設の場所さえ極秘である。部隊の業績について公の記録は存在しないものの、アメリカのインテリジェンス・コミュニティーでは高い評価を受けている。

【参照項目】電子情報、NSA、カバー、ターゲット、CIA、インテリジェンス・コミュニティー

特別上級委員会 <small>(Special Group〔Augmented〕〔SGA〕)</small>

キューバの指導者、フィデル・カストロの排除を目指す中で主役を演じたホワイトハウスの委員会。

1961年11月、ケネディ大統領はマングースというコードネームの破壊工作・政府転覆活動を許可すると共に、プロジェクトを管理すべく閣僚レベルの委員会を設置した。

秘密工作活動が政府上層部に管理されることはこれまでなかった。委員会のメンバーにはロバート・S・マクナマラ国防長官、ロバート・ケネディ司法長官、ディーン・ラスク国務長官がおり、軍事担当補佐官のマクスウェル・D・テイラー陸軍大将が議長を務めた。また他のメンバーとして中央情報長官（DCI）に任命されたばかりのジョン・A・マコーン、マクジョージ・バンディ国家安全保障問題担当補佐官、U・アレクシス・ジョンソン国務次官、ロスウェル・ジルパトリック国防次官、そして統合参謀本部議長のライマン・L・レムニッツァー陸軍大将が名を連ねている。また事務官を務めたCIA職員のトム・パロットは、会議で知った内容をCIAに伝えることがあった。

マングース作戦の指揮を執った反乱扇動の専門家、エドワード・ランズデール少将もSGAの直属下に置かれた。マングースの活動はマイアミを本拠として行なわれ、元CIA職員のウィリアム・K・ハーヴェイが指揮を執ると共に、タスクフォースWのコードネームが与えられた。

SGAは設置から1962年10月まで42回の会合を重ねたが、キューバミサイル危機の発生によってマングース作戦は突如終焉を迎えた。8月10日にディーン・ラスクの執務室で開かれた会合において、マクナマラは1つの可能性としてカストロ暗殺を提案し、それはケネディ政権の最高機密計画となったが、すでにこうした計画が立案されていたことをマクナマラは知らなかった。また会議に招かれたアメリカ情報庁長官エドワード・R・マロウから、こうした話題はふさわしくないと警告を受け、会議後にはマコーンも電話で忠告している。

この会合——及びSGAとマングース作戦——に関する情報は、チャーチ委員会がCIAの職権濫用を調査する中で明らかになった。

【参照項目】マングース作戦、コードネーム、秘密工作活動、中央情報長官、ジョン・A・マコーン、CIA、エドワード・ランズデール、ウィリアム・K・ハーヴェイ、キューバミサイル危機、チャーチ委員会

特務班

暗号解読を専門とする日本海軍軍令部の一部署。

1920年代初頭に設置され、中国のコード式暗号とアメリカ国務省のグレイ暗号に対していくらかの成功を収めた。1937年、特務班のある士官が鍵屋とカメラマンを伴って神戸のアメリカ領事館に侵入、国務省と海軍が用いるブラウン暗号のコード書を撮影した。またM-138暗号機も同時に撮影している。しかし、この侵入行為が特務班に大きく貢献することはなかった。

太平洋戦争勃発当時、当初数名の士官しか所属していなかった特務班は規模を拡大しており、複数の無線傍受局と数千名の軍人軍属を擁するまでになっていた。またアメリカで英語を学んだ後に日本へ帰国した日系2世の女性も所属しており、無線通話などの翻訳に携わっていた。

デイヴィッド・カーンは著書『The Codebreakers（邦題・暗号戦争：日本暗号はいかに解読されたか）』（1967）の中でこう記している。「（特務班は）アメリカのメッセージから有益な情報をこればかりも抽出できなかった。自らの能力をはるかに超える暗号システムで作成された中〜高レベルのメッセージは、解読を試みようともしなかったのである。その代わり、下層の司令部で用いられているより単純な暗号システム3つに力を集中させた。それにもかかわらず、成果は少なかった」

日本軍による信号情報活動の大半は交信分析を対象としていたが、これも大きな成果を挙げることはなかった。

【参照項目】コード、暗号、日系2世、デイヴィッド・

カーン、信号情報、交信分析

ドーダー、デュスコ （Doder, Dusko）

KGBから現金を受け取ったとして非難されたアメリカのジャーナリスト。具体的な証拠を伴わないこの非難は、1992年12月発行のタイム誌において行なわれた。情報源は1985年8月に亡命した元KGB職員のヴィタリー・ユルチェンコである。タイム誌に記事が掲載された際、ドーダーはフリーランスのジャーナリストとしてユーゴスラビアで活動していた。その後の1996年8月、タイム誌はロンドンの法廷においてドーダーに謝罪し、262,000ドルの損害賠償を支払っている。

ユルチェンコの告発によれば、以前ワシントン・ポスト紙のモスクワ支局長だったドーダーはKGBから1,000ドルを受け取ったという。掲載後、ドーダーはタイム誌を名誉毀損で訴えた（ユルチェンコは1985年12月にソビエトへ自発的に帰国しており、彼の亡命に疑問が投げかけられた）。

ワシントン・ポスト紙は、KGBの後継機関FSK（連邦防諜庁）のエフゲニー・プリマコフ長官による「ドーダー・ファイルの検討」を要請した。プリマコフは広報担当者を通じ、「ドーダーがKGB職員から1,000ドルを受け取ったという証拠はない」と返信している。

他の元KGB職員も、ドーダーは採用候補者だったものの、KGBと協力していた証拠はないとしている。

ワシントン・ポスト紙のコラムニストでドーダーのキャリアについて記したリチャード・コーエンは、ドーダーがあるスクープ——ユーリ・アンドロポフの死去——を報告した際、CIAから記事差し止めの要請があったと述べた。それを受けた編集者は、ドーダーの特電を1面から最終面に移動したという。コーエンは記す。「ドーダーは正しく、CIAは間違っていた。今では対等になりつつあるだろうが」

その後モスクワに転勤したドーダーは、ワシントン・ポスト紙のために活動する。コーエンによると、FBIはポスト紙に対してドーダーが「疑惑の中」にいると警告した。だがポスト紙による調査の結果、「何も出てこなかった」のである。

ワシントン・ポスト紙が1995年7月に公開した書簡には、アーサー・ハートマン元大使の言葉が引用されている。「モスクワのアメリカ大使館は、ドーダー氏によるワシントン・ポスト紙の記事を注意深く観察していた。私は受け取った報告に従い、ドーダー氏による記事には、大使館が独立した情報源を基に検討した結果、KGBの偽情報と判断されたものと同じ、または同種の情報が含まれていると結論づけた。」ドーダーが偽情報を掴まされていたというハートマンの示唆は、本質的にFBIとCIAの立場を反映したものである。

【参照項目】KGB、ヴィタリー・ユルチェンコ、FSK、イェブゲニー・プリマコフ、ユーリ・アンドロポフ、偽情報

ドッグスキン報告 （Dog Skin Report）

第2次世界大戦中、日本占領下のインドシナでフランス人エージェントが記した情報報告。このエージェントは犬の毛を剃り、消えないインクで自らの報告を皮膚に記し、毛が再び生えるまで待ってから犬——そして報告——と共に脱出したのである。

「ラミア」というコードネームで活動していたフランスのインテリジェンス・オフィサー、フィリップ・L・シロー・ド・ヴォジョリは、フランス情報機関BCRAのインドシナ課で勤務していた1944年にこの報告を読んだ。「その情報は記された当時こそ役に立つものだったかもしれないが、1年以上経っており完全に古いものになっていた」

【参照項目】エージェント、インテリジェンス・オフィサー、コードネーム、BCRA

ドッグ・ドラッグ （Dog Drag）

第2次世界大戦中にアメリカ戦略諜報局（OSS）が開発した装置。エージェントがそれを引きずって走ることで「いつまでも残る臭い」を発し、そのエージェントの体臭を追跡する犬から逃れられる。イギリスは唐辛子を用いた装置を使ったが、それは犬の鼻腔に炎症を起こすため、かえってエージェントを危険に晒すことになった。

【参照項目】戦略諜報局

ドッド、マーサ （Dodd, Martha）

ソビエトのためにスパイ行為をしたアメリカの社会主義者。

1933年、マーサは駐独アメリカ大使に任命された父ウィリアムに同伴してドイツへ移り住む。ベルリンに着いた彼女はソビエトの外交官と恋に落ち、エージェントとなって外交資料を渡した。そして熱心な共産主義者となり、情報を得るためにナチの高官とベッドを共にすることもあった。

その後別のソビエト外交官と恋仲になり、「ジュリエット#2」という暗号名を与えられる。反ナチスの諜報・レジスタンス網、レッド・オーケストラのヒロインであるミルドレッド・フィッシュ＝ハナックと友人だったドッドは、ロシア人の恋人がいずれも正式な指令を受けて恋愛劇を進めていることを知らなかった。

1937年12月にドッド一家がアメリカへ帰国した際、彼女はニューヨークに駐在するNKVD（内務人民委員部）の優秀なイリーガル、イスハーク・アフメーロフの手に委ねられた。アフメーロフはドッドに対し、ワシントンの知り合いから有益な情報を引き出すようアドバイ

スしたが、その「知り合い」にはルーズベルト大統領夫妻も含まれていた。また彼女には「リザ」という暗号名が与えられた。

1938年6月、ドッドは金融家のアルフレッド・スターンと結婚する。モラルにうるさいNKVDは彼女への信頼を失い、ある報告書に「アメリカ的自由奔放さの典型例。ハンサムな男なら誰とでも寝る、性的に腐敗した女」と記した。夫妻が諜報活動に貢献することはなかった。「赤い百万長者」の異名をとるスターンが共産主義者を公言していたのがその理由である。しかし彼が設立した出版社は、ソビエトのイリーガルにカバーを提供するフロント企業として使われた。

1950年代に吹き荒れた赤狩りの嵐の中、夫妻はメキシコ、次いでチェコスロバキアへ逃れ、最終的にはキューバに落ち着いた。拘束を伴わないアメリカへの帰国を請願したものの、それが叶えられないと知った2人は、チェコスロバキアに移住して歴史の表舞台から姿を消した。

【参照項目】暗号名、レッド・オーケストラ、NKVD、イリーガル、イスハーク・アフメーロフ、カバー、フロント企業

トップ ハット (Top Hat)

「ディミトリ・ポリヤコフ」を参照のこと。

ドナルド・E (Donald E.)

「ディミトリ・ポリヤコフ」を参照のこと。

ドノヴァン、ウィリアム (Donovan, William 1883-1959)

第2次世界大戦中、アメリカ戦略諜報局（OSS）長官を務めた人物。秘密諜報活動と特殊作戦を任務とするこの機関を1942年の創設時から率いた。なおOSSは戦後CIAに発展している。

1914年に第1次世界大戦が勃発した際、ニューヨークの著名かつ多忙な弁護士だったドノヴァンはヨーロッパへ赴き、飢餓の救済にあたるハーバート・フーヴァーを手助けした。16年の帰国後は軍務に就き、米墨国境でパンチョ・ビリャ襲撃隊との実戦を目撃する。翌年3月にニューヨークへ戻った後は、伝説の第69歩兵連隊「戦うアイルランド人」の大隊長に任命される。11月にヨーロッパへ送られたこの旅団は、アメリカ・レインボー師団の一部として大規模な戦闘に参加した。フランスでの19ヵ月間に3度負傷したが、その武勇で戦時中最も多く勲章を授与された将兵の1人となる。受け取った勲章には名誉勲章、殊勲十字章、レジオン・ドヌール勲章、大英帝国勲章、そして柏葉銀十字章がある。

諜報活動に対するドノヴァンの信仰は、第1次世界大戦後の数年間に端を発している。国務省の指示により革命で疲弊したロシアに派遣され、短期間ながらA・

V・コルチャック提督率いる白系ロシア軍との連絡将校を務めたのがそのきっかけである。だが1920年後半の帰国後は法曹界での活動を再開し、連邦検事、司法長官代理補佐官、そして国際弁護士事務所の弁護士になった。顧客にはウィンストン・チャーチルもいたという。

好奇心旺盛で時に気ままな性質のドノヴァンは1930年代に一市民として世界各地を旅行し、イタリア・エチオピア戦争やスペイン内戦を目撃した。1930年代後半にはルーズベルト大統領の特別大使としてヨーロッパと中東を訪れているが、最も重要な任務は1940年7月にイギリスへ赴き、表向きは「イギリスの防衛状況を視察」することだった。しかしその際、イギリスの敗戦が間近だと信じていたジョセフ・P・ケネディ駐英大使は、ドノヴァンの訪英に猛反対している。

ドノヴァンはイギリス海軍情報長官のジョン・ゴドフリー少将、MI6長官のスチュワート・ミンギス中将、そしてその他のインテリジェンス・オフィサーと会い、破壊活動に従事する新設の政府機関、SOE（特殊作戦執行部）の存在を非公式に知らされる。ドノヴァンは会った人間に強烈な印象を残し、イギリスのある歴史家が後に記した通り、「個人的な友好関係を積み上げ」「諜報分野における両国間の協力関係を構築するきっかけを作った」のである。イギリス政府が熱心に支持したこの訪英は、アメリカの支援さえあればイギリスはドイツ軍の猛攻に耐えられるという信念をドノヴァンに抱かせた。帰国した彼は、アメリカの中立法を避けてアメリカ駆逐艦50隻を供与するのと引き替えに、大西洋西部とカリブ海に所在するイギリス軍の基地数ヵ所を長期にわたってリースするという、後に議論を呼んだ取引をルーズベルトに勧めたと、自ら語っている。

1940年の後半、アメリカにおけるイギリスの諜報活動を統轄するウィリアム・スティーヴンソンに伴われ、ドノヴァンはヨーロッパの前線及び諜報拠点――イギリス、ジブラルタル、マルタ、エジプト、ギリシャ、ユーゴスラビア、トルコ、ポルトガル、そしてスペイン――を巡る25,000マイルの危険な旅に出発した。アンソニー・ケイヴ・ブラウンは評伝『The Last Hero』(1982)の中で、この旅行を「将軍、提督、空軍元帥、スパイ、政治家、首長、聖職者、イスラム僧、王子、大佐、そして国王が終わりなき行列をなした」と評している。

アメリカを参戦させようと必死だったチャーチル首相は非常に感銘を受け、「（ドノヴァンは）活気に溢れ、心温まる炎を内に秘めている」と記した電報をルーズベルトに送っている。また海軍情報長官は太平洋艦隊司令長官に対し、「他の誰よりもまずドノヴァンを通せば、我々がより多くのことを達成できることは間違いない」というメッセージを送信した。

ドノヴァンがワシントンに戻ったのは1941年3月だが、恐らくロンドンの陸海軍駐在武官を通じ、諜報活動

への関心を伝える言葉が一足早く到達していた。4月8日、陸軍情報部長のシャーマン・マイルズ中将は参謀総長のジョージ・C・マーシャル大将に手紙を送り、「あらゆる諜報活動を担う一大機関を設立せんとする、ドノヴァン大佐による動きが足元に迫っていると信じるに足る十分な理由があります……こうした動きは、破壊的とまでは言えないものの非常に不利であると考えられます」と述べる一方、FBI長官のJ・エドガー・フーヴァーは、自らの特別情報局をラテンアメリカからヨーロッパ、果てはアジアへ拡大させようと目論んでいた。

マイルズとフーヴァーがドノヴァンに対して抱いていた嫌悪は、2人がすでにもう1人の素人と競っていた事実によって一層激しくなった。その素人とは、ルーズベルトのヨット仲間にして篤志家のヴィンセント・アスターである。ルーズベルトは海軍予備役士官に過ぎなかったアスターを陸軍情報部、海軍情報局、そしてFBIのニューヨーク地区責任者に抜擢したのである。さらに、ルーズベルトは恐怖の「一大機関」を設置してアスターをそのトップに据えようとしているという噂が、ワシントンでしきりに囁かれた。

ドノヴァンは海軍長官のフランク・ノックスに促されて1941年6月10日にメモを記し、秘密情報機関の設立を強く勧告した。ドノヴァン曰く、こうした機関は大統領が任命する「戦略情報統括官」によって指揮され、「彼以外の誰にも直属しない」べきであるという。またこの機関は「大統領の一存」で管理される秘密予算から資金を与えられるべきとした。

ドノヴァンは駆け引きの手段として、この機関は「FBIが現在担当している国内業務」を引き継がず、また「陸海軍による情報活動」に干渉しないことを提案した。しかし「情報源を問わず全ての情報」を調整、機密化、そして解釈する機能を付与されることについては譲らなかった。

ノックスはこのアイデアを持ってロビー活動をしたものの、陸海軍の幹部がそれに抵抗を見せる間、ルーズベルト大統領は決定を先延ばしにした。またイギリスはドノヴァンを自国の戦争遂行努力を積極的に支援する人物と見なしており、後に「プロセスの促進」と評された試みにおいて、海軍情報長官のゴドフリーと彼の副官であるイアン・フレミング少佐（後にジェームズ・ボンドを生み出す人物）をアメリカに送り込んだ。ホワイトハウスで催されたディナーの席上、ゴドフリーはルーズベルトに対し、ドノヴァンが率いる情報機関の必要性を訴えている。

1941年7月11日、ルーズベルトは新たな外国情報収集機関の長官にドノヴァンを任命し、情報統括官（COI）という職名を与えた。ルーズベルトがドノヴァンの任命を発表した際、スティーヴンソンはMI6長官のミンギスに次の電報を打っている。「私がいかに安堵したか、長官もおわかりでしょう……我々の戦争努力にとってかくも重要な地位を、この人物が占めることになったのですから」

当初ルーズベルトはドノヴァンを現役復帰させ、軍人としてCOIを務めさせる腹づもりだった。しかし陸軍と議会による反対のため、このアイデアは一時的に取り下げざるを得なかった。かくしてドノヴァンは、諜報活動の第一歩を文官として踏み出すことになったのである。業務はごく秘密裡に進められ、新聞記者は彼を「秘密の雄牛」と呼んだ（1941年12月7日以降、ドノヴァンは軍人として現役復帰する。「ドノヴァン将軍」と呼ばれることもあったが、准将に昇進したのは43年3月であり、少将への進級は翌年11月だった）。

ウォルター・ベデル・スミス大佐が陸軍の上官に対し、ドノヴァンはホワイトハウスやルーズベルト政権の重要閣僚と容易に接触でき、それゆえアメリカの戦争戦略をイギリスの高級参謀との間で調整すべく1942年に創設された統合参謀本部（JCS）に、ドノヴァンの組織を組み込むのが良案だと納得させることで、ドノヴァンへの反対は姿を消していった。かくして1942年6月13日、ドノヴァンの新組織は統合参謀本部の指揮下にある戦略諜報局（OSS）となった（スミスは1950年から53年まで中央情報長官を務めている）。

だが1ヵ月後、ドノヴァンはOSSを失う危機に瀕した。ワシントンDCのスペイン大使館に侵入し、北アフリカ上陸作戦に必要な外交電文を盗み出そうとする一連の行動に許可を与えたからである。この一件は統合参謀本部が介入することで解決したが、OSSとドノヴァンがこうした手段で救われたことにフーヴァーは激怒した。

ドノヴァンは様々な敵――ヨーロッパにおけるライバルと見なしていたイギリスのインテリジェンス・オフィサーや、OSSを太平洋南西部の戦線から締め出したダグラス・マッカーサー大将など――との戦いに時間の大部分を費やした。さらに、背後を刺そうと常に待ち構えているフーヴァーの存在があった。「我々よりもアプヴェーア（ドイツ軍の情報機関）のほうが、FBIからよい待遇を受けている」と、ドノヴァンは語ったことがある。

しかし、ドノヴァンは官僚的縄張り争いの達人だった。ヨーロッパで活動する工作員の1人、ウィリアム・ケーシー（こちらも後に中央情報長官となる）は彼を「声と物腰は柔らかく、終生つきまとった『ワイルド・ビル』というあだ名とは似ても似つかない丸々肥った人物」と評している。新聞もドノヴァンを「ワイルド・ビル」と呼ぶのを好んだ。伝えられるところでは、陸軍で戦闘行為に明け暮れていた時代に付けられたらしい。だが友人曰く、面と向かって彼をそのあだ名で呼ぶ人間はいなかったとのことである。

Dデイ、すなわち連合軍がドイツ占領下のフランスに上陸した翌日の1944年6月7日、ドノヴァンと副官の

デイヴィッド・ブルースは、ウルトラ情報を閲覧できる人間は捕虜となる危険を冒してはならないとする米英の規則を破った。ユタ・ビーチに上陸した2人は、ドイツの機関銃によって蜂の巣にされるところだった。ドノヴァンはブルースを向いて、「私たちは知りすぎている」と言いつつ拳銃を抜き、「捕らえられたらまずは君を撃つ。それから自分だ。私が司令官だからな」と続けた。結局、2人は夜が訪れる前に無事指揮艦へ戻っている。

イタリア攻略作戦が進められている間、ドノヴァンはカプリを訪れ、ニューヨーク時代の友人で政治的支援者が住むラ・フォルティーノという村を保護下に置くようOSSの要員に指示したが、猛烈な反発を受けた。ロビン・W・ウインクスは著書『Cloak & Gown』(1987) の中で次のように記している。

この時、ドノヴァンは自らの職務の複雑さを突如悟った。後に語った通り、両手にシャベルを持って、片方の手で自分が入る穴を掘り、もう片方の手でそこに流れ込む糞尿をすくい出さねばならないところまで状況は達していたのである。

またウインクスはドノヴァンをよく知る人物の話として、E・E・カミングスが「で、青い瞳の少年はお好きなのか、死神よ」という詩編を残した際、彼は射抜くような青い瞳をしたドノヴァンを念頭に置いたのだと記している。

ウィリアム・ドノヴァン少将（出典：国立公文書館）

1944年後半、ドノヴァンは恒久的な戦後の情報機関を創設すべくロビー活動を行なっていた。冷戦に先立つこの期間、FBIと軍の情報機関は裏で暗躍し、この提案が実現される前につぶそうとした。しかしOSSは世界中にエージェントと支部を擁する巨大組織に成長しており、その後ヨーロッパでの戦闘が終結したのを受け、ドノヴァンはソビエトに対するスパイ計画を立案し始めた。

一方では支援の手を差し伸べ、もう一方では戦いを挑みつつ、いかにしてソビエトを扱ってゆくかについて、ドノヴァンは自らの考えを内に秘めていた。そのために政策決定者としばしば衝突することになる。ドイツの降伏後、ヴァチカン及びバルカン半島でドイツの諜報活動を指揮していたヴィルヘルム・ヘットルがアメリカに投降する。ヘットルはソビエトを標的としたスパイ網を運用しており、ソビエトの国益を妨害するためであればOSSに引き渡してもよいという。一方ワシントンの政府職員も、ソビエトに対抗すべく元ナチス高官を活用する必要性をすでに予期していた（「ラインハルト・ゲーレン」「ゲーレン機関」を参照のこと）。

アレン・ダレスを通じてヘットルの申し出を知ったドノヴァンは、OSSはソビエトと組んでこのスパイ網を壊滅させるべきだと主張した。彼にとって、ナチスは所詮ナチスだったのである。統合参謀本部は当初この行動に反対したものの、事態はもはや止められないところまで進んでいたという記録が残っている。その後の経緯についての記録は現存しないが、元ナチスに対して数多く行なわれたアメリカによる便宜の一環として、ヘットルは収容所から解放されている。

1945年4月12日にルーズベルト大統領が死去したことは、ワシントンにおけるドノヴァンの影響力の終焉を予兆するものだった。後任のトルーマン大統領にとっては太平洋戦線こそが喫緊の課題であり、ドノヴァンも彼と親しい関係を築こうとはしなかった。さらに、ヨーロッパでの戦闘が終結すると、OSSのすべきことはほとんどなかった。かくして太平洋戦争が終結してからおよそ1ヵ月後の1945年9月20日、トルーマンはOSSを廃止した。

CIAはOSSから発展した組織だが、その創設にあたってドノヴァンは何の役割も果たしていない。影響力を持つ多くの友人がドノヴァンを初代情報長官にしようとロビー活動を行なったものの、トルーマンは一顧だにしなかった。

ドノヴァンは戦後のニュルンベルク裁判において検事補佐を務めた。1953年には駐タイ大使に任命されるが、健康悪化を理由として18ヵ月後に辞任している。ドノヴァンが死去した際、アイゼンハワーはこう言って彼の死を悼んだ。「何という人物だったろう！ 我々は最後の英雄を失ってしまった」

【参照項目】戦略諜報局、CIA、海軍情報長官、スチュワート・ミンギス、MI6、SOE、ウィリアム・スティーヴンソン、FBI、J・エドガー・フーヴァー、ヴィンセント・アスター、海軍情報局、イアン・フレミング、ジェームズ・ボンド、情報統括官、ウォルター・ベデル・スミス、中央情報長官、アプヴェーア、ウィリアム・ケーシー、D デイ、ウルトラ

トパーズ (Topaz)

「サファイア」を参照のこと。

ド・バッツ、ジャン (de Batz, Jean 1754-1822)

フランス革命時に国王ルイ 16 世の下で密偵を務めた人物。

ド・バッツは本来王党派だが、全国三部会（フランス議会）の改革派として頭角を現わした。1789 年に革命が勃発すると、彼は王権を復活させようと秘かに国王の下で活動する。そして架空の人物であるスカーレット・ピンパーネルのように、貴族を救い出してフランスからの逃亡を助けた。

1792 年 8 月に宮殿が襲撃され、国王と王妃マリー・アントワネットが投獄された際、ド・バッツと彼の率いるスパイ網は 2 人の救出を試みた。また失敗に終わったものの、断頭台に向かう国王を助け出すという大胆な計画も試みている。さらに 1793 年 10 月 16 日に断頭台の露と消えた王妃の救出も企んだが、こちらも失敗に終わった。

ド・バッツは革命派に対する陰謀を続け、1795 年のパリ蜂起ではバリケードに立て籠もって闘ったものの、ナポレオン・ボナパルトに鎮圧された。だが短期間の投獄を経た後もルイ 18 世に忠誠を尽くし、生涯にわたる王党派としての貢献によって勲章を授与された。

【参照項目】密偵、スカーレット・ピンパーネル、スパイ網

トビアス、マイケル・T (Tobias, Michael T.)

機密情報の売却をソビエトにもちかけたアメリカ海軍の水兵。1984 年 8 月、戦車揚陸艦ピオリアで勤務していたトビアスはカリフォルニア州サンディエゴを訪れ、シークレットサービスの覆面捜査官に 1,000 ドルで機密文書を売ると申し出た。彼によると、ある正体不明の「外国勢力」は、暗号機の鍵カードに 10 万ドルを支払うと申し出たという。トビアスは保安手続きに背いて鍵カードをシュレッダーせず、揚陸艦からそれを持ち出していた。またその前夜には、トビアスの姿がサンフランシスコのソビエト領事館近辺で目撃されている。

トビアスは弟ら 3 人と共謀し、自分たちは鍵カードを持っており、現金と引き換えにそれを返すとシークレットサービスに持ちかけることで、金を搾取しようと試

みた。事実、12 枚あるカードのうち 2 枚が紛失し、いまだ発見されていなかった。その後トビアスは出国の準備をしているところを逮捕された。

1985 年 11 月、脅迫未遂と機密漏洩、政府物件の窃盗で有罪となり、禁固 20 年の刑を言い渡された。

【参照項目】シークレットサービス

飛び込み (Walk-in)

スパイ行為を自ら申し出る人物。能力を認められていない離反者、あるいは「つきまとい」とも称される飛び込みは、事前の接触や勧誘行為を経ず、敵国の大使館や情報機関を文字通り飛び込みで訪れ、エージェントあるいは内通者になることを志願する。

「スパイの 10 年」と呼ばれた 1980 年代、この単語はソビエト大使館などを訪れて機密情報を提供するアメリカ人を指して用いられた。これらの人間は民間人、陸海空軍及び海兵隊の軍人、もしくは主要な軍需企業、CIA、NSA、FBI の職員など様々だった。

1960 年代から 80 年代にかけ、ソビエト情報機関はスパイの勧誘でなく飛び込みスパイを通じて大きな成果を挙げた。アメリカ上院情報特別委員会が 1986 年に作成した報告書によれば、「自発的に情報を売り込む」飛び込みは「あらゆるエージェントの中で最も危険な存在」であり、「最高機密情報を最も多く売り渡した」のも彼らだったという。

【参照項目】エージェント、内通者、スパイの 10 年、CIA、NSA、FBI

ド・ビュッシー、フランソワ (de Bussy, François 1699-1780)

イギリスのためにスパイ行為をしたフランスの外交官。

1725 年から 28 年まで駐ウィーン・フランス大使の秘書官、28 年から 33 年まで代理大使を務め、その間にイギリス人外交官のウォルドグレイブ卿と親友になる。

フランス貴族の私生児として生まれたド＝ビュッシーは巨額の借金を背負い、合法的手段では金を得られそうになかった。これを知ったウォルドグレイブはじっと時を待つ。

ド・ビュッシーがパリの外務省で勤務していた 1733 年、駐パリ・イギリス大使に昇進していたウォルドグレイブは彼をスパイとして勧誘し、書類や口頭報告を受け取った。ド・ビュッシーは公用でロンドンを訪れると、イギリス政府のインテリジェンス・オフィサーに直接秘密情報を渡している。こうしたスパイ行為は 1749 年まで続けられたが、突然裕福になったことを怪しんだ同僚によって諜報活動に幕が下ろされた。

ド・ベッティニー、ルイーズ (de Bettignies, Louise 1880-1918)

第 1 次世界大戦中イギリスとフランスのスパイを務

めた人物。

フランスのリールに生まれた彼女はフランス語、ドイツ語、英語、イタリア語を話した。1914年にドイツ軍がフランス北部に侵攻した際はイギリスへ逃れたが、そこでイギリスの諜報担当者から、スパイ活動を行ない、また連合軍捕虜の逃走を助けるためにフランスへ戻るよう依頼された。

アリス・デュボアという偽名の下、彼女はマリー・ヴァン=フーテというもう1人の女性と共に、スパイ網にして捕虜救出部隊でもある「アリス機関」を運営した。だが2人ともドイツ軍に捕らえられ、スパイとして軍法会議にかけられる。その結果ヴァン=フーテには禁固刑、ド=ベッティニーには死刑の判決が下るが、後に減刑された。ド・ベッティニーは獄中で死亡し、死後戦功十字章を授与されている。

ド・ボンヴーロワール、ジュリアン・アシャール
(de Bonvouloir, Julien Achard　1749-1783)

1775年、米英戦争でフランスがアメリカ支援に回るか否かを決定する際、アメリカに関する情報を探ったフランス人。ヨーロッパの商人を名乗ったド・ボンヴーロワールは、ベンジャミン・フランクリンを含むアメリカ独立運動の指導者たちと会話を交わして心情を吐露させようとした。

フランクリンらはド・ボンヴーロワールがエージェントであると気づいており、これを利用する。その結果、アメリカにとって有利な報告書がド・ボンヴーロワールからフランスにもたらされ、独立戦争の決定的要素となるフランスの支援につながった。

【参照項目】ベンジャミン・フランクリン

トムソン、サー・バジル　(Thomson, Sir Basil　1861-1939)

1913年から21年までロンドン警視庁（スコットランドヤード）特別課（犯罪捜査局）のコミッショナー補佐を務めた人物。

聖職者の息子として生まれたトムソンはイートンとオックスフォードで教育を受けた後、刑務所の看守となった。1913年にはスコットランドヤードに移り、特別課のトップに任命される。翌年に第1次世界大戦が勃発した際、トムソン率いる特別課は70名のスタッフを擁していたが、終戦時には700名にまで増加した。彼はドイツのスパイ数名を逮捕すると共に、イギリスでドイツのためにスパイ活動を行ない、オランダに向かう途中だったマタ・ハリの尋問にもあたった。

トムソンの下、特別課は逮捕権を持たない防諜機関MI5との長期にわたる協力関係を構築し、監視活動やMI5に割り当てられた任務を引き受けた。

戦後になって「赤の恐怖」がイギリス中で吹き荒れる中、トムソンは共産主義者と過激派分子の摘発に力を入れた。しかし1921年、アイルランド共和軍によるテロ行為を止められなかったとして情報機関に対する批判が強まり、トムソンも辞任を余儀なくされる。さらに、ハイドパークで売春婦と「いちゃついていた」として1925年に逮捕され、復職の望みも潰えた。その際、彼は秘密任務に携わっていたと説明し、事件は共産主義者がでっち上げた罠だと主張している。

【参照項目】特別課、防諜、MI5

ドーラ　(Dora)

「ルーシー・スパイ網」を参照のこと。

ドライクリーニング　(Dry Cleaning)

監視下にあるか否かを判断するためにとられる行動。車を運転している場合であれば、いきなりUターンして追跡する車も同じ行動をとるかどうかを確かめる。しかし高度な監視活動の場合、こうしたドライクリーニングも想定の範囲内とされる。監視対象を並行する道路から数台の車で追跡すれば、Uターンされたところで2台目の車が追跡を続ければよいのである。

トラヴィス、エドワード　(Travis, Edward　1888-1956)

第2次世界大戦初期、イギリスの暗号解読拠点ブレッチレーパークの責任者を務めた人物。

ブレッチレーパーク（BP）の創設者はアラステア・デニストン海軍中佐であり、トラヴィスは日常業務を監督していた。

イギリス海軍士官のトラヴィスは、ブレッチレーパークを軍艦と同じように運営しようと試みた。しかしエキセントリックな学者や、規律など知らない数学者にとって、彼は暴君だった。その一部は1941年10月ウィンストン・チャーチル首相に直接抗議し、「我々は通常の手段を通じてできる限りのことをしています」と訴えた。それに対し、BPの価値を熟知していたチャーチルは、スタッフと資源の増強を命じることで不満を和らげようとしている。

1942年初頭、トラヴィスはデニストンの後を継いでブレッチレーパークの責任者となり、後に上部組織である政府暗号学校（GC&CS、後に政府通信本部〔GCHQ〕）の長官にも就任している。独裁的な人物だったこともあり、ブレッチレーパークのスタッフからは「総統」と呼ばれた。しかしBPはその後も大きな成果を挙げ続けた。

戦後の1952年、トラヴィスはGCHQ長官を退いている。

【参照項目】ブレッチレーパーク、アラステア・デニストン、政府暗号学校、政府通信本部

トラスト (Trust, The)

1917年10月に始まったロシア革命において、ボルシェビキ政府が設立した欺瞞作戦の組織。表向きはボルシェビキ新政府の打倒を目指す組合ということになっていた。正式名称を「中央ロシア帝政連合」といったこの組織は、反ボルシェビキ運動を発見して操るべく、フェリクス・ジェルジンスキーによって運営されていた。

トラストは、罠とは知らずロシアに帰国した反ボルシェビキ派を惹きつける磁石の働きをした。またロシア国外では亡命者グループに同情を寄せる者を識別し、西側情報機関を混乱させると共に、ボルシェビキに関する偽情報を拡散した。

フランスなどの西側諸国は、反ボルシェビキ派のロシア人を助けていると信じ、トラストに資金援助した。実際にはロシア全軍連合（ROVS）という本物の反ボルシェビキ運動が存在しており、当初は反ボルシェビキ活動、後に反ソビエト活動を展開していた。だがボルシェビキはROVSに浸透、設立時のメンバーを誘拐して自らの手で殺害するのみならず、後継の指導者もソビエト国内で処刑した。

アメリカの情報活動評論家であるジョン・J・ジアクは名著『Chekisty: A History of the KGB』（1988）の中で、トラストは「対情報活動上の目的を達成するために挑発を用いただけでなく、亡命者グループ及び西側情報機関に大量の偽造文書や、いかがわしい情報報告書を持ち込んだ」と記している。

トラストは1924年頃に廃止された。理由の1つに、トラストを保証人としてロシアを訪れたシドニー・ライリーによって、正体を突き止められたことが挙げられる。全盛期にはロシア国内外でおよそ5,000名の工作員を擁していた。

【参照項目】 欺瞞、フェリクス・ジェルジンスキー、偽情報、シドニー・ライリー

ドラッグ (Drug)

ヴェノナ計画を指すイギリスの仮のコードネーム。当初は「花嫁」の名で呼ばれた。

【参照項目】 ヴェノナ、コードネーム

ドラモンド、ネルソン・C (Drummond, Nelson C.)

スパイ行為で有罪とされた初のアフリカ系アメリカ人。ロンドンのアメリカ海軍司令部で事務官を務めており、最高機密及びコスミック情報を閲覧する許可を有していた。

ソビエトに雇われた勧誘員は、ドラモンドがギャンブル中毒で経済的苦境に陥っていることを知り、ロンドンのソビエト大使館を拠点に活動していた連絡員に彼の名を伝えたとされる。1957年のある夜、バーで飲んでいた

ドラモンドは見知らぬ人間から少額の金を渡され、友人が海軍の軍票を使いたいので身分証を貸してほしいと頼まれる。だが要求は次第にエスカレートし、ついには機密資料を求めるまでになった。

ドラモンドが機密資料にアクセスできない職へ異動させられると、ソビエトのハンドラーは調査対象になっていると警告した上で連絡を絶った。実際、海軍情報局は行方不明になった資料について内偵を進めており、ドラモンドを含む数名の水兵が容疑者として浮かび上がっていた。しかし資料の一部はドラモンドがハンドラーに渡した物ではなかった。つまりソビエトは調査に関する内部情報を得ていたのみならず、ドラモンド以外にもロンドン駐在の水兵あるいは民間人職員を少なくとも1名は雇っていたのである。

1958年にアメリカ国内での勤務を命じられたドラモンドは、マサチューセッツ州ボストン、ヴァージニア州ノーフォーク、あるいはロードアイランドのニューポートへの出張中に入手した秘密資料を渡すなど、その後4年間にわたってスパイ行為を続けた。彼のハンドラーはソビエトの国連使節団に所属する外交官で、海軍兵器システム、対潜水艦システム、及び潜水艦の整備記録に関する情報をドラモンドから受け取っている。

国連で活動するソビエト国民はFBIの監視対象だったため、ドラモンドの逮捕もFBIによる努力の賜物だったと考えられる。その一方で、20年近くにわたってアメリカのためにスパイ行為をしていたGRU士官、ディミトリー・ポリヤコフ少将がもたらした情報によるものだった可能性も否定できない（ポリヤコフは、ソビエトの内通者だったCIA職員、オルドリッチ・H・エイムズによって正体を暴露されたエージェントの1人である）。

ドラモンドは1963年にスパイ容疑で有罪とされ、ソビエトに秘密情報を売り渡したとして終身刑を言い渡された。6年間のスパイ活動で稼いだ金額は28,000ドルだったという。

【参照項目】 最高機密、コスミック、セキュリティー・クリアランス、勧誘員、海軍情報局、国際連合、ディミトリー・ポリヤコフ、CIA、内通者、オルドリッチ・H・エイムズ

ドリアン (Dorian)

有人軌道実験室（MOL）を軍事偵察に用いるべく、1964年にアメリカ空軍が提案したプロジェクト。KH-10カメラが搭載される予定だったが、69年にMOLプロジェクトが中止されたことで取り下げられた。

トリゴン (Trigon)

CIAのエージェントだったあるソビエト国民を指すコードネーム。1980年秋、アメリカ各紙にこのコードネ

ームが数度にわたって登場した。共和党議員が主張したところによると、ワシントンのパーティーに出席した国家安全保障会議（NSC）のある職員が、東欧の外交官にトリゴンの存在をうっかり話してしまったため、彼の素性が明るみに出てしまったという。当時は共和党のロナルド・レーガンと民主党の現職ジミー・カーターとの間で大統領選が繰り広げられていたが、この問題は選挙戦の一部としてすぐさま燃え上がった。

　共和党関係者による情報漏洩で明らかになった通り、このNSC職員の一言はそれを聞いた外交官によって電文で報告されたが、NSAはそれを傍受・解読した。しかしカーター政権の関係者によると、トリゴンは少なくとも事件の2年前に正体が発覚しており、裁判の結果有罪になったという。また発覚の原因は、スパイ活動による報酬で贅沢な暮らしを送っていたことだとしている。

【参照項目】国家安全保障会議、リーク

ドリスコル、アグネス・メイヤー

(Driscoll, Agnes Meyer　1889-1971)

　第1次世界大戦後から第2次大戦直後までアメリカ海軍の暗号機関OP-20-Gに所属した暗号解読者。日本の暗号システム——大部分は海軍暗号だが、外交暗号もあった——の解明において核となる役割を果たした。

　1911年にオハイオ州立大学を卒業した彼女は短期間教職に就いた後、18年にアメリカ海軍へ入隊、通信部コード信号課に配属される。翌年に除隊した後も民間人として勤務を続けた。

　1920年、ドリスコルはジョージ・ファビアンが設立したリバーバンク研究所の暗号課に加わり、ウィリアム・F・フリードマンの下で暗号の訓練を受けた。また1920年代後半には、ハーバート・O・ヤードレー率いるニューヨークのブラックチェンバーでおよそ3ヵ月間働いている。

　その後ワシントンに戻ったドリスコルは2年をかけ、海軍用暗号システムの開発とテストを行なった。その1つである「CM」という装置は、ウィリアム・グレシャム海軍少佐と共同で開発したものだった（この功績によって、ドリスコルとグレシャム未亡人は1937年に議会から報奨金を与えられた）。

　1923年、ドリスコルはエドワード・H・ヘバーンによって海軍から引き抜かれた。特許を有する暗号盤装置を海軍省に売りたがっていたヘバーンは、彼女が開発に必要な技能を持っていると考えたのである。しかしこの装置は1924年に却下され、ヘバーンの会社は倒産した。ドリスコルはその年に海軍省のOP-20-Gに加わっている。

　彼女の復帰と共に、海軍の暗号活動は新たに組織された研究・訓練チームを中心に行なわれることとなった。ドリスコルはそこでローレンス・サフォード大尉と共に

働いている。このチームが挙げた最初の主な成果は、日本海軍が1918年に制定した作戦コード（レッドブック）を解明したことである。コードブックは22年に海軍情報局が盗み出していたが、その上に重ねられた暗号の解読は26年にドリスコルが成し遂げた。

　1930年、日本海軍は新たなコード暗号を採用した。OP-20-Gはそれをブルーブックと命名している。サフォードはドリスコルによる解読作業を、陸軍のパープル暗号解読に等しい成果だと考えた。なぜならフリードマンのチームと違い、彼女にはクリブや翻訳が与えられていなかったからである。この成果はまた、暗号解読において機械技術が本格的に用いられた最初の実例ともなった。

　ドリスコルの活動は海軍暗号のみにとどまらなかった。1935年頃、彼女は日本のM-1暗号機に取り組む。日本海軍の駐在武官が使用していたM-1はオレンジというコードネームを与えられており、日本の外交官が用いるパープル暗号機に類似していた。なおパープル暗号は、陸軍によって解読されている。

　1937年、ドリスコルは交通事故で負傷し、1年近く職務から離れた。復帰後の40年にはサフォードの指示で日本海軍の新たな一般暗号、JN-25に取り組む（「JN暗号」を参照のこと）。そこである程度の成功を収めると、今度はドイツのエニグマ暗号機に取り組むよう命じられる。しかしおよそ2年半の努力にもかかわらず、ドリスコル率いる解読チームはほとんど何の成果も挙げられなかった。1932年にポーランド人が解読した当時よりはるかに進化していたこともあるが、訪米したイギリス人暗号解読者のアドバイスを無視したことも理由である。そして43年中盤に連合国間でウルトラ情報が交換されたことにより、OP-20-Gにおけるエニグマ暗号の解読作業は幕を閉じた。その後ドリスコルはコーラルという名の、日本の海軍武官が用いていた暗号機の解読に取り組む。しかしどの程度の成果を挙げたかは詳らかでない。

　終戦を迎える頃、ドリスコルはOP-20-Gの主要な暗号解読者と見なされていたが、彼女のキャリアは暗号解読活動の中心から徐々に遠ざかってゆく。終戦後、ドリスコルはソビエトの暗号システムの解読に時間を費やしたが無駄に終わっている（「ヴェノナ」を参照のこと）。また暗号活動が最初は軍保安局に、次いでNSAに統合された時も、彼女はそこに加わっており、1958年に引退するまで活動を続けた。

【参照項目】ウィリアム・F・フリードマン、ハーバート・O・ヤードレー、ブラックチェンバー、エドワード・H・ヘバーン、ローレンス・サフォード、レッドブック、海軍情報局、ブルー暗号、パープル、コードネーム、エニグマ、軍保安局、NSA

トリテミウス、ヨハンネス （Trithemius, Johannes　1462-1516）

　15世紀のドイツのベネディクト会修道士であり、歴史上最も高名な神秘学者の１人。その学識から「書誌学の父」と称される。

　トリテミウスの死去から２年後、「Polygraphiae libri sex（６冊のポリグラフィー）」がラテン語で出版され、程なくフランス語とドイツ語でも刊行された。この大著の大半は、トリテミウスが自らの暗号法で用いた数々の単語の列で構成されており、いずれも大きなゴシック体で印字されている。また換字によって暗号を作成する正方形の表（タブロー）も掲載されていた。しかしこの僧院長が暗号史になした最も劇的な貢献は、平文の各文字を１つの単語もしくはフレーズで置き換え、暗号化された単語を普通の文章として読めるようにした点にある。

　アルファベットの最初の４文字は、トリテミウスの暗号表では次のように置換される。

A	B	C	D
I hail thee	beautiful	lovely	we hasten
Mary	Pallas	Isis	Astarte
Filled	magnified	devoted	enthroned
of grace	of enticement	of knowledge	of charm
the Lord	a god	desire	felicity
with thee	at thy breast	in thy arms	in thy heart
thou art blest	thou art admired	thou art shield	the loved
of women	of the miserable	of all wise men	of lovers
fruit	work	delicacy	treasure
is blest	is eternal	is admirable	is adorable

　この表を用いると、平文における「BAD」という単語は「beautiful Mary in thy heart」あるいは「work of women（is）treasure」のように記される。トリテミウスはこうしたアルファベットの表を14個作成し、メッセージの送り手はそのうち１つを使い、メッセージの冒頭でどの表を使っているかを受け手に伝えることになっていた。なおアルファベットはラテン語、英語、フランス語で使われているため、ある言語のメッセージ（アルファベット）は別の言語でも暗号化できる。

　この方法で問題となるのが、１つのメッセージを構成するのに多数の単語が必要になる点であり、そのため暗号作成にはかなりの時間を要した。

　トリテミウスの著作『Steganographio（暗号記法）』は1500年に執筆され、出版は実に1606年のことだった。

【参照項目】 暗号

トルカチェフ、アドルフ・G （Tolkachev, Adolf G.　1927-1986）

　アメリカ政府に機密資料を提供したソビエトの航空専門家。

　モスクワのソビエト航空宇宙研究所で勤務していたトルカチェフは、元CIA職員のスパイ、エドワード・L・ハワードに正体を暴露された後の1985年６月、KGBによって逮捕された。そして翌年10月22日、ソビエト当局はトルカチェフの処刑を公表した。

　トルカチェフは1970年代からアメリカのためにスパイ行為をしており、運用中あるいは計画中の航空機やミサイルに関する開発計画、仕様、及び試験結果を渡していた。アメリカのジャーナリスト、ボブ・ウッドワードは著書『Veil: The Secret Wars of the CIA, 1981-1987（邦題・ヴェール：CIAの極秘戦略 1981-1987）』（1987）の中でこう記している。「（トルカチェフは）未来への扉——研究、開発、そして最新のステルス技術に代表される新世代兵器——を開いた。彼のもたらした情報は、数十億ドルの価値があると見積もられた」

　ハワードはトルカチェフについての報告を受け、モスクワ着任後は彼のケース・オフィサーになる予定だった。前任のポール・M・ストンバウは、1985年６月13日、トルカチェフとの面会に赴く途中KGBに拘束された。同じ日、ワシントンDCではCIA職員のオルドリッチ・H・エイムズが、ソビエトのハンドラーに重量数ポンドものCIA文書を渡しているが、その中にトルカチェフの名も記されていた。かくしてエイムズがもたらした情報は、ハワードの情報を裏付ける結果になった。

　冷戦国際歴史プロジェクトが入手したKGB文書によ

1985年、アメリカのためにスパイ行為をしたとしてKGB職員によって連行されるソビエトの航空専門家、アドルフ・トルカチェフ。元CIA職員のエドワード・ハワードがトルカチェフの素性を暴露し、処刑に追いやった。なおハワードが暴露した内容は、同じくCIA職員のオルドリッチ・エイムズによるスパイ行為を通じて裏付けられている。さらに、アメリカの下で活動していた複数のロシア人が２人によって正体を暴露され、うち数名が処刑された。（出典：KGB博物館）

ると、1986年9月25日、ヴィクトル・M・チェブリコフKGB議長はミハイル・ゴルバチョフ書記長に「昨日トルカチェフの刑を執行しました」と告げたという。

それに対しゴルバチョフは「アメリカの情報機関はとても気前がよかったらしい。奴の所持金200万ルーブル（約50万ドル）が見つかったそうだ」と答えた。「このスパイは極めて重要な軍事技術を敵に渡しましたからね」とチェブリコフは応じている。

トルカチェフのCIAにおけるコードネームは「GTSPHERE」だった。

【参照項目】CIA、エドワード・L・ハワード、KGB、ボブ・ウッドワード、ケース・オフィサー、オルドリッチ・H・エイムズ、ハンドラー、ヴィクトル・M・チェブリコフ、コードネーム

ドルチェ、トーマス・J (Dolce, Thomas J.)

メリーランド州のアメリカ陸軍アバディーン性能試験場で勤務していた1979年から83年にかけ、機密文書を南アフリカ共和国に渡した民間人研究者。その文書はソビエト軍の装備に対するアメリカ側の評価を記したものだった。

1988年、ドルチェはスパイ行為に関して有罪を認め、ワシントンDCの南アフリカ大使館に所属する駐在武官と、ロンドン及びロサンゼルスに駐在する南アフリカ使節団に対し40回以上にわたって文書を渡したと述べた。

ドルチェは思想上の理由で1971年に南アフリカへ移住していたが、後に仕事を求めてアメリカに帰国している。1971年以前は、秘密戦のスペシャリストとしてアメリカ陸軍で勤務していた。

裁判の結果、1989年4月に禁固10年と罰金5,000ドルの判決が下されている。

【参照項目】駐在武官

トルデッラ、ルイス・W (Tordella, Louis W. 1911-1996)

1958年から74年までNSA副長官を務めた人物。

海軍中尉としてOP-20-G（「海軍通信情報」を参照のこと）に配属された1942年から暗号解読業務に携わり、ドイツのエニグマ暗号に取り組んだ。当時トルデッラは、エニグマの暗号鍵を解読すべく開発された「ボンブ」の設計・実用化にあたった数学者のチームに所属していた。その後はワシントン州ベインブリッジ・アイランドとカリフォルニア州スカッグス・アイランドに所在するOP-20-Gの無線傍受局に配属されている。

戦後は文官として軍保安部に加わり、1952年のNSA創設に向けた政策立案に関わる。その後58年に副局長となり、軍出身の局長6人に仕えつつ、NSAの日常業務を指揮した。

暗号解読に機械を用いた先駆者であるトルデッラは、NSAに次から次へと強力なコンピュータを導入した。引退後も死の数ヵ月前までNSAにアドバイスを送り続けている。

【参照項目】NSA、ボンブ、軍保安局

ドルニーツィン、アナトリー［p］ (Dolnytsin, Anatoli)

1963年、デイリー・テレグラフ紙がロンドンで尋問を受けているロシア人離反者の正体を探ろうとした際、イギリス情報機関が公表した偽名。

この離反者の正体はアナトリー・ゴリツィンだった。しかし離反者に関する報道が行なわれないようD通知を準備していた保安部（MI5）の職員が、通知を下書きする際にゴリツィンのスペルを間違って記してしまう（イギリスはGolytsinというスペルを用いたが、タイピストがそれをDolnytsinと打ってしまった）。

デイリー・テレグラフ紙はD通知の拒否を決断し、「ソビエトのスパイ、イギリスに亡命」という見出しの記事を掲載する。ミススペルだけではKGBを欺けないと激怒したゴリツィンはイギリスを逃れ、アメリカにいるCIA尋問官の元へ戻った。

この手違いが生じたのは、1961年9月当時、イギリスにアナトリー・アレキサンダー・ドルニーツィンという名の外交官が存在していたためである。ジャーナリストたちは彼こそが離反者ではないかと推測した。また間違いを引き起こしたMI5の職員は懲罰を覚悟したが、逆に賞賛されたという。ナイジェル・ウエストは著書『A Matter of Trust』（1982）の中で次のように記している。「保安部は小さな成果を得た。ジャーナリストはその後、ドルニーツィンこそが本物の亡命者だと誤認したからである。だが真相はかくの如しだった」

【参照項目】離反者、アナトリー・ゴリツィン、D通知、MI5、CIA、ナイジェル・ウエスト

トレビッチ、イグナッツ・ティモテウス (Trebitsch, Ignatz Timotheus 1879-?)

第1次世界大戦前から戦中にかけてイギリスでドイツの諜報活動に携わり、その後はハンガリーから中国に至る多数の国々で活動するなど、波瀾万丈なキャリアを送ったエージェント。

正統派ユダヤ教徒の息子としてハンガリーに生まれたトレビッチは、ラビになろうとハンブルグのユダヤ教神学校で学んだ。しかし神学校を中退してイギリスに渡り、国教徒になるべくユダヤ教を捨てる。その後ハンブルグに戻ってルター派聖職者の教育にあたったが、程なくカナダに移住した。

カナダではドイツ人女性と結婚し、イングランド国教会に改宗する。1903年にイギリスへ戻って司祭助手となるも翌年後半に辞職、イギリスの産業家や政治家から資金提供を受け、油田発見のためにヨーロッパを広く旅す

る。その後 1910 年には議員となり、姓をトレビッチ＝リンカーンと改める。だがこの時点ですでに、ドイツ情報機関の下で働いていた。スパイ活動を始めたのは 1902 年頃だとされている。

　第 1 次世界大戦前夜、トレビッチは破産して選挙に出馬する資金がなかった。そこでイギリス海軍情報部の下で働くことを申し出たが拒否され、かえって疑いを招くことになる。そのため 1915 年初頭にアメリカへ逃亡、ニューヨークのドイツ領事館から資金援助を受けて反英的な記事を執筆した。

　翌年、トレビッチはスパイ行為でなく詐欺行為のためにイギリスへと国外追放された。そして裁判の結果、禁固 3 年を言い渡される。釈放後はハンガリー、次いでドイツに行き、そこで右翼の陰謀に関わった。ドイツを捨てた後は中国へ旅しており、イギリスから秘密援助を受けていた軍閥の下で活動した。

　1920 年代後半、トレビッチは仏教僧となって中国情報機関の指揮下で活動しつつ、イギリス、ドイツ、オランダ、そして日本のために働いていたとされる。さらにアボット・チャオ・クンを名乗って元皇帝の溥儀を日本軍の手に渡し、傀儡の満洲国皇帝に仕立て上げる手助けをしたという。

　リチャード・ディーコン著『Kempai Tai（ママ）』（1982）の中で、中国秘密機関の元職員がディーコンにこう語っている。「日本に手を貸していることが我々の知るところとなった時、リンカーンは高齢にもかかわらず我々にとってまあまあの資産だった。複雑な性格だったが、あなたたち西洋人より我々のほうがそれをよく理解できたはずだ」

　第 2 次世界大戦の勃発当時、アボット・チャオ・クンはチベットでドイツのプロパガンダ放送の制作に携わっていたらしい。その後 1943 年 10 月に死亡したことになっているが、インドで健在との報告書が 47 年 5 月に作成されている。

【参照項目】エージェント、リチャード・ディーコン

ドレフュス、アルフレド （Dreyfus, Alfred　1859-1935）

　フランスを揺るがし、今日まで続く情報機関に対する国民的不信の契機となった事件において、スパイ行為の冤罪を被ったフランス陸軍の士官。

　ドレフュスはアルザスに住むユダヤ人の一家に生まれたが、普仏戦争後の 1871 年にアルザスがドイツへ併合されたのを受けて故郷を後にする。一家はパリに移り住み、ドレフュスはエコール・ポリテクニークを経て陸軍に入隊した。陸軍参謀大学では際立った成績を残しており、輝かしい将来が約束されているかに思われた。

　だが 1894 年 10 月、フランス陸軍の秘密情報をドイツ人駐在武官に渡したとして逮捕される。軍事統計・偵察局（参謀本部第 2 部内の部署で、外国情報と防諜を担当していた）のエージェントによって発見された無署名のメモが逮捕の根拠だった。パリのドイツ大使館で掃除婦として働くそのエージェントは、屑紙入れの中身をフランス情報機関のハンドラーに渡していたが、その中に 1 通の手紙があり、「悪党 D」なる人物からドイツ大使館のインテリジェンス・オフィサーにもたらされたフランスの戦争計画に触れていたのである。薄弱かつ虚偽の混じった証拠によって、ドレフュスこそが「D」であると断定された。1895 年に行なわれた非公開の軍法会議でドレフュスは有罪となり、兵士の集団の前を歩かされた後、儀式を思わせるやり方で階級章を剥ぎ取られ、剣を折られた上で陸軍を不名誉除隊となった。その後、フランス領ギアナに浮かぶ悪魔島の悪名高い流刑地に収監された。

　1896 年、軍事統計・偵察局はスパイ行為の証拠となるメモを入手した——今回はドイツのインテリジェンス・オフィサーがフランス参謀本部のフェルディナン・エステルアジ少佐に宛てて記したものである。捜査の結果、真犯人がドレフュスではなくエステルアジであることが明確に立証された。しかしこの新たな証拠は握りつぶされる。エステルアジは八百長の軍法会議で無罪とされた一方、証拠を見つけた士官は左遷の憂き目に遭い、ドレフュスが無罪であるという事実も軍の最高幹部に至るまで隠蔽された。

　1898 年、小説家のエミール・ゾラは「私は弾劾する」という題名の公開質問状をフランス大統領に送り、ドレフュスをはめたとして陸軍を糾弾した。ドレフュス事件はフランス中で話題となり、右派がドレフュスを非難する一方で、左派は彼を支持する。かくして事件の再捜査を求める圧力が強まった結果、1899 年に開かれた再審で以前の判決が覆される。ドレフュスをはっきり無罪としたわけではなかったが、新たに発見された証拠を基にフランス大統領は彼を赦免した。

　ドレフュスはその後も再入隊を求めて争い、1906 年にようやくそれを勝ち取る。大尉に復帰した彼は翌年に退役するも、第 1 次世界大戦で再び召集されている。

【参照項目】傍聴、エージェント、インテリジェンス・オフィサー

トレホルト、アルネ （Treholt, Arne　1942-）

　ノルウェー外務省の広報部長を務めた人物。北大西洋条約機構（NATO）の機密文書をソビエトに渡したとされる。イギリス情報機関の内通者だった KGB 職員オレグ・ゴルディエフスキーも、KGB の最重要エージェントの 1 人としてトレホルトの名を挙げている。トレホルトは海事担当の外務副大臣も務めていた。

　1980 年に国連ノルウェー使節団の一員としてニューヨークを訪れた際、トレホルトは FBI の監視下に置かれた。その後 84 年 1 月、ウィーン行きの飛行機に乗り

込もうとしたところをノルウェー当局に逮捕される。その時NATOの機密文書が詰まったスーツケースを持っていたとされ、自宅からは約6,000ページもの文書が発見されたという。逮捕当時トレホルトは42歳だった。

　11週間にわたって行なわれた審理の中で、トレホルトはソビエトのハンドラーから7,000ドル以上を受け取ったと証言したという。

　裁判の結果有罪となり禁固20年を言い渡されたが、8年後に釈放されている。

【参照項目】北大西洋条約機構、KGB、内通者、オレグ・ゴルディエフスキー、国際連合、FBI、監視、ウィーン、ハンドラー

ドロップ　(Drop)

　特定の人物が後で回収できるよう、秘密の場所すなわちデッドドロップに物を置くこと。

ドローン　(Drone)

　「無人偵察機」を参照のこと。

トンネル　(Tunnels)

　情報工作上のターゲットに潜入するためしばしば用いられる手段。

　多くの国々の情報機関は、敵側に文字通り「潜入」するためトンネルを用いてきた。また現代では、盗聴器で会話を傍受するためにも使われている。さらに、米英の情報機関はソビエトの通信を傍受すべく、冷戦中に何度かトンネルを活用した。その中で最も有名なのが、ベルリンとウィーンに掘られたトンネルである。豊富な情報を得られることが予想されたので、これらの作戦にはそれぞれゴールドとシルバーというコードネームが与えられた。

　2001年、ワシントンDC北西部のウィスコンシンアベニューに建設された新しいロシア大使館の真下にトンネルが掘られ、盗聴装置を取り付けられるようになっていたという報道がなされた。このトンネルの存在は、ソビエト及びロシアのためにスパイ行為をしたとして逮捕・起訴されたFBI捜査官、ロバート・ハンセンが漏らした秘密の1つだったと伝えられている。

　1970年代から80年代にかけて建設されたロシア大使館は、大使館の盗聴を巡って米ソ両国が相手を非難し合ったため、1991年まで完全に使われることはなかった。

　一方1978年、ソビエト当局がモスクワのアメリカ大使館の地下にトンネルを掘っていることが、アメリカ情報機関によって突き止められた。さらに盗聴装置も隠されていたため、国務省は新大使館の建設を決断する。しかし防諜関係者は、ロシアの建設労働者はKGBのコントロール下にあると主張してこれに反対した。建物の中から盗聴装置が見つかったためにこの論争は長く尾を引

き、新大使館が大規模改装を経て使用可能になったのは実に2000年のことだった。同時にロシア側も、ワシントンの新大使館全体を使えるようになった。

【参照項目】盗聴／盗聴装置、ベルリントンネル、コードネーム、FBI、ロバート・ハンセン

トンプキンス、ピーター　(Tompkins, Peter)

　1944年1月、ドイツ占領下のローマにアメリカ戦略諜報局（OSS）のエージェントとして潜入したアメリカ陸軍士官。

　ローマではパルチザングループを組織し、6月にアメリカ第5軍がローマを解放するまで、途切れることなく情報を入手した。しかしトンプキンスがもたらした情報は、指揮系統の問題のためアメリカ軍によって活用されることはなかった。

　解放軍の接近を受けてドイツ軍が撤退する中、自力で活動していたトンプキンスはOSSのレターヘッドを自ら印刷した命令書を発し、あらゆる公共施設を保護するようイタリア軍に命じた。

　ローマで活動するにあたりOSSから与えられたコードネームは「ピエトロ」だった。

トンプソン、ハリー・T　(Thompson, Harry T.)

　アメリカ海軍の元下士官。職を失っていた1934年から35年にかけ、カリフォルニア州サンペドロで日本のためにスパイ行為をした。トンプソンのハンドラーとなったのは、英語習得を表向きの理由として滞在していた日本海軍の宮嵜俊男少佐（終戦時大佐）だった。

　トンプソンは太平洋艦隊の機械工学、砲術、戦術に関する情報を売り渡した。その結果FBIによって逮捕された後、スパイ行為で有罪となり禁固15年を言い渡されている。

トンプソン、ロバート・G　(Thompson, Robert G.)

　機密情報をソビエトに渡したとして、1965年に禁固30年の刑を言い渡されたアメリカ空軍の事務担当兵。自白によると、ベルリン駐在中に数百点の機密文書を撮影し、その写真をソビエトのハンドラーに渡したという。だが収監後、歴史上最も巧妙なスパイ交換に加わることとなった。

　1978年4月、トンプソンはアメリカの刑務所からベルリンに移送され、ある東ドイツ人一家を西側へ連れ出そうと試みたとして禁固2年6ヵ月を言い渡されたアメリカ人学生、アラン・ヴァン・ノーマンと交換された。スパイ交換当時、ノーマンは3ヵ月にわたって収監されていた。

　空軍の記録によると、トンプソンはミシガン州デトロイトに生まれ、交換当時は43歳だった。しかし本人は、ロシア人の父とドイツ人の母との間にライプチヒで

生まれたと語っている。さらに、機会さえあれば再びソビエトのためにスパイ行為をするだろうとも述べた。そしてトンプソンは国境を越えて「故国」東ドイツ（当時ライプチヒは東ドイツ領）に入り、そのまま姿を消した。

　同じくこの交換劇に関わっていたのが、1976年9月からモザンビークで拘束されていたイスラエル人、ミロン・マーカスである。マーカスは自家用機で南アフリカに向かっていた途中、悪天候のためモザンビークへの着陸を余儀なくされた。着陸後、モザンビーク軍が自家用機に向けて発砲、マーカスに傷を負わせると共に彼の義弟を射殺した。

　マーカスの主張によれば、当時はビジネス旅行の途中だったという。しかし西側の情報関係者は、イスラエルとアメリカの情報機関による指示の下、モザンビークでソビエト及びキューバの情報を集めようとしていたのではないかと推測している。

　この巧妙なスパイ交換をセッティングしたヴォルフガング・フォーゲルは、ソビエト上空で撃墜されたU-2偵察機パイロット、フランシス・ゲイリー・パワーズと、アメリカでスパイ活動を行なったNKVD（内務人民委員部）職員、ルドルフ・イワノヴィチ・アベルとの交換劇（1962）にも関わっていた。

【参照項目】ベルリン、ハンドラー、スパイ交換、ヴォルフガング・フォーゲル、U-2、フランシス・ゲイリー・パワーズ、NKVD、ルドルフ・イワノヴィチ・アベル

ナ

内通者 (Mole)

敵国の政府、軍、または情報機関に潜み、貴重この上ない情報をもたらすことが期待される高レベルのエージェント。ソビエトが潜入させた重要な内通者として、イギリス政府に浸透したケンブリッジ・スパイ網のメンバー、CIAのオルドリッチ・H・エイムズ、FBIのロバート・ハンセンが挙げられる。

一方、西側の内通者としては、ソビエト軍の情報機関GRUに所属するオレグ・ペンコフスキー大佐が最も重要な存在だったと考えられている。しかし特筆すべきアセットがもう1つあった可能性も否定できない。エイムズによって正体を暴露されたロシア人内通者の中に、GRUの将官が少なくとも1人含まれていたからである。（訳注：Moleは「モグラ」の意味であり、諜報関係の書籍でもそのように訳される場合が多い）

【参照項目】エージェント、ケンブリッジ・スパイ網、CIA、オルドリッチ・H・エイムズ、FBI、ロバート・ハンセン、オレグ・ペンコフスキー、GRU

ナイトムーヴァー (Nightmover)

「オルドリッチ・H・エイムズ」を参照のこと。

ナイトリー、フィリップ (Knightley, Phillip 1929-)

諜報関係の書籍を多数著わしたイギリスの犯罪記者。

オーストラリアに生まれたナイトリーは1965年にロンドンへ移住、21年間にわたってサンデー・タイムズ紙の記者を務めつつ、著名な犯罪記者で構成されるインサイト・チームのリーダーになるなど、ジャーナリストとして名声を博した。また名著『The First Casualty（邦題・戦争報道の内幕：隠された真実）』の著者でもあり、最新版には『The War Correspondent As Hero and Myth-Maker from the Crimea to Iraq』（2004）の副題が付けられている。さらにはハロルド（キム）・フィルビーによるスパイ事件の解明に手を貸し、プロヒューモ事件でも中心的な役割を演じている。過去ブリティッシュ・プレス・アワードでジャーナリスト・オブ・ザ・イヤーに2度選出された人物は2人いるが、ナイトリーはその1人である。

1985年のサンデー・タイムズ紙退職後は執筆活動に専念、諜報関係の著書も多数ある。『The Philby Conspracy』（ブルース・ページ、デイヴィッド・リーチとの共著。1968）、『The Second Oldest Profession: Spies and Spying in the Twentieth century』（1986）、『Philby: The Life and Views of the K.G.B. Masterspy』（1988）、そして『An Affair of State: The Profumo Case and the Framing of Stephen Ward』（キャロライン・ケネディとの共著。1987）が代表作として挙げられる。

また戦時におけるジャーナリズム及び犯罪記者の役割に関しても著書があり、講演も数多く行なっている。

【参照項目】ハロルド（キム）・フィルビー、プロヒューモ事件

内務人民委員部 (Narodnyy Komisariat Vnutrennikh Del)

「NKVD」を参照のこと。

ナゲット (Nugget)

潜在的な外国人亡命者に提供される「餌」──現金、政治的保護、異性、あるいは西側におけるキャリア──を指すイギリスの単語。

ナシ (Nashi)

「我々のもの」を意味するロシア語。コントロール下にあるエージェントあるいは協力者を指す俗語としてKGBによって用いられた。また西側ではこの単語が転訛し、自陣営に属する人間を指す単語として「nash」が用いられている。

【参照項目】エージェント、KGB

ナショナルジオグラフィック協会 (National Gegraphic Society)

愛国主義から生まれ、第2次世界大戦期には戦略諜報局（OSS）を、冷戦下においてはFBIとCIAを支援した組織。非営利のものとしては世界最大の科学・教育機関である。1888年に創設され、その年後半に「ナショナルジオグラフィック」誌の創刊号を発行、後に探検及び遠征調査の支援、その他の雑誌に加えて書籍や地図の発行を行ない、近年では大規模な特別番組のスポンサーにもなっている（訳注：その後メディア部門は2015年に21世紀フォックス社へ売却された）。

中国が国内西部の実験施設で最初の核爆発を成功させた直後の1964年、協会とCIAが関与する極秘プロジェクトが始められた。アイデアを生み出したのはアメリカ空軍参謀総長にして協会の理事でもあったカーチス・ルメイ大将と、1963年にエベレスト登頂を成功させた初のアメリカ人チームのメンバーであり、ナショナルジオグラフィック誌の編集者を務めるバリー・ビショップだった。

M・S・コーリとケネス・コンボイは著書『Spies in the Himalayas: Secret Missions and Perilous Climbs』（2003）の中で、この複雑極まる作戦の詳細を明らかにしている。ビショップは山岳遠征隊というカバーの下、チームを率いてインドにある標高25,645フィートのナンダ・デヴィに登り、中国の核実験を観測すべく電子装置を設置することになっていた。この装置はSNAP（原子力補助電源シ

ナ行

ステム）と呼ばれる発電機によって動作し、内部には950グラムのプルトニウム238が入っていた。結局ビショップはSNAP輸送チームに加われなかったが、顧問としてプロジェクトを支援している。

チームは山頂近くまで到達したものの、嵐によって押し戻されてしまう。コーリ率いるチームが翌年その地点へ向かったが、装置は発見できなかった。その後衛星が監視任務を引き継ぐまで、同様の活動が続けられた。なお報告書では、装置はいまだ発見されていないとされている。

1980年代にはナショナルジオグラフィック誌そのものがスパイの道具となった。CIAの技術者はレーザー光線を用い、エージェントに送られる雑誌の各ページにマイクロドットのメッセージをエッチングした。この行為がいつまで続けられたかは明らかにされておらず、KGBが1983年2月号の誌面からマイクロドットのメッセージを発見したことだけが伝わっている。高倍率の拡大鏡を使うと、「10分間だけ待て」というデッドドロップに関する指示らしきものが読み取れたのである。また「我々の代理人が次のように言う……」という、面会に関係すると思しきメッセージも見つかっている。

CIAが雑誌に操作を加えたことについて、ナショナルジオグラフィック協会は知らなかったものと思われる。この雑誌は、ブダペストでCIAに勧誘されたGRU（ソビエト連邦軍参謀本部情報総局）将校、ウラジーミル・ワシリエフ大佐に送られたものであり、1986年にワシリエフが逮捕された際に発見されたようである。ちなみにこの雑誌は現在モスクワのKGB博物館に収蔵されている。

第2次世界大戦中、ナショナルジオグラフィック協会は未知の場所、とりわけ太平洋地域の情報を求めるアメリカ軍に資料を提供した。情報を求めた人物の中に、OSSの調査官が含まれていたことは間違いない。さらに、協会が作成した地図はホワイトハウスの地図室で数多く用いられた。

冷戦期間中、協会の役員はFBI捜査官に対し、通りを隔ててソビエト大使館を監視できる、協会の最も古い建物の一室を貸し与えた。捜査官たちはその部屋の窓から、大使館に出入りする人間の写真を撮影したのである（その中にはジョン・ウォーカーとロナルド・ペルトンもいた）。ドアには「中部大西洋調査委員会」と記された表札が掲げられ、清掃員の立ち入りすら許されなかった。FBIは後に大使館をよりよく監視すべく、アメリカ労働者連盟が所有する隣のビルへ移った。

【参照項目】FBI、CIA、戦略諜報局、衛星、エージェント、マイクロドット、KGB、デッドドロップ、GRU、ウラジーミル・ワシリエフ、博物館、監視、ジョン・ウォーカー、ロナルド・ペルトン

ナシリ、ネマトラ （Nassiri, Nematollah 1911-1979）

CIA、MI6、モサドから専門的支援を受けていたイランの情報・保安機関、国家情報治安機構（サヴァク）の元長官。西側情報機関と深く結び付いていた。

1953年、モハンマド・モサッデク首相に対するCIA主導のクーデターにより、モハンマド・レザー・パフラヴィーが皇帝（シャー）の座に復帰した（「カーミット・ルーズベルト」を参照のこと）。皇帝警護隊の大佐だったナシリはクーデターを支援し、後にサヴァク長官の座を与えられる。この秘密警察は現実か想像の産物かを問わず、シャーの敵を執拗に追跡した。

パフラヴィー朝が打倒された1979年、アヤトラ・ホメイニ率いるイスラム革命勢力はナシリら高官20名を逮捕し、「反逆、大量虐殺、及び拷問」の罪で起訴した。ナシリは臨時イスラム革命法廷で死刑を宣告され、1979年2月に銃殺隊によって処刑された。

ホメイニはサヴァクを廃止して記録を焼却したものの、それに勝るとも劣らない過酷さの秘密警察を新たに設置した。

【参照項目】サヴァク、CIA、MI6、モサド

ナー、ビュー・ゴク （Nah, Vu Ngoc 1928-2002）

南ベトナム大統領の顧問にまで登りつめた北ベトナムのエージェント。共産党幹部であるナーは、ゴ・ディン・ジエム大統領が1963年11月に暗殺されるまで顧問を務め、後任のグエン・バン・チュー政権でもその座にとどまった。

チュー大統領の居住施設の隣にナーの狭い寝室があった。2001年、ナーはインタビューで次のように語っている。「大統領と私は国家の重要事項だけでなく、彼の家庭問題について話し合うこともあった。2人しか知らないこともある。さらに、私は部屋の鍵さえ預けられていた」

ナーの正体はCIAによって暴露され、1969年に行なわれた裁判の結果スパイ容疑で終身刑を言い渡された。その後73年に捕虜交換で釈放、ベトナム戦争が終結した75年に少将へ昇進している。

【参照項目】エージェント、CIA

ナポレオン・ソロ［f］ （Napoleon Solo）

1960年代にアメリカで放映されたスパイシリーズ『The Man from U.N.C.L.E.（邦題・0011ナポレオン・ソロ）』の主人公。優雅で洗練され、常に成功を収めるナポレオン・ソロをロバート・ヴォーンが演じた。また忠実なロシア人助手、イリヤ・クリヤキンをデイヴィッド・マッカラムが演じている。

ニキーチン、アレクサンドル・K

（Nikitin, Alexandr K.　1952-）

　1996年2月6日、スパイ容疑でロシア連邦保安庁（FSB）に逮捕されたロシア海軍の退役士官。後にスパイ行為と国家機密の漏洩で有罪とされ、禁固10ヵ月の刑を言い渡されたものの控訴審で無罪となっている。さらに2000年9月、ロシア最高裁判所の幹部会は政府による無罪棄却の要求を取り下げた。

　逮捕当時、ニキーチンはノルウェーの環境保護グループ、ベローナに顧問として雇われていた。ベローナはロシア潜水艦から漏れ出した核物質について調査を行なっていた。1995年、ロシア政府は核物質関連の資料及びデータをベローナに提供する。それらはその後政府によって回収されたが、同年秋に再びベローナへ戻された。ベローナの幹部はこの一時的な差し押さえを非難し、嫌がらせだと主張した。一方FSBは、ベローナなど外国の環境保護団体がその範囲を超えて活動していると述べた。

　ニキーチンは国家機密を文書の形でベローナにもたらしたとして逮捕された。彼は環境保護団体が関係するスパイ容疑で逮捕された最初のロシア人だとされている。

　伝えられるところによると、ノルウェー議会の全議員はニキーチンの釈放を求める書簡を連名でロシア政府に送ったという。そして1996年2月18日、ノルウェーの日刊紙『Dagblader』は「ニキーチンが有罪となれば、これまでロシアで行なわれてきたこの特筆すべき環境活動にとって大きな損害となる」と記した。

　同じ月、アメリカのアルバート・ゴア副大統領はロシア大統領ボリス・エリツィンの環境問題補佐官を務めるアレクセイ・ヤブロコフとワシントンDCで会談を行ない、ニキーチンに対する法手続についてアメリカの懸念を表明した。ニキーチンは審議未了で釈放されるまで、刑務所で10ヵ月を過ごしており、アムネスティ・インターナショナルからはアンドレイ・サハロフ以来の良心的囚人と評された。

【参照項目】FSB

ニコライ、ヴァルター　（Nicolai, Walter　1873-1947）

　ドイツ軍の情報機関、参謀本部IIIb部のトップを1913年から21年まで務めた人物。

　教会学校を出て軍事教練団に加わった後、少尉として陸軍に入隊する。その後参謀養成学校で3年間学び、1904年に参謀本部へ配属された。

　1906年7月、ニコライは陸軍第1軍団初の情報士官としてケーニヒスベルクに赴任し、ロシア前線地域でのスパイ網作りに専念する。その活動は大きな成果を挙げ、次いでドイツ軍本部の一部署である情報部のロシア課長となり、1913年には情報部長（IIIb部長）となってフランス及びロシア前線での情報収集に携わった。

　情報史家のデイヴィッド・カーンは著書『Hitler's Spies』の中で、ニコライを次のように表現している。「中肉中背の30代、ブロンドの髪をした精力的な参謀本部スタッフ……戦場における連隊と同じようにスパイ網を指揮した。どこに配属されようとも任務をこなす、生粋のプロイセン軍人だったのである」

　ニコライの組織は敵国と中立国で数百名のエージェントを運用し、参謀本部のその他司令部から送られた報告書をまとめ上げた。配下のスパイで最も有名だったのがマタ・ハリである──しかし彼女が真に有益な情報をもたらすことはなかった。一方、最も大きな成果を挙げたバロン・シュルーガ──エージェント17号として知られていた──は、1914年8月に兵力を動員したフランス陸軍の行動に関する貴重な情報をもたらした。シュルーガは2日ごとにニコライへ報告書を送り、密使はわずか48時間でフランスから中立国スイスを経てドイツに辿り着いた。しかし健康を害していたシュルーガ（開戦当時73歳）は1916年3月にドイツへ戻り、程なく引退している。

　1915年、ニコライは国内情報機関を新設し、ドイツの工業会社や各種機関、さらには民間グループにまで情報提供者を置いた。この活動は外国関連情報を集めるために始められたものだが、ドイツの国内情勢が悪化するにつれ、ニコライは国内情報にも価値を見出すようになった。

　しかし第1次世界大戦において、ニコライの諜報活動が成功を収めることはほとんどなかった。カーンによれば、3つの大きな阻害要因があったという。

1．1917年4月のアメリカによる宣戦布告から数ヵ月が経過するまで、アメリカに対する諜報活動を行なわなかった。
2．戦争においてますます重要な要素になりつつあった、敵国の経済情報を集めなかった。
3．戦場に出現した重要な新兵器──戦車──の存在を前もって摑むことができず、最高司令部に報告できなかった。

　1918年11月11日の休戦協定締結から6日後、参謀本部IIIb部は解散し、ニコライ自身もベルリンの参謀本部に移された。そこで作り上げた小規模な情報組織は1930年代にドイツ軍が再建されるまで存続し、その後は西方外国軍担当課に発展している。

「ヴィルヘルム・カナリス」「リヒャルト・ヘンチュ」も参照のこと。

【参照項目】デイヴィッド・カーン、エージェント、マタ・ハリ、密使、経済情報、西方外国軍担当課

ニコルソン、アーサー・D （Nicholson, Arthur D.　1947-1985）

　東ドイツの制限区域内で写真を撮影している最中、ソビエトの哨兵に射殺されたアメリカ陸軍の士官。1985年3月24日、ソビエト及びワルシャワ条約機構諸国の軍備を視察するアメリカ連絡将校団に所属していたニコルソンは、ソビエト軍の装備を撮影している際に射殺された。

　ニコルソンは許可を得た軍事視察官だったものの、ソビエト側によれば軍事制限区域内に立ち入っており、写真を撮影しているだけとは思われなかったとしている。

　視察に同行したジェス・シャッツ陸軍軍曹によると、ニコルソン少佐は軍事施設内のある建物に入って内部の写真を撮影していたが、哨兵が発砲した時には制限区域の外にいたという。瀕死の重傷を負ったニコルソンが手当てを受けたのは、銃撃からほぼ1時間後のことだった。

ニコルソン、ハロルド・J （Nicholson, Harold J.　1950-）

　1997年3月、ロシアのためにスパイ行為をしていたと自白したCIAのインテリジェンス・オフィサー。極秘データへのアクセス権限を有するなど、スパイ容疑をかけられたCIA職員の中で最高位の人物である。

　ニコルソンは司法取引で有罪を認め、禁固23年7ヵ月を言い渡される。かくしてアメリカ政府は裁判を、ニコルソンは終身刑の可能性を回避した。

　ニコルソンは海外で4度にわたってロシア人に機密文書を売り渡し、30万ドルを受け取ったと捜査官に供述しているが、検察側によれば20万ドルの受け取りしか立証できなかったという。

　ニコルソンがロシア側にもたらした情報には、海外に駐在するCIA職員の身元と任務が含まれており、そのうち1人はモスクワへ赴任する直前だった。「こうした情報を売り渡すのは、これら職員だけでなく、海外における連絡員の生命をも危険に晒す行為である」ルイス・フリーFBI長官はそう語った。

　1996年11月16日にワシントンDC近郊のダレス国際空港でFBIによって逮捕された当時、勤続年数16年のニコルソンは対テロセンターの部門長を務めていた。逮捕時はロシア人のハンドラーと会うべくスイスへ赴くところであり、CIAの機密文書が撮影されたフィルム10巻と、ロシア製の暗号化プログラムが保存されたコンピュータディスクを所持していた。

　ニコルソンが定期ポリグラフ検査で不合格になったことを受け、FBIは1年以上にわたって彼を捜査していた。FBIによると、そのポリグラフ検査の結果、「外国情報機関との無許可の接触」について嘘をついたことを示していたという。そして捜査を続ける中で、「あるパターンに従った海外旅行と、それに続く不明朗な銀行取引」

が突き止められた。一例を挙げると、1994年6月、ニコルソンは許可を得てロシアのインテリジェンス・オフィサーとマレーシアで面会したが、上司はそれを勧誘の試みと考えていたようである。しかしこの面会の直後、ニコルソンがアメリカの預金口座に12,000ドルを送金したことがFBIによって確認されている。

　FBIはニコルソンに迫りつつ、CIAのオフィスに監視カメラを設置した。それにより、彼が金庫から機密文書を取り出し、机の下に潜って写真を撮影している姿が捉えられた。ニコルソンは捜査官に対し、スパイ行為を始めたのは1994年6月、CIAの同僚オルドリッチ・エイムズがロシアへのスパイ行為で逮捕された直後だと語った。ロシア側がエイムズの代わりを探していると知ったニコルソンは、自らそれに立候補したのである。

　エイムズ事件の後でさえもCIAとFBIの間に協力関係が欠如しているという批判に対処するため、ジョン・M・ドイッチ中央情報長官（DCI）はフリーと共同で記者会見を行なった。その中でドイッチは次のように語っている。「ニコルソンの逮捕は、CIAとFBIによるかつてないレベルの協力関係の賜物である。今や我々は、エイムズ事件後の改革が想定通りに進んでいると自信を持って示すことができる。CIAとFBIが事件後に設けた分析・摘発メカニズムによってニコルソンを突き止めることに成功し、またロシア情報機関のために行なったとされる行為も明らかになったのだ」しかしエイムズ事件からさほど経っていない時期に発生したニコルソンの逮捕は、ドイッチの退任を早めることになった。

　司法取引の一部として、ニコルソンはスパイ行為で得た収入の全てを没収されただけでなく、自分の経験を本または映画にした際に得られる将来的な利益も放棄した。そしてスパイ行為の共謀罪のみを認め、他の2件は取り下げられた。ニコルソンは判決後にこう述べている。「私は自分にとって重要かつ大切なもの、何らかの価値があるものを全て失いました」さらに判決を下した連邦判事に対し、自分がスパイ行為で金を稼ぐと決心したのは、3人の子どもたちに対する愛情からだと語った。しかしあまりに多くの時間を海外で過ごし、また結婚生活にも失敗したため、子どもたちに苦しい思いをさせてしまったとも述べている。そして栄光に満ちたCIAのキャリアも「今ここに立つ原因となった行ないにより汚されてしまった」という。

　空軍士官の息子として生まれたニコルソンはオレゴン州立大学を卒業後、1973年に少尉として陸軍に入隊した。その後情報関係の任務を経て大尉で陸軍を去り、1980年にCIA入りする。入局後は秘密工作活動の道を進み、秘密情報員としてマニラとバンコクに赴任、1990年にブカレスト支局長となった。だがマレーシアへ転勤した1992年に夫人から離婚訴訟を起こされ、子ども3人の親権を巡る法廷での闘いが始まった。

マレーシアでの海外勤務が終わりを迎えようとしていた頃、ニコルソンはロシアとスパイ行為の取引をした。1994年にはキャンプ・ピアリに配属されて新入職員の訓練にあたったが、海外へ渡った際に彼らの身元情報をロシアへ売り、秘密情報員としてのキャリアを破壊した。ニコルソンが最後にシンガポールを訪れた際、FBIはロシアの外交官用ナンバープレートをつけた車に彼が乗り込む姿を撮影した。その直後、ニコルソンは2万ドルを預金すると共に、息子に車の購入費用12,000ドルを与えたのである。

ロシア側との通信において、ニコルソンは「ネヴィル・R・ストラチェイ」のコードネームを用いていた。

【参照項目】CIA、インテリジェンス・オフィサー、機密、FBI、ルイス・フリー、ハンドラー、ポリグラフ、ジョン・M・ドイッチ、中央情報長官、キャンプ・ピアリ、コードネーム

二重暗号化 (Superencipher)

通信の安全性を増すため二重に暗号化するプロセス。例えば「戦艦」という単語がVTMGという4文字のコードに変換されたとすると、各文字をさらに別の文字に置き換えてから送信する。VはBに、TはEに、MはRに、GはPに変換されたとすれば、「戦艦」という単語はBERPと送信されることになる。

二重スパイ (Double Agent)

2つまたはそれ以上の情報機関のために秘密活動を行ない、一方の情報機関に他方の情報をもたらしたり、あるいはそれぞれの情報機関にまた別の機関の情報をもたらしたりするエージェント。意図せずしてこうした立場に追い込まれるエージェントもいる。

偽情報 (Disinformation)

対象となる敵国のイメージを低下させるべく、誤解を招く情報、あるいは誤った情報を作成・拡散すること。この単語は、こうした行為を頻繁に実施したソビエトのKGBが由来となっている。典型的なKGBの偽情報作戦では、アメリカの信用を失墜するための書類偽造が再三行なわれた。

1957年6月、KGBの偽情報チームは、駐米イスラエル大使のアバ・エバンからレバノンのチャールズ・マリク外相に宛てたとされる手紙のコピーをエジプトの新聞各社に送りつけた。エバンは「我々両国の間に横たわる激しい敵意は……貴殿同様私にとっても悩みの種である」と記したことになっている。イスラエルとレバノンはこの偽造を非難したがすでに広く報道された後だったので、多くのエジプト人はその非難を信じなかった。これが偽情報の目的の1つである。真実が明らかになった時にはすでに害がなされているのだ。

もう1つ例を挙げると、ソビエトは1986年に偽手紙をアメリカの報道機関へ配布した。アメリカ情報庁の職員から上院情報特別委員会のデイヴ・デュレンバーガー委員長に宛てたとされるその手紙には、チェルノブイリ原発事故を活用せんとするプロパガンダ計画が記されていた。委員会は後にこの偽造事件を公表し、偽情報行為がいかにしてなされたかの分析結果を明らかにした。KGBは1981年にもレーガン大統領からスペイン国王に宛てた手紙を偽造しているが、この時は何の事件も起こらなかった。

ソビエトはこうした作戦を指して「積極的手段」という単語を用いており、通常は短期間で完了する。しかし中には長期間にわたるものもあり、CIAがインド国内の分離運動を支援しているという偽情報を流してアメリカの対インド政策を妨害する執拗な試みが例として挙げられる。

ヨーロッパでソビエトのためにスパイ行為をしていたアメリカ陸軍のロバート・リー・ジョンソン軍曹は、ヨーロッパにおける戦術核兵器の標的リストを含む戦争計画書のコピーをソビエトに渡した。1980年代初頭、これら書類の別のコピーがヨーロッパで出現する。アメリカの戦略を分析すべく軍事的にこの書類を用いたKGBだが、今度は反核運動が燃え上がるヨーロッパでプロパガンダを目的として再利用したのである。しかし書類は部分的にしか正しくなかった。KGBの偽情報チームは、実際のリストにより多くの「目標」を付け加える誘惑に勝てなかったのだ。

KGBは「デズィンフォルマツィア (dezinformatsia)」という単語を生み出したが、これは英語の「ディスインフォメーション (disinformation)」が基になっている。

【参照項目】KGB、ロバート・リー・ジョンソン

偽旗作戦 (False Flag)

インテリジェンス・オフィサーが、友好国あるいは友好組織に属する市民を装って敵国民に接触すること。接触を受けた人物は、敵勢力ではなく味方を利すると信じて機密情報を与えることになる。

アメリカ海軍のジョン・A・ウォーカー1等上級兵曹長は上級無線士官のジェリー・A・ホイットワースを最初に勧誘した際、君が盗み出す資料はソビエトでなく年鑑『Jane's Fighting Ships』に渡されるのだ、と告げている。

また別のケースでは、あるアルメニア系アメリカ人が、遠縁を名乗るアルメニア人から接触を受けた。失われたアルメニア領をトルコから奪還するにあたり、手を貸してほしいという。その人物は実際にはKGBのエージェントで、偽の旗を振らなければ決して得られない機密情報の入手に成功したのだった。

【参照項目】インテリジェンス・オフィサー、ジョン・

A・ウォーカー、ジェリー・A・ホイットワース

日系2世 (Nisei)

　日本人移民の子どもとしてアメリカで生まれた（よってアメリカ市民である）人々を指す言葉。第2次世界大戦中、6,000名以上の2世が翻訳者あるいは通訳官として太平洋地域のアメリカ軍司令部や情報部隊で活動した（ヨーロッパ戦線の陸軍部隊にも多数が配属されている）。

　アメリカが第2次世界大戦に参戦する直前の1941年春、陸軍に所属する数名の日系アメリカ人が日本語の訓練を受け始めた。その出自にもかかわらず、日本語を話せる2世は少なかったのである。全ての日系アメリカ人が西海岸から強制収容所に移される1942年まで、彼らはカリフォルニア州サンフランシスコのプレシディオで語学訓練を受けた。語学学校はその後ミネソタ州ミネアポリス近郊のキャンプ・サヴェッジに移り、1944年8月にはそこから程近いフォート・スネリングへと再移転する。45名の学生から成る最初のクラスは、6ヵ月の教習プログラムを経て1942年5月に卒業を迎えた。またミシガン大学で1年間にわたり日本語教室を受講する者もいた。

　1942年2月19日、ルーズベルト大統領は大統領令を発し、日本人を祖先とする西海岸の約12万人を、男女または老幼の別を問わず拘束した。その3分の2はアメリカ市民（2世）で、4分の1以上は15歳未満の子どもだった。だが2世は程なくアメリカ陸軍への入隊を認められている（第2次世界大戦中、17,000名以上の日系アメリカ人がアメリカ陸軍に入隊した）。

　日本語の訓練を受けた6,000名のほぼ全員がアメリカ陸軍の下士官兵であり、数名が准士官となった。しかし大半の2世は海軍及び海兵隊の部隊に配属されて情報活動を支援し、一部は中国－ビルマ－インド戦線に配属された（それに加え、陸軍はおよそ700名の非日系アメリカ人に日本語の訓練を受けさせ、また海軍はこの任務に日系アメリカ人を使わなかった）。

　大部分の2世は入手した文書の翻訳と捕虜尋問の際の通訳に用いられた。中には陸軍の防諜部隊に配属された者もおり、またごく少数の人間は暗号解読活動（マジック及びウルトラ）に直接携わった。さらには敵部隊の状況を探るべく、陸軍偵察部隊と共に日本軍前線の後方へパラシュート降下した人間もいた。

　日系2世のリチャード・M・サカキダは、1941年にFBIで防諜活動の訓練を受けた15名のうちの1人だった。当時、陸軍の1等軍曹だったサカキダは、反米感情を持つ徴兵忌避の水兵を装ってマニラに入る。彼はこのカバーを使い、日本と関係があると思しきフィリピン企業の情報を集めた。1941年12月に戦争が勃発すると、今度は軍服を着て陸軍の翻訳者として勤務する。しかし

翌年5月6日にフィリピンのアメリカ軍が降伏、捕虜となったサカキダは尋問と拷問に耐え、その間ずっと自分は意志に反して陸軍にいるのだと主張した。彼の話は事実であるとされ、1943年2月11日の釈放後は通訳官として日本軍に雇用された。

　サカキダは後に捕虜脱走を支援し、フィリピン人ゲリラに加わったものの、1945年9月25日まで部隊に戻ることはできなかった。戦後は陸軍から空軍に移り、1975年に中佐で退役している。

【参照項目】防諜、偵察、カバー

ニード・トゥ・ノウ (Need to Know)

　機密資料の受け手となり得る人物について、その資料を所有することが必要であるか否か、資料の所有者が下す決定。各種のセキュリティー・クリアランスを保持していたとしても、自動的にその機密区分に属する全ての資料にアクセスできるわけではない。

　「細分化」も参照のこと。

【参照項目】セキュリティー・クリアランス

日本 (Japan)

　数世紀にわたる封建制と群雄割拠の時代を経て、日本は1868年の明治維新を機に急速な進化を始めた。この年、伝統に囚われない若き指導者たちは、天皇の復権と近代国家の創立を宣言して新政権を樹立すると共に、西洋列強に追いつくべく軍事力と工業力の拡充を始める。それを受けて明治天皇が発布した五箇条の御誓文にも、「智識ヲ世界ニ求メ大ニ皇基ヲ振起スヘシ」という一文があった。

　当初、「智識」の追求に諜報活動は含まれていなかった。日本政府が初の正式な情報組織を設置したのは1878年で、参謀本部の独立と共に生まれた陸軍情報部がそれである。帝国陸軍は急速な拡大を続けており、1871年には1万人だった人員も73年の徴兵令施行によって大幅に増大していた。

　1881年には憲兵条例が施行、東京に初の憲兵隊が設けられた。軍内部の警察として生まれた憲兵隊は、後に恐るべき秘密警察として日本社会に根を下ろす。また同じ年、アジア主義を掲げる政治団体、玄洋社が生まれている。アジアにおける日本の影響力を高めることを目的としたこの組織は、中国、朝鮮、満洲、ロシアで諜報活動を行なった。

　日本でもスパイ活動は古くから行なわれ、それに携わる者は一定の尊敬を得ていた。例えば武士階級の中でも、忍者は独自の地位を占めている。和英辞典の定義によると、忍者は「何らかの奇策を使って姿を消す術を会得し、主に諜報活動に携わる者」とされている。だが日本が近代化するにつれて忍者への依存度は低くなり、代わって軍事情報の必要性が高まっていった。

中国（清）も軍の近代化を進めており、1894年には朝鮮への影響力確保を巡って日清戦争が勃発するが、それは軍事思想を巡る戦いでもあった。日本が陸海軍双方を増強していたのに対し、大規模な陸軍を擁する清は海軍力を軽視していたのである。また日本は清を諜報活動のターゲットとしており、軍事面の強さと弱点を摑んでいた。その結果、日本は清の北洋艦隊を破り、8ヵ月にわたる戦争で勝利を収めたのだった。

日清講和条約によって、台湾と共に満洲南部の遼東半島が日本に割譲され、朝鮮は独立国として認められることになった。それに対し、ロシアはフランスとドイツを引き込んで日本に圧力をかけ、遼東半島を返還させる（三国干渉）のみならず、1898年に大連と旅順の租借を要求、25年間にわたる租借権を獲得した。

【参照項目】 憲兵隊、玄洋社、軍事情報、ターゲット

20世紀における諜報活動

明治維新から20世紀初頭にかけ、日本の軍事・政治戦略は2つの敵、すなわち清とロシアこそが大きな脅威であるという前提のもとに構築されていた。しかし清はもはや差し迫った脅威ではなく、満洲を確保したロシアこそ排除すべき存在だった。

日本では政府と民間の利益が密接に重なっていたものの、時にはどちらか一方が他方から独立して行動することもあった。対露主戦論を唱え、ロシアを情報収集活動のターゲットとしたのは、現在なら「民間セクター」と呼ばれる人々のほうが早かった。その代表が、1901年に黒龍会を創設した内田良平である。黒龍会は海外へ派遣される駐在武官の任命に影響を及ぼすほどの力を持っていた。駐在武官の中でもスパイとして優秀なのが、日清戦争時に参謀本部員（訳注・実際には開戦の約半年前からドイツへ留学）だった明石元二郎である。絵画と詩に優れ、また説得力のある人物だった明石の働きぶりは素晴らしく、当時すでにイギリスとロシアのために活動していた伝説的スパイ、シドニー・ライリーに日本のための活動をさせたほどだった。

日本海軍も将校を使って情報を入手していた。2名の士官がロシア語と共にロシア正教の典礼を学び、サンクトペテルブルグの造船所で働きつつ諜報活動を行なった。他のヨーロッパの人々と同じくロシア人の目にも、アジア人はどれも同じく見えることを日本側は知っており、2人は日本人でなくアジア人と見なされた。また1人はカバーを守り通すためロシア人女性と婚約までしている。彼らはロシア海軍の行動といった情報を絶えず日本大使館の海軍駐在武官にもたらした。

だが1904年9月、ロシア秘密警察は2人を逮捕する。ロシア人の婚約者こそが実は秘密警察のエージェントだったのだ。

【参照項目】 黒龍会、駐在武官、明石元二郎、シドニー・ライリー、カバー、エージェント

日露戦争

ロシアはシベリア鉄道の支線を満洲に伸ばし、中国と日本が垂涎の眼差しで見るポート・アーサー（旅順）にまで達していた。かくして南満洲の租借権しか持たないロシアは、満洲全域の支配に着手する。一方の日本は、朝鮮こそがロシアの次なる獲物であると確信した。

1904年2月8日、日本は旅順港外に停泊していたロシア艦隊に魚雷による奇襲攻撃を仕掛ける（訳注：宣戦布告は2日後の2月10日）。日本側はロシア艦船の位置だけでなく、サーチライトの配置場所も残らず知っていた。またロシア軍の陸上兵力についても詳しく摑んでおり、全体戦略の一部として欺瞞作戦や偽情報を活用したほどである。日本の第1軍に観戦武官として従軍していたイアン・ハミルトン将軍は、満洲に展開するロシア軍についての情報が詳細にわたっていたことに驚いている。その際、日本側は1903年10月の段階で20万名と想定されていたロシア兵の正確な配置を示す分析報告書を見せた上で、（恐らくロシアのエージェントにも）この数字を信じるように仕向けた。しかし日本は、ロシア軍がすでに兵力を削減しつつあることを知っており、1904年5月には8万名にまで減っているだろうと予測していた。戦時中、大本営及び満洲軍の情報参謀だった福島安正少将は、ハミルトンら外国人に偽情報を流す任務にも携わっていたのである。

私服姿の将校から支援を受けた黒龍会の工作員も、軍事情報活動に携わった。後にある西洋人が推定したところによると、満洲でロシア人のために働く苦力（クーリー）数千名のうち、10人に1人が日本のエージェントだったという。これら中国人は小さな情報を日本のハンドラーにもたらし、その後は日本の分析官が正確な状況判断に組み立ててゆくのである。

黒龍会はロシア側に嫌がらせをするため、満洲で中国人のゲリラ部隊を組織したり、満洲人のごろつきを雇ったりもした。また同時期、明石はスウェーデンでロシア人亡命者と会い、祖国に戻って主戦派に対する反乱を起こすよう促した。こうして豊富な戦術情報を持つ日本軍が遼東半島に進攻、一連の激戦でロシア軍を打ち破る一方、ロシア国内では反乱が活発化して戦争は日本の有利に終わった。

旅順で活動する日本のレジデント・スパイはラファエル・デ・ノガレス将軍を名乗り、10代の頃に米西戦争で戦った経験を有する一攫千金目当ての兵士だと広言した。彼はスイス製時計のセールスマンを装い、メッセージを記したライスペーパーを中国人の金歯の中に隠して運ばせることもあった。外国人の工作員を用いることは日本がしばしばとった情報戦術であるが、他の諸国同様、彼らを信用していたわけではなかった。

旅順近辺の制海権を握っていた日本海軍は、前述の奇襲攻撃でロシアの主力艦3隻を撃破、残りを湾内に閉じ込める。一方のロシア側は、バルチック艦隊が地球を半周してやって来ることに望みをかけていた。1905年5月27日、バルチック艦隊は18,000マイル（29,000キロメートル）に及ぶ航海の末、日本と朝鮮を隔てる対馬海峡に到着、これを発見した日本艦隊と戦闘に入る。しかしロシア側38隻のうち35隻が撃沈あるいは拿捕されるか、中立港で抑留状態に置かれるかなどし、ウラジオストク軍港に到着したのは3隻に過ぎなかった。一方、日本艦艇の損失は水雷艇3隻のみである（訳注：実際には大半の艦船が損傷を負った）。この海戦をもって日露戦争は事実上終結したが、革命家が反乱を起こしつつあったロシアはすでに敗北していたのである。明石は秘密工作を通じてこうした反乱活動に資金援助を与え、大きな成果を挙げたのだった。

1905年9月、セオドア・ルーズベルト米大統領の仲介で日露講和条約（ポーツマス条約）が締結され、旅順及び大連の租借権が日本へ譲渡されると共に、樺太南部が割譲された。またロシアは満洲から撤退した上、朝鮮における日本の支配権を認めている。

【参照項目】欺瞞、偽情報、エージェント、福島安正、ハンドラー、戦術情報、秘密工作活動

軍事国家への道

ロシアの脅威が遠ざかったと確信した日本（及び情報機関）は、次なるターゲットとしてアメリカを選ぶ。1932年1月、東京近郊・横須賀の海軍基地から、給油艦襟裳がハワイに向けて出港する。演習で西海岸からハワイに展開しているアメリカ艦隊の通信など、信号情報を傍受することが目的だった。通信内容を分析した結果、日本側は2進法を用いたアメリカ海軍暗号の解読に成功する。また後には、太平洋の諸島やメキシコに傍受局を設置している。さらにアメリカ同様の不法侵入（ブラック・バッグ・ジョブ）を行ない、神戸のアメリカ領事館に忍び込んで外交用の「グレー」暗号書を撮影した。その結果、解読結果がより正確なものになっている。

ハワイで活動する日本の工作員がアメリカ海軍に関する数千もの報告書を積み上げる一方、アメリカ海軍情報局は資金と政府上層部の関心が共に欠けていたため、同水準の諜報活動を行なうことができなかった。リチャード・ディーコンは著書『Kempei Tai』（1990年度版）の中で次のように記している。「（アメリカは）当時、諜報活動は不正かつ犯罪であるという、陸海軍の上層部にはびこる昔ながらの見方に対して代償を支払わされていた」

また日本の情報機関は黒龍会の連絡員を活用し、中国における改革派との関係を構築している。その1人が孫文であり、彼の率いる国民党は中国近代化の原動力だった。また日本の工作員は警察への訓練を通じて中国における影響力を確保すると共に、警察・情報機構にエージェントを送り込んだ。

日本は日英同盟の定めにより、第1次世界大戦では連合国側に立って参戦した。戦場での役割は限られていたものの、ヴェルサイユ条約によって元々ドイツ領だった太平洋の島々を獲得する。その中にはマーシャル諸島、カロリン諸島、そしてアメリカが米西戦争で得たグアムを除くマリアナ諸島が含まれていた。これら諸島の武装化は禁じられていたが、日本は後にその多くを航空基地あるいは艦隊根拠地とし、ハワイ、オーストラリア、そしてアメリカの占領下にあるフィリピンを結ぶ商船航路を脅かすことになる。

日本と中国（中華民国）は1918年に締結した軍事協定（日華共同防敵軍事協定）の中で、シベリア及び「北満（満洲北部）において協力して軍事情報活動を行なう」ことに同意しているが、そこには「情報機関を設置し、両国は互いに情報を交換する」という内容も含まれていた。満洲で日本の情報活動を指揮したのが土肥原賢二陸軍少将である。アメリカのジャーナリスト、ジョン・ガンサーはこう記す。「土肥原の任務はまずトラブルを引き起こし、日本の有利になるようそれを解決することだった」

土肥原の下で活動する日本のエージェントは、日本に対する中国の攻撃的態度を示すために様々な「事変」を引き起こした。中でも重大なのが1931年9月18日に発生した柳条湖事件である。中国人の破壊工作員が南満洲鉄道（満鉄）の線路を爆破したとして、日本軍（関東軍）は満洲への侵攻を開始、奉天（現・瀋陽）を占領する。その際土肥原は奉天特務機関長となった。やがて関東軍は満洲国を樹立、廃位された清の皇帝、溥儀を皇位の座につけた。

1936年11月25日、日本はドイツと防共協定を結ぶことで軍事国家への道をさらに進んでゆく。ソビエトに支援された共産インターナショナル（コミンテルン）と戦うことを目的としたこの協定は、ソビエトの脅威に対して「共通の利益」を守ることが謳われていた。あわせて日本は、ソビエト国内の諜報網を維持することに力を注いだ。

国内の治安維持は、秘密警察の性質を帯びるようになった憲兵隊の任務とされた。また1911年に特別高等警察（特高）が設置され、内務省警保局保安課と共に社会運動の弾圧や思想取り締まりを行なった。

1925年には治安維持法が施行され、国体変革を目的としたいかなる計画も禁じられる。特高は思想取り締まりにあたり、大学へのスパイ活動も行なった。時には特高と憲兵隊が、互いにそうとは知らず大学の同じ教室にスパイを送り込んだこともあるという。特高は1930年

に「市民からの密告を歓迎する」旨発表し、警察の管理する「隣組」を通じて密告体制を作り上げた（訳注：隣組制度が制定されたのは 1938 年 5 月、全国的に組織されたのは 40 年 9 月）。その結果 1928 年から 43 年に至るまで、68,508 名が治安維持法違反で逮捕されている。
【参照項目】信号情報、海軍情報部、リチャード・ディーコン、土肥原賢二

第 2 次世界大戦

1937 年 7 月 7 日、日本は北京近郊の中国兵を攻撃する口実として、再び事件をでっち上げる（盧溝橋事件）。日本の軍国主義者にとって、「支那事変」と呼ばれる宣戦布告なきこの戦争は、中国における日本の権益を拡大すると共に、満洲国のような傀儡政権を樹立する手段でもあった。また事変初期、日本の海軍機がアメリカの砲艦パナイを爆撃したことにアメリカは猛抗議したが、こうした事件はその後頻繁に発生する。

中国は各地の軍閥による内戦で引き裂かれた状態にあったものの、蔣介石と毛沢東の軍勢は協力して日本の侵攻を押しとどめている。支那事変は日本の資源を浪費させる一方、大東亜共栄圏、すなわち極東におけるパワーバランスを日本の有利に変える「新秩序」構想に拍車をかけた。

1940 年 5 月にドイツがフランスを下すと、日本はフランス領インドシナの占領についてドイツから同意をとりつけた。当時、インドシナは中国の抗日勢力に向けた補給物資の流入源だったのである。同年 9 月 27 日、日本、ドイツ、イタリアは 3 国同盟を締結したが、それによると戦争状態にない 1 国が攻撃を受けた場合、他の 2 国は軍事支援を行なうことが義務付けられていた。この同盟は、今や枢軸国となった 3 国に対する米英の干渉を防ぐことが目的だった。

かくしてアメリカとの戦争を予測した日本は、いくつかの諜報作戦を仕掛けた。海軍の情報士官は特殊な無線装置を積んだ漁船に乗ってアメリカ西海岸へ向かい、商船では船員を装ったスパイが諜報活動を行なった。メキシコでは日本の潜水艦が給油できる場所を探り、カリフォルニアでは留学生を隠れ蓑にしたスパイが、秘密を売り渡しそうな水兵を探した。アメリカ海軍情報部は 2 名のスパイ、ジョン・S・ファーンズワース少佐とハリー・T・トンプソン元下士官を突き止めた。トンプソンは海軍を離れてカリフォルニア州サンペドロで暮らしていた 1934 年から 35 年にかけて、日本のためにスパイ行為をしたのだった（「ヴェルヴァリー・ディキンソン」を参照のこと）。

ハワイでは真珠湾の海軍基地近くに住む一家、すなわち自称人類学者のベルナルト・クーン博士、東京との連絡役を務める妻、そして 2 人の娘を装う若い女性がレジデントに仕立て上げられた。彼らはいずれもドイツの

エージェントで、いわば日本に貸し出されたのである。また駐ホノルル副領事をカバーとした日本海軍の嘱託、吉川猛夫少尉も海軍基地の監視にあたった。

日本軍はアジア各地でも大規模なスパイ網を作り上げた。情報源の中には男娼もいて、オランダ領東インド（現・インドネシア）のオランダ資産を管理していた同性愛者のジャワ人を脅迫して情報を得ている。さらにアメリカで英語を学んだスパイの中には、シンガポールのイギリス海軍基地にある士官クラブで給仕として働く者もいた。

日本は真珠湾攻撃に先立って世界規模の情報収集網を有しており、主に外交官、ビジネスマン、そして軍関係の人間が任務にあたっていた。海軍では軍令部第 3 部が情報活動を担当しており（第 1 部は編制・作戦、第 2 部は軍備、第 4 部は通信を担当）、アメリカとの戦争が始まった際には 29 名の士官と連合艦隊から派遣された士官 1 名が所属していたが、終戦の時点で 97 名に増加、うち 42 名は南北アメリカの情報活動を担当する第 5 課に所属していた。

軍令部第 3 部は通信傍受（暗号解読に成功していなかったため、交信分析が主だった）、捕獲した資料、外国放送の傍受、中立国経由で入手した新聞や雑誌の分析、そして中立国スウェーデン、スイス、ポルトガル、スペインに駐在する武官から情報を得ていた。また終戦後にアメリカ情報機関が記録を分析した結果、捕虜の尋問からもかなりの情報を得ていたことが明らかになっている。日本の情報活動を研究した報告書には「日本が得たアメリカ軍のデータについて、それ以外に情報源は考えられない」と記されている。

捕虜尋問に関する日本の手引書によると、拷問は「最も愚策であり、他の手段で情報が引き出せなかった場合にのみ用いられるべきである」としている。にもかかわらず、日本の尋問を生き延びた者たちは、尋問中に殴られ、あるいは処刑されたアメリカ人捕虜がいたことを証言している。中には斬首された者もいるという。拷問を受けた捕虜の中には艦船や航空機に関する戦術情報を話した者もいるが、大半の情報は無価値だった。

日本陸海軍の情報活動について戦後行なわれた調査によれば、「日本にとって最も有益な情報源は（1）連合軍による通信の分析、（2）短波及び中波の無線放送に、中立国で購入した新聞や雑誌からの情報を組み合わせたもの」だったという。そして日本側は短期戦を想定していたため、「情報を収集・処理すると共に、全部隊に配布する手段を持つ情報機関を、陸海軍とも設置しなかった」としている（「陸軍中野学校」を参照のこと）。

日本を標的に活動したスパイのうち最も大きな成果を挙げたのが、ソビエトのインテリジェンス・オフィサーで、レジデントとして極東での情報活動を指揮していたリヒャルト・ゾルゲである。日本とドイツに対するスパ

イ活動に従事していたゾルゲは、ドイツのソビエト侵攻が差し迫っていること、ドイツを支援するため日本がシベリアへ侵攻する可能性のないこと、そして日本が対米攻撃を計画していることをモスクワに報告した。

太平洋の戦闘地域では、情報関係者が後に「そろばん上の戦争」と称する事態、つまり確固たる情報でなく本能に従うという事態が日本を苦しめていた。その中で陸軍の堀栄三少佐は、アメリカ軍の行動を予測する抜群の能力から「マッカーサー参謀」というあだ名を付けられた。一方、情報活動でアメリカが有していた最大の優位性は暗号である。暗号解読によって得られた情報は珊瑚海海戦（1942年5月）やミッドウェー海戦（同年6月）といった戦争の帰趨を決する重要な戦闘のみならず、連合艦隊司令長官・山本五十六大将搭乗機の撃墜においても鍵となる役割を果たした。しかし日本軍の指導層は、新聞によるリークなどの兆候があったにもかかわらず、秘密通信がアメリカに解読されている可能性を信じようとしなかった。

また日本の暗号解読者もアメリカの暗号を解読することはできなかった（訳注：ただし、日本陸軍の暗号作成・解読能力は比較的高かったとされている）。しかしB-29による空襲が1944年に始まると、その無線交信から空襲目標の70％を予測できるようになっている。だが空襲が激化するにつれ、予測精度は急速に低下していった。その一方、1945年8月6日の原爆投下による広島壊滅を直ちに突き止めたことが最後の成果として挙げられる。

日本陸軍の特務部は謎に包まれた悪名高い部署で、深い秘密の中で自由に活動した。特務部の活動は情報収集や破壊活動から暗殺及び第5列活動まで幅広い範囲に及び、特務部員は占領軍の後に続き、中国、インド、ビルマ、及び東南アジアの全域に「連絡機関」を設置した。

人々は特務部という名前を口にしただけで逮捕されかねなかった。また連絡部という一見無害な名前で活動する部隊もあった。この組織に詳しいとされる新聞記者は取り調べに対し、「記録は残しませんでした。後任者に密偵の名前を伝えるのが規則だったのですが、意図的かどうかは別として忘れられることが時にあったのです」と証言した。特務部の将校が制服を着ることは滅多になかったという。

日本の情報活動が戦争に影響を与えることはほとんどなかった。日本軍の情報士官は、撃墜成果や戦闘に関する過大評価の記された報告書（戦闘詳報）を、常に真実と見なしていた。真珠湾攻撃のために集められた情報は信頼性が高く広範囲に及んでいたものの、戦争が進展するにつれて情報源は減り、連合軍の行動を予測するにあたって推測に頼らざるを得なくなっている。

降伏から占領軍到着までの数週間、日本は暗号解読に関する情報を焼却または秘匿し、暗号解読者の氏名を軍籍簿から削除すると共に、一部は死んだことにした。

【参照項目】パナイ、海軍情報部、ジョン・S・ファーンズワース、ハリー・T・トンプソン、密使、吉川猛夫、同性愛者、真珠湾攻撃、リヒャルト・ゾルゲ、レジデント、堀栄三、ミッドウェー、山本五十六、第5列、暗号解読

平時の諜報活動

連合国の占領当局は、特高や憲兵隊など日本の公安機関を全て廃止した。日本はアメリカ主導で生まれた新憲法の下、戦争を放棄し、軍事組織を自衛隊として再編する。情報収集活動が再開されたのは、公安調査庁及び保安隊（自衛隊の前身）が設置された1952年7月及び10月のことである。保安隊は軍事情報活動を行なったが、憲兵隊同様国内の諜報任務も担当した。また54年には反政府活動を捜査すべく警察庁の中に警備局が設けられている。

ソビエトと中国は日本における諜報網を復活させ、ソビエトはロシア時代に活動拠点としていたハルビンを本部とし、中国は国際赤十字社をカバーとして用いた。また北朝鮮も在日朝鮮人を運搬役として、主に技術情報を収集している。

アメリカのCIAは長期にわたる秘密工作活動の中で、保守政党を操り、情報を集め、左派勢力を弱体化させるために、1950年代から60年代にかけ数百万ドルという資金を自由民主党に注ぎ込んだ。金は各代議士に回されたが、その中には後に首相となる人物も含まれている。自民党は38年間にわたって政権を維持したものの、政治献金を巡るスキャンダルで1993年に野党へ転落した。

リベラルもしくは左翼の候補者もソビエトからの資金提供を受けていた。米ソ両国とも日本に影響を及ぼし、情報収集体制を構築する必要性を感じていたのである。1970年代に日本でKGBのスパイ網を運営していたスタニスラフ・レフチェンコは亡命後の1982年、配下のエージェントには有力な官僚やジャーナリストもいたと語っている。1980年、自衛隊の情報部門に所属する退役陸将補と2名の現役士官が、ソビエトの駐在武官に情報を売り渡したとして逮捕された。彼らは戦後初めてスパイ行為で逮捕された人物とされている。日本の法律ではスパイ行為（守秘義務違反）の最高刑は懲役1年とされており、裁判の結果、退役陸将補には懲役1年、士官2名には懲役8ヵ月という判決が下された。

経済大国になるにつれ、日本は産業スパイの標的になると同時に需要者ともなっていった。1990年、日本の大企業3社——日産自動車の宇宙航空部門（現・IHIアエロスペース）、三菱重工、石川島播磨重工（現・IHI、ロケット及びジェットエンジンを生産）——は、あるアメ

リカ人経営者からソフトウェアを購入する。輸出が禁じられていたそのソフトウェアは戦略防衛構想（スターウォーズ計画）のために開発されたものだった。このアメリカ人は許可なく軍事情報を売り渡したとして逮捕されており、以降、日米両国は産業スパイ行為で互いに相手を非難している。両国とも政府の関与を否定しているが、この種のスパイ行為が将来における日本の情報収集活動を代表するものになることは間違いない。

　1996年、約1,500名の職員を擁する公安調査庁が再編され、反政府活動が疑われるカルト集団への対処を新たな任務の1つとした（訳注：同年5月の政令改正で、情報交換業務と海外展開が明記された）。この再編は、東京の地下鉄でサリンガスによるテロ行為をしたオウム真理教に関し、有益な情報を集められなかったとして公安調査庁に対する批判が高まった結果だった。

【参照項目】 技術情報、CIA、スタニスラフ・レフチェンコ、産業スパイ活動

ニワトリの餌 （Chicken Feed）

　エージェントや二重スパイを通じて敵の情報機関へ意図的に提供する情報のこと。その信憑性と、結果的にそのエージェントを継続して用いる有用性とを敵機関に納得させるため、十分に質の高いものでなくてはならない。その一方で、自らに損害を与える情報を漏らしてはならないのは当然である。

【参照項目】 エージェント、二重スパイ

濡れ仕事 （Wet Affairs）

　殺人を含む諜報作戦を指すロシアの俗語。「血に濡れる」ことが言葉の由来となっている。「Wet Job」とも。

　アメリカの情報評論家ジョン・J・ジアクは著書『Chekisty: A History of the KGB』（1988）において、「直接的活動」つまり「濡れ仕事」を遂行したソビエトの歴代保安組織のリストを掲載した。

1936年以前	チェーカー－GPU－OGPU外国課（INO）
1936～1941	NKVD特殊任務局
1941～1946	NKGB第4局（パルチザン担当）
1946～1953	NKGB－MGB第1特別課
1953～1954	MVD第1総局第9課
1954～1960年代後半	KGB第1総局第13部
1960年代後半～1970年代初頭	KGB第1総局第5部
1970年代初頭～1991	KGB第1総局第8部S課（イリーガル担当）

ネイヴ、エリック （Nave, Eric　1899-1993）

　オーストラリア及びイギリス海軍で活躍した暗号官。第2次世界大戦では日本暗号の解読に貢献した。また1941年12月7日（日本時間8日）の真珠湾攻撃直前、イギリス政府は日本のJN-25暗号（「JN暗号」を参照のこと）を完全に解読していたが、攻撃が差し迫っていることをアメリカに知らせなかったと主張し、大きな議論を呼んだ。

　オーストラリアに生まれたネイヴは海軍に入隊後、少尉任官試験のため外国語を1つ学ぶ必要に迫られ日本語を選んだ。そして語学習得の一環として、日本の村落で2年間暮らしている。

　ネイヴは1925年からイギリス海軍に派遣され、日本の無線交信の分析を支援した。そして翌年の大正天皇崩御の際、公に放送された声明文と、海外の日本大使館や海軍司令部に向けて放送された同じ内容の暗号文を比較することで、最初の成功を収めた。1年後には、当時西側諸国が保有していた中で最も広範囲にわたる、日本海軍のコールサインのリストを作り上げた。

　こうした成果を挙げた結果、ネイヴは1927年にイギリスへ送られ、政府暗号学校（GC&CS）に配属された。そこでは日本語セクションの設置に尽力、セクション長に就任している。1930年にオーストラリア海軍がネイヴの帰国を求めると、イギリス海軍は彼を正式に任用した。

　極東における政治情勢が悪化の一途を辿っていた同年、日本海軍が新たに採用したJN-25暗号を解読すべくネイヴは香港に送られた。彼は著書『Betrayal at Pearl Harbor: How Churchill Lured Roosevelt into War（邦題・真珠湾の裏切り：チャーチルはいかにしてルーズヴェルトを第二次世界大戦に誘い込んだか）』（1991）の中で、イギリス政府は暗号解読を通じて日本の真珠湾攻撃計画を完全に知っていたものの、この情報をアメリカ司令部に伝えなかったと主張している。しかし信用に足る米英の情報関連資料の中に、ネイヴの主張を裏付けるものはない。

　ネイヴは1946年にイギリス海軍を退いて祖国に戻り、オーストラリア保安情報機構（ASIO）の設立に携わる。その後ASIOで12年間勤務し、長官代理を最後として1959年に引退した。

【参照項目】 真珠湾攻撃、交信分析、政府暗号学校、オーストラリア保安情報機構

寝返り （Turn）

　あるエージェントを二重スパイにすること。第2次世界大戦中、イギリスのダブルクロス委員会がドイツのエージェントに対して寝返りか処刑かを選ばせたように、通常は威圧によってなされる。また懐柔——時に性関係が関わる——も寝返りを達成する手段となる。その一方で、愛国精神、利他精神、もしくは金銭によってエージェント自ら寝返る場合もある。

ネガット　(Negat)

1930年代後半から第2次世界大戦終結までワシントンDCの海軍省本部に所在していた暗号解読拠点を指すコードネーム。OP-20-G（海軍の通信情報部門）の一部であり、第1次世界大戦中に建築されたコンスティテューション通りの臨時ビルに入居していた。戦後はワシントン北西部のマサチューセッツ通りとネブラスカ通りが交差する場所にある海軍保安ステーションに移転したが、そこはかつてマウント・ヴァーノン女子大学のキャンパスだった。

ネガットは当時の軍事通信で用いられていた「N」を表わす表音語である。

【参照項目】暗号解読、コードネーム、海軍通信情報、海軍保安ステーション

ネガティブ情報　(Negative Intelligence)

コンプロマイズ、つまり敵の手に渡ったことが知られている情報、または敵によって入手されたことが知られているものの、対情報活動により敵にとって有用でなくなったと判断された情報のこと。

【参照項目】コンプロマイズ、対情報

猫の散歩　(Walking the Cat)

作戦の経緯、あるいはエージェントの活動を遡り、現時点に遡及することを指すアメリカ情報界の用語。エージェントの素性や作戦内容が敵に突き止められた際、これにつながる何かがあったのか否かを突き止めるために行なわれる。

【参照項目】エージェント

ネスビット、フランク・A　(Nesbitt, Frank A.)

KGBに無許可で情報を渡したアメリカ空軍及び海兵隊所属の元通信士官。1963年から66年までは空軍で、69年から79年までは海兵隊で勤務していた。

1989年8月、ネスビットはボリビアのスクレを旅行中にロシア人バレーダンサーの一団と友人になる。そしてソビエト政府の職員と会い、この人物を通じてラパスのソビエト大使館に駐在するKGBの代表と接触した。ネスビットによると、彼はそこからモスクワへ飛び、セイフハウスで11日間を過ごしながら、アメリカの軍事通信に関する情報を、記憶を頼りに32ページにわたって記したという。しかし市民権の取得と職の提供をソビエト当局から断られたことで、ネスビットは幻滅を抱くようになった。

次いでネスビットはグアテマラに赴き、アメリカ当局と接触する。そして職員に伴われてワシントンDCに行き、FBI職員と会った後に逮捕された。尋問中、自分の行動は二重スパイ行為であると述べ、ソビエトには何ら有益な情報を渡していないと主張した。

ネスビットは国家の安全保障に関する秘密情報をソビエト連邦に渡したとして、1989年11月8日に起訴された。当初は無罪の申し立てをしていたが、90年2月1日に司法取引で有罪を認め、連邦刑務所の精神治療施設に10年間収容されることになった。弁護士によれば、ネスビットは「人生の中で興奮を得たかったのだ」という。

【参照項目】KGB、セイフハウス、FBI、二重スパイ

ノイマン、フランツ　(Neumann, Franz　1900-1954)

ソビエトのためにスパイ行為をした戦略諜報局（OSS）の士官。

ドイツに生まれたノイマンはナチスの手から逃れ、イギリスのロンドン・スクール・オブ・エコノミクスを卒業後アメリカに入国した。その後はOSSのドイツ課で経済分析官を務めている。彼はソビエト情報機関のハンドラーに対し、「自分の手を通過するデータ」を残らず提供すると語ったが、そこにはアメリカ大使やOSS幹部による報告書も含まれていた。また1944年7月のアドルフ・ヒトラー暗殺未遂に関してアメリカが入手した情報もその中にあった。戦後はニュルンベルグ戦犯法廷においてアメリカの主任検事の下で働いている。ノイマンのコードネームは「ルフ」だった。

（訳注：社会学者及び法学者としても著名な存在だった）

【参照項目】戦略諜報局、コードネーム

農園　(Farm, The)

「キャンプ・ピアリ」を参照のこと。

ノセンコ、ユーリ・イワノヴィチ　(Nosenko, Yuri Ivanovich　1927-2008)

KGBに関する自らの暴露によってアメリカの情報当局を二分し、結局CIAの囚人となったソビエトの亡命者。ジュネーブ軍縮会議の使節団員をカバーとして活動していたKGB職員のノセンコは1962年にCIAと接触し、二重スパイになることを申し出た。しかしその後考えを改め、翌年1月に亡命している。

英語を流暢に操るノセンコは1945年のGRU（参謀本部情報総局）入局を皮切りに情報の世界へ入り、アメリカ軍がアジアで発信した信号情報の分析にあたった。1953年にはKGBへ移籍して対外情報活動に携わり、モスクワを訪れたアメリカ人観光客の勧誘を試みたこともある。1957年には文化省職員をカバーとしてソビエト体操チームと共にイギリスを訪問、初めて西側の生活水準を目の当たりにした。この体験が亡命の決心に火を点け

たものと思われる。

1959年、ノセンコは外国人の監視にあたるKGB職員として、アメリカ国籍を放棄してソビエト国内に居住していた元海兵隊員、リー・ハーヴェイ・オズワルドのケース・オフィサーとなった。

1964年に亡命した際、当時KGB大尉に過ぎなかったノセンコは中佐であると主張したが、この作り話はCIAに疑惑を抱かせた。CIAの防諜部門トップを務めるジェイムズ・ジーザス・アングルトンは、ノセンコが偽情報の流布を目的としたエージェントであり、1963年11月に発生したケネディ大統領暗殺事件の捜査活動を混乱させることが任務だと信じた。一方ノセンコの主張によれば、ケネディ暗殺後のオズワルド逮捕を受け、オズワルドに関するKGBのファイルを調査する任務が与えられたという。しかしオズワルドとKGBとの関係は見つけられなかったとのことである。

その間、ノセンコには疑惑が降りかかっていた。以前に亡命したアナトリー・ゴリツィンが、自らの主張——中でも重要だったのが、サーシャというコードネームの内通者がCIAの奥深くに浸透しているという主張——を覆すべく、KGBによって他の亡命者が送り込まれるだろうと予測していたのである。ゴリツィンによれば、サーシャを「作動」させる目的で、ヴィクトル・コフシュクというKGB幹部が1957年にワシントンへ派遣されたという。その情報から、アングルトンによる内通者狩りが始まった。

ノセンコは、サーシャの名を聞いたことはないが、アンドレイというコードネームのエージェントを知っていると語った。その人物はモスクワのアメリカ大使館の駐車場で働くアメリカ人職員であることが明らかになり、1957年にコフシュクと会ったことを認めた。だがアングルトン率いる内通者ハンターは「アンドレイ」の暴露こそが、ゴリツィンの予期していたトリックだと考えた。アングルトンらはノセンコを厳しく尋問し、自分が亡命者ではなく、亡命者の振りをしたエージェントであると自白させようとしたが無駄に終わった。ノセンコは独房に監禁され、睡眠を禁じられた上に食糧もわずかしか与えられないまま繰り返し尋問を受けた。彼がこうした過酷な扱いを受けたもう1つの理由として、1963年にモスクワのメトロポール・ホテルの外で拘束されたイェール大学の政治学者、フレデリック・バーグーンに対するKGBの処遇が挙げられる。ニューヨークで逮捕されたソビエトスパイとの交換要員としてノセンコがバーグーンを選んだのだと、CIAは信じていた。しかしバーグーンの拘束期間が2週間だった一方、ノセンコはヴァージニア州ワレントン近郊にあるCIAの訓練施設、キャンプ・ピアリに1968年まで——実に4年間にわたって——収監された。

1973年に中央情報長官となったウィリアム・コルビーは内通者狩りを中止させ、ノセンコに対する報酬を過去に遡って支払わせた上で、対情報部門のコンサルタントとして雇用した。

【参照項目】KGB、CIA、カバー、二重スパイ、GRU、信号情報、防諜、ジェイムズ・ジーザス・アングルトン、偽情報、アナトリー・ゴリツィン、コードネーム、内通者、キャンプ・ピアリ、中央情報長官、ウィリアム・コルビー、対情報

ノーラン、デニス (Nolan, A. Dennis 1872-1956)

第1次世界大戦前から戦中にかけ、自らの努力によって軍事情報活動の地位を引き上げたアメリカ陸軍士官。

ノーランは1896年に陸軍士官学校を卒業後、米西戦争に従軍した。その後フィリピンに駐在したが、これはフィリピン人の反米武装蜂起がアメリカ軍によって鎮圧された時期にあたっていた。

大尉の時に陸軍省参謀本部に配属され、アメリカ陸軍の情報活動における先駆者、ラルフ・H・ヴァン・デマン大将と職務で親交を深める。1917年4月にアメリカが第1次世界大戦に参戦すると、アメリカ海外派遣軍（AEF）の指揮官ジョン・パーシング中将はノーランをG-2参謀に抜擢し、来るべき戦闘に向けて諜報活動を展開するよう命じた。

ノーランは巧妙な諜報網を組織し、中立国に駐留する全ての大隊と防諜部隊に情報分野の訓練を受けた士官を配置、軍事情報だけでなく政治情報の収集にあたらせた。フランス軍の後方に潜むドイツのスパイに対しては、フランス語を話す下士官兵から構成される情報警察隊を組織して追跡にあたらせたが、そこには殺人犯やフランス外人部隊からの脱走兵も含まれていた。

またノーランはイギリスの情報機関に取り入った。イギリス参謀本部の情報部門トップは彼を次のように評している。「頭脳明晰で、批判や疑問には非常に鋭いものがある。彼はイギリス人が抱く典型的なアメリカ人像とは対照的な人物だ」イギリス側は防諜報告書をノーランに提供したが、その中には通常であれば首相と外務大臣にしか提出されないものも含まれていた。さらには、後にイギリス秘密情報部（MI6）長官となるスチュワート・G・ミンギス少佐とも親交を結んだ。

戦時中、ノーランは准将に昇進したが、戦後は少佐に戻っている。しかし1920年9月に陸軍軍事情報部が創設されてその長官に就任した際、再び1つ星の将軍に復帰した。当時、陸軍はアメリカ政府の転覆を謀る共産党員——一般には「アカ」と呼ばれていた——を摘発すべく、国内情報活動に携わっていた。しかし国内の情報活動に兵士を動員するという行為は世論の反撥を招き、ノーランはそれを取りやめた。

【参照項目】軍事情報、ラルフ・H・ヴァン・デマン、

G-2、防諜、政治情報、スチュワート・G・ミンギス、｜　MI6、国内情報

ハ

バイウォーター、ヘクター・C
（Bywater, Hector C. 1884-1940）

　イギリス情報機関の密偵を務め、第2次世界大戦における日本海軍の戦略を1920年代に予測したイギリス人ジャーナリスト。

　ロンドンに生まれたバイウォーターは少年期の数年間をニューヨーク州ブルックリンで過ごし、19歳の時にニューヨーク・ヘラルド紙の記者となった。そして1904年から05年にかけて行なわれた日露戦争の補足記事を書くことで、海軍記者としての第1歩を踏み出す。バイウォーターは少年の頃から軍艦に惹きつけられていたが、彼の記事はそこから得た知識を基にしていた。

　後にイギリスへ戻り、海軍関係を専門とするジャーナリストとして働く傍ら、イギリス情報機関の依頼を受けてドイツの海軍施設を調査する。ドイツ語に堪能だったバイウォーターは大量の情報を集め、1901年にはスパイ容疑でドイツ当局の尋問を受けている。その場をなんとか切り抜けた彼はドレスデンの英字新聞社に勤務する傍ら、フリーランスの記者としてイギリスの出版物に寄稿した。

　バイウォーターは後に、自分を勧誘したのはイギリス秘密情報部（MI6）の初代長官で、彼自身は「C」としか知らない人物（サー・マンスフィールド・カミング）だったと記している。彼には海軍少佐としての俸給と手当が秘密裡に与えられ、またカバーの一部としてアメリカの市民権を得ようと試みたが、数年間暮らしたことがあったため簡単に入手できた。弟でドレスデンに駐在するアメリカ領事のユリシーズも、既に同様の市民権を得ていた。

　1914年8月の第1次世界大戦開戦後、バイウォーターは海軍情報部に移籍し、翌年にはアメリカに派遣、ニュージャージー州ホーボーケンのドイツ系コミュニティーへの潜入を試みる。当時MI6は、アメリカからイギリスに向けて出港する船舶に時限爆弾を仕掛けていた破壊活動家が、そこに潜んでいるのではないかと疑っていた。バイウォーターは後に、活動家を発見したのは自分だと主張しているが、アメリカ側の記録に彼の名は記されていない（「ホルスト・フォン・デア・ゴルツ」を参照のこと）。

　バイウォーターは戦後諜報活動から静かに身を引き、ジャーナリズムの世界に戻った。名前は出ていないものの『The Fleets at War』（1914）など数冊の共著者であり、また『A Study of the American-Japanese Naval Problem（邦題・太平洋の争覇）』（1924）は海軍専門家としての名を一躍国際的なものにした。さらに1922年のワシン

トン海軍軍縮会議では、自身の経験を土台としてボルチモア・サン紙に記事を寄稿している。

　次なる著書『The Great Pacific War（邦題・太平洋大戦争）』（1925）は1931年から33年にかけて行なわれる日米の架空海戦がモチーフであり、その中で日本側はアメリカ艦隊に奇襲攻撃を計画する。両国艦隊による決戦はフィリピン沖で行なわれ、アメリカ艦隊は全滅し2,500名が犠牲になるとされた。その結果、日本がグアムとフィリピンを占領するというのが結論である。また航空戦力はなんら重要な役割を演じていない（しかしながら、日本軍が真珠湾攻撃を仕掛けるとはこの予言的な書籍でも予想されなかった）。

　バイウォーターによるいずれの書も翻訳され、大日本帝国海軍士官の間で広く読まれたが、山本五十六もその1人だった。駐在武官としてワシントンDCの日本大使館で勤務している時、バイウォーターの本に関心を抱いたという。ウィリアム・H・ホナンは著書『Visions of Infamy』（1991）の中で、バイウォーターと山本は1934年12月に少なくとも1度会っており、「スコッチを傾けながら、和戦の見通しについて夜通し議論した」としている。またホナンによれば、山本はバイウォーターの架空戦記に影響を受けるあまり、連合艦隊司令長官になってからも彼の戦略の一部を借用したという。

【参照項目】C、マンスフィールド・カミングス、MI6、ホルスト・フォン・デア・ゴルツ、山本五十六、駐在武官

バイオグラフィック・レヴァレッジ （Biographic Leverage）

　ある人物を説得または脅迫してスパイ活動に携わらせるため、秘密の経歴資料を用いること。その人物が必ずしもスパイになるわけではないが、勧誘員や密使になる可能性がある。

【参照項目】勧誘員、密使

媒介者 （Cut-Out）

　2名の関係を隠す目的で利用される第3の人物。通常、片方あるいは両方が監視下に置かれているため、直接会うことを望まないエージェントとハンドラーが、連絡をとる際の手段として用いる。

【参照項目】エージェント、ハンドラー

パイク委員会 （Pike Committee）

　1975年にCIAとNSAの職権濫用を調査したアメリカ下院の委員会。委員会の名はニューヨーク州選出の民主党議員、オーチス・パイクからとられたものであり、委員会における供述によって、NSAによる活動の一部が初めて公にされている。

　委員会は1975年8月の公聴会に先立ち、NSAの通信傍受権限の範囲を定める「認可状」の提出を求めた。認

可状の正体は、NSAが秘密裡に創設された1952年に国家安全保障会議が発行した情報活動指令書であり、以前に公開されたことはなかった。

NSAを代表するペンタゴンの役人は指令書を持参せずに公聴会へ出席、これがパイクを激怒させた。「設立認可状のコピーすら提供せず、多数の人間を擁するこの機関に多額の予算を割り当てるよう求めるなど、私には信じられない」委員会は全員一致で指令書の提出命令を可決する。しかしNSAと司法省の役人は八方手を尽くし、指令書を公開させないことに成功した(またほんの一部を除き、その後も公開されることはなかった)。

ウィリアム・E・コルビー中央情報長官は委員会に対し、NSAは「アメリカ国外の通信、及び国内から国外へ送られる通信」を傍受していると述べた。また「傍受している通信から切り離すことができない」という理由で、アメリカ人による一部の通信を拾い上げていることも認めた。そしてこれ以上の議論は非公開の行政手続きとして行なうよう求めた。NSA長官として初めて公の場で証言したルー・アレン・ジュニア空軍中将も、NSAによる活動の概略を記した文書を読み上げ、自らに対する質問も行政手続きの中で行なうよう要請している。

CIAとNSAの職員は後に、委員会を出所とするリークに不満を漏らした。また公聴会の進め方が極めて党派的であるとして、パイクは共和党からも批判されている。かくしてパイク委員会による活動の大半は、より包括的で準備が整っていたチャーチ委員会の影に隠れてしまった。

リークの一例を挙げると、1976年に作成された報告書では、「敵の勢力下にある海域で実施されているアメリカ海軍の潜水艦偵察計画」について触れている。これはソビエトの海底通信ケーブルを盗聴する海軍の最高機密作戦、アイヴィー・ベルのことだった(これが公にされたのは1986年、機密情報——アイヴィー・ベルもその1つ——をソビエトに売り渡したロナルド・ペルトンの裁判においてだった)。

【参照項目】CIA、NSA、国家安全保障会議、中央情報長官、ウィリアム・E・コルビー、ルー・アレン・ジュニア、リーク、チャーチ委員会、最高機密、アイヴィー・ベル、ロナルド・ペルトン

ハイド、H・モントゴメリー
(Hyde, H. Montgomery 1907-1989)

第2次世界大戦中にインテリジェンス・オフィサーとしてウィリアム・スティーヴンソンの下で勤務し、後にドワイト・D・アイゼンハワー大将の司令部に加わったイギリスの歴史家。

ベルファストのクイーンズ大学とオックスフォード大学モードリン・カレッジで学んだ後、1939年にイギリス陸軍情報部隊へ入隊したハイドは、秘密情報部(MI6)の保安将校としてバミューダに駐在していた際、スティーヴンソンと共にドイツの主要エージェント、クルト・ルートヴィヒの追跡に携わった。

1944年初頭にはニューヨークへ異動となり、ロックフェラーセンター3603号室を拠点に活動するイギリスのカバー組織、英国保安調整局(BSC)を運営していたスティーヴンソンの下で働き始める。その後、アイゼンハワー大将のヨーロッパ司令部に配属された。

戦後は中佐の階級で陸軍を去り、後に50冊以上の著書を執筆したが、その中にはスティーヴンソンの評伝『Room 3603(邦題・3603号室　連合国秘密情報機関の中枢)』(1963)もあり、イギリスでは当初『The Quiet Canadian』(1962)として刊行された。また『Secret Intelligence Agent』(1982)でイギリスの情報活動を自身の立場から記している。

【参照項目】インテリジェンス・オフィサー、ウィリアム・スティーヴンソン、MI6、クルト・ルートヴィヒ、英国保安調整局

パイドパイパー (Pied Piper)

アメリカ空軍が民間企業を対象として1955年に実施した秘密入札。衛星偵察システムの設計開発を目的としていた。フィードバック計画の延長線上にあるこの活動は、アメリカのスパイ衛星開発における一里塚となった。

【参照項目】衛星、偵察、フィードバック

ハイドリヒ、ラインハルト (Heydrich, Reinhard 1904-1942)

ナチスドイツ国家保安本部(RSHA)長官にして、「最終解決」——ヨーロッパにおけるユダヤ人絶滅——を主導した1人。

ハイドリヒの母親は女優であり、父親はオペラ歌手兼作曲家にしてハレ音楽学校の校長を務める人物だった。1922年から31年まで士官として海軍に在籍するも、若い女性との交際のもつれが「士官及び紳士としてふさわしくない行為」とみなされて退役を余儀なくされ、同じ年にナチス党へ入党、親衛隊に加わっている。親衛隊は程なくSSというイニシャルで知られるようになり、恐怖の代名詞となった。ハイドリヒは後にSSの情報収集・秘密工作部門、SD(親衛隊保安部)の初代長官に就任する。

1934年にSA(突撃隊)リーダー、エルンスト・レームに対する「血の粛清」を迅速かつ容赦なく遂行したハイドリヒは親衛隊中将に昇進し、ハインリヒ・ヒムラーSS長官と密接な関係を築いて秘密警察ゲシュタポの指揮を任される。また1938年11月、ドイツ在住のユダヤ人を対象として周到に準備された全国的な弾圧運動「水晶の夜」では、「同時多発的にデモを引き起こす」旨の秘密指令を発した。

ハイドリヒは脅迫及び情報提供者の巨大なネットワークを用いて集めた情報を基に、アドルフ・ヒトラーの戦争計画に反対していたヴェルナー・フォン・ブロンベルク大将と、ドイツ陸軍総司令官のヴェルナー・フライヘア・フォン・フリッチュ大将を更迭するための証拠を提供した。

ポーランド侵攻の口実をヒトラーに与えるため、偽の事件（缶詰作戦）をでっち上げたのもハイドリヒだった。侵攻予定日の前日である1939年8月31日、ドイツとの国境にある放送局をポーランド人に「襲撃」させる。その襲撃者はポーランド軍の制服を着たSSの隊員だった。襲撃の証拠として、ハイドリヒはポーランドの軍服を着せた死体を用意している。犠牲となったのは収容所の囚人で、致死性の毒物を注射された後に現場で撃たれた。またハイドリヒは、囚人を用いた同様の欺瞞作戦を各地で展開した（戦後のニュルンベルク戦犯法廷でナチス党員が証言したところによると、襲撃に参加したSS隊員は後に「始末された」という）。

戦争が勃発すると、ハイドリヒはポーランド在住のユダヤ人を組織的に絶滅させるラインハルト作戦を発動した。1941年9月にはベーメン・メーレン保護領副総督に就任、ユダヤ人の大量虐殺を続ける。そして翌年1月、「ヨーロッパにおけるユダヤ人問題の最終解決」を議題としたヴァンゼー会議を招集した。

占領下のヨーロッパ各地域——特にハイドリヒがレジスタンス運動に強硬な態度をとることが予想されていたフランス——で活動するエージェントを保護するため、イギリス秘密情報部（MI6）は彼の暗殺を決断した。またMI6は、ハイドリヒこそが最も恐るべきナチスのインテリジェンス・オフィサーだと信じていた。アプヴェーア長官のヴィルヘルム・カナリス大将が反ナチ派であることをMI6は摑んでいたが、ハイドリヒは彼の粛清を試みていたのである。

1941年12月、イギリス特殊作戦執行部（SOE）はチェコ人暗殺者2名、無線技師、そして暗号専門家3名をチェコスロバキアにパラシュートで送り込む。翌年5月23日、ハイドリヒのオフィスで時計を修理していた職人が、5月27日のハイドリヒの行動予定を記したメモに気づく。紙くず入れに捨てられたそのメモは、掃除婦——時計職人と同じくチェコ人地下組織のメンバーだった——の手で暗殺チームに渡された。当日、プラハとドレスデンを結ぶ道路の急カーブに差しかかったメルセデスを2名の暗殺者が襲撃し、ハイドリヒと護衛に銃を乱射した後、車の下に手榴弾を転がした。手榴弾を製作したイギリス人が細菌の入った小瓶を仕込んだという説もある。ハイドリヒの怪我はすぐさま治療されたが、その甲斐なく感染症によって6月4日に死亡した。

しかし後に続いたのは、血も凍る復讐劇だった。SSはチェコのリディツェ村を襲い、村民の男性全員を殺害した。また各地で1,358名のチェコ人が死刑を宣告され、強制収容所にいた3,000名のユダヤ人共々命を奪われている。

SD長官のヴァルター・シェレンベルクはハイドリヒを「ナチ政権の秘かな軸」と評し、カナリスは「狂気に満ちた野蛮人に違いないが、こうした獣の中で最も頭のいい人間」としている。

【参照項目】RSHA、SS、SD、ハインリヒ・ヒムラー、ゲシュタポ、MI6、インテリジェンス・オフィサー、アプヴェーア、ヴィルヘルム・カナリス、SOE、ヴァルター・シェレンベルク

ハイポ （Hypo）

1930年代後半から第2次世界大戦終結までハワイの真珠湾に所在していたアメリカ海軍の暗号解読拠点を指すコードネーム。1941年12月7日（日本時間8日）に日本軍が真珠湾を攻撃した際は、ジョセフ・ロシュフォート海軍中佐がハイポの指揮を執っていた。ロシュフォートは41年6月から翌年10月までその地位にあり、その後はウィリアム・B・グロッギンス大佐が終戦までハイポの責任者を務めた。

ハイポは当時の軍事通信でHを表わす音標文字であり、ハワイを示している。また戦時中は太平洋方面艦隊無線部隊（FRUPAC）の名で一般に知られていた。

【参照項目】暗号解読、ジョセフ・ロシュフォート、太平洋方面艦隊無線部隊

バイマン （Byeman）

電子・写真偵察衛星全般に対して1961年に付与されたアメリカのコードネーム。後に拡張され、SR-71ブラックバードとU-2偵察機も含むようになった。

歴史家のジェフリー・T・リチェルソンは著書『America's Secret Eyes in Space』（1990）の中で次のように記している。「各個人は偵察衛星による成果の閲覧は許されたが、コードネーム、軌道要素、あるいは性能といった衛星自体の情報は、適切なバイマン情報閲覧許可を得ない限り決して見られなかった」

【参照項目】衛星、SR-71ブラックバード、U-2、ジェフリー・T・リチェルソン

ハーヴェイ、ウィリアム・キング
（Harvey, William King　1915-1976）

CIA幹部となった元FBI特別捜査官。

インディアナ大学法学部を卒業してから3年後の1940年にFBI入りしたハーヴェイは、最初に割り当てられた防諜業務へ興味を膨らませてゆく。47年にはFBIを退職し、J・エドガー・フーヴァー長官にとっては気に入らないことにCIAに移籍して防諜担当のインテリジェンス・オフィサーとなった。

MI6 のハロルド（キム）・フィルビーが FBI 及び CIA との連絡員としてワシントン DC のイギリス大使館に配属された際、ハーヴェイは接触先の１つだった。その結果フィルビーだけでなく仲間のスパイ、ガイ・バージェスとも知り合うようになる。だがフィルビーの自宅で開かれたパーティーにおいて妻リビーがバージェスに侮辱されたのを受け、憎んで余りあるバージェスと、内通者ではないかと疑っていたフィルビーの素性調査を始める。しかし強まりつつある疑惑を立証するのに十分な証拠は得られなかった。

1952 年、ビッグ・ビルの愛称で知られていたハーヴェイは、東ベルリンで行なわれていたソビエトの通信を傍受すべく、ベルリントンネル（「ハーヴェイの穴」と呼ばれるようになった）の掘削を指揮した。

ハーヴェイは大酒飲みで .45 口径の拳銃を常に持ち歩いており、1961 年にケネディ大統領が命令したフィデル・カストロ暗殺計画（マングース作戦。「キューバ」を参照のこと）にも加わっている。またカストロ暗殺計画を知り、実行のための特別行動部隊を組織したのもハーヴェイだった。しかし大統領の弟でマングース作戦の原動力だったロバート・ケネディ司法長官は、動きが遅すぎるとして彼を非難している。ロバート・ケネディがフロリダ州マイアミの CIA 支局を視察に訪れた際、２人は口論になった。また別の機会には、存在が邪魔だと大統領と司法長官を激烈に批判したため、ハーヴェイはマングース作戦から下ろされることになった。

1963 年、秘密工作活動を担当する計画本部のトップ、リチャード・ヘルムズはハーヴェイをワシントン DC から追い出し、ローマ支局長に左遷する。飲酒癖と奇矯な振る舞いはますます悪化したが、1969 年の退職まで CIA にとどまった。

【参照項目】CIA、FBI、防諜、J・エドガー・フーヴァー、インテリジェンス・オフィサー、ハロルド（キム）・フィルビー、内通者、ベルリントンネル、マングース作戦、特別行動、リチャード・ヘルムズ

ハーヴェイ・バーチ［f］ (Harvey Birch)

アメリカ独立戦争時のスパイ活動を描いたジェイムズ・フェニモア・クーパー作『The Spy』（1821）の主人公。行商人のハーヴェイはジョージ・ワシントン将軍をモデルにした「ハーパー」の下でスパイ活動を続ける一方、イギリスから金を受け取っているのではないかと人々に疑われている人物だった。

バーチの活躍はニューヨークの靴職人、エノック・クロスビーによる実際の冒険を基にしている。独立戦争初期、クロスビーは陸軍の下で働いていた。病気のために一旦離れるが 1776 年に再入隊、その後ニューヨークのアメリカ軍駐屯所をハイキングしていた時、トーリー党員からイギリスのシンパだと間違われる。クロスビーは

それを利用し、イギリス軍にトーリー民兵を合流させようとする計画を突き止めた。

クロスビーからこの情報を受け取った独立派のリーダー、ジョン・ジェイは、彼を二重スパイとして利用する。クロスビーはアメリカ軍からの「脱走」を演じた後でトーリー側に合流する。アメリカ軍がトーリー民兵を捕らえた際も、彼らはクロスビーを敵として扱う振りをした。

クロスビーは再び脱走劇を演じ、先に確立したトーリー民兵への潜入パターンに従ってジェイの密偵として活動を続けたが、やがて名を知られ復讐の対象になっている。戦後は農民としてニューヨークに移り住み、保安官代理を務めた。また戦時のスパイ活動に対して後に 250 ドルが支払われている。

クーパーはジェイからクロスビーのスパイ活動を聞いて『The Spy』を書き上げた。なおクロスビーのスパイ活動に関する実録は、H・L・バーナムが『The Spy Unmasked』の題で 1829 年に刊行している。

【参照項目】ジェイムズ・フェニモア・クーパー、ジョージ・ワシントン

ハウス (House)

ソビエト情報機関の本部「センター」を指すロシアの俗語。「ビッグハウス」とも。

【参照項目】センター

バカーチン、ワジム・ヴィクトロヴィチ
(Bakatin, Vadim Viktorovich 1937-)

1991 年 8 月に発生したミハイル・ゴルバチョフ大統領に対するクーデターが失敗に終わった後、KGB 議長に就任した人物。KGB の秘密警察的な側面には極めて批判的であり、就任直後に「国家内部のさらに悪質な国家」と評した。

生粋のロシア人であるバカーチンはシベリアの裕福な家庭に生まれ、ノヴォシビルスク建築工科大学で学んだ後、1964 年に共産党入りする。その後は順調に昇進を続け、88 年に内務大臣に任命された。就任後はゴルバチョフの開放路線（グラスノスチ）に従い KGB 幹部を更迭しているが、その中には KGB 職員である自らの息子もいた。さらには公安活動に対する共産党の影響力を弱め、国内における諜報活動を廃止すると共に、KGB の機密資料に対する市民のアクセスを認めると宣言した。

しかし 1990 年 12 月、政敵の圧力に負けたゴルバチョフはバカーチンを罷免する。その結果、ロシア議会議員を務める傍ら、ゴルバチョフの公安担当補佐官に納まった。1991 年のロシア大統領選挙ではボリス・エリツィンから副大統領候補のオファーを受けたが、バカーチンはそれを拒否して自らも立候補している。

1991 年に発生したクーデターの際には、抗議の意味

でロシア議会議員と公安担当補佐官を共に辞職したが、翌日には復帰した。その後はエフゲニー・プリマコフらと一緒に、流血の事態を避けるためモスクワからの撤兵を軍に求めた。8月21日にはこれもプリマコフらと共にクリミアへ飛び、クーデター首謀者によるゴルバチョフ暗殺を防ごうとしている。

同月、ゴルバチョフはウラジーミル・クリュチコフの後任としてバカーチンをKGB議長に任命する。バカーチンの下でKGBは機構と任務を変え始め、地上及び海上の国境守備部隊は独立組織になり、KGBの戦闘部隊はソビエト陸軍（地上軍）に移管された。またクレムリンの警護及び通信を担当する部隊はソビエト政府の直属となっている。

ソビエト崩壊直前の1991年11月、ゴルバチョフはまたもバカーチンの更迭を余儀なくされ、KGB議長の座も短期間に終わった。バカーチンはこう述べている。「社会主義から資本主義を生み出すのは、オムレツから卵を作るようなものだ」
【参照項目】KGB、エフゲニー・プリマコフ、ウラジミール・クリュチコフ

ハガー・マガー （Hugger-Mugger）

秘密あるいは隠密を指す出所不明の俗語。情報活動上の混乱や乱雑さを指すこともある。

バカン、ジョン （Buchan, John　1875-1940）

作家にしてインテリジェンス・オフィサーだったスコットランド人。旅行記から宗教に至るまで幅広い分野の本を執筆しているが、もっぱら冒険小説とスパイ小説で知られている。

1915年に出版されたスパイスリラー『The Thirty-Nine Steps（邦題・三十九階段）』では、恐るべき記憶力を持つ俳優によってドイツに秘密情報が渡るのを、主人公のリチャード・ハネイが防いでいる。偶然のきっかけで密偵となり、『Greenmantle（邦題・緑のマント）』（1916）と『Mr. Standfast』（1916）においてドイツの陰謀を打ち砕いたハネイのキャラクターは、ボーア戦争と第1次世界大戦で武勲を挙げ、後に参謀総長となったイギリス陸軍のサー・エドマンド・アイアンサイドを基にしている。

『The Thirty-Nine Steps』の出版直後、バカンはフランスに渡り、最初は従軍記者、次いで情報部隊の士官として活動した。また後に戦時宣伝活動の責任者としてMI6や海軍情報部と内密に協力し、プロパガンダ文書をヨーロッパに持ち込んでいる。

『Greenmantle』のモチーフとなったのは、トーマス・E・ロレンス大尉（アラビアのロレンス）と、バカンのオックスフォード時代の友人オーブレイ・ハーバートが携わった秘密任務である。なお『Greenmantle』と『The

Three Hostage（邦題・三人の人質）』（1924）で活躍するサンディ・アーバスノットはハーバートをモデルにしている。

1935年に初代トゥイーズミア男爵エルスフィールドに叙爵されたバカンは、後にカナダ総督に任命された。
【参照項目】MI6、トーマス・E・ロレンス

パーキンス、ウォルター・T （Perkins, Walter T.）

アメリカ空軍の情報官。1971年、最高機密の航空防衛計画をメキシコ駐在のKGB職員に届ける途中で逮捕された。

パーキンスがスパイ行為を申し出たのは、フロリダ州ティンダル空軍基地の航空防衛兵器センターに配属されていた時のことである。しかしソビエト側と接触した事実は、アメリカの防諜担当官に突き止められていた。

パーキンスは機密文書と引き換えに、北ベトナムで囚われの身となったアメリカ人捕虜を解放させるつもりだったと述べている。空軍によって行なわれた訴追手続きの結果、禁固3年が言い渡された。
【参照項目】最高機密、防諜

博物館 （Museums）

複数の情報機関が博物館を設置している。中でも大規模なものとして、ヴァージニア州ラングレーにCIAが建設した博物館、メリーランド州フォート・ミードにNSAが建設した国立暗号博物館と国立航空偵察犠牲者公園、ケント州アシュフォードのテンプラー・バラックスにあるイギリス情報部隊博物館、モスクワのルビャンカにあるKGB博物館が挙げられる。またアメリカ陸軍の軍事情報学校が位置するアリゾナ州フォート・フワチューカには、軍事情報博物館が存在している。この博物館とNSA博物館、そしてイギリス情報部隊博物館は一般公開されているが、CIAのウェブサイト（www.cia.gov）では「バーチャルツアー」も体験できる。

イギリスが第2次世界大戦中に暗号解読活動の拠点としたブレッチレー・パークには、情報活動及び暗号解読の経験を持つ一般市民の組織によって博物館が建設された。そこではバッキンガムシャー地所の一部が、戦時中に建設された兵舎や機器と共に一般公開されている。

ロンドンの大英帝国戦争博物館とワシントンDCのスミソニアン博物館は、暗号解読に関する大規模な特別展を行なってきた。またワシントンの国際スパイ博物館は、情報活動を対象とするものとしては唯一の大規模な民間博物館である。
【参照項目】ラングレー、CIA、フォート・ミード、NSA、国立航空偵察犠牲者公園、ルビャンカ、暗号解読、ブレッチレー・パーク、国際スパイ博物館

バーグ、モリス（モー） （Berg, Morris〔Moe〕 1902-1972）

アメリカの野球選手であり密偵でもあった人物。

ロシア移民の息子として生まれたバーグは、ニュージャージー州ニューアークの高校とプリンストン大学で野球をプレイし、また大学では言語学を専攻した。卒業後はキャッチャーとしてブルックリン・ロビンス（現・ロサンゼルス・ドジャース）と契約、16年に及ぶ選手生活を始める。1934年には野球選手として来日する一方、アメリカ情報機関の要請を受けて東京湾や日本軍の施設を16ミリフィルムに収めた。

引退後の1942年8月から翌年2月にかけては、当時ルーズベルト大統領のアメリカ大陸問題調整官だったネルソン・ロックフェラーの指示により、ラテンアメリカ諸国での調査活動に携わっている。またラテンアメリカにおける防諜活動はFBIの管轄にあったため、バーグがFBIの下で情報収集活動を行なっていた可能性も否定できない。

1943年には戦略諜報局（OSS）に入隊、ユーゴスラビアにパラシュートで潜入してヨシップ・ブロズ・チトー率いるパルチザンの反ソビエト活動を調査した。さらにドイツが原爆生産を目的として建設した重水工場を発見・破壊する連合軍の作戦にも加わり、ドイツ占領下のノルウェーに入っている。

OSSにおける仕事の舞台は、その後スイスのベルンへ移った。当地の支部長で後に中央情報長官（DCI）となるアレン・W・ダレスともそこで出会っている。バーグは北大西洋条約機構（NATO）の下でも働き、1950年代から60年代にかけて諜報任務を引き受けたとされている。

【参照項目】戦略諜報局、アレン・W・ダレス、北大西洋条約機構

バークレイ、セシル （Barclay, Cecil）

第2次世界大戦中、赤軍の情報機関GRUのF・F・クズネツォフ総局長に対し、あらかじめ選び抜いた暗号解読結果（ウルトラ）を提供するためモスクワに駐在したMI6職員。

米英の情報機関は、ウルトラ資料の出所をソビエトには伝えないと決めていた。しかしソビエト側は、ブレッチレーパークで勤務していたケンブリッジ・スパイ網の二重スパイ、ジョン・ケアンクロスを通じてウルトラのことをかなりの程度知っていた。

クズネツォフはバークレイにドイツ空軍のコードブックを渡した上で、「あるべき場所」に必ず届けるよう告げるなど、ソビエト側がウルトラについて全く無知ではないことを伝えたかったようである。

【参照項目】MI6、F・F・クズネツォフ、GRU、ジョン・ケアンクロス、二重スパイ、ブレッチレーパーク、エニ

暴露（発覚） （Blown）

情報員や施設（セイフハウスなど）の正体、あるいは秘密活動や秘密組織に関するその他の要素が明らかになること。暴露されたエージェントとは、素性が敵側に知られた人物のことを指す。

パケ、ジョルジュ （Pâques, Georges）

「サファイア」を参照のこと。

ハゲリン、ボリス・C・W （Hagelin, Boris C. W. 1892-1983）

暗号機の発明者。油田で働くスウェーデン人労働者の息子としてロシアのコーカサス地方に生まれる。サンクトペテルブルグで3年間（一説には4年間）学んだ後スウェーデンに移り、1914年に王立工科大学を卒業、その後入社したクリプトグラフ社（現・Crypto AG）で暗号機に対する興味を抱く。クリプトグラフ社はエマヌエル・ノーベル博士がその年に買収した企業であり、父親のカール・W・ハゲリンも株主として名を連ねていた（企業の設立は1915年）。

暗号機が企業間の秘密通信で決定的な役割を演じるという社の結論に基づき、ハゲリンは1923年に「グローランプ式暗号機エニグマ」の1号機を公開する。アメリカ陸軍とイギリス外務省がこの機械を購入したものの、秘密通信にエニグマ暗号機を採用したのはスウェーデン陸軍と当時のワイマール共和国軍だった。

ハゲリンの次なる成果は「戦術」暗号機、すなわちC-38型暗号機である。これは印字可能な「ポケット」暗号機を欲するフランス参謀本部第2部の要請を受け、1934年に開発された。ハゲリンはC-38型暗号機を設計するにあたり、未完成に終わった計算機能付き両替機のコンセプトを採用している。フランス軍は機械の実物を見て5,000台を発注した。

ハゲリンはC-38型暗号機をアメリカ軍に売り込むべく数年を費やした。そして1940年にアメリカ陸軍が採用を決定、最初の50台はスウェーデンからワシントンDCまで飛行機で空輸された。陸軍はM-209暗号機、または「変換器」の呼称を付与した上で、L・C・スミス＆コロナ・タイプライター社にアメリカでの製造を委託した。生産数は一日あたり最大500台に上っており、第2次世界大戦が終わるまでにアメリカ国内だけで14万台以上のM-209が生産されている。

ハゲリンはアメリカで4年間過ごした後、1944年にスウェーデンへ帰国した。ハゲリンの不在中、ストックホルムの生産工場はドイツとイタリアを含む数ヵ国にC型暗号機を販売していた。うち1台は日本の駐在武官によって国外へ持ち出され、ドイツのUボートで日本に運ばれている。ハゲリンの記録によると、ドイツは終

戦までに自国用としておよそ700台を生産したという。

第2次世界大戦後、C型暗号機の改良型がドイツだけでなくフランスでも生産された。

1952年、国家安全保障上の理由からスウェーデン政府によって国有化される可能性が生じたため、ハゲリンは自らのクリプトグラフ社をスウェーデンからスイスへ移した。また友人でアメリカ人暗号官のウィリアム・F・フリードマンと何度か会っているが、その状況はフリードマンがNSAの代理で活動していることを示唆していた。ジェイムズ・バンフォードは著書『The Puzzle Palace（邦題・パズル・パレス：超スパイ機関NSAの全貌）』（1982）の中で次のように記している。「（ハゲリンは）自社が外国政府に供給している暗号機の様々な改良点や改造箇所を、NSAに詳しく伝えるよう求められた……」NSAとクリプトグラフ社との関係は1990年代まで推測の的にされ、クリプトグラフ社は暗号機の生産については情報機関にも秘密にしていると正式に発表した。

【参照項目】暗号、参謀本部第2部、M-209暗号機、ウィリアム・F・フリードマン、NSA、ジェイムズ・バンフォード

箱の中のジャック　(Jack in the Box)

車内の人数について敵の目を欺くために用いられるダミー人形。膨らませて使うものもある。

「スパイ技術」も参照のこと。

（訳注：Jack in the Box は人形が飛び出すびっくり箱の意）

バージェス、ガイ・ド・モンシー

(Burgess, Guy de Moncey　1911-1963)

ケンブリッジ・スパイ網の一員として、イギリス政府に所属しつつソビエト連邦のためにスパイ行為をした人物。

ケンブリッジ大学に在学中の1930年代、バージェスはハロルド（キム）・フィルビー、ドナルド・マクリーン、アンソニー・ブラントと共にソビエトへ協力するよう勧誘される。ケンブリッジ・スパイ網のハンドラーだったユーリ・モジンは、バージェスこそが「ブラントら学生を次々と勧誘した人物である。真のリーダーはバージェスだった」としている。

海軍士官の家庭に生まれたバージェスはダートマスの王立海軍兵学校に入学するも、突然退学——視力の問題だったと後に主張している——してイートン校に入り、ケンブリッジ大学への奨学金を勝ち取った。またブラントと共に、反体制活動で知られる学内の秘密組織アパスルに所属していた。

歴史学で優秀な成績を残したバージェスは共産主義に傾倒したが、ソビエトの勧誘員から共産主義へのシンパ

シーを隠すよう命じられた。そのため、ファシズムを思想上の隠れ蓑としながら英独友好協会に加入、1936年にドイツを訪れベルリンオリンピックを観戦する傍ら、同性愛者のドイツ人外交官と親交を結んだ（バージェスとブラントは同性愛者であり、マクリーンは両性愛者だった）。

卒業後、バージェスは保守党とタイムズ紙で職を求めるも失敗に終わり、イギリス放送協会（BBC）の制作スタッフとして職を得る。この頃からイギリス情報機関の求めに応じて片手間仕事を始め、報酬を受け取っていたと後に主張している。一例を挙げると、フランスの内閣で秘密協議が行なわれているという情報をイギリス人ハンドラーに伝えた件がある。その情報源は外交官にして共産主義者でもあった友人のフランス人同性愛者だった。

1939年1月、バージェスはプロパガンダと反政府運動を扱うMI5の新たな部署で仕事を始めた。白系ロシア人亡命者に目を光らせるようソビエトのハンドラーに命じられた彼は、アンナ・ウォルコフの逮捕につながる捜査活動に従事することで、ソビエトとイギリスのスパイマスターをいずれも満足させた。また第2次世界大戦中は特殊作戦執行部（SOE）でも勤務している。

バージェスはロンドンに広大なフラットを保有し、同じくMI5職員のアンソニー・ブラントもしばしばそこを訪れていた。こうして2人の同性愛行為の噂に火が点く。ブラントによれば、バージェスはある時、ウィンストン・チャーチル首相の姪クラリッサ・チャーチルを誘惑するよう命じられたものの、当然ながら任務は失敗に終わったという。

1944年、外務省報道部からパートタイムの仕事を与えられたバージェスは、外交情報の一部を閲覧できるようになる。ソビエト時代の情報ファイルを調査したナイジェル・ウエストとオレグ・ツァーレフは『The Crown Jewels』（1998）の中で次のように記している。「報道部への着任は彼の秘密のキャリアにおけるターニングポイントとなり、『センター（訳注：ソビエト情報機関）』は利用可能になった情報の幅広さと量に驚愕した」そして程なく、公的書類を自宅に持ち帰る許可が下りる——かくして、写真を撮るのも簡単になった。

当時のバージェスはスパイとして極めて多くの情報をもたらしたので、センターはロンドンのレジデントに対し、彼が二重スパイである可能性について照会した。『The Crown Jewels』にはソビエト側の評価が次のように記されている。「（バージェスは）非常に特異な人物であり、通常の基準を当てはめるのは大きな間違いだと思われる」

ヨーロッパの戦争が終わりを迎える中、バージェスはアーネスト・ベヴィン外相の右腕、ヘクター・マクニールの秘書兼個人アシスタントとなり、マクニールが病気

の際には代理として重要な会議に出席することもあった。バージェスがソビエトに渡した最重要機密の1つに、クレメント・アトリーによる原爆製造の決断がある。

　1947年が終わりに近づくにつれ、昼間から酔っ払い服装も乱れがちだったバージェスは、マクニールのオフィスで歓迎されざる存在になっていった。そのため、新設された情報研究局でのポストが彼のために用意される。これはソビエトのプロパガンダ活動に対抗すべく設けられた宣伝機関だった。その間もアルコール漬けの生活は続き、友人は日記にこう記している「なんと悲しむべきことか！　この絶えざる飲酒。ガイ以上に頭の回転が速く、鋭い知性を持った人間などいないのに」

　数々の非行に加えタンジールでの休暇中に起こした騒動で、バージェスは外務省に厳しく叱責されたが馘首には至らず、1950年秋に2等書記官としてワシントンのイギリス大使館に派遣され、曖昧な任務を与えられた。

　着任したバージェスは、1950年6月に勃発した朝鮮戦争関連の業務に携わった。当時大使館にはフィルビーもおり、MI6とCIA及びFBIとの連絡役を務めていた。こうして朝鮮戦争の間、ソビエトはアメリカにおいて2つの情報源から高度な機密情報を入手していたのである。ちなみにもう1つの情報源は、ロンドンの外務省で米国課長を務めるマクリーンだった。

　バージェスはフィルビー夫妻そして5人の子どもたちと生活を共にしたが、それはアイリーン・フィルビーを悲しませる結果になった。ある夜フィルビー家で開かれたパーティーに、招待を受けていないバージェスが酔って現われ、招待客全員の眉をひそめさせた。客の大半はFBIとCIAの職員であり、CIAのジェイムズ・ジーザス・アングルトンやFBIのウィリアム・K・ハーヴェイも含まれていた。この席でバージェスはハーヴェイの妻リビーを侮辱し、敵対者リストに自ら名を連ねる。ハーヴェイはバージェスとフィルビーの経歴を調査したが、2人がソビエトの内通者だという疑いを立証するのに十分な証拠は得られなかった。

　1951年1月、ソビエトの内通者というマクリーンの正体を暴露しかねない証拠が、ヴェノナ計画によってアメリカにもたらされたことをフィルビーは知った。そのことを一刻も早くロンドンのマクリーンに警告したかったが、電報や電話で伝える危険は犯せない。そこでバージェスは、自分が大使館から追放されてロンドンに戻り、直接マクリーンへ警告するという決断を下した。バージェスであれば突飛な行動をしても不自然ではない。かくしてイギリス人だろうとアメリカ人だろうと見境なく、ホストやゲストを侮辱し続ける。そして4月を迎え、ついに彼の転落が訪れた。私立軍事学校シタデルで開催される軍関係の会議にイギリス代表として出席することになっていたバージェスは、リンカーン・コンバー

チブルを飛ばしてサウスカロライナ州チャールストンに向かった。ヴァージニア州に入った彼はスピード違反切符を3枚切られ、その際複数の警察官を侮辱する。激怒したヴァージニア州知事は国務省を通じてイギリス大使に抗議を行ない、その結果バージェスは──最後のスパイ任務のために──ロンドンへ召喚された。

　ロンドンに到着したバージェスはブラントに接触、マクリーンに関する情報を当時のソビエト側ハンドラー、ユーリ・モジンに伝えさせた。モジンはすぐさまセンター、すなわちNKVD本部に指示を請い、かくしてマクリーンのイギリス脱出が許可された。

　政府の監視下にあったマクリーンはリフォーム・クラブでバージェスと面会する。フィルビーは危険を顧みず、表向きはワシントンに残した車の件でバージェスに電報を送った。「当地は非常に暑くなりつつある」メッセージはそう締め括られていた。フィルビーによれば、バージェスはマクリーンと行動を共にしないことを誓ったというが、結局ソビエト連邦に渡った。フラットの捜索を決断したMI5はブラントに対し、愛人の1人から手に入れた鍵を渡すよう求める。しかしブラントはすでに、NKVDの工作員に鍵を渡していた。モジンは次のように記す。「この息を呑むような、それでいて喜劇的な幸運のおかげで、バージェスの正体を秘匿し、我々及びエージェントの破滅につながるものを残らず破壊するのに必要な数時間が与えられた」

　バージェスとマクリーンは数ヵ月にわたり、モスクワの南東890キロメートルにあるクイビシェフ（現在の

1957年に撮影されたガイ・バージェス。（出典：アーカイブス・フォト）

サマラ）のアパートメントに隔離されたが、その後首都に住むことが許されている。バージェスはモスクワですっかり元気を失い、いつかイギリスに戻れるという希望をあきらめなかった。マクリーンと違って新生活に溶け込むことができなかったのである。モスクワでは同性愛者であることも問題となったが、モジンによればバージェスには「公認の愛人が1人と非公式の愛人が多数いた」そうである。

バージェスはモスクワを訪れたイギリス人女優に会い、ロンドンの仕立屋でスーツを作らせようと自分の寸法を伝えたという。この一件は後に映画『An Englishman Abroad』のモチーフになった。

バージェスは1963年に動脈硬化で死亡した。その直前モスクワに到着していたフィルビーは、葬儀への出席を拒否している（ナイジェル・ウエスト著『A Matter of Trust』〔1982〕によると、バージェスは「死の床でフィルビーをイギリスのエージェントだと罵った」という。バージェスはそう信じ込んでいたかもしれないが、情報関係者のほとんどは否定している）。葬儀ではマクリーンが弔辞を述べた。また遺灰は後にイギリスのある教会墓地に改葬されている。

ユーリ・モジンはバージェスを操っていた時期から10年後に慎重な評価を行ない、回想録『My Five Cambridge Friends』（1994）の中で「極めて洗練されており、その精神はごく難解な概念を認識できるほどに鋭敏だった。また物の見方は常に妥当でありながら、独創性に満ち興味深いものである」と評した。

ソビエトによるバージェスのコードネームは「ヒックス」「ジム」「メッチェン」「ポール」だった。

【参照項目】 ケンブリッジ・スパイ網、ハロルド（キム）・フィルビー、ドナルド・マクリーン、アンソニー・ブラント、ハンドラー、ユーリ・モジン、ベルリン、同性愛者、MI6、アンナ・ウォルコフ、MI5、ナイジェル・ウエスト、レジデント、二重スパイ、CIA、FBI、ジェイムズ・ジーザス・アングルトン、ウィリアム・K・ハーヴェイ、内通者、ウィーン、NKVD、監視、コードネーム

パシー大佐 (Colonel Passy)

「アンドレ・ドゥヴァヴラン」を参照のこと。

バーストウ, モンターグ (Barstow, Montagu)

「エマースカ・オルツィ」を参照のこと

バズナ, エリエザ (Bazna, Elyeza)

「シセロ」を参照のこと。

パズル・パレス (Puzzle Palace)

ワシントン郊外のヴァージニア州アーリントンに所在するペンタゴンビルを指す言葉。ペンタゴンは1943年以来国防総省及び軍機関の本部として使われている。作家のジェイムズ・バンフォードは、NSAの存在を明らかにし大衆に問いかけた名著『The Puzzle Palace（邦題・パズル・パレス：超スパイ機関NSAの全貌）』（1982）の中で、ペンタゴンを表現するにあたってこの言葉を用いた。

【参照項目】 NSA

派生的機密区分 (Derivative Classification)

ある文書またはファイルから抽出された情報が元の情報と実質的に同一であるならば、同レベルの機密区分が適用されるという判断を示すアメリカ政府の用語。

【参照項目】 機密区分

バズフト, ファルザード (Bazoft, Farzad 1959-1990)

スパイ容疑でイラク政府によって処刑されたジャーナリスト。イランに生まれその後イギリスに亡命したバゾフトは、イスラエル及びイギリスのためにスパイ行為をしたとして、革命裁判による死刑判決を受けて1990年3月15日にバグダッドで絞首刑となった。イラクのテレビで罪の告白をしたものの、裁判ではそれを否定している。

1975年からイギリスで生活していたバゾフトは、ロンドン北部の預金貸付組合を強盗目的で襲ったとして81年に禁固1年の刑を受けているが、その後警察の情報提供者となった。この暗い経歴のために、ハロルド（キム）・フィルビーが1950年代にオブザーバー誌の記者だったのと同じく、バゾフトも諜報活動の隠れ蓑としてジャーナリストの肩書きを使っていたのではないかという推測が生まれた。

死刑判決に対してはイギリス政府のみならず、ハビエル・ペレス・デ・クエヤル国連事務総長、アムネスティ・インターナショナル、EU、そして各国際報道機関から寛大な措置を求める声が上がったものの、刑は予定通り執行された。マーガレット・サッチャー英首相が刑の執行を野蛮な行為であると非難する一方、サダム・フセイン大統領は減刑嘆願を却下した上で、バゾフトを「イギリスとイスラエルのスパイ」と非難している。

バゾフトの逮捕は、バグダッドの南50キロメートルの地点にある兵器工場で1989年に発生した大爆発について、その事実を確かめていた際の出来事だった。当時のバゾフトはオブザーバー誌の調査員だった。また、イスカンダリアの秘密軍事施設までバゾフトを乗せたダフネ・パリッシュ（当時53歳）は禁固15年の刑を受けている。

2003年、バゾフトの逮捕と尋問を担当したイラク情報機関のカデム・アスカル元大佐はオブザーバー誌に対し、バゾフトは無実の罪で処刑されたと述べた。またオ

ブザーバー誌によれば、700名が爆発で死亡したという報道について裏付け調査を行なっていたのは事実だったという。

【参照項目】 ハロルド（キム）・フィルビー、国際連合

バーチェット、ウィルフレッド (Burchett, Wilfred 1911-1983)

ソビエトのためにスパイ行為をしたとされるオーストラリア人ジャーナリスト。

1945年9月3日、バーチェットは広島に入り、原爆投下による放射能の影響について、最初の記事をロンドン・デイリー・エクスプレス紙に寄稿した（訳注：日本ではUP通信のレスリー・ナカシマの記事と共に、広島の惨状を世界に伝えた最初期の報道として評価されている）。そのためアメリカ占領当局から「日本のプロパガンダを鵜呑みにした」と非難され、国外追放になりかかる。この1件はその後長きにわたって続くアメリカ当局との対決の始まりとなった。

1951年には中国と北朝鮮を訪れ、フランスの左翼系新聞ユマニテ紙にアジア関係の記事を寄稿する。自他共に認める共産主義者であるバーチェットは朝鮮戦争を北朝鮮側から報道し、反米的な記者と見なされた。ある特電ではアメリカが韓国で細菌兵器を用いていると断言したが、アメリカの報道官はそれを即座に否定している。和平会談が始まった際、バーチェットは北朝鮮・中国両国の代表と親密な関係にあったため、多くの西側の記者が彼を情報源として利用した。アメリカ当局は記者たちにバーチェットの情報を信じないよう警告したが、効果はなかった。

バーチェットがソビエトと関係を持っているという主張は朝鮮戦争後からなされている。アメリカ人の元捕虜によると、彼ら捕虜にアメリカの不利になる自白をさせる、またはアメリカに停戦を促す嘆願書に署名させるべく行なわれた「洗脳」に、バーチェットも参加していたというのだ。

北朝鮮と中国の尋問官はなんらかの悪魔的な洗脳技術を用いたのだと、多くのアメリカ人は信じていた。アメリカ人捕虜の70％が自白あるいは嘆願書への署名を行なったのは、それでしか説明できないのだという。1953年、アレン・W・ダレス中央情報長官（DCI）はこの主張を受け、共産主義国家による洗脳計画の調査研究を命じた。

1963年、バーチェットはイギリス共産党の機関紙モーニング・スター、アメリカの左翼系新聞ナショナル・ガーディアン、そして日本の出版社のためにベトナム戦争の報道を始める。ハノイを拠点に親ベトコン記事を送り、共産党政権の名誉ゲストとして暮らす日々だった。バーチェットいわく、こうした反米的報道が、ベトコンと行動を共にしていた彼のキャンプを米軍が空襲する契機になったという。

1972年に訪中したニクソン大統領は、周恩来首相からバーチェットを紹介された。「ああ、そうか」ニクソンはバーチェットの手を握りながら言った。「オーストラリアの記者だったな。君の名は聞いているよ」

バーチェットがかつて語った話では、10万ドルでアメリカのためにスパイ活動をしてほしいと、朝鮮戦争中にCIAから持ちかけられたことがあるという。またKGBの亡命者が彼をソビエトのスパイだと名指ししたとも伝えられているが、立件には至っていない。

【参照項目】 アレン・W・ダレス、中央情報長官、CIA、KGB

バーチ、ジョン (Birch, John 1918-1945)

中国で活動したアメリカのインテリジェンス・オフィサー。

アメリカ人宣教師の息子としてインド北部のヒマラヤ地方で生まれたバーチは、帰国後ジョージア州で成長し、1940年に自身も宣教師になって中国へ赴いた。真珠湾攻撃によって中国在住のアメリカ人が日本軍に追われるようになってからも、バーチはその地にとどまっている。1942年4月には上饒の中国人農民に案内されてジェイムズ（ジミー）・ドーリットルと部下の乗員が潜む平底船を訪れたが、ドーリットルこそ4月18日に初の日本空襲を指揮した人物だった。

バーチはドーリットルらを安全な場所に連れ出した。重慶に向かう途中で別れる際、バーチはドーリットルに対し、従軍牧師として自分を採用するよう、中国のアメリカ航空隊司令官クレア・L・シェンノート少将に要請してほしいと頼んだ。シェンノートはバーチをアメリカ陸軍の嘱託にしたが、実際にはインテリジェンス・オフィサーとして用いている。後にシェンノートが記した通り、「バーチは日本軍の前線を突破して揚子江に展開する中国ゲリラと連絡をとり、数ヵ月間一緒に暮らしつつ、主要な港を見下ろす場所に無線局を建て、敵艦の動静に関する正確な情報を我々にもたらした」のである。バーチは「第14空軍の目」として知られるようになった。

戦争が後半を迎えると、バーチは中国北部の山東省に駐屯する国民党軍との連絡将校を務めた。1945年には戦略諜報局（OSS）が中国における諜報活動を担当することになり、バーチを採用する。OSSは8月15日の日本降伏後も中国にとどまり、国共内戦の嵐が吹き荒れる中、連合軍捕虜の捜索、日本軍の武装解除、そして有益な情報資料の探索にあたっている。

1945年8月25日、バーチは青島近郊で特段の理由もなく中国共産党軍によって殺害された。その後58年、反共産主義者として有名なロバート・ウェルチは、バーチを冷戦による「最初の犠牲者」として追悼し、超保守的な組織として知られるジョン・バーチ協会を設立し

た。

【参照項目】真珠湾攻撃、戦略情報局

バックストッピング （Backstopping）

　取り調べを受けるなど、エージェントの偽造身分が明らかになりかねない際、その真実性を裏づけること。

バックマン、エドワード・O （Buchmann, Edward O.）

　空軍士官学校の生徒としてコロラド州ローリー空軍基地の第3463武器弾薬整備訓練中隊に所属していた1985年、東ドイツ及びソビエトと接触してスパイ活動を申し出たとされる人物。空軍特別捜査局のエージェントとFBIの捜査官がチームを組み、囮捜査で逮捕した。その後軍法会議にかけられ、禁固30ヵ月と不名誉除隊が言い渡されている。

バックリー、ウィリアム・F （Buckley, William F.　1928-1985）

　CIAベイルート支局長を務めた防諜専門家。1984年3月16日にイスラム教聖戦組織（ヒズボラ）に誘拐され、1年以上にわたって尋問と拷問を受けた末、85年6月に殺害された。誘拐犯は彼の死を、ベイルートのPLO施設がイスラエル軍に攻撃された報復としている。

　バックリーは第2次世界大戦終戦直前の1945年6月と51年6月の2度にわたって陸軍に入隊し、2度目の軍役では少尉として朝鮮戦争に参加した。軍務中に2回負傷するも、北朝鮮の機関銃陣地を1人で撃破したとしてシルバースター勲章を授与された。

　CIAでのキャリアは陸軍在籍中の1955年に始まっている。バックリーはヴァージニア州ラングレーのCIA本部に赴き、秘密工作に従事するエージェントを対象とした身体的・精神的テストを経て、陸軍士官をカバーとするCIAエージェントになった。またノースカロライナ州フォート・ブラッグの陸軍特別戦術学校に入学すると共に、後にメリーランド州フォート・ミードで盗聴技術を学んだ。なおCIAはフォート・ミードにおいて、傍受作戦に特化した陸軍予備役部隊を運用している。

　バックリーはやがてラングレーのCIA本部で正式に勤務を始め、ベルリントンネルの分析に従事した。CIAとイギリスの共同作戦であるベルリントンネルだが、予想されたほどの情報は得られなかった。そのため、デスクワークに嫌気がさしたバックリーは現場での勤務を希望する。

　志願の結果、キューバ人亡命者を訓練するためにフロリダへ赴いたが、これらキューバ人こそ、大惨事に終わった1961年のピッグス湾侵攻事件で母国に攻め入った部隊だった。次いでフォート・ブラッグに戻り、他のCIA職員数名と共にグリーンベレーの訓練を受ける。ベトナムに派遣されたバックリーは南ベトナムのインテリジェンス・オフィサーと協力して、中央高原に展開す

るベトコンへの攻撃を計画し、ラオスにおける北ベトナム及びソビエトの諜報作戦を打ち砕こうとした。さらにラオスと北ベトナムの敵陣奥深くを偵察する調査監視グループ（SOG）の作戦担当官となり、数十に上る危険な任務を指揮した。なお、ベトコン幹部を暗殺すべくCIAが立案したフェニックス作戦とバックリーとの関係が、SOGの元隊員によって指摘されている（「ベトナム」を参照のこと）。

　1973年、バックリーはラングレーに戻った。その後西ドイツのボンに送られ、次に外交官をカバーとしてシリアに赴任する。しかしシリア政府に正体を見破られ、正真正銘のインテリジェンス・オフィサーとして記録されたために出国、エジプトとパキスタンに短期間駐在した。

　1979年にイランで発生したアメリカ大使館人質事件ではアドバイザーを務め、陸軍の対テロ部隊を訓練すると共に、CIA対テロリスト部門の設立に携わる。その頃、公式には退職したとされているが、経験豊富なバックリーを手許に置きたいと考えたウィリアム・J・ケーシー長官によってラングレーに呼び戻された。それから程なくして、ケーシーは嫌々ながらバックリーを現場に戻し、今度はエジプトに派遣して、アンワル・サダト大統領の護衛を含む治安維持部隊の訓練にあたらせた。だが1981年10月6日にサダトは暗殺され、護衛失敗を厳しく批判されたバックリーは事件の60日後にラングレーへ戻った。

　中東に派遣させられる経験豊かなインテリジェンス・オフィサーが不足していることに危機感を抱いたケーシーは、そこに駐在した経歴はないものの、バックリーにレバノンへ赴くよう個人的に依頼する。1982年9月にPLO部隊がベイルートを奪還するまで、バックリーはレバノンにとどまった。その後はレーガン政権の対テロリスト政策を立案するようケーシーから頼まれている。

　1983年4月、ベイルートのアメリカ大使館のそばで爆弾が爆発し、CIA中近東部長のロバート・エイムズを含むアメリカ人16名が死亡する。ケーシーはエイムズの後任としてバックリーをベイルート支局長に任命した。彼は国務省の政治分析官をカバーにしていたが、効果があるとは思われなかった。

　バックリーはレバノンのテロ組織に浸透すべく必死になった。10月23日にベイルートのアメリカ海兵隊宿舎がテロリストによって爆破されてからは、その働きぶりに一層拍車がかかる。そして1984年3月16日、レバノンにおけるアメリカ勢力の本部としても機能していたイギリスの施設に自宅から車で向かう途中、バックリーは誘拐された。実行犯は彼の車を止め、素早く自らの自動車に引きずり込むと、そのまま走り去った。

　ケーシーはバックリーの救出を強く求め、陸軍情報部の将校とFBI捜査官がベイルートに派遣された。また

テロリストの隠れ家と思しき場所の高解像度写真を得るため衛星も用いられている。しかしバックリーは見つからなかった。アメリカのインテリジェンス・オフィサーは、彼がベイルートからベッカー高原経由でシリアに連行されたと信じている。絶え間ない拷問と尋問に晒されたバックリーは健康を損ない、自らの手の内で死亡することを恐れた誘拐犯は、彼を治療のためにテヘランへ送った。バックリーはそこで1985年6月に死亡する（「イラン・コントラ事件」を参照のこと）。

遺骨は1991年12月にベイルート空港の近くでビニールバッグの中から発見され、軍から授与された勲章と共にアーリントン墓地に埋葬された。

【参照項目】CIA、ラングレー、秘密工作活動、フォート・ミード、ベルリントンネル、調査観察グループ、フェニックス作戦、ウィリアム・J・ケーシー、衛星

バッファロースローター　(Buffalo Slaughter)

アメリカ潜水艦の静音技術をソビエトに渡したアメリカ政府所属の科学者に対する捜査活動を指す、FBIによるコードワード。公式記録には残っていないものの、この科学者はアイダホ州アルコの国立技術研究所に勤務しており、海軍の原子力推進システムのテストや、原子炉オペレーターの訓練に従事していた。

1978年12月、彼はオタワのソビエト大使館に赴き、静音技術についての秘密情報を手渡す。そのスパイ行為は、ほぼ10年前にジョン・ウォーカーがソビエトにもたらした1つの事実に基づくものだった。すなわちソビエトの潜水艦は騒音が大きく、アメリカ側がそれを探知するのは簡単だという事実である（「音響偵察システム」を参照のこと）。

バッファロースローター捜査の詳細（科学者の氏名も含む）は今なお厳重な機密にされているが、売り渡されたアメリカの技術には、潜水艦内部の「いかだ」に搭載されている機器類を分離し、発生した蒸気を自然に上昇させることで、原子炉の騒音を低減する方法も含まれているという。

こうしたスパイ行為と通常の潜水艦開発によって、ソビエト軍は最新のアメリカ潜水艦と同水準の騒音レベルを達成した改良型アクラ級潜水艦を1990年頃から進水させ始めた。

ソビエト側に売り渡した内容を正確に供述するのと引き替えに、この科学者は起訴を免れた。

【参照項目】コードワード、ジョン・ウォーカー

バッファローハンター　(Buffalo Hunter)

1960年代から70年代にかけ、戦術・戦略情報を集める目的で北ベトナム上空を飛行したアメリカの無人偵察機。これら無人機はDC-130ハーキュリーズから発射され、写真撮影を終えた後は着陸地点に帰還してフィルムを回収される。その後は再び任務に用いられた。

バッファローハンターによる偵察作戦が最も盛んだった時期には、北ベトナム及び共産党軍が支配するインドシナ半島の隣接地域上空で月間30〜40回の偵察飛行が実施された。

【参照項目】無人航空機、偵察、戦術情報、戦略情報

パーティーピース　(Party Piece)

1955年、イギリス保安部（MI5）がイギリス共産党に対して実行し、大きな成果を挙げた不法侵入（ブラック・バッグ・ジョブ）作戦。党員ファイルが所在していたロンドンのメイフェアにあるアパートメントに盗聴器を仕掛けることで、部屋に誰もいないタイミングと、ドアマットの下に鍵を隠していることが突き止められた。

MI5の工作員はすぐさまアパートメントへ赴き、蝋で鍵の型を取った。そして入居人が週末に出かけた際、工作員はアパートメントに侵入してファイルキャビネットの鍵を開け、その中身を撮影した上で元の場所へ慎重に戻した。

ファイル——その数55,000件に上る——によって、党員の全貌や勧誘テクニックなどの詳細な情報が明らかになった。

【参照項目】MI5、ブラック・バッグ・ジョブ

パディング　(Padding)

暗号化されたメッセージの前後に付け加えられ、傍受された際に敵の解読作業を混乱させるための言葉。メッセージの内容と直接関係するものであってはならない。

パディングがメッセージと関係しているという、間違った使い方の例を以下に挙げる。レイテ沖海戦さなかの1944年10月25日、太平洋方面司令長官のチェスター・W・ニミッツ大将から第3艦隊司令官のウィリアム・F・ハルゼー大将に宛てて次のメッセージが送信された。「トルコは水際へ急いでいる。GG（受信者）第34任務部隊はどこか。繰り返す。第34任務部隊はどこか。全世界が知らんと欲す」ここで「トルコは水際へ急いでいる」と「全世界が知らんと欲す」がパディングであるが、ハルゼイは後者がメッセージに関係のあるフレーズだと錯覚、このメッセージをニミッツからの叱責だと思い込み、第34任務部隊に日本の水上艦隊を捜索させたが結局無駄に終わった。

バード　(Bird, The)

「フォート・ホラバード」を参照のこと。

バードウォッチャー　(Bird Watcher)

スパイを指すイギリスのインテリジェンス・オフィサーによる俗語。

ハート、エディス・チューダー （Hart, Edith Tudor 1908-1973)

　ソビエトの密使兼勧誘員だった人物。スパイとして勧誘した1人にハロルド（キム）・フィルビーがいる。

　ウィーン生まれの彼女は1925年にイギリスへ渡り、モンテッソーリ教育を受けた後幼稚園で働き始める。その後左翼的思想を持つイギリス人医師、アレックス・チューダー・ハート博士と結婚したが、後に夫はスペイン内戦で共和軍について戦った。

　エディスは離婚して有名な写真家となる（パイプを吹かしているフィルビーお気に入りの写真は、彼女が撮影したものである）。またフィルビーの最初の妻リッツィ・フリードマンとウィーンで親交を結び、後に彼女を通じてイギリス共産党のスパイ活動に携わっている。スコットランドヤードの特別課は当時ハートを監視下に置いていたが、立件することはできなかった。

　ハートがフィルビーと出会ったのはウィーンとされており、ソビエトの情報文書ではフィルビーを勧誘してNKVD（内務人民委員部）職員に引き合わせたのも彼女だとされている。また少なくとももう1人の有望なスパイ候補（「スコット」というコードネームしか知られていない）を発見したのも彼女だという。さらにガイ・バージェスは1938年から翌年にかけて、彼女をパリにおけるソビエト情報機関との連絡員として用いた。

　ハートはブライトンで小さなアンティークショップを営んでいたが、スパイ行為を知られないまま世を去った。情報史家のナイジェル・ウエストは著書『The Crown Jewels』(1999)の中で「ケンブリッジでソビエトに勧誘されたスパイたちが今や国際的に有名になった一方、ほぼ同時期にオックスフォード大学で組織されたことが知られているもう1つのスパイ網については、ほぼ全てが不明のままである」と記している。またウエストは、オックスフォードでの勧誘活動が「イギリスにおけるソビエトの諜報活動で主役を演じた」ハートによるものだったと付け加えている。

　【参照項目】密使、勧誘員、ハロルド（キム）・フィルビー、ウィーン、特別課、監視、NKVD、コードネーム、ガイ・バージェス、ナイジェル・ウエスト

ハドソン、デュアン・T （Hudson, Duane T. 1910-1995)

　第2次世界大戦中にユーゴスラビアで活動したイギリスのインテリジェンス・オフィサー。ハンサムで冒険心旺盛な人物であり、ジェームズ・ボンドのモデルの1人とされている。

　王立鉱山学校の卒業生でアマチュアボクシングのチャンピオンだったハドソンは、1935年にユーゴスラビアのアンチモン鉱山の支配人となる傍ら、セルビア＝クロアチア語を学んだ。翌年には白ロシア・ソビエト社会主義共和国から逃亡した白系ロシア人のバレリーナと結婚す

るが、後に離婚している。

　ハドソンは秘密情報部（MI6）セクションDの最初期におけるメンバーの1人だった。陸軍省の統計研究課として1938年に設置されたセクションDは「非紳士的な戦争」を任務としており、39年9月のイギリス参戦直後に加わったハドソンはザグレブへ派遣されている。ユーゴスラビアは中立国だったものの、親独派のクロアチア人がナチスによる占領に向けて地ならしをしていた。ハドソンはダルマチア地方の諸港を拠点とするドイツ艦船の破壊を企み、工作員を募集した。

　ナチ占領下のヨーロッパで破壊工作及び諜報作戦を実施すべく特殊作戦執行部（SOE）が組織されたのを受け、ハドソンもSOEに移る。そして「敵と戦う人間を見つけ」また「諸々のレジスタンス活動を統合すべし」という命令を受け、1941年9月に潜水艦でモンテネグロ沿岸へ上陸した。

　上陸後は相争う共産党及び反共産党のレジスタンスグループ間の調停を試みるも両者の板挟みとなり、数ヵ月間にわたって食糧を自己調達するなど独りで生き延びた上、2度にわたって親独派に囚われそうにもなった。ユーゴスラビア内戦に巻き込まれたハドソンは、それでもドイツという共通の敵に対して両勢力をまとめ上げようとしたが、結局失敗に終わっている。

　SOEにおける最後の任務は、ヨーロッパ戦争の最後の数ヵ月、ポーランド国内軍の支援にあたるイギリス使節団を率いることだった。だが国内軍の壊滅を企むソビエト政府はNKVD（内務人民委員部）にハドソンを逮捕させ、悪名高いモスクワのルビャンカ刑務所に短期間ながら投獄した。

　【参照項目】インテリジェンス・オフィサー、ジェームズ・ボンド、MI6、SOE、潜水案

バートン、サー・リチャード （Burton, Sir Richard 1821-1890)

　祖国のためにスパイ活動を行なったイギリスの冒険家兼作家。

　イギリス陸軍の退役将校の息子として生まれたバートンはオックスフォードに入る前から語学の才能を見せ、大学入学後はわずか2年でギリシャ語、ラテン語、アラビア語をマスターした。また現代ギリシャ語、ドイツ語、フランス語、ポルトガル語、スペイン語、そしてイタリア語を流暢に話し、一説には35ヵ国語を操ったという。

　卒業後は東インド会社の傭兵部隊に参加、シンド州（現在はパキスタン領）の駐在官として勤務する。異国の地を探検しつつイギリスのためにスパイ活動を行なうという、生涯にわたるキャリアを始めたのはこの時である。変装しながら旅を続けたバートンは現地人になりすまし、反英運動を計画していた反乱分子の情報を得ることに成功している。

八行

一兵士がカラチで男娼経営に携わっているという疑惑を抱いたイギリス陸軍は、バートンに調査を依頼した。しかし提出された報告書は上官を驚かせるほど描写が露骨であり、これが原因でバートンは陸軍を追われることになった。なおカラチの男娼はイギリス当局によって閉鎖させられている。

その後バートンはインドを離れ、アラビア半島とアフリカの角（ソマリ半島）を探検した。1855年と57年にはイギリス外務省から委託を受け、ナイル川の水源の発見も試みている。失敗はしたものの、彼の探検行は次世代のイギリス人冒険家に道を切り拓いた。1853年、イスラム教巡礼者を装ったバートンは外国人の立ち入りが禁じられていたメッカとメジナに潜入し、イギリス政府のために情報を集めた。またブラジル、ダマスカス、トリエステでも領事として公式な情報収集活動に携わっている。

バートンには多数の著書があるが、その中には東洋の性愛論書である『カーマ・スートラ』や『匂える園』、また大著『アラビアン・ナイト』の翻訳も含まれる。バートンの死後、彼の妻は全ての日記と未発表の原稿を焼却した。なお1886年に聖マイケル・聖ジョージ勲章を授与されているものの、ヴィクトリア女王から正式にナイトを授爵されることはなかった。

パナイ （Panay）

1937年、大量の秘密資料を搭載して航行中、日本海軍の爆撃隊によって撃沈されたアメリカの砲艦（訳注：日本では「パネー」の表記も）。秘密資料の大半は中国における日本の軍事活動に関するものだった。

1920年代、アメリカは中国での権益を保護する目的で喫水の浅い河川砲艦を数隻建造した。パナイもその1隻であり、建造後は海賊や軍閥から商船を保護すべく揚子江の警戒にあたった。全長191フィート（58.2メートル）、基準排水量474トンの船体には3インチ砲2門と機関銃数門が装備され、揚子江を航行する西側船舶の護衛にあたることもあった。1937年11月に日本が中国へ侵攻した後、首都南京に駐在していたアメリカ大使館職員の大半は、これら河川砲艦によって救出されている。南京の陥落直前も、パナイは最後まで残ったアメリカ人を乗船させるため現地にとどまっていた。

1937年12月11日、最後の大使館職員がジャーナリスト及び外国人数名と共にパナイへ乗り込んだ。また日本軍の照準器と機密資料数点、そしてパナイ自身のコード資料も搭載されていた。出航後は首都周辺の戦闘を避けるために上流へ移動する。上海駐在の日本海軍司令官も、日本軍による偶発的攻撃を避けるためこの行動を知らされていた。

12月12日、日本陸軍司令官は海軍の航空隊に対し、南京より上流の揚子江を航行する「あらゆる船舶」への

攻撃を要請する。パナイや商船がこの地域に存在することを知っていた海軍司令部は、この要請を疑問視した。しかし午後1時27分、日本海軍の爆撃機9機がパナイへの攻撃を開始する。天候はよく視界もはっきりしており、しかもパナイの甲板には航空機から識別できるよう大きなアメリカ国旗が2枚も広げられていた（訳注：日本側の証言では、国旗はどこにも出ていなかった）。

午後3時54分にパナイが沈没するまで航空爆撃は続けられた。結果、アメリカ人水兵3名とイタリア人1名が死亡し、海軍軍人43名と民間人5名が負傷している。また艦の沈没直前には、日本軍士官が捜索のために乗り込んできた。廃棄されなかった秘密資料が目的だったのは間違いない。

事件後直ちに公式の抗議通牒が日本政府に対して送られた。日本側は責任を認めたが、あくまで誤爆であると主張した。その後1938年4月に日本政府は約220万ドルの賠償金を支払い、事件を正式に終わらせた。

アメリカの海軍情報局は緊急会議を開き、パナイの撃沈によって秘密資料が日本軍の手に渡ったかどうかを確かめようとした。また乗組の士官が全ての機密文書を破棄していなかったことがその後明らかになっている。

（パナイ撃沈と同じ日、2隻のアメリカ商船が攻撃を受けると共に、イギリスの砲艦レディーバードも日本陸軍の砲撃を受けて拿捕されている）

【参照項目】 コード、海軍情報局

花嫁 （Bride）

ヴェノナ計画に対してイギリスが初期に用いていたコードネーム。後にドラッグ、そしてヴェノナへと変更される。

【参照項目】 ヴェノナ

ハニートラップ （Honey Trap）

脅迫または罠に陥れることを目的として性的状況を用いることを指す俗語。個人を罠にはめる、または脅迫するために性を用いることは、諜報活動で常に見られる行為である。

「同性愛者」も参照のこと。

ハニーマン、ジョン （Honeyman, John 1729-1822）

アメリカ独立戦争中ジョージ・ワシントン将軍の下でスパイ活動を行ない、1776年12月26日にニュージャージー州トレントンで実行されたドイツ人傭兵に対する奇襲攻撃において、有益な情報をもたらしたニュージャージー在住の人間。

アイルランドに生まれ、フレンチ・インディアン戦争に参加したハニーマンはかつてカナダ駐留イギリス軍に所属しており、1759年にケベックでフランス軍を下した際に戦死したジェイムズ・ウォルフ将軍の遺体をアブラ

ハム平原から運び出す手助けをした。その後75年、大陸会議の会合に出席していたワシントン将軍とフィラデルフィアで出会ったものと考えられている。

ワシントン率いる大陸軍が1776年にニュージャージーを横断して撤退した際、ワシントンは「誰かをトレントンに」エージェントとして送り込むことを望んだ。そこでハニーマンに声をかけ、トーリー党員を装って潜入するよう命じる。英雄ウォルフとの関係のおかげで、トレントンの駐屯軍から必ず受け入れるだろうとワシントンは踏んでいたのである。

ニュージャージー州グリッグスタウンで肉屋と職工を営んでいたハニーマンは、かくしてトーリー党員に扮してトレントン入りし、ワシントンから裏切り者として追われていると親英派の入植者に信じ込ませた。一方ワシントンは、ハニーマンを「忌まわしきトーリー党員」と呼びつつも、家族への迫害を禁じた署名入り文書を与えることで、ハニーマンの妻子を守っている。

トレントンを偵察した結果、ドイツ人傭兵の質が低いことを突き止めたハニーマンは、欺瞞計画の一環としてアメリカ軍の前線をさまよい歩いて自らを捕らえさせ、ワシントンのもとへ連れて行かせた。そして報告を行なった後で「脱走」し、トレントンへ戻る。そこで大陸軍に捕らえられたことをドイツ人傭兵の司令官に報告、大陸軍の士気は低くトレントンを攻撃することはないだろうと告げた。

ハニーマンの話は信憑性が高いと考えられ、ドイツ人傭兵は警戒を緩めた。そしてクリスマスの日、ワシントンは2,400名の軍勢を率いてデラウェア川を渡り、ニュージャージーに進む。翌日ワシントン軍はドイツ人傭兵部隊を奇襲、念願の勝利を手に入れた。

ハニーマンは戦いの後トレントンを去る。彼の活動は戦後知られるところとなり、隣人たちも彼が常に忠実な愛国者だったことを知ったのである。

【参照項目】ジョージ・ワシントン、エージェント、カバー、欺瞞

バーネット、デイヴィッド　(Barnett, David　1933-1993)

スパイ行為で罪を問われた初のCIA職員。ミシガン大学を1955年に卒業したバーネットは1958年にCIA入りし、韓国とワシントンDCでアメリカ陸軍情報部の分析官として勤務した。次いでヴァージニア州ラングレーのCIA本部で作戦本部スタッフを2年間務めた後、67年に外交官をカバーとしてインドネシアのスラバヤに赴任、現地のソビエト政府職員の勧誘にあたった。

1960年代、インドネシアはソビエトから数十億ドルに上る兵器、特に軍艦と航空機を供与されていた。そこでCIAはハーブリンク作戦を立案、機材と共にインドネシアへ輸出されたソビエト兵器システムについて大量の情報を入手した。

バーネットは1976年10月31日と77年2月27日に、それぞれウィーンとジャカルタでKGB工作員と会い、ハーブリンク情報を手渡した。彼は1970年にCIAを退職した後も業務委託という形で活動を続け、インドネシアでエビ加工工場を経営した後、家具輸出会社を設立していたのである。だが経営は失敗に終わって10万ドルの負債がのしかかり、KGBジャカルタ支局に接触する。そしてCIAの対ソビエト作戦について自分の知っていることを話した後、身分を隠して活動するCIA職員30名の正体と、CIAがスラバヤで勧誘を試みているソビエト領事館員7名の氏名を明かした。

1977年、KGBはバーネットと面会し、上院・下院いずれかの情報委員会か、情報活動監視諮問委員会のスタッフ職に応募するよう説得した。バーネットはいずれの職にも就けなかったものの、KGBに機密資料を渡している。

その後FBIに逮捕され、1980年10月に起訴された。

バーネットがソビエトのために行なった活動は、KGBがCIAに浸透している最も顕著な実例だった。バーネットは92,000ドルと引き替えに、CIAがソビエトに対して実施した中で最も大きな成果を挙げた秘密作戦の1つを詳らかにしたのである。裁判の結果スパイ活動で有罪とされ、1981年1月8日に禁固18年を宣告されたが、10年後に保釈されている。

【参照項目】CIA、KGB、情報活動に対する監督

ハーパー、ジェイムズ・D　(Harper, James D.　1934-)

アメリカのミサイル関連情報をポーランドの情報機関SBに売り渡した電子工学エンジニア。アメリカにおけるSBのスパイ活動はKGBが直接監督していた。

ハーパーはアメリカ海兵隊で電子工学の訓練を受け、1955年に名誉除隊した後は複数の電子企業で勤務し、75年にはデジタル式ストップウォッチの製造会社を設立した。その後ウィリアム・ベル・ヒューグルから2名のポーランド人に紹介され、戦車搭載型ロケットを含むハイテク情報及び装置の「買い物リスト」を渡された。

ハーパーはセキュリティー・クリアランスを持っておらず、軍の契約を受注したこともなかった。しかし1975年11月にジュネーブへ赴き、十分な量の情報を少なくとも5,000ドルで売り渡した。本人は後に、これらの情報は機密扱いのものではないと説明している。1979年7月にはヒューグルとポーランドに行き、表向きはポーランド機械産業省の幹部ながら実際にはSBの中佐だったズジスワフ・プリスショジエンと会った。そしてポーランド及びKGBにアメリカの国防機密を長期的に提供するシステムを作り上げた。

ハーパーにはルビー・ルイーズ・シュラーという妻があり、彼女はカリフォルニア州パロ・アルトに所在するシステムズ・コントロール社（SCI）の重役秘書として

セキュリティー・クリアランスを有していた。SCI はアメリカ陸軍の弾道ミサイル防衛計画に関する研究を行なっており、ミニットマン・ミサイルなどの戦略ミサイルシステムをソビエトのミサイルから守る研究に従事していた。シュラーは勤務時間外に SCI の金庫を開いて機密資料を順序立てて抜き取り、ハンドバッグに入れたり身体に括りつけたりして施設の外へ持ち出した。

1980 年 6 月、ハーパーはワルシャワでプリスショジエンと会って重量 100 ポンドもの資料を売り渡したが、それらは川の近くの隠し場所で水に浸かっていた。プリスショジエンら SB のエージェントは夜を徹して一枚一枚引き剥がし、解読できるように修復した。アメリカの防諜報告書によれば、その翌日「文書はソビエト大使館に持ち込まれ、モスクワから特に派遣された KGB の専門家 20 名から成るチームによって、いずれも本物であり、極めて価値あるものだと判断された」という。ハーパーは 10 万ドルを受け取り、プリスショジエンらはユーリ・アンドロポフ KGB 議長から感状を授与された。

ハーパーは 1980 年 9 月にプリスショジエンと再会した際、SCI の金庫にある機密資料の目録を手渡した。プリスショジエンと補佐官たちはその中から自分たちが望む資料を選び出した。年末にそれを届けたハーパーはさらに 2 万ドルを受け取っている。

1980 年 12 月、ハーパーはプリスショジエンからの指示を受け、「ジャック」というコードネームのポーランド人エージェントとメキシコシティーで会った（ハーパーのコードネームは「ジンモ」だった）。ジャックはハーパーに 1 万ドルを振り込み、後に秘密資料 17 点のコピーを受け取って追加で 10 万ドルを支払っている。

1981 年 9 月、シュラーによる暴露を恐れたハーパーは匿名で検事に電話をかけ、二重スパイになることを含む協力行為によって不起訴特権を得ようとした。しかし CIA と FBI はすでにハーパーの行動を追っていた。CIA のアセット——リシャルト・ククリンスキーであることは間違いない——がアンドロポフの異例とも言える感状について報告し、「カリフォルニア」「ミサイル研究」といった単語を盗み聞いたと述べていたのである。FBI は最終的にこの情報を基にしてハーパーへ辿り着き、1983 年 10 月に逮捕した。

スパイ行為について政府が摑んでいる事実を突きつけられたハーパーは、裁判にかけられる代わりに司法取引を申し出た。その結果終身刑が言い渡されている。

シュラーは 1983 年 6 月に死亡した。また民主党候補として下院議員選挙に立候補したこともあるヒューグルはアメリカを秘かに逃れて起訴を免れた。
【参照項目】KGB、セキュリティー・クリアランス、防諜、ユーリ・アンドロポフ、コードネーム、CIA、FBI、アセット、リシャルト・ククリンスキー

ババ、スティーヴン・A （Baba, Stephen A.）

1981 年 9 月、電子戦に関する機密資料をワシントン DC の南アフリカ大使館に郵送したアメリカ海軍士官。大使館側はその資料をアメリカ政府に返却し、サンディエゴを母港とするフリゲート艦に乗務していたババはすぐさま逮捕された。

軍法会議において、ババがフィリピン人の恋人をアメリカに連れてくるため金を必要としていたことが明らかになった。1982 年 1 月に重労働 8 年の刑を宣告されたが、後に 2 年に減刑されている。

バビントン、アンソニー （Babington, Anthony 1561-1586）

カトリック教徒のイングランド人秘密エージェント。プロテスタントであるエリザベス女王を廃位に追い込むべく活動した。1586 年当時、スコットランド女王メアリーを熱烈に支持していたバビントンは、エリザベス 1 世を暗殺し、囚われの身だったメアリーをイングランド王位につける陰謀の主導者だった。しかしこの陰謀は国王秘書長官サー・フランシス・ウォルシンガム配下のスパイに嗅ぎつけられ、バビントンは逮捕された。その後裁判を経て処刑されている。

メアリーは陰謀への関与を否定するものの星室庁裁判所で裁かれ、ウォルシンガムが提出した疑わしい証拠のために有罪となる。エリザベスが死刑執行書に署名した結果、1587 年 2 月 8 日に斬首刑が執行された。
【参照項目】フランシス・ウォルシンガム、トーマス・フェリペス

バビントン＝スミス、コンスタンス

（Babington-Smith, Constance 1912-2000）

写真分析官として第 2 次世界大戦に従軍したイギリスの航空専門家。

戦前から熱烈な航空ファンだった彼女は、雑誌『The Aeroplane』に寄稿している。第 2 次大戦中は空軍婦人補助部隊に入隊、航空士官の階級を得て航空写真分析の専門家となった。1943 年 5 月にペーネミュンデ実験場で発射されたドイツの V-1「ぶんぶん爆弾」を最初に識別したのもバビントン＝スミスだったとされている。1945 年にはワシントン DC のアメリカ空軍情報部に配属され、太平洋戦線の写真分析を行なった。その功績に対してアメリカからはレジオン・オブ・メリット勲章を、イギリスからは MBE 章を授与されている。

戦後は 1946 年から 50 年までライフ誌の調査員を務めたが、主な仕事はウィンストン・チャーチルの回顧録に用いるイラストを集めることだった。また『Air Spy: The Story of Photo Intelligence in World War II』（1957）、『Testing Time』（1961）などの著書がある。
【参照項目】写真分析

ハフ・ダフ （Huff-Duff）

「高周波方向探知」を参照のこと。

ハーブリンク （Harbrink）

「デイヴィッド・バーネット」を参照のこと。

パープル （Purple）

　日本の外交暗号を解読すべく用いられたアメリカの暗号機。日本の九七式欧文印字機と同じ原理に従って動作する（97という数字は開発された皇紀2597年〔西暦1937年〕からとられたものである）。日本の機械は6層式の蓄電池で動作し、25個のスイッチとプラグボードで暗号鍵を設定する点で、ローターの使用を基本とするドイツのエニグマなど、その他の暗号機とは大きくかけ離れていた。

　九七式欧文印字機の開発を指揮したのは日本海軍の伊藤利三郎大佐で、1939年2月から使われ始めた（伊藤はハーバート・O・ヤードレー著『The American Black Chamber〔邦題・ブラック・チェンバ：米国はいかにして外交秘電を盗んだか？〕』〔1931〕の訳者でもある〔訳注：ただし日本語版のクレジットは大阪毎日新聞社訳となっている〕）。1941年12月の時点でアルファベット式のタイプライターを用いていた日本の機関は外務省、海軍の情報部門、そして13の大使館だった。

　アメリカのパープル暗号機は、解読の第1人者ウィリアム・F・フリードマンの功績によるところが大きい。フリードマンら陸軍信号情報局の面々──特にフランク・B・ローレット──と海軍のスペシャリストたちは、1年間にわたる激務の末、1940年にワシントンの海軍工廠で初のパープル暗号機を完成させた。日本の通信文が初めて完全に解読されたのは翌年秋のことである（フリードマンはスタッフを「マジシャン」と呼んでいた。パープルによってもたらされた「マジック」情報がその由来であることは間違いない）。

　アメリカ太平洋艦隊の情報参謀を務めたエドウィン・T・レイトン少将は、後に著書『And I Was There（邦題・太平洋戦争暗号作戦：アメリカ太平洋艦隊情報参謀の証言）』（1985）の中で次のように記している。「（1940年）9月の第2週までにパープル暗号機の最新の鍵が突き止められ、東京から発信された最高機密の外交電文を解読すべく行なわれた数ヵ月に及ぶ苦闘は、手作りの黒い木箱に収められた多数のケーブルと、カチカチ音を立てるリレーによって報われようとしていた」

　1941年12月の時点でアメリカは8台のパープル暗号機を完成させていた。2台が陸軍省で、同じく2台が海軍省の情報部門によって用いられると共に、別の1台がフィリピンに送られて海軍のチーム（ステーション・キャスト）によって活用されている。残りの3台はブ

レッチレーパークで働くイギリス人暗号解読者のもとへ送られた。そのうち最初の1台は、暗号解読の支援にあたるアメリカ人4名と共に戦艦キング・ジョージ5世に搭載され、1941年春にイギリスへ届けられた（イギリスに送られた3台のうち1台は、元々真珠湾の海軍司令部に所属する情報スタッフが使うことになっていたらしい）。

　パープル暗号機の活用以外にも、陸海軍の暗号解読者は毎日変更される日本の暗号鍵を突き止める必要があった。しかし彼らは鍵を定期的に突き止めただけでなく、過去の鍵が一部改変された上で再利用されることを前提に「鍵予想システム」を考案している。

　ワシントンの陸海軍は暗号解読作業と配布作業を分担して行ない、陸軍は偶数日の電文を、海軍は奇数日の電文を担当した上で、解読結果は完全に共有した（後に海軍は奇数月を、陸軍は偶数月を担当するようになっている）。このように傍受と解読の各プロセスを組み合わせることで、1941年12月7日（日本時間8日）の真珠湾攻撃に至る6ヵ月間で約7,000件の外交電文が解読・翻訳され、週あたりの平均は300件に上っている。中でも最重要のメッセージは将校によってワシントンに届けられ、ルーズベルト大統領、国務長官、陸軍長官、海軍長官、陸軍参謀総長、海軍作戦部長、及び各部門から選抜されたインテリジェンス・オフィサーから成る少人数のグループが閲覧した。解読されたそれぞれの電文は14部コピーされ、12部は配布用（閲覧後は回収の上破棄された）、2部は陸海軍のファイル用だった。

　またフィリピンでは、フォート・マッキンリー（マニラ近郊）で傍受された無線通信がワシントンに転送されると共に、コレヒドール島の海軍解読チームにも送られた。解読結果はフィリピン駐在のダグラス・マッカーサー陸軍大将とトーマス・C・ハート海軍大将に回覧されている。

　オリジナルの九七式欧文印字機は恐らく現存しておらず、スケッチ1枚が残るのみである。日本は敗戦時に印字機を全て破壊したが、ベルリン駐在の大使館職員によって埋められた部品の一部が発見されている（「大島浩」を参照のこと）。

　パープルは日本の欧文印字機によって作成された暗号を指すアメリカ海軍の呼称である。またそれより以前の暗号は、海軍が用いるバインダーの色にちなんで「レッド」と呼ばれていた（「レッドブック」を参照のこと）。「ルドルフ・J・ファビアン」「ローレンス・L・サフォード」も参照のこと。

【参照項目】暗号、暗号鍵、エニグマ、ハーバート・O・ヤードレー、ウィリアム・F・フリードマン、信号情報局、マジック、エドウィン・T・レイトン、ブレッチレーパーク、真珠湾攻撃、ベルリン

ハマー、アーマンド （Hammer, Armand 1898-1990）

　影響力のあるエージェントとして人生の大半をソビエト連邦に捧げたアメリカ人実業家。アメリカとソビエトを結ぶ一種の非公式大使とされることが多いが、実際にはソビエトのためにマネーロンダリングをしており、FBIの情報提供者によればアメリカ国内におけるソビエトの諜報活動にも関与していたという。

　1980年11月、フランス情報機関SDECEのアレクサンドル・ド・マランシェ長官はロナルド・レーガン次期大統領と面会し、ソビエトの諜報活動に関して報告すると共に、「影響力のあるエージェント」という言葉を用いてハマーのことを警告した。ハマーがKGB幹部を含むソビエト情報機関の職員と大々的に接触していることを知り、SDECEは彼に関する情報ファイルを作成していたのである。

　ハマーとソビエト連邦との関係は、父親からV・I・レーニンに宛てた紹介状を携えてモスクワを訪れた1921年に始まる（「アムトルグ」を参照のこと）。フランクリン・ルーズベルトからジョージ・H・W・ブッシュに至る歴代大統領と親交のあったハマーは、その影響力を用いて石油帝国を築き上げた。しかしエドワード・ジェイ・エプシュタインが著書『Dossier』（1996）で明らかにした通り、ハマーの人生の大部分は虚飾だった。自分自身をソビエトとの「橋渡し役」としながらも、ソビエトの政治家やインテリジェンス・オフィサーとの秘密の関係を維持するほうに興味があったのである。

　ハマーはアル・ゴア・シニア上院議員やチャールズ皇太子といった影響力のある人物に近づき、皇太子とダイアナ妃に豪華なプレゼントを贈るのみならず、2人が好意を寄せるチャリティーに莫大な寄付をすることによって、西側での名声と影響力を確保した。

【参照項目】 影響力のあるエージェント、SDECE、アレクサンドル・ド・マランシェ、KGB、ジョージ・H・W・ブッシュ

ハーマン［p］ （Herman）

　アメリカ空軍の情報活動に従事していた1959年にKGBから勧誘を受けたハンガリー生まれの空軍上級曹長。6ヵ国語に堪能なハーマンは68年まで情報関係の任務に就いていたが、空軍特別捜査局（OSI）によって容疑者とされる。だが70年に逮捕されたものの、黙秘を貫いたために罰せられることはなく、名誉除隊の形で30年にわたる軍役から退いた。

　OSIの報告書は彼について「ハーマン上級曹長」としか言及していない。

ハミルトン、ヴィクター・N （Hamilton, Victor N. 1917-1998）

　1963年にソビエトへ亡命したNSAのリサーチアナリスト。

　アラビア語を話すなど中近東の専門家だったハミルトンは、ジョージア州のホテルでベルボーイとして働いていた1957年にNSAでの勤務をアメリカ陸軍から持ちかけられた。彼は元々の姓をヒンダーといい、リビアで暮らしていた1950年代にアメリカ人女性と出会う。そして結婚後に移住先のジョージア州で合法的に姓を変え、アメリカ市民となったのである。

　NSAで働き始めてから1年半後に精神的問題があると判定されたものの、語学力のために雇用は続けられた。当時はALLO（All Other Countries＝全ての他国）ユニットの中近東班に所属していたが、ハミルトンによると中東及び北アフリカ諸国と共に、1958年から61年まで存在したアラブ連合共和国（エジプトとシリアが構成国）の通信傍受を担当していたという。しかし再度の検査によって「誇大妄想型の精神分裂に近づいている」と判断され、1959年6月に解雇された。

　1963年7月、ハミルトンはモスクワに現われてNSAの秘密を暴露した。その内容はイズベスチャ紙が報道している。シリアに住む親族との連絡を試みたのでNSAを解雇されたとハミルトンは主張した。

　その後長らく消息不明だったが、捕虜または行方不明になったアメリカ軍人の捜索を行なうアーク・プロジェクトという組織が1992年にハミルトンを発見する。彼はモスクワの南西約50キロメートルに位置するトロイツスカヤの第5特殊病院に収容されており、誇大妄想などの精神病を患っていたという。病院側の発表では、ハミルトンは治療を拒否しており、ソビエト連邦の崩壊も知らないとのことだった。

【参照項目】 NSA

ハラリ、マイク （Harari, Mike 1927-2014）

　モサド及びシンベトに所属していたインテリジェンス・オフィサー。テルアビブ生まれのハラリは、1948年5月のイスラエル建国と同時に情報工作員となった。後に国内情報機関シンベトのインテリジェンス・オフィサーとして、議論を呼んだ2つの事件に関わっている。

　1972年のミュンヘンオリンピックで発生したイスラエル選手団11名の誘拐・殺害に、直接または間接に責任のあるブラック・セプテンバーのメンバーを暗殺すべく、ハラリは報復部隊を指揮した。ハラリ率いる部隊はその後1年も経たないうちに、モサドによってブラック・セプテンバーのメンバーであると判断されたパレスチナ人12名を殺害した（マドリッドで殺されたイスラエル人インテリジェンス・オフィサーに対する報復として、ハラリの部隊はさらに3名のパレスチナ人を殺害している）。

　しかしこの作戦は、無関係の人間の命を奪ったことで汚点がついた。殺された中に、ノルウェー人と結婚して

ノルウェーに住んでいたモロッコ人のウェイターが含まれていたのである。ノルウェー警察がモサドの部隊を追い詰める中、ハラリは逃走に成功したものの、彼の部下は捕らえられた。捜査の過程で報復作戦の詳細が多数明らかになり、逮捕されたモサド工作員6名は短期間の懲役についた。

ノルウェーで犯した失態の後、ハラリはラテンアメリカにおけるイスラエルの主要情報拠点、メキシコシティーに配属される。この地域における接触先の1人に、当時パナマで独裁体制を敷いていたオマール・トリーヨ将軍配下の軍情報部門トップ、マヌエル・ノリエガ大佐がいた。1981年にトリーヨが航空機事故で死亡した際、CIAに情報を提供していたノリエガがその後を継ぐ。すでにイスラエルの情報活動から引退していたハラリはノリエガの側近（及びテルアビブのパナマ名誉領事）となり、ノリエガの警備体制を整えると共に、イスラエル製兵器をパナマに売却するブローカー活動で巨富を築いた。

1988年にアメリカが麻薬密売でノリエガを非難した際、ハラリと独裁者との密接な関係について噂が広まった。翌年12月にアメリカ軍がパナマへ侵攻すると、ハラリが共犯として逮捕されたというまた別の噂が生じた。そして謎に満ちたスパイとしては異例ながら、ハラリはイスラエルのテレビ番組に出演する。しかしノリエガのために活動していた数年間の経緯がインタビューで明されることはなかった。

【参照項目】 モサド、シンベト、インテリジェンス・オフィサー、CIA

バランニコフ、ヴィクトル・パヴロヴィチ

（Barannikov, Viktor Pavlovich　1940-1995）

1961年から内務省（MVD）で勤務し、ソビエト連邦崩壊の際に重要な地位を占めていたロシア高官。

ソビエト政権が終焉を迎える直前、バランニコフはロシア共和国内務大臣の座にあり（1990年9月〜91年8月）、ミハイル・ゴルバチョフに対するクーデター未遂事件の後はロシア・ソビエト社会主義連邦共和国の内務大臣になっている。またソビエト崩壊後はロシア連邦保安局長官（1992年1月）及び保安大臣（1992年1月〜93年7月）を歴任した。

ロシア連邦保安大臣の地位にある間、バランニコフは内務省の権限を各共和国へ移譲し、国家警察に対しては首都で繰り広げられている政治的混乱から距離を置くよう命じた。

しかし1993年10月、モスクワにおける革命計画の首謀者として逮捕され、翌年2月にロシア議会の特赦によって釈放されるまで収監された。

その後1995年に脳卒中で死亡している。

バリウム　（Barium）

ロシアの用語で、機密資料の漏洩源と思しき人物に渡される偽情報のこと。情報機関は「バリウム投与」を容疑者に行なった後、その偽情報がどの外国情報機関で発見されるかを突き止め、誰からもたらされたかを判断する。

ハリエット　（Harriet）

「フルーエンシー委員会」を参照のこと。

バルチ、ロバート　（Baltch, Robert）

「アレクサンドル・ソコロフ」を参照のこと。

バールド・イーグル　（Bald Eagle）

B-57キャンベラなど、高々度偵察機の開発契約を結ぶ際に用いられたアメリカ空軍のコードネーム。B-57の主な改造箇所は幅の広い主翼への交換と高々度カメラの搭載である。

（訳注：バールド・イーグルは「ハゲワシ」の意）

【参照項目】 B-57キャンベラ

バルバロッサ作戦　（Barbarossa）

1941年6月に開始されたドイツ軍のソビエト侵攻を指すコードネーム。当初はフリッツ、次いで指令書第21号と呼ばれたが、1940年12月18日、アドルフ・ヒトラーによってフリードリヒ1世（1122〜1190）の異名バルバロッサに改められた。伝説によれば、フリードリヒ1世はドイツに危機が迫った際に深い眠りの底から目を覚まし、その覇権を復活させると言われている。

米英両政府は暗号解読活動（エニグマ＝ウルトラ）を通じ、ソビエト連邦に対するドイツの侵略計画を知っていた。それに加えアプヴェーア（ドイツ軍の情報機関）にもイギリスのスパイが潜入していたので、1940年中盤を迎える頃には、ドイツによるソビエト侵攻の兆候が顕著なのをイギリス情報機関は目の当たりにしていた。

1940年7月、ドイツが侵攻準備を進めているという、ベルリン駐在のソビエト武官からモスクワへなされた警告が、イギリス秘密情報局（MI6）によって報告された（この警告は独ソ間の貿易が増加しつつある時になされたものであり、当時ソビエトは原材料を提供する一方、ドイツから武器や機械類を輸入していた）。

その後警告は増加の一途を辿る。1940年8月22日、ドイツ情報機関に所属するイギリスの二重スパイ、パウル・トゥンメルは、ドイツ陸軍参謀本部第12課（東方外国軍担当課）が6月以来拡張を続けていることと、ソビエト連邦に対する防諜活動が急激に活発化していることを報告した。さらに、ルーマニア駐在のドイツ情報機関にウクライナ南部、クリミア半島、及びコーカサス

担当の専門家が配属されたことも明らかになった。

F・ハリー・ヒンズリーらは公史『British Intelligence in the Second World War』（1979）の中で、ドイツ軍の行動はエニグマ暗号の解読によって1941年3月の時点で詳らかになっていたとしている。「首相にとって、そして諜報に携わる者の一部にとって……外務省はいくらか躊躇していたが……この情報は、ドイツの主たる準備行動がロシアに向けられている事実を最初に裏付けるものとなった」そして3月30日、「エニグマから得られた情報が『脅迫のためか、あるいは実際の攻撃のためかはともかく』ロシアを対象とした大規模作戦の可能性を指し示している」ことが、ブレッチレーパークの暗号解読者によって確かめられている。

4月3日、ウィンストン・チャーチル首相は、攻撃前では唯一となる親書をソビエトの独裁者ヨシフ・スターリンに送った。チャーチルは「信頼できるエージェント」による情報としてドイツ軍の行動について記し、「これらの事実が持つ重要性は閣下も容易にご理解できるでしょう」と締め括った（スターリンに挑発と受け取られるのではないかと恐れたイギリス大使が親書を届けるのを遅らせたため、チャーチルの怒りを買うことになった）。

報告の数はますます増えていた。ヒンズリーはこう記す。

（この時点で）スウェーデンはドイツの意図について極めて正確に予想しており、その情報を3月24日にモスクワのアメリカ大使へ伝えた。ベルリンのユーゴスラビア駐在武官も4月1日までにドイツの計画を嗅ぎつけたらしく、ユーゴスラビア政府はこの情報をロンドン経由でモスクワに伝達している。また1941年初頭以来、ヴィシー政府はソビエト大使館に対し、ドイツ師団の東方への移動に関する情報を伝えていたとされる。さらに3月20日以降、アメリカ政府がワシントンDC駐在のソビエト大使に新たな警告を発し、日本の外交暗号の解読結果に基づいて、ドイツによるロシアへの攻撃が2ヵ月以内に始まるだろうと勧告したのは疑いのないところである。

ワシントンDCの情報は日本の外交電信を傍受・解読したマジック情報を主な基礎としていた。1941年5月22日には、「ドイツが間もなくソビエトを攻撃するのは単なる噂ではない」という駐モスクワ日本大使によるメッセージが解読され、さらに6月6日には、大島浩駐独大使が東京に対し「ドイツは6月22日にソビエト侵攻を開始する」と伝えている。

この期間、スターリンはケンブリッジ・スパイ網を通じてイギリスの暗号解読結果も入手していた。

だがソビエトの独裁者は、西側による警告を無視する道を選んだ。スターリンが「資本主義政権」に疑念を抱いていたことは間違いなく、20年前の揺籃期にボルシェビキ革命を潰そうとしたチャーチルはとりわけ憎悪の対象だった。赤軍の情報機関GRUも攻撃が差し迫っているとの警告を発したが、これも無視されている（「フィリップ・ゴリコフ」を参照のこと）。スターリンがこれらの警告を無視し、ドイツを刺激するとして赤軍に対し防戦準備を禁止する一方、ソビエト海軍はあらゆる手を尽くして準備を行ない、6月22日のバルバロッサ作戦開始を迎えるのだった。

【参照項目】エニグマ、ウルトラ、アプヴェーア、MI6、駐在武官、ベルリン、パウル・トゥンメル、東方外国軍担当課、F・ハリー・ヒンズリー、ブレッチレーパーク、大島浩、ケンブリッジスパイ網、フィリップ・ゴリコフ、GRU

バルビー、クラウス （Barbie, Klaus　1913-1991）

第2次世界大戦中、フランス・リヨンでドイツSD（親衛隊保安部）の隊長を務めた人物。その一方、ナチスやソビエトのエージェントに関する情報を得るため彼を必要としたアメリカ陸軍防諜部隊（CIC）から保護を受けている。

大戦中、バルビーは4,000名に上るユダヤ人とレジスタンスを拷問の末に殺害したとして、「リヨンの虐殺者」と呼ばれた。そのためフランスによる欠席裁判で2度死刑判決を受けている。

しかし戦争犯罪捜査官による追跡が行なわれる間、バルビーはアウグスブルグのセイフハウスにいて、ドイツ及びソビエトの諜報活動に関する情報をCIC職員にもたらしていた。1951年にはCIAの手で南アメリカに逃れ、ペルー次いでボリビアで過ごしつつ、親ナチスのボリビア政府高官と連絡を保ち続けている。その1人は1987年の裁判に出廷し、バルビーが右翼処刑団を組織して麻薬密売人と関係を持つ一方、右翼指導者が情報や武器を入手する手助けをしていたと証言した。

ナチスハンターは1970年代にバルビーの居所を突き止めたが、ボリビアの軍事政府は1983年まで彼をかくまった。しかしその後誕生した文民政府により、フランスへ引き渡されている。

1979年にドイツの雑誌で「ユダヤ人どもを残らず殺さなかったことを残念に思う」と述べたとされるバルビーは、フランス在住のユダヤ人4,000名以上を処刑、7,000名を強制収容所に送ったとして有罪になったが、時効（20年）が過ぎていたので以前の判決は無効となっていた。しかし、憎悪すべき犯罪に対するナチスの責任は「世界の終末まで問われるべき」とするフランスの法律により、バルビーは裁きを受けることになった。

証人の1人による目撃談として、バルビーがフランス人レジスタンスのリーダー、ジャン・ムーランに残酷

な暴行を加えたという話がある。反独グループの結合という任務をシャルル・ド・ゴールから託されたムーランは、移送列車の中で死亡している。また他の証言者によると、バルビーは自ら拷問を行なった上で囚人の首を刎ねたこともあるという。

　裁判の結果、バルビーには人道に対する罪で終身刑の判決が下された。その後1991年に癌のため獄中で死亡している。

【参照項目】 SD、セイフハウス

ハルペリン、モーリス　(Halperin, Maurice　1906-1995)

　ソビエトのためにスパイ行為をしたアメリカ戦略諜報局（OSS）の士官。OSSではラテンアメリカ調査課長を務めていたが、ソビエトの情報メッセージを解読した結果、「ノウサギ（Hare）」というコードネームを与えられていたことが明らかになっている（「ヴェノナ」を参照のこと）。解読内容に基づいて行なわれたFBIによる捜査の結果、ソビエトの密使を務めながらその後FBI及び議会委員会に自らのスパイ行為を告白したアメリカ人、エリザベス・ベントレーの暴露によって、「ノウサギ」とハルペリンが結び付けられた。

【参照項目】 戦略諜報局、コードネーム、ヴェノナ、エリザベス・ベントレー

ハレル、イッサー　(Harel, Isser　1912-2003)

　イスラエルの国内公安機関シンベト長官（1948〜52）、対外情報機関モサド長官（1952〜63）、そしてイスラエル国防軍の情報組織アマン長官（1962〜63）を歴任した人物。

　イッサー・ハルペリンの名でロシアに生まれたハレルは1931年にパレスチナへ移住、そこで名前を改めた。所属していたイギリス警察を解雇された後、ユダヤ人の地下防衛組織ハガナに入隊、情報活動の第1歩を踏み出す。

　1948年5月の建国に続く混乱の中、イスラエルでは金のかかる情報組織が乱立した。デイヴィッド・ベン＝グリオン首相の親しい友人だったハレルはアドバイザーとして情報活動を安定させ、情報機関を尊敬に足る存在とするのみならず、他の民主主義国家では到底考えられない大きな権力をそれら機関に与えた。

　1949年、イスラエル国防軍の初代情報部門トップ、イッサー・ベーリが不名誉な辞職を余儀なくされると、ハレルはその後を継いでシンベト長官に就任した。同時にベン＝グリオンの指示によってイスラエルの情報活動を統轄する「メムネー（責任者）」の称号を与えられ、国外・国内を問わず公安に関する事項は首相の直属下に置かれた。また1952年には、初代モサド長官のルーヴェン・シロアフがわずか18ヵ月で退任したのを受け、その後任に就いている。

大きな議論を呼んだハレルの行動の一部は、在任期間の初期に発生している。1953年、左派マパイ党の本部に盗聴器を仕掛けたことがその一例である。また後には1人のジャーナリストを「行政的拘束」下に置くと共に、イスラエルの情報活動に批判的な出版物を攻撃させるべく、ある雑誌社に資金を提供している。

　ハレルによる功績としては、モサド内部にナチ狩り部隊を設置し、戦犯法廷を逃れた「最重要」ナチ関係者のリストを作成したことが挙げられる。そのトップに記されていたのが、ホロコーストにおいてユダヤ人数百万名の殺害を主導したナチ官僚、アドルフ・アイヒマンだった。ハレルはまた、アイヒマンが元SS（親衛隊）隊員による秘密組織オデッサの支援を受けてドイツから脱出したことを示す証拠を積み上げた。オデッサによる脱出ルートの終点はアルゼンチンのブエノス・アイレスであるとモサドは信じていた。

　（イスラエルの情報機関チームは1960年5月にアルゼンチンへ赴き、アイヒマンを誘拐した。翌年4月には人道及びユダヤ人に対する犯罪、そして戦時における国際法違反で彼を起訴する。その結果アイヒマンは有罪とされ、62年6月1日に処刑された）。

　ハレルによる指揮の下、イスラエルのエージェントはエジプト及び西ドイツの情報機関に潜入してテロ戦術を用い、ドイツ人科学者がエジプトのために働くことを阻止した。しかし1963年、エジプトのミサイル開発計画に携わっていたドイツ人科学者の娘を脅迫したとして、モサドのエージェント2名が逮捕され、また西ドイツでも同様の行為で別のエージェント2名が逮捕されている。

　当時西ドイツとの関係強化に力を入れていたベン＝グリオンはハレルへの態度を変え、科学者に対する工作活動を非難した。かくしてハレルは、かつてメムネーの称号を与えた人物の信頼を失い、1963年3月に公職から退いた。

【参照項目】 シンベト、モサド、アマン、イッサー・ベーリ、メムネー、SS、オデッサ

バロウズ、ウィリアム・E　(Burrows, William E.　1937-)

　ジャーナリズム学の教授であり犯罪捜査リポーターでもあった人物。著書『Deep Black: Space Espionage and National Security』（1988）は宇宙偵察に関する多くの未公開情報を明らかにした。また『By Any Means Necessary: America's Secret Air War』（2003）も名著として特筆される。

　コロンビア大学で国際関係学の学位を得たバロウズは、宇宙の軍事利用に関する重要な書籍を多数執筆すると共に、いくつかの新聞にも寄稿している。

バロン、ジョン・D (Barron, John D. 1930-2005)

FBI がアメリカ海軍のスパイ、ジョン・ウォーカーの公式記録を作成する際に重要な役割を演じた、リーダーズ・ダイジェスト誌の編集者。海軍の元情報士官でKGB に関する専門家だったバロンは、FBI 捜査官のリチャード・ミラー、及びジョン・ウォーカーの同僚だったジェリー・ホイットワースの裁判で証言を行なっている。

バロンがホイットワース裁判の検察チームに深く関わっていたため、ウィリアム・ファーマー副検事は彼を検察席に座らせるよう求めたが、判事はその求めを却下した。

FBI によれば、バロンを専門家として求めたのは、彼がFBI とは無関係のジャーナリストであり、証言席で無意識のうちに秘密を漏らす心配がないと判断したためだという。ホイットワース裁判で宣誓証言を行なったバロンは、自分にはセキュリティー・クリアランスが与えられていないと認めたことで、衛星情報へのアクセスが認められていた事実をほのめかした。また CIA の衛星運用マニュアルがいかにしてソビエトへ売られたかを証言する中で（「ウィリアム・P・カンパイルス」を参照のこと）、衛星写真の解像度は極めて高く、「人間の髭の色を見分けられるほどである」という一般には知られていない事実を明かした。バロンの功績にはなんの報酬も与えられなかったものの、FBI から多大な支援を受けることになり、それは著書の商業的成功につながった。バロンは『Breaking the Ring』（1987）の中で、ウォーカーらスパイ網メンバーの逮捕劇に関するFBI の公式記録を紹介している。その他の著書には『KGB: The Secret Work of Soviet Secret Agent（邦題・KGB：ソ連秘密警察の全貌）』（1974）、『KGB Today: The Hidden Hand（邦題・今日のKGB：内側からの証言）』（1983）、『Oparation Solo』（1996）がある。

【参照項目】リチャード・ミラー、ジェリー・ホイットワース、セキュリティー・クリアランス、衛星、ウィリアム・P・カンパイルス、ソロ

パワーズ、フランシス・ゲイリー

(Powers, Francis Gary 1929-1977)

1960 年 5 月 1 日、ソビエト領スヴェルドロフスク上空で SA-2 ミサイルに撃墜された U-2 偵察機のパイロット。

テネシー州のミリガン大学を 1950 年に卒業後、空軍入りして戦闘機パイロットの訓練を受ける。その後大尉に昇進、1956 年に CIA 主導の U-2 プログラムへ加わる。当時、CIA はパキスタン及びノルウェーの空軍基地からソビエト領への偵察飛行を開始しており、U-2 のパイロットはアメリカ航空宇宙局（NASA）の任務をカバーと

して偵察機の操縦にあたっていた。

パワーズはネヴァダ州での訓練を経てトルコのインジルリク基地へ派遣され、トルコ―ソビエト国境付近で飛行任務をこなした。1960 年にはパキスタンへ赴き、自身にとって初となるソビエト領上空飛行のブリーフィングを受ける。そしてソビエトの主要な祝日であるメーデー当日の 5 月 1 日にパキスタンのペシャワールを離陸、ソビエト領上空 2,919 マイル（4,698 キロメートル）を含む 3,788 マイル（6,096 キロメートル）を飛行し、ノルウェーのボードーに着陸する任務が与えられた。

CIA が撮影を望んだ対象の中に、大陸間弾道ミサイルの開発施設があった。4 月 5 日に実施された上空偵察の結果、チュラタムにおける発射基地建設が明らかになっていたのである。アイゼンハワー大統領は同じ空域の飛行を認めたが、5 月 1 日を最後に U-2 による偵察飛行は当面実施しないよう命じる。5 月 16 日にはアイゼンハワー、英首相ハロルド・マクミラン、仏大統領シャルル・ド・ゴール、そしてソビエト首相ニキータ・フルシチョフによる首脳会談が控えており、その後はアイゼンハワーのモスクワ訪問という前例のないイベントが予定されていた。アイゼンハワーはこれらのイベントに水を差す事態を望んでいなかったのである。

パワーズが後に主張したところによると、予定巡航高度（7 万フィート以上）では、いかなる航空機やミサイルであっても U-2 を迎撃することはできないと言われていたという。だが彼の操縦する U-2 は、スヴェルドロフスク上空でミサイルに撃墜された。パワーズは緊急脱出してパラシュートで地上に降り立ち、警察が到着するまで地元住民に拘束された。

偵察機がノルウェーに帰還していないことを知った CIA はトラブルを恐れた。その後ソビエトによる迎撃が無線通信の傍受から明らかになり、この懸念は確かなものになる。CIA はパワーズが死んだという前提に立ち、トルコから離陸して「高空観測任務」に就いていた NASA の天候観測機が予定時間を過ぎても帰還せず、墜落したものと思われるというカバーストーリーを空軍に発表させた。

5 月 5 日、フルシチョフは激烈な口調で偵察機の撃墜を発表し、挑発的行為で首脳会談を中止に追い込もうとする「アメリカの攻撃的集団」を激しく非難した。一方のアメリカは天候観測のカバーストーリーに固執し、機内の酸素供給装置の故障でパイロットが意識を失い、自動操縦されている機が偶然領空侵犯した可能性もあると付け加えた。

5 月 6 日、フルシチョフは再び演説を行ない、次のように発表する。「（パイロットは）元気であちこち蹴飛ばしている！ 我々はどうしても慎重に発表する必要があった。全てを話せば、アメリカ人は別の嘘をでっち上げるからだ」

ワシントンではアレン・W・ダレス中央情報長官が辞表を提出したものの、受理されなかった。アイゼンハワーは最終的に、「奇襲攻撃」からアメリカを守るため「あらゆる可能な手段」をとったとして責任を認めた。

フルシチョフはパリへ赴いたが、アイゼンハワーからの謝罪がない限り首脳会談には参加しないと主張した。しかしアイゼンハワーは謝罪せず、モスクワ訪問も中止された。

その頃モスクワでは、大規模な見せ物裁判の準備が進められていた。裁判の報道を命じられたCBSのサム・ジャッフェ記者はCIAからブリーフィングを受けている。マイケル・R・ベシュロス著『Mayday: Eisenhower, Khrushchev and the U-2 Affair（邦題・1960年5月1日：その日軍縮への道は閉ざされた）』（1986）によると、ジャッフェは「フルシチョフがU-2を非難した場合、それに反論すべくソビエトの諜報活動に関するデータを与えられた。また報道の中では、パワーズをスパイパイロットでなく偵察パイロットと呼ぶよう告げられた」ジャッフェはパワーズの妻バーバラと共にモスクワ行きの飛行機に乗り込んだ。後に、自分は夫を嫌っているが、公の場では支援する振りをしていると、バーバラから言われ

たことを明かしている。

パワーズは人民裁判の結果スパイ行為で有罪となり、禁固10年を言い渡された。そして1962年2月10日、アメリカの刑務所に収監されていたソビエトのスパイ、ルドルフ・アベルとのスパイ交換で帰国した。

「生還」したこと、及びU-2を失ったことで非難を受けたパワーズだったが、CIAから勲章を授与され、ダレスからも個人的に讃えられている。その後はロッキード社のテストパイロットになったが、給料はCIAから支出されていた。パワーズはそれを知ってロッキード社を退職する。次いで交通担当の記者になったものの、1977年8月1日、ロサンゼルス上空で道路交通情報のリポート中にヘリコプターが墜落、帰らぬ人となった。

【参照項目】U-2、CIA、カバー、上空偵察、アレン・W・ダレス、中央情報長官

ハワード、エドワード・リー （Howard, Edward Lee　1951-2002）

ソビエトのエージェントであることが発覚、1985年に亡命した元CIA職員。しかしこの発覚劇は、内通者狩りの目をオルドリッチ・H・エイムズから逸らすのが目的だったと思われる。

U-2偵察機パイロット専用の高々度部分与圧式スーツに身を包んだCIA所属の操縦士、フランシス・ゲイリー・パワーズ。撮影されたU-2の尾翼には偽の登録番号が記されている。実際の番号がわかると生産機数を推測される恐れがあるため、スパイ機の公式写真ではこうした策略が頻繁に用いられた。（出典：ロッキード社）

ハワードは世界初の原爆実験が行われた場所に程近い、ニューメキシコ州アラモゴードに生まれる。父親はアメリカ空軍のミサイル専門家として近くのホロマン空軍基地で勤務しており、母親はニューメキシコに暮らすヒスパニック系アメリカ人だった。父親が国内外の基地を異動するのに合わせ、ハワードもたびたび引っ越した。1972年にテキサス大学を卒業した後はエクソンに入社、しばらくの間アイルランドで働き、次いで平和部隊に加わってコロンビアで活動する。そこで同じく平和部隊のボランティアをしていた女性と出会い、後に結婚した。

1975年に平和部隊を離れた後、ハワードは経営管理の分野で修士号を取得しアメリカ合衆国国際開発庁に入庁、ローン担当官としてペルーに赴く。79年の帰国後はシカゴの環境関連企業に移ったが、この年送った応募書類に応える形でCIAが翌年に連絡してきた。

ハワードは「キャリア訓練生」として1年間過ごし、その間ヴァージニア州にあるCIAの訓練所、キャンプ・ピアリで18週間にわたりスパイ技術の講義を受ける。訓練修了後はCIAの秘密任務を担当する工作本部に配属され、外交官をカバーとしてモスクワのアメリカ大使館で活動することになった。赴任後はケース・オフィサーとなり、アメリカのために活動するソビエト国民を管理している。妻メアリーもCIAに雇われて工作本部で働いており、工作担当次官の秘書的な役割を果たしていた。

メアリー・ハワードは新たな人事政策の対象となり、モスクワの大使館を拠点に活動するケース・オフィサーの支援担当者として訓練を受けた。夫あるいは別のケース・オフィサーがモスクワのデッドドロップに赴く際の、対監視要員（見張り役）となることを想定したものと考えられる。教官の1人に、1977年に正体が発覚するまでKGBの監視員を出し抜いたCIA職員、マーサ・ピーターソンがいた。

しかしハワードはポリグラフ検査に落ち、1983年6月にCIAを解雇された。

CIAによると、ハワードは薬物常用者でアルコールの問題を抱えており、その上窃盗行為もしていた——飛行中の旅客機で女性の財布から現金を抜き取ったことがある——という。なお薬物使用は最初の定期ポリグラフ検査で、他の悪行は後の調査で発覚している。

CIAを去ったハワードは、ニューメキシコ州議会の予算分析官という職を得た。ハワードとメアリー、そして生まれたばかりの息子はサンタフェの南に位置する分譲住宅地、エル・ドラドへと引っ越す。しかしハワードは飲酒を続け、.44口径のマグナム拳銃を発砲するなど酔った上で騒ぎを起こしたとして、1984年2月6日に逮捕される。結果として執行猶予5年が言い渡された。

1984年9月、ハワードはヨーロッパへ旅行したこと

を認めた。FBIによるとウィーンでKGB職員に情報を提供、報酬を受け取ったという。渡した情報は訓練中及びCIA内部の見学時に見聞きしたものと関係があるとされる。また、核兵器及びスターウォーズ計画の研究センター、ロスアラモス国立研究所に関する情報についても提供を試みた可能性がある。さらにはKGBのサポート・エージェントもしくはこの地域で活動するスパイの密使役になろうと申し出たことも考えられる。スペイン語に堪能なこととCIAで働いていたという経歴は、サンタフェを中心としたCIAの対ラテンアメリカ作戦を暴露するのにふさわしいと見なされた。

1985年3月、ハワードはサンタフェ在住の友人にドイツを訪れるつもりだと言い残し、妻を連れて再びヨーロッパへ赴いた。そして6月、モスクワのアメリカ大使館で2等書記官として勤務するCIA職員のポール・M・ストンバウが、ソビエトのミサイル・航空専門家、A・G・トルカチェフと一緒にソビエト当局に逮捕された。この事実は当時公にされず、トルカチェフは翌年9月24日に処刑されたが、10月22日になるまで公表されていない。

（後にトルカチェフの逮捕・処刑はハワードのせいだとされた。しかしCIAの防諜担当官であるエイムズが逮捕された後の1994年2月、トルカチェフはエイムズの犠牲者だったことが判明する。ハワードは91年に行なわれた作家デイヴィッド・ワイズとのインタビューにおいて、「私は彼を破滅させてはいない」と主張した。エイムズによれば、KGBに初めて彼の情報を与えたのは85年6月だったという。情報関係者は今のところ、2人ともに責任があると考えているようだ。すなわちハワードはモスクワのアセットに関する広範な情報を提供することで、エイムズは具体的にトルカチェフの名を挙げることで彼を裏切ったのだという）

ハワードは1985年7月に元CIA職員と会い、ソビエトに情報を与えたと話した。この言葉はCIAにも届いたが、何らかの措置がとられた形跡はない。1ヵ月後、ローマで亡命したKGB幹部職員、ヴィタリー・ユルチェンコがCIAの尋問官に対し、モスクワに配属されていた元CIA職員が1984年秋にKGB職員と会い、ソビエト連邦で活動するCIAのスパイについて秘密情報を渡したと述べた。CIAとFBIは内通者探しを始めたが、ユルチェンコはその名前を知らないと主張した。

CIAから通報を受けたFBIは1985年9月にハワードを監視下に置き、外国情報活動監視法廷から盗聴の許可を取りつけた。9月20日、FBIの捜査官はハワードと顔を合わせたが、彼は協力する姿勢を見せた。翌日、車でサンタフェに向かったハワード夫妻をFBIの監視チームが追跡する。だが往復のどこかの時点でハワードは車から飛び降り、妻は雑ながらもあらかじめ用意していた「箱の中のジャック」、つまりダミーを仕立て上げた

（「スパイ技術」を参照のこと）。

　9月23日、FBIはハワードの逮捕状を手に入れる。しかしハワードはすでにニューヨーク、コペンハーゲン、そしてヘルシンキ経由でモスクワに向かう途上にあった。ヘルシンキではソビエト大使館のKGB職員が彼の国外脱出を取り計らい、大使館の車のトランクに隠してヴィボーからソビエトに入国させた。

　モスクワのアメリカ大使館に所属するマイケル・セラーズ2等書記官とエリック・サイツ駐在武官の逮捕は、ストンバウとトルカチェフのそれ同様ハワードの責任である（だが1994年にエイムズの反逆罪が明るみに出ると「誰が誰を裏切ったか」のリストは修正され、それまでハワードのものとされていた裏切り行為の一部がエイムズのものとして書き換えられた）。

　ソビエト政府が「人道的観点」から政治亡命を認めると公表した1986年8月、ハワードはモスクワに姿を現わし、ソビエトの市民権を与えられた。その後テレビ出演し、「私は祖国を愛しています。祖国に害をなすようなことは決してしていません」と述べている。

　ハワードは著書『Safe House』（1995）の中で、KGBから与えられた偽造パスポートでアメリカへ秘かに入国したものの、FBIが妻を隔離したらしいとKGB内部の情報源から知らされたため、モスクワへ帰る決断を下したと記している。その後はロシアに進出するアメリカ企業向けのコンサルティング会社を設立した。

　2002年7月12日、ハワードはモスクワ郊外の別荘の階段から転落死した。

【参照項目】内通者、オルドリッチ・H・エイムズ、CIA、キャンプ・ピアリ、スパイ技術、インテリジェンス・オフィサー、カバー、ケース・オフィサー、監視、デッドドロップ、マーサ・ピーターソン、ポリグラフ、ウィーン、密使、A・G・トルカチェフ、アセット、ヴィタリー・ユルチェンコ、外国情報活動監視法廷、箱の中のジャック、駐在武官

パンヴァン、ジョルジュ　(Painvin, Georges　1886-1980)

　第1次世界大戦中に活躍、ドイツのADFGX暗号の解読に成功した連合国有数の暗号官。元々古生物学者としての教育を受けたパンヴァンは、ADFGX暗号がフランス陸軍によって初めて傍受された1918年3月5日の時点で、フランス暗号局のトップを務めていた。

　続く3ヵ月半の間、パンヴァンと同僚たちはこの暗号に取り組んだ。暗号局が最終的にADFGX暗号による通信を解読できたことで、連合軍は1918年6月に侵攻したドイツ軍を撃破、パリの防衛に成功する。

　この解読作業はパンヴァンの肉体にとってこたえるものだった。一日中机から離れることなく作業した結果、1918年春の間に体重が33ポンド（15キログラム）落ち、その後の6ヵ月を病院で過ごしている。

　1919年、アメリカ人暗号解読者のハーバート・O・ヤードレーがフランスに赴いた際、パンヴァンは彼を歓待こそしたものの、暗号局の秘密には触れさせなかった。パンヴァンは戦後に陸軍を去り、商業界で大成功を収めてパリ商工会議所の会頭も務めた。しかしパンヴァン自身はこう記している。「（解読作業の大成功は）私の精神にいつまでも消えない1つの印を残した。それは私にとって、自分の存在について最も明るく、最も際立った記憶の1つであり続けている」

　パンヴァンがいかにしてADFGX暗号の解読に成功したかは、1966年まで明らかにされなかった。

【参照項目】ADFGX暗号、ハーバート・O・ヤードレー

ハンキー、モーリス　(Hankey, Maurice　1877-1963)

　20世紀のイギリスで最も興味深くまた影響力のあった人物。情報機関の活動に多大な影響力を行使した。

　ハンキー卿は戦艦ラミレス所属の海兵隊員として公職生活のスタートを切った。ジョン・フィッシャー提督は艦隊勤務にいそしむハンキーに感銘を受け、1902年に第2海軍卿を拝命するとハンキー大尉を参謀の1人としてロンドンに同行させている。

　1907年には地中海艦隊付の情報士官として海上勤務に戻ったが、1年足らずで帝国国防委員会の秘書官補佐という有望なポストに任命される。上司は情報長官を最後に海軍を退役したばかりのサー・チャールズ・オットレーだった。また国防委員会は1909年に設立された保安部（MI5）と秘密情報部（MI6）の先駆けとなる機関である。

　1912年、ハンキーは委員会秘書官に昇進する。16年には戦時内閣の秘書官に就任、ほぼ毎日開かれる閣議を通じて、若手士官としてはかなりの影響力を持つに至った。その結果、戦後のパリ講和会議ではイギリスの随員に指名されている。会議終了後、議会両院は彼の活動に謝意を示し、当時としては大金の25,000ポンドを与えた。

　第1次世界大戦後は内閣及び帝国国防委員会の秘書官を兼務すると共に、他の主要な委員会の秘書官も務めた。1930年代に入ると情報問題に深く関わるようになり、ドイツの大規模な再軍備計画に関する最初の詳細な報告書を書き上げた。その後1938年に退役、翌年には貴族に列せられる。そして1939年9月の第2次世界大戦勃発を受け、無任所大臣として戦時内閣に加わった。

　同年12月、MI6の情報は質が悪いという軍部からの不満を受け、ネヴィル・チェンバレン首相はハンキーに対し、MI5とMI6、そして政府暗号学校についての調査を委託した。それに際し、ジョン・ケアンクロスがハンキーの個人秘書となっている（ケアンクロスは後に、ケンブリッジ・スパイ網に属するソビエトのエージェントであることが発覚する）。

1941年7月にウィンストン・チャーチルが首相に就任すると、ハンキーは大臣の職を解かれた。しかしハンキーの報告書は情報機関に対するチャーチルの処置と、特殊作戦執行部（SOE）の設立に影響を与えている（ハンキーが政府を去った後、ケアンクロスは政府暗号学校に配属され、傍受・解読済みのウルトラ情報をソビエトに渡した）。

代表作に『Government Control in War』（1945）と『Politics, Trials and Errors』（1950）があり、後者では無条件降伏政策と戦犯法廷を非難している。また1961年には回想録『The Supreme Command, 1914-18』が出版された。

【参照項目】インテリジェンス・オフィサー、海軍情報部長、MI5、MI6、政府暗号学校、ジョン・ケアンクロス、ケンブリッジ・スパイ網、SOE、ウルトラ

バンクロフト、エドワード （Bancroft, Edward 1744?-1821）

独立戦争で米英両軍のために活動したアメリカの二重スパイ。マサチューセッツ生まれのバンクロフトは若い頃にギアナと南アメリカを旅行し、アメリカのプランテーションで過ごしながらギアナに関する書籍を執筆した。

1766年、22歳のバンクロフトはロンドンに移り住み、王立内科医協会及び王立協会の会員となる。またこの時期、ロンドンにおけるペンシルヴァニアのエージェントであり、ロビイストでもあったベンジャミン・フランクリンと親交を結んでいる。バンクロフトは、アメリカ植民地に対するイギリスの態度について情報を集めていたフランクリンを支援した。

アメリカに戻ったフランクリンはバンクロフトとの連絡を再開する。その仲立ちとなったのは、エージェントとしてヨーロッパに派遣された若きアメリカ人、サイラス・ディーンである。一方バンクロフトはイギリスの秘密機関に雇われ、来るべきアメリカ独立戦争でフランスの支援を得ようとパリで活動するディーンらアメリカ人をスパイしていた。そのディーンは、フランクリンがヨーロッパで組織したスパイ網の中核エージェントであるとして、バンクロフトを信用していた。

1776年9月、アメリカ大陸会議は外交委員会を設置し、フランス宮廷におけるアメリカ植民地の代表とした。フランクリンとディーンに加え、フランクリンのエージェントだったロンドンの弁護士、アーサー・リーがそのメンバーになっている。バンクロフトはイギリス人ハンドラーの提案に従い、外交委員会におけるフランクリンの秘書として浸透することに成功した。

バンクロフトはデッドドロップ、すなわちパリのテュイリー庭園に生える木の洞にメッセージの入った瓶を隠すことで、ハンドラーとの連絡を保った。またフランクリンの密偵として頻繁にロンドンを訪れた。一方、自由にイングランドを行き来できることをフランクリンが怪しむのではないかと恐れたバンクロフトは、自分の「逮捕」をでっち上げて短期間ながら拘留されている。

バンクロフトがイギリス官憲と接触していることを、アーサー・リーはとある船の船長から聞かされたが、フランクリンは全く注意を払わなかった。その上リー自身の私的秘書もスパイだったと明らかにされたものの、リーはそれに気づかなかった。その後アメリカに帰国するも、バンクロフトの身元についてフランクリンはリーの主張を受け入れなかった。

バンクロフトは極めて貴重かつ正確な情報をロンドンにもたらした。その一例として、フランスとアメリカ植民地が軍事同盟を結んだという報告がある。しかし諜報の世界によくあることだが、バンクロフトの報告が全面的に信用されたわけではなかった。国王ジョージ3世などは、株式投機家だったバンクロフトがこの情報を用いて市場に影響を与えようとしているのではないかと疑ったほどである。

独立戦争後もバンクロフトは米英両方のために働き続けた。1789年には、フランスとアメリカの支援を受けたアイルランドがイギリスに対して蜂起するか否かを探るべく、アイルランドへの偵察任務に就いている。

記録を見る限り、バンクロフトの子供たちは父親をフランクリンの知己であり、洞察力に富む論文を書き上げた科学者として見ていたようである。スパイであることを知ったのは、新たに公開されたイギリスの公文書を読んだアメリカの研究者によって、バンクロフトのもう1つの顔が明らかにされた1880年代のことだった。

【参照項目】二重スパイ、ベンジャミン・フランクリン、ハンドラー、デッドドロップ

バンクロフト、メアリー （Bancroft, Mary 1903-1997）

第2次世界大戦中エージェントとしてスイスで活動、また当地のスパイマスターで後に中央情報長官（DCI）となるアレン・W・ダレスの愛人でもあったアメリカ人。

旅行で不在がちなスイス人会計士の妻だったバンクロフトは、NBCラジオの元技術者であり、ダレスと同じく戦略諜報局（OSS）に所属していたジェラルド・メイヤーからエージェントとしての資質を見込まれた。スイスへの着任を命じられたダレスは、エージェントの発掘をメイヤーに任せていたのである。ボストンの上流階級の一家に生まれ、スミス短期大学を卒業したバンクロフトは1934年からスイスに住んでおり、ドイツ語とフランス語に堪能だった上、チューリッヒとベルンを知り尽くしていた。

1942年12月、チューリッヒにあるバウアー・アム・ラック・ホテルのバーで、バンクロフトはダレスに紹介された。ベルンのアメリカ大使館員をカバーとしていた

ダレスは、彼女をエージェントとして採用するにあたりこう言っている。「仕事で恋愛を隠すことができるし、恋愛で仕事を隠すこともできる」バンクロフトは頷き、愛人兼エージェントとしてダレスに仕えることになった。週に1度チューリッヒからベルン行きの列車に乗り、ウィリアム・ドノヴァンOSS長官への電話報告の準備を手伝う。ゴドフリー・ホジソンはこう記す。「スパイマスターとスパイの愛人は、その後ベッドに入るのだった」

アプヴェーアに所属するドイツ人情報士官であり、反ナチス地下組織の一員だったハンス・ギゼフィウスが記した手紙の翻訳を、ダレスはバンクロフトに任せた。だがダレスとの関係が冷めるにつれ、バンクロフトはギゼフィウスに対する恋心を募らせてゆく。一方、ベルンを訪れたダレスの妻クローヴァーは、何があったか全て知っているとバンクロフトに告げ、以降2人は親友となった。

回想録『Autobiography of a Spy』が1983年に出版されている。

【参照項目】アレン・W・ダレス、中央情報長官（DCI）、戦略諜報局、ウィリアム・ドノヴァン、ハンス・ギゼフィウス

ハンセン、ロバート・P （Hanssen, Robert P.　1944-）

20年以上にわたりKGB及びその後継機関SVR（ロシア連邦対外情報庁）のためにスパイ行為を続けたFBI捜査官。捜査にあたった人間からは「FBI史上最も害を及ぼしたスパイ」と評されている。

防諜スペシャリストだったハンセンは自らの専門知識を駆使することで、20年以上にわたって摘発を逃れた。ロシアのハンドラーはハンセンの氏名も、また彼が高度な訓練を受けた経験豊富なFBI捜査官であることも知らなかった。裏切り行為が発覚したのはFBI独自の捜査によってではなく、ロシア人アセットから情報ファイルを入手したことが発端である。そのファイルにはハンセンの名前こそ記されていなかったが、彼を指す十分な事実が記載されていた。ロシア側はダイヤモンドと現金で総額60万ドル以上を支払ったものの、収入に見合わないハンセンの豪華な暮らしぶりについて上司が疑問をぶつけることはなかったのである。

1990年、ハンセンの義弟であるマーク・ワウクFBI特別捜査官は、ハンセンの妻が夫のたんすの引き出しから札束を見つけたことを知り、他の疑惑と共に監督官へ報告した。しかしこの監督官を含め、深く追求しようとする人間はいなかった。

25年間に及ぶ在籍期間中、ハンセンはニューヨークとワシントンDCで防諜任務にあたった。またFBI本部と国務省でも勤務しているが、防諜及び軍事に関する高度な機密情報へアクセスできる立場にあった。信頼できる情報源によると、それら機密情報にはワシントンのロシア大使館地下に掘られた盗聴用トンネルの詳細が含まれるという。

2001年2月18日、そのしばらく前から監視対象になっていたハンセンは、ワシントン郊外フォックストーン・パークのデッドドロップ（隠し場所）に最新の機密情報を置こうとしたところを逮捕された。

その後同年7月6日にスパイ容疑の罪を認め、捜査への協力と引き替えに司法取引で終身刑を言い渡されている。

ハンセンがなした損害は計算不可能である。エージェント数十名の正体をロシア人ハンドラーに明かしたが、そのうち少なくとも3名が処刑されたという。デッドドロップに置いた高度な機密文書やコンピュータディスクの中には、アメリカの核戦術や兵器開発に関する情報が含まれていた。またインテリジェンス・コミュニティーが秘密裏に立案した対ソビエト防諜プログラムを明かしたことで、ロシア側はいくつかのスパイ事件について詳細な経緯を知ることができた。

裁判が行なわれなかったため、ハンセンによる裏切り行為の範囲が公になる可能性は極めて低い。しかし上院情報活動監視委員会の要求で捜査が行なわれ、結果の一部は2003年8月に公開された。

司法省監察総監室の下に設けられたチームがこの捜査にあたり、FBI、CIA、司法省、NSA、国務省から提出された368,000ページの資料を分析した。全674ページから成る報告書には「極めて慎重な取り扱いを要する機密情報」が含まれており、最高機密よりさらに上の機密区分がなされた。そのため政府幹部や議会関係者には、機密扱いの383ページの報告書が閲覧できるようにされた。これらはいずれも、非機密扱いの行政要約文書（31ページ）という形で一般にも公開されている。

この要約文書によれば、ハンセンはFBI入りして3年後の1979年11月からスパイ行為を始め、定年退職を2ヵ月後に控えた2001年2月の逮捕まで「断続的に続けた」とされている。その期間は1979年から81年、85年から91年、そして99年から2001年までだったという。

初期のスパイ行為では、これといった情報をKGBに与えることはなかった。要約文書には次のように記されている。

最初のスパイ行為は1981年春に終了した。自宅地下室でGRU（ソビエト連邦軍参謀本部情報総局）の通信文書を見直しているところを妻ボニーに見つかったのである。自らのスパイ行為について妻と話し合うことは極力避けたものの、妻に見られた数日後、オプス・デイ会の聖職者に告白を行なっている。ハンセンによれば、その聖職者は彼に赦免を与え、スパイ行為

八行

を自白する必要はないが、GRUから受け取った金はチャリティーに寄付すべきだと提案した。彼はGRUとの接触を断ち、マザー・テレサが運営する「貧困者の小さな修道女たち」に1,000ドルの寄付を複数回行なった。

しかし次のスパイ期間中、ハンセンは高度な機密情報をロシア人に渡した。ロシア側はその情報を基にFBIとCIAの活動を中断のやむなきに至らしめ、要約文書が「ソビエトに有していた情報アセットの、壊滅的かつ前例のない喪失」と呼ぶところの事態を引き起こした。

ソビエトで活動するアセットが一掃されたことにより、インテリジェンス・コミュニティー内で必死の内通者狩りが始められた。1992年1月、ハンセンはFBI本部に設けられた「安全保障上の脅威となり得る人物のリストアップ班」のトップに就任する。これは経済情報や核拡散といった事項を扱う部門だった。当時、ハンセンはFBIのコンピュータシステムにハッキングして高度な機密防諜情報にアクセスしていたが、このハッキング行為を大胆にも報告し、システムの脆弱性を証明するために行なったのだと主張した。その間、FBIは組織内部へのスパイ浸透に関する捜査を加速させており、1994年にはCIAのオルドリッチ・エイムズを摘発、逮捕している。

しかし出血はなおも止まらなかった。さらなる捜査の結果、FBIの防諜捜査官は監視下に置かれているCIAのインテリジェンス・オフィサーに注意を向け、司法省に対して起訴を要請した。最終的にこのインテリジェンス・オフィサーは無実であることがわかり起訴もされなかったが、捜査によって彼のキャリアに幕が下ろされた。

その間、ハンセンはこうした捜査活動を高みから見物していた。当時、彼はFBI本部から離れていた。職場の士気を下げるということで配置換えされたらしい。気分屋のハンセンは同僚ともうまく行かず、女性職員に暴力をふるったとして懲戒処分に付されたこともある。また熱心なカトリック教徒にして超保守派だった彼は、仲間の職員を説教会に連れて行ったりもしたという。一方私生活では、FBIの誰もが想像できない嗜好があった。寝室にビデオ装置を取り付けて妻との性行為を録画し、そのテープを友人に見せていたのである。さらに奇妙な純愛行為として、ハンセンはあるストリッパーと友人となり、現金や宝石、メルセデスベンツ、さらにはクレジットカードまで彼女に与えたが、ベッドを共にしたことはなかったという。

FBI本部の上司はハンセンを視界の外へ追うことに決め、国務省との連絡員にした。監督から自由になったハンセンは仕事らしい仕事をしなかった——ただしスパイ行為は例外だった。国務省で勤務していた6年間、FBIは彼の勤務評定を行なっておらず、要約文書によると、

「毎日数時間にわたってオフィスを離れ、私物のラップトップパソコンでネットサーフィンをしたり映画を見たりする一方、友人や知人と会っていた」とされる。また、数千もの内部機密文書が格納されているコンピュータシステム、自動捜査支援（ACS）ファイルへも引き続きアクセスできた。自分がFBIによる防諜捜査の対象となっていないかどうかを確かめるべく、自分の名前をACSシステムでチェックしていたのである。

ハンセンが見つけた情報ファイルの1つに、KGBへ情報を流しているのではないかと疑われていた国務省幹部、フェリックス・ブロックのものがあった。ハンセンからKGBになされた通報はブロックにも伝えられ、彼に対する捜査は行き詰まってしまった。

ハンセンはこの頃から破滅に向かって進み始めたと考えられている。当時、駐在武官としてボンのアメリカ大使館に配属されていた親友を勧誘してはどうかと、彼はハンドラーに提案した。そして2000年後半、FBIはいまだ明らかにされていない経緯でハンセンがスパイであると断定する。その結果ハンセンはFBI本部に戻され、完全な監視下に置かれた。2001年2月12日、FBIの捜査官はハンセンが用いていたデッドドロップの1つから5万ドルの入った包みを発見する。その6日後、資料とコンピュータディスクの入った包みを別のデッドドロップに置いた彼を、仲間の捜査官が逮捕した。

ハンセンはスパイ活動にあたって匿名を保っており、「ラモン」または「ラモン・ガルシア」という変名を使っていた。

【参照項目】KGB、SVR、FBI、防諜、ハンドラー、アセット、トンネル、デッドドロップ、監視、インテリジェンス・コミュニティー、CIA、NSA、最高機密、機密区分、機密、GRU、経済情報、浸透、オルドリッチ・エイムズ、インテリジェンス・オフィサー、フェリックス・ブロック

ハント、E・ハワード　(Hunt, E. Howard　1918-2007)

インテリジェンス・オフィサーにして作家だった人物。

第2次世界大戦中、ハントはアメリカ海軍の駆逐艦で勤務していたが、転落事故による傷が元で退役を余儀なくされた。その後しばらくライフ誌の戦争特派員を務め、次いで陸軍に入隊、戦略諜報局（OSS）入りを志願して中国で活動した。

戦時中、ハントは海軍での経験を基に処女作『East of Farewell』（1942）を上梓した。これは北大西洋における輸送船団の護衛任務を描いたフィクションである。戦後は執筆活動を再開すると共に、脚本の分野にも手を伸ばそうとした。しかしOSSでの生活が忘れられず、後身のCIAに入り、バルカン半島、極東、グアテマラ、メキシコ、そしてウルグアイで勤務した。

リチャード・ヘルムズが中央情報長官（DCI）の座にあった1964年、アメリカ版ジェームズ・ボンドを望む出版社は、ハントに対してシリーズ物のスパイ小説を執筆するよう依頼した。ヘルムズは前任のアレン・ダレスと同じく、ジェームズ・ボンド流のスパイ小説を、独自の広報活動をほとんどできないCIAの人気に寄与するものと考えていた。ハントが副業としてスパイ小説を執筆することにヘルムズは許可を与えたが、原稿を前もって提出するようにとの条件が付されている。かくして生まれたハントの小説では、ピーター・ワードという名の大胆不敵なエージェントが主人公となった。

ハントはデイヴィッド・セイント・ジョンというペンネームを用いていたが、議会図書館の著作権カード（どの公立図書館でも閲覧可能である）には本名も記されている。第1作が刊行された後、ハントは海外勤務を経てCIAを退職した。後の回想によると、自身の小説が「ある意味ではCIAの影響下」にあり、スパイ小説作家としての活動がCIAのためにならないと考えたのが理由であるという。CIAは後にいわゆる「契約エージェント」としてハントを雇用している。

ハントは現実世界の諜報活動を土台に、読者の好奇心を惹きつける小説を執筆した。『Berlin Ending』（1973）では、西ドイツ首相のヴィリー・ブラントがソビエトに操られるエージェントであることが示唆されている（「ドイツ」を参照のこと）。また『Hargrave Deception』（1980）はCIAの防諜責任者ジェイムズ・ジーザス・アングルトンとハロルド（キム）・フィルビーとの知恵比べが主題になっている。架空の内通者ハンターであるペイトン・ジェイムズは、アングルトン同様フライフィッシングを趣味にしていた。またロジャー・ハーグレーブというアメリカ人はフィルビーをモデルにしており、作中ではオックスフォード大学出身（フィルビーはケンブリッジ大学出身）ということになっている。ハーグレーブはソビエトへ亡命するが実は二重スパイであり、正体を知る者はジェイムズ以外にいない。このプロットは、アングルトンが実はフィルビーを操っていたという、CIAに存在する一部の熱烈なアングルトン支持者の突飛な信念が基礎になっている。

ピーター・ワードのキャラクターは彼自身のCIAにおける経験を基にしているのかと、『Literary Agents（邦題・スパイだったスパイ小説家たち）』（1987）の著者アンソニー・マスターズから問われたハントは、「どの本で実際の経験が役立っているかを明らかにするのは、CIAが望まないだろう」と答え、「私が現実のケースで扱った以上に、諜報活動に関する方法論を記したつもりだ」と述べたという。またジェームズ・ボンド・シリーズは好きではなかったとも語っている。

気取り屋、あるいは善意のアマチュアによって書かれたものに思われるからさ……ボンドは一種の使い走り、または鞄持ちとして戦時の海軍情報長官に仕えているのではないか、というのが私の得た印象だ……当然ながらボンドの行動は不合理そのもの……ふざけていて、純粋な娯楽としか言いようがない。それとは対照的に、私はワード・シリーズの執筆にあたって現実を重視しようと試みたんだ。

文筆家としてのキャリア以外では、1950年代にグアテマラでCIAの心理的・政治的作戦に携わっていたことが特記される。またメキシコに駐在していた63年には、リー・ハーヴェイ・オズワルドが現地でCIAの監視対象となっていたこともあって、ケネディ大統領暗殺事件を巡る陰謀説にハントの名が浮かび上がることもあった。

1971年、ハントは「鉛管工」の名で知られる特殊捜査班の一員としてニクソン政権に雇われた。ウォーターゲートビル、そして「ペンタゴン・ペーパーズ」を盗み出したダニエル・エルスバーグの元精神科医のオフィスに鉛管工が侵入した際、ハントはその中心にいた。だが後者の侵入行為（ブラック・バッグ・ジョブ）において、CIAはスパイ小説さながらの道具仕立て──かつら、カメラ、偽の身分証、そして変声装置──をもってハントを出し抜いている。

ハントは違法行為のために裁判にかけられて有罪となり、禁固8年と罰金1万ドルが言い渡された。その後33ヵ月の服役期間を経て釈放されている。

【参照項目】インテリジェンス・オフィサー、戦略諜報局、中央情報長官、リチャード・ヘルムズ、ジェームズ・ボンド、アレン・ダレス、エージェント、防諜、ジェイムズ・ジーザス・アングルトン、ハロルド（キム）・フィルビー、二重スパイ、鉛管工、ウォーターゲート事件、ペンタゴン・ペーパーズ、ブラック・バッグ・ジョブ

ハンドラー （Handler）

エージェントの活動に直接責任を負うインテリジェンス・オフィサーあるいはケース・オフィサーのこと。情報機関から特に選ばれた人間も含む。

【参照項目】エージェント、インテリジェンス・オフィサー、ケース・オフィサー

パンフィロフ, アレクセイ・パヴロヴィチ

（Panfilov, Aleksei Pavlovich 1898-1966）

ソビエト軍の情報機関GRUの局長を1941年10月から42年7月まで務めた人物。大佐の階級にあった1938年、第2機械化旅団を率いてソ満国境のカザン湖で日本軍を撃破した（張鼓峰事件）。

八行

バンフォード、ジェイムズ （Bamford, James 1946- ）

　作家、犯罪レポーターであり、NSA に関する初の詳細かつ権威あるノンフィクション『The Puzzle Palace——A Report on America's Most Secret Agency（邦題・パズル・パレス：超スパイ機関 NSA の全貌）』（1982）の著者（訳注：日本ではバムフォードの表記も）。

　バンフォードは NSA から完全に独立した数少ない専門家の 1 人である一方、ABC ニュースの調査担当プロデューサーを務め、冷戦下の諜報活動からボスニアの戦争犯罪まで幅広い番組を手がけている。

　『The Puzzle Palace』はバンフォードが称するところの「情報公開の大きな流れ」を基に、インタビューや公開請求した文書のみならず、議会の公聴会を通じて得た情報から構成されている。極めて閉鎖的な NSA はこの本の刊行を喜ばなかったが、国防情報大学、国防大学、そしてイェール大学など様々な大学で情報及び外交政策の教科書として用いられている（1995 年に始められたヴェノナ資料の公開は、NSA に新たな光を投げかけた数々の書籍の刊行に刺激されたものである。そうした書籍は、NSA 自身が公開したか、または請求によって公開された 32,000 ページ以上の資料が基礎になっている）1995 年の時点で米議会図書館に収蔵されていた NSA 関連の書籍は 12 冊に過ぎず、うち 4 冊は『The Puzzle Palace』の各版だった。一方、CIA に関する書籍は 522 冊が収められている。

　弁護士でもあるバンフォードは自分に対する NSA の敵対的反応に興味を抱き、自身に関する NSA のあらゆるファイルを公開するよう、情報公開法に基づく訴訟を起こした。だがそうしたファイルは存在しないと告げられた。

　バンフォードはエスクワイアというコードネームが付された文書の存在を知っており、それを公開するよう別の訴訟を起こした。NSA はそれを受けて「消毒済み」の文書数百点を公開し、バンフォードとその著書が NSA 職員のみならず検事総長やホワイトハウスからも議論の対象にされていたこと、そして失敗に終わったものの出版に先立ってゲラ刷りを入手しようと試みていたことが明らかになった。

　NSA に関する続編『Body of Secrets』（2002）では、冷戦期から「新世紀の黎明期」に至るまでの NSA の活動が論じられている。バンフォードはアメリカの情報収集艦リバティに対するイスラエル軍の攻撃を詳細に記す中で、この攻撃が事前に計画されたものだと主張した。その根拠の 1 つに、現場空域を飛行していた電子偵察機の傍受監督官、マーヴィン・E・ノーウィッキ海軍上級兵曹長の証言がある（「C-121 コンステレーション」を参照のこと）。

　しかし、ノーウィッキがウォールストリート・ジャーナルに送った手紙によると、バンフォードは自分の見解を曲げて伝えたのであって、攻撃の経過は明確に記録されているという。その上で「私の立場はバンフォード氏のそれとは正反対で、あの攻撃は確かに悲惨なものに違いなく、特に乗員とその家族にとっては悲劇以外の何物でもないが、全ては手違いから発生した、というものである」とノーウィッキは手紙に記した。

【参照項目】 NSA、情報公開法、CIA、リバティ

ハンフリー、ロナルド・L （Humphrey, Ronald L.）

　ベトナムの共産主義勢力の下で活動していた南ベトナム人に対し、機密資料を渡したアメリカ情報庁（USIA）の職員。

　ハンフリーは USIA の上部機関である国務省で長年にわたり外交業務に携わっていた。1977 年、FBI があるベトナム人青年を監視下に置いたところ、ハンフリーの名前が浮上する。監視対象となっていたのはデイヴィッド・トゥロンという男で、1967 年の南ベトナム大統領選挙で現職のグエン・バン・チューに対抗して和平派として立候補し、その後投獄されたトゥロン・ジン・ジューの息子だった。

　トゥロンはアメリカへ移住後スタンフォード大学に入学、1975 年にワシントン DC でベトナム・アメリカ和解センターを設立していた。そして反戦活動家となり、多くの議員にベトナム関連情報を提供するだけでなく、1973 年 9 月から 76 年 1 月まで中央情報長官を務めたウィリアム・E・コルビーなど影響力のある政府高官と親交を結んだ。

　FBI はトゥロンの通話を盗聴し、そこからハンフリーとのつながりが明らかになった。デイヴィッド・トゥロンはパリに駐在するベトナム共産党政府の代表団に文書を流していたが、海軍士官の妻で文書の運搬役を務めていたベトナム系アメリカ人、ユン・クロールが、実は CIA の指揮下で活動する二重スパイだった。その文書には中国、エチオピア、ラオス、シンガポール、タイ、そしてベトナムの政治、軍事、及び情報活動に関する報告書が含まれていた。

　ハンフリーこそが文書の出所であると確信した FBI はグリフィン・B・ベル司法長官に対し、ハンフリーが監視員として勤務している USIA の通信室にテレビカメラを内密に設置する許可を求めた。その結果、トゥロンとハンフリーは 1978 年 1 月 31 日に逮捕されている。

　ハンフリーは FBI の取り調べに対し、ベトナム駐在時に同居していたベトナム人の内縁の妻が釈放されることを望み、トゥロンに資料を提供していたと述べた。一方のトゥロンは、アメリカとベトナム社会主義共和国との関係改善を目指して活動していたと供述している。

　2 人に対するスパイ容疑の証拠は令状なしの監視行為によって得られたものだったが、司法省は起訴に持ち込

む決断を下した。2人はスパイ行為で有罪とされ、禁固15年が言い渡された。弁護士は控訴審において、被告に不利な証拠をもたらした令状なしの盗聴と家宅捜索を批判した。しかし判決が覆ることはなく、両名とも1982年に収監されている。だが控訴を通じ、電子的手段を用いた諜報活動における法的根拠の薄弱さが明らかになり、新たな司法手続きの必要性が浮き彫りになった。その結果、外国情報活動監視法と外国情報活動監視法廷が設けられている。

【参照項目】FBI、監視、中央情報長官、ウィリアム・E・コルビー、密使、二重スパイ、外国情報活動監視法、外国情報活動監視法廷

ハンブルトン、ヒュー・ジョージ

（Hambleton, Hugh George　1922-）

　ソビエトのためにスパイ行為をした北大西洋条約機構（NATO）所属のカナダ人経済学者。

　オタワに生まれたハンブルトンは、父親がジャーナリストとして活動していたヨーロッパで少年期の数年間を過ごし、1937年の帰国後はカリフォルニアの学校に進んだ。卒業後の40年には、カナダで組織された自由フランス軍部隊に加わってアルジェリアに送られ、45年のフランス解放後はパリに移ってフランス軍の情報活動に従事すると共に、後にはアメリカ陸軍との連絡将校に任じられた。その後はカナダ陸軍の情報活動部隊に配属されている。

　ハンブルトンは終戦後に戻ったオタワでソビエトの外交官と会い、ありふれた非機密資料を入手するよう依頼されたが、これを無視した。その後パリ大学で経済を学ぶべくフランスに赴いた際、2人は再会している。次に勧誘が行なわれたのは、ハンブルトンがNATOの経済分析官となり、高度な機密資料を扱うようになった1956年のことである。ソビエトのハンドラーはハンブルトンと会合する時、決まって近くに1台のトラックを駐めた。中ではKGBの技術者がハンブルトンの持ってきた資料を撮影し、すぐさま職場へ戻せるようにした。

　ジョン・バロン著『KGB Today（邦題・今日のKGB：内側からの証言）』（1983）によると、ソビエトはこれらの資料から「正確さはともかく、西側が何を真実と考えているかを読み取り、時には何を意図しているのかも解読できた」という。KGBのハンドラーはこの資料を「純金」と評した。一方ハンブルトンが金を受け取ったことはなく、世界平和を推進することが動機だったと本人は述べている。

　その後も嫌々ながらスパイ活動を続けていたが、精神的重圧のせいで体調を崩し1961年にNATOを退職、ロンドン・スクール・オブ・エコノミクスで教鞭を執り始めるも、ほとんどの時間をスペインで過ごしている。後

にケベックのラヴァル大学に在籍中、学者としてイスラエル、ペルー、オーストリア、そしてソビエトを訪れたが、旅で見聞きしたことは全てKGBに報告していた。その中には、イスラエルが核兵器を製造したという所見も含まれている。またKGBが手配したモスクワ訪問では1つの異例な栄誉を受けた──KGB議長のユーリ・アンドロポフからディナーに招待されたというのがそれである。アンドロポフはハンドラーの言葉をそのまま繰り返し、業務の一環として核戦争の研究を行なっているアメリカのシンクタンク、ハドソン研究所で職を求めるようハンブルトンに頼み込んだ。

　1978年11月、ウィーンでハンブルトンと会合したKGBハンドラーは、彼が西側公安機関の捜査対象になっており、全ての接触を断つべきだと警告した。ハンブルトンは1年間にわたってヨーロッパで休暇を取り、1979年9月にラヴァル大学へ復帰する。その直後、王立カナダ騎馬警察の捜査官が逮捕状を持って現われた。しかしスパイ道具こそ発見されたものの、カナダ国内でスパイ行為をしたことがないために、カナダ当局は起訴を見送った。

　1982年6月、ハンブルトンは休暇で訪れたロンドンにおいて、ソビエトに機密情報を渡した公的秘密保護法違反で逮捕される。だがそれに対し、フランス情報機関の二重スパイを務めていたと主張する。この申し立てが却下されると、「数千」ものNATO文書をソビエトに渡したことは認めたが、その3分の2は非機密資料だと言い張った。ところが機密資料の中には、NATOの最高機密区分コスミックに分類されるものも多数あったという。結局、中央刑事裁判所の審理中に反対尋問で罪を認め、禁固10年が言い渡された（訳注：1989年3月に釈放）。

　NATOを退職後かなりの年月が経った段階でスパイ行為が発覚した経緯については、資料によって説明が異なっている。イギリス側の資料は1961年12月に亡命したKGBの離反者、アナトリー・ゴリツィンを指している。ゴリツィンはモスクワのKGB本部でNATO関連の報告書を要約する業務に就いており、エージェントの氏名までは知らなかったものの、それを突き止める情報は提供できた。またFBIは非公式ながら、ハンブルトンの正体発覚をもう1人の離反者、ルドルフ・A・ヘルマンのためだとしている。ヘルマンは1977年から79年にかけてFBIに寝返りを迫られたKGB職員だった。

【参照項目】北大西洋条約機構、KGB、ジョン・バロン、ユーリ・アンドロポフ、ウィーン、王立カナダ騎馬警察、公的秘密保護法、二重スパイ、最高機密、機密区分、コスミック、アナトリー・ゴリツィン、離反者、ルドルフ・A・ヘルマン、寝返り

ハンボーン （Hambone）

「コッパーヘッド」を参照のこと。

ピアニスト （Pianist）

秘密無線機の操作員を指す情報界の俗語。

ピアノ （Piano）

秘密無線機を指す情報界の俗語。

ビウロ・シフルフ （Biuro Szfrow）

ポーランド暗号局。ポーランド軍参謀本部第2部（諜報担当）に無線通信関係の情報活動と暗号業務を組み込む形で1931年に設立された。

ポーランド国家が誕生した翌年の1919年、この国はいまだ内戦に苦しむロシアと戦争状態に入った。戦争中、ポーランドの暗号担当官は通信解読に幾度か成功している。後にドイツがポーランドの敵として出現すると、暗号担当官たちも注意を西に向けた。かくして1931年にビウロ・シフルフが設立され、グウィドー・ランガー少佐の下に次の4つの部が置かれた。

BS.1（第1部）　ポーランド暗号
BS.2（第2部）　無線情報
BS.3（第3部）　ロシア暗号
BS.4（第4部）　ドイツ暗号

第3部と第4部はそれぞれの国に対する防諜任務と無線傍受も担当した。

ビウロ・シフルフは、1926年からドイツ国防軍で使用されているエニグマ暗号に活動の重点を置いた。まずは商業用のエニグマ暗号機を購入し、フランス暗号局に連絡する。31年12月7日、ギュスタヴ・ベルトラン大尉がワルシャワを訪れ、ポーランドの暗号監督官と会合を持つ。その際ベルトランは、アシェというコードネームを持ち、エニグマ情報にアクセスできたフランスのエージェント、ハンス＝ティロ・シュミットがもたらした書類を持参していた。結果としてビウロ・シフルフはエニグマの暗号鍵を突き止め、ドイツの軍事通信を解読できた（ベルトランは1932年にもアシェがもたらした資料をポーランドに渡している）。

ドイツによる無線通信の全文を初めて解読できたのは1932年12月の最終週である。ドイツの秘密通信の解読はその後も地道に続けられ、頂点を迎えた38年にはエニグマで暗号化されたドイツ陸空軍の無線通信をほぼ毎日解読できるようになっていた。一方、海軍暗号の解読は困難を極めた。他の機関が4ローター式の暗号機を用いていたのに対し、海軍は5ローター式の暗号機を使っていたからである。

しかしドイツがエニグマ暗号機の使用手順を変えた1938年9月を境に状況は一変する。暗号鍵は以前から定期的に変更されていたものの、ローターの位置は全てのメッセージで同じだった。それが今やメッセージごとに変更されるようになったのである。

ポーランドの暗号解読者は窮地に陥った。その時、マリアン・レイェフスキーがこの新たな挑戦に立ち向かう。レイェフスキーは、本質的には6基のエニグマを接続した機械を設計し、ポーランドで人気のアイスクリームにちなみボンバという名前を与えた。彼の理論によると、一種の電気機械計算機であるこの機械は、考え得る全てのローターの位置を2時間以内にテストできるという。ボンバが正しい答えを発見すると、モーターが止まってランプが点灯する仕組みだった。かくして複数のボンバを用い、可能性のあるローターの位置をそれぞれテストすることになった。ボンバ1台のコストが10万ズウォティと、この計画は高価についたが、1938年11月にはボンバの準備が整い、ビウロ・シフルフは再びドイツの無線通信を読めるようになった。

当時のポーランドが開発したもう1つの解読技術に穿孔紙がある。ヘンリク・ズィガルスキーの発想によるこの紙は、ローターの位置を手作業で突き止める手段として用いられた。それぞれの紙には、あらかじめ定められたパターンに従っておよそ1,000個の穴が空けられている。作業には26枚が必要とされ、1枚の紙がローターの各位置に対応する（アルファベットが26文字であることによる）。紙が次々と重ねられるうちにどこかの時点で穴が揃い、ローターの位置が判明するというわけである。

だがドイツはまたも手順を変え、1938年12月中旬を迎える頃にはポーランドの暗号解読者を再び窮地に陥れた。中佐に昇進していたランガーはフランス人と共に、今度はイギリス人とも会合を持つ。39年1月9日から10日にかけ、3ヵ国の暗号担当官は厳重な秘密のもとにパリに集ったが、今や解読不可能となったドイツの暗号に対する解決策は見出せなかった。

ポーランドのエージェントたちは、ドイツが4または5ローター式のエニグマ暗号機を用いていると判断した。既存のボンバと穿孔紙を用いていくらか進展は見られたものの、暗号文を即座に解読するには60台のボンバと60セットの穿孔紙が必要とされた。

これはポーランドにとっては重すぎる負担であり、参謀本部はコストも含めイギリスとフランスにも分担してもらおうと決断する。そこで1939年7月24日から27日にかけて、ワルシャワの数マイル南にあり、2年前に完成したビウロ・シフルフ本部が位置するピリーという町で2度目の会合が持たれた。フランス代表は再びベルトランが務め、イギリスからはパリの会合にも参加したアラステア・デニストンと、ディルリン・ノックスの

2名が会合に加わった。両者とも政府暗号学校に所属する人物である。

　ポーランドはエニグマの秘密を残らず彼らに説明した上でエニグマ暗号機、ボンバ、穿孔紙を、3者共通の敵ナチスドイツのさらなる拡大を防ぐため、両国に提供すると申し出た。その翌月――ヨーロッパの平和が保たれた最後の1ヵ月――ポーランドはエニグマ暗号機の現物をイギリス及びフランスに引き渡す。そして1939年9月1日、ドイツの航空機と戦車がポーランドを襲い、16日後にはソビエト軍が東方からポーランドに侵入した。

　ドイツの侵攻後、ビウロ・シフルフはピリーを離れ、ブク川沿いのブレストに移るよう命じられる。ポーランド軍最高司令部もそこに移転していた。しかし赤軍の前進によってこの計画も無意味になってしまい、暗号解読者は機械類を破壊するよう命令される。その間、フランス大使館はすぐさまパスポートと列車の乗車券、そして現金を彼らに与え、パリに脱出できるよう手配した。15名から成るポーランド人の一団はランガーに率いられてドイツ軍の手から逃れ、パリ北東のグレ＝ザルマンヴィリエールにあるブルーノというコードネームの施設で、フランス人暗号解読者と共に働き始めた。なお、ポーランド人のチームにはエキパZというコードネームが与えられている（他のポーランド人暗号解読者はドイツ軍に捕らえられたが、自らの職業やエニグマ解読の秘密を漏らすことはなかった）。

　1940年5月にドイツ軍がフランス北部に侵入した際、ベルトランはポーランド人を含む大部分の暗号官を最初はオラン、次いでアルジェに送り出し、北アフリカで数ヵ月間を過ごさせた。後に彼らは、ヴィシー・フランスの支配下に置かれたニーム近郊のある場所に船で運ばれ、42年11月までカディクスという拠点で勤務した。また、生き残ったビウロ・シフルフの数名はスペイン及びポルトガル経由でイギリスに渡っている（保安上の理由からブレッチレーパークへの立ち入りは許されなかった）。

　イギリスに辿り着いたポーランド人はロンドン近郊のボックスムーアに送られ、ポーランド軍参謀本部信号大隊の暗号解読課を結成した。彼らはポーランドが必要とする業務に携わるだけでなく、ブレッチレーパークから与えられた任務もこなした。

　戦後赤軍がポーランドを占領した際、ソビエトは傀儡政権を樹立すると共に、ソビエトで訓練された軍隊、参謀、そして情報機関を持ち込んだ。ここにビウロ・シフルフは終焉を迎えたのである。

【参照項目】暗号、エニグマ、ギュスタヴ・ベルトラン、ハンス＝ティロ・シュミット、ローター、ボンバ、穿孔紙、アラステア・デニストン、政府暗号学校、ブレッチレーパーク

非公式カバー　(Non-Official Cover〔NOC〕)

　外交官という一般的なカバーを用いずに海外で活動するケース・オフィサーを指すCIAの用語。通常、ケース・オフィサーはアメリカ大使館を拠点に活動し、外交官というカバーによって守られている。インテリジェンス・オフィサーであることが発覚した際は通常ペルソナ・ノン・グラータ（好ましからざる人物。「PNG'd」とも）に指定され、国外退去を命じられる。しかしNOCにはこういった特権がなく、活動もより危険なものになる。

　1991年から93年まで中央情報長官を務めたロバート・M・ゲイツは、CIAの人員上・予算上の負担が増大すると予想されたにもかかわらず、NOCの数を増やした。NOCには大使館による保護及び安全な連絡手段が与えられず、通常は合法的、あるいは一見合法的なビジネスをカバーとして活動している。

　大抵の場合、NOCはアメリカ合衆国カントリーチーム、すなわち当該国の大使の指揮下にあるアメリカ人（CIA職員も含む）から外れて活動する。従って大使も関知しない秘密活動に携わっている場合もある。

【参照項目】カバー、ケース・オフィサー、CIA、インテリジェンス・オフィサー、ロバート・M・ゲイツ、中央情報長官、アメリカ合衆国カントリーチーム

ビゴット・リスト　(Bigot List)

　高度に細分化された計画あるいは活動へのアクセス権限を有する人間のリスト。一例を挙げると、1944年6月に実施された連合軍のノルマンディー上陸作戦（オーバーロード作戦）に関し、その日付と場所を知る米英将校の氏名を記したビゴット・リストが存在していた。「ビゴット」将校はビゴットオフィスに入ってビゴット文書を読むことができたが、これは階級にかかわらず許可を受けていない将校には認められなかった特権だった。ビゴットという奇妙なコードワードを選んだのはイギリスのインテリジェンス・オフィサーであり、1942年11月に実施された北アフリカ侵攻作戦の際、ジブラルタルに向かう将校の書類にスタンプで押された「ジブ行き（To Gib）」という文字を逆さまにしたものだという。

　もう1つのビゴット・リストとして、（臨時で開かれた）情報機関秘密会議メンバーの氏名が記されたリストがある。この会議はベトナム反戦運動に関わる「アメリカ革命運動のリーダー及び組織者」を監視する方法を編み出そうと1969年に開催されたものであり、ここから生まれたのがヒューストン計画だった。

【参照項目】アクセス、細分化、ヒューストン計画、欺瞞、フォーティテュード

ビジネス・セキュリティ協会
（Association for Business Security〔ABS〕）

ソビエトの元インテリジェンス・オフィサーが組織したセキュリティ組織。1993年初頭にABSの設立が公表され、KGBの海外情報部門で防諜責任者を務めたヴィクトル・ブダノフ退役少将が会長に就任したとされている。また元NSA次官のジェラルド・P・バークは、自ら経営するコンサルタント会社がABSと「業務提携」を結んだと発表した。

ABSの業務には、以前のソビエト連邦を訪れる企業幹部の安全確保、ロシア及び元ソビエト連邦諸国に居住するビジネスパートナー候補の調査、産業スパイに対する安全対策の提供がある。

【参照項目】インテリジェンス・オフィサー、KGB、防諜、NSA、産業スパイ

ヒス、アルジャー （Hiss, Alger 1904-1996）

ソビエト連邦のためにスパイ行為をしたとされるアメリカ国務省職員。偽証罪で収監されたがスパイ行為で有罪となることはなかった。しかし1996年にNSAが公開した1940年代のソビエト情報通信の解読結果によって、ヒスの諜報活動が明らかになっている（「ヴェノナ」を参照のこと）。

ボルチモア生まれのヒスはジョンズ・ホプキンス大学とハーバード大学ロースクールで学んだ。ハーバード卒業後はオリヴァー・ウェンデル・ホームズ最高裁判所判事の法律事務官として働き、ボストンとニューヨークで弁護士を務めてからルーズベルト大統領のニューディール事務局の一員としてワシントンDCに移っている。そして農業調整局と司法省での勤務を経て1936年に国務省入りした。

国際連合の創生期においてヒスは国務省側の主要人物であり、国連が創設された1945年のサンフランシスコ会議では事務総長を務めた。その職務のために、後にソビエトのスパイであることが発覚するイギリス外務省の外交官、ドナルド・マクリーンと接触を持つようになる。またルーズベルト、ウィンストン・チャーチル英首相、そしてソビエト独裁者ヨシフ・スターリンの間で行なわれたヤルタ会談にも、ルーズベルト大統領の補佐官として参加している。

イギリスの外交官ロバート・セシルは、同じく外交官だったマクリーンの「素顔」を記した著書『A Divided Life』（1988）の中で、このイギリス人スパイがヒスと「良好な関係を保っていた」としている。セシルによれば、ヒスが偽証で有罪とされた後、「沈黙が最も利益になる場合であっても、マクリーンは熱心に彼を擁護した」という。マクリーンがソビエトに亡命してからおよそ20年後、セシルはある会合でヒスと会い、マクリー

ンのことをどの程度知っているのか尋ねた。「理解できますよ、なぜそれをお尋ねになるのか」ヒスはそう返事をしたきり後は無言だった。

1939年、アメリカ共産党（「CPUSA」を参照のこと）の元党員ホイッテイカー・チェンバースは国務次官補のアドルフ・ベールに対し、当時ベールの下で働いていたヒスが共産主義者であると告げた。ベールはそれを一笑に付したものの、同じような情報はフランスからももたらされていた。またソビエトからの離反者イーゴリ・グゼンコは、ある国務次官補もソビエトのスパイであり、FBIはヒスを容疑者として狙っていたものの、立証できなかったとしている。

1946年末、ヒスは国務省を静かに去り、有名なカーネギー国際平和財団の理事長に就任する。翌年、タイム誌の上級編集者となっていたチェンバースは下院非米活動委員会に対し、ヒスは1930年代自分と同じ共産主義者であり、彼から受け取った国務省の文書をソビエトのハンドラーに渡していたと証言した。

（それより前、ソビエトのエージェントであることを認めていたエリザベス・ベントレーも、政府高官から入手した文書をソビエトのハンドラーに渡していたと委員会で証言している）

アルジャー・ヒスはソビエト連邦のためにスパイ行為をしたとして1950年に有罪判決を下された後、一貫して無実を訴え続けた。しかしヴェノナ計画によってソビエトの情報通信が解読された結果、ヒスはアレスというコードネームを与えられた上で、政府の重要情報をソビエトに渡していたことが示唆された。

ヒスは容疑を否認し、チェンバーズを名誉毀損で訴える。一方チェンバーズは自らの主張を補強するため、国務省文書に関する手書きのメモと、タイプ打ちされた要約書を提出した。用いられたウッドストック社製のタイプライターは専門家によって鑑定され、チェンバーズが受け取った文書のコピーと、ヒスが家族に宛てて送った手紙の両方に使われたものだと判定された。しかしヒスが雇った専門家は、同様の結果を生むためタイプライターが細工されたと主張している。

チェンバーズは35ミリフィルム数本と未現像のフィルム3本を提出していなかった。この追加資料の存在は非米活動委員会の耳に届き、メンバーの1人であるリチャード・M・ニクソン下院議員がチェンバーズに提出を命じる。それを受けてチェンバーズは、議会の調査官をメリーランドのとあるカボチャ畑に連れ出した。中身がくり抜かれたカボチャに隠されていたのが、後に「カボチャ文書」として有名になる書類だった。

虫眼鏡を手にフィルムの現像写真——1930年代の国務省文書——を見つめる姿が新聞に掲載されたことで、ニクソンは瞬く間に時の人となった。証拠のうち現像写真のみが偽証裁判に提出されている（1975年、ヒスは情報公開法を基に未現像のフィルムを手に入れた。1つは未撮影で、あとの2つには1930年代に作成された陸軍及び海軍のマニュアルらしき画像がおぼろげに写っていた）。

時効を過ぎていたため連邦大陪審はヒスをスパイ容疑で立件できず、2つの偽証で罪を問うた。最初の裁判は評決不能に終わったものの、1950年に開かれた2度目の裁判では有罪評決が下り、禁固5年を言い渡された。44ヵ月服役した後の1954年11月に釈放されているが、その後もスパイ容疑の無実を訴え続けた。1992年、1950年代のソビエト情報ファイルを閲覧したあるロシア人歴史家は、ヒスに対するスパイ容疑が「完全に根拠のないもの」だったと述べた。しかし、ヒスを有罪とする証拠は十分強いものだったと信じる人間を納得させるには至らなかった。

1996年にはヴェノナ文書が公開される。そのうちの1つ、1945年3月30日付の文書は「アレス」というコードネームのアメリカ人について触れており、国務省に所属するソビエトのエージェントがルーズベルト大統領に同行して1945年のヤルタ会談に出席、次いでモスクワへ飛行機で向かったことが記載されていた。そこでアレスは外交委員のアンドレイ・ヴィシンスキーと会い、ソビエトへの貢献について賞賛を受けたという。アレスの正体はヒス以外に考えられないと、NSAの分析官は述べている。

【参照項目】国際連合、ドナルド・マクリーン、ホイッテイカー・チェンバーズ、離反者、イーゴリ・グゼンコ、FBI、ハンドラー、エリザベス・ベントレー

ビーズリー、パトリック （Beesley, Patrick 1913-1986）

1939年から45年までイギリス海軍作戦情報本部の上級情報分析官を務め、ウルトラ情報が海戦で活用されるよう尽力した人物。ケンブリッジ大学トリニティ・カレッジを卒業したビーズリーは、1939年から59年までイギリス海軍志願予備員だった。

著書『Very Special Intelligence: The Story of the Admiralty Operational Intelligence Centre 1939-1945』（1977）の中でビーズリーは、暗号解読活動（ウルトラ）によってもたらされた情報の驚くほどの幅広さに言及している。作戦情報本部傍受室は、ブレッチレーパークで働く暗号解読者たちの努力によって、ドイツのUボート司令部と大西洋に展開するUボートとの通信を一語一句そのまま読めたほどだった。

ビーズリーは作戦情報本部と、ワシントンDCにあるアメリカ側機関との関係構築にも貢献した。2つの機関の協働関係は「あらゆる分野のあらゆる領域における、他のどの機関にも増して親密なものだった」としている。

【参照項目】作戦情報本部、ウルトラ、ブレッチレーパーク

ピーターセン、ジョセフ・S、ジュニア

（Petersen, Joseph S., Jr. 1914-?）

オランダ人に機密文書を渡したNSAの暗号解読者。

ロヨラ大学を卒業後、セントルイス大学で物理学、数学、化学に関する修士号を取得したピーターセンは、第2次世界大戦の大半においてウィリアム・F・フリードマンの下で暗号解読に努め、日本の外交暗号に取り組んだ。その際、同じく暗号専門家であるオランダの連絡将校、J・A・ヴェルクイル大佐と親交を結んでいる。

戦後は陸軍保安局（1952年にNSAとなる）入りし、オランダ政府の暗号官に役立つだろうと考え、暗号学に関するいくつかの着想をヴェルクイルに送った。またアメリカの暗号解読者がいかにしてオランダの暗号及びコードを解読したかに関する情報も送っている。NSAの保安部門はピーターセンとオランダ人とのやりとりに気づき、1954年10月1日に解雇した。その8日後、ピーターセンは逮捕される——通信情報の保護を目的として施行された、新たな連邦法を犯した最初のケースだった。

ピーターセンが連邦法違反の罪を認めた結果、極秘の暗号情報が裁判において公表されることはなかった。禁固7年を言い渡されたが、1958年に仮釈放されている。

【参照項目】NSA、ウィリアム・F・フリードマン、暗号解読、陸軍保安局、通信情報

ピーターソン、マーサ・D （Peterson, Martha D. 1945-）

外交官をカバーとしてモスクワに駐在中の1977年、

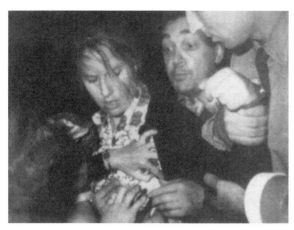

1977年、CIAのケースオフィサー、マーサ・ピーターソンがKGB職員によってモスクワで拘束された瞬間。アメリカ当局関係者によると、ピーターソンはKGBから「ひどい扱い」を受けたという。逮捕当時、彼女は「デッドドロップ」で作業中だった。翌日、ピーターソンはスパイ活動というチェスゲームの次なる一手として、ソビエト連邦から追放された。（出典：KGB博物館）

KGBに逮捕されたCIAのケース・オフィサー。

　モスクワのアメリカ大使館に副領事として登録されていたピーターソンは、アレクサンドル・D・オゴロドニクが使っていたデッドドロップにいるところを逮捕された（オゴロドニクのスパイ行為はすでに突き止められており、KGBの監視下で罠として利用されたのは間違いない）。ピーターソンの逮捕を受け、アメリカは外交的慣習に則って彼女の罪を認めなかったが、逮捕翌日の国外追放は黙認している。

　ピーターソンに対するKGB尋問官の乱暴な扱いについて、CIAは内々に怒りを爆発させた。「彼女はインテリジェンス・オフィサーに対する通常の敬意を払われなかった」元CIA職員はそう語る。「奴らは彼女を乱暴に扱った——傷を負わせることなく乱暴したんだ」CIAの調査官は後に、夫と共に大使館で勤務していたピーターソンが、彼女がインテリジェンス・オフィサーであることを知らないKGBの監視員に嫌がらせをしたのではないかと推測した。ピーターソンがインテリジェンス・オフィサーであることを突き止めた監視員たちは、その怒りをぶつけたというのである。前出の元CIA職員は次のように述べている。「彼女は普通のインテリジェンス・オフィサーと違い、カバーに『寄り添うように』勤務していた。つまり領事館員として実際にビザを発給していた。KGBは長期間にわたって彼女の正体を突き止められず、狂わんばかりに怒りを爆発させたのさ」

　ソビエトのイズベスチャ紙はピーターソンに関する長々とした記事の中で、ルジニキ・スタジアムの近く、モスクワ川に架かる橋の割れ目が彼女のデッドドロップだったと報じた。KGBの監視員——タワー建設現場のクレーンに陣取る者もいた——は、ピーターソンが大使館を後にしてその橋に辿り着くまで彼女を見張り、デッドドロップに純金、ロシア紙幣、カメラを置いているのを突き止めている。またデッドドロップから回収したとおぼしき品物を大使館のテーブルに広げ、職員と話し合っている姿も撮影された。さらにイズベスチャ紙は、CIAのスパイ活動を妨害しているソビエト市民を殺害するため、毒薬のアンプルもデッドドロップに隠してあったと主張した。事実を言えば、オゴロドニクはすでにCIAのLピルを所持しており、万年筆の中に隠していた。彼は尋問中にペンの端を噛みちぎり、ピルを飲んで自殺している。そのペンはオゴロドニクの求めによって渡されたものだった。

（訳注：2012年に回想録を刊行、モスクワでの事件にも触れている）

【参照項目】カバー、KGB、CIA、ケース・オフィサー、アレクサンドル・D・オゴロドニク、デッドドロップ、監視、インテリジェンス・オフィサー、Lピル

ビーチ、トーマス・M （Beach, Thomas M. 1841-1894）

　アイルランド系アメリカ人に対するスパイ行為をしたイギリスの密偵。フェニアン党員を自称するこれらアメリカ人は、祖国アイルランドでの反乱を企むだけでなくカナダに対する攻撃も計画していた。

　イギリスに生まれたビーチは後にアメリカへ移住し、南北戦争では北軍について戦った。戦後、彼はフェニアン党という一派について耳にする。この組織の名前は3世紀の伝説的アイルランド人指導者、フィン・マックールを守った戦士たちからとられたものである。フェニアン運動は1850年代にアイルランドとアメリカで始まったが、アイルランドではアイルランド共和協会という名前のほうが知られていた。いずれにせよ、メンバーは宣誓を行ない、アイルランドにおける共和制樹立とイギリスからの独立に自らの生命を捧げると誓うのである。

　ビーチはイングランドの父親に手紙を書いてアメリカ・フェニアン党について知らせ、それを受けた親族はイギリス当局にその情報を渡した。イギリスはすでにアイルランド革命運動に浸透していたが、アメリカのフェニアン党にはアセットを持っていなかったので、ビーチに二重スパイになるよう要請した。

　1866年、ビーチはフェニアン党によるカナダ侵攻計画を知り、フェニアン党員が国境を越える前にイギリスへ通報した。その結果、侵攻軍は程なく撃退された。その後フェニアン党に加わったビーチは、幹部に同行してワシントンへ赴き、アンドリュー・ジョンソン大統領にアイルランド独立への支援を請願するほどの信頼を受けた。またフェニアン党の密偵としてカナダを旅行、1870年に予定されていた再度の侵攻計画に向けて偵察活動も行なっている。その際ビーチの接触を受けたカナダ官憲は、これも容易に侵攻を止めることができた。

　1877年にフェニアン運動が下火になった後も、ビー

チはイギリスに戻って反アイルランド活動を続けた。また アイルランドの政治指導者チャールズ・スチュワート・パーネルを失脚に追い込むべく、要人暗殺を促すパーネルの手紙を偽装し、それを公表するという謀略の手助けを行なっている。だがこの計画はビーチの正体と共に発覚した。

【参照項目】アセット

ピッカリング、ジェフリー・L （Pickering, Jeffery L.）

1983年、5ページの機密文書をワシントンのソビエト大使館に送ったアメリカ海軍の下士官。スパイになることが目的だったと思われる。FBIに逮捕された際、ワシントン州シアトルの海軍地域病院に所属していたピッカリングは、大使館の住所が記された自動宛名印字機（アドレソグラフ）のプラスチックカードを持っていた。裁判の結果重労働5年の刑が言い渡され、懲戒除隊とされた。

【参照項目】FBI

ビッグサファリ （Big Safari）

特殊な偵察機器の開発を担当し、また偵察機の開発にも関わっているとされるアメリカ空軍の研究担当部署。高度な極秘計画を扱うこの部署は1950年代に設置された。

ビッグサファリは極めて合理化された先進的な業務・管理体制を敷いた。これらの大部分は国防総省における通常の慣例から逸脱しているが、高度な機密保持が必要とされる偵察機開発プログラムでは許容範囲と見なされている。

ビッグサファリが開発した偵察機としてSR-71ブラックバードやRC-135リヴェットジョイント（「C-135」も参照のこと）がある。また1999年のコソヴォ空襲作戦においては、プレデター無人偵察機にレーザー探査装置と誘導ミサイルを追加する計画を加速させるため、この無人機の運用がビッグサファリに移管されている。

【参照項目】航空機、ブラック、SR-71ブラックバード、リヴェットジョイント、プレデター、無人偵察機

ピッグス湾 （Bay of Pigs）

「CIA」及び「キューバ」を参照のこと。

ビッグバード （Big Bird）

赤外線、写真、信号それぞれの諜報能力を持つアメリカの低高度偵察衛星を指す愛称。正式名称はKH-9。

1971年6月15日、ビッグバードの初号機がタイタンIIIDロケットによって打ち上げられた。重量15トン、全長16メートルの衛星内部には2台のカメラが搭載されており、90マイル（約145キロメートル）上空から2フィート（約60センチメートル）の物体を見分けられ

る写真を撮影できた。かくも小さな物体を撮影できるアメリカの偵察衛星はこれが初めてである。それぞれのカメラには2つのフィルム収納缶が取り付けられており、撮影後はパラシュートで地上に投下された。

ビッグバードの打ち上げのうち5回では、フィルム缶を1個しか取り付けていない地図作製用の第3カメラが搭載されている。また写真を無線伝送する実験も行なわれたが、こちらは失敗に終わった。

さらに、この基本的な写真撮影衛星には、「ヒッチハイカー」なる信号情報（SIGINT）機能が加えられている。

ビッグバード衛星は1971年から84年に至るまでほぼ1年に2度の割合で打ち上げられた。うち19回は成功したが、その後86年4月18日に行なわれた打ち上げでは、発射直後に打ち上げ機が爆発している。ビッグバードの最大の欠点は比較的短い寿命であり、当初は52日間だったが78年時点では179日に改善されている（軌道減衰までの平均寿命は138日であり、最高は1983年に達成された275日だった）。

この衛星はコード467という計画名の下で開発され、一連の衛星計画（バイマン）の中でヘキサゴンという名称が付けられた。

【参照項目】衛星、信号情報、バイマン

ビッセル、クレイトン・L （Bissell, Clayton L. 1896-1972）

第2次世界大戦後半にアメリカ陸軍情報部（G-2）部長を務めた人物。通信隊が受け持っていた陸軍の暗号解読及び通信傍受活動を軍情報部の管轄下に置くべく尽力した。

ビッセルは1917年にアメリカ陸軍航空部へ入隊し、第1次世界大戦ではフランスで5機のドイツ軍機を撃墜、空のエースと呼ばれた。戦後も航空部にとどまり、夜間飛行のパイオニアとなっている。

アメリカが第2次世界大戦に参戦した際は中国に赴き、ビルマ・中国戦域司令官にして蒋介石の参謀総長でもあったジョセフ・W・スティルウェル少将配下の航空士官として勤務する。1942年8月、少将に昇進したビッセルは中国ービルマーインド方面を担当する第10空軍の司令官に就任した。しかしながら、スティルウェルの支持者だったビッセルは、もう1人の航空士官クレア・L・シェンノート少将を好んでいた蒋介石との関係に苦しむ。そして1943年3月、中国における全ての航空作戦の指揮権は蒋介石の主張によってシェンノートに与えられた。

1943年8月、ビッセルは本国に戻り、陸軍航空軍情報部（A-2）の副部長になるよう命じられ、7ヵ月後の44年2月、陸軍情報部長に就任した。彼の努力により信号情報（SIGINT）の分野で海軍との良好な関係が保たれ、戦争が正式に終結した13日後の45年9月15日

には「全ての信号情報、保安機能、部隊、及び人員」を
コントロールする陸軍保安局が軍情報部の下に設立され
た。

ビッセルは1946年1月までG-2で勤務し、その後は
駐在武官としてロンドンに赴任している。

【参照項目】G-2、A-2、信号情報、陸軍保安局、駐在武
官

ビッセル、リチャード・M、ジュニア

（Bissell, Richard M., Jr. 1909-1994）

大惨事に終わったピッグス湾侵攻作戦など、CIAの秘
密作戦で責任者を務めたアメリカのインテリジェンス・
オフィサー。U-2偵察機と偵察衛星の開発にも携わって
いる。

イェール大学を卒業後ロンドン・スクール・オブ・エ
コノミクスで学び、再びイェールに戻った経歴を持つビ
ッセルは、まだ大学院生のうちにイェール大学経済学部
の一員となった。視力が弱かったため第2次世界大戦
には従軍できなかったものの、商務省と戦時船舶局で勤
務している。

終戦後は経済協力局に移籍し、ヨーロッパ復興を目的
としたマーシャルプランの策定に携わる。そして1954
年、アレン・W・ダレスが長官を務めるCIAに加わっ
た。ダレスは東海岸エスタブリッシュメントの一員であ
るビッセルに関心を持ち、特別補佐官に任命した。入局
後の1954年にはCIA初期の秘密工作活動である、グア
テマラ左派政権の転覆に関わっている。この作戦では、
右翼亡命者グループに対する訓練、そして小グループを
大軍勢に見せかけるためのプロパガンダ活動が行なわれ
た。

その後計画担当次官代理に昇進したビッセルはU-2
偵察機と高性能撮影装置の開発に携わり、加えてコロナ
衛星やSR-71ブラックバード偵察機の開発も担当、極
めて強い独立性を保ちつつ職務にあたった。アイゼンハ
ワー大統領がU-2の飛行を最小限に留める意向だとダ
レスからほのめかされた際も、ビッセルはダレスに無断
でイギリス人パイロットを確保、彼らに偵察飛行を行な
わせた。パイロットいわく、自分たちは「RBAF」すな
わちリチャード・ビッセル空軍（Richard Bissell Air
Force）に所属しているとのことだった。

ビッセルが計画担当次官に昇進した1959年、キュー
バでフィデル・カストロが政権を握り共産主義政府を樹
立した。当時ビッセルはダレスの後継者と見なされてい
たが、ダレスはビッセルに対し、成功に終わっていれば
この見通しを現実のものにしたであろう1つの任務を
与えた。すなわち、グアテマラと同じ方法でカストロ政
権の転覆を図る任務である。

1960年3月、アイゼンハワー大統領は1つの計画に
許可を与えた。つまり、まず25名ほどのキューバ人亡

命者を訓練し、次いで彼らがその他の人間に訓練を施し
た上で、カストロ政権の転覆を図るというものである。
だがビッセルはより大規模な計画を胸に秘めていた。キ
ューバにプロパガンダ放送を流す秘密無線局の設置、ニ
カラグアを拠点とする反乱軍航空隊、1,400名の軍勢に
よる侵攻、そして侵攻後に政権を引き継ぐ亡命者政府の
樹立こそが、ビッセルの野望だったのだ。

それと同時に、ビッセルはカストロに嫌がらせする方
法を編み出した。彼の葉巻に幻覚剤を混入し、かの立派
な髭を抜け落とすというのがその1つである。またマ
フィアのヒットマンによるカストロ暗殺も企んでおり、
コンゴの指導者パトリス・ルムンバをも暗殺者候補とす
るほどだった。

アメリカの関与が明るみに出ないようにとのアイゼン
ハワーの主張にもかかわらず、キューバ侵攻軍は拡大を
続ける。後にウォーターゲート事件の首謀者となるE・
ハワード・ハントを含むCIAの作戦担当官たちは、グ
アテマラの秘密基地で亡命者に訓練を施した。カストロ
が侵攻を予想している兆候が強まる間も、ビッセルは侵
攻軍の増強を続けた。

一方、アイゼンハワー大統領は1961年1月に退陣
し、ジョン・F・ケネディが大統領に就任する。前年の
選挙戦前のある時、ダレスはケネディにキューバへの侵
攻計画について報告を行ない、キューバ国内で反乱を惹
起させるための行動だと説明した。大統領に就任したケ
ネディは、ビッセルが立てた計画の規模とリスクを知ら
ぬまま、侵攻作戦に許可を与えた。1961年3月に開かれ
た報告会議において、ケネディはビッセルに「騒音を少
なくするように」と告げている。それを受け、上陸地点
はトリニダード市から、ピッグス湾沿いのバイア・デ・
ロス・コチーノスという人里離れた場所に変更された。
またアメリカ軍の戦闘機による直接支援の要求はホワイ
トハウスに却下されている。

4月17日に実行された侵攻は惨事に終わった。船舶
は沈められ、揚陸艇は珊瑚礁に乗り上げた。飛行機も撃
墜された上、上陸した侵攻軍の一部は虐殺されると共
に、1,189名が捕虜となった。9ヵ月後にビッセルは辞職
し、ダレスも辞任を余儀なくされた。

その後は非営利研究機関である国防分析評価協会の副
理事長（後に理事長）を務めるだけでなく、軍需企業ユ
ナイテッド・エアクラフト社のマーケティング及び経済
計画部長になっている。

【参照項目】CIA、衛星、アレン・W・ダレス、中央情報
長官（DCI）、秘密工作活動、コロナ、SR-71ブラック
バード、ウォーターゲート事件、E・ハワード・ハント

ピッツ、アール・エドウィン （Pitts, Earl Edwin 1953-）

これまで（2004年まで）にスパイ容疑で有罪となっ
たFBI捜査官3名のうち1人（あとの2名はリチャー

ド・ミラーとロバート・P・ハンセン）。

　同じく FBI 職員だった妻メアリーも巻き込んだ 16 ヵ月に及ぶ囮捜査の結果、ピッツは 1996 年 12 月 18 日に逮捕された。この逮捕劇は、当時すでにオルドリッチ・H・エイムズとハロルド・J・ニコルソン——いずれも CIA のインテリジェンス・オフィサーとして信頼されていた——の裏切り行為に衝撃を受けていたアメリカのインテリジェンス・コミュニティーを、さらに大きく揺るがした。ピッツが逮捕されたのはニコルソン逮捕の 1 ヵ月後であり、当初ピッツは有罪を認めず、裁判に挑む気構えだった。しかし検察側によれば、5,700 点に上る証拠を見せつけられたところ一転して罪を認め、裁判が開かれることはなく、ピッツも終身刑を回避した。彼はケンタッキー州アシュランド連邦刑務所でのインタビューにおいて、1997 年 6 月、ロバート・P・ハンセンが怪しいと FBI の捜査官に述べたことを明らかにした。ハンセンは 2001 年 2 月にスパイとして逮捕されている。

　証拠の 1 つにピッツの自宅で発見されたコンピュータディスクがあった。その中には、1990 年 2 月 25 日にピッツが KGB のハンドラーに宛てて記した手紙のデータが入っていた。そこには接触が難しいことを言い訳する文章が記されていたという。当時ピッツは FBI ワシントン本部の記録管理室で勤務していたが、1990 年 3 月から 12 月までデッドドロップを使うことを提案していた。手紙にはこう書かれている。「資料は包んだ上でミルクの箱に入れ、デッドドロップに置いておきます。中身は主にフィルムです」

　もう 1 つの証拠は囮捜査の中で入手された。FBI はこの作戦を確かなものにするため、ピッツがロシア人を装った捜査官に最高機密資料を渡すのを許した。よって、ピッツ事件が裁判にかけられていれば、機密情報処理法（CIPA）が適用されるはずだった。この法は機密資料を法廷に持ち込む際の手続きを定めたものであり、ピッツが有罪を認めた際、弁護士の 1 人は CIPA による裁判を予期してセキュリティー・クリアランス取得の手続きを進めていた。

　ピッツはニューヨーク支局第 19 班に所属していた 1987 年 7 月からソビエトのためにスパイ行為を始めている。なお第 19 班は、国際連合に所属するソビエト職員の監視と勧誘を任務としていた。

　ピッツは貴重この上ない情報をソビエトに提供でき、それゆえ FBI に大きな損害をもたらせる立場にあった。つまり国際連合でスパイ及び残留離反者の勧誘を担当する中核部署、ソビエト諜報班の事件ファイルを閲覧できたのである。この班はトップハット及びフェドラというコードネームの、2 つの有名な事件を担当していた。

　ソビエト諜報班のメンバーは身分を隠して活動し、企業幹部、あるいは国連近くのカフェで働くウェイターを装ってソビエト側と接触した。よって、当時の FBI が

ソビエトを対象に用いていた監視技術について、ピッツはハンドラーに知らせることができたわけである。ソビエトの人間と会い、彼らを勧誘するのがピッツの任務だったので、ソビエト国民との接触が同僚捜査官の疑いを招くことはなかった。ピッツは国連に所属するローラン・ジェイキヤに接近することで裏切り行為を始めた。ジェイキヤはそれを受け、ピッツとアレクサンドル・カルポフ（後にピッツのハンドラーとなる）との会合の場を設ける。場所はフィフスアベニューにあるニューヨーク市立図書館の本館建物だった。

　FBI はジェイキヤから情報を入手、1995 年にピッツに対する捜査を始めた。当時、ジェイキヤはソビエトの外交活動から引退しており、モスクワに本社がある貿易企業のニューヨーク支社で働いていた。彼は永住権（グリーンカード）の取得を早めるために FBI へ接近し、自分がニューヨークに赴任した半年後くらいから、ピッツが KGB に情報を売り渡すようになったと暴露したのである（ピッツは後に、物価の高いニューヨーク市で暮らす費用を稼ぐため、情報提供を申し出たと述べている）。

　FBI はピッツの裏切り行為によるダメージを算出する中で、彼が「ロシア人インテリジェンス・オフィサーの勧誘、二重スパイ作戦、ロシアのインテリジェンス・オフィサーをターゲットとした作戦、アメリカ人スパイの素性、亡命者の勧誘方法、及び監視スケジュール」について知り得る立場にあったと述べた。またピッツの裏切り行為の結果、1 人の死者も出ていないとしている。

　1987 年 1 月から 89 年 8 月までニューヨークで勤務した後、ピッツは自ら志願して FBI のワシントン本部に転勤する。そこでは FBI が保有するほぼ全てのファイルを閲覧でき、91 年からは本部職員の保安検査を監督する立場にあった。また 88 年から 92 年にかけて少なくとも 9 回にわたってニューヨークを訪れ、ハンドラーに情報を渡した。ニューヨーク訪問後は、FBI の事務官だった妻メアリーとの共同口座がある 8 つの銀行及び信用組合のうち、必ず 1 つ以上に預金していた。

　1991 年のソビエト連邦崩壊後も、ピッツは KGB の後身機関 SVR を通じてロシアのためにスパイ行為を続けた。しかし 1992 年には諜報活動と無縁の法務部へ異動となり、スパイ行為も休止状態に陥った。その時点で少なくとも 224,000 ドルを稼ぎ、モスクワへ脱出する巧妙な計画を実現させていれば、さらに 10 万ドルを手にするはずだった。

　FBI の囮捜査には、ロシア人インテリジェンス・オフィサーを装った捜査官がピッツをスパイとして復活させるという、偽旗作戦が含まれていた。囮捜査の間、ピッツはロシアのスパイマスターと信じ切った人物に、計 22 回にわたって FBI の機密文書を手渡した。偽のロシア人は 65,000 ドルを支払うと共に、文書と現金のやりとりを毎回撮影している。

この作戦は、ローラン・ジェイキヤがヴァージニア州にあるピッツの自宅を訪れ、彼に会いたいと告げた1995年8月26日に始められた。ピッツ夫人は疑いを抱き、後に夫の書斎を調べたところ機密資料を見つけた。ジェイキヤによって囮捜査が始められたこと、夫がすでに監視下にあること、また外国情報活動監視法廷から秘密裡に発行された令状によって2人の通話が盗聴されていることを知らぬまま、彼女はFBIに接触する。その間ピッツはFBI本部からヴァージニア州クアンティコのFBIアカデミーに転勤となっており、そこでは機密情報に対するアクセスが難しい一方、監視は容易になっていた。

FBIの盗聴担当者は夫人が隣家にかけた電話を傍受し、自分の疑いをFBIに持ち込んだという彼女の言葉を聞いた。「行くべきじゃなかった、FBIなんかに行くべきじゃなかったわ。どっちにしろ、これで結婚生活も終わりね。あの人が今に出世して、私に足を引っぱられたとわかれば、それで終わりなのよ」だが囮捜査を知ったピッツ夫人は、FBIに協力した。

ピッツはカンザスシティのミズーリ大学ロースクールを卒業後の1983年にFBI入りした。それ以前はミズーリ州立中央大学の定めに従い、予備役士官訓練部隊を満期除隊するため5年間にわたって陸軍に所属、大尉に進級していた。

【参照項目】FBI、リチャード・ミラー、ロバート・P・ハンセン、オルドリッチ・H・エイムズ、ハロルド・J・ニコルソン、CIA、インテリジェンス・オフィサー、KGB、ハンドラー、デッドドロップ、最高機密、機密情報処理法、国際連合、監視、残留離反者、トップハット、フェドラ、二重スパイ、SVR、偽旗作戦、外国情報活動監視法廷

ピナクル (Pinnacle)

外国勢力による接触及び干渉を警告すべくアメリカ軍が用いている一連のメッセージ。アメリカの情報収集艦プエブロが1968年1月23日に北朝鮮軍によって拿捕された際もピナクルメッセージが送信された。

【参照項目】アメリカ、情報収集艦、プエブロ

秘密活動情報紀要 (Covert Action Information Bulletin)

1970年代に創刊された反CIAの機関誌。外交官をカバーとして各国で活動するCIAエージェントの氏名を掲載しており、元CIA職員のフィリップ・エイジーが顧問会議に名を連ねている。

同誌のコラム「Naming Names」は、情報身分保護条例が法制化された1982年に廃止される。この法律により、秘密エージェントの身元を明らかにする目的で機密情報へアクセスすることが違法とされたのである。1992年、同誌は『CovertAction Quaterly（秘密活動季刊誌）』

と誌名を変更した。

【参照項目】CIA、フィリップ・エイジー

秘密機関 (Secret Service)

一国の情報機関を指す一般的な言葉。

イギリスにおける秘密機関の歴史は、サー・フランシス・ウォルシンガムがエリザベス1世のために情報機関を創設した1573年に遡る（「MI6」を参照のこと）。

アメリカにおいて「シークレットサービス」を名乗る組織は情報機関でなく、通貨偽造を摘発すべく議会が1865年に創設した財務省の一機関である。1901年のマッキンリー大統領暗殺を受けてシークレットサービスには大統領警備の任務が追加され、後には他の政府高官や元大統領も警備対象となった。警備任務と通貨偽造の摘発は現在もシークレットサービスの任務である。

2002年に国土安全保障省が新設されたのに伴い、シークレットサービスは同省の管轄下に移された。

特に南北戦争時において、諜報任務を負った秘密機関がアメリカに存在していたという神話がある。こうしたフィクションが広まったのは、私立探偵のアラン・ピンカートンが回想録『Spy of the Rebellion』(1888)の中で、合衆国秘密機関のトップを自称していることが原因の1つである。またラファイエット・C・ベイカーも自らの回想録に『The History of the United States Secret Service』(1867)というタイトルを付けた。

【参照項目】サー・フランシス・ウォルシンガム、国土安全保障省、アラン・ピンカートン、ラファイエット・C・ベイカー

秘密局 (Secret Office)

1600年代後半から1847年まで存在したイギリス政府の組織。共和制（つまり1649年から58年まで続いたオリヴァー・クロムウェルによる統治）の時代が終わり、よりよい情報を必要とする政府は国内及び外国宛ての郵便を開封・検閲する組織を設けた。

郵政省に附属していたこの組織は後に秘密局と名付けられ、外務大臣の下に置かれた。郵便検閲は様々な法律によって合法化され、各国務大臣は郵便総監に令状を発することで、国家に害をもたらし得る内容の封書を開封・検閲できるようになった。

秘密局は存続期間の大半においてボード一族が運営を担当した。一族は1732年にイングランドへ招かれ、子孫に政府の庇護を与えるという条件で活動すると共に、廃止に至るまで職員の大半を輩出している。1784年に父が引退したのを受けて秘密局を引き継いだアンソニー・トッドは、息子3人を引き続き秘密局で働かせた。トッドが1791年あるいは92年に引退すると甥のマディソン氏が後を継ぎ、99年にはウィリアム・ボードと交替した。

政府は秘密局に対し、特定の人物が出した手紙、あるいは特定の人物に宛てた手紙に特に注意するよう定期的に指示した。当時、手紙から得られた情報は直接王室に伝えられていた。例えば、ホルダネス伯爵からトッドに宛てた1757年6月18日付の書簡にはこう記されている。「私は昨夜、貴殿から送られた手紙を同封物と共に国王陛下のお目にかけた。陛下は貴殿の変わらぬ精励と忠誠を賞賛しておられた」

1844年、イングランドに住むイタリア人国粋主義者、ジュゼッペ・マッツィーニの手紙を検閲していたことが明らかになり、秘密局は議会による調査の対象となった。伝えられるところによると、マッツィーニが封筒の中に小粒の種を入れたところ、配達された時にそれらがなくなっていたので手紙が開封されたと判断したという。そして急進派のトーマス・ダンコム議員を説得、この件を議会に持ち込んだのである。

調査と論争がそれに続き、秘密局長のウィリアム・ボードは貴族院と庶民院の両方で証言を行なった。その結果、定められている特別令状でなく一般令状で傍受を行なう慣行に非難が集中した。

秘密局は外相のパーマストン卿によって1847年1月1日に廃止された。職員には恩給が与えられたが、その後ボード及びトッド一族に対する不公平な扱いをただすべく多数の訴訟が行なわれ、結果として追加の恩給支払いがなされている。

「ジョン・ウォリス」「ジョン・ウィルキンス」「エドワード・ウィリス」も参照のこと。

【参照項目】ボード一族

秘密工作活動 (Covert Action)

秘密裡に実行される活動。活動を主導している機関あるいは組織を突き止めることが、不可能ではないとしても困難になるよう意が払われる。

秘密情報部 (Secret Intelligence Service)

「MI6」を参照のこと。

秘密通信委員会 (Committee of Secret Correspondence)

外国情報の収集を目的としたアメリカ初の公的機関。1775年11月29日、「大英帝国、アイルランド、及び世界のその他地域に所在する我々の友人と連絡を保つ」目的で大陸会議によって設立された。

そこには記されていないが情報収集も任務の1つであり、委員会を率いるベンジャミン・フランクリンは外交分野における自らの経験を活用した。独立前、フランクリンはマサチューセッツ、ジョージア、ペンシルヴェニアのためにロンドンでエージェントとして活動し、独立戦争が始まると外交問題の権限を握っている。委員会には他にも、暗号解読への熱意を通じてアメリカの主義

実現に一役買ったジェイムズ・ラヴェルや、後に司法長官となるジョン・ジェイが所属していた。

委員会が最初に関係を持った人物の1人に、アメリカ支援を任務とするフランス人エージェント、ジュリアン・アシャール・ド・ボンヴーロワールがいた。フランクリンは彼を通じ、フランスが7年戦争（1756～63）で失ったカナダにもはや関心を持っていないという確信を得る。次いで委員会は自らのエージェントであるサイラス・ディーンを1776年4月にフランスへ派遣した。ディーンは委員会の一員として、大陸軍の武器を調達するという第2の任務も負っていた。イギリスは委員会の秘密活動に気づき、二重スパイのエドワード・バンクロフトをアメリカ情報機関に潜入させる。しかし米仏同盟は実現され、独立勢力への強力な支援が約束されたのである。

1777年に秘密通信委員会は解散し、その業務は駐仏アメリカ使節の商業委員会に移管された。

【参照項目】ベンジャミン・フランクリン、暗号解読、ジュリアン・アシャール・ド・ボンヴーロワール、二重スパイ、エドワード・バンクロフト

秘密任務局 (Secret Service Bureau)

1909年、陸軍省内に設けられたイギリス初の近代的情報機関。

翌1910年には外国課が海軍省の管轄下に移される一方、国内課は陸軍省の下にとどまった。また初代局長にはサー・マンスフィールド・カミング海軍大佐が就任した。

第1次世界大戦が終結した時点で外国課は外務省の下に移されており、秘密情報部（SIS）の名で呼ばれると共にMI6の略称が与えられた。（カミングは1910年から死去する23年までMI6長官を務めた）

国内課は保安部に発展し、MI5の略称が与えられている。

【参照項目】サー・マンスフィールド・カミング、MI6、MI5

秘密の世界 (Secret World)

諜報活動あるいは「スパイ業務」を指す用語。ブルース・ページらは『The Philby Conspiracy』（1969）の中で次のように記している。

秘密の世界については、誰もが自分の好む説を持ち、また存在すると思しき内なる謎の奥深くへと隠れるという一時しのぎの方法により、多数の反証からそれを守り得ることが問題である。秘密機関は知性の闇——脅威をもたらす存在か、あるいは単なるおふざけかを判断しがたい、一種の曖昧な暗闇——に棲息して

いる点で、フリーメイソンやマフィアと共通のものを持っている。こうした状況の下、謎と伝説を好む人間の性向は、いとも容易に抑制を失う。

秘密筆記法 (Secret Writing)

スパイが用いる古典的な通信手段。秘密筆記は文字そのものと同じくらい古くから存在すると考えられている。オウィディウス（紀元前43年生まれ）は『Art of Love』の中で、ラブレターも「搾りたての乳で書けば人目を避けることができ、（炭の）粉で触れると読むことができる」と記している。現在では無線など近代的な通信技術が優勢を占めているものの、秘密筆記も今なお使われている。

かつてCIAは勧誘したエージェントや飛び込みスパイに「秘密筆記用カーボン紙」を与えていた。このカーボン紙は化学薬品を染み込ませた一見普通の紙であり、別の紙の上に置いてからペン、鉛筆、あるいはタイプライターで内容を記す。すると第2の紙に透明な字が転写される仕組みである。エージェントや飛び込みスパイを扱うCIAのインテリジェンス・オフィサーは次のような指示を受けていた。

（a）手紙を受け取ることが可能な（当該スパイの）故郷の住所を記入させ、封筒の宛名も自分のものにさせる。
（b）SW（秘密筆記）を示す合図（名前あるいはフレーズ）を決める。
（c）火であぶる、もしくは水に浸すことで字が現われるSWシステムを与えて慎重に説明し、SWのさらなる指示は国内郵便で知らせると告げる……

この指示は1970年代に暴露され、以後変更されたものと思われるが、飛び込みスパイには一見何の変哲もない手紙の裏に記された「秘密メッセージ」がCIAから送られることになっていた。このメッセージは、火であぶるか水に浸すことで文字が現われる仕組みだった。指示書にはこう記されている。「ガスコンロを使う場合は、清潔なフライパンを裸火の上に置くよう勧める」

最も単純な秘密筆記においては、牛乳、酢、レモン果汁、そして時には人間の尿などの有機物がインクとして用いられる。これらのインクは乾燥すると透明になり、熱を加えることで再び現われる。その後各情報機関は、特定の化学薬品を使わなければ読むことのできないインクを多数開発した。

第2次世界大戦中、イギリス秘密情報部（MI6）は英国保安調整局（BSC）というカバー組織を使ってバミューダで手紙の傍受を極秘に行ない、開封して中身を検閲し、時には改変した後、再び封をして本来の宛先に送っているが、そこでは透明インクが使われているか否かのチェックも実施された。つまり、異なる薬品検出液を染み込ませた複数のブラシがついた器具を、怪しいと思われる手紙の上に走らせるのだ。ドイツはこうした発見方法を回避するため、1枚の紙を剝がして2枚にし、どちらか片方の内側に透明インクで文字を書いた上で、再び1枚に貼り合わせるという方法をしばらくの間ではあるが用いた。こうすれば紙の外側に文字は現われない。読むためには再び紙を2枚に剝がす必要があるものの、1回目ほど難しくはない。

透明インクを用いるというアイデアは古くから存在していた。例えばレモン果汁をインクとして使うと文字は透明になるものの、紙を火であぶれば、茶色のインクで書かれたかの如く文字が浮かび上がる。また明礬と酢でできたインクを使えば、ゆで卵の中にメッセージを隠すことができる。インクが多孔性の殻を浸透し、中の白身にメッセージを残すのである。

アメリカ独立戦争中、イギリスのエージェントは2種類の秘密筆記法を使った。1つは蝋燭の火に紙をかざすことで文字が現われるものであり、もう1つは一般的な薬品を用いることでメッセージが読めるというものだった。ニューヨークでイギリスの諜報活動を率いたジョン・アンドレ少佐（ベネディクト・アーノルドのハンドラーでもある）は配下のエージェントに対し、火にかざして読むページの片隅にはFを、酸性物質が必要なページにはAを記すよう指示した。

ジョージ・ワシントンは南北戦争におけるスパイマスターとして、透明インクを使うようエージェントに促した。「通信を発見されにくくする」だけでなく、何の変哲もない手紙を持たせて「エージェントの不安を取り除く」ことがその理由だった。

ワシントンは透明インクの使用法について正確な指示を与えた。「小冊子や……普通の小型本の白紙部分、あるいは記録簿、年鑑、その他大した価値のない本の空白ページに情報を記すべきである」。また「それよりはるかに優れた方法として、家庭用品を混ぜ合わせて」手紙を書き、「行間あるいは余白に」秘密メッセージを記す方法もあると述べている。

ワシントンは、熱するだけで文字が現われるインクのみならず、より複雑な筆記法を望んだ。つまり紙を熱したり、普通の薬品に浸したりするだけでは読めないようなインクである。そして、ワシントンは思わぬ人物からそれを手に入れた。ロンドン在住のアマチュア化学者、サー・ジェイムズ・ジェイこそその人である。

ジョージ5世からナイトを授爵されたジェイは、独立戦争で防諜活動に携わったパトリオット（愛国者）のリーダー、ジョン・ジェイの弟である（ジョン・ジェイは後に連邦最高裁判所の初代長官となった）。

ジェイムズ・ジェイが発明した透明インクは熱に晒しても見えないものだった。本人が説明する通り、彼のイ

ンクは「一般的に知られている発見方法が役に立たず、適切な薬品を用いて読む」ことができたのである。ジェイのインクは2種類の化学薬品から成っており、エージェントの1人が片方の薬品を使ってメッセージを書き、メッセージの受け手はもう1つの薬品を紙に塗ってそれを読む。2種類の薬品を使うことで、ワシントンは望んでいた安全な秘密筆記法を得られたのである。

短いメッセージのやりとりしか必要としなかったワシントンの時代において、透明インクは計り知れない価値を持っていた。しかしデイヴィッド・カーンは著書『The Codebreakers（邦題・暗号戦争──日本暗号はいかに解読されたか）』（1967）の中でこう指摘している。「秘密インクにまつわる一番の問題は、現代の戦争においてスパイが伝えなければならない大量の情報を扱えないことだった」

この問題はマイクロドットのさらなる活用につながった。

【参照項目】エージェント、飛び込み、インテリジェンス・オフィサー、MI6、英国保安調整局、カバー、ジョン・アンドレ、ベネディクト・アーノルド、ハンドラー、ジョージ・ワシントン、防諜、デイヴィッド・カーン、マイクロドット

秘密保護法 (Secrets Act)

「公的秘密保護法」を参照のこと。

ヒムラー、ハインリヒ (Himmler, Heinrich 1900-1945)

ナチスドイツ公安機関のトップに君臨した人物。

親衛隊（SS。ナチスの秘密警察）全国指導者で死の収容所の責任者でもあったヒムラーは、副業としてバイエルンで養鶏所を営んでいた。トレードマークの鼻眼鏡と遠慮がちな振る舞いは、恐怖政策を立案した情け容赦ないナチ高官というイメージからはかけ離れたものである。

第1次世界大戦に従軍したヒムラーは早い段階からアドルフ・ヒトラーを信奉し、バイエルン州の政治警察長官を皮切りに、最終的にはヒトラーに次ぐナンバーツーの地位を占めるまでになった。SS長官就任後の実績の1つに、反体制派の「モデル」収容所を1933年ダッハウに設置したことが挙げられる。翌年にはエルンスト・レームを粛清すべく「長いナイフの夜」を主導、レーム配下の警察機構SA（突撃隊）を壊滅に追い込んでSSの勢力拡大を確かなものにした。そして強制収容所の運営をSSに任せ、国家の敵は殺害すべしというヒトラーの指令を実行した。

1939年9月にドイツが戦争に突入すると、ヒトラーはドイツ民族性強化国家委員にヒムラーを任命する。この職は、ユダヤ人など血統もしくは信仰がナチスのイデオロギーに反する人間を殺戮するものとして解釈され

た。ヒムラーは「良質な血統を持つ未婚のドイツ人女性」に「これから戦闘に赴かんとする兵士」の子供を妊娠させる、一種の繁殖所を設置した。またドイツ人の生存空間を生み出すため、ポーランド人を東方に強制移住させている。さらにはアウシュビッツに収容されている囚人の計画的殺害を指令し、ワルシャワのゲットーにおける大量殺戮を監督した。

ヒムラーによる指導の下、精神的・慢性的疾患を持つなどの理由で労働に適さないと判断されたドイツ人5万名以上が、ナチスの「安楽死政策」によって命を奪われた。ヒムラー自身はこう語っている。「強制収容所以上に、遺伝及び人種の法則に関する生きた実例が見られる場所はない。ここでは水頭症、斜視、奇形、そして半ユダヤ人を見ることができる。つまり多数の劣等人種が存在しているのだ」

戦争はSSを軍事組織に転換する機会をヒムラーに与えた。武装SSは戦場や前線後方の集落に赴き、ヒムラーが1943年10月にSS士官へ与えた指示を実行した。

戦車壕を掘る間に1万人のロシア人女性が疲労で倒れるか否か。私にとっては、ドイツの戦車壕を完成させる限りにおいてのみ関心がある……動物愛護の精神を世界で唯一持っている我々ドイツ人は、これら人の形をした動物に対しても同じ愛護の精神を抱くだろう。しかし彼らについて心配するのは、我々の血に対する犯罪のために過ぎない……

1943年8月に内務大臣となったヒムラーは強制収容所の管理者となり、占領地域の住民を戦争計画遂行のための強制労働に駆り出すだけでなく、収容所における残酷な「医療実験」に許可を与えた。またアインザッツグルッペ（特殊行動部隊）を組織して、ヨーロッパからユダヤ人を絶滅させるべくドイツが占領した諸国へ送り出した（「RSHA」を参照のこと）。

1944年7月20日のヒトラー暗殺未遂事件では、ヒムラー率いるSSが首謀者を直ちに摘発、死刑判決を下した。その功績により、ベルリン陥落直前にドイツ軍最後の抵抗を行なうことになる予備役部隊司令官の座を与えられた。この時が権力の絶頂期だった。

しかしドイツの敗北が避けられなくなった1945年春、ヒムラーはスウェーデン赤十字社を通じて和平交渉を試みる。ヒトラーはこの事実を知り、政治的遺言の中でヒムラーのナチス党除名を命じた。終戦後、変装していたヒムラーはブレーメン近郊でイギリス軍によって捕らえられたが、1945年5月23日に青酸カリの入ったカプセルを飲み込んで自殺した。

【参照項目】SS、SA

ピュー、アーネスト・C （Pugh, Ernest C.）

　カリフォルニア州モンテレーの国防語学学校に所属していた1982年8月、サンフランシスコのソビエト領事館へ赴き、亡命を試みたアメリカ海軍の水兵。海軍捜査局（NIS）の報告によると、ピューは海軍入りする前にもソビエト連邦への政治亡命を申請していたという。「ピューはソビエトに親近感を抱いており、ソビエトが彼をスパイ目的で活用する意図を持っていたことが、捜査の過程で明らかになった」と、NISは述べている。人格障害を患っていたピューは政府の理由による除隊処分となった。

ヒューゲル、マックス （Hugel, Max　1925-2007）

　株式仲買人及び企業家である一方、CIA工作本部を短期間ながら率いた人物。その指名は当時議論を呼んだ。

　ヒューゲルは1980年の大統領選挙において親友のウィリアム・J・ケーシーと共にレーガン陣営で活動し、1981年1月にケーシーが中央情報長官（DCI）に就任するとその特別補佐官となった。しかしこの職に苛立ちを覚え、より責任の重いポストを要求する。そこでケーシーはCIAの中で最も秘密を要する工作担当次官（DDO）に任命した。かくしてヒューゲルは、CIAにおける秘密工作活動の責任者となったのである。

　DCIの前任者3名──アレン・W・ダレス、リチャード・ヘルムズ、ウィリアム・E・コルビー──はいずれも情報界のトップへ登り詰める前にDDOを経験していた。これこそがDDOの特権であり、メディアの批判によってヒューゲルもその事実に思い至った。「医学博士でもない人物を大病院の心臓外科部長にするようなものだ」CIAの元職員はワシントン・ポスト紙にそう語っている。

　ヒューゲルの指名はCIA内部、とりわけ配下の工作本部に静かなる抗議の嵐を引き起こした。ヒューゲルの就任後、ソビエト課のトップを務めていたベテラン職員、リチャード・F・ストルツ・ジュニアは辞表を提出している。彼もまたDDO候補者だったのである（ストルツはケーシーの後を継いだウィリアム・H・ウェブスターによってDDOに任命された）。

　ブロンクス生まれで言動が粗野なヒューゲルは、ラベンダー色のレジャースーツと重い金の鎖をいつも身につけていた。第2次世界大戦後の数年間、軍の情報部門に所属していた記録が残っているものの、1981年5月のDDO就任時にその詳細が明かされることはなかった。

　7月、ヒューゲルの元仕事仲間だったトーマス・R・マクネルとサミュエル・F・マクネルの兄弟が、自分たちにインサイダー情報を与えるという違法な株取引をしたとして彼を告発した。やがて、ヒューゲルとマクネル兄弟の会話を録音したテープ16巻がワシントン・ポス

ト紙に送られる。テープにはヒューゲルが兄弟を脅している声も録音されていた。「貴様らを破滅させてやる……朝鮮戦争の仲間が貴様らを追い詰めるぞ……」

　ヒューゲルは容疑を否定したが、ポスト紙がテープにまつわる件を記事にし、公衆の面前で彼とケーシーにテープを聴かせた直後に辞職した。しかしその後も共和党の活動に関わり続けている。

【参照項目】 CIA、ウィリアム・J・ケーシー、中央情報長官、秘密工作活動、アレン・W・ダレス、リチャード・ヘルムズ、ウィリアム・E・コルビー、ウィリアム・H・ウェブスター

ヒューズ、ウィリアム・H、ジュニア （Hughes, William H., Jr.）

　極秘の通信プログラムに携わっていたアメリカ空軍士官。オランダに派遣された後、謎の失踪を遂げる。その後の消息は公にされていないが、1983年に失踪者として区分された（当時33歳）。

ヒューズ・グローマー・エクスプローラー

（Hughes Glomar Explorer）

　1968年に内部爆発のため太平洋中部で沈没したソビエトのゴルフ級弾道ミサイル搭載潜水艦、K-129を引き揚げる目的でCIAが建造したサルベージ船。この引き揚げ劇は史上最も野心的な深海サルベージ作戦となった。

　サルベージ船はヒューズ・グローマー・エクスプローラーというカバーネームで建造され、奇行で知られる大富豪ハワード・ヒューズが海底鉱山を採掘するために用いるということにされた。進水は1972年で翌年に完成している。操船にはCIAから特別に選抜されたクルーがあたった。また潜水可能な平底船（HMB-1）によって船体に取り付け可能なかぎ爪を含む、巨大な起重機システムが搭載されていた。伝えられるところによると、全長100メートルの潜水艦全体が引き揚げられた際、それを隠すためにこの平底船が用いられる予定だったという。

　長期間にわたり水中カメラを曳航していたアメリカの潜水艦ハリバットによって沈没地点が特定された後、ヒューズ・グローマー・エクスプローラーは1974年7月4日に引き揚げ海域へ到着した。ジェニファーというコードネームが付けられた1ヵ月に及ぶ秘密作業で、潜水艦の前部が水深4,800メートルの海底から引き揚げられる。しかし引き揚げ途中で船体が折れてしまい、核弾頭を装備した弾道ミサイル2基を含む潜水艦の後部は再び海底に沈んでいった。

　回収された前部には魚雷が搭載されており、うち2基には核弾頭が備えられていた。またその他の重要装置も発見されている。残りの船体はサルベージ船の内部で調べられた後、さらなる調査を行なうため切断の上梱包

深海サルベージ船ヒューズ・グローマー・エクスプローラー

された。潜水艦内部から発見された水兵6名の遺体は、礼式に則って水葬されている（沈没で98名が行方不明となっていた）。

　潜水艦の残りの部分を引き揚げる作業も計画されたが、最初の作業がアメリカのマスコミに暴露されたのを受けて中止となった（訳注：K-129の所有権は国際法上ソビエト連邦にあるため）。

　作業終了後、サルベージ船は海軍に引き渡され、グローマー・エクスプローラーと改名された上でカリフォルニア州サスーン湾で予備状態となった。民間の深海掘削作業に本船をリースする試みが幾度かなされたが、いずれも不調に終わっている。そして1996年、シェブロン、EEX、エンタープライズ・コーポレーションの各社から成る合弁事業にグローマー・エクスプローラーが貸し出され、深海油田掘削に用いられることになった。1997年前半の135日間をかけて大規模な改修が行なわれ、翌年秋に7,718フィート（2,352メートル）という海底掘削の世界新記録を打ち立てている。

　グローマー・エクスプローラーの所有権は現在もアメリカ海軍にある（訳注：2015年4月にスクラップとなることが決まり、11月中国に到着した）。

【参照項目】CIA、潜水艦、ジェニファー作戦

ヒューストン計画 （Huston Plan）

　反戦運動家を監視する目的でニクソン政権が1970年代に策定した詳細計画。正式名称は「国内情報収集計画：分析及び戦略」だが、主要立案者の名前を取ってヒューストン計画の名で知られるようになった。

　ホワイトハウス職員だったトム・チャールズ・ヒューストンは、業務の一環として国内情報に関する事項も扱っていた。彼は弁護士として陸軍の情報部門で勤務したことがあり、「革命的傾向を有する我が国の青年運動を対象とした、外国共産主義勢力による支援」を政府は監視すべきと確信していた。そしてその対象として、1969年のニクソン大統領就任直後から政権を揺るがし始めたベトナム反戦デモを第1に挙げる。

　1970年7月、インテリジェンス・コミュニティー幹部を集めた会議において、ニクソンが省庁間臨時情報委員会（議長はJ・エドガー・フーヴァーFBI長官）の設置を決定したことを受け、ヒューストン計画の策定が進められる。

　フーヴァーは不正な侵入行為（ブラック・バッグ・ジョブ）を1966年に禁止しており、FBIがそれを再開することを特に嫌っていたが、ヒューストンはフーヴァーを出し抜く形でニクソンの裁可を得た。一方、フーヴァーはジョン・ミッチェル司法長官に対し、大統領の指示が書面で与えられない限り、FBIはこうした不法侵入を決して行なわないと宣言する。

　ミッチェルはニクソンを説得し、裁可から5日後にヒューストン計画の許可を取り下げさせた。そして後のウォーターゲート事件で主役を演じるジョン・ディーンが、ホワイトハウスにおける国内情報活動の専門家としてヒューストンの後を継いだ。

　ディーンは破棄されたヒューストン計画のうち活用可能な部分を模索すべく、情報評価委員会を設置した。

【参照項目】国内情報、インテリジェンス・コミュニティー、J・エドガー・フーヴァー、ブラック・バッグ・ジョブ、ウォーターゲート事件

病院 （Hospital）

　刑務所を指すロシアの俗語。「病人」も参照のこと。

病人 （Illness）

　逮捕された人間を指すロシアの用語。「病院」も参照のこと。

平文　(Plain Text)

一般の言語で書かれた元々のメッセージ。暗号化される前、もしくは復号化された後の文章である。

ピラミッダー　(Pyramider)

通信衛星に関するアメリカの極秘研究プロジェクト。1977年に逮捕されたアメリカ人スパイ、クリストファー・ボイスとアンドリュー・D・リーによって計画の詳細がソビエトへ売り渡された。

その後事件は意外な進展を見せ、元CIA職員のヴィクター・L・マルチェッティがボイスの裁判で証言台に立ち、こうした衛星通信システムが1960年代に計画されていたと述べた。マルチェッティによると、CIAは計画中の人工衛星を活用して、偽のデータをソビエトに傍受させることも検討していたという。「（メッセージの）意味を突き止めようとしたロシア人は、実は何も意味していないことを知れば気を狂わせるだろう」マルチェッティはボイスの弁護士から召喚を受け、ピラミッダーが現実性のあるプロジェクトではなく、それゆえ最高機密に指定されるべきでなかったと証言することが期待されていた。

（マルチェッティは反対尋問において、自分がCIAを退職した1969年の時点で、計画はいまだ初期段階にあったことを認めた。後にTRW社の研究から構想された衛星ほどの性能はなく、また複雑なものでもなかったのである）

TRW社に在籍中CIAの衛星プロジェクトに携わっていたボイスは、ピラミッダー計画を知る立場にあった。この計画は、敵地に潜入したアメリカのエージェントにヴァージニア州ラングレーのCIA本部との双方向通信手段を提供するのが目的だった。またエージェントによって設置された、もしくは航空機から投下されたセンサーからも情報を集める計画だった。

ボイスの裁判で行なわれた証言によると、ピラミッダー・システムは3基の静止軌道衛星から構成され、CIAと直接リンクすることになっていたという。このシステムを通じて合計3,500本の通信データチャンネルが利用可能になり、アメリカ大使館及びCIA本部における非機密無線通信のバックアップとしても活用可能だった。

ピラミッダーはTRWが1973年に実施した研究から生まれたものである。プロジェクトは研究段階にとどまったが、ソビエト情報機関に突き止められたことで、衛星分野におけるアメリカの技術水準、及びエージェントとの通信における要求性能などの情報が明らかになってしまった。

1977年1月にボイスとリーが逮捕された後、リーがメキシコシティのソビエト大使館員に渡そうとした研究内容のコピーは、FBI捜査官によって回収されたと伝えられている。

ピラミッダー衛星は想定重量1,900ポンド（580キログラム）で、TRWの研究によればCIA本部とグアムの2ヵ所に地上受信基地が設置されることになっていた。

【参照項目】衛星、クリストファー・ボイス、アンドリュー・D・リー、CIA、ヴィクター・L・マルチェッティ、最高機密、エージェント、ラングレー

ヒルシュ、ヴィリー　(Hirsch, Willie)

「ジョン・ギルモア」を参照のこと。

ヒルシュ、ジョン・V　(Hirsch, John V.)

スパイ事件で捜査対象となったものの起訴には至らなかったアメリカ空軍の情報士官。

1980年代後半、西ベルリンのテンペルホーフ空港に駐留する第690電子保全航空団に所属していたヒルシュは、アメリカの電子情報プログラムへアクセスできる立場にあった。ワルシャワ条約機構諸国のレーダー波と無線交信を傍受する部隊で工事・建築班の班長を務めており、最高機密資料の閲覧許可を有していたのである。

1989年夏に行なわれた定期保安審査でヒルシュはポリグラフ検査を受けたが、嘘をついている兆候が見られた。一方、空軍の捜査官はヒルシュの車から機密文書を見つけ、口座の残高が12万ドルに上っていることを突き止めた。そしてさらなる捜査により、オーストリア、フランス、イタリアに最近旅行したことが判明する。

ヒルシュはテキサス州サン・アントニオのケリー空軍基地にある電子保全軍団司令部に移され、その間空軍特別捜査局とFBIが彼の素性に関する調査を続けた。国防当局によれば、ヒルシュは2度目のポリグラフ検査を拒否したという。

ドナルド・P・ライス空軍長官は、ヒルシュの捜査にあたって捜査官は「合理的な判断」を下したと述べたが、スパイ容疑が彼にかけられることはなかった。その後ヒルシュは名誉除隊を申請して受理されている。

【参照項目】インテリジェンス・オフィサー、ベルリン、電子情報、最高機密、保安審査、ポリグラフ、FBI

ヒル、ジョージ　(Hill, George)

ボルシェビキ革命の最中、伝説的スパイのシドニー・ライリーと共にロシアで活動した、イギリスのインテリジェンス・オフィサー。

第1次世界大戦中、ヒルはイギリス陸軍の下士官だったが、イーペルの戦いで負傷した。だがロシア語とドイツ語に堪能だったため、その後イギリス保安部（MI5）に配属されて士官となっている。ブルガリア人を装ってバルカン半島の難民キャンプに潜入し、情報を集めることもあった。また後にイギリス陸軍航空隊で飛行機の操縦を学び、イギリスのエージェントを敵前線後

方に送り込む任務にも就いている。さらに、ロシア陸軍との連絡将校としてロシアへ派遣され、ドイツ軍の行動に関する情報を入手することもあった。ヒルのコードネームはIK8だった。

1917年秋には秘密情報部（MI6）へ転籍、ボルシェビキ革命の情報を入手すべくペトログラード（元のサンクトペテルブルグ）へ送られた。そこでボルシェビキとの連絡を確立し、一時は革命家のリーダー、レオ・トロツキーの航空アドバイザーとなっている。しかしヒルは自身の任務を続け、ルーマニア王室の宝石と現金をモスクワからブカレストへと運び出す。その任務には成功したが、ボルシェビキとの連絡は絶たれてしまった。

1918年4月、MI6は再び情報を得るべく、志願してきた陸軍航空隊所属のシドニー・ライリー大尉を送り込んだ。ライリーによる指揮の下、2人は巧妙な反ボルシェビキ作戦を立案する。しかし実際に着手するより早く、ボルシェビキは敵と疑った人間を殺害し、ヒルとライリーの追跡を始めた。1918年8月、2人は地下に潜る。ある記録によれば、ヒルらはバルト海を渡ってスウェーデンに逃れ、そこでスコットランド行きの船を見つけたという。ヒルとライリーの両名を知っていた外交官兼エージェントのサー・ロバート・ブルース・ロックハートは、ヒルのことを「ライリーと同じく勇敢かつ大胆な人間だった」と記している。

ヒルは後に内戦最中のロシア南部へ送られ、白系ロシア人の情報組織と連絡をとろうとしたが失敗に終わった。また第2次世界大戦ではMI6の新入部員に破壊工作を教えている。その後は特殊作戦執行部（SOE）の代表としてモスクワに駐在、NKVD（内務人民委員部）との連絡役を務めた。

【参照項目】シドニー・ライリー、インテリジェンス・オフィサー、MI5、コードネーム、MI6、ロバート・ブルース・ロックハート、SOE、NKVD

ビール、ジョン （Beall, John 1835-1865）

南北戦争中に活動した南部連合のスパイ。ストーンウォール・ジャクソン将軍の指揮下で戦闘中に負傷したビールは南軍の私掠船乗組員となり、チェザピーク湾で北部同盟の船を何隻か拿捕した後に捕らえられた。

捕虜交換で解放された後、ビールは破壊計画を立てたがいずれも成功には至らなかった。その後ニューヨーク北部で、列車を転覆させようとレールを剥がしていたところを再び捕らえられる。裁判の結果スパイ行為と破壊活動で有罪となり絞首刑に処された。

ヒレンケッター、ロスコー・H

（Hillenkoetter, Roscoe H. 1897-1982）

1947年5月1日から50年10月7日まで中央情報長官（DCI）を務めた人物。

海軍兵学校を卒業後、1933年から35年まで、及び38年から40年まで駐在武官補佐としてパリのアメリカ大使館で勤務する。1940年初夏にフランスが陥落するとアメリカはヴィシー政府を承認し、ルーズベルト大統領は元海軍士官のウィリアム・D・リーヒを大使に任命した。ヒレンケッターは駐在武官として残り、信頼できる軍事補佐官としてルーズベルトとトルーマンの両大統領に仕えたリーヒに感銘を与えた。

1941年12月7日（日本時間8日）に発生した真珠湾攻撃の際、ヒレンケッターは中佐として戦艦ウエストヴァージニアの副長を務めていた。大佐昇進後の翌年9月には真珠湾にある太平洋方面情報センター（ICPOA）の責任者となり、太平洋における通信情報（COMINT）活動を指揮していた暗号解読部門トップ、ジョセフ・J・ロシュフォート大佐の後を継ぐ。ヒレンケッターはこの新組織の拡大を指揮したが、そこにはロシュフォート配下の太平洋方面艦隊無線部隊も含まれていた。なおヒレンケッター自身は1943年初頭にICPOAから離れている。

その後は1943年から44年まで駆逐艦母艦の艦長を務め、46年には艦隊で最も栄えあるポストの1つ、戦艦ミズーリ艦長に就任した。同年11月に少将へ進級後、再び駐在武官としてパリで勤務するもトルーマンの命を受けて帰国、CIAの前身である中央情報グループの長官に任命された。

その後1947年5月1日、ヒレンケッターはDCIに就任する。そしてCIAを創設した国家安全保障法の下、新法の求めによって同年11月24日に再度任命され、12月8日には初代CIA長官として上院の認証を受けた。

戦時に存在した戦略諜報局（OSS）の在籍者から構成されるこの新機関は、ヒレンケッターが引き継いだ際には自らの役割を模索する段階にあった。しかしすぐに解答が与えられる。1948年4月に予定されているイタリア総選挙で共産党の敗北を確実にする、というのがそれだった。新設の国家安全保障会議が、幅広くしかも漠然とした権力をCIAに与えたと法律顧問から聞いたヒレンケッターは、直ちに行動する。西側支持の候補者に資金援助するという内容の秘密作戦を許可することで、CIA初の秘密工作活動にゴーサインを与えたのである。

ヒレンケッターはCIA初の危機にも対処した。1950年6月25日に北朝鮮軍が韓国を攻撃したことは、トルーマン大統領はじめアメリカ政府を驚愕させた。しかし6月26日付のニューヨーク・タイムズ紙に掲載されたインタビューにおいて、ヒレンケッターは「今週もしくは翌週中に侵攻の起こり得る状況が朝鮮半島に存在すること」をCIAは知っていたと主張する。つまり、トルーマンは警告を無視したとほのめかしたのである。実際には、国境付近における武力増強をCIAは掴んでいたものの、北朝鮮の意図に関する情報は持っていなかっ

た。

　ヒレンケッターは海軍に戻る願望を隠しておらず、トルーマンも喜んでそれを叶えてやった。かくして1950年10月、台湾防衛のために展開された、巡洋艦及び駆逐艦から成る艦隊の司令官に就任する。その後1956年4月に中将へ進級して海軍監察総監となり、57年の退役後は民間ビジネスの世界に入った。

【参照項目】 中央情報長官、駐在武官、真珠湾攻撃、ジョセフ・J・ロシュフォート、海軍通信情報、太平洋方面艦隊無線部隊、CIA、中央情報グループ、戦略諜報局、秘密工作活動

ピンカートン、アラン （Pinkerton, Allan　1819-1884）

　スコットランド生まれのアメリカ人私立探偵。南北戦争中に軍事情報組織を運営したものの、これといった情報をもたらすことはできなかった。

　父親はグラスゴー警察の巡査部長だったが、武装蜂起を鎮圧する際に負傷、身体が不自由になっていた。ピンカートンは酒屋に奉公するもアメリカによりよい将来を感じ取って23歳の時に移住、最初はシカゴに居を構え、次いで近くのケーン郡で酒屋を開いた。その後、密造業者の一団を捕らえた功績で保安官助手に任命され、最初はケーン郡、次いでクック郡、そしてシカゴの本部で勤務する。最終的には新たに組織された警察機関に加わり、刑事として働いた後1850年に退職、ピンカートン探偵社を設立した。

　この探偵社は列車強盗の追跡と捕縛を得意としていた。1860年には奴隷制度を巡る戦争が差し迫り、鉄道もやがて破壊工作のターゲットになると予想された。そして南部諸州のいくつかがアメリカ合州国から離脱する。境に位置するメリーランドは合州国にとどまったものの、分離主義者は鉄道の破壊を企んでいた。そこでフィラデルフィア・ウィルミントン・アンド・ボルチモア鉄道は、破壊工作を防ぐためにエージェントをボルチモアへ派遣するよう、ピンカートンに依頼した。

　鉄道の警備に成功したことで、ピンカートンは就任宣誓式のためにワシントンへ向かうエイブラハム・リンカーンの警備担当者として雇われた。暗殺計画を摑んだピンカートンと部下の探偵たちは秘密裡に夜行列車を仕立て上げ、リンカーンをメリーランドからワシントンまで無事に運んでいる。

　1861年4月に南北戦争が勃発した直後、ピンカートンは当時北軍のオハイオ地区司令官だったジョージ・B・マクレラン少将から情報網を組織するよう求められた。そこでE・J・アレン少佐に扮して南部諸州を旅し、政治・軍事情勢を視察している。同年夏にマクレランがポトマック軍の司令官に就任すると、ピンカートンは彼に同行してワシントンを訪れ、南軍のエージェントに対する防諜活動を始めた。

1862年にアンティータムで撮影されたアラン・ピンカートンとリンカーン大統領。（出典：議会図書館／マシュー・ブレイディ）

　軍の情報部門での勤務経験を持たないマクレランはピンカートンと部下の探偵たちに頼ったものの、彼らの捜査経験も列車強盗や金庫破りを相手にしたものでしかなかった。歴史家の中には、マクレランが戦闘を避けたのは南軍の兵力を常に過大評価していたからであり、元を辿るとピンカートンの誤った情報に行き着くとする者もいる。一例を挙げると、1862年7月、ピンカートンはロバート・E・リー将軍率いるヴァージニア軍の兵力を20万人と見積もった。一方、マクレラン配下の補給将校は南部の各紙を体系的に調査することで、リーの兵力が6万から105,000人に過ぎないと判断した。実際の兵力は9万足らずだった。

　1862年9月に発生したアンティータムの戦いにおいて、マクレランの兵力はリーに対して2対1の優勢にあり、南軍の保安体制の不備によってリーのメリーランド侵攻計画も摑んでいた。しかしマクレランはピンカートンによる不十分な情報報告に頼り、北軍の優位を活用できなかった。

　ピンカートン自身の主張によれば、彼の部下は南軍の逃亡者に対する聞き取り調査や宿営地のたき火を数えるといった方法によって、確かな情報を収集していたという。しかし結果は常に過大評価で、時には実際の数字を100％以上上回ることもあった。その一方、最も効果を上げた作戦の1つとして、逃走した奴隷に対する尋問

が挙げられる。ピンカートンは奴隷の多くを寝返らせ、南部に戻らせた上で戦術情報の収集にあたらせたのである（「ブラックインテリジェンス」を参照のこと）。

ワシントンにおける防諜活動はそれよりもわずかながらましであり、ピンカートンの部下によって南軍のスパイ数名が捕らえられている。しかし有能なスパイだったベル・ボイドについては、ピンカートン自身が尋問にあたった上で釈放している。

リンカーンが「遅滞」を理由にマクレランを更迭すると、ピンカートンは有力な後ろ盾を失い、戦場での情報収集から不当利益を貪る実業家の摘発に軸足を移した。なおピンカートンが去った軍には、ジョージ・H・シャープ大佐の下に情報局が新設されている（「ラファイエット・ベイカー」も参照のこと）。

戦後、ピンカートンは探偵社の経営を再開し、全国に活動の場を広げていった。その結果、「ピンカートン」の名は私立探偵としてだけでなく、スト破りの代名詞としても知られるようになった。

【参照項目】軍事情報、スパイ網、カバー、エージェント、防諜、アンティータム、戦術情報、ベル・ボイド、ジョージ・H・シャープ

ピンクルート1 （Pinkroot I）

「プエブロ」を参照のこと。

ヒンズリー、フランシス・ハリー

（Hinsley, Francis Harry　1918-1998）

第2次世界大戦期におけるイギリスの情報活動が専門の歴史家。ケンブリッジ大学の3年生だった1939年10月にブレッチレーパークへ配属され、当初はドイツ海軍の信号情報を専門に扱った。後にブレッチレーパークと海軍省作戦情報本部との連絡員となり、44年夏からは米英間で信号情報を共有するためアメリカ情報機関との交渉に参加している。

戦後は学問の世界に戻り、ケンブリッジ大学の副学長及び国際関係史教授となった。

ヒンズリーはE・E・トーマス、C・F・G・ランソム、R・C・ナイト、及びC・A・G・シムキンスと著した4巻から成る公史『British Intelligence in the Second World War』（1979～90）の主著者である（戦略的欺瞞作戦を扱った第5巻は、マイケル・ハワードが執筆して1990年に刊行された）。その後はアラン・ストリップと共にブレッチレーパークで勤務した人々の回想をまとめ、『Code Breakers』（1993）の題名で出版した。

【参照項目】ブレッチレーパーク、作戦情報本部、信号情報、欺瞞

ピンチャー、チャップマン （Pincher, Chapman　1914-2014）

イギリス保安部（MI5）のサー・ロジャー・ホリス元長官がソビエトの内通者だったと、著書の中で主張したイギリス人作家（訳注：日本ではベストセラー『犬のディドより人間の皆様へ』で有名）。

1976年、防衛問題を専門とする作家として名声を得ていたピンチャーは、イギリス保安機関が政権転覆を企んだというハロルド・ウィルソン元首相の主張を基に、書籍を執筆する計画を立てていた。しかし思うように筆が進まず、代わって『Their Trade Is Treachery（邦題・裏切りが奴らの商売）』（1981）を発表する。この本は1956年から65年までMI5長官を務め、73年に死去したロジャー・ホリスを告発する内容であり、一大センセーションを巻き起こした。またピンチャーは、ソビエトのスパイだったクラウス・フックスに対するセキュリティー・クリアランスを、ホリスが無理強いして発行させたとも述べている。

マーガレット・サッチャー首相は議会における答弁の中で、「証明は不可能であるものの」、ホリスがソビエトの内通者だった事実はないと主張する。しかしホリスを巡る騒動はなおも続いた。

ピンチャーの情報源の1人として、元MI5職員のピーター・ライトが挙げられる（アメリカの情報関係者の中には、CIAの防諜部門トップ、ジェイムズ・ジーザス・アングルトンもピンチャーをその説に向かわせた、と推測する者がいた）。その後ピンチャーはさらなる「証拠」を発見して『Too Secret Too Long』（1984）を執筆、ホリスに関する推測をさらに押し広げた。オーストラリアのタスマニアで隠退生活を送っていたライトも後に『Spycatcher（邦題・スパイキャッチャー）』（1987）を発表して同様の告発を行ない、イギリス政府から出版差し止めを受けそうになった。

科学者、実業家、そして元MI5職員であるヴィクター・ロスチャイルド男爵は自ら費用を負担してライトをイギリスに招き、ピンチャーと面会させた。しかしロスチャイルドが面会をセッティングしたことは、自身もソビエトのためにスパイ行為をしていたという噂を打ち消すための情報操作だと、マスコミに邪推される結果になった。1986年12月3日、ロスチャイルドはデイリー・テレグラフ紙に宛てた手紙の中で、「私がこれまでも、そして今もソビエトのスパイではないという、疑う余地のない、繰り返す、疑う余地のない証拠を公式に発表する」ことをMI5長官に求めた。その2日後、サッチャーはこう述べた。「彼がソビエトのエージェントだった証拠はないことを、私は報告されました」だがロスチャイルドが1990年に80歳で死去した際も、疑問はいまだ曖昧なままだった。

【参照項目】MI5、ロジャー・ホリス、内通者、クラウス・フックス、ピーター・ライト、CIA、防諜、ジェイムズ・ジーザス・アングルトン

ファウスト作戦　(Faust)

第2次世界大戦中、ナチスドイツへ浸透すべく実施された戦略諜報局（OSS）の作戦名。

ゲーテの戯曲に登場する知識欲旺盛なファウスト博士にちなんで名付けられたこの作戦は、1944年6月のノルマンディー上陸（Dデイ）を受けて開始され、ウィリアム・J・ケーシー（後に中央情報長官）による指揮の下、200名以上のエージェントがナチスドイツへ送り込まれた。

2002年にCIAが公開した情報によると、エージェントの勧誘中、1人のOSS士官が共産主義者のユルゲン・クチンスキーに接触したという。クチンスキーは、妹でソニアというコードネームを持つソビエトのエージェント、ルース・ウェーバーに、ファウスト作戦に関する情報を渡す。それを受け、ソニアのハンドラーは彼女に対し、共産主義者をこの作戦に送り込むよう指示する。その1人エーリッヒ・ヘンシュケ、またの名をカール・カストロはOSSの顧問として雇われ、OSSが用いる偽装ストーリーや暗号コードをソニア経由でソビエトに渡した。

【参照項目】戦略諜報局、浸透、ウィリアム・J・ケーシー、中央情報長官、CIA、ユルゲン・クチンスキー、コードネーム、ハンドラー

ファーニヴァル・ジョーンズ、サー（エドワード）・マーチン　(Furnival Jones, Sir〔Edward〕Martin　1912-1997)

イギリスの防諜活動が最も困難を極めた1965年から72年にかけて保安部（MI5）長官を務めた人物。

ケンブリッジ大学を卒業後、事務弁護士を経て1941年に保安部入りする。1944年6月の連合軍によるノルマンディー上陸後はヨーロッパのドワイト・D・アイゼンハワー司令部で保安参謀を務めているが、この任務のためにファーニヴァル・ジョーンズの名が公文書に残され、さらにアメリカの銅星章を授与された。

ファーニヴァル・ジョーンズは戦後もMI5に残り、軍事連絡、保安、そして防諜部門の長としてそつなく業務をこなす。当時のMI5は、イギリス情報機関に複数の内通者が潜んでいることが明らかになっただけでなく、ロジャー・ホリス長官も内通者ではないかという疑いのために意気消沈していた（「フルーエンシー委員会」を参照のこと）。

1965年に退任したホリスの後を受け、ファーニヴァル・ジョーンズはMI5長官の座に就いた。その在任期間は波乱に満ち、ホリスだけでなく後任のMI5長官マイケル・ハンレーの尋問も許可せざるを得なかった。功績に目を向けると、ロンドンのソビエト大使館から105名もの職員を追放し、KGB及びGRUのイギリスにおける諜報活動を壊滅させる上で重要な役割を果たしたこと

が挙げられる。

その後1972年にMI5長官を退任。

【参照項目】MI5、防諜、内通者、ロジャー・ホリス、KGB、GRU

ファビアン、ルドルフ・J　(Fabian, Rudolph J.　1908-1984)

第2次世界大戦中、オーストラリアのベル暗号解読局を率いたアメリカ海軍の暗号担当官。

海軍兵学校を1931年に卒業したファビアンは、1941年12月7日（日本時間8日。「真珠湾攻撃」を参照のこと）に日本がアメリカ基地を攻撃した際、フィリピンのコレヒドール島にある暗号解読拠点、キャストで中尉として勤務していた。日本によるフィリピン占領が不可避になると、合衆国艦隊司令長官のE・J・キング大将はファビアンら暗号解読者に自ら命令を下し、日本軍に捕らわれるのを避けるためフィリピンから脱出させた。

2月4日から5日にかけての夜、潜水艦シードラゴンがマニラ湾に浮上し、魚雷23本、スペアパーツ2トン、そして3,000ポンドの無線装置を搭載したが、その中にはパープル暗号の解読に使う暗号機も含まれていた。朝を迎えると、潜水艦は日本の航空攻撃と砲撃を避けるべく湾の底に潜水する。夜になってシードラゴンは再び浮上、ファビアンと水兵16名、そして陸海軍士官8名を乗艦させた。

シードラゴンは一行をオーストラリアまで無事に運び届けた（その後シードラゴンは潜水艦パーミットと共に再びマニラ湾へ赴き、暗号解読部隊75名全員を脱出させた）。

メルボルンに着いたファビアンはメルボルン艦隊無線部隊（FRUMEL）、通称ベルと呼ばれる無線解読局を設置、程なく真珠湾やワシントンDCで勤務していた暗号解読者もそこに加わり、日本の海軍及び外交暗号の解読作業が始まった（「海軍通信情報」を参照のこと）。

ファビアンは1944年1月までベル暗号解読局を率い、その後はインド洋のイギリス極東艦隊に加わってイギリス軍とアメリカ暗号解読部隊との調整役を務めた。戦後は他の暗号任務に就き61年に退役、最終階級は大佐だった。

【参照項目】ベル、キャスト、潜水艦、パープル

ファミリー・ジュエル　(Family Jewels)

CIAによって実行された違法活動のリスト。

中央情報長官（DCI）を務めたジェイムズ・R・シュレジンジャーが、その短い在任期間中（1973年2月〜7月）に指揮を執って編纂された。ウォーターゲート事件の直後に辞職したリチャード・ヘルムズの後任としてDCIに就任したシュレジンジャーが、違法と思われる過去のCIAの活動について報告書を提出するよう監察総監に命じたのがその端緒である。

ヘルムズについての権威ある評伝『The Man Who Kept the Secrets』（1979）を執筆したトーマス・パワーズによると、この報告書はまず作戦担当次官ウィリアム・E・コルビー（シュレジンジャーの後を継いでDCIとなる）のもとに届けられたという。準備段階の草稿は「論争の余地のある諸行動」と呼ばれた。その際、保安部長は報告書に繰り入れるべく自らのファイルを監察総監に渡しているが、冗談交じりにそれらを「ファミリー・ジュエル」と名付ける。元監察総監代理のスコット・D・ブレッキンリッジによれば、この名前は「すぐに広まり、報告書全体を指す用語となった」という。

この報告書には、FBIによる極秘かつ違法な国内情報活動プログラム（カオス作戦）をCIAの側から見た詳細が含まれていた。またニクソン政権が仕組んだ国内情報活動計画（ヒューストン計画）におけるCIAの関与、元CIA職員E・ハワード・ハントも参加していたホワイトハウスの「鉛管工」たちとの接触、違法な盗聴行為、無許可の手紙開封、そしてCIAによる暗殺計画（「CIA」「キューバ」を参照のこと）も含まれている。パワーズの著書によると、ヘルムズは「洗脳実験」（「MKウルトラ計画」を参照のこと）で用いた幻覚剤に関する実験資料、そして4,000ないし5,000ページに及ぶ自身の個人ファイルをすでに破棄していたという。しかしファミリー・ジュエル資料には洗脳実験に関する情報の一部も掲載されている。

著書『The CIA and the U.S. Intelligence System』（1986）の中で、ブレッキンリッジはファミリー・ジュエル資料の構成を次のように説明している。

それらは一組のファイルにまとめられ、各本部ごとの活動内容によって分類されていた。その中では専門的な機密資料に関するセクションも設けられている……起訴可能な容疑があるかどうかを判断すべく後にこのファイルを確認した司法省は、それぞれのページに続き番号を振った。目次、空白ページ、セクションごとの見出しページも含めると、分量は690ページを少し超える程度だった。この数字を知ったメディアは、690にも及ぶ悪行があったと報道している。だがこれらのケースから起訴に至ったものはなかった。

1973年6月、コルビーは議会の監視委員会に対してファイルの存在を明らかにする決断を下し、暴露された「行き過ぎ」は2度と起こらないと主張した。しかしファミリー・ジュエルの秘密は広まり始める。翌年12月、ニューヨーク・タイムズ紙のセイモア・ハーシュ記者はカオス作戦について耳にし、これについて中央情報長官のコルビーにインタビューした。パワーズによると、コルビーはハーシュにカオス作戦のことを話してから、CIAの防諜部門トップ、ジェイムズ・ジーザス・アン

グルトンが行なっていた手紙開封など、その他の活動に話題を移したという。

ニューヨーク・タイムズ紙が国内情報活動に関するハーシュの記事を掲載した後、フォード大統領はファミリー・ジュエルの要約版をコルビーから入手した。暗殺に関する数々の報告にショックを受けたフォードは、ニューヨーク・タイムズ紙の発行人アーサー・オックス・ザルツバーガーとの昼食の場において、「オフレコだ」としながらもそれに触れた。その件が新聞に掲載されることはなかったものの、CBSのダニエル・ショアー記者が暗殺についての噂を嗅ぎつけている。それを突きつけられたコルビーは「この国の出来事ではない」と反論した。ショアーはこの件を明らかにし、CIAが外国政府の高官を数名殺害したと述べている。しかし、それは真実ではなかった。ショアーが後に報道した通り、「ヘルムズが語ったように、CIAに直接殺害された外国の指導者は存在しない。しかし試みがなかったわけでもない」のである。

こうした報道の結果として公聴会やさらなる報道が後に続き、ファミリー・ジュエルの内容は事実上全て明らかになった。1975年6月に発行された『Report to the President by the Commission on CIA Activities Within the United States』（ネルソン・A・ロックフェラー副大統領が主導したため、ロックフェラー委員会報告書とも呼ばれる）と76年に発行された『Final Report of the Select Committee to Study Governmental Operation with Respect to Intelligence Activities』（チャーチ委員会報告書としても知られる）はその産物である。

【参照項目】CIA、中央情報長官、ジェイムズ・R・シュレジンジャー、ウォーターゲート事件、リチャード・ヘルムズ、ウィリアム・コルビー、カオス作戦、国内情報、ヒューストン計画、E・ハワード・ハント、鉛管工、盗聴／盗聴装置、防諜、ジェイムズ・ジーザス・アングルトン、チャーチ委員会

ファーム　（The Firm）

CIAに勤務する人間──勤務しない人間も──が頻繁に用いる単語。CIAを指す単語としてはもう1つ「カンパニー」があり、またヴァージニア州マクリーン郊外のCIA本部は「ラングレー」と呼ばれる。

【参照項目】CIA、カンパニー、ラングレー

ファーンズワース、ジョン・S

（Farnsworth, John S.　1893-1952）

日本のためにスパイ行為をしたアメリカ海軍の元士官。1915年に海軍兵学校を卒業後、駆逐艦の乗組員として第1次世界大戦に参加する。その後は平坦なキャリアを送り、少佐まで昇進した。

しかし社交界の女性と結婚した結果莫大な借金を背負

八行

い、部下の下士官から金を借りたが返済を拒んだため、軍法会議にかけられて 1927 年に海軍を不名誉除隊となった。

不満を抱き、かつ金が必要だったファーンズワースは、1920 年代から 30 年代にかけてアメリカ人を諜報活動に勧誘していた日本のためにスパイ行為を始める。情報の出所は海軍の元同僚がほとんどであり、「雑誌の記事」を執筆する名目で情報を集めたという。当時、海軍の機密管理は比較的ルーズだった。

紛失した手順書の捜査中、海軍情報局（ONI）の士官はファーンズワースが大量の現金を見せつけているという話を耳にする。さらに捜査が行なわれた結果、ファーンズワースがコード書と信号書を借りていたこと、そして戦術、新型艦の設計、及び兵器について尋ねていたことが明らかになる。ONI と FBI はそれを受けて彼を監視下に置いた。

ファーンズワースは自分に捜査の手が及んでいると信じていたらしく、あるジャーナリストに対して自分はスパイのように見えるが、実は二重スパイなのだと告げた。だがそのジャーナリストが当局に通報したため、ファーンズワースは逮捕された。1939 年 2 月、国防に影響を与える情報を違法に外国勢力へ伝えた容疑で有罪とされ、禁固 4 年ないし 12 年の刑が言い渡された。

【参照項目】海軍情報局、FBI、監視

フィッシュ （Fish）

高性能を誇ったドイツのテレタイプ型暗号機。ドイツではゲハイムシュライバー（Geheimschreiber）あるいはゼーゲフィッシュ（Sägefisch）と呼ばれていたフィッシュは、メッセージの暗号化と送信、及び受信と復号化を同時に行なえる非モールス符号式のシステムという点で、広く用いられていたエニグマとは異質の存在だった。

オペレーターがメッセージを打ち込むと、ボーコードの信号電流が自動的に生成され、無線で送信される。受信側では電信印刷機から平文テープが打ち出されるので、それを切り取って軍事通信シートに直接貼りつければよい。従ってエニグマよりも運用が簡単で、しかも迅速である。だがエニグマと異なり持ち運びはできない。

フィッシュは迅速性のためにエニグマより安全であり、しかも 10 枚式のローター機構（エニグマは最大 5 枚）など先進的なメカニズムを備えていた。にもかかわらず、イギリスの暗号解読者はフィッシュの解読に成功したのである。

1932 年、イギリスの Y 局は新タイプの通信を傍受した。ちなみにこの時傍受されたのは、暗号化されていない実験送信のメッセージである。暗号化された実用メッセージが最初に傍受されたのは 1940 年であり、翌年から本格運用が開始されたと考えられている。

フィッシュ——この名称はイギリスの政府暗号学校（GC&CS）によって付けられた——はドイツ軍の野戦部隊以上の組織で用いられ、軍及び政府の最高司令部との間で命令や状況概要を送受信するために活用された。政府暗号学校は 1941 年末の時点で、利用可能な暗号解読資源をドイツ陸軍の通信（タニー）に集中することを決めていた。またドイツ空軍もかなりの量のフィッシュ暗号を送受信していた一方、海軍の送受信はほとんど傍受されていない。

これらの通信システムはローレンツ社製のシュリッセルツーザッツ・シリーズ 40 型であることが判明し、イギリスはタニー（マグロ）と名付けた。また後のシーメンス T52 派生型はスタージョン（チョウザメ）と名付けられている。このようにして、フィッシュ暗号の様々なシステムや暗号鍵に対して魚の名前を付けるというパターンが生まれた。

ブレッチレーパークで活動する政府暗号学校の解読者たちは、当初フィッシュ暗号を目の前にして途方に暮れた。しかし北アフリカに駐留する第 8 軍が 2 台のフィッシュ暗号機を捕獲して以降、解読が可能になる。ボンブ計算機がフィッシュ暗号に対応するよう改造されると共に、プログラム可能なデジタル式電子計算機（コロッサス）がこの暗号を攻略するために開発されている。終戦時には 10 基の巨大なコロッサス計算機がフィッシュ暗号の解読にあたっていた。

F・H・ヒンズリー他著『British Intelligence in the Second World War』（1984）には次のように記されている。「フィッシュ暗号に対する成果は（ドイツ側の送信手順の）過ちを含む数々の出来事が組み合わさって可能になったものだが、解読の遅れも情報の質の高さによって打ち消された」

ヒンズリーによると、解読までにかかる平均日数は、1943 年と 45 年では 3 日間であり、1944 年には 7 日間にまで拡大したという。しかし情報の質が高かったので、戦術及び作戦レベルにおける解読の遅れよりも問題は少なかった。その一方で、フィッシュ暗号の一部、例えばドイツ陸軍のヴェーアクライス・システム——イギリス側はスレッシャー（オナガザメ）と名付けた——は解読されなかった。

【参照項目】暗号、エニグマ、平文、ローター、Y 局、政府暗号学校、ブレッチレーパーク

フィードバック （Feedback）

衛星偵察システムの開発を正当化するため、ランド研究所が 1951 年から 54 年にかけてアメリカ空軍の下で実施した一連の研究活動を指すコードネーム。コロナ計画の開始にあたり、フィードバックはその主要要素となった。

【参照項目】衛星、偵察、コロナ

フィールド、ノエル （Field, Noel 1904-1970）

アメリカの元外交官。1930年代にアメリカ政府の資料を盗んだとして1949年に起訴された元国務省職員アルジャー・ヒスの裁判で、自らの名前が浮上する直前に姿を消した。国際共産主義を支援するドイツの共産主義者からスパイ行為の勧誘を受けていた。

イギリス生まれのフィールドはハーバード大学を卒業後の1926年に国務省入りしたが、ジュネーブの国際連盟で働くため36年に退職、後にスイスのユニテリアン奉仕委員会に移籍する。そこでソビエト軍情報機関のヨーロッパ地区責任者、ウォルター・クリヴィツキー将軍（1939年西側へ亡命）が管理するスパイ網に引き込まれた。

スイスでは戦略諜報局（OSS）のベルン支局長を務める旧友アレン・W・ダレスと会っている。フィールドは表向きユニテリアン奉仕委員会で難民の支援を続けながら、OSSの活動に加わった。やがてOSSはドイツ共産党（KPD）との接触をフィールドに命じる。亡命中のユルゲン・クチンスキー党首はOSSのために活動しつつ、対ナチ工作を行なうネットワークを組織していたのである。

戦後、フィールドはアメリカに戻り、ヒスを通じて国務省に復帰しようとした。しかしフィールドは共産主義者であるとヒスが偽証したため、妻と共にチェコスロバキアへ逃れ、後にハンガリーに移ってソビエト勢力圏への政治亡命を求めた。しかしハンガリーの秘密警察AVHは、フィールドをCIAのエージェントであるとして逮捕する。その後フィールドは、反ソ派リーダーを粛清すべく長期にわたって行なわれた裁判で証言している。

5年間の拘束を経て釈放されたフィールドはハンガリーに残り、西側へ戻ることなく亡命を求め続けた。そして失敗に終わった1956年のハンガリー蜂起では、ソビエトによる鎮圧を支持する旨の声明を発表した。一方、アメリカ国務省はフィールドの市民権を剥奪している。

その後1970年にハンガリーで死去した。

【参照項目】アルジャー・ヒス、ウォルター・クリヴィツキー、戦略諜報局、アレン・W・ダレス、ユルゲン・クチンスキー

フィルビー、ハロルド・A・R（キム）
（Philby, Harold A. R.〔Kim〕 1912-1988）

ソビエトのために活動した大物スパイ。長年にわたり内通者としてイギリス情報機関に潜みつつ、冷戦期の作戦を暴露することで祖国と同胞を裏切り、無数の犠牲者を生み出した。ケンブリッジ・スパイ網における「第3の男」だったフィルビーは、1930年代に他の2人——ガイ・バージェス及びドナルド・マクリーン——と出会っ

ている（「アンソニー・ブラント」「ジョン・ケアンクロス」も参照のこと）。

父親のハリー・シンジョン・フィルビーは冒険家であり、パンジャブ州総督補佐としてインドに赴いた後、1910年に現地で結婚した。仲人を務めたのは、第2次世界大戦で最も有名なイギリス人将官の1人となるバーナード・モントゴメリー中尉だった（第2次大戦中、熱烈なファシストであるジョン・フィルビーは、潜在的敵性人として一時的に収監された）。

イラクが独立する以前の第1次世界大戦中、古代からの歴史を誇るこの地はいまだメソポタミアの名で知られていた。イギリス軍の情報機関はジョン・フィルビーを「メスポット（イギリス人はメソポタミアをそう呼んでいた）」に送り、サウジアラビアのイブン・サウド国王率いる部族と、トルコを支持する部族とを敵対させる任務に就かせた。フィルビーは見事な成功を収め、イブン・サウドの信頼を勝ち取る。こうして「名誉連絡員」、つまりイギリス秘密情報部（MI6）に情報をもたらし、時にはその任務をこなす上流階級の1人と見なされた。

フィルビー夫妻の第1子であるハロルド・エイドリアン・ラッセル・フィルビーはインドで生まれた。ニックネームの「キム」は、ルドヤード・キプリングが生んだ若きスパイの名に由来している。フィルビーは父親と同じウエストミンスター校に通い、1929年にケンブリッジ大学トリニティ・カレッジへ進んで歴史を学んだ後、公務員試験を受けた。ソビエトの情報機関から勧誘を受けたのはケンブリッジ在学中である。フィルビーは後にこう記した。「私は防諜部門に浸透するという任務を与えられた。時間はどれだけかかっても構わないという……私がいつ、どこで、どのようにソビエト情報機関の一員となったかは、私と同志の問題である」

1933年にケンブリッジ大学を卒業したフィルビーはウィーンへ赴き、警察から追われていた共産党員、アリス（「リッツィ」）・フリードマンと翌年2月24日に結婚した。妻の友人の1人にソビエトの勧誘員だったエディス・チューダー・ハートがおり、フィルビーは彼女からスパイ候補として見出された。ウィーン時代のフィルビーは反共産主義者を装っており、スペイン内戦では表向きフランシスコ・フランコ将軍を支持する。しかし一方で、共産主義者や社会主義者の友人を数多く作っていた。

フィルビーはリベラル派の月刊誌にしばらく記事を書いた後もジャーナリストとしてのキャリアを続け、ロンドンのタイムズ紙にスペイン内戦の記事を寄稿する。彼はフランコ率いるナショナリスト軍に従軍し、親ファシストを装った。しかし1939年にスペインを離れてからは、右翼のイメージを自分に植え付けていたこともあり、共産主義者の妻とは暮らすことができず別居に至った。

フィルビーの主張によると、スペインから帰国後に再び諜報機関の勧誘を受けたという——今度はMI6からの誘いだった。しかしイギリス情報関係者の話では、フィルビー自らMI6に応募し、父親から「C（秘密情報部長官は以前からそう呼ばれており、当時はサー・スチュワート・ミンギスだった）」への口利きがあったとのことである。いずれにせよ、結婚生活に由来する保安上の問題にもかかわらず、フィルビーはMI6入りに成功した。その後1941年9月には、防諜を担当するセクションⅤの管理ポストを提供されている。フィルビーはセクションⅤを「秘密の世界の中心部」と表現していた。

セクションⅤのイベリア担当課長となったフィルビーは、戦時中ドイツに占領された国々でレジスタンス運動やゲリラ活動を指揮していた特殊作戦執行部（SOE）と密接に協力し、マルコム・マッグリッジやグレアム・グリーンといったエージェントを配下に擁していた。スペイン、ポルトガル、北アフリカ、そしてイタリアにおけるフィルビーの作戦指揮は高い評価を得、ミンギスからも気に入られる。同僚の中には、フィルビーこそ将来の「C」だと予測する者もいたほどである。

1944年9月、フィルビーは共産主義エージェントを摘発すべく新設されたセクションⅨの部長となる。本人が後に記したところによると、この人事は「誰がどう見ても奇怪極まりない誤り」だったという。それでも一室しか与えられていない1人きりのセクションを拡大させ、18ヵ月後には30名以上の職員を擁する組織に仕立て上げた。

だが1945年8月、フィルビーの正体が危うく発覚しそうになる。原因はNKVD（ソビエト内務人民委員部）のインテリジェンス・オフィサー、コンスタンチン・ヴォルコフの亡命だった。駐イスタンブール副領事をカバーとしていたヴォルコフは、イギリス領事館の副領事に接触し、イギリス政府内に潜む内通者の情報を提供した。彼の言葉によると、2人のスパイが外務省に浸透しており、1人はロンドンで防諜機関のトップを務めているという。またソビエト側はすでにイギリスの外交暗号を解読しているため（これは事実ではなかった）、自分がもたらした情報も、また亡命の申し出もロンドンに伝えてはならないと警告した。

内通者に関するヴォルコフの情報は外交郵袋でロンドンに送られ、1週間後にはMI6にも届き、フィルビーの机の上に置かれた。フィルビーは、ヴォルコフが名指ししようとしている内通者の1人こそ自分であると認識していた。「私は考えをまとめるために、必要以上に文書を見つめていた」後に自己弁護を目的として執筆した自伝『My Silent War（邦題・プロフェッショナル・スパイ：英国諜報部員の手記）』（1968）の中で、フィルビーはそう記している。だが幸運と組織内の怠慢が上手く重なり、フィルビーは別のインテリジェンス・オフィサ

ーに代わってイスタンブールへ赴くことができた。フィルビーがイスタンブールに到着した時点でヴォルコフはすでに姿を消しており、以降の消息も不明となった。亡命に関する情報がフィルビーからロンドンのハンドラーにもたらされ、亡命者となるべきこの人物の処刑につながったことは間違いない。

同年9月には別の亡命事件が持ち上がるも、フィルビーはより冷静に対処できた。オタワのソビエト大使館に所属する暗号官のイーゴリ・グゼンコが亡命、カナダの情報当局に自ら知っていることを話す。グゼンコがカナダで取り調べを受けている間、同席していたMI6職員はその内容を日次報告書としてフィルビーに送り、かくしてグゼンコが語った内容はソビエト側に筒抜けとなった。グゼンコの情報によってニコライ・ザボーチン大佐、及びアラン・ナン・メイなどスパイの摘発につながったが、フィルビーは難を逃れることができた。

1946年には戦時の情報活動に対して大英帝国勲章を授与される。推薦者はミンギスだった。授与式を終えてバッキンガム宮殿から帰る途中、フィルビーは同じ車に乗り合わせたCIAのジェイムズ・ジーザス・アングルトンにこう話している。「この国は社会主義を必要としているのです」後に回想した通り、アングルトンはこの言葉に驚き、ファイルに記録した。

1947年、6年前に知り合い、しばらく同棲生活を続け

ハロルド（キム）・フィルビー（出典：UPI通信社／ベットマン・アーカイブ）

ていたアイリーン・ファースと結婚する。彼女は戦時中ブレッチレー・パークで勤務したことがあった。2人は同居中に3人の子供をもうけ、結婚したときも妊娠中だった（この結婚を実現させるため、フィルビーはリッツィ・フリードマンと離婚しなければならなかった。MI5がリッツィを追跡したところ、彼女は東ベルリンでソビエトのエージェントと暮らしていた。彼女自身も以前、イギリスでソビエトのためにスパイ行為をしていたのである。しかしリッツィの経歴が明らかになった後も、フィルビーのセキュリティー・クリアランスはそのままだった）。

　1946年末、フィルビーは現場経験を積むべく支局長としてイスタンブールに赴任する。2年間のトルコ滞在中に数名のエージェントをソビエト領トルキスタンに送り込んだが、いずれも消息を絶った。またイスタンブールでは、ワシントンのイギリス大使館が絡んだFBIによる捜査の情報を、ソビエトのハンドラーから求められている。これは以前に傍受されたソビエトの暗号メッセージを解読する、ヴェノナというコードネームの作戦を遠回しに指しており、解読作業の結果、ソビエトのスパイがイギリス大使館で勤務していることが示唆されたのである。

　イスタンブールで2年間過ごした後、フィルビーはCIA及びFBIとの連絡員としてワシントンDCに派遣される。これはイギリス情報機関において最も機密に関わるポストの1つだった。フィルビーが後に記したところによると、当時は彼が名指ししたスパイたち――アルジャー・ヒス、ジュディス・コプロン、クラウス・フックス、ハリー・ゴールド、デイヴィッド・グリーングラス、そして「勇敢なる」ジュリアス（及びエセル）・ローゼンバーク――の時代だった。またカナダ情報機関との連絡員も務め、グゼンコによる暴露から始まった捜査の進展を追い続けることができた。

　1949年にワシントンへ旅立つ直前、フィルビーは自分の後任としてセクションIX部長に就任していたサー・モーリス・オールドフィールドから報告を受けた。オールドフィールドはフィルビーにヴェノナのことを話し、また原爆スパイ網に対する捜査についても教えた。

　ワシントンにおいて、フィルビーはアメリカ情報機関と比較的自由に接触できた（ただしアメリカ軍の情報機関は別のルートを通じてイギリス側と情報を共有していた）。当時CIAの戦略作戦部長となっていたアングルトンとは、とりわけ親密な関係になった。2人は毎週顔を合わせ、ワシントンにあるハーヴェイズというレストランでランチを共にしながら秘密情報を交換した（偶然ながら、J・エドガー・フーヴァーもこのレストランを気に入っていた）。フィルビーは後にこう記している。「我々の緊密な関係は、間違いなく両者の真の友情から生まれたものである。話題は世界全体に及んだ……この複雑な

ゲームでどちらが得をしたか、ここで言うことはできない。しかし私には1つの大きな利点があった。私はCIAにおける彼の活動を知り、彼はSIS（秘密情報部）における私の活動を知った。だが私の本当の関心は、彼の知らぬ所にあったのである」

　アングルトンはキャリアの初期において、戦略諜報局（OSS）の一員としてローマで活動していたことがあった。その時、後にイスラエル情報機関となる組織のためにローマとパレスチナを行き来していたテディー・コレクと出会っている。フィルビーがリッツィ・フリードマンと結婚した1934年、コレクはウィーンにおり、2人の結婚式に立ち会った可能性もある。やがてエルサレム市長となるコレクは1949年にワシントンを訪れているが、旧友のアングルトンと顔を合わせたことは間違いない。このため数年後、コレクが1930年代におけるフィルビーの共産主義人脈をアングルトンに告げ、フィルビーが二重スパイである可能性を警告したという推測が生まれることになった。この説によると、自分はアングルトンを利用しているとフィルビーが信じ込む一方、アングルトンもフィルビーを利用していたのだという。しかし当時のアメリカ情報当局はこの可能性を強く否定した。

　また連絡員としての任務の中で、フィルビーはアメリカ人暗号解読者のメレディス・ガードナーとも接触した。ヴェノナ計画におけるキーパーソンだったガードナーは解読済み資料の一部をフィルビーに見せ、内通者と疑わしき人物がイギリス外務省にいると告げた。それを聞いたフィルビーはドナルド・マクリーンの正体が今すぐにも発覚すると判断、NKVDに警告を送った。

　フィルビーはロンドンの秘密情報部にも電報を打ち、外務省幹部の1人が1930年代からソビエトのためにスパイ行為をしていたという、ソビエトからの亡命者2名――ヴォルコフとウォルター・クリヴィツキー――の言葉を思い出させた。この行為により、マクリーンに対する疑いが強まるのは間違いなかった。しかしマクリーンの逃亡後に保安当局はこの警告を振り返り、自分がマクリーンの共犯ではないと信じるだろうと、フィルビーは冷酷にも計算していたのである。

　バージェスとマクリーンは1951年5月にソビエトへ逃亡し（詳細はドナルド・マクリーンの項を参照のこと）、フィルビーも同僚やアメリカ情報機関から疑いを向けられた。彼はヴァージニア州の荒野に車を走らせ、カメラと三脚、そして文書を撮影するために用いたその他の道具一式を地中に埋める。今や「清廉潔白」であると感じたフィルビーはこの危機に正面から立ち向かい、米英の情報当局は上のレベルからの命令がない限り自分との対決に躊躇する、よって危機を回避できるはずだと信じ込んでいた。

　しかしアングルトンはフィルビーに強い疑いを抱いて

おり、中央情報長官のウォルター・ベデル・スミスを説得、CIA はこれ以上彼を受け入れることができないので、本国に帰還させてほしいと MI6 に要請させた。フーヴァーもスミスの意見に同意した——FBI と CIA のトップ同士で意見が一致するのは、実に稀な出来事である。フィルビーがロンドンに戻る一方、5 番目の子どもを身ごもっていたアイリーンはワシントンに残った。

ロンドンでは保安当局がフィルビーのパスポートを押収、バージェスとの関係について質問した。マクリーンについて尋ねられたフィルビーは、ケンブリッジ卒業後 2 度しか会っていないので、詳しいことは知らないと答える。これらの否認にもかかわらず、フィルビーは 7 月に辞表を提出、2,000 ポンドの退職手当が支払われると共に、向こう 3 年間にわたって総額 2,000 ポンドを月割りで受給できると言い渡された。

やがてパスポートも返還され、MI6 長官すなわち「C（当時はヒュー・シンクレア海軍大将）」の口添えでオブザーバー紙及びエコノミスト誌の中東特派員となることができた。その一方でイギリスの各新聞は、ソビエトからの亡命者ウラジーミル・M・ペトロフがバージェスとマクリーンの逃亡について語る中で、フィルビーこそ「第 3 の男」——このフレーズは数年間にわたって繰り返されることになる——であると述べたことを報じた。1955 年 10 月 25 日、ある議員がアンソニー・イーデン首相に対し、フィルビーの「第 3 の男」としての役割について質問する。後にイーデンの後任として首相になるハロルド・マクミラン外相は、続く議会の場でフィルビーに対する疑いを公式に否定した。

フィルビーは極めて有能なソビエトのアセットだった。ワシントン駐在中、彼は米英によるアルバニア政府転覆の試みを掴む。数百のゲリラ兵をまず上陸作戦で、次にパラシュートで国内に送り込むというのがその内容だった。しかしソビエトはフィルビーからの情報をアルバニア政府に伝え、その結果ゲリラ兵のほぼ全員が殺戮、残りも収監され、脱出できたのは皆無だった。

罪を晴らしたかに思われたフィルビーが特派員としてベイルートに赴いた際、フィルビーの雇用主は、それが MI6 再雇用のカバーだとは知らされなかった。一方、KGB もベイルートでフィルビーと接触し、信じられないことにスパイの仕事に戻らせた（ハンドラーの証言によると、彼がもたらした報告書の大部分は情報の断片でなく政治的観測であり、極めて価値が高かったという）。MI6 時代の旧友ニコラス・エリオットがベイルート支局長に赴任すると、フィルビーはエリオットが信を置くエージェントの 1 人にもなっている。

フィルビーはベイルートで父親との再会を果たした。妻は 5 人の子どもと一緒にイギリスに残ったが、1957 年 12 月 11 日、結核による心臓病の悪化がもとで死亡した。当時フィルビーは、ニューヨーク・タイムズ紙のベ

イルート特派員を務めていたサム・ポープ・ブリュワーの妻、エレノア・ブリュワーと不倫の関係にあった。彼女はブリュワーと離婚し、59 年 1 月にロンドンでフィルビーと結婚する。そして夫と子ども 5 人と共にベイルートへ戻った。

1962 年 12 月、フィルビーに再び追及の手が迫る。CIA に寝返った元 KGB 職員、アナトリー・ゴリツィンの供述内容が CIA からイギリス情報機関に伝えられたのである。62 年夏にゴリツィンを尋問した際、彼らはフィルビーがスパイであることを確信した。前年にはイギリス人インテリジェンス・オフィサーのジョージ・ブレイクがスパイ行為で禁固 42 年を宣告されており、ここで手を打とうとすれば同様の運命が待ち構えているとフィルビーは悟った。

1962 年末のある時、MI6 はフィルビーから自白を引き出すのに十分な証拠が得られたと判断、彼と対決する。当時ロンドンにいたニコラス・エリオットがこの任務の実行を志願した。1963 年 1 月、エリオットはフィルビーにこう告げている。「キム、君に命綱を渡してやる。協力してくれれば訴追しない」翌日、フィルビーはタイプライターで打った 2 枚の文書を手に戻ってきたが、その大半は嘘の内容だった。エリオットは 3 日間にわたってさらに供述を録音した後、フィルビーが自殺するのではと懸念を抱きながらロンドンに戻った。

しかしフィルビーは逃亡した。ベイルートに駐在する KGB の工作員が、オデッサ行きのソビエト貨物船に彼を秘かに乗せたのである。そして 1963 年 7 月 3 日、フィルビーがソ連邦市民としてモスクワで暮らしている旨、ソビエト政府から発表された。後にフィルビーは、大英帝国勲章と赤旗勲章の両方を授与された最初の人物となる。彼は KGB のために働き、ソビエトの報道によると、ユーリ・アンドロポフが出世の階段を登る手助けをしたという。またその一方で『My Silent War』の執筆も続けていた。

エレノア・フィルビーも 1963 年 9 月にモスクワへ到着、夫と再会した。だがアメリカ訪問から帰国した 64 年、彼女はマクリーンの妻メリンダと夫が不倫関係にあることを知る。翌年 5 月、エレノアは再びアメリカに戻った。そして死の直前に著書『The Spy I Loved』を書き上げている。

メリンダは 1966 年にフィルビーのもとを去り、やがてアメリカへ帰国した。一方のフィルビーは同じイギリス人スパイのジョージ・ブレイクを通じ、20 歳近く年下のロシア人、ルフィーナ・イワノヴァと出会い、71 年 12 月に結婚している。

1988 年 3 月、英サンデー・タイムズ紙とのインタビューにおいて、フィルビーはこう語った。「ここでの生活には困難もあるが、私はここに帰属していると感じているし、他の場所で暮らしたいとは思わない。ここが

地である。私はここに埋葬されたい。私が尽くしてきたこの
地で眠りたいのだ」インタビューから2ヵ月後の5月
11日、フィルビーは心臓病で息を引き取った。彼は
KGB大将の階級を追贈された上で、モスクワのクント
セヴォ軍人墓地に埋葬されている。ルフィーナ・フィル
ビーは後に、共著者と共に回想録『The Private Life of
Kim Philby: The Moscow Years』（2001）を執筆、フィ
ルビーが「KGBのために時おり仕事をしていた」と記
している。だがその詳細は明らかにしていない。

イギリス人スパイ作家のナイジェル・ウエストは巧み
な構成のフィクション『The Blue List』（1989）の中
で、フィルビーが実は三重スパイであり、実際にはソビ
エト情報機関と対決していたという物語を紡ぎ上げた。
しかし元KGB職員と著したノンフィクション『The
Clown Jewels』（1999）において、ウエストはKGB文
書庫に保管されていた資料を基に、フィルビーの活動に
ついて50ページを費やして実例を挙げている。またこ
れら文書を基に、フィルビーは「鋭利な頭脳を持つ激情
的な知識人であり、イギリスの秘密諜報員がいかに任務
を遂行したかについて、可能な限りロシアへ伝えようと
命を捧げていた」と記した。

1990年、ソビエト政府はKGB英雄シリーズ切手の一
環として、フィルビーを顕彰する切手を発行した。

【参照項目】内通者、ケンブリッジ・スパイ網、第3の
男、ガイ・バージェス、ドナルド・マクリーン、MI6、
防諜、勧誘員、エディス・チューダー・ハート、C、ス
チュワート・ミンギス、特殊作戦執行部、マルコム・マ
ッグリッジ、グレアム・グリーン、エージェント、
NKVD、インテリジェンス・オフィサー、コンスタンチ
ン・ヴォルコフ、ハンドラー、暗号、イーゴリ・グゼン
コ、ニコライ・ザボーチン、アラン・ナン・メイ、CIA、
ジェイムズ・ジーザス・アングルトン、ブレッチレーパ
ーク、MI5、ベルリン、FBI、ヴェノナ、アルジャー・ヒ
ス、ジュディス・コプロン、クラウス・フックス、ハリ
ー・ゴールド、デイヴィッド・グリーングラス、ジュリ
アス・ローゼンバーグ、モーリス・オールドフィール
ド、J・エドガー・フーヴァー、戦略諜報局、二重スパ
イ、メレディス・ガードナー、KGB、ウォルター・クリ
ヴィツキー、中央情報長官、ウォルター・ベデル・スミ
ス、ヒュー・シンクレア、ウラジーミル・M・ペトロ
フ、アセット、アナトリー・ゴリツィン、ジョージ・ブ
レイク、ユーリ・アンドロポフ、ナイジェル・ウエス
ト、三重スパイ、切手

フーヴァー、J（ジョン）・エドガー

（Hoover, J.〔John〕Edgar 1895-1972）

1924年から72年の死までアメリカ司法省の捜査部門
を率い、反体制派にとって第1の敵だった人物。1935年

のFBI創設時から長官を務めた。

フーヴァーは1917年に司法省の文書整理係として働
き始め、19年には司法長官の特別補佐官に任命される。
1921年には捜査局副長官となり、24年に長官となった。
司法省捜査局はその後アメリカ捜査局及び捜査部を経
て、1935年にFBI（連邦捜査局）となる。当時、フーヴ
ァー配下の捜査官は「Gメン（goverment menの略）」
の名で広く知られていた。

長期にわたる在任期間中、フーヴァーこそがFBIだ
った。下院司法委員会のエマニュエル・セラー議員はか
つて、フーヴァーが強力なのは「強大な力、監視する
力、そして国民1人1人の人生と運命を支配する力
――それらを併せ持つ組織の長だからである」と述べ
た。当時は大統領以上の権力を持つ人物と考えられてい
たのである。

ワシントンに生まれたフーヴァーは3代にわたる公
務員となった。ジョージ大学で学ぶ傍ら議会図書館の文
書整理係として働き、1916年に法学の学士号を、翌年に
は修士号を取得する。生涯独身を貫いた彼は、未亡人だ
った母と1938年の死まで一緒に暮らし、残りの人生は
先祖伝来の家で過ごした。

教育期間を終えたフーヴァーは司法省の文書整理係と
して勤務する。そして1917年の第1次世界大戦参戦と
同時に、フーヴァーの反体制派狩りとしてのキャリアが
始まった。当時、敵性外国人への不安が司法省捜査局
（BOI）の中で急速に広がっていた。ロシアのボルシェ
ビキ革命が他国に広めていた恐怖に対し、アメリカでは
敵性外国人登録課が対処の中心となっていたが、フーヴ
ァーはそこに配属されたのである。

司法長官のA・ミッチェル・パーマーは「赤化の脅
威」と戦うにあたってBOIに一般捜査課を設けると共
に、過激派の立件を目的としてフーヴァーを特別補佐官
に任命する。フーヴァーはすぐさま20万件以上に及ぶ
個人及び組織の情報ファイルを作成、その上でロシア労
働者連盟に所属する200名以上のメンバーを摘発し、
「傾向において無神論的であり、目的において不道徳か
つ悪意のあるアナーキストのプロパガンダ」を発見し
た。摘発されたロシア人は1919年12月に国外追放さ
れている。フーヴァーは翌年1月にも過激派に対する
襲撃を主導、30以上の都市で1万人を逮捕した。しかし
その大半はすぐさま釈放され、国外追放が予定されてい
た3,500名のうち実際に送還されたのは556名に過ぎな
かった。

1924年5月にBOI長官代理となったフーヴァーは12
月に長官に任命され、441名の「特別捜査官」及びフィ
ールド・オフィサーを主要都市に擁する全国的な警察機
関への進化を監督した。1933年に禁酒局――酒類の製
造、販売、輸送を禁じた修正憲法を執行すべく設けられ
た司法省の1部署――がBOIの傘下に置かれると、そ

の活動範囲は大きく広がった（禁酒法は同年12月に廃止された）。国民的関心が反体制活動から犯罪へと移った際には、革命家の代わりに犯罪者を追跡の対象とすることで、フーヴァーはそれに対処した。

フランクリン・D・ルーズベルト大統領の下、司法省捜査局は捜査部に格上げされる。その後ルーズベルトはフーヴァーにさらなる独立性を持たせる法案を支持し、1935年7月に連邦捜査局（FBI）となる組織を創設した。

1939年にヨーロッパで戦争が勃発した際、フーヴァーはルーズベルトの支持を受けてFBIの任務を反体制派、スパイ、そして破壊工作員の摘発に移した。しかし犯罪と戦う彼の能力は、狡猾さを要する諜報活動には不十分だった。

1940年、イギリス秘密情報部（MI6）はルーズベルトの了解を得て、英国保安調整局（BSC）という名の情報機関をニューヨークに設置する。BSC長官のウィリアム・スティーヴンソンは、共通の友人である元ヘビー級世界王者、ジーン・タニーを通じてフーヴァーと会った。イギリスのインテリジェンス・オフィサーがアメリカで活動することにフーヴァーは反対したが、スティーヴンソンはFBI長官に対し、相互の協力関係が両国に利益をもたらすと納得させた。またフーヴァーの自尊心を満たすべく、イギリスによる破壊工作員やスパイの摘発は全てFBIの手柄にすることを認めた。

米英情報機関のさらなる協力関係を模索したスティーヴンソンは、それをフーヴァーではなく、大統領直属の準情報機関を率いるべく情報統括官に指名されたウィリアム・ドノヴァンに見出した。この機関はやがて統合参謀本部傘下の戦略諜報局（OSS）となるが、トップにドノヴァンが就任することは、フーヴァーの反対を招いた。なおこの2人は、フーヴァーがBOI長官で、ドノヴァンがそれを監督する司法次官補だった際に顔を合わせている。ドノヴァンは1929年に司法省を去っていたが、フーヴァーは彼を気に入らない人物——言動が派手で洗練され、官僚らしからぬ図々しい人物——として記憶していたのである。

ドノヴァンはOSSを設立すべく策謀を巡らせ、FBIには干渉しないとある幹部職員に告げている（フーヴァーは彼に会おうともしなかった）。混乱を抑えるため、ルーズベルトは息子のジェイムズをドノヴァンとFBIとの連絡役に据える。フーヴァーは旅慣れたドノヴァンと「ドイツ人による活動」や共産主義者との関係について情報を握っていたが、ルーズベルトが後ろにいるとあってその情報を利用することはなかった。

一方、ギャングの時代に広報を上手く活用することでFBIの評判を高めていたフーヴァーは、同じ手法で部下のGメンを戦争の英雄に仕立て上げた。署名入りの記事を雑誌に寄せ、ナチまたは日本のスパイを追う飽くな

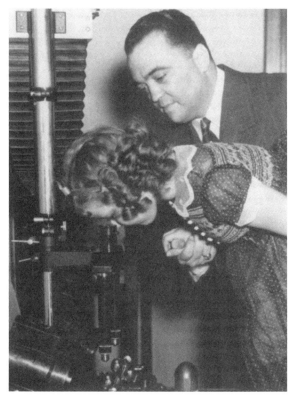

子役シャーリー・テンプルと写るJ・エドガー・フーヴァー。（出典：FBI）

きハンターとしてFBIを描き出したのである。

1941年8月、イギリスはデュスコ・ポポフをFBIに紹介した。ポポフはMI5（イギリス保安部）による管理の下、ドイツ軍の情報機関アプヴェーアのために働く二重スパイだった。アプヴェーアはアメリカでスパイ網を組織すべくポポフを送り込んでおり、ポポフが所持していたマイクロドットの指令書には、ドイツの同盟国である日本の求めに応じて、アメリカ海軍基地があるハワイの真珠湾を調査することも含まれていた。しかしポポフが本物のドイツのスパイであると信じていたフーヴァーは、彼を「バルカン・プレイボーイ」として無視し、ハワイへ赴くことを拒否した（フーヴァーは1946年春号のリーダーズ・ダイジェスト誌で、FBIがドイツ人スパイを「逮捕」し、マイクロドットを発見したと主張している。この「スパイ」こそポポフであり、功績は当然イギリスに帰せられるべきものである）。

1941年8月の段階で日米両国の衝突は避けられない状況にあり、アメリカ政府の大多数は戦争が迫っていると感じていたものの、フーヴァーは真珠湾に関するマイクロドットの指令書を無視、ドイツと日本が海軍基地に関心を抱いていることの重要性を見逃した（真珠湾調査に関する事実を始めて明かしたのはサー・ジョン・マスターマンである。「ダブルクロス・システム」を参照のこと）。

9月30日になってポポフのメッセージの一部がよう

やく陸海軍の情報参謀に渡される。しかしその時になってもなお、真珠湾調査の重要性は無視された。

真珠湾攻撃から1ヵ月以上が経過した1942年1月13日、フーヴァーはルーズベルト大統領のアポイントメント担当補佐官を務めるエドウィン・M・ワトソン陸軍少将に宛てて1枚のメモを記した。その中ではポポフについても真珠湾調査についても触れられておらず、「ドイツの諜報システムがエージェントへのメッセージ送信に用いている方法の1つ」を大統領は知りたいのではないか、とのみ記されていた。メモには400倍に拡大されたマイクロドットのメッセージと、FBIによる翻訳文が同封されていた。しかし大統領に見せることを選んだ部分に真珠湾への言及はなく、メッセージのうち翻訳されたのは、アメリカの航空機生産に関する情報を入手するようにと記された部分だった。

FBIがスパイを追跡する傍らで、フーヴァーは第5列の裏切り者、すなわち「内なる敵」——「アメリカ政府の転覆は可能である」と信じる人々——に関する警鐘を鳴らし続けた。ソビエトのスパイ活動が関係するアメラジア事件の影響か、共産主義の反体制派が絶えずアメリカ合衆国を脅かしているという信念に彼は取り憑かれていたのである(「デュケイン・スパイ網」「ウィリアム・C・コールポー」「ヴェルヴァリー・ディッキンソン」を参照のこと)。

戦争が終わりを迎える中、ドノヴァンはルーズベルトの指示を受けて平時の情報機関に関する計画案を提出した。フーヴァーはそのコピーを手に入れ、シカゴ・トリビューン紙にリークする。その結果「戦後のニューディールに対応した超スパイ組織」というレッテルが貼られるに至った(戦時中にアメリカの暗号解読活動を暴露したとして非難されたトリビューン紙——及びスタンレー・ジョンストン記者——だが、フーヴァーへの支持は変わらなかった)。

フーヴァーは1945年公開の映画『The House on 92nd Street(邦題・Gメン対間諜)』の製作にFBIを協力させた(「スパイ映画」を参照のこと)。FBIの二重スパイ作戦(「ウィリアム・G・シーボルト」を参照のこと)を基にしたこの映画は、実話と思わせるべくドキュメンタリーの手法を用いている。しかし映画の中では、ドイツによる現実の破壊工作計画をFBIがあらかじめ知っていた印象を与えているが、ドイツの破壊工作員が潜水艦から上陸したことは、実はFBIを驚愕させていたのである。

フーヴァーは政治家や有名人の秘密を集めることにも執着した。1940年6月、FBIの捜査官がアメリカ青年議会のニューヨーク支部に侵入、大統領夫人エレノア・ルーズベルトからの手紙を含む通信文書の写真を撮り、報告書をフーヴァーのもとに送った。この「ブラック・バッグ・ジョブ(侵入行為)」は、「黒人の扇動」に対するフーヴァーの懸念が基になっていた。「エレノア・ルー

八行

ズベルト・クラブのメンバーを名乗り、労働条件の向上を求める黒人メイド」のことをフーヴァーは耳にしていたのである。

1945年4月にルーズベルト大統領が死去すると、フーヴァーはトルーマン政権に対してドノヴァン提案を葬り去るよう工作した。しかしフーヴァーを嫌っていたトルーマンはそれに耳を貸さず、CIAの設立を認可する。フーヴァーの在任期間中、FBIとCIAの協力関係はほぼ全く存在していない。

フーヴァーが許可を与えた侵入行為は1950年代に入っても続けられたが、人権団体や労働組合など、反体制的と見なされた組織がとりわけ標的になった。また徴兵制に反対し、アメリカ国旗への敬礼を拒んだという理由で、エホバの証人も電話盗聴の対象となっている。その上多くのケースで「misur(マイクを用いた監視)」の許可を個人的に与え、1960年代に入っても司法長官が1938年に下した決定を根拠に権限を行使した。

フーヴァーは政府内に巣食う共産主義者の摘発にあたって議会の委員会に協力し、その脅威について自ら証言した。しかし裏で手を回すことの方が多く、下院非米活動委員会や上院内部保安委員会に文書を秘かに流している。またアルジャー・ヒスの事件において、フーヴァーは若き下院議員リチャード・ニクソンにとりわけ協力的だった。

フーヴァーはアイゼンハワー大統領と距離をとっており、彼の政敵で共産党員狩りを主導したジョセフ・R・マッカーシー上院議員に接近している。戦時中におけるアイゼンハワーの愛人、ケイ・サマーズビーについての情報も掘り出したが、それを用いることはなかった。

1956年にはCOINTELPRO(防諜プログラム)という名の秘密作戦を発動する。そこには政府に忠実でないと判断した人間や組織について、情報を集めることも含まれていた。ベトナム戦争中は反戦活動家のCOINTELPROに勢力を集中させ、CIAをも取り込むほどだった(「カオス作戦」を参照のこと)。COINTELPROはアメリカ史上最も長期にわたり、かつ最も広範囲に行なわれた国内情報活動となった。しかし人権団体や議員からの例を見ない批判を受け、フーヴァーは1971年にCOINTELPROを終了させている。

1968年12月、ジョンソン大統領は後任のニクソン大統領にこう述べた。「エドガー・フーヴァーがいなければ、私は最高司令官としての任務を果たせなかった。以上。ディック、君もエドガーを頼るようになるだろう。彼は弱者の街における力の中心なんだ。治安を保つため、折に触れて頼りにするはずだ。完全に信頼できる人間は彼しかいないからな」

ニクソン大統領はフーヴァーを信頼することから政権を始めたが、後に独自の国内情報計画(「ヒューストン計画」を参照のこと)を立案、もはやフーヴァーに信を

置くことはなかった。1972年の再選後、ニクソンがフーヴァーの更迭を考えていたことは間違いない。しかしそれより早く、フーヴァーはこの世を去った。ウォーターゲート事件が明るみに出た際、ニクソンは彼の死をこの上なく悔やんだだろう。1973年2月、ニクソンはホワイトハウスのジョン・W・ディーン3世補佐官にこう語った。「そう、フーヴァーは任務を成し遂げた。彼なら戦っただろう。そこが重要なんだ。彼は戦いを挑み、死ぬほどの恐怖を与えていたに違いない。あらゆる人間の情報を握っていたからな」

フーヴァーの死後、長らく秘密にされてきた個人生活に関する噂が持ち上がった。秘かな同性愛者だったという主張は興味深くあるものの、立証はされていない。また長期にわたったキャリアを検証する中で、犯罪あるいはスパイに対する戦士だったという評価よりも、政治的な内紛を好んだという評価のほうが上回っているようである。1975年2月、エドワード・レヴィ司法長官は議会の公聴会において、フーヴァーの「公的もしくは秘密の」ファイルには、議員や大統領を含む多数の人間の軽蔑的な情報が含まれていたと述べている。また76年にはCOINTELPROの濫用が下院・上院の情報委員会によって暴露されている。

「個人用」と記されたフーヴァーの秘密ファイルは全て破棄され、レヴィが触れたファイルの多くも機密扱いとされた。エイサン・G・セオハリスとジョン・スチュアート・コックスは評伝『The Boss』の執筆において、情報公開法を通じファイルのいくつかを入手している。2人は「大統領2名、大統領夫人1名、閣僚1名、そして無数のその他有力者に関する不適切な個人情報」をそこに見つけた。しかし文書整理係からキャリアを始めたこの人物は、ファイルを整理する数多くの方法を知っていた。中でも機密を要する情報は、セオハリスらによると「インデックスを付されず、FBIの中央記録システムにも載せなかった」ため、フーヴァーの情報ファイルは「技術的には存在していない」という。

【参照項目】FBI、英国保安調整局、ウィリアム・スティーヴンソン、インテリジェンス・オフィサー、ウィリアム・ドノヴァン、情報統括官、戦略諜報局、デュスコ・ポポフ、二重スパイ、アブヴェーア、マイクロドット、ジョン・マスターマン、真珠湾攻撃、第5列、スタンレー・ジョンストン、潜水艦、ブラック・バッグ・ジョブ、CIA、アルジャー・ヒス、防諜、国内情報、ウォーターゲート事件、同性愛者

フェアウェル　(Farewell)

「ウラジミール・I・ペトロフ」を参照のこと。

フェクトー、リチャード　(Fecteau, Richard　1927-)

1952年11月29日、搭乗していた偵察機が中国で撃墜され、捕虜になったCIAのインテリジェンス・オフィサー。

フェクトーはもう1人のCIAインテリジェンス・オフィサーであるジョン・ダウニー、そしてエージェント7名と共にマーキングのないC-47ダコタに乗り、朝鮮半島のCIA秘密基地から飛び立った。エージェント同様パイロットも台湾で雇われた人物だった。毛沢東率いる中国共産党との内戦に敗れた蒋介石が台湾に逃れており、蒋に中国本土を奪還させるというアメリカの政策を支援する目的で、CIAは台湾人を本土へ浸透させていたのである。

1954年12月、中国はCIA工作員2名を捕らえ、スパイ容疑で裁判にかけたことを公表した。ダウニーには終身刑の判決が下され、フェクトーはダウニーの部下だったという理由で禁固20年の刑が言い渡された。

朝鮮戦争の停戦を迎え、アメリカは中国と捕虜交換を協議した。しかし、アメリカ政府はフェクトーとダウニーをCIA職員と認めていなかったので、2人の名はリストに載っていなかった。

中国はアメリカとの外交関係を持っていなかったものの、1957年に——間接的な方法で——2名のCIA職員を解放する用意があると再び伝えてきた。しかし、国務長官のジョン・フォスター・ダレスはこれを拒絶している（当時の中央情報長官は弟のアレン・W・ダレスだった）。

その後フェクトーとダウニーがCIA職員であることをニクソン大統領が認め、フェクトーは1971年に、ダウニーは73年にようやく解放された。

【参照項目】インテリジェンス・オフィサー、ジョン・ダウニー、中央情報長官

フェクリソフ、アレクサンドル

(Feklisov, Aleksandr　1914-2007)

ジュリアス・ローゼンバーグなど原爆スパイ網のアメリカ人メンバーのハンドラー役を努めたNKVD（ソビエト内務人民委員部）及びKGBの幹部職員。後のキューバミサイル危機ではABCニュースの国務省担当記者ジョン・スカーリと共に、ケネディ大統領とフルシチョフ首相との裏の連絡ルートを作り上げた。

フェクリソフはモスクワの下層地区に住む貧しい一家に生まれた。父親が鉄道の転轍手だったこともあって幼い頃から工学関係に興味を持ち、モスクワ通信学校に入学する。成績は優秀でスポーツにも優れ、また共産党の青年組織コムソモールでも活動した。

1940年に無線技師としての訓練を修了、NKVDに配属される。1年間にわたって英語と諜報技術を学んだ後アメリカへ送られ、1941年2月下旬にシベリア−太平洋ルートでニューヨークに到着する。午前中はソビエト領事館で勤務しながらも、メインの任務はNKVDの秘密無

線通信を行なうことだった。

ジュリアス・ローゼンバーグはこの頃すでに NKVD の勧誘を受け、勤務先の陸軍信号軍団から機密資料を盗み出していた。直後にフェクリソフがローゼンバーグのハンドラーとなり、ローゼンバーグ及び彼の同僚から情報を集めるだけでなく、アメリカ人エンジニアを仲介役としてアメリカの原爆プロジェクトに関する秘密を入手した。

フェクリソフとローゼンバーグとの会合はおよそ 50 回に上っている。だが夫のスパイ活動に協力していた妻エセルと会うことはなかった。1946 年 10 月、5 年半にわたるアメリカ駐在で大きな成果を挙げたフェクリソフはソビエトに帰国、モスクワに短期間とどまった後、翌年 9 月に今度はロンドンのモスクワ大使館へ配属される。そこで技術情報の収集を担当し、クラウス・フックスのハンドラーとしてまたも原水爆に関するスパイ活動に従事した。

フェクリソフはロンドンでも一定の成果を挙げて 1955 年 12 月にモスクワへ戻り、アメリカとカナダを対象とする政治諜報活動の監督業務に就いた。また 59 年のフルシチョフ訪米の際にも、KGB の警護団の一員として随行している。

1960 年 8 月にはレジデントとして再びアメリカへ渡り、KGB の作戦責任者を務めた。自伝『The Man Behind the Rosenbergs』(2001) の中でフェクリソフはこう記している。「敵国でレジデントを管理するのは実に困難な挑戦だった。(KGB は) 私をアメリカへ送る前に、MI5 と FBI から私のファイルを入手していた。私は外交官としてリストアップされており、それ以上のものではなかった」——これは西側情報機関に KGB が浸透していたことを示す傍証である。

ワシントンにオフィスを構えたフェクリソフは大使館の広報担当官をカバーとした。ワシントンで作った数多くの友人や知り合いの中に、ABC ニュースの記者であり日曜日のトークショー『Issues and Answers』で司会を務めるジョン・スカーリがいた。スカーリはケネディ政権の多数の高官と親しく、大統領補佐官でスカーリの隣人でもあるケン・オドンネルもその 1 人だった。フェクリソフはスカーリが同席する中オドンネルと何度も会っており、ケネディ大統領が午後にテレビ会見を行なった 1962 年 10 月 22 日にも顔を合わせていた。ケネディはその会見で、ソビエトがキューバに弾道ミサイルを運び込もうとしていることを明らかにする。10 月 26 日、フェクリソフはスカーリ——KGB から「ミン」というコードネームを与えられていた——に電話をかけ、一緒に昼食をとろうと提案した。

ホワイトハウスから 2 ブロックを隔てたペンシルヴェニア通りのオクシデンタル・グリルを選んだ 2 人は、ミサイル危機に関して議論を始めた。スカーリが真剣に

耳を傾けていると感じたフェクリソフは、あらかじめ命じられていた提案を口にする——ミサイル危機に関して交渉の余地がある、と。フェクリソフが裏ルートでの交渉をケネディ政権に持ちかけていると認識したスカーリはすぐさま席を立ち、ディーン・ラスク国務長官に連絡をとる。フェクリソフの提案はその日の午後にケネディ大統領と弟のロバート・ケネディ司法長官にもたらされた。協議の結果、真の突破口になり得るという判断が下され、スカーリは再びフェクリソフと会うべく送り出される。1962 年 10 月のこの間、世界は 45 年にわたる冷戦の中で核戦争という事態に最も近づいた。そしてスカーリとフェクリソフの作り上げた連絡ルートが、ミサイル危機の平和的解決を実現させたのである。

フェクリソフは 1964 年 3 月までアメリカに駐在したが、その間はアレクサンダー・フォーミンという名前を用いた。2001 年に出版された自伝の中で、フェクリソフは次のように回想している。

私は当時他の秘密作戦にも携わっていたが、それを話せる時期にはまだ至っていない。アンドロポフ協会でインテリジェンス・オフィサーの訓練を行ない……情報問題の調査を行なうと共に歴史学の博士論文を執筆した。

その後、1986 年に KGB を退職。

【参照項目】ジュリアス・ローゼンバーグ、原爆スパイ網、ハンドラー、NKVD、KGB、キューバミサイル危機、クラウス・フックス、レジデント、MI5、FBI、カバー、コードネーム

フェッターライン、クルト (Vetterlein, Kurt)

第 2 次世界大戦中、ルーズベルト大統領とウィンストン・チャーチル首相との間でやりとりされていた大陸間スクランブル通話を解読・文書化すべく、傍受局を指揮したドイツ人エンジニア。

1930 年代にドイツ郵政省（電話システムも担当していた）の研究所に所属していたフェッターラインは、通話の非スクランブル化を研究するよう命じられる。彼はアメリカの AT&T が音声のスクランブルに用いている一般的な技術を知っており、A-3 という AT&T の機械も保有していた。

オランダ海岸に建つユースホステルの一室で活動していた傍受ユニット——単に研究班と呼ばれていた——は、政府高官の通話だけを拾い上げた。デイヴィッド・カーンは著書『Hitler's Spies』(1978) の中でこう記している。「連合国高官の無線通話を盗聴するという卓抜した業績にもかかわらず、いかなる結果も生まれなかった。連合国の計画について特筆すべき情報がもたらされることはなかったのである」

【参照項目】デイヴィッド・カーン

フェドラ （Fedora）

　FBI、CIA、そしてイギリスの機関に情報提供したソビエトのインテリジェンス・オフィサーを指す、アメリカによるコードネーム。フェドラがFBIに提供した情報は長年にわたって波紋を広げ、ペンタゴン・ペーパーズ事件やウォーターゲート事件にも影響を与えた。またアメリカ情報機関を混乱させるために発信された偽情報の供給源でもあった。

　フェドラの正体は公式には明かされていない。最も信憑性が高い説は、国際連合のソビエト使節団に科学担当駐在官として所属していたKGBオフィサー、アレクセイ・クラクというものである。また同様のカバーを持つKGB職員、ヴィクトル・レシオフスキーではないかという説もある。フェドラの正体に関する異論は、彼の暴露によってもたらされた混乱を象徴している。

　フェドラが残留離反者としての活動を始めたのは、ソビエト軍の情報機関GRUに所属するドミトリー・ポリヤコフが同様の任務にあたっていた1962年のことである。FBIはポリヤコフにトップハットというコードネームを付与しているが、フェドラに関しても帽子をコードネームにしており、後にホンブルグへと変えている（訳注：フェドラはフェルト製のソフト帽、ホンブルグは中折れ帽のこと）。

　FBIのケース・オフィサーは国連で勤務するソビエトの離反者を操り、J・エドガー・フーヴァー長官自らフェドラの情報を大統領に直接届けることも頻繁にあった。ペンタゴン・ペーパーズの公表を差し止めるべくニクソン大統領が法廷を動かした際、フェドラはFBIに対し、一連の文書──ベトナム戦争に関する秘密資料──がワシントンDCのソビエト大使館に運ばれたと告げる。そのためニクソンは、反戦運動の中でペンタゴン・ペーパーズを暴露したダニエル・エルスバーグこそソビエトのエージェントだと信じ込んだ。かくしてニクソンの側近は、エルスバーグに不利な情報を集めようと「鉛管工」なるチームを送り込んだのである。

　しかしCIAの防諜責任者であるジェイムズ・ジーザス・アングルトンは、フェドラが語った内容の大部分を疑った。フェドラとトップハットはいずれも二重スパイであり、真の離反者、アナトリー・ゴリツィンの信用を貶めるのが目的だと考えたのである。ソビエトがゴリツィンの信用を落とそうと必死なのは、CIAに内通者が潜んでいることを暴露されたからだというのがアングルトンの説だが、証明はされていない。

　離反者に関するこの謎めいた話は、1964年1月にユーリ・ノセンコがジュネーブ駐在のCIA職員に近づき、亡命を願い出た時から始まる。前年11月のケネディ大統領暗殺事件を受け、実行犯リー・ハーヴェイ・オズワルドの経歴を捜査した結果、オズワルドがアメリカ国籍を放棄してソビエトに居住していたことが明らかになった。オズワルドがソビエト連邦にいた3年間、KGB将校として彼のハンドラーを務めていたと自称するノセンコによれば、KGBはオズワルドと何の取引も行なわなかったという。

　一方のゴリツィンは、ノセンコは自分の信用を落とすために送り込まれたのだと主張した。フェドラはノセンコの肩を持ったが、アングルトンはそのためにフェドラも偽情報源だと信じたのである。フェドラの「信頼性」に関する論争は、フーヴァー率いるFBIとCIAとの長年にわたる対立関係をさらに先鋭化させた。

　フェドラの手引きでイギリスのインテリジェンス・オフィサーが核兵器製造工場に潜むスパイ容疑者に辿り着いたのは事実だが、逮捕に至る十分な証拠はなかった。イギリスはフェドラに対する不信を募らせ、イギリスのスパイを名指ししたことは情報分野における米英間の協力関係を乱すのが目的であると信じるようになった。

　フェドラにまつわる疑惑が表面化し始めたのは1971年であるが、本格的な捜査が始められたのは翌年にフーヴァーが死去してからだった。オズワルドに関するエドワード・ジェイ・エプシュタインの著書『Legend』（1978）によれば、フェドラとノセンコは偽情報を流すエージェントだったという。エプスタインの情報源の1人であるウィリアム・C・サリヴァン元FBI副長官は、フェドラを疑っていた。またアングルトンもエプスタインの情報源の1人だとされている。

　この件は1981年10月に決着したかに思われた。フェドラはFBIに情報を提供していた間、KGBのコントロール下に置かれたソビエトのエージェントだったという記事がリーダーズ・ダイジェスト誌に掲載されたのである。この雑誌は編集者のジョン・D・バロンを通じて長年にわたってFBIと親密な関係にあり、誌面でフェドラを告発したことはFBIの方針を受けてのものだと思われる。

　フェドラは1977年以降のある時点でソビエトに帰国し、CIA内部の情報源によれば83年に自然死したという。しかしオルドリッチ・H・エイムズに関する書籍『Nightmover』（1995）の著者であり、CIAに並外れたコネを持つデイヴィッド・ワイズによれば、CIAの見方はFBIのそれと異なっている。ワイズは著書の中で、CIAはフェドラを「アングルトンが退職した1年後の1975年に真の情報源だと認めた」と記している。

【参照項目】インテリジェンス・オフィサー、コードネーム、FBI、CIA、ペンタゴン・ペーパーズ、ウォーターゲート事件、偽情報、KGB、国際連合、離反者、ディミトリー・ポリヤコフ、GRU、トップハット、ケース・オフィサー、J・エドガー・フーヴァー、鉛管工、防諜、ジェイムズ・ジーザス・アングルトン、二重スパイ、アナ

トリー・ゴリツィン、内通者、ユーリ・ノセンコ、ジョン・D・バロン、オルドリッチ・H・エイムズ

フェドルチュク, ヴィタリー・ワシリエヴィチ

(Fedorchuk, Vitaly Vasilievich　1918-2008)

　1982年5月から12月までKGB議長を務めた後、内務大臣（MVD）に任命されたソビエトの情報官僚。

　1939年にNKVD（内務人民委員部）の秘密警察部門に入り、第2次世界大戦中は軍の防諜組織スメルシで勤務する。戦後もNKVD及びKGBで軍の防諜業務を続け、1960年代後半に軍の防諜・内部保安を受け持つKGB第3局局長に就く。その後70年には軍の情報活動から離れてウクライナKGB議長に就任した。

　1982年5月、共産党中央委員会に加わったユーリ・アンドロポフの後任としてKGB議長に就任する。科学史家のゾーレス・A・メドヴェデフは評伝『Gorbachev』（1986）の中で次のように記している。「フェドルチュクは中央委員会のメンバーですらなく、この人事を後で振り返ると、（レオニード・）ブレジネフの後継者の座を巡って繰り広げられていた権力闘争において、KGBを中立の立場に置かんとする（アンドロポフの）試みではなかったかと考えられる」

　1982年11月、アンドロポフはブレジネフの後継者として共産党書記長に就任する。その1ヵ月後、アンドロポフはフェドルチュクを陸軍大将の階級と共に内務大臣に任命し、内務省から汚職と無駄を一掃する責任を与えた。しかし無能さと不人気を理由に、ミハイル・ゴルバチョフは1986年にフェドルチュクを軍監察官の地位に移し、長年にわたる情報警察のキャリアを終わらせた。

　同僚の大部分からは傲岸な無能力者だと見なされていたという。

　フィドルチュク（Fydorchuk）と表記されることもある。

【参照項目】NKVD、防諜、スメルシ、ユーリ・アンドロポフ

フェニックス作戦　(Phoenix)

　南ベトナムの共産主義勢力を発見して壊滅に追い込むべく、1967年から71年にかけてアメリカ主導で実施された作戦。CIA、アメリカ陸軍、南ベトナム警察特別課、及び南ベトナム中央情報機構の共同で行なわれた。しかしアメリカ側ではCIAが主導権を握り、この作戦をICEX（情報調整・活用）と呼んだ。

　ICEXはいわゆる「ベトコン・インフラストラクチャー」に関する情報を集め、「無力化する」ことを目的としていた。CIAのインテリジェンス・オフィサー、ロバート・W・コマーがこの作戦を指揮すると共に、「フェニックス作戦」と命名した。また1968年に作戦を引き継いだウィリアム・E・コルビーは73年に中央情報長官となっている（コルビーはベトナムで国際開発局の市民活動・農村発展支援部長をカバーとして活動した）。

　CIAによると、フェニックス作戦実行中の1968年から71年にかけて、共産主義者と疑われた17,000名に恩赦が与えられた。その一方で28,000名が収監、20,587名（訳注：一説には約7万名とも）が殺害されている。死者の大多数は軍事作戦の中で命を落としており、「作戦遂行による死」とされた。残りは警察などの保安機関に殺害されたものである。

　『Lost Crusader』（2003）を執筆したジョン・プラドスは、フェニックス作戦に暗殺が伴っていたことをコルビーは終始一貫否定していたと記した上で、「最終的に、フェニックス作戦自体は暗殺計画ではなかった……しかしいかに元皇帝が否定しようとも、フェニックス作戦はサイゴン政府及びアメリカ顧問団に無法状態を引き起こし、さらにはそれを要求していたのである」と付け加えた。

【参照項目】ベトナム、CIA、インテリジェンス・オフィサー、ウィリアム・E・コルビー

プエブロ　(Pueblo)

　1968年1月23日、元山沖12海里の地点で北朝鮮軍の臨検を受け、拿捕されたアメリカ海軍の情報収集艦。元々陸軍の沿岸輸送船だったこの艦は1966年から67年にかけて電子情報（ELINT）収集艦に改造され、AGER2と改称された。運用は海軍が担当していたものの指揮権はNSAにあり、乗艦している技術者もNSAの人間だった。

　1968年、プエブロは同じ情報収集艦のバナーと共にイクシーク作戦に参加し、北朝鮮及びシベリアの沿岸で偵察活動を行なうことになっていた。その年初頭の時点で、バナーは16回の情報収集任務を成功させていた。プエブロの最初の任務にはピンクルート1というコードネームが与えられ、1968年1月11日朝に佐世保を出航、対馬海峡北東部を通過して日本海へ向かった。全長約54メートルの艦内には83名が乗り組んでおり、内訳は士官6名、下士官兵73名、朝鮮語を話す海兵隊の下士官2名、そして海軍に所属する海洋学者2名だった。また.50口径の機関銃2門と小火器を搭載していた。

　プエブロは北朝鮮の港の沖合で海軍の活動を偵察し、電子信号のサンプルを記録すると共に、この海域で活動するソビエト艦船を電子的手段で監視することになっていた。

　1月23日午前11時50分、元山港の沖合15.8海里を航行していたところ、北朝鮮のSO-1警備艇に接近を探知される。プエブロの機関銃は露天銃座でカバーが凍結してしまっており、火力では北朝鮮側のほうが上回っていた。程なく北朝鮮の魚雷艇3隻が姿を見せてプエブ

ロに接近、午後1時27分に最初の銃弾が発射された。

　プエブロの乗員は危険に晒されていることを、12時55分から日本の米軍司令部に無線で通報し続けた。しかし日本及び韓国に駐留する米軍だけでなく、プエブロ艦長のロイド・M・ブッチャー中佐も防御行動をとらなかった。北朝鮮艦艇の接近について懸念を口にした士官もいたが、SO-1の57ミリ機関砲による攻撃を受けるまで、ブッチャーは機密文書と装備の破壊を命じなかった。

　ブッチャーは後に、アメリカ海軍研究所が発行する『Proceedings』に次の文章を寄せている。

　乗組員から犠牲者を出さず、また全ての機密資料を守りつつ、このまま航行を続けるのは不可能であることが明らかになった。私は艦を止めることで時間を稼ごうと考えた。交戦中、機密資料の破砕ははかばかしく進まなかった。我々が全滅する、もしくは艦が拿捕されるより早く、これを成し遂げとげたかった。またアメリカ軍の急派を強く求め、上瀬谷（日本の通信拠点）からも「救援が向かっている」という連絡を受けた。やがて北朝鮮のミグ戦闘機2機が上空を飛行し、ロケット弾を打ち込んできたが、命中しなかった。この状況を切り抜けられるか否かは、約束された救援が現われるかどうかにかかっていたのである。

　乗艦していた28名の情報担当者には資料の廃棄に必要な設備が与えられておらず、また訓練も受けていなかった。従って暗号装置や鍵リストを手当たり次第破壊するしかなかった。艦に搭載されていたのは衝撃感知式の手榴弾50個（資料を破棄するためではなく、泳いでいる敵兵から身を守るのが目的だった）、火災時用の斧数本、破砕ハンマー数個、そして時代遅れのシュレッダーが2つだけであり、そのシュレッダーは厚さ8インチの文書を破砕するのに15分もかかるという代物だった。

　2時05分、プエブロは次の無線メッセージを発信する。「全ての鍵リストと可能な限りの電子装置を破壊中……」2時18分のメッセージは暗号機について触れている。「これよりKW-7、及び（KWR）37と（KG-）14に挿入されたカードの一部を破壊。程なく完了するものと思われる」そして2時30分のメッセージ。「資料の破棄は思うように進まず。一部は敵の手に渡るものと思われる」2時32分、プエブロに北朝鮮軍兵士が乗り込み、無線通信は途絶えた。

スパイ艦としては短命に終わったアメリカの情報収集艦、プエブロの航行中の姿。北朝鮮沿岸で活動中だったプエブロは、攻撃された場合の緊急計画を持たないないまま「危地」へと送り出された。結果として1968年に拿捕され、大量の情報資料を捕獲者にもたらしている。（出典：アメリカ海軍）

艦に搭載されていた機密文書400点のうち、いくつ破棄されたかは不明である。電子傍受、通信、そして暗号の各装置は一部しか破壊されず、文書の多くも手つかずのまま残った。プエブロに乗り組んでいた水兵の一部は、重りを付けた上で投棄されることになっていた、秘密文書の入ったキャンバス地の包み1ないし2個がそのまま残されていたと後に振り返っている。その他の文書は船の通路から海中に投棄された。また機器の修理に用いる図表やマニュアルも廃棄されなかった。乗組員の誰1人として、これらの文書が焼却あるいは投棄されたのを目撃していないのである。

拿捕されたプエブロは自力で元山港に入った。それから数日後、ソビエトと中国の情報担当者がプエブロを調査する。アメリカ人83名はすぐに上陸させられたが、中には北朝鮮の銃弾で負傷した者もおり、水兵1名が程なく死亡した。生存者は拷問を受けながら尋問され、自白書への署名を強要された。彼らが解放されたのは拿捕から11ヵ月後、アメリカが謝罪し、プエブロが北朝鮮海域に侵入したことを認めた後だった。

プエブロ拿捕で生じた戦争の危機にジョンソン大統領が取り組む中、暗号装置が敵の手に渡ったのではないかという懸念はほぼ完全に無視された。大統領は北朝鮮を核攻撃すると内々で語るほど激怒しており、暗号機のことなど構っていられなかったのである。一方海軍の側も、廃棄寸前の暗号機と時代遅れの鍵リストを失ったことより、艦を失ったことに対する屈辱のほうが大きかった。

ブッチャー中佐の解放後に開かれた海軍の査問委員会は軍法会議の開催を勧告したが、海軍長官は彼に対する法的措置をとらなかった。なおブッチャーは1973年に海軍を退役している。

その後プエブロは元山港に繋留されて観光名所となり、1999年には韓国南端を迂回した上で平壌近郊に回航された。2002年10月に再び舫を解かれて南浦に移されたが、これはアメリカから使節団が到着したタイミングと重なっている。北朝鮮の独裁者、金正日はジョージ・W・ブッシュ大統領に対する親善の証しとしてプエブロの返還を計画したが、その後両国関係が悪化したため実現の目途は立っていない(訳注：現在は平壌市内の大同江沿いに繋留されているという)。

【参照項目】情報収集艦、電子情報、イクシーク、監視、ロイド・M・ブッチャー

フェラーズ、ボナー・F (Fellers, Bonner F. 1896-1973)

1940年10月から42年7月にかけてエジプトのカイロで活動したアメリカの駐在武官。イギリスの軍事作戦に関する広範な報告を陸軍省に送ったが、それらは逐一ドイツ軍に傍受・解読されていた。

ウエストポイントの陸軍士官学校を1918年に卒業し

たフェラーズは沿岸砲兵隊に配属され、高級将校の副官を務めた。その後36年2月には、当時フィリピン自治領大統領の軍事顧問だったダグラス・マッカーサー少将の副官となっている。ワシントンに戻った後は1938年から39年にかけて陸軍大学で学び、次いで駐在武官補佐としてスペインに渡った後、1940年10月に駐在武官としてカイロへ赴いた。

1941年、イタリア軍の情報機関はローマの各国大使館へ侵入し、アメリカの駐在武官が用いていたコード式暗号ブラックのコピーを入手した上、ドイツのアプヴェーアと共有した。それと同時に、エルヴィン・ロンメル将軍率いるアフリカ軍団の暗号解読者もアメリカの暗号を解読していた。その結果、フェラーズが送信したメッセージは数時間のうちに傍受・解読されたという(これらの暗号解読活動は、イギリスと戦うロンメルを幾度か助けた)。

歴史家のデイヴィッド・カーンは著書『The Codebreakers(邦題・暗号戦争：日本暗号はいかに解読されたか)』(1968)の中で、フェラーズは疑問を抱きながら監視を続けたと記している。「イギリスはフェラーズに秘密の一部を明かした。イギリス軍に配備されたアメリカの武器装備を改善できると目論んだのである……大量の情報を与えられたフェラーズは、それを詳細な分厚い報告書にしてワシントンへ流し続けた」

フェラーズがワシントンへ送った報告書はほぼ全てドイツによって解読されていた。そして1942年夏、フェラーズの通信が解読されていることをドイツ人捕虜がイギリスに告げる(イギリスも独自に暗号を傍受・解読していた)。フェラーズは帰国を命じられたが、知らぬ間に敵を利していたことは教えられていない。1942年、陸軍は駐在武官としての功績に対して殊勲章を贈り、感状の中で「陸軍省に送った報告の数々は明晰さと正確さの見本である」と述べた。

1943年9月、フェラーズは南西太平洋方面最高司令官マッカーサー大将の参謀となって准将に昇進し、46年に現役を退くまでそのポストにあった。陸軍を離れた後はロバート・A・タフト上院議員のアドバイザーを務めつつ『Wings for Peace: A Primer for a New Defense』(1952)を執筆、航空戦力を基盤とする強力な防衛体制を提案した。

(訳注：フェラーズは第2次世界大戦前に何度か来日しており、ラフカディオ・ハーンの研究家としても知られる。またマッカーサーの側近として天皇の戦争犯罪訴追に反対するなど、占領政策に大きな影響を与えた)

【参照項目】駐在武官、コード、アプヴェーア、デイヴィッド・カーン

フェリッペス、トーマス (Phelippes, Thomas 1556-1625)

エリザベス1世の時代に大規模な諜報組織を指揮し

たサー・フランシス・ウォルシンガム配下の暗号エキスパート。

イギリス初の偉大な暗号官であるフェリペスは、早い時期からパリで活動しつつウォルシンガム配下のスパイと連絡をとり、自らのもとに送られる秘密の通信文を解読した。またイングランドの密偵のために安全な暗号を作り上げると共に、敵国の暗号を解読したが、その中にはスコットランド女王メアリー・スチュワートの支持者が用いるものもあった。フェリペスは英語の暗号文だけでなく、フランス語、イタリア語、ラテン語、そして──限られた範囲ではあったが──スペイン語で書かれた暗号の解読にも長けていた。

フェリペスの身体的特徴については、メアリー・スチュワートが記した文章以外に知られていない。それによると、フェリペスは金髪で口髭を生やし、「背は低く、あらゆる点において痩せ形で、顔は小さなあばたに覆われ、目は近眼、見かけからすると30歳ではないかと思われた」という。

皮肉なことに、メアリー・スチュワートの死をもたらしたのはフェリペスの仕事だったと考えられている。ウォルシンガムは配下の密偵による活動と、メアリー・スチュワートの私信の傍受を通じ、エリザベス女王の暗殺計画を知った。しかし、実行犯となる若者6名の名前は突き止められないでいた。その時、かつての従者アンソニー・バビントンに宛てた1586年7月17日付の手紙がウォルシンガムの手に落ち、暗号メッセージが発見された。

メッセージを解読後、手紙に再び封をしてバビントンへ送る前に、ウォルシンガムはフェリペスに追伸を加えさせた。同じ暗号で記されたその追伸は「計画を遂行する紳士6名の氏名と特徴」を伝えるよう求めるものだった。

しかしウォルシンガムは、バビントンが返信する前に彼の逮捕を決断する。バビントンら6名の若者は逃亡したが捕らえられ、1ヵ月と経たないうちに処刑された。またフェリペスが解読した手紙は、大逆罪に問われていたメアリー・スチュワートを断罪する証拠となる。そして1587年2月8日、メアリー・スチュワートは断頭台の露と消えた。アメリカの歴史家デイヴィッド・カーンは著書『The Codebreakers（邦題・暗号戦争：日本暗号はいかに解読されたか）』（1968）の中で次のように記している。

　　当時の政治状況を鑑みれば、（メアリー・スチュワートが）即位することなく命を落としていたことに疑いの余地はない。しかし暗号術が非業の死を早めたこともまた事実である。

【参照項目】フランシス・ウォルシンガム、暗号、アン

ソニー・バビントン、デイヴィッド・カーン

フェルフェ、ハインツ　(Felfe, Heinz 1918-2008)

西ドイツの情報機関BND（連邦情報庁）で対情報部門責任者としてソビエト勢力の浸透に対処する傍ら、ソビエトのためにスパイ行為をしていた二重スパイ。

ナチ将校の息子として生まれたフェルフェは第2次世界大戦中SS（親衛隊）及びSD（親衛隊保安部）に所属していた。戦後捕虜だった時にソビエト情報機関から勧誘を受け、そのコントロールの下、ドイツに駐在するイギリス人インテリジェンス・オフィサーの下で働く。その後BNDに入り、1950年代に対ソビエト防諜部門の長となった。

1961年11月に西ドイツで逮捕された際、フェルフェはマイクロフィルム14巻と小型の録音テープを所持しており、BNDエージェント100名以上の名前をソビエト側に渡したとして起訴された。1963年に行なわれた裁判の結果有罪とされ、禁固14年が言い渡されている。しかし6年間服役した後、ソビエトに捕らえられた21名の囚人と交換された。

フェルフェは妻子を西ドイツに残し、東ベルリンに居を構えてフンボルト大学で犯罪学を教えた。「将来の希望はソビエト連邦と共にあり、アメリカ合衆国には存在していないことが今やはっきりした」ソビエトが刊行を許可した自伝『In the Service of the Enemy』（1986）の中で、フェルフェはそう記している。

【参照項目】BND、対情報、二重スパイ、SS、SD、インテリジェンス・オフィサー

フェレット　(Ferret)

本来は外国のレーダーシステムに近づき電波を発信させる目的で用いられる乗り物。特に航空機を指す（「航空機」「グラーフ・ツェッペリン」を参照のこと）。後に人工衛星（通常レーダーを起動させることはない）による電子情報（ELINT）の収集活動を指す用語となった。

【参照項目】衛星、電子情報

フェンス　(Fence)

他国との境界を指すロシアの俗語。軍事と情報いずれの分野でも用いられる。

フェンロー事件　(Venlo Incident)

MI6に所属するイギリス人インテリジェンス・オフィサー2名が、SD（親衛隊保安部）士官ヴァルター・シェレンベルクによって捕らわれた事件。

1939年11月8日、反ヒトラー陰謀に関与するドイツ陸軍士官を装ったシェレンベルクは、ドイツとの国境に程近いオランダのフェンローという町にS・ペイン・ベスト大尉とH・R・スティーヴンス少尉を誘い出す。ベ

ストとスティーヴンスはそこで陰謀の中心人物と会う手筈になっていた。2人のイギリス軍士官がシェレンベルクら陰謀関係者を待つ中、ナチの狙撃隊を乗せた車が国境のチェックポイントを突破し、オランダ警備兵に発砲する。そしてオランダの中立を無視してイギリス人2名を誘拐、ドイツに連行した後でゲシュタポに引き渡した。その後は過酷な尋問が行なわれた。

この事件は幅広い影響をもたらした。事件の発生直前、MI6長官（「C」）のヒュー・シンクレア海軍大将は死の床にあり、スチュワート・ミンギスが長官代理としてMI6を率いると共に、ドイツ国防軍の反体制派高官を通じたヒトラー政権転覆計画を直接指揮していた。しかしこの陰謀を突き止めたナチスはイギリス相手に欺瞞作戦を仕掛けており、その責任者がシェレンベルクだったのである。

イギリスは9月3日にドイツとの戦争に突入したばかりで、ネヴィル・チェンバレン首相は早期の終戦を実現させる手段として反体制派との交渉に期待をかけていた。その鍵とされたのがベストとスティーヴンスによる活動だった。一方、シンクレアは11月4日に息を引き取り、ミンギスが「C」代行となる。事件の報が届けられた時、チェンバレンら政府高官は、ミンギスをMI6長官に任命するか否かで議論を続けていた。結局ミンギスは長官に就任するものの、先行きが見えない状態での船出となった。

囚われの身となったベストとスティーヴンスは口を割り（スティーヴンスのほうがより多くの情報を話したようである）、MI6がヨーロッパで築いた諜報網を壊滅状態に追い込んでしまった。また2人は、ベルギー及びオランダで活動する情報工作員の名も明かしている。SS（親衛隊）のハインリヒ・ヒムラー長官は、1940年5月のベルギー及びオランダ侵攻を正当化する演説の中でこの情報を活用した。さらにドイツは、イギリス秘密情報部がヒトラー暗殺を企んでいたと主張した。シェレンベルクはこの事件の功績により1級鉄十字章をヒトラーから直接授与されている。フェンロー事件で名を挙げたこのSD士官は、ドイツによる占領後のイギリス国王とすべくウインザー公（元エドワード8世）を誘拐するという陰謀の責任者にも抜擢されている（「ヴィリ」を参照のこと）。

【参照項目】MI6、インテリジェンス・オフィサー、SD、ヴァルター・シェレンベルク、S・ペイン・ベスト、H・R・スティーヴンス、ゲシュタポ、ヒュー・シンクレア、C、スチュワート・ミンギス、SS、ハインリヒ・ヒムラー

フォイト、ルートヴィヒ （Voit, Ludwig）

第1次世界大戦中にドイツの通信情報機関を創設した人物。1914年、参謀本部の暗号セクションに無線局を設けると共に、連合軍の無線通信をターゲットとする傍受局を設置した。その後参謀本部の暗号セクションはPer Zに発展し、1930年代から第2次世界大戦期にかけて暗号解読活動を行なった。外務省の付属機関だったPer Zは34ヵ国の暗号の一部を解読している。

【参照項目】通信情報、暗号

フォーゲル、ヴォルフガング （Vogel, Wolfgang 1925-2008）

冷戦期に数多くのスパイ交換を仲介した東ドイツの弁護士。

フォーゲルが初めて関わったスパイ交換は1962年2月、ベルリンのハーフェル川にかかるグリーニケ橋の中間地点で行なわれた。ニューヨークで逮捕されたソビエトのイリーガル、ルドルフ・アベル大佐と、操縦していたU-2偵察機が撃墜された後、スパイ行為で有罪となり刑務所に収監されていたフランシス・ゲイリー・パワーズがその対象だった。

またヴィリー・ブラント首相の秘書を務める一方、シュタージ（MfS）のために活動していたギュンター・ギヨームの釈放を仲介したのもフォーゲルである。当初西ドイツ政府は、禁固14年の刑を言い渡されたギヨームの釈放を拒否した。しかしフォーゲルはいつものように成功し、囚われの身となっていた西ドイツ、イギリス、アメリカのエージェント8名と交換させている。

またあまり知られていないが、反体制活動家、聖職者、労働組合リーダーなど、シュタージに拘束された東ドイツ人25万名を秘密裡に釈放させたのもフォーゲルである。西ドイツはこれらの人々を自由の身にするため、30億マルク（訳注：一説には35億マルク）もの身代金を秘かに支払った。ある推計によると、医師の身代金は10万ドルであり、他の職業の人間はそれより低かったという。時には炭酸カリウム（訳注：肥料の原料）、コーヒー、ゴム、バナナ、あるいはエレベータ設備の形で支払われることもあった。

もう1つの複雑なスパイ交換劇では、スパイ容疑で有罪となったアメリカ空軍の事務官、ロバート・G・トンプソンが釈放された上で東ドイツへ連行され、東ドイツ当局によって拘束されていたアメリカ人学生と、モザンビークで捕われたイスラエル人が代わりに引き渡されている。さらにフォーゲルは、西側のためにスパイ行為をした罪で1977年にモスクワで逮捕された反体制活動家、アナトリー・スカランスキーの釈放も実現させた。スカランスキーと西側エージェント3名がグリーニケ橋を渡って西ベルリンに入る一方、西側に捕らえられたモリス・コーエンと妻レオナが、西ドイツに拘束されていた東ドイツのエージェント3名と共に東ベルリンへと向かっていった。

低額の報酬しか請求しなかったフォーゲルは、自らを「全能の人間と無力の人間との橋渡し役」と称していた。

当時東西に分割していたドイツにおいて、彼は直接話し合う姿を見られてはいけない東西政治家の橋渡しをすることもあった。東ドイツはマルクス主義における例外としてフォーゲルが私企業を営むことを認め、蓄財することも黙認していた。

　東西再統合後、フォーゲルはかつて自分に富をもたらしたベルリンで逮捕され、裁判にかけられる。そして1996年1月、東ドイツの移民から金を騙し取ったとして有罪判決が下され、偽証、脅迫、文書偽造で罰金63,500ドルと禁固2年（執行猶予付き）の刑が言い渡された。

【参照項目】スパイ交換、イリーガル、ルドルフ・アベル、U-2、フランシス・ゲイリー・パワーズ、MfS、ギュンター・ギヨーム、ロバート・G・トンプソン、モリス・コーエン

フォージー (Fozie)

　「クルト・フレデリック・ルードヴィヒ」を参照のこと。

フォックス、エドワード・L (Fox, Edward L)

　アルムガート・K・グラーフェス博士という名のドイツ人スパイが執筆したとされる『The Secrets of the German War Office』（1914）を実際に著したアメリカ人作家。この書籍はイギリスでベストセラーとなったが、本物のグラーフェスは詐欺師だった。

フォーティテュード作戦 (Fortitude)

　1944年6月のノルマンディー上陸作戦に関連する欺瞞計画の一部に付与されたコードネーム（ドイツ軍最高司令部に偽情報を与えるべく実施された欺瞞作戦全体のコードネームは「ボディーガード」である）。

　フォーティテュード作戦には2つの基本的な支作戦が存在し、ノルウェー侵攻を計画している架空のスコットランド駐留軍がフォーティテュード・ノース、パ・ド・カレーへの上陸を準備しているジョージ・パットン中将麾下の架空部隊、アメリカ陸軍第1軍集団（FUSAG）がフォーティテュード・サウスである。これら架空部隊の存在はいずれも、イギリスのコントロール下にあるドイツのエージェントによって本国に報告された。この欺瞞作戦の結果、Dデイから2週間が経過した時点でも、ドイツ軍の少なくとも19個師団がカレーにとどまっていた。

【参照項目】Dデイ、欺瞞、コードネーム、アメリカ陸軍第1軍集団

フォート・ホラバード (Fort Holabird)

　アメリカ陸軍の軍事情報活動の訓練施設があった場所。メリーランド州ボルチモアに位置し、「ザ・バード」という愛称で親しまれたこの施設は、第1次世界大戦中の陸軍の要求に従い、1918年に補給拠点として建設された。戦後、陸軍軍需品科はホラバードでトラックを製造し、また第2次世界大戦で広く活用されたジープの主要諸元もここで決定されている。

　第2次世界大戦が終結するとホラバードは陸軍の防諜活動訓練施設となる。1955年5月にはアメリカ陸軍情報学校が設置され、カリキュラムも拡大されて戦闘情報活動や地域研究を含むようになった。

　ベトナム戦争中、情報学校は手狭となったため第2の場所を探す必要に迫られた。電子情報の必要性が増していたこともあり、情報士官はアリゾナ州南東部の人里離れた高地の砂漠地帯にあって、電子信号の交信が比較的少ないフォート・フワチューカを選んだ。移転は1971年に実施され、フォート・フワチューカは「軍事情報活動の故郷」と呼ばれると共に、情報学校も「情報センター及び学校」と改称された。結果、「ザ・バード」は1973年に軍事情報施設としての使命を終えている。

【参照項目】軍事情報、防諜、電子情報

フォート・ミード (Fort Meade)

　1957年に設置されたNSA及び関連する軍事情報組織の拠点。メリーランド州ローレル近郊に位置するこの陸軍基地にはNSAも同居しており、フェンスに囲まれた広大な安全地帯を提供している。正式名称をフォート・ジョージ・G・ミードというこの場所はメリーランド州ボルチモアとワシントンDCのほぼ中間に位置し、1952年に軍保安局（AFSA）の拠点として選定された。

　第2次世界大戦中、アメリカの暗号解読活動はワシントン地域に集中していた。戦後、ワシントンが一度でも攻撃を受ければ暗号解読能力が壊滅すると懸念を抱いた統合参謀本部は、AFSAの諸施設を統合した上で、ワシントンの外へ移転することを決定した。その結果、1950年にケンタッキー州フォート・ノックスが選ばれる。しかしAFSAに所属する職員5,000名の多くは動こうとせず、しかも高いスキルを持った要員がほんの数パーセント失われただけで保安局は麻痺状態に陥ると予想された。かくして、ワシントンDCの25マイル（約40キロメートル）圏内にある新たな場所の選定が52年に始められた。候補の1つはヴァージニア州ラングレーの道路局研究所であり、もう1つがフォート・ジョージ・G・ミードだった（ラングレーはCIAの本部となる）。

　1917年に建設されたこの基地は、ゲティスバーグの戦いで勇名を馳せた北軍のジョージ・ゴードン・ミード将軍の名に由来しており、第1次世界大戦では10万名以上の「ダフボーイ（歩兵）」がフォート・ミードで訓練を受けた。1928年にはフォート・レオナルド・ウッドと改名されたが、ゲティスバーグの記憶が失われることに危機感を覚えたペンシルヴァニアの住民は大々的に抗

議する。その結果、ペンシルヴァニア州選出の下院議員が陸軍通常歳出予算法に強制的な名称変更を追加し、フォート・ジョージ・G・ミードに戻った。

第2次世界大戦中は再び訓練拠点として活用され、AFSAの新拠点として選ばれた際にはアメリカ第2軍の司令部となっている。AFSAの移転を秘密とするため、フォート・ミードへの移転及び大規模な建設活動にはプロジェクトKというコードネームが付与された。また移転の決定がなされた直後、大統領の秘密命令によって国家安全保障局（NSA）が極秘のうちに設立されている。

フォート・ミードには国立暗号博物館も所在している。

【参照項目】NSA、軍事情報、軍保安局、ラングレー、CIA、コードネーム、国立暗号博物館

不可欠な人間 (Indispensables)

1947年に西ドイツでゲーレン機関が創設された後、そこに加わった元ナチスの諜報・防諜専門家を指す用語。これらの元ナチ党員は、西ドイツの防諜機関BfV（連邦憲法擁護庁）の下でも活動した。

ゲーレン機関とBfVは、ソビエト及び東ドイツのスパイ活動に対処すべく設立された。だが実際には、これら「不可欠な人間」たちは主として右翼政治団体を相手に活動していたという。

【参照項目】ゲーレン機関、防諜、BfV、オットー・ヨーン

福島安正 (1852-1919)
（ふくしまやすまさ）

日露戦争（1904〜05）当時活躍した日本の情報将校。松本藩士の息子として生まれた福島は司法省翻訳官を経て1874年に文官として帝国陸軍に移り、程なく参謀本部に配属されて清とドイツで駐在武官を務めた。その後、気まぐれな思いつきと思われるが、自分ならベルリンからウラジオストクまで馬で行けるとドイツ人将校に宣言する。結果として同僚たちに促され、途中で情報を集めながら約18,000キロメートルに及ぶ乗馬の旅を実行した（1892〜93年）。またモンゴル、満洲、朝鮮を辿った別の旅でも貴重な情報を入手している。

日露戦争では満洲軍の高級参謀（諜報担当）を務め、イギリスの観戦武官として従軍したイアン・ハミルトン将軍は福島を、難なく任務をこなす「非常に有能な」情報士官と評している。ハミルトンによれば、福島に課せられた任務は「相手となる全ての外国人を当惑かつ挫折させることだったが、この不快な任務をより効果的に遂行するため、表向きはそれら外国人の助言者または助手の地位に甘んじていた」のである。

福島は日露戦争における情報活動の成果を振り返り、中国の賢人、孫子も満足するだろうと感じた。「我々は

孫子の兵法を徹底的に真似たのだと、彼は言うだろう。しかしそれは間違いだ。つまり孫子が中断したところから、我々は新たな教科書を書き始めたのだ」

戦後の1912年には関東都督に就任、14年までその座にあった。

【参照項目】駐在武官、インテリジェンス・オフィサー、孫子

ブース、ジョン・ウィルクス (Booth, John Wilkes 1838-1865)

エイブラハム・リンカーン大統領の暗殺犯。南北戦争の際は南部連合秘密局の密使を務めていた。ジュニアス・ブルータス・ブースの息子として生まれ、兄のエドウィン・ブースは史上最も偉大なハムレット演者だった。

ブースはもともとリンカーンの誘拐を計画していたが、南軍が1865年4月9日に降伏した後は大統領暗殺に関わることとなる。4月14日にワシントンのフォード劇場でリンカーンを射殺、そのまま逃亡するも、ヴァージニア州ポート・ロイヤルで北軍兵の罠にかかって射殺された。同志たちは別の要人暗殺も計画しており、標的にはユリシーズ・S・グラント将軍も含まれていたが、犠牲になったのはリンカーン1人だけだった。

【参照項目】密使

不正侵入 (Surreptitious Entry)

「ブラック・バッグ・ジョブ」を参照のこと。

ブタ (Pig)

裏切り者を指すロシア情報界の俗語。

プーチン、ウラジーミル (Putin, Vladimir 1952-)

ロシア大統領になった元KGB職員。

プーチンのキャリアの大半はKGBにおけるものであり、東ドイツの対外情報課で勤務した経験もある。東ドイツでは反共産主義者の摘発を支援したものとされているが、任務の詳細についてはほとんど伝わっていない。

サンクトペテルブルグ（当時レニングラード）で生まれたプーチンは1975年に大学の法学部を卒業しているが、KGBにスカウトされたのもその頃だと考えられている。情報アカデミーを卒業後は外国人エージェントの勧誘にあたったという。その後東ドイツへ赴任し、1990年にレニングラードへ戻った（1991年に行なわれた住民投票の結果、古都サンクトペテルブルグの名称が復活している）。公式情報ではレニングラード国立大学で「高位の教職」に就いた後、1990年にレニングラード市長の顧問として政界入りしたことになっている。

しかしKGBとの関係はその後も続き、大学生から幹部候補を選抜する任務にあたった。またチェチェン共和国とのゲリラ戦争で黒幕を務めたと指摘する情報関係者もいる。長期にわたったこの紛争は、ソビエトがロシア

八行

をはじめ 15 の独立共和国に分裂し、民主制の確立が始まった後に勃発したものである。

1994 年にはサンクトペテルブルグ市の第 1 副市長となり、「我らの家ロシア」なる政党の設立に一役買うと共に、97 年には市場理論の研究によって経済学の博士課程を修了させた。また同じ頃に市の緊急事態委員会の責任者となり、法執行機関の監督にあたっている。

1996 年 8 月にはモスクワへ移り、大統領府総務局次長に就任する。翌年 3 月、大統領府副長官に昇格、エリツィンの後継者と目されるようになる。そして 98 年 5 月に大統領府第 1 副長官へ昇進し、ロシアの地方行政を担当した。

同年 7 月、ロシア連邦保安庁（FSB）長官に就任。FSB は KGB の後継機関として、エリツィン大統領が 1991 年に設立した機関（FSB となる前に幾度かの名称変更を経ている）である。その後 FSB 長官を兼務したまま、99 年 3 月にロシア安全保障会議議長となった。

1999 年 12 月 31 日にエリツィン大統領は辞意を表明、翌年 3 月の選挙で 53% 近い票を獲得したプーチンが後任の大統領に当選する。就任後に行なった最初の取り組みとして、公務員の汚職を根絶すべく保安機関を強化したことが挙げられる。

元国会議員でエリツィンの人権担当顧問を務めたセルゲイ・コヴァレフは、プーチンが KGB 時代の経験を活用して「強権的な警察国家を作り上げるだろう……形こそ民主主義だが……生まれたばかりのロシア市民社会の命運は危うい」と 2002 年 2 月に予測した。

【参照項目】KGB、エージェント、FSB

ブック・オブ・オナー （Book of Honor）

CIA 本部（ヴァージニア州ラングレー）の玄関ホールにある本。中には 86 個（訳注：2015 年現在は 113 個）の星が記されていて、またホール正面の大理石の壁には 86 個の星と共に、「国家に命を捧げた中央情報局のメンバーを讃えて」という碑文が刻まれている。しかし本に記されている氏名は 45 しかない（訳注：2015 年現在は 80）。他の氏名が記されていないのは、その活動や殉職の経緯と共に、今も機密扱いになっているからである。なお 86 個の星は年代順に並んでいる。

この記念碑は 1974 年にハロルド・ヴォーゲルによって刻まれた。

1961 年と 65 年には複数の死者（それぞれ 5 名及び 7 名）が出ているが、ベトナム戦争に関係しているのは明らかである。また 1983 年の 8 名はベイルートのアメリカ大使館爆破事件によるものである。1989 年にアメリカが起こした唯一の大規模な軍事行動はパナマ侵攻だが、7 つある星のうちいくつがパナマに関係するものであるかは明らかでない。

1997 年、無名のまま星だけが刻まれていた男性 5 名と女性 1 名の氏名及び経歴がワシントン・ポスト紙に掲載され、新たな名前が非公式ながら明らかになった。筆者のテッド・ギャップは著書『Book of Honor』（2000）を執筆中さらに調査を続け、無名のままだったであろう人々をさらに詳しく紹介した。以下の内容はギャップの書籍などを基礎としており、太字で記されているのがブック・オブ・オナーに名を刻まれた、あるいは名を刻まれるべき人物である。

ダグラス・S・マッキエルナン

無氏名ながら星を与えられた最初の人物。1950 年 4 月 29 日に中国で射殺される。第 2 次世界大戦中は陸軍の気象担当官として中国で勤務、47 年に 35 歳で CIA 入りし、国務省職員というカバーを与えられ中国北西部の迪化（現在の新疆ウイグル自治区ウルムチ市）に赴任する。国務省が 49 年 8 月 16 日に迪化の領事館を閉鎖した際も、マッキエルナンは当地にとどまるよう命じられる。同月 29 日に行なわれたソビエト初の原爆投下実験を監視するのが目的だったとされる。その後迪化を離れ、馬とラクダによる困難な旅の末にチベットへ近づいた。だが国境近くで、恐らく緊張状態にあった前線の警備兵によって射殺される。彼の死は、共産党が権力を握りつつある中国からの脱出を試みた国務省「副領事」の殉職として公表された。

ロバート・C・スノッディー及びノーマン・A・シュワルツ

CIA のフロント企業、民航空運公司のパイロット。1952 年 11 月 29 日、2 人は C-47 ダコタを操縦、中国北部に潜入した中国人エージェントを回収しに向かったものの撃墜され死亡、墜落現場に埋葬された。別の CIA 工作員ジョン・ダウニーとロバート・フェクトーは生存して捕らえられ、その後 20 年にわたって拘留された。

バーバラ・アネット・ロビンス

南ベトナム・サイゴンのアメリカ大使館に外交官として駐在していた CIA の秘書。死亡当時 21 歳。1965 年 3 月 30 日、爆弾を満載した自動車が大使館近くで爆発した際、彼女も巻き込まれて殉職した。この事件では他にも 21 名が死亡し、186 名が負傷している。バーバラ・ロビンスの名前はブック・オブ・オナーにこそ記されていないものの、殉職者を顕彰する国務省の石板には刻まれている。このようにして彼女のカバーは守られたのである。

マイク・マロニー

ある CIA 職員の息子。自身もインテリジェンス・オフィサーだったマロニーは国際開発局（AID）職員というカバーを用いて勤務していたが、1965 年 10 月 12 日、搭乗していたエア・アメリカのヘリコプターがラオスで墜落、殉職した。彼はホーチミン・ルートを経由したベトコンへの物資供給を止めるべく、ラオス人を訓練して秘密裡にアメリカを支援させる任務に就いていた。

リチャード・スパイサー

ニカラグア反政府軍の支援任務に就いていた 1984 年 10 月 18 日、エルサルバドル上空にて飛行機事故で殉職。同乗していた他の 2 名、**スコット・J・ヴァンリーシャウト**と**カーティス・R・ウッド**はブック・オブ・オナーに氏名が記されている。スパイサーは CIA 職員として認められておらず、彼の正体が他の 2 名よりも厳重に秘匿されていたのは間違いない。空軍での勤務経験があるスパイサーは CIA のパイロットとなり、ゲリラの動静を探知すべく赤外線センサーを装備した飛行機の操縦任務に就いていた。

ローレンス・N・フリードマン

ベトナム戦争を経験した元グリーンベレーにして熟練のスナイパーであり、1980 年にイランで発生した大使館人質事件の救出作戦が失敗に終わった際、そこから生還したデルタフォース隊員。1990 年に CIA 入りしたものと思われる。1992 年 12 月 23 日、51 歳のフリードマンは、飢餓に苦しむソマリア人に食糧を届けるレストア・ホープ作戦に参加していたが、運転するジープが地雷によって破壊された。実際の任務は明らかにされておらず、対外的には国防総省の民間人職員ということになっている。その卓抜した功績により死後インテリジェンス・スター勲章を授与される。勲章に同封されていた手紙には、「叙勲の根拠となった事実は明らかにしないでいただきたい」という妻宛てのメッセージが記されていた。

トーマス・ウィラード・レイ

1961 年 4 月 19 日キューバで射殺される。CIA が主導したピッグス湾侵攻の犠牲者だった（「キューバ」を参照のこと）。当時 30 歳だったレイは、操縦していた飛行機が撃墜された後地上で殺された。1973 年、「国家的に最優先の困難極まりない任務」における「比類なき勇敢さ」に対して CIA 情報功労章が秘かに授与される。6 年後、キューバ当局はレイの遺体をアメリカに返還した。CIA は彼の死を公式に認めていない。

　ガップなどの情報源から得られたその他 CIA 職員の情報を以下に示すが、CIA はこれらの事実を公式には認めていない。

レオ・F・ベイカー、ウェイド・C・グレイ、ライリー・W・シャムバーガー・ジュニア

トーマス・レイと同じくいずれもピッグス湾侵攻で殉職。レイが操縦する飛行機の航空機関士だったベイカーの遺体は、ハバナのクリストバル・コロン墓地に埋葬された。財布の中には、別人の名前が記された偽の社会保障カードが入っていたという。シャムバーガーとグレイは、飛行機がキューバのジロン湾に墜落した際死亡したものと思われる。遺体は発見されなかった。なお 4 名はいずれもアラバマ州兵隊に所属していた。

マイケル・M・デュエル

CIA ベテラン職員の息子。国際開発局職員のカバーを使いラオスで勤務していた 1965 年、マイク・マロニーと同じヘリコプター墜落事故で殉職。同乗していたエア・アメリカのパイロットと技術者も死亡している。また**ウェイン・J・マクナルティ**もラオスの「秘密戦争」で 68 年に命を落としたものの、その詳細は明らかにされていない。**ジョン・W・ケアンズ**と**リチャード・M・シスク**についても同様だが、両者の死はラオスにおける CIA の存在が大きくなった時期に起きている。だが南ベトナム政府が倒れたのに続いてラオスも同じ運命を辿り、1975 年にラオス人民民主共和国が樹立されて今なお数少ない共産党国家のまま存続している。

タッカー・グーゲルマン

準軍事任務に携わっていた士官。1 年以上にわたる尋問と拷問の後、1976 年にベトナムで死亡したことが 2001 年になって CIA により公表され、広く認識されるに至った。グーゲルマンは大佐で海兵隊を退役後、CIA 入りしている。朝鮮戦争では韓国にエージェントを送り込み、1962 年にはベトナムに赴いて、ネイビーシールズも参加した海上秘密作戦を指揮した。また 23 年に及ぶ CIA での勤務中、ヨーロッパとアフガニスタンにも駐在している。1972 年に CIA を退職したが 75 年にサイゴンへ戻り、自身が支援していた孤児のグループを助けようとした。だがサイゴン発の最終便に乗り遅れてしまい、そのまま捕らえられて姿を消す。職務中に死亡した CIA 職員のみが顕彰されるという方針のもと、彼の名前はブック・オブ・オナーに記されていない。しかしグーゲルマンが拷問によって殺されたのは CIA に所属していた経歴があったため、以降 CIA はこの方針を変えることにした。

ジョニー・マイケル・スパン、ヘルジ・ボーズ

両名ともアフガニスタンで死亡。2003 年 2 月 5 日、32 歳のボーズは実弾訓練中に手榴弾が早発し死亡した。ボーズはケース・オフィサーとして情報収集チームを育成している最中だった。

　以下にブック・オブ・オナーの中身を示す。
1950 ★
1951 ★ジェローム・P・ジンリー
1952 ★ロバート・C・スノッディー
　　　★ノーマン・A・シュワルツ
1956 ★ウィリアム・P・ボートラー
　　　★ハワード・ケアリー
　　　★フランク・G・グレイス・ジュニア
　　　★ウィルバーン・S・ローズ
1960 ★チヨキ・イケダ
1961 ★ネルス・L・ベンソン

★トーマス・W・レイ
★レオ・F・ベイカー
★ウェイド・C・グレイ
★ライリー・W・シャムバーガー・ジュニア
1964 ★ジョン・G・メリマン
1965 ★
　　　★
　　　★バスター・エデンス
　　　★エドワード・ジョンソン
　　　★マイケル・M・デュエル
　　　★マイク・マロニー
　　　★ジョン・W・ワルツ
1966 ★ルイス・A・オジブウェイ
1967 ★ウォルター・L・レイ
1968 ★ビリー・ジャック・ジョンソン
　　　★ジャック・W・ウィークス
　　　★ウェイン・J・マクナルティ
　　　★リチャード・M・シスク
1970 ★
1971 ★ポール・C・デイヴィス
　　　★デイヴィッド・L・コンゼルマン
1972 ★ジョン・ピーターソン
　　　★ウィルバー・マレー・グリーン
　　　★レイモンド・L・シーボーグ
　　　★ジョン・W・ケアンズ
1974 ★
1975 ★ウィリアム・E・ベネット
　　　★リチャード・S・ウェルチ
　　　★ジェイムズ・A・ロウリングス
1977 ★タッカー・グーゲルマン
1978 ★
　　　★
　　　★
　　　★
1983 ★
　　　★ロバート・C・エイムズ
　　　★
　　　★
　　　★
　　　★
　　　★
　　　★
　　　★
1984 ★スコット・J・ヴァンリーシャウト
　　　★カーティス・R・ウッド
　　　★
　　　★
1985 ★ウィリアム・F・バックレイ
1987 ★リチャード・D・クロボック

1988 ★
1989 ★
　　　★
　　　★
　　　★
　　　★
　　　★
　　　★
　　　★
1992 ★
　　　★
1993 ★ランシング・H・ベネット
　　　★フランク・A・ダーリン
　　　★
1995 ★
1996 ★ジェイムズ・M・レウェック
　　　★ジョン・A・セリ
　　　★
1998 ★
　　　★
2001 ★ジョニー・マイケル・スパン
2003 ★ヘルジ・ボーズ
2004 ★ウィリアム・フランシス・カールソン
　　　★クリストファー・グレン・ミュラー
　　　★

フックス、エミル・ジュリアス・クラウス

(Fuchs, Emil Julius Klaus　1911-1988)

　ソビエトのためにスパイ行為をしたイギリスの原子力物理学者。原爆スパイ網の重要人物であり、彼から技術情報を入手したソビエトは原爆開発を加速させると共に、アメリカが水素爆弾を開発中である事実を早期に知ることができた。

　聖職者の息子としてドイツに生まれたフックスはライプツィヒ大学に進み、SPD（ドイツ社会民主党）の活動家となる。その後キール大学に移って共産党に入党したが、1933年に政権を握ったヒトラーは直ちに共産党を非合法化した。フックスは党地下組織の支援を受けてドイツから脱出、ナチスドイツからの避難民として9月にイギリスへ渡った。

　その後ブリストル大学で物理学を学び、1936年に博士論文を完成させる。また亡命中のドイツ共産党員を自称しつつ、ソビエト文化友好協会で活動した。39年にはイギリスへの帰化を申請するが、それが受理される前の9月にイギリスとドイツが戦争状態に入ったため、敵性国民として扱われることになった。

　第5列の恐怖が広まっていた1940年、フックスはじめ数千名の避難民は収容所に隔離された。フックス自身は初めマン島に、次いでカナダへ送られている。カナ

で数ヵ月過ごした後に帰国を許され、41年には外国人であるにもかかわらず、米英の原爆開発秘密プロジェクトに数多くのドイツ人物理学者の1人として参加した。その際は標準的な文書に署名しただけで公的秘密保護法の下に置かれ、高レベルのセキュリティー・クリアランスが与えられた。そして42年6月にイギリス国民となった。

フックスは原子爆弾の設計に加え、ドイツの原爆開発がどの程度進展しているかを突き止めようとする秘密情報部（MI6）の手助けもしている。それと同時にソビエト軍の情報機関GRUのためにも活動しており、チューブ・アロイというコードネームのプロジェクトに関する報告書を、名も知らぬ密使に定期的に渡していた（この密使はウルスラ・クチンスキーであり、兄ユルゲンは当時イギリスに居住しつつ、ドイツ共産党のリーダーを務めていた）。

1943年12月、フックスはマンハッタン計画（原爆開発プロジェクトを指すアメリカ側のコードネーム）に従事するイギリス使節の一員としてアメリカに派遣された。入国後、テネシー州オークリッジにガス拡散プラントの建設を計画していたアメリカ政府職員と会い、この技術におけるアメリカの水準を知る（フックスはオークリッジの名を聞かされず、「サイトX」というコードネームしか知らなかった）。

フックスはレイモンドという名の密使と接触するよう

クラウス・フックス（出典：不明）

指示を受け、1944年にアメリカを再び訪れた。この密使はハリー・ゴールドであり、当初のハンドラーはアメリカにおける産業スパイ活動を指揮していたソビエトのインテリジェンス・オフィサー、セモン・セモノフだった。同年初頭にアナトリー・ヤコヴレフがセモノフの後を継ぎ、ゴールドはヤコヴレフの指示を受けてニューヨーク市でフックスと何度か会い、資料の入った包みを受け取った。

フックスは次に原爆の設計・組立を行なうニューメキシコ州のロスアラモス研究所に送られる。同僚の科学者だったハンス・ベーテはこう記す。「彼は昼夜を問わず働いた。独身で他にすることもなかったからだが、ロスアラモス・プロジェクトの成功に大きく寄与したのは間違いない」

1945年2月、妹を訪ねるべくマサチューセッツ州ケンブリッジに赴いたフックスは、ゴールドに会って「かなりの量の」情報を渡した。だが保安規制のためにその後の旅行が難しくなったため、フックスが次にゴールドと会ったのは6月だった。その際ゴールドは2ヵ所に立ち寄って危険な密使任務をこなした。まずはニューメキシコ州サンタフェに行き、プルトニウム型原子爆弾（ファットマン）のスケッチと簡単な情報をフックスから受け取る。次いでアルバカーキに向かい、技術者としてロスアラモスで働くアメリカ人兵士に500ドルを渡した。この兵士はデイヴィッド・グリーグラス技術伍長であり、原爆スパイ網の一員だった。

広島と長崎への原爆投下によって戦争が終結した1945年9月、フックスは再びゴールドに会って高度な機密情報を渡した。一方のゴールドは、ロンドンに戻ってからソビエトのハンドラーに接触する方法をフックスに指示した。

戦後に米英の協力関係が終了した後、イギリスは独自の原爆開発に取り組んだ。フックスもそれに従事し、1950年を迎える頃にはハーウェルの原子力施設で理論物理学部門の長になっていた。またスパイ活動も並行して続けており、1947年9月28日にはアメリカで原爆スパイ網を指揮していた新たなハンドラー、アレクサンドル・フェクリソフと初めて会っている。当時フェクリソフはイギリスで技術・科学情報を集める任務に就いていた。

フックスら原爆スパイ網のメンバーは報酬を受け取っていなかったが、スイスで重態に陥っていた弟の治療費として200ポンドの入った封筒を渡したと、フェクリソフはある会合の最後に報告している。金額を聞いたフックスはすぐさま封筒を開け、そのうち100ポンドをフェクリソフに返したという。

1949年11月、マンハッタン計画に代わってアメリカの核開発を担当することになった原子力委員会へのスパイ行為で、FBIはフックスに対し疑いを抱く。その情報

の出所が、1940年代にモスクワへ送信された情報メッセージの解読プロジェクト、ヴェノナであることを、FBIは当時（そしてその後数十年間）明らかにしなかった。ヴェノナ計画で解読された文書によれば、「チャールズ」というコードネームを持つ人間が「ENORMOZ（原子爆弾のコードネーム）を分離する電磁的手法」についての「貴重な」情報をもたらしたとされている。FBIはフックスこそがチャールズだと推理した。

FBIは1949年9月にフックスの調査を開始する一方、ワシントンに駐在するMI6の情報連絡官で、自身もソビエトのスパイだったハロルド（キム）・フィルビーに通知した。捜査を止めようとすれば自分も内通者であることがばれると、フィルビーは即座に判断する。「私はフックスのような情報活動の知識を持たない人間に対し、大きな優越感を持っていた」と後に記している。フェクリソフとフックスの最後の面会は1949年5月25日で、その際も情報の入った包みがやり取りされた。

1949年12月21日、イギリス保安部（MI5）職員のウィリアム・J・スカードンは、ハーウェルにおいてフックスへの尋問を始める。フックスは翌年1月27日に自白し、正式に逮捕された。FBIはフックスがもたらした証拠を基にハリー・ゴールド、デイヴィッド・グリーングラス、ジュリアス・ローゼンバーグに辿り着き、原爆スパイ網を壊滅させる。フックスの逮捕後、MI5は終戦時に押収したゲシュタポの記録から、彼の共産党員としての経歴を突き止めたが、そこにはドイツ共産党の党員番号まで記されていたという。

フックスは自らのスパイ活動について次のように語っている。

私は心の中を2つに隔てるためにマルクス主義の哲学を使いました。片方では友人を作り、個人的な関係を持ち、人々を助け、なりたいと願っていた善人になることを自分に許したのです……自由で、気ままで、他人といても自分自身をさらけ出す心配などせずに幸せでいられました。なぜなら、危険な地点に迫ったならばもう片方の自分が入り込んでくるからです……今振り返ってみると、抑制された精神分裂症というのが最も当てはまるように思えます。

フックスが渡した秘密には、核分裂を引き起こすウラニウム235をウラニウム238から分離すべくアメリカの科学者たちが開発した、複雑なガス拡散法についての詳細が含まれていた。このプロセスを知ったおかげで、ソビエトは長期かつ高価な実験をせずとも済んだのである。

公的秘密保護法違反で起訴されたフックスは、ロンドンの中央刑事裁判所で裁かれた。彼が渡した秘密には大量破壊兵器に関するものも含まれていたので、裁判官は彼の犯罪を「大逆罪に匹敵する」と述べた。しかし大逆罪が敵国を利するスパイ行為に適用される一方、ソビエト連邦は当時の同盟国だったので、死刑の可能性がある大逆罪で裁かれることはなかった。そのため有罪を認めたフックスには、公的秘密保護法違反の最高刑である禁固14年が言い渡された。

「フックスの精神構造は恐らく独特のものであり、精神医学の世界に新たな前例を残した」イギリスの検察官はそう語っている。彼によれば、フックスの精神の半分は「理性の手や事実による衝撃を超越」しており、もう半分は「同僚とのありふれた人間関係、友情、そして人間的な忠誠心の世界に住んでいる」という。フックスは「ジキルとハイドという永続的な二元性の典型的実例を、自らの中に生み出した」のだった。

1959年6月に模範囚として釈放されたフックスは東ドイツへ移住、核研究所で勤務し最終的に原子力物理学中央研究所の所長となった。その後1979年に引退し、死去まで東ドイツに住み続けた。

【参照項目】原爆スパイ網、第5列、公的秘密保護法、セキュリティー・クリアランス、GRU、コードネーム、ユルゲン・クチンスキー、ウルスラ・クチンスキー、ハリー・ゴールド、ハンドラー、産業スパイ、デイヴィッド・グリーングラス、アレクサンドル・フェクリソフ、FBI、ハロルド（キム）・フィルビー、内通者、MI5、ジュリアス・ローゼンバーグ

ブッシュ、ジョージ・H・W （Bush, George H. W. 1924-）

中央情報長官（1975年11月〜77年1月）とアメリカ合衆国大統領（1989年1月〜93年1月）を歴任した人物。

プレスコット・ブッシュ上院議員の息子として生まれたジョージ・ブッシュはイェール大学に入学後（訳注：卒業は戦後の48年）、第2次世界大戦の初期に海軍へ志願、ウイングマークを授けられた時は海軍最年少のパイロットだったという。1944年9月2日、乗機のTBMアヴェンジャーが父島近辺で日本軍の地上砲火によって撃墜されたものの、アメリカ潜水艦に救助されている。

戦後は一族伝来の地であるコネチカットを離れてテキサスへ移住、石油ビジネスに足を踏み入れる。それを通じてアラブ世界をよく知るようになり、経営するサパタオイルはクウェート初となる沖合石油掘削装置の受注に成功した。また1967年から71年まで下院議員を務め、1年足らずの短期間ながら国連大使を務めた後は共和党全国委員会議長に選出される。1972年にニクソン大統領が中国への歴史的訪問を果たすと、今度は中国との外交関係樹立の先駆けとなる米中連絡事務所の所長に任命された。

1976年に中央情報長官（DCI）となったブッシュは電子情報活動と衛星の利用に比重を置き、キーホール衛

星に資金と人材を注ぎ込んだ。ハイテク情報活動に対する彼の関心は、CIAの人的諜報活動（HUMINT）にまつわる論争から生じたものである。その一方、Bチームという外部組織にCIAの評価を許したことで内部から批判を受けた。

ブッシュの在任中、主要な情報提供者であるパナマのマヌエル・アントニオ・ノリエガが、パナマ駐在のアメリカ軍兵士3名——「歌う軍曹たち」——から情報資料を買い取っていることを国防情報局（DIA）が突き止める。共和党内の保守派は、当時進行中の交渉でパナマ運河を「安売り」しているとフォード大統領を非難していた。そのため、後に引き起こされるであろう政治的混乱を避けるべく、ブッシュはノリエガや歌う軍曹たちに対処しないことを決断した。

1976年の大統領選挙で民主党のジミー・カーターがフォードに勝利を収めた翌年の77年、後任のDCIにスタンスフィールド・ターナー海軍大将が就任する。ブッシュは共和党内での政治活動を再開し、1980年の大統領選挙で共和党候補の指名を得ることには失敗したものの、ロナルド・レーガンの副大統領候補として選挙を戦う。選挙戦に勝利を収めて副大統領になったブッシュ

1989年に撮影されたジョージ・H・W・ブッシュ。（出典：アメリカ国防総省／R・D・リード）

は、レーガン政権の危機管理チーム、特殊状況グループの議長を務めることで、情報分野の経験をより一層積んだ。またグラナダ侵攻では政策立案の中心となっている。さらにイラン・コントラ事件に対する一連の捜査でブッシュの名前が幾度も浮上したが、自身がスキャンダルに巻き込まれることはなかった。

1988年、ブッシュは共和党の大統領候補として民主党のマイケル・デュカキス候補を大差で破る。翌年1月に大統領となったブッシュは、現代史において情報機関トップと国家指導者を歴任した3人目の人物となった。ちなみに他の2人はソビエトのユーリ・アンドロポフ書記長とイスラエルのハイム・ヘルツォーグ大統領である。ブッシュは大統領就任後もウィリアム・H・ウェブスター中央情報長官を留任させたが、対イラク戦争に関する重要会議が行なわれている間、政権内の戦略会議から締め出して関係を冷え切らせた。結果としてウェブスターは1991年5月に辞任、ブッシュの副大統領時代に副長官を務め、高い評価を受けていたロバート・M・ゲイツが後を継いでいる。

一方で、イラン・コントラ事件にまつわる疑問はブッシュの大統領退任後も尾を引いた。その情報の大部分は、レーガン政権時代に送受信され、バックアップテープに保存されていた電子メールに関するものが大半だった。大統領退任の日である1993年1月19日、ブッシュは国立公文書館館長ドン・ウィルソンとの間で秘密合意に署名、公文書館の職員がホワイトハウスからそれらテープを持ち去り、後任のクリントン大統領による閲覧を不可能にする。クリントンは後にテープの公開を妨害することで、ブッシュの行為を実質的に是認した。しかし民間の国家安全保障文書館による訴訟の結果、テープは紙の資料と共に公開され、機密も解除された。しかしそれらの中に、ブッシュとイラン・コントラ事件との関係を示すものはなかった。

1998年、ラングレーのCIA本部はジョージ・ブッシュ情報本部と改名されている。

【参照項目】中央情報長官、国際連合、電子情報、衛星、キーホール、人的情報、国防情報局、スタンスフィールド・ターナー、イラン・コントラ事件、ユーリ・アンドロポフ、ハイム・ヘルツォーグ、ウィリアム・H・ウェブスター、ロバート・M・ゲイツ、国家安全保障文書館、ラングレー

ブッチャー、ロイド・M （Bucher, Lloyd M. 1928-2004）

1968年1月23日、朝鮮半島沖の公海上で北朝鮮軍に拿捕されたアメリカの情報収集艦プエブロの艦長。前年5月の就役以来プエブロを指揮していた元潜水艦士官であり、12月23日まで乗員と共に拘留された。

ブッチャーはネブラスカ州ボーイズタウンで少年期を過ごした後、1945年に17歳で海軍に入隊する。退役後

は海軍大学校の予備役士官プログラムを通じて任官、卒業後の53年に現役復帰した。その後は水上艦艇、潜水艦、艦隊参謀を経てプエブロ艦長に任命される。

アメリカ海軍の160年に及ぶ歴史で初めて敵に投降したブッチャーに対し、海軍調査法廷は軍法会議を勧告する。しかしジョン・H・チェイフィー海軍長官は、「乗員はもう十分苦しんだ」として勧告を却下した。ブッチャーはその後1969年から71年まで海軍大学院の職員として勤務し、次いで73年の退役まで第1掃海隊の参謀を務めた。

ブッチャーは投降しただけでなく、暗号資料を北朝鮮の手に、そして最終的にはソビエトの手に渡したとして厳しく批判された。それに対し、最新の緊急破壊システムを求めたが無視された上、乗員の環境を守るため性能が不十分な民生用焼却炉を整備すべく、1,300ドルを自腹で出費したと主張している。

ブッチャーはさらに、海軍が救難無線に対応しなかったことにも疑問を投げかけ、1989年にこう記した。「私は英雄を自称したことはない。結局、海軍士官と乗組員が艦と共に任務を与えられ、事態が狂い、そして海軍に見捨てられただけの話だ」

また1970年にマイク・ロソヴィッチとの共著『Bucher: My Story』を出版している。
【参照項目】プエブロ

ブテンコ、ジョン （Butenko, John）

アメリカ戦略航空軍団の通信システムに関する情報をソビエトに売り渡そうと試みたとして、1964年に有罪を宣告されたアメリカAT＆T社の電子技師。

ソビエトのエージェント、イーゴリ・イワノフもブテンコと共に裁判にかけられ、同様の刑を宣告されたものの収監されることはなく、ソビエトへの帰国が認められた。

（訳注：ブテンコに下された判決は禁固30年で、74年4月に仮釈放された）

ブート （Boot）

イランのモハンマド・モサッデク首相を排除する目的で1953年に実施されたイギリス－CIA合同作戦のイギリスによるコードネーム。アメリカ側のコードネームはアジャックス。
【参照項目】アジャックス作戦

フート、アレキサンダー （Foote, Alexander 1905-1958）

第2次世界大戦中に活動したルーシー・スパイ網のメンバー。

イギリス国民のフートはスペイン内戦で共和派の国際旅団に所属して戦い、戦後の1939年にイギリスへ帰国した。その後はイギリスで活動するソビエト情報機関の

密使をしばらく務め、ルーシーというコードネームを持つルドルフ・レッセラーが指揮していたソビエトのスパイ網に加わり、スイスで活動するよう勧誘される。このスパイ網はナチスドイツを活動の対象としていた。

ジムというコードネームを与えられたフートは、ドイツ及びスイスからモスクワへ情報を送信するオペレーターの中心人物となった。しかしフートの与り知らぬことだったが、彼がモスクワへ送った情報の一部は、ブレッチレーパークのイギリス人が情報源を隠したままソビエトに送ることを決めた、改変済みのウルトラ資料だった。

スイス保安局はドイツの圧力を受け、1943年11月にフートを逮捕する。スイス官憲がアパートメントのドアを打ち破ろうとする中、フートは無線送信機を破壊し、罪の証拠となる文書を燃やした。翌年9月にスイスの監獄から釈放された後はパリへ赴いてソビエト大使館に報告を行ない、アメリカで活動するための訓練を受けるべくモスクワへ向かうよう命じられた。そしてソビエト情報機関のベルリン支局へ派遣されたフートは、イギリスへの亡命を申請した。その際、保安部（MI5）の尋問官に対し、ソニアというコードネームの女性とルーシー・スパイ網のイギリス支部とを結び付ける情報を提供している（彼女はクラウス・フックスの密使でもあった。「ウルスラ・クチンスキー」を参照のこと）。

フートは『Handbook of Spies』（1949）の著者とされているが、ナイジェル・ウエストによれば実際の著者はMI5のコートニー・ヤングであり、ソビエトのスパイ網が「米英両国で」活動しているとほのめかすことで「プロパガンダの点数を稼ごうとした」のだという。

その後は農業漁業省での仕事をMI5から用意され、一般市民としての生活に戻った。
【参照項目】ルーシー・スパイ網、コードネーム、ルドルフ・レッセラー、ブレッチレーパーク、ウルトラ、MI5、ナイジェル・ウエスト

フートン、ハリー・フレデリック （Houghton, Harry Frederick 1905-1985）

亡命したポーランド人インテリジェンス・オフィサー、ミハル・ゴリエネフスキーによってソビエトへのスパイ行為を暴露されたイギリス海軍の職員。

1937年に海軍入りしたフートンは第2次世界大戦に従軍し、戦後、先任衛兵伍長を最後に退役した。その後は公務員となり、1951年には海軍駐在武官の事務官としてワルシャワに配属される。そこでブラックマーケットに手を出して副収入を稼ぎ、事務官の給与では有り得ない豪華な生活を送った。

1952年10月の帰国後は、ドーセット州ポートランドにある海軍省水中兵器研究所という、高度な機密情報を扱う施設で勤務する。そこでポーランドのインテリジェ

ンス・オフィサーからスパイとして勧誘を受け、今度は
ポーランド人に情報を渡すことでまたしても副収入を稼
いだ。当然ながら、その情報はソビエトの同業者にも提
供されている。修理工場への異動で機密情報にアクセス
できなくなると、海軍施設で働いていたガールフレンド
のエセル（バニー）・ジーがフートンに代わって機密文
書を盗み出した。1956年には2度にわたって保安上の危
険人物として報告されており、元妻もポートランドの保
安担当官に対し、フートンがロンドンで定期的に外国人
と会い、大金——KGBは1955年12月と56年11月の
2度にわたって400ポンドのボーナスを与え、1957年7
月には500ポンドを支払っていた——を貯め込んでい
ると告げた。しかしこの疑いは無視された。

　そして「スナイパー」なる署名入りの手紙という形
で、ゴリエネフスキーはCIAに暴露を行なう（ゴリエ
ネフスキーという名前はまだ突き止められていなかっ
た）。手紙によれば、イギリス海軍省にKGBのスパイ
が潜入しているという。CIAはこの情報をイギリス保安
部（MI5）に回した。その結果、海軍省のスパイを見つ
けることはできなかったが、フートンがかつてワルシャ
ワで勤務していたことに気づく。1960年、MI5は彼を監
視下に置き、後にスパイ活動上の変名で知られるように
なる1人の男——ゴードン・ロンズデール——と、定
期的に会っていることを突き止めた。

　ロンズデールを追跡した結果、ピーター・クローガー
と妻ヘレンが住む家に辿り着いた（これも変名だった。
「モリス・コーエン」を参照のこと）。1961年1月、文書
の取引のために集まっていたフートン、ジー、そしてロ
ンズデールは、スコットランドヤード特別課の刑事に逮
捕された。クローガー夫妻も同じく逮捕されている。

　マスコミがポートランド事件と名付けたこの一件は、
容疑者5名がスパイ行為で有罪とされたことをもって
1961年3月に幕を下ろした。減刑と引き替えに協力す
るというフートンの申し出はMI5に拒否され、フート
ンとジーは禁固15年、ロンズデールは禁固25年、ク
ローガー夫妻は各々禁固20年が言い渡された。刑期を
全うしたのはフートンとジーだけで、ロンズデールは
1964年にグレンヴィル・ウインと、クローガー夫妻は
69年に大学講師ジェラルド・ブルークとのスパイ交換
で出国している。

　フートンとジーは1970年に釈放され、翌年結婚した。また
自らのスパイ行為を『Operation Portland: The Autobiography
of a Spy』（1972）という形で公にしている。

　ロンズデールがフートンに与えたコードネームは「シ
ャー」だった。

【参照項目】インテリジェンス・オフィサー、ミハル・
ゴリエネフスキー、駐在武官、CIA、MI5、監視、ゴー
ドン・ロンズデール、特別課、ポートランド事件、グレ
ンヴィル・ウイン、スパイ交換、コードネーム

フュージョン　（Fusion）

　利用可能なあらゆる情報源を検討・統合し、外国勢力
の活動、能力、及び意図に関する完全な評価を生み出す
プロセス。

プライム、ジェフリー・A　（Prime, Geoffrey A.　1938-）

　ソビエトのためにスパイ行為をした政府通信本部
（GCHQ）所属のイギリス人暗号官。

　空軍在籍中にロシア語を学び、軍曹の時にワルシャワ
条約機構諸国の軍事通信を傍受する部隊に配属される。
KGBから勧誘を受けたのも空軍在籍中のことだった。
1968年9月に除隊した後はロンドンの民間企業でほぼ
8年間にわたって翻訳の仕事を続けつつ、短波無線を通
じてKGBとの連絡を保った。

　1976年3月にはチェルトナムのGCHQに加わり、イ
ギリスが傍受したソビエトによる通信の翻訳にあたっ
た。プライムが所属していたJ課は最高機密のソビエト
通信を扱っており、その大半はアメリカにも提供されて
いた。そして同年11月、プライムはJ課の責任者に任
命された。

　翌年9月に結婚生活の問題を理由としてGCHQを退
職、チェルトナムでタクシーの運転手となる。しかし多
数の機密文書を所持しており、それらは——報酬と引き
換えに——1980年にKGBへ引き渡された。

　孤独で几帳面だったプライムは2つの秘密生活を送
っていた。彼はスパイであると同時に小児性愛者だった
のである。被害者は10歳から15歳の少女で、性交の
数々はインデックスカードに記録されていた。チェルト
ナム近郊で発生した少女暴行事件の捜査の結果、プライム
は1982年に性的暴行の罪で逮捕された。彼のスパイ
行為が妻の口から明かされたのはその時である。

　自宅を捜査したところ、2,287枚のインデックスカー
ドと共に、暗号パッドとマイクロドットの使用法に関す
る指示書が発見された。プライムは少なくとも1968年
から77年にかけ、「最高機密情報」へのアクセスを有
していた。1982年、プライムはスパイ行為で有罪とな
り、禁固35年が言い渡された。また性的暴行で禁固3
年が加えられている。その後2001年3月に仮釈放され
た。

　ソビエト側のコードネームは「ロウランズ」だった。

【参照項目】政府通信本部、KGB、マイクロドット

ブラインド・デート　（Blind Date）

　インテリジェンス・オフィサーともう1人の人物、
とりわけエージェントが、後者の選んだ時間と場所で会
うこと。インテリジェンス・オフィサーにとっては、罠
にかかって捕らえられる、または寝返りを迫られる危険
性がある。

【参照項目】インテリジェンス・オフィサー、エージェント、寝返り

フラウィウス・ウェゲティウス・レナトゥス

（Flavius Vegetius Renatus）

4世紀のローマ人軍学者。西洋で最も影響力を持つとされている軍学書『軍事論（Rei Militaris institute または Epitoma rei militaris）』を著した。軍事作戦における情報の価値を強く信じていたフラウィウスは次のように記している。「我々の密偵は常に外国にいなければならない。彼らの手下に干渉したり、国を捨てた者を鼓舞したりすることに骨を惜しんではならない。このようにして現在あるいは将来の計画に関する情報を入手できる」

フラウィウスは情報収集の他にも、たゆまぬ教練、厳格な規律、予備役の活用、そして戦場における戦術を強調した。

『軍事論』は、急速に衰退しつつあったローマ帝国の軍隊にはほとんど影響を与えなかった一方、中世以降の西洋における軍事思想に大きな影響を及ぼしている。

改革派の貴族だったフラウィウスだが、軍事経験はほとんどなかった。

フラウエンクネヒト、アルフレート

（Frauenknecht, Alfred　1927-1991）

1960年代後半、フランス製ミラージュ戦闘機のエンジン設計図をイスラエル情報機関に売り渡したスイス人エンジニア。スイス空軍向けにミラージュを生産するスイス企業、スルザー・ブラザーズ社の上級エンジニアだった。

イスラエルの情報機関はフラウエンクネヒトが金銭問題を抱え（愛人を抱えていたことが理由の一部である）、勤務先に満足していないことを知った。また彼はユダヤ人ではなかったもののユダヤ人国家に大きな同情を寄せており、イスラエルがすでに支払いを済ませたミラージュ戦闘機50機の引き渡しを、フランスが延期したことに怒りを感じていた。それを知ったイスラエルの極秘情報機関ラカム、軍の情報組織アマン、そして空軍の技術スタッフによる共同作戦において、イスラエル軍の士官がフラウエンクネヒトに接触して親交を結び、厳重な機密とされていたミラージュ戦闘機の設計図を盗み出すよう説得した。

フラウエンクネヒトは1968年から69年にかけて甥の助けを借りつつ、ミラージュの設計図と、生産に必要な特殊器具の設計図を写真に撮り、それらをイスラエルに渡した。撮影された写真は合計20万枚にも上る。フラウエンクネヒトは20万ドル――彼が特に要求した金額だった――を受け取ったが、設計図が持つ真の価値を考えれば些細な額だった。

しかし秘密設計図の入った箱を間違った場所に置いた

せいで、スイス警察に逮捕される。その際、「私は良心的立場からイスラエルを助けるためにこれをした。彼らにとっては生きるか死ぬかの問題なんだ。敬虔なキリスト教徒である私は、いまだダッハウとアウシュヴィッツの記憶に苦しんでいる」と宣言した。スパイ容疑をかけられたフラウエンクネヒトは罪を認め、裁判の結果1971年に有罪となり、重労働4年半の判決が言い渡された。

イスラエルはミラージュの設計図を基礎として次世代型の戦闘機を開発した。釈放後イスラエル政府からは何の音沙汰もなかったが、フラウエンクネヒトはその後もイスラエルへの愛情を捨てなかった。

【参照項目】ラカム、アマン

ブラウダー、アール・R　（Browder, Earl R.　1891-1973）

CPUSA（アメリカ共産党）のリーダーだったアメリカ人共産主義者。またソビエト情報機関のエージェントでもあった。NKVD（内務人民委員部）とGRU（参謀本部情報総局）の指示で活動していたことは古くから疑われていたが、ソビエトによる情報通信の解読内容が公開されて初めて裏付けられた（「ヴェノナ」を参照のこと）。

一例を挙げると、1938年のNKVD宛てメッセージで、ブラウダーは妹のマルゲリーテ（マーガレットとも呼ばれていた）を、無線技師を務める傍ら大規模なソビエトスパイ網の一員として働いていたドイツから、アメリカへ移すよう依頼している。そのメッセージには、「国政上の問題に深く関わり、またワシントンの政治家たちとの関係も強まりつつあるので、アメリカの敵対勢力が妹の活動内容を知ればこの政治的任務にとって危険になり得る」と記されていた。NKVDはブラウダーの要求を受け入れ、マルゲリーテをアメリカに帰国させた。また弟のビルもNKVDのために働いている。

ブラウダーは18世紀中期にアメリカへ移住した一家に生まれ、CPUSAの総書記に登り詰めるだけでなく、1936年と40年の大統領選挙に立候補している。

第1次世界大戦ではアメリカの参戦に反対して徴兵を拒否、連邦法違反で有罪となり短期間服役する。だが戦後の1933年、彼の政治力を示唆する出来事が起きた。新任のフランクリン・D・ルーズベルト大統領が赦免を命じたのである。ブラウダーは1930年から45年までCPUSA総書記の座にあり、当時すでに党を率いていた（1939年に大統領が独ソ不可侵条約を非難した後、ブラウダーはルーズベルトとの関係を断ち切った）。

1926年、ブラウダーはロシア人のライザ・ベルクマンと結婚し、3年後に汎太平洋商業組合事務局の総書記として中国に赴く。帰国後はCPUSAの幹部として活動しつつ、ソビエト情報機関の秘密任務に従事した。

スパイマスターとしてのブラウダーの働きぶりは、NKVDがモスクワに宛てて送信した1944年7月のメッ

セージに記されている。それによると、彼はある有名ジャーナリストの秘書として働くエージェントと会い、神経質かつ病気なのでスパイ行為から手を引くべきだと告げたという。

だが1946年、ソビエトと西側諸国との協調を訴えたため、偏向主義者としてCPUSAから除名された。

ブラウダーの暗号名は「ジョセフ・ディクソン」であり、ヴェノナ文書では「指導者（Helmsman）」のコードネームで言及されている。

【参照項目】CPUSA、NKVD、GRU、ヴェノナ、暗号名

ブラウン、ジョセフ・G　(Brown, Joseph G.)

CIAの機密資料をフィリピン政府職員に渡すというスパイ行為を共謀したとして、1993年4月に有罪を認めたアメリカの元航空兵。禁固6年の刑を言い渡された。

FBIによるブラウンの逮捕は、1991年4月から行なわれていた捜査活動に幕を下ろした。この捜査は、マニラのアメリカ大使館で勤務するヴァージニア・ジャン・ベインズというCIA職員がブラウンに機密資料を渡していたと、CIAの内部調査で判明して以来続けられていたものである。ベインズは自身が教官を務めていた空手教室でブラウンと会ったという。

FBIによれば、それら資料の中には、1991年の湾岸戦争時におけるイラクのテロリスト情報や、フィリピン反政府組織の暗殺計画に関するCIA文書が含まれていたという。ベインズは1992年5月にスパイ行為の罪を認め禁固41ヵ月を言い渡されている。

【参照項目】CIA、FBI、テロリスト情報

ブラウン、ラッセル・P　(Brown, Russell P.)

アメリカ空母ミッドウェイに乗務していた電子技師。同乗していた海軍航空兵のジェイムズ・R・ウィルモスと共謀し、アメリカ軍の電子装備や戦術に関する資料を盗み出した。その後スパイ行為を共謀したとして逮捕され、軍法会議で重労働10年の刑を言い渡された。ブラウンから入手した機密資料を日本駐在のロシア人エージェントに売り渡そうとしたウィルモスも軍法会議にかけられ、1989年10月に禁固35年を言い渡されている。

ブラスノブ作戦　(Brass Knob)

1962年10月にキューバ上空で実施された、アメリカによる低高度偵察飛行のコードネーム。海軍海兵部隊のF8Uクルセイダーと空軍のRF-101ヴードゥーの写真偵察機型が用いられた。

【参照項目】F8Uクルセイダー、F-101ヴードゥー、キューバミサイル危機

ブラック　(Black)

(1)「秘密」を意味する単語。ある特定の計画や装置の存在、またはその目的に関する秘密も含まれる（ブラックボックス、ブラック計画など）。

(2) ある活動の秘密を守る際、カバーに頼るのではなく、存在そのものの秘匿に重点を置くこと。不法な秘匿行為に用いる場合もある。

ブラックインテリジェンス　(Black Intelligence)

南北戦争の際、北軍将校の間で広く用いられた通称。黒人から入手した南軍関連の情報を指す。CIA職員のP・K・ローズは『Studies in Intelligence 1998-1999 冬号』の中で次のように記している。「ここから最も多くの情報がもたらされ、しかも南北戦争を通じて北軍が入手・活用した情報の中で一番価値が高かった」

ブラックシールド　(Black Shield)

1967年から68年にかけて北ベトナム上空で行なわれた、A-12 オックスカートによる偵察飛行。沖縄の嘉手納基地を拠点に実施された。

CIAのA-12を北ベトナムへの偵察に用いる計画は1965年に始まったが、ソビエト製の地対空ミサイル（SAM）が北ベトナムに導入された可能性について確認する必要があったため、A-12による戦地での偵察任務は1967年まで実施されなかった。長期にわたる議論の末、ジョンソン大統領は1967年5月16日にA-12の使用を認める。決め手となったのは搭載するカメラの高性能と、U-2偵察機と比較した場合の帰還率の高さだった。

2週間後、3機のA-12と260名の士官及び航空兵が沖縄に配属され、5月31日には1機のA-12が最初の作戦任務を実施すべく沖縄から飛び立つ。このA-12は2度の偵察を行なった。1度目は北ベトナム上空における偵察であり、2度目はいわゆる非武装地帯上空の偵察である。飛行時間は3時間39分で平均時速はマッハ3.1だった。

この飛行では、190ヵ所あるSAM発射基地のうち70ヵ所と、その他優先順位の高い偵察対象9ヵ所が撮影された。また目標上空ではレーダー波を検知しておらず、最初の作戦飛行が北ベトナム側に全く気づかれなかったことを示している。A-12によって再度行なわれたSAM探索任務の結果、7月中旬の時点で北ベトナムにミサイルの現物こそなかったものの、発射基地の建設が進められていると判断された。

北ベトナムへの典型的なブラックシールド任務では、まず離陸直後に空中給油を受け、撮影を行なった後タイ近辺で再度給油され、それから沖縄へ帰還することになっていた。A-12は北ベトナムの空中撮影を行なうのに、「低速」でも12分30秒しかかからなかった。沖縄に帰還するとすぐさまカメラからフィルムが取り出され、専用機に搭載されて日本本土にある空軍写真センターの現像施設へ運ばれる。こうしてA-12が沖縄に着陸して24

時間以内には、アメリカ太平洋軍司令官の手に写真が届けられたのである。

1967年5月31日から12月31日までの間に、A-12は北ベトナムに対する偵察飛行を22回行なった。9月17日には北ベトナムのレーダーがA-12を捉え、また10月28日にはSAM基地からSA-2ミサイルが発射されている。2日後には、2度目の上空偵察を行なうA-12に対し、少なくとも6発のミサイルが発射された（その時撮影された、ミサイルによる航跡雲で確認されている）。機体にミサイルの破片が命中したものの、深刻な損傷を負うことはなかった。

翌1968年、大きな成果を挙げたこの偵察任務は空軍のSR-71 ブラックバードに引き継がれた。

【参照項目】航空機、A-12 オックスカート、CIA、U-2、SR-71 ブラックバード

ブラックチェンバー （Black Chamber）

(1) アメリカが暗号解読活動を行なっていた場所。軍情報局暗号部、セクション8とも。ハーバート・O・ヤードレーによって1912年に設置されたものの、国務長官のヘンリー・L・スティムソンが「紳士たる者他人の手紙を読んではならない」としてブラックチェンバーの閉鎖を命じたとされる。ヤードレーはこの場所の名前を著書『The American Black Chamber』（1931）のタイトルに用いている。

(2) 手紙を盗み読むため16世紀に設置されたフランスの秘密機関。国王アンリ4世が1590年に郵便制度を改めた際、政府の役人は「キャビネ・ノワール（ブラックチェンバー）」を設置する。手紙を開封してから閲読し、そして再び封をするという行為が始められたが、そうした行為は長期にわたるフランスの伝統となった。この活動によって、破れた封を元通りにする技法に長けた人物の雇用が盛んになる。また手紙を開封するという習慣は、手紙の暗号化と解読に用いられる暗号技術の発展を促した。1789年のフランス革命を主導した人々は手紙の盗み読みに反対の声を上げたが、彼ら自身も調査委員会を設け、王党派と疑われた人物、また王党派を公言する人物の手紙を開封している。

キャビネ・ノワールはナポレオン時代を経て20世紀に入っても存続した。あるフランス人女性は手紙の開封を証明するため、「スミレの花びらを3枚同封した」と書いた手紙を外国人の夫に送った。『The French Secret Service』（1995）の中でダグラス・ポーチは次のように記している。「手紙が届いた時、中にはスミレの花びらが3枚同封されていた。元からそんなものは入っていなかったが、紛失してしまったのではないかと恐れたキャビネ・ノワ

ールが花びらを封入したのである」

イギリスも手紙を盗み読みするために同様の秘密機関を設置している（「ボード一族」を参照のこと）。

【参照項目】ハーバート・O・ヤードレー、暗号解読

ブラック・バッグ・ジョブ （Black Bag Job）

ファイルや資料を入手するため、オフィスあるいは家宅へ不法侵入することを指す俗語。こうした不法侵入はアメリカ情報機関、とりわけFBIの歴史にしばしば見られる。FBIによる不法侵入は、暗号書の写真や暗号機の設計図を欲するNSAの暗号解読者の求めに応じて行なわれることも多々あった。また盗聴装置を取り付けるために実施されたケースもある。

諜報活動に関係する最初の不法侵入は1920年代に行なわれたとされる。当時海軍情報局やFBI、そして地元警察はニューヨークの日本領事館など様々な場所に不法侵入して暗号書を盗み出したが、それを資金面で援助したのが海軍だった。こうした侵入行為は1度も発覚することなく、1939年に至るまで続けられたという（「海軍通信情報」を参照のこと）。

1966年7月16日、FBI長官のJ・エドガー・フーヴァーは「種類を問わずあらゆる不動産への侵入を含む行為が、将来において私の許可を得ることはない」と記した覚書に署名し、FBIによる不法侵入活動を正式に中断させた。だがフーヴァーは後に、大統領または検事総長による直接の指示があれば侵入行為を認めるとしてこの覚書を覆した。

議会の政府活動調査委員会が作成した1976年の報告書には、1966年以前にFBIが200件以上の「違法捜査」を行なったと記されている。また、情報収集あるいは治安維持を目的とする令状を取らない盗聴行為を、FBIは1960年から76年にかけて500回以上行なったともしている。

ニクソン政権立案のヒューストン計画で不法侵入は再開されたが、フーヴァーは、大統領による書面の命令がなければ侵入行為を許可しないと主張して自説を貫き通した。ヒューストン計画は中止されたものの、ニクソン政権はより洗練された国内情報活動を追求する。こうして情報機関臨時委員会が設けられ、「鉛管工」（機密漏洩対策班）によるウォーターゲート・ビルへの不法侵入へとつながっていく。

1981年、司法省は外国情報活動監視法廷において極秘潜入の許可を求めた。しかしそうした行為には法廷の許可でなく、大統領の認可が必要だと判断される。12月、レーガン大統領は「海外勢力及びその支配下にあるエージェント」に対してのみ行なわれることを条件として、検事総長に侵入行為の許可権限を与えた。

【参照項目】NSA、盗聴（装置）、海軍情報局、J・エドガ

ー・フーヴァー、ヒューストン計画、国内情報、鉛管工、ウォーターゲート事件、外国情報活動監視法廷

ブラックバード　(Black Bird)

U-2の後継として開発された高性能偵察機全般を指す通称。A-12オックスカートとその派生型のYF-12戦闘機、そしてSR-71ブラックバードが含まれる。

【参照項目】 U-2、A-12オックスカート、SR-71ブラックバード

ブラックブック　(Black Book)

ドイツがイギリス侵攻を準備していた際、その一環としてRSHA（帝国中央保安局）が編纂した「Sonderfahndungsliste G. B.（特別捜索リスト：大英帝国）」を指すイギリスの名称。リストに記された2,820名のイギリス人及びヨーロッパの亡命者は、侵攻後にゲシュタポが逮捕して「保護施設」へ送ることになっていた。リストはアルファベット順に記載され、リストに載っていた人々は戦後にブラックブックの存在が明らかになった時、自分が第3帝国の敵としてナチスに重要性を認められていたと誇らしげに語ったものである。

リストにはウィンストン・チャーチルやアンソニー・イーデンのような大物政治家に加え、H・G・ウェルズ、ノエル・カワード、ヴァージニア・ウルフ、E・M・フォースター、レベッカ・ウエスト、C・P・スノー、オルダス・ハクスリー（1936年にアメリカへ移住していた）などの作家も含まれている。また1939年9月23日に死去したジークムント・フロイトの名も記されていた。

その他にボーイスカウト運動の提唱者でありイギリスの諜報活動にも携わっていたベーデン＝パウエル卿、漫画家のデイヴィッド・ロー、そしてレディー・アスターもリストに載っている。またバーナード・バルークとポール・ロブソンも、アメリカ人でありながらなぜかリストに記されていた。一方、ジョージ・バーナード・ショーの名前はリストになかった。和平を促すエッセイを開戦1ヵ月後に著したショーが、ドイツ当局から潜在的な友人と見なされたのは明らかである。

検挙活動を率いることになっていたのは、ベルリン大学外国学部長のフランク・ジックスというSS将校だった。資料には編成が計画されていた行動部隊（アインザッツグルッペ）の指揮官として彼の名前が挙げられている（行動部隊はヨーロッパで虐殺行為を行なったSS部隊の名称である）。ジックスは後に戦争犯罪で起訴され1948年に禁固20年の刑を言い渡されたが、52年に釈放されている。

イギリス秘密情報部（MI6）が戦後発見したRSHAによるもう1つの「侵攻計画」資料には、MI6とMI5（保安部）の詳細な情報が記されていた。後に行なわれた情報機関による調査では、囚われの身となったMI6のインテリジェンス・オフィサー2名ともう1人の容疑者が、ドイツにこれらの情報を与えたとされている（「S・ペイン・ベスト」と「チャールズ・H・エリス」を参照のこと）。

【参照項目】 ゲシュタポ、サー・ロバート・ベーデン＝パウエル、MI6、MI5

ブラックプロパガンダ　(Black Propaganda)

偽の発信源から流されるプロパガンダ。第2次世界大戦中、イギリスの専門家は、ドイツ本国あるいは占領地域から流されているかのようなラジオ放送を製作した。その目的は士気を低下させ、ドイツの戦争努力を損なうであろう緊張状態を生み出すことにあった。「ラジオ・ドイッチュラント」は実在する放送局の周波数に近く、ドイツ製ラジオならすぐそばにダイヤルを合わせれば聞こえるようになっていた。この放送はドイツに向けて流され、宣伝大臣のヨーゼフ・ゲッベルスも日記の中で「この放送局は実に見事なプロパガンダを成し遂げている……」と認めた。

放送を聞いたほぼ全てのドイツ兵は、それがドイツの番組であることを信じた。ドイツ人捕虜の中には、連合軍の尋問官に自分の反ヒトラー感情を証明するため、ラジオ・ドイッチュラントのために働いたと証言する者もいた。イギリスによるこの偽放送は厳重な機密とされていたため、放送局の存在は知っていても真の制作者を知らない尋問官は捕虜の話を信じたという。

ブラックボックス　(Black Box)

機密扱いの機器あるいは装置。通常は電子偵察に用いられる。また偵察機、情報収集艦、あるいは潜水艦に装備された軍用機器を指すこともある。

【参照項目】 航空機、情報収集艦、潜水艦

ブラックリスト　(Black List)

敵勢力の協力者、同調者、あるいは情報提供者などのうち、友軍の脅威になると見なされた人物が記された防諜用のリスト。

フラッシュライト　(Flashlight)

「Yak-25RD」を参照のこと。

フラッター　(Flutter)

ポリグラフ検査を指すアメリカの俗語。誰かを「フラッター」させるとは、ポリグラフ検査にかけることを意味する。（訳注：flutterは「そわそわする」「そわそわさせる」の意）

【参照項目】 ポリグラフ

八行

プラムバット作戦 （Plumbat）

核兵器の原材料を盗み出すため 1968 年にイスラエルの情報機関モサドとラカムが実行した作戦。

【参照項目】 モサド、ラカム

フランクス、サー・アーサー （Franks, Sir Arthur 1920-2008）

1979 年から 82 年までイギリス秘密情報部（MI6）長官を務めた人物。第 2 次世界大戦当時は特殊作戦執行部（SOE）に所属しており、その後 MI6 に移ってイランとベルリンに駐在した。

【参照項目】 MI6、SOE、ベルリン

フランクリン、ベンジャミン （Franklin, Benjamin 1706-1790）

独立戦争時に諜報網を組織したアメリカの政治家、外交官、発明家、出版人。アメリカ初の外国情報収集機関、秘密通信委員会の主要メンバーだった。秘密通信委員会は「大英帝国及びアイルランドをはじめ、世界各地の友人と連絡をとることを目的」に、大陸会議が 1775 年 11 月 29 日に設置した組織である。

フランクリンは独立戦争前からマサチューセッツ、ジョージア、ペンシルヴェニアの各植民地を代表してロンドンでロビー活動を行なうなど、外交関連の経験を積んでいた。かくして 1778 年 9 月、大陸会議はフランクリンを実質的な駐フランス大使である全権公使に指名すると同時に、外交情報の収集を監督させた。

フランクリンの第 1 の目標は、イギリスに打ち勝つ最上の方法はアメリカと同盟を組むことであると、フランスに納得させることだった。またアメリカに送られたフランス人エージェント、ジュリアン・アシャール・ド・ボンヴーロワールを相手に秘密活動を行なった。

フランクリン自身のエージェントであり、大陸会議のコネチカット代表を努めていたサイラス・ディーンも、武器などの物資を購入するために議会が設置した秘密委員会のメンバーだった。一方のフランス側は、表向きは武器商人ながら実際には外務省のエージェントであるピエール・ボーマルシェを通じてディーンと接触していた。

ボーマルシェは国王ルイ 16 世をはじめとするフランス人やスペイン人から金を引き出し、それに自らの資金を加え、現代ではフロント企業と呼ばれる組織を作り上げた。フロント企業とは諜報・防諜活動を隠すことを目的とした会社である。イギリスの秘密機関は Hortalez et Compagnie というこの貿易会社の真の目的を摑んだが、ボーマルシェは大量の武器をアメリカへ送ることができた。

フランクリンはロンドンのエージェントを通じ、イギリスの政治動向や軍事活動を追跡し続けた。1778 年 1 月、ロンドンで対植民地戦争の準備を進めていたコーン

ウォリス卿は、アメリカ征服は不可能だと述べる。その言葉はすぐさまフランクリン配下のエージェントに伝わり、フランスにいるフランクリンへと直ちに送られた。フランクリンはこの情報を使い、米仏同盟を説得する根拠としている。

「アメリカ合衆国」も参照のこと。

【参照項目】 スパイ網、ジュリアン・アシャール・ド・ボンヴーロワール、ピエール・ボーマルシェ、カバー企業

フランス （France）

フランスは古くから陰謀とスパイ行為が盛んだった国であり、その大半は伝統的敵国であるイングランドを対象にしていた。古くは 1415 年に発生したアジャンクールの戦いに先立ち、イングランド国王ヘンリー 5 世の側近の中に裏切り者、つまり内通者——政策に関する情報をフランスに売り渡した者たち——を 3 名潜り込ませた。その 3 名は、ケンブリッジ伯爵リチャード、マッシャム男爵ヘンリー・スクロープ卿、そしてノーザンバーランド騎士サー・トーマス・グレイである。

ウィリアム・シェイクスピアの『ヘンリー 5 世』（1599）には、若き国王と裏切り者の対決が描かれている。「スクロープ卿よ、朕は汝に何と言うべきであろう——残酷で、恩知らずで、野蛮で、人間とは思われぬ生き物の汝に。汝は朕のあらゆる秘密への鍵を持ち、朕の魂の奥底を知り、朕を黄金にもしていたであろうに」

3 名はいずれもフランスのためにスパイ行為をした大逆罪で逮捕され、直ちに処刑された（第 2 次世界大戦中にイギリス政府の支援で製作されたローレンス・オリヴィエ主演の映画においては、戦時中の感情を鑑み裏切り者のシーンは削除されている）。

1590 年、フランス国王アンリ 4 世は郵便庁の中に、手紙を開封して中身を読み、再び密封することを任務とする「ブラックチェンバー」を設けた。手紙の開封という習慣は、その後長きにわたる伝統となった。この業務は破った封を修復する専門家の雇用を促し、フランスをヨーロッパにおける諜報活動の主導的地位に押し上げると共に、手紙の暗号化及び解読という暗号システムの発展につながった。

手紙の開封は、フランス革命（1789）の指導者たちが怒りを露わに指弾した行為の 1 つだったが、ナポレオンの時代を通じて（そして 20 世紀に至るまで）続けられた。同様に、ルイ 13 世の在位中にアルマン・ジャン・リシュリュー枢機卿が企てた陰謀は、王制期の宮廷における陰謀・反陰謀のパターンを確立し、宮廷内部で大規模なスパイ活動が行なわれる契機になった。

アメリカ独立戦争中、一時パリに駐在していた外交官兼スパイのベンジャミン・フランクリンは、フランスを「陰謀に満ちあふれた国家」と呼んでいる。スパイた

には天賦の才があった。シュヴァリエ・シャルル・ジュヌヴィエーヴ・デオンはしばしば女装してルイ15世のために秘密任務を遂行した。またピエール・ボーマルシェは国政における秘密の価値について鋭い格言を残したことで知られている。「一旦明るみに出た計画は、失敗を運命づけられた計画である」

ナポレオン・ボナパルトの下、フランスは中央集権的な諜報制度を確立し、国内の治安維持は警察大臣ジョセフ・フーシェの手に委ねられた。フーシェは「指導者は殴られる権利を持っているが、驚かされる権利はない」というナポレオンの格言を忠実に守って活動した。フーシェ率いる警視庁は秘密警察機関の保安総局（後に国家保安局、または保安局として知られるようになる）を運用し、ナポレオン時代のブラックチェンバーを監督した。職員は政府職員や外交官の手紙のみならず、ボナパルト家の手紙も読んでいたとされる。やがてブラックチェンバーはアムステルダム、ハンブルグ、ウィーンなどヨーロッパの主要都市に支局を開設するに至った。

ナポレオンは作戦遂行にあたって良質の戦術情報を求め、時には配下の将軍が変装したり、あるいは商人などの従軍者に紛れ込んだりしてそれを自ら集めた。その他のエージェントは高品質の地図を作ると共に、前方の進路に何があるかを探るべく民間人を誘拐するなどしている。配下のエージェントとしては、ナポレオン戦争時に「スパイの皇帝」として有名だったカール・シュルマイスターが挙げられる。

ナポレオンの下で働く偽情報の専門家は「ピョートル大帝の遺言書」という膨大な文書を偽造した。その中では、ロシアが世界の大部分を征服して不凍港を手に入れるという計画を、大帝が自ら明らかにしたことになっている。偽作として片づけられたものの、この遺言書は19世紀から20世紀にかけ、ロシア——後にソビエト——による領土拡張計画を政治家に警告する根拠として生き延びた。

1870年の普仏戦争開戦当時、フランス陸軍の情報活動は衰退の極みに達していた。ナポレオン3世配下の軍隊はプロイセンの地図にさえ事欠いていたのである。翌年の敗戦を受けてフランス陸軍参謀本部はプロイセンをモデルに再編され、参謀本部第2部が生まれた。その核となる統計偵察課にはアルフレド・ドレフュス大尉も所属していた。ドレフュスの投獄と大統領による恩赦はフランスを揺るがしただけでなく、情報機関への国民的不信感を生み出し、それは今日もなお残っている。

参謀本部の各部署に「G」の接頭辞を付けるという西洋各国の軍隊で採用された習慣は、1800年代後半のフランス陸軍が発祥である。フランス陸軍参謀本部は当時、それぞれの機能に従って各部署に呼称を付けたが、今日ではG-2が情報部署を指すようになっている。

19世紀、フランスの諜報活動は帝国全体に拡大され

た。北アフリカの各植民地を確保するため、インテリジェンス・オフィサーはしばしばアラブ人の諸部族を対立させる必要に迫られた。また反仏派部族の弱点をその他の部族に納得させるべく、フランスのエージェントは各部族の長にそれぞれ戦士を連れて来させ、一見変哲のない木の幹を持ち上げさせたという。だがそのエージェントは幹の中に電磁石を埋め込んでおり、反仏派の戦士だけが持ち上げられないように仕組んでいたのだった。

【参照項目】 内通者、ブラックチェンバー、暗号システム、アルマン・ジャン・リシュリュー枢機卿、ベンジャミン・フランクリン、シュヴァリエ・シャルル・ジュヌヴィエーヴ・ルイ・デオン、ピエール・ボーマルシェ、保安総局、ウィーン、戦術情報、カール・シュルマイスター、偽情報、参謀本部第2部、アルフレド・ドレフュス、G-2、インテリジェンス・オフィサー

第1次世界大戦

第1次世界大戦に先立つ数年間、フランスの情報機関はドイツに活動の重点を置き（ただし国内に反政府運動が見られない時に限る）、その戦略を正しく予想した。しかし政治家は常にその成果を台無しにしている。1913年5月、保安総局の暗号解読者は、フランス外務省とバチカンが秘密会合を持っていることを示すメッセージの解読に成功した。激怒した内務大臣はこのメッセージを閣議で暴露する（ドレフュス事件におけるカトリック教会の関与が明らかになったのを受け、フランスはバチカンとの外交関係を断絶していた）。その結果、内閣は保安総局に対して外交通信の解読を止めるよう命じた。

直後、フランス首相が駐仏ドイツ大使に対してドイツの外交通信のコピーを提出するよう求める。その会話の中で、ドイツ大使はフランスの暗号解読活動に気づき、以降コードが変更されることになった。かくして1914年にフランスが戦争に突入した際、高い技能を獲得していたフランスの暗号解読者たちは、外交通信の傍受不能と、ドイツなど各国が用いる外交暗号の変更という二重のハンディキャップの下で活動せざるを得なかった。

第1次世界大戦では航空偵察が従来の情報活動を補強したが、フランスはこの分野で主導的な役割を果たした。終戦の時点で、航空機に搭載されたカメラは高度15,000フィートからでも小さな被写体——時には足跡さえも——を識別できるほどの高解像度を誇っていた（「航空機」を参照のこと）。またドイツの無線通信（大部分は平文のまま送信された）を傍受しており、史上初の原始的な通信情報システムの先駆けともなっている。さらに暗号化された戦術メッセージを送るため、しばしば伝書鳩が用いられている。これと同じく気球の活用も試みられたが、こちらは失敗に終わった。

しかし戦場ではドイツの情報活動がフランスのそれを上回る成果を挙げた。ドイツ軍はとりわけ行動の秘匿に

おいて大きな成功を収めている。効果的なカモフラージュを用いつつ夜間に行動するという単純な方法で、ドイツ軍はフランス側に気づかれることなくいくつもの師団を動かした。また巧みな偽情報や欺瞞作戦も功を奏している。1918年3月にドイツ軍が大規模な攻勢を始めた際、参謀本部第2部長はこう語った。「私はフランスで最も優れた情報を持つ人間だが、その私ですらドイツ軍の所在を知らないのだ」とは言え、フランスが第1次世界大戦において戦術情報活動の弱さを露呈したのは確かだが、航空機の活用、無線傍受、そして迅速な暗号解読は、いずれも現代の軍事情報に不可欠な要素となっている。

【参照項目】暗号解読者、電子情報、気球、軍事情報

ボルシェビキ狩り

第1次世界大戦後、フランスの情報活動はロシアに集中した。ボルシェビキが権力を握る中、宮廷出身の白系ロシア人を含む難民は——彼らを追う共産党のエージェントと共に——パリへ逃げた。フランスの情報機関はこれら白系ロシア人と共産主義者を追跡するのに忙殺された。その大部分はパリにいたが、彼らの階級と豪華な暮らしぶり——サンクトペテルブルクからの逃避を一時的なものと考えていた者が大多数だった——のために、フランスの監視・防諜活動は複雑なものになった。また白系ロシア人のグループ間でも対立関係があり、イギリス人エージェント、シドニー・ライリーのせいでそれが悪化することもあった(「ボルシェビキ粛清クラブ」「トラスト」を参照のこと)。

フランス情報機関をさらに混乱させたのは、植民省を拠点とするフランス植民地先住民管理支援局(CAI)が新設されたことである。CAIのエージェントは植民地出身の人間、特に共産主義者と疑わしきインドシナ出身の人間を追跡した。またフランスの伝統に基づき、対情報部門の工作員はインドシナからの手紙を盗み読みしている。容疑者の1人が、後にベトナムの共産主義勢力を率いる反仏(その後反米)指導者のホー・チ・ミンだった。

1920年代から30年代にかけ、ソビエトのスパイはフランスの奥深くにまで潜入していた。ソビエトが主な勧誘の場とした航空省は数多くのスパイを生み出したため、あるフランス人作家は後に、ケンブリッジ・スパイ網の源となったケンブリッジ大学にこれをなぞらえた。またフランス共産党はパリのソビエト大使館と直接関係を持っており、社会のどの階級にも共産主義者が見受けられるようになった。

両世界大戦の間、フランスの情報活動は停滞していた。情報機関同士の内輪もめによって、軍事・政治指導者に対する情報の供給も滞った。しかしドイツとの戦争が差し迫るにつれ、参謀本部第2部は活動を強化し、ドイツの電撃戦戦術を参謀本部に警告した。さらに駐在武官からは航空機と戦車の開発におけるドイツの進歩が報告されている。駐在武官は1939年3月のチェコスロバキア占領計画に関する警告も陸軍に送り、ドイツの機動演習がポーランド侵攻の模擬戦であると正しく解釈していた。

しかし将軍と政治家の大部分はこの情報を無視し、イギリスに従って戦争準備ではなく宥和政策を選択する。だが1939年9月1日にドイツ軍がポーランドに侵攻すると、もはや戦争を避けられなくなったフランスは軍隊を動員し、9月3日にイギリスと共同で宣戦布告した。

【参照項目】シドニー・ライリー、ケンブリッジ・スパイ網、駐在武官

第2次世界大戦

フランスが参戦した際、陸軍の指揮系統は各地に散らばる4つの司令部とパリの陸軍省から構成されていた。情報活動は中央集権化されておらず、対象もばらばらだった。第1次世界大戦でフランスが先鞭をつけた航空偵察も、この大戦では成果を挙げられなかった。フランス空軍がドイツに対して早々に制空権を失ったのが大きな理由である。また参謀本部第2部はオランダ国境に展開するドイツ軍を過大評価する一方、ルクセンブルク前線のドイツ軍を過小評価していた。

1939年9月から40年5月——いわゆる「奇妙な戦争」の期間——にかけ、イギリスの海外派遣軍と合流したフランス軍は防衛線を築いていたが、攻撃の時期は予想できないでいた。フランスの情報活動が貧弱だったのと、ドイツ軍がアルデンヌ方面から攻撃を仕掛ける可能性をフランスの軍高官が信じなかったせいである。1940年5月10日、ドイツ軍はオランダ、ベルギー、ルクセンブルクを同時に攻撃し、いずれもすぐに陥落させた。その後5月13日にフランスへの通路となるセダンに橋頭堡を確保、鉄壁を誇るマジノ線をいともたやすく突破してアルデンヌを駆け抜けた。

政府は6月10日にパリから逃れ、ポール・レイノー首相は辞職する。後任のアンリ・フィリップ・ペタン元帥は撤退するフランス軍に降伏を命じた。その結果、ドイツはアルザス・ロレーヌ地方を再併合し、フランス北部と西部を占領する。残りの国土は植民地共々占領され、パリ南東約300キロメートルのヴィシーを首都とする傀儡政府の支配下に置かれた。

6月28日、イギリスに逃れていたシャルル・ド・ゴール准将はイギリス政府から「自由フランスの指導者」として認知され、ロンドンで反ヴィシー派の自由フランス運動を始める。ヴィシー政権はド・ゴールを脱走の罪で欠席裁判にかけ、死刑を宣告した。ド・ゴールはこう宣言している。「何が起ころうとも、フランス・レジスタンス運動の火を消してはならず、また消えることもな

いだろう」

　レジスタンスは占領下のフランスで大きなうねりとなり、数千名の男女がゲリラ部隊を組織したが、その多くは「マキ団」の名で呼ばれた。ド・ゴールもロンドンの自由フランスとレジスタンス運動を結び付けると共に、イギリス特殊作戦執行部（SOE）と協働してフランスにエージェントを送り込むべく情報組織を設けた。この組織は後に情報・行動中央局（BCRA）と名付けられている。

　軍の情報士官を含むヴィシー・フランスの将校は「休戦派の士官」と見なされており、戦後に対独協力者として糾弾された。保安総局の情報部門である国土監視部はヴィシー政府の下で活動を続けた上、民兵団（ミリス）が設立されてレジスタンスのメンバーを追跡した。フランス陸軍の英雄ジョセフ・ダルナンが民兵団の指揮にあたり、フランス版ゲシュタポとも言える組織に変容させた（フランス解放と共にダルナンはドイツへ逃走したが、1945年に捕らえられ国家反逆罪で処刑されている）。

　フランス人にとって、ドイツの秘密警察がもたらす恐怖は全てゲシュタポによるものだったが、この秘密政治警察は占領下のフランスにおける主要情報機関、SD（親衛隊保安部）から独立して行動していた。フランスで活動したSD士官のうち最も残酷な人間として知られたのがクラウス・バルビーである。彼は「リヨンの虐殺人」の異名をとり、戦後も長らく司法の手から逃れ続けた。

　ドイツ語を話せるレジスタンス運動家はほとんどいなかったが、大部分が検問を通過できるほどには習得しており、特に「streng geheim（最高機密）」の2語が持つ重要性は誰もが理解していた。レジスタンス運動の伝説的人物ルネ・デュシェズもこの単語の意味を知っていて、フランス沿岸にドイツ軍が構築した防衛施設「大西洋の壁」が記された、長さ10フィート幅2フィートの地図を盗み出した。デュシェズは壁の建設に携わる企業に入り、壁紙職人を装ってこの地図を盗んだのである。また海中の障害物も記されていて、それらは1944年6月6日（Dデイ）の米英軍上陸に先立って爆破された。さらにDデイの前日には、レジスタンスの工作員が大々的な破壊活動を実行し、電話線と電線を断ち切ると共に鉄道の運行を妨害している。

　1944年8月26日、フランス臨時政府の元首を宣言していたド・ゴールは米仏の軍隊を従えパリに凱旋した。フランスの政治はより一層複雑になったが、それは情報機関においても同じだった。親ド・ゴール派と反ド・ゴール派の機関が公然と対立し始めたのである。そんな中、BCRAは解体され、DGSS（特殊戦力総局）として生まれ変わった。

　解放後、ド・ゴールはDGSSに対し軍の最高司令部ではなく自分に直属するよう命じる。これはフランスの情報機関にとって歴史的な変化だった。DGSSは程なく

DGER（調査・研究総局）と改名されたが、エージェントの暴走に起因するスキャンダルのためSDECE（対外情報防諜局）に置き換えられた。

　かくしてフランスには多数の情報機関が乱立することとなった。内務省はDST（国土監視局）とRG（情報総局）を設け、いずれも国家保安局の管轄下に置いた。またパリ警視庁もナポレオン時代の遺物である独自の情報総局を持っていた。軍の防諜活動の一部はDSTに引き継がれたものの軍保安局は存続しており、軍内部の反乱に目を光らせていた。さらに植民省も連絡・調整技術局という独自の諜報組織を有していた。

　ダグラス・ポーチは著書『The French Secret Services』（1995）の中で次のように記している。「各秘密機関はフランスの国益に奉仕する存在というよりも、第4共和国のアキレス腱となっていた……細分化と政治化に起因する対立関係に加え、陰謀渦巻く雰囲気、そしてド・ゴール派によるクーデターや共産主義者による蜂起の噂があり、これら秘密機関を政治の分野に引きずり込んだのである」

【参照項目】 BCRA、SOE、ゲシュタポ、SD、クラウス・バルビー、最高機密、Dデイ、DGSS、DGER、SDECE、DST

戦後の情報活動

　新憲法と立法機関を制定する戦後初の選挙を迎え、ド・ゴール派は組織化を実行した。その結果ド・ゴールが暫定大統領に選出されたものの、望み通りの権限を与えられなかったとして1946年1月20日に辞職、戦後の政治的混乱に火を点けた。

　戦時中の対独協力者狩りが一段落した後、対立する各情報機関は政府内部の共産主義者狩りに集中し始める。しかし1940年代後半にNKVD（ソビエト内務人民委員部）の暗号を解読するまで、フランスのインテリジェンス・オフィサーはソビエトの浸透がどれほどのレベルにまで達しているか突き止められなかった（「ヴェノナ」を参照のこと）。

　空軍大臣を務め、航空省に所属する科学者でもあったピエール・コットもソビエトのスパイだった。また1981年から85年まで国防大臣の座にあったシャルル・エルニュは、社会党の政治家として頭角を現しつつあった1950年代から60年代にかけてブルガリア、ルーマニア、ソビエトのスパイマスターに情報報告書を渡したとされている。1996年には混乱をさらに深める報道がなされた。エルニュは落選に終わった58年の国民議会選挙の際、6万ドルを受け取っていたと防諜担当官が明らかにしたのである。エルニュ自身は90年に死去しているが、フランス情報機関は92年に彼のスパイ活動をルーマニアの情報機関から知らされたのだった。

　フランス共産党は議会に議員を送り込むなど一定の影

響力を有していたため、米英の情報機関はフランス機関との協力を躊躇した。例えば共産党員が航空大臣を務めていた1949年には、航空省の保安部長がユーゴスラビアの駐在武官に秘密資料を渡したとして逮捕されている。ソビエトの離反者が行なった報告によれば、NKVDもフランスの保安機関に浸透するだけでなく、売春婦を使いフランス大使にハニートラップを仕掛けることでスパイ行為を強いていたという。

【参照項目】NKVD

植民地紛争

第2次世界大戦後、ラオス、ベトナム、そしてカンボジアの支配権を取り戻そうとするフランスの試みにおいて、情報機関の果たした役割は大きな議論を呼んだ。1945年8月に日本軍による占領が終わった際、ベトナムではホー・チ・ミン率いる共産主義勢力ベトミンが権力を握っていた。フランスはハイフォンに兵士を上陸させ、ハノイを占領することでそれに対処する。そして中国国民党の情報機関、調査統計局に所属する職員の支援を受けて共産主義者狩りを行なった。

一方、フランスに渡った数千名のインドシナ出身者を追跡する必要性から、フランス海外領連絡局という組織が新設され、参謀本部第2部、SDECE、そして軍の諜報機関が集めた情報の調整を行なった。

激戦が繰り広げられたインドシナ戦争において、参謀本部第2部の士官は部隊に随伴し、共産党員と思しき人間を日常的に拷問・殺害した。SDECEもインドシナで大きな役割を演じたが、ここまで過激な行動はとっていない。しかし1953年から54年にかけて行なわれたディエンビエンフーの戦いでフランスが屈辱的な敗北を喫したことに対し、SDECEの活動不足がどれほどの影響を与えたかは今も歴史家の間で論争の種となっている。拠点の選択──航空機によってのみ補給可能な人里離れた渓谷──については陸軍に責任がある。参謀本部第2部はベトミンの兵力に関する情報を軍の司令官に提供しており、危険が極めて大きいことを警告するには十分だった。しかし陸軍側がそこにとどまって戦うことを選んだため、1954年5月に惨敗を喫し、最終的にはベトミンの勝利につながったのである。

1954年11月にアルジェリア全域で爆破事件が発生した際、植民地にほとんどアセットを持たなかったフランス情報機関は政治家同様に驚愕した。これら爆破事件は情報機関、特にSDECEが犯罪行為のために面目を失うことになる、1つの戦争の始まりを告げるものだった。SDECEはギャングや血の気の多い傭兵を「名誉特派員」として用い、反体制運動家を拷問、FLN（国民解放前線）の指導者を誘拐・殺害すると共に、反逆者のフランス人士官を援助してOAS（秘密軍事組織）を設立、1958年5月に反乱を引き起こした。

危機の最中、フランス議会はド・ゴールに独裁権力を与えた。ド・ゴールはそれを受けて軍と情報機関の取り締まりを始める。しかしド・ゴールの復帰によっても、フランスの情報体制に対する米英の信頼は回復できなかった。そして両国の不信感は1961年12月に劇的な形で確認される。この月、KGBエージェントのアナトリー・ゴリツィンがCIAに接触し、サファイアというコードネームのソビエトスパイ網がド・ゴール政権に深く浸透していることを明かしたのである。

有能かつ法に則った情報機関の確立こそが、ド・ゴール率いる第5共和国の正当性を証明するものと期待された。しかし1965年10月、SDECEはモロッコ人国家主義者のメフディ・ベン・バルカを誘拐、そして恐らく殺害し、またしても信頼を失った。

パリにはKGB支局の中で最大規模のものが置かれていた。米英のインテリジェンス・オフィサーはフランスの保安体制をルーズだと見なしていたが、ソビエトもそれに惹きつけられたのである。しかし1970年代に入り情報機関が厳しい監視下に置かれると、フランスの防諜機関はソビエト相手により巧妙に立ち回るようになった。事実、フランス当局は1974年から80年にかけ、ソビエト及び東欧諸国の外交官およそ40名を国外に追放し、1983年と87年にも大規模な国外追放を実施している。

だが1985年には、フランス情報機関のイメージを失墜させる事件が発生する。この年、対外保安機関のDGSEが、環境保護団体グリーンピース所有の船舶レインボー・ウォーリア号をニュージーランドのオークランド港で爆破したのである。前述のポーチは『The French Secret Services』の中で、この雑な工作活動は「フランスにおける国家と情報機関との関係を分析するのにふさわしい、原型となる事件と言っても差し支えないだろう」と記している。沈没の際に乗員1名が溺死、ニュージーランド当局は沈没の裏にDGSEがあることを程なく突き止める。ポーチによれば、フランス政府は「イギリスのスパイ作家ジョン・ル・カレが称するところの『スパイ活動における最も古い罠』つまり現実世界の不完全性が秘密の世界によって修正され得るという錯覚」に陥ったのである。

バルカ事件と同じく大きな非難が巻き起こり、フランス議会は「秘密の世界」に対する監督権を手に入れようと模索した。しかし軍の強力な後ろ盾を得た情報機関は、またしても監督権の提案を棚上げさせている。

冷戦が終結すると、フランスの防諜担当者はテロリズムに関心を移した。フランスは政治亡命に比較的寛容な態度をとっているため、テロリストやそうなる見込みのある人間であっても簡単に入国できた。こうした人物はパリに集中しており、「あらゆる種類のテロリズムで金メダル」を与えられると、『L'Express』誌に酷評される

ほどだった。またソビエトが消滅した今、DGSE は産業スパイ活動に目を向けた。その勢いがあまりに激しかったので、CIA は 1993 年にアメリカの航空機メーカーを対象として、パリ航空ショーではフランスのスパイ活動に気をつけるよう警告したほどである。

フランスは 1995 年にも産業スパイ戦を仕掛けた。外交官をカバーとする CIA 職員など 5 名のアメリカ人に対し、政治・経済情報を得るべくフランス政府職員に賄賂を試みたという理由で直ちに出国するよう求めたのである。うち 1 名が暗黙のうちに有罪を認め、アメリカへ送還された。

フランスのインテリジェンス・オフィサーは、2001 年 9 月 11 日の同時多発テロにおける「20 人目のハイジャック犯」とアメリカ当局から見なされているフランス人、ザカリアス・ムサウイの情報を FBI に伝えたとされている。フランス当局はムサウイをオサマ・ビン・ラディン及びアルカイダと結び付けて追跡した結果、アフガニスタンのテロリスト訓練キャンプと疑わしき場所を突き止めた。かくしてフランスの情報機関はムサウイをテロ容疑者のリストに加えたのである。FBI もこの情報を入手した可能性はあるものの、当時フランスと FBI との連絡は絶ち切られた状態にあった（議会の批判者が FBI の対テロ作戦を調査した際、ムサウイ事件の取り扱いミスが大きな問題となった）。

【参照項目】中国国民党中央執行委員会調査統計局、アセット、CIA、アナトリー・ゴリツィン、サファイア、レインボー・ウォーリアー号、産業スパイ、FBI

ブラント、サー・アンソニー・フレデリック

（Blunt, Sir Anthony Frederick　1907-1983）

イギリス史上最悪のスパイ事件を引き起こしたケンブリッジ・スパイ網で「第 4 の男」だった人物。最初の 2 人はガイ・バージェスとドナルド・マクリーンであり、ハロルド（キム）・フィルビーが「第 3 の男」とされている。

国教会の聖職者の息子として生まれたブラントはケンブリッジ大学で最初に数学と言語学を学んだものの、後に専攻を美術史に切り替えて文芸雑誌『The Venture』の編集に携わった。またケンブリッジ大学のエリート組織アパスルにバージェスを紹介している。そのメンバーの多くは 2 つの秘密を隠し持っていた。彼らはマルクス主義を奉じ、かつ同性愛者だったのである。スパイにならないかと自分を誘ったのはバージェスであるとブラントは主張しているが、真実は KGB が作り出した霧の中に埋もれている。

第 2 次世界大戦中、ブラントは MI5 の職員となり、毎週開かれる戦時合同情報委員会に MI5 を代表して出席した。ソビエトのためにブラントが行なったスパイ活動の範囲は、今後も決して明るみに出ることはないだろ

う。しかしながら、行為の一部についてはイギリスとソ連の作家によって明らかにされている。

MI5 で勤務していたブラントはロンドンに駐在する中立国の使節を監視下に置くと共に、それら国々の外交郵袋を開けて中身を撮影することができた。こうして戦争に対する中立国の態度、イギリスの戦争努力に関する中立国の評価、そして中立国がそれぞれ入手した情報について知り得た内容を、ソビエトのハンドラーに教えていたのである。さらにブラントは MI5 職員の氏名と職務内容を残らず暴露した。第 2 次世界大戦中にイギリス共産党へ潜入した MI5 のエージェント、トム・ドライバーグによれば、共産党が MI5 に浸透している事実を突き止められそうになったため、ブラントは彼を共産党から追放しようと試み、成功したという。

数ヵ月の間、ブラントは監視員チーム──外国のエージェントやスパイ容疑者を偵察する男女──を統轄する立場にあり、彼ら全員に毎週任務を与え、それぞれについて詳細を知った。また尾行テクニックを分析して変更を勧めたともされる──その上で、イギリスの偵察活動に関するあらゆる情報をソビエトに提供したのである。結果として、ソビエトのエージェントは監視員の目を逃れることができた。1945 年 4 月、MI5 におけるフルタイムの勤務を辞めたブラントはキングス・ピクチャーズの学芸員となったが、1 週間につき 2、3 日は MI5 のために働いた。

1945 年 8 月、ブラントは MI5 の支援を受けてドイツに赴き、ブラウンシュヴァイク公爵の邸宅からイギリス史に関係する絵画を選び出した。そして 9 月に MI5 から正式に退役したにもかかわらず、その月のうちにローマへ飛んで 3 週間にわたってイタリアの情報ファイルを精査した。その任務で、ソビエトの雇い主が興味を持つであろう情報も発見している。ナイジェル・ウエストとオレグ・ツァーレフの共著『The Crown Jewels』で紹介された KGB のファイルによれば、ブラントはスパイとしての最盛期である 1941 年から 45 年にかけて 1,771 件の資料をソビエトのハンドラーに届けたという。

戦後は国際的に有名な美術専門家となり、ロンドン大学で美術史の教鞭を執った。友人が評した通り、ブラントは「骨の髄までイングランド人」だったのである。彼はコートールド協会の会長代理となり、オクスフォード、ケンブリッジ、そしてロンドンの各大学で美術史を教え、1956 年にはナイトに叙爵されている。また 63 年夏には客員教授としてペンシルヴァニア州立大学で数ヵ月間教鞭を執った。

マクリーンとバージェスが亡命した後、2 人の脱走を助けたソビエト情報機関のハンドラー、ユーリ・モジンは、君も亡命すべきだとブラントに告げた。モジンによれば、ブラントはモスクワの「住環境」が気に入らない

サー・アンソニー・ブラント（出典：UPI 通信社／ベットマン・アーカイブ）

と言ってそれを断ったという。さらには、自分に対する疑いはあるかもしれないが、「直接の証拠は持っていないと私は判断している。耐えてみせるさ」とも言ったとのことである。バージェス、マクリーン、そしてフィルビーによるスパイ行為が明らかになったのに続き、イギリスの防諜担当官はブラントも内通者であると信じ始めた。そしてついに、アメリカ人マイケル・ストレートによって正体が明かされる。1963 年、ストレートは FBI に対し、ケンブリッジ大学に留学していた 1930 年代、ソビエトへのスパイ活動を行なうようブラントから勧誘されたことを暴露したのである。

ブラントは MI5 のアーサー・マーチンとピーター・ライトから繰り返し尋問を受けた。ライトは著書『Spycatcher（邦題・スパイキャッチャー）』（1987）において、ブラントが話しているのは偽情報と、ソビエトが白状することを望んでいる一部の情報だけではないかと恐れたことを記している。ライトは 6 年間にわたってほぼ毎月ブラントと面会し、少しずつ情報を引き出していった。ライトはこう記す。「ブラントは私が出会った人物の中で最も優雅で魅力に溢れ、洗練された人物の 1 人だった。5 ヵ国語を操り、知識の幅と深さは実に印象的だった」

不起訴特権を与えられたブラントは 1964 年に自白を始めた。それによると、政府暗号学校及び秘密情報部

（MI6）に在籍したジョン・ケアンクロスを含む複数の人間を勧誘したとのことだった。ブラントの背信行為が公表されたのは、マーガレット・サッチャー首相が議会への答弁で彼のスパイ行為を認めた 1979 年のことだった。彼女は次のように述べている。「戦前ケンブリッジ大学で教鞭を執っていた際にロシアの情報機関から勧誘され、スカウトとして行動していたことをブラントは認めています……ナイトの爵位は剥奪され、トリニティカレッジのフェローの地位も取り消され、また英国学術院からも除名されています」

自分が尽くし、そして裏切った社会階級から遠ざけられたブラントは孤独で空虚な余生を送り、1983 年 3 月に心臓疾患で死亡した。

ソビエトはブラントに「フレッド」「トニー」「ヴァン」というコードネームを与えている。

【参照項目】第 4 の男、ケンブリッジスパイ網、ガイ・バージェス、ドナルド・マクリーン、ハロルド（キム）・フィルビー、同性愛者、MI5、合同情報委員会、ハンドラー、監視人、ナイジェル・ウエスト、ユーリ・モジン、マイケル・ストレート、ピーター・ライト、偽情報、ジョン・ケアンクロス、政府暗号学校、MI6

ブランドン （Brandon）

1942 年 11 月に行なわれた米英上陸作戦（トーチ作戦）を支援すべく、イギリス特殊作戦執行部（SOE）が北アフリカで実施した活動のコードネーム。

フリードマン、ウィリアム・F （Friedman, William F. 1891-1969）

1940 年に日本のパープル暗号を解読したアメリカ人。第 2 次世界大戦中の暗号解読に関する書を著した歴史家のデイヴィッド・カーンは「疑問の余地なく、史上最も偉大な暗号解読者の 1 人」と評価している。

ロシア系ユダヤ人の息子として生まれたフリードマンは、1892 年にアメリカへ移住した後、1914 年にコーネル大学を卒業して遺伝学の学位を得た。卒業後は遺伝学と暗号学に関心を持つ裕福な奇人ジョージ・ファビアンに誘われ、イリノイ州ジェノバにある最初期の「シンクタンク」ファビアン・リヴァーバンク研究所に加わる。フリードマンはこのパトロンと共に、それまでウィリアム・シェイクスピア作であるとされてきた戯曲やソネットが、実はフランシス・ベーコン作だと証明する暗号の解読に取り組んだ。

当時は暗号解読を行なう政府の施設がなかったため、陸海軍は暗号の問題があるとリヴァーバンク研究所に持ち込んだ。フリードマンは陸軍中尉としてフランス遠征軍の下でドイツの暗号と取り組んでいた 1 年間を除き、1916 年から 20 年にかけて研究所の暗号解読と訓練を指揮した。

1920 年にはワシントン DC の陸軍信号部隊で勤務を

始め、翌年には主任暗号官となる。その7年後には、ハーバート・O・ヤードレー率いる暗号局の後継機関として新設された信号情報局の長官に就任する。この時、フリードマンの下には6人のアシスタントがいた（1935年以降は陸軍士官がこのグループのトップになる）。

　紙と鉛筆を用いた暗号解読から機械による解読作業への進化を主導したフリードマンは、1938年から最高レベルの日本外交暗号——アメリカの解読者はパープル暗号と呼んだ——の解読に取り組み始める。20ヵ月にわたる精力的な作業の末、フリードマンらは1940年8月に最初の解読を成功させた。しかしパープル暗号の解読が太平洋におけるアメリカの軍事行動を支えたのは事実だが、ナチスドイツに駐在する日本の外交・軍事使節から本国へ宛てた通信文の解読にこそ最大の価値があったのである。

　1943年、フリードマンはイギリスのブレッチレーパークを訪れ、暗号解読に関する知識の共有をさらに押し進めた。戦後も暗号解読活動を続け、52年には暗号担当官として新設のNSAに加わっている。58年、フリードマン、ローレンス・サフォード海軍大佐、そしてフランク・B・ローレットの3名は、電気暗号機を開発・改善した功績によって議会から10万ドルを贈られた（「シガバ」を参照のこと）。

　NSAの暗号歴史センターはフリードマンの業績を評価する中で、彼の著作物——リヴァーバンク時代の刊行物から著書『The Index of Coincidence』『The Elements of Cryptanalysis』に至るまで——のおかげで「暗号解読者は現代という時代に対応することができた。自らの技術に加え他人のアイデアをも含んだ彼の著作物は、新たな科学の基礎となる知識体系を構築したのである」と記した。

　フリードマンと妻のエリザベス・スミス・フリードマンは『The Shakespearean Ciphers Examined』（1957）を著し、ベーコン説の正体を暴露した。リヴァーバンク研究所で暗号術を学んだエリザベスは、第2次世界大戦中日本のためにスパイ行為をしたとして起訴されたアメリカ人、ヴェルヴァリー・ディキンソンの裁判において専門家として証言している（ディキンソンは日本側に情報を送るため「ドール暗号」を用いた）。なおエリザベスは1980年に死去している。

【参照項目】パープル、デイヴィッド・カーン、暗号、暗号解読、ハーバート・O・ヤードレー、信号情報局、ブレッチレーパーク、NSA、ローレンス・サフォード、ヴェルヴァリー・ディキンソン

プリマコフ、エフゲニー・マクシモヴィチ
（Primakov, Yevgeny Maksimovich　1929-2015）

　ソビエト崩壊後のロシアで最初のスパイマスターとなった人物。1991年8月に反ゴルバチョフのクーデターが企てられた際、安全保障会議でそれに反対した2名のうち1人であり、後にロシア大統領となったボリス・エリツィンによって、ソビエトの保安・情報機関KGBの議長に任命された。ソビエト連邦が崩壊して対外情報機関SVRが新設された後も、プリマコフはそのトップにとどまっている。

　1953年にモスクワ大学東洋研究所を卒業したプリマコフはモスクワ国立大学で学び、69年に経済博士号を取得した。

　1953年から62年までラジオ局及びテレビ局で記者を務め、その後ラジオ放送の編集長を経て、ラジオ及びテレビ放送に関する国家委員会の編集会議議長となる。1962年にはプラウダ紙の編集部に移り、アジア、アフリカ、中東を担当した。1970年にプラウダ紙を離職して世界経済国際関係研究所の副所長となり、77年には東洋研究所所長に任命されて85年まで在任、その後は世界経済国際問題研究所の所長に就任した。

　1989年には共産党中央委員会の議員候補となり、同年ソビエト最高会議議員に選出される。そして中東におけるゴルバチョフの個人使節を務めた後、1991年8月KGB第1副議長に指名、11月には連邦中央情報機関のトップとなる。チェーカ創設以降の70年間において、情報の専門家でない人間がソビエトの主要情報機関を率いるのはこれが初めてだった。任命2日後に行なった前例のない記者会見において、プリマコフは情報界における一層の「グラスノスチ（情報公開）」を支援すると述べた上で、現在の情報活動についてこう語っている。

　　スパイのことを、灰色のコートをまとって人気のない通りをうろつき、人々の会話を盗み聞きする人物と考えるなら、私が指名されたことは不自然である。我々は分析的手法を用いて情報を合成させなければならない。これは科学的な活動だ。

　プリマコフは1991年12月のソ連邦崩壊に伴いSVR長官となり、ソビエト連邦からロシア連邦への移行という困難な時期に対外諜報活動の指揮を執った。

　1996年1月10日、エリツィンはプリマコフをロシア外相に任命した。プリマコフはKGB議長就任以前に世界各国を幅広く訪れており、1987年から90年にかけてアメリカを3度訪問している。1998年にはエリツィンから首相に抜擢されるものの、政府から共産党員を追放する動きに反対し、翌年5月に解任された。

【参照項目】KGB、SVR、チェーカ

ブリュースター、カレブ　（Brewster, Caleb　1747-1827）

　独立戦争で活躍したアメリカの密偵。戦争初期、ブリュースターは小型ボートを操り、ロングアイランド海峡

を航行するイギリス軍艦の攻撃にあたった。その後、ジョージ・ワシントン大将配下のハンドラーだったベンジャミン・タルマッジ中将から、後にカルパー・リングと称されるスパイ組織に勧誘された。

この組織はニューヨークの英国軍に関する情報を集め、コネティカットにいるタルマッジに送っていた。コード化されたメッセージはニューヨーク駐在のロバート・タウンゼンドから、ロングアイランドのセトケットで宿屋を営むオースチン・ローのもとに送られる。ローはニューヨークへの仕入れ旅行をカバーとして密使の役割を果たし、アブラハム・ウッドハルが所有するセトケットの農場に着くと、木の洞といった隠し場所にメッセージを残した。

ブリュースターは隠し場所からメッセージを回収し、ロングアイランド海峡を渡ってコネチカット州フェアフィールドに向かう。そしてタルマッジや他のインテリジェンス・オフィサーが、受け取ったメッセージをワシントンの司令部に持参した。ブリュースターのボートはフェアフィールドでは「スパイボート」の名で知られていたが、この公然たる秘密がイギリス側のエージェントに嗅ぎつけられることはなかった。

とは言え、危機一髪の瞬間が1度だけあった。1781年10月のある夜、フェアフィールドで食事をとっていたブリュースターは、パトリック・ウォーカーを名乗る男と雑談する。アメリカ人を装ったイギリスのスパイであるウォーカーは、アメリカ側の計画を言葉巧みにブリュースターから引き出そうとした。しかしこのよそ者を疑ったのか、ブリュースターはカルパー・リングについてひと言も漏らさなかったのである。

【参照項目】密偵、ハンドラー、ベンジャミン・タルマッジ

フリー、ルイス・J （Freeh, Louis J. 1950-）

元FBI長官。在任期間中の特権乱用について調査が行なわれた後も辞職を拒否し、結果として更迭されたウィリアム・S・セッションズ前長官の後任として1993年に就任した。FBI長官としての在任期間はJ・エドガー・フーヴァーに次いで長い。

フリーはラトガース大学で法学の学位を取得し、1975年にFBI入りした。その後数年間は、港湾労働者組合に浸透しつつあった組織犯罪の捜査に従事している。

1981年には連邦検事となり、大物マフィアの立件を主な任務とした。1987年には検察チームを率い、国際麻薬流通網「ピザ・コネクション」に関わっていたマフィアの被告を有罪に追い込む。裁判では、ピザショップをマネーロンダリングの隠れ蓑として使っていた17名に有罪判決が下されている。そして1991年、ブッシュ大統領によって連邦判事に指名された。

1993年にFBI長官となったフリーは、セッションズ

が実行に移さなかった使命を引き継ぐ。すなわち冷戦終結に伴う任務の転換である。彼はテロリズム対策、対麻薬戦争、そして国際組織犯罪への対処を最優先とした。そのため、ロシアの警察当局と協力して国際犯罪に対処すべく、モスクワにFBI支局を開設する。しかしFBIの対外活動を強化しようと目論むフリーの方針は国務省に懸念を抱かせ、また防諜活動を巡ってライバル関係にあるCIAとの新たな縄張り争いが繰り広げられることになった。だが1995年から96年まで中央情報長官を務めたジョン・M・ドイッチとフリーは、ポスト冷戦世界における両機関の役割を模索すべく共に行動を始めた。

またフリーは、急速な技術進歩の時代において新たな電子的監視活動を可能にすべく、通信システムを構築する必要性と個人のプライバシーとの間で均衡点を見出すためにも、新たな技術を開発しなければならないと述べて、盗聴行為に関する新たな論争を引き起こした。フリーはこう述べている。「裁判所の許可を受けた盗聴は、不法な麻薬取引と戦うにあたり法執行機関が用いる捜査技術の中で最も効果的なものである」

フリーは2001年6月25日にFBI長官の座をロバート・ミュラーに譲っており、9月11日にニューヨークの世界貿易センタービルとワシントンDCのペンタゴンが攻撃された後も、テロリストの計画を事前に探知できなかったというFBIへの非難を免れることができた。

【参照項目】FBI、ウィリアム・S・セッションズ、J・エドガー・フーヴァー、防諜、中央情報長官、ジョン・M・ドイッチ、盗聴／盗聴器、ロバート・ミュラー

ブルー暗号 （Blue Code）

レッド暗号の後継として1930年末に採用された日本海軍のコード式暗号。ブルーという名称はアメリカ海軍通信情報部（OP-20-G）が付けたものであり、コード表が綴じられていた本の色にちなんでいる。

「複雑な暗号を純粋に論理的方法だけで解読するために、3年間に及ぶ途方もない努力を必要とした——実に困難な仕事である。かくも大きな成果を挙げた暗号解読者は他にいないだろう」アメリカの情報将校であるエドウィン・T・レイトン少将は自伝『And I Was There（邦題・太平洋戦争暗号作戦：アメリカ太平洋艦隊情報参謀の証言）』（1985）でそのように記している。

アグネス・メイヤー・ドリスコルに率いられたアメリカ海軍のチームは1931年秋から解読作業に取り組み、2重に施された暗号を解いて約85,000の基本コードを突き止めた。作業の一部はIBM社製のタビュレーティングマシン（パンチカードシステム）に分担させたが、これは電気機械装置を暗号解読に用いた最初の実例の1つとなった。

日本海軍は1938年11月1日にブルー暗号を新方式

の暗号に置き換えたが、その1年後にはJN暗号に切り替えた。ブルー暗号が使われなくなった後も、アメリカ海軍は以前に解読されなかったメッセージの解読を続けている。その1つによって、1915年に完成した戦艦榛名が改装を経て、32ノットを出せるようになったことが突き止められている。表向きは日本政府もジェーン年鑑も榛名の最高速力を26ノットとしており、この違いは大きかった。1930年代に就役していたアメリカ軍艦は最も速いもので21ノットしか出せず、建造中の軍艦も27ノットに過ぎなかった。

【参照項目】海軍通信情報、エドウィン・T・レイトン、JN暗号

ブルー、ヴィクター (Blue, Victor 1865-1928)

　米西戦争中にスパイとして活動したアメリカの海軍士官。海軍兵学校を卒業したブルーは大尉の時に砲艦スワニーへ配属、1898年6月に行なわれたキューバのサンティアゴ湾封鎖に参加した。その際は陸上で戦術情報を収集している。

　ブルーは小舟で上陸し、スペイン支配に抵抗するキューバ人革命家と接触した。また別の任務では、スペインの沿岸防衛に関する情報を入手している。後にはゲリラの助けを借りてサンティアゴ周辺のスペイン防衛線を迂回し、湾を一望する任務に出た。スペイン艦隊をサンティアゴに閉じ込めるためアメリカ側は海峡に船を沈めており、本当に艦隊が外海に出られないかを確かめる必要が生じたのである。丘の上に立ったブルーは、スペイン艦隊の全艦が港に停泊しているのを確認した。

　さらに別の陸上偵察任務では、港の急襲計画を立案している。しかし海岸沿いの戦闘において、封鎖を突破しようとしたスペイン艦隊がアメリカ戦艦による激しい砲撃で座礁したために、その計画は不要となってしまった。

　第1次世界大戦では戦艦テキサスの艦長として戦い、1919年に少将で退役した。

フルーエンシー委員会 (Fluency Committee)

　イギリスのインテリジェンス・コミュニティー、それも指導的地位にいると思しきソビエトの内通者を突き止めるべく、1964年10月に組織されたグループ。保安部（MI5）のD課と秘密情報部（MI6）の対情報課が合同で設置し、MI5のピーター・ライトが議長の座に就いた。

　この調査はソビエトのスパイだったアンソニー・ブラント、ジョン・ケアンクロス、そしてレオ・ロングが1964年初頭に行なった自白と、ソビエトからの離反者数名がもたらした資料を基礎にしていた。委員会は特に、ハロルド（キム）・フィルビーが内通者であることを指し示す過去の兆候を精査した。すると、MI5内部に

ソビエトのスパイが存在しており、ソビエト軍の情報機関GRUの指示で動いている可能性があるという結果が出た。ちなみにフィルビーはMI6で勤務しつつ、NKVD（内務人民委員部）及びNKGB（国家保安人民委員部）のために活動していた。

　ライトの直感では、全ての兆候が2人のMI5職員——グラハム・ミッチェルとロジャー・ホリス——を指していた。ホリスはフルーエンシー委員会が招集された当時のMI5長官である（1965年12月に退職）。

　1965年、委員会はMI5のマーティン・ファーニヴァル・ジョーンズ新長官とMI6のディック・ホワイト長官に報告書を提出、1942年から少なくとも62年までソビエトが絶えずMI5に浸透していた兆候を指摘する。MI5に潜む未発見のソビエト内通者として、委員会はホリスとマイケル・ハンレーの名を挙げた。ハンレーは当時部長の職にあり、ファーニヴァル・ジョーンズの後継と見なされていた人物である。ライトはファーニヴァル・ジョーンズの反応をこう記す。

　これはどこまで行くのだろうか、ピーター——君が私に送った報告書には、前任者と、後継者の最有力候補が両方ともスパイだと記されている。君は考えてみたことがあるか？　少し立ち止まって、これらの勧告通りに行動したらいかなる害が引き起こされるかを考えたことはあるのか？　立ち直るのに10年はかかるだろう。何の成果も生み出さなかったとしてもな。

　ライトはそれに対し「私は自分たちが記したことを守ります、F・J（ファーニヴァル・ジョーンズ）。それはフルーエンシー委員会の他のメンバーも同じです。他に候補がいたのなら、そちらを選んでおくべきでした」

　ファーニヴァル・ジョーンズは限定的ながらも捜査の許可を与え、次いでハンレーの尋問を許しハリエットというコードネームを与えた。その結果容疑は晴れ、MI5での勤務を続けている。

　1969年、フルーエンシー委員会のファイルがようやくMI5の一部局に引き渡され、ホリスの尋問が許される。ホリスは2日間にわたって丁重に「詰問」され、傍らではMI5の分析官（ライトもその一員だった）が耳を傾け会話を記録した。ホリスは何も明かさず、また何一つ認めることもなく、この尋問はやがて中止された（1981年、マーガレット・サッチャー首相は下院に対し、さらなる検討の結果、ホリスがスパイではないという結論に至ったと答弁している）。

　フルーエンシー委員会はMI5による調査全般を支援し、アメリカのヴェノナ計画にも貢献した。上層部から内通者が発見されることはなかったが、ライトやチャップマン・ピンチャーなどはホリスがソビエトのエージェントだったとその後も信じ続けた。

ブルークレイドル　(Blue Cradle)

B-47ストラトジェットの偵察機型RB-47を指すアメリカ空軍の俗称。

ブルージェミニ計画　(Blue Gemini)

宇宙偵察用に計画されていた有人軌道実験室（MOL）の訓練及び支援に2人乗りのジェミニ宇宙船を活用するという、アメリカ空軍による計画案。1962年6月になされた提案では、空軍パイロットによる飛行任務を少なくとも6回行ない、MOL計画を支援させようとした。

ブルージェミニ計画は1963年1月に取り消された。他の計画との競合を恐れた空軍上層部及びNASAの支持が得られなかったからである。

ブルシコ、ベルナール　(Boursicot, Bernard　1944-)

女装の京劇俳優に誘惑されてスパイ行為を始めたフランス外務省職員。1965年、20歳のブルシコはフランス大使館所属の会計士として北京に赴任したが、その直後京劇団員の時佩璞（シーペイプー）と出会う。男性用の服を着ていても女性的な外見だった時佩璞は、自分は男として育てられた女性で、京劇では男女両方を演じているとブルシコに告げた。かくして2人は恋仲になった。

数ヵ月後、ブルシコは北京を去り外務省を退職する。だが1969年に再入省、文書係として再び北京に赴任した。その時から無給の志願スパイとして活動を始め、時佩璞のアパートで出会った中国人に大使館の文書を渡すようになる。時佩璞は、ブルシコが北京を離れた後に息子が生まれたと告げる。当時中国では文化大革命の嵐が吹き荒れており、時いわく北京にいてはその外国人的な容貌が危険を招くと判断、中ソ国境に住む親族のもとに預けたという。ブルシコは1972年まで大使館にとどまり、その間スパイ兼愛人であり続けたが、時の言う子供を目にすることはなかった。

1973年、中国を訪問したブルシコは、息子ベルトランだという7歳の子供と会った。1975年にはまたしても外務省に戻り、今回はルイジアナ州ニューオーリンズの領事館に赴任する。その後転勤したウランバートルの大使館で再びスパイ活動を始め、ウランバートルから北京への公式な密使任務の間に、以前の中国人に資料を届けた。2人の恋はいくらか冷めていた。両性愛者のブルシ

コに他の愛人ができていたのである。しかし、時と少年がフランスに移住できるよう手続きを始めた。その後で少年を養子にしようというのである。

1983年、時佩璞はついに京劇役者としてパリを訪れた。だが国内治安を担当するDSTはブルシコのスパイ行為をすでに突き止めており、外国勢力のエージェントに情報を渡したとして彼を逮捕する。共犯者として時佩璞を逮捕した際、DSTはこの人物を男性として扱うか女性として扱うか判断に窮したという。判事は身体検査を命じ、その結果男性であることが判明する。時本人の説明によると、彼の性器は奇形であるため、何気なく見ただけでは誰もが女性だと思い込むという。ジョイス・ウェルダーは著書『Liaison』(1983)の中で次のように述べる。「当然ながら、じっと見つめる者など誰もいない。それは単なる幻想だった」ちなみにベルトランはウイグル人一家の息子として入国していた（ウイグル人は中国北西部及び中央アジアに居住し、イスラム教を信仰している）。

1986年5月に行なわれた裁判において、ブルシコの弁護士は彼がなしたささやかなスパイ行為に嘲笑を浮かべ、「この事件は、世界中のスパイ活動で最底辺に位置するものだろう」と述べた。

両被告人には懲役6年の刑が下され、時佩璞は1987年4月に、ブルシコは同年8月に釈放されている。この事件はデイヴィッド・ヘンリー・ファン作『ムッシュー・バタフライ』で一躍有名になった（訳注：93年には映画化もされている）。

ブルトン、ソニア　(Beurton, Mrs. Sonia)

「ウルスラ・クチンスキー」を参照のこと。

ブルーノ　(Bruno)

第2次世界大戦前、グレーツのシャトー・ド・ヴィニョーブルに拠点を置いたフランスの暗号解読機関、参謀本部第5部を指すコードネーム。ポーランドからフランスに引き渡されたドイツのエニグマ暗号機は、ブルーノ（またの名をPCブルーノ）に運ばれている。

48名のフランス人、15名のポーランド人、そして7名のスペイン人から成るおよそ70名がブルーノで勤務していた。チームDというコードネームが付けられていたスペイン人はみな左翼の人間であり、内戦勃発後にスペインから逃亡した共産主義者と思われる。ポーランド人からは不審を抱かれていたものの、スペイン及びイタリアの暗号解読にはとりわけ有益な存在だった。

ブルーノはイギリスの連絡将校が運用する電信システムを通じ、イギリス派遣軍、及びイギリスの暗号解読拠点ブレッチレーパークとの連絡を保っていた。

ブルーベル作戦 (Bluebell)

1950年6月に始まった朝鮮戦争の勃発直後、北朝鮮にエージェントを潜入させるべく実施されたCIAの作戦。これらエージェントは北朝鮮軍の計画や動静についての情報を集めた。エージェントの大半は北朝鮮からの避難民だったが、北朝鮮軍が南進するにつれて前線後方で捕らえられた。

大部分は囚われの身となったものの、その他の者はアメリカのインテリジェンス・オフィサーに有益な情報を提供した。最も観察力があったのは避難民の子供であり、極めて有益な情報をもたらした。

【参照項目】CIA

ブルームバーグ、ビンヤミン

(Blumberg, Binyamin 1930-1992)

核兵器開発プログラムを進める目的でイスラエルが設立した秘密情報機関、ラカムの長官を務めた人物。1957年に設立されたこの機関は当初特殊任務局と呼ばれ、国防省の管轄下で秘密裡に活動した。後に科学連絡局と改称、ヘブライ語の略称ラカムの呼び名で知られるようになる。

キブツ（集団農業共同体）の一員だったブルームバーグは、1948年5月14日のイスラエル建国前に活動していたユダヤ人の秘密武装組織、ハガナに入隊する。1948年から49年にかけてのイスラエル独立戦争（第1次中東戦争）後は新国家の公安機関シンベトに参加、国防省の公安部長に任命されると共に、省の業務のみならず兵器の設計局や生産工場の管理も担当した。

1950年代中盤、イスラエルはフランスの支援を受けて最初の原子炉を建設していたが、ブルームバーグにはネゲヴ砂漠のディモナにある最高機密施設で保安維持の任務が与えられた。だが1960年代中期にシャルル・ド・ゴール大統領がイスラエルの核開発プログラムに対する支援を停止、ブルームバーグは他から物資を集める必要に迫られる。最初の成果はノルウェーから重水21トンを入手したことであり、後にはアメリカから違法にウラニウムを調達している。アメリカの原子力エネルギー委員会は、ブルームバーグと取引していた企業からウラニウム587ポンド（266キログラム）が行方不明になっていることを報告した。さらにブルームバーグ配下のエージェントはモサドと共に、ある船舶から200トンものウラン酸化物を強奪している（「プラムバット作戦」を参照のこと）。

活動範囲がますます広がる中、ブルームバーグは部下の工作員を用いて、特にミサイル関連の技術や装置も盗み出した。ダン・ラヴィヴとヨッシ・メルマンは著書『Every Spy a Prince（邦題・モーゼの密使たち：イスラエル諜報機関の全貌）』（1990）の中で次のように記している。

ラカムの存在を知る少数のイスラエル人の中で、ブルームバーグが友人に対してあまりに身びいきし、情報やフリーランスの任務を与えて金持ちになる手助けをしていると不満を漏らす者がいた。ラカム長官自身が個人的に利益を得ているという辛辣な噂もあったものの、禁欲的なまでの誠実さと質素な生活ぶりを疑う者はほとんどいなかった。

メナハム・ベギン率いる右派のリクード党が政権を握った1977年5月以降、労働党幹部とのつながりを持つブルームバーグを罷免しようとする動きはさらに強まった。彼はより強い統制下に置かれたが、しばらくは生き延びることができた。ベギン内閣のアリエル・シャロン国防相は、ますます強まる批判——マネーロンダリングに手を染めているのではないかという疑いもあった——に加え、自分の息がかかった人間をラカム長官に据えようという意向もあり、ブルームバーグの更迭を決断する。かくしてブルームバーグは1981年にラカム長官を退き、その座をラファエル・エイタンに譲った。

【参照項目】ラカム、シンベト、モサド、ラファエル・エイタン

ブルームーン (Blue Moon)

1962年10月に行なわれたキューバ上空の高々度偵察飛行任務を指すコードネーム。アメリカ空軍のU-2偵察機がこの任務にあたった。

【参照項目】U-2

ブレイク、アル (Blake, Al)

真珠湾攻撃の直前、海軍情報局とFBIを助けてカリフォルニアの主要な日本人スパイ2名の逮捕に貢献したアメリカ海軍の元下士官。

チャーリー・チャップリンの秘書だった高野虎市がブレイクに接触した際、日本海軍の情報活動はハワイに集中していた。高野は会話仲間という関係を利用してブレイクと親しくなった上で、海軍に再入隊すれば大金を稼げると持ちかけた。1941年3月、高野はブレイクを立花中佐に紹介する。立花はカリフォルニアのナイトクラブを数軒所有する「ミスター・ヤマモト」の名でスパイ網を指揮している人物であり、日米開戦の際に橋や発電所を爆破する計画に着手していた。彼はブレイクに対し、機密資料を入手すべくハワイに赴くならば2,500ドルを提供し、資料を持って無事帰還すればさらに5,000ドルを支払うと持ちかけた。

ブレイクはこの話をONIに持ち込んだ。それを受けたONIはFBIと協力して立花の電話を盗聴、会話を記

録する。その結果、立花の二重生活が明らかになった。立花との関係を維持するよう告げられたブレイクはハワイ行きに同意した。そこで彼は、あらかじめONIから指示を受けていた戦艦ペンシルヴェニア乗組の士官と接触する。この士官は日本人を喜ばせるであろうが、真の機密事項は記されていない資料をブレイクに与えた。

1941年6月、FBIは外国勢力を利する目的でアメリカへの陰謀を企てたとして、高野と立花を逮捕した。

【参照項目】真珠湾攻撃、海軍情報局、FBI、スパイ網

ブレイク、ジョージ （Blake, George 1922-）

KGBのためにスパイ活動を行なったイギリス秘密情報部（MI6）の上級インテリジェンス・オフィサー。エージェントの素性や西側の諜報作戦を多数暴露したことから、ソビエトに雇われた中で最も価値あるスパイの1人とされている。

ブレイクはジョージ・ビハルの名でロッテルダムに生まれた。母親はルター派信者のオランダ人、父親は第1次世界大戦中イギリス陸軍に所属したエジプト系ユダヤ人である。父親はイギリスのパスポートを所持しており、息子の名前を国王ジョージ5世からとるほどの愛国者だった。第2次世界大戦が始まった際、高校を卒業間近のブレイクはオランダにいた。1940年のドイツ軍侵攻後は短期間ながらレジスタンス運動に加わり、その後ヴィシー・フランスとスペインを経由してイギリスに向かっている。そして海軍に入隊、語学力を買われてロンドンにあるMI6のオランダ担当部門に配属され、44年には中尉に昇進している。

戦後はハンブルグに派遣、MI6のスパイ網を組織すべく東ドイツで陸軍の元士官の勧誘にあたった。帰国後はケンブリッジ大学で陸軍士官向けのロシア語授業を受けている。

1948年10月には新設されたソウル支局のトップとして韓国に赴く。だが1950年6月に北朝鮮軍が国境を越えて侵攻、ブレイクは囚われの身となる。捕虜となった彼は平壌のソビエト大使館に連絡をとりたいと看守に告げた。これがその後長きにわたる裏切り行為の始まりだった。ブレイクは自伝『No Other Choice』（1990）において、その際もまた他のいかなる時もスパイ行為で報酬を受け取ったことはないと主張している。「私は思想的理由のために活動したのであって、決して金のためではない」

1953年に釈放されたブレイクはシベリア鉄道でイギリスに戻った。その際、中ソ国境のオトポットという町でソビエトのハンドラーと会う。このハンドラーは後にロンドンに現われブレイクの接触先となる人物だった。ロンドン到着後は新設のYセクションに配属され、オーストラリアでロシア人に対する盗聴を行なったり、またイギリスなどの西ヨーロッパ諸国でソビエト使節団が

入居する建物に盗聴器を取り付けたりする任務にあたった（Yという文字は第2次世界大戦中の信号傍受機関、Y局からとられたものと思われる）。

ブレイクの回想によれば、ソビエトに初めて情報を渡したのは1953年10月だったという。その資料は「ソビエトを対象に実施されたMI6の重要な技術的作戦のリストであり、その内容と場所が極めて正確に記されていた。それらは2つに分けられる。すなわち電話の盗聴と、隠しマイクを用いた会話の盗み聞きである」。ブレイクが行なった最も重要な機密漏洩の1つにベルリントンネルの掘削（ゴールド作戦）がある。彼はまだ計画段階のうちにこの情報をソビエトに渡したのだった。

ブレイクはMI6職員の娘で同機関の秘書をしていた女性と結婚、1955年にベルリンへ派遣される。ベルリン、ロンドン、そしてレバノンで表面上は比較的順調なキャリアを積み重ねるが、その裏ではKGBのために働いていた。

1961年にはレバノンへ派遣され、西側の情報機関が利用する学校でアラビア語を学んでいたが、突如ロンドンに召還、長年にわたりスパイ行為をしていたとの疑いをかけられた。ポーランド情報機関出身の亡命者ミハル・ゴリエネフスキーが、MI6にスパイがいるという情報をCIAに与え、それを受けたイギリスの捜査官はこの情報を基にブレイクへと辿り着いたのである。

自白したブレイクは秘密保護法違反で逮捕され、すぐさま中央刑事裁判所で裁かれた。その結果有罪となり禁固42年の刑が下される。この年数は、ブレイクが名指ししたことで処刑されたイギリスのエージェント42名につき、「1名あたり1年」という基準で決められたらしい。近代におけるイギリスの裁判において、こうした罪で下された禁固刑としては最長のものだった。一方ブレイクは、エージェント約400名の素性を密告したものの誰1人として殺された者はいないと主張している。

ウォームウッド・スクラブス刑務所に収監されたブレイクは、脱獄の恐れありとしてもう1人の囚人、ゴードン・ロンズデールと共に特別な監視体制の下に置かれた。ある日中庭を散歩中、ロンズデールは自分とブレイクが一緒にソビエトへ行き、1967年に開催が予定されている10月革命50周年記念式典に参加するだろうと予感した。ロンズデールが別の刑務所に移された後、ブレイクの特別監視体制は解かれ、外交郵袋を縫うという仕事が与えられた。

1966年10月22日、ブレイクは独房の窓の弛んだ鉄棒を叩いて外し、屋根を滑り降りた。そして縫い棒を踏み段代わりにしたナイロンロープの梯子を登り、壁の外に待機していた協力者のもとに飛び降りる。この協力者は車と隠れ家を提供した。この巧妙な脱獄劇は、獄中でブレイクと知り合ったアイルランド共和軍（IRA）のメンバー、ショーン・バークの好意によってなされたもの

だったと、ブレイクは語っている。また骨折したブレイクの手首を治療した医師と、アメリカ空軍基地で反核デモを組織したとして禁固18ヵ月の刑を受けていた元同房の囚人2名も脱獄劇に手を貸した。

バーク、デモ組織者、そしてもう1人の支援者は、ブレイクをバンに乗せて見事イギリスから脱出させる。一行はドーヴァーから海峡を渡り、陸路東ドイツに向かってそこでブレイクと別れた（バークはその後すぐにアイルランドへ行き、脱出劇を書籍に記す一方、身柄引き渡しを求めるイギリスと戦って勝利を収めた。1982年に死去）。またソビエトのエージェントを使うことこそなかったものの、KGBが資金援助を行ない、さらにはIRAの協力をも求めたという噂が長きにわたって消えなかった。

ソビエト入国後は出版社で翻訳の仕事が与えられた。また服役中に離婚していたが、モスクワで再婚し息子を1人もうけた。なおベイルートに駐在していた際、ハロルド（キム）・フィルビーも当地にいたものの、モスクワで親交を結ぶまで両者が会ったことはないという。ブレイクはフィルビーに1人の女性を紹介し、後に彼らは結婚することになる。さらにドナルド・マクリーンとも親しい友人となった。ブレイクと同じく――またフィルビーとは違い――マクリーンはモスクワで共産主義者としての人生を全うしようとした。

2002年11月、80歳の誕生日を迎えたブレイクはテレビに出演し、ロシアで過ごした年月は「自分の人生で最も幸福な期間」だったと語った。ロシアの情報関係者によると、ブレイクは近年、KGBの後継機関FSBが運営するスパイ養成機関の上級コースで教鞭を執っているという。

【参照項目】MI6、KGB、スパイ網、ハンドラー、盗聴器、Y局、ベルリントンネル、ミハル・ゴリエネフスキー、秘密保護法、ゴードン・ロンズデール、ハロルド（キム）・フィルビー、ドナルド・マクリーン、FSB

フレイザー＝スミス、チャールズ

(Fraser-Smith, Charles 1904-1992)

第2次世界大戦中、イギリス政府の下でスパイ装置を発明した人物。彼が生み出した機械類はイアン・フレミングが「Q」――ジェームズ・ボンド・シリーズに登場するスパイ装置の発明家――を着想する土台になった。

フレイザー＝スミスはブライトン・カレッジを17歳で卒業後、すぐさま私立小学校の教師となった。学問的に優れているわけではなかったものの、情熱的なラグビー選手だったという。そして農業を学んだ後、1926年にキリスト教伝道師としてモロッコで耕作を始めた。

その後ドイツとの戦闘に参加すべく1940年に帰国、軍需省に勧誘され、秘密情報部（MI6）で特殊装置を開発する任務に就く。発明した品々は、小型カメラを隠したライター、地図を仕込んだパイプ、靴の踵に隠された秘密筆記の道具など、様々なものを意外な場所に隠す器具が多かった。また捕虜になった飛行士が身体検査を受けてもコンパスを隠せるよう、秘密の隠し場所を考え出したりもしている。さらにMI6の工作員だけでなく、SOE（特殊作戦執行部）やSAS（特殊空挺部隊）のためにも様々な装置を発明している。

フレイザー＝スミスは1947年に公職から退き、今度はイギリスで酪農を始めた。その傍ら『The Secret War of Charles Fraser-Smith』(1981)を執筆して自らの活動の一端を紹介している。また共著書の『Men of Faith in the Second World War』(1986)で、戦時中に活躍した英雄的人物10名の宗教観を論じた。さらに、彼の伝記作家であるデイヴィッド・ポーターとの共著『Four-Thousand Year War』(1988)では、自由を求める人類の闘争における神の役割を描いている。

【参照項目】イアン・フレミング、ジェームズ・ボンド、MI6、SOE

ブレイシー、アーノルド (Bracy, Arnold)

1986年末にモスクワのアメリカ大使館で発生したハニートラップ事件の際、海軍捜査局（NIS）の半狂乱的な調査によって逮捕され、後に無実とされたアメリカ海兵隊員。大使館の秘密施設にソビエト市民が立ち入るのを助けたとして、大使館を警備する海兵隊員18名が規則違反に問われたが、ブレイシーもその1人だった。彼はアメリカ人外交官のコックを務めるロシア人女性と性行為を行なったとして嫌疑を受けた。一方ブレイシーの弁護士は彼の逮捕を、NIS捜査官による「卑劣で非倫理的な行為」と非難している。

【参照項目】海軍捜査局、クレイトン・ローンツリー

プレイバック (Playback)

捕らえられたスパイや転向したスパイを装うことで、正確な情報を引き出しつつ偽の情報を敵に渡すこと。通常は無線通信を介して行なわれる。「ダブルクロス・システム」を参照のこと。

プレイフェア暗号 (Playfair Cipher)

19世紀に生み出された暗号。考案者のイギリス人サー・チャールズ・ホイートストーンは科学者兼発明家であり、アメリカのサミュエル・モールスに先んじて電信を発明したことで知られている。

ホイートストーンの暗号は友人で科学者仲間だったプレイフェア卿の目に止まり、プレイフェアは1854年1月にヴィクトリア女王の夫アルバート王子と、将来の首相パーマストン卿の前でそれを実演した。両者に感銘を与えた結果、自分が発明したとは主張していないにもか

かわらず、この暗号はプレイフェアの名で知られるようになった。

プレイフェア暗号は、キーワードの後にアルファベットの残りの文字が続くブロック式の暗号である。キーワードがCOMPUTERであれば、ブロックは次のような形になる。

```
C O M P U
T E R A B
D F G H I J
K L N Q S
V W X Y Z
```

次に文字あるいは二重字（訳注：eachのea、withのthなど2字1音のこと）のペアを用いて平文を暗号化する。ペアの各文字が同じ行または列にある場合はそれぞれの右側の文字で、同じ列にないペアは下の文字で置き換えられる。また行も列も異なっているペアの各文字は、同じ行のもう1つの文字が位置している列の文字によって置き換えられる。なお同じ文字が連続する場合は間にXを挿入する（暗号文を読まれた時、文字が連続していることを知られないようにするためである）。

キーワードがCOMPUTERで平文がATTACKの場合、同じ文字の間にはXを挟み、また文字数を偶数にするため最後にもXを入れる。そうすると平文はAT XT AC KXとなり、以下のように暗号化される。

AT ＝ BE
XT ＝ VR
AC ＝ TP
KX ＝ NV
二重字BEからEを取り除く。
B VR TP NV

プレイフェアは習得、記憶、活用が比較的簡単な暗号である。

ホイートストーンとプレイフェアはこの暗号を外務次官に説明した。あまりに複雑だと次官から文句が出ると、近くの小学校に通う男子4名にこの暗号を教えたところ、3名までが15分以内でこの暗号を使えるようになったと説明した。すると外務次官はこう言った。「確かにそうかもしれないが、駐在武官に教えることはできないだろう」

しかしこの暗号は外務省で用いられ、ボーア戦争ではイギリス軍も活用した。一旦憶えれば簡単に使える一方、解読は難しい。例えば二重字を使うことで、頻度分析がクリブ（手がかり）となる可能性を最小限にできる（eは英語で最も頻繁に使われる文字である）。また連続する文字の間にXを挟むことも、クリブを減らすこと

に貢献している。

ホイートストーンは暗号盤の一種も発明した。
【参照項目】暗号、平文、駐在武官

プレイム、ヴァレリー （Plame, Valerie 1963-）

CIAの元秘密工作員。2003年に素性を暴露されたことで政治的混乱が巻き起こった。

元外交官の夫ジョセフ・C・ウィルソン4世がニューヨーク・タイムズ紙に記事を寄稿した8日後の2003年7月14日、ロバート・ノヴァクがコラムの中でプレイムの氏名に触れる。ウィルソンがニューヨーク・タイムズ紙に寄稿した文章は、「イエローケーキ」と呼ばれるウラン化合物をイラクがニジェールから購入したという報告を確認すべく、現地に赴いたことを明かすものだった。しかしそうした取引が行なわれた証拠は発見できず、「イラクの核計画に関する情報の一部が、イラクの脅威を強調するためにねじ曲げられた」とブッシュ政権を非難した。

ノヴァクによると、「2人の政府高官が私のもとを訪れ、ウィルソンは妻からニジェールに赴くよう示唆されたと語った」という。その上でノヴァクは、プレイムは大量破壊兵器（WMD）を専門とするCIA工作員だと続けている。コラムに激怒したウィルソンは、ブッシュ政権が批判に対する報復としてリークをでっち上げ、妻のキャリアをぶち壊したと非難した。これをきっかけに、情報漏洩に対する捜査が始められた。CIA関係者によれば、プレイムは大量破壊兵器の民間コンサルタントという非公式カバーの下で活動していたという。なお秘密工作員の素性を故意に暴露することは、1982年に制定された情報身分保護法によって禁止されている。

（訳注：本書刊行後の2005年10月、ディック・チェイニー副大統領〔当時〕の首席補佐官ルイス・リビーが偽証など5件の訴因で起訴された。上に記されている、ノヴァクのもとを訪れた政府高官の1人がリビーである〔もう1人は大統領次席補佐官のカール・ローヴだが、起訴は見送られた〕。リビーはその後2007年3月に5つの罪状のうち4つで有罪となり、禁固2年6ヵ月の実刑判決を言い渡された）

【参照項目】CIA、リーク、非公式カバー

プレオブラジェンスキー機関 （Preobrazhensky Office）

国内の反体制派弾圧を目的として、ロシア皇帝ピョートル1世が1697年に設立した組織。チェーカ、NKVD、KGBの遠い祖先にあたる。オプリーチニナが1572年に廃止されてからプレオブラジェンスキー機関が新設されるまで、ロシアに「政治警察機関」は存在しなかった。

新設された機関は当初、プレオブラジェンスキー及びセミョノフスキー近衛軍という2つの連隊を管理することが目的だった。いずれの連隊も新たな戦術を実施す

べく若き皇帝が創設したものである。しかしプレオブラジェンスキー機関の任務は急速に拡大し、タバコ取引の管理を含むと共に、政治的敵対者の捜査及び起訴を行なうようになった。この機関には全ての犯罪——特に国家反逆罪——に関する権限が名実共に与えられたのである。

プレオブラジェンスキー機関は階級や所属にかかわらず、全てのロシア人を調査・尋問できた。その一方、設立当初は小規模で、責任者と2、3名の秘書と補佐官しかいなかった。彼らはエリートと目される両近衛軍を率い、人々を逮捕・拘束していたのである。後にはボヤール（貴族）が配置されて「捜査」の支援にあたり、拷問あるいは拷問の脅しを含む尋問が行なわれることもあった。国家に対する犯罪で有罪となった男女は、皇帝自らが判断することを望んだ場合以外、機関から判決を言い渡された。

プレオブラジェンスキー機関は程なく拷問部屋を設け、1698年に反乱を企てたロシア初の職業軍人部隊、ストレリツィ1,714名の「吟味」にあたった。彼らは6週間にわたって過酷な拷問を受け、その後大半は、大衆の前で首を吊られるか刎ねられるかして処刑されている。皇帝自身も斧を振ることがあったという。その一方で20歳未満の兵士500名に対しては刑を軽減し、焼き印を押された上で手足を切断される者もあれば、国外追放となった者もあった。

1705年、ピョートル1世がサンクトペテルブルグを首都に定めた後も、プレオブラジェンスキー機関は以前の首都モスクワに残った。サンクトペテルブルグが自ら作った新都であるのに対し、モスクワは潜在的な敵対者の巣窟になっていると皇帝が判断したためだと思われる。

プレオブラジェンスキー機関は30年にわたって存続し、数千件の事件を扱った。その中には皇帝の異母姉が関わったものもあり、彼女は収監された。ピョートル1世の死から4年経った1729年に機関は廃止された。

プレオブラジェンスキー機関の長はテオドール・ロモダノフスキー大公だった。伝記作家ロバート・K・マッシーは著書『Peter the Great』（1981）の中で、皇帝の少年期からの友人だったロモダノフスキーを以下のように評している。

ピョートルに身も心も捧げていた残忍な男……反逆や反乱などの噂を聞くだけで情け容赦ない処置を行なった。広く張り巡らされた盗聴及び密告のネットワーク、そして拷問と処刑により、ロモダノフスキー率いる秘密機関は残酷な仕事を見事にこなした。徴税請負人や労働徴募人による弾圧が極めて激しかったこの時代にあっても、反逆行為が皇位を脅かすことはなかったのである。

ピョートルからしばしば賞賛を受けたロモダノフスキーはモスクワ総督と警察長官を務め、海軍大将の地位を与えられた。その一方で1717年に死去するまでプレオブラジェンスキー機関を率い、死後は息子のイワン大公が後を継いでいる。イワンは1729年に引退したが、これが極めて有能だったプレオブラジェンスキー機関を廃止に追い込むこととなった。

プレオブラジェンスキーの名は、幼いピョートルが友人たち——ロモダノフスキーもその1人である——と兵隊ごっこをし、独学を始めたプレオブラジェンスコエ村が由来になっている。これは聖書にある「キリストの変容」を意味する単語である。

【参照項目】チェーカ、NKVD、KGB、オプリーチニナ

プレシャス・ストーン （Precious Stone）

「オフェク」を参照のこと。

ブレッチレーパーク （Bletchley Park）

イギリスの暗号解読機関である政府暗号学校と、第2次世界大戦中にドイツ暗号の解読を通じてウルトラ情報をもたらした暗号解読チームの本部があった場所。

ロンドンの約80キロメートル北西に位置し、庭園と邸宅から構成されるブレッチレーパーク、通称「B.P.」は、第2次世界大戦で最も重要な出来事の1つ、エニグマ暗号の解読が演じられた場所である。ブレッチレーパークはXステーションとも呼ばれ、本来はイギリス秘密情報部（MI6）の避難本部に指定されていた。しかし実際には数学者、チェスプレイヤー、言語学者、そして鋭い思考以外にこれといった専門を持たない奇特な人間の巣窟となる（極めて有能と評されていた人物はある日、手に帽子を持ち、頭にブリーフケースを乗せている姿を見られたという）。それらに軍から派遣された士官を合わせ、彼らは信じられない量の敵国通信を解読、翻訳、そして分析した。ある一期間に処理されたドイツ海軍Uボート部隊の通信は、1日あたり平均3,000件に上ったという。

ブレッチレーパークはヴィクトリア時代のビジネスマン、サー・ハーバート・レオンによって1860年代に建設され、オックスフォードとケンブリッジのほぼ中間にある小規模な一地方工業都市にちなんで名付けられた。建築家の目から見るとその建物は「感傷的ながらも醜い瓦礫の山」で、「ヴィクトリア朝中期に見られる建築上の稚拙さ」を反映しているという。

政府暗号学校がブレッチレーパークに移転したのは1939年のことである。敷地面積およそ2,300平方メートルのこの場所が選ばれたのは、ロンドンと主要道路及び鉄道でつながっていること、そして人材の大部分を送り込んでいたオックスフォード、ケンブリッジ両大学に

近いことが理由だった。

メインとなる邸宅は赤煉瓦造りの堅固な建造物で、ある者は「チューダー・ゴシック様式もどき」と評している。電線と電話線が新たに引き直され、ビリヤード室は電話交換室に、塔は無線室になった。また煙突や木々の間にはアンテナが張り巡らされている。イギリス海軍の索具工が高い木のてっぺんを切り落としてアンテナを括りつけ、邸宅のそばに10軒ほどあるかまぼこ形の兵舎の1つに接続した。それらの兵舎は廊下によって連結され、H形の構造をなしている。また後に船舶用ディーゼルエンジン2基による予備発電装置が設けられた。さらには防空壕もあり、最も重要な暗号解読装置がある場所には爆風よけの壁が設置されていた。

暗号解読者は1940年4月の時点で大量のドイツ通信文を読めるようになっており、その内容を有益かつ時宜を得た情報に変換する一大拠点が必要とされた。この大規模な作戦が開始された時点で、米英によるエニグマ暗号の解読はブレッチレーパークで続けられていた。またアメリカ陸海軍の専門家が1941年初頭にブレッチレーパークへ赴任し、日本の外交暗号の解読に用いられたパープル暗号機を持ち込んだ（「BRUSA協定」を参照のこと）。

ブレッチレーパークでの勤務を経験したアメリカ人の中には、後に戦犯法廷で検事を務めるテルフォード・テイラー大佐、ワシントン・ポスト紙の編集主幹となるアルフレッド・フレンドリー大尉、国務次官補となるウィリアム・バンディ、アメリカ最高裁判事となるルイス・F・パウエル・ジュニア、そしてニューヨーク・タイムス紙の論説委員となるジョン・B・オークスがいた。

運用が開始された時、ブレッチレーパークでは数百名の男女が働いていた。その後人員が増強されるにつれ、平屋の小さな兵舎の数も増えていった。また保安維持のため、いったんブレッチレーパークに配属された人間は終戦までそこに残ることが定められている。民間人職員は近くに住まねばならず、その多くは狭苦しい宿舎で起居した。一方、軍人のほとんどは近隣に2ヵ所ある空軍基地で寝起きしていた。

「ここの士気は驚くほど高かった」フレンドリーは後にワシントン・ポスト紙でそう記している。「昼夜を分かたぬ我々の活動によって素晴らしい成果がもたらされたことを、誰もが知っていたからである。こんなことをしても無駄だという感覚、無益な仕事、そしてくだらない馬鹿げたことは、この軍隊組織には存在しなかった」

ウルトラ情報の一連の処理はドイツの無線通信を傍受する兵舎から始められ、2番目の兵舎で解読と翻訳が行なわれる。メッセージに優先順位を付けるべくZ優先順位規則が編み出され、最も優先度の低いものには1つの、最優先のものには5つのZを付けてから、3番目の兵舎で待機するインテリジェンス・オフィサーのもと

へ送られる。そこでウルトラ情報は暗号化され、指定された受取人のもとへ配送されるのである（「特殊連絡部隊」を参照のこと）。

傍受されたメッセージに記されている情報の断片──ドイツ軍部隊の名称、氏名、さらにはボールベアリングの製造番号まで──はインデックスを付してファイルされた。それらカードは最初のうちこそ靴箱に収まっていたものの、9名の女性が3交替で処理するうちに部屋を満たすまでになった。またインデックスのコピーはオックスフォードのボドリアン図書館で保管・管理された。

さらに、多くの男女が暗号解読機ボンブとコロッサスの取扱いにあたった。いずれも絶えずメンテナンスを必要としたからである。海軍省作戦情報本部のパトリック・ビーズリーは著書『Very Special Intelligence』（1977）の中で、ブレッチレーパークで勤務した1,200名に上るイギリス王立海軍婦人部隊（WRENS）隊員のことを取り上げている。

この単調な業務になぜWRENSだけが選ばれたかは定かでない。死ぬほど退屈な仕事で、刑務所にいるのと変わらなかった。模範的行為による減刑がないどころか事実はその正反対で、献身的かつ高い知性を持つ若い女性ほど長期間にわたって拘束されたのである。昇進の機会はほとんどなく、海軍の他の人間との接触も許されず、また保安上の理由により非番の時も社会生活は極めて制限された。「ボンブ」と呼ばれたこの機械の技術面を担当していたのは空軍から派遣された技術者の小グループであり、彼らの生活もWRENSのそれと同じく優雅さや面白味に欠けるものだった。これら献身的な男女が受けた唯一の名誉は、いかにもウィンストン・チャーチルらしい1つのメッセージだけだったが、それでも彼らは大いに喜んだ。その中でチャーチルは「ニワトリは鳴き声を上げることなく素晴らしい卵を産んだ！」と、事実を挙げて彼らを讃えたのである。

ニワトリのたとえは正確だった。ブレッチレーパークの秘密は実によく保たれていたのである。知られている唯一の深刻な機密漏洩は、ソビエトのためにスパイ行為をしていたイギリス人インテリジェンス・オフィサー、ジョン・ケアンクロスによるものだった。ケアンクロスはブレッチレーパークに在籍中、解読済みのウルトラ情報をソビエトに渡していたのである。

アマチュアがブレッチレーパークを占拠しつつあるとしばしば囁き合っていたプロの情報担当者は、この場所を「リトル・キングス」と呼ぶことがあった。ブレッチレーパークで働く人間の多くがケンブリッジ大学キングス・カレッジの出身だったからである。こうしたイギリス人学者の中には、原始的なコンピュータを開発するこ

とでエニグマ暗号の解読を試みた天才的数学者のアラン・チューリング、ミノス文字やミュケナイ文字で記された碑文の解読に成功したレオナルド・パーマー、そしてブレッチレーパークの池のまわりを全裸で走り回ったとされるエキセントリックな小説家、アンガス・ウィルソンがいる。他にもギリシャ語、イタリア語、ドイツ語、ロシア語、古典文学、言語学、そして歴史学の専門家がここで勤務していた。

英国海軍のアラステア・デニストン中佐が1942年までブレッチレーパークの責任者を務め、その後はエドワード・トラヴィス中佐が引き継いだ。トラヴィスは何かあるたびに「テーブルに拳を激しく叩きつける」ことで有名だが、海軍では決して見られないクルーを率いる任務を課せられたのである。ブレッチレーパークの学者の多くは奇妙かつわがままな人物だったため、公安担当官は彼らに規則遵守を教えることすら諦めた。しかも学者のうち4名がある日連名でチャーチルに手紙を出し、要員不足のために任務が「滞っており、全くなされない場合もある」と不満を述べたほどである。

チャーチルはブレッチレーパークの最高責任者、すなわち情報部長のサー・スチュワート・ミンギスに行動をとるよう求めた。ミンギスは学者たちが指揮系統を破ったことに激怒こそすれ、人員増強は実施した。その結果、終戦までに文民・軍人合わせておよそ12,000名の男女がブレッチレーパークで勤務することになった。

ブレッチレーパークに多大な関心を寄せていたチャーチルはミンギスを伴って1度訪れたが、そこで勤務する様々な個性の人間を見てこう告げた。「必要な人員は草を分けても探せと言ったが、文字通りそうせよと言ったわけじゃないぞ」

戦争が終わると暗号解読者たちはすぐさまブレッチレーパークを去った。その後1991年、不動産開発業者の手からブレッチレーパークを守るべく運動が始まる。94年7月にはケント公爵エドワード王子がブレッチレーパークに暗号博物館を開館させ、コロッサス再建プロジェクトの開始を正式に宣言した。今日では施設の大部分が修復され、一般公開されている。

ブレッチレーパークに対するソビエトのコードネームは「リゾート」だった。

【参照項目】政府暗号学校、暗号解読、エニグマ、テルフォード・テイラー、アルフレッド・フレンドリー、ボンブ、コロッサス、作戦情報本部、ジョン・ケアンクロス、アラステア・デニストン、エドワード・トラヴィス、スチュワート・ミンギス、博物館

プレデター (Predator)

中高度偵察機として開発されたアメリカの無人航空機（UAV）。実戦で武器を発射し、また対テロ作戦の支援に用いられた初のUAVとされている。

カリフォルニア州サンディエゴのジェネラル・アトミック・アエロノーティカル・システム社がアメリカ空軍向けに生産したプレデターにはRQ-1の呼称が与えられた。Rは偵察を、Qは無人航空機を表わしている。後にヘルファイア空対地ミサイルを搭載する多目的機となり、呼称もMQ-1に変更された。基本型のプレデターは全長8.2メートル、翼幅14.8メートルで、最大離陸重量は1トンを超える。1基のターボジェットエンジンを備え、巡航速度は70〜90ノットである。最高高度25,000フィートで最大40時間滞空できるこの無人機には当初テレビカメラが搭載され、衛星または他の無人機へのリレーリンクを通じて、地上の司令部や作戦センターにリアルタイムの映像を提供できた。後に他のセンサーも取り付けられている。

初飛行は1994年6月で、翌年から空軍での運用が始まった。初めて作戦任務に就いたのはユーゴスラビア紛争においてであり、95年7月から10月にかけてアルバニアのグジャデルを拠点に活動した。この最初の任務では128回出撃し、ボスニア上空を850時間飛行している。その後96年と98年にはハンガリーのタスザルに展開された。なおユーゴスラビア紛争では、イギリス、フランス、ドイツも偵察及びミサイル発射基地の捜索に無人機を用いている。

1999年1月からはクウェートに配備され、イラク上空の偵察任務にあたった。2002年10月にアフガニスタンでタリバン及びアルカイダの掃討作戦が始まると、プレデターは正規部隊だけでなく特殊作戦部隊の支援にも用いられたが、そうした部隊にはCIAの特殊活動要員がいることもあった。

アフガニスタン紛争では、空軍による以前の飛行試験を基にヘルファイア対戦車ミサイルが装備され、敵と思しき自動車の攻撃にあたることもあった。2002年11月、CIA主導と伝えられている作戦の中で、プレデターから発射されたヘルファイアがイエメン北東部のハイウェイを走る車に命中、タリバン幹部5ないし6名を殺害した。

同じく2002年、空軍はプレデターにスティンガー空対空ミサイルを装備し、空中のターゲットを攻撃する実験を始めた。同年後半にはイラク上空の飛行禁止区域において、スティンガーを装備したプレデターがイラク戦闘機の攻撃にあたったものの、戦果はゼロだった。

プレデターにはファインダーというより小型のUAVを搭載することができ、ある地域が化学物質、病原体、あるいは放射能に汚染されているか否かの判定を行なえる。

アメリカ空軍はより高性能なプレデターB（MQ-9リーパー）の調達を始めている。プレデターBはより高い高度を飛行することができ、さらに多数のセンサーもしくは6発のヘルファイアミサイルを搭載できる（以

前のプレデターには 2 発のミサイルしか搭載できなかった）。

【参照項目】偵察、無人航空機、衛星、特殊作戦部隊

ブレドウ、フェルディナント・フォン
（Bredow, Ferdinand von　1884-1934）

　1930 年から 32 年までドイツ軍の情報機関アプヴェーアの長官を務めた人物。

　1921 年の創設当初からアプヴェーアに所属していたブレドウは、この機関を再編成しつつドイツの武器商人をエージェントとして雇用した。友人のクルト・フォン・シュライヒャーは国防大臣就任後に彼を側近に抜擢し、後任のアプヴェーア長官としてコンラート・パッツィヒ海軍少将を任命した。シュライヒャーは後に、ヒトラーが権力を握る以前のワイマール共和国で最後の首相を務めた。

（訳注：ブレドウは 1934 年の「長いナイフの夜」事件でシュライヒャーと共に粛清されている）

【参照項目】アプヴェーア

フレミング、イアン　（Fleming, Ian 1908-1964）

　イギリス海軍のインテリジェンス・オフィサーにして、近代史上最も有名な架空のスパイ、ジェームズ・ボンドを生み出した作家。

　ジャーナリストと株式仲買人を短期間務めた後、1939 年に海軍情報部長の個人アシスタントとして勧誘され、海軍予備役少佐の階級を与えられる。なお上司である海軍情報長官（DNI）のジョン・ゴドフリー少将と、MI5 で反体制活動部門のトップを務めるマックス・ナイトがボンドの上司「M」のモデルとされている。また特殊作戦執行部（SOE）で働いていた兄ピーターの話からも着想を得たという。ゴドフリーはフレミングの独創力と信頼性に大きな感銘を受け、「イアンが DNI になるなら私は彼の海軍アドバイザーとなろう」と語るほどだった。

　フレミングの諜報活動はほとんどがデスクワークの知的作業だったが、本人曰く催涙ガスが詰まった万年筆とコマンドナイフを常日頃持ち歩いていたらしい。戦時中の大胆な行為については様々に語られているが、その多くはジェームズ・ボンド・シリーズが有名になってから作られた話と思われる。しかし第 30 奇襲部隊という名の情報収集コマンド部隊を創設したことは事実である。

　フレミングは戦時中にアメリカを訪れたが、その途中リスボンに立ち寄りエストリル近くのカジノでギャンブルをした。この時の体験がボンドのデビュー作『カジノ・ロワイヤル』（1953）の着想を与えた。ニューヨークに着いたフレミングは、アメリカにおけるイギリスの情報活動を統轄する一方、ボンド同様最高級のマティーニをこよなく愛するウィリアム・スティーヴンソンと出会った。また後にアメリカ戦略諜報局（OSS）のトップ

となるウィリアム・ドノヴァンとも会っている。

　ケネディ大統領は『ロシアから愛を込めて』（1957）がお気に入りの 10 冊のうち 1 冊であると語り、ジェームズ・ボンドの人気に火を点けた。1960 年代には年 1 冊のペースでボンド・シリーズを書き上げ、いずれも米英両国でベストセラーとなっただけでなく、その多くは映画化されている（「スパイ映画」を参照のこと）。代表作に『ダイヤモンドは永遠に』『ドクター・ノオ』『読後焼却すべし』『ロシアから愛を込めて』『ゴールドフィンガー』『死ぬのは奴らだ』『黄金の銃を持つ男』『ムーンレイカー』『オクトパシー』『女王陛下の 007』『わたしを愛したスパイ』『サンダーボール作戦』『007 は 2 度死ぬ』がある。

【参照項目】インテリジェンス・オフィサー、ジェームズ・ボンド、海軍情報長官、特殊作戦執行部、ウィリアム・スティーヴンソン、ウィリアム・ドノヴァン、戦略諜報局

フレミング、デイヴィッド　（Fleming, David）

　機密写真と訓練マニュアルを盗んだとして 1988 年に有罪判決を下されたアメリカ海軍の潜水艦乗組員。87 年 10 月の逮捕当時、フレミングはカリフォルニア州サンディエゴを拠点とする原子力潜水艦ラホーヤに所属する写真班員だった。

　軍法会議ではスパイ行為に適用される法律によって有罪とされたが、機密資料を他国の人間に渡そうとした証拠はなかった。フレミングは禁固 4 年の刑を宣告されると共に懲戒除隊とされるも、1990 年に仮釈放されている。

プレーリー・スクーナー　（Prairie Schooner）

　1970 年代にアメリカ海軍が実施した、極秘の海中情報収集プログラム。（訳注：プレーリー・スクーナーは大型幌馬車の意）

フレンチ、ジョージ・J　（French, George J.）

　1957 年、原爆関連の秘密情報を売るとソビエトに持ちかけた後で逮捕されたアメリカ空軍の士官。ワシントン DC のソビエト大使館の敷地内に手紙を投げ込むという方法で接触を試みたが、大使館を監視していた FBI 捜査官に目撃されたものと思われる。非公開の軍法会議で終身刑を言い渡されたが、それ以上の詳細は明らかになっていない。

【参照項目】監視

フレンドリー、アルフレッド　（Friendly, Alfred 1911-1983）

　第 2 次世界大戦中、イギリスの暗号解読拠点ブレッチレーパークで勤務したアメリカ陸軍士官。

　陸軍情報部に所属する大尉だったフレンドリーはアメ

リカ分遣隊の一員として1944年にブレッチレーパークへ着任した。

陸軍入隊前はワシントン・ポスト紙の記者であり、戦争が終わるとポスト紙に復帰、ヨーロッパ復興計画（マーシャルプラン）の広報班員を短期間努めた後、再び新聞社に戻って副編集長及び編集長を歴任した。一方、フレデリック・W・ウインターボザムが著書『The Ultra Secret』（1974）の中でブレッチレーパークの果たした役割を明らかにするまで、ジャーナリストとしての本能を抑制して戦時の暗号解読拠点について記すことはなかった。その後沈黙を破り、ワシントン・ポスト紙で自らの活動を回顧している。

【参照項目】ブレッチレーパーク、フレデリック・W・ウインターボザム

ブロイ伯、シャルル・フランソワ
(de Broglie, Count Charles François　1719-1781)

フランス国王ルイ15世配下のスパイ。外交の分野でキャリアを重ねつつ、国王の私的情報機関を指揮した。

ルイ15世はブロイ伯をスパイマスターに似た任務に就ける。それは公共政策を実行に移す裏で、別の政策を秘密裡に遂行するというものだった。ブロイ伯はポーランド大使として、ポーランドの王位にポーランド人を就けるというフランスの政策を表向きは支持していたが、フランス人がポーランド国王になるよう秘かに運動したのである。また情報機関の長として、国王配下のエージェントがヨーロッパ中で実行する陰謀の中心人物となった。同時に外務省による外交政策も、ブロイ伯のスパイ網を握る国王によって自由にねじ曲げられてしまった。この結果混乱が巻き起こり、ヨーロッパ内外におけるフランスの権力を失墜させることになった。

プログラム1010　(Program 1010)

第5世代の画像衛星を開発するTRW社のプロジェクト。当初はKH-X、後にキーホール11というコードネームが与えられた。その後バイマン衛星プロジェクトの一環としてケナンのコードネームが付与されている。

【参照項目】衛星、キーホール、バイマン、ケナン

プロスクロフ、イワン・イオシフォヴィチ
(Proskrov, Ivan Iosifovich　?-1940)

ソビエト軍の情報機関GRUの局長を1939年から40年まで務めた戦闘機パイロット兼インテリジェンス・オフィサー。

1937年から38年にかけて、内戦さなかのスペインに軍事顧問として駐在したプロスクロフは、パイロットとインテリジェンス・オフィサーを兼務した。空戦に参加してナショナリスト軍の航空機を数機撃墜する一方、共和軍の友軍として内戦に加わっていた国際旅団から第一

級の人材を勧誘している。その功績によって旅団司令官の階級と共に、1937年にはソビエト最高の栄誉であるソ連邦英雄の称号を与えられた。

スペインから帰国した直後、1939年から40年7月までGRU局長を務めた。しかしヒトラーによるポーランド侵攻とヨーロッパ大戦の引き金となった独ソ不可侵条約（1939年8月に締結）を公然と非難、その結果40年7月4日に逮捕され、裁判にかけられることなく翌日に銃殺された。

【参照項目】GRU、インテリジェンス・オフィサー

ブロソレット、ピエール　(Brossolete, Pierre　1903-1944)

第2次世界大戦中、ドイツに対してスパイ活動を行なったフランス人エージェント。パリ在住のジャーナリストだったブロソレットは、1940年5月にドイツがフランスを占領した際に記事の執筆を拒否することで、新聞社とラジオ局の実権を握った。1940年から42年にかけてフランス人レジスタンスと共に活動した後、ロンドンに渡ってシャルル・ド・ゴール将軍麾下のBCRA（情報・行動中央局）及びイギリスのSOE（特殊作戦執行部）の下で働いた。

ブロソレットはフランスへの危険な旅を2度行なっている。筋金入りの社会主義者である彼は左右両派から尊敬されており、レジスタンスグループを統一する上で価値ある助言を与えた。だが2度目の旅でゲシュタポに捕らえられ、尋問によってレジスタンスの秘密を明らかにするよりもと、拘束中に投身自殺した。

【参照項目】BCRA、SOE、ゲシュタポ

ブロック、ダヴィド　(Bloch, David)

パラシュートで敵地に侵入した最初のスパイの1人。第1次世界大戦中にフランスの第152歩兵連隊へ入隊し、その後ドイツ軍の前線後方で活動するエージェントに名乗りを上げた。

1916年6月22日から23日にかけての夜、ブロックは生まれ故郷のゲブヴィレールから20キロメートルほど離れたドイツ占領下のアルザスにパラシュートで降下し、着地後軍服から平服に着替えた。1週間後に飛行機が迎えに来ることになっており、その間ドイツ軍の配置に関する情報を集め、一緒に降下した伝書鳩を使って前線のフランス軍にメッセージを送った（「伝書鳩」を参照のこと）。

最終日、ブロックは生家を見て出来れば家族に会おうとゲブヴィレールを訪れた。その時は小さな顎髭を生やすなど変装していたが、町を出た直後ドイツの警備兵に捕らえられ、現地司令部に連行される。そして彼の顔を知る町民に面通しされた後、父親と対面させられ正体を暴かれた。

その後1916年8月1日に銃殺隊によって処刑され

た。

ブロック、フェリックス・S （Bloch, Felix S. 1935-）

　注目を集めたものの結論が出なかったスパイ事件の捜査を受け、1990 年に国務省を解雇されたアメリカの外交官。第 2 次世界大戦以降スパイ事件に関与した国務省職員の中で最も大物とされる。2001 年にスパイ容疑で有罪とされた FBI 捜査官のロバート・ハンセンは、FBI がスパイ容疑でブロックの立件を試みているとロシア側に暴露したことで罪に問われている。FBI によると、ハンセンの裏切りのせいで「捜査の事実が KGB からブロックに伝わり、捜査そのものを完全に無駄なものとした」という。

　ハンセンが 2001 年にロシア人ハンドラーに対して次のように語ったことを、FBI は明らかにしている。「ブロックは実に馬鹿だった……あいつを守るのは嫌だったが、結局あんたらの友人だからな……パリに送られた我々の（FBI の）人間に度胸か頭脳があれば、2 人（ブロックとジークマン〔後述〕）とも死体になっていただろう。あんたらにとって幸いなことに、そいつはどちらも持ち合わせていなかったがね……フランス人からはこう言われたよ『我々があいつらをバラそうか』と。弱気になったんだ。以前に決断を下せなかったのなら、今から下せばいい。あと少しだったんだ」

　オーストリア生まれのブロックはペンシルヴェニア大学を卒業後の 1958 年に国務省入りした。最初は情報調査官として勤務し、60 年に商務駐在官として西ドイツ・デュッセルドルフのアメリカ領事館に赴任する。さらに 63 年から 65 年までベネズエラの首都カラカスのアメリカ領事館でキャリアを積み、66 年にカリフォルニア大学バークレー校で修士号を取得する。その後ベルリンへ配属され、通商担当官として勤務した。そしてアメリカが東ドイツと外交関係を樹立した 1970 年代中盤には、経済担当官として東ドイツに赴任している。

　KGB がブロックに初めて接触したのはこの時だったと、アメリカ当局は判断している。1983 年から 87 年にかけ、ブロックはアメリカ使節団の団長代理としてウィーン大使館で勤務したが、そこは 1986 年 12 月にアメリカ海兵隊のクレイトン・J・ローンツリー 3 等軍曹がスパイ行為を自白した場所だった。アメリカの公安担当官がブロックと既知の KGB 職員との関係を突き止めた時、彼はウィーンのアメリカ大使館でナンバー 2 の地位にあった。ウィーンは各国による諜報活動が行われたことで名高い都市であり、CIA も大規模な支局を置いて活発な活動を続けている。外交経験のない政治的に任命された大使の下、ブロックはしばしば責任者として行動し、故に CIA の資料にもアクセスできたのである。

　ブロックの名が初めてスパイ行為に結び付けられたのは 1989 年 7 月だった。国務省は、ブロックの関係する「不法行為」を FBI が捜査中であると発表し、その不法行為には「大規模な機密漏洩」も含まれていると述べた。大きく報道されたこの疑惑にブロックが関与しているのではないかと噂されたものの、公式に認められることはなかった。しかしパリで KGB のエージェントにブリーフケースを渡しているところを、フランスの防諜担当官によってビデオ撮影されたと言われている。流出した公的記録によると、フランス当局が追っていたのは、外交特権を有しているため逮捕が不可能だったパリ駐在の国連職員だったという。

　アメリカとオーストリアの防諜担当官は、オーストリアに滞在していたこの KGB エージェントを監視下に置いた。彼はコンピュータ企業の役員「レイノ・ジークマン」に発行されたフィンランドのパスポートを用いて旅をしていたが、1979 年から訪問を繰り返していたオーストリアではイリーガルとして活動せねばならず、拘束されればそのまま逮捕される可能性もあった。ブロックとの面会をパリで行なったのはこれが理由だと思われる。NSA の盗聴担当官は、当時ワシントンにいたブロックとジークマンとの大陸間通話を探知していた。2 人はその通話で、数日後にパリで会うことを打ち合わせる。

　古くからの協力体制に基づいて NSA は CIA に警告を送り、それを受けた CIA は FBI に伝えた。こうして FBI はフランスの防諜機関にビデオ撮影の依頼をしたのである。

　2 人の面会が終わった直後、ブロックの電話に盗聴器を取り付けていた FBI は、正体不明の人物からの通話を傍受した。「ウイルスがうようよしています。あなたも感染しているかもしれません」発信者は KGB のエージェントだとされている。この警告は KGB が捜査に気づいたことを示唆しているものの、アメリカ当局が情報漏洩を認めることはなかった。いずれにせよ、ハンセン経由でソビエトに警告がなされたのは間違いない。

　ワシントンに戻ったブロックはあからさまな監視下に置かれたため、捜査官に混じってリポーターまでもがこの外交官を追いかけ、捜査そのものがメディアの餌食になった。また、ブロックが KGB から多額の金を受け取っているという報告書も当局筋から流出した。

　1989 年に最初の告発がなされたとき、ブロックは国務省ヨーロッパ・カナダ局長代理としての俸給を差し止められ、セキュリティー・クリアランスも取り消された。1990 年 2 月 7 日、国務省はブロックを危険人物として免職する。彼の解雇は「国家安全保障上の理由」で連邦政府職員を免職できるとした法律の、極めて稀な適用例だった。当局筋によれば、国務省がこの法律を適用したのはこれが初めてだったという。ブロックをスパイ容疑で起訴するのに十分な証拠のないことが、適用の理由だったのは明らかである。

　解雇されたブロックはワシントンを去り、ノース・カ

ロライナ州チャペル・ヒルに移り住んでパートタイムの
バス運転手やスーパーマーケットのレジ係として働い
た。1993年1月には商店から100ドル59セント相当の
食料品を盗んだとして逮捕され、罰金60ドルと地域奉
仕48時間を言い渡されると共に、100ドルをチャリティ
ーに寄付するよう命じられた。

【参照項目】FBI、ロバート・ハンセン、KGB、ハンドラ
ー、ウィーン、クレイトン・J・ローンツリー、CIA、国
連、セキュリティー・クリアランス、危険人物

ブロードウェイ (Broadway)

　1924年から66年まで用いられたイギリス秘密情報部
(MI6)の本部を指す俗称。また1920年代から30年代
にかけて政府暗号学校もここに所在していた。

　この名称はブロードウェイ54番地という本部所在地
に由来している。向かいにはセント・ジェイムズ公園が
あり、クイーン・アン・ゲートに隣接している。なお
MI6のオフィスは表向きパスポート発給所とされてい
た。

　MI6で勤務しつつソビエトのためにスパイ行為をし
ていたハロルド(キム)・フィルビーは、ブロードウェ
イのオフィスを「時代遅れのエレベータが動く、木張り
の間仕切りと霜の降りた窓ガラスで構成された薄汚い建
物」と評している。

【参照項目】MI6、政府暗号学校、クイーン・アン・ゲー
ト、ハロルド(キム)・フィルビー

ブローバック (Blowback)

　他国の人間を欺く目的で情報機関が仕掛けた欺瞞作戦
あるいは偽情報の流布が、自国に影響を与え、国民や時
に政府さえも騙す結果になること。中央情報長官のウィ
リアム・コルビーは1977年に開かれたチャーチ委員会
において、CIAの流した情報がアメリカに逆流した上、
メディアに真実として報道されたことがあると述べた。

【参照項目】欺瞞、偽情報、ウィリアム・コルビー、中
央情報長官(DCI)、チャーチ委員会

プロヒューモ事件 (Profumo Affair)

　ハロルド・マクミラン首相の辞職につながったイギリ
スのスパイ・セックススキャンダル。

　複雑極まりないこの事件は、イギリス社交界に顔の利
く整骨医スティーヴン・ウォードと彼の愛人2名──
10代の売春婦クリスティーン・キーラーとマンディ・
ライス=デイヴィーズ──から始まった。キーラーはジョ
ン・D・プロヒューモ陸軍大臣と、ソビエト軍の情報
機関GRUに所属していた海軍武官エフゲニー・イワノ
フ大佐の両方と性的関係にあった。

　イワノフは1960年3月にロンドンへ着任した直後、
社交パーティーの場でウォードに紹介され、親しい友人

となった。当時キーラーとライス=デイヴィーズの2人
はセミヌードダンサーとして働く傍ら、ウォードと同棲
していた。ウォードはライス=デイヴィーズとだけ性的
関係にあったようである。1961年春にキーラーと出会っ
たイワノフは、後に自伝『The Naked Spy』(1992)の
中で、キーラーのことを次のように描写している。

　クリスティーンには魔法のような魅力があった……
田舎から来た単純で純真な少女……狡猾で信用のでき
ない危険な女。情熱、官能、そして狡さで光り輝く瞳
がそれを物語っていた。毛皮で覆われた小型動物のよ
うに優雅で魅力的だが、その一方で捕食者でもある。

　ウォードはイワノフを社交界に引き込み、アストア
卿、ウィンストン・チャーチル、フィリップ王子、石油
王ポール・ゲッティ、そしてプロヒューモといった面々
に紹介した。経験豊富なGRU将校のイワノフは文書
──その中には機密扱いのものもあった──を盗み出す
と共に、パーティーの場でウォードの友人から多くの情
報を聞き出した。

　イワノフにとってプロヒューモはとりわけ興味ある対
象だった。彼は1940年に24歳の若さで政界入りした
後、第2次世界大戦中は陸軍に籍を置き、45年には准将
へ昇進している。戦後はビジネスの世界で成功を収め、
50年に国会議員となり、女優のヴァレリー・ホブソン
と結婚する。57年に保守党のハロルド・マクミランが首
相に就任すると複数の公職に就き、60年には陸軍大臣と
なった。

　プロヒューモがキーラーと出会ったのは1961年1月
のことである。ウォードのコテージはアストア卿がバー
クシャーに所有するクリヴデン邸の隣にあり、そこのパー
ティーに出席していたプロヒューモは、隣家のプール
を全裸で泳ぐキーラーの姿を目撃した。翌日、妻が同行
していたにもかかわらず、プロフューモはキーラーに言
い寄った。同じ日の夜にはイワノフがキーラーをロンド
ンのウォード邸まで送り、2人はそこで性的関係を持っ
た。

　3日後、ウォードはイギリス保安部(MI5)の知人に
対し、アメリカが西ドイツへの核ミサイル配備を計画し
ていることに関して、イワノフから具体的な質問を受け
たと話した。MI5長官のサー・ロジャー・ホリスは、公
的秘密保護法に違反した外交官を追放する権限を持つ外
務省にこの件を報告すべきだったが、それを怠った。プ
ロヒューモ事件に関するホリスの判断は、後に彼自身も
ソビエトの内通者ではないかという疑いを強める結果に
なった。

　イワノフは、キーラーとプロフューモの間で「何かが
進んでいるのは明らかだ」として、彼女に興味を抱くよ
うになったと記している。しかしその後でこう続ける。

「彼女は脚を見せること以外に能のない、無学な小娘だった。こんな女を使って、核についての秘密を（プロヒューモから）聞き出すよう仕向けるというのか？」（イワノフは結婚しており、妻はロンドンのソビエト大使館で暗号事務官を務めていた）

その後キーラーはプロヒューモとベッドを共にするようになった。

一方、保安機関はプロヒューモに対し、イワノフに関して警告すると同時に、彼とウォードの親密な関係を告げた。イワノフとキーラーとの関係について、プロフューモはその時点では知らなかったものの、1961年後半にキーラーとの関係を絶った。

それからほぼ1年後、キーラーは西インド諸島出身の男性2人と関係を持った。2人は彼女を巡って諍いを起こし、1人が逮捕される。ウォードとキーラーの関係を知っていたマスコミは、この事件に飛びついた。1962年後半、キーラーはサンデー・ピクトリアル紙に売り渡した文章の中で、プロヒューモ及びイワノフとの関係を暴露した。その結果、イワノフは直ちに帰国している。

プロヒューモは全面的に否定し、記事の差し止めを試みた。この件は議会でも取り上げられ、1963年3月21日、プロフューモはキーラーと不適切な関係にあったことを正式に否定する。その間、ウォードには売春婦の稼ぎで暮らしているという非難がなされた。ウォードは自らの身を守るべくマクミランに書簡を送り、その中でプロヒューモは議会に嘘をついたと述べる。イワノフとキーラーの関係を詳しく知ったマスコミは、ソビエトに対する情報漏洩としてこの事件を大きく取り上げた。

マクミラン宛に記した1963年6月4日付の書簡において、プロヒューモは嘘をついたことを認めて公職から退いた。

しかし同年10月にマクミランが辞職するまで、新聞は第1面でこのスキャンダルを取り上げ続けた。当時政府が作成した報告書では、プロヒューモ、ウォード、キーラー、そしてイワノフの関係がイギリスの安全保障に害を与えることはなかったと結論づけられている——しかしイワノフはこれと異なる主張をした。

ウォードは6月22日に中央刑事裁判所で開かれた裁判に臨むものの、7月30日に睡眠薬を過剰摂取する。しかし被告が意識不明のまま裁判は進められ、売春婦の収入で暮らしていたとして有罪になった。その後ウォードは意識を回復することなくこの世を去っている。

キーラーも裁判の結果偽証で有罪となり、刑務所に送られた（マンディー・ライス＝デイヴィーズはキャバレーの歌手となり、その後ナイトクラブをいくつか開いて成功した）。

プロヒューモは政界を去り、慈善事業に人生を捧げた。1975年にはその功績により、イギリス最高の名誉の1つ、大英帝国勲章を授与されている。

キーラーはゴーストライターによる著書『The Truth at Last』（2000）の中で、自分はナイトクラブのヌードダンサーになって浮かれてしまったかもしれないが、イギリス当局が言うような売春婦ではなかったと主張している。

【参照項目】 セックス、駐在武官、エフゲニー・イワノフ、GRU、MI5、ロジャー・ホリス、公的秘密保護法、リーク

ブロンソン3等軍曹［p］　(Bronson, Staff Sgt.)

イギリスの第6950電子保安飛行隊で勤務していたアメリカ空軍の一軍曹の仮名。数年間にわたってGRU（ソビエト連邦軍参謀本部情報総局）のためにスパイ行為をしていたが、1978年に捜査対象となった。情報源を秘匿するため起訴こそされなかったものの、除隊処分となっている。

【参照項目】 GRU

フロント企業　(Proprietary Company)

表向きは民間企業を装って商業活動を行ないながら、実態は情報機関によって設立・運営されている組織を指すCIAの用語。

ブンケ、ハイディー・タマラ

(Bunke, Haidee Tamara　1937-1967)

キューバの革命家チェ・ゲバラの愛人だったソビエトのエージェント。

「タマラ」・ブンケはジャングルにある司令部への地図を殺し屋に渡すことで、ゲバラを裏切ったとされている。フィデル・カストロの政権掌握を助けたゲバラはラテンアメリカの数ヵ国でゲリラ運動を組織していた。一方のソビエトはカストロと反米ゲリラ活動を支援したものの、ゲバラのことは信用していなかった。愛人となったブンケは彼に対するスパイ任務をソビエトから与えられたのである。

1967年8月31日、アメリカ人に訓練されたボリビアのレンジャー部隊が、森林に潜むブンケとゲバラ、そしてその他のゲリラ兵を急襲する。殺害されたブンケは妊娠していた。

ピッグス湾侵攻が計画されていた1960年から、ゲバラはアメリカに命を狙われていた。しかしCIAは67年のゲバラ殺害に関与していない。分析官が正しく判断した通り、殉教者として祭り上げられるからである。ボリビア大統領のレネ・バリエントスがゲバラ殺害を命じたということで情報専門家の意見は一致しているが、ブンケも殺害対象だったかは明らかでない。もともと革命のヒロインとして称揚されていたブンケは、カストロのプロパガンダ担当者によって捨てられたのだと専門家は指摘している。

文書の料理 (Cooking the Books)

政治的見解及び目的を支援するため、情報分析に政治性を与えること、または歪めること。1990年代初頭から情報関係者の間で用いられるようになった。

ブーン大佐 (Colonel Boone)

第2次世界大戦中、外遊中のルーズベルト大統領に陸軍あるいは海軍の情報部門から暗号メッセージが送られる際、それがマジック情報を基にしている場合に文頭へ付け加えられる単語。

【参照項目】マジック

ベイカー、ジョセフィン (Baker, Josephine 1906-1975)

第2次世界大戦中、フランスでドイツに対するスパイ活動を行なったアメリカ人。セントルイス生まれの彼女は1920年代のブロードウェイで最も有名な黒人スターの1人であり、1925年にパリで鮮烈なデビューを飾った後もフランスにとどまり、37年にフランス国籍を取得している。

1939年9月にフランスがドイツへ宣戦布告した際、フランスの軍事情報機関、参謀本部第2部の防諜課長だったジャック・アブテイは、ベイカーを情報提供者として採用した（ドイツと同じくフランスでも、こうした無給の情報提供者は名誉エージェントと呼ばれていた）。当初、アブテイはベイカーの申し出に躊躇を見せた。マタ・ハリのような二重スパイではないかと疑っていたからである。しかしベイカーは、必要ならば自分の命をフランスに差し出すとまで述べてアブテイの説得に成功した。

ベイカーはイタリアの独裁者ムッソリーニによるアビシニア（エチオピア）侵略に手を貸したことがあり、パリのイタリア大使館に多くの知己がいた。またそうした人間に加え、日本大使館に勤務する友人を通じて、ドイツ軍の行動に関する情報を入手している。1940年にドイツがフランスを占領した際、黒人のフランス国民であるベイカーは強制収容所に送られる可能性があった。そのためパリを離れ、ドイツ軍の占領下にある間は決してこの街で芸能活動をしないと誓っている。

1940年にドイツとフランスの間で結ばれた休戦協定のもと、フランス南部の大半と北アフリカなどの植民地は、ヴィシーを首府とするドイツの傀儡政権の管理下に置かれた。11月、ベイカーはヴィシー・フランスを脱出してスペインに入り、次いでポルトガルの首都リスボンへ移る。同行したアブテイは偽造パスポートを使い、彼女のバレエ指導者として入国する。その際2人は、第2部の重要な機密情報を持参していた。それらはベイカーの楽譜に透明インクで記されていて、写真は彼女の衣服

に隠されていた。この情報は中立国だったポルトガルでイギリスのインテリジェンス・オフィサーに引き渡されている。

その後、ベイカーはモロッコからリスボンに情報を運び、フランスの伝説的インテリジェンス・オフィサー、ポール・ペロール大佐の下で直接働いたことも幾度かある（「フランス」を参照のこと）。戦後、戦時中の功績により戦功勲章と抵抗勲章を授与された。戦時中の活動についてはアブテイの著書『The Secret War of Josephine Baker』に記されている。

【参照項目】参謀本部第2部（フランス）、名誉エージェント、マタ・ハリ

ベイカー、ラファイエット・C (Baker, Lafayette C. 1826-1868)

南北戦争時にワシントンで活動した北軍のスパイマスター。ニューヨーク州で生まれた後ミシガンで育ち、青年期は各地を渡り歩いた。カリフォルニアがゴールドラッシュに湧く1849年、ラファイエットは自警団員になり、南北戦争時のキャリアにつながる荒っぽい司法活動の経験を積んでゆく。

南北戦争が始まると北軍のスパイになり、サム・マンソンという偽名を用いた。南軍の支配地域で拘束された際には、彼の逮捕を命じたアメリカ連合国大統領ジェファーソン・デイヴィスの取り調べを受けている。だがベイカーは脱獄に成功、苦労の末北軍に帰還することができた。

次のポストは防諜責任者だった。上司はウィリアム・スワード国務長官だったが、ベイカーは配下の密偵共々程なく陸軍省に引き渡され、南部連合のエージェントがワシントンに浸透することを強く懸念していたエドウィン・スタントン陸軍長官配下のエージェントとなった。その間、有名なスパイであるベル・ボイドを捕らえ、南部の支援者と疑わしき数十名を摘発している。さらには戦争利得者や腐敗した政府職員をワシントンから追放した。

ベイカーは公式には陸軍省の憲兵司令官だったが、自らの組織を国家刑事局と呼ぶこともあった（戦後執筆した回想録の中で、ベイカーはそれをアメリカ情報機関と称しているが、戦争が終わると実際に設立された）。さらに北部諸州の諜報専門家としてアラン・ピンカートンの後継者と呼ばれたものの、この2人のスパイマスターは活躍時期が重複している。またどちらも情報機関のトップの座に就くことはなかった——当時はまだ情報機関が存在していなかったからである。

ベイカーは法を無視して証拠もなしに容疑者を拘束し、ワシントンにおける南部連合の影響力を弱めるなど、自らを残酷なスパイマスターに仕立て上げた。しかし、エイブラハム・リンカーン大統領の暗殺を計画していたエージェントの摘発には失敗した。また暗殺犯ジョ

ン・ウィルクス・ブースの捜索を主導したが、生きたま捕らえることはできなかった。

リンカーンの後を継いだアンドリュー・ジョンソンは、ベイカーを政敵に忠実な信用できない人間だとして罷免した。しかし上院の認可を経ていなかったため、大統領弾劾手続きが始まる。公聴会で証言したベイカーは、実在していればジョンソンの評判を傷つけたであろう文書について嘘をつき、これが自らのキャリアに終止符を打つ結果となった。その後『The History of the United States Secret Service』(1867)という大仰なタイトルの回想録で自らのスパイ活動を記している。

【参照項目】ベル・ボイド、アラン・ピンカートン、ジョン・ウィルクス・ブース

ヘイグウッド、ロバート・D (Haguewood, Robert D.)

非機密資料(本人は政府の秘密情報と信じ込んでいた)を潜入捜査中の警察官に売り渡したとして、1986年に有罪となったアメリカ海軍の下士官。司法取引の結果、禁固2年の刑が言い渡され、海軍を不名誉除隊になった。

カリフォルニア州ポイント・ムグの太平洋ミサイル実験センターで勤務していた1986年3月、潜入捜査中の警察官に飛行機の兵器搭載マニュアルを360ドルで売り渡したところを逮捕された。この取引はFBI及び海軍捜査局の捜査官によって監視されていた。

【参照項目】FBI、海軍捜査局

米国愛国者法 (USA Patriot Act)

世界貿易センタービルとペンタゴンを標的とした2001年9月11日の同時多発テロ後に議会で制定された、国家安全保障に関する包括的な法律。正式名称は「テロリズムの阻止と回避に必要とされる適切な手段を提供することにより、アメリカを団結及び強化するための法律」。

この法律により、法執行機関の監視権限と国内情報活動権限が大幅に強化された。342ページから成る法案は2001年10月26日にブッシュ大統領の署名が行なわれ、インターネットの監視、マネーロンダリング、移民問題、及びテロ犠牲者への支援といった、本質的に異なる分野を含む15の連邦法を改正している。

また米国愛国者法は、テロ容疑者の監視を許可する外国情報活動監視法廷(FISC)の権限も強化させた。これによってFISCの判事は7名から11名に増員されている。

さらにこの法律によって、「政府職員が公務を遂行する際、かかる情報の入手を支援すべく、連邦法執行機関、情報機関、治安維持機関、移民局、国防関連機関、あるいは国家安全保障機関の職員」が情報を共有することも認められた。

司法省が作成したガイドラインの中で、図書館利用者及び貸出書籍のFBIによる監視が認められた際、全国の司書は米国愛国者法によるこの新たな権力を、古くから存在するプライバシー保護法への脅威と見なした。条文によれば、議会による更新が行なわれなければ、法律は2005年中に失効するものとされている(訳注:2006年3月、ブッシュ大統領は米国愛国者法の再認証に署名した。その中でいくつかの条項が恒久化されている。しかしオバマ政権下の2015年6月1日に失効した)。

【参照項目】監視、国内情報、外国情報監視法廷、FBI

ペイズリー、ジョン・A (Paisley, John A. 1923-1978)

謎の失踪を遂げた元CIA職員。1978年10月、ペイズリーのものと思しき遺体がチェサピーク湾で発見される。頭部には銃弾による傷があり、重量38ポンド(17キログラム)もあるスキューバダイビング用のおもりが身体に括りつけられていた。

失踪当時のCIAによる発表では、比較的下級の職員で1974年に退職したとされたが、実際にはCIA戦略調査部の副部長だった。非公式の情報源によると、ペイズリーはU-2偵察機、SAMOS(衛星ミサイル観測システム)、及びKH-11スパイ衛星システム(「キーホール」を参照のこと)の計画立案に関与しており、ウォーターゲート事件当時はホワイトハウスとCIAとの連絡役を務めていたという(ワシントンポスト紙のカール・バーンスタインとボブ・ウッドワード記者に匿名でウォーターゲート関連情報を与えたディープ・スロートが、実はペイズリーだったという推測が生じたのはこのためである。だが両者とも、ペイズリーがディープ・スロートであることを否定している)。

ペイズリーは波乱に満ちたキャリアを歩んだが、CIAは彼の任務内容を明らかにしなかった。伝えられるところによると、極秘のスパイ衛星の開発時にはNSAと協力していたという。また1976年にCIAの評価を行なったBチームとの連絡役であり、ニコラス・G・シャドリン(アメリカに亡命したソビエト海軍士官)の死と、議論を呼んだソビエトの亡命者ユーリ・ノセンコの尋問につながった複雑な諜報活動にも関与したとされている。

1978年9月24日、退職後も嘱託としてCIAで勤務していたペイズリーは、全長9メートルのスループ型帆船「ブリリーグ」を操ってメリーランド州ソロモンズの波止場から出帆した。翌日、ワシントンDCの125キロメートル南西、ポトマック川の河口にあるルックアウト岬付近で座礁したスループが発見される。CIAの保安担当官を含む捜査員は、ペイズリーが作成中だった報告書の入ったブリーフケースと、無線装置、電信鍵、そしてホローポイントの9ミリ弾が入ったスーツケースを発見した。銃は発見されず、血痕も残っていなかった。

10月1日、左耳の後ろに弾痕のある腐乱遺体がルックアウト岬の24キロメートル北で発見される。体内のガスによる浮力がおもりの重量を上回ったため、遺体が浮かび上がったのである。そして歯科治療の記録により、ペイズリーのものと確認された。

遺体がペイズリーのものではないという報道があったため、保険会社は未亡人に対する10万ドルの支払いを保留した。しかし夫の死から6ヵ月後、ペイズリーと別居状態にあった未亡人は保険金を受け取った。またFBIも遺体の身元を確認し、自殺による死と結論づけた。だが死の真相を探るためにペイズリー夫人が雇った弁護士はこう述べている。「銃を手にボートから飛び降り、水中で引金をひくというのは、控えめに言っても奇妙な自殺のやり方だ」

ロシア語に堪能だったペイズリーはソビエトのためにスパイ行為をしており、そのために殺されたのだという噂が、その後もしばらく消えなかった。上院情報委員会はペイズリーの死を調査したが、「祖国への卓抜した功績を打ち消す事実」は発見できなかったと1980年4月に発表した。委員会は完全な報告書を公表しておらず、ペイズリーが自殺したのか、それとも殺されたのかは今も謎のままである。

【参照項目】CIA、U-2、SAMOS、衛星、ウォーターゲート事件、Bチーム、ニコラス・G・シャドリン、ユーリ・ノセンコ

ベイツ、アン　(Bates, Ann)

独立戦争中、イギリスのためにスパイ活動を行なった親英派のアメリカ人。フィラデルフィアの教師だったベイツは、兵器修理工としてイギリス陸軍部隊に所属する男性と結婚した。夫は1778年にイギリスのフィラデルフィア救出部隊に加わり、ニューヨークに向けて行軍している。愛国者を自称する彼女もフィラデルフィアのアメリカ軍前線を突破してニューヨークに辿り着き、ジョン・アンドレ少佐が指揮するスパイ網のエージェントになった。

ベイツは「バーンズ夫人」という偽名を使ってアメリカ軍に対するスパイ活動を行なった。その時所持していた証拠（詳細は今も明らかになっていない）は、イギリスのためにスパイ活動を行なうアメリカ人士官の下で、密偵として活動していることを証明するものだった。しかしその士官はホワイト・プレーンズのアメリカ軍拠点へ到着した際、すでに陸軍を離れていた。

ベイツは行商人のふりをして会話に耳を傾け、銃の配置場所を突き止め、さらにはジョージ・ワシントン将軍の官舎にも入り込んだ。「私は陸軍全体を観察すると同時に、各旅団の戦力と現状、大砲の数と配置状況、そしてそれぞれの大砲に込められている砲弾の重さを知る機会に恵まれた」と後に手紙に記している。ベイツは他の

スパイ（正体は明らかになっていない）の支援も行ない、彼らがイギリス軍の支配地域へ戻る際、アメリカ前線を突破してセイフハウスに駆け込めるよう手を尽くした。

ニューヨーク州ドッブス・フェリー近くのアメリカ軍駐屯地をターゲットとした別の任務では、兵士と銃の数、そして軍需品の在庫状況を突き止めている。アメリカ軍の行動に関するベイツの「時宜を得た情報」は、ロード・アイランド守備隊の戦力を増強させるというイギリス軍の決断につながった。

1780年、夫がイギリス砲兵隊に従軍してサウスカロライナへ赴いたため、ベイツにそれ以上の任務は与えられず、スパイ活動も終わりを迎えた。夫妻は1781年にイングランドへ移り住んだ。その後夫に捨てられたベイツは、アメリカでの活動に対して少額ながら年金を勝ち取っている。

【参照項目】ジョン・アンドレ、ジョージ・ワシントン、セイフハウス

ベイリー＝スチュワート、ノーマン
(Baillie-Stewart, Norman　1909-1966)

1930年代にドイツの指揮下でスパイ行為をしたイギリス陸軍士官。インド軍に所属するイギリス人士官の息子として生まれたベイリー＝スチュワートは、王立海軍大学に入学したものの病気のために退学した。その後1925年にサンドハースト王立陸軍士官学校へ入学し、1928年の卒業後はシーフォース・スコットランド高地連隊に配属されている。

1931年にナチスドイツを訪れた際にエージェントとして勧誘を受け、帰国後イギリス軍に関する情報をドイツに送った。彼のスパイ行為には高額の報酬が支払われ、突如裕福になったことが周囲の疑いを引き起こした。

ベイリー＝スチュワートは逮捕され、軍法会議の結果スパイ行為など7件で有罪となり、1933年に禁固5年を宣告されてロンドン塔に収監された。その結果、「ロンドン塔の士官」として知られるようになる。釈放後の1937年にオーストリアへ渡り、戦時中はそこで過ごした。

1945年初頭、オーストリアのアルトアウスゼーに駐留していたアメリカ陸軍の情報士官は、ベイリー＝スチュワートを通訳として用いた。しかし同年5月にヨーロッパの戦闘が終結した際、MI5の捜査官が彼の正体を通告したため、アメリカ軍に逮捕される。そして同年中にイギリスへ送られ、反逆罪で裁判にかけられた。ところがMI5の捜査官は、彼がドイツのために働いていたとしてドイツ国民であると判断、親独活動を禁じる戦時法規に違反したという、より軽い罪でしか裁くことができなかった。1946年1月10日、ベイリー＝スチュワー

トはこれらの行為で有罪とされ、禁固5年を宣告され
た。49年の釈放後はダブリンに移住し、『The Officer in
the Tower』（1967）をジョン・マードックと共に執筆し
ている。
【参照項目】MI5

ヘイル、ネイサン　(Hale, Nathan　1755-1776)

　アメリカ独立戦争で活躍するもイギリス軍に処刑され
たアメリカ人スパイ。1773年にイェール大学を卒業した
ヘイルはコネチカット州イースト・ハダム、次いでニュ
ーロンドンの学校で教えた後、コネチカット民兵隊に加
わった。そして大尉に昇進した76年3月、イギリスを
標的としたスパイ活動に携わるべく、ジョージ・ワシン
トン将軍に志願する。ワシントンは軍事情報活動の重要
性を固く信じる人物だった。

　ヘイルはコネチカットから小舟でロングアイランドに
渡り、本来の職業である教師をカバーとしてマンハッタ
ン島のイギリス軍前線後方に潜入したとされている。し
かし長身だった上、銃火薬の爆発で顔面に傷を負ってい
たので、注目されずに通り過ぎるのは難しかった。数日
間にわたってイギリス軍をスパイした後、アメリカ軍前
線に戻ろうとするところを捕らえられている。

　この逮捕劇の詳細は2003年に至るまでほぼ不明のま
まだった。この年、議会図書館草稿課長のジェイムズ・
H・ハトソンは、狡猾なことで知られるイギリス軍士
官、ロバート・ロジャーズ少佐によってヘイルは騙さ
れ、捕らえられたことが、長らく秘密にされてきた記録
から明らかになったと述べた。この記録はコネチカット
の親英派トーリー党員が記した文書の一部であり、子孫
が2000年に議会図書館へ寄贈したものだった。ハト
ソンによると、この記録は「我々の知る事実と矛盾がな
く、本質において真実であると認めたい」ものであると
いう。文書の中では、ロングアイランドの港でトーリー
党員の勧誘を行なっていたロジャーズが、ヘイルの正体
を見破ったとしている。ロジャーズは私服に着替え、対
英スパイ網の長であると自己紹介し、ヘイルにスパイで
あることを認めさせた——さらに、ロジャーズの「スパ
イ網」に所属する人間がそれを目撃していた。新しい友
人を得てほっとしていたところ、ヘイルは逮捕される。
あわてて言い訳を試みたがもはや手遅れだった、という
のが文書の骨子である。

　かつてニュー・ハンプシャーの農民だったロジャーズ
は、フランス・インディアン戦争（1755〜63）で「ロ
ジャーズ・レンジャーズ部隊」を組織した。戦後イギリ
スに渡り、帰国後はアメリカ独立戦争への参戦を志願し
たが、イギリスの密偵ではないかと恐れたワシントンの
命で逮捕される。だがロジャーズは脱獄してイギリス軍
に加わり、再びレンジャー部隊を組織した。

　1776年9月22日、北アメリカ駐留イギリス軍の最高
司令官であるウィリアム・ハウ将軍は裁判を経ずにヘイ
ルの処刑を命じた。処刑時には聖職者の同席はおろか、
聖書さえも許されなかった。目隠しをされたヘイルは勇
敢な言葉を残したが、後世には2つのバージョンが伝わ
っている。「この国のために失う命を1つしか持たな
いことが悔やまれるだけだ」というものと「この国に差
し出せる命を1つしか持たないことが悔やまれるだけ
だ」というものである（最期の言葉はジョセフ・アディ
ソン作の戯曲『Cato』（1713）に刺激を受けたものだと
信じる歴史家もいる。「悔やんでも余りある／祖国のた
めに1度しか死ねないとは！」）。

　伝えられるところによると、数年後にイギリス人士官
が明かしたヘイルの最期の言葉は、彼を殉教者としたく
ないイギリス側の意向で秘密にされ、手紙も焼却された
という。にもかかわらず、ヘイルは長く語り伝えられる
英雄となった。

　1912年、ネイサン・ヘイルの彫像がイェール大学の
キャンパスに建てられた。肖像画が存在しないので想像
に基づくものであり、首に縄をかけられ、両手を後ろで
縛られたハンサムな若き反逆者をイメージしている。73
年にはヴァージニア州ラングレーのCIA本部入口に彫
像のコピーが建てられた。またコネチカット州議会は
85年にヘイルを州の英雄として認定した。
【参照項目】ジョージ・ワシントン、軍事情報、カバー、
スパイ網

ヘーガー、ジョン・ジョセフ　(Haeger, John Joseph)
「チャールズ・スクーフ」を参照のこと。

ヘキサゴン　(Hexagon)
「ビッグバード」を参照のこと。

ヘーケ、マルグレット　(Höke, Margret　1935-)

　西ドイツ大統領リヒャルト・フォン・ヴァイツゼッカ
ーのオフィスで勤務していた秘書。スパイ容疑で逮捕さ
れた。

　BfV（連邦憲法擁護庁）によると、ヘーケは1959年か
ら85年8月の逮捕までヴァイツゼッカーの下で働いて
いた。KGBやシュタージ（MfS）のインテリジェンス・
オフィサーは秘書をスパイ活動に引き込む手段として性
を用いていたが、ヘーケも数多いターゲットの1人だ
ったのである。逮捕のきっかけはKGBからの離反者、
オレグ・ゴルディエフスキーに名指しされたことだっ
た。

　ヘーケのハンドラーは、ソビエトのインテリジェン
ス・オフィサーにして彼女の恋愛相手でもあったフラン
ツ・ベッカーである。彼女は1,700点以上もの機密文書
に加え、西側諸国の大使館で目にした報告書のコピーを
ベッカーに渡したとして立件されている。ヘーケが逮捕

された際、ベッカーはかろうじて難を逃れた。1987年、ヘーケに禁固8年が言い渡されている。

「ハンス・ヨアヒム・ティートケ」も参照のこと。

【参照項目】 KGB、MfS、離反者、オレグ・ゴルディエフスキー、ハンドラー

ベスト、S・ペイン (Best, S. Payne 1885-1978)

第2次世界大戦中、ドイツで捕らえられたイギリスのインテリジェンス・オフィサー。

ロンドン・スクール・オブ・エコノミクスを卒業した会計士のペインは、第1次世界大戦中イギリス陸軍情報部で勤務した。戦後はオランダのハーグに移住するが、陸軍の予備役にとどまって情報活動を続ける。ハーグではウィルヘルミーナ女王の宮廷でよく知られた存在となり、北部ドイツに滞在中は「単眼鏡の人物」としてドイツの名門の間で有名になる。当時は広告代理人そして医薬品の製造業者として生計を立てていたが、強力なコネを持つ上流階級の英国人と見られていた。

ベストはイギリス秘密情報部（MI6）の下でも働いている。1938年には、後に「C」すなわちMI6長官となるサー・スチュワート・ミンギスと、ドイツ陸軍参謀総長で軍と政府にまたがる反ヒトラー陰謀の主導者だったルードヴィヒ・ベック上級大将の使者との面会を根回ししたとされている。この使者は、ヴェルサイユ条約の一部条項をイギリスが破棄するのと引き替えに、アドルフ・ヒトラーを政権の座から追放すべく交渉を行なうことを提案した。この提案は受け入れられなかったが、ヒトラーに対する軍の陰謀は継続され、イギリス側の関心も変わることはなかった。

ビジネスマンをカバーとしていたベストは、ハーグのパスポート担当官というMI6の典型的なカバーを使っていたR・H・スティーヴンス少佐と共に活動していたが、2人の仲は良好ではなかった。しかし、イギリス外務省の役人から「ドイツの反体制派」と称されていた陰謀参加者の代理人と連絡をとろうとした際には協力している。だがその1人は、SS（親衛隊）の諜報部門SDの二重スパイだった。一方、イギリス政府の高官がこの面会を支援していることを証明するため、ミンギスはイギリス放送部隊に対し、ドイツ向けの定期ニュース放送の冒頭部をほんの少し変えるよう命じた（これは、他国の協力者に対してエージェントの信用性を証明するため、連合国がしばしば用いた方法だった）。

ベストはドイツ側に対し、ドイツ陸軍がヒトラー政権を転覆させればこの戦争を終わらせ、1938年時点の領土を認める旨提案する権限を与えられた。イギリスの対独宣戦布告から6週間足らずの1939年10月20日、反体制派リーダーを装ったドイツの二重スパイがベスト、スティーヴンス、そしてオランダ人インテリジェンス・オフィサーを、ドイツ－オランダ国境付近にあるオランダ

側の村へ案内した。そこで一行は、反ヒトラー陰謀に加わっている、ある将軍の代理人と称する2人のドイツ陸軍将校と会った。しかし流暢なドイツ語を話し、プロイセン時代の将校をよく知っていたベストはこれを疑い、2人がナチスの将校ではないかと考えた。

10月30日にハーグで行われた2度目の会合において、「シェーンメル」を名乗るもう1人のドイツ人が現われる。実はこの人物こそが、SD局長代理のヴァルター・シェレンベルクだった。シェーンメルはベストらイギリス人に対し、陸軍がヒトラーを逮捕するだろうと告げた。また後の会合では、陰謀の中心人物がイギリス政府職員と直接話したがっていることを教えた。

イギリスのエージェントたちは、オランダ－ドイツ国境付近にあるフェンローに飛行機を派遣し、彼らドイツ人を乗せるつもりだと言った。そして11月8日、ベストとスティーヴンスがドイツ使節団を待っていると、1台の車が国境のチェックポイントを突破、オランダの警備兵に銃弾を発射する。そして車から飛び出した人物がイギリス人2名を捕らえ、猛スピードでドイツ側へ走り去った。

SDに囚われたベストとスティーヴンスはゲシュタポによる厳しい尋問を受け、MI6の秘密情報を話してしまう。戦後、スティーヴンスを情報源とするMI6の詳細なデータの記された書類が、イギリス人インテリジェンス・オフィサーによってドイツで発見され、この情報漏洩が裏づけられた。ヒトラーによるイギリス侵攻後、ゲシュタポによって活用される予定だったそれらの書類には、MI6の組織構造に関する詳細と職員多数についての情報が記されていた。ベストも情報を与えたが、戦後彼が行なった報告では、同僚の性行為について話すことで尋問官を黙らせたという。

ベストとスティーヴンスは戦争が終わるまで囚われの身となった。1945年4月、バイエルンの一小村であるニーダードルフにおいて、連合国軍の兵士が数名の捕虜と共に2人を見つけた。

ドイツ側に漏れたMI6関連の情報について戦後行なわれた調査で、スティーヴンスがベストより多くの情報を与えていた一方、もう1人のMI6職員であり、1950年代まで秘密任務に就いていたチャールズ（ディッキー）・エリスが戦前からの情報源であることが明らかになった。エリスは4度結婚したが、その1人がロシア人だった。そして戦争前にパリに駐在していた際、アプヴェーアに所属するロシア人妻の弟をエージェントとしていた。つまり金に目がくらんだエリスは、MI6の情報を義弟経由でアプヴェーアに売り渡していたのである。

【参照項目】 MI6、スチュワート・メンジース、C、H・R・スティーヴンス、二重スパイ、SD、SS、ヴァルター・シェレンベルク、チャールズ・エリス、ブラックブック、フェンロー事件

ベッカー、ヨハン <small>(Becker, Johann 1912-1971)</small>

　第2次世界大戦中、南アメリカでSD（親衛隊保安部）の諜報活動を指揮したドイツ人。

　ライプツィヒに生まれたベッカーは1930年にナチス入りしてSS（親衛隊）隊員となり、後に中尉に任官された。37年にはビジネスマンとしてブエノスアイレスに赴任、そこから諜報活動のキャリアが始まっている。戦争初期に一旦ドイツへ戻った後、今度は外交密使として再びアルゼンチンに姿を見せた。

　政治情報の収集を命じられたベッカーは現地でスパイ網を組織する（軍事情報の収集はアプヴェーアが担当していた）。本国とは無線で連絡を保ったが、探知されるのを防ぐため人里離れた農場に部下を配置し、その都度異なる周波数でメッセージを発信させている。またマイクロドットを出版物に埋め込むための作業所もあり、密使あるいは郵便を使ってドイツに情報を送った。

　ベッカーはアメリカの出版物やラジオ放送を分析し、またアメリカに敵対的な外交官や政府職員、あるいは軍人から支援を得ようとした。その中には後にアルゼンチンの独裁者となるファン・ペロン大佐もいた。デイヴィッド・カーンは著書『Hitler's Spies』（1978）の中で「ベッカーのスパイ活動は親枢軸的な雰囲気の中で活発に行なわれた」と記している。だが1944年にアルゼンチンがドイツ製兵器の提供を要求した際、ドイツの外交官にこれを拒否され、代わってSD対外諜報部長のヴァルター・シェレンベルクに依頼を持ちかけたことから情勢は劇的に変化する。

　シェレンベルクはスペインでアルゼンチン側との面談を行なおうとしたが、途中のトリニダードに到着した際、イギリスからもたらされた情報のために足止めされてしまう。この事件によって、アルゼンチンに対して枢軸国寄りの姿勢を捨てさせるアメリカの圧力が強まった。結果的にアルゼンチンは1944年1月26日にドイツとの国交を断絶、ドイツのスパイ容疑者は公安警察に逮捕された。

　ベッカーはどうにかスパイ網を維持したものの、同年夏に行なわれた再度の検挙活動によってほぼ壊滅してしまう。スパイハンターは数十台の無線装置や新型のマイクロドット装置に加え、3台のエニグマ暗号機を押収した。ベッカーは潜伏生活に入ったが、本国への報告は続けている。ある時、1人の共謀者がベッカーから現金と共にメッセージを渡され、スペイン人船員の手でドイツの便宜的住所へ送らせるよう命じられた。

　だがその共謀者は現金とメッセージを手許に置いたので、逮捕された際にクローゼットからそれらが発見された。かくして1945年3月、ベッカーも終戦直前に逮捕される。釈放後はドイツへ戻ったが、その後の消息は不明である。

　ベッカーの活動を調査した連合軍の担当者は、彼がドイツに送った情報はほとんど時宜を得ていなかったと結論づけている。5隻の船舶がベッカーの報告通りの時刻に出港し、Uボートに撃沈されているが、カーンが記した通りそれらUボートに船舶の情報は届いていなかったのである。

【参照項目】SD、SS、アプヴェーア、便宜的住所

ベッケンハウプト、ハーバート <small>(Boeckenhaupt, Herbert)</small>

　ペンタゴンの空軍総司令部に配属されていたアメリカ空軍の3等軍曹。ソビエト連邦に機密資料を売り渡したとして1967年に逮捕され、裁判の結果有罪となり禁固30年の刑を言い渡された。

　他の軍人スパイに比べると、ベッケンハウプトに対する刑は過酷であり、スパイとして長期間活動していた、あるいは大きな成果を挙げていたことを示唆している。しかし、この事件は当時公表されなかった。ベッケンハウプトの正体を暴露したとされるドミトリ・ポリヤコフ少将を保護するというCIAの意向がその理由である。ソビエト軍の情報機関GRUの将校だったポリヤコフは、20年以上にわたり定住型エージェントとしてアメリカのためにスパイ行為をしていた。

【参照項目】CIA、GRU、定住型エージェント

ヘディガー、デイヴィッド・A <small>(Hediger, David A.)</small>

　1982年12月、アメリカ海軍所属の潜水母艦乗組員だったヘディガーは、ワシントンDCに駐在するソビエト武官に電話をかけた（当時駐在武官の施設は大使館と別だった）。この電話はFBIに監視されていたらしく、すぐさま海軍に通報される。結果「スパイ容疑者」としてリストアップされたが、措置に関する記録は公にされていない。

ベーデン＝パウエル、サー・ロバート
<small>(Baden-Powell, Sir Robert 1857-1941)</small>

　ボーイスカウトの創設者にして、革新的な諜報技術を発展させたイギリス陸軍の士官。

　1876年に第13軽騎兵隊に入隊し、インド、アフガニスタン、南アフリカで勤務する。初級士官としてインドで勤務中、小部隊による警戒・偵察法を考案しているが、これは後に陸軍の基本戦術となった。また10年後には、スーダンのベチュアナランドで観測気球を偵察に用いている。

　ボア戦争では、包囲されたマフェキングで217日間（1899年10月から1900年5月まで）にわたる籠城戦を戦い抜き、国民的英雄となった。戦後は南アフリカ警察に招聘されて教官を務めている。また1880年から1902年にかけては、公式・非公式を問わず、しばしば変装した上で敵陣地の偵察任務に携わった。

ベーデン＝パウエルの諜報活動については公式記録に残されていないが、1900年に南アフリカ警察総監に就任したことと、1903年から07年まで南アフリカ騎兵隊隊長を務めたことが記されている。その後1910年に少将で陸軍を退役した。

下士官兵向けに著した偵察教本『Aids to Scouting for N.-C.Os and Men』（1899）が、森林の中で少年を訓練するために用いられていることを知ったベーデン＝パウエルは、少年キャンプに興味を抱いた。その結果1907年に実験キャンプを建て、退役後はやがてボーイスカウトとなる運動に精力を注ぎ込んだ。また1910年には妹のアグネスがガールガイド（ガールスカウト）を設立している。

ベーデン＝パウエルは1909年にナイトの爵位を与えられ、29年には貴族に列せられて初代ベーデン＝パウエル・オブ・ギルウェル男爵となった。

【参照項目】気球

ベトナム （Vietnam）

歴史上、ベトナムで戦われた戦争は様々な名称を与えられているが、そこは現代史の大半において数多くの諜報作戦が展開された戦場でもあった。フランスはそれを「前線なき戦争」と呼び、ホー・チ・ミン率いるベトミンは「人民戦争」と称している。またアメリカにとってはベトナム人の「心と精神」を守るための「不正規戦争」であり、CIAと陸軍の情報部門による秘密戦争が繰り広げられた。

この秘密戦争の起源は第2次世界大戦に遡る。1945年春、アメリカ戦略諜報局（OSS）はホー・チ・ミン及び共産主義勢力ベトミンと手を結び、1940年6月のフランス撤退以来インドシナの一部——ベトナム、カンボジア、ラオス——を占領していた日本軍相手に戦った。

日本はインドシナを握ることにより、ハイフォンから鉄道で中国に運ばれていた補給物資の流れを断とうとした。その一方で、連合軍の侵攻を恐れてフランス軍の駐留を認めていたが、1945年3月9日に至って攻撃を開始する。生き残ったフランス兵と民間人は傷つき装備も貧弱だったが、日本軍の前線を突破して中国へ向かう。その過程で数千名が捕虜となり、2,200名が戦死したものの、およそ3,000名が中国へ辿り着いた。

OSSにとって、ホー・チ・ミンは日本軍と戦う同志だった。フランス人ゲリラから支援を受けたOSS部隊はベトミンに奇襲戦の訓練を施し、武器や補給物資をパラシュートでベトミンに届けると共に、日本軍に関する情報を集めるべく前線後方にエージェントを送り込んだ。かたやベトミンは撃墜されたアメリカ人パイロットを救い出す一方、フランス人ゲリラやOSS工作員に加わって日本軍の師団司令部に奇襲攻撃を仕掛けている（1945年8月）。この時、奇襲部隊は文書を入手し、東

南アジアにおける日本軍の作戦について貴重な情報を連合軍の戦略立案者にもたらした。同年8月に日本が降伏した際、いまだベトミンを同志と見なしていたOSSは彼らと共にベトナム独立を祝い、ハノイに行軍している。

フランスに目を移すと、インドシナ奪還を決意しつつ、ベトミンを支援したOSSに敵意を燃やすシャルル・ド・ゴール将軍が、1945年10月にサイゴンへ兵を送った。また参謀本部第2部もスパイ網の再建を始めている。しかし翌年12月19日にヴォー・グエン・ザップ率いるベトミンがハノイなどの駐留軍司令部を急襲した際、フランス情報機関は直前まで警告を発することができなかった。この結果、ベトナムは再び戦火に包まれる。

フランス軍は当初、中国国民党の情報機関、中央執行委員会調査統計局に所属していた士官の手を借りて共産主義者狩りを進めた。次いでフランスの情報機関SDECEが「ベトナムのマキ団」、すなわち占領下のフランスでドイツ相手に破壊工作と諜報活動を行なった第2次世界大戦当時のレジスタンスグループ、マキ団をモデルに組織を作り上げようとした。しかしフランスの都市社会では上手く機能したレジスタンス運動が、ジャングルと水田の広がるインドシナで成果を挙げることはできなかった。

フランスの支援を受けた地元のレジスタンスグループはベトミンに太刀打ちできず、フランスの軍事作戦に関する情報もベトミン配下の情報組織トリン・サットによって度々盗まれていた。またベトミンへの嫌がらせと情報収集を目的として空挺部隊GCMAが組織されたものの、トリン・サットはその情報収集対象と方法も突き止めている。

ディエン・ビエン・フーにおけるフランス軍の屈辱的な敗北は、1954年7月の終戦を予言するものだった。インドシナにおけるフランスの敗北を象徴するディエン・ビエン・フーは、56日間にわたる包囲戦を経て54年5月7日に陥落した。その過程で約1万名のフランス人、北アフリカ出身者、外人部隊、そしてベトナム兵が戦死し、別の1万名がベトミンの捕虜となっている。その後行なわれた和平会談において、フランスは北緯17度線に沿ってベトナムを分割することに同意し、北はホー・チ・ミン率いる共産主義国家、南はゴ・ディン・ジエム率いるベトナム共和国となってサイゴンに首都が置かれた。これは1956年に予定されていた全国投票までの一時的措置とされた。

反仏派であるジエムの気に入らないことに、およそ8万名のフランス兵がベトナム共和国にとどまった。ダグラス・ポーチは著書『The French Secret Services』（1995）の中でこう記している。「フランスの権益を確保するという任務がフランス秘密機関の肩にのしかかったが、彼

らは私利私欲によってこれを遂行した。すなわちメンバーの一部がビン・スエンと密接なビジネス関係を築いたのである」ビン・スエンとはベトナムの犯罪組織で、フランスの地下社会ともつながっていた。

アメリカ人のエドワード・C・ランズデール——元OSS士官でCIAにも所属していた——は、フランスと共産主義者の両方に陰謀を仕掛けた。ビン・スエンはフランス参謀本部第2部から情報提供を受けていたが、ランズデールは南ベトナム空軍を率いてこれを空から攻撃した。またフランスのインテリジェンス・オフィサーを標的とする「対テロ作戦」も実施している。しかし両国情報機関の関係が悪化する直前の1955年5月、フランスはインドシナから完全に撤退してアメリカとホー・チ・ミンに後を任せた。

【参照項目】CIA、戦略諜報局、エージェント、参謀本部第2部、スパイ網、中国国民党中央執行委員会調査統計局、SDECE、エドワード・C・ランズデール、インテリジェンス・オフィサー

史上最長の戦争

ケネディが大統領に就任した1961年1月の時点で、ホー・チ・ミンは約15,000名のベトコンを南ベトナムで活動させていた。ケネディは共産主義者を北に追い返すため、特殊部隊の投入を決断する。その裏にあったのは、インドシナに安定をもたらすには正規軍よりも特殊部隊のほうが適しているという信念だった。かくして61年5月、「情報活動、不正規戦、及び政治的・心理的工作活動に関わる現在の作戦を拡大させる」べく、アメリカ陸軍のグリーンベレー400名がベトナムに派遣される。またグリーンベレーの派遣には、ベトナムにおけるCIAの存在感が高まっていることも関連していた。62年、ケネディはベトナムで——またラオスでも極秘裏に——準軍事活動を行なう権限をCIAに与えている。

軍事介入がエスカレートするにつれ、情報活動の度合いも高まっていった。しかしこの戦争における情報活動は、アメリカが過去経験した戦争でのそれと全く異なっていた。通常の軍事情報部隊に加えて文官の情報組織も存在していたが、それらは並行して活動するのがいいところで、下手をすると競合する場合もあった。

1964年8月、アメリカ海軍の駆逐艦が北ベトナムのトンキン湾で電子情報（ELINT）を収集する（デソト作戦）一方、CIAは作戦計画34Aを実行していた。この作戦には、CIAに雇われた南ベトナム人もしくは外国人の操縦する高速艇によって、沿岸にある北ベトナム軍基地に奇襲攻撃を仕掛けることが含まれていた。魚雷艇にアメリカ駆逐艦を追わせることで北ベトナムが対抗すると、アメリカ議会はジョンソン大統領の求めに応じてトンキン湾決議を可決した。これによってベトナム支援にアメリカ軍を用いることが可能になり、ベトナム戦争に

法的根拠が与えられた。

結果としてアメリカの直接的関与が強まった。南ベトナム駐留のアメリカ軍が増員（ピーク時で525,000名）され、北ベトナムだけでなく、南ベトナムの共産主義勢力エリア（実在するか否かにかかわらず）に対する大規模な空爆も実施された。さらには海軍と情報機関の活動も激しさを増す。ベトナム戦争のピーク時、CIAはサイゴンの大使館ビルのうち3フロアを占め、アメリカ大使特別顧問オフィス（OSA）をカバーとする職員700名を擁していた。OSAのトップはやがて中央情報長官に就任するウィリアム・E・コルビーだった。またCIAは他にも統合調査分遣隊、調査監視グループ（SOG）、及び人的情報収集組織を活動のカバーとしている。

SOGは陸路、パラシュート、ヘリコプター、あるいは魚雷艇を用いて情報チームを敵地に潜入させた。また同じく作戦計画34Aの一環として実施されたCIAによる別の作戦では、ベトナム人の「秘密工作員」がパラシュートで北ベトナムに送り込まれている。しかし全員が殺害されるか捕らえられるという結果に終わり、のみならず一部は二重スパイとなって偽の無線メッセージを送信し、さらに多くの人間を死に追いやった。北ベトナム公安省は、エージェントがどこに着地するかについてほぼ完全な情報を得ていたのである。

ようやく事態を悟ったCIAは計画を中止させようとしたものの、陸軍が後を引き取った結果、1968年までに約500名のエージェント志願者を失った。元インテリジェンス・オフィサーのセドウィック・ツーリソンは機密解除された戦後の文書を基に『Secret Army Secret War』（1995）を執筆したが、その中で400名近い人間が最長27年にわたって収監されたことを明らかにしている。

またCIAは最大規模の準軍事作戦をラオスで秘密裡に実施した。「秘密部隊（L'Armée Clandestine）」の創設がそれで、メオ族などおよそ3万名のラオス人と、約17,000名のタイ人傭兵から構成されていた。秘密の戦争におけるこの秘密部隊は、CIAのフロント企業エア・アメリカによって輸送された（「民間不正規戦グループ」を参照のこと）。

CIAはタイを拠点にラオスでの戦争を指揮するにあたり、第4802統合連絡分遣隊をカバーネームとした。アメリカの戦争ではないという外面を保つため、地上軍が投入されることはなかった。例外は一部のグリーンベレー作戦で、アメリカ軍の記章を剥ぎ取った制服を身につけ、中国製あるいはソビエト製の武器を装備した越境チームが投入されている。

CIA部隊の存在は、アメリカ各紙で報道される1965年まで秘密とされた。しかもラオスにおける活動の規模が公式に明かされたのは69年になってからであり、その際も多くの詳細は伏せられたままだった。その上政府

首脳もCIAの戦争を無視することがあった。「ラオスで大規模な――第2の――戦争が進行中であることを、我々は忘れがちです」1966年8月、国家安全保障問題担当補佐官のウォルト・ロストウは大統領にそう書き送っている。

アメリカと南ベトナムの関係には相互不信が重くのしかかっていた。特にアメリカのインテリジェンス・オフィサーは相手を信頼しておらず、南ベトナムの政治家はなおさら不信の対象だった。

地元エージェントの扱いは複雑だった。ある作戦において、1人のCIA職員がラオス－ベトナム国境沿いの高地に住む農民と協働した。彼らは狩人であったり、炭焼きであったり、あるいは籐を拾い集める人で、国境地帯のホー・チ・ミン・ルート周辺を歩いていても疑いの目を向けられることはなかった。この職員は後にCIAの刊行物でこう記している。「彼らは地上における我々の目となり耳となった。エージェントの大半は6人1組で行動し、そのリーダーはベトナム人のハンドラーから指示を受けていた。一方、アメリカのケース・オフィサーは通常2～3名のハンドラーを担当していた」

その頃、南ベトナム政府に共産主義勢力が浸透しつつあった。最も高い地位にいた内通者のビュー・ゴク・ナーは、1963年のクーデターで殺害されたジエム大統領（敬虔なカトリック教徒だった）の補佐官を務め、後を継いだグエン・バン・チュー大統領にも仕えた。ナーは教会指導者に推挙されたカトリック教徒を装い、1968年1月下旬のテト（陰暦の正月）には兵士に一時休暇を与えるようチューに進言したとされている。北ベトナム軍はこの時を狙って大規模な奇襲攻撃を仕掛け、アメリカに撤退を決断させた。ハノイ当局は1988年に、ナーが敵の奥深くに浸透したエージェントだったことを明かしている。

CIAのフェニックス作戦は、ベトナム人の心と精神を摑むことで戦争の勝利を得るというCIAが主導する作戦の中核であり、民間作戦／革命促進システム（CORDS）和平プログラムをカバーネームとして実行された。ベトナム各地に設けられたフェニックス作戦のオフィスには、現実主義者がこの計画をどう考えているかを要約した文書が掲げられていた。「弱みさえ握れば、心と精神は後からついてくる」

フェニックス作戦は、地元のリーダーを捕らえて裁判にかけることで、ベトコンを壊滅に追い込むというのが表向きの内容だったが、徐々に南ベトナムの殺戮手段へと変貌していった。最初の指揮官を務めたロバート・W・コーマーは後にジョンソン大統領のベトナム担当特別補佐官となり、コルビーがその後を継いでいる。

アメリカは2つの戦争――兵士による戦争と、国務省、国際開発庁、情報庁、そしてCIAによる戦争――に参加したと、コーマーは後に記している。彼は著書

『Bureaucracy at War』（1986）の中でこう述べた。「ワシントンに届けられる国家情報評価は一般に現実的だったものの、現地でのいわゆる戦術情報活動は長らく危険なまでに低水準だった……ベトナムで必要とされた情報は、アメリカ及びGVN（南ベトナム政府）の情報機関にとって標準的レパートリーから外れたものだったのである」

1964年から68年までベトナムのアメリカ軍を指揮したウィリアム・C・ウェストモーランド陸軍大将は、陸軍参謀総長当時の70年にこう述べている。「我々は目の見えない巨人ではなかったものの、この表現は的を射ていないでもない」目に見えない敵を探し求めるという行為は、この戦争で用いられたテクノロジーの一端を的確に表現していた。

【参照項目】軍事情報、電子情報、コードネーム、デソト、中央情報長官、ウィリアム・E・コルビー、人的情報、調査観測グループ、二重スパイ、エア・アメリカ、フロント企業、浸透、フェニックス作戦

航空偵察

ベトナム戦争では大規模な航空偵察が実施された（「A-12 オックスカート」「バッファローハンター」「SR-71 ブラックバード」「U-2」を参照のこと）ものの、幾重にも生い茂る熱帯雨林が全土に広がる中、写真撮影は困難を極めた。やがてセンサー技術を用いて森林の層を貫くという、巧妙な試みがなされるようになる。イグルー・ホワイト作戦では、ベトコンや南で活動する北ベトナム勢力の主要補給路である、全長1,400キロメートルのホー・チ・ミン・ルートがターゲットとされ、自動的に地中へ潜る小型発信機が空から何千個もばらまかれた。その1つ1つからは植物に似せたアンテナが伸びており、内蔵のセンサーで人が歩いたりトラックが通ったりする時の振動を探知するようになっていた。発信された信号はタイで傍受され、コンピュータによって情報分析に適したパターンに変換された。

航空機も北ベトナムの有望な情報ターゲットを幅広く偵察した。特に重視されたターゲットの1つに、撃墜されたアメリカ人パイロットが収容されている捕虜収容所があった。ハノイ中心部から37キロメートル離れたソンタイに捕虜収容所の所在していることが突き止められると、大胆な奇襲計画が立案された。CIAはソンタイ収容所（バーバラというコードネームが付けられた）の模型を作り、ヘリコプターによる奇襲を慎重に計画する。そして1970年11月にこの計画は実行された。激しい銃火にもかかわらず、奇襲部隊は1人の犠牲も払うことなく脱出に成功した。しかし1人の捕虜も救出できなかった。捕虜そのものがいなかったからである。すなわち情報活動の失敗だった（CIAはこの失態を、陸軍主導で行なわれた奇襲計画立案に参加できなかった

せいにした）。

　また分析を経た情報が常にワシントンで活用されたわけではなかった。巨人は目が見えないだけでなく耳も聞こえなかったのである。過去何世紀もの間に戦われた他の多くの戦争同様、ベトナムにおいても将軍や政治家が常に情報報告に耳を傾けたわけではないのだ。

　1965年7月、北爆が北ベトナムの戦争遂行能力に限定的な影響しか与えていないことが、CIAと国防情報局（DIA）の合同調査によって明らかになった。特にCIAは、爆撃によって共産主義勢力の政策に変化が生じることはなかったと主張している。3週間後にCIAが単独で発表したもう1つの調査報告も、この見方をさらに裏付けた。一方、軍とDIAはこれに異を唱えている。1966年、CIAはさらに別の調査で爆撃の効果に疑問符を付けた後、限定的関与というルールのために爆撃効果が失われているとする評価結果を公表した。

　だが1967年8月、CIAの立場は再び劇的に変化する。リチャード・M・ヘルムズ中央情報長官は爆撃に関する個人的評価をジョンソン大統領に伝える中で、この年の3月以降、1ヵ月あたり1万回の出撃が行なわれたと述べた。「しかし」ヘルムズは続ける。「空爆によって経済的損失が増し、さらに管理と補給の両面で問題が山積しているにもかかわらず、ハノイは今も自律を保ち、南ベトナムへの攻勢を強めています。軍事活動及び経済活動に関係する往来は今なお活発です」

　その3週間後、ヘルムズはCIA国家評価局に「極秘」分析を行なわせ、それをジョンソンだけに示した。この文書は「ベトナム戦争における望ましからぬ結末の兆候」を検討するものであり、ベトナムで敗北を喫する可能性は「過去になされた主張の大半が示唆するよりも低く、かつコントロール可能であろう」と結論づけている。

　目に見える戦争が最終局面を迎えていた1975年4月30日——CIAサイゴン支局の屋根から縄ばしごを伝ってヘリコプターに乗り込もうとする人々の姿が、その象徴である——に至っても、秘密戦争に関する真実は今後も語られないという空気が満ちていた。当時CIAの分析官としてベトナムに駐在していたフランク・スネップは、著書『Decent Interval（邦題・CIAの戦争：ベトナム大敗走の軌跡）』（1978）の中で次のように記している。

　　ベトナムでCIAが被った損失と犯した失敗の影響は、恐らく永久に知られることはないだろう。あまりに多くの疑問が、今も答えられないまま残っている。しかし確実と思しきことを基にすれば、失われた生命、暴露された秘密、そしてエージェント、友人、協力者による裏切りという事実を鑑み、情報評価において我々がとったやり方は、組織的な失態と言っても過

言ではないはずだ。1961年のピッグズ湾における失敗以来、CIAはあまりに多くのものを賭けながら、無能と判断ミスによってそれを失ったのである。

【参照項目】偵察、ターゲット、国防情報局、リチャード・M・ヘルムズ、国家評価局、フランク・スネップ

ペトリー、サー・デイヴィッド （Petrie, Sir David　1879-1961）

　第2次世界大戦の大半においてイギリス保安部（MI5）長官を務めた人物。

　ペトリーはインド警察でキャリアの第1歩を踏み出し、犯罪情報責任者の補佐官となった。その後1924年から31年までインド情報局長を務める。情報活動の経験はインドに限られていたが、ウィンストン・チャーチル首相によって1941年、MI5の創設者で初代長官であるサー・ヴァーノン・ケル少将の後任に指名された。

　チャーチルは当時、第5列と呼ばれる破壊工作員や反政府活動家によってイギリスが浸食されていると固く信じており、MI5が第5列の摘発に失敗したのを受けてケルを罷免した。この罷免劇は、1940年1月にウォルサム・アビーの火薬工場で発生した爆発事件が契機だった。だが爆発は事故であり、破壊工作の結果ではないと後に判断されている。ペトリーはMI5長官への就任にあたり、陸軍情報軍団の少尉、大佐代理、及び地方軍准将という3つの階級を与えられた。

　ペトリーが採用した知識人、奇人、そして戦時工作員の寄せ集めは素晴らしい功績を残した。またペトリーの下、ドイツ人エージェントを転向させ、MI5による管理下でドイツ軍の情報機関アプヴェーアに偽情報を垂れ流す、ダブルクロス・システムが立案された。

　ペトリーはMI5を再編して技術的能力を重視すると共に、秘密情報部（MI6）との連繋も強化している。MI5長官の座を退いたのは戦後の1946年4月だった。

【参照項目】MI5、ヴァーノン・ケル、第5列、エージェント、アプヴェーア、偽情報、ダブルクロス・システム、MI6

ペトロフ、ウラジーミル・M （Petrov, Vladimir M.　1907-1991）

　1954年4月にオーストラリアで亡命したKGBの上級職員。オーストラリア情報当局による尋問の中で、イギリス人ドナルド・マクリーンとガイ・バージェスが1951年に亡命した際の詳細を明らかにした。

　また第3の男が関与していると語り、それを知ったイギリスの新聞はハロルド（キム）・フィルビーにそのレッテルを貼りつけた。

　ペトロフは1933年に暗号官としてソビエト情報機関（OGPU）に加わった。第2次世界大戦中はストックホルムのソビエト大使館に駐在、1951年にオーストラリアの首都キャンベラへ転勤している。

1953年12月にラヴレンチー・ベリヤが処刑された後、ペトロフはヨシフ・スターリンの死を受けてソビエト政権の実権を握るという、ベリヤの陰謀に関係していると見なされた。シドニーで亡命を決意したのも、モスクワへの帰還を命じられたためである。そしてオーストラリアにおけるソビエトスパイ網の存在と共に、ソビエトの暗号技術に関する詳細を暴露した。

【参照項目】KGB、インテリジェンス・オフィサー、ドナルド・マクリーン、ガイ・バージェス、ラヴレンチー・ベリヤ、スパイ網

ペパーミント （Peppermint）

連合軍のノルマンディー上陸部隊にドイツ軍が放射能を用いる可能性を受け、米英がとった措置を指すコードネーム。1944年6月6日のDデイにあたっては、進攻する軍勢を追い払うため、ドイツ軍が放射性物質、毒ガス、さらには毒素を用いる懸念があった。オマール・N・ブラッドレー将軍は自伝『A Soldier's Story』(1951)の中で次のように記している。「持続性のある毒ガスがオマハ海岸にほんの少し撒かれるだけで、我々は足場を失う可能性があった」

米英の化学戦専門家と特殊訓練を受けた医療兵——「ペパーミント兵」と呼ばれていた——は、未現像フィルム1,500箱、放射線測定器11基、そしてガイガーカウンター1台と共に上陸した。だが放射能は測定されず、従って防護措置——実際的な効果はなかったと思われる——がとられることもなかった（ノルマンディーに上陸した部隊は、ドイツ軍が生物兵器を用いた時のためにワクチンを持参していた）。

「アルソス・ミッション」も参照のこと。

【参照項目】Dデイ

ヘバーン、エドワード・H （Hebern, Edward H. 1869-1952）

ランダムな暗号化を可能にすべく暗号機にローターを用いた最初の人物。イリノイ州の戦死者孤児院で育てられたヘバーンは高校までしか行けず、若い頃は様々な職に就き、成人後は大工として働いた。

理由は不明だが、ヘバーンは40歳の時に暗号への興味を抱き、1912年から暗号器具に関する数多くの特許を申請した。その2年後には、ランダムに配線された26本のケーブルで2台の電気タイプライターをつないだ装置を開発している。一方のキーを押すと、もう一方が暗号化された文字を印字するという仕組みである。一方のタイプライターで印字された文字は、必ず同じ換字でもう一方のタイプライターから印字されるものの、シフトキーを使うことで別の換字を出力することができた。かくして電気機械を用いた暗号化と、換字を変化させるという発想が生まれたのである。

カリフォルニア州オークランドに居住していた1921

年、ヘバーンは電気機械式暗号機というアイデアをローター・システムに集約し、翌年に完成させた。そして「解読不能な」暗号機を雑誌で宣伝したところ、海軍省所属の暗号解読者、アグネス・メイヤー・ドリスコルに注目される。海軍から連絡を受けたヘバーンはワシントンDCに赴き、自らの機械を実演すると共にローターの特許第1号を申請した。そして海軍はヘバーンによる暗号機の調達に関心を抱いた。

同じ1921年、ヘバーンはアメリカ初の暗号機製作会社ヘバーン・エレクトリック・コード社を設立し、難なく100万ドル相当の売り上げを立てたものの、海軍からの発注が滞ったため破産の憂き目に遭う。ヘバーンはそれにめげず別の会社を設立、1928年には5ローター式の暗号機4台を1台あたり750ドル、またローターを1枚あたり20ドルで海軍に納入したが、いずれも当時としてはかなりの金額だった。

4台の機械は陸上及び艦隊でテストされた。その成功を受け、海軍は1931年に31台を購入している。しかし1934年にヘバーンが提出した改良型は失敗作に終わり、海軍は彼を見限った。ヘバーンの暗号機が調達されることはもはやなく、老朽化が進むにつれて別の暗号機で置き換えられた。

しかしながら、第2次世界大戦では数台がなおも現役で使われ続け、日本軍はそのうち2台を太平洋で入手した。アメリカ軍がヘバーンの暗号機を本格採用することはなかったが、彼は自分のアイデアが他の暗号機に用いられていると主張した。その主張にはいくらかの正当性があったにもかかわらず、認められることはなかった。その後1952年に心臓発作で死去。

【参照項目】暗号、ローター

ベビーシッター （Babysitter）

ボディーガードを指す情報界の俗語。

ベーリ、イッサー （Be'eri, Isser 1901-1958）

1948年のイスラエル陸軍創設と同時に、軍情報機関アマンの初代長官に就任した人物（階級は大佐）。それ以前は、イスラエル建国前より存在するユダヤ人武装組織ハガナの情報部門、シャイの長官を務めていた。

1948年5月14日のイスラエル建国から6日後、シャイは解体された。ベーリはシャイを母体としてアマンを設立、そのトップに就任する。アマン長官になった6月30日、ベーリはイスラエル陸軍のメイアー・トゥビアンスキー大尉を反逆罪で起訴し、ベーリが言うところの「野戦軍法会議」で彼を裁いた上、直ちに銃殺刑に処すよう陸軍銃殺隊に命じた。だが死刑の根拠は全て状況証拠に過ぎず、後年無罪とされている。

それと同じ日、ベーリの部下はハイファ市長のアラブ人側近に拷問を加えている。イスラエルの諜報活動に関

する名著『Every Spy a Prince（邦題・モーゼの密使たち：イスラエル諜報機関の全貌）』（1990）によると、ベーリの部下たちは「男を殴り、頭に水をかけて歯を抜いた上、踵に火を点けて血管に薬物を注射した」とされる。その後、側近はなんの容疑もかけられることなく釈放されている（1964年、政府はこの拷問を認め賠償金を支払った）。

これらの事件から数週間後、三重スパイとしてイスラエルに雇用されていた二重スパイがベーリの部下に拉致された上、射殺される。国防大臣を兼務していたデイヴィッド・ベン＝グリオン首相はこの射殺事件を聞き、調査を命じた。その結果、前述の拷問行為が明らかになる。1948年12月、軍法会議は殺人容疑でベーリを有罪とした。彼は一兵卒に降格させられた上にアマン長官の座を負われ、軍からも除隊させられた。だが翌年7月19日に再び逮捕され、トゥビアンスキーの処刑で罪を問われる。裁判の結果11月に有罪とされたが、「（ベーリが）イスラエルになした……忠誠心に満ちた功績を……鑑み」刑はわずかに禁固1日だった。

背が高く禿頭だったベーリは「巨人イッサー」のあだ名で呼ばれていた。イスラエル建国闘争時の同時代人と同じく、彼もイッサー・ビレンツワイヒという元の名前を捨ててヘブライ語の名前に改名している。

【参照項目】アマン、二重スパイ、三重スパイ

ベリエ、ニコラ＝ルネ （Berryer, Nicolas-René 1703-1762）

フランスのスパイマスター。ルイ15世統治下のパリで警察官を務めていたベリエは、国王の愛人ポンパドゥール侯爵夫人ジャンヌ＝アントワネット・ポワソンなどを保護するために諜報を活用した。ベリエが設置した「キャビネ・ノワール（黒い部屋）」では、配下のエージェントが手紙を開封し、中身を読み、必要ならば内容を記録し、そして再び封をして本来の受取人に送付していた。

ペリ、マイケル・A （Peri, Michael A.）

アメリカ陸軍第5軍団第11機甲騎兵連隊の情報官として西ドイツに駐在していた際にスパイ行為をし、1989年に罪を認めたアメリカ陸軍の電子情報担当者。当局の発表によれば、ペリは機密扱いのコンピュータ装置を持って東ドイツへ亡命したものの、1ヵ月足らずで戻ってきたという。

「実を言うと、私に計画などありませんでした」ペリは公聴会でそう述べている。「仕事のフラストレーションやストレスを忘れたかった、というのが主な理由です。全ては間違っていました。私は楽しめなかった。どこか別の場所で人生をやり直したかったのです」

裁判の結果禁固30年が言い渡された。

【参照項目】電子情報

ベリヤ、ラヴレンチー・パヴロヴィチ

（Beria, Lavrenty Pavlovich 1899-1953）

ヨシフ・スターリン統治下の1938年から処刑される53年まで、NKVD（内務人民委員部）など諜報・保安組織の長官を歴任した人物。ソビエトの大規模な国内警察機関及び収容所網、そして世界規模の諜報網を支配し、戦争中は原爆開発プロジェクトの責任者も務めた。

古くからスターリンと近い関係にあったベリヤは、スターリンの故郷グルジアで秘密警察長官を務めたことがあり、容赦ない警官であるだけでなく有能な情報収集者でもあった。1938年12月にNKVD長官となってすぐ政治局員候補（議決権は持たない）に推挙されたが、秘密警察の長がこの強力な地位に就くのは初めてだった（当時の政治局員はスターリンや新任のニキータ・フルシチョフを含め10名）。

ベリヤの前任者ニコライ・イワノヴィチ・エジョフは、かつてベリヤの逮捕を企んだことがあるものの、自分自身がベリヤの指令によって逮捕され、精神病院に送られた。そして程なく、窓の鉄棒から首を吊ったと伝えられている。またエジョフだけでなく、彼の前任であるゲンリフ・グリゴリエヴィチ・ヤゴーダの支配を生き延びた者も、ベリヤが指揮するNKVDの処刑人によって殺害された。

スターリンにとって、ベリヤは秘密警察の権化だった。またソビエト連邦の他の多くの者にとっては怪物であり、色魔としても悪名高かった。通りを歩く少女を自分のオフィスに連れ込み、そこでレイプしたのである。家族を逮捕するという脅しは彼女たちを黙らせるのに十分であり、中には恥辱のあまり自殺した者もいるという。こうした犠牲者の1人は、逮捕された兄の釈放を求めてベリヤのオフィスを自発的に訪れたところ数日間拘束され、レイプされた。その後ベリヤは彼女を「手許に置く」ために結婚したという。物質的状態が変化しても少女やNKVDの女性職員との性行為が終わることはなく、自宅のみならずルビャンカのオフィスでも続けられた。

NKVD長官就任後、ベリヤは海外に残る古参ボルシェビキ数名に対する監視を強化したが、レーニン後継の座をスターリンと争ったレオン・トロツキーもその1人だった。ベリヤは刺客を放ち、1940年にメキシコでトロツキーの殺害に成功する。スターリンによる粛清は翌年6月の独ソ開戦まで続けられ、数千の人間がベリヤの処刑人によって銃殺された。

開戦に伴い、ベリヤはスターリンの最も重要な手先の1人となる。1941年2月に副首相となった後、戦時中は国防委員会の一員であり続けた。45年にはソ連邦元帥に昇進し、その翌年には政治局員に就任している。

戦争中、秘密警察はクレムリンの指導者を護衛しつ

つ、軍内部における反乱の兆しを監視するという追加任務に従事した。後者の任務を遂行するにあたっては、NKVD戦闘部隊及び防諜部隊が創設されている（「スメルシ」を参照のこと）。

ベリヤ率いるNKVDは外国での諜報活動にも従事した。イギリス、カナダ、アメリカへの外交使節にNKVDの工作員が配属され、クレムリンにとって有益な軍事情報を集めた（「原爆スパイ網」を参照のこと）。またベリヤの指揮下でソビエト調達委員会がアメリカに設けられ、武器の移送をより素早く行なえるようにしている。1,000名以上の職員を擁するこの委員会は、情報収集の拠点としても機能した。

スターリンは原爆開発にあたってベリヤを責任者とし、戦時中シベリアに不時着したB-29爆撃機のコピー機を製作するよう命じた。スターリンはそれをもって原子爆弾搭載機にする考えだったのである。

ベリヤは戦後も様々な役割を果たしたが、スターリン後継の座を夢想するという致命的なミスを犯した。1949年、スターリンからモスクワ市域党委員会書記に任命されたフルシチョフは、「権力バランスに影響を与える」ためモスクワに呼び戻されたと感じた。フルシチョフの見るところ、スターリンは「ベリヤを恐れており、排除できればと願っていたものの、その方法がわからなかった」のである。

ベリヤはスターリン邸のスタッフとして信頼の置けるグルジア人を選抜しており、それは台所で働く職員にま

ラヴレンチー・ベリヤ（出典：ワールド・ワイド）

で及んでいた。しかしベリヤに対するスターリンの猜疑が強まる中、ベリヤが選んだグルジア人はロシア人に置き換えられた。さらにはヴィクトル・セミョノヴィチ・アバクーモフ上級大将を新設の国内治安維持組織、国家保安省（MGB）の長官に就けてベリヤの対抗馬とした。しかしアバクーモフは用心深くベリヤへの忠誠を続け、1951年8月にスターリンによって粛清されてしまう。アバクーモフの後継者、セミョーン・イグナチェフは戦時中の軍政経験者（後の指導者、レオニード・ブレジネフを含む）を登用し、党の権力をMGBに注入することで、治安維持組織におけるベリヤの影響力を弱めようとした。

しかしベリヤの権力が弱まることはなく、道徳的腐敗も相変わらずだった。アミ・ナイト著『ベリヤ』（1993）に記された、グルジア人の党職員が当時語ったとされる話は、背筋の凍るような日常の瞬間を今に伝える。ベリヤがその職員を連れてドイツ製のスピードボートを飛ばしていたところ、水泳大会に向けて練習していた若い女性が目に入った。

ベリヤはボートを止め、ボートに乗るよう女を口説いた。そしてすぐに猥褻な言葉をかけ始め、女の恐怖が明らかなのにもかかわらず、自分の欲望を露わにした。ベリヤは同乗者のほうを向き、女と二人になりたいと言って、ボートから飛び降り泳いで戻るよう命じた。泳げないと答えると、ベリヤは彼を突き落とした。

岸で見張っていたベリヤのボディーガードがボートで駆けつけ同乗者を救った。しかしベリヤの行動は側近連中にとって驚きではなかった。また女性のスポーツ選手にとりわけ目がなく、運動文化の日にグルジアからモスクワに招待される女性を自分で選べるよう、常に要求するほどだった。

1951年、スターリンはグルジア政府職員の粛清を開始したが、ベリヤに対する不興は明らかだった。スターリンは誇大妄想が募るあまり、53年1月に「医者の陰謀」なる反ユダヤ人運動を始め、ユダヤ人で組織された公認の反ファシスト委員会に「アメリカ情報機関のカバー組織」というレッテルを貼る。大半がユダヤ人から成るこの医師たちは、「ソビエト連邦の公人を殺害しようと」計画したとして罪に問われた。そしてベリヤの秘密警察がこの陰謀の芽を事前に摘み取るべきだった、あるいはベリヤ自身が、世界中のユダヤ人と連絡をとるべく結成されたこのグループと関係していたとして、暗に批判されている。

1953年初頭、ベリヤに残された日々は残り少なくなっていた。3月1日夜、ベリヤは自邸から程近い、モスクワ郊外クンツェヴォにあるスターリンのダーチャに徒

八行

歩で赴いたとされる。有名な逸話によれば、ベリヤは書斎でスターリンと2人きりで会い、その直後スターリンは発作に襲われ、床に倒れているところを発見されたという。程なく意識を取り戻したが話すことはできず、3月5日にこの世を去った。

　ベリヤはモスクワの本部に急行し、注意深く練り上げた政府掌握計画を発動する。権力基盤が脆弱なゲオルギー・マレンコフを首相に任命した上で、その他の人間と集団指導体制を樹立すると共に、自分は第1副首相に就任して国内治安維持の権力を握り続けたのである（最初にとった行動として、スターリン邸を閉鎖したことと、スターリンの私物を倉庫に移送したことが挙げられる。またスターリンの遺体を検視した医師も粛清された）。

　ベリヤはモスクワにおける治安維持部隊を強化する一方、強権的なスターリンに対して自由主義的な後継者というイメージを確立すべく一連の動きをとる。刑務所の規則を緩めたこと、国家の安全に害を及ぼさないと判断されたおよそ100万人の釈放を命じたことはその一例である。また医師団陰謀事件を否定しただけでなく、恣意的な逮捕を認める法律の改革も計画した。ベリヤはまたプラウダ紙でアイゼンハワー大統領を讃え、かつ冷戦終結に対するソビエトの関心を表明することで、外交政策の変化も示唆した。1953年6月、ベリヤの自由主義的政策は東ドイツに波及し、反政府活動に火を点けた。しかしモスクワは戦車を投入、この反乱を初期の段階で鎮圧している（「ドイツ」を参照のこと）。

　一方、ソビエト指導層内部では、ベリヤへの反撥が強まりつつあった。6月26日、ベリヤは指導者会議に出席すべくクレムリンを訪れるが、フルシチョフとゲオルギー・ジューコフ元帥主導のもと慎重に計画されたクーデターによって逮捕される。

　1953年12月23日、一連の反乱行為で裁かれたベリヤはソビエト最高裁判所において死刑判決を受け、即日処刑された。しかしベリヤの死に関してはいくつかの異論がある。フルシチョフは「ある日護衛を付けずに会議室へ入ってきたベリヤを、私が撃った」としている。またより可能性の高い説として、クレムリンにおける西側のスパイ、オレグ・ペンコフスキー大佐の記録がある。それによると、ベリヤは逮捕後「モスクワ軍管区司令部ビルの地下室で射殺され……他の将官がいる前で（フロール・）コズロフ将軍がベリヤを撃ち……遺体にガソリンがかけられ、室内で燃やされた」という。さらに別の記録では、ペンコフスキー大佐に射殺の命令が下ったものの遂行できなかったので、P・F・バチチスキー中将が引金を引いたとされている。2000年、ロシア最高裁判所は、ベリヤへの判決と処刑が不法だとする遺族の主張を却下した。

【参照項目】NKVD、ニコライ・イワノヴィチ・エジョフ、ルビャンカ、スメルシ、原爆スパイ網、B-29 スーパーフォートレス、ヴィクトル・セミョノヴィチ・アバクーモフ、セミョーン・イグナチエフ

ベル　(Bell)

　1942年春、アメリカ海軍がオーストラリアのメルボルンに設置したベルコナン暗号解読局を指すコードネーム。オーストラリア海軍情報部と同居していた暗号解読局は、オーストラリア人、フィリピンから脱出したアメリカ海軍士官（「キャスト」を参照のこと）、そしてシンガポールから逃れた数名のイギリス人専門家によって運営されていた。傍受された日本軍の通信文は1942年5月中旬までに解読されている。

　ベル暗号解読局はダグラス・マッカーサー大将率いる中西部太平洋司令部の中央局と密接に協力して活動したが、作戦上の観点から見ると真珠湾のハイポ（FRUPAC）やワシントンDCのネガット（Op-20-G）のスタッフとより緊密に結び付いていた。

　ベルというコードネームはベルコナンからとられたものである。

【参照項目】中央局、ハイポ、ネガット

ベール、イスラエル　(Beer, Israel　1912-1966)

　ソビエトのためにスパイ活動を行なったイスラエル陸軍の士官。ベールとイスラエルとの関係は、ナチスが祖国オーストリアを併合した後の1938年、ウィーンからパレスチナへ逃亡した際に始まった。ユダヤ人の地下陸軍組織ハガナに入隊したベールは、1934年の反ナチス闘争に参加し、またスペイン内戦では国際旅団の一員としてファシストと戦った経験豊かなゲリラであると自らを紹介した。さらには歴史学の博士号も持つと自称している。

　1948年から49年にかけてのイスラエル独立戦争に従軍したベールは陸軍参謀次官の最有力候補となるも、選ばれなかったことに苛立ちを募らせたのか、軍を辞めてある新聞社の戦争特派員になった。53年にはデイヴィッド・ベン＝グリオン率いるマパイ党の支持者となり、後に首相となるシモン・ペレスら軍幹部と親交を結ぶ。その後マパイ党の機関紙ダヴァールに記事を寄稿し、また55年にはベン＝グリオンから独立戦争の公式戦史を執筆するよう委託された。その結果、軍事機密資料を閲覧できるのみならず、ベン＝グリオン本人と直接面会できるようになった。だがベールを信用していなかったモシェ・ダヤン陸軍参謀総長とモサドのイッサー・ハレル長官は、いずれもこの措置に反対した。

　ソビエトのエージェントにとって、こうしたアクセスは極めて価値あるものだった。なおベールはスペイン内戦中にスパイ行為の勧誘を受けたものとされている。

　招待されてもいないのに政府高官の会議へ姿を見せる

など、ベールは自らを誇張する癖があり、それが彼に対する疑いにつながった。またモサドは、ベールが西ドイツ連邦情報庁（BND）長官ラインハルト・ゲーレンとの面会を不許可とされたにもかかわらず、彼と非公認の親交を結んでいたことを突き止めた。1956年のシナイ作戦（第2次中東戦争）後、ゲーレンはイスラエル情報機関との関係構築にとりわけ熱心だったが、ベールはその仲介役となることを申し出る。それが実現すれば、ソビエトのスパイマスターは西ドイツに対するもう1つの情報源を得られるはずだった。

ダン・ラヴィヴ、ヨッシ・メルマン著『Every Spy a Prince（邦題・モーゼの密使たち：イスラエル諜報機関の全貌）』（1990）によると、「西ドイツはイスラエルを喜ばそうと熱心なあまり、ドイツ軍、北大西洋条約機構の諸施設、そしてアメリカなど各国の基地に関して異例のアクセスをベールに許した。さらにベールはソビエトのハンドラーのために、アメリカの核ミサイル基地をヨーロッパに建設する際の契約書まで手に入れた」

ベールのスパイ行為は英仏軍がスエズ運河へ侵攻した1956年に遡るが、ハレルはそれを知っていた（イギリス情報機関からも情報を受け取っていたと思われる）。しかし、ベン＝グリオンとの関係のために当初は一歩引いていた。ところがベールを監視下に置いてみると、1961年3月30日、外交官としてテルアビブに駐在するKGB職員ヴィクトル・ソコロウに資料を渡す姿が目撃される。その資料にはベン＝グリオンの日記の抜粋も含まれていた。翌朝ベールは逮捕される。

ベールは裁判において、スペインで戦ったことはなく、また博士号も取得していないことを認めた。しかし後に、当初語った話が真実で、自分の行為は愛国心によるものであり、イスラエルが親西側外交によって悪影響を受けることを恐れていたと語った。裁判の結果禁固15年の判決を受け、1966年5月に獄中で死亡している。

【参照項目】ウィーン、イッサー・ハレル、モサド、ラインハルト・ゲーレン、BND、北大西洋条約機構

ベル、ウィリアム・H （Bell, William H. 1921-?）

ポーランド情報機関職員マリアン・ザカルスキーに複数のプロジェクトに関する秘密情報を売り渡したとして逮捕された、ヒューズ・エアクラフト社の従業員。この取引で11万ドルの現金と6万ドル相当の金貨を受け取ったとされる。ベルが売り渡した資料には、ターゲットに気づかれることなく戦車がレーダー照準を行なえる「静かなレーダー」についての文書も含まれていた。

国連担当のポーランド人が亡命し、アメリカにおけるポーランド情報機関の活動をFBIに暴露した後の1981年、ベルはスパイ行為の疑いでFBIに逮捕された。一方、ザカルスキーはKGBの代理人でもあった。FBIに協力することを約束したベルは、シャツの下にFBIの盗聴器を付け、ザカルスキーを罪に陥れる会話に臨む。その結果ザカルスキーはスパイ行為で逮捕され、終身刑を言い渡された。一方のベルは禁固8年の刑に処されている。

【参照項目】マリアン・ザカルスキー、国連

ベルグ、イーゴリ （Berg, Igor）

「アレクサンドル・オルロフ」を参照のこと。

ベルズィン、ヤン・カルロヴィチ
（Berzin, Yan Karlovich 1889-1938）

1924年から38年までソビエト軍の情報機関GRUの局長を務めた人物。またスペイン内戦ではソビエト軍司令官を務めた。

ペーテリス・キュズィスとしてラトビアに生まれたベルズィンは第1次世界大戦勃発後ロシア陸軍に徴兵されるも、後に脱走する。その後革命運動に身を投じ、負傷した上に逮捕され、シベリアに送られた。しかし収容所から脱走して1917年の10月革命に参加、次いでロシア及びラトビアにおいてチェーカの中央組織で勤務を始める。ベルズィンはラトビアにおける共産党独裁体制の確立を熱心に支持しており、ラトビア赤軍（後に赤軍第15軍）の創設者にして指導者の1人でもあった。

1919年正式に赤軍へ入隊し、21年にクロンシュタットで発生したロシア水兵による反乱では鎮圧に一役買っている。とりわけ、レーニン独裁体制に反抗した水兵の追跡と殺害には群を抜いた能力を発揮した。

1921年4月、ベルズィンはGRU副局長に就任する。しかし就任当日から実質的なトップとして行動し、24年3月には正式にGRU局長に任命されている。ベルズィンが精力と才能を発揮した結果、GRUは並外れた情報組織となり、ベルズィンも優れたインテリジェンス・オフィサーという評判を得た。

スターリンが粛清を計画していた1935年、ベルズィンは信頼の置ける側近と共に極東を訪れ、数名のNKVD職員を殺害した。翌年には名目上GRU局長の地位を保ちながらマドリッドに赴き、スペイン内戦を戦う共和国政府の主任軍事顧問として勤務する傍ら、裏では彼のキャリアで最も特筆すべきスパイ勧誘活動を行なった。その一方、内戦では共和軍の司令官としても優れた手腕を発揮した。また軍事顧問というカバーを守るため、最初はヨシフ・ウンシュリフト、次いでセミョーン・ウリツキーがモスクワで彼の代理を務めている。

帰国後も1938年5月13日までGRU局長の座にあったが、その日にベルズィンは逮捕される。そして7月29日にモスクワのメトロポール・ホテルの地下室で銃殺された。

【参照項目】GRU、NKVD、ヨシフ・ウンシュリフト、セミョーン・ウリツキー

ヘルツォーグ、ハイム （Herzog, Chaim 1918-1997）

イスラエル軍情報機関のトップを2度（1948〜50、59〜62）務め、1983年から93年までイスラエル大統領の座にあった人物。軍情報機関の長が国家元首となった唯一の例である（ユーリ・アンドロポフとジョージ・H・W・ブッシュは国家元首となる前に国家情報機関の長を務めている）。

アイルランド生まれのヘルツォーグは、父親がパレスチナの主任ラビに任命されたのに伴い、少年期にパレスチナへ移住した。その後ケンブリッジ大学とロンドン大学で教育を受け、第2次世界大戦中は中佐の階級でイギリス軍の情報士官を務めた。

戦後はイギリス陸軍士官としてナチ戦犯の尋問にあたる。退役後、パレスチナにおけるユダヤ人の防衛組織ハガナに入隊、1948年5月のイスラエル建国直後には参謀本部諜報局の副局長となり、イッサー・ベーリ局長が1949年1月に更迭されるとその後を継ぎ翌年まで務めた。その後イスラエル軍の情報活動を2度にわたって指揮するのみならず、1950年から54年まで駐ワシントン駐在武官、54年から57年までエルサレム旅団司令官を歴任している。

1962年の退役後はイスラエルの産業集団を率いた後

1951年に撮影されたハイム・ヘルツォーグ（出典：ハイム・ヘルツォーグ）

で法曹界に入り、同時にイスラエルを代表する軍事・政治評論家となった。

1967年にはヨルダン川西岸の初代軍事総督となり、1975年から78年まで国連大使を務める。その後81年クネセット（議会）の議員に選出、83年には大統領に就任して93年5月までこの名誉職を務めた。

ヘルツォーグは軍事関係の書籍を数冊執筆しており、その中には今や古典となった『The War of Atonement: October 1973』（1975）や『The Arab-Israeli Wars（邦題・図解中東戦争：イスラエル建国からレバノン進攻まで）』（1982）が含まれる。また『Battles of the Bible』（1978）の共著者でもある。

【参照項目】ユーリ・アンドロポフ、ジョージ・H・W・ブッシュ、インテリジェンス・オフィサー、駐在武官

ベルトラン、ギュスタヴ （Bertrand, Gustave 1896-1976）

第2次世界大戦期のフランスで活躍した暗号解読者の代表的存在。ドイツのエニグマ暗号解読に寄与した。

ベルトランは1914年に一兵卒として入隊した。翌年、連合国軍はトルコ海峡への道を切り開こうとしたが悲惨な結果に終わり、ベルトランも負傷する。戦後はフランス陸軍の暗号活動に携わった。

1926年、フランス陸軍無線情報部の大尉に昇進したベルトランは、ドイツ軍が電気暗号装置を導入したことを知り、その時からエニグマ暗号の解読に向けた超人的な努力を始める。30年には情報機関SR（情報局）に移って科学・技術・解読スタッフのリーダーとなり、翌年からハンス＝ティロ・シュミットとの接触を始める。アシェというコードネームを持つシュミットは、ドイツ国防軍暗号課で勤務するフランスのエージェントだった。2人は31年秋から39年6月までヨーロッパのいくつかの都市で19回に及ぶ会合を重ね、ベルトランは貴重この上ないエニグマの資料及び取扱説明書を受け取った。

1931年12月7日、ポーランドの暗号解読機関ビウロ・シフルフのワルシャワ本部を訪れたベルトランは、アシェのもたらしたエニグマ関連資料を持参した。それによってビウロ・シフルフは暗号鍵を突き止め、ドイツの軍事通信を読めるようになった。ポーランドは翌年にもアシェの盗み出した資料を与えられており、年末までにドイツ軍の無線通信の全文解読に成功している。

同じく1931年、ベルトランはイギリスの政府暗号学校にも資料を渡した。イギリスの暗号解読者は当初ベルトランとの協力に消極的だったが、36年に2つの情報機関の間で情報交換が始まる。しかしながら、イギリスはエニグマ暗号を解読できなかった。

フランスとポーランドの協力関係はその後も続いたが、1938年12月中旬になると、ポーランドの暗号解読者はエニグマ暗号の解読に用いる電気機械装置を開発す

るため、資金面での援助が必要になった。翌年1月9日から10日にかけ、ベルトランはパリで会議を主催し、フランス、ポーランド、そしてイギリスから各国を代表する暗号解読者を呼び寄せた。予想されるドイツの侵攻を唯一耐え得るイギリスには、戦時中であってもドイツの暗号を解読する能力があると思われた。ベルトランは7月に開催された3ヵ国の暗号解読者会議にも出席する。この席でポーランドは、自国が所有するエニグマ暗号機をイギリスとフランスへ供与することに同意した。

1939年9月のポーランド占領後、生き残った暗号解読者はフランスに逃れ、ベルトラン率いる暗号機関に組み入れられた。パリ北東部のグレ＝ザルマンヴィリエールにあるその施設には、ブルーノというコードネームが付与された。40年5月にドイツ軍がフランス北部を侵略すると、ベルトランは配下の暗号解読者を最初はオラン、後にアルジェと北アフリカに送り、そこで数ヵ月を過ごさせた。その後、暗号解読者はヴィシー・フランスのニーム近郊のある場所に船で渡り、42年10月までカディクスという施設で働くことになる。しかしドイツ軍がヴィシー政府の支配地を占領したため、彼らは1ヵ月ほどで再び脱出を余儀なくされた。

1944年、ベルトランはドイツ軍の情報機関アプヴェーアに捕らえられた。だがアプヴェーア職員と内通していたのか翌年に逃れることができ、苦労の末イギリスに渡った。

戦後、ベルトランはフランス情報機関にとどまり、将官にまで登り詰める。引退後は著書『Enigma ou la plus Grande Enigme de la Guerre 1939-1945』でエニグマ解読の経緯を記した。この本は大きな波紋を呼び、情報界内部で様々な反論がなされたものの、一般の注目を集めることはほとんどなかった。

【参照項目】エニグマ、ハンス＝ティロ・シュミット、ビウロ・シフルフ、政府暗号学校、カディクス、アプヴェーア

ペルトン、ロナルド・W (Pelton, Ronald W. 1941-)

NSA（米国家安全保障局）の元情報分析官。14年間にわたる勤務で知った情報を、驚くほど詳しく思い出してソビエトに売り渡した。

ペルトンはインディアナ大学に入学し、ロシア語を1年間学んだ。1960年の卒業後は空軍へ入隊、パキスタンに派遣されて信号情報活動に携わり、ソビエト軍の通信を盗聴する。64年の除隊後は一時期テレビの修理業者を務め、翌年NSAに入局した。

ペルトンの逮捕と有罪宣告は、1980年1月14日から続けられた長期にわたる捜査活動を終結に導いた。1980年のその日、ソビエト大使館を傍受対象とするFBIの盗聴器は、次の通話を拾い上げた。「私は——私はアメ

ロナルド・ペルトン（出典：FBI）

リカ政府から——アメリカ政府に所属している」

「なるほど、アメリカ政府ね……おいでになることはできますか？」

電話の主は翌日夜なら大丈夫だと答える。「そうすれば、着く頃には暗くなっているはずだ」

しかし翌日午後2時32分、電話の主は大使館を呼び出し、あと2分でそちらに着くと告げた。FBIとしては、事前の告知が行なわれるものと考えていた。「我々は彼が立ち入るのを目にし、その後ろ姿も見たが、出たことには気づかなかった」ウィリアム・H・ウェブスターFBI長官は後にそう述べている。

この時は通話記録がファイルされただけで、KGB職員ヴィタリー・ユルチェンコがアメリカに亡命する1985年8月まで事件に関する進展はなかった。ユルチェンコは3ヵ月後にソビエトへ再亡命したが、彼がもたらした情報の中に、1980年にワシントンDCで元NSA職員と会ったという一言があった。ユルチェンコを尋問した

FBI捜査官は、その男が赤毛であることを知り、数百名の容疑者リストから数名を絞り込む。そして1980年に録音された音声を複数のNSA職員に聞かせた結果、ペルトンの名前が浮かび上がった。

1979年の時点で、ペルトンは情報分析官としてNSAに14年間在籍していた。しかしその間に巨額の負債を抱え、自己破産を余儀なくされる。これにより、信号情報に関わる特別細分化情報へのセキュリティー・クリアランスが危うくなると悟り、自ら辞職した。その数ヵ月後、ソビエト大使館に電話をかけて飛び込みのスパイとなったのである。

ペルトンは自分が元NSA職員である証拠をユルチェンコに見せた上、数多くのデータをまとめ上げてモザイク状の情報を作り出すという、NSA職員が「写真的記憶」と呼ぶ能力を実演した。またペルトンが作成したNSAの盗聴辞書は、傍受局が日々傍受、分析、解読する、およそ60に及ぶソビエトの信号を収載していた。

ユルチェンコはペルトンを本物の飛び込みスパイとして受け入れ、本題となる暴露内容に耳を傾けた。当時、アメリカは潜水艦を使い、カムチャッカ半島の施設とソビエト東海岸とを結ぶ、オホーツク海の海底ケーブルを盗聴しようと計画していた。このプロジェクトはアイヴィー・ベルというコードネームで呼ばれていた。口髭姿のペルトンは正面玄関から大使館に出入りしていたが、ユルチェンコはその髭を剃らせる。その後、ゆったりした作業着に身を包んだペルトンは、ソビエト大使館職員の一団と共に通用口のドアから忍び出て、職員が住むアパートメント群と大使館との間を行き来する送迎バンに乗り込んだのである。

1985年10月15日、FBIは外国情報活動監視法廷から電子盗聴の許可を得る。捜査官はペルトンの業務用電話と、ワシントンのジョージタウン地区に住むガールフレンドの自宅電話を盗聴すると共に、ペルトンの車に電子追跡装置を取り付けた。だがこうした盗聴行為から犯罪を立証する情報は得られなかった。FBIの手にあるのは通話テープの音声と、証言後ソビエトに再亡命した人間の記憶だけだったのである。

FBIはペルトン自身に罪を立証させようとした。11月24日、ペルトンはFBIのデイヴィッド・フォークナー及びダドレー・ホジソン両捜査官との面会に同意し、ソビエト大使館の誰かと通話している1980年のテープを聴かされる。FBIが自分を二重スパイに仕立て上げようとしていると判断したペルトンは、協力関係について注意深く話しだした。そして1985年4月にウィーンへ赴いたものの、会うことになっていた人物は現われなかったと語った。その時、ホジソンはごくさりげなく何ドルを提示されたのかと尋ねた。不意を突かれたペルトンは、3万ドルだったか35,000ドルだったか憶えていないが、経費としてさらに5,000ドルを支払われることにな

っていたと答えた。

ペルトンはウィーンにおける会合をすらすらと話し、1日8時間、時には3、4日費やして、NSAに関する質問文書に答えを書いていたと告げた。

FBIに話した内容からペルトンは逮捕され、スパイ容疑で起訴された。皮肉なことに、国益上の理由から、ペルトンはソビエトに売り渡した秘密情報の内容を、法廷で明らかにしないことを約束させられた。またソビエトに売り渡した、あるいはFBIに話したプロジェクトのコードネームを一切使わないことにも同意している。ペルトンはフォークナー及びホジソンとの会話内容を記したFBIの報告書に目を通せたが、それ自体も機密扱いとされた。

捜査官との会話以外に証拠がないにもかかわらず、陪審は1986年6月にペルトンを有罪とした。判事はペルトンの行為によって「計り知れないほどのダメージ」がなされたと述べた上で、終身刑3回の刑を言い渡した（訳注：2015年11月24日に釈放）。

【参照項目】NSA、信号情報、FBI、ウィリアム・H・ウェブスター、ヴィタリー・ユルチェンコ、特別細分化情報、セキュリティー・クリアランス、潜水艦、アイヴィー・ベル、外国情報監視法廷、二重スパイ、ウィーン、コードネーム

ベルフレージ、セドリック （Belfrage, Cedric 1904-1990）

ソビエトのためにスパイ行為をしたイギリス人インテリジェンス・オフィサー。

英国保安調整局（BSC）の任務で1940年頃にアメリカを訪れた当時、ベルフレージは大英帝国共産党のメンバーだった。MI6傘下の秘密組織であるBSCは、第2次世界大戦中にニューヨークのロックフェラーセンターを本拠地として活動し、参戦前のアメリカで諜報体制の確立を目指す一方、戦略諜報部（OSS）と協働していた。

作家でもあったベルフレージは、イギリスの戦果とナチスについての偽情報を広めるべくBSCが広範囲に実施していたブラック・プロパガンダにおいて、監督役を務めたものとされている。

BSCは極めて高度な秘密とされたため、その存在が明らかになったのは1960年代になってからだった。しかしベルフレージは、ニューヨーク駐在中にBSC関連の情報をソビエトのハンドラーに渡したとされている。

ニューヨークとワシントンDCにおけるソビエトスパイ網の密使だったエリザベス・ベントレーは、1948年にアメリカ議会の委員会で告白を行なった際、ソビエトの下で働いた人物としてベルフレージを名指ししている。その結果、ベルフレージは好ましからざる外国人としてアメリカから追放された。

後にアメリカの暗号解読者は、アメリカから本国に発

信されたソビエトの情報通信の中で、他の人間に加えてベントレーとベルフレージの名が言及されていることを突き止めた。

【参照項目】英国保安調整局、ブラック・プロパガンダ、戦略諜報局、ハンドラー、エリザベス・ベントレー、密使

ヘルマン、ルドルフ・A[p]　(Herrmann, Rudolph A.)

1960年代にイリーガルとしてアメリカで活動したソビエトのインテリジェンス・オフィサー。

KGBから勧誘を受けたあるチェコスロバキア人が、ある日新たな素性を与えられた——第2次世界大戦中にソビエトで殺害されたドイツ兵、ルドルフ・ヘルマンである。彼は東ドイツとモスクワでKGBの訓練を受けた後、1961年に西ドイツからの移民というカバーでカナダに派遣された。カナダではソビエトの大規模な諜報活動に数年間従事していたが、次いで合法的にアメリカへ入国するよう命じられる。そこでアメリカのビザを取得し、ニューヨーク郊外のハーツデールへ1968年に移住した。同じくKGBで訓練を受けたドイツ人の妻とカナダ生まれの2人の子供もヘルマンに同行している。

一家はKGBの基準に従い、近くに高圧電線がなく（無線通信の妨げになる恐れがある）、他の家から見えず、かつモスクワ本部の無線通信施設がある東の方角に何の障害物もない場所に家を購入した。

ヘルマンがアメリカ国内で機密情報を探し求めることはなく、米ソの外交関係が断絶するか、あるいは戦争状態に突入した場合、外交官を装って活動する合法的スパイに代わってエージェントの管理を行なうのが目的だった。また合法的スパイと違って自由に旅行できるヘルマンは、メッセージや現金、盗み出した資料のやりとりをエージェントと行なうためのデッドドロップ（隠し場所）を国内の様々な場所で見つけた。

「新たな素性に順応し、特殊な任務に備えるという使命が彼に与えられた」ヘルマン事件に詳しいFBI捜査官はそう述べている。「そしてあちこちの家の写真を撮り、誰かれと知り合いになるよう命じられた。全体における自分の役割を知ることは決してなかったのである」（FBIと密接な関係を持つことで知られるジョン・バロンによれば、ヘルマン——本名はルデク・ゼメネクという——は、アメリカ人がソビエトのためにスパイ活動をしているアメリカ軍基地の近くでデッドドロップを探すよう、頻繁に求められたという）。

ヘルマンはフリーランスの写真家兼映画制作者となって大きな成功を収めた。その一方で長男のピーターにスパイ技術を仕込み、KGBに志願させている。KGBはまずジョージ大学へ入学させてからロースクールに進ませ、最終的には機密情報を扱う政府のポストか議員の地位にピーターを就かせる予定だったと思われる。

1977年にFBIがピーターと両親を二重スパイに寝返らせた際、彼はジョージタウン大学の1年生だった。ヘルマン一家はしばらく監視下に置かれていたものと思われる。バロンによれば、尋問を受けたヘルマンは、長年にわたってKGBのエージェントを務めたカナダ人、ヒュー・ハンブルトンの正体を暴露したという。

ヘルマンを二重スパイにしてから2年後、KGBが疑いを抱きつつあるのではないかと恐れたFBIは一家に別の素性——KGBによる古い素性にアップリケよろしく貼り付けた——を与え、新天地に移転させた。

【参照項目】インテリジェンス・オフィサー、KGB、レジデント、合法的スパイ、エージェント、デッドドロップ、FBI、ジョン・バロン、スパイ技術、二重スパイ、監視、ヒュー・ハンブルトン

ヘルミッチ、ジョセフ・G、ジュニア　(Helmich, Joseph G., Jr.)

ソビエト連邦に暗号資料を売り渡したとして、1981年7月に逮捕された元アメリカ陸軍士官。

1962年から64年まで陸軍の暗号管理官としてパリに駐在していたヘルミッチには浪費癖があり、いつも借金に追われていた。1962年初頭、軍のクラブであまりに多くの小切手が不渡りになったため、少なくとも500ドルを決済しなければ軍法会議の対象になると、上官から警告される。その際、ヘルミッチには決済までの期限が与えられた。

そこで銀行から融資を受けようとするが失敗に終わる。そして決済期限の前日、ヘルミッチは「飛び込み」となってパリのソビエト大使館に赴き、アメリカ及び北大西洋条約機構（NATO）の通信機密を売り渡すと持ちかけた。当時は連合軍ヨーロッパ方面最高司令部の通信センターで勤務しており、アメリカとNATOの間でやりとりされる外交・軍事通信にアクセスできたのである。ヘルミッチがソビエトに売り渡したのは、当時アメリカ及びその同盟国が軍や大使館で広く用いていた最高機密の暗号機、KL-7の整備マニュアル、技術情報、そして鍵リストだった。またKW-26という別の暗号機の運用法も知っていた。

その後ノースカロライナ州フォート・ブラッグに転勤してからも、情報と現金のやりとりを行なうため、ヘルミッチはメキシコとフランスでソビエトのハンドラーと会っている。支払われた総額は131,000ドルに上った。アメリカの情報当局は、突如豊かになったヘルミッチの資金源について疑いを抱いたが、スパイ行為を立証できないでいた。その後1961年にヘルミッチは軍を去り、最終的にフロリダでタイルの製造会社を設立した。

FBIが証拠を得たのは、実に1980年のことだったらしく、その年の8月にヘルミッチへの尋問が始められている。当初ヘルミッチは、ソビエトから現金を受け取

ったのは確かだが、価値ある情報は渡していないと主張した。

1981年初頭、会社の運転資金を必要としていたヘルミッチはオタワに赴き、当地のソビエト大使館に接触する。その姿を目撃したカナダの情報当局は、それをFBIに伝えた。かくしてヘルミッチは逮捕され、裁判の結果終身刑を言い渡された。

【参照項目】暗号資料、飛び込み、北大西洋条約機構、最高機密、暗号機、ハンドラー、FBI

ヘルムズ、リチャード・M （Helms, Richard M. 1913-2002）

インテリジェンス・オフィサー経験者として初めて中央情報長官（DCI）に登り詰めた人物。1965年4月から66年6月まで中央情報副長官（DDCI）を、66年6月から73年2月までDCIを務めた。

ウィリアムズ大学を卒業直後、UP通信社のヨーロッパ担当外国特派員となり、ドイツでの勤務中にアドルフ・ヒトラーと会見する。その後新聞社の広告マネージャーを経て1942年7月に海軍予備役隊の中尉に任命され、訓練及び人事関連の業務に携った後、翌年8月に戦略諜報局（OSS）入りした。入局後はイギリス、ルクセンブルグ、そしてドイツに配属されたが、そこで初めて戦後の情報活動の現実を突きつけられた。冷戦はすでに始まっており、アメリカはソビエトに対抗すべく、ゲーレン機関の設置という形でドイツの諜報活動を取り込む必要に迫られたのである。

1946年の退役後、ヘルムズは陸軍省の文官職員となる。陸軍省は解散したOSSの大部分を引き継ぎ、新たに特殊活動局（OSO）を設けた。ヘルムズはオーストリア、ドイツ、スイスにおける諜報・防諜活動部門の長になるものの、これといった人的資源は手許になく、イギリスの情報工作員に頼らざるを得なかった。

1947年7月にCIAが創設された際、秘密工作活動は国務省傘下の政策調整局（OPC）が扱い、元OSS士官のフランク・ウィズナーが指揮を執ることになった。やがてCIA内部に新設された計画本部にOPCが吸収されると、ウィズナーは計画担当次官に就任する（これに伴いウィズナーはDDP〔Deputy Director of Plans〕と呼ばれることになったが、DDPは計画本部そのものを指す略称にもなっている。またより正確に秘密工作本部とも呼ばれている）。ヘルムズは1952年7月に計画本部の工作部長代理となっており、ウィズナーが長期にわたって肉体的・精神的に病む間、しばしばDDPの職務を代行した。現場と本部の両方で管理経験を持つヘルムズがウィズナーの後を継ぐのは当然のように思われていた。トーマス・パワーズは著書『The Man Who Kept the Secrets』（1979）の中で、この間の経緯を次のように記している。

彼は工作部長として現場とワシントンの政策決定者との仲介にあたり、「必要なこと」として現場への指令に許可を与え、しかも自ら選択さえしていた。また各地のCIA支局から挙げられた作戦に関する具体的提案を、最終許可を得るため政策決定機関に渡すより先に、拒否したりもしている……

DDPの明確な決断がなくても、ヘルムズは作戦遂行において一定の権限を持っており、事態の推移に関しては誰よりも幅広い知識を持っていた。実際、ヘルムズは事実上全ての事柄に関して「知らせる必要のある人物」という数少ない1人だった。

1958年にウィズナーがDDPを退いてロンドン支局長に転出すると、ヘルムズが後を継ぐものと予想された。しかしアレン・W・ダレス長官はこのポストをリチャード・M・ビッセルに与えた。だが61年4月のピッグス湾事件を受け、指揮を執ったビッセルとダレスはいずれも辞任する。翌年、ジョン・A・マコーン新長官はヘルムズをDDPに任命した。

ヘルムズのDDP在任期間中、ベトナム戦争に対するCIAの関与はますます深まり、CIA内部で生じる戦争への異論もそれと比例して大きくなった。情報本部（DDI）に所属する職員は、この戦争が完全な失敗に終わると信じていた。しかし計画本部では、ヘルムズによる指揮の下ベトナムでの秘密工作活動が続けられた（「フェニックス作戦」を参照のこと）。

1966年6月にジョンソン大統領がヘルムズを中央情報長官に任命した時も、ベトナム戦争を巡るCIA内部の不和はさらに加速していた。1967年9月、ヘルムズは国家評価局の最も経験豊かな情報分析官に対し、「この闘争で何がアメリカにとって重要なのかを表明する」よう求めた。そして結果を封筒に密封し、ジョンソン大統領限りとして送っている。ロバート・S・マクナマラ元国防長官が回想録『In Retrospect（邦題・マクナマラ回顧録：ベトナムの悲劇と教訓）』（1995）で明らかにするまで、手紙の中身は機密扱いだった。この分析結果は、ベトナムにおける敗北の可能性が「以前の議論が指し示すよりも限定的かつ制御可能だと思われる」と結論づけていた。

論理的かつ正直な評価こそヘルムズが求めたものだった。しかし後に彼の功績となったのは、CIAが何をしたのかではなく、ヘルムズ指揮下のCIAに何が起きたのかのほうだった。ウォーターゲート事件が発覚した際、ヘルムズは元CIA職員のE・ハワード・ハントが関与していたことを知る。ニクソン大統領は側近を通じ、ウォーターゲート事件で使われた資金の出所がホワイトハウスであることをFBIに突き止められないよう、事件を正当化する便法として、この出来事は国家安全保障に関わることだとCIAに宣言させようと試みた（「L・パ

トリック・グレイ」を参照のこと）。しかし情報活動が汚れ仕事ではないと信じていたヘルムズは、CIAがこのスキャンダルにこれ以上引きずり込まれるのを許さなかった。「我々が国家に尽くす誠実な人間の集まりであることを、国民もある程度まで信じなければならない」彼はそう述べている。

　ヘルムズはまた、キューバのピッグス湾侵攻事件、1963年に南ベトナムで発生したゴ・ディン・ジエム政権に対するクーデター、そしてドミニカ共和国の独裁者ラファエル・トルヒーヨ暗殺に関するCIAの情報ファイルを、ニクソンに提供することを拒んだ。これらの事件はいずれもケネディ政権下で起きたものであり、ニクソンはCIAの情報を使い、来るべき弾劾から身を守るつもりだと推測されたのである。

　1973年2月、CIAに対する忠誠を自らへの裏切りと解釈したニクソンはヘルムズを更送し、その代償として西アジアにおけるアメリカの主要同盟国イランへの大使に任命する。ウォーターゲート事件の後、議会の調査委員会はCIAに矛先を向けた。その過程でCIAの暗い秘密が明らかになり、ファミリー・ジュエルという名で知られるようになった（「MKウルトラ計画」を参照のこと）。

　こうした秘密の1つに、1970年のチリ大統領選挙で当選したサルバドール・アジェンデの就任阻止にCIAが関与していた事実が挙げられる。イラン大使への就任審査のため上院公聴会の前に立ったヘルムズは、CIAがアジェンデ政権の転覆を試みたかと問われた際、「いいえ（No, Sir）」とだけ答えた。この2語は大使離任後の1977年に偽証罪で起訴される原因となった。ヘルムズは司法省と取引を行ない、罰金2,000ドル及び執行猶予2年を言い渡されている。

　「あなたは不名誉と恥辱にまみれてこの法廷に立っている」判事は1977年このように述べた。だが6年後、レーガン大統領は情報分野における最高の勲章、国家安全保障メダルを贈ることでヘルムズに報いた。彼は公職を離れた後、サフィーア・カンパニーというコンサルティング会社を設立している（サフィーアはペルシャ語で「大使」の意）。

　死後出版された自伝『A Look Over My Shoulder: A Life in the Central Intelligence Agency』（ウィリアム・フードとの共著。2003年）の中で、ヘルムズは大統領による秘密工作活動命令を指摘することで、CIAの失敗に対する非難に反論しようとした。彼は偽証罪の1件を記しながら、ニクソンの命令のため、また現場の捜査官を守るため、委員会で行なった証言は正しかったのだと述べている。

【参照項目】インテリジェンス・オフィサー、中央情報長官、戦略諜報局、ゲーレン機関、防諜、秘密工作活動、アレン・W・ダレス、リチャード・M・ビッセル、ジョン・A・マコーン、ベトナム、国家評価局、ウォーターゲート事件、E・ハワード・ハント、ファミリー・ジュエル

ベルリン　（Berlin）

　冷戦下において、ベルリンは統一ドイツという夢の象徴である一方、東西諜報活動の主戦場でもあった。のみならず、重い現実を背負うこの街は数々のスパイ映画やスパイ小説の舞台にもなり、スパイフィクションの都と呼べる存在でもあった。

　中世のベルリンは独立した都市だったが、15世紀にフリードリヒ大帝の王国へ編入された。30年戦争（1618～48）ではスパイマスターのド・アルマン・ジャン・リシュリュー枢機卿がこの繁栄の都で暗躍し、その後2世紀にわたってオーストリア、ロシア、そしてフランスの軍隊がそれぞれのスパイを引き連れてベルリンを支配する。

　1814年のナポレオン没落とそれに続くプロイセンの勃興を経て、ベルリンはプロイセンにおける権力の中心となる。19世紀が終わりに近づいてもベルリンは重要性を失わず、また同時に前衛美術と退廃した夜の生活がはびこり、さらにはインテリジェンス・オフィサーとエージェントの会合場所ともなった。イギリス秘密情報部（MI6）は20世紀初頭にベルリン支局を設け、この街を諜報活動の拠点とするボルシェビキの監視にあたった。また主要国の駐在武官も紳士の仮面を被ったスパイとして任務を果たしている。

　通信と鉄道網の中心だったベルリンが第1次世界大戦の戦火を被ることはなかった。しかし1918年には共産主義者のエージェントが街頭での蜂起を鼓舞し、ドイツ帝国の崩壊に一役買っている。翌年のベルサイユ条約でドイツ共和国が生まれ、首都は争乱に満ちたベルリンから静かなワイマールに移される。しかしハイパーインフレと大量の失業者の前に共和国は崩壊、共産主義者だけでなく新興の国家社会主義政党、すなわちナチスが社会不安に乗じて勢力を伸ばそうとした。

　後にアメリカ中央情報長官（DCI）となるアレン・W・ダレスは、10年にわたる外交官生活のちょうど中間にあたる1920年にベルリンへ赴任し、ナチスの鉤十字を初めて目にした。この光景と、ナチスが監視する中で行なわれたドイツ人との会話は、ベルリンに対する「不吉な印象」を残したと、ダレスは後に記している。

　ドイツ軍の情報機関アプヴェーアは陸軍省の一部門であり、初期にはユダヤ人とスイス人のエージェントを活用しつつ、軍事的に有益な経済情報の収集にあたった。またアプヴェーアの別の建物はスパイ学校として用いられている。

　1930年代のベルリンはナチスによる陰謀の舞台となった。1934年6月30日夜──「長いナイフの夜」の名

で知られるようになる──アドルフ・ヒトラー首相は、ライバルのエルンスト・レームが隊長を務めるナチス突撃隊（SA）の粛清を命じた。150名以上のSA幹部が摘発され、リヒターフェルデ幼年学校宿舎の石炭庫に連行される。彼らは8名ずつのグループに分けられ、SS（親衛隊）の銃殺隊によって処刑された。レームも多数の支持者と同じく別の場所で殺害されている。

ゲシュタポのエージェントはユダヤ人、あるいは国家の敵と見なしたドイツ人に対する迫害を続けた。だが1936年には、ベルリンオリンピックの観客がヒトラー率いるナチスに好印象を持つよう、あからさまなテロ行為を停止している。鉤十字が並ぶ巨大スタジアムに観衆がなだれ込む間、反ユダヤの旗は降ろされたのである（後に中央情報長官となるリチャード・ヘルムズは当時ベルリンに駐在しており、UP通信社を代表してヒトラーにインタビューした）。

1937年11月5日、陸軍を味方に付けようと腐心していたヒトラーは、軍高官が集まる会議の席で自らの侵攻計画を打ち明ける。ドイツは生存圏（レーベンスラウム）を必要としている、というのが侵攻の理由だった（ヒトラーの副官フリードリヒ・ホスバッハがメモを取っていたため、この会議はホスバッハ会議の名で知られるようになる）。

国防大臣兼ドイツ陸軍最高司令官であるヴェルナー・フォン・ブロンベルク陸軍元帥と、陸軍総司令官のヴェルナー・フライヘア・フォン・フリッチュ上級大将が、ヒトラーに真っ向から反対した。この2人はベルリンに住んでいたが、ベルリン警察長官のヴォルフ・ハインリヒ・グラーフ・フォン・ヘルドルフがエージェントを用いて個人情報を集めると共に、SSもブロンベルクとフリッチュの排除に関与している。

1938年1月12日、独身のブロンベルクは秘書のエルナ・グルーンと再婚した。ヘルドルフは、この再婚相手が元売春婦であるという証拠を集め、ブロンベルクの結婚が将校団の名誉を傷つけ、また結婚式に出席したヒトラーを侮辱するものだと非難する。その結果、ブロンベルクは辞任を余儀なくされた。翌月、ハインリヒ・ヒムラーSS長官は、フリッチュが同性愛者であり、ドイツ刑法で禁止された行為に及んでいるとの証拠を掴んだ。その証拠は主に、「バヴァリアのジョー」の名で知られるベルリンの男娼の証言を基にしていた。フリッチュは陸軍からの辞職を余儀なくされるが、後に軍事法廷で名誉回復がなされる。そしてあれほど反対した戦争が始まった数日後、ポーランドの戦場で戦死した。

第2次世界大戦

ヒトラーによると、ベルリンを首都とする第3帝国は1,000年にわたって存続するという。空軍司令官のヘルマン・ゲーリングも、ベルリンが空襲されることは決してないと高らかに宣言した。しかし米英の爆撃機はベルリンを瓦礫の山に変え、また連合軍はベルリンをヨーロッパ戦争における最後の戦場とした。諜報活動の観点から言えば、最悪の結果をもたらしたのは1943年11月の空襲であり、ドイツ海軍の優秀な暗号解読機関Bディーンストの記録が全て灰と化した。なお軍の情報機関アプヴェーアはこのような事態を恐れて、同年4月にベルリンのおよそ32キロメートル南方にあるツォッセンへ移転していた。

1945年3月、赤軍がベルリンに近づく中、ドイツの防諜担当官は破壊工作員を摘発・処刑すべく必死の努力を続けていた。ヒトラーも最後の日々を過ごした地下防空壕の中で、情報の「リーク」に怒りを露わにした。つまり誰かが情報を外に漏らしており、イギリスがドイツ向けに流すラジオ番組で時おりそれを知ったのである。「この件は単なるヒトラーの妄想ではなかった。私もまた、こうした浸透活動が行なわれていることを確信していた……」軍需大臣であり、ヒトラーお気に入りの建築家でもあったアルベルト・シュペーアはそう記している。シュペーアは総統防空壕に毒ガスを蔓延させてヒトラーを殺そうと計画したが、換気システムが変更されていたため、毒ガスを送り込む方法が見つからなかったと後に証言している。

ハインリヒ・ヒムラー配下の秘密機関RSHAは、第3帝国最後の瞬間まで機能し続けた。赤軍がベルリンに入った4月26日の時点でも、情報リークの捜査はなお続いていた。防空壕のSS隊員がある電話番号の記録を求めたところ、信じられないことに、ベルリン中央電話交換局はソビエト軍の砲弾が降り注ぐ中、その通話記録を持ってきたという。そこからSS隊員は容疑者を割り出し、処刑した。しかし4月30日、ヒトラーは結婚したばかりのエヴァ・ブラウンを道連れに防空壕で自殺する。戦時のベルリンにおける最後の一大情報戦の中、ソビエト軍の諜報部隊がヒトラーの遺体の一部を回収し、その後数十年にわたって秘密のベールで覆い隠した。イギリスは真相を突き止めるべく、諜報将校で歴史家のヒュー・トレヴァー＝ローパーに委託して調査にあたらせる。トレヴァー＝ローパーは捕虜や防空壕にいた目撃者の証言、そしてアメリカ陸軍の防諜資料を用い、1945年11月にイギリス政府及びベルリンの4ヵ国情報委員会（当時のベルリンはイギリス、アメリカ、フランス、ソビエトの統治下にあった）に秘密報告書を提出した。その過程で、捕虜や押収資料から得た情報を公開するようソビエトに求めたことが示唆されている。

しかしソビエトからの回答は1970年代まで得られなかった。その後報告書は、トレヴァー＝ローパーの代表作『The Last Days of Hitler（邦題・ヒトラー最後の日）』（1995年までに7版を重ねた）として結実している。

また戦時中に戦略諜報局で勤務したアレン・ダレスと

リチャード・ヘルムズもベルリンに赴き、東方の同盟国ソビエトが占領下のドイツで何をしつつあるかを突き止めようとした。

2つのベルリン

　4ヵ国によるドイツ分割統治のもとベルリンもまた分割され、イギリス、アメリカ、フランスがソビエト連邦に対峙する形で諜報活動を行なった。長年にわたってヨーロッパにおけるスパイ活動の中心地だったウィーンは、その座をベルリンに明け渡したのである。同盟国は団結を装い、4ヵ国委員会を設置してベルリンの統治にあたったが、東西のスパイ活動はますます激しさを増した。

　冷戦期には東西ドイツでおよそ8,000名のスパイが活動したと推定されているが、その大半はベルリンを拠点にしていた。しかし西側のスパイ活動は、ベルリンを第3次世界大戦の発火点としかねない数々の危機を前もって突き止めるのに失敗している。

　最初の危機は1948年に訪れた。6月24日、それまで数週間にわたりベルリンに向かう西側の道路と鉄道交通を妨害したソビエトは、全ての鉄道、道路、そして河川交通を切断し、200万名以上のベルリン住民を人質にとった。西側の軍隊をベルリンから撤退させると共に、ドイツの西側占領地域を共和国として独立させる計画を諦めさせるのが目的だった。

　トルーマン大統領は、先の妨害行為の際に確立されていた軍用機による大規模空輸を、さらに拡大させることで対抗した。ベルリン空輸は321日間にわたって続けられ、278,000回以上の飛行でおよそ230万トンの食糧と燃料をベルリンに運び込んだ。

　ソビエトによる厳重なベルリン封鎖への対抗策として、アメリカはB-29スーパーフォートレス爆撃機の編隊をイギリスの基地に派遣した。表向き、それらの飛行機には核兵器を搭載できるとされていた。しかし事実は違っており、ソビエトもケンブリッジ・スパイ網を通じてそれを知っていた。ベルリン空輸の期間中、アメリカ統合参謀本部はトロイというコードネームの戦争計画を立案、開戦の暁にはソビエトの都市30ヵ所を核爆弾で攻撃することとした。また1949年5月に封鎖が解除された際、西側諸国はすでに北大西洋条約機構（NATO）を結成しており、ソビエトの侵略行動に対する防波堤としていた。

　西側諸国とソビエトのうち続く冷戦はドイツの東西分裂につながった。すなわちアメリカ、フランス、イギリス占領地域がドイツ連邦共和国（西ドイツ）、ソビエト占領地域がドイツ民主主義共和国（東ドイツ）として独立したのである。これによってベルリンも東西に分割され、ドイツ連邦共和国は1949年制定の基本法で西ベルリンを自国の1州と規定した（訳注：実際にはあくま

で米英仏の占領地域であり、公式には西ドイツ領ではなかった）。また東ドイツはベルリンを首都と定めている。

　1953年3月、ソビエトの独裁者ヨシフ・スターリンが死去し、元秘密警察長官のラヴレンチー・ベリヤが短期間ながら政権の座に就く。そして同年6月、束の間の反乱が東ドイツを襲った。ソビエトの戦車がこれを弾圧する中、CIAベルリン支局長のヘンリー・ヘックシャーはワシントンに電文を打ち、反乱勢力に武器を与える許可を求めた。当時、アメリカの外交政策は「囚人国家の解放」を謳っていたが、それはアメリカ製のライフルでなすべきものではないとされた。つまりヘックシャーの要求は退けられたのである。

　1961年6月上旬、ケネディ大統領はソビエト指導者のニキータ・フルシチョフとウィーンで会談した。席上、フルシチョフはある協定の提案に冷淡な反応を示してケネディを驚かせる。6月15日、フルシチョフは新たな緊張状態をかき立てる舞台としてベルリンを選び、西側諸国が東ドイツを国家承認しない限り、ベルリン全体を東ドイツに引き渡すと宣言した。

　ケネディは対抗策として25万名の予備兵を召集すると共に、モスボール状態にあった軍艦数隻を現役に復帰させる。政府と軍の高官が戦争ゲームに興じる中、戦略立案者は核兵器による「警告射撃」を大西洋で行ない、ベルリンにおける軍事行動が核戦争を誘発することをソビエトに思い知らせようと計画した――が、後に諦めた。

　終戦以来、数千名の東ドイツ国民が西側へ脱出していた。ベルリン危機が続く夏の間、脱出する人の流れはさらに加速、熟練労働者、技術者、そして科学者が東ドイツから急速に姿を消した。そして1961年8月、西側の指導者が情報機関から警告を受け取らないうちに、ソビエトと東ドイツは東西ベルリンの境界線に沿って壁などの障害物を一夜のうちに築き上げる。ケネディはアメリカ情報機関の無能ぶりに再び激怒したが、軍事行動を求める少数の議員の声は無視した。

　東西の境界線にはすぐさまフェンスと鉄条網が張り巡らされ、監視塔が建つと同時に地雷もばらまかれた。それら一切を含め、この障害物はベルリンの壁と呼ばれるようになる。数百名の東ベルリン市民が命を危険に晒し、時には命を失いつつ、壁を乗り越えようとした。また数千名というスパイが、時に勇気をふるい、時に裏切りを重ねながら壁を行き来した。その一方、西ドイツの情報機関BNDと防諜機関BfVには、東ドイツの情報機関兼秘密警察シュタージやKGBのエージェントが頻繁に浸透していた。

　ベルリンの壁を諜報活動の象徴的存在にした書籍として、ジョン・ル・カレ著『The Spy Who Came in from the Cold（邦題・寒い国から帰ってきたスパイ）』（1963）以上のものはないだろう。冷戦を描いたこの小説は、イ

ギリスの俳優リチャード・バートンを主役とした映画にもなっている。作中ではベルリンの壁の存在が全編にわたって影を落とし、イギリスのインテリジェンス・オフィサーであるリーマスと、何も知らない恋人のリズがそのすぐそばで死ぬところで幕を下ろす。

現実の諜報活動においては、米英がソビエト－東ドイツ間の通信を盗聴すべく計画したベルリントンネルこそ裏切りの物語だった。建設前からソビエトのスパイが入り込んでいたこのトンネルは、西側諸国に絶えず偽情報を流し続けたのである。

ベルリン統合

1988年、3年前に改革派として政権を握ったミハイル・ゴルバチョフは、東欧諸国に対する非介入政策と駐留軍の削減を発表した。これは東ドイツなどの東側諸国において共産党支配が終焉を迎える前触れだった。

ハンガリーがオーストリアとの国境を開放すると、東ドイツ国民が休暇という名目のもとハンガリーに殺到した。シュタージが事態を把握しようと努める間もこの流れは止まらず、大勢の人々がオーストリア経由で西ドイ

ツへ脱出していった。1989年10月には東ドイツの独裁者エーリッヒ・ホーネッカーが更迭され、デモの波が東ベルリンを覆い尽くす11月9日、東ドイツは西ドイツとの国境を開放する。12月には翌年5月の自由選挙を約束して閣僚が辞任、ベルリンの壁も取り壊しが進んだ。最後の区画は90年10月3日から4日にかけて取り壊され、ここにドイツ再統合が完了したのである。

だがスパイセンターとしてのベルリンの歴史がそれで終わったわけではなかった。西ドイツの情報機関職員はかつての東ベルリンに隠されていたシュタージのファイルを精査し、冷戦期における諜報・防諜活動を再構成しようとした。それと同時に、旧東ドイツ国民は自分に関連するシュタージの資料を探し求めた。そしてその多くは、ベルリン時代の隣人、友人、あるいは親戚までもが長年にわたり自分を密告していたことを知った。

1999年、連邦議会が旧西ドイツのボンからベルリンに戻り、ベルリンは名実ともに統一ドイツの首都となった。

【参照項目】スパイ映画、スパイ小説、ド・アルマン・ジャン・リシュリュー、MI6、駐在武官、アレン・W・

17世紀以来スパイ活動の温床だったベルリンは冷戦中もその状態にあり、その上「壁」によって東（共産主義）と西（民主主義）が分断された。写真は西側から見たチェックポイント・チャーリーであり、アメリカ兵が警備につく一方、東ドイツ兵がトーチカから監視を行なっている。（出典：アメリカ陸軍）

ダレス、アプヴェーア、SS、ゲシュタポ、リチャード・ヘルムズ、ハインリヒ・ヒムラー、Bディーンスト、RSHA、ヒュー・トレヴァー＝ローパー、戦略諜報局、ウィーン、ケンブリッジスパイ網、北大西洋条約機構、ラヴレンチー・ベリヤ、BND、BfV、MfS、KGB、ジョン・ル＝カレ、ベルリントンネル、偽情報

ベルリントンネル （Berlin Tunnel）

　西ベルリンから東ベルリンにトンネルを掘って地下ケーブルを探し当て、ソビエト－東ドイツ間の通信を盗聴しようと試みた米英の諜報活動プロジェクト。

　トンネルを掘るというアイデアは、アメリカ、フランス、イギリス、そしてソビエトの統治下にあるウィーンで立案された類似の計画に由来している。ベルリントンネルはイギリス秘密情報部（MI6）とCIAによって計画されたが、掘削にはCIAの資金と労力が用いられた。プロジェクトの詳細は今もって機密扱いであり、信頼に足る資料も乏しい。1953年にこの計画を許可したアレン・W・ダレス中央情報長官（DCI）が「記録は最小限に留める」よう指示したのが理由である。

　ウィーンの盗聴作戦にはシルバーというコードネームが与えられていた。一方、ベルリントンネルにはゴールドというコードネームがダレスによって付けられる。ある記録によれば、西ドイツ情報機関トップのラインハルト・ゲーレンがダレスに対し、地下6フィートにある重要な電話中継点の場所を教えたことが計画の発端とされている。つまり、3本の電話線が西ベルリンのアメリカ統治区域で合流していたのである。米英のインテリジェンス・オフィサーはロンドンで会合を持ち、トンネルを掘る計画について話し合った。しかし初期の会合には、KGBのスパイであるMI6職員、ジョージ・ブレイクも加わっていた。

　1953年12月、CIAに移籍した元FBI職員、ウィリアム・K・ハーヴェイにこの計画が任される。ハーヴェイはアメリカ陸軍の補給庫を活用、トンネルの西ドイツ側出口とする。アメリカ陸軍工兵隊が1年がかりでトンネルを掘り、秘密裡に土砂を運び去った。全長450メートルのこのトンネルは地中6メートルの深さに掘られ、内部の高さは6.5フィート（機器室よりも高い）、終端には電話を盗聴するための機器箱が置かれた。そこで西ドイツとアメリカの担当者が、ベルリン近郊のツォッセンにあるソビエト軍司令部を行き来する通話、東ベルリンのソビエト大使館とモスクワとの会話、そして東ドイツとソビエト政府職員との交信に耳を傾け、記録したのである。

　ワシントンDCでは、CIAの翻訳者と分析官が膨大な傍受内容を絶えず処理する。それは政府高官同士の会話から兵舎の噂話まで様々だった。精査すべき傍受内容があまりに多かったため、ゴールド作戦は1958年9月ま

で続けられた。

　KGBは偽情報を流す有望な手段として、この作戦を続けさせることにした。少なくとも当初は、KGBがこのトンネルの存在をソビエト軍司令部に伝えることはなかったようである。それゆえ、軍関係の有益な情報が電話線を通じて西側に漏れ出した。

　盗聴行為が始まっておよそ1年後の1956年4月21日、ソビエトと東ドイツの兵士がトンネルの東側出口を襲う。ソビエト政府はこのトンネルを「国際法の規範に反する行為」「ギャングの所業」としてプロパガンダ活動を行なった（偶然にも、3人のダレスがこの襲撃によるショックを感じ取っている。つまり中央情報長官のアレン・ダレス、国務長官のジョン・フォスター・ダレス、そして2人の妹で国務省のベルリン駐在員だったエレノア・ダレスである。彼女はフォスターに対し、「これはみんなアレンのせいよ」と言っている）。

　アレン・ダレスは引退後に記した著書『The Craft of Intelligence（邦題・諜報の技術）』（1963）の中で、このトンネルを上機嫌に回顧している。だがブレイクの裏切りを知っていたのは間違いないものの、それについては触れていない。中にはこのような記述がある。「（1954年から55年にかけての冬）トンネルの上に降り積もった雪は、地下で発せられる熱によって溶けてしまった。西から東に向かう美しい小道が雪の下から現われ、注意深い警官なら必ずや気づいていただろう」トンネルの中の技術者は直ちに熱源を切り、この危機をやり過ごした。

　逮捕後裁判にかけられたブレイクが1961年に有罪を宣告されるまで、最初の土砂が運ばれるより早くソビエト側にトンネルの存在が突き止められていたことを、西側の関係者は認識していなかった。とは言え、ダレスもCIAも裏切り行為については明らかにしておらず、トンネルの有効性が長年にわたり評価された一方、CIAの分析官は得られた情報の価値について秘密裡に議論を重ねていた。ある分析結果によれば、緊張を増す西ベルリンへの攻撃活動は計画していないと西側に認識させるため、ソビエト政府は通常の軍関係の通信を電話線経由で流すことを認めていたという。

　1999年に機密解除された秘密報告書の中で、CIAの分析官は次のように記している。「情報源の有効期間中（1955年5月11日〜1956年4月22日）、ベルリンにおけるソビエト側の意図について我々は絶えず情報を受け取っていた。トンネルはこの期間中にベルリンで起きたあらゆる『出来事』の内幕を知らせ続けたのである」

【参照項目】ウィーン、MI6、CIA、アレン・W・ダレス、中央情報長官（DCI）、ラインハルト・ゲーレン、ジョージ・ブレイク、KGB、ウィリアム・K・ハーヴェイ、偽情報

ベルンハルト　(Bernhard)

イギリス経済に打撃を与えるべく1億ポンド以上の英国紙幣を偽造した、第2次世界大戦におけるドイツの秘密作戦のコードネーム。この作戦は失敗に終わり、1944年までに印刷された紙幣の大半はドイツ降伏の時点で秘匿されていた。

しかしながら、紙幣の一部はドイツのスパイ、キケロに支給されている。この人物は、駐トルコ英国大使の邸宅で書類を撮影した報酬として30万ポンドを受け取ったが、その大半は偽造された5ポンド紙幣だった。またドイツによる他の諜報作戦にも偽造紙幣が使われたとされる。

【参照項目】キケロ

ベーン、アフラ　(Behn, Aphra　1640-1689)

イングランドの女流作家でありスパイでもあった人物。態度が曖昧だった二重スパイ、ウィリアム・スコットを説得してイギリス側に引き戻すべくオランダへ派遣された際、彼女は指示された以上のことをした。独自のコードを用いてイングランドへ送り返した情報に、オランダ艦隊がテームズ川封鎖を試みているという警告を含めたのである。

ベーンは自分の宝石を質に入れて諜報活動の資金を調達し、また借金をしてイングランドへの旅費を作った。その結果返済不能で投獄されたが、後に政府によって釈放され、負債も解消されている。それ以降はスパイ活動から離れて著述に専念した。奴隷制度に反対する小説『Oroonoko, or the Royal Slave（邦題・オルノーコ　やんごとなき身の奴隷）』（1866）が有名である。また、ロンドンのウエストミンスター寺院に埋葬されたことが知られている2人のスパイのうちの1人でもあった（もう1人はジョン・アンドレ少佐）。

【参照項目】二重スパイ、コード

便宜的住所　(Accommodation Address)

通常郵便あるいはその他種類の通信文が配達され、受け取り人が来るまで保管する、あるいは他の場所に住む情報機関の人間に転送するための住所。メール・ドロップあるいは生きた郵便箱とも呼ばれる。

ペンコフスキー、オレグ　(Penkovsky, Oleg　1919-1963)

1961年4月から62年8月にかけ、残留離反者として米英に秘密情報を渡したGRU（ソビエト連邦軍参謀本部情報総局）士官。キューバミサイル危機の際、ケネディ大統領はペンコフスキーからもたらされた情報によって、ソビエト側の意図と能力を推測することができた。

ロシア内戦（1917～20）でボルシェビキと戦った帝政ロシア軍人の息子として生まれたペンコフスキーは、砲兵学校で学んだ後の1939年に赤軍士官となり、翌年1月の対フィンランド戦争に参加した。同年6月にドイツ軍が侵攻した後は政治将校としてモスクワに駐在、情報活動にも携わる。また1944年から45年にかけての対ドイツ戦では戦闘に志願し、対戦車部隊で勤務した。終戦直後に将官の娘と結婚、1948年にフルンゼ軍事アカデミーを卒業する。2年間にわたるフルンゼの課程で英語を習得した後は、軍事外交アカデミーに移って戦術情報を研究している。

1955年、駐在武官補佐としてトルコに赴任。しかし上司の態度に激怒し、トルコの情報機関に匿名で接触する。これは後に西側のスパイとなる前兆だった。モスクワに戻った後は1958年から59年にかけてジェルジンスキー軍事アカデミーに配属され、ロケットとミサイルの教習課程を履修する。ペンコフスキーは戦闘部隊への復帰を願ったが、そのままGRUに留め置かれてインドへ赴任することになった。その時、父親の反ボルシェビキとしての過去がペンコフスキーのキャリアに影を落とし、インド行きも中止となる。ペンコフスキーの裏切りは、自分への扱いに対する怒りから火が点いたのである。

だが西側情報機関に接触する試みは、ペンコフスキーに苛立ちしかもたらさなかった。1960年7月のある夜、彼はモスクワを訪れていたアメリカ人観光客2名に手紙を渡し、アメリカ大使館へ届けるよう頼んだ。「貴国政府が極めて大きな関心を持ち、また貴国にとって重要であろう数多くの分野についての貴重な資料を、私は自由にできます」と、手紙には書かれていた。「私はこれらの資料を直ちにお届けしたいと願っています……」手紙に署名こそ記さなかったものの、CIAの分析官が手紙の主を識別できる手がかりは残していた。ペンコフスキーはトルコ駐在当時、アメリカの駐在武官と親交を結んでいたのである。

CIAは接触を試みたものの失敗に終わった。接触にあたったのは未熟かつ神経質なインテリジェンス・オフィサーであり、モスクワのアメリカ大使館職員をカバーとしていたがそれも十分なものではなかった。ペンコフスキーは次にイギリス及びカナダのビジネスマンに接近する。ペンコフスキーのGRUにおける当時の任務は、西側ビジネスマンと科学研究調整国家委員会との連絡役だった。ビジネスマンの側にもソビエトの側にも、当時はまだ一般的でなかった東西交流を活用しようとインテリジェンス・オフィサーが紛れ込んでおり、大佐に進級していたペンコフスキーも委員会をカバーとして活動していたのである。

イギリス秘密情報部（MI6）は、ペンコフスキーが非公式な関係を持っていたイギリス人ビジネスマンに接近したことを摑む。MI6とCIAは、ペンコフスキーが囮か否かについて意見を異にしていた。またケンブリッジ・

スパイ網がイギリスの情報界に深く浸透していたという事実によって、事態は一層複雑になっていた。ハロルド（キム）・フィルビーは米英当局の一部から疑いの目を向けられており、ペンコフスキーが残留離反者となった場合、その素性をソビエト側に暴露する恐れがあったのである。

アメリカ側はイギリスの保安体制を信用していなかったが、さりとてペンコフスキーを操る拠点としてモスクワのアメリカ大使館を使いたくはなかった。国務省は複雑な情報活動を好まなかったのである。CIAの秘密工作部門トップ、リチャード・ヘルムズは、CIAとMI6が共同でペンコフスキーを操るべきだと判断した。一方、ペンコフスキーはイギリス人ビジネスマンのグレヴィル・M・ウインに包みと手紙を渡す。ウインは包みをイギリス大使館に届け、手紙のほうは1961年4月にモスクワを離れる際に持参した。

その数日後、ペンコフスキーはソビエト調査委員会の使節団長としてロンドンを訪れる。ここにペンコフスキーを操るための複雑なシステムが組み上げられた。ロンドンを拠点とするCIAとMI6の合同チームがペンコフスキーを操り、ロンドンとモスクワの連絡役を務めるウインはMI6の媒介者となる。ペンコフスキーは最初に行なわれたCIA－MI6共同の尋問において、ソビエト

オレグ・ペンコフスキー大佐（出典：CIA）

指導者のニキータ・フルシチョフが今すぐにもキューバへミサイルを送るだろうと示唆した。当時、キューバはアメリカの侵攻計画を失敗に終わらせたばかりだった。ソビエトの武器及び軍事活動に関するペンコフスキーの詳細な報告——アイアンバークのコードネームが付けられた——は、尋問官を驚愕させるのに十分だった。

CIAとMI6のハンドラーはペンコフスキーの自尊心を刺激し、大佐の階級章を縫い付けたアメリカ及びイギリスの軍服を彼に着せ、写真を撮影した。

ペンコフスキーはボールペンや腕時計のバンドから、60年物のコニャックあるいは婦人用の金時計まで、自分自身、妻と子ども、そして影響力のある友人のための贈り物を数多く要求した。「私はあなたの一兵卒として、この困難な時代における私の居場所は前線だと考えています」ペンコフスキーはアレン・W・ダレス中央情報長官（DCI）に宛てた手紙の中でそう述べている。「私はあなたの目となり耳となるべく、この前線にとどまらねばならないのです」

当初情報機関は、ペンコフスキーが使節団長としてロンドン及びパリを訪れた機会を利用し、長々と尋問を続けることで彼から情報を引き出した。モスクワでは公園や戸口で資料のやりとりが行なわれ、その際はイギリス大使館職員をカバーとするMI6職員ロデリック・クリスホームの妻、ジャネット・アン・クリスホームが受け取り役を務めている。3人の子どもの母親である彼女は、結婚前は秘書としてMI6で働いていた。子どもたちと公園に遊びに来ることが彼女のカバーだったのである。また別のカバーとして、アメリカ大使館に勤務するCIA職員との間でもやりとりが行なわれた。ペンコフスキーのハンドラーはカメラとフィルム、そして指示書を彼に渡し、現像済みのフィルムと手書きの資料コピーを受け取っていた。

ペンコフスキーがもたらした資料は膨大な数に上り、CIAは翻訳者と分析官合わせて20名ほどを処理にあたらせなければならないほどだった。MI6のほうも、ペンコフスキーが撮影した書類を10名がかりで処理している。CIAは、ペンコフスキーがソビエトの軍及び政治指導者の思考や計画を明らかにしているものと信じ、その情報をケネディ大統領にまで回した。

CIAが編纂したペンコフスキーの回想録によって、ソビエト情報機関同士の内部抗争が明らかになっている。ペンコフスキーはトルコ駐在時の上官の無能さについて述べた上で、次のように記している。

この件を解決するため、私はトルコにおける他の情報組織のチャンネル、つまりKGBの「レジデンチュラ（外国支局を指すソビエトの用語）」を通じてモスクワに電報を送った。これを突き止めたGRU本部は私を帰還させ、上司に関する報告書を忌々しきライバ

ル組織経由で送ったと非難した――GRUとKGBとの間に横たわるライバル意識は、ソビエトによる情報活動の隅々にまで行き渡っていたのである。

　この件は私の帰還だけで終わることはなかった。組織間の不仲はフルシチョフにまで報告され、それを受けたフルシチョフは情報活動に対する監視を強めた。フルシチョフはこの件を徹底的に調査するようにと命令を下し……私は上官に適切な敬意を払わなかったとして、いささか厳しい言葉をぶつけられた。それと同時に、モスクワへ警告した行為そのものは正しかったと告げられた。

（ペンコフスキーの上官はGRUを馘首され、共産党から「懲罰」を受けた。その後は東洋研究所の一部長になっている）

　1961年夏、ニキータ・フルシチョフが東ドイツとの単独講和を計画しており、分割されたベルリンに危機をもたらそうとしているという情報が、ペンコフスキーから送られた。その情報は正しかったものの、フルシチョフが脅しを実行することはなかった。またペンコフスキーは、ソビエト製ミサイルの資料を写真に撮って送り、ミサイル生産に関するフルシチョフの言葉が誇張であることを知らせた。

　ミサイルの数ではアメリカがソビエトを上回っているというこの「ミサイルギャップ」は、大部分のアメリカ人にとって予想外のことだった。1961年秋、CIAの国家評価委員会はペンコフスキーの情報と、新たな情報源である衛星写真を使い、ソビエトの保有する核ミサイルの推定数を引き下げた。

　1962年秋にキューバミサイル危機が勃発した際は、U-2偵察機がキューバ上空を飛行してミサイル基地と疑わしき施設の写真を撮影した。分析官はこれらの写真を、ペンコフスキーによってもたらされたSS-4中距離ミサイルのマニュアルと比較し、キューバにミサイルが配置されている「疑う余地のない証拠」をケネディ大統領に渡した。その結果、「我々は戦争の縁に立たされている」という10月22日の演説につながっている。

　CIAはペンコフスキーが高度な情報にアクセスできると確信し、ソビエト政府が「戦争に突入する」ことをアメリカ側に知らせる合図について具体的な指示を与えた。またペンコフスキーは、モスクワのあるビルのロビーにデッドドロップを設けていた（「スパイ技術」を参照のこと）。1962年11月2日、アメリカ大使館に所属するCIA職員の1人が電話で合図を受け取った――デッドドロップに緊急メッセージを残した旨伝える「沈黙の電話」である。だがデッドドロップに赴いたその職員はKGB職員4名に取り囲まれ、そのまま逮捕された。

　外交官特権によって保護されていたCIA職員は国外追放処分となった。ウインも同じ日にブダペストで逮捕

され、KGB職員への引き渡し後にモスクワへ連行、ルビャンカに投獄される。そしてペンコフスキーは西側情報機関の知らぬ間に、10月22日に逮捕されていた。

　1963年5月に開かれた形だけの裁判で、ペンコフスキーのスパイ行為はウインの連絡行為と共に全て暴露された。裁判の結果、ペンコフスキーは死刑を、ウインは禁固3年に加え労働収容所5年の刑を言い渡される。そして63年5月17日、ペンコフスキーの処刑が発表された。その後ウインは64年4月にゴードン・ロンズデール及びクローガー夫妻と交換の形で解放された（「モリス・コーエン」を参照のこと）。

　ペンコフスキーの死後、CIAは彼がもたらした情報の一部をブラックプロパガンダ作戦の中で公にし、ソビエトの意図を暴露しようと決断したが、CIAが情報源であることは伏せられた。1954年にソビエトから亡命し、CIAのコンサルタントになっていた元KGB防諜担当官のペテル・デリアビンは、かつてペンコフスキーの義父の下で働いたことがあり、ロンドンとパリで行なわれた尋問のテープ原稿を編集した。CIAが検閲した原稿は、元ライフ誌の記者でニューズウィーク誌の編集者を務めるフランク・ギブニーに渡された。デリアビンと『The Secret World』（1959）を執筆した経験のあるギブニーは、消毒済みの原稿を受け取った1964年夏にジョンソン大統領の演説原稿を作成している。

　『The Penkovsky Papers（邦題・ペンコフスキー機密文書）』（1965）は国家安全保障会議の補佐官から「国益に叶っている」というお墨付きを得、アメリカ以外でもイギリス、フランス、ドイツ、韓国、日本、スウェーデンで出版されるなどベストセラーになった。翻訳者としてデリアビンの名がクレジットされているが、CIAの関与は記されていない。CIAが関わっていたことは、1982年版に寄せた前書きの中でギブニーが明らかにした。

　ペンコフスキーが語った内容は多岐にわたり、『The Penkovsky Papers』でペンコフスキーが述べた「編集済みコメント」の中には、米ソのミサイルギャップも含まれる。

　フルシチョフはソビエトのミサイルについて自慢するなど、ミサイルに関するあらゆる種類のプロパガンダを拡散していた。新型ミサイルがまだ試験段階にあった――試験が失敗に終わる可能性もあった――にもかかわらず、フルシチョフは新兵器の「威力」を世界に自慢していたのである。フルシチョフと中央委員会の最高会議幹部会は、あらゆる方法――新型のスプートニク衛星打ち上げや核実験――を用いて、核兵器におけるソビエトの優位を示そうとした。

　ソビエトの統治機構については次のように述べている。

プロレタリア独裁あるいはソビエト権力という名の腐敗した偽善的政権に対しては、すでに多勢の人間が華々しく戦っており、そこに私も加わろうとしている。そう、それはプロレタリアではなく少数の人々による独裁なのである。祖国の同志はそれに騙されながら、真実を知ることなくこの独裁体制に命を捧げているのだ。そして私のような人間が真実を語らない限り、彼らが知ることは決してないだろう……私は新たな軍隊、真の人民軍に加わろうとしている。私は一人ではない。我々は多数だ。しかし今なお互いを恐れ、個人としてしか行動できないのである。

ペンコフスキーは約140時間にわたって尋問に答え、その量は文書で1,200枚に上る。それと同時にフィルム111巻ももたらした。CIAの評価によれば、これは「CIA及びMI6がソビエトに対して実施した古典的な秘密作戦の中で、最も多くの成果をもたらした」ものだったという。しかしそれより低い評価もある。CIAの防諜部門トップであるジェイムズ・ジーザス・アングルトンはペンコフスキーを「よく分からない理由で我々をソビエトとの戦争状態に置こうとしている、アナーキストの変人」と評した。ペンコフスキーは最初に行なわれたCIA－MI6合同チームによる尋問の中で、西側はモスクワのある場所に戦術核兵器を隠しており、戦争が始まった際にはそれらを爆発させてソビエト指導者を一掃するのではと述べたことがあった。またペンコフスキーの転向に関する疑いもあった。しかしペンコフスキーのスパイ行為についての疑いは、GRU総局長のイワン・セーロフが少将に降格の上更迭されたことで一掃された。伝えられるところによると、セーロフはその後自殺したという。さらにおよそ300名のGRU及びKGB職員が召喚され、砲兵及びロケット部隊の士官にまで粛清が及んだ。情報活動の成果についてしばしば冷笑的な態度をとる作家のジョン・ル・カレは、次のような評価を下している。「ペンコフスキーがもたらし、ウインによって伝えられた情報は、冷戦期において東西両陣営が被った道徳的敗北の中で最大のものを引き起こした。つまりそれは、キューバからロケットを撤収するというフルシチョフの決断である」

西側情報機関がペンコフスキーの裏切りについて関与を認めることはなかった。

ペンコフスキーの正体が暴露されようとしていた時、イギリスでは少なくとも2名のスパイが活動していた。ジョン・ヴァッサールとフランク・ボサードである。両名がペンコフスキー事件を直接知っていたとする証拠はないものの、彼らが噂を嗅ぎつけ、CIAとMI6によるロンドンでの一連の会合をソビエト側に通報した可能性はある。

『The Spy Who Saved the World』（1992）の中でデリアビンとジェロルド・L・シェクターが指摘した通り、イギリス情報機関に潜んでいたもう1人のスパイ、ジョージ・ブレイクが、ペンコフスキー逮捕の前年に鍵となる情報をソビエトにもたらしたとも考えられている。ブレイクはベルリンでチャールズ・R・シスホームと共に活動しており、シスホームがMI6のインテリジェンス・オフィサーであることをソビエトに通報したというのである。

シスホームがモスクワに赴任するや否や、KGBはシスホーム夫妻を監視下に置いた。ある匿名のソビエト防諜担当官は、本書の中でこう述べている。「1961年末と62年の2度、散歩中にアパートメントの建物へ入ってゆくシスホーム夫人の姿が、（ソビエトの）防諜機関によって目撃された。その直後、非常に用心深げな別の人物が、監視されていないか確かめつつ姿を見せた……この人物こそペンコフスキーだった」そしてこの防諜担当官は、シスホームとペンコフスキーが密会しているビデオテープを見せた。つまりKGBは逮捕の数ヵ月前からペンコフスキーを疑っていたものの、何らかの理由で西側に対するスパイ行為を続けさせたのである。

ペンコフスキーに対するCIAのコードネームは「ヒーロー」であり、MI6のそれは「ヨガ」だった。

【参照項目】GRU、残留離反者、キューバミサイル危機、戦略情報、駐在武官、CIA、インテリジェンス・オフィサー、カバー、MI6、囮、ケンブリッジ・スパイ網、ハロルド（キム）・フィルビー、リチャード・ヘルムズ、グレヴィル・M・ウイン、媒介者、キューバ、アイアンバーク、ハンドラー、中央情報長官、アレン・W・ダレス、KGB、ベルリン、国家評価委員会、衛星、U-2、デッドドロップ、ルビャンカ、ゴードン・ロンズデール、ブラックプロパガンダ、ペテル・デリアビン、防諜、国家安全保障会議、ジェイムズ・ジーザス・アングルトン、イワン・セーロフ、ジョン・ヴァッサール、フランク・ボサード、ジョージ・ブレイク、コードネーム

ペンタゴン・ペーパーズ （Pentagon Papers）

ベトナム戦争（「ベトナム」を参照のこと）にアメリカが関与するきっかけを詳細に記した、4,000ページ以上の公的文書。この「文書」は、最高機密及び機密文書を含む7,000ページに上る公式調査書の抜粋であり、調査書を撮影したフィルムが、元国防総省職員ダニエル・エルスバーグによってニューヨーク・タイムズ紙にもたらされた（ワシントンポスト紙も後に調査書のコピーを入手している）。

ジョンソン政権の時、エルスバーグはペンタゴンから国務省に移り、サイゴンのアメリカ大使館顧問を務めていた。ベトナムで上司だったCIA職員エドワード・G・ランズデールは、エルスバーグをベトナム戦争の支持者

と考えていた。1969年、エルスバーグは国防総省の下で秘密活動を行なうランド研究所に戻る。タカ派のエルスバーグは戦争に幻滅しており、同僚のアンソニー・ルッソと同じくスパイ活動と陰謀のために起訴された。しかし連邦判事は後に政府の過ちを認め、彼らに対する起訴を棄却している。

ペンタゴン・ペーパーズには1940年代初頭から68年3月にかけての、ベトナムに対するアメリカの関与が記録されている。また東南アジアで行なわれた情報活動に関する膨大な資料も含まれている。この文書は、ベトナムにおけるアメリカの関与を記録するという、国防総省による18ヵ月間の活動が基礎になっており、その課程でCIAと国務省の情報ファイルも用いられた。この調査は1967年6月にロバート・S・マクナマラ国防長官の主導によって始められたものだった。

ニューヨーク・タイムズ紙が1971年6月13日に文書の掲載を始めた時、ニクソン大統領は当初公表に反対しなかった。中身の大半は民主党政権下の行動を対象としていたからである。ニクソンは後に、その記事は読まなかったと述べた（しかしその日の一面には、ローズガーデンで行なわれた結婚式でニクソンが娘のトリシアと写っている写真も掲載されていた）。だが翌日の午後、ジョン・ミッチェル司法長官はニューヨーク・タイムズ紙に対して文書の掲載を止めるよう警告し、6月15日火曜日には差し止め命令が政府によって発令される。国家安全保障問題担当官のヘンリー・キッシンジャーは、こうした行為が将来の対外関係に及ぼす影響を考慮し、過去の外交機密を公にしないようニクソンを説得したのである。

政府が掲載延期に成功したのを受け、マイク・グラヴェル上院議員は6月29日夜に建設・土地利用小委員会の会合を開き、文書——4,100ページ全て——を小委員会の公式記録に挿入させることで公開文書とした。後にワシントンポスト紙とニューヨーク・タイムズ紙を含む各紙もペンタゴン・ペーパーズの抜粋を掲載する。それらはやがて4巻から成る書籍として刊行された。グラヴェルは序文で次のように記している。

この調査書を読んだ者であれば、真実がもっと早く明らかにされていたなら、戦争はずっと以前に終結しており、数万ものアメリカ人とベトナム人が無駄に命を落とさずに済んだはずだと結論づけることだろう。これがペンタゴン・ペーパーズによる大きな教訓である。チェックを受けない政府の秘密体質がここまで議論されたのは、アメリカ史上初のことである。

ペンタゴン・ペーパーズは意図的な情報隠蔽と事実の歪曲を雄弁に物語っている。軍事秘密が記されているわけではなく、誤った前提と疑問の残る目的が4代の政権で積み重ねられ、5番目の現政権で永続的な

ものになったという、恐るべきストーリーが長々と記されているだけである。

20世紀最後の4半世紀を迎えて以来、アメリカの政権が新たな文化、すなわち国家安全保障という文化を生み出し、秘密の盾によってそれをアメリカ的生活の影響から保護していることを、ペンタゴン・ペーパーズは明らかにしている。

【参照項目】最高機密、機密、CIA、エドワード・G・ランズデール

ヘンチュ、オーバーシュトロイトナント・リヒャルト
（Hentsch, Oberstleutnant Richard　1869-1918）

第1次世界大戦中の1914年、フランス北部での進撃中止を決断させたドイツ軍の情報士官。

大戦勃発時に参謀本部の外国軍担当課長（外国情報課長）だったヘンチュは、フランス北部に侵攻する5個軍と参謀本部との連絡将校という重要なポジションにもあった。

1914年9月8日、ドイツ軍参謀総長にしてフランス侵攻部隊の事実上の最高司令官だったモルトケ上級大将（小モルトケ）に面会する。その後車に乗り込んで各軍司令部を訪れ、戦況に関する評価を行なった。そして各軍の参謀に対し、戦場からの撤退が必要だと説得する。この提言——モルトケの命令を書面で受け取っていたわけではなかった——のせいでドイツ軍はマルヌの戦いで敗れ、イギリス及びフランス軍に精神的敗北を喫した。ドイツ軍が進撃を止めていなければ、占領するのは無理としても、第1次世界大戦の初期段階でパリを包囲できたのは間違いないとされている。

伝えられるところによると、ドイツ軍が撤退を始めた際、モルトケは皇帝にこう報告したという。「陛下、この戦争は我が軍の敗北です！」しかし1917年に行なわれた調査の結果、ヘンチュが不適切な行動をとったとはされなかった。

歴史家のコレッリ・バーネットは伝記的史書『The Swordbeares』（1964）において、ヘンチュの指揮によるドイツ軍の情報活動は「不十分かつ誤解を招く」ものだったとしている。

【参照項目】インテリジェンス・オフィサー

ベントレー、エリザベス　（Bentley, Elizabeth　1908-1963）

アメリカで活動するソビエトスパイ網の密使役を務めたアメリカ人秘書。自ら語ったところによると、1938年から44年までの6年間、スパイ網の中心人物だった愛人に政府資料のコピーを含む情報を渡していたという。

コロンビア大学在学中にアメリカ共産党へ入党したベントレーはイタリアで語学を学ぶ間に反ファシズム主義者となり、1935年には共産主義者の地下組織、反戦・反

ファシズム・アメリカ連盟に加入した。

1938年、ベントレーはニューヨークにあるイタリア情報図書館の秘書となり、この図書館がイタリア宣伝省の隠れ蓑であることを知る。彼女は秘書の立場を使ってムッソリーニ政権についての情報を集め、それをイタリア共産党に送った。

こうした活動を通じ、ソビエトによる産業スパイ活動の隠れ蓑、ソビエトロシア技術支援協会で勤務していたアメリカ国籍のロシア人、ジェイコブ・ゴロスと知り合う。アメリカ共産党のメンバーだったゴロスはNKVD（内務人民委員部）の下でも働いていた。

2人は愛人となり、ベントレーはソビエトの原爆スパイ網と関係するようになる。中でもクラウス・フックス、ハリー・ゴールド、デイヴィッド・グリーングラスと親密な関係を築いた。

だが1943年、書店員に転職していたベントレーは自らのスパイ行為をまずFBIに、次いで連邦大陪審に暴露する。伝えられるところによると、交際していたFBI捜査官が共産主義者との関係を告白するよう説得したものの、最初は失敗に終わったという。彼女は地下組織について供述を行なったが、そこにはホイッテイカー・チェンバースを含むニューヨークのメンバーや、多数の政府職員を含むワシントンDCのメンバーが関与していた。

その後ベントレーは公の場に現われ、1948年7月に上院調査委員会と下院非米活動委員会の下部委員会で証言を行なった。マスコミはこの太った金髪女性に「ブロンド・スパイクイーン」なる称号を与えている。政府内における共産主義者狩りの幕を開いたこの委員会において、彼女はワシントンを「共産主義者の巣窟」であるとし、財務副長官のハリー・デクスター・ホワイトと、商務省職員のウィリアム・レミントンの名をほのめかした。ホワイトはその疑いを激しく否定したが、レミントンは後に議会委員会における偽証罪で投獄され、他の囚人によって殺害された。

ヴェノナ計画を通じてソビエトの情報通信が解読された結果、ベントレーはグッド・ガールのコードネームでメッセージに現われている。その後1963年に心臓病で死亡。

【参照項目】密使、ジェイコブ・ゴロス、産業スパイ活動、NKVD、原爆スパイ網、クラウス・フックス、ハリー・ゴールド、デイヴィッド・グリーングラス、ホイッテイカー・チェンバース、ヴェノナ

便利屋　(Floater)

一度だけ、または時おり情報活動に使われる人物。通常は下級レベルに属する人間であり、知らぬ間に使われていることもある。一例を挙げると、ホテルの一室に誰がいるかを確かめるべく、シャンペンのボトル――ホテルからだと偽って――を届けに行かされたウェイターが便利屋にあたる。

保安審査　(Security Check)

素性調査、つまりある人物もしくは企業に機密情報へのアクセス権限（セキュリティー・クリアランス）を与えるか否かを判断するプロセス。

【参照項目】素性調査、セキュリティー・クリアランス

保安部　(Security Service)

「MI5」を参照のこと。

ボイス、クリストファー　(Boyce, Christopher　1953-)

友人のアンドリュー・D・リーと共に、人工衛星に関する秘密情報をソビエトに売り渡したアメリカ人。25年間服役した後2003年3月に仮釈放された。仮出所期間は2046年までであり、本来であればその年に出獄するはずだった。

1981年、ボイスとリーのスパイ行為による損害を評価したダニエル・P・モイニハン上院議員は、アメリカの衛星が「ソビエトによって妨害され」、「少なくとも一時的に無力となり得る」ほど大量の情報がソビエト側に渡ったと述べた。さらに「それが現実になり得る、あるいは現実になったという恐怖は上院の隅々にまで行き渡り、他の何にも増してSALT（戦略兵器制限交渉）失敗の原因となった」とした。

大学を中退したボイスは、カリフォルニア州レドンド・ビーチに本社があり、当時の国防計画で最高機密とされていたスパイ衛星の製造を請け負うハイテク企業、TRWへ1974年に入社した。FBI捜査官を伯父に持ち、元同僚がTRWに勤務する父のコネで職を得たのである。入社後は秘密維持の厳重な部署に配属される。若くまた経験がないにもかかわらず、ボイスには最高機密資料の閲覧許可が与えられ、重要機密書類を扱うことができた。しかも、ヴァージニア州ラングレーのCIA本部にコード化された衛星情報を送信するため、立ち入りが極めて制限されている通信施設、「ブラック・ヴォールト（黒い金庫室）」にも立ち入ることができた。

TRWに入社した直後、自分が関係している衛星及び暗号技術の秘密資料をソビエトに売り渡そうと、ボイスは長年の友人リーと共謀を始めた。まずリーをメキシコシティーに送り、ソビエト大使館のKGB職員と接触させる。その後2年間にわたり、ボイスは書類を撮影してからリーにフィルムを預け、メキシコシティーとウィーンのKGB職員へ引き渡した。KGBのハンドラーはボイスに強い感銘を受け、今からでもいいから大学に戻り、CIAあるいは国務省に入って高級スパイになるよう勧めた。またキャリアが終わればソビエトの市民権を与えるとも約束したという。

リーのスパイ行為は１つの偶然によって明るみに出た。メキシコシティーのソビエト大使館の敷地に何かを投げ込んでいるのを、メキシコ警察に見られたのである。警官に尋問されている間、リーは商用で大使館を訪れていたアメリカ人外交官を呼んで助けを求めた。別の外交官も呼ばれてリーと共に警察本部へ行ったが、そこでフィルムの詰まった封筒を持っていることが明らかになった。現像したところ「最高機密」とマークされたアメリカの資料が写っていたため、警察はアメリカ側に写真を引き渡した（リーは1998年に仮釈放されている）。

FBIの捜査官に尋問された際、リーはボイスの名を挙げた。そして、カリフォルニア大学の中国研究プログラムに参加していたボイスはキャンパス内で逮捕される。当初２人は、価値のない資料を売り渡すことでソビエト側を騙していたのだと主張した。次にボイスが、ベトナム戦争とウォーターゲート事件によるアメリカ合衆国への失望からスパイ行為に及んだと述べた。さらには、CIAの活動内容を知ってショックを受けたとも語っている。

だが裁判において、動機が私欲だったことを政府は立証した。２人は情報を渡した見返りとして７万ドルを受け取っていたのである。リーは分け前の大部分をドラッグに費やしていたという。２人はスパイ行為で有罪とされ、ボイスには禁固40年、リーには終身刑が言い渡された。あるCIAのインテリジェンス・オフィサーはボイスについてこう語る。「彼の行為は国家的災害に相当する」ボイスが売り渡した秘密資料の中には、ミサイル実験の監視方法に関する情報もあった。これを知ったソビエトは遠隔測定法を変更し、アメリカの監視活動を無力化している。

２人の若者はロバート・リンゼイのベストセラー『The Falcon and the Snowman（邦題・コードネームはファルコン）』（1979）によって一躍有名になった。Falconはボイスの趣味である鷹狩りに、Snowmanはリーのドラッグ中毒に由来している。またこの本は同じタイトルで映画化された。

1980年１月、カリフォルニア州ロンポックの連邦刑務所に収監されていたボイスは、高さ10フィートのフェンスをワイヤカッターで切断して脱獄、北西部で銀行強盗を繰り返しつつソビエトへの脱出を図る。ボイスはコスタリカ、オーストラリア、メキシコ、あるいは南アフリカにいるという情報を連邦保安官が追いかけている間、彼はワシントン州ポート・エンジェルスで全長29フィートのトロール船を購入し、ベーリング海峡のソビエト領ビッグダイオミード島へ向かおうとした。だがその航海が危険であることを知って飛行機に切り替える。連邦保安官とFBI捜査官が1981年８月にポート・エンジェルスでボイスを発見した際、フライトレッスンを受けていた彼は単独飛行ができるまでになっていたとい

う。

判事は脱獄行為に対しさらに３年の刑を追加した。またアイダホ、モンタナ、ワシントンで17件の銀行強盗事件を起こしたとして禁固25年の刑を受けている。

1985年４月、防衛企業の保安体制を調査する上院委員会で証言したボイスは、ブラック・ヴォールトで他のTRW従業員と共にシュナップやバナナダイキリを飲んだことがあると語った。従業員の１人は保安バッジに猿の写真を貼りつけたが、それでも最高機密のオフィスに入ることができたという。

【参照項目】アンドリュー・D・リー、衛星、最高機密、ウィーン、ハンドラー、ウォーターゲート事件

ホイットワース、ジェリー　(Whitworth, Jerry 1939-)

暗号資料などの機密情報をジョン・A・ウォーカー経由でソビエトにもたらしたアメリカ海軍の通信スペシャリスト。1986年３月から４月にかけてホイットワースの裁判が進められている最中、FBIは声明を出し、ホイットワースのスパイ行為がアメリカの国家安全保障にもたらしたダメージは、ジュリアス・ローゼンバーグ夫妻による原爆スパイ活動のそれよりもはるかに深刻だったと明らかにした。

1956年に海軍入りしたホイットワースは一旦除隊、カリフォルニア州コアリンガのコミュニティーカレッジを1960年代初頭に中退して海軍に再入隊し、83年10月まで在籍した。無線通信が専門であり、26年に及ぶキャリアの末期にはいくつかの極秘業務に携わった。その中には衛星通信システムや、陸上基地及び空母エンタープライズなどの水上艦艇に配備されている様々な暗号システムに関するものもあった。

当時、FBIはホイットワースのスパイ行為を知らなかったものの、1984年５月に匿名の手紙がサンフランシスコのFBI現地オフィスに届けられたことで、最初の突破口が開けた。その手紙によると、差出人は「数年間にわたってスパイ活動に関与」しており、「軍事通信に用いられる最高機密の暗号鍵リスト、同じく軍事メッセージ用の技術マニュアルなどを敵に渡していた」という。手紙にはさらに、自分はあるスパイ網の一員で、接触したければ「RUS」宛ての広告をロサンゼルス・タイムズ紙に掲載してほしいと書かれていた。

FBIはこの手紙を「RUS書簡」と呼んだが、FBIが出した広告に反応する形でさらに送られてきた。しかし８月に届いた手紙にはこう記されていた。「熟慮した結果、先に記したスパイ網の壊滅を手助けするというアイデアは、放棄するのが最善であるという結論に達した」

FBIが５月20日にジョン・ウォーカーを逮捕した際、捜査官は機密文書と手紙３通の入ったゴミ袋をデッドドロップで発見した。手紙の１つは「D」なる人物について書かれたもので、足を洗いたがっているウォーカー

配下のスパイだと推測された。FBIはこの手紙の内容と、ウォーカーの自宅から発見されたその他手紙の情報をつなぎ合わせ、「D」が元海軍通信員の特徴に類似していると判断した。そしてウォーカーの素性を捜査する中で、ジェリー・A・ホイットワースの名が浮かび上がる。また手紙の1通に記されていた「ブレンダ」なる人物は、1976年にホイットワースと結婚したブレンダ・L・レイズと断定された。

カリフォルニア州デイヴィスに住むホイットワースの移動式住居を、2名の捜査官が訪れた。面談の途中、ホイットワースは部屋を離れ、コンピュータのそばにあるプリンターから2枚の紙を取り出した。室内の捜索を許された捜査官の1人は、その日ホイットワースが書いた、ウォーカー宛ての手紙のプリントアウトを発見する。だがFBIはすぐにホイットワースを逮捕せず、代わりにあからさまな監視下に置いた。結局ホイットワースは6月3日に自ら出頭している。当時すでに、FBIは「D」も「RUS」もホイットワースであると確信していた。

大陪審はスパイの共謀罪でホイットワースを立件した。またスパイ容疑の他にも、1914年の諜報法に違反した文書の複写や持ち出しでも罪を問うている。他の5件の容疑は、政府の推定によれば少なくとも332,000ドルに上るスパイ行為の報酬を申告しなかった、所得税法違反に関するものだった。これら容疑は複雑に絡み合い、スパイ容疑と脱税容疑の両方について同時に裁く必要が生じた。

ジョン・ウォーカーは息子の減刑を勝ち取るべく行なった司法取引の一環として、検察側のスター証人となった。またジョンとマイケルの親子だけでなく、ジョン・ウォーカーのスパイ行為を通報した妻のバーバラ・ジョイ・クロウリー・ウォーカー、自分も勧誘されたと語った娘のローラ・ウォーカー・スナイダー、そしてジョンの兄アーサー・ウォーカー元海軍少佐も証言を行なっている。

ホイットワースは禁固365年と罰金41万ドルの刑を言い渡された。また判決文に組み込まれた条項によると、ホイットワースの仮釈放が可能になるのは判決から60年後のことである。この判決を下した判事はホイットワースを評してこう述べた。「平凡な悪を代表する人間であり……骨の髄まで空虚な存在である。彼は何も信じておらず、その人生は風任せで、迫り来る嵐からいかに利益を得るかしか考えていない」

【参照項目】暗号資料、ジョン・A・ウォーカー、FBI、ジュリアス・ローゼンバーグ、衛星、デッドドロップ、マイケル・ウォーカー、アーサー・ウォーカー

ボイド、ベル　(Boyd, Belle　1844-1900)

南北戦争で活躍した南部連合の女性スパイ。ウエスト

ヴァージニア州マーティンスバーグに生まれたイザベラ・ボイドは「ベル」と呼ばれる若く美しい女性であり、メリーランド州ボルチモアのマウント・ワシントン女子大学を1860年に卒業するなど才媛だった。

1861年にヴァージニア州が北部諸州から離脱した際、ベルの父親は南軍に入隊してトーマス（ストーンウォール）・ジャクソン少将の下で働いた。ベルは後に、北軍の兵士が家に乱入した際、その1人を射殺したと主張している。その後彼女は、南部連合のインテリジェンス・オフィサーの求めに応じてスパイ活動を始めた。

北部諸州の防諜専門家、アラン・ピンカートンに2度逮捕・尋問された時はその美貌で表向きの罪にしか問われず、いずれも短期間で釈放された。

今や狙われる存在となったベルだが、諜報活動は継続した。ヴァージニア州フロントロイヤルのあるホテルに宿泊していた彼女は、そこに司令部を置く北軍の士官が作戦計画を話し合っているのを盗み聞きする。そしてホテルから抜け出し北軍前線を通り抜け、シェナンドア谷の主要交差点であるフロントロイヤルが手薄であることを、ジャクソン配下の情報士官に告げた。それに対しジャクソンは個人的な感状を贈っている。

ピンカートンの後任、ラファイエット・ベイカーによって1863年に逮捕されたベルは、ワシントンDCの刑務所に1ヵ月間拘留される。捕虜交換で釈放された後、1864年春に南部諸州の船に乗ってイギリスへ渡ろうとした。しかしこの封鎖潜入船が北軍の軍艦に拿捕されたため、彼女は再び捕らえられて今度は死刑を言い渡される。だが北軍の士官サミュエル・ハーディンジがベルと恋に落ち、釈放される手助けをした。後に2人は結婚したが、その数ヵ月後にサミュエルは死去している。

戦後、ベルはロンドンとニューヨークの舞台に立ち、自らのスパイ人生を演じた。さらに自身の冒険譚にロマンスを交えて『Belle Boyd in Camp and Prison』（1865）を執筆している。

【参照項目】アラン・ピンカートン、ラファイエット・ベイカー

ボウイ、ウォルター　(Bowie, Walter　1838-1864)

南北戦争で活躍した南部連合のスパイ。メリーランド州で弁護士をしていたボウイは南部連合に強烈な同情を抱き、「ワット・ボウイ」の名でスパイ活動を始めた。ワシントンDCでいくつかの諜報任務を成功させた後、情報提供者によって1862年に正体を暴露される。裁判で有罪となり後は処刑を待つだけだったが、脱獄を果たしてスパイ行為を続けた。

ボウイは次いでモスビーズ・レンジャーの一員となる。モスビーズ・レンジャーはジョン・シングルトン・モスビーによる指揮の下、北軍前線の後方で略奪を行なうゲリラ組織だった。北軍の兵士はレンジャーのメンバ

ーをスパイとして扱い、7名を裁判なしで絞首刑とした。ボウイはこの運命を逃れたものの、1864年、失敗に終わったメリーランド州知事誘拐作戦中に殺害された。

放棄 （Discard）

より価値のある情報源を守るため、情報組織あるいは機関が配下のエージェントを裏切ることを指す情報界の俗語。

方向探知 （Direction Finding）

「高周波方向探知」を参照のこと。

防諜 （Counterespionage）

敵の情報収集活動から機密資料を守ること。

報道・放送委員会 （Press and Broadcasting Committee）

「D通告」を参照のこと。

ホウ・ドーシュン （Hou Desheng）

FBIの指揮下で活動する連邦職員を通じてNSAから情報入手を試みたとして、1987年に拘束された中国の駐在武官。NSAの機密文書という触れ込みの資料を受け取った後、ワシントンのチャイナタウンにある中華料理店で逮捕された。

ホウと同時にシカゴの中国領事館に勤務するツァン・ウェイチューも逮捕され、両者とも「外交的地位に見合わない活動」の結果として国外退去を命じられた。2人は1979年の米中国交回復後初めて追放された中国人外交官である。

【参照項目】NSA、駐在武官

法務駐在官 （Legal Attaché）

「駐在武官」を参照のこと。

暴力的処分 （Terminated with Extreme Prejudice）

エージェントあるいはインテリジェンス・オフィサーが、自らの所属機関によって処刑されることを指す表現。従って「処分」という単語には職だけでなく命をも失うという意味が含まれる。情報関係者以外の人間を処刑・暗殺する場合には用いられない。

【参照項目】エージェント、インテリジェンス・オフィサー

ポー、エドガー・アラン （Poe, Edgar Allan 1809-1849）

アメリカの作家、詩人。暗号のエキスパートでもあった。この分野では、イギリス秘密機関における暗号システムの発展に大きな影響を及ぼしている。暗号史を研究した後、1840年から様々な人気雑誌に暗号を用いた作品を寄稿し、『The Gold Bug（邦題・黄金虫）』（1843）で

は暗号がプロットの中心要素になっている。

【参照項目】暗号、秘密機関、暗号システム

ホエーレン、ウィリアム・H （Whalen, William H.）

統合参謀本部に在籍中、少なくとも2年間にわたってソビエトのためにスパイ行為をし、1966年に逮捕されたアメリカ陸軍の情報スペシャリスト。起訴状では「核兵器、ミサイル、及びヨーロッパ防衛計画に関する情報、合衆国戦略航空軍団の報復攻撃計画に関する情報、そして部隊行動に関する情報並びにアメリカ合衆国の国防関連文書」を暴露したとされた。裁判の結果有罪となり、禁固15年を言い渡されている。

ホエーレンの素性を暴露したのは、アメリカのために20年近くスパイ行為を続けてきたGRU（ソビエト連邦軍参謀本部情報総局）の士官、ディミトリ・ポリヤコフ少将だと考えられている。

【参照項目】GRU、ディミトリ・ポリヤコフ

ホーキンス、ゲインズ・B （Hawkins Gains B. 1920-1987）

ベトナム戦争中、ベトコンの戦力評価を操作したとして論争を引き起こしたアメリカ陸軍の情報士官。

第2次世界大戦中陸軍に所属していたホーキンスは戦後に予備役となったが、朝鮮戦争で召集された。その後日本語を学び、スタンフォード大学で極東に関する研究を行なう。1966年、ベトナム戦争こそが「情報士官にとっての究極的試練」であると信じたホーキンスは自ら志願してベトナムに赴き、翌年にかけてベトコンの兵力評価に関する権威となった。

1967年、ホーキンスはベトコンの兵力を50万人——以前は30万人と見積もられていた——と推定した。その後82年になり、彼はワシントン・ポスト紙で次のように述べる。「続く数週間、私の上官は敵兵力に関する我々の見積もりを引き下げることに力を注いだ。私は自己防衛のプロセスに従い、現実的な唯一の道を選択した。何ら正当な理由もなく、我々の情報活動が最も弱い分野において、兵力概算を切り下げたのである」

CBSがテレビドキュメンタリー『The Uncounted Enemy: A Vietnam Deception』を放映した後、ウィリアム・C・ウェストモーランド大将がCBSを訴えるに及んで数字の操作は一躍注目を浴びた。ホーキンスは名誉毀損の裁判において、50万という数字を出すと何の進展もないではないかという非難が生じかねず、「政治的に受け入れられない」とウェストモーランドが語ったことを証言した。その後ウェストモーランドは訴訟を取り下げている。

【参照項目】インテリジェンス・オフィサー

保護目的情報 （Protective Intelligence）

暗殺が懸念される人物の保護を目的とした情報。この

コンセプトを着想したのはアメリカのシークレットサービスであり、当初は収監されている暗殺犯及び暗殺犯となり得る人物の研究から始められた。シークレットサービスが作成した報告書によれば、研究にあたった人々は、「過去の暗殺者の性格、思考、行動の類似性」を突き止めることで、公職にある人物にとって危険となり得る人物を、法執行機関が摘発する一助になると信じていた。

研究対象となったのは、1949年から96年にかけてアメリカの政府高官及び有名人を攻撃した、もしくは攻撃しようと接近した83名である。シークレットサービスは保護目的情報プログラムの副産物としてワシントンDCに国家脅威評価センター（NTAC）を設立し、「標的を伴った暴力」なるものの捜査もしくは阻止にあたる法執行機関を支援させた。

また報告書によると、法執行機関は捜査の中で、「暴力行為の予期」を行なうものとされている。つまり「ある状況の下、特定の人物が特定のターゲットに対して暴力行為に及ぶ、具体的なリスクが存在する」事実を突き止めることを指している。

【参照項目】秘密機関

ボザート、ジェイムズ・F　(Bozart, James F.)

ブルックリン・イーグル紙の新聞配達をしていたニューヨークの青年。自分の持っていた小銭の中から、中空になった1948年の5セント白銅貨を見つけた。中にマイクロフィルムが入っていたその硬貨は、1953年6月22日にルドルフ・アベルが迂闊にもボザートに与えたものだった。それによってFBIはアベルのスパイ活動を突き止め、逮捕している。

【参照項目】ルドルフ・アベル、FBI

ボサード、フランク　(Bossard, Frank　1912-2001)

ソビエトからの亡命者「トップ・ハット」によって正体を暴露されたと思われるイギリス人スパイ。1965年、トップ・ハットは尋問官に対し、ソビエトがイギリス政府内のエージェントから誘導ミサイルの情報を入手していると告げる。その後すぐ、数名の容疑者が監視下に置かれた。

容疑者の1人が、空軍省の誘導兵器研究開発部に所属するフランク・ボサードだった。監視の結果、ロンドンのウォータールー駅の左手にある手荷物預け所からスーツケースを受け取るボザードの姿が、頻繁に目撃される。ボサードはそれからホテルに偽名でチェックインし、1時間過ごしてからスーツケースを再び預けた。イギリス秘密諜報部（MI6）の職員がそのスーツケースを押収したところ、カメラで撮影された資料とロシア民謡のレコードが入っていたという。

ソビエトの無線通信を傍受していた政府通信本部は、その曲がモスクワにあるGRU（ソビエト連邦軍参謀本部情報総局）の送信機から発せられていることを突き止めた。特定の時間にラジオ・モスクワで放送されていたその曲は、ボサードがフィルムを置き、金を回収すべきデッドドロップの場所を知らせていたのである。また『ヴォルガ川の舟歌』には特別な意味があり、「直ちに作戦を中止せよ」というメッセージだった。しかしボサードはこの警告を受け取らなかったようである。1965年3月12日、彼は最高機密資料を撮影している最中に逮捕された。捜査官によると、機密の売り渡しは1961年に始まったという。1965年5月10日、ボサードは禁固21年の刑を言い渡された（訳注：その後1975年に釈放）。

【参照項目】亡命者、トップ・ハット、MI6、政府通信本部

ポジティブ・インテリジェンス　(Positive Intelligence)

分析を経て報告書に記載できる情報のこと。

ポジティブ・ベッティング　(Positive Vetting)

これから雇用される、あるいはすでに雇用されているインテリジェンス・オフィサーの保安審査を指すイギリスの用語。保安部（MI5）及び秘密情報部（MI6）に所属する者が特に対象となる。ポジティブ・ベッティングなくしては危険につながると指摘する批判者もおり、イギリス政府機関に浸透した内通者の一部も、素性をより詳細に調査していれば摘発できただろうとしている（「ケンブリッジスパイ網」を参照のこと）。

「ベッティング」とは病気の動物を獣医に診せる行為であり、そこから「綿密な調査を行なう」という意味が派生した。

【参照項目】インテリジェンス・オフィサー、保安審査、MI5、MI6

ボストン・シリーズ　(Boston Series)

「フリッツ・コルベ」を参照のこと。

北極点作戦　(Nordpol)

第2次世界大戦中、イギリス特殊作戦執行部（SOE）がオランダで組織した地下諜報網に対処すべく、ドイツ軍の情報機関アプヴェーアが立案した作戦。

1941年3月、ドイツ軍は捕虜にしたSOEの無線技師に対し、入手したコード式暗号に従ってイギリスへメッセージを送信させた。無線技師はいくつかの単語を省いたが、それは送り手が敵のコントロール下にあることを意味するものだった。イギリスの受信者は、これらの単語がメッセージに含まれていなければ、それを受け取らないよう定められていたのである。また捕虜の無線技師は自らの状況を強調するため、「捕らえられた」という単語をメッセージに混入させていた。それにもかかわら

ず、受信側はメッセージを受け取ってしまった——その
ため無線技師は、イギリス側は自分が捕らえられたこと
を知っているが、SOEとの接触を続けるよう望んでいる
のだと信じ込んだ。

ドイツ軍はこのようにしてSOEのオランダ作戦に浸
透し、イギリス人工作員の到着時刻及び場所を知ると共
に、破壊活動のターゲットを突き止めただけでなく、数
千挺の銃、弾薬や爆発物の入った容器、さらには食糧や
現金をも手に入れた。

ゲシュタポ及びアプヴェーアは2年以上にわたり、
パラシュートや小型ボートで送り込まれたSOE及び
MI6のエージェントを捕虜にした。最終的に、北極点
作戦の担当者はオランダの17ヵ所で無線機を運用し、
数千もの偽情報をSOEとMI6に送り続けた。やがて北
極点作戦はベルギーとフランスでも展開され、さらに多
くのエージェントを捕らえている。

SOEが主として破壊工作に携わっていることを知っ
たドイツ軍士官は、破壊工作をでっち上げる傍ら、捕虜
となったSOEエージェントの活用を続けた。しかし偽
の成果をでっち上げることは難しかったため、彼らは捕
らえられるとすぐに処刑されるのが常だった。捕虜のエ
ージェントがもはや用をなさないと判断された1944年
9月には、47名が処刑された。

SOEは北極点作戦の存在を知らなかったが、1943年5
月、ドイツから脱出したエージェント2人がイギリス
にメッセージを送った。だがそれをスペイン経由でイギ
リスに送った彼らは、逆に利敵行為で収監される。同年
後半、脱走した他のエージェントから真相を聞いたイギ
リス当局は2人を釈放すると共に、事態を初めて理解
した。

【参照項目】SOE、アプヴェーア、ゲシュタポ、エージェ
ント

ホットライン　(Hot Lines)

本書の著者が「スパイの10年」と称する期間、すな
わち1980年代、諜報活動と思しき事例や、軍人に対す
る外国の勧誘行為を通報させるため、アメリカ各軍はじ
め政府機関は電話のホットライン網を開設した。

アメリカ陸軍のホットライン番号（通話料無料）は
800-225-5779であり、2004年現在も使われている（訳
注：2016年現在も同様。またこの番号は、プッシュホ
ンの1-800-CALL-SPY）。アメリカ各地の兵士は給与と
共にホットライン番号の記された紙片を受け取るが、そ
こにはスパイを発見するための「小情報」も書かれてい
る。その一部を以下に示す。

・出勤後すぐ金庫に機密資料を戻している人物に注意す
　べし。

・それは自宅に仕事を持ち帰った——それ自体規則違反

——人物か、悪ければ外国のエージェントに資料を横
流ししている人物である。

・海や山に旅行すると言いながら、外国の土産物を持ち
帰ってくる人物に注意すべし。

・秘密任務に携わっている、または「ジェームズ・ボン
ドのような仕事」をしていると言いふらす戦友に気を
つけるべし。

電話をかけるとメリーランド州フォート・ミードにつ
ながり、所属する経験豊かな防諜担当官が24時間体制
で応答する。また匿名での通報も可能である。

【参照項目】スパイの10年、フォート・ミード、防諜

ボディーガード作戦　(Bodyguard)

第2次世界大戦中、連合軍のヨーロッパ侵攻を支援
すべく立案された欺瞞作戦全体を指すコードネーム。こ
の作戦は1944年6月6日に予定されていたDデイ、つ
まりノルマンディー上陸作戦の本当の日付と時刻、そし
て詳細を隠すために計画された。ボディーガードという
コードネームは、ウィンストン・チャーチル首相が述べ
た次の言葉が由来になっているものと思われる。「戦時
において真実は貴重極まりないものであり、嘘というボ
ディーガードによって常に守られていなければならな
い」

複雑な欺瞞作戦はダブルクロス（XX）委員会によっ
て立案され、ロンドン・コントローリング・セクション
が調整にあたった。ダブルクロス委員会はイギリスで活
動していたドイツのエージェントを寝返らせて二重スパ
イとし、侵攻に関する250以上の偽メッセージを発信
させた。上陸に関係する部分は特にフォーティテュー
ド作戦と呼ばれ、アメリカ陸軍第1軍集団（FUSAG）な
どの架空部隊が生み出された。

Dデイに関する情報を制限するため、1944年4月から
軍人が休暇で英国国外に出ることは禁止され、海岸沿い
の民間人の往来も禁じられると共に、全ての国外向け郵
便——外交書簡も含む——が検閲の対象となった。また
上陸地点に関してドイツ側を欺くため、もう1つの欺
瞞作戦が実行された。スコットランドで架空の部隊によ
る無線通信を流し、あたかもノルウェー侵攻が行なわ
れるかのように見せかけたのである。さらにバーナード・
L・モントゴメリー大将によく似た俳優をジブラルタル
に派遣し、地中海が上陸予定地点であると思い込ませ
た。

知られている唯一の機密漏洩はトルコで発生した。英
国大使の従者として潜入していたドイツのスパイがD
デイのコードネーム（オーバーロード）を知ったのであ
る。しかし侵攻そのものについては何も突き止められな
かった（「キケロ」を参照のこと）。

【参照項目】欺瞞、Dデイ、ダブルクロス委員会、ロンド

ン・コントローリング・セクション、二重スパイ、フォーティテュード作戦、アメリカ陸軍第1軍集団

ボード一族 （Bode Family）

　1732年にハノーバーからイングランドへ招かれ、その後代々郵政省の秘密局で勤務した一族。国内外に宛てた手紙の開封と検閲に携わった。また子孫は政府の庇護を受けることになっていた。

　ボードは1784年までの52年間、秘密局長の座にあった（引退の2年後に91歳で死去）。後を継いだのはトッドという人物で、ボードの3人の息子と、トッド自身の甥であるマディソンが職員だった。トッドは1751年ないし52年から92年まで秘密局で勤務し、引退後は甥が後を継いだ。そして99年にはボードの息子の1人、ウィリアム・ボードが秘密局長となった。

　手紙の開封について議会での議論が行なわれていた1844年、いまだ秘密局長の地位にあったウィリアム・ボードは庶民院と貴族院の両方で証言した。局の存在が明るみに出たのに続き、外務大臣のパーマストン卿は1847年1月1日に秘密局を廃止する。職員には年金が支給されたが、ボード一族が受けた不公平な扱いに多数の抗議がなされた。

歩道の芸術家 （Pavement Artist）

　尾行あるいは見張りを得意とする工作員を指す情報界の俗語。

ポートランド事件 （Portland Case）

　1950年代、イギリス海軍のポートランド水中兵器敵から秘密情報を入手したソビエトのスパイ5名の逮捕・起訴に対し、マスコミが付けた名称。

　スパイ網の崩壊は、「スナイパー」と署名されたポーランド人インテリジェンス・オフィサー（後に亡命したミハル・ゴリエネフスキー）からの一連の手紙を、CIAが入手したことに端を発している。スナイパーはソビエトのスパイがイギリス海軍省に浸透していると述べており、CIAはこの情報をイギリス保安部（MI5）に渡した。しかし海軍省で有力な容疑者を見つけられなかったので、MI5はポートランドの海軍施設に目を移す。

　MI5の捜査により、以前に駐ワルシャワ駐在武官の下で働いていたポートランドの事務官、ハリー・フートンの名が浮かび上がる。フートンを監視下に置いた結果、後に摘発されるゴードン・ロンズデールなる人物（本名コノン・モロディ）と定期的に会っていたことが突き止められた。フートンのガールフレンドであるエセル（バニー）・ジーも海軍施設で働いており、同じく監視下に置かれた。

　ロンズデールを尾行したところ、ピーター・クローガーと妻ヘレン（いずれもスパイ活動上の変名。「モリ

ス・コーエン」を参照のこと）が住む家に辿り着いた。1961年1月、ロンドン警視庁特別課の刑事たちは、フートン、ギー、そしてロンズデールの3人が文書受け渡しのために顔を合わせているところを逮捕した。時を前後してクローガー夫妻も同じく逮捕されている。

　マスコミからポートランド事件と呼ばれたこの出来事は、1963年に中央刑事裁判所で5人全員に有罪判決が下されたことで幕を降ろした。フートンとギーは禁固15年、クローガー夫妻は禁固20年、そしてロンズデールは禁固25年の刑を言い渡されている。その後保安上の調査が2度にわたって実施され、最初の調査では海軍省が非難を、MI5が賞賛を受けた。しかし2度目の調査は、亡命者の助けなくしてはスパイ行為を摘発できなかったとして、MI5により厳しい内容となっている。

【参照項目】CIA、インテリジェンス・オフィサー、ミハル・ゴリエネフスキー、MI5、ハリー・フートン、駐在武官、監視、ゴードン・ロンズデール、特別課

ホートン、ブライアン・P （Horton, Brian P.）

　機密情報をソビエト連邦に売り渡そうとしたアメリカ海軍の水兵。1982年4月から10月にかけてワシントンDCのソビエト大使館と5度にわたって接触を試み、アメリカの戦略的戦争計画を1,000ドルから3,000ドルで売ると申し出た。ホートンの通話をどのように突き止めたか連邦当局は明らかにしてないものの、大使館への盗聴を通じて4度の通話を聞いていた可能性が極めて高い。

　またホートンは、捜査機関がこの件に気づいていると手紙で知らせている。結果として秘密が売り渡されることはなく、その後報告を行なわずに外国大使館と接触したとして軍法会議にかけられたが、弁護側は小説の真似事をしたに過ぎないと主張している。判決は禁固6年だった。

ボニファキウス （Boniface）

　ウルトラ情報を指してウィンストン・チャーチルが用いたコードネーム。敵がこのコードネームを知れば、イギリスは密偵に頼っていると勘違いするだろうと考えてこの単語が選ばれた。

【参照項目】ウルトラ

ボハネ、セルゲイ （Bokhane, Sergei）

　ソビエト軍の情報機関GRUのアテネ副局長を務めていた1985年、西側へ亡命した人物。当時はソビエト大使館の1等書記官をカバーとして活動していた。ボハネが亡命した直後、ギリシャ当局は3名のギリシャ人を逮捕し、ソビエトのためにスパイ活動を行なったとして起訴している。

　その一方でギリシャ政府はソビエトの要求に応じ、ボ

ハネの妻と娘を引き渡した。

【参照項目】GRU

ポープ、エドモンド・S　(Pope, Edmond S.　1946-)

ロシアの国家機密を盗み出したとして有罪になったアメリカ海軍の元情報士官。

2000年12月にロシアの法廷で重労働20年の刑を言い渡されたが、当時ガンを患っており、人道的見地からウラジーミル・プーチン大統領による恩赦が与えられた。

アメリカ人がスパイ行為によってモスクワで裁かれたのは、U-2偵察機パイロットのフランシス・ゲイリー・パワーズが有罪となった1960年以来である。

ポープは世界最速（速力200ノット）を誇るシクヴァル魚雷の秘密設計書を違法に入手したとして、1999年3月FSB（ロシア連邦保安庁）によって逮捕された。彼は商業的見地から魚雷の技術に関心を抱いたと主張している。なお当時すでに、魚雷の存在は広く知れ渡っていた。

ポープはトム・シャハトマンと執筆した著書『Torpedoed』（2001）の中で、逮捕のタイミング——プーチン当選の2日後——は偶然の結果でないと述べている。「プーチン及びその取り巻きがロシア国民に対し、ロシアはもはやアメリカに押しまくられる存在ではなく、2流国家に追いやられることもないというシグナルを送るならば、海軍の元情報士官で、現在はビジネスマンとなっているアメリカ人の逮捕・起訴以上に効果的なものはない」

【参照項目】インテリジェンス・オフィサー、ウラジーミル・プーチン、U-2、フランシス・ゲイリー・パワーズ、FSB

ホフロフ、ニコライ・Y　(Khokhlov, Nikolay Y.　1922-2007)

ソビエトの経験豊かな暗殺者にして冷戦期最初の著名な離反者。

ホフロフは1941年にソビエト情報機関（NKVD）から勧誘を受けた。それから12年後、彼に「濡れ仕事（暗殺任務）」が言い渡される。影響力のあるロシア人亡命者であり、西ドイツを拠点とする反ソビエト組織、ロシア連帯主義者人民労働連盟の幹部であるゲオルギー・セルゲエヴィチ・オコロヴィチが標的だった。3年前にもオコロヴィチの誘拐が試みられたものの、失敗に終わっていた。

ホフロフの武器はサイレンサーつきの電動銃で、普段は金の煙草入れに隠していた。引鉄をひくと先端にシアン化物を塗った弾丸が飛び出す仕組みである。弾丸が命中して死に至っても、病理学者は死因を心臓発作とするはずだった。

だが1954年2月18日、ホフロフはオコロヴィチのアパートメントを訪問、暗殺するために送り込まれたと告げた。そして妻と共にCIAに政治亡命を申請する。ホフロフはさらに身を守ろうと、派遣されたエージェント2名の氏名を挙げたが、両名とも彼の言葉を裏付けた。CIAによる長期間の尋問を経て1954年4月20日に記者会見が開かれ、暗殺用の銃と海外に居住する反体制派の暗殺計画が暴露された。

ホフロフは後に『In the Name of Conscience（邦題・赤い暗殺者：指令にそむいたソ連スパイの手記）』（1959）を著し、NKVDの行き過ぎた行為を数多く明らかにした。だが1957年9月15日、フランクフルトの会議に出席していたホフロフを病が襲う。深刻な血液疾患と診断され、そのままでは命の危険があるとされた。アメリカ軍の病院へ運ばれた後、大量の輸血が行なわれると同時に様々な「特効薬」が試される。その結果一命を取り留めたが、検査を行なったところ、タリウムを投与されたものと判断された。ソビエトの複雑な暗殺計画の中で、タリウムは広く用いられるようになっていたのである。

【参照項目】離反者、NKVD、濡れ仕事

ホーホー卿　(Lord Haw Haw)

「ウィリアム・ジョイス」を参照のこと。

ポポフ、デュスコ　(Popov, Dusko　1912-1982)

1941年に当時中立国だったアメリカへ渡り、イギリスの管理下で偽のドイツスパイ網を組織すべく、自ら二重スパイとなった人物。

ドイツ軍の情報機関アプヴェーアから勧誘されたポポフはユーゴスラビア出身の貿易商だった。彼はアプヴェーアによる接触をイギリス当局に通報し、1940年12月にアプヴェーアのハンドラーからイギリスへ赴くよう指示されると、二重スパイを扱うダブルクロス委員会から「三輪車（Trycicle）」というコードネームを与えられた。当時2人の女性と性的関係にあったことがコードネームの由来だと思われる。ドイツ側はイワンというコードネームを与えた。ポポフがドイツに渡した情報には、イギリス軍の規模に関する偽のデータが含まれていた。

1941年6月、ポポフはアメリカへ赴いて諜報網を組織するようアプヴェーアから命じられる。またドイツと同盟関係にあった日本の求めに応じて真珠湾に関する具体的情報を集めるべく、ハワイに赴き軍事施設のスケッチを描けとの命令もあった。これらの指示は、ポポフが持参した偽電報にマイクロドットの形で隠されていた。

ポポフは1941年8月12日にリスボンからパンアメリカン航空の飛行艇に乗ってアメリカ入りしているが、イギリス当局はそれに先んじてポポフが二重スパイであることをFBIに通告した。しかしJ・エドガー・フーヴァーFBI長官は、イギリスのほうがドイツのスパイであ

るポポフに騙されていると信じており、彼がハワイへ赴くのを拒否した。

ポポフはドイツのマイクロドット技術に関する最初の実例と、ドイツ情報機関がアメリカについて答えを求めている疑問のリストをFBIに提供した。疑問の多くは真珠湾に関するものだったが、FBIはそれを無視し、真珠湾に対するドイツの関心が大きいことを見逃した。

ポポフはユーゴスラビアのパスポートと7万ドルを持参してアメリカに到着した。入国後はパークアベニューのペントハウスに住み、ニューヨークのナイトクラブ通いを始めている。FBIはポポフを監視下に置き、ペントハウスに盗聴器を仕掛けた。ポポフはそれに不満を漏らしている。「花の香りを嗅ごうとしたら、マイクに鼻をこすったよ」ポポフの主張によれば、アメリカでの任務が成功していることをドイツ人ハンドラーに納得させるため、ドイツのスパイが狙う本物らしき情報を必要としていたという。

イギリスのダブルクロス委員会はそうした情報をでっち上げたが、フーヴァーのほうはほとんど何の便宜も図っていない。高度に「消毒」されたポポフに関する1,421ページのFBI資料には、提供された資料の中に『Infantry Journal』や陸軍広報資料のコピーが含まれていたことを示す秘密メモがある。また他のFBIメモには、「防諜データの作成にふさわしい特定の情報」を海軍情報局が「でっち上げられなかった」と記されている。

FBIはポポフのために秘密無線局を運営したが、二重スパイとして活動することは許さなかった。ポポフは1943年7月にイギリスへ戻り、翌年6月のノルマンディー上陸までドイツに対する二重スパイ活動を続けて功績を挙げた。

イギリス人インテリジェンス・オフィサーのユーエン・モンタギューは次のように記している。「戦時中、私はデュスコ・ポポフをよく知っていた。彼は連合軍のために大きな危険を冒し、多くのことを成し遂げた。ある点ではイアン・フレミングが生んだヒーローだと言えるだろう——極めて勇敢かつ陽気な男で、底知れぬ魅力と人を惹きつける磁力を兼ね備えていた」

【参照項目】二重スパイ、アプヴェーア、ハンドラー、ダブルクロス委員会、コードネーム、マイクロドット、FBI、J・エドガー・フーヴァー、監視、盗聴／盗聴器、海軍情報局、インテリジェンス・オフィサー、ユーエン・モンタギュー、イアン・フレミング

ポポフ、ピョートル （Popov, Pyotr 1923-1960）

1953年から58年まで残留離反者としてCIAのためにスパイ活動をしたGRU（ソビエト連邦軍参謀本部情報総局）の士官。

1953年6月1日、ポポフはウィーン駐在のアメリカ

人外交官に近づき、面会を求めるメモを手渡した。そして第2次世界大戦後のGRUの組織構造に関する詳細な情報を初めてCIAに提供した。またオーストリアとユーゴスラビアにおけるソビエトの諜報活動についての情報も渡している。

ポポフは1954年に休暇でモスクワを訪れ、その後ベルリンへ派遣された。ベルリンでも、ある女性イリーガルのアメリカへの派遣計画といった有益な情報をもたらしている。警告を受けたFBIはそのイリーガルを入国直後から監視下に置いたが、正体を知られたと感じ取った彼女はそのままモスクワに帰還した。

1958年、モスクワへの帰還を命じられたポポフはKGBによって転向させられ、CIAとの関係を明らかにするよう告げられた。次いで外交官をカバーとして活動するCIAのインテリジェンス・オフィサー、ラッセル・ランジェルとの面会をセッティングする。ポポフは面会の場において、自分が転向させられた事実をどうにか伝えた。しかしもはや手遅れで、2人は逮捕された。ランジェルは国外追放となり、また伝えられるところによると、ポポフは複数のGRU職員が見守る中生きたまま焼却炉に投げ込まれたという。

当初はFBIの執拗な監視によってポポフの正体が露呈したと非難された。だが後に、ソビエトの内通者だったイギリス秘密情報部（MI6）職員、ジョージ・ブレイクが、ポポフの正体をKGBに通報したと推測されるようになった。

【参照項目】残留離反者、CIA、GRU、ウィーン、ベルリン、イリーガル、監視、KGB、カバー、インテリジェンス・オフィサー、MI6、ジョージ・ブレイク

ボーマルシェ、ピエール （Beaumarchais, Pierre 1732-1799）

アメリカ独立戦争時にルイ16世の密偵として秘密活動に従事したフランスの劇作家。『フィガロの結婚』や『セビリアの理髪師』といった戯曲の原作者として知られるボーマルシェは国王の側近でもあり、フランスの対イングランド政策を進めるにあたっては、秘密工作活動こそが鍵を握っているとルイ16世共々固く信じていた。

ルイ16世は8隻分の軍需物資を王立工廠から調達するための支出を裁可した。ボーマルシェは自分自身の資金に加えてスペイン政府からの寄付とフランス・スペイン両国で集められた資金を用い、オルタレス・エ・コンパニーという輸出企業を設立する。これは現代ならばフロント企業と呼ばれるものだった。

ボーマルシェは50隻に上る船団を率い、銃や弾薬などの物資を表向きはフランス西インド諸島へ運んだ。これら物資はそこからアメリカの港へと輸送されている。多くの学者は、1777年10月にアメリカ軍がサラトガで収めた勝利は、フランスの物資が適切なタイミングで到

着したからこそ可能になったと信じている。サラトガの勝利は独立戦争でアメリカが勝利を収める可能性をもたらしたのみならず、1778年2月の米仏同盟締結にも寄与した。

それより前、ボーマルシェは別の秘密任務にも携わった。偽名でロンドンへ赴き、フランスがイギリス侵攻を企んでいるという不確かな計画を暴露することで、国王の評判を落とす陰謀を未然に防いだのである。

【参照項目】秘密工作活動

ホームズ、ウィルフレッド・ジェイ
（Holmes, Wilfred Jay 1900-1986）

第2次世界大戦中、アメリカ太平洋艦隊及び真珠湾の太平洋方面司令部で勤務した海軍の暗号解読者。「ジャスパー」ホームズは海軍兵学校を1922年に卒業後、水上艦艇や潜水艦で勤務した。しかし潜水艦S-30の艦長を務めていた1936年に身体的理由で退役を余儀なくされる。その後ハワイ大学工学部で学ぶ傍ら、アレック・ハドソンのペンネームでサタデー・イブニング紙に短編小説を掲載、名の通った作家になった（訳注：艦長時代からすでに作家活動をしていた）。

1941年6月に召集されたホームズは真珠湾の暗号解読拠点に配属される。翌年5月下旬、アメリカ海軍の暗号解読者は日本艦隊の攻撃計画を知ったものの、目標については「AF」という頭文字しかわからなかった。その際、日本側にAFの意味を明かさせる巧妙な手口を考え出し、アメリカ側に勝利をもたらした人物としてホームズの名がしばしば挙げられている（「ミッドウェー」を参照のこと）。

ホームズは戦後もしばらく暗号解読活動を続け、1946年11月に退役した。その後ハワイ大学に工学部長として復帰する。また日米の潜水艦作戦に関する包括的な記録を著書『Undersea Victory』（1966）という形で残すと共に、アメリカ海軍による情報活動の大半を『Double-Edged Secrets』（1979）で明らかにした。

【参照項目】暗号解読者

ポラード、ジョナサン・ジェイ
（Pollard, Jonathan Jay 1954-）

イスラエルのためにスパイ活動をしたアメリカ海軍の情報分析官。自白によると、イスラエル人ハンドラーに800点以上の機密文書と1,000点以上の電文を提供し、その分量は縦横2メートル弱、高さ3メートルになるという。

ポラードはスタンフォード大学を1976年に卒業、翌年タフツ大学フレッチャー法律外交大学院に進学するが、学位を得られぬまま79年に退学する。父親はプラハでCIAのエージェントを務めていたことが68年に発覚しているが、ポラードはスタンフォード大学に在籍中、いかにしてチェコスロバキアから脱出したかを語っていたという。しかしこれは嘘であり、イスラエル情報機関との関係、及び自分はイスラエル国防軍の大佐であるという、当時吹聴していた放言も同じだった。

「ポラード大佐」宛てに自ら電報を打ったこともあるポラードは、政府の採用試験の際にも偽の職歴と学歴を応募書類に書き込んだが、それを見破った者はいなかった。そして1979年9月に情報分析官として海軍入りし、通常の素性調査を経て、最高機密資料のセキュリティー・クリアランスと共に、機密細分化情報（SCI）へのアクセス権限を与えられた。

メリーランド州スートランドの海軍情報支援センターで勤務を始めた直後、ポラードは南アフリカ大使館の駐在武官と接触した。これを知ったアメリカの防諜当局は海軍に通報する。ポラードは特別クリアランスこそ失ったものの、解雇されることはなかった（ポラードが機密資料を南アフリカに渡していれば、程なくKGBにもたらされていたと思われる。当時、南アフリカ海軍のディーター・フェリクス・ゲルハルト准将がKGBの内通者として活動していたからである）。

1984年6月、ポラードは海軍犯罪捜査局（当時は海軍捜査局〔NIS〕）に分析官として配属され、特別クリアランスも復活した。配属先は脅威分析課内に新設された対テロリズム警報センターという重要度の高いユニットであり、そこでは衛星写真やCIAエージェントによる報告書といった機密文書にアクセスできた。

ポラードは職務の範疇を超え、オーストラリア海軍の士官やアフガニスタンのムジャーヒディーン民兵に機密資料を見せた。また私設の秘密情報局を作り上げようとする（当局はそう信じていた）中で、少なくとも3名の知人に機密情報を渡している。

この頃ポラードはニューヨーク市を訪れ、「アヴィ」を名乗るイスラエル軍士官と面会した。その人物はイスラエル空軍士官にして情報工作員でもあったアヴィエム・セラ大佐であり、ニューヨーク大学の大学院生をカバーとして諜報活動を行なっていた。セラはポラードに対し、イスラエルに提供できる情報の「サンプル」を求めた上で、報酬を支払うと約束する。数日後、2人はワシントンで再会し、イラクの化学兵器生産拠点についての詳細な情報がポラードからセラに手渡された。

勧誘員でもあるセラは通常の手続きに従い、ケースオフィサーのヨゼフ（ヨッシ）・ヤグールにポラードを引き渡した。ヤグールはニューヨークのイスラエル領事館に所属する科学問題担当領事をカバーに活動していた。ヤグールとポラードはパリで顔を合わせたが、そこにはイスラエル国防省科学問題連絡局（ラカム）のトップ、ラファエル（ラフィ）・エイタンも同席していた。

3人がパリのセイフハウスで面会している間、ポラードの婚約者アン・ヘンダーソンは宝石店に連れられ、婚

約指輪を選ぶよう告げられた。彼女が選んだのはダイヤモンドとサファイアをあしらった１万ドルの指輪であり、後にセラが購入、ヘンダーソンへの贈り物としてポラードに渡された。またイスラエル側は、友人には「ジョー・フィッシャー伯父」からのプレゼントだと説明するよう求めている。

ポラードがパリを発つ直前、セラは１万ないし12,000ドル──ポラードは正確な金額は忘れたと後に述べている──の現金を彼に渡し、リヴィエラ、イタリア、スイス、ドイツを周遊するようにと言った。またスパイ行為を続ければ月々1,500ドルを支払うとも約束している。

帰国後、ポラードは直ちにスパイ行為を開始した。スートランドの海軍情報施設における保安規則は緩く、ほぼあらゆる対象をコンピュータで検索することができた。情報盗み出しの主な対象となったのは国防情報局（DIA）であり、そこのデータベースには世界各国の軍事情報が格納されていた。

ポラードはおよそ週３回のペースでコンピュータのプリントアウト、衛星写真、及び機密文書をまとめてブリーフケースに入れ、中身を調べられることなくスートランドの施設を後にした。そして車内を覗かれる可能性のない場所──例えば洗車場──に車を走らせ、愛用のブリーフケースから別のブリーフケースに資料を移し、金曜あるいは土曜日にワシントンのアパートメントへ届ける。資料はそこでイスラエル側によってコピーされ、月曜日に施設へ戻される。イスラエルに届けられた資料は、特別チームによる分析を経て配布された。

1985年春、スパイ行為の報酬が月2,500ドルに引き上げられると共に、ポラード夫妻はヨーロッパへのハネムーンに招待された。２人はヴェニスで挙式を行ない、オリエント急行の１室700ドルの特別室に乗ってチューリヒへと旅した後、イスラエルに赴いている。

イスラエル滞在中、ポラードはイスラエル情報機関から歓待を受け、別れ際にはハネムーン費用として現金１万ドルを渡された。２ヵ月後、ポラードとワシントンで顔を合わせたヤグールは、ポラードの顔写真が貼られ、ダニー・コーエンの氏名が記載されたイスラエルのパスポートを見せた。またスイスのある銀行の口座番号を教え、すでに３万ドルが預金されていると告げる。イスラエルはポラードに感謝しており、向こう10年間にわたり年３万ドルを送金するという。その後ポラードは、ダニー・コーエンとしてイスラエルに渡ったと考えられている。

アン・ヘンダーソン・ポラードは全米ライフル協会広報の職を辞め、中国の代理店となる方法を探っていたニューヨークの広告会社に接触する。当時ポラードが自宅に持ち帰っていた資料には、中国大使館及び領事館で勤務する外交官を対象とした秘密調査書５点が含まれて

おり、アンはそれを基に採用試験で素晴らしい印象を残した。

だがこの頃、上官のジェリー・アギー海軍大佐がポラードによる大量のデータ要求に気づき、彼の職務態度とコンピュータ操作を「特に注意深く調べるよう」部下に命じる。1985年11月８日、ポラードが中東問題に関するSCI情報をプリントアウトしたことを、アギーは突き止める。ポラードの執務スペースを内密に調べたところ、SCI情報はそこになかった。つまり、適切な許可を得ることなく機密資料を外に持ち出していたのである。アギーはNISの保安部署とFBIに通報した。

11月18日月曜日、ポラードは機密資料60点──うち20点は最高機密だった──の入った包みを手にしていたところ、海軍施設の外で呼び止められ、FBI及びNISの捜査官による尋問のために自分のオフィスへ連れ戻された。尋問官を騙してその場を切り抜けたポラードは、ハンドラーから助けを得ようと木曜日の朝にイスラエル大使館へと車を走らせたが、その後をFBI捜査官がつけていた。

ポラードはイスラエルへの政治亡命を拒まれ、大使館の敷地から出たところを逮捕された。アン・ヘンダーソン・ポラードも翌日に逮捕されている。

イスラエルによるアメリカ国内でのスパイ活動が発覚したことは、両国の外交関係を崩壊に追い込む危険性をはらんでいた。イスラエル政府の報道官はこのスパイ活動を「ならず者」による行為とし、「アメリカ国内ではいかなる諜報活動も行なわず、またいかなる反米的行為もしないというイスラエルの政策から逸脱したもの」と述べた。

しかし、これが高度に組織化された長期にわたる情報作戦であることは、すぐに明らかとなった。キャスパー・ワインバーガー国防長官は損害を見積もる中でこう述べている。「国家安全保障に対するこれ以上の損害は……とても思いつかない」その上で「取り返しのつかない大きな被害がこの国にもたらされ」、その中には「相手がいかなる人物、あるいはいかなる国家であっても、公開されれば我が国の安全保障に最大級の損害をもたらすため、アメリカが意図的に秘匿している」データの売却も含まれていると語った。

検事補２名がポラードの起訴を担当した。その１人、デイヴィッド・ジェネソンは、ポラードがもたらした情報の大部分は「イスラエルにとって、アメリカもしくは他国に対する交渉カードとしての価値しか持たない」と後に語った。これは情報関係者が内々で言い合っていたことを逆説的に認めるものだった。つまり、イスラエル政府に潜む内通者によって情報の一部がソビエトに伝えられた、ということである。さらに、ポラードがもたらした資料には、アメリカのエージェント、あるいはアラブ各国における主要な接触先──イスラエルに寝返り得

る人物——に関する情報と共に、NSA の暗号解読活動についての情報が含まれていた。

政府が作成した損害報告書によれば、情報収集システムに関する暴露は「エージェント網の喪失に等しい」という。また別の報告書は、「それなりの能力を持った情報分析官であれば」アメリカのエージェントの素性を「推測できる」としている。

またポラードはハンドラーに自分の身分証をコピーさせ、政府施設に立ち入る手段を他のエージェントへ渡せるようにしていた。

ポラードはスパイ行為で有罪を認め、終身刑を言い渡された。アンも政府の物品を違法に所有し、また夫が軍事文書を所有していた共犯の容疑で罪を認めたが、スパイ容疑はかけられていない。彼女は禁固5年を言い渡されたが、自分の扱いについて始終不満を漏らしていた。テレビのインタビューにおいて、彼女は自分の体験をこのように述べた。「治療の面、虐待の面では、47年前のアウシュビッツも同じようなものだったに違いない……」アンは37ヵ月服役した後の1990年4月に釈放され、すぐさまポラードと離婚した。

ポラードはイスラエルでヒーローとなり、釈放を求める国際的運動が展開された。クネセット（イスラエル議会）に所属する70名の議員は1988年に請願を行ない、レーガン大統領によるポラード夫妻の特赦を求めた。ポラードの支持者は彼の運命を、同じユダヤ人だったアルフレド・ドレフュス大尉のそれになぞらえている。しかしポラードが自ら罪を認めたスパイである一方、ドレフュスはスパイではなかった。ポラードが獄中で結婚した2番目の妻エステルは減刑運動を始め、「外部におけるジョナサンの声」を自称して彼の主張を広く伝えた。エステルなどアメリカ国内及びイスラエルのポラード支持者は、今なお大統領による恩赦を求めている。

1993年、ポラードが過去14回にわたり、獄中で記した手紙の中で機密情報を暴露しようと試みたことが、レス・アスピン国防長官によって明らかにされた。この発表は、イツハク・ラビン首相がポラードの釈放をクリントン大統領に求めてから1ヵ月も経たないうちに行なわれた。その時クリントンは、司法省による減刑勧告を検討することしかできないと答えている。以前にはイツハク・シャミル首相からも同様の要請がジョージ・H・W・ブッシュ大統領に対してなされているが、これも拒否されていた。1996年にラビンが暗殺された後、後任のシモン・ペレス首相もワシントン訪問中に同様の要請を秘密裡に行なったとされている。1998年、イスラエル政府はポラードがスパイであったことを正式に認めた。なおイスラエルの市民権が与えられたポラードは、スパイ活動に対する報酬支払いを求め続けている。

1998年の中東和平交渉において、イスラエルとパレスチナ解放機構との捕虜交換の一環として、ポラード釈放の合意がクリントン大統領との間でなされたと、イスラエル当局は後に明らかにした。だがジョージ・テネット中央情報長官は、ポラードの釈放はインテリジェンス・コミュニティーを激怒させると警告し、クリントンがポラードに恩赦を与えるならば自分は辞職すると脅したことが伝えられている。

ポラードの弁護士は定期的に釈放を求めており、検察当局と「合意」していたにもかかわらず、終身刑の宣告によってそれが破られたと主張している。2003年9月にはポラード自身がワシントンDCの法廷の場に立った。弁護側の主張によれば、政府が合意を破っただけでなく、検察官もその違反に抗議するのを怠り、判決に対して上訴しなかった点で無能だったという。だが後者の主張がなされた時、判決言い渡しからすでに16年が経過していた。

ポラードが法廷に姿を見せた後、ワシントン・ポスト紙の社説は、ローレンス・H・シルバーマン及びルース・ベイダー・ギンスバーグ——いずれも当時ワシントンDC巡回裁判所に所属していた——両判事が1992年に作成した声明文を引用した。

（ポラードが）収監の原因となった犯罪について容疑を否認したことはない。また結局実現しなかったものの、ある特定の刑期を約束したことで、彼が有罪を認めたという主張もなされていない。かかる状況の下、司法手続きに完全なる錯誤があったとは認めがたい。

（訳注：2015年7月、オバマ大統領はポラードの釈放を決定し、11月に実施された）

【参照項目】ハンドラー、CIA、素性調査、最高機密、セキュリティー・クリアランス、機密細分化情報、駐在武官、防諜、KGB、ディーター・フェリクス・ゲルハルト、内通者、海軍犯罪捜査局、衛星、エージェント、カバー、ケースオフィサー、ラカム、セイフハウス、国防情報局、軍事情報、FBI、NSA、アルフレド・ドレフュス、ジョージ・H・W・ブッシュ、中央情報長官、ジョージ・テネット、インテリジェンス・コミュニティー

堀栄三 （1913-1995）

日本陸軍の参謀。同僚からは「マッカーサー参謀」の異名をとった。

1934年に陸軍士官学校を卒業した堀は騎兵少尉に任官された直後に大本営配属となり（訳注：実際に大本営参謀となったのは1943年）、イギリス、ドイツ、ソビエト連邦、アメリカなど海外関係の部署を数多く経験した。第2次世界大戦中は大本営陸軍部第2部（情報担当）に配属され、次いでフィリピンに駐在する第14方面軍の作戦参謀となった。

堀は戦時中を通じ、アメリカ軍の作戦を予想するにあ

たって特筆すべき才能を発揮した。敵の総大将、ダグラス・マッカーサーの立場から予想を立てたのである。「マッカーサー参謀」というあだ名も、驚くほど正確な予想が由来だった。一例を挙げると、1944年6月のサイパン占領後、上官は米軍がそのまま日本を目指すと信じていたのに対し、堀はフィリピンこそが次の標的だと正しく判断した。

堀はまた日本への爆撃機襲来を分析してどれが偵察目的かを判断、そこから九州が攻撃の重点になりつつあると推測した。そして九州沿岸を踏破した後、侵攻拠点として九州南西部の志布志湾に注目する。秋口の上陸は台風の危険があるものの、10月に入れば安全である。そうなると、寒風吹きすさび気温も氷点下近くとなる12月及び1月に、アメリカ軍は九州南部で戦闘を繰り広げることになるだろう。しかしその時期は雨が滅多に降らず、水田も水を抜いているので地面は乾燥している。これらを全て考慮に入れ、米軍上陸は10月後半のはずだと堀は判断した。実際、アメリカの戦略立案者は九州上陸を11月1日に予定していたのである。

終戦後に復員、1954年に陸上自衛隊入りして再び情報関係の任務を与えられ、駐西ドイツ大使館の防衛駐在官や統合幕僚会議第2室（後の防衛省情報本部）室長を歴任した後、67年に退役した。その後は1974年から80年代後半まで大阪学院大学のドイツ語講師を務めている。

ボーリガード、ピエール・G・T

（Beauregard, Pierre G. T.　1818-1893）

南北戦争中に大規模なスパイ網を組織した南部連合の士官。1838年に陸軍士官学校を卒業した後メキシコ戦争に参加し、61年にはウエストポイント士官学校の校長に就任するも、ルイジアナ生まれのボーリガードは戦争になったら南部軍に加わると広言したため、わずか5日間でその職から追われた。

1861年4月12日、南北戦争における最初の1発——サウスカロライナ州チャールストンのサムター要塞を目標とした集中砲撃——を放ったのは、ボーリガード指揮下の砲兵隊だった。戦争中は部隊指揮官としてだけでなくスパイマスターとしても顕著な働きを見せ、部下のトーマス・ジョーダン大尉に対し、ワシントンDCの社交界に属する裕福な婦人ローズ・グリーンハウを長とするスパイ網を組織するよう命じた。彼女はとりわけディナーの席で軍事・政治情報を集めることに成功している。

ジョーダンがグリーンハウを通じて得た最も重要な情報は、第1次ブルランの戦い（南軍は第1次マナサスの戦いと呼んだ）に関するものだった。1861年7月10日、グリーンハウは1人の女性を密使に仕立て上げ、髪の中にメッセージを隠した。その女性ベティ・デュヴァルは北軍の前線を突破して無事ボーリガードにメッセ

ージを届けている。それは6日以内に北軍が南への行軍を計画しているというものだった。続くメッセージがその場所を明らかにする。それこそがヴァージニア州マナッサス近郊のブルランだったのである。

ボーリガードはこの情報に捕虜への尋問から得られた別の情報を加えて戦略を練り上げ、ブルランの戦いを北軍の壊滅的敗北に終わらせている。

1862年に発生したシャイローの戦いでは南軍の共同指揮を執り、その後北軍のチャールストン攻撃に対する防衛軍を指揮、64年にはヴァージニア州ピーターズバーグで戦った。終戦時は南軍における8人の大将の1人だった。

戦後はニューオーリンズ・ジャクソンヴィル・アンド・ミシシッピ鉄道の社長を務め、またルイジアナ州の州兵長官も歴任している。

ブルース・カットンは著書『Mr. Lincoln's Army』（1951）の中で、ボーリガードを「大胆で……若きナポレオンを思わせる……熱烈な南部人気質を持ち合わせた」人物と評した。ボーリガードは確かに有能な指揮官だったものの、命令に対して頻繁に疑問を差し挟んだことは不服従と受け取られかねないものだった。

ポリグラフ　（Polygraph）

嘘をついているか否かを判断するために用いられる装置。一般的に「嘘発見器」と呼ばれるこの装置は、防諜活動で広く使われてきた。例えばCIAの職員には、ポリグラフにつながれたまま質問を受ける「フラッター」が定期的に実施されている。

ポリグラフは通常被験者の呼吸、血圧、心拍数、及び掌の発汗量を計測し、グラフ用紙に記録する。質問を受けた際にグラフが直線状であれば、理論上平静な状態にある（すなわち真実を語っている）と言える。一方質問に対してグラフが激しく上下していれば、ストレスに晒されている（すなわち嘘をついている）ことを示している。

近年ではポリグラフ検査に対する疑いが強まっている。アメリカ海軍のジョン・A・ウォーカー下士官やCIAのオルドリッチ・H・エイムズ防諜担当官といった大物スパイは、ポリグラフ検査を見事に切り抜けた。ウォーカーはポリグラフを騙してやったと自慢し、エイムズも2度にわたってポリグラフ検査をパスしている。エイムズによれば、検査の際にはソビエトのハンドラーから与えられた指示に従ったという。また精神科医は、一般的にスパイは二枚舌を使い慣れているため、彼らの嘘を機械で見抜くことは不可能だと述べている。一方、全米アカデミーズの全米研究評議会（NRC）は2002年に作成した報告書の中で、嘘発見技術をさらに改善するための研究を求めている。それと同時に、ポリグラフの代わりとなる技術はいまだ存在していないとも指摘し

た。

　R・ジェイムズ・ウールジーは中央情報長官に就任する際、ポリグラフ検査を拒否した。同様に、ジョージ・P・シュルツ国務長官もポリグラフ検査を強要するのであれば辞職すると脅している。1988年に国務省でのポリグラフ検査を認める法案が議会に提出された際、シュルツは激しく反対していた（1985年、機密情報及び細分化された極秘情報を扱う、民間人や契約業者を含む全ての人間に対し、ポリグラフ検査を実施するよう国防長官に命じる法案が議会で可決された。それを受けて国防総省ポリグラフ検査所が新設され、そこで訓練を受けたポリグラフ装置の操作員は「法精神生理学」修了生と呼ばれることになった）。

　レーガン大統領はシュルツに対し、自らの判断でポリグラフ検査を管理することを認めた。シュルツは規制を設け、職員がポリグラフ検査を拒否できるようにしている。そして職員が検査にパスできなくても、国務長官の許可がなければいかなる処分も下されないと定められた。

　アメリカの法廷は一貫してポリグラフによる証拠を棄却しているが、十分な科学的根拠がないというのが主たる理由である。2003年にエネルギー省の主導で作成された全米研究協議会の報告書は、ポリグラフ検査が犯罪捜査に有効だと認める一方、それを採用する際のツールとして用いることに疑問を呈している。「現時点での証拠によれば、保安上のリスクを識別しつつ、有能な職員を確保しようとするのであれば、現在用いられているポリグラフ検査には極めて重大な瑕疵が存在している……」報告書では被験者1万名に対する実験が検証された。その結果、1万名の中にスパイが10名紛れ込んでいて、そのうち8名を突き止められる水準のポリグラフ検査を実施すると、1,606名の正直な職員がパスできないという。

　しかしインテリジェンス・コミュニティーでは、保安当局によるポリグラフの活用が是認されてきた。FBIがポリグラフを用いて実施した2万件の尋問を1987年に調査したところ、結果が誤っていたケースは全体の1％未満だったという。

　ポリグラフ検査をパスしたキューバ人エージェントが転向させられ、キューバ防諜当局の二重スパイとして活動していたことを亡命者から知ったCIA職員の多くは、嘘発見器の効果に疑問符を付けている（「キューバ」を参照のこと）。

【参照項目】防諜、CIA、フラッター、ジョン・A・ウォーカー、オルドリッチ・H・エイムズ、ハンドラー、R・ジェイムズ・ウールジー、中央情報長官、インテリジェンス・コミュニティー、FBI、エージェント、二重スパイ

ホリス、サー・ロジャー　(Hollis, Sir Roger　1905-1973)

　1956年から65年までイギリス保安部（MI5）長官を務め、またケンブリッジ・スパイ網の「第5の男」ではないかと疑われた人物。ホリスに関する疑惑は1970年代から80年代にかけてイギリス情報機関の分裂を招き、ホリスを組織内ゴシップの犠牲者として擁護する勢力もあれば、ホリスの死後に立件を試みた勢力もあった。

　ホリスをソビエトの内通者と疑う勢力の先頭に立っていたのが、1949年から76年までMI5に所属し、著書『Spycatcher（邦題・スパイキャッチャー）』（1987）の中でホリスを非難したピーター・ライトである。ケンブリッジ・スパイ網のメンバー──ハロルド（キム）・フィルビー、ガイ・バージェス、ドナルド・マクリーン、そしてアンソニー・ブラント──はいずれもホリスと同じ時期にイギリス情報機関で活動していたというのが理由である。

　イギリス国教会の聖職者の息子として生まれたホリスはケンブリッジでなくオックスフォードに進んだが、学位を取得する前に退学した。その後1927年に香港へ渡ってブリティッシュ・アメリカン・タバコ社に採用されるものの、結核を病んで36年に帰国する。その2年後、MI5に入って対イギリス共産党部署に配属され、第2次世界大戦中は対ソビエト部署へ異動、ソビエト連邦及びその衛星諸国に対処するセクションFの部長代理を一時的に務めた。

　戦後はオーストラリアに派遣され、オーストラリア保安情報機構（ASIO）の設立に手を貸している。当時ホリスはMI5内部の保安を担当するC局の局長を務めていたが、1953年に長官のサー・ディック・ホワイトから副長官に指名された。そして56年、ホワイトの後を受けて長官に登り詰める。

　KGBの上級職員で1961年12月に亡命したアナトリー・ゴリツィンは西側のインテリジェンス・オフィサーに対し、1951年にソビエトへ亡命したバージェスとマクリーンが「ケンブリッジ5人組（KGBはイギリスのスパイ網をこのように呼んでいた）」のうち2名であると語った。そして、フィルビーが第3の男であり、第2次世界大戦中にMI5で働いたブラントが第4の男というわけである。ブラントを6年間にわたって尋問し、5人組の謎を解明しようと試みたライトは、ホリスこそが第5の男だと狙いをつける。1961年の段階でホリスの長官在任期間は残り4年となっていた。

　ライトらが積み上げたホリスのスパイ疑惑は、彼が中国にいた時期にまで遡る。ソビエトの伝説的スパイ、リヒャルト・ゾルゲによって運営されていた上海スパイ網の誰かがホリスを勧誘したのだろうと、ライトらは考えていた。しかしゾルゲに関する記録が徹底的に調べられ

たものの、若きホリスとの接触を示す証拠は見つからなかった。しかもホリスの長官在任中、MI5はジョージ・ブレイクを摘発し、ゴードン・ロンズデールのスパイ網を壊滅に追い込んでいる（「ハリー・フートン」「ポートランド事件」を参照のこと）。

だがライトは納得しなかった。彼はホリスだけでなく、MI5の防諜責任者であり、後にホリスの下で副長官を務めるグラハム・ミッチェルについても疑っていた。『Spycatcher』にはこう記されている。「1964年初頭の時点でアーサー（原註・アーサー・マーチン。MI5の上級防諜担当官）と私は、MI5上層部で活動しているスパイの最有力容疑者は、ミッチェルではなくホリスであると信じるに至った」

ホリスの退任（1965年）後も捜査は続けられた。1969年、セイフハウスのある一室でホリスは2日間にわたってMI5職員から尋問を受ける。別の部屋では同じくMI5の職員（ライトを含む）がやりとりを聞いて記録した。ホリスは何も明かさずまた何も認めず、彼に対する捜査は幕を下ろされた。

1987年にライトが『Spycatcher』を執筆した際、イギリス当局は出版を差し止めようとした。チャップマン・ピンチャー著『Their Trade Is Treachery（邦題・裏切りが奴らの商売）』（1981）でもホリスに対する同様の疑惑が記されているものの、こちらは標的とはなっていない。しかしピンチャーはジャーナリストだったため、実際にMI5で勤務していたライトの告発より軽く見られたのは確かである。

1981年3月、マーガレット・サッチャー首相はピンチャーの書籍が刊行されたことを受け、ホリスの容疑は2度の捜査によってすでに晴れていると述べた。「無実の証明が不可能であるケースはしばしば見られます。しかしホリス氏の有罪を立証する証拠は発見されず、捜査の結果、ソビエト情報機関のエージェントではないという結論に達しました」またピンチャーの書については「公安当局にとって目新しい重大情報は含まれていません。さらに、資料の一部は不正確か歪められたものです」としている。

退職後、ホリスは31年連れ添った妻と離婚し、長らく不倫関係にあった秘書と再婚した。イギリスのインテリジェンス・オフィサーの中には、イギリスの指導層は各種の性的関係にルーズなことから、ソビエトがこの不倫を脅迫の種にしていたのではないかと疑う者もいるという。

【参照項目】MI5、ケンブリッジ・スパイ網、第5の男、内通者、ピーター・ライト、ハロルド（キム）・フィルビー、ガイ・バージェス、ドナルド・マクリーン、アンソニー・ブラント、オーストラリア保安情報機構、アナトリー・ゴリツィン、第3の男、第4の男、リヒャルト・ゾルゲ、スパイ網、ゴードン・ロンズデール、傍聴、セイフハウス、チャップマン・ピンチャー

ホーリーストーン　（Holystone）

「潜水艦」を参照のこと。

ポリヤコフ、ディミトリ・フェドロヴィチ

（Polyakov, Dimitri Fedorovich　1921-1988）

18年間にわたり残留離反者としてアメリカの管理下でスパイ活動を続けたGRU（ソビエト連邦軍参謀本部情報総局）士官。西側のためにスパイ行為をしたGRU士官の中で最高位の人物とされている。

国際連合ソビエト代表団をカバーとして活動していた1961年11月、GRU大佐だったポリヤコフはFBIの下で働くアメリカ人に対し、マンハッタン沖のガバナーズ島に司令部を置くアメリカ第1軍の司令官に面会したいと告げた。司令官に招待されたカクテルパーティーの席で、彼はFBIとの接触を求める。そして2度目のパーティーで、CIA職員を名乗るFBI捜査官に紹介された。

1962年1月、FBIはトップハットというコードネームをポリヤコフに与え、スパイとして活用し始めた。ポリヤコフはアメリカ国内で多数のイリーガルを訓練しており、残留離反者となった際にはイリーガル全員を監督する立場にあった。ポリヤコフに素性を暴露されたイリーガルとして、カーロ・トゥオミとアレクサンドル・ソコロフが挙げられる。またFBIはポリヤコフを通じ、アメリカ海軍下士官のネルソン・C・ドラモンド、陸軍士官のウィリアム・H・ホエーレン、そして陸軍下士官のハーバート・W・ベッケンハウプト及びジャック・E・ダンラップのスパイ活動を突き止めたと考えられている。またイギリス人スパイ、フランク・ボサードの正体を暴露したのもポリヤコフとされている。

ポリヤコフをスパイ行為に駆り立てたのはソビエト体制に対する嫌悪であり、FBIからの贈り物は受け取ったものの、現金の受け取りは拒否している。1962年5月にモスクワへ派遣された際にはCIAのアセットになっていた。またFBIも接触を保つため、ニューヨーク・タイムズ紙の個人欄にドナルド・F宛ての広告を出すことで、モスクワのデッドドロップを指示する簡単なコードを伝えた。

1965年11月、ポリヤコフは駐在武官としてビルマ（現・ミャンマー）の首都ラングーン（現・ヤンゴン）に赴任する。そこで自分を勧誘したFBI捜査官と会う一方、上官にはこのアメリカ人を勧誘するつもりだと説明した。モスクワ帰還後、そして1973年に駐在武官としてインドに派遣されてからも、彼は情報提供を続けた。

デイヴィッド・ワイズは著書『Nightmover』（1995）の中で次のように記している。「（ポリヤコフは）さらに多くの最高機密情報へアクセスできるようになった。ポ

リヤコフは長年にわたり極めて価値の高い政治・軍事情報を提供したが、その中には戦略ミサイル、対戦車ミサイル、核戦略、生化学戦、穀物病、及び民間防衛体制に関する情報データが含まれていた」アメリカの情報関係者によると、CIAはポリヤコフのために小型の通信装置を開発し、タイプされた50ページの資料を暗号化の上で送信できるようにしたという。送信されたデータは、モスクワのアメリカ大使館に備えられた特殊受信機で傍受されたとのことである。

CIAで勤務していたソビエトのスパイ、オルドリッチ・H・エイムズ防諜担当官によって多数のエージェントが素性を暴露されたが、ポリヤコフもその1人だった。エイムズによる裏切りの結果、ポリヤコフはKGBに逮捕され、1988年に処刑された。

1990年1月、プラウダ紙はポリヤコフの名を挙げることなく、「ドナルド」なるスパイに関する記事を掲載し、「非常に重要な立場の」政府職員だと紹介した。その記事はドナルドの経歴を紹介するにあたってポリヤコフのキャリアをそのまま辿っているが、異なる点もいくつかあった。一例を挙げると、ドナルドはごく最近になって逮捕・処刑されたとしているが、アメリカの情報機関はポリヤコフが1988年に処刑されたと主張している。またプラウダ紙は次のように伝えている。「数多くの国家機密を閲覧できたドナルドは、アメリカ情報機関が関心を抱いたあらゆるものを売り渡した」その国家機密が何であるか、紙面では触れられていない。

CIAの防諜責任者であるジェイムズ・ジーザス・アングルトンは、トップハットとフェドラ（FBIが勧誘したもう1人のスパイ）がいずれも二重スパイであると信じていた。アングルトンの主張によると、トップハットとフェドラはソビエトのエージェントであり、真の離反者であるアナトリー・ゴリツィンの信用を失墜させることが任務だったという。CIAに浸透した内通者がゴリツィンによって正体を暴露されたため、ソビエト側は必死になってゴリツィンの信用を落としにかかったというのが、アングルトンの説である。しかし1980年代、ウィリアム・J・ケーシー中央情報長官は自ら調査を命じ、トップハットは本物のスパイであると結論づけた。

一方、ケーシーを批判する者たちは、トップハットはやはり二重スパイであり、ソビエトの核ミサイルが実際よりもはるかに正確であることを示すデータなど、数々の偽情報をもたらしたと主張した。米ソのミサイル制限条約が偽情報を土台にしているという推測も、ここから生まれたものである。

プラウダ紙の記事には、ドナルドは1961年にニューヨークでFBIと接触し、FBIはニューヨーク・タイムズ紙にムーディー・ドナルド・F宛ての個人広告を掲載することで彼と連絡を保っていたと記述されている。「チャールズおじさんと妹のクララは元気です」というのが

広告の文面であり、1964年に10日間連続で掲載されたという。

またプラウダ紙は、逮捕されたドナルドが「私は綱渡りに慣れているし、他の人生など想像したこともない。KGBに追跡されていることは骨の髄まで感じていたが、自分の行動を分析することで心配は消えた」と述べたことを伝えている。

アメリカ情報当局は、これら記事の背景として、自らの評判を立て直したいKGBの願望を挙げている。事実、KGBは1980年代中盤以降ドナルドのようなスパイを30名ほど摘発しており、大部分はエイムズによって正体を暴露されたことが、記事の中でも触れられている。

【参照項目】GRU、残留離反者、国際連合、カバー、CIA、トップハット、コードネーム、イリーガル、カーロ・トゥオミ、アレクサンドル・ソコロフ、ネルソン・C・ドラモンド、ウィリアム・H・ホエーレン、ハーバート・W・ベッケンハウプト、ジャック・E・ダンラップ、フランク・ボサード、アセット、デッドドロップ、コード、駐在武官、防諜、オルドリッチ・H・エイムズ、エージェント、ジェイムズ・ジーザス・アングルトン、フェドラ、二重スパイ、アナトリー・ゴリツィン、中央情報長官、ウィリアム・J・ケーシー

ホール、ヴァージニア　(Hall, Virginia 1906-1982)

第2次世界大戦中にイギリス特殊作戦執行部（SOE）及びアメリカ戦略諜報局（OSS）のエージェントとして活動したアメリカ人ジャーナリスト。戦後はCIAで勤務した。

1939年にヨーロッパで第2次世界大戦が始まった際、ホールはニューヨーク・ポスト紙のヨーロッパ特派員だった。その後アメリカ参戦に先立ってSOEでの活動を志願する。1942年初頭、リヨンのセイフハウスを運営していた彼女は、義肢を使っていたにもかかわらず密使を務め、農婦に変装してSOEスパイ網のメンバーにメッセージを届けた。またコードネームは「ダイアン」と「ルネ」の2つがあった。

1944年3月、SOEとフランスのレジスタンス勢力が、連合軍のノルマンディ上陸作戦に向けて準備を始めたのを受け、ホールはフランスにおけるOSSスパイ網の設置に力を貸した。だがSOEとOSSのいずれも知らなかったことだが、ドイツ軍の情報機関アプヴェーアは二重スパイの裏切りを通じて、彼女のSOEに対するかつての貢献を掴んでいた。しかし正体が突き止められることはなく、上陸作戦前の活動は見事功を奏した。

戦後にOSSが解体された際もホールは諜報活動の世界にとどまり、後身のCIAに参加した。その後は上級インテリジェンス・オフィサーとしてラテンアメリカで勤務している。

【参照項目】SOE、戦略諜報局、CIA、コードネーム、アプヴェーア、二重スパイ

ポルガー、トーマス・C (Polgar, Thomas C. 1922-2014)

ベトナム戦争の最終段階で CIA サイゴン支局長を務めた人物。

ハンガリー生まれのユダヤ人だったポルガーは 1930 年代にアメリカへ逃げた。第 2 次世界大戦中、ポルガーの言語能力に感銘を受けたアメリカ陸軍は、彼を戦略諜報局（OSS）に配置した。入局後はイギリスで訓練を受け、ドイツ軍前線の後方へ送られている。戦後は他の多くの OB と共に新設の情報機関 CIA に加わり、CIA が冷戦期に最大規模の支局を置いていたベルリンに赴任した。

1960 年代はウィーンで勤務し、後にブエノスアイレス支局長となる。そこではハイジャック犯に麻薬入りのコカコーラを届けることで、事件を解決したこともあった。

1972 年に駐ベトナム大使特別補佐官をカバーとしてサイゴン支局長となった際、ポルガーはすでに CIA 計画本部（秘密活動を担当）における伝説的存在だった。なおアジア地区で勤務するのはこれが初めてだった。

CIA のインテリジェンス・オフィサーとしてベトナムで活動した経験のあるフランク・スネップは、著書『Decent Interval（邦題・CIA の戦争：ベトナム大敗走の軌跡）』（1977）の中でポルガーを次のように描写している。

> ポルガーは自分の訛りと経歴のために、CIA の官僚機構の中でアイヴィー・リーグに囲まれたよそ者であることを自覚していた。そしてよそ者であるがために、自分の知識と狡猾さを常に実証しなければならないと感じていたのである……個人的なコンプレックスがベトナム人との関係を形作る一助となったのは間違いない……と言うのも、サイゴンの有力者と交渉する際、ポルガーは重要な判断を遅らせる傾向があり、かつ相手の言葉が利己主義に基づくものとわかっていても、それを受け入れていたからである。

ポルガーがベトナムの CIA 組織を引き継いだ当時、アメリカの政策立案者が公に認めることはなかったものの、戦争はすでに最終段階に達していた。ニクソン大統領とヘンリー・キッシンジャー国務長官が交渉による戦争終結を模索する中で、CIA が戦争に及ぼしていた影響力は消え去ろうとしていた。

1975 年 4 月にアメリカ大使館員が救出された際、ポルガーは最後のヘリコプターに乗ってサイゴンを脱出した 1 人だった。

1987 年、隠退生活を送っていたポルガーはイラン・コントラ事件を調査する上院特別委員会にスタッフとして加わる。事件における CIA の関与について、議会による調査をさらに進めるよう求めたが実現には至らなかった。1991 年 5 月にジョージ・H・W・ブッシュ大統領がロバート・M・ゲイツを中央情報長官に指名すると、ポルガーはワシントン・ポスト紙にいかにも彼らしい率直な言葉を寄せた。「ゲイツは全く五里霧中であるか、真実が公になるのを避けること、または議会の耳に入るのを避けることに主たる関心があるかのいずれかだ」

【参照項目】CIA、戦略諜報局、ベトナム、ウィーン、カバー、インテリジェンス・オフィサー、フランク・スネップ、イラン・コントラ事件、ジョージ・H・W・ブッシュ、ロバート・M・ゲイツ、中央情報長官

ホール、サー・ウィリアム・レジナルド
(Hall, Sir William Reginald 1870-1943)

第 1 次世界大戦中にイギリス海軍情報長官（DNI）を務めた人物。ドイツのツィンマーマン電報を解読し、アメリカの第 1 次世界大戦参戦を決定づけた海軍の暗号解読機関、ルーム 40 の創設者でもある。ルーム 40 は他にも数多くの目覚ましい成果を挙げた（ホールには「ブリンカー〔瞬きする人〕」というニックネームがあった。彼の片眼が「艦艇の信号灯のように明滅する」ことが由来だという）。

F・H・ヒンズリー他著の公式戦史『British Intelligence in the Second World War』（1979）によると、ホールは自らの権限を惜しみなくふるい、「独自の諜報システムを作り上げ、いつどのように他の部署へ情報を流すかを独断で決め、海軍省に関わる政策については、他省庁の影響を受けていない情報に基づいて行動した」という。こうしたホールの独立性に対し、「1918 年の時点で、正副情報長官のポストを廃止すべしという意見が海軍内には数多くあり、外務省もそれに同調していた」のである。

イギリス海軍省の初代情報課長（1882 〜 1889）ウィリアム・ヘンリー・ホール大佐を父に持つ「ブリンカー」ホールは 1884 年に海軍入りした。その後練習艦コーンウォールや装甲巡洋艦ナタルの艦長を歴任し、新造の巡洋戦艦クイーン・メリーの艦長を 1913 年から翌年まで務めている。ホールは数多くの改革を行なったが、その 1 つに現在では標準となった 3 交代制の当直システムがある。つまり平時は乗員の 3 分の 1 を任務に就かせるというものである（歴史的に見て、各国の軍艦は 2 交代制──ポートとスターボード〔左舷と右舷〕──を採用していた）。

1914 年 11 月海軍情報長官に就任、19 年 1 月まで務める。戦時中は情報組織を構築して無線傍受と暗号解読を促すと共に、艦隊に良質な情報を提供した。その結果、1917 年に中将、26 年には大将に昇進している。

第1次世界大戦中に駐英アメリカ大使を務めたウォルター・ページは、1918年3月にウィルソン大統領へ次のように書き送っている。

　ホールは戦争が育て上げた天才です。フィクションであろうと現実世界であろうと、彼に匹敵する人間は見つからないでしょう。彼がなした数々の偉業で私が知っているもののうち、読む者を興奮させる書物となり得るものがいくつかあるほどです。この男は天才──紛うことなき天才です。秘密活動に携わる他の人間は全てアマチュアに過ぎません──これも彼の天分を際立たせる事実です。

　ホールは保守党の下院議員も務め、アムス・J・ピーズリーと共に『Three Wars with Germany』（1944）を著している。自伝の執筆も始めていたが、数章を書き終えたところで中断した。伝記作家のサー・ウィリアム・ジェイムズ海軍大将は著書『Eyes of the Navy』（1955）の中で、「（ホールは）その忠誠心と技能のおかげで、歴史上重大な局面を迎えた世界情勢において支配的な影響力をふるい得た」と述べている。

【参照項目】海軍情報部長、ツィンマーマン電報、ルーム40、F・H・ヒンズリー

ボール、サー・ジョージ・ジョセフ
（Ball, Sir George Joseph　1885-1961）

　イギリス保守党内部で諜報作戦を実施した政治家。第1次世界大戦中MI5に所属していたボールは「我々独自のささやかな情報機関」と称するものを1927年に設置し、ターゲットの労働党に密偵を潜入させることで、共産主義者の摘発と労働党の信用失墜を狙った。

　ボールのグループは、「赤化の恐怖」がイギリスを席巻する1920年代に組織されたアマチュア情報機関の1つだった。当時、「内なる敵」の摘発を主眼として公的秘密保護法が強化され、また1927年のアルコス（ARCOS）事件によって、ソビエト連邦によるイギリス政府の転覆計画が立証された。1924年の選挙で初の労働党内閣が誕生した際、多くの保守党員は野党転落を共産主義の浸透と結び付けたが、ボールのスパイ活動もそれに刺激を受けてのものだった。

　1937年10月、イタリア・ファシスト政権との関係改善を模索していたボールらは、アンソニー・イーデン外相と外務省を無視して、イタリアの独裁者ベニト・ムッソリーニとネヴィル・チェンバレン首相との直接的な連絡体制を作り上げた。こうした干渉行為を受け、イーデンは1938年2月に辞表を提出した。

　1940年には別の恐怖──ドイツの第5列活動──が顕在化し、情報機関を監視する「公安委員会」の設置につながった。ボールはその共同委員長に就任している。

【参照項目】密偵、公的秘密保護法、ARCOS、第5列

ホール、ジェイムズ・W　（Hall, James W., Ⅲ）

　東ドイツのためにスパイ行為をしたアメリカ陸軍士官。

　アメリカの人工衛星、北大西洋条約機構（NATO）の戦争計画、そして電子盗聴活動及びその装置に関する文書と写真をハンドラーに渡したとして軍法会議にかけられた後、1989年3月にスパイ行為で有罪を認めた。アメリカ当局はホールによる秘密情報の漏洩を「大量出血」と評している。

　1982年から85年までベルリンに、86年から87年までフランクフルトに駐在したホールは電子戦及び信号情報活動のスペシャリストであり、ワルシャワ条約機構加盟国から発信される電子信号や通信信号の傍受を主たる任務としていた。

　ソビエトのエージェントを装うFBIの潜入捜査官に自身のスパイ活動を自慢したことで、ホールはジョージア州で逮捕される。1983年に始めたスパイ行為は88年12月の逮捕まで続けられた。ベルリンのアメリカ陸軍基地で車の修理を教えていたトルコ生まれの技術者、フセイン・イルドリムが、ホールのハンドラーである「マイスター」の正体だった。

　東ドイツ政府は年間3万ドルをホールに支払った上、ボーナスを現金で与えることもあった。陸軍の推定によれば、ホールは10万ないし20万ドルを受け取り、東ドイツの勲章も授与されたという。1987年にはジョージア州リッチモンド・ヒルに92,000ドルでランチハウスを建てるにあたって、3万ドルを現金で前払いしている（軍の俸給は年21,221ドル20セントだった）。

　有罪を認め、「裏切りを感じて」涙を流した後、1989年3月に禁固40年及び罰金5万ドルの判決が言い渡され、同時に軍を不名誉除隊となった。

【参照項目】衛星、北大西洋条約機構、電子戦、信号情報、FBI

ホール、セオドア・アルヴィン
（Hall, Theodore Alvin　1926-1999）

　第2次世界大戦中、ソビエトが運用する原爆スパイ網の一員だったアメリカ人物理学者。

　1995年に機密解除・公開されたNSAの資料によって、1950年にスパイ行為が発覚したイギリス人物理学者クラウス・フックスとホールとの関係が明らかにされた。アメリカはニューメキシコ州ロスアラモスで広島及び長崎に投下された原爆の開発・製造を進めていたが、フックスとホールもロスアラモスの原子力研究所で勤務していたのである。

　NSAの公開文書は、第2次世界大戦中にソビエトのインテリジェンス・オフィサーとモスクワとの間で交信

された傍受・解読済みメッセージの写しである（「ヴェノナ」を参照のこと）。NSAの分析官は「ムラド」というコードネームを持つエージェントがホールであると判断した。

ジョセフ・オルブライト、マルシア・クンセル著『Bombshell: The Secret Story of America's Unknown Atomic Spy Conspiracy』（1997）の中でインタビューに応じたホールは、ロスアラモスで勤務する18歳の物理学者だった当時「アメリカが核兵器を独占することに不安を覚え」、ソビエト連邦と情報を共有すべきという判断に至ったと語っている。そこで情報機関としても機能していたソビエトの調達組織アムトルグを通じて、ソビエトのハンドラーと接触したのだという。

ソビエトはホールから情報機関へと秘密資料を流すにあたり、ハーバード大学時代のルームメイト、サヴィル・S・サックスを媒介者に仕立て上げた（ヴェノナの傍受通信ではサックスに「スター」のコードネームが与えられている）。ホールの次なる媒介者ははるかに経験を積んだスパイ、ローナ・コーエンであり、通信文の中ではレズリーというコードネームで呼ばれている。彼女と夫のモリス・コーエンはもう1人の原爆スパイであるジュリアス・ローゼンバーグや、ルドルフ・アベル及びゴードン・ロンズデールといったソビエトの工作員も担当していた。

ホールがソビエトに渡したのは並外れて重要な秘密情報だった。すなわちプルトニウムを用いた「圧縮」理論に関する情報である。またホールがもたらした資料の中には、原爆の構造図もあった。

ホールはシカゴ大学で生物学の研究に移った後、1962年にイギリスへ移住してケンブリッジ大学の生物物理学者となり、生物学におけるX線微量分析の専門家として名声を得た（訳注：反戦・反核運動にも積極的に関わった）。NSA文書が1996年に公開された際、ホールはガンとパーキンソン病に蝕まれており、サックスはすでにこの世を去っていた。

ホールの兄エドワード・M・ホールは1936年にニューヨーク市立大学を卒業したが、クラスメイトの1人がジュリアス・ローゼンバーグだった。エドワードは後に陸軍航空軍でエンジニアとして卓抜した功績を挙げ、液体ロケット技術への貢献に対してロバート・A・ゴダード賞を授与されている。1955年には空軍大佐としてタイタン大陸間弾道ミサイルの開発責任者に任命され、58年にはNATOのミサイル計画を支援すべくアメリカ政府から指名を受けた。その翌年20年にわたる軍役から退き、ビジネスの世界に移っている。

ヴェノナを通じて明かされた他のスパイ容疑同様、アメリカ当局はソビエトの情報通信を解読した際も、暗号解読の成果がソビエト側に知られるのを恐れて何の対応もとらなかった。

【参照項目】原爆スパイ網、NSA、クラウス・フックス、ロスアラモス、インテリジェンス・オフィサー、コードネーム、アムトルグ、ハンドラー、媒介者、モリス・コーエン、ジュリアス・ローゼンバーグ、ルドルフ・アベル、ゴードン・ロンズデール

ボルシェビキ粛清クラブ　(Bolshevik Liquidation Club)

ロシア革命及びロシア内戦時に存在していたとされる反ボルシェビキのクラブ組織。ボロの名でも知られるこのクラブは、ボルシェビキ政権を打倒すべく活動していた伝説的スパイ、シドニー・ライリーにより、イギリス秘密情報部（MI6）のメンバーと共同で設立されたものと思われる。

【参照項目】シドニー・ライリー、MI6

ボルシャコフ、ゲオルギー・ニコトヴィチ
(Bolshakov, Georgi Nikotovich　1922-1989)

ソビエトの英文雑誌『USSR』の編集者として、1960年代初頭にアメリカに駐在したKGBの上級職員。1961年8月のベルリン危機を受けて始まった、ニキータ・フルシチョフ首相とケネディ大統領との非公式なやりとりにおいて主役を務めた。また1962年のキューバミサイル危機においてもホワイトハウスとクレムリンとの連絡役を務めている。

1962年10月6日、ボルシャコフはフルシチョフから口頭で告げられたメッセージを、大統領の弟で司法長官、そして側近でもあったロバート・ケネディに伝えている。

アメリカ合衆国がキューバ周辺で作り出している状況を、フルシチョフ首相は憂慮しています。そして我々は、ソビエト連邦がキューバに供給しているのは革命の意義を守るための防衛兵器のみであることをここに繰り返します……

ケネディはそのメッセージを繰り返すように頼み、注意深く書き留めた。翌日、ボルシャコフは大統領の親友であるジャーナリスト、チャールズ・バートレットからランチに誘われる。バートレットはボルシャコフに対し、大統領がフルシチョフのメッセージを書面で欲していると告げる。ボルシャコフはロバート・ケネディにしたのと同様メッセージを一言一句繰り返してからそれを書き記し、テーブル越しにバートレットへ渡した。

9日後、ケネディ大統領は2機のU-2偵察機が撮影したソビエト製攻撃ミサイルの写真を見せられる。10月24日、バートレットはボルシャコフに対し、ミサイル基地が写ったU-2の写真20枚を突きつけた。それらの写真には「大統領限り」と記されていたという。

この写真に写っているのは何かと問いかけられ、ボル

シャコフはこう返事した。「野球場じゃないか？」

翌日、写真はマスコミに公開された。ソビエトがキューバに攻撃兵器を配備したことをボルシャコフはなお否定したが、彼の知らぬ間にフルシチョフは別の手段でケネディに連絡をとり、兵器がキューバに存在していることを告げていた。ボルシャコフに対するケネディ兄弟の信用はこれで消え去り、KGBのワシントンDC地区担当官（レジデント）、アレクサンドル・フェクリソフが大統領との連絡役を引き継いだ。

アーサー・M・シュレジンジャー・ジュニアは著書『A Thousand Days（邦題・ケネディ：栄光と苦悩の一千日）』（1966）の中で「我々の目には誠実な人物と映った」とボルシャコフを評している。

【参照項目】KGB、キューバミサイル危機、レジデント、アレクサンドル・フェクリソフ

ボロ （Bolo）

「ボルシェビキ粛清クラブ」を参照のこと。

ホワイト （White）

(1) 機密指定されていない計画、あるいは（公認の下）オープンにされた機密計画を指す俗語。
(2) 情報工作員としての正体が発覚していない人物。

ホワイトクラウド （White Cloud）

海上偵察を目的として開発されたアメリカ海軍の人工衛星。海軍と国家偵察局（NRO）によるこのプロジェクトでは、3基の偵察衛星を1組として運用し、電子情報（ELINT）センサーを用いて敵の水上艦艇を三角法で探知することになっていた。

しかしホワイトクラウドシステムが実用化されることはなかった。一方ソビエトはELINT衛星システムの実用化に成功している（「レーダー海洋偵察衛星」を参照のこと）。

【参照項目】偵察、衛星、国家偵察局、電子情報

ホワイト、サー・ディック（ゴールドスミス）

(White, Sir Dick〔Goldsmith〕1906-1993)

イギリス保安部（MI5）と秘密情報部（MI6）の長官を両方務めた唯一の人物。32年間にわたるキャリアの中で徹底したプロという評価を得た。

ホワイトはビショップス・ストートフォード大学在籍中に1マイル走で新記録を打ち立て、その後オックスフォード大学クライスト・チャーチ校、ミシガン大学、そしてカリフォルニア大学バークレー校で学び、卒業後は短期間教鞭を執った。1936年にMI5入りし、情報分野のキャリアを始める。第2次世界大戦の勃発前には、9ヵ月間にわたってドイツで活動したこともあった。戦時中は軍事情報活動に携わり、大佐に昇進している。ま

た西ヨーロッパ方面最高司令官ドワイト・D・アイゼンハワー大将のスタッフも務めた。

戦後はMI5に戻り、1946年にB課（防諜担当）の課長へ就任、53年に長官となるまでこの重要なポジションにとどまった。また55年にはナイトを授爵されている。

1956年、ポーツマス港に停泊していたソビエトの巡洋艦オルジョニキーゼの技術的詳細を突き止めるべく、MI6はライオネル・クラブという年老いたダイバーを潜らせたが失敗に終わった。事件後、ホワイトはMI6長官に任命された。この人事は、ニキータ・フルシチョフ書記長の「御召艦」にスパイ行為を仕掛け、結果イギリス政府に恥をかかせたことに対する懲罰の意味合いもあった。

ホワイトは陸海軍のキャリア軍人でない人間として初めてMI6長官に就任した。だが就任後、ハロルド（キム）・フィルビーを情報任務に就けるべきでないという自らの勧告が無視されていたことを知る。1951年にフィルビーを尋問したホワイトは、彼がソビエトのエージェントだと確信していたのである。一方、当時のハロルド・マクミラン首相は、フィルビーをスパイとする証拠は発見されなかったと数ヵ月前に公表していた。

さらに証拠が集まる中、ホワイトはニコラス・エリオットをベイルートに派遣し、MI6の口添えでジャーナリストとして働いていたフィルビーから自白を引き出そうとした。だがこの作戦は失敗に終わり、フィルビーはソビエトに逃れる。ホワイトはフィルビーの逃走によって痛手を負ったものの、フィルビーをイギリスへ連れ戻すにあたってとった手段は適切だと信じていた。

フィルビーは回想録『My Silent War（邦題・プロフェッショナル・スパイ：英国諜報部員の手記）』（1968）の中で、MI5 B課長時代のホワイトについて次のような意見を記している。

彼は好感を持てる謙虚な人物で、卓抜した能力など有していないと認める勇気を持ち合わせていた。彼の明白な欠点は、最後に話した人物の意見に同調しがちなことだった。素晴らしいセンスを持っていた彼は数多くの仕事を部下に任せ、課内の調和を保つべくリーダーシップを発揮することで満足していたのである……部内抗争を回避する能力がこの結果をもたらしたのだ。

それでもなお、イギリス情報機関にはソビエトのスパイがはびこっており、MI5長官の座を引き継いだロジャー・ホリスがソビエトの内通者か否かを突き止めるために設置されたフルーエンシー委員会を、ホワイトは支持せざるを得なかった。

元MI5職員のピーター・ライトは著書『Spycatcher

（邦題・スパイキャッチャー）』（1987）の中で、ホワイトをこう描写している。「背は高く痩せ形で、顔色はよく、それでいて眼光は鋭かった。イギリス人としての完璧なマナー、人を安心させる魅力、そして完全無欠な服装のセンスという点で、デイヴィッド・ニーヴンを思わせた。実際、（MI5の局長）委員会のメンバーと比べても、型破りな人物だった」またMI5からMI6への移籍については、次のような見方をしている。

ディック・ホワイトをMI6長官に任命する決断は、戦後のイギリス情報史における最大級の過ちだったと私は信じる。1950年代中期にそのような兆候は見られなかったが、MI5はホワイトの下で近代化への道を歩む中、すでに最初のためらいを見せていた。ホワイトは変革の必要性を実感すると同時に伝統への敬意も持ち合わせていたが、それに妨害されることなく目的を達することができた。ホワイトは何にも増して防諜のスペシャリストであり、長官となるべく完璧な鍛錬を経た20世紀最高の人材といって間違いはない。彼は人を知り、問題を知り、理想とする有能な防諜組織がいかなるものかについて明確なビジョンを持っていた。

ホワイトは1968年にMI6長官の座を退き、内閣官房の情報・保安責任者となった。72年には全ての公職から退いたものの、その後も呼び出しを受けては政府の仕事に携わっている。

【参照項目】MI5、MI6、軍事情報、防諜、ライオネル・クラブ、ハロルド（キム）・フィルビー、エージェント、ロジャー・ホリス、内通者、フルーエンシー委員会、ピーター・ライト

ホワイト、ハリー・デクスター
（White, Harry Dexter　1892-1948）

ソビエトのエージェントだったアメリカ財務省職員。ソビエトのハンドラーはホワイトを「影響力のあるエージェント」と見なしており、アメリカの対日参戦を可能にすべく中国支援をアメリカ人に呼びかけるよう命じた。日米開戦の事態になれば、日本が極東からソビエト領を攻撃する危険性は消滅するはずだった。

第1次世界大戦中、ホワイトはアメリカ陸軍のフランス駐留部隊に所属していた。以前にこれといった教育は受けていなかったが、1924年にコロンビア大学へ入学、その後スタンフォード、ハーバードと移って博士号を取得している。

第2次世界大戦中、財務省における有力な政策立案者となっていたホワイトは、国際通貨基金（IMF）と世界銀行の創設に深く関わった。一方、FBIはソビエトの情報通信を解読するヴェノナ計画によって、1945年にサ

ンフランシスコで開催された国際連合創設に関する会議の際、ホワイトがソビエトのインテリジェンス・オフィサーと会い、いくつかの検討事項におけるアメリカの立場を伝えたという情報を入手した。

ホワイトはルーズベルト政権の財務次官補を務め、大統領がトルーマンに代わった後も留任した。しかし1948年、2名の離反者——エリザベス・ベントレーとホイッテイカー・チェンバース——からソビエトのスパイであると名指しされて政治的な負担となる。ホワイトはトルーマンによってIMFのアメリカ代表理事に任命されたが、2年後にその座を退いている。その翌年、心臓発作でこの世を去った。

ヴェノナの解読メッセージによると、ソビエトによるコードネームは「リチャード」「弁護士」「リード」だった。

【参照項目】エージェント、ハンドラー、影響力のあるエージェント、FBI、ヴェノナ、国際連合、インテリジェンス・オフィサー、離反者、エリザベス・ベントレー、ホイッテイカー・チェンバース、コードネーム

ボーン・クラシファイド　（Born Classified）

機密解除とするなんらかの措置がとられない限り自動的に機密扱いとなるアメリカの原子力（特に核兵器）関連情報。「閲覧制限資料」も参照のこと。

ポンティング、クライヴ　（Ponting, Clive）

元イギリス国防次官補。1982年のフォークランド紛争でイギリス潜水艦に撃沈されたアルゼンチンの巡洋艦、ベルグラーノに関する機密資料を国会議員に提供したとして、1985年に公的秘密保護法違反で裁かれた。しかし彼を有罪にしようとするマーガレット・サッチャー首相ら政府の運動にもかかわらず、陪審はポンティングを無罪とした。

（訳注：歴史関係の解説者として著名で、邦訳された著書もある）

【参照項目】公的秘密保護法

ポンテコルヴォ、ブルーノ　（Pontecorvo, Bruno　1913-1993）

ソビエトのためにスパイ行為をしたと疑われたイタリア人理論物理学者。ニュートリノ物理学の先駆者として著名。ソビエトのスパイ、クラウス・フックスの同僚だったポンテコルヴォは、ヨーロッパ旅行に出たままイギリスへ戻らず、1950年10月にソビエトへ亡命した。

ピサ大学とローマ大学で学び、1934年に物理学博士の学位を得て卒業した後、エドアルド・アマルディとエンリコ・フェルミの下で研究活動を始めた。1936年にはフェローシップでパリへ移り、共産主義者だったフレデリク・ジョリオ＝キュリーの下で研究を続ける。その後40年にパリで出会ったマリアンヌ・ノードブルームという

スウェーデン人と結婚、同じ年にフランスがドイツに降伏するとアメリカへ逃げた。

1943年、カナダ・オンタリオ州のチョーク・リバー研究所で活動するカナダ・イギリス合同の原子力研究チームに招聘され、6年間所属した。この期間中にスパイ行為をしたと疑われているが、現在に至るまで証拠は発見されていない。また原爆スパイ網の暴露に一役買ったソビエトの暗号官、イーゴリ・グゼンコがカナダ当局に提出した文書の中にも、ポンテコルヴォの名前は記されていなかった。なおグゼンコの情報によって、チョーク・リバーで勤務する同僚の物理学者、アラン・ナン・メイがスパイ行為で有罪となっている。

1948年、ポンテコルヴォはイギリス市民となり、本人及び親族とイタリア共産党との関係が疑われていたにもかかわらず、完全なセキュリティー・クリアランスを与えられた。翌年1月にはカナダを離れ、ハーウェルにあるイギリスの原子力研究センターで主任科学者の地位に就く。クラウス・フックスが逮捕される直前の50年1月、ハーウェルのセンター長と保安職員は、ポンテコルヴォ夫妻が共産主義者である、あるいは少なくとも共産党シンパであることを突き止めた。本人はこれを否定したが、親族の中に共産主義者がいることは認めた。

ポンテコルヴォはハーウェルにおける潜在的な保安リスクと見なされていたため、秘密情報に触れる可能性のないリヴァプール大学教授の職を用意された。彼はこれを受け入れ、1951年1月から職務を始めることに同意した。

しかし1950年10月、ポンテコルヴォは妻そして3人の子どもとヨーロッパに旅立ったまま、ハーウェルに戻らなかった。その後55年3月5日にモスクワで記者会見を開くまで、彼の消息は明らかになっていない。本人の言葉によると、52年にソビエト市民となり、ソビエト科学アカデミーの原子物理学研究所（後に原子力活用国際研究センターと改称）で勤務していたとのことである。その後ソビエト科学アカデミーの正会員に選ばれ、63年には「物理学における偉大な業績」でレーニン勲章を授与された。

1980年、アメリカ財務省は、ポンテコルヴォが特許使用料として14,250ドルの債権を財務省に有していると公表した。ポンテコルヴォはその金を、放射性同位体の生成プロセスを研究したフェルミら4名の物理学者と分け合った。
【参照項目】クラウス・フックス、原爆スパイ網、イーゴリ・グゼンコ、アラン・ナン・メイ、セキュリティー・クリアランス

ボンバ （Bomba）

第2次世界大戦前にポーランド軍の情報機関が開発した高速計算機。正確なローター位置を知らないままドイツのエニグマ暗号を解読すべく、それに必要な計算をする目的で制作された。回路には6台のエニグマ暗号機の一部が組み込まれている。

1939年7月、英仏とポーランドの暗号官はワルシャワ近郊にあるピリーの森で会合を持った。その際、各種資料と共にボンバの図面が連合国側に引き渡される。そして翌年、ボンバのコンセプトはイギリスのボンブ超計算機として結実した（ボンブという単語はもともとのポーランド製機械に用いられることもある）。

ボンバはポーランドの数学者兼暗号解読者、マリアン・レイェフスキーが開発したものだった。
【参照項目】エニグマ、ボンブ

ボンブ （Bombe）

ドイツのエニグマ暗号機のローター設定を突き止めるべく、イギリスがブレッチレーパークで、アメリカがワシントンDCで用いた高速計算機。ポーランドのボンバを基に開発された。

この電気機械装置（電子装置ではない）にはいくつかのバージョンがあり、可能性のある日毎のローター設定を高速で検査することができた。ロナルド・レウィンは著書『Ultra Goes to War』（1978）の中で次のように説明している。

エニグマのホイール（ローター）の配置順序は60通りあり、しかも17,576通りという各ローターの設定を全て検査しなければならず、こうした巨大な問題に対する解答を出すことにおいて、人間の脳は電気機械のボンブに太刀打ちできるものではなかった。

最初のボンブがブレッチレーパークで組み立てられたのは1940年代初頭である。高さ2メートル、奥行き2.2メートルのこの装置はランプとプラグ、そして電線の集合体だった。またドイツ陸軍やゲシュタポが用いていた様々なコード式暗号を同時に攻略するため、追加のボンブが製作された。さらにアメリカ軍の情報部門も1943年中盤からボンブの運用を始め、枢軸国暗号の解読を支援した。

イギリスのボンブはWRENS（英国海軍婦人部隊）のメンバーによって運用とメンテナンスが行なわれた（ボンブは絶えず印字済みの用紙を吐き出していた）。一方アメリカ陸海軍のボンブはWAC（陸軍婦人部隊）とWAVES（海軍婦人予備部隊）のメンバーが運用の大部分を担っていた。
【参照項目】ブレッチレーパーク、エニグマ、ローター、ボンバ、ゲシュタポ、コロッサス

マ

マイクロドット (Microdot)

発見を困難にし、かつ持ち運びを容易にするため、文書などの資料を縮小して撮影すること。ドイツ人による発明とされているが、普仏戦争でパリがプロイセン軍に包囲された際（1870）、フランス人もマイクロドットを用いたという記録がある。当時のマイクロドットは70ミリメートル四方に30万字を記すことができ、気球や伝書鳩で敵前線の向こう側に送られた。

ソビエトのエージェントだったアレクサンドル・フートは著書『Handbook for Spies』（1949）の中で、ソビエト情報機関は第2次世界大戦前からマイクロドットを用いていたと記している。またマイクロドットを発明したのがドイツ人であろうとなかろうと、彼らはマイクロドット技術の発展に重要な貢献をなし、第2次世界大戦前から戦中にかけて大いに活用したのである。

アメリカ人は1941年に訪米した二重スパイ、デュスコ・ポポフを通じてマイクロドットを知った。ポポフはイギリス情報機関に管理されており、かつその活動はJ・エドガー・フーヴァーFBI長官にも知られていたが、フーヴァーはポポフの出国を命じた。戦後フーヴァーが記したところによると、ポポフはドイツのエージェントであり、ドイツのマイクロドット技術をFBIに「暴露」したに過ぎないという。またイギリスも戦時中にマイクロドットを用いていた。

マイクロドットを作成するには特殊な写真器材のみならず、プロの写真家、あるいは経験を積んだアマチュア写真家という、それにふさわしいカバーが必要だったために、用途は本部との通信に限られた。ドイツが用いたマイクロドット装置の1つは長さ6フィート、重量4,200ポンドの光学装置を備えており、手製の乳濁液をガラス板の上に塗るという方法だった。他にも、普段はカバンに装着されていて、高解像度の乳濁液と薄いフィルム層を用いる器具もあった。

マイクロドット技術にはポジフィルムを使うものもある。発送に先立って画像の漂白を行ない、「ドット」をセロファンまたは薄い透明プラスチックの小片に浮かび上がらせるのである。この手法で生成されたマイクロドットは「ミクラット」と呼ばれ、第2次世界大戦中にドイツが開発した。現存するミクラットは大きさ1ミリ四方であり、主にソビエトの情報機関が用いたという。

1950年代後半、KGBは平らな机に置いた文書を35ミリ一眼レフカメラで撮影させることで、エージェントにマイクロドット作成の訓練を施した。訓練生はまず椅子（あるいはカメラをしっかり保持できる何か）にカメラを固定させ、写真を撮る。現像後、ネガフィルムをスライドガラスに挟んで平らにし、普通のセロファンと、情報機関から提供された特殊な薬品を使って感光する。そして白紙を平らな表面に置き、その上に小型のマイクロドットカメラを固定するのである。

またソビエトは、両端にレンズのついた長さ1.5インチ（3.8センチメートル）の真鍮管という形のマイクロドットカメラも用いていた。カメラの底からちょうど35インチ（89センチメートル）のところに、ネガフィルムを貼ったガラス板を取り付け、その上に倍率3倍の虫眼鏡をかざす。さらにその上から、透明ガラスの100ワット電球を用い、虫眼鏡越しにネガフィルムとマイクロドットカメラを照らす。エージェントは白紙に映る点がなるべく小さくなるよう、虫眼鏡を上下させてネガの焦点を合わせる。次いでその点に×印をつけて電球を消し、およそ3分後にセロファンを取り出して現像する。セロファンの現像が済んだら、ピリオドほどの大きさの黒い点を見つけ、剃刀の刃を使ってその点（マイクロドット）を切り出すのである。

エージェントは葉書の一方の端に深さ16分の1インチの切れ目を入れ、マイクロドットをピンセットに挟んでそれを切れ目に滑り込ませる。その切れ目を小麦粉と水から作った糊でふさげば完成である（他の糊にはニカワが含まれており、紫外線ライトで浮かび上がってしまう）。

【参照項目】気球、伝書鳩、エージェント、アレクサンダー・フート、二重スパイ、デュスコ・ポポフ、FBI、J・エドガー・フーヴァー、KGB

マカートニー、ウィルフレッド・F・R

(Macartney, Wilfred F. R. 1899-1970)

ソビエトのスパイ網を指揮したイギリス陸軍の元情報士官。短期間ながら輝かしい軍歴を経て、諜報活動の世界に入った。

1915年、16歳のマカートニーは視力が理由で軍の身体検査を不合格となる。そのため陸軍医療部隊で救急車の運転手となり、次いで騎兵連隊の士官としてフランスに派遣された。しかし数ヵ月すると視力がさらに悪化、除隊を余儀なくされる。治療後に再び任官され、今度はエセックス連隊に加わって最初はマルタ、次いでエジプトに送られた。

エジプトでは、地中海東部の情報活動を率いるコンプトン・マッケンジー海兵隊大尉の下に配属された。その後1917年9月にフランスへ派遣、カンブレの戦いでドイツ軍の捕虜となったが、エ・ラ・シャペル近くで走行中の列車から飛び降りて脱出した。その大胆さのためにマカートニーは表彰された。

戦争が終盤を迎えた1918年11月、19歳になったマカートニーはベルリン・バグダッド鉄道に関連する任務を

与えられ、コンスタンチノープルへ赴く。そして翌年8月に中尉の階級で軍を去った。

1926年、マカートニーは宝石店の窓を割って逮捕され、禁固9ヵ月を言い渡される。釈放後、彼はロイズ保険会社の社員に接触し、フィンランドへの武器輸出について尋ねた。その社員は喜んで情報を与えたが、25ポンドを支払われたので大いに驚いた。マカートニーはソビエトのために働いているのだと説明し、今度はイギリス空軍（RAF）に関する情報を求めた。

警戒したロイズの社員が当局にアドバイスを求めたところ、サー・レジナルド・ホールを紹介され、次いでヴァーノン・ケルMI5長官に引き合わされた。ケルは罠を仕掛けることを決断、RAFの秘密マニュアルをマカートニーに渡し、彼がその文書をソビエト通商代表団の1人に渡すところを目撃した。

ケルとスコットランドヤード特別課は、秘密文書の捜索を口実として通商代表団を摘発すべく、巧妙な計画を立案する。当時、代表団はイギリス籍のソビエト企業、アルコス社と同じ建物に入居していた。アルコス社は諜報活動を行なっていると以前から疑われていたが、代表団には外交特権があった。この摘発は社内の秘密文書を捜索するためだったと、イギリス政府は後に説明している。5月12日から13日にかけて実行された摘発によって、イギリス当局は数千件の書類を調べることができた。

空軍のマニュアルは見つからなかったが、政治的に興味深い他の資料が発見される。かくして1927年5月26日、イギリス政府は白書を刊行、5年前に樹立されたソビエト連邦との国交を打ち切ると発表した。

他のソビエト工作員に辿り着けるという期待のもと、MI5はマカートニーを引き続き泳がせた。しかしその見込みもなくなり、1927年11月16日に逮捕する。中央刑事裁判所で行なわれた裁判の結果、マカートニーは「イギリス空軍に関する情報の入手を試みた」として公的秘密保護法違反で有罪になり、禁固10年と重労働2年を言い渡された。

マカートニーは刑期満了前に釈放され、すぐさま『Walls Have Mouths』（1936）と『My Diaries』（1937）の2冊を出版する。その後共和派の国際旅団に加わってスペイン内戦を戦い、イギリス人大隊の最高指揮官となった。だが1937年に事故で負傷し、イギリスへ帰国している。

帰国後、今度はドイツの二重スパイ、エドワード・チャップマン（コードネームは「ジグザグ」）が第2次世界大戦中に挙げた功績を雑誌に暴露したとして、またしても公的情報保護法違反で起訴された。だがこの時は名目的な罰金刑のみで済んでいる。

【参照項目】インテリジェンス・オフィサー、サー・コンプトン・マッケンジー、レジナルド・ホール、MI5、ヴァーノン・ケル、アルコス、公的秘密保護法、コードネーム

マーカンド、ジョン・P （Marquand, John P. 1893-1960）

第2次世界大戦中にアメリカ戦略諜報局（OSS）で勤務した経験を持つ作家。著書『The Late George Apley』によって1938年にピューリッツアー賞を受賞した。

OSS在籍中の任務としては、ドイツ軍による生物兵器戦で防御手段となるか否かを確かめるべく、ドイツ人捕虜を使って解毒剤の試験を行なったことが挙げられる。また生物戦研究の情報責任者も務めているが、これに関する資料はほとんど公開されていない。

「スパイ小説」も参照のこと。

【参照項目】戦略諜報局

マークス、ジョン・D （Marks, John D.）

議論を呼んだ『The CIA and the Cult of Intelligence』（1974）をヴィクター・L・マルチェッティと執筆した人物。CIAはこの書籍の出版を差し止めようとした。

マークスはマルチェッティと同じく元CIA職員とされることもあるが、情報機関に在籍したことはない。1966年から70年まで分析官として国務省で勤務し、その後は情報部長の補佐官を務めている。また退職後はクリフォード・チェイス上院議員の上級補佐官を務めた（書籍の詳細についてはマルチェッティの項を参照のこと）。

マークスは他にも『The Search for the "Manchurian Candidate": The CIA and Mind Control』（1991）を執筆し、CIAの幻覚剤活用研究、MKウルトラ計画について述べている。

【参照項目】ヴィクター・L・マルチェッティ、MKウルトラ計画

マグデブルク （Magdeburg）

第1次世界大戦初期にバルト海東方で撃沈されたドイツの「小型」巡洋艦。艦内用コード書の1冊を入手したことで、イギリスの暗号解読部署ルーム40はドイツ軍の秘密通信を解読できた。暗号史家のデイヴィッド・カーンは著書『Seizing the Enigma』（1991）の中で、この事件を「暗号史における最も運命的な出来事」と呼んだ。

小型（4,570トン）かつ高速を誇るこの巡洋艦はプロイセン最東端のメーメルを出港し、フィンランド湾の入口でロシア艦隊の攻撃にあたる他のドイツ艦船と合流する予定だった。だが1914年8月26日午前0時37分、マグデブルクはオーデンスホルム島の沖合で座礁する。離礁させようと努力が続けられている間に、コード書と暗号鍵の大部分は破棄されたが、救助船との連絡のために一部が残された。艦長は離礁が不可能と判断、ロシア

艦隊が接近していることもあって自沈を決断する。爆薬に火が点けられ、乗員は急いで船を後にした。しかし爆発による混乱の中でコード書の一部が失われ、15名が死亡している。

ロシア軍は直ちにマグデブルクの残骸を回収、水雷艇に救助されず洋上に取り残されたドイツ人乗員を収容した。その際、船体を探索したロシア海軍の士官が、ロッカーの底に残されたコード書を発見する。後にロシアのダイバーは、海中に投げ込まれた2冊目と、脱出の際に行方不明になっていた3冊目を回収した。

コード書と暗号鍵の価値に気づいたロシア側は、無傷のコード書を即座にイギリスへ提供した。この戦利品はイギリスの戦艦によって、アルハンゲリスク経由で10月13日にイギリス海軍省へ届けられ、ウィンストン・チャーチル第1海軍卿の手に渡された。

マグデブルクのコード書はルーム40の成功をもたらす基礎となった。

（ロシア軍が見つけたマグデブルクのコード書は、海岸に打ち上げられたドイツ人水兵が腕に抱えていたものだったという作り話がたびたび繰り返されている）

【参照項目】コード、ルーム40、暗号鍵

マグナム （Magnum）

通信情報（COMINT）と遠隔測定情報（TELINT）の収集を目的とした、アメリカ第3の主要人工衛星。リオライト及びアクアケイドシリーズの後継として開発されたマグナムは、1985年1月24日に初号機が打ち上げられ、ソビエト及び中国の短波通信と共に、両国の大陸間弾道ミサイル発射試験の際に送信された遠隔測定データの傍受を行なった。

最初の打ち上げは厳重な機密とされた。敵国に入手され得る情報を極力減らすべく、フロリダ州ケープ・カナヴェラルで今後行なわれる打ち上げは新たな規則の下で実施されると、空軍の広報担当官が発表した後の1984年12月19日、ワシントン・ポスト紙は一面で、スペースシャトル・ディスカバリー号に「電子信号を傍受し、アメリカ国内の地上受信局へ再送信する新型の軍事情報衛星」が搭載されると伝えた。キャスパー・ワインバーガー国防長官はただちにワシントン・ポスト紙を非難、空軍の広報担当官を更迭させた。

マグナム衛星は前身のシャレーやリオライトとは違い、遠地点が地上34,670キロメートル、近地点がわずか341キロメートルと、極端に楕円状の軌道を周回する。ウィリアム・E・バロウズは著書『Deep Black』（1986）の中で次のように述べている。

（マグナムの当初の軌道は）「パーキング軌道」と呼ばれる一時的なもので、静止軌道（地上35,900キロメートルの軌道）へ入る前にそこで安定させる……そ

れによって、以前の情報漏洩による被害を打ち消そうと試みたのである。これは、国防総省が意図的な偽情報政策と後に認めたものをごまかすための巧みな作戦だった。

「GRAB」も参照のこと。

【参照項目】通信情報、遠隔測定情報、衛星、シャレー

マクリーン、ドナルド・デュアート
(Maclean, Donald Duart　1913-1983)

ケンブリッジ・スパイ網のメンバー。米英の最高機密をソビエトにもたらすなど、歴史上最も成功を収めたスパイの1人に数えられる。

弁護士だった父親は後に有力な議員となり、1917年にナイトを授爵されている。特権階級の良家に生まれたマクリーンは当然の進路としてケンブリッジに入学するが、クラスメイトの多くは共産主義に傾倒していた。そして入学後、ガイ・バージェス、ハロルド（キム）・フィルビー、アンソニー・ブラントと同じくソビエトからスパイの勧誘を受け、さらに勧誘員の指示に従い、外務省に入省すべく共産主義活動から手を引いた。入省試験の際は、学生時代に共産主義を信奉したことがあり、今もそれを捨て去っていないと試験官に述べている。この狡猾な戦略のおかげで、マクリーンは簡単に入省できた。外務省は血統さえ優れていれば愛国心はあるはずだと考えており、共産主義への傾倒も若者の無分別に過ぎないと見なしたのである。

1935年の入省後はベルギー、ドイツ、フランスを担当する中央課に配属された。38年にはパリへ赴任しているが、ソビエト大使館を活動拠点とするNKVD（内務人民委員部）職員の指揮下でエージェントを務めていたことは間違いない。だがこの若き外交官が有益な情報をもたらすことはほぼなかったと思われる。しかしソビエト側は時を待った。マクリーンはパリでメリンダ・マーリングというアメリカ人と出会い、フランスがドイツ軍に席巻された直後の1940年6月に結婚する。2人がロンドンに戻った直後、メリンダはアメリカに行って最初の子どもを産んだが、新生児は数日後に息を引き取った。

マクリーンがソビエトのエージェントとして本格的に活動を開始したのは、1等書記官兼文書課長としてワシントンDCのイギリス大使館に派遣された1944年のことである。この2つの地位のおかげで、大使宛の重要なメッセージや書類を閲覧・撮影することができた。一方メリンダは、2人目の子どもを産んでからマクリーンのもとに赴いている。アメリカ入国後、彼女は母親とニューヨークで暮らしていたので、マクリーンとしてはソビエトのハンドラーに会う口実ができた。メリンダがワシントンに移った後もマクリーンはニューヨーク訪問を続けているが、大使館の同僚は愛人ができたと判断す

る。後年スパイとして疑われることになったのは、ニューヨーク訪問に関するソビエトの電文通信が発端だった。

　マクリーンは核開発合同政策委員会のイギリス側秘書官でもあったため、原子力に関する米英の戦後政策や核兵器の計画・配備といった情報を会議の議事録から手に入れ、ソビエトに渡すことができた。また新設されたアメリカ原子力委員会へもアクセスできた。マクリーンは多忙な原子力スパイだった。「彼にとって困難すぎる任務などなかったが、時間が足りなかった」と、同僚の外交官ロバート・セシルは『A Divided Life』(1989) の中で記している。「病気であったり、休暇を取っていたり、または単に嫉妬心の少ない同僚から、もつれにもつれた混乱を引き取る男という評判を得たりしていた。このようにして、NKVD が最も興味を抱いている場所を秘かに動き回ることができたのである」

　国際連合の創設にあたって、マクリーンはアメリカ国務省職員のアルジャー・ヒスと協力している。2 人の会談で取り上げられた話題の 1 つに、アメリカ軍部隊の海外展開状況があり、そこには韓国に派遣された部隊数といった情報も含まれていた。マクリーンの裏切り行為を分析した人間は、朝鮮戦争勃発前の北朝鮮及び中華人民共和国にとって非常に有益な情報を、こうしてソビエトにもたらせたのだと信じている。

　ニューヨークにおける活動のおかげで、マクリーンは国際連合や在ニューヨーク領事館を拠点とするソビエトのインテリジェンス・オフィサーと接触できた。彼の正体を暴いた情報の 1 つに、ホーマーという名のエージェントが子どもの誕生に合わせてニューヨークを訪れるという、NKVD が 1946 年にニューヨークから送信したメッセージがある（「ヴェノナ」を参照のこと）。51 年に解読されたこのメッセージは、メリンダが息子ドナルドを産んだ 1946 年 7 月にマクリーンがニューヨークを訪れた事実と、ホーマーのニューヨーク訪問のタイミングが一致することを示していた。1945 年 6 月 5 日にウィンストン・チャーチル首相からトルーマン大統領へ送られた 2 本の電文をソビエトの連絡員に届けるのが、マクリーンの目的だった。この電文は、ソビエトの独裁者ヨシフ・スターリンと、長年にわたってルーズベルトの補佐官を務め、トルーマン政権でも同じ役割を果たしたハリー・ホプキンスがモスクワで行なった会談に関係するものだった。暗号化された電文をモスクワに発信したのはニューヨークのソビエト領事館に所属する暗号事務官だったが、彼はチャーチル－トルーマン電文の続き番号も一緒に送信していた。こうして、この 1945 年の電文が解読された際、アメリカの情報分析官はこれらに関係する人間を容易に突き止められたのである。内通者は数名に絞り込まれ、その中にマクリーンも含まれていた。

　しかし捜査の発端になったのは、これとは別の出来事

ドナルド・マクリーン（出典：アーカイブス・フォト）

である。1945 年 6 月 15 日、スキャンダルの暴露を得意とするコラムニスト、ドリュー・ピアソンは雑誌記事の中で、スターリン－ホプキンス会談と、チャーチルからトルーマンへ宛てた電文の存在を暴露した。FBI はリークの調査を始め、この記事がスターリンに同情的だったことから、情報源はソビエトのエージェントではないかと疑った。そして漏洩源としてイギリス大使館に的を絞り込んだが、立証することはできなかった。

　この頃、FBI はマクリーンを監視下に置き始める。同性愛者であることが知られている人間と一緒に、酒の上での騒動をワシントンで起こしたことが原因だった。同性愛関係をネタにした脅迫の可能性が、監視のきっかけだったと思われる。

　1948 年 8 月、マクリーンはワシントンを去ってロンドンに短期間滞在した後、次なる任地カイロのイギリス大使館へ、参事官兼文書課長として赴いた。この地位に就いた人間としては最年少であり、前途洋々たるキャリアと爵位が約束されているかに思われた。しかし過度の飲酒と酒の上での騒動により、50 年 5 月にロンドンへ召喚される。寛容な外務省はマクリーンの奇矯な振る舞いをストレスのせいにし、治療を勧告した。そのため精神科医のもとを訪れるようになったが、態度が変わることはなかった。マクリーンは飲酒を続け、妻が家を留守にした時など同性の愛人を連れ込んでいたという。

　1951 年初頭、マクリーンは外務省のアメリカ局長に就任する。社交の場では西側諸国の不道徳な政策をあからさまに罵り、ソビエトの政策を開明的と賞賛すること

もあった。にもかかわらず、その年後半にはアメリカへの外務省使節団長に任命されている。彼が目にし、恐らくソビエトへ流したであろう文書の中には、朝鮮戦争での原子爆弾使用許可をダグラス・マッカーサー大将に与えないという確約を得るため、クレメント・アトリー首相が1950年12月にトルーマン大統領を訪れた際の報告書があった。また駐米イギリス大使のハリファックス卿に宛ててアンソニー・イーデン外相が送った電報も、マクリーンは逐一ソビエトに渡していた。

1949年、フィルビーがMI5とCIA及びFBIとの連絡員としてワシントンのイギリス大使館に配属された。そして51年1月、フィルビーは暗号解読によってホーマーの正体が突き止められたことを知り、マクリーンが窮地に追い込まれると認識する。それをロンドンのマクリーンに警告したかったが、電報や電話で知らせる危険は犯せない。そこで、当時イギリス大使館に配属されていたバージェスが、大使館を追われてロンドンに召喚されるよう自ら仕向けることで、直接警告することになった。

ロンドンに着いたバージェスはすぐさまブラントに接触、ソビエト情報機関のハンドラーであるユーリ・モジンに警告を伝えさせた。モジンから通報を受けたモスクワは、マクリーンのソビエト連邦への逃亡を許可した。当時すでにマクリーンは最高機密文書に触れることができず、スコットランドヤード特別課の監視下にあった。だが彼はイギリスを離れたくなかった。メリンダの出産が間近だったからである。

それにもかかわらずモジンとバージェスは逃亡計画を練り上げ、マクリーンに強制した。5月25日金曜日——マクリーンの38歳の誕生日——、バージェスは彼をディナーに招待したが、それは逃亡の合図だった。マクリーンは月曜日に尋問を受けることになっており、不安定な精神状態を考えると屈してしまう恐れがあった（イギリスとソビエトはいずれも、マクリーンの逃亡が尋問の直前に行なわれた事実について十分説明していない）。

バージェスはレンタカーを借り、男性の愛人と休暇に出かける振りをした。そしてケント州タッツフィールド郊外の自宅でマクリーンを拾った後、サウサンプトンで車を捨て、フランス沿岸を周遊する週末クルーズ船に乗り込む。クルーズ船はフランスの各地に寄港したが、未婚の乗客に書類の呈示が求められることはなかった。5月26日朝、2人はサン・マロで下船、タクシーでランヌに向かい、パリ行きの列車に乗る。パリではベルン行きの列車に乗り換え、到着後現地のソビエト大使館でイギリスの偽造パスポートを渡される。それからチューリッヒへ赴いてストックホルム行きの飛行機に乗り込んだが、プラハで降機する。そこでソビエトのインテリジェンス・オフィサー3名と落ち合い、モスクワへ飛んだ。

5月28日月曜日、メリンダ・マクリーンは外務省に電話をかけて夫の居所を聞き出そうとした。イギリス保安当局は逃亡を秘密にしていたが、国内のある新聞が6月7日の紙面に「イギリス人2名」が逃走中という記事を載せる。その時すでにメリンダは女の子を出産していた。7月、メリンダは子どもたちと母親を連れてスイスへ赴く。一方、KGBはスイスの銀行にあるメリンダ名義の口座に2,000ポンドを振り込んでいた。

ドナルド・マクリーンの亡命から18ヵ月後、モジンはロンドンでメリンダと接触し、モスクワへの移住を手配した。彼は著書『My Five Cambridge Friends』(1994)の中で、メリンダに葉書の半分を見せることで合図の代わりにしたと記している。「残りの半分は1年半前に夫からメリンダへ渡されており、これにぴたりと合う葉書を持っていない人間は信用してはならないと命令されていた」（メリンダは何年も前からマクリーンのスパイ行為を知っていたとモジンは主張しているが、他の識者はこれを否定している）。

メリンダはまずスイスに向かい、次いで1953年9月、KGBの手配した列車に子どもたちと乗り込み、モスクワへ到着した。

1956年、バージェスとマクリーンがモスクワにいることをソビエトは正式に認めた。2人は共同声明の中でソビエトのエージェントだったことを否定し、「東西の相互理解をより深めるため」ソビエトに来たのだと主張した。バージェスが片言のロシア語しか話せなかった一方、マクリーンはそれを真剣に学び、やがて世界経済協会で勤務する。また『Brithish Foreign Policy Since Suez』を執筆、1970年にソビエトとイギリスで刊行した。

1964年、メリンダ・マクリーンはフィルビーとの不倫を始めた。66年には飲酒癖のひどいマクリーンと別れてフィルビーのもとへ走ったが、その後79年にアメリカへ帰国している。3人の子どもたちはソビエトで結婚したものの、2人はイギリスに、1人はアメリカに移り住んだ。マクリーンは83年にこの世を去り、遺灰は63年に死亡したバージェス同様イギリスに戻された。

ソビエトから見たマクリーンの価値は様々に評価されている。しかし彼の行為を研究したインテリジェンス・オフィサーの多くは、マクリーンが外務省や大使館から入手した情報の価値は、フィルビーとバージェスが情報機関のファイルから得たそれをはるかに上回っていたと結論づけている。マクリーンは、核兵器開発や北大西洋条約機構（NATO）の創設といった事柄に関する米英の政策を、ソビエトのハンドラーに詳しく伝えられる立場にあった。マクリーンの活動について、アメリカの公式評価書にはこう記されている。「アメリカーイギリスーカナダの原子力計画、及び米英の戦後計画やヨーロッパ政策といった分野において、（マクリーンが）亡命する以前の情報が、全てソビエトの手に渡っていたことは間違いない」

【参照項目】ケンブリッジ・スパイ網、ガイ・バージェス、ハロルド（キム）・フィルビー、アンソニー・ブラント、NKVD、エージェント、国際連合、アルジャー・ヒス、内通者、FBI、リーク、監視、同性愛者、CIA、最高機密、特別課、インテリジェンス・オフィサー、KGB、北大西洋条約機構

マグロ　(Tunny)

「フィッシュ」を参照のこと。

マーゲン、ダヴィド　(Magen, David)

　二重スパイとしてエジプトのために活動したイスラエルのインテリジェンス・オフィサー。

　セオドア・グロスの名で1920年代初頭にハンガリーで生まれたマーゲンは、両親と共に南アフリカへ移住した。後に音楽を学ぶためにイタリアへ移り、歌手として国際的な評価を得ている。第2次世界大戦勃発後はイギリス陸軍に加わり、情報士官としてドイツ軍及びイタリア軍の前線後方で特殊任務に就いたものとされている。

　イスラエル建国直前の1948年にパレスチナで戦闘が発生した際、グロスはイスラエルに赴き新設されたばかりのイスラエル軍に入隊したが、情報分野の経験と語学の知識を買われ、モサドの前身である政治局から勧誘を受ける。そしてイスラエルでの慣習に従い、自らの名をヘブライ語で「盾」を意味するマーゲンに改めた。

　マーゲンはテッド・クロスという偽名を用い、アラブ人エージェントのネットワークを指揮すべくイタリアへ派遣された。その後1950年にエジプトへ移り、情報提供者ネットワークの指揮にあたっている。

　イスラエルの防諜機関シンベトは、マーゲンがエジプトのインテリジェンス・オフィサーと接触していることを突き止めた。そのため1952年に彼を召喚、帰国後直ちに逮捕しスパイ容疑――マーゲンはこの容疑で逮捕された初めてのイスラエル国民だった――で起訴した。秘密裁判の結果有罪となり、禁固15年を言い渡されている。

　マーゲンは許可なく――あるいはモサドに報告することなく――エジプトのインテリジェンス・オフィサーと接触していた。彼はイスラエルに忠実な三重スパイになろうとしていたのだと主張したが、これは二重スパイとして罪に問われた者が使う典型的な言い訳だった。だがマーゲンには多くの支持者がつき、彼らの尽力で1959年に釈放された。その後すぐに名前を変え、不公平な扱いを受けたと信じながらも、1973年に死去するまでイスラエルに住み続けている（訳注：獄中で死亡したとする資料もある）。

【参照項目】二重スパイ、インテリジェンス・オフィサー、エージェント、防諜、シンベト、モサド

マコーミック、ドナルド　(McCormick, Donald)

「リチャード・ディーコン」を参照のこと。

マコーン、ジョン・A　(McCone, John A.　1902-1991)

　キューバミサイル危機当時の中央情報長官（DCI）。1961年4月に発生したピッグス湾侵攻の失敗（「キューバ」を参照のこと）を受け、長らくDCIを務めたアレン・W・ダレスの後任としてケネディ大統領によって任命された。在任期間は61年11月から65年4月までである。

　1922年に工学の学士号を取得してカリフォルニア大学バークレー校を卒業したマコーンは、様々な会社でエンジニアを務めた後企業幹部になった。また公職に就くため数度にわたって産業界を離れている。

　戦後は1947年から48年まで大統領航空政策委員会のメンバー、48年に国防次官、50年から51年まで空軍次官、そして58年から61年まで原子力委員会の議長を歴任した。

　1962年に発生したキューバミサイル危機の際には、6週間にわたってほぼ毎日会合を開き、ケネディ大統領に提言を行なったEXCOMMのメンバーを務めた。またキューバ侵攻への反対をケネディに訴えた1人でもある。ロバート・F・ケネディは著書『Thirteen Days』(1969)の中で次のように記している。

　　ジョン・マコーンは次のように述べた。侵攻という選択肢は、大多数の人間が認識するよりもはるかに重大な企てであることを理解しなければならない、と。「彼らは大量の兵器を持っています」彼は続ける。「その上、朝鮮ではっきり学んだ通り、彼らを山の上から撃ち落とすのは極めて困難です」

　マコーンは後に、ベトナムにおける諜報活動及び情報資源を整備する上で鍵となる役割を果たした。

　DCIに就任したマコーンを、CIAの大半はよそ者と見なした。情報活動の経験も軍歴もなかったからである（文官としてペンタゴンの幹部を務めただけだった）。しかしケネディ兄弟とは近い関係にあり、ピッグス湾侵攻で損なわれたCIAのイメージを取り戻すのに尽力した。

　DCIを最後にワシントンにおけるマコーンの経歴は幕を降ろした。政府の職を去った後はアメリカ政府代表としてバチカンに赴任している。

【参照項目】キューバミサイル危機、中央情報長官、アレン・W・ダレス、CIA

マジック　(Magic)

　アメリカ陸海軍が日本の外交暗号（アメリカの呼称はパープル）を解読して得た情報。

1939年3月、日本は新型の暗号機を使い始める。この暗号は、陸軍信号情報局の主任暗号解読官、ウィリアム・F・フリードマン率いるアメリカ軍の暗号官によって、1940年秋に初めて解読された。フリードマンは部下のスタッフを「マジシャン」と呼んでおり、パープル暗号から得られた情報をマジックと呼んだのもこれが由来だと思われる。後にマジックという単語は、対日戦における連合軍の暗号活動の中で広く用いられた。

【参照項目】パープル、信号情報局、ウィリアム・F・フリードマン

マスク （Mask）

アメリカなど数ヵ国に居住する共産党エージェントとモスクワとの間でやりとりされた秘密通信の傍受・解読内容を指すイギリスのコードネーム。モスクワとアメリカ共産党（CPUSA）との間でも極めて多数のメッセージがやりとりされており、コミンテルン国際連絡部の職員がアメリカに駐在して党の短波無線局を運営するほどだった。

1934年から37年の間に送信されたこれらのメッセージは、共産党員をスパイ活動に勧誘するNKVD（内務人民委員部）の諜報作戦に関するものが主だった。こうした勧誘活動は、各国の政党を通じて共産主義政策を調整するソビエトの機関、コミンテルン国際連絡部（連絡局とも呼ばれていた）が担当していた。

メッセージの中には、モスクワで無線操作の訓練を施すべく、スパイ候補者を探すよう依頼しているものも数件あった。受講者——女性の速記タイピストや音楽学校の学生が好まれた——は少なくとも2年間の党員歴を持っていることが必要とされた。「完全な健康体であることが不可欠である」メッセージの1つにはそう記されていた。「目、耳、手が完全に機能することが最も重要であり、いかなる感染症にも罹患してはならない」訓練生には、アメリカ共産党党首アール・R・ブラウダーの妹であるマルゲリーテ・ブラウダーもいた。マスクの傍受内容は国立暗号博物館の図書室に全文が保管されている。

【参照項目】エージェント、コードネーム、CPUSA

マスターマン、サー・ジョン・セシル

（Masterman, Sir John Cecil　1891-1977）

第2次世界大戦中、捕虜にしたドイツ人エージェントを二重スパイに仕立て上げる巧妙な計画を実行したダブルクロス委員会の議長を務めた人物。この計画はダブルクロス・システムと呼ばれる。これら寝返ったエージェントは信頼性の高そうな情報をドイツに送り続けたため、ドイツのインテリジェンス・オフィサーの目には大きな成果を挙げているように見えた。マスターマン本人は、このアイデアを創出したのは保安部（MI5）のディ

ック・ホワイトだとしているが、システムを指揮していたのはマスターマン自身だった。

オックスフォード大学を卒業後、第1次世界大戦でドイツ軍に捕らえられたマスターマンは、リューレーベンの捕虜収容所にいた4年間でドイツ語に磨きをかけた。また第2次世界大戦後はオックスフォードに戻り、副学長を務めると共にウスター・カレッジの学長に就任している。一方、クリケット、テニス、フィールドホッケーの選手としても優れていた。

ダブルクロス・システムに関する情報は戦後も秘密にされた。1961年、マスターマンはイギリスの情報界に対して、書籍刊行の許可を与えるよう圧力をかけ始める。だがMI5長官のロジャー・ホリスは出版許可を与えず、アレキサンダー・ダグラス＝ヒューム首相も同じ態度をとった。

ケンブリッジ・スパイ網の存在が明るみに出たことで、1960年代のイギリス情報機関は混乱に陥っていた。「秘密機関の評判の悪さに意気消沈した」マスターマンは、書籍の刊行が大衆の信頼を取り戻す一助になると信じていた。そのため、冗談半分で人名録の自分の項にまだ出版されていない書籍の名を記すと共に、ミステリー小説『The Case of the Four Friends』（1957）の中でシステムの存在を漠然と描いている。

1970年4月にイギリス政府が再び許可申請を却下すると、マスターマンは公的秘密保護法の適用対象外であると信じていたアメリカでの出版を決断、この秘密作戦を「ディアブロ計画」と名付けた。

イェール大学教授のノーマン・ホームズ・ピアソンがこの計画に手を貸し、発行人を務める大学出版部に刊行を持ちかけた。アメリカ戦略諜報局（OSS）の防諜部門X-2の課長を務めたことのあるピアソンも、ダブルクロス委員会に所属していた。イェール大学は多数の学者と学生をOSSに提供しており、出版部長のチェスター・B・カーもこの本の重要性を認めると同時に、商業的にも成功を収め得ると判断した。

しばらくの間、イギリス当局はマスターマンに対して法的措置をとると脅迫したが、やがて渋々ながら、60箇所の削除を条件に出版を認めた。しかしカーが削除したのはわずか10箇所ほどである。『The Double-Cross System in the War of 1939-45（邦題・二重スパイ化作戦：ヒトラーをだました男たち）』と名付けられたこの本は1972年2月に出版され、ピアソンが序文を書いたものの、ダブルクロス委員会における自分の役割に触れることはなかった。またマスターマンも、当時まだ極秘とされていた暗号解読活動（ウルトラ）がダブルクロス・システムに大きく貢献したことは記していない。

【参照項目】エージェント、二重スパイ、ダブルクロス委員会、ダブルクロス・システム、寝返り、MI5、ディック・ホワイト、ロジャー・ホリス、ケンブリッジ・ス

マタ・ハリ[p] (Mata Hari 1876-1917)

史上最も有名な女性スパイ——ではなかったかもしれない。性格はナイーブで騙されやすく、第1次世界大戦では敵だけでなく自分の「友人」にも罠にかけられた。一方、オックスフォード英語辞典は彼女を「魅惑的なスパイの原型」と評している。

富裕なオランダ人商人とジャワ生まれの母親との間にマルガレータ・ヘールトロイダ・ツェレとして生まれた彼女は師範学校に入学したが、校長と性的関係を持ったとして退学させられた。その後18歳の時、20歳年上のオランダ軍士官と結婚する。夫妻はすぐにオランダ領東インドへ移り住んで2人の子どもをもうけたが、1906年に離婚した。

1905年、彼女はマタ・ハリ（夜明けの目）という仮名を用い、ジャワの王女を装ってパリへ行った。オリエント研究博物館で性的魅力に溢れたダンサーとしてデビューを飾った後、ヨーロッパ各地やエジプトで、興奮した観衆相手に踊りを披露している。また裕福かつ影響力のある愛人を持ち始めたのもこの時期だった。

第1次世界大戦中、マタ・ハリはフランス軍に所属する25歳のロシア人パイロットで、ロシア海軍将官を父に持つワジム・マスロフ大尉と関係を持った。マスロフが1916年夏に負傷した際、前線病院に収容された彼に面会する許可を軍に求める。フランス軍参謀本部第2部は許可を与え、引き換えとしてドイツ人に対するスパイ活動に同意させた。対象の中には知り合いだったドイツ皇太子も含まれていたと思われる。また報酬として100万フランが支払われることになっていた。

マタ・ハリは任務を遂行するためスペイン経由で中立国のオランダに入り、そこからドイツに向かって皇太子と会うことにした。オランダへ向かう途中、彼女はイギリスのファルマスで拘束され、尋問を受ける。イギリス当局はドイツに入国しないよう警告し、身柄をスペインに戻した。そこで彼女はドイツの駐在武官カレ少佐と関係を持つ。カレは連合国側に読まれることを承知でベルリンに暗号メッセージを送り、スパイ「H-21」には価値があると報告した。

マタ・ハリは1917年1月4日にパリへ戻り、翌月13日に逮捕された。フランスとイギリスの情報機関は彼女がドイツのスパイであると疑っていたものの、決定的な証拠は得られなかった。しかし彼女の部屋から透明インクが発見された——当時としては十分な証拠である。彼女はメイクアップの道具だと主張し、ドイツ人から金を貰ったことは認めたものの、スパイ行為のためでなく愛人として支払われたのだと言い張った。

それでもマタ・ハリは非公開の軍法会議で有罪となり、1917年10月15日にフランスの銃殺隊によって処刑

1915年に撮影された着衣姿のマタ・ハリ。

された。彼女は目隠しと棒杭に縛られることを拒否した後、ライフル銃が朝の静寂を破る直前、12名の銃殺隊にキスを投げた。以前の愛人たちも家族も彼女の遺体を引き取ることはなく、パリの病院に献体された。

彼女の人生をドラマにすべく、3本の映画が製作された。1931年に公開されたメロドラマ『Mata Hari』にはグレタ・ガルボ、ラモン・ノヴァロ、ライオネル・バリモアが出演している。フランス製作の『Mata Hari, Agent H21』(1964)ではジャンヌ・モローが主役を演じた。また1985年公開の『Mata Hari』は、エキゾチックなスパイの名を借りた滑稽な作品である（訳注：他にも1927年制作のドイツ映画がある）。

マタ・ハリの記憶はオランダのレーウワルデンにあるフリース博物館で永遠に生き続けている。展示品の中にはスクラップ2冊と、魅惑的なダンスのステップが刺繍された東洋の敷物が含まれている。

【参照項目】参謀本部第2部、駐在武官

マーチン、ウィリアム・H (Martin, William H. 1931-1987)

1960年、バーノン・F・ミッチェルと共にソビエト連邦へ亡命したNSAの暗号官。ジェイムズ・バンフォードは著書『The Pazzle Palace（邦題・パズル・パレス：超スパイ機関NSAの全貌）』(1982)の中で、2人の亡命

を「NSA 史上最悪のスキャンダル」と評した。

　数学の天才だった「ハム」・マーチンは夏休みに大学の授業内容を勉強しながら、高校を2年で卒業した。大学には1年間在学し、海軍に入隊する。そして暗号に関する訓練を受けた後、日本の上瀬谷（訳注：神奈川県横浜市、2015年に返還された）にある海軍保安群の無線傍受局に配属され、そこでマーチンと出会った。1954年に満期除隊となった後も彼は日本にとどまり、陸軍保安局の民間人職員として1年間勤務する。その後アメリカへ帰国、ワシントン大学で数学の研究を始めた。

　友人同士のマーチンとミッチェルは共に1957年7月8日からNSAで働き始めた。しかし2人とも程なくNSAの活動に幻滅し、自分たちの見解をある議員に披瀝しようと試みるも失敗、ソビエト連邦への亡命を決意する。

　1959年、マーチンは数学の修士号を取得すべくイリノイ大学への奨学生になるという栄誉をNSAから授けられた。2年間のスカラシップが与えられたのは彼が最初である。大学では優秀な成績を収め、全科目でAを得る一方、ロシア語の授業にも参加して共産党のメンバーと知り合いになった。さらに、59年12月にミッチェルを伴ってキューバへ飛び、NSAの規則に反してソビエトの外交官と接触したものと思われる。

　マーチンとミッチェルは1960年6月下旬に休暇を取り、メキシコシティー経由でキューバを訪れ、翌朝ソビエトの貨物船に乗り込んだ。2人が7月になっても休暇から戻らないため、NSAは捜索を始めた。その結果ミッチェルの名前で借りた貸金庫の中から、「我々がなぜソビエト市民権を申請するに至ったか」を説明する手紙が発見された。

　8月1日、2名のNSA職員が休暇から戻らず、行方不明になっているという公式声明がペンタゴンから発せられた。5日後、ペンタゴンはその声明を修正し、「2人は鉄のカーテンの向こうへ行ったものと考えざるを得ない」と付け加えた。

　2人の消息はその後不明だったが、9月6日、彼らはモスクワのニュース番組に出演し、NSAがアメリカの同盟国を含む他国に対して「無節操な」スパイ行為をしていると暴露した。2人の主張によれば、NSAは少なくとも40ヵ国の暗号を解読しているという。マーチンらがアメリカの電子諜報活動に関する大量の情報をソビエト情報機関に提供したのは明らかだった。アイゼンハワーはマーチンとミッチェルを「自白した裏切り者」と呼び、トルーマン元大統領も「2人は射殺されるべきである」と語った。

　2人の亡命後、マーチンとミッチェルは同性愛関係にあったことが明らかにされている。後に行なわれた綱紀粛正の結果、26名の職員が「不適切な性的傾向が見られる」としてNSAを解雇された。

マーチンらはソビエトから市民権を与えられた。亡命後はソコロフスキーと名を改めた上で高等教育を受け、結婚している。

【参照項目】バーノン・F・ミッチェル、NSA、ジェイムズ・バンフォード、海軍保安群、陸軍保安局、キューバ、同性愛者

マーチン少佐［f］　（Major Martin）

　イギリス海兵隊に所属するウィリアム・マーチン少佐のこと。1943年に実施されたミンスミート作戦において、イギリスがドイツ軍を騙すために用いた死体の架空の名前。

【参照項目】ミンスミート作戦

マックス　（Max）

　「フリッツ・カウダー」を参照のこと。

マックスウェル・スマート［f］　（Maxwell Smart）

　1960年代に製作されたアメリカのテレビシリーズ『それ行けスマート』の主役。エージェント86の異名を持つスマートはヘマばかりするエージェントで、敵組織ケイオスとの対決では優秀な女性スパイ、エージェント99にいつも助けられている。なお2人は「コントロール」という名の秘密情報機関に所属している。

　ドン・アダムスがマックスを、バーバラ・フェルドンがエージェント99を演じた。

【参照項目】テレビ、エージェント

マッグリッジ、マルコム　（Muggeridge, Malcolm　1903-1990）

　イギリスの作家兼インテリジェンス・オフィサー。現地公安警察の情報専門家として第2次世界大戦の大半

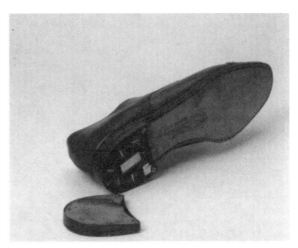

靴電話はテレビシリーズに登場するヘマばかりのスパイ、マックスウェル・スマートだけでなく、本物の秘密エージェントにも使われた。ここに写っているのは冷戦期に用いられたものの模造品だが、こうした靴は鍵ピック、偽の身分証明書、録音装置、カメラなど、様々なスパイ用具を隠すのにも有用だった。（出典：国際スパイ博物館）

を過ごし、大英帝国参謀総長を務めたサー・エドムンド・アイアンサイド大将のセキュリティーチェックを担当したこともある。アイアンサイドには以前からファシスト的な傾向が見られ、1940年に職を解かれた。またマッグリッジは、保安規則違反で起訴されたアメリカ人外交官タイラー・ケントの秘密裁判や、ロシア人ファシストであるアンナ・ウォルコフの裁判で政府側の証人になっている。1942年にMI6へ配属されたが、同僚にはハロルド（キム）・フィルビーがいた。

皮肉屋、そしてイギリス社会の辛辣な観察者として知られるマッグリッジは、インテリジェンス・オフィサーとして見聞きしたことに畏怖の念を感じるよりも興味を抱き、次のように記した。「法衣と香料がミサに必要であるのと同じく、または闇が降霊術に必要であるのと同じく、情報活動には秘密が不可欠であり、何らかの目的に資するか否かを問わず、あらゆる代償を払ってでも維持されなければならない」

マッグリッジは最初の勤務地モザンビークにおいて、補給目的でUボートと会合することになっていた商船船長の逮捕を指揮した。マッグリッジが後に記したところによると、そのUボートもしばらくして拿捕されたという。彼はアルジェリア、イタリア、フランスでも勤務しており、解放後のフランスでは各情報機関に対し、対独協力者の一部はイギリスのエージェントであり、ドイツ人との友好関係をスパイ活動のカバーとしていたのだと納得させる必要に迫られている。

上流階級をユーモラスに描いたイギリス人作家、P・G・ウッドハウスの処遇を決める際にもマッグリッジが関わっている。ウッドハウスはヴィシー政権下のフランスに抑留され、後にドイツへ連行されたが、ベルリンのラジオ放送に出演したことで対独協力者だと非難されていた。ウッドハウスがスパイ小説を執筆したことはなかったが、彼の作品はコメディを真剣に受け止めたドイツ人インテリジェンス・オフィサーに影響を与えた。彼らはイギリスへ派遣するエージェントに、上流階級に対するウッドハウスの辛辣な描写は正確かつ信憑性が高いと告げたのである。

（訳注：マッグリッジの一般的に知られた功績として、マザー・テレサの存在を広く世に知らしめたことがある）

「ダブルクロス・システム」も参照のこと。

【参照項目】インテリジェンス・オフィサー、タイラー・ケント、アンナ・ウォルコフ、MI6、ハロルド（キム）・フィルビー、カバー、エージェント

マッケンジー、サー・コンプトン

（Mackenzie, Sir Compton　1883-1973）

公的秘密保護法違反で起訴されたイギリスの密偵兼作家。海兵隊大尉となった後に海軍へ移り、惨事に終わった1915年のダーダネルス海峡上陸作戦に参加する。その時の負傷がもとで同年退役、翌年には密偵としてギリシャへ赴いた。またその翌年にはシリアにおけるイギリスの情報活動を指揮している。

サマセット・モームが『Ashenden（邦題・アシェンデン）』を出版した1928年、マッケンジーも初期のスパイ小説『Extremes Meet』を発表したが、これが不運を招くことになった。モームには密偵としての経験がほとんどないにもかかわらず、自分より注目を集めているとマッケンジーは不満を抱いたのである。

マッケンジーは後に自伝『Greek Memories』（1932）を著わし、自らの秘密活動に触れた。その結果、公的秘密保護法で裁かれることになる。イギリス政府は本書を押収、出版も差し止められた。起訴内容の中には、MI6初代長官マンスフィールド・カミング大佐の略称「C」を暴露したというのもあった。カミングはすでに死去しており、その他の暴露も古い内容だったにもかかわらず、マッケンジーは有罪とされ、罰金100ポンドと裁判費用の支払いを命じられた。その後本書の出版禁止は解除され、1940年に『Aegean Memories』として刊行されている。

上記の出来事は後に出版された『Greece in My Life』（1960）の中で詳しく述べられている。マッケンジーはその他にも数点の戯曲や小説を執筆しており、1933年にはイギリス情報機関をからかった『Water on the Brain』を発表した。「官僚主義に勝る馬鹿げた行為はなく、私はそれ以上に滑稽な状況を考え出せなくなってしまった」と、1954年版の前書きには記されている。

第2次世界大戦中、マッケンジーは市民義勇兵の大尉を務め、1952年にナイトを授爵された。

「スパイ小説」も参照のこと。

【参照項目】公的秘密保護法、サマセット・モーム、MI6、マンスフィールド・カミング

マッシンガム　（Massingham）

北アフリカを拠点にドイツ占領下のヨーロッパで遂行されたイギリス特殊作戦執行部（SOE）の活動を指すコードワード。

【参照項目】SOE、コードワード

マットとジェフ　（Mutt and Jeff）

アプヴェーアから破壊工作員としての訓練を受け、飛行艇とゴムボートでイギリスに送られたノルウェー人。2人は自ら地元警察に出頭した上で、ダブルクロス・システムの一環として二重スパイにさせられた。当時の人気漫画と、「耳の聞こえない人間」を指すロンドン下層階級の韻を踏んだ俗語にちなみ、ヨーン・モーにはマットの、トール・グラードにはジェフのコードネームが与えられた。

マットとジェフが破壊工作に成功したことをドイツ側に確信させるため、ダブルクロス・システムの担当者は偽の破壊行為をでっち上げた。ある発電所を破壊した際には本物の爆薬が用いられ、新聞報道もされている。アプヴェーアは成果を信じ込むあまり、マットとジェフに宛てて装備品と現金をパラシュート4基で投下したが、そのいずれもイギリス側に発見された。その現金は慣例通りダブルクロス・システムの運営資金に回されている。

ダブルクロス・システムの担当者はマットとジェフの無線通信を使い、ノルマンディー上陸計画に関する偽情報をドイツに流した。これは上陸の日付（Dデイ）と場所がドイツ側に露見するのを防ぐために行なわれた欺瞞作戦、フォーティチュードの一部だった。

忠誠心に対する懸念から、トール・グラードは後に拘留された（その一方で、グラードの無線通信は偽情報を流し続けた）。戦後はノルウェーに戻り、ドイツに協力したとして逮捕されたが、告訴は後に取り下げられた。

【参照項目】 アプヴェーア、転向、ダブルクロス・システム、二重スパイ、コードネーム、Dデイ、欺瞞、フォーティチュード作戦

マドセン、ユージーン・L （Madsen, Eugene L.）

戦略警報スタッフとしてペンタゴンで勤務していたアメリカ海軍の下士官。機密情報をソビエトに売り渡そうと試みたとして1979年に逮捕され、禁固8年を言い渡された。

マーフィー、マイケル・R （Murphy, Michael R.）

アメリカ戦略ミサイル潜水艦の乗員。1981年6月、ソビエトの国連使節団に電話をかけ、後に政府から「ソビエトと彼自身を利する」と称された取引をもちかけた。マーフィーは使節団を電話で3度呼び出したが、それらの通話はアメリカの防諜当局によって記録されていたものと思われる。マーフィーは電話したことを認めた。捜査の結果、機密レベルのセキュリティー・クリアランスを有していたものの、ソビエトに情報を渡していないことが明らかになった。その後1981年8月に海軍を名誉除隊となっている。

【参照項目】 国際連合、防諜、機密、セキュリティー・クリアランス

マランシェ、アレクサンドル・ド
（Marenches, Alexandre de　1921-1995）

ポンピドゥー及びジスカールデスタン両大統領の下で、フランスの対外情報機関SDECEの長官を1970年から81年まで務めた人物。

19歳の時にドイツ占領下のフランスでレジスタンス運動に加わり、まだ20歳だったにもかかわらずフラン

スを縦断して中立国のスペインに入った後、北アフリカの自由フランス軍に入隊する。訓練を経て少尉に任官、1944年にはモロッコ部隊に配属されて連合軍と共にイタリアで戦うも、その際に負傷する。その後はフランスの連絡将校として連合国海外派遣軍の最高司令部に駐在した。そこで自由フランス軍の指導者シャルル・ド・ゴール将軍と出会い、彼の通訳を務めている。

戦後は機械装置のビジネスを始めて15年がかりで金を貯めた後、民間人及びフランス陸軍予備役中佐として、フランス政府を支援する「秘密かつデリケートな」任務に時間を捧げた。任務の1つ──ハワイ、グアム、日本への情報収集旅行──では、アメリカ陸軍の「デイヴィッド・アレキサンダー大佐」を（アメリカ情報機関の同意を得て）カバーとしている。

ジョルジュ・ポンピドゥー大統領は1969年の就任後、SDECEの廃止を検討する。だがマランシェの求めに応じてSDECEを残し、彼を長官に任命した。

マランシェが引き継いだ当時のSDECEは、情報機関よりもマフィアの巣窟と表現したほうがふさわしい有様だった。「銃や麻薬の密売をするエージェントもいれば、誘拐や殺人、そして残虐極まりない犯罪に関わっているエージェントもいた」と、マランシェは後に語っている。またジェフリー・T・リチェルソンは著書『Foreign Intelligence Organizations』（1988）の中で、マランシェの部下は「ギャングやド・ゴール派のファシストから、無能な軍人あるいはソビエトのエージェントまで様々だった」と記した。スキャンダルに揺れるSDECEは、一般市民から政治指導者に至るまで不信を買っていた。しかし乾いたウィットで知られるマランシェは、SDECEの秘密を入手しようとソビエトが並外れた努力をしている事実で、これら秘密の価値が知れようものだと言った（「ラミア」「サファイア」を参照のこと）。

長官就任の初日、マランシェは多数の幹部を解雇し、SDECEをプロの機関に変えるべく組織の浄化と再編を始めた。また自らの親米感情により、SDECEとCIAの協力関係を押し進めている──その一方で、アメリカへの産業スパイ活動は続けられた。さらには中国とも協力関係を築いている。

1979年12月にソビエトがアフガニスタンに侵攻するはるか以前から、SDECEはソビエト軍による攻撃を予測していた。中東における情報アセットを強化するため、マランシェはイランにエージェントを送り込み、79年にテヘランのアメリカ領事館で人質事件が発生した際は、アヤトラ・ホメイニを誘拐して人質との交換に使おうと企てている。しかしこの計画はアメリカに拒否された。

マランシェはレーガン大統領及びウィリアム・J・ケーシー中央情報長官と緊密な個人的関係を結んだ。自ら語った通り、彼らは協力してモスキート作戦を立案、ソ

マ行

ビエト兵の士気を低下させるべく、アメリカ麻薬取締局によって押収された麻薬をSDECEがアフガニスタンへ運び込むという、一種の麻薬流通網を作り上げようとした。

1974年3月にポンピドゥーが死去した後もマランシェはヴァレリー・ジスカールデスタン大統領の下でSDECE長官を務め、また短期間ながらフランソワ・ミッテラン大統領の下でも働いている。

SDECE長官退任後、マランシェは民間のコンサルタントに転身した。またデイヴィッド・A・アンデルマンと共に『The Fourth World War: Diplomacy and Espionage in an Age of Terrorism』（1992）を執筆、イラン、リビア、シリアを含む南側世界の宗教過激派、テロリスト、そして麻薬密売人が、北側諸国に宣戦布告なき戦争を仕掛けていると主張した。そしてこうした国際平和の危機に対処すべく、北側諸国は軍事力と情報資源を統合させて活用するべきだとしている。

【参照項目】SDECE、カバー、ジェフリー・T・リチェルソン、CIA、産業スパイ、エージェント、ウィリアム・J・ケーシー、中央情報長官、モスキート作戦

マリー、テオドール （Maly, Theodor 1894-1938）

ハロルド（キム）・フィルビーをスパイ活動に引き入れたとされるソビエトのインテリジェンス・オフィサー。

大柄かつハンサムな男だったと伝えられるマリーはハンガリーに生まれ、第1次世界大戦前にカトリックの司祭に任ぜられた。戦時中はオーストリア＝ハンガリー軍の従軍司祭を務め、カルパチアの戦いでロシア軍の捕虜になっている。捕虜収容所の過酷な暮らしに苦しんだ彼は信仰を捨て、ボルシェビキに加わった。

ロシア革命及び内戦におけるボルシェビキの暴虐に良心の痛みを感じつつも、マリーはその大義を頑なに信じ、国家情報機関OGPUで勤務した。その後1932年後半にイリーガルとしてドイツへ送られ、次いでウィーンに配属されている。

フィルビーは当時ウィーンにおり、非合法化された共産党と、パリ及びプラハの連絡員との密使役を務めていた。マリーは1934年5月にフィルビーをソビエト情報機関に勧誘した上で、イギリスへ帰国させた。

1936年4月、マリーはロンドンを拠点とするイリーガル網を率いるべくイギリス行きを命ぜられ、夫婦共々オーストリアの偽造パスポートを使って入国した。最重要任務の1つに成長を続けていたケンブリッジ・スパイ網の管理があり、1937年初頭にはモスクワからの指令に従い、フィルビーにジャーナリストのカバーを与えてスペインへ派遣している。

マリーは1937年7月にモスクワへ召喚された。その時点で古参のボルシェビキであり、また情報機関（当時

はNKVD）のベテラン職員として長年海外勤務に携わっていたが、待ち受けていたのはスターリンによる粛清だった。マリーは帰国したNKVD職員がどうなるかを知っていたが、それにもかかわらずモスクワに戻った。前年にスターリンから賞賛を受けたことで、同僚の多くが辿った運命から逃れられると考えていたのかもしれない。また友人の1人に「私が（モスクワに）戻ることを決断すれば、『結局あの神父は本物のスパイだったのか』などとは誰も言えないからだ」と語っていることからも、自分を待ち受ける運命を知っていたものと思われる。モスクワに到着後すぐにマリーは逮捕され、1938年9月20日に銃殺された。

イリーガルとしてヨーロッパで活動していた際、報告書では主に「マン」という名前を用いていたが、ケンブリッジで勧誘した人間からは「テオ」の名で知られていた。

【参照項目】ハロルド（キム）・フィルビー、OGPU、イリーガル、ウィーン、ケンブリッジ・スパイ網、カバー、NKVD

マリノフスキー、ローマン （Malinovsky, Roman 1876-1918）

1917年のロシア革命に先立ち、ボルシェビキの指導層に潜り込んだロシア皇帝の内通者。

モスクワの労働者だったマリノフスキーには強盗の犯罪歴があり、そこから警察とのつながりが生まれた。皇帝の秘密警察オフラナの下でボルシェビキに対するスパイ活動を行なうようになったのも、これがきっかけだった。勧誘を受けたのは1910年のことと考えられている。オフラナの意図は、マリノフスキーをボルシェビキ党に送り込んでメンシェビキ党との分裂状態を持続させ、ロシア革命運動の統一を妨げることにあった。

マリノフスキーがボルシェビキ運動への浸透に成功したことは、1912年に行なわれたドゥーマ（帝政ロシア議会）の選挙において、ボルシェビキ党から立候補した他の5名と共に当選したことで立証された。ドゥーマには13名の社会民主党議員がいたが、彼はボルシェビキ派のリーダーとなり、新設されたボルシェビキの機関紙プラウダ（真実）の財務責任者となった。後者のポジションにいたことで、マリノフスキーは党の財政状態やメンバーについての詳しい情報をオフラナにもたらすことができたのである（編集者のミロン・チェルノマゾフもオフラナのスパイだった）。

マリノフスキーは最初の頃から警察のスパイではないかと疑われていた。しかしボルシェビキのリーダーであるV・I・レーニンは一貫して彼を弁護し、「並外れた指導者」とまで呼んでいる。アメリカの情報アナリスト、ジョン・J・ジアクは著書『Chekisty: A History of KGB』（1988）の中で、次のように記している。「レーニンはほぼ最後までマリノフスキーをかばい、マリノフスキーに

対する社会民主党挙げての調査を 1914 年に要求した者たちに対し、『悪意に満ちた中傷者』と激しく非難した」

国家警察長官のＳ・Ｐ・ベレツキーはマリノフスキーを「オフラナの誇り」と称している。マリノフスキーがボルシェビキ指導者に関する詳細な報告書を提出するのに合わせ、ベレツキーは彼への報酬を 50 ルーブルから最終的には 700 ルーブルにまで引き上げた。しかし二重生活には代償も伴った。デュマを辞職して外国で新たな生活を送るようにとオフラナから告げられ、6,000 ルーブルを受け取ってサンクトペテルブルクから脱出したのである。

マリノフスキーはドイツ軍に捕らえられ、捕虜収容所に連行された。入所後はすぐ捕虜のロシア人にボルシェビキのプロパガンダを広めている。釈放後、彼はレーニンとの連絡を再開した。1917 年、ボルシェビキの秘密機関チェーカは、オフラナによる以前の作戦や挑発行為を調査する中でレーニンを呼び出し、マリノフスキーのことを証言させた。ジアクはレーニンについてこう記している。「マリノフスキーがしたことは、オフラナよりもボルシェビキ派にとってはるかに利益があったという事実を基に、彼はマリノフスキーを断乎として弁護した」

マリノフスキーは「革命の外側では暮らせない」と主張し、ロシア革命から 1 年経った 1918 年 10 月にロシアへ戻った。そして逮捕された上でレーニンの前に連行されることを要求する。レーニンは逮捕には同意したが、面会は拒んだ。マリノフスキーの裁判は 1918 年 11 月 6 日に行なわれ、オフラナ及びドイツのためにスパイ行為をしたとして有罪となり、判決が言い渡された数時間後に銃殺されている。

ジアクは次のように問う。「マリノフスキーの虚勢（ロシアに戻ったこと）は良心の咎めによるものだったのか、それとも実際にはボルシェビキ指導層の二重スパイであり、当然受けられるはずの弁護と歓迎を期待していたのか？」

【参照項目】内通者、チェーカ

マルコフ、ゲオルギー (Markov, George 1929-1978)

KGB が暗殺用に開発した悪名高き「アンブレラ銃」による最初の犠牲者とされる人物。作家としてイギリスで暮らしていたブルガリア人亡命者のマルコフはブルガリア共産党総書記トドール・ジフコフの元側近であり、その後イギリスに逃れて BBC の国際放送に出演、ジフコフ政権の悪行を告発した。

KGB 技術局が開発したアンブレラ銃からは、ピンの頭ほどの大きさで、ひまし油を原料とする毒性の強いリシンを塗った金属の弾丸が発射された。ワシントン DC を拠点とする KGB のレジデントが傘をいくつも買い、改造するためにモスクワへ送ったのである。傘には発射装置に加え、圧縮ガスシリンダーが備わっていたものと

思われる。完成したアンブレラ銃はブルガリアの首都ソフィアに運ばれ、ブルガリア秘密警察の職員が使用法の訓練を受けた。

その後、傘を持った暗殺団がロンドンに送られた。ターゲットは当然マルコフである。1978 年 9 月、マルコフはロンドンのウォータールー橋の上で見知らぬ人間とぶつかった際、「偶然」傘で突かれた。その人物は謝罪してから姿を消した。

マルコフは気分が悪くなって病院へ運ばれたが、9 月 11 日に息を引き取る前、偶然傘で突かれたことを話した。司法解剖の結果、右の太ももから小さな突き傷と弾丸が発見されたものの、その時点でリシンはすでに分解していた。

マルコフはアンブレラ銃の被害に遭った最初の人物というわけではない。もう 1 人のブルガリア人亡命者、ウラジーミル・コストフが 1978 年 8 月 26 日にパリで同じように「突かれて」いたのである。マルコフ暗殺のニュースを受け、コストフも 9 月 25 日に手術を受けた。その結果、マルコフの命を奪ったのと同じ金属の弾丸が、背中から無傷で取り出された。

1971 年 8 月、当時まだソビエト連邦にいたノーベル賞作家のアレクサンドル・ソルジェニーツィンにも、アンブレラ銃の初期型が用いられた可能性がある。ソルジェニーツィンによれば、食べ物を買うために並んでいたところ奇妙な不快感に襲われたという。その後全身が恐ろしい水疱に覆われ、全快するまで 3 ヵ月近くも寝たきり生活を余儀なくされたのである。

【参照項目】KGB、レジデント

マルチェッティ、ヴィクター・L (Marchetti, Victor L. 1929-)

議論の的になった『The CIA and the Cult of Intelligence』(1973) を、ジョン・D・マークスと共に執筆した人物。CIA はこの本の出版を差し止めようと試みた。

マルチェッティは 1950 年代初頭に陸軍で勤務し、ソビエト研究でペンシルヴァニア大学から学士号を取得した後、1955 年に CIA 職員となった。入局後はソビエト関係の分析官を務め、66 年から 69 年まで中央情報長官 (DCI) 直属のスタッフとして働いた。しかし 60 年代後半に CIA への反撥を強め、69 年に辞任する。当時は長官代理の上級補佐官だった。

CIA を去った直後、マルチェッティは『The Rope Dancer』(1971) という小説を執筆し、次いでジョン・マークスと共に、CIA の政策及び作戦に関する本を書き始めた。発行人のアルフレッド・A・ノップフによると、この本は「アメリカで初めて政府による事前検閲の対象となった」という。

CIA はマルチェッティとの労働契約書を盾に、事前検閲の権利を主張した。しかし本書を巡る最初の裁判では、憲法修正第 1 条に違反しているというマルチェッ

ティの主張が支持される。だがこの判決は控訴審で否決され、最高裁は訴えそのものを棄却した。

リチャード・ニクソン大統領は後に回想録の中でこの本に触れ、「不満を抱く CIA エージェント 2 名（原文ママ）の手で書籍が刊行される可能性に直面した」リチャード・ヘルムズ長官の顔に、「懸念がありありと」浮かんでいたと振り返っている。「『言論弾圧』という批判も生じ得るが、CIA による法的措置を支持するかと、ヘルムズは私に尋ねた」

原稿を見直した結果、CIA は単語 1 つからページ全体に至るまで 399 箇所の削除を指示したが、著者、弁護士、発行人の要求により、168 箇所の削除で妥協している。数度の遅れを経た後、書籍は 1973 年に刊行され、CIA が削除要求を撤回した箇所は太字で示されていた。また削除箇所は空白にされると共に、これも太字で「削除（DELETED）」と記されていた。

CIA が当初削除を指示し、後に復活した箇所の例を以下に示す。

国家安全保障局はその巨大なアンテナをソビエトの輸送活動とキューバの通信に向けていた。カストロによる国有化が実行されるまで、ITT はキューバの通信システムの大半を運用しており、CIA 及び NSA（国家安全保障局）と密接に協力して通信内容の傍受を行なっていた。

ソビエトの軍人がインドネシアの潜水艦乗組員として、またイエメンの爆撃機搭乗員として、戦闘目的で秘密裡に活用されていることを CIA は摑んだ。これはソビエトによる従来の習慣から逸脱したものだった。

また最初に削除を指示された箇所の中には、厳密な意味で政治的な記述もあった。

スピロ・アグニュー副大統領は熱のこもった演説を行ない、独立を成し遂げた南アフリカ人が迫害されることはもはやないと述べ、独立初期のアメリカ合衆国と南アフリカを比較した。ついに（ニクソン）大統領はアグニューに顔を寄せ、こう囁いた。「それはローデシアの間違いだろう、テッド？」

最終の削除リストが合意を見た後も、CIA は出版に反対し続けた。伝えられるところによると、大衆の手に届かないよう CIA が刊行分を全て買い取るという提案までなされたという。しかしこの方法がとられることはなかった。

1983 年に刊行された版では、削除箇所がさらに復活している。だがマルチェッティによれば、その時点でも約 110 の削除箇所が残っているという。文書全体のトーンは抑制されており、事実に基づいているのが明らかな一方、CIA に対して極めて批判的である。最終章は以下の書き出しから始まる。

「……それは多目的かつ秘密の権力部門であり……単なる情報組織もしくは防諜組織を超えた、破壊活動、謀略、そして暴力の装置であり、他国の問題に秘かに介入することが目的である」1963 年、アレン・ダレスは KGB についてそう記し、ソビエト秘密機関の本質をアメリカ人に理解させようとした。彼の指摘は正しいが、同じ表現は自身が率いる CIA にも当てはまったのだ。

【参照項目】ジョン・D・マークス、CIA、中央情報長官、リチャード・ヘルムズ、ラングレー、KGB

マルパ （Malpa）

第 2 次世界大戦中、西アフリカの中立国から敵国へのダイヤモンド密輸を監視・摘発すべく、イギリス特殊作戦執行部（SOE）が遂行した活動。秘密情報部（MI6）及びイギリス領事館と協力して行なわれた。

【参照項目】SOE、MI6

マーロウ、クリストファー （Marlowe, Christopher 1564-1593）

エリザベス 1 世配下のスパイマスターだった 16 世紀の外交官、サー・フランシス・ウォルシンガムの下でスパイとして働いたイギリスの詩人・劇作家。

靴屋の息子として生まれたマーロウは、ケンブリッジ大学在籍中にスパイとして勧誘された。ちなみに、ケンブリッジはその後長らくスパイ勧誘員にとって恰好の猟場となっている（「ケンブリッジ・スパイ網」を参照のこと）。マーロウが諜報活動で最も顕著な功績を挙げた時期は、1587 年 2 月に突如ケンブリッジを休学し、カトリック支持者を装ってフランスのランスを訪れ、エリザベス政権の転覆を企むカトリックの陰謀グループへ浸透した時に始まっている。7 月にケンブリッジへ戻った際、彼は許可なく休学してランスのジェズイット派神学校を訪れ、イングランドのプロテスタント体制に抗議したことで裁きを受けた。しかし枢密院から送られた手紙に、マーロウは「国益に触れる事柄」に携わっていたのであり、ランスの神学校に入学する意図はなかったと記されていたため、無事に修士号を取得することができた。

ウォルシンガムの下で行なったその他の活動についてはほとんど知られておらず、素晴らしい文学活動に焦点が当てられているのは間違いない。一方、秘密の生活がその後も続いていた証拠は存在しており、その死も秘密活動をほのめかすものだった。マーロウは 1593 年 5 月 30 日に酒の上の乱闘で刺殺されたと伝えられている。

（現場はデットフォードのある宿屋だとされている。その部屋は宮廷とつながりを持つ未亡人が所有していた家屋の一室であり、同時にセイフハウスだったと思われる）。マーロウを殺害したイングラム・フライザーは、支払いを巡って揉めていたところマーロウが短剣を取り出したので、それを取り押さえようとしただけだと主張している。その主張は認められ、1ヵ月後に無罪放免となった。

　ここで説明されていないのは、宿屋の上階にいたロバート・ポーレイの存在である。ウォルシンガム配下のスパイとして知られていたポーレイは、ウォルシンガムの娘で、諜報活動に参加していたレディー・シドニーの従者だった。ポーレイのもとには、マーロウが反逆を企てている証拠らしきものを持ってやって来る情報提供者が後を絶たなかった。率直な物言いと、軽率な会話のために――ウォルシンガムの命令で――殺されたのだろうか？　あるいは諜報活動が失敗に終わったのだろうか？
【参照項目】サー・フランシス・ウォルシンガム、勧誘員、セイフハウス

マングース作戦 (Mongoose)

　キューバの指導者フィデル・カストロを排除すべく、ケネディ大統領が命じた秘密作戦。ピッグス湾侵攻（1961年4月）の失敗による挫折と恥辱の中で立案された（「キューバ」を参照のこと）。
　「我々はカストロを巡ってヒステリー状態に陥っていた」ロバート・S・マクナマラ国防長官（当時）は後にそう語った。当時CIA情報担当次官の座にあったレイ・クラインの回想によると、ケネディ大統領と弟のロバト・ケネディ司法長官は「ピッグス湾で罠にはめられた」と信じており、「名誉挽回が常に頭から離れず、1つの執念になっていた」という。ロバート・ケネディはカストロを排除するためなら「いかなる時間、金、労苦、そして人員をも惜しんではならない」と語っている。
　平時の秘密工作活動がかくも高い地位からのコントロールを受けたことはなく、CIAですら作戦の一部として参加することしか認められなかった。代わって指揮を執ったのは、ホワイトハウスに設けられた特別委員会（SGA）である。ケネディ大統領の軍事担当補佐官マクスウェル・D・テイラー准将が議長を務めるこの委員会は、ロバート・ケネディ司法長官、ディーン・ラスク国務長官、ジョン・マコーン中央情報長官（DCI）、マクジョージ・バンディ国家安全担当補佐官、アレクシス・ジョンソン国務次官、ロスウェル・ジルパトリック国防次官、そして統合参謀本部議長のライマン・L・レムニッツァー陸軍大将などのメンバーで構成されており、1962年1月から10月にかけて42回召集された。
　率直な物言いとゲリラ戦に関する知識によってケネ

ディのお気に入りとなっていたエドワード・ランズデール准将がマングース作戦の指揮を執ることになった。1962年2月、ランズデールは6つの部分から成る作戦計画を立案、「キューバ国民による国内からの共産主義政権打倒と、アメリカと平和裡に共存できる新政府の樹立を支援する」ことを目標に掲げた。ランズデールの計画によれば、1962年7月にキューバで革命を始め、8月から9月にかけてゲリラ活動を開始、10月に「公然たる反乱及び政府転覆」を誘発すると同時に、新政府を樹立することになっていた。
　ランズデールはキューバに対する破壊活動や経済戦を展望するだけでなく、さらなる関与――アメリカ軍の公然たる介入――を求めていた。SGAはランズデールの計画を認可し、「最終的な成功はアメリカの決定的な介入を必要とする」ことを認めた――それこそがピッグス湾侵攻で欠けていたものだった。だが7月に入り、自分の計画が先延ばしにされ、マングース作戦に対するSGAの熱が冷めていると感じたランズデールは、キューバを単にソビエト圏の国家として扱うのみならず、カストロに対する「挑発」を行ない、「アメリカ軍によって」政権を転覆させることなど、様々な代替案を提言した。しかしSGAがマングース作戦の次なる行動を考えている間、ソビエトからキューバに向かう貨物の量が突如増加したという報告書がもたらされた。これはキューバミサイル危機の前兆だった。
　8月1日、CIAはキューバに関する国家情報評価を作成、キューバ軍には反乱を鎮圧し、「アメリカ軍の直接関与を伴わない」侵攻を跳ね返せるだけの力があると報告するも、ソビエト船舶による輸送量が急増していることには触れていなかった。だが8月22日に提出された追加報告には、キューバ軍の戦力がかなり強化されたと記されている。CIAの報告書はマングース作戦に対するSGAの関心を鈍らせた。
　CIAは並行してカストロ暗殺を計画していたが、これはマングース作戦に含まれていなかった。8月10日に召集されたSGAの途中、CIAの暗殺計画を知らないマクナマラは、SGAとしてはカストロ殺害を検討してもよいのではないかと提案する。それにマコーンとエドワード・R・マロー情報庁長官が反対し、こうした話はホワイトハウスで行なわれるべき性質のものではないと述べた。しかし会合から2日後、CIAでマングース作戦を担当するウィリアム・ハーヴェイから「指導層の除去を含む」反カストロ計画を提出してはどうかという提案が、ランズデールによってなされている。
　ソビエト製ミサイルをキューバに輸送するアナディール作戦の指揮官、アナトリー・I・グリブコフ中将によると、1962年の段階でソビエトはマングース作戦を知っていたという。「我々はそれを知っており、1962年のキューバ侵攻が現実性の高い事態であると、フルシチョフ

ら指導者に思い込ませる活動についても知っていた」マングース作戦及びミサイル危機当時、ホワイトハウスでテイラーの参謀を務めていたウィリアム・Y・スミス陸軍大将との共著『Operation ANADYR』（1994）の中で、グリブコフはそう記した。スミスはマングース作戦を振り返り、「計画段階からさらに前進すべくアメリカ軍を用いることを、SGAは決して検討させようとしなかった」と述べている。またSGAは数度にわたり、「キューバで軍事力を行使するという確固たる決断から後ずさった」ともしている。

　8月23日、ランズデールが7月に提出した報告書を再読したケネディ大統領は、彼の提案を再検討するよう命じ、中でも「アメリカ軍の公然たる介入抜きでカストロ共産主義政権を打倒するため、あらゆる外交的、経済的、心理的、及びその他考え得る種類の圧力」を行使するよう求めているところを特に強調した。

　さらにケネディは、「アメリカの関与を必要とする全面的な反カストロ蜂起を、意図的に誘発する」ための行動も求めている。

　キューバに対するアメリカの関心はその時2つに分裂していた。1つはマングース作戦であり、もう1つは増加し続けるソビエトの軍事支援を巡って深まる一方の危機である。ロバート・ケネディはマングース作戦に注力し、「破壊工作分野の活動が不足している」としてマコーンとCIAを叱責した。作戦に参加していたCIAのタスクフォースWは500名のケース・オフィサーと2,500名の契約エージェントを擁しており、単一の秘密工作活動としては最大規模だった。気の短いことで有名なハーヴェイが、マイアミからタスクフォースWを指揮していた。彼はエージェントのチームを何とかキューバに潜入させ、幾度かの破壊活動を行なわせていた――「我々は島全体を吹き飛ばすんだ」とハーヴェイは語っている――が、エージェントの報告によれば全国的蜂起の可能性は低いという。一方、ロバート・ケネディはマイアミに赴き、マングース作戦の進行がかくも緩慢なのはなぜかを突き止めようとした。そしてハーヴェイと言葉を交わしたが、この会談はハーヴェイのキャリアに好影響を及ぼすものではなかった。

　1962年10月上旬、マングース作戦とキューバミサイル危機への対処がホワイトハウスで衝突した。ミサイル危機がアメリカとソビエトを核戦争の縁へ追いやる中、ロバート・ケネディはマコーンに対してキューバでの秘密活動を全て中止するよう命じた。マコーンはその命令をハーヴェイに伝えたが、ハーヴェイは秘密工作と情報活動の違いを正しく認識していた。戦術情報が必要になると考えた彼は、ケネディ大統領が海軍による海上封鎖を発表した翌日の10月21日にエージェントのチームを送り込む。しかしハーヴェイが作戦から手を引いていないことを知ったケネディは、彼をタスクフォースW

のトップの座から引きずり下ろした。

　ミサイル危機最中の10月16日、ロバート・ケネディはCIAの計画（秘密活動）担当次官を務めるリチャード・ヘルムズに対し、アメリカがキューバに侵攻した場合、「政権のために戦う」キューバ人がどれほどの割合になるかを尋ねた。この時点で政府高官はミサイル危機の軍事的解決を考慮しており、結果としてマングース作戦は死を迎えたのである。

【参照項目】CIA、レイ・クライン、秘密工作活動、特別委員会、ジョン・マコーン、中央情報長官、エドワード・ランズデール、キューバミサイル危機、国家情報評価、ウィリアム・ハーヴェイ、アナディール、エージェント、戦術情報、リチャード・ヘルムズ

マンバ作戦　（Mamba）

　ドイツ軍に所属する元赤軍兵に対し、ドイツ及び占領下にあるヨーロッパ諸国で活動するようそそのかすため、イギリス特殊作戦執行部（SOE）が1944年に始めた作戦。イギリスはドイツ軍のロシア人部隊に偽文章や反乱用の器具（秘密無線機など）を投下し、部隊内でレジスタンス活動が行なわれているとドイツ人に信じさせようとした。

　これらの作戦により、ドイツ軍はロシア人部隊をフランス北部から撤退させ、一般兵で置き換えることを余儀なくされるとSOEは信じていた。マンバ作戦はカフェカとレスティンガという2つの支作戦から成っていた。

【参照項目】SOE

ミクラット　（Mikrat）

　マイクロドット技術で用いられる極小写真。

ミスター・ブル　（Mr. Bull）

「アレン・ダレス」を参照のこと。

ミダス　（MIDAS）

　長距離弾道ミサイルの発射を探知すべく開発されたアメリカ初の早期警戒衛星。着想は1950年代――ソビエトによる1957年のスプートニク衛星打ち上げより早かった――に遡り、ミサイル防衛警報システム（Missile Defense Alarm System）の頭文字をとってミダスと名付けられた。またアメリカ空軍が提案した初期の衛星開発プログラムの1つである（「サモス」を参照のこと）。

　当初の計画では、等間隔に並ぶ2つの周回軌道を、赤外線スキャナーを装備した8基の衛星で形作り、ソビエト連邦のミサイル発射基地を完全にカバーすることになっていた。基地を絶えず監視（偵察ではない）するには8基の衛星が必要だとされたのである。

　初のミダス試験機は1960年2月26日にフロリダ州ケープ・カナヴェラルから打ち上げられた。打ち上げは成

功したかに見えたものの、アジェナA衛星がアトラスDロケットから切り離された時点で爆発した。第2のミダス衛星は同年5月24日に打ち上げられ、ほぼ成功を収めた。アジェナAのセンサーパッケージ——総重量1,472キログラムの赤外線センサー及びデータリンク装置——は、上空470〜518キロメートルの高度で軌道周回に入った。しかし28日間の動作を可能にするバッテリーが搭載されていたものの、データリンクは16周回目に機能を停止してしまった。

試験はその後も続けられたが問題もあった。警報の数ばかり多すぎて信頼性に欠けていたのである。1961年、ミダス計画は開発活動から試験プログラムに切り替えられ、プログラム461の呼称が与えられた。計画は中止の運命を辿るかに思われていたが、1962年4月9日——当初の計画では実用システムが完成するとされた1年前——に1基のミダス衛星が打ち上げられた。

この衛星は高度2,815〜3,383キロメートルの軌道を周回し、センサーは6週間にわたって機能した。その間、アメリカによる弾道ミサイル発射を9件探知するのに成功している。その後も失敗は続いたものの、大型の液体燃料ミサイルより赤外線の放出が少ない固体燃料ミサイル、ミニットマン及びポラリスの発射を探知できたこともあって、4月9日の衛星はコンセプトの有効性を示した。

続く成功にもかかわらず、潜水艦から発射されるミサイルと小型の中距離弾道ミサイルを探知する必要性から、ミダス衛星の開発は1963年11月に中断された。改良型衛星の試験が66年6月に始まった際も再び問題が発生し、年末までにミダス計画は中止された。

代わりに始められたのが、より大型で、上空37,820キロメートルの静止軌道を周回できるプログラム949だった。つまり地球と同じ速度で周回するため軌道は比較的安定しており、数基の衛星でソビエトのミサイル発射基地の継続的な監視が可能になるのである。

初のプログラム949の打ち上げは1968年8月6日に行なわれ、上空31,682〜39,862キロメートルの準静止軌道に入った。これを含むその後の打ち上げは、ソビエトの弾道ミサイル搭載潜水艦が活動している海域の監視を主な目的にしていた。当時ソビエト潜水艦はアメリカの軍事計画立案者にとって大きな懸念だったのである（グリーンランド、アラスカ、カナダの地上レーダーは、ソビエトが発射した弾道ミサイルの放物軌道における、初期のブースト段階を監視すべく配置されていた）。

プログラム949の打ち上げはその後も続き、完全な成功を収めたものもあればそうでないものもあった。1972年12月の最終打ち上げが成功に終わった一方、プログラム全体は早期警戒衛星の決定版、プログラム647の地ならしと見なされていた。

初のプログラム647打ち上げは1970年11月6日に行なわれたが、静止軌道に入れなかったため部分的な成功しか収められなかった。この衛星は重量1,134キログラムで、7メートル四方のソーラーパネル4基がバッテリーを充電し、実質的に無期限の活動が可能だった。

2基目のプログラム647は1971年5月5日に打ち上げられ、ほぼ理想的な軌道に入った。ソビエトからアメリカに向けて発射される弾道ミサイルの飛行時間はおよそ30分間とされていたが、プログラム647衛星は発射を探知し、ほぼ即座に警告することができた。そして6分後には放物軌道を確定し、照準を合わせるのに十分な量のデータを提供できたのである。

かくして衛星監視システムは実用段階に入った。その結果、プログラムの名称が国防支援プログラム（DSP）と変更された1973年から74年にかけて、前例のない量の情報が利用可能になった。1970年代中盤の時点で3基のDSP衛星が静止軌道を周回しており、2基は西半球を、1基は東半球をカバーしてソビエト及び中国の発射基地を絶えず監視していた。DSP衛星は今日もなお活動し続けている。

一方、アメリカ及びオーストラリアのアリス・スプリングスにある固定式の地上受信局に加え、移動式の地上受信局がいくつか開発された。後に空軍の空中指揮所（E-4 ルッキンググラス）と空中警戒統制システム（E-3 AWACS）航空機にDSP受信機が搭載され、核攻撃時にアメリカの意志決定者が生存できる可能性を飛躍的に高めた。

これらの衛星に搭載された赤外線センサーは弾道ミサイルの発射を探知すべく設計された一方、特に洋上での加速時にアフターバーナーを用いるターボジェット航空機も探知できる。しかしアメリカ当局が公の場でこの能力について議論したことはほとんどない。

【参照項目】衛星、監視、偵察

密会 （Treff）

秘密の会合を指すロシアの俗語。イディッシュ語で「不潔」、すなわち律法にかなっていない食物を指す「treif」が語源だと考えられる。

密使 （Courier）

文書などの機密資料を届けるメッセンジャー。「友人」から頼まれて荷物や封筒を届けるというように、本人の知らぬ間に密使を務めている場合もある。

ミッチェル、バーノン・F （Mitchell, Bernon F. 1929-2001）

1960年、ウィリアム・マーチンと共にソビエトへ亡命したNSAの暗号担当官。

高校を卒業後カリフォルニア工科大学に進み、1年半在学する。成績はC+だった。その後海軍に入隊し、暗号関連の訓練を経て日本の上瀬谷（訳注：神奈川県横浜

市、2015年に返還された）にある海軍保安群の傍受施設へ配属される。1954年に兵役期間を終えた後はスタンフォード大学に進み、数学の学士号を取得している。その間もマーチンとの交遊を続けており、2人は1957年7月8日にNSAでの勤務を始めた。ミッチェルは13歳から19歳にかけて鶏や犬と性交したことを面接やポリグラフ検査の際に告白したが、それにもかかわらず採用された。

　程なくNSAの活動に幻滅したミッチェルとマーチンは1959年12月に飛行機でキューバを訪れ、ソビエトの外交官と会う。翌年6月には2人揃って休暇を取り、メキシコシティーを経由して翌日にキューバへ入国、ソビエトの貨物船に乗り込んだ（2人の亡命劇と、モスクワ到着後に行なったインタビューの詳細はマーチンの項を参照のこと）。

　彼らの亡命後、両者が同性愛関係にあったことが暴露されている。

　1979年の時点でミッチェルはソビエト連邦にも幻滅を抱いており、移民あるいは旅行者として帰国できるかどうかを国務省職員に打診したが、その求めは却下された。

【参照項目】 ウィリアム・マーチン、NSA、海軍保安群、ポリグラフ、同性愛者

密偵　(Secret Agent)

　スパイ及び工作員として秘密裡に行動する人物。『Secret Agent Man』はイギリスで放送され人気を博したテレビドラマである。

ミッドウェー海戦　(Midway)

　太平洋戦争の転回点となった海戦。ハワイ諸島北西のミッドウェー島を占領してアメリカ艦隊を決戦に引き込もうとする日本艦隊に対し、劣勢に立つアメリカ艦隊が決定的な勝利を収めた。ミッドウェーでアメリカに勝利をもたらしたのは、海軍の暗号解読活動によって日本海軍の行動計画を事前に知り得たことだった（「海軍通信情報」を参照のこと）。

　日本側の戦略では、ミッドウェーとアリューシャン諸島西部を占領し、アリューシャンのキスカ島からミッドウェー、ウェーキ、マーシャル諸島とギルバート諸島、そしてさらに西方のポート・モレスビー及びオランダ領東インド諸島へ伸びる防衛線を構築することになっていた。またミッドウェー占領は、1942年4月に行なわれたジェームズ（ジミー）・ドゥーリットル中佐率いる爆撃隊の東京空襲に対する日本側の反撃であり、アメリカから潜水艦の前進基地を奪い、ハワイ攻略の飛び石として活用するのが狙いだった。

　アメリカ海軍の暗号解読者は、日本の大規模な作戦が差し迫っていると判断したものの、ターゲットを突き止

めるには至っていなかった。一方、日本海軍は地名のいくつかにコードネームを使っていた。そこでアメリカ海軍の暗号解読者W・J・ホームズ中佐は、ミッドウェーの司令官から真珠湾に宛てて、島内の水蒸留装置が故障したという内容のメッセージを、日本側が解読できるであろう低級の暗号を使って送信させることを提案した。それから程なくして、AFで水不足が発生しているという日本の暗号メッセージをアメリカは傍受した。かくして、その前からAFが日本の作戦目標であると突き止められていたことと合わせ、攻撃対象はミッドウェーであると判明したのである。

　日本側は投入可能な軍艦のほぼ全てをミッドウェー攻撃に向かわせ、その中には日本海軍が擁する空母10隻のうち6隻が含まれていた。しかしアメリカ海軍の暗号解読者は、この作戦に関する比較的正確な全体像を作り上げていた。太平洋方面最高司令官のチェスター・W・ニミッツ大将は分析結果に懐疑的な一部参謀の反対を乗り越え、山本五十六大将率いる日本艦隊に立ち向かわせるべく、手持ちの空母3隻全てを派遣する決断を下した。日本側は奇襲を受けた形となり、1942年6月4日から5日にかけて空母4隻と巡洋艦1隻が急降下爆撃隊によって撃沈され、別の巡洋艦も中破した。空母に搭載されていた250機の航空機も、歴戦のパイロットや整備員と共に全て失われた。アメリカ側の損失は空母と駆逐艦1隻ずつに過ぎなかった。

　ミッドウェー海戦は日本海軍にとって1592年（訳注：文禄の役における閑山島海戦。李舜臣率いる朝鮮水軍に大敗を喫した）以来となる決定的な敗北だった。また太平洋における日本の勢力圏もこれ以降縮小を続けることになる。

　「ジョセフ・J・ロシュフォート」も参照のこと。

【参照項目】 暗号解読、コードネーム、W・J・ホームズ、山本五十六

密猟者　(Poacher)

　現場あるいは作戦エリアにいるバードウォッチャー（スパイ）を指すイギリス情報界の俗語。

【参照項目】 バードウォッチャー

ミトロヒン、ワシリー・ニキティチ

(Mitrokhin, Vasili Nikitich　1922-2004)

　機密文書30万件に関する詳細なノートを持って西側へ亡命したKGB本部の文書管理官。

　中央ロシアに生まれたミトロヒンは1948年にウクライナで情報機関入りした後、56年から引退する85年までほぼ30年間にわたってKGBの外国情報文書を扱っていた。KGB第1総局（対外作戦担当）が1972年6月にモスクワ郊外のヤセノヴォに移転した際には、大量の文書を輸送したことと、「国家保安当局への比類なき献

身」によって表彰されている。

イギリス情報機関（MI6）と接触した後の1992年、ミトロヒンはロシアを追放され、イギリスで隠れ家——及び新しい身分——を与えられた。その際、KGBの文書庫に保管されていた機密文書約30万件に関する詳細が記された手書きのノートを、6個のケースに詰めて持ち出している。

それらノートと、KGBの記録や個人情報に関する自身の知識に基づき、ミトロヒンはケンブリッジ大学の歴史学者クリストファー・アンドリューと共に『The Sword and the Shield: The Mitrokhin Archive and the Secret History of the KGB』（1999）を執筆した。その中には次の記述がある。

元KGB職員がロシア側スパイ数百名の氏名と共にイギリスへ亡命したことを、ドイツの『フォーカス』誌が1996年12月に報道した際、SVRのタチアナ・サモリス広報官は即座に記事全体を「まったくのナンセンス」として一笑に付した。「数百名ですって？　亡命者なら1名か2名、あるいは3名のエージェントを名指しできるでしょうけど——数百名なんてとんでもない！」

だがミトロヒンが行なったのはまさにそれだった。彼は2002年3月に178ページの文書を公開し、その中で1978年から83年にかけてアフガニスタンで実施された欺瞞作戦、暗殺、及び破壊工作活動を明らかにした。ミトロヒンはソビエト連邦にいた時から、秘密裡にその文書を作成していたという。

【参照項目】KGB、MI6、クリストファー・アンドリュー、SVR、欺瞞

ミナレット　(Minaret)

極秘かつ高度に細分化されたNSAのプログラム。大衆暴動、とりわけベトナム反戦運動への関与が疑われるアメリカ在住の外国人及び自国民による、外国との通信を傍受するために立案された。1969年7月1日に制定されたミナレット計画——この名称自体が最高機密だった——の条文によれば、「大衆暴動、反戦運動及びデモ、そして反戦運動に参加中の脱走兵に関係する個人または組織の通信」を傍受するとしていた。

「国内情報」「シャムロック作戦」も参照のこと。

【参照項目】細分化、NSA、最高機密

ミニーおばさん　(Aunt Minnies)

商業カメラマン、ジャーナリスト、あるいは観光客によって撮影された写真のうち、関心の対象となっている地域、または諜報活動の対象となっている人物が写ったもの。諜報機関が関心を持っている場所について、地上

で撮影された唯一の入手可能な写真となる場合がある。

ミニーおばさんという名称が付けられたのは、誰かのおばさん（あるいは妻または夫）がしばしばメインの被写体と一緒に写っていることからきている。

第2次世界大戦中、アメリカ戦略諜報局（OSS）は「ミニーおばさん」の写った絵葉書を求めて古物商をあさる一方、対象地域の写真がないかと各雑誌のバックナンバー、とりわけナショナル・ジオグラフィック誌を徹底的に調べた。

【参照項目】戦略諜報局

ミハイロフ、ヴラドレン・ミハイロヴィチ
(Mikhaylov, Vladlen Mikhaylovich 1925-)

1987年から91年までソビエト軍の情報機関GRUの総局長を務めた人物。就任前は軍事情報活動に関わった経歴を持たず、対外活動に携わった経験もなかった。

1942年に赤軍へ入隊、2年後の軍事学校完成に伴って士官となる。その後はまず極東で勤務、エリートの証しとされるフルンゼ軍事アカデミーを1954年に卒業した後、軍の指揮官を歴任した。そしてトルキスタン軍管区の参謀長を経てGRU総局長に就任している。

【参照項目】GRU

ミヘルゾン、アリツェ　(Michelson, Alice)

KGBの密使を務めた東ドイツ人。逮捕された後、アメリカ合衆国にとって「有益」と評された25名と引き換えの形で、他の東側エージェント3名と共に交換された。

1984年10月、ニューヨークにいたミヘルゾン（当時67歳）はチェコスロバキア行きの便に乗ろうとしたところを逮捕された。彼女が持っていたタバコの箱の中には、KGBのスパイと自称するアメリカ陸軍軍曹から受け取った機密資料のテープが入っていた。そして1985年6月、裁判が始まる前に上記のスパイ交換で出国した。

【参照項目】KGB、密使、スパイ交換

ミューラー、ガスタヴ　(Mueller, Gustav)

スパイになることを望んだアメリカ空軍の1等空士。西ドイツのオーバーアマガウにある情報学校に通学していた1947年、機密情報をソビエトのインテリジェンス・オフィサーらしき人物に売り渡そうとして逮捕された。だが実際相手にしていたのは、アメリカの防諜エージェントだった。

ミューラーは秘密を売り渡そうとした終戦後最初のアメリカ兵とされている。裁判の結果禁固5年の刑を言い渡され、軍を不名誉除隊となった。

【参照項目】インテリジェンス・オフィサー、防諜、エージェント

ミュラー、ロバート・S、3世

(Mueller, Robert S., III　1944-)

　第6代FBI長官。アメリカが対テロ戦争に突入する中でFBIを率いた。

　ハイジャックされた旅客機が世界貿易センタービルとペンタゴンに突入し、FBIの最優先任務が犯罪捜査やスパイ摘発からテロリストの追跡へと切り替わる1週間前の2001年9月4日、ミュラーはFBI長官に就任した。前任者のルイス・フリーは2003年の期間満了を待たず退任していた。

　司法次官補を短期間（1990～93）務めたミュラーは、ジョン・アシュクロフト司法長官の信頼が厚かった。アシュクロフトはジョージ・W・ブッシュ大統領に対し、FBIを司法省のより密接な管理下に置くべきだと説得していたのである。

　ミュラーが長官として乗り込んだ当時、FBIはすでにロバート・ハンセン捜査官の逮捕と起訴に揺れていた。そこに、アルカイダがアメリカをターゲットにしていることをFBIとCIAが警告できなかったことから、批判が矢のように飛んできた。ミュラーは手始めに大規模な組織改編を行ない、500名以上の捜査官を犯罪捜査からテロリスト情報の収集任務に移すことでこれに応えた。新たなガイドラインの下、捜査官は教会やモスクなどの宗教施設を監視下に置くと共に、犯罪活動の兆候が見られない状況でも手掛かりを探し出すことが認められるようになった。

　またミュラーはCIAとのより密接な協力を約束しているが、これは歴代長官が繰り返し述べてきた誓いだった。しかしこの時は協力関係の表われとして、CIAの分析官がワシントンのFBI本部に配属され、FBIの職員もヴァージニア州ラングレーにあるCIAの対テロセンターに送られている。ミュラーは中央情報長官のジョージ・テネットと良好な関係を維持するも、一方のテネットはブッシュ大統領より密接な関係にあり、ホワイトハウスでほぼ毎日顔を合わせる仲だった。

　ミュラーはテロ攻撃からの防衛をFBIの最優先事項とし、その次に昔からある防諜活動と、コンピュータによる諜報活動からの保護を置いた。またFBI情報局を設置して対テロ活動に資源を注ぎ込むと共に、語学専門家や分析官を求めて採用活動を強化している。

　ミュラーは1966年にプリンストン大学を卒業、翌年ニューヨーク大学で国際関係の修士号を取得した。その後海兵隊に入り、ベトナムでは第3海兵師団のライフル小隊を率いている。海兵隊で3年間を過ごした後はヴァージニア大学ロースクールに進み、卒業後はサンフランシスコの法律事務所で3年間勤務、次いでサンフランシスコの検事局に入って政府職員としてのキャリアを始めた。その後ボストンに転勤し、そこで法律事務所

に加わっている。

　1989年にはリチャード・L・ソーンバーグ司法長官の補佐官としてワシントンに移り、後に司法省の犯罪担当次官補となった。その間いくつかの大事件を指揮しているが、パナマの独裁者マヌエル・ノリエガや、ギャングの大物ジョン・ゴッティを有罪に追い込んだのもミュラーの功績である。1995年、ミュラーはコロンビア特別区検事局の殺人課で上級訴訟担当官となり、3年後には検事としてサンフランシスコに戻った。

　ブッシュ大統領が2001年に就任した際はワシントンに移ってアシュクロフトに短期間仕え、その後FBI長官に指名された（訳注：2013年に退任。後任はジョージ・W・ブッシュ政権下で司法長官代理を務めたジェイムズ・コミー）。

【参照項目】FBI、ロバート・ハンセン、CIA、監視、ラングレー、中央情報長官、ジョージ・テネット、コンピュータによる諜報活動

ミラ、フランシスコ・D　(Mira, Francisco D.)

　アメリカ空軍の元下士官。西ドイツの第601戦術統制航空団に配属されていた1983年に保安調査の対象となり、機密文書のフィルムを東ドイツ人に渡したことを認めた。そのフィルムは後にソビエトへ渡ったことが判明している。軍法会議の結果有罪となり、司法取引によって禁固7年の刑と不名誉除隊処分を受けた。

ミラー、リチャード・W　(Miller, Richard W.　1937-)

　スパイ行為で有罪となった初のFBI捜査官。

　肥満体（体重250ポンド＝113キログラム）で能力が低く、だらしのない捜査官だったミラーは1964年にFBI入りしたが、FBI捜査官らしく振る舞うことは稀だった。1982年にはカリフォルニア州リバーサイドのオフィスからロサンゼルス支局へ転勤となり、国内犯罪を扱う部署よりも監視が簡単な対情報部に配属された。しかしアムウェイ社の製品をFBIの車で売り歩いたり、バッジを使ってコンビニエンスストアからキャンディをせびったり、FBIの情報を私立探偵に売り払ったりするなど、ミラーの勤務記録は悲惨なものだった。

　その上、ミラーは自分の銃と信用を一度に失っている。またある夜、ロサンゼルス支局から退勤すべく鍵をかけた際、錠に差しっぱなしにしたまま立ち去ったこともある。鍵は翌朝もその場にあった。自分自身でも言う通り、ミラーの評判は「控えめに言っても、とてもよいとは言えなかった」のである。それでも彼の評価は「優良」だった――捜査官の90%はその評価を得ていたのだが。

　ミラーは常に書類仕事を遅らせており、元同僚からは「役立たず」と評されている。「服装はだらしなく髪もぼさぼさで、シャツとネクタイにはパンくずやスープの染

みがあちらこちらについていた」弁護士はこう語る。
「彼は間違ってもエフレム・ジンバリスト・ジュニア
（訳注：アメリカの俳優。ドラマ『FBI アメリカ連邦警
察』で主演を務める）などではなく、むしろ太りすぎの
クルーゾー警視（訳注：映画『ピンクパンサー』シリー
ズに登場するミスばかりの警官）に近い」

　8人の子どもを持つミラーは、常に金のために動き回
っていた。平日はロサンゼルス郊外のリンウッドで単身
生活を送り、週末になると 100 マイル（160 キロメート
ル）離れたサンディエゴ郡北部に車を飛ばし、妻と一緒
にアボカド農園を経営していたが、収穫以上の負債を生
み出していた。

　ミラーの身長——5 フィート 10 インチ＝ 177 センチ
メートル——の場合、FBI の身体基準では 193 ポンド
（87.5 キログラム）が捜査官の上限となる。しかし体重
が 250 ポンド（113 キログラム）に達したミラーは 2 週
間の停職となり、その間に増え過ぎた体重を減らすよう
命じられた。自らのキャリアにおけるどん底から数週間
後、ミラーは当時 34 歳の美しきロシア人亡命者スヴェ
トラナ・オゴロドニコワから、スパイにならないかと勧
誘を受けた。

　1984 年 8 月のある日、サンフランシスコのソビエト
領事館を監視下に置いていた FBI 捜査官は、車から降
りる 1 人の女性を目撃する。その車を追跡すると行き
先は FBI のロサンゼルス支局であり、降りた女性こそ
スヴェトラナ・オゴロドニコワだった。FBI の監視チー
ムは、ロサンゼルス支局の捜査官が担当する事件のため
に領事館を訪れたと推測した。

　ミラーのバッジなど、外の車に乗っているのが本物の
FBI 捜査官である証拠を持ってオゴロドニコワが領事館
に入ったことを、当時監視チームは知らなかった。彼女
は情報収集に関する FBI のマニュアルのコピーも持っ
ていた。ミラーはそのマニュアルをロサンゼルス支局の
コピー機で複写したのである。FBI は後に、24 ページか
ら成るその機密マニュアルを、「FBI はじめアメリカ政
府機関の情報収集活動、テクニック、及び要求事項に関
する詳細」をソビエトにもたらしかねない手引き書だと
説明した。

　サンフランシスコのソビエト領事館はスパイの巣窟と
されており、絶えず監視下に置かれていた。FBI は地下
にトンネルを掘ろうとしたことさえある。しかし掘削作
業は気づかれてしまい、防諜担当官は通常の監視テク
ニック——電話の盗聴、KGB 職員らしきロシア人の尾行、
そして領事館を出入りする人物の写真撮影——で満足せ
ざるを得なかった。FBI のスパイハンターにとって、ミ
ラーは北米大陸でこれ以上ないほど好都合な場所を選ん
だのである。

　ミラーが防諜担当官になった 1982 年当時、ハリウッ
ド西部の大規模なロシア人亡命者コミュニティーの監視

任務に就いていた FBI 捜査官、ジョン・E・ハントが
スヴェトラナ・オゴロドニコワを担当していた。ハントは
彼女と何度も会い、内科医のクリニックに同行すること
もあった。ハントによると、オゴロドニコワは「稀な血
液病」の検査を受けていたという。しかし彼女は後に、
通院の目的は中絶であると説明、父親はハントであると
強くほのめかすも、彼が 1960 年に精管切除の手術を受
けたことは知らなかったようである。ハントが 1984 年
に退職すると、オゴロドニコワはミラーの手に委ねられ
た。

　オゴロドニコワは KGB の「接触エージェント」、つ
まり外交官をカバーとする KGB 職員に代わって有望な
スパイ候補を見つけ出すのが任務とされていた。FBI 支
局が彼女を監視していたのは、通常のロシア人亡命者で
はなかったからである。彼女は夫のニコライ・オゴロド
ニコフと共に 1973 年にアメリカ合衆国へ移り住んだ
が、他の亡命者から KGB の下で働く親ソビエトの情報
提供者と見られていた。スヴェトラナはソビエト領事館
とのつながりを自慢しており、他の亡命者と違ってソビ
エト連邦への行き来が許されていたのである。

　最初の密会がサンフランシスコの FBI 捜査官に目撃
された後、彼女とミラーは「多数の個人的会合」をもっ
た。つまり 2 人は愛人関係になったのである。スヴェ
トラナによれば、自分はミラーの性的誘惑に抵抗しよう
と試み、「脅迫されたから」受け入れたに過ぎないとい
う。彼女は KGB 少佐と称し、KGB のためにスパイ行為
をすれば金塊と現金で 65,000 ドルを支払い、さらに
675 ドルもするバーバリーのコートを与えると約束し
た。FBI は監視のレベルを上げて「ホイップウォーム」
というコードネームの作戦を立案、2 人の立件に向けて
動き始めた。

　スヴェトラナはミラーに対し、亡命者であるスタニス
ラフ・レフチェンコ KGB 少佐と、1976 年に MiG-25 戦
闘機で日本へ亡命したパイロット、ヴィクトル・ベレン
コの居所を突き止めるよう求めた。2 人ともソビエトの
欠席裁判で死刑を宣告されており、KGB から暗殺の標的
とされていた。しかしミラーは情報を与えなかった。

　FBI の捜査網が迫りつつあった 1984 年 9 月、ミラー
は上司に対し、この数ヵ月間、自分は二重スパイになる
ことで、KGB に独力で浸透しようとしていたと告げた。
彼によると、スヴェトラナ——そして KGB——を騙し、
自分が裏切り者であると信じ込ませる計画だったとい
う。また「みんなが思っているような役立たずでないこ
とを、自分自身と FBI の人間に証明したかった」とも
語っている。

　数日間にわたる尋問の後、FBI はミラーを逮捕した。
アパートメントを捜索した結果、機密及び極秘資料が発
見されている。オゴロドニコフ夫妻も逮捕され、自宅か
らワンタイムパッドや秘密筆記器具、またマイクロドッ

ト用の写真器材といった典型的なスパイ器具が見つかった。

スヴェトラナとニコライは司法取引によって裁判を回避し、スヴェトラナは禁固18年、ニコライは禁固8年の刑を受けた。ミラーは共謀して諜報行為に携わり、機密文書を渡した罪で起訴されていたが、スヴェトラナが証言を行なうことに同意する。またミラーの弁護士は依頼人に対するFBIの起訴内容をほぼ認めたが、KGBの内通者になるという自ら課した任務に失敗しただけだと主張した。陪審は結論に達することができず、判事は1985年11月に評決不能を宣言した。

3ヵ月後に行なわれた2度目の裁判で、スヴェトラナは再度証言台に立った――今度は被告側の証人として。この時彼女は、ミラーは無実であり、以前の司法取引は終身刑を免れるためだったと主張した。だが検察側は反対尋問の中で、彼女が自身の裁判において秘密の告白を判事にしたことを暴露した。かくしてミラーは6件のスパイ容疑で有罪とされ、禁固20年と罰金6万ドルを言い渡された。

連邦裁判所判事が刑期を13年に短縮した後の1994年5月、ミラーは刑務所から出所した。

【参照項目】FBI、対情報、防諜、スヴェトラナ・オゴロドニコワ、監視、KGB、カバー、コードネーム、スタニスラフ・レフチェンコ、二重スパイ、ワンタイムパッド、秘密筆記法、スパイ技術、内通者

ミール　(Mir)

ソビエトの有人軌道実験室。科学研究目的だけでなく、偵察を含む軍事活動にも用いられた。世界初の宇宙ステーション、サリュート・シリーズの後継として1986年2月19日に打ち上げられ、3月15日には宇宙船とのドッキングに成功、2名の宇宙飛行士がミールに移り、125日間にわたってステーション内で活動した。

ミール――ロシア語で「平和」の意――の基本型は本質的に制御及び居住施設であり、実験などの活動はミールに接続されたモジュール内で行なわれた。

アメリカ国防総省は1987年に刊行した報告書『The Soviet Space Challenge』の中で、以下のように予測している。「ミールは軍事研究目的で利用される可能性が高い。目視観測、カメラ、レーダー、分光計、及び多重スペクトル電子光学センサーが研究に用いられ、いずれもASAT（対衛星）及び弾道ミサイル防衛システムの開発を支援するのが目的と思われる」

サリュート型衛星の最終機として1982年に打ち上げられたサリュート7号に比べると、ミールは宇宙船とのドッキングポートを6基（以前の衛星より4基多い）有し、太陽光エネルギー及び電源システムが拡張され、コンピュータの能力も向上している。また各乗組員専用の「個室」も備えており、ミールのソーラーパネルは居住空間の維持と研究プロジェクトに10キロワット近い電力を供給できた。

ミールは宇宙船による補給を受け、乗組員も定期的に交替しているが、1989年4月に乗組員3名が地球に帰還した際には短期間ながら無人になった。ソビエト当局はこの遅延について、宇宙ステーションに接続すべく準備が進められていた新型モジュールに技術的問題が発生したためと述べた。

ソビエト崩壊後、ロシアは日本人ジャーナリスト（訳注：元TBS記者の秋山豊寛氏）とフランス人宇宙飛行士を宇宙に送り、ミールに短時間滞在させた。また1995年には、ロシアの宇宙船に乗ったアメリカ人宇宙飛行士のノーマン・E・サガードも、ミールに115日間滞在している。サガードはロシア製宇宙船で飛行した初のアメリカ人となり、同時にアメリカ人の宇宙滞在記録を塗り替えた。

1995年11月、アメリカのスペースシャトル、アトランティスがミールとドッキング、3日間かけてミールに特殊なドッキングポートを設置すると共に、乗組員の相互訪問が行なわれた。翌年3月28日にはアトランティスが再びドッキング、アメリカ人宇宙飛行士のシャノン・W・ルシッドが4ヵ月半の滞在のためにミールへ移乗したが、衛星軌道上での移乗は史上初だった（アトランティスは3月31日に地球へ帰還した際、打ち上げ時よりも少ない乗組員で地上に戻った最初のスペースシャトルとなった）。

ミールの乗組員は宇宙滞在記録を何度か塗り替えている。1991年12月27日、ユーリ・ロマネンコ飛行士は326日間の宇宙滞在を終えて地球に帰還し、95年3月22日にはワレリー・V・ポリヤコフ飛行士がなんと437日――22ヵ月――もの間軌道を周回、その記録を更新した（ミールの最長搭乗記録を有しているのはセルゲイ・アフデイエフ飛行士で、3度の飛行で747日を船内で暮らしている）。ミールが軍事及び民間プロジェクトに従事した15年間、15ヵ国の100名以上が2ないし6名のチームを組んで船内で暮らし、様々な活動を行なった。

だが船体の老朽化は徐々に進行していた。船内火災や無人補給船プログレスとの衝突によってダメージを受けると共に、1991年のソビエト崩壊による経済的混乱のため機器の修理や取り替えが困難になったのである。その結果、ミールは技術的・経済的問題を理由として1999年8月27日から2000年2月20日まで放棄され、4月6日に最後の乗組員となる2名の宇宙飛行士がミールに搭乗、6週間にわたって滞在した。その後、船体は無人で周回軌道を回り続けた。

後にロシア議会下院は、ミールを地球観測システムの主要要素として活用、テロ行為や戦争を含む大規模な環境・技術問題に対し、信頼性の高い防御装置を世界各国

に提供するという内容の議案を通過させた。しかし資金が底をついており、ロシア航空宇宙局はミールの廃棄に向けて準備を始めた。政府のスポークスマンは、あらゆる資金がロシアの国際宇宙ステーションへの関与に必要であると述べた。

ロシアの宇宙管制当局は、ドッキングしたプログレス宇宙運搬船のエンジンを使ってミールを地球に向けさせ、大気圏に突入させた。再突入による消滅を免れた残骸は太平洋に落下し、モスクワ時間の2001年3月23日午前9時頃に着水した。地球に落下した際、ミール及び付属品の総重量は138トンだった。

【参照項目】偵察、サリュート

ミールケ、エーリッヒ (Mielke, Erich 1907-2000)

1957年からベルリンの壁が崩壊する1989年まで東ドイツの秘密警察シュタージ（MfS）長官を務めた人物。

ベルリンに生まれたミールケは1925年に共産党へ入党、1930年代に入ってナチスドイツから逃れた。ソビエト滞在時はエリート養成機関とされるモスクワの国際レーニン学校で学び、卒業後はソビエトが組織した国際旅団に加わってスペイン内戦を戦っている。第2次世界大戦後はソビエト占領下のドイツ東部で警察組織の構築に加わり、1950年に東ドイツが建国された際には国家保安省の次官となり、57年に長官の座を引き継いだ。

ドイツ再統一後、ミールケの壮麗な執務室にある金庫を開けた捜査官は、1931年8月に発生したベルリン蜂起の際、彼が共産党武装組織の一員として警官2名を殺害した証拠を見つけた。統一ドイツで裁判にかけられたミールケは、1993年に禁固6年の刑を言い渡される。その2年後に人道的見地から釈放され、老人ホームで死亡した。

その一方で、シュタージのトップだったことと、ベルリンの壁を乗り越えようとした人物を射殺したことでは罪に問われていない。

【参照項目】MfS

ミン (Ming)

ドイツ及びドイツ人を指すイギリス特殊作戦執行部（SOE）のコードワード。

【参照項目】SOE、コードワード

民間不正規戦グループ (Civilian Irregular Defense Group〔CIDG〕)

南ベトナム内陸部の山岳地帯やジャングル地帯に居住する少数部族の戦闘部隊。共産ゲリラに対処すべくCIAが1961年後半に組織した。

1963年の時点でCIDGは200以上の村におよそ12,000名の現地人兵を抱えており、CIAの顧問団やアメリカ陸軍特殊作戦部隊（グリーンベレー）の対反乱チームが支援及び訓練を行なっていた。武器の大部分はライフル銃とサブマシンガンで、これら地域における共産勢力の侵入を防ぐ上で高い能力を発揮した。アメリカ及び南ベトナムの正規兵は、海岸に沿った都市部での活動に忙殺されていたため、彼らの存在は極めて重要だった。

CIDGの活躍によって、南ベトナムに居住するカンボジア人やカトリック武装組織もCIDGに加わり、1964年の時点で75,000名に膨れ上がった。

しかし1963年10月のスイッチバック作戦を期にこうした準軍事作戦の管轄がCIAから陸軍へ移ってからは、不正規軍の能力も大きく低下した。その一方でCIAによる国境警備と偵察活動がCIDGに移管され、それに関わる6,000名以上のベトナム人も移籍している。

陸軍の指揮下に移ったことでCIDGの使命は防衛から攻撃に移り、共産勢力の支配地域に対する攻勢が行なわれた。ベトナム戦争におけるアメリカの役割が縮小し始めた1960年代後半まで優秀な武装勢力であり続けたが、1970年に特殊作戦部隊がCIDGから離脱、一部は南ベトナム軍のレンジャー（コマンド）部隊となった。

【参照項目】シナモン・アンド・シュリンプ計画、ベトナム、CIA、特殊作戦部隊

ミンギス、サー・スチュワート・G (Menzies, Sir Stewart G. 1890-1968)

1939年から52年までイギリス秘密情報部（MI6）長官を務め、第2次世界大戦中及び冷戦初期にイギリスの情報活動を指揮した人物。

イートン校を卒業後に近衛歩兵の士官を短期間務め、次いで1910年から近衛騎兵連隊で勤務する。第1次世界大戦中はフランスで実戦に参加、国王から勲章を授与された。大佐の時にサー・ヒュー・シンクレア海軍大将（1924年から39年に死去するまでMI6長官を務めた）の副官となり、シンクレアの死後MI6長官に就任する。情報活動と秘密計画に並外れた意欲を持つウィンストン・チャーチル首相の下で働いていたこともあり、戦時中は極めて難しい立場に置かれた。

暗号解読活動の熱心な支持者であるミンギスは、1940年にドイツのエニグマ暗号を解読した、ブレッチレー・パークによる「ボンブ」の開発を強力に支援した。1945年に少将へ昇進した後も52年までMI6長官の座にとどまったが、ドナルド・マクリーンとガイ・バージェスのソビエトへの亡命を受けて退任する。

ミンギスは日々の活動を部下の手に委ねており、「机の上にある書類を全部読むなど期待しないでくれ」と常々語っていたという。MI6と他省庁との関係を維持することがミンギスの主な仕事だった。「個人的な関係において、彼は常に丁寧だったが、暖かみを感じさせることは決してなかった――『滑らかな外見の下は花崗岩のように硬い』とは、あるSIS（秘密情報部）職員の妻が

語った言葉である。ミンギスは一流クラブの会員で、競馬を愛し、酒飲みだった」フィリップ・ナイトリーは著書『The Second Oldest Profession』(1986) の中でそう記している。

情報機関に所属する人間の多くは、ミンギスがエドワード7世の私生児だと信じていた。もちろんこれは事実でないが、ミンギス自身がこの噂を広めたと考えられている。

【参照項目】MI6、サー・ヒュー・シンクレア、エニグマ、ブレッチレーパーク、ボンブ、ドナルド・マクリーン、ガイ・バージェス

民航空運公司 (Civil Air Transport〔CAT〕)

極東における諜報活動を秘密裡に支援すべく CIA が運営した航空会社。中国でフライング・タイガー戦闘機隊を率い、後にアメリカ陸軍航空軍の少将となったクレア・L・シェンノートが 1946 年に設立した。設立にあたっては蔣介石の中国国民党政府と連合国救済復興機関の支援を受けている（民航空運公司と正式に命名されたのは 1946 年 10 月 26 日）。

共産党が中国本土の支配権を握った後、CAT は台湾だけでなく日本や韓国の基地からも飛行機を飛ばし、また貨物便を運航する一方、極東におけるアメリカの諜報活動を支援すべく秘密任務に就いた。その後 1950 年代初頭に CIA のフロント企業となっている。

1954 年にベトナムのディエンビエンフーでフランス駐屯軍が共産勢力に包囲された際、CAT の C-119 フライングボックスカー大型輸送機はフランスの飛行機と共に補給品を投下している。ディエンビエンフーの支援にあたった 29 機の C-119 のうち、24 機は CAT のパイロットが操縦していた。その最中、1 機の C-119 が撃墜され、搭載していた 6 トンの弾薬と共に大爆発を起こす。この機体を操縦していたジェイムズ・B・マクガヴァンとウォーリー・ビュフォードは、第 1 次インドシナ戦争で戦死が確認された唯一のアメリカ人である。

また CAT のパイロットは B-26 インベーダー爆撃機をインドシナで飛ばしており、中国政府の資料を捕獲すべく急襲部隊をチベットへ送ったり、ベトナム及びラオスでアメリカの秘密作戦を支援したりしている。なお 1959 年には、同様の目的でエア・アメリカが設立された。

CIA は 1973 年に CAT の株式を放出し、およそ 3,000 万ドルを財務省にもたらした。

（訳注：CAT は日本にも定期便を運行しており、豪華な機内サービスで知られていたが、1975 年に会社清算されている）

【参照項目】CIA、国際連合、カバー企業、エア・アメリカ

ミンスミート作戦 (Mincemeat)

第 2 次世界大戦中にイギリスが立案した巧妙な欺瞞計画。連合軍は 1943 年中期にシチリア島への上陸を計画していたが、それを秘匿すべく、バルカン半島へ進攻するのだとドイツ軍最高司令部に信じ込ませるのが目的だった。この作戦では、連合軍の戦争計画を予告する極秘文書を偶然入手したと、ドイツ軍に信じ込ませる必要があった。それに成功すれば、ドイツはシチリアの防衛を犠牲にしても、バルカン半島に兵力を割くことが予想されたからである。

イギリス海軍情報部は最近イギリスで死亡した男の死体を引き取り、ドライアイスで保存すると同時に、イギリス海兵隊に所属するマーチン少佐の素性をでっち上げた。ウィリアム・マーチンは 1907 年にウェールズ州カーディフで生まれ、少佐待遇の大尉として合同作戦本部に配属された、というものである。

死体には海兵隊士官の軍服が着せられ、略綬、識別章、各種の書類、演劇チケットの半券、ポンド紙幣、小銭、そしてロンドン滞在のためにクラブが発行した紹介状などが用意された。中でも重要なのは、公的文書や連合軍高官同士の私信が入った鍵付きのブリーフケースを鎖で死体につないだことである。私信と文書は、マーチン少佐が飛行機に乗ってイギリスを出発し、北アフリカの連合軍司令部に向かっていたことを示唆するためだった。

次にマーチン少佐は鋼鉄の容器に密封され、イギリスの潜水艦セラフに乗せられてスペイン沖のウエルバに向かった。そして 4 月 30 日の朝、艦長の N・L・A（ビル）・ジュエル大尉と、秘密を誓った士官一同は、浮上したデッキの上で容器を開けた（乗員たちは秘密の天候通報装置を流すのだと告げられていた）。マーチン少佐にはライフジャケットが着せられる。そして死体と所持品の最終確認を済ませた後に賛美歌第 39 番が読み上げられ、士官一同は遺体が潮流によって陸地に流れ着くよう厳かに海へと押し出した。

漂着した遺体はその日のうちに漁師によって発見され、すぐさまスペインのドイツ人工作員に伝えられた。同じく遺体の発見を知った現地のイギリス官憲が返却を要求する一方、ドイツ側はブリーフケースを慎重に開けて中身を撮影し、再びブリーフケースに戻してからスペイン当局を通じてイギリスの外交官に返却した。写真はドイツ情報機関による分析のためベルリンへ急送された。マーチン少佐の死は次の戦死者リストに掲載され、1 ヵ月後には計略をさらに支えるためタイムズ紙でも公表された（それ以前、イギリス士官を乗せてジブラルタルへ向かう飛行機が洋上で消息を絶ち、数名が死亡したと発表されていた）。

マーチン少佐の遺体と所持品がようやく戻ってブリー

フケースを検査したところ、文書は読まれた後で慎重に折り直されたことが判明した——ドイツ側の仕業なのは明らかだった。イギリス軍参謀総長はアメリカ滞在中のウィンストン・チャーチル首相に以下の電報を送っている。「ミンスミートは全て飲み込まれた」チャーチルの下で軍事首席補佐官を務めたヘイスティングス・L・イズメイ大将は後にこう記した。「作戦の成功は我々のいかなる想像も及ばぬものだった。ヨーロッパにおけるドイツの防衛作戦を完膚無きまでに叩きつぶしたことは、それがたとえシチリア島からドイツ艦艇を追い払うだけのものであっても、特筆すべき成果だった」

「マーチン少佐」はウエルバの墓地に埋葬された。彼の本名は2003年まで明らかにされなかったが、ロンドンの倉庫で自殺したグリンドゥール・マイケルであることがようやく判明している（訳注：ただし諸説あり）。死亡当時は34歳だった。

作戦を主導したユーエン・モンタギューは戦時中イギリス海軍の情報部門で勤務し、戦後は艦隊法務官を務めた弁護士であり、ミンスミート作戦の立案に対して大英帝国軍事勲章を授与されている。本作戦に関する著書『The Man Who Never Was』は1954年に刊行され、後にクリフトン・ウェブ主演で映画化（1956）された。

【参照項目】欺瞞、潜水艦、ベルリン、ユーエン・モンタギュー

ミントケンボー、ジェイムズ・A （Mintkenbaugh, James A.）

もう1人の下士官スパイ、ロバート・リー・ジョンソン軍曹に勧誘され、1950年代の西ドイツでソビエトのためにスパイ活動を行なったアメリカ陸軍の軍曹。ミントケンボーは同性愛者であり、政府の報告書によると「この事実がKGBハンドラーの興味を引いた。同性愛者はしばしば社会から疎外され、自分がのけ者にされている感覚に陥るからである。こうした思考は社会に対する復讐を求め、彼をこののっぴきならない立場に置いた」という。

KGBはミントケンボーに他のアメリカ人同性愛者を見つけるよう命じ、また訓練のためにモスクワへ赴かせた。彼はそこでKGBに雇われたロシア人女性と結婚し、生後すぐまたは幼いうちに死んだカナダ人の出生証明証を入手すべくカナダを旅するよう指示された。その際、ワシントンの不動産セールスマンとして活動するよう命じられている。そうすれば、家を探す軍関係者や政府職員に関する個人情報を入手できるからである。

だがミントケンボーが任務に取りかかるより早く、KGBによる巧妙な計画は終わりを迎えた。1964年にジョンソンが自首し、ミントケンボーの名を告げたのである。2名はいずれも裁判の結果有罪となり、禁固25年を言い渡された。

【参照項目】ロバート・リー・ジョンソン、同性愛者、KGB

ムーア、エドウィン・G、2世 （Moore, Edwin G., II）

組織に不満を抱き、ソビエトに情報を売り渡そうとした元CIA職員。

1976年12月21日の夜、ワシントンDC駐在のソビエト大使館職員が住むアパートメントのフェンス越しに、ムーアは数件の文書を投げ込んだ。ソビエトの警備員は包みを爆弾だと考えてアメリカの要人保護局に通報、アメリカ人スパイの逮捕に協力した初のロシア人となる。アメリカ陸軍の爆弾処理班は、包みに入っていたのが爆弾ではなく、数件のCIA文書及び「CIA本部の活動に浸透する」という内容のメモであることを発見した。メモを書いた人物は、ワシントン郊外のメリーランド州ベセスダに設けた隠し場所に20万ドルを置くよう求めていた。

FBIはメモの指示に従い、ダミーの包みを隠し場所に置いた上で、近くにエージェントを潜ませた。すると男が通りを横切って芝生の草をかき集め、人目を気にするように周囲を見渡した後、草を地面に置いて包みを拾い上げた。この男こそムーアだった。

ムーアはソビエトに何かを漏らしたわけではなかったが、彼の逮捕はCIAにおける保安体制の杜撰さを明らかにした。ムーアは1952年から61年までCIAで勤務し、主に地図作成や補給の研究に携わっていたが、放火の罪で逮捕され解雇処分を受けている。しかし判決で無罪となり、再雇用を求めた結果67年に復職した。

その後心臓疾患に起因する健康上の問題で1973年に退職した。後にCIAが作成した報告書には次のように記されている。「彼のキャリアは、最低限の職務成績と仕事に対する慢性的な不満、そして情報機関に入ったのは間違いだったという一般的評価によって特徴づけられている」FBIの捜査官は、CIA職員の氏名、住所、電話番号が記された対外厳秘の住所録を自宅から発見した。数百件の文書の中には1973年以降の日付が記されたものもあり、退職後もCIAの人間と接触を保っていたことが示唆されている。

ムーアはスパイ容疑2件と、機密文書の不法所持容疑3件で有罪となり、1977年5月に禁固15年の刑を言い渡された。その後79年に保釈されている。

【参照項目】CIA、FBI

ムーア、マイケル・R （Moore, Michael R.）

元アメリカ海兵隊員。1984年に無許可離隊し、マニラのソビエト大使館と接触しようと試みたが、何らかの理由でアメリカ情報機関がその意図を突き止めた。それを突きつけられたムーアは、政府の理由による除隊処分を受けた。

無意識のエージェント　(Unwitting Agent)

　最終的な受領者が情報機関であると知らずに、あるいは関与している政府機関の正体を知らずに、情報を提供するエージェントのこと。ジェリー・ホイットワースは逮捕された際、そうと知らずに情報を渡していたと主張したが無駄に終わった。つまり、ジェーン海軍年鑑に情報提供するためということで、ジョン・ウォーカーからスパイ行為をもちかけられたというのである。

【参照項目】エージェント、ジェリー・ホイットワース、ジョン・ウォーカー

無人航空機　(Unmanned Aerial Vehicles〔UAV〕)

　偵察及び限定的な地上攻撃作戦に用いられる無人の航空機。

　無人航空機はもともと「ドローン」あるいは遠隔操縦機（RPV）と呼ばれ、アイデアそのものは第1次世界大戦期から存在していたものの、情報収集手段として広く用いられるようになったのはベトナム戦争たけなわの1960年代からである。ベトナム戦争時代は「バッファローハンター」の名で知られていたが、80年代に入ると米軍内部で無人航空機（UAV）という名称が広まった。

　同じ1980年代、イスラエルはベトナム戦争後初めて無人航空機を情報収集手段として大々的に活用する。これらはシリア、レバノン、ベッカー高原で用いられ、またヤセル・アラファト率いるパレスチナ解放機構をベイルートから追放した1982年には、マスティフ無人航空機が港に停泊するアメリカ上陸艇の真上を飛行し、しかも発見されなかった。その1年後には、ベイルート訪問中のキャスパー・ワインバーガー国防長官の姿が、カメラを搭載したマスティフによって撮影されている。この時も米軍は無人航空機を発見できなかった。撮影されたビデオテープは、後にアメリカとイスラエルがパイオニア無人航空機を開発するきっかけとなった。パイオニアは広範囲に活用された初のアメリカ製無人航空機であり、1986年から海軍による調達が始められた。メインセンサーとしてテレビカメラを搭載し、リアルタイムの映像を地上もしくは艦上の操作員に伝達するようになって

無人航空機は情報収集など、戦闘において新たな次元を切り拓きつつある。CIAが開発したジェネラル・アトミクス社製のRQ-1プレデターは、偵察目的で海軍にも活用されるのみならず、CIAによる地上ターゲットへの攻撃にも用いられている。機体には格納可能な車輪が装備され、機体後部に小型プロペラが備えられている。（出典：アメリカ海軍）

現在、ノースロップ・グラマン（テレダイン・ライアン）社製のRQ-4グローバルホークがUAVとして最大の機体と最長の航続距離を誇っている。全幅35.4メートル、全長13.5メートルのグローバルホークは事実上U-2の後継機とされており、複数のセンサーを備えている。また大陸間飛行も可能である。（出典：ノースロップ・グラマン社）

いる。

　（1960年代、アメリカ海軍はQH-50DASH——無人対潜水艦ヘリコプター〔Drone Anti-Submarine Helicopter〕——という名の無人航空機を数百機運用していた。この航空機は軍艦を発進拠点とし、艦載のソナーによって潜水艦を発見した後、魚雷もしくは核爆雷を投下するために使われることになっていた。また1968年に戦艦ニュージャージーがベトナムへ配置された際、地上機銃の位置を突き止めるために行動半径50マイルのDASHが用いられた）

　ソビエト、イギリス、フランスなども無人偵察機を開発しているが、アメリカとイスラエルが製造と運用で他を一歩リードしている。

　アメリカは1991年の湾岸戦争でも無人偵察機を大規模に活用した。航空作戦の当初、レーダー制圧機による破壊を可能にするためイラクのレーダーを作動させるべく、海空軍は無人標的機をイラク領内に侵入させた。この戦法は、イスラエルがシリアの航空防御に対して用いたのが最初だった。

　湾岸戦争において、海軍は戦闘艦艇から、陸軍と海兵隊は陸上の発射台からパイオニアを発進させた。40機のパイオニアが合計552回出撃し、総飛行時間は1,641時間に達している。1991年1月から2月にかけて実施された砂漠の嵐作戦では、少なくとも1機のパイオニアが常時上空を飛行した。これらの無人機は艦艇砲撃における照準の修正、戦場における被害状況の調査、及び偵察に用いられた。

　2月27日、ファイラカ島沖でイラクの哨戒艇2隻がパイオニアによって発見され、これを攻撃すべく海軍機が発進する。同島にいたイラク兵はUAVを見て自分たちが攻撃対象であると誤解、なんとパイオニアに投降を申し入れた。これは敵兵が無人航空機に投降した最初の

例と思われる。

湾岸戦争で活躍したもう1つの無人航空機として
FQM-151ポインターが挙げられる。手投げで発進され
るこの小型機は模型飛行機に似ている。ポインターは2
つのバックパックに収納して持ち運ぶことができ、機体
部分の重量は約20キログラム、コントロールユニット
の重量は約23キログラムである。1991年、アメリカ海
兵隊は数機のポインターをサウジアラビアに配備した。
いずれも白黒の8ミリビデオカメラをセンサーとして
搭載しており、化学薬品検知装置を載せることもでき
た。飛行可能時間は1時間で、着陸は失速させること
で行なわれた。

1994年のボスニア・ヘルツェゴビナ紛争ではさらに
進化したRQ-1プレデターが用いられ、平和維持部隊に
偵察・監視能力をもたらすと共に、2001年のアフガニス
タン戦争と2003年のイラク戦争でも活用されている。
イラクとイエメンでは空軍だけでなくCIAもプレデタ
ーを運用し、また2003年にはアフガニスタンとイエメ
ンにおいて、CIA所属と思われるプレデターが地上のタ
ーゲットにミサイルを発射した。この時期にアメリカが
運用したもう1つの無人航空機として、超長距離飛行
が可能なRQ-4グローバルホーク無人偵察機が挙げられ
る。

2001年9月11日の同時多発テロ以降、各国政府は国
内監視作戦の実施にあたって、グローバルホークなど長
時間運用が可能な無人航空機の活用を真剣に考慮してい
る。また軍事機関も空対空あるいは空対地攻撃を行なう
ため、各種の戦闘用無人航空機（UCAV）の開発を進め
ている。

UAVは有人航空機に比べていくつか有利な点がある。
パイロットの生命が危険に晒されることはなく、航続距
離や搭載量の制限によって有人航空機では不可能な任務
も、無人航空機ならば帰還を前提としない片道運用を行
なえる。また一般的に、同等の有人航空機よりも安価に
製造できる（訳注：その反面、操縦者の負担が大きいと
いったデメリットもある）。

【参照項目】偵察、バッファローハンター、プレデター、
監視、グローバルホーク

無線指紋 (Radio Fingerprinting)

モールス信号を送る無線機の種類を識別する方法。各
種の無線機は信号を送信する際、それぞれ異なる「シグ
ネチャー（固有の特徴）」を現わす。

第2次世界大戦中、イギリスは各通信員の特徴を調
査し、それをTINAと名付けた。TINA装置は通信員の
モールス信号技術を記録し、後に発信された電波と比較
できる。これは諜報活動にとって特に有益だと考えられ
た。エージェントが捕らえられた場合、他の誰かがその
エージェントを装って送信しても、容易に突き止められ

るからである。

しかし常に成功というわけにはいかなかった。理由の
1つとして、個人の送信技術がその時々で異なり得るこ
とが挙げられる。それでもドイツの艦船や潜水艦に乗艦
している通信員を識別でき、各艦の艦型、そして時には
艦名をも突き止めることができた。

ムラド (Mlad)

「セオドア・A・ホール」を参照のこと。

メイ、アラン・ナン (May, Allan Nunn 1911-2003)

カナダで原爆研究に携わる傍ら、ソビエトのためにス
パイ行為をしたイギリス人原子物理学者。

1933年にケンブリッジ大学を卒業したメイは、在学
中に共産主義者となった。ケンブリッジに在籍していた
他の共産主義者としては、ケンブリッジ・スパイ網のハ
ロルド（キム）・フィルビーとドナルド・マクリーンが
挙げられる。また科学労働者組合ケンブリッジ支部に所
属する活動家でもあった。

1942年、メイはチューブ・アロイというコードネー
ムの原爆開発プロジェクトに加わり、最初はケンブリッ
ジの研究室で勤務した。そして1944年後半から45年
初頭のどこかでカナダに派遣される。入国後はオタワの
北西およそ200マイルに位置するチョーク・リバー研
究所を訪れ、マンハッタン計画というコードネームの原
爆プロジェクトに従事するシカゴ大学所属のアメリカ人
科学者と会話を交わした。オタワに滞在中、メイはソビ
エト大使館の駐在武官で、インテリジェンス・オフィサ
ーでもあったニコライ・ザボーチン大佐からスパイとし
て勧誘を受けている。メイは当時チョーク・リバーで働
いており、同僚には後にソビエトへ亡命するブルーノ・
ポンテコルヴォというスパイ容疑者もいた。

1945年7月16日にアメリカがニューメキシコ州アラ
モゴードで原爆実験に成功した際、メイはその事実をソ
ビエト情報機関に伝えているが、それがモスクワに届い
たのは広島に原爆が投下された3日後、8月9日のこと
である。また広島型原爆に欠かせないウラニウム235
のサンプルをザボーチンに渡したのもメイだった。

アメリカ−カナダ−イギリスにまたがるソビエトの原
爆スパイ網においては、大使館が重要な役割を演じた。
1945年8月2日、モスクワにいたザボーチンの上司は
「原爆の技術的プロセス、設計図、計算書などの資料を
入手すべく組織を作り上げよ！」と指示を出している。
これはソビエト大使館の暗号事務官、イーゴリ・グゼン
コが西側情報機関にもたらした多数のメッセージの1
つだった。グゼンコは1945年9月に亡命したが、同じ
月にメイはイギリスに帰国、ロンドンのキングス・カレ
ッジで職を得ている。

帰国後はイギリス保安部（MI5）の監視下に置かれ、

46 年 2 月に尋問を受けた。メイは大英博物館でソビエトのハンドラーと会うことになっていたが、3 度にわたって姿を見せなかったことを MI5 は知っていた。MI5 が自らのスパイ行為を知っていたことに驚いたメイは自白を始め、1945 年 2 月から 8 月にかけて秘密情報を渡していたと語った。「その件全体が私にとっては大きな苦痛であり、そうしたのは人類の安全に貢献できる道だと感じたからです」（実際には 700 ドルとウイスキー 2 本をソビエトのハンドラーから受け取っていた。しかし侮辱だと感じて現金は燃やしたと後に語っている）

1946 年 3 月、メイはスコットランドヤード特別課に逮捕され、中央刑事裁判所で行なわれた 1 日間の審理で有罪となり、重労働 10 年を言い渡された。その後模範囚として刑期満了前の 1952 年に釈放、ガーナ大学の教授に就任して固体物理学を教えている。死去した際はケンブリッジに居住していた。

ソビエト情報機関によるコードネームは「アレック」、MI5 によるそれは「プライムローズ」だった。

【参照項目】ケンブリッジ・スパイ網、ハロルド（キム）・フィルビー、ドナルド・マクリーン、コードネーム、駐在武官、インテリジェンス・オフィサー、ニコライ・ザボーチン、ブルーノ・ポンテコルヴォ、原爆スパイ網、イーゴリ・グゼンコ、MI5、監視、ハンドラー、特別課

メイソン、セオドラス・B・M

(Mason, Theodorus B. M.　1848-1899)

アメリカ海軍の初代情報局長（後の海軍情報部長）。1868 年に海軍兵学校を卒業したメイソンは 82 年 6 月から 85 年 4 月まで海軍情報部門のトップを務めた。なお就任当時は大尉だった。1894 年に海軍を退役。

【参照項目】海軍情報部長

メイソン＝マクファーレン、サー・ノエル

(Mason-MacFarlane, Sir Noel　1889-1953)

フランスがドイツ軍に蹂躙された 1940 年当時、現地に駐留していたイギリス軍の情報士官。

ウールウィッチの王立軍事学校で教育を受けたメイソン＝マクファーレンは、1909 年に砲兵士官としてキャリアの第一歩を踏み出す。第 1 次世界大戦ではフランス、ベルギー、メソポタミアを転戦し、多数の勲章を授与された。その後 1931 年から 34 年までウィーンの駐在武官を務め、王立国防大学を経て砲兵旅団の指揮官を務めた後に参謀部へ移り、コペンハーゲンとベルリンに駐在した。

1939 年、少将に進級していたメイソン＝マクファーレンは、サー・ジョン・ゴート大将率いるフランス派遣軍の情報責任者に任命された。しかしフランスでは司令部の規模を最小限に留めるというゴートの方針でスタッフを奪われたため、十分な情報を提供できなかった。結果、ドイツの勝利を許すと共に、イギリス軍のダンケルクからの脱出を余儀なくされた。とは言え、イギリス軍が撤退する中、メイソン＝マクファーレンは落伍者と援軍を大急ぎで集めて戦力を整え、ドイツ軍の厳重な防備を突破して海岸に到達している。

1941 年夏、イギリス軍事使節団の団長としてモスクワへ赴く。翌年初頭にモスクワを去った後、ジブラルタル総督に指名された。しかし 44 年に大規模な手術を受け、翌年陸軍を退役している（訳注：その後政治家となった）。

【参照項目】インテリジェンス・オフィサー、駐在武官、ベルリン

名誉エージェント　(Honorary Agents)

ドイツの SD（親衛隊保安部）が用いた秘密情報提供者。ヴァルター・シェレンベルクは『The Schellenberg Memoirs（邦題・秘密機関長の手記）』（1956）の中で次のように記している。

（名誉エージェントは）生活のあらゆる場所、全ての職場及び産業へと戦略的に配置された、信頼の置ける情報提供者である。通常は各々の分野において幅広い経験を持つ人物であり、よって世論、法律、そして政府の法令やその他条例に関する報告に特別な注意を払い、価値ある情報をもたらす立場にいるのである。

【参照項目】SD、ヴァルター・シュレンベルグ

メトリック　(Metric)

大西洋連合及び北大西洋条約機構が 1948 年に定めた最高レベルの機密区分。1950 年代初頭にコスミックと変更。

【参照項目】北大西洋条約機構、機密区分、コスミック

メムネー　(Memuneh)

「第 1 人者」を意味するイスラエルの単語。1957 年にデイヴィッド・ベン＝グリオン首相からイッサー・ハレルに与えられた尊称でもある。当時ハレルは、イスラエルの対外情報機関モサドの長官を務めていた。その前には国内保安機関のシンベト長官を歴任しており、それらを通じてイスラエルの情報界で影響力を維持し続けたのである。また情報調整委員会（ヴァラシュ）の議長も兼務するなど、1963 年にモサド長官を退く（同時にベン＝グリオンも首相の座を去った）までイスラエルの事実上あらゆる情報活動を率いていた。

ハレルはメムネーの称号を持つ唯一の人物である。

【参照項目】イッサー・ハレル、モサド

メールカバー　(Mail Cover)

　スパイ行為に関わっていると思しき特定の個人または組織からの手紙、あるいはそれらに宛てた手紙の外見を検査すべく、情報機関から郵便当局になされる要請のこと。手紙が開封されることはないので、対象の個人または組織が検査に気づくことはない。

メルクロフ, ヴセヴォロド・ニコライエヴィチ
(Merkulov, Vsevolod Nikolayevich　1895-1953)

　1941年2月から7月まで、及び43年4月から46年3月までNKGB（国家保安人民委員部）のトップを務めた人物。NKVD（内務人民委員部）長官ラヴレンチー・ベリヤ率いる「グルジア・マフィア」の一員だった。

　ジョン・J・ジアクは著書『Chekisty: A History of KGB』（1988）の中で次のように記している。「ソビエトによるラトビア、リトアニア、エストニアの併合後にソビエト情報機関が分裂したことを受け、逮捕、国外追放、処刑、そして強制収容所の数が増し、保安部隊の再編と拡充が指示された……1943年の変化はスターリングラードの戦いを受けて発生したものであり、ソビエトの前進によって国土と人口を取り戻せるという期待が生まれたためである」

　メルクロフは1921年から31年までチェーカ、GPU、OGPUで無難に職をこなし、その後はグルジアで党の仕事に7年間携わった。そして1938年12月、ベリヤ率いるNKVDの第1副長官に就任した（通常、情報・保安機関の第1副長官は長官の後継と目された）。

　ハンガリーの外交官ニコラス・ニャラジは著書『My Ringside Seat in Moskow』（1953）の中で、メルクロフについてこう述べている。

　　逆説：並外れた親切心と獣のような残忍性を兼ね備えた男。異常なまでに正直でありながら極めてウィットに富んだ人物。ヨブの忍耐力を持ちながら、日中は40～50本の煙草を次々に吹かす。ロシア大使でさえも彼の前では直立するほどの力を持ちながら、常に遠慮がちで、話す時は恥ずかしげな笑みを口の端に浮かべている。血も涙もない効率性をもって200万近いエストニア人、リトアニア人、及びラトビア人の虐殺を個人的に監督しながら、ブラームス作「子守歌」の旋律に泣き崩れるギャングと同じく、感情的にはまったくの子どもである。このように、メルクロフは典型的なロシア人で、私が彼をよりよく知るようになってからは、兵士となった息子の写真を潤んだ瞳で見せたものだ。

　NKGB長官を務めた前後、メルクロフはNKVDでベリヤのすぐ下にいた。1953年のヨシフ・スターリン死後、ベリヤと共に数多くの取り巻き連中も逮捕されたが、メルクロフもその1人である。結果、1953年12月18日から23日にかけて他の側近5名と共に複数の容疑で裁かれ、23日に処刑された（ベリヤはすでに射殺されていた）。

【参照項目】 NKVD、ラヴレンチー・ベリヤ、チェーカ、GPU、OGPU

メールドロップ　(Mail Drop)

　「便宜的住所」を参照のこと。

メルボルン艦隊無線部隊
(Fleet Radio Unit Melbourne〔FRUMEL〕)

　「ベル」を参照のこと。

メレフ, イーゴリ・ヤコヴレヴィチ　(Melekh, Igor Yakovlevich)

　国際連合の職員としてニューヨークで勤務していた際、スパイ行為で捕らえられたソビエトのインテリジェンス・オフィサー。

　外国語軍事学校を卒業した後、GRU（参謀本部情報総局）将校を育成する軍事外交アカデミーの教官を務めたメレフは1958年に国際連合へ派遣、事務局に配属された。

　ニューヨークでは、当時すでにFBIの監視下に置かれていたウィリー・ヒルシュと面会している姿が目撃されたため（「ジョン・ギルモア」を参照のこと）、自らも監視下に置かれた。1958年10月23日、今度はシカゴで会合がもたれ、ヒルシュを伴ったメレフは、シカゴ地域の航空写真と地図をもたらした男に200ドルを手渡した。

　だがこの男は、FBIがエージェントXと呼ぶ二重スパイだった。エージェントXはヒルシュを罠にかける手助けをし、今度はメレフも罠にかけようとしていたのである。後にメレフはエージェントXに電話をかけ、ニューヨークへ赴くよう告げる。そこで再び200ドルを渡し、シカゴの写真と地図を入手するよう求めた。

　メレフとエージェントXの会合は翌年1月にも行なわれ、ニューヨーク州ブルックリンの地下鉄駅がその舞台になった。1月17日の夜、FBIの捜査員が監視する中、2人は地下鉄駅で会った。メレフは500ドルの入った封筒を相手に渡し、引き替えに1つの包みを受け取った。

　メレフがヒルシュ及びエージェントXと再び取引するのをFBIは待った。そして1960年10月27日、メレフとヒルシュの2人をニューヨークで拘束する。シカゴの連邦大陪審はその日のうちに、彼らのスパイ容疑──「我が国の国防関連情報を入手し、ソビエトにもたらそうと共謀した」──を立件した。

　外交官特権を有していなかったメレフは短期間収監された後、マンハッタンから出ないことを条件に仮釈放さ

れた。ヒルシュは引き続き収監される。メレフが裁判に
かけられることはなく、アメリカ出国を条件に解放さ
れ、1961年4月8日にアメリカを後にする。

　メレフの容疑をケネディ政権が取り下げたことに対
し、アメリカのメディアは大々的な非難を浴びせた。
1960年7月1日にソビエトの戦闘機に撃墜されたアメ
リカ人パイロット2名の解放と、メレフの釈放との間
に関係があることをケネディ大統領は否定したが、両者
は互いに関連していた（「撃墜」を参照のこと）。

　（ヒルシュも出国を条件に釈放されている。メレフの釈
放が決定されたことで、彼の立件も不可能になったから
である。またヒルシュもB-47のパイロット2名との交
換劇に関係していた）

【参照項目】国際連合、インテリジェンス・オフィサー、
FBI、監視、二重スパイ

メンジンスキー、ヴァチェスラフ・ルドルフォヴィチ
（Menzhinsky, Vyacheslav Rudolfovich　1874-1934）

　ソビエトの秘密警察組織OGPU（統合国家政治局）の
長官を1926年から34年まで務めた人物（「チェーカ」
を参照のこと）。フェリクス・ジェルジンスキーの後を
継いでOGPU長官に就任したメンジンスキーはポーラ
ンド貴族の出身であり、また就任前の1924年から26
年までGPU（国家政治局）の初代副長官を務めている。

　アメリカの情報アナリスト、ジョン・ジアクは著書
『Chekisty: A History of the KGB』（1988）の中で、メン
ジンスキーを次のように評している。「語学の才能に溢
れ、知的俗物でもあったメンジンスキーは脆弱な指導者
にふさわしく、粘着質または心気症患者とでも呼ぶべき
存在だった。すでに部下の（ゲンリフ・）ヤゴーダがス
ターリンの取り巻きとなっていたので、こうした事実は
スターリンの統治を生き延びるのに適していたのであ
る」

　1934年5月10日、メンジンスキーは心臓発作に襲わ
れた。心臓が弱かったことはすでに知られており、クレ
ムリンの内科医が彼の治療にあたった。同年7月に
OGPUは廃止され、NKVD（内務人民委員部）に附属す
る国家保安総局（GUGB）に吸収される。メンジンスキ
ー配下の第1副議長はゲンリフ・ヤゴーダであり、後
にソビエト情報機関トップの座をメンジンスキーから引
き継ぐことになる。

【参照項目】OGPU、フェリクス・ジェルジンスキー、ゲ
ンリフ・ヤゴーダ

メンデス、アントニオ・J　（Mendez, Antonio J.）

　イランでアメリカ人が人質になった際、救出劇で活躍
したCIAの偽装エキスパート。

　1980年、メンデスはイランにいたアメリカ大使館員
のうち、カナダ大使公邸に逃れた6名を秘かに脱出さ

せた。彼は大使館員の偽装身分を巧みに作り上げ、イラ
ンでロケ地を探していた映画製作会社の従業員というこ
とにした。同時に映画製作の情報をハリウッドに流した
が、『Variety』誌に広告を出すほど手の込んだものだっ
た。こうした努力の結果、全員が無事に脱出している。

　メンデスはバンコクでの任務中、将来の妻であり、偽
装責任者として自分の後を継ぐジョナ・ヘイスタンドと
出会った。1990年にメンデスが退職した後、2人は翌年
に結婚、ジョナも92年にCIAを去った。

　「私たちは『Q』だったのです」ジェームズ・ボンド・
シリーズに登場するスパイ用具発明家の名前に触れ、ジ
ョナ・メンデスはそう語った（フィクション世界のQ
はチャールズ・フレイザー＝スミスをモデルにしてい
る）。

　2人の偽装エキスパートは「マジック王国」の別名を
持つCIA技術部（OTA）に所属していた。OTAは偽装
身分の提供に加え、偽造書類の作成も担当する部署であ
る。CIAはメンデスの著書『Master of Disguise』（1999）
に出版許可を与えることで、秘密に包まれたOTAの姿
を垣間見せることを許した。しかし即座に装着できる薄
型マスクなど、メンデスによる偽装の一部は今も機密扱
いとされている。

　CIAの偽装技術を実演するため、ジョナ・メンデス
は変装した上でジョージ・H・W・ブッシュ大統領のも
とを訪れたことがある。オーバル・オフィスに入ると本
物そっくりのマスクを脱いで大統領を驚かせたのだっ
た。

【参照項目】CIA、偽装身分、チャールズ・フレイザー＝
スミス、ジョージ・H・W・ブッシュ

モガッレビ、アーメド　（Mogarrebi, Ahmed　1920-1977）

　ソビエト連邦のためにスパイ行為をしたとして軍法会
議で有罪判決を下され、1977年12月15日に銃殺刑を執
行されたイラン政府の高官。当時57歳だったモガッレ
ビは30年間にわたってスパイ行為を続け、航空機など
アメリカ製軍需品の調達に関する情報をソビエトに渡し
ていたことを認めた。

目視限り　（Eyes Only）

　読むことのみが許され、ごく限られた特定の状況を除
き口頭での議論が禁じられている資料。

モーグル　（Mogul）

　マイクロフォンを搭載した気球を西ヨーロッパからソ
ビエト連邦上空に飛ばすことで、ソビエトの原爆実験を
探知するという冷戦初期の計画案。

【参照項目】気球

モサド （Mossad）

イスラエルの情報機関。

モサドはイスラエル諜報特務庁（Ha Mossad Le modi'm UleTafkidim Meyuhadim）の略称であり、イスラエルには他にもいくつかの情報機関があるものの、その情報活動を語る際にはほぼ例外なくモサドの名が挙げられる。多くの失敗を経験し、時に国家の評判を落とすこともあったが、驚嘆すべき成功はそれ以上に多く、しかもその大部分は現在に至るまで明らかにされていない。

モサドはイスラエル外務省政治局を母体としている。1948年5月14日のイスラエル建国直後に設置された政治局には、イスラエル国外の情報を集めるという責任が課せられた。ボリス・グリエル初代局長はラトビアに生まれ、第2次世界大戦中イギリス陸軍に所属していたが、ドイツ軍の捕虜にされた経験がある。戦後はイスラエル建国まで地下組織ハガナの情報部門、シャイに所属していた。

政治局の主要な機能として、イスラエル国民か現地人かを問わずエージェントをアラブ諸国に配置することと、西側情報機関との協力関係を構築することがあった。また職員は、西ヨーロッパ各国の大使館を拠点に各種のカバーを使って活動した。

しかし政治局内部の不和、人によって優先事項が異なること、そして秘密の世界に関する知識の欠如が理由で、最終的にはダヴィド・ベン＝グリオン首相が介入、イスラエル情報機関の再編を求めた。その結果、1951年4月1日にモサドが設立される（訳注：公式には、前身の諜報保安調整庁が発足した1949年12月13日を設立日としている）。首相官房の直属下に置かれたこの組織は、イギリスではなくアメリカに範をとっていた（イギリスの情報機関〔MI6〕は外務省の下に置かれている）。

当初、モサドには調整庁（Ha Mossad Leteum）という漠然とした名称が与えられた。それが諜報特務庁と改称されたのは1963年である。

新設されたこの機関の任務は海外における情報収集だった。当時、海外「作戦」は全て陸軍の131部隊が行なっており、軍の情報機関（アマン）とモサドが合同して131部隊の監督にあたることになった。また初代長官にはシャイを創設したルーヴェン・シロアフが就任する。シロアフはアラブ諸国でエージェントを務め、また第2次世界大戦中はイギリスのためにドイツ軍の前線後方でスパイ活動をするのみならず、ハガナで様々な任務に就いていた。

シロアフの在任期間は短かったが、ある種の基準と信念をモサドにもたらしている。しかしその活動——及び資金の扱い——は杜撰と言われても仕方のないものだった。モサドは設立当初から無能と裏切りに掣肘を加えら

れていたのである。最初の裏切り者はダヴィド・マーゲンだった。情報提供者のネットワークを運営すべくエジプトに送られたマーゲンは、エジプトのインテリジェンス・オフィサーと違法に接触した。また同じくエジプトに派遣されたアヴラハム・ダールは、後にラヴォン事件と名付けられた事態の中で任務に失敗している。

だがこの期間におけるモサドの成果として、1956年2月25日にモスクワで開催され、ニキータ・フルシチョフがスターリン批判を行なった第20回共産党大会に先立ち、フルシチョフの秘密演説のコピーを入手したことが挙げられる。そのコピーは他の情報機関に先んじて一早くCIAに提供された（ソビエト連邦崩壊後、演説原稿のリークはモサドとKGBの共同作戦ではないかと推測する者が西側情報関係者の中に現われた。その説によれば、フルシチョフは演説内容が知られることを望んでいたが、単に公開するのは政治的に不可能なので、KGBがモサドの協力を得て実行に移したのだという）。

モサドによるもう1つの成功例がウォルフガング・ロッツである。ロッツは1959年から64年までエジプト国内で巧妙に活動していたが、その後逮捕され、拷問の末に投獄された。他にも大きな成果を挙げたモサドのエージェントとして、摘発されるまでシリア政府及び社会の最高レベルに浸透したエリアフ・コーエンの名が挙げられる。

初代モサド長官のシロアフは自動車事故による負傷と権力抗争が理由で、1952年9月に在任期間わずか18ヵ月でその座を退いた。後を継いだのは野心溢れるイッサー・ハレルであり、11年に及ぶ在任期間は現在に至るまで歴代最長である。ハレルはシンベト長官を経験しており、両情報機関の長官を務めたのは彼が唯一である。またベン＝グリオンの指示によってイスラエル全情報機関の「メムネー（第1人者）」という称号を与えられており、国内外の保安関連事項についてはベン＝グリオンに直接報告する立場だった。

ハレルの下、モサドはヨーロッパと南米に潜む元ナチ高官を追跡し、裁判にかけるためイスラエルへ連行する任務に取り組んだ。この分野でモサドが収めた最も大きな勝利は、ホロコーストにおいて数百万のユダヤ人殺害の指揮を執ったアドルフ・アイヒマンの拘束である。モサドとシンベトが共同で行なった作戦により、アイヒマンはアルゼンチンの潜伏先から引きずり出されたのだった。

またモサドはハレルの指示により、エジプトと西ドイツの情報機関にエージェントを浸透させ、ドイツ人科学者がエジプトのために働くのをテロ戦術で止めようとした。しかし西ドイツとの関係強化を望むベン＝グリオンは科学者に対する作戦を非難し、かつてメムネーの称号を与えた男への信頼を捨てた。その結果、ハレルは1963年3月に公職を退いている（その後イスラエル情

報機関でかくも高い地位を与えられた人物は現われていない）。

ハレルの後任として、ベン＝グリオンはアマン長官のメイアー・アミットを任命する。特筆すべきことに、アミットは1962年にアマン長官となるまで、情報分野での勤務経験がなかった。そして63年3月26日、ベン＝グリオンは死海近くの部隊を視察していたアミットのもとに何の前触れもなく飛行機を送り、首相官邸に呼び出した。そしてその場で、アミットをモサド長官に任命したのである。

アミットはモサドを近代的な情報機関に変身させ、主要任務──アラブ諸国に関する軍事・政治情報の収集──に集中させようとした。彼はモサドを情報収集組織と見なしており、資源の無駄遣いとしか思えない「注目を集める作戦」を控えた。またアメリカで学んだ経済学と経営学に影響を受け、アメリカ式の企業精神と管理手法を取り入れる。この期間、モサドとアマンは共同で情報収集にあたり、6日間戦争（第3次中東戦争、1967）においてイスラエル史上最大の軍事的勝利をもたらした。

しかしその6年後、イスラエルの情報機関はヨム・キプル戦争序盤におけるエジプト軍のスエズ渡河と、シナイ半島に侵攻したエジプト軍兵力のいずれも予測できなかった。アグラナート委員会は情報活動上の失敗を、軍情報機関のトップであるエリアフ・ゼイラ少将とインテリジェンス・オフィサー3名の責任とした。アミットの後を継いだズヴィ・ザミール長官はこれを受けて1974年に辞任している（アグラナート委員会はイスラエル軍参謀総長と南方軍団司令官の責任も指摘した。その結果、大損害の「直接的責任」を負ってゴルダ・メイア首相とモシェ・ダヤン国防大臣が辞任している）。

また委員会はイスラエルのインテリジェンス・コミュニティーにおける組織改革も勧告した。結果、モサドと外務省の小規模な研究部署が情報分析においてより大きな役割を背負うようになり、情報評価におけるアマンの独占は終わりを迎えた。ヨム・キプル戦争前夜の失敗（アマンは後に発生した軍事的損害でも非難されている）で傷ついたイスラエルのインテリジェンス・コミュニティーは、かくして新たな手法と慣行を取り入れることになったのである。

【参照項目】エージェント、カバー、秘密の世界、MI6、アマン、ルーヴェン・シロアフ、ダヴィド・マーゲン、インテリジェンス・オフィサー、アヴラハム・ダール、CIA、KGB、ウォルフガング・ロッツ、エリアフ・コーエン、イッサー・ハレル、シンベト、メイアー・アミット、アグラナート委員会

戦争なき情報活動
　戦争以外の情報活動における成果として、1963年、当時最新のMiG-21戦闘機をイラク人亡命者に操縦させてイスラエルへ持ち込ませる一方、彼の家族を無事にイラクから出国させたことが挙げられる。他にもスイス人エンジニアのアルフレート・フラウエンクネヒトからミラージュ戦闘機に関する約20万件の技術文書を入手したこと、原爆開発プログラムで用いるウラニウム200トンを偽の取引で強奪したこと、アラブ人過激派グループのリーダーを暗殺すべくベイルート市街を急襲したこと、そしてアラブ諸国の様々な人物を「襲撃」したことも成果として特筆されよう。

1976年はモサド史上最大の成功がもたらされた年になった──ウガンダのエンテベ空港を襲撃したサンダーボルト作戦がそれである。エールフランス機をハイジャックしたパレスチナ人テロリストは機体をエンテベ空港に着陸させ、乗客97名と乗員の一部（乗員は全員機内から逃れることが許されていた）を人質に取った。イツハク・ホフィによる指揮の下、モサドは解放された乗員から話を聞き、空港に関するデータ（エンテベ空港はイスラエルの支援によって建設されていた）を集めると共に、ウガンダ大統領イディ・アミンの行動、護衛体制、そして個人用の自動車に至るまで情報をまとめ上げた。

かくして7月3日から4日にかけての夜、歴史上最大規模の人質救出劇がイスラエルから3,000キロメートル以上離れた土地で開始される。優れた情報と作戦計画、そして陸空軍合同部隊の卓越した働きにより、4名を除く人質全員が救出された。またこの救出劇におけるイスラエル側の犠牲者は部隊指揮官1名（訳注：ヨナタン・ネタニヤフ。イスラエル首相ベンヤミン・ネタニヤフの実兄）のみだった（なおテロリスト6名とウガンダ人兵士20名が死亡している）。

モサドはこの期間を通じ、アラブ諸国の兵器及び電子技術に関する情報収集にも注力した。アラブ諸国にはより進化した兵器がソビエトから供給されていたが、モサドは最先端システムのサンプルを多数入手、その大部分をアメリカの情報機関に提供した。

モサドの情報収集は、イスラエルの攻撃能力を超えると思しきターゲットに対してもしばしば大きな成果を挙げた。一例を挙げると、イスラエルから2,400キロメートル離れたチュニスのパレスチナ解放機構本部に対する精密爆撃、及び1991年の湾岸戦争に10年先んじて実施された、イラクの原子炉に対する空爆は、モサドの情報収集能力が卓越していることを如実に表わした。

しかしモサドの活動が絶対に過ちを犯さないわけではなかった。暗殺者が人違いを起こすことも頻繁にあったし、1991年の湾岸戦争ではイラク軍の行動と兵力、とりわけイスラエルに向けて発射された改良型スカッドミサイルの脅威について正確に予測することができなかった。なお1990年にアメリカ政府が行なった推定によれば、モサドは1,500～2,000名の人員を擁しているとさ

れる。

　モサドとアメリカ情報機関との協力関係は、支持を得ているか否かにかかわらずかなりの水準であり、イラン・コントラ事件においてはモサドが武器取引の仲介役を務めている。しかしジョナサン・ポラードがイスラエルのスパイであることが発覚して以来、両国情報機関の関係は長期間にわたって冷え込んだ。伝えられるところによると、2001年9月11日に発生した同時多発テロの直前、モサドは直接警告したのでは真剣に取り扱われない可能性が高いと考え、他国の情報機関を通じてアメリカに警告を送ったという。

【参照項目】アルフレート・フラウエンクネヒト、ターゲット、イラン・コントラ事件、ジョナサン・ポラード

歴代モサド長官

　モサドの歴代長官を以下に示す。イッサー・ハレルはシンベト（1948-52）とモサドの、メイアー・アミットはアマン（1962-63）とモサドの長官を務めたそれぞれ唯一の人物である。

1951 〜 1952	ルーヴェン・シロアフ
1952 〜 1963	イッサー・ハレル
1963 〜 1968	メイアー・アミット
1968 〜 1974	ズヴィ・ザミール
1974 〜 1982	イツハク・ホフィ
1982 〜 1989	ナフーム・アドゥモニ
1989 〜 1996	シャブタイ・シャヴィット
1996 〜 1998	ダニー・ヤトゥーム
1998 〜 2001	エフライム・ハレヴィ
2002 〜 2011	メイール・ダガン
2011 〜	タミル・パルド

モジン、ユーリ・イワノヴィチ (Modin, Yuri Ivanovich 1922-)

　ケンブリッジ・スパイ網のハンドラーを務めたソビエトのインテリジェンス・オフィサー。

　モジンは地方の小さな町に生まれた。父親はロシア内戦（1917 〜 20）の際にボルシェビキについて戦った兵士で、任地が代わるたびに息子もソビエト連邦の各地を移り住んだ。その後1940年にレニングラード（現・サンクトペテルブルグ）の海軍兵学校へ入学、工学を専攻する。41年6月にドイツ軍がソビエトへ侵攻した際は、翌年に学校が内陸部へ移転するまで武器をとって戦った。

　同じ年、モジンは情報機関NKVD（内務人民委員部）に加わっている。兵学校のコックがバターを盗んだとして逮捕され、NKVDに射殺されたのがきっかけだった。コックを非難する証言を行なったことで、NKVDから勧誘されたのである。最初は英語に磨きをかけるべくモスクワへ送られ、1943年12月には翻訳者としてルビャン

カのNKVD本部に配属された。そして44年3月から47年まで、ケンブリッジ大学のスパイからモスクワに送られる文書などの情報資料を、スパイの素性を知らないまま翻訳した。

　1947年6月下旬、モジンは妻と幼い娘を伴ってロンドンに赴任する。レジデント補佐としてイギリス人エージェントと協力することが任務だった（第2次世界大戦後にもソビエト青年使節団と共にロンドンを短期間訪れている）。新聞記者をカバーとしたモジンはアンソニー・ブラントやジョン・ケアンクロスなどのエージェントと定期的に顔を合わせたが、彼らの会合がイギリスの防諜機関に気づかれることはなかった。また51年にはバージェスとドナルド・マクリーンがソビエトへ逃走するのを支援している。

　1953年5月にモスクワへ戻されたが1年後に再びロンドンへ派遣され、今度はケンブリッジ出身のスパイ、ハロルド（キム）・フィルビーの問題解決を助けた。そして55年にはニキータ・フルシチョフのイギリス訪問を膳立てしている。

　しかしブラントがイギリス防諜機関（MI5）による長期間の尋問を受け、モジンをハンドラーとして名指ししたことで、それ以上のイギリス訪問は不可能になってしまった。その後はKGBで情報活動を続け、インドを数回訪れている。最後の任務はモスクワに所在するKGBのスパイ養成機関、アンドロポフ研究所で教鞭をとることだった。

　モスクワでは亡命したケンブリッジのスパイたちと親交を結び、フィルビーの自伝『My Silent War（邦題・プロフェッショナル・スパイ：英国諜報部員の手記）』（1968）の執筆を助けている。モジンの回想録も『My Five Cambridge Friends』というタイトルで1994年に出版された。モジンはケンブリッジのスパイたちの評価で自伝を締め括っている。

　　彼らは単なる共産党員でも友好的な旅行者でもなかった。自分たちを真の革命家とみなし、大義のためには自分のみならず他人をも犠牲にする覚悟だった。また（ヨシフ・）スターリンを信頼していたが、それを非難することはできない。全世界に住むあらゆる年代の誠実な男女が、同じ過ちを犯したのである。

　　後付けではあるが、彼らの純真さは明らかなものの、1930年代にはそれが当たり前だったのだ。

　　いま彼らのことを考えると、風車を傾けることに人生を費やしたドン・キホーテだったのではないかと思うのだが、歴史は彼らの理想を容赦なく破壊してしまった。彼らは人間性に関する他の幻想——権力、富、愛、野心、平穏、そして名誉——を嘲り、最も偉大なる幻想、即ち政治を追い求めたのである。彼らは革命に忠誠を誓い、それを破ることはなかった。

【参照項目】ケンブリッジ・スパイ網、ハンドラー、インテリジェンス・オフィサー、NKVD、ルビャンカ、レジデント、エージェント、カバー、アンソニー・ブラント、ガイ・バージェス、ジョン・ケアンクロス、防諜、ドナルド・マクリーン、ハロルド（キム）・フィルビー、MI5、KGB、スパイ養成機関

モスキート　(Mosquito)

第2次世界大戦で写真偵察任務に従事したイギリス製の多目的航空機。

1943年4月から6月にかけ、バルト海のペーネミュンデにあるドイツ研究機関の上空を飛行したモスキートPR.IV が、V-2 ロケットの開発計画を突き止めた（「コンスタンス・バビントン＝スミス」を参照のこと）。

PR（写真偵察）型の中には、アメリカ第8空軍がF-8 の呼称で用いたものもある。イギリスのモスキートと、アメリカ人が操縦するF-8 は、1943年から45年にかけて西ヨーロッパ全域を毎日監視した。また43年には、これら偵察機による写真偵察及び気象観測飛行が3,000回以上実施されている。

最終のモスキート偵察機型はPR.34 とPR.35 である（初期型にはローマ数字の、後期型にはアラビア数字の呼称が付された）。1944年12月に初飛行したPR.34 の航続距離は当初4,000 キロメートルほどだったが、爆弾倉にタンクを増設することで燃料搭載量を増やし、航続距離を5,600 キロメートルに伸ばした。またPR.35 は閃光爆弾を用いる夜間撮影機だった。これらの機体には斜め方向のカメラが1基と垂直方向のカメラが4基搭載されている。さらに、イギリス空軍のモスキートは、雲や暗闇の中でも撮影が可能なレーダーカメラを用いる最初の航空機となった。

PR 型は1955年後半までイギリスで現役の座にあり、その後キャンベラに置き換えられた。1948年末、1機のモスキートPR がイスラエル上空およそ3万フィートを妨害されることなく数度飛行した。しかし12月1日、新たに配備されたイスラエルのP-51 ムスタングがモスキートを迎撃する。ムスタングの機銃は数発発射しただけで故障したものの、モスキートは被弾して地中海に墜落、生存者はいなかった。また1956年に発生したスエズ危機の際には、イスラエルに譲渡されたモスキートがエジプト上空で写真偵察任務に従事し、中には情報を集めるべくはるかトリポリまで飛行した機体もあった。

乗員は例外なくモスキートを「モッシー」と呼んでいた。

【参照項目】偵察、監視

モスキート作戦　(Operation Mosquito)

アメリカ麻薬取締局から入手した麻薬と偽情報を使い、アフガニスタンのソビエト兵を無力化するという作戦。1981年に当時のフランス情報機関トップ、アレクサンドル・ド・マランシェからレーガン大統領に提案され、フランスに雇われたパキスタン人とアフガニスタン人が麻薬を兵士に販売することになっていた。レーガンはこのアイデアを支持したものの、中央情報長官のウィリアム・J・ケーシーが、秘密を守り続ける保証はできないと述べたことで断念された。

【参照項目】偽情報、アレクサンドル・ド・マランシェ、中央情報長官、ウィリアム・J・ケーシー、秘密工作活動

モスクワルール　(Moscow Rules)

秘密の面会場所やデッドドロップを伝える1対のサインを指すイギリスの用語。事前の取り決め通りにサインがあれば、いずれの人物も尾行されていないことを意味している。また顔を合わせる事態を避けるためにも使われる。

サインの例として、チョークで木の幹に記した印や空き缶などが挙げられる。空き缶を使った場合は動かされたり拾われたりしない場所に置かねばならず、動物が匂いに引きつけられて動かさないよう洗浄しておく必要もある（「スパイ技術」を参照のこと）。

モスクワルールは非公式ながらいつしか広く知られた信仰となり、次の格言を含むようになった。「思い込んではいけない。誰もが敵の支配下にある。振り返るな。完全に1人きりであることはない。そして敵に嫌がらせをしないこと」

【参照項目】デッドドロップ

モビー・ディック　(Moby Dick)

アメリカ海軍とCIA による最初期の偵察計画の1つを指すコードネーム。カメラを搭載した無人の気球を西ヨーロッパからソビエト連邦上空に飛ばし、写真を撮影することになっていた。

「ジェネトリックス」も参照のこと。

【参照項目】CIA、偵察、コードネーム、気球

モーム、W・サマセット　(Maugham, W. Somerset　1874-1965)

高名な作家にしてスパイでもあった人物。第1次世界大戦では年をとり過ぎていた上に背が低く、さらには内反足だったためにイギリス軍に入隊できず、医療助手を務めた。しかしドイツ語とフランス語に堪能だったので、1915年、イギリス秘密任務局に志願する。当時は最初の代表作『Of Human Bondage（邦題・人間の絆）』が刊行された時期にあたり、作家というカバーは実に自然なものだった。モームはスイスへ赴き、ドイツのスパイと疑わしき複数の人物をおよそ1年にわたって監視すると共に、他の連合国エージェントと接触したり、秘密

任務局に宛てて定期的に報告書を送ったりした。その活動は無報酬で、愛国心からの行為だった。

1917年、モームは秘密任務局での役目が終わったと考え始める。しかしアメリカにおけるイギリス情報機関のトップ、サー・ウィリアム・ワイズマンがモームを説得してロシアに赴かせ、メンシェビキ支援にあたらせる一方、ロシアを戦争から離脱させようとするボルシェビキの計画を妨げさせた。サマヴィルというコードネームの下、モームはアメリカの出版社に所属するライターを装ってロシアに入国した。そこで出会った社会主義のリーダー、アレクサンドル・ケレンスキーは、反ボルシェビキ軍を組織するよう連合国に嘆願させるべく、モームをロンドンに送った。

モームは自らの経験を基に多数の小説を執筆したが、公的秘密保護法に違反していると警告された作品は自ら燃やした。ロシアでの任務を含む残りの物語は、『Of Human Bondage』における自らの分身であり、主役でもある登場人物の名前を題名にした『Ashenden（邦題・アシェンデン）』（1928）として刊行された（本書ではサマヴィルの名前も登場人物に用いられている）。モームは前書きでこう記している。「情報機関のエージェントに与えられた仕事は、全体として単調である。その多くは稀なほど無益なのである」彼は元スパイの視点からスパイ小説を書いた最初の著者とされる。『The Times Literary Supplement』はスパイ小説におけるモームの功績を分析する中で、この作品を「防諜任務は道徳的に弁護できない仕事から成っており、神経質な人間、良心に縛られた人間が携わるべきでないことを、かくも断定的に示した空前絶後の作品」と評した。

「『Ashenden』は戦後のスパイ小説にも影響を与えた」スパイの経験を持つ作家について記した『Literary Agents（邦題・スパイ小説家になったスパイたち）』（1987）の中で、著者のアンソニー・マスターズはそう述べた。「エリック・アンブラー、グレアム・グリーン、ジョン・ル・カレ、そしてレン・デイトンが作り上げたのは冷笑的な中年のヒーローで、情報機関に付き物の様々な奇妙な慣習に囚われている。しかしあらゆるスパイ小説の中で、アシェンデンのストーリーこそ作者の実体験に最も近いものである」

第2次世界大戦中、モームはアメリカにおけるMI6の責任者サー・ウィリアム・スティーヴンソンの下で情報活動に携わっている。しかしスティーヴンソンはモームの伝記作家テッド・モーガンに対し、モームは何ら重要な任務に関係していないと述べた。スティーヴンソンによれば、「ビジネスという感覚を持たず、他に選択肢がないという理由で」志願した人間の典型だったという。

【参照項目】秘密任務局、エージェント、カバー、ウィリアム・ワイズマン、コードネーム、公的秘密保護法、

MI6、ウィリアム・スティーヴンソン

モメンタム計画 （Momentum）

ラオスのモン族を訓練して共産主義の反政府勢力と戦わせるという、CIAが1960年代に立案したプログラム。数千名を擁するこの秘密部隊の本部はロン・チェンに置かれていた。また北ベトナム軍を釘付けにして南ベトナムへ侵攻するのを防ぐために、モン族の兵士とラオス軍の通常部隊を使うことも目標にしていた。

アメリカ軍事顧問団（MAAG）は1962年のジュネーブ協定に従って表向きはラオスから撤退したものの、アメリカはその後も秘密裡に駐在させ、モン族の兵士と密接に協力させていた。

モラヴェク、フランティセク （Moravec, František 1895-1966）

チェコを代表するインテリジェンス・オフィサー。第1次世界大戦では「外国人部隊」の一員として複数の連合軍前線で戦った。戦後も陸軍にとどまり、中佐だった1934年、参謀本部の諜報・防諜部門のトップに就任したのを機に情報の世界へ入る。当時、チェコ共和国はドイツの脅威にさらされていた上、チェコスロバキアのズデーテン地方には310万ものドイツ人が居住していたため、諜報と防諜は国運を左右する重要な活動だった。

1936年、モラヴェクはソビエトと情報交換を始め、翌年にはチェコ情報機関のトップとなる。この時期、彼はパウル・トゥンメルをスパイとして検挙するなど、ドイツに対して数々の成果を挙げた。

1939年3月14日、ドイツがチェコスロバキアを占領すると、モラヴェクはスタッフと共にロンドンへ逃れ、亡命チェコ政府とイギリス軍情報部のために働いた。ラインハルト・ハイドリヒがチェコスロバキアで暗殺された際も、モラヴェクはその立案において重要な役割を果たしている。また第2次世界大戦における連合国情報機関への協力により、アメリカのメリット勲章と大英帝国勲章を授与された。

その後イギリス滞在中に参謀本部次官となったものの、ソビエトの反対によって1945年に更迭される。ナチス・ドイツの降伏後はチェコ陸軍の師団長に任命されたが、48年の共産党政権樹立を受けてアメリカへの逃走を余儀なくされ、そこで死を迎えた。

自伝『Master of Spies』が1975年に出版されている。

【参照項目】インテリジェンス・オフィサー、防諜、ラインハルト・ハイドリヒ

銛作戦 （Harpoon）

1941年6月の対ソビエト奇襲作戦（「バルバロッサ」を参照のこと）を隠すために提案された、ドイツの大規模欺瞞計画。

主要な欺瞞活動である鮫作戦は、ドイツ軍がイギリス

沿岸部への攻撃を計画しているとイギリス側に信じさせることが目的だった。銛作戦は欺瞞の中における欺瞞とでも呼ぶべきもので、ドイツ軍がスコットランド沿岸だけでなくイギリス南部のライム湾にも上陸して、そこからブリストルへと北に向かって進撃する計画だと思わせることを狙っていた。

モリソン、サミュエル・ローリング
(Morison, Samuel Loring 1944-)

ソビエト海軍工廠の衛星写真をイギリスのニュース雑誌社に渡したアメリカ海軍の情報分析官。機密情報をメディアに漏らしたとして有罪となった唯一の政府職員である（「リーク」を参照のこと）。

高名な海軍史家のサミュエル・エリオット・モリソンを祖父に持ち、ベトナム戦争中は海軍士官として短期間従軍した。その後は文官として海軍の戦史部門で勤務、次いで1976年に海軍情報支援センター（NISC）の分析官となった。その直後には、各国海軍の非機密情報が掲載されている『ジェーン海軍年鑑』に加わり、ワシントン現地スタッフをパートタイムで務めている。ジェーン海軍年鑑への協力は海軍上層部の許可を得ていたが、モリソンは最高機密及び一部の特定機密のセキュリティー・クリアランスを所持しており、利益相反は明らかだった。

モリソンは以前に保安規則違反を数回犯していた。一例を挙げると、ジェーン海軍年鑑の中古本をある民間人に売ったところ、その人物は本の中に数枚の機密文書が挟まっているのを見つけ、規則違反についてFBIに通報した。またモリソンはノーフォーク海軍基地を訪れてNISCの身分証を使い、敷地内でジェーンのために軍艦を撮影したこともあった。基地の保安要員に止められた時、彼はNISCのために撮影していると嘘の主張を行なっている。しかしこれらの事件が何らかの影響を及ぼすことはなかった。

そして1984年、モリソンはソビエト黒海海軍工廠で建造中の原子力空母が写っている機密衛星写真3枚を、同僚の机から盗んだ。次いで写真の左上に貼られた『機密』のラベルを剥がし、ジェーンの関連組織が発行するニュース雑誌『Jane's Defence Weekly』に送った。

モリソンは衛星写真を盗み、他人に渡したとして1984年10月1日に逮捕された。写真のことは知らないと主張したが、ジェーンから海軍に返却された写真のうち1枚からモリソンの指紋が検出された。またモリソンの自宅を捜索したFBIも、彼がNISCから持ち出したその他の機密文書を発見している。

モリソンは情報漏洩者への見せしめとしてスパイ容疑で裁判にかけられ、アメリカの軍事資料に合法的なアクセスを有する個人が、許可を得ていない人物にそれを公開することを禁じた、1917年制定の諜報活動法によって起訴された。この法律で実際に裁かれたのはアメリカ史上モリソンが最初である。ベトナム戦争の背景を記したペンタゴン・ペーパーズをマスコミに渡したダニエル・エルスバーグとアンソニー・ルッソも同法によって告発されていたが、連邦判事は事件を棄却している。それはウォーターゲート事件における政府の違法行為が理由であり、法律自体に欠陥があるわけではなかった。

モリソンは1985年10月に有罪判決を下され、禁固2年の刑を言い渡されたが、その後7ヵ月で釈放されている。2001年、クリントン大統領は悪しき前例になるというCIAの抗議を無視し、モリソンに恩赦を与えた。
【参照項目】 衛星、最高機密、機密、諜報活動法、ペンタゴン・ペーパーズ、CIA

モルタティ、トマソ （Mortati, Tommaso）

1980年代にハンガリー及びチェコスロバキアのエージェントへ機密情報を渡していたクライド・リー・コンラッド・スパイ網の一員として、1989年にイタリアのヴィチェンツァで逮捕されたアメリカ陸軍の元空挺隊員。

イタリア生まれのモルタティはアメリカに移住して市民権を取得したが、1987年の退役後はイタリアに戻っている。アメリカ人の妻がヴィチェンツァのアメリカ陸軍基地で働いていたのが理由だった。モルタティの逮捕に続き、彼を勧誘したゾルターン・サボーも拘束された。モルタティによれば、スパイ網に勧誘されたのは1981年であり、その後2週間にわたってブダペストでスパイの訓練を受けたという。

モルタティは陸軍兵としてイタリアに駐在する間もハンガリーのために働き続け、情報の重要性に応じて報酬を得ていた。イタリア軍の秘密機関はドイツとオーストリアの防諜機関からモルタティの活動を知らされた。それを受けてイタリア当局はモルタティの自宅を捜索、報告書の送信に使っていた小型の送受信機を発見する。逮捕当時まで、彼はハンガリー情報機関から報酬に加え、月々500ドルを受け取っていた。そして1984年と85年の2度、イタリア陸軍の士官に賄賂を贈って情報を得ようとしたことを認めた。彼はイタリアの法廷で有罪となり、執行猶予20ヵ月の判決を受けた上で釈放された。
【参照項目】 クライド・リー・コンラッド、エージェント、ゾルターン・サボー、防諜

モロス、ボリス （Morros, Boris 1891-1963）

最初はソビエトのためにスパイ行為をし、その後FBIの二重スパイとなったハリウッドの映画制作者（プロデューサー）。

ロシア生まれのモロスは1934年に自ら志願してソビエトの諜報活動を助け、パラマウント社のベルリン事務所にエージェントを配置すると共に、ハリウッド映画に

ソビエトのプロパガンダを挿入させる手助けをするとハンドラーにほのめかした。しかし彼の映画は「アカ」というよりも「B級」と評するのがふさわしかった。代表作としてオリバーとハーディーのコメディ『The Flying Deuces（邦題・ローレル＆ハーディーの天国二人道中）』（1939）や、フレッド・アステアとポーレット・ゴダードが共演した『Second Chorus（邦題・セカンド・コーラス）』（1940）が挙げられる。

モロスはFBIの二重スパイとして、共産主義を支持するアメリカ人の名前——後年ヴェノナ文書にも現われる——を知らせた。また著書『My Ten Years as a Counterspy』（1959）の中で二重スパイとしての役割を大げさに記しているが、この本は映画『Man on a String（邦題・FBIモスクワに潜入せよ）』（1960）の原作となり、アーネスト・ボーグナインがモロス（役名はモリス・ミトロフ）を演じた。

【参照項目】FBI、二重スパイ、ベルリン、エージェント、ハンドラー、ヴェノナ

モロディ、コノン・トロフィモヴィチ
（Molody, Conon Trofimovich）

「ゴードン・ロンズデール」を参照のこと。

モンタギュー、ユーエン・エドワード・サミュエル
（Montagu, Ewen Edward Samuel　1901-1985）

イギリスの判事、作家、インテリジェンス・オフィサー。第1次世界大戦中はアメリカ海軍の航空部隊で機関銃の教官を務め、その後ケンブリッジのトリニティ・カレッジとハーバード大学で学んでから1924年に法曹界入りしている。

第2次世界大戦中、モンタギューは海軍省の情報部門で勤務し、ドイツ情報機関を相手に仕掛けられた主要な欺瞞作戦の1つ、ミンスミート作戦を立案した。戦後は1945年から73年まで艦隊法務官の座にあった。

著書に『The Man Who Never Was』（ミンスミート作戦を扱っている。1953）、『The Archer-Shee Case』（1974）、『Beyond Top Secret ULTRA』（1977）がある。

モンテス、アナ・ベレン　（Montes, Ana Belen　1957-）

キューバのためにスパイ行為をしたアメリカ国防情報局（DIA）の分析官。長きにわたるスパイ行為を通じ、彼女はキューバで活動するエージェント4名（あるいはそれ以上）のカバーを暴露しており、摘発されたキューバのスパイとして最も高い地位にある人物だった。

西ドイツのアメリカ軍基地で生まれたモンテスはバージニア大学で国際関係の学士号を、ジョンズ・ホプキンス大学の高等国際研究所で修士号を取得している。その後1985年にDIA入りしたものの、同時にキューバ情報機関のスパイとなった。

モンテスはキューバに関する一流の分析官であり、キューバがもはやアメリカの軍事的脅威ではないという内容の、1998年にペンタゴンが発表した報告書においても主要な寄稿者であり、恐らく第1著者だったと思われる。その一方で、暗号化された無線メッセージを通じてキューバのハンドラーと接触を保ち続けていたのである。

2001年9月11日の同時多発テロから10日後、FBIはモンテスを逮捕した。キューバの諜報活動をさらに突き止めるべく彼女を監視下に置いていたFBIが、このままスパイ行為が続けばテロリストグループを利すると判断して逮捕に踏み切ったことを、このタイミングは示唆している。モンテスはキューバ以外の極秘情報にもアクセスできる立場にいた。

2002年10月、自らのスパイ活動をFBIに自供するという内容の司法取引により、禁固25年が言い渡された。

「キューバ」も参照のこと。

【参照項目】国防情報局、エージェント、ハンドラー、監視

ヤ

ヤーコヴ, イツハク （Yaakov, Itzhak 1926-2013）

「国家安全保障に害をなす」目的で「無許可の人物」に機密情報を渡したイスラエルの退役将校。

イスラエルとアメリカの二重国籍者だったヤーコヴは、75歳の誕生日を迎えた直後の2001年3月に逮捕された。地元メディアによると、誕生パーティーには「誰もが名を知るイスラエル政財界のトップ」が出席したという。

また当局は、これがスパイ事件であることを否定しつつ、27年前イスラエル陸軍在籍中に入手した機密情報を漏らしたとして、ヤーコヴを非難している。逮捕後は心臓病を理由に刑務所病院へ収容された。

テルアビブに生まれたヤーコヴは、イスラエル建国前に存在したユダヤ人地下防衛組織ハガナの準軍事部門、パルマハに所属し、建国後の1955年から73年までイスラエル陸軍に在籍した。その間、核兵器開発の極秘プロジェクトに携わっていたとされる。退役後はイスラエル貿易省の科学主任となり、イスラエルにおけるテクノロジー産業の生みの親として知られている。

その後1970年代後半にアメリカへ移住、コンピュータのデータ保存システムを開発する企業のトップを務めていたが、逮捕前の2000年に退職した。

ヤコヴレフ, アナトリー （Yakovlev, Anatoli 1913-1993）

原爆スパイ網の密使、ハリー・ゴールドのハンドラーを務めたソビエトNKVD（内務人民委員部）所属のインテリジェンス・オフィサー。

ニューメキシコ州ロスアラモスの原爆研究所で勤務するアメリカ兵だったゴールドは、スパイ網のもう1人のメンバー、デイヴィッド・グリーングラスと接触するようヤコヴレフから命じられた。ゴールドによると、1945年にニューヨーク市のバーで顔を合わせたヤコヴレフから、「グリーングラス」とタイプライターで記され、その上にニューメキシコ州アルバカーキの住所がタイプされたオニオンスキン紙を渡されたという。そして、この住所に赴き「ジュリアスのところからやって来た」と告げるよう指示された（「ベンのところからやってきた」とする説もある）。ロスアラモス研究所に程近いアルバカーキのアパートメントでゴールドを迎えた人物こそグリーングラスだった。ゴールドはジュリアス・ローゼンバーグと妻エセルの裁判において、文書をグリーングラスから受け取り、後にヤコヴレフから「非常に価値ある素晴らしいものだ」と激賞されたことを証言している。

ゴールドはヤコヴレフとクラウス・フックスとの連絡役でもあった。逮捕後アメリカ当局に対し、アメリカの軍事情報をもたらした人物は（ゴールドの住まいがある）フィラデルフィア以外の場所で暮らしており、これらの情報源に支払った報酬はヤコヴレフから受け取ったものだと話している。

ゴールドとヤコヴレフの最後の会合は、ゴールドが当時働いていたニューヨーク市で1946年12月26日に行なわれた。その際ヤコヴレフは、翌年3月にパリで実施する予定の任務を進めなければならないと語った。一方ゴールドは、会話の中で雇い主の名前に触れている。それがヤコヴレフを大いに興奮させた。その人物は最近FBIの捜査対象になったばかりであり、ゴールドがその下で働けば、11年間にわたるソビエトの情報活動は壊滅に追い込まれると、ヤコヴレフは語った。そしてアメリカ国内で再び会うことはないと言い残し、慌ててその場を去った。

数日後、駐ニューヨーク副領事をカバーとして活動していたヤコヴレフはアメリカを離れた。なおアメリカではジョンという偽名を用いていた。

【参照項目】原爆スパイ網、密使、ハリー・ゴールド、ハンドラー、NKVD、インテリジェンス・オフィサー、ロスアラモス、デイヴィッド・グリーングラス、ジュリアス・ローゼンバーグ、クラウス・フックス、FBI、カバー

ヤゴーダ, ゲンリフ・グリゴリエヴィチ

（Yagoda, Genrikh Grigoryevich 1891-1938）

1934年にソビエトの情報・保安機関OGPU（統合国家政治局）長官に就任し、同年から36年まで後継機関NKVD（内務人民委員部）のトップを務めたインテリジェンス・オフィサー。ユダヤ系ラトビア人の一家に生まれたヤゴーダは薬剤師として働いていたが、後にクレムリンの毒薬研究所長となっている。タデウス・ウィットリン著『Commissar』（1972）によると、ヤゴーダは銃撃で重傷を負ったV・I・レーニンの死を「早めた」だけでなく、「マクシム・ゴーリキーの苦痛に満ちた喘息を永久に止める」ことによって、ヨシフ・スターリンの権力掌握に貢献したという。

ヴァチェスラフ・メンジンスキーが1926年にOGPU長官へ就任すると、3年前から第2副長官を務めていたヤゴーダが第1副長官に昇進した（「チェーカ」を参照のこと）。また白海とバルト海を結ぶ運河の建設を直接指揮している。1931年11月から33年8月にかけて行なわれた運河建設にはおよそ30万名の奴隷労働者が投入され、そのうち3分の1が命を落とした。

アレクサンドル・ソルジェニーツィンは著書『The Gulag Archipelago』（1975）の中で、運河建設におけるヤゴーダの指導ぶりを描写している。

全ての行政機関は戦闘スタッフセクターと改称された！　行政スタッフの半数が建設作業に駆り出され（鋤の数は足りるのか？）、3交代制（白夜に近い）で働くことになった！　彼らは運河のそばで（冷え切った）食事をとり、社会主義体制の所有物を盗めば裁判が待っていた。

（1933年）1月、大洪水がやってきた！　全ての部隊はキッチンや所持品と共に1つのセクターへ詰め込まれることになった！　全員に行き渡るだけのテントはなかった。彼らは雪の上で眠った——だが気にするな。何とかしてみせるさ！

4月、48時間にわたる嵐が我々を襲った——万歳！　3万人もの人間が眠っていなかったのだ！

メンジンスキーの健康状態悪化と消極的な指導によってヤゴーダがOGPUの主導権を握り、1934年に長官となった。7月10日、OGPUは再編なったNKVDに統合され、ヤゴーダが引き続きNKVD長官を務める。その後すぐ、彼は国家保安人民委員総監（ソ連邦元帥と同格）という仰々しい肩書きを持つことになった。

オレグ・ゴルディエフスキーとクリストファー・アンドリューは共著書『KGB』（1990）の中で次のように記している。「ヤゴーダは過剰な権力によって腐敗した官僚の典型であり、残虐性と野心がますます募っていった……部下の1人は、彼が新しい制服のデザインに没頭する姿を目撃している。その制服は金モールで飾られた白いウールの上衣、帝政時代の海軍士官が身に付けていたような金メッキの短剣、ライトブルーのズボン、そして輸入物のエナメル革でできた靴から成っていた」

スターリンはヤゴーダに全幅の信頼を置いたわけではなかった——政敵の一部を排除したのは確かだが、特定の思想を信奉しているわけでなく、日和見主義者に過ぎなかったのである。またスターリンの反ユダヤ思想も影響していたことは間違いない。

ヤゴーダは1936年に全ての役職を解任された（側近のゲオルギー・プロコヒェフも同じ目に遭っている）。翌年3月18日には、反革命陰謀に関与していたと後任のニコライ・エジョフから非難され、4月3日に逮捕された。逮捕後は、帝政期のオフラナだけでなくドイツ秘密機関にも手を貸し、またチェーカーへの浸透を許したと非難を受けている。そして見せしめ裁判の結果有罪となり、翌年3月に処刑された。なお妻と妹も労働収容所へ送られている（しかし生き延びたという）。

【参照項目】NKVD、ヴァチェスラフ・メンジンスキー、オレグ・ゴルディエフスキー、クリストファー・アンドリュー、ニコライ・エジョフ

ヤードレー、ハーバート・O

（Yardley, Herbert O.　1889-1958）

アメリカの暗号解読におけるパイオニア。後に書籍を著わし、ブラック・チェンバーの秘密を余すところなく明らかにした。

ヤードレーは中西部で生まれ育った。学校の人気者だった彼は幼い頃に父親から電信術を学び、最初の仕事も鉄道会社の電信技術者である。また同じく少年期に憶えたポーカーは生涯の趣味となっている。1912年には電信技術者として国務省入りし、暗号とコードに大きな興味を示した。

アメリカ陸軍省で暗号解読活動が始められた1917年6月、ヤードレーは中尉に任官された上で陸軍の軍事情報部に移る。アメリカが第1次世界大戦へ参戦した同年4月、ヤードレーのセクション（MI-8）には他に2名の民間人職員が在籍しているに過ぎなかったが、その後急速に膨張していった。1918年11月の終戦時点で、MI-8は士官18名、民間の暗号学者及び解読者24名、そしてタイピスト及び速記者109名、計151名を擁するまでになっていた。またMI-8には6つの班が置かれていた。

1．暗号及びコードの解決：陸軍省、海軍省、国務省、司法省のためにこの業務を行なう。ヨーロッパ方面アメリカ海外派遣軍（AEF）の陸軍傍受拠点、及び1918年後半メイン州フルトンに設置された大陸間無線通信の傍受拠点が捉えた無線通信を活用する。

2．暗号及びコードの編纂：アメリカ軍のためにこれらを用意する。

3．訓練：MI-8の要員だけでなく、ヨーロッパ方面AEFに所属して外国へ赴く者、及びシベリアに遠征するアメリカ兵に訓練を施す。

4．秘密インク：アメリカ軍が用いる透明インクを用意すると共に、週あたり2,000通の手紙について敵のスパイが秘密インクを用いた痕跡を調べる（「秘密筆記法」を参照のこと）。

5．速記：様々な速記法を調査する。

6．通信：海外で活動する駐在武官やインテリジェンス・オフィサーによるメッセージを扱う。

大戦末期、ヤードレーはヨーロッパに赴いてAEF、イギリス、そしてフランスの暗号学者と顔を合わせた。一方、陸軍幹部は戦後の当初、ヤードレーの暗号解読セクションを存続させ、その存在は極秘にされるべきだと考えていた。このセクションの1919年度の予算は10万ドルで、6万ドルが陸軍省から、4万ドルが国務省から支出されていた。同年7月、ヤードレーとスタッフ50名はその存在を隠すべく、ニューヨーク市イースト

サイド 38 番通り 22 の住居へ押し込められる。当時、この組織はコード・コンピレーション・カンパニーというカバーネームを名乗っていたが、公式名称は暗号課とされ、非公式にはアメリカ版ブラック・チェンバーと呼ばれた。

だが翌年、予算が 5 万ドルに削減される。ヤードレーの活動は主として国務省の利益になるものであり、陸軍はアメリカ国内の拠点維持と訓練のみを行なっていたことから、5 万ドルのうち 4 万ドルは国務省から支出されていた。一方、この時期における特筆すべき事項として、1921 年夏に日本の外交暗号の解読に成功したことが挙げられる。この暗号は、ワシントン DC で開催された海軍軍縮会議において日本の代表団が用いたものだった。アメリカの外交官は暗号解読のおかげで日本の立場を詳しく知ることができ、翌年調印されたワシントン条約において有利な条件を導いたのである。

この時期における暗号課の主要な任務は、陸軍参謀本部と国務省のごく限られた人間に数日ごとに配布される「速報」の作成だった。だが内容の大部分が政治情報だったため、陸軍の関心はますます低くなってゆく。

1929 年当時、暗号課の予算は 25,000 ドル（陸軍から 1 万ドル、国務省から 15,000 ドル）にまで減らされており、これはヤードレー自身とスタッフ 5 名しか維持できない水準だった。うち 9,375 ドルはヤードレーの俸給として支払われたが、彼はもはや暗号解読に対する興味を失っていた。なお、この時期は日本の外交暗号の解読を主たる任務としていた。

そして 1929 年 3 月、ハーバート・フーヴァーが大統領に就任し、ヘンリー・スチムソンを国務長官に任命する。5 月初頭、日本のコード式電文を解読した翻訳文がスチムソンの机の上に置かれた。暗号解読者ウィリアム・F・フリードマンが作成した報告書には次の文言が記されている。「（スチムソンの）反応は激しく、行動は強烈だった。資料の入手方法を知った彼は、この行為を非倫理的だと罵り、国務省が関係する限りこうした行為は直ちに中止すると宣言した。そして国務省による支出を今すぐ打ち切るべしと指示した」

陸軍は国務省による予算支出をかろうじて 1929 年 6 月末まで続けさせ、ニューヨークのオフィスを閉鎖して関係ファイルを陸軍省へ送ると共に、残ったスタッフに 3 ヵ月分の退職手当を支払えるようにした。それと同時に、暗号解読の責任は陸軍軍事情報部から首席信号官へ移されている（「通信情報局」を参照のこと）。

ヤードレーは怒りと苛立ちから直ちに『The American Black Chamber（邦題・ブラック・チェンバー：米国はいかにして外交暗号を盗んだか）』の執筆を始め、1931 年に刊行されると大きな反響を巻き起こした。暗号課がいかにして日本の外交暗号を解読したかを明かしたこの本は世界中で出版され、とりわけ日本でベストセラーと

1919 年 2 月、パリで撮影されたハーバート・O・ヤードレー大尉。（出典：国立公文書館）

なって大論争を生み出した。この暴露によって恥をかかされた形となった日本の外務省は、暗号機の使用に切り替えている（「パープル」を参照のこと）。

ヤードレーはアメリカの代表的雑誌サタデー・イブニング・ポストに、この本の要約を連載した。また書籍と連載の成功によって各地の講演に引き出され、さらに多くの記事を書いた。またヤードレーはおよそ 5,000 件の傍受メッセージを保存していたが、それらを協力者に提供して書籍にさせた。しかし原稿は政府によって押収され、1933 年 6 月には公式な外交暗号を含む資料の出版を禁じる法案が可決された。

一方、ヤードレーは小説『Red Sun of Nippon』と『The Blonde Countess』を執筆している。後者は『Rendezvous』（1935）というタイトルで映画化され、ウィリアム・パウエル、シーザー・ロメロ、ロザリンド・ラッセルが出演した。

1938 年、ヤードレーは日本と戦う蒋介石の招きで中国を訪れ 2 年間にわたって滞在、国民党による日本の戦術暗号の解読活動を支援した。また帰国後間もない 1941 年にはカナダへ赴き、暗号解読組織の設立に手を貸している。

ワシントンに戻った後は様々な仕事に就いたが、どれも暗号解読に関係するものではなかった。その一方で小説『Crows Are Black Everywhere』を執筆し、1957 年後半には『The Education of a Poker Player』を上梓、こちらは出版後半世紀を経た今もなお版を重ねている。暗号解読史に詳しいある人物はヤードレーを次のように評している。「小柄で頭髪は薄く、ウィットに富み、極めて話し上手だった。ある知り合いは『頭の中に知的能力が詰まったダイナモ』と語っている。その話しぶりは説得力に満ちており、知り合った多くの人間を強く魅了した」

それとは対照的に、ブラック・チェンバーの成果を暴露したヤードレーを決して許さないという暗号解読者——同僚及び後継者——は数多い。

（ヤードレーの妻エドナも 1920 年代は暗号課に、第 2

次世界大戦中は陸軍信号情報局に所属していた）。

【参照項目】ブラック・チェンバー、暗号、コード、軍事情報、駐在武官、インテリジェンス・オフィサー、カバー、ウィリアム・F・フリードマン

山本五十六 <small>（やまもといそろく）</small> (1884-1943)

太平洋戦争開戦当時の連合艦隊司令長官であり、戦争初期における日本の勝利をもたらした人物。その一方、大戦中の情報活動で犠牲となった最高位の人物とされている。

山本は1921年から22年にかけて開催されたワシントン海軍軍縮会議に参加しているが（訳注：実際に参加したのは1929年のロンドン軍縮会議）、駐在武官としてワシントンに赴任し、ハーバード大学で英語を学んだ経歴を有している。また航空兵力の育成を強く支持するなど、周囲からは進歩的な海軍士官と見なされており、1930年代には航空隊を日本海軍の主要な奇襲部隊に育て上げた。さらに、海軍航空本部長と海軍次官を歴任する中で、軍部の主戦派に激しく抵抗している。その後1939年8月連合艦隊司令長官に任命されるが、当時頻発していた暗殺を避けるための配慮だったとも言われている。

山本率いる連合艦隊は開戦後最初の6ヵ月こそ連勝したものの、1942年6月のミッドウェー海戦で大敗を喫し、連合軍が攻勢に転じるきっかけを与えた。翌年1月には連合軍に一連の空襲を仕掛けることでソロモン諸島の防衛強化を試みた（い号作戦）が、山本はこれが成功したと誤認し、前線基地の視察を始めた。

4月13日午後、1通の無線電文が連合艦隊司令部から関係する前線基地へ発信される。しかしこの電文はアメリカ海軍の3つの通信局で傍受された。真珠湾の太平洋方面艦隊無線部隊（FRUPAC）に所属するアルヴァ・B・ラスウェル海兵隊中佐が解読作業の指揮を執り、翌日朝までに基本的な解読・翻訳を終えた。その後すぐ、より完全な翻訳文が作成されている。

（訳注：当該電文の原文は以下の通り）
聯合艦隊司令長官四月十八日左記ニ依リ「バラレ」、「ショートランド」、「ブイン」ヲ実視セラル
（一）〇六〇〇中攻（戦闘機六機ヲ附ス）ニテ「ラバウル」発〇八〇〇「バラレ」着、直ニ駆潜艇（予メ一根ニテ一隻ヲ準備ス）ニテ〇八四〇「ショートランド」着〇九四五右駆潜艇ニテ「ショートランド」発一〇三〇「バラレ着」（交通艇トシテ「ショートランド」ニハ大発「バラレ」ニテハ内火艇準備ノコト）一一〇〇中攻ニテ「バラレ」発一一一〇「ブイン」着一根司令部ニテ昼食（二十六航空戦隊参謀出席）一四〇〇中攻ニテ「ブイン」発一五四〇「ラバウル」着
（以下省略）

（出典：防衛庁防衛研修所戦史室著、『戦史叢書　大本営海軍部・聯合艦隊〈4〉──第三段作戦前期──』）

アメリカ海軍の暗号解読者は、コードで記された4ヵ所のうち3ヵ所をすでに突き止めていた。

メッセージは、太平洋方面艦隊司令長官のチェスター・W・ニミッツ海軍大将にも届けられた。海軍史家で日本語を解するロジャー・ピノーは次のように記す。

ニミッツは、かくも地位の高い人物の暗殺がもたらすであろう政治的影響を恐れてワシントンに確認をとり、ノックス海軍長官とルーズベルト大統領からゴーサインを与えられた、と歴史家はこれまで記してきた。しかしこの仮説を支持する有力な証拠は、今のところ存在しない。海軍文書館、国立文書館、そしてハイドパーク（ニューヨーク）のFDR図書館にあたっても、ルーズベルト大統領の許可を求めた事実はおろか、この件でワシントンとニミッツとの間でやりとりがあった事実すら確認できなかった。

むしろニミッツは、ソロモン方面司令官のウィリアム・F・ハルゼー中将と相談し、山本暗殺を決断した。1943年4月18日、ガダルカナルから飛び立った陸軍航空軍のP-38ライトニング戦闘機16機がこの任務を遂行する。一方の日本側は、暗号が解読されたことで山本が戦死したとは認識しなかった。

ピノー元大尉は『Naval Intelligence Professionals Quarterly』（1988年4月号）に寄せた記事で次のように述べている。「山本の撃墜は、通信情報活動によるメッセージ解読で実現された、最も特筆すべき出来事と言えよう」

【参照項目】駐在武官、太平洋方面艦隊無線部隊、暗号解読、通信情報

ヤーンケ、クルト （Jahnke, Kurt 1882-1945）

第1次世界大戦期にドイツのスパイ兼破壊工作員としてアメリカで活動し、第2次世界大戦では謎に満ちたナチのインテリジェンス・オフィサーだった人物。

ドイツに生まれたヤーンケはアメリカに帰化し、本人の主張によれば第1次世界大戦前は海兵隊に所属、また国境警備隊員としてメキシコとの国境地帯で勤務していたという。さらに、親族の遺体を祖国に帰してやりたいと望む華僑向けに棺桶を作るなど、ビジネスの世界でも成功を収めたと語っている。

アメリカの参戦前、ヤーンケはサンフランシスコの造船所で職を見つける。破壊活動にも携わっていたと思われるが、駐サンフランシスコ総領事のフランツ・フォン・ボップから改めて破壊工作員としての勧誘を受ける。ボップは西海岸での破壊工作を指示したものの、

1916年7月30日にニューヨーク湾のニュージャージー側に浮かぶブラック・トム島で発生した、巨大な弾薬倉庫の破壊という特殊任務のためにヤーンケを東海岸へ派遣した可能性もある。それによると、ボップが勧誘したもう1人の工作員、ロタール・ヴィツケとヤーンケがブラック・トム島事件の主犯だったことになる。また東海岸の造船所でストライキを引き起こす計画に携わっていたともされる。

1917年のある時、ヤーンケはメキシコに赴いた。ボップがベルリンへ送った同年11月の電文にその名前が見える。「クルトはさらなる指示を求めた……海軍の専門家をメキシコに派遣すべしと提案している」

マドリッドからメキシコシティーのドイツ領事館に海底ケーブル経由で送られた返信は、エージェントをアメリカへ潜入させるようヤーンケに命じていた。それを受け、ヤーンケは3人を送り込んだ。ヴィツケ、元メキシコ陸軍士官のウィリアム・アルテンドルフ、そしてウィリアム・グリーヴスである。アフリカ系カナダ人であるグリーヴスには、アメリカの労働組合に浸透すると同時に、テキサス州エルパソ近郊に駐留するアメリカ陸軍の黒人兵の間に亀裂を生じさせるという2つの任務が与えられた。しかし互いにそうとは知らなかったが、アルテンドルフとグリーヴスはいずれも内通者だった。アルテンドルフはアメリカ陸軍の情報部門に、グリーヴスはメキシコシティーを拠点とするイギリス人インテリジェンス・オフィサーに雇われていたのである。またヴィツケは国境を越えた直後に逮捕された。

アメリカで破壊工作を率いた後、メキシコに戻ったヤーンケは新参者からの挑戦を受けることになる。その人物はドイツ商船の船長を務めるフレデリック・ヒンシュ大佐だった。ベルリンからはヒンシュが後を継ぐようにとの電文が届く。ヒンシュが「ドイツ人」である一方、「ヤーンケは独立性に乏しい」のが理由だった。ヤーンケは反撥し、電文のやりとり（いずれもイギリス側に傍受されていた）を通じて、「メキシコにおける唯一の海軍秘密エージェント」だと認めさせている。

ヤーンケは戦後もメキシコに残り、しばらくしてドイツへ帰国したものと思われる。情報史において彼の名前が次に現われるのは、ドイツ軍のポーランド侵攻で第2次世界大戦の幕が開く直前の1939年8月末である。戦争を回避するための会談にナチ高官を引き込めるか否かを探るべく、イギリス秘密情報部（MI6）はデイヴィッド・ボイルを「国王のメッセンジャー（外交密使）」に仕立て上げてベルリンへ送り込んだ。ベルリンに入ったボイルは、ヨアヒム・フォン・リッベントロップ外相が組織した私設情報機関、ヤーンケ機関の長となったヤーンケと面会している。

ヤーンケは二重スパイではないか、つまりドイツの下で働きながら、少なくともイギリス情報機関と契約を結んでいるのではないかという疑いがあり、それが完全に晴れることはなかった。副総統のルドルフ・ヘスが1941年5月にスコットランドへ飛行した際、激怒したアドルフ・ヒトラーは、ヤーンケが何らかの形で関係しているのではと疑惑を持った。しかしヤーンケはリッベントロップの庇護を受けてヒトラーの不信から生き残り、ヴァルター・シェレンベルク親衛隊少将の政治アドバイザーとなった。

ヤーンケがイギリス人インテリジェンス・オフィサーと会うためスイスに赴いたという情報が、シェレンベルクの耳に入る。捜査が行なわれたが証拠は挙がらず、ヤーンケの疑いは晴れた。そして1944年11月、カール・マルクスを名乗るドイツ人将校が、解放されたばかりのフランスに姿を現わす。国を捨てた人間かと思われたが、マルクスは「イギリスと接触するため」派遣されたとフランスの尋問官に語った。

マルクスはその後中国大使館を訪れ、ドワイト・D・アイゼンハワー司令部に所属するイギリスの情報士官に連絡するよう頼み込むことで、なんとかイギリス側と接触することができた。イギリス人が姿を見せると、自分はヤーンケの秘書で、ソビエトの戦後プランを覆すためにドイツと協力することについて、イギリスの感触を確かめるべく派遣されたのだと告げた。だがマルクスの本当の狙いは連合国にくさびを打ち込むことであると考えたイギリスとアメリカは、彼の申し出を無視した。

しかし、昔のことを知るインテリジェンス・オフィサーは、ヤーンケがかつて中国人相手に棺桶を販売しており、その当時も中国大使館にコネを持っていたのではないかと回想している。

【参照項目】ロタール・ヴィツケ、エージェント、内通者、インテリジェンス・オフィサー、密使、MI6、二重スパイ、ヴァルター・シェレンベルク

ユーイング、サー・アルフレッド（ジェイムズ）

(Ewing, Sir Alfred〔James〕 1855-1935)

イギリスの近代的な暗号解読活動を確立した科学者。1914年8月に第1次世界大戦が勃発した際、海軍情報長官のヘンリー・F・オリバー少将は教育部長を務めるユーイングに対し、傍受したドイツの無線信号を活用できないかどうか検討してほしいと依頼した。

デイヴィッド・カーンは著書『The Codebreakers（邦題・暗号戦争：日本暗号はいかに解読されたか）』(1968)の中で、ユーイングがイギリス海軍による暗号解読活動の育成に取り組み始めた時のことを次のように記している。

（ユーイングは）当時59歳、背が低くずんぐりとした体つきのスコットランド人で、濃い眉毛の下には青い瞳が光っている。物腰は温厚な科学者のそれだっ

た。科学への貢献に対して3年前にナイトの勲位を授かっているが、彼の功績には日本の地震、磁気学、そして圧力を受けた物体の工学的な遅延効果（現在では彼が生み出した「ヒステリシス」という単語で知られている）といった、諸々の研究を主導したことに加え、海軍教育の指揮指導をはじめとする公務が含まれている。

　1903年から海軍教育部長を務めていたユーイングは、暗号解読機関を作り上げるというこのチャンスを掴み、大英博物館付属図書館、ロイズ保険会社、そして郵政省（そこには商業用のコードブックがファイルされていた）で暗号の研究を始める。それと同時にスタッフを組織してドイツの暗号解読に取り組んだ。最初に雇ったのはダーマスとオスボーンのイギリス海軍大学に所属する夏期休暇中の教官、特にドイツ語の教授であり、その中にはオスボーンでドイツ語を教えるアラステア・デニストンもいた（後にユーイングはケンブリッジ大学の教官も勧誘しているが、そのほとんどは古典文学者か言語学者だった）。

　このグループはすぐにルーム40の名で知られるようになり、ドイツの暗号に対して大きな成果を挙げた（第1次世界大戦後、暗号解読活動は政府暗号学校で行なわれるようになる）。ユーイングは1914年の創立から17年までルーム40のトップを務め、海軍退役後はエジンバラ大学の学長に就いた。

（訳注：ユーイングは1878年にお雇い外国人として来日、83年まで東京大学で教鞭をとった）

【参照項目】海軍情報部長、デイヴィッド・カーン、アラステア・デニストン、ルーム40、政府暗号学校

誘出 (Elicitation)

　情報を入手する側が面談や会話の意図を明らかにすることなく、個人または集団から情報を得ること。

友人 (Friends)

　情報機関のメンバーを指す一般的な俗語。特にイギリスでは秘密情報部（MI6）の職員を指す。

【参照項目】MI6

有人軌道実験室 (Manned Orbiting Laboratory〔MOL〕)

　主に偵察目的で有人宇宙船を軌道に乗せるという、アメリカ空軍が立案した計画。この極めて野心的な提案は、コスト面の問題と、投入可能な資金をベトナム戦争という「ブラックホール」に全て吸い上げられたために実現には至らなかった。

　当初の提案によれば、この宇宙船の周回軌道はソビエト上空を外れており、情報収集を行なう予定もなかった。計画が1964年1月に提出された時、ロバート・S・マクナマラ国防長官は、空軍が宇宙に人間を送り出す必要性を見出せずこれを却下した。

　そこで2つの大きな変更が提案された。すなわち大型のレーダーアンテナと、情報活動に役立つ品質の写真をもたらすカメラシステムの搭載であり、後者はキーホール計画の「実験室」部分を構成していた。なお修正後のMOL計画にはドリアンというコードネームが与えられている。

　MOLは2名乗りのジェミニ宇宙カプセルと、それに附属する円筒状（全長12.5メートル）の実験室及び居住空間から構成されることになっていた。重量は約11トンで、そのうち2.7トンはジェミニBカプセル、2.3トンは偵察機器のものである。それらが一体となり、タイタン3Cロケットによって打ち上げられる予定だった。1周90分で地球を回るこの宇宙船は数年間にわたって運用されることになっていて、乗組員と物資は補給カプセルで運ばれる。なお2人の乗組員で30日のミッションを計画していた。

　MOLのカメラシステムは解像度4インチ（約10センチメートル）のものが提案された。つまり地上にある大きさ4インチの物体を識別できることを意味する。実際には大気の歪みによって解像度は9インチ（約23センチメートル）まで低下するが、それでも有用であることに違いはなかった。

　ジェフリー・T・リチェルソンは著書『America's Secret Eyes in Space』（1990）の中で次のように記している。

　人間を宇宙に送り出して軌道に乗せることで、もたらされる写真の価値が高まると期待された。新たなターゲットを探知し、高解像度の写真を撮影するには、無人衛星を使えば数週間ないし数ヵ月間を要するが、人間ならば新しいターゲットを即座に見つけて撮影できる。加えて、特定の地域をバイパスできるので、興味ある活動が明らかに行なわれていない場所でフィルムを無駄にすることもない。かくして、宇宙飛行士はMOLカメラの被写体を決定すると同時に、パートタイムの写真分析官にもなるのである。

　MOLプロジェクトの主要な利点は、ソビエトのミサイル及び爆撃機の配備状況を絶えず観測し得る能力にあり、軍縮条約の履行を監視する手段として期待された。それと同時に、無人偵察衛星（「コロナ」を参照のこと）よりも柔軟性が高く、有人宇宙研究にも活用されることになっていた。さらに海軍は、MOLを海洋監視活動に用いることも期待していた。

　しかしペンタゴンの中には、MOL計画を空軍の「玩具」に過ぎないと考える者もあり、また偵察衛星の開発に部分的な責任を負っているCIAは、領域侵犯とも言

えるこの計画を不必要なものと考えていた。CIAの支持は、上空偵察に関するあらゆる決定において重要な要素だった。

それらに加え、フロリダ州選出の議員は、MOLの打ち上げがケープ・カナヴェラルではなく、カリフォルニア州ヴァンデンバーグ空軍基地で実施されることを知るや否や反対に転じた。フロリダ州の職が失われることに立腹したのである。しかしカナヴェラルからの打ち上げだと極軌道に入るために1.1〜2.3トンもの装備を降ろさなければならず、MOLの能力が著しく損なわれる恐れがあった（カナヴェラルから極軌道へ入るには、打ち上げ後に人口密集地域の上空を飛行しなければならず、それを避けるために積載量が制限されたのである）。

それでもMOLの開発は進み、1969年4月15日に無人試験機の打ち上げが、次いで同年12月に有人宇宙船の打ち上げが実施されることになった。一方、MOLの重量は15トンにまで増加しており、これはタイタン3Cの打ち上げ能力を超えていた。そのため新型のタイタン3Mを開発する必要が生じた。

部品の試験も進められ、一部は宇宙空間で実施されたものの、計画全体がその段階に至ることはなかった。費用の増加と政治的支援の減少によって、計画は死を迎えたのである。マクナマラがペンタゴンを去り、アメリカがベトナム戦争に対する関与の度合いを深める中、無関係なプロジェクトは中止を余儀なくされるか、遅延に追い込まれた。また空軍は新型爆撃機（B-1）を、海軍は新型の戦略ミサイル潜水艦（トライデント）を開発していた。一方、MOLは空軍の研究開発予算の中で最大の「非戦争」項目であり、リチェルソン曰く「恰好のターゲット」にされたのである。かくして、MOL無人機の初打ち上げは1970年12月に、有人機の打ち上げは72年2月に延期された。

コストの増加と打ち上げの遅れはその後も続き、ついに計画は中止に追い込まれた。公式発表は1969年6月10日に行なわれたが、その時点で1億5,000万ドルもの費用を吸い上げていた。

（訳注：2015年10月、国家偵察局（NRO）はMOLの機密を解除、当時の資料を公開した。nro.gov/foia/declass/MOL.html より閲覧可能）

【参照項目】偵察、キーホール、ドリアン、コードネーム、衛星、監視、CIA

幽霊 （Spook）

名詞として使われる場合は主に情報収集を担当する人間を指す。また形容詞として用いられる時は情報活動に関係する装備、作戦、機関を表わす。

ユルチェンコ、ヴィタリー （Yurchenko, Vitaly 1936-）

アメリカに亡命後、ソビエトに再亡命したKGB職員。

ユルチェンコは1985年8月に亡命した。しかし雨模様の11月2日土曜日、ワシントンDCのジョージタウンにあるレストランでCIAの保安担当職員と食事をとっていた彼は、立ち上がるや否やこの場を後にしたいと言った。

「もし15分経って私が戻らなくても、自分を責めないでくれ」そう言い残したユルチェンコはウィスコンシン・アベニューを1マイルほど歩き、ソビエト大使館に入った。そして週末を大使館で過ごした後、記者会見の場で再亡命の意志を表明する。ユルチェンコによれば、自分は薬物を投与された上で連れ去られたという。ユルチェンコは自らの意志で亡命し、しかも協力的だと発表していたCIAとFBIは、当然ながらこの主張を否定した。またCIAは、ユルチェンコがKGBに15年在籍しているベテラン職員で、アメリカ市民に対する諜報活動を監督していた将官級の人物だとも説明している。

第2次世界大戦で戦死した工場労働者の息子として生まれたユルチェンコは、軍事訓練学校を卒業後にソビエト潜水艦部隊へ入隊、その後海軍少尉に任官され、ウラジオストクの太平洋艦隊司令部に配属される。そして1959年にKGBへ移り、1960年代の大半は軍の防諜官を務めた。

1958年にはエンジニアの女性と結婚、61年に娘が生まれ、69年には養子をとる。

ユルチェンコはアメリカの情報当局によく知られていた。1975年から80年までワシントンのソビエト大使館で保安職員を務めており、FBI捜査官とも頻繁に会っていたのである。両者にはソビエト大使館の警備という共通の任務があり、その過程で親交を深めた。会合場所はFBI本部に程近い、ワシントン北西部のEストリートにあるダンカーズというレストランだった。ユルチェンコはスコッチを特に好んだという。

アメリカ勤務後は国内保安部門の主任防諜官を務め、ハロルド（キム）・フィルビーやジョージ・ブレイクなどの亡命者とも働いている。1985年1月にはKGB第1総局第1部の副部長となり、北米大陸における諜報活動を監督した。さらに亡命当時は、モントリオール及びオタワに駐在するKGB職員の管理も担当していた。

その後ユルチェンコはローマに派遣され、現地のソビエト大使館に滞在する。だがバチカン博物館に行くと同僚に告げて大使館を後にした彼は、その足でアメリカ大使館の向かいにある電話ボックスに入り、CIA職員を呼び出した。すると、直ちに大使館へ向かうよう告げられた。かくして1985年8月1日、ユルチェンコはローマのアメリカ大使館に赴き、亡命を申請した。ユルチェンコをKGBのナンバー5と評価していたCIAは、彼をこの数十年間で最も重要な亡命者と評した。また彼を残留離反者にする試みがなされたものの、ユルチェンコはあ

くまでアメリカへの亡命を望んだ。

CIA ローマ支局長はヴァージニア州ラングレーの本部に電文を送り、アメリカ情報機関に潜む内通者2名についての情報を、ユルチェンコが提供したと伝えた。1人はロバートというコードネームの人間で、もう1人はNSA職員だった。この報告を最初に読んだCIA職員の1人に、同じく内通者のオルドリッチ・H・エイムズがいた。エイムズは後にユルチェンコの尋問官の1人となり、供述内容をKGBのハンドラーに報告している。

ユルチェンコからもたらされた情報によって、ソビエトに情報を売り渡していたNSAの分析官、ロナルド・ペルトンの正体が発覚した。またユルチェンコは、元CIA職員エドワード・リー・ハワードによるスパイ行為を警告すると共に、1975年に死亡したアメリカの二重スパイ、ニコラス・G・シャドリンの死に関する有力な説明を行なった。

デイヴィッド・ワイズ著『Night Mover』(1995)によると、エイムズの正体が発覚した後、アメリカ防諜当局の一部に「ユルチェンコは、リック・エイムズという大物を守るべくハワードとペルトンを犠牲にする目的で、KGBによって送り込まれた」と信じる者がいたという。しかしエイムズは1994年2月に逮捕された。

ワイズはFBI防諜官ハリー・B・ブランドンの言葉を引用している。「彼ら(KGB)がエイムズを疑い、供述内容を正確に報告するかどうかを確かめるべく、ユルチェンコを亡命者として送り込んだというのは有り得るだろうか? つまりエイムズが供述内容を正しく報告していると判断した彼らは、ユルチェンコに帰還を命じた、と……ユルチェンコの件は今もって大いなる謎である」

上院情報特別委員会に所属するオクラホマ州選出のデイヴィッド・L・ボレン議員(民主党)はこう語る。「2人に全く同じ事実を与えたところ、正反対の結論が出た。彼は二重スパイだった。いや、鬱に陥った亡命者だ」鬱の原因はユルチェンコの恋愛にあるとされた。伝えられるところによると、CIAは彼をオタワに連れ出し、かつての恋人だったソビエト大使館職員との面会をセッティングしたという。しかしユルチェンコはふられ、共にアメリカへ定住する夢を諦めた。結婚生活は破綻しており、息子も問題児だったのである。

情報分析担当者はユルチェンコの「逃亡」に疑問を投げかけた。CIAの保安担当職員(1名しかいなかったという説もある)はFBIにもワシントン警察にも通報していない。つまり彼を捕らえる試みはなされなかった。さらに、ソビエト大使館から数ブロックしか離れていないレストランに連れて行ったのはどういうことか?

「再亡命」から数日後、ユルチェンコは国務省に赴き自由意志で帰国する旨を告げた。CIAは心理学者を派遣してユルチェンコのインタビューにあたらせたが、脅迫さ

れたわけではないという結論が下されている。しかし彼が裏切り者であったのなら、帰国後に収監されなかった、あるいは死刑とならなかったのはなぜか? 西側の情報当局は今も頭を悩ませている。亡命が故意の行為だったと信じる者は、ユルチェンコはもはや用のなくなったペルトンとハワードを始末するために送り込まれたのだと主張している。2人の名前をCIAに耳打ちすることで、より貴重なアセットを守ろうとしたのだ、と。この結論に至った者は、ユルチェンコが守ろうとしたCIAの内通者、エイムズの逮捕によって、自分たちの説が裏付けられたと信じている。

ユルチェンコはアメリカとカナダにおける諜報活動を監督していた。その1つに、海軍の通信員ジョン・A・ウォーカーによるスパイ行為がある。ウォーカーの逮捕前、彼がFBIに素性を知られたか否かの判断をユルチェンコは迫られた。つまり、ウォーカーがFBIの指示によって、ソビエトのハンドラーに偽情報を摑ませている可能性があったのである。しかしユルチェンコは、ウォーカーの素性は発覚していないと結論づけた。CIA及びFBIの尋問官と話をする中で、彼はウォーカーのスパイ活動をKGB史上最も重要な成果の1つに数えている。ウォーカー及びジェリー・A・ホイットワースからもたらされた暗号資料を通じ、KGBは100万件以上のメッセージを解読できたという。

ユルチェンコはソビエト帰国直後に処刑されたという説もあったが、1986年4月にドイツのテレビ局からインタビューを受け、現在「治療」を受けていると語った。また8月にはモスクワの新聞社による取材に応じ、CIAが自分に対し、1981年に発生したヨハネ・パウロ2世暗殺未遂事件にソビエトが関わっていると語らせようとした旨を述べた。

【参照項目】KGB、CIA、防諜、ハロルド(キム)・フィルビー、ジョージ・ブレイク、残留離反者、内通者、コードネーム、NSA、オルドリッチ・H・エイムズ、ハンドラー、ロナルド・ペルトン、エドワード・リー・ハワード、二重スパイ、ニコラス・G・シャドリン、FBI、ジョン・A・ウォーカー、偽情報、ジェリー・A・ホイットワース、暗号資料

要求性能臨時委員会 (Ad Hoc Requirements Committee)

U-2 偵察機の要求性能を調整するため、アレン・W・ダレス中央情報長官(DCI)が1955年に召集した各省庁合同の委員会。

【参照項目】U-2、アレン・W・ダレス、中央情報長官

要注意リスト (Watch List)

情報機関から関心を持たれている人物の氏名を記したリスト。高速コンピュータを用い、「テロリスト」や「核兵器」といった単語を要注意リストに含める場合も

ある。

アメリカの通信情報機関が実施したシャムロック作戦では、外国の個人や組織だけでなく、アメリカ人の名前も記された大規模な要注意リストが作成された。

【参照項目】通信情報、シャムロック

吉川猛夫 <small>よしかわたけお</small> （1912-1993）

日本海軍による真珠湾攻撃の直前、ハワイでスパイ活動を行なった人物。1933 年に江田島の海軍兵学校を卒業後、短期間の海上任務を経て飛行訓練を始めたものの、1934 年末重度の胃病に襲われ、結果として 35 年に休職を余儀なくされている。

1938 年、吉川は海軍の情報活動を担当する軍令部第 3 部に嘱託として配属された。情報任務に携わる中、彼はオーストラリアから平文で発信された短波無線を傍受し、オーストラリア兵を乗せた輸送船 17 隻がフリータウンを通過してイギリスに向かっていることを知る。そしてこの情報をドイツ大使館に伝え、アドルフ・ヒトラーから感謝の意を表わす個人的な手紙を受け取った。

1941 年 4 月、森村という名の副領事をカバーとしてハワイに派遣された吉川は、真珠湾のアメリカ艦隊に関する情報を途切れることなく東京に送り続けた。オアフ島の日本領事館はパープル暗号システムを使って 12 月 7 日（日本時間 8 日）まで東京の外務省に吉川の報告を送信し、それらは海軍省に伝えられた。アメリカ艦隊の配置状況など真珠湾に関する情報を吉川は詳しく報告したが、真珠湾攻撃が立案されていることは知らなかった。また当時のハワイにはおよそ 16 万名の日系人が居住していたものの、吉川がスパイ行為で彼らを用いることは一度もなかった。吉川自身は、「私の秘密任務を支援するはずのこれら有力な人たちは、一様に非協力的だった」と、アメリカ海軍研究所発行の『Proceedings』（1960 年 12 月号）に記している。

真珠湾攻撃後、吉川はアメリカ当局に拘束された。しかし自分がスパイであることを証明するコードブックなどの資料は全て焼却しており、アメリカの情報当局は、吉川がハワイにおける日本の主力スパイであることをし

ばらくの間突き止められなかった。かくして吉川は1942 年に他の外交官と共に日本へ送還され、終戦まで海軍の情報活動に携わった。

【参照項目】真珠湾攻撃、カバー、パープル、コード

ヨーン、オットー （John, Otto　1909-1997）

東ドイツの情報機関 MfS（シュタージ）のために働き、反逆罪で有罪となった西ドイツのインテリジェンス・オフィサー。

1937 年、ヨーンはドイツの民間航空会社ルフトハンザに就職し、1944 年まで法務部で勤務した。第 2 次世界大戦中は、ドイツ軍の情報機関アプヴェーアの人事部長だったハンス・オスター少将の下で働いている。2 人ともヒトラーに対して強い敵意を抱いており、1944 年 7 月 20 日の暗殺計画にも関与していた。なお、この事件ではヨーンの兄が処刑されている。

暗殺失敗の 4 日後、ヨーンはマドリッドに飛んで現地のイギリス情報機関に亡命を申請、イギリスへ連行された。戦時中はブラックプロパガンダを流す放送局で働き、戦後はドイツ人捕虜の政治面での選別を助けると共に、ドイツ軍高官の起訴に力を尽くした。

1950 年 12 月、ヨーンは西ドイツの防諜機関 BfV（連邦憲法擁護庁）の長官代行に任命される。そしてドイツ国防軍の元軍人による反対にもかかわらず、翌年 12 月長官として正式に就任した。

1954 年 7 月 20 日、10 年前のヒトラー暗殺未遂事件を記念するため東ベルリンを訪れていたヨーンは、東ドイツに亡命する。続く 6 ヵ月をソビエトで過ごしてから 12 月に東ベルリンへ戻り、その際シュタージに加わった。

その後デンマーク人ジャーナリストの助けを得て、1955 年 12 月 13 日に西ベルリンへ帰還する。誘拐されたと主張したものの反逆罪で裁かれ、重労働 4 年の判決を下された。58 年 7 月 28 日の釈放後はオーストリアへ移住。

【参照項目】MfS、アプヴェーア、ハンス・オスター、ブラックプロパガンダ、防諜、BfV

ラ

ライス＝デイヴィーズ、マンディ （Rice-Davies, Mandi）

「プロヒューモ事件」を参照のこと。

ライト、ピーター （Wright, Peter　1916-1995）

　イギリスの保安機関は無能であり、情報界全体がソビエトの内通者に蝕まれていると在職中から非難し続けたイギリス保安部（MI5）の元職員。これらの非難は、MI5長官を務めたロジャー・ホリス自身がソビエトのエージェントであるという、自身の信念に基づいていた。

　科学者の息子として生まれたライトはオックスフォードで学び、卒業後は第2次世界大戦が間近に迫る中、海軍省研究所に加わった。戦後は海軍の科学者としてマルコーニ社と協働し、1949年には無給の「外部科学顧問」に就任した上で、軍事面・科学面の研究成果を防諜に活用する方途を探るよう、MI5から求められている。そして1952年、モスクワのアメリカ大使館の大使執務室にかかる国章から、高性能の盗聴装置が発見されるという事件が起きた。この装置はイギリスに運ばれ、ライトによって機能が突き止められた（「サテュロス」を参照のこと）。

　この成果により、ライトは1954年にMI5初の専属科学者として招聘された。MI5では、主に電子的監視装置の開発——ソビエトによる諜報活動の阻止だけでなく、外国公館を盗聴することが狙いだった——に携わっていた（「エンガルフ作戦」を参照のこと）。

　MI5及びMI6にソビエトの内通者が潜んでいるか否かを突き止める試みに、ライトが参加することもあった。彼はアメリカのヴェノナ計画でもたらされた情報通信の解読内容に取り組むだけでなく、アメリカ及びカナダの情報機関と協力した上で、ソビエトによるスパイ浸透作戦について新たな手がかりを見つけだそうとした。

　その過程で、1956年から65年までMI5長官を務めたホリスがソビエトに協力していたと信じるようになる。ライトの疑いは後にMI5－MI6合同のフルーエンシー委員会の設立につながり、彼自身が議長を務めた。

　1976年1月に退職した後は『Spycatcher（邦題・スパイキャッチャー）』（1987）を執筆、自らの防諜キャリア——及び自分が抱いた疑惑——を詳述している。イギリス政府は本書の出版を防ぐべく公的機密保護法を適用したものの、ライトはオーストラリアで出版することによりそれを回避している。

【参照項目】MI5、ロジャー・ホリス、エージェント、防諜、盗聴／盗聴装置、監視、MI6、ヴェノナ、フルーエンシー委員会、公的秘密保護法

ライリー、シドニー （Reilly, Sidney　1874?-1925?）

　1917年のロシア革命及びその後の動乱の中で、主としてイギリスのためにスパイ活動を行なった冒険者。

　大物スパイによくあることだが、ライリーの本当の出自は知られていない。彼は自分の祖先について異なる話を語っており、スパイ活動の詳細も粉飾している。しかしライリーが歴史における隠れたプレイヤーであり、誇張を差し引いても、驚嘆に値する人生を送ったことは間違いない。史上最大のスパイと呼ぶ崇拝者もいるほどだ。

　ライリーはジークムント・ローゼンブルームの名でロシアのオデッサに生まれたものとされている。父親はウィーン出身のユダヤ人内科医、母親はポーランド系ロシア人だった。しかしライリーの出生当時、母親は宮廷で名高い存在のロシア軍大佐と結婚していた（ライリーは自らの生年を1874年とすることもあれば1877年とすることもあった）。

　青年期に関する数多い説の1つによると、自分が私生児だと知った直後、ライリーはロシアを離れてブラジルへ渡ったという。そこでイギリス人士官2名（もしくは3名）の命を救い、彼らから発給されたパスポートを使ってイギリスに渡ったとのことである。1898年にマーガレット・トーマスという名の未亡人と結婚した際はローゼンブルームを名乗っていたが、翌年シドニー・ライリーと改名した。ライリーは英語とロシア語を流暢に話し、他にも5ヵ国語を話せると主張していた。

　ライリーの人生にまつわるストーリー——数々の書籍、記事、そしてサム・ネイル主演のテレビシリーズで再現された——は、矛盾と空想に満ちている。一例を挙げると、アンドリュー・クックは著書『On His Majesty's Secret Service － Sidney Reilly ST1』（2002）の中で、ライリーはマーガレット・トーマスの夫を毒殺することで彼女を未亡人とした、また彼の冒険はイアン・フレミングが現代版（ただし曖昧なところは少ない）のスパイ、ジェームズ・ボンドを着想するモデルになった、と記している。

　変装と秘密の生活に長けていたライリーは30年に及ぶスパイ人生の中で紆余曲折を繰り返し、自らの痕跡を隠しながら、あるいは他の誰かに隠してもらいながら、大半はイギリスのために働いた。マイケル・ケトルによる優れた評伝『Sidney Reilly』（1983）によれば、ライリーの偽装身分はイギリス情報機関の支援を受けて形作られたものだという。その偽装身分では、ライリーは20世紀初頭にインドへ渡り、現地の大学を卒業後、鉄道技師として働いたことになっている。「状況が必要とした際、常に語っていた経歴はかくの如きだった」

　ライリーはロンドン滞在中にイギリス秘密情報部（MI6）から勧誘を受け、ST1というコードネームを与え

られたとされる。またロンドンのイーストエンドに住む、ポーランド及びロシアの反帝制派難民に関する情報をもたらしたという。正式にスパイ活動を始めたのは1899年から1902年にかけてのボーア戦争中だと考えられており、ドイツ人に扮してオランダのボーア人支援に関する情報を探ったとされる。また別の説によれば、ライリーは溶接術をイギリスで学び、ドイツに潜入してクルップ社の工場で仕事を得、ドイツの兵器産業をスパイしたという。さらには新型艦船の設計図を盗み出すため、ドイツ海軍工廠に潜入したという説も存在する。

日露戦争（1904～05）の直前、ライリーは極東におけるロシアの主要港ポート・アーサー（旅順）に赴いた。ポート・アーサーでは商人として働いたが、日露間で緊張が高まりつつあることをMI6に報告したのは間違いない。また日本軍の旅順奇襲で重要な役割を演じたとする説もある。開戦後はイギリスに戻って王立鉱山学校に入り、1905年にはケンブリッジ大学トリニティー・カレッジへ移って少なくとも2年間そこで学んだ。

石油掘削についての知識を得たライリーは、ケンブリッジ大学出身のイギリス人紳士を装いペルシャへ向かう。当時、イギリスとロシアは中央アジアの覇を競うグレート・ゲームの一環として、ペルシャを巡り対立していた。ライリーはイギリスの石油掘削業者を、フランスの石油権益が目を付けていた油田地帯へ導いたとされる。また当時はサンクトペテルブルグを拠点とし、ロシア軍需企業のパートナーになっていたらしい。さらに、日本との戦争で損傷を受けたロシア艦隊の修理に入札していたドイツの造船会社の、ロシアにおける代理人も務めていた。それと同時に、ドイツ企業が大型契約を勝ち取るのを助ける一方、ドイツの戦艦設計についての情報をイギリス海軍省に渡し続けた。その過程で巨額の手数料を手に入れ、一財産を築いている。

第1次世界大戦が勃発した際、ライリーはニューヨーク市でロシアの武器調達代理人を務めていた。そこにナディーネ・マッシノというロシア人女性が現われる。彼女はサンクトペテルブルグでライリーと恋に落ち、海軍省に勤める夫と離婚した。ライリーはニューヨークで彼女と結婚したが、重婚状態になってしまった。

ライリーがニューヨークにいることを知ったMI6長官のマンスフィールド・カミング大佐は、アメリカにおける部下のエージェント、ノーマン・スウェイツ大佐とサー・ウィリアム・ワイズマンに対し、ライリーとの接触を続けるよう命じた。ワイズマンは当時イギリス調達委員会をカバーとして活動していた人物である。かくして1916年、恐らくワイズマンの指示に従い、ライリーはナディーネを残してカナダに赴き、イギリス陸軍航空隊に志願した。

イギリスに帰国後、スパイとしてドイツへ潜入することに同意する。第1次世界大戦中のドイツで何をして

いたかは、ライリー自身の誇張された話に頼るしかない。その1つによれば、彼は飛行機でドイツに渡り、参謀本部に潜入したという。また別の説によると、ドイツ軍前線を突破して貴重この上ない情報を入手した後、イギリス軍前線を通って帰国したとのことである。

ロシアで政治的・社会的な混乱が激しさを増す中、イギリスは対独戦からロシアを離脱させまいと必死に試みた。この政策は失敗に終わったものの、イギリス情報機関は反ボルシェビキ派を扇動して革命を失敗に終わらせ、ロシアを再び戦争に引き入れようと企む。

この任務の遂行にまず選ばれたのはジョージ・ヒル大尉だった。しかしヒルがルーマニアでの作戦に巻き込まれたため、MI6はライリーを送り込んだ。そして1918年5月、ライリーはモスクワに到着する。その2ヵ月後、ボルシェビキは皇帝一家をエカテリンブルグで殺害、8月には革命指導者のV・I・レーニンが反ボルシェビキ派から銃撃を受けて重傷を負う。ライリーが後者に関わっていたことは間違いない。

ライリーはボルシェビキの秘密警察チェーカに所属する同志レリンスキーを装っていた。オペラを観覧中、逮捕を免れないと悟った彼は、罪の証拠となる文書を細かく破り、最も危険な紙片を飲み込んだ後、残りはソファーのクッションの下に押し込んだという。

後にライリーは、ロシア軍及びラトビア軍の兵士6万人をボルシェビキへの攻撃にあてる用意を済ませていたと主張している。さらには影の内閣を組閣すると共に、歴史を変えていたであろう反革命をも計画していたという。ライリーが何を考え、また何をしていようとも、彼がイギリス人外交官ロバート・ブルース・ロックハートと共に陰謀を計画していたとする十分な根拠を、チェーカは得ていた。一方、ロックハートはライリーに惹き付けられてはいたものの、心の底から信頼しているわけではなかった。「彼はイギリスの血が流れていないユダヤ人だ」ロックハートは後にそう記している。「ナポレオンの鋳型から生まれたような男だった。ナポレオンは彼の人生におけるヒーローで、最も素晴らしい肖像画コレクションの1つを所有していたこともあった」（ライリーは後に反革命の資金を調達するため、これらのコレクションを売り払った）

ロックハートはライリーによってボルシェビキ打倒計画に引き込まれた形となったが、ボルシェビキ側の新聞では「ロックハート陰謀」とされている。ボルシェビキの主張によれば、イギリスはレーニンとレオン・トロツキーを暗殺した上で、白系ロシア人による軍事独裁政権の樹立を計画していたという。ロックハートは辛くもロシアから脱出し、後に陰謀とは無関係であると述べた。なおこの時、別のイギリス人外交官が殺害されている。一方、ボルシェビキを打倒しようと連合軍がアルハンゲリスクに到着したものの、この試みは失敗に終わった。

「私はもう少しでロシアの主人になれるところだった」
と、ライリーは後に記している。

ライリーはMI6に報告を行なうものとされていたが、ボルシェビキが殺戮を続け、敵と疑った人間8,000名の命を奪う中、しばらく姿を消した。その後ライリーとヒルはどうにかロシアを脱出することができた（ある説によると、2人はバルト海を渡ってスウェーデンに入り、そこからスコットランドへ向かったという。またバルト海沿岸にあるレヴァルというドイツの一都市に単身グライダーで到着した後、ヘルシンキに向かったとする説もある。実際の行程はどうあろうと、ライリーがイギリス武功勲章を授与されたのは確かである）。

戦後はカミング大佐の顧問となってパリ和平会議へ赴き、白系ロシア人とボルシェビキを観察した。カミングはライリーを「不屈の闘志を持つ男。エージェントとして理想的な天才だが、完全には信用できない悪意を持つ人物」と評している。

ライリーはイギリス政府に対し、パリの白系ロシア人難民の中で生まれた「民主的な」反ボルシェビキグループを支援するよう促し続けた。指導者のボリス・サヴィンコフは、1917年3月の皇帝退位後最初に出現した臨時政府の首班、アレクサンドル・フェドロヴィチ・ケレンスキーの下で陸軍次官を務めた人物である。同年11月にボルシェビキによって内閣首班の座を追われたケレンスキーはパリへ逃れていた。MI6の資金援助を受けたサ

シドニー・ライリー

ヴィンコフは、革命前後に故国から逃れた白系ロシア人25万名のリーダー候補と見なされていたのである。

ボルシェビキ——「人類の天敵」にして「犯罪的な歪んだ怪物」——は打倒可能であると、ライリーはあくまで主張した。「ロシア全土で反ボルシェビキ運動が前例のない勢いで進行中であり、今や最高潮に達しつつある」1921年8月に外務省へ提出した報告書の中で、彼はそう記している。「ボリス・サヴィンコフを頂点として、多数の指導者が一大蜂起に向けて動いている」ライリーはこの蜂起が翌日にも起こるものと予想していた。

しかし蜂起は起こらず、MI6は報告書の信用性を疑い始めた。情報担当者は政府暗号学校によって傍受・解読されたソビエトの電文とライリーの報告書を比較し、信頼の置けない情報がしばしば送られていると判断する。そして白系ロシア人のために働いているのではないか、あるいはチェーカの二重スパイではないかという疑いから、ライリーは監視下に置かれた。

1921年3月、イギリス政府はソビエト政権と通商協約を締結し、正式な外交関係への第一歩とした（「アルコス事件」を参照のこと）。イギリス政府が共産主義の脅威に無関心なことに苛立ちを覚えたライリーは、いわゆるジノヴィエフ書簡論争に関与する。1924年、ライリーは1通の手紙——恐らくコミンテルン議長のグリゴリー・ジノヴィエフからイギリス共産党に宛てたもの——が外務省へ届くよう手配し、中身がマスコミに漏れるように仕組んだ。イギリス初の労働党内閣を率いるラムゼイ・マクドナルド首相はこの書簡の存在を秘密にしたが、デイリー・メイル紙が中身を報じたことで信用を失う。手紙の内容が暴露されたことにより、労働党は次の総選挙で敗北を喫した。

政府と情報界で急速に影響力を失いつつあったライリーは、ウィンストン・チャーチルなどの政治家と親交を結んだ。結果としてロンドンで有名な存在となり、また女優のペピータ・ボバディラと結婚したことで知名度はさらに高まった。彼女も程なくスパイ活動を始め、銃を携帯したり暗号文の電報を送ったりするようになった。

ソビエト情報機関は反ボルシェビキを名乗る偽情報機関、トラストを設立していた。トラストが発信する情報はいかにも信憑性があり、サヴィンコフもそれらを信じ込んだ。1924年8月、サヴィンコフはモスクワに誘い出され、逮捕の後死刑を宣告される。しかしライリーによると、トラストがこの件に介入し、サヴィンコフを釈放させたという。

1925年2月、ニューヨークを訪れていたライリーのもとに、トラストの存在を知らせるMI6職員からの手紙が届く。今なお反革命運動でボルシェビキ政権を転覆させられると信じていた彼は、ヘンリー・フォードとウィンストン・チャーチルに資金援助を求めることを検討した。

トラスト指導者との面会を模索していたライリーは、同じく偽情報に騙されたその MI6 職員の助けを得て、トラストのヨーロッパ代表と顔を合わせる。1925 年 9 月、ライリーはヘルシンキに赴き、次いでソビエトとフィンランドの国境にあるヴィボルグへ向かった。そこで MI6 の管理下にあるが、実際にはチェーカのために働いていた二重スパイと会う。そのスパイはライリーに対し、トラストの指導者と会うにはモスクワへ赴く以外に方法はないと告げた。

ペピータに宛てた 9 月 25 日付の手紙の中で、ライリーはこう記している。「ボルシェビキが私の正体に気づくなど想像もできない——君のほうが何もしなければ、の話だが」ライリーはシュテルンベルクの名が記されたパスポートを使ってその夜のうちに国境を越えたが、再びソビエトから出ることはなかった。

ライリーは処刑されたものの、正確な日付と状況はいまだに不明である（訳注：1925 年 11 月 5 日にモスクワ郊外の森で銃殺刑になったという説が有力）。ソビエト側の報道によれば、9 月 28 日の夜、4 名の「密輸人」がフィンランドとの国境を越えようとし、2 名が死亡、1 人が捕らえられ、もう 1 人は重体になったという。だがそこにライリーの名は記されていない。1927 年 6 月、ライリーは「1925 年夏に」フィンランドからソビエトへ潜入したところを捕らえられたと、ソビエト政府は発表した。処刑前の数週間あるいは数ヵ月間、イギリスの情報活動について厳しい尋問を受けたのは間違いない。「私としては、夫が今も生きていることを心から信じている」ペピータは『Britain's Master Spy』（1933）の前書きでそのように記したが、希望に基づいたもので証拠はない。

1980 年に亡命した KGB 職員イリヤ・ジルクヴェロフによれば、ライリーのファイルには彼がルビャンカで死亡したことが記載されているという。

【参照項目】ウィーン、テレビ、イアン・フレミング、ジェームズ・ボンド、カバー、偽装身分、MI6、コードネーム、グレート・ゲーム、マンスフィールド・カミング、ウィリアム・ワイズマン、ジョージ・ヒル、ロバート・ブルース・ロックハート、政府暗号学校、監視、二重スパイ、ジノヴィエフ書簡、暗号、トラスト、KGB、ルビャンカ

ラオス（Laos）

「ベトナム」を参照のこと。

ラカム（Lakam）

秘密のヴェールに覆われたイスラエルの情報機関。核兵器開発を促進・保護する目的で設置された。イスラエル、イギリス、フランスの政府職員が秘密裡に会い、スエズ運河をエジプトから奪還すべく英仏による攻撃計画を立案した 1956 年、イスラエル政府は核兵器の製造に必要な原子炉をフランスから入手しようとした。

モサドとアマンという 2 つの情報機関が、イスラエルを核兵器保有国家にする最高機密計画に着手した。しかしデイヴィッド・ベン＝グリオン首相と、彼の軍事顧問であるシモン・ペレス国防大臣はいずれも、核に関する情報を厳重に保護するため新たな機関が必要だと信じていた。その結果 1957 年に新機関が設置され、シンベト将校のビンヤミン・ブルームバーグが指揮を執ることになった。

当初ブルームバーグの機関は特別任務局と呼ばれ、国防省を拠点として秘密裡に活動していたが、後に科学事務局と改名、ヘブライ語の頭文字をとってラカムと呼ばれるようになる。イスラエルの情報活動における第 1 人者イッサー・ハレルさえも、当初はラカムの存在を知らなかった。アメリカ及びヨーロッパのイスラエル大使館に配属された科学駐在員はラカムの直属下にあった。またイスラエル人科学者に圧力をかけ、外国で得た知識を祖国に提供するよう求めたりもしている。

ラカムはネゲブ砂漠における原子炉建設の秘密保全を担当し、これは繊維工場であると言い張った。しかしプロジェクトの性質を熟知していたフランス情報当局は、イスラエルの動向を突き止めるべくこの地区に潜入している。またアメリカの情報機関も写真情報を通じて神経を尖らせていた。

イスラエルが原子爆弾の製造を否定する一方、米仏の情報機関はそれに懐疑的だった。フランスの支援が先細りになる中、ラカムは新たな供給源としてペンシルヴェニア州アポロの原子力資源・装備会社（NUMEC）に目を付ける。1965 年、アメリカの原子炉にウラニウムを供給していた NUMEC が 200 ないし 600 ポンド（90 〜 270 キログラム）の濃縮ウランを「見失った」ことを、アメリカ原子力委員会は突き止める。またアメリカの情報当局は、NUMEC がワシントン DC のイスラエル人駐在員——ラカムの工作員——と接触していたことを立証した。NUMEC 事件はアメリカ政府に、イスラエルが核兵器を開発中であると確信させる結果になった。

1981 年、ブルームバーグの後任としてラファエル・エイタンが就任する。エイタンはモサドの伝説的インテリジェンス・オフィサーであり、1948 年のイスラエル建国以来情報界の第 1 人者だった人物である。当時すでにメナハム・ベギン首相の防諜アドバイザーを務めていた彼は、その職にとどまりつつラカム長官を引き受け、立場上はアリエル・シャロン国防大臣に直属した。幾度かの対アラブ戦争を戦ったシャロンはラカムに多大な関心を持っていた。

モサドに不信感と軽蔑を抱いていたシャロンは、ラカムを世界規模の個人的な情報機関に仕立て上げる。さらに、イスラエルとアメリカは相互にスパイ行為をしない

という協定を結んでいたにもかかわらず、ラカムのターゲットにはアメリカも含まれていた。例えば原子爆弾の起爆装置を作るのに必要なクリトロンという機器をアメリカから持ち出したのもラカムである。密輸計画がFBIに突き止められると、イスラエルは公式に謝罪し、表向きは医療用ということで持ち出されたものを除いて全ての起爆装置を返還した。

モサドの支援を受けて行なわれた「プラムバット」というコードネームの作戦では、複雑な方法を通じてウラニウムを入手している。1968年後半、ドイツの企業がベルギーから購入した酸化ウラニウム200トンが、アントワープ港でドイツ船籍の貨物船シェールスベルクに積み込まれた。しかしこの貨物船は本来の目的地であるジェノヴァに姿を見せず、トルコの港に再び現われた時には積み荷が消えていた。積み荷のウラニウムは海上でイスラエルの船舶に積みかえられたのである。

アメリカのスパイ、ジョナサン・J・ポラードがエイタンの名前を漏らしていなければ、ラカムは謎の機関のままであり続けただろう。1985年11月、ポラードを追い詰めつつあったFBIが彼の通話を盗聴したところ、エイタンの名が浮上する。情報分析官としてアメリカ海軍で勤務していたポラードはニューヨーク市でイスラエル当局から接触を受け、スパイとなることを申し出た。モサドは関心を示さなかったが、ラカムがこれに食いついたのである。

エイタンは部下の工作員——ワシントン及びニューヨークの「科学担当駐在員」——に、ポラードのハンドラーを務めるよう命じた。エイタン自身もポラードに会った上で特定の資料を挙げ、それを盗み出し、コピーしてから再び戻すよう直接指示した。ポラードが持ち込んだ数千の文書を処理すべく、ラカムはワシントンのあるアパートメントに高速コピー装置を運び込んでいる。

ポラードが逮捕された際、イスラエルは作戦への関与を公式に否定した。しかしアメリカ当局は、ポラードがモサドの指示を受けていたものと判断する。モサドはこの事件を巡って紛糾し、尊敬すべきこの情報機関がいかにもアマチュアに見える結果となった。

ポラードの逮捕当時、ラカム創設者のペレスは首相の座にあった。彼は自身の受け取っていた情報が、ラカムの指揮下で働くアメリカ人スパイからのものであるとは知らなかったと主張した。しかしイスラエルのハダショット紙は、ポラードの運用を含む全ての活動は「責任者の関与のもとに行なわれた」というエイタンの言葉を記事にしている。

1986年、ラカムはひっそりと解散した（訳注：その後別組織に引き継がれたとする資料もある）。

【参照項目】モサド、アマン、最高機密、シンベト、ビンヤミン・ブルームバーグ、イッサー・ハレル、写真情報、ラファエル・エイタン、FBI、コードネーム、ジョ

ナサン・J・ポラード、ハンドラー

ラクロス （Lacrosse）

上空にかかる雲という、スパイ衛星の偵察能力を著しく低下させる問題に対し、その解決を図るべく立案されたアメリカの衛星開発プログラム。上空の雲はソビエトに対する監視行動を阻害する重大な要因であり、初期の写真偵察衛星の能力を著しく制限していた。一例を挙げると、コロナ衛星による偵察の結果、ソビエトがエストニアのタリンに対弾道ミサイルシステムを配置している事実を1961年に初めて摑んでいるが、次に詳細な衛星写真が得られたのは実にその8年後だった。これも上空にかかる雲のせいである。

解決策としてレーダー——集中的に放出された電波の反射——の活用が挙げられた。レーダーならば雲だけでなく闇をも通して目標を捉えることができる。1978年6月28日に打ち上げられたSEASAT-A海洋観測衛星には、解像度37メートル（つまり1,250キロメートル上空からこのサイズの物体を識別できる）の合成開口レーダー（SAR）が搭載されていた。しかしSARのアンテナは比較的小さく、レーダー能力を向上させるために衛星の動きを利用している。

1981年11月12日に打ち上げられたスペースシャトル、コロンビア号は画像レーダーを搭載していたが、サハラ砂漠東部の乾いた砂の5メートル下まで観測できるという思いがけない結果をもたらした。84年10月5日に打ち上げられたチャレンジャー号にも画像レーダーが搭載され、北米にあるいくつかの都市を「撮影」した。ジェフリー・T・リチェルソンは著書『America's Secret Eye's in Space: The U.S. Keyhole Satellite Program』（1990）の中で次のように記している。

目標の多くが雲に覆われていたこともあって、このミッションはレーダーイメージングがもたらす新たな能力をまざまざと見せつけた。東ヨーロッパとソビエト連邦が雲で覆われる秋や冬、または夜間において、レーダーイメージングがいかなる能力を発揮するか。このミッションでもたらされた素晴らしい写真の数々は、それをはっきりと示したのである。

ラクロスシステムはインディゴというコードネームの下CIAで開発が始められ、電子化された画像情報を地上の受信局に送信するSARシステムを搭載することになっていた。ラクロスは地上のターゲットを偵察目標にしており、海軍向けにはSARを用いた海洋偵察衛星が計画された（クリッパー・ボウと呼ばれたこのプログラムは、後に中止された。一方、ソビエトはすでにレーダー海洋偵察衛星を実用化させていた）。

CIAは当初KH-11カメラ搭載衛星に「ピギーパック

輸送」する形で SAR を搭載する構想だった（「キーホール」を参照のこと）。しかしハロルド・ブラウン国防長官は、この構想があまりに多くの偵察装置をごくわずかな衛星に搭載させることになると考え、これを否決した。

一方、ラクロス計画の開発コストが急激に上昇し始め、CIA と国家偵察局によるコスト見積もりの正確性について議会で疑問が持ち上がった。しかしソビエトが軍縮条約を遵守しているか否かを確かめる手段ともなるため、計画の継続を求める強い圧力が議会にかかった。

ラクロス衛星初号機の打ち上げは、1986 年 1 月 28 日に発生したチャレンジャー号爆発事件のために延期され、アメリカの宇宙計画そのものも中断を余儀なくされた。スペースシャトルこそ衛星を打ち上げる唯一の手段であるという事実は、シャトルシステムの莫大なコストを正当化するのに役立っていたのである。その後 88 年 12 月 2 日になって、アトランティス号に搭載されたラクロス衛星がようやく周回軌道に乗った。しかしその時もなお問題を抱えていた。カリフォルニア州ヴァンデンバーグ空軍基地の打ち上げ施設でトラブルが発生し、フロリダ州ケープ・カナヴェラルから打ち上げられることになったが、そこからの飛行経路ではコラ半島にある潜水艦基地や建造施設、多数の戦略ミサイル基地、そしてプレセツクにある宇宙発射施設を撮影できなかったのである。

シャトルから分離されたラクロス衛星は、幅 45 メートルの太陽発電パネル 2 基とデータリンクアンテナを伸張し、レーダーの電源もこの発電パネルから賄われる。打ち上げ数週間後に高度約 480 キロメートルの周回軌道に乗り、その後搭載されたロケットを使って 670 〜 700 キロメートルの高度を維持した。

1988 年後半に打ち上げられたラクロス衛星より早く、KH-11 衛星（ケナン／クリスタル）が軌道周回を行なっている。また 1990 年代に入って別のラクロス衛星も運用されているが、その詳細は今なお機密扱いである（訳注：1990 年代以降 2005 年までに 4 機が打ち上げられ、2015 年現在 3 機が軌道上にあるという。また 2013 年に発生した、元 CIA 及び NSA 職員エドワード・スノーデンによる暴露の結果、オニキス（Onyx）というプロジェクト名が判明した）。

【参照項目】衛星、偵察、コロナ、ジェフリー・T・リチェルソン、CIA、コードネーム、レーダー海洋偵察衛星、国家偵察局、ケナン

ラコスト、ピエール （Lacoste, Pierre 1924-）

フランス対外治安総局（DGSE）の長官を務めた人物。1985 年 7 月 10 日、部下の工作員がニュージーランドのオークランド港で環境保護団体グリーンピースの船舶、レインボーウォーリア号を沈没させたことが明らか

になったのを受け、同年 9 月に更迭された。

第 2 次世界大戦中にフランス海軍兵学校で学んだ後、地中海を拠点とする自由フランス海軍に入隊する。戦後は陸上及び海上で勤務し、インドシナでも活動した。その後フランス高等軍事研究センターと国立戦争大学を卒業、国防大臣副官（1972 〜 76）と海軍大学校校長（1976 〜 82）を歴任した。

1982 年、航空会社の元重役で DGSE 初代長官のピエール・マリオンが在任期間わずか 18 ヵ月で辞職したのを受け、DGSE 長官に就任する。ラコストは主要なフランス情報機関を率いる初の海軍将校となった。

レインボーウォーリア号の沈没後、ラコストは自分の命令によるものではないと主張したが、フランス側の記録によると、この船に対する何らかの「措置」が計画されていることを知っていたという。環境保護団体グリーンピースの保有するレインボーウォーリア号は、フランスが核実験を予定している海域に向けて航海することになっていた。だが出航前に船内で爆発が発生、船が沈む中乗員 1 名が溺死した。その他乗員と訪問客 11 名は生還している。

シャルル・エルニュ国防大臣は辞職を余儀なくされたが、彼もこの騒動から逃れるために表向きの否認を行なった。

DGSE 長官離任後の 1986 年 7 月 1 日、ラコストは国防研究財団の理事長に任命された。その後は国防及び情報問題について数多くの講演をこなすのみならず、これらの分野に関する多数の雑誌記事や書籍数点を執筆している。

【参照項目】DGSE、レインボーウォーリア号、表向きの否認

ラジオ・フリー・ヨーロッパ （Radio Free Europe）

アメリカのプロパガンダ機関。表向きは募金などの寄付によって運営されているが、実際には CIA から資金提供がなされている（訳注：現在は議会より提供されている）。1948 年、アメリカの資金援助によるプロパガンダ活動を認可する極秘の指令書が国家安全保障会議（NSC）から発せられ、それによってラジオ・フリー・ヨーロッパ（RFE）が設立された。

RFE は東欧の共産主義国家に向けて外国語で放送することを目的としており、同様のプロパガンダ活動としてソビエトを対象としたラジオ・リバティが挙げられる。

このプロパガンダ放送は事実を基にした内容であり、鉄のカーテンの向こう側に住む人々に西側の見解を知らせることが目的だった。1956 年 10 月にハンガリーの共産党政府に対する蜂起が発生すると、RFE は蜂起側の主張を大々的に放送した。CIA の心理戦責任者は後にこれを「扇動を伴わない鼓舞」と称している。しかしその一

方、RFE は蜂起側の放送を中継することで、彼らにより広範な影響力——そしてアメリカによる支援の示唆——をもたらした。

ソビエトはハンガリー人の蜂起を鎮圧すべく兵士と戦車を送り込み、2週間にわたる戦争で 7,000 名のハンガリー人を殺害した。RFE の送信施設がある西ドイツの政府は、放送によってどの程度蜂起が誘発されたかを説明するよう求めた。アメリカのジョン・フォスター・ダレス国務長官はかねてから「囚人国家の解放」というドクトリンを掲げており、ドイツは他国同様、弟で中央情報長官のアレン・W・ダレスがこのドクトリンの実行を担っていたのではないかと疑ったのである。

1956 年以降、CIA は RFE 及びラジオ・リバティが用いるレトリックをより厳しく規制するようになった（当時すでにソビエトによる妨害がなされていた）。1973 年以降、両放送局とも政府から公開で資金を与えられるようになったが、その出所が CIA であることは、ロックフェラー委員会の報告書が公開される 75 年まで秘密とされた。

ラジオ・フリー・ヨーロッパとラジオ・リバティは冷戦後も活動を続け、28 の言語で放送を行なうと共に、インターネット放送も始めている。

【参照項目】CIA、国家安全保障会議、中央情報長官、アレン・W・ダレス

ラズヴェートカ　(Razvedka)

情報局（Razvedyvatelnoye Upravlenie）はロシア語で偵察活動と諜報活動の両方を指しており、GRU 及び RU の名称もこれが由来となっている。

【参照項目】GRU、RU

ラッツ、T・D［p］　(Latz, T. D.)

U-2 偵察機の元パイロットであり、1975 年 4 月当時エア・アメリカの上級士官としてサイゴンのアメリカ大使館で勤務していた CIA 職員の仮名。共産軍がサイゴンに侵攻した際、情報活動に携わっていた多数のアメリカ人及び南ベトナム人をヘリコプターで救出する責任者だった。

【参照項目】U-2、エア・アメリカ、CIA

ラットファッキング　(Ratfucking)

1972 年の大統領選挙でニクソン支持者が民主党の政治活動に浸透したことを指す関係者の言葉。この浸透行為はいわゆる「鉛管工」によって主導された。

「ヒューストン計画」も参照のこと。

【参照項目】鉛管工

ラッバニ、アリ・ナギ　(Rabbani, Ali Naghi　1920-?)

30 年以上にわたってソビエトのためにスパイ行為を続けたイラン教育省の役人。

1977 年 5 月、KGB のケースオフィサーを務めるエフゲニー・ヴェネディクトフとの会合に赴く途中、イラン秘密警察サヴァクの捜査官によって逮捕された。

ラッバニがソビエト情報機関に勧誘されたのは 1940 年代のことである。当時、シャー・ムハンマド・レザー・パフラヴィーが統治していたイランはソビエトの脅威に悩まされており、チュデブ（大衆）という名の反皇帝派政党がソビエトの支援を受け、イラン北部の大半を占領していた。教育省にいたラッバニは有益な情報を得る立場になかったものの、影響力のある友人が多く、政治に関する情報資料をソビエトにもたらした。

裁判の結果死刑を宣告されたラッバニは皇帝からの特赦を受け、イランにおけるソビエトの諜報活動についてサヴァクに情報提供するのと引き換えに、処刑は無期限延期となった。

【参照項目】KGB、ケースオフィサー、サヴァク、政治情報

ラド、アレクサンダー　(Rado, Alexander)

「ルーシー・スパイ網」を参照のこと。

ラドゥイギン、フョードル・イワノヴィチ　(Ladygin, Fedor Ivanovich　1937-)

ロシア軍の情報機関 GRU の総局長を 1992 年から 97 年まで務めた人物。1990 年から 92 年までは参謀本部法務・条約局長を務め、外務省での勤務も経験した。

ロシア連邦軍内部では有能な管理者、及び訓練至上主義者という評判がある。また GRU の主要な目的を、ロシアが「第 3 世界諸国の地位に」沈むのを防ぐことだと語ったこともある。

【参照項目】GRU

ラトカイ、スティーヴン　(Ratkai, Stephen)

ニューファンドランドのアメリカ海軍基地で、ソビエト潜水艦の追跡方法に関する秘密情報を入手しようと試み、1989 年に逮捕されたカナダ人。王立カナダ騎馬警察、アメリカ海軍捜査局（現・海軍犯罪捜査局）、及びカナダ保安情報局が合同で実施した捜査において、海軍の潜入捜査員に 4 万ドルの前払い金を渡すラトカイの姿がビデオに撮影された。

エージェント役をこなしたドナ・ガイガー大尉は、ニューファンドランドのアルゼンチアにある海軍施設で軍政に携わっていた。ラトカイはガイガーに情報を求めると同時に、彼女の星座や夫の趣味といった個人的な情報も聞き出していた。

ラトカイは 1989 年 2 月にカナダの法廷でスパイ行為の罪を認め、翌月禁固 9 年 2 回という刑を言い渡された。

ラトカイが他の人物の名を挙げたとする情報関係者もいるが、彼以外には逮捕されていない。

【参照項目】王立カナダ騎馬警察、海軍犯罪捜査局、エージェント

ラフ　(Ruff)

コロナ衛星による写真を基にした報告及び評価を指すアメリカのコードワード。

【参照項目】コロナ、人工衛星、コードワード

ラフター作戦　(Rafter)

冷戦期における主要な保安作戦の1つ。イギリス保安部（MI5）が1958年に始めたこの作戦によって、KGB職員を車で尾行するといった防諜活動に関する連絡通信が、ソビエト大使館を拠点とするKGBによって傍受されていることが明らかになった。MI5はソビエトの傍受活動と自らの活動を関連づけ、ソビエトのエージェントと疑わしき人物のより効果的な監視を可能にしている。

【参照項目】MI5

ラホウゼン、エルヴィン・フォン
(Lahousen, Erwin von　1897-1955)

第2次世界大戦中にドイツの破壊工作活動を指揮し、またアドルフ・ヒトラー暗殺計画において鍵となる役割を演じた人物。

オーストリア貴族の家系に生まれたラホウゼンは、オーストリア＝ハンガリー帝国陸軍に加わって第1次世界大戦を戦い、戦後はオーストリア防諜機関のトップに就任する。1938年にナチスがオーストリアを併合すると、オーストリアの情報機関はドイツに吸収され、ラホウゼンもドイツ海軍将校ヴィルヘルム・カナリス率いるアプヴェーアに編入された。

カナリスはすぐさまラホウゼンを仲間に引き込み、自らの反ナチ感情を打ち明ける。「カナリスはヒトラーを憎み、彼の哲学、体制、そして何よりやり方を嫌った」ラホウゼンは後にそう語っている。ラホウゼンの日記は彼のジレンマを浮き彫りにしていた。つまりドイツへの忠誠と、ヒトラー及びナチスへの憎悪である。彼はカナリスの意を汲み、ロシア人捕虜を危険なボルシェビキとして殺害するのを防ごうとしたが、結局無駄に終わった。なおチャールズ・ワイトンとギュンター・ペイスが著わした『Hitler's Spies and Saboteurs』(1958)はラホウゼンの日記を基にしている。

カナリスは破壊工作に携わるII課の指揮をラホウゼンに任せた。1939年9月のポーランド侵攻における破壊工作の成功は、ラホウゼンの功績である。しかしカナリスが諜報活動を重視していたため、ラホウゼンもイギリスへ送られるエージェントには、破壊工作でなくスパイ活動の訓練を受けるよう命じている。だがそれらエージェ

ントの活動は大失敗に終わり（「ダブルクロス・システム」を参照のこと）、アメリカに上陸したエージェントもすぐさま摘発された（「FBI」を参照のこと）。

1943年、ラホウゼンは東部前線の指揮を命じられ、カナリス共々支持を失っていたアプヴェーアと命運を共にすることはなかった。1944年7月20日、東プロイセンのラステンブルクにある前線司令部でヒトラー同席のもと開かれた会議の最中、爆弾が炸裂する。この時使われた爆弾を用意したのは自分だと、ラホウゼンは後に述べた。この暗殺未遂事件では、爆弾を仕掛けた士官及び首謀者と疑われた人物合わせておよそ200名が処刑され、数千名が刑務所送りになっている。処刑された人物の中にはカナリスも含まれていた。爆弾はイギリス製であり、またこうした破壊工作用の爆弾はアプヴェーアによって押収・保管されていたことが突き止められたにもかかわらず、ラホウゼンは罰を逃れている。戦後のニュルンベルク裁判ではナチス指導者を糾弾する証言を行なった。

【参照項目】防諜、ヴィルヘルム・カナリス、アプヴェーア、エージェント

ラミア　(Lamia)

フランス人インテリジェンス・オフィサー、フィリップ・L・シロー・ド・ヴォジョリ（Philippe L. Thyraud de Vosjoli）のコードネーム。しかしアメリカにおける彼の活動は危機と不運の連続だった。

1970年に刊行された回想録においても、ド・ヴォジョリはラミアという単語を使っている。ラミアの名で活動した期間があまりに長かったので、本名のド・ヴォジョリは実在しない人物と思われていた。

1940年、弱冠19歳でフランス・レジスタンスの一員となったド・ヴォジョリは、スペイン経由で自由フランス領のアルジェリアへ逃れた。そこでロンドンに亡命中のシャルル・ド・ゴール将軍が創設した情報機関、BCRAのアルジェ支局に加わり、その後フランス軍事顧問団の一員としてインドに駐在している。

戦後はフランスの各情報機関——DGSS、DGER、SDECE——で順調に勤務をこなした。そしてSDECE長官アンリ・リビエールの秘密補佐官を務めた後、1951年4月にSDECE支局長としてワシントンDCに派遣された。

回想録『Lamia』によると、ワシントン到着後に着手した任務の中には、アメリカ中央情報長官（DCI）を務めるウォルター・ベデル・スミス大将の要請で行なわれたものもあったという。スミスはド・ヴォジョリに対し、元駐英大使のジョセフ・ケネディがアメリカ情報活動諮問委員会の一員であることを告げる。またケネディの息子であるジョン・F・ケネディは当時マサチューセッツ州から上院議員選挙に立候補していた。マサチュー

セッツ州にはフランス系の住民が多いため、第2次世界大戦中に爆撃機の墜落事故で死亡した兄ジョセフにレジオン・ドヌール勲章を追贈すれば、「彼の選挙戦に対して有利に働くだろう」とスミスは言う。そしてフランスは——ケネディが選挙戦に勝利を収めた後で——その通りに実行した。

フィデル・カストロ率いる軍勢がハバナを占領し、革命の勝利を宣言した1959年1月1日、ド・ヴォジョリもキューバに居合わせた。キューバでは反仏派のアルジェリア民族解放戦線（FLN）が国内のキャンプ地でゲリラ戦の訓練を行なっていたのだが、その一方でド・ヴォジョリはキューバにおけるスパイ網を組織していたのである。

1961年3月にキューバを再訪したド・ヴォジョリは、ハバナが「軍事キャンプに姿を変えた」のを目の当たりにする。またアメリカによるキューバ侵攻が迫っているという噂をキューバとワシントンで耳にした。大失敗に終わったピッグス湾侵攻は翌月に発生している。その前後、カストロは反政府派及びアメリカのエージェントと疑わしき数千名を摘発したが、ド・ヴォジョリが後に主張したところによると、彼のスパイ網は生き延びたという。

1962年7月、ソビエト艦艇の存在に関する報告がド・ヴォジョリの元に届き始める。10月に発生したキューバミサイル危機の直前、キューバに攻撃ミサイルが存在していることを中央情報長官のジョン・A・マコーンに告げたと、彼は後に主張した。

1961年12月にアメリカへ亡命したKGB職員、アナトリー・ゴリツィンによる証言の結果、ド・ヴォジョリのワシントンにおける活動は突如終焉を迎えた。フランスからマルテルというコードネームを付けられていたゴリツィンは、SDECEがソビエトの内通者で溢れていると証言すると共に、サファイアというコードネームのソビエトスパイ網を概説、シャルル・ド・ゴール大統領の近くにまで食い込んでいるとほのめかしたのである。

激怒したド・ゴールは、自身に対する陰謀がCIAによって仕組まれているのではないかと疑った。一方、ゴリツィンの暴露に対してフランスが何の対応もとらないのを不安視したCIAは、彼の情報が正しいと判断する。CIAの防諜部門責任者であり、ド・ヴォジョリの友人でもあったジェイムズ・ジーザス・アングルトンは、ワシントンのフランス大使館への不法侵入（ブラック・バック・ジョブ）を実行した。

パリにおけるド・ヴォジョリの上司は、アングルトンと共謀しているとして彼を非難した。一方のド・ヴォジョリは、サファイア・スパイ網が確かに存在することを証明せんとしたために、SDECEに潜むソビエトのエージェントによってキャリアが妨害されるだけでなく、自分の命も危険に晒されていると感じた。その結果1963

年10月に退職してメキシコに逃れる。

1967年、アメリカ人作家レオン・ユリス著の『Topaz』が、ほんの少しだけヴェールをかぶせたサファイア・スパイ網の記録という売り文句で出版された。ド・ヴォジョリは登場人物が自分をモデルにしているとしてユリスを訴え、勝利を収めている。

【参照項目】インテリジェンス・オフィサー、コードネーム、BCRA、DGSS、DGER、SDECE、中央情報長官、ウォルター・ベデル・スミス、キューバ、スパイ網、エージェント、キューバミサイル危機、ジョン・A・マコーン、KGB、アナトリー・ゴリツィン、内通者、サファイア、CIA、防諜、ジェイムズ・ジーザス・アングルトン、ブラック・バック・ジョブ

ラムゼイ、ロデリック・ジェイムズ
(Ramsay, Roderick James)

北大西洋条約機構（NATO）の防衛計画をチェコスロバキア及びハンガリーのインテリジェンス・オフィサーに渡したとして有罪になったアメリカ陸軍の元軍曹。1992年8月に禁固36年が言い渡された。

ラムゼイをスパイ行為に引き込んだのは、同じくアメリカ陸軍の元軍曹で、西ドイツの法廷において反逆罪で有罪となったクライド・リー・コンラッドだった。

FBIによれば、最高機密情報のセキュリティー・クリアランスを所持していたラムゼイは、西ドイツのバート・クロイツナハに駐留する第8歩兵師団の計画課で文書管理官補佐を務めていたという。そして2万ドルと引き換えに秘密を売り渡したが、その中には軍事通信及び戦術核兵器の使用法に関する情報が含まれていたとされる。当初は35ミリカメラを用いて機密文書を撮影、後により効率的だということでビデオカメラを使うようになった。

ラムゼイとコンラッドの関係は、コンラッドに対する捜査及び裁判から浮かび上がったようである。ラムゼイが逮捕された際、ウィリアム・S・セッションズFBI長官はこの捜査を振り返り、「FBIが実行した対外防諜捜査の中で最も複雑なもの」の1つだったと述べた。ラムゼイの逮捕から2年後、FBIはジェフリー・S・ロンドー軍曹を逮捕し、さらにその後ケリー・シアーズ・ウォーレン元アメリカ兵も逮捕している。

【参照項目】北大西洋条約機構、インテリジェンス・オフィサー、クライド・リー・コンラッド、最高機密、ウィリアム・S・セッションズ、FBI、ジェフリー・S・ロンドー、ケリー・シアーズ・ウォーレン

ララス、スティーヴン・J (Lalas, Steven J.)

少なくとも1977年から逮捕される93年4月まで、ギリシャのためにスパイ行為をしたアテネのアメリカ大使館職員。機密指定された情報がギリシャ政府職員の口

から語られたことで、アメリカの防諜担当官は大使館における機密漏洩を疑いだした。

ララスは監視下に置かれ、資料をコピーする姿がビデオに撮影された。彼が盗み出した情報にはCIAエージェントの氏名、テロ組織に関してワシントンDCからアテネに送られた電文、ヨーロッパにおける兵力及びその配置状況に関する国防情報局（DIA）の評価結果、アテネとホワイトハウスとの間の電文通信、そしてボスニアにおけるアメリカの諜報活動についての情報が含まれていた。

ララスはアメリカ陸軍に所属していた1977年にスパイ行為を始め、その後83年から93年まで国務省で勤務している。当局の発表によると動機は金銭だったという。2年間のスパイ行為でララスは24,000ドルを稼いだが、その他のスパイとしての収入は明かされなかった。

アメリカ当局はララスを逮捕した後、ヴァージニア州アレキサンドリアに移送した。ワシントンDCで裁判を行なうよりも当地の地方裁判所のほうが有罪となる確率が高かったからである（連邦検事はこの違いを、陪審の人種構成の差によるものとしている）。ララスはスパイ行為を認め、CIAの防諜部署に協力することと引き替えに、最高刑の終身刑ではなく禁固14年が言い渡された。

ララスがギリシャ人ハンドラーに何を売り渡したかについて、CIAは懸念を抱いていた。北大西洋条約機構（NATO）に加盟しているギリシャはアメリカの同盟国ではあるものの、ギリシャが自国の国益に沿って行動した、すなわち必要とする情報と引き替えに、ララスの情報をソビエト及びロシアに売り渡した可能性があると、CIAは考えたのである。

【参照項目】防諜、監視、CIA、エージェント、国防情報局、ハンドラー、北大西洋条約機構

ラング、ヘルマン　(Lang, Hermann　1902-?)

アメリカの最高機密、ノルデン爆撃照準器の開発計画を祖国に知らせたドイツ生まれの労働者。

ラングは1927年にアメリカへ移住し、爆撃照準器の製造を行なうニューヨークの小さな企業、ノルデン社に就職する。高々度を飛行する爆撃機が目標を狙うために用いるこの爆撃照準器は、オランダ系アメリカ人のカール・L・ノルデンがセオドア・バース技師と共同で1927年に開発したものであり、社名も彼の名からとられていた。

1937年、ドイツ軍の情報機関アプヴェーアで対米英諜報活動の責任者を務めていたニコラウス・リッターはニューヨークを訪れ、情報提供者を通じてラングと会った。その場でラングは、爆撃照準器の青写真を持っているとリッターに告げる。検査官のラングは青写真を工場から盗み出して自宅に持ち帰り、妻が眠っている間にそ

れを書き写した上で、翌日に工場へ戻したのである。

書き写した設計図は大判であり、しかも折り畳むことはできないので巻く必要があった。リッターは巻いた設計図を傘の中に隠し、ニューヨークに停泊するドイツの定期船に乗って母国に持ち帰るよう運搬役に命じた。後にラングが書き写した別の設計図は、裁断した上でドイツ向けの新聞の束に隠すことで運ばれている。爆撃照準器の設計図を入手したことは、リッターがアメリカで成し遂げた最も重要な成果となった。

1938年にドイツを訪れたラングは、ドイツ空軍から感謝の意を伝えられ、アプヴェーアからはエージェントとして勧誘を受けている。しかしアメリカに帰国して検査係の仕事に戻ってからは、以前の業績を上回る成果は挙げられなかった。だがその一方でデュケイン・スパイ網に加わっている。

この爆撃照準器は高い精度を誇っていたものの、製造者が自慢するように「25,000フィート上空からピクルスの樽の中に爆弾を投下できる」ほどの性能ではなかった。最初に広く用いられたのは、1942年にドイツ占領地域に対して行なわれたアメリカの重爆撃においてである。この装置は極秘とされており、1942年4月にドゥーリットル爆撃隊のB-25が日本を攻撃した際も、日本側の手に落ちることを懸念して用いられることはなかった。しかしそのはるか以前から、ドイツ空軍はノルデン照準器のノウハウを自らの爆撃照準器に組み込んでいたのである。なお照準器の詳細は1947年まで機密扱いとされた。

ラングのスパイ行為はFBIの二重スパイ、ウィリアム・G・シーボルドによって暴露され、1942年に行なわれた裁判で禁固18年を言い渡された。

【参照項目】最高機密、アプヴェーア、ニコラウス・リッター、エージェント、デュケイン・スパイ網、二重スパイ、ウィリアム・G・シーボルド

ラングレー　(Langley)

CIA職員が職場を指して用いる単語。CIA本部はワシントンDCの一部であるヴァージニア州マクリーン郊外のラングレーに所在している。「カンパニー」も参照のこと。

ランズデール、エドワード　(Lansdale, Edward　1908-1987)

フィリピンとベトナムで秘密工作員を務めたアメリカ陸軍士官。キューバのフィデル・カストロ政権を転覆させるアメリカの秘密作戦でも主役を演じた。

1923年、ロサンゼルスの高校に通っていたランズデールは青年予備士官訓練隊（JROTC）に加わり、軍人としての第1歩を踏み出す。その後JROTCを通じて任官しているが、カリフォルニア大学ロサンゼルス校（UCLA）へ入学したのを受けて脱退した。しかしラン

ズデールは大学を中退、広告業界という魅力溢れた新たな世界に入り込む。1941年12月7日（日本時間8日）の真珠湾攻撃後、結婚して1児の父となった彼は陸軍少尉として任官を志願するが、身体検査をパスできなかった。再志願した結果、1943年2月に中尉として任官され、陸軍軍事情報局（MIS）のサンフランシスコ支局に「任務限定」で配属された。

その直後、ランズデールは戦略諜報局（OSS）の勧誘を受ける。そしてOSSとMISで同時に勤務し、表向きは軍事情報活動に携わりつつ、さらなる秘密工作活動を行なった。

第2次世界大戦中における任務はOSSの訓練マニュアルの執筆、基礎情報の収集、及び作戦行動が計画されている太平洋の遠隔地に詳しい専門家を見つけ出すことだった。

終戦時はフィリピンに派遣されており、そこから秘密工作の運営責任者としてのキャリアが始まる。当時、抗日ゲリラグループから進化した極左のフィリピン人反乱組織が体制を脅かしており、その1つ、フクバラハップは事実上の政府としてルソン島の大部分を牛耳っていた。フィリピン政府を支援する道を探る中で、ランズデールはフクバラハップをターゲットにする。しかし新設されたアメリカ空軍に転属となり、コロラドの情報学校へ赴任することとなったため、1948年にフィリピンから離れざるを得なかった。

1949年、新設のCIAから独立した秘密工作組織、政策調整局（トップはフランク・ウィズナー）にランズデールは配属される。その後ワシントンDCでフィリピン議会議員のラモン・マグサイサイと会い、彼を反フクバラハップ派のフィリピン大統領にする計画を立案した。

ランズデールは再び情報活動をカバーに用い、フィリピン大統領エルピディオ・キリノの軍事情報アドバイザーを務めつつ、アメリカの圧力で国防長官に指名されたマグサイサイのために、権力基盤を打ち立てる秘密工作に携わったとされる。吸血鬼がフクバラハップを追い詰め、彼らの喉を切り裂き、失血死させているという噂を流すなど、ランズデールは奇想天外な戦略を用いた。またフクバラハップのリーダーに謝意を示すことで、同志に疑念を植えつけるといったこともしている。

1953年6月、マグサイサイを支援するアメリカ人が作戦を進める中、ランズデールは6週間にわたってインドシナを旅し、ベトナム、ラオス、カンボジアの反政府組織に対するフランスの対ゲリラ戦を視察した。そしてマグサイサイがキリノ相手に地滑り的な勝利を収めたことで、ランズデールは共産ゲリラの撃滅にあたるアメリカの第1人者としての名声をさらに高めた。

1954年7月、フランスはディエンビエンフーでの大敗を受け、北緯17度線を境にベトナムを分割することで合意した。その結果、北側はホー・チ・ミンの指揮

するベトナム民主共和国（首都ハノイ）に、南側はサイゴンを首都とするベトナム共和国になる。これは1956年に統一選挙が行なわれるまでの暫定措置だった。

中央情報長官のアレン・W・ダレスはランズデールにサイゴンへ赴くよう命じたが、これは彼を嫌っていたCIAとフランス当局を困惑させた。CIAとフランス情報機関SDECEは定期的に情報を交換しており、すでに一匹狼の評判を持つランズデールがこの協力関係を乱すのではないかと恐れたのである。フランス側を宥めるため、ダレスは取引を持ちかけた。ランズデールの存在を我慢してもらう代わりに、CIAの無線機を大量に供与するというのがその内容である。そしてランズデールはアメリカ空軍の駐在武官補佐をカバーとしつつ、CIAが監督するサイゴン軍事顧問団を指揮し、反共産主義の南ベトナム政府を安定に導きながら、ホー・チ・ミンに対抗する道を探ることになった。しかし当時空軍中佐だったランズデールは、自身の秘密工作計画を監督するCIAサイゴン支局からの反対に遭う。そのためダレスは、ランズデールが支局長の管轄外で活動できるようにした。このような混乱と敵意の中で、ベトナムに対するアメリカの関与は始まったのである。

ランズデールはベトナム国首相のゴ・ディン・ジエムを支援、南ベトナム共和国の大統領に据えようとした。彼にとってジエムは第2のマグサイサイだったのである。またプロパガンダ作戦（「心理戦」とランズデールは呼んでいる）を実行して、北ベトナムの100万人近いカトリック教徒を南に移住させることも考えていた。当時、北ベトナムのハイフォン港に集う難民たちは救いの手を必要としていた。ランズデールの力により、アメリカ海軍は医薬品と食糧を運び入れ、CIAのフロント企業である民航空運公司（CAT）が難民を南ベトナムへ空輸した。プロパガンダ作戦で活躍した人物の1人にトーマス・ドゥーリイ医師がおり、難民に対する彼の働きぶりは、CIAによる作戦の一環とは知らない記者によってアメリカ国内で大々的に喧伝された。

アメリカの息のかかったジエムを大統領にしたランズデールはワシントンに戻り、特殊作戦における国防総省の主要なアドバイザーとなった。その立場により、CIAの秘密工作活動に対する軍事支援は彼の思うままになっている。

その頃、グレアム・グリーン著『The Quiet American（邦題・おとなしいアメリカ人）』（1955）の登場人物アルデン・パイルはランズデールをモデルにしているのではないかと文芸評論家が記したことから、彼は一定の名声も得るようになった。パイルはアイゼンハワー政権時代にベトナムで活動した、CIAの執念深い秘密エージェントである（グリーンは特定の人物がモデルであることを常に否定しており、「無知の危険を描く」ためにランズデールを用いることはしないと語っている）。また元

海軍士官でありフィリピンでのランスデールを知るウィリアム・J・レーデラーと、ランスデールが実行したアメリカの政策に同情的な政治学者、ユージーン・バーディックの2人が著した『The Ugly American（邦題・醜いアメリカ人）』（1958）では、主役のモデルとしてランスデールはいくらかましな扱いを受けている。作中のいわゆる「沈黙のアメリカ人」は名をエドウィン・バーナム・ヒランデール大佐といい、杓子定規な外交官以上に現地民の尊敬を集めるのである。『The Ugly American』はベストセラーになり、ジョン・F・ケネディら上院議員からも激賞され、平和部隊を着想する基になったとされている（「醜いアメリカ人」という逆説的なタイトルは、不細工なエンジニアながら実は善良なアメリカ人であり、東南アジアの架空の国、サーハンの原住民に力を尽くすホーマー・アトキンスを指している）。またアメリカでは『Yellow Fever』のタイトルで出版されたジャン・ラルテギーの小説『Le Mal Jaune』（1965）において、ランスデールは反仏派のライオネル・テリーマン大佐として描かれている。これはトーマス・E・ロレンス大佐（アラビアのロレンス）の改変版とでもいうべきものだった。

アイゼンハワー政権がキューバを新たな震源地と見なし始めた1960年、准将に昇進していたランスデールはキューバ侵攻作戦を知って激しく反対した。ピッグス湾侵攻が失敗に終わった後、ケネディ政権はキューバに対する大規模な秘密工作活動、マングース作戦を発動すると共に、カストロ暗殺計画を練り上げるようCIAに指示する。ランスデールは「特殊ターゲット」作戦を提案し、また「指導者の処分」を進めるために「ギャングの一味」を雇うべきだと進言することで、暗殺計画へ足を踏み入れた。さらに、死に至らない程度の毒物を砂糖農園の労働者に投与してキューバの砂糖生産を中断に追い込むことや、カストロが反キリスト教であるとカトリックのキューバ人に信じ込ませるべく、花火を使った怪奇現象を起こすことを進言している。

キューバミサイル危機によってマングース作戦は終わりを迎え、ランスデールも反ゲリラ活動を監督すべくベネズエラとボリビアに飛んだ。そして1963年9月、彼はペンタゴンにおけるポストを全て剥奪された上で退役に追い込まれた。評伝『Edward Lansdale』（1988）において、著者セシル・B・カリーは次のように記している。

統合参謀本部は彼を主流派から著しく逸脱した人物と見なした……（国務長官の）ディーン・ラスクは……思いやりと友情を基にした彼の外交を黙認できなかった……外交政策に対する彼のアプローチはケネディの心を捉える一方、官僚に恐怖を与えたのである。行動において見せた彼の有能さは諸刃の剣であり、今

度は敵対する者に利用されてしまった。

退役後もランスデールは任務を続け、ヘンリー・カボット・ロッジ大使とその後任であるエルスワース・バンカー大使の特別補佐官として、1965年8月から68年6月までベトナムに戻った。また自伝『In the Midst of Wars』が1972年に出版されている。

【参照項目】真珠湾攻撃、戦略諜報局、カバー、秘密工作活動、フランク・ウィズナー、CIA、中央情報長官、アレン・W・ダレス、SDECE、駐在武官、カバー企業、民航空運公司、トーマス・ドゥーリイ、グレアム・グリーン、トーマス・E・ロレンス、マングース作戦、キューバミサイル危機

ランド、エドウィン・H （Land, Edwin H. 1909-1991）

偵察機や写真衛星の開発において重要な役割を果たした、アメリカの高名な発明家、科学者、そして経営者だった人物。世界初の実用インスタントカメラ、ポラロイド・ランド・カメラの発明者としても知られる。

航空・宇宙スパイシステムを開発するランドの努力は、トルーマン大統領が彼を国防動員局の科学諮問委員に指名した1950年代初頭から始まった。そして1954年春、当時マサチューセッツ工科大学学長だったジェイムズ・R・キリアンは、長距離戦略ミサイルの可能性を探るべく技術開発会議を主宰するようアイゼンハワー大統領から依頼を受けた際、情報小委員会のトップとしてランドを選んだのである。

アイゼンハワーによるU-2偵察機開発プログラムの認可にあたっては、ランドの報告書が鍵となった。U-2とその後継機A-12オックスカートに対するランドの関与はその後も続き、コロナ衛星プログラムの開始においても一定の役割を演じている。またリチャード・M・ビッセル中央情報長官とキリアン及びアイゼンハワーとの連絡役もしばしば務めた。その上これらシステムを改善する技術開発にも関わっており、CIAを代表して会議に加わったドン・ウェルゼンバックの言葉を借りれば「ランドは常に可能性の限界を追求していた」、つまりよりよいシステムを絶えず求め続けたのである。

フランシス・ゲイリー・パワーズの操縦するU-2偵察機がソビエトに撃墜されたことを受け、アイゼンハワーは以降の上空偵察を中止するよう求める。これに対してランドとキリアンが強く反論したため、アイゼンハワーは考えを改め偵察衛星の開発を許可した。

ランドはアイゼンハワーの外国情報活動補佐官会議にも参加している（「大統領外国情報活動諮問会議」を参照のこと）。

ビジネス界におけるランドの業績に目を転じると、1947年に最初のインスタントカメラを完成させ、63年にカラーフィルムを導入したことが挙げられる。彼の創

造性豊かな精神は写真に関する数多くの発明を生み出した。その後 1975 年にポラロイド社社長の座を退き、80 年には取締役会議長も退任している。

【参照項目】衛星、ジェイムズ・R・キリアン、U-2、A-12 オックスカート、コロナ、リチャード・M・ビッセル、CIA、フランシス・ゲイリー・パワーズ、上空偵察、偵察

ランファイア、ロバート・J （Lamphere, Robert J.　1918-2002）

FBI の防諜監督官。ハロルド（キム）・フィルビー、ジュリアス・ローゼンバーグ、クラウス・フックスといった大物スパイに対する FBI の捜査を監督した。また冷戦期における最も秘密に包まれた作戦の 1 つ──ソビエト情報通信の傍受及び解読で、その中にはソビエトのためにスパイ活動をするアメリカ人の名前が記されていた──にも携わっている。その作戦はヴェノナというコードネームで呼ばれた。

「1944 年から 45 年にかけて KGB が送ったメッセージについて調査を始めた 1948 年春、我々はローゼンバーグ事件のようなものがそこから浮かび上がるとは思わなかった」トム・シャハトマンとの共著『The F.B.I.-K.G.B. War: A Special Agent's Story』（1986）の中で、ランファイアはそう記している。彼は手掛かりと氏名を 1 つ 1 つ追求し、原爆スパイ網の解明において鍵となる役割を果たした。

【参照項目】FBI、防諜、ハロルド（キム）・フィルビー、ジュリアス・ローゼンバーグ、クラウス・フックス、ヴェノナ、原爆スパイ網

ランプライター （Lamplighters）

情報作戦の支援要員を指すイギリスの隠語。ジョン・ル・カレの小説で有名になった。

【参照項目】ジョン・ル・カレ

ランヤード （Lanyard）

エストニアのタリンに建設されたと思しき対弾道ミサイル基地について、その高解像度写真を撮影すべく開発されたものの、失敗に終わったアメリカのスパイ衛星。

ランヤードはおよそ 60 センチメートルという高解像度の画像（つまり地上にある 60 センチメートルの物体を識別できる画像）をもたらすことが期待されていた。しかし KH-6 で用いられた E-5 カメラ（「キーホール」を参照のこと）の最高性能は 1.8 メートルに過ぎなかった。改良されたコロナの技術によってランヤードのミッションが 1 度だけ行なわれ、1963 年 7 月 31 日に周回軌道に乗った。だがその後 32 時間でカメラの機能は停止している。

（E-5 カメラ搭載機の打ち上げはそれ以前にも 2 度試みられた。1963 年 3 月 18 日にはアジェナロケットが故障

して周回軌道に投入できず、同年 5 月 18 日には軌道投入に成功したものの、システムが機能しなかった）

ランヤードの周回高度は地上 160 〜 410 キロメートルだった。

【参照項目】衛星、コロナ

リー、アンドリュー・D （Lee, Andrew D.　1952-）

人工衛星に関する秘密情報をソビエトに売り渡したアメリカ人。2 年近くもの間クリストファー・ボイスと共謀し、ボイスの撮影した最高機密文書のフィルムをソビエトのハンドラーに渡した。しかしメキシコシティーにおいて、ハンドラーの注意を引こうとソビエト大使館の敷地内に物を投げ入れ、その場で逮捕される。テロリストではないかと考えたメキシコ警察が尋問を開始すると、リーはアメリカの外交官に助けを求めた。一方、リーが所持していた封筒を開けた警察は、フィルムの切れ端を発見する。そこから現像された写真はアメリカ当局に引き渡されたが、アメリカ側は大使館の一件ですでにリーのことを知っていた。

1977 年 1 月 6 日に逮捕されたリーはボイスの名を挙げ、その結果ボイスも 1 月 18 日に逮捕される（事件の詳細については「クリストファー・ボイス」を参照のこと）。リーは裁判の結果有罪となり、終身刑が言い渡された。ボイスには禁固 40 年の判決が下されている。

【参照項目】衛星、クリストファー・ボイス、最高機密

リヴェットジョイント （Rivet Joint）

C-135 ストラトリフター輸送機を改造して ELINT（電子情報）任務に就かせるという、アメリカ空軍が冷戦期に立案した大規模な計画。改造された航空機には RC-135V/W の呼称が与えられ、ソビエト連邦に加え第三世界諸国をも対象とした監視任務に用いられた。

リヴェットジョイント計画から派生したプロジェクトとして、大型の側面レーダーを装備した RC-135E によるリヴェットアンバーが挙げられる（この航空機は構造上の欠陥により、1969 年にベーリング海上空で失われた）。この原型機の後、同様の RC-135V 電子情報／レーダー航空機が数機改造された。またイスラエル空軍も少なくとも 1 機のボーイング 707（C-135 の原型機）を同じ電子情報／レーダー仕様に改造している。

2003 年現在、アメリカ空軍はリヴェットジョイント仕様の RC-135 を 21 機運用している。

【参照項目】C-135 ストラトリフター、電子情報

李文和 （Lee Wen Ho　1939-）

中国のためにスパイ行為をしたとされる台湾系アメリカ人の核兵器エンジニア。

FBI は李に対する長期の捜査を行なったが結論を出せず、疑いを抱く防諜担当官を 5 年間にわたって苛立た

せる結果になった。だが1999年12月、李はロスアラモス核兵器研究所から機密データを違法に持ち出した59件の容疑で起訴された。当局の発表によると、核兵器関連情報の入ったコンピュータ・ファイルを所持していたという。スパイ容疑で起訴されることはなかったものの、未決勾留された。

　ロスアラモスにおける李の活動にFBIが関心を抱いたのは、1992年から94年にかけて中国が行なった核実験に関するCIAの分析報告が発端だった。中国が技術革新によって小型核弾頭の開発に成功したと、CIAは信じていた。そして1995年、亡命を申請したある中国政府職員によって、その核弾頭がロスアラモスで開発されたW-88という核弾頭に似ていることを示す資料がCIAにもたらされた。

　2000年9月、李は1件の容疑を認めた上で釈放された。ロスアラモスで勤務していた際、核兵器の設計図を安全の確保されていないコンピュータにダウンロードしたというものである。またダウンロードしたデータがカセットテープ何個分かは憶えておらず、それらはみな捨ててしまったと証言した。当局によれば、李がダウンロードしたデータの量は1.4ギガバイトになり、文書に換算すると40万ページに上るという。FBIの捜査官は埋め立て地から数トンもの廃棄物を掘り出してテープを見つけ出そうとしたが、無駄に終わった。担当官がダウンロードの事実を突き止めたのは、李が保安規則違反で1999年3月にロスアラモスを追われた後だった。

　李の釈放を決めた判事は事件を巡る感情論を受け、国家を代表して謝罪した。その後、李は中国系だったために生贄になったという主張に動かされる形で、議会による調査が行なわれた。ジャネット・リノ司法長官とルイス・フリーFBI長官は、公聴会において李を非難している。リノはこう語った。「彼は注意力散漫な学者ではありません。重罪犯なのです。極めて計算された犯罪を成し遂げ、それを認めました。彼はアメリカ人の信頼を悪用し、我が国の安全保障の核となる秘密を危険に晒したのです」

　李は中国を2回、台湾を少なくとも10回訪れており、台湾では核兵器開発の中心地、中山科学研究員の客員教授を務めていた。

　2003年、カトリーナ・ルンが逮捕されたのを受け、李にまつわるミステリーに新たな1ページが加えられた。中国をスパイするエージェントとしてFBIが活用していたルンは、実は二重スパイだったのである。ルンのもたらした偽情報が、李文和事件に対するFBIの処置に影響を与えたか否か、捜査官たちは疑問を抱いた。

【参照項目】FBI、防諜、ロスアラモス、CIA、ルイス・フリー、カトリーナ・ルン、エージェント、二重スパイ、偽情報

リオライト　(Rhyolite)

　ソビエト及び中国国内の拠点間短波通信を傍受するために用いられたアメリカの人工衛星。つまり通信情報（COMINT）収集衛星であるが、両国の弾道ミサイル試験から遠隔測定情報（TELINT）を集めるためにも活用された。

　リオライトは地上およそ35,900キロメートルの静止軌道を周回した。巨大なアンテナを装備しており、高感度の細いビームはごくわずかなマイクロ波も捉えられるように調整可能である。人工衛星としては大型──鉄道貨車の半分の大きさ──であり、「皿形」のアンテナは展開すると直径20メートル以上にもなった。収集したCOMINT／TELINTデータはオーストラリア、イギリス、アメリカの地上局に送信され、イギリス政府通信本部とNSAによる分析がなされた。

　伝えられるところによると、リオライト衛星はターゲット国の主要な通信中継システムだけでなく、ソビエト政府の高官がクレムリンや愛人にかけた自動車通話も探知したという。

　TRW社が開発・製造した最初のリオライト衛星はアトラス・アジェナDロケットによって打ち上げられ、1973年3月6日に軌道周回を始めた（それ以前、少なくとも1基のリオライト実験衛星が1970年に打ち上げられている）。1977年と78年には別のリオライト衛星も軌道に投入された。またシャレット衛星（最初の打ち上げは1968年）の開発に先立って、さらに別の打ち上げが行なわれたものと考えられている。

　イギリスではジェフリー・プライムが、アメリカではクリストファー・ボイスとアンドリュー・D・リーが、リオライト計画に関する詳細をソビエト情報機関に売り渡した。ボイスとリーが1977年に逮捕・起訴された後、リオライトはアクアケイドと改名されている。

【参照項目】人工衛星、通信情報、遠隔測定情報、政府通信本部、NSA、ターゲット、シャレット、ジェフリー・プライム、クリストファー・ボイス、アンドリュー・D・リー

リーガン、ブライアン・パトリック

(Regan, Brian Patrick　1962-)

　スパイ行為を試みたとして有罪になったアメリカ空軍の元情報分析官。

　2003年2月に結審した裁判において、リーガンは中国とイラクに機密文書を売り渡そうと試みたとして有罪になり、仮釈放なしの終身刑を言い渡された。政府は司法取引の一部として、リーガンの妻アネットは起訴しないと約束し、夫の軍人恩給の一部を受け取れるようにした。当時、夫妻には4人の子どもがいた。

　20年間にわたって空軍に在籍したリーガンは、アメ

リカの偵察衛星を運用する国家偵察局（NRO）の要員として、軍需企業 TRW 社で勤務していた。なお TRW は過去何度もスパイ活動のターゲットにされている（「ピーター・リー」「クリストファー・ボイス」を参照のこと）。

2001 年 8 月、当時 38 歳だったリーガンはスイス行きの旅客便に乗り込む直前に逮捕された。その際、イラク及び中国のミサイル発射基地の場所に関する暗号情報と共に、スイスとオーストリアにおける両国大使館の住所が所持品から発見される。彼はアメリカの機密情報を 1,300 万ドルで売り渡すという内容の手紙をイラクとリビア、及び中国に送ったとされている。

117,000 ドルの負債を抱えていたリーガンはサダム・フセイン宛に直接手紙を出し、「私は自分自身と家族を危険に晒す覚悟があります。捕らえられれば、たとえ処刑されなくとも残りの人生を監獄で暮らすのは間違いないでしょう」と記した。

【参照項目】人工衛星、国家偵察局、ターゲット

リーク　(Leak)

機密情報を故意に漏らすこと。政治的理由、すなわち議論の的になっている計画への支持を集める、もしくは「観測気球」を打ち上げるためにしばしばなされる。また許可を得ていない人間にそうとは知らず情報を漏らすことも指す。これについては「鉛管工」を参照のこと。

中には犯罪となるリークもある。一例を挙げると、1982 年に制定された情報源保護法では、秘密作戦の正体を故意に明かすことが禁じられている。イギリスでも公的秘密保護法によってリークが犯罪になる場合もある（「ヴァレリー・プレーン」「キャサリン・ガン」を参照のこと）。

陸軍情報保安コマンド
（Army Intelligence and Security Command〔INSCOM〕）

軍保安局など現地部隊の情報組織を統合して 1977 年 1 月 1 日に発足したアメリカ陸軍の組織。1974 年、陸軍は軍団レベルより上の情報活動における新たな指揮系統の確立と、軍団、師団、及び部隊レベルでの情報作戦に対する直接的支援とを勧告する研究報告を作成し、それに基づいて INSCOM が創設された。

INSCOM への機能統合とそれに伴う組織再編は 1977 年 10 月 1 日に完了している。当初はヴァージニア州のアーリントンホールに本部を置いていたが、81 年にメリーランド州フォート・ミードへ移転、86 年にアーリントンホールへ戻った後、89 年にはヴァージニア州フォート・ベルヴォアに再移転している。

1986 年以降、INSCOM 内の 5 つの複合情報グループが旅団として再編成された。戦時においては予備役将兵が招集され、これら旅団の定員を満たすことになってい

る。1991 年の冷戦終結は INSCOM の活動範囲を広げる結果になった。また同年の湾岸戦争においては INSCOM の第 513 軍事情報旅団がサウジアラビアに展開、アメリカ地上軍の支援を行なっている。

その後、構成部隊のさらなる再編が実施され、ハワイの第 115 軍事情報戦闘群は太平洋における軍事作戦への支援を、またジョージア州フォート・ゴードンの第 116 軍事情報戦闘群はヨーロッパ、アメリカ、中東における軍事作戦への支援を行なうことになった。ユタ州ドラパーの第 300 軍事情報旅団は世界各国において言語面での支援を行ない、傘下に数個の州兵陸軍大隊を含んでいる。韓国・龍山の第 501 軍事情報旅団、ジョージア州フォート・ゴードンの第 513 軍事情報旅団、ヴァージニア州フォート・ベルヴォアの第 704 軍事情報旅団もまた、陸軍の信号情報（SIGINT）活動に対する支援を行なっている。同様に、第 111 軍事情報旅団はアリゾナ州フォート・フワチューカにある陸軍情報センターを運営しており、INSCOM の訓練活動及び支援に携わっている。

【参照項目】陸軍保安局、アーリントンホール、フォート・ミード、信号情報

陸軍中野学校

1938 年から 45 年まで存在した日本陸軍の情報学校。大日本帝国が運営した唯一のスパイ養成機関である。

当初は東京中心部の九段に設置されたが、1939 年 4 月に東京北西部の中野へ移転、情報収集に加え、奇襲作戦、諜報活動、プロパガンダ、破壊工作、そして政府転覆活動の訓練を陸軍将校に施した。1944 年 8 月に設置された二俣町（現・浜松市天竜区）の分校と合わせ、第 2 次世界大戦の終結までに約 2,500 名を訓練している。

元 CIA 分析官のスティーヴン・C・メルカドは、中野学校の歴史について記した貴重な書籍『The Shadow Warriors of Nakano』（2002）の中で、典型的な学生である柳川宗成を取り上げ次のように記している。

サージの黒いスーツを与えられた柳川は軍服を脱ぎ捨て、民間人と同じ長さに髪を伸ばした。学校では情報技術のトリックを学んだ。変装術を操り……また暗号解読と暗号化の基礎も習得している。さらには透明インクの使い方など、秘密通信の技術も会得した。教官からは、ベストのボタンで操作するベルト装着式のカメラや、ライターに偽装したカメラといった道具も紹介された……中野学校では爆発物、焼夷弾、時限爆弾の扱い方も学んだ。殺傷力を保ちながら静かに襲撃する手段として、柳川は細菌の使い方も教え込まれた。混み合った都市の井戸に、ある種の微生物を万年筆に似た装置から放出することで、敵の無力化あるいは殺傷を図るのである。

（戦時中、柳川はオランダ領東インドのジャカルタ近郊でスパイ学校の運営を始め、日本軍のために活動させるべくインドネシア人に訓練を施した。それら訓練生の中には、戦後その技能を用いてオランダ軍と戦い、インドネシア政府の高官に登り詰めた人物もいる〔訳注：大尉で終戦を迎えた柳川は1964年にインドネシアへ移住した。86年没〕）

中野学校の学生——校内では仮名を使っていた——は他にも乗馬や遠泳、そして戦車を含むあらゆる乗り物の運転を学んだ。その一方、現代ドイツの戦略家エーリッヒ・ルーデンドルフや、古代中国の戦略家である孫子の著作を研究するなど、「理論面」の教習も行なっていた。

中野学校の卒業生は第2次世界大戦中の大日本帝国各地で、奇襲部隊の指揮から情報参謀まで様々な任務に就いた。中には中立国（1941年12月にイギリスが参戦する前のインドも含む）の領事館員というカバーで活動した者もいる。しかし情報分野における日本陸軍全体の無能ぶりを改善させた者はいなかった。

戦後、中野学校の卒業生の一部は極東におけるアメリカの軍事作戦を様々な面から支援し、終戦後の東京に駐留したダグラス・マッカーサー将軍麾下のG-2参謀の下で働く者もいた。

【参照項目】スパイ養成機関、CIA、孫子、カバー、G-2

陸軍保安局 (Army Security Agency〔ASA〕)

1945年から1976年まで存在したアメリカ陸軍の機関。信号情報（SIGINT）及び通信保安（COMSEC）活動における制度運用、部隊運営、及び人員に関する一切の責任を負っていた。

それ以前は陸軍信号保安局（SSA）、さらにその前身である信号情報局（SIS）がそれら任務を担当していた。SSAは1945年9月15日に陸軍保安局と名前を変え、それと同時に、陸軍の信号情報活動の管理権限も、信号情報指揮官から参謀本部第2部（G-2）に移っている。

ASAは戦時機関によって担われていた任務や機能だけでなく、第2信号大隊及び陸空軍の現地司令官の管轄下にあった信号情報活動及び通信保安活動を引き継いだ。

1947年に空軍が独立し、航空関連の業務が空軍保安隊に移管されたのを受け、ASAの一部も48年から49年にかけて解体された。そして後に国家安全保障局（NSA）へと発展する軍保安局が陸海空軍の統合組織として新設され、ASAの機能の大半を引き継いでいる。

1945年後半から75年まで、ASAはアメリカ史上最大規模となる国内情報活動を実施した。シャムロック作戦と名付けられたそれは、外国大使館や領事館だけでなく、アメリカ市民及び企業が送受信した全ての海外電信に対するアクセス権限を陸軍情報機関に与えるというものであり、海外電信を傍受するという戦時の習慣を違法に続けるものだった。

暗号活動に用いる最新コンピュータの開発もASAの主要任務だったが、これはNSAの設立と共にそちらへ移管された。

ASAに残された活動や機構は1977年に陸軍情報機関へ統合され、陸軍情報保安コマンドが新設されている。

【参照項目】信号情報、通信保安、信号情報局、G-2、第2信号大隊、軍保安局、NSA、国内情報、陸軍情報保安コマンド

リシュリュー枢機卿、アルマン・ジャン

(Richelieu, Cardinal de Armand Jean　1585-1642)

フランスの外交官及び宰相にして、ルイ13世の下でスパイマスターを務めた人物。1616年、リシュリュー司教は国王の母マリー・ド・メディシスの推薦によって宮廷入りし、国務卿に任命されて外交を担当した。その後ヨーロッパで最も強大な権力を持つ人物の1人となったが、当時としては比類なき能力と規模を兼ね備えたスパイ網を運営していたのが大きな要因だった。

また数多くの人間がリシュリューに対する陰謀を企てており、個人的にもスパイを必要としていた。最初の失脚は国務卿就任から1年足らずの時期で、マリー・ド・メディシスの影響力を削ごうとする陰謀がこの大物司教にも及んだのである。しかしリシュリュー自身も陰謀を巡らせて1621年に復権、その直後ローマ法王から枢機卿に任命された。また24年には宰相に任じられている。

リシュリューが密偵として主に用いたのは、同じく宮廷に使えていたカプチン会の修道士、フランソワ・ルクレール・ドゥ・トランブレーだった。「灰色の枢機卿」の名で知られるトランブレーは、ヨーロッパのプロテスタント諸国でカトリックを復権させるためにフランスは戦うべきだという、過激な思想の持ち主だった。彼とリシュリューはカトリックのオーストリアを抑えつけ、対プロテスタント運動においてフランスが主導権を握るための巧妙な計画を始めた。しかしこれを実現させるため、2人は神聖ローマ帝国皇帝フェルディナント2世と表立って対立できないという皮肉な立場に立たされた。

トランブレーは素性を隠してドイツ諸国を訪れ、後に30年戦争へと発展する戦いの中で皇帝の側に立たないよう求めた。またリシュリューはカトリックの興隆を支援する一方、プロテスタントであるスウェーデンのグスタフ・アドルフ国王が神聖ローマ帝国に侵攻するよう仕組んでいる。

リシュリューはウィーンを諜報活動の中心地とし、陰謀の都というイメージは20世紀に入っても消えなかった。

【参照項目】ウィーン

リー、ダンカン （Lee, Duncan 1913-1988）

ソビエトのためにスパイ行為をしたアメリカ戦略諜報局（OSS）の士官。ウィリアム・ドノヴァン長官とは親友であり、また副官の中でも中心的存在だった。ソビエトのエージェントになったOSS士官の中で一番の大物とされる。

南軍のロバート・E・リー将軍を先祖に持つ彼は、宣教師の息子として中国に生まれた。その後イギリスのケンブリッジ大学で学び、1939年にイェール大学ロースクールを卒業する。また在学中、妻と共にアメリカ共産党（CPUSA）へ加わった。卒業後はドノヴァンの経営する法律事務所に入り、彼の庇護下に置かれた。

リーは入手した情報を口頭報告という形でハンドラーに伝え、文書の持ち出しやコピーは拒否した。それでもなお、アメリカ大使館から入手した情報だけでなく、ドイツの和平派の動向や共産主義者に対する蔣介石の処置といった高度な情報を提供している。また1944年3月3日には、連合軍のノルマンディー上陸日（Dデイ）が5月中旬から6月初頭の間である（実際には6月6日）という極秘情報を明らかにした。

密使であるメアリー・プライスと恋仲になったことで、リーのスパイ活動は終わりを迎えた。そして彼女の後任であるエリザベス・ベントレーを通じ、スパイ活動中止の決断をハンドラーに伝えた。なおハンドラーと関係を持ったベントレーは後に自首している。

「モーリス・ハルペリン」も参照のこと。

【参照項目】戦略諜報局、ウィリアム・ドノヴァン、エージェント、CPUSA、ハンドラー、Dデイ、密使、エリザベス・ベントレー

リチェルソン、ジェフリー・T （Richelson, Jeffrey T. 1949-）

スパイ衛星計画はじめ諜報活動についての著書があるアメリカの作家。ロチェスター大学で政治学の博士号を取得したリチェルソンは、それまで秘密とされていたアメリカによる情報収集活動の多くを著書『America's Secret Eyes in Space』（1990）で明らかにした。また多くの著書や記事の中で米ソの一般的な情報活動について記しているが、中でも有益なものとして『The U.S. Intelligence Community』（1985）、『Foreign Intelligence Organizations』（1988）、そしてCIAの科学技術本部を初めて詳細に調査した『The Wizards of Langley』（2001）が挙げられる。

現在は大学で教鞭を執ると共に、ワシントンDCの国家安全保障文書館で上級フェローを務めている。

【参照項目】人工衛星、CIA、国家安全保障文書館

リチャードソン、ダニエル・W （Richardson, Daniel W.）

ソビエトのスパイを装ったFBI捜査官に軍事資料を手渡したアメリカ陸軍の下士官。

陸軍に19年在籍していたベテラン兵士のリチャードソンは、ワシントンDCのソビエト大使館に電話をかけてソビエト連邦の代理人に接触しようと試みたことで、FBIによる捜査の対象となった。当時はメリーランド州アバディーンの性能試験場で勤務していたが、そこは軍事兵器の開発・試験における中心拠点だった。

リチャードソンは接触を行なった後、ソビエトのインテリジェンス・オフィサーを装ったFBI捜査官と面会し、資料の引き渡しを提案した。その後1988年1月に逮捕され、複数の容疑で軍法会議にかけられたが、軍のマニュアルから抜き取った非機密扱いの資料と、M1戦車の回路基板を売り渡したことが主な容疑だった（諜報関係法の定めによれば、機密扱いか否かにかかわらず、全ての軍事資料は外国勢力への引き渡しが禁じられている）。リチャードソンには禁固10年、降格、120ヵ月にわたって月々300ドルの罰金支払い、そして懲戒除隊の処分が下された。

【参照項目】FBI、インテリジェンス・オフィサー

リッター、ニコラウス （Ritter, Nikolaus 1897-1975）

ドイツ軍の情報機関アプヴェーアに所属していたインテリジェンス・オフィサー。アメリカとイギリスでエージェントの発掘にあたった。

1937年、アメリカのノルデン社製爆撃照準器の設計図を入手するという大成果を、リッターは挙げた（「ヘルマン・ラング」を参照のこと）。これはアプヴェーアがアメリカで成し遂げた最大の成果だが、それ以外は無能としか言いようのないスパイマスターだった。

1924年にケルンの大学を卒業したリッターは織物商となり、27年には販売責任者としてニューヨークへ赴いた。

それから10年後に帰国、アプヴェーアに加わる。最初の任務でセクション長としてハンブルグに配属され、ドイツ空軍のために航空情報を収集した。そしてエージェントを勧誘すべく再びアメリカへ渡り、爆撃照準器の生産工場で働くヘルマン・ラングを紹介された。

リッターはランツァウ博士というコードネームを用い、ドイツの親族を訪れていたアメリカ人、ウィリアム・シーボルドも勧誘した。シーボルドはドイツ国内のスパイ養成機関で訓練を受けてからアメリカに送り返される。しかしそこで二重スパイとなってFBIに情報を渡し、リッターのデュケイン・スパイ網を壊滅に追い込んだ。またリッターが雇ったウィリアム・コールポーとエーリッヒ・ギンペルも、潜水艦でアメリカに上陸した直後に逮捕されている。

リッターが勧誘したイギリス人エージェントの1人にアーサー・オーウェンズがいた。ウェールズ生まれのエンジニアで、ジョニーというコードネームを与えられ

ていたオーウェンズは、英空軍の装備に関する情報をリッターに売り渡した。だがリッターは、オーウェンズがイギリスのダブルクロス・システムによって管理されている、スノウというコードネームの二重スパイであることを知らなかった。リッターの知る限り、ジョニーは10名ほどの部下を擁する有能なエージェントだったが、その部下というのも想像の産物に過ぎなかった。

1939年9月にイギリスとドイツが戦争状態に入ると、オーウェンズは程なく収監された。ダブルクロス・システムを運営する委員会のメンバーは、リッターから提供されたオーウェンズの無線機セットをワンズワース刑務所に持ち込み、独房からリッター配下のエージェントを寝返らせるという、とてつもなく大きな成果を挙げたのである。

配下のエージェントが実はイギリスのために働いていることを知らぬまま、リッターは終戦までの日々を送った。

リッターの自伝『Deckname Dr. Rantzau』は1972年にドイツで出版されている。

【参照項目】アプヴェーア、インテリジェンス・オフィサー、エージェント、コードネーム、ウィリアム・シーボルド、スパイ養成機関、二重スパイ、デュケインスパイ網、ウィリアム・コールポー、エーリッヒ・ギンペル、潜水艦、ダブルクロス・システム、ダブルクロス委員会

リディール、サー・エリック・ケイトリー

(Rideal, Sir Eric Keightley　1890-1974)

原爆開発プロジェクトに携わり、死後になってソビエトのスパイだと非難されたイギリス人科学者。第1次世界大戦中、リディールはイギリス工兵部隊での勤務中に赤痢に感染した。その後王立協会のフェローとなり、またケンブリッジ大学理学部の一員として、原爆開発に携わるイギリス人チームの主要人物となった（訳注：イーレイ―リディール機構という触媒反応のメカニズムの発見者としても著名）。

同じくイギリス人チームに所属していたアラン・ナン・メイは、原爆開発計画に関する情報をソビエトに渡したとして、裁判の結果有罪とされた。その後死の床で自らのスパイ行為を告白する中、別の科学者も関与していたと述べる。彼はリディールの名を口にしたわけではなかったが、新たに公表されたソビエトの情報ファイルでは、原爆データをもたらした科学者に不注意にも「エリック」というコードネームが与えられていた。イギリス保安部（MI5）は、メイなど他の内通者同様、リディールもケンブリッジ大学に通っていたことから、かねてより彼を疑っていたのである（「ケンブリッジ・スパイ網」を参照のこと）。

【参照項目】アラン・ナン・メイ、MI5

リバティ　(Liberty)

6日間戦争（第3次中東戦争）中の1967年6月8日、地中海のシナイ半島沖を航行中にイスラエル軍から攻撃を受けたアメリカ海軍の情報収集艦。

当時、リバティはこの地域で戦闘を繰り広げるイスラエル、アラブ両軍の電子情報を収集していたが、この艦の正体を見誤ったイスラエルの戦闘機と魚雷艇に襲撃され、乗員34名が死亡、171名が負傷し、船体も重大な損傷を負った。

リバティは第2次世界大戦たけなわの1945年5月にヴィクトリー級輸送艦シモンズ・ヴィクトリーとして進水、太平洋に展開する連合軍への物資補給に従事した。朝鮮戦争でも同じ任務をこなし、戦後の1958年に除籍される。海軍はこの艦を63年2月に買い取って情報収集艦へ改修、多目的補助（AG）技術研究（TR）を意味するAGTR艦に区分した。この種の艦としては5隻目なので、AGTR-5の呼称が付与されている。艦名もリバティと変更され、1964年12月の就役後はNSAの指揮下に入り、アフリカ沿岸に派遣された。

1967年5月、ウィリアム・マクゴナグル大佐が艦長を務めるリバティはスペインのロタに向かうよう指令を受け、そこで補給物資と6名のアラビア語話者――NSAと海兵隊から3名ずつ――を乗せ、スエズ運河の北端に位置するポート・サイードの作戦海域に向かった。イスラエルとエジプトの緊張状態は激化しており、エジプト側にはシリアとヨルダンがついていた。さらにエジプト大統領のガマル・アブデル・ナセルは、シナイ半島の端にあるチラン海峡の封鎖を発表する。

イスラエルへ航行中に6日間戦争が勃発し、リバティは沖合25海里へ離れるよう命令される。やがて、沖合100海里の地点まで離れよという2度目の指令が発信される。しかしリバティはその指令を受け取らなかった。その上、搭載されている電子盗聴装置の制約のために、戦術通信の傍受という任務を遂行するには海岸に近接する必要があった。

6月8日早朝、イスラエル空軍の哨戒機がガザ西方約70海里を航行するリバティを発見するも、アメリカの船舶であると正しく識別する。しかし戦闘による混乱の中、1人のパイロットがイスラエル空軍司令部（テルアビブ）に対し、正体不明の艦船から攻撃を受けたと報告した。また後に誤りと判断されたが、エジプト沿岸のエル・アリシュという街に展開するイスラエル軍が艦船から砲撃されたという報告を受け、魚雷艇が調査に派遣される。そして遠方にあるリバティをレーダーが捉え、28～30ノットで航行中と計算された。しかしこの見積もりも誤りだった。魚雷艇は海軍司令本部（ハイファ）の指揮下で活動しており、現在の距離ではリバティに追いつくことが不可能なため、航空機による攻撃を求めた。

午後2時頃、イスラエル空軍に所属する2機のミラージュ戦闘機がリバティを発見、敵艦（エジプトの輸送艦エル・クセイル）と識別して機銃攻撃を加える。パイロットにアメリカの国旗は見えなかった。また別の任務に参加していた2機のシュペルミステール戦闘機も現場に到着し、ナパーム弾をリバティに投下する。そのうち1発でも命中していれば沈没は免れなかった。

パイロットの1人が船体に書かれた「CTR-5（原資料ママ）」の文字を発見すると、戦闘機による攻撃は中止された。3隻の魚雷艇が接近し、煙に包まれた艦船に正体を明らかにするよう求める。後に「責任逃れの回答」と称される返事を受け取った魚雷艇は、魚雷5発を発射した。そのうち1発が喫水線下で命中、船体に穴を開けて情報区画を破壊する。この結果、海軍保安群に所属する25名が死亡した。再攻撃に向けて行動する中、イスラエル側はようやくこの船がアメリカ艦艇であることに気づいた（すでに3隻の魚雷艇から計5発の魚雷が発射されていた）。

リバティ乗員のうちマクゴナグル大佐は右脚に弾丸を受けて負傷、副長と作戦指揮官も死亡するか瀕死の重傷を負っていた。しかしマクゴナグル大佐は燃えさかるリバティを引き続いて指揮、イスラエルによる救難の申し出を断り、半身不随に陥った艦を現場海域から離脱させる。その夜は北極星を頼りに航行、翌朝アメリカ海軍の艦艇及びヘリコプターに発見され、死者と負傷者の搬出が行なわれた。マクゴナグルは艦にとどまり、マルタに向けて航行の指揮を執っている。

イスラエルは直ちに調査法廷を設け、外交的混乱の鎮静化を図った。その後、攻撃は「3つのエラーが連鎖した結果生じたもの」と発表している。つまりエル・アリシュが攻撃を受けているという誤った情報、リバティの速度に関する見積もりの誤り、そして艦をエル・クセイルと誤認したことである。この発表に懐疑的な人間は、

排水量10,680トン、全長139メートルのリバティを、排水量2,640トン、全長84メートルのエル・クセイルと誤認したのはなぜかと疑問を呈した。またイスラエルとアメリカそれぞれの戦闘報告書の差異により、議論はますます沸騰していった。

イスラエルは死亡した34名の遺族に3,323,500ドルを、負傷者には3,566,547ドルを支払った。また数年にわたる訴訟に次ぐ訴訟の後、イスラエルは1980年にリバティの損傷に対して600万ドルを支払っている（責任は認めなかった）。多くの人間、特にリバティ及びその任務に深く関わっていたNSAと海軍の人間にとって、イスラエルはその後も許されざる存在だった。しかし政府間レベルでは、戦争中に起きた悲しむべき事件として片づけられたのである。

リバティ事件に対してはイスラエルによる公式調査が3回、アメリカによる調査が10回——うち5回は議会の委員会による——行なわれ、いずれもこの攻撃は完全な悲劇的ミスであるか、また意図的なものである証拠はないと結論づけている。当時、2名のヘブライ語話者を乗せて現場付近を飛行していたアメリカ海軍のEC-121電子情報収集機によって、イスラエルの無線交信が記録されていたことが1990年代に入って明らかになると、上記の結論の正しさが裏付けられた（「C-121コンステレーション」を参照のこと）。

EC-121に搭乗していた傍受監督官でヘブライ語話者のマーヴィン・E・ノーウィッキ上級兵曹長は、ウォール・ストリート・ジャーナル紙にこう記している。「私の立場は……1967年6月のある不幸な1日に発生したあの攻撃は、確かに悲惨なものに違いなく、特に乗員とその家族にとっては悲劇そのものだったものの、まったくの手違いから発生した、というものである」その後リバティは退役し、海軍はパッシブ型情報収集艦の運用を取りやめた。マクゴナグル大佐は攻撃された際の行動に

1967年のアラブ-イスラエル紛争で発生した悲劇的なミスにより、イスラエル軍の航空機と魚雷艇から誤認攻撃を受けたアメリカの情報収集艦リバティ。SH-3シーキングが艦上をホバリングしている。また魚雷攻撃による損傷が右舷前方に見える。（出典：アメリカ海軍）

対して名誉勲章を授与され、乗員数名も同じく表彰されている。

元海軍パイロットで現職の連邦判事であるA・ジェイ・クリストルは2002年に刊行された『The Liberty Incident』の中で、あの攻撃は戦争という霧の中で起きた事故であり、イスラエルによる故意の作戦行動ではなかったと記している。またクリストルは、リバティに関する情報を10年以上にわたって機密扱いにするというアメリカ・イスラエル両政府による決断の結果、事件を巡る論争が湧き起こったのだと指摘した。

【参照項目】 情報収集艦、電子情報、AGTR、NSA、海軍保安グループ

離反者 (Defector)

他国にとって有益な情報を有しながら、祖国を裏切った人物。

リビ (Libi)

ジュリアス・ローゼンバーグにNKVD（ソビエト内務人民委員部）が付与したコードネームの略称。ソビエト情報機関のハンドラー、アレクサンドル・フェクリソフが用いた。

【参照項目】 ジュリアス・ローゼンバーグ、NKVD、コードネーム、ハンドラー、アレクサンドル・フェクリソフ

リー、ピーター・H (Lee, Peter H. 1939-)

ロスアラモス核兵器研究所で勤務していた中国生まれの物理学者。1985年の北京訪問時に機密国防情報を中国人科学者に渡し、裁判でその罪を認めた。また1997年に訪中する際セキュリティー・クリアランスの申請書に嘘の内容を記し、観光目的と偽ったことも認めている。

リーはロンドンにも赴いたことがあり、米英によるレーダー海洋画像プログラムの一員として、原子力潜水艦の追跡方法を検討した。

1998年3月、リーは「国防情報を故意に中国人科学者へ渡した」こと、及びカリフォルニアの主要な軍需企業TRW社で働くため、セキュリティー・クリアランスの申請書に虚偽の内容を記したことを認めた。なおTRWは2002年にノースロップ・グラマン社に吸収されている（TRWは1970年代にもスパイ事件に巻き込まれた。「クリストファー・ボイス」を参照のこと）。

裁判の結果禁固5年（執行猶予付き）、拘禁1年、保護観察期間3年、罰金2万ドル、そして地域奉仕3,000時間の刑が言い渡された。

リーに対するFBIの捜査には「ロイヤル・ツーリスト」というコードネームが付けられた。

【参照項目】 ロスアラモス、セキュリティー・クリアランス、潜水艦、コードネーム

リプカ、ロバート・S (Lipka, Robert S. 1946-2013)

NSAで勤務中にスパイ活動を行ない、逮捕・起訴されたアメリカ陸軍の情報分析官。共謀してソビエトのためにスパイ行為をした罪を認め、1997年9月に禁固18年を言い渡された。

1964年から67年までNSAで勤務していたリプカは、96年2月になってようやく逮捕された。元妻が93年にFBIへ通報し、リプカのスパイ行為を告げたのが捜査のきっかけである。

リプカは軍に入隊後間もなく情報分析官としてNSAに配属された。中央通信室が彼の職場で、テレプリンターから打ち出された極秘資料を持ち出し、局内の各部署に配布するのが仕事である。前任はソビエトのためにスパイ行為をし、疑いがかかるや自殺したジャック・E・ダンラップ陸軍軍曹だった。

リプカの年齢と行動は、元KGB職員のオレグ・カルーギン少将が著書『The First Directorate: My 32 Years in Intelligence and Espionage Against the West』（1994）の中で記している、スパイ活動を志願した「若き兵士」のそれと一致していた。「その若き兵士はNSA文書の破棄に携わっており、豊富な資料を我々にもたらせる立場にいた。手を付けたものは全て（ソビエト情報機関のハンドラーに）提供し、渡した文書が何であるかわからない場合もしばしばだった」その中には「日毎及び週毎のホワイトハウス向け秘密報告書、世界中に展開するアメリカ軍の通信文、そしてNATO諸国間の通信文書のコピー」が含まれていたという。またカルーギンによると、リプカは受け取った金——文書の包みを届けるたびに500ドルから1,000ドルが支払われた——を学費に充てたらしい。当局によれば、受け取った総額は27,000ドルで、ハンドラーから渡されたカメラで文書の写真を撮っていたという。

陸軍を去ったリプカはペンシルヴェニア州のミラーズヴィル大学に進み、1972年に教育学士号を取得する。その後教師を勤める傍ら、副業で古銭商を営んだ。なお妻のパトリシアとは74年に離婚している。

元妻がリプカへの疑いをFBIに通報した後、「セルゲイ・ニキーチン」を名乗る捜査官がリプカに電話をかけ、自分はロシア軍の情報将校だが連絡を再開したいと告げた。FBIによれば2人は4度にわたって顔を合わせ、リプカは会話の中でNSA在籍中にスパイとなったことを認めたという。

リプカは情報をある場所（レストランの男子トイレなど）に置き、デッドドロップから金を回収するという古典的なスパイ技術を用いていた。またKGBは彼に「回転式カメラ」、つまり文書の上を回転しながら撮影するカメラを与えていたとされる。

FBI関係者によると、ピーター及びインゲボルグ・フ

ィッシャーを名乗る1組の男女がKGBとリプカの媒介役を務めていたという。2人は1960年代に監視下に置かれていたが、公にされている限りいずれも拘束されていない。

【参照項目】NSA、FBI、ジャック・E・ダンラップ、KGB、オレグ・カルーギン、ハンドラー、スパイ技術、媒介者、監視

リミントン、デイム・ステラ (Rimington, Dame Stella 1935-)

イギリス保安部（MI5）元長官にして、イギリスの主要情報機関のトップに立った最初の女性。冷戦終結によってMI5の役割が曖昧になっていた1991年12月、リミントンは長官に指名された。イギリスの警察機関は、MI5が防諜以外の分野へ進出することに疑問の声を上げたが、リミントンはそれを乗り越えてテロ活動、麻薬密売、そして国際犯罪に焦点を合わせた。そして5年近くにわたって長官を務めた後、1996年に退任した。

ステラ・ホワイトハウスの名でエンジニアの娘として生まれた彼女はイギリス北東部のカンブリアにある修道学校に通い、その後ノッティンガムシャーの公立中等学校に進んだ。そこでは英語、歴史、そしてラテン語でAの成績を残している。エディンバラ大学で英語を学んだ後は、リバプールで文書官としての教育を受けた。

1963年、ステラは公務員のジョン・リミントンと結婚、夫がインドの高等弁務官事務所へ配属されたのに伴ってニューデリーへ移り住んだ。人生の転機はそこで訪れた。「まったくの偶然から」MI5に勧誘されたのである。

この時から1970年代に至る彼女の秘密任務についてはほとんど知られていない。70年代当時、リミントンはロンドン及び北アイルランドでIRA（北アイルランド共和軍）に関する情報収集にあたっていた。ある情報関係者はロンドンの新聞社にこう語っている。「彼女は極めて冷静なアプローチをとり、まとめ役や管理者として非常に優れていた。この分野における大部分の幹部職員と同じく、情報を素早く吸収し、より大きな絵の中にはめ込むことができるんだ」

母校の中等学校における講演で、リミントンは初期のキャリアについて次のように述べている。

当時のMI5において、女性は2流の人材として扱われていました。しかし今は違います。女性も北アイルランドで男性と共に働いていたり、中東のテロリストに対する捜査にあたったりしているのです……女性としてトップに立つのは簡単だったと言うつもりはありません。本当に厳しい道のりでした。母親とあればなおさらです。男性を打ち負かしたかったら、一生懸命働くより他にないのです。

MI5長官に就任直後、リミントンはIRAのテロリストを主要ターゲットにする一方、彼女自身もターゲットにされた。1993年3月にIRAのテロリスト容疑者数名がロンドンで逮捕された際、押収された資料の中に姉の自宅住所が含まれていたのである。

ステラは自衛手段をほとんど講じていなかったので、保安担当者は長官自身もテロの犠牲者になりかねないと危惧した。またロンドンのある新聞社は、コンピュータのデータバンクから彼女のクレジットカード情報を入手するのに成功している。彼女は自分で買い物をしており、電話番号と住所も公になっていた。しかし他の政府当局からの要請に従い、自分に対する保安体制を強化している。

匿名の前任者たちと違い、リミントンの就任は大々的に報じられた。イギリス各紙は彼女がシャンペングラスを手にパーティーを楽しむ写真や、あるいはエリザベス女王とランチを共にしている写真を競って掲載した。また国会議員や新聞の編集者と一緒にランチをとったこともある。こうした公開性は、「保安機関の神秘性を除く」計画の一部だったと関係者の一部は見ている。

リミントンの就任直後、保安部——MI5の公式名称——は小冊子を発行し、慎重ではありながら組織を紹介するという、前例のない挙に出た。リミントンは前書きの中で、MI5の活動にまつわる「空想に基づいた疑いの一部を消し去る」ことがこの小冊子の目的だと記した。また「有益な情報を持つと信じる一般市民」のために郵便局の私書箱番号も公開している。

リミントンは退任後、『The Times』を著して自身の経験を詳らかにした。その中である日のディナーについてこう記している。

私は元ワルシャワ条約機構加盟国の大使と同じテーブルに座っていました。すると、何かを打ち明けたがっているのが目に入りました。果たせるかな、最初のコースの途中、彼はいきなりこう言い出したのです。「この女性は私の愛人の名前を全て知っています」国会議員を含む他のゲストは不安げにあたりを見回しました。私が彼らの何を知っているというのでしょう？この瞬間、丁重な物腰は変わらないながらも、みな私を避けるようになったのです。

1996年、リミントンはバス勲章デイム・コマンダーを授爵された。その後回想録『Open Secret』（2001）を執筆、MI5長官在任中のことも明らかにしている。しかしデイヴィッド・ローズはオブザーバー紙に次のような書評を寄せた。

本人も記している通り、本書は手紙、日記、あるいは公的文書を基に書かれたものではなく、内容は注意

深く選ばれ、最初は自らの記憶によって、次いでホワイトホールの検閲によって省かれた部分もある。

2番目にかけられたフィルターの結果、ごく無害な回想も本書から取り除かれ、彼女の27年間のキャリアにおける、テロリスト、反政府活動、そして外国のスパイに対するMI5の活動について、すでに公開されている情報に付け加えるものはなくなった。本書は冷戦のクライマックスにおける内部関係者の手に汗握るような記録に続き、その終焉以来西側文明が直面している恐るべき脅威に関する、リミントンの戦略的分析が記されるはずだった。その代わりに我々が手にしたのは、すでに公開されているマニュアルや、議会における大臣答弁の引用で膨らまされた、MI5の公式声明の焼き直しだったのである。

実際リミントンの回想録は、テロリスト関連部署を対象に組織改編の大なたを振るったことなど、重要なテーマがいくつか抜け落ちている。

リミントンは回想録において、公的秘密保護法の改正を訴えている。リバティという圧力団体に所属するロジャー・ビンガムは、改正が「はるか以前から先延ばしにされている」この法律に異議を唱えた点で、リミントンは正しいと述べた。リミントンはガーディアン紙とのインタビューの中で、情報機関に所属していた者が自分の仕事をより簡単に執筆できるようにすべきだと述べ、刊行を審査する独立機関を設けるべきだと主張した。またMI5が回想録の刊行を止めようとしたことを明らかにしたが、秘密を暴露したりMI5を侮辱したりする意図はなかったと述べている（訳注：長官退任後は小説の執筆もしている）。

【参照項目】MI5、テロリスト情報、公的秘密保護法

リング・オブ・ファイブ （Ring of Five）

ケンブリッジ・スパイ網のメンバーを指すKGBの俗語。1961年12月に亡命したKGB幹部、アナトリー・ゴリツィンが西側に伝えた。

「サー・ロジャー・ホリス」も参照のこと。

【参照項目】ケンブリッジ・スパイ網、KGB

リンク内暗号化 （Link Encryption）

オンラインの暗号化操作を通信システムのリンクに適用すること。そうするとこのリンクを通過する情報は全て暗号化される。

隣人 （Neighbors）

ソビエトの情報機関がKGBを指して用いる俗語。伝えられるところによると、この俗語はKGB本部に近く、GRUからは離れていたソビエト外務省が発祥だとされている（よってKGBは「近くの隣人」、GRUは「遠く

の隣人」となる）。

【参照項目】KGB、GRU

リンテレン、フランツ・フォン

(Rintelen, Franz von 1877-1949)

第1次世界大戦中、破壊工作を遂行すべくアメリカへの潜入を命じられたドイツ人インテリジェンス・オフィサー。

国際的銀行家の息子として生まれたリンテレンは、若い頃から英語に堪能だった。1903年に海軍入りし、第1次世界大戦が勃発した14年には海軍最高司令部で勤務していた。

1915年、リンテレンはエミル・V・ガシェの名が記されたスイスのパスポートでアメリカに入国、破壊工作の指揮を執る。当時アメリカは中立国だったものの、イギリス、フランス、ロシアに武器を提供していた。入国後は「葉巻爆弾（訳注：鉛筆爆弾とも）」の量産を監督した。この爆弾は葉巻サイズの金属チューブで、2つに分けられた区画のそれぞれに酸が充填されている。間の銅板が時限装置の役割を果たしており、両端は蝋で密封されていた。酸が銅板を腐食させて混じり合うと、激しい炎がチューブから吹き出るという仕組みだった。

葉巻爆弾はニューヨークに停泊しているドイツ船舶で生産された。リンテレンは反英感情を持つアイルランド人の港湾労働者を雇い、イギリス行き船舶に積み込まれた弾薬の中に、葉巻爆弾を仕掛けさせた。それぞれの爆弾は、船が大西洋を航行中に燃焼するよう調整されていた。

リンテレンの主張によれば、一部の船は爆発・沈没し、他の船でも積み荷の弾薬にダメージを与えたという。また火災を起こした船舶のうち3隻には、リンテレンが仲介者を通じてロシアに売り渡した補給物資が積み込まれていたと、後に記している。つまり船と積み荷を爆破する傍らで金儲けをしていたのだ。リンテレンの破壊工作によって何隻の船が沈没したか、あるいは損傷を負ったかに関する記録は存在しない（訳注：被害船舶数36隻、被害総額1,000万ドルとする資料もあるという）。

またリンテレンは、弾薬工場の労働者にストライキを起こさせる計画にも携わった。しかし、駐在武官としてワシントンのドイツ大使館で勤務するフランツ・フォン・パーペンは、リンテレンを嫌っていた。パーペンはアメリカにおける諜報活動と破壊工作の責任者であり、リンテレンの活動が他のより重要な作戦の妨げになることを恐れ、彼を召喚させることに成功する。しかしこの電文はイギリスの暗号解読者に傍受され、1915年8月、スイスのパスポートを使ってオランダ船舶に乗船していたリンテレンはサウサンプトンで逮捕、アメリカへ追放された。アメリカで行なわれた裁判の結果、ストライキ

の扇動で有罪となり、終戦まで連邦刑務所に収監された。

リンテレンは回想録『The Dark Invader』(1933) の中で自らの成果を大きく誇張して記し、アメリカから連合国へ送られた馬やラバを病気に感染させて殺したのも自分だとしている。また1916年7月にニューヨーク港で発生したブラック・トム島爆発事件にも関与したと述べているが、当時は刑務所に収監されていた。

【参照項目】インテリジェンス・オフィサー、駐在武官

リンドバーグ、アーサー・E （Lindberg, Arthur E.）

ソビエト情報機関のインテリジェンス・オフィサーを標的とした囮捜査の中で、FBIを支援したアメリカ海軍士官。1977年夏、リンドバーグはFBIによる精緻なシナリオに従い、ソビエトのクルーズ船カザフスタン号に乗ってニューヨークからバミューダへ1週間の航海に出た。下船の際、彼は船員の1人にメモを渡したが、中には「退職に先立って金を稼ぎたい」と記されていた。その後ソビエト側から連絡を受け、アメリカが潜水艦狩りに用いている水中音響探知技術の情報を提供した。この情報は海軍の対潜水艦作戦のエキスパートがでっち上げ、リンドバーグに撮影させたものだった。そしてニュージャージー州の有料道路近くの隠し場所（デッドドロップ）にフィルムが置かれる。1978年4月、ニュージャージー州ウッドブリッジのデッドドロップを見張っていたFBI捜査官が、そこに現われたロシア人3名を逮捕する。2名は国際連合の職員で、もう1名は国連使節団に所属する駐在武官だった。この人物は外交特権を有していたため国外追放となった。

あとの2名は外交特権を有しておらず、裁判にかけられた。しかし証言によって対潜水艦作戦の機密が明かされることを恐れた海軍、ソビエトで活動するエージェントが報復の対象になると不安視したCIA、そして夏に予定されているカーター大統領とグロムイコ外相の会談への影響を懸念する国務省は裁判に反対した。

モスクワではKGBによる復讐が始まり、アメリカ人ビジネスマンが密輸罪で逮捕されると共に、モスクワにおけるCIAのケース・オフィサー、マーサ・ピーターソンの逮捕と国外追放がそれに続いた。一方、2名のロシア人は裁判の結果スパイ容疑で有罪となり、それぞれ禁固50年を言い渡されている。後に両者ともソビエトの反体制派5名と交換される形で帰国した。また「その他の配慮」も理由となっていて、それはある情報源によると、収監されたCIAエージェントを処刑しないというソビエト当局の確約だったとのことである。アメリカ人ビジネスマンはより軽い容疑で有罪となり、禁固5年を言い渡された上で国外追放に処された。

【参照項目】インテリジェンス・オフィサー、FBI、デッドドロップ、国際連合、CIA、KGB、ケース・オフィサ

ー、マーサ・ピーターソン

ル・カレ、ジョン （Le Carré, John 1931-）

イギリス保安部（MI5）の元インテリジェンス・オフィサーにして、今なおスパイ小説の大家として国際的名声を博しているデイヴィッド・コーンウェル（David Cornwell）のペンネーム。スパイが暗躍する影の世界から小説の着想を得ているが、そのリアリティは登場人物の行動でなく個性が基礎になっている。

ル・カレは諜報活動について、それに携わる者を精神的に麻痺させる職業として描いた。登場人物はもはや自分には尽くしてくれない国家に尽くしつつ、自らの名誉にかけて行動するか、または互いを騙し、時には裏切るのである。

『Tinker, Tailor, Solider, Spy（邦題・ティンカー、テイラー、ソルジャー、スパイ）』(1974、80年にテレビドラマ化)に登場する反逆者ビル・ヘイドンは、イギリス的価値が失われるのに比例して秘密機関も腐敗してゆくという、ル・カレの信念を反映している。現実にMI5を裏切ったハロルド（キム）・フィルビーは「戦後の不況、社会主義の急激な衰退、そして（イギリスの指導者）イーデン及びマクミランによる長年の怠惰が作り出した産物」であるという。そしてヘイドンとフィルビーの類似を裏付けるべく、ヘイドンは「遅すぎたアラビアのロレンス」だと、登場人物の1人に語らせている。つまりロレンスに例えられた、アラブ専門家であるフィルビーの父を指しているのだ。またケンブリッジで学んだというのも、両者の共通点である。

ル・カレの最初の2作──『Call for the Dead（邦題・死者にかかってきた電話）』(1961) と『A Murder of Quality（邦題・高貴なる殺人）』(1962)──は、謎に包まれた中年インテリジェンス・オフィサー、ジョージ・スマイリーを主役にしている。だがスパイ小説作家としての名声をル・カレにもたらしたのは『The Spy Who Came In From the Cold（邦題・寒い国から帰ってきたスパイ）』(1963) である。この本は各国で好評を博し、1965年にはリチャード・バートン主演で映画化された（『スパイ映画』を参照のこと）。

ル・カレの父親は借金まみれのプレイボーイで、偽りの人生を送り続けた。父が押しつけた生活スタイルを本人はこう記している。「そして兄と私は、百万長者の乞食の如き暮らしをしばしば強いられたのである」息子によれば、父親は「夢想家で恐らく精神分裂症であり、いくつかの変名を好んで用いた」というが、『A Perfect Spy（邦題・パーフェクト・スパイ）』(1986、1987年にテレビドラマ化) の作中にいくらかぼかした形で登場している。

本人曰く「占領地帯」の中で青少年期を過ごした後、ル・カレは1948年から49年にかけての1年間を学生

としてスイスで過ごした。そこではドイツ語を学び、イギリス陸軍に召集された際はドイツでの情報任務に携わって、東側から逃れ難民キャンプに収容された人々の尋問を行なっている。

満期除隊後はオックスフォードのリンカーン・カレッジに入り、最優秀学生として卒業した。その後わずかの間イートン校で教鞭を執り、次いでフリーランスのイラストレーターとして活動し始める。その頃請け負った仕事の１つに、MI5の対反体制運動を長年指揮したマックスウェル・ナイト著『Talking Birds』のイラストがある。ナイトはその縁でル・カレをMI5に勧誘した。当時のMI5長官はロジャー・ホリスであり、彼もまた登場人物のモデルとされる数多い人物の１人だった。

1960年、ル・カレはMI6に移籍し、２等書記官としてボンのイギリス領事館へ配属される。その後駐ハンブルグ領事というカバーを与えられた。

ル・カレはスマイリーについて1980年にこう語っている。「彼と私の立場は同じだと思う。何らかの『主義』に立ち向かうことは、それ自体イデオロギー的で、それゆえ品性という点から見れば劣っている。実際、政治的思想というのは人間的な本能を脇へ退けてしまう」

『The Spy Who Came In From the Cold』の主役であり、疲れ果て、シニカルではあるが、自尊心に満ちたアレック・リーマスは、自分が戦争──「ごく身近で規模の小さな戦争」──に関わっていると思い込む。そして「騙され、嘘を教えられ、人生を台無しにされた人々、刑務所に収容され、射殺された人々、そして何の意味もなく消し去られた人々の集団」を目の当たりにするのだった。

『Call for the Dead』から登場するジョージ・スマイリーは、第２次世界大戦で情報活動に携わった学者である。スマイリーは「オタワの若い暗号事務官による暴露のせいで、スマイリーのような経験を持つ人物が必要になった」ために情報の世界へ引き戻された（現実の世界では、イーゴリ・グゼンコがこの暗号事務官にあたる）。別居中の妻アンは夫を、現場の任務に適した「息を呑むほど普通の人物」と評している。「背が低く太り気味で、物腰は静か。大枚はたいたと思われるみっともない服装が、しなびたヒキガエルの皮膚よろしく四角形の身体にぶら下がっている」

スマイリーはMI6長官を務めたサー・モーリス・オールドフィールドがモデルだとされる。しかし1981年にオールドフィールドが死去した際、ル・カレはタイムズ紙によるその推測を否定した上で、「私がサー・モーリスの名前やその他のことを知ったのは、ジョージ・スマイリーが活字になったはるか後のことである」と同紙に語っている。

イギリス人インテリジェンス・オフィサーの大部分は、ル・カレが描写したスパイの世界を憎悪している。

アンソニー・マスターズは著書『Literary Agents（邦題・スパイだったスパイ小説家たち）』（1987）の中で、インテリジェンス・オフィサーであり作家でもあったジョン・ビンガムの未発表原稿を引用している。ビンガムは明らかにル・カレを念頭に置いてこう記した。「インテリジェンス・オフィサーは内通者、間抜け、くそったれ、そして同性愛者の集団であるという、数多くのスパイ作家によって作り上げられてきた信念のせいで、情報任務はより困難になる」

ル・カレがデビューした当時のリチャード・ヘルムズ中央情報長官も、その冷笑的態度、そして裏切りというテーマのために、ル・カレの小説を嫌っていた。

冷戦が終結した際、ル・カレは自分も新たな時代に足を踏み入れたと宣言した上で、1993年、冷戦後の世界についてこう語っている。「諜報活動が現在見せている様相はこれまでのものと変わっていない。ただ余興が大劇場に登場したようなものだ」

ル・カレは全ての小説を黄色のメモ用紙に手書きで執筆している。妻がその原稿をタイピングした後、チェックすることなく出版社に送っているという。

ル・カレのその他の小説を以下に示す（訳注：本書の原著刊行後に出版されたものも含む）。

『The Looking Glass War
　　　　　　　（邦題・鏡の国の戦争）』（1965）
『A Small Town in Germany
　　　　　　　（同・ドイツの小さな町）』（1968）
『The Naïve and Sentimental Lover（未訳）』（1971）
『The Honourable Schoolboy
　　　　　　　（同・スクールボーイ閣下）』（1977）
『Smiley's People（同・スマイリーと仲間たち）』（1979）
『The Little Drummer Girl
　　　　　　　（同・リトル・ドラマー・ガール）』（1983）
『The Russia House（同・ロシア・ハウス）』（1989）
『The Secret Pilgrim（同・影の巡礼者）』（1990）
『The Night Manager
　　　　　　　（同・ナイト・マネジャー）』（1993）
『Our Game（同・われらのゲーム）』（1995）
『The Tailor of Panama（同・パナマの仕立屋）』（1997）
『Single & Single（同・シングル＆シングル）』（1999）
『The Constant Gardener（同・ナイロビの蜂）』（2001）
『Absolute Friends
　　　　　　　（同・サラマンダーは炎のなかに）』（2003）
『The Mission Song（同・ミッション・ソング）』（2006）
『A Most Wanted Man
　　　　　　　（同・誰よりも狙われた男）』（2008）
『Our Kind of Traitor（同・われらが背きし者）』（2010）
『A Delicate Truth（同・繊細な真実）』（2013）

【参照項目】MI5、インテリジェンス・オフィサー、ハロルド（キム）・フィルビー、ジョージ・スマイリー、ロジャー・ホリス、MI6、カバー、イーゴリ・グゼンコ、サー・モーリス・オールドフィールド、中央情報長官、リチャード・ヘルムズ

ル・キュー、ウィリアム・タフネル
(Le Queux, William Tufnell　1864-1927)

　イギリスの小説家。アマチュアスパイでもあり、秘密機関での経験を基にスパイ小説を書き上げたとしている。公式に確認されてはいないものの、これが本当だとすれば、現在まで続く元スパイの作家第1号ということになる（「スパイ小説」を参照のこと）。

　イギリス当局の一部は1892年発表のミステリー『A Secret Service』を真剣に取り上げ、用心を怠らないよう大衆に警告する手段として利用した。この本はイギリスに対するドイツ侵攻がテーマになっている（アースキン・チルダースも1903年にこのテーマで小説を書いた）。1905年には、ベルリン在住の友人からイギリスで活動するドイツの巨大スパイ網について聞かされたと主張している。また「隠された手」という名の秘密組織に所属する、裏切り者のイギリス人について知っているとも語った。

　ル・キューは死ぬまでミステリーやスパイ小説を執筆した。その他の作品として『Guilty Bonds』(1891)、『Secrets of Monte Carlo』(1899)、『The Near East』(1907)、及び『Where the Desert Ends』(1923) が挙げられる。

【参照項目】秘密機関、インテリジェンス・オフィサー、アースキン・チルダース、ベルリン、スパイ網

ルーク　(Rook)

「ロバート・S・リプカ」を参照のこと。

ルーシー・スパイ網　(Lucy Spy Ring)

　第2次世界大戦期における反ナチスの諜報網。ジャーナリスト、トマス・ゼルツィンガーを名乗りつつ、それをカバーとしてスイスで活動したチェコ軍の情報士官、カレル・セドラセクのコードネームに由来する。

　スパイ網を指揮していたロシア人の1人がサンド・ルドルフィである。ハンガリーに生まれたルドルフィは1918年に共産党へ入党、ソビエト情報機関のために働き始めた。その後コミンテルンの密偵として1930年代初頭と36年の2度、パリでスパイ活動を行なう。後に名前をアレクサンダー・ラドに変え、名字を逆にしたドラをコードネームにしてスイスに移り、レジデントとしてソビエト諜報網の指揮にあたった。

　スパイ網に所属するその他の主要メンバーとして、ドイツ陸軍にコネを持つ反ナチ派のドイツ人ルドルフ・レ

ッセラーや、スパイ網の無線担当となったイギリスの左派、アレキサンダー・フートがいた。フートはモスクワへの送信をほぼ毎日行なった。またソビエトのエージェントであるウルスラ・クチンスキー、「シッシー」というコードネームを持ち、モスクワからの指示を受け取っていたポーランド人、ラヘル・デューベンドルファー、そして「テイラー」のコードネームを持ち、デューベンドルファーとレッセラーの仲介役を務めたクリスティアン・シュナイダーもスパイ網の下で活動していた。1943年、ソビエトの情報当局はルーシーの正体を突き止めるようデューベンドルファーに依頼したが、彼女はそれを断った。

　きめ細かな細分化と一連の媒介者のために、スパイ網のメンバーが互いに顔を合わせることはなかった。ラドもデューベンドルファーとシュナイダーを仲介役として用いたために、レッセラーとは会っていない。フートは一度だけレッセラーと顔を合わせたと後に語っている。

　ルーシー・スパイ網は驚異的な成果を挙げた。ドイツ軍によるソビエト侵攻では、その正確な日付（1941年6月22日）と戦力構成を入手して警告している。またクルスク攻勢計画の正確な日付も突き止めており、防衛するソビエト側にとって大きな価値があった。アメリカ戦略諜報局（OSS）の一員としてスイスに駐在するスパイマスター、アレン・W・ダレスはルーシー・スパイ網について、「定期的なペースで、時に東部戦線に関する決定がなされてから24時間以内に」ドイツ軍最高司令部から情報を入手していたと語っている。だが信じがたいことに、ソビエトの独裁者ヨシフ・スターリンの誇大妄想を反映し、スパイ網からもたらされた情報がモスクワのインテリジェンス・オフィサーに無視されることも頻繁にあった。その最たるものとして、ドイツ軍の侵攻計画に対して何ら対策を立てなかったことが挙げられる（「バルバロッサ作戦」を参照のこと）。

　イギリスの一部の情報源によると、イギリス情報機関はルーシー・スパイ網の存在に気づいており、ブレッチレーパークの暗号解読者がもたらしたウルトラ情報を「消毒」した上で、ラドとフートが手に入れるよう仕組んだとしている。しかしイギリスの情報史家F・H・ヒンズリーはこう記す。「モスクワに情報を流すべく……イギリス当局がルーシー・スパイ網を利用したという主張は嘘である」

　スイス当局もドイツに関する情報をレッセラーから入手していたため、スパイ網に対して寛容だった。だが1943年11月、中立についての懸念からだと思われるが、スイスの保安当局はフートを逮捕する。レッセラーもモスクワとの通信ができなくなり、翌年5月にデューベンドルファーと彼女の娘タマラ、そしてベーチャーと共に逮捕された。スイス当局は彼らを親衛隊保安部（SD）の手から守ったものと考えられる。事実、フート

ラ行

とレッセラーらは 9 月に釈放された。その中でラドだけは解放後のパリに逃れていた。

しかし 1945 年にソビエトを訪れたデューベンドルファーとベーチャーは、長期間にわたって拘留された。反ナチ派のドイツ人に助けられているとスターリンが認めたくなかったのが理由だと思われる。ラドは 1 月にパリからモスクワ行きの飛行機に乗ったが、経由地のカイロで飛行機を降り、そのまま姿を消す。その後ソビエトのインテリジェンス・オフィサーに発見されてソビエトへ連行、1953 年にスターリンが死去するまで収監された。釈放後はハンガリーへ戻り、1981 年にこの世を去っている。フートはソビエト情報機関から離反し、生まれ故郷のイギリスに戻った。

レッセラーは 1950 年代に再び諜報活動をした後スイスを離れているが、結局スパイ容疑のために西ドイツで裁判にかけられ、禁固 1 年を言い渡された。

【参照項目】インテリジェンス・オフィサー、カバー、コードネーム、ルドルフ・レッセラー、アレキサンダー・フート、エージェント、ウルスラ・クチンスキー、媒介者、戦闘序列、戦略諜報局、アレン・W・ダレス、ブレッチレーパーク、ウルトラ、F・H・ヒンズリー、SD

ルーズベルト、カーミット、ジュニア

(Roosevelt, Kermit, Jr. 1916-2000)

1953 年にモハンマド・モサデク率いるイラン左翼政権の転覆計画を立案・主導した人物。

ルーズベルトはアマチュアとして諜報活動の世界に足を踏み入れた。1927 年にヴィンセント・アスターと設立した裕福なアメリカ人の秘密結社、ルームがその第一歩である。ルームの各メンバーは非公式に情報を集め、政府高官に提供していた。1930 年代当時、ルームの情報消費者（コンシューマー）にはフランクリン・D・ルーズベルト大統領もいたほどである。

セオドア・ルーズベルト元大統領の孫であるカーミット・ルーズベルトは、アメリカが第 2 次世界大戦に参戦した際はハーバードで歴史を教えていたが、開戦後に戦略諜報局（OSS）入りして中東で勤務する。

かくしてこの地方におけるエキスパートとなったルーズベルトは、戦後に創設された CIA によって工作員と共にこの地へ送られ、様々なカバーを用いて活動した。

1951 年に国家主義勢力がイラン議会の主導権を握ると、若き皇帝ムハンマド・レザー・パフラヴィーはモサッデクを渋々首相に任命する。モサデクは石油企業を国営化して国際的危機を引き起こしたが、それは石油のみの問題にとどまらず、ソビエトがイランの支配権を握る事態にもなりかねなかった。

1953 年 7 月、ルーズベルトはパフラヴィーと面会し、イギリス秘密情報部（MI6）と CIA の合同作戦、アジャックスへの支持を取りつける。1932 年のリンドバーク令息誘拐事件で名を馳せた元ニュージャージー州警察長官、H・ノーマン・シュワルツコフ（湾岸戦争時にアメリカ軍司令官を務めたシュワルツコフ大将の父親）が、第 2 次世界大戦以降イラン親衛隊の指揮を執っていた。ルーズベルトはシュワルツコフに対し、来るべきクーデター作戦を支援すべく、イランに戻って軍をパフラヴィーの側につけるよう説得した。

8 月、パフラヴィーはモサデクを更迭し、ファズロラー・ザヘディ将軍を後任に据えたと発表する。だがモサッデクは退任を拒否、暴動が激しさを増したためにシャーはイランからの脱出を余儀なくされる。そしてクーデターが始まった。ルーズベルトによる管理の下、皇帝派の軍隊は群衆を弾圧すると共に、CIA の資金援助を受けた親皇帝派のデモを護衛した。ザヘディは軍勢を率いてモサデクを襲い、彼を逃亡に追い込み自ら首相に就任する。皇帝もその後帰国し、西側の石油企業は新たな契約を得た。そしてアメリカは 4,500 万ドルの経済援助をイランに対して行なっている。

国家安全保障章を秘密裡に授与されたルーズベルトは、CIA がクーデターすら引き起こせることを証明した英雄として賞賛された。事実この成功によって、CIA はさらにクーデターを引き起こすようになる——一方ルーズベルトは、国家安全保障に絶対必要でない限り、こうした作戦をとるべきではないと警告した。

その後エジプトのガマル・アブデル・ナセル政権に対するクーデターの指揮を断り、CIA を辞職した。ルーズベルトは『Allen Dulles: Master of Spies』（1999）の中で、著者ジェイムズ・スロウズにこう語っている。「フォスター（・ダレス国務長官）の要求が大きくなり過ぎていた。私があらゆる場所のあらゆる問題を解決できると考えていたんだよ」

ルーズベルトのキャリアは 1953 年から 61 年まで中央情報長官（DCI）を務めたアレン・W・ダレスの在任期間と一致していたが、アジャックス作戦はそのハイライトだった。

（同じくセオドア・ルーズベルト大統領の孫であるアーチボルド・ルーズベルトも CIA に所属しており、ボイス・オブ・アメリカ〔VOA〕職員をカバーとして活動した）

【参照項目】CIA、ヴィンセント・アスター、コンシューマー、戦略諜報局、カバー、MI6、アジャックス、中央情報長官、アレン・W・ダレス

ルップ、ライナー (Rupp, Rainer 1945-)

1977 年から 89 年にかけて東ドイツのためにスパイ行為をした北大西洋条約機構（NATO）の職員。妻と共に、推定 1 万ページに上る資料のコピーを東ドイツに——及び東ドイツ経由でソビエトに——もたらした。ドイツの検察当局によると、夫妻のスパイ行為のために、

「戦争の事態になればNATOが敗北する可能性もあった」という。

西ドイツに生まれたループは学生時代の1968年に東ドイツの情報機関MfS（シュタージ）から勧誘を受け、学業を続けながら今後の指示を待つよう告げられた。その後1970年にブリュッセルを訪れた時、イギリス人アン＝クリスチャン・ボウエンと出会う。ロンドンの国防省で秘書を務めていた彼女は、NATOのイギリス軍事使節団の一員として、1968年にブリュッセルへ派遣されていた。当時シュタージは、NATO及び西ドイツの政治・軍事部門で働く秘書をターゲットにしており、ハンサムな男性エージェントを「ロミオ」と呼んで活用していたが、ループは彼女に対する恋愛感情は本物だったと主張している。

2人は恋に落ち、ループはシュタージに雇われていることを告白した。当時ボウエンは、ベトナム戦争に起因するループの反米感情を理解するようになっていた。そして恋人のスパイ行為も受け入れ、訓練のために東ベルリンへ赴くループに同行し、自分もスパイとなることに同意する。その後2人は1972年に結婚した。

彼女はNATOの資料をハンドバッグに入れて本部から持ち去ったが、資料の一部にはNATOの最高機密を示すコスミックのスタンプが押されていた。自宅では、シュタージから提供されたカメラを使ってループがそれらを撮影し、翌日アン＝クリスチャンによって元の場所へ戻される。ループはこれもシュタージから提供された無線機で、暗号化された指示を受け取っていた。ハンドラーは夫をトパーズ、妻をターコイズのコードネームで呼んでいた。

1977年、ループはNATOの国際経済部署で働き始め、文書を自宅へ持ち帰るようになった。アン＝クリスチャンも1980年に第1子が生まれるまでスパイ活動を続けた。彼女は後に、共産主義に失望するようになり、子育てとスパイ活動が両立し得ないと感じるようになったと語っている。シュタージのハンドラーは彼女の判断を受け入れた。ループはスパイ行為を継続したが、アン＝クリスチャンは後にこう述べている。「夫のスパイ行為をやめさせようと、私たちはいつも言い争いをしていました」

ループは疑問を感じ始めたが、それは皮肉なことに、文書を撮影する中でNATOの計画が防衛的であることを知ったからである。1979年にソビエトがアフガニスタンへ侵攻すると、今度はループが失望する番だった。しかし、彼は妻にスパイ行為をやめたと言ったが、それは嘘だった。そこには金が絡んでいたかもしれない。シュタージからは月々1,500ドルが支払われており、ベルリンの壁が崩壊した後もスパイ行為は続けられた。

1990年10月にドイツが再統一を果たした後、アン＝クリスチャンはある記事を読んだ。西側情報機関がシュタージのファイルを検索し、トパーズというコードネームのスパイを捜しているという。ドイツの防諜機関は情報提供者の助けを借りてついにループを追い詰め、親族を訪れていたループ夫妻を1993年7月に逮捕した。

「私は間違ったことをしました。必ず償うつもりです」ループはそう述べた。裁判の結果、ループは1994年11月に反逆罪で禁固12年を言い渡され、アン＝クリスチャンには禁固22ヵ月の執行猶予付き判決が下された。

【参照項目】北大西洋条約機構、MfS、エージェント、コスミック、暗号、ハンドラー、コードネーム、防諜

ルートヴィヒ、クルト・フレデリック

(Ludwig, Kurt Frederick 1903-?)

1940年から41年にかけてアメリカで活動したドイツのスパイ網「ジョーK」の指揮官。

ジョーKという名前はベルリン宛ての手紙に書かれた署名の頭文字に由来している。その手紙にはニューヨーク湾に停泊する連合国船舶の情報が記されていた。ルートヴィヒはさらに「フージー」というコードネームだけでなく、およそ50もの男女の変名を用いた。

オハイオに生まれたルートヴィヒは子どもの頃にドイツへ移り住み、そこで結婚した。また1920年代から30年代にかけてアメリカを何度か訪れている。1938年2月、オーストリア警察はドイツとの国境付近にかかる橋を撮っているルートヴィヒを目撃し、スパイ容疑で逮捕した。しかし捜査は遅れ、ナチスが3月にオーストリアを併合したため裁かれることはなかった。ルートヴィヒは1940年3月までドイツにとどまり、その後はスパイ網を組織すべくアメリカへ渡っている（デュケイン・スパイ網とは別の組織だったが無関係ではなかった。またいずれもFBIによって摘発されている）。

スパイ網がニューヨーク市を拠点に活動し、ベルリン及び中立国（スペインやポルトガルなど）に設けられた便宜的住所宛ての手紙を通じて、連合国の船舶に関する情報をドイツへ送っていることを、米英当局は知っていた。最初の突破口をもたらしたのは、イギリス秘密情報部（MI6）のカバー組織である英国保安調整局（BSC）がバミューダ諸島で実行した、秘密の手紙検閲作戦だった。1940年、「ジョーK」と署名されたニューヨークからの手紙がイギリスの工作員によって発見される。宛先は「ロタール・フレデリック」となっており、これはナチスの主要警察組織RSHAのラインハルト・ハイドリヒ長官が用いる変名として知られていた。BSCの専門家は手紙を開封して中身を読み、再び封をした。その技術は実に見事で、受取人も開封されたことに気づかないほどだった。

ジョーKの署名は便宜的住所へ送られる数多くの手紙に記されていた。1941年3月、BSCの化学者が手紙に用いられていた秘密筆記を突き止める。その中身は中

ラ行

国の「スミス」に送られた手紙の複製について触れていた。J・エドガー・フーヴァーFBI長官とウィリアム・スティーヴンソンBSC長官の不仲にもかかわらず、BSCの手紙検閲活動はFBIとの協力で行なわれていた。かくしてFBIはスミスの手紙を追跡、その中に真珠湾の防衛計画が含まれていたことを突き止めたのである（ドイツは他にも真珠湾との関係があった。「デュスコ・ポポフ」を参照のこと）。

もう1通の「ジョーK」の手紙もFBIによる調査が行なわれ、ニューヨークのタイムズスクウェアを走っていた車が「フィル」をひき殺したという、パニック混じりの秘密メッセージが発見された。BSCはFBIに対し、フィルの正体がドイツ軍の情報将校ウルリッヒ・フォン・デア・オステンであることを伝えた。オステンは日本経由でアメリカに到着した1週間後、「伝達網から排除された」のである。FBIはフィルが遺したノート、ポルトガルから「フージー」に宛てて送られた電報、そしてジョーKの手紙から得られた情報をつなぎ合わせ、3月18日にオステンがひき殺された際、現場から逃走したフレッド・ルートヴィヒの名を突き止めた。

ルートヴィヒはニューヨークのドイツ領事館を通じて支払いを受け、ドイツ＝アメリカ協会でエージェントや密使の勧誘を行なっていた。そしてオステンの死に伴い、アメリカにおけるドイツ人スパイのトップに立ったのである。FBIの監視下に置かれたルートヴィヒは、ニューヨーク湾の埠頭やニューヨーク周辺の米軍施設に赴く姿を目撃された。5月には18歳の「秘書」を伴ってフロリダ旅行に出かけているが、途中軍のキャンプ、飛行場、そして工場に立ち寄っている。マイアミ到着後はエージェントに会い、ニューヨーク湾のガヴァナーズ・アイランドに駐在する陸軍下士官が準備した隠し場所を通じて報告書を送り返した。

1941年8月、ルートヴィヒは監視下にあると感づいたのか、モンタナに車を走らせて短波無線機を捨て、そこからバスに乗って西海岸へ向かった。日本経由でドイツへ帰国するつもりだと確信したFBIは、ワシントン州シアトル郊外で彼を逮捕する。その後さらに8名を摘発したが、その中には秘書とルートヴィヒの手助けをした下士官も含まれていた。1942年3月にスパイ容疑で裁かれた結果、ルートヴィヒと下士官には禁固20年が言い渡された。検察のために証言を行なった若い秘書は禁固5年の刑が下されている。その他の5名には禁固10年から15年が言い渡された。

スパイ網の9人目のメンバーは「ロバート」という名でしか知られていなかったが、FBIはドイツ領事館が入居している建物の管理人から文書を入手、それを元に追跡を進めた。この管理人はドイツ人が見張る中で書類を定期的に焼却炉へ投げ込んでいたのだが、それを引き出して火を消し、黒こげになった紙をFBIに持ち込ん

だのである。ロバートの正体はドイツ軍の退役兵で、ユダヤ人であるとの理由で大学を追われたにもかかわらず、難民兼スパイとしてアメリカへ赴くことに同意した科学者、パウル・ボルヒャルトだった。彼はドイツへの愛国心からスパイ行為に及んだと供述している。裁判の結果ボルヒャルトには禁固20年が言い渡された（スパイ活動が開戦前に行なわれたため、ボルヒャルトらは死刑を逃れた）。

【参照項目】ベルリン、コードネーム、デュケイン・スパイ網、FBI、便宜的住所、MI6、英国保安調整局、RSHA、ラインハルト・ハイドリヒ、秘密筆記、J・エドガー・フーヴァー、ウィリアム・スティーヴンソン、真珠湾攻撃、エージェント、密使、監視

ルピー （Rupee）

ソビエトのオレグ・ペンコフスキー大佐がもたらした防諜資料を指すイギリスのコードワード。

【参照項目】オレグ・ペンコフスキー、防諜、コードワード

ルビャンカ （Lubyanka）

長年にわたってロシア及びソビエトの国家保安機関本部があった建物。ジェルジンスキー広場すぐそばのジェルジンスキー通り2番地に位置する。ルビャンカは本部庁舎としてだけでなく刑務所（屋上に運動場があった）及び処刑場としても機能しており、ソビエト情報機関の恐怖を象徴していた。

1917年のボルシェビキ革命以前、この巨大な石組みの建物には「アンカー」並びに「ロシア」という保険会社が入居していた。その後こうした帝政時代の企業は「ゴストラフ」という単一の保険会社に統合された。これは「国立保険会社」を表わすロシア語「gosudarstvennoye」と「strakhovaniye」の略称である。NKVD（内務人民委員部）職員のA・I・ロマノフは自伝『Nights Are the Longest There』（1972）において、「略称の後半にある『strakh』はロシア語で『恐怖』を意味し、人々は『昔は国家による恐怖（Gosstrakh）で、今は国家によるホラー（Gosuzhas）だ』と冗談混じりに言い合ったものである」と記した。

ルビャンカに投獄された男女は無数に上る。「地下室」という単語は、ルビャンカに収容するという脅しとして用いられることもあった。だが地下室は処刑に用いられており、監獄はなかった。ロバート・コンクエストは著書『The Great Terror: Stalin's Purge of the Thirties』（1968）の中で次のように記している。

ルビャンカの地下室は一種の広大な空間で、廊下の両側には多数の部屋が並んでいた。通常の場合、ここにやってきた囚人はどれか一室で自分の服を渡し、白

い下着だけを身につける。そして処刑室に連行され、トカレフで首の後ろを撃たれるのである。次いで医師が死亡証明書に署名、それがファイルに挿入される最後の書類となる。床に敷いた防水シートは撤去され、このために雇われた女性によって洗浄される。

ルビャンカの主要な刑務所は建物の6階に位置していた（より大規模なものとしてモスクワのレフォルトヴォ刑務所があり、スターリンによる大粛清が頂点を迎えた1930年代後半には1日あたり70名の囚人が首の後ろを撃たれて処刑されたという）。

ルビャンカの独房は寒い時には非常に寒く、暑い時には耐え難いほど暑かった。また囚人の態度によっては明かりが24時間点きっぱなしになる。尋問のために連行される囚人が別の囚人と行き交うと、互いに認識できないように壁を向かされる。さらに、囚人の連行にあたる警備員が指を鳴らして存在を知らせ、囚人同士が出くわすのを防ぐこともあった。尋問（しばしば拷問を伴った）は訓練を受けた尋問官によって行なわれ、「ボーンクラッシャー」と呼ばれる人間が補助にあたったという。

国家保安機関トップ（国内治安機関の長を兼ねることもあった。「ロシア－ソビエト」を参照のこと）の執務室は3階にあり、幹部執務室の大半も同様である。この迷宮には博物館もあり、近年かなりの規模に拡大された。またソ連邦英雄の称号を与えられたインテリジェンス・オフィサーや保安担当官を顕彰する壁もある。

第2次世界大戦後、ルビャンカの施設群はさらに拡張された。建設にあたったのはドイツ人捕虜であり、彼らは数年間にわたって（あるいは死ぬまで）この労働に従事した。

後にKGB本部並びに一部の総局はモスクワにある別の近代的なビルへ移転し、コンピュータとテレックスによるネットワークが各部署を結ぶようになった。なおKGBの主要なオフィスは、モスクワの主要道路カリーニア・プロスペクトがチャイコフスキー通りと交差する場所に建つ、31階建てのSEVビルディングに再移転している。

ソビエト連邦崩壊後の1992年以降、選ばれた外国人とロシア人は1人あたり30ドルでガイド付きのルビャンカ・ツアーを体験できるようになった。

【参照項目】ジェルジンスキー広場、NKVD、地下室、KGB

ルーフ　（Roof）

エージェントが用いる偽装身分のうち、おおっぴらに活用している部分。「オン・ザ・ルーフ・ギャング」も参照のこと。

ルーファーズ　（Roofers）

「オン・ザ・ルーフ・ギャング」を参照のこと。

ルミネール　（Luminaire）

1960年代に開発されたソビエトの暗号機。無線受信機を接続して用いられた。この機械は受信した音響信号を数字に変換し、機械上部にある10個の小さなダイヤルに表示させる。それらの数字は暗号化されたメッセージであり、ワンタイムパッドを使って復号できた。ルミネールはモールス信号を知らないエージェントや、無音の受信手段を必要とするエージェントのために開発されたものである。

【参照項目】暗号、ワンタイムパッド

ルーム　（Room, The）

軍事情報活動の経験を持つ、あるいは情報活動をロマンチックな行為と考える裕福なニューヨーク市民によって、1927年に設立された秘密結社。主要な創設者としてヴィンセント・アスターとカーミット・ルーズベルトの名が挙げられる。他にも銀行家のウィンスロップ・W・オルドリッチや、外務省職員のデイヴィッド・K・E・ブルースといった有力な人物も所属しており、後には将来のアメリカ情報機関トップ、ウィリアム・ドノヴァンとアレン・W・ダレスも加わった。ジェイムズ・スロウズは著書『Allen Dulles, Master of Spies』（1999）の中でこう記している。「（ルームは）また、アメリカ財界の指導者が政府にカバーを提供するという前例を作り、さらにワシントンだけでは実行できない作戦を――輸送、資金、プロパガンダを通じて――支援した」

1939年9月にヨーロッパで第2次世界大戦が勃発した際、ルームはクラブと名前を変え、ルーズベルト大統領に直接情報をもたらすというより積極的な活動を始めた。

【参照項目】軍事情報、ヴィンセント・アスター、カーミット・ルーズベルト、ウィリアム・ドノヴァン、アレン・W・ダレス、カバー

ルーム40　（Room 40）

第1次世界大戦中、イギリス海軍が暗号解読活動を行なった場所。海軍は1914年8月の戦争勃発より暗号解読活動を始め、民間の無線局と共同でドイツの暗号通信を傍受する。海軍情報長官のH・F・オリヴァー少将はこれらメッセージに秘められた可能性を認識し、サー・アルフレッド・ユーイング教育長官に活用する方途を探るよう求めた。

ユーイングはこのチャンスに飛びつき、解読にあたるスタッフを大急ぎで組織した。最初に目をつけたのは、ダートマスとオスボーンの海軍大学校に所属する教官、

とりわけドイツ語の教官である。幸いなことに、当時彼らは夏期休暇中だった。こうして勧誘された人物の1人が、オスボーンのドイツ語教官、アラステア・デニストンである（ユーイングは後にケンブリッジ大学の教授も勧誘した。その大半は古典文学及び語学の専門家だった）。

当初ユーイングの狭苦しいオフィスで勤務していたスタッフは、傍受内容を分類した上でファイルし、ドイツ陸軍のメッセージを海軍のそれと区別、送信元の無線局の一部を突き止める。しかし暗号を解読することはできなかった。

この状況は1914年10月13日に大きく変わる。座礁したドイツの巡洋艦マグデブルクから回収されたコード書が海軍省に届けられたのである。このコード書には、5桁の数字と3つの文字から成るペアが数百ページにわたって延々と並び、各ペアは通信文における1つ1つの単語を表わしていた。にもかかわらず、暗号解読者はもう1つの幸運——オーストラリア・メルボルン沖合を航行中の商船から押収したコード書——が海軍省にもたらされてようやく、メッセージを解読できた。そこには通信文を解読するのに必要な2番目の鍵が記されていたのである。かくして1914年11月初頭、ユーイングとデニストンらの努力によって、ドイツ海軍の秘密通信の大半が解読された。

（戦時中、ドイツ海軍は通信の安全性に関する検証を幾度か実施した。マグデブルクの沈没時、ドイツ当局は「コード書の暗号化鍵が破棄されなかった」ことを知った。1915年8月にはマグデブルクのコード書を回収したロシア海軍士官がドイツで捕らえられ、コード書の回収を認めた。しかしドイツ海軍省はそれでも、この喪失が重大な結果をもたらし得るとは信じなかった）

最初の解読チームによる成功でさらに多くの暗号解読者が必要となり、ホワイトホールに建つ旧海軍省庁舎の40号室（ルーム40）が彼らに割り当てられた。その時点から、ルーム40はイギリス海軍の暗号活動を遠回しに指す単語となる。

1ヵ月後、ドイツの魚雷艇S-119から投棄されたコード書がイギリスのトロール船によって回収され、暗号解読者にさらなる武器が与えられた。また戦争中を通じ、主に浅瀬で沈没したUボートからコード書や暗号化鍵が回収されている。

やがてドイツ当局が水上艦艇、潜水艦、商船に送ったメッセージだけでなく、領事館や大使館に送ったメッセージの解読も、ルーム40の活動に含まれるようになった。ドイツは定期的に二重暗号化鍵を変更していたが、基本の暗号鍵は同じままだった——イギリスの暗号解読者はそれを熟知していたのである。戦争を通じて約2万件のメッセージがルーム40で解読され、その一部は極めて重要なものだった。一例を挙げると、第1次世界大戦における最大の海上対決となったユトランド海戦の直前、1916年5月にドイツ艦隊が出撃したことを、暗号解読者は海戦に先んじて突き止める。しかしルーム40は正確ながら誤解を招く回答をもたらし、イギリス側は罠を仕掛けることができたにもかかわらず、それを活用できなかった。

それでもルーム40には、中立国のスウェーデンとアメリカからさらなる僥倖がもたらされた。ヨーロッパと西半球を結ぶ外交通信用の海底ケーブルは、戦時中も中立国スウェーデン経由で外交電文を送り続けていたが、イギリスはこれらケーブルに傍受装置を仕掛け、敵（及びアメリカ）の外交電文を読むことができた。その結果、ドイツが大西洋でUボートによる無制限攻撃を再開し、またメキシコを戦争に引き込むことを予告する、ドイツ外相からメキシコ大使に宛てた1917年1月16日付の電報が傍受された。ツィンマーマン電報と呼ばれるこの通信文を傍受したことは、同年4月にアメリカが第1次世界大戦に参戦する大きな契機となった。

しかし翌月、ルーム40の暗号解読者は海軍省の他の情報・作戦部門から隔離された。結果としてルーム40の情報は、経験が少なく、時には情報の活用方法さえ知らない少数の高級士官にのみ配布されることとなった。

こうした変化の結果、ルーム40は生の解読結果を海軍省作戦部へ送る代わりに、ドイツの意図に関する予想だけでなく、解読内容に関係する全てのデータを含んだ評価書あるいは報告書を提供するようになった。これによってルーム40による活動の有用性がさらに増した（そして1937年の海軍省作戦情報本部設置につながった）。

イギリスの傍受拠点は戦争を通じ、ドイツの通信メッセージを無線あるいは有線から拾い上げ、暗号化されたまま海軍省へ転送した。受信されたそれらメッセージは気送管でルーム40に送られた。気送管のシリンダーは頻繁な着信のため、時に機関銃のような音を上げたという。このようにして、傍受された多数のメッセージが毎日届けられ、1914年10月から19年2月にかけ、ルーム40の暗号解読者はドイツによる秘密通信およそ15,000件を解読した（その他にもアメリカなど中立国の秘密通信を解読している）。この活動は対Uボート作戦だけでなく、外交活動及び前線における軍事作戦においても極めて重要な価値を持っていた。

ドイツ海軍がルーム40の存在を知ったのは、戦時中に第1海軍卿を務めたサー・ジョン・フィッシャー提督が『Memories』（1919）を刊行した時のことだった。

　　無線の発達により、話者がいる方向を突き止め、そこへ行くことが出来るようになった。そのため、ドイツ軍は口を開こうとしなくなった。たとえ何かを言ったところで、それは暗号化されている。よって、先の

大戦で海軍省が成し遂げた輝かしき栄光の1つは、その暗号を解読したことである。私の在任期間中、解読に失敗したことは1度としてなかった。

1923年、戦争初期に海軍大臣を務めたウィンストン・チャーチルは全5巻の著書『World Crisis』の中で、沈没した巡洋艦マグデブルクから信号書と暗号書が回収された経緯を明らかにした。また海軍が解読内容をどう活用したかにも触れている。「ドイツ艦隊司令部は無線通信をイギリス側に傍受され、言わば手持ちのカードを開いてイギリス司令部と対決していたようなものだ」

ドイツ海軍指導部はこれを教訓とし、今後は敵にこうした利点を与えないよう対策を講じた。つまりコード書から機械式暗号（「エニグマ」を参照のこと）へ切り替えると共に、暗号解読機関Bディーンストを設置したのである。

戦後、ルーム40は政府暗号学校に発展した。

【参照項目】海軍情報長官、アルフレッド・ユーイング、アラステア・デニストン、コード、二重暗号化、暗号解読、ツィンマーマン電報、作戦情報本部、Bディーンスト、政府暗号学校

ルルド (Lourdes)

キューバのハバナ近郊に位置する、ソビエト（ロシア）の大規模な信号情報施設。1985年3月にアメリカ政府がその存在を公表した際、ソビエトが東側諸国外に設置しているスパイ拠点の中で最も洗練されていると評された。アメリカ南東部の電話通話、フロリダ州ケープ・カナヴェラルでの宇宙活動、そしてアメリカの商業・軍事衛星による通信が傍受可能とされている。また、当時は軍及び文官の技術者2,100名が勤務していた。

この施設は1962年のキューバミサイル危機を受けて60年代中期に建設された。冷戦後のロシアにおけるルルドの重要性は、1996年11月に参謀本部情報総局（GRU）トップのフョードル・ラドゥイギン上級大将がキューバを訪れ、この情報施設の運用継続について話し合ったことで再確認された。当時ロシアは年200万ドルの借地料を支払っていたという。

しかし2001年10月17日、ウラジーミル・プーチン大統領は施設の閉鎖を発表した（同時にベトナムのカムラン湾にある海軍基地の撤去も発表されている）。閉鎖指令は翌年1月1日から実行され、2002年8月までに施設の大半が閉鎖されたと伝えられる。

その後キューバの指導者フィデル・カストロは、ルルドの巨大施設をコンピュータの学習、研究、及び製造を行なう一大拠点にする決定を下した。「我々はキューバをカリブ海における一大コンピュータ拠点にする」と、キューバ外務省は語っている（訳注：しかし2014年7月、利用再開に向けた合意が取り交わされた）。

【参照項目】キューバ、信号情報、衛星、キューバミサイル危機、GRU、フョードル・ラドゥイギン、ウラジーミル・プーチン

ルン、カトリーナ (Leung, Katrina M.)

アメリカの二重スパイ。漢字名は陳文英。FBIの指揮下で活動しつつ、中国のためにスパイ行為をしていた。2003年に逮捕された際、ルンのハンドラーを務めていたFBIの防諜担当官も同時に捕らえられ、彼女の愛人であることが判明している。当局によると、別のFBI捜査官とも恋愛関係にあったという。

FBIは20年以上にわたり、ルンが集めた情報に対し総額170万ドルを支払ったと、連邦当局は述べている。一方、連邦政府の起訴状によれば、彼女は自分のハンドラーであるジェイムズ・J・スミスFBI捜査官から機密データを入手、中国に渡していたという。逮捕時59歳だったスミスは重過失罪に問われている。また、当時49歳のルンはスミス同様既婚者であり、2名は諜報活動に携わっている期間を通じて愛人だった。なお、いずれも容疑を否認した。

2人への容疑が確かならば、過去20年にわたるアメリカの中国関連情報は、中華人民共和国国家安全部（MSS）のハンドラーが作り上げた偽情報によって損なわれていたことになる。

中国在住の親族が持つコネのため、ルンはアメリカ当局から特に重要なエージェントだと見なされていた。この中国系アメリカ人のビジネスウーマンは、江沢民元国家主席、朱鎔基元首相、そして故楊尚昆元国家主席とも面識があった。当局によれば、彼女がもたらした報告書の一部はホワイトハウスに直接届けられたという。

ルンが親族経由で入手した情報は、中国人が関係する少なくとも2件のスパイ事件において、FBIの大規模捜査に影響を与えた。その1つはロスアラモス国立研究所で勤務する中国系アメリカ人の核兵器エンジニア、李文和に対する捜査だが、こちらは起訴に至らなかった。もう1つは中国からアメリカ人候補に送られた違法献金に関する捜査である。こちらのほうは後に国外逃亡した大富豪のビジネスマン、テッド・ションに焦点を当てていた。この捜査の少なくとも一部はスミスが指揮している。

議会による調査を主導したテネシー州選出の共和党元上院議員、フレッド・D・トンプソンはぶっきらぼうにこう尋ねた。「あの女は献金事件に対するFBIの熱意に水を差したのか？」

ルンの自宅を捜査したところ、「ロイヤル・ツーリスト」というコードネームの作戦に言及したFBI文書が発見される。これはカリフォルニアにあるTRW社の従業員、ピーター・リーのスパイ行為に対する捜査だった（TRWは1970年代にもスパイ事件に巻き込まれてい

る。「クリストファー・ボイス」を参照のこと）。

カリフォルニア州サンマリノに住んでいたルンと夫のカムはいずれも現地社会で有名であり、共和党員としてカリフォルニア州南部の政治に深く関わっていた。またルンはロサンゼルス国際問題会議のディレクターを務めている。1996年、アメリカの情報当局は、中国がアメリカの選挙戦に300万ドルを注ぎ込む計画だと警告した。議会も中国から民主党の全国委員会に週十万ドルの違法献金が流れ込んだのを突き止めている。

スミスは1970年10月からFBIでの勤務を始め、2000年11月に退職した。

ルンの愛人と噂されたもう1人の元FBI捜査官はウィリアム・クリーヴランド・ジュニアであり、政府筋によると、ルンが二重スパイかもしれないと警告していたらしい。彼女が逮捕された際、クリーヴランドはもう1つの核兵器研究施設、ローレンス・リヴァモア国立研究所の保安主任を退いている。ちなみに1970年代後半から80年代前半にかけ、クリーヴランドはローレンス・リヴァモア国立研究所におけるスパイ捜査を担当していた。

ルンは陳文英の名で中国の広州に生まれた。当局によると彼女のコードネームは「ルー」だったという。またMSSのハンドラーは「マオ（毛）」の名で知られていた。FBIにおける彼女のコードネームには「パーラー・メイド」などがある。

【参照項目】二重スパイ、FBI、ハンドラー、防諜、偽情報、MSS、ロスアラモス、李文和、コードネーム、ピーター・リー

レイトン、エドウィン・T （Layton, Edwin T. 1903-1984)

第2次世界大戦中、アメリカ太平洋艦隊の情報部門を率いた人物。珊瑚海海戦やミッドウェー海戦など、太平洋における戦闘で日本軍が用いた暗号を解読し、情報を得たことが功績として挙げられる。

1924年に海軍兵学校を卒業したレイトンは1920年代から30年代にかけて水上艦艇で勤務し、時おり陸上任務に就いた。さらに日本語を現地で学び、北京及び東京で駐在武官補佐を務め、またワシントンDCでも勤務した経歴を持つ。駆逐艦と掃海艦の艦長を1年強務めた後の1940年12月、当時少佐だったレイトンはジェイムズ・O・リチャードソン提督率いる太平洋艦隊の情報士官として真珠湾に赴任した。そしてリチャードソンの後任ハズバンド・E・キンメル（1941）及びチェスター・W・ニミッツ（1942〜45）両提督の下でも任務を続けた。

レイトン率いる真珠湾の暗号解読者は、暗号解読と無線交信の分析を通じて日本艦隊の行動を突き止めようと試みた。しかし開戦直前、レイトンはワシントンの情報参謀と絶え間ない抗争を繰り広げる。レイトンは後に、

ワシントンの参謀が自分のスタッフに情報をもたらさなかったため、開戦時における日本艦隊の位置が突き止められなかったと非難している。レイトンの死から1年が過ぎた1985年、太平洋戦争における海軍の情報活動を記した自伝『And I Was There（邦題・太平洋戦争暗号作戦：アメリカ太平洋艦隊情報参謀の証言）』が刊行されているが、その中では当時の戦争計画部長リッチモンド・ケリー・ターナー大佐はじめワシントンの無能ぶり、官僚的争い、そして権力増長が記されている。

レイトンは暗号解読で得られた情報を作戦立案に用いた第1人者であり、ニミッツ提督を強く支持していた。終戦時大佐に昇進していたレイトンは、東京湾に停泊する戦艦ミズーリ艦上で行なわれた降伏調印式に参加するようニミッツから命じられる。それは彼の情報活動をニミッツが認めた証だった。

1946年2月以降は何度か陸上任務に就き、海軍情報学校の設立に尽力すると共に、駐在武官としてブラジルのリオデジャネイロで勤務した。少将の際に統合参謀本部の情報副部長となり、後に太平洋艦隊の副参謀長を務める。その後1959年に退役。

【参照項目】駐在武官

レイブン （Raven）

男性もしくは女性を誘惑し、スパイ行為に引き込むために雇われた男性エージェントを指す俗語。

レイボーン、ウィリアム・F、ジュニア
（Raborn, William F., Jr. 1905-1990)

1965年4月28日から66年6月30日まで中央情報長官（DCI）を務めた人物。歴代DCIの中で最も在任期間の短い1人となった。

海軍兵学校在籍中から「レッド」のニックネームで呼ばれていたレイボーンは1928年に兵学校を卒業、飛行士及び砲科将校として水陸両方で勤務した後、1955年から62年まで海軍特殊計画局を率い、ポラリス潜水艦搭載ミサイルの開発を55年12月のプロジェクト開始時から指揮した。海軍作戦部長のアーレイ・A・バーク大将によれば、レイボーンを選んだのは「前進させる能力、有り余るほどのエネルギー、そしてはち切れんばかりの熱心さを兼ね備え、人々を納得させられるからだ。彼は物事を成し遂げられる」のが理由だという。レイボーンはその期待に応えた。ポラリスミサイルが潜水艦ジョージ・ワシントンから試射されたのは1960年7月20日だったが、これは当初のスケジュールを数年も前倒しするものだった。

レイボーンがポラリスミサイルの開発を早期に完了できた背景には、PERT（計画評価・検証技術）システムがあった。これは政府内外の複雑な大規模プロジェクトを管理するモデルとなっている。

中将に昇進したレイボーンは1962年から63年まで開発担当作戦次官を務め、DCI在任期間の前後は民間企業で勤務している。

ジョンソン大統領は同郷のレイボーンをDCIに任命したが、これはプロのインテリジェンス・オフィサーを望むCIA幹部を嘆かせた。レイボーンには情報分野での経験がなく、当時のベテラン職員によればそれはすぐさま明らかになったという。著書『Inside the CIA』の中でレイボーンの評価を試みたロナルド・ケスラーは、1965年にジョンソン大統領がドミニカ共和国への介入を決断した際、「レイボーンは、CIAが入手したあらゆる文書を大統領にそのまま届けるのが最良であると判断した」と記している。副長官のリチャード・M・ヘルムズは、未評価の生情報が大統領の手に渡るのを阻止した。レイボーンの副官を務めたウォルター・N・エルダーはこう語る。「私はレイボーン以上に素晴らしく、また彼以上に本領を発揮できなかった人間の下で働いたことはない。ジョンソン大統領が彼をDCIに指名したことは、かえって仇になったと思う」

【参照項目】中央情報長官、CIA、インテリジェンス・オフィサー、リチャード・M・ヘルムズ

レインボー　(Rainbow)

U-2偵察機のレーダーシグネチャー（固有の識別特性）を減らすための計画。U-2が1950年代中盤に開発された際、ソビエトがこれを効果的に探知・追尾できるレーダーを完成させるまであと2ないし4年はかかるだろうと見込まれていた。

しかし1956年7月4日に実施されたソビエト上空への初飛行、及びその後の偵察飛行は、いずれもレーダーによって捉えられていた。開発者のクラレンス（ケリー）・ジョンソンはU-2が探知されたことを知り、レーダーシグネチャーを減らす──後の言葉で言えば「ステルス性能を高める」──べくレインボー計画に着手した。「トラピーズ」と命名された計画では、ガラス繊維のポールを胴体と平行になるように両主翼端へ取り付け、次いでポールの前後端にワイヤーを張り、そのワイヤーに磁性体のビーズを取り付けることでレーダー波の反射を防ぐことになっていた。

またウォールペーパーと名付けられた別の提案は、胴体と両翼に伝導性のある素材を接着し、レーダー波を吸収するというものだった。しかしこの塗装をなされた航空機──「汚い鳥」と呼ばれた──はオーバーヒートを起こし、油圧の問題も抱えることになった。そして1956年から57年にかけて実施された飛行実験で1機が墜落、パイロットも死亡した。

こうした改修案が採用されることはなく、最終的にU-2の後継としてSR-71ブラックバードを開発するという結論に至っている。

【参照項目】U-2、クラレンス（ケリー）・ジョンソン、コードネーム、SR-71ブラックバード

レインボー・ウォーリア号　(Rainbow Warrior)

環境保護団体グリーンピース所有の船舶。1985年7月10日、フランス情報機関の工作員によってニュージーランドのオークランド湾で爆破され、1名が沈没時に溺死するも、その他乗員と訪問客11名は無事だった。

船を沈めたのは工作員が船体に取り付けた時限爆弾だった。商船用の埠頭に係留されていたレインボー・ウォーリア号は、太平洋の「核地域化」に反対するデモンストレーションの一環として、フランスが核実験を予定していたフランス領ポリネシアのムルロア環礁でピケを張る4隻のヨットに母船として随伴することになっていた。

犯行はフランスの対外保安機関DGSEによるものだった。計画の大部分は今も曖昧なままだが、発案者がシャルル・エルニュ国防大臣だったことはほぼ間違いない。グリーンピースがソビエトの影響下にあることをエルニュは固く信じていた。また核実験の関係者は、実験に対するグリーンピースの妨害活動を恐れ、様々なルートを通じてグリーンピースに関する情報を集めると共に、レインボー・ウォーリア号の監視を求めた。これを受けたエルニュはDGSE局長のピエール・ラコスト海軍大将に通報、Kセルという作戦の開始許可を与えたとされている。

DGSEに所属するクリスティーヌ＝ウゲット・カボン陸軍中尉は、ニュージーランドで内通者としてグリーンピースに潜入していた。カボンはイギリス特殊空挺部隊に似たフランスの特殊作戦部隊、ル・カドル・スペシアル（特殊部隊）の出身であり、1982年にパラシュートの事故で負傷した後DGSEに出向、グリーンピースの実験妨害計画を誇張した上で、ニュージーランドから報告したのである。

DGSEはコルシカ基地に所属する潜水夫2名をオークランドに送り込んだ。彼らはヨットでオークランド湾に到着し、7月10日深夜、2個の時限爆弾を船体に取り付けた後に上陸、自分たちの装備を隠した。これらはDGSEエージェントのアラン・マファール少佐とドミニク・プリウ大尉によって回収・廃棄されることになっていた。2人はスイスのパスポートを所持し、アラン・テュレンジ及びソフィー・テュレンジを名乗っていた。

計画によれば、まず最初の爆弾が午前零時頃に爆発、12名の乗員乗客を下船させることになっていた。しかしジョン・ダイソンが著したこの事件に関する決定版『Sink the Rainbow』（1986）によると、次いで大型の爆弾が予想より早く爆発してしまい、機材を持ち出すために船へ戻ったグリーンピースの写真家、フェルナンド・ペレイラ（当時33歳）の命を奪ったという。

2日後、現地警察は1組の男女を逮捕した。2人は7月9日から10日にかけての夜、ドッグをうろついているところを警備員によって目撃され、レンタカーのナンバーを記録されていた。その男女は新婚中のテュレンジ夫妻を名乗っていたが、フランスのエージェントであることが程なく明らかになり、殺人及び放火の罪で起訴された。ソフィーは電話番号の記されたノートを所持していたが、そこにはDGSEの番号も含まれていた。

DGSEは事件の報道を受けて偽情報作戦を試み、死亡した写真家はKGBのエージェントで、フランスを辱める悪意に満ちた計画が進行中だったと主張した。しかしこの策略は失敗し、その後の騒動の中でラコストとエルニュは辞職を余儀なくされた。

マファール少佐とプリウー大尉は過失致死の罪を認め、裁判によってフランス政府が恥辱を受ける事態は回避された。1985年11月、2人に禁固10年の刑が言い渡される。フランス政府が遺族に対する230万フランの支払いと、レインボー・ウォーリア号の喪失に対する損害賠償を認めた後、合意の一環としてマファールとプリウーはニュージーランドの監獄から釈放されたが、タヒチの500マイル東方、フランス軍の基地があるハオ環礁に収容された。

マファールは治療が必要だと主張し、1987年12月にフランスへ搬送される。またプリウーの夫がハオに送られているが、プリウー大尉を妊娠させるようにとの命令が下されたのだと評判が立った。その後彼女は妊娠し、88年5月にフランスへ搬送された。合意を破られたことに激怒したニュージーランド政府はこの件を国際連合の仲介裁判所に持ち込み、その結果フランスは信義を破ったと判断され、200万ドルの支払いを命じられた。

1995年、レインボー・ウォーリア号を沈没させた部隊の指揮官ジャン＝クロード・レスケ少将に、フランスの軍関係の栄誉として2番目に高いレジオンヌール勲章（グラントフィシェ）が授与された。

【参照項目】DGSE、ピエール・ラコステ、特殊作戦部隊、エージェント、偽情報、国際連合

レヴィンソン, シモン （Levinson, Shimon 1933-）

イスラエル首相官邸の保安主任を務めたインテリジェンス・オフィサー。KGBのためにスパイ行為をしたとして有罪になった。

レヴィンソンは下士官として国防軍に入隊した。その後士官に昇進し、1954年から61年にかけて存在したイスラエル－ヨルダン停戦委員会で軍の代表を務める。63年には軍の情報機関アマンに移籍、67年に再び停戦委員会に復帰するまで様々な任務をこなした。同年に発生した6日間戦争（第3次中東戦争）の後は国連軍との連絡将校となり、次いで国際連合への先任連絡将校を1978年まで務めた。

その翌年には軍を去って東南アジア方面の対麻薬活動に従事する。1983年頃、バンコクにいたレヴィンソンは、恐らく経済的理由でKGBのために働くことを申し出た。その後6年間、ヨーロッパの各都市で11回にわたりKGBのハンドラーに会っていたと証言している。

1983年に帰国、2年後には内閣官房の保安主任に任命される。しかし1991年5月12日、KGBとの接触が断たれたのを受けて帰国したところを逮捕された。

レヴィンソンは核及び軍事に関する極秘情報をKGBに渡していたとイスラエル当局は発表した。しかしイスラエルの元インテリジェンス・オフィサーであるラファエル・エイタンによると、レヴィンソンが渡した情報の中で重要かつソビエトの役に立つものは、イスラエル政府高官の個人情報だけだったという。

1992年から93年にかけて行なわれた公開裁判は、スパイ事件に関する裁判で史上最長のものとされている。1993年7月、レヴィンソンは敵に情報を与えた行為、スパイ活動、及び外国のエージェントと接触を続けた容疑で有罪判決が下され、禁固12年を言い渡された。スパイ行為に対しKGBからは3万ドルしか受け取っていなかったという。

【参照項目】インテリジェンス・オフィサー、KGB、アマン、国際連合、ラファエル・エイタン、エージェント

レーザー情報 （Laser Intelligence〔LASINT〕）

レーザーシステムから得られた情報。画像情報の一種である。

レジデンチュラ （Residentura）

レジデントによる管理の下、別の国で活動する諜報部員あるいはスタッフを指すロシアの用語。

【参照項目】レジデント

レジデント （Resident, Rezident）

スパイ網の責任者を指すロシアの用語。「レジデント・ディレクター」とも。

ソビエトにとって理想的なレジデントは、ロシア国籍を持つ人間、あるいは外交官をカバーに活動している人間でなく、ある国のスパイ網を別の国で暮らしながら運用できる、信頼の置けるインテリジェンス・オフィサーだった。

第2次世界大戦中、ドイツで活動するレッドオーケストラのレジデントを務めたレオポルド・トレッパーはブリュッセルに住むポーランド人で、ベルギー人ビジネスマンを装っていた。また同じく第2次世界大戦中にドイツを標的としたソビエトの諜報ネットワーク、ルーシー・スパイ網をレジデントとして率いたアレクサンダー・ラドは、スイスで暮らすハンガリー人だった。

冷戦期にアメリカでレジデントを務めたGRU（参謀本

部情報総局）のルドルフ・アベルはロシア生まれだが、信用を高めるためにアメリカ人を装っていた。

【参照項目】スパイ網、カバー、インテリジェンス・オフィサー、レッドオーケストラ、ルーシー・スパイ網、ルドルフ・アベル、GRU

レスールスF （Resurs-F）

ツェニート衛星を大規模に改良したソビエトの第3世代地球観測衛星。スパイ衛星としても用いられたとされる。

シリーズで最初に開発されたレスールスF1は1989年5月25日に打ち上げられた。重量は約6,350キログラムで、2基の「子衛星」が附属している。主衛星は地上254〜274キロメートルの軌道を周回した後、1989年6月17日に――恐らくフィルムなどのデータを持ち帰るため――大気圏へ再突入した。

レスールスF1計画は1993年に終了したものとされる。

（訳注：その後レスールスDK1、レスールスPなどの改良型が打ち上げられている）。

【参照項目】偵察、人工衛星

レズン、ウラジーミル・ボグダノヴィチ
（Rezun, Vladimir Bogdanovich）

「ヴィクトル・スヴォロフ」を参照のこと。

レーダー海洋偵察衛星
（Rader Ocean Reconnaissance Satellite〔RORSAT〕）

ソビエト連邦によって開発・運用された世界初の海洋偵察衛星。

西側情報機関ではRORSATの名で知られているこの人工衛星は、1967年後半から海洋偵察の試験が始められ、73年に実用型が打ち上げられた。ソビエトは公海における西側艦艇の動向を探索すべく、電子情報海洋偵察衛星（EORSAT）とRORSATの2つのタイプを用いている。

EORSATは艦艇から放出される電子信号を探知して「ロックオン」することで、その所在を突き止めると共に、レーダー信号の種類によって艦型に関する情報を提供する。つまりレーダー信号の傍受・識別を通じてターゲットと思しき艦艇を「感知」するのである。1970年頃から運用を開始した重量約5,440キログラムのEORSAT衛星は、地上428〜433キロメートルの軌道を周回する。またターゲットの所在をより正確に把握するため、常に2基1組で運用された。なお各ペアには、通常1基のRORSATが随伴する。

RORSATは通常地上250キロメートルの軌道を周回し、アクティブレーダーを用いて艦船を探知する。レーダーはかなりの電力を必要とするため、衛星には小型の

原子炉が搭載されている。原子炉部分は重量約1トンで50キログラムの濃縮ウラン（U-235）を搭載しており、90日から120日間にわたって最大10キロワットの電力を供給できる。初期のRORSAT衛星は総重量4,500キログラム、全長13メートルだった。

寿命を迎えたコスモス・シリーズのRORSAT衛星は、放射性物質搭載セクションを本体から切り離し、より高い軌道――地上880キロメートル以上――に向けて発射する。そこで500年以上にわたって地球の周りを回り続け、大気圏に突入して燃え尽きる頃には危険もなくなっている、という筋書きだった。

しかしコスモス954はそれが上手く機能せず、1978年1月、放射性物質を搭載したセクションが大気圏に突入、カナダ上空に放射性のウラニウム粒子をまき散らした。コスモス954が失われた後、ソビエトはRORSATを改良して原子炉及び核燃料が地球に落下しないようにした。衛星が故障した際、もしくは任務が完了した際、小型の核燃料棒は外に放出され、大気圏に突入する過程で消滅するという巧妙な設計だった。空になった原子炉も放射線量は高いままだが、厳重にシールドされている。この緊急時における計画は1983年1月23日見事に機能した。原子炉に不具合が発生したコスモス1402は、燃料棒を放出した後でインド洋に墜落したのである（この衛星の重量は約3,000キログラムだった）。

ソビエトは1986年から海洋偵察活動に関する前例のない研究開発プロジェクトを始めた。その中でRORSATとEORSATの両方が改良され、周回軌道の形状、周回期間、そして傾斜角が変更される。こうした改良によって信頼性が増し、運用期間と探索範囲が拡大された。またそれと同時に、航空機及び艦船から発射された対艦巡航ミサイルだけでなく、地上から発射された弾道ミサイルについても、より正確なデータを提供できるようになった。

これら衛星が西側各国の海軍に及ぼす脅威は、アメリカの対衛星（ASAT）プログラムに関する初期の声明文で明らかにされた。1979年、アメリカ国防総省は次のように発表している。「ASATプログラムの主要な目的は、我が国の艦隊を攻撃するソビエトの兵器システムについて、その管制を担う衛星を無力化できる立場に我々を置くことである」

ソビエトは後に、水中で活動する潜水艦を探知すべくレーダー衛星を開発し、1982年に打ち上げられた有人宇宙実験室サリュート7号を用いて潜水艦探知のレーダー試験を行なった（サリュート7号は定期的に乗員が交替しつつ、1986年まで運用が続けられた。その後91年に大気圏突入、消滅）。

1983年9月28日に打ち上げられたコスモス1500海洋・資源調査衛星には、合成開口レーダー（SAR）が搭載されていた。SARは海面における風速風向、自然に発

生する内部波の表面効果、水面の油膜、並びに氷山を探知・観測できる。またレーダー画像をリアルタイムで処理し、地上受信局だけでなく、軍民問わずソビエトの船舶500隻以上に提供している。

コスモス1500は潜水艦を探知できるSAR衛星の先駆けと考えられた。人工衛星によって潜水艦を探知するという発想はアメリカでもなされていたが、こうした関心が公に議論されることはなかった。しかし1985年、海軍作戦部長のジェイムズ・ワトキンス大将は、前年に行なわれたスペースシャトルによる科学的観測の結果、潜水艦の位置をも明らかにし得る可能性があると述べた。スペースシャトルに搭乗した海軍の海洋学者によって、「深海を理解せんとする我々の試みに必要な、重要かつ新たな現象が発見された」という。海軍の広報担当者はその発見を「我々にとってその重要性は図り知れない」とするだけで詳細を明らかにしなかったが、潜水艦の移動に伴う「内部波」が関係していることをほのめかした。

ソビエト当局は1988年の時点で、宇宙偵察を通じた「数多くの任務が遂行され、その中には潜航中の潜水艦の発見も含む」とし、航空機や人工衛星に搭載されたレーダーが「潜水艦の起こした波を探知する」目的で用いられていると発表した。これら発表のうち後者はソビエト海軍情報部長による言葉だが、すでに運用中の衛星を指しているのは明らかだった。

1993年に刊行されたロシア軍参謀本部の機関誌『Voennaia mysl』は、人工衛星の未来像を論じる記事の中でこう宣言した。「全天候型の宇宙偵察及びその他タイプの宇宙支援によって、戦闘システム並びに水上・水中艦船（潜水艦）の針路と速度を1日のどの時間であっても高い精度で探知し、ターゲットに関するデータをほぼリアルタイムで高精度の兵器システムに提供できるようになるだろう」

アメリカが同様の海洋偵察システムを開発することはなかった。

【参照項目】偵察、人工衛星、電子情報、EORSAT、ターゲット、サリュート

レーダー情報 （Radar Intelligence〔RADINT〕）

レーダーから得られた情報。現在では画像情報の一種とされる。

【参照項目】画像情報

レッセラー、ルドルフ （Roessler, Rudolf 1897-1958）

ルーシー・スパイ網の主要メンバーだった反ナチス派のドイツ人。

第1次世界大戦中はドイツ陸軍に所属したが、混乱に満ちた戦後ドイツで暮らす大部分の元軍人と違い、レッセラーはナチズムに反感を抱いた。ベルリンでしばら

く暮らし、反ナチスの記事を執筆したり演劇団体で働いたりした後、妻と共にスイスのルツェルンに移り住む。そこで小さな出版社を設立し、1人きりの諜報活動を始めた。

レッセラーはドイツ軍にコネがあり、そこから情報を受け取っていた。その中にはドイツ軍のソビエト侵攻に関する予想もあり、1941年6月22という正確な日付と戦力組成も含まれていた。

アメリカ戦略諜報局（OSS）のヨーロッパ地区責任者としてベルンに駐在していたアレン・W・ダレスは著書『The Craft of Intelligence（邦題・諜報の技術）』（1963）の中で、「今日に至るまで解明されていない何らかの方法によって、スイスのレッセラーはベルリンのドイツ軍最高司令部から継続的に情報を得ており、時には日々の決定から24時間以内に入手することもあった」と記している。

レッセラーはソビエトに仕えつつ、スイスに対するドイツの意図をスイス情報機関に教えることで、スパイとして逮捕されることを免れていた。スイス当局は1940年7月頃国境付近に現われた、ドイツの大軍らしき存在にとりわけ懸念を抱いていた。だがレッセラーはドイツ陸軍の情報源を通じ、この軍事行動がスイスに対する攻撃ではないことを突き止めている。

しかしその後も示威行動は続き、レッセラーがルーシー・スパイ網の他のメンバーと共に逮捕される1944年5月まで監視を続けた。この逮捕は彼らを追っていたドイツのSD（親衛隊保安部）から保護するための、スイス当局による配慮だったと考えられている。なおレッセラーは同年9月に釈放された。

戦後もレッセラーはスイスにとどまったが、1950年代に1度だけ西ドイツを訪れ、スパイ行為の曖昧な容疑で逮捕された。訪問の理由は今も謎である。裁判の結果有罪となり、禁固1年を言い渡された。釈放後は貧困の中スイスで余生を送り、死亡した際には匿名の人物が葬儀費用を寄付した。

【参照項目】ルーシー・スパイ網、ベルリン、戦力組成、戦略諜報局、アレン・W・ダレス

レッセンティーン、カート・G （Lessenthien, Kurt G. 1966-）

軍事機密をロシアに売り渡そうと試みたとして有罪になったアメリカ人水兵。3隻の潜水艦で勤務した経験を持ち、その後フロリダ州オーランドの海軍原子力学校で教官を務めていたレッセンティーンは、原子力潜水艦に関する情報をロシア政府の代理人に提供したことを認めた。

FBIはワシントンDCのロシア大使館に対する電子的監視を通じて、レッセンティーンの試みを知ったものと思われる。ある海軍士官によると、1996年3月、ロシア人に扮したFBI捜査官が接触したところ、レッセンテ

ィーンは「数万ドル」で最高機密のデータを売り渡すと持ちかけたという。

レッセンティーンはスパイ未遂及び機密資料の保護違反など22件の容疑で立件された。すなわちトライデント級原子力潜水艦の機密装置を撮影し、艦内から機密文書を持ち出したなどの容疑である。彼は「自分が信用に足ることを示す」ため「ロシア人」エージェントに機密資料を郵送した後、監視下に置かれた。その後さらに資料を渡そうとしたところ逮捕されたのである。

司法取引に応じたレッセンティーンには禁固27年が言い渡された。借金の返済に金が必要だったという。なお有罪を宣告した陪審は最高刑となる終身刑を勧告していた。

【参照項目】監視、エージェント

レッドオーケストラ　(Red Orchestra)

第2次世界大戦中に存在した、ドイツを拠点とする反ナチスのレジスタンス運動及び諜報活動のネットワーク。ソビエトが後ろ盾になっていた。

ドイツ占領下のヨーロッパ諸国におけるソビエトの主要情報源だったこのスパイ網は、元々GRU（参謀本部情報総局）によって組織された、複数の独立したセルから構成されていた。メンバーは主要な政治・軍事組織に浸透しており、航空省、経済省、空軍最高司令部、そしてドイツ軍の諜報機関アプヴェーアも対象としていた。またメンバーには空軍参謀本部付の士官もいれば、陸軍参謀本部の暗号課に所属する者もいた。

戦時における大半のスパイ網同様、レッドオーケストラが生み出したのも有益な情報より伝説のほうが多かった。戦後、ソビエトはプロパガンダを通じてレッドオーケストラをオリンピック級に持ち上げ、この伝説を一層大きいものにした。ドイツの航空戦力や東部戦線における陸軍の動向など、重要な情報をもたらすメンバーもいるにはいたが、ドイツ陸軍に20万人の犠牲をもたらすような情報を、このスパイ網が赤軍に提供したことを裏付ける記録は存在しない。またレッドオーケストラの情報によってスターリングラードの敗北につながったという、ナチスの主張を裏付ける資料もないのである。

レッドオーケストラのメンバーの多くはヒトラーを嫌悪する若き理想主義者であり、そのストーリーは人間的な悲劇に満ちている。彼らが祖国ドイツを裏切った事実は、拘束後の血も凍るような復讐につながった。彼らは拷問の末秘かに処刑されたが、その大半は斬首刑だった。戦後、メンバーに対する評価は完全に二分された——西ドイツでは祖国を裏切ったとして軽蔑される一方、東ドイツではソビエト連邦を助けたとして公式に賞賛されたのである。

メンバーの1人にミルドレッド・フィッシュ・ハナックというアメリカ人がいた。ウィスコンシン州ミルウォーキー出身の彼女はウィスコンシン大学でドイツ人経済学者のアルフィート・ハナックと出会う。2人は結婚し、1929年にドイツへ渡った。ハナックは経済省の上級顧問となり、1937年にはナチスに入党する。だがすでに隠れ共産党員となっており、ソビエト情報機関と接触していたものと考えられている。

ヒトラーが権力の座に就くと、ハナック夫妻はオーケストラの母体の1つである左翼レジスタンスグループの中心的存在となり、ユダヤ人のドイツ脱出を助け、ベルリンのアメリカ及びソビエト大使館に経済情報をもたらした。1939年9月にヨーロッパで戦争が勃発した際には、ドイツの工場をターゲットとする破壊工作を同志と共に組織しただけでなく、地下新聞の発行も行なった。

諜報活動を担当したのは、ドイツ及び占領下にあるベルギー、フランス、オランダに潜むセルだった。そこにスイスを拠点としていたソビエトの諜報ネットワーク、ルーシー・スパイ網や、スペインとユーゴスラビアのセルを加える資料もある。しかしオーケストラの中心部分は、ソビエト情報機関が戦前から共産主義者のセルを組織していたドイツにあった。戦前におけるケース・オフィサーはレオポルド・トレッパーとアナトリー・グレヴィチであり、2人はソビエトで訓練を受けた無線通信員を使っていた。

トレッパーとグレヴィチによる作戦にはウルスラ・クチンスキーも関わっていた。クチンスキーは後にクラウス・フックスと、ルーシー・スパイ網の中心人物アレクサンダー・ラドを支援している。「ケント」のコードネームを持つGRU士官のグレヴィチは、ブリュッセルを拠点にベルギーのセルを管理していた。一方レジデント、すなわち指揮者であるトレッパーは、オットーというコードネームを持っていた。トレッパーは1937年にウォルター・クリヴィツキーが亡命した後、ヨーロッパにおける諜報活動の責任者になったと言われている。

オーケストラはスパイ網全般を指すアプヴェーアの用語だった（アルデンヌ・オーケストラや海軍オーケストラも存在していた）。その他にも音楽的比喩が用いられ、スパイ網のリーダーは「指揮者」、スパイの短波無線機は「ピアノ」、通信員は「ピアニスト」と呼ばれていた。また「レッド」は、アプヴェーアが最初に送信機を発見した際、イギリスではなくソビエトにメッセージを送信していたことから付けられたものである（ソビエト情報機関も「ピアノ」と「ピアニスト」を同じ用法で使っていた。なおレッドオーケストラのソビエトにおける名称は「クラスヌイ・カペル〔赤い聖歌隊〕」だった）。

ドイツ軍によるソビエト侵攻から4日後の1941年6月26日、ベルリンに設置されたアプヴェーアの無線方向探知機が、恐らくベルギーからモスクワと連絡をとっている秘密無線送信機の存在を突き止めた。その結果スパイ網のメンバー3名が逮捕されたものの、トレッパー

ラ行

は釈放された。フランスから来たビジネスマンであるという主張がドイツ側に信用された結果である。その際、トレッパー（アプヴェーアは彼を「偉大なシェフ」と呼んだ）は他の数名に警告を発した。

しかし1942年7月にはさらに多くの人間が逮捕された。ハンブルグでおよそ85名の容疑者が摘発され、ベルリンでも118名が捕らえられている。最初の逮捕劇では、2名が拘束中に自殺し、8名が絞首刑、41名が斬首刑となった。斬首刑となった者の中にはミルドレッド・フィッシュ・ハナックもいた。教誨士が記録した彼女の最期の言葉は、「そして私はドイツを心から愛していました」だった（1964年、東ドイツ政府はハナックらの功績を顕彰する記念切手を発行した）。

1942年8月から10月にかけ、ドイツは拷問によって同志の名前を暴露したエージェントを送り返した。この任務を担当したのは、ゲシュタポの特殊部隊ローテ・カペル（赤いオーケストラ）である。

レッドオーケストラを研究したCIAの報告書には、ヨシフ・スターリンがドイツ由来のあらゆる物に不信感を抱いていなければ、その情報はよりよく活用されていただろうと記されている。一例を挙げると、レッドオーケストラは1941年6月のドイツ軍侵攻を事前にソビエトへ警告していたが、スターリンはその警告を無視したという。

CIAの研究報告書はレッドオーケストラの起源を、ソビエトが1930年代にヨーロッパで運用したスパイ網としている。戦時中、このスパイ網はドイツからベルギー、オランダ、フランス、スイス、そしてイタリアに拡大したという。「イギリス、スカンジナビア、東ヨーロッパ、アメリカ、そして他の地域でも、いくつかの繋がりが確認されている」

トレッパーは拘束中に転向させられ、地下世界に戻ってモスクワに情報を送り続けようとした。その後無事に終戦を迎えている。

1969年、レッドオーケストラのメンバー数名に赤旗勲章が没後授与された。

【参照項目】スパイ網、GRU、アプヴェーア、暗号、ミルドレッド・フィッシュ・ハナック、経済情報、ルーシー・スパイ網、ケースオフィサー、ウルスラ・クチンスキー、クラウス・フックス、コードネーム、レジデント、ウォルター・クリヴィツキー、ピアノ、ピアニスト、エージェント、切手、ゲシュタポ、CIA

レッドソックス―レッドキャップ　(Red Sox-Red Cap)

「フランク・G・ウィズナー」を参照のこと。

レッドブック　(Red Book)

アメリカ海軍の通信情報部門によって解読された日本の二重暗号を指すコードネーム。

本来の「ブック」は在ニューヨーク日本領事館へのブラック・バッグ・ジョブ（不法侵入）で撮影された一連の秘密写真だった。エドウィン・T・レイトン少将は著書『And I Was There（邦題・太平洋戦争暗号作戦：アメリカ太平洋艦隊情報参謀の証言）』(1985) の中でこう記している。「作戦の遂行には複数回の訪問が必要だった。当時のカメラでは、日本艦隊のぶ厚いコード書を撮影するにはかなりの時間を要したのである」海軍情報局（ONI）はFBIから、日本のある海軍士官が副領事をカバーとして活動中であることを通報されていた。

ONIの防諜部隊は領事館の鍵をピッキングして中に潜入、金庫を開けてコード書を1ページずつ撮影した。撮影された写真は、ONIから委託を受けて日本語の翻訳をしていたエマーソン・J・ハワース博士夫妻のもとへ送られた。ハワース夫妻はコード書の内容を英語に訳したが、それは4年もかかる作業となった。なおこの資料は、1926年と27年の不法侵入で撮影された写真によって補強されている。

翻訳された資料はタイプ打ちされ、赤い布地のバインダー2つに綴じられた。これがレッドブック及びレッド暗号という名前の由来である。

ONIは2巻組のレッドブックを海軍の暗号・信号部門に届け、アグネス・メイヤー・ドリスコルに解読を委ねた。ドリスコルは暗号解読における第1人者だったウィリアム・F・フリードマン同様、リバーバンク研究所で訓練を受けており、レッドブックの暗号を解読する過程で若き海軍士官ローレンス・L・サフォード大尉を鍛え上げた。サフォードは後に機械式暗号の熱心な主導者となっている。

【参照項目】通信情報、二重暗号、コードネーム、ブラック・バッグ・ジョブ、エドウィン・T・レイトン、海軍情報局、FBI、カバー、防諜、アグネス・メイヤー・ドリスコル、ウィリアム・F・フリードマン、ローレンス・L・サフォード

レドル、アルフレート　(Redl, Alfred　1864-1913)

オーストリア＝ハンガリー帝国の高級情報士官にしてロシアのスパイでもあった人物。

貧しい鉄道員を父に持つ14人兄弟の1人として生まれたレドルは、14歳の時にレンベルク陸軍幼年学校に入り、卒業後はオーストリア陸軍に入隊した。

低い出自にもかかわらず、語学と組織の指揮に秀でていたため、優秀な士官として認められるようになる。その後大佐にまで進級し、1900年にはオーストリアの諜報・防諜機関クンドシャフツシュテッレの長官となった。

ロシアはレドルの同性愛傾向を知り、若い男性と金を贈って彼を脅迫した。レドルからロシア側に伝えられたのは、ロシアで活動するオーストリア人スパイの素性、

オーストリアのコード暗号、そしてオーストリア＝ハンガリー軍の動員計画だった。

1913年、オーストリア当局はウィーンの私書箱に宛てた現金入りの封筒を傍受した。レドルがそれを回収しようと郵便局へ赴いたことで、彼のスパイ行為は突き止められたものの、オーストリア政府はレドルの叛逆行為を秘匿しようと試みた（恥辱を避けられるだけでなく、ロシアの知らぬ間に陸軍が動員計画を変更できると踏んでのことである）。取り調べにあたった同僚の将校は、レドルが自決しなければ殺害するよう命じられていた。結果的にレドルは拳銃で自ら命を絶っている。遺書にはこう書かれていた。「軽率さと情熱が私を破滅に追い込んだ。私のために祈ってほしい。私は自らの命をもって罪を償う」

レドルがロシアに渡した情報の1つは、オーストリアの対セルビア戦争計画に関するものであり、ロシアはそれをセルビア側に見せた。皇太子フランツ・フェルディナントが1914年7月にサラエボで暗殺された後、オーストリアはセルビアに宣戦布告する。しかしセルビアはオーストリアの戦争計画を知っていたため、優勢なオーストリア軍を跳ね返すことができた。結果としてロシアはじめヨーロッパの両陣営が反応し、第1次世界大戦の幕が切って落とされたのである。

「マクシミリアン・ロンゲ」も参照のこと。

【参照項目】インテリジェンス・オフィサー、防諜、同性愛者、ウィーン

レニー、サー・ジョン・オギルビー

(Rennie, Sir John Ogilvy　1914-1981)

1968年から73年までイギリス秘密情報部（MI6）長官を務めた人物。

レニーは元々外交官で、長官への任命はMI6に対する外務省のコントロールを強化する目的もあった。

ウェリントン大学とオックスフォード大学で学んだレニーは画家になることを志望していたが、第2次世界大戦中はイギリス情報局の下、アメリカとアルゼンチンで勤務する。戦後は外務省に配属され、後に国務次官となった。

MI6長官就任当時、レニーは外務省の情報調査局局長の座にあったが、これは戦時における心理戦部隊の平時バージョンと言える部署だった。またこれ以外に情報活動の経験は有していない。

息子が麻薬所持で逮捕され、それにまつわる報道によって「C」であることが明らかになるまで、レニーは無難に長官職を務めた。

【参照項目】MI6、C

レフチェンコ、スタニスラフ・アレクサンドロヴィチ

(Levchenko, Stanislav Aleksandorovich　1941-)

アメリカに亡命した元KGB職員。軍の教育機関という特権階級に属する人物を父に持つレフチェンコはモスクワ大学の東洋研究所に入り、外交官として極東に駐在することを目指して日本語を学んだ。1964年に卒業、翌年には共産党中央委員会の通訳となって日本を数回訪れている。

1966年には軍から召集を受け、GRU（参謀本部情報総局）に配属される。71年にはKGB第1総局（外国情報担当）に転属、1年間の訓練を経てKGB本部の日本課に送られた。そして75年2月、ジャーナリストのカバーを与えられて「ノーボエ・ブレーミャ（新時代）」という雑誌の記者として東京に赴いた。日本では政治家、自衛隊幹部、及び財界トップと関係を構築している。

しかしKGBの扱いに不満を抱くようになり、1979年10月アメリカのインテリジェンス・オフィサーに接触して亡命、日本の接触先だけでなく多数の同僚の名を暴露した。その全てが活発に行動しているわけではないものの、KGBは少なくとも200名の日本人に金を支払っていたとも述べている。レフチェンコはその一部の名を挙げたが、正体がばれれば自殺する者が出かねないとして全ては暴露しなかった。後の1982年7月には下院の情報活動常設特別委員会に出向き、アメリカをターゲットとしたKGBの活動計画を証言している。

亡命後レフチェンコはアメリカに移り住んだが、1981年にソビエトで欠席裁判が行なわれ、死刑を言い渡された。また著書『On the Wrong Side（邦題・KGBの見た日本：レフチェンコ回想録）』（1988）でGRU及びKGB時代の生活を振り返っている。

【参照項目】KGB、GRU、カバー、インテリジェンス・オフィサー

連合軍諜報局　(Allied Intelligence Bureau〔AIB〕)

第2次世界大戦中、太平洋南西部に展開するマッカーサー司令部の下に設けられたアメリカ・オーストラリア・オランダ・イギリス合同の情報組織。マッカーサーが日本軍の侵攻を受けてフィリピンから脱出した4ヵ月後の1942年6月、オーストラリアにおいて設立された。

この組織は破壊工作などの任務に携わる多数の秘密部隊を統轄する機能を果たした。設立許可状ではその任務を「太平洋南西部における情報収集ならびに報告……破壊活動や人心攪乱による敵戦力の弱体化……敵軍占領地域における現地（ゲリラ）活動への支援」としている。

AIBはオーストラリア陸軍情報局長官のG・C・ロバーツ大佐を監督官とし（当時、マッカーサーの下にいる部隊のほとんどはオーストラリア人だった）、マッカー

サーの情報参謀チャールズ・ウィロビー大佐の指揮下で活動した。またウィロビーの部下であるアリソン・インド大尉がロバーツの副官を務めている。

AIBの業務として、ニューギニア、ソロモン諸島、フィリピンにおける情報収集、破壊工作、及びゲリラ支援任務の立案・実行に加え、それら地域で日本軍の行動を監視したコーストウォッチャーズ（海岸監視員）の運用が挙げられる。AIBのチームは日本軍の勢力下にある島々で情報収集や破壊活動にあたったが、彼らを目的地へ送るのに使われたのは小型舟艇やアメリカの潜水艦だった。

AIBの活動は様々な成功と失敗を生み出した。一例を挙げると、オーストラリア人とポルトガル人から成る34名の一隊が日本の支配下にあるジャワ東方のティモール島に上陸したが、1943年9月に日本軍によって捕らえられた。日本軍は彼らの無線機を用いて偽情報をAIBに送り、AIBはそれを正しい情報として認識した。その後2つの部隊がティモールに上陸したものの、いずれもあえなく捕らえられている。終戦を迎えるまで、AIBはこれが偽情報であることに気づかなかった。

AIBの存在があったため、マッカーサーは自分の担当する戦線で戦略諜報局（OSS）が活動することを拒否した。なおAIBは太平洋戦争の終結と同時に解体されている。

【参照項目】チャールズ・ウィロビー、コーストウォッチャーズ、潜水艦、戦略諜報局

連邦捜査局 (Federal Bureau of Investigation)

「FBI」を参照のこと。

連絡・調整技術局
(Bureau Technique de Liaison et de Coordination)

「BTLC」を参照のこと。

ロー、タデウス・S・C (Lowe, Thaddeus S. C. 1832-1913)

南北戦争中、北軍の航空スパイとして活動した気球愛好家。25歳頃から気球への興味を抱いたローは1860年にワシントンDCのスミソニアン協会を訪れ、気球による大西洋横断飛行を提案した。

戦争が勃発した翌1861年、ローは北軍に志願する。リンカーン大統領は彼をホワイトハウスのディナーに招き、観測気球の軍事的活用に関する提案に耳を傾けた。6月18日、ローは電信鍵を搭載した気球をワシントン上空に浮かべ、恐らく史上初と思われる空中からの電文送信を行なう。宛先はリンカーンだった。

ローは日給5ドルで軍のために気球を作り、日給10ドルで「飛行士」を務めた。また1861年11月には、気球4基を擁するポトマック軍の気球部隊が編成された。ローは空中から砲撃を観測し、修正指示を砲手に送

った最初の人物とされている。さらに敵軍の情報を集めるため気球でカメラを用いたのも彼が最初だと考えられており、ポトマック川に浮かぶ平底船に繋がれた気球からも情報収集を行なっている。

ローら北軍の気球飛行士が軍から支援を受けることはなかったものの、彼らの任務はしばしば大成功を収めた。ちなみにローは1863年5月に軍役を退いている。

その後も科学への関心が消えることはなく、製氷器を発明した最初の人物という栄誉も得ている。

【参照項目】気球

ロイド、ウィリアム・A (Lloyd, William A. 1822-1869)

エイブラハム・リンカーン大統領が個人的にスパイとして雇った人物。

ロイドは名の知られた輸送業者であり、リッチモンド、サバンナ、チャタヌーガ、ニューオーリンズといった場所を自由に動き回ることができた。また報酬が支払われなかったことで大きな訴訟沙汰になっている。

リンカーンはロイドを月200ドルの報酬——当時としては高額だった——で1861年に雇い入れ、戦争が終わるまで南軍の前線後方をスパイさせた。

ロイドの死後、遺産管理人は政府を訴えた。だが最高裁判所は、最も広い意味において、秘密任務に関する政府との契約は訴訟の対象になり得ないと判断する。こうした合意は、関係者が永遠に口を封じるという条件——戦時において、あるいは外交関係に影響を与える事柄について、政府が秘密裡に行なう雇用で必ずほのめかされる条件——を含んでいるとし、そのような契約による任務は秘密のそれであり、入手を試みた情報は秘密裡に得られたもので、かつ内密に伝達されることになっていたため、この任務も等しく秘密にされなければならないと判断したのである。

ロイドの遺族が支払いを受けられなかったのは、リンカーンの死が遠因であることは間違いない。ロイド事件は前例として残り、2004年のスパイ訴訟においても引用されている（「ジョン及びジェーン・ドー」を参照のこと）。

ロイヤル・ミトル (Royal Mitre)

「リチャード・C・スミス」を参照のこと。

ロウランズ (Rowlands)

「ジェフリー・プライム」を参照のこと。

ロシア—ソビエト連邦 (Russia-USSR)

ロシアの統治者——皇帝、人民委員、そして20世紀の共産党指導者——は数世紀にわたり、全能の秘密警察を使って国内の敵を摘発し、罰してきた。KGB及び冷戦後の後継機関の起源は、皇帝配下の国内警察やスパイ組

織である。その嚆矢となったのが、1565年にイワン雷帝が設置したオプリーチニナと、それが擁する黒鎧の騎兵たちだ。オプリーチニナが廃止された1572年以降、ロシアに秘密警察機関はしばらく存在しなかったが、ピョートル1世——ロシア最初の「近代的統治者」——が1697年に設置したプレオブラジェンスキー機関には、階級や所属にかかわらず全てのロシア人を拷問できる権限が与えられた。

19世紀後半、皇帝の秘密警察組織としてオフラナが新設される。そこには政治犯罪の捜査を専門とする工作員もおり、オフラナが反体制活動に火を点けることもあった。1887年には皇帝暗殺を企てたとして、教育者の息子であるアレクサンドル・ウリヤノフが秘密警察に処刑された。アレクサンドルの弟は後に亡命し、やがてウラジーミル・イリイチ・レーニンを名乗って兄の復讐を果たすことになる。

帝政時代、対外諜報活動はほぼ完全に無視されていた。そのことは1904年から05年にかけての日露戦争で敗北したことからも明らかである。またロシアで活動する外国のエージェントに対し、オフラナが効果的な防諜活動を行なうこともなかった。ロシアが日露戦争で壊滅状態に陥った海軍を立て直す間、イギリスのエージェントだったシドニー・ライリーは首都サンクトペテルブルグで自由に活動し、ドイツ企業が艦艇修理の大型契約を勝ち取る手助けをしながら、ドイツの軍艦設計に関する情報をイギリス海軍省に伝えている。

反帝政運動は日露戦争の敗北を巡る大衆の不満を煽って1905年の第1革命を引き起こしたが、軍による容赦ない弾圧を招いた。

その後ロシアが第1次世界大戦に参戦したことで、革命の機運は再び高まりを見せる。さらに食糧不足と反戦思想から暴動に火が点き、政府とオフラナを脅かした。戦場では敗北に、国内では暴動に直面したニコライ2世は1917年春に退位を余儀なくされ、短期間ながら議会制に基づく民主主義政府が誕生した。

しかしレーニンらボルシェビキのメンバーにとってこうした状況は受け入れ難く、生まれたばかりの政府に対する革命を引き起こす。今度の革命は弾圧できなかった。レーニンはロシアが戦争から手を引くことを求め、「全ての権力をソビエトに」集中させるよう促した——すなわち労働者と兵士の評議会による臨時政府の樹立である。

1917年10月、ボルシェビキはペトログラード（1914年にサンクトペテルブルグから改称）を占領、程なくモスクワなど他の都市も支配下に置いた。帝政派の将軍と軍隊が抵抗を示す中、革命によってロシア全土が内戦状態に陥り、赤軍はプロレタリアート独裁を、反対者はロマノフ王朝の復権を目指した。その中で、後者の「白系ロシア人」は外国勢力を味方にした。

ロシアとドイツの戦争状態を継続させたかったイギリスは、ライリーなどのエージェントに共産主義政府を転覆させる道を探らせた。ライリーは外交官兼スパイのイギリス人ブルース・ロックハートと共に、失敗に終わったある陰謀への関与を囁かれている。レーニンが銃撃されて重傷を負った事件は、ボルシェビキ政府の転覆を目指すイギリスの仕業だと非難されたが、その見方は正しいと思われる。ライリーの主張によれば、6万名に上る反ボルシェビキ派がイギリスの号令で立ち上がる準備ができていたという。こうした陰謀が渦巻く中、レーニンはチェーカを創設、反革命派と戦い、「スパイ、裏切り者、陰謀を計画した者、武装強盗、投機家、不正利得者、偽金作り、放火犯、ならず者、煽動者、破壊工作者、階級の敵、及びその他の寄生虫」を罰するための警察組織とした。

チェーカの「徴用班」は数千名の男女を駆り出し、対独戦においてボルシェビキが降伏するまで、要塞構築などの事業に用いた。チェーカは後に他の事業にも労働者を投入したが、その中には1920年まで続いたロシア内戦で白系ロシア軍や連合軍に対抗すべく用いられたものもあった。

レーニンはフェリクス・ジェルジンスキーにチェーカの指揮を任せた。ポーランド貴族の家系に生まれたジェルジンスキーは、政治扇動家としてオフラナに投獄された過去を持っており、革命中はボルシェビキ本部を率いつつレーニンら党幹部の護衛を担当した。

ジェルジンスキーはチェーカについてこう語った。「我々は組織化されたテロを用いた。革命においてテロは必要不可欠である……チェーカには革命を守る責務があり、その剣が時に無実の人間に降りかかろうとも、敵を制圧せねばならない」

チェーカは程なく強力かつ残酷な存在となり、「人民の敵」の虐殺を進めた。チェーカの外国部門はロシア国外の反革命派を探し求め、とりわけ白系ロシア人の士官や官僚、そしてベルリンとパリに逃れた政治亡命者をターゲットとした。チェーカが最も大きな成果を挙げた作戦の1つとして、表向きは帝政派によって運営されていた組織、トラストが挙げられる。トラストが帝政を復活させるという希望を胸に、多数のロシア人が帰国したものの、大半は命を落とすか収監される結果になった。

一部の推定によれば、チェーカ（後にGPU〔国家政治局〕次いでOGPU〔統合国家政治局〕に改称される）は1925年までにボルシェビキ指導部の敵と見なした25万名以上を処刑し、130万名を投獄したという。他にも数千名が、シベリアなど辺境の地に設けられた収容所に送られている。

チェーカがGPUに改称されたことは、国家保安機関が幾度も名前を変える先駆けとなった。しかし正式名称が何であれ、それらは常に「オルガン（組織）」と呼ば

ラ行

れた。

名称の変遷

	国家保安機関	総合保安機関	国内保安機関
1917-1922	—	チェーカ	—
1922-1923	—	GPU	—
1923-1934	—	OGPU	—
1934-1941	—	NKVD	—
1941	NKGB	—	NKVD
1941-1943	—	NKVD	—
1943-1946	NKGB	—	NKVD
1946-1953＊	MGB	—	NKVD
1953	—	MVD	—
1954-1960	KGB	—	MVD
1960-1966	—	KGB	—
1966-1968	KGB	—	MOOP
1968-1992	KGB	—	MVD

＊ 1947 年から 51 年まで、KI が一部の外国諜報活動も担当。

　チェーカから KGB に至るまでこれら組織がどう名乗ろうとも、目的は常に同じだった。国内外のあらゆる敵からソビエト指導者を守る、というのがそれである。ソビエト指導者の中で最も多くの死をもたらしたのが、1924 年にレーニン後継の座を巡る権力争いで勝利を収めたヨシフ・スターリンだった。スターリンは権力の座にとどまるため、とりわけ最初の数年間において保安機関を個人的な殺人マシーンとして活用した。その管理役を担ったのが、薬剤師のゲンリフ・G・ヤゴーダである。レーニンは銃撃事件の後、数度の心臓発作に襲われ 1924 年に死去したが、ヤゴーダが薬剤師としての技能を使って暗殺したという説もある。
　1920 年代から 30 年代にかけ、ソビエト情報機関は共産主義インターナショナル（後にコミンテルンの名で知られるようになる）を通じて各国で諜報活動を行ない、それら国々の共産党員をエージェントに勧誘した。スターリンが 43 年にコミンテルンを解散した際、NKVD（内務人民委員部）は諜報活動の継続に関する指示を配下のレジデントに送った。このメッセージは後にアメリカのヴェノナ計画によって傍受・解読され、NKVD と各国の共産主義政党、とりわけ米英の共産党との関係が白日の下に晒された（「CPUSA」を参照のこと）。
【参照項目】KGB、オプリーチニナ、プレオブラジェンスキー機関、オフラナ、工作員、エージェント、シドニー・ライリー、ブルース・ロックハート、チェーカ、フェリクス・ジェルジンスキー、ベルリン、トラスト、ゲンリフ・G・ヤゴーダ、NKVD

粛清の幕開け

　1934 年 12 月 1 日、ボルシェビキ革命の立役者セルゲイ・キーロフが元チェキストによって暗殺される。これをきっかけとしてスターリンによる大粛清が幕を開けた。当時 NKVD 長官だったヤゴーダがキーロフ暗殺事件の捜査を指揮し、多数の人間を逮捕した。
　1936 年 9 月に NKVD 長官となった元赤軍政治委員のニコライ・エジョフは粛清の勢いをさらに増し、殺戮の波を政治指導者から軍にまで広げた。
　エジョフは 1938 年まで NKVD 長官の座にあった。「血に飢えた小人」の異名をとった彼があまりに多くの人間を処罰したため、監獄や収容所は囚人で一杯となり、NKVD の対処能力も限界に達しつつあった。
　ソ連邦元帥 5 名のうち 3 名までが、利敵行為及び反革命運動との関わりで処刑された。また多数の陸海軍幹部と数千名の士官も逮捕・処刑される。さらには 3,000 名に上る NKVD 職員が、帝政ロシア警察の元スパイ、盗賊、あるいは横領者として非難された後、処刑された。粛清の波はソビエト軍の情報機関 GRU の士官にも及んでいる。
　エジョフの後を継いだのは、スターリンの故郷グルジアで秘密警察のトップを務めたラヴレンチー・ベリヤである。ベリヤは就任直後、秘密警察のトップとして初めて政治局員候補（ただし議決権はない）となる。当時議決権を持つ局員はスターリンを筆頭に 10 名おり、その中には新任間もないニキータ・フルシチョフも名を連ねていた。
　ベリヤは警察官としてのみならず、レイプ魔としても悪名高い存在だった。通りを歩く少女を誘拐しては執務室に連れ込み、レイプしたのである。その一方、外国に潜伏する古参ボルシェビキの監視を強め、中でもレーニンの死後にスターリンと後継の座を争ったレオン・トロツキーをターゲットにする。かくしてベリヤが送り込んだ暗殺団は、1940 年 8 月にメキシコ滞在中のトロツキーを殺害した。
　ベリヤは前任者のエジョフを精神病院へ送り、その直後、窓格子で首を吊ったエジョフの遺体が発見されたという（訳注：エジョフの最期については他にも異説あり）。ベリヤ率いる NKVD の暗殺団はエジョフ時代だけでなく、ヤゴーダ時代の NKVD 幹部をも殺害した。中には自殺した者もいる。
　情報機関は特に被害を被った。ソビエト国外で活動するエージェントはモスクワに召喚され、逮捕の後銃殺された。自らの運命を知らずに帰国した者の中には、ソビエト軍の諜報活動を率いた経験のあるヤン・ベルズィンもいた。召喚を拒んだ者の多くも、追跡の上殺された。NKVD のレジデントとしてオランダに駐在していたウォルター・クリヴィツキーはアメリカに逃れたが、暗殺者に発見されている。トルコ駐在の NKVD レジデント

も逃亡先のベルギーで殺害された。また極東責任者は無事満洲に逃れ、日本の関東軍に亡命した。NKVDの一員としてスペイン内戦に加わっていたアレクサンドル・オルロフも、召喚を拒んでアメリカに亡命する道を選んだ。

大物スパイ、リヒャルト・ゾルゲの友人だったカール・ラムは、上海から戻った後に死を迎えた。ゾルゲは帰国を拒んで日本で大きな功績を挙げたが、後にスパイ容疑で日本の官憲によって逮捕・処刑されている。粛清はドイツがソビエトに侵攻する1941年6月22日まで続けられた（「バルバロッサ」を参照のこと）。

【参照項目】チェキスト、ニコライ・エジョフ、GRU、ラヴレンチー・ベリヤ、監視、ヤン・ベルズィン、レジデント、ウォルター・クリヴィツキー、アレクサンドル・オルロフ、リヒャルト・ゾルゲ

第2次世界大戦

開戦を受け、ベリヤはスターリンの最も重要な副官となった。国内では配下の秘密警察が、クレムリン指導者の護衛と、ドイツ相手に戦う赤軍の忠誠心維持において、より大きな責任を担うようになる。国外に目を転じると、ベリヤは外国における情報収集活動を拡大させ、イギリス、カナダ、アメリカ駐在のソビエト外交使節団にNKVDの工作員を配置した。

またソビエトへ向かう武器輸送のスピードを上げるため、アメリカに調達委員会が設けられた。以前からあって当時まだ機能していたアムトルグ同様、この委員会も1,000名以上の職員を擁するまでに成長し、軍事及び産業に関係する秘密情報の収集拠点となった。

ベリヤの最大の功績は、原爆開発に必要な秘密情報を盗み出したことである。その結果、ソビエト国内では研究開発プログラムの指揮権を与えられると同時に、国際的スパイマスターとしてアメリカ、カナダ、及びイギリスで原爆スパイ網を率いるようになった。

戦争の序盤、NKVDにはソビエト国内の治安維持と共に、軍の忠誠を保つ任務が与えられた。その後スメルシという防諜組織が新設される。スメルシはロシア語で「スパイに死を」という意味を表わす「smert shpionam」の略称であり、ほんのわずかでも亡命を考えた兵士、あるいは祖国のために死力を尽くさなかった兵士にとって恐怖の代名詞だった。スメルシに所属し、後にソビエト情報機関の幹部へ登り詰めたNKVD職員の1人に、GRUに対する粛清を生き延びた後NKVDに移ったイワン・セーロフ上級大将がいる。セーロフはエストニア、ラトビア、リトアニアで反ソビエト派の住民を粛清し、カティンの森虐殺にも個人的に関与した。

スターリンは資本主義の同盟国を信頼していなかったが、それは相手も同じだった。米英の指導者はスターリンに不信を抱くあまり、ノルマンディー上陸作戦（Dデイ）の詳細を秘密にした。また連合国高官の中には、一切の情報をスターリンに渡すまいとした者もいる。モスクワ駐在の米英軍事使節団は、上陸作戦の日付は教えてもいいが場所は告げないようにと指示を受けた。その結果スターリンには、上陸作戦が1944年6月1日前後に実施されるとだけ告げられた（しかしノルマンディー上陸直後、西ヨーロッパ方面連合軍司令官のドワイト・D・アイゼンハワー大将は、上陸地点からドイツ軍の圧力を取り除くべく、赤軍に攻勢をとらせるようスターリンに要請した）。

戦時中、ソビエト連邦は一貫してスパイ活動と偽情報作戦を続けた。原爆スパイに加え、イギリス秘密情報部（MI6）に所属するインテリジェンス・オフィサー、ハロルド（キム）・フィルビーと、外務省職員のジョン・ケアンクロスも、ソビエトに情報をもたらした。一方、ソビエトの偽情報及びプロパガンダ作戦担当者はアメリカの勝利を常に小さく伝え、パリ解放も赤軍及び共産主義パルチザンの功績とするほどだった。

ソビエト情報機関はいくつかの作戦を成功させ、ドイツ軍最高司令部からまんまと情報を入手した（「ルーシー・スパイ網」「レッドオーケストラ」を参照のこと）。しかしスターリンは、そうした第1級の情報を疑うかあるいは完全に無視した。その一方で、軍事関連の欺瞞作戦も幾度か成果を挙げている（「マックス」「シェールホルン」を参照のこと）。

ベリヤは戦後も原爆開発を率いつつ、公安・情報機関の指揮を続けた。彼はスターリンの後継者を自認しており、部下を重要ポストに就けることで秘かにその準備を始めていた。1953年3月1日、ベリヤはクンツェヴォのダーチャ（別荘）でスターリンと密会する。その直後スターリンは心臓発作に襲われ、3月5日に息を引き取った。

ベリヤは集団指導体制に加わる一方で、政府の掌握に向けて動き始めた。まず自分の影響下にあるゲオルギー・マレンコフを、ニキータ・フルシチョフ及びベリヤ自身と同格にしてトロイカ体制を打ち立てる。恐らくベリヤは、グルジア出身の新たな独裁者、すなわち自分がソビエトを支配する時期ではないと信じる勢力に加わっていた。一方、東ヨーロッパの衛星国、特にハンガリーでは自由主義勢力が勢いを増していた。

ベリヤは自らの警察権力をMVD（内務省）に統合したが、6月26日にクレムリンで身柄を拘束され、秘密裁判にかけられた。そして12月23日、極秘のうちに処刑された。

GRU副局長を務め、共謀者の1人でもあったセーロフ上級大将が、新設されたKGBの議長に就任した。KGBの任務はその紋章に現われていた——つまりソビエト連邦の剣と盾である。1956年、セーロフとユーリ・アンドロポフ駐ハンガリー大使は、ハンガリーの暴動指

う行

導者を最初は自由に行動させ、その後拘束し、拷問を加えた上で処刑した。58年12月、セーロフはGRU総局長となり、汚職のはびこるこの組織の支配者となる。これは西側情報機関にとって幸いだった。汚職にうんざりしたGRU将校が残留離反者となり、価値ある情報をもたらしたからである。

【参照項目】アムトルグ、原爆スパイ網、防諜、スメルシ、イワン・セーロフ、カティンの森虐殺

スパイ戦争

　1945年8月に第2次世界大戦が終結した際、ソビエト情報機関は新たな地域で活動する必要に迫られた。戦争によってドイツ、ルーマニア、チェコスロバキア、そして日本に所属していた広大な土地と膨大な人口が手に入ったからである。戦争前、ソビエト連邦は世界最大の国家として陸地面積の7分の1を占めていた。それが戦争後になると、陸地の6分の1にまで拡大したのである。

　ソビエトがアメリカとの外交関係を有していなかった1920年代、いわゆる調達機関であるアムトルグがアメリカにおけるソビエトの目となり耳となっていた。この組織は続く数十年間で根を下ろし、花開くことになるスパイ網のさきがけだった。アメリカが1933年11月にソビエト政権を承認した際、マクシム・リトヴィノフ外務人民委員（外相）は、アメリカ国内でのプロパガンダ活動中止に同意する。だがスパイマスターとしてイギリスで活動した経験を持つリトヴィノフは、当然ながら嘘をついていた。ソビエトの諜報活動には壮大な目標──アメリカ共産党の助けを借りて政府に浸透すること──があったのである（「エリザベス・ベントレー」「ホイッテイカー・チェンバーズ」「ジュディス・コプロン」を参照のこと）。

　西側に対するソビエトの諜報活動は、第2次世界大戦中も勢いを失うことなく続けられた。アメリカがその規模を認識したのは、オタワのソビエト大使館に所属する暗号官イーゴリ・S・グゼンコが亡命した終戦直後のことである。その際、グゼンコは原爆スパイ網の存在を初めて明らかにした。そしてイギリス人科学者のクラウス・フックスとアラン・ナン・メイ、及びジュリアス・ローゼンバーグなどアメリカ人反逆者の名前を明かしたのである。

　ソビエト情報機関はアメリカ及びイギリスで3段階の方法を用いていた。共産党員を思想上の理由からソビエトのスパイ活動に引き込むのが第1段階（「アメラジア事件」「ケンブリッジ・スパイ網」を参照のこと）。第2段階は合法的スパイ──外交官や商業使節団の一員、あるいはタス通信社の特派員として活動するGRUもしくはKGBの職員──による活動。そして第3段階は、スパイ養成機関での訓練を経て新たな素性を与えられ、

アメリカ（「ルドルフ・アベル」「ルドルフ・ハーマン」を参照のこと）またはイギリス（「ゴードン・ロンズデール」「モリス・コーエン」を参照のこと）で暮らすイリーガルによる諜報活動である。

　戦時中、GRUはドイツに対して極めて大きな成果を挙げた（「ルーシー・スパイ網」「レッドオーケストラ」「リヒャルト・ゾルゲ」を参照のこと）。戦後になると、ヨーロッパにおける諜報活動は急速に規模を拡大し、ソビエト占領地区に新たな支局が設けられた。ソビエト当局は東ドイツ（後にドイツ民主共和国として独立）、ポーランド、チェコスロバキア、オーストリア東部、ハンガリー、ルーマニア、そしてブルガリアから成る占領地区全域でスパイ機関を作り上げると共に、地元の工作員に訓練を施した。

　民主主義政府を打倒し、モスクワが認める傀儡政権を樹立させることで、ソビエトはオーストリア以外を衛星国とし、これにアルバニアを加えていわゆる東側諸国としてまとめ上げ、西側に対抗した。東西対立はある1つの場所で特に激しかった。東西に分割されたベルリンは4ヵ国による占領体制の下、各国の情報機関によって監視されており、アメリカ、イギリス、フランスがソビエトに対抗する形で、激しい諜報活動を繰り広げたのである。

　最初の危機は1948年6月に発生した。ソビエトは西側勢力にベルリンを放棄させるべく、空路、陸路、水路による交通を全て遮断し、200万人以上のベルリン市民を人質にとる。だが連合国──アメリカ、イギリス、フランスは自分たちをそう呼んだ──は毅然とした対応をとり、食糧や医薬品、さらには石炭を空から輸送、危機は徐々に収束していった。

　ヨーロッパにおけるスパイの中心地ウィーンも東西対決の場となった。そこでも1955年に占領軍が撤収するまで、4ヵ国による占領体制が続いている。しかし危機の舞台はやはりベルリンだった。フィクションの世界においてもそれは同じであり、ジョン・ル・カレ著『The Spy Who Came In from the Cold（邦題・寒い国から帰ってきたスパイ）』（1963）の中でその様子が鮮明に描かれている（「映画」「スパイ小説」を参照のこと）。

　北大西洋条約機構（NATO）の創設はソビエト情報機関に新たなターゲットを与え、長年にわたり多数のスパイが送り込まれた。それよりも知られていないが、同じくターゲットにされたのがスウェーデンである。その地理的条件と浸透の容易さから、特にGRUが活発に行動した。一例を挙げると、スウェーデン空軍のスティーグ・ヴィンナーストレム大佐は15年間にわたってGRUのエージェントを務めた。1984年に実施された調査によれば、当時KGBとGRUは80名のインテリジェンス・オフィサーをスウェーデン国内で活動させており、チェコスロバキア、東ドイツ、ハンガリー、ポーランド、ル

ーマニアにも合計160名のインテリジェンス・オフィサーを駐在させていた。なお「観光客」や「文化交流団」はこの数字に含まれていない。

KGBとGRUは東側諸国の情報機関を支配こそしていなかったものの、密接な関係を築いていた。東ドイツのMfS（シュタージ）に所属するエージェントは、ソビエトのエージェントと2人3脚で活動している。同じことは、いわゆる「濡れ仕事（殺人）」を得意としていたブルガリアにも当てはまる。

1981年5月に教皇ヨハネ・パウロ2世の暗殺を試みたトルコ人、メフメト・アリ・アジャは、高度に組織化された暗殺計画の背後にブルガリア秘密警察の存在があったことをほのめかしている。またアメリカに亡命した元KGB職員のヴィクトル・シェイモフは、1990年にこの暗殺計画をKGBと結び付けて語った。しかしソビエトの広報官はこの話を虚偽として一蹴し、1980年に亡命したシェイモフが、事件を捜査中のイタリア当局に証言者として引き渡されなかった事実を指摘した。

【参照項目】スパイ網、イーゴリ・グゼンコ、クラウス・フックス、アラン・ナン・メイ、ジュリアス・ローゼンバーグ、合法的スパイ、カバー、スパイ養成機関、内通者、ウィーン、ジョン・ル・カレ、北大西洋条約機構、ターゲット、スティーグ・ヴィンナーストレム、ヴィクトル・シェイモフ、CIA

フルシチョフの冷戦

スターリンの死後に発生した権力闘争の中で、ウクライナでの粛清を支持したニキータ・フルシチョフが第1書記として頭角を現わす。1956年2月に開催された第20回党大会における秘密演説で、フルシチョフはスターリン時代の記憶を掘り返し、この独裁者の犯罪行為と「個人崇拝」を非難するほど強力な存在になっていた（イスラエルの対外情報機関モサドはフルシチョフの演説内容のコピーを入手し、すぐさまCIAに提供した。しかし演説内容が西側に漏れることを望んでいたフルシチョフが、KGBにリークさせたという説もある）。

フルシチョフは通常兵力を削減する一方で核兵器の開発を強調した。それら核兵器はジェット爆撃機や長距離弾道ミサイルで西側へ撃ち込まれることになっていた。ソビエトの軍事・技術水準に関する正確な情報が鉄のカーテンによって遮られる中、トルーマンとアイゼンハワーの両大統領はアメリカ機（イギリス人が操縦する場合もあった）による限定的な上空偵察を許可し、イギリスのキャンベラ偵察機もこの任務に加えている。またアイゼンハワーはU-2高々度偵察機と人工衛星の開発を認可して、ソビエトの兵器開発計画の水準を突き止めようとした。U-2は1956年から60年にかけてソビエト上空を飛行し、その後は人工衛星が偵察を行なった。

フルシチョフは「平和的共存」を説く一方で「あんた

らを葬る」と脅し、2度にわたって米ソを核戦争の瀬戸際に追い込んだ。いずれの場合も、西側情報機関はソビエトの動きを予期できなかった。

1961年6月、フルシチョフは東ベルリンを東ドイツへ返還すると宣言し、西ベルリンを西側から切り離そうとした。ケネディ大統領は25万名の予備役を召集すると共に、長期保存状態にあった艦艇を現役復帰させた。しかしこの危機はすぐに沈静化する。次いで8月、西側の指導者が情報機関から事前の警告を受けていない中、ソビエトと東ドイツは東西ドイツの国境全域にわたって急ピッチで壁を建て始めた。

1962年秋、またしても西側情報機関の知らぬ間に、フルシチョフは核弾頭を装備した弾道ミサイルをキューバに配備し、キューバミサイル危機を引き起こした。アメリカの各情報機関は当初こそ失敗したものの、危機にあたって協力した。その結果、U-2偵察機に続いてF8UクルセイダーとF-101ヴードゥーが低空からの撮影を行ない、ミサイル配備の決定的証拠を入手している。

GRUのオレグ・ペンコフスキー大佐からもたらされたミサイルに関する情報も、危機において同じく大きな価値を持っていた。

核戦争の一歩手前まで行った対立の後（アメリカ情報機関は核弾頭がキューバに上陸していたことを摑めなかった）、フルシチョフは引き下がり、ミサイルを撤去した。この行為はクレムリンにおける権力を弱めることになり、結局1964年10月に失脚する。レオニード・ブレジネフの下、ソビエトはデタントと強硬姿勢——1968年のチェコスロバキア侵攻及び79年のアフガニスタン侵攻——を交互に見せた。その間、秘密の世界ではスパイの活動が続けられたものの、その歩みはゆっくりとしたものだった。

外交官やビジネスマンをカバーとして活動するソビエトの合法的スパイは、戦車の装甲や潜水艦探知システムといった産業・技術情報の入手に集中した。ソビエト政府はアメリカ政府への浸透やイデオロギーに燃えるエージェントの勧誘といったことに、もはや興味を失っていたのである。またソビエトは飛び込みスパイから情報提供の申し出を受けていた。それらの多くはアメリカ政府職員で、現金と引き換えに情報を売ると持ちかけたのである。

ソビエトのスパイは時に資本主義世界の真っ只中で活動することもあった。1961年、ソビエトはフランスに技術系企業を設立し、フランス国籍のロシア人に経営を任せた。この会社は14年間にわたってフランスの国防に関わる業務を行なうが、実はNATOの早期警戒ネットワークや、フランスの軍民の航空機技術に関する情報を集めるためのフロント企業であることが、フランス情報機関によって突き止められた。また1965年には、英仏共同開発の超音速旅客機、コンコルドに関する機密情報

を盗み出したとして、アエロフロートのパリ支店長が国外追放されている。さらに、ソビエトのエージェントは企業幹部を操ることで、ソビエトが必要とする情報を得ようとした。日本の東芝機械とノルウェーの国営企業コングスベルグ・ヴァーペンファブリーク社は、潜水艦の新型スクリューを製造するのに必要な工作機械を、ソビエトの説得によってレニングラード（現・サンクトペテルブルグ）の工場に売り渡した（訳注：日本では東芝機械ココム違反事件として知られる）。

ソビエトの外交使節団にはスパイが数多く潜入していたため、外交官の追放合戦が日常のように繰り広げられた。ロンドンのソビエト大使館に所属していたKGB幹部職員のオレグ・ゴルディエフスキーは1985年9月に亡命した際、名前のリストをイギリス保安部（MI5）に渡した。イギリス当局はそれを受けてソビエトの外交官25名をスパイ容疑でただちに国外追放する。ソビエトも報復としてイギリス人25名を追放したが、その中には特派員やビジネスマンも含まれていた。イギリスは1970年から85年にかけ、外交官をカバーに活動する144名のロシア人を追放している。それとは対照的に、アメリカはソビエトのインテリジェンス・オフィサーを6名しか追放していない。この違いには、FBIがアメリカ人の連絡員を特定すべく、ソビエトのエージェントを監視下に置くほうを好んだという事情がある。

1982年11月、ブレジネフは長い闘病生活の後にこの世を去り、元KGB議長のユーリ・アンドロポフが後を継いだ（アンドロポフはジョージ・H・W・ブッシュ及びハイム・ヘルツォーグと共に、主要情報機関のトップを経て国家元首になった数少ない人物の1人である）。KGBの狡猾なプロパガンダ担当者は、アンドロポフを洗練された政治家として持ち上げ、ハンガリーとチェコの蜂起を容赦なく弾圧した過去には触れなかった。しかしアンドロポフは就任当時すでに病に冒されており、程なく息を引き取った。その後を継いだコンスタンティン・チェルネンコはさらに病弱な状態だった。そして1985年3月にチェルネンコが死去した際、後を継いだのは新世代のソビエト指導者、ミハイル・ゴルバチョフだった。

【参照項目】 モサド、リーク、上空偵察、キャンベラ、U-2、人工衛星、偵察、キューバミサイル危機、F8Uクルセイダー、F-101 ヴードゥー、残留離反者、オレグ・ペンコフスキー、秘密の世界、飛び込み、オレグ・ゴルディエフスキー、MI5、監視、ユーリ・アンドロポフ、ジョージ・H・W・ブッシュ、ハイム・ヘルツォーグ

グラスノスチ下のスパイ活動

国家指導層で一連の変革が急速に進行する間も、ソビエト情報機関は無傷だった。1986年8月に発生したアメリカ人特派員ニコラス・S・ダニロフの逮捕はKGBによる典型的な陰謀であり、ソビエトの合法的スパイの巣窟だった国際連合で活動するインテリジェンス・オフィサー、ゲンナジー・ザハロフがFBIに逮捕されたことへの復讐だった。

ダニロフーサハロフ事件が決着を見た後、グラスノスチ（情報公開）とペレストロイカ（再構築、もしくは経済改革）を通じて政府の改革を進めていたゴルバチョフは、アイスランドの首都レイキャビクでレーガン大統領と首脳会談を行なう。しかし2人のリーダーが慎重に関係を構築する間も、スパイ戦争は続けられた。

アメリカのインテリジェンス・コミュニティーにおいて、1985年は「スパイの1年」と言ってもよい1年間になった。この年だけで20件以上の大規模なスパイ事件が明らかになり、その大半は飛び込みによるものだった。またレーガン政権は55名のソビエト外交官をスパイ行為で国外追放している。

ゴルバチョフの最も強力な反対者の1人がヴィクトル・チェブリコフ上級大将だった。KGB議長だったチェブリコフはグラスノスチやペレストロイカに不信を抱いており、1986年4月にチェルノブイリ原子力発電所で爆発事故が発生した時も、KGBは世界最悪の原子炉事故を国家機密にしようと試みた。世界がそれを知ったのは、スカンジナビア半島に死の灰が到達したことによる。ベラルーシとウクライナの広大な原野が放射性物質に汚染されるも、ソビエト政府の対策は緩慢で、当初は効果すらなかった。

ゴルバチョフが西側とのより強力な経済関係を模索する一方、チェブリコフはグラスノスチの空気を持ち込んでいるとして西側を非難し、「我々の政治、軍事、及び経済体制が被害を受けた」と言い放った。チェブリコフが怒りを爆発させた後、イズベスチャ紙のインタビューを受けたある地図製作者は、KGBがはるか以前から地図の偽造を命じていたと明らかにした。「あらゆるものに手が加えられていました——道路や川は移され、都市の範囲も歪められたのです」人工衛星の時代にあって地図の偽造とはいかにも時代遅れだが、KGBの硬直化を象徴するエピソードではある。結局1988年10月、ゴルバチョフはチェブリコフを罷免した。

チェブリコフの後を継いだウラジーミル・クリュチョフは、ゴルバチョフが常設議会を創設して自由選挙を宣言し、東欧諸国及びアフガニスタンからの撤兵を始め、ベルリンの壁と共に共産主義政権が崩壊する様をじっと眺めている姿を、疑いと恐怖の目で見ていた。1991年8月、クリュチョフら強硬派はゴルバチョフ政権の転覆を画策する。しかし数千名のロシア人が通りを埋め尽くし、戦車をものともせずクーデターに抵抗した。ゴルバチョフの改革が緩慢であると批判していたボリス・エリツィンは、クーデター未遂に先立つ6月、ロシア初の民主的選挙でロシア共和国大統領に当選していた。エリ

ツィンはモスクワの通りで戦車の上に立って反体制派の象徴となり、英雄として持ち上げられる。今やロシアの未来は彼の肩に掛かっていた。そして1991年12月、ソビエト連邦は消滅する。

ロシア連邦トップの座に就いたエリツィンはKGBを廃止し、SVR（対外諜報庁）とFSK（連邦防諜庁）に加え、大統領府及び通信機能の保安を担当する各省庁を新設した。エリツィンの直轄下に置かれたSVRは、新たなスパイ戦争が始まったことを公に警告している。それによれば、西側情報機関は賄賂と報酬を通じて国家機密を盗み出そうとしているという。1996年5月、ロシア当局は大使館を拠点にスパイ網を運用しているとイギリスを非難、イギリス人外交官4名を国外追放した。イギリス側はロシア人外交官4名を追放することで報復している。

1993年1月、SVRは新たな情報公開の一環として、ロシアの情報組織として初めて報告書を一般公開した。「冷戦後の新たな挑戦：大量破壊兵器の拡散」と銘打たれたこの報告書はオープンソースの情報を土台にしており、核兵器保有国が現在の備蓄を削減し、放射性物質を厳重に管理することを求めるなど、プロパガンダ色の強いものだった。

西側情報機関はSVRに関する分析を行ない、外国でスパイ活動を続ける資金が不足していると判断した。しかし軍から予算配分を受けているGRUには資金があり、駐在武官のネットワークが西側の機密情報の入手を引き続き試みていた。

1990年代中盤の時点で、ロシア国内の深刻な経済状況、チェチェンにおける長期の内戦、及びその他の要因によって、ロシア議会をはじめ政治の場全体で反動勢力が力を盛り返していた。こうした状況の中、SVR及びFSKの役割と権力は不吉なまでに増長する。

1996年夏、ロシア国内の騒乱によってエリツィンの再選が危ぶまれる事態になる。6月16日の大統領選挙後、エリツィンは共産党所属の候補者ゲンナジー・ジュガーノフとの決選投票に臨むが、7月3日の決選投票までの間、数名の強硬派が政権から追い出されている。その大半は国防省及び軍の高官であり、FSKのミハイル・バルスコフ長官と、KGBから派生した大統領保安局のアレクサンドル・コルジャコフ局長もその中にいた。

バルスコフのキャリアはクレムリン警護の中で積み上げられたものである。1991年12月にクレムリン警護司令となった後はコルジャコフの熱心な支持者となり、95年にはFSK長官に就任している。厳格で無口なバルスコフは、同僚と部下からの人気が低かった。

コルジャコフのキャリアもクレムリン警護が主であり、1993年に大統領保安局長を拝命している。コルジャコフはエリツィンのテニス仲間として、ロシアで2番目に権力を持つ男と評されていた。

アメリカのロバート・ゲイツ中央情報長官は1992年10月にモスクワとサンクトペテルブルグを訪れ、CIA及びSVR両副長官の連絡体制を構築した。翌年1月にはSVRの代表団がアメリカを訪れて議員、ジャーナリスト、学者と面会している。そして8月にはゲイツの後任R・ジェイムズ・ウールジーがモスクワとサンクトペテルブルグを訪問したが、CIAグルジア支局長の殺害を受けてトビリシ行きは中止された。

1994年2月にCIAのインテリジェンス・オフィサー、オルドリッチ・H・エイムズが逮捕されたことにより、もう1つ別の訪問が行なわれることになった——ただし今回は怒れるCIA職員がモスクワに飛び、ロシアがいまだに冷戦期のスパイ活動を続けているのはなぜか突き止めようとしたのである。しかしロシア側も激怒していた。エイムズがハンドラーに対し、CIAもロシアでエージェントを活動させていると語ったからである。

1995年4月、FSKはロシア連邦保安庁（FSB）として再編された。

1996年7月2日、エリツィンは連邦警備局（FSO）と大統領保安局（SBP）を統合して国家警備局（GSO）を新設する政令に署名し、ユーリ・クラピヴィン中将をトップに据えた。前述の追放劇と、過去に空挺部隊司令官を歴任したアレクサンドル・イワノヴィチ・レベジ中将の安全保障担当大統領顧問への就任とによって完了したこの組織再編は、ロシアの公安活動を中央集権化へと導いた（レベジは6月16日の投票において14.5％の票を獲得して第3位につけていた。ちなみにエリツィンの得票率は35％、ジュガーノフの得票率は32％である）。

エリツィンは1996年7月の再投票で勝利を収めるも1999年12月31日に大統領を電撃辞任、後任には元KGB職員でFSB長官を務めたウラジーミル・プーチンが就任する。プーチンは国境警備の任務と、通信監視機関FAPSIの指揮権をFSBに与えることで、その権限を強化した。また『Jane's Intelligence Digest』によれば、ヨーロッパと北米における諜報活動を急ピッチで増強させており、ロシア人コミュニティーにおける勧誘活動も強化させているという。

元FSB職員でイギリスに政治亡命したアレクサンドル・リトヴィネンコ中佐は、移住者が協力を拒んだ場合「ロシア国内で訴追対象になるとインテリジェンス・オフィサーから脅迫され、それでも拒み続けた時は何らかの容疑をでっち上げられる」と述べている（訳注：リトヴィネンコは2006年11月に不審死を遂げており、ロシア政府の関与が疑われている）。

【参照項目】ニコラス・S・ダニロフ、国際連合、ゲンナジー・ザハロフ、インテリジェンス・コミュニティー、スパイの1年、ヴィクトル・チェブリコフ、人工衛星、ウラジーミル・クリュチョフ、SVR、FSK、オー

プンソース、駐在武官、ロバート・ゲイツ、中央情報長官、R・ジェイムズ・ウールジー、インテリジェンス・オフィサー、オルドリッチ・H・エイムズ、FSB、ウラジーミル・プーチン

ロジツキ、ハリー　(Rositzke, Harry　1911-2002)

1949 年から 54 年にかけてソビエト及び東欧諸国に対する秘密工作活動を主導した CIA のインテリジェンス・オフィサー。

第 2 次世界大戦中、アングロサクソン系言語を専門とする言語学者のロジツキは戦略諜報局（OSS）に加わり、戦後 OSS が CIA に発展した後も、引き続き情報の世界にとどまった。ミュンヘン駐在中はソビエト及び東欧諸国に対する秘密工作活動の責任者を務めている。また 1957 年から 62 年までニューデリー支局長として、対ソビエト諜報活動だけでなく、中国を対象とするチベットでの諜報活動を率いた。62 年から 70 年に引退するまでは、ソビエト及びワルシャワ条約機構諸国の外交官の勧誘にあたっている。著書『The CIA's Secret Oparations: Espionage, Counterintelligence, and Covert Action』（1977）において、ロジツキは冷戦初期における作戦活動の一部を詳しく明かした。その中にはウクライナ人エージェントをパラシュートで祖国に送り込み、対ソビエト工作活動にあたらせたことも含まれている。

【参照項目】CIA、インテリジェンス・オフィサー、戦略諜報局、秘密工作活動

ロジャー　(Roger)

CIA との通信のみに用いられるアメリカ国務省の通信網。

【参照項目】CIA

ロシュフォート、ジョセフ・J

(Rochefort, Joseph J.　1898-1976)

1941 年 12 月 7 日（日本時間 8 日）の真珠湾攻撃前後の数ヵ月間、アメリカ海軍の暗号解読局ハイポの所長を務めた人物。

1919 年にカリフォルニア大学を卒業後、ロシュフォートは海軍少尉に任官され、副長として駆逐艦に 2 年間乗り組んだ後、ローレンス・L・サフォード少佐の後任として、ワシントン DC に拠点を置く海軍通信情報部の暗号セクション責任者となった。彼は後にこう語っている。「私はいつもこう言うんだ。暗号を解読するのに奇人である必要はないけれど、そんな人間はいつだって役に立つ、と」

ロシュフォートはサフォードとアグネス・メイヤー・ドリスコルから暗号解読の技術を学んだ。ドリスコルは日本の外交暗号レッドを初めて解読したことで有名な女性である。

日本語を学ぶために日本で 3 年間暮らした後は、海上任務と陸上での暗号解読活動を交互に繰り返した。1930 年代に太平洋艦隊司令部の作戦・情報参謀を務めた際、ジョセフ・M・リーヴス海軍大将は彼を「同じ階級の中で最も優れた士官」「その判断と能力は真に特筆すべきである」と評した——もっとも、海軍兵学校の卒業生以外では、と付け加えてはいるが（海軍兵学校のコネを持たなかったことは、ロシュフォートのキャリアに始終つきまとった）。

1941 年 6 月、ロシュフォートは 真珠湾司令部の地下にある暗号解読拠点——解読者たちは「迷宮」と呼んでいた——に配属された。そして自らのユニットを戦闘情報部隊と改名、暗号解読活動のカバーとした（後に太平洋方面艦隊無線部隊の呼称が与えられている）。1942 年 6 月のミッドウェー海戦でアメリカ側に勝利をもたらした日本暗号の解読・分析において、ロシュフォートは中心的役割を果たした。ワシントンの情報将校は日本艦隊による攻撃が 2 週間後にジョンストン島、あるいはアメリカ西海岸に対して行なわれるものと予想していたが、ロシュフォートはミッドウェーが攻撃目標だと正しく推測したのである。

太平洋艦隊司令長官のチェスター・W・ニミッツ大将は無線傍受を基に、ロシュフォートの予測を受け入れた。海戦の直後、ニミッツは参謀会議に訪れたロシュフォートを次の言葉で歓迎している。「この士官はミッドウェーの勝利に大きく貢献した」その素晴らしい功績にニミッツは殊勲章の授与を推薦したが、ワシントンの当局は拒否した。1942 年 10 月、ロシュフォートは一時的に暗号解読ポストから外され、戦闘と関係がなく重要性も低い司令部に配属された。

「通信情報活動は海軍省の通信部門と情報部門の間をさまよい、両部門の圧力、嫉妬、そしてつまらない政治活動の対象になった」ロシュフォートに仕えた情報将校 W・J・ホームズは著書『Double-Edged Secrets』（1979）の中でそう記している。「ロシュフォートが直面した事態は、海軍省内部の権力争いに他ならない」

戦後、ニミッツはロシュフォートの件について海軍省に手紙を出した。ニミッツの情報参謀を務めたエドウィン・T・レイトン少将が『And I Was There（邦題・太平洋戦争暗号作戦：アメリカ太平洋艦隊情報参謀の証言）』（1985）を出版したことで、この不正義は再び陽の目を見る。そして翌年、ジョン・レーマン海軍長官の尽力によってロシュフォートに大統領自由勲章が没後授与されることになり、ホワイトハウスで行なわれたセレモニーにおいてレーガン大統領から遺族に勲章が渡された。

【参照項目】真珠湾攻撃、暗号解読、ハイポ、海軍通信情報、ローレンス・L・サフォード、アグネス・メイヤー・ドリスコル、レッドブック、カバー、太平洋方面艦隊無線部隊、W・J・ホームズ、エドウィン・T・レイト

ン

ロスアラモス　(Los Alamos)

　アメリカの核兵器研究施設がある町。第2次世界大戦中から冷戦初期にかけてソビエト情報機関の最重要ターゲットであり、後に中国情報機関の主要なターゲットにもなっている。

　1942年10月上旬、アメリカの原爆プロジェクトを率いるレスリー・グローヴス少将は、核兵器の設計と組立を行なうのに適した場所の選定を始めた。当初はウラニウム235の生産工場が集中しているテネシー州オークリッジや、大規模な研究施設がすでに存在していたシカゴが候補に挙がっていた。

　しかしグローヴスは、1年を通じて原爆製造が可能な気候で、敵の攻撃からも安全であり（つまり沿岸地域は除外される）、しかも電力、水、燃料の供給が容易な遠隔の地こそ原爆プロジェクトに必要だと信じていた。また各種の部品や原爆本体の試験に適した実験場も近くにある必要があった。さらに、爆発事故の際に研究施設を保護し、影響が最小限になるよう、丘陵に囲まれた盆地をグローヴスは望んでいた。

　数ヵ所の候補地を検討した後、条件の大半を満たすニューメキシコ州ロスアラモスが選ばれた。アルバカーキからおよそ95キロメートル離れたこの場所には大規模な男子校があり、その建物は大物科学者の住居などの目的に適していた。決定がなされたのは1942年11月だが、学校は翌年2月まで運営が認められており、およそ40名の在校生は無事学期を終わらせている。

　生徒が移転の準備をする最中も建設は進められた。陸軍は半乾燥地帯にある森林と、以前から連邦政府の管理下にある草地を合わせた54,000エーカー（約220平方キロメートル）を引き継ぎ、8,900エーカー（約36平方キロメートル）の敷地を新たに購入している。

　やがてロスアラモスに大量の人間が流れ込んできた。アメリカを代表する科学者やエンジニア、実験技師、医療スタッフ、軍のコックやパン焼き、海軍将校（兵器のスペシャリストだった）、そして施設の保安にあたる数百名の憲兵である。1944年1月の時点でロスアラモスの「定住人口」は3,500名だったが、1年後には6,000名にまで増加した。さらに、数百名の労働者が彼らの職場や施設の建築にあたった――幸運なことに、ロスアラモスは1年を通じて建築が可能だったのである。

　グローヴスは働く母親のために託児所を設けているが、そうした女性は科学者であるか、または秘書や教師として新たなキャリアを始めようとしている人だった。さらには中学校と高校もあり、コミュニティーの顧問委員会という形で小規模ながら民主制もとられていた。小さな病院であまりに多数の乳児が生まれたため、グローヴスはロスアラモスの主任科学者を務めるJ・ロバー

ト・オッペンハイマーに対し、何らかの措置をとるよう真剣に要求したこともあった。だがオッペンハイマーはこれを拒否している。彼自身も1944年12月7日に2人目の子どもが産まれたのである。

　グローヴスは『Now It Can Be Told（邦題・原爆はこうして作られた）』(1962)の中で次のように記している。「保安の立場から見ると、ロスアラモスは極めて満足すべき場所だった。人口密集地帯から遠く離れ、外部からのアクセスは極めて困難である……またここで勤務する人々を強制的に隔離している地理的状況は、外部の友人または職業上の知り合いに秘密情報をうっかり漏らす危険性を減らした」

　この施設はサイトYと公式には呼ばれていたが、そこに配属された人々はサンタフェ郵便局の私書箱1663号の使用が認められていた。また外部宛ての手紙は軍による検閲があるため、封をしないまま提出する必要があった。検閲によって投函の許可が下りても、通常の検閲印が押されることはなかった。一方、外部からの手紙も全て検閲が行なわれている。外部に住む親族や友人の大多数は私書箱1663号がどこにあるか、またそこにいる人々が戦争努力の中でどのような役割を担っているか知ることはなかった。そのためロスアラモスは、妊娠中の女性兵士の収容施設だという噂が流れたこともある。

　しかしあらゆる予防策にもかかわらず、ソビエトの原爆スパイ網はロスアラモスへ容易に浸透することができた。ロスアラモスに浸透するソビエトの試みが冷戦期にも続けられたのは間違いなく、その一方で中国の情報機関も研究所の所在地を知っていたことが李文和のスパイ事件で明らかになっている。

【参照項目】 ターゲット、原爆スパイ網、李文和

ローズ、フレッド　(Rose, Fred 1907-1983)

　ソビエト領事館所属の暗号官イーゴリ・グゼンコによって1946年に存在を暴露されたカナダのスパイ網のメンバー。国家研究委員会の一員だったローズは、原子力研究に関する秘密情報をソビエトに渡しており、逮捕された際はカナダ下院の議員に当選したばかりだった。

　ローゼンバーグという名のロシア系ユダヤ人の息子としてポーランドに生まれたローズは、1916年に一家揃ってカナダへ移住した。父親のパスポートには未成年者として記載されていたため、カナダ市民権を取得したのは父親が死去した1926年のことである。その後ローズと姓を変えて27年にカナダ共産党入りするも、騒乱罪により31年から32年まで刑務所で暮らした上、42年には共産主義者であるとして再び収監された。そして翌年、非合法の共産党組織と関係を絶つという嘘の約束をして釈放されている。

　ローズは1946年6月にケベックで開かれた裁判においてスパイ容疑で有罪となり、禁固6年を言い渡され

た。議員の職も自動的に失われている。

【参照項目】 イーゴリ・グゼンコ

ローズ、ロイ・A （Rhodes, Roy A.）

　1950年代にモスクワのアメリカ大使館で勤務しつつ、ソビエトのためにスパイ行為をしたアメリカ陸軍の下士官。1957年、NKVD（内務人民委員部）所属のレイノ・ヘイハーネン中佐が亡命したことでスパイ行為が明るみに出た。

　ニューヨークに駐在していたソビエトのスパイ、ルドルフ・アベルの媒介者を短期間務めたことがあるヘイハーネンは、モスクワに向かう途中パリで亡命し、CIAによってニューヨークへ連行される。到着後はFBIに引き渡され、捜査官にアベルのことを話した。アベルを逮捕し、彼の写真スタジオを捜索したFBIは、大使館の駐車場で勤務するローズとヘイハーネンとを結び付けるマイクロフィルムを発見した。尋問の結果、ローズはスパイ行為を認めた。

　アベルの裁判においてローズとヘイハーネンは主要な証人となり、有罪の評決をもたらした。

　その後ローズ自身は重労働5年の刑を言い渡されている。

【参照項目】 ルドルフ・アベル、媒介者、CIA、FBI

ローゼンバーグ、ジュリアス （Rosenberg, Julius 1918-1953）

　アメリカの原爆開発プロジェクトに関する秘密情報をソビエトにもたらした原爆スパイ網において、中心人物だったアメリカ人。妻エセルもスパイ網のメンバーだった。

　共にロシア出身のユダヤ人移民を親に持つローゼンバーグ夫妻は、いずれもニューヨーク市で生まれ育った。ジュリアスはニューヨーク市立大学を卒業して電気技師となる。またオペラ歌手のような美声の持ち主だったエセルは高校を出ただけで、ジュリアスより3歳年上だった。

　1949年にイギリス人物理学者クラウス・フックスが逮捕され、自供を経て有罪宣告を受けた後、ローゼンバーグ夫妻もソビエトのスパイであることが発覚した。米英及びカナダによるフックスの捜査は、アメリカで活動するソビエトのエージェントとモスクワとの間でやりとりされた通信文の傍受・解読内容という、最高機密情報に支援されていた。ヴェノナというコードネームの暗号解読プロジェクトは極秘とされ、通信文が敵の手に渡ったことをソビエトに感づかれないよう一切公開されなかった。

　一方、フックスの密使を務めたハリー・ゴールドにFBIが辿り着いたのは、ヴェノナ資料ではなくフックスが提供した証拠のおかげである。1950年5月23日にスパイ容疑で逮捕されたゴールドは、ロスアラモス原爆研究所に勤務する他のスパイ、デイヴィッド・グリーングラスとモートン・ソベルの名をアメリカ当局に告げた。

　アメリカ共産党（CPUSA）の党員だったグリーングラスと妻のルースは、デイヴィッドの姉エセル・ローゼンバーグとその夫ジュリアスも共産党員であるとほのめかす。さらに、ソベルとジュリアス・ローゼンバーグは友人同士だった。

　当時の大多数のアメリカ人共産主義者と同じく、ローゼンバーグ夫妻は変動を繰り返す共産党の政策を忠実に支持した。つまり第2次世界大戦の勃発当時はアメリカの中立を求め、1941年6月にドイツがソビエト連邦を攻撃すると、今度はソビエトに対するアメリカの支援を要求したのである。1940年、ジュリアスは民間人職員としてアメリカ信号軍団での勤務を始めるも、親ソビエト的な思想により45年に解雇されている。彼は当時、一般のアメリカ人、忠実なる共産党員、そしてソビエトの密偵という三重生活を送っていた。また戦時中から戦後にかけて軍需工場や基地で勤務しつつ、秘密情報を手当たり次第に盗み出した、エンジニアで構成されるセルを率いてもいた。

　ローゼンバーグ夫妻を勧誘したのは、1930年代にNKVD（内務人民委員部）のレジデントとしてニューヨーク市で活動したガイク・オヴァキムである。オヴァキムはソビエトの調達機関でありながら実際には大規模な諜報組織だったアムトルグを活動のカバーとしていた。夫妻は当初から原爆関連情報の入手を目的とするセルに所属していたわけではなく、別々のセルに所属していたゴールドとグリーングラスが、スパイ活動の原則に反して協働した際に、原爆スパイ網へ加わったのである。デイヴィッド・グリーングラスはFBIに対し、1944年にニューメキシコ州ロスアラモスの研究所に配属された直後、エセルとジュリアスからソビエトのためにスパイ活動を行なうよう説得されたと述べている。

　フックスとゴールドが逮捕された後、ソビエトのため

ジュリアスとエセルのローゼンバーグ夫妻。左側はモートン・ソベル。（出典：国立公文書館）

にスパイ行為をしていたアメリカ人数名が秘かに国外へ脱出する。当時のニューヨーク駐在レジデント、ルドルフ・アベルの下でエージェントを務めたモリス・コーエンと妻レオナもその一部だった。

1950年6月、ローゼンバーグ一家はパスポート用の写真を撮影する。しかしもはや手遅れだった。FBIは7月17日にスパイ容疑でジュリアスを逮捕し、8月11日にはエセルも拘束する。2人の息子マイケル（当時7歳）とロバート（当時3歳）は、エセルの母親が面倒を見ることになった。

1951年3月、ローゼンバーグ夫妻はソベル及びグリーングラスと共にニューヨーク市の法廷に臨んだ。アーヴィング・カウフマンが判事を務めたこの裁判において、検事はジュリアス・ローゼンバーグの死刑とエセルの禁固30年を求刑した。審理の結果、カウフマンは、ジュリアス・ローゼンバーグが逮捕される1ヵ月前に勃発した朝鮮戦争と夫妻のスパイ行為とを結び付け、ソビエトが自力で開発するよりずっと早く原子爆弾を入手するのを助けることで、2人は戦争に至る出来事を引き起こし、「疑いもなく……我が国の不利になるよう歴史を変えた」と述べた。そして両者に死刑を言い渡した。

判決は世界を驚かせた。支援者——リベラルから強硬派の共産主義者に至るまで——は判決の破棄を求めて集会を開いた。しかし2年間で20回以上にわたる再審請求が行なわれた後の1953年6月19日、ニューヨーク州オシニングのシンシン刑務所で電気椅子による死刑が執行される。女性が連邦犯罪で死刑を執行されたのは、リンカーン大統領暗殺計画に関わったとしてメアリー・スラットが絞首刑に処せられた1865年以来のことである。また平時のアメリカで反逆者として死刑を施行されたのは、ローゼンバーグ夫妻が唯一だった。

続く数年間、2人の有罪を疑う声が高まりを見せた。養親に引き取られた2人の息子も成人後に運動を始め、無罪の証拠が隠蔽されたと主張した。しかし近年現われた証拠は夫妻の有罪を裏付けている。

元ソビエト指導者のニキータ・フルシチョフは回想録『Khrushchev Remenbers: The Glasnost Tapes（邦題・フルシチョフ回想録）』（1990）の中で、独裁者ヨシフ・スターリンがいかに夫妻を賞賛したかを述べている。「スターリンがローゼンバーグ夫妻のことを暖かな口調で語った時、私もその場にいた。2人がどのようにして我々を助けたのかはよく知らないが、我々の原爆生産を加速させるにあたって卓越した貢献をなしたと、スターリンと（ヴャチェスラフ・M・）モロトフ外相が話しているのを聞いたことがある」

1995年にNSAが公開したヴェノナの解読内容には、1944年の時点で原爆スパイ網を運用していたソビエトのインテリジェンス・オフィサーが、アンテナ及びリベラルというコードネームでジュリアス・ローゼンバーグに言及していることが記されていた。またエセル・ローゼンバーグも「夫の仕事」を知っており、「働いてはいなかった」ものの「献身的な人物」だったと伝える電文もある。

1940年代の大半においてローゼンバーグのハンドラーを務めたアレクサンドル・フェクリソフは著書『The Man Behind the Rosenbergs』（2001）の中で、ジュリアスとの良好な関係と、およそ50回に上る会合について記している。

【参照項目】原爆スパイ網、最高機密、ヴェノナ、コードネーム、ハリー・ゴールド、FBI、密使、デイヴィッド・グリーングラス、モートン・ソベル、ロスアラモス、セル、NKVD、レジデント、ガイク・オヴァキム、ルドルフ・アベル、モリス・コーエン、インテリジェンス・オフィサー、アレクサンドル・フェクリソフ

ローゼンブルーム、シグムンド (Rosenblum, Sigmund)

「シドニー・ライリー」を参照のこと。

ローター (Roter)

ランダムな暗号化を行なうためにローターを用いる暗号機は、エドワード・H・ヘバーンによって発明された。

有名なエニグマ暗号機は、交換可能な円盤すなわちローターと、数個のプラグコネクターを内蔵していた。ローターの使用によって、メッセージを暗号化する際に用いられる順列（多表）はほぼ無限大となった。またローターのセッティングは素早く変更でき——1日数回可能だった——、解読をさらに難しいものにした。

初期のエニグマでは3枚のローターが用いられており、第2次世界大戦中に活用された後期型は4ないし5枚のローターを使っていた。加えて予備のローターも用意された。またアメリカのシガバ暗号機もローターの原理に従って動作している。

アメリカ製シガバ暗号機の「ローター・バスケット」。中には10枚のローターが配置され、横には2枚の予備ローターとカウンターが置かれている。複数のローターが用いられることで、「クリブ（手がかり）」なき暗号解読は不可能になった。（出典：NSA）

【参照項目】エドワード・H・ヘバーン、エニグマ

ロックハート、サー・ロバート・ブルース

（Lockhart, Sir Robert Bruce　1887-1970）

1917年から18年にかけてのボルシェビキ革命（ロシア革命）で複雑な役割を演じたイギリスの外交官。

スコットランド生まれのロックハートは後に「私の中にイングランドの血は一滴も流れていない」と宣言している。ドイツとフランスで学び、卒業後マラヤのゴム農園で働いた後は、大きな危険を犯してスルタンの女中を自分の愛人にしている。

日本とカナダでしばらく過ごした後スコットランドへ帰国、駐モスクワ副領事の職に就く。当時のモスクワは急進主義の中心地であり、やがて第1次世界大戦の悲惨な戦禍に巻き込まれる。領事へ昇格した1915年にはドイツがロシア戦線で勝利を収め、国内は厭戦気分で満たされた。1年後、ロシアの劣勢がさらに深まったのを受けてイギリスはプロパガンダ活動を重ね、親英・戦争継続の記事がロックハートによってロシアの新聞に掲載された。

1917年夏、イギリス大使は体調不良を理由にロックハートを帰国させた。だが実際には、既婚者のロックハートが同じく既婚のロシア人女性と関係を持っていたため、彼を帰国させることで不倫を終わらせるという大使の判断が理由である。そして帰国の6週間後、ボルシェビキ革命が始まった。

1917年11月の革命後、ボルシェビキと接触すべく再びロシアへ送られたロックハートは、ペトログラード（現・サンクトペテルブルグ）に到着する。当時、ボルシェビキの交渉担当者であるレオン・トロツキーはブレスト・リトフスクでドイツと単独講和を話し合っていた。ボルシェビキがロックハートの赴任を歓迎した結果、ペトログラードで活動するアメリカのインテリジェンス・オフィサーは、ロックハートこそ危険な革命派であると報告する。かくしてロックハートは、ボルシェビキを支持する人間と、民主国家の樹立が可能であると信じる人間との板挟みになってしまった。

トロツキーと初めて会った時のことを、ロックハートは日記にこう記している。「彼は観衆さえいれば、ロシアのために喜んで死ぬ人間である」

連合国の外交官がロシアから去り始めると、ロックハートは彼らのためにパスポートへの押印をボルシェビキに申請した。大半は無事発行されたが、ロシア側の役人に拒否された申請も数多くあり、その中には外交官をカバーとして諜報活動に従事していたケイエス大佐のものも含まれていた。ロックハートの回想によると、パスポートにスタンプを押していたのは可愛らしい女性だったという。「私が優しく話しかけると、彼女は微笑みを返した。私は話し続けた。そして会話の最中にパスポートをいじり始めた。彼女に囁きながら、ケイエスのパスポートを大きな山に潜り込ませたのである。そして――彼女の青い瞳に祝福あれ――彼女はそれにスタンプを押した！」

最後の1人がペトログラードを去ったのは1917年2月28日のことだった。しかしロックハートは自ら志願してそこにとどまり、ロシアに駐在するただ1人のイギリス外交使節として、ボルシェビキ政府の移転に合わせてモスクワへ移った。なお海軍の情報将校も彼と共に残っている。またドイツによるバルト海艦隊の接収を防ぐため、ロックハートはエージェントを雇い、必要とあれば艦船を自沈させようとした。

1918年5月、ロイド＝ジョージ首相の命で派遣されたと称するイギリス政府職員がモスクワに現われ、レーニンとの面会を要求したとの話がロックハートの耳に届く。この男こそ伝説的スパイのシドニー・ライリーであり、ボルシェビキを妨害すべくイギリス情報機関（MI6）によって送られたのである。8月に入りロックハートはロシアを去る準備をしていたが、そこにボルシェビキの秘密警察チェーカのエージェントが現われ、銃口を突きつけて彼を逮捕、チェーカの監獄があるルビャンカに連行し、ライリーの居所を教えるよう要求した。

レーニンは銃弾を受けて重傷を負っており、イギリスがその裏にいるのではないかと疑われていた。ボルシェビキ派の新聞はこれを「ロックハート謀略」と呼び、レーニンとトロツキーを暗殺して軍事独裁政権を打ち立てる計画だとした。姿を消していたライリーも首謀者の1人として名指しされている（事実その通りだった）。ロックハートは再び身柄を拘束されて1ヵ月以上にわたって独房に監禁された後、イギリスで捕らえられたソビエトのエージェント、マクシム・リトヴィノフとの交換で釈放された。

イギリスの新聞に「青年大使」として賞賛されたロックハートは大歓迎の中を帰国した。後に記したところによると、ロシアにとどまるよう勧誘を受け、チェーカで雇うとの申し出があったとのことである。1928年に外交関係の仕事から足を洗った後は、ジャーナリスト及び作家として活動している。

著書『Memoirs of a British Agent』（1932）の中で、彼はロシア革命の内幕を詳細に記し、レーニン、トロツキー、そしてチェーカ長官フェリクス・ジェルジンスキーの名を読者に知らせた。また「血色の悪い顔、黒い口髭、濃い眉毛、そして黒い髪の頑丈な男」にも会ったが、「ほとんど注意を払わなかった」とも記している――これはヨシフ・スターリンのことだった。本書は米英で注目を浴び、後にフランス、ドイツ、イタリア、スウェーデン、デンマーク、ポーランド、そしてフィンランドの各国で翻訳された。

ロックハートの回想録は1974年と84年に復刻され、

第2次世界大戦で活躍した息子のロビン・ブルース・ロックハートが序文を書いた。彼が1967年に執筆した『Reilly: Ace of Spies』(1967)はテレビのミニシリーズになっている。

1966年、ソビエトのイズベスチャ紙は、ロックハートとライリーが革命の転覆を図ったという古い非難を持ち出し、チェーカのエージェントが陰謀を突き止めていたこと、ロックハートは後に認めた以上にライリーの計画を知っていたことを主張した。

【参照項目】インテリジェンス・オフィサー、カバー、エージェント、シドニー・ライリー、MI6、チェーカ、ルビャンカ、フェリクス・ジェルジンスキー

ロッツ、ウォルフガング (Lotz, Wolfgang 1921-1993)

1961年から64年にかけてカイロで活動したイスラエルのインテリジェンス・オフィサー。

非ユダヤ人の父とユダヤ人の母との間にドイツで生まれる。父親は幼い頃に亡くなっており（訳注：実際には1931年に離婚）、ロッツと母親は1933年にナチスのユダヤ人狩りから逃れ、当時イギリスの管理下にあったパレスチナへ移住した。ロッツはユダヤ人の防衛組織ハガナに加わり、39年9月にヨーロッパで戦争が勃発した後はイギリス軍に志願、コマンド部隊に配属され北アフリカで戦った。

戦後はパレスチナに戻って1948年のイスラエル独立戦争（第1次中東戦争）に参加、当初は武器の調達に携わり、次いでイスラエル国防軍に所属して戦闘に加わった。背が高く金髪で、ドイツ語を流暢に話すロッツは、カイロに出現した元ナチス党員のコロニーに浸透するには最適の工作員だった。ロンメル将軍のアフリカ軍団に所属してエジプトの砂漠で戦い、その後オーストラリアに移住、競走馬の馬主として財をなしたというのがロッツの仕立て上げた経歴である。このカバーをより確かなものにするため、彼はドイツで1年間暮らした。

エジプトへ赴いたロッツはカイロ近郊で乗馬スクールと種馬飼育場を始め、献身的な元ナチ亡命者の如く大手を振って歩き回った。かつてSS士官だったという噂がやがて持ち上がり、エジプト警察の長官や元ナチの科学者とも親交を結んだ（エジプトがドイツのロケット開発者や兵器スペシャリストを雇っているのではないかとイスラエルは懸念していた）。

ロッツのカバーを完成させるため、モサドはイスラエルに妻子がいる彼に対し、ヴァルトラウト・ノイマンという金髪で北欧人種のドイツ人妻をあてがい、偽の結婚式をミュンヘンで執り行なわせた（ロッツは後に、ノイマンとはオリエント急行の中で出会い、モサドの工作員だと告げることなく結婚したと主張している）。

ロッツは家族と会うため定期的かつ秘密裡にイスラエルを訪れつつ、1964年まで二重生活を続けた。一方、エ

ジプトはすでに有能な秘密機関を擁しており、その職員はイギリス、アメリカ、ソビエトの情報機関で訓練を受けていた。そしてソビエトの専門家から無線探知技術の支援を受けてロッツの交信を傍受、浴室の体重計の中から無線機を発見する。

エジプト秘密機関はロッツを逮捕、尋問を行なうと同時に拷問を加えた。ロッツはイスラエルに雇われたドイツ人だと主張し、割礼を施されていない事実がその作り話を裏付けた。イスラエル人だとばれていれば、処刑は間違いなかっただろう。手続き通り裁判にかけられたロッツは終身刑を言い渡された。同時に逮捕・起訴されたヴァルトラウトには禁固3年の判決が下されている。

1968年、前年の6日間戦争（第3次中東戦争）で捕虜となったエジプト軍将官9名との交換でロッツは釈放された。

イスラエルにいる妻と離婚し、ヴァルトラウトと正式に結婚した後『The Champagne Spy（邦題・シャンペン・スパイ）』(1972)を執筆、自らの冒険を語っている。このタイトルは彼の贅沢な暮らしぶりからモサドが名付けたニックネームだった。ユダヤ教に改宗したヴァルトラウトは1973年に死去している。ロッツはドイツへ移り住み、死去するまでさらに2回結婚した。

【参照項目】インテリジェンス・オフィサー、モサド、カバー、SS

ロディー、カール・ハンス (Lody, Carl Hans)

第1次世界大戦中にイギリスでスパイ活動を行なったドイツ海軍の予備役士官。

海軍退役後、ハンブルグ・アメリカ定期船の船客案内係を務めていたロディーは、アメリカ訛りの英語を話すことができた。その後ドイツ軍情報部にエージェントとして雇われ、アメリカのパスポートを使いアメリカ人観光客としてスコットランドのエジンバラに到着する。そのパスポートは、ドイツの情報機関がベルリンを訪れていたアメリカ人から盗んだものだった。

ロディーのケース・オフィサーはスウェーデンのストックホルムに駐在するアドルフ・ブルヒャルトだった。ロディーはスコットランドへの到着を電報で伝え、その中でドイツ軍の敗北を喜んだ。しかし通常活動中に電報を傍受したイギリス保安部（MI5）は、その言語と文体がおかしいことに気づく。かくしてロディーは監視対象となった。

その後もブルヒャルトへの通信は続いたが、MI5はうち1通しか相手に届けさせなかった。それはロシア軍がスコットランドを経由して西部戦線に向かっているという偽の噂だった。

ロディーは1914年10月に逮捕され、軍法会議にかけられた。その結果有罪となり、銃殺隊による処刑を言い渡される。11月6日、ロンドン塔の処刑場に立ったロ

ラ行

ディーは銃殺隊長を向き、「スパイとは握手などしないだろうね？」と訊いたという。それに対し、銃殺隊長は「その通り。しかし勇敢な男となら握手する」と答えた。

ロディーは第1次世界大戦中にイギリスで捕らえられた30名のスパイの1人だった。彼の他に11名が処刑され、1人は自殺、他の者は収監されている。フィリップ・ナイトリー著『The Second Oldest Profession』（1986）によると、「処刑が広く宣伝された」結果、ドイツでは「志願者の数が著しく不足した」という。当時活動していたドイツ人スパイの大半と同じく、ロディーは「こちらが恥ずかしくなるほど準備不足」であり、あぶく銭を得るため、もしくは空想を満足させるために諜報活動へ引きつけられた、「哀れな素人集団」の1人だったのである。

【参照項目】エージェント、ケース・オフィサー、MI5、監視

ローテ・カペレ　(Rote Kapelle)

「レッドオーケストラ」を参照のこと。

ロビン　(Robin)

キャンベラ高々度偵察機が初めてソビエト上空を飛行した際のコードネーム。1953年に実施されたこの上空飛行では、西ドイツのギーベルシュタットを飛び立ったキャンベラが、2年前に建設されたソビエトのミサイル実験拠点カプースチン・ヤールを偵察した。ソビエトはジェット戦闘機で迎撃を試みたが失敗に終わった。

【参照項目】キャンベラ、偵察、コードネーム

ローマン、ハワード　(Roman, Howard)

ポーランド人インテリジェンス・オフィサー、ミハル・ゴリエネフスキー大佐を担当したCIAのケース・オフィサーの本名、あるいは「作業名」と思われる名前。ゴリエネフスキーが1960年12月に亡命したことで、イギリス秘密情報部（MI6）に潜むソビエトのスパイ、ジョージ・ブレイクと、ポートランド海軍基地の民間人職員ハリー・フートンの逮捕につながる情報がもたらされた。

【参照項目】インテリジェンス・オフィサー、ミハル・ゴリエネフスキー、CIA、ケースオフィサー、MI6、ジョージ・ブレイク、ハリー・フートン

ロメネク、ダニエル　(Lomenech, Daniel　1921-1996)

第2次世界大戦中にフランスで情報収集網を組織したイギリス海軍士官。

フランスで生まれたロメネクは、ドイツが祖国を占領した1940年にイギリスへ脱出する。翌年3月、ブレストなどフランス諸港におけるドイツ海軍の行動を突き止めるためアラー作戦が実行されたが、ロメネクはフラン

スに上陸したエージェント4名のうち1人だった。その後7月まで活動を続け、2度にわたりゲシュタポに捕らえられそうになったものの漁船に乗って脱出、イギリスの潜水艦シーライオンに収容されている。

次いでフランスの漁船に偽装した哨戒艇の艇長となる。ロメネクら乗組員はスモックに身を包んでひさしのついた帽子を被り、ブルターニュの漁師を装って活動した。ある任務ではフランス人エージェント——それに加えて妻と4名の子ども——を収容した上で無事イギリスに送り届けている。

イギリスのスパイ網に所属していた父親は捕らえられて処刑された。母親は強制収容所で命を失い、妹も終戦時に解放された直後死亡している。

【参照項目】エージェント、ゲシュタポ

ロレンス、トーマス・E　(Lawrence, Thomas E.　1888-1935)

第1次世界大戦中にアラビアのトルコ軍前線の後方で広範囲に活動、情報収集を行ないつつ、アラブ人による蜂起の扇動を図ったイギリスのインテリジェンス・オフィサー。多くの点でこの時期の西洋における第1級のアラブ専門家であり、「アラビアのロレンス」の名で世界的に知られる。

セアラ・ロレンスとサー・トーマス・チャップマンの私生児5人の2番目として生まれたロレンスはオックスフォード在学中にアラブ世界へ大きな関心を抱くようになり、1909年には卒業論文のためにレバノンを旅している。また後に、カルケミシュの発掘現場でも働いた。

1913年にオックスフォードへ戻ったが、翌年には再び中東へ赴き、イギリス人インテリジェンス・オフィサーの率いる遠征隊に加わって、モーゼが旅したと思われる道を探し出そうとした。しかしそれは表向きで、実際の目的はシナイ半島北部の地図作成だった（ロレンスとC・レオナード・ウーレイは『The Wilderness of Zin』〔1915〕を著わしている）。

第1次世界大戦勃発後の1914年10月、ロレンスは少尉に任官の上カイロの情報部隊に配属された。そこではアラビア半島の地図作成、捕虜の尋問、通信が主な任務であり、その他にもイギリスが（ドイツの同盟国）トルコと戦うにあたって様々な任務をこなした。

またロレンスは、アラブ人勢力と協力してトルコ軍を妨害すべく送り込まれた青年士官の1人でもあった。彼はとりわけファイサル首長に感銘を与え、それを知った司令官からファイサルの軍事顧問になるよう命じられる。また後にはアラブ人を率いてトルコの鉄道を破壊したり、イギリスのために情報を集めたりもしている。さらには命令に反してまで部隊を率い、要衝の港町アカバ（古代のエラス）を1917年7月6日に占領した。このことはトルコ軍の側面を衝く結果となり、エドムンド・H・H・アレンビー将軍率いるイギリス軍が同年12月

にエルサレムを占領することに貢献したのだった。

この間、ロレンスはトルコに捕らえられて拷問を受けている（雇った先導役に裏切られたとする説もある）。だが脱出に成功し、1918年10月にはダマスカスを攻略するアラブ軍の指揮にあたり、これを陥落させた。しかし米仏の司令部がファイサルをアラブ国家の君主として認めることを拒否したため、ロレンスはアラブ人を裏切ってしまったと信じ込み、イギリスに帰国する。当時のMIでの階級は大佐だった。

1919年のパリ講和会議に出席したロレンスはアラブの独立を支持する。ジョージ5世がバス勲章を授与しようとした際、彼はそれを辞退して王室に恥をかかせた。1921年にはウィンストン・チャーチルに同行してカイロ会議に参加、そこでイラクとトランスヨルダンの国境が確定された。ロレンスは著書『Seven Pillars of Wisdom（邦題・知恵の七柱）』(1926) の中で、アラブ人は自らの土地を持つ権利を有しているにもかかわらず、同盟国に裏切られ続けたのだと主張した。

失敗を償わんとする熱意に支配されたロレンスは変名でイギリス空軍に加わり、後に戦車部隊へ移る。しかし精神状態を心配した友人の尽力で空軍に戻り、インドへ配属された。その後1929年に帰国、1935年2月の退役後は比較的幸福かつ静かな生活を送った。

だが5月13日、バイクに乗っていたロレンスは事故に遭い、6日間の昏睡状態を経て死亡した。事故後に運ばれた軍病院の警備が厳重だったため、情報機関が彼の死に関与しているという噂が流れた。

【参照項目】インテリジェンス・オフィサー

ロング、レオ (Long, Leo)

アンソニー・ブラントに勧誘されてケンブリッジ・スパイ網に加わったイギリス人。

1935年ケンブリッジ大学に入学、フランスを研究対象とする。自営の大工を父に持ち、イギリス社会の批判者だったロングは共産党の大学支部に加わった。またブラントやもう1人のスパイ網メンバー、ガイ・バージェスが所属する学内の秘密結社、アパスルにも加わっている。

第2次世界大戦中は士官としてイギリス軍の情報部門で働き、ブレッチレーパークで秘密裡に行なわれていた暗号解読活動にもアクセスできた。そこで得た情報はソビエトのエージェントでもあったブラントに渡された。またその後ブラントの求めに応じ、ドイツの信号情報を評価する部門への配属を志願している。傍受内容に関する情報は、ブラントが勧誘したもう1人のスパイ、ジョン・ケアンクロスを通じてソビエトに伝えられた。

戦後はイギリス占領委員会に加わり、連合国の支配下にあるドイツで軍情報部門の副部長を務めた。ブラントはMI5を退いた際、ロングを自分の後任にしようとし

たが失敗している。その後ロングは情報の世界から離れ、1951年にはスパイ行為からも足を洗ったとされる。

ブラントの尋問を担当したMI5の職員ピーター・ライトはロングの名前を聞き出し、彼の尋問も行なった。そしてブラント同様、情報を提供すれば不起訴特権を与えると約束した。「尋問におけるロングは協力的とはとても言えず、ある特定の一点を追求された時の態度は、自分の言葉を信じなければどうしようもないと言わんばかりだった」と、ライトは『Spycatcher（邦題・スパイキャッチャー）』(1987) で記している。

【参照項目】アンソニー・ブラント、ケンブリッジ・スパイ網、ガイ・バージェス、ブレッチレーパーク、エージェント、信号情報、ジョン・ケアンクロス、MI5、ピーター・ライト

ロンゲ、マクシミリアン (Ronge, Maximilian)

第1次世界大戦中にオーストリア＝ハンガリー帝国陸軍の情報機関クンドシャフツシュテッレ長官を務めた人物。

ロンゲはロシアの二重スパイだったオーストリア軍の情報将校、アルフレート・レドルを逮捕した人物である。レドルはクンドシャフツシュテッレで勤務していた際にロシアのスパイとして活動を始め、オーストリアの戦争計画などの資料を渡していた。ロシア側に戦争計画を突き止められたことを知ったオーストリア当局は、スパイの摘発をロンゲに命じる。ロシアはレドルを現在のポストにとどまらせるため、捕らえられても痛手を受けない小物のエージェントの素性を彼に伝えた。結果、上官はレドルの「功績」に目を見はり、クンドシャフツシュテッレ長官に任命した。レドルは1912年まで情報機関トップを務め、その後はオーストリア＝ハンガリー帝国のハンガリー軍団参謀長に栄転している。

レドルから情報機関トップの座を引き継いだロンゲは、レドルが携わっていたプロジェクトの1つを発展させた。つまり手紙の検閲である。1913年、協力関係にあったドイツ情報当局のトップから、ウィーン中央郵便局気付「ニコン・ニツェタス」宛ての封書2通がロンゲのもとに届けられる。投函されたのはドイツだった。いつまで経っても手紙の引き取り手が現われず返送されたので、ドイツの情報機関はそれらをロンゲに転送し、調査を要請したのである。

封筒には現金と共に、フランスとスイスで活動するエージェントの住所が入っていた。これを知ったロンゲは、直ちにウィーン中央郵便局へ封書を転送すると共に、そこを監視下に置いた。やがてさらに2通の封書が届き、そこにはロシア情報当局によるスパイ活動を指していると思しき文書が入っていた。

ある日、男が手紙を受け取りにやって来た。レドルだった。後に同僚の将校たちに尋問されたレドルは、拳銃

で自ら命を絶った。

【参照項目】二重スパイ、アルフレート・レドル、監視

ロンズデール、ゴードン・アーノルド

（Lonsdale, Gordon Arnold　1922-1970）

11歳の時に将来のスパイとしてアメリカに送られたソビエトのイリーガルが名乗った名前。ロンズデールという名は、生まれ故郷のカナダから母親とフィンランドへ渡り、1939年から40年にかけてのフィンランド・ソビエト戦争（冬戦争）の最中に死亡したとされる子どものものだった。ソビエトの工作員はロンズデールの出生記録とパスポートをカナダで入手して新たな身分を作り上げ、科学記者の息子としてモスクワに生まれたコノン・トローモヴィチ・モロディに与えた。

11歳になったコノンは母親によって姉と一緒にカリフォルニアへ送られ、以降はこの姉が母親の振りをした。カリフォルニアで5年間過ごした後ソビエトへ帰国、赤軍に入隊して諜報分野の訓練を受ける。戦後ソビエトの穀物運搬船に乗ってバンクーバーへ赴き、ロンズデールの書類を用いてカナダ人に成り代わった。奇妙な訛り──ロシア訛りが混じったアメリカ訛りの英語──は、文明から隔絶した場所で長年木こりをしていたせいにした。

著書『Spy』（1965）によると、ロンズデールは第2次世界大戦後のある時アメリカに行き、ルドルフ・アベルと思しきソビエトのエージェントに会ったとしている。しかし「アメリカにおける経験をここで詳しく述べるつもりはない」と筆が重く、「読者もその理由は理解できるだろう」と続けている。また自分がアメリカで何をしたかは、FBIですら突き止められなかったという。この原稿はKGBの支援を受けて執筆されたものだった。

1954年、ロンズデールはイギリスを訪れ、ロンドン大学で学んだ後、ジュークボックスやガム販売機の製造・レンタルを行なう会社の社員をカバーとして、イギリスの防衛機密を探り出した。ターゲットの1つはイギリス海軍の水中兵器工場だったという。

ポーランド情報機関からの亡命者、ミハル・ゴリエネフスキー中佐の暴露により、工場への保安調査が1960年に行なわれる。その結果ロンズデールは逮捕され、彼のスパイ網に所属する4名も摘発された。そのうちヘレンとピーターのクローガー夫妻も、KGB及びその前身機関によって身元を作られた人物だった（「モリス・コーエン」を参照のこと）。

機密情報を「直接・間接に敵へ渡した」として、ロンドンの中央刑事裁判所で裁かれたロンズデールは有罪となり、禁固25年を言い渡された。しかし1964年にイギリスのエージェント、グレヴィル・ウインと交換される。このスパイ交換はロンズデールの妻とウイン夫人の

尽力で実現したものだった。

英雄としてモスクワに帰還したロンズデールはスパイ経験者の協会に加わった。とりわけ同じくスパイ容疑で収監され、刑務所で出会ったイギリスのスパイ、ジョージ・ブレイクとは親密だったという。

ロンズデールに対するMI5のコードネームは「ラスト・アクト」だった。

「ポートランド事件」「ハリー・フートン」も参照のこと。

【参照項目】イリーガル、ルドルフ・アベル、エージェント、FBI、KGB、カバー、ミハル・ゴリエネフスキー、グレヴィル・ウイン、スパイ交換、MI5、コードネーム

ローンツリー、クレイトン・J　（Lonetree, Clayton J.　1961-）

1984年から86年までモスクワのアメリカ大使館で警備を務める一方、KGBに機密情報を漏らしたとしてスパイ容疑で有罪になった初の海兵隊員。アメリカのマイノリティを反体制派にしようと目論むKGBによってターゲットにされた。

ウイスコンシンに居住するウィネバゴ族の酋長を祖父に、朝鮮戦争で名誉勲章を授与された海兵隊員を伯父に持つローンツリーは1980年に海兵隊入りした。84年には大使館の警備任務を志願し、6週間の訓練を受ける。最高機密レベルのセキュリティー・クリアランスを得た後は他の修了生と共に配属されるのを待った。

同年、ローンツリーはモスクワのアメリカ大使館での勤務を命じられる。赴任後、モスクワに配属された他の海兵隊員と同じく交歓禁止の同意文書にサインし、ソビエト市民と接触した際は直ちに報告することを約束した。故郷に宛てた手紙の中で、自分はマイノリティの有名人であり、アメリカのインディアンなど見たことがなく、口を開けて自分を見るしかないモスクワ市民に「取り囲まれている」と記した。しかし注目を浴びていたにもかかわらずローンツリーはしばしば孤独に苛まれ、不機嫌になることが多かった。そして大量の酒を呑むようになり、ローンツリーの記録を見た海兵隊士官曰く「孤独な負け犬」に転落した。

ある日、ローンツリーは地下鉄の駅でヴィオレッタ・A・セイナという25歳の美しいロシア人女性と出会う。彼女は大使館で働く職員だった。ローンツリーは後にこう回想している。「ヴィオレッタは帰宅するところだと言っていたが、降りる駅を過ぎても自分と話し続けました。次の駅で一緒に降り、アメリカの映画、本、食べ物、あるいは好きな物や嫌いな物など色々な話をしながら、長いこと一緒に歩いたのです」2人は2時間にわたって話し続け、友情が性的関係に発展するのは時間の問題だった。

しかし彼らの密会は中断される。1985年11月、レーガン大統領とミハイル・ゴルバチョフとの間で首脳会談

が行なわれたが、規律に関して悪い記録しか残していないにもかかわらず、ローンツリーは警備要員の1人としてジュネーブに派遣されたのである。

モスクワに戻ったローンツリーとヴィオレッタの関係はますます深まった。「公衆の面前や彼女の自宅近くで一緒にいるのを見られるのは危険だと、私たちは考えていました」と、後に語っている。「大使館を離れてヴィオレッタの家に行く時は対監視テクニックを用いたものです」

1986年1月、ヴィオレッタは「サーシャおじさん」をローンツリーに紹介したが、その正体はKGB職員のアレクセイ・エフィモフだった。サーシャおじさんはこの海兵隊員に対し、ソビエト連邦の友人になる気はないかと尋ねた。「その時彼は膝にリストを置き、それに従って質問を続けました。そのリストは、KGBの将軍で、中央委員会のメンバーでもある友人が用意したものだそうです」

エフィモフはアメリカ大使館で働く海兵隊員などの写真を見せた。その中には男女を写したスナップ写真もあったという。ローンツリーはそれらを並べ直し、誰が誰と結婚しているかを教えた。また大使館のレイアウトについても詳しく語っている。他に何を話したか——そしてサーシャおじさんとヴィオレッタに何をしたか——は永遠に知られることはないだろう。しかしKGBによるハニートラップ作戦の犠牲となったのは間違いない。

ローンツリーがウィーンのアメリカ大使館に転属する前日の3月9日、エフィモフは彼に署名入りの紙片を突きつける。そこには「私はいつまでもソビエト連邦の友人であり、ソビエト国民の友であり続ける」と記されていた。またこの面会か別の機会かは不明だが、ローンツリーは大使館に盗聴器を取り付けるよう求められている。彼はそれを拒否したと後に語っているが、代わりに何らかの「図面」を提供したという。

ローンツリーはウィーンでエフィモフと会うことに同意し、大使館で働くアメリカ人についての情報を教えると共に、大使館の平面図、電話帳、オーストリア人掃除夫の氏名、そして各人が受け持つ部屋の記された紙片を手渡した。その見返りとして、2,000ドルのアメリカ紙幣と、1,000ドル相当のオーストリア・シリングを受け取った。

エフィモフは海兵隊員の中に同性愛者またはアルコール中毒の人間がいないかを知りたがる一方、大使の秘書官に関してローンツリーが知っていることを聞き出した。またローンツリーは夜間の警備任務で独りになった際、機密資料を大使館から持ち出し、海兵隊員が居住する建物の屋根を伝う排水管にそれを隠した。彼が機密書類入れから盗み出した文書はおよそ120点に上り、その中にはソビエト連邦との相互軍縮条約交渉におけるアメリカの立場といった情報も含まれていた。

12月12日、エフィモフはローンツリーを「ゲオルギー」という名のKGB職員に引き渡す。この職員はユーリ・リソフといい、エフィモフがかつて尋ねたような質問を行なった。またソビエトの外交官パスポートを使ってローンツリーをモスクワに戻し、愛するヴィオレッタに再会させることも話し合われた。しかしその2日後、ローンツリーはCIA支局長に事の真相を打ち明ける。一部の情報源によると、CIAは即座に彼を二重スパイに仕立て上げようとしたという。だが国防総省はローンツリーの寝返りを拒否し、事件は海軍（犯罪）捜査局（NIS）の手に移された。

ローンツリーにはスパイ容疑がかけられたが、捜査はそこで終わらなかった。NISは他の海兵隊員にも尋問を行ない、夜間にKGB工作員を大使館に導き入れ、秘密資料や暗号機器を見せたとしてアーノルド・ブレイシー伍長も起訴している。

続いて巻き起こったパニックの中で、KGBが通信室に盗聴器を仕掛けたのではないかと恐れた大使館は、ワシントンとの通信を中止した。モスクワに配属されていた28名の海兵隊員も全員異動となる。キャスパー・ワインバーガー国防長官は「巨大な損害」がアメリカにもたらされたと語り、議会の批判者たちも、盗聴器が大量に仕掛けられているとして、新しいアメリカ大使館になるはずだった未完成ビルを廃棄するよう求めた。

さらにロシア人女性との関係を報告しなかったとして、モスクワ警備隊の副隊長を務めるロバート・S・スタッフルビーム3等軍曹に容疑がかかる。しかしブレイシーとスタッフルビームに対する容疑は取り下げられ、NISは事件の取り扱いについて厳しく非難された。

ローンツリーは機密情報の漏洩、スパイ行為の共謀、及び秘密エージェントの暴露などの容疑で1987年に軍法会議にかけられ、禁固30年を言い渡された。しかし逮捕後に防諜担当官に協力したことで減刑されている。そして9年近くを刑務所で過ごした後、96年2月に釈放された。

【参照項目】KGB、ターゲット、最高機密、セキュリティー・クリアランス、インテリジェンス・オフィサー、ハニートラップ、ウィーン、盗聴／盗聴装置、同性愛者、CIA、二重スパイ、寝返り、海軍犯罪捜査局、防諜

ロンドー、ジェフリー・S （Rondeau, Jeffrey S.）

北大西洋条約機構（NATO）に関係する機密文書をチェコスロバキア及びハンガリーの情報機関に売り渡したアメリカ陸軍の下士官。1992年、ジェイムズ・R・ラムゼイと共に逮捕され、共謀してスパイ行為に及んだことを認めた。また2人はもう1人の元陸軍下士官で、西ドイツの法廷において反逆罪で有罪となったクライド・リー・コンラッドとも共謀した罪に問われた。1991年、同じく陸軍軍曹としてドイツに駐在していたラムゼイ

ラ行

は、スパイ網との関わりで禁固36年の刑を言い渡された。伝えられるところによると、ラムゼイは破れた1ドル札をロンドーに渡し、他のメンバーと会うときはそれを割り符として使わせたという。

1994年、ロンドーには禁固18年が言い渡された。

【参照項目】北大西洋条約機構、インテリジェンス・オフィサー、ジェイムズ・R・ラムゼイ、クライド・リー・コンラッド

ロンドン・コントローリング・セクション
（London Controlling Section〔LCS〕）

第2次世界大戦中、ドイツの戦略立案者を惑わすための欺瞞作戦において、その策定にあたった連合国の秘密組織。ウィンストン・チャーチル首相によって設置されたこの組織は通称LCSといい、長官は「欺瞞作戦監督官」と呼ばれていた。

LCSは風船式の戦車やダミーのパラシュート部隊から成るA部隊など、様々な欺瞞計画を立案した。しかし実際にそれらを遂行したのはダブルクロス委員会、秘密情報部（MI6）、特殊作戦執行部（SOE）、及びアメリカ戦略諜報局（OSS）といった機関だった。またノルマンディー上陸（Dデイ）に関する欺瞞作戦では、連合国海外派遣軍最高司令部とアメリカ統合保安本部が設置した米英欺瞞作戦ユニットと協働している。

【参照項目】欺瞞、ダブルクロス委員会、MI6、SOE、戦略諜報局、Dデイ

ロンドンの檻　（London Cage）

ロンドンのケンジントン・パレス・ガーデンに所在するマンション。第2次世界大戦中、イギリスのインテリジェンス・オフィサーはここでドイツ人捕虜の尋問を行なった。また各部屋には盗聴器が仕掛けられており、イギリス側は捕虜の会話を盗み聞きしていた（訳注：拷問も行なわれたという）。

ワ

ワイスバンド、ウィリアム （Weisband, William 1908-1967）

　アメリカ軍保安局の暗号解読者。ソビエトの情報通信を傍受・解読するアメリカの極秘プロジェクト、ヴェノナの存在をソビエト側に暴露した。その結果、ソビエトはイギリス人スパイ、ハロルド（キム）・フィルビーからもたらされた情報と合わせて警戒態勢を整えた。

　オデッサに生まれた（しかし予想される対情報活動を混乱させるため、本人はエジプト生まれと主張している）ワイスバンドは1920年代にアメリカへ移住し、38年に市民権を取得した。42年にはアメリカ陸軍信号保安隊（当時）に加わり、北アフリカとイタリアで信号情報任務や通信保安業務に就く。その後はアーリントンホールへ移り、ロシア語に堪能な「言語アドバイザー」としてロシア課に配属された。

　主要な暗号解読者だったメレディス・ガードナーは、ヴェノナ計画に関するNSAの報告書の中で、一連のメッセージから「西側の原子力物理学者を抽出する様子を（ワイスバンドは）見ていた」と後に振り返っている。アメリカ共産党の党員だったワイスバンドは、同党をソビエト情報機関の手足にするという極めて巧みな活動の中で、1934年にスパイとして勧誘されたのである（「CPUSA」を参照のこと）。

　防諜当局の推測によると、ワイスバンドはロシア課に加わった1945年から無期停職となる50年までソビエトに暗号解読情報を渡していたという。しかし彼がスパイ行為で逮捕されることはなかった。

　またヴェノナに関するNSAの報告書は、ソビエトのスパイ活動をより深く探るアメリカ情報機関の試みが朝鮮戦争によって一層高まりを見せた1950年春に、ワイスバンドの名前が浮上したとしている。だがソビエト側は、アメリカが古い電文の解読を進めていることをすでに知っており、アメリカはソビエトに知られていることを知ったに過ぎなかった。

　NSAは、ニックというコードネームがアマデオ・サバティーニを指していると突き止めた。サバティーニはソビエトのスパイ、モリス・コーエンとスペイン内戦に従軍した人物である。FBIは徐々にではあるが、そのサバティーニからジョーンズ・オリン・ヨーク（コードネームはニードル）なる人物の素性についての情報を受け取り、1950年4月に彼を尋問したところ、ワイスバンドこそがヨークのハンドラーで、文書撮影に使うカメラの購入を手助けしていたことが明らかになった。

　ワイスバンドは「忠誠心に疑いがある」として「無期限停職」となり、後に共産党の活動を調査する連邦大陪審に召喚された。しかし彼は出廷を拒み、その結果11月に法廷侮辱罪で有罪となり、禁固1年を言い渡された。釈放後は1967年に死去するまでヴァージニアで静かな余生を送っている。

　NSA分析官の推測によれば、ワイスバンドが初期にもたらした暗号解読活動に関する報告は「恐らく概略に過ぎず、情報メッセージの解読について、モスクワに明確な警告を与えるものではなかった」という。その後1947年の時点で、「（ワイスバンドは）メッセージが解読されていることを報告し……暗号解読活動の成果について以前に概略を伝えた部分に関しては、1949年10月にワシントンへ赴任したイギリスの連絡員キム・フィルビーが、実際の翻訳文と分析結果を定期的に受け取っていた」のである。

　NSAがヴェノナの翻訳文を公開した際、ワイスバンドの名前はそこになかった。しかし膨大な暗号名を精査した結果、ロシア語で「鎖の輪」を意味する「ズヴェノ」というコードネームの記されたメッセージ3件が発見される。ズヴェノに関連する日付とワイスバンドの個人記録を照合した結果、ワイスバンドこそがズヴェノであると突き止められた。しかし彼の名前が明らかになったのは他の情報源を通じてであり、ヴェノナ計画におけるワイスバンドの関与がNSAによって裏付けられたのは2000年のことだった。

【参照項目】軍保安局、ヴェノナ、ハロルド（キム）・フィルビー、防諜、信号情報、アーリントンホール、メレディス・ガードナー、NSA、コードネーム、モリス・コーエン、FBI、ハンドラー、浸透、暗号名

ワイズマン、サー・ウィリアム

（Wiseman, Sir William 1885-1962）

　第1次世界大戦中、イギリス秘密任務局の代表としてアメリカに駐在した人物。影響力のあるエージェントでもあった。

　ワイズマンは代々海軍将校を輩出している準男爵の一家に生まれ、ケンブリッジ大学在籍中はボクシングのチャンピオンだった。卒業後はまずジャーナリストの世界に足を踏み入れ（原稿が記事になることはほとんどなかった）、次いで戯曲を書き（演じられることは一度もなかった）、その後はアメリカ大陸に赴いてカナダとメキシコで様々な事業を行ない財産を築いた。

　1914年に第1次世界大戦が勃発した際、ワイズマンは帰国して陸軍入りを志願、コーンウォール公軽歩兵隊の大尉に任官された。しかし1915年にフランダース地方でガス攻撃を受けてロンドンに戻り、療養を経て秘密任務局の外国セクションMI1（C）に加わる。この組織はやがてMI6に発展する。1916年初頭にアメリカへ派遣されたワイズマンは、イギリス向け弾薬の生産工場を標的としたドイツの破壊計画を報告し、イギリス調達委員会を率いると共に、あらゆる手を尽くしてアメリカを

戦争に引き込もうとした。

また政府から 75,000 ドルという多額の資金援助を受け、ドイツとの戦いを続けさせるためロシアへ派遣したエージェントにそれを送った。このエージェントこそサマセット・モームである。さらに 1917 年 4 月のアメリカ参戦後は、あらゆる情報を可能な限りアメリカに提供しようとした。

ウィルソン大統領の補佐官を務めるエドワード・M・ハウス大佐は国王ジョージ 5 世に対し、「ワイズマンはこれまで会った中で最も優秀な人間の 1 人」と語っている。ワイズマンはハウスだけでなくウィルソン大統領とも何度か顔を合わせており、またアマチュア諜報機関「ルーム」の一員でもあった。

ワイズマンのアメリカ滞在は大成功に終わった。ウィンストン・チャーチルはこの成果に味をしめ、第 2 次世界大戦中の 1940 年 5 月に英国保安調整局という同様の組織をニューヨークに設置し、サー・ウィリアム・スティーヴンソンをトップに据えている。

そのちょうど 1 ヵ月前、ドイツ領事ともコネがある知り合いから接触を受けたという報告が、サンフランシスコ総領事からワシントンのイギリス大使館になされた。この人物は、イギリス政府の誰かと秘密の関係を作り上げようとしていたのである。スティーヴンソンはこの件を FBI に通報し、それを受けた FBI はドイツ領事の通話を盗聴する。またスティーヴンソンは J・エドガー・フーヴァー FBI 長官と話し合った後、引退したワイズマンを招いてドイツ領事と接触させることにした。
（訳注：第 1 次世界大戦後のパリ講和会議にも参加している）

仲立ちを介し、ワイズマンとドイツ領事――第 1 次世界大戦当時ヒトラーの上官だった――はサンフランシスコで面会した。ヒトラーとの交渉という話題はすぐに取り下げられ、ドイツ陸軍の支援を受けてドイツに帝政を復活させる件に話は移った（ドイツ皇帝は 1918 年に退位していた）。その後ワイズマンはドイツ領事と何度か会い、かなりの量の政治情報だけでなくいくらかの戦略情報も引き出している。

この面会はやがてアメリカ国務省の知るところとなり、こうした政治的折衝はアメリカの中立に違反するという理由から打ち切られることになった。
【参照項目】秘密任務局、影響力のあるエージェント、MI6、サマセット・モーム、ルーム、英国保安調整局、ウィリアム・スティーヴンソン、FBI、J・エドガー・フーヴァー、政治情報、戦略情報

惑乱エージェント （Confusion Agent）

情報を集めるのではなく、他国の情報・防諜機関を惑乱するために派遣される人物のこと。

ワシリエフ、ウラジーミル・ミハイロヴィチ

(Vasilyev, Vladimir Mikhailovich　?-1987)

アメリカのためにスパイ活動を行ない、後に正体が発覚した GRU（ソビエト連邦軍参謀本部情報総局）士官。

ワシリエフがブダペストで CIA から勧誘を受けたのは、1970 年代後半もしくは 80 年代前半のことだった。その後 KGB に逮捕される 86 年まで、兵器や軍事計画に関する報告書を CIA のハンドラーにもたらしている。また北大西洋条約機構（NATO）の防衛計画を売り渡したアメリカ兵、クライド・L・コンラッドの逮捕につながる情報も提供した。

ワシリエフの逮捕・処刑後、CIA がナショナルジオグラフィック誌に隠したマイクロドットを通じて彼と連絡をとっていたことが、KGB によって明らかにされた（「ナショナルジオグラフィック協会」を参照のこと）。

アメリカの防諜当局は当初、ワシリエフの正体をソビエト当局に暴露したのは、1985 年に亡命した CIA 職員、エドワード・L・ハワードであると考えていた。しかし同じく CIA 職員のオルドリッチ・H・エイムズが 94 年に逮捕されたことを受け、KGB はエイムズを守るため、ワシリエフの逮捕にハワードが関係しているという偽情報を流したのだと推測されるようになった。

ワシリエフに対する CIA のコードネームは「アコード」だった。
【参照項目】GRU、CIA、KGB、北大西洋条約機構、クライド・L・コンラッド、防諜、エドワード・L・ハワード、オルドリッチ・H・エイムズ

ワシントン、ジョージ　(Washington, George　1732-1799)

アメリカ独立戦争において大陸軍の司令官――そしてスパイマスター――を務めた人物。

ワシントンは情報活動に強い関心を抱き、理解も深かった。「ワシントンはアメリカ独立戦争における最重要のインテリジェンス・オフィサーであり、スパイマスターの頂点に立つ人物だった。彼はスパイを勧誘し、背信行為の技術を教え込み、彼らを送り出し、帰還すると歓迎し、そして報酬を支払った」元 CIA 職員の G・J・A・オトゥールは、著書『Honorable Treachery』（1991）の中でそう記している。

ワシントンは正式な教育や軍事教練をわずかしか受けておらず、偵察や軍事作戦に関する知識の大半は、フレンチ・インディアン戦争の際に偵察兵あるいは士官としてイギリス陸軍に従軍する中で得たものである。軍人としての初陣は 1754 年 7 月 3 日であり、数で劣る兵士を率いてアレゲニー山地へ赴き、激しい雨の中、彼が「ネセシティ砦」と呼んだ小さな要塞でフランス軍に敗北を喫した。しかしワシントンはこの敗戦に挫けることなくその後も軍務を続け、合間にヴァージニア州アレキサン

ドリア近郊のマウント・ヴァーノンにある農園を経営した。

　各植民地が独立に向けて戦うことを決断した際、ワシントンは大陸軍の総司令官に推挙され、1775年7月3日に就任した。彼は勝利と敗北を重ねながら、イギリスが植民地から最終的に撤退する1783年初頭までその任を務めた。

　一方、スパイマスターとして最初に活動したのは1775年7月15日のことだとされている。この日ワシントンは、「ボストンの町へ赴き、敵の動きと意図に関する情報を伝えるべく、秘密の連絡網を組織する」正体不明の人物に333ドル33セントを支払ったと記録している。戦争が進むにつれてワシントンはさらに多くのスパイを活用し、部下にも情報の重要性を認識するよう促した。「あらゆる物事は敵の動きを知ることにかかっており、貴下と（ヘンリー・）クリントン将軍がこの最も望ましい結果を達成するよう尽力することを、私は強く望むものである」と、ウィリアム・ヒース将軍に宛てた1776年9月5日付の手紙には記されている。

　1777年の時点でワシントンは秘密情報機関を作り上げ、愛国者で構成される各植民地の安全委員会と直接連絡をとると共に、スパイの活用をより組織的なものにしていた。これはイギリス軍占領地域におけるいくつものスパイ網の設置につながった。さらにイギリス軍が新たなエリアに入るたび、その動きを逐一ワシントンに報告すべく、「残留スパイ」が待ち構えていた。

　1778年夏、ワシントンはベンジャミン・タルマッジ少佐に対し、ニューヨークにおけるスパイ網の組織を命じる。この組織はカルパー・スパイ網と呼ばれ、ワシントンによる情報活動の中で最大規模の成果を挙げた。タルマッジがスパイ網のケース・オフィサーを務める一方、ワシントンも作戦に直接関与していた。スパイ網が用いたコード書では、ワシントンはエージェント711となっている。なおこのコード書の全文は2004年刊行の『George Washington, Spymaster』に記載されている。また後にワシントンの部隊がニューヨーク市に入る直前、イギリス軍による報復から配下のエージェントを守るべく、大陸軍に先立ってニューヨーク入りするようタルマッジに命じた。

　ワシントンは防諜活動においても非凡な才能を発揮した。ある士官がイギリス人スパイ容疑者の逮捕を求めた際、ワシントンはこの士官に対して、スパイ容疑者と友人になり、ディナーに招くよう命じた。さらに自軍の兵力を水増しした文書をでっち上げ、イギリス人スパイに盗ませるよう提案している。このように、ワシントンは欺瞞作戦を通じてイギリス軍司令官をしばしば騙した。その実例として、部隊を撤退させた後もキャンプファイヤを焚き続け、敵の斥候に偵察を続けさせたといったことが挙げられる。

　将来のアメリカ指導者2人、ジョン・ジェイ（初代最高裁判所長官）とアレキサンダー・ハミルトン（初代財務長官）も、ワシントンの諜報活動に直接携わっていた。さらにフランスでは、ベンジャミン・フランクリンが諜報・防諜活動を展開し、それと並行して秘密工作活動も行なっていた。情報活動の成功が植民地軍のイギリス軍に対する勝利に貢献したことは間違いない。ワシントンはこの勝利をもって1783年に自らの兵士たちに別れを告げ、そして報酬を渡してからスパイたちを秘かに解雇したのである。

　その後1789年から97年まで初代大統領を務めたが、3期目は謝絶した。フランスとの戦争が差し迫る98年7月3日には中将として陸軍最高司令官に再任され、死ぬまでその座にあった。

　情報活動におけるワシントンの手腕を示す記録は今も残っている。また小説家のジェイムズ・フェニモア・クーパーが執筆した『The Spy: A Tale of the Neutral Ground』（1821）はアメリカ史上最も成功を収めた歴史小説の1つだが、ワシントン配下のあるスパイの活躍が基になっている。

【参照項目】偵察、ベンジャミン・タルマッジ、カルパー・スパイ網、ケース・オフィサー、防諜、欺瞞、ベンジャミン・フランクリン、秘密工作活動

ワールド・ワイド・ウェブ　（World Wide Web）

「インターネット」を参照のこと。

ワレンバーグ、ラウル　（Wallenberg, Raoul　1912-1947?）

　ナチ支配地域における大胆かつ勇気ある行動によって約2万名のハンガリー系ユダヤ人を救ったスウェーデンの外交官。それと同時にアメリカ戦略諜報局（OSS）のスパイでもあった。

　スウェーデンの名家に生まれたワレンバーグはミシガン大学で建築を学んだ。1944年7月には国際赤十字社による庇護の下、アウシュビッツ収容所に送られるユダヤ人を救うべく、使節団に加わってブダペストへ赴く。駐ブダペスト公使館職員に任じられたワレンバーグは、絶滅収容所へ連行されるユダヤ人を救って彼らに保護証書を与えると共に、複数の建物を借りて数千名のユダヤ人を住まわせた。

　ドイツ軍がワレンバーグの保護地帯で再びユダヤ人を拘束しようとした際には、外に飛び出して「ここはスウェーデン領である……彼らを連れて行くなら、まずは私を撃て！」と叫んだ。ワレンバーグはユダヤ人を死の行進やゲットーから救い出し、およそ2万名を自らの「スウェーデン領」にかくまうと共に、監禁されていた7万名の命を解放まで守り抜いた。

　ワレンバーグはアメリカ難民委員会からアドバイスと資金援助を受けていた。しかし同時にOSSへ手を貸し

ワ行

第2次世界大戦中、数千名のユダヤ系ハンガリー人の命を救ったスウェーデン人外交官、ラウル・ワレンバーグを顕彰すべくアメリカ政府が発行した切手。だが発行当時、ワレンバーグがアメリカ戦略諜報局（OSS）のために活動していた事実には触れられなかった。

てもいた。伝えられるところによると、ルーズベルト大統領は彼の人道的行為とスパイ活動を賞賛したという。ワレンバーグの失踪後、スパイ活動をしていた事実には時おり疑問符が付けられているものの、CIAによって公開された文書はそれを裏付けている。CIAの歴史家であるケヴィン・ラフナーは、これらの文書を根拠として「ラウル・ワレンバーグはアメリカの情報活動に貢献した、というのが妥当な結論である」と述べている。

ワレンバーグはアメリカ政府の要請によってブダペストのスウェーデン公使館に配属された。USニューズ＆ワールド・リポート誌の報道によると、当時アメリカは、ドイツへの鉄鉱石輸出を止めるよう中立国スウェーデンに圧力をかけていたが、それに対処することがワレンバーグ派遣の目的だったという。

ブダペストで激しい戦いが繰り広げられていた1945年1月16日、ソビエト軍はワレンバーグの施設と周囲一帯を解放した。しかしソビエト当局は、ワレンバーグがアメリカのスパイであると信じていた——どのようにしてその情報を得たかは今も謎である。ソビエトはユダヤ人の解放に手を差し伸べることはしなかった。1月17日、ワレンバーグはソビエト軍の士官と運転手を伴って、ブダペストの東190キロメートルに所在するデブレツェンの司令部へ向かい、そのまま永久に姿を消した。

戦後行なわれた捜索活動の結果、ソビエト各地の収容所でワレンバーグが目撃されたという報告がなされた。1957年、ソビエト政府は国際社会の要求に応じる形で、ワレンバーグは「心臓発作」により47年7月17日にルビャンカ収容所で死亡したと発表する。しかしその日付以降にも彼を目撃したという噂があり、中でも有力だったのが、モスクワの北東190キロメートルにあるウラジーミル収容所における目撃談だった。ワレンバーグを目撃したという人物の中には、後に帰国したドイツ人捕虜も含まれている。

ソビエト側はワレンバーグの逮捕と収監を「悲劇的な

誤り」だったとしている。1989年10月、ソビエト当局はワレンバーグの遺品——パスポート、現金、手帳、銃の携帯許可証——を遺族に返還したが、身分証はそこになかった。

1997年、アメリカ郵政省はワレンバーグを顕彰する記念切手を発行したが、そこには「人道主義者」の一言が記されていた。アメリカの切手で顕彰されたスパイはネイサン・ヘイルとワレンバーグのみである。

【参照項目】戦略諜報局、ルビャンカ、切手、ネイサン・ヘイル

ワンタイムパッド （One-Time Pad）

正しく使えば解読不可能な暗号。第2次世界大戦中、ソビエトの情報機関NKVD（内務人民委員部）がワンタイム・パッドを正しく使わなかったことで、アメリカに対するソビエトの諜報活動が数多く明らかにされた。

ワンタイムパッドには通常5桁の数字が数千個記されており、それぞれの数字は1つの単語またはフレーズに適用される。パッドを使う人物は暗号文の安全性を確保するため、ランダムに選んだある特定のページを使い、暗号化されたメッセージの数字を別の数字に置換または変換する（つまり二重暗号化、ないしは超暗号化のプロセスである）。その際用いるページや行は、暗号メッセージの先頭に記されている。

ワンタイムパッドは切手サイズの分厚い冊子から、タバコほどの大きさの巻物まで様々な形をとっている。重要な要素として、パッドは容易に隠せるよう小さくする必要がある。そのため冊子の場合は数百ページにもなり、非常に厚くなる。また暗号化の部分と複合化の部分を区別するために2色で刷られる場合もある。「印刷」には縮小写真技術を用いることがある。

さらに、ワンタイムパッドの「用紙」はニトロセルロースなど極めて燃えやすい材質でできており、容易に破棄できる。第2次世界大戦中、アメリカの戦略諜報局（OSS）とイギリスの特殊空挺部隊（SAS）は、600通りの乱数表が印刷されたシルクのハンカチをワンタイムパッドとして活用した。

理論上、同じワンタイムパッドは2部しか存在しない。1つはエージェントもしくは外交官が、もう1つは彼らの通信相手が用いるものである。

暗号史家のデイヴィッド・カーンによれば、ワンタイムパッドが開発されたのは1918年のことだという。1930年にはソビエト連邦がワンタイムパッドの活用を始め、最初は海外の外交官やインテリジェンス・オフィサーからのメッセージに、次いでエージェントからのメッセージにパッドを使い、通信内容を解読不可能にした。また各パッドは1度しか使わないものとした。

1939年以降、アメリカ陸軍の信号情報局とその後継機関は、ニューヨーク駐在のソビエト政府職員がモスク

ワへ送信したメッセージを傍受したものの、解読はできなかった。ヴェノナ計画の下、陸軍がこれらメッセージの解読に力を入れ始めたのは1943年2月1日のことである。第2次世界大戦中、NKVDの暗号資料作成部門はワンタイムパッドの一部を再利用したらしく、これらはアメリカで活動する合法的スパイ及びイリーガル・スパイがモスクワと連絡する際に用いられた。

ソビエトがワンタイムパッドを再利用したおかげで、陸軍は1943年に重要性の低いメッセージを解読できた。1944年になると暗号解読者にとって状況はより好転し、45年になってもそれは続いた。そして46年夏、つ

いに彼らは大成功を収め、ソビエトが戦時中アメリカに対して行なったスパイ活動の全容を明らかにした。

ワンタイムパッドは冷戦期においても用いられた。キューバの革命家チェ・ゲバラは1967年にボリビアで殺害された際、ワンタイムパッドの用紙を携帯していたという。

「原爆スパイ網」も参照のこと。

【参照項目】暗号、NKVD、戦略諜報局、デイヴィッド・カーン、信号情報局、ヴェノナ、合法的スパイ、イリーガル

「スパイは至る所に存在する」第2次世界大戦期のポスター。(出典：帝国戦争博物館)

ヴェノナ通信に現われる
コードネーム及び解読結果

　以下のコードネームはヴェノナ通信の解読によって判明したものである。その後さらに複数の氏名が突き止められているものの、公開はされていない。複数のコードネームを有する人物がいることに注意。

コードネーム	解読結果
Abram	ジャック・ソブル
Akim	セルジュ・G・ルキャノフ
Albert	イスハーク・アフメロフ
Alek	アラン・ナン・メイ
Ales	アルジャー・ヒス
Antenna	ジュリアス・ローゼンバーグ
Anton	レオニード・クワスニコフ
Arno	ハリー・ゴールド
Arsenal	アメリカ陸軍省
Babylon	サンフランシスコ
The Bank	アメリカ国務省
Bear Cubs	アメリカ共和党
Big House	モスクワ本部
Bill of Exchange	ロバート・オッペンハイマー
Boar	ウィンストン・チャーチル
Boatswain	ヘンリー・ウォレス副大統領
Boris	アレクサンド・P・サプリキン
Bumblebee	デイヴィッド・グリーングラス
Calibre	デイヴィッド・グリーングラス
Caliph	ウィリアム・C・ブリット
Capitalist	アヴェレル・ハリマン
Captain	ルーズベルト大統領
Charles(Charl'z)	クラウス・フックス
Clark	イーゴリ・グゼンコ
Clever Girl	エリザベス・ベントレー
Country	アメリカ合衆国
Countryside	メキシコ
Czech	ロバート・メネイカー
Decree	武器貸与法
Deputy	ヘンリー・ウォレス副大統領
Echo	バーナード・シュースター（と思われる）
Enormoz	マンハッタン計画もしくは原子爆弾
Fellowcountryman	アメリカ共産党員
Frost	ボリス・モロス
Gennadi	ガイク・オヴァキム
Gift	グリゴリー・カスパロフ
Good Girl	エリザベス・ベントレー
Goose	ハリー・ゴールド
Hare	モーリス・ハルパーリン
Helmsman	アール・ブラウダー
Hen-Harrier	コーデル・ハル
Hicks	ガイ・バージェス
Homer	ドナルド・マクリーン
House	モスクワ本部
Imperialist	ウォルター・リップマン
Intelligentsia	J・B・S・ホールデン
Island	大英帝国
Islanders	イギリス人
Izba	戦略諜報局
Izra	ドナルド・ウィーラー
Johnson	アンソニー・ブラント
Jurist	ハリー・デクスター・ホワイト
Kapitan	ルーズベルト大統領
Karfagen	ワシントンDC
Khata	連邦捜査局
Koch	ダンカン・C・リー
Konspiratoria	スパイ技術及び作戦上の保安措置
Kulak	トーマス・デューイ
Lawyer	ハリー・デクスター・ホワイト
League	アメリカ政府
Leslie	ロナ・コーエン
Liberal	ジュリアス・ローゼンバーグ
Line	特定の長期任務（作戦）
Link	ウィリアム・ワイスバンド
Lotsman	ヘンリー・ウォレス副大統領
Luka	パヴェル・P・クラリン
Maj	ステパン・アプレシアン
Marquis	ジョセフ・ミルトン・バーンスタイン
Maxim	ワシリ・M・ザルービン
Maxin	ワシリ・ズビリン
May	ステパン・アプレシアン
Mer	イスハーク・アフメロフ

MI	チリ（と思われる）	Ruppert	フランツ・L・ノイマン
Mim	ミハイル・I・ミハイロフ	Serb	モートン・ソベル（ただし不確実）
Myrna	エリザベス・ベントレー		
Needle	ジョーンズ・オリン・ヨーク	Sergej	ウラジーミル・S・プラフジン
Neighbors	NKVDとGRUが互いに呼び合うコードネーム	Sherwood	ローレンス・ダガン
		Silvermaster	ネイサン・グレゴリー
Nick	アマデオ・サバティーニ	Sima	ジュディス・コプロン
Ostrov	大英帝国	Sound	ヤーコブ・ゴロス
Page	ロークリン・B・カリー	Stanley	ハロルド（キム）・フィルビー
Pair(The)	ニコラス及びマリア・フィッシャー	Stock	ミハイル・シャリャーピン
		Technician	ヒョードル・A・ノソフ
Pal	ネイサン・シルバーマスター	Tourist	ジェイムズ・ヒル
Petr	アレクサンドル・P・グラチェフ	Tyre	ニューヨーク市
Petrov	ラヴレンチー・ベリヤもしくはウセヴォロド・メルクーロフ	UCN/9	セドリック・ベルフラージュ
		Vadim	アナトリー・グロモフ
Pilot	ウィリアム・ウルマン	Vardo	エリザベータ・ザルービン
Prince	ローレンス・ダガン	Viktor	P・M・フィーチン
Probationers	ソビエトのエージェント	Vitaliy	パヴェル・レヴィゾル
Radio Announcer	ウィリアム・ドノヴァン	Vladislav	ニコライ・G・レジン
Ras	シャルル・ド・ゴール	Volkov	アンドレ・オルロフ
Relay	モートン・ソベル（ただし不確実）	Wasp	ルース・グリーングラス
		Young	セオドア・アルヴィン・ホール
Rest	クラウス・フックス	Zemlyak	共産党員
Richard	ハリー・デクスター・ホワイト	Zveno	ウィリアム・ワイスバンド（と思われる）
Robert	ネイサン・グレゴリー		
Rulevoj	アール・ブラウダー	Zvuk	ヤーコブ・ゴロス

参考書籍

　本書に収載した項目には、文中で他の書籍に触れたもの、または内容の一部を引用したものが多数ある。その中には、ジョイス・ウィルダー著『Liaison』のように、当該項目（この場合はベルナール・ブルシコ）でのみ参考になるものもあれば、情報関係の事項を幅広く取り扱ったものもある。

　本書に収載した諸項目をさらに詳しく知りたい読者のために、我々著者は以下の書籍を推薦する。なおこのリストにフィクションは含めていないので、興味のある読者は『スパイ小説』の項を参照されたい。しかし、我々は一つだけ例外を設けた。ジョン・ル・カレ著『The Spy Who Came In From the Cold（邦題・寒い国から帰ってきたスパイ）』がそれである。とりわけベルリンにおける冷戦期の雰囲気と、陰鬱かつ退屈で欺瞞に満ち、時に薄汚い諜報の世界を、この本は他のどのノンフィクションよりもよく捉えているからである。

自伝及び評伝
（必要に応じて対象の人名をカッコ内に記した）

Accoce, Pierre, and Quet, Pierre. *A Man Called Lucy*, 1939-1945. New York: Coward-McCann, 1966.

Allen, Thomas B. *George Washington, Spymaster: How the Americans Outspied the British and Won the Revolutionary War*. Washington, D.C.: National Geographic, 2004.

Blitzer, Wolf. *Territory of Lies*. New York: Harper & Row, 1989. [Jonathan Jay Pollard]

Borovik, Genrikh. *The Philby Files*. Boston: Little, Brown, 1994.

Boyle, Andrew. *The Fourth Man*. New York: Dial Press, 1979. [Sir Anthony Blunt]

Brissaud, André. *Canaris*. New York: Grosset & Dunlap, 1974.

Bucher, Lloyd M., and Rosovich, Mark. *Bucher: My story*. Garden City, N.Y.: Doubleday, 1970.

Carter, Miranda. *Anthony Blunt: His Lives*. New York: Farrar, Straus and Giroux, 2001.

Cave Brown, Anthony. *The Last Hero: Wild Bill Donovan*. New York: Times Books, 1982.

——. *"C"*. New York: Macmillan, 1987. [Sir Stewart Menzies]

Cecil, Robert. *A Divided Life*. New York: Morrow, 1988. [Donald Maclean]

Colby, William, and Forbath, Peter. *Honorable Men: My Life in the CIA*. New York: Simon & Schuster, 1978. 「栄光の男たち：コルビー元CIA長官回顧録」大前正臣、山岡清二（政治広報センター、1980）

Currey, Cecil B. *Edward Lansdale: The Unquiet American*. Boston: Houghton Mifflin, 1988.

Deacon, Richard. *"C": A Biography of sir Maurice Oldfield,*

Head of MI6. London: Macdonald, 1984.

Feklislov, Alexander, and Kostin, Sergei. *The Man Behind the Rosenbergs*. New York: Enigma Books, 2001. Originally published in France under the title: *Confession d'un agent soviétique*, 1999.

Gazur, Edward. *Alexander Orlov: The FBI's KGB General*. New York: Carroll & Graf, 2002.

Gehlen, Reinhard. *The Service*. New York: World Publishing, 1972.

Grose, Peter. *Gentleman Spy: The Life of Allen Dulles*. Boston: Houghton Mifflin, 1994.

Hart, John Limond. *The CIA's Russians*. Annapolis, Md.: Naval Institute Press, 2003.

Höhne, Heinz, *Canaris: Hitler's Master Spy*. Garden City, N.Y.: Doubleday, 1979.

Höhne, Heinz, and Zolling, Hermann. *The General Was a Spy*. New York: Coward, McCann & Geoghegan, 1972. [Reinhard Gehlen]

Hurt, Henry. *Shadrin: The Spy Who Never Came Back*. New York: Reader's Digest Press, 1981.

Hyde, H. Montgomery. *Room 3603*. New York: Farrar Straus, 1962. Entitled *The Quiet Canadian* in Great Britain. [William Stephenson] 「3603号室　連合国秘密情報機関の中枢」赤羽龍夫（早川書房、1979）

Ivanov, Yevgeny, with Sokolov, Gennady. *The Naked Spy*. London: Blake, 1992. [Christine Keeler and friends]

James, Sir William. *The Eyes of the Navy*. London: Methuen, 1955. [Adm. Sir William Reginald Hall]

Kalugin, Oleg. *The First Directorate: My 32 Years in Intelligence and Espionage Against the West*. New York: St. Martin's Press, 1994.

Khrushchev, Nikita. *Khrushchev Remembers*. Boston: Little, Brown, 1970. 「フルシチョフ回想録」タイムライフブックス編集部（タイムライフインターナショナ

ル、1972)

——. *Khrushchev Remembers: The Glasnost Tapes*. Boston: Little, Brown, 1990.

——. *Khrushchev Remembers: The Last Testament*. Boston: Little, Brown, 1974.

Knight, *Amy. Beria: Stalin's First Lieutenant*. Princeton, N.J.: Princeton University Press, 1993.

Krivitsky, W.G. *In Stalin's Secret Service: Memoirs of the First Soviet Master Spy to Defect*. New York: Enigma Books, 2000.「スターリン時代 元ソヴィエト諜報機関長の記録」根岸隆夫（みすず書房、1962）

Layton, Edwin T. *"And I Was There."* New York: Morrow, 1985.「太平洋戦争暗号作戦：アメリカ太平洋艦隊情報参謀の証言」毎日新聞外信グループ訳（ティビーエス・ブリタニカ、1987）

Lecvhenko, Stanislav. *On the Wrong Side*. Washington, D.C.: Pergamon-Brassye's, 1988.「KGB の見た日本：レフチェンコ回想録」（日本リーダーズダイジェスト社、1984）

Lockhart, Robert Bruce. *Memoirs of a British Agent*. London: Macmillan, 1974. Reprinted 1932 edition.

——. *Reilly: The First Man*. New York: Viking Press, 1987.

Marshall, Bruce. *The White Rabbit: The Secret Agent the Gestapo Could Not Crack*. London: Cassel & Co, 2001 [Forest Frederick Edward Yeo-Thomas]

Ostrovsky, Victor, and Hoy, Clair. *By Way of Deception: The Making and Unmaking of a Mossad Of ficer*. New York: St. Martin's Press, 1990.

Paine, Lauran. *The Abwehr*. London: Robert Hale, 1984. [Rear Adm. Wilhelm Canaris]

Penkovsky, Oleg. *The Penkovsky Papers*. Garden City, N.Y.: Doubleday, 1965.「ペンコフスキー機密文書」佐藤亮一（集英社、1966）

Persico, Joseph E. *Casey*. New York: Viking, 1990.

Philby, H.A.R. *My Silent War*. New York: Grove Press, 1968. Recommended with reservations. Many people mentioned in this account of Philby's traitorous life have denied his version of events. The book was written under KGB auspices.

Philby, Rufina, with Peake, Hayden, and Lyubimov, Mikhail. *The Private Life of Kim Philby: The Moscow Years*. New York: Fromm International, 2000.

Powers, Thomas. *The Man Who Kept the Secrets: Richard Helms and the CIA*. New York: Knopf, 1979.

Prados, John. *Lost Crusader: The Secret Wars of CIA Director William Colby—The True Story of One of America's Most Controversial Spymasters*. New York: Oxford University Press, 2003.

Romanov, A.I. *Nights Are the Longest There: A Memoir of the Secret Security Service*. Boston: Little, Brown, 1972.

Schecter, Jerold L., and Deriabin, Peter S. *The Spy Who Saved the World*. New York: Charles Scribners, 1992. [Col. Oleg Penkovsky]

Schellenberg, Walter. *The Schellenberg Memoirs*. London: Andrew Deutsch, 1956.

Srodes, James. *Allen Dulles: Master of Spies*. Washington, D.C.: Regnery, 1999.

Stevenson, William. *A Man Called Intrepid*. New York: Harcourt Brace Jovanovich, 1976. [William Stephenson]「暗号名イントレピッド 第二次世界大戦の陰の主役」寺村誠一、赤羽龍夫（早川書房、1978）

——. *Intrepid's Last Case*. New York: Ballantine, 1983. [William Stephenson]

Strong, Sir Kenneth W.D. *Intelligence at the Top*. Garden City, N.Y.: Doubleday, 1968.

Sudoplatov, Pavel Anatolievich. *Special Tasks*. Boston: Little, Brown, 1994.

Suvorov, Viktor. *Aquarium: The Career and Defection of a Soviet Military Spy*. London: Hamish Hamilton, 1985.

——. *The Liberators: My Life in the Soviet Army*. New York: Berkley, 1981.「ソ連軍の素顔」吉本晋一郎（原書房、1983）

Tanenhaus, Sam. *Whittaker Chambers: A Biography*. New York: Random House, 1997.

Theoharis, Athan G., and Cox, John Stuart. *The Boss: J. Edgar Hoover and the Great American Inquisition*. Philadelphia: Temple University Press, 1988.

Troy, Thomas F. *Donovan and the CIA: A History of the Establishment of the Central Intelligence Agency*. Frederick, Md.: University Publications of America, 1981.

Truman, Harry S. *Years of Trial and Hope: 1946-1952*, vol. 2 in *Memories*. Garden City, N.Y.: Doubleday, 1956.

West, Nigel (ed.). *The Faber Book of Espionage*. London: Faber and Faber, 1993. [British intelligence operatives.]

Williams, Robert Chadwell. *Klaus Fuchs: Atom Spy*. Cambridge: Harvard University Press, 1987.

Wolf, Markus. *Man Without a Face: The Autobiography of Communism's Greatest Spymaster*. New York: Times Books, 1997.

Wynne, Grenville. *Contact on Gorky Street*. New York: Antheneum, 1968.

イギリス情報機関

Babington-Smith, Constance. *Air Spy: The Story of Photo Intelligence in World War II*. New York: Harper &

Brothers, 1957.

Beesly, Patrick. *Very Special Intelligence: The Story of the Admiralty's Operational Intelligence Centre 1939-1945.* London: Greenhill, 2000. Reprint of 1977 edition.

Deacon, Richard. *A History of the British Secret Service.* London: Frederick Muller, 1969.

Foot, M.R.D. *SOE: The Special Operations Executive 1940-1946.* London: Pimlico, 1999. Reprint of 1984 edition.

Hesketh, Roger. *FORTITUDE: The D-Day Deception Campaign.* Woodstock, N.Y.: Overlook Press, 2000.

Hinsley, F. Harry; Thomas, E.E.; Ranson, C.F.G.; and Knight, R.C. *British Intelligence in the Second World War* in 4 vols. London: Her Majesty's Stationery Office, 1979-1990.

Hyde, H. montgomery. *Secret Intelligence Agent: British Espionage in America and the Creation of the OSS.* New York: St. Martin's Press, 1982.

Masterman, John Cecil. *The Double-Cross System in the War of 1939-45.* New Haven, Conn.: Yale University Press, 1972.「二重スパイ化作戦：ヒトラーをだました男たち」武富紀雄（河出書房新社、1987）

Modin, Yuri. *My Five Cambridge Friends.* London: Headline, 1994.

Montagu, Ewen Edward Samuel. *The Man Who Never Was.* Philadelphia: Lippincott, 1954.

——. *Beyond Top Secret Ultra.* New York: Coward, McCann, Geoghegan, 1978.

Page, Bruce, and Leitch, David, and Knightley, Phillip. *The Philby Conspiracy.* New York: Ballantine, 1981. Updated reprint of 1969 edition.

Pincher, Chapman. *Their Trade in Treachery.* London: Sidgwick and Jackson, 1981.「裏切りが奴らの商売」亀田政弘（サンケイ出版、1981）

——. *Too Secret Too Long.* New York: St. Martin's Press, 1984.

Porter, Bernard. *Plots and Paranoia: A History of Political Espionage in Britain 1790-1988.* London: Routledge, 1989.

Ring, Jim. *We Came Unseen: The Untold Story of Britain's Cold War Submarines.* London: John Murray, 2001.

Sinclair, Andrew. *The Red and the Blue: Cambridge, Treason and Intelligence.* Boston: Little, Brown, 1986.

West, Nigel. *The Circus: MI5 Operations 1945-1972.* New York: Stein and Day, 1983. Published in England as *A Matter of Trust.* London: Weidenfeld and Nicolson, 1982.

——. *The Secret War for the Falklands: The SAS, MI6, and the War Whitehall Nearly Lost.* London: Little,

Brown, 1997.

——. *GCHQ: The Secret Wireless War 1900-86.* London: Weidenfeld and Nicholson, 1986.

——. *MI5: British Security Service Operations 1909-1945.* London: The Bodley Head, 1981.

——. *MI5: The True Story of the Most Secret Counterespionage Organization in the World.* New York: Stein and Day, 1982.

——. *MI6: British Secret Intelligence Service Operations 1909-1945.* New York: Random House, 1983.

Winterbotham, F.W. *The Nazi Connection.* New York: Harper & Row, 1978.

Wright, Peter. *Spycatchers.* New York: Viking, 1987.「スパイキャッチャー」久保田誠一監訳（朝日新聞社、1987）

暗号関連

Bamford, James. *The Puzzle Palace.* New York: Penguin, 1982.「パズル・パレス：超スパイ機関NSAの全貌」滝沢一郎（早川書房、1986）

Benson, Robert Louis, and Warner, Michael. *Venona: Soviet Espionage and the American Responce 1939-1957.* Washington, D.C.: National Security Agency and Central Intelligence Agency, 1996.

Boyd, Carl. *Hitler's Japanese Confidant: General Oshima Hiroshi and Magic Intelligence, 1941-1945.* Lawrence, Kans: University Press of Kansas, 1993.

Drea, Edward. *MacArthur's ULTRA.* Lawrence, Kans.: University Press of Kansas, 1992.

Gilbert, James L., and Finnegan, John P. (eds.) *U.S. Army Signals Intelligence of World War II.* Washington, D.C.: Government Printing Office, 1993.

Hinsley, F. Harry, and Stripp, Alan (eds.). *Code Breakers.* Oxford: Oxford University Press, 1993.

Kahn, David. *The Codebreakers.* London: Weidenfeld and Nicholson, 1967.「暗号戦争──日本暗号はいかに解読されたか」秦郁彦、關野英夫（早川書房、1968）

——. *Kahn on Codes.* New York: Macmillan, 1983.

——. *Seizing Enigma: The Race to Break the German U-boat Codes, 1939-1943.* Boston: Houghton, Mifflin, 1991.

Lewin, Ronald. *The American Magic.* New York: Farrar, Straus and Giroux, 1982.

——. *Ultra Goes to War.* New York: McGraw-Hill, 1978.

Prados, John. *Combined Fleet Decoded: The Secret History of American Intelligence and the Japanese Navy in World War II.* New York: Random House, 1995.

Spector, Ronald H. *Listening to the Enemy.* Wilmington, Del.: Scholarly Resources, 1988.

Winterbotham, F.W. *The Ultra Secret*. New York: Harper & Row, 1974.「ウルトラ・シークレット：第二次大戦を変えた暗号解読」平井イサク（早川書房、1976）

Yardley, Herbert O. *The American Black Chamber*. Indianapolis: Bobbs-Merrill, 1931. Reprinted: New York: Ballantine, 1981.「ブラック・チェンバー：米国はいかにして外交暗号を盗んだか」近現代史編纂会編、平塚柾緒訳（荒地出版社、1999）

フランス情報機関

Marenches, Count Alexandre de, and Andelman, David A. *The Fourth World War: Diplomacy and Espionage in an Age of Terrorism*. New York: Morrow, 1992.

Porch, Douglas. *The French Secret Service*. New York: Farrar, Straus and Giroux, 1995.

Thyraud de Vosjoli, Philip. *Lamia*. Boston: Little, Brown, 1970.

イスラエル情報機関

Black, Ian, and Morris, Benny. *Israel's Secret Wars*. New York: Grove Weidenfeld, 1991.

Raviv, Dan, and Melman. Yossi. *Every Spa a Prince*. Boston: Houghton Mifflin, 1990.「モーゼの密使たち：イスラエル諜報機関の全貌」尾崎恒（読売新聞社、1992）

ロシア（ソビエト）情報機関

Andrew, Christopher, and Gordievsky, Oleg. *KGB: The Inside Story*. London: Hodder and Stoughton, 1990.

Barron, John. *KGB: The Secret World of Soviet Secret Agents*. New York: Reader's Digest Press, 1974.「KGB：ソ連秘密警察の全貌」リーダーズダイジェスト（日本リーダーズダイジェスト社、1974）

———. *KGB Today: The Hidden Hand*. New York: Reader's Digest Press, 1983.「今日のKGB：内側からの証言」入江眉展（河出書房新社、1984）

Central Intelligence Agency, The Rote Kapelle. *The Central Intelligence Agency's History of Soviet Intelligence and Espionage Networks in Western Europe, 1936-1945*. Washington, D.C.: University Press of America, 1979.

Costello, John. *Deadly Illusions*. New York: Crown, 1994.

———. *Mask of Treachery*. New York: Morrow, 1989.

Deacon, Richard. *A History of the Russian Secret Service*. London: Frederick Muller, 1972.「ロシア秘密警察の歴史：イワン雷帝からゴルバチョフへ」木村明生（心交社、1989）

Dziak, John J. *Chekisty: A History of the KGB*. Lexington, Mass.: Lexington Books, 1988.

Glantz, David. *Soviet Military Intelligence in War*. London: Frank Cass, 1990.

Hingley, Ronald. *The Russian Secret Police*. New York: Simon & Schuster, 1970.

Perrault, Gilles. *The Red Orchestra*. New York: Schocken Books, 1969.

Richelson, Jeffrey T. *Sword and Shield: Soviet Intelligence and Security Apparatus*. Cambridge, Mass.: Ballinger, 1986.

Ruud, Charles A., and Stepanov, Sergei. *Fontanka 16: The Tsar's Secret Police*. Phoenix Mill (England): Sutton, 1999.

Schecter, Jerrold, and Schecter, Leona. *Scared Secrets: How Soviet Intelligence Operations Changed American History*. Dulles, Va.: Brassey's, 2002.

Shevchenko, Arkady. *Breaking With Moscow*. New York: Knopf, 1985.

Smith, Bradley F. *Sharing Secrets with Stalin: How the Allies Traded Intelligence, 1941-1945*. Lawrence: University Press of Kansas, 1996.

Solzhenitsyn, Aleksandr I. *The First Circle*. New York: Harper & Row, 1968.

———. *The Gulag Archipelago* in 3 vols. New York: Harper & Row, 1974-1978.「収容所群島 1918-1956 文学的考察」木村浩（新潮社、1980）

Suvorov, Viktor. *Inside the Soviet Army*. London: Hamish Hamilton, 1982.「ザ・ソ連軍」吉本晋一郎（原書房、1983）

———. *Inside Soviet Military Intelligence*. New York: Macmillan, 1984.「GRU：ソ連軍情報本部の内幕」出川沙美雄（講談社、1985）

Weinstein, Allen, and Vassiliev, Alexander. *The Haunted Wood: Soviet Espionage in Ameriva—The Stalin Era*. New York: Modern Library, 2000.

West, Nigel, and Tsarev, Oleg. *The Crown Jewels: The British Secrets at the Heart of the KGB Archives*. New Haven, Conn.: Yale University Press, 1999.

アメリカ情報機関

Agee, Philip. *Inside the Company: CIA Diary*. New York: Stonehill, 1975.「CIA日記」青木栄一（勁文社、1975）

Allen, Thomas B. *George Washington, Spymaster: How the Americans Outspied the British and Won the Revolutionary War*. Washington, D.C.: National Geographic, 2004.

Allen, Thomas B., and Polmar, Norman. *Merchants of*

Treason. New York: Delacorte, 1988.

Andrew, Christopher. *For the President's Eyes Only: Secret Intelligence and the American Presidency from Washington to Bush.* New York: Harper-Collins, 1995.

Bakeless, John. *Turncoats, Traitors and Heroes.* Philadelphia: Lippincott, 1959.

Bamford, James. *Body of Secrets: Anatomy of the Ultra-Secret National Security Agency.* New York: Random House, 2001.

———. *The Puzzle Palace.* New York: Penguin, 1982.「パズル・パレス：超スパイ機関 NSA の全貌」滝沢一郎（早川書房、1986）

Beschloss, Michael R. *Mayday: Eisenhower, Khrushchev, and the U-2 Affair.* New York: Harper & Row, 1986. 「1960 年 5 月 1 日――その日軍縮への道は閉ざされた」篠原成子（朝日新聞社、1987）

Breckinridge, Scott D. *The CIA and the U.S. Intelligence System.* Boulder, Colo: Westview, 1986.

Brugioni, Dino A. *Eyeball to Eyeball: The Inside Story of the Cuban Missile Crisis.* New York: Random House, 1990.

Burleson, Clyde W. *The Jennifer Project.* Englewood Cliffs, N.J.: Prentice-Hall, 1977.

Cline, Dr. Ray S. *The CIA Under Reagan, Bush and Casey.* Washington, D.C.: Acropolis Books, 1981.

———. *Secrets Spies and Scholars: Blueprint of the Essential CIA.* Washington, D.C.: Acropolis Books, 1976.

Cohen, Sen. William S., and Mitchell, Sen. George J. *Men of Zeal.* New York: Viking, 1988.

Cristol, Judge A. Jay. *The Liberty Incident: The 1967 Israeli Attack on the U.S. Navy Spy Ship.* Dulles, Va.: Brassey's, 2002.

Deane, J. Allen, and Shellum, Brian G. (eds.). *At the Creation 1961-1965.* Washington, D.C.: Defense Intelligence Agency, 2002. (Documents related to the establishment of the Defense Intelligence Agency.)

Dorwart, Jeffrey M. *Conflict of Duty.* Annapolis, Md.: Naval Institute Press, 1983.

———. *The Office of Naval Intelligence [1865-1918].* Annapolis, Md.: Naval Institute Press, 1979.

Dunham, Roger C. *Spy Sub: A Top Secret Mission to the Bottom of the Pacific.* Annapolis, Md.: Naval Institute Press, 1996.

Garrow, David J. *FBI and Martin Luther King, Jr., From 'Solo' to Memphis.* New Haven, Conn: Yale University Press, 2001. New and enlarged reprint of the original 1981 edition.

Gates, Robert M. *From the Shadows.* New York: Simon & Schuster, 1996.

Holmes, Wilfred Jay. *Double-Edged Secrets.* Annapolis, Md.: Naval Institute Press, 1979.

Jeffreys-Jones, Rhodri. *The CIA & American Democracy.* New Haven, Conn.: Yale University Press, 1989.

Kent, Sherman. *Strategic Intelligence of American World Policy.* Princeton: Princeton University Press, 1949.

Kessler, Ronald. *Inside the CIA.* New York: Pocket Books, 1992.

Klehr, Harvey, and Radosh, Ronald. *The Amerasia Spy Case: Prelude to McCarthyism.* Chapel Hill: University of North Carolina Press, 1996.

Lamphere, Robert J., and Shachtman, Thomas. *The FBI-KGB War: A Special Agent's Story.* New York: Random House, 1986.

Lindsey, Robert. *The Falcon and the Snowman.* New York: Pocket Books, 1979.

———. *The Flight of the Falcon.* New York: Pocket Books, 1983.

Maas, Peret. *Killer Spy: The Inside Story of the FBI's Pursuit and Capture of Aldrich Ames, America's Deadliest Spy.* New York: Warner Books, 1995.

Marchetti, Victor I., and Marks, John D. *The CIA and the Cult of Intelligence.* New York: Knopf, 1974.

Marks, John D. *The Search for the "Manchurian Candidate."* New York: Dell, 1988. Reprint of 1979 edition.

Martin, David. *Wilderness of Mirrors.* New York: Harper & Row, 1980.「ひび割れた CIA」上村良和（早川書房、1985）

O'Toole, G.J.A. *Honorable Treachery.* New York: Atlantic Monthly Press, 1991.

Petry, Mark. *Eclipse* New York: Morrow, 1992.

Polmar, Norman. *Spyplane: U-2 History Declassified.* St. Paul, Minn.: MBI Publishing, 2001.

Powers, Francis Gary, and Gentry, Curt. *Operation Overflight: A Memoir of the U-2 Incident.* Dulles, Va.: Brassey's 2004. Reprint of 1970 edition.

Richelson, Jeffrey T. *America's Secret Eye in Space: The U.S. Keyhole Spy Program.* New York: Harper & Row, 1990.

———. *The U.S. Intelligence Community.* Cambridge, Mass.: Ballinger, 1985

———. *The Wizards of Langley: Inside the CIA's Directorate of Science and Technology.* Boulder, Colo.: Westview Press, 2002.

Romerstein, Herbert, and Breindel, Eric. *The Verona Secrets: Exposing Soviet Espionage and America's Traitors.* Washington, D.C.: Regnery, 2000.

Snepp, Frank. *Decent Interval.* New York: Random House,

1977.

Sontag, Sherry, and Drew, Christopher. *Blind Man's Bluff: The Untold Story of American Submarine Espionage.* New York: Public Affairs, 1998.「潜水艦諜報戦」平賀秀明（新潮社、2000）

Steury, Donald P. (ed.). *Sherman Kent and the Board of National Estimates: Collected Essays.* Washington, D.C.: Center for the Study of Intelligence, Central Intelligence Agency, 1994.

Taubman, Philip. *Secret Empire: Eisenhower, the CIA and the Hidden Story of America's Space Espionage.* New York: Simon & Schuster, 2003.

Tourison, Sedwick. *Secret Army War.* Annapolis, Md.: Naval Institute Press, 1995.

Turner, Stansfield. *Secrecy and Democracy: The CIA in Transition.* Boston: Houghton Mifflin, 1985.

Winks, Robin W. *Cloak & Gown: Scholars in the Secret War.* New York: Morrow, 1987.

Wise, David. *Nightmover.* New York: HarperCollins, 1995.

——. *Spy: The Inside Story of How the FBI's Robert Hanssen Betrayed America.* New York: Random House, 2002.

Wise, David, and Ross, Thomas B. *Molehunt; The Secret Search for Traitors That Shattered the CIA.* New York: HarperCollins, 1995.

——. *The U-2 Affair.* New York: Random House, 1962.

Wohlstetter, Roberta. *Pearl Harbor: Warning and Decision.* Palo Alto, Calif.: Stanford University Press, 1963.

Woodward, Bob. *Veil: The Secret Wars of the CIA 1981-1987.* New York: Simon & Schuster, 1987.「ヴェール——CIAの極秘戦略 1981-1987」池央耿（文藝春秋、1988）

Zacharias, Ellis M. *Secret Missions: The Story of an Intelligence Officer.* Annapolis, Md.: Naval Institute Press, 2003. Reprint of 1946 edition.

情報関係全般

Becket, Henry S.A. [pseud.]. *The Dictionary of Espionage: Spookspeak into English.* New York: Stein and Day, 1986.

Brook-Shepherd, Gordon. *The Storm Birds.* New York: Weidenfeld & Nicholson, 1989.

Burrows, William E. *Deep Black: The Startling Truth Behind America's Top-Secret Satellites.* New York: Random House, 1986.

Casey, William. *The Secret War Against Hitler.* Washington, D.C.: Regnery Gateway, 1988.

Cave Brown, Anthony. *Bodyguard of Lies.* New York: Bantam, 1975.

Deacon, Richard A. *History of the Chinese Secret Service.* London: Frederick Muller, 1974.

——. *Kempei Tai: The Japanese Secret Service Then and Now.* Rutland, Vt.: Charles E. Tuttle, 1990.

Deriabin, Peter, with Bigney, Frank. *The Secret World.* New York: Ballantine Books (new edition), 1982.

Dulles, Allen W. *The Craft of Intelligence.* New York: Harper & Row, 1963.

Eftimiades, Nicholas. *Chinese Intelligence Operations.* Annapolis, Md.: Naval Institute Press, 1994.

Gaddis, John Lewis. *Now We Know.* New York: Oxford University Press, 1997.

Kahn, David. *Hitler's Spies: German Military Intelligence in World War II.* New York: Macmillan, 1978.

Knightley, Phillip. *The Second Oldest Profession: Spies and Spying in the Twentieth Century.* New York: Norton, 1987.

Lindgren, David T. *Trust but Verify: Imagery Analysis in the Cold War.* Annapolis, Md.: Naval Institute Press, 2000.

Masters, Anthony. *Literary Agents.* Oxford: Basil Blackwell, 1987.「スパイだったスパイ小説家たち」永井淳（新潮社、1990）

Mercado, Stephen C. *The Shadow Warriors of Nakano: A History of the Imperial Japanese Army's Elite Intelligence School.* Dulles, Va.: Brassey's, 2002.

Mobley, Richard A. *Flash Point North Korea: The Pueblo and EC-121 Crises.* Annapolis, Md.: Naval Institute Press, 2003.

Murphy, David, and Kondrashev, Sergei. *Battleground Berlin.* New Haven, Conn.: Yale University Press, 1997.

Persico, Joseph. *Piercing the Reich.* New York: Ballantine, 1979.

Richelson, Jeffrey T. *Foreign Intelligence Organizations.* Cambridge, Mass.: Ballinger, 1988.

Schecter, Jerrold, and Schecter, Leona. *Scared Secrets: How Soviet Intelligence Operations Changed American History.* Dulles, Va.: Brassey's, 2002.

Stoll, Clifford. *The Cuckoo's Egg.* New York: Doubleday, 1989.「カッコウはコンピュータに卵を産む」池央耿（草思社、1991）

Waller, John H. *The Unseen War in Europe.* New York: Random House, 1997.

West, Nigel. *Unreliable Witness: Espionage Myths of the Second World War.* London: Weidenfeld and Nicholson, 1984. [Published in the United States as *A Thread of Deceit: Espionage Myths of World War II*; New York: Random House, 1985.]

訳者あとがき

　本書は 2004 年に刊行されたノーマン・ポルマー、トーマス・B・アレン著 "SPY BOOK: The Encyclopedia of Espionage, 2nd Edition" の全訳である。昔から「世界で 2 番目に古い職業（1 番目は売春）」と言われ、有史以来、政治・経済に大きな影響を与えた諜報活動というテーマについて、個々のトピックに関する書籍は過去多数出版されてきたが、事典という形で包括的に扱ったものはほぼなかったように思われる。イギリスの作家ナイジェル・ウエストが序文で述べている通り、この種の書籍を執筆する際には、得られた情報の信頼性、現時点で機密扱いされている事実をどの程度まで明らかにし得るか、そして新たな資料が日々公開されるこの分野において、最新のデータを読者に提供する際の困難、という 3 つの問題が常につきまとう。それが事典的な書籍の執筆を困難にしているのだが、2 人の著者は敢然とそれに立ち向かい、本書という形に結実させた。無論、スパイの世界では明るみに出た物事よりも、歴史の闇に葬り去られた物事のほうがはるかに多いことは言うまでもなく、故に本書に収載された諸項目も、スパイ及びスパイ活動という秘密のヴェールに覆われた広大な世界のほんの一端に光を当てているに過ぎない。それでも本書が有益なのは、諜報活動が歴史にいかなる影響を与えてきたか、あるいは現在の国際情勢にいかなる影響を及ぼしているかを概略だけでも知ることで、それら分野に対する新たな視座を提供しているのが一番大きいのではないだろうか。

　一例を挙げると、2015 年 9 月 19 日、日本で平和安全法制関連 2 法、いわゆる安保法制が可決され、翌年 3 月 29 日より施行された。ここで当法制の詳細に立ち入ることはしないし、またその賛否を論じるつもりもないが、、この法案が可決・施行されたことは日本のみならず他国、とりわけ安全保障条約を結んでいるアメリカと、尖閣をはじめ日本との領土・領海問題を抱え、一方で太平洋方面への海軍勢力の拡大を狙っていると言われる中国の政治的意思決定に影響を与えることは容易に想像できる。こうした状況の下、これら両国がただ漫然と事態の推移を見守るといったことが果たしてあり得ようか？　少なくとも情報収集には力を入れるだろうし、あるいは事態が自国の有利に進むよう何らかの手段で密かに働きかけることも十分考えられる。ここでは例として安保法制を挙げたが、日本が抱える対外的諸問題についても同様だ。アメリカは CIA、中国は国家安全部、ロシアは SVR など、主要国はいずれも大規模な情報機関を擁しているが、自国の国益に影響を与える事項について何のアクションもとっていないのであれば、むしろその存在意義が問われかねない。当然、ここに述べたことはいずれも訳者の憶測に過ぎず、根拠は全くない。また真実が明らかになる可能性も極めて低い。しかし本書を訳した後で国際問題に関わるニュースに接すると、どうしてもこのような感想を抱かざるを得ないのである。

　ここで、本書を読むにあたって注意していただきたい点を述べる。まず第 1 に、原著の刊行が 2004 年とかなり過去であること。先の「最新のデータを読者に提供する際の困難」は本書の訳出にも影響を与えたわけである。そのため、原著刊行から訳出時点に至るまで、各項目について特記すべき事項が生じている場合には、それを訳注の中で補った。また 2004 年からこの文章を書いている 2017

年までの時点で、諜報の世界でも本書に収載すべき様々な事件が発生した。中国当局のハニートラップに引っかかったと思しき在上海日本国総領事館員の自殺事件（2004）、元KGB及びFSB職員で反政府活動家に転じたアレクサンドル・リトヴィネンコの毒殺事件（2006）、機密文書の投稿・公開サイト、ウィキリークスの設立（2006）、元CIA及びNSA職員エドワード・スノーデンによる、両機関の情報収集活動の暴露（2012）がその一例である。

　第2に、著者がアメリカ人であることによる収載項目の偏り。必然と言うべきか、本書に収載されている組織や人物の記述を見ると、やはりアメリカと、冷戦におけるもう一方の超大国、ソビエト（ロシア）に偏っていると言わざるを得ない。これに関しても、参考文献などを通じてその他国々の諜報活動についてさらなる知識の拡充を図っていただければ幸いである。

　そしていま述べたことにも繋がるのだが、我が国日本に関する記述、とりわけ戦後における情報活動の記述が物足りない（内閣情報調査室〔内調〕の存在、及び外務省ないし自衛隊による情報活動に言及していないなど）。また同時に、金大中誘拐事件（1974）をはじめ戦後の日本にも大小の影響を与えた韓国情報機関（KCIA及びその後継機関）についての記述も全くない。このうち日本の情報活動、また現在における問題点は、小谷賢編著『世界のインテリジェンス』（PHP研究所、2007）でコンパクトながら詳細に述べられている。また戦後韓国の情報活動に関しては金忠植著、鶴眞輔訳『実録KCIA——南山と呼ばれた男たち』（講談社、1994）が詳しいので、興味のある読者は一読をお勧めする。

　情報活動に関する書籍は日本でも数多く刊行されており、その全てを紹介するのはもちろん、参考文献として信頼に足る書籍を挙げるのも訳者の力量を超える。しかし本書の訳出において、上記の『世界のインテリジェンス』が大いに参考になったことは特に記しておきたい。日本を含む主要国の情報活動を概説した、非常に価値の高い一冊である。また事実確認及び校正に関しては、塩田敦士、平田光夫の各氏に大変お世話になった。ここに改めて感謝申し上げます。

2017年1月
熊木信太郎

人名索引

太字の項目は本書に独立項目として収載されていることを示す。

［ア行］

索引

［カ行］

［ナ行］

※独立項目として存在する国名については、当該項目のページ数のみ示した。

[著者]

ノーマン・ポルマー

軍事、航空、情報関連の著書及び共著が30作以上あり、国際的名声を博す。アメリカ海軍協会が刊行した参考書籍の著者でもあり、1967年から77年まで『ジェーン海軍年鑑』のアメリカ部門編集者を務めた。海軍協会の機関誌『Proceedings』と『Naval History』ではコラムを担当。同時に国防コンサルタントとして、議員、海軍長官、そして国防総省、外国政府、及び造船・航空機メーカーのコンサルタントを務めた経験を持つ。1977年から78年までワシントンDCの国立航空宇宙博物館において、デウィット・C・ラムゼイ提督の生涯を辿る講座を主催。

トーマス・B・アレン

ノーマン・ポルマーとの共著書7作に加え10作ほどの著書があり、特に『War Games』の著者として有名。ナショナル・ジオグラフィック協会の元上級編集者であり、それ以前はチルトン・ブックス社で編集長を務める傍ら、雑誌『ナショナル・ジオグラフィック』向けに多数の書籍を執筆した。また世界各地の新聞及び雑誌に記事を寄稿し、国際「スパイツアー」を主催したこともある。

　本書の著者2人は東西ヨーロッパに加えロシア、中国、キューバなど、『スパイ大事典』に収載している数多くの場所を丹念に辿った。両者ともワシントンDC近郊に在住。

[訳者]

熊木信太郎 (くまき・しんたろう)

北海道大学経済学部卒業。都市銀行、出版社勤務を経て、現在は翻訳者。出版業にも従事している。

スパイ大事典

2017年5月25日　初版第1刷印刷
2017年5月30日　初版第1刷発行

著者————ノーマン・ポルマー　トーマス・B・アレン

訳者————熊木信太郎

発行者————森下紀夫

発行所————論創社
〒101-0051 東京都千代田区神田神保町2-23 北井ビル
tel. 03(3264)5254　fax. 03(3264)5232
振替口座 00160-1-155266　http://www.ronso.co.jp/

ブックデザイン————奥定泰之

印刷・製本————中央精版印刷

組版————フレックスアート

ISBN978-4-8460-1591-6
落丁・乱丁本はお取り替えいたします。